执业资格考试丛书

一级注册结构工程师专业考试 历年试题·疑问解答·专题聚焦

(第十一版)

(上册)

张庆芳　杨　开　主编

本册包含：
2003～2008年混凝土结构、钢结构、砌体结构、木结构试题；
2009～2014年整套试题

中国建筑工业出版社

图书在版编目（CIP）数据

一级注册结构工程师专业考试历年试题·疑问解答·专题聚焦：上、下册/张庆芳，杨开主编. — 11 版. — 北京：中国建筑工业出版社，2021.2
（执业资格考试丛书）
ISBN 978-7-112-25848-2

Ⅰ.①一… Ⅱ.①张…②杨… Ⅲ.①建筑结构—资格考试—自学参考资料 Ⅳ.①TU3

中国版本图书馆 CIP 数据核字（2021）第 024842 号

本书分为上、下两册：上册包括上午考试科目混凝土结构、钢结构、砌体结构、木结构四科的试题（2003～2008）、答案和疑问解答，2009～2014 年整套试题和详细解答；下册包括下午考试科目地基基础、高层建筑结构、桥梁结构三科的试题（2003～2008）、答案和疑问解答，2016～2020 年整套试题和详细解答，专题聚焦及附录。

本书适合于准备一、二级注册结构工程师专业考试的人员使用，也可供大中专院校土木工程相关专业师生参考。

责任编辑：武晓涛 李天虹
责任校对：赵 颖

执业资格考试丛书
一级注册结构工程师专业考试
历年试题·疑问解答·专题聚焦
（第十一版）
张庆芳 杨 开 主编
*
中国建筑工业出版社出版、发行（北京海淀三里河路 9 号）
各地新华书店、建筑书店经销
北京红光制版公司制版
廊坊市海涛印刷有限公司印刷
*
开本：787 毫米×1092 毫米 1/16 印张：80½ 字数：1991 千字
2021 年 3 月第十一版 2021 年 3 月第十九次印刷
定价：210.00 元（上、下册）
ISBN 978-7-112-25848-2
（37052）

版权所有 翻印必究
如有印装质量问题，可寄本社图书出版中心退换
（邮政编码 100037）

再 版 前 言

本次修订,增加了部分疑问解答和2020年真题(即,含2003~2020年真题),并对一些题目的解答过程进行了补充说明使之更容易理解。由于规范更新,部分题目编入本书时有改动,并未一一注明。

在疑问解答部分,为节省篇幅和便于阅读,对常用的规范(规程、标准)采用约定的简称,这些简称与全称的对应关系如表1所示。

规范(规程、标准)的简称　　　　　　　　　　　　　　　　　　表1

全称	简称
《建筑结构荷载规范》GB 50009—2012	《荷载规范》
《建筑抗震设计规范》GB 50011—2010(2016年版)	《抗规》
《混凝土结构设计规范》GB 50009—2010(2015年版)	《混凝土规范》
《钢结构设计标准》GB 50017—2017	《钢标》
《钢结构高强度螺栓连接技术规程》JGJ 82—2011	《螺栓规程》
《砌体结构设计规范》GB 50003—2011	《砌体规范》
《建筑地基基础设计规范》GB 50007—2011	《地基规范》
《建筑桩基技术规范》JGJ 94—2008	《桩规》
《建筑地基处理技术规范》JGJ 79—2012	《地基处理规范》
《高层建筑混凝土结构技术规程》JGJ 3—2010	《高规》
《高层民用建筑钢结构技术规程》JGJ 99—2015	《高钢规》
《公路桥涵设计通用规范》JTG D60—2015	《公路通用规范》
《公路钢筋混凝土及预应力混凝土桥涵设计规范》JTG 3362—2018	《公路混凝土规范》

必须指出,2020年一级注册结构工程师专业考试各科题量发生了变化,见表2。钢结构、地基基础和高层建筑的题量有增加。预计这种新的布局会稳定下来。另外,与2020年相比,2021年考试需要注意以下规范(标准)有新版本:(1)《钢结构工程施工质量验收标准》GB 50205—2020;(2)《公路桥梁抗震设计规范》JTG/T 2231-01—2020。

各科题量分布　　　　　　　　　　　　　　　　　　　　　　　表2

年份	混凝土结构	钢结构	砌体结构	木结构	地基基础	高层建筑	桥梁结构
2019	16	14	8	2	16	16	8
2020	16	16	7	1	17	17	6

在本书各版本的修订过程中,以下人员参加了输入或校对工作:董石磊、李韦薇、赵丽琼、张雪芳、张庆军、张颖、张卓然,向他们付出的辛勤劳动表示感谢。

另外,不少同行专家或朋友以饱满的热情从专业角度对本书给予大力支持,谨向他们表示诚挚的谢意。除第一版列出的之外，还包括（排名不分先后）：张培林（伊春）、邢超（北京）、姚长春（成都）、袁光辉（郑州）、张亮（大连）、刘言彬（南京）、林宏伟（福州）、侯伟（沈阳）、程海建（江门）等。

欢迎读者加入 QQ 群 541635174（或 961139070）对本书展开讨论或对本书提出批评建议。另外，微信公众号"张老师考试学苑（ZLSKSXY）"会不定期登载规范条文的深刻理解以及模拟试题，欢迎关注。

2020 年 11 月

第一版前言

注册结构工程师专业考试为开卷考试,分为一级和二级,二者均为80道选择题,每题1分,共80分,以48分为合格(与其他考试不同,这里要求计算过程正确方能得分)。考试时间为上午、下午共8个小时。一级和二级的考试科目以及各科题目的数量比较,见下表。

	混凝土结构	钢结构	砌体结构	木结构	地基基础	高层建筑结构	公路桥梁
一级考试	15	14	12	2	14	15	8
二级考试	18	12	16	2	16	16	—

尽管考试的科目有限,但涉及的规范众多,以2010年为例,共有规范37本。考生只有对规范条文十分熟悉,才能保证以每6分钟一道题的速度答题。

从应试者的角度看,参考往年考试的试题,大致领略题型和出题者的思路,无疑是一条通往成功之捷径。同时,对复习过程中遇到的疑难,如果能够获得及时的解答,显然比自己在黑暗中摸索更能事半功倍。

本书就是在认真思索过这些问题之后,尽全力完成的。具体分工为:张庆芳负责混凝土结构、钢结构、木结构与公路桥梁部分,以及专题聚焦和附录;申兆武负责砌体结构、地基基础与高层建筑。

本书特色

(1) 整体分为三个模块,第一部分"历年试题"为2003~2009年共7年的一级注册结构工程专业考试试题,同时附"仿2010年试题"一套;第二部分"疑问解答"是对学习规范过程中的疑问进行解答(其中,凡涉及《建筑抗震设计规范》的内容均已经更新至2010版),您也许会发现,困扰您多日的难题在这里找到了答案;第三部分"专题聚焦"是将考试必备的知识点聚集在一起进行讲解,体现"融会贯通"。附录则给出常用的表格,省却您四处查找之苦。

(2) 为保持真题全貌,本书对原始题目通常不做改动。鉴于《建筑结构荷载规范》2006年局部修订以及《建筑抗震设计规范》2010版的实施,可能会造成解答的变化,为此,对涉及这两本规范答题的,均给出两种解答过程(若没有变化则用一句话指出,表明我们已经核对过;若有变化则在题号之后加"*"以示提醒)。对于依据《混凝土结构设计规范》GB 50010—2002、《高层建筑混凝土结构技术规程》JGJ 3—2002答题部分,由于部分内容与《建筑抗震设计规范》重叠但其新版本尚未实施,为避免混乱,暂不做改动,读者可依据《建筑抗震设计规范》2010版自行计算。考虑到公路桥梁类规范2004版与85版变化很大,故对于已经没有参考价值的题目均略去以节省篇幅;对现今仍有意义的题目,则保留。

(3) 对于某些题目,解答过程之后给出了"点评"。点评通常是对解答过程的进一步阐述，或者是对相关知识点的解释。

（4）对于同一问题，可能会有不同的观点，对这种情况，本书会将各观点一一列出，使读者可窥其全貌。观点的出处，也会同时指明，便于查找。

如何使用本书

（1）本书之所以分年度列出考试题目，是考虑到读者可以从中读出隐含于其中的命题范围与规律，若作为模拟考试之用，应注意规范更新带来的计算结果与选项之差距可能较大（书中已在题号后加"＊"提醒）。

（2）"疑问解答"部分对于规范条文的解释，读者可以择关键者将其标注于规范的空白处，以提高考试时的查找速度。附录表格可直接供考试时查找之用。

（3）本书给出的解题过程尽可能详尽，并适时指出解答过程中可能出现的错误，这只是为了读者看得更清楚，并不表明考试答题时必须如此这般。相反，考试过程中写在试卷上的答题过程应尽量简练（以使评卷人能看清楚答题思路为限）。

（4）读者可以登录"中华钢结构论坛"（www.okok.org）和"注册结构工程师论坛"（www.pqrse.com）参与讨论。

（5）由于知识庞杂，编者认识水平有限，解题过程以及观点难免会有不当之处，欢迎指正。可发电子邮件至 zqfok@126.com 或 szw56789@yahoo.com.cn，必有回复。

致谢

感谢"中华钢结构论坛"的袁鑫、万叶青、戴夫聪，以及"注册结构工程师论坛"的张政文对作者的大力支持和鼓励。感谢中华钢结构论坛，正是通过该平台，使得我们可以与众多网友进行有益的、讨论式的互动，令我们受益匪浅。感谢白建方博士和王依群博士，他们的指点为本书增色不少。张庆岚、董石伟、宋喆、李维达、廖志泓、谷海敏、岳文海等同学为文稿录入付出了辛苦的劳动，作者一并在此表示谢意。

2010 年 12 月

目 录

上 册

1 混凝土结构 1
   1.1 试题 3
   1.2 答案 27
   1.3 疑问解答 58

2 钢结构 119
   2.1 试题 121
   2.2 答案 143
   2.3 疑问解答 174

3 砌体结构 245
   3.1 试题 247
   3.2 答案 265
   3.3 疑问解答 287

4 木结构 317
   4.1 试题 319
   4.2 答案 322
   4.3 疑问解答 327

5 2009 年试题与解答 331
   5.1 2009 年试题 333
   5.2 2009 年试题解答 351

6 2010 年试题与解答 377
   6.1 2010 年试题 379
   6.2 2010 年试题解答 396

7 2011 年试题与解答 419
   7.1 2011 年试题 421

	7.2 2011年试题解答	446
8	**2012年试题与解答**	**473**
	8.1 2012年试题	475
	8.2 2012年试题解答	497
9	**2013年试题与解答**	**523**
	9.1 2013年试题	525
	9.2 2013年试题解答	551
10	**2014年试题与解答**	**583**
	10.1 2014年试题	585
	10.2 2014年试题解答	609

下　册

11	**地基基础**	**637**
	11.1 试题	639
	11.2 答案	656
	11.3 疑问解答	677
12	**高层建筑结构**	**729**
	12.1 试题	731
	12.2 答案	753
	12.3 疑问解答	780
13	**桥梁结构**	**839**
	13.1 试题	841
	13.2 答案	850
	13.3 疑问解答	860
14	**2016年试题与解答**	**885**
	14.1 2016年试题	887
	14.2 2016年试题解答	908
15	**2017年试题与解答**	**933**
	15.1 2017年试题	935
	15.2 2017年试题解答	960

16　2018年试题与解答 ·· 985
16.1　2018年试题 ·· 987
16.2　2018年试题解答 ·· 1013

17　2019年试题与解答 ·· 1041
17.1　2019年试题 ·· 1043
17.2　2019年试题解答 ·· 1070

18　2020年试题与解答 ·· 1095
18.1　2020年试题 ·· 1097
18.2　2020年试题解答 ·· 1121

19　专题聚焦 ·· 1161
19.1　截面特征 ·· 1163
19.2　影响线 ·· 1177
19.3　构件内力与变形计算 ·· 1187
19.4　风荷载 ·· 1203

附录 ·· 1215
附录1　常用表格 ·· 1217
　　附表1-1　混凝土强度标准值、设计值与弹性模量 ·· 1217
　　附表1-2　钢筋强度设计值与弹性模量 ·· 1217
　　附表1-3　梁的最小配筋率 ·· 1217
　　附表1-4　界限相对受压区高度 ·· 1217
　　附表1-5　普通钢筋截面面积、质量表 ·· 1218
　　附表1-6　在钢筋间距一定时板每米宽度内钢筋截面面积（单位：mm^2） ·············· 1218
　　附表1-7　螺栓（或柱脚锚栓）的有效截面面积 ·· 1219
　　附表1-8　轴心受压构件的截面分类（板厚 $t<40mm$） ································ 1219
　　附表1-9　轴心受压构件的截面分类（板厚 $t \geqslant 40mm$） ·························· 1220
　　附表1-10　a类截面轴心受压构件的稳定系数 φ ···································· 1221
　　附表1-11　b类截面轴心受压构件的稳定系数 φ ···································· 1221
　　附表1-12　c类截面轴心受压构件的稳定系数 φ ···································· 1222
　　附表1-13　d类截面轴心受压构件的稳定系数 φ ···································· 1223
　　附表1-14　无侧移框架柱的计算长度系数 μ ·· 1223
　　附表1-15　有侧移框架柱的计算长度系数 μ ·· 1224
　　附表1-16　无筋砌体矩形截面偏心受压构件承载力影响系数 φ（砂浆强度等级≥M5） ······ 1225
　　附表1-17　无筋砌体矩形截面偏心受压构件承载力影响系数 φ（砂浆强度等级 M2.5） ······ 1225

附表 1-18　无筋砌体矩形截面偏心受压构件承载力影响系数 φ（砂浆强度 0）……… 1226
附表 1-19　网状配筋砖砌体矩形截面偏心受压构件承载力影响系数 φ_n ……… 1226

附录 2　热轧型钢规格及截面特性 …………………………………………… 1228

附表 2-1　热轧普通工字钢的规格及截面特性（依据 GB/T 706—2016）……… 1228
附表 2-2　热轧普通槽钢的规格及截面特性（依据 GB/T 706—2016）……… 1231
附表 2-3　热轧等边角钢的规格及截面特性（依据 GB/T 706—2016）……… 1233
附表 2-4　热轧不等边角钢的规格及截面特性（依据 GB/T 706—2016）……… 1238
附表 2-5　热轧 H 型钢规格及截面特性（依据 GB/T 11263—2017）……… 1241
附表 2-6　T 型钢规格及截面特性（依据 GB/T 11263—2017）……… 1245

附录 3　梁的内力与变形 …………………………………………………… 1248

附表 3-1　单跨梁的内力与变形 …………………………………………… 1248
附表 3-2　两跨梁的内力系数表 …………………………………………… 1251
附表 3-3　三跨梁的内力系数表 …………………………………………… 1252
附表 3-4　四跨梁的内力系数表 …………………………………………… 1253
附表 3-5　五跨梁的内力系数表 …………………………………………… 1255

附录 4　计算能力训练 ……………………………………………………… 1258

4.1　计算器操作 …………………………………………………………… 1258
4.2　训练题 ………………………………………………………………… 1260
4.3　训练题答案 …………………………………………………………… 1262

附录 5　全国一级注册结构工程师专业考试所使用的规范、标准、规程 ……… 1264

参考文献 …………………………………………………………………… 1266

1 混凝土结构

1.1 试　题

题 1~2

有一现浇混凝土框架结构,受一组水平荷载作用,如图 1-1-1 所示。括号内数字为各梁与柱的相对线刚度。由于梁的线刚度与柱的线刚度之比大于 3,节点转角 θ 很小,它对框架的内力影响不大,可以简化为反弯点法求解杆件内力。顶层及中间层柱的反弯点高度为 1/2 柱高,底层反弯点高度为 2/3 柱高。

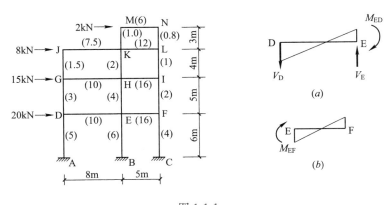

图 1-1-1
(a) 梁 DE；(b) 梁 EF

1. 已知梁 DE 的 $M_{ED}=24.5\mathrm{kN \cdot m}$,试问,梁端剪力 V_D（kN）与以下何项数值最为接近?
   A. 9.4　　　　B. 2.08　　　　C. 6.8　　　　D. 5.7

2. 假定 M_{ED} 未知,试求梁 EF 的梁端弯矩 M_{EF}（kN·m）,该值与以下何项数值最为接近?
   A. 63.8　　　　B. 24.5　　　　C. 36.0　　　　D. 39.3

题 3~4

现浇钢筋混凝土民用建筑框架结构（无库房及机房）,其边柱某截面在各种荷载（标准值）作用下的 M、N 内力如下:

静载: $M=-23.2$, $N=56.5$;
活载 1: $M=14.7$, $N=30.3$;
活载 2: $M=-18.5$, $N=24.6$;
左风: $M=45.3$, $N=-18.7$;
右风: $M=-40.3$, $N=16.3$;

弯矩单位为"kN·m",轴力单位为"kN";活载 1、活载 2 均为竖向荷载,且二者不同时出现。

提示:依据《建筑结构可靠性设计统一标准》GB 50068—2018 进行荷载效应组合。

3. 当在组合中取该边柱的轴向力为最小时，试问，相应的 M (kN·m)、N (kN) 的组合设计值，应与下列何组数值最为接近？

A. 28，45   B. 45，28
C. 38，45   D. 45，38

4. 在组合中取该边柱的弯矩为最大时，其相应的 M (kN·m)、N (kN) 的组合设计值，应与下列何组数值最为接近？

A. −84，115   B. −110，94
C. −110，124   D. −94，125

题 5. 某现浇钢筋混凝土民用建筑，框架结构，无库房，属于一般结构，抗震等级为二级。作用在结构上的活载仅为按照等效均布荷载计算的楼面活载；水平地震作用和竖向地震作用的相应增大系数为 1.0，已知其底层边柱的底端受各种荷载产生的内力值（标准值，单位：kN·m，kN）如下：

静载：$M=32.5$，$V=18.7$；
活载：$M=21.5$，$V=14.3$；
左风：$M=28.6$，$V=-16.4$；
右风：$M=-26.8$，$V=15.8$；
左地震：$M=53.7$，$V=-27.0$；
右地震：$M=-47.6$，$V=32.0$；
竖向地震：$M=16.7$，$V=10.8$；

试问，当对该底层边柱的底端进行截面配筋设计时，按强柱弱梁、强剪弱弯调整后，其 M (kN·m) 和 V (kN) 的最大组合设计值，应与下列何组数值最为接近？

A. 142.23，87.14   B. 182.57，141.61
C. 152.66，117.03   D. 122.13，93.62

题 6. 某框架-剪力墙结构，框架抗震等级为二级，电算结果显示框架柱在有地震组合时轴压比为 0.6，该柱截面配筋用平法表示见图 1-1-2。该 KZ1 柱纵向受力钢筋为 HRB335，箍筋为 HPB300，混凝土强度等级为 C30，纵向钢筋保护层厚度为 30mm。

试问：KZ1 在加密区的体积配箍率 $[\rho_v]$ 与实际体积配箍率 ρ_v 的比值，与下列何项数值最为接近？

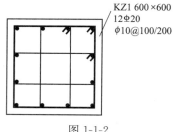

图 1-1-2

A. 0.89   B. 0.76
C. 1.12   D. 0.68

题 7～8

有一多层框架-剪力墙结构的 L 形底部加强区剪力墙，如图 1-1-3 所示，8 度抗震设防，抗震等级为二级，混凝土强度等级为 C40，暗柱（配有纵向钢筋部分）的受力钢筋采用 HRB335，暗柱的箍筋和墙身的分布钢筋采用 HPB300，该剪力墙身的竖向和水平向的双向分布钢筋均为 $\phi12@200$，在重力荷载代表值作用下墙肢的轴压力设计值 $N=5880.5$ kN。

7. 试问，当该剪力墙加强部位允许设置构造边缘构件时，其在重力荷载代表值作用

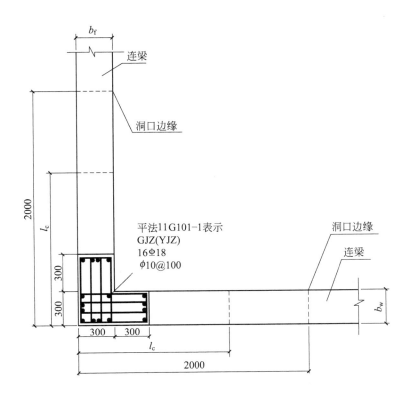

图 1-1-3

下的底截面最大轴压比限值 $\mu_{N,max}$，与该墙的实际轴压比 μ_N 的比值，应与下列何项数值最为接近？

A. 0.72　　　B. 0.91　　　C. 1.08　　　D. 1.15

8. 假定重力荷载代表值产生的轴压力设计值修改为 $N=8480.4kN$，其他数据不变，试问，剪力墙约束边缘构件沿墙肢的长度 l_c（mm），应与下列何项数值最为接近？

A. 450　　　B. 540　　　C. 600　　　D. 650

题9. 某框架-剪力墙结构，其底层框架柱截面尺寸 $b×h=800mm×1000mm$，混凝土强度等级采用 C60，且框架柱为对称配筋，其纵向受力钢筋采用 HRB400，试问，该柱作偏心受压计算时，其界限相对受压区高度 ξ_b 与下列何项数值最为接近？

A. 0.499　　　B. 0.517　　　C. 0.512　　　D. 0.544

题10. 有一框架结构，抗震等级二级，其边柱的中间层节点，如图 1-1-4 所示，计算时按照刚接考虑；梁上部受拉钢筋采用 HRB335，4Φ28，混凝土强度等级为 C40，纵向受力钢筋保护层厚度 $c_s=30mm$，试问，l_1+l_2（mm）最合理的长度与下列何项数值最为接近？

A. 870　　　B. 840　　　C. 770　　　D. 750

题11. 在北京地区的某花园水榭走廊，是一露天敞开的钢筋混凝土结构。有一矩形截面简支梁，其截面尺寸与配筋如图 1-1-5 所示。安全等级为二级。梁采用 C30 混凝土，单筋矩形梁，纵向受力筋采用 HRB335。已知相对受压区高度 $\xi=0.2369$，试问，该梁能承受的非地震组合的弯矩设计值 M（kN·m），与下列何项数值最为接近？

  A. 140.3   B. 158.4   C. 147.9   D. 151.6

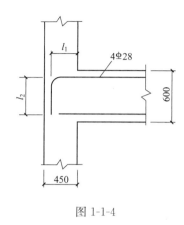

图 1-1-4

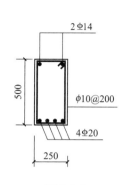

图 1-1-5

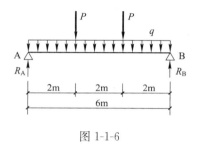

图 1-1-6

题 12～13

有一非抗震结构的简支独立主梁，如图 1-1-6 所示。截面尺寸 $b \times h = 200\text{mm} \times 500\text{mm}$，混凝土强度等级为 C30，受力主筋采用 HRB335，箍筋采用 HPB300，梁受力主筋合力点至截面近边距离 $a = 35\text{mm}$。

12. 已知 $R_A = 140.25\text{kN}$，$P = 108\text{kN}$，$q = 10.75\text{kN/m}$（包括梁自重），R_A、P、q 均为设计值。试问，该梁梁端箍筋的正确配置应与下列何项数值最为接近？

  A. $\phi 6@120$（双肢）   B. $\phi 8@200$（双肢）
  C. $\phi 8@120$（双肢）   D. $\phi 8@150$（双肢）

13. 已知 $q = 10\text{kN/m}$（包括梁自重），$V_{AP}/R_A > 0.75$，V_{AP} 为集中荷载引起的梁端剪力，R_A、P、q 均为设计值；梁端已配置 $\phi 8@150$（双肢）箍筋。试问，该梁能承受的最大集中荷载设计值 P（kN），与下列何项数值最为接近？

  A. 113.47   B. 144.88   C. 100.53   D. 93.60

题 14～19

某 6 层办公楼为框架（填充墙）结构，其平面图与计算简图如图 1-1-7 所示。

已知：1～6 层所有柱截面均为 500mm×600mm；所有纵向梁（x 向）截面均为 250mm×500mm，自重 3.125kN/m；所有横向梁（y 向）截面均为 250mm×700mm，自重 4.375kN/m；所有柱、梁的混凝土强度等级均为 C40。2～6 层楼面永久荷载 5.0kN/m²，活载 2.5kN/m²；屋面永久荷载 7.0kN/m²，活载 0.7kN/m²；楼面和屋面的永久荷载包括楼板自重、粉刷与吊顶等。除屋面梁外，其他各层纵向梁（x 向）和横向梁（y 向）上均作用有填充墙（包括门窗等）均布线荷载 2.0kN/m。计算时忽略柱子自重的影响。上述永久荷载与活荷载均为标准值。

提示：计算荷载时，楼面及屋面的面积均按轴线间的尺寸计算。

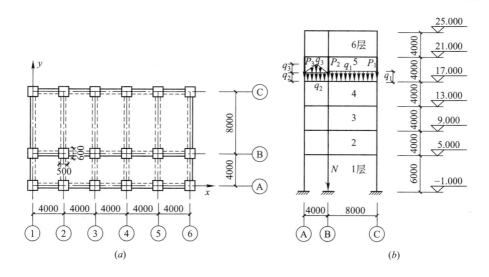

图 1-1-7
(a) 平面布置图;(b) 中间框架计算简图

14. 设计楼面梁时,作用于计算简图 17.000 标高处均布荷载设计值 q_1（kN/m）的取值,应与下列何值最为接近?

提示:(1) q_1 包括梁自重在内,且考虑楼面活载折减。

(2) 按单向板导荷。

(3) 依据《建筑结构可靠性设计统一标准》GB 50068—2018 进行荷载效应组合。

A. 47.8　　　　B. 45.7　　　　C. 42.7　　　　D. 40.2

15. 计算简图中,作用于 17.000 标高处由该层楼面永久荷载标准值引起的 q_3（kN/m）,与下列何项数值最为接近?

A. 10　　　　B. 20　　　　C. 28　　　　D. 30

16. 试问,相应于标准组合时,作用在底层中柱柱脚处的 N（kN）,与下列何项数值最为接近?

提示:(1) 考虑楼面活荷载折减;

(2) 不考虑第一层的填充墙体作用。

A. 1250　　　　B. 1480　　　　C. 1412　　　　D. 1322

17. 当对 2~6 层⑤⑥与Ⓑ©轴线间的楼板（单向板）进行计算时,假定该板的跨中弯矩为 $\frac{1}{10}ql^2$,试问,该楼板每米板带的跨中弯矩设计值 M（kN·m）,应与下列何项数值最为接近?

A. 12.00　　　　B. 16.40　　　　C. 15.20　　　　D. 14.72

18. 当平面框架在竖向荷载作用下,用分层法作简化计算时,顶层框架计算简图如图 1-1-8 所示,若用力矩分配法求顶层梁的弯矩时,试问,力矩分配系数 μ_{BA} 和 μ_{BC} 应与下列何项数值最为接近?

提示:梁的刚度放大系数取为 2.0。

A. 0.36；0.18　　　　　　　　B. 0.18；0.36

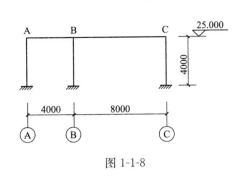

图 1-1-8

C. 0.48；0.24 D. 0.24；0.48

19. 根据抗震概念设计的要求，该楼房应作竖向不规则验算，检查在竖向是否存在薄弱层，试问，下述对该建筑是否存在薄弱层的判断，正确的是哪一项？并说明理由。

提示：（1）楼层的侧向刚度近似采用剪切刚度 $k_i=GA_i/h_i$。式中，$A_i=2.5(h_{ci}/h_i)^2 A_{ci}$；$k_i$ 为第 i 层的侧向刚度；A_{ci} 为第 i 层的全部柱的截面积之和；h_{ci} 为第 i 层柱沿计算方向的截面高度；h_i 为第 i 层的楼层高度；G 为混凝土的剪变模量。

（2）不考虑土体对框架侧向刚度的影响。

A. 无薄弱层　　　　　　　　　B. 1 层为薄弱层
C. 2 层为薄弱层　　　　　　　D. 6 层为薄弱层

题 20. 框架结构边框架梁受扭矩作用，截面尺寸及配筋采用国标 11G101-1 平法表示，如图 1-1-9 所示。该混凝土梁环境类别为一类，强度等级为 C35，钢筋用 HPB300 和 HRB335，抗震等级为二级，试问，下述哪种意见正确，说明理由？

提示：此题不执行规范"不宜"的限制条件。

A. 该梁设计符合规范要求　　　　B. 该梁设计有一处违反规范条文
C. 该梁设计有两处违反规范条文　D. 该梁设计有三处违反规范条文

题 21. 某框架结构悬挑梁见图 1-1-10，悬挑长度 2.5m，重力荷载代表值在该梁上形成的均布线荷载为 20kN/m，该框架所在地区抗震设防烈度为 8 度，设计基本地震加速度值为 0.20g。

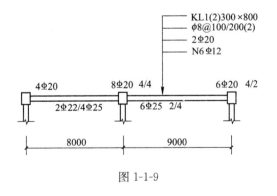

图 1-1-9

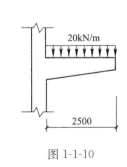

图 1-1-10

该梁用某程序计算时，未作竖向地震计算，试问，当用手算复核该梁配筋时，其支座负弯矩 M_0（kN·m），应与下列何项数值最为接近？

A. 62.50　　　B. 83.13　　　C. 75.00　　　D. 68.75

题 22. 有一现浇混凝土梁板结构，图 1-1-11 为该屋面板的施工详图；截面画有斜线的部分为剪力墙体，未画斜线的为钢筋混凝土柱。屋面板的昼夜温差较大。板厚 120mm，采用 C40 混凝土，HPB300 钢筋。

校审该屋面板施工图时，有以下几种意见。试指出何项说法是正确的，并说明理由。

提示：（1）板边支座按简支考虑；

(2) 板的负筋（构造钢筋，受力钢筋）的长度、配筋量，均已满足规范要求；

(3) 属于规范同一条中的问题，应算作一处。

A. 均符合规范要求，无问题

B. 有一处违反强规，有三处不符合一般规定

C. 有两处不符合一般规定

D. 有一处违反强规，有两处不符合一般规定

题 23～24

有一6层框架结构的角柱，其按平法11G101-1的施工图原位表示见图1-1-12。该结构为一般民用建筑，无库房区，且作用在结构上的活荷载仅为按等效均布荷载计算的楼面活荷载。框架的抗震等级为二级，环境类别为一类；采用C35混凝土，HPB300和HRB335钢筋。

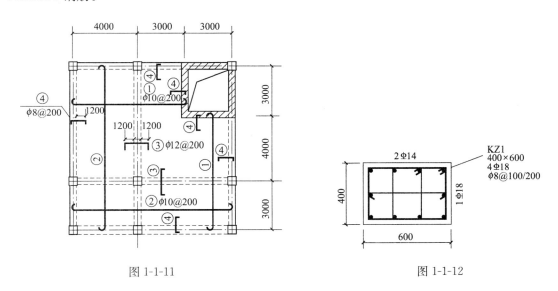

图 1-1-11   图 1-1-12

23. 各种荷载在该角柱控制截面产生的内力标准值如下：

永久荷载：$M=280.5\text{kN}\cdot\text{m}$，$N=860.00\text{kN}$；

活荷载：$M=130.8\text{kN}\cdot\text{m}$，$N=580.00\text{kN}$；

水平地震力：$M=\pm200.6\text{kN}\cdot\text{m}$，$N=\pm480.0\text{kN}$。

试问，该柱轴压比与柱轴压比限值的比值 λ，与下列何项数值最为接近？

A. 0.359 B. 0.625 C. 0.667 D. 0.508

24. 假定该角柱的轴压比 $\mu_N=0.6$。在对该施工图校审时，有如下几种意见，试问何项正确，并说明理由。

A. 有2处违反规范要求   B. 完全满足

C. 有1处违反规范要求   D. 有3处违反规范要求

题25. 某多层框剪结构，经验算其底层剪力墙应设约束边缘构件（有翼墙），该剪力墙抗震等级为二级，结构的环境类别为一类；采用C40混凝土，HPB300和HRB335钢筋。该约束边缘翼墙设置箍筋范围（即图中阴影部分）的尺寸及配筋，采用平法11G101-1表示于图1-1-13。

当对该剪力墙翼墙校审时，有如下意见，指出其中何项正确，并说明理由。
提示：(1) 非阴影部分配筋及尺寸均满足规范要求；
(2) 该墙段轴压比＞0.4。

A. 有1处违反规范规定
B. 有2处违反规范规定
C. 有3处违反规范规定
D. 符合规范要求，无问题

题26. 有一商住楼，为框架结构，地下2层，地上6层。地下2层为六级人防，地下一层为自行车库，其剖面如图1-1-14所示。

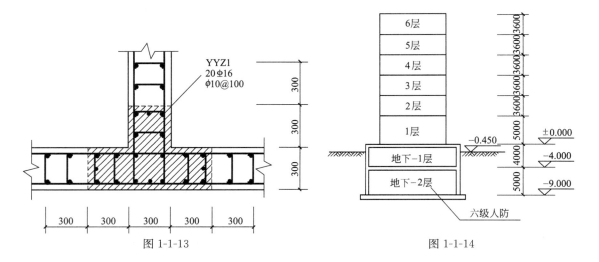

图 1-1-13　　　　　　　　　　　图 1-1-14

已知：(1) 地下室柱配筋比地上柱大10%；

(2) 地下室±0.000处顶板厚160mm，采用分离式配筋，负筋 Φ16@150，正筋 Φ14@150；

(3) 人防顶板厚250mm，顶板（标高−4.000处）采用 Φ20 双向钢筋网；

(4) 各楼层的侧向刚度比为：$\dfrac{K_{-2}}{K_{-1}}=2.5$，$\dfrac{K_{-1}}{K_1}=1.8$，$\dfrac{K_1}{K_2}=1.8$。

在结构分析时，上部结构的嵌固端应取在何处？试指出以下哪种意见正确，并说明理由。

A. 取在地下二层的板底顶面（标高−9.000处），不考虑土体对结构侧向刚度的影响
B. 取在地下一层的板底顶面（标高−4.000处），不考虑土体对结构侧向刚度的影响
C. 取在地上一层的底板顶面（标高 0.000处），不考虑土体对结构侧向刚度的影响
D. 取在地下一层的板底顶面（标高−4.000处），并考虑回填土对结构侧向刚度的影响

题27. 下述对组合结构的认识，哪一项是错误的？
A. 型钢混凝土框架柱中，型钢的最小混凝土保护层厚度宜取为200mm
B. 型钢混凝土框架梁挠度验算时采用准永久组合，并考虑长期作用的影响
C. 型钢混凝土框架柱中，受力型钢的含钢率不宜大于10%，否则应增加纵向钢筋
D. 钢材的抗拉强度标准值取为钢材的屈服强度

题 28～31

某钢筋混凝土 T 形截面简支梁,安全等级为二级,C25 混凝土,荷载简图及截面尺寸如图 1-1-15 所示。梁上作用有均布静荷载 g_k,均布活荷载 p_k,集中静荷载 G_k,集中活荷载 P_k;各种荷载均为标准值。

提示:依据《建筑结构可靠性设计统一标准》GB 50068—2018 进行荷载效应组合。

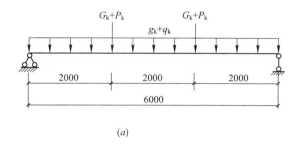
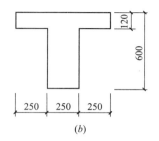

图 1-1-15
(a)荷载简图;(b)梁截面尺寸

28. 当梁纵向受拉钢筋采用 HRB400 且不配置受压钢筋,且 $a_s=65$mm 时,试问,该梁能承受的最大弯矩设计值(kN·m),与下列何项最为接近?
A. 450 B. 523 C. 666 D. 688

29. 已知:$a_s=65$mm,$f_{yv}=270$N/mm²,$f_t=1.27$N/mm²,$g_k=q_k=4$kN/m,$G_k=P_k=50$kN;箍筋采用 HPB300 钢筋。试问,当采用双肢箍且箍筋间距为 200mm 时,该梁斜截面所需的单肢截面积(mm²),与下列何项数值最为接近?
A. 69 B. 79 C. 92 D. 108

30. 假定该梁梁端支座均改为固定支座,且 $g_k=q_k=0$(忽略梁自重),$G_k=P_k=58$kN,集中荷载作用点分别有同方向的集中扭矩作用,其设计值均为 12kN·m;$a_s=65$mm。已知腹板、翼缘的矩形截面受扭塑性抵抗矩分别为 $W_{tw}=16.15\times10^6$mm³,$W_{tf}=3.6\times10^6$mm³。试问,集中荷载作用下该剪扭构件混凝土受扭承载力降低系数与下列何项数值最为接近?
A. 0.60 B. 0.69 C. 0.79 D. 1.0

31. 假定该梁底部配置有 4⌀22 纵向受拉钢筋,按荷载效应准永久组合计算的跨中截面纵向钢筋应力 $\sigma_{sq}=268$N/mm²,已知 $A_s=1520$mm²,$E_s=2.0\times10^5$N/mm²,$f_{tk}=1.78$N/mm²,纵向受力钢筋保护层厚度 $c_s=35$mm。试问,该梁按荷载效应准永久组合并考虑长期作用影响的裂缝最大宽度(mm),应与下列何项数值最为接近?
A. 0.22 B. 0.29 C. 0.35 D. 0.45

题 32～38

某单层双跨等高钢筋混凝土柱厂房,其平面布置图、排架简图及边柱尺寸如图 1-1-16 所示。该厂房每跨各设有 20/5t 桥式软钩吊车两台,吊车工作级别为 A5 级,吊车参数见表 1-1-1。

提示:取 1t=10kN。

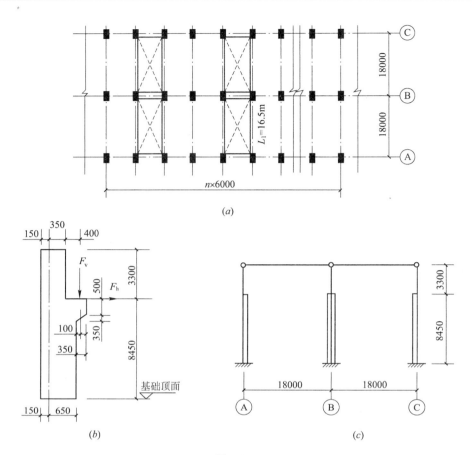

图 1-1-16
(a) 平面布置图；(b) 边柱尺寸图；(c) 排架简图

吊 车 参 数 表　　　　　　　　　表 1-1-1

起重量 Q (t)	吊车宽度 B (m)	轮距 K (m)	最大轮压 P_{max} (kN)	最小轮压 P_{min} (kN)	吊车总重量 G (t)	小车重 g (t)
20/5	5.94	4.00	178	43.7	23.5	6.8

32. 试问，在计算Ⓐ或Ⓒ轴纵向排架的柱间内力时所需的吊车纵向水平荷载（标准值）F (kN)，应与下列何项数值最为接近？

A. 16　　　　B. 32　　　　C. 48　　　　D. 64

33. 试问，当进行仅有的两台吊车参与组合的横向排架计算时，作用在边跨柱牛腿顶面的最大吊车竖向荷载（标准值）D_{max} (kN)、最小吊车竖向荷载（标准值）D_{min} (kN)，分别与下列何项数值最为接近？

A. 178；43.7　　B. 201.5；50.5　　C. 324；80　　D. 360；88.3

34. 已知，作用在每个吊车车轮上的横向水平荷载（标准值）为 T_Q，试问，在进行排架计算时，作用在Ⓑ轴柱上的最大吊车横向水平荷载 H（标准值），应与下列何项数值最为接近？

A. $1.2T_Q$ B. $2.0T_Q$ C. $2.4T_Q$ D. $4.8T_Q$

35. 已知，某上柱柱底截面在各荷载作用下的弯矩标准值如表 1-1-2 所示。试问，在进行排架计算时，该上柱柱底截面荷载效应组合的最大弯矩设计值 M（kN·m），应与下列何项数值最为接近？

各荷载作用下的弯矩标准值　　　　表 1-1-2

荷载类型	弯矩标准值（kN·m）	荷载类型	弯矩标准值（kN·m）
屋面恒载	19.3	吊车竖向荷载	58.5
不上人屋面活载	3.8	吊车水平荷载	18.8
屋面雪载	2.8	风荷载	20.3

提示：（1）表中给出的弯矩均为同一方向；
（2）表中给出的吊车荷载产生的弯矩标准值已考虑了多台吊车的荷载折减系数；
（3）取永久荷载、可变荷载的分项系数分别为 1.3、1.5。

A. 122.5　　B. 163.3　　C. 144.3　　D. 147.1

36. 试问，在进行有吊车荷载参与组合的计算时，该厂房柱在排架方向的计算长度 l_0（m）应与下列何项数值最为接近？

提示：该厂房为刚性屋盖。

A. 上柱：$l_0=4.1$；下柱：$l_0=6.8$　　B. 上柱：$l_0=4.1$；下柱：$l_0=10.6$
C. 上柱：$l_0=5.0$；下柱：$l_0=8.45$　　D. 上柱：$l_0=6.6$；下柱：$l_0=8.45$

37. 柱吊装验算拟按照强度验算的方法进行：吊装方法采用翻身起吊。已知某边柱的上柱柱底截面由柱自重产生的弯矩标准值 $M_k=27.2$kN·m；$a_s=35$mm。假定上柱截面配筋如图 1-1-17 所示，试问，吊装验算时，上柱截面纵向钢筋的应力 σ_s（N/mm²）应与下列何项数值最为接近？

提示：动力系数取 1.5。

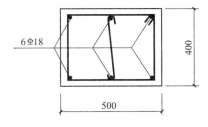

图 1-1-17

A. 132　　B. 172　　C. 198　　D. 238

38. 假设作用在边柱牛腿顶部的竖向力设计值 $F_v=300$kN，作用在牛腿顶部的水平拉力设计值 $F_h=60$kN。已知：混凝土强度等级为 C40，钢筋采用 HRB400，牛腿宽度为 400mm，$h_0=850-50=800$mm。试问，牛腿顶部所需要配置的最小纵向钢筋面积 A_s（mm²），应与下列何项数值最为接近？

A. 294　　B. 495　　C. 728　　D. 930

题 39~40

某钢筋混凝土框架结构柱，抗震等级为二级，C40 混凝土。该柱中间楼层局部纵剖面及配筋截面见图 1-1-18。已知，角柱及边柱的反弯点均在柱层高范围内。柱截面有效高度 $h_0=550$mm。

39. 假定该框架柱为中间层角柱，已知该角柱考虑地震作用组合并经过为实现"强柱弱梁"按规范调整后的柱上、下端弯矩设计值，分别为 $M_c^t=180$kN·m，$M_c^b=320$kN·m。试

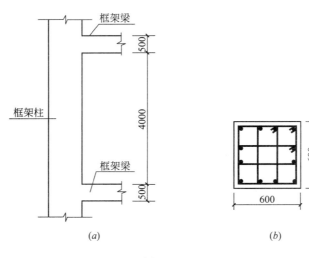

图 1-1-18
(a) 框架柱局部剖面；(b) 框架柱配筋截面

问，该柱端截面考虑地震作用组合的剪力设计值（kN），与下列何项数值最为接近？

A. 125　　　　　　　　　　B. 133
C. 150　　　　　　　　　　D. 179

40. 假定该框架柱为边柱，已知该边柱箍筋为 Φ10@100/200，$f_{yv}=300\text{N/mm}^2$；考虑地震作用组合的柱轴力设计值为 3500kN。试问，该柱箍筋非加密区斜截面受剪承载力（kN），与下列何项数值最为接近？

A. 615　　B. 653　　C. 686　　D. 710

题 41. 关于预应力构件有如下几种意见，判断其中何项正确，并简述理由。

A. 预应力构件有先张和后张两种方法，但无论采用何种方法，其预应力损失的计算值相同
B. 预应力构件的延性和耗能性能较差，所以可用于非地震地区和抗震设防烈度为 6 度、7 度和 8 度的地区；若设防烈度为 9 度的地区采用时，应由充分依据，并采取可靠措施
C. 假定在设防烈度为 8 度的地区有两根预应力框架梁，一根采用后张无粘结预应力，另一根采用后张有粘结预应力；当地震发生时，二者的结构延性和抗震性能相同
D. 某 8 度抗震设防地区，在不同抗震等级的建筑中有两根后张预应力混凝土框架梁。其抗震等级分别为一级和二级；按规范规定，两根梁的预应力强度比限值不同，前者大于后者

题 42. 某钢筋混凝土框架结构的一根预应力框架梁，抗震等级为二级，采用 C40 混凝土。其平法施工图如图 1-1-19 所示。试问，该梁跨中截面的预应力强度比 λ，应与下列何项数值最为接近？

A. 0.34　　B. 0.66　　C. 1.99　　D. 3.40

提示：预应力筋 $\phi^s 15.2$（1×7）为钢绞线，$f_{ptk}=1860\text{N/mm}^2$。

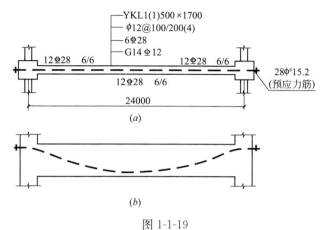

图 1-1-19
（a）平法施工图；（b）预应力筋示意图

题 43～44

某民用建筑的两跨连续钢筋混凝土单向板，两跨中间同时各作用有重量相等的设备，设备直接装置在楼面板上（无垫层），其基座尺寸为 0.6m×0.8m，如图 1-1-20 所示。楼板支承在梁和承重外墙上，已知楼板厚度为 120mm，其计算跨度取 3.0m；无设备区的操作荷载标准值为 2.5kN/m²。

43. 假定设备荷载和操作荷载在有效分布宽度内产生的等效均布活荷载标准值 $q_{ek}=6.0$kN/m²，楼板面层和吊顶荷载标准值 1.5kN/m²，试问，在进行楼板受弯承载力计算时，连续板中间支座负弯矩设计值 M（kN·m/m），应与下列何项数值最为接近？

提示：（1）双跨连续板在 A、B 轴线按简支支座考虑。

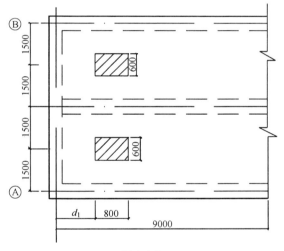

图 1-1-20

（2）依据《建筑结构可靠性设计统一标准》GB 50068—2018 进行荷载效应组合。

A. 9.5 B. 11.5 C. 13.5 D. 16.7

44. 取设备基础边缘距现浇单向板非支承边的距离 $d_1=800$mm，试问，当把板上的局部荷载折算成为等效的均布活荷载时，其有效分布宽度（m），应与下列何项数值最为接近？

A. 2.4 B. 2.6 C. 2.8 D. 3.0

题 45～46

某钢筋混凝土五跨连续梁及 B 支座配筋，如图 1-1-21 所示，混凝土采用 C30（$f_t=1.43$N/mm²，$f_{tk}=2.01$N/mm²，$E_c=3.0\times10^4$N/mm²），纵筋采用 HRB400（$E_s=2.0\times10^5$N/mm²）。

45. 已知梁截面有效高度 $h_0=660$mm，B 支座处梁上部纵向钢筋拉应力准永久值 $\sigma_{sq}=$

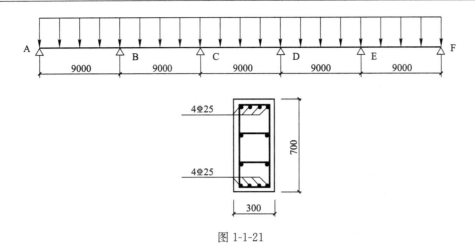

图 1-1-21

220N/mm^2，纵向受拉钢筋配筋率 $\rho=0.992\%$，按有效受拉混凝土截面计算纵向钢筋配筋率 $\rho_{te}=0.0187$，问，梁在支座处短期刚度 B_s（N·mm^2），与下列何项数值最为接近？

A. 9.27×10^{13}　　B. 9.79×10^{13}　　C. 1.15×10^{14}　　D. 1.31×10^{14}

46. 如图 1-1-22 所示，假定 AB 跨按荷载效应准永久组合并考虑长期作用影响的跨中最大弯矩截面的刚度和 B 支座处的刚度，依次分别为 $B_1=8.4\times10^{13}$N·mm^2，$B_2=6.5\times10^{13}$N·mm^2，作用在梁上的永久荷载标准值 $q_{Gk}=15$kN/m，可变荷载标准值 $q_{Qk}=30$kN/m，准永久值系数为 0.5。试问，AB 跨中点处的挠度值 f（mm），应与下列何项数值最为接近？

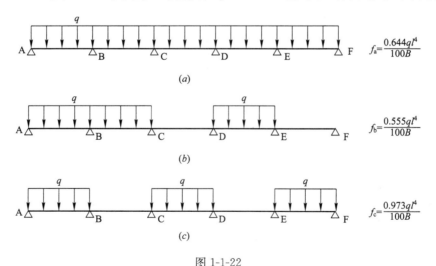

图 1-1-22

A. 19.0　　B. 22.6　　C. 30.4　　D. 34.2

题 47. 下面对钢筋混凝土结构抗震设计提出一些要求，试问，其中何项组合中的要求全部是正确的？

① 质量和刚度分布明显不对称的结构，均应计算双向水平地震作用下的扭转影响，并应与考虑偶然偏心引起的地震效应叠加进行计算。

② 特别不规则的建筑，应采用时程分析的方法进行多遇地震作用下的抗震计算，并按其计算结果进行构件设计。

③ 抗震等级为一、二级的框架，其纵向受力钢筋采用普通钢筋时，钢筋的屈服强度实测值与强度标准值的比值不应大于1.3。

④ 因设置填充墙等形成的框架柱净高与柱截面高度之比不大于4的柱，其箍筋应在全高范围内加密。

A. ①② B. ①③④ C. ②③④ D. ③④

题48. 某钢筋混凝土次梁，下部纵向钢筋配置为 4⌽20，$f_y=360\text{N}/\text{mm}^2$，混凝土强度等级为C30，$f_t=1.43\text{N}/\text{mm}^2$。在施工现场检查时，发现某处采用绑扎搭接接头，其接头方式如图1-1-23所示。试问，钢筋最小搭接长度l_l(mm)，应与下列何项数值最为接近？

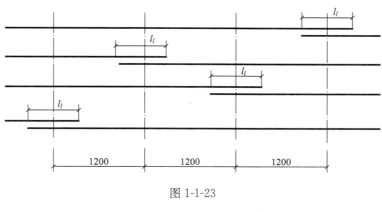

图 1-1-23

A. 846 B. 992 C. 1100 D. 1283

题 49~51

某现浇钢筋混凝土多层框架结构，抗震设防烈度为9度，抗震等级为一级；梁柱混凝土强度等级为C30，纵筋均采用HRB400级热轧钢筋，框架中间楼层某端节点平面及节点配筋如图1-1-24所示。

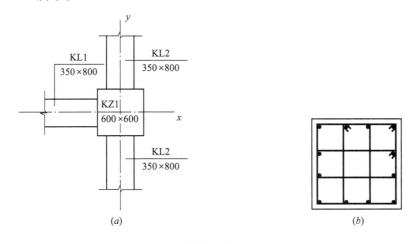

图 1-1-24
（a）节点平面示意图；（b）节点配筋示意图（梁未示出）

49. 该节点上、下楼层的层高均为4.8m，上柱的上、下端弯矩设计值分别为$M_{c1}^t=450\text{kN}\cdot\text{m}$，$M_{c1}^b=400\text{kN}\cdot\text{m}$；下柱的上、下端弯矩设计值分别为$M_{c2}^t=450\text{kN}\cdot\text{m}$，

$M_{c2}^b=600$kN·m；柱上除节点外无水平荷载作用。试问，上、下柱反弯点之间的距离 h_c（m），应与下列何项数值最为接近？

A. 4.3　　　　B. 4.6　　　　C. 4.8　　　　D. 5.0

50. 假定框架梁 KL1 在考虑 x 方向地震作用组合时的梁端最大负弯矩设计值 $M_b=650$kN·m；梁端上部和下部配筋均为 5Φ25（$A_s=A_s'=2454$mm²），$a_s=a_s'=40$mm；该节点上柱和下柱反弯点之间的距离为 4.6m。试问，在 x 方向进行节点验算时，该节点核心区的剪力设计值 V_j（kN），应与下列何项数值最为接近？

A. 988　　　　B. 1100　　　　C. 1220　　　　D. 1505

51. 假定框架梁柱节点核心区的剪力设计值 $V_j=1300$kN（沿 x 轴方向），箍筋采用 HRB335 级钢筋，箍筋间距 $s=100$mm，节点核心区箍筋的最小体积配箍率 $\rho_{v,\min}=0.67\%$；$a_s=a_s'=40$mm。试问，在节点核心区，下列何项箍筋的配置较为合适？

A. Φ8@100　　B. Φ10@100　　C. Φ12@100　　D. Φ14@100

题 52. 下述关于预应力混凝土结构设计的观点，其中何项不妥？

A. 对后张法预应力混凝土框架梁及连续梁，在满足纵向受力钢筋最小配筋率的条件下，均可考虑内力重分布
B. 后张法预应力混凝土超静定结构，在进行正截面受弯承载力计算时，在弯矩设计值中次弯矩应参与组合
C. 当预应力作为荷载效应考虑时，对承载能力极限状态，当预应力对结有利时，预应力分项系数取 1.0；不利时取 1.2
D. 预应力框架柱箍筋应沿柱全高加密

题 53. 某框架梁，抗震设防烈度为 8 度，抗震等级为二级，环境类别一类，其施工图用平法表示如图 1-1-25 所示，试问，在 KL1（3）梁的构造中（不必验算箍筋加密区长度），下列何项判断是正确的？

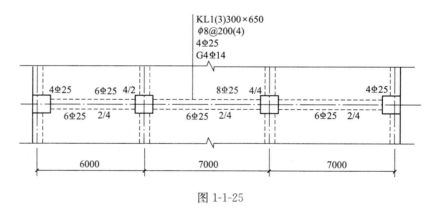

图 1-1-25

A. 未违反强制性条文　　　　B. 违反一条强制性条文
C. 违反两条强制性条文　　　　D. 违反三条强制性条文

题 54~57

某多层民用建筑，采用现浇钢筋混凝土框架结构，建筑平面形状为矩形，抗扭刚度较大，属规则框架，抗震等级为二级，梁、柱混凝土强度等级均为 C30，平行于该建筑短边方向的边榀框架局部立面，如图 1-1-26 所示。

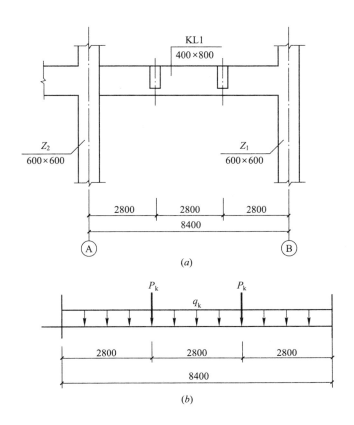

图 1-1-26

(a) 框架局部立面示意图（楼板未示出）；(b) 边跨框架梁 KL1 荷载示意图

54. 在计算地震作用时，假定框架梁 KL1 上的重力荷载代表值 $P_k=180$kN，$q_k=25$kN/m；由重力荷载代表值产生的梁端（柱边处截面）的弯矩标准值 $M_{b1}^l=260$kN·m（↶），$M_{b1}^r=-150$kN·m（↷）；由地震作用产生的梁端（柱边处截面）的弯矩标准值 $M_{b2}^l=390$kN·m（↶）；$M_{b2}^r=300$kN·m（↶）。试问，梁端最大剪力设计值 V（kN），应与下列何项数值最为接近？

A. 424　　　　B. 465　　　　C. 491　　　　D. 547

55. 已知柱 Z1 的轴力设计值 $N=3600$kN，箍筋配置如图 1-1-27 所示。试问，该柱的体积配箍率与规范规定的最小体积配箍率的比值，应与下列何项数值最为接近？

提示：纵向受力钢筋保护层厚度 $c_s=30$mm。

A. 0.63　　　　B. 0.73
C. 1.43　　　　D. 1.59

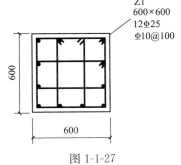

图 1-1-27

56. 若框架梁在有震情况下的梁端配筋为：梁顶部 6Φ25，梁底部 4Φ25，$a_s=60$mm，$a_s'=40$mm。试问，当考虑梁下部受压钢筋的作用时，该梁端截面的受弯承载力设计值（kN·m），与下列何项数值最为接近？

A. 648　　　　B. 725　　　　C. 824　　　　D. 902

57. 对框架角柱 Z1，若未考虑扭转耦联，求得重力荷载代表值产生的轴力标准值为 1150kN，由地震作用产生的轴力标准值为 480kN，则该柱轴压比与轴压比限值的比值 λ，与下列何项数值最为接近？

A. 0.49　　　　B. 0.40　　　　C. 0.44　　　　D. 0.55

题 58～60

钢筋混凝土单跨梁，截面及配筋如图 1-1-28 所示。采用 C40 混凝土，纵向受力钢筋为 HRB400 钢筋，箍筋以及两侧纵向构造钢筋为 HRB335。已知该梁跨中弯矩设计值 $M=1460$kN·m，轴向拉力设计值 $N=3800$kN，$a_s=a_s'=70$mm。

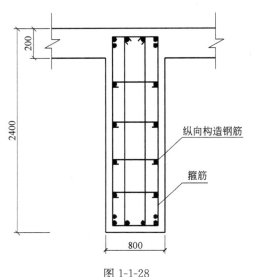

图 1-1-28

58. 试问，该梁每侧纵向构造钢筋最小配置量，应与下列何项数值最为接近？

A. 10Φ12　　　　B. 10Φ14
C. 11Φ16　　　　D. 11Φ18

59. 试问，非抗震设计时，该梁跨中截面下部纵向受力筋 A_s（mm²），应与下列何项数值最为接近？

提示：近似按矩形截面计算。

A. 3530　　　　B. 5760
C. 7070　　　　D. 8500

60. 非抗震设计时，该梁支座截面剪力设计值 $V=5760$kN，相应的轴向拉力设计值 $N=3800$kN，计算剪跨比 $\lambda=1.5$，试问，该梁支座截面的箍筋配置，应与下列何项数值最为接近？

A. 6Φ10@100　　B. 6Φ12@150　　C. 6Φ12@100　　D. 6Φ14@100

题 61～62

某单跨预应力混凝土屋面简支梁，混凝土强度等级为 C40，计算跨度 $l_0=17.7$m，要求使用阶段不出现裂缝。

61. 梁跨中截面荷载效应标准组合计算弯矩 $M_k=800$kN·m，荷载效应准永久组合计算弯矩 $M_q=750$kN·m，换算截面惯性矩 $I_0=3.4\times 10^{10}$mm⁴，试问，该梁按荷载效应标准组合并考虑荷载长期作用影响的长期刚度 B（N·mm²），应与下列何项数值最为接近？

A. 4.85×10^{14}　　B. 5.20×10^{14}　　C. 5.70×10^{14}　　D. 5.82×10^{14}

62. 该梁按荷载效应标准组合并考虑预应力长期作用产生的挠度 $f_1=56.6$mm，预加力短期反拱值 $f_2=15.2$mm，该梁在使用上对挠度要求较高。试问，该梁挠度与允许挠度 $[f]$ 之比，应与下列何项数值最为接近？

A. 0.59　　　　B. 0.76　　　　C. 0.94　　　　D. 1.28

题 63～65

某二层钢筋混凝土框架结构，如图 1-1-29 所示。框架梁刚度 EI 为无穷大，建筑场地类别Ⅲ类，抗震烈度为8度，设计地震分组为第一组，设计地震基本加速度$0.2g$，阻尼比为0.05。

63. 已知第一、二振型周期$T_1=1.1s$，$T_2=0.35s$，试问，在多遇地震作用下对应第一、二振型地震影响系数α_1、α_2，应与下列何项数值最为接近？

A. 0.07, 0.16　　B. 0.07, 0.12
C. 0.08, 0.12　　D. 0.16, 0.07

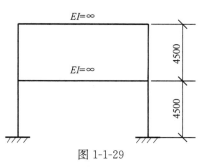

图 1-1-29

64. 当用振型分解反应谱法计算时，相应于第一、二振型水平地震作用下剪力标准值如图1-1-30所示，试问，水平地震作用下A轴底层柱剪力标准值$V(kN)$，应与下列何项数值最为接近？

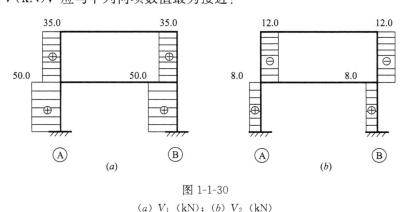

图 1-1-30
(a) V_1 (kN)；(b) V_2 (kN)

A. 42.0　　B. 48.2　　C. 50.6　　D. 58.0

65. 条件同上题，试问，当采用振型分解反应谱法计算时，顶层柱顶弯矩标准值（kN·m），应与下列何项数值最为接近？

A. 37.0　　B. 51.8　　C. 74.0　　D. 83.3

题 66～67

某房屋的钢筋混凝土剪力墙连梁，截面尺寸$b\times h=180mm\times 600mm$，抗震等级二级，净跨2.0m，混凝土强度等级C30，纵向钢筋等级HRB335，箍筋等级HPB300，$a_s=a'_s=35mm$。

66. 该连梁考虑地震作用组合的弯矩设计值$M=200.0kN\cdot m$，试问，当连梁上、下纵向受力钢筋对称布置时，下列何项钢筋配置最为合适？

提示：混凝土截面受压区高度$x<2a'_s$。

A. 2Φ20　　B. 2Φ25　　C. 3Φ22　　D. 3Φ25

67. 假定该梁重力荷载代表值作用下，按简支梁计算的梁端截面剪力设计值$V_{Gb}=18kN$，连梁左右端截面反、顺时针方向组合弯矩设计值$M^l_b=M^r_b=150.0kN\cdot m$，试问，该连梁的箍筋配置，下列何项最为合适？

提示：（1）连梁跨高比大于2.5；
（2）验算受剪截面条件式中，$\dfrac{0.2f_cbh_0}{\gamma_{RE}}=342.2kN$。

A. ϕ6@100（双肢）　B. ϕ8@150（双肢）　C. ϕ8@100（双肢）　D. ϕ10@100（双肢）

题 68. 下列关于结构规则性的判断或计算模型的选择，何项不妥？
A. 当超过梁高的错层部分面积大于该楼层总面积的 30% 时，属于平面不规则
B. 顶层及其他楼层局部收进的水平尺寸大于相邻下一层的 25% 时，属于竖向不规则
C. 抗侧力结构的层间受剪承载力小于相邻上一层的 80% 时，属于竖向不规则
D. 平面不规则或竖向不规则的建筑结构，均应采用空间结构计算模型

题 69～71

某一设有吊车的单层厂房柱（屋盖为刚性屋盖），上柱长 $H_u=3.6\text{m}$，下柱长 $H_l=11.5\text{m}$，上下柱的截面尺寸如图 1-1-31。对称配筋，$a_s=a_s'=40\text{mm}$，混凝土强度等级 C25，纵向受力钢筋 HRB335。当考虑横向水平地震组合时，在排架方向的最不利内力组合设计值为：上柱 $M=112.0\text{kN·m}$，$N=236\text{kN}$；下柱 $M=760\text{kN·m}$，$N=1400\text{kN}$。

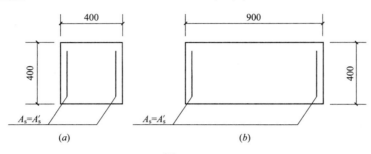

图 1-1-31
(a) 上柱截面；(b) 下柱截面

69. 当进行正截面承载力计算时，试问，该上、下柱承载力抗震调整系数 γ_{RE}，应与下列何组数值最为接近？
A. 0.75，0.75　　B. 0.75，0.80　　C. 0.80，0.75　　D. 0.80，0.80

70. 若该柱上柱的截面曲率修正系数 $\zeta_c=1.0$，$H_u/H_l>0.3$，试问，上柱在排架方向 $P-\Delta$ 效应增大系数 η_s，应与下列何项数值最为接近？
A. 1.16　　B. 1.26　　C. 1.66　　D. 1.82

71. 若该柱下柱的 $P-\Delta$ 效应增大系数 $\eta_s=1.2$，承载力抗震调整系数 $\gamma_{RE}=0.8$，求得相对界限受压区高度 $\xi_b=0.55$。试问，当采用对称配筋时，该下柱的最小纵向配筋面积 $A_s=A_s'(\text{mm}^2)$，应与下列何项数值最为接近？
A. 940　　B. 1453　　C. 1600　　D. 2189

题 72. 某地区抗震设防烈度为 7 度，下列何项非结构构件可不进行抗震验算？
A. 玻璃幕墙及幕墙的连接
B. 悬挂重物的支座及其连接
C. 电梯提升设备的锚固件
D. 建筑附属设备自重超过 1.8kN 或其体系自振周期大于 0.1s 的设备支架、基座及其锚固

题 73～75

某 6 层现浇钢筋混凝土框架结构，平面布置如图 1-1-32 所示，抗震设防烈度为 8 度，Ⅱ 类建筑场地，抗震设防类别为丙类，梁、柱混凝土强度等级均为 C30，基础顶面至一层楼盖顶面的高度为 5.2m，其余各层层高均为 3.2m。

73. 各楼层 Y 方向的地震剪力 V_i 与层间平均位移 Δu_i 之比（$K_i=V_i/\Delta u_i$）如表 1-1-3 所

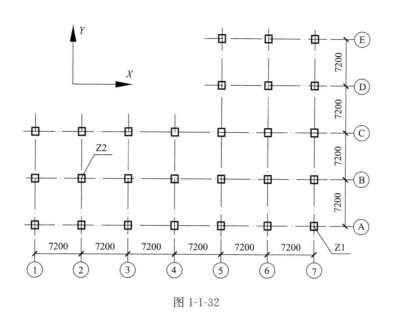

图 1-1-32

示，试问，下列关于结构规则性的判断，其中何项正确？

表 1-1-3

楼层号	1	2	3	4	5	6
$K_i = V_i/\Delta u_i$ ($\times 10^5$ N/mm)	6.39	9.16	8.02	8.01	8.11	7.77

A. 平面规则，竖向不规则 B. 平面不规则，竖向不规则
C. 平面不规则，竖向规则 D. 平面规则，竖向规则

74. 框架柱 Z1 底层断面及配筋形式如图 1-1-33 所示，纵向钢筋的混凝土保护层厚度 $c_s=30$mm，其底层有地震作用组合的轴力设计值 $N=2570$kN，箍筋采用 HPB300 钢筋，试问，下列何项箍筋配置比较合适？

A. $\phi 8@100/200$ B. $\phi 8@100$
C. $\phi 10@100/200$ D. $\phi 10@100$

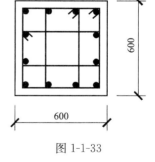

图 1-1-33

75. 框架柱 Z2 底层及 2 层的截面均为 650mm×650mm，一层顶与其相连的框架梁均为 350mm×650mm。试问，框架柱 Z2 在②轴线方向的底层计算长度 l_0（m），与下列何项数值最为接近？

A. 5.2 B. 6.0 C. 6.5 D. 7.8

题 76~78

某钢筋混凝土连续深梁如图 1-1-34 所示，混凝土强度等级为 C30，纵向钢筋采用 HRB335 级。

提示：计算跨度 $l_0=7.2$m。

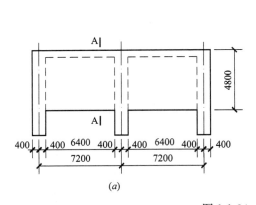
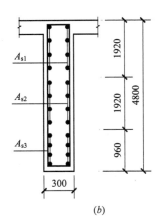

图 1-1-34
(a) 立面图；(b) A—A 剖面图

76. 假定计算出的中间支座截面纵向受拉钢筋截面面积 $A_s=3000mm^2$，试问，下列何组钢筋配置比较合适？

A. A_{s1}：2×11 ⏀ 10；A_{s2}：2×11 ⏀ 10　　B. A_{s1}：2×8 ⏀ 12；A_{s2}：2×8 ⏀ 12

C. A_{s1}：2×10 ⏀ 12；A_{s2}：2×10 ⏀ 8　　D. A_{s1}：2×10 ⏀ 8；A_{s2}：2×10 ⏀ 12

77. 支座截面按荷载效应标准组合计算的剪力值 $V_k=1050kN$，当要求该深梁不出现斜裂缝时，试问，下列关于竖向钢筋的配置，下列何项为符合规范要求的最小配筋？

A. ⏀8@200　　B. ⏀10@200　　C. ⏀10@150　　D. ⏀12@200

78. 假定在梁跨中截面下部 $0.2h$ 范围内，均匀配置纵向受拉钢筋 14 ⏀ 18（$A_s=3563mm^2$），试问，该深梁跨中截面受弯承载力设计值（kN·m），与下列何项数值最为接近？

A. 3570　　B. 3860　　C. 4320　　D. 4480

题 79. 下列关于深梁受力情况及设计要求的见解，其中何项不正确？

A. 连续深梁跨中正弯矩比一般连续梁偏大，支座负弯矩偏小

B. 在工程设计中，连续深梁的内力应由二维弹性分析确定，且不宜考虑内力重分布

C. 当深梁支承在钢筋混凝土柱上时，宜将柱伸至深梁顶

D. 深梁下部纵向受拉钢筋在跨中弯起的比例，不应超过全部纵向受拉钢筋面积的 20%

题 80～81

某单层多跨地下车库，顶板采用非预应力无梁楼盖方案，双向柱网间距均为 8m，中柱截面为 700mm×700mm。已知顶板板厚 450mm，倒锥形柱帽尺寸如图 1-1-35 所示，顶板混凝土强度等级为 C30，$a_s=40mm$。

80. 试问，在不配置抗冲切箍筋和弯起钢筋的情况下，顶板受冲切承载力设计值（kN），与下列何项数值最为接近？

A. 3260　　B. 3580　　C. 3790　　D. 4120

81. 假定该顶板受冲切承载力设计值为 3390kN,当顶板活荷载按 4kN/m² 设计时,试问,车库顶板的最大覆土厚度 H(m),与下列何项数值最为接近?

提示:(1)覆土自重按照 18kN/m³ 考虑,混凝土自重按照 25kN/m³ 考虑。

(2)按永久荷载、可变荷载分项系数分别取 1.3、1.5。

A. 1.68　　　　B. 1.88　　　　C. 2.20　　　　D. 2.48

题 82. 某折梁内折角处于受拉区,纵向受拉钢筋 3Φ18 全部在受压区锚固,其附加箍筋配置形式如图 1-1-36 所示。试问,折角两侧的全部附加箍筋,与下列何项数值最为接近?

A. 3ϕ8(双肢)　　B. 4ϕ8(双肢)　　C. 6ϕ8(双肢)　　D. 8ϕ8(双肢)

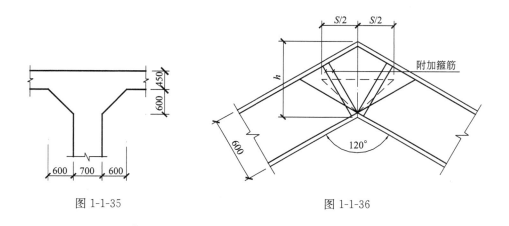

图 1-1-35

图 1-1-36

题 83~85

某办公建筑采用钢筋混凝土叠合梁,施工阶段不加支撑,其计算简图和截面如图 1-1-37 所示。已知预制构件混凝土强度等级为 C35,叠合部分混凝土强度等级为 C30,纵筋采用 HRB335,箍筋采用 HPB300。第一阶段预制梁承担的静荷载标准值 $q_{1Gk}=15$kN/m,活荷载标准值 $q_{1Qk}=18$kN/m;第二阶段预制梁承担的由面层、吊顶等产生的新增静荷载标准值 $q_{2Gk}=12$kN/m,活荷载标准值 $q_{2Qk}=20$kN/m,活荷载准永久值系数为 0.5。$a_s=a_s'=40$mm。

提示:依据《建筑结构可靠性设计统一标准》GB 50068—2018 进行荷载效应组合。

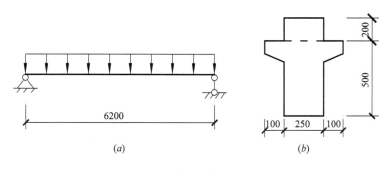

图 1-1-37
(a)计算简图;(b)剖面图

83. 试问，该叠合梁跨中弯矩设计值 M(kN·m)，与下列何项数值最为接近？

   A. 208　　　　B. 290　　　　C. 312　　　　D. 411

84. 当箍筋配置为 $\phi8@150$（双肢箍），试问，该叠合梁支座截面的剪力设计值与叠合面受剪承载力的比值，与下列何项数值最为接近？

   A. 0.41　　　B. 0.49　　　C. 0.53　　　D. 0.80

85. 当叠合梁纵向受拉钢筋配置 $4\Phi22$（$A_s=1520\text{mm}^2$）时，试问，当不考虑受压钢筋作用时，在荷载效应准永久组合下，其纵向受拉钢筋在第二阶段荷载效应准永久组合下的弯矩值 M_{2q} 作用下产生的应力增量 σ_{s2q}（N/mm^2），与下列何项数值最为接近？

   提示：预制构件正截面受弯承载力设计值 $M_{1u}=201.4$kN·m。

   A. 105　　　　B. 123　　　　C. 151　　　　D. 176

题86. 关于混凝土抗压强度设计值的确定，下列何项所述正确？

   A. 混凝土立方体抗压强度标准值乘以混凝土材料分项系数
   B. 混凝土立方体抗压强度标准值除以混凝土材料分项系数
   C. 混凝土轴心抗压强度标准值乘以混凝土材料分项系数
   D. 混凝土轴心抗压强度标准值除以混凝土材料分项系数

题87. 关于在钢筋混凝土结构和预应力钢筋混凝土结构中的钢筋选用，下列何项所述不妥？

   A. HRB400 钢筋应经试验验证后，方可用于需要验算疲劳的结构
   B. 普通钢筋宜采用热轧钢筋，且不宜采用直径超过 40mm 的钢筋
   C. 预应力钢筋宜采用预应力钢绞线、钢丝，不提倡采用冷拔低碳钢丝、冷拉钢筋
   D. 钢筋的强度标准值应具有不小于 95% 的保证率

1.2 答案

1. 答案：A

解答过程：求解 V_D 要用到节点 D 处的弯矩 M_{DE}，而求解 M_{DE} 则需要考虑节点 D 处的弯矩平衡。

底层的 DA 柱受到的剪力为

$$V_{DA} = \frac{5}{5+6+4} \times (2+8+15+20) = 15\text{kN}$$

从而，引起的弯矩为 $M_{DA} = 15 \times (1/3 \times 6) = 30\text{kN} \cdot \text{m}$

DG 柱受到的剪力为

$$V_{DG} = \frac{3}{3+4+2} \times (2+8+15) = 8.33\text{kN}$$

从而，引起的弯矩为 $M_{DG} = 8.33 \times (1/2 \times 5) = 20.83\text{kN} \cdot \text{m}$

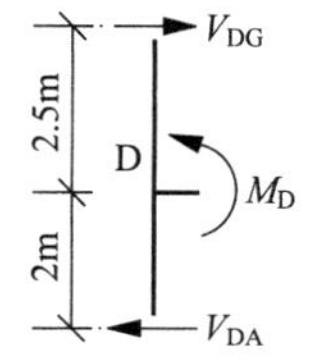

图 1-2-1

如图 1-2-1 所示，依据 D 节点处的平衡条件，可知 M_D 应为逆时针方向，大小为：

$$M_D = 30 + 20.83 = 50.83\text{kN} \cdot \text{m}$$

取 DE 为隔离体，如题目中的 a 图，对 E 点取矩建立平衡方程，求出梁端剪力 V_D 为：

$$V_D = (50.83 + 24.5)/8 = 9.4\text{kN}，故选择 A。$$

2. 答案：D

解答过程：EB 柱受到的剪力为

$$V_{EB} = \frac{6}{5+6+4} \times (2+8+15+20) = 18\text{kN}$$

从而，引起的弯矩为 $M_{EB} = 18 \times (1/3 \times 6) = 36\text{kN} \cdot \text{m}$

EH 柱受到的剪力为

$$V_{EH} = \frac{4}{3+4+2} \times (2+8+15) = 11.11\text{kN}$$

从而，引起的弯矩为 $M_{EH} = 11.11 \times (1/2 \times 5) = 27.78\text{kN} \cdot \text{m}$

考虑节点 E 处的平衡，并且 M_{ED}、M_{EF} 按照线刚度分配，于是

$$M_{EF} = \frac{16}{16+10} \times (36+27.78) = 39.2\text{kN} \cdot \text{m}，故选择 D。$$

点评：当对框架结构承受水平力作用时，内力近似计算可采用反弯点法或 D 值法，各方法的假定以及计算过程，见本书"构件内力与变形计算"一节。

3. 答案：B

解答过程：依据《建筑结构荷载规范》GB 50009—2012 的 3.2.3 条、3.2.4 条，将永久荷载分项系数取为 1.0；不考虑活载 1、活载 2；考虑左风参与组合，分项系数取为

1.5。得到的最小轴压力设计值为：
$$N = 1.0 \times 56.5 + 1.5 \times (-18.7) = 28.45 \text{kN}$$

对应的，弯矩取值为
$$M = 1.0 \times (-23.2) + 1.5 \times 45.3 = 44.75 \text{kN} \cdot \text{m}$$

故选择 B。

点评：对于本题，有以下几点需要说明：

(1) 通常，内力越大，需要设计时构件的截面尺寸取值更大些，也就是更不利，因此，应按照最大的那个组合内力进行设计，这就使得《建筑结构荷载规范》3.2.3 条中所谓的"取用最不利的效应设计值"通常指的是取各种组合时内力（例如，弯矩、剪力、轴力）的最大值。今题目要求计算轴向力的最小值，因此，这里应理解成 N 值越小越不利，即应取各种组合的最小值。

(2) 由于活荷载可以存在也可以不存在，故当其效应为有利时，分项系数取为零。

(3) 《高层建筑混凝土结构技术规程》JGJ 3—2010（以下简称《高规》）的 5.6.1 条规定，当永久荷载起控制作用时风荷载组合值系数取为 0.0，此规定与 2002 年的版本相同，同时，也与 2001 年的《建筑结构荷载规范》（以下简称《荷载规范》）3.2.3 条注释 3 一致，原文为："当考虑以竖向的永久荷载效应控制的组合时，参与组合的可变荷载仅限于竖向荷载。"但是，2006 年《荷载规范》局部修订时已经删去此规定，2012 年的《荷载规范》此处保持与局部修订版相同。据此，笔者认为，2010 版《高规》5.6.1 条关于风荷载组合值系数 ψ_w 的规定不妥，应以 2012 版《荷载规范》为准。

(4) 今将风荷载组合值系数总结如下：

持久状况和短暂状况下，一般取 $\psi_w = 0.6$，但将风荷载作为主导可变荷载时，取 $\psi_w = 1.0$。依据为《荷载规范》8.1.4 条、3.2.3 条。

地震状况下，60m 以上的高层建筑取 $\psi_w = 0.2$，否则取 $\psi_w = 0$（即不考虑风荷载）。依据为《高规》表 5.6.4。

4. 答案：C

解答过程：要求弯矩最大，实际上是弯矩绝对值最大，故应取与静载弯矩符号一致的活载 2 和右风参与组合。

$M = 1.3 \times (-23.2) + 1.5 \times (-40.3) + 0.7 \times 1.5 \times (-18.5) = -110.04 \text{kN} \cdot \text{m}$

$N = 1.3 \times 56.5 + 1.5 \times 16.3 + 0.7 \times 1.5 \times 24.6 = 123.73 \text{kN}$

故选择 C。

5. 答案：B

解答过程：由于为一般结构，依据《建筑抗震设计规范》GB 50011—2010 的 5.3 节，不考虑竖向地震作用。又依据 5.4.1 条，不考虑风荷载。组合后的弯矩为
$$M = 1.2 \times (32.5 + 0.5 \times 21.5) + 1.3 \times 53.7 = 121.71 \text{ kN} \cdot \text{m}$$

依据 6.2.3 条，二级框架结构底层柱下端截面弯矩要乘以 1.5，于是，调整后的弯矩为
$$1.5 \times 121.71 = 182.57 \text{kN} \cdot \text{m}$$

不考虑风荷载与竖向地震作用得到的剪力组合值为
$$V = 1.2 \times (18.7 + 0.5 \times 14.3) + 1.3 \times 32 = 72.62 \text{ kN}$$

依据 6.2.5 条，二级框架时剪力增大系数为 1.3；同时，考虑到剪力是由弯矩求出的，弯矩的增大系数为 1.5，故这里的剪力应考虑增大系数 1.5 和 1.3。即

$$1.3 \times 1.5 \times 72.62 = 141.61 \text{kN}$$

故选择 B。

点评：对于本题，有以下两点需要说明：

(1) 题干所说的"一般结构"，含义不够明确，应理解为多层的丙类建筑（非大跨度、非长悬臂）。朱炳寅、陈富生《建筑结构设计新规范综合应用手册》（第二版）第 5 页给出了一般多层民用建筑（层数<10 层，房高 $H \leqslant 28$m）的荷载组合公式，认为，考虑抗震时，应计入水平地震作用而不考虑竖向地震作用，以及不与风荷载进行组合。实际上，对照《建筑抗震设计规范》GB 50011—2010（以下简称《抗规》）的 5.3 节条件，可以判断是否计入竖向地震作用；《抗规》5.4.1 条指出风荷载组合值系数对"一般结构"取 $\psi_w = 0.0$，实际上是指在地震状况下，只有建筑高度 60m 以上时才考虑风荷载。

(2) 柱端剪力要考虑"强柱弱梁"调整，即，在节点处把按照力矩平衡得到的柱端弯矩放大；考虑"强剪弱弯"调整，是对于柱端考虑力矩平衡求算剪力时要把弯矩放大。可见，由结构分析计算得到的剪力需要两次放大。

本题中，柱底处弯矩增大系数为 1.5，柱顶处弯矩增大系数由于已知条件不足而未知。这是因为，柱顶处弯矩依据《抗规》6.2.2 条进行"强柱弱梁"调整，调整后的弯矩与调整前的弯矩比值才是实际的增大系数，并不是直接取 η_c（尽管二级时对框架结构 $\eta_c = 1.5$）。在此情况下为了解题，将柱顶处弯矩增大系数也按 1.5 考虑。

6. 答案：D

解答过程：依据《建筑抗震设计规范》GB 50011—2010 的表 6.3.9，二级、复合箍、轴压比 0.6，箍筋最小配箍特征值 $\lambda_v = 0.13$。混凝土强度等级低于 C35，应按 C35 计算，故 $f_c = 16.7 \text{N/mm}^2$。柱箍筋加密区体积配箍率

$$[\rho_v] = \lambda_v \frac{f_c}{f_{yv}} = 0.13 \times \frac{16.7}{270} = 0.804\% > 0.6\%$$

满足二级时 $[\rho_v]$ 最小为 0.6% 的要求。

实际的体积配箍率为

$$\rho_v = \frac{(600 - 2 \times 30 + 10) \times 8 \times 78.5}{(600 - 2 \times 30)^2 \times 100} = 1.184\%$$

$$[\rho_v]/\rho_v = 0.804/1.184 = 0.679$$

故选择 D。

点评：对于本题，有以下几点需要说明：

(1) 与 2001 版《建筑抗震设计规范》相比，2010 版及以后的 2016 版在计算箍筋体积配箍率时，删除了"计算中应扣除重叠部分的箍筋体积"，但如何处理并没有具体给出。所以，一般认为仍按原来的做法，相当于与现行的《混凝土结构设计规范》以及《高层建筑混凝土结构技术规程》保持一致。

(2) 箍筋的体积配箍率 ρ_v 按照下式计算：

$$\rho_v = \frac{n_1 l_1 A_{s1} + n_2 l_2 A_{s2}}{A_{cor} s}$$

式中，$l_1 = b - 2c_s + d$，$l_2 = h - 2c_s + d$，$A_{cor} = (b - 2c_s) \times (h - 2c_s)$，这里，$b$、$h$ 分别

为截面宽度和高度，c_s 为纵筋保护层厚度（这里要注意 2015 版《混凝土结构设计规范》中"保护层厚度"概念与 2002 版相比有变化），d 为箍筋直径。

为了简化计算且偏于安全，也可以取 $l_1 = b - 2c_s$，$l_2 = h - 2c_s$ 进行计算。

7. 答案：C

解答过程：依据《建筑抗震设计规范》GB 50011—2010 的表 6.4.5-1，二级时，抗震墙设置构造边缘构件的最大轴压比为 0.3。

实际的轴压比为

$$\mu_N = \frac{N}{f_c A} = \frac{5880.5 \times 10^3}{19.1 \times (2000 \times 2 - 300) \times 300} = 0.277$$

$$\mu_{N,\max} / \mu_N = 0.3 / 0.277 = 1.08$$

故选择 C。

点评：对于本题，有以下几点需要说明：

(1) 本题有改动。原题给出 N 值时称作"剪力墙承受的重力荷载代表值"，不明确，故作出改动。

(2) 剪力墙轴压比计算时，N 应取为"重力荷载代表值作用下墙肢的轴压力设计值"，若以 G 表示永久荷载引起的轴力、Q 表示等效均布活荷载引起的轴力，则 $N = 1.2(G + 0.5Q)$。

(3) 原题给出的 N 若认为是重力荷载代表值 $G + 0.5Q$，则最终的计算结果为 0.9，选择 B。此时，因为实际轴压比超出设置构造边缘构件的轴压比，与题目已知条件"该剪力墙加强部位允许设置构造边缘构件"矛盾。

(4) 抗震设计时，对于框架柱和剪力墙，都需要计算轴压比，但二者在计算轴压力时是有差别的：对于框架柱，N 取轴压力设计值，即取最不利荷载组合引起的轴压力设计值。

8. 答案：C

解答过程：依据《建筑抗震设计规范》GB 50011—2010 的表 6.4.5-3 确定。

墙肢轴压比 $$\lambda = \frac{8480.4 \times 10^3}{19.1 \times (2000 \times 2 - 300) \times 300} = 0.4$$

二级、$\lambda \leq 0.4$，l_c 应取 $0.10h_w$、$b_f + 300$ 的较大者，今 $0.10h_w = 0.10 \times 2000 = 200\text{mm}$，$b_f + 300 = 300 + 300 = 600\text{mm}$，故取 $l_c = 600\text{mm}$，选择 C。

点评：本题有改动，将题目给出的 N 值明确为"重力荷载代表值引起的轴压力设计值"而不是"重力荷载代表值"。

9. 答案：A

解答过程：依据《混凝土结构设计规范》GB 50010—2010 的公式（6.2.7-1）计算。

β_1 依据 6.2.6 条取值，$\beta_1 = \frac{60-50}{80-50} \times (0.74 - 0.8) + 0.8 = 0.78$。

ε_{cu} 依据公式（6.2.1-5）确定，$\varepsilon_{cu} = 0.0033 - (60 - 50) \times 10^{-5} = 0.0032$。

由表 4.2.5，HRB400 钢筋，$E_s = 2.0 \times 10^5 \text{N/mm}^2$；由表 4.2.3-1，HRB400 钢筋，$f_y = 360 \text{N/mm}^2$。

$$\xi_b = \frac{\beta_1}{1 + \frac{f_y}{E_s \varepsilon_{cu}}} = \frac{0.78}{1 + \frac{360}{2 \times 10^5 \times 0.0032}} = 0.499$$

选择 A。

10. 答案：B

解答过程：依据《混凝土结构设计规范》GB 50010—2010 的 11.6.7 条，有 $l_1 \geq 0.4 l_{abE}$，$l_2 = 15d$，$l_{abE} = \zeta_{aE} l_{ab}$。由 11.1.7 条，二级抗震，$\zeta_{aE} = 1.15$。

l_{ab} 依据 8.3.1 条求得，为

$$l_{ab} = \alpha \frac{f_y}{f_t} d = 0.14 \times \frac{300}{1.71} \times 28 = 688 \text{mm}$$

从而，$l_1 \geq 0.4 l_{abE} = 0.4 \times 1.15 \times 688 = 316 \text{mm}$。考虑到该钢筋应伸至节点对边，因此，$l_1$ 取 316mm 不足，应取为 $450 - 30 = 420 \text{mm}$。

$$l_2 = 15d = 15 \times 28 = 420 \text{mm}$$

于是，$l_1 + l_2 = 420 + 420 = 840 \text{mm}$，故选择 B。

点评：解答过程应注意以下几点：

(1) 计算 l_{ab} 时 f_t 的取值，新规范规定超过 C60 按 C60 取值（旧规范是超过 C40 按 C40 取值）。

(2) 钢筋直径为 28mm 会修正 l_a 而不是 l_{ab}。

(3)《混凝土结构设计规范》GB 50010—2010 的 11.6.7 条只是给出了图示，在《高层建筑混凝土结构技术规程》JGJ 3—2010 的 6.5.5 条第 3 款有同样的规定，且有文字说明，强调指出"应伸至节点对边并向下弯折，锚固段弯折前的水平投影长度不应小于 $0.4 l_{abE}$"。

11. 答案：C

解答过程：北京地区露天环境，按照《混凝土结构设计规范》GB 50010—2010 的表 3.5.2，属于二 b 环境。依据 8.2.1 条，设计使用年限 50 年、二 b 环境，最外层钢筋保护层厚度最小值为 35mm。箍筋直径以 10mm 计，于是，$a_s = 35 + 10 + 20/2 = 55 \text{mm}$，$h_0 = 500 - 55 = 445 \text{mm}$。

$$\begin{aligned} M_u &= \alpha_1 f_c b h_0^2 \xi (1 - 0.5\xi) \\ &= 1.0 \times 14.3 \times 250 \times 445^2 \times 0.2369 \times (1 - 0.5 \times 0.2369) \\ &= 147.8 \times 10^6 \text{N} \cdot \text{mm} \end{aligned}$$

故选择 C。

点评：本题属于受弯承载力题复核，是在截面配筋已知的情况下进行。即，计算高度 h_0 根据钢筋布置求出之后，才解方程得到 ξ。但是，现在题干却未给出 h_0，相当于要求"假定"一个 h_0，逻辑上似乎不妥当。

12. 答案：D

解题过程：集中荷载引起的支座处剪力为 108kN，占支座处总剪力值的百分数为 $108/140.25 = 77\% > 75\%$，依据《混凝土结构设计规范》GB 50010—2010 的 6.3.4 条计算。

$$\frac{A_{sv}}{s} \geq \frac{V - \frac{1.75}{\lambda + 1} f_t b h_0}{f_{yv} h_0}$$

31

1 混凝土结构

式中，$h_0=h-a_s=500-35=465\text{mm}$，$\lambda=\dfrac{a}{h_0}=\dfrac{2000}{465}=4.3>3$，故取 $\lambda=3.0$。

$$\frac{A_{sv}}{s}\geqslant\frac{140.25\times10^3-\dfrac{1.75}{3+1}\times1.43\times200\times465}{270\times465}=0.654\text{mm}^2/\text{mm}$$

若用 $\phi 8$ 双肢箍筋，则需要间距 $s\leqslant 101/0.654=154\text{mm}$，选项 D 满足要求。

对选项 D 验算配箍率：

$$\rho_v=\frac{A_{sv}}{bs}=\frac{101}{200\times150}=0.337\%>0.24\frac{f_t}{f_{yv}}=\frac{0.24\times1.43}{270}=0.127\%，满足要求。$$

故选择 D。

13. 答案：A

解题过程：依据《混凝土结构设计规范》GB 50010—2010 的 6.3.4 条计算。

$$V_u=\frac{1.75}{\lambda+1}f_t bh_0+f_{yv}\frac{A_{sv}}{s}h_0$$

$$=\frac{1.75}{3+1}\times1.43\times200\times465+270\times\frac{101}{150}\times465$$

$$=142.7\times10^3\text{N}=142.7\text{kN}$$

由于 $V_u=P+\dfrac{ql}{2}$，故 $P=V_u-\dfrac{ql}{2}=142.7-\dfrac{10\times6}{2}=112.7\text{kN}$，选择 A。

14. 答案：A

解答过程：梁上的永久荷载包括 3 部分：梁本身自重、梁上填充墙的荷载、从属范围的楼面恒载。其标准值（均布线荷载形式）为：$4.375+2.0+5\times4=26.375\text{kN/m}$。

依据《建筑结构荷载规范》GB 50009—2012 的 5.1.2 条，该建筑物类型属于 1（1）项，梁从属范围为 $4\times8=32\text{m}^2>25\text{m}^2$，因此，设计楼面梁时楼面活荷载折减系数为 0.9。该梁活荷载标准值（均布线荷载形式）为：$2.5\times0.9\times4=9\text{kN/m}$。

梁上线荷载设计值为：
$$1.3\times26.375+1.5\times9=47.8\text{kN/m}$$

选择 A。

15. 答案：B

解答过程：由于板的长短边之比为 1.0，为双向板，因此，由板传来的 q_3 呈三角形。仅考虑楼面恒荷载标准值时，q_3 顶点处的值为：$5\times4=20\text{kN/m}$。选择 B。

16. 答案：D

解答过程：

（1）从属范围的恒载

楼面恒载(5 个楼层)：$5\times(4\times6\times5)=600\text{kN}$；

屋面恒载：$7\times(4\times6)=168\text{kN}$；

梁自重：$6\times(4.375\times6)+6\times(3.125\times4)=232.5\text{kN}$；

填充墙：$5\times(4+6)\times2=100\text{kN}$；

以上合计1100.5kN。

(2) 从属范围的活载

楼面活荷载：$2.5 \times 4 \times 6 \times 5 = 300$kN，依据《建筑结构荷载规范》GB 50009—2012 的表5.1.2 折减，按截面以上5层，取折减系数为0.7，$300 \times 0.7 = 210$kN

屋面活荷载：$0.7 \times 4 \times 6 = 16.8$kN

按照标准组合，可得

$$N = 1100.5 + 210 + 0.7 \times 16.8 = 1322.26 \text{kN}$$

楼面活荷载与屋面活荷载属于两种性质的荷载，同时出现时应考虑组合值系数，上式中，0.7为组合值系数。

选择 D。

17. 答案：B

解答过程：依据给出的弯矩公式并结合《建筑结构可靠性设计统一标准》GB 50068—2018 进行荷载效应组合。

$$M = \frac{1}{10}ql^2 = \frac{1}{10} \times (1.3 \times 5 + 1.5 \times 2.5) \times 4^2 = 16.4 \text{kN} \cdot \text{m}$$

故选择 B。

18. 答案：C

解答过程：依据分层法时计算时，除底层外，其他层柱的线刚度应乘以折减系数0.9。今交于B点的各杆件远端条件相同，故该点处弯矩按照各杆件的线刚度分配，即

$$\mu_{BA} = \frac{I_b/4000}{I_b/4000 + I_b/8000 + I_c/4000} = \frac{1}{1.5 + I_c/I_b}$$

式中的 I_c/I_b 计算如下：

$$\frac{I_c}{I_b} = \frac{0.9 \times 500 \times 600^3/12}{2 \times 250 \times 700^3/12} = 0.567$$

从而

$$\mu_{BA} = \frac{1}{1.5 + 0.567} = 0.48$$

$$\mu_{BC} = 0.5\mu_{BA} = 0.24$$

故选择 C。

19. 答案：B

解答过程：依据《建筑结构抗震规范》GB 50011—2010 的表3.4.3-2 判断。

侧向刚度比按照提示给出的公式计算，可得

$$\frac{k_1}{k_2} = \frac{GA_1/h_1}{GA_2/h_2} = \frac{2.5(h_{c1}/h_1)^2 A_{c1}/h_1}{2.5(h_{c2}/h_2)^2 A_{c2}/h_2} = \frac{h_2^3}{h_1^3} = 4^3/6^3 = 30\% < 70\%$$

表明第1层与第2层的侧向刚度比小于70%，属于侧向刚度不规则。

由规范3.4.3条条文说明的图4可知，第1层为软弱层，而软弱层和图6所示的薄弱层统称为薄弱层，故选择B。

1 混凝土结构

点评：对于本题需要说明：

(1) 解答过程依据题目给出的侧向刚度近似公式计算。事实上，在判断竖向不规则时，《建筑结构抗震规范》正文并未明确指出侧向刚度按照哪个公式求出，只是在条文说明的图 4 给出 $k_i = V_i / \delta_i$。依据《高层建筑混凝土结构技术规程》JGJ 3—2010 的 3.5.2 条，框架结构可采用该公式，而对于框架-剪力墙、板柱-剪力墙、剪力墙结构以及框架—核心筒结构，还需要考虑层高的影响，本层与相邻上一层的侧向刚度比公式为

$$\gamma = \frac{V_i h_i / \Delta_i}{V_{i+1} h_{i+1} / \Delta_{i+1}}$$

以上公式中，δ_i 与 Δ_i 的含义相同，为第 i 层在地震作用标准值作用下的层间位移。

(2) 判断侧向刚度不规则时，规范给出的 3 个条件满足任意一个即可，故以上答题过程首先验算第 1 层和第 2 层的侧向刚度之比，若判断为侧向刚度规则，则下一步再用第 1 层侧向刚度与其上 3 层侧向刚度平均值比较，示例如下：

$$\frac{k_1}{(k_2 + k_3 + k_4)/3} = \frac{1/h_1^3}{(1/h_2^3 + 1/h_3^3 + 1/h_4^3)/3} = \frac{1/6^3}{(1/4^3 + 1/4^3 + 1/4^3)/3}$$

$$= 4^3 / 6^3 = 30\% < 80\%$$

20. 答案：B

解答过程：(1) 依据《混凝土结构设计规范》GB 50010—2010 的 9.2.5 条，沿截面周边布置的受扭纵向钢筋间距不应大于 200mm 和梁截面短边尺寸，今梁每个侧面布置 3 根抗扭钢筋，间距可以满足规范规定。但顶部 2Φ20 通长筋间距超过 200mm，不满足受扭间距要求。

(2) 梁每侧的钢筋量为 339mm²，满足规范 9.2.13 条每侧构造钢筋的截面积不应小于 $0.1\% b h_w$ 的规定（将 h_w 取为全部高度时，$0.1\% \times 300 \times 800 = 240 \text{mm}^2$）。

(3) 依据 11.3.6 条第 1 款，对支纵向受拉钢筋的最小配筋率验算。

抗震等级为二级，支座处最小配筋率为 $0.65 f_t / f_y = 0.65 \times 1.57 / 300 = 0.34\%$ 和 0.3% 的较大者，为 0.34%，今实际配筋率为 $1256 / (300 \times 800) = 0.52\%$，满足要求。

跨中位置，$0.55 f_t / f_y = 0.55 \times 1.57 / 300 = 0.28\% > 0.25\%$，最小配筋率为 0.28%，今实际配筋率为 $2724 / (300 \times 800) = 1.135\%$，满足要求。

(4) 依据 11.3.6 条第 2 款，二级抗震，梁端截面底部与顶部纵向钢筋截面积比值不应小于 0.3，2Φ22+4Φ25 的截面积为 760+1964=2724mm²，8Φ20 的截面积为 2513mm²，满足要求。

(5) 依据 11.3.6 条第 3 款，二级抗震，加密区箍筋直径最小为 8mm，间距最大为 min(8×20，800/4，100)=100mm，今满足要求。

(6) 依据 11.3.7 条，沿梁全长顶面和底面至少应配置两根通长的纵向钢筋，二级时，钢筋直径不应小于 14mm，且分别不应小于梁两端顶面和底面纵向受力钢筋中较大截面积的 1/4，今上部通长筋 2Φ20，为 8Φ20 的 1/4，满足要求。

(7) 依据 11.3.9 条，二级抗震时，沿梁全长的箍筋配筋率应满足 $\rho_{sv} \geq 0.28 \frac{f_t}{f_{yv}}$。

今 $\rho_{sv} = \frac{A_{sv}}{bs} = \frac{101}{300 \times 200} = 0.168\% > 0.28 \frac{f_t}{f_{yv}} = 0.28 \times \frac{1.57}{270} = 0.163\%$，满足要求。

综上，该梁设计有一处不满足规范要求，选择 B。

点评：(1) 规范 11.3.7 条规定梁端纵向受拉钢筋的配筋率"不宜"大于 2.5%，今题目中提示对此种情况不考虑，故未验算（在《混凝土结构设计规范》GB 50010—2002 的 11.3.1 条，是"不应"）。若验算，将是如下步骤：

中柱附近梁端纵向受拉钢筋截面积最大，据此位置取值，为 8Φ20，$A_s = 2513\text{mm}^2$，a_s 按照最小保护层厚度和最小层净间距考虑，为 $20+8+20+25/2=61\text{mm}$。

$$\rho = \frac{A_s}{bh_0} = \frac{2513}{300 \times (800-61)} = 1.13\%，满足要求。$$

(2) 规范 11.3.8 条规定，二级抗震时加密区内箍筋肢距"不宜"大于 250mm 和 20 倍箍筋直径的较大值，故以上解答也未考虑。题目图中箍筋布置可以满足此要求。

21. 答案：B

解答过程：依据《建筑抗震设计规范》GB 50011—2010 的 5.3.3 条，长悬臂结构的竖向地震作用标准值，8 度时取重力荷载代表值的 10%。

再依据该规范的 5.4.1 条给出的荷载组合，得到支座负弯矩为

$$M_0 = \gamma_G S_{GE} + \gamma_{Ev} S_{Evk}$$
$$= 1.2 \times \frac{1}{2} \times 20 \times 2.5^2 + 1.3 \times \frac{1}{2} \times (20 \times 10\%) \times 2.5^2$$
$$= 83.13 \text{kN·m}$$

选择 B。

点评：何谓"长悬臂"？依据《建筑抗震设计规范》5.1.1 条条文说明，可以认为以下情况属于长悬臂：9 度即 9 度以上时，1.5m 以上的悬挑阳台和走廊；8 度时，2m 以上的悬挑阳台和走廊。

22. 答案：C

解答过程：依据《混凝土结构设计规范》GB 50010—2010 的 9.1.1 条，由于板件长边与短边长度之比不大于 2，因此，应按双向板设计。

按照 ϕ10@200 配筋时，实际每米宽度钢筋用量为 393mm^2。据规范 8.5.1 条，最小配筋率取 0.2% 和 $0.45f_t/f_y = 0.45 \times 1.71/270 = 0.285\%$ 的较大者，为 0.285%，于是每米宽度最小配筋应为 $0.285\% \times 1000 \times 120 = 342\text{mm}^2$，满足要求。

依据 9.1.6 条第 2 款，构造钢筋伸入板内的长度不宜小于 $l_0/4$。今本题图中的 3 号钢筋，伸入板内为 1200mm，未达到 $6000/4=1500\text{mm}$，违反一般规定一处。

依据 9.1.6 条第 3 款，在楼板角部，宜沿两个方向正交、斜向平行或放射状布置附加钢筋，今图中未布置。违反一般规定一处。

由于提示中说明，"同一条"算作"一处"，因此，以上仅仅算作违反一般规定一处。

依据 9.1.8 条，在温度、收缩应力较大的现浇板区域，应在板的表面双向配置防裂构造钢筋。今图中未布置。违反一般规定一处。

综上，共违反一般规定两处，故选择 C。

点评：《混凝土结构设计规范》9.1.2 条第 1 款还规定了双向板的跨厚比不大于 40，今 $6000/120=50>40$，不满足。考虑到此处是"宜符合"的规定，且属于初步设计时的一种估计，故解答中未考虑。

23. 答案：C

解答过程：依据《建筑抗震设计规范》GB 50011—2010 的表 6.3.6，二级、框架结构，轴压比限值为 0.75。再依据规范的公式 (5.4.1)，对轴向压力进行计算：

$$N=1.2\times(860+0.5\times580)+1.3\times480=2004\text{kN}$$

于是，该柱的轴压比为 $\dfrac{N}{f_cA}=\dfrac{2004\times10^3}{16.7\times400\times600}=0.5$

从而，柱轴压比与柱轴压比限值的比值为 0.5/0.75=0.667。选择 C。

24. 答案：A

解答过程：4Φ18 截面积为 1017mm²，4Φ14 截面积为 615mm²，2Φ18 截面积为 509mm²。

(1) 依据《混凝土结构设计规范》GB 50010—2010 的 11.4.12 条第 1 款，该角柱全部纵向力钢筋的最小配筋率为 1.0%。今实际配筋率为

$$\rho=\dfrac{A_s}{bh}=\dfrac{1017+509+615}{400\times600}=0.89\%<1.0\%，不满足要求。$$

一侧配筋率不必验算，因为，规范同一条算作一处。

(2) 依据 11.4.14 条，一、二级抗震等级的角柱应沿柱全高加密箍筋。今箍筋间距分为 100mm 和 200mm，不满足要求。不必对非加密区验算。

(3) 依据 11.4.15 条，箍筋加密区内箍筋肢距，二级抗震时不宜大于 250mm 和 20 倍箍筋直径中的较大者。即箍筋肢距不大于 250mm 和 20×8=160mm 的较大者。今从题目图中看，取纵筋保护层厚度为 30mm 计算，箍筋肢距为 (600−2×30)/3=180mm，满足要求。

(4) 依据 11.4.17 条，柱加密区箍筋体积配箍率限值为：

$$[\rho_v]=\lambda_v\dfrac{f_c}{f_{yv}}=0.13\times\dfrac{16.7}{270}=0.80\%$$

二级抗震，柱加密区箍筋体积配箍率还不应小于 0.6%，故 $[\rho_v]=0.80\%$。

实际体积配箍率为

$$\rho_v=\dfrac{n_1l_1A_{s1}+n_2l_2A_{s2}}{A_{cor}s}=\dfrac{3\times(600-60+8)\times50.3+4\times(400-60+8)\times50.3}{540\times340\times100}=0.83\%$$

满足 11.4.17 要求。

综上，有 2 处不满足要求，选择 A。

25. 答案：A

解答过程：(1) 验算阴影部分箍筋的体积配箍率

依据《混凝土结构设计规范》GB 50010—2010 的表 11.7.18，抗震等级为二级，轴压比＞0.4，得到 $\lambda_v=0.2$。于是

$$[\rho_v]=\lambda_v\dfrac{f_c}{f_{yv}}=0.2\times\dfrac{19.1}{270}=1.41\%$$

查该规范表 8.2.1，一类环境，墙最外层钢筋的保护层厚度最小为 15mm，沿墙厚方向箍筋长度近似取为 300−2×15=270mm，则实际的体积配箍率为

$$\rho_v=\dfrac{(270\times6+2\times900+2\times585)\times78.5}{270\times(900+315)\times100}=1.098\%<1.41\%，不满足要求。$$

(2) 验算纵向钢筋配筋率

规范 11.7.18 条第 2 款规定，二级时，约束边缘构件的纵筋截面积不应小于阴影部分面积的 1.0%。今纵向钢筋面积为 4020mm²＞1.0% 为 1.0%×300×(900+300)=3600mm²，满足要求。

（3）验算阴影部分尺寸取值

依据规范图 11.7.18，题目图中阴影部分竖向尺寸应取 b_w 且 $\geqslant 300$mm，实际取值为 300mm，满足要求。

题目图中阴影部分水平尺寸，两侧应延伸 b_f 且 $\geqslant 300$mm，实际取值为 300mm，满足要求。

综上，选择 A。

26. 答案：B

解答过程：依据《建筑抗震设计规范》GB 50011—2010 的 6.1.14 条，结构地上一层的侧向刚度，不宜大于相关范围地下一层侧向刚度的 0.5 倍。今人防顶板满足此要求，也满足构造要求，故上部结构的嵌固端应取在标高 -4.000 处。

结合《高层建筑混凝土结构技术规程》JGJ 3—2010 的 5.3.7 条以及条文说明，由 E.0.1 条公式可以看到，侧向刚度比并未考虑填土的贡献，故选择 B。

点评：关于嵌地下室顶板作为上部结构的嵌固端，有以下几点需要说明：

（1）《建筑抗震设计规范》GB 50011—2010 的 6.1.14 条规定地上一层与地下一层的侧向刚度比不大于 0.5 倍，着眼于对地上一层的指标加以控制，朱炳寅在《建筑抗震设计规范应用与分析》（第二版）236 页指出，由于实际工程中地上一层侧向刚度调控的余地并不大，因此宜表述为"地下一层（上部结构及相关范围）楼层的侧向刚度不宜小于地上一层楼层侧向刚度的 2 倍"。

（2）《建筑抗震设计规范》GB 50011—2010 的条文说明并未指出侧向刚度该如何确定。《高层建筑混凝土结构技术规程》JGJ 3—2010 的 5.3.7 条规定，地下室顶板作为上部结构的嵌固端时，地下一层与首层的侧向刚度比不宜小于 2。该条的条文说明指出，此处的楼层"侧向刚度比"按照 E.0.1 条公式计算，即取为 $\dfrac{G_1 A_1}{G_2 A_2} \times \dfrac{h_2}{h_1}$，其中 A_1、A_2 分别为转换层和转换层上层的折算抗剪截面积。

27. 答案：C

解答过程：依据《组合结构设计规范》JGJ 138—2016 的 6.1.4 条，A 正确。

依据 5.4.2 条，B 正确。

依据 6.1.2 条，含钢率不宜超过 15%，C 错误。

依据表 3.1.6，D 正确。

选择 C。

28. 答案：C

解答过程：依据《混凝土结构设计规范》GB 50010—2010 的 5.2.4 条，应对 T 形截面独立梁确定翼缘计算宽度 b'_f。

$h'_f / h_0 = 120/(600-65) > 0.1$，取 $b + 12 h'_f = 250 + 12 \times 120 = 1690$mm；$l_0/3 = 6000/3 = 2000$mm；翼缘实际宽度 $250 + 250 + 250 = 750$mm。取以上三者的最小者，$b'_f = 750$mm。

$h_0 = 600 - 65 = 535$mm。HRB400 钢筋、C25 混凝土，$\xi_b = 0.518$。

该梁可以承受的最大弯矩设计值为

$$M_u = \alpha_1 f_c (b'_f - b) h'_f (h_0 - 0.5 h'_f) + \alpha_1 f_c b h_0^2 \xi_b (1 - 0.5 \xi_b)$$
$$= 11.9 \times 500 \times 120 \times (535 - 0.5 \times 120) + 11.9 \times 250 \times 535^2 \times 0.518 \times (1 - 0.5 \times 0.518)$$

$= 666 \times 10^6 \text{ N} \cdot \text{mm} = 666 \text{kN} \cdot \text{m}$

故选择 C。

点评：对于本题有两点需要说明：

(1) 若按照规范表 5.2.4 查表，取 $b+12h'_f$ 和 $l_0/3$ 的较小者作为翼缘计算宽度 b'_f，则会得到 $b'_f=1690\text{mm}$。但是，由于实际的翼缘宽度仅仅为 750mm，故只能取为 750mm。

(2) 该题目是求梁能承受的最大弯矩但没有给出受拉钢筋的截面积 A_s，其实质是求算单筋梁（题目中指出"不配置受压钢筋"）的最大弯矩，而 M_u 随 ξ 的增大而增大，因此，应取 $\xi=\xi_b$ 计算 M_u。

29. 答案：A

解答过程：支座反力 $R=1.3\times(4\times6/2+50)+1.5\times(4\times6/2+50)=173.6\text{kN}$。

集中荷载引起的支座反力为 $1.3\times50+1.5\times50=140\text{kN}$。

由于 $140/173.6=80.6\%>75\%$，依据《混凝土结构设计规范》GB 50010—2010 的 6.3.4 条，应按梁受集中荷载作用计算。

$$\lambda=a/h_0=2000/(600-65)=3.7>3，取为 3。$$

由 $V\leqslant\dfrac{1.75}{\lambda+1}f_tbh_0+f_{yv}\dfrac{A_{sv}}{s}h_0$ 解出

$$\dfrac{A_{sv}}{s}\geqslant\dfrac{V-\dfrac{1.75}{\lambda+1}f_tbh_0}{f_{yv}h_0}=\dfrac{173.6\times10^3-\dfrac{1.75}{3+1}\times1.27\times250\times535}{270\times535}=0.687\text{mm}^2/\text{mm}$$

于是，所需单肢箍筋截面积 $A_{sv1}=0.687\times200/2=68.7\text{mm}^2$。

对于 A 选项，箍筋配箍率为

$$\dfrac{A_{sv}}{bs}\geqslant\dfrac{69\times2}{250\times200}=0.276\%>0.24\dfrac{f_t}{f_{yv}}=\dfrac{0.24\times1.27}{270}=0.113\%$$

满足要求。故选择 A。

点评：由于题目中对于活荷载的表达不是很清楚，解答时，认为同时发生，未考虑组合值系数。

30. 答案：A

解答过程：依据《混凝土结构设计规范》GB 50010—2010 的 6.4.5 条，腹板承受扭矩和剪力的共同作用，其分担的扭矩为

$$T_w=\dfrac{W_{tw}}{W_{tw}+W'_{tf}}T=\dfrac{16.15}{16.15+3.6}\times12=9.81\text{kN}\cdot\text{m}$$

依据 6.4.8 条，得到

$$\lambda=a/h_0=2000/(600-65)=3.7>3，取为 3.0$$
$$V=1.3\times58+1.5\times58=162.4\text{kN}$$

$$\beta_t=\dfrac{1.5}{1+0.2(\lambda+1.0)\dfrac{VW_t}{Tbh_0}}=\dfrac{1.5}{1+0.2\times(3+1.0)\dfrac{162.4\times10^3\times16.15\times10^6}{9.81\times10^6\times250\times535}}$$
$$=0.577$$

故选择 A。

点评：对于截面的腹板，计算 β_t 时用到的扭矩 T 按照受扭塑性抵抗矩分配得到，若将其分别记作 T_w 和 W_{tw}，而将对应的整个截面的值记作 T 和 W_t，则由于 $\dfrac{W_t}{T}=\dfrac{W_{tw}}{T_w}$，对于该

题，按照整个截面计算得到的 β_t 也为 0.577。

31. 答案：C

解答过程：依据《混凝土结构设计规范》GB 50010—2010 的 7.1.2 条，可以得到

$$\rho_{te} = 1520/(0.5 \times 250 \times 600) = 0.020$$

$$\psi = 1.1 - 0.65 \frac{f_{tk}}{\sigma_{sq} \rho_{te}} = 1.1 - 0.65 \times 1.78/(268 \times 0.020) = 0.884$$

$$w_{max} = \alpha_{cr} \psi \frac{\sigma_{sq}}{E_s} \left(1.9 c_s + 0.08 \frac{d_{eq}}{\rho_{te}}\right)$$
$$= 1.9 \times 0.884 \times 268/(2.0 \times 10^5) \times (1.9 \times 35 + 0.08 \times 22/0.020)$$
$$= 0.348 \text{mm}$$

故选择 C。

32. 答案：B

解答过程：依据《建筑结构荷载规范》GB 50009—2012 的 6.2.1 条，考虑多台吊车水平荷载时，对单跨或多跨厂房的每个排架，参与组合的台数不应多于 2 台。

当在Ⓐ Ⓑ 轴线间布置两台吊车时，作用于Ⓐ轴线的吊车制动轮为 2 个，此时，对Ⓐ轴线的作用最大。依据规范的 6.1.2 条，Ⓐ轴线承受的吊车纵向水平荷载标准值为 $2 \times 178 \times 10\% = 35.6$ kN。同理，Ⓒ轴线承受的吊车纵向水平荷载标准值也为 35.6kN。

再依据该规范的 6.2.2 条考虑两台吊车时的折减系数 0.9，得到 $0.9 \times 35.6 = 32.04$ kN，故选择 B。

33. 答案：C

解答过程：依据题目给出的吊车参数表，可知吊车的尺寸如图 1-2-2(a) 所示。沿与柱子相连的两跨布置两台吊车时，先将一个轮压布置在竖坐标为 1 处，然后，依据两台吊车的轮距布置其他轮压，最后形成的轮压与支座反力影响线的相对关系如图 1-2-2(b) 所示。

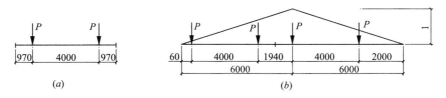

图 1-2-2 题 33 的轮压布置

于是，影响线竖标之和为

$$\sum y_i = \frac{60 + (4000 + 60) + 2000}{6000} + 1 = 2.02$$

将最大轮压 P_{max} 布置于图中位置得到的牛腿顶面最大竖向荷载为

$$D_{max} = 2.02 \times 178 \times 0.9 = 323.6 \text{kN}$$

此时，对面另一柱牛腿顶面最小竖向荷载为最小，数值为

$$D_{min} = 2.02 \times 43.7 \times 0.9 = 79.4 \text{kN}$$

以上式中，0.9 为依据《建筑结构荷载规范》GB 50009—2012 表 6.2.2 所取的多台吊车荷载折减系数。

故选择 C。

点评：对于本题，必须明确：

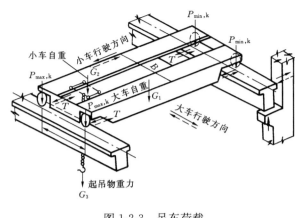

（1）D_{max} 为轮压在吊车梁支座处（柱端）产生的最大支反力。由于吊车梁按照简支梁设计，故轮压应在柱的左右相邻跨布置。轮压值应采用 P_{max}。相同的轮压布置，但以 P_{min} 代替 P_{max}，得到的指标记作 D_{min}。

（2）P_{max}、P_{min} 之所以产生，是由于小车的位置决定的。如图 1-2-3 所示，当小车行进到最左侧位置时，行驶在左侧梁上的轮压表现为 P_{max}，相应的，右侧梁上的轮压表现为 P_{min}。

图 1-2-3 吊车荷载

（3）对于本题，由于图 1-2-2（b）中柱承受的压力影响线左右两边的斜率绝对值相等，所以，对于图示情况，当轮压向右移动不超过 1940mm 都会得到相同的结果（峰值点左侧的增量与右侧的减量抵消了）。

34. 答案：C

解答过程：依据《建筑结构荷载规范》GB 50009—2012 的 6.2.1 条，应按 2 台吊车参与组合考虑。取其中 1 台，将轮压布置于影响线竖标为 1 处，如图 1-2-4 所示。另一台吊车与此布置相同。

图中，影响线竖标之和为 $1+\dfrac{2000}{6000}=1.33$。

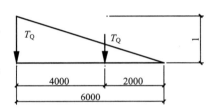

图 1-2-4 题 34 的轮压布置

再依据该规范的 6.2.2 条，需要考虑折减系数 0.9。于是得到

$$H=0.9\times 2\times 1.33T_Q=2.4T_Q$$

故选择 C。

点评：在题 33 和题 34 的计算中应注意以下问题：

（1）对吊车纵向水平荷载计算要考虑刹车轮个数，通常，每侧车轮中有一半为刹车轮。

（2）注意区分吊车纵向荷载和横向荷载的方向，在本题的（a）图中，因为吊车梁沿水平方向，故吊车横向荷载沿垂直方向。

（3）若是求Ⓐ轴线（Ⓒ轴线）上柱的最大吊车横向水平荷载，则在本题的（a）图中应沿Ⓐ轴线（Ⓒ轴线）水平布置两台吊车，此时，轮压布置将是图 1-2-2(b)。

（4）参与组合的吊车台数，依据《建筑结构荷载规范》GB 50009—2012 的 6.2.1 条，可总结为表 1-2-1。

排架计算时参与组合的吊车台数 表 1-2-1

计算内容	参与组合的吊车台数			
	单层单跨厂房	单层多跨厂房	双层单跨厂房	双层多跨厂房
竖向荷载	≤2	≤4	上层：≤2 下层：≤2	上层：≤4 下层：≤4
水平荷载	≤2			

注：双层吊车时，吊车荷载取值原则：下层吊车满载，上层吊车空载；上层吊车满载，下层吊车不计入。

35. 答案：B

解答过程：依据《建筑结构荷载规范》GB 50009—2012 的 5.3.3 条，不上人屋面活荷载不与雪荷载同时组合，取二者较大者，为 3.8kN·m。

将吊车竖向和横向的效应视为一种荷载效应，即吊车荷载效应为 58.5+18.8=77.3kN·m，效应最大，为第一个可变荷载。

依据规范 5.3.1 条，屋面活荷载组合系数值为 0.7；依据 8.1.4 条，风荷载组合系数值为 0.6。

最大弯矩设计值为

$$M = 1.3 \times 19.3 + 1.5 \times (58.5 + 18.8) + 1.5 \times 0.7 \times 3.8 + 1.5 \times 0.6 \times 20.3$$
$$= 163.3 \text{kN} \cdot \text{m}$$

故选择 B。

点评：本题解答，有两点争论较多：(1) 不上人屋面活荷载与雪荷载如何组合？(2) 吊车竖向和横向的效应如何组合？

对于第 1 点，笔者给出的解答，依据为金新阳编著的《建筑结构荷载规范理解与应用》(2013 年)。

对于第 2 点，详述如下：

依据《建筑结构荷载规范》6.1.2 条条文说明可知，吊车水平荷载分为纵向和横向，分别由大车和小车的运行机构在启动（制动）时引起的惯性力产生。因此，从概念上看，笔者认为，除非操作失误，大车和小车是不会同时启动（制动）的，换言之，二者同时出现的概率很小。若取竖向平面计算模型，二者实际上只出现一个，所以，一般涉及的是吊车竖向与水平荷载组合问题。

理论上看，吊车轮压是移动的，在某一时刻，会同时产生吊车竖向荷载效应和吊车水平荷载效应，假如，对柱底截面产生弯矩分别为 M_V、M_H，则 $M_{c,V}$ 与 $M_{c,H}$ 直接相加，无需考虑组合值系数。现在的问题是，我们采用最不利的轮压位置求出 $M_{c,V}^{max}$，又以最不利的轮压位置求出 $M_{c,H}^{max}$，这两个位置是否相同？如果不同，就不能称之为同时发生。

从另一方面看，由于是工程问题，既然这两种荷载都是由于吊车引起，把二者视为"一种"荷载，认为二者产生的效应可以直接相加，无疑简化且偏于安全。朱炳寅编著的《建筑结构设计问答及分析（第二版）》第 29 页谈到"吊车竖向与水平荷载组合"时称，"如果只有这两个荷载，则不用乘组合值系数，如果还有其他活荷载则应根据活荷载效应的大小，确定乘组合值系数"。笔者认为，其所持的就是这种观点。

不同时期的命题专家，可能会有不同的观点，今为保证全书的一致性，采用朱炳寅的观点。

36. 答案：D

解答过程：依据《混凝土结构设计规范》GB 50010—2010 的表 6.2.20-1 以及表下的注释 3，由于 $H_u/H_l = 3300/8450 > 0.3$，故可以得到上柱的计算长度为 $l_0 = 2H_u = 2 \times 3.3 = 6.6$m，下柱的计算长度为 $l_0 = 1.0 H_l = 1.0 \times 8.45 = 8.45$m。故选择 D。

37. 答案：C

解答过程：依据《混凝土结构设计规范》GB 50010—2010 的 3.1.4 条，吊装验算考

虑动力系数。再参照7.1.4条计算，得到

$$\sigma_s = \frac{1.5 M_k}{0.87 h_0 A_s} = \frac{1.5 \times 27.2 \times 10^6}{0.87 \times (500-35) \times 509} = 198 \text{N/mm}^2$$

上式中，509mm² 为2根直径为18mm钢筋的截面积。

故选择C。

点评：对于本题，有必要说明两点：

(1) 本题未明确给出弯矩绕截面的哪个轴。但是，由于柱子有牛腿，所以，可以判断吊装时弯矩绕边长为500mm的中线更为合理。

(2) 关于构件吊装验算，《混凝土结构设计规范》中的表达并不十分清楚。在《混凝土结构工程施工规范》GB 50666—2011中，9.2节规定了"施工验算"，即预制构件在脱模、吊运、运输、安装等环节的验算。9.2.2条第2款规定，吊装运输时动力系数可取1.5，安装过程中就位、临时固定时动力系数可取1.2。

预制构件的施工验算应满足以下要求：

$$\sigma_{cc} \leqslant 0.8 f'_{ck} \tag{1-2-1}$$

$$\sigma_{ct} \leqslant 1.0 f'_{tk} \tag{1-2-2}$$

$$\sigma_s \leqslant 0.7 f_{yk} \tag{1-2-3}$$

以上式中，σ_{cc}、σ_{ct} 分别为荷载标准组合下截面边缘的混凝土压应力、拉应力，可按毛截面计算；f'_{ck}、f'_{tk} 分别为施工环节的混凝土立方体抗压强度标准值；σ_s 为荷载标准组合下受拉钢筋的应力，按开裂截面计算；f_{yk} 为受拉钢筋强度标准值。式(1-2-1)、式(1-2-2)适用于钢筋混凝土构件和预应力混凝土构件。

对比可以发现，式(1-2-1)、式(1-2-2)分别与《混凝土结构设计规范》的式(10.1.11-2)、式(10.1.11-1)相同，于是可知，所谓的"按毛截面计算"计算 σ_{cc}、σ_{ct}，实际上指的是按照未开裂的换算截面求出。σ_s 可参考7.1.4条求出，只不过弯矩取为 M_k。

顺便提及，依据《工程结构可靠性统一标准》GB 50153—2008，施工维修属于短暂设计状况（见4.2.1条），短暂设计状况应进行承载能力极限状态设计，可根据需要进行正常使用极限状态设计（见4.3.1条）；承载能力极限状态设计时，持久状况和短暂状况采用同样的基本组合（见8.2.4条），而基本组合中并不包含标准组合，这样，施工验算似乎只能归入正常使用极限状态设计。而众所周知，正常使用极限状态设计是对变形、裂缝的验算。可见，本质上属于"应力验算"（或者说，允许应力法）的施工验算与该标准存在不协调，可认为是对极限状态设计法的补充。

38. 答案：D

解答过程：依据《混凝土结构设计规范》GB 50010—2010的9.3.11条，有

$a = 100 + 20 = 120 \text{mm} < 0.3 h_0 = 240 \text{mm}$，取 $a = 240 \text{mm}$。

$$A_s = \frac{F_v a}{0.85 f_y h_0} + 1.2 \frac{F_h}{f_y} = \frac{300 \times 10^3 \times 240}{0.85 \times 360 \times 800} + 1.2 \frac{60 \times 10^3}{360}$$

$$= 294 + 200 = 494 \text{mm}^2$$

依据该规范的9.3.12条计算最小配筋。由于

$$0.45 \frac{f_t}{f_y} = 0.45 \times \frac{1.71}{360} = 0.214\% > 0.2\%$$

故承受竖向力所需的纵向受力钢筋最小配筋率取为 0.214%，于是，对应的最小钢筋用量为

$$A_{s,min} = \rho_{min} bh = 0.214\% \times 400 \times 850 = 728 \text{mm}^2$$

该值大于 4 根直径为 12mm 的钢筋截面积 452mm²。

所以，全部纵向钢筋需要量最小为 728+200=928mm²。故选择 D。

点评："承受竖向力所需的纵向受力钢筋"的最小截面积如何取值，规范有过多次变化：

(1)《混凝土结构设计规范》GBJ 10—89 的 7.7.2 条规定，承受竖向力所需的纵向受力钢筋的配筋率，按全截面计算不应小于 0.2%，也不宜大于 0.6%，且根数不宜少于 4 根，直径不应小于 12mm。

(2)《混凝土结构设计规范》GB 50010—2002 的 10.8.3 条规定，承受竖向力所需的纵向受力钢筋的配筋率，按牛腿有效截面计算不应小于 0.2% 及 $0.45f_t/f_y$，也不宜大于 0.6%。

(3)《混凝土结构设计规范》GB 50010—2010（包括 2015 年版）的 9.3.12 条规定，承受竖向力所需的纵向受力钢筋的配筋率不应小于 0.20% 及 $0.45f_t/f_y$，也不宜大于 0.6%。钢筋数量不宜少于 4 根直径 12mm 的钢筋。

正是由于以上原因，目前各种文献到底是取 h 还是 h_0 的做法并不一致。

39. 答案：D

解答过程：依据《建筑抗震设计规范》GB 50011—2010 的 6.2.5 条，框架结构、二级，$\eta_{vc}=1.3$。

$$V = \eta_{vc} \frac{M_c^t + M_c^b}{H_n} = 1.3 \times \frac{180+320}{4.0} = 162.5 \text{kN}$$

再依据该规范的 6.2.6 条，二级角柱应考虑增大系数 1.1，故剪力设计值 $V=1.1\times 162.5=178.75$kN。故选择 D。

40. 答案：A

解答过程：依据《混凝土结构设计规范》GB 50010—2010 的 11.4.7 条计算。

$$\lambda = H_n/(2h_0) = 4000/(2\times 550) = 3.63 > 3，取为 3.0。$$

$$N = 3500\text{kN} > 0.3f_c A = 0.3 \times 19.1 \times 600^2 \times 10^{-3} = 2063\text{kN}，取为 2063\text{kN}。$$

依据该规范表 11.1.6，$\gamma_{RE}=0.85$。

$$\frac{1}{\gamma_{RE}} \left(\frac{1.05}{\lambda+1} f_t bh_0 + f_{yv} \frac{A_{sv}}{s} h_0 + 0.056N \right)$$

$$= \frac{1}{0.85} \left(\frac{1.05}{3+1} \times 1.71 \times 600 \times 550 + 300 \times \frac{314}{200} \times 550 + 0.056 \times 2063 \times 10^3 \right)$$

$$= 614.9 \times 10^3 \text{N}$$

故选择 A。

41. 答案：B

解答过程：依据《混凝土结构设计规范》GB 50010—2010 的 10.2 节可知，A 项表达

错误。

依据 11.8.1 条，B 项表达正确。

无粘结预应力梁破坏时裂缝少，裂缝发展快，延性较差，C 项表达错误。

对于选项 D，《混凝土结构设计规范》GB 50010—2002 的 11.8.4 条曾有规定，应是前者小于后者，故 D 项表达错误。

42. 答案：B

解答过程：依据《混凝土结构设计规范》GB 50010—2010 的表 4.2.3-2，钢绞线 $f_{ptk}=1860\text{N/mm}^2$ 时，$f_{py}=1320\text{N/mm}^2$。依据附录表 A.0.1，12 根直径为 28mm 的钢筋截面积为 $615.8\times12=7390\text{mm}^2$。依据附录表 A.0.2，得到钢绞线截面积为 $140\times28=3920\text{mm}^2$。

跨中截面预应力强度比为

$$\lambda=\frac{f_{py}A_p}{f_{py}A_p+f_yA_s}=\frac{1320\times3920}{1320\times3920+360\times7390}=0.66$$

故选择 B。

点评：《混凝土结构设计规范》GB 50010—2002 的 11.8.4 条，曾给出预应力混凝土框架梁"强度比"这一概念的公式，2015 版《混凝土结构设计规范》的 11.8 节不再提及该概念。2016 版《建筑抗震设计规范》C.0.7 条第 1 款规定："抗侧力的预应力混凝土构件，应采用预应力筋和非预应力筋混合配筋方式。二者的比例应依据抗震等级按有关规定控制，其预应力强度比不宜大于 0.75。"

43. 答案：D

解答过程：两跨连续梁承受均布荷载时，中间支座处负弯矩计算公式为 $M=\frac{1}{8}ql^2$。于是，考虑单位板宽时的弯矩为：

$$M=\frac{1}{8}ql^2=\frac{1}{8}[1.3\times(1.5+0.12\times25)+1.5\times6.0]\times3^2=16.7\text{kN}\cdot\text{m}$$

上式中，25kN/m^3 为混凝土的重度。

故选择 D。

点评：对于工业建筑楼面，由设备等产生的局部荷载，可采用"等效均布活荷载"代替，楼面等效均布活荷载依据《建筑结构荷载规范》附录 C 求得。这样，在已知楼面等效均布活荷载之后，可按照与通常的楼面活荷载一样的方法使用。

44. 答案：B

解答过程：依据《建筑结构荷载规范》GB 50009—2012 的附录 C.0.5 第 2 款，有

$$b_{cx}=600+120=720\text{mm}<b_{cy}=800+120=920\text{mm}$$

$$b_{cy}=800+120=920\text{mm}<2.2l=2.2\times3000=6600\text{mm}$$

$$b_{cx}=720\text{mm}<l=3000\text{mm}$$

所以，应用式（C.0.5-3）计算有效分布宽度：

$$b=2/3\times b_{cy}+0.73l=2/3\times0.92+0.73\times3.0=2.8\text{m}$$

由于距离非支承边的距离 $d=d_1+800/2=1200\text{mm}<b/2=1.4\text{m}$，故依据本条的第3款折减，从而
$$b'=b/2+d=2.8/2+1.2=2.6\text{m}$$
选择 B。

45. 答案：C

解答过程：依据《混凝土结构设计规范》GB 50010—2010 的 7.2.3 条计算。

$$\psi=1.1-0.65\frac{f_{tk}}{\rho_{te}\sigma_{sq}}=1.1-0.65\times\frac{2.01}{0.0187\times 220}=0.782$$

$$\alpha_E=\frac{E_s}{E_c}=\frac{20}{3}=6.667\text{；对于矩形截面，}\gamma'_f=0。$$

$$B_s=\frac{E_sA_sh_0^2}{1.15\psi+0.2+\frac{6\alpha_E\rho}{1+3.5\gamma'_f}}$$

$$=\frac{2\times 10^5\times 1964\times 660^2}{1.15\times 0.782+0.2+6\times 6.667\times 0.00992}$$

$$=1.14\times 10^{14}\text{ N}\cdot\text{mm}^2$$

选择 C。

点评：在 2015 年版规范中，短期刚度 B_s 的公式中采用 γ_f 而不是 γ'_f，对应的条文说明中也是 γ_f。然而，这属于印刷错误。实际上，在 2010 年的版本中条文说明中就已误为 γ_f（但此时正文是正确的）。

46. 答案：A

解答过程：依据《混凝土结构设计规范》GB 50010—2010 的 7.2.1 条，当计算跨度内的支座截面刚度不大于跨中截面刚度的两倍或不小于跨中截面刚度的二分之一时，该跨也可按等刚度构件进行计算，其构件刚度可取跨中最大弯矩截面的刚度。

今跨中刚度 $B=8.4\times 10^{13}\text{N}\cdot\text{mm}^2$，支座处刚度 $B=6.5\times 10^{13}\text{N}\cdot\text{mm}^2$，大于 $8.4\times 10^{13}/2=4.2\times 10^{13}\text{N}\cdot\text{mm}^2$，故按跨中截面的刚度计算。

今按照永久荷载全跨布置，可变荷载隔跨布置，得到 AB 跨中点挠度值如下：

$$f=\frac{(0.644q_{Gk}+0.973\times 0.5\times q_{Qk})l^4}{100B}$$

$$=\frac{(0.644\times 15+0.973\times 0.5\times 30)\times 9000^4}{100\times 8.4\times 10^{13}}$$

$$=18.94\text{mm}$$

选择 A。

47. 答案：D

解答过程：依据《建筑抗震设计规范》GB 50011—2010 的 5.1.1 条第 3 款，并未有"与考虑偶然偏心引起的地震效应叠加"的规定，故①错。《高层建筑混凝土结构技术规程》JGJ 3—2010 的 4.3.3 条规定，计算单向地震作用时应考虑偶然偏心的影响，表明此规定只适用于高层建筑。

依据《建筑抗震设计规范》GB 50011—2010 的 5.1.2 条第 3 款，特别不规则建筑应

按照时程分析和反应谱分析取大值作为补充计算。故②错误。

依据该规范第3.9.2条第2款的2），抗震等级为一、二级的框架，其纵向受力钢筋采用普通钢筋时，钢筋的屈服强度实测值与强度标准值的比值不应大于1.3，故③正确。

依据该规范第6.3.9条第1款的4），④正确。

故选择D。

48. 答案：A

解答过程：依据《混凝土结构设计规范》GB 50010—2010的8.4.3条，按照梁的接头率不大于25%考虑，查表8.4.4，$\zeta_l=1.2$。由8.3.1条，可得

$$l_l=\zeta_l\zeta_a l_{ab}=1.2\times1.0\times\alpha\frac{f_y}{f_t}d=1.2\times0.14\times\frac{360}{1.43}\times20=846\text{mm}$$

搭接连接区段$1.3l_l=1.3\times846=1100\text{mm}$。依据规范的图8.4.3可知，题目给出的图中在1100mm范围内只有1个接头，$1/4=25\%$，符合原来的25%要求。故选择A。

点评：若认为规范8.4.3条对梁类构件接头百分率是"不宜大于25%"、"不应大于50%"，从而取梁的接头率为50%考虑，则$l_l=1.4\times\alpha\frac{f_y}{f_t}d=987\text{mm}$，$1.3l_l=1283\text{mm}$。1283mm范围内有2个接头，$2/4=50\%$，符合假定的50%要求，选择B。这种做法，笔者认为不妥，因为题干中要求的是"最小搭接长度"，A选项显然更合适。

49. 答案：A

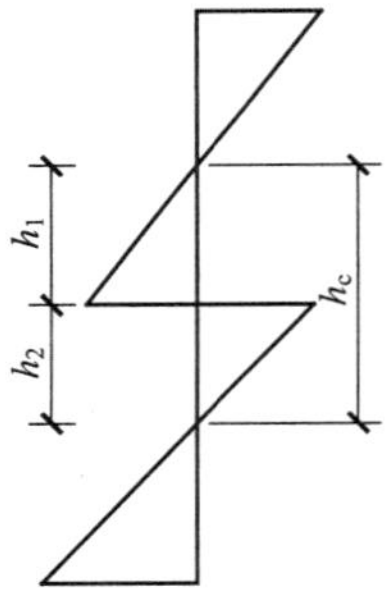

解答过程：该节点上下楼层的弯矩图如图1-2-5所示，反弯点之间的距离为$h_c=h_1+h_2$。

依据比例关系，有

$$h_1=\frac{400}{400+450}\times4.8=2.26\text{m}, \quad h_2=\frac{450}{450+600}\times4.8=2.06\text{m}$$

于是，$h_c=h_1+h_2=2.26+2.06=4.32\text{m}$，选择A。

图1-2-5

50. 答案：C

解答过程：依据《混凝土结构设计规范》GB 50010—2010的11.6.2条计算V_j。

$$M_{bua}^l=\frac{1}{\gamma_{RE}}f_{yk}\cdot A_s(h_0-a_s')=\frac{400\times2454\times(800-40-40)\times10^{-6}}{0.75}=942.336\text{kN}\cdot\text{m}$$

$$M_{bua}^r=0$$

$$V_j=1.15\frac{M_{bua}^l+M_{bua}^r}{h_{b0}-a_s'}\left(1-\frac{h_{b0}-a_s'}{H_c-h_b}\right)$$

$$=1.15\times\frac{942.336\times10^6}{800-40-40}\times\left(1-\frac{800-40-40}{4600-800}\right)$$

$$=1219.9\times10^3\text{N}$$

故选择C。

点评：对于本题，有两点需要说明：

(1) 题目求x方向的剪力，而在x方向，与节点相连的仅有一个梁，因此，计算M_{bua}^l

$+M_{\text{bua}}^{\text{r}}$ 时，实际上只有一侧，故不需要乘以 2。

(2) 也可依据《建筑抗震设计规范》GB 50011—2010 的 D.1.1 条计算，结果相同。注意，《高层建筑混凝土结构技术规程》JGJ 3—2010 中没有列入该公式。

51. 答案：B

解答过程：依据《混凝土结构设计规范》GB 50010—2010 的 11.6.3 条，$h_j = h_c = 600\text{mm}$；由于 $b_b = 350\text{mm} > b_c/2 = 300\text{mm}$，取 $b_j = b_c = 600\text{mm}$；由于只有一个正交方向有梁，$\eta_j = 1.0$。

依据 11.6.4 条第 1 款计算，即

$$V_j \leqslant \frac{1}{\gamma_{\text{RE}}} \left(0.9\eta_j f_t b_j h_j + f_{yv} A_{svj} \frac{h_{b0} - a_s'}{s}\right)$$

由于 A、B、C、D 各选项箍筋间距均为 100mm，故取 $s = 100\text{mm}$ 代入上式计算所需箍筋截面积。

$$1300 \times 10^3 \times 0.85 \leqslant 0.9 \times 1.0 \times 1.43 \times 600 \times 600 + 300 \times A_{svj} \frac{800 - 40 - 40}{100}$$

解出 $A_{svj} \geqslant 297\text{mm}^2$

依据题目的图示，箍筋为 4 肢，需要单肢截面积 $297/4 = 74\text{mm}^2$。Φ10 钢筋截面积为 78.5mm^2，可以满足要求。

对 Φ10@100 这种配置验算体积配箍率如下：

$$\rho_v = \frac{8 \times 78.5 \times (600 - 80 + 10)}{(600 - 80)^2 \times 100} = 1.23\% > \rho_{v,\min} = 0.67\%$$

故选择 B。

52. 答案：A

解答过程：依据《混凝土结构设计规范》GB 50010—2010 的 10.1.8 条及其条文说明，当相对受压区高度 $\xi > 0.3$ 时，不应考虑内力重分布，故 A 项表达错误。

依据规范第 10.1.2 条，B、C 项表达正确。

依据《建筑抗震设计规范》GB 50011—2010 的附录第 C.0.7 条第 3 款，D 项表达正确。

53. 答案：B

解答过程：

(1) 依据《混凝土结构设计规范》GB 50010—2010 第 11.3.6 条第 2 款，对梁端底部与顶部钢筋截面积比值进行验算：

底部钢筋截面积/顶部钢筋截面积 $= 6/8 = 0.75 > 0.3$，满足规范要求。

(2) 依据第 11.3.6 条第 3 款，箍筋最大间距为 $25 \times 8 = 200\text{mm}$、$650/4 = 163\text{mm}$ 和 100mm 的最小值，为 100mm，今箍筋间距为 200mm，不满足要求；箍筋最小直径，由于配筋率为 $2.1\% > 2\%$，应为 $8 + 2 = 10\text{mm}$，实际布置为 8mm，违反规范规定。

综上，选择 B。

点评：本题平法表示的含义如下：

KL(3) 300×650 中的"3"表示 3 跨；ϕ8@200 (4) 中的"4"表示箍筋的肢数为 4；4 Φ

25 表示梁上部通长钢筋；G4Φ14 表示梁两侧面共配置 4Φ14 的构造钢筋。6Φ25 4/2 表示上部纵筋分为两排布置，上面一排 4Φ25，下面一排 2Φ25。

54. 答案：C

解答过程：依据《建筑结构抗震规范》GB 50011—2010 的 6.2.4 条计算梁端剪力设计值，即

$$V = \eta_{vb}\frac{M_b^l + M_b^r}{l_n} + V_{Gb}$$

上式中的 M_b^l、M_b^r 按照 5.4.1 条进行荷载效应组合。

$$M_b^l = 1.2 \times 260 + 1.3 \times 390 = 819 \text{kN} \cdot \text{m} \, (\circlearrowleft)$$

$$M_b^r = 1.2 \times (-150) + 1.3 \times 300 = 210 \text{ kN} \cdot \text{m} (\circlearrowright)$$

$$M_b^l + M_b^r = 819 + 210 = 1029 \text{ kN} \cdot \text{m}$$

$$V_{Gb} = 1.2P_k + 1.2 \times \frac{1}{2}q_k l_n = 1.2 \times 180 + 1.2 \times \frac{1}{2} \times 25 \times (8.4 - 0.6) = 333 \text{kN}$$

$$V = \eta_{vb}\frac{M_b^l + M_b^r}{l_n} + V_{Gb} = 1.2 \times \frac{1029}{7.8} + 333 = 491.3 \text{kN}$$

故选择 C。

点评：对于本题，需要注意以下几点：

(1) 若考虑 $\gamma_G = 1.0$ 的组合，应对 M_b^l、M_b^r 均取 $\gamma_G = 1.0$，可以证明，此组合实际上并不起控制作用，故以上解答未列出。试演如下：

$\gamma_G = 1.0$ 时：

$$M_b^l + M_b^r = 1.0 \times 260 + 1.3 \times 390 + 1.0 \times (-150) + 1.3 \times 300$$
$$= 1.0 \times (260 - 150) + 1.3 \times (390 + 300)$$

$\gamma_G = 1.2$ 时：

$$M_b^l + M_b^r = 1.2 \times 260 + 1.3 \times 390 + 1.2 \times (-150) + 1.3 \times 300$$
$$= 1.2 \times (260 - 150) + 1.3 \times (390 + 300)$$

经以上"提取公因式"变形之后可见，$\gamma_G = 1.2$ 组合的第一项大于 $\gamma_G = 1.0$ 组合，而第二项相同，故 $\gamma_G = 1.2$ 组合控制设计。

(2) 本题给出的数值是否考虑了扭转耦联，并不明确，一般理解为已考虑。

若未考虑扭转耦联，则应依据《建筑结构抗震规范》GB 50011—2010 的 5.2.3 条第 1 款，对于规则结构，不进行扭转耦联计算时，平行于地震作用方向的两个边榀，短边应乘以地震作用放大系数 1.15。据此，可得到 $M_b^l + M_b^r = 895.1 + 268.5 = 1163.6$ kN·m，最终 $V = 512.0$ kN。

55. 答案：C

解答过程：依据《混凝土结构设计规范》GB 50010—2010 的 11.4.17 条，体积配箍率下限值按照下式计算

$$[\rho_v] = \lambda_v \frac{f_c}{f_{yv}}$$

今混凝土强度等级为 C30，应按 C35 取值，$f_c = 16.7 \text{N/mm}^2$。HRB335 钢筋，$f_{yv} =$

300N/mm^2。轴压比 $\mu_N = \dfrac{N}{f_c A} = \dfrac{3600 \times 10^3}{14.3 \times 600 \times 600} = 0.7$,查表 11.4.17,抗震等级为二级、复合箍,得到 $\lambda_v = 0.15$。从而

$$[\rho_v] = \lambda_v \dfrac{f_c}{f_{yv}} = 0.15 \times \dfrac{16.7}{300} = 0.00835 > 0.6\%$$

满足 11.4.17 条第 2 款二级抗震箍筋加密区体积配箍率不小于 0.6% 的规定。
实际配置箍筋的体积配筋率为

$$\rho_v = \dfrac{2nA_s l}{A_{cor} s} = \dfrac{2 \times 4 \times 78.5 \times (600 - 2 \times 30 + 10)}{(600 - 2 \times 30)^2 \times 100} = 0.01184$$

于是 $\rho_v / [\rho_v] = 0.01184 / 0.00835 = 1.42$,故选择 C。
点评:依据《建筑抗震设计规范》GB 50011—2010 的 6.3.9 条也能得到同样的结果。

56. 答案:C
解答过程:6 Φ 25 钢筋截面积为 2945mm^2,4 Φ 25 钢筋截面积为 1964mm^2。

$$h_0 = 800 - 60 = 740\text{mm}$$

$$x = \dfrac{f_y A_s - f'_y A'_s}{\alpha_1 f_c b} = \dfrac{300 \times (2945 - 1964)}{14.3 \times 400} = 51\text{mm}$$

$$x < 0.35 h_0 = 0.35 \times 740 = 259\text{mm},\text{但 } x < 2a'_s = 2 \times 40 = 80\text{mm}$$

故取 $x = 2a'_s$ 计算受弯承载力。

$$M_u = \dfrac{1}{\gamma_{RE}} [f_y A_s (h_0 - a'_s)] = \dfrac{1}{0.75} \times [300 \times 2945 \times (740 - 40)] = 824.6 \times 10^6 \text{N} \cdot \text{mm}$$

选择 C。

57. 答案:D
解答过程:依据《建筑抗震设计规范》GB 50011—2010 的 6.3.6 条,框架结构、二级抗震,轴压比限值为 $[\mu_N] = 0.75$。

由于给出的地震效应数值未考虑扭转耦联,因此应根据规范 5.2.3 条对角部构件同时乘以两个方向的增大系数,则实际的轴压比为

$$\mu_N = \dfrac{1.2 \times 1150 \times 10^3 + 1.3 \times 1.15 \times 1.05 \times 480 \times 10^3}{14.3 \times 600 \times 600} = 0.414$$

于是,$\mu_N / [\mu_N] = 0.414 / 0.75 = 0.55$,选择 D。

58. 答案:C
解答过程:依据《混凝土结构设计规范》GB 50010—2010 的 9.2.13 条,每侧纵向构造钢筋的截面面积不应小于腹板截面面积 bh_w 的 0.1%,且间距不宜大于 200mm。

$$0.1\% \times 800 \times (2400 - 70 - 200) = 1704\text{mm}$$

10 Φ 12、10 Φ 14、11 Φ 16、11 Φ 18 的截面面积分别为 1131mm^2、1539mm^2、2212mm^2、2800mm^2,故选择 C。此时也满足间距不大于 200mm 的要求。

59. 答案:C
解答过程:轴向拉力的偏心距

$$e_0 = \dfrac{M}{N} = \dfrac{1460 \times 10^3}{3800} = 384\text{mm} < 2400/2 - 70 = 1130\text{mm}$$

故为小偏心受拉。依据《混凝土结构设计规范》GB 50010—2010 的 6.2.23 条，A_s 按照下式计算

$$A_s = \frac{Ne'}{f_y(h_0'-a_s)} = \frac{3800\times10^3\times(384+2400/2-70)}{360\times(2400-70-70)} = 7071\text{mm}^2$$

故选择 C。

点评：对于轴心受拉构件和小偏心受拉构件，钢筋受拉强度设计值大于 300N/mm^2 时取为 300N/mm^2 的规定，在 2015 版《混凝土结构设计规范》中取消了。

60. 答案：C

解答过程：依据《混凝土结构设计规范》GB 50010—2010 的 6.3.14 条，可以得到

$$\frac{1.75}{\lambda+1}f_tbh_0 - 0.2N = \frac{1.75}{1.5+1}\times1.71\times800\times(2400-70) - 0.2\times3800\times10^3 = 1471.2\times10^3\text{N}>0$$

$$\frac{A_{sv}}{s} \geq \frac{V+0.2N-\frac{1.75}{\lambda+1}f_tbh_0}{f_{yv}h_0}$$
$$= \frac{5760\times10^3 - 1471.2\times10^3}{300\times(2400-70)}$$
$$= 6.14\text{mm}^2/\text{mm}$$

$f_{yv}\dfrac{A_{sv}}{s}h_0 = 300\times6.14\times2330 = 4291860\text{N} > 0.36f_tbh_0 = 0.36\times1.71\times800\times2330 = 1147478\text{N}$

满足规范要求。

A、B、C、D 各选项的 $\dfrac{A_{sv}}{s}$ 分别为 $471/100=4.71$、$678/150=4.52$、$678/100=6.78$、$923/100=9.23$，单位为 mm^2/mm，C 项可以满足要求。

对 C 项验算最小配箍率如下：

$$\rho_{sv} = \frac{A_{sv}}{bs} = \frac{6.78}{800} = 0.85\% > 0.24\frac{f_t}{f_{yv}} = 0.24\times\frac{1.71}{300} = 0.14\%，\text{满足要求。}$$

故选择 C。

61. 答案：A

解答过程：依据《混凝土结构设计规范》GB 50010—2010 的 7.2.2 条、7.2.3 条，有

$$B_s = 0.85E_cI_0 = 0.85\times3.25\times10^4\times3.4\times10^{10} = 9.39\times10^{14}\text{ N}\cdot\text{mm}^2$$

$$B = \frac{M_k}{M_q(\theta-1)+M_k}B_s = \frac{800}{750(2-1)+800}\times9.39\times10^6 = 4.85\times10^{14}\text{ N}\cdot\text{mm}^2$$

式中，$\theta=2$ 系根据规范 7.2.5 条取值。

故选择 A。

62. 答案：A

解答过程：依据《混凝土结构设计规范》GB 50010—2010 的 7.2.6 条，考虑预加力的长期作用，反拱值为 $15.2\times2=30.4\text{mm}$。

再依据规范的表 3.4.3，计算跨度 $l_0=17.7\text{m}>9\text{m}$，对挠度有较高要求的构件，挠度限值为

$$[f] = l_0/400 = 17700/400 = 44.25\text{mm}$$

依据表 3.4.3 下的注 3，实际荷载引起的挠度可取为 $56.6-30.4=26.2\text{mm}$。

于是，该梁挠度与允许挠度之比为 $26.2/44.25=0.592$，故选择 A。

63. 答案：A

解答过程：依据《建筑抗震设计规范》GB 50011—2010 表 5.1.4-1 得到，8 度、多遇地震的 $\alpha_{\max}=0.16$。再依据表 5.1.4-2 得到，Ⅲ类场地、设计地震分组为第一组时 $T_g=0.45s$。由于 $T_1>T_g$ 且 $T_1<5T_g$，故 $\gamma=0.9$，$\eta_2=1.0$。

依据规范的图 5.1.5，可以得到

$$\alpha_1=\left(\frac{T_g}{T}\right)^{\gamma}\eta_2\alpha_{\max}=\left(\frac{0.45}{1.1}\right)^{0.9}\times 1.0\times 0.16=0.072$$

由于 $T_2>0.1s$ 且 $T_2<T_g$，故 $\eta_2=1.0$。依据规范的图 5.1.5 得到 $\alpha_2=0.16$。
故选择 A。

64. 答案：C

解答过程：由题图可知，第一、二振型下，Ⓐ轴底层柱剪力标准值分别为 50.0kN 和 8.0kN。依据《建筑抗震设计规范》GB 50011—2010 的 5.2.2 条，$T_2/T_1=0.35/1.1<0.85$，故

$$V=\sqrt{\sum V_j^2}=\sqrt{50.0^2+8.0^2}=50.64\text{kN}，故选择 C。$$

65. 答案：D

解答过程：顶层柱底剪力为 $V=\sqrt{\sum V_j^2}=\sqrt{35.0^2+12.0^2}=37\text{kN}$。

由于框架梁的抗弯刚度无穷大，因而可采用反弯点法。反弯点位于该层柱子的中点，于是，顶层柱顶弯矩标准值为 $37\times 4.5/2=83.25\text{kN}\cdot\text{m}$。故选择 D。

66. 答案：B

解答过程：依据《混凝土结构设计规范》GB 50010—2010 的 11.7.7 条计算，为

$$A_s=\frac{\gamma_{RE}M}{f_y(h_0-a_s')}=\frac{0.75\times 200\times 10^6}{300\times(600-35-35)}=943\text{mm}^2$$

依据 11.7.11 条第 1 款，连梁上、下边缘单侧纵向钢筋最小配筋率不应小于 0.15%，且不宜少于 2ϕ12，$0.15\%\times 180\times 600=162\text{mm}^2<943\text{mm}^2$。

今 A、B、C、D 配置的钢筋量分别为 628mm²、982mm²、1140mm² 和 1473mm²，故选择 B。

67. 答案：C

解答过程：依据《混凝土结构设计规范》GB 50010—2010 的 11.7.8 条，可得

$$V_{wb}=\eta_{vb}(M_b^l+M_b^r)/l_n+V_{Gb}=1.2\times(150+150)/2.0+18=198\text{kN}$$

由于连梁跨高比大于 2.5，故依据公式 (11.7.9-2)，有

$$V_{wb}\leqslant\frac{1}{\gamma_{RE}}\left(0.42f_tbh_0+f_{yv}\frac{A_{sv}}{s}h_0\right)$$

于是，可以解出

$$\frac{A_{sv}}{s}\geqslant\frac{\gamma_{RE}V_{wb}-0.42f_tbh_0}{f_{yv}h_0}$$

$$=\frac{0.85\times 198\times 10^3-0.42\times 1.43\times 180\times 565}{270\times 565}$$

$$=0.703\text{mm}^2/\text{mm}$$

再根据 11.3.6 条，二级时，箍筋最小直径为 8mm，最大间距取 $h/4$、$8d$、100mm 的最小值，为 100mm。故只有 C、D 选项符合要求。

1 混凝土结构

C、D 选项的 $\dfrac{A_{sv}}{s}$ 值分别为 1.006、1.57，单位为 mm^2/mm，C 可以满足要求。

点评：本题给出的条件："连梁左右端截面反、顺时针方向组合弯矩设计值 $M_b^l = M_b^r = 150.0 kN·m$"，表达似乎不明确。规范 11.7.8 条的意思，是按照顺时针为正算出 ($M_b^l + M_b^r$) 的最大值，再按照逆时针为正算出 ($M_b^l + M_b^r$) 的最大值，然后，再取二者的大值作为计算 V_{wb} 的依据。其原理，就是结构力学中的力矩平衡，见本书"疑问解答"部分的解释。在计算过程中，对于一级抗震，若两端的弯矩均是使得梁截面上缘受拉（规范中的用词是"负弯矩"），则弯矩值小者取为零。

68. 答案：B

解答过程：依据《建筑抗震设计规范》GB 50011—2010 的 3.4.3 条的条文说明，当错层面积大于该楼层总面积的 30% 时，属于楼板局部不连续，故 A 项表达正确。

依据规范的表 3.4.3-2，B 项表达不正确，规范规定是"除顶层或出屋面小建筑外，局部收进的水平向尺寸大于相邻下一层的 20%"；C 项表达正确。

依据规范的 3.4.4 条，D 项表达正确。

69. 答案：B

解答过程：依据《混凝土结构设计规范》GB 50010—2010 的表 11.1.6 考虑偏心受压柱的 γ_{RE} 取值。

对于上柱，$\dfrac{N}{f_c A} = \dfrac{236 \times 10^3}{11.9 \times 400^2} = 0.124$，故应取 $\gamma_{RE} = 0.75$。

对于下柱，$\dfrac{N}{f_c A} = \dfrac{1400 \times 10^3}{11.9 \times 400 \times 900} = 0.327$，故应取 $\gamma_{RE} = 0.8$。

综上，应选择 B。

70. 答案：A

解答过程：依据《混凝土结构设计规范》GB 50010—2010 的 B.0.4 条计算。

今 $H_u/H_l > 0.3$，依据规范表 6.2.20-1 以及表下的注释 3 可知，上柱的计算长度为 $l_0 = 2H_u = 2 \times 3.6 = 7.2 m$。

$$e_0 = \dfrac{M_0}{N} = \dfrac{112.0 \times 10^3}{236} = 475 mm$$

e_a 取 20mm 和 $h/30 = 13.3 mm$ 的较大者，为 20mm。

$$e_i = e_0 + e_a = 475 + 20 = 495 mm$$

$$\eta_s = 1 + \dfrac{1}{1500 e_i/h_0} \left(\dfrac{l_0}{h}\right)^2 \zeta_c$$
$$= 1 + \dfrac{1}{1500 \times 495/360} \left(\dfrac{7200}{400}\right)^2 \times 1.0$$
$$= 1.157$$

故选择 A。

点评：排架结构应按照《混凝土结构设计规范》GB 50010—2010 的 B.0.4 条考虑二阶效应，而框架结构等则需要 $P\text{-}\Delta$ 效应、$P\text{-}\delta$ 效应分别考虑，采用规范的 B.0.1 条和 6.2.4 条。

71. 答案：C

解答过程：混凝土受压区高度

$$x = \frac{\gamma_{RE}N}{\alpha_1 f_c b} = \frac{0.8 \times 1400 \times 10^3}{1.0 \times 11.9 \times 400} = 235\text{mm}$$

$x < \xi_b h_0 = 0.55 \times 860 = 473\text{mm}$ 且 $x > 2a'_s = 2 \times 40 = 80\text{mm}$，满足大偏心平衡方程的适用条件。

依据《混凝土结构设计规范》GB 50010—2010 的 B.0.4 条可得：

$$e_0 = \frac{M}{N} = \frac{\eta_s M_0}{N} = \frac{1.2 \times 760 \times 10^6}{1400 \times 10^3} = 651\text{mm}$$

$$e_i = e_0 + e_a = 651 + 30 = 681\text{mm}$$

$$e = e_i + 0.5h - a_s = 681 + 0.5 \times 900 - 40 = 1091\text{mm}$$

对称配筋时钢筋用量：

$$A'_s = A_s = \frac{\gamma_{RE}Ne - \alpha_1 f_c bx(h_0 - 0.5x)}{f'_y(h_0 - a'_s)}$$

$$= \frac{0.8 \times 1400 \times 10^3 \times 1091 - 11.9 \times 400 \times 235 \times (860 - 0.5 \times 235)}{300 \times (860 - 40)}$$

$$= 1591\text{mm}^2$$

此钢筋用量也满足最小配筋率的要求。故选择 C。

点评：对于本题，有以下几点需要解释：

(1) 对于排架结构，当按照《混凝土结构设计规范》B.0.4 条考虑二阶效应时，尽管所用的符号 η_s 含义为"P-Δ 效应增大系数"，但认为同时考虑了"P-Δ 效应"和"P-δ 效应"。

(2) 在 B.0.4 条，计算 e_0 所用的弯矩 M_0 为一阶分析得到的杆端弯矩。当进行配筋设计时，利用规范的图 6.2.17 建立平衡方程，此时用到的 e_0 应按考虑二阶效应之后的弯矩算出，对于排架结构，此弯矩就是 B.0.4 条求出的 M。

(3) 计算受压区高度 x 时，本解答采用 $\gamma_{RE}N$，是常见的做法。笔者认为，从概念上讲，采用 N 更为恰当（见本书"疑问解答"部分的解释）。如此，则计算过程为

$$x = \frac{N}{\alpha_1 f_c b} = \frac{1400 \times 10^3}{1.0 \times 11.9 \times 400} = 294\text{mm}$$

由于 $x < \xi_b h_0 = 0.55 \times 860 = 473\text{mm}$ 且 $x > 2a'_s = 2 \times 40 = 80\text{mm}$，故满足大偏心平衡方程的适用条件。同样可得 $e = 1091\text{mm}$。于是

$$A'_s = A_s = \frac{\gamma_{RE}Ne - \alpha_1 f_c bx(h_0 - 0.5x)}{f'_y(h_0 - a'_s)}$$

$$= \frac{0.8 \times 1400 \times 10^3 \times 1091 - 11.9 \times 400 \times 294 \times (860 - 0.5 \times 294)}{300 \times (860 - 40)}$$

$$= 911\text{mm}^2$$

当 $x < \xi_b h_0$ 时，$\alpha_1 f_c bx(h_0 - 0.5x)$ 随 x 增大而增大，故取 N 计算会得到较小的纵向钢筋用量。换句话说，用 $\gamma_{RE}N$ 计算 x 进而计算纵向钢筋是偏于安全的。

72. 答案：B

解答过程：依据《建筑结构抗震规范》GB 50011—2010 的 13.1.2 条条文说明，8、9 度时，需要对悬挂重物的支座及其连接进行抗震验算。若抗震设防烈度为 7 度，当不需要抗震验算。故 B 项叙述错误。

73. 答案：B

解答过程：依据《建筑抗震设计规范》GB 50011—2010 的 3.4.3 条以及该条的条文说明，今凸出部分尺寸 $B=2\times7.2=14.4\text{m}>0.3B_{\max}=0.3\times4\times7.2=8.64\text{m}$，为凸角不规则（属于平面不规则）；$6.39\times10^5<0.7\times9.16\times10^5$，为侧向刚度不规则（属于竖向不规则）。故选择 B。

74. 答案：B

解答过程：依据《建筑抗震设计规范》GB 50011—2010 的表 6.1.2，高度 $5.2+5\times3.2=21.2\text{m}$、烈度为 8 度、丙类设防，框架的抗震等级为二级。

框架柱 Z1 为角柱，依据规范的 6.3.9 条第 1 款，二级框架的角柱，加密高度取全高，故排除 A、C 选项。

柱的轴压比 $\dfrac{N}{f_cA}=\dfrac{2570\times10^3}{14.3\times600\times600}=0.50$

按二级、复合箍查规范表 6.3.9，得到 $\lambda_v=0.11$。于是体积配箍率限值为

$$[\rho_v]=\lambda_v\dfrac{f_c}{f_{yv}}=0.11\times\dfrac{16.7}{270}=0.68\%$$

按照箍筋间距为 100mm 考虑，所需单根箍筋截面积为：

$$A_{sv1}=\dfrac{0.68\%\times540\times540\times100}{8\times540}=45.9\text{ mm}^2$$

直径为 8mm 钢筋可提供截面积 50.3 mm²，故选择 B。

点评：查表确定抗震等级时所用的"房屋高度"，应自室外地面算起，但是本题中所给的数据无法得到该值，解答中所用的"21.2m"是自基础顶算起的。

75. 答案：A

解答过程：依据《混凝土结构设计规范》GB 50010—2010 的表 6.2.20-2，对于现浇楼盖，底层柱时，$l_0=1.0H=5.2\text{m}$，故选择 A。

76. 答案：A

解答过程：今 $l_0/h=7.2/4.8=1.5>1.0$，依据《混凝土结构设计规范》GB 50010—2010 的 G.0.8 条，应按图 G.0.8-3b 配置钢筋，即，梁顶 $0.4h$ 范围和中部 $0.4h$ 范围内，钢筋面积各为 $A_s/2$。

今 $A_s/2=3000/2=1500\text{mm}^2$，而 $2\times11\,\Phi\,10$、$2\times8\,\Phi\,12$ 的截面积分别为 1727mm²、1810mm²，故选择 A。

G.0.10 条规定，水平分布钢筋直径不应小于 8mm，间距不应大于 200mm，选项 A 也满足这些要求。

77. 答案：B

解答过程：今 $l_0/h=7.2/4.8<2$，依据《混凝土结构设计规范》GB 50010—2010 的 G.0.2 条，支座截面的有效高度为 $h_0=4800-0.2\times4800=3840\text{mm}$。

又依据规范 G.0.5 条，由于

$0.5f_{tk}bh_0=0.5\times2.01\times300\times3840=1157.76\times10^3\text{N}>V_k=1050\text{kN}$

所以，应按照 G.0.10 条、G.0.12 条采用分布钢筋。今为 HPB300 钢筋，竖向分布钢

筋的最小配筋率为 0.20%。按照竖向分布钢筋间距 200mm 考虑,则间距范围内需要钢筋
$$A_{sv} = \rho_{sv} b s_h = 0.20\% \times 300 \times 200 = 120 \text{mm}^2$$
所需单根钢筋截面积 $120/2 = 60\text{mm}^2$,今选择 $\phi 10$ 钢筋可提供 78.5mm^2。故选择 B。

78. 答案:A

解答过程:依据《混凝土结构设计规范》GB 50010—2010 的 G.0.2 条,应有 $M \leqslant f_y A_s z$。今 $l_0/h = 7.2/4.8 = 1.5$,>1 且<2,跨中截面的有效高度为 $h_0 = 4800 - 0.1 \times 4800 = 4320\text{mm}$。

$$\alpha_d = 0.80 + 0.04 \frac{l_0}{h} = 0.80 + 0.04 \frac{7.2}{4.8} = 0.86$$

$$x = \frac{f_y A_s}{\alpha_1 f_c b} = \frac{300 \times 3563}{1.0 \times 14.3 \times 300} = 249\text{mm} < 0.2h_0 = 0.2 \times 4320 = 864\text{mm}$$

取 $x = 0.2h_0 = 864\text{mm}$。

$$z = \alpha_d(h_0 - 0.5x) = 0.86 \times (4320 - 0.5 \times 864) = 3344\text{mm}$$

$f_y A_s z = 300 \times 3563 \times 3344 = 3574 \times 10^6 \text{N} \cdot \text{mm}$,故选择 A。

79. 答案:D

解答过程:依据《混凝土结构设计规范》GB 50010—2010 的 G.0.1 条的条文说明,可知,A、B 选项叙述正确。依据规范 G.0.7 条,C 选项叙述正确。

依据规范 G.0.9 条,深梁的下部纵向受拉钢筋应全部伸入支座,故 D 选项叙述不正确。

80. 答案:B

解答过程:依据《混凝土结构设计规范》GB 50010—2010 的 6.5.1 条,应按下式计算
$$0.7\beta_h f_t \eta u_m h_0$$
今对式中数值计算如下:
$$h_0 = 450 - 40 = 410\text{mm}, \quad u_m = 4 \times (700 + 2 \times 600 + 410) = 9240\text{mm}$$
$$\eta_1 = 0.4 + \frac{1.2}{\beta_s} = 0.4 + \frac{1.2}{2} = 1.0, \quad \eta_2 = 0.5 + \frac{\alpha_s h_0}{4 u_m} = 0.5 + \frac{40 \times 410}{4 \times 9240} = 0.944$$

η 取 η_1、η_2 的较小者,故 $\eta = 0.944$。

于是,$0.7\beta_h f_t \eta u_m h_0 = 0.7 \times 1.0 \times 1.43 \times 0.944 \times 9240 \times 410 = 3580 \times 10^3 \text{N}$,故选择 B。

若 η 误取 η_1、η_2 的较大者,即 $\eta = 1.0$ 进行计算,则得到 $0.7\beta_h f_t \eta u_m h_0 = 3792 \times 10^3 \text{N}$,错选 C。

81. 答案:A

解答过程:令顶板承受的均布面荷载设计值为 q,则依据《混凝土结构设计规范》GB 50010—2010 的 6.5.1 条,有
$$F_l = [8 \times 8 - (0.7 + 2 \times 0.6 + 2 \times 0.41)^2] \times q = 56.6q \leqslant 3390$$
可以解出 $q \leqslant 59.89 \text{kN/m}^2$
$$q = 1.3 \times H \times 18 + 1.3 \times 0.45 \times 25 + 1.5 \times 4 = 23.4H + 20.625 \leqslant 59.89$$
于是可解出 $H \leqslant 1.68\text{m}$,故选择 A。

82. 答案:B

解答过程:依据《混凝土结构设计规范》GB 50010—2010 的 9.2.12 条,有
$$N_s = 0.7 f_y A_s \cos\frac{\alpha}{2} = 0.7 \times 300 \times 763 \times \cos 60° = 80115\text{N}$$

需要附加箍筋截面积

1 混凝土结构

$$\frac{N_s}{f_{yv}\sin\frac{\alpha}{2}}=\frac{80115}{270\times\sin60°}=343\text{mm}^2$$

需要 $\phi8$ 箍筋的根数 $343/50.3=7$，B 选项可提供 $8\phi8$ 的截面积，故选择 B。

83. 答案：C

解答过程：依据《混凝土结构设计规范》GB 50010—2010 的 H.0.2 条，有

$$M=M_{1G}+M_{2G}+M_{2Q}$$
$$=1.3\times\frac{1}{8}\times15\times6.2^2+1.3\times\frac{1}{8}\times12\times6.2^2+1.5\times\frac{1}{8}\times20\times6.2^2$$
$$=312.8\text{kN}\cdot\text{m}$$

故选择 C。

如果误将第一阶段的活荷载引起的设计弯矩也包含在内，将得到 411.3kN·m，错选 D。

84. 答案：C

解答过程：依据《混凝土结构设计规范》GB 50010—2010 的 H.0.3 条，叠合梁支座截面的剪力设计值为：

$$V=V_{1G}+V_{2G}+V_{2Q}$$
$$=1.3\times\frac{1}{2}\times15\times6.2+1.3\times\frac{1}{2}\times12\times6.2+1.5\times\frac{1}{2}\times20\times6.2$$
$$=201.81\text{kN}$$

依据 H.0.4 条，叠合面受剪承载力为

$$1.2f_tbh_0+0.85f_{yv}\frac{A_{sv}}{s}h_0$$
$$=1.2\times1.43\times250\times(700-40)+0.85\times270\times\frac{2\times50.3}{150}\times(700-40)$$
$$=384.73\times10^3\text{N}$$

该值大于预制构件的受剪承载力设计值。比值 $201.81/384.73=0.52$，故选择 C。

点评：由于规范 9.5.2 条第 1 款规定叠合部分混凝土强度等级不宜低于 C30，故将原题中的"C25"改为"C30"。

另外注意到，规范 H.0.3 条规定，叠合构件斜截面的受剪承载力设计值应不低于预制构件的受剪承载力设计值，本题中，预制构件混凝土强度等级为 C35，$f_t=1.57\text{N}/\text{mm}^2$。由于

$$\frac{1.43\times(700-40)}{1.57\times(500-40)}>1$$

因此，叠合构件受剪承载力设计值必然大于预制构件的受剪承载力设计值。

85. 答案：A

解答过程：依据《混凝土结构设计规范》GB 50010—2010 的 H.0.7 条，σ_{s2q} 应按照下式计算：

$$\sigma_{s2q}=\frac{0.5\left(1+\frac{h_1}{h}\right)M_{2q}}{0.87A_sh_0}$$

式中数值计算如下：

$$M_{1Gk} = \frac{1}{8} \times 15 \times 6.2^2 = 72.1 \text{kN} \cdot \text{m} > 0.35 \times M_{1u} = 0.35 \times 201.4 = 70.49 \text{kN} \cdot \text{m},$$

$0.5\left(1+\dfrac{h_1}{h}\right)$ 取值不变。

$$M_{2q} = \frac{1}{8} \times 12 \times 6.2^2 + 0.5 \times \frac{1}{8} \times 20 \times 6.2^2 = 105.71 \text{kN} \cdot \text{m}$$

$$h_1 = 500\text{mm}, h = 700\text{mm}, h_0 = 700 - 40 = 660\text{mm}$$

于是

$$\sigma_{s2q} = \frac{0.5\left(1+\dfrac{h_1}{h}\right)M_{2q}}{0.87 A_s h_0} = \frac{0.5 \times \left(1+\dfrac{500}{700}\right) \times 105.71 \times 10^6}{0.87 \times 1520 \times 660} = 104 \text{N/mm}^2$$

故选择 A。

86. 答案：D

解答过程：依据《混凝土结构设计规范》GB 50010—2010 的 4.1.4 条条文说明，可知 D 正确。

87. 答案：A

解答过程：《混凝土结构设计规范》GB 50010—2010 的表 4.2.6-1 列出了疲劳计算所用的钢筋，其中包括 HRB400，结合条文说明可知，A 项错误。

依据 4.2.1 条，B 项正确。

依据 4.2.1 条及其条文说明，C 项正确。

依据 4.2.2 条，D 正确。

点评：该题为 2008 年考题，当时的解答应依据 2002 版《混凝土结构设计规范》。这里简述本题涉及条文的异同。

2002 版《混凝土结构设计规范》表 4.2.5-1 下注释 2 指出，RRB400 级钢筋应经试验验证后，方可用于需作疲劳验算的构件。其隐含的意思就是，该表中列出的 HRB400 级钢筋无需如此，故 A 项错误。2015 版《混凝土结构设计规范》表 4.2.6-1 删去了此注释，但结合条文说明可知，"表中未列入"的细晶粒 HRBF 钢筋用于疲劳荷载作用的构件时应经试验验证，据此可推知表中的 HRB400 级无需试验验证。

2002 版《混凝土结构设计规范》表 4.2.2-1 下注释 2 指出，当采用直径大于 40mm 的钢筋时，应有可靠的工程经验。2015 版《混凝土结构设计规范》表 4.2.2-1 删去了此注释，但"不宜采用直径超过 40mm 的钢筋"仍可认为是工程习惯。

1 混凝土结构

1.3 疑问解答

本部分问答索引

关键词	问答序号	关键词	问答序号
不上人屋面活荷载	7，8	锚固长度	61，62
长期作用影响	25	锚筋	74
底部加强部位的墙厚	87	牛腿配筋	73
叠合构件	98	配筋率	38，64
短期刚度	60	配置箍筋	46
对角斜筋与交叉暗撑	85，86	疲劳验算	54
多台吊车荷载折减	9	偏心受拉	48，56
二阶效应	30，31，92，93	深受弯构件	97
防劈裂箍筋	77	收缩、徐变引起的预应力损失	78
风荷载组合工况	22	体积配箍率	82，83，100
风压高度变化修正系数	13	体型系数	14，15，16，17
风振系数	21	通长纵筋	80
附加偏心距	39	弯矩调幅系数	104
刚度折减	94	弯起钢筋	70
构造边缘构件	91	围护构件	20
箍筋最小直径	81	屋面活荷载	4
规范勘误	1，24，109，113	箱形截面	68
计算长度	41，101	消防车荷载	5
架立钢筋	69	悬臂构件挠度限值	26
剪跨比	45	雪荷载	10，11
剪扭构件	49，50，107	有效翼缘计算宽度	29
接头面积百分率	63	预应力传递长度	76
局部体型系数	18，19	运动场地活荷载	6
抗裂验算	57	折角处配筋	72
空心板等效	106	轴压比限值	100
裂缝宽度折减	55	最大配箍率	44
楼面等效均布活荷载	23	最小配箍率	71
楼面活荷载折减	2，3		

【Q1.3.1】第 1 次印刷的《荷载规范》有无勘误表？

【A1.3.1】笔者未见到勘误表。但是，以下一些地方需要注意：

(1) 43页，项次27，图（a）应与图（b）相同，二者仅在标题上有区别才是恰当的，理由是：两端有山墙，迎风面和背风面是开敞的，才会形成"双面开敞"。

(2) 46页，十字形平面的体型系数。对照《高规》附录B.0.1条第7款可知，+0.6仅用于迎风面的边，侧面的与风向平行的边，应是-0.4（吸力）。

(3) 67页，公式（10.2.3-2）$p_k = 3 + 0.5 p_v + 0.04 \left(\dfrac{A_v}{V}\right)^2$ 应为 $p_k = 3 + 0.5 p_v + 0.04 / \left(\dfrac{A_v}{V}\right)^2$。依据为欧洲规范EN 1991-1-7:2006第65页公式（D.5），该公式记作 $p_d = 3 + p_{stat}/2 + 0.04/(A_v/V)^2$。

另外，第66页说到 A_v 与 V 之比时，由于单位不同，所以，"0.05~0.15"实际上具有"1/m"这一单位。

(4) 165页，对 w_R 的解释，"重现期为 R 年的基本风压（kN/m^2），可按本规范附录E公式（E.3.3）计算"。可是，查附录E公式（E.3.3），对应的却是"最大风速"，因此，此处应是"按规范附录E公式（E.3.4）计算"。

(5) 202页，"5.4 屋面积灰荷载"上数第3行："……故在本次修订中新增屋顶运动场活荷载的内容。参照体育馆的运动场，屋顶运动场地的活荷载值为 $4.0 kN/m^2$"，此处，对照正文可知存在矛盾。

关于"运动场"与"运动场地"的区别，金新阳《建筑结构荷载规范理解与应用》194页指出，"运动场地仅适用于做操，小型球类等低强度运动"，"运动场适用于各种体育运动和球类"。同时指出，"第202页的规范条文说明中'运动场地'应勘误为'运动场'"。据此可知，"屋顶运动场地"取 $3.0 kN/m^2$，"屋顶运动场"取 $4.0 kN/m^2$。

(6) 212页，7.1.2条条文说明第8行，"应此基本雪压要适当提高"，此处"应此"应为"因此"。

(7) 234页，8.6.1条条文说明中公式，β_{zg} 应为 β_{gz}。

必须指出，规范在3.2.5条第2款规定，对于雪荷载和风荷载，可取重现期为设计使用年限确定基本雪压和基本风压，会导致基本雪压和基本风压术语混乱；因为，概念上，它们都是按照50年一遇取值的（见3.1.21条和2.1.22条）。

【Q1.3.2】关于《荷载规范》5.1.2条第1款，有下面3个疑问
(1) 楼面活荷载为什么要折减？
(2) "楼面梁"如何理解，是指主梁还是次梁？
(3) 折减系数取值时所涉及的"项"，应如何理解？

《荷载规范》5.1.2条第1款原文如下：
1 设计楼面梁时：
1）第1（1）项当楼面梁从属面积超过 $25m^2$ 时，应取0.9；
2）第1（2）~7项当楼面梁从属面积超过 $50m^2$ 时，应取0.9；
……
4）第9~13项应采用与所属房屋类别相同的折减系数。

【A1.3.2】 对于问题（1）：
楼面活荷载标准值，是建筑正常使用情况下的最大荷载值，根据使用要求，可以把这些荷载放置于任意合适的部位。但是，这样大的荷载满布于整个楼面的可能性是很小的，至于同时满布各层楼面，就会更小。因此，设计建筑结构时，应按承载面积和承载层数予以折减。

对于问题（2）：

经查，《荷载规范》的条文说明并没有对"楼面梁"作出解释，只是指出了从属面积的取值方法：对于支承单向板的梁，其从属面积为梁两侧各延伸二分之一的梁间距范围的面积；对于支承双向板的梁，其从属面积由板面的剪力零线围成。由于次梁承受板传来的荷载，主梁承受次梁传来的荷载，因此，笔者理解，是对次梁首先考虑从属面积导致的折减，在此荷载的基础上，再计算主梁的受力。

2012版《荷载规范》此处的规定与2001版相同。笔者发现，针对2001版《荷载规范》，曹振熙、曹普在《建筑工程结构荷载学》（中国水利水电出版社，2006）一书中有不同观点，他们认为，计算楼板和次梁时一般楼面活荷载不予降低，计算主梁时所采用的楼面活荷载应予折减（见该书的91页）。

对于问题（3）：

所谓"第1（1）项"，是指规范表5.1.1中项次为1，类别为（1）的建筑，包括：住宅、宿舍、旅馆、办公楼、医院病房、托儿所、幼儿园。"第1（2）~7项"也是同样理解。例如，阅览室就属于第1（2）项。所谓"第9~13项应采用与所属房屋类别相同的折减系数"，是指，第9~13项所规定的内容均是房屋的局部，是从属于1~7项中的各类房屋的。举例说明如下：第9项为"厨房"，分为"餐厅"和"其他"两种情况。若是"餐厅中的厨房"，楼面活荷载标准值取$4.0kN/m^2$，由于"餐厅"属于第2项，应按照从属面积超过$50m^2$取折减系数为0.9；若是"住宅中的厨房"，楼面活荷载标准值取$2.0kN/m^2$，"住宅"属于第1（1）项，应按照从属面积超过$25m^2$取折减系数为0.9。

【Q1.3.3】《荷载规范》的5.1.2条第2款中规定，"第1（2）~7项应采用与其楼面梁相同的折减系数"如何理解？

我认为有两种可能：①当从属于墙、柱、基础的那部分荷载面积超过$50m^2$时取折减系数为0.9；②无论从属面积大小，统一取折减系数为0.9。

《荷载规范》的5.1.2条第2款原文如下：

2 设计墙、柱和基础时：

1）第1（1）项应按表5.1.2规定采用；

2）第1（2）~7项应采用与其楼面梁相同的折减系数；

......

活荷载按楼层的折减系数　　　　　　　　　　　表5.1.2

墙、柱、基础计算截面以上的层数	1	2~3	4~5	6~8	9~20	>20
计算截面以上各楼层或荷载总和的折减系数	1.00 (0.90)	0.85	0.70	0.65	0.60	0.55

注：当楼面梁的从属面积超过$25m^2$时，应采用括号内的系数。

【A1.3.3】笔者理解，规范的本意应是，对于墙、柱、基础，若属于表5.1.1中第1（2）~7项类型房屋，应与第1（2）~7项中的楼面梁一样，当从属面积超过$50m^2$时取折减系数为0.9。柱的从属面积，在规范5.1.2条的条文说明中给出了解释："对于支承梁的柱，其从属面积为所支承梁的从属面积的总和；对于多层房屋，柱的从属面积为其上部所有柱从属面积的总和"。

【Q1.3.4】"楼面活荷载"与"屋面活荷载"是不是同一类型？换句话说，荷载效应组合中同时出现"楼面活荷载"与"屋面活荷载"时，要不要考虑组合值系数？

【A1.3.4】"楼面活荷载"指的是各楼层的活荷载，"屋面活荷载"指的是楼顶的屋面活荷载，二者不属于同一类型的荷载，因此，荷载组合时需要考虑组合值系数。见下面的例题：

某6层住宅楼，为砌体结构，横墙承重。已知横墙承受两侧均为4m的钢筋混凝土预制板传来的活荷载。要求：确定底层横墙承受的各层楼面荷载和屋面荷载（为上人屋面）传来的活荷载设计值。

解：依据《荷载规范》表5.1.1，住宅楼楼面活荷载标准值为$2.0kN/m^2$，依据表5.3.1，上人屋面均布活荷载为$2.0kN/m^2$，组合值系数0.7。

由于底层横墙承受的楼面活荷载包括2~6层共5个楼面，依据表5.1.2，折减系数为0.70，故其承受的来自各楼面和屋面活荷载设计值为：

$$1.4 \times (5 \times 2.0 \times 0.7 + 2.0 \times 0.7) \times 4 = 47.04 \text{ kN/m}$$

【Q1.3.5】关于《荷载规范》中的消防车荷载，有以下疑问：

(1) 消防车荷载按照规范表5.1.1项次8取值，要不要再考虑动力系数？

(2) 规范表5.1.1项次8中规定，双向板楼盖（板跨不小于3m×3m）时，消防车荷载取为$35.0kN/m^2$，但是，表下的注释4又规定，"第8项消防车荷载，当双向板楼盖板跨介于3m×3m~6m×6m之间时，应按跨度线性插值确定"，二者是不是矛盾？

(3) 规范附录B规定了消防车活荷载按照覆土厚度的折减系数，如何理解？

(4) 对于消防车荷载，如果柱网为15m×15m，查表可知，当板跨为7.5m时荷载为$20.0kN/m^2$，当板跨为3m时荷载为$35.0kN/m^2$，为什么板跨越小荷载越大？另外，按如此取值之后，柱子的受力因为板跨的不同会差别较大，是否合理？

【A1.3.5】对于问题（1）：

作用于楼盖的车辆，理应考虑其动力效应。不过，朱炳寅《建筑结构设计问答及分析》（第二版）认为，由于规范表格给出的是等效均布活荷载，已经计入了动力系数，所以，直接使用即可。

对于问题（2）：

根据表5.1.1下的注释4并结合该条的条文说明可知，对于双向板楼盖，消防车荷载的取值方法是：板跨为3m×3m时取$35.0kN/m^2$，板跨为6m×6m时取$20.0kN/m^2$，其间按照线性内插确定。

实际上，从条文说明还可以知道消防车荷载对于单向板楼盖时的确定方法：板跨为2m时取为$35.0kN/m^2$，板跨为4m时取为$25.0kN/m^2$。

朱炳寅《建筑结构设计问答及分析》（第二版）可以支持以上观点。关于消防车荷载的取值，该书还指出：

①矩形双向板楼盖时，可分别以矩形的短边和长边作为正方形的边长确定出相应数

值，然后再取平均值。

②单向板板跨小于2m，以及双向板板跨小于3m×3m，应按汽车轮压换算成不小于35.0kN/m² 的数值。

③注意区分"板跨"与"柱网"。例如，柱网尺寸8m×8m，主梁中间设十字次梁，双向板的板跨为4m×4m，应按4m×4m确定消防车荷载取值。

为便于汽车轮压的等效，这里给出规范条文说明中所说的"重型消防车"的尺寸数据。一台消防车总重（包括消防车自重+满水重）300kN，共有2个前轮，4个后轮，每个前轮重30kN，每个后轮重60kN，每个轮子作用面积0.2m×0.6m。平面尺寸与排列间距见图1-3-1。

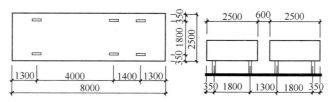

图1-3-1 消防车的尺寸

对于问题（3）：

消防车荷载之所以会成为楼面活荷载，是因为这里针对的是地下车库顶板。目前，住宅小区常设置与高层住宅地下室连在一起的大型全埋式地下车库，其上为集中绿地，这时，消防车道往往会压在地下车库顶板之上。

2001版《荷载规范》对消防车等效均布活荷载的取值规定比较粗略，未对地下室顶板覆土时荷载的折减方法做出明确规定，也未给出工程中常用的3～5m跨度双向板的荷载取值（只规定了"板跨不小于2m的单向板取35kN/m²，板跨不小于6m×6m的双向板取20kN/m²"）。

之所以考虑覆土厚度影响，是因为消防车的轮压在经过覆土到达地下车库顶板之间会有一个扩散的过程，导致消防车荷载效应减小。扩散的原理，可参照《荷载规范》附录C，或者《公路混凝土规范》4.2.3条。同样扩散角的情况下，覆土厚度越大，折减系数越小（见附录表B.0.1、B.0.2）。由于不同土的扩散角不同，所以，需要"折算"成一种"标准情况"。这种标准的情况，依据条文说明可知，为35°（因为，$\bar{s}=1.43s\tan 35°=s$，相当于说，对扩散角$\theta=35°$的情况覆土厚度是不折算的）。

关于消防车荷载，感兴趣的读者可以参考以下文献：

戴冠民、田堃《地下车库顶板消防车活荷载的合理取值研究》（建筑结构，2013年1月上）；范重等《消防车等效均布活荷载取值研究》（建筑结构，2011年第3期）。

对于问题（4）：

规范表5.1.1第8项包含的荷载类别为客车和消防车，二者的共同点是，均通过"轮压"这一集中荷载产生作用。

详细地讲解消防车集中荷载如何等效为均布荷载是十分烦琐的，所以，这里给出一个简单的可以理解的例子。一个简支梁当跨中承受集中荷载时，该梁的最大弯矩为$Pl/4$。如果一个均布荷载能达到同样的效果，必然有$ql^2/8=Pl/4$，于是可得$q=2P/l$，可见，尽管P不变，但跨度大时对应的均布荷载q会变小。

设计柱时，通常对规范表 5.1.1 中的荷载要折减，这体现在 5.1.2 条第 2 款。但是，5.1.2 条第 2 款 3）中仅提到客车时的折减，未提到消防车。所以，要看 5.1.3 条。5.1.3 条正文的说法是"按实际情况考虑"，对此，条文说明指出"消防车荷载标准值很大，但出现概率小，作用时间短。在墙、柱设计时应容许做较大的折减，由设计人员根据经验确定折减系数"。

【Q1.3.6】《荷载规范》5.3.1 条中，屋顶运动场地活荷载标准值为 $3kN/m^2$，但是条文说明中说"参照体育馆的运动场，屋顶运动场地的活荷载值为 $4.0kN/m^2$"，应如何取舍？

【A1.3.6】 笔者查阅了《荷载规范》的征求意见稿和送审稿，发现，作为条文说明的"参照体育馆的运动场，屋顶运动场地的活荷载值为 $4.0kN/m^2$"在这两个版本中同样存在，但正文中将屋顶运动场地活荷载标准值取为 $4kN/m^2$ 的，只有征求意见稿。因此可知，曾有将屋顶运动场地活荷载标准值取为 $4kN/m^2$ 的意向，但最终未能实现。故这里应以正文为准。另外，《荷载规范》的修订说明中也指出，"本条文说明不具备与规范正文同等的法律效力，仅供使用者作为理解和把握条文内容的参考"。

《建筑结构荷载规范理解与应用》（2013 年，中国建筑工业出版社）在 194 页指出，"运动场"与"运动场地"有区别，前者适用于各种体育运动和球类，后者仅适用于做操、小型球类等低强度运动。当屋顶场地也用于跑、跳等剧烈运动时，则按运动场的 $4kN/m^2$ 取值。规范条文说明中"运动场地"应更正为"运动场"。

另外必须指出，2012 版《荷载规范》区别于旧版本的一个最大特点是，规定的荷载标准值只是一个最小取值。

【Q1.3.7】《荷载规范》5.3.1 条条文说明中，关于不上人屋面均布活荷载，先说"在 GBJ 9—87 中将不上人的钢筋混凝土屋面活荷载提高到 $0.5kN/m^2$"，后面又说"为此，GBJ 9—87 中有区别地适当提高其屋面活荷载的值为 $0.7kN/m^2$"，令人疑惑。应如何理解？

【A1.3.7】 关于不上人屋面均布活荷载，规范 5.3.1 条条文说明中的思路是这样的：
（1）最早是作为维修时必需的荷载考虑，取值为 $0.7kN/m^2$。
（2）由于屋面出现较多的事故，所以，对其提高，但区分不同情况：
①石棉瓦、瓦楞铁等轻屋面和瓦屋面，取 $0.3kN/m^2$。
②钢丝网水泥及其他水泥制品轻屋面以及由薄钢结构承重的钢筋混凝土屋面，取 $0.5kN/m^2$。
③由钢结构或钢筋混凝土结构承重的钢筋混凝土屋面，包括挑檐和雨棚，取 $0.7kN/m^2$。
以上规定，见 GBJ 9—87 的 3.3.1 条。
（3）2001 版《荷载规范》中，不区分屋面性质，统一取不上人屋面均布活荷载为 $0.5kN/m^2$，这相当于将 87 版中重屋盖结构时的 $0.7kN/m^2$ 减小了 $0.2kN/m^2$，但同时以注释形式指出"不上人的屋面，当施工或维修荷载较大时，应按实际情况采用；对不同结构应按有关设计规范的规定，将标准值作 $0.2kN/m^2$ 的增减"。
（4）2012 版继承了 2001 版的做法，只是在注释中，"对不同结构应按有关设计规范的规定，将标准值作 $0.2kN/m^2$ 的增减"被替换为"对不同结构应按有关设计规范的规定采用，但不得低于 $0.3kN/m^2$"，含义没有变化。

1 混凝土结构

【Q1.3.8】《荷载规范》5.3.3条规定，不上人的屋面均布活荷载，可不与雪荷载和风荷载同时组合。如何理解？

【A1.3.8】今依据《建筑结构荷载规范理解与应用》解释如下：

（1）不上人的屋面均布活荷载是针对检修或维修而规定的，主要用于轻型屋面和大跨屋盖结构。设计时荷载组合取为max（活荷载，雪荷载）+风荷载。

（2）对于上人屋面，由于屋面活荷载普遍大于雪荷载（唯一例外的情况是西藏聂拉木，50年一遇雪荷载为$3.30kN/m^2$），一般可不考虑雪荷载，这相当于原《荷载规范》曾规定的"屋面活荷载不与雪荷载同时组合"。

【Q1.3.9】《荷载规范》6.2.2条规定了多台吊车的荷载折减系数，如何理解？

【A1.3.9】笔者认为，应注意以下几个问题：

（1）计算排架时，多台吊车同时满载且处于最不利位置的情况，实际中不大可能出现，而计算时却是按照这种情况计算的，故需要折减。

（2）计算排架内力时，当荷载组合中有一项吊车荷载时，需要考虑规范此处的折减系数。

（3）对吊车梁，可不予折减。

【Q1.3.10】《荷载规范》表7.2.1规定了屋面积雪分布系数，对于第7项"双跨双坡或拱形屋面"，有以下疑问：

(1) 该项备注中所说的"μ_r按第1或3项规定采用"如何理解？

(2) 该表下的注释3指出，当$\alpha \leqslant 25°$或$f/l \leqslant 0.1$时，只采用均匀分布情况。但是，7.2.2条第1款还规定，"屋面板和檩条按积雪不均匀分布的最不利情况采用"。那么，若符合$\alpha \leqslant 25°$或$f/l \leqslant 0.1$这一条件，应如何处理？

【A1.3.10】对于问题（1）：

第7项中给出了μ_r的分布，但没有给出μ_r的数值，故应根据是坡面还是拱形，选择第1项或第3项中μ_r的取值规定。

对于问题（2）：

可以这样理解：雪荷载与屋面的坡度有关，当屋面坡度比较小时，风对积雪分布的影响可以忽略，即，视为均匀分布。

具体到表7.2.1的项次7，满足$\alpha \leqslant 25°$（双跨双坡屋面）或$f/l \leqslant 0.1$（拱形屋面），就属于坡度很小的情况，此时，可只采用均匀分布情况

7.2.2条第1款说的是一般情况。

【Q1.3.11】如何理解《荷载规范》表7.2.1的项次8？

【A1.3.11】对于图中的高低屋面，当风从左侧吹来时，高屋面的雪被吹落，形成雪堆积荷载（drift load）。事实上，当高屋面呈斜坡时，高处的雪还会滑动到低屋面，形成雪漂移荷载（sliding load）。《房屋和其他结构最小设计荷载与相关条文》ASCE7—16中关于雪堆积、雪漂移有更详细的规定。

项次8给出的右侧图示，即$b_2 < a$时，相当于把较长的分布截取一段，据此可以理解图中的三角形分布。

国内《门式刚架轻型房屋钢结构技术规范》GB 51022—2015对高低屋面时的雪堆积荷载有规定，其依据为MBMA（Metal Building Manufactures Association）编写的手册

《金属房屋体系手册》(Metal building system manual),而该手册依据《房屋和其他结构最小设计荷载》ASCE7—05 编写,该规范最新版本为 ASCE7—16。

【Q1.3.12】《荷载规范》表 7.2.1 的项次 9 中有公式记作 $\mu_{r,m}=1.5h/s_0$,式中的 s_0 是何含义?另外,μ_r 如何取值?

【A1.3.12】该条的条文说明在解释"高低屋面"的情况时,提到 $\mu_r=2h/s_0$,s_0 为基本雪压,以"kN/m^2"计;h 单位以"m"计,虽然"高低屋面"对应表 7.2.1 的项次 8,但是可以据此推测,项次 9 中的 s_0 可能含义相同。

查找发现,金新阳主编的《建筑结构荷载规范理解与应用》(中国建筑工业出版社,2013 年)在 78 页给出的公式为 $\mu_{r,m}=1.5h/h_0$,且对 h_0 没有解释。

事实上,这里考虑的是雪堆积。注意到,欧洲规范《结构上的作用》EN1991-1-3:2003 的 6.1 条规定,对于有高度为 h 的突起物的屋面,如图 1-3-2 所示,积雪分布系数 $\mu_1=0.8$,$\mu_2=\gamma h/s_k$,式中 γ 为雪的重度,可取为 $2kN/m^3$,s_k 为基本雪压,单位为 kN/m^2,μ_2 在 $0.8\sim 2.0$ 之间取值。图中 $l_s=2h$ 且 l_s 在 $5\sim 15m$ 之间取值。

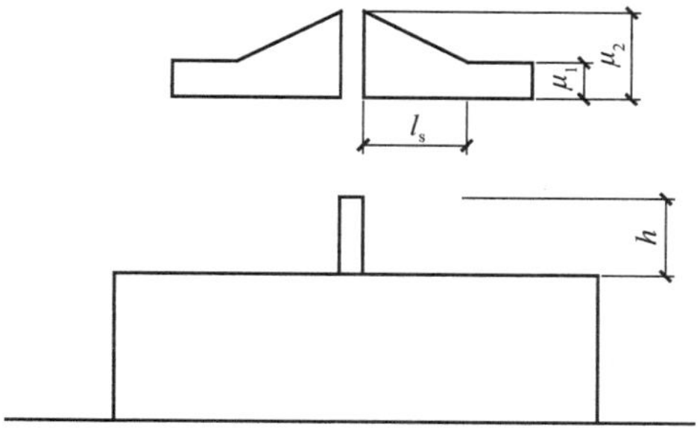

将我国规范规定对照以上欧洲规范,可确定 s_0 为基本雪压。

图 1-3-2 欧洲规范中的积雪分布系数

这种有突起物的屋面,《门式刚架轻型房屋钢结构技术规范》GB 51022—2015 规定了雪堆积荷载如何确定,但是与《房屋和其他结构最小设计荷载与相关条文》ASCE7—16 有差别。

项次 9 是 2012 规范新增加的,未指出 μ_r 如何取值,应是有遗漏,建议按照项次 1 中的 μ_r 取值(不建议按照欧洲规范的 0.8 取值,因为,按照编写规范的思路,如果这里 μ_r 取定值,会在图中直接标出)。

【Q1.3.13】如何理解《荷载规范》8.2.2 条规定的考虑地形条件的风压高度变化修正系数 η?下面这道题目,能否给出解答过程?

某房屋修建在山坡高处,如图 1-3-3 所示。山坡坡度为 $\alpha=16.70°$,高差 $H=30m$。距离坡顶 200m 的 C 点处有一高度为 20m 的房屋。地面粗糙度为 B 类。

要求:**(1)计算 C 点以上 20m 高度的 D 点处经修正后的风压高度变化系数。**

(2)若该建筑物位于 M 点且 M 点为 AB 的中点,计算该建筑 20m 高度处 N 点的经修正后的风压高度变化系数。

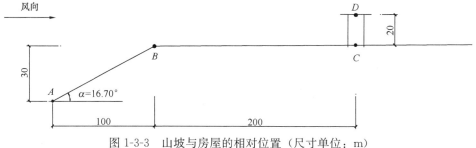

图 1-3-3 山坡与房屋的相对位置(尺寸单位:m)

【A1.3.13】原理解释如下：风压高度变化系数 μ_z 不仅与地面粗糙度、离地面的高度有关，还与地形条件有关，《荷载规范》8.2.2 条考虑的是地形条件的影响。对于山区的建筑物，在查表 8.2.1 得到风压高度变化系数后，还需要再乘以一个修正系数 η。

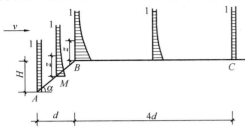

图 1-3-4 山坡风压高度变化修正系数

对于存在山坡的情况，如图 1-3-4 所示，风经山坡后，由于气流的"爬坡效应"，在山顶 B 点 $z=0$ 处出现明显的凸出增值效应，然后向高处逐渐衰减（图中所示的为风压沿高度变化规律）。沿山坡经一段距离达到 C 点（规范取 $BC=4d$）时，山坡的影响消失。这样，在 A 点以左和 C 点以右，修正系数取为 1.0，而在 A、B 之间以及 B、C 之间，则按照线性内插。规范 8.2.2 条给出的 B 点处修正系数公式为：

$$\eta_B = \left[1 + \kappa \tan\alpha \left(1 - \frac{z}{2.5H}\right)\right]^2$$

使用该公式时注意：① $\tan\alpha > 0.3$ 时，取 $\tan\alpha = 0.3$；② z 从建筑物地面算起，$z > 2.5H$ 时取 $z = 2.5H$，相当于 2.5H 以上不再变化；③ κ 的取值，对于山峰，2006 版规范为 3.2，2012 版规范调整为 2.2。

澳大利亚/新西兰规范 AS/NZS1170.2：2011 在 4.2.2 条规定了山区形状乘子 M_h（hill-shape multiplier）的取值，如图 1-3-5 所示，当处于局部地形区时，M_h 按以下规定确定：

当坡度 $\tan\alpha < 0.05$ 时，$M_h = 1.0$

当坡度 $0.05 \leqslant \tan\alpha \leqslant 0.45$ 时

$$M_h = 1 + \left[\frac{H}{3.5(z+L_1)}\right]\left(1 - \frac{|x|}{L_2}\right)$$

当坡度 $\tan\alpha > 0.45$ 时，在隔离区（separation zone）按照下式计算，其他范围仍按照上式计算。

$$M_h = 1 + 0.71\left(1 - \frac{|x|}{L_2}\right)$$

式中：H——山坡或山顶高度；

z——计算位置离建筑物地面的距离；

L_1——确定 M_h 竖向变化的一个长度，取为 $\max(0.36L_u, 0.4H)$，L_u 为山（坡）顶至半高位置的水平距离，如图 1-3-5 所示；

L_2——确定 M_h 水平变化的一个长度，按图 1-3-5 取值；

x——所计算位置与山顶的水平距离。

下面来看给出的题目如何求解。

对于问题（1）：

应先求 B 点位置 $z=20$m 处的修正系数，为：

$$\eta_{zB} = \left[1 + \kappa \tan\alpha \left(1 - \frac{z}{2.5H}\right)\right]^2 = \left[1 + 1.4 \times 0.3 \times \left(1 - \frac{20}{2.5 \times 30}\right)\right]^2 = 1.711$$

1.3 疑问解答

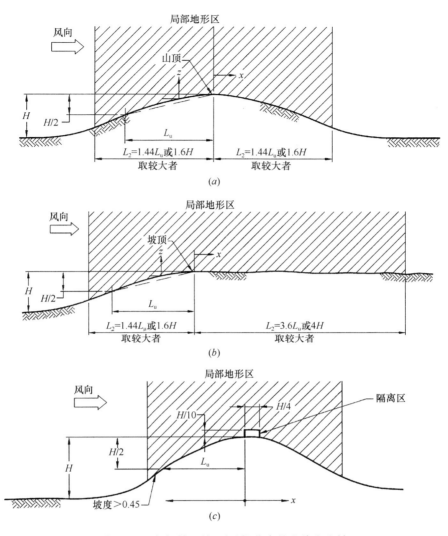

图 1-3-5 澳大利亚/新西兰规范中的山峰和山坡
(a) 山峰；(b) 山坡；(c) 坡度大于 0.45 的山峰（坡）

距离 B 点 $4 \times 100 = 400\text{m}$ 位置高度为 $z = 20\text{m}$ 处的修正系数为 1.0。利用线性内插法可得 D 点处的修正系数为

$$\eta_{zD} = 1.711 - \frac{1.711 - 1.0}{400} \times 200 = 1.356$$

查《荷载规范》表 8.2.1 确定风压高度变化系数时，对于其中"离地面或海平面高度"如何取值有两种观点：①认为从建筑物的地面算起，笔者见到的各种文献大多持此观点。②从山麓算起，即认为应考虑山坡的高度，张相庭《结构风工程 理论·规范·实践》（中国建筑工业出版社，2006）持此观点，可见于该书 82 页的例题 4-2。据观点①可得 $\mu_{zD} = 1.23$，据观点②可得 $\mu_{zD} = 1.62$。将该值乘以修正系数，分别得到 1.67 和 2.20。

对于问题（2）：

按照内插法求得 M 点之上 $z = 20\text{m}$ 高度处 $\eta_{zN} = 1.356$。按观点①、观点②得到修正后

的风压高度变化系数分别为 1.67，1.97。

利用本题的数据，分别用我国规范和澳大利亚/新西兰规范研究 B 点处随高度 z 变化的修正系数取值，可得到图 1-3-6。可见，高度在 65m 以下时我国规范取值偏大。

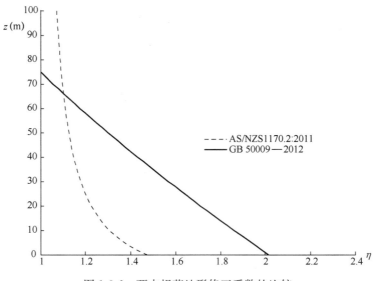

图 1-3-6 两本规范地形修正系数的比较

【Q1.3.14】《荷载规范》表 8.3.1 项次 2 和项次 4 中的备注中均指出 "μ_s 的绝对值不小于 0.1"，如何理解？

【A1.3.14】 今依据《建筑结构荷载规范理解与应用》一书解释如下：

（1）表中给出的 $\mu_s = 0.0$ 情况仅仅用于线性插值。

（2）体型系数 μ_s 表示一种平均情况，当 $\mu_s = 0.0$ 时，瞬时风压可正可负，这时，应按 $\mu_s = \pm 0.1$ 分别取值计算。

（3）内插得到的 μ_s 若出现绝对值小于 0.1，也按上述处理。

【Q1.3.15】《荷载规范》表 8.3.1 项次 3 中，$\mu_s = -0.8$ 和 $\mu_s = -0.5$ 各指的是哪一个区域？

【A1.3.15】 参考 2004 年欧洲规范 EC1 的第 4 部分 "风作用"（EN 1991-1-4：2005）第 50 页的图示，笔者认为，在《荷载规范》表 8.3.1 项次 3 中，拱形屋面被 4 等分，中间的两份范围 $\mu_s = -0.8$，最右侧一份范围 $\mu_s = -0.5$，最左侧一份范围 μ_s 根据矢跨比确定。

【Q1.3.16】《荷载规范》表 8.3.1 项次 27 给出了双面开敞及四面开敞式双坡屋面的体型系数，其备注 3 原文如下：

3 纵向风荷载对屋面所引起的总水平力，当 $\alpha \geqslant 30°$ 时，为 $0.05Aw_h$；当 $\alpha < 30°$ 时，为 $0.10Aw_h$。其中，A 为屋面的水平投影面积，w_h 为屋面高度 h 处的风压。

如何理解此处的 "总水平力"？

【A1.3.16】 今依据《建筑结构荷载规范理解与应用》一书解释如下：

风吹过坡屋面时，不仅在垂直于屋面方向有风压作用，在与屋面平行方向也有力的作用，后者就是总水平力的来源。该水平力一般取檐口处位置，所以，w_h 应按檐口处高度求出（檐口高度 h 处的 μ_z 乘以基本风压）。

【Q1.3.17】《荷载规范》表 8.3.1 项次 31 中给出的高层建筑体型系数 μ_s 取值，和《高规》B.0.1 条规定不同。如何理解？

【A1.3.17】 经查，两本规范规定的脉络是这样的：

1987 版《荷载规范》在体型系数表的项次 40 给出了针对高层建筑的 μ_s 取值，被 2002 版《高规》采用，2010 版《高规》继承了此规定，无变化。

1987 版《荷载规范》之后是 2001 版和 2006 版，这两个版本的《荷规》均删去了针对高层建筑的此规定。2012 版《荷载规范》针对"高度超过 45m 的矩形截面高层建筑"给出的 μ_s 是一个不同于 1987 版的新规定。

【Q1.3.18】《荷载规范》8.3.3～8.3.5 条规定了局部体型系数 μ_{sl}，与原规范相比，变化比较大，如何从总体上理解？

【A1.3.18】 笔者认为，应从以下几个方面理解：

（1）局部体型系数 μ_{sl} 是针对围护结构而言的，主要是考虑到受风面的局部风压会比整个受风面的平均风压大，故对相对处于局部的幕墙等用 μ_{sl} 而不是用体型系数 μ_s 计算风力。

（2）规范 8.3.3 条规定了 μ_{sl} 的取值，该取值与计算点所处的位置有关。

（3）对于非直接承受风荷载的围护结构，如檩条、幕墙骨架，才允许按照 8.3.4 条采用折减系数。此处"从属面积"的概念与规范 5.1.2 条楼面梁的从属面积一致。

（4）规范公式（8.3.4）是一个插值公式，如下：

$$\mu_{sl}(A) = \mu_{sl}(1) + [\mu_{sl}(25) - \mu_{sl}(1)]\log A / 1.4$$

其来源是：

$$\mu_{sl}(A) = \mu_{sl}(1) + \frac{\mu_{sl}(25) - \mu_{sl}(1)}{\log 25 - \log 1} \times (\log A - \log 1)$$

$$= \mu_{sl}(1) + \frac{\mu_{sl}(25) - \mu_{sl}(1)}{1.4} \times \log A$$

上式中，"log" 表示以 10 为底的对数；

$\mu_{sl}(A)$ 表示从属面积为 A（单位：m^2）时的局部体型系数，规范公式（8.3.4）的含义是：先计算出从属面积为 1m^2 时的局部体型系数（由 8.3.3 条得到的局部体型系数乘以折减系数为 1.0），从属面积为 25m^2 时的局部体型系数（由 8.3.3 条得到的局部体型系数乘以规范 8.3.4 条第 2 款规定的折减系数），然后，按照面积的对数插值求出从属面积为 A 时的局部体型系数。

（5）建筑物内部的风压力局部体型系数，分为三种情况考虑：封闭式建筑物、一面墙有主导洞口的建筑物和其他建筑物。所谓"按其外表面风压的正负情况取－0.2 或 0.2"，是指，若外表面局部体型系数为正，内表面 μ_{sl} 取为－0.2，否则，取为 0.2。

【Q1.3.19】《荷载规范》表 8.3.3 给出了封闭式矩形平面房屋的局部体型系数，其中，R_d 所表示的区域，把立面图和俯视图比照了一下，看不出来其含义。如何理解？

【A1.3.19】《建筑结构荷载规范理解与应用》一书中指出，R_d 是指屋脊区域偏向背风一侧的屋面。

【Q1.3.20】《荷载规范》表 8.3.4 规定，对非直接承受风荷载的围护构件计算风荷载时可按构件的从属面积折减，如何理解这里的"非直接承受风荷载"？

【A1.3.20】依据《建筑结构荷载规范理解与应用》一书，这里是以传力过程区分直接与间接。例如，风荷载要经由墙板、屋面板、幕墙板分别传递给墙梁骨架、屋面檩条、幕墙骨架，因此，前者是直接承受风荷载，后者是非直接（间接）承受风荷载。

【Q1.3.21】《荷载规范》8.4.1 条规定，对于高度大于 30m 且高宽比大于 1.5 的房屋，以及基本自振周期 T_1 大于 0.25s 的各种高耸结构，应考虑风压脉动对结构发生顺风向风振的影响。问题是，假如房屋高度为 37m，满足大于 30m 的要求，但是，高宽比为 1.2，不满足大于 1.5 的要求，这时，风振系数是否取为 1.0？

【A1.3.21】笔者认为，此时应首先了解为何取风振系数。

根据实测资料，在风的时程曲线中，瞬时风速包含两种成分：一种是长周期成分，另一种是短周期成分，分析时将其对应为平均风和脉动风。平均风周期大大超过一般建筑的自振周期，作用与静力作用相近，视为静力；脉动风周期短，按动力来分析。我国规范是在平均风荷载的基础上乘以风振系数 β_z 来考虑脉动风的（$\beta_z=1.0$ 相当于是不考虑）。

当结构基本自振周期低于 0.25s 时，风振是存在的，但影响较小，可以略去。《荷载规范》规定的"高度大于 30m 且高宽比大于 1.5"的具体条件，其本质是这些房屋的基本自振周期大于 0.25s。因此，对于提出的"房屋高度为 37m 且高宽比为 1.2"的房屋，应通过计算基本自振周期确定是否考虑风振。

【Q1.3.22】如何理解《荷载规范》表 8.5.6 给出的风荷载组合工况？

【A1.3.22】在航空工程中，风荷载有 6 个分量，在土木工程中，一般简化为两个分量：沿顺风向的风荷载和沿横风向的风荷载。

一般房屋只考虑顺风向风荷载即可，这就是表格中的工况 1。$F_{Dk}=(w_{k1}-w_{k2})B$，含义为将迎风面和背风面的风荷载叠加，乘以迎风面宽度 B，这就形成了一个沿高度变化的线荷载。

对于横风向风振作用效应明显的高层建筑和细长圆形截面构筑物，宜同时考虑横风向风振的影响，依据《荷载规范》附录 H.1 或 H.2 求得横风向风振等效风荷载 w_{Lk}。将此面荷载乘以迎风面宽度 B 得到线荷载。以横风向响应为主，考虑到顺风向的响应同时达到最大的可能性不大，对顺风向风荷载乘以 0.6。所谓"组合"，就是将横风向风振等效风荷载和顺风向风荷载同时施加于结构物。

对于扭转风振作用效应明显的高层建筑及高耸结构，宜考虑扭转风振的影响。对于规则情况，扭转风振等效风荷载 w_{Tk} 可由《荷载规范》附录 H.3 确定，复杂情况则需要风洞试验获得 w_{Tk}。w_{Tk} 的单位为 kN/m^2，乘以迎风面面积和宽度才能得到扭矩。$T_{Tk}=w_{Tk}B^2$ 是一个沿高度变化的量。扭转响应不与沿风向、横风向组合，这就是表中的工况 3。

需要注意的是，《烟囱设计规范》GB 50051—2013 的 5.2.6 条规定，发生横风向共振时，横风向共振荷载效应 S_C 与对应风速下顺风向荷载效应 S_A 按下式进行组合：

$$S=\sqrt{S_C^2+S_A^2}$$

此处应是沿用了 2006 版《荷载规范》的 7.6.3 条，与现行规范不符。

【Q1.3.23】如何理解《荷载规范》附录 C 中楼面等效均布活荷载的确定方法？

【A1.3.23】笔者认为，应从以下几点把握：

（1）附录 C 中共介绍了 5 种类型的等效均布活荷载确定方法，即

①单向板上的等效均布活荷载；②双向板上的等效均布活荷载；③次梁上的等效均布活荷载；④主梁上的等效均布活荷载；⑤柱、基础上的等效均布活荷载。其中，单向板上的等效均布活荷载所用篇幅最多，下面的介绍，均基于这种荷载形式。

（2）荷载通常作用于板的局部，作用范围为 $b_{tr} \times b_{ty}$，如图 1-3-7 中的阴影部分所示。为方便计算，认为其作用于全部的楼面区域内，即作为面荷载的大小为 q_e。

（3）可以认为，存在一个"概念梁"，梁的宽度为 b（b 称作板上荷载的有效分布宽度。一个可以作为对比的情况是，板的配筋计算时，取单位宽度作为梁宽 b），跨度为板的跨度 l，则跨中弯矩 M_{max} 的计算式为：

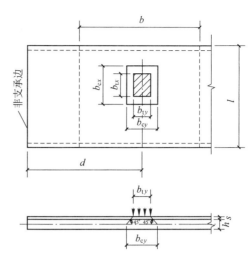

图 1-3-7　局部荷载的扩散与等效

$$M_{max} = \frac{1}{8}(q_e b)l^2$$

由此求出

$$q_e = \frac{8M_{max}}{bl^2}$$

这就是规范式（C.0.4-1）。按照设备最不利布置得到该梁的最大弯矩 M_{max}。

（4）计算 M_{max} 时，应将设备按照最不利情况布置，设备荷载应计入动力系数。由于操作荷载是与设备紧密相关的（不作为一个单独的可变荷载与楼面等效均布活荷载组合），因此，上述求算楼面等效均布活荷载所用到的 M_{max} 应同时包含"设备"和"操作荷载"两部分的效应。规范中所说的"扣去设备在该板跨内所占面积上由操作荷载引起的弯矩"（见 C.0.4 条第 2 款），容易引起误解，其本意是，计算中要注意在设备所占据的区域范围内是无法布置操作荷载的。

（5）b 按这样确定：局部荷载的范围本来是 $b_{tr} \times b_{ty}$，考虑力的扩散，在板厚中间层位置形成的范围是 $b_{cx} \times b_{cy}$，如图 1-3-7 所示。对于不同的支承情况，b 与 b_{cy} 成函数关系，据此可确定 b。

（6）如果实际的空间尺寸有限（例如，荷载距离非支承边太近）不足以使分布宽度达到 b，则按实际的尺寸取值，这就是 C.0.5 条第 3 款。如果两个局部荷载距离太近导致有效宽度有重叠，则将 b 的界限取至这两个荷载的中间位置，这就是 C.0.5 条第 4 款。

《荷载规范》附录 C 中单向板的"荷载有效分布宽度"，与《公路混凝土规范》4.1 节中板的"荷载分布宽度"计算原理是相似的，可对照理解。

【Q1.3.24】《混凝土规范》第 1 次印刷本有没有勘误表？

【A1.3.24】住房和城乡建设部 2015 年 9 月 22 日发布《混凝土结构设计规范》GB 50010—2010 局部修订的公告（第 919 号），修订版自发布之日起实施。修订版除对 7 个条文有明确的修改外，还修改了一些原来的印刷错误。

（1）4.2.1条

增加"梁、柱和斜撑构件的纵向受力普通钢筋宜采用 HRB400、HRB500、HRBF400、HRBF500 钢筋"；取消牌号 HRBF335 钢筋。

（2）4.2.2条

HPB300、HRB335 钢筋的公称直径改为 6~14mm。

（3）4.2.3条

对轴心受压构件，当钢筋的抗压强度设计值大于 400N/mm² 时应取 400N/mm²；表 4.2.3-1 中，HRB500、HRBF500 钢筋的 f'_y 改为与 f_y 相同，为 435N/mm²；表 4.2.3-2 中，预应力螺纹钢筋的 f'_{py} 由 410 N/mm² 改为 400N/mm²。

（4）4.2.4条

表 4.2.4 中删去 HRBF335 钢筋。

（5）4.2.5条

弹性模量"应按表 4.2.5 采用"改为"可按表 4.2.5 采用"；表 4.2.5 中删去 HRBF335 钢筋，同时删去表下注释。

（6）9.3.2条第 5 款

改为：柱中全部纵向受力钢筋的配筋率大于 3% 时，箍筋直径不应小于 8mm，间距不应大于 10 d，且不应大于 200mm，d 为纵向受力钢筋的最小直径。箍筋末端应做成 135° 弯钩，且弯钩末端平直段长度不应小于箍筋直径的 10 倍。

（7）9.7.6条

由于将 HPB300 钢筋的直径限于 14mm 以内，故本条规定，吊环应采用 HPB300 钢筋或 Q235B 圆钢（用于直径大于 14mm 时）。Q235B 圆钢应符合《碳素结构钢》的规定。

（8）11.2.2条条文说明

明确：对抗震延性有较高要求的混凝土结构构件（如框架梁、框架柱、斜撑等），其纵向受力钢筋应采用现行国家标准《钢筋混凝土用钢 第 2 部分：热轧带肋钢筋》GB 1499.2 中牌号为 HRB400E、HRB500E、HRB335E、HRBF400E、HRBF500E 的钢筋。

（9）公式（11.7.10-3）

由 $\eta = (f_{sv}A_{sv}h_0)/(sf_{yd}A_{yd})$ 改为 $\eta = (f_{sv}A_{sv}h_0)/(sf_{yd}A_{sd})$。

（10）11.7.11条第 5 款

连梁侧面沿梁高范围设置的纵向构造钢筋的直径不应小于 8mm（原为 10mm）。

（11）G.0.12条

表 G.0.12 中删去 HRBF335 钢筋。

笔者认为，2015 年第一次印刷本尚有不少"疑似差错"，见表 1-3-1。

《混凝土规范》疑似差错之处　　　　　表 1-3-1

序号	页码	疑似差错	修改建议	备注
1	12	表 3.4.5 下注释 3：不低于二级的构件进行验算	删去"的构件"	
2	12	表 3.4.5 下注释 7：最大裂缝宽度限值为用于	删去"为"	

1.3 疑问解答

续表

序号	页码	疑似差错	修改建议	备注
3	44	图 6.2.16：A_{corl}	A_{ssl}	2002 版是对的
4	54	第 16 行：第 6.2 节（Ⅰ）	第 6.2 节（Ⅱ）	
5	58	图 6.3.8：A_{sy}	A_{sv}	
6	61	6.3.12 条的第 1 款	增加：对各类结构的框架柱，宜取 $\lambda = M/(Vh_0)$	依据 2002 版《混凝土规范》7.5.12 条第 1 款
7	96	公式（7.1.8-3）：τ^l	τ^l	上角标应是斜体英文"l"，表示"左"
8	96	图 7.1.8（a）：h_f	h	
9	98	公式（7.2.3-1）：γ_f	γ_f'	
10	110	最后一行：截面受弯承载力设计值	弯矩设计值	
11	121	9.2.12 条的第 2 行：未在压区锚固	未在受压区锚固	
12	158	T_s——锚固端端面拉力	T_s——锚固端端面压力	预应力筋的合力，对于锚固端端面而言，是压力
13	171	对 $\sum M_c$ 解释的第 3 行：公式（11.4.1-5）	公式（11.4.1-7）	
14	172	倒 3 行：公式（11.4.1-5）中	公式（11.4.1-7）中	
15	191	公式（11.7.10-3）	f_{sv} 应为 f_{yv}	
16	196	图 11.7.18（b）：$b_c \geqslant 2b_w$	$h_c \geqslant 2b_w$	
17	197	表 11.7.18：l_c(mm)	l_c	
18	197	图 11.7.19（c）：且 $\geqslant 2b_w$，$\geqslant b_f$	且 $\geqslant b_w$，$\geqslant b_f$	
19	200	第 6 行：第 9.1.10 条	第 9.1.12 条	
20	240	第 3 行：$0.2 l_0 \sim 0.6 l_0$	$0.2 h \sim 0.6 h$	1989 版规范是对的，之后的 2002、2010 以及 2015 版均有误
21	248	公式（H.0.8-1）、公式（H.0.8-3）：c	c_s	
22	242	图 G.0.11（a）：水平尺寸 h_b	b_b	竖向尺寸为 h_b
23	247	第 2 行：7.1.5 条；第 4 行：7.1.6 条	7.1.6 条；7.1.7 条	依据 2002 版《混凝土规范》10.6.7 条
24	249	公式（H.0.10-1）：45	4.5	2002 版《混凝土规范》公式（10.6.11-1）中为 4.5
25	333	公式（9）：$1+3.5\gamma_f$	$1+3.5\gamma_f'$	
26	341	第 15 行：筋端弯钩	钢筋端弯钩	
27	349	第 2 行：规定。与原规范相同	规定，与原规范相同	
28	362	第 11 行：其 V_{u0} 为	其中 V_{u0} 为	
29	417	第 5 行：σ_{s2k}	σ_{s2q}	
30	417	第 6 行：σ_{sk}	σ_s	

除以上可以简单说明的之外，还需要注意：

（1）第 135 页 9.6.2 条规定，"验算时应将构件自重乘以相应的动力系数；对脱模、翻转、吊装、运输时可取 1.5"，即，吊装时，应采用验算式：

$$1.5\sigma_{max} \leqslant [\sigma]$$

式中，σ_{max} 为未考虑动力系数时的最大应力。

而在第 140 页 9.7.6 条，HPB300 钢筋，应力限值为 $65N/mm^2$，HPB235 圆钢筋，应力限值为 $50N/mm^2$，以上均是在考虑了动力系数 1.5 之后求出的（见第 363 页的条文说明）。这相当于，验算时应采用

$$\sigma_{max} \leqslant 65(或 50)$$

公式左侧的荷载效应 σ_{max} 不再乘以动力系数。

作为具体规定的 9.7.6 条宜与 9.6.2 条的基本原则保持一致，故需要将 $65N/mm^2$、$50N/mm^2$ 各乘以 1.5。否则，顾此失彼。

（2）第 171 页 11.4.2 条的注指出：底层指无地下室的基础以上或地下室以上的首层，但《抗规》6.1.3 条的注却是：底层指计算嵌固端所在的层。

（3）第 193 页 11.7.12 条第 1 款，未给出三、四级剪力墙底部加强部位的墙厚要求，应按照《抗规》6.4.1 条取值。

（4）第 240 页第 2 行，文字表达为"对于 l_0/h 小于 1 的连续深梁，在中间支座底面以上 $0.2l_0 \sim 0.6l_0$ 高度范围内的纵向受拉钢筋配筋率尚不宜小于 0.5%"，但是在图 G.0.8-3 中，似乎专指 $0.2h \sim 0.6h$ 范围内的钢筋，即，文字"$0.2l_0 \sim 0.6l_0$"似为"$0.2h \sim 0.6h$"之误。查规范的历史版本，89 规范没有规定，2002 规范、2010 规范以及现行的 2015 局部修订版规范文字均为"$0.2l_0 \sim 0.6l_0$"。

（5）第 293 页第 2 段，"并筋等效直径的概念适用于本规范中钢筋间距、保护层厚度、裂缝宽度验算、钢筋锚固长度、搭接接头面积百分率及搭接长度等有关条文的计算及构造规定"。而 8.4.3 条正文规定，"并筋中钢筋的搭接长度应按单筋分别计算"。二者矛盾。以正文为准，删去条文说明所述的"及搭接长度"。

（6）第 358 页 9.5.1 条条文说明，"后浇混凝土高度不足全高的 40% 的叠合式受弯构件，由于底部较薄，施工时应有可靠支撑"。而本条正文指出，"当预制构件高度不足全截面高度的 40% 时，施工阶段应有可靠的支撑"。二者矛盾，应以正文为准。

（7）第 381 页 11.2.3 条条文说明，"要求钢筋受拉屈服强度实测值与钢筋的受拉强度标准值的比值（屈强比）不应大于 1.3"，用公式可表达为 $\dfrac{\sigma_{s,实测值}}{\sigma_{b,标准值}} \leqslant 1.3$。而 11.2.3 条的正文为"钢筋屈服强度实测值与钢筋的屈服强度标准值的比值不应大于 1.3"，用公式可表达为 $\dfrac{\sigma_{s,实测值}}{\sigma_{s,标准值}} \leqslant 1.3$，可见二者矛盾。按照国家《标准化法》，此时应以正文为准。

《混凝土结构工程施工质量验收规范》GB 50204—2015 的 5.2.3 条与《混凝土规范》正文一致。

（8）第 385 页 11.4.2 条的条文说明，"为了减小框架结构底层柱下端截面和框支柱顶层柱上端和底层柱下端出现塑性铰的可能性，对此部位柱的弯矩设计值采用直接乘以增强系数的方法，以增大其正截面受弯承载力"。而在正文中，部位并不是 3 处，而只是"框架结构底层柱下端截面"一处。所以，条文说明与正文不符。向上追溯，发现此处实际上是 2002 版规范 11.4.3 条的条文说明。

(9) 第 386 页 11.4.3 条条文说明，M_{cua} 计算公式的推导过程在表达上有瑕疵，不容易看懂。另外，采用了 2002 规范时的 η_i 形式。

(10) 第 392 页第 2 段有瑕疵，表现在没有体现出框架结构与一般框架的区别。"二级抗震等级的 1.2 调整为 1.25"指的是框架结构而且"1.25"应改为"1.35"才能与正文对应；三级抗震受剪承载力计算增大系数取 1.1 指的是一般框架而非框架结构。

【Q1.3.25】《混凝土规范》**3.4.2 条**规定，对于普通混凝土构件，按荷载的准永久组合并考虑长期作用的影响进行正常使用极限状态的计算，"考虑长期作用"是什么意思？怎么考虑？难道准永久组合与长期作用没有一点关系吗？为什么把两者并列呢？

【A1.3.25】今以简支梁承受横向荷载为例说明。

首先来看为什么要考虑长期作用影响。

当横向荷载作用于简支梁时，会产生瞬时挠度。由于混凝土材料具有收缩、徐变等随时间而改变的性质，导致该挠度会随着时间的推移而变大。这样，我们就需要按照被放大了的挠度验算其是否满足要求，即"考虑长期作用"。

如何考虑长期作用呢？

由于要考虑荷载长期作用的影响，因此，取用的荷载值，应是在梁上长期存在的。荷载的准永久组合得到的量值能满足此要求。将按照准永久组合得到的最大跨中弯矩记作 M_q，其在瞬时产生的挠度（称作短期挠度）依据短期刚度 B_s 得到，记作 f_s。若要计算长期挠度，应将 f_s 放大 θ 倍（θ 称作挠度增大系数），这相当于，长期刚度 B 与短期刚度 B_s 的关系是：$B = B_s / \theta$。

对于预应力混凝土构件，《混凝土规范》则是以标准组合作为基准。将按照标准组合得到的跨中最大弯矩记作 M_k，其中的一部分，是长期作用于梁的，为 M_q。这样，M_q 产生的长期挠度要比瞬时挠度放大 θ 倍，而 $(M_k - M_q)$ 这一部分则不必放大，于是，受弯构件的长期挠度按照下式计算：

$$f = S \frac{(M_k - M_q) l_0^2}{B_s} + S \frac{M_q l_0^2}{B_s} \times \theta$$

若将上式写成 $f = S \dfrac{M_k l_0^2}{B}$，则需要有下式成立：

$$B = \frac{M_k}{M_q(\theta - 1) + M_k} B_s$$

可见，无论是普通混凝土构件还是预应力混凝土构件，按照长期刚度 B 计算挠度，即为考虑了长期作用的影响。

值得一提的是，《公路混凝土规范》中的处理与上述不同：先利用短期刚度求出短期挠度 f_s，然后将 f_s 乘以挠度长期增长系数 η_θ 得到长期挠度。这种做法更容易看出是如何考虑长期作用影响的。该规范以短期效应组合 M_s 作为基准（M_s 本质上是频遇组合），认为 M_s 中包含的 M_l（M_l 由准永久组合得到，相当于《混凝土规范》中的 M_q）会引起挠度的增大，这样，η_θ 就可以按照下式算出：

$$\eta_\theta = \frac{B_s}{B} = \frac{M_l \theta + (M_s - M_l)}{M_s} = \frac{M_l(\theta - 1) + M_s}{M_s}$$

《公路混凝土规范》直接给出了不同混凝土强度等级对应的 η_θ。

由以上分析可见，由准永久组合得到的量值是长期作用于构件的，只有这一部分荷载产生的变形要考虑放大。

【Q1.3.26】 对于《混凝土规范》的表 3.4.3，有以下疑问：

(1) 2002 版《混凝土规范》的条文说明曾指出，悬臂构件容易发生事故，对其挠度"从严掌握"。那么，"从严掌握"是如何体现的？计算跨度"按实际悬臂长度的 2 倍取用"好像要求更宽松了。

(2) 表下注 1 指出："计算悬臂构件的挠度限值时，其计算跨度 l_0 按实际悬臂长度的 2 倍取用"。在查表时，判断式"$l_0 \leqslant 7m$"中的 l_0，要不要取实际悬臂长度的 2 倍？

【A1.3.26】 对于问题 (1)：

挠度的验算公式是 $f \leqslant f_{\lim}$，是不是从严，不能只看公式的右边限值，而应该将挠度验算式的左、右项综合考虑。以下证明，和简支梁相比，悬臂梁的挠度控制更为严格。

对于如图 1-3-8 所示的简支梁和悬臂梁，根据结构力学中的"图乘法"可以得到构件的最大挠度值分别为：

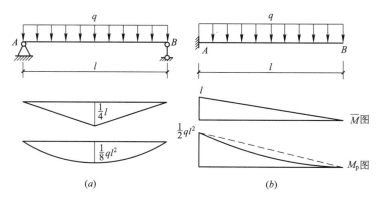

图 1-3-8 简支梁与悬臂梁最大挠度计算
(a) 简支梁；(b) 悬臂梁

$$f_1 = \frac{\left[\left(\frac{2}{3} \times \frac{1}{8}ql^2 \times \frac{l}{2}\right) \times \left(\frac{5}{8} \times \frac{l}{4}\right)\right] \times 2}{EI} = \frac{5}{384}\frac{ql^4}{EI}$$

$$f_2 = \frac{\left[\left(\frac{1}{3} \times \frac{1}{2}ql^2 \times l\right) \times \left(\frac{3}{4} \times l\right)\right]}{EI} = \frac{1}{8}\frac{ql^4}{EI}$$

假定梁为手动吊车梁，依据《混凝土规范》表 3.4.3，挠度限值为 $l_0/500$，于是，悬臂梁应满足下式要求：

$$\frac{1}{8}\frac{ql^4}{EI} \leqslant \frac{2 \times l}{500}$$

相当于
$$q \leqslant 0.032 \frac{EI}{l^3}$$

而对于简支梁，则是

$$\frac{5}{384}\frac{ql^4}{EI} \leqslant \frac{l}{500}$$

相当于
$$q \leqslant 0.1536 \frac{EI}{l^3}$$

可见，相对于简支梁，悬臂梁在达到挠度限值时要求 q 更小，即，对其的要求更严格。

顺便指出，对于悬臂构件，在计算其容许挠度时按照悬臂长度的 2 倍取用，相当于是一个常规做法，该规定还可见于《钢标》表 A.1.1 下的注释 1，以及《公路混凝土规范》的 6.5.3 条。

对于问题（2）：

笔者认为，当为悬臂构件时，表格第一列中的 l_0 仍取悬臂长度，第二列中表示限值的 l_0 取为 2 倍悬臂长度。以图 1-3-9 所示带悬臂的单跨梁为例，若实际长度 $l_{02}=3.5$m，则按照 3.5m 查《混凝土规范》表 3.4.3 得到挠度限值为 $l_0/200$。由于是悬臂梁，在计算挠度限值

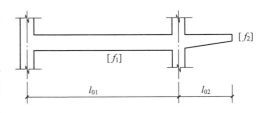

图 1-3-9 带悬臂的单跨梁

时应取 $l_0 = 2 \times 3.5 = 7.0$m，于是挠度限值 $f_{2,\text{lim}} = 7000/200 = 35$mm。

【Q1.3.27】《混凝土规范》在 3.5 节耐久性设计的条文中规定，混凝土结构的环境类别为一、二 a、二 b 等几个等级，而在《混凝土结构耐久性设计规范》GB/T 50476—2008 中，定义的环境类别却是Ⅰ-A、Ⅰ-B、Ⅱ-C 等。经过对比发现，前者的一类环境对应后者的Ⅰ-A 级，二 a 类环境对应Ⅰ-B 级，等等。前者中的一类环境，要求混凝土的最低强度等级为 C20，板、墙、壳的混凝土保护层最小厚度为 15mm，梁、柱、杆的为 20mm，而后者Ⅰ-A 级环境混凝土的最低强度等级要求为 C27，板、墙、壳的混凝土保护层最小厚度为 20mm，梁、柱、杆的为 25mm，其他几个等级的环境类别也有类似的区别。

结构设计过程中，应该按哪本规范作为依据？

【A1.3.27】对此，《混凝土结构设计规范》编写组的答复是：《混凝土结构耐久性设计规范》GB/T 50476—2008 为推荐性国家标准，执行的严格程度有所不同。对于房屋和一般构筑物，其使用环境较好，可以按《混凝土结构设计规范》GB 50010—2010 执行。

【Q1.3.28】《混凝土规范》的 4.1.6 条规定，疲劳应力比值 $\rho_c^f = \dfrac{\sigma_{c,\min}^f}{\sigma_{c,\max}^f}$，$\sigma_{c,\min}^f$、$\sigma_{c,\max}^f$ 分别为截面同一纤维的最小应力、最大应力，这里的最小应力、最大应力是否考虑正负号，比如，1 大于 −5？

【A1.3.28】由规范 4.1.6 条的条文说明可知，疲劳破坏有拉-拉破坏、压-压破坏和拉-压破坏。对照正文，表 4.1.6-1 用于压-压破坏，表 4.1.6-2 用于拉-拉破坏。所以，ρ_c^f 计算时用到的 $\sigma_{c,\min}^f$、$\sigma_{c,\max}^f$ 均是以绝对值代入，而且，$|\sigma_{c,\max}^f| > |\sigma_{c,\min}^f|$（所以，$\rho_c^f$ 总小于 1）。

【Q1.3.29】如何理解《混凝土规范》表 5.2.4 规定的受压区有效翼缘计算宽度？

【A1.3.29】笔者认为，应从以下几个方面把握：

（1）对于 T 形截面的受弯构件，由于剪力滞的影响，分布在受压翼缘中的正应力并非均布，而是呈现距离肋部越远应力越小的特点，所以，为简便计，取一个有效宽度，认为在此范围内压应力是均匀分布，并且，在极限状态时达到抗压强度。

（2）表 5.2.4 中所谓的独立梁，是指一根单独的梁，其周边没有与楼板现浇在一起。

（3）表中的短横线（即符号"—"）表示没有限制。

（4）表下的注释 3，是对翼缘与腹板交界处"加腋"时的处理。其含义如下：

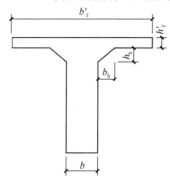

图 1-3-10　加腋的 T 形截面

对于情况 3，假如为独立梁且 $h'_f/h_0 \geqslant 0.1$，则当同时满足 $h_h \geqslant h'_f$ 且 $b_h \leqslant 3h_h$ 时，受压区有效翼缘计算宽度取为 $b+2b_h+12h'_f$。若 $h_h \geqslant h'_f$ 但 $b_h > 3h_h$，只能将 $b+2b_h+12h'_f$ 中的 b_h 取为 $3h_h$。各符号的含义，如图 1-3-10 所示。《公路混凝土规范》4.2.2 条的规定可以支持笔者的观点。

【Q1.3.30】《混凝土规范》的 6.2.3 条、6.2.4 条，如何理解？

【A1.3.30】笔者认为，应从以下几个方面把握：

（1）$P-\Delta$ 效应利用规范的附录 B 计算，得到的是放大了的杆端弯矩 M_1 和 M_2。截面设计应采用的是控制截面的 M 值，这还要考虑 $P-\delta$ 效应。

排架结构特殊一些，附录 B 的公式同时考虑了 $P-\Delta$ 效应和 $P-\delta$ 效应。

（2）6.2.3 条，l_c/i 小于限值时可以不考虑 $P-\delta$ 效应，相当于 2002 版规范中的短柱不考虑偏心距增大（或者说，取偏心距增大系数等于 1.0）。

（3）所谓"弯矩作用平面内截面对称"，与规范 D.2.1 条、D.2.2 条中的"对称于弯矩作用平面的截面"应是同一个意思，但后者比较容易理解。例如，T 形截面承受绕强轴 x 轴（x 轴垂直于腹板）的弯矩。

（4）只要长细比足够小，$P-\delta$ 效应可以忽略。ACI318-19 的 6.2.5.1 条规定，如果支撑的抗侧移刚度大于等于 12 倍柱子的抗侧移刚度，则视为无侧移。对于无侧移框架柱，$l_c/i \leqslant 22$ 时可忽略 $P-\delta$ 效应；对于有侧移框架柱，$l_c/i \leqslant 34+12(M_1/M_2)$ 且 $l_c/i \leqslant 40$ 时值时可忽略 $P-\delta$ 效应。这里，M_1/M_2 当双曲率弯曲时取为正，单曲率弯曲时取为负。满足有侧移时的长细比限值要求，可保证弯矩增大在 5% 以内。我国规范的规定与此类似。

（5）柱的弯曲，可能是"单曲率弯曲"（single curvature，也译作单向弯曲、同向曲率）也可能是"双曲率弯曲"（double curvature，也译作双向弯曲或反向曲率），其着眼点为构件的变形，而变形是由于弯矩引起的，故能表达杆件两端的弯矩转向关系，如图 1-3-11 所示。

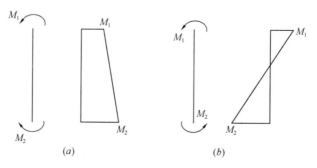

图 1-3-11　柱的弯曲形式
(a) 单曲率弯曲；(b) 双曲率弯曲

我国规范将不考虑 $P-\delta$ 效应的前提条件写成

$$l_c/i \leqslant 34 - 12(M_1/M_2)$$

第 2 项前面是负号，规定"当构件按单曲率弯曲时，M_1/M_2 取正值，否则取负值"，与 ACI318-14 之前的规范是一致的。自 ACI318-14 开始将该公式改为 $l_c/i \leqslant 34 + 12(M_1/M_2)$，如此表达后，$M_1$、$M_2$ 的正负直接按照右手螺旋定则确定即可。

（6）l_c 相当于按照弯矩作用平面内的几何长度取值。

（7）在 6.2.4 条中之所以使用 M_2 而不是 M_1，是因为 M_2 的绝对值大。6.2.4 条中的 M_2 单独使用时，不考虑正负号，相当于取绝对值。

（8）规范没有指出，但根据美国混凝土规范 ACI318-14 可知，规范给出的 C_m 公式只适用于"无横向荷载"的情况。有横向荷载时，取 $C_m=1.0$。

（9）对于"双曲率弯曲"，$C_m\eta_{ns}$ 可能小于 1.0，这时应取为 1.0，相当于构件的最大弯矩出现在杆端。

【Q1.3.31】《混凝土规范》6.2.4 条的条文说明中提到："对排架结构，当采用本规范第 B.0.4 条计算二阶效应后，不再按本条规定计算 *P-δ* 效应；当排架柱未按本规范第 B.0.4 条计算其侧移二阶效应时，仍应按本规范第 B.0.4 条考虑其 *P-δ* 效应"，似乎有误。我认为应是"当排架柱未按本规范第 B.0.4 条计算其侧移二阶效应时，仍应按本条（6.2.4 条）考虑其 *P-δ* 效应"。请解释。

【A1.3.31】若单纯从语言文字和逻辑的角度来分析这段话，的确可以得到以上的结论。但是，笔者理解，这段话无误。理由如下：

规范的 B.0.4 条虽然位于附录 B"近似计算偏压构件侧移二阶效应的增大系数法"之内，但并非只是考虑侧移二阶效应（即 *P-Δ* 效应），而是同时考虑了 *P-Δ* 效应和 *P-δ* 效应，这一点，在 5.3.4 条的条文说明中可以找到证据。原文是"需要提醒注意的是，附录 B.0.4 条给出的排架结构二阶效应计算公式，其中也考虑了 *P-δ* 效应的影响"。

由于通常是在结构整体分析层面考虑 *P-Δ* 效应，在构件计算层面考虑 *P-δ* 效应，这才导致了 6.2.4 条条文说明中的说法。

【Q1.3.32】《混凝土规范》6.2.7 条的注指出，"当截面受拉区配置有不同种类或不同预应力值的钢筋时，受弯构件的相对界限受压区高度应分别计算，并取其较小者"，应如何理解？

【A1.3.32】钢筋达到屈服的条件是 $\xi \leqslant \xi_b$，存在多种钢筋或不同预应力值的钢筋时，就会对应有多个 ξ_b，只有 ξ 小于等于 ξ_b 的最小者，才能保证破坏时所有钢筋都达到屈服。

【Q1.3.33】对《混凝土规范》6.2.10 条有以下疑问：

(1) 受压区预应力筋的受力，规范中为拉，但是，在《公路混凝土规范》中却为负，如何理解？

(2) a' 是受压区全部纵向钢筋合力点至截面受压边缘的距离，如何计算？

(3) 若不满足 $x \geqslant 2a'$，如何计算？

【A1.3.33】对于问题（1）：

《混凝土规范》图 6.2.10 作为计算简图，给出的只是一个力的"正方向"，即，以拉为正，这样，$(\sigma'_{p0} - f'_{py})A'_p$ 为正值时就是拉力，为负值时就是压力。而 $-(\sigma'_{p0} - f'_{py})A'_p = (f'_{py} - \sigma'_{p0})A'_p$，这就是《公路混凝土规范》标注的数值，为正值时表示压力。所以，两本规范是一致的。

对于问题（2）：

a' 是受压区全部纵向钢筋合力点至截面受压边缘的距离，其计算原理，与规范 10.1.7 条计算 e_{p0} 时相同。写成公式为：

$$a' = \frac{f'_y A'_s a'_s - (\sigma'_{p0} - f'_{py}) A'_p a'_p}{f'_y A'_s - (\sigma'_{p0} - f'_{py}) A'_p}$$

对于问题（3）：

规范 6.2.14 条规定，当不满足 $x \geqslant 2a'$ 条件时，正截面受弯承载力应符合下式要求：

$$M \leqslant f_{py} A_p (h - a_p - a'_s) + f_y A_s (h - a_s - a'_s) + (\sigma'_{p0} - f'_{py}) A'_p (a'_p - a'_s)$$

该公式的本质，是取 $x = 2a'_s$ 然后对 A'_s 钢筋合力点取矩。

而在《公路混凝土规范》中，则是分为两种情况：

当不满足 $x \geqslant 2a'$ 条件时，若预应力钢筋 A'_p 受拉时，按照上述做法执行（由于预应力钢筋 A'_p 受拉，$x \geqslant 2a'$ 的条件要变换成 $x \geqslant 2a'_s$，因此，当不满足 $x \geqslant 2a'$ 条件时取 $x = 2a'_s$ 然后对 A'_s 钢筋合力点取矩，是顺理成章的）。

当不满足 $x \geqslant 2a'$ 条件但预应力钢筋 A'_p 受压时，则是取 $x = 2a'$，然后对 $x = 2a'$ 位置取矩，由此形成的公式为

$$M \leqslant f_{py} A_p (h - a_p - a') + f_y A_s (h - a_s - a')$$

顾祥林《混凝土结构基本原理》（第二版，同济大学出版社，2011）中针对此问题给出的做法，与《公路混凝土规范》相同。

张树仁、黄侨《结构设计原理》（第二版，人民交通出版社，2010）建议，此时为简化计，可以不区分 A'_p 受拉或者受压，直接对 $x = 2a'$ 或者 $x = 2a'_s$ 位置取矩，并在公式中将 $a'_s - a'$ 取为零，并认为由此对承载力带来的影响微不足道。

【Q1.3.34】在受弯构件正截面承载力计算公式运用时，有一种说法，就是，当 $x < 2a'_s$ 时，除了取 $x = 2a'_s$ 然后 A'_s 合力点取矩计算 A_s 之外，还需要按照 $A'_s = 0$ 求出 A_s，然后取二者的较小者，请问，是否必要？

【A1.3.34】在混凝土类的教科书中的确有此说法。笔者在《混凝土结构设计规范》GBJ 10—89 的 4.1.5～4.1.9 条条文说明中也见到类似描述，原文如下：

原规范关于"正截面承载力比不考虑受压钢筋还小时，则应按不考虑受压钢筋计算"的规定，这是（"是"为编者所加）在没有钢筋应力计算公式时采用的一种处理方法，本规范已给出了第 4.1.4 条关于钢筋应力的计算公式（编者注：在 2015 版规范中，是 6.2.8 条），在受压边缘的保护层过大时，可以按第 4.1.4 条的规定进行计算；对通常的保护层情况下，按公式（4.1.9）（编者注：在 2015 版规范中，是 6.2.14 条）计算也就可以了。当然，按原规范的规定进行计算，也是偏于安全方面的。

对此，笔者认为：

（1）简单分析可知，两种情况计算出的 A_s 取较小者，显然为了节省钢筋，出于经济效益考虑；两种情况计算出的正截面承载力取较大者，是同样的原因。条文说明认为是"偏于安全方面的"，似乎不妥。

（2）条文说明表达的意思是，当 $x < 2a'_s$ 时，只需要取 $x = 2a'_s$ 然后 A'_s 合力点取矩计算就可以了。事实上，如此做法，所需要的钢筋可能取了一个较大者，受弯承载力可能取

了一个较小者，这才是偏于安全方面的。

【Q1.3.35】《混凝土规范》6.2.13 条原文如下：

6.2.13 受弯构件正截面受弯承载力的计算应符合本规范公式(6.2.10-3)的要求。当由构造要求或按正常使用极限状态验算要求配置的纵向受拉钢筋截面面积大于受弯承载力要求的配筋面积时，按本规范公式(6.2.10-2)或公式(6.2.11-3)计算的混凝土受压区高度 x，可仅计入受弯承载力条件所需的纵向受拉钢筋截面面积。

应如何理解？

【A1.3.35】该条的条文说明，称"保留 02 版规范的实用计算方法"。

相同的规定，可见于 2002 版《混凝土规范》的 7.2.4 条。该条的条文说明称，"基本保留了原规范规定的实用计算方法"。

再查 1989 版《混凝土规范》，相似的规定是在 4.1.8 条，原文如下：

4.1.8 受弯构件正截面受弯承载力的计算，应符合 $x \leqslant \xi_b h_0$ 的要求。当由构造要求或按正常使用极限状态验算要求配置的纵向受拉钢筋截面面积大于受弯承载力要求时，则在验算 $x \leqslant \xi_b h_0$ 时，可仅取受弯承载力条件所需的纵向受拉钢筋截面面积。

因此，笔者理解，本条文的意思应是，如果配置的钢筋超量，应按照 $\xi = \xi_b$ 计算受弯承载力，相当于超过界限破坏配筋量的钢筋不被考虑。钢筋之所以超量，是由于构造要求或者正常使用极限状态的要求导致的。

【Q1.3.36】《混凝土规范》6.2.14 条的本质是什么？

【A1.3.36】当受弯构件破坏时受压区的预应力筋和非预应力筋均表现为压力时，将二者视为一体，按照合力考虑，满足 $x \geqslant 2a'$ 这个条件可以保证非预应力筋 A'_s 屈服，也就是保证了规范公式（6.2.10-1）、公式（6.2.10-2）中取 $f'_y A'_s$ 的正确性；当不满足 $x \geqslant 2a'$ 时，因 A'_s 的应力未知，故需要取 $x = 2a'_s$ 然后对受压混凝土合力点位置取矩计算 M，这就是规范的公式（6.2.14）。

【Q1.3.37】梁进行正截面配筋设计时，需要先确定 a_s，然后才能得到 h_0 进行下面的计算，a_s 到底怎么确定呀？各种算例中有时候用 45mm，有时候用 40mm，还有用 65mm 的。

【A1.3.37】a_s 是受拉纵筋合力点到混凝土受拉截面边缘的垂直距离。在配置钢筋之前是未知的。只能"假设"一个 a_s 的值，才能进行计算。通常的教科书中指明，布置一排钢筋时取 $a_s = 35$mm，二排钢筋时取 $a_s = 60$mm，这大致相当于取纵向受力钢筋的保护层厚度为 25mm，采用直径为 20mm 钢筋的情况。

事实上，布置一排还是两排也是未知的，所以，设计应理解为是一个"试错"的过程。若最后布置得到的 a_s 与假设的 a_s 接近，则认为可以，若前者大于后者较多，则说明假设的 a_s 不合适，需要重新计算。

需要注意的是，2015 版《混凝土规范》表 8.2.1 为"混凝土保护层的最小厚度 c"，指的是最外层钢筋外缘至混凝土表面的距离，这样，若构件配置有箍筋，则纵向受力钢筋的保护层厚度为"$c+$箍筋直径"。于是，处于一类环境的钢筋混凝土梁，当混凝土强度等级大于 C25 时，取箍筋直径为 8mm，则纵向受力钢筋保护层厚度最小为 $20+8=28$mm（若混凝土强度等级不大于 C25，则还要增加 5mm，成为 33mm），与 2002 版《混凝土规范》表 9.2.1 对比可知，保护层厚度要求提高了。

因此，假设 a_s 值时，相应要变化为：当混凝土强度等级大于 C25 时，处于一类环境的钢筋混凝土梁，布置一排钢筋时取 $a_s=40\text{mm}$，二排钢筋时取 $a_s=65\text{mm}$。当混凝土强度等级不大于 C25 时，上述数值还要增加 5mm。

【Q1.3.38】 对矩形截面受弯构件，配筋率验算是取 $\rho=\dfrac{A_s}{bh_0}$，还是 $\rho=\dfrac{A_s}{bh}$？

【A1.3.38】 笔者认为，可以这样理解：

（1）梁的配筋率公式的定义式为 $\rho=\dfrac{A_s}{bh_0}$，因此，在验算最大配筋率时，应采用的验算式为 $\dfrac{A_s}{bh_0} \leqslant \rho_{\max}$。

（2）最小配筋率的验算比较特殊。《混凝土规范》表 8.5.1 下的注释 3 指出，"受弯构件、大偏心受拉构件一侧受拉钢筋的配筋率应按全截面面积扣除受压翼缘面积 $(b'_f-b)h'_f$ 后的截面积计算"，据此可知，对矩形截面受弯构件，验算式应是 $A_s \geqslant \rho_{\min}bh$，写成配筋率的形式就是 $\dfrac{A_s}{bh} \geqslant \rho_{\min}$。

鉴于配筋率的定义式为 $\rho=\dfrac{A_s}{bh_0}$，三校合编《混凝土结构》（上册）从第 3 版开始，将最小配筋率的验算式写成 $\rho \geqslant \rho_{\min}\dfrac{h}{h_0}$（原来一直写成 $\rho \geqslant \rho_{\min}$），如此表达，似乎不如 $A_s \geqslant \rho_{\min}bh$ 更简明。

（3）《公路混凝土规范》验算最小配筋率采用的公式为 $\dfrac{A_s}{bh_0} \geqslant \rho_{\min}$，相当于 $A_s \geqslant \rho_{\min}bh_0$，直观来看，在构造配筋的情况下比《混凝土规范》时要小。《公路混凝土规范》编制者认为，公路桥梁一直按照如此做法计算，未发现不安全。

【Q1.3.39】 对《混凝土规范》6.2.17 条有疑问：

规范 6.2.4 条在计算 η_{ns} 时已经计入附加偏心距 e_a，这样，在本条建立平衡方程时，就应该直接按照 6.2.4 条确定的 M 计算，把其等效为一个偏心压力，即 $e_i=e_0=M/N$。现在，6.2.17 条采用 $e_i=e_0+e_a$ 作为偏心距，是不是重复考虑了 e_a？

【A1.3.39】 笔者认为，可以有两种思路考虑附加偏心距 e_a：

（1）在杆件的端部考虑 e_a，则控制截面的弯矩 M 应按下式计算：

$$M=C_m\eta_{ns}\left(\dfrac{M_2}{N}+e_a\right)N$$

然后，以此 M 等效为一个偏心压力建立平衡方程，即，在规范图 6.2.17 中将 e_i 改为 $e_0=M/N$。

（2）在控制截面考虑附加偏心距 e_a，这时，按照规范思路推导出的 η_{ns} 计算式应为：

$$\eta_{ns}=1+\dfrac{1}{1300(M_2/N)/h_0}\left(\dfrac{l_c}{h}\right)^2\zeta_c$$

然后，采用偏心距为 $e_i=e_0+e_a$ 建立平衡方程（此处 $e_0=M/N$）。

由规范 6.2.3 条可知，不考虑附加弯矩影响时应取 $M=M_2$，因此，采用第 2 种思路将能照顾到取 $M=M_2$ 这种情况。故，笔者认为，规范计算 η_{ns} 的公式（6.2.4-3）不考虑 e_a

从概念上更合适，而且，得到的 η_{ns} 稍大，偏于安全。

【Q1.3.40】《混凝土规范》6.2.17 条第 2 款规定：

当计算中计入纵向普通受压钢筋时，受压区的高度应满足本规范公式（6.2.10-4）的条件；当不满足此条件时，其正截面受压承载力可按本规范第 6.2.14 条的规定进行计算，此时，应将本规范公式（6.2.14）中的 M 以 Ne'_s 代替，此处，e'_s 为轴向压力作用点至受压区纵向普通钢筋合力点的距离；初始偏心距应按公式（6.2.17-4）确定。

我对此的疑问是，如何保证此时受拉区钢筋的应力能达到 f_y？不满足公式（6.2.10-4）条件时，只说明这时的压力 N 非常小，这时候受拉区钢筋的应力 σ_s 很可能达不到 f_y，如果在 6.2.14 条把 σ_s 按 f_y 取，结果应该是偏不安全的。

【A1.3.40】 为方便表达，下面的解释以构件中不存在预应力钢筋为前提。

根据平截面假定，截面变形后仍然为平面，截面上应变呈三角形分布。混凝土受压区高度越小，则另一侧受拉钢筋的应变越大，应力也就越大，若 $x \leqslant \xi_b h_0$，可保证破坏时受拉钢筋 A_s 的应力达到屈服。

规范中所谓"不满足公式（6.2.10-4）条件"，就是出现了 $x < 2a'_s$，这种情况，破坏时受拉区钢筋的应力 σ_s 是可以达到 f_y 的。只是，A'_s 的应力未知，所以，需要对 A'_s 的合力点取矩，同时，取 $x = 2a'_s$。取 $x = 2a'_s$ 相当于是忽略了混凝土的贡献。

【Q1.3.41】《混凝土规范》的 6.2.19 条规定了沿腹部均匀配置纵向钢筋的偏心受压构件计算，现有如下几个问题：

(1) 这些公式的来源是什么？

(2) 图 6.2.19 中的 h_{sw} 标注的好像很随意，应如何取值？

(3) 如何使用这些公式进行计算？

【A1.3.41】 对于问题（1）：

规范中给出的是工字形截面时的计算公式，今为了叙述方便，按照矩形截面对规范的公式给出推导过程。

出于简化的目的，将腹部均匀分布的纵筋视为连续的"钢片"，如图 1-3-12 所示。根据平截面假定，钢片的应力分为塑性受压区、弹性受压区、弹性受拉区和塑性受拉区四个部分。

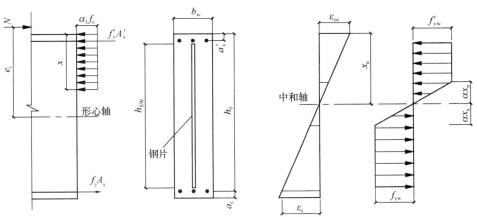

图 1-3-12　腹部均匀配筋矩形截面大偏心受压时的计算简图

令 $\alpha = \dfrac{\varepsilon_y}{\varepsilon_{cu}}$，即钢筋屈服应变与混凝土极限压应变的比值，$x_n$ 为按照应变图确定的受压区高度（其与等效为矩形时的受压区高度 x 的关系是 $x = \beta_1 x_n$），则由三角形比例关系可知，图中弹性受压区的范围为 αx_n。考虑 $f_{yw} = f'_{yw}$，因此，弹性受拉区的范围也为 αx_n。

考虑力的平衡，可得

$$N = \alpha_1 f_c \xi b h_0 + f'_y A'_s - \sigma_s A_s + N_{sw}$$

式中，之所以将 A_s 的应力写成 σ_s 是为了不失一般性，可用于小偏心受压的情况。N_{sw} 可按照四部分叠加求得，即

$$N_{sw} = \left[f'_{yw}(x_n - a'_s - \alpha x_n) + \dfrac{f'_{yw}\alpha x_n}{2} - \dfrac{f_{yw}\alpha x_n}{2} - f_{yw}(h_0 - x_n - \alpha x_n) \right] \dfrac{A_{sw}}{h_{sw}}$$

$$= \dfrac{A_{sw} f_{yw}}{h_{sw}} (2x_n - a'_s - h_0)$$

$$= A_{sw} f_{yw} \left(\dfrac{2\xi h_0}{\beta_1 h_{sw}} - \dfrac{h_0 - h_{sw}}{h_{sw}} - \dfrac{h_0}{h_{sw}} \right)$$

$$= f_{yw} A_{sw} \left(1 + \dfrac{\xi - \beta_1}{0.5 \beta_1 \omega} \right)$$

上面推导过程中，用到了 $x_n = \dfrac{\xi h_0}{\beta_1}$、$h_{sw} = h_0 - a'_s$ 和 $\omega = \dfrac{h_{sw}}{h_0}$。

小偏心受压（$\xi > \xi_b$）的情况，钢片的应力分为三个部分：塑性受压区、弹性受压区、弹性受拉区。利用类似的方法，可以得到

$$N_{sw} = \left\{ 1 - \dfrac{[\beta_1 - (1-\alpha)\xi]^2}{1.6\alpha\xi} \right\} f_{yw} A_{sw}$$

利用各部分分别对 A_s 合力点取矩并叠加的方法，可以得到 M_{sw} 的公式，如下：

$\xi \leqslant \xi_b$ 时 $\quad M_{sw} = \left[0.5 - \dfrac{(\beta_1 - \xi)^2 + (\alpha\xi)^2/3}{(\beta_1 \omega)^2} \right] f_{yw} A_{sw} h_{sw}$

$\xi > \xi_b$ 时 $\quad M_{sw} = \left\{ 0.5 + \dfrac{[\beta_1 - (1-\alpha)\xi]^3}{3.85 \omega^2 \alpha \xi} \right\} f_{yw} A_{sw} h_{sw}$

规范给出的公式，是通过对上面的 M_{sw} 公式利用二次曲线拟合并取 $\alpha = 0.4$ 得到的。

当 $\xi > \beta_1$ 时取 $\xi = \beta_1$，是因为此时钢片全部受压，对应的承载力最大，只能为 $f_{yw} A_{sw}$ 而不能超过。

对于问题（2）：

由以上推导过程可知，利用公式计算时，应取 $h_{sw} = h_0 - a'_s$。

对于问题（3）：

该条规定多用于两端有暗柱的剪力墙计算。若取为矩形截面，并按照极限状态考虑，公式将简化为：

$$N = \alpha_1 f_c \xi b h_0 + f'_y A'_s - \sigma_s A_s + N_{sw} \tag{1-3-1}$$

$$Ne = \alpha_1 f_c b h_0^2 \xi(1 - 0.5\xi) + f'_y A'_s (h_0 - a'_s) + M_{sw} \tag{1-3-2}$$

$$N_{sw} = \left(1 + \dfrac{\xi - \beta_1}{0.5 \beta_1 \omega} \right) f_{yw} A_{sw} \tag{1-3-3}$$

$$M_{sw} = \left[0.5 - \left(\dfrac{\xi - \beta_1}{\beta_1 \omega} \right)^2 \right] f_{yw} A_{sw} h_{sw} \tag{1-3-4}$$

$$\omega = \frac{h_{sw}}{h_0} \tag{1-3-5}$$

式（1-3-1）中 σ_s 的取值，大偏心时取为 f_y，小偏心时按照下式计算：

$$\sigma_s = \frac{\xi - \beta_1}{\xi_b - \beta_1} f_y$$

且应满足 $-f'_y \leqslant \sigma_s \leqslant f_y$。

取定 A_{sw}、h_{sw} 之后，由于两侧的暗柱常常按照对称配筋考虑，因此，其计算与对称配筋偏心受压柱十分类似，即先按照大偏心取 $\sigma_s = f_y$ 进行计算。

【Q1.3.42】《混凝土规范》的 6.2.20 条规定了柱子的计算长度，表 6.2.20-1 中的"排架方向"指的是哪一个方向？另外，计算 l_0 时需注意哪些问题？

【A1.3.42】 对于如图 1-3-13 所示的排架柱，"排架方向"指的是 y 轴方向，也就是说在压力作用下，柱子将"沿"排架方向发生挠度，即绕 z 轴产生弯曲。通常，绕 z 轴的计算长度记作 l_{0z}，也就是说，下角标表示的是"绕"。惯性矩 $I_x(I_y)$、回转半径 $i_x(i_y)$ 均是这种表示方法。

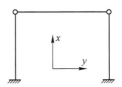

图 1-3-13 排架与坐标轴关系示意

对于 l_0 还需注意以下问题：

（1）表 6.2.20-1 下的注 2，应理解为：对于有吊车房屋排架柱，下柱的计算长度在不考虑吊车荷载的情况，按无吊车房屋排架柱查表，所采用的 H 为从基础顶面算起的柱子全高。该做法可以与《砌体规范》的 5.1.4 条对照理解。

（2）表 6.2.20-2 中的层高 H，对于底层为计算层高，并非建筑层高。由于计算长度的选取属于力学分析问题，因此，可以看到《砌体规范》中 H 的选取与此类似。

（3）所谓的"计算长度"，用于规范中单个的轴心受压构件（或者偏心受压构件）计算，例如，6.2.15 条求稳定系数 φ 时；7.1.4 条求偏心受压构件的 σ_{sq} 时；B.0.4 条求排架结构柱 η_s 时。对结构整体进行力学分析时，并不采用该 l_0。

【Q1.3.43】《混凝土规范》6.2.24 条讲到腹部均匀配筋的偏心受拉构件计算，有以下疑问：

(1) 能否给出一个可具体操作的步骤？例如，N_{u0}、M_u 各如何求出？

(2) 2002 版《混凝土规范》的 7.4.3 条，同样的内容，却是取 M_u 代替 Ne。哪一个有误？

【A1.3.43】 对于问题（1），可按照下面的步骤理解：

沿截面腹部均匀配筋的偏心受拉构件，正截面承载力验算时，规范明确规定采用式（6.2.25-1），将该公式变形，可以得到

$$\frac{N}{N_{u0}} + \frac{Ne_0}{M_u} \leqslant 1 \tag{1-3-6}$$

该式为常见的相关公式形式。可理解为：N_{u0} 为单纯受拉时的承载力；M_u 为单纯受弯时的承载力。

N_{u0} 按照轴心受拉构件求得，写成公式形式，为：

$$N_{u0} = f_{yw} A_{sw} + A'_s f_y + A_s f_y \tag{1-3-7}$$

式中，A'_s 只是表示与 A_s 相对的位置处的钢筋截面积，与通常的上角标"'"表示"受压"不同。

M_u 如何计算呢？查看规范，6.2.11 条是对单纯受弯的规定，但是，该条没有考虑"腹部均匀配筋"这一条件，所以，不能采用。只能采用 6.2.19 条，这是因为，偏心受拉和偏心受压具有相似的计算简图。将公式（6.2.19-1）和公式（6.2.19-2）写成：

$$0 = \alpha_1 f_c [\xi b h_0 + (b'_f - b)h'_f] + f'_y A'_s - \sigma_s A_s + N_{sw} \quad (1\text{-}3\text{-}8)$$

$$M_u = \alpha_1 f_c \left[\xi(1 - 0.5\xi)bh_0^2 + (b'_f - b)h'_f\left(h_0 - \frac{h'_f}{2}\right)\right] + f'_y A'_s(h_0 - a'_s) + M_{sw} \quad (1\text{-}3\text{-}9)$$

$$N_{sw} = \left(1 + \frac{\xi - \beta_1}{0.5\beta_1 \omega}\right) f_{yw} A_{sw} \quad (1\text{-}3\text{-}10)$$

$$M_{sw} = \left[0.5 - \left(\frac{\xi - \beta_1}{\beta_1 \omega}\right)^2\right] f_{yw} A_{sw} h_{sw} \quad (1\text{-}3\text{-}11)$$

将式（1-3-8）和式（1-3-9）联立，两个未知数两个方程，从而在解出 ξ 后求得 M_u。之所以把 N_{sw} 和 M_{sw} 单独列出来写成式（1-3-10）和式（1-3-11），是因为这两个符号有其确定含义且取值上有其特殊性（当 $\xi > \beta_1$ 时，取 $\xi = \beta_1$）。

另外还要注意，σ_s 的计算应符合规范 6.2.17 条和 6.2.18 条的规定。

对于问题（2）：

2010 版规范中所说的"以 M_u 代替 Ne_i"，其含义为外力"对构件的重心轴取矩"；然后，根据内外力矩平衡建立第二个平衡方程。

显然，将内力对 A_s 的合力点取矩形成"内弯矩"，和对构件的重心轴取矩形成的"内弯矩"，两者相等（因为，都与外弯矩平衡）。所以，2010 版规范所说的取 $M_u = Ne_i$ 和 2002 版所说的"取 $M_u = Ne$"本质上并无区别。

一个简单的例子如下：

对于单筋梁，可以写成对 A_s 的合力点取矩：

$$M_u = \alpha_1 f_c b h_0^2 \xi(1 - 0.5\xi)$$

也可以写成对受压混凝土的合力点取矩：

$$M_u = f_y A_s (h_0 - 0.5\xi h_0)$$

还可以通过对构件的形心轴取矩列出平衡方程。

【Q1.3.44】《混凝土规范》6.3.1 的条文说明指出，本条也是"构件斜截面受剪破坏的最大配箍率条件"，怎样理解这句话？给柱子多配置箍筋（短柱要求>1.2%）能增加柱子的塑性变形能力，有利于抗震性能的提高。两者似乎矛盾。

【A1.3.44】6.3.1 条的要求，通常称作截面限制条件，是为了防止斜压破坏。

从公式上来看，剪力 V 应满足 6.3.1 条的要求，即 $V \leq 0.25 \beta_c f_c b h_0$（这里以 $h_w/b \leq 4$ 为例），也要满足 6.3.4 条的要求，即 $V \leq V_{cs} + V_p$，当 $V_{cs} + V_p > 0.25 \beta_c f_c b h_0$ 时，显然由截面限制条件控制。这相当于，尽管 $V_{cs} + V_p$ 随配箍率增大而增大，但是增大到某一值后就不再增大。所以说，截面限制条件相当于最大配箍率条件。

配置合适的、足够多的箍筋能增加柱子的塑性变形能力，对抗震有利，这是毫无疑问的，但是，配箍率也不能太多，仍然有截面限制条件。关于这一点，可见于《混凝土规范》的 11.3.3 条和 11.3.4 条。

【Q1.3.45】《混凝土规范》6.3.4 条规定，对于集中荷载为主的独立梁，$\alpha_{cv} = \dfrac{1.75}{\lambda + 1}$，

可取 $\lambda = a/h_0$，a 取集中荷载作用点至支座截面的或节点边缘的距离。对于如图 **1-3-14** 所示的情况，对 **AC** 段和 **BC** 段验算受剪承载力，a 如何取值？

【A1.3.45】此处，λ 为剪跨比，广义上，剪跨比的定义式为 $\lambda = M/(Vh_0)$，式中，M、V 为集中力位置处的弯矩和剪力。对于图 1-3-14 情况，在 AC 段，可得

$$\lambda = \frac{M}{Vh_0} = \frac{Pab/l}{Pb/l \times h_0} = \frac{a}{h_0}$$

在 BC 段，同理可得

$$\lambda = \frac{M}{Vh_0} = \frac{Pab/l}{Pa/l \times h_0} = \frac{b}{h_0}$$

对于较为复杂的情况，例如，某简支梁的剪力图如图 1-3-15 所示，此时，应划分为 AC、CD、DE、EB 共四段进行抗剪承载力验算。各区段 a 的取值分别为：AC、AD、DB、EB。

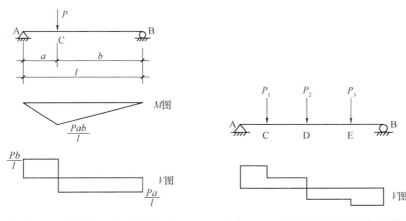

图 1-3-14 简支梁承受集中荷载　　图 1-3-15 简支梁承受多个集中荷载

【Q1.3.46】《混凝土规范》**6.3.7** 条规定，当剪力 V 较小时，可以仅仅根据 **9.2.9** 条配置箍筋，这里有以下疑问：

(1) 对于集中荷载作用下的独立梁，如何查表 **9.2.9** 确定箍筋最大间距？因为表 **9.2.9** 只给出了 V 大于或者不大于 $0.7f_tbh_0 + 0.05N_{p0}$ 的情况。

(2) 当满足 **6.3.7** 条按照构造要求配置箍筋时，是否需验算最小配箍率要求？

【A1.3.46】对于问题（1）：

由于 $\frac{1.75}{\lambda+1}f_tbh_0$ 通常都小于 $0.7f_tbh_0$（仅仅在 $\lambda=1.5$ 时相等），因此，当 $V \leqslant \frac{1.75}{\lambda+1}f_tbh_0 + 0.05N_{p0}$ 时就存在 $V \leqslant 0.7f_tbh_0 + 0.05N_{p0}$，因此，这时按照 $V \leqslant 0.7f_tbh_0 + 0.05N_{p0}$ 查表 9.2.9 即可。

对于问题（2）：

规范 9.2.9 条规定，"当 $V > 0.7f_tbh_0 + 0.05N_{p0}$ 时，箍筋的配筋率 $\rho_{sv}\left[\rho_{sv} = \dfrac{A_{sv}}{bs}\right]$ 尚不应小于 $0.24\dfrac{f_t}{f_{yv}}$"，可见，当 $V \leqslant \alpha_{cv}f_tbh_0 + 0.05N_{p0}$ 时，并不需要满足最小配箍率。

然而，相关文献中的做法并不与此完全一致。例如，三校合编《混凝土结构》上册第四版（2009 年印刷本）的 85 页以及第五版（2012 年印刷本）的 89 页，均在所给出的计算框图中指出，当 $V \leqslant \dfrac{1.75}{\lambda+1} f_t b h_0$（或 $V \leqslant 0.7 f_t b h_0$）时，按构造配筋，满足最小配箍率公式要求。

【Q1.3.47】《混凝土规范》的 6.3.8 条，规定 h_0 取斜截面受拉区始端的垂直面有效高度，请问，这个起始端的位置在哪里呢？从图 6.3.8 中看好像起始端离变截面处有一段距离。

【A1.3.47】应该验算斜截面受剪承载力的截面，在规范的 6.3.2 条有规定，本条只是受拉边倾斜而已，应该验算的截面位置仍依据 6.3.2 条。

【Q1.3.48】《混凝土规范》的 6.3.14 条规定了偏心受拉时的受剪承载力，公式为

$$V \leqslant \dfrac{1.75}{\lambda+1} f_t b h_0 + f_{yv} \dfrac{A_{sv}}{s} h_0 - 0.2 N$$

当公式右边的计算值小于 $f_{yv} \dfrac{A_{sv}}{s} h_0$ 时，应取等于 $f_{yv} \dfrac{A_{sv}}{s} h_0$，且 $f_{yv} \dfrac{A_{sv}}{s} h_0$ 值不应小于 $0.36 f_t b h_0$。

如何理解对公式右侧的处理？

【A1.3.48】规范的意思是，当构件承受偏心拉力时，其受剪承载力最小为箍筋提供的抗力，且箍筋提供的抗力 $f_{yv} \dfrac{A_{sv}}{s} h_0$ 不能太小，换言之，箍筋应配置足够确保 $f_{yv} \dfrac{A_{sv}}{s} h_0 \geqslant 0.36 f_t b h_0$ 成立。

【Q1.3.49】《混凝土规范》的 6.4.1 条，对箱形截面规定 $b = 2 t_w$，这样，判断条件 $\dfrac{h_w}{b} = 6$ 和 $\dfrac{h_w}{t_w} = 6$ 岂不是不等价了吗？

【A1.3.49】规范的意思是：对于箱形截面，按照 $\dfrac{h_w}{t_w} = 6$ 作为判断条件，然后，在应用公式 $\dfrac{V}{b h_0} + \dfrac{T}{0.8 W_t} \leqslant 0.2 \beta_c f_c$ 时，取 $b = 2 t_w$。

【Q1.3.50】《混凝土规范》6.4.2 条规定了满足可以不进行剪扭承载力计算的条件，6.4.12 条规定了受剪扭时可以简化计算的条件。如何理解这两条的关系？或者说，执行起来的先后顺序是怎样的？

【A1.3.50】先依据 6.4.2 条判断是否只需要按照构造要求配筋。如果需要按照计算考虑，再依据 6.4.12 条判断是否可以简化。

【Q1.3.51】关于《混凝土规范》的 6.4.14 条，有以下疑问：

(1) 该条正文中指出，系数 β_t 按 6.4.8 条计算。在 6.4.8 条，计算 β_t 的公式有两个，公式（6.4.8-2）适用于一般剪扭构件，公式（6.4.8-5）适用于集中荷载下的独立剪扭构件。但是，6.4.14 条条文说明中却指出 β_t 按公式（6.4.8-5）计算。如何理解？

(2) 此条中的压力 N 是否有限值？

【A1.3.51】对于问题（1）：

笔者认为，6.4.14 条条文说明中所说是正确。由于此处针对的是"框架柱"，因此，β_t 应基于剪跨比 λ 求出。另一个证据是，此条对应于 2002 版《混凝土规范》的 7.6.13 条，

而该版本在正文明确指出"以上两个公式中的 β_t 值应按本规范公式（7.6.8-5）计算"。

对于问题（2）：

笔者认为，压力 N 对剪力是有利的，但这种有利影响并不是无限增大的。其考虑的方法应该与 6.3.12 条相同，即，当 $N>0.3f_cA$ 时，应取 $N=0.3f_cA$。

与此类似的是承受轴向拉力、弯矩、剪力和扭矩共同作用下，构件的受剪、扭承载力计算公式，规范 6.4.17 条指出"当公式（6.4.17-1）右边的计算值小于 $f_{yv}\dfrac{A_{sv}}{s}h_0$ 时，取 $f_{yv}\dfrac{A_{sv}}{s}h_0$；当公式（6.4.17-1）右边的计算值小于 $1.2\sqrt{\zeta}f_{yv}\dfrac{A_{stl}A_{cor}}{s}$ 时，取 $1.2\sqrt{\zeta}f_{yv}\dfrac{A_{stl}A_{cor}}{s}$"，相当于对公式中拉力 N 也有一个最大限值。

【Q1.3.52】《混凝土规范》6.4 节规定了受扭时的承载力计算，其中，有的条文规定了 N 的取值，有的没有，这时，是否还考虑 N 的限值？

【A1.3.52】构件受纯扭时，有受扭承载力公式，见 6.4.4 条。受压、扭时，考虑到压力的有利影响，受扭承载力有提高，但是，是有限度的，即，对压力 N 规定一个限值，不超过 $0.3f_cA$，见 6.4.7 条。此后，凡是受压、扭的受扭承载力（可以同时承受弯矩、剪力），均遵守压力 N 不超过 $0.3f_cA$ 这一规定，N 见于 6.4.14 条、6.4.15 条。

与上述类似，受拉、扭时，考虑到拉力的不利影响，受扭承载力有限度降低，规定拉力 N 不超过 $1.75f_tA$，见 6.4.11 条。此后，凡是受拉、扭的受扭承载力（可以同时承受弯矩、剪力），均遵守拉力 N 不超过 $1.75f_tA$ 这一规定，N 见于 6.4.17 条、6.4.18 条。

【Q1.3.53】《混凝土规范》6.5.1 条中，有两个参数，h_0 和 $\sigma_{pc,m}$，应如何理解？

【A1.3.53】冲切形成的锥体，相邻的两个边正交，这就是规范所说的"两个方向"。两个方向的受力钢筋互相垂直，结果就形成纵、横两个截面中的 h_0 不相等，如图 1-3-16 所示，此时取 $h_0=\dfrac{h_{01}+h_{02}}{2}$。

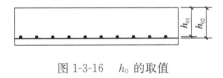

图 1-3-16　h_0 的取值

$\sigma_{pc,m}$ 取两个方向有效预压应力"按长度的加权平均值"，与《地基规范》中土层重度按照土层厚度加权平均道理类似，即，假设计算截面周长 $u_m=2(a+b)$，a、b 是计算截面在两个方向的边长，则：

$$\sigma_{pc,m}=\dfrac{a\sigma_{pc,m1}+b\sigma_{pc,m2}}{a+b}$$

式中，$\sigma_{pc,m1}$、$\sigma_{pc,m2}$ 分别为沿 a、b 长度方向的有效预压应力。

【Q1.3.54】《混凝土规范》6.7 节规定了疲劳验算，但是，似乎没有说明何种情况下应进行疲劳验算，是和钢结构中一样，对于应力循环次数 $n\geqslant 5\times 10^4$ 的构件应进行疲劳验算吗？

【A1.3.54】2002 版《混凝土规范》曾在 3.1.3 条第 2 款规定，直接承受吊车的构件应进行疲劳验算；但直接承受安装或检修用吊车的构件，根据使用情况和设计经验可不作疲劳验算。2010 版《混凝土规范》删去了这段话，仅仅在 3.1.4 条条文说明中提到，"对于混凝土结构的疲劳问题，主要是吊车梁构件的疲劳验算。其设计方法与吊车的工作级别

1 混凝土结构

和材料的疲劳强度有关，近年均有较大变化。当设计直接承受重级工作制吊车的吊车梁时，建议根据工程经验采用钢结构的形式"。

综上，可以认为，仍执行 2002 版规范规定，即，直接承受吊车的构件应进行疲劳验算，但直接承受安装或检修用吊车的构件，可不作疲劳验算。

【Q1.3.55】《混凝土规范》7.1.2 条注释 1 规定，"对承受吊车荷载但不需作疲劳验算的受弯构件，可将计算求得的最大裂缝宽度乘以系数 0.85"，这指的是哪一种情况？

【A1.3.55】规范 3.3.1 条条文说明中指出，对于只承受安装或检修用吊车的构件，根据使用情况和设计经验可不作疲劳验算。

【Q1.3.56】某小偏心受拉构件，截面为 250mm×200mm，对称配筋，每侧配置 4Φ20。在进行裂缝宽度计算时，w_{max} 依据《混凝土规范》公式 (7.1.2-1) 计算，其中，$\rho_{te}=\dfrac{A_s+A_p}{A_{te}}$。这里的 A_s，规范解释为"受拉区纵向非预应力钢筋截面面积"，由于小偏心时全截面都受拉，是不是 A_s 应取为 8Φ20？

公式 (7.1.2-1) 中还用到 σ_s，对于一般的钢筋混凝土构件，钢筋应力取用准永久组合算出，$\sigma_{sq}=\dfrac{N_q e'}{A_s(h_0-a'_s)}$，7.1.4 条对 A_s 的解释为"对偏心受拉构件，取受拉较大边的纵向钢筋的截面面积"。

感觉两个 A_s 的含义好像不同。如何理解？

【A1.3.56】笔者认为，计算 ρ_{te} 和 σ_{sq} 公式中用到的 A_s，其含义是相同的，即，对于提问中的情况，应取 A_s 为 4Φ20 的截面积。理由如下：

尽管小偏心受拉构件全截面受拉，似乎在计算 ρ_{te} 时应取 A_s 为 8Φ20 截面积。但是，从概念上看，A_s 应取 A_{te} 范围内的钢筋才合乎逻辑，而有效受拉混凝土截面积只是 $A_{te}=0.5bh+(b_f-b)h_f$，并非全截面。对于矩形截面，$A_{te}=0.5bh$，可见，应取 4Φ20 作为 A_s 进行计算。

计算 σ_{sq} 时毫无疑问取一侧钢筋数量，规范的表达很清楚。

【Q1.3.57】《混凝土规范》7.1.5 条中规定了抗裂验算时截面边缘混凝土法向应力的计算公式，其中的第 3 款，对于偏心受拉和偏心受压构件，给出的公式为

$$\sigma_{ck}=\dfrac{M_k}{W_0}+\dfrac{N_k}{A_0}$$

$$\sigma_{cq}=\dfrac{M_q}{W_0}+\dfrac{N_q}{A_0}$$

而在 2002 版规范的 8.1.4 条中，对应项的内容却是

$$\sigma_{ck}=\dfrac{M_k}{W_0}\pm\dfrac{N_k}{A_0}$$

$$\sigma_{cq}=\dfrac{M_q}{W_0}\pm\dfrac{N_q}{A_0}$$

如何理解？

【A1.3.57】规范 7.1.5 条中截面边缘混凝土法向应力用于 7.1.1 条的公式中。既然是

对"抗裂验算边缘"的计算，因此，应是针对截面拉应力最大的位置。2015 版《混凝土规范》中给出的公式，强调的是"叠加"关系，当 N 为压力时，把 N 作为负值代入公式，这需要设计者自己判断。

2002 版规范给出了公式，还给该条增加了一个注释："公式（8.1.4-5）、公式（8.1.4-6）中右边项，当轴向力为拉力时取加号，为压力时取减号"，表达明确但有些啰唆。

【Q1.3.58】《混凝土规范》公式（7.1.8-1）是否有误？因为，从图 7.1.8 给出的应力分布列出平衡条件 $F_k = \sigma_{y,max} \times b \times 0.6h$，会推导出 $\sigma_{y,max} = \dfrac{F_k}{0.6bh}$，而规范中给出的是 $\sigma_{y,max} = \dfrac{0.6F_k}{bh}$。

【A1.3.58】对此问题，规范组的答复是：公式（7.1.8-1）无误，源自《钢筋混凝土结构设计规范》TJ 10—74 的研究工作，计算该局部应力主要是对预应力混凝土吊车梁（薄腹构件）验算主拉（压）应力时考虑局部应力（由吊车轮压产生）对抗剪强度的有利作用。本规范条文说明解释了该局部应力的实用计算方法是依据弹性理论分析和试验验证后给出的，具体研究成果请参见《预应力混凝土梁抗裂度计算中考虑局部应力的问题》（《建筑结构》，1975 年 05 期）。

笔者查阅了该文章，大致的过程是：集中荷载作用下梁的局部应力可以按照弹性力学平面问题求解，垂直局部应力 $\sigma'_y = \alpha \dfrac{P}{bh}$，这里，$P$ 为集中力，α 为与坐标 x、y 有关的系数。根据实测，可得到在 $x = 0$ 截面的 σ'_y 分布（可以用 α 表示），如图 1-3-17 中实线所示。近似取 $y = 0.5h$ 以上为均匀分布，$\alpha = 0.6$。$y = 0.5h$ 以下为线性变化，如图中虚线所示。

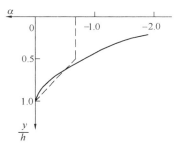

图 1-3-17　α 与 y/h 的关系曲线

在 $y = 0.5h$ 水平，沿 x 轴方向为线性变化，$x = 0$ 处，应力为 $\sigma'_y = 0.6 \dfrac{P}{bh}$。

【Q1.3.59】《混凝土规范》的 7.2.3 条给出了受弯构件的短期刚度，其中，对于普通钢筋混凝土构件，规定

$$B_s = \dfrac{E_s A_s h_0^2}{1.15\psi + 0.2 + \dfrac{6\alpha_E \rho}{1 + 3.5\gamma_f}}$$

这一公式与以前版本相比，以 γ_f 代替了 γ'_f。到底哪一个公式才是正确的？

【A1.3.59】笔者查阅了以往规范，从 GBJ 10—89 开始，该公式一直写成

$$B_s = \dfrac{E_s A_s h_0^2}{1.15\psi + 0.2 + \dfrac{6\alpha_E \rho}{1 + 3.5\gamma'_f}}$$

即，采用 γ'_f，仅仅在 2015 年局部修订版中 γ'_f 变成 γ_f。

三校合编《混凝土结构设计原理》（第五版，中国建筑工业出版社，2012 年）第 204 页给出了 B_s 的来历，指出，受压区边缘混凝土平均应变综合系数 ζ 与 $\alpha_E \rho$ 及受压翼缘加强系数 γ'_f 有关，γ'_f 等于受压翼缘截面面积与腹板有效截面面积的比值。

因此，可以推断 2015 年局部修订的公式出现差错。推测出错原因，可能是同一页公式（7.2.3-5）中存在 γ_f 而且该页对 γ_f 有解释。

另外发现，GB 50010—2010 在 7.2.3 条的条文说明中给出的公式（9）一直将 γ'_f 误为 γ_f。

【Q1.3.60】**2002 版《混凝土规范》的 7.3.13 条曾专门规定，偏心受压构件还应按轴心受压构件验算垂直于弯矩作用平面的受压承载力，但是，2015 版规范中取消了该条，如何理解？**

【A1.3.60】笔者理解，从力学逻辑上讲，应该对两个互相垂直的平面都要进行受压承载力 N_u 的验算，但是，偏心受压构件由于偏心距的存在，其在弯矩作用平面的受压承载力 N_u 会比轴心受压时的 N_u 低，所以，垂直于弯矩作用平面的受压承载力本质上并不控制设计。

【Q1.3.61】**《混凝土规范》8.3.1 条规定了受拉钢筋基本锚固长度 l_{ab} 和受拉钢筋的锚固长度 l_a，后者对前者进行了一些调整。现在，有以下问题：**

(1) 8.3.2 条规定了锚固长度修正系数 ζ_a，其中第 5 款指出，"锚固钢筋的保护层厚度为 $3d$ 时修正系数可取 0.8，保护层厚度为 $5d$ 时修正系数可取 0.7，中间按内插取值"，那么，当保护层厚度小于 $3d$ 和大于 $5d$ 时锚固长度修正系数该如何取值呢？

(2)《混凝土结构构造手册》（第四版，中国有色工程有限公司主编，中国建筑工业出版社，2012）第 63 页针对锚固长度指出，"对框架梁柱节点及机械锚固中的锚固长度的标注，规范用符号 l_{ab}（l_{abE}）的地方，手册均改用 l_a（l_{aE}）标注。凡在锚固长度 l_a（l_{aE}）的前面已标有具体的数值，如 $0.4l_a$（l_{aE}）、……、$1.7l_a$（l_{aE}）等，在取用锚固长度修正系数 ζ_a 时，为了不降低结构的安全度，不应再取用小于 1 的系数，即不考虑《混凝土结构设计规范》8.3.2 条 4、5 款的修正。而应根据具体工程条件按《混凝土结构设计规范》8.3.2 条 1~3 款的规定，取用大于 1 的修正系数"。如何理解？

【A1.3.61】对于问题（1）：

保护层厚度小于 $3d$ 时，锚固长度不折减，即修正系数取 1.0；保护层厚度大于 $5d$ 时，修正系数仍按照 0.7 取值。

对于问题（2）：

《混凝土结构构造手册》（第四版）之所以有这个说法，是源于 2010 年版规范对"锚固长度"这部分的规定有变化。

在 2002 年版规范中，锚固长度记作 l_a（其计算公式同 2010 年版中的 l_{ab}），符合某些条件后应对 l_a 进行调整（调整之后仍然记作 l_a）。梁柱节点中的锚固长度以 l_a 的倍数加以规定。

在 2010 年版规范中，由公式求出的称作基本锚固 l_{ab}，基本锚固长度经修正之后记作 l_a，梁柱节点中的锚固长大多以 l_{ab} 的倍数加以规定。

两个版本中的调整系数基本相同，其中，将 l_{ab} 放大的有 3 款，将 l_{ab} 缩小的有 2 款。细微差别只有两处：①2002 年版规范规定保护层厚度大于 3 倍钢筋直径时，修正系数取 0.8；2010 年版规范规定保护层厚度为 $3d$ 时修正系数取 0.8，$5d$ 时修正系数取 0.7，中间按内插取值，d 为锚固钢筋的直径。②2002 年版规范规定经所有修正后不应小于公式所得值的 0.7 倍且不小于 250mm；2010 年版规范规定不应小于 l_{ab} 的 0.6 倍。

以图 1-3-18 例，图（a）为 2002 年版的图 10.4.1，那么，锚固长度 l_a 的放大和缩小调整系数都会考虑进去。图（b）为 2010 年版的图 9.3.4（b），此时，不涉及调整，所以也就不会放大，有可能会比 2002 年版时调整后的 l_a 小。所以，《混凝土结构构造手册》指出，执行时只考虑规范规定的放大调整系数。

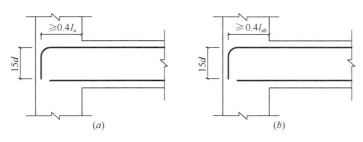

图 1-3-18　梁柱节点的锚固措施
（a）2002 版做法；（b）2010 版做法

【Q1.3.62】《混凝土规范》**8.3.1 条**，关于基本锚固长度计算，说到"当计算中充分利用钢筋的抗拉强度时，受拉钢筋的锚固应符合下列要求"，请问，"充分利用钢筋的抗拉强度"如何理解？

【A1.3.62】 在混凝土规范中，其基本的设计原则是受拉钢筋达到强度屈服，从而在计算时以 $f_y A_s$ 作为其抗力。

所谓基本锚固长度，是指，钢筋伸入混凝土中达到了一定的深度，当用力向外拔钢筋时，即便钢筋中的应力达到屈服（或者说，达到强度设计值），钢筋也不会从里面拔出来。只有这样，钢筋强度才能充分利用。因为，一旦拔出，就失效了，那么所有的计算模型就不对了。

一根无腹筋的梁产生斜裂缝后的受力如图 1-3-19 所示。虽然产生了斜裂缝，但是并未失效，此时，只要满足下式的抗弯条件即可（忽略了斜面上咬合力的贡献）：

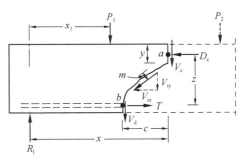

图 1-3-19　梁产生斜裂缝后的受力状态

$$V_d c + T z \geqslant R_l x - P_1 (x - x_1)$$

而式中取 $T = f_y A_s$ 的前提条件即为钢筋伸入混凝土的部分达到了其基本锚固长度。

【Q1.3.63】《混凝土规范》**8.3.4 条**指出，"受压钢筋锚固长度范围内的横向构造钢筋应符合本规范第 **8.3.1 条**的有关规定"，这里，"横向构造钢筋"是指箍筋吗？是指对箍筋的平直段长度有要求吗？

【A1.3.63】 规范的 8.3.4 条规定了受压钢筋的锚固处理方法：（1）以受拉时的锚固长度作为基准，受压钢筋锚固长度取为受拉时的 70%；（2）锚固措施不应采用末端弯钩和一侧贴焊锚筋；（3）配置在锚固长度范围内的横向构造钢筋（箍筋），与受拉钢筋时相同，即采用 8.3.1 条第 3 款。

【Q1.3.64】 对于《混凝土规范》的 **8.4.3 条、8.4.4 条**，有以下疑问：

(1) 根据搭接接头连接区段 $1.3l_l$ 确定接头的面积百分率，而确定 l_l 时又要事先知道接头的面积百分率才能查表得到系数 ζ_l，这不是陷入"死循环"了吗？如何解决？

(2) 图 8.4.3 中的 $1.3l_l$ 范围，是自某一个搭接接头的中点向左、右各延伸 $0.65l_l$ 吗？

【A1.3.64】对于问题（1）：

应先根据规范规定确定一个接头面积百分率，然后计算 l_l 以及 $1.3l_l$，最后布置成原先设定的接头面积百分率。

对于问题（2）：

今将《混凝土规范》的图 8.4.3 摘录于此，即下面的图 1-3-20。从图中直观判断，$1.3l_l$ 似乎是由接头中点向左、右各延伸 $0.65l_l$ 得到。然而，与本条的文字表达似乎不一致（"钢筋绑扎搭接接头连接区段的长度为 1.3 倍搭接长度，凡搭接接头中点位于该连接区段内的搭接接头均属于同一连接区段"）。

《公路混凝土规范》的 9.1.9 条规定，"在任一绑扎接头中心至搭接长度 l_s 的 1.3 倍长度区段（图 9.1.9-1）内，同一根钢筋不得有两个接头；在该区段内有绑扎接头的受力钢筋截面面积占受力钢筋总截面面积的百分数，受拉时不宜超过 25%，受压时不宜超过 50%"，该规范的图 9.1.9-1 即为下面的图 1-3-21，l 为 1.3 倍搭接长度，图中所示 l 区段内有接头的钢筋截面面积按照两根计。

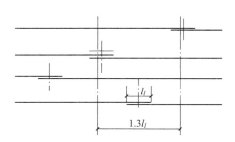 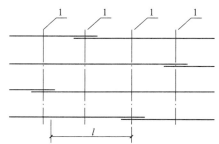

图 1-3-20 《混凝土规范》中的绑扎接头　　图 1-3-21 《公路混凝土规范》中的绑扎接头
　　　　　　　　　　　　　　　　　　　　　　1—绑扎接头搭接长度中心

笔者还注意到，图集 16G101-1 的 59 页给出的绑扎搭接接头图示不同于以上两本规范，见下面的图 1-3-22（图中符号 A、B、C、D 是编者所加），并指出"当钢筋直径相同时，图示钢筋接头面积百分率为 50%"。

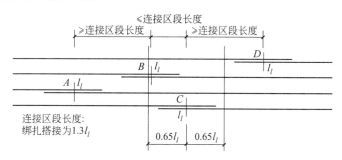

图 1-3-22　设计图集 16G101-1 给出的连接区段长度

笔者认为，规范的本意，应是取 $1.3l_l$ 这一长度在搭接范围内移动，然后考虑在这一长度范围内最不利的情况有几个接头，据此计算接头面积百分率。理解了本质再来看规范的图示，并没有多大问题。

1.3 疑问解答

【Q1.3.65】《混凝土规范》**8.5.3** 条规定，对于次要的受弯构件，当按照构造要求配筋远大于承载要求时，可以按照更小的配筋率 ρ_s。如何理解规范给出的公式？

【A1.3.65】对于单筋矩形截面，有基本平衡方程如下：

$$\alpha_1 f_c b \xi h_0 = f_y A_s \tag{1-3-12}$$

$$M = \alpha_1 f_c b \xi h_0^2 (1 - 0.5\xi) \tag{1-3-13}$$

将式（1-3-12）变形可得：

$$\xi = \frac{f_y A_s}{\alpha_1 f_c b h_0} = \rho \frac{f_y}{\alpha_1 f_c} \tag{1-3-14}$$

将式（1-3-13）变形可得：

$$h_0 = \sqrt{\frac{M}{\alpha_1 f_c b \xi (1 - 0.5\xi)}} \tag{1-3-15}$$

将式（1-3-14）代入式（1-3-15），并将配筋率 ρ 取为 $\rho_{\min}$，这时对应的 ξ 很小，所以，忽略 ξ 的二次项，从而可得：

$$h_0 = \sqrt{\frac{M}{\rho_{\min} f_y b}} \tag{1-3-16}$$

截面高度与计算高度按照 1.05 倍的关系确定，从而得到规范的公式（8.5.3-2），即

$$h_{cr} = 1.05 \sqrt{\frac{M}{\rho_{\min} f_y b}} \tag{1-3-17}$$

该公式的物理意义是：承受弯矩为 M 的截面，当采用配筋率为 $\rho_{\min}$ 时所需要的截面高度（规范中称作临界高度）。

截面为 $b \times h$，配筋率为 ρ_s 的钢筋量，应该不少于按照截面为 $b \times h_{cr}$，配筋率为 $\rho_{\min}$ 计算得到的钢筋量，公式表达为：

$$bh\rho_s \geq bh_{cr}\rho_{\min} \tag{1-3-18}$$

将其变形，就得到规范的公式（8.5.3-1），即

$$\rho_s \geq \frac{h_{cr}}{h} \rho_{\min} \tag{1-3-19}$$

【Q1.3.66】《混凝土规范》**9.1.11** 条规定，"按计算所需的箍筋及相应的架立钢筋应配置在与 **45°** 冲切破坏锥面相交的范围内，且从集中荷载作用面或柱截面边缘向外的分布长度不应小于 $1.5h_0$"，可是，按 45° 冲切破坏锥面考虑应是 h_0 范围，肯定是小于 $1.5h_0$ 的，为什么还要说分布长度不应小于 $1.5h_0$？

【A1.3.66】笔者理解，"按计算所需的箍筋"指的是一种配筋方式，比如，$\phi 8@150$。按照这种配筋方式的范围，应不小于 $1.5 h_0$。

【Q1.3.67】如何理解《混凝土规范》**9.2.2** 条的 1、2 款规定？规范原文如下：

9.2.2 钢筋混凝土简支梁和连续梁简支端的下部纵向受力钢筋，从支座边缘算起伸入支座内的锚固长度应符合规定：

1 当 V 不大于 $0.7f_tbh_0$ 时，不小于 $5d$；当 V 大于 $0.7f_tbh_0$ 时，对带肋钢筋不小于 $12d$，对光圆钢筋不小于 $15d$，d 为钢筋的最大直径；

2 如纵向受力钢筋伸入梁支座范围内的锚固长度不符合本条第 1 款要求时，可采取弯钩或机械锚固措施，并应满足本规范第 8.3.3 条的规定采取有效的锚固措施。

问题（1）：这里的 V 是指哪一个位置（截面）的剪力设计值？

问题（2）：按 8.3.3 条采用弯钩或机械锚固，包括弯钩或锚固端头在内的锚固长度（投影长度）取为 $0.6l_{ab}$，$l_{ab}=\alpha\dfrac{f_y}{f_t}d$，于是得到表 1-3-2。表中数值均大于 $12d$，岂不是表明采用弯钩或机械锚固永远无法满足规范要求？

机械锚固时应伸入的长度　　　　　　　　　　　　表 1-3-2

钢筋等级	混凝土强度等级					
	C25	C30	C35	C40	C45	C50
HPB300	$20.4d$	$18.1d$	$16.5d$	$15.2d$	$14.4d$	$13.7d$
HRB335	$19.8d$	$17.6d$	$16.1d$	$14.7d$	$14d$	$13.3d$
HRB400	$23.8d$	$21.1d$	$19.3d$	$17.7d$	$16.8d$	$16.0d$

【A1.3.67】 对于问题（1）：这里的 V 应取支座边缘截面的剪力设计值。

对于问题（2）：给出的理解有误。采取机械锚固之后，必然会使得所需的水平段长度缩短，因此，应以 9.2.2 条的第 1 款的规定值作为基本锚固长度，取其 60% 作为采取机械锚固措施之后的水平段长度。

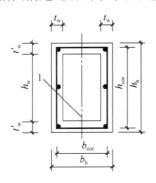

图 1-3-23　箱形截面的尺寸

【Q1.3.68】《混凝土规范》中，涉及箱形截面的 b 如何取值？

【A1.3.68】 典型的箱形截面及其尺寸标注如图 1-3-23 所示，规范中涉及的截面尺寸 b，是下面几条：

（1）6.4.10 条，箱形截面的受剪扭承载力。由于本质上是受剪，故取 $b=2t_w$。

（2）9.2.5 条，受扭纵筋的最小配筋率验算公式 $\rho_{tl} \geqslant 0.6\sqrt{\dfrac{T}{Vb}}\dfrac{f_t}{f_y}$，规范在此条明确了对于箱形截面式中的 b 取为截面宽度 b_h（2002 年版《混凝土规范》中，对符号 b 的解释和后面的文字不协调）。于是可知，箱形截面时受扭纵筋的最小配筋率验算公式为：

$$\rho_{tl} = \dfrac{A_{stl}}{b_h h_h} \geqslant 0.6\sqrt{\dfrac{T}{Vb_h}}\dfrac{f_t}{f_y}$$

（3）9.2.9 条中的公式，本质上是针对箱形截面抗剪，均应取为 $2t_w$。

（4）9.2.10 条，弯剪扭构件箍筋面积配筋率应满足 $\rho_{sv} = \dfrac{A_{sv}}{bs} \geqslant 0.28\dfrac{f_t}{f_{yv}}$，此处的 b 如何取值，规范的表达比较含糊，因为，虽然该条中有"但对箱形截面，b 均应以 b_h 代替"一句，但联系前文，似乎可以理解为仅仅针对 $0.75b$ 而言。在 2002 版《混凝土规范》的

10.2.12 条，"对箱形截面，本条中的 b 均应以 b_h 代替"是另起一段，含义明确，表明箍筋面积配筋率验算时对于箱形截面，应取 $b=b_h$。而且，该条的条文说明解释指出，"对箱形截面构件，偏安全地采用了与实心截面构件相同的构造要求"。2015 版规范 9.2.10 条条文说明称"梁内弯剪扭箍筋的构造要求与原规范相同"。于是可知，箱形截面剪扭构件的最小配筋率验算公式为：

$$\rho_{tl} = \frac{A_{sv}}{b_h s} \geq 0.28\frac{f_t}{f_{yv}}$$

另外，还有一些关于箱形截面的计算值得注意：

（1）受扭用到的 $A_{cor}=b_{cor}h_{cor}$，不需要扣除中间的洞口。

（2）W_t 计算时应扣除中间的洞口，即：

$$W_t = \frac{b^2}{6}(3h-b)-\frac{(b-2t_1)^2}{6}[3(h-2t_2)-(b-2t_1)]$$

（3）箱形截面梁等效为工字形截面梁计算配筋或承载力，验算受拉纵筋最小配筋率公式为：

$$\rho = \frac{A_s}{bh+(b_f-b)h_f} \geq \rho_{min}$$

【Q1.3.69】《混凝土规范》9.2.6 条，讲到梁上部构造钢筋的要求，第 1 款用词是"纵向构造钢筋"，第 2 款用词是"架立钢筋"，这两者有何区别和联系？

【A1.3.69】所谓"架立钢筋"，是从其所发挥的作用来命名的，即用以架立箍筋、固定箍筋位置。该钢筋从几何位置上讲，属于纵筋，由于是按照构造要求配置，所以不属于"纵向受力钢筋"而是属于"纵向构造钢筋"。

笔者认为，规范 9.2.6 条第 1 款和第 2 款所指钢筋相同，没有区别。

【Q1.3.70】《混凝土规范》9.2.8 条中称："当按计算需要设置弯起钢筋时，前一排（对支座而言）的弯起点至后一排的弯终点的距离不应大于……"，请问，这里的"前一排"是指图 9.2.8 中的 a 钢筋还是 b 钢筋，另外，图中 a 钢筋的弯起点是在梁的下面吗？b 钢筋的弯起点在梁的上部吗？

【A1.3.70】为叙述方便，将规范中的图 9.2.8 示于图 1-3-24，同时，在图中增加了几个代表位置的符号。

首先必须明确，图中梁为连续梁，梁上方如抛物线形状的，为支座附近的负弯矩图（截面上缘受拉），折线所示则为纵向钢筋的抗弯矩图。梁下方的情况与此类似，只不过弯矩为正（截面下缘受拉）。

其次，该图只是用以说明弯起钢筋的弯起点的确定方法。图 1-3-24 中，下部纵筋的弯起点是 A 点，由于弯起会使内力臂减小，故弯起钢筋的抗弯矩减小，认为 Aa 区段呈线性变化，a 点以

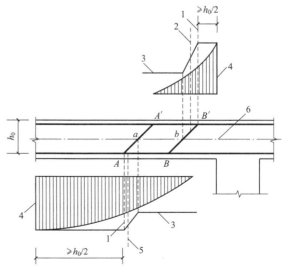

图 1-3-24 弯起钢筋弯起点与弯矩图的关系

右抵抗弯矩为零。弯起点至强度充分利用点（弯矩图与抵抗弯矩图的交点为强度充分利用点）的距离应不小于 $h_0/2$，是为了满足斜截面抗弯的要求。下方的折线显示了这种变化规律。上部钢筋的弯起点是 B' 点，情况与此类似。

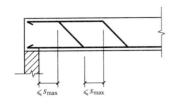

图 1-3-25 弯终点位置

第三，该图并不是用来说明前排后排钢筋距离要求的。规范之所以规定"前一排（对支座而言）的弯起点至后一排的弯终点的距离"不应大于箍筋最大间距，是为了保证使每一根弯起钢筋都能与斜裂缝相交，以保证斜截面的受剪和受弯承载力，对于图 1-3-25，前排、后排的说法才是正确的。

第四，具体到图 1-3-24，按照规范条文，要求 $A'B'$ 的距离应满足箍筋最大间距要求，其实是一个误解。笔者认为，正确做法应是 $A'B$ 之间的距离应满足箍筋最大间距要求，理由是，图 1-3-24 中支座左侧的裂缝是由右下方向左上方发展，为保证斜裂缝与弯起钢筋相交，距离应从 B 点起算。

第五，笔者认为，不必考虑前排后排，直接取相邻弯起钢筋"一上一下弯点"（这里把弯起点和弯终点统称为"弯点"）之距不大于箍筋最大间距，可以涵盖以上所有情况。

【Q1.3.71】关于《混凝土规范》的 9.2.10 条，有 2 个疑问：

(1) 规范规定，"在弯剪扭构件中，箍筋的配筋率 ρ_{sv} 不应小于 $0.28f_t/f_{yv}$"。若以 A_{sv} 表示抗剪箍筋的面积，A_{st1} 表示抗扭箍筋的单肢面积，箍筋的配筋率似乎应是 $\rho_{sv} = (A_{sv} + nA_{st1})/(bs)$，该 ρ_{sv} 不应小于 $0.28f_t/f_{yv}$。问题是，公式第一项还要满足配筋率不应小于 $0.24f_t/f_{yv}$ 吗？

(2) 本条所说的"协调扭转"指的是怎样的情况？

【A1.3.71】对于问题（1）：

箍筋的配筋率 ρ_{sv} 的计算公式为 $\rho_{sv} = A_{sv}/(bs)$ 中，A_{sv} 的确是全部箍筋的配筋率，既包含抗剪箍筋也包含抗扭箍筋。如果构件受纯扭，箍筋也应满足此要求。笔者查阅了不少文献和教科书，未见到对其中的抗剪箍筋还要求满足 $0.24f_t/f_{yv}$ 的说法，应是全部箍筋配箍率不小于 $0.28f_t/f_{yv}$ 即可。

对于问题（2）：

扭转可以分为两类：平衡扭转（equilibrium torsion）和协调扭转（compatibility torsion），前者根据平衡关系即可求得扭矩（相当于，按照静定结构求解得到），而后者需要根据节点处的变形协调才能求得扭矩（相当于，按照超静定结构求解得到）。

【Q1.3.72】《混凝土规范》9.2.12 条关于钢筋混凝土梁内折角处的配筋，须注意哪些问题？

【A1.3.72】笔者认为，应注意以下几点：

(1) 全部箍筋截面积应依据 $N = \max(N_{s1}, N_{s2})$ 计算，箍筋布置范围为 s。

(2) 由于 N 为竖直方向，与箍筋肢方向不一致，故全部箍筋截面积应按照下式计算：

$$A_{sv} = \frac{N}{f_{yv}\sin\frac{\alpha}{2}}$$

(3) 设箍筋肢数为 n，一侧箍筋根数为 n_1，则一侧需要的单根箍筋截面积为：

$$A_{sv1} = \frac{A_{sv}}{2n \times n_1}$$

(4) 箍筋布置范围 $s=h\tan(3\alpha/8)$，注意这里的 h 不是截面高度，若令 H 表示截面高度，则有 $h=H/\sin(\alpha/2)$。

朱炳寅、陈富生《建筑结构设计新规范综合应用手册》(第二版) 就是持如此观点。

【Q1.3.73】《混凝土规范》**9.3.11 条、9.3.12 条规定了牛腿的配筋计算，有以下问题：**

(1) 在计算纵向受力钢筋的总截面面积时，规范规定"当 $a<0.3h_0$ 时，取 $a=0.3h_0$"，那么，$a<0$ 时如何处理？是取 $a=0.3h_0$ 吗？

(2) 最小配筋率是针对公式 9.3.11 中的第一项，还是针对全部的纵筋截面积 A_s？另外，计算最小配筋率用 $\dfrac{A_s}{bh_0}\geqslant\rho_{\min}$ 还是 $\dfrac{A_s}{bh}\geqslant\rho_{\min}$？

【A1.3.73】对于问题 (1)：

规范对牛腿的计算是基于如图 1-3-26 所示的桁架模型。

利用力矩平衡方程
$$f_y A_s z = F_v a + F_h (z+a_s)$$

可以得到
$$A_s = \frac{F_v a}{f_y z} + \left(1+\frac{a_s}{z}\right)\frac{F_h}{f_y}$$

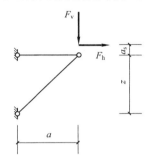

图 1-3-26 牛腿受力的桁架模型

取 $z=0.85h_0$，$a_s/(0.85h_0)=0.2$，则可得到《混凝土规范》的式 9.3.11。可见，规范的式 9.3.11 是默认 $a>0$ 的，也就是说，并未考虑 $a<0$ 这种特殊情况。

当 $a<0$ 时，垂直力作用点在下柱截面内，此时无牛腿效应，仅是一偏心受压构件，不能使用此处的公式。

对于问题 (2)：

首先可以肯定，"承受竖向力所需的纵向受力钢筋"截面积指的是公式 9.3.11 的第一项。

取 $\dfrac{A_s}{bh_0}\geqslant\rho_{\min}$ 还是 $\dfrac{A_s}{bh}\geqslant\rho_{\min}$ 验算最小配筋率，规范在这里一直摇摆不定。《混凝土结构设计规范》GBJ 10—89 规定按"全截面"计算，到了 2002 版，修改为按"有效截面"。2015 版在此处没有明确指出是按全截面还是有效截面，则应按照 8.5.1 条处理，即，采用全截面。

【Q1.3.74】《混凝土规范》**的 9.7.2 条，"锚筋层数影响系数 α_r"的取值与锚筋层数有关，但是，层数如何理解？比如，下面的图 1-3-27 中，锚筋层数应该是多少呢？**

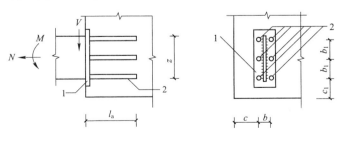

图 1-3-27 锚筋的布置
1—锚板；2—直锚筋

【A1.3.74】这里的"层数"本质上是指沿剪力方向的锚筋排数,以图 1-3-27 为例,剪力沿竖向,而锚筋沿竖向为 3 排,故层数为 3,应取 $\alpha_r = 0.9$。

【Q1.3.75】关于《混凝土规范》9.7.3 条,有以下疑问:

(1) 公式 (9.7.3) 中的 f_y 是否按不大于 300N/mm² 取值?即,9.7.2 条中的此规定是否适用于 9.7.3 条?

(2) 公式 (9.7.3) 中的 A_s "按构造要求设置时,A_s 应取为 0",但规范似乎并没有规定构造要求。

【A1.3.75】对于问题 (1):

笔者理解,9.7.2 条中对 f_y 的规定也适用于 9.7.3 条。

对于问题 (2):

在 9.7.4 条,规定受力直锚筋直径不小于 8mm,数量不少于 4 根,此外还有间距要求:b 及 b_1 不应大于 300mm,这些最低的要求,可视为构造要求。

【Q1.3.76】《混凝土规范》10.1.9 条所说的"预应力传递长度 l_{tr}"和 10.1.10 条所说的"预应力钢筋的锚固长度 l_a"有何区别?

【A1.3.76】对先张法构件,进行端部截面抗裂验算时需要考虑预应力传递长度 l_{tr} 范围内的应力变化。而预应力钢筋的锚固长度 l_a,是为了保证在承载能力极限状态预应力钢筋应力达到 f_{py} 时而不至于被拔出,在锚固长度 l_a 内,钢筋应力不能达到 f_{py}。

【Q1.3.77】《混凝土规范》10.3.8 条中的公式 (10.3.8-1) 用以计算防劈裂箍筋或网片的截面积,其中用到的 f_{yv},有没有最大取 360N/mm² 的限制?

【A1.3.77】规范对 f_{yv} 的解释为"附加防裂钢筋的抗拉强度设计值,按本规范第 4.2.3 条的规定采用"。

笔者认为,规范此处钢筋的作用,与 6.2.16 条中的螺旋箍筋、6.6.3 条中的螺旋箍筋或钢筋网片类似,均是以"间接钢筋"的形式发挥作用,不属于"受剪、受扭、受冲切"的范围,因此,此处 f_{yv} 取值没有 360N/mm² 的限制。

【Q1.3.78】《混凝土规范》10.2.5 条规定了混凝土收缩、徐变引起的预应力损失,其中提到,"此时,预应力损失值仅考虑混凝土预压前(第一批)的损失,其普通钢筋中的应力 σ_{l5}、σ'_{l5} 值应取为零",此处的"普通钢筋"是否应改为"预应力钢筋"?

【A1.3.78】规范表达无误,无须更改。

规范这里解释的是公式 (10.2.5) 中的 σ_{pc}(或 σ'_{pc})如何确定。

例如,对于先张法构件,计算 σ_{pc} 要用到 N_{p0},N_{p0} 利用公式 (10.1.7-1) 确定,而该公式中用到了 σ_{l5} 和 σ'_{l5},这时,应取 $\sigma_{l5} = \sigma'_{l5} = 0$。

由于 σ_{l5}(或 σ'_{l5})是非预应力钢筋由于混凝土收缩、徐变这一原因获得的应力,所以,规范中称之为"普通钢筋中的应力"。

【Q1.3.79】《混凝土规范》11.3.4 条给出了地震组合下框架梁的斜截面受剪承载力公式,如下:

$$V_b \leqslant \frac{1}{\gamma_{RE}}\left[0.6\alpha_{cv}f_t bh_0 + f_{yv}\frac{A_{sv}}{s}h_0\right]$$

式中的 α_{cv},规定依据 6.3.4 条取值。

6.3.4 条对 α_{cv} 的取值分为两种情况，其中一种是集中荷载为主的独立梁。框架梁肯定不属于独立梁，如果以集中荷载为主，α_{cv} 应如何取值？

【A1.3.79】如果单纯这样推理必然引起困惑，若与 2002 版《混凝土规范》对照则会豁然开朗。

2002 版《混凝土规范》11.3.4 条包括 2 款，分别是一般框架梁与集中荷载作用下的框架梁，对于后者，给出的公式为

$$V_b \leqslant \frac{1}{\gamma_{RE}}\left[\frac{1.05}{\lambda+1}f_t bh_0 + f_{yv}\frac{A_{sv}}{s}h_0\right]$$

式中 λ 的取值，与非抗震组合的梁相同。

由此可见，2015 年版规范 11.3.4 条中的 α_{cv} 按 6.3.4 条取值时，可忽略"独立梁"这一限制。

【Q1.3.80】《混凝土规范》11.3.7 条，规定顶面和底面至少配置两根通长的纵向钢筋，"且分别不应小于梁两端顶面和底面纵向受力钢筋中较大截面面积的 1/4"。我是这么想的：对梁左端取顶、底钢筋的较大者，对梁右端取顶、底钢筋的较大者，再取以上二者的较大者，除以 4，顶面和底面的通长筋分别不少于该值。这样理解对吗？

【A1.3.80】《混凝土规范》的该规定，在《高规》6.3.3 条第 2 款也可见到，且表达相同。《抗规》6.3.4 条第 1 款也有同样的规定，但表达上有细微的差别：

1　梁端纵向受拉钢筋的配筋率不宜大于 2.5%。沿梁全长顶面、底面的配筋，一、二级不应少于 2φ14，且分别不应小于梁顶面、底面两端纵向配筋中较大截面面积的 1/4；三、四级不应少于 2φ12。

笔者认为，《抗规》的表达更清楚一些，理解为：对顶面的两端取截面积较大者，再取 1/4，顶面的通长筋应不少于该值；对底面的两端取截面积较大者，再取 1/4，底面的通长筋应不少于该值。

【Q1.3.81】关于三级抗震框架柱当截面尺寸不大于 400mm 时箍筋最小直径的取值，《抗规》6.3.7 条第 2 款 2）和《高规》6.4.3 条第 2 款 2）均规定为 6mm；而《混凝土规范》11.4.12 条第 4 款并无此规定，也就是说，应按照表 11.4.12-2 取为 8mm。设计操作中对此取 6mm 还是 8mm？

【A1.3.81】对此，规范组的答复是：《混凝土规范》在第 11.4.12 条第 2 款规定了柱端箍筋加密区的箍筋最小直径要求，在第 11.4.12 条第 4 款给出了一级、二级抗震等级框架柱的箍筋最小直径的要求。对于"三级框架柱的截面尺寸不大于 400mm 时"的箍筋最小直径，设计可参照《建筑抗震设计规范》GB 50011—2010 与《高层建筑混凝土结构技术规程》JGJ 3—2010 执行。

【Q1.3.82】《混凝土规范》11.4.17 条规定，箍筋体积配箍率计算时，应扣除重叠部分的箍筋体积，而《高规》则取消了此规定，也就是说，《高规》可以不用扣除重叠部分的箍筋体积。设计中是否扣除？

【A1.3.82】对此，规范组的答复是：《高层建筑混凝土结构技术规程》JGJ 3—2010 和《建筑抗震设计规范》GB 50011—2010 对于框架柱箍筋体积配箍率没有明确规定应扣除重叠部分的箍筋体积，可由设计人员自行确定。按照《混凝土结构设计规范》GB

50010—2010 的第 11.4.17 条规定执行是偏于安全的。

【Q1.3.83】《混凝土规范》11.4.18 条第 4 款条文如下：

当剪跨比不大于 2 时，宜采用复合螺旋箍或井字复合箍，其箍筋体积配箍率不应小于 1.2%；9 度设防烈度一级抗震等级时，不应小于 1.5%。

这里，**9 度设防烈度一级抗震等级时箍筋体积配箍率不应小于 1.5%是不是有一个前提条件"剪跨比不大于 2"？**

【A1.3.83】类似的规定在《抗规》的 6.3.9 条第 3 款 3)，对此可知，规范的意思是：剪跨比不大于 2 时，对于 9 度设防烈度且一级抗震等级的框架柱，箍筋体积配箍率不应小于 1.5%。

在《高规》6.4.7 条第 3 款，仅提及"设防烈度为 9 度"是因为此时框架柱的抗震等级必然为一级。

【Q1.3.84】对于剪力墙的计算，有以下疑问：

（1）《混凝土规范》11.7.2 条，剪力墙剪力设计值 V_w 由考虑地震组合的剪力墙剪力设计值 V 求出，感觉似乎有些乱。

（2）《混凝土规范》11.7.4 条，公式中的 A_w、A 没有找到解释，如何理解？

（3）《混凝土规范》11.7.4 条规定剪跨比 $\lambda = \dfrac{M}{Vh_0}$，$M$ 为与设计剪力值 V 对应的弯矩设计值，这里，M、V 符号只是泛指呢，还是专指 11.7.2 条公式右边的 M、V？因为调整前后都是设计值。

【A1.3.84】笔者认为，以上问题结合《高规》来理解会比较容易。

对于问题 1：《高规》7.2.6 条有对相同内容的相似规定，可知，公式右边被调整的，称作"计算值"。

对于问题 2：《高规》7.2.10 条有对相同内容的规定，可知，A_w 为 T 形或 I 形截面剪力墙腹板的面积，矩形截面时应取 A；A 为剪力墙全截面面积。

对于问题 3：《高规》中给出的剪跨比公式为 $\lambda = \dfrac{M^c}{V^c h_{w0}}$，$M^c$、$V^c$ 应取同一组合的、未按规范有关规定调整的墙肢截面弯矩、剪力计算值，并取墙肢上、下端截面计算的剪跨比的较大值。

【Q1.3.85】对《混凝土规范》的 11.7.10 条，有以下疑问：

（1）如何从总体上把握该条？

（2）规范图 11.7.10-1 的 1-1 剖面图，似乎和左边的正面图不能形成投影的关系，如何理解？

（3）采用规范图 11.7.10-1 所示的交叉斜筋时，斜截面抗剪承载力按下式计算：

$$V_{wb} \leqslant \dfrac{1}{\gamma_{RE}}[0.4f_t bh_0 + (2.0\sin\alpha + 0.6\eta)f_{yd}A_{sd}]$$

$$\eta = \dfrac{f_{sv}A_{sv}h_0}{sf_{yd}A_{sd}}$$

式中，A_{sd} 为单向对角斜筋的截面积，如何理解？

（4）集中对角斜筋和交叉暗撑在构造上的区别在哪里？

(5) 11.7.8 条连梁剪力调整时,规定配置有对角斜筋时,取 $\eta_{vb}=1.0$,那么,配置交叉暗撑时,是否也取 $\eta_{vb}=1.0$?

【A1.3.85】对于问题(1):

对于跨高比不大于 2.5 的连梁,除设置普通箍筋抗剪外,还可以有三种不同的配筋形式以提高抗剪承载力:交叉斜筋、集中对角斜筋、对角暗撑。对于交叉斜筋情况,考虑箍筋和交叉的对角斜筋共同抵抗剪力;对于集中对角斜筋和对角暗撑情况,采用相同的算法,只考虑对角斜筋或对角暗撑抵抗剪力。

对于问题(2):

可以认为,规范图 11.7.10-1 给出的 1-1 剖面图是一个示意图,所以,投影关系不是很严格,尤其是折线筋的表达,令人费解。

在标准图集 14SG903-2《混凝土结构常用施工详图(现浇混凝土框架柱、梁、剪力墙配筋构造)》的 4～14 页,给出了详图,今只摘录其中的折线筋布置,如图 1-3-28 所示。

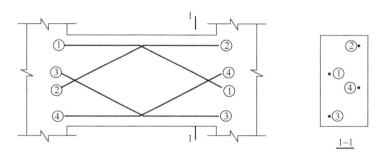

图 1-3-28 交叉斜筋配筋连梁(仅示出折线筋)

对于问题(3):

如果把公式变形一下,可能更好理解:

$$V_{wb} \leqslant \frac{1}{\gamma_{RE}}\left[0.4f_t bh_0 + 2f_{yd}A_{sd}\sin\alpha + 0.6\frac{f_{sv}A_{sv}}{s}h_0\right]$$

式中,括号内第 1 项为混凝土的贡献,第 2 项为对角斜筋的贡献(规范中写成"2.0"而不是"2"在一定程度上影响了理解),第 3 项为箍筋的贡献。

规范图 11.7.10-1 中标注为"1"的为对角斜筋,共 4 根参与抗剪,由于公式中已经出现了一个"2",故 A_{sd} 应取 2 根对角斜筋的截面积之和,规范表达为"单向对角斜筋的截面面积"(在规范图 11.7.10-1 的 1-1 截面图中,表现为上部的 2 根斜筋或下部的 2 根斜筋)。

需要注意的是,规范中考虑了下角标的协调,将 f_{sv} 与 A_{sv} 对应,如此写法,f_{sv} 的含义可以理解,但严格说来,规范并没有对其定义。

对于问题(4):

规范图 11.7.10-2 为集中对角斜筋配筋,规范图 11.7.10-3 为交叉暗撑配筋。对比可见,交叉暗撑时,需要用箍筋将对角斜筋箍住,形成类似于柱子的配筋。两者相比,后者可用于更不利的情况。《高规》9.3.8 条规定:跨高比不大于 2 的框筒梁和内筒连梁宜增配对角斜向钢筋。跨高比不大于1的框筒梁和内筒连梁宜采用交叉暗撑。

对于问题（5）：

依据11.7.8条的条文说明，按照11.7.10条规定配置钢筋的连梁，已经具有必要的延性，可取 $\eta_{vb}=1.0$。这其中就包括对角斜筋，以及比对角斜筋性能更优的交叉暗撑情况。

【Q1.3.86】《混凝土规范》的**11.7.11条**，"单组折线筋的截面面积可取为单向对角斜筋截面面积的一半"，如何理解？

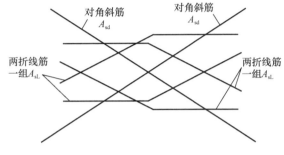

图1-3-29 连梁交叉斜筋配置

【A1.3.86】"组"在美国混凝土结构规范（ACI318-08）中，用词为"group"，结合该规范第355页给出的图示理解，同一组中的钢筋为互相平行的。对照本书图1-3-28给出的折线筋，图中的①、③号钢筋为一组，②、④号钢筋为一组。标准图集11G329-1《建筑物抗震构造详图（多层和高层钢筋混凝土房屋）》的4-5页，给出了连梁交叉斜筋配置的图示，其中的"分组"，见图1-3-29，可以支持笔者的观点。

"单向对角斜筋截面面积"与公式（11.7.10-2）中的 A_{sd} 相同，为2根对角斜筋的截面积之和。

折线筋的指标在计算受剪承载力时没有出现，说明其为构造要求，只需要满足11.7.11条的规定即可。

【Q1.3.87】《混凝土规范》**11.7.12条第1款**，对剪力墙底部加强部位的厚度，只规定了一级和二级的情况，未提及三级和四级，难道三级和四级时没有要求吗？

【A1.3.87】《混凝土规范》11.7.12条第1款，实际上与2001版《抗规》6.4.1条的规定一致。2016版《抗规》的6.4.1条规定在原来基础上有补充，规定，底部加强部位的墙厚，三、四级不应小于160mm且不宜小于层高或无支长度的1/20。

【Q1.3.88】《混凝土规范》**11.7.14条的注指出，"对高度小于24m且剪压比很小的四级抗震等级剪力墙，其竖向分布筋最小配筋率应允许按0.15%采用"**，这里，"剪压比"指的是什么？是"轴压比"之误？

【A1.3.88】经查，《抗规》6.4.3条有相同的规定，可以排除印刷错误。

"剪压比"是平均剪应力与抗压强度之比。限制剪压比是为了防止斜压破坏，具体表现为《混凝土规范》11.7.3条，也就是通常所说的截面限制要求（非抗震时的要求是在6.3.1条）。可以认为，抗震设计时的剪压比表达式为 $\dfrac{\gamma_{RE}V}{\beta_c f_c b h_0}$。

朱炳寅《建筑抗震设计规范应用与分析》在解释《抗规》6.4.3条时指出，当剪压比 $\dfrac{\gamma_{RE}V}{f_c b_w h_{w0}}<0.02$ 时，可确定为"剪压比很小"的情况。笔者理解，这里的轴压比公式已经将分母中的 β_c 取为1.0（因为，当混凝土强度等级≤C50时，取 $\beta_c=1.0$）。

【Q1.3.89】《混凝土规范》**11.7.15条**和《抗规》**6.4.4条3款**均规定，剪力墙墙身竖向分布筋最小直径不应小于 **8mm**，不宜小于 **10mm**，而《高规》**7.2.18** 条规定不应小于 **8mm**，根本没提 **10mm**，设计中是否可取 **8mm**？

【A1.3.89】对此，规范组的答复是：三本规范对于剪力墙墙身竖向分布筋最小直径取值没有大的矛盾，《高层建筑混凝土结构技术规程》JGJ 3—2010 中的 8mm 是"不应小于"，另两本规范的 10mm 是"不宜小于"。对于墙厚不超过 200mm，当配置竖向分布筋直径为 8mm 间距为 200mm 时，配筋率已超过 0.25%（配置双排分布钢筋网），这对于低烈度区且不太高的房屋是恰当的。

【Q1.3.90】《混凝土规范》**11.7.18** 条，对约束边缘构件给出了阴影部分体积配箍率的公式 $\rho_v = \lambda_c \dfrac{f_c}{f_{yv}}$，没有提及混凝土强度等级为 C35 以下时，$f_c$ 按照 C35 取值，是取消了该规定吗？

【A1.3.90】笔者认为，规范只是未列出对 f_c 的解释而已，仍然要按照公式（11.4.17）取值，即，混凝土强度等级为 C35 以下时，f_c 按照 C35 取值。

可以作为佐证的是：(1)《高规》7.2.15 条的公式；(2)《抗规》表 6.4.5-3 下的注释 3 所转引的公式（6.3.9）。

【Q1.3.91】关于剪力墙构造边缘构件阴影部分的范围，《混凝土规范》**11.7.19** 条、《抗规》**6.4.5** 条 **1** 款、《高规》**7.2.16** 条，三者不完全一致，设计中如何取值？

【A1.3.91】对此，规范组的答复是：对剪力墙构造边缘构件取值范围，《高层建筑混凝土结构技术规程》JGJ 3—2010 所规定的比《建筑抗震设计规范》GB 50011—2010 与《混凝土结构设计规范》GB 50010—2010 两本国标严格，主要考虑到高层建筑的特点。因此，建议高层建筑按《高层建筑混凝土结构技术规程》执行，低、多层建筑可按两本国标执行。

【Q1.3.92】《混凝土规范》附录 B 给出了偏压构件侧移二阶效应的近似计算方法，它和《高规》**5.4** 节规定的重力二阶效应，有何区别与联系？

【A1.3.92】二阶效应分为 $P\text{-}\Delta$ 效应和 $P\text{-}\delta$ 效应。前者是由于结构侧移引起的，后者是由于构件挠曲引起的。$P\text{-}\Delta$ 效应也称重力二阶效应，所以，两本规范实际上是针对同一个问题的不同解决方法，也正因如此，二者不同时考虑。

在《钢规》的 3.2.8 条，对于无支撑的纯框架结构给出了采用二阶弹性分析时杆端弯矩的近似计算公式，和这里一样也是考虑的 $P\text{-}\Delta$ 效应。

2002 版《混凝土规范》规定可以采用两种方法确定偏压构件控制截面的弯矩：(1) $\eta\text{-}l_0$ 法，即，通过对杆端弯矩偏心距的放大得到控制截面的弯矩，注意，由于计算 η 时采用的是 l_0，所以，认为这种方法同时考虑了侧移与挠曲；(2) 在考虑了刚度折减的情况下，按照考虑了二阶效应的弹性分析方法直接计算得到控制截面的弯矩与轴压力。

2015 版《混凝土规范》的思路是：先用附录 B 考虑侧移二阶效应，得到的仍是杆端弯矩。再用 6.2.4 条考虑挠曲二阶效应，由杆端弯矩得到控制截面弯矩。但是，必须注意，对于排架结构，B.0.4 条同时考虑了 $P\text{-}\Delta$ 效应和 $P\text{-}\delta$ 效应。

【Q1.3.93】《混凝土规范》附录 **B.0.4** 条给出了排架结构考虑二阶效应时弯矩设计值的计算方法。有以下问题：

(1) 何谓"排架结构"?

(2) 公式（B.0.4-1）计算的，是"P-Δ 效应"还是"P-δ 效应"，或者同时包括?

(3) 对排架结构，如何考虑规范的 6.2.3 条? 该条规定了不考虑 P-δ 效应的条件。

【A1.3.93】对于问题（1）：

排架结构与框架结构的不同在于，前者的柱顶是与屋架或屋盖梁铰接。单层工业厂房通常简化为排架结构。

对于问题（2）：

尽管附录 B 的标题是"计算偏压构件侧移二阶效应的增大系数法"，而且，公式（B.0.4-1）中的 η_s 表示"P-Δ 效应增大系数"，因而，从逻辑上讲，规范 B.0.4 条属于对 P-Δ 效应的考虑，但笔者认为，规范 B.0.4 条应是同时考虑了 P-Δ 效应与 P-δ 效应。理由是：①与 2002 版规范相比，在原理上没有差别，只有细微的改动，而原规范是同时考虑 P-Δ 效应与 P-δ 效应的；②规范 6.2.4 条的条文说明指出，"对排架结构柱，当采用本规范第 B.0.4 条的规定计算二阶效应后，不再按本条规定计算 P-δ 效应"，这说明 B.0.4 条应是考虑了 P-δ 效应的；③规范 6.2.4 条的条文说明，最后一句指出，"当排架柱未按本规范第 B.0.4 条计算其侧移二阶效应时，仍应按本规范第 B.0.4 条考虑其 P-δ 效应"，尽管该句在表达逻辑上似乎有误，但表达的意思应是 B.0.4 条只需要使用一次，可同时考虑 P-Δ 效应与 P-δ 效应。

对于问题（3）：

既然 B.0.4 条总是要考虑的，且只需要考虑一次，那么，规范的 6.2.3 条对排架结构而言就没有意义了，换句话说，此时无须考虑 6.2.3 条。

【Q1.3.94】《混凝土规范》附录 B，在计算弯矩增大系数 η_s 时，所用到的侧向刚度 D 或者等效弯曲刚度 $E_c J_d$ 需要考虑刚度折减，而 B.0.5 条给出了不是一个而是两个折减系数，即，梁、柱的折减系数分别取 0.4、0.6。这两个折减系数应如何使用，只使用柱的那个吗?

【A1.3.94】这里，刚度之所以要折减，是因为结构此时发生侧移可能会导致裂缝，抗弯刚度有所降低。

下面以框架结构计算时用到的侧向刚度 D 为例说明。

框架结构的侧移刚度可用 D 值法求出，$D = \alpha \dfrac{12 i_c}{h^2}$，式中，$h$ 为柱高；i_c 为柱的线刚度；α 为梁、柱线刚度的函数（见本书专题聚焦的"构件内力与变形计算"）。将梁、柱的刚度折减系数用在这个公式中求出折减后的 D。

需要注意的是，《高规》的 5.4 节也是对重力二阶效应的规定，两本规范有些差别。由于是对同一种物理现象的规定，因此，两者不能同时考虑。

【Q1.3.95】对《混凝土规范》的 D.2 节，有以下疑问：

(1) "对称于弯矩作用平面的截面"指的是怎样的一种截面？

(2) 该条第 1 款中涉及的受压区高度 x，应该如何确定？

(3) D.2.1 条和 D.2.2 条是怎样的关系？

【A1.3.95】对于问题（1）：

所谓"弯矩作用平面"，通俗来讲，就是将弯矩画成弧线时这个弧线所在的平面。于是可知，若将 T 形、工形、矩形截面的水平方向形心轴记作 x 轴，且弯矩绕 x 轴作用，则这些截面都属于"对称于弯矩作用平面的截面"。

对于问题（2）：

如图 1-3-30 所示为素混凝土受压构件的计算模型。由于混凝土受压区的合力与外荷载压力 N 大小相等、方向相反，因此，可根据 $e_c = e_0$ 求出受压区高度 x。即，对于图 1-3-30（a），可得：

$$e_c = \frac{h}{2} - \frac{x}{2} = e_0$$

即

$$x = h - 2e_0$$

对于图 1-3-30（b）所示的对称工字形截面，可得：

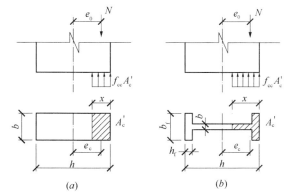

图 1-3-30　素混凝土受压构件计算模型
(a) 矩形截面；(b) 工形截面

$$e_c = \frac{h}{2} - \frac{b_f h_f \times \frac{h_f}{2} + b(x - h_f) \times \left(h_f + \frac{x - h_f}{2}\right)}{b_f h_f + b(x - h_f)} = e_0$$

据此求解出 x。

顺便提及，该条的第 2 款规定了矩形截面的情况，由前述分析可知，矩形截面也属于"对称于弯矩作用平面的截面"之一种，因此，将第 1 款和第 2 款的规定对调，先讲特殊情况再讲更一般的情况，会更符合认知规律和一般的编排顺序。

对于问题（3）：

D.2.1 条依据混凝土轴心抗压强度确定构件的承载力。对于 $e_0 \geqslant 0.45 y_0'$ 这种偏心距较大的情况，为避免承载力由混凝土抗拉强度控制，规范要求应在受拉区按照 0.05%A 配置构造钢筋。

D.2.2 条依据混凝土轴心抗拉强度确定构件的承载力，适用于 $e_0 \geqslant 0.45 y_0'$ 且受拉区未按照 0.05%A 配置构造钢筋的情况。

【Q1.3.96】如何理解《混凝土规范》的附录 F？

【A1.3.96】 笔者认为，可以按照以下顺序由浅入深理解：

(1) 规范图 F.0.1 中，阴影部分表示柱子，每边外伸 $h_0/2$ 形成的虚线围成"临界截面"（在规范图 6.5.1 中称作"计算截面"），用以计算 u_m。最外围的实线形成真正的边缘，由此形成中柱、边柱、角柱的区别。

(2) 临界截面周长的重心轴位置按求重心的方法得到，公式为

$$a_{AB} = \frac{a_t}{2 a_t + a_m}$$

a_{AB} 见图 F.0.1 的 (b)、(d) 图标注。

F.0.1 条第 1 款所规定的，是针对图 (b) 和图 (d)，把作用于柱子形心（图中标注为 G 点）的内力 F_l、$M_{unb,c}$ 移动到临界截面周长的重心（g 点）。

(3) 对于图 (b) 和图 (d)，$\alpha_0 M_{unb}$ "作用的方向指向图 F.0.1 的 AB 边"，意思是，该弯矩绕图中的轴线 2 逆时针旋转，由此，因为移轴（从 G 点到 g 点），按作用于 g 点计算时弯矩会变小，所以，是减去 $F_l e_g$。把弯矩变成应力再乘以面积，得到力，与 F_l 叠加。

(4) 图 F.0.1 (a)、(b)、(d) 中 a_m 都是标注在右侧，而图 F.0.1 (c) 却是标注在下

侧,之所以不同,是因为弯矩作用的方向是绕 1-1 轴(或 2-2 轴),边长为 a_m 的边与轴线 2 平行才能与公式(F.0.2-1)对应。

(5)《地基规范》在 8.4.7 条也讲到考虑不平衡弯矩的冲切,不平衡弯矩的规定在附录 P。与这里的规定类似但稍有差别:①《混凝土规范》6.5.1 条中,η 要取 η_1 和 η_2 的较小者,《地基规范》8.4.7 条只取为 η_1;②《混凝土规范》在计算 I_c 时有省略项,这一点,在条文说明中指出了。

(6)美国混凝土规范 ACI318-19 的 8.4.4.2.3 条的条文说明中给出一个图示,如下面的图 1-3-31,并给出公式,可以帮助理解。

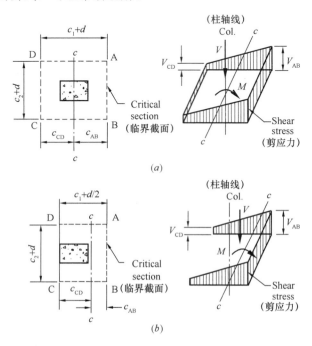

图 1-3-31 假想的剪应力分布
(a) Interior column(中柱);(b) Edge column(边柱)

$$v_{u(AB)} = \frac{N_u}{A_c} + \frac{\gamma_v M_u c_{AB}}{J_c}$$

或

$$v_{u(CD)} = \frac{N_u}{A_c} - \frac{\gamma_v M_u c_{AB}}{J_c}$$

$$J_c = \frac{d(c_1+d)^3}{6} + \frac{(c_1+d)d^3}{6} + \frac{d(c_2+d)(c_1+d)^2}{2}$$

式中,v_u 表示剪应力;A_c 为假定的临界截面混凝土面积(area of concrete of assumed critical section),$A_c = 2d(c_1+c_2+2d)$,d 相当于我国规范的 h_0;J_c 为假定临界截面的类极惯性矩(property of assumed critical section analogous to polar moment of inertia)。

【Q1.3.97】对《混凝土规范》附录 G 深受弯构件,有以下疑问:
(1)深受弯构件是如何定义的?

(2) 计算跨度 l_0 如何取值?

(3) G.0.2 条公式中的 x 如何求得?若 $x<0.2h_0$,代入 $f_yA_s=\alpha_1 f_c bx$ 求算 A_s 是否可以,为什么?

(4) 计算出 A_s 之后进行配置,对于单跨深梁,G.0.8 条指出,"下部纵向钢筋宜均匀布置在梁下边缘 $0.2h$ 范围内",如何理解?

【A1.3.97】以下回答的序号与问题对应。

(1) 条文说明中指出,$l_0/h<5$ 时称作深受弯构件。

(2) 在 2002 版《混凝土规范》的 10.7.1 条曾规定,计算跨度 l_0 取为支座中心线之间距离和 $1.15 l_n$ (l_n 为梁的净跨) 两者的较小者。

(3) 平衡方程为:
$$f_y A_s = \alpha_1 f_c bx$$
$$M = \alpha_d f_y A_s (h_0 - 0.5x)$$

消去 $f_y A_s$ 可得一元二次方程,据此可求解出 x,公式如下:
$$x = h_0 - \sqrt{h_0^2 - \frac{2M/\alpha_d}{\alpha_1 f_c b}}$$

当 $x<0.2h_0$ 时,应取 $x=0.2h_0$,此时,代入两个平衡方程求解 A_s 会得到不同结果。应代入 $M=\alpha_d f_y A_s(h_0-0.5x)$,这是因为,钢筋应满足抵抗弯矩的要求。与此类似的一个例子是,在双筋梁的计算中,若出现 $x<2a'_s$,应取 $x=2a'_s$ 并对 A'_s 合力点取矩求算 A_s。

(4) G.0.10 条规定,深梁应配置双排钢筋网。因此,钢筋布置应考虑按照图 G.0.8 的左视图进行,在 $0.2h$ 范围均匀布置,而且要满足间距要求。

【Q1.3.98】《混凝土规范》H.0.2 条中,叠合构件的弯矩为什么区分正弯矩和负弯矩区段采用不同的计算公式?

【A1.3.98】叠合层达到设计强度为第一阶段与第二阶段的分界点。在第一阶段,由于按简支梁模型且荷载均为竖直向下的自重,故荷载效应只有正弯矩,无负弯矩。

在第二阶段,构件会在第一阶段所产生效应的基础上,叠加第二阶段新增加荷载产生的效应(注意,第一阶段中的施工荷载产生的效应会消失),这样,负弯矩就只能从零开始增加,即表现为规范公式(H.0.2-3)。

【Q1.3.99】关于 M_{cua},《混凝土规范》在 384 页给出了计算公式,如下:
$$M_{cua} = \frac{1}{\gamma_{RE}}\left[0.5\gamma_{RE}Nh\left(1-\frac{\gamma_{RE}N}{\alpha_1 f_{ck}bh}\right)+f'_{yk}A'_s(h_0-a'_s)\right]$$

可是,给出的推导过程不甚明白。应如何理解?

【A1.3.99】下面给出分析思路:

实际的偏心受压柱常采用对称配筋,这时,满足 $\frac{N}{f_c b h_0} \leq \xi_b$ 按大偏心受压计算。对 HRB335 钢筋,$\xi_b=0.550$,近似取 $h/h_0=1.05$,则 $\frac{N}{f_c b h_0} \leq \xi_b$ 这一条件相当于 $\frac{N}{f_c b h} \leq 0.52$。通常的文献中,将此条件写成 $\frac{N}{f_c b h} \leq 0.5$。

偏心受压构件正截面承载力计算简图如图 1-3-32 所示,其受弯承载力 M_u 实际上是图中的 Ne_i。

1 混凝土结构

由于总有下式成立

$$Ne = N[e_i + 0.5(h_0 - a'_s)]$$
$$= Ne_i + N \times 0.5(h_0 - a'_s)$$

将其变形，得到

$$Ne_i = Ne - N \times 0.5(h_0 - a'_s)$$

将上式中的 Ne 用 $Ne = \alpha_1 f_c bx(h_0 - 0.5x) + f'_y A'_s (h_0 - a'_s)$ 代入，Ne_i 用 M_u 代替，则可得

$$M_u = \alpha_1 f_c bx(h_0 - 0.5x)$$
$$+ f'_y A'_s (h_0 - a'_s)$$
$$- N \times 0.5(h_0 - a'_s)$$

将 $x = \dfrac{N}{\alpha_1 f_c b}$ 代入上式，可得

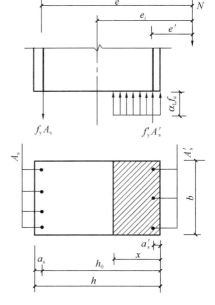

图 1-3-32 大偏心受压柱正截面
承载力的计算简图

$$M_u = N(h_0 - 0.5x) + f'_y A'_s (h_0 - a'_s) - N \\ \times 0.5(h_0 - a'_s)$$
$$= 0.5Nh_0 + 0.5Na'_s - 0.5xN + f'_y A'_s (h_0 - a'_s)$$
$$= 0.5N(h_0 + a'_s) - 0.5xN + f'_y A'_s (h_0 - a'_s)$$
$$= 0.5Nh\left(1 - \dfrac{N}{\alpha_1 f_c bh}\right) + f'_y A'_s (h_0 - a'_s)$$

将强度取为标准值（用 f_{ck} 代替 f_c，f'_{yk} 代替 f'_y），钢筋截面积用 A^a_s 表示，$\gamma_{RE} N$ 代替 N，并将最终算出的抗弯承载力除以 γ_{RE}，这就是《混凝土规范》推导出的公式。

【Q1.3.100】《混凝土规范》**11.4.16** 条条文说明的最后，说到"在放宽轴压比上限控制条件后，箍筋加密区的最小体积配箍率应按放松后的设计轴压比确定"，其含义，是不是说，体积配箍率应按放松后的轴压比限值确定而不是按照实际的轴压比？

【A1.3.100】笔者认为上述理解有误。今举例说明如下。

已知：某钢筋混凝土框架结构，抗震等级为二级，梁、柱混凝土强度等级均为C50，其中某柱，剪跨比大于2。求柱箍筋加密区的配箍特征值 λ_v：（1）轴压比为 0.5；（2）轴压比为 0.8；（3）轴压比为 0.9。

解：（1）轴压比为 0.5

查表 11.4.16，框架结构、抗震等级二级，轴压比限值 $[\mu_N] = 0.75$。由于 $0.5 < [\mu_N] = 0.75$，所以，没有必要采取注释 4 或注释 5 的措施。

依据 $\mu_N = 0.5$ 查表 11.4.17，若采用井字复合箍，$\lambda_v = 0.11$；若采用螺旋箍，$\lambda_v = 0.09$。

（2）轴压比为 0.8

此时，轴压比超出表 11.4.16 中的限值 0.75，可采用表下的注释 4 或者注释 5 的措施。

当采用注释 4 的措施设置井字复合箍，则可以认为 $[\mu_N] = 0.85$。此时 $\mu_N = 0.8$ 可以满足要求。依据 $\mu_N = 0.8$ 查表 11.4.17，得到 $\lambda_v = 0.17$。

当采用注释 5 的措施设置芯柱，则可以认为 $[\mu_N] = 0.80$。此时 $\mu_N = 0.8$ 可以满足要求。依据 $\mu_N = 0.8$ 查表 11.4.17，得到 $\lambda_v = 0.17$。

(3) 轴压比为 0.9

此时的轴压比超出限值达到 0.9－0.75＝0.15。依据表 11.4.16 下的注释 5，采取设置芯柱的措施以及注释 4 中的措施，才能满足要求。

查表 11.4.17 时，取轴压比 $\mu_N=0.85$ 确定 λ_v（给定的已知条件下，当 $0.85<\mu_N\leqslant 0.90$ 时，均按照 $\mu_N=0.85$ 查表）。假定采取的是注释 4 中的井字复合箍，则得到 $\lambda_v=0.18$。

总之，"放松后的设计轴压比"应理解为"超出表 11.4.16 中数值的实际轴压比"（像上例中的 0.8、0.9）。《抗规》表 6.3.6、《高规》表 6.4.2 均应如此理解。

【Q1.3.101】 偏心受压柱的正截面承载力计算，考虑地震作用时，混凝土受压区高度如何计算？要不要考虑 γ_{RE}？具体来讲，对称配筋的矩形截面偏心受压柱，是 $x=\dfrac{\gamma_{RE}N}{\alpha_1 f_c b}$ 还是 $x=\dfrac{N}{\alpha_1 f_c b}$？

【A1.3.101】 我们可以从 M_{cua} 的计算引出该问题。

在《抗规》的 359 页，给出了钢筋混凝土梁、柱的正截面受弯实际承载力公式，对于柱，当轴压力满足 $\dfrac{N_G}{f_{ck}b_c h_c}\leqslant 0.5$ 时，为

$$M_{cyk}^a = f_{yk}A_{sc}^a(h_{c0}-a_s') + 0.5N_G h_c\left(1-\dfrac{N_G}{f_{ck}b_c h_c}\right)$$

式中的符号，下角标"c"表示"柱子"，"a"表示实际值，N_G 为对应于重力荷载代表值的柱轴压力设计值。将 M_{cyk}^a 除以抗震调整系数 γ_{RE}，得到 M_{cua}。

为方便表达，将这里得到的 M_{cua} 称作"抗规 M_{cua}"，将《混凝土规范》386 页得到的 M_{cua} 称作"混规 M_{cua}"。对比二者，发现差别在于是采用 N 还是 $\gamma_{RE}N$。这其实也就是计算混凝土受压区高度时，采用 N 还是 $\gamma_{RE}N$ 的问题。

笔者见到的文献，均采用 $\gamma_{RE}N$，其理由应该是《混凝土规范》11.1.6 条："正截面抗震承载力应按本规范第 6.2 节的规定计算，但应在相关计算公式右端项除以相应的承载力抗震调整系数 γ_{RE}"，该条文字表达的意思，与《抗规》5.4.2 条公式 $S\leqslant R/\gamma_{RE}$ 所表达，似乎一致。

然而，笔者认为，这里采用 N 才是合乎概念的。理由如下：

(1) M_{cua} 概念上应该是与 N 对应的，而不是 $\gamma_{RE}N$。考虑抗震，是将承载力放大（除以 γ_{RE}），不是将外力 N 减小（乘以 γ_{RE}）。

(2) 抗规 M_{cua} 的计算步骤，完全合乎概念：先算出不抗震时的受弯承载力，除以 γ_{RE} 得到考虑抗震时的承载力。

笔者认为，当计算受弯承载力时，力的平衡方程仅仅是其中的一个步骤，该式与承载力无关，因而，不需要考虑 γ_{RE}，只在最后一步建立力矩的平衡时才考虑 γ_{RE}。当然，如果已知偏心距求可以承受的轴向力 N_u，则建立力矩的平衡只是其中的一个步骤，不需要考虑 γ_{RE}，在最后一步建立力的平衡时才考虑 γ_{RE}。

【Q1.3.102】 对于钢筋混凝土梁，由正截面承载力公式求受拉钢筋截面积 A_s 有没有简洁的公式？

【A1.3.102】 对于单筋梁，可以列出平衡方程如下：

$$f_y A_s = \alpha_1 f_c b x \tag{1-3-20}$$

$$M = \alpha_1 f_c b x (h_0 - 0.5x) \tag{1-3-21}$$

式(1-3-21)是一个关于 x 的一元二次方程,利用求根公式,可得

$$x = h_0 - \sqrt{h_0^2 - \frac{2M}{\alpha_1 f_c b}} \tag{1-3-22}$$

将此 x 与 $\xi_b h_0$ 比较,若 $x \leqslant \xi_b h_0$,满足适用条件,代入式(1-3-20)即可求出 A_s。

以上求解 x 的公式可以一步到位,能提高解题速度。

对于双筋梁,求解 x 的公式可以写成

$$x = h_0 - \sqrt{h_0^2 - \frac{2[M - f_y' A_s' (h_0 - a_s')]}{\alpha_1 f_c b}} \tag{1-3-23}$$

若是第二类 T 形截面,求解 x 的公式则是

$$x = h_0 - \sqrt{h_0^2 - \frac{2[M - \alpha_1 f_c (b_f' - b) h_f' (h_0 - 0.5 h_f')]}{\alpha_1 f_c b}} \tag{1-3-24}$$

以上公式的本质是,只要把弯矩变成 $b \times x$ 这样的一个范围承担的弯矩,就可以代入式(1-3-22)。

对于深受弯构件,依据《混凝土规范》附录 G 列出平衡方程如下:

$$f_y A_s = \alpha_1 f_c b x \tag{1-3-25}$$

$$M = f_y A_s \alpha_d (h_0 - 0.5x) \tag{1-3-26}$$

式(1-3-26)可以变形为

$$M/\alpha_d = f_y A_s (h_0 - 0.5x) = \alpha_1 f_c b x (h_0 - 0.5x) \tag{1-3-27}$$

如此一来,式(1-3-27)就与式(1-3-21)十分相似,所以,求解 x 的公式应为

$$x = h_0 - \sqrt{h_0^2 - \frac{2M/\alpha_d}{\alpha_1 f_c b}} \tag{1-3-28}$$

注意,由式(1-3-28)得到的 $x < 0.2 h_0$ 时取 $x = 0.2 h_0$(见《混凝土规范》G.0.2 条)。

【Q1.3.103】关于计算长度,有以下疑问:

(1) 用分层法计算构件内力时,要用到框架柱的线刚度,即 EI/l,这里的 l 是否要用计算长度 l_0?按《混凝土规范》的表 6.2.20-2 确定吗?另外,通常考试时,图中给出的长度是计算长度吗?

(2)《混凝土规范》中出现了两个计算长度符号 l_c 和 l_0,如何区分?

【A1.3.103】 对于问题(1):

所谓"计算长度"实际是 effective length,也称"有效长度",通常记作 l_0,主要用于单个构件计算稳定性承载力。计算二阶效应时也可以采用 $\eta - l_0$ 方法。

在用分层法进行结构内力分析时,受力模型为框架模型,通常按照一阶弹性分析处理,柱子的高度按照层高来取,与表 6.2.20-2 的计算长度没有联系。当计算出内力之后,若是轴心受压柱,按照《混凝土规范》6.2.15 计算受压承载力时用到的 φ 应根据 l_0/b 查表。

对于问题(2):

《混凝土规范》6.2.3 条、6.2.4 条出现的 l_c 本质上是几何长度,与作为受压构件承载力

计算时用的计算长度 l_0 没有关系。计算长度 l_0 所涉及的《混凝土规范》表 6.2.20-1、表 6.2.20-2，主要用于轴心受压柱的受压承载力计算，表 6.2.20-1 中的 l_0 还用于规范的公式 (B.0.4-2)。

【Q1.3.104】"弯矩调幅系数"这一概念是如何定义的？若将该系数记作 β，调幅后的弯矩值是 βM_e 还是 $(1-\beta) M_e$？

【A1.3.104】 对于调幅系数，有两种说法：

(1)《高规》5.2.3 条第 1 款指出"装配整体式框架梁端负弯矩调幅系数可取为 0.7～0.8；现浇框架梁端负弯矩调幅系数可取为 0.8～0.9"。此处，调幅后的弯矩值应是 βM_e。

(2) 三校合编《混凝土结构》（中册，第二版，2003）的 15 页在介绍调幅法时依据的是《钢筋混凝土连续梁和框架考虑内力重分布设计规程》CECS 51：93。在该规程中，弯矩调幅系数 β 被定义为"（按照弹性理论算得的弯矩-调幅后的弯矩）/按照弹性理论算得的弯矩"。其 4.1.6.2 条规定："在弹性分析的基础上，降低连续梁各支座截面的弯矩，其调幅系数不宜超过 0.20"。其 4.1.6.3 条规定"在进行正截面受弯承载力计算时，连续梁各支座截面的弯矩设计值可按下列公式计算：当连续梁搁置在墙上时，$M=(1-\beta) M_e$"。

可见，弯矩调幅后应采用 M_e 乘以大于等于 0.8 的系数。

【Q1.3.105】 有圆孔的空心板如何等效成 T 形截面？

【A1.3.105】 有圆孔的空心板需要先等效成工形截面，然后，按照 T 形截面进行计算。等效的原则是：面积不变、惯性矩不变。下面的图 1-3-33 显示了这个过程。

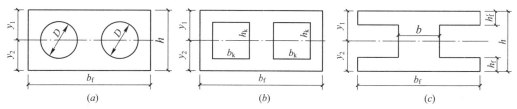

图 1-3-33 空心板截面等效为工形截面
(a) 圆孔截面；(b) 方孔截面；(c) 工形截面

第一步，将圆孔等效成矩形孔 [图 1-3-33 (b)]，公式为 $b_k h_k = \dfrac{\pi D^2}{4}$，$\dfrac{b_k h_k^3}{12} = \dfrac{\pi D^4}{64}$，于是，可得

$$h_k = \frac{\sqrt{3}}{2}D, \quad b_k = \frac{\sqrt{3}}{6}\pi D$$

第二步，保持截面形心不变 [图 1-3-33 (c)]，将矩形孔移至两侧，从而

上翼缘厚度　　　　　　$h'_f = y_1 - h_k/2 = y_1 - \dfrac{\sqrt{3}}{4}D$

下翼缘厚度　　　　　　$h_f = y_2 - h_k/2 = y_2 - \dfrac{\sqrt{3}}{4}D$

腹板厚度　　　　　　　$b = b_f - 2b_k = b_f - \dfrac{\sqrt{3}}{3}\pi D$

【Q1.3.106】 对偏心受压构件的复核，有一疑惑：

根据 N_u-M_u 曲线（图 1-3-34），当视为坐标的 (M、N) 位于曲线与坐标轴围成的区域时视为安全，即，对于大偏心受压情况，若弯矩 M 相同，N 大反而有利。既然如此，为什么在承载力复核时，计算出 N_u，认为 $N \leqslant N_u$ 才安全？

【A1.3.106】当已知 e_0 计算 N_u 时，从 N_u-M_u 曲线上看（图1-3-34），实际上是以一定的斜率做一条直线（如图1-3-34中的 OA），求该直线与曲线的交点。从图中可以看出，当位于该直线上的点存在 $N \leqslant N_u$ 时，必然处于安全区域。

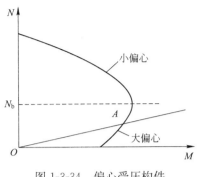

图 1-3-34 偏心受压构件的 N_u-M_u 曲线

【Q1.3.107】请问，下面一道题该如何解答？

某钢筋混凝土梁，同时承受弯矩、剪力和扭矩作用，不考虑抗震设计。梁截面为 **400mm×500mm**，混凝土强度等级 **C30**，梁内配置四肢箍筋，箍筋采用 **HPB300** 钢筋。经计算，$A_{st1}/s = 0.65\text{mm}$，$A_{sv}/s = 2.15\text{mm}$，其中，$A_{st1}$ 为受扭计算中沿截面周边配置的箍筋单肢截面面积，A_{sv} 为受剪承载力所需的箍筋截面面积，s 为沿构件长度方向的箍筋间距。试问，至少选用下列何项箍筋配置才能满足计算要求？

A. $\phi 8@100$　　　　B. $\phi 10@100$　　　　C. $\phi 12@100$　　　　D. $\phi 14@100$

【A1.3.107】按照教科书的解法（以下称"做法1"），间距100mm范围内所需单肢箍筋截面积为：

$$(0.65+2.15/4) \times 100 = 118.75 \text{mm}^2$$

单根 $\phi 8$、$\phi 10$、$\phi 12$、$\phi 14$ 钢筋的截面积分别为 50.3、78.5、113.1、153.9，单位为 mm^2，故选项 D 满足要求。对 4 肢 $\phi 14@100$ 箍筋验算最小配筋率如下：

$$\rho_{sv} = \frac{A_{sv}}{bs} = \frac{616}{400 \times 100} = 1.54\% > 0.28\frac{f_t}{f_{yv}} = \frac{0.28 \times 1.43}{270} = 0.148\%$$

也满足要求。选择 D。

然而，还有一种解法（以下称"做法2"）却得到不同的结果：

取箍筋间距为100mm这一区间作为研究对象，由于只有外侧的箍筋承担抗扭作用，所以，承受剪扭所需要的总箍筋截面积为 $2 \times 65 + 215 = 345\text{mm}^2$。由于现在是四肢箍筋，于是，单肢箍筋截面积应不小于 $345/4 = 86.25\text{mm}^2$，大于受扭时的单肢截面需要量 65mm^2，据此选择箍筋，$\phi 12$ 可提供截面积 113.1mm^2，满足要求。对 4 肢 $\phi 12@100$ 验算最小配箍率，也满足要求，故选择 C。

为什么会有不同的结果？问题出在哪里呢？

原来，做法1实质上是认为处于中部的箍筋也需要提供抗扭用的截面积，而《混凝土规范》9.2.10条明确指出，"当采用复合箍筋时，位于截面内部的箍筋不应计入受扭所需的箍筋面积"。所以，做法2是合适的。

当箍筋采用双肢箍时，由于不存在所谓的"内部箍筋"，所以，做法1不会出错。

【Q1.3.108】两端固定梁承受扭矩作用，固端处的扭矩如何计算？

【A1.3.108】构件承受扭矩，属于空间（三维）受力情况，与通常的二维受力比较起来，稍难理解。

如图 1-3-35（a）所示的两端固定梁 AB，在跨内 C 点承受扭矩的作用，则固定端犹如抗扭的弹簧，存在支座反力（表现为扭矩）。若把扭矩画成双箭线，则此时的计算法则与单箭线（含义为集中轴力）时相同，从而可知支座处的扭矩分别为 bT/l、aT/l。正负号的规定，也与单箭线时相同，从而可画出扭矩图。

图 1-3-35（b）是承受均布扭矩的情况，分析方法类似。

对于图中情况，读者可以用有限元软件验证。

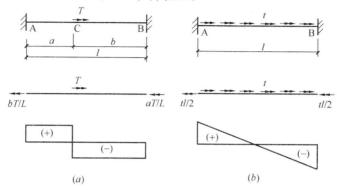

图 1-3-35 固端梁受扭
(a) 集中扭矩；(b) 均布扭矩

【Q1.3.109】《混凝土结构加固设计规范》GB 50367—2013 有没有勘误？

【A1.3.109】未见到正式的勘误。今针对 2018 年 12 月第九次印刷本给出疑似差错如下：

(1) 第 26 页，公式（5.4.2-2）右侧，为各力对 A_s 的合力点取矩，公式左侧，Ne 为偏心压力对 A_s 和 A_{s0} 的合力点取矩，不一致。为避免计算 A_s 和 A_{s0} 的合力点这一步骤，宜将 e 按照下式取值：

$$e = e_i + \frac{h}{2} - a_s$$

同时修改图 5.4.2 中 e 的标注。

(2) 第 28 页第 2 行，"初始编心距"应为"初始偏心距"。

(3) 第 37 页图 7.2.3（c），"$f_p A_p$"应为"$\sigma_p A_p$"，以与公式对应。

(4) 第 40 页公式（7.4.1-4）第 1 行，"β_3"应为"β_2"。

(5) 第 42 页第 1 行，"a"应为"h"。

(6) 第 69 页，公式（9.4.2-2）表明，钢板的合力要对受拉钢筋合力点取矩，因此，规范图 9.4.2 宜修改为本书图 1-3-36。由于计算时忽略钢板的厚度，故钢板的合力可认为在其顶面。

(7) 第 83 页，第 10.4.2 条第 2 款，"$l/d \leqslant 14$"应为"$l/b \leqslant 14$"。

(8) 第 135 页，公式（16.2.2）下一行，N_t^a 的单位应为"N"。

(9) 第 136 页，倒 6 行关于 σ 的取值，应按 N/A_s 计算，N 为锚栓群实际受到的拉力设计值，A_s 为承受作用力 N 的所有锚栓的截面积。

(10) 第 142 页，公式（16.3.7-6），"$s \geqslant 100\text{mm}$"应为"$s \leqslant 100\text{mm}$"。

(11) 第 142 页倒 1 行，"$h \geqslant 1.5c$"应为"$h \geqslant 1.5c_1$"。

(12) 第 144 页，公式（16.3.10-3），"$A_{c,v} = 1.5(3c_1 + s_2 + c_2)h$"应为"$A_{c,v} = (1.5c_1 + s_2 + c_2)h$"。

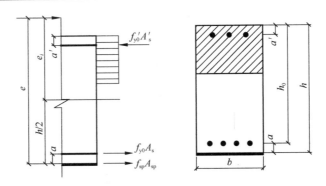

图 1-3-36 对规范图 9.4.2 的修改

(13) 第 144 页，16.3.12 条，宜删去"混凝土承载力"。

(14) 第 184 页，3.2.4 条条文说明，与正文无对应关系，应删去；"3.2.5"应为"3.2.4"。

(15) 第 243 页，倒 8 行，"ACI38-02"应为"ACI318-02"。

【Q1.3.110】《加固规范》5.3.2 条公式（5.3.2-2）中的三面围套新增混凝土截面积 A_c 如何确定？

【A1.3.110】今见到两种做法，如图 1-3-37 所示，A_c 为图中阴影部分面积。

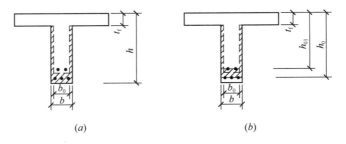

图 1-3-37 三面围套加固

图（a）来源于卜良桃《混凝土结构加固设计规范算例》（第二版，中国建筑工业出版社，2015），图（b）来源于王依群《混凝土结构加固设计计算算例》（第二版，中国建筑工业出版社，2019）。考虑到《混凝土结构设计规范》中混凝土的抗剪贡献按有效面积 bh_0 取值，而且《加固规范》公式（5.3.2-1）中对于新增加的混凝土面积也按照这个思路取为 $b(h_0-h_{01})$，因此，三面围套时用图（b）更为合理。

【Q1.3.111】《加固规范》15.3.1 条规定，受拉钢筋最小锚固长度取 max（$0.3l_s$，$10d$，100mm），受压钢筋最小锚固长度取 max（$0.6l_s$，$10d$，100mm），为何这里受压反而比受拉取值还大？

【A1.3.111】试验表明，在钢筋埋入的浅层区，受压钢筋对混凝土会产生类似尖锥的劈裂作用，致使该区域混凝土对植筋受压承载力没有贡献，这样，其有效埋深会小于锚固深度，故规定的锚固长度大一些。受拉钢筋没有类似现象。

【Q1.3.112】如何理解《加固规范》的 16.3.12 条？

【A1.3.112】该验算公式参考了 ACI318-05 的附录 D，其含义，按照《加固规范》中符号规定，可写成：

为防止锚栓的破坏，应满足：
$$\left(\frac{N}{N_{\mathrm{t}}^{\mathrm{a}}}\right)^{2} + \left(\frac{V}{V^{\mathrm{a}}}\right)^{2} \leqslant 1.0$$

为防止混凝土的破坏，应满足：
$$\left(\frac{N}{N_{\mathrm{t}}^{\mathrm{c}}}\right)^{1.5} + \left(\frac{V}{V^{\mathrm{c}}}\right)^{1.5} \leqslant 1.0$$

在《混凝土结构后锚固技术规程》JGJ 145—2013 中可看到类似的规定。

以上两个公式，也可以近似用一个公式表达（这是 ACI318-14 推荐的）：
$$\frac{N}{N_{\mathrm{t,min}}} + \frac{V}{V_{\mathrm{v,min}}} \leqslant 1.2$$
$$N_{\mathrm{t,min}} = \min(N_{\mathrm{t}}^{\mathrm{a}}, N_{\mathrm{t}}^{\mathrm{c}})$$
$$V_{\mathrm{v,min}} = \min(V^{\mathrm{a}}, V^{\mathrm{c}})$$

且当 $N/N_{\mathrm{t,min}} \leqslant 0.2$（或 $V/V_{\mathrm{v,min}} \leqslant 0.2$）时可以忽略之。

【Q1.3.113】《混凝土异形柱结构技术规程》JGJ 149—2017 有没有勘误？

【A1.3.113】以 2017 年 11 月第一次印刷本为例，今将笔者发现的疑似差错汇总于表 1-3-3。

《混凝土异形柱结构技术规程》疑似差错　　　　表 1-3-3

序号	页码	疑似差错	修改建议	备注
1	20	公式（5.2.2-1）：$f_{\mathrm{c}}b_{\mathrm{c}}h_{\mathrm{c}0}$	$f_{\mathrm{t}}b_{\mathrm{c}}h_{\mathrm{c}0}$	
2	22	公式（5.3.2-1）：$f_{\mathrm{v}}b_{j}h_{j}$	$f_{\mathrm{c}}b_{j}h_{j}$	
3	40	l_{abE}	l_{aE}	依据非抗震时的规定推理，应为 l_{aE}
4	58	第 4 段第 4 行：在基本振型地震作用下	在规定水平力作用下	

2 钢结构

2.1 试题

题 1～8

某露天原料堆场，设置有两台桥式吊车，起重量 $Q=16\mathrm{t}$，中级工作制；堆场跨度为 30m，长 120m，柱距 12m，纵向设置双片十字交叉形柱间支撑。栈桥柱的构件尺寸及主要构造，如图 2-1-1 所示，采用 Q235B 钢，焊接采用 E43 型焊条。

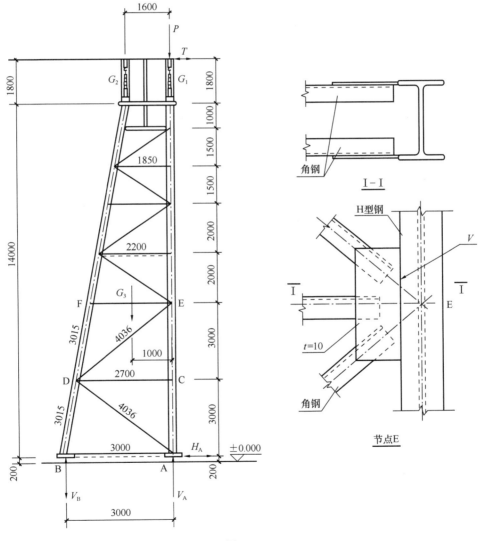

图 2-1-1

(1) 结构自重　吊车梁 $G_1=40\mathrm{kN}$；辅助桁架 $G_2=20\mathrm{kN}$；栈桥柱 $G_3=50\mathrm{kN}$。
(2) 吊车荷载　垂直荷载 $P=583.4\mathrm{kN}$；横向水平荷载 $T=18.1\mathrm{kN}$。

121

以上均为标准值,且已计入多台吊车的折减。

提示:依据《建筑结构可靠性设计统一标准》GB 50068—2018 进行荷载效应组合。

1. 在结构自重和吊车荷载共同作用下,栈桥柱外肢 BD 的最大压力设计值(kN),与下列何项数值最为接近?

A. 123 B. 162 C. 167 D. 180

2. 在结构自重和吊车荷载共同作用下,栈桥柱吊车肢 AC 的最大压力设计值(kN),与下列何项数值最为接近?

A. 750 B. 1030 C. 1050 D. 1110

3. 在结构自重和吊车荷载共同作用下,栈桥柱底部斜杆 AD 的最大压力设计值(kN),与下列何项数值最为接近?

A. 25 B. 30 C. 37 D. 42

4. 栈桥柱腹杆 DE 采用两个中间无连系的等边角钢,其截面∟125×8 ($i_x=38.3$mm,$i_{min}=25$mm),当按轴心受压构件计算稳定性时,试问,以下说法,何项符合《钢结构设计标准》GB 50017—2017 的要求?

A. 取有效截面系数为 0.85 B. 取折减系数 $\eta=0.742$
C. 取折减系数 $\eta=0.818$ D. 取强度折减系数为 0.85

5. 栈桥柱腹杆 DE 采用两个中间有缀条连系的等边角钢,其截面∟75×6 ($i_x=23.1$mm,$i_{min}=14.9$mm),当按轴心受压构件计算稳定性时,试问,构件抗压强度设计值 f 的折减系数,与下列何项数值最为接近?

A. 0.862 B. 0.836 C. 0.821 D. 0.810

6. 栈桥柱腹杆 CD 作为减小受压肢长细比的杆件,假定采用两个中间无连系的等边角钢,试问,杆件最经济合理的截面,与下列何项数值最为接近?

A. ∟90×6 ($i_x=27.9$mm,$i_{min}=18$mm)
B. ∟80×6 ($i_x=24.7$mm,$i_{min}=15.9$mm)
C. ∟75×6 ($i_x=23.1$mm,$i_{min}=14.9$mm)
D. ∟63×6 ($i_x=19.3$mm,$i_{min}=12.4$mm)

7. 在施工过程中,吊车资料变更,根据最新的吊车资料,栈桥柱外肢底座最大拉力设计值 $V_B=108$kN,原设计地脚锚栓为 2M30,试问,在新的情况下,地脚锚栓的拉应力(N/mm²),与下列何项数值最为接近?

A. 76.1 B. 96.3 C. 152.2 D. 192.6

8. 根据最新的吊车资料,栈桥柱吊车肢最大压力设计值 $N_{AE}=1204$kN,原设计柱肢截面为 H400×200×8×13($r=13$mm,$A=8337$mm²,$i_x=168$mm,$i_y=45.6$mm)。试问,当柱肢 AE 按轴心受压构件计算稳定性时,验算式左侧所得数值,与下列何项最为接近?

提示:不考虑柱肢各段内力变化对计算长度的影响。

A. 0.662 B. 0.762 C. 0.880 D. 0.914

题 9. 一座建于设防烈度为 7 度(0.10g)地区的钢结构建筑,其工字形截面梁与工字形截面柱为刚性节点连接;梁翼缘厚度中面线间的距离 $h_{b1}=2700$mm,柱翼缘厚度中面线间的距离 $h_{c1}=450$mm。试问,对节点仅按照稳定性的要求计算时,节点域腹板的最小计

算厚度 t_w（mm），与下列何项数值最为接近？

A. 35　　　　B. 25　　　　C. 15　　　　D. 12

题 10. 某钢管结构，其弦杆的轴心拉力设计值 $N=1050$kN，受施工条件的限制，弦杆的工地拼接采用在钢管端部焊接法兰盘端板的高强度螺栓连接，选用 M22 的高强度螺栓，其性能等级为 8.8 级，摩擦面的抗滑移系数 $\mu=0.5$。法兰盘端板的抗弯刚度很大，不考虑附加拉力的影响。试问，所需高强度螺栓的数量（个），采用以下何项数值可以满足规范要求且最合理？

A. 6　　　　B. 8
C. 10　　　 D. 12

题 11. 箱形柱的柱脚如图 2-1-2 所示，采用 Q235 钢材，E43 系列焊条，柱底端刨平，沿柱周边用角焊缝与柱底板焊接。试问，当柱顶作用有轴心压力设计值 $N=$

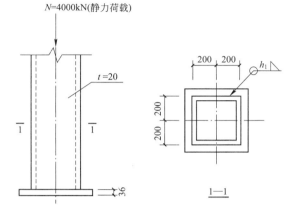

图 2-1-2

4000kN（静力荷载且已计入柱子自重），所需的直角角焊缝的焊脚尺寸 h_f（mm），以下何项满足相关规范要求且最经济？

A. 10　　　　B. 14　　　　C. 16　　　　D. 20

题 12. 某工地拼接实腹梁的受拉翼缘板，采用高强度螺栓摩擦型连接，如图 2-1-3 所示。

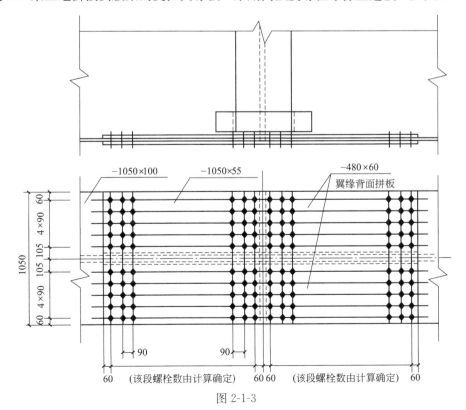

图 2-1-3

受拉翼缘板的截面为 -1050×100，$f=305\text{N/mm}^2$，$f_u=520\text{N/mm}^2$。高强度螺栓采用 M24（标准孔，孔径 $d_0=26\text{mm}$），10.9 级，摩擦面抗滑移系数 $\mu=0.4$。试问，在要求高强度螺栓的承载力不低于板件承载力的条件下，拼接螺栓的数目，与下列何项数值最为接近？

提示：(1) 按《钢结构设计标准》GB 50017—2017 作答；
(2) 板件的承载力取为其净截面承载力和毛截面承载力的较小者。

A．260　　　　　B．220　　　　　C．240　　　　　D．270

题 13．某大跨度主桁架，节间长度为 6m，桁架弦杆侧向支撑点之间的距离为 12m，试问，采用图 2-1-4 中何种截面形式才较为合理？

提示：$y—y$ 轴为桁架平面。

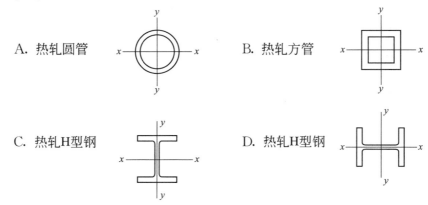

图 2-1-4

题 14．受拉板件在工地采用高强度螺栓摩擦型连接，有 4 种连接形式，如图 2-1-5 所示。已知钢材为 Q235 钢，板件尺寸为 -400×22，螺栓公称直径 M20，10.9 级，标准孔，抗滑移系数 $\mu=0.45$。盖板厚度为 12mm。试问，对图中 4 种连接计算板件的承载力，以下何项的判断是正确的？

提示：按《钢结构设计标准》GB 50017—2017 作答，不考虑块状撕裂。

A．图 (a) 和图 (b) 的承载力相等　　　B．图 (d) 的承载力最大
C．图 (c) 的承载力最大　　　　　　　D．四种连接承载力均相等

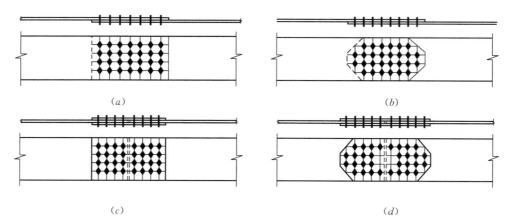

图 2-1-5

题 15～24

某宽厚板车间冷床区为三跨等高厂房，跨度均为 35m，边列柱间距为 10m，中列柱间距 20m，局部 60m。采用三跨连续式焊接工字形屋架，其间距为 10m，屋面梁与钢柱为固接，厂房屋面采用彩色压形钢板，屋面坡度为 1/20，檩条采用多跨连续式 H 型钢檩条，其间距为 5m，檩条与屋面梁搭接。屋面梁檩条及屋面上弦水平支撑的局部布置示意如图 2-1-6（a）所示，且系杆仅与檩条相连。

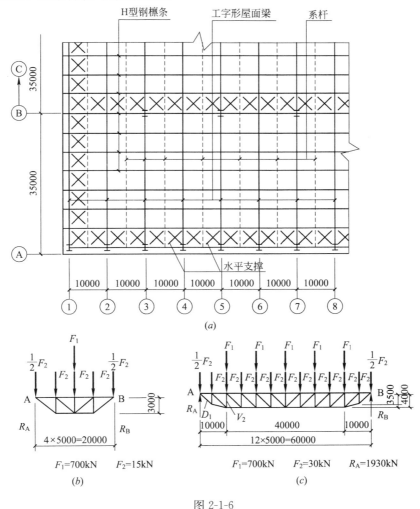

图 2-1-6

(a) 屋面梁、檩条及屋面上弦水平支撑局部布置；(b) 20m 跨度托架计算简图；(c) 60m 跨度托架计算简图

中列柱柱顶设置有 20m 和 60m 跨度的托架，托架与钢柱采用铰接连接，托架的简图和荷载设计值如图 2-1-6(b)、(c) 所示，屋面梁支撑在托架竖杆的侧面，且屋面梁的顶面略高于托架顶面约 150mm。

檩条、屋面梁、20m 跨度托架，均采用 Q235 钢；60m 托架采用 Q345B。手工焊接时，分别用 E43、E50，焊缝质量二级。

20m 托架采用轧制 T 型钢，T 型钢翼缘板与托架平面垂直；60m 托架杆件采用轧制 H 型钢，腹板与托架平面相垂直。

15. 假定，屋面均布荷载设计值（包括檩条自重，水平投影方向）$q=1.5\text{kN/m}^2$，试问，多跨（≥5跨）连续檩条支座处最大弯矩设计值（kN·m），与下列何项数值最为接近？

提示：可按照 $M=0.105ql^2$ 计算。

A. 90　　　　　　B. 80　　　　　　C. 70　　　　　　D. 50

16. 屋面梁的弯矩设计值 $M=2450\text{kN·m}$，采用双轴对称的焊接工字形截面，翼缘板为 -350×16，腹板为 -1500×12，$A=29200\text{mm}^2$，$I_x=9.810\times10^9\text{mm}^4$，$W_x=1.281\times10^7\text{mm}^3$，截面无孔。

试问，当对该梁上翼缘依据规范验算抗弯强度时，公式左侧求得的数值（N/mm²），与下列何项数值最为接近？

A. 182　　　　　　B. 190　　　　　　C. 200　　　　　　D. 206

17. 试问，20m 托架支座反力设计值（kN）与下列何项数值最为接近？

A. 730　　　　　　B. 350　　　　　　C. 380　　　　　　D. 372.5

18. 20m 托架上弦杆的轴心压力设计值 $N=1217\text{kN}$，采用轧制 T 型钢，T200×408×21×21，$r=22\text{mm}$，$i_x=53.9\text{mm}$，$i_y=97.4\text{mm}$，$A=12530\text{mm}^2$，试问，当按轴心受压构件进行稳定验算时，公式左侧所得数值与下列何项数值最为接近？

提示：(1) 只给出上弦最大的轴心压力设计值，可不考虑轴心应力变化对杆件计算长度的影响；

(2) 为简化计算，取绕对称轴 λ_y 代替 λ_{yz}。

A. 0.674　　　　　B. 0.707　　　　　C. 0.843　　　　　D. 0.884

19. 20m 托架下弦节点如图 2-1-7 所示，托架各杆件与节点板之间采用强度相等的对接焊缝连接，焊缝质量二级，斜腹杆翼缘板拼接板为 $2-100\times12$，拼接板与节点板之间采用角焊接连接，取 $h_f=6\text{mm}$，试问，按等强连接时，角焊缝长度 l_1（mm）与下列何项数值最为接近？

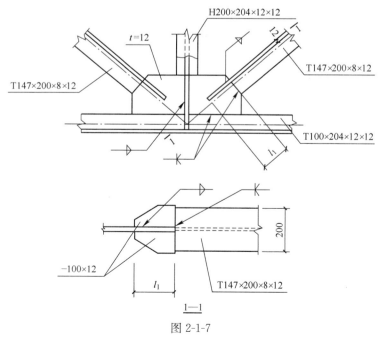

图 2-1-7

A. 360　　　　　B. 310　　　　　C. 260　　　　　D. 210

20. 试问，60m托架端斜杆D1的轴心拉力设计值（kN）与下列何项数值最为接近？
A. 2736　　　　B. 2757　　　　C. 3339　　　　D. 3365

21. 试问，60m托架下弦杆最大轴心拉力设计值（kN）与下列何项数值最为接近？
A. 11969　　　 B. 8469　　　　C. 8270　　　　D. 8094

22. 60m托架上弦杆最大轴心压力设计值$N=8550$kN，拟采用热轧H型钢H428×407×20×35，$r=22$mm，$i_x=182$mm，$i_y=104$mm，$A=36070$mm^2，试问，按轴心受压构件进行稳定验算时，左侧所得数值，应与下列何项数值最为接近？

提示：只给出杆件最大轴心压力值，可不考虑轴心压力变化对杆件计算长度的影响。
A. 1.04　　　　B. 0.982　　　　C. 0.841　　　　D. 0.780

23. 60m托架腹杆V2的轴心压力设计值$N=1855$kN，拟用热轧H型钢H390×300×10×16，$r=13$mm，$i_x=169$mm，$i_y=73.5$mm，$A=13330$mm^2，试问，按轴心受压构件进行稳定验算时，左侧所得数值，应与下列何项数值最为接近？
A. 0.542　　　　B. 0.610
C. 0.830　　　　D. 0.904

24. 60m托架上弦节点如图2-1-8所示，各杆件与节点板间采用等强对接焊缝，质量等级二级，斜腹杆腹板的拼接板为-358×10，试问，当拼接板件与节点板间采用坡口焊接的T形缝时，T形焊缝的长度l_1（mm）与下列何项数值最为接近？
A. 310　　　　　B. 340
C. 560　　　　　D. 620

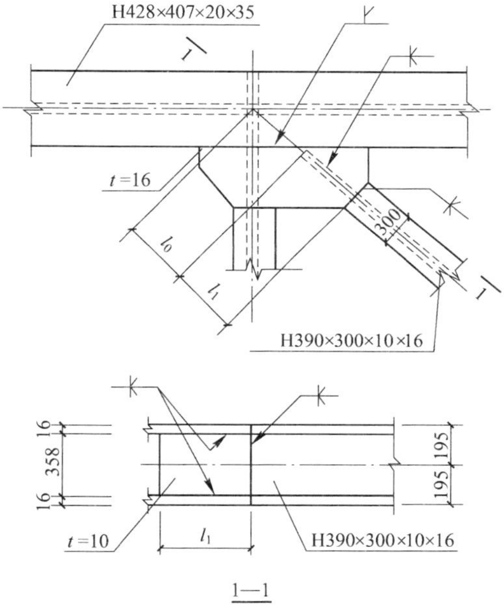

图2-1-8

题25. 在设防烈度为7度（0.15g）地区有一采用框架支撑结构的多层钢结构房屋，试问，下列关于其中心支撑的形式，何项不宜选用？
A. 交叉支撑　　B. 人字支撑　　C. 单斜杆　　D. K型

题26. 有一用Q235制作的钢柱，作用在柱顶的集中荷载设计值$F=2500$kN，拟采用支承加劲肋-400×30传递集中荷载，加劲肋上端刨平顶紧，柱腹板切槽后与加劲肋焊接如图2-1-9所示，取角焊缝焊脚尺寸$h_f=16$mm，试问，焊接长度l_1（mm）与下列何项数值最为接近？

提示：考虑柱腹板沿角焊缝边缘剪切破坏的可能性。
A. 400　　　　　B. 500　　　　　C. 560　　　　　D. 630

题27. 工字形组合截面的钢吊车梁采用Q235D制造，腹板-1300×12，支座最大剪力设计值$V=1005$kN，采用突缘支座，端加劲肋选用-400×20（焰切边），试问，当端部支座加劲肋作为轴心受压构件进行稳定性计算时，左侧所得数值应与下列何项最为接近？

提示：为简化计算，取绕对称轴λ_y代替λ_{yz}。

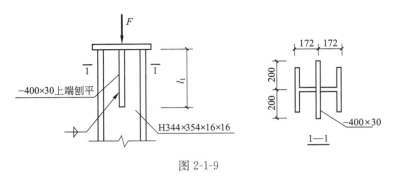

图 2-1-9

A. 0.620　　　　B. 0.566　　　　C. 0.512　　　　D. 0.489

题 28. 下述钢管结构构造要求哪项不妥？

A. 节点处除搭接型节点外，应尽可能避免偏心，各管件轴线之间夹角不宜小于 30 度
B. 支管与主管间连接焊缝应沿全周焊缝连接并平滑过渡，支管壁厚小于 6mm 时，可不切坡口
C. 在支座节点处应将支管插入主管内
D. 主管的直径和壁厚应分别大于支管的直径和壁厚

题 29～36

胶带机通廊悬挂在厂房框架上，通廊宽 8m，两侧为走道，中间为卸料和布料设备。结构布置如图 2-1-10 所示。通廊结构采用 Q235 钢，手工焊使用 E43 焊条，质量等级为二级。

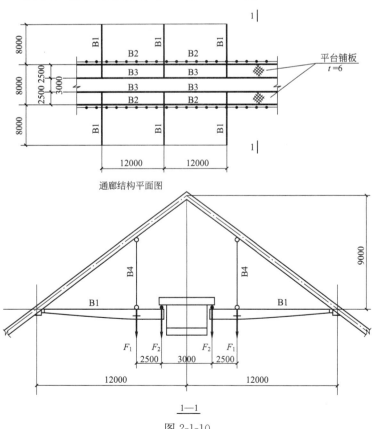

图 2-1-10

29. 轨道梁 B3 支承在横梁 B1 上,已知轨道梁作用在横梁上的荷载设计值(已含结构自重)$F_2=305$kN,试问,横梁最大弯矩设计值(kN·m),应与下列何项数值最为接近?

A. 1525　　　　B. 763　　　　C. 508　　　　D. 381

30. 已知简支平台梁 B2,承受均布荷载,其最大弯矩标准值 $M_x=135$kN·m,采用热轧 H 型钢 H400×200×8×13 制作,$r=13$mm,$I_x=23500×10^4$mm^4,$W_x=1170×10^3$mm^3。试问,该梁的挠度值(mm),与下列何项数值最为接近?

A. 30　　　　B. 42　　　　C. 60　　　　D. 83

31. 已知简支轨道梁 B3,承受均布荷载和卸料设备的动荷载,其最大弯矩设计值 $M_x=450$kN·m,采用热轧 H 型钢 H600×200×11×17 制作,$r=13$mm,$I_x=75600×10^4$mm^4,$W_x=2520×10^3$mm^3。当依据规范对该梁进行抗弯强度验算时,试问,公式左侧求得的最大数值(N/mm^2),与下列何项数值最为接近?

提示:取 $W_{nr}=W_x$。

A. 195　　　　B. 170　　　　C. 160　　　　D. 130

32. 吊杆 B4 由 2[16a 组成,槽钢腹板与节点板之间采用高强度螺栓摩擦型连接,共 6 个 M20 螺栓,沿杆件轴线分两排布置,孔径采用标准孔。吊杆 B4 承受的轴心拉力设计值 $N=520$kN。试问,当按照轴心受拉构件对该拉杆进行净截面和毛截面强度验算时,以下何项是正确的?

提示:(1)仅仅在吊杆端部连接部位有孔;
(2)以下选项,单位均为 N/mm^2。

A. 164<259;164<215
B. 169<215;164<215
C. 112<259;119<215
D. 112<215;119<215

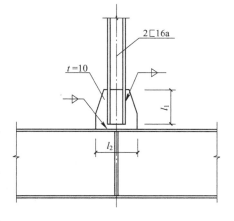

图 2-1-11

33. 吊杆 B4 与横梁 B1 的连接如图 2-1-11 所示,吊杆与节点板连接的角焊缝 $h_f=6$mm;吊杆的轴心拉力设计值 $N=520$kN。试问,角焊缝的实际长度 l_1(mm)应与下列何项数值最为接近?

提示:可通过构造措施保证吊杆端部节点板截面抗撕裂满足要求。

A. 220　　　　B. 280　　　　C. 350　　　　D. 400

34. 同上题的条件,节点板与横梁 B1 连接的角焊缝 $h_f=10$mm,并沿边满焊。试问,节点板的尺寸 l_2(mm)最少取下列何项数值才能满足受力要求?

A. 220　　　　B. 280　　　　C. 350　　　　D. 400

35. 同上题的条件,吊杆与节点板改用铆钉连接,铆钉采用 BL3 钢,孔径为 $d_0=21$mm,按照 II 类孔考虑。试问,铆钉的数量与下列何项数值最为接近?

A. 6　　　　B. 8　　　　C. 10　　　　D. 12

36. 关于轨道梁 B3 与横梁 B1 的连接,试问,采用下列何种连接方法是不妥当的,并简述理由。

A. 铆钉连接　　　　　　　　　　B. 焊缝连接

C. 高强度螺栓摩擦型连接　　　　D. 高强度螺栓承压型连接

题 37～42

某原料均化库厂房，跨度 48m，采用三铰拱刚架结构，并设置有悬挂的胶带机通廊和纵向天窗，厂房剖面如图 2-1-12(a)所示。

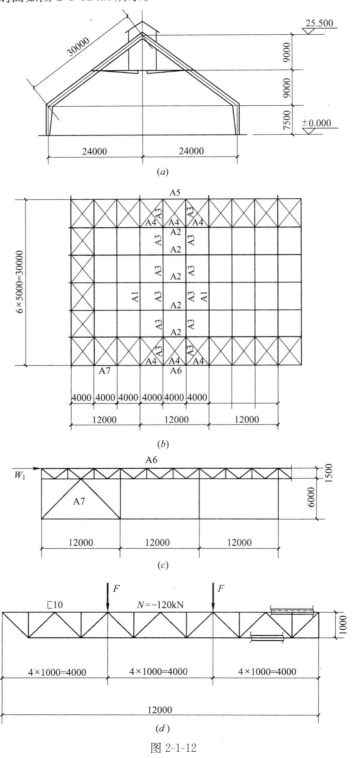

图 2-1-12

刚架梁（A1）、桁架式大檩条（A2）、檩条（A3）及屋面梁水平支撑（A4）的局部布置简图如图 2-1-12(b)所示。屋面采用彩色压型钢板，跨度 4m 的冷弯型钢小檩条（图中未示出），支承在刚架梁和檩条上，小檩条沿屋面坡向的檩距为 1.25m。跨度为 5m 的檩条（A3）支承在桁架式大檩条上；跨度为 12m 的桁架式大檩条（A2）支承在刚架梁（A1）上，其沿屋面坡向的檩距为 5m。刚架柱及柱间支撑（A7）的局部布置简图如图 2-1-12(c)所示。桁架式大檩条结构简图如图 2-1-12(d)所示。

三铰拱刚架结构采用 Q345B 钢材，手工焊接时使用 E50 电焊条；其他结构均采用 Q235B 钢材，手工焊接时使用 E43 电焊条；所有焊接结构，要求焊缝质量等级为二级。

37. 屋面竖向均布荷载设计值为 $1.2kN/m^2$（包括屋面结构自重、雪荷载、灰荷载；按水平投影计算），单跨简支的檩条（A3）在竖向荷载作用下的最大弯矩设计值（kN·m），与下列何项数值最为接近？

A. 15　　　　B. 12　　　　C. 9.6　　　　D. 3.8

38. 屋面的坡向荷载由两道屋面纵向水平支撑平均分担；假定水平交叉支撑（A4）在其平面内只考虑能承担拉力，当屋面竖向均布荷载设计值为 $1.2kN/m^2$ 时，试问，交叉支撑的轴心拉力设计值（kN），与下列何项数值最为接近？

提示：A4 的计算简图如图 2-1-13 所示。

A. 88.6　　　　　　　　B. 73.8
C. 44.3　　　　　　　　D. 34.6

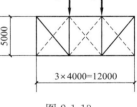

图 2-1-13

39. 山墙骨架柱间距 4m，上端支承在屋面横向水平支承上；假定山墙骨架柱两端均为铰接。当迎风面山墙上的风荷载设计值为 $0.6kN/m^2$ 时，试问，作用在刚架柱顶的风荷载设计值 W_1（kN），与下列何项数值最为接近？

提示：参见图 2-1-12(c)，在刚架柱顶作用风荷载 W_1。

A. 205　　　　B. 172　　　　C. 119　　　　D. 93

40. 桁架大檩条 A2 上弦杆的轴心压力设计值 $N=120kN$，采用 [10, $A=1274mm^2$, $i_x=39.5mm$（x 轴为截面对称轴），$i_y=14.1mm$；槽钢的腹板与桁架平面相垂直。当上弦杆按照轴心受压构件进行稳定性计算时，左侧所得数值，应与下列何项最为接近？

A. 0.470　　　　B. 0.588　　　　C. 0.667　　　　D. 0.798

41. 刚架梁的弯矩设计值 $M_x=5100kN·m$，采用双轴对称的焊接工字形截面；翼缘板为 -400×25（火焰切割边），腹板为 -1500×12，$A=38000mm^2$，$I_x=1.500\times10^{10}$ mm^3，$W_x=1.936\times10^7mm^3$，$i_x=628mm$，$i_y=83.3mm$。当按照规范对该构件进行整体稳定性计算时，试问，左侧所得数值，应与下列何项最为接近？

提示：φ_b 按照近似方法计算。

A. 0.824　　　　B. 0.868　　　　C. 0.940　　　　D. 1.002

42. 刚架柱的弯矩设计值 $M_x=5100kN·m$，轴心压力设计值 $N=920kN$，截面与刚架梁相同（见上题）。当按照压弯构件对该构件进行弯矩作用平面外的稳定性计算时，试问，左侧所得数值，与下列何项最为接近？

提示：取 $\beta_{tx}=0.65$。

A. 0.722　　　　B. 0.773　　　　C. 0.846　　　　D. 0.924

题 43~45

某单层工业厂房，设置有两台 $Q=25/10t$ 的软钩桥式吊车，吊车每侧有两个车轮，轮距 4m，最大轮压标准值 $F_{max}=279.7$kN，横行小车重量标准值 $g=73.5$kN，吊车轨道高度 $h_R=130$mm。

厂房柱距 12m，采用工字形截面的实腹式钢吊车梁，上翼缘板的厚度 $h_y=18$mm，腹板厚 $t_w=12$mm。沿吊车梁腹板平面作用的最大剪力为 V，在吊车梁顶面作用有吊车轮压产生的移动集中荷载 P 和吊车安全走道上的均布荷载 q。

提示：荷载的分项系数依据《建筑结构可靠性设计统一标准》GB 50068—2018 确定。

43. 当吊车为中级工作制时，试问，作用在每个车轮处的横向水平荷载标准值（kN），应与下列何项数值最为接近？

    A. 15.9   B. 8.0   C. 22.2   D. 11.1

44. 假定吊车为重级工作制时，试问，作用在每个车轮处的横向水平荷载标准值（kN），应与下列何项数值最为接近？

    A. 8.0   B. 14.0   C. 28.0   D. 42.0

45. 当吊车工作制为轻、中级或重级时，吊车梁腹板上边缘局部压应力（N/mm²），应与下列何项数值最为接近？

    A. 91.8、91.8、129.8   B. 81.6、85.7、129.8
    C. 81.6、85.7、121.1   D. 85.7、85.7、121.1

题 46. 关于钢与混凝土组合梁，以下何项观点符合《钢结构设计标准》GB 50017—2017 的要求？

    A. 组合梁的挠度应分别按照荷载的频遇组合和准永久组合进行计算，并以较大者作为依据

    B. 用弯矩调幅设计法计算组合梁的强度时，对受负弯矩的组合梁截面不考虑弯矩和剪力的相互影响

    C. 连续组合梁应验算负弯矩区段混凝土的最大裂缝宽度，其负弯矩内力应按考虑混凝土开裂的弹性分析方法计算并进行调幅

    D. 按标准第 14 章设计的组合梁，钢梁受压区的板件宽厚比应符合标准第 10 章塑性设计的规定

题 47~48

某屋盖工程的大跨度主桁架结构使用 Q345B 钢材，其所有杆件均采用 H 形钢。H 形钢的腹板与桁架平面垂直。桁架端节点斜杆轴心拉力设计值 $N=4900$kN。

47. 桁架端节点采用两侧外贴节点板的高强度螺栓摩擦型连接，如图 2-1-14 所示。螺栓采用 10.9 级 M27 高强度螺栓（标准孔），摩擦面抗滑移系数取 0.4。试问，顺内力方向每排螺栓数量（个），应与下列何项数值最为接近？

提示：图中杆件采用热轧 H 型钢，经计算，均满足净截面强度要求。

    A. 5   B. 6   C. 7   D. 8

48. 现将杆件截面改为焊接 H 形，同时，端节点改为等强对接焊缝形式，如图 2-1-15 所示。在斜杆轴心拉力作用下，节点板将沿 AB—BC—CD 破坏线撕裂。假定，AB=CD=400mm，其抗剪折算系数均取 $\eta=0.7$，BC=16mm。试问，当斜杆轴心拉力设计值 $N=$

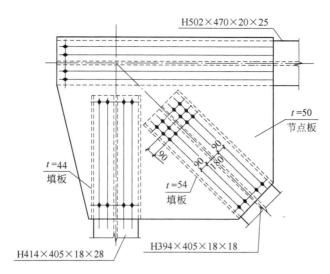

图 2-1-14

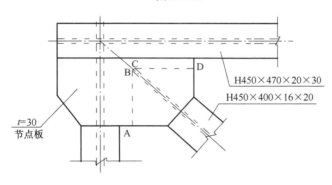

图 2-1-15

4900kN 时，在节点板破坏线上形成的拉应力（N/mm²），应与下列何项数值最为接近？

提示：图中杆件均采用焊接工字形截面。

A. 84　　　　　B. 142　　　　　C. 178　　　　　D. 284

题 49～54

某厂房的纵向天窗宽 8m，高 4m，采用彩色压型钢板屋面，冷弯型钢檩条。天窗架、檩条、拉条、撑杆和天窗上弦水平支撑局部布置简图如图 2-1-16（a）所示；工程中通常采用的三种形式天窗架的结构简图分别如图 2-1-16（b）、（c）、（d）所示。所有构件均采用 Q235 钢，手工焊接时使用 E43 型焊条，要求焊缝质量等级为二级。

49. 桁架式天窗架如图 2-1-16（b）所示，试问，天窗架支座 A 水平反力 R_H 的设计值（kN），应与下列何项数值最为接近？

A. 3.3　　　　　B. 4.2　　　　　C. 5.5　　　　　D. 6.6

50. 在图 2-1-16（b）中，假定杆件 AC 在各节间最大轴心压力设计值 $N=12$kN。采用 ⌐⌐100×6，$A=2386$mm²，$i_x=31$mm，$i_y=43$mm。当依据规范对该轴心受压构件进行稳定性计算时，试问，公式左侧所得数值，应与下列何项最为接近？

提示：在确定桁架平面外的计算长度时不考虑各节间内力变化的影响。

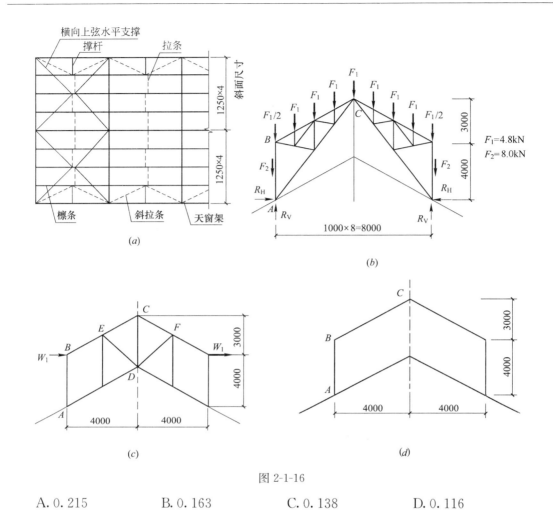

图 2-1-16

A. 0.215　　　B. 0.163　　　C. 0.138　　　D. 0.116

51. 竖杆式天窗架如图 2-1-16(c)所示。在风荷载作用下，假定天窗斜杆（DE、DF）仅承担拉力。试问，当风荷载设计值 $W_1=2.5$ kN 时，DF 杆的轴心拉力设计值（kN）应与下列何项数值最为接近？

A. 8.0　　　B. 9.2　　　C. 11.3　　　D. 12.5

52. 在图 2-1-16(c)中，杆件 CD 的轴心压力很小（远小于其承载能力的 50%），可按长细比选择截面，试问，下列何项截面较为经济合理？

A. ∟45×5（$i_{min}=17.2$mm）　　　B. ∟50×5（$i_{min}=19.2$mm）

C. ∟56×5（$i_{min}=21.7$mm）　　　D. ∟70×5（$i_{min}=27.3$mm）

53. 两铰拱式天窗架如图 2-1-16（d）所示，斜梁的最大弯矩设计值 $M_x=30.2$ kN·m，采用热轧 H 型钢 H200×100×5.5×8，$r=8$mm，$A=2666$mm²，$W_x=181×10^3$mm³，$i_x=82.2$mm，$i_y=22.3$mm，当依据规范对该构件进行整体稳定性计算时，试问，公式左侧所得数值，应与下列何项最为接近？

提示：φ_b 按受弯构件整体稳定系数近似方法计算。

A. 0.797　　　B. 0.840　　　C. 0.989　　　D. 1.034

54. 在图 2-1-16（d）中，立柱的最大弯矩设计值 $M_x=30.2$ kN·m，轴心压力设计值

$N=29.6$kN，采用热轧 H 型钢 H194×150×6×9，$r=8$mm，$A=3810$mm^2，$W_x=271\times10^3$mm^3，$i_x=83$mm，$i_y=36.4$mm。作为压弯构件，试问，当对弯矩作用平面外的稳定性计算时，公式左侧所得数值，应与下列何项最为接近？

提示：(1) 应力梯度 $\alpha_0=1.844$；

(2) 取 $\beta_{tx}=1$。

A. 0.797　　　　B. 0.840　　　　C. 0.958　　　　D. 0.725

题 55. 以下观点，何项符合《钢结构设计标准》GB 50017—2017 的规定？

A. 梁柱节点区柱腹板横向加劲肋设置时，中面线宜与梁翼缘中面线对齐

B. 梁柱采用刚性连接时，节点域的承载力应满足 $\dfrac{M_{b1}+M_{b2}}{V_p} \leqslant \dfrac{4}{3}f_v$

C. 梁柱节点宜采用柱贯通，但当柱壁板厚度小于翼缘厚度较多时，宜采用隔板贯通式

D. 当节点域厚度不能满足要求时，可采用加大节点域柱腹板厚度措施予以加强，加厚的范围应伸出上下翼缘外不少于 100mm

题 56. 对方形斜腹杆塔架结构，当从结构构造和节省钢材方面综合考虑时，试问，在图 2-1-17 中，何种截面形式的竖向分肢杆件不宜采用？

图 2-1-17

A. 热轧方钢管　　　　　　　　　　B. 热轧圆钢管

C. 热轧 H 型钢组合截面　　　　　　D. 热轧 H 型钢

题 57～63

某多跨厂房，中列柱的柱距为 12m，采用钢吊车梁。已知吊车梁的截面尺寸如图 2-1-18 (a) 所示，吊车梁采用 Q345 钢，使用自动焊和 E50 型焊条的手工焊。吊车梁上行驶两台重级工作制的软钩桥式吊车，起重量 $Q=50/10$t，小车重 $g=15$t，吊车桥架跨度 $L_k=28.0$m，最大轮压标准值 $P_{k,max}=470$kN。一台吊车的轮压分布如图 2-1-18 (b) 所示。

提示：可变荷载的分项系数取为 1.5。

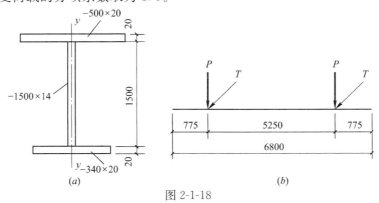

图 2-1-18

(a)吊车梁截面尺寸；(b)吊车轮压分布

57. 每个轮压处因吊车摆动引起的横向水平荷载标准值（kN），应与下列何项数值最为接近？

A. 16.3　　　　B. 34.1　　　　C. 47.0　　　　D. 65.8

58. 吊车梁承担作用在垂直平面内的弯矩设计值 $M_x=4302\mathrm{kN\cdot m}$，对吊车梁下翼缘的净截面模量 $W_{\mathrm{nx}}^{\mathrm{F}}=16169\times 10^3\mathrm{mm}^3$，试问，在该弯矩作用下，对吊车梁截面下边缘进行强度验算，公式左侧所得数值（N/mm²），与下列何项最为接近？

提示：当按全截面受弯计算时，中和轴距离截面上边缘为 706mm；惯性矩 $I_x=1.3485\times 10^{10}\mathrm{mm}^4$。

A. 266　　　　B. 280　　　　C. 291　　　　D. 301

59. 吊车梁支座处最大剪力设计值 $V=1727.8\mathrm{kN}$，采用突缘支座，计算剪应力时，可按近似公式 $\tau=\dfrac{1.2V}{ht_\mathrm{w}}$ 进行计算，式中，h、t_w 分别为腹板高度与厚度。试问，吊车梁支座剪应力（N/mm²），应与下列何项数值最为接近？

A. 80.6　　　　B. 98.7　　　　C. 105.1　　　　D. 115.2

60. 吊车梁承担作用在垂直平面内的弯矩标准值 $M_\mathrm{k}=2820.6\mathrm{kN\cdot m}$，吊车梁的毛截面惯性矩 $I_x=1348528\times 10^4\mathrm{mm}^4$，试问，该吊车梁的挠度（mm），应与下列何项数值最为接近？

提示：垂直挠度可按下式近似计算 $f=\dfrac{M_\mathrm{k}L^2}{10EI_x}$，式中，$M_\mathrm{k}$ 为垂直弯矩标准值，L 为吊车梁的跨度，E 为钢材弹性模量，I_x 为吊车梁的截面惯性矩。

A. 9.2　　　　B. 10.8　　　　C. 12.1　　　　D. 14.6

61. 吊车梁采用突缘支座，支座加劲肋与腹板采用角焊缝连接，取 $h_\mathrm{f}=8\mathrm{mm}$，当支座剪力设计值 $V=1727.8\mathrm{kN}$ 时，试问，角焊缝的剪应力（N/mm²），应与下列何项数值最为接近？

A. 104　　　　B. 120　　　　C. 135　　　　D. 142

62. 试问，由两台吊车垂直荷载产生的吊车梁支座处的最大剪力设计值（kN），应与下列何项数值最为接近？

A. 1667.8　　　　B. 1787.0　　　　C. 1191.3　　　　D. 1083.0

63. 试问，由两台吊车垂直荷载产生的吊车梁的最大弯矩设计值（kN·m），应与下列何项数值最为接近？

A. 4416　　　　B. 2944　　　　C. 3747　　　　D. 4122

题 64~70

某电力炼钢车间单跨厂房，跨度 30m，长 168m，柱距 24m，采用轻型外围结构。厂房内设置两台 $Q=225/50\mathrm{t}$ 重级工作制软钩桥式吊车，吊车轨面标高 26m，屋架间距 6m，柱顶设置跨度为 24m 的托架，托架与屋架平接。沿厂房纵向设有上部柱间支撑和双片的下部柱间支撑，柱子和柱间支撑布置如图 2-1-19（a）所示。厂房框架采用单阶钢柱，柱顶与屋面刚接，柱底与基础假定为刚接，钢柱的简图和截面尺寸如图 2-1-19（b）所示。钢柱采用 Q345 钢，焊条用 E50 型，柱翼缘板为焰切边。

根据内力分析，厂房框架上段柱和下段柱的内力设计值如下：

上段柱：$M_1=2250\mathrm{kN\cdot m}$；$N_1=4357\mathrm{kN}$；$V_1=368\mathrm{kN}$

下段柱：$M_2=12950\mathrm{kN\cdot m}$；$N_2=9820\mathrm{kN}$；$V_2=512\mathrm{kN}$

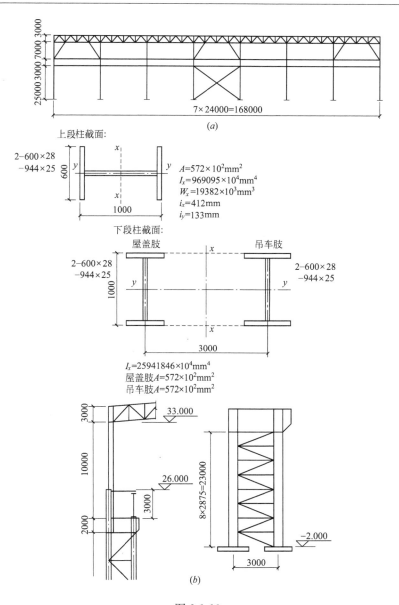

图 2-1-19

64. 试问，在框架平面内，上段柱高度 H_1（mm），应与下列何项数值最为接近？
A. 7000　　　B. 10000　　　C. 11500　　　D. 13000

65. 试问，在框架平面内，上段柱计算长度系数应与下列何项数值最为接近？
提示：（1）下段柱的惯性矩已考虑腹杆变形影响；
（2）屋架下弦设有纵向水平撑和横向水平撑。
A. 1.51　　　B. 1.31　　　C. 1.21　　　D. 1.12

66. 已经求得上段柱弯矩作用平面外的轴心受压构件稳定系数 $\varphi_y=0.786$，试问，上段柱作为压弯构件，进行框架平面外稳定性验算时，公式左侧所得数值，应与下列何项数值最为接近？
提示：应力梯度 $\alpha_0=1.18$；取 $\beta_{tr}=1.0$。

A. 0.678　　　　B. 0.731　　　　C. 0.814　　　　D. 0.847

67. 下段柱吊车肢柱的轴心压力设计值 $N=9759.5\text{kN}$，采用焊接 H 形钢 H1000×600×25×28，$A=57200\text{mm}^2$，$i_x=412\text{mm}$，$i_y=133\text{mm}$。吊车肢柱作为轴心受压构件，进行框架平面外稳定验算时，试问，公式左侧所得数值，应与下列何项最为接近？

A. 0.661　　　　B. 0.752　　　　C. 0.797　　　　D. 0.853

68. 阶形柱采用单壁式肩梁，腹板厚 60mm，肩梁上端作用在吊车肢柱腹板的集中荷载设计值 $F=8120\text{kN}$，吊车肢柱腹板切槽后与肩梁之间用角焊缝连接，采用 $h_f=16\text{mm}$，焊缝长度取为 1900mm。为增加连接强度，柱肢腹板局部由 −944×25 改为 −944×30，试问，角焊缝的剪应力（N/mm²），应与下列何项数值最为接近？

提示：该角焊缝内力并非沿侧面角焊缝全长分布。

A. 95　　　　B. 155　　　　C. 173　　　　D. 189

69. 下段柱斜腹杆采用单角钢，钢材为 Q235，截面尺寸为∟160×12，一个角钢的截面积为 $A=3744.1\text{mm}^2$，回转半径 $i_x=49.5\text{mm}$。单角钢与柱肢的翼缘板节点板内侧单面连接，两角钢之间用缀条相连。由下段柱剪力 $V=512\text{kN}$ 求得的两个角钢共同承受的轴压力设计值 $N=709\text{kN}$。试问，当对斜腹杆进行稳定性验算时，公式左侧所得数值，应与下列何项最为接近？

A. 0.988　　　　B. 0.818　　　　C. 0.603　　　　D. 0.705

70. 已知条件同上题，假定斜腹杆与柱肢节点板采用三面围焊缝连接，且角焊缝焊脚尺寸 $h_f=10\text{mm}$，焊条采用 E43 系列。试问，所需角焊缝的总实际长度（mm），取下列何项数值最为经济合理？

A. 260　　　　B. 320　　　　C. 380　　　　D. 430

题 71～75

某皮带运输通廊为钢平台结构，采用钢支架支承平台，固定支架未示出。钢材采用 Q235B，焊条为 E43 型，焊接工字钢，翼缘为火焰切割边，平面布置及构件如图 2-1-20 所示，图中长度单位为 mm。

71. 梁 1 的最大弯矩设计值 $M_{\max}=507.4\text{kN·m}$，考虑截面削弱，取 $W_{nx}=0.9W_x$。试问，强度计算时，梁 1 最大弯曲应力设计值（N/mm²），与下列何项最为接近？

A. 149　　　　B. 157　　　　C. 166　　　　D. 174

72. 条件同上题，平台采用钢格栅板，设置水平支撑保证梁上翼缘平面外稳定，试问，当对梁 1 进行整体稳定验算时，公式左侧求得的数值，与下列何项最为接近？

提示：梁的整体稳定系数 φ_b 采用近似公式计算。

A. 0.898　　　　B. 0.809　　　　C. 0.772　　　　D. 0.730

73. 梁 1 的静力计算简图如图 2-1-21 所示。荷载均为标准荷载：梁 2 传来的永久荷载 $G_k=2\text{kN}$，可变荷载 $Q_k=80\text{kN}$；永久荷载（含梁自重）$g_k=2.5\text{kN/m}$，可变荷载 $q_k=1.8\text{kN/m}$。试问，梁 1 的最大挠度与其跨度的比值，与下列何项数值最为接近？

A. 1/550　　　　B. 1/438　　　　C. 1/376　　　　D. 1/329

74. 假定钢支架 ZJ-1 与基础和平台梁均为铰接，此时支架单肢柱上的轴心压力设计值为 $N=480\text{kN}$。试问，当作为轴心受压构件进行稳定性验算时，公式左侧所得数值，与下列何项最为接近？

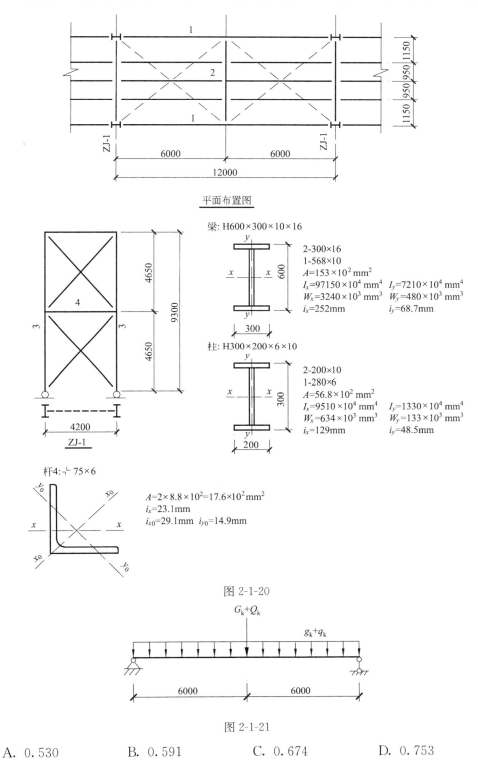

图 2-1-20

图 2-1-21

A. 0.530　　　B. 0.591　　　C. 0.674　　　D. 0.753

75. 钢支架的水平杆（杆4）采用等边双角钢（∟75×6）组成的十字形截面，梁端用连接板焊在立柱上。试问，当按实腹式构件计算时，水平杆两角钢之间的填板数，与下列何项数值最为接近？

A. 3　　　　　　　　　　B. 4
C. 5　　　　　　　　　　D. 6

题 76~78

某工业钢平台主梁，采用焊接工字形截面，如图 2-1-22 所示。$I_x = 41579 \times 10^6 \text{mm}^4$，Q345B 制作。由于长度超长，需要工地拼接。

76. 主梁腹板拟在工地用 10.9 级高强度螺栓摩擦型连接进行双面拼接（采用标准孔），如图 2-1-23 所示。连接处构件接触面处理方式为喷硬质石英砂。拼接处梁的弯矩设计值 $M_x = 6000 \text{kN} \cdot \text{m}$，剪力设计值 $V = 1200 \text{kN}$。试问，主梁腹板拼接所用高强度螺栓的型号，应按下列何项采用？

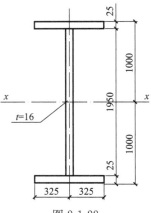

图 2-1-22

提示：弯矩设计值引起的单个螺栓水平方向最大剪力 $N_v^M = \dfrac{M_w y_{max}}{2 \sum y_i^2} = 142.2 \text{kN}$。

A. M16　　　　B. M20　　　　C. M22　　　　D. M24

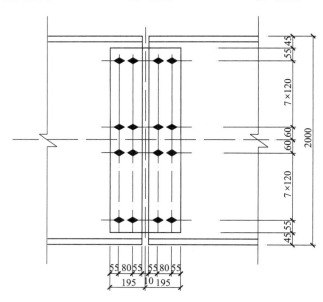

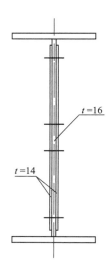

图 2-1-23

77. 主梁翼缘拟在工地用 10.9 级 M24 摩擦型高强度螺栓进行双面拼接，如图 2-1-24 所示，螺栓孔径 $d_0 = 26 \text{mm}$（标准孔），连接处构件接触面处理方式为喷硬质石英砂。试问，当按照等强原则设计时，在拼接头一端，主梁上翼缘拼接所用高强度螺栓的数量（个），与下列何项数值最为接近？

提示：构件承载力取净截面和毛截面时二者的较小者。

A. 12　　　　　B. 18　　　　　C. 24　　　　　D. 30

78. 若将上题中 10.9 级 M24 高强度螺栓摩擦型连接改为 5.6 级 M24 普通螺栓（B 级，孔径 24.5mm），其他条件不变，试问，在拼接头一端，主梁上翼缘拼接所需的普通螺栓数量，与下列何项数值最为接近？

A. 12　　　　　B. 18　　　　　C. 24　　　　　D. 30

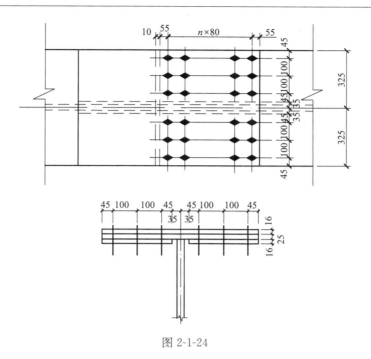

图 2-1-24

题 79~82

某一支架为单向压弯格构式双肢缀条柱结构，如图 2-1-25 所示。截面无削弱，材料为

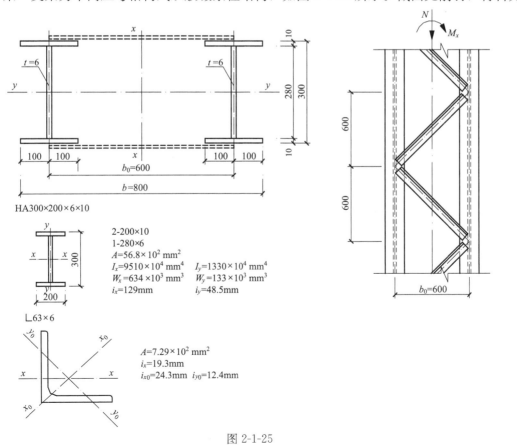

HA300×200×6×10

2-200×10
1-280×6
$A=56.8×10^2 \text{ mm}^2$
$I_x=9510×10^4 \text{ mm}^4$ $I_y=1330×10^4 \text{ mm}^4$
$W_x=634×10^3 \text{ mm}^3$ $W_y=133×10^3 \text{ mm}^3$
$i_x=129 \text{mm}$ $i_y=48.5 \text{mm}$

L63×6

$A=7.29×10^2 \text{ mm}^2$
$i_x=19.3 \text{mm}$
$i_{x0}=24.3 \text{mm}$ $i_{y0}=12.4 \text{mm}$

图 2-1-25

Q235B，E43焊条，手工焊接。柱肢采用HA300×200×6×10（翼缘为火焰切割边），缀条采用∟63×6。该柱承受的荷载设计值为：轴心压力$N=960$kN，弯矩$M_x=210$kN·m，剪力$V=25$kN。柱在弯矩作用平面内有侧移，计算长度$l_{0x}=17.5$m；柱在弯矩作用平面外计算长度$l_{0y}=8$m。

提示：(1) 双肢缀条柱组合截面$I_x=104900\times 10^4$mm^4，$i_x=304$mm。

(2) 分肢截面板件的宽厚比符合作为轴心受压构件时的局部稳定要求。

79. 试问，强度计算时，该格构式双肢缀条柱柱肢翼缘外侧最大压应力设计值（N/mm²），与下列何项数值最为接近？

提示：$W_x=\dfrac{2I_x}{b}=2622.5\times 10^3$mm^3

A. 165　　　　B. 173　　　　C. 178　　　　D. 183

80. 当验算该格构式双肢缀条柱弯矩作用平面内的稳定性，试问，公式左侧得到的数值，与下列何项最为接近？

提示：$N/N'_{Ex}=0.131$；$W_{1x}=\dfrac{2I_x}{b_0}=3497\times 10^3$mm^3；有侧移时，$\beta_{mx}=1.0$。

A. 0.767　　　B. 0.805　　　C. 0.833　　　D. 0.854

81. 当验算格构式柱分肢的稳定性时，试问，公式左侧得到的数值，与下列何项最为接近？

A. 0.767　　　B. 0.805　　　C. 0.833　　　D. 0.851

82. 试问，依据规范验算格构式柱缀条的稳定性时，公式左侧得到的数值，与下列何项最为接近？

提示：计算缀条时，应取实际剪力和按规范公式计算的剪力二者取较大者。

A. 0.135　　　B. 0.170　　　C. 0.191　　　D. 0.242

题83. 试问，计算吊车梁疲劳时，作用在跨间内的下列何种吊车荷载取值是正确的？

A. 荷载效应最大的相邻两台吊车荷载标准值

B. 荷载效应最大的一台吊车荷载设计值乘以动力系数

C. 荷载效应最大的一台吊车荷载设计值

D. 荷载效应最大的一台吊车荷载标准值

题84. 与节点板单面连接的等边角钢轴心压杆，长细比$\lambda=100$，工地高空安装采用焊接，施工条件较差。试问，计算连接时，焊缝强度的折减系数，与下列何项数值最为接近？

A. 0.63　　　　B. 0.675　　　C. 0.765　　　D. 0.9

2.2 答案

1. 答案：D

解答过程：取整体作为研究对象，对 A 点取矩建立平衡方程（取 T 为向左方向），为
$$3V_B = 1.3 \times (1.6 \times G_2 + 1.0 \times G_3) + 1.5 \times 15.8 \times T$$

即
$$3V_B = 1.3 \times (1.6 \times 20 + 1.0 \times 50) + 1.5 \times 15.8 \times 18.1$$
$$= 535.57$$

解出 $V_B = 178.52 \text{kN}$。

B 支座处为铰接，存在竖向力和水平力。建立 B 节点处的平衡，如图 2-2-1 所示，于是

$$\sin\theta = \frac{3000}{3015} = 0.995$$

$$N_{BD} = \frac{V_B}{\sin\theta} = \frac{178.52}{0.995} = 179.4 \text{kN}$$

故选择 D。

点评：《建筑结构荷载规范》GB 50009—2012 的 6.3.1 条规定，计算吊车梁及其连接的承载力时，吊车竖向荷载应乘以动力系数。题目中的情况，不属于"吊车梁及其连接"，不必乘动力系数。

2. 答案：D

解答过程：在 AB 与 CD 之间做水平线，取以上部分为隔离体，并对 D 点取矩，得到平衡方程：
$2.7 N_{AC} = 1.3 \times (2.7 \times G_1 + 1.1 \times G_2 + 1.7 \times G_3) + 1.5 \times (15.8 - 3) \times T + 1.5 \times 2.7 \times P$
即 $2.7 N_{AC} = 1.3 \times (2.7 \times 40 + 1.1 \times 20 + 1.7 \times 50) + 1.5 \times 12.8 \times 18.1 + 1.5 \times 2.7 \times 583.4$

解出 $N_{AC} = 1107.3 \text{kN}$，故选择 D。

点评：解题时注意：

（1）题目图中，吊车横向水平荷载 T 的方向可以向左也可以向右，从以上计算过程可以判断，取 T 方向向右所得 N_{AC} 更大，所以，不必两个方向均计算。

（2）如果以整个的上部结构作为隔离体，则可得到支座反力 V_A 的平衡方程：

$3V_A = 1.3 \times (3 \times G_1 + 1.4 \times G_2 + 2 \times G_3) + 1.5 \times 15.8 \times T + 1.5 \times 3 \times P$

代入数值求得 $V_A = 1125.6 \text{kN}$。此 V_A 并非 AC 杆的受力。A 节点处的受力如图 2-2-2 所示，其中 N_{AC} 才是 AC 杆的受力。

3. 答案：A

解答过程：先求出 A 点处支座反力，然后依据节点处力的平衡可以求出斜杆 AD 的压力。

(1) A 点处支座反力

对 B 点取矩建立平衡方程,为

$$3V_A = 1.3 \times (3G_1 + 1.4G_2 + 2G_3) + 1.5 \times 3P + 1.5 \times 15.8T$$

即

$$3V_A = 1.3 \times (3 \times 40 + 1.4 \times 20 + 2 \times 50) + 1.5 \times 3 \times 583.4 + 1.5 \times 15.8 \times 18.1$$

解出 $V_A = 1125.6 \text{kN}$

(2) 斜杆 AD 的压力

建立 A 节点处的平衡,如图 2-2-2 所示,于是

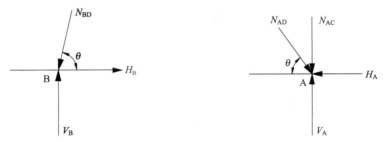

图 2-2-1　B 点处力的平衡　　　图 2-2-2　A 点处力的平衡

$$\sin\theta = \frac{3000}{4036} = 0.743$$

$$N_{AD} = \frac{V_A - N_{AC}}{\sin\theta} = \frac{1125.6 - 1107.3}{0.743} = 24.6 \text{kN}$$

故选择 A。

点评:以上计算 N_{AD} 的过程,是按照题干图中的吊车横向水平荷载 T 方向向右得到的。此时,可使 AD 杆的压力最大。判断方法为:仅考虑水平荷载 T,取 CD 杆以下部分为隔离体,当 T 方向向右时,T 导致的剪力使 AD 杆受压;当 T 方向向左时,T 导致的剪力使 AD 杆受拉。

4. 答案:C

解答过程:依据《钢结构设计标准》GB 50017—2017 的 7.6.1 条第 2 款,折减系数 η 按照下式计算:

$$\eta = 0.6 + 0.0015\lambda$$

对于中间无连系的单角钢压杆,λ 按最小回转半径计算。查表 7.4.1-1,DE 构件在斜平面的计算长度为 $l_0 = 0.9l = 0.9 \times 4036 = 3632 \text{mm}$。

$$\lambda = \frac{l_0}{i_{\min}} = \frac{3632}{25} = 145.3$$

$$\eta = 0.6 + 0.0015\lambda = 0.6 + 0.0015 \times 145.3 = 0.818$$

选择 C。

点评:解答时注意:

(1) 规范表 7.1.3 给出了有效截面系数,用于强度计算,与稳定计算无关。

(2) 规范 7.6.1 条第 1 款所说的强度设计值乘以 0.85,本质上与表 7.1.3 中给出的有

效截面系数 0.85 重复了：因为，强度折减或者面积折减，只能二选一，不能连乘。

5. 答案：D

解答过程：依据《钢结构设计标准》GB 50017—2017 的表 7.4.1-1，由于有节点板，腹杆 DE 在桁架平面内的计算长度为 $l_0=0.8l=0.8\times4036=3229$mm。由于腹杆 DE 在中间有缀条连系，相当于在平面外有支承，桁架平面外计算长度小于 $0.8l$，故只考虑平面内一种情况即可。

$$\lambda=\frac{l_0}{i_x}=\frac{3229}{23.1}=140$$

依据规范的 7.6.1 条第 2 款，强度折减系数为

$$0.6+0.0015\lambda=0.6+0.0015\times140=0.810，故选择 D。$$

点评：对于本题，腹杆 DE 在中间有缀条连系，题目中没有示出，其常见的参考图如下面的图 2-2-3 所示。此时，验算平面内的稳定时，回转半径取对应于平行角钢肢轴的值，不取最小回转半径，对应的，强度折减系数用到的 λ 也按此取值。

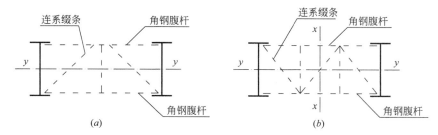

图 2-2-3　连系缀条的布置简图

(a) 分肢距离较近时；(b) 分肢距离较远时

支持笔者观点的文献有：《钢结构设计与计算》第 368 页的算例。

6. 答案：D

解答过程：依据《钢结构设计标准》GB 50017—2017 的 7.4.6 条，对仅用来减小受压长细比的腹杆 CD，取容许长细比 $[\lambda]=200$。依据表 7.4.1-1，腹杆在斜平面的计算长度为 $l_0=0.9l=0.9\times2700=2430$mm。所需最小回转半径 $i_{\min}=\frac{l_0}{[\lambda]}=\frac{2430}{200}=12.2$mm。故选择 D。

7. 答案：B

解答过程：直径为 30mm 的地脚锚栓，其有效截面积为 561mm²，于是，地脚锚栓的应力为

$$\sigma=\frac{N}{A_e}=\frac{108\times10^3}{2\times561}=96.3\text{N/mm}^2$$

故选择 B。

8. 答案：C

解答过程：以 H 型钢截面的强轴记作 x 轴，则平面内计算长度 $l_{0y}=3$m，平面外计算长度 $l_{0x}=14$m。于是

$$\lambda_y=\frac{l_{0y}}{i_y}=\frac{3000}{45.6}=66，\quad \lambda_x=\frac{l_{0x}}{i_x}=\frac{14000}{168}=83$$

查《钢结构设计标准》GB 50017—2017 的表 7.2.1-1，由于 $b/h=200/400=0.5<$

0.8，故截面对 x 轴属于 a 类，对 y 轴属于 b 类。查表得到 $\varphi_x=0.763$，$\varphi_y=0.774$。
由于截面板件宽厚比满足限制要求，故验算整体性定性时采用全截面面积。

$$\frac{N}{\varphi_{\min}Af}=\frac{1204\times10^3}{0.763\times8337\times215}=0.880$$

故选择 C。

9. 答案：A

解答过程：依据《建筑抗震设计规范》GB 50011—2010 的 8.2.5 条，考虑节点域腹板稳定所需的腹板厚度为

$$t_w\geqslant\frac{h_{b1}+h_{c1}}{90}=\frac{2700+450}{90}=35\text{mm}$$

故选择 A。

10. 答案：C

解答过程：依据《钢结构设计标准》GB 50017—2017 的表 11.4.2-2，8.8 级、M22 高强度螺栓的预拉力 $P=150\text{kN}$。一个螺栓的受拉承载力设计值

$$N_t^b=0.8P=0.8\times150=120\text{kN}$$

于是，所需螺栓数为

$$n\geqslant\frac{N}{N_t^b}=\frac{1050}{120}=8.75$$

故选择 C。

11. 答案：A

解答过程：依据《钢结构设计标准》GB 50017—2017 的 12.7.3 条，柱底端所受的剪力按最大压力的 15% 计算，即 $V=0.15\times4000=600\text{kN}$。该力为水平力。按照受剪计算所需的焊脚尺寸，为

$$h_f\geqslant\frac{V}{0.7\times f_f^w\times\sum l_w}=\frac{600\times10^3}{0.7\times160\times(4\times400)}=3.3\text{mm}$$

考虑构造要求，依据表 11.3.5，角焊缝最小焊脚尺寸 $h_{f\min}=8\text{mm}$，故选择 A。

点评：对于本题，有以下几点需要说明：

（1）柱身的最大压力由铣平端传递，焊缝不承受（传递）压力仅承受可能出现的剪力。

（2）通常，将题目中的 4 条焊缝都视为侧焊缝计算即可，把其中的两条视为端焊缝考虑强度提高意义不大。

12. 答案：A

解答过程：依据《钢结构设计标准》GB 50017—2017 的 7.1.1 条确定翼缘板的承载力，并据此得到所需螺栓数。

一个高强度螺栓摩擦型连接时的抗剪承载力设计值为：

$$N_v^b=0.9kn_f\mu P=0.9\times1.0\times2\times0.4\times225=162\text{kN}$$

（1）按毛截面计算

按毛截面计算的板件承载力为：

$$Af=1050\times100\times305=32025\times10^3\text{N}$$

据此可得所需螺栓数为：

$$n\geqslant\frac{32025}{162}=197.7$$

(2) 按净截面计算

依据表 11.5.2 下注释 3，按孔径为 24+4=28mm 计算净截面积。

$$N_f = \frac{0.7 A_n f_u}{1-0.5\frac{n_1}{n}} = \frac{0.7 \times 100 \times (1050-10\times 28) \times 520}{1-0.5\times \frac{10}{n}} = \frac{28028 \times 10^3}{1-\frac{5}{n}}$$

要求

$$\frac{28028\times 10^3}{1-\frac{5}{n}} \leqslant n\times N_v^b = n\times 162\times 10^3$$

可以解出 $n \geqslant 178$ 个。可见，净截面控制设计。

(3) 螺栓布置并复核

由于取净截面和毛截面所得承载力较小者配置螺栓，同时考虑到一排布置 10 个螺栓，故选择 180 个，布置成 18 排，此时，连接长度为 $17\times 90 = 1530\text{mm} > 15 d_0 = 15\times 26 = 390\text{mm}$。依据《钢结构设计标准》GB 50017—2017 的 11.4.5 条，折减系数为

$$\eta = 1.1 - \frac{l_1}{150 d_0} = 1.1 - \frac{1530}{150\times 26} = 0.708 > 0.7$$

$180\times 0.708 = 127.4 < 178$，因此，不能满足要求螺栓群承载力大于等于板件承载力的要求。

$178/0.708 = 251.4$ 个，取 260 个。此时，按公式求得的折减系数小于 0.7，取为最小值 0.7。

此时，考虑折减后的螺栓群受剪承载力：

$$\eta n N_v^b = 0.7\times 260\times 162 = 29484\text{kN}$$

此时，按净截面求得的板件承载力：

$$N_f = \frac{0.7 A_n f_u}{1-0.5\frac{n_1}{n}} = \frac{28028\times 10^3}{1-\frac{5}{260}} = 28578\times 10^3 \text{N} < \eta n N_v^b = 29484\text{kN}$$

满足"螺栓群承载力不低于板件承载力"的要求。

综上，布置 260 个螺栓，选择 A。

点评：对于本题，有以下几点需要说明：

(1) 由于规范更新，此处的公式与《钢结构高强度螺栓连接技术规程》JGJ 82—2011 不再协调，因此，给出提示要求依据最新的规范答题。

(2) 考虑高强度螺栓摩擦型连接的承载力不小于构件净截面的承载力，可得所需的螺栓数公式。试演如下：

$$\frac{0.7 A_n f_u}{1-0.5\frac{n_1}{n}} \leqslant n\times N_v^b$$

于是，可以解出

$$n \geqslant \frac{0.7 A_n f_u}{N_v^b} + 0.5 n_1$$

对于本题，若取折减系数为 0.708 确定所需螺栓数，则：

$$n \geqslant \frac{0.7 A_n f_u}{N_v^b} + 0.5 n_1 = \frac{28028\times 10^3}{0.708\times 162\times 10^3} + 0.5\times 10 = 249$$

取 250 个。此时，按公式求得的折减系数小于 0.7，取为最小值 0.7。最后得到的螺栓群承载力会小于翼缘板的承载力，不满足要求。

(3)《钢结构设计标准》GB 50017—2017 的表 11.5.2 规定了螺栓孔的布置要求，与原 2003 规范相比没有变化。只是，表下增加了注释 3："计算螺栓孔引起的截面削弱时可取 $d+4$mm 和 d_0 的较大者。"这条规定放在 7.1.1 条对净截面积 A_n 加以说明会更恰当。

在 2005 版美国钢结构规范的 D3.2 条有类似的规定（2016 版规范是在 B4.3b 条），要求计算受拉和受剪的净截面积时，螺栓孔直径取孔的公称直径加上 1/16 英寸（折合 2mm）。其原因是，冲孔过程会对孔周围的材料有破坏。

13. 答案：D

解答过程：对于轴心受压构件，符合等稳定条件（$\lambda_x \approx \lambda_y$）的截面才比较合理。今平面外计算长度为平面内计算长度的 2 倍，因此，要求截面应有 $i_y \approx 2i_x$，即 $I_y \approx 4I_x$。图中，只有 D 选项 y 轴为强轴，有可能满足此条件。故选择 D。

14. 答案：D

解答过程：依据《钢结构设计标准》GB 50017—2017 的 7.1.1 条计算。

对于毛截面，应满足 $N \leqslant Af$。

对于净截面，应满足下式要求：

$$N \leqslant \frac{A_n \times (0.7 f_u)}{1 - 0.5 \frac{n_1}{n}}$$

板件总的承载力取以上两式的较小者。

由于 4 个连接的板件截面尺寸相同，故毛截面承载力均为 $440 \times 22 f = 8800 f$。

以下计算各选项的净截面承载力。

A 选项：

$$\frac{A_n \times (0.7 f_u)}{1 - 0.5 \frac{n_1}{n}} = \frac{22 \times (400 - 4 \times 24) \times (0.7 f_u)}{1 - 0.5 \times \frac{4}{28}} = 7202 \times (0.7 f_u)$$

B 选项：

最左侧一排螺栓位置处：

$$\frac{A_n \times (0.7 f_u)}{1 - 0.5 \frac{n_1}{n}} = \frac{22 \times (400 - 2 \times 24) \times (0.7 f_u)}{1 - 0.5 \times \frac{2}{28}} = 8031 \times (0.7 f_u)$$

左数第 2 排位置处：

$$\frac{A_n \times (0.7 f_u)}{1 - \frac{n_1}{n} - 0.5 \frac{n_2}{n}} = \frac{22 \times (400 - 4 \times 24) \times (0.7 f_u)}{1 - \frac{2}{28} - 0.5 \times \frac{4}{28}} = 7803 \times (0.7 f_u)$$

从而净截面承载力为 $7803 \times (0.7 f_u)$。

C 选项：

$$\frac{A_n \times (0.7 f_u)}{1 - 0.5 \frac{n_1}{n}} = \frac{22 \times (400 - 4 \times 24) \times (0.7 f_u)}{1 - 0.5 \times \frac{4}{16}} = 7643 \times (0.7 f_u)$$

从而净截面承载力为 $7643 \times (0.7 f_u)$。

D 选项：

左数第1排螺栓位置处：

$$\frac{A_n \times (0.7f_u)}{1 - 0.5\frac{n_1}{n}} = \frac{22 \times (400 - 2 \times 24) \times (0.7f_u)}{1 - 0.5 \times \frac{2}{16}} = 8260 \times (0.7f_u)$$

左数第2排螺栓位置处：

$$\frac{A_n \times (0.7f_u)}{1 - \frac{n_1}{n} - 0.5\frac{n_2}{n}} = \frac{22 \times (400 - 4 \times 24) \times (0.7f_u)}{1 - \frac{2}{16} - 0.5 \times \frac{4}{16}} = 8917 \times (0.7f_u)$$

从而净截面承载力为 $8260 \times (0.7f_u)$。

Q235钢材，厚度22mm，$f = 205\text{N/mm}^2$，$f_u = 370\text{N/mm}^2$，$0.7f_u = 259\text{N/mm}^2$。以上结果列成表格，如表2-2-1所示。可见，A、B、C、D四种连接均由毛截面控制承载力，承载力相等。选择D。

四种连接的承载力 表 2-2-1

选项	A	B	C	D
毛截面承载力（kN）	1804	1804	1804	1804
净截面承载力（kN）	1865	2021	1980	2139
板件的承载力	1804	1804	1804	1804

点评：对于题目中的图（b），板件的宽度变化对其承载力有无影响？

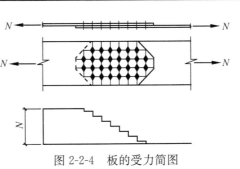

图 2-2-4 板的受力简图

如图2-2-4所示，对于左侧的板而言，由于每一排的螺栓都要传走一部分的力，这样，板件末端所受的力已经很小（在宽度开始变化处，截面受力为 $6/28N = 0.214N$），宽度变化不会对其承载力造成影响。注意，图中的虚线部分是右侧板的末端。

以上为普通螺栓连接时的情况。对于高强度螺栓摩擦型连接，稍有差别，但可得到相同的结论。

15. 答案：B

解答过程：因为檩条间距为5m，将檩条承受的面荷载化成线荷载，为 $1.5 \times 5 = 7.5\text{kN/m}$。

图 2-2-5 檩条的受力简图

如图2-2-5所示，此荷载为沿铅垂方向，转化为檩条截面的 y 轴方向，为：

$$q_y = 7.5 \times \frac{20}{\sqrt{20^2 + 1^2}} = 7.49\text{N/m}$$

于是，连续檩条支座处最大弯矩设计值为：

$$M = 0.105q_y l^2 = 0.105 \times 7.49 \times 10^2 = 78.65\text{kN} \cdot \text{m}$$

选择B。

点评：檩条为H形截面，计算其所受的弯矩，一般指绕主轴（此处与形心轴重合）的弯矩，故解答中将力分解到截面 y 轴方向，形成的是绕 x 轴的弯矩 M_x。

16. 答案：C

解答过程：依据《钢结构设计标准》GB 50017—2017 的 6.1.1 条验算强度。

翼缘宽厚比：$\dfrac{b}{t} = \dfrac{(350-12)/2}{16} = 10.6 < 13\varepsilon_k$

腹板高厚比：$\dfrac{h_0}{t_w} = \dfrac{1500}{12} = 125 > 124\varepsilon_k$

因此，截面属于 S5 级。依据 8.4.2 条确定腹板的有效宽度。受弯构件，$\alpha_0 = 2$，$k_\sigma = 23.9$。

$$\lambda_{n,p} = \dfrac{h_0/t_w}{28.1\sqrt{k_\sigma}} \dfrac{1}{\varepsilon_k} = \dfrac{125}{28.1\sqrt{23.9}} = 0.910$$

$$\rho = \dfrac{1}{\lambda_{n,p}}\left(1 - \dfrac{0.19}{\lambda_{n,p}}\right) = \dfrac{1}{0.910}\left(1 - \dfrac{0.19}{0.910}\right) = 0.869$$

$$h_e = \rho h_c = 0.869 \times 1500/2 = 652\text{mm}$$

$$h_{e1} = 0.4 \times 652 = 261\text{mm},\ h_{e2} = 0.6 \times 652 = 391\text{mm}$$

腹板中有效部分的分布如图 2-2-6 所示。

有效截面的中和轴位置距离上边缘为：

$$y_0 = \dfrac{29200 \times 766 - 98 \times 12 \times (16+261+98/2)}{29200 - 98 \times 12}$$

$$= 784\text{mm}$$

即，中和轴比全截面有效时下移 (784−766) =18mm。

忽略腹板内失效范围对其自身轴的惯性矩，利用移轴公式，可得有效截面惯性矩为：

$I_{nex} = 9.810 \times 10^9 + 29200 \times 18^2 - (98 \times 12) \times$

$(98/2 + 391 + 18)^2$

$= 9.573 \times 10^9$

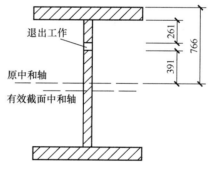

图 2-2-6 有效截面计算简图

此时，$y_{max} = 784\text{mm}$，为上边缘至有效截面中和轴的距离。于是：

$$\dfrac{M_x}{W_{nex}} = \dfrac{2450 \times 10^6}{9.573 \times 10^9/784} = 200.6\ \text{N/mm}^2$$

选择 C。

点评：若忽略中和轴的变化，则计算过程如下：

在腹板内，失效部分的高度为 750−652=98mm，忽略其对自身轴的惯性矩，可得有效截面惯性矩为：

$$I_{nex} = 9.810 \times 10^9 - (98 \times 12) \times (391 + 98/2)^2 = 9.582 \times 10^9$$

$$\dfrac{M_x}{W_{nex}} = \dfrac{2450 \times 10^6}{9.582 \times 10^9/766} = 195.9\text{N/mm}^2$$

所得数值偏小约 2.3%，尚在可接受的范围内。

17. 答案：C

解答过程：以整个托架为研究对象，由竖向力的平衡，可得

$$2R = 3F_2 + 2 \times \frac{F_2}{2} + F_1$$

代入数值，解出 $R=380$kN，选择 C。

18. 答案：D

解答过程：由图示可知，上弦杆在桁架平面内的计算长度为 5000mm，桁架平面外计算长度为 10000mm，于是

$$\lambda_x = 5000/53.9 = 93, \quad \lambda_y = 10000/97.3 = 103$$

依据《钢结构设计标准》GB 50017—2017 的表 7.2.1-1，截面绕 x 轴、y 轴均属于 b 类。按照 Q235 钢、$\lambda_y = 103$ 查表，得到 $\varphi_y = 0.536$，此即为 $\varphi_{\min}$。

由于截面板件宽厚比满足要求，故采用全截面计算。由于该构件采用 Q235 钢，翼缘与腹板厚度均为 21mm，故取 $f = 205$N/mm²。

$$\frac{N}{\varphi A f} = \frac{1217 \times 10^3}{0.536 \times 12530 \times 205} = 0.884，选择 D。$$

点评：对于热轧剖分 T 型钢轴心受压构件，翼缘和腹板的宽厚比应满足：

$$b/t_f \leqslant (10 + 0.1\lambda)\varepsilon_k$$
$$h_0/t_w \leqslant (15 + 0.2\lambda)\varepsilon_k$$

式中，λ 取为绕 x 轴、y 轴两个方向长细比的较大者，绕 y 轴不考虑弯扭屈曲影响，且 λ 在 30~100 范围取值。最严格的要求为 $b/t_f \leqslant 13\varepsilon_k$，$h_0/t_w \leqslant 21\varepsilon_k$。

今对于题目中的截面，可得：

$$\frac{b}{t_f} = \frac{(408 - 21 - 2 \times 22)/2}{21} = 8.2$$

$$\frac{h_0}{t_w} = \frac{200 - 21 - 22}{21} = 7.5$$

数值很小，对照最严格的限值，仍满足要求。

19. 答案：D

解答过程：依据题意，200mm×12mm 的钢板与 4 条角焊缝等强，于是可得

$$200 \times 12 \times 215 = 4 \times 0.7 \times 6 \times l_{w1} \times 160$$

解出 $l_{w1} = 192$mm，满足 11.3.5 条关于计算长度的构造要求。

考虑端部缺陷后，所需角焊缝实际长度为 $192 + 2 \times 6 = 204$mm，选择 D。

20. 答案：C

解答过程：A 点的支座反力为 1930kN，依据 A 点竖向力的平衡，得到

$$N_{D1} = \frac{1930 - 0.5 \times 30}{3500/\sqrt{3500^2 + 5000^2}} = 3339 \text{kN，选择 C。}$$

21. 答案：D

解答过程：将托架从中间断开取左半边为隔离体，对上弦中点左边第一个节点取矩，可得

$$4F = 1930 \times 25 - (15 \times 25 + 30 \times 20 + 730 \times 15 + 30 \times 10 + 730 \times 5)$$

解出 $F = 8094$kN，选择 D。

点评：将该桁架按照梁来比拟，可知跨中的下弦杆所受拉力最大。

22. 答案：B

解答过程：由于腹板与托架平面相垂直，所以，平面外长细比 $\lambda_x=10000/182=54.9$，平面内长细比 $\lambda_y=5000/104=48.1$。

依据《钢结构设计标准》GB 50017—2017 的表 7.2.1-1，H 型钢，$b/h=407/428=0.95>0.8$，对于 Q345 钢材，截面绕 x 轴属于 a 类，绕 y 轴属于 b 类。

Q345 钢，$\lambda_x\sqrt{\dfrac{f_y}{235}}=66.5$，按照 67 查表，得到 $\varphi_x=0.854$；$\lambda_y\sqrt{\dfrac{f_y}{235}}=58.3$，按照 58 查表，得到 $\varphi_y=0.818$。

由于截面板件宽厚比满足要求，故采用全截面计算。由于该构件采用 Q345 钢，翼缘与腹板厚度较大者为 35mm，故取 $f=295\text{N/mm}^2$。

$$\frac{N}{\varphi A f}=\frac{8550\times 10^3}{0.818\times 36070\times 295}=0.982$$

选择 B。

点评：解答本题时注意：

(1) 对于 Q345 钢材，由于翼缘厚度为 35mm，因此，应取 $f=295\text{N/mm}^2$。

(2) 查表 7.2.1-1 时，H 型钢，$b/h=407/428=0.95>0.8$，相较于旧规范，这里截面分类有调整：对于 x 轴，属于 a* 类，对于 y 轴，属于 b* 类。

23. 答案：A

解答过程：依据《钢结构设计标准》GB 50017—2017 的表 7.4.1-1，可知该腹杆在桁架平面内计算长度为 $0.8l$，桁架平面外计算长度为 l。由于腹板与托架平面相垂直，故

$$\lambda_x=4000/169=23.7,\quad \lambda_y=0.8\times 4000/73.5=43.5$$

依据表 7.2.1-1，由于 $b/h=300/390=0.77<0.8$，故截面对 x 轴属于 a 类，y 轴属于 b 类。按照 Q345，$\lambda_y\sqrt{\dfrac{f_y}{235}}=52.7$，近似取为 53 查表，得到 $\varphi_y=0.842$。

由于截面板件宽厚比满足要求，故采用全截面计算。由于该构件采用 Q345 钢，翼缘与腹板厚度较大者为 16mm，故取 $f=305\text{N/mm}^2$。

$$\frac{N}{\varphi A f}=\frac{1855\times 10^3}{0.842\times 13330\times 305}=0.542$$

选择 A。

24. 答案：B

解答过程：依据题意，358×10 的截面承载力与 2 条对接焊缝抗剪承载力相等。

查《钢结构设计标准》GB 50017—2017 的表 4.4.5，得到焊缝强度设计值为 $f_v^w=175\text{N/mm}^2$。于是可得

$$(390-2\times 16)\times 10\times 305=2\times 10\times l_{w1}\times 175$$

解出 $l_{w1}=312\text{mm}$

考虑 $2t$ 的缺陷，实际长度为 $312+2\times 10=332\text{mm}$。故选择 B。

25. 答案：D

解答过程：依据《建筑抗震设计规范》GB 50010—2010 的 8.1.6 条第 3 款，中心支撑框架不宜采用 K 形支撑，故选择 D。

26. 答案：D

解答过程：需要从焊缝受力和构件受力两个角度考虑。

(1) 从焊缝受力考虑，所需焊缝计算长度为

$$l_{w1} = \frac{2500 \times 10^3}{4 \times 0.7 \times 16 \times 160} = 349 \text{mm}$$

考虑端部缺陷 $2h_f$，实际焊缝长度为 $349+2\times16=381$ mm。

(2) 再来考虑腹板的受剪。依据《钢结构设计标准》GB 50017—2017 的表 4.4.1，当 Q235 钢厚度≤16mm 时，取抗剪强度设计值为 $f_v=125 \text{N/mm}^2$。考虑到腹板受剪有 2 个剪切面，则所需加劲肋的高度为

$$l_1 \geqslant \frac{2500 \times 10^3}{2 \times 16 \times 125} = 625 \text{mm}$$

综上，应取 381mm 和 625mm 的较大者，故选择 D。

27. 答案：D

解答过程：依据《钢结构设计标准》GB 50017—2017 的 6.3.7 条，验算支承加劲肋腹板平面外的稳定性时，考虑加劲肋每侧 $15t_w\sqrt{235/f_y}$ 范围内的腹板面积。

$$A = 400 \times 20 + 15 \times 12 \times 12 = 10160 \text{mm}^2$$

$$I_y = \frac{20 \times 400^3}{12} + \frac{15 \times 12 \times 12^3}{12} = 106.69 \times 10^6 \text{mm}^4$$

$$i_y = \sqrt{\frac{I_y}{A}} = \sqrt{\frac{106.69 \times 10^6}{10160}} = 102, \quad \lambda_y = \frac{l_0}{i_y} = \frac{1300}{102} = 12.7$$

依据表 7.2.1-1，截面绕 x、y 轴均属于 b 类。近似按照 $\lambda_y=13$ 查表，得到 $\varphi_y=0.987$。由于截面采用 Q235 钢，且其中板件厚度较大者为 20mm，故取 $f=205 \text{N/mm}^2$。

$$\frac{N}{\varphi A f} = \frac{1005 \times 10^3}{0.987 \times 10160 \times 205} = 0.489$$

选择 D。

点评：(1) 规范 6.3.7 条第 1 款中"$15h_w\varepsilon_k$"应为"$15t_w\varepsilon_k$"。

(2) 支承加劲肋在腹板平面外的稳定性验算时，可以直接取全部截面计算。

28. 答案：C

解答过程：依据《钢结构设计标准》GB 50017—2017 的 13.2.1 条第 1 款，支管与主管的连接处不得将支管插入主管内。故选择 C。

29. 答案：B

解答过程：横梁 B1 外伸部分相当于一个悬臂梁，故 $M_{max}=305\times2.5=762.5 \text{kN}\cdot\text{m}$，选择 B。

30. 答案：B

解答过程：简支平台梁 B2 承受均布荷载，其跨中挠度为

$$v = \frac{5M_k l^2}{48EI} = \frac{5 \times 135 \times 10^6 \times 12000^2}{48 \times 206 \times 10^3 \times 23500 \times 10^4} = 41.8 \text{mm}$$

故选择 B。

31. 答案：B

解答过程：《钢结构设计标准》GB 50017—2017 的 6.1.2 条规定，对需要计算疲劳的梁，取塑性发展系数为 1.0，而不是承受动力荷载时取塑性发展系数为 1.0。同时，规范的 16.1.1 条规定，当应力循环次数大于等于 5×10^4 次时，应进行疲劳计算。由于题目中

并未给出需要计算疲劳的提示，故认为，该梁不需要计算疲劳。

依据6.1.1条验算强度。由于翼缘宽厚比小于$13\varepsilon_k$且腹板高厚比小于$93\varepsilon_k$，至少属于S3级，故取全截面有效且可以考虑塑性发展系数。查表8.1.1，得到$\gamma_x=1.05$。

$$\sigma=\frac{M_x}{\gamma_x W_{nx}}=\frac{450\times10^6}{1.05\times2520\times10^3}=170.1\text{N/mm}^2$$

故选择 B。

32. 答案：A

解答过程：依据《钢结构设计标准》GB 50017—2017 的 7.1.1 条对受拉构件验算强度。

查表，[16a 的截面积为 2196mm²，翼缘厚度 10mm，腹板厚度 6.5mm，均小于 16mm，故 $f=215\text{N/mm}^2$，$f_u=370\text{N/mm}^2$。

（1）毛截面验算

$$\sigma=\frac{N}{A}=\frac{520\times10^3}{2196\times2\times0.7}=169\text{N/mm}^2<f=215\text{N/mm}^2$$

（2）净截面验算

M20 螺栓，标准孔，孔径为 22mm。拉杆（2[16a）的净截面积 $A_n=2\times(2196-2\times6.5\times24)=3768\text{mm}^2$。

$$\sigma=\left(1-0.5\frac{n_1}{n}\right)\frac{N}{A_n}=\left(1-0.5\times\frac{2}{6}\right)\frac{520\times10^3}{3768\times0.7}=164\text{N/mm}^2<0.7f_u=259\text{N/mm}^2$$

选择 A。

点评：两个槽钢相并形成工字形截面，依靠腹板处螺栓连接，此时，由于"剪力滞"会导致整个截面应力分布不均匀，故规范规定此时应将截面积乘以一个折减系数0.7。

33. 答案：A

解答过程：所需焊缝的计算长度为

$$l_w=\frac{N}{\sum h_e f_f^w}=\frac{520\times10^3}{4\times0.7\times6\times160}=193\text{mm}$$

考虑端部缺陷后，需要的实际长度为 $193+2h_f=205\text{mm}$。

满足要求。故选择 A。

34. 答案：B

解答过程：由于间接承受动力荷载，考虑端焊缝的强度提高系数1.22。所需焊缝的计算长度为：

$$l_w=\frac{N}{\beta_f \sum h_e f_f^w}=\frac{520\times10^3}{1.22\times2\times0.7\times10\times160}=190\text{mm}$$

考虑端部缺陷后，需要的实际长度为 $190+2h_f=190+20=210\text{mm}$。选项 A 可以满足要求。

对 A 选项节点板宽度为 220mm 进行抗拉强度验算，此时按照规范应满足净截面要求和毛截面要求。由于此处没有截面削弱，故毛截面验算控制设计。节点板厚度 10mm，Q235 钢材，$f=215\text{N/mm}^2$。

$$\frac{N}{A}=\frac{520\times10^3}{220\times10}=236\text{N/mm}^2>f=215\text{N/mm}^2$$

不满足要求。选项 B 可满足要求，故选择 B。

35. 答案：B

解答过程：

依据《钢结构设计标准》GB 50017—2017 的表 4.4.7，得到Ⅱ类孔时钢号为 BL3 的铆钉 $f_v^r=155\text{N/mm}^2$，$f_c^r=365\text{N/mm}^2$。于是，一个铆钉的受剪承载力设计值为

$$N_v^r = n_v \frac{\pi d_0^2}{4} f_v^r = 2 \times \frac{3.14 \times 21^2}{4} \times 155 = 107.3\text{kN}$$

一个铆钉的承压承载力设计值为

$$N_c^r = d_0 \sum t f_c^r = 21 \times 10 \times 365 = 76.65\text{kN}$$

$$N_{v,\min}^r = 76.65\text{kN}$$

需要的铆钉的数量为

$$n \geqslant \frac{N}{N_{v,\min}^r} = \frac{520}{76.75} = 7 \text{ 个，故选择 B。}$$

36. 答案：D

解答过程：《钢结构设计标准》GB 50017—2017 的 11.5.4 条第 3 款指出，高强度螺栓承压型连接不应用于直接承受动力荷载的结构。故选择 D。

点评：原题给出提示"轨道梁与横梁直接承受动力荷载"，笔者认为，该提示值得商榷，应是，轨道梁直接承受动力荷载，横梁 B1 间接承受动力荷载。轨道梁通过连接将力传给横梁 B1，该连接视为直接承受动力荷载。

37. 答案：C

解答过程：题目中竖向分布荷载 q 是相对于 A3 梁水平投影的取值，故按水平投影长度计算跨中最大弯矩。

$$l = 5\cos\theta = 5 \times 4/5 = 4\text{m}$$

$$M = \frac{1}{8} q l^2 = \frac{1}{8} \times 4.8 \times 4^2 = 9.6\text{kN·m}$$

点评：应理解图中檩条 A3 是如何放置的。由图 2-1-12(b) 可知，檩条 A3 沿 30m 的方向，此 30m 就是图 2-1-12(a) 中斜放的 30m。故而可知檩条 A3 与水平面的夹角为 α，存在 $\cos\alpha = \frac{24000}{30000} = \frac{4}{5}$，如图 2-2-7(a) 所示。

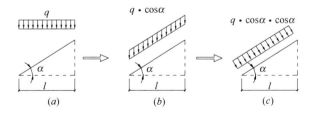

图 2-2-7 檩条承受荷载的计算简图

对于图 2-2-7(a)，可直接按照水平投影长度与所对应的荷载计算，如上面计算过程给出的。

若未掌握上述算法，也可按照图 2-2-7 所展示的思路转化成与斜梁垂直的荷载计算。过程如下：

从图(a)到图(b)：由于总荷载为 ql 不变，而斜长为 $l/\cos\alpha$，故相对于斜长的荷载变为 $\dfrac{ql}{l/\cos\alpha}=q\cos\alpha$。

从图(b)到图(c)：与斜梁垂直的荷载分量才能形成弯矩，因此，需要乘以 $\cos\alpha$，从而引起斜梁的弯矩大小应是 $q^2\cos\alpha$，该值与斜梁的长度 $l/\cos\alpha$ 对应。

两种做法结果相同，验证如下：

按照两次转化计算：$M=\dfrac{1}{8}\times q\cos^2\alpha\left(\dfrac{l}{\cos\alpha}\right)^2=\dfrac{1}{8}\times ql^2$

38. 答案：C

解答过程：F 来源于 $24\text{m}\times4\text{m}$ 的水平尺寸受荷面积，其上作用的竖向均布荷载设计值为 $1.2\text{kN}/\text{m}^2$。考虑到与水平面的夹角 θ 以及有 2 道纵向水平支撑共同受力，故

$$F=\dfrac{1.2\times24\times4}{2}\sin\theta=57.6\times\dfrac{18000}{30000}=34.6\text{kN}$$

在提示图中，利用下节点处竖向合力为零的原则，可得到斜杆拉力为：$N=\dfrac{34.6}{5000/\sqrt{5000^2+4000^2}}=44.3\text{kN}$，故选择 C。

如果没有注意到有 2 道纵向水平支撑，则得到斜杆拉力为 88.6kN，错选 A。

点评：(1)由图 2-1-12(a)和图 2-1-12(b)可知，集中力 F 是沿坡向的力（与水平面夹角为 θ，$\cos\theta=\dfrac{4}{5}$）。

(2)题目中给出的屋面竖向均布荷载设计值是相对于水平尺寸而言的，因此，受荷面积应按 $24\text{m}\times4\text{m}$ 计算。

(3)有交叉斜杆的纵向水平支撑是超静定结构，计算时通常按照压杆退出工作，只有拉杆受力计算。

39. 答案：C

解答过程：迎风面山墙可视为两个梯形，总面积为：$A=(7.5+25.5)\times24=792\text{m}^2$。

作用于整个山墙迎风面上的力为：$792\times0.6=475.2\text{kN}$

所有的风力由立柱承受。立柱下端的力直接传给基础，由于假设立柱两端铰接，所以这部分的力占 1/2。立柱上端支承在水平支撑上，这部分的力要由迎风面两侧的刚架柱顶端传递，因此，每个柱顶传递 1/4，即 $W_1=475.2/4=119\text{kN}$，选择 C。

40. 答案：D

解答过程：由于槽钢的腹板与桁架平面相垂直，依据题目给出的图 2-1-12（d）可知，绕槽钢弱轴（截面 y 轴）的计算长度即为弯矩作用平面内的计算长度，$l_{0y}=1000\text{mm}$；绕槽钢强轴（截面 x 轴）的计算长度为弯矩作用平面外计算长度，$l_{0x}=4000\text{mm}$。于是

$$\lambda_x=4000/39.5=101,\quad \lambda_y=1000/14.1=71$$

依据《钢结构设计标准》GB 50017—2017 的表 7.2.1-1，得到槽钢截面绕 x 轴、y 轴均属于 b 类。Q235 钢，$\lambda_x=101$ 查表，得到 $\varphi=0.549$。

由于截面板件宽厚比满足要求，故采用全截面计算。Q235 钢，厚度小于 16mm，$f=215\text{N}/\text{mm}^2$。

$$\frac{N}{\varphi A f} = \frac{120 \times 10^3}{0.549 \times 1274 \times 215} = 0.798$$

选择 D。

点评：槽钢为单轴对称截面，若以强轴为 x 轴，弱轴为 y 轴，则 x 轴是对称轴。若绕 x 轴发生弯曲失稳，依据《钢结构设计标准》GB 50017—2017 的 7.2.2 条第 2 款，应考虑采用换算长细比。但规范并未给出换算长细比简化计算公式。

理论分析表明，热轧槽钢截面轴心受压构件仅在长细比较小时发生弯扭屈曲，且承载力的降低可以忽略。

41. 答案：D

解答过程：由图 2-1-12（b）可知，侧向支撑距离为 5000mm，于是，长细比 $\lambda_y = 5000/83.3 = 60$。$\varphi_b$ 依据《钢结构设计标准》GB 50017—2017 的 C.0.5 条公式计算，为：

$$\varphi_b = 1.07 - \frac{60^2}{44000} \frac{345}{235} = 0.95$$

Q345 钢，翼缘厚度 25mm，故 $f = 295 \text{ N/mm}^2$。

翼缘宽厚比：$\dfrac{b}{t} = \dfrac{(400-12)/2}{25} = 7.76 < 13\varepsilon_k = 10.7$

腹板高厚比：$\dfrac{h_0}{t_w} = \dfrac{1500}{12} = 125 > 124\varepsilon_k = 102.3$

因此，截面属于 S5 级。依据 8.4.2 条确定腹板的有效宽度。受弯构件，$\alpha_0 = 2$，$k_\sigma = 23.9$。

$$\lambda_{n,p} = \frac{h_0/t_w}{28.1\sqrt{k_\sigma}} \frac{1}{\varepsilon_k} = \frac{125}{28.1\sqrt{23.9}\sqrt{235/345}} = 1.1025$$

$$\rho = \frac{1}{\lambda_{n,p}}\left(1 - \frac{0.19}{\lambda_{n,p}}\right) = \frac{1}{1.1025}\left(1 - \frac{0.19}{1.1025}\right) = 0.751$$

$$h_e = \rho h_c = 0.751 \times 1500/2 = 563\text{mm}$$

$$h_{e1} = 0.4 \times 563 = 225\text{mm}, \quad h_{e2} = 0.6 \times 563 = 338\text{mm}$$

腹板受压区失效范围的高度为：$1500/2 - 563 = 187$mm

有效截面的中和轴位置距离上边缘为：

$$y_0 = \frac{38000 \times 775 - 187 \times 12 \times (25 + 225 + 187/2)}{38000 - 187 \times 12} = 802\text{mm}$$

即，中和轴比全截面有效时下移（802－775）＝27mm。

忽略腹板内失效范围对其自身轴的惯性矩，利用移轴公式，可得有效截面惯性矩为：

$$I_{er} = 1.500 \times 10^{10} + 38000 \times 27^2 - (187 \times 12) \times (187/2 + 338 + 27)^2 = 1.456 \times 10^{10} \text{ mm}^4$$

此时，$y_{max} = 802$mm，为截面上边缘至中和轴的距离。于是：

$$\frac{M_x}{\varphi_b W_{er} f} = \frac{5100 \times 10^6}{0.95 \times 1.456 \times 10^{10}/802 \times 295} = 1.002$$

选择 D。

点评：受弯构件的整体稳定承载力与荷载的类型有关，在跨内弯矩最大值相等的情况下，均匀弯矩（弯矩沿构件纵向保持不变）时最为不利，承载力最低。规范中常以此作为一个基准，用乘以一个大于 1.0 的系数表示其他类型荷载时的承载力。严格来讲，规范 C.0.5 条求得的 φ_b 仅用于压弯构件稳定性验算时，不过，如前所述均匀受弯时最为不利，同时也为了简化计算，考试时可能会提示按照此条计算。

42. 答案：C

解答过程：（1）计算应力梯度 α_0

截面腹板计算高度边缘的应力（以压为正拉为负）：

$$\sigma_{\min} = \frac{N}{A} - \frac{M \times h_w/2}{I_x} = \frac{920 \times 10^3}{38000} - \frac{5100 \times 10^6 \times 1500/2}{1.5 \times 10^{10}} = -230.8 \text{N/mm}^2$$

$$\sigma_{\max} = \frac{N}{A} + \frac{M \times h_w/2}{I_x} = \frac{920 \times 10^3}{38000} + \frac{5100 \times 10^6 \times 1500/2}{1.5 \times 10^{10}} = 279.2 \text{N/mm}^2$$

应力梯度：$\alpha_0 = \dfrac{\sigma_{\max} - \sigma_{\min}}{\sigma_{\max}} = 1.83$

受压区高度：$h_c = \dfrac{\sigma_{\max}}{\sigma_{\max} - \sigma_{\min}} h_w = 821 \text{mm}$

（2）确定有效截面特性

依据《钢结构设计标准》GB 50017—2017 的表 3.5.1 确定板件的等级。

S4 级要求腹板 $h_0/t_w \leqslant (45 + 25\alpha_0^{1.66}) \varepsilon_k = 93.2$，今 $h_0/t_w = 1500/12 = 125 > 93.2$ 且 $\leqslant 250$，故属于 S5 级。

S4 级要求翼缘 $b/t \leqslant 15 \varepsilon_k = 12.4$，今 $b/t = (400-12)/2/25 = 7.76$，故至少属于 S4 级。

整个截面判断为 S5 级。依据 8.4.2 条确定有效截面特性。

$$k_\sigma = \frac{16}{2 - \alpha_0 + \sqrt{(2-\alpha_0)^2 + 0.112\alpha_0^2}} = 19.7815$$

$$\lambda_{n,p} = \frac{h_w/t_w}{28.1 \sqrt{k_\sigma}} \cdot \frac{1}{\varepsilon_k} = 1.212 > 0.75$$

$$\rho = \frac{1}{\lambda_{n,p}}\left(1 - \frac{0.19}{\lambda_p^{re}}\right) = \frac{1}{1.212}\left(1 - \frac{0.19}{1.212}\right) = 0.696$$

$$h_e = \rho h_c = 0.696 \times 821 = 571 \text{mm}$$

$$h_{e1} = 0.4 h_e = 0.4 \times 571 = 229 \text{mm}$$

$$h_{e2} = 0.6 h_e = 343 \text{mm}$$

腹板有效宽度的分布如图 2-2-8（a）所示。

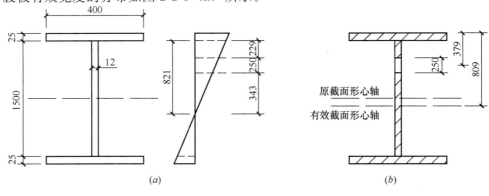

图 2-2-8 有效截面的计算简图
（a）受压区范围；（b）有效截面

腹板失效部分的高度：$h_c - h_e = 821 - 571 = 250 \text{mm}$
腹板失效部分的面积：$250 \times 12 = 3000 \text{mm}^2$
腹板失效部分的形心至截面上边缘的距离：$25 + 229 + 250/2 = 379 \text{mm}$
有效截面面积：$A_{ne} = 38000 - 3000 = 35000 \text{mm}^2$
有效截面形心至截面上边缘的距离：

$$y_c = \frac{38000 \times 775 - 3000 \times 379}{38000 - 3000} = 809 \text{mm}$$

形成的有效截面如图 2-2-8（b）所示。
有效截面惯性矩：

$$I_{e,x} = 1.5 \times 10^{10} + 38000 \times (809 - 775)^2 - \left[\frac{12 \times 250^3}{12} + 3000 \times (809 - 379)^2\right]$$

$$= 1.447 \times 10^{10} \text{mm}^4$$

（3）验算弯矩作用平面外的稳定性
解答过程：$\lambda_y = 6000/83.3 = 72$，依据《钢结构设计标准》GB 50017—2017 的表 7.2.1-1，截面对 y 轴属于 b 类。由 $\lambda_y \sqrt{\frac{345}{235}} = 87$ 查附表，得到 $\varphi_y = 0.641$。

φ_b 依据规范的 C.0.5 条计算，为：

$$\varphi_b = 1.07 - \frac{72^2}{44000} \frac{345}{235} = 0.897$$

用有效截面特性验算弯矩作用平面外稳定性：

$$\frac{N}{\varphi_y A_e f} + \eta \frac{\beta_{tx} M_x + Ne}{\varphi_b W_{e1x} f}$$

$$= \frac{920 \times 10^3}{0.641 \times 35000 \times 295} + 1.0 \times \frac{0.65 \times 5100 \times 10^6 + 920 \times 10^3 \times 34}{0.897 \times 1.447 \times 10^{10}/809 \times 295}$$

$$= 0.846$$

选择 C。
43. 答案：B
解答过程：依据《建筑结构荷载规范》GB 50009—2012 的 6.1.2 条，可得
$$T = (25 \times 9.8 + 73.5) \times 0.1/4 = 8.0 \text{kN}$$
故选择 B。
44. 答案：C
解答过程：依据《钢结构设计标准》GB 50017—2017 的 3.3.2 条，重级工作制吊车应考虑由吊车摆动引起的横向水平力，其大小为
$$H_k = 0.1 \times 279.7 = 27.97 \text{kN}$$
故选择 C。

点评：《建筑结构荷载规范》GB 50009—2012 与《钢结构设计标准》GB 50017—2017 均有吊车横向水平荷载规定，但还是有区别的。前者是考虑小车制动所引起，而后者则是

大车运行过程中的卡轨力。从使用上看,后者只用于重级工作制吊车情况,且只在计算吊车梁(或吊车桁架)、制动结构及连接时用,不用于刚架计算中。另外,两种水平力不同时考虑,邱鹤年《钢结构设计禁忌与实例》一书中认为,设计时取二者的较大者。

45. 答案:A

解答过程:依据《建筑结构荷载规范》GB 50009—2012 的 6.3.1 条,轻、中级吊车,动力系数取 1.05;重级吊车,动力系数取 1.1。

依据《钢结构设计标准》GB 50017—2017 的 6.1.4 条,对轻、中级吊车,取 $\psi=1.0$;重级吊车,$\psi=1.35$。依据 4.1.3 条,吊车梁腹板上边缘局部压应力按下式计算:

$$\sigma_c = \frac{\psi F}{t_w l_z} \leqslant f$$

式中,$l_z = a + 5h_y + 2h_R = 50 + 5 \times 18 + 2 \times 130 = 400 \text{mm}$。

于是,对轻、中级吊车梁,有:

$$\sigma_c = \frac{1.0 \times 1.05 \times 1.5 \times 279.7 \times 10^3}{12 \times 400} = 91.8 \text{N/mm}^2$$

对重级吊车梁,有:

$$\sigma_c = \frac{1.35 \times 1.1 \times 1.5 \times 279.7 \times 10^3}{12 \times 400} = 129.8 \text{N/mm}^2$$

故选择 A。

46. 答案:D

解答过程:依据《钢结构设计标准》GB 50017—2017 的 14.1.6 条,D 正确。

47. 答案:B

解答过程:依据《钢结构设计标准》GB 50017—2017 的表 11.4.2-2,得 10.9 级 M27 螺栓的预拉力 $P = 290 \text{kN}$。

一个高强螺栓的抗剪承载力设计值:

$$N_v^b = 0.9 k n_f \mu P = 0.9 \times 1 \times 1 \times 0.4 \times 290 = 104.4 \text{kN}$$

取一侧翼缘的螺栓计算,螺栓群所受剪力为 $4900/2 = 2450 \text{kN}$。于是,连接一侧所需螺栓数为:

$$n = 2450/104.4 = 23.5$$

由于题目图中已经给出螺栓为 4 排,故取螺栓为 24 个,每排布置 6 个。此时,连接长度为 $90 \times (6-1) = 450 \text{mm}$。

依据表 11.5.1,M27 螺栓标准孔时,孔径 $d_0 = 30 \text{mm}$。依据 11.4.5 条,折减系数为 1.0。故 24 个螺栓可满足要求。选择 B。

48. 答案:B

解答过程:依据《钢结构设计标准》GB 50017—2017 的 12.1.1 条可知,此时节点板破坏线上的拉应力为:

$$\frac{N}{\sum(\eta_i A_i)} = \frac{4900 \times 10^3 / 2}{0.7 \times 400 \times 30 \times 2 + 16 \times 30} = 142 \text{N/mm}^2$$

故选择 B。

49. 答案：C

解答过程：该天窗架为三铰拱式，取其一半作为隔离体研究，如图 2-2-9 所示。由于对称，故 C 点的竖向反力 $R_{CV}=0$，水平反力 $R_{CH}=R_H$。

对 A 点取矩建立平衡，得到

$$R_H = \frac{1+2+3}{7}F_1 + \frac{4}{7}\frac{F_1}{2} = \frac{8}{7}F_1 = 8\times 4.8/7 = 5.5\text{kN}$$

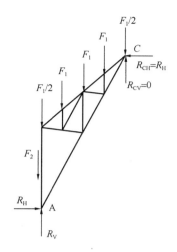

图 2-2-9 三铰拱式天窗架计算简图

50. 答案：D

解答过程：杆件 AC 作为轴心受压构件，需要考虑两个方向的失稳情况。

$$\lambda_x = 4031/31 = 130,\ \lambda_y = 4031\times 2/43 = 187.5$$

依据《钢结构设计标准》GB 50017—2017 的 7.2.2 条计算 λ_{yz}。

由于 $\lambda_z = 3.9\dfrac{b}{t} = 3.9\times\dfrac{100}{6} = 65 < \lambda_y$，故

$$\lambda_{yz} = \lambda_y\left[1+0.16\left(\frac{\lambda_z}{\lambda_y}\right)^2\right] = 187.5\times\left[1+0.16\left(\frac{65}{187.5}\right)^2\right] = 191.1$$

按 $\lambda_{yz}=191$ 且为 b 类截面查表，得到 $\varphi=0.202$。
由于截面板件宽厚比满足要求，故采用全截面计算。

$$\frac{N}{\varphi A f} = \frac{12\times 10^3}{0.202\times 2386\times 215} = 0.116$$

选择 D。

点评：对于本题，有以下两点需要说明：

（1）AC 杆平面内、平面外的计算长度，实际上均是取支承点之间的几何长度。4031mm 的来历是，$\dfrac{\sqrt{4000^2+7000^2}}{2}=4031\text{mm}$。

（2）天窗架中的压杆，一般受力很小，截面设计一般由容许长细比控制。对于本题，杆件内力与稳定承载力之比小于 50%，容许长细比可取为 200，$\lambda_y=187.5$ 可以满足要求。

51. 答案：A

解答过程：对多竖杆式天窗架取隔离体，如图 2-2-10 所示。在图示风力作用下，DE 杆受压，认为退出工作，取水平方向建立平衡方程（可见，风荷载产生的水平力全部由 DF 杆承受），得到

$$N_{DF}\sin\theta = 2W_1$$

$$N_{DF} = \frac{2\times 2.5}{2/\sqrt{2^2+2.5^2}} = 8.0\text{kN}$$

上式中，2.5m 的来源为：$4+3-3-3/2=2.5\text{m}$。

故选择 A。

52. 答案：B

解答过程：依据《钢结构设计标准》GB

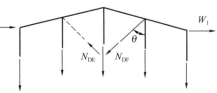

图 2-2-10 多竖杆式天窗架计算简图

50017—2017 的 7.4.6 条第 2 款，容许长细比 $[\lambda]=200$。依据规范表 7.4.1-1 下的注释 2，对双角钢组成的十字形截面腹杆，应采用斜平面的计算长度，即 $l_0=0.9l$。从而

$$i_{\min}=\frac{l_0}{[\lambda]}=\frac{0.9\times 4000}{200}=18\text{mm}$$

故选择 B。

点评：有观点认为，CD 杆应作为支座腹杆查表 7.4.1-1，这样，斜平面的计算长度为几何长度 l。笔者认为不妥，理由是：规范之所以将支座腹杆（支座斜杆）单独列出是因为这些杆件受力通常比较大，更为不利。今题目中给出 CD 杆所受压力很小，故不能视为支座腹杆。

53. 答案：C

解答过程：从图 2-1-16（a）来看，檩条的间距为 1250mm，但侧向支承点的距离不能取为 1250mm。由于斜撑与檩条的牢固相连，才能使檩条具备作为横向支撑的条件，所以，天窗架斜梁的平面外计算长度取为 2 个檩距，为 2500mm。

平面外长细比为 $\lambda_y=2500/22.3=112$。依据《钢结构设计标准》GB 50017—2017 的 C.0.5 条计算 φ_b：

$$\varphi_b=1.07-\frac{\lambda_y^2}{44000}\frac{f_y}{235}=1.07-\frac{112^2}{44000}=0.785$$

由于截面板件至少属于 S4 级，故取全截面有效计算。

$$\frac{M_x}{\varphi_b W_x f}=\frac{30.2\times 10^6}{0.785\times 181\times 10^3\times 215}=0.989$$

选择 C。

点评：对于屋架上弦，平面外的计算长度一般取横向水平支撑的节间长度，在有檩屋盖中，如檩条与横向水平支撑的交叉点用节点板焊牢，则此檩条可视为屋架弦杆的支承点（见图 2-2-11b 中的右侧）。在无檩屋盖中，考虑到大型屋面板能起到一定的支撑作用，一般取两块屋面板的宽度，但不大于 3.0m。

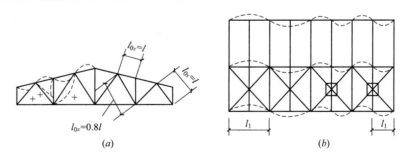

图 2-2-11 桁架杆件的计算长度
（a）桁架杆件在桁架平面内的计算长度；（b）桁架杆件在桁架平面外的计算长度

54. 答案：D

解答过程：长细比 $\lambda_y=4000/36.4=110$。依据《钢结构设计标准》GB 50017—2017 的表 7.2.1-1，由于 $b/h=\frac{150}{194}=0.77<0.8$ 且钢材为 Q235，截面对 y 轴属于 b 类。查表，得到 $\varphi_y=0.492$。

φ_b 依据规范的 C.0.5 条计算，为

$$\varphi_b = 1.07 - \frac{\lambda_y^2}{44000} \frac{f_y}{235} = 1.07 - \frac{110^2}{44000} = 0.795$$

对于翼缘：$b/t = (150-6-2\times8)/2/9 = 7.11 < 9\ \varepsilon_k = 9$，属于 S1 级。

对于腹板：$h_0/t_w = (194-2\times9-2\times8)/6 = 26.7 < (33+13\alpha_0^{1.3})\varepsilon_k = 33+13\times 1.844^{1.3} = 61.8$，属于 S1 级。

因此，整个截面属于 S1 级，验算弯矩平面外稳定时采用全截面特性。

$$\frac{N}{\varphi_y A f} + \eta\frac{\beta_{tx} M_x}{\varphi_b W_{1x} f} = \frac{29.6\times10^3}{0.492\times3810\times215} + 1.0\times\frac{1.0\times30.2\times10^6}{0.795\times271\times10^3\times215} = 0.725$$

故选择 D。

55. 答案：C

解答过程：依据《钢结构设计标准》GB 50017—2017 的 12.3.5 条第 2 款，故选择 C。

56. 答案：D

解答过程：竖向分肢杆件宜选用双轴对称截面，以保证两个方向等稳定性。热轧 H 型钢两个方向的回转半径相差较大，不宜采用，故选择 D。

57. 答案：C

解答过程：依据《钢结构设计标准》GB 50017—2017 的 3.3.2 条，由于吊车摆动引起的横向荷载是卡轨力，按照下式计算：

$$H_k = \alpha P_{k,max} = 0.1\times470 = 47\text{kN}，故选 C。$$

58. 答案：A

解答过程：依据《钢结构设计标准》GB 50017—2017 的 3.5.1 条确定截面的等级。

对于翼缘：$b/t = (500-14)/2/20 = 12.15 < 15\ \varepsilon_k = 12.38$，属于 S4 级。

对于腹板：$h_0/t_w = 1500/14 = 107.1 > 124\ \varepsilon_k = 102.34$，属于 S5 级。

对腹板计算高度边缘计算应力：

$$\sigma_{max} = \frac{4302\times10^6}{1.3485\times10^{10}}\times(706-20) = 218.8\text{N/mm}^2$$

$$\sigma_{min} = -\frac{4302\times10^6}{1.3485\times10^{10}}\times(1520-706) = -259.7\text{N/mm}^2$$

$$\alpha_0 = \frac{\sigma_{max}-\sigma_{min}}{\sigma_{max}} = 2.1866$$

依据 8.4.2 条确定腹板的有效宽度。

$$k_\sigma = \frac{16}{2-\alpha_0+\sqrt{(2-\alpha_0)^2+0.112\alpha_0^2}} = 28.14$$

$$\lambda_{n,p} = \frac{h_0/t_w}{28.1\sqrt{k_\sigma}}\frac{1}{\varepsilon_k} = \frac{107.1}{28.1\sqrt{28.14}\sqrt{235/345}} = 0.871$$

$$\rho = \frac{1}{\lambda_{n,p}}\left(1-\frac{0.19}{\lambda_{n,p}}\right) = \frac{1}{0.871}\left(1-\frac{0.19}{0.871}\right) = 0.8977$$

$$h_e = \rho h_c = 0.8977\times(706-20) = 616\text{mm}$$

$$h_{e1} = 0.4 \times 616 = 246\text{mm}, h_{e2} = 0.6 \times 616 = 370\text{mm}$$

腹板受压区失效范围的高度为：$(706-20-616)=70\text{mm}$

失效区形心至截面上边缘距离：$(70/2+246+20)=301\text{mm}$

有效截面的中和轴位置距离上边缘为：

$$y_0 = \frac{37800 \times 706 - 70 \times 14 \times 301}{37800 - 70 \times 14} = 717\text{mm}$$

即，中和轴比全截面有效时下移：$717-706=11\text{mm}$。

利用移轴公式，可得有效截面惯性矩为：

$$I_{nex} = 1.3485 \times 10^{10} + 37800 \times 11^2 - 70^3 \times 14/12 - (70 \times 14) \times (717-301)^2 = 1.3320 \times 10^{10}\ \text{mm}^4$$

有效截面形心（中和轴）与下边缘距离为 $1500+2\times20-717=823\text{mm}$。于是：

$$\sigma = \frac{M}{W_{nx}} = \frac{4302 \times 10^6}{1.3320 \times 10^{10}/823} = 266\text{N/mm}^2$$

选择 A。

点评：对于本题，有以下几点需要说明：

(1) 虽然题目中要求对截面下缘进行验算，而此处为拉应力，仍应判断截面的等级。

(2) 标准 6.3.2 条规定，$h_0/t_w > 150\varepsilon_k$（或 $170\varepsilon_k$）时设置纵向加劲肋，本题由于是单轴对称工形截面，$\frac{2h_c}{t_w} = \frac{2\times686}{14}=98$，故按照未设置纵向加劲肋确定腹板的等级。

(3) 梁承受正弯矩作用，截面上部受压，由于局部屈曲导致的失效范围处于受压区，因此，对于有效截面而言，中和轴（形心位置）会较原截面下移。对于本题，对受拉翼缘计算，惯性矩变小了，验算点至中和轴的距离也变小了，最终得到的应力 266N/mm^2 与原截面时相等。

(4) 重级工作制吊车梁必然需要验算疲劳，无论截面等级如何均在验算强度时不考虑塑性发展系数。

(5) 假定腹板上、下端至截面形心（弹性中和轴）的距离分别为 y_1、y_2，则对于纯粹的受弯构件，α_0 的计算公式为：

$$\alpha_0 = \frac{\sigma_{max}-\sigma_{min}}{\sigma_{max}} = \frac{My_1/I - (-My_2/I)}{My_1/I} = \frac{h_0}{y_1}$$

式中，h_0 为腹板计算高度。可见，此时 α_0 与外荷载大小无关，为自身的截面特征。

(6) 本题编程计算，最后结果为 265.8828N/mm^2。若按照 $\alpha_0=2$ 计算，其他参数不变，最后结果为 265.7585N/mm^2。如果不按照有效截面计算但取 $\gamma_x=1.0$，可得到 266.0636N/mm^2。三者比值为 $0.9993:0.9989:1$。

(7) 本题给出的解答过程严格按照《钢结构设计标准》执行，但必须指出，对于单轴对称工形截面，判断腹板等级时所采用的宽厚比，本质上应是 $2h_c/t_w$ 而不是 h_0/t_w，其道理，与 6.3.2 条"对单轴对称梁，当确定是否要配置纵向加劲肋时，h_0 应取腹板受压区高度 h_c 的 2 倍"相同：受压翼缘扭转受到约束且 $h_0/t_w>170\varepsilon_k$ 时配置纵向加劲肋，以及 $93\varepsilon_k < h_0/t_w \leqslant 124\varepsilon_k$ 时腹板属于 S4，这些规定均是以应力梯度 $\alpha_0=2$ 为前提的。美国《钢

结构设计规范》AISC 360-16 的表 B4.1b 可以支持此观点。

59. 答案：B

解答过程：梁支座剪应力依据题目给出的公式计算，为

$$\tau = \frac{1.2V}{ht_w} = \frac{1.2 \times 1727.8 \times 10^3}{1500 \times 14} = 98.7 \text{ N/mm}^2，故选 B。$$

若将给出的剪力设计值乘以动力系数 1.1，则得到应力值为 $1.1 \times 98.7 = 108.6 \text{N/mm}^2$，选择 C。

点评：《钢结构设计规范》6.1.3 条规定，实腹受弯构件剪应力应按照 $\tau = \frac{VS}{It_w}$ 计算。对于工字形截面，求最大剪应力时，由于 $I/S \approx h/1.2$，因此，上式可以简化为 $\tau_{max} = \frac{1.2V}{ht_w}$。对于矩形截面，求最大剪应力时 $I/S = h/1.5$，于是 $\tau_{max} = \frac{1.5V}{ht_w}$。

60. 答案：D

解答过程：按照提示给出的公式计算如下：

$$f = \frac{M_k L^2}{10 E I_x} = \frac{2820.6 \times 10^6 \times 12000^2}{10 \times 206 \times 10^3 \times 1348528 \times 10^4} = 14.6 \text{mm}$$

选择 D。

61. 答案：A

解答过程：支座加劲肋处角焊缝剪应力：

$$\tau = \frac{V}{\sum(0.7h_f l_w)} = \frac{1727.8 \times 10^3}{2 \times 0.7 \times 8 \times (1500 - 2 \times 8)} = 104 \text{N/mm}^2$$

选择 A。

点评：(1) 支座处加劲肋的连接焊缝计算时，不必考虑 $60 h_f$ 的计算长度限制。

(2) 对于该处所采用的剪力 V，有观点认为应取 $1.2V$，例如《钢结构设计手册》（第二版）的 P393。若以此计算，本题将得到最后结果为 125 N/mm^2，选择 B。

笔者推测，上述将支座处的剪力 V 放大 1.2 倍的做法，可能来源于在对构件计算时取 $\tau_{max} = \frac{1.2V}{ht_w}$，但前已述及，构件剪应力计算时取用的 1.2 并非是对剪力 V 的放大。因此，笔者认为该做法缺乏依据。

钢结构设计标准国家标准管理组的《钢结构设计计算示例》，夏志斌、姚谏编著《钢结构原理与设计》以及《钢结构设计——方法与例题》，均是按照支座反力（也就是支座处的剪力）计算的。

62. 答案：B

解答过程：画出支座处剪力的影响线，如图 2-2-12 所示。当吊车轮压处于如图位置时，支座处剪力最大。图中，1550mm，为两台吊车轮压之距（775 + 775 = 1550）。

将轮压乘以对应的纵坐标值再求和即可得到支座处的剪力。而各位置处的纵坐标值可根据比例关系求得。

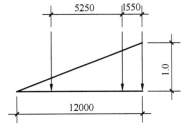

图 2-2-12 吊车轮压布置

于是有：

[1+(12000−1550)/12000＋(12000−5250−1550)/12000]×470＝1083kN

以上得到的是标准值。设计值还需要考虑动力系数和可变荷载分项系数。

依据《建筑结构荷载规范》GB 50009—2012 的 6.3.1 条，重级工作制软钩吊车，动力系数为 1.1。于是：

$$1.1×1.5×1083=1787.0 \text{kN}$$

选择 B。

点评：做题时一定注意看清题目的要求。本题是求简支梁支座处的最大剪力，不可理解为求梁下柱子所受的最大压力，因为计算后者时要在相邻的两跨梁布置轮压。

63. 答案：A

解答过程：梁上只能布置 3 个轮子。依据《钢结构设计手册》（第三版），如图 2-2-13 布置轮压时可得到全梁的绝对最大弯矩值。

这里，$a_1 = 1550 \text{mm}$，$a_3 = (5250 − 1550)/6 = 616.7 \text{mm}$，于是

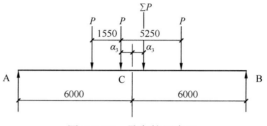

图 2-2-13 吊车轮压布置

$$M_{\max} = \frac{\Sigma P (l/2 − a_3)^2}{l} − Pa_1$$

$$= \frac{470 × 3 × (12/2 − 0.6167)^2}{12} − 470 × 1.55$$

$$= 2676.6 \text{kN} \cdot \text{m}$$

以上得到的是标准值。设计值还需要考虑动力系数 1.1 和可变荷载分项系数 1.5，于是：

$$1.1×1.5×2676.6=4416.4 \text{kN} \cdot \text{m}$$

选择 A。

64. 答案：B

解答过程：在框架平面内，当柱与屋架刚接时，上段柱高度 H_1 取为肩梁顶面至屋架下弦轴线距离。这里 $H_1 = 10000 \text{mm}$，故选择 B。

65. 答案：C

解答过程：依据《钢结构设计标准》GB 50017—2017 的 8.3.3 条，计算上段柱的计算长度系数需要首先计算出下段柱的计算长度系数 μ_2。

（1）下段柱的计算长度系数

$$K_1 = \frac{I_1/H_1}{I_2/H_2} = \frac{969095 × 10^4/10000}{25941846 × 10^4/25000} = 0.0934$$

$$\eta_1 = \frac{H_1}{H_2}\sqrt{\frac{N_1}{N_2} \cdot \frac{I_2}{I_1}} = \frac{10 × 10^3}{25 × 10^3}\sqrt{\frac{4357}{9820} × \frac{25941846 × 10^4}{969095 × 10^4}} = 1.379$$

近似按照 $K_1 = 0.09$、$\eta_1 = 1.379$ 查表。由于题目已经给出柱顶与屋面刚接，故查表 E.0.4，得到

$$\mu_2 = 2.04 + \frac{2.10 − 2.04}{1.4 − 1.2} × (1.379 − 1.2) = 2.094$$

考虑到为单跨厂房，一个柱列的柱子数为 8 个，设有纵向水平支撑，依据表 8.3.3，折减系数为 0.8。于是，下段柱的计算长度系数为 $0.8 \times 2.094 = 1.675$。

（2）上段柱的计算长度系数

$$\mu_1 = \frac{\mu_2}{\eta_1} = \frac{1.675}{1.379} = 1.21$$

故选择 C。

66. 答案：B

解答过程：上段柱的平面外计算长度为 7m，于是，长细比 $\lambda_y = l_{0y}/i_y = 7000/133 = 52.6$。

依据《钢结构设计标准》GB 50017—2017 的 C.0.5 条计算 φ_b。

$$\varphi_b = 1.07 - \frac{\lambda_y^2}{44000} \frac{345}{235} = 1.07 - \frac{52.6^2}{44000} \frac{345}{235} = 0.978$$

$\alpha_0 = 1.18$，依据表 3.5.1 判断可得：对于翼缘，符合 S3 要求；对于腹板，符合 S1 要求。因此，整个截面等级为 S3 级，弯矩作用平面外稳定性验算时，按照全部截面有效取值。

$$\frac{N}{\varphi_y A f} + \eta \frac{\beta_{tx} M_x}{\varphi_b W_{1x} f} = \frac{4357 \times 10^3}{0.786 \times 572 \times 10^2 \times 295} + 1.0 \times \frac{1.0 \times 2250 \times 10^6}{0.978 \times 19382 \times 10^3 \times 295} = 0.731$$

故选择 B。

点评：上段柱的平面外计算长度，下端取至吊车梁顶面，见题目图 2-1-19(a)。

67. 答案：C

解答过程：吊车肢作为轴心压杆计算，平面外的计算长度为 25000mm。

$\lambda_y = l_{0y}/i_y = 25000/412 = 60.7$，$\lambda_y \sqrt{\frac{345}{235}} = 74$，按照 b 类查表，得到 $\varphi = 0.726$。

轴心受压，由于截面板件宽厚比满足要求，故采用全截面特性验算稳定承载力。

$$\frac{N}{\varphi A f} = \frac{9759.5 \times 10^3}{0.726 \times 57200 \times 295} = 0.797$$

故选择 C。

点评：注意，以上计算中的脚标"y"是针对题目给出的图示而言，而这恰好与工字形截面"弱轴为 y 轴"相反。

68. 答案：D

解答过程：根据《钢结构设计标准》GB 50017—2017 的 11.2.6 条，由于焊缝计算长度 $l_w = 1900 - 2 \times 16 = 1868$mm $> 60 h_f = 60 \times 16 = 960$mm，因此可得

$$\alpha_f = 1.5 - \frac{l_w}{120 h_f} = 1.5 - \frac{1868}{120 \times 16} = 0.527 > 0.5$$

$$\frac{N}{\alpha_f \times 0.7 \sum h_f l_w} = \frac{8120 \times 10^3}{0.527 \times 0.7 \times 16 \times 4 \times 1868} = 184 \text{N/mm}^2$$

上式中的 4 表示焊缝为 4 条。

故选择 D。

点评：规范 11.2.6 条及其条文说明有瑕疵，今依据欧洲规范 EC3 理解为：（1）侧焊缝沿受力方向的计算长度 $l_w > 60 h_f$ 时，应将 l_w 乘以折减系数。（2）翼缘与腹板之间的焊

缝不受 $60h_f$ 的限制。按照惯例，支承加劲肋与腹板的连接焊缝也不受 $60h_f$ 的限制。

69. 答案：B

解答过程：取一根单角钢计算，几何长度为 $\sqrt{2875^2+3000^2}=4155$ mm。

依据《钢结构设计标准》GB 50017—2017 的表 7.4.1-1，由于有节点板，故腹杆的平面内计算长度为 $0.8\times4155=3324$ mm，于是：

$$\lambda=l_0/i=3324/49.5=67.2$$

按照 b 类查表，由 $\lambda\sqrt{\dfrac{f_y}{235}}\approx 67$ 得到 $\varphi=0.768$。

单边连接的单角钢，依据 7.6.3 条，$w/t=(160-2\times12)/12=11.3<14\varepsilon_k=14$，故稳定承载力不必折减。

$$\eta=0.6+0.0015\lambda=0.6+0.0015\times67.2=0.701$$

$$\frac{N}{\eta\varphi Af}=\frac{709/2\times10^3}{0.701\times0.768\times3744.1\times215}=0.818$$

选择 B。

点评：本题有改动，指明给出的截面积为单个角钢的截面积，同时指明斜腹杆的钢材牌号为 Q235。对其他情况说明如下：

（1）原题所给出的两个角钢承受的轴压力 709kN 系由下段柱的剪力 $V=512$ kN 求得，即

$$N=\frac{V}{\sin\alpha}=\frac{512}{3000/4155}=709\text{kN}$$

此轴力要分配给一个角钢杆件进行计算。

（2）题目中没有给出两根角钢腹杆之间如何相连，因此，可能难以理解。下面给出一个常见做法的参考图，如图 2-2-14 所示，图中虚线为缀条。

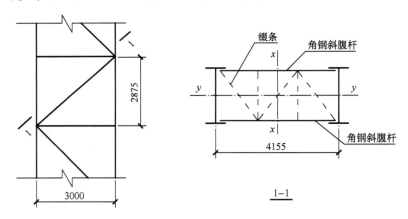

图 2-2-14　缀条的布置

70. 答案：D

解答过程：参考《钢结构设计标准》GB 50017—2017 的 7.6.1 条第 1 款，对单面连接的单角钢连接处焊缝强度验算采用强度折减系数 0.85。

端焊缝承受的轴力：$N_3=1.22\times160\times0.7\times10\times160\times0.85=185.8\times10^3$ N

肢背焊缝所需的计算长度：

$$l_{w1} = \frac{0.7N - N_3/2}{0.85 \times 0.7 h_f f_f^w} = \frac{0.7 \times 709 \times 10^3/2 - 185.8 \times 10^3/2}{0.85 \times 0.7 \times 10 \times 160} = 163 \text{mm}$$

实际需要的几何长度为 $163+10=173$mm。

肢尖焊缝所需的计算长度：

$$l_{w2} = \frac{0.3N - N_3/2}{0.85 \times 0.7 h_f f_f^w} = \frac{0.3 \times 709 \times 10^3/2 - 185.8 \times 10^3/2}{0.85 \times 0.7 \times 10 \times 160} = 14 \text{mm}$$

侧焊缝的计算长度不得小于 $8h_f$ 和 40mm，故取为 $8h_f=80$mm，实际所需的几何长度为 $80+10=90$mm。

焊缝总长度：$90+160+173=423$mm，故选择 D。

点评：单面连接的单角钢，连接强度验算时焊缝强度 f_f^w 是否乘以折减系数 0.85，规范并没有规定。今依据 2003 版规范以及《新钢结构设计手册》采用。

71. 答案：C

解答过程：题目中看不到需要进行疲劳验算的任何条件，故按照不考虑对待。

依据《钢结构设计标准》GB 50017—2017 的 6.1.1 条验算强度。

依据表 3.5.1，翼缘属于 S2 级，腹板属于 S1 级，故取全截面有效且可以考虑塑性发展系数。查表 8.1.1，得到 $\gamma_x=1.05$。

$$\frac{M_{max}}{\gamma_x W_{nx}} = \frac{507.4 \times 10^6}{1.05 \times 0.9 \times 3240 \times 10^3} = 165.7 \text{N/mm}^2$$

选择 C。

72. 答案：B

解答过程：侧向支承点之间的距离为 6m。于是

$$\lambda_y = \frac{6 \times 10^3}{68.7} = 87.3$$

φ_b 依据《钢结构设计标准》GB 50017—2017 的 C.0.5 条计算，为

$$\varphi_b = 1.07 - \frac{\lambda_y^2}{44000} \cdot \frac{f_y}{235} = 1.07 - \frac{87.3^2}{44000} = 0.90$$

依据表 3.5.1，翼缘属于 S2 级，腹板属于 S1 级，故按照全部截面有效取值。

$$\frac{M_{max}}{\varphi_b W_x f} = \frac{507.4 \times 10^6}{0.90 \times 3240 \times 10^3 \times 215} = 0.809$$

选择 B。

点评：规范 6.2.1 条规定，当有铺板密铺在梁的受压翼缘上并与其牢固连接，能阻止梁受压翼缘的侧向位移时，可不计算梁的整体稳定性。今题目给出的条件不甚明确，但因为提示了整体稳定系数 φ_b 的计算方法，故认为应该验算整体稳定性。

73. 答案：A

解答过程：集中荷载引起的挠度为

$$\frac{1}{48} \frac{Pl^3}{EI} = \frac{1}{48} \times \frac{(2+80) \times 10^3 \times 12000^3}{206 \times 10^3 \times 97150 \times 10^4} = 14.75 \text{mm}$$

均布荷载引起的挠度为

$$\frac{5}{384} \frac{ql^4}{EI} = \frac{5}{384} \times \frac{(2.5+1.8) \times 12000^4}{206 \times 10^3 \times 97150 \times 10^4} = 5.80 \text{mm}$$

跨中挠度与跨度之比为

$$\frac{14.75+5.80}{12000}=\frac{1}{584}$$

故选择 A。

74. 答案：C

解答过程：

长细比 $\lambda_x=\frac{9300}{129}=72$，$\lambda_y=\frac{4650}{48.5}=96$

依据《钢结构设计标准》GB 50017—2017 的表 7.2.1-1，截面对 x 轴、y 轴均属于 b 类。由 $\lambda_y=96$ 查表，得到 $\varphi_y=0.581$。

由于截面板件宽厚比满足局部稳定要求，故采用全截面计算。

$$\frac{N}{\varphi_y Af}=\frac{480\times10^3}{0.581\times56.8\times10^2\times215}=0.674$$

选择 C。

75. 答案：D

解答过程：对于交叉支撑，通常认为一杆受拉，另一杆受压退出工作，于是由节点平衡可知，水平杆受压。依据《钢结构设计标准》GB 50017—2017 的 7.2.6 条，填板间的距离不应超过 $40i=40\times14.9=596$ mm，于是，4200mm 间共有 4200/596=7 个距离，所需填板数为 6 个（两个端部不需要）。选择 D。

76. 答案：C

解答过程：图中一侧螺栓数为 $8\times4=32$ 个。于是，剪力引起的单个螺栓竖向剪力为 1200/32=37.5kN

一个受力最大螺栓承受的总剪力

$$N_{max}=\sqrt{142.2^2+37.5^2}=147\text{kN}$$

依据《钢结构设计标准》GB 50017—2017 的 11.4.2 条，所需预拉力为

$$P=\frac{N}{0.9kn_f\mu}=\frac{147}{0.9\times2\times0.45}=181.5\text{kN}$$

查表 11.4.2-2 可知，10.9 级、M22 高强度螺栓可提供预拉力 $P=190$kN，满足要求。故选择 C。

点评：本题提示中给出的 142.2kN 是如何得到的？

腹板分担的弯矩为：

$$M_w=\frac{I_w}{I}M=\frac{16\times1950^3/12}{41579\times10^6}\times6000=1426.658\text{kN}\cdot\text{m}$$

剪力向一侧螺栓群形心简化形成的附加弯矩为：

$$\Delta M_w=1200\times(40+55+5)\times10^{-3}=120\text{kN}\cdot\text{m}$$

因此，用来计算螺栓受力的弯矩为 1426.658+120=1546.658kN·m。

$$N_v^M=\frac{My_{max}}{2\sum y_i^2}=\frac{1546.658\times10^3\times900}{2\times2\times(60^2+180^2+300^2+420^2+540^2+660^2+780^2+900^2)}$$

$$=142.2\text{kN}$$

注意以上计算中，由于受力最大螺栓纵坐标 y_1 远大于 x_1，因此，以 $\sum y_i^2$ 代替了 $\sum(y_i^2+x_i^2)$。

77. 答案：D

解答过程：(1) 确定一个螺栓的受剪承载力

依据《钢结构设计标准》GB 50017—2017 的 11.4.2 条，一个 10.9 级 M24 摩擦型高强度螺栓的抗剪承载力设计值为：

$$N_v^b = 0.9 k n_f \mu P = 0.9 \times 1 \times 2 \times 0.45 \times 225 = 182.25 \text{kN}$$

(2) 根据净截面确定连接一侧螺栓个数

由 $\dfrac{A_n(0.7 f_u)}{\left(1 - 0.5 \dfrac{n_1}{n}\right)} \leqslant n N_v^b$ 可得

$$n \geqslant \frac{A_n(0.7 f_u)}{N_v^b} + 0.5 n_1 = \frac{25 \times (650 - 6 \times 28) \times (0.7 \times 470)}{182.25 \times 10^3} + 0.5 \times 6 = 24.8$$

(3) 根据毛截面确定连接一侧螺栓个数

$$n \geqslant \frac{Af}{N_v^b} = \frac{25 \times 650 \times 295}{182.25 \times 10^3} = 26.3$$

(4) 确定最终所需螺栓个数

一侧螺栓数只需要大于 24.8 即可。考虑到 1 排布置 6 个，所以，初步取一侧螺栓个数为 30 个。

此时，连接长度为 $4 \times 80 = 320\text{mm} < 15 d_0 = 15 \times 26 = 390\text{mm}$，不必考虑螺栓承载力折减，因此，30 个螺栓可以满足"等承载力"要求。选择 D。

点评：本题可以与第 12 题对照理解。

78. 答案：C

解答过程：依据《钢结构设计标准》GB 50017—2017 的 11.4.1 条计算。

一个 5.6 级 M24 普通螺栓的抗剪承载力为

$$N_v^b = n_v \frac{\pi d^2}{4} f_v^b = 2 \times \frac{\pi \times 24^2}{4} \times 190 = 172 \times 10^3 \text{N}$$

$$N_c^b = d \sum t f_c^b = 24 \times 25 \times 510 = 306 \times 10^3 \text{N}$$

取二者较小者，$N_{v,\min}^b = 172 \text{kN}$。

翼缘净截面可承受的拉力设计值为

$$N = 25 \times (650 - 6 \times 28) \times (0.7 \times 470) = 3964 \times 10^3 \text{N}$$

翼缘毛截面可承受的拉力设计值 $N = 25 \times 650 \times 295 = 4794 \times 10^3 \text{N}$

一侧所需螺栓数 $n = \dfrac{N}{N_{v,\min}^b} = \dfrac{3964}{172} = 23.0$

今按照 24 个螺栓考虑，连接长度为 $3 \times 80 = 240\text{mm} < 15 d_0 = 15 \times 24.5 = 367.5\text{mm}$，不必考虑承载力折减，故 24 个螺栓可以满足要求，选择 C。

点评：查规范表 4.4.6 时，5.6 级的螺栓只能在"A、B 级螺栓"一列下查表得到 f_v^b、f_t^b，因此，在确定 f_c^b 时也按照"A、B 级螺栓"一列取值，得到 $f_c^b = 510 \text{N/mm}^2$。

79. 答案：A

解答过程：依据《钢结构设计标准》GB 50017—2017 的 8.1.2 条计算。

由于是格构式构件，依据表 8.1.1，$\gamma_x = 1.0$。

柱肢翼缘外侧最大压应力设计值为：

2 钢 结 构

$$\frac{N}{A_n} + \frac{M_x}{\gamma_x W_{nx}} = \frac{960 \times 10^3}{2 \times 56.8 \times 10^2} + \frac{210 \times 10^6}{2622.5 \times 10^3} = 164.6 \text{N/mm}^2$$

选择 A。

80. 答案：B

解答过程：依据《钢结构设计标准》GB 50017—2017 的 8.2.2 条，验算式为

$$\frac{N}{\varphi_x A f} + \frac{\beta_{mx} M_x}{W_{1x}(1 - N/N'_{Ex})f} \leqslant 1$$

今已知 $i_x = 304\text{mm}$，于是 $\lambda_x = \dfrac{l_{0x}}{i_x} = \dfrac{17.5 \times 10^3}{304} = 57.6$

$$\lambda_{0x} = \sqrt{\lambda_x^2 + 27\frac{A}{A_{1x}}} = \sqrt{57.6^2 + 27 \times \frac{5680 \times 2}{729 \times 2}} = 59$$

按照 b 类截面查表，得到 $\varphi_x = 0.813$。

由于分肢截面板件的宽厚比满足局部稳定要求，因此，验算时可按照全部截面有效取值。

$$\frac{N}{\varphi_x A f} + \frac{\beta_{mx} M_x}{W_{1x}(1 - N/N'_{Ex})f}$$
$$= \frac{960 \times 10^3}{0.813 \times 2 \times 56.8 \times 10^2 \times 215} + \frac{1.0 \times 210 \times 10^6}{3497 \times 10^3 \times (1 - 0.131) \times 215}$$
$$= 0.805$$

选择 B。

点评：(1) 格构式压弯构件，各分肢作为轴心受压构件受力，分肢截面可按照轴心受压构件的要求控制板件宽厚比。(2) 2017 版《钢结构设计标准》中，公式第 2 项分母中删去了 φ_x。

81. 答案：D

解答过程：受力较大分肢所受压力为

$$\frac{N}{2} + \frac{M_x}{b_0} = \frac{960}{2} + \frac{210}{0.6} = 830 \text{kN}$$

分肢绕 y 轴的计算长度为 8m，长细比为

$$\lambda_y = \frac{l_{0y}}{i_y} = \frac{8 \times 10^3}{129} = 62$$

注意，上式中的下角标"y"是针对整个组合截面而言的（见题目的图示），对于分肢（工字形截面）而言，则是 x 轴，所以，取 $i_y = 129\text{mm}$。

按照 b 类截面查表，得 $\varphi = 0.796$。

由于截面板件宽厚比满足局部稳定要求，故采用全截面计算。

$$\frac{N}{\varphi A f} = \frac{830 \times 10^3}{0.796 \times 5680 \times 215} = 0.854$$

选择 D。

点评：对于本题，需要注意以下三点：

(1) 整个组合截面的 y 轴对于工字形截面的分肢而言，是强轴 x 轴。

(2) 题目给出的"柱在弯矩作用平面外计算长度 $l_{0y} = 8\text{m}$"，是针对格构式柱截面而言的。对于分肢而言，绕自身工字形截面的强轴 x 轴所考虑的约束，与格构式柱截面绕 y 轴时相同，故计算长度也相等。

(3) 对于分肢而言，工字形截面自身弱轴 y 轴的计算长度，并不是题目中给出的 $l_{0x}=17.5$m，而是 1200mm，绕弱轴的长细比为 1200/48.5＝24.7，远小于绕强轴时的 62，绕强轴的稳定计算起控制作用。所以，以上给出的解答过程只计算了绕强轴的情况。

82. 答案：D

解答过程：依据《钢结构设计标准》GB 50017—2017 的 7.2.7 条，轴心受压格构式构件的剪力为：

$$V = \frac{Af}{85}\sqrt{\frac{f_y}{235}} = \frac{2 \times 56.8 \times 10^2 \times 215}{85} = 28734\text{N} > 25\text{kN}$$

所以，取剪力为 28734N 计算。

一根缀条所受压力为 $N_b = \dfrac{28734/2}{\cos 45°} = 20318$N

由题图可知，缀条与节点的连接未使用节点板，因此，缀条计算长度取为几何长度。

缀条长细比 $\lambda_b = \dfrac{600/\cos 45°}{12.4} = 68$

按照 b 类截面查表，得到 $\varphi = 0.763$。

单面连接的单角钢，$w/t = (63-2\times 6)/6 = 8.5 < 14\varepsilon_k = 14$，不必考虑角钢宽厚比过大导致的承载力折减。

$$\eta = 0.6 + 0.0015\lambda = 0.6 + 0.0015 \times 68 = 0.702$$

$$\frac{N}{\eta\varphi Af} = \frac{20318}{0.702 \times 0.763 \times 729 \times 215} = 0.242$$

选择 D。

83. 答案：D

解答过程：依据《钢结构设计标准》GB 50017—2017 的 3.1.6 条、3.1.7 条，选项 D 叙述正确。

84. 答案：C

解答过程：依据《钢结构设计标准》GB 50017—2017 的 4.4.5 条第 2 款，施工条件较差，折减系数为 0.9。单面连接的单角钢时，对连接进行强度验算时，参考 7.6.1 条第 1 款以及《新钢结构设计手册》（中国计划出版社，2018），取强度折减系数为 0.85。折减系数连乘，为 0.9×0.85＝0.765，选择 C。

点评：单面连接的单角钢，对连接计算时强度是否乘折减系数，在标准中没有规定。

2 钢 结 构

2.3 疑问解答

本部分问答索引

关键词	问答序号	关键词	问答序号
T形件	62	扭转屈曲	26
T形截面等级	8	平板支座	35
板件宽厚比等级	7	起拱	6
板托截面	47	撬力	63
板托倾角	46	屈曲后强度	31
部分抗剪连接	49	全塑性受弯承载力	68
槽钢檩条强度	56	热轧型钢梁	16
单边连接单角钢	36	容许应力幅	54
单轴对称梁	15	熔合线	41
等效惯性矩 I_{eq}	51	失稳模式	25
等效弯矩系数	39,40	双力矩	57
动力系数	3	双缀条	28
风荷载系数	72	塑性发展系数	11
负弯矩区公式	48	塑性截面模量	59
腹板高度	17	塑性设计	53
腹板高厚比	33	填板间距	29
腹板高厚比超限	21	突出物时雪堆积	76
腹板屈曲后强度	12,20	弯扭屈曲	27
刚架投影实腹区	73	线刚度调整	66
高强螺栓	10	箱形截面	9,24
高强螺栓验算	64	消能梁段受剪承载力	69
焊钉抗剪承载力	50	性能化设计	52
桁架节点板稳定	55	雪堆积	74
横向加劲肋	18	雪漂移	75
横向水平力	5	翼缘宽厚比超限	32
加劲肋稳定性	19	有楼板框架梁的稳定	14
交叉腹杆	34	有效截面	65
节点	44	支撑力	13
勘误	1,2,61,71	中心支撑	58
抗震调整系数	67	重级工作制	4
孔前传力	22	轴心受压构件剪力	30
拉弯构件	37,38	轴心受压构件强度	23
梁翼缘拼接	70	柱端焊缝剪力	45
梁柱刚性连接	60	最小焊脚尺寸	42
螺栓有效截面积	43		

【Q2.3.1】2018 年新印刷的《钢标》有没有勘误?

【A2.3.1】2018 年新印刷的《钢标》编号为 GB 50017—2017,针对第一次印刷本,笔者发现的疑似差错汇总于表 2-3-1,供参考。

《钢标》第一次印刷本的疑似差错　　　　　　　　表 2-3-1

页码	疑似差错	修改后	备注
正文部分			
16、17（目录）	Apendix	Appendix	
5	2.1.38 条,distorsional	distortional	
8	β_E	β_e	第 17 章均记作 β_e
13	3.3.2 条,对第一次出现的"重级工作制"没有解释		
15	公式（3.5.1）,未明确应力是否来自于荷载基本组合		可认为,应力按照荷载基本组合求出
15	腹板计算边缘的最大压应力	腹板计算高度边缘的最大压应力	
16	表 3.5.1,对 b 的解释不明确		b 是否要减去圆弧段,今只能通过角钢的情况推测,应减去
26	表 4.4.5,Q345GJ 的厚度分组		">16,≤35"改为"≤50"删去">35,≤50"那一行
30	公式（5.1.6-1）,ΣN_i 是设计值,ΣH_{ki} 是标准值		《抗规》中是"计算值",即调整之前的值
31	图 5.2.1-1,等效水平力	假想水平力	图名宜与文字一致
31	图 5.2.1-1,图中 N_1、N_2、N_3、N_4 在公式中未出现		N 宜改为 G
32	公式（5.2.2-2）:$q_0 = \dfrac{8N_k e_0}{l^2}$	$q_0 = \dfrac{8N e_0}{l^2}$	
33	第 2 行:N_k——构件承受的轴力标准值（N）	N——构件承受的轴力设计值（N）	
35	5.5.4 条第 2 行:可为理想弹塑性	可视为理想弹塑性	
37	6.1.2 条上数 5 行:有效外伸宽度可取 15 ε_k	有效外伸宽度可取 15 ε_k 倍翼缘厚度	
40	6.2.3 条上数 3 行:宽度可取 15 ε_k	宽度可取 15 ε_k 倍翼缘厚度	
47	公式（6.3.6-1）:$b_s = \dfrac{h_0}{30} + 40$	$b_s \geqslant \dfrac{h_0}{30} + 40$	
48	倒 6 行,$15h_w\varepsilon_k$	$15t_w\varepsilon_k$	
51	第 5 行:6.3.6 条	6.3.7 条	
53	图 6.5.2（a）:表示圆孔间距的 h		左右边界标注有误

2 钢 结 构

续表

页码	疑似差错	修改后	备注
57	第 2 行，屈服后强度	屈曲后强度	
62	第 2 行，x_s、y_s——截面剪心的坐标	x_s、y_s——截面剪心相对于形心的坐标	
68	图 7.2.9		截面图漏标了一个尺寸 b
69	7.3.1 条第 4 款，未给出热轧构件时 h_w 如何取值	$h_w = h - t_f$	
70	7.3.4 条，未规定翼缘宽厚比超过 7.3.1 条限值后如何操作	翼缘宽厚比超出 7.3.1 条限值部分不予考虑	
73	7.4.2 条第 2 款	在"当确定交叉腹杆中……"前面分段	
75	第 4 行，系数 φ	系数 ρ	
75	倒 5 行		宜删去"在直接或间接承受动力荷载的结构中"
76	表 7.4.7		最后一列第 2 行，应是横线"—"不是空白
78	7.6.1 条第 1 款		强度乘 0.85 和 7.1.3 条面积乘 0.85，重复了，应只乘一次
79	7.6.2 条，u 轴不明确		应是平行于节点板的形心轴
81	公式（8.1.1-2）下 1 行：N——同一截面处轴心压力设计值	N——同一截面处轴心力设计值	删去"压"
83	公式（8.2.1-2），N'_{Fx}	N'_{Ex}	下角标应为 E
83	公式（8.2.1-4）下 2 行：mm	N	欧拉临界力除以 1.1，单位为"牛顿"
84	倒 5 行：对 M_{qx} 的解释 倒 4 行：对 M_1 的解释	M_{qx}——横向产生的弯矩最大值； M_1——杆端弯矩	横向荷载和端弯矩的叠加应使总的效应最大
91	公式（8.3.2-1）：k_b	K_b	
91	倒 2 行：m	mm	如果不改动，公式（8.3.2-2）会出错
92	图 8.3.2：N_2	$N_2 - N_1$	在标注为 N_2 还会存在上柱传来的压力 N_1
96	公式（8.4.2-9）和公式（8.4.2-10）中的 γ_x		应删去，因为此时不考虑塑性发展
100	公式（9.2.5-10）：σ_σ	σ_G	与式（9.2.5-9）中符号相同。依据为送审稿、报批稿
104	公式（10.3.4-3）：w_x	W_x	应为大写
104	公式（10.3.4-5）：W_x	W_{nx}	
105	倒 3 行：γ'_x	γ_x	
110	倒 2 行、倒 3 行：15mm	1.5mm	共 2 处
111	第 1、2、3 行		删去这 3 行

2.3 疑问解答

续表

页码	疑似差错	修改后	备注
113	11.3.3 条第 2 行：不宜大于1∶25	不宜大于1∶2.5	
114	倒 6 行：加强焊脚尺寸不应大于	加强焊脚尺寸应不小于	依据《钢结构焊接规范》
126	公式（11.6.4-3）：15	1.5	
131	图 12.2.5 左上方图：$0.5b_{ef}$	$0.5b_e$	
131	倒 1 行：$b_p t_p f_{yp}$	$b_p t_p f$	欧洲规范此处为 $b_p t_p f_{yp}/\gamma_{M0}$，故宜写成强度设计值
132	倒 2 行：$h_c/h_b \geqslant 10$	$h_c/h_b \geqslant 1.0$	
133	第 1 行：$h_c/h_b < 10$	$h_c/h_b < 1.0$	
133	h_{cl}——柱翼缘中心线之间的宽度和梁腹板高度	h_{cl}——柱翼缘中心线之间的宽度	
141	图 12.7.7，L_r 没有尺寸界限		L_r 标注位置也与文字说明不符
145	倒 1 行：偏心矩	偏心距	
150	图 13.3.2-1：节点右侧 N_0	N_{0p}	宜按两侧有压力差标注
156	图 13.3.2-7、图 13.3.2-8		左侧的图，主管下方的支管，厚度 t_2、t_1 分别以 t_3、t_4 代替
157	公式（13.3.2-30）下一行：由式（13.3.2-11）计算	由式（13.3.2-10）计算	
159	图 13.3.3-3		D 的下边界不准确
160	公式（13.3.3-8）：$0.6 n_{Tk}^2$	$0.6 n_{Tk}$	依据《钢结构设计手册》第 4 版
161	图 13.3.4-2		删去右侧的图
168	倒 1 行：$\beta = \dfrac{D_1 + D_2}{b}$	$\beta = \dfrac{D_1 + D_2}{2b}$	
181	图 14.2.1-2，y_1、y_2 尺寸线两端缺少"短粗斜线"		
183	图 14.2.2，y_1 尺寸线多了"短粗斜线"		
194	倒 2 行		删去"牛腿式节点和承重销式节点"
196	倒 5 行：设计使用寿命	设计使用年限	"设计使用寿命"不是正式术语
197	公式（16.2.1-5）、公式（16.2.1-6）：<	=	赋值

177

续表

页码	疑似差错	修改后	备注
199	公式（16.2.2-3）	$[\Delta\sigma] = \left[([\Delta\sigma]_{5\times10^6})^2 \dfrac{C_z}{n} \right]^{1/(\beta_z+2)}$	指数"2"漏印了
200	倒11行：$[\Delta\sigma_L]_{1\times10^6}$	$[\Delta\sigma_L]_{1\times10^8}$	
200	倒3行：$[\Delta\tau_L]_{1\times10^6}$	$[\Delta\tau_L]_{1\times10^8}$	
212	公式(17.2.2-2)：……$M_{Ehk2})/M_{Evk2}$	……$M_{Evk2})/M_{Ehk2}$	下角标互换
212	倒3行：第17.2.2-3	表17.2.2-3	
215	第6行，N/mm²	N	R_k的单位应与S_{E2}一致
218	公式（17.2.5-5）：$V_{pc} = V_{Gc} + \dfrac{W_{Ec,A}f_y + W_{Ec,B}f_y}{h_n}$	$V_{pc} = \dfrac{W_{Ec,A}f_y + W_{Ec,B}f_y}{h_n}$	参照《高规》6.2.3条修改
219	公式（17.2.9-4）：$M_{ub,sp}^j \geqslant \eta_j W_{Ec} f_y$	$M_{ub,sp}^j \geqslant \eta_j W_E f_y$	从218页看，W_{Ec}为柱的指标
221	第9行：节点域的抗剪强度，应按本标准第12.3.3条的规定计算（N/mm²）；	节点域的抗剪强度，应按本标准第12.3.3条的规定计算，其中抗剪强度f_v由抗剪屈服强度f_{yv}代替（N/mm²）；	
223	表17.3.4-1：f_{vy}	f_{yv}	
229	第7行：不宜小于节点板的2倍	不宜小于节点板厚度的2倍	
243	公式（C.0.1-1）：ε_k	ε_k^2	
244	表C.0.1上一行：mm³	mm⁴	
246	表C.0.2：l_1（mm）	l_1（m）	
246	表C.0.2：项次5第1行	−0.66	0.66
253	E.0.1条第4行：低层框架柱	底层框架柱	
254	E.0.2条第4行：低层框架柱	底层框架柱	
267	公式（F.1.1-9）：n_y	η_y	
276	H.0.1条第7行：Nmm²/mm	N·mm²/mm	
282	表K.0.2		类别中的最后两个符号"Z4"、"Z5"应下移一行
285	项次19：角焊缝的图示，左图与右图不对应		
286	项次21：未画出应力幅的方向		应力幅方向为构件的纵向
286	项次24：$r \geqslant 60mm$的位置		$r \geqslant 60mm$是指上方连接件圆弧半径，故应向左上方移动

2.3 疑问解答

续表

页码	疑似差错	修改后	备注
条文说明部分			
7	倒 3 段：kN/mm²	kN/m²	共 4 处
19	表 3		非焊接结构，温度在－20℃和0℃之间时，Q345GJC 改为 Q345GJB
28	倒 4 行：$f_c^w = 0.85f$	$f_c^w = 0.85f$	
38	公式（8）：$\frac{N}{A} + \cdots\cdots \leqslant f$	$\frac{N}{Af} + \cdots\cdots \leqslant 1$	
39	倒 6 行：塑生铰	塑性铰	
40	6.1.1 条的条文说明		基本上沿用了 2003 版时的内容，与正文思路不符
46	图 4：b、t、b'、t'	b_s、t_s、b'_s、t'_s	
54	倒 5 行：式（7.3.3-1）	式（7.3.3-2）	
49	图 5：h_c 的界线		应和翼缘的内侧对齐
57	7.3.4 条第 2 行：……及式（7.3.1-8）确定	……确定	删去"及式（7.3.1-8）"
58	第 9 行：参考德国规范进行了修改	参考德国规范	
78	图 11 左数第 1 个图中 τ_h		下角标应为"//"
80	式 42：h_f	h_{fi}	
84	倒 7 行：孔形折减系数 k_2	孔形折减系数 k	
97	12.2.3 条上数第 5 行：节点饭厚度	节点板厚度	
98	附录 F（共 2 处）	附录 G	
99	第 2 段第 7 行：铜板	钢板	
99	稳定验算表达式中的符号		对于 N_2，分子中应是 b_2 对于 N_3，分子中应是 b_3
101	12.2.5 条第 4 行：$f_{yc}t_{fc}^2$	$f_{y,c}t_c^2$	修改之后与下面推导过程一致
101	图 18		P、S 应为小写，以与正文一致
173	图 47	J_1 应为 J_3 J_3 应为 J_1	依据表 16.2.1-2
174	倒 11 行：（图 47）	（图 46）	
187	第 4 段：因此计算支撑结构的性能系数时除以 1.5 的系数		正文中不存在"除以 1.5 的系数"这种情况

除表中所列之外，还有以下地方需要注意：

(1) 当为单边连接的单角钢时，焊缝强度设计值是否乘以 0.85，未明确。

(2) 第 37 页，6.1.2 条行文有瑕疵，会导致这样的错误认识：除了工字形和箱形之外的截面都可直接查表 8.1.1 而不论其截面等级。

(3) 第 49 页，6.4 节延续了 2003 规范的做法，与 2017 版规范截面等级的思路不协调。

(4) 6.5.2 条，图示多处与文字不一致，包括：

第 1 款：圆孔孔口直径不宜大于梁高的"0.70 倍"，图 6.5.2 中为"1/2 倍"。

第 2 款：相邻圆形孔口边缘间的距离不宜小于梁高的"0.25 倍"，图中是"1 倍"。

第 3 款：开孔处梁上下 T 形截面高度均不宜小于"0.15 倍"梁高，图中是"1/4 倍"。

(5) 第 89 页，公式（8.3.1-1）下第 2 行，"K_1、K_2 的修正应按本标准附录 E 表 E.0.2 注确定"，实际上，由于排版变化，修正不限于表下的注释。第 91 页，对无侧移框架柱计算时所用 K_1、K_2 的解释存在同样的瑕疵。

(6) 第 104 页，对于梁，塑性设计时时如何验算，令人困惑：根据条文说明和建工版《钢结构设计手册》，均认为是 $M_x \leqslant \gamma_x W_x f$，但是，从正文看，应是 $M_x \leqslant 0.9 W_{npx} f$，即公式（10.3.4-2）。

(7) 第 112 页，11.2.6 条有瑕疵，会导致这样的错误认识：搭接连接时端焊缝当计算长度超长时承载力折减。另外，在本条应明确，当焊缝沿长度方向应力为均匀分布时不必考虑超长折减，因为，11.2.7 条梁翼缘与腹板之间的焊缝就属于这种情况（正是因为均匀分布，才能有公式（11.2.7）成立）。

《钢标》给出的焊缝超长时承载力折减系数的公式如下：

$$\alpha_f = 1.5 - \frac{l_w}{120 h_f} \geqslant 0.5$$

做出 $l_w \geqslant 60 h_f$ 时的 $\alpha_f l_w / h_f$ 与 l_w / h_f 关系曲线（之所以变量如此取值是为了无量纲且 $\alpha_f l_w / h_f$ 能反映焊缝承载力的趋势），如图 2-3-1 所示。

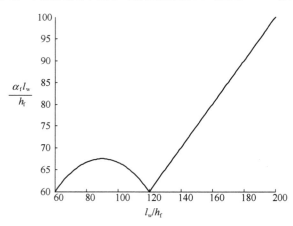

图 2-3-1　$\alpha_f l_w / h_f$ 与 l_w / h_f 的关系曲线

于是可知，随着焊缝计算长度的增大，焊缝承载力在 $l_w = 90 h_f$ 时达到最大（此时，$\alpha_f = 0.75$），此后再增大焊缝长度将无济于事，直到 $l_w = 120 h_f$。此后，由于折减系数一直取 0.5，故焊缝承载力随 l_w 增大而线性提高。这是不符合逻辑的。

欧洲规范 EC3 第 8 卷规定，搭接连接中沿受力方向焊缝长度超过 150 a（a 为焊脚有效高度，我国记作 h_e）时，承载力折减系数按下式求出：

$$\beta_{Lw} = 1.2 - 0.2 \frac{L_j}{150 a}$$

画出 $\beta_{Lw} L_j / a$ 随 L_j / a 的变化规律，如图 2-3-2 所示。

尽管也出现最高点，但此时对应的是 $450 a$，$\beta_{Lw} = 0.6$，长度已是折减起始点的 3 倍，

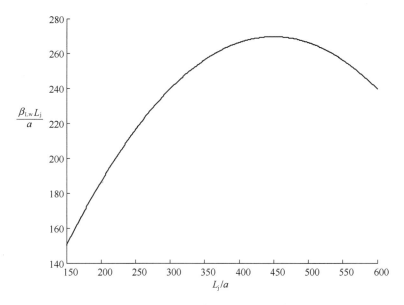

图 2-3-2 $\beta_{Lw}L_j/a$ 与 L_j/a 的关系曲线

实际中不大会超过该值,因此仅仅具有数学上的意义。

在美国钢结构设计规范 AISC 360-16 中,规定"端部受荷"(end-load)角焊缝当长度超过 100 倍的焊脚尺寸时,有效长度取为实际长度乘以折减系数 β, β 按下式确定:

$$\beta = 1.2 - 0.002 \frac{l}{w} \leqslant 1.0$$

式中,l 为焊缝实际长度;w 为焊脚尺寸。考虑到焊脚有效高度为焊脚尺寸的 0.7 倍,因为,该做法与欧洲规范基本一致。需要注意的是,该规范同时规定,当 $l/w \geqslant 300$ 时,取有效长度为 $180w$,如此操作会在承载力曲线上部形成一个水平线,更显合理性。因为,2005 版规范中曾规定,当 $l/w \geqslant 300$ 时,取折减系数 $\beta = 0.6$,这会导致焊缝承载力随焊缝长度直线增长。

(8) 第 134 页,$b_e = t_f + 5h_y$ 为 2003 规范时的做法,与 12.2.5 条的规定(为 2017 版新增)不一致。两处的原理完全相同。

(9) 第 150 页,图 13.3.2-1,支管的尺寸宜标注为以"i"为下角标的符号,以与解释一致。

(10) 第 159 页,图 13.3.3 中 D 的标注,下边界有误。另外,公式(13.3.3-7)中的 N_{cK} 不是指图 13.3.3 中的外荷载,而是指公式(13.3.2-10)求出的承载力。

(11) 第 160 页,公式(13.3.3-9)中的 N_{cK} 不是指图 13.3.3 中的外荷载,而是指公式(13.3.2-10)求出的承载力;公式(13.3.3-12)中的 N_{tK} 不是指图 13.3.3 中的外荷载,而是指公式(13.3.2-12)求出的承载力。

(12) 第 177 页,对 b_1、b_2 的解释,"当塑性中和轴位于混凝土板内时"这一前提条件,在《组合结构设计规范》JGJ 138—2016 中没有。

(13) 第 184 页,第 3 行,焊钉极限抗拉强度设计值要求按照《电弧螺柱焊用圆柱头焊钉》GB/T 10433 取值,该标准只是给出要求 σ_s 不小于 400MPa,没有其他规定。从《钢结构设计标准》这一条的条文说明看,取 $f_u = 400$MPa。《组合结构设计规范》JGJ 138—

2016 的 3.1.14 条取为 360MPa（依据该条条文说明，360MPa 为依据 2003 版《钢结构设计规范》取值，即 1.67×215=359.05，取整为 360）。

（14）第 185 页，14.3.4 条第 2 款，将正弯矩区和负弯矩区合并以简化计算，但是，如此规定似乎没有考虑到，14.3.3 条还规定在负弯矩区抗剪连接件的承载力要多乘以一个 0.9。

（15）第 188 页，14.5.1 条指出按照现行《混凝土结构设计规范》GB 50010 计算最大裂缝宽度，但是，14.5.2 条，按标准组合计算应力，与现行《混凝土结构设计规范》GB 50010 不一致。

（16）第 215 页，17.2.4 条第 4 款，人字形、V 形支撑时梁的轴力按式（17.2.4-2）计算，似乎不妥。一拉一压两个撑杆的受力在节点处取水平轴上的投影，得到：

$$N = A_{br}f_y\cos\alpha_1 + \eta\rho A_{br}f_y\cos\alpha_2$$

（17）条文说明第 55 页，公式（27）上 2 行提到，若要对"这些公式"提高精度可以在式（7.2.2-22）右端乘以一个按公式（27）求得的系数，但是，"这些公式"中的式（7.2.2-14）由于不包含 λ_z 这一参数，没有地方可乘。

（18）条文说明第 65 页，"本条有效宽度系数和本标准第 7.3.3 条有效屈服截面系数完全相同。第 7.3.3 条均匀受压正方箱形截面，四块壁板的宽厚比同样超限，整个截面的承载力乘以系数 ρ 进行折减，既可看作 A 的折减系数，也可看作是 ρ 的折减系数"。实际上，这是在送审稿的基础上修改了几个字得到的，与正式稿并不完全一致：第 7.3.3 条的 ρ 现在称作"有效截面系数"并非"有效屈服截面系数"；正式版中用 ρ_i 乘以 A_i，并非如送审稿那样直接乘以整个截面积 A。

【Q2.3.2】2015 年版《高钢规》有没有勘误？

【A2.3.2】笔者发现的《高钢规》第一次印刷本疑似差错汇总于表 2-3-2，供参考。

《高钢规》第一次印刷本的疑似差错　　　表 2-3-2

页码	疑似差错	修改后	备注
37	公式（5.4.2-6）：其中 $(1+\lambda_T)^2$	$(1+\lambda_T^2)$	与《抗规》对比可知
48	表 6.4.4 最后一行		宜增加：60m 以上高层民用建筑
50	7.1.2 条第 1 行：隔板	铺板	
50	倒 4 行：		3.6.1 条无对应于梁稳定时的 γ_{RE}
53	第 5、6 行		应注明是"标准值"
55	第 2 行：应按本规程式（7.3.2-5）和式（7.3.2-6）计算	应按本规程式（7.3.2-6）计算	
63	第 1 行和第 3 行：$V_l = 0.58A_w f_y$ $M_{lp} = fW_{np}$		一个用 f_y 另一个用 f，二者矛盾
75	图 8.2.5-2：h_m 只画出了一侧的界限		另一侧是翼缘边

续表

页码	疑似差错	修改后	备注
87	倒 3 行：截面塑性模量	塑性截面模量	
91	图 8.6.1-1（a）		右侧的锚栓，不规矩
97	倒 2 行：等效宽度		"等效宽度"的含义不明
99	第 6 行：受拉承载力（N/mm²）	受拉承载力（N）	
190	倒 1 行：e_{f1}——梁翼缘板相邻两列螺栓横向中心间的距离（mm）	e_{f1}——翼缘板处最外侧螺栓中心沿梁纵向至翼缘板边缘的距离（mm）	
191	第 2 行：e_{s1}——翼缘拼接板相邻两列螺栓横向中心间的距离（mm）	e_{s1}——翼缘拼接板处最外侧螺栓中心沿梁纵向至翼缘板边缘的距离（mm）	

值得注意的是，F.1.5 条第 3 款原文，"螺栓群角部的螺栓受力最大，其由弯矩和剪力引起的按本规程式（F.1.4-2）和式（F.1.4-3）分别计算求得的较小者得出的两个剪力，应根据力的作用方向求出合力，进行验算"，应是输入时"串行"且公式编号有误，应为"螺栓群角部的螺栓受力最大，其由弯矩和剪力引起的两个剪力，应根据力的作用方向求出合力，按本规程式（F.1.1-1）和式（F.1.1-2）分别计算求得的较小者进行验算"。

【Q2.3.3】关于吊车的动力系数，《荷载规范》5.3.1 条规定"吊车竖向荷载应乘以动力系数"；而《钢标》3.1.7 条规定"对于直接承受动力荷载的结构：在计算强度和稳定性时，动力荷载设计值应乘以动力系数"，这里是不是说，吊车横向荷载也要乘以动力系数？

【A2.3.3】依据《荷载规范》5.1.2 条的条文说明，吊车水平荷载分为纵向和横向，分别由吊车的大车和小车的运行机构在启动或制动时引起的惯性力引起，因此，笔者理解，其本身已经考虑了动力影响，故不需要再乘以动力系数。

另外，《钢标》3.3.2 条规定的横向水平荷载，其本质是一种"卡轨力"，其本身也考虑了动力影响。

【Q2.3.4】《钢标》3.3.2 条说到的"重级工作制吊车梁"是怎么回事？

【A2.3.4】吊车（起重机）的"工作级别"分为 8 个等级，表示为 A1~A8。《钢标》中所说的"工作制"与吊车（起重机）的"工作级别"存在对应关系：轻级工作制相当于 A1~A3 级；中级工作制相当于 A4、A5 级；重级工作制相当于 A6~A8 级，其中 A8 属于特重级。

以下介绍吊车的工作级别是如何确定的。

依据《起重机设计规范》GB/T 3811—2008，起重机的使用等级见表 2-3-3。

起重机的使用等级		表 2-3-3
使用等级	起重机总工作循环数 C_T	说明
U_0	$C_T \leqslant 1.60 \times 10^4$	很少使用
U_1	$1.60 \times 10^4 < C_T \leqslant 3.20 \times 10^4$	
U_2	$3.20 \times 10^4 < C_T \leqslant 6.30 \times 10^4$	
U_3	$6.30 \times 10^4 < C_T \leqslant 1.25 \times 10^5$	
U_4	$1.25 \times 10^5 < C_T \leqslant 2.50 \times 10^5$	不频繁使用
U_5	$2.50 \times 10^5 < C_T \leqslant 5.00 \times 10^6$	中等频繁使用
U_6	$5.00 \times 10^5 < C_T \leqslant 1.00 \times 10^6$	较频繁使用
U_7	$1.00 \times 10^6 < C_T \leqslant 2.00 \times 10^6$	频繁使用
U_8	$2.00 \times 10^6 < C_T \leqslant 4.00 \times 10^6$	特别频繁使用
U_9	$4.00 \times 10^6 < C_T$	

起重机的使用等级表明了该起重机忙闲程度。起重机总工作循环数由预计使用年数、每年平均工作日数和每工作日内平均的工作循环次数三者乘积得到。

起重机的载荷状态级别及载荷谱系数见表 2-3-4。

起重机的载荷状态级别及载荷谱系数		表 2-3-4
载荷状态级别	起重机的载荷谱系数 K_p	说明
Q_1	$K_p \leqslant 0.125$	很少吊运额定载荷，经常吊运较轻载荷
Q_2	$0.125 < K_p \leqslant 0.250$	较少吊运额定载荷，经常吊运中等载荷
Q_3	$0.250 < K_p \leqslant 0.500$	有时吊运额定载荷，较多吊运较重载荷
Q_4	$0.500 < K_p \leqslant 1.000$	经常吊运额定载荷

起重机的载荷状态级别表明了起吊荷载的轻重程度。$K_p = \Sigma \left[\dfrac{C_i}{C_T} \left(\dfrac{P_{Qi}}{P_{Qmax}} \right)^3 \right]$，式中，$P_{Qi}$、$C_i$ 分别表示起重机有代表性的起升载荷和相应的循环次数；P_{Qmax} 为起重机的额定起升载荷。

起重机整机的工作级别见表 2-3-5。

起重机整机的工作级别										表 2-3-5
载荷状态级别	起重机的使用等级									
	U_0	U_1	U_2	U_3	U_4	U_5	U_6	U_7	U_8	U_9
Q_1	A1	A1	A1	A2	A3	A4	A5	A6	A7	A8
Q_2	A1	A1	A2	A3	A4	A5	A6	A7	A8	A8
Q_3	A1	A2	A3	A4	A5	A6	A7	A8	A8	A8
Q_4	A2	A3	A4	A5	A6	A7	A8	A8	A8	A8

由表 2-3-5 可知，重级工作制中最低的 A6，对应的使用等级最低为 U_4，此时的工作循环次数已经大于疲劳验算的规定值 5×10^4，由此可知，重级工作制吊车均应进行疲劳验算。

2.3 疑问解答

【Q2.3.5】《荷载规范》5.1.2 条规定的"吊车横向水平荷载"和《钢标》3.3.2 条规定的"横向水平力"如何区分使用?

【A2.3.5】《钢标》此处延续了 2003 版的做法。

《荷载规范》5.1.2 条规定的"吊车横向水平荷载"系由于小车制动、刹车引起,《钢标》3.3.2 条规定的"横向水平力"则是大车运行时的"卡轨力"。

《钢标》明确该"横向水平力"的使用范围为局部:计算重级工作制吊车梁(或吊车桁架)及其制动结构的强度、稳定性以及连接(吊车梁或吊车桁架、制动结构、柱相互间的连接)的强度时采用,且不宜与"荷载规范规定的横向水平荷载"同时考虑。而对工业厂房排架柱进行整体受力分析时,应采用《荷载规范》的规定值。

【Q2.3.6】《钢标》3.4.3 条规定,当仅为改善外观条件时,构件挠度应取在恒荷载和活荷载标准值作用下的挠度计算值减去起拱值,如何理解?

【A2.3.6】此处规定延续了 2003 版的做法。

横向受力构件(钢梁)的挠度变形可分为两种情况:一是"影响正常使用"的,二是"影响观感"的,分别对应于挠度验算公式 $v_Q \leqslant [v_Q]$ 和 $v_T \leqslant [v_T]$。《钢标》附表 B.1.1 下的注释 2 指出,$[v_T]$ 为永久和可变荷载标准值产生的挠度(如有起拱应减去拱度)的容许值,即是与此处的规定对应。

注意,应是依据结构力学方法按照荷载标准组合计算得到的 v_T 减去起拱值,而不是 $[v_T]$ 减去起拱值。验算 $v_Q \leqslant [v_Q]$ 时,不允许减去起拱值。

【Q2.3.7】如何理解《钢标》3.5.1 条中的截面板件宽厚比等级?

【A2.3.7】可以按照以下理解:

(1) 之所以进行等级划分,是因为板件局部屈曲(与宽厚比有关)会影响构件的变形能力与承载力。

(2) 等级 S1~S5 对板件宽厚比的要求越来越宽松,相当于等级越来越低。

S1 级,可实现全截面达到塑性的要求且具有塑性设计要求的转动能力,用于塑性设计。相当于 2003 规范时第 9 章塑性设计的要求。

S2 级,可以达到全截面出现塑性,但塑性铰的转动能力有限。

S3 级,截面可部分发展塑性,相当于 2003 规范时可以考虑塑性塑性发展系数时的要求。

S4 级,仅仅能达到边缘纤维屈服。

S5 级,在边缘纤维达屈服前会发生局部屈曲。

(3) 组成截面的各板件,等级可能不同,截面等级取所组成各板件等级的最差者。例如,翼缘为 S1 腹板为 S5,则截面等级为 S5。同时注意,只是针对受压(全部或部分受压)板件划分等级,受拉板件不必考虑。

(4) 以工字形截面受弯构件为例,表 3.5.1 的含义是,对于翼缘,当 $b/t \leqslant 9\sqrt{235/f_y}$ 时属于 S1,当 $15\sqrt{235/f_y} < b/t \leqslant 20$ 时属于 S5,其他等级类推,如图 2-3-3 所示。

(5) 工形(H 形)、箱形、圆管截面的尺寸标示如图 2-3-4 所示。

对于热轧工字钢(H 型钢),翼缘外伸宽度 b 规范未明确,今依据欧洲规范 EC3 中的做法给出。

(6) 表中求算 α_0 时用到的 σ_{max}、σ_{min},规范未明确如何得到,建议按照基本组合下全

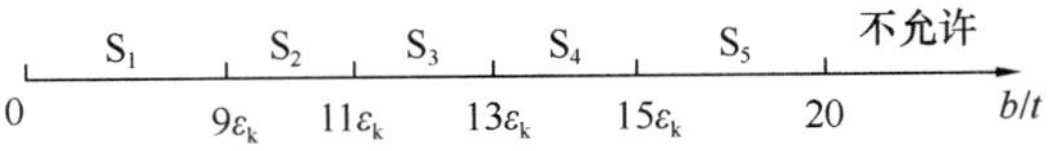

```
          S₁      S₂      S₃      S₄     S₅    不允许
    0    9εₖ    11εₖ   13εₖ   15εₖ   20         b/t
```

图 2-3-3　工字形截面梁翼缘板的等级

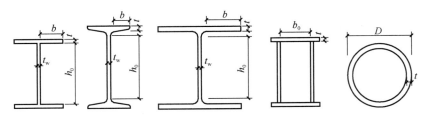

图 2-3-4　规范表 3.5.1 用到的尺寸

部截面有效计算。

（7）需要注意的是，表下注释 2 将 h_0 以文字解释为"腹板净高"："对轧制型截面，腹板净高不包括翼缘腹板过渡处圆弧段"，事实上，只按照第 8 页第 1 行对 h_0 符号的解释"腹板计算高度"即可，不仅清楚而且简洁。另外，依据美国钢结构规范 AISC 360，对于单轴对称工字形截面受弯构件的腹板，等级划分时，应以 $2h_c/t_w$ 代替 h_0/t_w，这是因为，表中的 h_0/t_w 分界值是以腹板作为四边支承板且承受纯弯矩作为模型得到的。

【Q2.3.8】对于 T 形截面构件，如何划分等级？

【A2.3.8】T 形截面可以由双角钢组成，或者为热轧 T 形截面，也可以是焊接而成。在 2003 版规范中，对 T 形截面，当为受压构件（包括轴心受压和压弯）时，板件宽厚比限值有具体的规定，当为受弯构件时，规定相对模糊（因为此时腹板的局部稳定凭借设置加劲肋实现，而这部分的规定规范针对的是工形截面，即腹板的上、下端有约束）。在 2017 版标准中，只在轴心受压时有规定。具体情况如表 2-3-6 所示。

2003 版规范对 T 形截面构件的规定　　　　　　　　　表 2-3-6

受力情况	板件宽厚比要求		备　注
轴心受压	$b/t \leqslant (10+0.1\lambda)\sqrt{235/f_y}$ 剖分 T 型钢：$h_0/t_w \leqslant (15+0.2\lambda)\sqrt{235/f_y}$ 焊接 T 形钢：$h_0/t_w \leqslant (13+0.17\lambda)\sqrt{235/f_y}$		λ 取两个方向长细比的较大者，且在 30~100 之间取值
压弯构件	$b/t \leqslant 13\sqrt{235/f_y}$		（1）取 $\gamma_x=1.0$ 时，可放宽至 $b/t \leqslant 15\sqrt{235/f_y}$ （2）λ 取两个方向长细比的较大者，且在 30~100 之间取值
压弯构件	弯矩使腹板自由边受拉	剖分 T 型钢：$h_0/t_w \leqslant (15+0.2\lambda)\sqrt{235/f_y}$ 焊接 T 形钢：$h_0/t_w \leqslant (13+0.17\lambda)\sqrt{235/f_y}$	
压弯构件	弯矩使腹板自由边受压	$\alpha_0 \leqslant 1.0$ 时：$h_0/t_w \leqslant 15\sqrt{235/f_y}$ $\alpha_0 > 1.0$ 时：$h_0/t_w \leqslant 18\sqrt{235/f_y}$	
受弯构件	$b/t \leqslant 13\sqrt{235/f_y}$		取 $\gamma_x=1.0$ 时，可放宽至 $b/t \leqslant 15\sqrt{235/f_y}$

2.3 疑问解答

T形截面受弯构件在欧洲钢结构规范 EC3 中没有规定。

在英国钢结构规范 BS 5950—1 中，截面分为 4 个等级：

等级 1（塑性）：截面具有塑性铰转动的能力；等级 2（厚实）：截面具有形成塑性弯矩的能力；等级 3（半厚实）：截面受压最大纤维可达到强度设计值，但无法达到塑性弯矩的能力；等级 4（薄柔）：截面需要考虑局部屈曲的影响。

截面各等级对应的板件宽厚比界限如表 2-3-7 所示，板件尺寸如图 2-3-5 所示。

截面的板件宽厚比界限（矩管和圆管除外） 表 2-3-7

受压板件		比率	界限值		
			等级 1	等级 2	等级 3
受压翼缘的凸出板件	热轧截面	b/T	9ε	10ε	15ε
	焊接截面	b/T	8ε	9ε	13ε
受压翼缘的内部板件	因弯曲而受压	b/T	28ε	32ε	40ε
	轴压	b/T	不适用		
工形、H形、箱形截面的腹板	中和轴在腹板内	d/t	80ε	100ε	120ε
	通常情况 $r_1<0$	d/t	$\dfrac{80\varepsilon}{1+r_1}$ $\geqslant 40\varepsilon$	$\dfrac{100\varepsilon}{1+r_1}$	$\dfrac{120\varepsilon}{1+2r_2}$ $\geqslant 40\varepsilon$
	通常情况 $r_1>0$	d/t		$\dfrac{100\varepsilon}{1+1.5r_1}$ $\geqslant 40\varepsilon$	
	轴压	d/t			
槽钢的腹板		d/t	40ε	40ε	40ε
角钢，因为弯曲而受压（两条都要满足）		b/t	9ε	10ε	15ε
		d/t	9ε	10ε	15ε
单角钢，分离的双角钢，轴压（三条都要满足）		b/t	不适用		15ε
		d/t			15ε
		$(b+d)/t$			24ε
单角钢背靠背形成的双角钢构件，角钢的伸出肢		b/t	9ε	10ε	15ε
角钢与另一个部件连续相连，角钢的伸出肢					
T形截面（热轧或截取自热轧H型钢）的腹板		D/t	8ε	9ε	18ε

注：1. b、D、d、T 和 t 的含义见图 2-3-5。对于箱形截面，b 和 D 为翼缘的尺寸，d 和 t 为腹板的尺寸，依据箱形截面绕哪一个轴弯曲区分翼缘与腹板。

2. $\varepsilon = \sqrt{275/f_y}$。

3. 对于杂交截面，ε 按翼缘的强度设计值确定。

所谓"矩管"和"圆管"，如图 2-3-6 所示。

表 2-3-7 中，应力比 r_1、r_2 按照以下规定取值：

对于等翼缘工形钢：

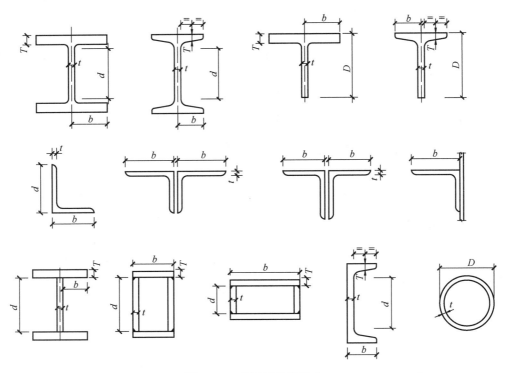

图 2-3-5 受压板件的尺寸

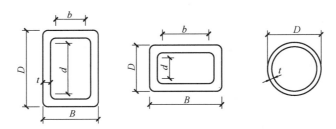

图 2-3-6 矩管（RHS）和圆管（CHS）

$$r_1 = \frac{N}{dtf_{yw}} \text{ 且 } -1 < r_1 \leqslant 1$$

$$r_2 = \frac{N}{A_g f_{yw}}$$

对于不等翼缘工形钢：

$$r_1 = \frac{N}{dtf_{yw}} + \frac{(B_t T_t - B_c T_c)f_{yf}}{dtf_{yw}} \text{ 且 } -1 < r_1 \leqslant 1$$

$$r_2 = \frac{\sigma_{max} + \sigma_{min}}{2f_{yw}}$$

式中　N——轴力设计值，以压为正拉为负；

B_c、T_c——分别为受压翼缘的宽度与厚度；

B_t、T_t——分别为受拉翼缘的宽度与厚度；

f_{yf}、f_{yw}——分别为翼缘和腹板钢材的强度设计值，$f_{yw} \leqslant f_{yf}$；

$\sigma_{\max}$、$\sigma_{\min}$ ——分别为腹板的最大压应力和最小压应力（拉为负），如图 2-3-7 所示。

从以上规定可见，对于双角钢组成的 T 形截面，仅对受压翼缘有规定；对热轧的 T 形截面，对翼缘与腹板均有规定。

考虑到 $\varepsilon = \sqrt{275/f_y}$，若按照我国符号习惯表达，可近似取翼缘厚度等于腹板厚度且圆弧半径等于腹板厚度，则 $b/t_f \leqslant 17.7\sqrt{235/f_y}$、$h_0/t_w \leqslant 21.5\sqrt{235/f_y}$ 时可保证不会发生局部屈曲。

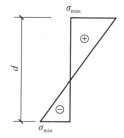

图 2-3-7　$\sigma_{\max}$ 与 $\sigma_{\min}$

以上可供参考。

【Q2.3.9】《钢标》表 3.5.1 下注释 3：箱形截面梁及单向受弯的箱形截面柱，其腹板限值可根据 H 形截面腹板采用，如何理解？

【A2.3.9】 这句话有歧义，可能有 3 种理解。今以 S3 级的限值为例说明。

理解 1：对应于 H 形截面，因此，腹板宽厚比限值取为 $(40+18\alpha_0^{1.5})\varepsilon_k$。

理解 2：单向受弯的箱形截面柱取与箱形截面梁相同，因此，按照受弯构件中工字形截面的腹板对待，腹板宽厚比限值为 $93\varepsilon_k$。

理解 3：箱形截面梁中的腹板，按照 H 形截面梁的腹板取限值，为 $93\varepsilon_k$；箱形截面柱的腹板，按照 H 形截面柱的腹板宽厚比取限值，为 $(40+18\alpha_0^{1.5})\varepsilon_k$。

笔者认为理解 3 比较合理，理由是：在英国钢结构规范 BS5950 中，H 形、箱形截面的腹板采用相同的规定。

【Q2.3.10】《钢标》表 4.4.6 中，承压型连接高强度螺栓，当为 8.8 级时，f_t^b、f_v^b 别取为 400N/mm² 和 250N/mm²，同样是 8.8 级，普通螺栓的 f_t^b、f_v^b 取值为 400N/mm² 和 320N/mm²，此处是否有矛盾？

【A2.3.10】 此处延续了 2003 版的规定。

笔者认为，承压型连接的高强度螺栓由于在施工中受扭矩作用，对强度有一定的不利影响，此处应是基于这种考虑。

【Q2.3.11】 关于"截面塑性发展系数"，有以下疑问：

（1）确定其取值的原则是什么？

（2）《钢标》的表 8.1.1 中，$\gamma_{x1}=1.05$，$\gamma_{x2}=1.2$ 是什么意思？

（3）若截面为 T 形，对腹板端部受拉端利用公式（6.1.1）验算时，是否还需要判断翼缘的板件宽厚比等级？

（4）见到有资料说，格构式压弯构件绕虚轴的塑性发展系数取 1.0，可是，查表 8.1.1，项次 1 中绕虚轴 y 轴的塑性发展系数为 1.2，项次 2 中绕虚轴 x 轴的塑性发展系数为 1.05，如何解释？

【A2.3.11】 对于问题（1）：

钢材具有较好的塑性性能（也称作"延性"），因此，在采用材料力学公式对受弯构件计算时，可以考虑截面部分的发展塑性，即将按弹性计算所得的承载力乘以增大系数 γ。

γ 取值时需要注意以下几点：① γ 最小取为 1.0，即不考虑塑性发展。②只有截面板件宽厚比等级达到 S3 才能考虑取大于 1 的 γ 值，具体 γ 取何值可查表 8.1.1 确定。截面等级取组成板件等级的最差者，例如，翼缘为 S1 腹板为 S4，则截面等级为 S4。③对于需要验算疲劳的梁，不考虑塑性发展，取 $\gamma=1.0$。

对于问题（2）：

观察表 8.1.1 中的项次 3、4，由于截面关于 x 轴不对称，所以，有可能需要对 M_x 引起截面最上缘和最下缘应力进行验算。这时，γ_{x1}、γ_{x2} 分别用于验算截面最上缘、最下缘纤维。不过，由于和轴距离下边缘更远，导致 M_x 在下边缘引起的应力更大，所以，常常是槽钢肢尖部位控制设计，对此处验算取 $\gamma_x=1.2$。

对于问题（3）：

公式（6.1.1）类似于材料力学中的弹性应力计算，只不过考虑了塑性发展而已，因此，并不是专门针对受压最大纤维的，如此即可理解，无论计算受拉纤维还是受压纤维，γ_x、γ_y 的取值都要考虑板件宽厚比等级。

国外的钢结构规范通常把强度归入"截面承载力"范畴，根据截面等级，采用不同的截面承载力计算公式。例如，在欧洲钢结构规范 EC3 中，截面分为 1、2、3、4 共四个等级，计算截面承载力时，属于等级 1、2 的截面，取塑性截面模量，属于等级 3 则取弹性截面模量，而等级 4 的截面由于会发生局部屈曲，则应按"有效截面"模量取值，如此操作，概念上更清晰。

对于问题（4）：

之所以有这样的疑问，实际上源于对《钢标》表 8.1.1 的理解有误。

表 8.1.1 项次 1 中的第 3 个截面，并不是格构式柱的横截面，即，两个槽钢之间并不是由缀材联系起来的，而是在槽钢之间设置填板使其成为一个整体受力。同样的，项次 2 中的截面，也是实腹式柱的截面，x 轴并不是虚轴。由表 8.1.1 的项次 7、项次 8 可知，$\gamma_x=1.0$，这里的 x 轴才是虚轴（穿过缀材的轴）。

【Q2.3.12】《钢标》6.1.3 条所说的前提条件"除考虑腹板屈曲后强度者外"，如何理解？

【A2.3.12】此处，《钢标》的规定不甚明确。我们来看美国规范是如何操作的。

在美国钢结构规范 AISC 360—16 中，对于工形截面和槽钢截面，受剪承载力区分两种情况：

（1）不考虑拉力场作用

受剪承载力标准值按以下规定取值：

当 $h/t_w \leqslant 1.10\sqrt{k_v E/F_y}$ 时，$V_n = 0.6 F_y A_w$

当 $h/t_w > 1.10\sqrt{k_v E/F_y}$ 时，$V_n = 0.6 F_y A_w C_{v1}$

$$C_{v1} = \frac{1.10\sqrt{k_v E/F_y}}{h/t_w}$$

式中　F_y——钢材的屈服强度（相当于我国规范的 f_y）；

A_w——受剪的截面面积，如图 2-3-8 所示的阴影范围；

C_{v1}——剪切屈曲折减系数；

h——腹板平直段的高度，如图 2-3-8 所示。对于螺栓连接的组合截面，为紧固件线之间的距离；

t_w——腹板的厚度；

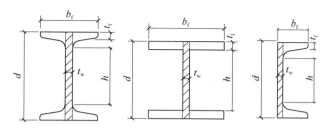

图 2-3-8 受剪承载力所用的面积

k_v——腹板剪切屈曲系数，按照下式计算：

$$k_v = 5 + \frac{5}{(a/h)^2}$$

对于 $a/h > 3$ 的腹板，取 $k_v = 5.34$；

a——横向加劲肋间距。

(2) 考虑拉力场作用

$h/t_w > 1.10\sqrt{k_v E/F_y}$ 时，区分两种情况：

满足 $\dfrac{2A_w}{A_{fc} + A_{ft}} \leqslant 2.5$，$\dfrac{h}{b_{fc}} \leqslant 6$ 且 $\dfrac{h}{b_{ft}} \leqslant 6$ 时：

$$V_n = 0.6 F_y A_w \left(C_{v2} + \frac{1 - C_{v2}}{1.15\sqrt{1 + (a/h)^2}} \right)$$

其他情况：

$$V_n = 0.6 F_y A_w \left(C_{v2} + \frac{1 - C_{v2}}{1.15[a/h + \sqrt{1 + (a/h)^2}]} \right)$$

腹板剪切屈曲系数 C_{v2} 按照下列规定取用：

$1.10\sqrt{k_v E/F_y} < h/t_w \leqslant 1.37\sqrt{k_v E/F_y}$ 时：

$$C_{v2} = \frac{1.10\sqrt{k_v E/F_y}}{h/t_w}$$

$h/t_w > 1.37\sqrt{k_v E/F_y}$ 时：

$$C_{v2} = \frac{1.51 E k_v}{(h/t_w)^2 F_y}$$

以上式中，A_{fc}、A_{ft} 分别为受压、受拉翼缘的面积；b_{fc}、b_{ft} 分别为受压、受拉翼缘的宽度。

剪切承载力标准值 V_n 允许取为考虑拉力场作用和未考虑拉力场作用二者的较大者。

综上可知，若想使用公式 $\tau = \dfrac{VS}{It_w} \leqslant f_v$ 验算，应保证腹板的宽厚比不能超过剪切屈曲时的限值，该限值在《钢标》中为 $h_0/t_w \leqslant 80\varepsilon_k$。若超过，则需要设置横向加劲肋，或者，放任腹板屈曲，按考虑拉力场作用确定受剪承载力。《钢标》未给出单独剪力作用时的受剪承载力，而是在 6.4 节给出了受弯受剪的联合公式，即所谓"考虑腹板屈曲后强度的计算"。

【Q2.3.13】《钢标》6.2.6 条应如何理解？原文如下：

6.2.6 用作减小梁受压翼缘自由长度的侧向支撑，其支撑力应将梁的受压翼缘视为轴心压杆计算。

【A2.3.13】可以这样理解：

（1）梁的屈曲为侧扭屈曲，当支撑杆件对受压翼缘提供有效约束阻止其水平侧移，则成为侧向支承点，减小了梁受压翼缘的自由长度（无支长度）。

（2）本条说的是求支撑的受力，应按 7.5.1 条处理。7.5.1 条是针对轴心受压构件的支撑而言的，而这里是梁，名义上不可用。但是，仅看梁的受压翼缘忽略其他，则成为轴心受压构件。

另外，笔者认为，支撑、支承按照对应的英文 brace、support 来理解会更容易。

【Q2.3.14】如何理解《钢标》6.2.7 条支座承担负弯矩且梁顶有混凝土楼板时的框架梁的稳定性计算？

【A2.3.14】可以这样理解：

（1）支座承担负弯矩是指支座处有负弯矩产生，即，支座处对梁有约束，这在梁与楼板现浇时可以实现。

（2）若该梁的 $\lambda_{n,b} \leqslant 0.45$ 时，认为框架梁下翼缘的稳定性满足要求。$\lambda_{n,b}$ 的步骤是：

$$\gamma = \frac{b_1}{t_w}\sqrt{\frac{b_1 t_1}{h_w t_w}} \rightarrow \varphi_1 = \frac{1}{2}\left(\frac{5.436\gamma h_w^2}{l^2} + \frac{l^2}{5.436\gamma h_w^2}\right)$$

$$\rightarrow \sigma_{cr} = \frac{3.46 b_1 t_1^3 + h_w t_w^3(7.27\gamma + 3.3)\varphi_1}{h_w^2(12 b_1 t_1 + 1.78 h_w t_w)}E \rightarrow \lambda_{n,b} = \sqrt{\frac{f_y}{\sigma_{cr}}}$$

式中　b_1、t_1——受压翼缘（下翼缘）的宽度与厚度；

　　　h_w、t_w——腹板高度与厚度；

　　　l——当框架主梁支承次梁且次梁高度不小于主梁高度一半时，取次梁到框架柱的净距；除此情况外，取梁净距的一半。

（3）若 $\lambda_{n,b}$ 不满足要求，则应采用下式验算：

$$\frac{M_x}{\varphi_d W_{1x} f} \leqslant 1.0$$

式中，φ_d 可按 D.0.5 条给出的公式求得：只需将 $\lambda_{n,b}$ 代入并按 b 类截面取各参数。或者，将 $\lambda_e = \pi \lambda_{n,b}\sqrt{\frac{E}{f_y}}$ 视为通常的 λ，按 b 类截面查表得到；W_{1x} 为对受压翼缘而言的截面模量。

【Q2.3.15】关于《钢标》6.3.2 条，有两个疑问：

(1) $h_0/t_w > 170\sqrt{235/f_y}$ 时需要设置纵向加劲肋是如何推导出来的？

(2) "对单轴对称梁，当确定是否要配置纵向加劲肋时，h_0 应取腹板受压区高度 h_c 的 2 倍"，如何理解？

(3) 对单轴对称梁，按 3.5.1 条判断截面等级时，是否需要取 $h_0 = 2h_c$？

【A2.3.15】对于问题（1）和问题（2）：

对于梁而言，通常加强受压翼缘以提高其稳定受弯承载力，由此造成腹板受压区高度小于其计算高度 h_0 的一半，如图 2-3-9 所示。

对梁腹板研究时，我们并不是将梁的整个截面作为研究对象，而是将腹板取出作为隔

离体,并将其视为四边支承的薄板。根据弹性薄板稳定理论,其弹性临界应力按下式得到:

$$\sigma_{cr} = \frac{\chi K \pi^2 E}{12(1-\nu^2)} \left(\frac{t_w}{h_0}\right)^2 = 1.86 \times 10^5 \chi K \left(\frac{t_w}{h_0}\right)^2$$

上式中已经代入弹性模量 $E = 206 \times 10^3$ N/mm² 及泊松比 $\nu = 0.3$。

对于纯弯曲情况(应力梯度 $\alpha_0 = 2$),屈曲系数 $K = 23.9$,考虑弹性嵌固系数取 $\chi = 1.61$,则上式变形为

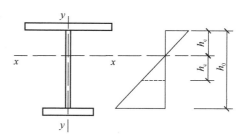

图 2-3-9 加强受压翼缘的梁

$$\sigma_{cr} = 174.5^2 \times \sqrt{235} \left(\frac{t_w}{h_0}\right)^2$$

可见,当 $h_0/t_w > 174.5\sqrt{235/f_y}$ 时,会出现 $\sigma_{cr} < f_y$。为此,1988 版《钢结构设计规范》取整后规定,$h_0/t_w > 170\sqrt{235/f_y}$ 时应设置纵向加劲肋(设置纵向加劲肋后,可减小 h_0 从而提高 σ_{cr})。

为使用方便,在研究薄板稳定时,也可以使用"正则化长细比"的概念,以此可以获得与柱类似的受力性质。正则化长细比的定义式为

$$\lambda_n = \sqrt{f_y/\sigma_{cr}}$$

将薄板的弹性临界应力 σ_{cr} 代入,得到

$$\lambda_n = \sqrt{f_y/\sigma_{cr}} = \frac{h_0}{t_w}\sqrt{\frac{12(1-\nu^2)f_y}{\chi K \pi^2 E}} = \frac{h_0/t_w}{28.1\sqrt{\chi K}}\sqrt{\frac{f_y}{235}}$$

对于纯弯曲情况,2003 版规范取 $K = 23.9$,同时将 χ 的取值调整为 1.66,并将此时的 λ_n 记作 $\lambda_{n,b}$,得到

$$\lambda_{n,b} = \frac{h_0/t_w}{177}\sqrt{\frac{f_y}{235}}$$

由于考虑到如图所示的单轴对称情况,同时将上式中的 h_0 改写为 $2h_c$,这样才能与纯弯曲的受力相适应。

可见,在利用 $\lambda_{n,b}$ 确定 σ_{cr} 时,对于单轴对称截面,都应取 $h_0 = 2h_c$,这一点,在 2017 版《钢标》中已经以确定的方式给出。

顺便指出,在 2017 版《钢标》背景下,由于 $\lambda_{n,b} > 0.85$ 时才会出现 $\sigma_{cr} < f$,因此,其对应于(当梁受压翼缘受到约束时)

$$\lambda_{n,b} = \frac{h_0/t_w}{177} \cdot \frac{1}{\varepsilon_k} > 0.85$$

由此可求出 $h_0/t_w > 150\varepsilon_k$,该值与 $h_0/t_w > 170\varepsilon_k$ 有差别,不甚协调。

对于问题(3):

2017 版《钢标》表 3.5.1 下注释 2 对 h_0 有解释,此处称 h_0 为腹板净高,但对于轧制截面不包括翼缘腹板过渡处圆弧。事实上,此处将 h_0 解释为"腹板的计算高度"会更简洁而且与 2.2.3 条对 h_0 的解释一致。可见,此处并没有规定 $h_0 = 2h_c$。

但是,如前所述,在单独取出腹板研究其局部稳定时,的确是按照纯弯曲模型计

算的。

经查，美国钢结构设计规范自 2005 版开始，对单轴对称工字形截面，取 h_c/h_w 确定腹板的等级。此处的 h_c 按我国规范符号表达，为 $2h_c$。

【Q2.3.16】《钢标》6.4.2 条规定了焊接截面梁腹板配置加劲肋的要求，这里的定语是"焊接截面梁"，那么，对于热轧型钢梁该如何处理？

【A2.3.16】规范在本节的规定基本上延续了 2003 规范的做法，这里用"焊接截面梁"比原来用的"组合梁"更准确。

《热轧型钢》GB/T 706—2016 中，热轧 I 型钢截面共 45 个，腹板高厚比为 15.96～42.77，翼缘宽厚比为 3.65～4.18；《热轧 H 型钢和剖分 T 型钢》GB/T 11263—2017 中，热轧 H 型钢截面共有 130 个，腹板高厚比为 6.98～67.11，翼缘宽厚比为 2.76～14.04。据此可知，当采用 Q235 钢材时，均满足 $h_0/t_w \leqslant 80\varepsilon_k$，因此无需配置横向加劲肋。

【Q2.3.17】腹板高度 h_w 与腹板计算高度 h_0 各如何取值？

【A2.3.17】腹板高度 h_w 指梁翼缘内侧边缘的距离，即取截面总高度减去翼缘总厚度。腹板计算高度 h_0 指工形、T 形或者箱形截面腹板的平直段高度（表 3.5.1 下注释 2 对 h_0 解释为"腹板净高"，指的仍是"腹板计算高度"）。

笔者今将《钢标》中与"腹板高度"有关的条文列在表 2-3-8，与"腹板计算高度"有关的条文列在表 2-3-9。

与腹板高度 h_w 有关的条文　　　　表 2-3-8

条文号	内　容	备　注
2.2.3 条	h_w——腹板的高度	
6.3.3 条	腹板平均剪应力 $\tau = \dfrac{V}{h_w t_w}$	此处用于非热轧工形钢
6.4.2 条	考虑腹板屈曲后强度时腹板所受压力：$$N_s = V_u - \tau_{cr} h_w t_w + F$$ 未设置封头肋板时，支座处加劲肋所受水平力：$$H = (V_u - \tau_{cr} h_w t_w) \sqrt{1+(a/h_0)^2}$$	此处用于非热轧工形钢
7.3.1 条	对焊接构件 h_0 取腹板高度 h_w；对热轧构件，h_0 取腹板平直段长度，简要计算时可取 $h_0 = h_w - t_f$，但不小于 $h_w - 20$mm	
10.3.2 条	采用塑性设计方法计算时剪切强度应满足：$$V \leqslant h_w t_w f_v$$	
12.3.3 条	h_{cl}——柱翼缘中心线之间的宽度和梁腹板高度	似有误，"和梁腹板高度"应删去
17.3.5 条 第 3 款	消能梁段与支撑连接处应在其腹板两侧配置加劲肋，加劲肋的高度应为梁腹板高度，一侧的加劲肋宽度不应小于 $(b_f/2 - t_w)$，厚度不应小于 $0.75t_w$ 和 10mm 的较大值	此处仅为构造要求，与计算无关

2.3 疑问解答

与腹板计算高度 h_0 有关的条文　　　　　表 2-3-9

条文号	内　　容	备　　注
2.2.3 条	h_0——腹板的计算高度	
3.5.1 条	$\sigma_{\max}$——腹板计算边缘的最大压应力； $\sigma_{\min}$——腹板计算高度另一边缘相应的应力，压应力取正值，拉应力取负值	"计算边缘"应为"计算高度边缘"
6.1.4 条	l_z——集中荷载在腹板计算高度边缘上的假定分布长度	
6.1.5 条	对腹板计算高度边缘的折算应力计算	
6.3.2 条	对单轴对称梁，当确定是否要配置纵向加劲肋时，h_0 应取腹板受压区高度 h_c 的 2 倍。 腹板的计算高度 h_0：对轧制型钢梁，为腹板与上、下翼缘相接处两内弧起点间的距离；对焊接截面梁，为腹板高度；对高强度螺栓连接（或铆接）梁，为上、下翼缘与腹板连接的高强度螺栓（或铆钉）线间最近距离（见图 6.4.2）	
6.3.3 条	σ——计算腹板区格内，由平均弯矩产生的腹板计算高度边缘的弯曲压应力	由于是焊接工字形截面，与"腹板高度"一致
6.3.4 条	h_1——纵向加劲肋至腹板计算高度受压边缘的距离	同上
6.3.6 条 第 2 款	纵向加劲肋至腹板计算高度受压边缘的距离应在 $h_c/2.5\sim h_c/2$ 范围内	同上
6.4.2 条	水平力 H 的作用点在距腹板计算高度上边缘 $h_0/4$ 处	同上
7.3.1 条	h_0/t_w 的限值	同上
12.3.4 条	b_e——在垂直于柱翼缘的集中压力作用下，柱腹板计算高度边缘处压应力的假定分布长度	

【Q2.3.18】《钢标》**6.3.6 条**关于加劲肋的构造要求指出：

在同时用横向加劲肋和纵向加劲肋加强的腹板中，横向加劲肋的截面尺寸除应满足上述规定外，其截面惯性矩 I_z 尚应符合下列要求……

这里对加劲肋的要求，是对于一片加劲肋而言的还是两片？

【A2.3.18】横向加劲肋成对布置时，I_z 是对于两片加劲肋而言的。

【Q2.3.19】《钢标》**6.3.7 条**，支承加劲肋与一部分腹板（加劲肋一侧 $15t_w\varepsilon_k$ 宽度）形成 T 形截面或者十形截面，在验算腹板平面外的稳定性时，是否需要考虑弯扭效应而采用 λ_{yz}？

【A2.3.19】此处的规定延续了 2003 版的做法。

单轴对称截面绕对称轴的弯曲屈曲必然伴随扭转，所以，此时可采用经过等效之后的换算长细比 λ_{yz} 来考虑，见标准的 7.2.2 条第 2 款。

然而，此处加劲肋与一部分腹板形成的 T 形（或十字形）截面只是一个"虚拟的"（或者说，概念上的）情况，在受力上与实际的 T 形截面受压构件不同：该 T 形截面沿竖向受到腹板的扭转约束，不会发生扭转，故用 λ_y 确定稳定系数即可。

魏明钟《钢结构》（第二版）、夏志斌《钢结构——原理与设计》中均持此观点。《钢结构设计计算示例》中则是考虑弯扭效应，用 λ_{yz} 确定稳定系数，不妥。

【Q2.3.20】如何理解《钢标》6.4 节考虑腹板屈曲后强度梁的计算？

【A2.3.20】必须首先指出，6.4 节是 2003 版规范时提出来的，基本没有改动留在

2017 版标准中,结果导致与 2017 标准总体思路不协调。

先来看 6.4 节的基本情况。

(1)《钢标》此处采用"焊接截面梁"代替 2003 版时的"组合截面梁",用词更确切(美国规范中一般将此部分的梁称作 girder 以区别于 beam),因为,组合截面梁通常会被认为是"钢-混凝土组合梁"的简称。

(2)《钢标》6.3 节的设计原则是不允许腹板发生局部屈曲,其采取的措施为设置加劲肋,各种类型的加劲肋如图 2-3-10 所示。如此,腹板因为被分隔成一个一个小的"区格",尺寸显著减小,这就增大了临界屈曲应力。理论上,这种方法适用于所有的情况,不过,此设计原则偏于保守。

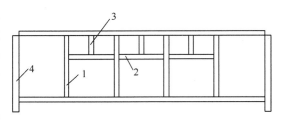

图 2-3-10 梁的加劲肋
1—横向加劲肋;2—纵向加劲肋;
3—短加劲肋;4—支承加劲肋

(3)所谓考虑腹板屈曲后强度,就是当腹板不满足局部稳定要求时该如何处理。比如,规范规定,当 $h_0/t_w > 80\varepsilon_k$ 时,应配置横向加劲肋,当 $h_0/t_w > 170\varepsilon_k$(受压翼缘扭转受到约束时)或 $h_0/t_w > 150\varepsilon_k$(受压翼缘扭转未受到约束时),应在弯曲应力较大区格的受压区增加配置纵向加劲肋。如果按照规定应配置纵向加劲肋而未配置,或者,仅配置横向加劲肋但间距不满足要求,都认为腹板会发生屈曲,应按照 6.4 节的规定加以计算。

由于规范不允许翼缘局部屈曲,所以,6.4 节只考虑腹板屈曲。

(4)考虑腹板屈曲后强度的可行性

研究发现,腹板屈曲并不立即引起梁的失效,腹板还可以通过斜向的"拉力场"(tension field)继续承受增加的剪力,如图 2-3-11 所示,腹板、翼缘、加劲肋形成一种类似于桁架的作用,腹板此时的受力类似于桁架中的斜拉杆,加劲肋则类似于竖压杆。

考虑拉力场作用,会提高梁的抗剪

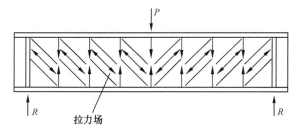

图 2-3-11 腹板屈曲后的拉力场
注:中间的加劲肋未示出

承载力。考虑到我国对此研究还不是很完善,规范 6.3.1 条规定,对于承受静力荷载和间接承受动力荷载的梁,才可以考虑腹板的屈曲后强度。

顺便提及,在美国钢结构规范 ANSI/AISC 360-16 中,考虑拉力场的有利作用应具备必要的前提条件:横向加劲肋的间距不能太大,应满足 $a/h_0 \leqslant 3$;腹板占比不能太大,应满足 $2A_w/(A_{ft}+A_{fc}) \leqslant 2.5$,且 $h_0/b_{fc} \leqslant 6.0$、$h_0/b_{ft} \leqslant 6.0$,式中,下角标 f 表示翼缘,t 表示拉,c 表示压。

(5)梁的强度验算

此时,对于梁本身,只需要考虑其强度。考虑弯矩与剪力的相互影响,利用下式验算梁的强度:

$$\left(\frac{V}{0.5V_u}-1\right)^2 + \frac{M-M_f}{M_{eu}-M_f} \leqslant 1.0$$

$$M_{\mathrm{f}} = \left(A_{\mathrm{f1}} \frac{h_{\mathrm{m1}}^2}{h_2} + A_{\mathrm{f2}} h_{\mathrm{m2}}\right) f$$

相关公式可以用图 2-3-12 表达。M_{f} 实际上就是较小翼缘中面线处达到屈服应力时两个翼缘可承受的弯矩。

(6) M_{eu} 的计算式

M_{eu} 为腹板发生屈曲之后梁的抗弯承载力。由于腹板已经发生屈曲，导致部分腹板失效退出工作，如图 2-3-13 所示。为计算方便，采用图 (c) 加以简化，如此可以使得中和轴位置不变。

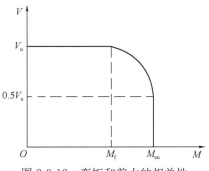

图 2-3-12 弯矩和剪力的相关性

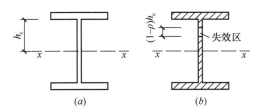

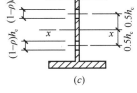

图 2-3-13 考虑腹板屈曲后强度的截面

由图 (c) 计算的截面模量为由图 (a) 求得的初始截面模量加以折减得到，此处的折减系数规范符号记作 α_{e}，于是

$$M_{\mathrm{eu}} = \gamma_x \alpha_{\mathrm{e}} W_x f$$

由此可见，公式中用到的截面特征均为初始截面。值得注意的是，式中的 W_x，2003 版规范未作解释，有人误以为是"对受压翼缘得到的弹性截面模量"。实际上，根据上述分析不难知道，W_x 应为 $W_{x,\min}$，即"按较小翼缘边缘确定的梁毛截面模量"。

(7) V_{u} 的计算式

此处，V_{u} 为考虑屈曲后强度腹板的抗剪承载力，其取值，比按照弹性临界屈曲应力 τ_{cr} 求出的数值要高。公式对比，如表 2-3-10 所示。

是否考虑腹板屈曲后强度对承载力的影响 表 2-3-10

	考虑屈曲后强度（以承载力表达）	未考虑屈曲后强度（以应力表达）
$\lambda_{\mathrm{n,s}} \leqslant 0.8$	$V_{\mathrm{u}} = h_{\mathrm{w}} t_{\mathrm{w}} f_{\mathrm{v}}$	$\tau_{\mathrm{cr}} = f_{\mathrm{v}}$
$0.8 < \lambda_{\mathrm{n,s}} \leqslant 1.2$	$V_{\mathrm{u}} = h_{\mathrm{w}} t_{\mathrm{w}} f_{\mathrm{v}} [1 - 0.5(\lambda_{\mathrm{n,s}} - 0.8)]$	$\tau_{\mathrm{cr}} = [1 - 0.59(\lambda_{\mathrm{n,s}} - 0.8)] f_{\mathrm{v}}$
$\lambda_{\mathrm{n,s}} > 1.2$	$V_{\mathrm{u}} = h_{\mathrm{w}} t_{\mathrm{w}} f_{\mathrm{v}} / \lambda_{\mathrm{n,s}}^{1.2}$	$\tau_{\mathrm{cr}} = 1.1 f_{\mathrm{v}} / \lambda_{\mathrm{n,s}}^2$

这种对比还可用曲线形式表达，如图 2-3-14 所示。

(8) 中间横向加劲肋受到的压力

腹板区格在受剪时会产生主拉应力和主压应力，当主压应力达到一定数值时，迫使腹板屈曲，此时对应的，是初始屈曲时的剪力 $\tau_{\mathrm{cr}} h_{\mathrm{w}} t_{\mathrm{w}}$。由于主拉应力还未达到限值，腹板还可以通过斜向的拉应力场承受继续增大的剪力。腹板、翼缘、横向加劲肋形成一种类似桁架的作用，腹板的受力类似于桁架中的斜拉杆，加劲肋则类似于竖压杆，这就是"拉力场"(tension field)，如图 2-3-11 所示。最终，腹板区段的抗剪承载力等于初始屈曲时的

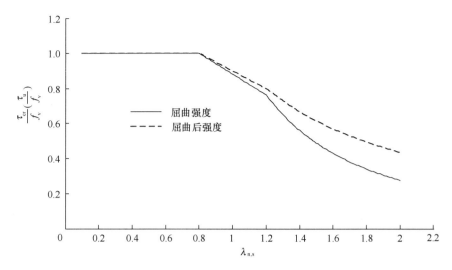

图 2-3-14 腹板屈曲强度和屈曲后强度对比

剪力再加上拉力场作用抵抗的剪力，《钢标》中记作 V_u。

这样，本来不受力的中间横向加劲肋就受到额外的轴向压力（$V_u - \tau_{cr} h_w t_w$）。若加劲肋还承受集中力 F，则加劲肋承受的压力成为 $V_u - \tau_{cr} h_w t_w + F$，这就是规范的公式：$N_s = V_u - \tau_{cr} h_w t_w + F$。

由于加劲肋受压，因此，应按照"支承加劲肋"（bearing stiffener）的做法进行验算。

(9) 支座处的加劲肋

拉力场作用在区格中产生斜向拉力（可见图 2-3-11），其水平分量为 H。按照英国钢结构规范 BS 5950 的思路，此水平力需要在端部"锚固"。在支座附近可采取不同措施达到锚固目的。

《钢标》给出了梁端部两种处理方法，如图 2-3-15 所示，其中图 (b) 为设置封头肋板的做法。

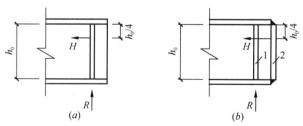

图 2-3-15 梁端部的加劲肋

图中，H 的作用点在距腹板计算高度上边缘 $h_0/4$ 处，其大小按下式计算：

$$H = (V_u - \tau_{cr} h_w t_w)\sqrt{1+(a/h_0)^2}$$

式中，a 的取值，当设置有中间横向加劲肋时，按与支座加劲肋相邻的区格取值，取该区格左右两个加劲肋的间距（中至中的距离）；对不设中间加劲肋的腹板，取梁支座至跨内剪力为零点的距离。

注意到，标准第 4 款指出，$a > 2.5h_0$ 和不设中间横向加劲肋的腹板，当满足仅设横向加劲肋的局部稳定相关公式要求时，可取 $H=0$。该规定实际上意义不大，因为，满足此公式要求，表明无需考虑拉力场作用即可满足要求，自然是 $H=0$。

对于图 2-3-15 (a)，当与支座加劲肋相邻的内侧腹板利用屈曲后强度时（对应的条件是 $\lambda_{n,s}>0.8$），拉力场水平分力 H 认为由支座加劲肋承受，由此，加劲肋不仅承受支座反力（压力），还承受弯矩（计算模型可取加劲肋简支于上下翼缘，于是，弯矩值为 $3Hh_0/16$），成为压弯构件。为此，需要验算此压弯构件在腹板平面外的稳定性，此时，计算长度可取为 h_0。

当采用图 2-3-15 (b) 的构造形式时，认为加劲肋 1、封头肋板 2 以及两者间的腹板形成一个竖放的工字形截面简支短梁，水平力 H 由此短梁承受。

水平力 H 形成的短梁最大弯矩为 $\dfrac{3h_0 H}{16}$，将其等效为力偶，可得加劲肋 2 所受的压力为 $\dfrac{3h_0 H}{16e}$。认为其应满足强度要求，则所需截面积为 $A_c = \dfrac{3h_0 H}{16ef}$。

加劲肋 1 因为力偶作用而受拉，与支座反力叠加会减小其效应，因此，《钢标》规定加劲肋 1 可视为承受支座反力 R 的轴心受压构件计算。

为什么说 6.4.1 条与 2017 标准不协调？

对于钢梁，当腹板的高厚比满足 $h_0/t_w > 80\varepsilon_k$ 时，也包括可能出现 $h_0/t_w > 93\varepsilon_k$ 的情况，此时，腹板属于 S4，可以认为 M_{eu} 利用公式 $M_{eu} = \gamma_x \alpha_e W_x f$ 计算时应取 $\gamma_x = 1.0$；当 $h_0/t_w > 124\varepsilon_k$ 时，腹板属于 S5，该如何处理？

事实上，以上的不好操作只是表面现象。

6.4.1 条的本质，是受弯构件在弯矩和剪力联合作用下的验算。在《门式刚架轻型房屋钢结构技术规范》GB 51022—2015 的 7.1.2 条，给出了工字形截面受弯构件此时的验算公式，如下：

当 $V \leqslant 0.5V_d$ 时

$$M \leqslant M_e$$

当 $0.5V_d < V \leqslant V_d$ 时

$$M \leqslant M_f + (M_e - M_f)\left[1 - \left(\dfrac{V}{0.5V_d} - 1\right)^2\right]$$

当截面为双轴对称时

$$M_f = A_f(h_w + t_f)f$$

式中，M_e 为构件有效截面所承担的弯矩，$M_e = W_e f$，W_e 为有效截面最大受压纤维的截面模量（事实上，应为有效截面对受拉受压最大纤维求得的截面模量较小者）。

以上表示相关曲线的方程可以变形为

$$\left(\dfrac{V}{0.5V_d} - 1\right)^2 + \dfrac{M - M_f}{M_e - M_f} \leqslant 1$$

与《钢标》公式 (6.4.1-1) 比较，可见形式完全相同。

可见，《钢标》中的 M_{eu} 在 2017 版的背景下，完全可以按照有效截面计算，没有必要在原来的全截面承载力基础上乘以折减系数 α_e。

【Q2.3.21】**对于钢梁，如果腹板的高厚比超过 $124\varepsilon_k$，属于 S5 级，这时，应如何验算强度和稳定性？这种情况，与 6.4 节考虑腹板屈曲后强度有何联系？**

【A2.3.21】按照《钢标》的思路，可以从以下几点把握：

（1）必须指出，依据《钢标》表 3.5.1 确定板件的等级，是基于正应力 σ，更准确来讲，是基于应力梯度 α_0。而 6.4 节所说的考虑腹板屈曲后强度，指的是腹板因受剪而屈曲（前提条件是 $h_0/t_w > 80\varepsilon_k$）。

（2）强度验算时，若仅承受弯矩，则依据 6.1.1 条计算。式中的 W_{nx} 应以 W_{nex} 代替。W_{nex} 的计算步骤如下：先求出腹板有效宽度，然后求出有效截面的惯性矩，再扣除孔洞的惯性矩，最后除以 y_{max} 得到 W_{nex}。

（3）强度验算时，若仅承受剪力，则由于此时已经大于剪切屈曲的限制条件（$h_0/t_w \leqslant 80\varepsilon_k$），故应按《钢标》公式（6.4.1-8）～（6.4.1-10）求出 V_u，应满足 $V \leqslant V_u$。

（4）强度验算时，若同时承受弯矩和剪力，则按照《钢标》公式（6.4.1-1）进行强度验算。尽管 $V=0$ 可使公式（6.4.1-1）退化为只有弯矩作用的情况，但此时与有效宽度法并不协调（在上一个问答中已经解释）。

（5）整体稳定验算时，若仅考虑弯矩，则按照《钢标》公式（6.2.2）进行。

（6）若增设了纵向加劲肋，使得腹板成为 S4 级，则整体稳定按截面为 S4 进行，同时，纵向加劲肋应满足《钢标》6.3.6 条的构造要求。

【Q2.3.22】高强度螺栓摩擦型连接处时，"孔前传力"是怎么回事？

【A2.3.22】高强度螺栓连接当以摩擦阻力被克服作为承载能力极限状态时，称作高强度螺栓摩擦型连接。这里的摩擦阻力，来源于板件被压紧，可以认为存在于螺栓周围的一个区域，如图 2-3-16 所示。

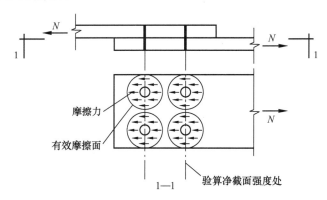

图 2-3-16　孔前传力原理示意

所谓"孔前传力"，就是：当取板件的第一排螺栓位置处作为验算截面时，会发现，此处的受力不再如普通螺栓一样为 N，而是减小了一部分，减小量为第一排螺栓所承受的力的 $1/2$，即 $0.5 \times \dfrac{n_1}{n} N$，成为 $N - 0.5 \times \dfrac{n_1}{n} N$。因此，应据以验算净截面强度，成为 $\sigma = \left(1 - 0.5 \dfrac{n_1}{n}\right) \dfrac{N}{A_n} \leqslant 0.7 f_u$。

【Q2.3.23】《钢标》的 7.1.2 条规定，对于轴心受压构件，"含有虚孔的构件尚需在孔心所在截面按本标准式（7.1.1-2）计算"，如何理解？

【A2.3.23】所谓"虚孔"，是指孔内无螺栓。因为，对于轴心受压构件，当孔内有螺栓时，各国规范一般都规定忽略孔的存在而采用毛截面。

必须指出，《钢标》此处的规定值得商榷。因为，所谓"按本标准式（7.1.1-2）计算"，指采用下式：

$$\frac{N}{A_\mathrm{n}} \leqslant 0.7 f_\mathrm{u}$$

笔者查阅了以下众多规范，均没有这种规定，包括：
① 美国钢结构规范 ANSI/AISC 360-16；
② 欧洲钢结构规范 EN 1993-1-1：2005；
③ 澳大利亚钢结构规范 AS 4100-1998（2012 修订版）；
④ 英国钢结构规范 BS 5950-1：2000；
⑤ 加拿大钢结构设计规范 S16-14；
⑥ 香港钢结构设计规范 2011 版。

国内外文献认为，只有很"短粗"（stocky）的受压构件才会发生屈服破坏，一般不必验算受压强度（截面承载力）。故，即便验算也应该采用 $N/A_\mathrm{n} \leqslant f$。

当轴心受压构件截面板件不满足局部稳定要求时，《钢标》7.3.3 条规定以 $N/A_\mathrm{ne} \leqslant f$ 验算强度，从规范的协调性来看，若截面满足局部稳定要求，强度验算公式宜为 $N/A_\mathrm{n} \leqslant f$。

《高强钢结构设计标准》JGJ/T 483—2020 的 5.1.2 条规定如下：

桁架或塔架的单角钢腹杆，当以一个肢连接于节点板时，除弦杆亦为单角钢且位于节点板同侧的情况外，可按轴心受力构件采用本标准式（5.1.1-1）和式（5.1.1-2）计算受拉构件的截面强度，但计算时应对拉力乘以放大系数 1.15。

其条文说明指出：

《钢结构设计标准》GB 50017—2017 采用对强度设计值进行折减的方法，这种方法容易造成概念上的混淆，拉杆轴力放大系数 1.15 是原强度折减系数的倒数。本条强度计算针对构件中部截面，和本标准第 5.1.4 条规定的构件端板截面面积折减并无联系。

将该标准 5.1.1 条～5.1.4 条正文以及条文说明联系起来，表达了以下信息：

（1）式（5.1.1-1）和式（5.1.1-2）是针对受拉构件的。
（2）受压构件强度验算用式（5.1.1-1）不用式（5.1.1-2）。
（3）单边连接单角钢构件，受拉强度验算，对于中部截面，验算式 $1.15N/A \leqslant f$ 相当于 $N/(0.85A) \leqslant f$；对于连接处强度验算，由于非全部截面传力，故以 $N/(0.85A) \leqslant f$ 验算。相当于，0.85 这个系数不必使用两次。
（4）对于轴心受压，螺栓孔有螺栓填充，不计削弱。暗含式（5.1.1-1）可用 $N/A_\mathrm{n} \leqslant f$ 代替。这一点在 5.3.3 条得以验证，其强度验算式写成 $N/A_\mathrm{ne} \leqslant f$。

【Q2.3.24】《钢标》的表 7.2.1-1 为截面分类表，其中，对于焊接箱形截面，规定，当板件宽厚比＞20 时为 b 类，≤20 时为 c 类，如何理解？是要求竖向和横向的板件均满足，还是只要一个满足？另外，宽厚比较小时反而更为不利，似乎于理不通。

【A2.3.24】此处的规定延续了 2003 版的做法。查 1988 版的规范，则是焊接箱形截面对任意轴均属于 b 类。现有中文规范解释类文献中未见到说明，为此，笔者查阅了不少国外钢结构规范。

英国钢结构规范 BS 5950 中不论板件宽厚比对 x、y 轴均取为 b 类，当板厚＞40mm

时均取为 c 类。澳大利亚钢结构规范 AS 4100 中，焊接箱形截面总是与翼缘厚度≤40mm 的工字形截面为同一类（该规范不区分绕哪一个轴）。美国钢结构规范 ANSI/AISC 360 只有一条屈曲曲线，故无从谈起屈曲曲线的选择。

与规范此处具有类似规定的，是欧洲钢结构规范 EC3。在其第 1 卷表 6.2 规定，通常，焊接箱形截面对任意轴屈曲均选取 b 曲线，但是，对于"厚焊缝（thick welds）：$a > 0.5t_f$，且 $h/t_w < 30$、$b/t_f < 30$"的情况，取为 c 曲线，符号含义如图 2-3-17 所示。该表并未直接给出 a 的含义。查 EC3 的第 8 卷可知，a 为有效焊喉厚度，相当于我国规范中的角焊缝有效高度 h_e。EC3 的此规定应是来源于德国钢结构规范 DIN 18800：1990 的

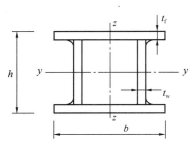

图 2-3-17　EC3 中箱形截面的尺寸

第 2 卷，只不过，稍有差别，而且在该规范表 5 下方对厚焊缝（thick welds）做了一个注释：

厚焊缝是指实际焊喉厚度不小于最小板厚 t 的焊缝（Thick welds are deemed to have an actual throat thickness, a, which is not less than min t）。

综上，笔者认为，我国规范中所说的"板件宽厚比＞20"应是指"通常"，而"板件宽厚比≤20"则应详述为"角焊缝有效算高度 $h_e > 0.5t$ 且翼缘与腹板的宽厚比均≤20"。

【Q2.3.25】《钢标》7.2.2 条说到多种失稳模式，请问，如何判断某一个构件发生何种失稳模式？仅仅从截面是否对称判断吗？

【A2.3.25】 对于笔直的无缺陷理想轴心压杆，其弹性屈曲临界力为下列方程的最小根：

$$(P_x - P)(P_y - P)(P_z - P) - P^2\left[(P_x - P)y_0^2 + (P_y - P)x_0^2\right]\frac{1}{i_0^2} = 0 \quad (2\text{-}3\text{-}1)$$

$$P_x = \frac{\pi^2 EI_x}{l_{0x}^2}、P_y = \frac{\pi^2 EI_y}{l_{0y}^2}、P_z = \frac{1}{i_0^2}\left(GI_t + \frac{\pi^2 EI_\omega}{l_\omega^2}\right) \quad (2\text{-}3\text{-}2)$$

$$i_0^2 = x_0^2 + y_0^2 + i_x^2 + i_y^2 \quad (2\text{-}3\text{-}3)$$

式中，P_x、P_y、P_z 分别为压杆绕 x、y、z 轴的弹性屈曲临界力，x、y 轴为截面主轴，z 轴为构件纵轴；I_ω 为扇性惯性矩；x_0、y_0 为截面剪心相对于形心的距离（沿 x 轴方向的值记作 x_0，沿 y 轴方向的值记作 y_0）；i_x、i_y 分别为绕 x、y 轴的回转半径；i_0 为极回转半径；E、G 分别为钢材的弹性模量与剪变模量。

根据最小根判断发生何种屈曲模式：若为 P_x，表示发生绕 x 轴的弯曲屈曲；若为 P_y，表示发生绕 y 轴的弯曲屈曲；若为 P_z，表示发生绕 z 轴的扭转屈曲；若为其他值，表示发生弯曲和扭转耦合的弯扭屈曲。

对于双轴对称截面，由于剪心与形心重合（剪心的概念，见本书专题聚焦部分的"截面特性"一节），因此 $x_0 = 0$ 且 $y_0 = 0$，于是，式（2-3-1）变为

$$(P_x - P)(P_y - P)(P_z - P) = 0$$

其对应的 3 个解分别为 P_x、P_y、P_z，即，可能绕 x、y 轴发生弯曲屈曲或者绕 z 轴发生扭转屈曲，不会发生弯扭屈曲。假定各个方向计算长度均为几何长度时，I20a 的弹性屈曲临界力如图 2-3-18 所示，可见，绕 y 轴（弱轴）的 P_y 最小，因此，发生绕 y 轴的弯曲

屈曲。

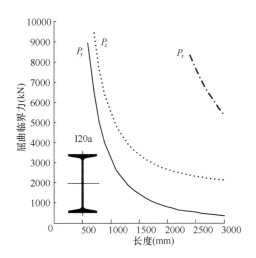

图 2-3-18 截面为 I20a 的轴心压杆屈曲临界力

注意，对于双轴对称的十字形截面，有可能 P_z 最小，即发生扭转屈曲。

如果截面为单轴对称截面，假设对称轴为 y 轴，则 $x_0=0$，式（2-3-1）成为

$$(P_x-P)(P_y-P)(P_z-P)-P^2(P_x-P)y_0^2\frac{1}{i_0^2}=0$$

此方程有三个根，其中一个根是 P_x。

公式两边同除以 (P_x-P)，得到

$$(P_y-P)(P_z-P)-P^2\frac{y_0^2}{i_0^2}=0 \tag{2-3-4}$$

解方程（2-3-4），得到另外两个根：

$$P_{yz1}=\frac{(P_y+P_z)-\sqrt{(P_y+P_z)^2-4P_yP_z(1-y_0^2/i_0^2)}}{2[1-(y_0/i_0)^2]} \tag{2-3-5}$$

$$P_{yz2}=\frac{(P_y+P_z)+\sqrt{(P_y+P_z)^2-4P_yP_z(1-y_0^2/i_0^2)}}{2[1-(y_0/i_0)^2]} \tag{2-3-6}$$

至此，3 个根全部找到。显然 $P_{yz1}<P_{yz2}$，因此，临界力应取 min（P_{yz1}，P_x）。将 P_{yz1} 记作 P_{yz}，从其计算公式可以知道，它是绕 y 轴弯曲屈曲和绕 z 轴扭转屈曲的耦合，这就是弯扭屈曲。可以证明，$P_{yz}<P_y$ 且 $P_{yz}<P_z$。

等边单角钢为典型的单轴对称截面，对称轴一般记作 u 轴，另一主轴一般记作 v 轴，v 轴为最小回转半径轴，也就是上面推导过程中的 x 轴。今以∟63×10 为例，按照 2017 版《钢标》计算其承载力设计值（即 φAf，这里取 Q235 钢材，$f=215\text{N}/\text{mm}^2$，绕各轴计算长度均取为相等），其与 λ_v 的函数曲线示于图 2-3-19。可见，弯扭屈曲发生于 λ_v 较小时。若将曲线交点记作 λ_{v0}，对《热轧型钢》标准中的所有角钢计算，可以发现 λ_{v0} 并不大（不大于 42），故实际工程中一般不会发生弯扭屈曲。

【Q2.3.26】《钢标》**7.2.2 条，对于扭转屈曲的情况，有以下疑问：**

（1）λ_z 的确切含义是什么？求得 λ_z 之后如何查表确定稳定系数 φ？

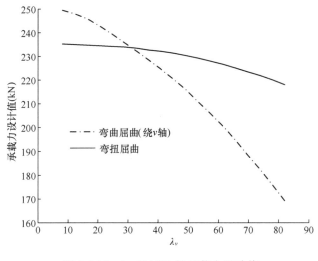

图 2-3-19 ∟63×10 的承载力设计值

(2) 规定,"双轴对称十字形截面板件宽厚比不超过 $15\varepsilon_k$ 者,可不计算扭转屈曲",为什么?

【A2.3.26】对于问题(1):

根据弹性稳定理论,轴心受压构件发生扭转屈曲时的临界力可按下式计算:

$$N_z = \frac{1}{i_0^2}\left(GI_t + \frac{\pi^2 EI_\omega}{l_\omega^2}\right)$$

此时,若令 $N_z = \frac{\pi^2 EA}{\lambda_z^2}$,即表达成弯曲屈曲的形式,则可得

$$\lambda_z = \sqrt{\frac{\pi^2 EAi_0^2}{GI_t + \frac{\pi^2 EI_\omega}{l_\omega^2}}}$$

将 $I_0 = Ai_0^2$ 以及常数项 π、$E=206\times10^3\mathrm{N/mm^2}$、$G=79\times10^3\mathrm{N/mm^2}$ 代入,得到

$$\lambda_z = \sqrt{\frac{I_0}{I_t/25.7 + \frac{I_\omega}{l_\omega^2}}}$$

此即《钢标》公式(7.2.2-3)。

可见,λ_z 是一种经过等效换算之后的长细比。

得到 λ_z 之后确定稳定系数 φ 的关键是截面分类(严格意义来讲,是确定采用哪一条柱子曲线),可是,《钢标》表 7.2.1-1 中并没有绕 z 轴时的情况。热轧角钢组合形成的十字形截面,对 x 轴、y 轴均属于 b 类,板件焊接而成的十字形截面,对 x 轴、y 轴均属于 c 类。

为此,作为权宜之计,可以按与 $x(y)$ 轴同样的截面分类取值。

对于问题(2):

若轴心受压构件采用双轴对称十字形截面,由于剪心与形心重合,因此扇性惯性矩 $I_\omega=0$。于是,N_z 的计算公式简化为

$$N_z = \frac{GI_t}{i_0^2}$$

此时，N_z 与计算长度无关。

假定，有双轴对称十字形截面轴心受压柱，两端铰接（$l_{0x} = l_{0y} = l_\omega = l$），截面如图 2-3-20 所示。则其截面特性如下：

$$I_x = I_y = \frac{1}{12}t(2b)^3 = \frac{2tb^3}{3}$$

$$I_t = 2 \times \frac{1}{3}(2b)t^3 = \frac{4bt^3}{3}$$

$$i_0^2 = \frac{I_x + I_y}{A} = \frac{2 \times 2tb^3/3}{2 \times 2bt} = \frac{b^2}{3}$$

不发生扭转屈曲的条件为 $N_z \geqslant N_x$，即

$$N_z = \frac{GI_t}{i_0^2} \geqslant \frac{\pi^2 EA}{\lambda_x^2}$$

$$\frac{G \times 4bt^3/3}{b^2/3} \geqslant \frac{\pi^2 E \times 4bt}{\lambda_x^2}$$

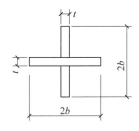

图 2-3-20 双轴对称十字形截面

解出

$$\lambda_x \geqslant \sqrt{\frac{\pi^2 E \times 4bt}{4Gt^3/b}} = 5.07\frac{b}{t}$$

这就是 2003 规范 5.1.2 条规定的"对双轴对称十字形截面构件，λ_x 或 λ_y 取值不得小于 $5.07b/t$"的来历，其目的是避免扭转屈曲。

由于 $\lambda_x = l/i_x$，$i_x = \sqrt{I_x/A} = b/\sqrt{6}$，故由 $\lambda_x \geqslant 5.07\frac{b}{t}$ 可得

$$\frac{b}{t} \leqslant \frac{\sqrt{6}(l/b)}{5.07} = 0.48\frac{l}{b}$$

可见，避免发生扭转屈曲的 b/t 界限值随柱长度增大而增大。因此，《钢标》中所说"双轴对称十字形截面板件宽厚比不超过 $15\varepsilon_k$ 者可不计算扭转屈曲"值得商榷。

【Q2.3.27】若轴心受压构件发生弯扭屈曲，那么，在按照 7.2.2 条求得 λ_{yz} 后，如何确定稳定系数 φ？我发现对这种情况，表 7.2.1-1 中找不到属于哪种截面分类。

【A2.3.27】《钢标》中所谓的"截面分类"，本质上是指按照柱子曲线确定稳定系数时，应取哪个曲线。图给出了中美欧柱子曲线的比较。图中，纵坐标为稳定系数，横坐标为正则化长细比 λ_n，λ_n 的定义式为：

$$\lambda_n = \sqrt{\frac{f_y}{\sigma_{cr}}}$$

式中，σ_{cr} 为柱子的弹性屈曲临界应力，取弯曲屈曲、扭转屈曲、弯扭屈曲三者的最小者。

柱子曲线，我国《钢标》有 4 条曲线（编号依次为 a、b、c 和 d），美国规范只有一条，欧洲规范 EC3 有 5 条曲线（编号依次为 a_0、a、b、c 和 d）。我国的 b 曲线与欧洲规范的 b 曲线十分接近，比美国规范的曲线稍低。

欧洲规范 EC3 的 6.3.1.4 条规定，扭转屈曲和弯扭屈曲可按照绕 z 轴选择屈曲曲线，该规范的截面轴线规定如图 2-3-22 所示。针对截面选择屈曲曲线，见表 2-3-11。

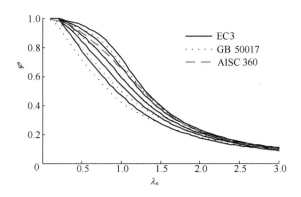

图 2-3-21 中美欧规范的柱子曲线

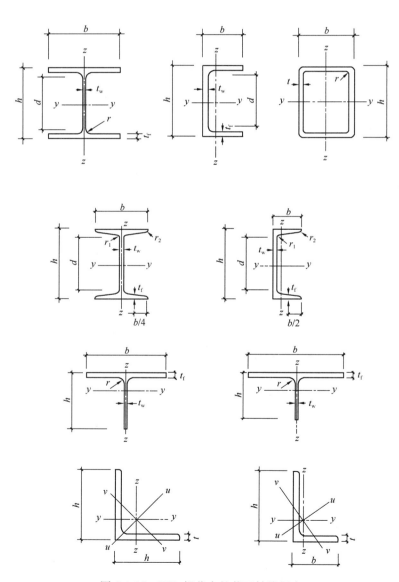

图 2-3-22 EC3 规范中的截面轴线规定

2.3 疑问解答

针对截面选择屈曲曲线 表 2-3-11

截面	条件	绕何轴屈曲	屈曲曲线 S235 S275 S355 S420	S460
（工字形截面图）	$h/b > 1.2$： $t_f \leqslant 40\text{mm}$ $40\text{mm} < t_f \leqslant 100\text{mm}$	y—y z—z y—y z—z	a b b c	a_0 a_0 a a
	$h/b \leqslant 1.2$： $t_f \leqslant 100\text{mm}$ $t_f > 100\text{mm}$	y—y z—z y—y z—z	b c d d	a a c c
（焊接工字形截面图）	$t_f \leqslant 40\text{mm}$	y—y z—z	b c	b c
	$t_f > 40\text{mm}$	y—y z—z	c d	c d
（圆管、方管、矩形管截面图）	热轧	任意轴	a	a_0
	冷成型	任意轴	c	c
（焊接箱形截面图）	一般	任意轴	b	b
	厚焊缝：$a > 0.5t_f$ $b/t_f < 30$ $h/t_w < 30$	任意轴	c	c
（槽钢、T形、矩形、圆形截面图）		任意轴	c	c
（角钢截面图）		任意轴	b	b

注：a 为焊喉厚度，相当于我国《钢标》中的 h_e。

【Q2.3.28】《钢标》7.2.3 条规定，双肢组合构件，当缀件为缀条时 $\lambda_{0x} = \sqrt{\lambda_x^2 + 27A/A_{1x}}$，式中 A_{1x} 的含义是"构件截面中垂直于 x 轴的各斜缀条毛截面面积之和"，如何理解？有的参考书对于双缀条情况取单缀条截面积乘以 2。

【A2.3.28】对于缀条柱，有单缀条体系和双缀条体系之分，对于单缀条体系，如图 2-3-23（a）所示，A_{1x} 为单根斜缀条的横截面积乘以 2，这里的 2 表示斜缀条在两侧均布置；对于双缀条体系，如图 2-3-23（b）所示，A_{1x} 为单根斜缀条的横截面积乘以 4，其原因是斜缀条不仅布置在两侧，而且一侧有 2 个斜缀条。

顺便指出，规范规定的双肢缀条格构柱换算长细比公式（7.2.3-2），实际上只适用于横缀条不受力的情况，若横缀条受力，如图 2-3-23（c）所示，则公式不适用。

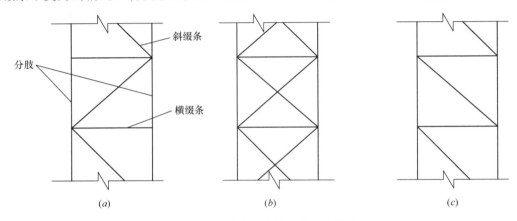

图 2-3-23 缀条式格构柱的几种形式

【Q2.3.29】《钢标》7.2.6 条，只规定了填板间的距离，请问，该距离是净距还是中至中的距离？另外，填板的构造尺寸如何？

【A2.3.29】在主流的教科书以及《钢结构设计手册》中，填板间的距离都是指"中距"，即填板中点之间的距离。

填板宽度一般取 60mm 左右。填板的个数依赖于《钢标》7.2.6 条规定的截面回转半径 i、双角钢（双槽钢）构件几何长度以及侧向支承点间距离，与填板宽度并无直接关系。

【Q2.3.30】《钢标》7.2.7 条讲到轴心受压构件的剪力，轴心受压构件如何会有剪力？剪力 $V = \dfrac{Af}{85\varepsilon_k}$ 是如何推导出来的？

【A2.3.30】轴心受压构件会因为压力而弯曲从而产生弯矩，而弯矩的导数就是剪力。
今按照以下假设进行分析：

（1）受压构件的跨中挠度最大，变形曲线为正弦半波。

（2）取轴压力为稳定承载力的极限，即 $N = \varphi A f_y$，并认为在此压力下达到边缘纤维屈服，以此状态作为计算的依据。

此时可求得跨中的总变形为 $Y_m = \dfrac{W}{A}\left(\dfrac{1}{\varphi} - 1\right)$。

在跨中，剪力 V 达到最大值：

$$V_{max} = \dfrac{dM}{dz}\Big|_{z=l/2} = NY_m \dfrac{\pi}{l} = \varphi A f_y \dfrac{W}{A}\left(\dfrac{1}{\varphi} - 1\right)\dfrac{\pi}{l} = \dfrac{\pi f_y W(1-\varphi)}{l}$$

考虑到：
$$W = \frac{I_x}{h/2} = \frac{Ai_x^2}{h/2}, \lambda_x = \frac{l}{i_x}, i_x = \alpha_1 h$$

从而 V_{max} 可以写成：
$$V_{max} = \frac{\pi f_y W(1-\varphi)}{l} = Af_y \frac{2\alpha_1 \pi(1-\varphi)}{\lambda_x} = \frac{Af_y}{\psi}$$

显然，参数 ψ 为长细比 λ_x 的函数而且与截面形状有关。规范编制时，取双槽钢格构式构件为代表，此时 $\alpha_1=0.44$，同时考虑到长细比 λ_x 的变化范围不大，将 ψ 取为一个偏小的值，$\psi=85\sqrt{235/f_y}$。再将 V_{max} 公式中的 f_y 以 f 代替，就得到规范中的公式。

【Q2.3.31】《钢标》**7.3.3 条**，对"可考虑屈曲后强度时"的轴心受压构件给出了稳定性和强度的计算公式，那么，什么情况下为"可考虑屈曲后强度时"？

【A2.3.31】 就笔者所看到的国外规范，并未见到屈曲后强度的使用有限制条件。我国的 2003 规范曾规定对于直接承受动力荷载的梁，不考虑屈曲后强度。现行规范对于梁延续了该做法。

对于柱，规范并未指出何时可考虑屈曲后强度。笔者认为，宜与梁同样对待，即，不适用于直接承受动力荷载的情况。鉴于荷载通常通过梁传递给柱，故轴心受压构件和压弯构件直接承受动力荷载的情况较为少见，故通常情况下是可以考虑屈曲后强度的。

【Q2.3.32】《钢标》**7.3.4 条**对于单角钢给出了当肢宽与厚度之比超限时 ρ 的取值方法，为什么没有给出工字钢翼缘自由外伸宽度与厚度之比超限的做法？

【A2.3.32】 理论上，工字形截面的翼缘当自由外伸宽度与厚度之比超过限值时，成为薄柔板件（slender element），此时如何处理，有两种方法：

（1）超出部分不予考虑。采用此方法的有英国钢结构规范 BS 5950 和我国香港特别行政区的钢结构规范。

（2）有效宽度法。欧洲钢结构规范 EC3 和美国钢结构规范 ANSI/AISC 360-16 采用此方法。

2017 版《钢标》可认为采用的是方法（1）。

【Q2.3.33】《钢标》**7.3.4 条第 1 款**，腹板高厚比 b/t 以 $42\varepsilon_k$ 为界区分是否全部板件有效，这个"42"的来历在哪里？

【A2.3.33】 将 $b/t=42\varepsilon_k$ 代入到规范公式（7.4-3），再代入公式（7.4-2），可得到板件有效截面系数 $\rho=0.9979$，表明，在 7.3.4 条这里，b/t 以 $42\varepsilon_k$ 分界是无误的。

从规范的正式稿本身看，的确找不到 $42\varepsilon_k$ 的来历。但是，考察其形成的过程则可以发现端倪。2014 年的报批稿曾规定，对于 H 形截面的腹板，其高厚应满足下列要求：

当 $\lambda \leq 50\varepsilon_k$ 时：$h_0/t_w \leq 42\varepsilon_k$

当 $\lambda > 50\varepsilon_k$ 时：$h_0/t_w \leq \min(21\varepsilon_k+0.42\lambda, 21\varepsilon_k+50)$

可见，$42\varepsilon_k$ 是最严格的要求，之所以 h_0/t_w 不必比 $42\varepsilon_k$ 更小，是因为 $h_0/t_w=42\varepsilon_k$ 时可以保证板在均匀压力作用下的屈曲应力达到 f_y。这一取值，与 2003 年规范的 5.4.6 条接近：取腹板计算高度边缘范围内两侧各 $20t_w\sqrt{235/f_y}$ 的部分作为有效截面。

另外，报批稿中此处的规定，与腹板等级为 S3 级时的限值应是 $(42+18\alpha_0^{1.51})\varepsilon_k$ 也是自洽的：轴心受压时，应力梯度 $\alpha_0=0$，代入可得到 $42\varepsilon_k$。

现在，正式稿中的 S3 级限值为 $(40+18\alpha_0^{1.5})\varepsilon_k$，将 $\alpha_0=0$ 代入得到 $40\varepsilon_k$，无法协调。

【Q2.3.34】《钢标》的 7.4.2 条规定，"当交叉腹杆为单边连接的单角钢时，应按本标准第 7.6.2 条的规定确定杆件等效长细比"，然而，7.6.2 条是关于塔架的，且附加有前提条件"两杆截面相同并在交叉点均不中断"。如何理解？

【A2.3.34】我们来看一下规范的编制过程，可以从中找到其指导思想：

在"征求意见稿"中，对于中间无联系的单边连接的单角钢压杆，删去了 2003 版规范时采用 η 进行强度折减的做法，代之以采用换算长细比 $\bar{\lambda}_e$ 以考虑相对于轴心受压构件的不利影响。对于中间有联系的情况，在 8.4.2 条以注释的方式指出，"当交叉腹杆为单边连接的单角钢时，应按 8.6.2 条的规定确定杆件等效长细比"。在 8.6.2 条规定，考虑相交另一杆的影响（做法与 2017 年正式版相同）。

之后的送审稿和报批稿，一直保持这种做法。

2017 年的正式版本，原本删去的采用 η 进行强度折减的做法保留了下来（只不过 η 不再称作强度折减系数），如此，就形成了看似两套并行的做法。

对于交叉腹杆，受力时必然一杆受拉一杆受压，设计习惯上，认为压杆退出工作从而按照拉杆设计。如此一来，不会用到《钢标》7.6.2 条。

【Q2.3.35】如何理解《钢标》的 7.4.8 条？

【A2.3.35】可以这样理解：

(1) 平板支座一般视为铰接，但实际上对杆端有约束，因此，稳定承载力比铰接时要高。考虑这种有利影响，《钢标》规定，当平板支座符合"底板厚度不小于柱翼缘厚度 2 倍"时，把计算长度系数取为 0.8，否则，取为 1.0。

(2) 当侧向支撑把柱分为两段，上段短下段长且两段的长度相差 10% 以上时，上段会对下段形成约束，如图 2-3-24 所示，此时，可考虑上下柱的相关屈曲，在桁架平面内将下柱的计算长度取为：

$$\mu = 1 - 0.3(1-\beta)^{0.7}$$

式中，β 为短段与长段长度之比，即 $\beta = a/l$。

陈绍蕃《钢结构稳定设计指南》（第三版，中国建筑工业出版社）第 55 页指出，当该柱下端为平板支座时，计算长度会进一步减小。可以把 l 乘以 0.8 后代入公式求得 μ，柱的计算长度为 $0.8\mu l$。简而言之，就是取下段柱的几何长度为 $0.8l$ 进行计算。

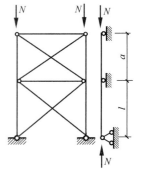

图 2-3-24 设有支撑的轴压柱

【Q2.3.36】《钢标》7.6.2 条，有以下疑问：

(1) λ_u、λ_x 各是绕哪个轴的长细比？

(2) 如何使用公式 (7.4.2-1) 和式 (7.4.2-3) 得到 l_0？

(3) 得到 λ_e 后需要查表得到稳定系数 φ，应该查附录 D 的哪一个表？

【A2.3.36】对于问题 (1)：

从报批稿中可以清楚看出，u 轴为与节点板平行的角钢形心轴；λ_x 有误，应为 λ_u；同时，将图 7.6.1 中的 x 轴改为 u 轴。

对于问题 (2)：

公式 (7.4.2-1) 和式 (7.4.2-3) 默认交点在杆件的中点，因此，对于标准中图

7.6.2那样交点非杆件中点的情况，应将公式中的"1/2"用"l_1/l"代替。以上在报批稿中也可找到。

对于问题（3）：

此处的规定来源于陈绍蕃教授的研究成果，因此，将其发表的文献加以梳理，即可得到答案。

在《单边连接单角钢压杆的计算与构造》（建筑科学与工程学报，2008年第2期）一文中，提出以 $a_g = t_g/b$（t_g 为节点板厚度，b 为连接肢的宽度）来衡量节点板对杆端的约束，得出等效长细比计算公式如下：

$$20 \leqslant \bar{\lambda}_x \leqslant 80 \text{ 时} \quad \bar{\lambda}_e = 76 + 0.7\bar{\lambda}_x$$
$$80 < \bar{\lambda}_x \leqslant 140 \text{ 时} \quad \bar{\lambda}_e = 36 + 1.2\bar{\lambda}_x$$

式中，$\bar{\lambda}_x = \dfrac{l}{i_x}\sqrt{\dfrac{f_y}{235}}$，$x$ 轴为与连接肢平行的形心轴。利用得到的 $\bar{\lambda}_e$ 按 b 类截面查表确定 φ，无需再考虑屈服强度的调整。

《单角钢压杆的肢件宽厚比限值和超限杆的承载力》（建筑结构学报，2010年第9期）一文中，对于单面连接单角钢压杆，将肢件宽厚比限值取为 $w/t = 14\sqrt{235/f_y}$。对宽厚比超限情况，文中给出了计算公式，今列成表格形式，如表2-3-12所示。

单面连接单角钢压杆的承载力（宽厚比超限时） 表2-3-12

受压承载力	折减系数 ρ_e	等效长细比 $\bar{\lambda}_e$	注释
$N = \varphi A \rho_e f_y$	$\lambda_{pe} \leqslant 1$ 时，$\rho_e = 1$ $\lambda_{pe} > 1$ 时，$\rho_e = 1.3 - 0.3\lambda_{pe}$ $\lambda_{pe} = \dfrac{w/t}{14}\sqrt{\dfrac{f_y}{235}}$	$20 \leqslant \bar{\lambda}_x \leqslant 80$ 时， $\bar{\lambda}_e = 76 + 0.7\bar{\lambda}_x$ $80 < \bar{\lambda}_x \leqslant 160$ 时， $\bar{\lambda}_e = 52 + \bar{\lambda}_x$	$\bar{\lambda}_x = \dfrac{l}{i_x}\sqrt{\dfrac{f_y}{235}}$ $f_{ye} = \rho_e f_y$

此后，在《论高强度钢压杆稳定计算中的屈服强度因数》（建筑钢结构进展，2011年第5期）和《美国房屋钢结构规范几个问题的评论》（建筑钢结构进展，2012年第6期）两篇论文中，对前述的观点没有修正。

综上，并与《钢标》对照，可知此时应按照 b 类截面查表。

【Q2.3.37】 对《钢标》的公式 (8.1.1-1)，有以下疑问：

(1) 公式中各项之间的"±"是什么意思？

(2) 公式中的 γ_x、γ_y，对于压弯构件，毫无疑问，应先计算出应力梯度，据此查表3.5.1中的压弯构件一行，判断截面等级，若属于 S3 以上等级则查表 8.1.1 确定 γ_x、γ_y，这点毫无疑问。对于拉弯构件，也按照压弯构件的做法对 γ_x、γ_y 取值吗？

【A2.3.37】 对于问题（1）：

如此写法，是为了可同时应用于拉弯和压弯：对于拉弯构件，以拉为正压为负，对于压弯构件，以压为正拉为负，弯矩项的名义应力可能为正也可能为负，随计算点不同变化。轴力引起的应力与弯矩引起的名义应力按矢量求和，然后取绝对值与 f 比较。

对于问题（2）：

《钢标》8.1.1条的条文说明对此没有解释。

对于拉弯构件，其截面等级的判断可以认为有两种观点：①计算出应力梯度 α_0，再以表 3.5.1 中"压弯构件"一行的界限值区分不同截面等级,即,过程与"压弯构件"相同;②将拉弯构件视为"受拉"和"受弯"的叠加,故应按照受弯的要求划分截面等级。

从 2011 年版香港钢结构规范的原则看,第 2 种观点更为恰当。

【Q2.3.38】《钢标》第 8 章对拉弯构件只规定了强度验算,可是,当拉力很小时,拉弯构件就变成了梁,也会存在稳定问题,为什么规范不做规定?

【A2.3.38】与压弯构件相比,拉弯构件相对不常见。从世界范围看,各规范对拉弯构件的计算规定相对较简。

欧洲钢结构规范 EN 1993-1-1:2006 中,6.2 节为"截面抗力"(Resistance of cross-sections),其中 6.2.7 条为"同时承受轴力和弯矩"(Bending and axial force)。规定,截面承载力验算时,对于同时承受轴力和弯矩的构件,若截面属于等级 1 或等级 2,应满足下式要求:

$$M_{Ed} \leqslant M_{N,Rd}$$

式中,M_{Ed} 为验算截面的弯矩设计值;$M_{N,Rd}$ 为考虑了轴力影响后的截面塑性弯矩设计值,确定方法详见该规范,这里不再详述。

截面为等级 3 时,轴力和弯矩引起的正应力应不大于 f_y/γ_{M0},这里,正应力按照考虑了螺栓孔削弱后的净截面求出,γ_{M0} 为抗力分项系数;截面为等级 4 时,正应力应按有效截面求出,同时还应考虑螺栓孔的削弱。

该规范的 6.3 节为"构件的屈曲抗力"(Buckling resistance of members),其中 6.3.3 条为"均匀构件承受弯矩和轴压作用"(uniform members in bending and axial compression),无"承受弯矩和轴拉作用"的规定。

美国钢结构规范 ANSI/AISC 360-16 中,对于压弯构件和拉弯构件,采用同一个验算式。对于双轴对称和单轴对称构件,验算式如下:

$$\frac{P_r}{P_c} \geqslant 0.2 \text{ 时} \qquad \frac{P_r}{P_c} + \frac{8}{9}\left(\frac{M_{rx}}{M_{cx}} + \frac{M_{ry}}{M_{cy}}\right) \leqslant 1.0$$

$$\frac{P_r}{P_c} < 0.2 \text{ 时} \qquad \frac{P_r}{2P_c} + \left(\frac{M_{rx}}{M_{cx}} + \frac{M_{ry}}{M_{cy}}\right) \leqslant 1.0$$

式中　P_r——依据第 C 章规定的荷载组合得到的轴力设计值;

　　　P_c——依据第 E 章得到的轴向承载力设计值;

　　　M_r——依据第 C 章规定的荷载组合得到的弯矩设计值;

　　　M_c——依据第 F 章得到的弯矩承载力设计值;

　　　x、y——作为下角标分别表示弯矩所绕的强轴和弱轴。

拉弯构件和压弯构件在计算受弯承载力 M_c 时的相同点:$M_c = \phi_b M_n$,$\phi_b = 0.9$(相当于我国标准中抗力分项系数的倒数);按 F2 节之后求出的 M_n 还要乘以系数 C_b 以考虑弯矩沿构件的不均匀分布。不同点:由于拉弯比压弯有利,因此规定,拉弯时还应将 C_b 乘以一个放大系数 $\sqrt{1 + \frac{P_r}{P_{Ey}}}$,式中,$P_{Ey}$ 为构件绕 y 轴(弱轴)的欧拉临界力。

如果截面为非对称截面,构件承受弯矩和轴心力作用,应满足下式要求:

$$\left|\frac{f_{ra}}{F_{ca}} + \frac{f_{rbw}}{F_{cbw}} + \frac{f_{rbz}}{F_{cbz}}\right| \leqslant 1.0$$

上式中三项为应力比(在验算点处,荷载引起的应力与截面可以抵抗的应力的比值),

w、z 为弯矩所绕的两个主轴（一个强轴一个弱轴）。

澳大利亚钢结构规范 AS4100：1998 中，对拉弯构件只规定了截面承载力的验算，公式为：

$$\frac{N^*}{\phi N_s} + \frac{M_x^*}{\phi M_{sx}} + \frac{M_y^*}{\phi M_{sy}} \leqslant 1.0$$

英国钢结构规范 BS5950-1：2000 中，拉弯构件除应对截面承载力进行验算外（本质是截面应力的代数和），还应仅考虑弯矩进行侧扭屈曲的复核。2011 年的香港钢结构规范也采用此规定。采用的截面承载力验算公式为：

$$\frac{F_t}{P_t} + \frac{M_x}{M_{cx}} + \frac{M_y}{M_{cy}} \leqslant 1.0$$

可见，澳大利亚规范和英国规范采用的原则本质上与美国规范相同。

【Q2.3.39】如何理解等效弯矩系数 β_{mx}？

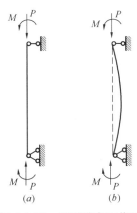

图 2-3-25 承受端弯矩作用压弯构件的 P-δ 二阶效应

【A2.3.39】对于如图 2-3-25（a）所示的压弯构件，当按照结构力学方法绘制弯矩图时，跨中的弯矩值称作"一阶弯矩"，记作 M_{Imax}，显然，此时有 $M_{Imax} = M$，即与端部弯矩相等。然而，由于 P-δ 效应，导致跨中弯矩会"放大"，成为 $M_{max} = M_{Imax} + P\delta$，式中的 δ 包括两部分，一阶挠度 $\delta_I = \frac{1/8 Ml^2}{EI}$（这可以由结构力学的图乘法得到），二阶挠度 $\delta_{II} = \frac{P/P_E}{1-P/P_E}\delta$，即 $\delta = \delta_I + \delta_{II} = \left(\frac{1}{1-P/P_E}\right)\delta_I$，一阶挠度被放大了 $\frac{1}{1-P/P_E}$ 倍。P_E 为欧拉临界力。

于是，对于图 2-3-25（b）所示的情况，将有

$$M_{max} = M_{Imax} + P\delta = M_{Imax} + \frac{\frac{1}{8}Ml^2/(EI)}{1-P/P_E}P$$
$$= \left(1 + \frac{\pi^2/8 \times P/P_E}{1-P/P_E}\right)M_{Imax}$$
$$= \left(\frac{1+0.234 P/P_E}{1-P/P_E}\right)M_{Imax}$$

对于不同的荷载情况，沿构件跨度的最大弯矩总能写成与上式类似的形式。

等效弯矩系数 β_m 的本意是：将承受轴心压力和均匀弯矩的情况作为一种基准，将其他受力情况[例如图 2-3-26（a）]的一阶最大弯矩乘以 β_m，得到 M_{eq}，按此 M_{eq} 作为均匀弯矩得到的 M_{max}[图 2-3-26（b）]与该受力情况考虑了 P-δ 效应后的 M_{max} 相等。

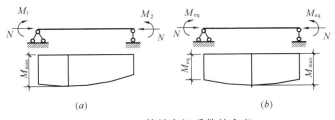

图 2-3-26 等效弯矩系数的含义

简支梁几种典型受力情况的 $M_{\max}$ 与 β_{m} 如表 2-3-13 所示,表中,$\alpha = \dfrac{1}{1-N/N_{\mathrm{E}}}$。

考虑了 $P\text{-}\delta$ 效应的压弯构件最大弯矩与等效弯矩系数　　表 2-3-13

序号	荷载作用简图	$M_{\max}$ 的理论值	等效弯矩系数 β_{m}
1	(端弯矩 M, N)	$(1+0.234 N/N_{\mathrm{E}})\alpha M$	1.0
2	(均布荷载 q, N)	$(1+0.028 N/N_{\mathrm{E}})\alpha M$	$1-0.18 N/N_{\mathrm{E}}$
3	(集中荷载 P, N)	$(1-0.178 N/N_{\mathrm{E}})\alpha M$	$1-0.36 N/N_{\mathrm{E}}$
4	(M_1, M_2, $|M_1|\geq|M_2|$, N)	$\alpha M_1\sqrt{0.3+0.4\dfrac{M_2}{M_1}+0.3\left(\dfrac{M_2}{M_1}\right)^2}$	$0.6+0.4\dfrac{M_2}{M_1}$

当端弯矩和横向荷载同时作用时,认为轴压力保持常数,则叠加原理适用。横向荷载作用下的二阶弯矩和端弯矩作用下的二阶弯矩相叠加,它们的和就是总的二阶弯矩。因此,可以写成

$$\beta_{\mathrm{m}} M = \beta_{\mathrm{mq}} M_{\mathrm{q}} + \beta_{\mathrm{m1}} M_1$$

式中,M_{q}、β_{mq} 分别为横向荷载引起的最大一阶弯矩及其对应的等效弯矩系数,M_1、β_{m1} 分别为较大端弯矩及其对应的等效弯矩系数。值得注意的是,对于图 2-3-27 所示的三种情况,上式具体表现为以下三个公式:

图 (a): $\beta_{\mathrm{m}} M = \beta_{\mathrm{mQ}} M_{\mathrm{Q}} + \beta_{\mathrm{m1}} M_1$

图 (b): $\beta_{\mathrm{m}} M = \beta_{\mathrm{mQ}} M_{\mathrm{Q}} - \beta_{\mathrm{m1}} M_1$

图 (c): $\beta_{\mathrm{m}} M = \beta_{\mathrm{m1}} M_1 - \beta_{\mathrm{mQ}} M_{\mathrm{Q}}$

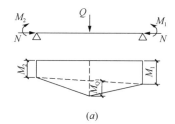
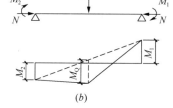
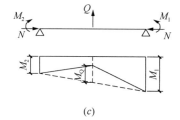

图 2-3-27　同时承受端弯矩和横向荷载的构件

【Q2.3.40】《钢标》8.2.1 条所说的 β_{tx} 与 β_{mx} 本质上有何区别?

【A2.3.40】 关于 β_{mx},见上一个问答。

对于两端简支的非均匀受弯的双轴对称截面压弯构件,在弯矩作用平面外发生弯扭屈曲。今假定一端弯矩为 M_1,另一端弯矩为 M_2,二弯矩使构件在弯矩作用平面产生同方向的曲率时取同号,且 $|M_1|\geq|M_2|$,则临界弯矩 M_{cr} 可近似由下式得到:

$$\left(1-\frac{P}{P_y}\right)\left(1-\frac{P}{P_\omega}\right)-\left(\frac{M_1}{\sqrt{\beta}M_{cr}}\right)=0$$

式中，P 为轴心压力；P_y 为全截面屈服时的轴力；P_ω 为扭转屈曲时的轴力；$\sqrt{\beta}$ 为修正临界弯矩的系数，$1/\sqrt{\beta}$ 就是等效弯矩系数 β_{tr} 的本质。

研究发现，$1/\sqrt{\beta}$ 的取值与 $1/\beta_b$ 的取值非常接近，β_b 为非均匀受弯的双轴对称截面受弯构件临界弯矩用的等效弯矩系数（见《钢标》表 C.0.1），公式为：

$$\beta_b = 1.75 - 1.05 M_2/M_1 + 0.3\,(M_2/M_1)^2 \leqslant 2.3$$

β_b 的倒数近似写成：

$$\frac{1}{\beta_b} = 0.57 + 0.33 M_2/M_1 + 0.10\,(M_2/M_1)^2 \geqslant 0.435$$

《钢标》规定，无横向荷载作用时（即，只有端弯矩时），弯矩作用平面外等效弯矩系数为

$$\beta_{tr} = 0.65 + 0.35 M_2/M_1$$

与上述 $1/\beta_b$ 结果接近。注意，此处的 M_1、M_2 为两相邻侧向支承点之间区段的端弯矩，与 β_{mx} 计算公式中的 M_1、M_2 取值不一定相等（仅在支座与侧向支承点为同一位置时才相等）。

《钢标》规定，端弯矩和横向荷载共同作用时，使构件产生同向曲率时 $\beta_{tr}=1.0$；使构件产生反向曲率时 $\beta_{tr}=0.85$。此处的"同向曲率"（"反向曲率"）不应理解为横向荷载产生的变形与弯矩产生的变形"同方向"（"反方向"）。

此处的"同向曲率"，对应的英文为 single curvature，单曲率弯曲、单向弯曲或同向曲率。"反向曲率"对应的英文为 double curvature，译作双曲率弯曲、双向弯曲或反向曲率，其着眼点为构件的变形，而变形是由于弯矩引起的，故能表达杆件两端的弯矩转向关系，如图 2-3-28 所示。

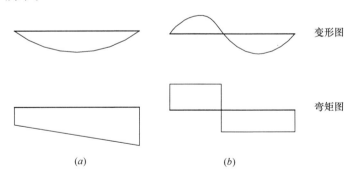

图 2-3-28 同向曲率与反向曲率的弯矩图对比
(a) 同向曲率；(b) 反向曲率

值得一提的是，在美国混凝土规范 ACI 318-14 中，对这种端弯矩比率的正负号规定一改往年的按照同向曲率反向曲率取值，而是直接按照右手螺旋定则确定弯矩的正负号，如此做法显然带来了简便。例如，我国《混凝土规范》规定满足下式不必考虑 P-δ 效应：

$$l_c/i \leqslant 34 - 12(M_1/M_2)$$

第 2 项前面是负号,规定"当构件按单曲率弯曲时,M_1/M_2 取正值,否则取负值"。ACI 318-14 中规定为

$$l_c/i \leqslant 34+12(M_1/M_2)$$

当按照右手螺旋定则 M_1、M_2 均为正(或者均为负)时,第 2 项为正,也就是单曲率弯曲。

【Q3.2.41】《钢标》11.2.4 条,有以下疑问:

(1) "熔合线"是什么意思?

(2) "当熔合线处焊缝截面边长等于或接近于最短距离 s 时,抗剪强度设计值应按角焊缝的强度设计值乘以 0.9",如何理解?

【A3.2.41】对于问题(1):

所谓"熔合线",是指焊接过程中,母材由于高温被熔化,最后与焊缝金属形成结合面,取截面来看就是"熔合线",如图 2-3-29 所示。所谓"余高"是焊缝金属形成的凸出。

对于问题(2),可以按照下面理解:

① 端面角焊缝强度提高系数 β_f 只是在焊缝受压时才取为 1.22,受拉时要取为 1.0。

② 当熔合线处焊缝截面边长等于或接近于最短距离 s 时,焊缝强度会降低,对于端焊缝受拉的情况,由于取 $\beta_f=1.0$ 本身已经将强度降低了,故 f_f^w 不再考虑降低。

③ 当熔合线处焊缝截面边长等于或接近于最短距离 s 时,若是端焊缝受压,此时,一方面取 $\beta_f=1.22$;另一方面,考虑到会有一部分压力通过焊件传递,因此,f_f^w 也不考虑折减。这相当于认为,焊缝受压比焊缝受拉相对有利。

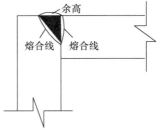

图 2-3-29 部分焊透对接焊缝的熔合线

④ 当熔合线处焊缝截面边长等于或接近于最短距离 s 时,若作为侧焊缝受力,应对 f_f^w 折减。

【Q2.3.42】《钢标》表 11.3.5 给出了角焊缝的最小焊脚尺寸,关于表下的注释,这里有两个疑问:

(1) 何谓"低氢焊接方法"?

(2) 如何理解注释 2 "焊缝尺寸 h_f 不要求超过焊接接头中较薄件厚度的情况除外"?

【A2.3.42】对于问题(1):

"低氢焊接方法"指"采用低氢型焊条焊接",而低氢型焊条就是"碱性焊条"。

依据《非合金钢及细晶粒钢焊条》GB/T 5117—2012 和《热强钢焊条》GB/T 5118—2012,焊条型号至少包括 3 部分,形如 E6215,其中,E 表示焊条,62 表示熔敷金属的抗拉强度最小值是 620MPa,15 表示药皮类型为碱性,适用于全位置焊接,采用直流反接。碱性焊条脱硫、脱磷能力强,药皮有去氢作用。由于焊接接头含氢量很低,故称低氢型焊条。

对于问题(2):

此处的注释 2 应是译自《结构焊接规范——钢》AWS D1.1/D1.1M:2010 表 5.8 下的注释 b:Except that the weld size need not exceed the thickness of the thinner part joined。澳大利亚钢结构规范 AS4100:1998 的 9.7.3.2 条有几乎完全相同的语句:Except that the size of the weld need not exceed the thickness of the thinner part joined。印度钢结

构设计规范 IS800：2007 的表 21 给出了角焊缝最小焊脚尺寸，表下注释 1 指出：When the minimum size of the fillet weld given in the table is greater than the thickness of the thinner part, the minimum size of the weld should be equal to the thickness of the thinner part. The thicker part shall be adequately preheated to prevent cracking of the weld. 这里表达的含义与前述的 AWS 与 AS4100 相同，即，当表中角焊缝最小尺寸大于较薄部分的厚度，取等于较薄部分的厚度。

综上，《钢标》的注释 2 可以替换为"当表中角焊缝最小尺寸大于较薄部分的厚度，取等于较薄部分的厚度"，会更容易理解。

【Q2.3.43】《钢标》11.4.1 条，螺栓或锚栓在螺纹处的有效直径如何确定？

【A2.3.43】 实际上，此处常用的是有效截面积 A_e，$A_e = \dfrac{\pi d_e^2}{4}$。

1988 版《钢结构设计规范》附录六曾给出 A_e 计算公式，如下：

$$A_e = \frac{\pi}{4}\left[d - \frac{13}{24}\sqrt{3p}\right]^2$$

式中，p 为螺距；d 为螺栓或锚栓的公称直径。该公式在不少的资料中也出现过。

然而，计算发现，采用以上公式所得的结果与该规范表格中数据不符。仔细分析可知，上述公式存在错误，应为：

$$A_e = \frac{\pi}{4}\left[d - \frac{13\sqrt{3}}{24}p\right]^2$$

本书在附录给出了 A_e 的表格，可直接根据螺栓或锚栓的公称直径确定。

【Q2.3.44】关于《钢标》12.3.4 条，有以下疑问：

（1）本条是对"柱腹板未设置水平加劲肋时"的规定，而 12.3.6 条第 3 款规定，"节点区柱腹板对应于梁翼缘部位应设置横向加劲肋"，是否矛盾？

（2）h_y 为"自柱顶面至腹板计算高度上边缘的距离"，应如何区分上、下？

（3）若为热轧工字钢，腹板的宽度 h_c 如何取值？

【A2.3.44】 对于问题（1）：12.3.6 条针对的是端板连接，与 12.3.4 的情况有不同。

对于问题（2）：此处的用词不甚恰当，但是，结合 6.1.4 条可以理解。

对于问题（3）：笔者认为，按照惯例，此处 h_c 取为工字形截面柱子的腹板计算高度 h_0。

【Q2.3.45】《钢标》12.7.3 条规定，当轴心受压柱或压弯柱的端部为铣平端时，连接焊缝（或螺栓）应按最大压力的 15% 或最大剪力中的较大值进行抗剪计算，对于轴心受压的情况，是不是取 $\max\left(15\% N_{\max}, \dfrac{Af}{85\varepsilon_k}\right)$？

【A2.3.45】 柱子端部为铣平端时，压力通过柱与支座的接触面传递而不通过此处的连接传递，故认为此处连接只承受剪力。

按照结构力学"小变形"的假定，轴心受压柱并不存在剪力。但是，考虑到实际的柱子并非理想的笔直，或者说，受压力之后会呈弯曲状态，因此，认为有剪力存在。为简化计算，对轴心受压柱铣平端位置取剪力为 15% $N_{\max}$。剪力取 $\dfrac{Af}{85\varepsilon_k}$，其来源同样是轴心受压柱，只不过，此数值一般用于计算轴心受压格构柱与斜缀条有关的受力。

事实上，若对两个剪力比较，则会发现，总有 $15\% N_{max} > \dfrac{Af}{85\varepsilon_k}$ 成立。以 Q235 钢材为例，$\dfrac{Af}{85\varepsilon_k} = 0.012 Af$，即，为受压承载力的 1.2%。只要 $N_{max} > 0.008 Af$ 即可保证 $15\% N_{max} > \dfrac{Af}{85\varepsilon_k}$，而这一条件在实际中必然是满足的。

【Q2.3.46】《钢标》14.1.2 条关于板托倾角，如图 2-3-30 所示，请问这个 α 角是如何确定的？

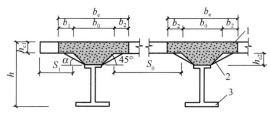

图 2-3-30　翼板的计算宽度

【A2.3.46】 实际上，《钢标》图中想表达的意思是，当板托的实际倾角 α（如图 2-3-24 中所示）小于 45°时，应取 $\alpha = 45°$，即，此时忽略一部分混凝土的贡献，仅考虑阴影部分的贡献。

【Q2.3.47】《钢标》14.1.8 条规定，在组合梁的强度、挠度和裂缝计算中，可不考虑板托截面，如何理解？

【A2.3.47】 如图 2-3-31 所示，当受压区高度超过混凝土板的厚度 h_{c1} 进入板托时，由于板托并非矩形，导致计算受压的合力会比较复杂。为简化计算，不计入板托，即认为板托只是提供了一个"高度"，混凝土板与钢梁是分离的。

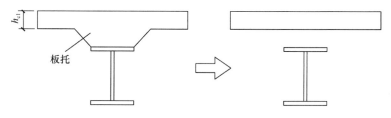

图 2-3-31　有板托时的简化计算模型

【Q2.3.48】《钢标》14.2.1 条第 2 款，对于负弯矩作用区段给出的抗弯强度计算公式为：

$$M' \leqslant M_s + A_{st} f_{st} (y_3 + y_4/2)$$
$$M_s = (S_1 + S_2) f$$
$$A_{st} f_{st} + f(A - A_c) = f A_c$$

该公式是如何建立的？

【A2.3.48】 此时，计算简图如图 2-3-32 所示，图中，混凝土部分外轮廓线为虚线的原因是，由于组合截面承受负弯矩导致混凝土部分受拉，从而在计算中不考虑。

将图（b）中的应力状况分解为图（c）和图（d）的叠加能够使得计算变得简便：图（c）形成的力矩为钢梁的塑性铰弯矩，大小为 $(S_1 + S_2) f$，塑性中和轴为钢梁的面积平分轴。图（d）形成的力矩为 $A_{st} f_{st} (y_3 + y_4/2)$。对图（d）考虑水平力的平衡，得到 $A_{st} f_{st}$

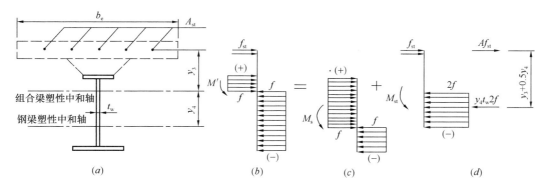

图 2-3-32 负弯矩作用时组合梁截面计算简图

$=2ft_w y_4$，变形即可得到 $y_4=A_{st}f_{st}/(2ft_w)$。

在负弯矩作用下，组合梁塑性中和轴随 $A_{st}f_{st}$ 的增大而上升，若进入上翼缘范围内，则以上求算 y_4 的公式不成立，此时应将中和轴取为腹板上边缘处。

下面以一个算例说明钢梁塑性中和轴、组合梁塑性中和轴（承受负弯矩时）的计算方法以及对《钢标》中 y_4 计算公式的验证。

已知：工字钢梁，$f=215\text{N}/\text{mm}^2$，上翼缘 $b_1\times t_1=200\text{mm}\times 10\text{mm}$，下翼缘 $b_2\times t_2=300\text{mm}\times 10\text{mm}$，腹板高度 $h_0\times t_w=500\text{mm}\times 8\text{mm}$，上部混凝土板有效宽度内钢筋截面积 $A_{st}=770\text{mm}^2$，钢筋抗拉强度为 $f_{st}=270\text{N}/\text{mm}^2$。

解：假设钢梁塑性中和轴距离腹板上边缘为 y_1，则

$$200\times 10+8y_1=300\times 10+8\times(500-y_1)$$

解得 $y_1=312.5\text{mm}$。

假设组合梁塑性中和轴距离腹板上边缘为 y_2，则

$$770\times 270+(200\times 10+8y_2)\times 215=[300\times 10+8\times(500-y_2)]\times 215$$

解得 $y_2=252.1\text{mm}$。

两个中和轴之距为 $y_4=312.5-252.1=60.4\text{mm}$。

利用《钢标》公式计算：

$$y_4=\frac{A_{st}f_{st}}{2ft_w}=\frac{770\times 270}{2\times 215\times 8}=60.4\text{mm}$$

可见，计算结果一致。

【Q2.3.49】《钢标》14.2.2 条说到部分抗剪连接，其与完全抗剪连接的差别在哪里，能否以算例说明？

【A2.3.49】如图 2-3-33 所示，钢梁与其上部的混凝土之间需要设置抗剪连接件，若该连接件数量足以承受该区段内的剪力（条件见 14.3.4 条），则称作"完全抗剪连接"；若不足，则称作"部分抗剪连接"，且后者数量不得少于前者的 50%。

下面以算例说明。

某工作平台梁为钢与混凝土组合梁，按简支梁设计，截面如图 2-3-34 所示，图中翼缘宽度 2500mm 为其有效宽度。该梁计算跨度为 12m。采用 Q235。混凝土等级为

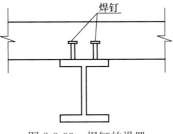

图 2-3-33 焊钉的设置

C30（$f_c = 14.3\text{N/mm}^2$）。圆柱头焊钉为 $\phi 16 \times 90$（$f_u = 400\text{N/mm}^2$）。当完全抗剪连接时全跨需要焊钉146个，今全跨布置100个，要求按照部分抗剪验算受弯承载力。

解：依据14.2.2条计算受弯承载力。

$$N_v^c = 0.43 A_s \sqrt{E_c f_c} = 0.43 \times \frac{3.14 \times 16^2}{4} \sqrt{3.0 \times 10^4 \times 14.3} = 56.6 \times 10^3 \text{N}$$

$$0.7 A_s f_u = 0.7 \times \frac{3.14 \times 16^2}{4} \times 400 = 56.3 \times 10^3 \text{N} < N_v^c = 56.6 \times 10^3 \text{N}$$

故取一个焊钉的抗剪承载力设计值 $N_v^c = 56.6\text{kN}$。全跨布置100个焊钉，一个区段内焊钉数为 $100/2 = 50$ 个，即 $n_r = 50$。

$$x = \frac{n_r N_v^c}{b_e f_c} = \frac{50 \times 56.3 \times 10^3}{2500 \times 14.3} = 78.7\text{mm}$$

$$A_c = \frac{Af - n_r N_v^c}{2f} = \frac{4067.2 \times 10^3 - 50 \times 56.3 \times 10^3}{2 \times 205} = 3054\text{mm}^2$$

由于翼板的截面积为 $300 \times 20 = 6000 \text{ mm}^2$，可见，$A_c$ 全部在翼板的范围内，如图2-3-35所示。

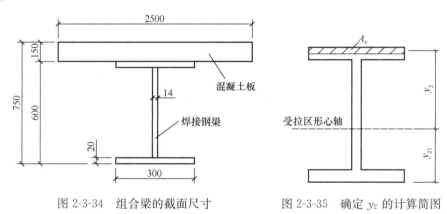

图2-3-34 组合梁的截面尺寸　　图2-3-35 确定 y_2 的计算简图

受拉区的合力作用点为受拉区的形心位置。令钢梁截面受拉区形心轴到截面最外缘的距离为 y_{21}，则：

$$y_{21} = \frac{19840 \times 300 - 3054 \times (600 - 3054/300/2)}{19840 - 3054} = 246\text{mm}$$

于是

$y_2 = 600 - 246 - 3054/300/2 = 349\text{mm}$，$y_1 = 750 - 246 - 78.7/2 = 465\text{mm}$

$M_{u,r} = n_r N_v^c y_1 + 0.5(Af - n_r N_v^c) y_2$

$= 50 \times 56.3 \times 0.465 + 0.5 \times (4067.2 - 50 \times 56.3) \times 0.349$

$= 1525\text{kN} \cdot \text{m}$

以下按照全跨布置焊钉146个计算。当为完全抗剪连接时，区段内螺栓应能抵抗的剪力 V_s，为 Af 和 $b_e h_{c1} f_c$ 中的较小值。

$$A = 2 \times 300 \times 20 + 14 \times 560 = 19840\text{mm}^2$$

$$Af = 19840 \times 205 \times 10^{-3} = 4067.2 \text{kN}$$
$$b_e h_{c1} f_c = 2500 \times 150 \times 14.3 \times 10^{-3} = 5362.5 \text{kN}$$

故 $V_s = 4067.2 \text{kN}$

$$n_f = V_s/N_v^c = 4067.2/56.3 = 72.2$$

可见，区段内布置 73 个（全跨布置 146 个）可满足完全抗剪连接的要求。此时，翼缘受压区高度不再由抗剪连接件控制。

$$x = \frac{Af}{b_e f_c} = \frac{4067.2 \times 10^3}{2500 \times 14.3} = 113.8 \text{mm}$$

$$M_u = Afy = 4067.2 \times (750 - 600/2 - 113.8/2) \times 10^{-3} = 1598.8 \text{kNm}$$

可见，完全抗剪连接时截面的受弯承载力更大。

【Q2.3.50】《钢标》14.3.1 条给出了单个圆柱头焊钉的受剪承载力设计值：

$$N_v^c = 0.43 A_s \sqrt{E_c f_c} \leqslant 0.7 A_s f_u$$

式中，f_u 为圆柱头焊钉极限抗拉强度设计值，如何取值？

注意到，《组合结构设计规范》JGJ 138—2016 的 3.1.14 条规定，一个圆柱头焊钉的受剪承载力设计值为

$$N_v^c = 0.43 A_s \sqrt{E_c f_c} \leqslant 0.7 A_s f_{at} f_u$$

式中，f_{at} 为圆柱头焊钉极限抗拉强度设计值，其值取为 **360N/mm²**。

【A2.3.50】经查，《组合结构设计规范》3.1.14 条条文说明指出，"一个栓钉的抗剪承载力设计值计算公式取自现行国家标准《钢结构设计规范》GB 50017，圆柱头栓钉极限抗拉强度设计值取为 360N/mm²"。由于该规范为 2016 版本，故其依据的是 2003 版的《钢结构设计规范》而非 2018 版的《钢结构设计标准》。这里的 360 N/mm²，来历如下：

2003 版《钢结构设计规范》时，N_v^c 的限值记作 $0.7 A_s \gamma f$，且 $\gamma = 1.67$，$f = 215 \text{N/mm}^2$，于是，$\gamma f = 1.67 \times 215 = 360 \text{ N/mm}^2$。

同时注意到，《组合结构设计规范》12.2.7 条同样规定了一个圆柱头焊钉的受剪承载力设计值公式，与前述一模一样。在该条的条文说明指出，"根据现行国家标准《电弧螺柱焊用圆柱头焊钉》GB/T 10433 的相关规定，圆柱头焊钉的极限强度设计值 f_{at} 不得小于 400MPa"，这与 3.1.14 条正文不一致，逻辑上，此时应以正文为准。

《钢标》同样规定 f_u "需满足现行国家标准《电弧螺柱焊用圆柱头焊钉》GB/T 10433 的要求"。经查，现行国家标准为《电弧螺柱焊用圆柱头焊钉》GB/T 10433—2002，其中规定的焊钉材料只有 ML15 和 ML12A1，且均要求 $\sigma_b \geqslant 400 \text{MPa}$。此时，取其极限抗拉强度设计值，要不要将 400MPa 除以抗力分项系数？今以 Q235 钢材为例研究。《钢标》表 4.4.1 给出 Q235 钢材的 $f_u = 370 \text{N/mm}^2$，查《碳素结构钢》GB/T 700—2006，Q235 钢材的抗拉强度为 $R_m = 370 \sim 500 \text{N/mm}^2$，可见，作为设计指标，$f_u$ 取为抗拉强度的下限且不考虑抗力分项系数，故圆柱头焊钉极限抗拉强度设计值 f_u（或 f_{at}）应取为 400N/mm²。

【Q2.3.51】《钢标》14.4.2 条的 I_{eq} 如何确定？

【A2.3.51】计算 I_{eq} 的本质，是把混凝土翼板等效成钢材材质，然后按照换算之后的宽度求得的整个截面的惯性矩。

如图 2-3-36（a）所示，混凝土翼板按照《钢标》14.1.2 条确定出 b_e，此时，工形钢

梁的形心到上部混凝土板的形心距离为 d_c。将混凝土翼板等效成钢材材质，形成图 2-3-36 (b)，此时厚度不变，宽度变为 $b_{eq}=b_e/\alpha_E$。按照要求，$b_{eq}=b_e/\alpha_E$ 用于荷载标准组合时；若用于荷载准永久组合，则应是 $b_{eq}=b_e/(2\alpha_E)$，α_E 为弹性模量比。换算后整个截面的中和轴为 x_0 轴，到混凝土翼板形心的距离为 y_0，y_0 按下式确定：

$$y_0 = \frac{Ad_c}{A+A_{cf}/\alpha_E}$$

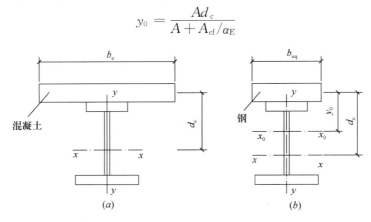

图 2-3-36 等效截面

于是，整个换算截面的惯性矩为：

$$I_{eq} = I + I_{cf}/\alpha_E + A(d_c-y_0)^2 + A_{cf}/\alpha_E \times y_0^2$$

式中，I、A 分别为工形钢梁绕 x 轴的惯性矩和面积；I_{cf}、A_{cf} 分别为换算前混凝土翼板绕自身轴的惯性矩和面积。

I_{eq} 公式中的第 3 项和第 4 项之和，可以变形为简单的形式，试演如下：

$$\begin{aligned}
A(d_c-y_0)^2 + A_{cf}/\alpha_E \times y_0^2 &= Ad_c^2 - 2Ad_cy_0 + Ay_0^2 + A_{cf}/\alpha_E \times y_0^2 \\
&= Ad_c^2 - 2Ad_cy_0 + (A+A_{cf}/\alpha_E)y_0^2 \\
&= Ad_c^2 - 2Ad_cy_0 + \frac{A^2d_c^2}{A+A_{cf}/\alpha_E} \\
&= \frac{Ad_c^2(A+A_{cf}/\alpha_E) - 2Ad_c \times Ad_c + A^2d_c^2}{A+A_{cf}/\alpha_E} \\
&= \frac{Ad_c^2 A_{cf}/\alpha_E}{A+A_{cf}/\alpha_E}
\end{aligned}$$

于是，整个截面的惯性矩可以写成：

$$I_{eq} = I + I_{cf}/\alpha_E + \frac{Ad_c^2 A_{cf}/\alpha_E}{A+A_{cf}/\alpha_E}$$

考虑到规范中已经有记号

$$I_0 = I + I_{cf}/\alpha_E, \quad A_0 = \frac{A_{cf}A}{\alpha_E A + A_{cf}} = \frac{AA_{cf}/\alpha_E}{A+A_{cf}/\alpha_E}$$

故

$$I_{eq} = I_0 + A_0 d_c^2$$

这就是《钢标》公式（14.4.3-5）的分子。

【Q2.3.52】如何理解第 17 章"钢结构抗震性能化设计"？

【A2.3.52】 笔者认为，可按照以下思路理解：

2.3 疑问解答

(1) 与《抗规》中的地震作用按"小震"求出不同，本章的计算基于中震（设防地震）。

(2) 根据性能目标定义耗能区性能等级；性能等级（1～7）结合设防类别（甲乙丙丁类）得到延性等级。

根据性能等级确定性能系数，涉及内力调整，因此，性能等级类似于《抗规》中的抗震等级；根据延性等级确定构造要求，因此，延性等级类似于《抗规》中的抗震构造等级。

(3) 17.2.2条第2款，首先规定了规则结构耗能区性能系数最小值 $\Omega_{\min}^a$；不规则结构，在此基础上增大15%～50%。然后规定了实际的性能系数 Ω^a 如何确定。应满足 $\Omega^a \geqslant \beta_e \Omega_{\min}^a$，对于耗能区 $\beta_e = 1.0$，对于非塑性耗能区，$\beta_e = 1.1 \eta_y$，特别的，对于支撑系统，公式为 $\beta_{br,ei} = 1.1\eta_y(1+0.7\beta_i)$，$\eta_y$ 由表17.2.2-3确定。

(4) 17.2.3条是对设防地震下的构件承载力验算。相当于，区分不同的"性能等级"采取不同的水平地震作用。

(5) 17.2.4条是对框架梁以及支撑的验算规定。

(6) 17.2.5条是对框架柱的验算规定，其中，"强柱弱梁"调整与《抗规》类似。

(7) 17.2.8条，区分消能梁段的轴力大小，规定了剪力消能梁段的受剪承载力（抗力）。

(8) 17.2.9条，与《抗规》8.2.8条类似。不过，这里的指标 W_E 具有更多的适应性（依据表17.2.2-2取值）。

(9) 17.2.10条，节点域验算，与延性等级有关。

(10) 17.2.11条，规定了支撑系统节点的不平衡力。

(11) 17.3节是构造措施，主要是根据"延性等级"确定。

(12) 17.3.15条，由于延性等级为Ⅰ级，因此，与《抗规》8.5.3条一致。

此处，$N_{p,l} > 0.16Af_y$，相当于，对应于设防烈度地震采用材料的强度标准值（《抗规》中用设计值"f"是因为对应于小震）。

(13) 有几个变量，在符号下未给出解释，这里集中列出，如表2-3-14所示。

部分变量符号的说明　　　　　　　　　　表2-3-14

条文号	符号及说明
17.2.9条	W_{Ec}——柱的截面模量，依据表17.2.2-2取值。下角标"c"表示"柱"
17.3.5条	N_p——柱轴力设计值（依据设防地震性能组合算出）
17.3.15条	$N_{p,l}$——消能梁段的轴力设计值（依据设防地震性能组合算出）。 $W_{p,l}$——消能梁段截面的塑性模量。 以上符号的下角标"l"表示"消能梁段"

【Q2.3.53】 关于塑性设计，能否给出一个例题？

【A2.3.53】 如图2-3-37所示，一端简支一端固定的钢梁，跨度为6m，在距固定端2m处作用有集中静力荷载 $F_{Gk}=150$kN 和 $F_{Qk}=400$kN，荷载分项系数 $\gamma_G=1.2$ 和 $\gamma_Q=1.4$。钢材为Q235B，计算时忽略梁自重。

要求：按照塑性设计选择梁截面，确定所需侧向支承，并验算梁的侧向长细比、板件宽厚比和挠度是否满足要求。

解：

(1) 求集中荷载值

标准值 $F_k=150+400=550$kN，设计值 $F=150×1.2+400×1.4=740$kN。

(2) 求 M_p

该一次超静定梁在固定端和集中荷载处共形成两个塑性铰时，即形成破坏机构。AB 梁的弯矩图如图 2-3-28 所示，M_p 可据此求得。

由于 A、C 点形成塑性铰，故两点处弯矩为 M_p。将 AB 视为简支梁时，C 点处弯矩为 $\frac{740×4×2}{6}=986.7$kN·m，从图上由几何关系可知，在 C 点处存在 $986.7-M_p=\frac{2}{3}M_p$，于是可得 $M_p=592$kN·m。

(3) 求所需截面模量 W_{nx} 和试选截面

$$W_{nx} \geqslant \frac{M_p}{\gamma_x f} = \frac{592×10^6}{1.05×215} = 2.622×10^6 \text{mm}^3$$

初步选择截面如图 2-3-38，此时，可求得 $W_{nx}=2.7588×10^6$mm³。

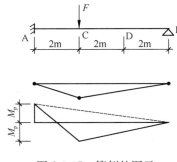 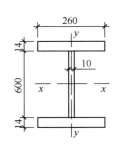

图 2-3-37 算例的图示　　图 2-3-38 算例的截面图

(4) 验算板件宽厚比

依据《钢标》10.1.5 条，形成塑性铰并发生塑性转动的截面，板件宽厚比应采用 S1 级。

翼缘自由外伸宽度与厚度之比：$\frac{b}{t}=\frac{125}{14}=8.93<9\varepsilon_k$

腹板高厚比：$\frac{h_0}{t_w}=\frac{600}{10}=60<65\varepsilon_k$

可见，板件宽厚比满足要求。

(5) 对塑性铰部位验算强度

依据《钢标》10.3.2 条，剪切强度应满足：

$$V \leqslant h_w t_w f_v$$

今 A 点（塑性铰处）剪力为：$V_A=(740×4+592)/6=592$kN

$h_w t_w f_v = 600×10×125 = 750×10^3 \text{N} = 750\text{kN} > V_A = 592\text{kN}$

满足抗剪强度要求。

由于 $\dfrac{V_A}{h_w t_w f_v} > 0.5$，因此，应考虑高剪力对受弯承载力的影响，即，应满足下式要求：

$$\left(\dfrac{2V}{h_w t_w f_v} - 1\right)^2 + \dfrac{M_x - M_f}{\gamma_x W_{nx} f - M_f} \leqslant 1.0$$

该公式来源如下：

依据《钢标》10.3.4 条第 2 款规定，当 $V > 0.5 h_w t_w f_v$ 时，验算受弯承载力所用的腹板强度设计值 f 可折减为 $(1-\rho)f$，折减系数 $\rho = \left(\dfrac{2V}{h_w t_w f_v} - 1\right)^2$。于是，对于腹板而言，应满足

$$\dfrac{M_x - M_f}{(M_u - M_f)(1-\rho)} \leqslant 1.0$$

式中，M_f 为仅仅腹板的受弯承载力；M_u 为全部截面的受弯承载力。

将其变形并将 $\rho = \left(\dfrac{2V}{h_w t_w f_v} - 1\right)^2$、$M_u = \gamma_x W_{nx} f$ 代入，可得

$$\left(\dfrac{2V}{h_w t_w f_v} - 1\right)^2 + \dfrac{M_x - M_f}{\gamma_x W_{nx} f - M_f} \leqslant 1.0$$

该公式与《钢标》公式（6.4.1-1）形式类似，具有相同的原理。

$$M_f = 2 \times (260 \times 14 \times 307 \times 215) = 480.5 \times 10^6 \text{Nmm}$$

$$\left(\dfrac{2V}{h_w t_w f_v} - 1\right)^2 + \dfrac{M_x - M_f}{\gamma_x W_{nx} f - M_f}$$

$$= \left(\dfrac{2 \times 592}{750} - 1\right)^2 + \dfrac{592 \times 10^6 - 480.5 \times 10^6}{1.05 \times 2.7588 \times 10^6 \times 215 - 480.5 \times 10^6}$$

$$= 1.118 > 1.0$$

不满足要求。

（6）验算侧向支承点间距和长细比

《钢标》10.4.2 条规定，在构件出现塑性铰的截面处应设置侧向支承。今在 C、D、B 处设置侧向支承。

相邻支承点间的长细比 λ_y 的验算：

$$A = 260 \times 14 \times 2 + 600 \times 10 = 13280 \text{mm}^2$$

$$I_x = \dfrac{260 \times 628^3}{12} - \dfrac{(260-10) \times 600^3}{12} = 8.6625 \times 10^8 \text{mm}^4$$

$$I_y = 2 \times \dfrac{14 \times 260^3}{12} + \dfrac{600 \times 10^3}{12} = 4.1061 \times 10^7 \text{mm}^4$$

$$i_y = \sqrt{\dfrac{I_y}{A}} = \sqrt{\dfrac{4.1061 \times 10^7}{13280}} = 55.6 \text{mm}$$

在 AC 段，弯矩最大值为 592kN·m，从而

$$\dfrac{M_1}{\gamma_x W_x f} = \dfrac{592 \times 10^6}{1.05 \times 8.6625 \times 10^8 / 314 \times 215} = 0.951$$

由于该区间为反向曲率，故应取为负值，即 -0.951，即比值介于 -1 和 0.5 之间。此时，

$$\left(60-40\frac{M_1}{\gamma_x W_x f}\right)\sqrt{\frac{235}{f_y}} = 60-40\times(-0.951) = 98$$

该值大于 $\lambda_y = l_1/i_y = 2000/55.6 = 36$，满足要求。

在 CD 段，$M_1 = 592/2 = 296 \text{kN} \cdot \text{m}$，从而 $\frac{M_1}{\gamma_x W_x f} = 0.475$，由于该区间为同向曲率，故应取为正值，即比值介于 -1 和 0.5 之间。

$$\left(60-40\frac{M_1}{\gamma_x W_x f}\right)\sqrt{\frac{235}{f_y}} = 60-40\times0.475 = 41 > \lambda_y = 36$$

满足要求。

在 DB 段，M_1 与 CD 段相同，该区间也为同向曲率，验算过程与 CD 段相同，故也满足长细比要求。

若不在 D 处设置侧向支承，CB 区段内 $M_1 = 592 \text{kN} \cdot \text{m}$，由于为同向曲率，取 $\frac{M_1}{\gamma_x W_x f} = 0.951$，则

$$\left(45-10\frac{M_1}{\gamma_x W_x f}\right)\sqrt{\frac{235}{f_y}} = 45-10\times0.951 = 35.5 < \lambda_y = 72$$

不满足要求。

(7) 挠度计算

计算挠度时，采用荷载的标准值，并按弹性理论计算。

依据材料力学知识，梁的挠度为：

AC 段：$w = \frac{1}{-EI}\left[-\frac{F_k b(l^2-b^2)}{2l^2}\frac{x^2}{2} + \frac{F_k b(3l^2-b^2)}{2l^3}\frac{x^3}{6}\right]$

CB 段：$w = \frac{1}{-EI}\left[-\frac{F_k b(l^2-b^2)}{2l^2}\frac{x^2}{2} + \frac{F_k b(3l^2-b^2)}{2l^3}\frac{x^3}{6} - \frac{F_k(x-a)^3}{6}\right]$

以上式中，x 轴以 A 点为原点，$a=2\text{m}$, $b=4\text{m}$, $l=6\text{m}$。

可以求得，梁的最大挠度在 $x=3\text{m}$ 处。

将荷载 $F_k = 550 \text{kN}$, $E = 206\times10^3 \text{N/mm}^2$, $I = 866\times10^6 \text{N/mm}^4$ 代入 CB 段公式中，得到

$$w = \frac{550\times10^3}{-206\times10^3\times866\times10^6}\left[-\frac{4000(6000^2-4000^2)}{2\times6000^2}\frac{3000^2}{2}\right.$$
$$\left.+\frac{4000(3\times6000^2-4000^2)}{2\times6000^3}\frac{6000^3}{6} - \frac{(3000-2000)^3}{6}\right]$$
$$= 4.11\text{mm} < l/400 = 15\text{mm}$$

挠度满足要求。

【Q2.3.54】《钢标》16.2.1 条和 16.2.2 条是怎样的关系？

【A2.3.54】 由规范的条文说明可知，容许应力幅分为三个区段，$n > 1\times10^8$ 时容许应力幅最小（记作 $[\Delta\sigma_L]_{1\times10^8}$），在 16.2.1 条，规范要求 $\Delta\sigma \leqslant \gamma_t [\Delta\sigma_L]_{1\times10^8}$，属于严格要求，满足此要求，必然满足所有三个区段的要求。

16.2.2 条为分区段不同对待进行验算。

【Q2.3.55】 如何理解《钢标》附录 G 规定的桁架节点板在斜腹杆压力作用下的稳定计算？

【A2.3.55】 可以这样理解：

(1)《钢标》图 G.0.1 分为 (a)、(b) 两种情况，实际上按 3 个区进行验算。为方便表达，今将其图 G.0.1 (a) 有竖腹杆的情况，用下面的图 2-3-39 (a) 表示。

图中各点按照以下方法得到：自斜杆端部点 A 向弦杆作垂线得到点 H，FGHA 围成的区域为 $\overline{BA}$ 区；自点 A 延长腹杆的肢尖线与弦杆交于点 I，自点 C 延长腹杆的肢背线与弦杆交于点 J，AIJC 围成的区域为 $\overline{AC}$ 区；自点 C 作弦杆的平行线得到点 K，CKMP 围成的区域为 $\overline{CD}$ 区。单独隔离出 3 个分区，如图 2-3-39 (b) 所示。

3 个分区，作为压杆计算长细比时所用到的"杆长"，分别为：

$\overline{BA}$ 区：QR，点 Q 为 FA 的中点。

$\overline{AC}$ 区：ST，点 S 为 AC 的中点。

$\overline{CD}$ 区：UV，点 U 为 CP 的中点。

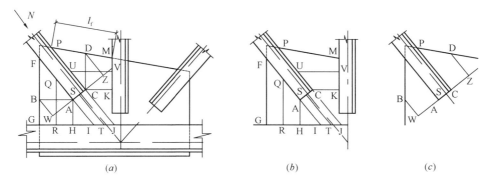

图 2-3-39 有竖腹杆时的节点板屈曲验算
(a) 杆件布置；(b) 分区的杆长；(c) 内力分配

3 个分区对力 N 的分配，如图 2-3-39 (c) 所示，以 WA、AC、CZ 三者的比例分配。点 W、点 Z 的来历如下：

从点 A 作下弦的平行线得到点 B，自点 B 作 AC 的垂线得到点 W；从点 C 作下弦的垂线得到点 D，自点 D 作 AC 的垂线得到点 Z。

(2)《钢标》图 G.0.1 (b) 无竖腹杆情况，若 $l_f/t > 60\sqrt{235/f_y}$，需沿自由边加劲，即沿水平方向设置加劲肋，如此处理之后，可不必验算 $\overline{CD}$ 区的受压稳定性。

(3) 规范图中标注的长度"c"、"a"没有用处，可删去。另外，文字叙述中的"其中 $\overline{ST}=c$"也可删去。

【Q2.3.56】当斜坡屋面采用槽钢檩条时，如图 2-3-40 所示，檩条承受竖向的线荷载 q。当对该檩条进行强度验算时，塑性发展系数如何取值？

【A2.3.56】檩条承受 M_x、M_y 作用，强度验算公式为

$$\frac{M_x}{\gamma_x W_{nx}} + \frac{M_y}{\gamma_y W_{ny}} \leqslant f \qquad (2-3-7)$$

该公式"相当于"两个应力的叠加。

若 M_x 单独作用，槽钢截面 A、B、C、D 四个点位置处应力大小相等，A、B 点为压，C、D 点为拉。若 M_y 单独作用，B、D 两点处为压应力，A、C 两点处为拉应力。同号相加才能绝对值最大，故验算点只能是 B 点（压）或 C 点（拉）。

查《钢标》表 8.1.1 项次 4，可知对 B 点验算应取 $\gamma_x = 1.05$、$\gamma_y = 1.2$（这里的 x、y

轴依据图 2-3-40 的规定，与《钢标》表 8.1.1 中规定相反）。从而验算式为

$$\frac{M_x}{1.05W_{nx}} + \frac{M_y}{1.2W_{ny,\min}} \leqslant f \qquad (2\text{-}3\text{-}8)$$

式中，$W_{ny,\min}$ 为对 B 点的截面模量。

对 C 点验算采用的则是

$$\frac{M_x}{1.05W_{nx}} + \frac{M_y}{1.05W_{ny,\max}} \leqslant f \qquad (2\text{-}3\text{-}9)$$

式中，$W_{ny,\max}$ 为对 C 点的截面模量。

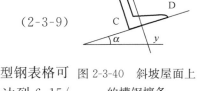

图 2-3-40　斜坡屋面上的槽钢檩条

那么，$1.2W_{ny,\min}$ 和 $1.05W_{ny,\max}$ 究竟哪个更小呢？查型钢表格可知，随槽钢规格越大，$W_{ny,\max}/W_{ny,\min}$ 越大，最小时尚能达到 $6.15/3.55=1.73$，可见，$1.2W_{ny,\min}$ 必然更小，所以，起控制作用的必然是式（2-3-8）。

【Q2.3.57】钢结构中经常见到的"双力矩"是怎样的概念？

【A2.3.57】双力矩与"约束扭转"、"翘曲"等概念关联。

当等截面杆件承受大小相等方向相反的一对扭矩，杆件端部无约束时，截面上各点的纵向位移都相等，截面中不出现正应力，此时称作自由扭转。大学的《材料力学》教材中讲到的就是这种自由扭转。

当杆件端部受约束导致截面上的纵向纤维不能自由伸缩时，或者，沿杆件全长扭矩有变化（这将导致不同扭矩段在交接处的纵向位移受到互相牵制），这时，称作约束扭转。由于各纵向纤维的位移不等（称作翘曲），会形成正应力，称作翘曲正应力，记作 σ_ω，由于各纵向纤维正应力沿杆件纵向有变化，于是又有翘曲剪应力，记作 τ_ω。

下面的图 2-3-41 给出了约束扭转中翘曲正应力、翘曲剪应力的分布情况。

图中，上、下翼缘正应力的合力形成方向相反大小相等的弯矩，若记作 M_1，其与 σ_ω 的关系是 $\sigma_\omega = \dfrac{6M_1}{tb^2}$，式中，$t$、$b$ 分别为翼缘的厚度与宽度。

由于上、下翼缘处弯矩大小相等方向相反，因此，与"力偶"的概念相仿，构造 $M_1 h$，将其称作"双力矩"，记作 B。B 与构件在该位置处的转角 φ 有关，公式表达为：

$$B = M_1 h = -EI_\omega \frac{\mathrm{d}^2 \varphi}{\mathrm{d}^2 z}$$

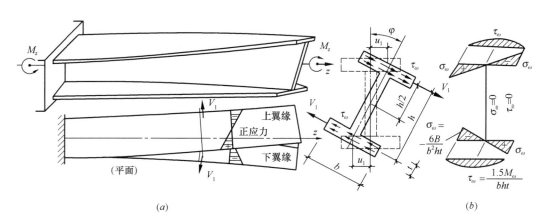

图 2-3-41　约束扭转与翘曲应力

2.3 疑问解答

式中，t、b 分别为翼缘的厚度与宽度；I_ω 为截面的扇性惯性矩（或称作翘曲常数）。

确定双力矩 B 的步骤如下：

① 对于某一构件受力情况，截面的扭矩 M_z 由自由扭矩 M_s 和翘曲扭矩 M_ω 组成，可列出平衡微分方程如下：

$$M_z = M_s + M_\omega = GI_t \frac{d\varphi}{dz} - EI_\omega \frac{d^3\varphi}{d^3z}$$

式中，z 轴为沿梁的纵向。

② 根据边界条件，可得到 φ 的方程（是关于 z 的函数）。

③ 利用公式 $B = -EI_\omega \dfrac{d^2\varphi}{d^2z}$ 计算。

下面给出一个计算示例。

某钢简支梁，截面如图 2-3-42（a）所示。跨度 $l=8$m，在跨中承受一集中荷载作用 $F=400$kN，作用位置至截面 y 轴的偏心距为 $e=40$mm。忽略梁的自重影响，计算梁在跨中位置处的双力矩 B。

解：该梁的内力图如图 2-3-42（b）所示。

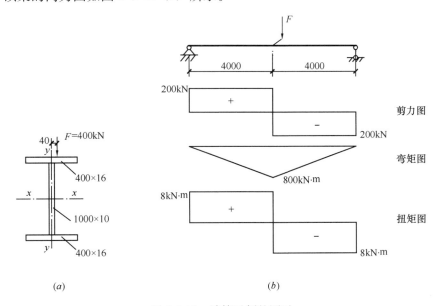

图 2-3-42 计算示例的图示

弯矩、剪力取左半跨研究，可列出平衡方程为

$$GI_t \frac{d\varphi}{dz} - EI_\omega \frac{d^3\varphi}{d^3z} = \frac{Fe}{2}$$

令 $\alpha^2 = \dfrac{GI_t}{EI_\omega}$，其特征方程为 $\lambda^3 - \alpha^2\lambda = 0$，特征根为 $\lambda = 1, \pm\alpha$。故微分方程的解为

$$\varphi = C_1 + C_2 \mathrm{ch}\alpha z + C_3 \mathrm{sh}\alpha z + \frac{Fe}{2GI_t}z$$

$$\varphi' = C_2 \alpha \mathrm{sh}\alpha z + C_3 \alpha \mathrm{ch}\alpha z + \frac{Fe}{2GI_t}$$

$$\varphi'' = C_2 \alpha^2 \mathrm{ch}\alpha z + C_3 \alpha^2 \mathrm{sh}\alpha z$$

$$\varphi''' = C_2\alpha^3 \text{sh}\alpha z + C_3\alpha^3 \text{ch}\alpha z$$

边界条件为:

$$z = 0, \varphi = 0: C_1 + C_2 = 0$$
$$z = 0, \varphi'' = 0: C_2 = 0$$
$$z = l/2, \varphi' = 0 \text{(对称条件)}:$$
$$C_2\alpha \text{sh}\frac{\alpha l}{2} + C_3\alpha \text{ch}\frac{\alpha l}{2} + \frac{Fe}{2GI_t} = 0$$

可以解得:

$$C_1 = C_2 = 0, \quad C_3 = -\frac{Fe}{2GI_t\alpha}\frac{1}{\text{ch}\frac{\alpha l}{2}}$$

$$B = -EI_\omega\frac{d^2\varphi}{d^2z} = \frac{Fel}{2}\frac{\text{sh}\alpha z}{\alpha l \text{ch}\frac{\alpha l}{2}}$$

于是,在跨中略微偏左截面内,取 $z = l/2$ 计算,可得

$$B = \frac{Fel}{2}\frac{\text{sh}\frac{\alpha l}{2}}{\alpha l \text{ch}\frac{\alpha l}{2}}$$

注意到 $\text{sh}x = \frac{e^x - e^{-x}}{2}$,$\text{ch}x = \frac{e^x + e^{-x}}{2}$,并易求得 $I_t = 1.426 \times 10^6 \text{ mm}^4$,$I_\omega = 44.04 \times 10^{12} \text{ mm}^6$,$\alpha l = 0.8915$,$E = 206 \times 10^3 \text{ N/mm}^2$,$G = 79 \times 10^3 \text{ N/mm}^2$,因此,代入各数值,得到 $B = 30.04 \text{kN} \cdot \text{m}^2$。

【Q2.3.58】《抗规》8.1.6 条中说到"支撑",中心支撑框架中的交叉支撑、人字支撑、单斜杆支撑、K 形支撑各是怎样的情况?

【A2.3.58】 交叉支撑、人字支撑、单斜杆支撑与 K 形支撑分别如图 2-3-43（a）、(b)、(c)、(d) 所示。

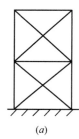
(a)
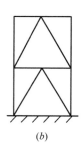
(b)
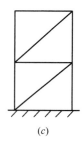
(c)
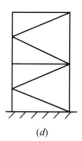
(d)

图 2-3-43 支撑的形式

【Q2.3.59】《抗规》8.2.5 条中涉及梁与柱的"塑性截面模量",该如何计算?

【A2.3.59】 以梁的塑性截面模量（记作 W_p）为例加以说明。

梁截面出现塑性后,其截面的应力分布如图 2-3-44 所示,根据水平力为零这一平衡条件可知,此时,中和轴为截面的面积平分轴。根据内外力矩平衡,可得此时截面承受的弯矩（也称"塑性铰弯矩"）为:

$$M_p = f_y(S_1 + S_2)$$

式中，S_1、S_2 分别为中和轴以上、以下的面积矩。

将上式写成与弹性状态时相似的形式，为 $M_p = f_y W_p$，W_p 称作"塑性截面模量"。可见，$W_p = S_1 + S_2$。

【Q2.3.60】 如何理解《抗规》中的梁柱刚性连接？

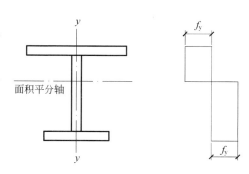

图 2-3-44 截面的塑性中和轴

【A2.3.60】 笔者认为，可以从以下几个方面理解：

（1）8.2.5 条第 1 款，本质上是"强柱弱梁"的规定，同时，还考虑了柱承受压力会导致抗弯承载力降低。对于等截面梁，为

$$\sum W_{pc}(f_{yc} - N/A_c) \geqslant \eta \sum W_{pb} f_{yb}$$

对于在梁端部改变截面的情况，考虑塑性铰外移，塑性铰处的剪力还会产生附加弯矩 $V_{pb}s$，从而导致强柱弱梁的公式成为：

$$\sum W_{pc}(f_{yc} - N/A_c) \geqslant \sum (W_{pb1} f_{yb} + V_{pb}s)$$

公式中下角标"c"表述柱子，"b"表示梁，"p"表示塑性。关于截面塑性截面模量的计算，见本部分前文叙述。

（2）8.2.5 条第 2 款，是对柱两侧的梁端均形成塑性铰时的抗剪验算。

公式（8.2.5-3）与公式（8.2.5-8）相似，前者是对节点域发生剪切屈服这一极限状态进行验算，后者则是对荷载工况进行抗剪强度计算。

（3）8.2.5 条第 3 款，是对处于弹性阶段的节点域进行抗剪验算。

（4）8.2.8 条第 5 款，给出了梁与柱刚性连接的验算式：

$$M_u^j \geqslant \eta_j M_p \tag{2-3-10}$$

$$V_u^j \geqslant 1.2 \times \frac{\sum M_p}{l_n} + V_{Gb} \tag{2-3-11}$$

M_u^j 如何计算，规范并未给出。今针对规范图 8.3.4 讨论。

假定梁柱均采用 Q235 钢，且厚度小于 16mm，则屈服强度 $f_y = 235\text{N/mm}^2$，抗拉强度最小值 $f_u = 370\text{N/mm}^2$（2015 版《高钢规》以前取为 375N/mm²）。对应的 E43 系列焊条熔敷金属抗拉强度最小值为 $f_{u,j} = 430\text{kgf/mm}^2 >$ 梁构件的 $f_{u,b} = 370\text{N/mm}^2$，所以，焊缝的极限承载力计算时，只能取抗拉强度为 $f_{u,b} = 370\text{N/mm}^2$。如此，表现为破坏发生于焊缝与母材的交界面。

若认为腹板处连接不抗弯，则只有翼缘处对接焊缝的贡献，此时，

$$M_u^j = b_f t_f (h - t_f) f_{u,b} = W_{pf} f_{u,b}$$

式中，b_f、t_f 分别为梁翼缘的宽度和厚度；W_{pf} 为梁翼缘的塑性模量。

刘其祥等认为，经对窄翼缘 H 型钢统计，腹板的塑性模量 W_{pw} 与翼缘的塑性模量 W_{pf}

之比为 0.3~0.4，取为 0.4，则 $\dfrac{W_{pf}}{W_p} = \dfrac{W_{pf}}{W_{pf}+W_{pw}} = \dfrac{0.4}{1.4}$。如此一来，可得：

$$\frac{W_{pf}f_{u,b}}{W_p f_y} = \frac{0.4 \times 370}{1.4 \times 235} = 0.450 < \eta_j$$

表明规范图 8.3.4 不能直接使用，必须将节点加强，例如，在两端增加盖板或在翼缘两侧加焊耳板。

V_u^l 如何计算，规范并未给出。2001 版《抗规》中曾给出角焊缝受剪时极限承载力按下式计算：

$$V_u = 0.58 A_f^w f_u$$

式中，A_f^w 为焊缝的有效受力面积；f_u 为构件（母材）的抗拉强度最小值。此处相当于以 $0.58 f_u$ 作为焊缝的极限受剪强度。由于 2017 版《钢标》在表 4.4.5 中给出了角焊缝的极限受剪强度取值，且符号记作 f_u^f，因此，上式中的 $0.58 f_u$ 应以 f_u^f 代替。

对于螺栓，应先求出单个螺栓的受力然后乘以螺栓数作为螺栓群可承受的力。单个高强度螺栓的极限抗剪承载力可依据《高钢规》F.1.1 条确定，即取以下二者的较小者：

$$N_{vu}^b = 0.58 n_f A_e^b f_u^b$$
$$N_{vu}^b = d \sum t f_{cu}^b$$

式中，f_u^b 为螺栓钢材的抗拉强度最小值；f_{cu}^b 为螺栓连接板的极限承压强度，取 $1.5 f_u$。

【Q2.3.61】《钢结构高强度螺栓连接技术规程》JGJ 82—2011 有没有勘误？

【A2.3.61】 笔者尚未见到该规程的勘误，但是，以下几点需要注意：

(1) 5.1.3 条第 1 款给出的按等强设计原则时螺栓应传递的翼缘轴力为以下二者的较大者：

$$N_f = A_n f \left(1 - 0.5 \frac{n_1}{n}\right)$$

$$N_f = A_f f$$

笔者认为不妥。其一：通常认为，翼缘可以承受的轴力，应取按毛截面和净截面计算所得的较小者而不是较大者，所以，螺栓连接可以承受的剪力，只要高于此二者较小者即可；其二：$N_f = A_n f \left(1 - 0.5 \dfrac{n_1}{n}\right)$ 应为 $N_f = \dfrac{A_n f}{1 - 0.5 \dfrac{n_1}{n}}$ 之误，其本质是，考虑了孔前传力之后，构件按净截面得到的承载力有所提高。

同时注意，按照 2017 版《钢标》，这里对于净截面的受拉强度验算，应以 $0.7 f_u$ 代替 f。

(2) 公式（5.3.4）记作 $\dfrac{M}{n_t h_1} + \dfrac{N}{n} + Q \leqslant 1.25 N_t^b$，但对 n_t 没有解释，考虑到其含义与前面公式（5.3.3-1）中的 n_2 相同，所以，n_t 宜改为 n_2。

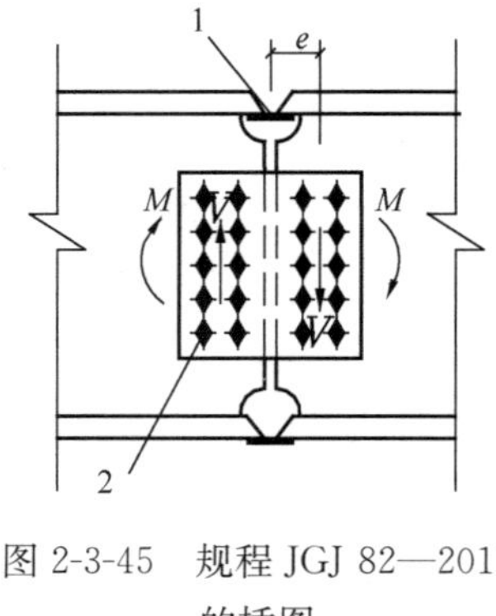

(3) 图 5.4.1 (b) 今抄录为图 2-3-45，图中，两个弯矩 M 的转向表达有误。应修改其中一个使得接缝两侧的 M 使下翼

图 2-3-45　规程 JGJ 82—2011 的插图

缘同为受拉或同为受压。

【Q2.3.62】《钢结构高强度螺栓连接技术规程》JGJ 82—2011 的 5.2.3 条只是规定 $N_t \leqslant N_t^b$，可是，N_t 该如何计算，公式在哪里？另外，图 5.2.1（b）中也画出了弯矩和剪力，这两种内力如何考虑？

【A2.3.62】对于受拉接头，规范这里采用的是 T 形件（T stub）模型，认为 T 形件上的受拉螺栓均匀受力，据此可算出一个螺栓的受力 N_t。例如，图 5.2.1（a）中共有 4 个螺栓（注意对称性）均匀承受拉力 T。

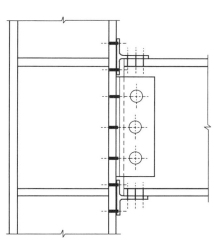

对于规范图 5.2.1（b）的情况，T 形件上一个螺栓受到的拉力为 $\dfrac{M}{n_2 h_1}$，即与公式（5.3.3-1）同样处理。由于此图中缺少受剪螺栓，故只能用于剪力很小的情况。通常，梁、柱当采用 T 形连接件连接时，采用本书图 2-3-46 的形式。

图 2-3-46 梁、柱采用 T 形件连接

【Q2.3.63】如何理解《钢结构高强度螺栓连接技术规程》5.2 节对撬力的规定？

【A2.3.63】该规定参考了美国的做法。

美国钢结构学会（AISC）编写的《钢结构手册》（steel construction manual）对撬力如何处理给出了算法，而且，不断改进。2012 年第 2 次印刷的第 14 版与 2006 年印刷的第 13 版做法相同，今叙述如下。

对于如图 2-3-47 所示的悬吊型连接等螺栓群直接承受拉力的情况，与工字梁相连的 T 形件刚度不足时，会由于变形而引起撬力。

不产生撬力的最小厚度 t_{min} 按下式确定：

$$t_{min} = \sqrt{\dfrac{4Tb'}{\phi p F_u}} \qquad (2\text{-}3\text{-}12)$$

式中 T——一个螺栓所受拉力设计值；

p——一个螺栓的附属长度，如图 2-3-48 所示；

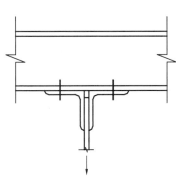

F_u——连接单元的最小抗拉强度；

$b' = \left(b - \dfrac{d_b}{2}\right)$，$d_b$ 为孔径，b 如图 2-3-48 中所标示；$\phi = 0.9$，为螺栓承载力折减系数。

当 $t \geqslant t_{min}$，可以认为 $q \approx 0$。

图 2-3-47 悬吊螺栓连接

设计时通常可采用一个比上式稍小的板厚，预估时，可采用下式（考虑了 T 形件翼缘受弯屈服）：

$$T \leqslant \dfrac{0.9 F_u t^2 p}{2b} \qquad (2\text{-}3\text{-}13)$$

选择了角钢截面之后，根据实际布置，按下式确定所需的最小厚度，若实际厚度 $t \geqslant t_{min}$，则 T 形件的刚度、承载力以及螺栓的承载力可以确保满足要求。若不满足要求，则需要增大厚度或者修改几何尺寸（例如，b、p）。

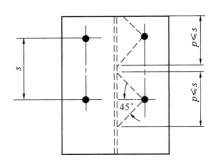

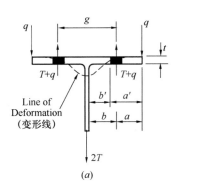

图 2-3-48 计算撬力时的简图

（a）T 形钢中的撬力；（b）角钢中的撬力

$$t_{min} = \sqrt{\frac{Tb'}{0.9pF_u(1+\delta\alpha')}} \qquad (2\text{-}3\text{-}14)$$

公式（2-3-14）中的参数如下：

$\delta = 1 - \dfrac{d'}{p}$，螺栓线上净面积与毛面积的比值；

d'——沿连接线方向的螺栓孔宽度；

$$a' = \left(a + \frac{d_b}{2}\right) \leqslant \left(1.25b + \frac{d_b}{2}\right) \qquad (2\text{-}3\text{-}15)$$

$$\rho = \frac{b'}{a'} \qquad (2\text{-}3\text{-}16)$$

$$\beta = \frac{1}{\rho}\left(\frac{B}{T} - 1\right) \qquad (2\text{-}3\text{-}17)$$

若 $\beta \geqslant 1$，取 $\alpha' = 1.0$；若 $\beta < 1$，取 $\alpha' = \min\left(1.0, \dfrac{\beta}{\delta(1-\beta)}\right)$

B——一个螺栓的受拉承载力设计值。

未解释的尺寸见图 2-3-48。

通常按照以上处理考虑撬力影响而不直接计算撬力。若计算，则每个螺栓的撬力 q 按下式确定，包含了撬力作用的一个螺栓受到的总拉力为 $T+q$。

$$t_c = \sqrt{\frac{4Bb'}{0.9pF_u}} \qquad (2\text{-}3\text{-}18)$$

$$\alpha = \frac{1}{\delta}\left[\frac{T/B}{(t/t_c)^2} - 1\right] \geqslant 0 \tag{2-3-19}$$

$$q = B\delta\alpha\rho\left(\frac{t}{t_c}\right)^2 \tag{2-3-20}$$

式中　t_c——发挥螺栓全部承载力 B 且没有撬力时所需的翼缘或角钢厚度。

AISC 手册还提供了"将螺栓的受拉承载力折减以考虑撬力影响"的方法。一个螺栓折减后的抗拉承载力为：

$$T_{\text{avail}} = BQ \tag{2-3-21}$$

式中，Q 按以下取值：

$$\alpha' = \frac{1}{\delta(1+\rho)}\left[\left(\frac{t_c}{t}\right)^2 - 1\right] \tag{2-3-22}$$

当 $\alpha' < 0$ 时，$Q = 1$

当 $0 \leqslant \alpha' \leqslant 1$ 时，$Q = \left(\dfrac{t}{t_c}\right)^2 (1 + \delta\alpha')$

当 $\alpha' > 1$ 时，$Q = \left(\dfrac{t}{t_c}\right)^2 (1 + \delta)$

需要注意的是，AISC 在 2017 年出版的《钢结构手册》（第 15 版）中对"一个螺栓的附属长度"p 取值有变化，由"从螺栓位置向腹板按 45°角扩散得到 p"改为"取 $3.5b$ 且不大于螺栓间距"，b 的含义如图 2-3-48 所示。其他步骤不变。

规程中的撬力计算，对照以上步骤不难理解。这里注意以下几点：

（1）几何尺寸以及材料强度取值等细节，规程的做法有简化。

（2）规程中将 N_t^b 作为一个螺栓所能承受的最大拉力，对此，陈绍蕃《论高强度螺栓连接的分类和抗拉连接的计算》（建筑钢结构进展，2014 年第 3 期）中分析认为，$N_t^b = 0.8P$ 取值偏低，据此计算所需的板厚会偏小，导致撬力 Q 偏小而可靠度不足。笔者认为，在《钢结构设计规范》的框架之下编制的规程，以 $N_t^b = 0.8P$ 作为螺栓的承载力，如此处理没有问题，所带来的后果，只是低估了接头的承载力导致材料使用效率不高而已，并不会影响到可靠度。

【Q2.3.64】 对《钢结构高强度螺栓连接技术规程》的 5.3.3 条，有两个疑问：

（1） 第 4 款说"除抗拉螺栓外，端板上其余螺栓按承受全部剪力计算"，这里的"其余螺栓"是指哪些螺栓？

（2） 对于外伸端板连接给出了 N_t、N_v 的计算公式，此时，还需要按照《钢标》的同时受拉受剪的公式 $\dfrac{N_t}{N_t^b} + \dfrac{N_v}{N_v^b} \leqslant 1$ 验算吗？

【A2.3.64】 对于问题（1）：

与柱翼缘相连的螺栓，被分成两部分：受拉螺栓和受剪螺栓。

对称布置于梁受拉翼缘的螺栓，需要先按上、下各一排试算，若可以满足受拉要求，则这些螺栓就是受拉螺栓，若不满足要求，则需要将范围扩充至上、下各两排。注意，对称布置于受压翼缘的螺栓不受拉力。

对于问题（2）：

不需要。因为，这里的计算模型认为螺栓只承受拉力，或者，只承受剪力。

【Q2.3.65】《冷弯薄壁型钢结构技术规范》GB 50018—2002 中最关键的部分是确定有效截面，这部分内容集中在 5.6 节，感觉比较乱，没有头绪。如何理解？

【A2.3.65】 笔者认为，可以按照以下思路理解：

（1）板件区分为加劲板件、部分加劲板件和非加劲板件，如图 2-3-49 所示。

（2）上述的 3 类板件，均可以用下式计算得到屈曲临界应力：

$$\sigma_{cr} = \frac{\chi k \pi^2 E}{12(1-\mu^2)} \left(\frac{t}{b}\right)^2$$

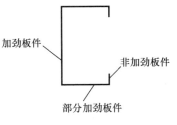

图 2-3-49　板件分类

式中，k 按照 5.6.2 条给出的系数 k（对应于板件之间为铰接的情况）取值；弹性嵌固系数 χ，对应于规范 5.6.3 条的 k_1。

（3）规范 5.6.1 条，若写成下面的有效宽度系数 ρ 与板的长细比函数形式会更清楚：

$\lambda \leqslant 0.6\alpha$ 时　　　　　　　　　　$\rho = 1.0$

$0.6\alpha < \lambda < 1.26\alpha$ 时　　　　　　$\rho = \sqrt{\dfrac{0.72\alpha}{\lambda}} - 0.10$

$\lambda \geqslant 1.26\alpha$ 时　　　　　　　　　$\rho = \dfrac{0.83\alpha}{\lambda}$

以上式中，$\rho = \sqrt{\dfrac{\sigma_1}{\sigma_{cr}}}$，将 σ_{cr} 的计算式代入，得到

$$\rho = \sqrt{\frac{\sigma_1}{\frac{kk_1 \pi^2 E}{12(1-\mu^2)}\left(\frac{t}{b}\right)^2}} = \frac{b}{t}\sqrt{\frac{\sigma_1}{185996 kk_1}}$$

σ_1 按照 5.6.7 条取为 φf。

（4）截面有效宽度包括两部分：受拉区宽度和受压区的有效宽度 b_e。$b_e = \rho b_c$，b_c 为受压区宽度。b_e 的分布按照 5.6.5 条取值。

【Q2.3.66】《高钢规》7.1.2 规定了梁的稳定验算公式，对于 f，规定"抗震设计时应按本规程第 3.6.1 条的规定除以 γ_{RE}"。但是，在 3.6.1 条，只是规定"结构构件和连接强度计算时取 0.75；柱和支撑稳定计算时取 0.8"，并未提及梁的稳定。如何处理？

【A2.3.66】 今把各规范对钢结构构件承载力抗震调整系数 γ_{RE} 的取值规定列出，如表 2-3-15 所示。

钢结构构件的 γ_{RE} 取值　　　　　　表 2-3-15

规范名称	结构构件	受力状态	γ_{RE}
1998 版《高钢规》	梁		0.8
	柱		0.85
	支撑、节点、节点螺栓		0.9
	节点焊缝		1.0
2001 版《抗规》	柱、梁		0.75
	支撑		0.80
	节点板件、连接螺栓		0.85
	连接焊缝		0.90

续表

规范名称	结构构件	受力状态	γ_{RE}
2010版《抗规》	柱、梁、支撑、节点板件、螺栓、焊缝 柱、支撑	强度 稳定	0.75 0.80
2015版《高钢规》	结构构件和连接 柱和支撑	强度 稳定	0.75 0.8

可见，2010年之前，对梁的验算不区分强度还是稳定采用同一个 γ_{RE} 值，之后，则是按照强度和稳定划分。因此，这里对梁的稳定验算，宜取 $\gamma_{RE}=0.8$ 才符合逻辑。

不过，需要指出的是，梁的稳定验算通常并不控制设计。

【Q2.3.67】《高钢规》7.3.2 条第3款，关于 K_1、K_2 的调整，指出，当梁的远端固接时，梁的线刚度应乘以 2/3。而《钢标》表 E.0.2 下注释指出，当横梁远端为嵌固时，梁的线刚度应乘以 2/3。二者不同，如何理解？

【A2.3.67】在确定框架中柱子的计算长度系数时，对于正常的框架结构，横梁与柱的连接节点为标准节点，属于正常约束，不因为节点的约束而调整横梁线刚度。当横梁的远端转动受到约束转角为零时，横梁的线刚度应乘以 2/3。《高钢规》将端部约束"fixed"翻译为"固接"，容易与框架结构的节点约束相混淆。

【Q2.3.68】《高钢规》8.1.5 规定了考虑轴力影响的构件全塑性受弯承载力 M_{pc} 的计算公式，其中用到的轴力 N 是以"压为正、拉为负"吗？

【A2.3.68】分析可知，这里的"轴力"是不区分拉力还是压力的，即，一律以绝对值代入公式中。读者可以参阅《欧洲钢结构规范》第一卷第54页理解。

【Q2.3.69】《高钢规》8.8.3 条中的 V_l 该如何取值？《高钢规》在63页、64页两处对 V_l 有规定但有差别。

【A2.3.69】V_l 的含义是"消能梁段不计入轴力影响的受剪承载力"，在7.6.3条（见规范第63页）第一次出现，规定 V_l 取以下两式的较小者，这就是公式 (7.6.3-1)。

$$V_l = 0.58 A_w f_y$$
$$V_l = 2M_{lp}/a$$

在7.6.5条（见规范第64页）第二次出现，规定 V_l "取式 (7.6.3-1) 中的较大值"。

以上两处实际上很容易理解，那就是：7.6.3 条，由于承载力由两个公式确定，故应取较小者；7.6.5 条，是求内力设计值且 V_l 出现在分子，因此，取较大者才能保证安全。

8.8.3 条规定了消能梁段的净长应满足的要求，其本质是，当轴力 N 较小时，忽略轴力的影响，当 N 较大时，考虑轴力的不利影响。注意，此时消能梁段净长 a 是由塑性铰条件求出的，计算中所用的 V_l 只能取 $V_l = 0.58 A_w f_y$。由于规范中 V_l、V_{lc} 具有不同的含义，所以，8.8.3 条中的 V_l 不可理解为按公式 (7.6.3-2) 求得的 V_{lc}。

【Q2.3.70】《高钢规》F.2.2 条给出了梁翼缘拼接的极限受弯承载力计算公式，其中的公式 (F.2.2-3) 记作：

$$M_{uf3}^j = n_2\{(n_1-1)p + e_{f1}\} t_f f_u (h_b - t_f)$$

对式中的 e_{f1} 解释为：梁翼缘板相邻两列螺栓横向中心间的距离。

可是，无法理解此 e_{f1} 符号。请予以说明。

【A2.3.70】规范此处对 e_{f1} 的解释有误。

梁用螺栓拼接的情况如图 2-3-50（a）所示。取出其中一片梁的翼缘，如图 2-3-50（b）所示，图中给出 $n_1=5$、$n_2=4$。在弯矩作用下，翼缘板可能发生整列挤穿，于是按照《高钢规》公式（F.1.4-4）计算，可得

$$N_{cu}^b = (0.5A_{ns} + A_{nt})f_u \tag{2-3-23}$$

$$A_{ns} = 2n_2\{(n_1-1)p + e_{1f}\}t_f \tag{2-3-24}$$

$$A_{nt} = 0 \tag{2-3-25}$$

将式（2-3-24）和式（2-3-25）代入式（2-3-23），可得：

$$N_{cu}^b = n_2\{(n_1-1)p + e_{f1}\}t_f f_u$$

上、下翼缘处的力形成力偶，力臂为 $(h_b - t_f)$，这就得到规范公式（F.2.2-3）。

可见，e_{f1} 的含义如图 2-3-50（b）所标示，若用文字表述，将是：翼缘板处最外侧螺栓中心沿梁纵向至翼缘板边缘的距离。

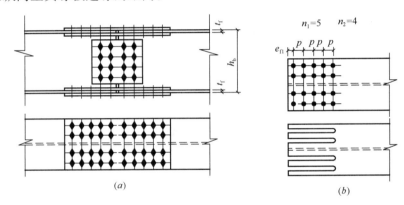

图 2-3-50 梁的螺栓拼接与破坏

【Q2.3.71】《门式刚架轻型房屋钢结构技术规范》有无勘误表？

【A2.3.71】笔者目前尚未见到，就 2016 年第 1 次印刷本，笔者发现的疑似差错如表 2-3-16 所示。

《门式刚架轻型房屋钢结构技术规范》疑似差错　　　　表 2-3-16

页码	疑似差错	修改后	备注
12	表 3.2.4-2 倒 2 行：265	260	
17	表 3.4.2-2 第 3 行：除张紧的圆钢或钢索支撑除外的其他支撑	除张紧的圆钢（或钢索）外的其他拉杆、支撑	
20	倒 2 行：最小尺寸	最小水平尺寸	
21	表 4.2.2-1，（+i）工况 4E 区：−0.60	−0.61	依据 MBMA 手册
25~34	表中的 $\log A$	$\lg A$	以 10 为底的对数
36	表 4.3.2：项次 2		不均匀分布情况，突变发生于屋脊
36	表 4.3.2：项次 3		不均匀分布情况 1，突变发生于屋脊

续表

页码	疑似差错	修改后	备注
51	第4行：W_e——构件有效截面最大受压纤维的截面模量	W_e——构件有效截面的截面模量	即，对受拉边缘和受压边缘取二者的较小者 不修改亦可，仅用于双轴对称工形截面
52	公式 7.1.3-6：$\bar{\lambda}_1 = \frac{\lambda_1}{\pi}\sqrt{\frac{E}{f_y}}$	$\bar{\lambda}_1 = \frac{\lambda_1}{\pi}\sqrt{\frac{f_y}{E}}$	
57	第7款上1行：W_e——有效截面最大受压纤维的截面模量	W_e——构件有效截面的截面模量	即，对受拉边缘和受压边缘取二者的较小者 不修改亦可，仅用于双轴对称工形截面
79~80	公式中的 N_t	N_t^b	2015 版仅在第 80 页修改了对 N_t 的解释，但没有修改其符号。按习惯应记作 N_t^b，否则容易出错

关于《门规》中的风荷载与雪荷载，需要注意以下的关系链条：

《门规》参考了 MBMA（Metal Building Manufactures Association）编写的手册《金属房屋体系手册》（Metal building system manual），该手册依据的是美国土木工程师学会（American Society of Civil Engineers，简称 ASCE）编写的《房屋和其他结构最小设计荷载》（Minimum Design Loads for Buildings and Other Structures），编号为 ASCE7-05，ASCE7 的下一个版本是 ASCE7-10，现行版本为 ASCE7-16，且名称变化为《房屋和其他结构最小设计荷载与相关条文》（Minimum Design Loads and Associated Criteria for Buildings and Other Structures）。

基于此，有必要将《门规》与以上文献对照。发现《门规》中以下内容需要注意：

（1）第 20 页图 4.2.2-1 下对 h 的解释是不恰当的。表现在：①与 2.1.2 条"房屋高度"的定义不一致；②与其参考的 MBMA 手册不一致。MBMA 手册的第 33 页指出，h 被定义为屋面平均高度但屋面坡度 $\theta \leq 10°$ 时取为檐口高度，这一规定是与 ASCE7-05 的图 6-10 的注释 9 一致的。经查，ASCE7-16 在图 28.3-1 中对 h 的解释不变。可见，此处的 h 和 2.1.2 条的术语"房屋高度"应为一致的。

（2）第 38 页 4.3.3 条第 4 款，有屋面突出物时如何确定 h_d，经查，MBMA 手册第 142 页给出的值为 $0.75h_d$，相当于取《门规》公式（4.3.3-1）所得值的 0.75 倍。

（3）第 39 页 4.3.3 条第 5 款给出了雪堆积高度 h_d 的计算式（4.3.3-2），经查，与 MBMA 手册第 141 页给出的公式有差异。

雪堆积的原理如图 2-3-51 所示。在风的作用下，会在有高差的地方形成堆积，且迎风面的堆积高度小于背风面的堆积高度。

图 2-3-51 雪堆积原理图

MBMA 手册给出的计算公式如下：

背风的雪堆积高度（leeward drift height）：

$$h_d = 0.43\sqrt[3]{L_u}\sqrt[4]{p_g+10} - 1.5 \tag{2-3-26}$$

迎风的雪堆积高度（windward drift height）：

$$h_d = 0.75[0.43\sqrt[3]{L_L}\sqrt[4]{p_g+10} - 1.5] \tag{2-3-27}$$

以上式中，p_g 相当于我国的 S_0 但单位为 lb/ft^2，L_u、L_L 分别相当于我国的 W_{b1}、W_{b2} 但单位为 ft。比较发现，《门规》公式（4.3.3-1）与式（2-3-26）拟合很好，公式（4.3.3-2）与式（2-3-27）相差很大。如果 $L_u = L_L$，式（2-3-27）为式（2-3-26）的 0.75 倍，该表达在 ASCE7-16 中仍采用。

需要指出的是，在 ASCE7-16 中，原来的当 L_u、L_L 小于 25ft 时取为 25ft（0.3048×25≈7.6m）的规定修改为小于 20ft 时取为 20ft（0.3048×20≈6.1m）

另外，《门规》公式（4.3.3-1）和（4.3.3-2）的限制条件"$\leq h_r - h_b$"应在执行第 6 款确定出 w_d 之后再执行。

（4）附加的堆积雪荷载确定后，如何与表 4.3.2 相结合，未说明。

事实上，对于常见的门式刚架屋面，在 ASCE7 体系内，求得的 h_d 虽然是一个三角形分布雪荷载堆积高度顶点值，使用时却是化成一个均布荷载，如图 2-3-52 所示。假定风从左侧吹来，左半跨雪荷载取为 $0.3S_0$；右半跨在基本雪压 S_0 的基础上附加堆积雪荷载，其分布宽度为 $(8/3)h_d\sqrt{s}$，附加雪荷载大小为 $h_d\gamma/\sqrt{s}$。这里，h_d 按照式（2-3-26）求出，其中的 L_u 以 w 代替；γ 为积雪的平均重度。

《门规》给出的表 4.3.2 沿用的是《荷载规范》的规定，因此，以上"不平衡分布"雪荷载布置方式无法采用，《门规》干脆也没有规定。

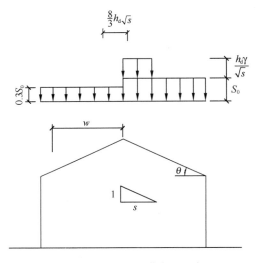

图 2-3-52 堆积雪荷载的施加

【Q2.3.72】《门规》中的风荷载系数 μ_w 是如何求出的？

【A2.3.72】 前已述及，《门规》此处的规定来源于 ASCE7-05（目前有效版本是 ASCE7-16）。

ASCE7-05 的图 6-10（ASCE7-16 中为图 28.3-1）规定，对于封闭和部分封闭低层房屋，风横向作用时，外部压力系数 GC_{pf} 如表 2-3-17 所示。

外部压力系数 GC_{pf}　　　　　表 2-3-17

屋面坡度角（°）	1E	2E	3E	4E	1	2	3	4	5 和 6
0～5	+0.61	−1.07	−0.53	−0.43	+0.40	−0.69	−0.37	−0.29	−0.45
20	+0.80	−1.07	−0.69	−0.64	+0.53	−0.69	−0.48	−0.43	−0.45
30～45	+0.69	+0.27	−0.53	−0.48	+0.56	+0.21	−0.43	−0.37	−0.45
90	+0.69	+0.69	−0.48	−0.48	+0.56	+0.56	−0.37	−0.37	−0.45

表中的 1～4、1E～4E 为分区编号，对于双坡屋面房屋，分区如图 2-3-53 所示。

ASCE 7-05 的图 6-5（ASCE 7-16 中为表 26.13-1）规定内部压力系数 GC_{pi} 如表 2-3-18 所示。

内部压力系数 GC_{pi}　　　　表 2-3-18

封闭分类	GC_{pi}
敞开式	0.00
部分封闭式	+0.55 −0.55
封闭式	+0.18 −0.18

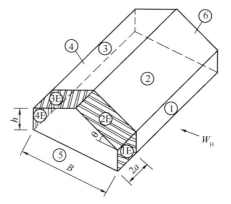

图 2-3-53　墙面与屋面的分区

于是，对于（+i）荷载工况、封闭式房屋，则可得到屋面坡度角为 0～5°时的组合压力系数（GC_{pf} −GC_{pi}），如表 2-3-19 所示。

（+i）工况时组合压力系数（GC_{pf}−GC_{pi}）　　　　表 2-3-19

分区	1E	2E	3E	4E	1	2	3	4	5 和 6
GC_{pf}	+0.61	−1.07	−0.53	−0.43	+0.40	−0.69	−0.37	−0.29	−0.45
GC_{pi}	+0.18	+0.18	+0.18	+0.18	+0.18	+0.18	+0.18	+0.18	+0.18
(GC_{pf}−GC_{pi})	+0.43	−1.25	−0.71	−0.61	+0.22	−0.87	−0.55	−0.47	−0.63

将表中得到的（GC_{pf}−GC_{pi}）与《门规》表 4.2.2-1 比较，发现仅有一个数据不同：求得的 4E 区组合压力系数为 −0.61 而《门规》表格中为 −0.60，经查 MBMA 手册的表 1.3.4.5（a），确定该数值的确应为 −0.61，即《门规》存在错误。

以下列出（−i）荷载工况、部分封闭式房屋、屋面坡度角为 0～5°、风横向作用时的组合压力系数（GC_{pf}−GC_{pi}），如表 2-3-20 所示，读者可以与《门规》表 4.2.2-1 对照。

（−i）工况时组合压力系数（GC_{pf}−GC_{pi}）　　　　表 2-3-20

分区	1E	2E	3E	4E	1	2	3	4	5 和 6
GC_{pf}	+0.61	−1.07	−0.53	−0.43	+0.40	−0.69	−0.37	−0.29	−0.45
GC_{pi}	−0.55	−0.55	−0.55	−0.55	−0.55	−0.55	−0.55	−0.55	−0.55
(GC_{pf}−GC_{pi})	+1.16	−0.52	+0.02	+0.12	+0.95	−0.14	+0.18	+0.26	+0.10

对于围护结构，用类似的方法可以确定。以下说明《门规》表 4.2.2-3b 是如何得到的。

ASCE 7-05 的图 6-11A（ASCE 7-16 在图 30.3-1）给出了房屋高度 $h \leqslant 60$ft（即，$h \leqslant 18.3$m）时墙面上的围护结构（components & cladding）外压系数 GC_p 曲线，对于 4 区和 5 区，正的外部压力系数 GC_p 用公式可表达为：

$A \leqslant 10\text{ft}^2$，$GC_p = 1.0$

$10 < A < 500\text{ft}^2$，$GC_p = -0.176 \log A + 1.18$

$A \geqslant 500\text{ft}^2$，$GC_p = 0.7$

于是，当 $GC_{pi}=-0.18$ 时，可得 (GC_p-GC_{pi}) 如下：

$A \leqslant 10\text{ft}^2$，$GC_p=1.0-(-0.18)=+1.18$

$10<A<500\text{ft}^2$，$GC_p=-0.176\log A+1.18-(-0.18)=-0.176\log A+1.36$

$A \geqslant 500\text{ft}^2$，$GC_p=0.7-(-0.18)=+0.88$

以上式中，有效受风面积 A 的单位为 ft^2。

今将以 m^2 计的面积记作 A_m，以 ft^2 计的面积记作 A_f，考虑到 $1\text{ft}^2=0.0929\text{m}^2$，于是

$$-0.176\log A_f+1.36=-0.176\log\left(\frac{A_m}{0.0929}\right)+1.36=-0.176\log A_m+1.18$$

这就是《门规》中表 4.2.2-3b 中的封闭式房屋公式。

若是部分封闭式，由于此时 $GC_{pi}=-0.55$，因此，与 $GC_{pi}=-0.18$ 时相比较，从而可得

$$-0.176\log A_m+1.18+(0.55-0.18)=-0.176\log A_m+1.55$$

【Q2.3.73】《门规》表 4.2.2-2 下的注释，有两处疑惑：

(1) "刚架投影实腹区最大面积"如何理解？

(2) $S/B \leqslant 0.5$，S 的含义是什么？

【A2.3.73】 根据 MBMA 手册，"刚架投影实腹区最大面积"指的是刚架在迎风面上的投影，其投影面积除了刚架本身以外还应包括与刚架相连的柱子。S 指刚架的间距。

【Q2.3.74】《门规》4.3.3 条第 2 款规定了相邻房屋高低屋面时的雪堆积分布，如何理解？

【A2.3.74】《门规》的这一款规定来源于 ASCE7-05 的 7.7.2 条，但是 2010 版即 ASCE7-10 对此有修改：前提条件为 s 小于 20ft（6.1m）且小于 $6h$，h 为高低房屋的高度差；堆积高度取 $\min[h_d, (6h-s)/6]$，水平延伸宽度取 $\min[6h_d, (6h-s)]$，式中 h_d 按较高的房屋的宽度确定。

【Q2.3.75】《门规》4.3.3 条第 3 款的雪漂移，如何理解？

【A2.3.75】 高处的坡度较大屋面上的积雪会发生滑动，从而增大低处屋顶的雪荷载，这就是雪漂移。需要注意的是，《门规》此处规定的做法与 ASCE 7 中不同。

无论是 ASCE 7-05 还是 ASCE 7-16，雪漂移荷载（sliding snow load）都是作为一个均布荷载而不是三角形荷载附加到原雪荷载上的。

如图 2-3-54 所示，漂移雪荷载按下式求出：

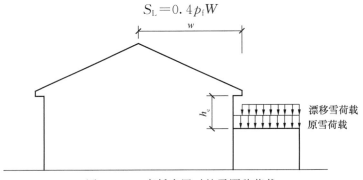

图 2-3-54 高低房屋时的雪漂移荷载

式中，p_f 为较高房屋的屋顶雪荷载，单位为 lb/ft。该雪荷载将分布在较低房屋的 15ft（4.6m）宽度范围内，若不足 15ft，则按照比例折减（图中分布宽度小于 15ft）。然后，将此以线荷载表达的雪荷载化为面荷载。

将总的雪荷载按容重等效为雪的高度，该高度不应超过图中的净空 h_c。

高低房屋有间距，当 $s<h_c$ 且 $s<4.6m$ 时，如图 2-3-55 所示，漂移雪荷载分布在 (4.6-s) 范围。

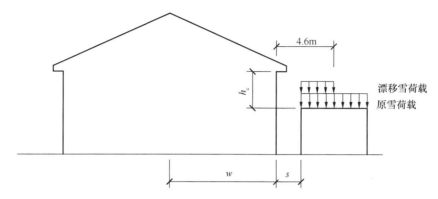

图 2-3-55 高低房屋有间距时的雪漂移荷载

【Q2.3.76】《门规》4.3.3 条第 4 款规定了屋面有突出物时的雪堆积分布，如何理解？

【A2.3.76】ASCE 7-05 的 7.8 节对屋面突出物的情况有规定。指出 "7.7.1 条的方法可用于计算屋面突出物各侧边的雪堆积以及女儿墙侧的雪堆积，但堆积高度取图 7-9 中 h_d 的 0.75 倍"。如果突出物某侧的长度小于 15ft（4.6m），该侧不必考虑雪堆积。计算公式中 l_u 的取值，在 ASCE 7-10 的 7.8 节明确为：对于女儿墙，l_u 取为女儿墙迎风面的屋面长度（the length of the roof）；对于屋面突出物，l_u 取为突出物在迎风面和背风面屋面长度的较大者。"屋面长度" 在《雪荷载——ASCE 7-16 雪荷载条文应用指南》中称为 "屋面获取距离"（the roof fetch distance），在没有图示的情况下更容易理解。

由此可见，《门规》未提到取公式 (4.3.3-1) 的 0.75 倍，值得商榷。

3 砌体结构

3.1 试题

题 1~6

某单层、单跨、无吊车仓库,如图 3-1-1 所示。屋面为装配式有檩体系钢筋混凝土结构,墙体采用 MU15 蒸压灰砂砖,M5 砂浆砌筑,砌体施工质量控制等级为 B 级,外墙 T 形壁柱特征值见表 3-1-1。

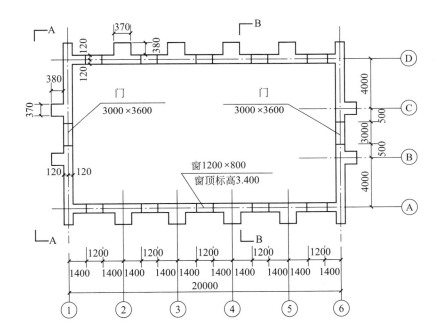

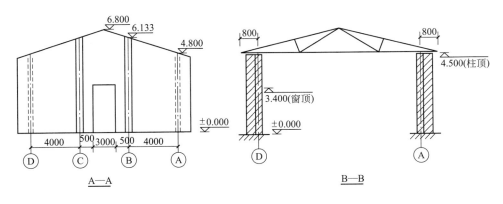

图 3-1-1

T形壁柱截面特征值 表 3-1-1

B(mm)	y_1(mm)	y_2(mm)	h_T(mm)	A(mm²)
2500	179	441	507	740600
2800	174	446	493	812600
4000	160	460	449	1100600

1. 假定，基础顶面标高为-0.5m，试问，对于整片山墙高厚比的验算（$\beta=\dfrac{H_0}{h_T}\leqslant\mu_1\mu_2[\beta]$），下列何组数据正确？

   A. $\beta=\dfrac{H_0}{h_T}=12.1<\mu_1\mu_2[\beta]=24$ B. $\beta=\dfrac{H_0}{h_T}=12.1<\mu_1\mu_2[\beta]=21.6$

   C. $\beta=\dfrac{H_0}{h_T}=11.9<\mu_1\mu_2[\beta]=20.4$ D. $\beta=\dfrac{H_0}{h_T}=12.8<\mu_1\mu_2[\beta]=21.6$

2. 假定，基础顶面标高为-0.5m，试问，对于Ⓐ Ⓑ 轴之间山墙的高厚比验算（$\beta=\dfrac{H_0}{h}\leqslant\mu_1\mu_2[\beta]$），下列何组数据正确？

   A. $\beta=\dfrac{H_0}{h}=22.8<\mu_1\mu_2[\beta]=24$ B. $\beta=\dfrac{H_0}{h}=16.7<\mu_1\mu_2[\beta]=24$

   C. $\beta=\dfrac{H_0}{h}=10<\mu_1\mu_2[\beta]=24$ D. $\beta=\dfrac{H_0}{h}=10<\mu_1\mu_2[\beta]=20.4$

3. 假定取消①轴线山墙门洞与壁柱，改为钢筋混凝土构造柱 GZ，如图 3-1-2 所示。假定基础顶面标高为-0.5m，试问，该墙的高厚比验算结果（$\beta=\dfrac{H_0}{h}<\mu_1\mu_2[\beta]$），下列何组数据正确？

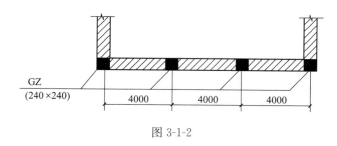

图 3-1-2

   A. $\beta=\dfrac{H_0}{h}=25.25<\mu_1\mu_2[\beta]=26.16$ B. $\beta=\dfrac{H_0}{h}=23.47<\mu_1\mu_2[\beta]=24$

   C. $\beta=\dfrac{H_0}{h}=25.55<\mu_1\mu_2[\beta]=26.16$ D. $\beta=\dfrac{H_0}{h}=10<\mu_1\mu_2[\beta]=26.16$

4. 屋面永久荷载（含屋架）的标准值为 2.2kN/m²（水平投影），活荷载标准值为 0.5kN/m²；挑出的长度详见 B-B 剖面。试问，屋架支座处最大压力设计值（kN）与下列何项数值最为接近?

提示:依据《建筑结构可靠性设计统一标准》GB 50068—2018进行荷载组合。

A. 91　　B. 98　　C. 94　　D. 85

5. 假定,基础顶面标高为-0.5m,试问,外纵墙壁柱轴心受压承载力(kN)与下列何项数值最为接近?

A. 1177　　　　　　　　B. 1323
C. 1123　　　　　　　　D. 1059

6. 假定⑤轴线上的一个壁柱底部截面作用的轴向压力标准值 $N_k = 179$kN,设计值 $N = 232$kN,弯矩标准值 $M_k = 6.6$kN·m,设计值 $M = 8.58$kN·m,如图3-1-3所示。试问,该壁柱底截面受压承载力验算结果($N \leqslant \varphi A f$),其左、右端项与下列何组数据最为接近?

A. 232kN<939kN　　　　B. 232kN<1018kN
C. 232kN<916kN　　　　D. 232kN<885kN

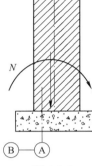

图 3-1-3

题 7~8

一多层房屋砌体局部承重横墙,如图3-1-4所示,采用MU10烧结普通砖、M5砂浆砌筑;防潮层以下采用M10水泥砂浆砌筑,砌体施工质量控制等级为B级。

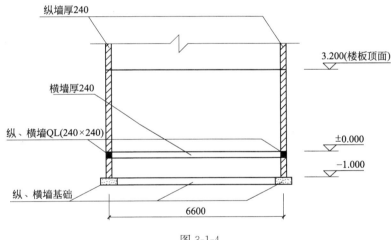

图 3-1-4

7. 试问,横墙轴心受压承载力(kN/m)与下列何项数值最为接近?

A. 299　　　　　　　　B. 273
C. 251　　　　　　　　D. 283

8. 假定横墙增设构造柱GZ(240mm ×240mm),其局部平面如图3-1-5所示。GZ采用C25混凝土HPB300钢筋,竖向受力钢筋为4ϕ14,箍筋为ϕ6@100。已知组合砖墙的稳定系数 $\varphi_{com} = 0.804$,试问,砖砌体和钢筋混凝土构造柱组成的组合砖墙的轴

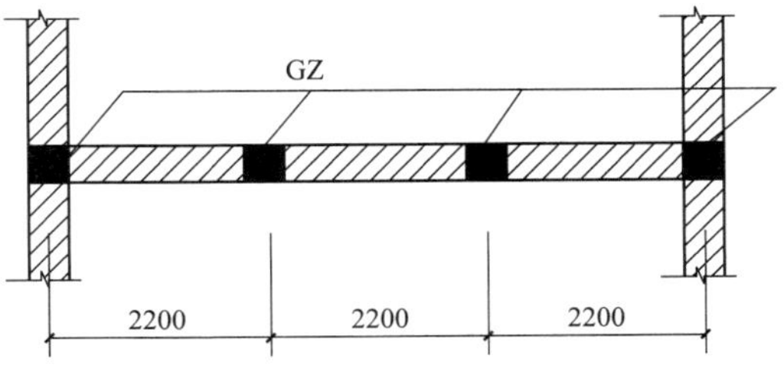

图 3-1-5

心受压承载力，与下列何项数值最为接近？

A. 914kN   B. 1002kN   C. 983kN/m   D. 1002kN/m

题 9～10

某建筑物中部屋面等截面挑梁 L（240mm×300mm），如图 3-1-6 所示。屋面板传来活荷载标准值 $p_k=6.4$kN/m，活荷载组合值系数为 0.7；屋面板传来静荷载和梁自重标准值 $g_k=16$kN/m。

提示：按《建筑结构可靠性设计统一标准》GB 50068—2018 采用一种荷载组合计算。

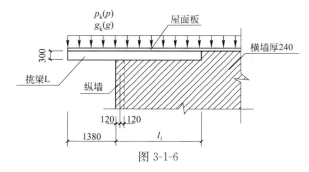

图 3-1-6

9. 试问，根据抗倾覆要求，挑梁埋入砌体长度 l_1，应满足下列何项关系式？

A. $l_1 > 2.76$m   B. $l_1 > 2.36$m

C. $l_1 \geqslant 2.76$m   D. $l_1 \geqslant 2.36$m

10. 墙体采用 MU15 蒸压粉煤灰普通砖、M5 砂浆砌筑、砌体施工质量控制等级为 B 级，试问，挑梁 L 下局部受压承载力验算结果（$N_l \leqslant \eta f A_l$），其左、右端数值与下列何组最为接近？

A. 89kN＜166kN   B. 89kN＜136kN

C. 78kN＜109kN   D. 78kN＜166kN

题 11. 关于保证墙梁使用阶段安全可靠工作的下述见解，其中何项要求不妥？

A. 一定要进行跨中或洞口边缘处托梁正截面承载力计算

B. 一定要对自承重墙梁进行墙体受剪承载力、托梁支座上部砌体局部受压承载力计算

C. 一定要进行托梁斜截面承载力计算

D. 应进行托梁支座上部正截面承载力计算

题 12. 砌体结构相关的温度应力问题，其中论述何项不妥？

A. 纵横墙之间的空间作用使墙体的刚度增大，从而使温度应力增加，但增加的幅度不是太大

B. 温度应力完全取决于建筑物的墙体长度

C. 门窗洞口处对墙体的温度应力反应最大

D. 当楼板和墙体之间存在温差时，最大的应力集中在墙体的上部

题 13～15

某多层教学楼，其局部平面见图 3-1-7，采用装配式钢筋混凝土空心板楼（屋）盖，刚性方案，纵、横墙厚均为 240mm，层高均为 3.6m，梁高均 600mm；墙体用 MU10 级烧结普通砖，M5 级混合砂浆砌筑。基础埋置较深，首层设刚性地坪，室内外高差 300mm。结构重要性系数为 1.0。

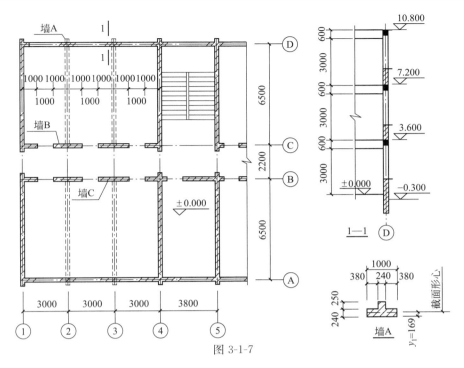

图 3-1-7

13. 已知二层外纵墙 A 截面形心距翼缘边 $y_1=169$mm。试问，二层外纵墙 A 的高厚比 β，与下述何项数值最为接近？

A. 7.35   B. 8.57   C. 12.00   D. 15.00

14. ⓒ轴线一层内墙门洞宽 1000mm，门高 2100mm，试问，墙 B 高厚比验算式中的左右端项（$\dfrac{H_0}{h} \leqslant \mu_1\mu_2[\beta]$），与下述何项数值最为接近？

A. 16.25＜20.80   B. 15.00＜24.97   C. 18.33＜20.83   D. 18.33＜28.80

15. 假定二层内墙 C 截面尺寸改为 240mm×1000mm，施工质量控制等级为 C 级，若将烧结普通砖改为 MU15 级蒸压灰砂普通砖，并按轴心受压构件计算时，其最大轴向承载力设计值（kN），与下述何项数值最为接近？

A. 246   B. 259
C. 294   D. 346

题 16～18

某二层砌体结构中钢筋混凝土挑梁，如图 3-1-8 所示，埋置于丁字形截面墙体中，墙厚 240mm，采用 MU10 级烧结普通砖、M5 水泥砂浆砌筑。挑梁采用 C20 级混凝土，截面（$b \times h_b$）为 240mm×300mm，梁下无钢筋混凝土构造柱。楼板传给挑梁的永久荷载 g、活荷载 q 的标准值分别为：$g_{1k}=15.5$kN/m，$q_{1k}=5$kN/m，$g_{2k}=10$kN/m。

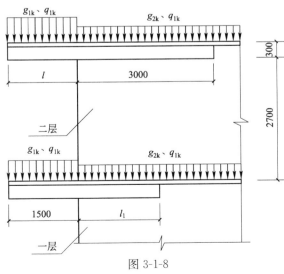

图 3-1-8

挑梁自重标准值为 1.35kN/m，施工质量控制等级为 B 级，结构重要性系数 1.0，活荷载组合系数 $\psi_c=0.7$。

提示：依据《建筑结构可靠性设计统一标准》GB 50068—2018 进行荷载组合。

16. 当 $l_1=2.0$m 时，一层挑梁根部的最大倾覆力矩（kN·m），与下列何项数值最为接近？

A. 30.6   B. 37.1   C. 34.4   D. 35.0

17. 假定，顶层挑梁的荷载设计值为 28kN/m，试问，该顶层挑梁的最大悬挑长度 l (m)，与下列何项数值最为接近？

A. 1.47   B. 1.58   C. 1.68   D. 1.80

18. 一层挑梁下的砌体局部受压承载力 $\eta f A_l$ (kN)，与下列何项数值最为接近？

A. 102.1   B. 113.4   C. 122.5   D. 136.1

题 19～20

某单跨三层房屋平面如图 3-1-9 所示，按刚性方案计算。各层墙体的计算高度均为 3.6m；梁采用 C20 混凝土，截面（$b \times h_b$）为 240mm×800mm；梁端支承长度 250mm，梁下刚性垫块尺寸为 370mm×370mm×180mm。墙厚均为 240mm，采用 MU10 级烧结普通砖，M5 水泥砂浆砌筑。各楼层均布永久荷载、活荷载的标准值依次均为：$g_k=3.75$kN/m²，$q_k=4.25$kN/m²。梁自重标准值为 4.2kN/m，施工质量控制等级为 B 级，结构重要性系数 1.0，活荷载组合系数 $\psi_c=0.7$。

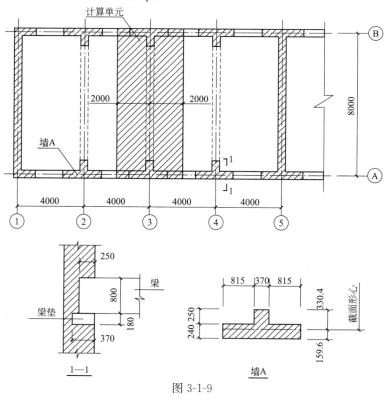

图 3-1-9

19. 试问，顶层梁端的有效支承长度 a_0 (mm)，与下列何项数值最为接近？

A. 124.7   B. 131.5   C. 230.9   D. 243.4

20. 假定顶层梁端有效支承长度 $a_0=150\text{mm}$，试问，顶层梁端支承压力对墙形心线的计算弯矩 M 的设计值（kN·m），与下列何项数值最为接近？

提示：取 $\gamma_G=1.3$、$\gamma_Q=1.5$ 计算。

A. 30　　　　B. 45　　　　C. 50　　　　D. 55

题 21～22

已知某自承重简支墙梁，如图 3-1-10 所示。柱距 6m，墙体高度 15m，墙厚 370mm，墙体及抹灰自重设计值为 10.5kN/m^2。墙下设钢筋混凝土托梁，托梁自重设计值为 6.2kN/m，托梁长 5.45m，两端各伸入支座 0.3m，纵向钢筋采用 HRB335，箍筋 HPB300。施工质量控制等级为 B 级，结构重要性系数 1.0。

21. 墙梁跨中截面的计算高度 H_0 (m)，与下列何项数值最为接近？

A. 5.40　　　　B. 5.95
C. 6.00　　　　D. 6.19

22. 使用阶段托梁梁端剪力设计值（kN），与下列何项数值最为接近？

A. 221.0　　　　B. 200.7
C. 189.7　　　　D. 178.7

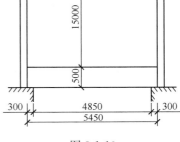

图 3-1-10

题 23. 试问，对防止或减轻墙体开裂技术措施的下述理解，何项不妥？

A. 设置屋顶保温、隔热层可防止或减轻房屋顶层墙体开裂
B. 增大基础圈梁刚度可防止或减轻房屋底层墙体裂缝
C. 加大屋顶层现浇混凝土厚度是防止或减轻房屋顶层墙体开裂的最有效措施
D. 女儿墙设置贯通其全高的构造柱并与顶部钢筋混凝土压顶整浇可防止或减轻房屋顶层墙体裂缝

题 24. 对夹心墙中连接件或连接钢筋网片作用的理解，以下哪项有误？

A. 协调内外叶墙的变形并为叶墙提供支持作用
B. 提高内叶墙的承载力，增大叶墙的稳定性
C. 防止叶墙在大的变形下失稳，提高叶墙承载能力
D. 确保夹心墙的耐久性

题 25～26

某烧结普通砖砌体结构，应特殊需要需设计有地下室，如图 3-1-11 所示。房屋的长度为 L，宽度为 B，抗浮设计水位为 -1.0m，基础底面标高为 -4.0m；算至基础底面的全部恒荷载标准值 $g=50\text{kN/m}^2$，全部活荷载标准值 $p=10\text{kN/m}^2$；结构重要性系数 $\gamma_0=0.9$。

25. 在抗漂浮验算中，漂浮荷载效应值 $\gamma_0 S_1$ 与抗漂浮荷载效应 S_2 之比，应与下列何组数值最为接近？

提示：砌体结构按刚体计算，水浮力按活荷载

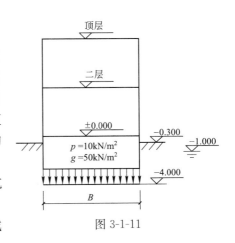

图 3-1-11

计算。

A. $\gamma_0 S_1/S_2=0.85>0.8$；不满足漂浮验算
B. $\gamma_0 S_1/S_2=0.75<0.8$；满足漂浮验算
C. $\gamma_0 S_1/S_2=0.70<0.8$；不满足漂浮验算
D. $\gamma_0 S_1/S_2=0.65<0.8$；不满足漂浮验算

26. 二层某外墙立面如图 3-1-12 所示，墙厚 370mm，窗洞宽 1.0m，高 1.5m，窗台高于楼面 0.9m，砌体的弹性模量为 E（MPa）。试问，该外墙层间等效侧向刚度（N/mm），应与下列何项数值最为接近？

提示：(1) 墙体剪应变分布不均匀影响系数 $\xi=1.2$。
(2) 取 $G=0.4E$。

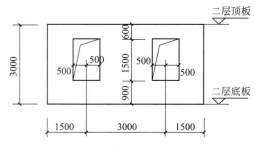

图 3-1-12

A. $235E$　　B. $285E$　　C. $345E$　　D. $170E$

题 27. 某砌体结构的多层房屋（刚性方案），如图 3-1-13 所示。试问，外墙在二层顶处由风荷载引起的负弯矩标准值（kN·m），应与下列何项数值最为接近？

提示：按每米墙宽计算。

A. -0.3　　　　　　　　B. -0.4
C. -0.5　　　　　　　　D. -0.6

题 28～29

某房屋顶层，采用 MU10 级烧结普通砖，M5 级混合砂浆砌筑。砌体施工质量控制等级为 B 级；钢筋混凝土梁（200mm×500mm）支承在墙顶，详见图 3-1-14。

提示：不考虑梁底面以上高度的墙体重量。

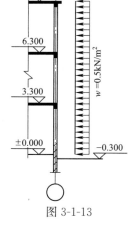

图 3-1-13

28. 当梁下不设置梁垫（见剖面 A—A），试问，梁端支承处砌体的局部受压承载力（kN），应与下列何项数值最为接近？

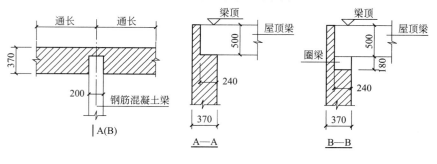

图 3-1-14

A. 66　　B. 77　　C. 88　　D. 99

29. 假定梁下设置通长的现浇钢筋混凝土圈梁，如剖面 B—B 所示；圈梁截面尺寸为 240mm×180mm，混凝土强度等级为 C20。试问，梁下（圈梁底）砌体的局部受压承载力（kN），应与下列何项数值最为接近？

A. 192　　B. 207　　C. 223　　D. 246

题 30. 某网状配筋砖砌体受压构件如图 3-1-15 所示，截面 370mm×800mm，轴向力的偏心距 $e=0.1h$（h 为墙厚），构件高厚比<16。采用 MU10 级烧结普通砖、M10 级水泥砂浆砌筑，砌体施工质量控制等级为 B 级；钢筋网竖向间距 $s_n=325$mm，采用冷拔低碳钢丝 $\phi^b 4$ 制作，其抗拉强度设计值 $f_y=430$MPa，水平间距为@60×60。试问，该配筋砖砌体构件的受压承载力（kN），应与下列何项数值最为接近？

A. 600 φ_n B. 650 φ_n C. 700 φ_n D. 750 φ_n

题 31. 某砖砌体和钢筋混凝土构造柱组合内纵墙，如图 3-1-16 所示，构造柱截面均为 240mm×240mm；混凝土强度等级为 C20，$f_t=1.1$MPa，采用 HPB300 钢筋，$f_y=270$MPa，配置纵向钢筋 $4\phi 14$。砌体沿阶梯形截面破坏的抗震抗剪强度设计值 $f_{vE}=0.255$MPa，$A=1017600$mm^2。试问，砖墙和构造柱组合墙的截面抗震承载力 V（kN），应与下列何项数值最为接近？

提示：取 $\gamma_{RE}=0.9$。

A. 330   B. 337   C. 349   D. 366

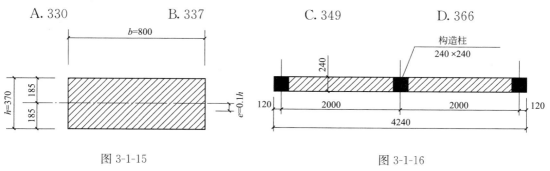

图 3-1-15   图 3-1-16

题 32～33

某多层仓库，无吊车，墙厚均为 240mm，采用 MU10 级烧结普通砖，M7.5 级混合砂浆砌筑，底层层高为 4.5m。

32. 当采用如图 3-1-17 所示的结构布置时，试问，按允许高厚比 $[\beta]$ 值确定的Ⓐ轴线

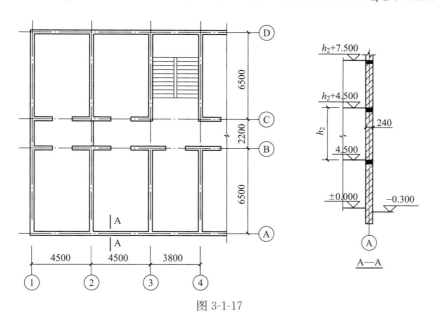

图 3-1-17

二层承重外墙高度的最大值 h_2（m），应与下列何项数值最为接近？

A. 5.3　　　　　　　　　　　　　　B. 5.8
C. 6.3　　　　　　　　　　　　　　D. 外墙的高度不受高厚比计算限制

33. 当采用如图 3-1-18 所示的结构平面布置时，二层层高 $h_2=4.5$m，二层窗高 $h=1000$mm，窗中心距为 4m。试问，按允许高厚比 $[\beta]$ 值确定的Ⓐ轴线承重外墙窗洞的最大总宽度 b_s（m），应与下列何项数值最为接近？

A. 1.0　　　　　　B. 2.0　　　　　　C. 4.0　　　　　　D. 6.0

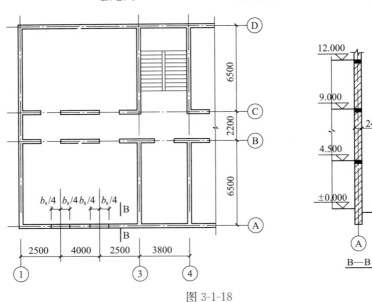

图 3-1-18

题 34. 某配筋砌块砌体剪力墙结构，如图 3-1-19 所示，抗震等级为三级，墙厚均为 190mm。设计人采用了如下三种措施：

Ⅰ. 剪力墙底部加强区高度取 7.40m

Ⅱ. 剪力墙水平分布筋为 $2\phi8@400$

Ⅲ. 剪力墙竖向分布筋为 $\phi12@400$（不包括顶层和底部加强部位）

试判断下列哪组措施符合规范要求？

A. Ⅰ、Ⅱ　　　　　　　　B. Ⅰ、Ⅲ
C. Ⅱ、Ⅲ　　　　　　　　D. Ⅰ、Ⅱ、Ⅲ

题 35. 试分析下列说法何者不正确，并简述其理由。

A. 砌体的抗压强度设计值以龄期为 28d 的毛截面积计算
B. 石材的强度等级应以边长为 150mm 的立方体试块抗压强度表示
C. 一般情况下，提高砖的强度等级比提高砂浆的强度等级对增大砌体抗压强度的效果好
D. 在长期荷载作用下，砌体强度还有所降低

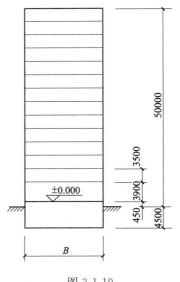

图 3-1-19

题 36. 某三层砌体结构，采用钢筋混凝土现浇楼盖，其第二层纵向各墙段的层间等效侧向刚度见表 3-1-2，该层纵向水平地震剪力标准值为 $V_E=300\text{kN}$。试问，墙段 3 应承担的水平地震剪力标准值 V_{E3}（kN），应与下列何项数值最为接近？

A. 5　　　　　　B. 9　　　　　　C. 14　　　　　　D. 20

第二层纵向各墙段的等效侧向刚度　　　　　　表 3-1-2

墙段编号	1	2	3	4
单个墙段的层间等效侧向刚度	0.0025E	0.005E	0.01E	0.15E
各类墙段的总数量(个)	4	2	1	2

题 37～38

某五层砌体房屋，如图 3-1-20 所示。设防烈度为 7 度，设计基本地震加速度为 $0.10g$，设计地震分组为第一组，场地类别为 Ⅱ 类。集中在屋盖和楼盖处的重力荷载代表值为 $G_5=2300\text{kN}$，$G_4=G_3=G_2=4300\text{kN}$，$G_1=4920\text{kN}$。采用底部剪力法计算。

37. 试问，结构总水平地震作用标准值 F_{Ek}（kN），与下列何项数值最为接近？

A. 2730　　　　　　　　　　B. 2010
C. 1370　　　　　　　　　　D. 1610

38. 若已知结构总水平地震作用标准值 $F_{Ek}=2000\text{kN}$，试问，作用于屋盖处的地震作用标准值 F_{5k}（kN），与下列何项数值最为接近？

A. 300　　　　　　　　　　B. 380
C. 450　　　　　　　　　　D. 400

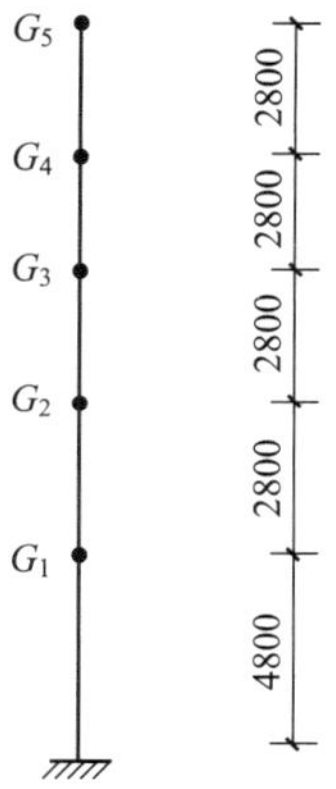

图 3-1-20

题 39～40

某多层砌体结构承重墙段 A，如图 3-1-21 所示，两端为构造柱，宽度 240mm，长度 4000mm，采用烧结普通砖砌筑。

39. 当砌体抗剪强度设计值 $f_v=0.14\text{MPa}$ 时，假定对应于重力荷载代表值的砌体截面平均压应力 $\sigma_0=0.3\text{MPa}$，试问，该墙段截面抗震受剪承载力（kN），应与下列何项数值最为接近？

A. 150　　　　　　B. 170　　　　　　C. 185　　　　　　D. 200

40. 在墙段正中部位增设一构造柱，如图 3-1-22 所示，构造柱混凝土强度等级为 C20，每根构造柱均配置 $4\phi14$ 纵向钢筋（$A_s=615\text{mm}^2$）。试问，该墙段的最大截面受剪承载力设计值（kN），应与下列何项数值最为接近？

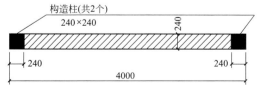

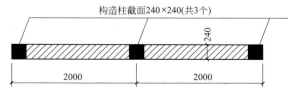

图 3-1-21　　　　　　　　　　　　　　图 3-1-22

提示：$f_t=1.1\text{MPa}$，$f_y=270\text{MPa}$，$\gamma_{RE}=0.9$，取 $f_{vE}=0.2\text{MPa}$ 进行计算。

A. 240   B. 270   C. 285   D. 315

题 41. 某多层砌体结构第二层外墙局部墙段立面（构造柱图中未示出），如图 3-1-23 所示。当进行地震剪力分配时，试问，计算该砌体墙段层间等效侧向刚度所采用的洞口影响系数，应与下列何项数值最为接近？

A. 0.88   B. 0.91   C. 0.95   D. 0.98

题 42～43

某三层无筋砌体房屋（无吊车），现浇钢筋混凝土楼（屋）盖，刚性方案。墙体采用 MU15 级蒸压灰砂普通砖，M7.5 级水泥砂浆砌筑。施工质量控制等级为 B 级。安全等级二级。各层砖柱截面均为 370mm×490mm，基础埋置较深且底层地面设置刚性地坪。房屋局部剖面示意如图 3-1-24 所示。

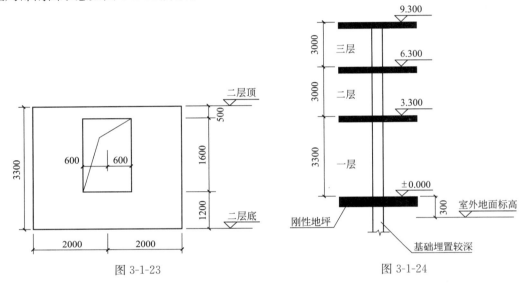

图 3-1-23   图 3-1-24

42. 当计算底层砖柱的轴心受压承载力时，试问，其中 φ 值应与下列何项数值最为接近？

A. 0.91   B. 0.88   C. 0.83   D. 0.78

43. 若取 $\varphi=0.9$，试问，二层砖柱的轴心受压承载力设计值（kN），应与下列何项数值最为接近？

A. 298   B. 275   C. 245   D. 215

题 44. 某底层框架-抗震墙房屋，普通砖抗震墙嵌砌于框架之间，如图 3-1-25 所示。其抗震构造符合规范要求：由于墙上孔洞的影响，两段墙体承担的地震剪力设计值分别为 $V_1=100$kN、$V_2=150$kN。试问，框架柱 2 的附加轴压力设计值（kN），应与下列何项数值最为接近？

A. 35   B. 75   C. 115   D. 185

题 45. 某无吊车单层砌体房屋，刚性方案，$s>2H$，墙体采用 MU15 级蒸压灰砂普通砖、M5 级混合砂浆砌筑。山墙（无壁柱）如图 3-1-26 所示，墙厚 240mm，其基础顶面距离室外地面 500mm；屋顶轴压力 N 的偏心距 $e=12$mm。当计算山墙的受压承载力时，试问，高厚比 β 和轴向力的偏心距 e 对受压构件承载力的影响系数 φ，应与下列何项数值最为接近？

A. 0.48 B. 0.53 C. 0.61 D. 0.64

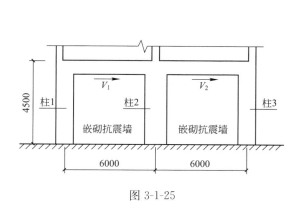

图 3-1-25

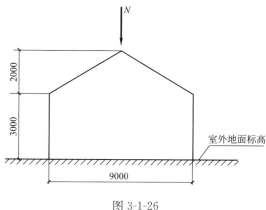

图 3-1-26

题 46. 对砌体房屋进行截面抗震承载力验算时，就如何确定不利墙段的下述不同见解中，其中何项组合的内容是全部正确的？

Ⅰ：选择竖向应力较大的墙段；
Ⅱ：选择竖向应力较小的墙段；
Ⅲ：选择从属面积较大的墙段；
Ⅳ：选择从属面积较小的墙段。

A. Ⅰ+Ⅲ B. Ⅰ+Ⅳ C. Ⅱ+Ⅲ D. Ⅱ+Ⅳ

题 47. 在多遇地震作用下，配筋砌块砌体剪力墙结构的楼层内最大层间弹性位移角限值，应为下列何项数值？

A. 1/800 B. 1/1000 C. 1/1200 D. 1/1500

题 48. 下列关于调整砌体结构受压构件高厚比 β 计算值的措施，何项不妥？

A. 改变砌筑砂浆的强度等级
B. 改变房屋的静力计算方案
C. 调整或改变支承条件
D. 改变砌块材料类别

题 49～50

某窗间墙截面 1500mm×370mm，采用 MU10 烧结多孔砖（孔洞率小于 30%），M5 混合砂浆砌筑。墙上钢筋混凝土梁截面尺寸 $b \times h = 300\text{mm} \times 600\text{mm}$，如图 3-1-27 所示。梁端支承压力设计值 $N_l = 60\text{kN}$，由上层楼层传来的荷载轴向力设计值 $N_u = 90\text{kN}$。

提示：不考虑砌体强度调整系数 γ_a。

49. 试问，若孔洞可以灌实，则砌体局部抗压强度提高系数 γ，应与下列何项数值最为接近？

图 3-1-27

A. 1.2 B. 1.5 C. 1.8 D. 2.0

50. 假设 $A_0/A_l = 5$，试问，梁端支承处砌体局部受压承载力验算时，$\psi N_0 + N_l$ (kN) 应与下列何项数值最为接近？

A. 60 B. 90 C. 120 D. 150

题 51~53

某无吊车单层单跨砌体房屋的无壁柱山墙,如图 3-1-28 所示。房屋山墙两侧均有外纵墙,采用 MU15 蒸压粉煤灰普通砖、M5 混合砂浆砌筑,墙厚 370mm。山墙基础顶面距室外地面 300mm。

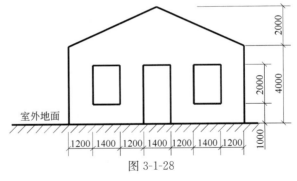

图 3-1-28

51. 若房屋的静力计算方案为刚弹性方案,试问,计算受压构件承载力影响系数 φ 时,山墙高厚比 β 应与何项接近?

A. 14　　　　B. 16　　　　C. 18　　　　D. 21

52. 若房屋的静力计算方案为刚性方案,试问,山墙的计算高度 H_0(m),应与下列何项数值最为接近?

A. 4.0　　　　B. 4.7　　　　C. 5.3　　　　D. 6.4

53. 若房屋的静力计算方案为刚性方案,试问,山墙的高厚比限值 $\mu_1\mu_2[\beta]$,应与下列何项数值最为接近?

A. 17　　　　B. 19　　　　C. 21　　　　D. 24

题 54~56

某三层教学楼局部平面如图 3-1-29 所示,各层平面布置相同,各层层高均为 3.6m。楼、屋盖均为现浇钢筋混凝土板,静力计算方案为刚性方案,墙体为网状配筋砖砌体,采用 MU10 烧结普通砖、M7.5 混合砂浆砌筑,钢筋网采用乙级冷拔低碳钢丝 $\phi^b 4$ 焊接而成(f_y=430MPa),方格钢筋网的钢筋间距为 40mm,网的竖向间距 130mm,纵横墙厚度均为 240mm,砌体施工质量控制等级为 B 级。

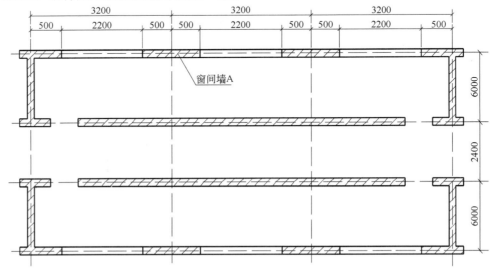

图 3-1-29

54. 若第二层窗间墙 A 的轴向偏心距 e=24mm,试问,窗间墙 A 的承载力影响系数

φ_n，应与下列何项数值最为接近？

A. 0.40 B. 0.45 C. 0.50 D. 0.55

55. 若第二层窗间墙 A 的轴向偏心距 $e=24$mm，墙体体积配筋率 $\rho=0.3\%$，试问，窗间墙 A 的承载力 $\varphi_n f_n A$（kN），应与下列何项数值最为接近？

A. $450\varphi_n$ B. $500\varphi_n$ C. $600\varphi_n$ D. $700\varphi_n$

56. 若墙体中无配筋，其他条件同上题，试问，第二层窗间墙 A 的承载力 $\varphi f A$（kN），应与下列何项数值最为接近？

A. 194 B. 205 C. 219 D. 226

题 57～58

某抗震烈度为 7 度的底层框架-抗震墙多层砌体房屋的底层框架柱 KZ、钢筋混凝土抗震墙（横向 GQ-1，纵向 GQ-2）、砖抗震墙 ZQ 的设置如图 3-1-30 所示。各框架柱 KZ 的横向侧向刚度均为 $K_{KZ}=5\times10^4$kN/m，横向钢筋混凝土抗震墙 GQ-1（包括端柱）的侧向刚度为 $K_{GQ}=280.0\times10^4$ kN/m，砖抗震墙 ZQ（不包括端柱）的侧向刚度为 $K_{ZQ}=40.0\times10^4$ kN/m，地震剪力增大系数 $\eta=1.35$。

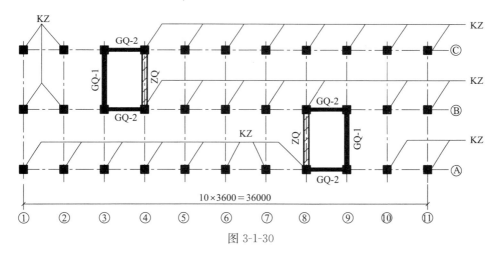

图 3-1-30

57. 假设作用于底层顶标高处的横向地震剪力标准值 $V_k=2000$kN，试问，作用于每道横向钢筋混凝土抗震墙 GQ-1 上的地震剪力设计值（kN），应与下列何项数值最为接近？

A. 1500 B. 1250 C. 1000 D. 850

58. 假设作用于底层顶标高处的横向地震剪力设计值 $V=4000$kN，试问，作用于每个框架柱 KZ 上的地震剪力设计值（kN），应与下列何项数值最为接近？

A. 30 B. 40 C. 50 D. 60

题 59. 下列对于多层黏土砖房门窗过梁的要求，下列何项不正确？

A. 钢筋砖过梁的跨度不应超过 1.5m
B. 砖砌平拱过梁的跨度不应超过 1.2m
C. 抗震设防烈度为 7 度的地区，可采用钢筋砖过梁
D. 抗震设防烈度为 7 度的地区，过梁的支承长度不应小于 240mm

题 60～62

某三层教学楼局部平、剖面如图 3-1-31 所示，各层平面布置相同，各层层高均为

3.60m；楼、屋盖均为现浇钢筋混凝土板，静力计算方案为刚性方案。纵、横墙厚度均为190mm，采用MU10级单排孔混凝土砌块，Mb7.5级混合砂浆砌筑，砌体施工质量控制等级为B级。

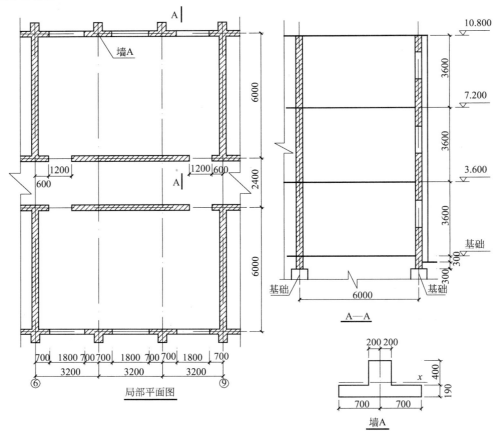

图 3-1-31

60. 已知一层带壁柱墙 A 对截面形心 x 轴的惯性矩 $I=1.0\times10^{10}\mathrm{mm}^4$，试问，一层带壁柱墙 A 的高厚比，与下列何项数值最为接近？

A. 6.7　　　　B. 7.3　　　　C. 7.8　　　　D. 8.6

61. 假定二层带壁柱墙 A 的 T 形截面折算厚度 $h_T=495\mathrm{mm}$，截面面积 $A=4.0\times10^5\mathrm{mm}^2$，对孔砌筑。当按轴心受压构件计算时，试问，二层带壁柱墙 A 的最大承载力设计值（kN），与下列何项数值最为接近？

A. 920　　　　B. 900　　　　C. 790　　　　D. 770

62. 已知二层内纵墙门洞高度均为2100mm，试问，二层⑥～⑨轴线间内纵墙段高厚比验算式中的左、右端项 $\left(\dfrac{H_0}{h}\leqslant\mu_1\mu_2[\beta]\right)$，与下列何项数值最为接近？

A. 19<23　　　B. 21<23　　　C. 19<26　　　D. 21<26

题 63～67

某四层简支承重墙梁，如图 3-1-32 所示。托梁截面 $b\times h_b=300\mathrm{mm}\times600\mathrm{mm}$，托梁自重标准值 $g=5.0\mathrm{kN/m}$；墙体厚度为240mm，采用 MU10 烧结多孔砖（孔洞率小于

30%），计算高度范围内为 M10 混合砂浆，其余为 M5 混合砂浆。墙体及抹灰自重标准值 4.5kN/m²。翼墙计算宽度为 1400mm，翼墙厚 240mm。假定作用于每层墙顶由楼（屋）盖传来的均布恒荷载标准值 g_k 和均布活荷载标准值 q_k 均相同，其值分别为 $g_k=12.0$kN/m 和 $q_k=6.0$kN/m。

63. 试确定墙梁跨中截面的计算高度 H_0（m），并指出与下列何项数值最为接近？

提示：计算时可忽略楼板的厚度。

A. 12.30　　　　B. 6.24
C. 3.60　　　　D. 3.30

64. 若取 $\gamma_G=1.3$，$\gamma_Q=1.5$，试问，使用阶段托梁顶面的荷载设计值 Q_1（kN/m），以及使用阶段墙梁顶面的荷载设计值 Q_2（kN/m），应依次与下列何组数值最为接近？

A. 7，140　　　　B. 6，150
C. 7，160　　　　D. 7，170

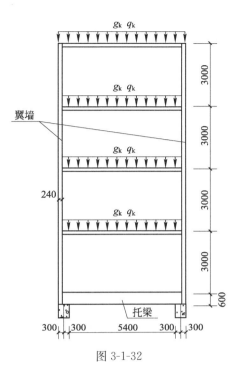

图 3-1-32

65. 假设使用阶段托梁顶面的荷载设计值 $Q_1=10$kN/m，墙梁顶面的荷载设计值 $Q_2=150$kN/m，试问，托梁跨中截面的弯矩设计值（kN·m），与下列何项数值最为接近？

A. 110　　　　B. 140　　　　C. 600　　　　D. 700

66. 假设使用阶段托梁顶面的荷载设计值 $Q_1=10$kN/m，墙梁顶面的荷载设计值 $Q_2=150$kN/m，试问，托梁剪力设计值（kN），与下列何项数值最为接近？

A. 270　　　　B. 300　　　　C. 430　　　　D. 480

67. 假设顶梁截面 $b_t \times h_t=240$mm×180mm，墙梁计算跨度 $l_0=5.94$m，墙体计算高度 $h_w=2.86$m，试问，使用阶段墙梁墙体受剪承载力设计值（结构抗力）（kN），与下列何项数值最为接近？

A. 430　　　　B. 620　　　　C. 690　　　　D. 720

题 68～70

某悬臂式矩形水池，壁厚 620mm，剖面如图 3-1-33 所示。采用 MU10 烧结普通砖、M10 水泥砂浆砌筑，砌体施工质量控制等级为 B 级。承载力验算时不计池壁自重；水压力按可变荷载考虑，假定其荷载分项系数取 1.0。

68. 当按池壁的受弯承载力验算时，该池壁所能承受的最大水压高度设计值 H（m），以下何项满足要求且数值最为接近？

提示：可取 1m 宽池壁进行承载力验算。

A. 1.90　　　　　　B. 1.80
C. 1.70　　　　　　D. 1.60

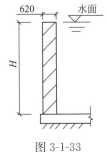

图 3-1-33

69. 按池壁底部的受剪承载力验算时，可近似忽略竖向截面中的剪力，试问，该池壁所能承受的最大水压高度设计值 H（m），以下何项满足要求且数值最为接近?

　　A. 3.00　　　　　B. 3.30　　　　　C. 3.60　　　　　D. 3.70

70. 若将该池壁承受水压的能力提高,下列何种措施最有效?

　　A. 提高砌筑砂浆的强度等级

　　B. 提高砌筑块体的强度等级

　　C. 池壁采用MU10级单排孔混凝土砌块,Mb10级水泥砂浆对孔砌筑

　　D. 池壁采用砖砌体和底部锚固的钢筋砂浆面层组成的组合砖砌体

题71. 设置混凝土构造柱的多层砖房,采用下列何项施工顺序才能更好地保证墙体的整体性?

　　A. 砌砖墙、绑扎构造柱钢筋、支模板、再浇筑混凝土构造柱

　　B. 绑扎构造柱钢筋、砌砖墙、支模板、再浇筑混凝土构造柱

　　C. 绑扎构造柱钢筋、支模板、浇筑混凝土构造柱、再砌砖墙

　　D. 砌砖墙、支模板、绑扎构造柱钢筋、再浇筑混凝土构造柱

3.2 答案

1. 答案：B

解答过程：依据《砌体结构设计规范》GB 50003—2011 的 4.2.8 条，由窗间墙宽度（壁柱向两侧各取一半的范围）得到翼缘宽度 $b_f=0.5+2=2.5\text{m}$，壁柱宽 $+\dfrac{2}{3}$ 墙高为 $0.37+\dfrac{2}{3}\times 6.633=4.79\text{m}>2.5\text{m}$，故取翼缘宽度 $b_f=2.5\text{m}$。依据题干表格，可知 $h_T=507\text{mm}$。

有壁柱山墙，取壁柱处山墙高度且墙高从基础顶面算起，故 $H=6.133+0.5=6.633\text{m}$。

对整片山墙依据表 5.1.3 确定墙的计算高度时，取 s 为其两端纵墙的距离，则 $s=4\times 3=12\text{m}$，属于刚性方案。由 $H<s<2H$、刚性方案查表 5.1.3，得到

$$H_0=0.4s+0.2H=0.4\times 12+0.2\times 6.633=6.127\text{m}$$

又依据规范的 6.1.1 条，有

$$\beta=\frac{H_0}{h_T}=\frac{6.127}{0.507}=12.1$$

由于是承重墙，$\mu_1=1.0$。依据 6.1.4 条考虑门窗洞口影响。

洞口高度与墙高之比为 $3.6/6.633$，在 $0.2\sim 0.8$ 之间，因此，按照公式计算门窗洞口修正系数。

$$\mu_2=1-0.4\frac{b_s}{s}=1-0.4\times\frac{3000}{12000}=0.9>0.7,\text{取为}\ 0.9。$$

于是，$\mu_1\mu_2[\beta]=1.0\times 0.9\times 24=21.6$，故选择 B。

点评：第 1~3 题，原真题未给出基础顶面的位置，因此，在确定墙高时无法从基础顶面算起，只能从图中的零标高算起，不甚妥当。今给出基础顶面标高为 -0.5m。

下面对本题的几种不同观点加以讨论。

(1) 认为上述取 $b_f=2.5\text{m}$ 不合理。理由：壁柱的作用是加大了翼缘墙体的相对厚度，使得计算的高厚比降低。但按照上面解答的做法，如果不开洞，翼缘宽度大，得到的 h_T 小，高厚比 β 变大，反而是构件变得不稳定。可见，这种解法逻辑有问题。

笔者认为，该观点有失片面，这是因为，其只是看到了验算公式的左边，而没有考虑公式的右边。

对墙的高厚比验算，采用的公式为

$$\beta=\frac{H_0}{h_T}\leqslant\mu_1\mu_2[\beta]$$

将门窗洞口的影响系数 μ_2 移至公式左边，写成

$$\frac{H_0}{\mu_2 h_T}\leqslant\mu_1[\beta]$$

这时，有无洞口，公式的右边项以及 H_0 不变，显然，$\mu_2 h_T$ 越小越不容易满足上式要求，即越不利。

今假设 $s=4\text{m}$，其间的带壁柱墙尺寸取值，如图 3-2-1 所示。改变 b_f，得到表 3-2-1。

$\mu_2 h_T$ 随 b_f 的变化 　　　　表 3-2-1

b_f	y_2	i	h_T	μ_2	$\mu_2 h_T$
2500	441	145	507	0.85	431
2800	446	141	493	0.88	433
3000	449	138	484	0.9	436
3500	456	133	465	0.95	442
4000	460	128	449	1	449

注：1. 表中数值单位均为 mm。

2. μ_2 按照 $\mu=1-0.4\times\dfrac{4000-b_f}{4000}\geq 0.7$ 取值。

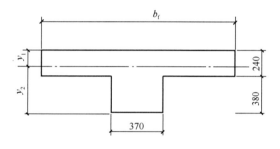

图 3-2-1　带壁柱墙的尺寸取值

可以看到，随着 b_f 的增大（对应于洞口越来越小），$\mu_2 h_T$ 的取值越来越大，高厚比验算越来越有利。这是与常识相符的。

（2）认为应取 $b_f=4.5\text{m}$。理由：依据施楚贤《砌体结构疑难释义》（第三版）139 页的题 22 的做法，本题窗间墙的宽度应为 $4+0.5=4.5\text{m}$。

笔者发现，施楚贤《砌体结构疑难释义》（第三版）141 页对山墙高厚比计算的做法如图 3-2-2 所示，然而，该书的 140 页有这样的描述："该墙为 T 形截面，故需求折算厚度方可确定高厚比。按理，截面翼缘宽度应取相邻壁柱间的距离，再乘以截面洞口折减系数 μ_2。但分析表明，当翼缘宽度取窗间墙宽度，并乘以 μ_2 后，其结果与前者计算方法的结果相近。因此采用后者方法，它还可使承载力计算与高厚比验算在计算截面的取法上一致。"可见，该书算例中采用的是"后者方法"，也是一种"退而求其次"的方法。况且，对于本题，并没有给出 $b_f=4.5\text{m}$ 对应的 h_T，因此，笔者以为该认识欠妥。

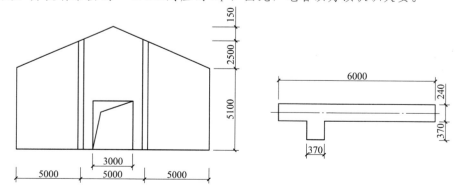

图 3-2-2　施楚贤书中的插图

(3) 认为应取 $b_f=4$m。理由：壁柱的翼缘宽度是该壁柱的有效支撑宽度，没有要求壁柱一定要放在翼缘的对称中线，只要放在这个翼缘宽度内，就具有对该翼缘墙的支撑作用，所以，取 $b_f=4$m 较合适。

笔者查阅了不少与砌体结构有关的文献（包括教材与手册），从未见到过有如此做法。

需要注意的是，对门窗洞口的修正系数的计算，新版规范 6.1.4 条对 s 的定义为"相邻横墙或壁柱之间的距离"（旧版为"相邻窗间墙或壁柱之间的距离"）。这里是对整片墙的验算，故取 $s=12000$mm，b_s 取为该范围内的洞口总宽度。

2. 答案：C

解答过程：依据《砌体结构设计规范》GB 50003—2011 的 5.1.3 条，由于Ⓐ Ⓑ轴之间无壁柱，因此，取层高加山墙尖高度的 1/2 作为墙高，于是，$H=(6.633+5.3)/2=5.97$m。

查表 5.1.3 时，间距 s 按照Ⓐ Ⓑ轴线之间的距离取值，故 $s=4$m$<H$。刚性方案，得到 $H_0=0.6s=2.4$m。于是

$$\beta=\frac{H_0}{h}=\frac{2400}{240}=10$$

依据 6.1.1 条，由于是承重墙，$\mu_1=1.0$；$[\beta]=24$。依据 6.1.4 条，$\mu_2=1.0$。

$$\mu_1\mu_2[\beta]=1.0\times1.0\times24=24$$

故选择 C。

3. 答案：A

解答过程：依据《砌体结构设计规范》GB 50003—2011 的 6.1.1、6.1.4 条，$\mu_1=1.0$；$[\beta]=24$；$\mu_2=1.0$。

依据 6.1.2 条计算 $[\beta]$ 的修正系数 μ_c：

$$\frac{b_c}{l}=\frac{240}{4000}=0.06<0.25 \text{ 且} >0.05，取\frac{b_c}{l}=0.06$$

$$\mu_c=1+\gamma\frac{b_c}{l}=1+1.5\times0.06=1.09$$

于是 $\mu_c\mu_1\mu_2[\beta]=1.09\times1.0\times1.0\times24=26.16$

依据 5.1.3 条，墙高按照无壁柱情况，$H=(5.3+7.3)/2=6.3$m。由于 $H<s=12$m$<2H$ 且为刚性方案，$H_0=0.4s+0.2H=0.4\times12+0.2\times6.3=6.06$m

$$\beta=\frac{H_0}{h}=\frac{6060}{240}=25.25$$

选择 A。

4. 答案：B

解题过程：屋架受力面积为：$(12+2\times0.8)\times4=54.4$m²

$N=(1.3\times2.2+1.5\times0.5)\times54.4/2=98.2$kN

故选择 B。

5. 答案：C

3 砌体结构

解题过程：依据《砌体结构设计规范》GB 50003—2011 的表 4.2.1，装配式有檩体系，横墙间距 $s=20\text{m}$，属于刚弹性方案。依据表 5.1.3，无吊车房屋、单跨、刚弹性方案，带壁柱墙排架方向计算高度 $H_0=1.2H=1.2\times(4.5+0.5)=6.0\text{m}$。

窗间墙翼缘宽度为 $4-1.2=2.8\text{m}$，由题干给出的表格，得到 $h_T=493\text{mm}$。

$$\beta=\gamma_\beta\frac{H_0}{h_T}=1.2\times\frac{6000}{493}=14.6$$

查表 D.0.1-1，$\varphi=0.77-\dfrac{0.77-0.72}{16-14}(14.6-14)=0.755$

$$\varphi Af=0.755\times812600\times1.83=1123\times10^3\text{N}$$

选择 C。

点评：对于本题，需要注意：

（1）2011 版规范取消了大跨度导致的强度调整。

（2）题目中所说的"外纵墙"指的是Ⓐ轴或Ⓓ轴的墙，其高度，应根据图 3-1-1 中的 B—B 图确定，故高度取为 5.0m。

6. 答案：D

解题过程：

偏心距　　$e_0=\dfrac{M}{N}=\dfrac{8.58\times10^6}{232\times10^3}=37\text{mm}<0.6y=0.6\times446=267.6\text{mm}$

上式中，446mm 为截面重心到轴向力所在偏心方向截面边缘的距离，由题干给出的表格查到。符合规范 5.1.5 条。

依据 $\beta=14.6$、$\dfrac{e_0}{h_T}=\dfrac{37}{493}=0.075$，查《砌体结构设计规范》GB 50003—2011 的表 D.0.1-1，得到 $\varphi=0.61-\dfrac{0.61-0.56}{16-14}(14.6-14)=0.595$。

$$\varphi Af=0.595\times812600\times1.83=885\times10^3\text{N}$$

选择 D。

7. 答案：B

解答过程：圈梁不足以看作承载力计算的铰支点，因此，$H=3.2+1.0=4.2\text{m}$。依据《砌体结构设计规范》GB 50003—2011 的表 5.1.3，$H<s=6.6\text{m}<2H$、刚性方案，有

$$H_0=0.4s+0.2H=0.4\times6.6+0.2\times4.2=3.48\text{m}$$

又依据规范的 5.1.2 条，有 $\beta=\gamma_\beta\dfrac{H_0}{h}=1.0\times\dfrac{3.48}{0.24}=14.5$

查表 D.0.1-1，得到 $\varphi=0.77-\dfrac{0.77-0.72}{16-14}\times(14.5-14)=0.7575$

横墙单位长度的轴心受压承载力为：

$$\varphi Af=0.7575\times240\times1000\times1.5=272.7\times10^3\text{N}$$

选择 B。

点评：若将圈梁作为不动铰支点，则构件高度 $H=3.2\text{m}$。由于 $s=6.6\text{m}>2H$，故

$H_0 = H = 3.2\text{m}$。

又依据规范的 5.1.2 条，$\beta = \gamma_\beta \dfrac{H_0}{h} = 1.0 \times \dfrac{3.2}{0.24} = 13.33$

查表 D.0.1-1，得到 $\varphi = 0.82 - \dfrac{0.82 - 0.77}{14 - 12}(13.33 - 12) = 0.787$

$$\varphi A f = 0.787 \times 240 \times 1000 \times 1.5 = 283 \times 10^3 \text{N}$$

以上解答有一定道理。但鉴于圈梁的此项规定位于构造要求一章，故一般认为只用于验算墙高厚比时。

8. 答案：B

解答过程：依据《砌体结构设计规范》GB 50003—2011 的 8.2.7 条，组合砖墙受压承载力为

$$\varphi_{\text{com}} [fA + \eta(f_c A_c + f'_y A'_s)]$$

以上式中，$A_c = 240 \times 240 = 57600 \text{mm}^2$，$A = (2200 - 240) \times 240 = 470400 \text{mm}^2$。

由于 $\dfrac{l}{b_c} = 2200/240 = 9.167 > 4$，故

$$\eta = \left(\dfrac{1}{\dfrac{l}{b_c} - 3}\right)^{\frac{1}{4}} = \left(\dfrac{1}{\dfrac{2200}{240} - 3}\right)^{\frac{1}{4}} = 0.6346$$

4Φ14 的钢筋面积为 $A'_s = 615 \text{mm}^2$，HPB300 钢筋 $f'_y = 270 \text{N/mm}^2$；C25 混凝土 $f_c = 11.9 \text{N/mm}^2$；MU10 烧结普通砖、M5 砂浆砌筑，质量为 B 级时 $f = 1.5 \text{N/mm}^2$。从而

$$\varphi_{\text{com}}[fA + \eta(f_c A_c + f'_y A'_s)]$$
$$= 0.804 \times [1.5 \times 470400 + 0.6346 \times (11.9 \times 57600 + 270 \times 615)]$$
$$= 1002 \times 10^3 \text{N}$$

故选择 B。

点评：组合砖墙的受压承载力宜表示为"kN/m"，否则容易引起误解。对于本题，1002kN 为 2.2m 组合墙的受压承载力，折合为 1002/2.2 = 455.5kN/m。

9. 答案：A

解答过程：从受力要求考虑，依据《砌体结构设计规范》GB 50003—2011 的 7.4.2 条，假定 $l_1 \geqslant 2.2h_b$，则倾覆点位置 $x_0 = 0.3 \times 300 = 90\text{mm}$。

依据提示，采用 1.3、1.5 的组合，可得：

$$\dfrac{(1.3 \times 16 + 1.5 \times 6.4) \times (1.38 + 0.09)^2}{2} \leqslant 0.8 \times \dfrac{16 \times (l_1 - 0.09)^2}{2}$$

化简为 $\quad 32.846 \leqslant 6.4 \times (l_1 - 0.09)^2$

据此解方程，得到 $l_1 \geqslant 2.36\text{m}$，满足 $l_1 \geqslant 2.2h_b = 2.2 \times 0.3 = 0.66\text{m}$ 的假设，数值可用。

从构造要求考虑，依据规范 7.4.6 条第 2 款，挑梁上无砌体时，l_1 与 l 之比宜大于 2。

今挑出长度为 1.38m，故应有 $l_1 > 2 \times 1.38 = 2.76$m。

综上，应满足 $l_1 > 2.76$m，选择 A。

点评：关于挑梁的抗倾覆验算，需要注意以下几点：

(1) 计算倾覆力矩 M_{ov} 时所采用的荷载组合，本质上来源于规范的 4.1.6 条，验算式左侧，采用的是"基本组合"。为此，本次修订时，依据《建筑结构可靠性设计统一标准》GB 50068—2018 作出修改，要求只按照 1.3、1.5 的荷载组合验算。

(2) 规范公式 (7.4.3) 右侧的表达式 $0.8G_r(l_2-x_0)$，其中的 "0.8" 作为分项系数来源于规范 4.1.6 条。

(3) 本题中的挑梁位于顶层，曾有观点认为此时倾覆点按照墙的外缘确定，但多数文献（包括命题组）认为，此时仍按照规范规定选取。笔者取后一种观点。

(4) 倾覆力矩 M_{ov} 按照倾覆荷载对倾覆点取矩得到。倾覆荷载的作用范围，对于非顶层的挑梁，有两种计算模型，如图 3-2-3 所示。其中，图 (a) 为教科书与《砌体结构设计手册》所采用的计算模型，图 (b) 为命题组采用的计算模型（见 2012 年对二级试题 40 题的解答）。命题组采用的模型，相当于认为倾覆荷载不可能进入墙体内，概念上似乎更准确。计算表明，两种计算模型所得结果十分相近，差别可以忽略。考虑到倾覆点的位置本身就是一种近似，因此，笔者认为上述两种计算方法均可接受。但为了全书统一，采用命题组的观点。

特殊的，当挑梁位于顶层时，很显然倾覆荷载的作用范围可以到达倾覆点，这就是本题给出的计算过程。

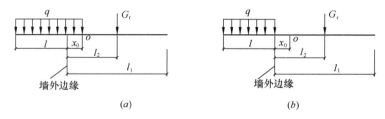

图 3-2-3 挑梁倾覆计算简图

10. 答案：A

解答过程：依据《砌体结构设计规范》GB 50003—2011 的 7.4.4 条计算。

倾覆荷载设计值 R：
$$R = (1.3 \times 16 + 1.5 \times 6.4) \times (1.38 + 0.09) = 44.7 \text{kN}$$
$$N_l = 2R = 2 \times 44.7 = 89.4 \text{kN}$$

MU15 蒸压粉煤灰砖、M5 砂浆砌筑、施工质量为 B 级时，$f = 1.83$MPa。

依据 7.4.4 条，$A_l = 1.2bh_b = 1.2 \times 240 \times 300 = 86400$mm²。挑梁支承在丁字梁上，$\gamma = 1.5$。于是

$$\eta f A_l = 0.7 \times 1.5 \times 1.83 \times (1.2 \times 240 \times 300) = 166.02 \times 10^3 \text{N}$$

故选择 A。

点评：解答时注意以下两点：

(1) 此处计算 R 时采用的计算模型与倾覆验算时的模型一致。

(2) 计算挑梁下局部受压承载力时，不考虑小面积引起的强度折减。

11. 答案：B

解答过程：依据《砌体结构设计规范》GB 50003—2011 的 7.3.5 条，自承重墙梁可不验算墙体受剪承载力和砌体局部受压承载力。故选择 B。

12. 答案：B

解答过程：温度应力与多种因素有关，如温差、温度线膨胀系数、墙体刚度等，并非完全取决于建筑物的墙体长度，故 B 错误。

13. 答案：B

解答过程：依据《砌体结构设计规范》GB 50003—2011 的 5.1.3 条，$H=3.6$m，$s=9$m$>2H=7.2$m，按刚性方案查表，$H_0=1.0H=3.6$m。

对于墙 A 截面，有

$$I = \frac{1}{12} \times 1000 \times 240^3 + 1000 \times 240 \times (169-120)^2$$

$$+ \frac{1}{12} \times 240 \times 250^3 + 240 \times 250 \times (490-125-169)^2$$

$$= 4.3457 \times 10^9 \text{mm}^4$$

$$A = 1000 \times 240 + 250 \times 240 = 3.0 \times 10^5 \text{mm}^2$$

$$i = \sqrt{\frac{I}{A}} = \sqrt{\frac{4.3457 \times 10^9}{3.0 \times 10^5}} = 120.4 \text{mm}$$

$$h_T = 3.5i = 3.5 \times 120.4 = 421.4 \text{mm}$$

$$\frac{H_0}{h_T} = \frac{3600}{421.4} = 8.54$$

故选择 B。

点评：尽管题目中已知为刚性地坪，但由于要求计算的是"二层"外纵墙的高厚比而不是首层，因此不能取 $H=3.6+0.3+0.5=4.4$m。

14. 答案：C

解答过程：依据《砌体结构设计规范》GB 50003—2011 的表 6.1.1，M5.0 砂浆时，墙的允许高厚比 $[\beta]=24$。对于承重墙，有 $\mu_1=1.0$；考虑门窗洞口，得到

$$\mu_2 = 1 - 0.4 \frac{b_s}{s} = 1 - 0.4 \times \frac{1 \times 3}{3 \times 3} = 0.867$$

$$\mu_1 \mu_2 [\beta] = 1.0 \times 0.867 \times 24 = 20.8$$

依据 5.1.3 条，在房屋底层，当基础埋置较深且有刚性地坪时，下端支点可取室外地面下 500mm 处。故墙高为 $3.6+0.3+0.5=4.4$m。查表 5.1.3，刚性方案，$H_0=1.0H=4.4$m。$\frac{H_0}{h}=\frac{4.4}{0.24}=18.33$，选择 C。

15. 答案：A

解答过程：查《砌体结构设计规范》GB 50003—2011 的表 3.2.1-2，M5.0 砂浆时

MU15级蒸压灰砂普通砖抗压强度设计值$f=1.83\text{N/mm}^2$。再依据规范4.1.5条，施工质量控制等级为C级时，相对于B级时强度调整系数为1.6/1.8=0.89。

按刚性方案，$s=9\text{m}>2\times 3.6=7.2\text{m}$，得到$H_0=1.0H=3.6\text{m}$。

依据5.1.2条，构件高厚比为

$$\beta=\gamma_\beta\frac{H_0}{h}=1.2\times\frac{3.6}{0.24}=18$$

按轴心受压查规范表D.0.1-1，得到$\varphi=0.67$。

由于截面积$A=0.24\times 1.0=0.24\text{m}^2<0.3\text{m}^2$，应考虑强度折减系数$0.24+0.7=0.94$。于是

$$N=\varphi Af=0.67\times 0.24\times 10^3\times 0.89\times 0.94\times 1.83=246.2\times 10^3\text{N}$$

选择A。

16. 答案：B

解答过程：依据《砌体结构设计规范》GB 50003—2011的7.4.2条，由于$l_1=2.0\text{m}>2.2h_b=2.2\times 0.3=0.66\text{m}$，故$x_0=0.3h_b=0.09\text{m}<0.13l_1=0.13\times 2.0=0.26\text{m}$，取$x_0=0.09\text{m}$。

依据提示计算最大倾覆力矩。

$$M_{\text{ov}}=[1.3\times(15.5+1.35)+1.5\times 5]\times 1.5\times\left(\frac{1.5}{2}+0.09\right)=37.1\text{kN}\cdot\text{m}$$

选择B。

17. 答案：A

解答过程：依据《砌体结构设计规范》GB 50003—2011的7.4.2条，由于$l_1=3\text{m}>2.2h_b=2.2\times 0.3=0.66\text{m}$，故$x_0=0.3h_b=0.3\times 0.3=0.09\text{m}$，于是有

$$\frac{28\times(l+0.09)^2}{2}$$

$$\leqslant\frac{0.8\times(10+1.35)\times(3-0.09)^2}{2}$$

解出$l\leqslant 1.57\text{m}$。

又依据规范的7.4.6条，当挑梁上无砌体时，挑梁埋入砌体长度与挑出长度之比宜大于2，故$l<l_1/2=3/2=1.5\text{m}$。

最大悬挑长度应同时满足计算要求和构造要求，综上，选择A。

点评：对顶层挑梁，倾覆点位置仍应按规范7.4.2条确定，见朱炳寅《建筑结构设计问答及分析》（第二版）258页。同时，将倾覆荷载范围算至倾覆点。

18. 答案：D

解答过程：依据《砌体结构设计规范》GB 50003—2011的7.4.4条，$\eta=0.7$；$\gamma=1.5$。

$$A_l=1.2bh_b=1.2\times 240\times 300=86400\text{mm}^2$$

查表3.2.1-1，M5.0砂浆时MU10级烧结普通砖抗压强度设计值$f=1.50\text{N/mm}^2$。由于采用的是M5水泥砂浆，强度不折减。

$$\eta \gamma f A_l = 0.7 \times 1.5 \times 1.5 \times 86400 = 136.08 \times 10^3 \text{N}$$

选择 D。

点评：关于水泥砂浆导致的强度折减，2011 版《砌体结构设计规范》规定，小于 M5.0 的水泥砂浆才考虑强度折减，不再是针对所有水泥砂浆。

19. 答案：A

解答过程：依据《砌体结构设计规范》GB 50003—2011 的 5.2.5 条，由于 $\sigma_0 = 0$，得到 $\delta_1 = 5.4$。

查表 3.2.1-1，M5.0 砂浆时 MU10 级烧结普通砖抗压强度设计值 $f = 1.50 \text{N/mm}^2$。由于采用的是 M5 水泥砂浆，强度不折减。于是

$$a_0 = \delta_1 \sqrt{\frac{h_c}{f}} = 5.4 \sqrt{\frac{800}{1.5}} = 124.7 \text{mm}$$

选择 A。

20. 答案：D

解答过程：依据提示采用 $\gamma_G = 1.3$，$\gamma_Q = 1.5$ 的组合计算由梁传来的压力。

$$N_l = 1.3 \times (3.75 \times 4 \times 4 + 4.2 \times 4) + 1.5 \times 4.25 \times 4 \times 4$$
$$= 201.84 \text{kN}$$

依据《砌体结构设计规范》GB 50003—2011 的图 4.2.5，得到

$M = 201.84 \times (330.4 - 0.4 \times 150) = 54.58 \times 10^3 \text{kN} \cdot \text{mm} = 54.58 \text{kN} \cdot \text{m}$，选择 D。

21. 答案：A

解答过程：依据《砌体结构设计规范》GB 50003—2011 的 7.3.3 条，墙梁跨中截面的计算高度 $H_0 = h_w + 0.5 h_b$，而 h_w 与 l_0 取值有关。

由于 $1.1 l_n = 1.1 \times 4850 = 5335 \text{mm} > l_c = 5450 - 300 = 5150 \text{mm}$，故取 $l_0 = 5150 \text{mm}$。

今 $h_w = 15000 \text{mm} > l_0 = 5150 \text{mm}$，取 $h_w = l_0 = 5150 \text{mm}$ 确定 H_0。

$$H_0 = h_w + 0.5 h_b = 5150 + 0.5 \times 500 = 5400 \text{mm}$$

选择 A。

22. 答案：D

解答过程：依据《砌体结构设计规范》GB 50003—2011 的 7.3.8 条，对于自承重墙无洞口，$\beta_v = 0.45$。依据 7.3.4 条的第 1 款 3），对于自承重墙取 $V_{1j} = 0$。

$$V_{2j} = (15 \times 10.5 + 6.2) \times 4.85 / 2 = 397.0 \text{kN}$$
$$V_{bj} = V_{1j} + \beta_v V_{2j} = 0 + 0.45 \times 397.0 = 178.7 \text{kN}$$

选择 D。

23. 答案：C

解答过程：依据《砌体结构设计规范》GB 50003—2011 的 6.5.2 条第 1 款，A 表述正确；依据 6.5.3 条第 1 款，B 表述正确；依据 6.5.2 条第 7 款，D 表述正确。故选择 C。

24. 答案：D

解答过程：依据《砌体结构设计规范》GB 50003—2011 的 6.4.5 条的条文说明，A、B、C 的表述均是正确的。对钢筋拉结件防腐处理是确保夹心墙耐久性的重要措施。故选择 D。

25. 答案：B

解答过程：水浮力按活荷载计算，则可得到漂浮荷载效应值：
$$\gamma_0 S_1 = 0.9 \times 1.4 \times 10 \times (4-1) = 37.8 \text{kN/m}^2$$

上式中，10kN/m^3 为水的重度，即 ρg。

抗漂浮荷载仅考虑永久荷载，则效应 $S_2 = 50\text{kN/m}^2$，于是
$$\gamma_0 S_1 / S_2 = 37.8/50 = 0.756 < 0.8$$

选择 B。

点评：依据《建筑结构可靠性设计统一标准》以及《建筑结构荷载规范》，抗倾覆与抗浮验算由各规范自行规定。2001 版《砌体结构设计规范》的 4.1.6 条曾规定抗倾覆与抗浮采用同样的计算公式，这就是本题的来历和答题依据。但是，2011 版《砌体结构设计规范》删去了对抗浮的验算。目前，对抗浮验算有规定的是《建筑地基基础设计规范》GB 50007—2011 的 5.4.3 条，规定应满足：

$$\frac{G_k}{N_{w,k}} \geqslant K_w$$

式中，G_k 为建筑物自重与压重之和；$N_{w,k}$ 为浮力作用值；K_w 为抗浮稳定安全系数，一般取 1.05。该式本质上为容许应力法。

26. 答案：D

解答过程：依据《建筑抗震设计规范》GB 50011—2010 的 7.2.3 条，窗洞高度未超过层高的 50%，应按窗洞看待，但开洞率为 2/6＝0.33，超出规范表 7.2.3 的范围，因此不宜采用毛墙面刚度乘以折减系数的做法。

分为上、中、下三个墙段考虑。

上层墙段，由于高宽比 $h/b = 600/6000 = 0.1 < 1.0$，故确定侧向刚度时只考虑剪切变形，该段侧向刚度为：

$$K_1 = \frac{GA}{\xi H} = \frac{0.4E \times 370 \times 6000}{1.2 \times 600} = 1233E \text{ (N/mm)}$$

中层墙段为三个墙段并列，左、右墙段由于高宽比 1500/1000＝1.5，应考虑弯曲变形和剪切；左墙段的刚度为

$$K_{左} = \frac{1}{\frac{1500^3}{12E \times 370 \times 1000^3/12} + \frac{1.2 \times 1500}{0.4E \times 370 \times 1000}} = 47.0E$$

中间墙段高宽比为 1500/2000＝0.75＜1.0，只考虑剪切变形，刚度为

$$K_{中} = \frac{0.4E \times 370 \times 2000}{1.2 \times 1500} = 164.4E$$

这样，中层墙段的侧向刚度
$$K_2 = 2 \times 47.0E + 164.4E = 258.4E$$

下层墙段，由于高宽比 $h/b = 900/6000 = 0.15 < 1.0$，故确定侧向刚度时只考虑剪切变形，该段侧向刚度为：

$$K_3 = \frac{0.4E \times 370 \times 6000}{1.2 \times 900} = 822E \text{ (N/mm)}$$

于是，整个外墙的层间等效侧向刚度为：

$$K = \frac{1}{\frac{1}{K_1} + \frac{1}{K_2} + \frac{1}{K_3}} = \frac{E}{\frac{1}{1233} + \frac{1}{258.4} + \frac{1}{822}} = 170E$$

选择 D。

点评：关于开洞率以及等效侧向刚度的概念，可参见"疑问解答"部分。

27. 答案：B

解答过程：依据《砌体结构设计规范》GB 50003—2011 的 4.2.5 条第 2 款，对刚性方案房屋的静力计算，水平荷载作用下，墙、柱可视作竖向连续梁。再依据 4.2.6 条，有

$$M = -\frac{0.5 \times (6.3 - 3.3)^2}{12} = -0.38 \text{kN} \cdot \text{m}$$

故选择 B。

28. 答案：B

解答过程：依据《砌体结构设计规范》GB 50003—2011 的 3.2.1 条，$f = 1.5$MPa。

依据规范 5.2.2，有

$$A_0 = 370 \times (370 \times 2 + 200) = 347800 \text{mm}^2$$

$$\gamma = 1 + 0.35\sqrt{\frac{A_0}{A_l} - 1} = 1 + 0.35\sqrt{\frac{347800}{36520} - 1} = 2.02 > 2.0，取 \gamma = 2.0。$$

依据规范的 5.2.4 条计算梁端支承处砌体局部受压承载力：

$$\eta = 0.7, a_0 = 10\sqrt{\frac{h_c}{f}} = 10\sqrt{\frac{500}{1.5}} = 182.6 \text{mm}$$

$$A_l = a_0 \times b = 182.6 \times 200 = 36520 \text{mm}^2$$

$$\eta \gamma f A_l = 0.7 \times 2 \times 1.5 \times 36520 = 76.69 \times 10^3 \text{N}$$

故选择 B。

29. 答案：B

解答过程：依据《砌体结构设计规范》GB 50003—2011 的 3.2.1 条，$f = 1.5$MPa。再依据规范的 5.2.6 条，由于是边支座，不均匀受压，取 $\delta_2 = 0.8$；$b_b = 240$mm。

$$I_b = 240 \times 180^3/12 = 116.64 \times 10^6 \text{mm}^4；E = 1600f = 1600 \times 1.5 = 2400 \text{MPa}$$

C20 混凝土，$E_c = 2.55 \times 10^4$ MPa

$$h_0 = 2\sqrt[3]{\frac{E_c I_c}{Eh}} = 2 \times \sqrt[3]{\frac{2.55 \times 10^4 \times 116.64 \times 10^6}{2400 \times 370}} = 299.24 \text{mm}$$

$$2.4\delta_2 f b_b h_0 = 2.4 \times 0.8 \times 1.5 \times 240 \times 299.24 = 206.8 \times 10^3 \text{N}$$

故选择 B。

30. 答案：C

解答过程：依据《砌体结构设计规范》GB 50003—2011 的 8.1.2 条，网状配筋砖砌体受压构件承载力为 $f_n \varphi_n A$。

今依据规范 3.2.1 条，$f=1.89 \text{MPa}$。由于是 M10 水泥砂浆，强度不调整。截面积为 $0.37 \times 0.8 = 0.296 \text{m}^2 > 0.2 \text{m}^2$，强度不必调整。依据 8.1.2 条，钢筋强度 $f_y = 430 \text{MPa} > 320 \text{MPa}$，取 $f_y = 320 \text{MPa}$。

$$\rho = \frac{2A_s}{as_n} = \frac{2 \times 12.57}{60 \times 325} = 0.00129$$，满足规范 8.1.3 条规定的构造要求。

$$f_n = f + 2\left(1 - \frac{2e}{y}\right)\rho f_y$$

$$= 1.89 + 2 \times \left(1 - \frac{2 \times 0.1h}{0.5h}\right) \times 0.00129 \times 320$$

$$= 2.385$$

于是，$f_n \varphi_n A = 2.385 \varphi_n \times 370 \times 800 \times 10^{-3} = 706 \varphi_n \text{(kN)}$，故选择 C。

点评：注意，2011 版规范 3.2.3 条规定，水泥砂浆小于 M5.0 时才考虑强度调整。旧规范为只要水泥砂浆就调整。

31. 答案：C

解答过程：依据《砌体结构设计规范》GB 50003—2011 的 10.2.2 条计算。
$A_c = 240 \times 240 = 57600 \text{mm}^2 < 0.15A = 0.15 \times 1017600 = 152640 \text{mm}^2$，取 $A_c = 57600 \text{mm}^2$。
构造柱间距为 $2\text{m} < 3\text{m}$，取 $\eta_c = 1.1$；居中一根构造柱，$\zeta_c = 0.5$；$4\phi14$ 截面面积为 $A_s = 615 \text{mm}^2$，配筋率为 $615/(240 \times 240) = 1.07\%$，在 0.6% 和 1.4% 之间，取 $A_s = 615 \text{mm}^2$。

$$\frac{1}{\gamma_{RE}}[\eta_c f_{vE}(A - A_c) + \zeta_c f_t A_c + 0.08 f_{yc} A_{sc}]$$

$$= \frac{1}{0.9}[1.1 \times 0.255 \times (1017600 - 57600) + 0.5 \times 1.1 \times 57600 + 0.08 \times 270 \times 615]$$

$$= 349.2 \times 10^3 \text{N}$$

选择 C。

点评：新旧规范对比，此处变化有二：

(1) γ_{RE} 的取值，原为 0.85，2011 版规范为 0.9。

(2) 2011 版规范规定构造柱间距小于 3m 时，取 $\eta_c = 1.1$。

32. 答案：D

解答过程：依据《砌体结构设计规范》GB 50003—2011 的 6.1.1 条进行计算。

与该承重外墙相连的相邻横墙间距为 $s = 4.5 \text{m}$。今砂浆等级为 M7.5，墙的允许高厚比为 $[\beta] = 26$。由于是承重墙，$\mu_1 = 1.0$；无洞口，故 $\mu_2 = 1.0$。于是

$$\mu_1 \mu_2 [\beta] h = 1.0 \times 1.0 \times 26 \times 0.24 = 6.24 \text{m} > s = 4.5 \text{m}$$

依据 6.1.1 条的注 2，选择 D。

若未注意到 6.1.1 条注 2 的规定，会错选 C。

33. 答案：D

解答过程：依据《砌体结构设计规范》GB 50003—2011 的 4.2.1 条，由于横墙间距为 9m，故为刚性方案。再依据规范表 5.1.3，由于 $H<s\leqslant 2H$，故

$$H_0 = 0.4s + 0.2H = 0.4\times 9 + 0.2\times 4.5 = 4.5\text{m}$$

依据规范的 6.1.1 条，砂浆等级为 M7.5，墙的允许高厚比为 $[\beta]=26$；由于是承重墙，$\mu_1=1.0$。

依据 $\beta = \dfrac{H_0}{h} \leqslant \mu_1\mu_2[\beta]$，可得

$$\dfrac{4.5}{0.24} \leqslant 1.0\times \mu_2\times 26$$

解出 $\mu_2 \geqslant 0.72$。

由规范的 6.1.4 条，$\mu_2 = 1 - \dfrac{0.4}{9}b_s \geqslant 0.72$，得到 $b_s \leqslant 6.27\text{m}$。故选择 D。

34. 答案：C

解答过程：依据《砌体结构设计规范》GB 50003—2011 的 10.5.9 条，配筋砌块砌体剪力墙底部加强区高度不小于房屋高度的 1/6，且不小于两层的高度。

今 $\dfrac{1}{6}H = \dfrac{5000}{6} = 8.3\text{m} > 7.4\text{m}$，可见，措施 I 不能满足规范要求。故选择 C。

35. 答案：B

解答过程：依据《砌体结构设计规范》GB 50003—2011 的 A.0.2 条，石材的强度等级，用边长为 70mm 的立方体试块的抗压强度表示。故选择 B。

点评：选项 C 所述"一般情况下，提高砖的强度等级比提高砂浆的强度等级对增大砌体抗压强度的效果好"，不好判断为"对"或者"错"，因为，从《砌体结构设计规范》GB 50003—2011 的表 3.2.1-1 可以看到，有时候提高砂浆强度效果会更好。

36. 答案：B

解答过程：依据《建筑抗震设计规范》GB 50011—2010 的 5.2.6 条第 1 款，横向地震剪力按抗震墙的刚度比例分配。

$$V_{E3} = \dfrac{0.01}{0.0025\times 4 + 0.005\times 2 + 0.01 + 0.15\times 2}\times 300 = 9.1\text{kN}$$

故选择 B。

37. 答案：C

解答过程：依据《建筑抗震设计规范》GB 50011—2010 的 5.2.1 条，对于多层砌体房屋，$\alpha_1 = \alpha_{\max}$。由 5.1.4 条，7 度（0.1g）、多遇地震时，$\alpha_{\max}=0.08$。于是

$$G_{eq} = 0.85\times (2300 + 3\times 4300 + 4920) = 17102\text{kN}$$
$$F_{Ek} = \alpha_1 G_{eq} = 0.08\times 17102 = 1368\text{kN}$$

选择 C。

38. 答案：B

解答过程：依据《建筑抗震设计规范》GB 50011—2010 的 5.2.1 条计算。

多层砌体房屋，$\delta_n = 0$。于是

$$F_{5k} = \frac{G_5 H_5}{\sum_{j=1}^{5} G_j H_j} F_{Ek}(1-\delta_n)$$

$$= \frac{2300 \times 16}{2300 \times 16 + 4300 \times (7.6+10.4+13.2) + 4920 \times 4.8} \times 2000$$

$$= 378 \text{kN}$$

选择 B。

39. 答案：B

解答过程：依据《建筑抗震设计规范》GB 50011—2010 的 7.2.6 条、7.2.7 条计算。

由于 $\sigma_0/f_v = 0.3/0.14 = 2.14$，查表 7.2.6，得到

$$\zeta_N = 0.99 + \frac{1.25-0.99}{3.0-1.0} \times (2.14-1.0) = 1.14$$

于是 $\quad f_{vE} = \zeta_N f_v = 1.14 \times 0.14 = 0.16 \text{N/mm}^2$

依据表 5.4.2 可得 $\gamma_{RE} = 0.9$，于是

$$\frac{f_{vE}A}{\gamma_{RE}} = \frac{0.16 \times 4 \times 240}{0.9} = 171 \text{kN}$$

故选择 B。

40. 答案：B

解答过程：依据《砌体结构设计规范》GB 50003—2011 的 10.2.2 条计算。

$$A = 240 \times 4000 = 960000 \text{mm}^2$$

$A_c = 240 \times 240 = 57600 \text{mm}^2 < 0.15A = 0.15 \times 960000 = 144000 \text{mm}^2$，取 $A_c = 57600 \text{mm}^2$。

构造柱间距为 2m<3m，取 $\eta_c = 1.1$；居中一根构造柱，$\zeta_c = 0.5$；4ϕ14 截面面积为 $A_s = 615 \text{mm}^2$，配筋率为 $615/(240 \times 240) = 1.07\%$，在 0.6% 和 1.4% 之间，取 $A_s = 615 \text{mm}^2$。

$$\frac{1}{\gamma_{RE}}[\eta_c f_{vE}(A-A_c) + \zeta_c f_t A_c + 0.08 f_{yc} A_{sc}]$$

$$= \frac{1}{0.9}[1.1 \times 0.2 \times (960000-57600) + 0.5 \times 1.1 \times 57600 + 0.08 \times 270 \times 615]$$

$$= 270.5 \times 10^3 \text{N}$$

选择 B。

点评：本题依据《建筑抗震设计规范》GB 50011—2010 计算会得到相同的结果。

对于本题，应注意新旧《砌体结构设计规范》的变化：

(1) 2011 版的《砌体结构设计规范》规定，两端均有构造柱的抗震墙，$\gamma_{RE} = 0.9$；2001 版规范对于这种情况取 $\gamma_{RE} = 0.85$。

(2) 2011 版的《砌体结构设计规范》规定，构造柱间距不大于 3m 时取 $\eta_c = 1.1$，与《建筑抗震设计规范》GB 50011—2010 一致；2001 版则是规定构造柱间距不大于 2.8m 时取 $\eta_c = 1.1$。

41. 答案：A

解答过程：依据《建筑抗震设计规范》GB 50011—2010 的 7.2.3 条计算。今开洞率为 1200/4000＝0.30，查表 7.2.3 可得洞口影响系数为 0.88，选择 A。

点评：关于开洞率，需要注意 2016 版规范是按照墙体水平截面计算的，而 2001 版规范是按照墙体立面计算的。更详细的情况，见本书"疑问解答"部分。

42. 答案：D

解答过程：依据《砌体结构设计规范》GB 50003—2011 的 5.1.3 条，底层砖柱高度取为 $H=3.3+0.3+0.5=4.1\mathrm{m}$

查表 5.1.3，得到 $H_0=1.0H=4.1\mathrm{m}$。再依据规范 5.1.2 条，有

$$\beta = \gamma_\beta \frac{H_0}{h} = 1.2 \times \frac{4.1}{0.37} = 13.3$$

查表 D.0.1-1，可得 $\varphi=0.7875$。故选择 D。

43. 答案：A

解答过程：依据《砌体结构设计规范》GB 50003—2011 的 5.1.2 条，该砖柱的轴心受压承载力设计值为 $\varphi A f$。这里，f 依据规范表 3.2.1-3 查得，为 $f=2.07\mathrm{MPa}$。由于是 M7.5 水泥砂浆，强度不需要折减。

今 $A=0.37\times0.49=0.1813\mathrm{m}^2<0.3\mathrm{m}^2$，依据规范 3.2.3 条，需要考虑调整系数 $0.7+0.1813=0.88$。

$$\varphi A f = 0.9 \times (0.88 \times 2.07) \times 0.1813 \times 10^6 = 297.8 \times 10^3 \mathrm{N}$$

故选择 A。

点评：需要注意，2011 版规范中只对小于 M5.0 的水泥砂浆砌筑才考虑强度折减。

44. 答案：C

解答过程：依据《建筑抗震设计规范》GB 50011—2010 的 7.2.9 条第 1 款，在计算抗震墙引起的附加轴向力时，若柱两侧有墙，V_w 取两者剪力设计值的较大者。于是

$$N_\mathrm{f} = \frac{V_\mathrm{w} H_\mathrm{f}}{l} = \frac{150 \times 4.5}{6} = 112.5 \mathrm{kN}，故选择 C。$$

45. 答案：A

解答过程：依据《砌体结构设计规范》GB 50003—2011 的 5.1.3 条，构件高度取值为

$$H = 3 + 0.5 \times 2 + 0.5 = 4.5\mathrm{m}$$

查表 5.1.3，$H_0=1.0H=4.5\mathrm{m}$。再依据规范的 5.1.2 条，有

$$\beta = \gamma_\beta \frac{H_0}{h} = 1.2 \times \frac{4.5}{0.24} = 22.5$$

由 $e/h=12/240=0.05$，$\beta=22.5$ 查表 D.0.1-1，可得

$$\varphi = 0.49 - \frac{0.49 - 0.45}{24 - 22}(22.5 - 22) = 0.48$$

故选择 A。

46. 答案：C

解答过程：依据《砌体结构设计规范》GB 50003—2011 的 10.2.1 条和 10.2.2 条分析，在一定范围 σ_0 越大，抗震抗剪强度越大，越有利，故选择竖向应力较小的墙段是正确的；从属面积较大的墙段，所承受的地震剪力也大，故见解Ⅲ也是正确的。选择 C。

47. 答案：B

解答过程：依据《砌体结构设计规范》GB 50003—2011 的 10.1.8 条，选择 B。

48. 答案：A

解答过程：依据《砌体结构设计规范》GB 50003—2011 的 5.1.2 和 5.1.3 条可知，改变房屋的静力计算方案、调整或改变支承条件均可以改变受压构件的计算高度 H_0，从而可以改变 β 的计算值。改变砌块材料类别会改变 γ_β 的值，也可以改变 β 的计算值。故选择 A。

49. 答案：B

解答过程：依据《砌体结构设计规范》GB 50003—2011 的 3.2.1 条，MU10 烧结多孔砖，M5 混合砂浆时，$f = 1.5 \text{N/mm}^2$。

依据 5.2.2 条、5.2.3 条、5.2.4 条计算强度提高系数。

$$A_0 = (300 + 370 \times 2) \times 370 = 384800 \text{mm}^2$$

$$a_0 = 10\sqrt{\frac{h_c}{f}} = 10\sqrt{\frac{600}{1.5}} = 200 \text{mm}$$

$$A_l = a_0 b = 200 \times 300 = 6 \times 10^4 \text{mm}^2$$

故 $\gamma = 1 + 0.35\sqrt{\dfrac{A_0}{A_l} - 1} = 1 + 0.35\sqrt{\dfrac{384800}{6 \times 10^4} - 1} = 1.814$

依据 5.2.2 条第 5 款，对于多孔砖，此时尚应满足 $\gamma \leqslant 1.5$，故选择 B。

若未注意到 $\gamma \leqslant 1.5$ 的要求，会错选 C。

若误取 $A_l = 240 \times 300 = 72000 \text{mm}^2$ 计算，会得到 $\gamma = 1.73$，错选 C。

点评：关于 γ 的取值，2011 版《砌体结构设计规范》与 2001 版相比，措辞有变动。

2001 版原文如下：

对多孔砖砌体和按本规范第 6.2.13 条的要求灌孔的砌块砌体，在 1)、2)、3) 款的情况下，尚应符合 $\gamma \leqslant 1.5$。未灌孔混凝土砌块砌体，$\gamma = 1.0$。

2011 版变化为：

按本规范第 6.2.13 条的要求灌孔的混凝土砌块砌体，在 1)、2) 款的情况下，尚应符合 $\gamma \leqslant 1.5$。未灌孔混凝土砌块砌体，$\gamma = 1.0$。

对多孔砖砌体孔洞难以灌实时，应按 $\gamma = 1.0$ 取用；当设置混凝土砌块时，按垫块下的砌体局部受压计算。

据此，有观点认为，新规范对于按照要求灌实的多孔砖砌体不再有 $\gamma \leqslant 1.5$ 的限制，应该选 C。笔者认为不妥。

50. 答案：A

解答过程：依据《砌体结构设计规范》GB 50003—2011 的 5.2.4 条，由于 $A_0/A_l = 5 > 3$，取 $\psi = 0$。

于是，$\psi N_0 + N_l = 0 + 60 = 60\text{kN}$，选择 A。

点评：对于本题，有两点需要说明：

(1) 题目中"梁端支承处砌体局部受压承载力 $\psi N_0 + N_l$"的说法，不妥，因为，$\psi N_0 + N_l$ 处于"荷载效应≤结构抗力"公式的左端。

(2) 对于该题，N_0 不必计算。如果计算，将是下面的过程：

$$\sigma_0 = \frac{90 \times 10^3}{1500 \times 370} = 0.162$$

$$f = 1.5\text{MPa}, \quad a_0 = 10\sqrt{\frac{h_c}{f}} = 10\sqrt{\frac{600}{1.5}} = 200\text{mm}$$

$$A_l = a_0 b = 200 \times 300 = 60000\text{mm}^2$$

$$N_0 = \sigma_0 A_l = 0.162 \times 60000 = 9720\text{N}$$

51. 答案：D

解答过程：依据《砌体结构设计规范》GB 50003—2011 的 5.1.3 条第 1 款、第 3 款，构件高度取为 $H = 4 + 0.3 + 2/2 = 5.3\text{m}$。查表 5.1.3，无吊车单层单跨刚弹性方案，$H_0 = 1.2H = 1.2 \times 5.3 = 6.36\text{m}$。查表 5.1.2，蒸压粉煤灰砖，$\gamma_\beta = 1.2$，于是

$$\beta = \gamma_\beta \frac{H_0}{h} = 1.2 \times \frac{6360}{370} = 20.6$$

故选择 D。

若未考虑到构件高度下端是到基础顶面，也就是未考虑到 300mm 这一因素，则

$$H = 5\text{m}, \quad H_0 = 1.2H = 1.2 \times 5 = 6\text{m}, \quad \beta = \gamma_\beta \frac{H_0}{h} = 1.2 \times \frac{6000}{370} = 19.46$$

错选 C。

点评：以上计算，是按照题目给出的刚弹性方案进行的。

有观点指出，题目图中山墙宽度为 9m，查规范表 4.2.1，为刚性方案，因此，应按下面步骤进行：

墙高 $H = 5.3\text{m}$，$s = 9\text{m}$，由于 $H < s < 2H$，查规范表 5.1.3 得到
$$H_0 = 0.4s + 0.2H = 0.4 \times 9 + 0.2 \times 5.3 = 4.66\text{m}$$

于是 $\beta = \gamma_\beta \dfrac{H_0}{h} = 1.2 \times \dfrac{4.66}{0.370} = 15.1$

无合适选项，B 最接近。

笔者认为以上观点不妥，因为，出题者的本意是"假定"为刚弹性方案时该如何做。

52. 答案：B

解答过程：依据《砌体结构设计规范》GB 50003—2011 的 5.1.3 条第 1 款、第 3 款，构件高度取为 $H = 4 + 0.3 + 2/2 = 5.3\text{m}$。查表 5.1.3，无吊车单层单跨刚性方案，由于 $s = 9\text{m}$，有 $H < s < 2H$，故 $H_0 = 0.4s + 0.2H = 0.4 \times 9 + 0.2 \times 5.3 = 4.66\text{m}$。故选择 B。

53. 答案：B

解答过程：依据《砌体结构设计规范》GB 50003—2011 的 6.1.1 条，由于是承重墙，

所以 $\mu_1=1.0$。查表 6.1.1，得到 $[\beta]=24$。

依据规范 6.1.4 条，有

$$\mu_2 = 1-0.4\frac{b_s}{s} = 1-0.4\times\frac{1.4\times 3}{9} = 0.813$$

从而 $\mu_1\mu_2[\beta]=1.0\times 0.813\times 24=19.5$，故选择 B。

54. 答案：A

解答过程：依据《砌体结构设计规范》GB 50003—2011 的表 5.1.3，刚性方案，横墙间距 $s=3.2\times 3=9.6\text{m}>2H=2\times 3.6=7.2\text{m}$，故 $H_0=1.0H=3.6\text{m}$。再依据规范的 5.1.2 条，有

$$\beta = \gamma_\beta\frac{H_0}{h} = 1.0\times\frac{3600}{240} = 15$$

依据 8.1.2 条，$\rho = \dfrac{2A_s}{as_n} = \dfrac{2\times 12.56}{40\times 130} = 0.483\%$

按 $e/h=24/240=0.1$，$\rho\approx 0.5\%$，查表 D.0.2，得到 $\varphi_n=0.385$，选择 A。

55. 答案：D

解答过程：依据《砌体结构设计规范》GB 50003—2011 的 3.2.1 条，得到 $f=1.69\text{MPa}$，再依据 8.1.2 条，有

$$f_n = f+2\left(1-\frac{2e}{y}\right)\rho f_y = 1.69+2\times\left(1-\frac{2\times 24}{120}\right)\times 0.003\times 320 = 2.842\text{N/mm}^2$$

于是，$\varphi_n f_n A = \varphi_n\times 2.842\times 1000\times 240 = 682\times 10^3\varphi_n\text{N}$，选择 D。

56. 答案：B

解答过程：依据《砌体结构设计规范》GB 50003—2011 的 5.1.1 条，φ 由 e/h 和 β 查表。

今 $e/h=24/240=0.1$，$\beta=15$，查表 D.0.1-1 得到 $\varphi=0.54$。

依据 3.2.3 条，墙体面积 $A=1000\times 240=240\times 10^3\text{mm}^2=0.24\text{m}^2<0.3\text{m}^2$，强度调整系数 $\gamma_a=0.24+0.7=0.94$。

于是，$\varphi f A=0.54\times 0.94\times 1.69\times 0.24\times 10^3=206\times 10^3\text{N}$，选择 B。

57. 答案：A

解答过程：依据《建筑抗震设计规范》GB 50011—2010 的 7.2.4 条第 3 款，地震剪力设计值按照各抗震墙侧向刚度分配。

$$1.35\times\frac{280.0\times 10^4}{2\times 280.0\times 10^4+2\times 40.0\times 10^4}\times 1.3\times 2000$$

$$=1535.6\text{kN}$$

上式中，1.3 为水平地震效应的分项系数。故选择 A。

58. 答案：D

解答过程：依据《建筑抗震设计规范》GB 50011—2010 的 7.2.5 条第 1 款，有

$$1.35\times\frac{5.0\times 10^4}{(29\times 5.0+0.3\times 2\times 280.0+0.2\times 2\times 40.0)\times 10^4}\times 4000 = 82\text{kN}$$

上式中 0.3、0.2 分别为钢筋混凝土墙和砖墙的侧向刚度折减系数。选择 D。

若认为剪力设计值中已经考虑了 1.35 的增大系数，则会得到每个框架柱 KZ 上的地震剪力设计值为 61kN，仍然选择 D。

点评：依据《建筑抗震设计规范》GB 50011—2010，第 57~58 题的题目不符合要求，表现在：

（1）7.1.7 条第 1 款规定，不应采用砌体墙和混凝土墙混合承重的结构体系。

（2）7.1.8 条第 2 款规定，7 度时应采用钢筋混凝土抗震墙或配筋小砌块砌体抗震墙。

59. 答案：C

解答过程：依据《砌体结构设计规范》GB 50003—2011 的 7.2.1 条，A、B 选项表述均正确；依据《建筑抗震设计规范》GB 50011—2010 的 7.3.10 条以及条文说明，C 选项不正确，D 选项正确。故选择 C。

60. 答案：C

解答过程：带壁柱墙 A 的截面积 $A=1400\times190+400\times400=4.26\times10^5 \text{mm}^2$

带壁柱墙 A 的回转半径为 $i=\sqrt{\dfrac{I}{A}}=\sqrt{\dfrac{1.0\times10^{10}}{4.26\times10^5}}=153.2\text{mm}$

于是，$h_T=3.5\times153.2=536\text{mm}$。

依据《砌体结构设计规范》GB 50003—2011 的 6.1.2、6.1.1、5.1.3 条，$H=3.6+2\times0.3=4.2\text{m}$。由于 $s=9.6\text{m}>2H=8.4\text{m}$，按照刚性方案查表 5.1.3，得到 $H_0=1.0H=4.2\text{m}$。

$$\beta=\frac{H_0}{h_T}=\frac{4200}{536}=7.84$$

选择 C。

如果误以为需要依据规范的 5.1.2 条计算，则 $\beta=\gamma_\beta\dfrac{H_0}{h_T}=1.1\times\dfrac{4200}{536}=8.6$，错选 D。

61. 答案：D

解答过程：依据《砌体结构设计规范》GB 50003—2011 的 5.1.3 条，$s=9.6\text{m}>2H=7.2\text{m}$；按照刚性方案查表 5.1.3，$H_0=1.0H=3.6\text{m}$。

$$\beta=\gamma_\beta\frac{H_0}{h_T}=1.1\times\frac{3.6}{0.495}=8$$

查表 D.0.1-1，得到系数 $\varphi=0.91$。

$A=0.4\text{m}^2>0.3\text{m}^2$，不必考虑 3.2.3 条的强度调整。考虑规范表 3.2.1-4 的注 2，当截面为 T 形时单排孔砌体的强度调整系数为 0.85。于是

$$\varphi Af=0.91\times4.0\times10^5\times0.85\times2.5=773.5\times10^3\text{N}$$

选择 D。

62. 答案：A

解答过程：依据《砌体结构设计规范》GB 50003—2011 的 6.1.1 条，由于是承重墙，故 $\mu_1=1.0$；砂浆强度为 M7.5 级的墙，$[\beta]=26$。

依据 6.1.4 条，由于洞口与墙高之比为 $\dfrac{2.1}{3.6}=0.58>\dfrac{1}{5}$，故

$$\mu_2=1-0.4\dfrac{b_s}{s}=1-0.4\times\dfrac{2.4}{9.6}=0.9>0.7，取 \mu_2=0.9。$$

于是，$\mu_1\mu_2[\beta]=1.0\times 0.9\times 26=23.4$。

依据 5.1.3 条，$H=3.6\text{m}$，$s=9.6\text{m}>2H$，按照刚性方案查表 5.1.3，得到 $H_0=1.0H=3.6\text{m}$。于是，$\dfrac{H_0}{h}=\dfrac{3600}{190}=18.9$。故选择 A。

63. 答案：D

解答过程：依据《砌体结构设计规范》GB 50003—2011 的 7.3.3 条，墙梁跨中截面的计算高度取为 $H_0=h_w+0.5h_b$。墙梁计算跨度 l_0 取 $1.1l_n$ 与 l_c 两者中的较小者，今 $1.1l_n=1.1\times 5.4=5.94\text{m}$，$l_c=5.4+(0.3+0.3-0.24)=5.76\text{m}$，故 $l_0=5.76\text{m}$。

墙体计算高度 $h_w=3\text{m}<l_0=5.76\text{m}$，故取 $h_w=3\text{m}$。于是 $H_0=3+0.5\times 0.6=3.3\text{m}$，选择 D。

点评：如图 3-2-4 所示，注意墙梁伸入支座部分的长度为 $600-240=360\text{mm}$，而 l_c 取两端支承长度中点间的距离。

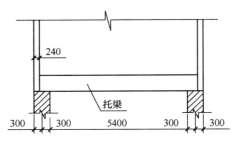

图 3-2-4 墙梁的跨度

64. 答案：D

解答过程：依据《砌体结构设计规范》GB 50003—2011 的 7.3.4 条，Q_1 应取托梁自重以及本层楼盖的恒荷载和活荷载。由于活荷载未直接作用在托梁顶面，故计算时应不考虑。于是

$$Q_1=1.3\times 5.0=6.5\text{kN/m}$$

$$Q_2=1.3\times(4\times 3.0\times 4.5+4\times 12.0)+1.5\times(4\times 6.0)=168.6\text{kN/m}$$

上式中，4 表示 4 层；3.0×4.5 是把面荷载乘以墙高转化成线荷载。

故选择 D。

65. 答案：B

解答过程：依据《砌体结构设计规范》GB 50003—2011 的 7.3.6 条第 1 款中的简支墙梁计算。

无洞口，$\varphi_M=1.0$；$\dfrac{h_b}{l_0}=\dfrac{0.6}{5.76}=0.104<\dfrac{1}{6}$，取 $\dfrac{h_b}{l_0}=0.104$。

$$\alpha_M=\varphi_M\left(1.7\dfrac{h_b}{l_0}-0.03\right)=1.0\times(1.7\times 0.104-0.03)=0.147$$

$$\begin{aligned}M_b&=M_1+\alpha_M M_2\\&=\dfrac{1}{8}\times 10\times 5.76^2+0.147\times\dfrac{1}{8}\times 150\times 5.76^2\\&=133\text{kN}\cdot\text{m}\end{aligned}$$

选择 B。

66. 答案：A

解答过程：依据《砌体结构设计规范》GB 50003—2011 的 7.3.8 条，今为无洞口墙

梁边支座，故 $\beta_V=0.6$，于是
$$V_b = V_1 + \beta_V V_2 = \frac{1}{2} \times 10 \times 5.4 + 0.6 \times \frac{1}{2} \times 150 \times 5.4 = 270\text{kN}$$

选择 A。

67. 答案：B

解答过程：依据《砌体结构设计规范》GB 50003—2011 的 7.3.9 条，使用阶段墙梁受剪承载力设计值应按照下式计算：

$$\xi_1 \xi_2 \left(0.2 + \frac{h_b}{l_{0i}} + \frac{h_t}{l_{0i}}\right) f h h_w$$

今墙体厚度 $h=240\text{mm}$；翼墙计算宽度为 $b_f=1400\text{mm}$，$b_f/h=1400/240=5.83$，按照线性内插法得到 $\xi_1 = 1.3 + \frac{1.5-1.3}{7-3} \times (5.83-3) = 1.44$；无洞口墙梁，$\xi_2=1.0$。

MU10 烧结多孔砖，计算高度范围内为 M10 混合砂浆，故 $f=1.89\text{N/mm}^2$，于是

$$\xi_1 \xi_2 \left(0.2 + \frac{h_b}{l_{0i}} + \frac{h_t}{l_{0i}}\right) f h h_w$$
$$= 1.44 \times 1.0 \times \left(0.2 + \frac{600}{5940} + \frac{180}{5940}\right) \times 1.89 \times 240 \times 2860$$
$$= 618.9 \times 10^3 \text{N}$$

故选择 B。

点评：对于本题，ξ_1 按照单层墙梁还是多层墙梁取值，可能会有不同理解。

有观点提出，h_w 取值为 2860mm，是按照一层墙体考虑的，因此，应取 $\xi_1=1.0$。

事实上，这种理解是不妥当的。

施楚贤《砌体结构理论与设计》（第 3 版，2014 年）299 页指出："承托多层墙体的墙梁，当两端有翼墙时，作用于墙梁顶面及以上各层的楼盖荷载将有一部分传递到翼墙中。根据有限元分析和两个两层带翼墙梁的试验结果，当翼墙宽度与墙梁跨度比 $b_f/l_0=0.13\sim0.3$ 时，在墙梁计算高度位置上已有约 30%～50% 的上部楼盖荷载传给翼墙……新的《砌体结构设计规范》GB 50003 规定不再考虑上部楼面荷载的折减，而仅在墙梁的墙体受剪和局部受压承载力计算中考虑翼墙的有利影响"。可见，规范此处的"多层墙梁"是指"托梁上部有多层墙体"。

68. 答案：B

解答过程：水压力呈三角形分布，其对池底产生的弯矩设计值为

$$\frac{1}{2}\gamma H^2 \times \frac{1}{3}H = \frac{1}{6}\gamma H^3 = 1.0 \times 10 \times H^3/6 = 1.67H^3 \text{ (kN·m)}$$

上式中，$\gamma=10\text{kN/m}^3$ 为水的重度；H 的单位为 m；1.0 为假定的分项系数。

依据《砌体结构设计规范》GB 50003—2011 表 3.2.2，M10、烧结普通砖，沿通缝破坏时 $f_{tm}=0.17\text{N/mm}^2$，由于是 M10 水泥砂浆，不需要考虑强度折减。

依据规范公式（5.4.1），得到受弯承载力设计值为

$$M = f_{tm}W = 0.17 \times \frac{1000 \times 620^2}{6} = 10891 \times 10^3 \text{N·mm} = 10.891 \text{kN·m}$$

于是，可承受的最大水压高度 $H = \sqrt[3]{\frac{10.891}{1.67}} = 1.87\text{m}$，选择 B。

点评：A 选项 1.9m 与 1.87m 最为接近，但是不符合规范要求，所以，"满足要求且数值最为接近"的只能是 B 选项。

69. 答案：D

解答过程：水压力呈三角形分布，其对池底产生的剪力设计值为

$$\frac{1}{2}\gamma H^2 = 1.0 \times 10 \times H^2/2 = 5H^2 \text{ （kN）}$$

依据《砌体结构设计规范》GB 50003—2011 表 3.2.2，M10 砂浆、烧结普通砖，$f_v = 0.17\text{N/mm}^2$，由于是 M10 水泥砂浆，不需要考虑强度折减。依据规范公式（5.4.2-1），得到受剪承载力设计值为

$$V = f_v bz = 0.17 \times 1000 \times 2/3 \times 620 = 70.3 \times 10^3 \text{N} = 70.3 \text{kN}$$

于是，可承受的最大水压高度 $H = \sqrt{\dfrac{70.3}{5}} = 3.75\text{m}$，选择 D。

70. 答案：D

解答过程：依据《砌体结构设计规范》GB 50003—2011 的表 3.2.2，砂浆强度等级 $>$M10 时，f_{tm} 不能再提高，故 A 错误；依据规范表 3.2.2，抗剪、抗弯强度与块体强度无关，故 B 错误；依据规范表 3.2.2，MU10 级单排孔混凝土砌块，Mb10 级水泥砂浆时不能提高抗剪、抗弯强度，故 C 错误。选择 D。

点评：对于 D 选项，由于规范没有给出组合墙的受弯受剪承载力计算公式，故不好直接判断，解答时采用了排除法。但是，根据 8.2.3 条与 8.2.4 条的规定可知，对于该类型构件考虑钢筋的贡献，与钢筋混凝土构件的计算原理类似，因此，相对于未配置钢筋的情况必然显著提高了承载力。

71. 答案：B

解答过程：依据《混凝土小型空心砌块建筑技术规程》JGJ/T 14—2004 的 7.6.1 条，设置钢筋混凝土构造柱的小砌块砌体，应按绑扎钢筋、砌筑墙体、支设模板、浇筑混凝土的施工顺序进行。选择 B。

点评：考试大纲内并未包含《混凝土小型空心砌块建筑技术规程》JGJ/T 14—2004 这本规范，这里列出，仅为给出依据。实际上，施工顺序更接近一种常识。

3.3 疑问解答

本部分问答索引

关键词	问答序号	关键词	问答序号
侧向刚度	51	墙梁	33，35
底部框架-抗震墙房屋	50	墙梁顶面荷载	36
底层框架-抗震墙房屋	50	倾覆力矩	53
地震剪力	52	圈梁	30
对孔砌筑	3	设计使用年限	54
刚弹性方案	7，12	受剪承载力	22
刚性方案	7，10	双排组砌	3
高厚比	18，23，24，25，26	水泥砂浆	2
构造柱	46	弹性方案	7，11
过梁	32	弹性模量	6
横墙刚度	8	挑梁	38
横墙间距	28	弯曲抗拉强度	4
混合砂浆	2	稳定系数	48
计算高度	13	芯柱	46
计算截面翼缘宽度	16	翼墙影响系数	37
结构重要性系数	54	约束普通砖墙	43
局部受压	20，21，34	允许高厚比	29
空间性能影响系数	9	重力荷载代表值	42
平面外偏心受压	40	专用砂浆	2
强度调整	5	自承重墙	26

【Q3.3.1】《砌体规范》2012年1月第1次印刷本，有没有勘误？

【A3.3.1】尚未看到正式的勘误。笔者认为值得商榷的内容见表3-3-1。

《砌体规范》第1次印刷本疑似差错　　　　表3-3-1

序号	位置	疑似差错	修改后	备注
1	30页表5.1.3下的注释4	s为房屋横墙间距	s为相邻横墙间距	
2	56页7.3.6条对α_M的解释	当公式（7.3.6-3）中的$h_b/l_{0i}>1/7$时	当公式（7.3.6-6）中的$h_b/l_{0i}>1/7$时	

3 砌体结构

续表

序号	位置	疑似差错	修改后	备注
3	68 页，第一行	当 $\sigma_s < f_y$ 时，取 $\sigma_s = f_y$	当 $\sigma_s < -f_y$ 时，取 $\sigma_s = -f_y$	f_y 是抗压强度设计值，本身没有负号
4	73 页，图 9.2.4 的图名	偏心受压	偏心受压构件	
5	85 页倒 2 行	底部加强部位（不小于房屋高度的 1/6 且不小于底部二层的高度范围）的层高（房屋总高度小于 21m 时取一层）	底部加强部位（不小于房屋高度的 1/6 且不小于底部二层的高度范围，房屋总高度小于 21m 时取一层）的层高	
6	89 页 10.1.13 条	l_{ae}	l_{aE}	
7	107 页 10.5.9 条第 1 段		增加：房屋高度小于 21m 时，取为一层	与 10.1.4 条以及《抗规》F.1.4 条保持一致
8	109 页 10.5.14 条	9.4.12 条……9.4.13 条	9.4.11 条……9.4.12 条	
9	135 页倒 8 行	第 10.1.24 条	第 7.1.2 条第 4 款	
10	146 页第 2 款	《施工质量控制等级》	"施工质量控制等级"	使用书名号不妥
11	147 页第 1 行	可将表中砌体强度设计值提高 5%	可将表中砌体强度设计值提高 7%	依据 4.1.5 条，1.6/1.5=1.07，即提高 7%
12	147 页倒 2 行	《国际标准》ISO 9652-1	国际标准《无筋砌体结构设计规范》ISO 9652-1	使用书名号不妥
13	189 页第 9 行	本规范从偏于安全亦取 $0.2 f_g b h$	本规范从偏于安全亦取 $0.2 f_g b h_0$	

另外，将《砌体规范》的 10.5.10 条与《抗规》F.3.5 条对比，笔者怀疑《砌体规范》有遗漏（注意有下划线的文字）。

《抗规》原文引用如下：

F.3.5 配筋混凝土小型空心砌块抗震墙墙肢端部应设置边缘构件；底部加强部位的轴压比，一级大于 0.2 和二级大于 0.3 时，应设置约束边缘构件。构造边缘构件的配筋范围：无翼墙端部为 3 孔配筋；"L"形转角节点为 3 孔配筋；"T"形转角节点为 4 孔配筋；边缘构件范围内应设置水平箍筋，最小配筋应符合表 F.3.5 的要求。约束边缘构件的范围应沿受力方向比构造边缘构件增加一孔，水平箍筋应相应加强，也可采用混凝土边框柱加强。

抗震墙边缘构件的配筋要求　　　　　　　　　　　表 F.3.5

抗震等级	每孔竖向钢筋最小量		水平箍筋最小直径	水平箍筋最大间距
	底部加强部位	一般部位		
一级	1φ20	1φ18	φ8	200mm
二级	1φ18	1φ16	φ6	200mm
三级	1φ16	1φ14	φ6	200mm
四级	1φ14	1φ12	φ6	200mm

注：1 边缘构件水平箍筋宜采用搭接点焊网片形式；

2 一、二、三级时，边缘构件箍筋应采用不低于 HRB335 级的热轧钢筋；

3 二级轴压比大于 0.3 时，底部加强部位水平箍筋的最小直径不应小于 8mm。

《砌体规范》原文引用如下：

10.5.10 配筋砌块砌体抗震墙除应符合本规范第 9.4.11 条（"条"字为编者所加）的规定外，应在底部加强部位和轴压比大于 0.4 的其他部位的墙肢设置边缘构件。边缘构件的配筋范围：无翼墙端部为 3 孔配筋；"L"形转角节点为 3 孔配筋；"T"形转角节点为 4 孔配筋；边缘构件范围内应设置水平箍筋；配筋砌块砌体抗震墙边缘构件的配筋应符合表 10.5.10 的要求。

配筋砌块砌体抗震墙边缘构件的配筋要求　　　　表 10.5.10

抗震等级	每孔竖向钢筋最小量		水平箍筋最小直径	水平箍筋最大间距（mm）
	底部加强部位	一般部位		
一级	1φ20(4φ16)	1φ18(4φ16)	φ8	200
二级	1φ18(4φ16)	1φ16(4φ14)	φ6	200
三级	1φ16(4φ12)	1φ14(4φ12)	φ6	200
四级	1φ14(4φ12)	1φ12(4φ12)	φ6	200

注：1 边缘构件水平箍筋宜采用横筋为双筋的搭接点焊网片形式；
　　2 当抗震等级为二、三级时，边缘构件箍筋应采用 HRB400 级或 RRB400 级钢筋；
　　3 表中括号中数字为边缘构件采用混凝土边框柱时的配筋。

笔者认为：

(1)《抗规》中区分了约束边缘构件和构造边缘构件，而《砌体规范》仅仅规定了"边缘构件"（相当于"构造边缘构件"），因此，《抗规》的要求相对严格。

(2)《抗规》中给出了约束边缘构件可用"边框柱"加强，《砌体规范》则没有交代，使得表下出现的"边框柱"十分突兀。

(3)《抗规》规定，一、二、三级时，边缘构件箍筋采用不低于 HRB335 级的热轧钢筋；《砌体规范》中仅指出二、三级时，边缘构件箍筋采用 400 级钢筋，未提及一级，应是疏漏。

另外，《砌体规范》存在与其他规范不协调之处，如表 3-3-2 所示。

《砌体规范》存在与其他规范的不协调之处　　　　表 3-3-2

序号	《砌体规范》	其他规范	备　注
1	10.1.8 条：配筋砌块砌体抗震墙结构……其楼层内最大的弹性层间位移角不宜超过 1/1000	《抗规》F.2.1 条：配筋混凝土小砌块抗震墙房屋……其楼层内最大的弹性层间位移角，底层不宜超过 1/1200，其他楼层不宜超过 1/800	《砌体规范》沿用原规定；《抗规》为新增
2	10.1.10 条第 2 款：每个独立墙段的总高度与长度之比不宜小于 2	《高规》7.1.2 条：各墙段的高度与墙段长度之比不宜小于 3	《砌体规范》与 2002 版《高规》7.1.5 条相同
3	10.1.10 条注释：短肢抗震墙是指墙肢截面高度与宽度之比为 5~8 的抗震墙	《高规》7.1.8 条：短肢剪力墙是指截面厚度不大于 300mm，各肢截面高度与厚度之比的最大值大于 4 但不大于 8 的剪力墙	《砌体规范》与 2002 版《高规》7.1.2 条注释相同

【Q3.3.2】 水泥砂浆、混合砂浆、专用砂浆，三者有何不同？

【A3.3.2】 砌体结构中，砂浆的主要作用是3个：(1) 粘结块体，使单个块体形成受力整体；(2) 找平块体间的接触面，促使应力分布较为均匀；(3) 充填块体间的缝隙，减少砌体的透风性，提高砌体的隔热性能和抗冻性能。

水泥砂浆：由水泥和砂加水拌合而成的，其强度高、耐久性好，也称为刚性砂浆。由于水泥砂浆的水泥用量大、和易性较差，一般用于对强度有较高要求的砌体及对防水有较高要求的砌体。

混合砂浆：在水泥砂浆中掺入了一定塑化剂的砂浆，如水泥石灰砂浆。这种砂浆的和易性和保水性都好，水泥用量较少，适用于砌筑一般墙、柱砌体。

砌块专用砂浆：由水泥、砂、水以及根据需要掺入的掺和料和外加剂等组分，按一定比例，采用机械拌和制成，专门用于砌筑混凝土砌块（砖）。规范中为 Mb 系列。

此外，还有专门用于砌筑蒸压灰砂砖或蒸压粉煤灰砖的砂浆，规范为 Ms 系列。注意，采用此种专用砂浆时，其砌体抗剪强度按相同砂浆等级的烧结普通砖取值（未采用 Ms 系列专用砂浆时，只能取相同砂浆等级烧结普通砖的70%）。详见规范表 3.2.2 以及下面的注释2。

【Q3.3.3】《砌体规范》表 3.2.1-4 下的注释1提到"双排组砌"，是什么意思？第5款规定了"对孔砌筑"时灌孔砌体的抗压强度 f_g，错孔时如何处理？

【A3.3.3】 空心砌块砌体的主规格为 190mm×190mm×390mm，如果宽度不足，就需要在宽度方向布置两排，这就是"双排组砌"。

空心砌块灌孔砌筑时，要保证上、下砌块的孔和孔重合，不宜错孔砌筑。

【Q3.3.4】 如何理解《砌体规范》表 3.2.2 中的弯曲抗拉强度？也就是说，如何区分"沿齿缝破坏"和"沿通缝破坏"？

【A3.3.4】 对于某段砌体墙，如果以水平方向作为 x 轴，以竖直方向作为 y 轴，那么，若力产生绕 x 轴的弯矩，会发生"沿通缝破坏"，若力产生绕 y 轴的弯矩，则是发生"沿齿缝破坏"。据此在表 3.2.2 中选择弯曲抗拉强度设计值。

【Q3.3.5】 如何理解《砌体规范》中的强度调整？

【A3.3.5】 笔者对其总结如下：

(1) 孔洞率引起的调整

规范表 3.2.1-1 下注释指出，当烧结多孔砖的孔洞率大于30%时，表中数值应乘以 0.9。

(2) 单排孔砌块的抗压强度调整

规范表 3.2.1-4 下注释指出，独立柱或者沿厚度双排组砌时，应乘以 0.7；T 形截面墙（柱），乘以 0.85。

(3) 双排孔砌块的抗压强度调整

规范表 3.2.1-5 下注释指出，沿厚度方向双排组砌时，应乘以 0.8。

(4) 专用砂浆砌筑时

规范表 3.2.2 下注释2指出，蒸压灰砂普通砖、蒸压粉煤灰普通砖，采用专用砂浆（指的是 Ms 系列）砌筑时，抗剪强度设计值 f_v 按相应普通砂浆强度等级砌筑的烧结普通砖采用。依据 3.2.2 条条文说明，用普通砂浆砌筑时，蒸压灰砂砖的抗剪强度为砖砌体的

0.7倍（这体现在表 3.2.2 中）。

(5) 3.2.3 条规定的调整

该条规定的强度调整系数 γ_a，可用表 3-3-3 表示。

砌体强度设计值的调整系数　　　　　　表 3-3-3

使 用 情 况		γ_a
无筋砌体构件截面积 $A<0.3m^2$		$0.7+A$
配筋砌体构件中砌体截面积 $A<0.2m^2$		$0.8+A$
采用<M5.0 水泥砂浆砌筑的各类砌体	抗压强度	0.9
	抗拉、抗弯、抗剪强度	0.8
验算施工中房屋构件的砌体		1.1

(6) 施工质量引起的调整

3.2 节规定的砌体强度设计值是依据施工质量控制等级为 B 级确定的，当不为 B 级时，应调整。

规范 4.1.5 条规定，施工质量控制等级为 B 级时，材料性能分项系数 $\gamma_f=1.6$，当为 C 级时，$\gamma_f=1.8$，当为 A 级时，$\gamma_f=1.5$，这就意味着，施工质量控制等级为 C 级时，强度设计值调整系数为 $1.6/1.8=0.89$，A 级时则为 $1.6/1.5=1.07$。

(7) 灌孔砌块砌体的强度调整

灌孔砌块砌体的强度设计值 $f_g=f+0.6\alpha f_c$，仅对其中的 f 调整。对采用 Mbxx 型的水泥砂浆，取 $\gamma_a=1.0$。

(8) 5.2 节中的 f

5.2 节为局部受压，不考虑面积 A_l 过小引起的强度调整。

(9) 网状配筋砌体的强度调整

规范 8.1.2 条 $f_n=f+2\left(1-\dfrac{2e}{y}\right)\rho f_y$，仅对其中的 f 调整。

【Q3.3.6】《砌体规范》的 3.2.5 条，弹性模量是如何取值的?

【A3.3.6】砌体的弹性模量是应力与应变的比值，主要用于计算砌体在荷载作用下的变形，是衡量砌体抵抗变形能力的一个物理量，其大小主要是通过实测砌体的应力-应变曲线求得。在《砌体规范》5.2.6 条的计算公式中应用了弹性模量。

砌体为弹塑性材料，其应力-应变关系为曲线，如图 3-3-1 所示。对于砌体的弹性模量可以取切线模量，也可以取割线模量。《砌体规范》对弹性模量采用了较为简化的割线弹性模量，即当 $\sigma=0.4f_m$ 时的割线。

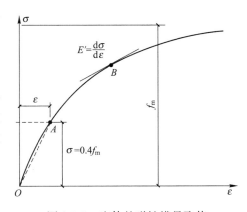

图 3-3-1　砌体的弹性模量取值

2011 版《砌体规范》在表 3.2.5 下的注释 2 明确，表中的 f 不按 3.2.3 条调整（2001 版规范未明确）。

【Q3.3.7】如何理解《砌体规范》4.2.1 条的刚性方案、弹性方案与刚弹性方案?

【A3.3.7】房屋结构本身是一个空间结构,当采用不同的结构布置方案时,空间作用将有很大差异。

如图 3-3-2 所示,无山墙的砌体房屋承受水平风荷载作用时,取两个窗口的中线截出部分作为一个计算单元,将砖墙与屋面结构的连接点简化为铰接(因为此处约束作用很小),基础简化为砖墙的固定支座,忽略屋面结构的轴向变形视为横梁,砖墙看作立柱,则平面静力分析就可以按照排架结构来计算。

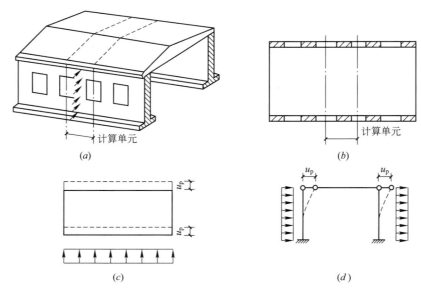

图 3-3-2 无山墙时的计算简图

但是,当房屋梁端设置山墙时,情况就不同了。这时,如果把屋盖体系视为一根支承在山墙上的水平梁,则柱顶的侧移将与该梁的刚度有关:当梁的刚度为零时,墙顶侧移即为排架时的侧移;当梁的刚度极大,其支承的山墙刚度也极大,则墙顶的侧移极小,甚至忽略不计;当梁的刚度有限时,则墙顶的侧移也为有限值。由于该水平梁支承于山墙,梁的挠度呈现出两端小中间大的规律,若以中间单元水平位移最大的墙为例,其顶端侧移为 $\Delta + f_{max}$,如图 3-3-3 所示。

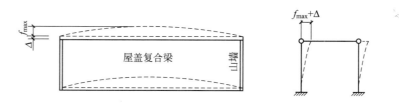

图 3-3-3 设有山墙时的变形

依据以上原理,规范将房屋的空间工作性能分为三种计算模式,分别称作刚性方案、弹性方案、刚弹性方案,如图 3-3-4 所示。

计算方案依据规范的表 4.2.1 确定。由以上的力学分析可知,确定计算方案时的间距 s,本质上是取墙两端的约束间距,随 s 的减小,呈现出"弹性→刚弹性→刚性"的变化。

【Q3.3.8】《砌体规范》4.2.2 条提到对横墙的刚度进行验算,如何验算?

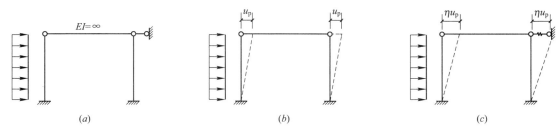

图 3-3-4 房屋静力计算方案
(a)刚性方案;(b)弹性方案;(c)刚弹性方案

【A3.3.8】《砌体结构设计手册》给出了单层房屋横墙在水平力作用下的墙顶侧移公式,如下:

$$u_{\max} = \xi_1 \frac{PH^3}{3EI} + \xi_2 \mu \frac{PH}{GA}$$

式中,ξ_1、ξ_2 为考虑门窗洞口削弱的影响系数。当门窗洞口的水平截面积不超过横墙全截面的 75% 时,可用下式近似计算:

$$u_{\max} = \frac{PH^3}{3EI} + \mu \frac{PH}{GA} = \frac{nP_1 H^3}{6EI} + \frac{2.5nP_1 H}{EA}$$

式中 P——作用于横墙顶的水平力;

n——与该横墙相邻的两横墙间承受水平荷载的开间数;

P_1——每开间作为一个计算单元,作用于排架不动铰支杆的柱顶反力;

H——横墙高度;

I、A——依据横墙毛截面得到的惯性矩与截面积。考虑到一部分纵墙会与横墙共同工作,近似取每边纵墙长度 $S=0.3H$(但不超过轴线到门窗洞口边缘的距离),计算截面可按工形、]形等组合截面考虑。

【Q3.3.9】《砌体规范》4.2.4 条所说的"空间性能影响系数"如何理解?

【A3.3.9】在图 3-3-3 中,屋盖复合梁的位移包括两部分:一部分是平移,另一部分是挠曲。总的位移可以记作 u_s,弹性方案时的位移记作 u_p〔见图 3-3-4(b)〕。空间工作性能影响系数 $\eta = \dfrac{u_s}{u_p}$。η 越大,表明考虑空间作用后的排架柱柱顶最大水平位移与平面排架柱柱顶水平位移越接近,也就是空间刚度越差。

【Q3.3.10】刚性计算方案时,内力如何计算?

【A3.3.10】对于单层的情况,计算简图如图 3-3-5 所示。

(1)承受竖向力时

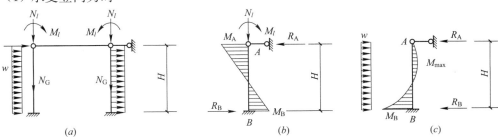

图 3-3-5 刚性方案的计算简图

这是一次超静定体系，可以利用结构力学中的"力法"求算。《砌体结构设计手册》（第三版）给出的公式如下：

$$R_A = -R_B = -\frac{3M_l}{2H}$$

$$M_A = M_l, \quad M_B = -\frac{M_l}{2}$$

$$N_A = N_l, \quad N_B = N_l + N_G$$

以上式中，N_G 为砌体墙、柱的自重，当有女儿墙时，N_A、N_B 中还需要包括女儿墙自重产生的墙、柱轴力。

需要注意的是，R_A、R_B 是按照剪力"以使杆件顺时针方向转动为正"，并不是与图中方向一致为正。弯矩以柱外边纤维受拉为正，并不是"以使杆件顺时针方向转动为正"。轴力以压为正。

（2）承受横向风荷载

屋面风荷载产生的集中力，由屋盖传给山墙再传给基础，这里不予考虑。仅考虑墙面风荷载。计算公式如下：

$$R_A = \frac{3}{8}wH, \quad R_B = \frac{5}{8}wH$$

$$M_B = \frac{1}{8}wH^2$$

距离上端 x 处的弯矩：
$$M_x = \frac{wHx}{8}\left(3 - 4\frac{x}{H}\right)$$

$$x = \frac{3H}{8} \text{时}, \quad M_{max} = -\frac{9wH^2}{128}$$

对于多层刚性方案房屋，在竖向荷载作用下，墙、柱在每层高度范围内，可视为两端铰接的竖向构件；在水平荷载作用下，则视为竖向连续梁。如图 3-3-6 所示。

上层传来的竖向荷载 N_u，认为作用于上一楼层墙柱的截面重心；本层传来的竖向荷

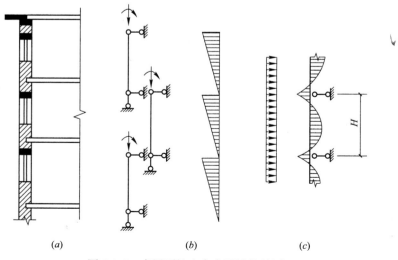

图 3-3-6　多层刚性方案房屋计算简图

载 N_l，认为作用于距离墙内皮 $0.4a_0$ 处（a_0 为梁端有效支承长度），如图 3-3-7 所示。这样，作用于每层墙上端的竖向力设计值 $N=N_u+N_l$，弯矩设计值（见唐岱新《砌体结构》，高等教育出版社，73 页）：

$$M=N_l e_1 - N_u e_2$$

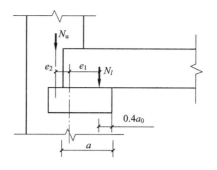

图 3-3-7 梁端支承压力位置

式中，$e_1=0.5h-0.4a_0$，h 为本层墙厚。e_2 为上层墙体重心对该层墙体重心的偏心距，若上下层墙体厚度相同，$e_2=0$。

每层墙柱的弯矩图为三角形，上端 M 最大，下端 $M=0$；而轴向力上端为 $N=N_u+N_l$，下端为 $N=N_u+N_l+N_G$（N_G 为本层墙柱自重），验算墙柱的危险截面就取这两个位置。确定墙柱的截面面积时，应按照规范 4.2.8 条对翼缘宽度取值。

在水平荷载（风荷载）作用下，墙柱视为竖向连续梁。为简化计算，规范 4.2.6 条规定，该连续梁的弯矩可近似取：

$$M=\frac{wH_i^2}{12}$$

式中，w 为计算单元沿楼层高的均布风荷载设计值；H_i 为层高。该公式算出的弯矩实际上是连续梁的最大弯矩，出现在连续梁的支座处。

【Q3.3.11】 弹性计算方案时，内力如何计算？

【A3.3.11】 对于单层的情况，计算简图如图 3-3-8 所示。

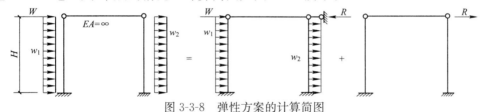

图 3-3-8 弹性方案的计算简图

当为对称的竖向荷载时，与刚性方案房屋相同，内力图如图 3-3-9 所示。

$$M_A=M_B=-\frac{M_l}{2}$$

$$M_C=M_D=M_l$$

$$N_A=N_B=N_l+N_G$$

风荷载作用下的内力，如图 3-3-10 所示。

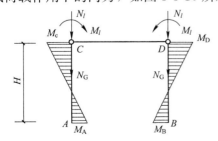

图 3-3-9 对称的竖向荷载时的内力

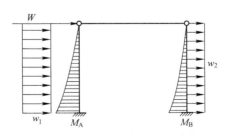

图 3-3-10 风荷载作用下的内力

$$M_A = \frac{WH}{2} + \frac{H^2}{16}(5w_1 + 3w_2)$$

$$M_B = -\frac{WH}{2} - \frac{H^2}{16}(3w_1 + 5w_2)$$

$$V_A = \frac{W}{2} + \frac{H}{16}(13w_1 + 3w_2)$$

$$V_B = \frac{W}{2} + \frac{H}{16}(3w_1 + 13w_2)$$

【Q3.3.12】 刚弹性计算方案时，内力如何计算？

【A3.3.12】 对于单层的情况，计算简图如图 3-3-11 所示。

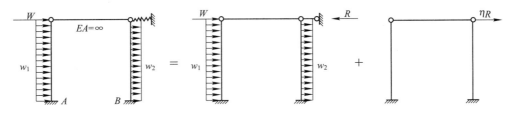

图 3-3-11　刚弹性方案的计算简图

当为对称的竖向荷载时，与刚性方案房屋相同。

风荷载作用下的内力计算公式如下：

$$M_A = \frac{\eta WH}{2} + \left(\frac{1}{8} + \frac{3\eta}{16}\right)w_1 H^2 + \frac{3\eta}{16}w_2 H^2$$

$$M_B = -\frac{\eta WH}{2} - \left(\frac{1}{8} + \frac{3\eta}{16}\right)w_2 H^2 - \frac{3\eta}{16}w_1 H^2$$

$$V_A = \frac{\eta W}{2} + \left(\frac{5}{8} + \frac{3\eta}{16}\right)w_1 H + \frac{3\eta}{16}w_2 H$$

$$V_B = \frac{\eta W}{2} + \left(\frac{5}{8} + \frac{3\eta}{16}\right)w_2 H + \frac{3\eta}{16}w_1 H$$

以上公式中，弯矩以柱外缘受拉为正；剪力以顺时针转动为正。

【Q3.3.13】 确定房屋的计算方案时，多层房屋在竖向荷载作用下，墙、柱在每层高度范围内，可近似视作两端铰支的竖向构件，请问，这时构件的计算长度是取层高还是按《砌体规范》表 5.1.3 计算得到的墙的计算高度？如何理解 4.2.5 条规定的简化计算模型？

【A3.3.13】（1）应该取层高。

（2）多层房屋刚性方案的内力计算简图，见图 3-3-6。此时，屋盖和楼盖可以视为纵墙的不动铰支点，承受竖向荷载和水平荷载时，竖向墙带应为连续梁受力模型。承受竖向荷载时，考虑到内墙皮承受拉力的能力有限，偏于安全地将大梁支承处视为铰接，即认为大梁顶面位置不能承受内侧受拉的弯矩，从而形成图 3-3-6(b)所示的计算简图。图 3-3-6(c)为竖向墙带承受水平荷载时的受力模型。

【Q3.3.14】 如何正确理解《砌体规范》**4.2.5 条第 4 款**？

【A3.3.14】 墙-梁连接有两种模型：一种是铰接，这是一种可以接受的简化做法，通常认为是保守的。另一种是考虑约束弯矩，4.2.5 条第 4 款就是对这种约束弯矩计算方法的规定。

当按照墙-梁铰接计算时，由于是铰接点，所以，这种结构体系在节点处不产生弯矩。但是，当对梁下的墙计算时，认为梁端压力对其下的墙有偏心，偏心距为

$$e = 0.5h - 0.4a_0$$

式中，h 为墙厚，a_0 为梁端有效支承长度。而本层的竖向荷载为 N_l，所以，梁下墙顶的弯矩就是

$$N_l(0.5h - 0.4a_0)$$

当采用考虑梁端约束的模型时，约束弯矩的大小与梁的跨度、墙的上部荷载、梁的荷载、梁的搁置长度等因素有关。规范将固端弯矩作为一种参照，这样，均布荷载时，梁固端弯矩为

$$M = \frac{1}{12}ql^2$$

将该数值乘以修正系数 γ 后，按墙体线性刚度 $i = \dfrac{EI_i}{H_i}$（I_i 为墙体截面惯性矩，H_i 为墙体计算高度），分配到上层墙底部和下层墙顶部。

梁端下墙体承受的弯矩应取以上两种计算模式的较大者。

以下以梁承受均布荷载为例，对二者加以比较。

假定梁上下墙的线刚度相同，且梁端完全伸入墙内（即 $a = h$），由于 $N_l = ql/2$，则按模式 2 可得梁下墙顶面弯矩为：

$$M_2 = \frac{\gamma \times ql^2/12}{2} = 0.1 \times 0.167 N_l l = 0.0167 N_l l$$

令两种计算模式求得的弯矩相等，得到

$$0.5h - 0.4a_0 = 0.0167l$$

当 $l > 30h - 24a_0$ 时，梁的约束弯矩影响大于铰接时的偏心弯矩影响。这就说明，只有梁的跨度足够大，才可能出现梁的约束弯矩影响控制设计。

另外，若梁上下墙不等厚，则上部楼层传来的荷载 N_u 也会导致弯矩，见规范的图 4.2.5。此弯矩和以上两种计算模式的较大者进行组合。

【Q3.3.15】《砌体规范》4.2.6 条要求风荷载引起的弯矩按照下式计算：

$$M = \frac{wH_i^2}{12}$$

这个弯矩应该是最大弯矩吧？处于什么位置？

【A3.3.15】 本书的图 3-3-6(c) 为水平荷载时的计算模型，即风荷载引起的弯矩是按照多跨连续梁计算的。规范 4.2.6 条给出的弯矩计算公式为近似公式，由此得到的是连续梁最大弯矩。查看《结构静力计算手册》可知，多跨连续梁承受均布荷载时，最大弯矩出现在支座位置，为负弯矩。

【Q3.3.16】《砌体规范》4.2.8 条规定了带壁柱墙的计算截面翼缘宽度 b_f 的确定方法，能否给出容易理解的图示加以说明？

【A3.3.16】 施楚贤《砌体结构疑难释义》（中国建筑工业出版社，2004）中，对 b_f 的确定方法给出了图示，见下面的图 3-3-12。这里，编者对原图有两处调整：(1) Ⅰ-Ⅰ 截面的位

置,原图中位于上、下洞口之间;(2)Ⅲ-Ⅲ截面处,原图中写作 $b_\mathrm{f}=\frac{s_1+s_2}{2} \leqslant b+2H/3$。

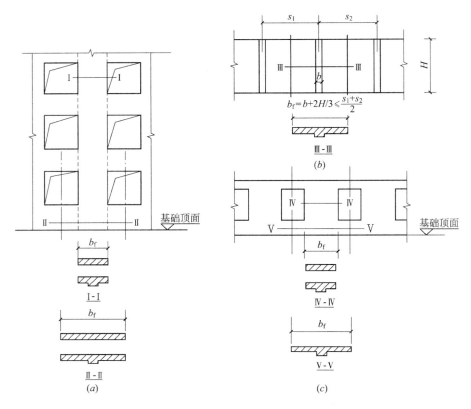

图 3-3-12 带壁柱墙的计算截面翼缘宽度 b_f

【Q3.3.17】《砌体规范》的 **5.1.1** 条规定了受压构件的承载力计算公式,使用时需要注意哪些问题?

【A3.3.17】该条给出的受压构件的承载力计算公式如下:

$$N \leqslant \varphi f A$$

使用时应注意以下问题:

(1)此公式形式上与《钢规》中轴心受压构件的公式无异,容易理解。但必须注意,此公式也包含了构件偏心受压的情况,查表确定 φ 值时可以考虑偏心距的影响。

(2)当截面积 A 较小时,注意依据规范 3.2.3 条对 f 进行调整。

(3) h 在《混凝土规范》中通常表示矩形截面的长边,但这里,计算 β 时,对于轴心受压构件 h 为截面短边尺寸。

【Q3.3.18】《砌体规范》**5.1.2** 条规定,确定影响系数 φ 时,对矩形截面,高厚比按下式计算:

$$\beta = \gamma_\beta \frac{H_0}{h}$$

式中,h 解释为"当轴心受压时为截面较小边长"。

当为轴心受压构件,绕截面 x、y 轴两个方向的计算高度不等时,H_0 取较大计算高度，h 取截面较小边长吗？

【A3.3.18】笔者认为，以上理解不是规范的本意。

如图 3-3-13 所示偏心受压构件，出于经济性考虑，偏心方向的截面边长较大。对于这样的偏心受压构件，与《混凝土规范》中类似，应对弯矩作用平面内和弯矩作用平面外分别验算承载力：弯矩作用平面内，偏心距为 e，相当于压杆绕 y 轴挠曲，回转半径为 $i_y = h/\sqrt{12}$；弯矩作用平面外，按轴心受压构件，此时，相当于压杆绕 x 轴挠曲，回转半径为 $i_x = b/\sqrt{12}$。可见，计算高度与回转半径必须有一个对应关系。

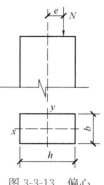

图 3-3-13 偏心受压构件

所以，规范中"当轴心受压时为截面较小边长"这句话有一个前提条件，就是偏心受压验算弯矩作用平面外时，这与规范 5.1.1 条的"注"就实现了衔接。

【Q3.3.19】如何理解《砌体规范》5.1.4 条？

【A3.3.19】规范 5.1.4 条规定了一种特殊情况，即，有吊车的房屋，当荷载组合中不考虑吊车作用时，柱的计算高度该如何取值。

《砌体规范》此处的规定，可以与《混凝土规范》6.2.20 条对照理解。

《混凝土规范》6.2.20 条的表 6.2.20-1 规定了刚性屋盖单层房屋排架柱的计算长度，表下的注释 2 指出："表中有吊车房屋排架柱的计算长度，当计算中不考虑吊车荷载时，可按无吊车房屋柱的计算长度采用，但上柱的计算长度仍可按有吊车房屋采用"。而表格中，对于无吊车房屋，分为单跨和两跨及多跨两种情况，排架方向计算长度分别取为 $1.5H$ 和 $1.25H$。据此，可以推断出：

（1）"有吊车"房屋的排架柱，如果吊车荷载不参与组合，则对于上柱的计算长度而言，没有影响，仍然按"有吊车"房屋的情况查表，在排架方向取计算长度为 $2.0H_u$。

（2）对于下柱，却是按"无吊车"房屋，这样，排架方向计算长度分别取为 $1.5H$（单跨）和 $1.25H$（两跨及多跨），此处的 H 为柱子全高，即 $H = H_u + H_l$。

《砌体规范》也是同样的处理方法，只不过，对于下段柱，在考虑为柱子的全高之后进一步细化，考虑了上段柱所占比例造成的影响：① H_u 较小时，不考虑上段柱截面变小的影响；② H_u 中等时，考虑上段柱截面变小的影响，将计算长度适当放大；③ H_u 较大时，计算长度不变，但截面按上段柱截面。

【Q3.3.20】如何理解《砌体规范》5.2 节规定的"局部受压"计算？

【A3.3.20】在《混凝土规范》中，局部受压会提高混凝土的抗压强度，这里，情况与之类似，可对照理解。

笔者认为，可以从以下几个方面把握：

（1）因为 A_l 只是局部受压的面积，而不是全部的受压截面积，因此，不考虑小截面导致的强度折减。

（2）对《砌体规范》图 5.2.2 中的 (a)、(b)、(c)、(d) 各情况均规定了抗压强度提高系数 γ 的最大限值，同时，需要看清楚图 5.2.2 是按竖向排列的，不是通常的横向排列。

（3）公式（5.2.4-1）左侧的 N_l 来源于大梁传来的支承压力，其作用点距离墙内侧

边缘 $0.4a_0$。N_0 由上部墙传来,是 A_l 面积上的轴向力,因此,$N_0 = \sigma_0 A_l$,式中,$\sigma_0 = \frac{N_u}{A}$,N_u 为上部墙传来的轴向力,A 为窗间墙的面积。由于梁的挠曲变形与梁下砌体的压缩变形,梁的有效支承长度不能直接取为 a,应取为 a_0。N_l、N_u、$0.4a_0$ 可参考规范图 4.2.5 理解。之所以将 N_0 乘以 ψ 予以折减,是因为当梁上荷载增大时,梁端底部砌体局部变形增大,砌体内部产生应力重分布,会产生"内拱卸荷"作用,故 N_0 和 N_l 不是简单的相加。

(4) 与公式 (5.2.1) 相比,公式 (5.2.4-1) 的右侧多一个系数 η,η 称作"梁端底面压应力图形的完整系数",这是考虑到梁端会发生挠曲。实际梁下应力往往呈曲线分布,η 小于 1.0,规范规定取为 0.7。对于过梁和墙梁,属于特殊情况,取 $\eta = 1.0$。

(5) 之所以在梁支座处设置混凝土垫块,是为了增大受压的面积从而减小砌体局部压应力。

规范 5.2.5 条是对垫块下砌体的受压承载力进行验算,如图 3-3-14 所示。

公式左侧,N_0 为由上部墙体传来,作用于砌块范围的轴向力,因此,$N_0 = \sigma_0 A_b$,$A_b = a_b b_b$ 为垫块的底面积,该力作用于上部墙体的形心轴位置。N_l 为梁端的支座反力,其作用于距离墙内侧 $0.4a_0$ 处。对于砌块底面下这一区域,需要计算出 N_0 和 N_l 合力的偏心距(相对于 $a_b \times b_b$ 这一矩形的形心位置),公式为:

$$e = \frac{N_l(0.5a_b - 0.4a_0)}{N_l + N_0}$$

公式右侧,φ 由参数 β、e/h 和砂浆强度确定。规范规定取 $\beta \leqslant 3$。e/h 中的 e 按照上式确定,h 取为图中的 a_b(即,沿梁长度方向的垫块尺寸)。取 $\gamma_1 = 0.8\gamma$,此处注意两点:①若垫块下为壁柱,确定 γ 所用的 A_0 应仅限于壁柱范围;②应取 $\gamma_1 \geqslant 1.0$。

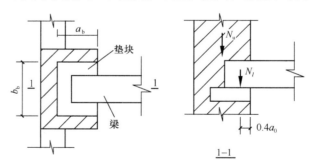

图 3-3-14 垫块下的局部受压

(6) 设置垫梁可以比设置垫块提供更大的承压面积。

规范 5.2.6 条,N_0 按照长为 πh_0、宽为 b_b 的范围且压应力为三角形分布得到,由此易得 $N_0 = \frac{\pi h_0 \sigma_0}{2} b_b$。计算垫梁折算高度 h_0 时用到混凝土垫梁的截面惯性矩 I_c(下角标"c"表示混凝土),$I_c = \frac{b_b h_b^3}{12}$。

公式 (5.2.6-1) 的右侧,荷载沿墙厚方向均匀分布时取 $\delta_2 = 1.0$,不均匀分布时可取 $\delta_2 = 0.8$,这是由于,梁搁置在圈梁上存在出平面不均匀的局部受压情况。笔者理解,具体来讲，当垫梁作为连续梁的中间支座时，荷载沿墙厚方向均匀分布，当作为边支座时，荷载不均匀分布。有中心垫块时也认为荷载均匀分布。

"垫梁上端有效支承长度 a_0 可按公式（5.2.5-4）计算"，其含义，是用于确定图5.2.6 中的 $0.4a_0$，似乎并无其他用途（5.2.4 条中，a_0 用来确定 A_l；5.2.5 条中，a_0 用来确定偏心距进而用来确定 φ）。

对于有壁柱的梁，在利用 $h_0 = 2\sqrt[3]{\dfrac{E_c I_c}{Eh}}$ 计算时，式中的 h 仍取为墙厚。

【Q3.3.21】《砌体规范》5.2.2 条规定了局部受压强度提高系数。2001 版时，曾规定多孔砖的局部受压强度提高系数 $\gamma \leqslant 1.5$，新版对于"可灌实"的情况，是否取消了此限制？

【A3.3.21】关于多孔砖，曾专门有规范《多孔砖砌体结构技术规范》JGJ 137—2001，该规范在 2002 年有局部修订。其 4.2.6 条关于局部受压指出，"应按现行国家标准《砌体结构设计规范》进行，但应把局部受压强度计算面积范围内的孔洞，用砌筑砂浆填实，填实高度不应小于 300mm"。

即，2001 版《砌体规范》所说"对多孔砖砌体和按本规范第 6.2.13 条的要求灌孔的砌块砌体，在 1）、2）、3）款的情况下，尚应符合 $\gamma \leqslant 1.5$"，字面上虽看不出对孔洞的处理，实际上，也是需要填实的。

之所以对多孔砖砌体给出此限制，在于多孔砖与实心砖砌体相比存在劣势：多孔砖砌体内部存在不连续的孔洞，直接导致周围砌体对局部受压范围内砌体约束作用减弱，同时，局部受压范围内的孔洞也减少了扩散面积，此外，壁薄的孔肋也影响砌体受压强度的充分发挥。如此，导致多孔砖的局部受压强度提高系数要低于普通实心砖。

因此，对多孔砖砌体孔洞难以灌实时 $\gamma = 1.0$，即便"灌实"，也不能与普通实心砖一样取值，笔者认为，此时仍应执行 $\gamma \leqslant 1.5$ 的规定。

以下两篇文章可以参考：

秦士洪、刘小勤、骆万康《烧结页岩多孔砖砌体局部均匀受压试验研究》（建筑结构，2006 年第 11 期）；杨卫忠、赵敬辛《多孔砖砌体局部均匀受压强度分析》（四川建筑科学研究，2010 年第 3 期）。

【Q3.3.22】《砌体规范》5.4.2 条中的受剪承载力与 5.5.1 条中的受剪承载力，本质上有何区别？

【A3.3.22】单纯的受剪很难遇到，如，无拉杆拱支座处受水平推力而受剪。通常，是在受弯构件（如砖砌体过梁、挡土墙）中存在受剪。

5.4.2 条规定的是受弯构件中受剪承载力计算，若将该公式变形，写成

$$\dfrac{VS}{Ib} \leqslant f_v$$

会看得更清楚。

5.5.1 条用于拱承受水平推力的情况。由于受剪时常常还作用有竖向荷载，墙体处于复合应力状态，因此，需要考虑截面压应力影响。

需要注意的是，公式（5.5.1-1）中 σ_0 不同于 5.2 节局部受压时的 σ_0，这里为永久荷载设计值产生的截面平均压应力（笔者认为，之所以只考虑永久作用，是因为压应力 σ_0 对抗

剪强度 f_v 而言是有利的）；规范要求 $\sigma_0/f \leqslant 0.8$ 是为了防止斜压破坏。

【Q3.3.23】如何理解《砌体规范》6.1.1 条"墙、柱高厚比的验算"？

【A3.3.23】 规范的 6.1.1 条给出高厚比的验算式为

$$\beta = \frac{H_0}{h} \leqslant \mu_1 \mu_2 [\beta]$$

这里需要注意下面几点：

（1）高厚比验算属于构造要求，计算 β 时不考虑 γ_β。

（2）所谓"自承重墙"，就是荷载仅为自重的墙。由于其与顶端为集中荷载的构件的临界荷载不同，因此其允许高厚比限值可以修正。对于承重墙，$\mu_1=1.0$。

（3）公式中的 h，对于墙，取为墙厚；对于矩形柱（截面为 $b \times h$），取为"与 H_0 相对应的边长"，意思是说，柱的计算长度有"排架方向"与"垂直排架方向"，因此，是取截面尺寸 b 还是 h 需要与计算长度所采用的方向对应。

（4）表 6.1.1 下的注释 2，2001 版规范规定"组合砌体结构的允许高厚比，可按表中数值提高 20%，但不得大于 28"，会使人误以为构造柱组合墙时也需要调整。2011 版规范明确为"带有混凝土或砂浆面层的组合砖砌体构件的允许高厚比，可按表中数值提高 20%，但不得大于 28"。

【Q3.3.24】带壁柱墙的高厚比如何验算？

【A3.3.24】 带壁柱墙的高厚比验算包括两个方面的内容：整片墙（含壁柱）的验算和壁柱间墙的验算。

（1）整片墙的高厚比验算

验算公式仍然为 $\beta = \frac{H_0}{h} \leqslant \mu_1 \mu_2 [\beta]$，但式中的 h 需要用 h_T 代替。壁柱墙的折算厚度 $h_T = 3.5i$，i 为截面回转半径。计算截面回转半径 i 时，要首先依据规范的 4.2.8 条确定翼缘宽度。即：

对于多层房屋，有门窗洞口时，可取窗间墙宽度；无门窗洞口时，每侧翼墙宽度可取壁柱高度的 1/3；

对于单层房屋，可取壁柱宽加 2/3 墙高，但不大于窗间墙宽度和相邻壁柱间距离。

墙的计算高度 H_0 依据规范表 5.1.3 确定，依据表下的注释 4，s 为房屋横墙间距。笔者认为，此处的"横墙"宜理解为在所计算墙的两端，与其垂直的墙，而且，应该是"相邻横墙"。

（2）壁柱间墙的高厚比验算

此时，将壁柱视为侧向不动铰支座，因此，在按照规范表 5.1.3 确定 H_0 时，s 取相邻壁柱间距离，并按照刚性方案考虑。h 取为壁柱之间墙体的厚度。

本书砌体结构部分第 1 题、第 2 题的解答，可加深对以上规定的理解。

【Q3.3.25】带构造柱墙的高厚比如何验算？

【A3.3.25】 分为整片墙（含构造柱）的验算和构造柱间墙的验算。

（1）整片墙的高厚比验算

当构造柱的截面宽度不小于墙厚时，可将墙的允许高厚比乘以 μ_c，以考虑构造柱的有利影响，即整片墙的高厚比按照下式验算：

$$\beta = \frac{H_0}{h} \leqslant \mu_1 \mu_2 \mu_c [\beta]$$

$$\mu_c = 1 + \gamma \frac{b_c}{l}$$

当 $b_c/l > 0.25$ 时，取 $b_c/l = 0.25$；$b_c/l < 0.05$ 时，取 $b_c/l = 0$。

式中，b_c、l 分别为构造柱沿墙长度方向的宽度、构造柱的间距；h 取墙厚；确定 H_0 时，s 取相邻横墙的距离。

(2) 构造柱间墙的高厚比验算

与壁柱间墙高厚比验算类似，将构造柱视为侧向不动铰支座，按照规范表 5.1.3 确定 H_0 时，s 取相邻构造柱间距，并按照刚性方案考虑。

【Q3.3.26】对于自承重墙，验算高厚比时需要注意哪些问题？

【A3.3.26】典型的自承重墙是隔断墙。隔断墙的顶端在施工中常用斜放砖顶住楼板，顶端可按不动铰支点考虑，因而 H = 墙高。隔断墙与纵墙同时砌筑时，由于接槎连接作用，s 可取纵墙间距查表 5.1.3 确定 H_0；隔断墙为后砌墙时，与纵墙无拉结作用，按 $s > 2H$ 考虑，查表 5.1.3，得到 $H_0 = H$。

【Q3.3.27】如何理解规范的 6.1.4 条？

【A3.3.27】如果墙段有门窗洞口，则会对墙有削弱作用，因此允许高厚比要降低。

需要注意的是，2011 版规范在此条，对 s 的取值规定有改动：2001 版规范规定 s 为"相邻窗间墙或壁柱之间的距离"，2011 版规范改为"相邻横墙或壁柱之间的距离"（与 2001 版《砌体规范》"处理意见"一致）。其含义是：在计算整片墙时，s 取相邻横墙的距离；计算壁柱间墙时，取为相邻壁柱间的距离。

本书砌体结构部分第 1 题、第 2 题的解答，可加深对以上规定的理解。

【Q3.3.28】如何理解"横墙间距"？

【A3.3.28】验算高厚比需要确定 H_0，因而必须查表 5.1.3，这就涉及房屋的静力计算方案和 s，而确定房屋的静力计算方案也需要知道 s，因此，s 如何取值，就成为问题的关键。

房屋的静力计算方案须依据规范表 4.2.1 确定，其下注 1 指出，s 为房屋横墙间距。确定 H_0 的表 5.1.3 下注 4 指出，s 为相邻横墙间距。

笔者理解，将本来是空间作用的房屋简化为平面排架时，纵墙被简化为一个上端铰接的立柱，由于与之相连的山墙或横墙的刚度不同，所以分为 3 种计算方案。对于这种总体上的受力分析，查规范表 4.2.1 时，s 取为房屋横墙间距。"横墙"的作用是为"纵墙"提供一个支座，需要有一定的刚度要求，故规范 4.2.2 条对横墙进行了规定，不满足规定则不可称作横墙。

如果是局部的一片墙的计算，查规范表 4.2.1 时，"横墙"的含义应是指与所计算的墙体相连接的并通常与之垂直的墙，这样，才与静力计算方案的原理相符。

表 5.1.3 中所谓的"横墙"，也是这个意思，因为墙的计算高度反映承载力，而承载力与墙的约束有关。

【Q3.3.29】《砌体规范》的表 6.1.1 规定了墙、柱的允许高厚比，表下的注释 2 指出："带有混凝土或砂浆面层的组合砖砌体构件的允许高厚比，可按表中数值提高 20%，但不得大于 28"。由规范目录可知,"组合砖砌体构件"属于"配筋砖砌体构件"的范围,表中第一项是"无筋砌体",似乎不适用,而表中"配筋砌块砌体"项由于是砌块显然也不适用。如何理解注释 2?

【A3.3.29】笔者认为,规范的注释 2 稍微修改一下才能更好地表达其本意,修改为:"带有混凝土或砂浆面层的组合砖砌体构件的允许高厚比,可按表中无筋砌体数值提高 20%,但不得大于 28"。

这里,与 2001 版规范对比,可以清楚理解。将 2001 版规范的表 6.1.1 照抄为下面的表 3-3-4。

墙、柱的允许高厚比 $[\beta]$　　　　　表 3-3-4

砂浆强度等级	墙	柱
M2.5	22	15
M5.0	24	16
≥M7.5	26	17

注:1. 毛石墙、柱允许高厚比应按表中数值降低 20%;
　　2. 组合砖砌体构件的允许高厚比,可按表中数值提高 20%,但不得大于 28;
　　3. 验算施工阶段砂浆尚未硬化的新砌砌体高厚比时,允许高厚比对墙取 14,对柱取 11。

对照可知,2011 版不过是增加了对"配筋砌块砌体"的规定,另外,砂浆强度等级增加了专用砂浆的表达,其他与 2001 版相比没有变化。

【Q3.3.30】《砌体规范》6.1.2 条第 3 款对圈梁的规定,如何理解?

【A3.3.30】对壁柱间墙或构造柱间墙的高厚比进行验算时,若墙较薄、较高以致超过高厚比限值时,可在墙高范围内设置钢筋混凝土圈梁。当 $b/s \geqslant 1/30$ 时(b 为圈梁宽度,s 为相邻壁柱间或相邻构造柱间的距离),由于该圈梁水平方向刚度足够大,因此可以作为墙的不动铰支点,从而墙高降低为基础顶面至圈梁底面的高度,如图 3-3-15 所示。

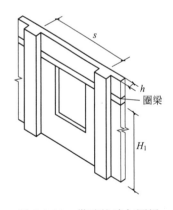

图 3-3-15　带壁柱墙与圈梁

【Q3.3.31】《砌体规范》6.1.3 条给出了厚度不大于 240mm 厚墙的 μ_1 取值规定,今有两个疑问:

(1) 如果为 370mm,μ_1 如何取值?

(2) 规定 90mm 厚墙 $\mu_1=1.5$,240mm 厚墙 $\mu_1=1.2$,后者的 μ_1 应该大于前者呀。

【A3.3.31】对于问题(1):

把 370mm 的墙用作自承重墙,不合理,故规范没有给出规定。

对于问题(2):

把验算高厚比的公式变形,写成 $H_0 \leqslant h\mu_1\mu_2[\beta]$,则对于 240mm 墙,$H_0 \leqslant 288\mu_2[\beta]$;对于 90mm 墙,$H_0 \leqslant 135\mu_2[\beta]$,可见,240mm 墙具有比 90mm 墙更高的 H_0 上限,并非不合理。

【Q3.3.32】何谓过梁?过梁计算时,应注意哪些问题?

【A3.3.32】过梁设置在门、窗洞口顶部,用以承受洞口以上砌体的自重以及楼盖(屋盖)传来的荷载。根据所采用的材料不同,分为:砖砌平拱过梁、钢筋砖过梁和钢筋混凝土过梁，分别如图 3-3-16(a)～(c)所示。

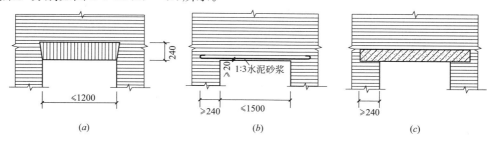

图 3-3-16 过梁的常用类型

过梁计算时应注意以下几个方面：

(1) 砖砌平拱的承载力

受弯承载力 $\qquad M \leqslant W f_{tm}$

受剪承载力 $\qquad V \leqslant f_v b z$

式中，计算 M、V 时通常均采用 l_n；$W = \frac{1}{6} b h^2$，b 为墙厚，h 取过梁底面以上墙体的高度，但不大于 $\frac{1}{3} l_n$，当考虑梁板传来的荷载时，h 则按照梁板下的高度采用；$z = \frac{2}{3} h$。

2001 版《砌体规范》7.2.3 条第 1 款明确规定："砖砌平拱受弯和受剪承载力，可按第 5.4.1 条和 5.4.2 条的公式并采用沿齿缝截面的弯曲抗拉强度或抗剪强度设计值进行计算"；2011 版规范未明确如何取值，仅指出"砖砌平拱受弯和受剪承载力，可按第 5.4.1 条和 5.4.2 条计算"。考虑到之所以采用沿齿缝的弯曲抗拉强度，是因为支座水平推力可以延缓正截面破坏导致强度提高，因此，建议此处的 f_{tm} 仍应按"沿齿缝"取值。

(2) 钢筋砖过梁的承载力

受弯承载力 $\qquad M \leqslant 0.85 h_0 f_y A_s$

受剪承载力 $\qquad V \leqslant f_v b z$

式中，计算 M、V 时通常均采用 l_n；$h_0 = h - a_s$，a_s 通常取为 15mm，b、h、z 的取值方法，与砖砌平拱时相同。

(3) 跨度的确定

计算过梁的剪力 V 时，采用净跨度 l_n。

计算过梁的弯矩 M 时，需要区分过梁的形式：对于砖砌平拱过梁和钢筋砖过梁，均采用净跨度 l_n。对于钢筋混凝土过梁，一种意见认为按照普通的钢筋混凝土梁处理，即取 $l_0 = 1.05 l_n$ 和 $l_0 = l_n + a$ 的较小者，a 为支承长度；另一种意见是苑振芳主编《砌体结构设计手册》（第三版）中所说的，取 $l_0 = 1.1 l_n$ 和支座中心跨度的较小者（该计算长度实际上也是墙梁的计算长度）。

(4) 过梁上的荷载

作用在过梁上的荷载来源有两个：墙体自重和过梁上部的梁、板荷载。

梁、板荷载是指由楼盖或屋盖传给过梁的荷载，是否考虑视梁、板下墙体高度 h_w 而定，$h_w < l_n$ 时，应计入梁、板传来的荷载。这里，h_w 不包括过梁自身高度。

当过梁上的墙体高度超过一定高度时，过梁与墙体共同工作明显，过梁上墙体形成内拱而产生卸荷作用。故规范规定，对砖砌体，当 $h_w > l_n/3$ 时，取 $l_n/3$ 墙体自重；对混凝土砌块砌体砌体，当 $h_w > l_n/2$ 时，取 $l_n/2$ 墙体自重。

【Q3.3.33】何谓"墙梁"？《砌体规范》7.3.3 条中说到连续墙梁和框支墙梁，二者该如何区分？

【A3.3.33】为满足底层有较大空间的要求，常在底层的钢筋混凝土楼面梁（称托梁）上砌筑砖墙，它们共同承受墙体自重及由屋盖、楼盖等传来的荷载。这种由支承墙体的钢筋混凝土托梁及其以上高度范围内的墙体组成的组合构件，称为墙梁。

墙梁分为承重墙梁和自承重墙梁，承重墙梁根据支承情况，分为简支墙梁、框支墙梁和连续墙梁，如图 3-3-17 所示。

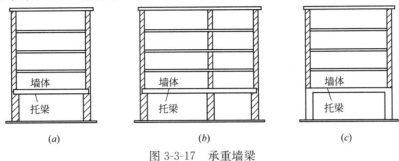

图 3-3-17 承重墙梁
(a)简支墙梁；(b)连续墙梁；(c)框支墙梁

【Q3.3.34】《砌体规范》7.2.3 条第 3 款指出，验算过梁下砌体局部受压承载力时，可不考虑上层荷载的影响，如何理解？

【A3.3.34】梁下砌体局部受压本来依据规范 5.2.4 条采用下式计算：
$$\psi N_0 + N_l \leqslant \eta \gamma f A_l$$
这里，由于过梁与上部墙体共同工作，梁端的变形很小，因此，局部受压承载力不考虑上层荷载的影响，即取 $\psi = 0$。

【Q3.3.35】确定墙梁的计算高度时 H_0 需要注意哪些问题？

【A3.3.35】分为"三步走"，如下：

(1) 确定 l_0。取 $1.1l_n$ 和 l_c 的较小者。

(2) 确定 h_w。当 $h_w > l_0$ 时，取 $h_w = l_0$。

(3) 确定 H_0。$H_0 = h_w + 0.5h_b$，h_b 为托梁截面高度。

【Q3.3.36】《砌体规范》的 7.3.4 条条文说明中指出，"承重墙梁在托梁顶面荷载作用下不考虑组合作用，仅在墙梁顶面荷载作用下考虑组合作用"，如何理解这里的荷载组合？

【A3.3.36】必须明确，此处的"组合作用"并不是指永久荷载与可变荷载的组合。

托梁上部的墙体，从受力的角度看，既是托梁的荷载，又与托梁一起作为组合体共同受力，所以说，二者有"组合作用"。

【Q3.3.37】《砌体规范》7.3.9 条，翼墙影响系数 ξ_1 的取值规定中称："当 $b_f/h = 3$ 时取 1.3……"，这里的 h，是取翼墙厚度还是取墙体厚度？

还有，公式（7.3.10-2）中，$\zeta = 0.25 + 0.08 \dfrac{b_f}{h}$，这个 h 如何取值？

【A3.3.37】个人认为，公式中的符号按照《砌体规范》的图 7.3.3 来理解，比较妥当，即，h 表示墙体厚度，h_f 才表示翼墙厚度。

【Q3.3.38】《砌体规范》**7.4 节关于挑梁的计算，应注意哪些问题？**

【A3.3.38】笔者认为可以从以下几点把握：

(1) 挑梁会以倾覆点作为支点转动（倾覆），因此，应首先确定出转动支点，称作"倾覆点"。倾覆点在距离墙外边缘 x_0 处。

$$l_1 \geqslant 2.2h_b \text{ 时}, x_0 = 0.3h_b \leqslant 0.13l_1$$
$$l_1 < 2.2h_b \text{ 时}, x_0 = 0.13l_1$$

当挑梁下有构造柱或垫梁时，取为以上计算结果的 0.5 倍。

以上式中，h_b 为挑梁的截面高度；l_1 为挑梁埋入砌体墙中的长度，如图 3-3-18 所示。

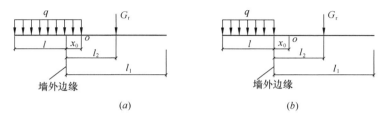

图 3-3-18 挑梁倾覆计算简图

(2) 当 $M_r \geqslant M_{ov}$ 才是安全的。计算倾覆力矩 M_{ov} 时考虑两种荷载组合，采用图 3-3-17 所示的计算模型。其中，图 (a) 将荷载范围算至倾覆点处，是教科书以及《砌体结构设计手册》的做法；图 (b) 将荷载范围算至墙外边缘，是命题组的做法。相比较而言，前者计算稍简便且略微偏于安全（因为与后者的计算结果相差甚微），后者更符合实际。

(3) 抗倾覆荷载 G_r 来源于本层楼面恒荷载和本层砌体（当上部楼层无挑梁时，还包括上部楼层的楼面恒荷载），并取标准值。

作为"本层砌体"的那一部分 G_r，墙体范围如图 3-3-19 的阴影部分所示。

可见，确定范围的原则是：从挑梁尾端向上 45°扩散但水平投影不大于挑梁埋入砌体墙内长度 l_1。特别的，对于图 (c)，若不满足图中"$\geqslant 370$"这一条件，则应按图 (d) 确定。

为计算简便，可分别计算出楼面恒荷载引起的 M_r 和砌体墙引起的 M_r 然后叠加。

注意，计算 M_r 时不考虑活荷载且恒荷载取标准值。规范公式（7.4.3）可与规范 4.1.6 条对照理解。

【Q3.3.39】**使用《砌体规范》的 7.4.4 条时，需要注意哪些问题？**

【A3.3.39】(1) 挑梁下的支承压力来源于两部分，倾覆荷载和抗倾覆荷载，试验表明，该二者引起的支承压力与倾覆荷载的平均比值为 2.184，规范近似取为 2，这就是 $N_l = 2R$ 的来历。

(2) R 为挑梁的倾覆荷载设计值，应依据《荷载规范》的规定考虑两种荷载组合按最不利者确定。采用的计算模型，如图 3-3-18 所示。

【Q3.3.40】**对于砖砌体和钢筋混凝土构造柱组合墙，《砌体规范》8.2.8 条，规定了平面外偏心受压承载力计算规定，如何理解？**

【A3.3.40】笔者认为，可以从以下几个方面把握：

(1) 这里所说的"平面外"，是指墙的平面外，即与墙垂直的平面，并非通常的弯矩作用平面外，相反，是弯矩作用平面内。

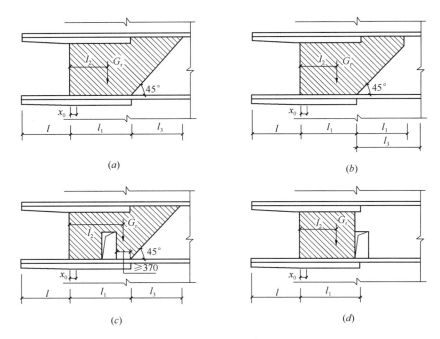

图 3-3-19 挑梁的抗倾覆荷载
(a) $l_3 \leqslant l_1$ 时;(b) $l_3 > l_1$ 时;(c) 洞在 l_1 之内;(d) 洞在 l_1 之外

(2) 8.2.8 条第 1 款所述表明,支承于墙上的梁支座处反力 N_l,与上部墙体传来的力 N_u,二者形成合力,其作用点不在墙的形心轴,造成偏心。

(3) 依据 8.2.4 条计算,其中,$e_a = \dfrac{\beta^2 h}{2200}(1-0.022\beta)$,式中的 h 按照图 8.2.4 取值,即取为墙厚。

【Q3.3.41】《砌体规范》的 9.2.4 条第 3 款,规定 e'_N 按照规范 8.2.4 条的规定计算,但是,8.2.4 条的式 (8.2.4-5)、式 (8.2.4-6) 中的 h 和 β,此时应如何取值?是按照图 8.2.4(墙厚度方向)还是按照图 9.2.4(墙长方向)?

【A3.3.41】 此处由于规范规定不明确,所以,可能有不同的理解和认识。笔者查阅了不少砌体结构的文献,未见到有关计算公式来源的资料。

笔者认为,9.2.4 条的 e'_N 取值,宜联系《混凝土规范》中的"附加偏心距"理解,故,采用 8.2.4 条公式时,h 和 β 取值按照图 9.2.4(墙长方向)取更合适。

徐建《砌体结构设计指导与实例精选》232 页给出了一个配筋砌块砌体计算例题,其中 e'_N 的计算 h 取的是墙长方向,对于 β 的取值没有表示,只是指明"因构件平面内高厚比很小,不计附加偏心影响"。笔者认为,此处应该隐含的是取长度方向($\beta = \dfrac{2800}{8000}$),因为,厚度方向高厚比不是很小($\beta = \dfrac{2800}{190}$),不能忽略偏心的影响。

【Q3.3.42】《砌体规范》表 10.2.1 中用到 σ_0,为对应于重力荷载代表值的砌体截面平均压应力,请问,这里的"重力荷载代表值"要不要考虑分项系数 1.2?

【A3.3.42】 对此问题,笔者认为此处不需要考虑分项系数,支持本观点的文献如下:

(1) 郭继武《建筑抗震设计》(第二版)(中国建筑工业出版社,2006)的 301 页例题中，同样直接采用重力荷载代表值。

（2）施楚贤等《砌体结构疑难释义》（第三版）（中国建筑工业出版社，2004）的171页例题中，计算σ_0没有考虑分项系数1.2，直接采用重力荷载代表值。

（3）《建筑抗震设计规范理解与应用》（第二版，中国建筑工业出版社，2011）84页中指出，"比如多层砖房墙段的受剪承载力与墙段1/2高度处的平均压应力σ_0有关，σ_0越大则墙段受剪承载力越大，其γ_G应取1.0，所以《建筑抗震设计规范》规定为对应于重力荷载代表值的砌体截面平均压应力"。

【Q3.3.43】《砌体规范》10.2.6条规定了约束普通砖墙的构造，感觉十分突兀，因为前面似乎未提到该概念。看条文说明，只有一句"根据抗震规范相关规定，提出约束普通砖墙构造要求"。请问如何理解？

【A3.3.43】《抗规》7.1.3条首次出现"约束砌体"这一名词。该条规定多层砌体承重房屋的层高不应超过3.6m，同时规定，"当使用功能确有需要时，采用约束砌体等加强措施的普通砖房屋，层高不应超过3.9m"。《砌体规范》在10.1.4条有相同的规定。可见，采用"约束砌体"后可以将层高的限值适当放宽。

《抗规》7.1.3条的条文说明指出："约束砌体，大体上指间距接近层高的构造柱与圈梁组成的砌体、同时拉结网片符合相应的构造要求，可参见本规范第7.3.14、7.5.4、7.5.5条等。"可见，约束砌体是指采用了约束措施的砌体，约束措施可以是构造柱、圈梁、拉结网片等。所以，约束普通砖墙是其中一种，采用的是普通砖。

直接出现"约束普通砖"的条文，见《抗规》7.1.8条、7.2.5条。另外，7.5.4条写成"约束砖砌体墙"。

【Q3.3.44】《砌体规范》10.5.3条规定，配筋砌块砌体受剪的截面限制条件，采用有效截面，例如，剪跨比$\lambda>2$时，$V_w \leq \dfrac{1}{\gamma_{RE}}0.2f_g bh_0$，但是，《抗震规范》F.2.3条却是用全截面，如何理解？

【A3.3.44】注意以下几点：

（1）对照非抗震时的公式（9.3.1-1），即$V \leq 0.25f_g bh_0$，可知，规范的本意，应是取h_0。另一个例证是，针对2001版《砌体规范》曾有一个"处理意见"，专门指出此处应是h_0是h。

（2）《混凝土规范》关于剪力墙抗剪的规定是在11.7.3条，当剪跨比$\lambda>2.5$时，$V_w \leq \dfrac{1}{\gamma_{RE}}0.2\beta_c f_c bh_0$，可见，受剪的截面限制条件一般取用有效截面。

（3）《抗震规范》F.2.3条规定，配筋混凝土小型空心砌块抗震墙应满足剪跨比大于2时，$V_w \leq \dfrac{1}{\gamma_{RE}}0.2f_g bh$，经查2001版时就是采用截面高度（只不过用的符号为h_w），相当于一直没有改变。此处与《砌体规范》不协调，宜按《砌体规范》执行。

【Q3.3.45】规范10.5.4条中的A_{sh}，解释为"配置在同一截面内的水平分布钢筋的全部截面面积"，"同一截面"如何理解？

【A3.3.45】与梁受剪时的A_{sv}类似，只不过，A_{sh}是取一个水平的截面考查，看沿剪力方向有几根水平的分布钢筋，据此计算。

【Q3.3.46】何谓构造柱、芯柱？

【A3.3.46】 构造柱是设置在墙内的柱，其作用是提高墙体的抗震性能，《抗规》7.3.1 条规定了多层砖砌体房屋在哪些情况下在哪些部位应设置构造柱，7.3.2 条规定了构造柱的构造要求。构造柱的施工顺序为：先绑扎钢筋，再砌墙并预留马牙槎，最后浇注混凝土。图 3-3-20 为待浇注的构造柱。

芯柱用于空心砌块墙体，是在砌块孔洞中插入竖向钢筋填实混凝土后形成的柱子，如图 3-3-21 所示。

 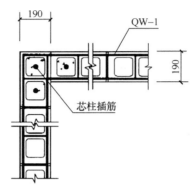

图 3-3-20　构造柱　　　　　　图 3-3-21　芯柱

【Q3.3.47】 关于《砌体规范》的附录 D，有下面的疑问：

(1) 对于网状配筋砖砌体，当 $e=0$ 时，是否取为 $\varphi_n = \varphi_{0n}$？

(2) 对于无筋砌体矩形截面双向偏心受压，e_{ib} 和 e_{ih} 的计算公式中都用到 φ_0，这两个公式中的 φ_0 有无差别？

【A3.3.47】 对于问题(1)：

φ_{0n} 表示轴心受力时的受压承载力影响系数。$e=0$ 表示轴心受压，故此时必然有 $\varphi_n = \varphi_{0n}$。实际上，将 $e=0$ 代入到公式(D.0.2-1)中，也会得到 $\varphi_n = \varphi_{0n}$。

对于问题(2)：

φ_0 表示轴心受力时的受压承载力影响系数，在 e_{ib} 和 e_{ih} 的计算公式中取值相同，为 $\varphi_0 = \dfrac{1}{1+\alpha\beta^2}$，即规范的公式(D.0.1-3)，式中，$\beta = \gamma_\beta \dfrac{H_0}{h}$，$h$ 取为截面较小边长。

【Q3.3.48】《砌体规范》中关于砌体结构受压计算的公式，多处出现稳定系数，不同的砌体类型计算公式不同，能否总结一下？

【A3.3.48】 今将《砌体规范》中涉及稳定系数的规定总结为下面的表 3-3-5。

《砌体规范》中的稳定系数　　　　表 3-3-5

项　　目	条文	公　　式	备　　注
无筋砌体构件受压(φ)	5.1.1 条	$N \leqslant \varphi f A$ φ——由规范 5.1.2 条计算的高厚比 β、$\dfrac{e}{h}$ 或 $\dfrac{e}{h_T}$、砂浆强度等级三项查附录 D 的表格 D.0.1-1~3	另外梁垫设计时，垫块下的砌体局部受压承载力计算时也用此 φ（此时 $\beta \leqslant 3$）

项　目	条文	公　式	备　注
网状配筋砖砌体构件(φ_n)	8.1.2条	$N \leqslant \varphi_n f_n A$ φ_n——由 ρ、β、$\dfrac{e}{h}$ 三项查附录 D 的表格 D.0.2	
组合砖砌体构件(φ_{com})	8.2.3条	$N \leqslant \varphi_{com}(fA + f_c A_c + \eta_s f'_y A'_s)$ φ_{com}——由高厚比 β、配筋率 ρ 查表 8.2.3 计算	
配筋砌块砌体(φ_{0g})	9.2.2条	$N \leqslant \varphi_{0g}(f_g A + 0.8 f'_y A'_s)$ $\varphi_{0g} = \dfrac{1}{1+0.001\beta^2}$ β——高厚比，灌孔混凝土砌块 $\gamma_\beta=1.0$；不灌孔 $\gamma_\beta=1.1$	

【Q3.3.49】《砌体规范》中有哪些悬而未决的问题？

【A3.3.49】针对旧版的《砌体规范》，规范组曾有一个"处理意见"，对规范中的有些问题进行了解释，并给出了"勘误"。新版《砌体规范》实施后，旧规范作废，"处理意见"也随之作废。但是，原来存在的问题在新规范中有些仍然没有解决。笔者收集到的问题如下：

（1）5.2.2 条第 2 款，规定多孔砖砌体孔洞难以灌实时，强度提高系数 $\gamma=1$。若按照要求灌孔，γ 如何取值？

笔者认为，旧规范曾规定多孔砖砌体灌孔时，有 $\gamma \leqslant 1.5$ 的限制，其原因，是因为多孔砖即便灌孔其性能也不会达到普通砖的情况，这是由材料本身的性质决定的。

有观点认为，此状况规范没有特别规定，因此，按普通砖处理，没有 $\gamma \leqslant 1.5$ 的限制。

（2）5.2.5 条第 3 款计算梁端支承长度的公式为 $a_0 = \sqrt{\dfrac{h_c}{f}}$，其中的 f 是否需要考虑小面积导致的调整？

笔者认为，此处的公式是由试验获得的，因此，不考虑该调整。

有观点认为，对强度调整的规定是在 3.2.3 条，该条为强制性条文，必须执行，因此，应该调整。

（3）构造要求的高厚比，按 6.1.2 条中，满足 $b/s \geqslant 1/30$ 的圈梁可视为铰支点。此时，受力计算是否也视为不动铰支点？

（4）表 10.1.6 是该规范提出的规定，10.1.9 条是引用《抗规》的规定，其中，底部配筋砌块砌体抗震墙的抗震等级，二者不一致，如何取舍？

【Q3.3.50】《抗规》的 7.1 节提到的"底部框架-抗震墙房屋"、"底层框架-抗震墙房屋"各是怎样的情况？

【A3.3.50】底部框架-抗震墙砖砌房屋，是指底部为钢筋混凝土框架-抗震墙结构，上部为多层砖墙承重房屋。多用于底部为商店、上部为住宅的建筑，如图 3-3-22 所示。由于底部框架-抗震墙房屋抗震性能较差，故底部宜做成一层框架-抗震墙结构，此时称为"底层框架-抗震墙房屋"。

【Q3.3.51】《抗规》的 7.2.3 条规定了进行地震剪力分配和截面验算时，砌体墙段层间等效侧向刚度的确定原则。今有以下疑问：

（1）墙段的侧向刚度如何计算？考虑弯曲变形和剪切变形是怎么回事？

(2) 开洞率如何计算？我看到大部分文献都是按照立面计算的，似乎与规范中的说法不一致。

(3) 若开洞率大于0.3，表7.2.3中无法查到影响系数，应如何处理？

(4) 表7.2.3(墙段洞口影响系数表)下的注释"窗洞高度大于层高50%时，按门洞对待"如何理解？

【A3.3.51】对于问题(1)：

所谓"侧向刚度"是指构件发生单位的侧移所需要的外力值。对于无洞口抗震墙段，可视为下端固定、上端为滑动支座的构件，如图3-3-23所示，图(b)为单位力引起的弯矩图，图(c)为单位力引起的剪力图。

图3-3-22 底部框架-抗震墙房屋

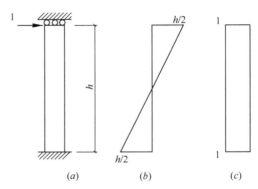

图3-3-23 单位力作用下墙体变形

在单位力作用下，总的侧向变形 δ 包括弯曲变形 δ_b 和剪切变形 δ_s，而 δ_b 和 δ_s 可依据结构力学中的"图乘法"得到，即：

$$\delta = \delta_b + \delta_s = \frac{h^3}{12EI} + \frac{\xi h}{GA}$$

式中，ξ 为应变不均匀系数，对矩形截面，$\xi=1.2$；剪切模量一般取为 $G=0.4E$。

高宽比不同，剪切变形在总变形中所占的比例就不同。《抗规》规定高宽比小于1时，只计算剪切变形，即，只考虑上述公式的第二项。从力学上看，这里的"高宽比"与连梁的"跨高比"相似，连梁的跨高比越小越易于发生剪切破坏，承载力就越低。

若按照矩形截面考虑，上式可以整理成：

$$\delta = \frac{1}{Et}\left[\left(\frac{h}{b}\right)^3 + 3\left(\frac{h}{b}\right)\right]$$

侧移刚度 K 与侧向变形 δ 是倒数关系，即 $K=\frac{1}{\delta}$。

对于问题(2)：

2010版《抗规》表7.2.3下的注释1明确指出，开洞率为洞口水平截面积与墙段水平毛截面积之比。2008版之前的《抗规》并没有对"开洞率"做出解释。2002年出版的《建筑抗震设计规范理解与应用》第183页给出的例题，是按照立面计算开洞率的。之后的教科书也都是如此表达。2011年出版的《建筑抗震设计规范理解与应用》(第二版)在233页给出的例题，仍采用第一版的做法。

从《抗规》7.2.3条条文说明可知，2010版《抗规》中开洞率的定义，参照了《设置钢筋混凝土构造柱多层砖房抗震技术规程》JGJ/T 13。经查，该规程的1994版本在附录

A 给出了墙段开孔影响系数 φ_0 的表格，如表 3-3-6 所示。

墙段开孔影响系数　　　　表 3-3-6

Δp	0.9	0.8	0.7	0.6	0.5	0.4
φ_0	0.98	0.94	0.88	0.76	0.68	0.56

表中，Δp 为孔洞系数，$\Delta p = A/A_g$，A 为墙的水平截面积，A_g 为墙的水平毛截面积。从 Δp 的定义可见，其含义与《抗规》表 7.2.3 中的"开洞率"相加之和为 1.0，表 3-3-6 中给出的 φ_0 也是与《抗规》表 7.2.3 中的"影响系数"一致的。

该规程给出的开孔计算示意图如图 3-3-24 所示。

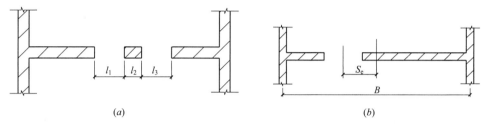

注：① 当 $l_2 \geqslant 500$ mm 时，孔洞面积 $= (l_1+l_3)t$；当 $l_2 < 500$ mm 时，孔洞面积 $= (l_1+l_2+l_3)t$。
② 当 $s_e \leqslant B/4$ 时，不作偏孔洞处理；当 $s_e > B/4$ 时，应作偏孔洞处理，φ_0 值应乘以 0.9。

图 3-3-24　开孔计算示意图

对比可知，该图示可作为《抗规》的图示以补充说明表 7.2.3。

对于问题(3)：

当开洞率比较小，≤30%时，可采用"将整个墙段侧移刚度乘以折减系数"的方法以简化计算。若开洞率>30%，则需要计算各个墙段的侧移刚度之后再合成。

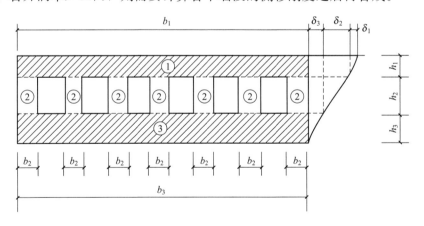

图 3-3-25　规则多洞口时墙体的划分

当墙体上开有规则的多窗洞时，如图 3-3-25 所示，可沿高度分为 3 个墙带，由于 $\delta = \delta_1 + \delta_2 + \delta_3$，故墙体的等效侧向刚度为 $K = \dfrac{1}{\delta_1 + \delta_2 + \delta_3}$。对于墙带①、③，由于无洞口，故单位力引起的侧移 $\delta_j = \dfrac{1}{K_j}$；对于墙带②，为多个高为 h_2 的墙肢"并联"，单位力引起的侧

移 $\delta_2 = \dfrac{1}{\sum K_{2,i}}$,于是,整个墙体的侧移刚度为

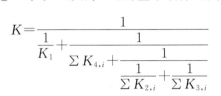

当墙体上开有门窗洞口如图 3-3-26 所示时,可以认为墙肢②和③"串联",然后和墙肢④"并联",最后与墙肢①"串联"形成,可得整个墙体的侧移刚度为

$$K = \cfrac{1}{\cfrac{1}{K_1} + \cfrac{1}{\sum K_{4,i} + \cfrac{1}{\cfrac{1}{\sum K_{2,i}} + \cfrac{1}{\sum K_{3,i}}}}}$$

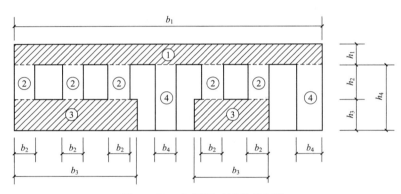

图 3-3-26 有门洞时墙体的划分

可见,开洞墙体的等效侧向刚度可按下列原则计算:

水平向的墙肢(并联),刚度直接加;竖直向的墙肢(串联),取刚度的倒数和之后再求倒数。

对于问题(4):

今以图 3-3-27 为例说明。图 3-3-27(a) 中的开洞为窗洞,由于 1600mm>3000×50%=1500mm,故应按门洞对待,将洞口的下缘移到墙底,如图 3-3-27(b) 所示。

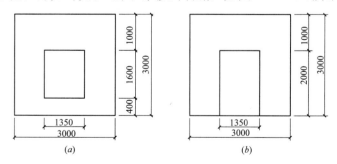

图 3-3-27 窗洞与门洞

【Q3.3.52】 对于《抗规》的 **7.2.4** 条,有以下疑问:

(1) 7.2.4 条规定了底层(底部二层框架-抗震墙房屋还包括第二层)地震剪力设计值增

大系数"根据侧向刚度比在 1.2～1.5 范围内选用",这句话如何理解?

(2) 既然 7.2.4 条规定剪力设计值全部由该方向抗震墙承担,为什么在 7.2.5 条还规定框架柱承担的地震剪力确定方法?

【A3.3.52】对于问题(1):

龚思礼《建筑抗震设计手册》一书,建议将这里的增大系数取为 $\eta=\sqrt{\gamma}$,即,对于底层框架-抗震墙房屋,$\gamma=K_2/K_1$,K_1、K_2 分别为底层侧向刚度(包括框架柱的侧向刚度)和二层侧向刚度,按照下式取值:

钢筋混凝土墙时 $\quad K_1=\sum K_c+\sum K_{cw}$

砌体墙时 $\quad K_1=\sum K_c+\sum K_{mw1}$

$$K_2=\sum K_{mw2}$$

式中,下角标"mw"、"cw"、"c"分别表示砌体抗震墙、钢筋混凝土抗震墙和框架柱,"1"、"2"分别表示第 1 层、第 2 层。

对于问题(2):

在地震期间抗震墙开裂前,由于抗震墙侧向刚度比框架大得多,同方向的抗震墙分配的层间地震剪力常占到该层总层间地震剪力的 90%以上,因此,规范将抗震墙作为第一道防线,要求承担全部的地震剪力。不计框架作用,是把框架作为第二道防线。

当抗震墙出现裂缝后,其侧向刚度下降到初始弹性刚度的 30%左右,以后随变形增长,框架和抗震墙的刚度进一步降低。这时,对于框架而言,受力更为不利,因此,规范规定,底部框架承担的地震剪力,按有效侧向刚度分配。底层框架柱承担的水平地震剪力按下式计算:

钢筋混凝土墙时 $\quad V_c=\dfrac{K_c}{\sum K_c+0.3\sum K_{cw}}V_{1a}$

砌体墙时 $\quad V_c=\dfrac{K_c}{\sum K_c+0.2\sum K_{mw}}V_{1a}$

$$V_{1a}=\eta_E V_1=\eta_E\sum_{i=1}^{n}F_i$$

式中,η_E 为底层地震剪力增大系数;下角标"mw"、"cw"、"c"分别表示砌体抗震墙、钢筋混凝土抗震墙和框架柱;F_i 为第 i 楼层水平地震作用标准值,见图 3-3-28。

《建筑抗震设计规范理解与应用》(第二版)261 页给出的底层框架柱承担的水平地震剪力公式与上面公式类似,只是表示符号略有差别。

【Q3.3.53】对《抗规》的 7.2.5 条,有以下疑问:

(1) 倾覆力矩应如何计算?

(2) 底部各轴线承受的地震倾覆力矩

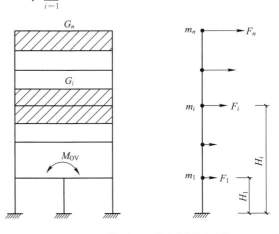

图 3-3-28 楼层地震作用计算简图

的分配,可近似按底部抗震墙和框架的有效侧向刚度的比例分配确定,如何分配,能否给出公式?

(3) 附加轴力如何计算?

【A3.3.53】对于问题(1):

对于底层框架-抗震墙砌体房屋,地震倾覆力矩按照下式计算:

$$M_{ov} = \sum_{i=2}^{n} F_i(H_i - H_1)$$

式中各符号含义见图 3-3-28。

对于问题(2):

地震倾覆力矩形成楼层转角,而不是侧移,如图 3-3-29 所示,因此,使底部抗震墙产生附加弯矩并使底部框架柱产生轴力。

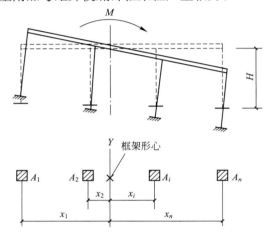

图 3-3-29 地震倾覆力矩与框架整体弯曲变形

地震倾覆力矩可以按照"转动刚度"分配,比较复杂,近似计算可以按照"侧向刚度"分配,例如,2001 版《抗规》就是规定按照"侧向刚度"分配倾覆力矩。《建筑抗震设计规范理解与应用》(第二版)262 页指出,新修订规范只是"把各类构件的侧移刚度改为有效侧移刚度……,采用有效刚度则框架部分承担的倾覆力矩较 GB 50011—2001 抗震设计规范的按构件侧移刚度的分配有较多的增加"。

对于问题(3):

由倾覆力矩计算框架柱的轴力,与桩基础承受弯矩作用计算桩所受轴力,道理相同。

4 木 结 构

4.1 试题

题 1~2

某 12m 跨食堂，采用三角形木桁架，如图 4-1-1 所示。下弦杆截面尺寸为 140mm×160mm，采用干燥的 TC11 西北云杉；其接头为双木夹板对称连接，位置位于跨中附近。设计使用年限为 50 年，安全等级为二级。

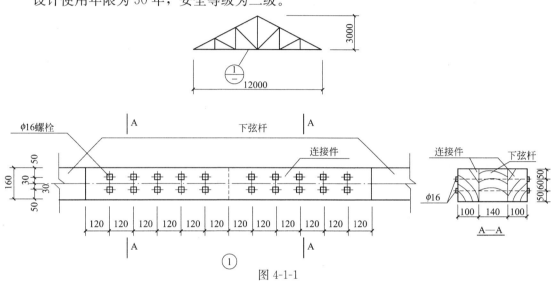

图 4-1-1

1. 试问，桁架下弦杆轴向承载力（kN），与下列何项项数值最为相近？
   A. 108　　　　B. 134　　　　C. 168　　　　D. 186

2. 假定：连接所用螺栓为 4.6 级，公称直径为 16mm，屈服强度标准值 $f_{yk}=240N/mm^2$，弹塑性强化系数 $k_{ep}=1.0$。试问，下弦接头处螺栓连接的承载力设计值（kN），与下列何项数值最为相近？

   提示：(1) 可仅计算屈服模式 I；
   (2) 取 $C_m=C_n=C_t=1.0$。
   A. 60　　　　B. 80　　　　C. 120　　　　D. 140

题 3~4

某三角形木屋架端节点如图 4-1-2 所示，单齿连接，齿深 $h_c=30mm$，上、下弦杆采用干燥的西南云杉 TC15B，方木截面 150mm×150mm，设计使用年限为 50 年，结构重要性系数为 1.0。

3. 作用在端节点上弦杆的最大轴向压力设计值 N（kN），应与下列何值接近？
   A. 34.6　　　　B. 43.9　　　　C. 45.9　　　　D. 54.1

4. 下弦拉杆接头处采用双钢夹板螺栓连接，如图 4-1-3 所示，木材顺纹受力。钢夹板采用 Q235 钢材，一侧厚度为 10mm。螺栓强度等级为 4.6 级，公称直径 20mm。

试问，该螺栓连接可承受的沿杆轴方向的最大拉力设计值 T (kN)，与下列何值接近？

提示：(1) 可仅计算屈服模式Ⅰ；

(2) 取 $C_m = C_n = C_t = 1.0$。

A. 124　　　　B. 148　　　　C. 176　　　　D. 202

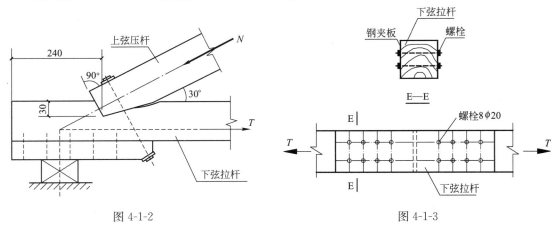

图 4-1-2　　　　　　　　　　　图 4-1-3

题 5～6

一粗皮落叶松（TC17）制作的轴心受压杆件，截面 $b \times h = 100\text{mm} \times 100\text{mm}$，其计算长度为 3000mm。杆件中部有一个 $30\text{mm} \times 100\text{mm}$ 的矩形通孔，如图 4-1-4 所示。该受压杆件处于露天环境，安全等级为三级，设计使用年限为 25 年。

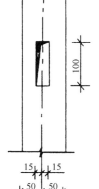

图 4-1-4

5. 试问，当按强度验算时，该杆件的承载能力设计值（kN），与下列何项数值最为接近？

A. 105　　　　B. 125　　　　C. 145　　　　D. 165

6. 已知杆件全截面回转半径 $i = 28.87\text{mm}$。当按稳定验算时，试问，该杆件的承载能力设计值（kN），与下列何项数值最为接近？

A. 42　　　　B. 38

C. 34　　　　D. 26

题 7～8

某受拉木构件由两段矩形截面干燥的油松木连接而成，顺纹受力，接头采用螺栓木夹板连接，夹板木材与主杆件相同。连接节点处的构造，如图 4-1-5 所示。该构件处于室内正常环境，安全等级为二级，设计使用年限为 50 年。螺栓采用 4.6 级普通螺栓，公称直径为 20mm，屈服强度标准值 $f_{yk} = 240\text{N/mm}^2$，弹塑性强化系数 $k_{ep} = 1.0$。其排列方式为两纵行齐列；螺栓纵向中距为 $9d$，端距为 $7d$。

7. 当构件接头部位连接强度足够时，试问，该杆件的轴心受拉承载力（kN），与下列何项数值最

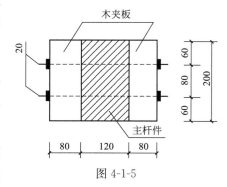

图 4-1-5

为接近？

A. 160	B. 180	C. 200	D. 220

8. 若该杆件的轴心拉力设计值为 130kN，试问，接头每端所需的螺栓总数（个）至少为以下何项数值时，才能满足《木结构设计标准》GB 50005—2017 的要求？

提示：（1）可仅计算屈服模式Ⅰ；

（2）取 $C_m = C_n = C_t = 1.0$。

A. 14	B. 12	C. 10	D. 8

题 9～10

东北落叶松（TC17B）原木檩条（未经切削），标注直径为 162mm。计算简图如图 4-1-6 所示。该檩条处于正常使用条件，安全等级为二级，设计使用年限为 50 年。

9. 若不考虑檩条自重，试问，该檩条达到最大受弯承载力时，所能承担的最大均布荷载设计值 q（kN/m），与下列何项数值最为接近？

A. 6.0	B. 5.5	C. 5.0	D. 4.5

10. 若不考虑檩条自重，试问，该檩条达到其挠度限值时，所能承担的最大均布荷载标准值 q_k（kN/m），与下列何项数值最为接近？

A. 1.6	B. 1.9	C. 2.5	D. 2.9

题 11. 一红松（TC13）桁架轴心受拉下弦杆，截面尺寸为 100mm×200mm。弦杆上有 5 个直径为 14mm 的圆孔，圆孔的分布如图 4-1-7 所示。该桁架安全等级为二级，设计使用年限为 50 年。试问，该弦杆的轴心受拉承载力设计值（kN），与下列何项数值最为接近？

A. 115	B. 125	C. 160	D. 175

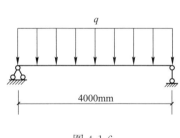

图 4-1-6

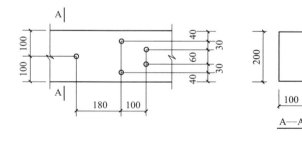

图 4-1-7

题 12. 某三角形木桁架的上弦杆和下弦杆在支座节点处采用单齿连接，如图 4-1-8 所示。齿深 $h_c = 30$mm，上弦轴线与下弦轴线的夹角为 30°。上下弦杆采用红松（TC13）其截面尺寸均为 140mm×140mm。该桁架处于室内正常环境，安全等级为二级，设计使用年限 50 年。

根据对下弦杆齿面承压承载力的计算，试确定齿面能承受的上弦杆最大轴向压力设计值（kN），与下列何项数值最为接近？

A. 28	B. 37
C. 49	D. 60

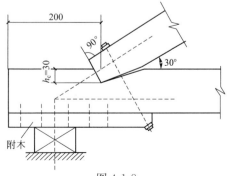

图 4-1-8

4.2 答案

1. 答案：B

解答过程：依据《木结构设计标准》GB 50005—2017 的 4.3.1 条，西北云杉属于 TC11A，$f_t=7.5\text{N/mm}^2$。依据 5.1.1 条，计算 A_n 时应扣除分布在 150mm 长度上的缺孔投影面积。

$$f_t A_n = 7.5 \times (160 - 2 \times 16) \times 140 = 134.4 \times 10^3 \text{N}$$

选择 B。

点评：因为分布在 150mm 长度上的缺孔投影重叠在一起，所以，计算计算 A_n 时只考虑两个缺孔。

2. 答案：D

解答过程：依据《木结构设计标准》GB 50005—2017 的 6.2.8 条确定 f_{em} 和 f_{es}。

由于顺纹承压，且螺栓直径在 6mm 和 25mm 之间，故

$$f_{em} = f_{es} = 77G = 77 \times 0.37 = 28.49 \text{N/mm}^2$$

上式中，$G=0.37$ 依据附录表 L.0.1 得到。

依据 6.2.7 条计算 k_I。

$$R_e = f_{em}/f_{es} = 1.0, \quad R_t = t_m/t_s = 140/100 = 1.4$$

双剪连接，$R_e R_t = 1.4 < 2.0$，满足要求。

$$k_I = \frac{R_e R_t}{2\gamma_I} = \frac{1.4}{2 \times 4.38} = 0.160$$

由于仅计算屈曲模式 I，故 $k_{min}=k_I=0.160$。

依据 6.2.6 条，单个螺栓的每个剪切面的承载力参考值为：

$$Z = k_{min} t_s d f_{es} = 0.160 \times 100 \times 16 \times 28.49 = 7.293 \times 10^3 \text{N}$$

依据 6.2.5 条，确定单个螺栓的每个剪切面的承载力设计值。

查表 K.2.3 时，$A_m = 140 \times 160 = 22400\text{mm}^2$，$A_s = 200 \times 160 = 32000\text{mm}^2$，由于 $A_s/A_m > 1.0$，因此，应按 $A_m/A_s = 22400/32000 = 0.7$、$A_m = 22400\text{mm}^2$、每排中紧固件数量为 5 查表。应用内插法得到 $k_g = 0.96$。题目已经给出 $C_m = C_n = C_t = 1.0$，因此

$$Z_d = C_m C_n C_t k_g Z = 0.96 \times 7.293 = 7.0 \text{kN}$$

连接一侧有 10 个螺栓，有 20 个剪切面，故螺栓总的抗剪切承载力设计值为：

$$20 Z_d = 20 \times 7.0 = 140.0 \text{kN}$$

选择 D。

3. 答案：B

解答过程：依据《木结构设计标准》GB 50005—2017 的 4.3.1 条，可得各强度设计值：$f_{c,90} = 3.1 \text{ N/mm}^2$，$f_c = 12\text{N/mm}^2$，$f_v = 1.5\text{N/mm}^2$，$f_t = 9.0\text{N/mm}^2$。

（1）依据上弦杆受压计算

由于 $10°<\alpha=30°<90°$，故依据规范 4.3.3 条，有

$$f_{c\alpha} = \frac{f_c}{1+\left(\dfrac{f_c}{f_{c,90}}-1\right)\dfrac{\alpha-10°}{80°}\sin\alpha} = \frac{12}{1+\left(\dfrac{12}{3.1}-1\right)\dfrac{30°-10°}{80°}\sin30°} = 8.8\text{N/mm}^2$$

$$A_c = \frac{h_c}{\cos\alpha}b = \frac{150\times30}{\cos30°} = 5196\text{mm}^2$$

$$N_u = f_{c\alpha}A_c = (1.1\times8.8)\times5196 = 50.30\times10^3\text{N}$$

（2）依据下弦杆齿部受剪计算

单齿连接可承受的剪力设计值可依据规范 6.1.2 条得到。今 $l_v/h_c=240/30=8$，查表得到 $\psi_v=0.64$，于是

$$V \leqslant \psi_v f_v l_v b_v = 0.64\times(1.1\times1.5)\times240\times150 = 38.02\times10^3\text{N}$$

依据节点处的平衡可知，当剪力达到最大时，对应的上弦杆轴力为 $38.02/\cos30°=43.9$ kN。

综上，上弦杆可承受的最大压力为 50.30kN 和 43.9kN 的较小者，为 43.9kN，故选择 B。

以上计算中，考虑到截面短边尺寸为 150mm，依据 4.3.2 条将强度乘以 1.1。

4. 答案：C

解答过程：依据《木结构设计标准》GB 50005—2017 的 6.2.8 条确定 f_{em} 和 f_{es}。

由于顺纹承压，且螺栓直径在 6mm 和 25mm 之间，故

$$f_{em} = 77G = 77\times0.44 = 33.88\text{N/mm}^2$$

上式中，$G=0.44$ 依据附录表 L.0.1 得到。

依据《钢结构设计标准》GB 50017—2017 的表 4.4.6，Q235 钢承压强度设计值为 305N/mm²，于是，$f_{es}=305\times1.1=335.5$ N/mm²。

依据 6.2.7 条计算 k_I。

$$R_e = f_{em}/f_{es} = 0.101, R_t = t_m/t_s = 150/10 = 15$$

双剪连接，$R_e R_t=1.515<2.0$，满足要求。

$$k_I = \frac{R_e R_t}{2\gamma_I} = \frac{1.515}{2\times4.38} = 0.173$$

依据 6.2.6 条，单个螺栓的每个剪切面的承载力参考值为：

$$Z = k_{\min}t_s d f_{es} = 0.173\times10\times20\times335.5 = 11.608\times10^3\text{N}$$

依据 6.2.5 条，确定单个螺栓的每个剪切面的承载力设计值。

查表 K.2.4 时，$A_m/A_s=150/20=7.5$，$A_m=150\times150=22500\text{mm}^2$，每排中紧固件数量为 4，仅能得到 $A_m/A_s=12$、$A_m=22500\text{mm}^2$、每排中紧固件数量为 4 时 $k_g=0.95$。无法采用内插法，故取 $k_g=0.95$。题目已经给出 $C_m=C_n=C_t=1.0$，因此

$$Z_d = C_m C_n C_t k_g Z = 0.95\times11.608 = 11.0\text{kN}$$

连接一侧有 8 个螺栓，有 16 个剪切面，故螺栓总的抗剪切承载力设计值为：

$$16Z_d = 16\times11.0 = 176.0\text{kN}$$

选择 C。

点评：将 mm² 换算为 in²，可得 $A_m=34.875\text{in}^2$，将此数值代入美国木结构规范 NDS2018 中的公式并按该规范表 11.3.6A 将 3 个变量取为常数，可得群组合系数 $k_g=$

0.95，与上述结果一致。

5. 答案：A

解答过程：依据《木结构设计标准》GB 50005—2017 的 4.3.1 条，TC17 的顺纹抗压强度设计值 $f_c=16\text{N/mm}^2$。依据 4.3.9 条，露天环境，强度调整系数为 0.9；设计使用年限 25 年，强度调整系数为 1.05。所以，$f_c = 16 \times 0.9 \times 1.05 = 15.12\text{N/mm}^2$。

腹杆的净截面面积：$A_n = 100 \times 100 - 100 \times 30 = 7000\text{mm}^2$。

依据 5.1.2 条，按强度验算的受压承载力为
$$f_c A_n = 15.12 \times 7000 = 105.84 \times 10^3 \text{N}$$

选择 A。

点评：此题不必考虑结构重要性系数 γ_0，原因是：设计时应满足 $\gamma_0 S \leqslant R$，本题要求计算的是处于右侧的"结构抗力 R"，与公式左侧的 γ_0 无关。

6. 答案：B

解答过程：依据《木结构设计标准》GB 50005—2017 的 4.3.1 条，TC17 的顺纹抗压强度设计值 $f_c=16\text{ N/mm}^2$。依据 4.3.9 条，露天环境，强度调整系数为 0.9；设计使用年限 25 年，强度调整系数为 1.05。所以，$f_c = 16 \times 0.9 \times 1.05 = 15.12\text{ N/mm}^2$。

依据 5.1.4 条确定稳定系数 φ：
$$\lambda = \frac{l_0}{i} = \frac{3000}{28.87} = 104$$

由于为 TC17 且 $\lambda > 75$，故
$$\varphi = \frac{2996}{\lambda^2} = \frac{2996}{104^2} = 0.277$$

依据 5.1.3 条确定稳定承载力：
$$A_0 = 0.9A = 0.9 \times 100 \times 100 = 9000\text{mm}^2$$
$$\varphi A_0 f_c = 0.277 \times 9000 \times 15.12 = 37.69 \times 10^3 \text{N}$$

选择 B。

7. 答案：A

解答过程：依据《木结构设计标准》GB 50005—2017 的 4.3.1 条，油松为 TC13A，$f_t = 8.5\text{N/mm}^2$。

依据 5.1.1 条计算纵向受拉承载力。

由于螺栓规则布置，故不会引起 150mm 范围内因为投影而导致截面积降低。
$$f_t A_n = 8.5 \times 120 \times (200 - 2 \times 20) = 163.2 \times 10^3 \text{N}$$

故选择 A。

8. 答案：D

解答过程：依据《木结构设计标准》GB 50005—2017 的 6.2.8 条确定 f_{em} 和 f_{es}。

由于顺纹承压，且螺栓直径在 6mm 和 25mm 之间，故
$$f_{em} = f_{es} = 77G = 77 \times 0.43 = 33.11\text{N/mm}^2$$

上式中，依据树种为油松查表 L.0.1 得到 $G=0.43$。

依据 6.2.7 条计算 k_I。
$$R_e = f_{em}/f_{es} = 1.0, \quad R_t = t_m/t_s = 120/80 = 1.5$$

双剪连接，$R_eR_t=1.5<2.0$，满足要求。
$$k_\mathrm{I}=\frac{R_eR_t}{2\gamma_\mathrm{I}}=\frac{1.5}{2\times4.38}=0.171$$

于是，取 $k_{\min}=0.171$。

依据 6.2.6 条，单个螺栓的每个剪切面的承载力参考值为：
$$Z=k_{\min}t_sdf_{es}=0.171\times80\times20\times33.11=9059\mathrm{N}$$

依据 6.2.5 条，确定单个螺栓的每个剪切面的承载力设计值 Z_d。

查表 K.2.3 时，由于侧面构件的截面积之和大于主构件的截面积，因此，应取 $A_s=120\times200=24000\mathrm{mm}^2$，$A_s/A_m=(120\times200)/(160\times200)=0.75$。

假设一侧布置 8 个螺栓，则每排中紧固件数量为 4 个，$A_s/A_m=0.5$ 时，$k_g=0.97$，$A_s/A_m=1$ 时，$k_g=0.99$。于是，$A_s/A_m=0.75$ 时，$k_g=0.98$。

由于 $C_m=C_n=C_t=1.0$，因此
$$Z_d=C_mC_nC_tk_gZ=0.98\times9.059=8.878\mathrm{kN}$$

螺栓群可承受的顺纹剪力设计值为 $2\times8\times8.878=142\mathrm{kN}$，可满足要求。

假设一侧布置 6 个螺栓，则每排中紧固件数量为 3 个，$A_s/A_m=0.5$ 时，$k_g=0.99$，$A_s/A_m=1$ 时，$k_g=1.00$。于是，$A_s/A_m=0.75$ 时，$k_g=1.00$。

由于 $C_m=C_n=C_t=1.0$，因此
$$Z_d=C_mC_nC_tk_gZ=1.00\times9.059=9.059\mathrm{kN}$$

螺栓群可承受的顺纹剪力设计值为 $2\times6\times9.059=108.7\mathrm{kN}<130\mathrm{kN}$，不满足要求。

可见，至少应布置 8 个螺栓，选择 D。

9. 答案：B

解答过程：依据《木结构设计标准》GB 50005—2017 的 4.3.1 条，TC17B 的抗弯强度 $f_m=17\mathrm{N/mm}^2$。由于未经切削，依据 4.3.2 条第 1 款，f_m 可提高 15%，成为 $1.15\times17=19.55\mathrm{N/mm}^2$。

依据 4.3.18 条，跨中截面直径为 $162+9\times2=180\mathrm{mm}$。再依据 5.2.1 条验算受弯构件的强度。

$$\frac{M}{W_n}=\frac{ql^2/8}{\pi d^3/32}\leqslant f_m$$

$$\frac{q\times4000^2/8}{3.14\times180^3/32}\leqslant 19.55$$

解出 $q\leqslant5.6\mathrm{N/mm}=5.6\mathrm{kN/m}$，故选择 B。

10. 答案：D

解答过程：简支梁在均布荷载作用下跨中挠度验算公式为：
$$w=\frac{5q_kl^4}{384EI}\leqslant[w]$$

依据《木结构设计标准》GB 50005—2017 的 4.3.1 条，TC17B 的弹性模量 $E=1.0\times10^4\mathrm{N/mm}^2$。又依据规范 4.3.2 条，弹性模量可提高 15%，调整后 $E=1.15\times10^4\mathrm{N/mm}^2$。依据表 4.3.15，该檩条由于计算跨度 $l>3\mathrm{m}$，挠度限值为 $l/250$。

$$\frac{5\times q_{k}\times 4000^{4}}{384\times 1.15\times 10^{4}\times \dfrac{3.14\times 180^{4}}{64}}\leqslant \frac{4000}{250}$$

解出 $q_k \leqslant 2.84\text{N/mm} = 2.84\text{kN/m}$，故选择 D。

11. 答案：A

解答过程：依据《木结构设计标准》GB 50005—2017 的 4.3.1 条，TC13B 的 $f_t = 8\text{N/mm}^2$。依据规范 5.1.1 条，计算 A_n 应扣除 150mm 范围内的缺孔投影。

构件净截面积 $A_n = 100\times(200 - 4\times 14) = 14400\text{mm}^2$

受拉承载力设计值 $N_u = A_n f_t = 14400\times 8 = 115.2\times 10^3 \text{N} = 115.2\text{kN}$，故选择 A。

12. 答案：B

解答过程：依据《木结构设计标准》GB 50005—2017 的 4.3.1 条，TC13B 的局部表面和齿面横纹承压强度设计值 $f_{c,90} = 2.9\text{N/mm}^2$，$f_c = 10\text{N/mm}^2$，$f_v = 1.4\text{N/mm}^2$，$f_t = 8.0\text{N/mm}^2$。

由于 $10° < \alpha = 30° < 90°$，故依据规范 4.3.3 条，有

$$f_{c\alpha} = \frac{f_c}{1+\left(\dfrac{f_c}{f_{c,90}}-1\right)\dfrac{\alpha-10°}{80°}\sin\alpha} = \frac{10}{1+\left(\dfrac{10}{2.9}-1\right)\dfrac{30°-10°}{80°}\sin 30°} = 7.7\text{N/mm}^2$$

$$A_c = \frac{h_c}{\cos\alpha}b = \frac{30\times 140}{\cos 30°} = 4850\text{mm}^2$$

$N_u = f_{c\alpha}A_c = 7.7\times 4850 = 37.3\times 10^3 \text{N} = 37.3\text{kN}$，选择 B。

点评：由于本题目仅要求对"下弦杆齿面承压"的承载力进行计算，故未对受剪承载力计算（尽管该项的承载力更低）。

4.3 疑问解答

【Q4.3.1】《木标》第一次印刷本有没有勘误？

【A4.3.1】 2019 年 10 月 11 日，《工程建设标准化》在其公众号给出了《木结构设计标准》GB 50005—2017 的官方勘误，包括两处：

（1）公式（6.2.7-8）修改为

$$k_{s\text{III}} = \frac{R_e}{2+R_e}\left[\sqrt{\frac{2(1+R_e)}{R_e}+\frac{1.647(2+R_e)k_{ep}f_{yk}d^2}{3R_ef_{es}t_s^2}}-1\right]$$

即，将根号内第 2 项分子中的（$1+2R_e$）改为（$2+R_e$）。

（2）表 6.2.7 中圆钉时的 γ_III、γ_IV 分别修改为 1.97 和 1.62。

除以上内容外，笔者发现的疑似差错汇总在表 4-3-1。

《木结构设计标准》的疑似差错 表 4-3-1

序号	位置	疑似差错	改正后	备注
1	34 页，公式（5.2.1-2）	$\dfrac{M}{\varphi_l W_n}\leqslant f_m$	$\dfrac{M}{\varphi_l W}\leqslant f_m$	用毛截面特征
2	44 页，横纹荷载作用的图示			标注的 e_1、e_2 应对调
3	47 页，公式（6.2.7-2）			宜限定为单剪连接时采用此公式
4	50 页，第 4 款	当 $d<6$mm 时		6.2.1 条规定直径不应小于 6mm
5	151 页，第 5 行	kN	N	
6	197 页，表 K.2.4，$A_m/A_s=12$ 和 $A_m/A_s=18$ 时 A_m 的序列	7740、12900、18060	5160、10320、15480	
7	313 页，10.1.4 条条文说明	名义线形碳化速率	名义线性碳化速率	共 2 处
8	313 页，10.1.4 条条文说明	效碳化速率	有效碳化速率	

此外，还有以下几处需要注意：

（1）第 165 页，H.1.1 条，云杉-松-冷杉类包括北美山地云杉、北美短叶松，但是，表 4.3.1-1 中，云杉-松-冷杉类属于 TC11A 而北美山地云杉和北美短叶松属于 TC13B，二者不协调。

(2) 第 195 页，K.1.2 条的第 3 款，不知所云。

(3) 第 259 页～260 页，条文说明对应的序号与正文不符，4.3.16、4.3.17、4.3.19、4.3.20 应分别为 4.3.17、4.3.18、4.3.20、4.1.15。

(4) 第 277 页第 7 段有多处公式序号出错。为表达方便，将修改后的整段列出如下（改动处标以下划线）：

公式（6.2.7-2）中，当 $R_eR_t<1.0$ 时，对应屈服模式 I_m；当 $R_eR_t=1.0$ 时，对应屈服模式 I_s；公式<u>(6.2.7-5)</u>、<u>(6.2.7-8)</u>、(6.2.7-7)、<u>(6.2.7-10)</u> 分别对应于屈服模式 II、III$_s$、III$_m$ 和 IV。双剪连接不计算式（6.2.7-4）、<u>(6.2.7-7)</u>。

【Q4.3.2】《木标》5.1.4 条规定了稳定系数 φ 的计算公式，看起来十分复杂，能否简化？

【A4.3.2】对于常用的方木、原木，将相应的系数代入规定的公式，可以得到与 2001 版《木结构设计规范》相似的表达，见表 4-3-2。

受压构件的稳定系数　　　　　　　　　　　　　表 4-3-2

树种强度等级	长细比	稳定系数 φ
TC15、TC17、TB20	$\lambda \leqslant 75$	$\varphi = \dfrac{1}{1+\dfrac{\lambda^2}{6384}}$
	$\lambda > 75$	$\varphi = \dfrac{2996}{\lambda^2}$
TC11、TC13、TB11、TB13、TB15、TB17	$\lambda \leqslant 91$	$\varphi = \dfrac{1}{1+\dfrac{\lambda^2}{4234}}$
	$\lambda > 91$	$\varphi = \dfrac{2813}{\lambda^2}$

【Q4.3.3】《木标》10.1.4 条规定，木构件燃烧 t 小时后，有效碳化层厚度按下式计算：

$$d_{ef} = 1.2\beta_n t^{0.813}$$

但对式中的 t 解释为耐火极限，二者似乎矛盾，如何理解？

【A4.3.3】根据条文说明可知，有效碳化速率为

$$\beta_e = \frac{1.2\beta_n}{t^{0.187}}$$

若木构件燃烧 t 小时，将其乘以 t，得到的是有效碳化层厚度，即正文的公式 $1.2\beta_n t^{0.813}$。t 是可以取为耐火极限的，但只是对应函数曲线上的一个特定的"点"（时刻）。

【Q4.3.4】《木标》中，销连接（包括螺栓、销或六角头木螺钉作为紧固件的连接）部分变化很大，能否总结一下？

【A4.3.4】注意以下步骤：

(1)《木标》6.2.5 条规定了紧固件每个剪切面的承载力设计值计算公式：

$$Z_d = C_m C_n C_t k_g Z$$

其中的各个系数，确定 k_g 较为困难。

(2) 群栓组合系数 k_g 按附录 K 确定。

当侧面为木材时，查表 K.2.3。由于 $A_s/A_m \leqslant 1$，因此，A_s 取较小者。对于单剪连接，A_m、A_s 分别为相连的两个木构件截面积的较大者和较小者；对于双剪连接，A_m 为夹在中间的木构件的截面积，A_s 为两侧木构件截面积之和。

当侧面为钢材时，查表 K.2.4。这时，A_m 取为木构件的截面积，A_s 为两侧钢构件的截面积之和。由于钢材的强度远高于木材，故钢盖板的厚度很小，导致 A_m/A_s 通常较大，这就是表中 A_m/A_s 数值都在 10 以上的原因。

（3）每个剪切面的承载力参考值按下式计算：

$$Z = k_{\min} t_s d f_{es}$$

式中，t_s 为单剪连接时较薄构件的厚度，或者为双剪连接时一侧构件的厚度；d 为紧固件的公称直径。

根据公式可以理解，f_{es} 为按照较薄构件确定的承压强度，与较薄构件本身的性质有关，按照 6.2.8 条确定。如果受力沿顺纹，f_{es} 就是 6.2.8 条中的 $f_{e,0}$，如果沿横纹，就取为 6.2.8 条的 $f_{e,90}$。公式中用到的 G 查表 L.0.1 得到。$f_{e,0}$、$f_{e,90}$ 的单位为 MPa。

对于侧面为钢板的连接，f_{es} 则应按 6.2.8 条第 6 款确定。此时，需要查《钢标》的表 4.4.6 "螺栓连接的强度指标"，把查表得到的 f_c^b 乘以 1.1 作为 f_{es}。

$k_{\min}$ 按照 6.2.7 条确定，取 4 种屈服模式的最小者（通常，模式 Ⅰ 或者模式 Ⅱ 起控制作用）。

对于屈服模式 Ⅰ，标准的表达稍微改动一下为好，即

对于单剪连接，应满足 $R_e R_t \leqslant 1.0$，且 $k_Ⅰ = \dfrac{R_e R_t}{\gamma_Ⅰ}$。

对于双剪连接，应满足 $R_e R_t \leqslant 2.0$，且 $k_Ⅰ = \dfrac{R_e R_t}{2\gamma_Ⅰ}$。

【Q4.3.5】 为什么说《木标》表 K.2.3 中 A_s 为两侧木构件截面积之和？

【A4.3.5】 美国木结构设计规范 AWCNDS-2018（全称为 National Design Specification for Wood Construction）在 11.3.6 条规定了群作用系数（group action factors）C_g 的计算公式，如下：

$$C_g = \frac{m(1-m^{2n})}{n[(1+R_{EA}m^n)(1+m)-1+m^{2n}]} \cdot \frac{1+R_{EA}}{1-m}$$

$$m = u - \sqrt{u^2 - 1}$$

$$u = 1 + \gamma \frac{s}{2}\left[\frac{1}{E_m A_m} + \frac{1}{E_s A_s}\right]$$

式中　n——一行中紧固件的数目；

R_{EA}——取 $\dfrac{E_s A_s}{E_m A_m}$ 和 $\dfrac{E_m A_m}{E_s A_s}$ 两者的较小者；

E_m——主构件的弹性模量，psi；

E_s——侧面构件的弹性模量，psi；

A_m——主构件的毛截面积，in²；

A_s——侧面构件的毛截面积之和，in²；

s——一行中相邻紧固件中至中的距离，in；

γ——对采用销轴类紧固件的木-木连接取为 $180000 \times D^{1.5}$，对采用销轴类紧固件的木-金属连接取为 $270000 \times D^{1.5}$；

D——销轴类紧固件的直径，in。

当 $D<1/4$in 时，$C_g=1.0$。

取 $D=1$in、$s=4$in、$E=E_m=E_s=1.4\times10^6$psi，得到该规范的表 11.3.6A，表下注释 1 指出，当 $A_s/A_m>1$ 时，以 A_m/A_s 代替表中 A_s/A_m，以 A_m 代替表中 A_s；注释 2 指出，表中数据对 $D<1$in，$s<4$in 或 $E>1.4\times10^6$psi 是保守的。将该表中 A_s 的单位由 in^2 转化为 mm^2，这就是《木标》的表 K.2.3。

取 $D=1$in、$s=4$in，再将 E_m 取为木材的弹性模量 1.4×10^6psi，E_s 取为钢材的弹性模量 3.0×10^7psi，得到该规范的表 11.3.6C，表下注释指出，表中数据对 $D<1$in 或 $s<4$in 是保守的。将表中 A_s 的单位由 in^2 转化为 mm^2，这就是《木标》的表 K.2.4。

5 2009年试题与解答

5.1 2009 年试题

题 1. 现有四种不同功能的建筑：
① 具有外科手术室的乡镇卫生院的医疗用房；
② 营业面积为 10000m^2 的人流密集的多层商业建筑；
③ 乡镇小学的学生食堂；
④ 高度超过 100m 的住宅。

试问，由上述建筑组成的下列不同组合中，何项的抗震设防类别全部都应不低于重点设防类(乙类)？

A. ①②③　　　B. ①②③④　　　C. ①②④　　　D. ②③④

题 2~5

某六层办公楼，采用现浇钢筋混凝土框架结构，抗震等级为二级，其中梁、柱混凝土强度等级均为 C30。

2. 已知该办公楼各楼层的侧向刚度如表 5-1-1 所示。试问，对该结构竖向规则性的判断及水平地震剪力增大系数的采用，以下何项是正确的？

各楼层的侧向刚度　　　　　　　　　　　　　　　　　　　　　表 5-1-1

计算层	1	2	3	4	5	6
X 向侧向刚度(kN/m)	1.0×10^7	1.1×10^7	1.9×10^7	1.9×10^7	1.65×10^7	1.65×10^7
Y 向侧向刚度(kN/m)	1.2×10^7	1.0×10^7	1.7×10^7	1.55×10^7	1.35×10^7	1.35×10^7

提示：可只进行 X 方向的验算。

A. 属于竖向规则结构
B. 属于竖向不规则结构，仅底层地震剪力应乘以 1.15 的增大系数
C. 属于竖向不规则结构，仅二层地震剪力应乘以 1.15 的增大系数
D. 属于竖向不规则结构，一、二层地震剪力均应乘以 1.15 的增大系数

3. 各楼层在规定水平力作用下的弹性层间位移如表 5-1-2 所示。试问，下列关于该结构扭转规则性的判断，其中何项正确？

弹 性 层 间 位 移　　　　　　　　　　　　　　　　　　　　　表 5-1-2

计算层	X 方向层间位移		Y 方向层间位移	
	最大(mm)	两端平均(mm)	最大(mm)	两端平均(mm)
1	5.0	4.8	5.45	4.0
2	4.5	4.1	5.53	4.15

续表

计算层	X方向层间位移		Y方向层间位移	
	最大(mm)	两端平均(mm)	最大(mm)	两端平均(mm)
3	2.2	2.0	3.10	2.38
4	1.9	1.75	3.10	2.38
5	2.0	1.8	3.25	2.4
6	1.7	1.55	3.0	2.1

A. 不属于扭转不规则结构　　B. 属于扭转不规则结构
C. 仅 X 方向属于扭转不规则结构　　D. 无法对结构规则形进行判断

4. 该办公楼中某框架梁，净跨度 6.0m，在永久荷载及楼面活荷载作用下，当按照简支梁分析时，其梁端剪力标准值分别为 30kN 和 18kN；该梁左、右端截面考虑地震作用组合的弯矩设计值之和为 832kN·m。试问，该框架梁梁端剪力的设计值 V(kN)，与下列何项数值最为接近？

提示：该办公楼中无藏书库及档案库。

A. 178　　B. 205　　C. 213　　D. 224

5. 该办公楼某框架底层角柱，净高 4.85m，轴压比不小于 0.15。柱上端截面考虑弯矩增大系数的组合弯矩设计值 $M_c^t=104.8$kN·m，柱下端截面在永久荷载、活荷载、地震作用下的弯矩标准值分别为 1.5kN·m、0.6kN·m、±115kN·m。试问，该底层角柱剪力的设计值 V(kN)，与下列何项数值最为接近？

A. 65　　B. 73　　C. 80　　D. 98

题 6~8

某承受竖向力作用的钢筋混凝土箱形截面梁，截面尺寸如图 5-1-1 所示。作用在梁上的荷载为均布荷载。混凝土强度等级为 C25，纵向钢筋采用 HRB335，箍筋采用 HPB300。$a_s=a_s'=35$mm。

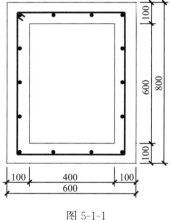

图 5-1-1

6. 已知该梁下部纵向钢筋配置为 6Φ20。试问，该梁跨中正截面受弯承载力设计值 M(kN·m)，与下列何项数值最为接近？

提示：不考虑侧面纵向钢筋及上部受压钢筋作用。

A. 365　　B. 410
C. 425　　D. 480

7. 假设箱形截面梁某截面处的剪力设计值 V=120kN，扭矩 T=0，受弯承载力计算时未考虑受压区纵向钢筋。试问，下列何项箍筋配置最接近《混凝土结构设计规范》GB 50010—2010 规定的最小箍筋配置要求？

A. ϕ6@350　　B. ϕ6@250　　C. ϕ8@300　　D. ϕ8@250

8. 假设该箱形梁某截面处的剪力设计值 V=65kN，扭矩设计值 T=60kN·m，试问，采用下列何项箍筋配置最接近《混凝土结构设计规范》GB 50010—2010 规定的最小箍筋配置要求？

提示：(1) 已经求得 $\alpha_h=0.417$，$W_t=7.1\times10^7$mm³，$\zeta=1.0$，$A_{cor}=4.125\times10^5$mm²。

(2) 配箍率验算时精确至小数点后两位。
A. $\phi8@200$ B. $\phi8@150$ C. $\phi10@200$ D. $\phi10@150$

题9. 下列关于抗震设计的概念，其中何项不正确？
A. 有抗震设防要求的多、高层钢筋混凝土楼屋盖，不应采用预制装配式结构
B. 利用计算机进行结构抗震分析时，应考虑楼梯构件的影响
C. 高度≤24m 的丙类建筑不宜采用单跨框架结构
D. 钢筋混凝土结构构件设计时，应防止剪切破坏先于弯曲破坏

题 10～11

某钢筋混凝土结构中间楼层的剪力墙墙肢（非底部加强部位），几何尺寸及配筋如图 5-1-2 所示，混凝土强度等级为 C30，竖向及水平分布钢筋采用 HRB335 级。

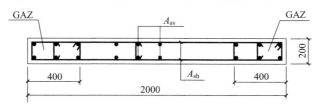

图 5-1-2

10. 已知作用在该墙肢上的轴向压力设计值 $N_w=3000$kN，计算高度 $l_0=3.5$m，试问，该墙肢平面外轴心受压承载力与轴向压力设计值的比值，与下列何项数值最为接近？
提示：按素混凝土构件计算。
A. 1.12 B. 1.31 C. 1.57 D. 1.90

11. 假定该剪力墙抗震等级为三级，该墙肢考虑地震作用组合的内力设计值 $N=2000$kN，$M=250$kN·m，$V=180$kN。试问，下列何项水平分布钢筋 A_{sh} 的配置最为合适？
提示：$a_s=a_s'=200$mm。
A. $\Phi6@200$ B. $\Phi8@200$ C. $\Phi8@150$ D. $\Phi10@200$

题 12～13

某钢筋混凝土偏心受压柱，截面尺寸及配筋如图 5-1-3 所示。混凝土强度等级为 C30，纵筋采用 HRB335。已知轴向压力设计值 $N=300$kN，$a_s=a_s'=40$mm。

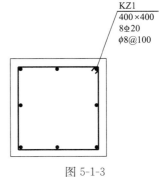

图 5-1-3

12. 当按单向偏心受压验算承载力时，试问，轴向压力作用点至受压区纵向普通钢筋合力点的距离 e_s'(mm)最大值，应与下列何项数值最为接近？
A. 280 B. 290
C. 300 D. 310

13. 假定 $e_s'=305$mm，试问，当按单向偏心受压计算时，该柱考虑二阶效应后控制截面弯矩设计值的最大值 M(kN·m)，与下列何项数值最为接近？
A. 114 B. 124 C. 134 D. 144

题14. 某高档超市为四层钢筋混凝土框架，建筑面积 25000m²，建筑物总高度 24m，抗震设防烈度为 7 度，Ⅱ类场地。框架柱原设计的纵筋为 8Φ22。施工过程中，因原材料供应问题，拟用表 5-1-3 中的钢筋进行代换。试问，下列哪种代换方案最为合适？

提示：下列 4 种代换方案均满足强剪弱弯要求。

钢 筋 代 换　　　　　　　　　　　　　　　　表 5-1-3

钢筋	屈服强度实测值（MPa）	抗拉强度实测值（MPa）
Φ20	438	550
Φ25	370	510
Φ20	492	610

A. 8Φ20　　　　　　　　　　　B. 4Φ25（角部）+4Φ20（中部）
C. 8Φ25　　　　　　　　　　　D. 4Φ25（角部）+4Φ20（中部）

题 15. 某预应力钢筋混凝土受弯构件，截面 $b \times h = 300\text{mm} \times 550\text{mm}$，要求不出现裂缝。经计算，跨中最大弯矩截面 $M_{ql} = 0.8 M_{kl}$，左端支座截面 $M_{q左} = 0.85 M_{k左}$，右端支座截面 $M_{q右} = 0.7 M_{k右}$。当用结构力学的方法计算其正常使用极限状态下的挠度时，试问，刚度 B 按以下何项取用最为合适？

A. $0.47 E_c I_0$　　B. $0.42 E_c I_0$　　C. $0.50 E_c I_0$　　D. $0.72 E_c I_0$

题 16～23

为增加使用面积，在现有一个单层单跨建筑内加建一个全钢结构夹层，该夹层与原建筑结构脱开，可不考虑抗震设防。新加夹层结构选用 Q235B 钢材，焊接采用 E43 焊条。楼板为 SP10D 板型，面层做法 20mm 厚，SP 板板端预埋件与次梁焊接。荷载标准值：永久荷载为 2.5kN/m^2（包括 SP10D 板自重、板缝灌缝及楼面面层做法），可变荷载为 4.0kN/m^2。夹层平台结构如图 5-1-4 所示。

提示：依据《建筑结构可靠性设计统一标准》GB 50068—2018 进行荷载效应组合。

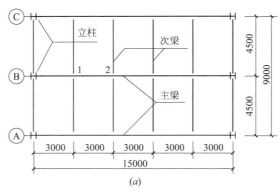

立柱：H228×220×8×14 焊接 H 形钢
$A = 77.6 \times 10^2 \text{mm}^2$
$I_x = 7585.9 \times 10^4 \text{mm}^4$，$i_x = 98.9\text{mm}$
$I_y = 2485.4 \times 10^4 \text{mm}^4$，$i_y = 56.6\text{mm}$

主梁：H900×300×8×16 焊接 H 形钢
$A = 165.44 \times 10^2 \text{mm}^2$
$I_x = 231147.6 \times 10^4 \text{mm}^4$
$W_{nx} = 5136.6 \times 10^3 \text{mm}^3$
主梁自重标准值 $g = 1.56\text{kN/m}$

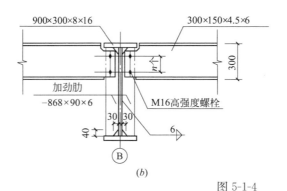

次梁：H300×150×4.5×6 焊接 H 形钢
$A = 30.96 \times 10^2 \text{mm}^2$
$I_x = 4785.96 \times 10^4 \text{mm}^4$
$W_{nx} = 319.06 \times 10^3 \text{mm}^3$
次梁自重标准值 0.243kN/m

图 5-1-4
(a) 柱网平面布置；(b) 主次梁连接

16. 在竖向荷载作用下,次梁承受的线荷载设计值为 25.8kN/m(不包括次梁自重)。试问,强度计算时,公式左侧所得数值(N/mm²),与下列何项最为接近?

　　A. 149　　　　B. 155　　　　C. 197　　　　D. 207

17. 要求对次梁作刚度验算。试问,在全部竖向荷载作用下次梁的最大挠度与其跨度之比,与下列何项数值最为接近?

　　A. 1/282　　　B. 1/320　　　C. 1/385　　　D. 1/421

18. 该夹层结构中的主梁与柱为铰接支承,求得主梁在点"2"处(见柱网平面布置图,相当于在编号为点"2"处的截面上)的弯矩设计值 $M_2=1107.05$kN·m,在点"2"左侧的剪力设计值 $V_2=120.3$kN。次梁受载情况同题16。试问,在对点"2"处主梁腹板上边缘最大折算应力进行验算时,公式左侧所得数值(N/mm²),与下列何项最为接近?

　　提示:(1)主梁单侧翼缘毛截面对中和轴的面积矩 $S=2121.6\times10^3$mm³。

　　(2)假定局部压应力为零。

　　A. 189.5　　　B. 209.5　　　C. 215.0　　　D. 220.8

19. 该夹层结构中的主梁翼缘与腹板采用双面角焊缝连接,焊缝高度 $h_f=6$mm,其他条件同题18。试问,在点"2"次梁连接处,对主梁翼缘与腹板的焊接连接强度进行验算,公式左侧所得数值(N/mm²),与下列何项最为接近?

　　A. 20.3　　　B. 18.7　　　C. 16.5　　　D. 13.1

20. 夹层结构一根次梁传给主梁的集中荷载设计值为 58.7kN,主梁与该次梁连接处的加劲肋和主梁腹板采用双面直角角焊缝连接,设焊缝高度 $h_f=6$mm,加劲肋的切角尺寸如图5-1-4(b)所示。试问,该焊接连接的剪应力值(N/mm²),与下列何项数值最为接近?

　　提示: $\tau_f=\dfrac{N}{\alpha_f h_e l_w}$, α_f 为承载力折减系数。

　　A. 13　　　　B. 18　　　　C. 25　　　　D. 50

21. 假设上题中的次梁与主梁采用8.8级M16的高强度螺栓摩擦型连接,连接处的钢材表面处理方法为钢丝刷清除浮锈,其连接形式如图5-1-4(b)所示。考虑到连接偏心的不利影响,对次梁端部剪力设计值 $F=58.7$kN 乘以1.2的增大系数。试问,连接所需的高强度螺栓数量 n(个),与下列何项数值最为接近?

　　A. 3　　　　B. 4　　　　C. 5　　　　D. 6

22. 在夹层结构中,假定主梁作用于立柱的轴向压力设计值 $N=307.6$kN;立柱选用Q235B钢材,截面无孔洞削弱,翼缘板为焰切边。立柱与基础刚接,柱顶与主梁铰接,其计算长度在两个主轴方向均为5.50m。试问,当对立柱按照实腹式轴心受压构件作整体稳定性验算时,公式左侧所得数值,与下列何项最为接近?

　　A. 0.219　　　B. 0.267　　　C. 0.321　　　D. 0.406

23. 若次梁按照组合梁设计,并采用压型钢板混凝土组合板作为翼缘板,压型钢板板肋垂直于次梁。混凝土强度等级为C20,抗剪连接件采用材料等级为4.6级的 $d=19$mm 圆柱头螺栓。已知组合次梁上跨中最大弯矩点与支座零弯矩点之间钢梁与混凝土翼缘板交界面的纵向剪力 $V_s=665.4$kN;螺栓抗剪连接件承载力设计值折减系数 $\beta_v=0.54$。试问,组合次梁上连接螺栓的个数,与下列何项数值最为接近?

提示：按完全抗剪连接计算。

A. 20　　　　　B. 34　　　　　C. 42　　　　　D. 46

题 24～26

非抗震的某梁柱节点，如图 5-1-5 所示。梁柱均采用热轧 H 型钢截面，梁采用 HN500×200×10×16（$r=13$mm），柱采用 HM390×300×10×16（$r=13$mm），梁、柱钢材均采用 Q345B。主梁上下翼缘与柱翼缘为全熔透坡口对接焊缝，采用引弧板和引出板施焊；梁腹板与柱为工地熔透焊，单侧安装连接板（兼作腹板焊接衬板），并采用 4×M16 工地安装螺栓。

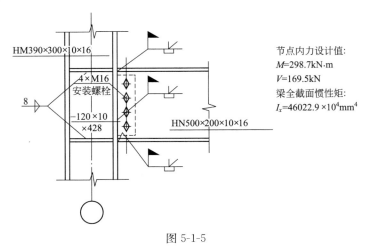

图 5-1-5

24. 梁柱节点采用全截面设计法，即弯矩由翼缘和腹板共同承担，剪力由腹板承担。试问，梁翼缘与柱之间全熔透坡口对接焊缝的应力设计值（N/mm²），与下列何项数值最为接近？

提示：梁腹板和翼缘的截面惯性矩分别为 $I_{w.x}=8541.9\times10^4$ mm⁴，$I_{fx}=37480.96\times10^4$ mm⁴。

A. 300.2　　　B. 280.0　　　C. 246.5　　　D. 157.1

25. 已知条件同题 24。试问，梁腹板与柱对接连接焊缝的应力设计值（N/mm²），与下列何项数值最为接近？

提示：（1）假定梁腹板与柱对接连接焊缝的截面抵抗矩为 365.0×10^3 mm³。

（2）扣除过焊孔之后的焊缝计算长度取 383mm。

A. 160　　　　B. 170　　　　C. 180　　　　D. 190

26. 该节点需在柱腹板处设置横向加劲肋，试问，腹板节点域的剪应力设计值（N/mm²），与下列何项数值最为接近？

A. 178　　　　B. 165　　　　C. 155　　　　D. 148

题 27. 北方地区某高层钢结构建筑，其 1～10 层外框柱采用各焊接箱形截面，板厚为 60～80mm，工作温度低于－20℃，初步确定选用 Q345 国产钢材。试问，以下何种质量等级的钢材是最适合的选择？

提示："GJ"代表高性能建筑结构用钢。

A. Q345D　　B. Q345GJC　　C. Q345GJD-Z15　　D. Q345C

题 28. 梁受固定集中荷载作用，当局部压应力不能满足要求时，采用以下何项措施才是较合理的选择?

A. 加厚翼缘 B. 在集中荷载作用处设支承加劲肋
C. 沿梁长均匀增加横向加劲肋 D. 加厚腹板

题 29. 以下有关钢管结构的观点,其中何项符合《钢结构设计标准》GB 50017—2017 的要求?

A. 对于 Q345 钢材,圆钢管的外径与壁厚之比不应超过 146
B. 主管内设置未开孔的加劲肋时,加劲肋厚度应不小于支管壁厚,也不宜小于主管壁厚的 2/3 和主管内径的 1/40
C. 圆形钢管,主管与支管轴线间的夹角不得小于 45°
D. 圆形主管表面贴加强板时,加强板厚度不宜小于主管的壁厚

题 30. 一截面 $b \times h = 370\text{mm} \times 370\text{mm}$ 的砖柱,其基础平面如图 5-1-6 所示。柱底反力设计值 $N=170\text{kN}$。基础采用 MU30 毛石和水泥砂浆砌筑,施工质量控制等级为 B 级。试问,为砌筑该基础所采用的砂浆最低强度等级,与下列何项数值最为接近?

提示:不考虑强度调整系数 γ_a 的影响。

A. M0 B. M2.5 C. M5 D. M7.5

题 31～34

某无吊车单层单跨库房,跨度为 7m,无柱间支撑,房屋的静力计算方案为弹性方案,其中间榀排架立面如图 5-1-7 所示。柱截面尺寸 400mm×600mm,采用 MU10 级单排孔混凝土小型空心砌块、Mb7.5 级混合砂浆对孔砌筑,砌块的孔洞率为 40%,采用 Cb20 灌孔混凝土灌孔,灌孔率为 100%。砌体施工质量控制等级为 B 级。

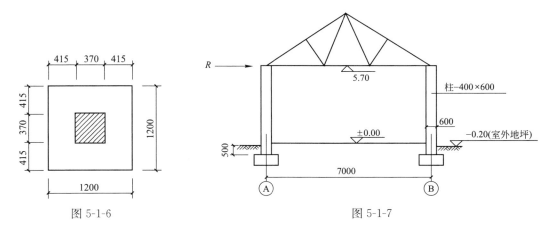

图 5-1-6   图 5-1-7

31. 试问,柱砌体的抗压强度设计值 f_g(MPa),与下列何项数值最为接近?

A. 3.30 B. 3.50 C. 4.20 D. 4.70

32. 假设屋架为刚性杆,其两端与柱铰接。在排架方向由风荷载产生的每榀柱顶水平集中力设计值 $R=3.5\text{kN}$;重力荷载作用下柱底反力设计值 $N=85\text{kN}$。试问,柱受压承载力 $\varphi f_g A$ 中的 φ 值,应与下列何项数值最为接近?

提示:不考虑柱本身受到的风荷载。

A. 0.29 B. 0.31 C. 0.35 D. 0.37

33. 若砌体的抗压强度设计值 $f_g=4.0\text{MPa}$,试问,柱排架方向受剪承载力设计值

(kN)，与下列何项数值最为接近？

提示：不考虑砌体强度调整系数 γ_a 的影响，柱按受弯构件计算。

A. 40　　　　B. 50　　　　C. 60　　　　D. 70

34. 若柱改为配筋砌体，采用 HPB300 级钢筋，其截面如图 5-1-8 所示。假定柱计算高度 $H_0=6.4$m，砌体的抗压强度设计值 $f_g=4.0$MPa。试问，该柱截面的轴心受压承载力设计值(kN)，与下列何项数值最为接近？

A. 690　　　B. 790　　　C. 922　　　D. 1000

题 35～36

某底层框架-抗震墙砖砌体房屋，底层结构平面布置如图 5-1-9 所示，柱高度 $H=4.2$m。框架柱截面尺寸均为 500mm×500mm，各框架柱的横向侧移刚度 $K_c=2.5\times 10^4$kN/m，各横向钢筋混凝土抗震墙的侧移刚度 $K_Q=330\times 10^4$kN/m(包括端柱)。

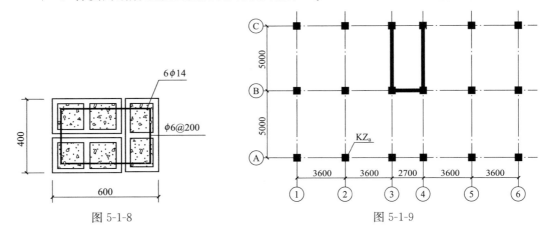

图 5-1-8　　　　　　　　图 5-1-9

35. 若底层顶的横向地震倾覆力矩标准值 $M=1.0\times 10^4$kN·m，试问，由横向地震倾覆力矩引起的框架柱 KZ_a 附加轴力标准值(kN)，与下列何项数值最为接近？

A. 10　　　　B. 20　　　　C. 30　　　　D. 40

36. 若底层横向水平地震剪力设计值 $V=2000$kN，其他条件同上，试问，由横向水平地震剪力产生的框架柱 KZ_a 柱顶弯矩设计值(kN·m)，与下列何项数值最为接近？

A. 20　　　　B. 30　　　　C. 40　　　　D. 50

题 37～40

一多层砖砌体办公楼，其底层平面如图 5-1-10 所示。外墙厚 370mm，内墙厚 240mm，墙均居轴线中。底层层高 3.4m，室内外高差 300mm，基础埋置较深且有刚性地坪。墙体采用 MU10 烧结多孔砖、M10 混合砂浆砌筑（孔洞率不大于 30%）；楼、屋面层采用现浇钢筋混凝土板。砌体施工质量控制等级为 B 级。

37. 试问，墙 A 轴心受压承载力 φAf 中 φ 的值，与下列何项数值最为接近？

A. 0.70　　　B. 0.80　　　C. 0.82　　　D. 0.87

38. 假定底层横向水平地震剪力设计值 $V=3300$kN，试问，由墙 A 承担的水平地震剪力设计值(kN)，与下列何项数值最为接近？

A. 190　　　B. 210　　　C. 230　　　D. 260

39. 假定墙 A 在重力荷载代表值作用下的截面平均压应力 $\sigma_c=0.51$MPa，墙体灰缝内

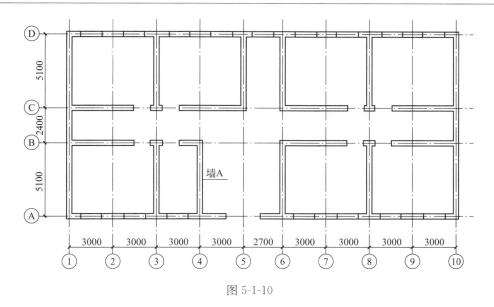

图 5-1-10

水平配筋总面积 $A_s = 1008 \text{mm}^2$（$f_y = 270 \text{MPa}$）。试问，墙 A 的截面抗震受剪承载力设计值 (kN)，与下列何项数值最为接近？

提示：承载力抗震调整系数 $\gamma_{RE} = 1.0$。

A. 280　　　　　B. 290　　　　　C. 310　　　　　D. 340

40. 假定本工程为一中学教学楼，抗震设防烈度为 8 度（0.20g），各层墙上下对齐，试问，其结构层数 n 及总高度 H 的限值，下列何项选择符合规范规定？

A. $n = 6$，$H = 18\text{m}$　　　　　B. $n = 5$，$H = 15\text{m}$
C. $n = 4$，$H = 15\text{m}$　　　　　D. $n = 3$，$H = 9\text{m}$

题 41. 有关砖砌体结构设计原则的规定，以下说法何项是正确的？

Ⅰ. 采用以概率理论为基础的极限状态设计法

Ⅱ. 按承载能力极限状态设计，进行变形验算来满足正常使用极限状态要求

Ⅲ. 按承载能力极限状态设计，并满足正常使用极限状态要求

Ⅳ. 按承载能力极限状态设计，进行整体稳定验算来满足正常使用极限状态要求

A. Ⅰ、Ⅱ　　　　B. Ⅰ、Ⅲ　　　　C. Ⅰ、Ⅳ　　　　D. Ⅱ、Ⅲ

题 42～43

一芬克式木屋架，几何尺寸及杆件编号如图 5-1-11 所示。处于正常环境，设计使用年限为 25 年，安全等级二级。选用西北云杉 TC11A 制作。

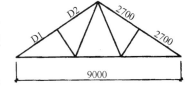

图 5-1-11

42. 若该屋架为原木屋架，杆件 D1 未经切削，轴心压力设计值 $N = 120 \text{kN}$，其中恒载产生的压力占 60%，试问，当按强度验算时，其设计最小截面直径(mm)，与下列何项数值最为接近？

A. 90　　　　　B. 100　　　　　C. 120　　　　　D. 130

43. 若杆件 D2 采用端面 120mm×160mm(宽×高)的方木，跨中承受的最大初始弯矩设计值 $M_0 = 3.1 \text{kN·m}$，轴向压力设计值 $N = 100 \text{kN}$，构件的初始偏心距 $e_0 = 0$，已知恒载产生的内力不超过全部荷载所产生的内力的 80%，试问，按稳定验算时，考虑轴向力与

初始弯矩共同作用的折减系数 φ_m，与下列何项数值最为接近？

提示：小数点后四舍五入取两位。

A. 0.46　　　　B. 0.48　　　　C. 0.52　　　　D. 0.54

题 44～48

某建筑物地基基础设计等级为乙级，其柱下桩基采用预应力高强度混凝土管桩(PHC桩)，桩外径 400mm，壁厚 95mm，桩尖为敞口形式。有关地基各土层分布情况、地下水位、桩端极限端阻力标准值 q_{pk}、桩侧极限侧阻力标准值 q_{sk} 及桩的布置、柱及承台尺寸等，如图 5-1-12 所示。

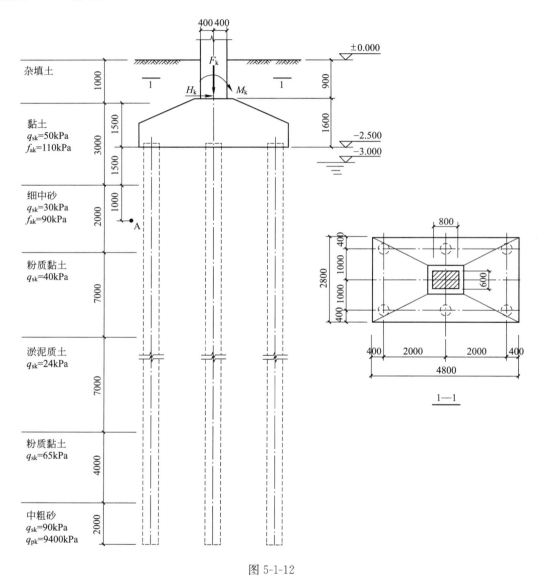

图 5-1-12

44. 当不考虑地震作用时，根据土的物理指标与桩承载力参数之间的经验关系，试问，按《建筑桩基技术规范》JGJ 94—2008 计算的单桩竖向承载力特征值 R_a(kN)，与下列何项数值最为接近？

A. 1200　　　　B. 1235　　　　C. 2400　　　　D. 2470

45. 经单桩竖向静载试验，得到三根试验桩的单桩竖向极限承载力分别为2390kN、2230kN与2520kN。假设已经求得承台效应 $\eta_c=0.18$，试问，不考虑地震作用时，考虑承台效应的复合基桩的竖向承载力特征值 R(kN)，与下列何项数值最为接近？

提示：单桩竖向承载力特征值 R_a 按《建筑地基基础设计规范》GB 50007—2011 确定。

A. 1200　　　　B. 1235　　　　C. 2400　　　　D. 2470

46. 该工程建筑抗震设防烈度为7度，设计地震分组为第一组，设计基本地震加速度为0.15g。细中砂层土初步判别认为需进一步进行液化判别，土层厚度中心A点的标准贯入锤击数实测值 $N=6$。试问，当考虑地震作用，按《建筑桩基技术规范》JGJ 94—2008计算桩的竖向承载力特征值时，细中砂层土的液化影响系数 ψ_l，应取下列何项数值？

A. 0　　　　B. 1/3　　　　C. 2/3　　　　D. 1.0

47. 该建筑物属于对水平位移不敏感建筑。单桩水平静载试验表明，当地面处水平位移为10mm时，所对应的水平荷载为32kN。已求得承台侧向土水平抗力效应系数 $\eta_l=1.35$，桩顶约束效应系数 $\eta_r=2.05$。试问，当验算地震作用桩基的水平承载力时，沿承台长边方向，群桩基础的基桩水平承载力特征值 R_h(kN)，与下列何项数值最为接近？

提示：$s_a/d<6$。

A. 75　　　　B. 93　　　　C. 99　　　　D. 116

48. 取承台及其上土的加权平均重度为20kN/m³。在荷载效应标准组合下，柱传给承台顶面的荷载为：$M_k=704$kN·m，$F_k=4800$kN，$H_k=60$kN。当荷载效应由永久荷载效应控制时，试问，承台在柱边处截面的最大弯矩设计值 M(kN·m)，与下列何项数值最为接近？

A. 2880　　　　B. 3240　　　　C. 3890　　　　D. 4370

题 49～52

某柱下扩展锥形基础，柱截面尺寸0.4m×0.5m，基础尺寸、埋深及地基条件见图5-1-13。基础及其以上土的加权重度取20kN/m³。

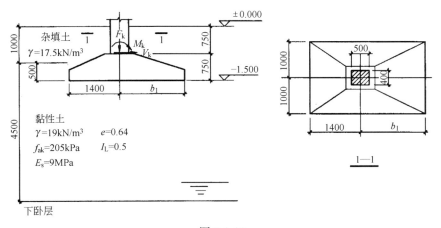

图 5-1-13

49. 荷载效应标准组合时，柱底竖向力 $F_k=1100$kN，力矩 $M_k=141$kN·m，水平力 $V_k=30$kN。为使基底反力在该组合下均匀分布，试问，基础尺寸 b_1(m)，应与下列何项数值最为接近?

A. 1.4　　　　　B. 1.5　　　　　C. 1.6　　　　　D. 1.7

50. 假设 b_1 为 1.4m，试问，基础底面处土层修正后的天然地基承载力特征值 f_a (kPa)，与下列何项数值最为接近?

A. 223　　　　　B. 234　　　　　C. 238　　　　　D. 248

51. 假定黏性土层的下卧层为淤泥质土，其压缩模量 $E_s = 3$MPa。假定基础只受轴心荷载作用，且 $b_1 = 1.4$m；相应于荷载效应标准组合时，柱底的竖向力 $F_k = 1120$kN。试问，荷载效应标准组合时，软弱下卧层顶面处的附加压力值 p_z(kPa)，与下列何项数值最为接近?

A. 28　　　　　B. 34　　　　　C. 40　　　　　D. 46

52. 假定黏性土层的下卧层为基岩。假定基础只受轴心荷载作用，且 $b_1 = 1.4$m；荷载效应准永久组合时，基底的附加压力值 $p_0 = 150$kPa。试问，当基础无相邻荷载的影响时，基础中心计算的地基最终变形量 s(mm)，与下列何项数值最为接近?

提示：地基变形计算深度取至基岩顶面。

A. 21　　　　　B. 28　　　　　C. 32　　　　　D. 34

题 53~55

某高层住宅，采用筏板基础，基底尺寸 21m×30m，地基基础设计等级为乙级。地基处理采用水泥粉煤灰碎石桩(CFG 桩)，桩直径为 400mm。地基土层分布及相关参数如图 5-1-14 所示。

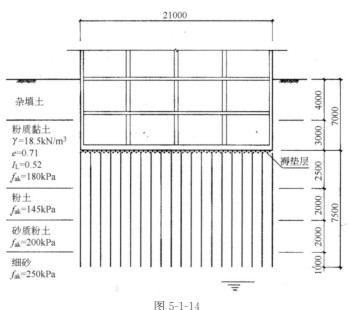

图 5-1-14

53. 设计要求经修正后的复合地基承载力特征值不小于 430kPa，假定基础底面以上土的加权平均重度 $\gamma_m = 18$kN/m³，CFG 桩单桩竖向承载力特征值 $R_a = 450$kN，桩间土承载力发挥系数 $\beta = 0.9$，单桩承载力发挥系数 $\lambda = 0.9$。试问，该工程的 CFG 桩面积置换率 m 的最小值，与下列何项数值最为接近?

提示：地基处理后桩间土承载力特征值可取天然地基承载力特征值。

A. 3%　　　　B. 5%　　　　C. 6%　　　　D. 8%

54. 假定CFG桩面积置换率$m=6\%$，桩按等边三角形布置。试问，CFG桩的间距$s(m)$，与下列何项数值最为接近？

A. 1.45　　　B. 1.55　　　C. 1.65　　　D. 1.95

55. 假定该工程沉降计算不考虑基坑回弹影响，采用天然地基时，基础中心计算的地基最终变形量为150mm，其中基底下7.5m深土的基础变形量$s_1=100$mm，其下土层的地基变形量$s_2=50$mm。已知CFG桩复合地基的承载力特征值$f_{spk}=360$kPa。当褥垫层和粉质黏土复合土层的压缩模量相同，并且天然地基和复合地基沉降计算经验系数相同时，试问，地基处理后，基础中心的地基最终变形量$s(mm)$，与下列何项数值最为接近？

A. 80　　　　B. 90　　　　C. 100　　　　D. 120

题56. 下列有关压实系数的一些认识，其中何项是不正确的？

A. 填土的控制压实系数为填土的控制干密度与最大干密度的比值
B. 压实填土地基中，地坪垫层以下及基础底面标高以上的压实填土，压实系数不应小于0.94
C. 采用灰土进行换填垫层法处理地基时，灰土的压实系数不低于0.95
D. 承台和地下室外墙与基坑侧壁间隙可采用级配砂石、压实性较好的素土分层夯实，其压实系数不宜小于0.90

题57. 下列关于基础构造尺寸要求的一些主张，其中何项是不正确的？

A. 柱下条形基础梁的高度宜为柱距的$1/4 \sim 1/8$。翼板厚度不应小于200mm
B. 对于梁板式筏基，其底板厚度与最大双向板格的短边净跨之比不应小于1/14，且板厚不应小于400mm
C. 桩承台之间的联系梁宽度不宜小于250mm，梁的高度可取承台间净距的$1/10 \sim 1/15$，且不宜小于400mm
D. 采用筏形基础的地下室，地下室钢筋混凝土外墙厚度不应小于250mm，内墙厚度不宜小于200mm

题58. 下列关于高层建筑隔震和消能减震设计的观点，哪一种相对准确？

A. 隔震技术应用于高度较高的钢或钢筋混凝土高层建筑中，对较低的结构不经济
B. 隔震技术具有隔离水平及竖向地震的功能
C. 消能部件沿结构的两个主轴方向分别设置，宜设置在建筑物底部位置
D. 采用消能减震设计的高层建筑，当遭受高于本地区设防烈度的罕遇地震影响时，不会发生丧失使用功能的破坏

题59. 下列关于高层混凝土结构抗震分析的一些观点，其中何项相对准确？

A. B级高度的高层建筑结构应采用至少二个三维空间分析软件进行整体内力位移计算
B. 计算中应考虑楼梯构件的影响
C. 对带转换层的高层结构，必须采用弹塑性时程分析方法补充计算
D. 规则结构控制结构水平位移限值时，楼层位移计算亦应考虑偶然偏心的影响

题60～64

某大城市郊区一高层建筑，地上28层，地下2层，地面以上高度为90m，屋面有小塔架，平面图形为正六边形（可忽略扭转影响），如图5-1-15所示。该工程为丙类建筑，抗

震设防烈度为 7 度(0.15g)，Ⅲ类建筑场地，采用钢筋混凝土框架-核心筒结构。

提示：按《高层建筑混凝土结构技术规程》JGJ 3—2010 作答。

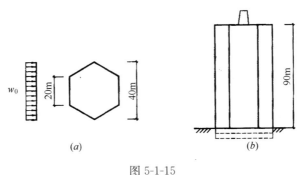

图 5-1-15
(a)建筑平面示意图；(b)建筑立面示意图

60. 略

61. 若已求得 90m 高度屋面处的风振系数为 1.36，假定 50 年一遇基本风压 w_0 = 0.70kN/m²，试问，当对主体结构进行承载力设计时，90m 高度屋面处的水平风荷载标准值 w_k(kN/m²)，与下列何项数值最为接近？

A. 2.351　　　B. 2.481　　　C. 2.607　　　D. 2.989

62. 假定作用于 90m 高度屋面处的水平风荷载标准值 w_k=2.0kN/m²；由突出屋面小塔架的风荷载产生的作用于屋面的水平剪力标准值 ΔP_{90}=200kN，弯矩标准值 ΔM_{90}=600kN·m；风荷载沿高度按倒三角形分布(地面处为零)。试问，在高度 z=30m 处风荷载产生的倾覆力矩的设计值(kN·m)，与下列何项数值最为接近？

A. 124000　　　B. 124600　　　C. 173840　　　D. 174440

63. 假定该建筑物下部有面积 3000m² 二层办公用裙房，裙房采用钢筋混凝土框架结构，并与主体连为整体。试问，裙房框架在相关范围内的抗震构造措施等级宜为下列何项所示？

A. 一级　　　B. 二级　　　C. 三级　　　D. 四级

64. 假定本工程地下一层底板(地下二层顶板)作为上部结构的嵌固部位，试问，地下室结构一、二层在相关范围内采用的抗震构造措施等级，应为下列何组所示？

A. 地下一层二级、地下二层三级　　　B. 地下一层一级、地下二层三级
C. 地下一层一级、地下二层二级　　　D. 地下一层一级、地下二层一级

题 65~68

某 10 层现浇钢筋混凝土框架-剪力墙普通办公楼，如图 5-1-16 所示，质量和刚度沿竖向分布均匀，房屋高度为 40m；设一层地下室，采用箱形基础。该工程为丙类建筑，抗震设防烈度为 9 度，Ⅲ类建筑场地，设计地震分组为第一组，按刚性地基假定确定的结构基本自振周期为 0.8s。混凝土强度等级采用 C40(f_c=19.1N/mm²，f_t=1.71N/mm²)。各层重力荷载代表值相同，皆为 6840kN；柱 E 承担的重力荷载代表值占全部重力荷载代表值的 1/20。假定，在规定的水平力作用下，结构底层框架部分承受的地震倾覆力矩与结构总倾覆力矩的比值为 45%。

65. 在重力荷载代表值、水平地震作用及风荷载作用下，首层中柱 E 的柱底截面产生的轴压力标准值依次为 2800kN、500kN 和 60kN。试问，在计算首层框架柱 E 柱底截面轴压比时，采用的轴压力设计值(kN)，与下列何项数值最为接近？

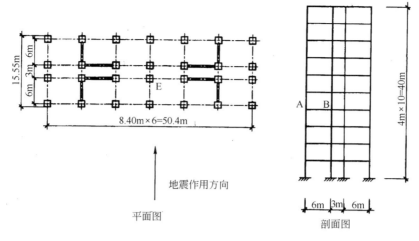

图 5-1-16

提示：根据《高层建筑混凝土结构技术规程》JGJ 3—2010 作答。

A. 3360　　　　B. 4010　　　　C. 4410　　　　D. 4494

66. 某榀框架第 4 层框架梁 AB，如图 5-1-17 所示。考虑地震作用组合的梁端弯矩设计值（顺时针方向起控制作用）为 $M_A = 250 \text{kN} \cdot \text{m}$，$M_B = 650 \text{kN} \cdot \text{m}$；同一组合的重力荷载代表值和竖向地震作用下按简支梁分析的梁端截面剪力设计值 $V_{Gb} = 30 \text{kN}$。梁 A 端实配 4Φ25，梁 B 端实配 6Φ25(4/2)，A、B 端截面上部与下部配筋相同；梁纵筋采用 HRB400（$f_{yk} = 400 \text{N/mm}^2$，$f_y = f_y' = 360 \text{N/mm}^2$），箍筋采用 HRB335（$f_{yv} = 300 \text{N/mm}^2$）；单排筋 $a_s = a_s' = 40 \text{mm}$，双排筋 $a_s = a_s' = 60 \text{mm}$；抗震设计时，试问，梁 B 截面处考虑地震作用组合的剪力设计值 V(kN)，与下列何项数值最为接近？

A. 245　　　　B. 260　　　　C. 276　　　　D. 292

67. 在该房屋中 1～6 层沿地震作用方向的剪力墙连梁 LL-1 平面如图 5-1-18 所示，抗震等级为一级，截面 $b \times h = 350 \text{mm} \times 400 \text{mm}$，纵筋上、下部各配 4Φ25，$h_0 = 360 \text{mm}$；箍筋采用 HRB335（$f_{yv} = 300 \text{N/mm}^2$），截面按构造配箍即可满足抗剪要求。试问，下列依次列出的该连梁端部加密区及非加密区的几组构造配箍，其中哪一组能够满足相关规范、规程的最低要求？

提示：选项中 4Φ××，表示 4 肢箍。

A. 4Φ8@100；4Φ8@100　　　　B. 4Φ10@100；4Φ10@100
C. 4Φ10@100；4Φ10@150　　　D. 4Φ10@100；4Φ10@200

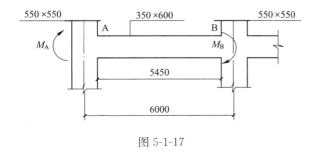

图 5-1-17

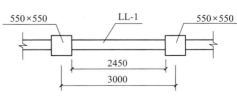

图 5-1-18

68. 假定按刚性地基假定计算的水平地震作用呈倒三角形分布，如图 5-1-19 所示。当计入地基与结构动力相互作用的影响时，试问，折减后的底部总水平地震剪力，应为下列何项数值？

提示：各层水平地震剪力折减后满足剪重比要求。

A. 2.95F　　　B. 3.95F　　　C. 4.95F　　　D. 5.95F

题 69～70

某 26 层钢结构办公楼，采用钢框架-支撑体系，如图 5-1-20 所示。该工程为丙类建筑，抗震设防烈度 8 度，设计基本地震加速度为 0.2g，设计地震分组为第一组，Ⅱ类场地。结构基本自振周期 $T=3.0$s。钢材采用 Q345。

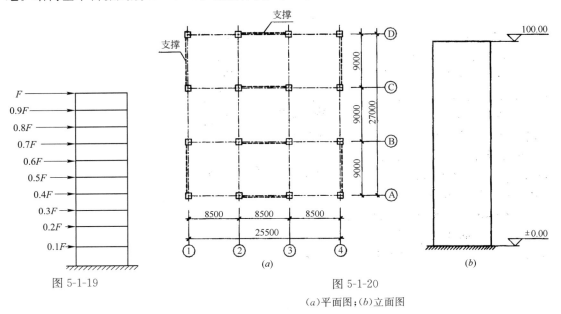

图 5-1-19

图 5-1-20

(a)平面图；(b)立面图

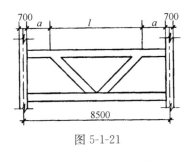

图 5-1-21

69. Ⓐ轴第 6 层偏心支撑框架，局部如图 5-1-21 所示。箱形柱断面为 700×700×40，轴线中分；等截面框架梁断面为 H600×300×12×32。为把偏心支撑中的消能梁段 a 设计成剪切屈服型，试问，偏心支撑中的 l 梁段长度的最小值(m)，与下列何项数值最为接近？

提示：(1) 按《高层民用建筑钢结构技术规程》JGJ 99—2015 作答。

(2) 支撑所受轴力满足 $N≤0.16Af$ 要求。

(3) 为简化计算，梁腹板和翼缘的 f 均按 295N/mm² 取值。

A. 2.88　　　B. 3.17　　　C. 4.48　　　D. 5.46

70. ①轴第 12 层支撑系统的形状同 69 题图。支撑斜杆采用 H 型钢，其调整前的轴力设计值 $N_1=2000$kN。与支撑斜杆相连的消能梁段断面为 H600×300×12×20；该梁段的塑性受剪承载力 $V_l=1105$kN、剪力设计值 $V=860$kN、轴压力设计值 $N<0.15Af$。试问，支撑斜杆在地震作用下的受压承载力设计值 N(kN)，当为下列何项数值时才能符合相关规范的最低要求？

提示：(1) 按《高层民用建筑钢结构技术规程》JGJ 99—2015 作答。
(2) 各组 H 型钢皆满足承载力及其他方面构造要求。

A. 2000 B. 2600 C. 3340 D. 3600

题 71～72

某 12 层现浇钢筋混凝土框架结构，如图 5-1-22 所示，质量及侧向刚度沿竖向比较均匀，其地震设防烈度为 8 度，丙类建筑，Ⅱ类建筑场地，设计地震分组为第一组。底层屈服强度系数 $\xi_y=0.4$，且不小于上层该系数平均值的 0.8 倍；柱轴压比大于 0.4。

71. 已知框架底层总抗侧刚度为 8×10^5 kN/m。为满足结构层间弹塑性位移限值，试问，在多遇地震作用下，按弹性分析的底层水平剪力最大标准值(kN)，与下列何项数值最为接近？

提示：(1) 不考虑重力二阶效应。
(2) 从底层层间弹塑性位移限值入手。

A. 5000 B. 6000
C. 7000 D. 8000

72. 略

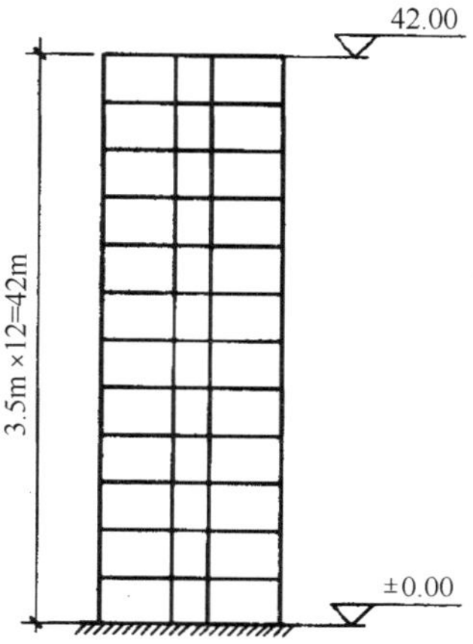

题 73. 某桥为一座位于高速公路上的特大桥梁，跨越国内内河四级通航河道。试问，该桥的设计洪水频率，采用下列何项数值最为适宜？

图 5-1-22

A. 1/300 B. 1/100 C. 1/50 D. 1/25

题 74. 略

题 75. 当一个竖向单位力在三跨连续梁上移动时，其中间支点 b 左侧的剪力影响线，应为图 5-1-23 中何者所示？

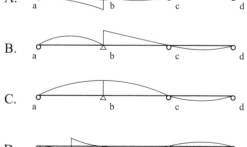

图 5-1-23

题 76. 某公路桥梁为一座单跨简支梁桥，计算跨径 40m，桥面净宽 24m，双向 6 车道。试问，该桥每个桥台承受的制动力标准值(kN)，与下列何项数值最为接近？

提示：设计荷载为公路-Ⅰ级，其车道荷载的均布荷载标准值为 $q_k=10.5$ kN/m，$P_k=340$ kN，三车道的折减系数为 0.78，制动力由两个桥台平均承担。

A. 37 B. 74 C. 87 D. 193

题 77. 某公路桥梁主桥为 3 跨变截面预应力混凝土连续箱梁结构，跨径布置为 85m+120m+85m，两引桥为 3 孔，各孔均采用 50m 预应力混凝土 T 形梁；桥台为埋置式肋板结构，耳墙长度 3500mm，前墙厚度 400mm；两端伸缩缝宽度均为 160mm。试问，该桥的全长(m)，与下列何项数值最为接近？

A. 590.16 B. 597.8 C. 590.96 D. 590.00

题 78. 某公路中桥，为等高度预应力混凝土箱形梁结构，其设计安全等级为一级。该梁某截面的自重剪力标准值为 V_g，汽车引起的剪力标准值 V_k。试问，对该桥进行承载能力极限状态计算时，其作用效应的基本组合应为下列何项所示？

A. $V_{ud} = 1.1(1.2V_g + 1.4V_k)$ B. $V_{ud} = 1.0(1.2V_g + 1.4V_k)$
C. $V_{ud} = 0.9(1.2V_g + 1.4V_k)$ D. $V_{ud} = 1.0(V_g + V_k)$

题 79. 某桥的上部结构为多跨 16m 后张预制预应力混凝土空心板梁，单板宽度 1030mm，板厚 900mm。每块板采用 15 根 $\phi^s 15.2$mm 的高强度低松弛钢绞线；钢绞线的公称截面积为 140mm²，抗拉强度标准值 $f_{pk} = 1860$MPa，张拉控制应力为 $0.73 f_{pk}$。试问，每块板上预应力筋的总张拉力(kN)，与下列何项数值最为接近？

A. 2851 B. 3125 C. 3906 D. 2930

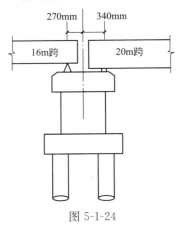

图 5-1-24

题 80. 某桥总宽度 30m，桥墩两侧承受不等跨径的结构：一侧为 16m 跨预应力混凝土空心板，最大恒载作用下设计总支座反力为 3000kN，支座中心至墩中心距离为 270mm；另一侧为 20m 跨预应力混凝土小箱梁，最大恒载作用下设计总支座反力为 3400kN，支座中心至墩中心距离为 340mm。如图 5-1-24 所示。墩身为双柱式结构，盖梁顶宽 1700mm。基础为双排钻孔灌注桩。为了使墩身和桩基在恒载作用下的受力尽量均匀，拟采用支座调偏措施。试问，两跨的最合理调偏法应为下列何项所示？

提示：其他作用于中墩的外力略去不计。

A. 16m 跨向跨径方向调偏 110mm   B. 16m 跨向跨径方向调偏 150mm
C. 20m 跨向墩中心调偏 100mm   D. 20m 跨向墩中心调偏 50mm

5.2 2009 年试题解答

2009 年试题答案

题号	1	2	3	4	5	6	7	8	9	10
答案	A	D	B	C	D	B	A	C	A	A
题号	11	12	13	14	15	16	17	18	19	20
答案	B	C	C	C	A	C	D	B	D	B
题号	21	22	23	24	25	26	27	28	29	30
答案	B	C	C	D	B	C	B	B	B	C
题号	31	32	33	34	35	36	37	38	39	40
答案	A	C	D	C	C	C	C	B	C	D
题号	41	42	43	44	45	46	47	48	49	50
答案	B	C	B	A	B	B	B	C	D	B
题号	51	52	53	54	55	56	57	58	59	60
答案	B	A	B	B	C	D	C	D	B	略
题号	61	62	63	64	65	66	67	68	69	70
答案	C	D	A	D	C	D	D	C	B	C
题号	71	72	73	74	75	76	77	78	79	80
答案	A	略	A	略	A	D	B	A	A	C

1. 答案：A

解答过程：依据《建筑工程抗震设防分类标准》GB 50223—2008 的 4.0.3 条，具有外科手术室或急诊科的乡镇卫生院的医疗用房，抗震设防类别应划为重点设防类。故①项为乙类。

依据 6.0.5 条，商业建筑中人流密集的大型的多层商场抗震设防类别应划为重点设防类，今营业面积 $10000m^2 > 7000m^2$，属于大型商场，故②项为乙类。

依据 6.0.8 条，教育建筑中，幼儿园、小学、中学的教学用房以及学生宿舍和食堂，抗震设防类别应不低于重点设防类。故③项中的乡镇中学食堂属于乙类。

依据 6.0.12 条，居住建筑的抗震设防类别不应低于标准设防类，故④项属于丙类。

综上，应选择 A。

2. 答案：D

解答过程：依据《建筑抗震设计规范》GB 50011—2010 表 3.4.3-2，对侧向刚度比进行计算。依据提示，仅考虑 X 向的侧向刚度比。

第一层与其上相邻 3 个楼层的侧向刚度之比为

$$\frac{k_1}{(k_2+k_3+k_4)/3}=\frac{1.0}{(1.1+1.9+1.9)/3}=0.61<0.8,\text{为侧向刚度不规则}$$

第二层与其上相邻 3 个楼层的侧向刚度之比为

$$\frac{k_2}{(k_3+k_4+k_5)/3}=\frac{1.1}{(1.9+1.9+1.65)/3}=0.61<0.8,\text{为侧向刚度不规则}$$

依据 3.4.4 条第 2 款，刚度小的楼层的地震剪力应乘以不小于 1.15 的增大系数。故选择 D。

3. 答案：B

解答过程：依据《建筑抗震设计规范》GB 50011—2010 表 3.4.3-1，楼层最大弹性水平位移与该层两端弹性水平位移平均值的比值大于 1.2 判定为扭转不规则。对于本题，计算如表 5-2-1 所示。

计 算 表　　　　　　　　　　　表 5-2-1

计算层	X 方向层间位移			Y 方向层间位移		
	最大(mm)	两端平均(mm)	最大/两端平均	最大(mm)	两端平均(mm)	最大/两端平均
1	5.0	4.8	1.04	5.45	4.0	1.36
2	4.5	4.1	1.10	5.53	4.15	1.33
3	2.2	2.0	1.10	3.10	2.38	1.30
4	1.9	1.75	1.09	3.10	2.38	1.30
5	2.0	1.8	1.11	3.25	2.4	1.35
6	1.7	1.55	1.10	3.0	2.1	1.43

可见，在 Y 方向，楼层最大弹性水平位移与该层两端弹性水平位移平均值的比值均大于 1.2，故属于扭转不规则结构，选择 B。

4. 答案：C

解答过程：依据《建筑抗震设计规范》GB 50011—2010 的 6.2.4 条计算。

二级框架梁，$\eta_{vb}=1.2$。依据该规范 5.1.3 条，重力荷载代表值计算时，楼面活荷载组合值系数取 0.5。于是

$$V=\frac{\eta_{vb}(M_b^l+M_b^r)}{l_n}+V_{Gb}=\frac{1.2\times832}{6.0}+1.2\times(30+0.5\times18)=213.2\text{kN}$$

故选择 C。

5. 答案：D

解答过程：依据《建筑抗震设计规范》GB 50011—2010 的 6.2.5 条，二级框架柱，$\eta_{vc}=1.3$。依据 6.2.3 条，柱下端截面组合的弯矩设计值应乘以增大系数 1.5。于是

$$M_c^b=1.5\times(1.2\times1.5+1.2\times0.5\times0.6+1.3\times115)=227.49\text{kN}\cdot\text{m}$$

$$V=\frac{\eta_{vc}(M_c^b+M_c^t)}{H_n}=\frac{1.3\times(227.49+104.8)}{4.85}=89.07\text{kN}$$

考虑到为角柱，依据 6.2.6 条，还要乘以增大系数 1.1，$89.07\times1.1=98.0\text{kN}$。

点评：对于本题的解答，有不同理解：

规范 6.2.6 条原文为："调整后的组合弯矩设计值，剪力设计值尚应乘以不小于 1.1 的增大系数。"有人认为，在计算剪力之前，因为是角柱，弯矩要在普通框架柱的基础上乘以 1.1，之后，在计算剪力时由于"强剪弱弯"还要乘以 1.1，故，本题的解答过程应是 $89.07 \times 1.1 \times 1.1 = 107.8$ kN。

笔者不同意上述认识。笔者给出的解答过程，是在参考了王亚勇主编的《建筑抗震设计规范算例》一书后做出的，该书第 62 页的例题特别注明角柱增大系数不重复计算。

6. 答案：B

解答过程：箱形截面受弯计算时按照 T 形截面考虑。6Φ20 的截面积为 1884mm²。

$$h_0 = h - a_s = 800 - 35 = 765 \text{mm}$$

$$\alpha_1 f_c b_f' h_f' = 1.0 \times 11.9 \times 600 \times 100 = 714000 \text{N} > f_y A_s = 300 \times 1884 = 565200 \text{N}$$

属于第一类 T 形截面。

$$x = \frac{f_y A_s}{\alpha_1 f_c b} = \frac{565200}{1.0 \times 11.9 \times 600} = 79.2 \text{mm} < \xi_b h_0 = 0.55 \times 765 = 421 \text{mm}$$

满足公式适用条件。于是

$$M_u = \alpha_1 f_c b_f' x (h_0 - x/2) = 11.9 \times 600 \times 79.2 \times (765 - 79.2/2) = 410.2 \times 10^6 \text{N} \cdot \text{mm}$$

故选择 B。

7. 答案：A

解答过程：依据《混凝土结构设计规范》GB 50010—2010 的 6.3.7 条及 6.3.4 条，由于

$$0.7 f_t b h_0 = 0.7 \times 1.27 \times 200 \times 765 = 136 \times 10^3 \text{N} > V = 120 \text{kN}$$

故只需要满足规范 9.2.9 条的要求。由于梁高 800mm，箍筋最大间距为 350mm；箍筋直径不宜小于 6mm。故选择 A。

点评：（1）尽管从字面上看，规范公式（6.3.1）以及公式（6.3.7）只适用于矩形、T 形与 I 形，实际上，箱形截面同样可以使用。理由是：公式（6.4.10-1）适用于箱形截面，当该公式中 $\beta_t = 0.5$ 时，退化为矩形截面的受剪情况。

（2）由于规范 9.2.9 条第 3 款规定，$V > 0.7 f_t b h_0$ 时尚应满足 $\rho_{sv} \geq 0.24 f_t / f_{yv}$，故这里可不必验算配箍率。

8. 答案：C

解答过程：依据《混凝土结构设计规范》GB 50010—2010 的 6.4.12 条，由于

$$0.35 f_t b h_0 = 0.35 \times 1.27 \times 200 \times 765 = 68 \times 10^3 \text{N} > V = 65 \text{kN}$$

所以，可忽略剪力的影响。

由 6.4.6 条可知 $\quad T \leq 0.35 \alpha_h f_t W_t + 1.2 \sqrt{\zeta} f_{yv} \dfrac{A_{st1} A_{cor}}{s}$

可解出

$$\frac{A_{st1}}{s} \geq \frac{T - 0.35 \alpha_h f_t W_t}{1.2 \sqrt{\zeta} f_{yv} A_{cor}} = \frac{60 \times 10^6 - 0.35 \times 0.417 \times 1.27 \times 7.1 \times 10^7}{1.2 \times 270 \times 4.125 \times 10^5} = 0.350 \text{mm}^2/\text{mm}$$

上式中，$\alpha_h = 2.5 \dfrac{t_w}{b_h} = 2.5 \times \dfrac{100}{600} = 0.417$。

$\phi 8$ 箍筋的截面积为 50.3mm^2，所需间距为 $50.3/0.350 = 144 \text{mm}$；$\phi 10$ 箍筋的截面积为 78.5mm^2，所需间距为 $78.5/0.350 = 224 \text{mm}$。A、B、C、D 中最合适的为 C。

对选项 C 验算配箍率：

$$\rho_{sv} = \dfrac{A_{sv}}{bs} = \dfrac{2 \times 78.5}{600 \times 200} = 0.13\% \geqslant 0.28 \dfrac{f_t}{f_{yv}} = 0.28 \times \dfrac{1.27}{270} = 0.13\%，满足要求。$$

故选择 C。

点评：对于本题，有以下几点需要说明：

（1）受扭纵筋配筋率公式为 $\rho_{tl} = \dfrac{A_{stl}}{bh}$，对于箱形截面构件，公式中的 b 应取为 b_h。对此应无异议。

（2）箍筋面积配箍率计算公式为 $\rho_{sv} = \dfrac{A_{sv}}{bs}$，对于涉及受扭的箱形截面构件，公式中的 b 应取为 b_h。理由是：《混凝土结构设计规范》GB 50010—2002 的 10.2.12 条首先指出在弯剪扭构件中，在该条的最后一段（只有一句话）指出，"对箱形截面构件，本条中的 b 均应以 b_h 代替"。

有人提出，2015 版规范 9.2.10 条最后一段为"在超静定结构中，考虑协调扭转而配置的箍筋，其间距不宜大于 $0.75b$，此处，b 按本规范 6.4.1 条的规定取用，但对箱形截面构件，b 均应以 b_h 代替"，其含义，似乎是仅限于对"$0.75b$"如此处理，而不是"本条"（包括公式 $\rho_{sv} = \dfrac{A_{sv}}{bs}$）的范围。笔者认为这种理解不妥。

（3）本题若利用规范 6.4.2 条判断是否只需要构造配筋，则是

$$\dfrac{V}{bh_0} + \dfrac{T}{W_t} = \dfrac{65 \times 10^3}{200 \times 765} + \dfrac{60 \times 10^6}{7.1 \times 10^7} = 1.27 > 0.7 f_t = 0.889$$

需要按照计算配置箍筋。

9. 答案：A

解答过程：依据《建筑抗震设计规范》GB 50011—2010 的 3.5.4 条第 5 款规定，多、高层钢筋混凝土楼屋盖优先采用现浇混凝土板。当采用混凝土预制装配式楼屋盖时，应从楼盖体系和构造上采取措施确保各预制板之间连接的整体性。可见，A 项不正确。

依据 3.5.4 条第 2 款，D 项正确。

依据 6.1.5 条，C 项正确。

依据 3.6.6 条第 1 款，B 项正确。

点评：对于本题，有以下几点需要说明：

（1）本题随规范的修改有改动。

（2）原题选项 C 的表达为："有抗震设防要求的多层钢筋混凝土框架结构，不宜采用单跨框架结构"，依据《建筑抗震设计规范》2008 局部修订版的 6.1.5 条，表达无误。今依据 2016 版规范修改。

10. 答案：A

解答过程：依据《混凝土结构设计规范》GB 50010—2010 的 D.2.3 条，墙肢平面外的受压承载力按照轴心受压构件计算。

$l_0/b = 3500/200 = 17.5$，查表 D.2.1，得到 $\varphi = 0.72 - \dfrac{0.72 - 0.68}{18 - 16} \times (17.5 - 16) = 0.69$。

$$N_u = \varphi f_{cc} A = 0.69 \times 0.85 \times 14.3 \times 200 \times 2000 = 3354.8 \times 10^3 \text{N}$$

$3354.8/3000 = 1.12$，故选择 A。

11. 答案：B

解答过程：依据《混凝土结构设计规范》GB 50010—2010 的 11.7.4 条确定 A_{sh}。

$$h_0 = h - a_s = 2000 - 200 = 1800 \text{mm}$$

$0.2 f_c bh = 0.2 \times 14.3 \times 200 \times 2000 = 1144 \times 10^3 \text{N} < N_w = 2000 \text{kN}$，故取 $N_w = 1144 \text{kN}$

$$\lambda = \frac{M}{Vh_0} = \frac{250 \times 10^6}{180 \times 10^3 \times 1800} = 0.77 < 1.5，取 \lambda = 1.5。$$

由于是其他部位，剪力不调整，于是有

$$180 \times 10^3 \leqslant \frac{1}{0.85} \left[\frac{1}{1.5 - 0.5} (0.4 \times 1.43 \times 200 \times 1800 + 0.1 \times 1144 \times 10^3) + 0.8 \times 300 \times \frac{A_{sh}}{s} \times 1800 \right]$$

解方程得到 $A_{sh}/s < 0$，应按照构造要求布置。

依据 11.7.14 条，三级抗震时剪力墙水平分布钢筋配筋率不应小于 0.25%，于是 1m 范围内需要钢筋截面积为 $0.25\% \times 200 \times 1000 = 500 \text{mm}^2$。

查表可知 A、B、C、D 各选项的配筋率 1m 范围内钢筋截面积分别为 141mm²、251mm²、335mm²、393mm²，考虑到水平分布钢筋每层有两根，因此，B 满足要求。

点评：对于本题，注意以下几点：

(1) 关于剪力墙的剪跨比

《混凝土结构设计规范》GB 50010—2010（以下简称《混规》）的 11.7.4 条、《建筑抗震设计规范》GB 50011—2010（以下简称《抗规》）的 6.2.9 条以及《高层建筑混凝土结构技术规程》JGJ 3—2010（以下简称《高规》）的 7.2.7 条均有规定。

《混规》中，$\lambda = \dfrac{M}{Vh_0}$，称 "$M$ 为与设计值 V 对应的弯矩设计值"，具体到墙肢在偏心压力作用下的受剪承载力计算，规定 λ 取值应在 1.5～2.2 之间，"当计算截面与墙底之间的距离小于 $h_0/2$ 时，应按距离墙底 $h_0/2$ 处的弯矩设计值和剪力设计值计算"。

《抗规》中，$\lambda = \dfrac{M^c}{V^c h_0}$，"应按柱端或墙端截面组合的弯矩计算值 M^c、对应的截面组合剪力计算值 V^c 及截面有效高度 h_0 确定，并取上下端计算结果的较大值"。上角标 "c" 表示"计算值"。

《高规》中，$\lambda = \dfrac{M^c}{V^c h_{w0}}$，"$M^c$、$V^c$ 应取同一组合的、未按本规程有关规定调整的墙肢截面弯矩、剪力计算值，并取墙肢上下端截面计算的剪跨比的较大者"。具体到墙肢在偏心压力作用下的受剪承载力计算，是在 7.2.10 条，规定 λ 取值应在 1.5～2.2 之间，"当计算截面与墙底之间的距离小于 $0.5h_{w0}$ 时，λ 应按距离墙底 $0.5h_{w0}$ 处的弯矩值与剪力值计算"。

对比可见,《抗规》和《高规》均规定弯矩和剪力用"计算值",即,为组合后的值,未经调整。在这一点上,《混规》的表达容易引起误解。

(2)《混规》11.7.2 条,给出了 V_w 由 V 调整得到,而 V_w、V 均称作"设计值"(只不过,后者称作"考虑地震组合的剪力墙的剪力设计值"),此处的 V,按《高规》说法,应是"计算值"(只是组合得到,未调整)。此处注意符号 V_w 与 V 在《混规》和《高规》中是颠倒使用的。

(3) 基于以上认识,本题编入时有改动,删去各内力值符号的下角标"w",表明是调整前的数值,避免原题内力符号与文字表达的冲突;同时明确楼层为"非底部加强部位"。

12. 答案:C

解答过程:混凝土等级≤C50、HRB335 钢筋时,界限相对受压区高度 ξ_b=0.550。

$$h_0 = h - a_s = 400 - 40 = 360 \text{mm}$$

对称配筋,受压区高度为

$$x = \frac{N}{\alpha_1 f_c b} = \frac{300 \times 10^3}{14.3 \times 400} = 52.4 \text{mm} < \xi_b h_0 = 0.55 \times 360 = 198 \text{mm}$$

按大偏心受压计算。

由于 $x < 2a'_s = 2 \times 40 = 80 \text{mm}$,所以,应对 A'_s 合力点取矩建立平衡方程。从而有

$$e'_s = \frac{f_y A_s (h_0 - a'_s)}{N} = \frac{300 \times 942 \times (360 - 40)}{300 \times 10^3} = 301 \text{mm}$$

故选择 C。

点评:本题是"已知 N 求 M"问题的一个中间过程。此问题的关键是,求出轴压力 N 到柱截面形心的最大距离是多少,而这一距离,可以由 N 到 A'_s 合力点的距离 e'_s 按几何关系求出。

13. 答案:C

解答过程:依据《混凝土结构设计规范》GB 50010—2010 的图 6.2.17,由几何关系可知

$$e_i = 0.5h - a'_s + e'_s = 0.5 \times 400 - 40 + 305 = 465 \text{mm}$$

依据 6.2.5 条,$e_a = \max(h/30, 20) = 20 \text{mm}$,从而 $e_0 = e_i - e_a = 465 - 20 = 445 \text{mm}$。

$$M = Ne_0 = 300 \times 0.445 = 133.5 \text{kN} \cdot \text{m}$$

故选择 C。

14. 答案:C

解答过程:依据《建筑抗震设计规范》GB 50011—2010 的 3.9.4 条,钢筋代换时,应按钢筋受拉承载力设计值相等的原则换算。由于 4Φ25+4Φ20 总截面积为 3220mm²,大于 8Φ22 的总截面积 3041mm²,因此,B、C、D 均满足。

依据《建筑工程抗震设防分类标准》GB 50223—2008 的 6.0.5 条,商业建筑中,人流密集的大型的多层商场抗震设防类别应划为重点设防类。依据 3.0.3 条,应提高一度采取抗震措施。

依据《建筑抗震设计规范》GB 50011—2010 表 6.1.2,框架结构、24m、8 度,抗震

等级为二级。再依据该规范 3.9.2 条第 2 款，抗震等级为二级时，要求钢筋抗拉强度实测值与屈服强度实测值之比不应小于 1.25，且钢筋屈服强度实测值与强度标准值之比不应大于 1.3。

今对表中所列钢筋Φ20、Φ25、Φ20 进行计算，强屈比（实测值）分别为 1.26、1.38、1.24，排除Φ20。屈服强度实测值与强度标准值之比，Φ20、Φ25 分别为 1.31 和 1.10，故Φ25 符合要求Φ20 不符合要求。选择 C。

15. 答案：A

解答过程：由于要求不出现裂缝，故依据《混凝土结构设计规范》GB 50010—2010 的 7.2.3 条可知 $B_s = 0.85 E_c I_0$。再依据规范的 7.2.1 条，对于等截面构件，取区段内最大弯矩处的刚度。于是，由公式 7.2.2 得：

$$B = \frac{M_k}{M_q(\theta-1)+M_k} B_s = \frac{M_k \times 0.85 E_c I_0}{0.8 M_k(2-1)+M_k} = 0.47 E_c I_0$$

故选择 A。

点评：对于本题，有以下几点需要说明：

(1) 规范 7.2.1 条所说的"当计算跨度内的支座截面刚度不大于跨中截面刚度的 2 倍或不小于跨中截面刚度的 1/2 时，该跨也可按等刚度构件进行计算，其构件刚度可取跨中最大弯矩截面的刚度"，依据《混凝土结构设计规范理解与应用》（中国建筑工业出版社，2003）250 页的说法，应是针对两端固定的超静定梁的规定。

(2) 有观点认为，应对跨中截面，左、右端支座截面共三处分别计算出 B，然后，判断三者互相之间的比值是否在 0.5～2 之间，若符合，再取梁的刚度为跨中最大弯矩截面的 B。

笔者认为，该观点无误，实际中也的确应如此处理。但是，从解题的角度出发，规范 7.2.1 条仅仅规定了梁截面刚度变化不大这一种情况下的刚度取值，若不满足规范的条件，将无法手工计算（电算时可以分段采取不同刚度），而本题给出的 ABCD 选项并没有"无法计算"，因此可知，题目隐含了必然满足规范条件，故解答过程中未对 B 沿跨度的变化作出比较。

16. 答案：C

解答过程：考虑次梁自重后的均布荷载设计值为：$25.8 + 1.3 \times 0.243 = 26.12 \text{kN/m}$

次梁跨中弯矩设计值：$M = \frac{1}{8} q l^2 = \frac{1}{8} \times 26.12 \times 4.5^2 = 66.12 \text{kN} \cdot \text{m}$

依据《钢结构设计标准》GB 50017—2017 的 6.1.1 条验算强度。

依据 3.5.1 条，翼缘属于 S3 级，腹板属于 S1 级，故取全截面有效且可以考虑塑性发展系数。查表 8.1.1，得到 $\gamma_x = 1.05$。

$$\frac{M}{\gamma_x W_{nx}} = \frac{66.12 \times 10^6}{1.05 \times 319.06 \times 10^3} = 197.4 \text{N/mm}^2$$

选择 C。

17. 答案：D

解答过程：考虑次梁自重后的均布荷载标准值为

$(2.5 + 4) \times 3 + 0.243 = 19.7 \text{kN/m}$

跨中最大挠度

$$v_\mathrm{T} = \frac{5q_\mathrm{k}l^4}{384EI_x} = \frac{5 \times 19.7 \times 4500^4}{384 \times 206 \times 10^3 \times 4785.96 \times 10^4} = 10.7\mathrm{mm}$$

挠度与跨度之比 10.7/4500=1/421，故选择 D。

18. 答案：B

解答过程：依据《钢结构设计标准》GB 50017—2017 的 6.1.5 条计算。

该位置处由于弯矩引起的弯曲正应力为

$$\sigma_2 = \frac{M_2}{I_\mathrm{n}}y_2 = \frac{1107.5 \times 10^6}{231147.6 \times 10^4} \times \left(\frac{900}{2} - 16\right) = 208 \ \mathrm{N/mm^2}$$

该位置处由于剪力引起的剪应力为

$$\tau_2 = \frac{V_2 S}{I t_\mathrm{w}} = \frac{120.3 \times 10^3 \times 2121.6 \times 10^3}{231147.6 \times 10^4 \times 8} = 13.8\mathrm{N/mm^2}$$

$$\sqrt{\sigma^2 + \sigma_\mathrm{c}^2 - \sigma\sigma_\mathrm{c} + 3\tau^2} = \sqrt{208^2 + 3 \times 13.8^2} = 209\mathrm{N/mm^2}$$

故选择 B。

点评：本题中，主梁的受力如图 5-2-1 所示。由于在点 2 处有次梁作用，故剪力有一个突变，也正因此，题目中专门指出"点 2 左侧"的剪力值。又由于次梁将力传给主梁，故题目中给出的"点 2 左侧的剪力值设计值 120.3kN"已经包含了次梁的作用。

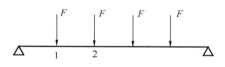

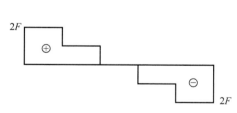

图 5-2-1 集中荷载下简支梁的剪力

19. 答案：D

解答过程：依据《钢结构设计标准》GB 50017—2017 的 11.2.7 条计算。

$$\frac{1}{2h_\mathrm{e}}\sqrt{\left(\frac{VS_\mathrm{f}}{I}\right)^2 + \left(\frac{\psi F}{\beta_\mathrm{f}l_z}\right)^2}$$

$$= \frac{1}{2 \times 0.7 \times 6}\sqrt{\left(\frac{120.3 \times 10^3 \times 2121.6 \times 10^3}{231147.6 \times 10^4}\right)^2 + 0}$$

$$= 13.1\mathrm{N/mm^2}$$

故选择 D。

点评：本题收录时对题目有改动。原题目"主梁翼缘与腹板的焊接连接强度设计值"似乎不知所指。

20. 答案：B

解答过程：竖向焊缝的几何长度为 900−2×16−2×40=788mm，扣除 2h_f 后的计算长度为 776mm>60h_f=360mm，依据《钢结构设计标准》GB 50017—2017 的 11.2.6 条，可得

$$\alpha_\mathrm{f} = 1.5 - \frac{l_\mathrm{w}}{120h_\mathrm{f}} = 1.5 - \frac{776}{120 \times 6} = 0.42 < 0.5$$

取 $\alpha_\mathrm{f} = 0.5$，于是

$$\tau_\mathrm{f} = \frac{N}{\alpha_\mathrm{f}h_\mathrm{e}l_\mathrm{w}} = \frac{58.7 \times 10^3}{0.5 \times 0.7 \times 6 \times 2 \times 776} = 18\mathrm{N/mm^2}$$

故选择 B。

点评：《钢结构设计标准》GB 50017—2017 的 11.2.6 条参考了欧洲钢结构规范 EC3 的第 8 卷 3.8 节长节点（long joint）规定，但是有遗漏，导致本条有瑕疵。表现在：(1) 未给出 l_w 的含义为"沿受力方向焊缝的计算长度"，会使人误以为 l_w 为端焊缝的计算长度；(2) 例外的情况未给出。欧洲规范指出，当力沿节点长度均匀分布时除外，例如翼缘与腹板之间的焊缝。

因此，笔者认为此条宜同时遵守 2003 版规范时的习惯，以下情况不考虑承载力折减（原来的说法为"不考虑 $60h_f$ 的限制"）：(1) 翼缘与腹板之间的焊缝；(2) 支承加劲肋处的焊缝。

21. 答案：B

解答过程：依据《钢结构设计标准》GB 50017—2017 的 11.4.2 条计算。

一个高强度螺栓的抗剪承载力设计值为：

$$N_v^b = 0.9kn_f\mu P = 0.9 \times 1 \times 1 \times 0.30 \times 80 = 21.6\text{kN}$$

所需螺栓的个数 $n \geq 1.2 \times 58.7/21.6 = 3.3$，故选择 B。

22. 答案：C

解答过程：依据《钢结构设计标准》GB 50017—2017 的表 7.2.1-1，截面对 x 轴与 y 轴均属于 b 类，由于对两个主轴的计算长度相等，因此，只需要对弱轴（y 轴）计算即可。

$$i_y = \sqrt{\frac{I_y}{A}} = \sqrt{\frac{2485.4 \times 10^4}{77.6 \times 10^2}} = 56.6\text{mm}, \quad \lambda_y = l_{0y}/i_y = 5500/56.6 = 97$$

查表，得到 $\varphi_y = 0.575$。

由于截面板件宽厚比满足局部稳定要求，故采用全截面计算。

$$\frac{N}{\varphi_y A f} = \frac{307.6 \times 10^3}{0.575 \times 77.6 \times 10^2 \times 215} = 0.321$$

选择 C。

23. 答案：C

解答过程：依据《钢结构设计标准》GB 50017—2017 的 14.3.1 条第 1 款，一个抗剪连接件的承载力设计值按下式计算：

$$N_v^c = 0.43A_s\sqrt{E_c f_c} = 0.43 \times \frac{3.14 \times 19^2}{4} \times \sqrt{2.55 \times 10^4 \times 9.6} = 60.3 \times 10^3 \text{N}$$

$$0.7A_s f_u = 0.7 \times \frac{3.14 \times 19^2}{4} \times 400 = 79.3 \times 10^3 \text{N}$$

取二者较小者，为 60.3kN。再依据规范 14.3.2 条考虑折减，承载力设计值成为 $0.54 \times 60.3 = 32.6$kN。于是，依据 14.3.4 条，半跨范围内所需连接件数目为

$$n_f = V_s/N_v^c = 665.4/32.6 = 20.4 \text{ 个}$$

取为 21 个，全跨需要 42 个。选择 C。

点评：依据《电弧螺柱焊用圆柱头焊钉》GB/T 10433—2002，焊钉所用材料为 ML15，抗拉强度不低于 400N/mm²，故解题时取 $f_u = 400$N/mm²。

24. 答案：D

解答过程：

梁翼缘承担的弯矩设计值按照惯性矩分配，为

$$M_{fr} = \frac{37480.96}{37480.96+8541.9} \times 298.7 = 243.3 \text{kN} \cdot \text{m}$$

将该弯矩等效为力偶，为 $N_f = \dfrac{243.3 \times 10^3}{500-16} = 502.7 \text{kN}$

焊缝所受应力为 $\sigma = \dfrac{N_f}{l_w t} = \dfrac{502.7 \times 10^3}{200 \times 16} = 157.1 \text{N/mm}^2$

故选择 D。

点评：对于本题，注意以下两点：(1) 腹板处的连接，按照惯性矩分担弯矩，这一点没有异议。而对于翼缘处的连接，通常的做法是，按照承担全部的截面弯矩考虑。若据此计算，将是下面的过程：

$$N_f = \frac{298.7 \times 10^3}{500-16} = 617.1 \text{kN}$$

焊缝所受应力为 $\sigma = \dfrac{N_f}{l_w t} = \dfrac{617.1 \times 10^3}{200 \times 16} = 193 \text{N/mm}^2$

无合适选项。

(2) 弯矩由翼缘和腹板共同承担，也可直接按照下式计算，结果相同：

$$\frac{298.7 \times 10^3}{37480.96+8541.9} \times (250-8) = 157.1 \text{N/mm}^2$$

之所以相同，是因为，将解答过程中的 3 个步骤写在一个公式中，注意两个翼缘的惯性矩由移轴公式求得，即总有下式成立：

$$37480.96 = 200 \times 16 \times (500-16)^2/2$$

25. 答案：B
解答过程：

梁腹板承受的弯矩：$M_w = \dfrac{8541.9}{46022.9} \times 298.7 = 55.4 \text{kN} \cdot \text{m}$

焊缝承受的最大正应力：$\sigma = \dfrac{55.4 \times 10^6}{365.0 \times 10^3} = 151.8 \text{N/mm}^2$

焊缝承受的剪应力：$\tau = \dfrac{169.5 \times 10^3}{383 \times 10} = 44.3 \text{N/mm}^2$

折算应力为 $\sqrt{\sigma^2 + 3\tau^2} = \sqrt{151.8^2 + 3 \times 44.3^2} = 170.1 \text{N/mm}^2$，故选择 B。

点评：对于本题，有观点认为，计算焊缝所受剪应力时应采用公式 $\tau = \dfrac{VS}{It}$，较为烦琐，工程中一般假定剪力由腹板处焊缝全部承担，按照 $\tau = \dfrac{V}{l_w t}$ 计算即可。

26. 答案：B
解答过程：依据《钢结构设计标准》GB 50017—2017 的 12.3.3 条，有

$$\tau = \frac{M_{b1}+M_{b2}}{V_p} = \frac{M}{h_{b1} h_{c1} t_w} = \frac{298.7 \times 10^6}{(500-16) \times (390-16) \times 10} = 165 \text{N/mm}^2$$

选择 B。

27. 答案：C
解答过程：依据《钢结构设计标准》GB 50017—2017 的 4.3.4 条，当结构工作温度

不高于-20℃时，Q345 钢材应不低于 D 级。

依据《高层民用建筑钢结构技术规程》JGJ 99—2015 的 4.1.5 条，由于钢板厚度不小于 40mm 且作为柱会由于梁柱连接受到沿板厚方向的较大拉力作用，因此，沿板厚方向的断面收缩率不应小于《厚度方向性能钢板》GB/T 5313 规定的 Z15 级允许限值。故选择 C。

28. 答案：B

解答过程：若在集中荷载作用处设支承加劲肋，则压力由加劲肋承受，局部压应力 $\sigma_c=0$。故选择 B。

29. 答案：B

解答过程：依据《钢结构设计标准》GB 50017—2017 的 13.2.3 条第 2 款，选择 B。

30. 答案：C

解答过程：依据《砌体结构设计规范》GB 50003—2011 的 5.2.1 条计算。

今 $\gamma = 1 + 0.35\sqrt{\dfrac{A_0}{A_l} - 1} = 1 + 0.35\sqrt{\dfrac{1200 \times 1200}{370 \times 370} - 1} = 2.08 < 2.5$，故应有

$$f \geqslant \dfrac{N_l}{\gamma A_l} = \dfrac{170 \times 10^3}{2.08 \times 370 \times 370} = 0.597 \text{MPa}$$

查规范表 3.2.1-7，MU30 毛石、砂浆强度等级 M5 时，强度可达 0.61MPa。故选择 C。M5 水泥砂浆也符合 4.3.5 条的耐久性要求。

点评：《混凝土结构设计规范》GB 50010—2010（以下简称《混规》）中也有局部受压的规定，本题解答之所以采用《砌体结构设计规范》GB 50003—2011（以下简称《砌体规范》），是因为基础所用材料为毛石。

解答中的 A_0 取值来源于《砌体规范》的图 5.2.2（a），如果仔细追究，图中的 h 为墙厚，因为数值不大，所以才可以将局部面积 A_l 向外"扩展"h。对于本题，砖柱局部面积为 370mm×370mm，扩大为 $A_0 = 1200^2 = 1.44 \times 10^6 \text{ mm}^2$。对比《混规》的图 6.6.2，是向外扩展一个 A_l 的短边长度，得到 $A_0 = (370 \times 3)^2 = 1.23 \times 10^6 \text{ mm}^2 < 1.44 \times 10^6 \text{ mm}^2$。

31. 答案：A

解答过程：依据《砌体结构设计规范》GB 50003—2011 的表 3.2.1-4，得到 $f=2.50$ MPa。由于是独立柱，依据表 3.2.1-4 下的注释 1，强度折减系数为 0.7。又依据 3.2.3 条第 1 款，由于柱截面积为 $0.4 \times 0.6 = 0.24 \text{m}^2 < 0.3 \text{m}^2$，应考虑强度调整系数 $0.24 + 0.7 = 0.94$。这样，应取 $f = 0.7 \times 0.94 \times 2.5 = 1.645 \text{MPa}$。

Cb20 灌孔混凝土按照 C20 混凝土查《混凝土结构设计规范》GB 50010—2010 的表 4.1.4-1，得到 $f_c = 9.6 \text{MPa}$。

$$f_g = f + 0.6\delta\rho f_c = 1.645 + 0.6 \times 40\% \times 100\% \times 9.6$$
$$= 3.949 \text{MPa} > 2f = 2 \times 1.645 = 3.29 \text{MPa}$$

故取为 $f_g = 3.29$ MPa。选择 A。

点评：依据朱炳寅《建筑结构设计问答及分析》（第二版，中国建筑工业出版社，2013），灌孔混凝土砌块砌体抗压强度计算时，仅对其中的 f 调整。

32. 答案：C

解答过程：依据《砌体结构设计规范》GB 50003—2011 的 5.1.3 条确定计算高度。

柱的高度 $H=5.7+0.2+0.5=6.4\text{m}$。查表 5.1.3，排架方向计算高度 $H_0=1.5H=1.5\times 6.4=9.6\text{m}$。

依据 5.1.2 条，高厚比 $\beta=\gamma_\beta\dfrac{H_0}{h}=1.0\times\dfrac{9600}{600}=16$

按弹性方案排架计算模型，排架顶的水平力引起柱底最大弯矩为

$$M=\frac{1}{2}RH=\frac{3.5\times 6.4}{2}=11.2\text{kN}\cdot\text{m}$$

轴向力的偏心距 $e=\dfrac{M}{N}=\dfrac{11.2\times 10^3}{85}=132\text{mm}<0.6y=0.6\times 300=180\text{mm}$

依据 $\beta=16$、$e/h=132/600=0.22$ 查表 D.0.1-1，得到

$$\varphi=0.37-\frac{0.37-0.34}{0.225-0.2}\times(0.22-0.2)=0.346。$$

依据 5.1.1 条的注释，在垂直于排架方向按照轴心受压构件确定 φ。

依据表 5.1.3，垂直于排架方向的计算高度为 $1.25\times 6.4=8\text{m}$。

高厚比 $\quad\quad\quad\quad\beta=\gamma_\beta\dfrac{H_0}{h}=1.0\times\dfrac{8000}{400}=20$

依据 $\beta=20$、$e/h=0$ 查表 D.0.1-1，得到 $\varphi=0.62$。

φ 应取以上两者的较小者，为 0.346，故选择 C。

点评：对于本题，有以下两点需要注意：

(1) 按表 5.1.2 对 γ_β 取值时，注意表下的注释。

(2) 尽管按偏心方向求出的 φ 通常较小，起控制作用，但最好依据 5.1.1 条的注释要求，对另一方向按轴心受压构件求出 φ，取二者的较小者。

33. 答案：D

解答过程：依据《砌体结构设计规范》GB 50003—2011 的 5.4.2 条，受剪承载力设计值为 $f_v bz$。此处，f_v 应以 f_{vg} 代替。

$$f_{vg}=0.2f_g^{0.55}=0.2\times 4.0^{0.55}=0.43\text{MPa}$$

$$f_v bz=0.43\times 400\times 2\times 600/3=68.8\times 10^3\text{N}$$

故选择 D。

34. 答案：C

解答过程：依据《砌体结构设计规范》GB 50003—2011 的 9.2.2 条，该柱截面的轴心受压承载力设计值按照下式计算：

$$\varphi_{0g}(f_g A+0.8f_y' A_s')$$

这里，高厚比 $\beta=\gamma_\beta\dfrac{H_0}{h}=1.0\times\dfrac{6400}{400}=16$，$6\phi 14$ 的截面积为 923mm^2。

$$\varphi_{0g}=\frac{1}{1+0.001\beta^2}=\frac{1}{1+0.001\times 16^2}=0.796$$

$$\varphi_{0g}(f_g A + 0.8 f'_y A'_s) = 0.796 \times (4 \times 400 \times 600 + 0.8 \times 270 \times 923) = 922.9 \times 10^3 \text{N}$$

故选择 C。

35. 答案：C

解答过程：依据《建筑抗震设计规范》GB 50011—2010 的 7.2.5 条，每榀框架分担的倾覆力矩为：

$$M_c = \frac{\sum K_c}{\sum K_c + \sum K_Q} M = \frac{3 \times 2.5 \times 10^4}{14 \times 2.5 \times 10^4 + 0.3 \times 2 \times 330 \times 10^4} \times 1.0 \times 10^4 = 321.9 \text{kN} \cdot \text{m}$$

倾覆力矩导致 KZ_a 的附加轴力为 $N = \dfrac{M_c x_1}{\sum x_i^2} = \dfrac{321.9 \times 5}{(-5)^2 + 5^2} = 32.19 \text{kN}$，故选择 C。

36. 答案：C

解答过程：依据《建筑抗震设计规范》GB 50011—2010 的 7.2.5 条，框架柱分担的剪力：

$$V_c = \frac{K_c}{\sum K_c + 0.3 \sum K_Q} V = \frac{2.5 \times 10^4}{14 \times 2.5 \times 10^4 + 0.3 \times 2 \times 330 \times 10^4} \times 2000 = 21.5 \text{kN}$$

依据《砌体结构设计规范》GB 50003—2011 的 10.4.2 条，反弯点取距离底部 0.55 倍柱高，于是，柱顶弯矩设计值为

$$(1 - 0.55) V_c H = (1 - 0.55) \times 21.5 \times 4.2 = 40.6 \text{kN} \cdot \text{m}$$

故选择 C。

37. 答案：C

解答过程：依据《砌体结构设计规范》GB 50003—2011 的 5.1.3 条，构件高度 $H = 3.4 + 0.3 + 0.5 = 4.2 \text{m}$。

墙 A 端部两墙间距为 5.1m，应属于刚性方案。按刚性方案、$s = 5.1 \text{m} > H = 4.2 \text{m}$ 且 $s = 5.1 \text{m} < 2H = 8.4 \text{m}$，查表 5.1.3，得到计算高度

$$H_0 = 0.4s + 0.2H = 0.4 \times 5.1 + 0.2 \times 4.2 = 2.88 \text{m}。$$

依据 5.1.2 条，高厚比 $\beta = \gamma_\beta \dfrac{H_0}{h} = 1.0 \times \dfrac{2800}{240} = 12$。

依据 $\beta = 12$、$e/h = 0$ 查表 D.0.1-1，得到 $\varphi = 0.82$，故选择 C。

38. 答案：B

解答过程：依据《建筑抗震设计规范》GB 50011—2010 的 5.2.6 条，按照抗侧力构件等效侧向刚度的比例分配。再依据 7.2.3 条，由于横墙的高宽比小于 1，计算等效侧向刚度时可只计算剪切变形的影响。于是，可以按照墙体截面积分配剪力。墙 A 承担的水平地震剪力设计值为：

$$\frac{240 \times (5100 + 370/2 + 240/2)}{8 \times 240 \times (5100 + 370/2 + 240/2) + 2 \times 370 \times (2 \times 5100 + 2400 + 370)} \times 3300 = 214 \text{kN}$$

选择 B。

39. 答案：C

解答过程：依据《建筑抗震设计规范》GB 50011—2010 的 7.2.7 条，墙 A 的截面抗震受剪承载力设计值按照下式计算：

$$\frac{1}{\gamma_{RE}}(f_{vE}A+\zeta_s f_{yh}A_{sh})$$

墙体高宽比为 $\frac{4200}{5100+370/2+240/2}=0.8$，查表 7.2.7 得到 $\zeta_s=0.14$。

$\sigma_0/f_v=0.51/0.17=3$，查表 7.2.6 得到 $\zeta_N=1.25$。

$$f_{vE}=\zeta_N f_v=1.25\times 0.17=0.21\text{MPa}$$

墙体竖向截面的配筋率为 $1008/(4200\times 240)=0.1\%$，满足不小于 0.07% 且不大于 0.17%。

$$\frac{1}{\gamma_{RE}}(f_{vE}A+\zeta_s f_{yh}A_{sh})$$
$$=0.21\times 240\times(5100+370/2+240/2)+0.14\times 270\times 1008$$
$$=310.5\times 10^3 \text{N}$$

上式中，$\gamma_{RE}=1.0$ 由题目直接给出，或者，查规范表 5.4.2 也可以得到。选择 C。

点评：依据《砌体结构设计规范》GB 50003—2011 的公式（10.2.2-2）计算，可以得到相同的结果。由表 10.1.5 可得到 $\gamma_{RE}=1.0$。

40. 答案：D

解答过程：依据《建筑工程抗震设防分类标准》GB 50223—2008 的 6.0.8 条，教育建筑中，幼儿园、小学、中学的教学用房以及学生宿舍和食堂，抗震设防类别应不低于重点设防类（乙类）。

依据《建筑抗震设计规范》GB 50011—2010 的表 7.1.2 下注释 3，乙类的多层砌体房屋应允许按本地区设防烈度查表，但层数应减少一层，且总高度应降低 3m。按 8 度查表得到的层数限值为 6，高度限值为 18m。调整之后成为层数限值为 5，高度限值为 15m。

同一楼层开间大于 4.2m 的房间占该层总面积

$$\frac{5.1\times 8\times 3+5.1\times(7\times 3+2.7)}{(2\times 5.1+2.4)\times(8\times 3+2.7)}=72.3\%>40\%$$

开间不大于 4.2m 的房间占该层总面积

$$\frac{5.1\times 3+5.1\times 2.7}{(2\times 5.1+2.4)\times(8\times 3+2.7)}=8.6\%<20\%$$

同时，开间大于 4.8m 的房间占该层总面积为 $72.3\%>50\%$，故属于横墙很少，最终层数限值为 $5-2=3$。总高度限值为 $15-2\times 3=9$m。选择 D。

点评：对于本题，有以下几点需要说明：

（1）本题随规范的修改有改动。

（2）笔者理解，规范在对开间大小规定时所说的"房间"，应是泛指，并非专指有门的房间。

（3）规范 7.1.2 条正文，对于横墙很少的情况，指出"还应再减少一层"，没有提到总高度的限制。7.1.2 条条文说明中指出"对各层横墙很少的多层砌体房屋，其总层数应比横墙较少时再减少一层，由于层高的限值，总高度也有所降低"。《建筑抗震设计规范理解与应用》（第二版，中国建筑工业出版社，2011）199 页指出，"各层横墙很少的多层砌体房屋，总高度还应再降低 3m，总层数还应再减少一层"。

41. 答案：B

解答过程：依据《砌体结构设计规范》GB 50003—2011 的 4.1.1 条，Ⅰ项正确；再依据 4.1.2 条，Ⅲ项正确。故选择 B。

42. 答案：C

解答过程：依据《木结构设计标准》GB 50005—2017 的 4.3.1 条，TC11A 的抗压强度设计值 $f_c=10\text{N/mm}^2$，依据 4.3.2 条，采用原木且未经切削，抗压强度可提高 15%。依据 4.3.9 条，设计使用年限 25 年，强度调整系数为 1.05。于是，调整后 $f_c=10\times1.15\times1.05=12.1\text{N/mm}^2$。安全等级为二级，取 $\gamma_0=1.0$。

所需截面积：
$$A_n=\frac{N}{f_c}=\frac{120\times10^3}{12.1}=9917\text{mm}^2$$

对应的半径 $d=\sqrt{\dfrac{9917\times4}{3.14}}=112\text{mm}$，故选择 C。

43. 答案：B

解答过程：依据《木结构设计标准》GB 50005—2017 的 4.3.1 条，TC11A 的抗弯强度设计值 $f_m=11\text{N/mm}^2$，抗压强度设计值 $f_c=10\text{N/mm}^2$。依据 4.3.9 条，设计使用年限 25 年，强度调整系数为 1.05。于是，调整后 $f_m=11\times1.05=11.55\text{N/mm}^2$，$f_c=10\times1.05=10.5\text{N/mm}^2$。

杆件截面积：$A=120\times160=19200\text{ mm}^2$

截面抵抗矩：$W=\dfrac{1}{6}bh^2=\dfrac{1}{6}\times120\times160^2=512000\text{ mm}^3$

依据 5.3.2 条计算 φ_m。

由于 $e_0=0$，故 $k_0=0$。

$$k=\frac{M_0}{Wf_m\left(1+\sqrt{\dfrac{N}{Af_c}}\right)}=\frac{3.1\times10^6}{512000\times11.55\left(1+\sqrt{\dfrac{100\times10^3}{19200\times10.5}}\right)}=0.308$$

$$\varphi_m=(1-k)^2=(1-0.308)^2=0.48$$

选择 B。

44. 答案：A

解答过程：依据《建筑桩基技术规范》JGJ 94—2008 的 5.3.8 条计算。

空心桩内径 $d_1=0.4-2\times0.095=0.21\text{m}$，桩端进入持力层深度 $h_b=2\text{m}$，由于 $h_b/d_1>5$，取 $\lambda_p=0.8$。

$$A_j=\frac{3.14\times(0.4^2-0.21^2)}{4}=0.091\text{m}^2,\quad A_{pl}=\frac{3.14\times0.21^2}{4}=0.035\text{m}^2$$

$$\begin{aligned}Q_{uk}&=u\sum q_{sik}l_i+q_{pk}(A_j+\lambda_p A_{pl})\\&=3.14\times0.4\times(50\times1.5+30\times2+40\times7+24\times7+65\times4+90\times2)\\&\quad+9400\times(0.091+0.8\times0.035)\\&=2404\text{kN}\end{aligned}$$

根据《建筑桩基技术规范》JGJ 94—2008 的 5.2.2 条，$R_a=\dfrac{Q_{uk}}{2}=\dfrac{2404}{2}=1202\text{kN}$，故选择 A。

45. 答案：B

解答过程：三根试验桩的单桩竖向极限承载力平均值为 $(2390+2230+2520)/3=2380\mathrm{kN}$，极差为 $2520-2230=290\mathrm{kN}<30\%\times2380=714\mathrm{kN}$，依据《建筑地基基础设计规范》GB 50007—2011 附录 Q.0.11 条，单桩竖向承载力特征值 $R_a=2380/2=1190\mathrm{kN}$。

依据《建筑桩基技术规范》JGJ 94—2008 的 5.2.5 条，有

$$R=R_a+\eta_c f_{ak} A_c$$

这里，承台下 $2800/2=1400\mathrm{mm}$ 范围内地基承载力特征值 $f_{ak}=110\mathrm{kPa}$。

$$A_c=\frac{A-nA_{ps}}{n}=\frac{2.8\times4.8-6\times3.14\times0.4^2/4}{6}=2.11\mathrm{m}^2$$

$$R=R_a+\eta_c f_{ak} A_c=1190+0.18\times110\times2.11=1232\mathrm{kN}$$

选择 B。

46. 答案：B

解答过程：依据《建筑抗震设计规范》GB 50011—2010 的 4.3.4 条，A 点处应按下式计算锤击数临界值：

$$N_{cr}=N_0\beta[\ln(0.6d_s+1.5)-0.1d_w]\sqrt{3/\rho_c}$$

式中，加速度 $0.15g$，查表得到 $N_0=10$；第一组，查表得 $\beta=0.8$；$d_s=1+3+1=5\mathrm{m}$；$d_w=3\mathrm{m}$；细中砂，$\rho_c=3$。于是

$$N_{cr}=N_0\beta[\ln(0.6d_s+1.5)-0.1d_w]\sqrt{3/\rho_c}$$
$$=10\times0.8\times[\ln(0.6\times5+1.5)-0.1\times3]\sqrt{3/3}$$
$$=9.63$$

依据《建筑桩基技术规范》JGJ 94—2008 的 5.3.12 条，$\lambda_N=N/N_{cr}=6/9.63=0.623$，由 $0.6<\lambda_N\leq0.8$ 且 $d_L=4\mathrm{m}<10\mathrm{m}$ 查表，得到 $\psi_l=1/3$。

选择 B。

点评：同是确定土层液化影响折减系数，若对照《建筑抗震设计规范》GB 50011—2010 的表 4.4.3 和《建筑桩基技术规范》JGJ 94—2008 的表 5.3.12，会发现查表时所用的深度不同：前者用 d_s（d_s 的含义在 4.3.4 条被定义为"饱和土标准贯入点深度"），后者用"自地面算起的液化土层深度 d_L"，其他均相同。

笔者认为，取 d_L 判断似更合理。所以，未采用《建筑抗震设计规范》表格。

47. 答案：B

解答过程：依据《建筑桩基技术规范》JGJ 94—2008 的 5.7.2 条第 2 款和第 7 款，可得单桩水平承载力特征值 $R_{ha}=32\times0.75\times1.25=30\mathrm{kN}$。再依据该规范的 5.7.3 条，由于 $s_a/d<6$，故

$$\eta_i=\frac{(s_a/d)^{0.015n_2+0.45}}{0.15n_1+0.10n_2+1.9}=\frac{(2/0.4)^{0.015\times2+0.45}}{0.15\times3+0.10\times2+1.9}=0.85$$

$$\eta_h=\eta_i\eta_r+\eta_l=0.85\times2.05+1.35=3.09$$

$$R_h=\eta_h R_{ha}=3.09\times30=93\mathrm{kN}，选择 B。$$

48. 答案：C

解答过程：依据《建筑桩基技术规范》JGJ 94—2008 的 5.9.2 条计算柱边弯矩设计值。

此时，荷载标准组合下单桩最大竖向力依据 5.1.1 条计算，为：

$$N_{kmax} = \frac{F_k}{n} + \frac{M_k x_{max}}{\sum x^2} = \frac{4800}{6} + \frac{(704+60\times1.6)\times2}{4\times2^2} = 900\text{kN}$$

单桩最大竖向力设计值：$1.35\times900=1215\text{kN}$。

柱边处截面的最大弯矩设计值 $M=2\times1215\times(2-0.4)=3888\text{kN}\cdot\text{m}$，选择 C。

点评：由于《建筑桩基技术规范》5.9.2 条要求采用不计入承台及其上土重的基桩竖向反力 N_i，故应用 5.1.1 条时，不计入 G_k。

49. 答案：D

解答过程：当基底反力均匀分布时，外力对基底中心轴线的力矩为零，即
$$141+30\times0.75-1100\times[(b_1+1.4)/2-1.4]=0$$

解方程得到 $b_1=1.7\text{m}$。选择 D。

点评：G_k 引起的应力为均匀分布，因此可以不必考虑。

50. 答案：B

解答过程：依据《建筑地基基础设计规范》GB 50007—2011 的 5.2.4 条，按照下式计算：
$$f_a = f_{ak} + \eta_b \gamma(b-3) + \eta_d \gamma_m(d-0.5)$$

今 $e<0.85$，$I_L<0.85$，$\eta_b=0.3$，$\eta_d=1.6$。$b=2\text{m}<3\text{m}$，取 $b=3\text{m}$。

$$\gamma_m = \frac{17.5\times1+19\times0.5}{1.5}=18\text{kN/m}^3$$

$f_a = f_{ak} + \eta_b \gamma(b-3) + \eta_d \gamma_m(d-0.5) = 205+1.6\times18\times(1.5-0.5)=233.8\text{kPa}$
选择 B。

51. 答案：B

解答过程：依据《建筑地基基础设计规范》GB 50007—2011 的 5.2.7 条计算。

$$p_k = \frac{F_k+G_k}{A} = \frac{1120}{2\times2.8}+1.5\times20=230\text{kPa}$$

$$p_c = 17.5\times1+19\times0.5=27\text{kPa}$$

$E_{s1}/E_{s2}=9/3=3$，$z/b=4/2=2$，查表 5.2.7，$\theta=23°$

$$p_z = \frac{lb(p_k-p_c)}{(b+2z\tan\theta)(l+2z\tan\theta)} = \frac{2\times2.8\times(230-27)}{(2+2\times4\tan23°)(2.8+2\times4\tan23°)}=34\text{kPa}$$

故选择 B。

52. 答案：A

解答过程：依据《建筑地基基础设计规范》GB 50007—2011 的 5.3.5 条计算。

由于 $p_0=150\text{kPa}<0.75f_{ak}=0.75\times205=153.8\text{kPa}$，$\overline{E}_s=9\text{MPa}$，查表 5.3.5，得到

$$\psi_s = 0.4+\frac{0.7-0.4}{15-7}\times(15-9)=0.625$$

由 $l/b=1.4/1=1.4$，$z/b=4/1=4$，查表 K.0.1-2，得到 $\bar{\alpha}_1=0.1248$。

$$\psi_s \frac{p_0}{E_{s1}} z_1(4\bar{\alpha}_1)=0.625\times\frac{150}{9000}\times 4000\times(4\times 0.1248)=20.8\text{mm}$$

选择 A。

点评：由于题目仅仅给出下卧层为基岩而没有更详细的资料，可以认为不符合规范 6.2.2 条的前提，无须考虑变形增大。

53. 答案：B

解答过程：依据《建筑地基处理技术规范》JGJ 79—2012 的 3.0.4 条，取 $\eta_b=0$，$\eta_d=1.0$。再依据《建筑地基基础设计规范》GB 50007—2011 的 5.2.4 条，有

$$f_a=f_{spk}+\eta_b\gamma(b-3)+\eta_d\gamma_m(d-0.5)=430$$

从而 $\qquad f_{spk}=430-1\times 18\times(7-0.5)=313\text{kPa}$

依据《建筑地基处理技术规范》JGJ 79—2012 的 7.7.2 条第 6 款结合 7.1.5 条，可得

$$m=\frac{f_{spk}-\beta f_{sk}}{\lambda R_a/A_p-\beta f_{sk}}=\frac{313-0.9\times 180}{0.9\times 450/(3.14\times 0.2^2)-0.9\times 180}=0.049$$

故选择 B。

54. 答案：B

解答过程：依据《建筑地基处理技术规范》JGJ 79—2012 的 7.1.5 条第 1 款，等边三角形布桩时，$d_e=1.05s$，$m=d^2/d_e^2$。于是

$$6\%=\frac{0.4^2}{(1.05s)^2}$$

解出 $s=1.56\text{m}$，选择 B。

55. 答案：C

解答过程：依据《建筑地基处理技术规范》JGJ 79—2012 的 7.1.7 条，基底下 7.5m 范围内土层压缩模量为该层天然压缩模量的 ζ 倍，$\zeta=f_{spk}/f_{ak}=360/180=2$，于是，基础中心的地基最终变形量为

$$s=s_1/2+s_2=100/2+50=100\text{mm}$$

选择 C。

56. 答案：D

解答过程：

依据《建筑地基基础设计规范》GB 50007—2011 表 6.3.7 下注释 1，A 正确。

依据该规范表 6.3.7 下注释 2，B 正确。

依据《建筑地基处理技术规范》JGJ 79—2012 表 4.2.4，C 正确。

依据《建筑桩基技术规范》JGJ 94—2008 的 4.2.7 条，压实系数不宜小于 0.94，故选择 D。

57. 答案：C

解答过程：

依据《建筑地基基础设计规范》GB 50007—2011 的 8.3.1 条，A 正确。

依据该规范 8.4.12 条第 2 款，B 正确。

依据《建筑桩基技术规范》JGJ 94—2008 的 4.2.6 条，是"取承台中心距的 1/10～1/15"，故 C 不正确。

依据《建筑地基基础设计规范》GB 50007—2011 的 8.4.5 条，D 正确。

58. 答案：D

解答过程：

依据《建筑抗震设计规范》GB 50011—2010 的 12.1.3 条的条文说明，隔震技术对低层和多层建筑比较合适，故 A 不正确。

依据该规范 12.2.1 条的条文说明，目前隔震技术只具有隔离水平地震的功能，故 B 不正确。

依据该规范 12.3.2 条，消能部件宜设置在层间变形较大的位置，故 C 不正确。

依据该规范 3.8.2 条的条文说明，D 正确。

59. 答案：B

解答过程：

依据《高层建筑混凝土结构技术规程》JGJ 3—2010 的 5.1.12 条，这两个三维分析软件还应采用不同的力学模型，故 A 不正确。依据 5.1.13 条，对于复杂结构应采用弹性时程分析方法补充计算，宜采用弹塑性动力分析方法补充计算，故 C 不正确。

依据《建筑抗震设计规范》GB 50011—2010 的 3.6.6 条，B 正确。

依据《高层建筑混凝土结构技术规程》JGJ 3—2010 的 3.7.3 条的注释，D 不正确。

60. 略

61. 答案：C

解答过程：依据《高层建筑混凝土结构技术规程》JGJ 3—2010 的 4.2.1 条，应按照下式计算：

$$w_k = \beta_z \mu_s \mu_z w_0$$

题目已经给出 $\beta_z = 1.36$。

依据 4.2.3 条，正六边形时，$\mu_s = 0.8 + \dfrac{1.2}{\sqrt{n}} = 0.8 + \dfrac{1.2}{\sqrt{6}} = 1.29$。

查《建筑结构荷载规范》GB 50009—2012 的表 8.2.1，高度 90m、B 类地面粗糙度，$\mu_z = 1.93$。

依据《高层建筑混凝土结构技术规程》JGJ 3—2010 的 4.2.2 条，对风荷载比较敏感的建筑物，基本风压按照 1.1 倍基本风压取值。今建筑高度 90m>60m，属于对风荷载比较敏感的建筑物，故应取 $w_0 = 1.1 \times 0.7 = 0.77 \text{ kN/m}^2$。

$w_k = \beta_z \mu_s \mu_z w_0 = 1.36 \times 1.29 \times 1.93 \times 0.77 = 2.607 \text{ kN/m}^2$，选择 C。

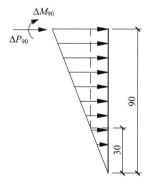

图 5-2-2 计算简图

62. 答案：D

解答过程：将 90m 高度处的风荷载由面荷载形式化为线荷载形式，为 $2.0 \times 40 = 80 \text{kN/m}$。如图 5-2-2 所示，根据比例关系可求得 30m 高度处为 $80 \times 30/90 = 26.67 \text{kN/m}$。

将 30m 高度以上的梯形风荷载分为两部分考虑，则高度 30m 处风荷载产生的倾覆力矩的标准值为

$$M_{30}=200\times(90-30)+600+\frac{26.67\times(90-30)^2}{2}+\frac{(80-26.67)\times(90-30)}{2}\times\frac{2\times(90-30)}{3}$$
$$=124602\text{kN}\cdot\text{m}$$

考虑1.4的分项系数，得到设计值为 $1.4\times124602=174443$ kN·m，选择 D。

63. 答案：A

解答过程：依据《高层建筑混凝土结构技术规程》JGJ 3—2010 表 3.3.1-1，7 度、框架-核心筒结构、建筑高度 90m，属于 A 级高度。

依据 3.9.2 条，由于是Ⅲ类场地，设计基本地震加速度 0.15g，应按 8 度考虑抗震构造措施。

查表 3.9.3，框架-核心筒、8 度、高度 90m，框架与核心筒的抗震等级均为一级。

依据 3.9.6 条，与主楼连为整体的裙楼，在相关范围内，抗震等级不应低于主楼的抗震等级，故为一级。

点评：对于本题，有以下几点需要说明：

(1) 本题有改动，明确是在"相关范围"内的裙楼抗震等级。

(2) 2010 版《高层建筑混凝土结构技术规程》规定，当裙楼与主楼连为整体时，除按照裙楼本身确定抗震等级外，相关范围还不应低于主楼的抗震等级。本题，裙楼的资料不完整，但其本身抗震等级一般不会超过一级，故相关范围按主楼的抗震等级确定为一级。

64. 答案：D

解答过程：依据《高层建筑混凝土结构技术规程》JGJ 3—2010 的 3.9.5 条，由于地下一层位于嵌固端之上，故与主体结构抗震等级相同，按抗震构造措施，为一级（理由见上题解答与点评）。嵌固端下一层相关范围取与主体结构相同的抗震等级，故这里的地下二层抗震构造措施也为一级。选择 D。

点评：对于本题，有以下几点需要说明：

(1)《高层建筑混凝土结构技术规程》JGJ 3—2010 的 3.9.5 条所说"当地下室顶层作为上部结构的嵌固端时，地下一层相关范围的抗震等级应按上部结构采用"，这里的"顶层"，实际上是"顶板"，相同的规定可参见《建筑抗震设计规范》GB 50011—2010 的 6.1.3 条第 3 款，以及《混凝土结构设计规范》GB 50010—2010 的 11.1.4 条第 3 款。

(2) 当嵌固端位于地下室一层的底板时如何处理，规范没有明确规定，只能推理认为，地下二层与地下一层的抗震等级相同。朱炳寅《建筑抗震设计规范应用与分析》（第二版，中国建筑工业出版社，2017，第 224 页）支持此观点。

(3) 本题有改动，将原题目的"抗震等级"改为"抗震构造措施等级"，并根据规范更新，将范围限定为"相关范围内"。修改理由如下：

"抗震等级"指的是"抗震措施等级"，若据此答题，则不会计入Ⅲ类场地的影响，即，应按照 7 度而不是 8 度查《高层建筑混凝土结构技术规程》的表 3.9.3，于是，得到框架和核心筒的抗震等级均为二级。这样，地下一层和地下二层抗震等级为二级，从而无合适选项。

65. 答案：C

解答过程：依据《高层建筑混凝土结构技术规程》JGJ 3—2010 的表 5.6.4，9 度抗震设计时应计算竖向地震作用。

依据 4.3.13 条，得到竖向地震作用标准值

$$F_{\text{Evk}} = \alpha_{\text{vmax}} G_{\text{eq}} = (0.65 \times 0.32) \times (0.75 \times 10 \times 6840) = 10670 \text{kN}$$

上式中，0.32 为水平地震影响系数最大值，根据 9 度、多遇地震，由表 4.3.7-1 得到。

依据 4.3.13 条第 3 款，竖向地震作用按照重力荷载代表值分配之后要乘以增大系数 1.5，于是，首层框架柱 E 承担的竖向地震作用标准值为 $1.5 \times 10670/20 = 800 \text{kN}$。

依据 5.6.3 条、5.6.4 条进行荷载效应和地震作用效应的组合。

房屋高度 40m<60m，不考虑风荷载参与组合。

由于竖向地震作用 800kN 大于水平地震作用 500kN，故不必计算重力荷载与水平地震作用的组合，只需要考虑重力荷载与竖向地震作用的组合，为

$$N = 1.2 \times 2800 + 1.3 \times 800 = 4400 \text{kN}$$

重力荷载、水平地震作用及竖向地震作用的组合

$$N = 1.2 \times 2800 + 1.3 \times 500 + 0.5 \times 800 = 4410 \text{kN}$$

取组合的最大值，为 4410kN，选择 C。

点评：若依据《建筑抗震设计规范》GB 50011—2010 的表 5.4.1 组合，则还存在：

$$S = 1.2 S_{\text{GE}} + 0.5 S_{\text{Ehk}} - 1.3 S_{\text{Evk}}$$

由此得到的组合轴压力设计值更大，为

$$N = 1.2 \times 2800 + 0.5 \times 500 + 1.3 \times 800 = 4650 \text{kN}$$

今增加提示指出依据《高层建筑混凝土结构技术规程》JGJ 3—2010 答题，就是为了避免争议。

66. 答案：D

解答过程：依据《高层建筑混凝土结构技术规程》JGJ 3—2010 表 3.9.3，框架-剪力墙结构、9 度，框架抗震等级为一级。

依据 6.2.5 条，可得

$$M^l_{\text{bua}} = \frac{1}{\gamma_{\text{RE}}} f_{\text{yk}} A_{\text{s}} (h_0 - a'_s) = \frac{1}{0.75} \times 400 \times 1964 \times (600 - 2 \times 40) = 544.7 \times 10^6 \text{N} \cdot \text{mm}$$

$$M^r_{\text{bua}} = \frac{1}{\gamma_{\text{RE}}} f_{\text{yk}} A_{\text{s}} (h_0 - a'_s) = \frac{1}{0.75} \times 400 \times 2945 \times (600 - 2 \times 60) = 753.9 \times 10^6 \text{N} \cdot \text{mm}$$

$$V = 1.1 \frac{M^l_{\text{bua}} + M^r_{\text{bua}}}{l_n} + V_{\text{Gb}} = 1.1 \times \frac{544.7 + 753.9}{5.45} + 30 = 292 \text{kN}$$

选择 D。

67. 答案：D

解答过程：依据《高层建筑混凝土结构技术规程》JGJ 3—2010 的 7.1.3 条，由于跨高比 $l_n/h = 2450/400 = 6.1 > 5$，连梁按框架梁设计。

依据 6.3.2 条，由于纵筋配筋率为 $1964/(350 \times 360) = 1.6\% < 2\%$，查表 6.3.2-2 可知，一级抗震时，对于梁端加密区，箍筋最大间距为 $\min(h_b/4, 6d, 100) = \min(400/4, 150, 100) = 100 \text{mm}$，箍筋最小直径为 10mm。

依据规程 6.3.5 条，沿梁全长箍筋的面积配筋率，一级时应满足

$$\frac{A_{sv}}{bs} \geq \frac{0.3 f_t}{f_{yv}}$$

从而，采用 4 肢 Φ10 钢筋时，要求间距

$$s \leq \frac{A_{sv} f_{yv}}{0.3 b f_t} = \frac{314 \times 300}{0.3 \times 350 \times 1.71} = 525 \text{mm}$$

依据 6.3.5 条，框架梁非加密区箍筋最大间距不宜大于加密区箍筋间距的 2 倍，因此，非加密区箍筋间距最大为 $2 \times 100 = 200 \text{mm}$。

综上，框架梁非加密区箍筋最大为 200mm，所以，选择 D。

点评：尽管规程的 7.2.27 条第 2 款规定，"抗震设计时，沿连梁全长箍筋的构造应符合本规程第 6.3.2 条框架梁梁端箍筋加密区的箍筋构造要求"，但需要注意的是，7.1.3 条规定，"跨高比小于 5 的连梁应按本章的有关规定设计，跨高比不小于 5 的连梁宜按框架梁设计"，所以，执行 7.2.27 条的前提是连梁的跨高比小于 5。

大致相同的内容，在 2002 版规程中，分别是 7.2.26 条和 7.1.8 条，但 7.2.26 条为强制性条文，容易造成执行上的分歧。2010 版规程中，7.2.27 条不再是强制性条文。

68. 答案：C

解答过程：依据《建筑抗震设计规范》GB 50011—2010 的 5.2.7 条计算折减系数。

今 $T_1 = 0.8 \text{s} > 1.2 T_g = 1.2 \times 0.45 = 0.54 \text{s}$，且 $< 5 T_g = 5 \times 0.45 = 2.25 \text{s}$，符合折减的条件。

由于 $H/B = 40/15.55 = 2.6 < 3$，各楼层折减系数按照下式计算

$$\psi = \left(\frac{T_1}{T_1 + \Delta T}\right)^{0.9} = \left(\frac{0.8}{0.8 + 0.1}\right)^{0.9} = 0.899$$

上式中，$\Delta T = 0.1 \text{s}$ 是依据规范表 5.2.7 得到（9 度、Ⅲ类场地）。

折减后的底部总水平地震剪力为

$$\psi \sum_{i=1}^{10} F_i = 0.899 \times \frac{0.1F + F}{2} \times 10 = 4.94F$$

故选择 C。

69. 答案：B

解答过程：依据《高层民用建筑钢结构技术规程》JGJ 99—2015 的 8.8.3 条，消能梁段的净长应满足：

$$a \leq \frac{1.6 M_{lp}}{V_l}$$

依据 7.6.3 条计算 V_l 和 M_{lp}：

$$h_0 = 600 - 2 \times 32 = 536 \text{mm}$$

$$V_l = 0.58 A_w f_y = 0.58 \times 536 \times 12 \times 345 = 1287 \times 10^3 \text{N}$$

$$W_{np} = 2 \times [300 \times 32 \times (536/2 + 32/2) + 536/2 \times 12 \times 536/4] = 6.315 \times 10^6 \text{mm}^3$$

$$M_{lp} = f W_{np} = 295 \times 6.315 \times 10^6 = 1862.9 \times 10^6 \text{N} \cdot \text{mm}$$

于是

$$a \leq \frac{1.6 M_{lp}}{V_l} = \frac{1.6 \times 1862.9 \times 10^6}{1287 \times 10^3} = 2316 \text{mm}$$

a 取得最大值时 l 取得最小值，故 l 最小为 $8.5 - 0.7 - 2 \times 2.316 = 3.168 \text{m}$，选择 B。

点评：关于本题的解答，有以下几点需要说明：

(1) 计算 V_l 时用到的 f_y，规范的解释为"消能梁段钢材的屈服强度"，而消能梁段的腹板与翼缘由于厚度不同会导致 f_y 取值不同。由于腹板主要抵抗剪力，所以，此处 f_y 应取为消能梁段腹板的屈服强度。

(2) 计算 M_{lp} 时用到的钢材强度，应取翼缘的强度指标。

(3)《高层民用建筑钢结构技术规程》JGJ 99—98 的 6.5.2 条规定耗能梁段的塑性受弯承载力时采用公式为 $M_p = W_p f_y$，2015 版改为 $M_{lp} = W_p f$。《建筑抗震设计规范》从 2001 年至 2016 年一直采用 $M_{lp} = f W_p$ 或 $M_{lp} = W_p f$（见 8.2.7 条）。笔者认为此处塑性受弯承载力应按 $W_p f_y$ 求出。

70. 答案：C

解答过程：依据《建筑抗震设计规范》GB 50011—2010 的表 8.1.3，屋高度 100m＞50m，烈度 8 度，抗震等级为二级。

依据《高层民用建筑钢结构技术规程》JGJ 99—2015 的 7.6.5 条，支撑斜杆的轴力设计值按下式调整：

$$N_{br} = \eta_{br} \frac{V_l}{V} N_{br,com} = 1.3 \times \frac{1105}{860} \times 2000 = 3340.7 \text{kN}$$

受压承载力（结构抗力）应不小于荷载效应，故支撑斜杆的最小承载力设计值为 3340.7kN。选择 C。

71. 答案：A

解答过程：依据《高层建筑混凝土结构技术规程》JGJ 3—2010 的 3.7.5 条和 5.5.3 条，可以得到

$$\Delta u_p \leqslant [\theta_p] h, \Delta u_p = \eta_p \Delta u_e$$

于是，罕遇地震作用下按弹性分析的层间位移为

$$\Delta u_e \leqslant \frac{[\theta_p] h}{\eta_p} = \frac{1/50 \times 3500}{2.0} = 35 \text{mm}$$

上式中，$[\theta_p] = 1/50$ 来源于表 3.7.5；$\eta_p = 2.0$ 来源于表 5.5.3。

对应于罕遇地震作用的底层水平剪力最大标准值为 $\Delta u_e \Sigma D = 0.035 \times 8 \times 10^5 = 28000$ kN。

查规程表 4.3.7-1，8 度抗震时，多遇与罕遇地震的水平地震影响系数最大值 α_{max} 分别为 0.16 和 0.90。查规程表 4.3.7-2，多遇地震时特征周期 0.35s，罕遇地震时特征周期 0.40s。

8 度抗震时，多遇地震与罕遇地震的水平地震影响系数比值，为：

$$\frac{(\frac{T_{g,多}}{T_1})^\gamma \eta_2 \alpha_{max,多}}{(\frac{T_{g,罕}}{T_1})^\gamma \eta_2 \alpha_{max,罕}} = (\frac{0.35}{0.4})^{0.9} \frac{0.16}{0.90} = 0.158$$

因此，多遇地震作用下，底层水平剪力最大标准值为 $28000 \times 0.158 = 4424$ kN。

故选 A。

点评：底层水平地震作用标准值 $F_{Ek} = \alpha G_{eq}$，而 α 是 α_{max} 的函数。对于同一建筑物，如果特征周期 T_g 不变，仅仅是 α_{max} 变化，显然 F_{Ek} 之比等于对应的 α_{max} 之比。今罕遇地震

时的 T_g 比多遇地震时增加 0.05s（见 2010 版《建筑抗震设计规范》的 5.1.4 条），会导致 α 函数取值区间的变化，最终，F_{Ek} 之比不再是严格意义上的 α_{max} 之比。

72. 略

73. 答案：A

解答过程：依据《公路桥涵设计通用规范》JTG 60—2015 的表 3.2.9，高速公路上的特大桥，设计洪水频率为 1/300。故选择 A。

点评：这道题当年采用的是 2004 版《公路桥涵设计通用规范》，这时，尚未规定"对由多孔中小跨径桥梁组成的特大桥，其设计洪水频率可采用大桥标准"。2015 版增加了此规定，但由于题目中未指出"由多孔中小跨径桥梁组成"，因此，一般的"特大桥"标准查表确定设计洪水频率。

74. 略

75. 答案：A

解答过程：根据结构力学知识，用"机动法"可以得到影响线。

设想 b 点左侧截面用两个链杆左右相连，用一对力偶使其发生虚位移，所形成的曲线形状即为影响线形状。故选择 A。

76. 答案：D

解答过程：依据《公路桥涵设计通用规范》JTG D60—2015 的 4.3.5 条第 1 款，一个设计车道上的汽车制动力标准值为 $10\% \times (40 \times 10.5 + 340) = 76kN < 165kN$，应取为 165kN。

同向行驶 3 车道，制动力标准值为 $165 \times 2.34 = 386.1kN$

制动力由两个桥台平均承担，于是，每个桥台承担 386.1/2=193kN，选择 D。

点评：本题解答时注意以下两点：

（1）2015 年版《公路桥涵设计通用规范》规定设计车道为 1 时横向车道布载系数为 1.2，对汽车制动力的计算是否有影响？

笔者认为，如果同向行驶车道数为 1，则应将车道荷载乘以 1.2，由此计算出的制动力标准值与 165kN 比较，取较大者。如果同向行驶车道数大于 1，则计算过程与原规范时相同。

（2）有观点认为，公路-I 级时，制动力标准值不小于 165kN 是针对所有车道而言，故计算过程如下：

制动力标准值为 $76 \times 2.34 = 177.84kN > 165kN$，于是，每个桥台承担 177.84/2=89kN，选择 C。

笔者认为该观点不符合规范原意。

《公路桥涵设计通用规范》JTG D60—2015 的 4.3.5 条的条文说明指出，汽车制动力按照车道荷载的 10% 取值在很多情况下偏低，因此需要作制动力最小值的限制。公路-I 级时取为 165kN，当多车道时，该值再乘上车道数之后再进行折减。4.3.5 条中乘以 2.34 的来历，就是 $3 \times 0.78 = 2.34$。

77. 答案：B

解答过程：依据《公路桥涵设计通用规范》JTG D60—2015 的 3.3.5 条，桥梁全长（简称桥长）对于有桥台桥梁是两岸桥台侧墙或八字墙后端点之间的距离，因此，本题目中的桥长为：

$$L=85+120+85+3\times50\times2+0.40\times2+3.5\times2=597.8\text{m}，选择 B。$$

点评：题目中给出的跨径，均是指标准跨径。由《公路桥涵设计通用规范》JTG D60—2015 表 1.0.5 下的注释 4 可知，对于梁式桥，两桥墩中心线之间距离或桥墩中线至桥台台背边缘线之间距离称作标准跨径。由于伸缩缝宽度已经包含在标准跨径之中，故计算桥长时不重复计入。同时，以上计算，认为给出的耳墙（侧墙）长度不包括前墙厚度在内。

78. 答案：A

解答过程：依据《公路桥涵设计通用规范》JTG D60—2015 的 4.1.5 条，安全等级为一级时 $\gamma_0=1.1$，永久荷载和汽车荷载效应的分项系数分别取 1.2 和 1.4，故选择 A。

79. 答案：A

解答过程：每块板的总张拉力为：

$$N=\sigma_{\text{con}}A_\text{p}=0.73\times1860\times15\times140=2851.4\times10^3\text{N}$$

选择 A。

点评：依据《公路钢筋混凝土及预应力混凝土桥涵设计规范》JTG 3362—2018 的 6.1.4 条以及该条的条文说明，对于后张法，张拉控制应力分为锚下（体内）控制应力和锚圈口控制应力，由于锚圈口的损失，后者要比前者大，规范规定可以提高 $0.05f_\text{pk}$，千斤顶油泵显示的值对应于锚圈口控制应力。

80. 答案：C

解答过程：为了使墩身和桩基在恒载作用下的受力均匀，应使得两侧支座反力对墩中心的力矩相等。

若调整 16m 跨的支座，则调整后支座中心与墩中心的距离应为 $\dfrac{3400\times340}{3000}=385\text{mm}$，即 16m 跨的支座中心向跨径方向调偏 $385-270=115\text{mm}$。

若调整 20m 跨的支座，则调整后支座中心与墩中心的距离应为 $\dfrac{3000\times270}{3400}=238\text{mm}$，即 20m 跨的支座中心向墩中心调偏 $340-238=102\text{mm}$。

于是，比较后排除 B 项与 D 项。

对于 A 选项，调整后的不平衡力矩为 $3000\times380-3400\times340=16000\text{kN}\cdot\text{mm}$

对于 C 选项，调整后的不平衡力矩为 $3000\times270-3400\times240=6000\text{kN}\cdot\text{mm}$

C 选项更合适，选择 C。

6　2010年试题与解答

6.1 2010 年试题

题 1~2

云南省大理市某中学拟建一座 6 层教学楼,采用钢筋混凝土框架结构,平面及竖向均规则。各层层高均为 3.4m,首层室内外地面高差为 0.45m,建筑场地类别为 Ⅱ 类。

1. 下列关于该教学楼抗震设计的要求,其中何项正确?
   A. 按 9 度计算地震作用,按一级框架采取抗震措施
   B. 按 9 度计算地震作用,按二级框架采取抗震措施
   C. 按 8 度计算地震作用,按一级框架采取抗震措施
   D. 按 8 度计算地震作用,按二级框架采取抗震措施

2. 该结构在 y 向地震作用下,底层 y 方向的剪力系数(剪重比)为 0.075,层间弹性位移角为 1/663,试问,当判断是否考虑重力二阶效应影响时,底层 y 方向的稳定系数 θ_{1y},与下列何项数值最为接近?

   提示:不考虑刚度折减;重力荷载计算值近似取重力荷载代表值;地震剪力计算值近似取对应于水平地震作用标准值的楼层剪力。

   A. 0.012   B. 0.020   C. 0.053   D. 0.11

题 3~5

某钢筋混凝土不上人屋面挑檐剖面如图 6-1-1 所示。屋面板混凝土强度等级采 C30。屋面面层荷载相当于 100mm 厚水泥砂浆的重量,梁的转动忽略不计。板受力钢筋保护层厚度 $c_s = 30$mm。

3. 假设板顶按受弯承载力要求配置的受力钢筋为 $\phi 12@150$(HRB400 级)。试问,该悬挑板的最大裂缝宽度 w_{max}(mm),与下列何项数值最为接近?

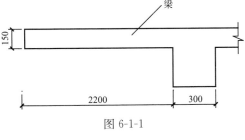

图 6-1-1

    A. 0.10   B. 0.15   C. 0.20   D. 0.25

4. 假设挑檐根部按荷载效应标准组合计算的弯矩 $M_k = 15.5$kN·m,按荷载效应准永久组合计算的弯矩 $M_q = 14.0$kN·m,荷载效应的准永久组合作用下受弯构件的短期刚度 $B_s = 2.6 \times 10^{12}$ N·mm^2。考虑荷载长期作用对挠度增大的影响系数 $\theta = 1.9$。试问,该悬挑板的最大挠度(mm),与下列何项数值最为接近?

    A. 8   B. 13   C. 16   D. 26

5. 假设挑檐板根部每米板宽的弯矩设计值 $M = 20$kN·m,采用 HRB335 级钢筋,试问,每米板宽范围内按受弯承载力计算所需配置的钢筋面积 A_s(mm^2),与下列何项数值最为接近?

提示:$a_s = 25$mm,受压区高度按实际计算值确定。

A. 470　　　　B. 560　　　　C. 620　　　　D. 670

题 6～9

某钢筋混凝土多层框架结构的中柱，剪跨比 $\lambda>2$，截面尺寸及计算配筋如图 6-1-2 所示，抗震等级为四级，混凝土强度等级为 C30，考虑水平地震作用组合的底层柱底轴向压力设计值 $N_1=300\text{kN}$，二层柱底轴向压力设计值 $N_2=225\text{kN}$，纵向受力钢筋采用 HRB335 级钢筋（Φ），箍筋采用 HPB300 级钢筋（φ），$a_s=a'_s=40\text{mm}$，$\xi_b=0.55$。

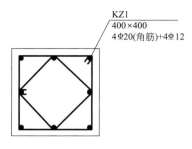

图 6-1-2

6. 若该柱为底层中柱，经验算可按构造要求配置箍筋，试问，该柱加密区和非加密区箍筋的配置，选用下列何项才能符合规范要求？

A. φ6@100/200　B. φ6@90/180　C. φ8@100/200　D. φ8@90/180

7. 试问，当计算该底层中柱下端单向偏心受压的抗震受弯承载力设计值时，对应的轴向压力作用点至受压区纵向钢筋合力点的距离 $e'_s(\text{mm})$，与下列何项数值最为接近？

A. 237　　　　B. 296　　　　C. 316　　　　D. 492

8. 若对二层中柱按照单向偏心受压构件进行抗震受弯承载力计算，已经求得柱底轴向压力作用点至受压区纵向钢筋合力点的距离 $e'_s=420\text{mm}$，试问，计入二阶效应后的该柱下端受弯承载力设计值（kN·m），与下列何项数值最为接近？

A. 95　　　　B. 108　　　　C. 113　　　　D. 126

9. 若图 6-1-2 所示的柱为二层中柱，已知框架柱的反弯点在柱的层高范围内，二层柱净高 $H_n=3.0\text{m}$，箍筋采用 φ6@90/180，试问，该柱下端的斜截面抗震受剪承载力设计值（kN），与下列何项数值最为接近？

提示：$\gamma_{RE}=0.85$，斜向箍筋参与计算时，取其在剪力设计值方向的分量。

A. 148　　　　B. 160
C. 174　　　　D. 200

题 10～11

非抗震设防的某板柱结构顶层，钢筋混凝土屋面板板面均布荷载设计值为 13.5kN/m^2（含板自重），混凝土强度等级为 C40，板有效计算高度 $h_0=140\text{mm}$，中柱截面 700mm×700mm，板柱节点忽略不平衡弯矩的影响，$\alpha=30°$。如图 6-1-3 所示。

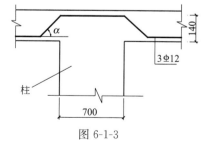

图 6-1-3

10. 当不考虑弯起钢筋作用时，试问，板与柱冲切控制的柱轴向压力设计值（kN），与下列何项数值最为接近？

A. 280　　　　B. 390　　　　C. 450　　　　D. 530

11. 当考虑弯起钢筋作用时，试问，板受柱的冲切承载力设计值（kN），与下列何项数值最为接近？

A. 420   B. 303   C. 323   D. 533

题12. 某钢筋混凝土框架结构的顶层框架梁，混凝土强度等级为C30，纵筋采用HRB400级钢筋，试问，该框架顶层端节点处梁上部纵筋的最大配筋率，与下列何项数值最为接近？

A. 1.4%   B. 1.7%   C. 2.0%   D. 2.5%

题13. 某项目周边建筑的情况如图6-1-4所示，试问，该项目风荷载计算时所需的地面粗糙度类别，选取下列何项才符合规范要求？

提示：按《建筑结构荷载规范》GB 50009—2012条文说明作答。

A. A 类
B. B 类
C. C 类
D. D 类

题14. 按我国现行设计规范的规定，试判断下列说法中何项不妥？

A. 混凝土材料强度标准值的保证率为95%
B. 永久荷载的标准值的保证率一般为95%
C. 活荷载的准永久值的保证率为50%
D. 活荷载的频遇值的保证率为90%

图 6-1-4

题15. 关于设计地震分组的下列一些解释，其中何项符合规范编制中的抗震设防决策？

A. 是按实际地震的震级大小分为三组
B. 是按场地剪切波速和覆盖层厚度分为三组
C. 是按地震动反应谱特征周期和加速度衰减影响的区域分为三组
D. 是按震源机制和结构自振周期分为三组

题16～21

某单层单跨工业厂房为钢结构，厂房柱距21m，设置有两台重级工作制的软钩吊车，吊车每侧有4个车轮，最大轮压标准值$P_{k,max}=355kN$，吊车轨道高度$h_R=150mm$，每台吊车的轮压分布如图6-1-5中的(a)图所示。吊车梁为焊接工字形截面如图6-1-5中的(b)图所示。横向加劲肋间距为1000mm，纵向加劲肋距离上翼缘内侧为1000mm。钢梁采用Q345C钢制作，焊条采用E50型。图中长度单位为mm。

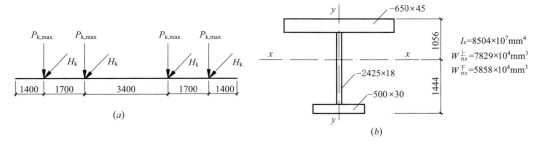

图 6-1-5 题16～21图

16. 在竖向平面内,吊车梁的最大弯矩设计值 $M_{max}=14442.5\text{kN}\cdot\text{m}$,试问,若仅考虑 M_{max} 作用对吊车梁下翼缘进行强度计算,公式左侧所得数值(N/mm²),与下列何项最为接近?

提示:假定截面属于 S4 级。

A. 206　　　　B. 235　　　　C. 247　　　　D. 274

17. 在计算吊车梁的强度、稳定性及连接的强度时,应考虑由吊车摆动引起的横向水平力,试问,作用在每个吊车轮处由吊车摆动引起的横向水平力标准值 H_k(kN),与下列何项数值最为接近?

A. 11.1　　　B. 13.9　　　C. 22.3　　　D. 35.5

18. 在吊车最大轮压作用下,试问,吊车梁在腹板计算高度上边缘的局部承压应力设计值(N/mm²),与下列何项数值最为接近?

提示:荷载分项系数按《建筑结构可靠性设计统一标准》GB 50068—2018 取用。

A. 82　　　　B. 76　　　　C. 61　　　　D. 52

19. 假定吊车梁采用突缘支座,支座端板与吊车梁腹板采用双面角焊缝连接,焊脚尺寸 $h_f=10\text{mm}$,支座剪力设计值 $V=3041.7\text{kN}$,试问,该角焊缝的剪应力设计值(N/mm²),与下列何项数值最为接近?

A. 70　　　　B. 90　　　　C. 110　　　　D. 180

20. 吊车梁由一台吊车荷载引起的最大竖向弯矩标准值 $M_{k,max}=5583.5\text{kN}\cdot\text{m}$。试问,考虑欠载效应,吊车梁下翼缘与腹板连接处腹板的疲劳应力幅(N/mm²),与下列何项数值最为接近?

A. 74　　　　B. 70　　　　C. 66　　　　D. 53

21. 厂房排架分析时,假定两台吊车同时作用,试问,柱牛腿由吊车荷载引起的最大竖向反力标准值(kN),与下列何项数值最为接近?

A. 2913　　　B. 2191　　　C. 2081　　　D. 1972

题 22~23

某平台钢柱的轴心压力设计值为 $N=3400\text{kN}$,柱的计算长度 $l_{ox}=6\text{m}$,$l_{oy}=3\text{m}$,采用焊接工字形截面,截面尺寸如图 6-1-6 所示,翼缘钢板为剪切边,每侧翼缘板上有两个直径 $d_0=24\text{mm}$ 的螺栓孔,钢柱采用 Q235B 钢制作,采用 E43 型焊条。

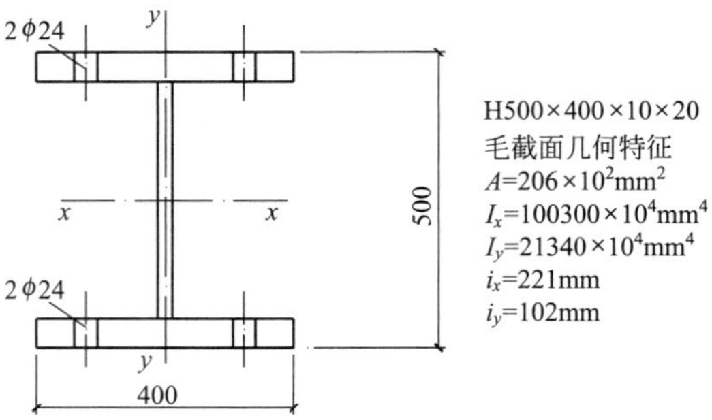

22. 假定,柱腹板增设纵向加劲板可使腹板达到 S3 级,试问,对该柱进行整体稳定性计算时,公式左侧所得的最大数值,与下列何项最为接近?

A. 0.612　　　B. 0.734
C. 0.888　　　D. 0.912

23. 假定,柱腹板未设置加劲肋,试问,对该柱进行整体稳定性验算时,公式左侧所得的最大数值,与下列何项数值最为接近?

提示:不采用将宽厚比限值放大的方法。

A. 0.756　　　B. 0.805　　　C. 0.854　　　D. 0.898

图 6-1-6

H500×400×10×20
毛截面几何特征
$A=206\times10^2\text{mm}^2$
$I_x=100300\times10^4\text{mm}^4$
$I_y=21340\times10^4\text{mm}^4$
$i_x=221\text{mm}$
$i_y=102\text{mm}$

题 24. 某受弯构件采用 Q345 钢材，截面为热轧 H 型钢 HN700×300×13×24，其腹板与翼缘相接处两侧圆弧半径 $r=18$mm，试问，该截面的等级应是以下何项？

A. S1　　　　B. S2　　　　C. S3　　　　D. S4

题 25～27

某钢平台承受静荷载，支撑与柱的连接节点如图 6-1-7 所示，支撑杆的斜向拉力设计值 $N=650$kN，采用 Q235B 钢制作，E43 型焊条。

25. 支撑拉杆为双角钢 2∟100×10，角钢与节点板采用两侧角焊缝连接，角钢肢背焊缝 $h_{f1}=10$mm，肢尖焊缝 $h_{f2}=8$mm，试问，角钢肢背的焊缝连接长度(mm)，与下列何项数值最为接近？

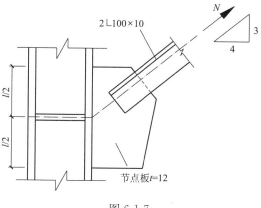

图 6-1-7

A. 230　　　　B. 290　　　　C. 340　　　　D. 460

26. 节点板与钢柱采用双面角焊缝连接，取焊脚尺寸 $h_f=8$mm，试问，焊缝连接长度(mm)，与下列何项数值最为接近？

A. 290　　　　B. 340　　　　C. 390　　　　D. 460

27. 假设节点板与钢柱采用 V 形坡口焊缝，焊缝质量等级为二级，试问，满足设计要求的焊缝连接长度(mm)，与下列何项数值最为接近？

提示：针对节点板计算，并取焊缝的长度与节点板的尺寸相等。

A. 290　　　　B. 340　　　　C. 410　　　　D. 460

题 28. 试问，钢结构框架内力分析时，$\dfrac{\sum N \cdot \Delta u}{\sum H \cdot h}$ 至少大于下列何项数值时，宜采用二阶弹性分析？

提示：式中　$\sum N$——所计算楼层各柱轴心压力设计值之和；

　　　　　$\sum H$——产生层间侧移 Δu 的所计算楼层及以上各层的水平荷载之和；

　　　　　Δu——按一阶弹性分析求得的所计算楼层的层间侧移；

　　　　　h——所计算楼层的高度。

A. 0.10　　　　B. 0.15　　　　C. 0.20　　　　D. 0.25

题 29. 某多跨连续钢梁，按塑性设计，当选用工字形焊接断面，且钢材采用 Q235B 时，试问，其外伸翼缘宽度与厚度之比的限值，应为下列何项数值？

A. 9　　　　B. 11　　　　C. 13　　　　D. 15

题 30～32

某单层、单跨有吊车砖柱厂房，剖面如图 6-1-8 所示，砖柱采用 MU15 烧结普通砖，M10 混合砂浆砌筑，砌体施工质量控制等级为 B 级，屋盖为装配式无檩体系，钢筋混凝土屋盖柱间无支撑，静力计算方案为弹性方案。

30. 当对该变截面柱上段柱垂直于排架方向的高厚比按公式 $\beta=\dfrac{H_0}{h}\leqslant\mu_1\mu_2[\beta]$ 进行验

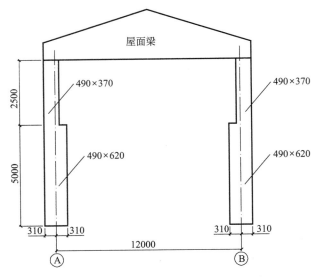

图 6-1-8 剖面

算时，试问，其公式左、右端数值与下列何项数值最为接近？

A. 6＜17　　　B. 6＜22　　　C. 8＜22　　　D. 10＜22

31. 该变截面柱下段柱排架方向的高厚比按公式 $\beta = \dfrac{H_0}{h} \leqslant \mu_1 \mu_2 [\beta]$ 进行验算时，试问，其公式左、右端数值与下列何项数值最为接近？

A. 8＜17　　　B. 8＜22　　　C. 18＞17　　　D. 18＜22

32. 假设轴向力沿排架方向的偏心距 $e = 155\text{mm}$，变截面柱下段柱的高厚比 $\beta = 8$，试问，变截面柱下段柱的受压承载力设计值(kN)，与下列何项数值最为接近？

提示：按荷载组合考虑吊车作用。

A. 220　　　B. 240　　　C. 260　　　D. 295

题 33～36

某抗震设防烈度为 7 度的多层砌体结构住宅，底层某道承重横墙的尺寸和构造柱的布置如图 6-1-9 所示，墙体采用 MU10 烧结普通砖，M7.5 混合砂浆砌筑，构造柱 GZ 截面为 240mm×240mm，采用 C20 级混凝土，纵向钢筋为 4 根直径 12mm 的 HRB335 级钢筋，箍筋为 $\phi6@200$，砌体施工质量控制等级为 B 级。在该墙墙顶作用的竖向恒荷载标准值为 200kN/m，活荷载标准值为 70kN/m。

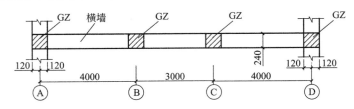

图 6-1-9　题 33～36 图

提示：（1）按《建筑抗震设计规范》GB 50011—2010 计算；

（2）计算中不另考虑本层墙体自重。

33. 该墙体沿阶梯形截面破坏时的抗震抗剪强度设计值 f_{vE}(MPa)，与下列何项数值最为接近？

A. 0.12　　　B. 0.16　　　C. 0.20　　　D. 0.23

34. 假设砌体抗震抗剪强度的正应力影响系数 $\zeta_N=1.5$，当不考虑墙体中部构造柱对受剪承载力的提高作用时，试问，该墙体的截面抗震受剪承载力设计值(kN)，与下列何项数值最为接近？

A. 630　　　B. 540　　　C. 450　　　D. 360

35. 假设砌体抗震抗剪强度的正应力影响系数 $\zeta_N=1.5$，考虑构造柱对受剪承载力的提高作用，该墙体的截面抗震受剪承载力设计值(kN)，与下列何项数值最为接近？

A. 500　　　B. 590　　　C. 680　　　D. 770

36. 假设图 6-1-9 所示墙体中不设置构造柱，砌体抗震抗剪强度的正应力影响系数 $\zeta_N=1.5$，该墙体的截面抗震受剪承载力设计值(kN)，与下列何项数值最为接近？

A. 630　　　B. 570　　　C. 420　　　D. 360

题 37～39

某住宅楼的钢筋砖过梁净跨 $l_n=1.50$m，墙厚 240mm，立面见图 6-1-10。采用 MU10 烧结多孔砖（孔洞率小于 30%），M10 混合砂浆砌筑。过梁底面配筋采用 3 根直径为 8mm 的 HPB300（$f_y=270$N/mm²）钢筋，锚入支座内的长度为 250mm。多孔砖砌体自重 18kN/m³。砌体施工质量控制等级为 B 级。在离窗口上皮 800mm 高度处作用有楼板传来的均布恒荷载标准值 $g_k=10$kN/m，均布活荷载标准值 $q_k=5$kN/m。

提示：依据《建筑结构可靠性设计统一标准》GB 50068—2018 进行荷载效应组合。

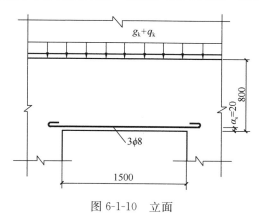

图 6-1-10　立面

37. 过梁承受的均布荷载设计值(kN/m)，与下列何项数值最为接近？

A. 18　　　B. 20　　　C. 22　　　D. 23

38. 过梁的受弯承载力设计值(kN·m)，与下列何项数值最为接近？

A. 27　　　B. 21　　　C. 17　　　D. 13

39. 过梁的受剪承载力设计值(kN)，与下列何项数值最为接近？

提示：砌体强度设计值调整系数 $\gamma_a=1.0$。

A. 12　　　B. 15　　　C. 22　　　D. 25

题 40. 采用轻骨料混凝土小型空心砌块砌筑框架填充墙砌体时，试指出以下的几种论述中何项不妥？

A. 施工时所用到的小砌块的产品龄期不应小于 28d
B. 轻骨料混凝土小型空心砌块不应与其他块材混砌
C. 轻骨料混凝土小型空心砌块搭砌长度不应小于 90mm，竖向通缝不超过 3 皮
D. 轻骨料混凝土小型空心砌块的水平和竖向砂浆饱满度均不应小于 80%

题 41. 某抗震设防烈度为 7 度的 P 型多孔砖 3 层砌体结构住宅，按抗震构造措施要求设置构造柱，试指出以下关于构造柱的几种主张中何项不妥？

A. 宽度大于 2.1m 的内墙洞口两侧应设置构造柱
B. 构造柱纵向钢筋宜采用 4φ12，箍筋间距不宜大于 250mm，且在柱上下端适当加密
C. 构造柱与圈梁连接处，构造柱的纵筋应在圈梁纵筋的内侧穿过，保证构造柱纵筋上下贯通
D. 构造柱可不单独设置基础，当遇有地下管沟时，可锚入小于管沟埋深的基础圈梁内

题 42～43

一未经切削的欧洲赤松（TC17B）原木简支檩条，标注直径为 120mm，支座间的距离为 6m，该檩条的安全等级为二级，设计使用年限为 50 年。

42. 试问，该檩条的抗弯承载力设计值(kN·m)与下列何项最为接近？
A. 3   B. 4   C. 5   D. 6

43. 试问，该檩条的抗剪承载力(kN)，与下列何项数值最为接近？
A. 14   B. 18   C. 20   D. 27

题 44. 下列关于无筋扩展基础设计的论述，其中何项是不正确的？

A. 当基础由不同材料叠合组成时，应对接触部分作抗压验算
B. 混凝土基础单侧扩展范围内基础底面处的平均压力值不超过 350kPa 的混凝土无筋扩展基础，可不进行抗剪验算
C. 采用无筋扩展基础的钢筋混凝土柱，当纵筋在柱脚的锚固长度不能满足要求时，沿水平方向的弯折的锚固长度不应小于 $10d$ 也不应大于 $20d$
D. 采用无筋扩展基础的钢筋混凝土柱，其柱脚高度应保证高宽比大于 1.0，并不应小于 300mm，且不小于 $20d$

题 45. 下列关于地基基础设计等级及地基变形设计要求的论述，其中何项是不正确的？

A. 场地和地基条件复杂的一般建筑物的地基基础设计等级为甲级
B. 位于复杂地质条件及软土地区的单层地下室的基坑工程的地基基础设计等级为乙级
C. 按地基变形设计或应作变形验算且需进行地基处理的建筑物或构筑物，应对处理后的地基进行变形验算
D. 场地和地基条件简单，荷载分布均匀的 6 层框架结构，采用天然地基，其持力层的地基承载力特征值为 120kPa 时，建筑物可不进行地基变形计算

题 46～50

某多层框架结构厂房柱下矩形独立基础，柱截面为 1.2m×1.2m，基础宽度为 3.6m，抗震设防烈度为 7 度。设计基本地震加速度为 0.15g。基础平面、剖面、土层分布及土层剪切波速，如图 6-1-11 所示。

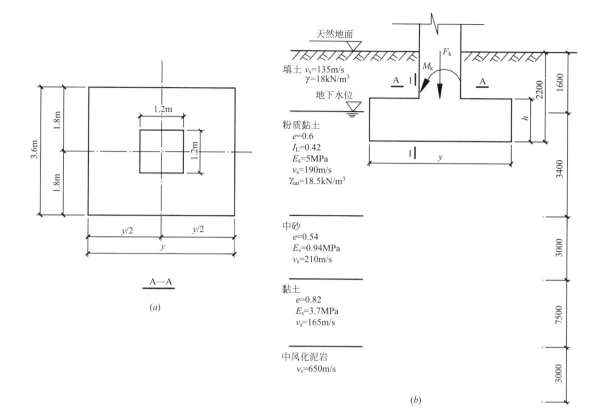

图 6-1-11

46. 试问，建筑物场地类别为下列何项？
A. Ⅰ类场地　　B. Ⅱ类场地　　C. Ⅲ类场地　　D. Ⅳ类场地

47. 假定基础底面处粉质黏土层的地基承载力特征值 $f_{ak}=160\text{kPa}$，基础长度 $y=3.6\text{m}$，试问，基础底面处的地基抗震承载力 f_{aE}(kPa)，与下列何项数值最为接近？
A. 205　　B. 230　　C. 265　　D. 300

48. 假设钢筋混凝土柱按地震作用效应标准组合传至基础顶面处的竖向力 $F_k=1100\text{kN}$，弯矩 $M_k=1450\text{kN}\cdot\text{m}$，假定基础及其上土自重标准值 $G_k=560\text{kN}$，基础底面处的地基抗震承载力 $f_{aE}=245\text{kPa}$。试问，按地基抗震要求确定的基础底面力矩作用方向的最小边长 y(m)，与下列何项数值最为接近？

提示：（1）当基础底面出现零应力区时，$p_{k\max}=\dfrac{2(F_k+G_k)}{3la}$；

（2）偏心距 $e=M/N=0.873\text{m}$。

A. 3.0　　B. 3.8　　C. 4.0　　D. 4.5

49. 假定基础混凝土强度等级 C25（$f_t=1.27\text{N/mm}^2$），基础底面边长 $y=4600\text{mm}$，基础高度 $h=800\text{mm}$（有垫层，有效高度 $h_0=750\text{mm}$）。试问，柱与基础交接处最不利一侧的受冲切承载力设计值(kN)，与下列何项数值最为接近？
A. 1300　　B. 1500　　C. 1700　　D. 1900

50. 条件同49题，并已知，基础及其上土自重标准值 $G_k=710\text{kN}$，偏心距小于 $1/6$ 基础宽度，相当于荷载效应基本组合时的基础底面边缘的最大地基反力设计值 $p_{\max}=$

250kPa，最小地基反力设计值 $p_{\min}=85$ kPa，荷载组合值由永久荷载控制，试问，基础柱边截面Ⅰ-Ⅰ的弯矩设计值 M_1(kN·m)，与下列何项数值最为接近？

提示：基础柱边截面Ⅰ-Ⅰ处 $p=189$ kPa。

A. 650　　　　　B. 700　　　　　C. 750　　　　　D. 800

题 51～54

某多层地下建筑采用泥浆护壁成孔的钻孔灌注桩基础，柱下设三桩等边承台，钻孔灌注桩直径为 800mm，其混凝土强度等级为 C30（$f_c=14.3$N/mm^2，$\gamma=25$kN/m^3），工程场地的地下水设防水位为 -1.0m，有关地基各土层分布情况、土的参数、承台尺寸及桩身配筋等，详见图 6-1-12。

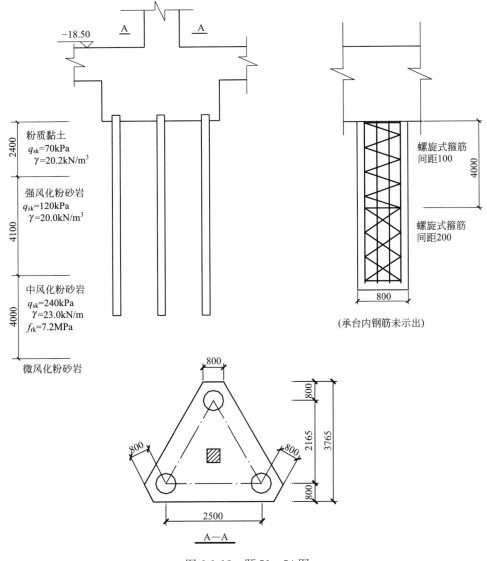

图 6-1-12　题 51～54 图

51. 假定按荷载效应标准组合计算的单根基桩拔力 $N_k=1200$kN，土层及各层的抗拔系数 λ 均取 0.75，试问，按《建筑桩基技术规范》JGJ 94—2008 规定，当群桩呈非整体破坏时，满足基桩抗拔承载力要求的基桩最小嵌固入岩深度 l(mm)，与下列何项最接近？

A. 1.90　　　　B. 2.30　　　　C. 2.70　　　　D. 3.10

52. 假定基桩嵌固入岩深度 $l=3200$mm，试问，按《建筑桩基技术规范》JGJ 94—2008 规定，单桩竖向承载力特征值 R_a(kN)，与下列何项数值最为接近？

A. 3500　　　　B. 4000　　　　C. 4500　　　　D. 5000

53. 假定桩纵向主筋采用 16 根直径为 18mm 的 HRB335 级钢筋（$f'_y=300$N/mm^2），基桩成桩工艺系数 $\psi_c=0.7$，试问，按《建筑桩基技术规范》JGJ 94—2008 规定，基桩轴心受压时的正截面受压承载力设计值(kN)，与下列何项数值最接近？

A. 4500　　　　B. 5000　　　　C. 5500　　　　D. 6000

54. 在该工程的试桩中，由单桩竖向静载试验得到 3 根试验竖向极限承载力分别为 7680kN，8540kN，8950kN。根据《建筑地基基础规范》GB 50007—2011 的规定，试问，工程设计中所采用的桩竖向承载力特征值 R_a(kN)，与下列何项数值最接近？

A. 3800　　　　B. 4000　　　　C. 4200　　　　D. 4400

题 55~57

某多层建筑采用正方形筏形基础，地质剖面及土层相关参数如图 6-1-13 所示，现采用水泥土深层搅拌法对地基进行处理，水泥土搅拌桩桩径 550mm，桩长 10m，采用正方形均匀布桩。

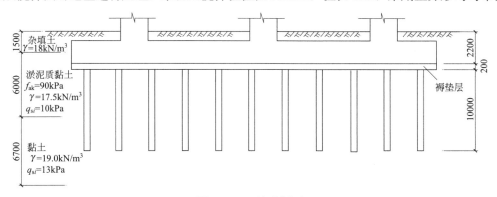

图 6-1-13　地质剖面

55. 假定桩体试块抗压强度 $f_{cu}=1800$kPa，桩身强度折减系数 $\eta=0.25$，桩端天然地基土的承载力特征值 $f_{ak}=120$kPa，承载力发挥系数 $\alpha_p=0.5$，初步设计时按《建筑地基处理技术规范》JGJ 79—2012 规定计算，试问，水泥土搅拌桩单桩竖向承载力特征值 R_a(kN)，与下列何项数值最为接近？

A. 107　　　　B. 128　　　　C. 155　　　　D. 175

56. 假设水泥土搅拌单桩竖向承载力特征值 $R_a=180$kN，桩间土承载力特征值 $f_{sk}=100$kPa，桩间土承载力发挥系数 $\beta=0.5$，若复合地基承载力特征值 f_{spk}要求达到 200kPa，试问，所需的桩间距 s(m)与下列何项数值最为接近？

A. 1.06　　　　B. 1.14　　　　C. 1.30　　　　D. 1.45

57. 略

题 58. 对于高层钢筋混凝土底层大空间部分框支剪力墙结构，其转换层楼面采用现浇楼板且双层双向配筋，试问，下列何项符合有关规定、规程的相关构造要求？

A. 混凝土强度等级不应低于 C25，每层每向的配筋率不宜小于 0.25%

B. 混凝土强度等级不应低于C30，每层每向的配筋率不宜小于0.25%
C. 混凝土强度等级不应低于C30，每层每向的配筋率不宜小于0.20%
D. 混凝土强度等级不应低于C25，每层每向的配筋率不宜小于0.20%

题59. 下列关于钢筋混凝土高层建筑结构抗震设计的一些主张，其中何项不正确？
A. 抗震等级为一级的框支柱，采取构造措施后的轴压比限值最大可达0.75
B. 当仅考虑竖向地震作用组合时，偏心受拉柱的承载力抗震调整系数取为1.0
C. 框架梁内贯通矩形截面中柱的每根纵向受力钢筋的直径，抗震等级为一、二级时，不宜大于框架柱在该方向截面尺寸的1/20
D. 一级抗震等级设计的剪力墙底部加强部位及其上一层截面弯矩设计值应按墙肢组合弯矩计算值的1.2倍采用

题60～63

某36层钢筋混凝土框架-核心筒高层建筑，系普通办公楼，建于非地震区，如图6-1-14所示。圆形平面，直径为30m，房屋地面以上高度为150m，质量和刚度沿竖向分布均匀，可忽略扭转影响；按50年重现期的基本风压为$0.6kN/m^2$，地面粗糙度为B类。结构基本自振周期$T_1=2.78s$。

提示：按《建筑结构荷载规范》GB 50009—2012作答。

60. 试问，设计120m高度处的遮阳板（小于$1m^2$）时所采用风荷载标准值$w_k(kN/m^2)$，与下列何项数值最为接近？

A. -1.98 B. -2.18
C. -2.65 D. -3.76

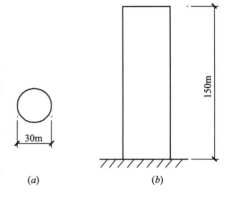

图6-1-14 题60～63图
(a)平面图；(b)立面图

61. 该建筑物底部6层的层高均为5m，其余各层层高均为4m，当校核第一振型横向风振时，试问，其临界风速起始点高度位于下列何项楼层范围内？

提示：空气密度$\rho=1.25kg/m^3$。

A. 16层   B. 18层   C. 20层   D. 21层

62. 略

63. 略

题64～67

某11层办公楼，无特殊库房，采用钢筋混凝土框架-剪力墙结构，首层室内外地面高差0.45m，房屋高度39.45m，质量和刚度沿竖向分布均匀，丙类建筑。抗震设防烈度为9度。建于Ⅱ类场地，设计地震分组为第一组。

其标准层平面和剖面如图6-1-15所示，初步计算已知：首层楼面永久荷载标准值为12500kN，其余各层楼面永久荷载标准值均为12000kN，屋面永久荷载标准值为10500kN，各楼层楼面活荷载标准值均为2300kN，屋面活荷载标准值为650kN；折减后的基本自振周期$T_1=0.85s$。

64. 试问，采用底部剪力法进行方案比较时，结构顶层附加地震作用标准值(kN)，与

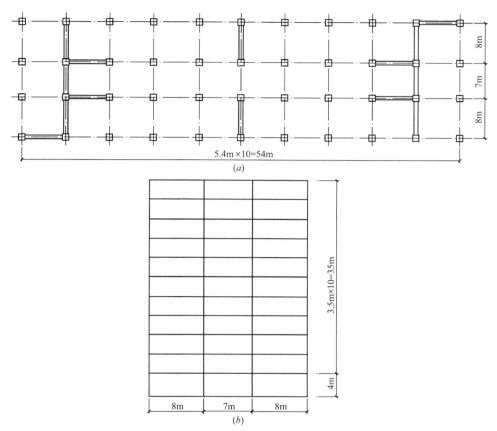

图 6-1-15 标准层平面和剖面
(a)平面示意图；(b)剖面示意图

下列何项数值最为接近？

A. 2430　　　　B. 2460　　　　C. 2550　　　　D. 2570

65. 第 5 层某剪力墙的连梁，截面尺寸为 300mm×600mm，净跨 l_n=3000mm，混凝土强度等级为 C40（f_c=19.1N/mm², f_t=1.71N/mm²），纵筋及箍筋均采用 HRB400（f_{yk}=400N/mm², $f_y=f_y'=f_{yv}$=360N/mm²）。在考虑地震作用效应组合时，该连梁端部起控制作用且同时针方向的弯矩 M_b^l=185kN·m，M_b^r=220kN·m，同一组合的重力荷载代表值和竖向地震作用下按简支梁分析的梁端截面剪力设计值 V_{Gb}=20kN，该连梁实配纵筋上下均为 3⌀20，箍筋为 ⌀8@100，$a_s=a_s'$=35mm，试问，该连梁在抗震设计时的端部剪力设计值 V_b(kN)，与下列何项数值最为接近？

A. 185　　　　B. 200　　　　C. 215　　　　D. 230

66. 假定结构基本自振周期 $T_1 \leqslant 2s$，但具体数值未知，若采用底部剪力法进行方案比较，试问，本工程 $T_1(s)$ 最大为何值时，底层水平地震剪力仍能满足规范规定的剪重比（底层剪力与重力荷载代表值之比）要求？

A. 0.85　　　　B. 1.00　　　　C. 1.25　　　　D. 1.74

67. 假定本工程设有两层地下室，如图 6-1-16 所示，总重力荷载合力作用点与基础底面形心重合，基础底面反力呈线性分布，上部及地下室基础总重力荷载标准值为 G，水平荷载与竖向荷载共同作用下基底反力的合力点到基础中心的距离为 e_0，试问，当满足规程对基础底面与地基之间零应力区面积限值时，抗倾覆力矩 M_r 与倾覆力矩 M_{ov} 的最小比值，与下列何项数值最为接近？

提示：地基承载力符合要求，不考虑侧土压力，不考虑重力二阶效应。

A. 1.5   B. 1.9
C. 2.3   D. 2.7

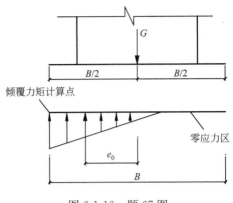

图 6-1-16　题 67 图

题 68. 某高层框架结构，房屋高度 37m，位于抗震设防烈度 7 度区，设计地震加速度为 0.15g，丙类建筑，其建筑场地为Ⅲ类。第三层某框架柱截面尺寸为 750mm×750mm，混凝土强度等级为 C40（$f_c=19.1$N/mm^2，$f_t=1.71$N/mm^2），配置 ϕ10 井字复合箍（加密区间距为 100mm），柱净高 2.7m，反弯点位于柱子高度中部；$a_s=a_s'=45$mm。试问，该柱的轴压比限值，与下列何项数值最为接近？

A. 0.80 B. 0.75 C. 0.70 D. 0.60

题 69～72

某底部带转换层的钢筋混凝土框架-核心筒结构，抗震设防烈度为 7 度，丙类建筑，建于Ⅱ类建筑场地，该建筑物地上 31 层，地下 2 层，地下室在主楼平面以外部分，无上部结构，地下室顶板±0.000 处可作为上部结构的嵌固部位，纵向两榀边框架在第三层转换层设置托柱转换梁，如图 6-1-17 所示。上部结构和地下室混凝土强度等级均采用 C40（$f_c=19.1$N/mm^2，$f_t=1.71$N/mm^2）。

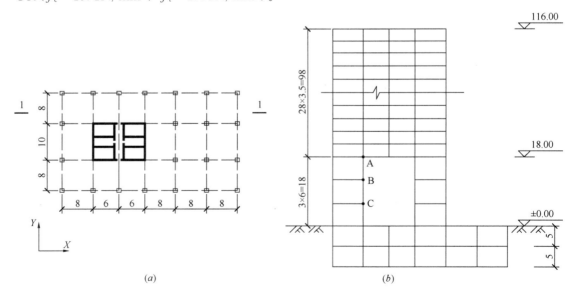

图 6-1-17　题 69～72 图（尺寸单位：m）
(a)平面图；(b)1—1 剖面图

69. 试确定，主体结构第三层的核心筒、框支框架，以及无上部结构部位的地下室中地下一层框架(以下简称无上部结构的地下室框架)的抗震等级,下列何项符合规程规定?

A. 核心筒一级,框支框架特一级,无上部结构的地下室框架一级
B. 核心筒一级,框支框架一级,无上部结构的地下室框架二级
C. 核心筒二级,框支框架一级,无上部结构的地下室框架二级
D. 核心筒二级,框支框架二级,无上部结构的地下室框架二级

70. 假定某根转换柱抗震等级为一级,X 向考虑地震作用组合的二、三层 B、A 节点处的梁、柱弯矩组合值分别为:

节点 A:上柱柱底弯矩 $M_c'^b=600\text{kN}\cdot\text{m}$,下柱柱顶弯矩 $M_c'^t=1800\text{kN}\cdot\text{m}$;节点左侧梁端弯矩 $M_b'^l=480\text{kN}\cdot\text{m}$,节点右侧梁端弯矩 $M_b'^r=1200\text{kN}\cdot\text{m}$。

节点 B:上柱柱底弯矩 $M_c'^b=600\text{kN}\cdot\text{m}$,下柱柱顶弯矩 $M_c'^t=500\text{kN}\cdot\text{m}$,节点左侧梁端弯矩 $M_b'^l=520\text{kN}\cdot\text{m}$。

底层柱底弯矩组合值 $M_c'=400\text{kN}\cdot\text{m}$。

试问,该转换柱配筋设计时,节点 A、B 下柱柱顶及底层柱柱底的考虑地震作用组合的弯矩设计值 M_A、M_B、M_C(kN·m),应取下列何组数值?

提示:柱轴压比>0.15,按框支柱。

A. 1800、500、400
B. 2520、700、400
C. 2700、500、600
D. 2700、750、600

71. 第三层转换梁如图 6-1-18 所示,假定抗震等级为一级,截面尺寸为 $b\times h=1\text{m}\times 2\text{m}$,箍筋采用 HRB335($f_{yv}=300\text{N/mm}^2$)。试问,截面 B 处的箍筋为下列何值时,最接近并符合规范、规程的最低构造要求?

提示:按框支梁作答。

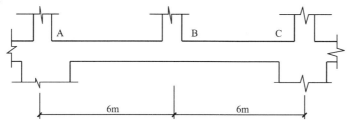

图 6-1-18 第三层转换梁

A. 8Φ10@100
B. 8Φ12@100
C. 8Φ14@150
D. 8Φ14@100

72. 底层核心筒外墙转角处,墙厚 400mm,如图 6-1-19 所示;轴压比为 0.5,满足轴压比限值的要求,如果在第四层该处设边缘构件(其中 b_w 为墙厚,l_1 为约束边缘构件的阴影区域,l_2 为约束边缘构件的非阴影区域),试问,b_w(mm),l_1(mm),l_2(mm)为下列何组数值时,才最接近并符合相关规定、规程的最低构造要求?

A. 350、350、0
B. 350、350、630
C. 400、400、250
D. 400、650、0

题 73. 某高速公路上的一座跨越非通航河道的桥梁,洪水期有大漂浮物通过。该桥的

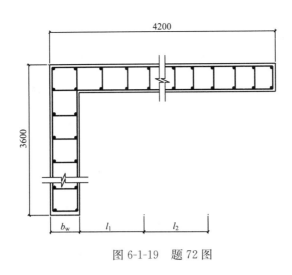

图 6-1-19 题 72 图

计算水位为 2.5m，支座高度为 0.20m，试问，该桥的梁底最小高程(m)，应为下列何项数值？

A. 3.4　　　　B. 4.0　　　　C. 3.2　　　　D. 3.0

题 74. 某桥位于 7 度地震区(地震动峰值加速度为 0.15g)，结构为多跨 16m 简支预应力混凝土空心板梁，中墩盖梁为单跨双悬臂矩形结构，支座采用氯丁橡胶板式支座，伸缩缝宽度为 80mm。试问，该桥中墩盖梁的最小宽度(mm)，与下列何项数值最为接近？

提示：取梁的计算跨径为 15.5m。

A. 1650　　　B. 1580　　　C. 1100　　　D. 1000

题 75. 某公路高架桥，主桥为三跨变截面连续钢-混凝土组合梁，跨径布置为 55m+80m+55m，两端引桥各为 5 孔 40m 的预应力混凝土 T 形梁，高架桥总长 590m。试问，其工程规模应属于下列何项？

A. 小桥　　　B. 中桥　　　C. 大桥　　　D. 特大桥

题 76. 某立交桥上的一座匝道桥为单跨简支桥梁，跨径 30m，桥面净宽 8.0m，为同向行驶的两车道，承受公路 I 级荷载，采用氯丁橡胶板式支座。试问，该桥每个桥台承受的制动力标准值(kN)，与下列何项数值最为接近？

提示：车道荷载的均布荷载标准值为 $q_k=10.5$kN/m，集中荷载标准值为 $P_k=320$kN，假定两桥台平均承担制动力。

A. 30　　　　B. 60　　　　C. 83　　　　D. 165

题 77. 某公路高架桥，主桥为三跨变截面连续钢-混凝土组合箱形桥，跨径布置为 45m+60m+45m，两端引桥各为 5 孔 40m 的预应力混凝土 T 形梁，桥台为 U 形结构，前墙厚度为 0.90m，侧墙长 3.0m，两端伸缩缝宽度均为 160mm。试问，该桥全长(m)，与下列何项数值最为接近？

A. 548　　　　B. 550　　　　C. 552　　　　D. 558

题 78. 某重要大型桥梁为等高度预应力混凝土箱形梁结构，其设计安全等级为一级。该梁某截面的结构重力弯矩标准值为 M_{Gk}，汽车作用的弯矩标准值为 M_{qk}，试问，该桥在承载能力极限状态下。其作用效应的基本组合，应为下列何项？

A. $M=1.1\times(1.2M_{Gk}+1.4M_{qk})$ B. $M=1.0\times(1.2M_{Gk}+1.4M_{qk})$

C. $M=0.9\times(1.2M_{Gk}+1.4M_{qk})$ D. $M=1.1\times(M_{Gk}+M_{qk})$

题79. 某桥结构为预制后张预应力混凝土箱形梁，跨径为30m，单梁宽3.0m，采用$\phi^s15.20$mm高强度低松弛钢绞线，其抗拉强度标准值$f_{pk}=1860$MPa，公称截面面积为140mm²，每根预应力束由9股$\phi^s15.20$mm钢绞线组成。锚具为夹片式群锚，张拉控制应力采用$0.75f_{pk}$，试问，单根预应力束的最大张拉力（kN），与下列何项数值最为接近？

A. 1875 B. 1758 C. 1810 D. 1846

题80. 某城市一座过街人行天桥，其两端的两侧（即四隅），顺人行道方向各修建一条梯道（如图6-1-20所示），天桥净宽5.0m，若各侧的梯道净宽都设计为同宽，试问，梯道最小净宽b（m），应为下列何项数值？

A. 5.0 B. 1.8 C. 2.5 D. 3.0

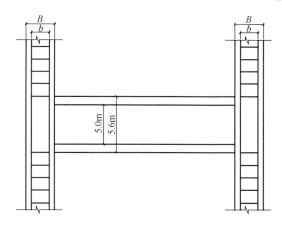

图6-1-20 题80图

6.2 2010年试题解答

2010年试题答案

题号	1	2	3	4	5	6	7	8	9	10
答案	C	B	A	B	B	D	C	D	D	D
题号	11	12	13	14	15	16	17	18	19	20
答案	D	A	D	B	C	C	D	B	B	A
题号	21	22	23	24	25	26	27	28	29	30
答案	C	C	D	A	A	B	B	A	A	C
题号	31	32	33	34	35	36	37	38	39	40
答案	C	D	D	A	C	B	D	A	C	C
题号	41	42	43	44	45	46	47	48	49	50
答案	D	D	A	B	D	B	C	C	A	B
题号	51	52	53	54	55	56	57	58	59	60
答案	B	A	D	A	A	A	略	B	D	D
题号	61	62	63	64	65	66	67	68	69	70
答案	D	略	略	A	C	D	C	D	C	C
题号	71	72	73	74	75	76	77	78	79	80
答案	B	C	B	A	C	D	D	A	B	D

1. 答案：C

解答过程：依据《建筑工程抗震设防分类标准》GB 50223—2008 的 6.0.8 条，中学教学用房应不低于重点设防类(乙类)。依据 3.0.3 条，应按高于本地区抗震设防烈度 1 度的要求加强抗震措施，应按本地区抗震设防烈度要求确定地震作用。

依据《建筑抗震设计规范》GB 50011—2010 的附录 A，云南省大理市设防烈度为 8 度(0.2g)，第三组，故按 8 度计算地震作用。今房屋高度为 $3.4\times 6+0.45=20.85$m，按框架结构、9 度查表 6.1.2，为一级。故选择 C。

2. 答案：B

解答过程：依据《建筑抗震设计规范》GB 50011—2010 的 3.6.3 条条文说明，满足下式条件时应计入二阶效应影响：

$$\theta_i=\frac{M_a}{M_0}=\frac{\sum G_i\cdot \Delta u_i}{V_i h_i}>0.1$$

今对于底层 y 向，对应于水平地震作用标准值的剪力标准值为 $V_{1y}=0.075\sum G_i$，底层顶部位移 $\Delta u_1=\theta_1 h_1$，依据给出的提示近似计算，可得

$$\theta_{1y}=\frac{\sum G_i\times (1/663\times h_1)}{(0.075\sum G_i)\times h_1}=0.020$$

故选择 B。

点评：关于本题，有以下几点需要说明：

(1) 结构由于发生侧移会导致附加弯矩的产生，这就是 $P\text{-}\Delta$ 效应。国内外一般认为，附加弯矩与初始弯矩之比大于 10% 时应计入 $P\text{-}\Delta$ 效应，也称作需按"几何非线性"计算，判断条件公式表达为：

$$\theta_i = \frac{M_a}{M_0} = \frac{\sum G_i \Delta u_i}{V_i h_i} > 0.1$$

式中的 G_i、V_i，在《建筑抗震设计规范》中称作"计算值"。计算值可以认为是已考虑分项系数但没有考虑调整（例如强柱弱梁调整、强剪弱弯调整）的一种处于计算过程中间的值。

剪重比验算，采用的是未考虑分项系数的"标准值"，详见《建筑抗震设计规范》5.2.5 条。

因为以上原因，题目中给出了提示，作为估算，以"标准值"近似代替"计算值"，求得 $\theta_{1y} < 0.1$，表明结构的侧向刚度足够，按一阶分析即可满足要求。

(2)《混凝土结构设计规范》B.0.2 条给出考虑 $P\text{-}\Delta$ 效应的增大系数，η_s 按下式计算：

$$\eta_s = \frac{1}{1 - \frac{\sum N_j}{DH_0}} > 0.1$$

式中的 $\frac{\sum N_j}{DH_0}$，本质上即为 $\frac{\sum G_i \Delta u_i}{V_i h_i}$。

(3)《钢结构设计标准》5.1.6 条规定，$\frac{\sum N \Delta u}{\sum Hh} > 0.1$ 的框架结构宜采用二阶弹性分析，本质上也相同。

3. 答案：A

解答过程：依据《建筑结构荷载规范》GB 50009—2012 表 A.1 可知，水泥砂浆重度为 20kN/m^3。依据 5.3.1 条，不上人屋面活荷载为 0.5kN/m^2，准永久值系数为 0。

取单位宽度计算，作用于梁上的荷载准永久组合值为：$25 \times 0.15 + 20 \times 0.1 = 5.75 \text{ kN/m}$。梁根部的准永久组合弯矩值：$M_q = ql^2/2 = 5.75 \times 2.2^2/2 = 13.915 \text{ kN·m}$。

依据《混凝土结构设计规范》GB 50010—2010 的 7.1.2 条，$w_{\max}$ 应按下式计算。

$$w_{\max} = \alpha_{cr} \Psi \frac{\sigma_{sq}}{E_s} \left(1.9 c_s + 0.08 \frac{d_{eq}}{\rho_{te}}\right)$$

$$\sigma_{sq} = \frac{M_q}{0.87 h_0 A_s} = \frac{13.915 \times 10^6}{0.87 \times (150 - 30 - 6) \times 754} = 186.1 \text{N/mm}^2$$

$$\rho_{te} = \frac{A_s}{0.5 bh} = \frac{754}{0.5 \times 1000 \times 150} = 0.010，取 \rho_{te} = 0.01$$

$$\Psi = 1.1 - 0.65 \frac{f_{tk}}{\rho_{te} \sigma_{sq}} = 1.1 - 0.65 \times \frac{2.01}{0.01 \times 186.1} = 0.398 > 0.2，且 < 1.0$$

HRB400 级钢筋，$E_s = 2.0 \times 10^5 \text{ N/mm}^2$；$\alpha_{cr} = 1.9$。于是

$$w_{\max} = 1.9 \times 0.398 \times \frac{186.1}{2 \times 10^5} \times \left(1.9 \times 30 + 0.08 \times \frac{12}{0.01}\right) = 0.108 \text{mm}$$

选择 A。

4. 答案：B

解答过程：依据《混凝土结构设计规范》GB 50010—2010 的 3.4.3 条，应采用荷载的准永久值计算最大挠度值。由 7.2.2 条，对于钢筋混凝土构件，长期刚度为：

$$B=\frac{B_s}{\theta}=\frac{2.6\times 10^{12}}{1.9}=1.37\times 10^{12}\ \text{N}\cdot\text{mm}^2$$

悬挑板的最大挠度为：

$$f=\frac{M_q l^2}{4B}=\frac{14\times 10^6\times 2200^2}{4\times 1.37\times 10^{12}}=12.4\text{mm}$$

故选择 B。

5. 答案：B

解答过程：受压区高度为：

$$x=h_0-\sqrt{h_0^2-\frac{2M}{\alpha_1 f_c b}}=125-\sqrt{125^2-\frac{2\times 20\times 10^6}{14.3\times 1000}}=11.7\text{mm}<\xi_b h_0$$

单位宽度内所需纵筋截面积为：

$$A_s=\frac{\alpha_1 f_c b x}{f_y}=\frac{14.3\times 1000\times 11.7}{300}=558\text{mm}^2$$

故选择 B。

6. 答案：D

解答过程：依据《建筑抗震设计规范》GB 50011—2010 的表 6.3.7-2，柱根处箍筋加密区箍筋最大间距为 $\min\{8\times 12, 100\}=96\text{mm}$，最小直径为 $\phi 8$，故选择 D。

7. 答案：C

解答过程：依据《混凝土结构设计规范》GB 50010—2010 的 11.1.6 条，由于轴压比 $\frac{N}{f_c A}=\frac{300\times 10^3}{14.3\times 400^2}=0.13<0.15$，取 $\gamma_{RE}=0.75$。

考虑抗震的设计，采用的表达式为 $S\leqslant R/\gamma_{RE}$，相当于以 $\gamma_{RE}N$ 代替 N 同时不考虑结构重要性系数 γ_0。对于本题，为已知 N 求 e_0 的问题。混凝土受压区高度为

$$x=\frac{\gamma_{RE}N}{\alpha_1 f_c b}=\frac{0.75\times 300\times 10^3}{14.3\times 400}=39\text{mm}<\xi_b h_0,\quad \text{且}\ x<2a_s'=80\text{mm}$$

为大偏心受压且应取 $x=2a_s'=80\text{mm}$ 进行计算。

对受压钢筋合力点取矩，得到

$$\gamma_{RE}Ne_s'=f_y A_s(h_0-a_s')$$

于是有 $0.75\times 300\times 10^3 e_s'=300\times 741\times(400-40-40)$

解方程，得到 $e_s'=316\text{mm}$，选择 C。

若没有考虑抗震，则会得到 $e_s'=237\text{mm}$，错选 A。

8. 答案：D

解答过程：根据几何关系，有 $e_s'=e_i-0.5h+a_s'$，即

$$420=e_i-0.5\times 400+40$$

可以解出 $e_i=580\text{mm}$。由于 $e_a=\max(400/30, 20)=20\text{mm}$，从而 $e_0=580-20=560\text{mm}$。

抗震受弯承载力为 $Ne_0=225\times 560=126\times 10^3\text{kN}\cdot\text{mm}=126\text{kN}\cdot\text{m}$，故选择 D。

点评：这里，尽管是求解抗震受弯承载力，但是却并不需要乘以或除以 γ_{RE}，理由如下：

考虑抗震后的极限状态表达式为 $S \leqslant R/\gamma_{RE}$，今计算得到的 Ne_0 相当于是公式的左端项，只不过取为等号，概念上就由"荷载效应"转变为"结构抗力"。可见，这里是不必考虑 γ_{RE} 的。

9. 答案：D

解答过程：依据《混凝土结构设计规范》GB 50010—2010 的 11.4.7 条计算。

今 $N=225\text{kN} < 0.3f_c A = 0.3 \times 14.3 \times 400 \times 400 = 686.4 \times 10^3 \text{N}$，取 $N=225\text{kN}$。

$$\lambda = \frac{H_n}{2h_0} = \frac{3000}{2 \times (400-40)} = 4.17 > 3, \quad 取 \lambda = 3$$

$$A_{sv} = 2 \times 28.3 + 2 \times 28.3 \times 0.7 = 96.22 \text{mm}^2$$

上式中，$2 \times 28.3 \times 0.7$ 为斜向箍筋的贡献。

$$\frac{1}{\gamma_{RE}} \left[\frac{1.05}{\lambda+1} f_t b h_0 + f_{yv} \frac{A_{sv}}{s} h_0 + 0.056N \right]$$

$$= \frac{1}{0.85} \left[\frac{1.05}{3+1} \times 1.43 \times 400 \times 360 + 270 \times \frac{96.22}{90} \times 360 + 0.056 \times 225 \times 10^3 \right]$$

$$= 200.7 \times 10^3 \text{N}$$

故选择 D。

点评：斜向的钢筋共有 4 根，为什么不按照 4 根而是按照 2 根？

柱的受剪承载力与梁的受剪承载力计算原理类似（但考虑了压力对抗剪承载力的提高），因此，可以用梁的斜截面承载力原理来说明。梁形成斜截面破坏后的计算简图如图 6-2-1 所示，仅与斜裂缝相交的箍筋对抗剪有贡献，在 h_0 范围内的箍筋总截面积为 $\frac{h_0}{s} A_{sv}$，故形成的竖向合力为 $f_{yv} \frac{A_{sv}}{s} h_0$。

现在，截面上斜向箍筋虽然有 4 根，但是与斜裂缝相交的只有 2 根，故按 2 根计入截面积 A_{sv}。同时考虑到，该钢筋并非竖直，因此应取投影。这就是将斜向钢筋截面积取为 $2 \times 28.3 \times 0.7$ 的来历。

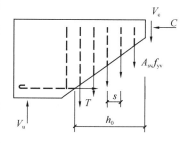

图 6-2-1 梁箍筋抗剪计算简图

另外，本题若按"截面限制条件"计算可承受的受剪承载力设计值，则可得

$$\frac{1}{\gamma_{RE}} (0.2 \beta_c f_c b h_0) = \frac{1}{0.85} \times (0.2 \times 1.0 \times 14.3 \times 400 \times 360) = 484.5 \times 10^3 \text{N}$$

可见，抗剪承载力仍由所配置的箍筋控制。

10. 答案：D

解答过程：不考虑弯起钢筋时，依据《混凝土结构设计规范》GB 50010—2010 的 6.5.1 条，冲切截面应满足：

$$F_l \leqslant 0.7 \beta_h f_t \eta u_m h_0$$

$$\eta_1 = 0.4 + \frac{1.2}{\beta_s} = 0.4 + \frac{1.2}{2} = 1.0$$

$$\eta_2 = 0.5 + \frac{\alpha_s h_0}{4 u_m} = 0.5 + \frac{40 \times 140}{4 \times 4 \times (700+140)} = 0.92$$

η 取以上二者的较小者，为 0.92。从而

$F_l \leqslant 0.7\beta_h f_t \eta u_m h_0 = 0.7 \times 1.0 \times 1.71 \times 0.92 \times 4 \times (700+140) \times 140 = 518.0 \times 10^3 \text{N}$

破坏锥体范围内板承受的荷载设计值为：

$$(0.7+2\times 0.14)\times(0.7+2\times 0.14)\times 13.5 = 13.0 \text{kN}$$

可承受的柱压力设计值最大为 518.0+13.0=531kN。选择 D。

点评：(1) 首先应理解题意。本题的要求是计算由"冲切控制"的柱轴向压力设计值，根据规范 6.5.1 条，应计算出抗冲切承载力设计值，然后再加上冲切破坏锥体范围内的荷载，得到的数值，在物理意义上表现为"抗力"，由于"荷载效应≤结构抗力"，所以，取相等之后的数值就是所欲求的值。

(2) 不考虑弯起钢筋作用，相当于认为截面没有配筋，因此，应适用规范的公式(6.5.1)，而不是采用规范公式(6.5.3-2)同时取弯起钢筋项为零。

11. 答案：D

解答过程：依据《混凝土结构设计规范》GB 50010—2010 的 6.5.3 条第 2 款计算。

$0.5 f_t \eta u_m h_0 + 0.8 f_y A_{sbu} \sin\alpha$
$= 0.5 \times 1.71 \times 0.92 \times 4 \times (700+140) \times 140 + 0.8 \times 300 \times 339 \times 4 \times 0.5$
$= 532.7 \times 10^3 \text{N}$

上式中，339 为 3Φ12 的截面积，乘以 4 是因为冲切破坏锥体 4 个面与弯起钢筋相交，每个面与 3Φ12 相交。

再按照截面限制条件计算：

$1.2 f_t \eta u_m h_0 = 1.2 \times 1.71 \times 0.92 \times 4 \times (700+140) \times 140 = 888.0 \times 10^3 \text{N}$

取二者较小者，为 532.7kN。

故选择 D。

12. 答案：A

解答过程：依据《混凝土结构设计规范》GB 50010—2010 的 9.3.8 条，得到

$$A_s \leqslant \frac{0.35\beta_c f_c b_b h_0}{f_y}$$

因此，最大配筋率应为

$$\rho_{max} = \frac{A_s}{b_b h_0} = \frac{0.35\beta_c f_c}{f_y} = \frac{0.35 \times 1.0 \times 14.3}{360} = 1.4\%$$

故选择 A。

点评：式中的 β_c 取值，来源于规范 6.3.1 条，当混凝土强度等级不超过 C50 时取为 1.0。

13. 答案：D

解答过程：依据《建筑结构荷载规范》GB 50009—2012 的 8.2.1 条条文说明，将图示给出的各区域理解为面域，则迎风面以 2km 为半径的半圆(180°角)范围内，高度为 45m、9m 的各占 45°范围，高度为 20m 的占 90°范围，因此，建筑物加权平均高度为：

$$\bar{h} = \frac{0.5 \times 45 + 20 + 0.5 \times 9}{2} = 23.5 \text{m} > 18 \text{m}$$

属于 D 类，故选择 D。

14. 答案：B

解答过程：依据《建筑结构荷载规范》GB 50009—2012 的 4.0.3 条及其条文说明，永久荷载一般以其分布的均值作为荷载标准值，故保证率为 50%，B 项有误。

点评：为避免争议，本题有改动。原 A 选项为"材料强度标准值的保证率为 95%"，原 D 选项为"活荷载的频遇值的保证率为 95%"。

15. 答案：C

解答过程：依据《建筑抗震设计规范》GB 50011—2010 的表 5.1.4-2 可知，场地分组与特征周期有关，故选择 C。

16. 答案：C

解答过程：依据《钢结构设计标准》GB 50017—2017 的 16.1.1 条，对于重级工作制吊车梁，由于应力循环次数 $n > 5 \times 10^4$，需要进行疲劳计算。

依据 6.1.1 条验算受弯强度。由于截面等级为 S4 级，故取全截面有效。由于需要验算疲劳，取 $\gamma_x = 1.0$。

$$\sigma = \frac{M_{\max}}{\gamma_x W_{nx}} = \frac{14442.5 \times 10^6}{1.0 \times 5858 \times 10^4} = 247 \text{N/mm}^2$$

故选择 C。

点评：作为直接承受动力荷载的梁，依据《钢标》6.3.1 条应不考虑腹板屈曲后强度，其含义为，应保证腹板的局部稳定。由于为单轴对称工形截面，依据 6.3.2 条，应以 $2h_c/t_w$ 代替 h_0/t_w 判断是否设置横肋和纵肋。今依据题目给出的图示可知，$h_c = 1056 - 45 = 1011$mm，$2h_c/t_w = 2 \times 1011/18 = 112.3 > 80\varepsilon_k = 66.0$，因此，应配置横向加劲肋。$2h_c/t_w = 2 \times 1011/18 = 112.3 > 150\varepsilon_k = 123.8$，还应设置纵向加劲肋。按照构造要求设置横肋和纵肋之后若依据 6.3.4 条对区格进行验算满足要求，则认为可满足局部稳定要求。以上是确定的。

当对该梁进行强度和整体稳定验算时，需要按照 3.5.1 条确定截面的等级。这时，尽管表 3.5.1 下注释 4 说到"腹板的宽厚比可通过设置加劲肋减小"，但没有明确被纵向加劲肋分隔后的板件高厚比该如何确定。如图 6-2-2 所示，对于区格 1 和区格 2，由于区格 1 沿高度 h_1 全部为压应力，更为不利，一个合乎逻辑的做法是，以区格 1 的腹板高厚比作为整个腹板的高厚比，且视为压弯构件取应力梯度为 $(\sigma_1 - \sigma_2)/\sigma_1$。

由于以上过程比较烦琐，因此，笔者编入该题时增加提示，考虑到为吊车梁而直接假定截面等级为 S4。

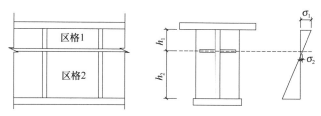

图 6-2-2 梁设置有纵向加劲肋

17. 答案：D

解答过程：依据《钢结构设计标准》GB 50017—2017 的 3.3.2 条，可得
$$H_k = \alpha P_{k,max} = 0.1 \times 355 = 35.5 \text{kN}$$

选择 D。

18. 答案：B

解答过程：依据《钢结构设计标准》GB 50017—2017 的 6.1.4 条计算。
$$\sigma_c = \frac{\psi F}{l_z t_w} = \frac{1.35 \times 1.5 \times 1.1 \times 355 \times 10^3}{(50+5 \times 45+2 \times 150) \times 18} = 76 \text{N/mm}^2$$

上式中，1.1 为动力系数，依据《建筑结构荷载规范》GB 50009—2012 的 5.6.2 条取值；1.5 为可变荷载分项系数。

选择 B。

19. 答案：B

解答过程：依据《钢结构设计标准》GB 50017—2017 的 11.2.2 条，有
$$\tau_f = \frac{V}{2 \times 0.7 h_f l_w} = \frac{3041.7 \times 10^3}{2 \times 0.7 \times 10 \times (2425 - 2 \times 10)} = 90 \text{N/mm}^2$$

故选择 B。

20. 答案：A

解答过程：依据《钢结构设计标准》GB 50017—2017 的 16.2.4 条，题目要求计算的是 $\alpha_f \Delta\sigma$。

由于 $\Delta\sigma = \sigma_{max} - \sigma_{min}$，且 σ_{max} 与 σ_{min} 中均包含相同的永久荷载效应，故可以用可变荷载引起的应力表示 $\Delta\sigma$。下翼缘与腹板连接处的应力幅：
$$\Delta\sigma = \frac{5583.5 \times 10^6}{5858 \times 10^4} \times \frac{1444-30}{1444} = 93.3 \text{N/mm}^2$$

查表 16.2.4 得到 $\alpha_f = 0.8$，于是 $\alpha_f \Delta\sigma = 0.8 \times 93.3 = 74.6 \text{N/mm}^2$，故选择 A。

21. 答案：C

解答过程：将轮压布置于影响线上，如图 6-2-3 所示。

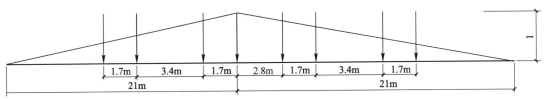

图 6-2-3 吊车轮压的布置

根据比例关系可知，影响线竖标为 1.0 以左各轮压处影响线竖标之和为
$$\frac{(21-1.7)+(21-1.7-3.4)+(21-1.7-3.4-1.7)}{21} = 2.35$$

影响线竖标为 1.0 以右各轮压处影响线竖标之和为
$$\frac{(21-2.8)+(21-2.8-1.7)+(21-2.8-1.7-3.4)+(21-2.8-1.7-3.4-1.7)}{21} = 2.82$$

于是，牛腿处总压力标准值为 $(2.35+1+2.82) \times 355 = 2190.4 \text{kN}$

依据《建筑结构荷载规范》GB 50009—2012 的 6.2.2 条，重级工作制（A6～A8）应

乘以 0.95，0.95×2190.4＝2081kN，选择 C。

点评：本题利用影响线，将一个吊车轮布置于竖标为 1.0 处，得到各轮压的位置进而求得牛腿处最大竖向反力。分析发现，不同于上述的布置，也能得到牛腿处最大竖向反力。

对于图 6-2-3，若将 8 个吊车轮压均向左移动不超过 2.8m，则由于轮压均为 P_{max} 且两跨影响线斜率仅相差一个负号，影响线竖标之和不会改变。于是可知，按照图 6-2-4 计算也是可以的。

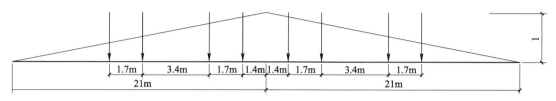

图 6-2-4　吊车轮压的另一布置

22. 答案：C

解答过程：
$$\lambda_x = l_{0x}/i_x = 6000/221 = 27; \lambda_y = l_{0y}/i_y = 3000/102 = 29$$

依据《钢结构设计标准》GB 50017—2017 表 7.2.1-1，焊接工字形截面，翼缘为剪切边时，对 x 轴属于 b 类，对 y 轴属于 c 类。

按照 c 类、$\lambda_y = 29$ 查表，得到 $\varphi = 0.909$。

按照全截面特性计算整体稳定性。

$$\frac{N}{\varphi A f} = \frac{3400 \times 10^3}{0.909 \times 20600 \times 205} = 0.888$$

故选择 C。

23. 答案：D

解答过程：依据《钢结构设计标准》GB 50017—2017 的 7.3.1 条验算板件的宽厚比。

$$\lambda_x = l_{0x}/i_x = 6000/221 = 27; \lambda_y = l_{0y}/i_y = 3000/102 = 29$$
$$h_0/t_w = 460/10 = 46 > (25+0.5\lambda)\varepsilon_k = 25+0.5\times 30 = 40$$
$$b/t_f = (400-10/2)/20 = 9.75 < (10+0.1\lambda)\varepsilon_k = 10+0.1\times 30 = 13$$

可见，翼缘宽厚比满足要求而腹板宽厚比不满足要求。

依据 7.3.4 条确定 ρ。

$$\lambda_{n,p} = \frac{b/t}{56.2\varepsilon_k} = \frac{46}{56.2} = 0.819$$

$$\rho = \frac{1}{\lambda_{n,p}}\left(1 - \frac{0.19}{\lambda_{n,p}}\right) = \frac{1}{0.819}\left(1 - \frac{0.19}{0.819}\right) = 0.938$$

于是，有效截面积 $A_e = 460 \times 10 \times 0.938 + 2 \times 400 \times 20 = 20315 \text{mm}^2$

稳定系数 φ 仍按毛截面确定，$\varphi = 0.909$，于是

$$\frac{N}{\varphi A_e f} = \frac{3400 \times 10^3}{0.909 \times 20315 \times 205} = 0.898$$

故选择 D。

24. 答案：A

解答过程：依据《钢结构设计标准》GB 50017—2017 的表 3.5.1 确定。

翼缘：$\dfrac{b}{t_f}\dfrac{1}{\varepsilon_k} = \dfrac{(300-13)/2-18}{24}\dfrac{1}{\sqrt{235/345}} = 6.3$

腹板：$\dfrac{h_0}{t_w}\dfrac{1}{\varepsilon_k} = \dfrac{700-2\times24-2\times18}{13}\dfrac{1}{\sqrt{235/345}} = 57.4$

可见，翼缘与腹板均属于 S1 级，选择 A。

25. 答案：A

解答过程：依据《钢结构设计标准》GB 50017—2017 的 11.2.2 条确定。

肢背焊缝所需计算长度为：

$$l_{w1} = \dfrac{N_1}{0.7 h_{f1} f_f^w} = \dfrac{0.7\times 650\times 10^3}{2\times 0.7\times 10\times 160} = 203\text{mm}$$

所需焊缝几何长度为 $203 + 2\times 10 = 223\text{mm}$，故选择 A。

26. 答案：B

解答过程：依据《钢结构设计标准》GB 50017—2017 的 11.2.2 条确定。

焊缝受到的水平力为 $N_x = 4/5\times 650 = 520\text{kN}$，竖向力为 $N_y = 3/5\times 650 = 390\text{kN}$。于是，得到

$$\sqrt{\left(\dfrac{N_x}{2\times 1.22\times 0.7 h_f l_w}\right)^2 + \left(\dfrac{N_y}{2\times 0.7 h_f l_w}\right)^2} \leqslant f_f^w$$

即

$$\sqrt{\left(\dfrac{520\times 10^3}{2\times 1.22\times 0.7\times 8 l_w}\right)^2 + \left(\dfrac{390\times 10^3}{2\times 0.7\times 8 l_w}\right)^2} \leqslant 160$$

解方程得到 $l_w \geqslant 322\text{mm}$

考虑端部缺陷之后，角焊缝所需几何长度为 $322 + 2\times 8 = 338\text{mm}$，故选择 B。

27. 答案：B

解答过程：由于是二级对接焊缝，与节点板的强度相等，因此，可以根据节点板的尺寸确定焊缝的长度。

设焊缝处节点板的尺寸为 l，则节点板强度应满足

$$\sigma = \dfrac{N_x}{lt} \leqslant f$$

$$\tau = \dfrac{N_y}{lt} \leqslant f_v$$

$$\sqrt{\sigma^2 + 3\tau^2} \leqslant f$$

第三个算式起控制作用。于是，可以得到

$$\sqrt{\left(\dfrac{520\times 10^3}{12\times l}\right)^2 + 3\times \left(\dfrac{390\times 10^3}{12\times l}\right)^2} \leqslant 215$$

解方程得到 $l \geqslant 330\text{mm}$，故选择 B。

点评：此题对真题有修改，增加了提示。之所以修改，是基于以下原因：

（1）由于焊条（焊丝）与母材是匹配的，二级焊缝的强度不低于构件（见规范表 4.4.5），因此，若构件强度满足要求，则有引弧板满焊时对接焊缝强度必然满足要求。

(2) 构件承受斜向力，截面同时承受正应力和剪应力，需要验算折算应力（第四强度理论）。按折算应力验算时，无论是规范公式（11.2.1-2）还是公式（6.1.5-1），右侧都考虑一个提高，其原因是应力分布不均匀，只是局部应力最大。对于本题，应力分布均匀，故不考虑提高。

(3) 对接焊缝承受斜向力，通常认为不必验算折算应力（详细情况，可参见本书钢结构部分的"疑问解答"），若针对焊缝计算来确定节点板的高度，则相当于颠倒了前后顺序，会导致节点板强度不足。试演如下：对于焊缝，应满足

$$\sigma_f = \frac{N_x}{l_w t} \leqslant f_t^w$$

$$\tau_f = \frac{N_y}{l_w t} \leqslant f_v^w$$

分别解出 $l_w \geqslant 202$mm 和 $l_w \geqslant 260$mm。采用引弧板施焊时所需焊缝长度为 260mm（未采用时，为 284mm），均小于题目解出的 330mm。

(4) 构件受剪，规范中没有给出计算公式，今根据力学概念给出。折算应力应不超过强度设计值 f 为材料力学的"第四强度理论"。

折算应力验算式之所以在公式右侧没有取 $1.1f$，是因为这里的正应力、剪应力为均匀分布。对于梁，在验算翼缘与腹板交接处对接焊缝的折算应力时，规范公式取 $1.1f_t^w$ 是因为截面的应力为非均匀分布，最大应力仅出现在局部。

28. 答案：A

解答过程：依据《钢结构设计标准》GB 50017—2017 的 5.1.6 条，选择 A。

29. 答案：A

解答过程：依据《钢结构设计标准》GB 50017—2017 的 10.1.5 条第 1 款，板件应采用 S1 级。依据表 3.5.1，截面翼缘外伸宽度与厚度之比应不超过 $9\varepsilon_k$，由于为 Q235 钢材，故选择 A。

30. 答案：C

解答过程：依据《砌体结构设计规范》GB 50003—2011 的表 5.1.3，吊车单层厂房，变截面柱上段，垂直排架方向 $H_0 = 1.25H_u$，又由于是独立砖柱，柱间无支撑，垂直排架方向表中数值应乘以 1.25，故 $H_0 = 1.25 \times 1.25 \times 2.5 = 3.91$m。$H_0/h = 3.91/0.49 = 8.0$。

依据 6.1.1 条，$\mu_1 \mu_2 [\beta] = 1.0 \times 1.0 \times 1.3 \times 17 = 22$，式中，1.3 为依据该条注释 3 对上段柱允许高厚比的增大系数。

故选择 C。

点评：本题图中未明确标注出上段柱的截面尺寸 490×370 是如何放置的，计算过程中取 $h = 490$mm 而不是 370mm 的理由如下：

工业厂房设置的单阶柱，从一个方向看，为阶形柱，这是为了设置吊车轨道的缘故；从另一个方向看，为等截面柱（没有理由设置成变截面的）。所以，本题图中，上段柱截面可标注的尺寸为 370mm，另一方向尺寸为 490mm。即，垂直于排架方向长细比计算时应取 $h = 490$mm。

31. 答案：C

解答过程：由于是构造要求，因此，应依据《砌体结构设计规范》GB 50003—2011

的 6.1.1 条注释确定下柱的计算高度 H_0。

依据 5.1.4 条，$H_u/H=1/3$，取无吊车房屋的 H_0。依据表 5.1.3，单跨、弹性方案、排架方向，$H_0=1.5H=1.5\times 7.5=11.25\text{m}$。$H_0/h=11.25/0.62=18.1$。

依据表 6.1.1，无筋砌体、砂浆强度等级 M10>M7.5，$\mu_1\mu_2[\beta]=1.0\times 1.0\times 17=17$。故选择 C。

32. 答案：D

解答过程：依据《砌体结构设计规范》GB 50003—2011 的 5.1.1 条计算。

由 $\beta=8$、$e/h=155/620=0.25$ 查表 D.0.1-1，得到 $\varphi=0.42$。

依据 3.2.3 条考虑强度调整。由于截面积 $A=0.62\times 0.49=0.3038\text{m}^2>0.3\text{m}^2$，不需因截面积太小而调整强度。于是

受压承载力 $\varphi Af=0.42\times 620\times 490\times 2.31=294.7\times 10^3\text{N}$。

排架方向，计算高度为 $1.0H_l$，计算 β 时对应取 $h=620\text{mm}$；在垂直于排架方向，计算高度为 $1.25\times 0.8H_l=1.0H_l$，计算 β 时对应取 $h=490\text{mm}$。因此，排架方向 $\beta=8$ 时，垂直于排架方向 $\beta=8\times 620/490=10.1$。按 $\beta\approx 10$、$e/h=0$ 查表 D.0.1-1，得到 $\varphi=0.87$，可见，排架方向控制设计。

故选择 D。

33. 答案：D

解答过程：依据《砌体结构设计规范》GB 50003—2011 的表 3.2.2，砌体抗剪强度 $f_v=0.14\text{MPa}$。

依据《建筑抗震设计规范》GB 50011—2010 的 7.2.6 条计算 f_{vE}，如下：

$$\frac{\sigma_0}{f_v}=\frac{(200+0.5\times 70)\times 10^3/(240\times 1000)}{0.14}=7，查表 7.2.6，\zeta_N=1.65。$$

$$f_{vE}=\zeta_N f_v=1.65\times 0.14=0.231\text{N/mm}^2$$

选择 D。

34. 答案：A

解答过程：依据《建筑抗震设计规范》GB 50011—2010 的 7.2.7 条第 1 款计算。

$$f_{vE}A/\gamma_{RE}=1.5\times 0.14\times 11240\times 240/0.9=629.4\times 10^3\text{N}$$

故选择 A。

35. 答案：C

解答过程：依据《建筑抗震设计规范》GB 50011—2010 的 7.2.7 条第 3 款计算。

$A_c=240\times 240\times 2=115200\text{mm}^2<0.15A=0.15\times 11240\times 240=404640\text{mm}^2$，应取 $A_c=115200\text{mm}^2$。

中部构造柱配筋为 $4\Phi 12$，配筋率为 $\dfrac{452}{240\times 240}=0.78\%<1.4\%$，故

$$A_{sc}=2\times 452=904\text{mm}^2$$

$$\frac{1}{\gamma_{RE}}[\eta_c f_{vE}(A-A_c)+\zeta_c f_t A_c+0.08f_{yc}A_{sc}+\zeta_s f_{yh}A_{sh}]$$

$$=\frac{1}{0.9}[1.0\times 1.5\times 0.14\times(11240\times 240-115200)+0.4\times 1.1\times 115200+0.08\times 300\times 904]$$

$$=683.0\times 10^3\text{N}$$

选择 C。

36. 答案：B

解答过程：依据《建筑抗震设计规范》GB 50011—2010 的 7.2.7 条第 1 款计算。此时，依据表 5.4.2 应取 $\gamma_{RE}=1.0$。

$$f_{vE}A/\gamma_{RE}=1.5\times 0.14\times 11240\times 240/1.0=566.5\times 10^3 N$$

故选择 B。

37. 答案：D

解答过程：依据《砌体结构设计规范》GB 50003—2001 的 7.2.2 条，$h_w=800mm<l_n=1500mm$，应考虑上部楼面传来的荷载。今 $l_n/3=1500/3=500mm<h_w=800mm$，应考虑 500mm 范围内墙体重。于是，过梁承受的永久荷载标准值为 $10+0.5\times 0.24\times 18=12.16kN/m$。

$$1.3\times 12.16+1.5\times 5=23.3kN/m$$

选择 D。

38. 答案：A

解答过程：依据《砌体结构设计规范》GB 50003—2011 的 7.2.3 条计算。

$$0.85h_0 A_s f_y=0.85\times(800-20)\times 270\times 151=27.0\times 10^6 N\cdot mm$$

故选择 A。

点评：规范 7.2.3 条对过梁的截面计算高度 h 的取值规定是这样的："取过梁底面以上的墙体高度，但不大于 $l_n/3$；当考虑梁、板传来的荷载时，则按梁、板下的高度采用"。对于本题，由于梁、板下的墙体高度 $h_w=800mm$，小于过梁净跨 1500mm，依据 7.2.2 条应计入梁板传来的荷载，故 h 按梁、板下的高度采用，即 $h=800mm$。

39. 答案：C

解答过程：依据《砌体结构设计规范》GB 50003—2011 的 7.2.3 条、5.4.2 条计算。

$$f_v bz=0.17\times 240\times 800\times 2/3=21.76\times 10^3 N$$

故选择 C。

40. 答案：C

解答过程：依据《砌体工程施工质量验收规范》GB 50203—2011 的 6.1.3 条，A 项正确；依据 9.1.8 条，B 项正确；依据 9.3.4 条，竖向通缝不应大于 2 皮，故 C 项有误；依据 9.3.2 条，D 项正确。

41. 答案：D

解答过程：依据《建筑抗震设计规范》GB 50011—2010 的表 7.3.1，三层、7 度时，应在较大洞口两侧设置构造柱，而宽度大于 2.1m 属于较大洞口，故 A 项正确；

依据 7.3.2 条第 1 款，B 项正确；

依据 7.3.2 条第 3 款，C 项正确；

依据 7.3.2 条第 4 款，构造柱可不单独设置基础，但应伸入室外地面下 500mm，或与埋深小于 500mm 的基础圈梁相连，故 D 项错误。

选择 D。

点评：03G363《多层砖房钢筋混凝土构造柱抗震节点详图》的 25 页，规定了构造柱遇到室内地沟时的构造，构造柱应伸入地沟以下，且满足伸入室外地面下 500mm。

42. 答案：D

解答过程：依据《木结构设计标准》GB 50005—2017 的 4.3.1 条，TC17B 的抗弯强度设计值 $f_\mathrm{m}=17\ \mathrm{N/mm^2}$。依据 4.3.2 条，原木未经切削，抗弯强度提高 15%，于是，$f_\mathrm{m}=1.15\times17=19.55\ \mathrm{N/mm^2}$。

依据 4.3.18 条，跨中截面直径为 $120+9\times3=147\mathrm{mm}$。再依据 5.2.1 条，得到该檩条的抗弯承载力设计值：

$$M_\mathrm{u}=f_\mathrm{m}W_\mathrm{n}=f_\mathrm{m}\frac{\pi d^3}{32}=19.55\times\frac{3.14\times147^3}{32}=6.1\times10^6\mathrm{N\cdot mm}$$

选择 D。

43. 答案：A

解答过程：依据《木结构设计标准》GB 50005—2017 的 5.2.4 条计算。

依据 4.3.1 条，$f_\mathrm{v}=1.6\ \mathrm{N/mm^2}$。

由 $\dfrac{VS}{Ib}\leqslant f_\mathrm{v}$ 可得

$$V\leqslant\frac{Ib}{S}f_\mathrm{v}=\frac{\pi d^4/64\times d}{\pi d^2/8\times2d/(3\pi)}\times f_\mathrm{v}=\frac{\pi d^4/64\times d}{\pi d^2/8\times2d/(3\pi)}\times f_\mathrm{v}=\frac{3\pi d^2}{16}\times f_\mathrm{v}$$

上式中，$2d/(3\pi)$ 为半圆形的形心至直径轴的距离。

$$V\leqslant\frac{3\times3.14\times120^2}{16}\times1.6=13.6\times10^3\mathrm{N}$$

选择 A。

点评：受弯构件截面上的剪应力分布不均匀，中和轴处最大。若按照均匀分布计算会高估抗剪承载力。例如，对于本题，$\dfrac{\pi d^2}{4}f_\mathrm{v}=18.1\times10^3\mathrm{N}>13.6\times10^3\mathrm{N}$。

44. 答案：B

解答过程：依据《建筑地基基础设计规范》GB 50007—2011 表 8.1.1 下的注释 3，A 项正确；依据该表下注释 4，基础底面处的平均压力值超过 300kPa 的混凝土基础，尚应进行抗剪验算，故 B 项错误；依据 8.1.2 条，D 项正确。

45. 答案：D

解答过程：依据《建筑地基基础设计规范》GB 50007—2011 表 3.0.3，对于框架结构，f_ak 在 100kPa 和 130kPa 之间时，不进行地基变形计算对应的层数为 $\leqslant5$ 层，故 D 项不正确。

46. 答案：B

解答过程：依据《建筑抗震设计规范》GB 50011—2010 的 4.1.4 条，建筑场地覆盖层厚度为 $1.6+3.4+3+7.5=15.5\mathrm{m}$，因此，取 $d_0=15.5\mathrm{m}$。于是，等效剪切波速为

$$v_\mathrm{se}=\frac{d_0}{t}=\frac{15.5}{1.6/135+3.4/190+3.0/210+7.5/165}=173.2\mathrm{m/s}$$

查表 4.1.6，由于覆盖层厚度为 15.5m、$v_\mathrm{se}=173.2\mathrm{m/s}$，故场地为 II 类，选择 B。

47. 答案：C

解答过程：依据《建筑抗震设计规范》GB 50011—2010 的 4.2.3 条，有 $f_\mathrm{aE}=\zeta_\mathrm{a}f_\mathrm{a}$，$\zeta_\mathrm{a}=1.3$，$f_\mathrm{a}$ 应按《建筑地基基础设计规范》GB 50007—2011 计算。

查《建筑地基基础设计规范》GB 50007—2011 表 5.2.4，可得 $\eta_b=0.3$，$\eta_b=1.6$。

$$\gamma_m = \frac{18 \times 1.6 + 8.5 \times 0.6}{1.6 + 0.6} = 15.4 \text{kN/m}^3$$

$$\begin{aligned} f_a &= f_{ak} + \eta_b \gamma (b-3) + \eta_b \gamma_m (d-0.5) \\ &= 160 + 0.3 \times (18.5-10) \times (3.6-3) + 1.6 \times 15.4 \times (2.2-0.5) \\ &= 203.4 \text{kPa} \end{aligned}$$

于是，$f_{aE} = \zeta_a f_a = 1.3 \times 203.4 = 264$ kPa，选择 C。

48. 答案：C

解答过程：依据《建筑抗震设计规范》GB 50011—2010 的 4.2.4 条计算。

考虑平均压力

$$p = \frac{F_k + G_k}{A} \leq f_{aE}$$

$$p = \frac{1100 + 560}{3.6y} \leq 245$$

解出 $y \geq 1.9$m。

考虑边缘最大压力，根据所给提示，应有

$$p_{kmax} = \frac{2(F_k + G_k)}{3la} \leq 1.2 f_{aE}$$

而根据几何关系，$a = \dfrac{y}{2} - e$。于是有

$$e = \frac{M_k}{F_k + G_k} = \frac{1450}{1100 + 560} = 0.873$$

$$\frac{2 \times (1100 + 560)}{3 \times 3.6 \times (y/2 - 0.873)} \leq 1.2 \times 245$$

解方程得到 $y \geq 3.84$m。

该规范 4.2.4 条还要求基础底面与地基土之间脱离区（零应力区）面积不应超过基础底面面积的 15%。对照《建筑地基基础设计规范》GB 50007—2011 图 5.2.2 可知，此时应有 $3a \geq (1-15\%)y$，即

$$3 \times \left(\frac{y}{2} - 0.873\right) \geq 0.85y$$

解出 $y \geq 4.03$m。

综合以上要求，应满足 $y \geq 4.03$m，选择 C。

点评：对于本题，需要注意：

(1) 由于规范图 5.2.2 的适用条件是出现受拉区，即 $e > b/6$，因此，本题求出的基础底面宽度除满足 ≥ 4.03m 的要求外，也不能太大，即，还应满足 $< 6 \times 0.873 = 5.238$m。

(2) 假定底面宽度为 5m，则对照规范图 5.2.2 可知，此时，零应力区面积（取 $l=1$m 计算）为：

$$[5 - 3 \times (2.5 - 0.873)] \times 1.0 = 0.119 \text{m}^2$$

占基础底面积的比例为：$0.119/(5 \times 1) = 2.4\%$

假定底面宽度改为 4m，同样方法，可得到零应力区面积占基础底面积的比例为：

15.5%，不满足要求。

49. 答案：A

解答过程：依据《建筑地基基础设计规范》GB 50007—2011 的 8.2.8 条计算。

$$a_m = (a_t + a_b)/2 = (1.2 + 1.2 + 2 \times 0.75)/2 = 1.95 \text{m}$$

$$0.7\beta_{hp} f_t a_m h_0 = 0.7 \times 1.0 \times 1.27 \times 1950 \times 750 = 1300.2 \times 10^3 \text{N}$$

故选择 A。

点评：对于本题，是否考虑抗震影响系数 γ_{RE}？

在《混凝土结构设计规范》GB 50010—2010 之前，对于冲切承载力并无对应的 γ_{RE}，因此，可以认为无须考虑。但是，2010 版规范表 11.1.6 规定冲切时取 $\gamma_{RE} = 0.85$，因此，这里理应进行判断是否考虑抗震。

《建筑抗震设计规范》GB 50011—2010 的 4.2.1 条，规定了何种情况可不进行天然地基及基础的抗震承载力验算。对比本题给出的条件，并不能作出判断。因此，只能退而求其次：本题的题目未作抗震要求，所以不考虑（对比上题，题目本身指出"按地基抗震要求"，所以，考虑了抗震）。

50. 答案：B

解答过程：依据《建筑地基基础设计规范》GB 50007—2011 公式（8.2.11-1）计算。

$$a_1 = \frac{4.6 - 1.2}{2} = 1.7 \text{m}，\text{I—I 剖面处的地基反力设计值已经给出为 } p = 189 \text{kPa}。$$

$$\begin{aligned}M_{max} &= \frac{1}{12} a_1^2 \left[(2l + a')\left(p_{max} + p - \frac{2G}{A}\right) + (p_{max} - p)l \right] \\ &= \frac{1}{12} \times 1.7^2 \times \left[(2 \times 3.6 + 1.2)\left(250 + 189 - \frac{2 \times 1.35 \times 710}{4.6 \times 3.6}\right) + (250 - 189) \times 3.6 \right] \\ &= 707 \text{kN} \cdot \text{m}\end{aligned}$$

故选择 B。

点评：基底在水位以下，本题以及上面的 48 题，是否需要考虑浮力的影响？

笔者认为，题目给出的是基础及其上土的自重标准值 G_k，这个数值已经考虑了浮力，因此直接代入公式计算即可。如果给出的是基础及其上土的平均重度 γ_G（一般是 20kN/m³），则需要取 $G_k = \gamma_G A d - \gamma_w A h_w$，$h_w$ 为地下水位至基底的距离。

51. 答案：B

解答过程：依据《建筑桩基技术规范》JGJ 94—2008 的 5.4.5 条、5.4.6 条计算。应满足

$$N_k \leqslant T_{uk}/2 + G_p$$

$$1200 \leqslant 0.75 \times 3.14 \times 0.8 \times (70 \times 2.4 + 120 \times 4.1 + 240l)/2 + 3.14 \times$$
$$0.8^2/4 \times (2.4 + 4.1 + l) \times (25 - 10)$$

即 $1200 \leqslant 621.72 + 226.08l + 48.984 + 7.536l$

于是 $l \geqslant 2.27$m，故选择 B。

52. 答案：A

解答过程：依据《建筑桩基技术规范》JGJ 94—2008 的 5.3.9 条计算。

$h_r/d = 3200/800 = 4$，查表 5.3.9，得到 $\zeta_r = 1.48$。

$$Q_{uk}=Q_{sk}+Q_{rk}$$
$$=3.14\times0.8\times(70\times2.4+120\times4.1)+1.48\times7.2\times10^3\times3.14\times0.8^2/4$$
$$=7011.5\text{kN}$$

单桩竖向承载力特征值 $R_a=7011.5/2=3506\text{kN}$。故选择 A。

53. 答案：D

解答过程：由于螺旋箍筋的配置符合《建筑桩基技术规范》JGJ 94—2008 的 5.8.2 条第 1 款条件，因此，正截面受压承载力依据公式（5.8.2-1）计算。

$$\psi_c f_c A_{ps}+0.9 f'_y A'_s$$
$$=0.7\times14.3\times3.14\times800^2/4+0.9\times300\times16\times3.14\times18^2/4$$
$$=6127.8\times10^3\text{N}$$

故选择 D。

点评：对于本题，有观点认为，此时的纵筋配筋率为：

$$\frac{3.14\times18^2/4\times16}{3.14\times800^2/4}=0.81\%>0.65\%$$

不符合 4.1.1 条配筋率在 0.65%~0.2%的要求，所以，题目有误。

笔者认为并非如此。

4.1.1 条的确给出灌注桩"配筋率可取 0.65%~0.2%（小直径桩取高值）"，但是，该段落随后指出："对受荷载特别大的桩、抗拔桩和嵌岩端承桩应根据计算确定配筋率，并不应小于上述规定值"。据此可知，"0.65%~0.2%"本质上为最小配筋率。这个规定也见于《建筑地基基础设计规范》GB 50007—2011 的 8.5.3 条第 7 款。

事实上，4.1.1 条仅仅给出了灌注桩的最小配筋率要求，对于混凝土预制桩，最小配筋率的规定应按 4.1.6 条。

54. 答案：A

解答过程：依据《建筑地基基础设计规范》GB 50007—2011 的 Q.0.10 条，极差 $8950-7680=1270\text{kN}<(7680+8540+8950)/3\times30\%=2517\text{kN}$，由于工程中为桩数为 3 根，故取最小值 7680kN 作为竖向极限承载力。桩竖向承载力特征值 $R_a=7680/2=3840\text{kN}$，选择 A。

点评：由试验桩所获得的极限承载力数值应满足极差的要求（最大值与最小值之差应不超过平均值的 30%），这是一个前提条件，即便是工程中桩数不大于 3 时取试验桩承载力数值的最小值时也要满足。若不满足此前提条件，需要查找原因（例如，试验桩数太少、试验过程存在问题、桩的质量不稳定，等等），所得的这批数值暂不可用。

55. 答案：A

解答过程：依据《建筑地基处理技术规范》JGJ 79—2012 的 7.1.5 条计算。

$$R_a=u_p\sum_{i=1}^n q_{sia}l_{pi}+\alpha_p q_p A_p$$
$$=3.14\times0.55\times(10\times5.1+13\times4.9)+0.5\times120\times\frac{3.14\times0.55^2}{4}$$
$$=212.3\text{kN}$$

依据 7.3.3 条第 3 款，可得

$$R_\mathrm{a} = \eta f_\mathrm{cu} A_\mathrm{p} = 0.25 \times 1800 \times \frac{3.14 \times 0.55^2}{4} = 106.9 \text{ kN}$$

取二者较小者,为 106.9kN,故选择 A。

点评:规范 7.3.3 条规定,"应使由桩身材料强度确定的单桩承载力不小于由桩周土和桩端土的抗力所提供的单桩承载力",笔者理解,规范此规定是为了充分利用土层的有利条件(因为,桩身承载力可以人为提高,而土层本身的力学性质则是现实条件)。本题,所给数值不符合此要求,说明桩身的设计不合理。

56. 答案:A
解答过程:依据《建筑地基处理技术规范》JGJ79—2012 的 7.3.3 条、7.1.5 条计算。依据 7.3.3 条第 2 款,$\lambda=1.0$。

$$f_\mathrm{spk} = \lambda m \frac{R_\mathrm{a}}{A_\mathrm{p}} + \beta(1-m) f_\mathrm{sk}$$

$$200 = m \times \frac{180}{3.14 \times 0.55^2 / 4} + 0.5 \times (1-m) \times 100$$

解方程,得到 $m=0.212$。

由于正方形布桩,$d_\mathrm{e}=1.13s$,于是 $m = \left(\dfrac{d}{d_\mathrm{e}}\right)^2 = \left(\dfrac{d}{1.13s}\right)^2$,从而

$$0.212 = \left(\frac{0.55}{1.13s}\right)^2$$

解出 $s=1.06$m,选择 A。

57. 略

58. 答案:B
解答过程:依据《高层建筑混凝土结构技术规程》JGJ 3—2010 的 3.2.2 条第 4 款,转换层楼板混凝土强度等级不应低于 C30。依据 10.2.23 条,转换层内应双层双向配筋,且每层每向的配筋率不宜小于 0.25%。故选择 B。

59. 答案:D
解答过程:依据《高层建筑混凝土结构技术规程》JGJ 3—2010 的 3.8.2 条,B 项正确;依据 6.3.3 条第 3 款,C 项正确;依据 7.2.5 条,一级抗震等级设计的剪力墙底部加强部位弯矩设计值应按墙底截面组合弯矩计算值采用,D 项不正确。选择 D。

60. 答案:D
解答过程:依据《建筑结构荷载规范》GB 50009—2012 的 8.1.1 条第 2 款计算。
查表 8.6.1,用内插法求得 $\beta_\mathrm{gz}=1.49$;依据 8.3.3 条,取 $\mu_\mathrm{sl}=-2.0$。
依据表 8.2.1,$\mu_\mathrm{z} = 2.0 + \dfrac{2.25-2.0}{150-100} \times (120-100) = 2.1$。

依据 8.1.2 条条文说明,取 50 年一遇的风荷载计算。

$$w_\mathrm{k} = \beta_\mathrm{gz} \mu_\mathrm{sl} \mu_\mathrm{z} w_0 = 1.49 \times (-2.0) \times 2.1 \times 0.6 = -3.755 \text{ kN/m}^2$$

选择 D。

点评:对于本题,有以下几点需要说明:
(1) 对于遮阳板,按照 2012 版《建筑结构荷载规范》,应是依据表 8.6.1 确定 β_gz,而不是 2006 版规范时取 $\beta_\mathrm{gz}=1.0$(由于其非幕墙)。

(2) μ_z 的取值表格，新旧《建筑结构荷载规范》取值有变动。

(3) 尽管建筑高度大于 60m，属于对风荷载敏感的建筑，但由于是围护结构，风荷载按照 50 年一遇基本风压考虑而不考虑 1.1 倍的提高。

61. 答案：D

解答过程：应依据《建筑结构荷载规范》GB 50009—2012 的 8.5.3 条先求出 v_H，再依据 H.1.1 条计算临界风速起始点高度 H_1。

$$v_{cr} = \frac{D}{T_1 St} = \frac{30}{2.78 \times 0.2} = 53.96 \text{m/s}$$

$$v_H = \sqrt{\frac{2000\mu_H w_0}{\rho}} = \sqrt{\frac{2000 \times 2.25 \times 0.6 \times 1.1}{1.25}} = 48.74 \text{m/s}$$

上式中，$\mu_H = 2.25$ 由规范表 8.2.1 得到（按照 B 类粗糙度、高度 150m）；0.6×1.1 是考虑到该建筑高度 150m，属于对风荷载敏感的建筑，依据《高层建筑混凝土结构技术规程》JGJ 3—2010 的 4.2.2 条，应将基本风压乘以 1.1。

$$H_1 = H\left(\frac{v_{cr}}{1.2 v_H}\right)^{1/\alpha} = 150 \times \left(\frac{53.96}{1.2 \times 48.74}\right)^{1/0.15} = 88 \text{m}$$

$(88 - 5 \times 6)/4 = 14.5$，故位于 $15 + 6 = 21$ 层。选择 D。

点评：对于本题，有以下几点需要说明：

(1) 本题要求计算的是风振有关的参数，由《建筑结构荷载规范》GB 50009—2012 的 8.1.1 条可知，属于对主要受力结构而不是围护结构的计算，故 w_0 取值时，应考虑建筑物对风荷载敏感这一条件，依据《高层建筑混凝土结构技术规程》JGJ 3—2010 的 4.2.2 条对基本风压加以调整。

(2) 2012 版《建筑结构荷载规范》将 B 类地面粗糙度的 α 值由 0.16 调整为 0.15。

62. 略

63. 略

64. 答案：A

解答过程：依据《高层建筑混凝土结构技术规程》JGJ 3—2010 的 C.0.1 条计算。

9 度、多遇地震，查表 4.3.7-1 得到 $\alpha_{max} = 0.32$；场地 II 类、第一组，查表 4.3.7-2 得到 $T_g = 0.35$s。$T_g = 0.35$s $< T_1 = 0.85$s $< 5T_g = 1.75$s，依据 4.3.8 条，得到

$$\alpha_1 = \left(\frac{T_g}{T_1}\right)^{\gamma} \eta_2 \alpha_{max} = \left(\frac{0.35}{0.85}\right)^{0.9} \times 1.0 \times 0.32 = 0.1440$$

$T_1 = 0.85$s $> 1.4 T_g = 0.49$s，查表 C.0.1，得到

$$\delta_n = 0.08 T_1 + 0.07 = 0.08 \times 0.85 + 0.07 = 0.138$$

$$F_{Ek} = \alpha_1 G_{eq} = 0.1440 \times 0.85 \times (12500 + 9 \times 12000 + 10500 + 0.5 \times 10 \times 2300) = 17442 \text{kN}$$

结构顶层附加地震作用标准值为

$$\Delta F_n = \delta_n F_{Ek} = 0.138 \times 17442 = 2407 \text{kN}$$

选择 A。

65. 答案：C

解答过程：依据《高层建筑混凝土结构技术规程》JGJ 3—2010 的 7.1.3 条，连梁跨高比 3000/600＝5≥5，应按框架梁计算。依据表 3.9.3，9 度。框架—剪力墙结构，剪力墙抗震等级为一级，因此连梁抗震等级也为一级。

依据 6.2.5 条，连梁的剪力设计值计算如下：

$$M_{\text{bua}}^l = M_{\text{bua}}^r = \frac{1}{\gamma_{\text{RE}}} f_{\text{yk}} A_s (h_0 - a_s')$$

$$= \frac{1}{0.75} \times 400 \times 942 \times (600 - 35 - 35) = 266.3 \times 10^6 \text{N} \cdot \text{mm}$$

$$V = 1.1 \frac{M_{\text{bua}}^l + M_{\text{bua}}^r}{l_n} + V_{\text{Gb}} = 1.1 \times \frac{2 \times 266.3}{3.0} + 20 = 215.3 \text{kN}$$

选择 C。

点评：(1) 连梁的剪力计算在规程的 7.2.21 条也有规定，对比可知，二者相同。

(2) 关于 M_{bua} 的讨论，见疑问解答部分。

66. 答案：D

解答过程：依据《高层建筑混凝土结构技术规程》JGJ 3—2010 的 4.3.12 条，$T_1 \leqslant$ 2s，9 度，得到 $\lambda = 0.064$。因此，对于底层，应要求 $V_{\text{Ek}1} \geqslant 0.064 G_E$。按照底部剪力法，依据 C.0.1 条，应有 $V_{\text{Ek}1} = 0.85 \alpha_1 G_E$。于是，要求 $\alpha_1 \geqslant 0.0753$。

因四个选项所给数值只有一个等于 $5T_g = 1.75$s，所以，假设 T_1 在 T_g 和 $5T_g$ 之间。于是得到

$$\alpha_1 = \left(\frac{T_g}{T_1}\right)^\gamma \eta_2 \alpha_{\max} = \left(\frac{0.35}{T_1}\right)^{0.9} \times 1.0 \times 0.32 \geqslant 0.0753$$

解出 $T_1 \leqslant 1.747$s，选择 D。

67. 答案：C

解答过程：今高宽比为 39.45/23＝1.72＜4，依据《高层建筑混凝土结构技术规程》JGJ 3—2010 的 12.1.7 条，基础底面与地基之间零应力区面积不应超过基础底面积的 15%。依据《建筑地基基础设计规范》GB 50007—2011 的 8.4.2 条的条文说明，基础抗倾覆稳定系数为 $K_F = \frac{y}{e}$，y 为基底平面形心至最大受压边缘的距离，e 为作用在基底平面的组合荷载全部竖向合力对基底平面形心的偏心距。

对于本题，$K_F = \frac{0.5B}{0.5B - (1 - 15\%)B/3} = 2.31$，故选择 C。

点评：对于本题，有人发现，抗倾覆力矩是对基底最大受压边缘取矩，而倾覆力矩是对基底平面形心取矩，不是对一个倾覆点计算，似乎违反力学原则。

对于该题，可以这样分析：

从给出的基底压力分布可知，在基底的形心位置必然作用有一个压力和一个逆时针转动的力矩，此时，建筑物有绕基底的左下端（受压最大边缘）发生倾覆的趋势，如图 6-2-5 所示。产生倾覆作用的是力矩 M，抵抗倾覆作用

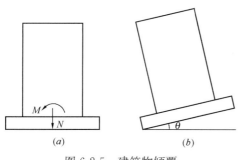

图 6-2-5 建筑物倾覆

的是重力 N，采用与挡土墙抗倾覆系数类似的做法，可得此时抗倾覆稳定系数为：

$$K_F = \frac{Ny}{M}$$

而 M 可以写成 $M = Ne$，于是

$$K_F = \frac{Ny}{M} = \frac{Ny}{Ne} = \frac{y}{e}$$

基底的受力简图如图 6-2-6 所示，从中可以清楚看出 e、y 的含义，以及基底反力的合力与竖向压力的平衡。

68. 答案：D

解答过程：依据《高层建筑混凝土结构技术规程》JGJ 3—2010 的表 3.3.1-1，7 度、框架结构，37m 属于 A 级高度。依据 3.9.2 条，Ⅲ类场地、0.15g，应按 8 度采取抗震构造措施。查表 3.9.3，框架结构、8 度，抗震等级为一级。

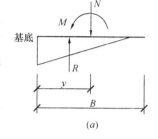
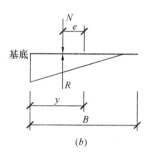

图 6-2-6 倾覆时的基底受力

查表 6.4.2，框架结构、一级，轴压比限值为 0.65。剪跨比 $\lambda = \frac{H_n}{2h_0} = \frac{2700}{2 \times (750-45)} = 1.9 > 1.5$ 且 < 2.0，依据表 6.4.2 下的注释 3，轴压比限值应减小 0.05。故轴压比限值最终为 $0.65 - 0.05 = 0.60$。选择 D。

69. 答案：C

解答过程：依据《高层建筑混凝土结构技术规程》JGJ 3—2010 的表 3.3.1-1，7 度、框架-核心筒结构，116m 属于 A 级高度。丙类建筑，应采用设防烈度。依据 3.9.3 条，框架-核心筒结构、7 度，核心筒、框架的抗震等级均为二级。

依据表 3.9.3 下注释 2，底部带转换层的筒体结构，其转换框架的抗震等级应按表中部分框支剪力墙结构的规定采用。今 7 度、高度>80m，框支框架的抗震等级为一级。依据 10.2.6 条条文说明，尽管转换层的位置设在 3 层，但由于是框架-核心筒结构而不是部分框支剪力墙，故框支框架抗震等级不提高，仍为一级。

依据 3.9.5 条，地下室一层框架的抗震等级，依据上部结构确定（虽然无上部结构，但是处于主楼的相关范围内）。今按照上部结构为一般框架确定。查表 3.9.3，框架-核心筒、7 度、框架，抗震等级为二级。

故选择 C。

点评：对于本题，有以下几点需要说明：

(1) 本题对选择项有改动，以适应新规范的变化。

(2) 2010 版《高层建筑混凝土结构技术规程》在确定地下室的抗震等级时，强调"相关范围"，当地下室顶板作为上部结构的嵌固端时，地下一层"相关范围"内的抗震等级应按上部结构采用。超出相关范围且无上部结构的部分，抗震等级可根据具体情况采用三级或四级。

(3) 本题中地下室框架的抗震等级如何按照上部结构采用，参考了朱炳寅《高层建筑混凝土结构技术规程应用与分析》96~98 页的内容。

70. 答案：C

解答过程：依据《高层建筑混凝土结构技术规程》JGJ 3—2010 的 10.2.11 条，柱 AB 与转换构件相连，柱顶 $M_A = 1.5 \times 1800 = 2700$ kN·m；底层柱下端 $M_C = 1.5 \times 400 = 600$ kN·m。

依据 6.2.1 条，节点 B 下柱顶弯矩 M_B 要考虑"强柱弱梁"调整，今 $600 + 500 = 1100$ kN·m $> 1.4 \times 520 = 728$ kN·m，满足要求，故不再调整。

选择 C。

点评：规范 10.2.11 条第 3 款原文为："与转换构件相连的一、二级转换柱的上端和底层柱下端截面的弯矩组合值应分别乘以增大系数 1.5、1.3"，其含义是，与转换构件相连的转换柱的上端和底层柱下端截面的弯矩组合值，转换柱等级为一级时乘以 1.5，为二级时乘以 1.3。

71. 答案：B

解答过程：依据《高层建筑混凝土结构技术规程》JGJ 3—2010 的 10.2.8 条，对托柱转换梁的托柱部位，梁的箍筋应加密，箍筋直径、间距、面积配筋率应符合 10.2.7 条第 2 款规定。

依据 10.2.7 条第 2 款，加密区箍筋直径不小于 10mm，间距不大于 100mm。一级抗震，要求配箍率满足：

$$\frac{A_{sv}}{bs} \geq 1.2 \frac{f_t}{f_{yv}}$$

$$\frac{A_{sv}}{1000 \times 100} \geq 1.2 \times \frac{1.71}{300}$$

解出 $A_{sv} \geq 684$ mm²，8Φ12 的截面积为 905 mm² $>$ 684 mm²，且最接近，故选择 B。

72. 答案：C

解答过程：依据《建筑抗震设计规范》GB 50011—2010 的 6.7.2 条，筒体底部加强部位及其相邻上一层，当侧向刚度无突变时不宜改变墙体厚度，故取 $b_w = 400$ mm。

依据《高层建筑混凝土结构技术规程》JGJ 3—2010 的 10.2.2 条，底部加强部位取至转换层以上两层且不宜小于房屋高度的 1/10，故第 4 层属于底部加强部位。依据 9.2.2 条，底部加强部位角部墙体约束边缘构件沿墙肢的长度宜取墙肢截面高度的 1/4。

依据 7.2.15 条以及图 7.2.15 可知，边缘约束构件沿墙肢的长度 $l_c = 4200/4 = 1050$ mm。依据标准图集《建筑物抗震构造详图（多层和高层钢筋混凝土房屋）》20G329-1 的 7-4 页，阴影范围取值与图 7.2.15 中的转角墙相同，故 l_1 应取墙厚 400mm。

选择 C。

73. 答案：B

解答过程：依据《公路桥涵设计通用规范》JTG D60—2015 的表 3.4.3，桥下净空，当洪水期有大漂浮物时，应高出计算水位 1.5m，故梁底最小高程为 $1.5 + 2.5 = 4.0$ m。选择 B。

74. 答案：A

解答过程：依据《城市桥梁抗震设计规范》CJJ 166—2011 的 11.3.2 条，简支梁端部至盖梁边缘距离不小于 $70 + 0.5L = 70 + 0.5 \times 15.50 = 77.75$ cm。根据几何关系，盖梁宽度至少为 77.75×2+8=163.5cm，故选择 A。

75. 答案：C

解答过程：依据《公路桥涵设计通用规范》JTG D60—2015 的 1.0.5 条，该桥总跨径 590m，以此判断为大桥；单孔跨径最大为 80m，以此判断也为大桥。故选择 C。

76. 答案：D

解答过程：依据《公路桥涵设计通用规范》JTG D60—2015 的表 4.3.1-4，桥面净宽 8m，设计车道数应为 2。依据 4.3.5 条，一个车道的制动力标准值为 10%×(10.5×30+320)=63.5kN<165kN，取为 165kN。两个车道的制动力由两个桥台平均承担，每个应承受 165kN。选择 D。

点评：本题中，由于同向行驶车道数为 2，因此，不考虑单车道横向布载系数 1.2。

77. 答案：D

解答过程：桥梁全长为 45+60+45+10×40+2×(0.9+3)=557.8m，选择 D。

78. 答案：A

解答过程：依据《公路桥涵设计通用规范》JTG D60—2015 的 4.1.5 条，选择 A。

79. 答案：B

解答过程：单根预应力束的最大张拉力为张拉控制应力与预应力筋截面积的乘积，即
$$0.75 \times 1860 \times 9 \times 140 = 1757.7 \times 10^3 \text{N}，选择 B。$$

80. 答案：D

解答过程：依据《城市人行天桥与人行地道技术规范》CJJ 69—95 的 2.2.2 条，每端梯道（或坡道）的净宽之和应大于桥面净宽的 1.2 倍以上，梯道的最小净宽为 1.8m。

今 b=1.2×5/2=3m>1.8m，应取为 3.0m，故选择 D。

7 2011年试题与解答

7.1 2011年试题

题1~4

某四层现浇钢筋混凝土框架结构，各层结构计算高度均为6m，平面布置如图7-1-1所示，抗震设防烈度为7度，设计基本地震加速度为0.15g，设计地震分组为第二组，建筑场地类别为Ⅱ类，抗震设防类别为重点设防类。

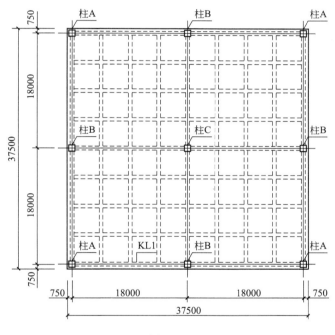

图 7-1-1

1. 假定，考虑非承重墙影响的结构基本自振周期 $T_1=1.08s$，各层重力荷载代表值均为 $12.5kN/m^2$（按建筑面积 37.5m×37.5m 计算）。试问，按底部剪力法确定的多遇地震下的结构总水平地震作用标准值 F_{Ek}(kN)与下列何项数值最为接近？

提示：按《建筑抗震设计规范》GB 50011—2010（2016年版）作答。

A. 2000　　　　　B. 2700　　　　　C. 2900　　　　　D. 3400

2. 假定，多遇地震作用下按底部剪力法确定的结构总水平地震作用标准值 $F_{Ek}=3600kN$，顶部附加地震作用系数 $\delta_n=0.118$。试问，当各层重力荷载代表值均相同时，多遇地震下结构总地震倾覆力矩标准值 M(kN·m)与下列何项数值最为接近？

A. 64000　　　　B. 67000　　　　C. 75000　　　　D. 85000

3. 假定，柱B混凝土强度等级为C50，剪跨比大于2，恒荷载作用下的轴力标准值 $N_1=7400kN$，活荷载作用下的轴力标准值 $N_2=2000kN$（组合值系数为0.5），水平地震作

用下的轴力标准值 $N_{Ehk}=500$kN。试问，根据《建筑抗震设计规范》GB 50011—2010，当未采用有利于提高轴压比限值的构造措施时，柱 B 满足轴压比要求的最小正方形截面边长 h(mm)应与下列何项数值最为接近？

提示：风荷载不起控制作用。

A．750 B．800 C．850 D．900

4．假定，现浇框架梁 KL1 的截面尺寸 $b \times h=600$mm$\times 1200$mm，混凝土强度等级为 C35，纵向受力钢筋采用 HRB400 级，梁端底面实配纵向受力钢筋面积 $A'_s=4418$mm^2，梁端顶面实配纵向受力钢筋面积 $A_s=7592$mm^2，$h_0=1120$mm，$a'_s=45$mm，$\xi_b=0.518$。试问，考虑受压区受力钢筋作用，梁端承受负弯矩的正截面抗震受弯承载力设计值 M(kN·m)与下列何项数值最为接近？

A．2300 B．2700 C．3200 D．3900

题 5～9

某五层重点设防类建筑，采用现浇钢筋混凝土框架结构如图 7-1-2 所示，抗震等级为二级，各柱截面均为 600mm$\times$600mm，混凝土强度等级 C40。

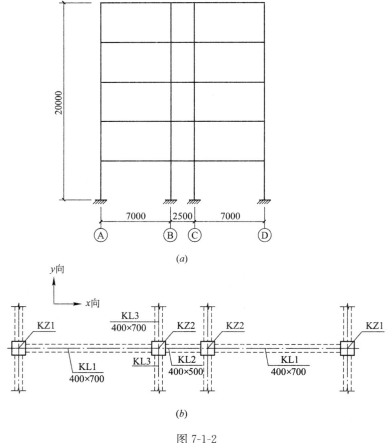

图 7-1-2
(a)计算简图；(b)二、三层局部结构布置

5．假定，底层边柱 KZ1 考虑水平地震作用组合的，经调整后的弯矩设计值为 616kN·m，相应的轴力设计值为 880kN，且已经求得 $C_m\eta_{ns}=1.03$。柱纵筋采用 HRB335

级钢筋，对称配筋。$a_s=a_s'=40\text{mm}$，相对界限受压区高度 $\xi_b=0.55$，承载力抗震调整系数 $\gamma_{RE}=0.75$。试问，满足承载力要求的纵筋截面面积 $A_s=A_s'(\text{mm}^2)$，与下列何项数值最为接近？

提示：柱的配筋由该组内力控制且满足构造要求。

A. 1520　　　　B. 2120　　　　C. 2720　　　　D. 3520

6. 假定，二层框架梁 KL1 及 KL2 在重力荷载代表值及 X 向水平地震作用下的弯矩图如图 7-1-3 所示，$a_s=a_s'=35\text{mm}$，柱的计算高度 $H_c=4000\text{mm}$。试问，根据《建筑抗震设计规范》GB 50011—2010（2016 年版），KZ2 二层节点核芯区组合的 X 向剪力设计值 $V_j(\text{kN})$ 与下列何项数值最为接近？

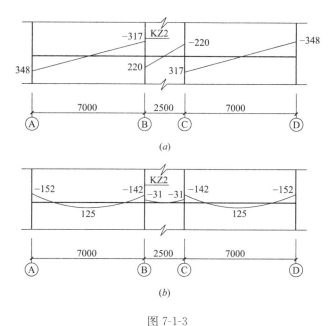

图 7-1-3
(a) 正 X 向水平地震作用下梁弯矩标准值(kN·m)；
(b) 重力荷载代表值作用下梁弯矩标准值(kN·m)

A. 1700　　　　B. 2100　　　　C. 2400　　　　D. 2800

7. 假定，三层平面位于柱 KZ2 处的梁柱节点，对应于考虑地震作用组合剪力设计值的上柱底部的轴向压力设计值的较小值为 2300kN，节点核芯区箍筋采用 HRB335 级钢筋，配置如图 7-1-4 所示，正交梁的约束影响系数 $\eta_j=1.5$，框架梁 $a_s=a_s'=35\text{mm}$。试问，根据《混凝土结构设计规范》GB 50010—2010（2015 年版），此框架梁柱节点核芯区的 X 向抗震受剪承载力 (kN) 与下列何项数值最为接近？

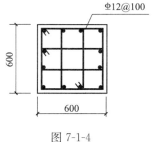

图 7-1-4

A. 800　　　　B. 1100
C. 1900　　　D. 2200

8. 假定，二层中柱 KZ2 截面为 600mm×600mm，剪跨比大于 2，轴压比为 0.6，纵筋和箍筋均采用 HRB335 级钢筋，箍筋采用普通复合箍。试问，下列何项柱加密区配筋符合《建筑抗震设计规范》GB 50011—2010（2016年版）的要求？

提示：复合箍的体积配箍率按扣除重叠部位的箍筋体积计算。

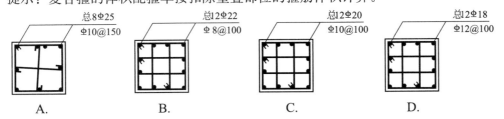

9. 已知，该建筑抗震设防烈度为 7 度，设计基本地震加速度为 $0.10g$。建筑物顶部附设 6m 高悬臂式广告牌，附属构件重力为 100kN，自振周期为 0.08s，顶层结构重力为 12000kN。试问，该附属构件自身重力沿不利方向产生的水平地震作用标准值 F(kN)应与下列何项数值最为接近？

A. 16　　　　　B. 20　　　　　C. 32　　　　　D. 38

题 10～14

某多层现浇钢筋混凝土结构，设两层地下车库，局部地下一层外墙内移，如图 7-1-5 所示。已知：室内环境类别为一类，室外环境类别为二 b 类，混凝土强度等级均为 C30。

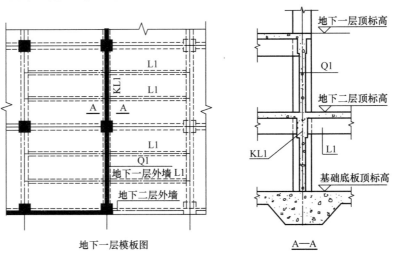

图 7-1-5

10. 假定，地下一层外墙 Q1 简化为上端铰接、下端刚接的受弯构件进行计算，如图 7-1-6 所示。取每延米宽为计算单元，由土压力产生的均布荷载标准值 g_{1k}＝10kN/m，由土压力产生的三角形荷载标准值 g_{2k}＝33kN/m，由地面活荷载产生的均布荷载标准值 q_k＝4kN/m。试问，该墙体下端截面支座弯矩设计值 M_B(kN·m)与下列何项数值最为接近？

提示：（1）取 γ_G＝1.3、γ_Q＝1.5；不考虑地下水压力的作用；

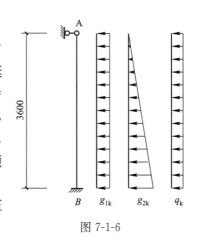

图 7-1-6

(2) 均布荷载 q 作用下 $M_B=\frac{1}{8}ql^2$，三角形荷载 q 作用下 $M_B=\frac{1}{15}ql^2$。

A. 46　　　　　B. 53　　　　　C. 63　　　　　D. 66

11. 假定，Q1 墙体的厚度 $h=250$mm，墙体竖向受力钢筋采用 HRB400 级钢筋，外侧为 ⌽16@100，内侧为 ⌽12@100，均放置于水平钢筋外侧。试问，当按受弯构件计算并不考虑受压钢筋作用时，该墙体下端截面每米宽的受弯承载力设计值 M(kN·m)，与下列何项数值最为接近？

提示：纵向受力钢筋的混凝土保护层厚度取最小值。

A. 115　　　　B. 135　　　　C. 165　　　　D. 190

12. 梁 L1 在支座梁 KL1 右侧截面及配筋如图 7-1-7 所示，假定按荷载效应准永久组合计算的该截面弯矩值 $M_q=600$kN·m，$a_s=a'_s=70$mm。试问，该支座处梁端顶面按矩形截面计算的考虑长期作用影响的最大裂缝宽度 w_{max}(mm)，与下列何项数值最为接近？

提示：保护层厚度取规范规定的最小值，箍筋直径取 10mm。

A. 0.21　　　　B. 0.25　　　　C. 0.28　　　　D. 0.32

13. 方案比较时，假定框架梁 KL1 截面及跨中配筋如图 7-1-8 所示。纵筋采用 HRB400 级钢筋，$a_s=a'_s=70$mm，跨中截面弯矩设计值 $M=880$kN·m，对应的轴向拉力设计值 $N=2200$kN。试问，非抗震设计时，该梁跨中截面按矩形截面偏心受拉构件计算所需的下部纵向受力钢筋面积 A_s(mm^2)，与下列何项数值最为接近？

提示：该梁配筋计算时不考虑上部墙体及梁侧腰筋的作用。

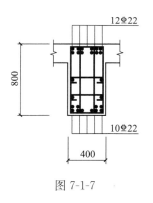

图 7-1-7

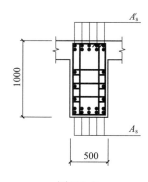

图 7-1-8

A. 2900　　　　B. 3500　　　　C. 5900　　　　D. 7100

14. 方案比较时，假定框架梁 KL1 截面及配筋如图 7-1-8 所示，$a_s=a'_s=70$mm。支座截面剪力设计值 $V=1600$kN，对应的轴向拉力设计值 $N=2200$kN，计算截面的剪跨比 $\lambda=1.5$，箍筋采用 HRB335 级钢筋。试问，非抗震设计时，该梁支座截面处的按矩形截面计算的箍筋配置选用下列何项最为合适？

提示：不考虑上部墙体的共同作用。

A. ⌽10@100(4)　　　　　　　B. ⌽12@100(4)
C. ⌽14@150(4)　　　　　　　D. ⌽14@100(4)

题15. 8度区某竖向规则的抗震墙结构，房屋高度为90m，抗震设防类别为标准设防类。试问，下列四种经调整后的墙肢组合弯矩设计值简图，哪一种相对准确？

提示：根据《建筑抗震设计规范》GB 50011—2010（2016年版）作答。

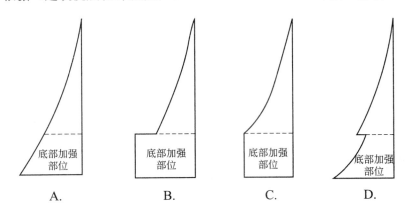

题16. 某多层钢筋混凝土框架结构，房屋高度20m，混凝土强度等级C40，抗震设防烈度8度，设计基本地震加速度0.30g，抗震设防类别为标准设防类，建筑场地类别Ⅱ类。拟进行隔震设计，水平向减震系数为0.35，下列关于隔震设计的叙述，其中何项是正确的？

A. 隔震层以上各楼层的水平地震剪力可不符合本地区设防烈度的最小地震剪力系数的规定
B. 隔震层下的地基基础的抗震验算按本地区抗震设防烈度进行，抗液化措施应按提高一个液化等级确定
C. 隔震层以上的结构，水平地震作用应按7度(0.15g)计算，并应进行竖向地震作用的计算
D. 隔震层以上的结构，框架抗震等级可定为三级，当未采取有利于提高轴压比限值的构造措施时，剪跨比大于2的柱的轴压比限值为0.75

题17～23

某钢结构办公楼，结构布置如图7-1-9所示。框架梁、柱采用Q345，次梁、中心支撑、加劲板采用Q235，楼面采用150mm厚C30混凝土楼板，钢梁顶采用抗剪栓钉与楼板连接。

17. 当进行多遇地震下的抗震计算时，根据《建筑抗震设计规范》GB 50011—2010（2016年版），该办公楼阻尼比宜采用下列何项数值？

A. 0.035　　B. 0.04　　C. 0.045　　D. 0.05

18. 次梁与主梁连接采用10.9级M16的高强度螺栓摩擦型连接（标准孔），连接处钢材接触表面的处理方法为喷砂后涂无机富锌漆，其连接形式如图7-1-10所示，考虑了连接偏心的不利影响后，取次梁端部剪力设计值 $V=110.2$ kN，连接所需的高强度螺栓数量（个）与下列何项数值最为接近？

A. 2　　B. 3　　C. 4　　D. 5

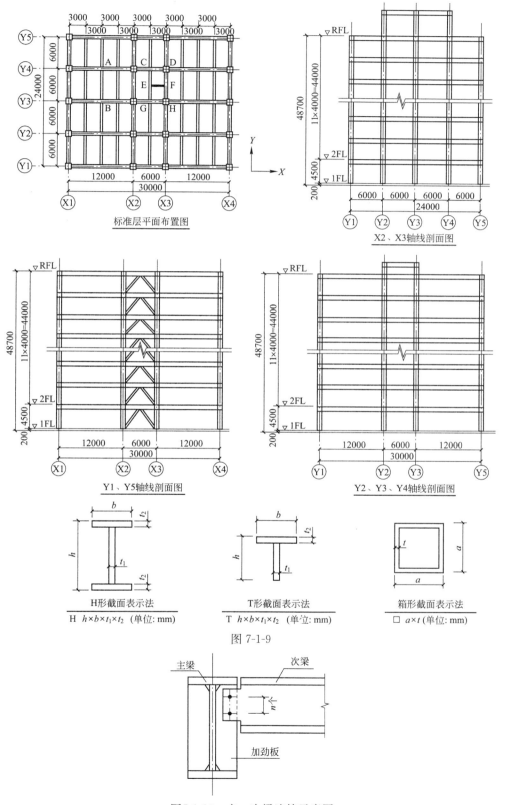

图 7-1-9

图 7-1-10 主、次梁连接示意图

19. 次梁 AB 截面为 H346×174×6×9，当楼板采用无板托连接，按组合梁计算时，混凝土翼板的有效宽度(mm)与下列何项数值最为接近？

A. 1050　　　　B. 1400　　　　C. 1950　　　　D. 2270

20. 假定，X 向平面内与柱 JK 上下端相连的框架梁远端为铰接，如图 7-1-11 所示，图中各截面的惯性矩如表 7-1-1 所示。若结构在 X 向满足强支撑的条件，试问，依据《高层民用建筑钢结构技术规程》JGJ 99—2015，当计算柱 JK 在重力作用下的稳定性时，X 向平面内计算长度系数与下列何项数值最为接近？

提示：不计横梁承受的轴力。

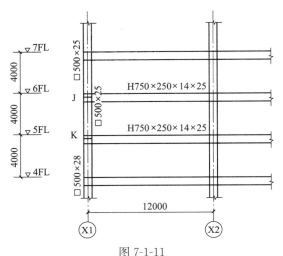

梁、柱的惯性矩　　表 7-1-1

截面	I_x (mm⁴)
H750×250×14×25	$2.04×10^9$
□500×25	$1.79×10^9$
□500×28	$1.97×10^9$

图 7-1-11

A. 0.80　　　　B. 0.90　　　　C. 1.00　　　　D. 1.50

21. 框架柱截面为 □500×25（截面特征见表 7-1-2），按单向受弯计算时，弯矩设计值见图 7-1-12，轴压力设计值为 $N=2693.7\mathrm{kN}$，试问，对该框架柱进行弯矩作用平面外稳定性验算时，公式左侧求得的数值，与下列何项最为接近？

提示：(1) 框架柱截面分类为 C 类，$\lambda_y\sqrt{\dfrac{f_y}{235}}=41$。

(2) 框架柱所考虑构件段无横向荷载作用。

A. 0.261　　　　B. 0.419　　　　C. 0.465　　　　D. 0.512

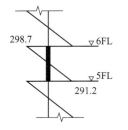

框架柱截面特征　　表 7-1-2

截面	A (mm²)	I_x (mm⁴)	W_x (mm³)
□500×25	$4.75×10^4$	$1.79×10^9$	$7.16×10^6$

图 7-1-12　框架柱弯矩图(单位：kN·m)

22. 中心支撑为轧制 H 型钢 H250×250×9×14（截面特性见表 7-1-3），几何长度 5000mm。试问，考虑地震作用时，该支撑斜杆的受压承载力限值（kN），与下列何项数值最为接近？

提示：（1）依据《建筑抗震设计规范》GB 50011—2010（2016年版）作答。
（2）$f_{ay}=235\text{N/mm}^2$，$E=206\times10^3\text{N/mm}^2$，假定支撑的计算长度系数为1.0。
（3）支撑截面板件的宽厚比满足限值要求。

A. 1100　　　　　B. 1300　　　　　C. 1450　　　　　D. 1650

中心支撑截面特征　　　　　　　　　　　　　　　　表 7-1-3

截面	A（mm²）	i_x（mm）	i_y（mm）
H250×250×9×14	91.43×10²	108.1	63.2

23. CGHD区域内无楼板，次梁EF均匀受弯，弯矩设计值为4.05kN·m。当截面采用T125×125×6×9（截面特征见表7-1-4）时，试问，构件抗弯强度验算时，公式左侧所得数值的最大值（N/mm²），与下列何项最为接近？

提示：依据《钢结构设计标准》GB 50017—2017的表 8.1.1 确定 γ_x。

A. 60　　　　　B. 130　　　　　C. 150　　　　　D. 160

次梁截面特征　　　　　　　　　　　　　　　　表 7-1-4

截面	A（mm²）	W_{x1}（mm³）	W_{x2}（mm³）	i_y（mm）
T125×125×6×9	1848	8.81×10⁴	2.52×10⁴	28.2

题 24～26

某厂房屋面上弦平面布置如图7-1-13所示，钢材采用Q235，焊条采用E43型。

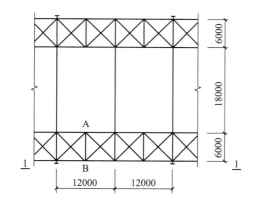
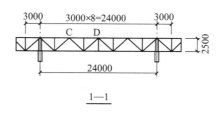

图 7-1-13

24. 托架上弦杆CD选用┓┏140×10（截面特征见表7-1-5），轴心压力设计值为450kN。试问，当对该压杆验算整体稳定性时，公式左侧求得的数值，与下列何项数值最为接近？

上弦杆截面特征　　　　　　　　　　　　　　　　表 7-1-5

截面	A（mm²）	i_x（mm）	i_y（mm）
┓┏140×10	5475	43.4	61.2

A. 0.465　　　　B. 0.512　　　　C. 0.605　　　　D. 0.712

25. 腹杆截面采用┐┌56×5（横截面积 $A=1083mm^2$），角钢与节点板采用两侧角焊缝连接，焊脚尺寸 $h_f=5mm$，连接形式如图 7-1-14 所示，如采用受拉等强连接，焊缝连接实际长度 a(mm)与下列何项数值最为接近？

提示：截面无削弱，肢尖、肢背内力分配比例为 3：7。

A. 140　　　　B. 160　　　　C. 290　　　　D. 300

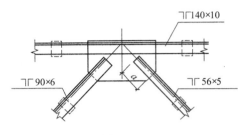

图 7-1-14

26. 图 7-1-13 中，AB 杆为双角钢十字截面，采用节点板与弦杆连接，当按杆件的长细比选择截面时，下列何项截面最为合理？

提示：杆件的轴心压力很小（小于其承载能力的 50%）。

A. ┼ 63×5($i_{min}=24.5mm$)　　　　B. ┼ 70×5($i_{min}=27.3mm$)

C. ┼ 75×5($i_{min}=29.2mm$)　　　　D. ┼ 80×5($i_{min}=31.3mm$)

题 27. 在工作温度等于或者低于−30℃的地区，下列关于提高钢结构抗脆断能力的叙述有几项是错误的？

Ⅰ．对于焊接构件应尽量采用厚板；

Ⅱ．应采用钻成孔或先冲后扩钻孔；

Ⅲ．对接焊缝的质量等级可采用三级；

Ⅳ．对厚度大于 10mm 的受拉构件的钢材采用手工气割或剪切边时，应沿全长刨边；

Ⅴ．安装连接宜采用焊接。

A. 1 项　　　　B. 2 项　　　　C. 3 项　　　　D. 4 项

题 28. 关于钢材和焊缝强度设计值的下列说法中，下列何项有误？

Ⅰ．同一钢号不同质量等级的钢材，强度设计值相同；

Ⅱ．同一钢号不同厚度的钢材，强度设计值相同；

Ⅲ．钢材工作温度不同（如低温冷脆），强度设计值不同；

Ⅳ．对接焊缝强度设计值与母材厚度有关；

Ⅴ．角焊缝的强度设计值与焊缝质量等级有关。

A. Ⅱ、Ⅲ、Ⅴ　　　　B. Ⅱ、Ⅴ

C. Ⅲ、Ⅳ　　　　D. Ⅰ、Ⅳ

题 29. 试问，计算吊车梁疲劳时，作用在跨间内的下列何种吊车荷载取值是正确的？

A. 荷载效应最大的一台吊车的荷载设计值

B. 荷载效应最大的一台吊车的荷载设计值乘以动力系数

C. 荷载效应最大的一台吊车的荷载标准值

D. 荷载效应最大的相邻两台吊车的荷载标准值

题30. 材质为Q235的焊接工字钢次梁，截面尺寸如图7-1-15所示，截面特征为：$I_x=4.43\times10^8\text{mm}^4$，$S_x=7.74\times10^5\text{mm}^3$。腹板与翼缘的焊接采用双面角焊缝，焊条采用不预热的E43型非低氢型焊条。承受的最大剪力设计值$V=204\text{kN}$，翼缘与腹板连接焊缝的焊脚尺寸h_f（mm），取下列何项数值最为经济合理？

A. 2   B. 4
C. 6   D. 8

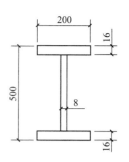

图7-1-15 次梁截面

题31. 关于砌体结构的设计，有下列四项论点：

Ⅰ. 某六层刚性方案砌体结构房屋，层高均为3.3m，均采用现浇钢筋混凝土楼板，外墙洞口水平截面面积约为全截面面积的60%，基本风压0.6kN/m²，外墙静力计算时可不考虑风荷载的影响；

Ⅱ. 通过改变砌块强度等级可以提高墙、柱的允许高厚比；

Ⅲ. 在蒸压粉煤灰普通砖强度等级不大于MU20、砂浆强度等级不大于M10的条件下，为增加砌体抗压承载力，提高砖的强度等级一级比提高砂浆强度等级一级效果好；

Ⅳ. 厚度180mm、上端非自由端、无门窗洞口的自承重墙体，允许高厚比修正系数为1.32。

试问，以下何项组合是正确的？

A. Ⅰ、Ⅲ   B. Ⅱ、Ⅲ
C. Ⅲ、Ⅳ   D. Ⅱ、Ⅳ

题32. 关于砌体结构设计的论述，有下列四项论点：

Ⅰ. 当砌体结构作为刚体需验证其整体稳定性时，例如倾覆、滑移、漂浮等，抗力分项系数应取0.9；

Ⅱ. 烧结普通砖砌体的线膨胀系数比蒸压粉煤灰普通砖砌体小；

Ⅲ. 当验算施工中房屋的构件时，砌体强度设计值应乘以调整系数1.05；

Ⅳ. 砌体结构设计规范的强度指标是按施工质量控制等级为B级确定的，当采用A级时，可将强度设计值提高7%后采用。

试问，以下何项组合是正确的？

A. Ⅰ、Ⅱ、Ⅲ   B. Ⅱ、Ⅲ、Ⅳ
C. Ⅰ、Ⅲ、Ⅳ   D. Ⅱ、Ⅳ

题33~38

某多层刚性方案砖砌体教学楼，其局部平面如图7-1-16所示。墙体厚度均为240mm，轴线均居墙中。室内外高差0.3m，基础埋置较深且均有刚性地坪。墙体采用MU15蒸压粉煤灰普通砖、Ms10砂浆砌筑，底层、二层层高均为3.6m；楼、屋面板采用现浇钢筋混凝土板。砌体施工质量控制等级为B级，结构安全等级为二级。钢筋混凝土梁的截面尺寸为250mm×550mm。

33. 假定，墙B某层计算高度$H_0=3.4\text{m}$。试问，每延米非抗震轴心受压承载力（kN），应与下列何项数值最为接近？

A. 275   B. 300   C. 315   D. 385

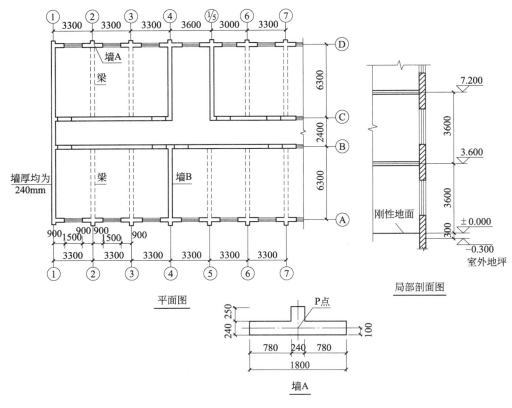

图 7-1-16

34. 假定，墙 B 在重力荷载代表值作用下底层墙底的荷载为 172.8kN/m，两端设有构造柱，试问，该墙段截面每延米墙长抗震受剪承载力（kN）与下列何项数值最为接近？

A. 45   B. 50   C. 60   D. 70

35. 假定，墙 B 在两端（Ⓐ、Ⓑ 轴处）及正中均设 240mm×240mm 构造柱，构造柱混凝土强度等级为 C20，每根构造柱均配 4 根 HPB300、直径 14mm 的纵向钢筋。试问，该墙段考虑地震作用组合的最大受剪承载力设计值（kN），应与下列何项数值最为接近？

提示：$f_y=270N/mm^2$，按 $f_{vE}=0.22N/mm^2$ 进行计算，不考虑Ⓐ轴处外伸 250mm 墙段的影响，按《砌体结构设计规范》GB 50003—2011 作答。

A. 360   B. 400   C. 415   D. 510

36. 试问，底层外纵墙 A 的高厚比，与下列何项数值最为接近？

提示：墙 A 截面 $I=5.55\times10^9 mm^4$，$A=4.9\times10^5 mm^2$。

A. 8.5   B. 9.7   C. 10.4   D. 11.8

37. 假定，二层墙 A 折算厚度 $h_T=360mm$，截面重心至墙体翼缘边缘的距离为 150mm，墙体计算高度 $H_0=3.6m$，试问，当轴力作用在该墙截面 P 点时，该墙体非抗震承载力设计值（kN）与下列何项数值最为接近？

A. 320   B. 370   C. 420   D. 590

38. 假定，三层需在⑤轴梁上设隔断墙，采用不灌孔的混凝土砌块，墙体厚度 190mm，试问，三层该隔断墙承载力影响系数 φ 与下列何项数值最为接近？

提示：隔断墙按两侧有拉接、顶端为不动铰考虑，隔断墙计算高度按 $H_0=3.0\mathrm{m}$ 考虑。
A. 0.725　　　　B. 0.685　　　　C. 0.635　　　　D. 0.585

题 39. 某多层砌体结构房屋，顶层钢筋混凝土挑梁置于丁字形（带翼墙）截面的墙体上，端部设有构造柱，如图 7-1-17 所示；挑梁截面 $b \times h_b = 240\mathrm{mm} \times 450\mathrm{mm}$，墙体厚度均为 240mm。屋面板传给挑梁的恒荷载及挑梁自重标准值为 $g_k=27\mathrm{kN/m}$，不上人屋面，活荷载标准值为 $q_k=3.5\mathrm{kN/m}$。试问，该挑梁的最大弯矩设计值（kN·m），与下列何项数值最为接近？

提示：依据《建筑结构可靠性设计统一标准》GB 50068—2018 进行荷载效应组合。
A. 60　　　　B. 65　　　　C. 70　　　　D. 75

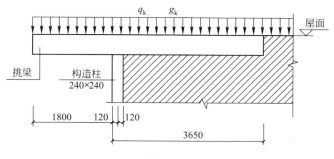

图 7-1-17

题 40. 抗震等级为二级的配筋砌块砌体剪力墙房屋，首层某矩形截面剪力墙墙体厚度为 190mm，墙体长度为 5100mm，剪力墙截面的有效高度 $h_0=4800\mathrm{mm}$，为单排孔混凝土砌块对孔砌筑，砌体施工质量控制等级为 B 级。若此段砌体剪力墙计算截面的剪力设计值 $V=210\mathrm{kN}$，轴压力设计值 $N=1250\mathrm{kN}$，弯矩设计值 $M=1050\mathrm{kN \cdot m}$，灌孔砌体的抗压强度设计值 $f_g=7.5\mathrm{N/mm^2}$。试问，底部加强部位剪力墙的水平分布钢筋配置，下列哪种说法合理？

提示：按《砌体结构设计规范》GB 50003—2011 作答。
A. 按计算配筋
B. 按构造，最小配筋率取 0.10%
C. 按构造，最小配筋率取 0.11%
D. 按构造，最小配筋率取 0.13%

题 41. 露天环境下某工地采用红松原木制作混凝土梁底模立柱，强度验算部位未经切削加工，试问，在确定设计指标时，该红松原木轴心抗压强度最大设计值（$\mathrm{N/mm^2}$），与下列何项数值最为接近？
A. 10　　　　B. 12　　　　C. 14　　　　D. 15

题 42. 关于木结构，下列哪一种说法是不正确的？
A. 现场制作的原木、方木承重构件，木材的含水率不应大于 25%
B. 普通木结构受弯或压弯构件当采用原木时，对髓心不做限制指标
C. 木材顺纹抗压强度最高，斜纹承压强度最低，横纹承压强度介于两者之间
D. 标注原木直径时，应以小头为准；验算原木构件挠度和稳定时，可取中央截面

题 43～45

某多层框架结构带一层地下室，采用柱下矩形钢筋混凝土独立基础，基础底面平面尺寸 3.3m×3.3m，基础底绝对标高 60.000m，天然地面绝对标高 63.000m，设计室外地面

绝对标高 65.000m，地下水位绝对标高为 60.000m，回填土在上部结构施工后完成，室内地面绝对标高 61.000m，基础及其上土的加权平均重度为 20kN/m³，地基土层分布及相关参数如图 7-1-18 所示。

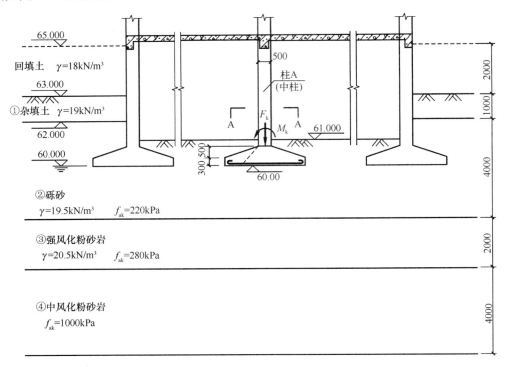

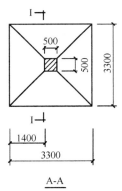

图 7-1-18

43. 试问，柱 A 基础底面修正后的地基承载力特征值 f_a(kPa) 与下列何项数值最为接近？

A. 270　　　B. 350　　　C. 440　　　D. 600

44. 假定，柱 A 基础采用的混凝土强度等级为 C30（f_t=1.43N/mm²），基础冲切破坏锥体的有效高度 h_0=750mm。试问，图中虚线所示冲切面的受冲切承载力设计值(kN) 与下列何项数值最为接近？

A. 880　　　B. 940　　　C. 1000　　　D. 1400

45. 假定，荷载效应基本组合由永久荷载控制，相应于荷载效应基本组合时，柱 A 基础在图示单向偏心荷载作用下，基底边缘最小地基反力设计值为 40kPa，最大地基反力设计值为 300kPa。试问，柱与基础交接处截面 Ⅰ-Ⅰ 的弯矩设计值(kN·m)与下列何项数值最为接近？

A. 570　　　　B. 590　　　　C. 620　　　　D. 660

题 46～47

某混凝土挡土墙墙高 5.2m，墙背倾角 $\alpha=60°$，挡土墙基础持力层为中风化较硬岩。挡土墙剖面如图 7-1-19 所示，其后有较陡峻的稳定岩体，岩坡的坡角 $\theta=75°$，填土对挡土墙墙背的摩擦角 $\delta=10°$。

提示：不考虑挡土墙前缘土体作用，按《建筑地基基础设计规范》GB 50007—2011 作答。

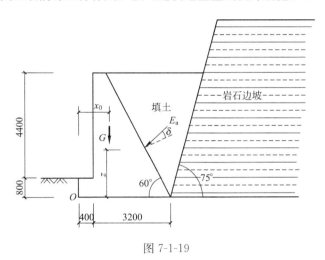

图 7-1-19

46. 假定，挡土墙后填土的重度 $\gamma=19kN/m^3$，内摩擦角标准值 $\varphi=30°$，内聚力标准值 $c=0kPa$，填土与岩坡坡面间的摩擦角 $\delta_r=10°$。试问，当主动土压力增大系数 ψ_c 取 1.1 时，作用于挡土墙上的主动土压力合力 E_a(kN/m) 与下列何项数值最为接近？

A. 200　　　　B. 215　　　　C. 240　　　　D. 260

47. 假定，挡土墙主动土压力合力 $E_a=250kN/m$，主动土压力合力作用点位置距离挡土墙底 1/3 墙高，挡土墙每延米自重 $G_k=220kN$，其重心距挡土墙墙趾的水平距离 $x_0=1.426m$。试问，相应于荷载效应标准组合时，挡土墙底面边缘最大压力值 p_{kmax}(kPa) 与下列何项数值最为接近？

A. 105　　　　B. 200　　　　C. 240　　　　D. 280

题 48. 根据《建筑地基处理技术规范》JGJ 79—2012 的规定，在下述处理地基的方法中，当基底土的地基承载力特征值大于 70kPa 时，平面处理范围可仅在基础底面范围内的是：

Ⅰ. 夯实水泥土桩　　　　　　　　Ⅱ. 灰土挤密桩
Ⅲ. 水泥粉煤灰碎石桩　　　　　　Ⅳ. 振冲碎石桩

A. Ⅰ、Ⅱ、Ⅲ、Ⅳ　　　　　　　B. Ⅰ、Ⅱ、Ⅳ
C. Ⅱ、Ⅳ　　　　　　　　　　　D. Ⅰ、Ⅲ

题 49. 某建筑场地，受压土层为淤泥质黏土层，其厚度为 10m，其底部为不透水层。场地采用排水固结法进行地基处理，竖井采用塑料排水带并打穿淤泥质黏土层，预压荷载总压力为 70kPa，场地条件及地基处理示意如图 7-1-20(a) 所示，加荷过程如图 7-1-20(b) 所示。试问，加荷开始后 100d 时，淤泥质黏土层平均固结度 $\overline{U}_t$ 与下列何项数值最为接近？

提示：不考虑竖井井阻和涂抹的影响；$F_n=2.25$；$\beta=0.0244(1/d)$。

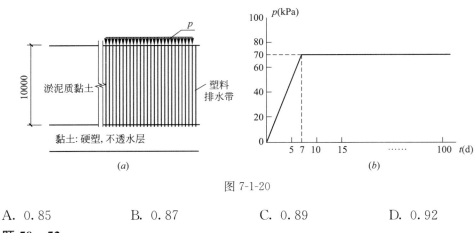

图 7-1-20

A. 0.85　　　　B. 0.87　　　　C. 0.89　　　　D. 0.92

题 50～52

某工程采用打入式钢筋混凝土预制方桩，桩截面边长为 400mm，单桩竖向抗压承载力特征值 $R_a=750$kN。某柱下原设计布置 A、B、C 三桩，工程桩施工完毕后，检测发现 B 桩有严重缺陷，按废桩处理(桩顶与承台始终保持脱开状态)，需要补打 D 桩，补桩后的桩基承台如图 7-1-21 所示。承台高度为 1100mm，混凝土强度等级为 C35（$f_t=1.57$N/mm²），柱截面尺寸为 600mm×600mm。

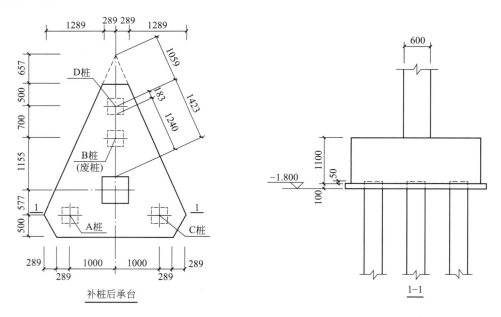

图 7-1-21

提示：按《建筑桩基技术规范》JGJ 94—2008 作答，承台的有效高度 h_0 按 1050mm 取用。

50. 假定，柱只受轴心荷载作用，相应于荷载效应标准组合时，原设计单桩承担的竖向压力均为 745kN,假定承台尺寸变化引起的承台及其上覆土重量和基底竖向力合力作用点的变化可忽略不计。试问,补桩后此三桩承台下单桩承担的最大竖向压力值(kN)与下述何项最为接近?

A. 750   B. 790   C. 850   D. 900

51. 试问,补桩后承台在D桩处的受角桩冲切的承载力设计值(kN)与下列何项数值最为接近?

A. 1150   B. 1300   C. 1400   D. 1500

52. 假定,补桩后,在荷载效应基本组合下,不计承台及其上土重,A桩和C桩承担的竖向反力设计值均为1100kN,D桩承担的竖向反力设计值为900kN。试问,通过承台形心至两腰边缘正交截面范围内板带的弯矩设计值 $M(kN \cdot m)$,与下列何项数值最为接近?

A. 780   B. 880   C. 920   D. 940

题 53~54

某桩基工程采用泥浆护壁非挤土灌注桩,桩径 d 为600mm,桩长 $l=30$m,灌注桩配筋、地基土层分布及相关参数情况如图7-1-22所示,第③层粉砂层为不液化土层,桩身配筋符合《建筑桩基技术规范》JGJ 94—2008 第4.1.1条灌注桩配筋的有关要求。

提示:按《建筑桩基技术规范》JGJ 94—2008作答。

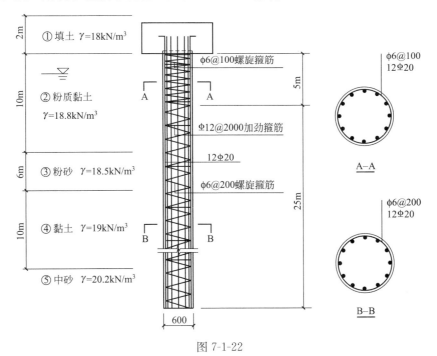

图 7-1-22

53. 已知,建筑物对水平位移不敏感。假定,进行单桩水平静载试验时,桩顶水平位移6mm时所对应的荷载为75kN,桩顶水平位移10mm时所对应的荷载为120kN。试问,验算永久荷载控制的桩基水平承载力时,单桩水平承载力特征值(kN)与下列何项数值最为接近?

A. 60   B. 70   C. 80   D. 90

54. 已知,桩身混凝土强度等级为C30($f_c=14.3$N/mm²),桩纵向钢筋采用HRB335

级钢($f'_y=300\text{N/mm}^2$)，基桩成桩工艺系数 $\psi_c=0.7$。试问，在荷载效应基本组合下，轴心受压灌注桩的正截面受压承载力设计值(kN)与下列何项数值最为接近？

A. 2500　　　　　B. 2800　　　　　C. 3400　　　　　D. 3800

题 55. 某建筑场地位于 8 度抗震设防区，场地土层分布及土性如图 7-1-23 所示，其中粉土的黏粒含量为 14%，拟建建筑基础埋深为 1.5m，已知地面以下 30m 土层地质年代为第四纪全新世。试问，当地下水位在地表下 5m 时，按《建筑抗震设计规范》GB 50011—2010（2016 年版）的规定，下述观点何项正确？

A. 粉土层不液化，砂土层可不考虑液化影响
B. 粉土层液化，砂土层可不考虑液化影响
C. 粉土层不液化，砂土层需进一步判别液化影响
D. 粉土层、砂土层均需进一步判别液化影响

题 56. 根据《建筑地基基础设计规范》GB 50007—2011 的规定，下述关于岩溶与土洞的论述，其中何项是不正确的？

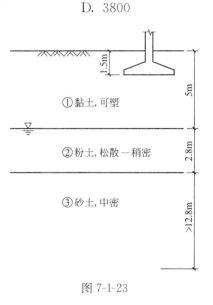

图 7-1-23

A. 土洞或塌陷等岩溶强发育的地段，若未经处理，不应作为建筑物地基
B. 岩溶地区，当基础底面以下的土层厚度大于 3 倍独立基础底宽，或大于 6 倍条形基础底宽时，对于地基基础设计等级为丙级且荷载较小的建筑物，可不考虑岩溶对地基稳定性的影响
C. 微风化、较完整的硬质岩地基，当基础底面以下洞体顶板厚度大于或等于洞跨，可不考虑岩溶对地基稳定性的影响
D. 基础底面与洞体顶板间土层厚度小于独立基础宽度的 3 倍或条形基础宽度的 6 倍，洞体被密实的沉积物填满，其承载力超过 150kPa，且无被水冲蚀的可能性时，对于地基基础设计等级为丙级且荷载较小的建筑物，可不考虑岩溶对地基稳定性的影响

题 57. 根据《建筑抗震设计规范》GB 50011—2010（2016 年版）及《高层建筑混凝土结构技术规程》JGJ 3—2010，下列关于高层建筑混凝土结构抗震变形验算（弹性工作状态）的观点，哪一种相对准确？

A. 结构楼层位移和层间位移控制值验算时，采用 CQC 的效应组合，位移计算时不考虑偶然偏心影响；扭转位移比计算时，不采用各振型位移的 CQC 组合计算，位移计算时考虑偶然偏心的影响
B. 结构楼层位移和层间位移控制值验算以及扭转位移比计算时，均采用 CQC 的效应组合，位移计算时，均考虑偶然偏心影响
C. 结构楼层位移和层间位移控制值验算以及扭转位移比计算时，均采用 CQC 的效应组合，位移计算时，均不考虑偶然偏心影响
D. 结构楼层位移和层间位移控制值验算时，采用 CQC 的效应组合，位移计算时考虑偶然偏心影响；扭转位移比计算时，不采用 CQC 组合计算，位移计算时不考虑偶然偏心的影响

题 58. 下列关于高层混凝土结构抗震性能化设计的观点，哪一项不符合《建筑抗震设计规范》GB 50011—2010（2016年版）的要求？

A. 选定性能目标应不低于"小震不坏，中震可修和大震不倒"的性能设计目标

B. 结构构件承载力按性能 3 要求进行中震复核时，承载力按标准值复核，不计入作用分项系数、承载力抗震调整系数和内力调整系数，材料强度取标准值

C. 结构构件地震残余变形按性能 3 要求进行中震复核时，整个结构中变形最大部位的竖向构件，其弹塑性位移角限值，可取常规设计时弹性层间位移角限值

D. 结构构件抗震构造按性能 3 要求确定抗震等级时，当构件承载力高于多遇地震提高一度的要求时，构造所对应的抗震等级可降低一度，且不低于 6 度采用，不包括影响混凝土构件正截面承载力的纵向受力钢筋的构造要求

题 59～60

某环形截面钢筋混凝土烟囱，如图 7-1-24 所示，烟囱基础顶面以上总重力荷载代表值为 18000kN，烟囱基本自振周期 $T_1=2.5s$。

59. 如果烟囱建于非地震区，基本风压 $w_0=0.5kN/m^2$，地面粗糙度为 B 类。试问，烟囱承载能力极限状态设计时，风荷载按下列何项考虑？

提示：（1）取斯托罗哈数 $St=0.2$；

（2）假定烟囱第 2 及以上振型不出现跨临界的强风共振。

A. 由顺风向风荷载效应控制，可忽略横风向风荷载效应

B. 由横风向风荷载效应控制，可忽略顺风向风荷载效应

C. 取顺风向风荷载效应与横风向风荷载效应之较大者

D. 取顺风向风荷载效应与横风向风荷载效应组合值 $\sqrt{S_A^2+S_C^2}$

60. 如果该烟囱建于河北省廊坊市下辖的三河市，场地类别为Ⅲ类。针对该烟囱设计的观点如下：

Ⅰ. 该烟囱安全等级为二级

Ⅱ. 可不进行截面抗震设计，但应满足抗震构造要求

Ⅲ. 水平地震作用计算不可采用简化方法而应采用振型分解反应谱进行，且可取前 3 个振型组合

Ⅳ. 应计算竖向地震作用，烟囱根部的竖向地震作用标准值 $F_{Ev0}=\pm 0.75\alpha_{vmax}G_E$

试问，关于上述观点正确性的判断，何项是正确的？

A. Ⅰ、Ⅲ正确，Ⅱ、Ⅳ错误
B. Ⅰ、Ⅲ、Ⅳ正确，Ⅱ错误
C. Ⅰ、Ⅱ正确，Ⅲ、Ⅳ错误
D. Ⅰ、Ⅲ正确，Ⅱ、Ⅳ错误

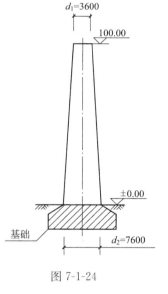

图 7-1-24

题 61～63

某 12 层现浇框架结构，其中一榀中部框架的剖面如图 7-1-25 所示，现浇混凝土楼板，梁两侧无洞。底层各柱截面相同，2～12 层各柱截面相同，各层梁截面均相同。梁、柱矩形截面线刚度 i_{b0}、i_{c0}（单位：$10^{10}N \cdot mm$）注于构件旁侧。假定，梁考虑两侧楼板影响的刚度增大系数取《高层建筑混凝土结构技术规程》JGJ 3—2010 中相应条文中最大值。

提示：（1）计算内力和位移时，采用 D 值法。

(2) $D = \alpha \dfrac{12 i_c}{h^2}$，式中 α 是与梁柱刚度比有关的修正系数，对底层柱：$\alpha = \dfrac{0.5 + \overline{K}}{2 + \overline{K}}$，对一般楼层柱：$\alpha = \dfrac{\overline{K}}{2 + \overline{K}}$，式中，$\overline{K}$ 为有关梁柱的线刚度比。

61. 假定，各楼层所受水平作用如图 7-1-25 所示。试问，底层每个中柱分配的剪力值(kN)，应与下列何项数值最为接近？

    A. $3P$ B. $3.5P$
    C. $4P$ D. $4.5P$

62. 假定，$P = 10 \text{kN}$，底层柱顶侧移值为 2.8mm，且上部楼层各边梁、柱及中梁、柱的修正系数分别为 $\alpha_{\text{边}} = 0.56$，$\alpha_{\text{中}} = 0.76$。试问，不考虑柱子的轴向变形影响时，该榀框架的顶层柱顶侧移值(mm)，与下列何项数值最为接近？

    A. 9 B. 11
    C. 13 D. 15

63. 假定，该建筑物位于 7 度抗震设防区，调整构件截面后，经抗震计算，底层框架总侧移刚度 $\sum D = 5.2 \times 10^5 \text{N/mm}$，柱轴压比大于 0.4，楼层屈服强度系数为 0.4，不小于相邻层该系数平均值的 0.8。试问，在罕遇水平地震作用下，按弹性分析时作用于底层框架的总水平组合剪力标准值 V_{Ek}(kN)，最大不能超过下列何值才能满足规范对位移的限值要求？

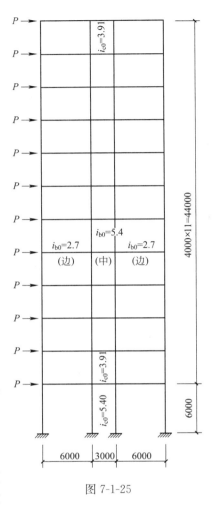

图 7-1-25

提示：(1) 按《建筑抗震设计规范》GB 50011—2010 (2016 年版) 作答。

(2) 结构在罕遇地震作用下薄弱层弹塑性变形计算可采用简化计算法；不考虑重力二阶效应。

(3) 不考虑柱配箍影响。

A. 5.6×10^3 B. 1.1×10^4 C. 3.1×10^4 D. 6.2×10^4

题 64~65

某大底盘单塔楼高层建筑，主楼为钢筋混凝土框架-核心筒，裙房为混凝土框架-剪力墙结构，主楼与裙楼连为整体，如图 7-1-26 所示。抗震设防烈度 7 度，建筑抗震设防类别为丙类，设计基本地震加速度为 0.15g，场地 III 类，采用桩筏形基础。

64. 假定，该建筑物塔楼质心偏心距为 e_1，大底盘质心偏心距为 e_2，见图 7-1-26。如果仅从抗震概念设计方面考虑，试问，偏心距(e_1；e_2，单位 m)选用下列哪一组数值时结构不规则程度相对最小？

    A. 0.0；0.0 B. 0.1；5.0 C. 0.2；7.2 D. 1.0；8.0

65. 裙房一榀横向框架距主楼 18m，某一顶层中柱上、下端截面组合弯矩设计值分别

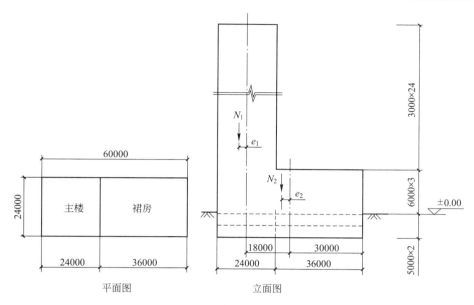

图 7-1-26

为 320kN·m，350kN·m（同为顺时针方向）；剪力计算值为 125kN，柱断面为 500mm×500mm，$H_n=5.2$m，$\lambda>2$，混凝土强度等级 C40。在不采用有利于提高轴压比限值的构造措施的条件下，试问，该柱截面设计时，轴压比限值 $[\mu_N]$ 及剪力设计值（kN）应取下列何组数值才能满足规范的要求？

A. 0.90；125　　B. 0.75；170　　C. 0.85；155　　D. 0.75；155

题 66. 某框架结构抗震等级为一级，框架梁局部配筋图如图 7-1-27 所示。梁混凝土强度等级 C30（$f_c=14.3\text{N/mm}^2$），纵筋采用 HRB400（Φ）（$f_y=360\text{N/mm}^2$），箍筋采用 HRB335（Φ），梁 $h_0=440$mm。试问，下列关于梁的中支座（A-A 处）上部纵向钢筋配置的选项，如果仅从规范、规程对框架梁的抗震构造措施方面考虑，哪一项相对准确？

提示：按《建筑抗震设计规范》GB 50011—2010（2016 年版）作答。

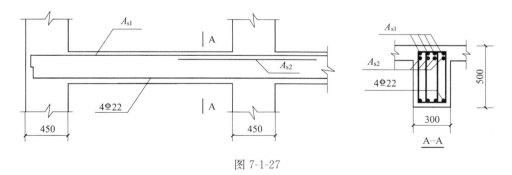

图 7-1-27

A. $A_{s1}=4\Phi 22$；$A_{s2}=4\Phi 22$　　B. $A_{s1}=4\Phi 22$；$A_{s2}=2\Phi 22$
C. $A_{s1}=4\Phi 25$；$A_{s2}=2\Phi 20$　　D. 前三项均不准确

题 67. 某框架结构，抗震等级为一级，底层角柱如图 7-1-28 所示。考虑地震作用组合时按弹性分析未经调整的构件端部组合弯矩设计值为：柱：$M_{cA上}=300$kN·m，$M_{cA下}=280$kN·m（同为顺时针方向），柱底 $M_B=320$kN·m；梁：$M_b=460$kN·m。已知梁 $h_0=560$mm，$a'_s=40$mm，梁端顶面实配钢筋（HRB400 级）面积 $A_s=2281$mm²（计入梁受压筋和相关楼板钢筋影响)。试问,该柱进行截面配筋设计时所采用的组合弯矩设计值(kN·m),与下列何项数值最为接近?

A. 780 B. 600
C. 545 D. 365

题 68~71

某 24 层商住楼,现浇钢筋混凝土部分框支剪力墙结构,如图 7-1-29 所示。一层为框支层,层高 6.0m,二至二十四层布置剪力墙,层高 3.0m,首层室内外地面高差 0.45m,房屋总高度 75.45m。抗震

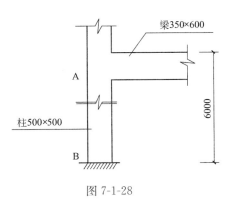

图 7-1-28

设防烈度 8 度,建筑抗震设防类别为丙类,设计基本地震加速度 0.20g,场地类别Ⅱ类,结构基本自振周期 $T_1=1.6$s。混凝土强度等级:底层墙、柱为 C40($f_c=19.1$N/mm², $f_t=1.71$N/mm²),板 C35($f_c=16.7$N/mm², $f_t=1.57$N/mm²),其他层墙、板为 C30($f_c=14.3$N/mm²)。钢筋均采用 HRB335 级(Φ,$f_y=300$N/mm²)。

68. 在第③轴底层落地剪力墙处,由不落地剪力墙传来按刚性楼板计算的框支层楼板组合的剪力设计值为 3000kN(未经调整)。②~⑦轴处楼板无洞口,宽度 15400mm。假定剪力沿③轴墙均布,穿过③轴墙的梁纵筋面积 $A_{s1}=10000$mm²,穿墙楼板配筋宽度

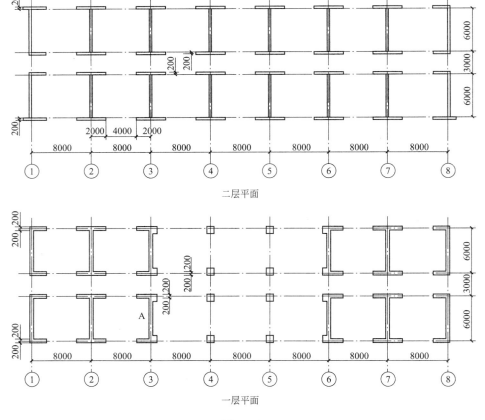

图 7-1-29

10800mm(不包括梁宽)。试问,③轴右侧楼板的最小厚度 t_f(mm)及穿过墙的楼板双层配筋中每层配筋的最小值为下列何项时,才能满足规范、规程的最低抗震要求?

提示:(1) 按《建筑抗震设计规范》GB 50011—2010(2016年版)作答。

(2) 框支层楼板按构造配筋时满足楼板竖向承载力和水平平面内抗弯要求。

A. $t_f=180$; Φ12@200 B. $t_f=180$; Φ12@100

C. $t_f=200$; Φ12@200 D. $t_f=200$; Φ12@100

69. 假定,第③轴底层墙肢 A 的抗震等级为一级,墙底截面见图 7-1-29,墙厚度 400mm,墙长 $h_w=6400$mm,$h_{w0}=6000$mm,$A_w/A=0.7$,剪跨比 $\lambda=1.2$,考虑地震作用组合的剪力计算值 $V_w=4100$kN,对应的轴向压力设计值 $N=19000$kN,已知竖向分布筋为构造配置。试问,该截面竖向及水平向分布筋至少应按下列何项配置,才能满足规范、规程的抗震要求?

提示:按《高层建筑混凝土结构技术规程》JGJ 3—2010 作答。

A. Φ10@150(竖向); Φ10@150(水平)
B. Φ12@150(竖向); Φ12@150(水平)
C. Φ12@150(竖向); Φ14@150(水平)
D. Φ12@150(竖向); Φ16@150(水平)

70. 第四层某剪力墙边缘构件如图 7-1-30 所示,阴影部分为纵向钢筋配筋范围,纵筋混凝土保护层厚度为 25mm。已知剪力墙轴压比>0.4。试问,该边缘构件阴影部分的纵筋及箍筋为下列何项选项时,才能满足规范、规程的最低抗震构造要求?

提示:(1) 按《高层建筑混凝土结构技术规程》JGJ 3—2010 作答。

(2) 箍筋体积配箍率计算时,扣除重叠部分箍筋。

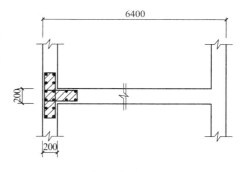

图 7-1-30

A. 16Φ16; Φ10@100 B. 16Φ14; Φ10@100
C. 16Φ16; Φ8@100   D. 16Φ14; Φ8@100

71. 假定,该建筑物使用需要,转换层设置在 3 层,房屋总高度不变,一至三层层高为 4m,上部 21 层层高均为 3m,第四层某剪力墙的边缘构件仍如图 7-1-30 所示。试问,该边缘构件纵向钢筋最小构造配筋率 ρ_{sv}(%)及配箍特征值最小值 λ_V 取下列何项数值时,才能满足规范、规程的最低抗震构造要求?

提示:(1) 按《高层建筑混凝土结构技术规程》JGJ 3—2010 作答。

(2) $\mu_N>0.3$。

A. 1.2; 0.2   B. 1.4; 0.2   C. 1.2; 0.24   D. 1.4; 0.24

题 72. 长矩形平面现浇钢筋混凝土框架-剪力墙高层结构,楼、屋盖抗震墙之间无大洞口,抗震设防烈度为 8 度时,下列关于剪力墙布置的几种说法,其中何项不够准确?

A. 结构两主轴方向均应布置剪力墙

B. 楼、屋盖长宽比不大于 3 时,可不考虑楼盖平面内变形对楼层水平地震剪力分配

的影响

C. 两方向的剪力墙宜集中布置在结构单元的两尽端,增大整个结构的抗扭能力
D. 剪力墙的布置宜使结构各主轴方向的侧向刚度接近

题 73~78

某二级干线公路上一座标准跨径为 30m 的单跨简支梁桥,其总体布置如图 7-1-31 所示。桥面宽度为 12m,其横向布置为:1.5m(人行道)+9m(车行道)+1.5m(人行道)。桥梁上部结构由 5 根各长 29.94m,高 2.0m 的预制预应力混凝土 T 形梁组成,梁与梁间用现浇混凝土连接;桥台为单排排架桩结构,矩形盖梁、钻孔灌注桩基础。设计荷载:公路—Ⅰ级、人群荷载 3.0kN/m²。

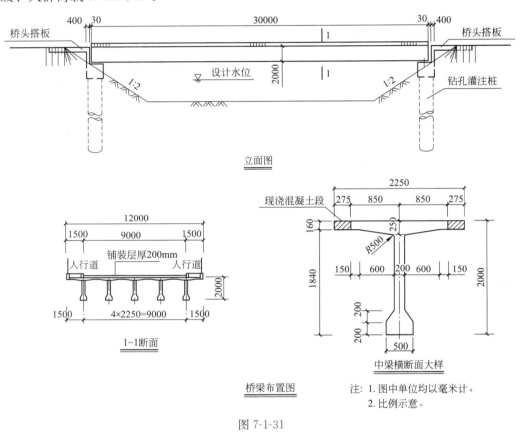

图 7-1-31

73. 假定,前述桥梁主梁跨中断面的结构重力作用弯矩标准值为 M_G,汽车作用弯矩标准值为 M_Q、人行道人群作用弯矩标准值为 M_R。试问,该断面承载能力极限状态下基本组合的弯矩效应设计值应为下列何式?

A. $M_{ud} = 1.1(1.2M_G + 1.4M_Q + 0.8 \times 1.4M_R)$
B. $M_{ud} = 1.0(1.2M_G + 1.4M_Q + 1.4M_R)$
C. $M_{ud} = 1.1(1.2M_G + 1.4M_Q + 0.75 \times 1.4M_R)$
D. $M_{ud} = 1.0(1.2M_G + 1.4M_Q + 0.7 \times 1.4M_R)$

74. 假定,前述桥梁主梁结构自振频率(基频)$f=4.5$Hz。试问,在计算主梁内力设计值时所采用的冲击系数 μ,与下列何项数值最为接近?

A. 0.05　　　　B. 0.25　　　　C. 0.30　　　　D. 0.45

75. 前述桥梁的主梁为T型梁，其下采用矩形板式氯丁橡胶支座，支座内承压加劲钢板的侧向保护层每侧各为5mm；主梁底宽度为500mm。若主梁最大支座反力为950kN(已计入冲击系数)。试问，该主梁的橡胶支座平面尺寸［长（横桥向）×宽（纵桥向），单位为mm］选用下列何项数值较为合理？

提示：假定橡胶支座形状系数符合规范要求。

A. 450×200　　　B. 400×250　　　C. 450×250　　　D. 310×310

76. 假定，前述桥主梁计算跨径以29m计。试问，该桥中间T型主梁在弯矩作用下的受压翼缘有效宽度(mm)与下列何值最为接近？

A. 9670　　　　B. 2250　　　　C. 2625　　　　D. 3320

77. 假定，前述桥梁主梁间车行道板计算跨径取为2250mm，桥面铺装层厚度为200mm，车辆的后轴车轮作用于车行道板跨中部位。试问，垂直于板跨方向的车轮作用分布宽度(mm)与下列何项数值最为接近？

A. 1350　　　　B. 1500　　　　C. 2750　　　　D. 2900

78. 前述桥梁位于7度地震区(地震动加速度峰值为0.15g)，其边墩盖梁上雉墙厚度为400mm，预制主梁端与雉墙前缘之间缝隙为60mm，若取主梁计算跨径为29m，采用400mm×300mm的矩形板式氯丁橡胶支座。试问，该盖梁的最小宽度(mm)与下列何项数值最为接近？

A. 1000　　　　B. 1250　　　　C. 1350　　　　D. 1700

题79. 某桥上部结构为单孔简支梁，试问，图7-1-32中哪一个图形是上述简支梁在M支点的反力影响线？

提示：只需要定性分析。

A. 图（a）　　　B. 图（b）　　　C. 图（c）　　　D. 图（d）

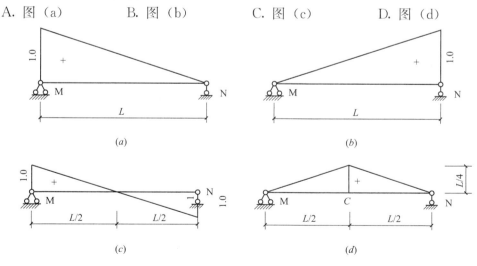

图7-1-32

题80. 某城市一座人行天桥，跨越街道车行道，根据《城市人行天桥与人行地道技术规范》CJJ 69—95，对人行天桥上部结构竖向自振频率（Hz）严格控制。试问，这个控制值的最小值应为下列何项数值？

A. 2.0　　　　B. 2.5　　　　C. 3.0　　　　D. 3.5

7.2　2011年试题解答

2011年试题答案

题号	1	2	3	4	5	6	7	8	9	10
答案	C	B	C	D	B	A	D	C	D	D
题号	11	12	13	14	15	16	17	18	19	20
答案	B	B	C	D	D	D	B	C	C	B
题号	21	22	23	24	25	26	27	28	29	30
答案	A	A	B	D	A	B	C	A	C	C
题号	31	32	33	34	35	36	37	38	39	40
答案	C	D	D	C	C	D	D	B	C	D
题号	41	42	43	44	45	46	47	48	49	50
答案	B	C	A	B	A	C	C	D	D	C
题号	51	52	53	54	55	56	57	58	59	60
答案	A	B	B	D	A	B	A	C	A	B
题号	61	62	63	64	65	66	67	68	69	70
答案	B	B	C	C	D	B	B	C	D	A
题号	71	72	73	74	75	76	77	78	79	80
答案	D	C	C	B	C	B	D	C	A	C

1. 答案：C

解答过程：依据《建筑抗震设防分类标准》GB 50223—2008 的 3.0.3 条，重点设防类(乙类)，按本地区设防烈度确定地震作用。依据《建筑抗震设计规范》GB 50011—2010 的 5.1.4 条，7 度($0.15g$)、多遇地震，$\alpha_{max}=0.12$；Ⅱ类场地、第二组、多遇地震，$T_g=0.4s$。

由于 $T_g=0.4s<T_1=1.08s<5T_g=2s$，依据图 5.1.5，可得

$$\alpha_1=\left(\frac{T_g}{T_1}\right)^\gamma \eta_2 \alpha_{max}=\left(\frac{0.4}{1.08}\right)^{0.9}\times 1.0 \times 0.12=0.049$$

再依据 5.2.1 条，可得：

$$G_{eq}=0.85\times 4\times 12.5\times 37.5\times 37.5=59765.6\text{kN}$$
$$F_{Ek}=\alpha_1 G_{eq}=0.049\times 59765.6=2928.5\text{kN}$$

选择 C。

2. 答案：B

解答过程：水平地震作用的倾覆力矩为

$$M=\sum F_i H_i$$
$$=\frac{G_1 H_1^2}{\sum G_i H_i}F_{Ek}(1-\delta_n)+\frac{G_2 H_2^2}{\sum G_i H_i}F_{Ek}(1-\delta_n)$$
$$+\frac{G_3 H_3^2}{\sum G_i H_i}F_{Ek}(1-\delta_n)+\frac{G_4 H_4^2}{\sum G_i H_i}F_{Ek}(1-\delta_n)+F_{Ek}\delta_n\times H_4$$

$$= \frac{6^2+12^2+18^2+24^2}{6+12+18+24} \times 3600 \times (1-0.118) + 3600 \times 0.118 \times 24$$
$$= 67348.8 \text{kN} \cdot \text{m}$$

选择 B。

3. 答案：C

解答过程：依据《建筑抗震设计规范》GB 50011—2010 的 5.4.1 条进行组合。
$$N = 1.2 \times (7400 + 0.5 \times 2000) + 1.3 \times 500 = 10730 \text{kN}$$

依据《建筑抗震设防分类标准》GB 50223—2008 的 3.0.3 条，由于是重点设防类（乙类），抗震构造措施按提高 1 度考虑。

依据《建筑抗震设计规范》GB 50011—2010 的表 6.1.2 下注释 3，跨度为 18m 的框架属于大跨度框架。由表 6.1.2、8 度、大跨度框架，抗震等级为一级。依据该规范 6.3.6 条，一级、框架结构，轴压比限值 $[\mu_N] = 0.65$。

所需柱的截面积为
$$A = \frac{N}{f_c[\mu_N]} = \frac{10730 \times 10^3}{23.1 \times 0.65} = 714619 \text{mm}^2$$

当为正方形截面时，所需边长至少为 $\sqrt{714619} = 845$mm，故选择 C。

点评：以上解答，参考了朱炳寅等《全国注册结构工程师专业考试试题解答及分析》，认为题目中给出的数据已经考虑了扭转耦联。

柱 B 在边榀，若认为题目给出的地震作用未进行扭转耦联计算，则依据《建筑抗震设计规范》GB 50011—2010 的 5.2.3 条第 1 款，应将地震作用乘以放大系数。

4. 答案：D

解答过程：混凝土受压区高度：
$$x = \frac{f_y A_s - f'_y A'_s}{\alpha_1 f_c b} = \frac{360 \times 7592 - 360 \times 4418}{1.0 \times 16.7 \times 600} = 114 \text{mm}$$

依据《混凝土结构设计规范》GB 50010—2010 的 11.3.1 条，混凝土受压区高度应满足 $x \leqslant 0.25h_0$，今满足要求且 $> 2a'_s = 90$mm，故抗震受弯承载力为
$$M_u = \frac{1}{\gamma_{RE}} \left[\alpha_1 f_c b x \left(h_0 - \frac{x}{2} \right) + f'_y A'_s (h_0 - a'_s) \right]$$
$$= \frac{1}{0.75} \left[1.0 \times 16.7 \times 600 \times 114 \times \left(1120 - \frac{114}{2} \right) + 360 \times 4418 \times (1120 - 45) \right]$$
$$= 3899 \times 10^6 \text{N} \cdot \text{mm}$$

选择 D。

点评：由于当 $x \leqslant 0.25h_0$ 时，受弯承载力函数为增函数，而对于框架梁有 $x \leqslant 0.25h_0$ 的要求，故题目解答过程中以 $x \leqslant 0.25h_0$ 判断，同时，受弯承载力最大为 $x = 0.25h_0$ 时的值。

如果未给出框架梁这一具体的情景而只是泛指，用题目给出的 $\xi_b = 0.518$ 判断才是合适的。

5. 答案：B

解答过程：依据《混凝土结构设计规范》GB 50010—2010 的 6.2.4 条，控制截面的弯矩设计值为：
$$M = C_m \eta_{ns} M_2 = 1.03 \times 616 = 634.48 \text{kN} \cdot \text{m}$$

$$e_0 = \frac{M}{N} = \frac{634.48 \times 10^3}{880} = 721 \text{mm}, \quad e_a = \max\left\{\frac{h}{30}, 20\right\} = 20 \text{mm}$$

$$e_i = e_0 + e_a = 721 + 20 = 741 \text{mm}$$

混凝土受压区高度：

$$x = \frac{\gamma_{RE} N}{\alpha_1 f_c b} = \frac{0.75 \times 880 \times 10^3}{19.1 \times 600} = 58 \text{mm}$$

今 $x < \xi_b h_0$ 但 $< 2a'_s = 80$ mm，故应对 A'_s 合力点取矩确定纵筋截面积。

$$A_s = A'_s = \frac{\gamma_{RE} N(e_i - h/2 + a'_s)}{f_y (h_0 - a'_s)} = \frac{0.75 \times 880 \times 10^3 \times (741 - 600/2 + 40)}{300 \times (600 - 40 - 40)} = 2035 \text{mm}^2$$

选择 B。

点评：以上解答直接采用了题干中给出的 $\gamma_{RE} = 0.75$。事实上，该值来源于《混凝土结构设计规范》GB 50010—2010 的表 11.1.6，对于偏心受压构件正截面承载力计算，由于轴压比为

$$\mu_N = \frac{880 \times 10^3}{19.1 \times 600^2} = 0.13 < 0.15$$

故取 $\gamma_{RE} = 0.75$。

6. 答案：A

解答过程：依据《建筑抗震设计规范》GB 50011—2010 的 D.1.1 条计算。

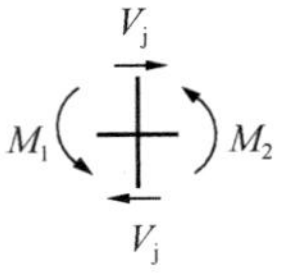

梁柱节点处的弯矩和剪力如图 7-2-1 所示。

节点左端梁逆时针弯矩组合值：$1.2 \times 142 + 1.3 \times 317 = 582.5$ kN·m

节点右端梁逆时针弯矩组合值：$1.2 \times (-31) + 1.3 \times 220 = 248.8$ kN·m

图 7-2-1 梁柱节点处的受力

$$V_j = \frac{1.35 \times (582.5 + 248.8) \times 10^3}{600 - 35 - 35} \times \left(1 - \frac{600 - 35 - 35}{4000 - 600}\right) = 1787 \text{kN}$$

选择 A。

点评：因节点力矩平衡涉及弯矩求矢量和，故这里规定弯矩以逆时针转动为正，于是，在节点右侧梁端，重力荷载代表值引起的弯矩为 -31 kN·m，为有利影响。但是，由于节点左右梁端的效应分项系数应取一致，故当左右梁端弯矩分项系数均取 1.0 时必然不控制设计。试演如下：

梁端弯矩求和，当重力荷载代表值引起的弯矩分项系数取 1.2 时，得到：

$1.2 \times 142 + 1.3 \times 317 + 1.2 \times (-31) + 1.3 \times 220 = 1.2 \times (142 - 31) + 1.3 \times (317 + 220)$

当重力荷载代表值引起的弯矩分项系数取 1.0 时，得到：

$1.0 \times 142 + 1.3 \times 317 + 1.0 \times (-31) + 1.3 \times 220 = 1.0 \times (142 - 31) + 1.3 \times (317 + 220)$

比较两种情况，显然，分项系数取 1.2 时更为不利。

7. 答案：D

解答过程：依据《混凝土结构设计规范》GB 50010—2010 的 11.6.4 条计算。

$N = 2300 \text{kN} < 0.5 f_c b_c h_c = 0.5 \times 19.1 \times 600 \times 600 = 3438 \times 10^3 \text{N}$，取 $N = 2300 \text{kN}$。

$$V_u = \frac{1}{\gamma_{RE}} \left[1.1 \eta_j f_t b_j h_j + 0.05 \eta_j N \frac{b_j}{b_c} + f_{yv} A_{svj} \frac{h_{b0} - a'_s}{s}\right]$$

$$= \frac{1}{0.85} \left[1.1 \times 1.5 \times 1.71 \times 600 \times 600 + 0.05 \times 1.5 \times 2300 \times 10^3 \times 1 + 300 \times 452 \times \frac{565 - 35}{100}\right]$$

$$= 2243 \times 10^3 \text{N}$$

上式中，$h_{b0}=h_b-a_s=600-35=565\text{mm}$，$h_b$ 取梁高 500mm 和 700mm 的平均值，为 600mm。

选择 D。

点评：此类题目，一般只需要按照上述计算过程解答即可。

如按照截面限制条件确定受剪承载力，可得：

$$\frac{1}{\gamma_{RE}}(0.3\eta_j\beta_c f_c b_j h_j)=\frac{1}{0.85}\times(0.3\times1.5\times1.0\times19.1\times600\times600)=3.64\times10^6\text{N}$$

远大于上述按照抗剪箍筋求得的受剪承载力。

8. 答案：C

解答过程：依据《建筑抗震设计规范》GB 50011—2010 的表 6.3.9，二级抗震、普通复合箍、柱轴压比 0.6，$\lambda_v=0.13$。于是

$$[\rho_v]=\lambda_v\frac{f_c}{f_{yv}}=0.13\times\frac{19.1}{300}=0.0083>0.6\%$$

由

$$\rho_v=\frac{n_1 l_1 A_{sv1}+n_2 l_2 A_{sv2}}{A_{cor}s}\geqslant[\rho_v]$$

可得，当取 $s=100\text{mm}$ 时

$$\frac{8\times(600-2\times25)\times A_{s1}}{(600-2\times30)^2\times100}\geqslant 0.0083$$

上式中，按一类环境取混凝土保护层厚度为 20mm，箍筋直径以 10mm 计。

解出 $A_{s1}\geqslant 55.0\text{mm}^2$。$\Phi 8$、$\Phi 10$、$\Phi 12$ 钢筋截面积分别为 50.3、78.5、113.1，单位为 mm^2，可见，$\Phi 10$ 最符合要求，应选 C。

对选项 C 的纵筋配筋率进行验算：

12$\Phi 20$ 钢筋截面积为 3770 mm^2，纵筋配筋率为 $\frac{3770}{600\times600}=1.05\%>0.9\%$，满足规范 6.3.7 条的要求。

9. 答案：D

解答过程：依据《建筑抗震设计规范》GB 50011—2010 的 13.2.2 条，由于自振周期 $T_1=0.08\text{s}<0.1\text{s}$，附属构件重力/楼层重力=100/12000<10%，因而可采用等效侧力法计算。依据 13.2.3 条，可得：

悬臂式构件，$\zeta_1=2.0$；位于建筑物的顶点，$\zeta_2=2.0$。查表 M.2.2，广告牌，$\eta=1.2$，$\gamma=1.0$。依据 5.1.4 条，7 度、多遇地震，$\alpha_{max}=0.08$。

$$F=\gamma\eta\zeta_1\zeta_2\alpha_{max}G=1.0\times1.2\times2.0\times2.0\times0.08\times100=38.4\text{kN}$$

选择 D。

10. 答案：D

解答过程：土压力产生的 B 点弯矩标准值为

$$\frac{10\times3.6^2}{8}+\frac{33\times3.6^2}{15}=44.71\text{kN}\cdot\text{m}$$

活荷载产生的 B 点弯矩标准值为

$$\frac{4 \times 3.6^2}{8} = 6.48 \text{kN} \cdot \text{m}$$

$$1.3 \times 44.71 + 1.5 \times 6.48 = 67.8 \text{kN} \cdot \text{m}$$

选择 D。

11. 答案：B

解答过程：依据《混凝土结构设计规范》GB 50010—2010 的表 8.2.1，二类 b 环境、墙，混凝土保护层厚度为 25mm。今将竖向受力钢筋保护层厚度取为 25mm，则 $a_s = 25 + 8 = 33$mm，$h_0 = h - a_s = 250 - 33 = 217$mm。

钢筋直径 16mm，间距 100mm，每米宽度钢筋截面积为 2011mm²。混凝土受压区高度：

$$x = \frac{f_y A_s}{\alpha_1 f_c b} = \frac{360 \times 2011}{1.0 \times 14.3 \times 1000} = 51 \text{mm}$$

今 $x < \xi_b h_0$，故受弯承载力为

$$M_u = \alpha_1 f_c b x \left(h_0 - \frac{x}{2} \right)$$
$$= 1.0 \times 14.3 \times 1000 \times 51 \times \left(217 - \frac{51}{2} \right)$$
$$= 139.7 \times 10^6 \text{N} \cdot \text{mm}$$

选择 B。

点评：计算时，受拉钢筋截面积取Φ16@100 还是Φ12@100 需要根据弯矩的方向来考虑。由于上一题已经给出 Q1 墙的计算模型为一端简支一端固定的梁，因此可知，在固定端位置为均布荷载一侧受拉，故而受拉钢筋应取题目中的外侧钢筋Φ16@100。

12. 答案：B

解答过程：依据《混凝土结构设计规范》GB 50010—2010 的 7.1.2 条，w_{max} 应按下式计算。

$$w_{max} = \alpha_{cr} \psi \frac{\sigma_{sq}}{E_s} \left(1.9 c_s + 0.08 \frac{d_{eq}}{\rho_{te}} \right)$$

12Φ22mm 钢筋的截面积为 4562mm²；$h_0 = 800 - 70 = 730$mm。

$$\sigma_{sq} = \frac{M_q}{0.87 h_0 A_s} = \frac{600 \times 10^6}{0.87 \times 730 \times 4562} = 207 \text{N/mm}^2$$

$$\rho_{te} = \frac{A_s}{0.5bh} = \frac{4562}{0.5 \times 400 \times 800} = 0.0285 > 0.01，取 \rho_{te} = 0.0285$$

$$\psi = 1.1 - 0.65 \frac{f_{tk}}{\rho_{te} \sigma_{sq}} 1.1 - 0.65 \times \frac{2.01}{0.0285 \times 207} = 0.879 > 0.2，且 < 1.0$$

HRB400 级钢筋，$E_s = 2.0 \times 10^5 \text{N/mm}^2$。$\alpha_{cr} = 1.9$。根据题目已知条件，室外为二类 b 环境，依据表 8.2.1 按梁取 $c = 35$mm，箍筋按 10mm 计算，则 $c_s = 45$mm。于是

$$w_{max} = 1.9 \times 0.879 \times \frac{207}{2 \times 10^5} \times \left(1.9 \times 45 + 0.08 \times \frac{22}{0.0285} \right) = 0.25 \text{mm}$$

选择 B。

13. 答案：C

解答过程：由于 $e_0=\dfrac{M}{N}=\dfrac{880\times10^3}{2200}=400\text{mm}<h/2-a_s=1000/2-70=430\text{mm}$，按照小偏心受拉计算。依据《混凝土结构设计规范》GB 50010—2010 的 6.2.23 条计算 A_s。

$$A_s=\dfrac{N(e_0+h/2-a'_s)}{f_y(h_0-a'_s)}=\dfrac{2200\times10^3\times(400+1000/2-70)}{360\times(1000-70-70)}=5898\text{mm}^2$$

选择 C。

点评：对于轴心受拉构件与小偏心受拉构件，其纵向受力钢筋的受拉强度设计值 f_y，原规范规定当大于 300N/mm^2 时取为 300N/mm^2，《混凝土结构设计规范》GB 50010—2010 取消了该规定。

14. 答案：D

解答过程：依据《混凝土结构设计规范》GB 50010—2010 的 6.3.14 条计算。

$$\dfrac{1.75}{\lambda+1}f_tbh_0-0.2N=\dfrac{1.75}{1.5+1}\times1.43\times500\times930-0.2\times2200\times10^3=25465\text{N}>0$$

$$\dfrac{A_{sv}}{s}=\dfrac{V-\left(\dfrac{1.75}{\lambda+1}f_tbh_0-0.2N\right)}{f_{yv}h_0}=\dfrac{1600\times10^3-25465}{300\times930}=5.64\text{mm}^2/\text{mm}$$

此时，$f_{yv}\dfrac{A_{sv}}{s}h_0=1574535\text{N}>0.36f_tbh_0=0.36\times1.43\times500\times930=239382\text{N}$，满足要求。

箍筋按照 4 肢考虑，间距取为 100mm，则所需单肢截面积为：

$$A_{sv1}=\dfrac{5.64\times100}{4}=141\text{mm}^2$$

箍筋直径为 14mm 时可提供截面积 153.9mm^2，满足要求，故选择 D。

15. 答案：D

解答过程：由于是标准设防类（丙类），因此可直接依据《建筑抗震设计规范》GB 50011—2010 的表 6.1.2 确定抗震措施的等级。剪力墙结构、8 度、高度 90m，抗震等级为一级。依据 6.2.7 条及其条文说明，一级抗震墙底部加强部位以上部位，组合弯矩设计值乘以 1.2，底部加强部位不调整。故选择 D。

16. 答案：D

解答过程：依据《建筑抗震设计规范》GB 50011—2010 的 12.2.7 条条文说明，8 度（$0.3g$）、水平向减震系数 $\beta<0.40$，隔震后上部结构抗震措施对应的烈度分档为 7 度（$0.15g$）。

依据 12.2.7 条正文，水平向减震系数不大于 0.40 时，与抵抗竖向地震作用有关的抗震构造措施不应降低。轴压比属于不应降低的范围。

查表 6.1.2，框架结构、高度 20m、8 度（$0.3g$），抗震等级为二级，依据 6.3.6 条，轴压比限值为 0.75。按 7 度（$0.15g$）查表，抗震等级则为三级。

综上，D 选项正确。

依据 12.2.5 条第 3 款，A 选项错误。

依据 12.2.9 条，B 选项错误。

依据 12.2.5 条第 4 款，C 选项错误。

17. 答案：B

解答过程：依据《建筑抗震设计规范》GB 50011—2010 的 8.2.2 条，由于建筑高度 48.7m 不大于 50m，多遇地震下应取 $\zeta=0.04$。选择 B。

18. 答案：C

解答过程：依据《钢结构设计标准》GB 50017—2017 的表 11.4.2-2，10.9 级、M16 螺栓，预拉力 $P=100$kN；主梁采用 Q345，次梁采用 Q235，今主梁与次梁相连，按 Q235 钢材查规范表 11.4.2-1，得到表面喷砂时，$\mu=0.40$。

$$N_v^b = 0.9kn_f\mu P = 0.9 \times 1 \times 1 \times 0.4 \times 100 = 36\text{kN}$$

所需螺栓个数为 110.2/36=3.1，取 4 个，故选择 C。

19. 答案：D

解答过程：依据《钢结构设计标准》GB 50017—2017 的 14.1.2 条计算。

b_1 取 1/6 跨度，为 1000mm，该值小于实际净宽度 (3000－174)/2＝1413mm，取为 1000mm。

由于是中间梁，取 $b_1=b_2=1000$mm。$b_0=174$mm。于是

$$b_e = b_0 + b_1 + b_2 = 174 + 1000 + 1000 = 2174\text{mm}$$

选择 D。

20. 答案：B

解答过程：依据《高层民用建筑钢结构技术规程》JGJ 99—2015 的 7.3.2 条计算。

$$k_1 = \frac{1.5 \times 2.04 \times 10^9/12000}{2 \times 1.79 \times 10^9/4000} = 0.28$$

$$k_2 = \frac{1.5 \times 2.04 \times 10^9/12000}{1.79 \times 10^9/4000 + 1.97 \times 10^9/4000} = 0.27$$

以上式中，1.5 为由于梁的远端铰接而考虑的对梁线刚度的调整。

$$\mu = \sqrt{\frac{(1+0.41\times0.28)(1+0.41\times0.27)}{(1+0.82\times0.28)(1+0.82\times0.27)}} = 0.908$$

选择 B。

点评：本题有改动，原题要求依据《钢结构设计规范》计算。

如果依据《钢结构设计标准》GB 50017—2017 的 E.0.1 条，用两次内插计算会得到 0.909，可见，两本规范的计算结果十分接近。

21. 答案：A

解答过程：依据《钢结构设计标准》GB 50017—2017 的 8.2.1 条计算。

由 c 类、$\lambda_y\sqrt{\dfrac{f_y}{235}}=41$ 查表，得到 $\varphi_y=0.833$。闭口截面，$\eta=0.7$，$\varphi_b=1.0$。

$$\beta_{\mathrm{tr}} = 0.65 + 0.35\frac{M_2}{M_1} = 0.65 + 0.35 \times \frac{-291.2}{298.7} = 0.309$$

箱形截面 $b_0/t = 450/25 = 18 < 30\varepsilon_k = 24.8$，符合 S1 级要求，因此，截面特性按照全部截面有效取值。Q345 钢材，厚度 25mm，查表得 $f = 295\text{N/mm}^2$。

$$\frac{N}{\varphi_y A f} + \eta\frac{\beta_{\mathrm{tr}} M_x}{\varphi_b W_{1x} f}$$

$$= \frac{2693.7 \times 10^3}{0.833 \times 4.75 \times 10^4 \times 295} + 0.7 \times \frac{0.309 \times 298.7 \times 10^6}{1.0 \times 7.16 \times 10^6 \times 295}$$

$$= 0.261$$

选择 A。

22. 答案：A

解答过程：依据《钢结构设计标准》GB 50017—2017 的表 7.2.1-1，轧制工字型截面，$b/h = 250/250 = 1 > 0.8$，对于 Q235 钢材，截面对 x 轴属于 b 类，对于 y 轴均 c 类。y 轴为弱轴，受压承载力由 y 轴控制。

$\lambda_y = 5000/63.2 = 79$，Q235 钢材，查表可得 $\varphi_y = 0.584$。

依据《建筑抗震设计规范》GB 50011—2010 的 8.2.6 条计算支撑斜杆的抗震受压承载力。

$$\lambda_n = \frac{\lambda}{\pi}\sqrt{\frac{f_{ay}}{E}} = \frac{79}{3.14}\sqrt{\frac{235}{2.06 \times 10^5}} = 0.850$$

$$\psi = \frac{1}{1 + 0.35\lambda_n} = \frac{1}{1 + 0.35 \times 0.850} = 0.771$$

$$\varphi A_{\mathrm{br}}\psi f/\gamma_{\mathrm{RE}} = 0.584 \times 91.43 \times 10^2 \times 0.771 \times 215/0.80 = 1106.4 \times 10^3 \text{N}$$

选择 A。

23. 答案：B

解答过程：依据《钢结构设计标准》GB 50017—2017 的 6.1.1 条计算。

根据提示，查表 8.1.1，得到 $\gamma_x = 1.2$。于是

$$\frac{M_x}{\gamma_x W_{nx}} = \frac{4.05 \times 10^6}{1.2 \times 2.52 \times 10^4} = 134\text{N/mm}^2$$

选择 B。

点评：本题解答时注意以下几点：

(1) 梁的截面为 T 形时，板件的等级划分在表 3.5.1 中中没有规定。故本题给出提示，要求按照标准表 8.1.1 取值。进一步的讨论，见疑问解答。

(2) 强度计算应取最不利位置，对于 T 形截面，就是无翼缘端，据此取 W_{nx}；查规范表 8.1.1 时，对应的是表中 $\gamma_{x2} = 1.2$。

24. 答案：D

解答过程：依据图示可知 $l_{0x} = 3\text{m}$，$l_{0y} = 6\text{m}$。于是，$\lambda_x = 3000/43.4 = 69$，$\lambda_y = 6000/61.2 = 98$。

由于 T 形截面为单轴对称截面，且 y 轴为对称轴，因此，依据《钢结构设计标准》GB 50017—2017 的 7.2.2 条计算 λ_{yz}。

$$\lambda_z = 3.9 \frac{b}{t} = 3.9 \times 14 = 54.6$$

由于 $\lambda_y > \lambda_z$，因此

$$\lambda_{yz} = \lambda_y \left[1 + 0.16 \left(\frac{\lambda_z}{\lambda_y}\right)^2\right] = 98 \times \left[1 + 0.16 \times \left(\frac{54.6}{98}\right)^2\right] = 103$$

查规范表 7.2.1-1，截面对 x 轴、y 轴均属于 b 类。显然，由 λ_{yz} 得到的稳定系数更小。按照 b 类截面、Q235 钢材、长细比为 103 查表，可得 $\varphi_y = 0.536$。

双角钢组成的 T 形截面，翼缘的自由外伸宽度与厚度之比为 $(140-2\times 10)/10 = 12$，限值为 $(10+0.1\lambda)\varepsilon_k = 10+0.1\times 98 = 19.8$，满足局部稳定要求。故取全截面验算整体稳定性。

$$\frac{N}{\varphi_y A f} = \frac{450 \times 10^3}{0.536 \times 5475 \times 215} = 0.712$$

选择 D。

点评：对于本题，解答时注意以下几点：

(1) 板件宽厚比验算时所用的长细比 λ，按两个主轴方向长细比的较大者，不考虑弯扭屈曲。

(2) 实际上，在求出翼缘的自由外伸宽度与厚度之比为 12 之后，可以快速判断出其满足局部稳定要求：由于 λ 的取值范围为 30~100，故以 $\lambda=30$ 代入得到翼缘的宽厚比限值为 13，这是最严格的要求，今满足。若不满足，再代入实际的 λ 值计算。

(3) 对于双角钢组成的 T 形截面轴心受压构件，笔者认为，这时应将角钢的肢宽比视为工形截面翼缘的宽厚比，而 λ 按 T 形截面时求得，只验算这一项即可。若为非等肢角钢，取较长肢计算。

25. 答案：A

解答过程：依据《钢结构设计标准》GB 50017—2017 的 11.2.2 条计算。

在节点板处角钢的承载力设计值为：

按净截面拉断：$0.7 f_u \times 0.85 A_n = 0.7 \times 370 \times 0.85 \times 1083 = 238.4 \times 10^3 \text{N}$

按毛截面屈服：$f \times 0.85 A = 215 \times 0.85 \times 1083 = 197.9 \times 10^3 \text{N}$

取二者的较小者作为构件的承载力，即 197.9kN。

由于节点板两侧均有角钢，故角焊缝的强度不折减。于是，肢背处所需焊缝的计算长度为：

$$l_{w1} = \frac{0.7N}{2 \times 0.7 h_f f_f^w} = \frac{0.7 \times 197.9 \times 10^3}{2 \times 0.7 \times 5 \times 160} = 124 \text{mm}$$

焊缝计算长度 124mm 满足不大于 $60 h_f = 300$mm 的要求，故不必折减。

所需的几何长度至少为 $124+2\times 5 = 134$mm。

选择 A。

点评：关于本题，解答时注意：

(1) 节点板两侧都有角钢即形成"双角钢相连"时,是否需要乘以表 7.1.3 中的系数 $\eta=0.85$,可能有不同认识。在规范的编制过程中,曾经在 $\eta=0.85$ 的项次列入了节点板两侧都有角钢连接的情况,但不知何原因在正式稿中不见了。是认为不适用?还是已包括?从概念上讲,此处本质上是"剪力滞系数",当节点板两侧都有角钢相连时,凸出的肢对拉力的贡献不充分,情形与单角钢时没有区别,因此,计算双角钢受拉承载力时截面积应乘以 η。

(2) 当节点板仅一侧有角钢相连时,焊缝的强度设计值 f_f^w 应乘以 0.85,这是 2003 版规范的规定,2017 版规范未明确,宜按沿袭 2003 版规范操作。当节点板两侧均有角钢以焊缝相连时,f_f^w 不折减。

(3) 焊缝按等强连接时,若按双角钢的截面积乘以 η 计算构件的承载力,显然所需的焊缝长度会变小(对于本题,不考虑 $\eta=0.85$ 时得到所需的焊缝长度为 156mm)。此时,似乎和提高结构可靠度的趋势不符。笔者查阅了国外资料,表明以上给出的解答过程是合适的。

(4) 题目中给出的截面积 1083mm² 为两个单角钢的截面积之和。解题时若无把握,可以查型钢截面特征表格确认。

(5) 题目图中的"a",表示肢尖、肢背焊缝长度均为 a。由于肢背处焊缝受力较大,故对肢背处计算确定 a 的取值。

26. 答案:B

解答过程:依据《钢结构设计标准》GB 50017—2017 的表 7.4.1-1,桁架中的十字形截面杆,按照斜平面考虑计算长度,取计算长度系数 $\mu=0.9$。依据 7.4.6 条,杆件轴压力很小时取 $[\lambda]=200$。于是,要求截面回转半径为:

$$i_{\min} \geqslant \frac{l_0}{[\lambda]} = \frac{0.9 \times 6000}{200} = 27\mathrm{mm}$$

选择 B。

27. 答案:C

解答过程:依据《钢结构设计标准》GB 50017—2017 的 16.4.1 条第 1 款,Ⅰ错;依据 16.4.4 条第 3 款,Ⅱ对;依据 16.4.4 条第 5 款,Ⅲ错;依据 16.4.4 条第 2 款,Ⅳ对;依据 16.4.4 条第 1 款,Ⅴ错。故选择 C。

28. 答案:A

解答过程:依据《钢结构设计标准》GB 50017—2017 的表 4.4.1,Ⅰ对Ⅱ错Ⅲ错,选择 A。

点评:依据同一个表格对前 3 个说法加以判断即可选择答案。

29. 答案:C

解答过程:依据《钢结构设计标准》GB 50017—2017 的 3.1.6 条,疲劳计算应采用标准值。依据 3.1.7 条,计算疲劳时,应按作用在跨间内荷载效应最大的一台起重机计算。故选择 C。

30. 答案:C

解答过程:依据《钢结构设计标准》GB 50017—2017 的 11.2.7 条计算。

计算可知，题目中给出的 $S_x=7.74\times10^5\mathrm{mm}^3$ 实际上为翼缘对中和轴的面积矩，即公式（11.2.7）中的 S_f。

$$h_\mathrm{e}\geqslant\frac{VS_\mathrm{f}}{2If_\mathrm{f}^\mathrm{w}}=\frac{204\times10^3\times7.74\times10^5}{2\times4.43\times10^8\times160}=1.11\mathrm{mm}$$

由此可得 $h_\mathrm{f}=h_\mathrm{e}/0.7=1.11/0.7=1.6\mathrm{mm}$。

焊脚尺寸还需要满足表 11.3.5 的最小值要求，按较厚的母材厚度 16mm 得到 $h_\mathrm{fmin}=6\mathrm{mm}$。

故选择 C。

点评：依据《非合金钢及细晶粒钢焊条》GB/T 5117—2012 和《热强钢焊条》GB/T 5118—2012，焊条型号至少包括 3 部分，形如 E6215，其中，E 表示焊条，62 表示熔敷金属的抗拉强度最小值是 620MPa，15 表示药皮类型为碱性，适用于全位置焊接，采用直流反接。规范表 11.3.5 所说的"碱性焊条"，其焊条型号的第 3 部分为"15"或"16"。碱性焊条脱硫、脱磷能力强，药皮有去氢作用，焊接接头含氢量很低，又称低氢型焊条。

31. 答案：C

解答过程：依据《砌体结构设计规范》GB 50003—2011 的 4.2.6 条第 2 款及表 4.2.6 可知，基本风压 0.6kN/m² 时房屋总高为 18m 以下不考虑风荷载的影响，今房屋总高 3.3×6=19.8m＞18m，故论点Ⅰ错误。

依据规范表 6.1.1，论点Ⅱ错误。

依据规范表 3.2.1-3，论点Ⅲ正确。

依据规范 6.1.3 条，用内插法，$\mu_1=1.2+\frac{1.5-1.2}{240-90}\times(240-180)=1.32$，故论点Ⅳ正确。

综上所述，论点Ⅲ、Ⅳ正确，故选择 C。

点评：对于选项Ⅱ，注意区分砂浆强度和砌块强度。

32. 答案：D

解答过程：《砌体结构设计规范》GB 50003—2011 的 4.1.6 条，论点Ⅰ错误。

依据规范表 3.2.5-2，烧结普通砖砌体的线膨胀系数为 $5\times10^{-6}/℃$，蒸压粉煤灰普通砖砌体的线膨胀系数为 $8\times10^{-6}/℃$，前者小于后者，论点Ⅱ正确。

依据规范 3.2.3 条第 3 款，验算施工中房屋的构件时，取 $\gamma_\mathrm{a}=1.1$，故论点Ⅲ错误。

依据规范 4.1.5 条及其条文说明，论点Ⅳ正确。

综上所述，Ⅱ、Ⅳ正确，选择 D。

点评：对于本题，有以下几点需要说明：

(1) 题目中给出的论点Ⅰ，收录时有改动，增加了"抗力"二字。《建筑结构荷载规范》GB 50009—2001 中的 3.2.5 条对 γ_G 的规定中有"对结构的倾覆、滑移或漂浮验算，应取 0.9"，后来 2006 年局部修订取消了此规定。

(2) 对论点Ⅳ有改动，其中的"7％"原为 5％。在《砌体结构设计规范》GB 50003—2001 中，明确为 5％，这是毫无疑问的。在《砌体结构设计规范》GB 50003—2011 中，此处是否还应是"5％"存在矛盾之处：依据 4.1.5 条的正文，因为 1.6/1.5=1.07，可知强度提高 7％；而该条的条文说明仍采用 5％的说法。今以正文为准。

33. 答案：D

解答过程：依据《砌体结构设计规范》GB 50003—2011 的表 3.2.1-3，由 MU15 蒸压粉煤灰砖，M10 混合砂浆知 $f=2.31\text{N}/\text{mm}^2$。

依据 5.1.2 条计算高厚比：

$$\beta=\gamma_\beta\frac{H_0}{h}=1.2\times\frac{3.4}{0.24}=17$$

查附表 D.0.1-1，可得 $\varphi=\dfrac{0.72+0.67}{2}=0.695$。于是，依据 5.1.1 条可得受压承载力为：

$$\varphi fA=0.695\times2.31\times1000\times240=385.3\times10^3\text{N}=385.3\text{kN}$$

选择 D。

34. 答案：C

解答过程：依据《砌体结构设计规范》GB 50003—2011 表 3.2.2 下注释 2，专用砂浆仍按普通砂浆查表得到抗压强度。由 M10、烧结普通砖，$f_\text{v}=0.17\text{MPa}$。

依据 10.2.1 条确定 f_vE。

$$\sigma_0=\frac{172.8\times10^3}{240}=0.72\text{ N}/\text{mm}^2,\frac{\sigma_0}{f_\text{v}}=\frac{0.72}{0.17}=4.2\approx4$$

查表 10.2.1，得到 $\zeta_\text{N}=1.36$。

$$f_\text{vE}=\zeta_\text{N}f_\text{v}=1.36\times0.17=0.2312\text{ N}/\text{mm}^2$$

由表 10.1.5 知 $\gamma_\text{RE}=0.9$，于是，依据 10.2.2 条得到：

$$\frac{f_\text{vE}A}{\gamma_\text{RE}}=\frac{0.2312\times1000\times240}{0.9}=61.65\times10^3\text{N}$$

选择 C。

点评：关于本题，有以下几点需要说明：

(1) 本题有改动，原题采用的砂浆为 M10 混合砂浆，今改为 Ms10 "专用砂浆"。

对于蒸压粉煤灰砖，可以采用普通砂浆（M 系列），也可以采用专用砂浆（Ms 系列），规范中区别对待。

《建筑抗震设计规范》7.3.1 条第 5 款有一个条件是，"采用蒸压灰砂砖和蒸压粉煤灰砖的砌体房屋，当砌体的抗剪强度仅达到普通黏土砖砌体的 70% 时"，指的就是采用了普通砂浆，如果采用专用砂浆，抗剪强度与普通砖相同（见《砌体结构设计规范》表 3.2.2 下注释 2）。

蒸压粉煤灰砖抗剪强度设计值 f_v 可查《砌体结构设计规范》表 3.2.2 得到，为相应烧结普通砖 f_v 的 70%，例如：$0.17\times0.7=0.119\approx0.12$；$0.14\times0.7=0.098\approx0.10$；$0.11\times0.7=0.077\approx0.08$。即，强度保留小数点后两位。如果认为 $0.12/0.17=70.6\%>70\%$ 而不执行《建筑抗震设计规范》7.3.1 条 "仅达到普通黏土砖砌体的 70%" 的条件，笔者认为，不是规范编写者的本意。

(2) 对于本题，若采用 M10 混合砂浆，则依据《砌体结构设计规范》表 3.2.2 得到

$f_v=0.12\text{MPa}$。依据 $\sigma_0/f_v=0.72/0.12=6$ 查表 10.2.1,得到 $\zeta_N=1.56$。

$$f_{vE}=\zeta_N f_v=1.56\times 0.12=0.1872\text{ MPa}$$

$$\frac{f_{vE}A}{\gamma_{RE}}=\frac{0.1872\times 1000\times 240}{0.9}=50\times 10^3\text{N}$$

(3) 行业规范《蒸压粉煤灰砖建筑技术规范》CECS 256:2009 的 3.2.9 条指出蒸压粉煤灰砖墙体的砌筑和抹灰"宜采用专用砂浆",并未排除普通砂浆。表 3.3.2 给出的抗剪强度设计值,未区分普通砂浆与专用砂浆,现在看来,不妥,宜按现行国家标准处理。

35. 答案:C

解答过程:$f_y=270\text{N/mm}^2$,$f_{vE}=0.22\text{N/mm}^2$,$4\phi 14$ 钢筋,$A_s=615\text{mm}^2$。C20 混凝土 $f_t=1.1\text{N/mm}^2$。

依据《砌体结构设计规范》GB 50003—2011 表 10.1.5 可得,$\gamma_{RE}=0.9$。按 10.2.2 条确定墙体受剪承载力。

$$A_c=240\times 240=57600\text{mm}^2<0.15A=0.15\times 6540\times 240=235440\text{mm}^2$$

中部构造柱配筋率 $\frac{615}{240\times 240}=1.07\%<1.4\%$,$A_{sc}$ 按照实际配筋取用。构造柱间距大于 3m,取 $\eta_c=1.0$。查表 10.1.5,$\gamma_{RE}=0.9$。

$$\frac{1}{\gamma_{RE}}[\eta_c f_{vE}(A-A_c)+\zeta_c f_t A_c+0.08 f_{yc}A_{sc}]$$

$$=\frac{1}{0.9}\times[1.0\times 0.22\times(6540\times 240-57600)+0.5\times 1.1\times 240\times 240+0.08\times 270\times 615]$$

$$=419560\text{N}$$

选择 C。

点评:对于本题,有以下两点需要说明:

(1) 本题查表 10.1.5 时,按构件类别为"组合砖墙",因为,该墙不仅端部有构造柱,中部也设置了且符合 8.2.9 条的要求。在 2001 规范中,组合砖墙偏压、大偏拉和受剪时取 $\gamma_{RE}=0.85$,而两端设置构造柱的墙受剪时取 $\gamma_{RE}=0.90$,相当于考虑到组合砖墙由于多设构造柱更为有利。在 2011 规范中,两者对应的 γ_{RE} 均为 0.9。

(2) 在《建筑抗震设计规范》GB 50011—2010 表 5.4.2 中,两端均有构造柱、芯柱的抗震墙,抗剪时取 $\gamma_{RE}=0.9$,其他抗震墙抗剪时取 $\gamma_{RE}=1.0$。

36. 答案:D

解答过程:依据《砌体结构设计规范》GB 50003—2011 的 5.1.3 条第 1 款,对于墙 A,$H=3.6+0.3+0.5=4.4\text{m}$,$s=3.3\times 3=9.9\text{m}>2H=8.8\text{m}$。查表 5.1.3,$H_0=1.0H=4.4\text{m}$。

$$i=\sqrt{\frac{I}{A}}=\sqrt{\frac{5.55\times 10^9}{4.9\times 10^5}}=106.43\text{mm}$$

$$h_T=3.5i=3.5\times 106.43=372.51\text{mm}$$

由 6.1.1 条,可得高厚比为

$$\beta=\frac{H_0}{h_T}=\frac{4.4\times 10^3}{372.51}=11.81$$

选择 D。

37. 答案：D

解答过程：《砌体结构设计规范》GB 50003—2011 的 5.1.2 条，蒸压粉煤灰普通砖 $\gamma_\beta=1.2$，高厚比 $\beta=\gamma_\beta \dfrac{H_0}{h_T}=1.2\times\dfrac{3.6}{0.360}=12$。

$$h_T=360\text{mm}, \quad e=150-100=50\text{mm}, \quad \dfrac{e}{h_T}=\dfrac{50}{360}=0.139$$

查附录 D 的表 D.0.1-1，可得

$$\varphi=0.55-\dfrac{0.55-0.51}{0.15-0.125}\times(0.139-0.125)=0.5276$$

依据 5.1.1 条计算受压承载力：

$$\varphi f A=0.5276\times 2.31\times(240\times 1800+250\times 240)=599.0\text{kN}$$

选择 D。

点评：依据 5.1.5 条，无筋砌体受压构件偏心距 e 不应超过 $0.6y$，对于本题，$0.6y=0.6\times 150=90$mm，满足要求。上述计算过程之所以未验算此条，是因为，作为考试，若不满足要求将无法得到承载力。既然必定满足，故不验算。

38. 答案：B

解答过程：由题意，不灌孔的混凝土砌块，查《砌体结构设计规范》GB 50003—2011 的表 5.1.2，得到 $\gamma_\beta=1.1$，由 5.1.2 条，高厚比 $\beta=\gamma_\beta \dfrac{H_0}{h}=1.1\times\dfrac{3.0}{0.19}=17.4$。

查附录 D 的表 D.0.1-1，并用内插法，可得：

$$\varphi=0.72-\dfrac{0.72-0.67}{18-16}\times(17.4-16)=0.685$$

选择 B。

点评：有读者在查附录 D 表格时发现，题目中未给出砂浆的强度等级。事实上，由规范表 3.2.1-4 可知，采用的砂浆强度等级不会低于 Mb5，故必然查表 D.0.1-1。

39. 答案：C

解答过程：依据《砌体结构设计规范》GB 50003—2011 的 7.4.2 条计算 x_0。

由于 $l_1=3.65\text{m}>2.2h_b=2.2\times 0.45=0.99\text{m}$，故 $x_0=0.3h_b=0.3\times 0.45=0.135\text{m}$，满足小于 $0.13l_1=0.475\text{m}$ 的要求。考虑到挑梁下有构造柱，取 $x_0=0.135/2=0.0675\text{m}$。

依据 7.4.5 条计算挑梁的弯矩设计值。

$$\begin{aligned}M&=\gamma_0(1.3S_{Gk}+1.5\gamma_{L1}S_{Qlk})\\&=1.0\times\left[1.3\times\dfrac{27\times(1.8+0.0675)^2}{2}+1.5\times 1.0\times\dfrac{3.5\times(1.8+0.0675)^2}{2}\right]\\&=(1.3\times 27+1.5\times 3.5)\times\dfrac{(1.8+0.0675)^2}{2}\\&=70.36\text{kN}\cdot\text{m}\end{aligned}$$

故选择 C。

点评：对于本题，有以下几点需要说明：

(1) 对于挑梁，抗倾覆验算所采用的荷载组合，本质上依据为 4.1.6 条，其验算的，是刚体的倾覆，即，挑梁的挑出长度不能太大。

(2) 挑梁作为受弯构件，还需对承载能力极限状态进行计算，所用到的弯矩和剪力依据 7.4.5 条确定。其计算模型为悬臂梁；计算弯矩时，以倾覆点为固定端；计算剪力时，以挑梁墙外缘为固定端（与此类似的是，框架梁的剪力算至柱边）。本题即是这种情况。

40．答案：D

解答过程：依据《砌体结构设计规范》GB 50003—2011 表 10.1.5，配筋砌块砌体剪力墙受剪时 $\gamma_{RE}=0.85$。

依据 3.2.2 条，单排孔混凝土对孔砌筑时，抗剪强度设计值为：
$$f_{vg}=0.2f_g^{0.55}=0.2\times 7.5^{0.55}=0.606\text{N/mm}^2$$

不考虑水平钢筋，依据 10.5.4 条计算斜截面受剪承载力。

剪力墙的剪跨比 $\lambda=\dfrac{M}{Vh_0}=\dfrac{1050}{210\times 4.8}=1.042<1.5$，取 $\lambda=1.5$。

$0.2f_g bh=0.2\times 7.5\times 190\times 5100=1453.5\times 10^3\text{N}>1250\text{kN}$，取 $N=1250\text{kN}$。

$$\frac{1}{\gamma_{RE}}\left[\frac{1}{\lambda-0.5}\left(0.48f_{vg}bh_0+0.10N\frac{A_w}{A}\right)\right]$$
$$=\frac{1}{0.85}\times\left[\frac{1}{1.5-0.5}\times(0.48\times 0.606\times 190\times 4800+0.10\times 1250\times 10^3\times 1)\right]$$
$$=459.2\times 10^3\text{N}>1.4\times 210=294\text{kN}$$

上式中，1.4 为依据 10.5.2 条第 2 款的剪力调整系数。

故水平分布钢筋按照构造配筋即可。由表 10.5.9-1，二级、剪力墙底部加强部位，水平分布钢筋最小配筋率为 0.13%。故选择 D。

41．答案：B

解答过程：依据《木结构设计标准》GB 50005—2017 的 4.3.1 条，红松属于 TC13B，$f_c=10\text{N/mm}^2$。依据 4.3.2 条，由于是原木，验算部位没有切削，抗压强度可提高 15%。查表 4.3.9-1，露天环境，调整系数 0.9；短暂情况，调整系数 1.2。于是，调整之后的抗压强度为：
$$f_c=10\times 1.15\times 0.9\times 1.2=12.4\text{N/mm}^2$$

选择 B。

42．答案：C

解答过程：依据《木结构设计标准》GB 50005—2017 的 3.1.13 条，A 正确；依据表 3.1.3，受弯构件、压弯构件需要等级是Ⅱa，再依据表 A.1.2 可知，Ⅱa 时对髓心无限制，故 B 正确；依据表 4.3.1-3 以及 4.3.3 条，横纹时受压强度最低，故 C 不正确；依据 4.3.18 条，D 正确。故选择 C。

43．答案：A

解答过程：依据《建筑地基基础设计规范》GB 50007—2011 表 5.2.4，砾砂 $\eta_b=3.0$，$\eta_d=4.4$。按照 5.2.4 条规定，柱 A 基础是地下室中的独立基础，$d=1.0\text{m}$。于是
$$f_a=f_{ak}+\eta_b\gamma(b-3)+\eta_d\gamma_m(d-0.5)$$
$$=220+3.0\times(19.5-10)\times(3.3-3)+4.4\times 19.5\times(1-0.5)$$
$$=271.45\text{kPa}$$

选择 A。

点评：规范 5.2.4 条地基承载力修正时，基础埋置深度 d 的取值，可以按表 7-2-1 理解：

d 的 取 值　　　　　　表 7-2-1

状况		d 的取值	备注
一般		自室外地面标高算起	室外地面的确定与填土顺序有关：上部结构施工前就已经填土，取为填土后形成的标高处；否则，取天然地面标高。
有地下室	条形基础 独立基础	自室内地面标高	
	箱形基础 筏板基础	自室外地面标高算起	

因此，对于本题，笔者认为，如果计算外部柱下基础底面的地基承载力特征值，仍取 $d=1\mathrm{m}$，这既是符合规范要求的，也是与地基的破坏原理一致的，且偏于安全。

北京市建筑设计院编写的《建筑结构专业技术措施》（2007 年）规定，对于有地下室的条形基础及独立基础，地基承载力特征值修正时，对于外墙基础的埋置深度，取 $d=(d_1+d_2)/2$，d_1、d_2 分别为自室外地面和地下室室内地面算起的埋置深度。

44．答案：B

解答过程：依据《建筑地基基础设计规范》GB 50007—2011 的 8.2.8 条可得：

$$a_\mathrm{m}=(a_\mathrm{t}+a_\mathrm{b})/2=[0.5+(0.5+0.75\times2)]/2=1.25\mathrm{m}$$

$h=800\mathrm{mm}$，取 $\beta_\mathrm{hp}=1.0$。

$$0.7\beta_\mathrm{hp}f_\mathrm{t}a_\mathrm{m}h_0=0.7\times1.0\times1.43\times10^3\times1.25\times0.75=938.4\mathrm{kN}$$

选择 B。

45．答案：A

解答过程：依据《建筑地基基础设计规范》GB 50007—2011 的 8.2.11 条计算。

$$a_1=1.4\mathrm{m},\quad a'=0.5\mathrm{m}$$

$$p=300-\frac{300-40}{3.3}\times1.4=189.7\mathrm{kPa}$$

$$M_\mathrm{I}=\frac{1}{12}a_1^2\left[(2l+a')\left(p_\mathrm{max}+p-\frac{2G}{A}\right)+(p_\mathrm{max}-p)l\right]$$

$$=\frac{1}{12}\times1.4^2\times\left[(2\times3.3+0.5)\times\left(300+189.7-\frac{2\times1.35\times1.0\times20A}{A}\right)+(300-189.7)\times3.3\right]$$

$$=565\mathrm{kN\cdot m}$$

选择 A。

46．答案：C

解答过程：依据《建筑地基基础设计规范》GB 50007—2011 的 6.7.3 条计算。

由于 $\theta=75°>(45°+\varphi/2)=(45°+30°/2)=60°$，因此可应用公式(6.7.3-2)。

由题意，$\theta=75°$，$\alpha=60°$，$\beta=0°$，$\delta_\mathrm{r}=10°$，$\delta=10°$，于是可得：

$$k_\mathrm{a}=\frac{\sin(\alpha+\theta)\sin(\alpha+\beta)\sin(\theta-\delta_\mathrm{r})}{\sin^2\alpha\sin(\theta-\beta)\sin(\alpha-\delta+\theta-\delta_\mathrm{r})}$$

$$=\frac{\sin(60°+75°)\times\sin(60°+0°)\times\sin(75°-10°)}{\sin^260°\times\sin(75°-0°)\times\sin(60°-10°+75°-10°)}$$

$$=0.8453$$

$$E_a = \psi_a \frac{1}{2}\gamma h^2 k_a = 1.1 \times \frac{1}{2} \times 19 \times (4.4+0.8)^2 \times 0.8453 = 239 \text{kPa}$$

选择 C。

47. 答案：C

解答过程：依据《建筑地基基础设计规范》GB 50007—2011 的 6.7.5 条确定主动土压力的两个分量。

取单位长度的挡土墙进行计算。

水平方向　$E_{ax} = E_a \sin(\alpha - \delta) = 250 \times \sin(60° - 10°) = 191.5 \text{kN}$
竖直方向　$E_{az} = E_a \cos(\alpha - \delta) = 250 \times \cos(60° - 10°) = 160.7 \text{kN}$

主动土压力作用点至挡土墙底面的距离

$$z_f = z = \frac{4.4+0.8}{3} = 1.733 \text{m}$$

主动土压力作用点至挡土墙墙趾的水平距离

$$x_f = b - z\cot\alpha = 3.2 + 0.4 - 1.73\cot 60° = 2.599 \text{m}$$

将施加于挡土墙的外力对墙底面形心轴取矩，并以逆时针为正，则

$$M_k = 220 \times \left(\frac{0.4+3.2}{2} - 1.426\right) + 191.5 \times 1.733 - 160.7 \times \left[2.599 - \frac{0.4+3.2}{2}\right]$$
$$= 285.8 \text{kN} \cdot \text{m}$$

再依据 5.2.2 条计算基底最大压应力。

竖向力的合力 $F_k + G_k = E_{az} + G_k = 160.7 + 220 = 380.7 \text{kN}$

由于偏心距 $e = \dfrac{M_k}{F_k + G_k} = \dfrac{285.8}{380.7} = 0.75 \text{m} > \dfrac{b}{6} = \dfrac{0.4+3.2}{6} = 0.6 \text{m}$，故采用规范公式 (5.2.2-4) 计算。

$$a = \frac{b}{2} - e = \frac{0.4+3.2}{2} - 0.75 = 1.05 \text{m}$$

$$p_{k\max} = \frac{2(F_k + G_k)}{3la} = \frac{2 \times 380.7}{3 \times 1 \times 1.05} = 241.7 \text{kPa}$$

选择 C。

48. 答案：D

解答过程：依据《建筑地基处理技术规范》JGJ 79—2012 的 7.6.2 条，夯实水泥土桩可布置基础底面范围内；依据 7.7.2 条第 5 款，水泥粉煤灰碎石桩可只在基础范围内布桩。故选择 D。

49. 答案：D

解答过程：依据《建筑地基处理技术规范》JGJ 79—2012 的 5.2.7 条计算。

$$\overline{U}_t = \sum_{i=1}^{n} \frac{\dot{q}_i}{\sum \Delta p}\left[(T_i - T_{i-1}) - \frac{\alpha}{\beta}e^{-\beta t}(e^{\beta T_i} - e^{\beta T_{i-1}})\right]$$
$$= \frac{70/7}{70}\left[(7-0) - \frac{8/\pi^2}{0.0244}e^{-0.0244 \times 100}(e^{0.0244 \times 7} - e^0)\right]$$
$$= 0.923$$

选择 D。

点评：解题时注意，提示给出的系数 $\beta=0.0244(1/d)$，括号内表示 β 的单位为"1/天"，不可误以为相乘的关系。另外，对本题解答过程的理解，可参照规范 5.2.7 条条文说明给出的算例（在规范的 134 页）。

50. 答案：C

解答过程：依题意可知，有柱传来的竖向力为 $N_k=745\times3=2235\text{kN}$。

补桩之后，由于"杠杆原理"，A、C 桩受力相等且大于 D 桩的受力。将 A 桩的受力记作 N_{Ak}，对 D 桩位置取矩，可得

$$2N_{Ak}(1155+700+577)=2235\times(1155+700)$$

解方程可得 $N_{Ak}=852.4\text{kN}$

点评：对于此题，还可以有以下解法：

方法 1：

对 AC 轴取矩建立平衡方程，可得

$$(0.577+1.155+0.7)N_{Dk}-0.577\times2235=0$$

从而 $N_{Dk}=530.3\text{kN}$。于是

$$N_{Ak}=N_{Ck}=\frac{2235-530}{2}=852.4\text{kN}$$

方法 2：

将柱子传来的压力移轴至 A、C、D 三根桩的形心，得到弯矩为：

$$M_k=2235\times\left(\frac{0.577+1.155+0.7}{3}-0.577\right)=522.25\text{kNm}$$

A、C 桩受到的最大竖向力为：

$$N_{Ak}=N_{Ck}=\frac{2235}{3}+\frac{522.25\times\frac{0.577+1.155+0.7}{3}}{2\times\left(\frac{0.577+1.155+0.7}{3}\right)^2+\left[\frac{2\times(0.577+1.155+0.7)}{3}\right]^2}$$

$$=852.4\text{kN}$$

显然，以上两种做法均不如给出的正式解答过程简单，而且，方法 2 按照规范的步骤操作，十分烦琐。表明，对于这类纯粹的力学问题，熟练应用力学的基本平衡式能大大提高解题效率。

51. 答案：A

解答过程：依据《建筑桩基技术规范》JGJ 94—2008 的 5.9.8 条计算。

$$a_{12}=1.24\text{m}>h_0=1.05\text{m}，取 a_{12}=1.05\text{m}$$

$$\lambda_{12}=1,\quad \beta_{12}=\frac{0.56}{\lambda_{12}+0.2}=\frac{0.56}{1+0.2}=0.467$$

$$\beta_{hp}=1.0-\frac{1.0-0.9}{2000-800}\times(1100-800)=0.975$$

受角桩冲切的承载力设计值为：

$$\beta_{12}(2c_2+a_{12})\beta_{hp}\tan\frac{\theta_2}{2}f_th_0$$

$$=0.467\times[2\times(1.059+0.183)+1.05]\times0.975\times\frac{289}{657}\times1.57\times1.05$$

$$=1166\text{kN}$$

选择 A。

52. 答案：B

解答过程：依据《建筑桩基技术规范》JGJ 94—2008 的 5.9.2 条第 2 款进行等腰三桩承台计算。

由桩基承台的尺寸图可知 $s_a = \sqrt{(577+1155+700)^2 + 1000^2} = 2630\text{mm}$，$\alpha s_a = 1000 + 1000 = 2000\text{mm}$，于是，$\alpha = 0.76$。

$$M_1 = \frac{N_{\max}}{3}\left(s_a - \frac{0.75}{\sqrt{4-\alpha^2}}c_1\right) = \frac{1100}{3} \times \left(2.63 - \frac{0.75}{\sqrt{4-0.76^2}} \times 0.6\right) = 875.1\text{kN} \cdot \text{m}$$

选择 B。

53. 答案：B

解答过程：桩身截面面积为：

$$A_{ps} = \frac{\pi}{4}d^2 = \frac{\pi}{4} \times 600^2 = 2.827 \times 10^5 \text{mm}^2$$

12 根直径 20mm 钢筋的截面面积为 $A_s = 3770\text{mm}^2$，于是，配筋率为：

$$\frac{A_s}{A_{ps}} = \frac{3770}{2.827 \times 10^5} = 1.33\% > 0.65\%$$

依据《建筑桩基技术规范》JGJ 94—2008 的 5.7.2 条第 2 款，建筑物对水平位移不敏感，取水平位移为 10mm 时对应荷载的 75% 作为单桩水平承载力特征值，故：

$$R_{ha} = 75\%P = 0.75 \times 120 = 90\text{kN}$$

依据该规范的 5.7.2 条第 7 款，应将上述结果乘以调整系数 0.8，于是，得到 $90 \times 0.8 = 72\text{kN}$，选择 B。

54. 答案：D

解答过程：由题意，桩身下 $5d$ 范围内的螺旋式箍筋间距不大于 100mm，依据《建筑桩基技术规范》JGJ 94—2008 的 5.8.2 条第 1 款，可得：

$$N = \psi_c f_c A_{ps} + 0.9 f'_y A'_s = 0.7 \times 14.3 \times 2.827 \times 10^5 + 0.9 \times 300 \times 3770.4 = 3848\text{kN}$$

选择 D。

55. 答案：A

解答过程：地面以下 30m 土层地质年代为第四纪全新世，不符合《建筑抗震设计规范》GB 50011—2010 的 4.3.3 条第 1 款的规定，故应判别土层是否液化。

(1) 判断粉土层是否液化

粉土的黏粒含量为 14% > 13%，依据规范的 4.3.3 条第 2 款规定，粉土层可判定为不液化土。

(2) 判断砂土层是否液化

由图示可知 $d_u = 7.8\text{m}$，$d_w = 5\text{m}$；由于基础埋置深度 1.5m < 2m，故 $d_b = 2\text{m}$；对于砂土，由规范表 4.3.3 可得 8 度时 $d_0 = 8\text{m}$。于是

$$d_0 + d_b - 2 = 8 + 2 - 2 = 8\text{m} > d_u = 7.8\text{m}$$
$$d_0 + d_b - 3 = 7\text{m} > d_w = 5\text{m}$$
$$1.5d_0 + 2d_b - 4.5 = 1.5 \times 8 + 2 \times 2 - 4.5 = 11.5\text{m} < d_u + d_w = 7.8 + 5 = 12.8\text{m}$$

满足规范 4.3.3 条第 3 款的条件之一，故砂土层可不考虑液化影响。

综上所述，选择 A。

56. 答案：B

解答过程：依据《建筑地基基础设计规范》GB 50007—2011 的 6.6.4 条第 3 款，A 正确；依据 6.6.6 条第 1 款，必须同时"不具备形成土洞的条件"才可不考虑岩溶对地基稳定性的影响，B 错误；依据 6.6.5 条第 2 款，C 正确；依据 6.6.6 条第 2 款，D 正确。

57. 答案：A

解答过程：依据《建筑抗震设计规范》GB 50011—2010 的 3.4.3 条、3.4.4 条条文说明，位移控制值验算时，采用 CQC 组合。扭转位移比计算时，不采用位移的 CQC 组合。

依据《高层建筑混凝土结构技术规程》JGJ 3—2010 的 3.7.3 条注释，位移控制值验算时，位移计算不考虑偶然偏心。

综上，选择 A。

点评：《建筑抗震设计规范》的 5.2.2 条～5.2.3 条规定了采用振型分解反应谱法时作用效应的计算，其中，5.2.2 条不考虑扭转耦联，认为各振型相互独立，采用的是"平方和开方"，即 SRSS 法；5.2.3 条考虑扭转耦联，振型之间存在相关性，采用的是"完全平方组合"，即 CQC 法。

通常，楼层位移按照各振型位移的 CQC 组合得到，即，先算出各振型的位移，再组合。例如，规范 5.5.1 条对楼层最大弹性层间位移的验算，就是用这种策略。需要注意的是，此处计算位移时可不考虑偶然偏心的影响。

但是，该策略在计算扭转位移比时出现问题。

如图 7-2-2 所示，楼盖在水平地震作用下发生扭转。这时，需要依据规范表 3.4.3-1 判断是否"扭转不规则"。判断的依据，是当 $\dfrac{\delta_2}{(\delta_1+\delta_2)/2} > 1.2$ 时视为扭转不规则。

此时，若仍按照先求出各振型位移再 CQC 组合，有时会出现最大位移未在楼盖角部的奇怪现象。为此，规范规定，这里的位移应用"规定水平力"求出，而"规定水平力"则按振型组合后的楼层地震剪力换算得

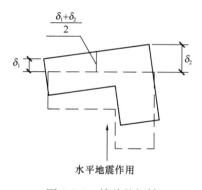

图 7-2-2 楼盖的扭转

到。如此，相当于先振型组合求出力，再算出位移。需要注意的是，这里计算位移时应考虑偶然偏心的影响。

关于"偶然偏心"的规定，是在《高层建筑混凝土结构技术规程》JGJ 3—2010 的 4.3.3 条，结合该条条文说明，笔者认为可以这样理解：

(1) 所谓"考虑偶然偏心的影响"，是指，当把楼层理想化视为质点时，水平地震作用表现为一系列作用于质点的力。这些质点，位于楼层的质心。若考虑不利影响，可以简单处理为将这些力偏离一定距离，即"偶然偏心"，其作用，相当于钢筋混凝土偏心受压构件的附加偏心距 e_a。

(2) 偶然偏心可正可负，总之取最不利影响。通常都应考虑，但两种情况例外：①双向地震时；②验算楼层层间位移与层高之比时。

58. 答案：C

解答过程：依据《建筑抗震设计规范》GB 50011—2010 的 M.1.1-2，C 项说法不正确，此时应取 2 倍弹性层间位移角限值。选择 C。

59. 答案：A

解答过程：依据《建筑结构荷载规范》GB 50009—2012 的 8.5.3 条，可得：

烟囱倾斜度为 $\frac{7.6/2-3.6/2}{100}=0.02$，取 2/3 高度处的截面直径，为 $7.6-2/3\times100\times0.02\times2=4.932$m。

临界风速 $$v_{cr}=\frac{D}{T_1 St}=\frac{4.932}{2.5\times0.2}=9.864\text{m/s}$$

对应的雷诺数 $Re=69000vD=69000\times9.864\times4.932=3.357\times10^6$

由于雷诺数 Re 在 3×10^5 和 3.5×10^6 之间，发生超临界范围的风振，不必考虑横风向风荷载引起的共振，故选择 A。

点评：《烟囱设计规范》GB 50051—2013 的 5.2.4 条规定，斯托罗哈数 St 对圆形截面取 0.2～0.3，《建筑结构荷载规范》GB 50009—2012 的 8.5.3 条规定为 0.2，稍有差别，故给出提示。

60. 答案：B

解答过程：依据《建筑抗震设计规范》GB 50011—2010 的附录 A.0.2，三河市抗震设防烈度为 8 度（0.2g）。

依据《烟囱设计规范》GB 50051—2012 的 3.1.3 条，Ⅰ正确。

依据 5.5.3 条，8 度、Ⅲ类场地，应进行抗震验算，Ⅱ错误。

依据 5.5.4 条，Ⅲ正确。

依据 5.5.1 条以及 5.5.5 条，Ⅳ正确。

选择 B。

点评：由于 2012 版《烟囱设计规范》取消了简化计算方法，规定应采用振型分解反应谱法进行水平地震作用的计算，故本题编入时做了修改。

61. 答案：B

解答过程：底层边柱的线刚度修正系数为

$$\alpha_{边}=\frac{0.5+\dfrac{2.7\times2}{5.40}}{2+\dfrac{2.7\times2}{5.40}}=0.5$$

底层中柱的线刚度修正系数为

$$\alpha_{中}=\frac{0.5+\dfrac{(2.7+5.4)\times2}{5.40}}{2+\dfrac{(2.7+5.4)\times2}{5.40}}=0.7$$

框架柱按照 D 值分配剪力，底层每个中柱分配到的剪力为

$$\frac{D_{中}}{2D_{中}+2D_{边}}\times12P=\frac{\alpha_{中}}{2\alpha_{中}+2\alpha_{边}}\times12P=\frac{0.70\times12P}{2\times0.70+2\times0.5}=3.5P$$

故选择 B。

点评：由于题目中给出的是"矩形截面线刚度"，而且，指出考虑楼板影响的刚度增

大系数取条文中规定的最大值,故解答中按照《高层建筑混凝土结构技术规程》JGJ 3—2010 的 5.2.2 条,将刚度增大系数取为 2。

62. 答案:B

解答过程:上部一个楼层的抗侧移刚度为:

$$\sum D_{\pm} = (0.56 \times 2 + 0.76 \times 2) \times \frac{12 \times 3.91 \times 10^{10}}{4000^2} = 77418 \text{N/mm}$$

由于上部楼层抗侧移刚度相同,故框架顶层柱顶端的绝对位移为:

$$\delta_{12} = \sum_{i=1}^{12} \Delta_i = \frac{(1+11) \times 11/2 P}{\sum D_{\pm}} + \frac{12P}{\sum D_1} = \frac{66P}{\sum D_{\pm}} + 2.8 = \frac{66 \times 10 \times 10^3}{77418} + 2.8 = 11.3 \text{mm}$$

故选择 B。

63. 答案:C

解答过程:依据《建筑抗震设计规范》GB 50011—2010 的 5.5.5 条,钢筋混凝土框架结构的弹塑性位移角限值为 $[\theta_p]=1/50$,从而可得极限情况 $\Delta u_p = [\theta_p]h = 6000/50 = 120 \text{mm}$。

依据表 5.5.4,由于 $\xi_y=0.4$、12 层,可得 $\eta_p=2.0$。从而可得弹性位移最大为 $\Delta u_e = \Delta u_p / \eta_p = 120/2 = 60 \text{mm}$。可以承受的最大剪力标准值为:

$$V_{Ek} = \Delta u_e \cdot \sum D = 60 \times 5.2 \times 10^5 = 3.12 \times 10^7 \text{N}$$

故选择 C。

64. 答案:C

解答过程:依据《高层建筑混凝土结构技术规程》JGJ 3—2010 的 10.6.3 条,上部塔楼结构的综合质心与底盘结构质心的距离不宜大于底盘相应边长的 20%。

两质心的距离,A、B、C、D 选项分别为 18m、18+0.1−5=13.1m、18+0.2−7.2=11m、18+1−8=11m,C 与 D 的情况相同,但 C 偏心较小,此时比值为 11/60=18.3%<20%,故选择 C。

65. 答案:D

解答过程:依据《建筑抗震设计规范》GB 50011—2010 的 3.3.3 条,7 度(0.15g),Ⅲ类场地,抗震构造措施应按照 8 度查表。高度 72+18=90m、框架核心筒、8 度,查表 6.1.2,抗震等级为一级。依据 6.1.3 条,裙房相关范围也取为一级。查表 6.3.6,一级、框剪结构,轴压比限值为 0.75。

依据 6.2.5 条对框架柱剪力进行调整。此时所用到的抗震等级,应按照 7 度查表,为二级。于是

$$V = \eta_{VC}(M_c^b + M_c^t)/H_n = 1.2 \times \frac{320+350}{5.2} = 155 \text{kN}$$

选择 D。

点评:轴压比的规定属于抗震构造措施,内力调整却属于抗震措施,这在选用抗震等级时一定要注意。

66. 答案:B

解答过程:依据《建筑抗震设计规范》GB 50011—2010 的 6.3.4 条,框架梁中贯通中柱的纵筋直径不大于 450/20=22.5mm,故 C 项不满足。

对 6.3.3 条第 1 款规定的相对受压区高度进行复核。

A 选项：$\xi = \dfrac{360 \times 3041 - 360 \times 1520}{14.3 \times 300 \times 440} = 0.29 > 0.25$，不满足要求。

B 选项：$\xi = \dfrac{360 \times 2281 - 360 \times 1520}{14.3 \times 300 \times 440} = 0.15 < 0.25$，满足要求。

B 选项配置也满足 6.3.3 条、6.3.4 条的其他要求。故选择 B。

点评：本题之所以编入本书时增加了提示，是因为，《混凝土结构设计规范》GB 50010—2010 无论是 2010 年版还是 2015 年版都在 11.6.7 条规定，一级抗震等级的框架结构，框架梁上部纵筋贯穿中柱的纵筋直径不大于柱在该方向截面尺寸的 1/25（柱为矩形截面时）。从条文说明看，该规定是 2010 年版针对 2002 年版的改进。

67. 答案：B

解答过程：依据《高层混凝土结构技术规程》JGJ 3—2010 的 6.2.1 条，由于是一级框架结构，因此，应采用公式（6.2.1-1）计算。

$$M_{bua} = f_{yk}A_s(h_0 - a_s')/\gamma_{RE} = 400 \times 2281 \times (560 - 40)/0.75$$
$$= 632.6 \times 10^6 \text{ N} \cdot \text{mm}$$
$$\Sigma M_c = 1.2 \Sigma M_{bua} = 1.2 \times 632.6 = 759.1 \text{ kN} \cdot \text{m}$$

底层柱上端弯矩根据上、下柱的刚度调整，为

$$759.1 \times \dfrac{280}{280 + 300} = 366 \text{kN} \cdot \text{m}$$

底层柱下端弯矩依据 6.2.2 条调整，为 $1.7 \times 320 = 544 \text{kN} \cdot \text{m}$

由于是角柱，尚应依据 6.2.4 条将上述结果乘以 1.1。柱截面配筋设计时，应取柱上、下端弯矩的较大者。于是得到 $544 \times 1.1 = 598.4 \text{kN} \cdot \text{m}$，故选择 B。

点评：对于本题，有以下几点需要说明：

(1) 本题为 2011 年考题，当时，因为 2010 版的《高层混凝土结构技术规程》（以下简称《高规》）未列入考试规范，故该题提示要求按照 2010 版《建筑抗震设计规范》（以下简称《抗规》）答题。今规范已经更新，故删去了原来的提示。

(2)《抗规》的相应内容在 6.2.2 条。与《高规》相比，二者的内容在本质上是一样的，但是，由于给出的公式顺序不同，《抗规》在这里显然不如《高规》明确，需要看条文说明才能进一步理解为《高规》的含义。

68. 答案：C

解答过程：依据《建筑抗震设计规范》GB 50011—2010 的 E.1.1 条，框支层现浇楼板厚度不宜小于 180mm。

依据 E.1.2 条，根据受剪确定 t_f：

$$t_f \geq \dfrac{\gamma_{RE}V_f}{0.1f_cb_f} = \dfrac{0.85 \times 2 \times 3000 \times 10^3}{0.1 \times 16.7 \times 15400} = 198 \text{mm}$$

依据 E.1.3 条，可得：

$$A_s \geq \dfrac{\gamma_{RE}V_f}{f_y} = \dfrac{0.85 \times 2 \times 3000 \times 10^3}{300} = 17000 \text{mm}^2$$

框支层楼盖所需配筋截面积为 $17000 - 10000 = 7000 \text{mm}^2$，折合每延米为 $7000/10.8 = 648 \text{mm}^2$。Φ12@200 双层布置每延米可提供截面积 1131mm^2，故选择 C。此时，也满足配

筋率不小于 0.25% 的要求。

69. 答案：D

解答过程：依据《高层建筑混凝土结构技术规程》JGJ 3—2010 的表 3.9.3，8 度、框支剪力墙、高度 74.45m，抗震墙加强部位等级为一级。

依据 7.2.6 条，可得：
$$V = \eta_{vw} V_w = 1.6 \times 4100 = 6560 \text{kN}$$

依据 7.2.10 条计算墙肢受剪压如下：

$N = 19000 \text{kN} > 0.2 f_c b_w h_w = 0.2 \times 19.1 \times 400 \times 6400 = 9779.2 \times 10^3 \text{N}$，取 $N = 9779.2 \times 10^3 \text{N}$

$\lambda = 1.2 < 1.5$，取 $\lambda = 1.5$

$$\frac{A_{sh}}{s} = \frac{0.85 \times 6560 \times 10^3 - \dfrac{1}{1.5 - 0.5} \times (0.4 \times 1.71 \times 400 \times 6000 + 0.1 \times 9779.2 \times 10^3 \times 0.7)}{0.8 \times 300 \times 6000}$$

$= 2.26 \text{mm}^2/\text{mm}$

由于墙内水平分布钢筋双层布置，因此，间距为 150mm 时，需要单根截面积为 $2.26 \times 150/2 = 169.5 \text{mm}^2$，Φ16 可以提供截面积 201.1mm²，满足要求。

依据 10.2.19 条，竖向分布钢筋最小配筋率为 0.3%，因此，1m 范围所需钢筋量为 $0.3\% \times 1000 \times 400 = 1200 \text{mm}^2$，Φ12@150（双肢）可以提供 1508mm²，满足要求。

D 选项也满足规范 10.2.19 条要求的钢筋直径与间距。故选择 D。

70. 答案：A

解答过程：依据《高层建筑混凝土结构技术规程》JGJ 3—2010 的 10.2.2 条，第四层剪力墙属于底部加强部位相邻上一层，又依据 7.2.14 条，应设置约束边缘构件。

查表 3.9.3，由于是一般部位，抗震等级为二级。

依据 7.2.15 条，阴影部分面积为 $(300+200+300) \times 200 + 300 \times 200 = 220000 \text{mm}^2$，阴影部分纵筋配筋最少为 $1.0\% \times 220000 = 2200 \text{mm}^2$。抗震等级为二级时，纵筋还不少于 6φ16，故只有 A、C 选项符合纵筋的要求。下面对箍筋进行计算。

箍筋体积配筋率限值为
$$[\rho_v] = \lambda_v \frac{f_c}{f_{yv}} = 0.20 \times \frac{16.7}{300} = 0.011$$

上式中，由于其他层的 $f_c = 14.3 \text{N/mm}^2$，小于 C35 时的 $f_c = 16.7 \text{N/mm}^2$，故取 $f_c = 16.7 \text{N/mm}^2$。

按箍筋直径为 8mm 验算体积配箍率。
$$\frac{50.3 \times [(800-8) \times 2 + (500-25) \times 2 + (200-2 \times 25+8) \times 3]}{(800+300) \times (200-2 \times 25) \times 100} = 0.0092 < 0.011$$

按箍筋直径为 10mm 验算体积配箍率。
$$\frac{78.5 \times [(800-10) \times 2 + (500-25) \times 2 + (200-2 \times 25+10) \times 3]}{(800+300) \times (200-2 \times 25) \times 100} = 0.014 > 0.011$$

综上，选择 A。

点评：对于本题，有以下几点值得讨论：

(1) 第 4 层是底部加强部位的相邻上一层，其抗震等级，在查表 3.9.3 时，是按底部加强部位取值，还是按一般部位？二者抗震等级相差一级。

2002 版规范的 7.2.15 条条文说明曾指出,"当一、二级抗震等级底部加强部位轴压比小于限值时,需要设置约束边缘构件,其长度及箍筋配置量都需要进行计算,并从加强部位顶部向上延伸一层"。据此理解,延伸上来的这层应与底部加强部位同样处理。

但是,2010 版规范条文说明删除了此说法。在正文中增加要求,B 级高度时在约束边缘构件和构造边缘构件之间宜设置过渡层。

笔者在解答中的处理,将第 4 层按"一般部位"确定抗震等级但设置约束边缘构件,相当于一种过渡。

(2) 约束边缘构件阴影部分的纵筋截面积,二级时不应小于 $6\phi16$,是仅仅钢筋截面积不小于 $6\phi16$,还是尚应满足钢筋直径不小于 16?

对此有不同观点,一般认为,此处不仅截面积满足要求,直径也应满足。

另外需要说明的是,本题编入时,将纵筋的保护层厚度由"20mm"改为"25mm"以满足《混凝土结构设计规范》GB 50010—2010 的 8.2.1 条的要求。

71. 答案:D

解答过程:依据《高层建筑混凝土结构技术规程》JGJ 3—2010 的 10.2.2 条,第四层墙肢属于底部加强部位。依据 10.2.6 条以及表 3.9.3,抗震墙等级提高为特一级。

依据 3.10.5 条,约束边缘构件纵筋最小构造配筋率为 1.4%,配箍特征值增大 20%,为 $\lambda_v = 1.2 \times 0.2 = 0.24$。

故选择 D。

点评:在 2010 版系列规范中,配箍特征值 λ_v 的取值,还与轴压比有关,故本题在原来基础上增加了一个提示条件:$\mu_N > 0.3$。

72. 答案:C

解答过程:依据《高层建筑混凝土结构技术规程》JGJ 3—2010 的 8.1.5 条,A 正确;依据 8.1.7 条,D 正确;依据 8.1.8 条第 2 款,C 不正确。

73. 答案:C

解答过程:依据《公路桥涵设计通用规范》JTG D60—2015 的表 1.0.5,30m 跨径,属于中桥。查表 4.1.5-1,安全等级为一级。

依据 4.1.5 条,应取重要性系数 $\gamma_0 = 1.1$,$\psi_c = 0.75$,故选择 C。

74. 答案:B

解答过程:依据《公路桥涵设计通用规范》JTG D60—2015 的 4.3.2 条计算。

$$\mu = 0.1767 \ln 4.5 - 0.0157 = 0.25$$

故选择 B。

点评:(1) 冲击系数 μ 没有量纲,原题目中给出单位"Hz"有误。

(2) 规范 4.3.2 条第 6 款指出,汽车荷载的局部加载及在 T 梁、箱梁悬臂板上的冲击系数采用 0.3。题目中并未指出要求计算的 μ 用于何种情况,而且选项中出现了 0.3,容易引起争议。

75. 答案:C

解答过程:依据《公路钢筋混凝土及预应力混凝土桥涵设计规范》JTG 3362—2018 的 8.7.3 条计算。

$$A_e = \frac{R_{ck}}{\sigma_c} = \frac{950 \times 10^3}{10} = 95000 \text{mm}^2$$

选项 C 可提供的 $A_e=(450-10)\times(250-10)=105600\text{mm}^2$,选项 A、B、D 提供的 A_e(单位:mm^2)分别为 83600、93600、90000,故选择 C。

76. 答案:B

解答过程:依据《公路钢筋混凝土及预应力混凝土桥涵设计规范》JTG 3362—2018 的 4.3.3 条计算。

$$b+2b_h+12h'_f=200+2\times270+12\times160=2660\text{mm}$$

以上式中,由于 $h_h=250-160=90\text{mm}<b_h/3=600/3=200\text{mm}$,取 $b_h=3h_h=3\times90=270\text{mm}$。

$l_0/3=29000/3=9667\text{mm}$;相邻两梁平均间距 2250mm。

取以上三者的最小者,为 2250mm,故选择 B。

77. 答案:D

解答过程:依据《公路钢筋混凝土及预应力混凝土桥涵设计规范》JTG 3362—2018 的 4.2.3 条计算。

单个车轮在板的跨径中部时,可得垂直于跨径方向的分布宽度为:

$$a=a_1+2h+l/3=200+2\times200+2250/3=1350\text{mm}$$

上式中,$a_1=200\text{mm}$ 由《公路桥涵设计通用规范》JTG D60—2015 的表 4.3.2-3 得到。由于计算所得的 $a=1350\text{mm}<2l/3=2\times2250/3=1500\text{mm}$,故应取 $a=1500\text{mm}$。

依据《公路桥涵设计通用规范》JTG D60—2015 的图 4.3.1-2,后轮轴距为 $d=1400\text{mm}<a=1500\text{mm}$,可见分布宽度有重叠。因此,应按照《公路钢筋混凝土及预应力混凝土桥涵设计规范》JTG 3362—2018 的公式(4.2.3-3)重新计算。于是,可得 $a=2l/3+d=1500+1400=2900\text{mm}$,选择 D。

点评:若未注意到分布宽度有重叠,会仅得到 $a=1500\text{mm}$,错选 B。

78. 答案:C

解答过程:依据《城市桥梁抗震设计规范》CJJ 166—2011 的 11.3.2 条,简支梁端部至盖梁边缘距离不小于 $70+0.5L=70+0.5\times29=84.5\text{cm}$。依据几何关系,盖梁宽度至少为 $845+60+400=1305\text{mm}$,故选择 C。

79. 答案:A

解答过程:根据影响线的定义,当单位力作用在 M 点时,M 点支反力为 1.0;当单位力作用在 N 点时,M 点支反力为零,故选择 A。

80. 答案:C

解答过程:依据《城市人行天桥与人行地道技术规范》CJJ 69—95 的 2.5.4 条。选择 C。

8　2012年试题与解答

8.1 2012年试题

题 1~6

某钢筋混凝土框架结构多层办公楼，局部平面布置如图 8-1-1 所示（均为办公室），梁、板、柱混凝土强度等级均为 C30，梁、柱纵向钢筋为 HRB400 钢筋，楼板纵向钢筋及梁、柱箍筋均为 HRB335 钢筋。

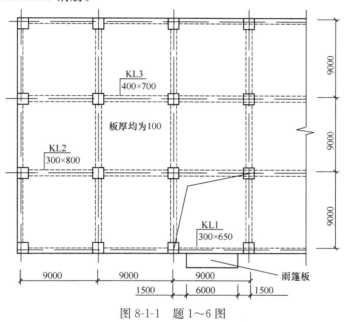

图 8-1-1 题 1~6 图

1. 假设雨篷梁 KL1 与柱刚接，试问，在雨篷荷载作用下梁 KL1 的扭矩图与图 8-1-2 中何项较为接近？

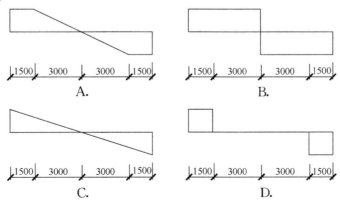

图 8-1-2 题 1 选项图

2. 假设 KL1 梁端剪力设计值 $V=160\text{kN}$，扭矩设计值 $T=36\text{kN·m}$，截面受扭塑性抵抗

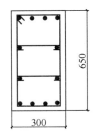

图 8-1-3 题 2 图

矩 $W_t = 2.475 \times 10^7 \text{mm}^3$，受扭的纵向普通钢筋与箍筋的配筋强度比 $\zeta = 1.0$，混凝土受扭承载力降低系数 $\beta_t = 1.0$，梁截面尺寸及配筋形式如图 8-1-3 所示，试问，以下何项箍筋配置与计算所需要的箍筋最为接近？

提示：纵筋的混凝土保护层厚度取 30mm，$a_s = 40$mm。

A. $\Phi 10@200$ B. $\Phi 10@150$

C. $\Phi 10@120$ D. $\Phi 10@100$

3. 框架梁 KL2 的截面尺寸为 300mm×800mm，跨中截面底部纵向钢筋为 $4\Phi 25$。已知该截面处由永久荷载和可变荷载产生的弯矩标准值 M_{Gk}、M_{Qk} 分别为 250kN·m、100kN·m，试问，该梁跨中截面考虑长期作用影响的最大裂缝宽度 w_{max}（mm），与下列何项数值最为接近？

提示：$c_s = 30$mm，$h_0 = 755$mm。

A. 0.25   B. 0.29   C. 0.32   D. 0.37

4. 假设框架梁 KL2 的左右端截面考虑长期作用影响的刚度 B_A、B_B 分别为 9.0×10^{13} N·mm²、6.0×10^{13} N·mm²，跨中最大弯矩处纵向钢筋应变不均匀系数 $\psi = 0.8$，梁底配置 $4\Phi 25$ 纵向钢筋。作用在梁上的均布静荷载、均布活荷载标准值为 30kN/m、15kN/m，试问，按规范提供的简化方法，该梁考虑长期作用影响的挠度 f（mm），与下列何项数值最为接近？

提示：（1）按矩形截面梁计算，不考虑受压钢筋的作用，$a_s = 45$mm；

（2）梁挠度近似按公式 $f = 0.00542 \dfrac{ql^4}{B}$ 计算；

（3）不考虑梁起拱的影响。

A. 17   B. 21   C. 25   D. 30

5. 框架梁 KL3 的截面尺寸为 400mm×700mm，计算简图近似如图 8-1-4 所示，作用在 KL3 上的均布静荷载、均布活荷载标准值分别为 $q_D = 20$kN/m、$q_L = 7.5$kN/m；作用在 KL3 上的集中静荷载、集中活荷载标准值分别

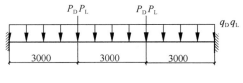

图 8-1-4 题 5 图

为 $P_D = 180$kN、$P_L = 60$kN，试问，支座截面处梁的箍筋配置下列何项较为合适？

提示：$h_0 = 660$mm；不考虑抗震设计；取 $\gamma_G = 1.3$，$\gamma_Q = 1.5$。

A. $\Phi 8@200$ 四肢箍   B. $\Phi 8@100$ 四肢箍

C. $\Phi 10@200$ 四肢箍   D. $\Phi 10@100$ 四肢箍

6. 若该工程位于抗震设防地区，框架梁 KL3 左端支座边缘在重力荷载代表值、水平地震作用下的负弯矩标准值分别为 300kN·m、300kN·m，梁底、梁顶纵向受力钢筋分别为 $4\Phi 25$、$5\Phi 25$，截面抗弯设计时，考虑有效翼缘内楼板钢筋及梁底受压钢筋的作用。当梁端负弯矩考虑调幅时，调幅系数取 0.8，试问，该截面考虑了抗震调整系数的受弯承载力设计值 $[M]$（kN·m）与考虑调幅后的截面弯矩设计值 M（kN·m），分别与下列何组数值接近？

提示：（1）考虑板顶受拉钢筋面积为 628mm²；

（2）$a_s = a'_s = 50$mm。

A. 707，600　　　　B. 707，678　　　　C. 857，600　　　　D. 857，678

题 7. 关于防止连续倒塌设计和既有结构设计的以下说法：

Ⅰ．设置竖直方向和水平方向通长的纵向钢筋并采取有效的连接锚固措施，是提供结构整体稳定的有效方法之一；

Ⅱ．当进行偶然作用下结构防止连续倒塌验算时，混凝土强度取强度标准值，普通钢筋强度取极限强度标准值；

Ⅲ．对既有结构进行改建、扩建而重新设计时，承载能力极限状态的计算应符合现行规范的要求，正常使用极限状态验算宜符合现行规范要求；

Ⅳ．当进行既有结构改建、扩建时，若材料的性能符合原设计的要求，可按原设计的规定取值。同时，为保证计算参数的统一，结构后加部分的材料也按原设计规范的规定取值。

试问，以下何组判断为正确？

A. Ⅰ、Ⅱ、Ⅲ、Ⅳ均正确　　　　B. Ⅰ、Ⅱ、Ⅲ正确，Ⅳ错误
C. Ⅱ、Ⅲ、Ⅳ正确，Ⅰ错误　　　　D. Ⅰ、Ⅱ、Ⅲ、Ⅳ均错误

题 8. 关于抗震：

Ⅰ．确定的性能目标不应低于"小震不坏、中震可修、大震不倒"的基本性能设计目标；

Ⅱ．当构件的承载力明显提高时，相应的延性构造可适当降低；

Ⅲ．当抗震设防烈度为 7 度，设计基本加速度为 $0.15g$ 时，多遇、设防、罕遇地震的地震影响系数最大值分别取为 0.12、0.34、0.72；

Ⅳ．针对具体工程的需要，可以对整个结构，也可以对某些部位或关键构件，确定预期性能目标。

试问，以下何组判断为正确？

A. Ⅰ、Ⅱ、Ⅲ、Ⅳ均正确　　　　B. Ⅰ、Ⅱ、Ⅲ正确，Ⅳ错误
C. Ⅱ、Ⅲ、Ⅳ正确，Ⅰ错误　　　　D. Ⅰ、Ⅱ、Ⅳ正确，Ⅲ错误

题 9～13

五层现浇混凝土框架-剪力墙结构，柱网 9m×9m，各层高均为 4.5m，8 度（0.3g）设防区，分组为第二组，场地类别为Ⅲ类，设防类别为丙类。各层重力荷载代表值均为 18000kN。

9. 假设采用 CQC 法计算，作用在各楼层的最大水平地震作用标准值 F_i（kN）和水平地震作用的各楼层剪力标准值 V_i（kN）如表 8-1-1 所示。试问，计算结构扭转位移比对平面规则性进行判断时采用的二层顶楼面"规定水平力 F'_2（kN）"，与下列何项数值最为接近？

楼层的 F_i、V_i（单位：kN）　　　　表 8-1-1

楼层	一	二	三	四	五
F_i	702	1140	1440	1824	2385
V_i	6552	6150	5370	4140	2385

A. 300　　　　B. 780　　　　C. 1140　　　　D. 1220

10. 假设，用软件计算的多遇地震作用下的部分计算结果如下：

Ⅰ．最大弹性层间位移 $\Delta u = 5\text{mm}$；

Ⅱ．水平地震作用下底部剪力标准值 $V_{Ek} = 3000\text{kN}$；

Ⅲ．规定水平力作用下，楼层最大弹性位移为该楼层两端弹性水平位移平均值的 1.35 倍。

试问，针对以上计算结果是否符合《建筑抗震设计规范》GB 50011—2010（2016 年版）有关要求的判断，下列何项正确？

A．Ⅰ、Ⅱ符合，Ⅲ不符合   B．Ⅰ、Ⅲ符合，Ⅱ不符合

C．Ⅱ、Ⅲ符合，Ⅰ不符合   D．Ⅰ、Ⅱ、Ⅲ均符合

11．假设，某框架角柱的截面尺寸及配筋形式如图 8-1-5 所示。混凝土强度等级 C30，箍筋采用 HRB335，纵筋保护层厚度为 40mm。地震作用组合轴力设计值 $N = 3600\text{kN}$。试问，下列何项箍筋配置较为合理？

提示：（1）抗震构造措施等级为二级；

（2）按《混凝土结构设计规范》GB 50010—2010（2016 年版）作答。

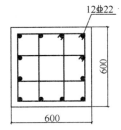

图 8-1-5 题 11 图

A．$\phi 8@100$ B．$\phi 8@100/200$

C．$\phi 10@100$ D．$\phi 10@100/200$

12．假设，某边柱截面为 $700\text{m} \times 700\text{mm}$，采用 C30 混凝土，纵筋采用 HRB400，$a_s = a'_s = 40\text{mm}$，考虑地震作用组合，轴压力设计值 $N = 3100\text{kN}$，弯矩设计值 $M = 1250\text{kN}\cdot\text{m}$。试问，当采用对称配筋时，柱单侧所需钢筋数量，与下列何项数值最为接近？

提示：按大偏心受压计算，不考虑重力二阶效应。

A．$4\phi 22$ B．$5\phi 22$ C．$4\phi 25$ D．$5\phi 25$

13．若该五层房屋采用现浇有粘结预应力混凝土框架结构，抗震设计时，采用的抗震参数、抗震等级如下：

Ⅰ．多遇地震作用计算时，结构阻尼比为 0.05；

Ⅱ．罕遇地震作用计算时，特征周期为 0.55s；

Ⅲ．框架的抗震构造措施等级为二级。

试问，针对以上参数取值及抗震等级的选择是否正确的判断，下列何项正确？

A．Ⅰ、Ⅱ正确，Ⅲ错误   B．Ⅰ错误，Ⅱ、Ⅲ正确

C．Ⅰ、Ⅲ正确，Ⅱ错误   D．Ⅰ、Ⅱ、Ⅲ均错误

题 14．某现浇钢筋混凝土三层框架，满足反弯点计算条件，如图 8-1-6 所示（图中数值为杆件相对刚度）。假设首层柱反弯点在距本层柱底 2/3 柱高处，二、三层柱反弯点在本层 1/2 柱高处。

试问，一层顶梁 L1 右端在侧向荷载作用下的弯矩标准值 M_k（kN·m），与下列何项数值最为接近？

A．29   B．34   C．42   D．50

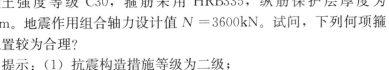

图 8-1-6 题 14 图

题 15．某现浇钢筋混凝土梁，混凝土强度等级为 C30。梁底受拉钢筋为 $2 \times 2\phi 25$，纵筋混凝土保护层厚度为 40mm。实配钢筋截面积比计算面积大 20%。已知不做抗震要求，不承受直接动力荷载，常规施工，钢筋搭接如图 8-1-

7所示。若要求同一搭接区段内钢筋接头面积不大于总面积的25%，则图中的 l (mm)，应为以下何项数值？

A. 1400　　B. 1600
C. 1800　　D. 2000

题16. 钢筋混凝土连续梁截面为300mm×3900mm，计算跨度6000mm。混凝土强度等级C40，不考虑抗震。梁底纵筋采用Φ20，水平、竖向分布筋均为双排Φ10@200，设拉筋。试问，此梁要求不出现斜裂缝时，中间支座截面对应的标准组合抗剪承载力（kN），与以下何项数值最为接近？

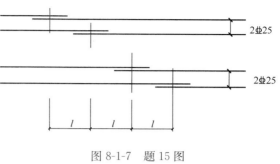

图8-1-7　题15图

A. 1120　　　　B. 1250　　　　C. 1380　　　　D. 2680

题17. 关于钢结构设计要求的下列说法：

Ⅰ. 在其他条件完全一致的情况下，焊接钢材要求应不低于非焊接结构；
Ⅱ. 在其他条件完全一致的情况下，钢结构受拉区的焊缝质量要求应不低于受压区；
Ⅲ. 在其他条件完全一致的情况下，钢材强度设计值与钢材厚度无关；
Ⅳ. 吊车梁的腹板与上翼缘之间的T形接头焊缝均要求焊透；
Ⅴ. 摩擦型连接和承压型连接高强度螺栓承载力设计值计算方法相同。

试问，针对上述说法正确性的判断，下列何项正确？

A. Ⅰ、Ⅱ、Ⅲ正确，Ⅳ、Ⅴ错误　　　　B. Ⅰ、Ⅱ正确，Ⅲ、Ⅳ、Ⅴ错误
C. Ⅳ、Ⅴ正确，Ⅰ、Ⅱ、Ⅲ错误　　　　D. Ⅲ、Ⅳ、Ⅴ正确，Ⅰ、Ⅱ错误

题18. 不直接承受动力荷载，按《钢结构设计标准》GB 50017—2017可采用塑性设计的是：

Ⅰ. 图8-1-8 (a)：采用Q345钢，截面均为焊接H形钢300×200×8×12；
Ⅱ. 图8-1-8 (b)：采用Q345钢，截面均为焊接H形钢300×200×8×12；
Ⅲ. 图8-1-8 (c)：采用Q235钢，截面均为焊接H形钢300×200×8×12；
Ⅳ. 图8-1-8 (d)：采用Q235钢，截面均为焊接H形钢300×200×8×12。

试问，针对上述结构是否可采用塑性设计的判断，下列何项正确？

A. Ⅱ、Ⅲ、Ⅳ正确，Ⅰ错误　　　　B. Ⅳ正确，Ⅰ、Ⅱ、Ⅲ错误
C. Ⅲ、Ⅳ正确，Ⅰ、Ⅱ错误　　　　D. Ⅰ、Ⅱ、Ⅳ正确，Ⅲ错误

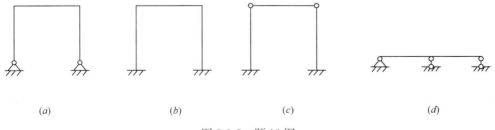

图8-1-8　题18图

题19～21

有一钢结构平台由于使用中增加荷载，需增设一格构式柱柱高6m，两端铰接，柱受

轴心压力设计值 1000kN，钢材采用 Q235 钢材，焊条采用 E43 型，截面无削弱。格构柱如图 8-1-9 所示，分肢的截面特性如表 8-1-2 所示。

提示：所有板厚均≤16mm。

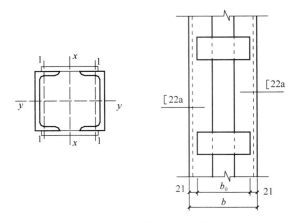

图 8-1-9 题 19～21 图

分肢的截面特征　　　　　　　　　　　表 8-1-2

截面	A (mm^2)	I_1 (mm^4)	i_y (mm)	i_1 (mm)
[22a	3180	1.56×10^6	86.7	22.3

19. 试问，按照绕两个主轴方向等承载力设计时，b（mm）的取值以下何项最为合适？

A. 150　　　B. 250　　　C. 350　　　D. 450

20. 该格构式柱缀板满足《钢结构设计标准》GB 50017—2017 的构造要求，试问，当其采用最经济截面，依据规范验算其绕 y 轴的整体稳定性时，验算式左侧所得数值，与下列何项最为接近？

A. 0.967　　　B. 0.884　　　C. 0.744　　　D. 0.651

21. 柱脚底板厚 16mm，端部铣平，焊缝总计算长度 $l_w=1040$mm，试问，柱与柱底板间的焊缝采用以下何种形式最合理？

A. 角焊缝，$h_f=8$mm　　　B. 柱与底板焊透，一级焊缝

C. 柱与底板焊透，二级焊缝　　　D. 角焊缝，$h_f=12$mm

题 22～23

钢梁采用端板连接接头，采用 Q345 钢材，10.9 级高强螺栓摩擦型连接（标准孔），接触面未经处理的干净轧制表面，连接如图 8-1-10 所示，考虑各种不利影响后内力设计值为 $M=260$kN·m，$V=65$kN，$N=100$kN（压力）。

提示：设计值均为非地震力作用组合内力。

22. 试问，高强度螺栓可以采用的最小规格，为以下何项？

提示：（1）梁上、下翼缘板中心间的垂直距离取为 $h=490$mm；
（2）忽略轴力和剪力的影响。

A. M20　　　B. M22　　　C. M24　　　D. M27

23. 假定端板与梁采用直角角焊缝连接，采用 E50 焊条，翼缘焊脚尺寸 $h_f=8$mm，腹

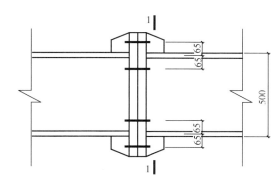

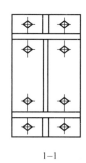

图 8-1-10 题 22～23 图

板焊脚尺寸 $h_f=6mm$，各条焊缝的计算长度如图 8-1-11 所示。试问，静荷载作用下，依据规范进行角焊缝在复合受力状态下的强度验算，验算式左侧求得的名义应力（N/mm²），与以下何项数值最为接近？

提示：剪应力按照剪力由全部焊缝承受计算。

A. 156   B. 164
C. 190   D. 199

题 24～26

某单层工业厂房，屋面以及墙面的围护结构均采用轻质材料。屋面梁与上柱刚接，梁、柱均采用 Q345 焊接 H 形钢，上柱截面为 H800×400×12×18，梁截面为 H1300×400×12×20。抗震设防烈度为 7 度。上柱最大轴压力设计值为 525kN。

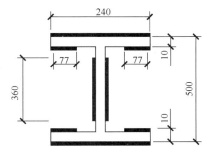

图 8-1-11 题 23 图

24. 试问，梁强度和稳定性承载力计算时，应满足以下何项地震作用要求？

提示：已采取构造措施保证梁、柱截面的板件宽厚比均符合《钢结构设计标准》GB 50017—2017 弹性阶段宽厚比限值。

A. 按有效截面进行多遇地震下的验算   B. 满足多遇地震下的要求
C. 满足 1.5 倍多遇地震下的要求   D. 满足 2 倍多遇地震下的要求

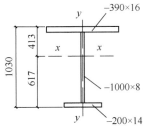

图 8-1-12 题 26 图

25. 试问，本工程框架上柱的长细比限值，应为以下何项数值？

A. 150   B. 123
C. 99   D. 80

26. 本工程柱距 6m，吊车梁无制动结构，采用 Q345 钢材，承受弯矩设计值 $M_x=960kN·m$。吊车梁的截面如图 8-1-12 所示，截面特征示于表 8-1-3。试问，梁的整体稳定系数，与以下何项数值最为接近？

提示：$\beta_b=0.696$；$\eta_b=0.631$。

吊车梁的截面特征　　　　　　　　　　　　　　　　表 8-1-3

A (mm²)	I_x (mm⁴)	I_y (mm⁴)	W_{x1} (mm³)	W_{x2} (mm³)	i_y (mm)
17040	2.82×10⁹	8.84×10⁷	6.82×10⁶	4.56×10⁶	72

A. 0.95　　　　　B. 0.90　　　　　C. 0.85　　　　　D. 0.75

题 27~29

车间设备平台改造增加一跨，新增部分跨度8m，柱距6m。采用柱下端铰接，梁柱刚接，梁与原有平台铰接的刚架结构，平台铺板为钢格栅板。刚架与支撑全部采用Q235B钢材，手工焊采用E43焊条。计算简图见图8-1-13。梁、柱的截面特征见表8-1-4（截面翼缘与腹板之间圆弧半径均为13mm）。

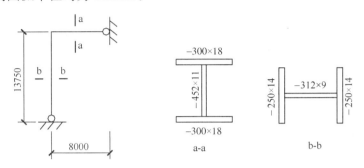

图 8-1-13　题 27~29 图

梁、柱的截面特征　　　　　　　　　　表 8-1-4

截面	A（mm²）	i_x（mm）	i_y（mm）	W_x（mm³）	I_x（mm⁴）
HM340×250×9×14	99.53×10²	146	60.5	1250×10³	21200×10⁴
HM488×300×11×18	159.2×10²	208	71.3	2820×10³	68900×10⁴

27. 假定刚架无侧移，刚架梁与柱均采用热轧H型钢，梁平面内计算长度$l_x=8$m，平面外自由长度$l_y=4$m，梁承受的弯矩设计值$M_{x,\max}=486.4$kN·m，不考虑截面削弱。试问，依据规范对刚架梁进行整体稳定验算时，验算式左侧所得数值，与下列何项最为接近？

提示：φ_b按照近似公式计算。

A. 0.805　　　　B. 0.844　　　　C. 0.893　　　　D. 0.941

28. 条件同27，柱下端铰接，采用平板支座，试问，框架平面内柱的计算长度系数，应与下列何项数值最为接近？

提示：忽略横梁轴心压力的影响。

A. 0.79　　　　B. 0.76　　　　C. 0.73　　　　D. 0.70

29. 条件同27，柱上端弯矩及轴向压力设计值分别为$M_2=192.5$kN·m，$N_2=276.6$kN，柱下端弯矩及轴向压力设计值分别为$M_1=0$，$N_1=292.1$kN，无横向荷载作用。假设柱弯矩作用平面内计算长度$l_{0x}=10.1$m，试问，依据规范对该柱进行弯矩作用平面内稳定性验算时，验算式左侧所得数值，应与下列何项最为接近？

提示：(1) 在弯矩和压力作用下，截面等级为S1级；

(2) $1-0.8\dfrac{N}{N'_{Ex}}=0.942$。

A. 0.596　　　　B. 0.726　　　　C. 0.805　　　　D. 0.879

题30. 某厂房抗震设防烈度8度，关于厂房构件抗震设计的以下说法：

Ⅰ. 竖向支撑桁架的腹杆应能承受和传递屋盖的水平地震作用；

Ⅱ. 屋盖横向水平支撑的交叉斜杆可按拉杆设计；

Ⅲ. 柱间支撑采用单角钢截面, 并单面偏心连接;
Ⅳ. 支承跨度大于 24m 的屋盖横梁的托架, 应计算其竖向地震作用。
试问, 针对上述说法是否符合相关规范要求的判断, 下列何项正确?

A. Ⅰ、Ⅱ、Ⅲ符合, Ⅳ不符合   B. Ⅱ、Ⅲ、Ⅳ符合, Ⅰ不符合
C. Ⅰ、Ⅱ、Ⅳ符合, Ⅲ不符合   D. Ⅰ、Ⅲ、Ⅳ符合, Ⅱ不符合

题 31. 关于砌体结构, 有下列四种说法:
Ⅰ. 砌体抗压强度设计值按 28d 龄期, 毛截面计算;
Ⅱ. 砂浆强度按 70.7mm 的立方体试件的抗压强度平均值;
Ⅲ. 砌体材料性能分项系数, 当施工质量控制等级为 C 级时为 1.6;
Ⅳ. 施工质量控制等级分 A、B、C 三级, 当为 A 级时强度设计值可提高 10%。
以下判断, 何项是正确的?

A. Ⅰ、Ⅳ正确, Ⅱ、Ⅲ错误   B. Ⅰ、Ⅱ正确, Ⅲ、Ⅳ错误
C. Ⅱ、Ⅲ正确, Ⅰ、Ⅳ错误   D. Ⅱ、Ⅳ正确, Ⅰ、Ⅲ错误

题 32. 关于砌体结构设计与施工的以下论述:
Ⅰ. 采用配筋砌体时, 当砌体截面面积小于 $0.3m^2$ 时, 砌体强度设计值的调整系数为构件截面面积 (m^2) 加 0.7;
Ⅱ. 对施工阶段尚未硬化的新砌砌体进行稳定验算时, 可按砂浆强度为零进行验算;
Ⅲ. 在多遇地震作用下, 配筋砌块砌体剪力墙结构楼层最大层间弹性位移角不宜超过 1/1000;
Ⅳ. 砌体的剪变模量可按砌体弹性模量的 0.5 倍采用。
以下判断, 何项是正确的?

A. Ⅰ、Ⅱ正确, Ⅲ、Ⅳ错误   B. Ⅰ、Ⅲ正确, Ⅱ、Ⅳ错误
C. Ⅱ、Ⅲ正确, Ⅰ、Ⅳ错误   D. Ⅱ、Ⅳ正确, Ⅰ、Ⅲ错误

题 33~34

某烧结普通砖多层砌体房屋, 如图 8-1-14 所示, 各层层高均为 3.6m, 内外墙厚度均

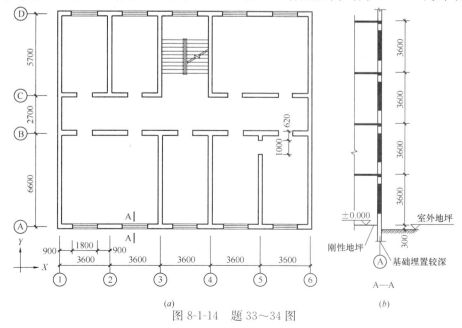

图 8-1-14 题 33~34 图

为 240mm，轴线居中。室内外高差 0.30m，基础埋置较深且有刚性地坪。采用现浇钢筋混凝土楼、屋盖，门洞尺寸为 1000mm×2600mm（宽×高），外墙窗洞为 1800mm×1800mm（宽×高）。

33. 试问，底层②轴线墙高厚比，与以下何项数值最为接近？

提示：横墙间距 $s=5.7$m。

A. 13　　　　B. 15　　　　C. 17　　　　D. 19

34. 假定二层横向水平地震剪力 $V_{2k}=2000$kN。试问，第二层⑤轴线墙分配的剪力标准值 V_k（kN），与以下何项数值最为接近？

A. 110　　　　B. 130　　　　C. 160　　　　D. 180

题 35～36

网状配筋砖砌体墙，墙厚 240mm，长度 6000mm，计算高度 $H_0=3600$mm，砌体采用 MU10 烧结普通砖，M7.5 混合砂浆，施工质量控制等级为 B 级。配筋采用冷拔钢丝，直径 $\phi 4$，$f_y=430$MPa，钢筋网的尺寸为 $a=b=60$mm，竖向间距 $s_n=240$mm。

35. 试问，轴心受压计算时，该配筋砖砌体的抗压强度设计值 f_n（MPa），与以下何项数值最为接近？

A. 2.6　　　　B. 2.8　　　　C. 3.0　　　　D. 3.2

36. 假设 $f_n=3.5$MPa，$\rho=0.3\%$，试问，该墙的轴心受压承载力（kN/m），与以下何项数值最为接近？

A. 410　　　　B. 460　　　　C. 510　　　　D. 560

题 37～38

某五层砌体办公楼，抗震设防烈度为 7 度（0.15g），层高均为 3.6m，采用现浇混凝土楼（屋）盖，砌体施工质量控制等级为 B 级，安全等级为二级。

37. 各层标准值：屋顶恒荷载 1800kN，屋顶活荷载 150kN，雪荷载 100kN，其他楼层恒荷载 1600kN，等效活荷载 600kN，2～5 层每层墙重 2100kN，女儿墙重 400kN。

试问，按底部剪力法计算得到的 F_{Ek}（kN），与下列何项数值最为接近？

提示：楼层重力荷载代表值计算时，集中于质点 G_1 的墙体荷载为 2100kN。

A. 1680　　　　B. 1970　　　　C. 2150　　　　D. 2300

38. 底部剪力法计算时，$G_1=G_2=G_3=G_4=5000$kN，$G_5=4000$kN，试问，由 F_{Ek} 得到的第二层水平地震剪力设计值 V_2，与下列何项数值最为接近？

A. $0.8F_{Ek}$　　B. $0.9F_{Ek}$　　C. $1.1F_{Ek}$　　D. $1.2F_{Ek}$

题 39. 某悬臂砖砌水池，采用 MU15 蒸压粉煤灰普通砖 M10 混合砂浆砌筑，墙厚 740mm，施工质量控制等级为 B 级，水压力分项系数取 1.4，试问，由砌体的抗剪强度计算得到的最大水位高度 H（m），与下列何项数值最为接近？

提示：不计池壁自重的影响。

A. 2.5　　　　B. 2.9　　　　C. 3.5　　　　D. 4.0

题 40. 一钢筋混凝土简支梁，截面尺寸为 200mm×500mm，计算长度为 5.4m，支承在厚度为 240mm 的窗间墙上，如图 8-1-15 所示。窗间墙长 1500mm，采用 MU15 蒸压粉煤灰普通砖、M10 混合砂浆砌筑，砌体施工质量控制等级为 B 级。在梁下、窗间墙顶部位，设置有钢筋混凝土圈梁，圈梁高 180mm，混凝土强度等级为 C20。已知梁端支承压力

设计值 $N_l = 110$ kN，上层传来的轴压力设计值为 360kN。试问，作用于垫梁下砌体局部受压的压力设计值 $N_0 + N_l$（kN），与下列何项数值最为接近？

已知：$I_c = 1.1664 \times 10^8 \text{mm}^4$，$E_c = 2.55 \times 10^4 \text{MPa}$。

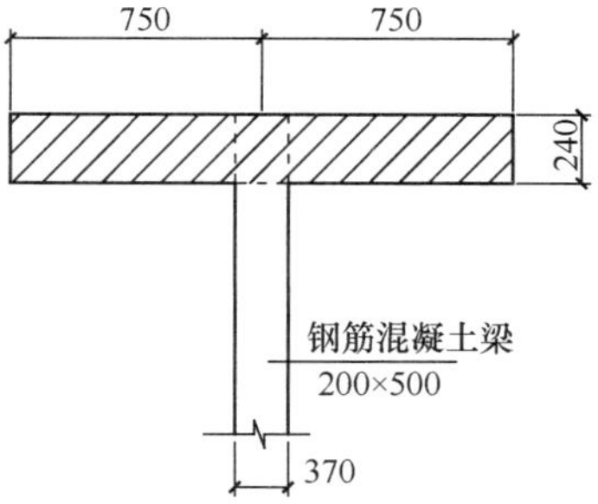

A．190　　　　　　　B．200
C．240　　　　　　　D．260

图 8-1-15

题 41. 关于木结构设计的论述：

Ⅰ．现场制作的方木或原木构件的木材含水率不应大于 30%，超过时应符合专门规定；

Ⅱ．方木或原木结构中的受拉或拉弯构件，应选用Ⅰa级材质（目测分级）；

Ⅲ．验算原木构件的挠度和稳定时，可取中央截面；

Ⅳ．设计使用年限为 25 年时，结构重要性系数 γ_0 不小于 0.95。

试问，针对上述论述正确性的判断，何项是正确的？

A．Ⅰ、Ⅱ正确，Ⅲ、Ⅳ错误　　　B．Ⅱ、Ⅲ正确，Ⅰ、Ⅳ错误
C．Ⅰ、Ⅳ正确，Ⅱ、Ⅲ错误　　　D．Ⅲ、Ⅳ正确，Ⅰ、Ⅱ错误

题 42. 用北美落叶松原木制作的轴心受压柱，两端铰接，计算长度为 3.2m，在 1.6m 处有一个 $d=22$mm 的螺栓穿过截面中央，原木标注直径 $d=150$mm，室内正常环境，安全等级为二级，设计使用年限 25 年。

试问，按稳定验算时，柱轴心受压承载力（kN），与下列何项数值最为接近？

提示：验算部位按经过切削考虑。

A．95　　　　B．100　　　　C．105　　　　D．110

题 43. 北方某城市，市区人口 30 万，采用集中供暖，拟建设一栋三层框架结构建筑，地基土层属于季节性冻胀的粉土，标准冻深 2.4m。采用柱下方形独立基础，基础底边长度 2.7m，荷载标准组合下由永久荷载产生的基础底面平均压力为 144.5kPa。试问，当基底下容许有一定厚度的冻土层且不考虑切向冻胀力的影响时，根据地基冻胀性要求的基础最小埋置深度（m），与下列何项数值最为接近？

A．2.40　　　　B．1.80　　　　C．1.60　　　　D．1.40

题 44. 关于地基基础及地基处理设计的以下主张：

Ⅰ．采用分层总和法计算沉降时，各层土的压缩模量应取土的自重压力至土的自重压力与附加压力之和的压力段计算选用；

Ⅱ．当上部结构按风荷载效应组合进行设计时，基础截面设计和地基变形验算应计入风荷载效应；

Ⅲ．对于次要或临时性的建筑物，重要性系数应按不小于 1.0 取用；

Ⅳ．堆载预压法处理地基时，排水竖井的深度应根据建筑物对地基的稳定性、变形要求和工期确定。对于地基抗滑稳定性控制的工程，排水竖井深度应至少超过最危险滑动面 2.0m；

Ⅴ．计算群桩基础的水平承载力时，水平抗力系数 m 与桩顶水平位移大小有关，当桩顶水平位移较大时，m 可适当提高。

试问，针对上述主张正确性的判断，以下何项正确？

A. Ⅰ、Ⅱ、Ⅳ、Ⅴ正确，Ⅲ错误
B. Ⅱ、Ⅳ正确，Ⅰ、Ⅲ、Ⅴ错误
C. Ⅰ、Ⅲ、Ⅳ正确，Ⅱ、Ⅴ错误
D. Ⅰ、Ⅲ、Ⅴ正确，Ⅱ、Ⅳ错误

题 45～47

某工程由两栋 7 层主楼及地下车库组成，统一设置一层地下室，上部结构为钢筋混凝土框架结构体系，基础采用桩基。采用泥浆护壁旋挖成孔的灌注桩，桩身纵筋锚入承台 800mm，主楼桩基为一柱一桩，桩径 $d=800$mm，有效桩长为 26m，碎石土层为持力层，桩端进入碎石土层 7m，中部 17m 为淤泥质土层，其不排水抗剪强度为 9kPa。主楼局部基础剖面及地质情况如图 8-1-16 所示。地下水位稳定于地面下 1m，图中 λ 为抗拔系数。

提示：按《建筑桩基技术规范》JGJ 94—2008 作答。

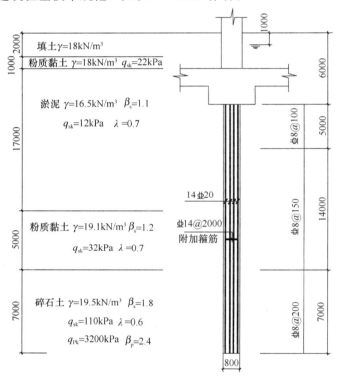

图 8-1-16

45. 主楼范围内的桩采用桩端后注浆，注浆技术符合《建筑桩基技术规范》JGJ 94—2008 的有关规定，根据地区经验，各层土的侧阻及端阻提高系数已经示于图 8-1-16 中。试问，依据《建筑桩基技术规范》JGJ 94—2008 估算得到的后注浆灌注桩单桩极限承载力标准值 Q_{uk}（kN），与下列何项数值最为接近？

A. 4500 B. 6000 C. 8200 D. 12000

46. 桩身的主筋选用 HRB400（$f_y'=360$MPa），混凝土选用 C40（$f_c=19.1$MPa），成桩工艺系数为 $\psi_c=0.7$，采用后注浆，桩的水平变形系数 $\alpha=0.16$m^{-1}，桩顶与承台的连接按固接考虑。试问，桩身轴心受压正截面受压承载力设计值（kN），与下列何项数值最为接近？

提示：淤泥土层按液化土，$\psi_l=0$，$l_0'=l_0+(1-\psi_l)d_l$。

A. 4800　　　　B. 6500　　　　C. 8000　　　　D. 10000

47. 主楼范围以外的地下室工程桩均按抗拔桩设计，一柱一桩，不采用后注浆，已知抗拔桩的桩径、桩顶标高及桩底标高同图 8-1-16 所示的承压桩，桩身重度为 25kN/m³。试问，为满足地下室抗浮设计时，标准组合下的基桩允许抗拔力（kN），与以下何项数值最为接近？

提示：单桩抗拔极限承载力标准值可按土层条件计算。

A. 850　　　　B. 1000　　　　C. 1700　　　　D. 2000

题 48. 关于桩基设计：

Ⅰ. 液压式压桩机的机架重量和配重之和为 4000kN，设计最大压桩力不应大于 3600kN；

Ⅱ. 静压桩最大送桩长度不宜超过 8m，且最大压桩力不宜大于允许抱压压桩力，场地地基承载力不应小于压桩机接地压强的 1.2 倍；

Ⅲ. 单桩竖向静载试验采用堆载加载时，压应力不宜大于地基承载力特征值；

Ⅳ. 抗拔桩设计时，严格要求不出现裂缝的一级裂缝控制等级，当配置足够的受拉钢筋时，可不设预应力钢筋。

试问，针对上述观点正确性的判断，以下何项是正确的？

A. Ⅰ、Ⅲ正确，Ⅱ、Ⅳ错误　　　　B. Ⅰ、Ⅲ错误，Ⅱ、Ⅳ正确
C. Ⅰ、Ⅳ错误，Ⅱ、Ⅲ正确　　　　D. Ⅰ错误，Ⅱ、Ⅲ、Ⅳ正确

题 49. 非抗震框架结构的柱下独立基础，如图 8-1-17 所示。柱截面尺寸为 500mm×500mm，基底土层的摩擦角 $\varphi_k=15°$，$c_k=24$kPa，在标准组合下基础顶面竖向压力标准值为 1350kN，不计弯矩和剪力。试问，当 $b=2.7$m 时（b 为基础的短边），所需的基础底面最小长度 L（m），与以下何项数值最为接近？

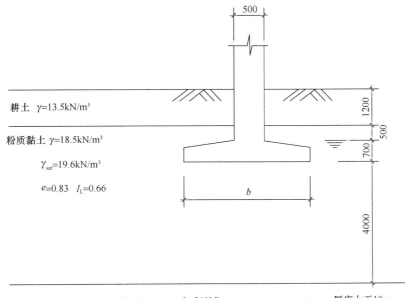

图 8-1-17　题 49 图

提示：(1) 基础及上覆土加权平均重度为 18kN/m³；
(2) 地基承载力特征值按土的抗剪强度指标确定。
A. 2.6　　　　B. 3.2　　　　C. 3.5　　　　D. 4.8

题 50～51

抗震设防为 6 度的某高层混凝土框架－核心筒结构，风荷载起控制作用，采用天然地基上的平板式筏板基础，基础平面如图 8-1-18 所示。核心筒的外轮廓尺寸为 9.4m×9.4m，基础板厚 $h=2.6$m（有效高度 $h_0=2.5$m）。

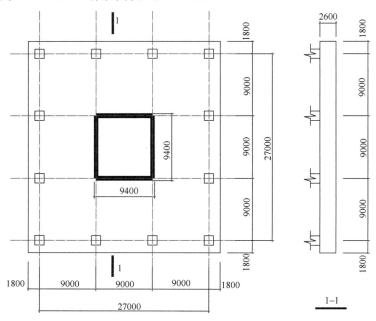

图 8-1-18　题 50～51 图

50. 假定，在荷载效应基本组合作用下，核心筒筏板冲切破坏锥体范围内基底净反力平均值 $p_n=435.9$kPa，筒体作用于筏板顶面的竖向力 $F=177500$kN，作用于冲切临界面重心上的不平衡弯矩 $M_{unb}=151150$kN·m。

试问，距内筒外表面 $h_0/2$ 处冲切临界面的最大剪应力（MPa），与下列何项数值最为接近？

提示：$u_m=47.6$m，$I_s=2839.59$m⁴，$\alpha_s=0.4$。
A. 0.74　　　　B. 0.85　　　　C. 0.95　　　　D. 1.10

51. 假定在荷载效应基本组合作用下，p_n 产生的距核心筒右侧外边缘 h_0 处筏板单位宽度剪力设计值为 $V_s=2400$kN/m；距外边缘 $h_0/2$ 处的最大剪应力为 $\tau_{max}=0.9$MPa。

试问，为满足抗剪和抗冲切要求，筏板混凝土最小强度等级，应为以下何项数值？
A. C40　　　　B. C45　　　　C. C50　　　　D. C60

题 52～53

设防烈度为 8 度（0.3g）框架结构的柱下独立承台，采用摩擦型长螺旋钻孔灌注桩，如图 8-1-19 所示。桩身直径为 400mm，单桩竖向抗压承载力特征值 $R_a=700$kN，承台的混凝土强度等级为 C30（$f_t=1.43$MPa），桩距需要复核。考虑 X 向地震作用，相应于荷载效应标准组合时作用于承台底的压力 $F_{Ek}=3341\mathrm{kN}$，弯矩 $M_{Ek}=920\mathrm{kN \cdot m}$，剪力 $V_{Ek}=320\mathrm{kN}$。承台有效高度 $h_0=730\mathrm{mm}$，承台及其以上填土重量可忽略。

52. 若 X 向的地震作用效应控制桩中心距，各桩 X、Y 向中心距相等，不考虑 Y 向弯矩，试问，根据桩基抗震要求确定的桩中心距 s（mm），应为以下何项数值？

A. 1400　　　B. 1600　　　C. 2200　　　D. 2600

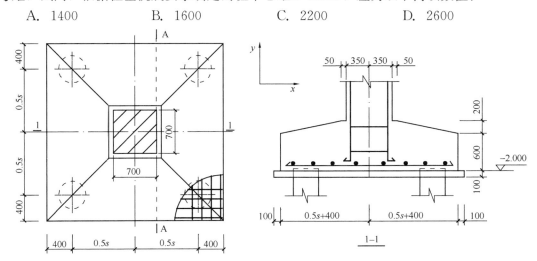

图 8-1-19　题 52～53 图

53. 当 $s=2400\mathrm{mm}$ 时，地震作用效应组合时，承台的 A-A 截面的抗剪承载力设计值（kN），与以下何项数值最为接近？

提示：依据《建筑地基基础设计规范》GB 50007—2011 答题。

A. 2500　　　B. 2800　　　C. 3200　　　D. 3400

题 54. 某黏土层的性质为 $w=35\%$，$w_L=52\%$，$w_P=23\%$，$a_{1-2}=0.12\mathrm{MPa^{-1}}$，$a_{2-3}=0.09\mathrm{MPa^{-1}}$，下列选项对土层状态和压缩性的评价哪个正确？

A. 可塑，中压缩　　B. 硬塑，低压缩　　C. 软塑，中压缩　　D. 可塑，低压缩

题 55～56

某砌体结构建筑采用墙下钢筋混凝土条形基础，以强风化粉砂质泥岩为持力层，底层墙体剖面及地质情况如图 8-1-20 所示。在荷载效应标准组合时，墙作用于钢筋混凝土扩展

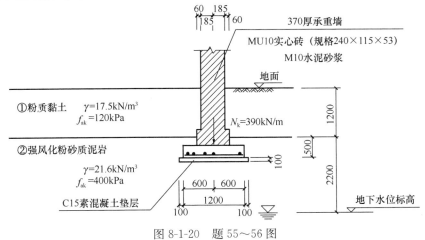

图 8-1-20　题 55～56 图

基础顶面处的轴心竖向力 $N_k = 390\text{kN/m}$，由永久荷载起控制作用。

55. 试问，在轴心竖向力作用下，该条形基础的最大弯矩设计值 $M_{\max}$（kN·m/m）与下列何项数值最为接近？

A. 20　　　　B. 30　　　　C. 40　　　　D. 50

56. 在方案设计阶段，若考虑将墙下钢筋混凝土条形基础改为 C20（$f_t = 1.1\text{N/mm}^2$）素混凝土基础，保持底面宽度不变。

试问，满足抗剪要求所需的基础最小高度 $h_{\min}$（mm），应为以下何项数值？

提示：利用抗剪公式进行计算，$V_s \leqslant 0.366 f_t A$，$A$ 为砖墙外边缘处混凝土基础单位长度的垂直截面面积。

A. 300　　　　B. 400　　　　C. 500　　　　D. 600

题 57. 有关高层建筑混凝土结构抗震的论述：

Ⅰ. 扭转周期比大于 0.9 的结构（不含混合结构），应进行专门研究论证，采取特别的加强措施；

Ⅱ. 结构宜限制出现过多的内部、外部赘余度；

Ⅲ. 结构在两个主轴方向的振型可存在较大差异，但结构的周期宜相近；

Ⅳ. 控制薄弱层，使之有足够的变形能力，又不使薄弱层发生转移。

试问，针对上述观点是否符合《建筑抗震设计规范》GB 50011—2010（2016 年版）相关要求的判断，以下何项正确？

A. Ⅰ、Ⅱ正确，Ⅲ、Ⅳ错误　　　　B. Ⅱ、Ⅲ正确，Ⅰ、Ⅳ错误
C. Ⅲ、Ⅳ正确，Ⅰ、Ⅱ错误　　　　D. Ⅰ、Ⅳ正确，Ⅱ、Ⅲ错误

题 58. 有关高层建筑混凝土结构设计与施工的论述：

Ⅰ. 分段搭设的悬挑脚手架，每段高度不超过 25m；

Ⅱ. 大体积混凝土浇筑体的里表温差不宜大于 25℃，混凝土浇筑体表面与大气温差不宜大于 20℃；

Ⅲ. 混合结构的核心筒应先于钢框架或型钢混凝土框架施工，高差宜控制在 4~8 层，并应满足施工工序的穿插要求；

Ⅳ. 常温施工时，柱、墙体拆模时混凝土强度不应低于 1.2MPa。

试问，针对上述观点是否符合《高层建筑混凝土结构技术规程》JGJ 3—2010 相关要求的判断，以下何项正确？

A. Ⅰ、Ⅱ正确，Ⅲ、Ⅳ错误
B. Ⅰ、Ⅲ正确，Ⅱ、Ⅳ错误
C. Ⅱ、Ⅲ正确，Ⅰ、Ⅳ错误
D. Ⅰ、Ⅱ错误，Ⅲ、Ⅳ正确

题 59~61

某 40 层办公楼，建筑总高度 152m，采用型钢混凝土框架-钢筋混凝土核心筒体系，楼面梁为钢梁，核心筒为普通钢筋混凝土。经计算地下室顶板可作为上部结构的嵌固端，该建筑抗震设防类别为丙类，抗震设防烈度为 7 度（0.1g），地震分组为第一组，场地类

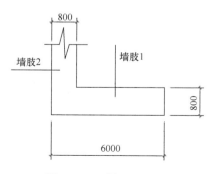

图 8-1-21　题 59~61 图

别为Ⅱ类。

59. 首层核心筒某偏心受压墙肢1的截面如图8-1-21所示。墙肢1按抗震调整后的内力为 $N=32000$kN，$V=9260$kN，计算截面的剪跨比 $\lambda=1.91$，$h_{w0}=5400$mm，墙体采用C60混凝土（$f_c=27.5$N/mm²，$f_t=2.04$N/mm²），钢筋采用HRB400（$f_y=360$N/mm²）。试问，水平钢筋选用下列何项配置能满足最低构造要求？

提示：假定 $A_w=A$。

A. Φ12@200（4）

B. Φ14@200（2）+Φ12@200（2）

C. Φ14@200（4）

D. Φ16@200（2）+Φ14@200（2）

60. 该结构中各层框架柱数量保持不变，按侧向刚度分配的水平地震作用标准值如下：基底总剪力标准值 $V_0=29000$kN，各层框架承担的地震剪力标准值最大值 $V_{f.max}=3828$kN。某楼层框架承受的地震剪力标准值 $V_f=3400$kN，该层某柱的柱底弯矩标准值 $M_k=596$kN·m，剪力标准值 $V_k=156$kN。试问，该柱进行抗震设计时，相应于水平地震作用的内力标准值 M（kN·m）、V（kN）最小为下列何项数值，才能满足多道防线概念设计的要求？

A. 600，160　　B. 670，180　　C. 1010，265　　D. 1100，270

61. 首层型钢混凝土柱截面如图8-1-22所示，$\lambda\leqslant 2$，混凝土强度等级为C65（$f_c=29.7$N/mm²），柱内十字钢骨截面积 $A=51875$mm²，$f_a=295$N/mm²。

试问，柱子由考虑地震组合的轴压比限值决定的最大轴力设计值（kN），与下列何项数值最为接近？

A. 34900　　B. 34780

C. 32300　　D. 29800

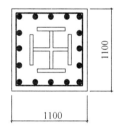

图8-1-22　题61图

题62～66

底层带托柱转换层的混凝土框架核心筒办公楼，地下1层，地上25层，地下一层层高6.0m，地上1～2层层高4.5m，3～25层层高3.3m，总高85.2m。如图8-1-23所示。转换层位于地上2层，设防烈度为7度（0.10g），地震分组为第一组，丙类建筑，Ⅲ类场地。地上2层及地下采用C50混凝土，地上3～5层采用C40，其他楼层采用C35。

62. 位于二层，抗震等级为一级的转换梁，截面尺寸为700mm×1400mm，梁端弯矩标准值如下：恒荷载 $M_{Gk}=1304$kN·m，活荷载（为等效均布活荷载）$M_{qk}=169$kN·m，风荷载 $M_{wk}=135$kN·m，水平地震作用 $M_{Ehk}=300$kN·m，试问，在进行梁端截面设计时，梁端考虑水平地震组合的弯矩设计值 M（kN·m），与以下何项数值最为接近？

A. 2100　　B. 2200　　C. 2350　　D. 2450

63. 假定某转换柱抗震等级为一级，截面尺寸为900mm×900mm，C50混凝土（$f_c=23.1$N/mm²，$f_t=1.89$N/mm²），纵箍采用HRB400（$f_y=360$N/mm²），箍筋采用HRB335（$f_{yv}=300$N/mm²），柱箍筋为井字复合箍，考虑地震组合的轴压力设计值 $N=9350$kN，试问，该转换柱加密区的体积配箍率（%），以下何项最满足规范、规程的要求？

A. 1.50　　B. 1.70　　C. 1.60　　D. 1.20

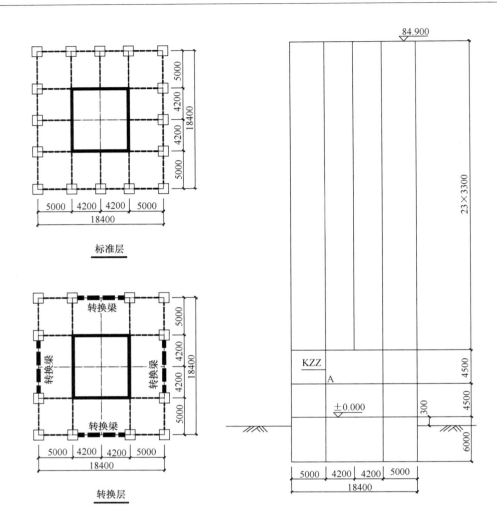

图 8-1-23 题 62～66 图

64. 地上第二层转换柱 KZZ，如图 8-1-23 所示。假定该柱的抗震等级为一级，该转换柱上、下端考虑地震作用组合得到的弯矩值分别为 580kN·m，450kN·m，柱下端节点 A 处左、右梁端相应的同向组合弯矩值之和 $\Sigma M_b=1100$kN·m。假设，转换柱 KZZ 在节点 A 处按弹性分析的上、下柱端弯矩相等。试问，该柱上、下端考虑地震组合的弯矩设计值 M_t(kN·m)、M_b(kN·m)，与下列何组数值最为接近？

A. 870，770 B. 870，675 C. 810，770 D. 810，675

65. 假定，该建筑地上 6 层核心筒的抗震等级为二级，采用 C35 混凝土（$f_c=16.7$N/mm²，$f_t=1.57$ N/mm²），转角剪力墙如图 8-1-24 所示，已知墙肢底截面轴压比为 0.42，箍筋采用 HPB300（$f_{yv}=270$N/mm²），纵筋保护层厚度取为 30mm。试问，转角处箍筋配置，以下何项最符合规范、规程的要求？

提示：计算体积配箍率时扣除重叠部分箍筋体积。

A. φ10@80 B. φ10@100 C. φ10@125 D. φ10@150

66. 假定，地面以上 2 层（转换层）核心筒的抗震等级为二级，核心筒中某连梁截面尺寸为 400mm×1200mm，净跨度 $l_n=1200$mm，如图 8-1-25 所示。连梁的混凝土强度等级为

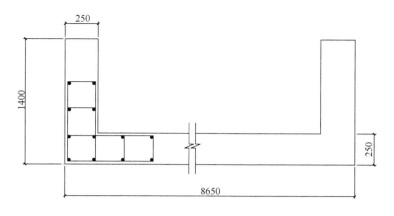

图 8-1-24 题 65 图

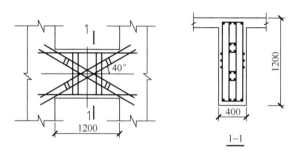

图 8-1-25 题 66 图

C50（$f_c = 23.1\text{N/mm}^2$，$f_t = 1.89\text{N/mm}^2$），连梁梁端有地震作用组合的最不利组合弯矩设计值（同为顺时针方向）如下：左端 $M_b = 815\text{kN}\cdot\text{m}$，右端 $M_b^r = -812\text{kN}\cdot\text{m}$；梁端有地震作用组合的剪力 $V_b = 1360\text{kN}$。在重力荷载代表值作用下，按简支梁求得的梁端剪力设计值 $V_{Gb} = 54\text{kN}$，连梁中设置交叉暗撑，暗撑纵筋采用 HRB400（$f_y = 360\text{N/mm}^2$），暗撑与水平线夹角为 40°。试问，每根暗撑纵筋所需的截面积 A_s（mm^2），与以下何项数值最为接近？

提示：按《高层建筑混凝土结构技术规程》JGJ 3—2010 作答。

A. 4⌀28　　B. 4⌀32　　C. 4⌀36　　D. 4⌀40

题 67～68

某高层现浇钢筋混凝土框架结构，抗震等级为二级，梁、柱混凝土采用 C40，梁纵筋采用 HRB400，箍筋采用 HRB335，$a_s = 60\text{mm}$。框架梁局部配筋如图 8-1-26 所示。

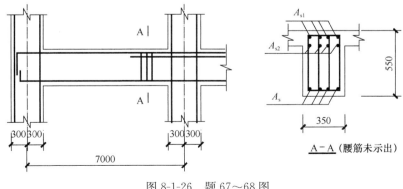

图 8-1-26 题 67～68 图

67. 关于梁端 A-A 剖面处纵向钢筋的配置，仅从抗震构造措施角度考虑，以下何项相对合理？

A. A_{s1}：4Φ28；A_{s2}：4Φ25；A_s：4Φ25
B. A_{s1}：4Φ28；A_{s2}：4Φ25；A_s：4Φ28
C. A_{s1}：4Φ28；A_{s2}：4Φ28；A_s：4Φ28
D. A_{s1}：4Φ28；A_{s2}：4Φ28；A_s：4Φ25

68. 若该建筑较高，所在场地类别为Ⅳ类，角柱截面如图 8-1-27 所示，已知为小偏心受拉，经计算所需纵筋为 3600mm²，试问，该柱纵向钢筋的配置，以下何项最符合规范、规程的要求？

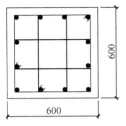

图 8-1-27 题 68 图

A. 12Φ25
B. 4Φ25（角）+8Φ20
C. 12Φ22
D. 12Φ20

题 69～71

某商住楼地上 16 层地下 2 层（未示出），为部分框支剪力墙结构，如图 8-1-28 所示（仅表示一半，另一半对称）。2～16 层均匀布置剪力墙，其中，①、②、④、⑥、⑦ 轴剪力墙落地，③、⑤ 轴为框支剪力墙。设防烈度为 7 度（0.15g），丙类建筑，Ⅲ类场地，基本自振周期为 1s。墙、柱混凝土强度等级：底层及地下室为 C50，其他层为 C30。框支柱截面为 800mm×900mm。

提示：（1）计算仅考虑沿横向的地震作用；
（2）剪力墙墙肢满足稳定要求。

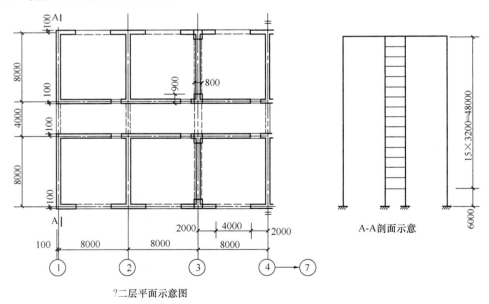

图 8-1-28 题 69～71 图

69. 假定承载力满足要求，④轴落地剪力墙在第 3 层时墙的最小厚度 b_w（mm）应为以下何项数值时，才能满足相关规程的最低要求？

A. 160　　B. 180　　C. 200　　D. 220

70. 假定承载力满足要求，第一层各轴线横向剪力墙厚度相等，第二层各轴线横向剪力墙厚度均为200mm，试问，第一层剪力墙最小厚度 b_w（mm）为以下何项数值时，才能满足相关规程的最低要求？

提示：依据《高层建筑混凝土结构技术规程》JGJ 3—2010 答题。

A. 200　　　　B. 250　　　　C. 300　　　　D. 350

71. 假定，底层为薄弱层，底层对应于水平地震作用标准值的剪力 $V_{Ek}=16000$ kN。已知 1～16 层总重力荷载代表值为 246000kN。试问，底层每根框支柱所能承受的地震剪力标准值 V_{Ekc}（kN）为以下何项数值时，才能满足相关规程的最低要求？

A. 150　　　　B. 240　　　　C. 320　　　　D. 400

题 72. 某环形混凝土烟囱，如图 8-1-29 所示。位于设防烈度为 7 度（0.10g）地区，地震分组为第二组，Ⅲ类场地。试问，对应基本自振周期的水平地震影响系数，与以下何项数值最为接近？

A. 0.021　　　　B. 0.027
C. 0.036　　　　D. 0.042

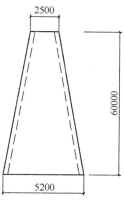

图 8-1-29　题 72 图

题 73～75

一级公路上的某桥，设防烈度为 7 度。主桥为 3 跨（70m+100m+70m）变截面预应力混凝土连续箱梁，两引桥各为 5 孔 40m 预应力混凝土箱梁。桥台为埋置式肋板结构，耳墙长 3500mm，背墙厚 400mm，主桥、引桥两端伸缩缝均为 160mm。桥梁行车道净宽 15m，全宽 17.5m，公路-Ⅰ级荷载。

73. 试问，桥梁全长（m）应为以下何项数值？

A. 640.00　　　B. 640.16　　　C. 640.96　　　D. 647.96

74. 试问，汽车荷载效应计算时，横向车道荷载系数应为以下何项数值？

A. 0.60　　　　B. 0.67　　　　C. 0.78　　　　D. 1.00

75. 试问，用车道荷载求边跨 L_1 跨中弯矩最大值，荷载顺桥向布置时，以下何项布置符合规范要求？

提示：边跨 L_1 的跨中弯矩影响线如图 8-1-30 所示。

A. 三跨都布置均布荷载和集中荷载

B. 只在两边跨布置均布荷载，并只在 L_1 最大影响线处布置集中荷载

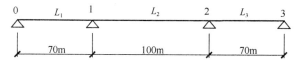

C. 只在 L_2 布置集中荷载和均布荷载

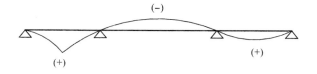

D. 三跨都布置均布荷载

题 76. 某二级公路上一座永久性

图 8-1-30　边跨 L_1 的跨中弯矩影响线

桥梁，单孔跨径30m，为预应力混凝土 T 梁结构，全宽12m，行车道宽9m，两边各1.5m 人行道。横向由 5 片梁组成，主梁计算跨径 29.16m，中距 2.2m。安全等级为一级。公路-Ⅰ级荷载，人群荷载 3.5kN/m²。经计算，一片主梁跨中弯矩标准值为：自重引起

2700kN·m，汽车引起 1670kN·m，人群引起 140kN·m，试问，该片主梁作用效应基本组合的跨中弯矩设计值（kN·m），与以下何项数值最为接近？

    A. 4500   B. 5800   C. 5700   D. 6300

题 77. 某二级公路上的桥梁，上部为装配式混凝土 T 形梁，标准跨径 20m，计算跨径 19.5m。主梁 $h=1.25$m，T 梁间距 1.8m，公路-Ⅰ级荷载，安全等级一级。采用 C30 混凝土。按持久状况计算时，某片内主梁支点截面剪力设计值为 650kN（已计入 γ_0）。试问，该梁腹板的最小厚度（mm），以下何项最为合适？

    提示：$h_0=1200$mm。

    A. 180   B. 200   C. 220   D. 240

题 78. 某城市桥梁位于 7 度抗震设防区，为 5 孔 16m 简支预应力钢筋混凝土空心板梁，全宽 19m，计算跨径 15.5m。中墩为两跨双悬臂混凝土矩形盖梁，位于 3 根 1.1m 直径的圆墩上，伸缩缝宽 80mm，梁两端各设两块氯丁橡胶板式支座，平面尺寸为 200mm（顺桥向）×250mm（横桥向），支点中心距桥墩中心的距离为 250mm（含伸缩缝）。试问，该桥中墩盖梁的最小设计宽度（mm），与以下何项数值最为接近？

    A. 1640   B. 1390   C. 1000   D. 1200

题 79. 略

题 80. 高速公路特大桥跨越一条天然河道，关于桥位设置，下述何项相对合理？

    A. 河道宽而浅处，且有两个河汊   B. 急弯处
    C. 窄而深处，且两岸岩石露头较多   D. 河流一侧有泥石流汇入

8.2 2012年试题解答

2012 年试题答案

题号	1	2	3	4	5	6	7	8	9	10
答案	A	C	B	A	C	D	B	A	B	B
题号	11	12	13	14	15	16	17	18	19	20
答案	C	D	D	B	A	A	B	B	B	A
题号	21	22	23	24	25	26	27	28	29	30
答案	A	B	C	D	A	C	B	C	A	C
题号	31	32	33	34	35	36	37	38	39	40
答案	B	C	A	C	B	C	B	D	B	C
题号	41	42	43	44	45	46	47	48	49	50
答案	B	D	B	C	C	A	B	A	B	B
题号	51	52	53	54	55	56	57	58	59	60
答案	B	C	C	A	C	B	D	C	C	C
题号	61	62	63	64	65	66	67	68	69	70
答案	D	C	A	A	B	B	B	C	C	B
题号	71	72	73	74	75	76	77	78	79	80
答案	D	C	D	B	B	D	B	A	略	C

1. 答案：A

解答过程：6m 范围内雨篷梁承受均匀扭矩作用，故扭矩图在该范围内线性变化（与承受竖向均布荷载时的剪力图类似）。选择 A。

2. 答案：C

解答过程：依据《混凝土结构设计规范》GB 50010—2010 的 6.4.2 条判断是否按计算配置箍筋。

$$\frac{V}{bh_0}+\frac{T}{W_t}=\frac{160\times10^3}{300\times610}+\frac{36\times10^6}{2.475\times10^7}=0.875+1.455=2.33\text{N/mm}^2$$

由于 $\frac{V}{bh_0}+\frac{T}{W_t}>0.7f_t=0.7\times1.43=1.0\text{ N/mm}^2$，所以，应按照计算配置箍筋。

从以上中间计算结果可以看出，$V>0.35f_tbh_0$，$T>0.175f_tW_t$，计算时不能忽略 V 或 T。

依据 6.4.8 条，受剪所需箍筋为

$$\frac{A_{sv}}{s}=\frac{160\times10^3-(1.5-1)\times0.7\times1.43\times300\times610}{300\times610}=0.374\text{mm}^2/\text{mm}$$

受扭所需箍筋为

$$\frac{A_{st1}}{s} = \frac{36 \times 10^6 - 1 \times 0.35 \times 1.43 \times 2.475 \times 10^7}{1.2 \times 300 \times (300-60) \times (650-60)} = 0.463 \text{mm}^2/\text{mm}$$

由于采用双肢箍，于是所需 $A_{sv1}/s = 0.463 + 0.374/2 = 0.65 \text{mm}^2/\text{mm}$。采用 Φ 10 钢筋，所需间距最大为 $78.5/0.65 = 121 \text{mm}$。

对选项 C 依据 9.2.10 条验算最小配箍率：

$$\rho_{sv} = \frac{A_{sv}}{bs} = \frac{2 \times 78.5}{300 \times 120} = 0.44\% > 0.28 \frac{f_t}{f_{yv}} = \frac{0.28 \times 1.43}{300} = 0.13\%$$

满足，故选择 C。

点评：由于是双肢箍，以上计算过程中所采用的受扭箍筋和受剪箍筋的叠加方法是正确的。如果是四肢箍，则会有问题。详细情况，请参见"疑问解答"的解释。

3. 答案：B

解答过程：依据《建筑结构荷载规范》GB 50009—2012 的表 5.1.1，办公楼活荷载准永久值系数为 0.4，于是

$$M_q = 250 + 0.4 \times 100 = 290 \text{kN} \cdot \text{m}$$

依据《混凝土结构设计规范》GB 50010—2010 的 7.1.2 条计算 w_{max}。

$$\rho_{te} = \frac{A_p + A_s}{A_{te}} = \frac{1963}{0.5 \times 300 \times 800} = 0.0164$$

$$\sigma_{sq} = \frac{M_q}{0.87 h_0 A_s} = \frac{290 \times 10^6}{0.87 \times 755 \times 1963} = 224.8 \text{N/mm}^2$$

$$\psi = 1.1 - 0.65 \frac{f_{tk}}{\rho_{te} \sigma_{sq}} = 1.1 - 0.65 \times \frac{2.01}{0.0164 \times 224.8} = 0.746$$

$$w_{max} = \alpha_{cr} \psi \frac{\sigma_{sq}}{E_s} \left(1.9 c_s + 0.08 \frac{d_{eq}}{\rho_{te}}\right)$$
$$= 1.9 \times 0.746 \times \frac{224.8}{2.0 \times 10^5} \times \left(1.9 \times 30 + 0.08 \times \frac{25}{0.0164}\right)$$
$$= 0.285 \text{mm}$$

选择 B。

4. 答案：A

解答过程：依据《建筑结构荷载规范》GB 50009—2012 的表 5.1.1，办公楼活荷载准永久值系数为 0.4，于是荷载准永久组合设计值

$$q = 30 + 0.4 \times 15 = 36 \text{kN/m}$$

依据《混凝土结构设计规范》GB 50010—2010 的 7.2.3 条计算跨中截面的短期刚度 B_s。

$$B_s = \frac{E_s A_s h_0^2}{1.15\psi + 0.2 + \frac{6\alpha_E \rho}{1+3.5\gamma_f}} = \frac{2.0 \times 10^5 \times 1963 \times 755^2}{1.15 \times 0.8 + 0.2 + \frac{6 \times 20/3 \times 0.00867}{1+0}}$$
$$= 1.526 \times 10^{14} \text{N} \cdot \text{mm}^2$$

跨中截面的长期刚度为 $B = B_s/\theta = 1.526 \times 10^{14}/2 = 7.63 \times 10^{13} \text{N} \cdot \text{mm}^2$，该值与左右端截面长期刚度比值在 $1/2 \sim 2$ 之间，从而，挠度为

$$f = 0.00542 \frac{ql^4}{B} = \frac{0.00542 \times 36 \times 9000^4}{7.63 \times 10^{13}} = 16.8 \text{mm}$$

选择 A。

5. 答案：C

解答过程：支座处剪力设计值为
$$V = 1.3 \times (180 + 20 \times 9/2) + 1.5 \times (60 + 7.5 \times 9/2) = 491.63 \text{kN}$$
由于不是独立梁，依据《混凝土结构设计规范》GB 50010—2010 的 6.3.4 条，得
$$\frac{A_{sv}}{s} = \frac{491.63 \times 10^3 - 0.7 \times 1.43 \times 400 \times 660}{300 \times 660} = 1.15 \text{mm}^2/\text{mm}$$
按照最小配箍率计算，为
$$\frac{A_{sv}}{s} = \frac{0.24 f_t b}{f_{yv}} = \frac{0.24 \times 1.43 \times 400}{300} = 0.46 \text{mm}^2/\text{mm}$$
可见，应按 $\frac{A_{sv}}{s} = 1.15 \text{mm}^2/\text{mm}$ 选择箍筋。A、B、C、D 选项的 $\frac{A_{sv}}{s}$ 分别为 1.00、2.01、1.57、3.14，单位为 mm^2/mm，故选择 C。

点评：由于不是独立梁，所以，本题可以不必判断支座边缘处集中荷载引起的剪力占总剪力的比例，直接采用均布荷载的情况。

6. 答案：D

解答过程：调幅后的弯矩设计值为
$$M = 0.8 \times 1.2 \times 300 + 1.3 \times 300 = 678 \text{kN} \cdot \text{m}$$
根据实配钢筋计算抗弯承载力：
$$x = \frac{f_y A_s - f'_y A'_s}{\alpha_1 f_c b} = \frac{360 \times 2454 + 300 \times 628 - 360 \times 1963}{14.3 \times 400} = 64 \text{mm}$$
此时，$x < 0.1 h_0 = 0.1 \times 650 = 65 \text{mm}$，满足《混凝土结构设计规范》GB 50010—2010 的 5.4.3 条规定（弯矩调整后的梁端截面，相对受压区高度不应超过 0.35，且不宜小于 0.1）。

由于 $x < 2 a'_s$，故抗震受弯承载力设计值为
$$M_u = \frac{f_y A_s (h_0 - a'_s)}{\gamma_{RE}} = \frac{(360 \times 2454 + 300 \times 628) \times (650 - 50)}{0.75} = 857 \text{kN} \cdot \text{m}$$
选择 D。

7. 答案：B

解答过程：依据《混凝土结构设计规范》GB 50010—2010 的 3.6.1 条第 5 款，说法 Ⅰ 正确；依据 3.6.3 条，说法 Ⅱ 正确；依据 3.7.2 条的 3、4 款，说法 Ⅲ 正确；依据 3.7.2 条 3 款，对既有结构改建、扩建或加固改造而重新设计时，应按现行规范执行，故说法 Ⅳ 错误。选择 B。

8. 答案：A

解答过程：依据《建筑抗震设计规范》GB 50011—2010 的 1.0.1 条文说明，Ⅰ 正确；依据 3.10.3 条文说明，Ⅱ 正确；依据 3.10.3 条以及表 5.1.4-1，Ⅲ 正确；依据 3.10.2 条，Ⅳ 正确。选择 A。

9. 答案：B

解答过程：依据《高层建筑混凝土结构技术规程》JGJ 3—2010 的 3.4.5 条条文说明，二层顶楼面的规定水平力为 $F'_2 = 6150 - 5370 = 780 \text{kN}$。选择 B。

点评：规范规定，每一楼面处的规定水平力取该楼面上、下两个楼层的地震剪力差的

绝对值，但不能据此理解为，第二层的规定水平力 $F'_2 = |5370-6552| = 1182$kN。这是因为，地震作用 F_i 按作用于楼面，地震剪力 V_i 按作用于 1/2 层高位置，如图 8-2-1 所示。

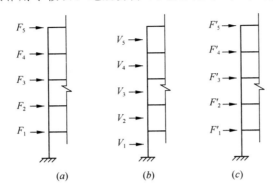

图 8-2-1 楼层地震水平力、地震剪力与规定水平力
(a) 地震水平力；(b) 地震剪力；(c) 规定水平力

地震剪力，是由于地震作用引起，现在，已知地震剪力，要"反推"出的那个地震作用，就是"规定水平力"。于是可知，图 8-2-1 中，必须 $F'_5 = 2385$kN 才能得到 $V_5 = 2385$kN。由于 $V_4 = F'_5 + F'_4$，因此，$F'_4 = V_4 - F'_5 = V_4 - V_5$，以此类推。

另外注意，由于题目中给出的楼层剪力标准值是依据 CQC 方法得到，所以，会与根据各楼层水平地震作用算出的剪力值不对应，例如，对于四层，2385+1824=4209kN，并不是 4140kN。

10. 答案：B

解答过程：

$\Delta u = 5$mm $< [\theta] h = 4500/800 = 5.6$mm，满足《建筑抗震设计规范》GB 50011—2010 的 5.5.1 条要求，故 I 符合要求。

依据《建筑抗震设计规范》GB 50011—2010 的 5.2.5 条，8 度（0.3g）设防，基本周期小于 3.5s 时，最小剪力系数为 0.048；基本周期大于 5.0s 时，最小剪力系数为 0.036。今题目未给出基本自振周期，将该系数取大者（0.048），由于 $V_{Ek} = 3000$kN $< 0.048 \times 5 \times 18000 = 4320$kN，不能满足剪重比要求，可见，其他情况更不能满足要求，故 II 不符合要求。

依据《建筑抗震设计规范》GB 50011—2010 的 3.4.4 条第 1 款，楼层最大弹性位移不宜大于楼层两端弹性水平位移平均值的 1.5 倍，故 III 符合要求。

选择 B。

11. 答案：C

解答过程：依据《混凝土结构设计规范》GB 50010—2010 的 11.4.14 条，二级框架角柱箍筋应全高加密，故排除 B、D 选项。

轴压比 $\dfrac{N}{f_c A} = \dfrac{3603 \times 10^3}{14.3 \times 600 \times 600} = 0.7$

查表 11.4.17，二级、井字箍、轴压比 0.7，得 $\lambda_v = 0.15$，于是

$$[\rho_v] = \lambda_v \dfrac{f_c}{f_{yv}} = \dfrac{0.15 \times 16.7}{300} = 0.835\%$$

当采用间距为 100mm 时，所需单肢箍筋截面积为
$$A_{sv1} = \frac{(600-80)^2 \times 100 \times 0.835\%}{8 \times (600-80+10)} = 53.3 \text{mm}^2$$

Φ10 箍筋可提供截面积 78.5mm²，故选择 C。

点评：之所以给出提示要求依据《混凝土结构设计规范》GB 50010—2010 答题，是避免争议。因为，《建筑抗震设计规范》GB 50011—2010 删除了"计算体积配箍率时应扣除重叠部分的箍筋体积"的规定，但具体如何计算，又没有给出。

12. 答案：D

解答过程：
$$e_0 = \frac{M}{N} = \frac{1250 \times 10^6}{3100 \times 10^3} = 403 \text{mm}$$
$$e_a = \max(h/30, 20) = 23 \text{mm}$$
$$e_i = e_0 + e_a = 403 + 23 = 426 \text{mm}$$
$$e = e_i + \frac{h}{2} - a_s = 426 + \frac{700}{2} - 40 = 736 \text{mm}$$

轴压比
$$\frac{N}{f_c A} = \frac{3100 \times 10^3}{14.3 \times 700 \times 700} = 0.44 > 0.15$$

依据《混凝土结构设计规范》GB 50010—2010 表 11.1.6，取 $\gamma_{RE} = 0.8$。
$$x = \frac{\gamma_{RE} N}{\alpha_1 f_c b} = \frac{0.8 \times 3100 \times 10^3}{1.0 \times 14.3 \times 700} = 248 \text{mm}$$

由于满足 $x \leq \xi_b h_0$ 且 $x \geq 2a_s'$ 的条件，故
$$A_s = A_s' = \frac{\gamma_{RE} N e - \alpha_1 f_c b x (h_0 - x/2)}{f_y (h_0 - a_s')}$$
$$= \frac{0.8 \times 3100 \times 10^3 \times 736 - 1 \times 14.3 \times 700 \times 248 \times (660 - 248/2)}{360 \times (660 - 40)}$$
$$= 2216 \text{mm}^2$$

A、B、C、D 选项的钢筋截面积分别为 1520、1900、1964、2454，单位 mm²，故选择 D。

点评：以上解答过程为通常作法。笔者认为，计算受压区高度时不应考虑抗震调整系数 γ_{RE}。详细情况，请参见本书"疑问解答"部分。

13. 答案：D

解答过程：依据《混凝土结构设计规范》GB 50010—2010 的 11.8.3 条第 1 款，预应力混凝土框架结构的阻尼比宜取 0.03，故Ⅰ错误；

依据《建筑抗震设计规范》GB 50011—2010 的 5.1.4 条，罕遇地震下，特征周期应增加 0.05，0.55+0.05=0.6，故Ⅱ错误。

依据《建筑抗震设计规范》GB 50011—2010 的 3.3.3 条，Ⅲ类场地、烈度 8 度 (0.3g)，应按 9 度采取抗震构造措施。建筑物高度 5×4.5=22.5m，9 度、框架结构，查表 6.1.2，抗震等级为一级，故Ⅲ错误。

选择 D。

点评：本题有改动。原题中，观点Ⅲ为"框架的抗震等级为二级"。

抗震等级有"抗震措施等级"与"抗震构造措施等级"之分，通常，"抗震等级"指的是"抗震措施等级"，况且，本题列出的其他两项均为"计算参数"，内力调整用到的也为"抗震措施等级"。据此理解，原题目的解答过程将是：建筑物高度 $5\times4.5=22.5\text{m}$、8 度、框架结构，查表 6.1.2，抗震等级为二级。于是，Ⅰ错误、Ⅱ错误、Ⅲ正确，无答案。

14. 答案：B

解答过程：L1 梁右端上柱的柱底弯矩为

$$M_1 = \frac{4}{3+4+3} \times (30+20) \times \frac{4}{2} = 40\text{kN}\cdot\text{m}$$

L1 梁右端下柱的柱顶弯矩为

$$M_2 = \frac{5}{4+5+4} \times (30+20+10) \times \frac{4.8}{3} = 36.9\text{kN}\cdot\text{m}$$

L1 梁右端节点处梁承担的弯矩按照刚度分配，于是

$$M_k = \frac{12}{12+15} \times (40+36.9) = 34.2\text{kN}\cdot\text{m}$$

选择 B。

15. 答案：A

解答过程：依据《混凝土结构设计规范》GB 50010—2010 的 8.4.3 条，并筋时应按单筋错开搭接方式连接。

$$l_{ab} = \alpha \frac{f_y}{f_t} d = 0.14 \times \frac{360}{1.43} \times 25 = 881\text{mm}$$

要求同一搭接区段内钢筋接头面积不大于总面积的 25%，则应有

$$l \geqslant 1.3 l_l = 1.3\zeta_l l_a = 1.3\zeta_l \zeta_a l_{ab} = 1.3 \times 1.2 \times \frac{1}{1.2} \times 881 = 1145\text{mm}$$

上式中 $\zeta_a = \dfrac{1}{1.2}$ 的来历是设计配筋与实际配筋的比值为 $1:1.2$。

故选择 A。

点评：规范 8.4.3 条指出"并筋中钢筋的搭接长度应按单筋分别计算"，解答过程据此。

有人认为，规范 4.2.7 条的条文说明指出，"并筋等效直径的概念适用于本规范中钢筋间距、保护层厚度、裂缝宽度验算、钢筋锚固长度、搭接接头面积百分率及搭接长度等有关条文的计算及构造规定"，因此计算 l_{ab} 时取 d 为并筋等效直径。笔者认为，条文说明与正文不一致，应以正文为准，规范 4.2.7 条条文说明中"及搭接长度"应删去。

16. 答案：A

解答过程：连续梁，$l_0/h = 6000/3900 = 1.54 < 2.5$，依据《混凝土结构设计规范》GB 50010—2010 附录 G 的条文说明可知，为深梁。

支座截面，取 $a_s = 0.2h = 0.2 \times 3900 = 780\text{mm}$，$h_0 = h - a_s = 3900 - 780 = 3120\text{mm}$。

依据《混凝土结构设计规范》GB 50010—2010 附录 G.0.5 条，V_k 还应满足

$$V_k \leqslant 0.5 f_{tk} b h_0 = 0.5 \times 2.39 \times 300 \times 3120 = 1118.5 \times 10^3\text{N}$$

故受剪承载力取为 1118.5kN，选择 A。

17. 答案：B

解答过程：依据《钢结构设计标准》GB 50017—2017 表 4.4.1，说法Ⅲ错误，排除 A、D 选项；依据 11.4.2 条、11.4.3 条，说法Ⅴ错误，排除 C 选项，故选择 B。

点评：对备选的其他说法判别如下：

依据 4.3.2 条，焊接时对钢材的要求更多，比如碳当量、冷弯性能，故说法Ⅰ正确。

依据 11.1.6 条第 1 款 1），可见受拉时的要求更高，故说法Ⅱ正确。

依据 11.1.6 条第 1 款 3），并非所有的吊车梁都是如此要求，故说法Ⅲ错误。

18. 答案：B

解答过程：依据《钢结构设计标准》GB 50017—2017 的 10.1.1 条，对照 4 款要求，图（a）、（b）、（d）所示的结构满足要求。图（a）为二铰门式刚架，力学体系上属于框架；图（b）为实腹式构件组成的单层框架结构；图（d）为超静定梁。

对于焊接 H 形钢 $300 \times 200 \times 8 \times 12$，其翼缘宽厚比为 $(200-8)/2/12=8$。当采用 Q345 钢材时，$9\varepsilon_k=7.4$，达不到 10.1.5 条要求的 S1 级，故说法Ⅱ错误。选择 B。

点评：规范 10.1.5 条给出了两个指标，S1 级和 S2 级，可以认为，采用弯矩调幅时，应达到 S2 级，而塑性设计则应达到更高的 S1 级。

19. 答案：B

解答过程：查《钢结构设计标准》GB 50017—2017 的表 7.2.1-1，截面对 x、y 轴均属 b 类，确定分肢的距离时，按照等稳定性考虑，此时，应满足 $\lambda_{0x}=\lambda_y$。

$$\lambda_y = l_{0y}/i_y = 6000/86.7 = 69.2$$

依据规范 7.2.5 条，分肢长细比应满足 $\lambda_1 \leqslant 0.5\lambda_{max}$，今暂取 $\lambda_{max}=\lambda_y$，则 $\lambda_1=0.5 \times 69.2=34.6$，取为 34。所需 λ_x 为

$$\lambda_x = \sqrt{\lambda_y^2 - \lambda_1^2} = \sqrt{69.2^2 - 34^2} = 60.3, \quad i_x = l_{0x}/\lambda_x = 6000/60.3 = 99.5 \text{mm}$$

两分肢轴线之间的距离为 b_0，根据移轴公式

$$\left[I_1 + \frac{A}{2}\left(\frac{b_0}{2}\right)^2 \right] \times 2 = I_x$$

上式中，A 为格构柱的截面积。

可得

$$b_0 = 2\sqrt{i_x^2 - i_1^2} = 2\sqrt{99.5^2 - 22.3^2} = 194 \text{mm}$$
$$b = b_0 + 2 \times 21 = 236 \text{mm}$$

故选择 B。

点评：对于本题，有以下几点需要说明：

(1) 收入本书时对题目有改动。真题要求"按构造要求"确定 b，表达不够确切。

(2) 解答过程中，将 $\lambda_1 \leqslant 0.5\lambda_{max}$ 按照 $\lambda_1=0.5\lambda_{max}$ 考虑，最后得到的分肢间距也是一个界限值。

当实际的分肢间距取值大于计算值（本例为 236mm）时，由于惯性矩 I_x 变大了，λ_{0x} 会变小，与 λ_y 不再相等，出现 $\lambda_{0x} < \lambda_y$，这时，承载力由绕实轴（y 轴）的稳定承载力控制。

若 λ_1 比 $0.5\lambda_{max}$ 小许多，由于 $\lambda_{0x}=\sqrt{\lambda_x^2+\lambda_1^2}$，因而也会出现 $\lambda_{0x}<\lambda_y$，承载力由绕实轴（y 轴）的稳定承载力控制。

(3) 规范的 7.2.5 条规定，同一截面处缀板的线刚度之和不得小于柱较大分肢线刚度

的 6 倍，该规定是为了保证 $\lambda_{0x}=\sqrt{\lambda_x^2+\lambda_1^2}$ 这一公式的正确性。

今对此条验算如下：

缀板之间的净距离 $l_1=i_1\lambda_1=22.3\times 34=758\text{mm}$，采用 750mm。缀板所用的钢板，通常按照构造要求确定，依据《钢结构设计手册》，其沿柱轴向方向的高度 $h_p\geqslant\dfrac{2}{3}b_0$，厚度 $t_p\geqslant\dfrac{b_0}{40}$，$b_0$ 为分肢轴线间距离。今 $b_0=194\text{mm}$，据此可得到缀板高度不小于 129mm，厚度不小于 5mm，取 $h_p\times t_p=130\text{mm}\times 6\text{mm}$。相邻缀板中心距 $l=l_1+h_p=750+130=880\text{mm}$。此时，缀板线刚度之和与分肢线刚度的比值为：

$$\frac{2\times(6\times 130^3/12)/194}{1.56\times 10^6/880}=6.4>6$$

满足要求。

20. 答案：A

解答过程：依据《钢结构设计标准》GB 50017—2017 的 7.2.1 条计算。

$$\lambda_y=l_{0y}/i_y=6000/86.7=69$$

b 类截面、Q235 钢材，查表得到 $\varphi_y=0.757$。

由于截面板件宽厚比满足要求，故采用全截面计算。

$$\frac{N}{\varphi_y A f}=\frac{1000\times 10^3}{0.757\times 2\times 3180\times 215}=0.967$$

选择 A。

21. 答案：A

解答过程：依据《钢结构设计标准》GB 50017—2017 的 11.1.6 条焊缝选择的原则，不必采用焊透的焊缝。

依据 12.7.3 条，取剪力为轴心压力的 15% 设计角焊缝：

$$h_f\geqslant\frac{0.15N}{0.7l_w f_f^w}=\frac{0.15\times 1000\times 10^3}{0.7\times 1040\times 160}=1.3\text{mm}$$

焊脚尺寸还要满足 11.3.5 条的构造要求。柱脚底板厚 16mm，故最小厚度为 6mm。

综上，选择 A。

点评：在 2017 年《钢结构设计标准》中，角焊缝的焊脚尺寸改为与《钢结构焊接规范》GB 50661—2011 一致。《新钢结构设计手册》（中国计划出版社，2018）87 页仍保留了最大焊脚尺寸 $h_{fmax}=1.2t_{min}$ 的规定。

22. 答案：B

解答过程：依据提示，忽略轴力和剪力的影响，仅仅考虑弯矩。

依据《钢结构高强度螺栓连接技术规程》JGJ 82—2011 的 5.3.3 条第 2 款，受力最大螺栓的拉力为

$$N_t=\frac{M}{n_2 h_1}=\frac{260\times 10^6}{4\times 490}=132.7\times 10^3\text{N}$$

一个高强度螺栓的抗拉承载力设计值为 $N_v^b=0.8P$，要求 $0.8P\geqslant 132.7$，解出 $P\geqslant 165.9\text{kN}$。

查《钢结构设计标准》GB 50017—2017 的表 11.4.2-2，预拉力最满足要求的 10.9 级

螺栓是 M22，故选择 B。

点评：梁柱端板连接，在《门式刚架轻型钢结构技术规范》GB 51022—2015 中出现较多，但是，该规程并没有给出螺栓所受到的拉力该如何求出。

在欧洲钢结构规范 Eurocode 3：design of steel structures Part1-8：design of joints 中，梁柱采用端板连接时，采用等效成 T 形件的方法计算。最外排螺栓所受的拉力，本质上是按照等效成力偶计算。

在美国标准 ANSI/AISC 358-10，即《Prequalified Connections for Special and Intermediate Steel Moment Frames for Seismic Applications》中，给出了端板连接的标准设计流程。无论是梁受拉翼缘两侧共 4 个螺栓还是 8 个螺栓，这些螺栓所受到的拉力的合力，按照对受压翼缘的厚度中心线取矩求得，然后平均分配。

23. 答案：C

解答过程：有效截面对 x 轴的惯性矩（忽略沿翼缘厚度方向的焊缝）：

$$I_x = 2 \times 0.7 \times 8 \times 240 \times (250 + 2.8)^2 + 4 \times 0.7 \times 8 \times 77 \times$$

$$(250 - 10 - 2.8)^2 + 2 \times \frac{1}{12} \times (0.7 \times 6 \times 360^3)$$

$$= 301.5 \times 10^6 \text{mm}^4$$

焊缝最外边缘纤维对 x 轴的抵抗矩：

$$W_x = \frac{I_x}{0.5h} = \frac{301.5 \times 10^6}{255.6} = 1.18 \times 10^6 \text{mm}^3$$

全部角焊缝的有效截面积：

$$A_e = 2 \times 0.7 \times 6 \times 360 + 4 \times 77 \times 0.7 \times 8 + 2 \times 240 \times 0.7 \times 8 = 7437 \text{mm}^2$$

弯矩引起的连接角焊缝最大正应力为：

$$\sigma_f^M = \frac{M}{W_x} = \frac{260 \times 10^6}{1.18 \times 10^6} = 220.3 \text{N/mm}^2$$

轴压力引起的正应力为：

$$\sigma_f^N = \frac{N}{A_e} = \frac{100 \times 10^3}{7437} = 13.4 \text{N/mm}^2$$

剪力引起的剪应力为：

$$\tau_f = \frac{65 \times 10^3}{7437} = 8.7 \text{N/mm}^2$$

考虑正应力和剪应力后，为：

$$\sqrt{\left(\frac{\sigma_f}{\beta_f}\right)^2 + \tau_f^2} = \sqrt{\left(\frac{220.3 + 13.4}{1.22}\right)^2 + 8.7^2} = 192 \text{N/mm}^2$$

选择 C。

点评：本题对当年真题有改动，使之更为合理。

有观点提出，若对翼缘上部的角焊缝验算折算应力，由于此时剪力 V 引起的应力与焊缝轴向垂直，应视为正应力 σ_f 才对。

笔者认为，这种说法似是而非。

焊缝的强度计算公式来源于有效截面承受轴力时的分析（详细情况可参见"疑问解答"），有了这三个基本公式之后，通常，我们只考虑有效截面即可，不再考虑 45°角的问题，使问题得到简化。

对于本题，可以认为弯矩引起的应力与剪力引起的应力成90°，因此，应为平方和再开方的关系。由于焊缝的公式只有三个，所以，将剪力引起的应力视为 τ_f 比较合理。

24. 答案：D

解答过程：依据《建筑抗震设计规范》GB 50011—2010 的 9.2.14 及条文说明，此时，应满足 2 倍多遇地震作用下的要求。

25. 答案：A

解答过程：上柱截面积为
$$A = 400 \times 800 - (800 - 2 \times 18) \times (400 - 12) = 23568 \text{mm}^2$$

依据《建筑抗震设计规范》GB 50011—2010 的 9.2.13 条，由于上柱轴压比为
$$\frac{N}{fA} = \frac{525 \times 10^3}{295 \times 23568} = 0.08 < 0.2$$

故长细比不宜大于 150。选择 A。

点评：对于本题，有以下几点需要说明：

（1）虽然按照《钢结构设计标准》GB 50017—2017 的表 7.4.6 也能得到柱的长细比限值为 150，但似乎并不妥当。本题明确"抗震设防烈度为 7 度"，故依据《建筑抗震设计规范》答题为宜。

（2）若依据《建筑抗震设计规范》GB 50011—2010 的 8.1.3 条，根据抗震设防烈度为 7 度、房屋高度≤50m（题目中未给出房屋高度，但单层厂房，高度必然≤50m），抗震等级为四级，再依据 8.3.1 条得到长细比限值为 $120\sqrt{235/f_{ay}} = 120\sqrt{235/345} = 99$。如此解答，也不恰当，因为，所依据的，是对"多层和高层钢结构房屋"的规定。

（3）若设想利用公式 $\frac{N}{\varphi A} \leq f$ 得到 φ 进而求出对应的最大长细比，则一方面强度设计值 f 未知，另一方面也未考虑抗震的要求，不是出题者的本意。

26. 答案：C

解答过程：依据《钢结构设计标准》GB 50017—2017 的 C.0.1 条计算。
$$\lambda_y = 6000/72 = 83.3$$

$$\varphi_b = \beta_b \frac{4320}{\lambda_y^2} \cdot \frac{Ah}{W_x} \left(\sqrt{1 + \left(\frac{\lambda_y t_1}{4.4h}\right)^2} + \eta_b \right) \frac{235}{f_y}$$

$$= 0.696 \times \frac{4320}{83.3^2} \times \frac{17040 \times 1030}{6.82 \times 10^6} \left[\sqrt{1 + \left(\frac{83.3 \times 16}{4.4 \times 1030}\right)^2} + 0.631 \right] \times \frac{235}{345}$$

$$= 1.27 > 0.6$$

$$\varphi_b' = 1.07 - 0.282/1.27 = 0.85$$

选择 C。

27. 答案：B

解答过程：依据《钢结构设计标准》GB 50017—2017 的 C.0.5 条确定 φ_b。
$$\lambda_y = 4000/71.3 = 56.1$$

$$\varphi_b = 1.07 - \frac{\lambda_y^2}{44000} \sqrt{\frac{f_y}{235}} = 1.07 - \frac{56.1^2}{44000} = 0.998$$

因为截面满足 S4 级的要求，因此，可采用全截面计算。由于梁的翼缘厚度为 18mm，钢材为 Q235，因此，取 $f=205\text{N}/\text{mm}^2$ 计算。

$$\frac{M_x}{\varphi_b W_x f} = \frac{486.4 \times 10^6}{0.998 \times 2820 \times 10^3 \times 205} = 0.844$$

选择 B。

28. 答案：C

解答过程：依据《钢结构设计标准》GB 50017—2017 的附录 E 计算。

相交于柱上端的横梁线刚度之和为：

$$\frac{1.5 \times 68900 \times 10^4}{8000} E = 1.292 \times 10^5 E$$

上式中，1.5 用以考虑梁远端为铰接时的线刚度调整。

相交于柱上端的柱线刚度之和为：

$$\frac{21200 \times 10^4}{13750} E = 1.542 \times 10^5 E$$

$$k_1 = \frac{1.292 \times 10^5 E}{1.542 \times 10^4 E} = 8.4$$

平板支座，$k_2 = 0.1$。

$$\mu = 0.748 - \frac{0.748 - 0.721}{10 - 5} \times (8.4 - 5) = 0.73$$

选择 C。

29. 答案：A

解答过程：依据《钢结构设计标准》GB 50017—2017 的 8.2.1 条计算。

无横向荷载作用，且较小弯矩为零，故 $\beta_{mx} = 0.6$。

$$\lambda_x = 10100/146 = 69$$

轧制截面，$b/h = 250/340 = 0.73 < 0.8$，对 x 轴属于 a 类截面。按 $\lambda_x = 69$、Q235 钢查表，得到 $\varphi_x = 0.844$。

由于截面等级属于 S1 级，故取 $\gamma_x = 1.05$。

$$\frac{N}{\varphi_x A f} + \frac{\beta_{mx} M_x}{\gamma_x W_{1x}(1 - 0.8 N/N'_{Ex}) f}$$

$$= \frac{292.1 \times 10^3}{0.843 \times 9953 \times 215} + \frac{0.6 \times 192.5 \times 10^6}{1.05 \times 1250 \times 10^3 \times 0.942 \times 215}$$

$$= 0.596$$

选择 A。

点评：对于本题，有以下几点需要说明：

(1) 以上计算中，轴压力 N 的取值与朱炳寅《全国注册结构工程师专业考试试题解答及分析》一书不同，后者将 N、M 取为同一截面，即取 N=276.6kN 进行计算。

(2) 笔者认为，强度和稳定验算分别属于"截面承载力"（cross-section capacity）和"构件承载力"（member capacity）的范畴，对于前者，采用同一截面处的 N、M 代入压弯构件的强度验算公式进行计算是毫无疑问的，即，要求构件的在任一截面均应满足要求。而对于后者，由于理论模型是基于压力 N 不变而言的，故通常指出，应取范围内的"最大弯矩"（该弯矩取一阶弹性分析的弯矩然后再考虑 P-δ 效应而放大）。当 N 沿构件长度不同时,则取为 N 的最大值,这样,就表现 N 和 M 并非同一个截面。

支持笔者观点的证据如下:

在《门式刚架轻型房屋钢结构技术规范》GB 51022—2015 中,7.1.3 条规定了变截面柱在弯矩作用面内的稳定验算公式,尽管公式(7.1.3-1)中轴力、弯矩均为大端的内力,但在注释中指出,当柱的最大弯矩不出现在大端时,M_1 和 W_{e1} 分别取最大弯矩和该弯矩所在截面的有效截面模量。

30. 答案:C

解答过程:依据《建筑抗震设计规范》GB 50011—2010 的 9.2.9 条第 1 款,Ⅰ 正确;依据 9.2.9 条第 2 款,Ⅱ 正确;依据 9.2.10 条,8、9 度时不得采用单角钢单面偏心连接,Ⅲ 错误;依据 9.2.9 条第 3 款,Ⅳ 正确。故选 C。

31. 答案:B

解答过程:依据《砌体结构设计规范》GB 50003—2011 的 3.2.1 条,Ⅰ 正确;依据《建筑砂浆基本性能试验方法标准》JGJ/T 70—2009 的 9.0.2 条,Ⅱ 正确;依据《砌体结构设计规范》GB 50003—2011 的 4.1.5 条,当施工质量控制等级为 C 级时 $\gamma_f = 1.8$,Ⅲ 错误;依据《砌体结构设计规范》GB 50003—2011 的 4.1.5 条,由于 1.6/1.5=1.07,故 A 级时强度设计值可提高 7%,Ⅳ 错误。故选 B。

点评:《砌体结构设计规范》GB 50003—2011 的 4.1.1~4.1.5 条条文说明中称"当采用 C 级时,砌体强度设计值应乘第 3.2.3 条的 γ_a,$\gamma_a = 0.89$;当采用 A 级施工质量控制等级时,可将表中砌体强度设计值提高 5%",实际上都是 2001 版规范的规定,换句话说,这两句话在 2001 版规范的相同位置(4.1.1~4.1.5 条条文说明)就是如此表达,属于修订时忘记修改。前一条,来自于 2001 版规范 3.2.3 条的第 4 款,2011 版规范已经删除(但依据 4.1.5 条,由于 1.6/1.8=0.89,所以,C 级时强度调整系数取 0.89 没有错);后一条,依据 2011 版规范的 4.1.5 条,当采用 A 级施工质量控制等级时,比 B 级时强度设计值可提高 7% 而不是 5%。

32. 答案:C

解答过程:依据《砌体结构设计规范》GB 50003—2011 的 3.2.3 条,对配筋砌体应为截面面积小于 $0.2m^2$,调整系数为截面面积加 0.8,Ⅰ 错误;依据《砌体结构设计规范》GB 50003—2011 的 3.2.4 条,Ⅱ 正确;依据《砌体结构设计规范》GB 50003—2011 的 1C.1.8 条,Ⅲ 正确;依据《砌体结构设计规范》GB 50003—2011 的 3.2.5 条,砌体的剪变模量按砌体弹性模量的 0.4 倍采用,Ⅳ 错误。故选 C。

33. 答案:A

解答过程:依据《砌体结构设计规范》GB 50003—2011 的 4.2.1 条,现浇混凝土楼板,$s=5.7m<32m$,房屋静力计算方案为刚性方案。

依据 5.1.3 条第 1 款,底层②轴线墙的高度为:$H=3.6+0.3+0.5=4.4m$。

横墙间距 $s=5.7m$,$H<s=5.7<2H$,查表 5.1.3 得:

$$H_0 = 0.4s + 0.2H = 0.4 \times 5.7 + 0.2 \times 4.4 = 3.16m$$

依据 6.1.1 条:$\beta = \dfrac{H_0}{h} = \dfrac{3.16}{0.24} = 13.2$,选择 A。

34. 答案:C

解答过程：依据《建筑抗震设计规范》GB 50011—2010 的表 7.2.3 注 2，门洞洞顶高度和层高的比值：$\frac{2600}{3600} = 0.72 < 0.8$ 且 > 0.5，按照门洞计算，因此，对于⑤轴线墙，可将墙段划分为 3 部分，如图 8-2-2 所示。

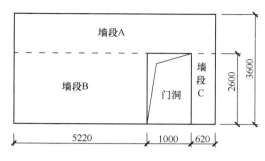

图 8-2-2　墙段划分

墙段 A：高宽比为 $1000/6840 < 1$，只考虑剪切变形，得到

$$K_1 = \frac{GA}{\xi H} = \frac{0.4E \times 240 \times 6840}{1.2 \times 1000} = 547.2E$$

墙段 B：高宽比为 $2600/5220 < 1$，只考虑剪切变形，得到

$$K_2 = \frac{GA}{\xi H} = \frac{0.4E \times 240 \times 5220}{1.2 \times 2600} = 160.6E$$

墙段 C：高宽比为 $2600/620 = 4.2 > 4$，侧向刚度取为零。

⑤轴线墙段的侧向刚度：

$$K = \frac{1}{\frac{1}{K_1} + \frac{1}{K_2}} = 124E$$

若按照无门洞计算其侧向刚度，为：

$$K' = \frac{GA}{\xi H} = \frac{0.4E \times 240 \times 6840}{1.2 \times 3600} = 152E$$

即，门洞导致的侧向刚度折减系数为 $124/152 = 0.816$。

由于墙体材料、层高以及墙厚相同，故⑤轴线墙段承受的地震剪力可近似按照墙体长度进行分配。

$$V_k = \frac{0.816 \times 6840}{0.816 \times 6840 + 15240 \times 2 + 5940 \times 3 + 6840 \times 2} \times 2000 = 165 \text{kN}$$

选择 C。

点评：本题解答时注意以下两点：

（1）⑤轴线墙段开有洞口，是否能按照乘以洞口影响系数的方法确定等效侧向刚度，是问题的关键。

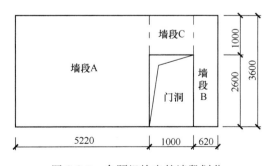

图 8-2-3　命题组给出的墙段划分

规范所说的"设置构造柱的小开口墙段"，宜理解为墙段的端部设置有构造柱，而是否设置，应按照 7.3.1 条和 7.3.2 条确定，本题中情况并不明确，故不执行先按毛截面计算侧向刚度再乘以洞口影响系数的方法。

（2）命题组给出的解答，按照图 8-2-3 分块，墙段 A，高宽比为 $3600/5220 < 1$，只计算剪切变形；门洞上的墙段 C 不考虑侧向刚度；墙段 B，取洞口高度作为墙段高度，高宽比为 $2600/620 > 4$，等效侧向刚度为零。

由于第二层各墙的墙体材料、层高、墙厚均相同，且墙段均只计算剪切变形，因此，

按等效侧向刚度分配地震剪力等效于按墙段宽度分配。⑤轴线墙段地震作用分配系数为

$$\frac{5220}{15240\times2+5940\times3+6840\times2+5220}=0.078$$

⑤轴线墙段分配到的地震剪力标准值为 $V_k=0.078\times2000=156\text{kN}$。

35. 答案：B

解答过程：依据《砌体结构设计规范》GB 50003—2011 的 8.1.2 条

$$\rho=\frac{(a+b)A_s}{abs_n}=\frac{2A_s}{as_n}=\frac{2\times12.6}{60\times240}=0.175\%$$

查表 3.2.1-1，$f=1.69\text{MPa}$。$f_y=430\text{ MPa}>320\text{ MPa}$，取 $f_y=320\text{MPa}$。

$$f_n=f+2\left(1-\frac{2e}{y}\right)\rho f_y=1.69+2\times(1-0)\times0.175\%\times320=2.81\text{MPa}$$

选择 B。

36. 答案：C

解答过程：取单位长度 1m 计算。依据《砌体结构设计规范》GB 50003—2011 的 8.1.1 条：

$$\beta=\gamma_\beta\frac{H_0}{h}=\frac{3600}{240}=15<16\text{ 满足要求。}$$

由 $\rho=0.3\%$，$\frac{e}{h}=0$，$\beta=15$ 查附表 D.0.2 得：

$$\varphi_n=\frac{0.64+0.58}{2}=0.61$$

依据 8.1.2 条，$\varphi_n f_n A=0.61\times3.5\times240=512.4\text{ kN/m}$，选择 C。

37. 答案：B

解答过程：由 7 度（0.15g），查《建筑抗震设计规范》GB 50011—2010 表 5.1.4-1 得 $\alpha_1=0.12$。依据 5.1.3 条

$$\Sigma G=(2100\times4+2100/2+400)+(1600\times4+1800)+0.5\times(600\times4+100)$$
$$=19300\text{kN}$$

上式中，2100/2 表示 G_5 中的墙重部分。因为归属于 G_5 的墙体高度为层高的一半，故取每层墙重 2100kN 的一半。

依据 5.2.1 条，得到：

$$F_{Ek}=\alpha_1 G_{eq}=\alpha_{max}\times0.85\times\Sigma G=0.12\times0.85\times19300=1969\text{ kN}$$

选择 B。

38. 答案：D

解答过程：依据《建筑抗震设计规范》GB 50011—2010 的 5.2.1 条，砌体结构房屋 $\delta_n=0$。

$$F_1=\frac{G_1 H_1}{\sum_{j=1}^{5}G_j H_j}F_{Ek}(1-\delta_n)=\frac{5000\times3.6}{5000\times3.6\times(1+2+3+4)+4000\times3.6\times5}\times F_{Ek}$$

$$=0.0714 F_{Ek}$$

$$V_2=\gamma_{Eh}(F_{Ek}-F_1)=1.3\times(F_{Ek}-0.0714 F_{Ek})=1.2 F_{Ek}$$

选择 D。

39. 答案：B

解答过程：取长度为 1m 的计算单元。由 M10 混合砂浆查《砌体结构设计规范》GB 50003—2011 表 3.2.2，$f_V=0.12$MPa。水池底部的剪力设计值为

$$V=\frac{1}{2}\times \gamma_\text{水} \times H \times H \times 1 \times 1.4=7H^2$$

依据 5.4.2 条，可得

$$V \leqslant f_V bz$$

$$7H^2 \leqslant 0.12 \times 10^3 \times 1 \times \frac{2}{3} \times 0.74$$

解方程得到 $H=2.91$m，选择 B。

40. 答案：C

解答过程：由 MU15 蒸压粉煤灰普通砖、M10 混合砂浆查《砌体结构设计规范》GB 50003—2011 表 3.2.1-3 得 $f=2.31$MPa，查表 3.2.5-1 得 $E=1060f=2448.6$MPa。

依据 5.2.6 条计算。

$$h_0=2\sqrt[3]{\frac{E_c I_c}{Eh}}=2\times \sqrt[3]{\frac{2.55\times 10^4 \times 1.1664 \times 10^8}{2448.6 \times 240}}=343\text{mm}$$

$\pi h_0=3.14\times 343=1077mm<1500$mm，满足 5.2.6 条条件。

$$\sigma_0=\frac{360\times 10^3}{240\times 1500}=1\text{MPa}$$

$$N_0=\pi b_0 h_0 \sigma_0/2=3.14\times 240 \times 343 \times 1 \times 10^{-3}/2=129\text{ kN}$$

$$N_l+N_0=110+129=239\text{kN}$$

选择 C。

41. 答案：B

解答过程：依据《木结构设计标准》GB 50005—2017 的 3.1.13 条，Ⅰ错误；依据 3.1.3 条，Ⅱ正确；依据 4.3.18 条，Ⅲ正确；依据 4.1.7 条，结构重要性系数 γ_0 按《工程结构可靠性设计统一标准》取值，不再与设计使用年限关联，Ⅳ错误。故选 B。

42. 答案：D

解答过程：依据《木结构设计标准》GB 50005—2017 的 4.3.1 条，北美落叶松的强度等级为 TC13A，$f_c=12$MPa。依据 4.3.9 条，设计使用年限为 25 年，强度调整系数为 1.05，于是，$f_c=1.05\times 12=12.6$MPa。

依据 5.1.3 条第 5 款，验算稳定时，螺栓孔可不作为缺口考虑。

由 4.3.18 条得跨中截面直径为 $d=150+\frac{9}{1000}\times 1600=164.4$mm。

依据 5.1.4 条确定稳定系数：

$$\lambda=1.0\times \frac{3200}{164.4/4}=78$$

由于为 TC13A 且 $\lambda<91$，于是

$$\varphi=\frac{1}{1+\frac{\lambda^2}{4234}}=\frac{1}{1+\frac{78^2}{4234}}=0.410$$

由式 (5.1.2-2)，可得

$$\varphi f_c A_0 = 0.410 \times 12.6 \times \frac{3.14 \times 164.4^2}{4} = 109.6 \times 10^3 \text{N}$$

选择 D。

43. 答案：B

解答过程：冻胀粉土，人口 30 万，依据《建筑地基基础设计规范》GB 50007—2011 的 5.1.7 条 $\psi_{zs} = 1.20$，$\psi_{zw} = 0.90$，$\psi_{ze} = 0.95$。

场地冻结深度：$z_d = z_0 \cdot \psi_{zs} \cdot \psi_{zw} \cdot \psi_{ze} = 2.4 \times 1.2 \times 0.9 \times 0.95 = 2.46 \text{m}$。

依据附录表 G.0.2，基底平均压力为 $144.5 \times 0.9 = 130 \text{kPa}$，由方形基础、采暖知 $h_{\max} = 0.7 \text{m}$，依据 5.1.8 条，基础最小埋置深度为

$$d_{\min} = z_d - h_{\max} = 2.46 - 0.7 = 1.76 \text{ m}$$

选择 B。

44. 答案：C

解答过程：依据《建筑地基基础设计规范》GB 50007—2011 的 5.3.5 条，Ⅰ正确；依据 3.0.5 条的第 2 款，Ⅱ错误；依据 3.0.5 条的第 5 款，Ⅲ正确；依据《建筑地基处理技术规范》JGJ 79—2002 的 5.2.6 条，Ⅳ正确；依据《建筑桩基技术规范》JGJ 94—2008 的表 5.7.5 注 1，Ⅴ错误。故选择 C。

45. 答案：C

解答过程：依据《建筑桩基技术规范》JGJ 94—2008 的 5.3.10 条，桩端为单一注浆且为泥浆护壁时竖向增强段为桩端以上 12m。

$$\begin{aligned}
Q_{uk} &= u \sum q_{sjk} l_j + u \sum \beta_{si} q_{sik} l_{gi} + \beta_p q_{pk} A_p \\
&= \pi \times 0.8 \times 12 \times (17-3) + \pi \times 0.8 \times (1.2 \times 5 \times 32 \\
&\quad + 1.8 \times 7 \times 110) + 2.4 \times 3200 \times \pi \times 0.8^2/4 \\
&= 8244 \text{kN}
\end{aligned}$$

选择 C。

46. 答案：A

解答过程：依据《建筑桩基技术规范》JGJ 94—2008 的 5.8.4 条，本工程桩身穿越不排水强度小于 10kPa 的软弱土层，应考虑压屈的影响。

$$h' = h - (1-\psi_l)d_l = 26 - (1-0) \times 14 = 12 \text{m}$$
$$l_0' = l_0 + (1-\psi_l)d_l = 0 + (1-0) \times 14 = 14 \text{m}$$

由于 $h' = 12 < \dfrac{4}{\alpha} = \dfrac{4}{0.16} = 25 \text{m}$，$l_0' = 14 \text{m}$，查表 5.4.8-1 的"桩顶固定"且"桩底支于非岩石土"项，可知

$$l_c = 0.7 \times (l_0' + h') = 0.7 \times (14+12) = 18.2 \text{m}$$

$\dfrac{l_c}{d} = \dfrac{18.2}{0.8} = 22.75$，查表 5.8.4-2，得到

$$\varphi = \frac{0.6 - 0.56}{24 - 22.5} \times (24 - 22.75) + 0.56 = 0.59$$

桩身的配筋满足 4.1.1 条的要求。因此，根据 5.8.2 条计算承载力。

$$\varphi(\psi_c f_c A_{ps} + 0.9 f_y' A_s') = 0.59 \times \left(0.7 \times 19.1 \times \frac{1}{4} \times \pi \times 800^2 + 0.9 \times 360 \times 14 \times 314.2\right)$$
$$= 4804 \times 10^3 \text{N} = 4804 \text{kN}$$

故选择 A。

点评：规范中的公式，是 $l'_0 = l_0 + (1-\psi_l)d_l$ 还是 $l'_0 = l_0 + \psi_l d_l$？

笔者发现，2008年8月第1次印刷本，该公式写成 $l'_0 = l_0 + \psi_l d_l$，然而，在2009年12月的第6次印刷本，公式为 $l'_0 = l_0 + (1-\psi_l)d_l$，所以，我们以新印刷的规范为准。

刘金砺等编写的《建筑桩基技术规范应用手册》一书中，把2008版桩基规范作为该书的附录。经查，该书446页列出的5.8.4条表5.8.4-1下的注释为3条而不是4条，注释3原文如下：

当存在 $f_{ak} < 25$ kPa 的软弱土或土层液化影响折减系数 $\psi_l = 0$ 时，不考虑土的侧限效应，按高承台桩计算。

对比《建筑桩基技术规范》的表下注释可知，此注释相当于将规范中的注释3和注释4做了合并。公式写成 $l'_0 = l_0 + (1-\psi_l)d_l$ 与该书表达相符。

47. 答案：B

解答过程：依据《建筑桩基技术规范》JGJ 94—2008 的 5.4.6 条第 2 款 1）项，可得

$$T_{uk} = \sum \lambda_i q_{sik} u_i l_i$$
$$= \pi \times 0.8 \times (0.7 \times 12 \times 14 + 0.7 \times 32 \times 5 + 0.6 \times 110 \times 7)$$
$$= 1737 \text{kN}$$

依据 5.4.5 条，可得

$$T_{uk}/2 + G_p = 1737/2 + (25-10) \times \frac{1}{4} \times \pi \times 0.8^2 \times (14+5+7) = 1064 \text{kN}$$

故选择 B。

48. 答案：A

解答过程：依据《建筑桩基技术规范》JGJ 94—2008 的 7.5.4 条，Ⅰ 正确；依据《建筑桩基技术规范》JGJ 94—2008 的 7.5.13 条第 4、5 款，Ⅱ 错误；依据《建筑地基基础设计规范》GB 50007—2011 附录 Q.0.2 条第 1 款，Ⅲ 正确；依据《建筑桩基技术规范》JGJ 94—2008 的 3.4.8 条第 2 款，或者 5.8.8 条第 1 款，Ⅳ 错误。故选择 A。

49. 答案：B

解答过程：依据《建筑地基基础设计规范》GB 50007—2011 的 5.2.5 条计算 f_a。

由 $\varphi_k = 15°$ 查表 5.2.5，得到

$$M_b = \frac{0.29 + 0.36}{2} = 0.325$$

$$M_d = \frac{2.17 + 2.43}{2} = 2.3$$

$$M_c = \frac{4.69 + 5.00}{2} = 4.845$$

$$f_a = M_b \gamma b + M_d \gamma_m d + M_c c_k$$
$$= 0.325 \times (19.6 - 10) \times 2.7 + 2.3 \times$$
$$\frac{13.5 \times 1.2 + 18.5 \times 0.5 + (19.6 - 10) \times 0.7}{2.4} \times 2.4 + 4.845 \times 24$$
$$= 198.6 \text{kPa}$$

由 5.2.1 条、5.2.2 条，可得

$$p_k = \frac{F_k + G_k}{A} \leqslant f_a$$

$$\frac{1350 + 18 \times 2.4 \times 2.7 \times L}{2.7 \times L} \leqslant 198.6$$

解方程得到 $L \geqslant 3.2$m，选择 B。

点评：从解题角度，由于提示中给出了基础以及其上部土重度为 18kN/m³，故计算 G_k 时直接采用而不考虑水的影响。

50. 答案：B

解答过程：依据《建筑地基基础设计规范》GB 50007—2011 的 8.4.7 条以及附录 P.0.1 条计算。

$$c_1 = h_c + h_0 = 9.4 + 2.5 = 11.9\text{m}, c_{AB} = \frac{c_1}{2} = 5.95\text{m}$$

$$\tau_{\max} = \frac{F_l}{u_m h_0} + \alpha_s \frac{M_{\text{unb}}}{I_s} c_{AB}$$

$$= \frac{177500 - (9.4 + 2.5 \times 2)^2 \times 435.9}{47.6 \times 2.5} + 0.4 \times \frac{151150 \times 5.95}{2839.59}$$

$$= 859\text{kPa}$$

选择 B。

51. 答案：B

解答过程：抗冲切验算依据《建筑地基基础设计规范》GB 50007—2011 的 8.4.8 条第 2 款，应满足 $\tau_{\max} \leqslant 0.7\beta_{hp} f_t / \eta$，即

$$0.9 \leqslant 0.7 \times 0.9 \times f_t / 1.25$$

解出 $f_t \geqslant 1.786$MPa。

抗剪验算依据 8.4.10 条，应满足 $V_s \leqslant 0.7\beta_{hs} f_t b_w h_0$，即

$$2400 \times 10^3 \leqslant 0.7 \times \left(\frac{800}{2000}\right)^{\frac{1}{4}} f_t \times 1000 \times 2500$$

解出 $f_t \geqslant 1.724$MPa。

故取 C45，$f_t = 1.80$MPa，满足要求，选择 B。

52. 答案：C

解答过程：根据《建筑抗震设计规范》GB 50011—2010 的 4.4.2 条第 1 款，可得

$$R_{aE} = 1.25 R_a = 1.25 \times 700 = 875\text{kN}$$

依据《建筑桩基技术规范》JGJ 94—2008 的 5.1.1 条，可得

$$N_{ik} = \frac{F_k + G_k}{n} + \frac{M_{yk} x_i}{\sum x_j^2} = \frac{3341 + 0}{4} + \frac{920 \times 0.5s}{4 \times (0.5s)^2} = 835.25 + \frac{460}{s}$$

$$N_{ik} \leqslant 1.2 R_{aE} = 1.2 \times 875 = 1050$$

解方程得到 $s \geqslant 2.14$m $= 2140$mm，选 C。

点评：将《建筑桩基技术规范》JGJ 94—2008 的公式（5.2.1-4）与公式（5.2.1-2）比较，抗力项 1.25/1.2=1.25，即，抗震组合时桩基抗力提高 25%，此处与《建筑抗震设计规范》GB 50011—2010 的 4.4.2 条第 1 款一致。

若将公式（5.2.1-4）与公式（5.2.1-3）抗力项比较，1.5/1.25=1.2，即，对应最大

竖向力时的抗力可比对应于平均竖向力时提高 20%，与非抗震组合时一致。

53. 答案：C

解答过程：依据《建筑地基基础设计规范》GB 50007—2011 的 8.5.21 条计算。

圆桩转化为方桩，$0.886 \times 400 = 354$ mm。

$$a_x = \frac{2400}{2} - 350 - \frac{354}{2} = 673 \text{mm}, \lambda = \frac{a_x}{h_0} = \frac{673}{730} = 0.922$$

$$\beta = \frac{1.75}{\lambda + 1.0} = \frac{1.75}{0.922 + 1} = 0.911$$

依据附录 U.0.2 条确定截面的计算宽度：

$$b_{y0} = \left[1 - 0.5 \frac{h_1}{h_0}\left(1 - \frac{b_{y2}}{b_{y1}}\right)\right] b_{y1} = \left[1 - 0.5 \times \frac{200}{730} \times \left(1 - \frac{800}{3200}\right)\right] \times 3200 = 2871 \text{mm}$$

考虑抗震调整后的受剪承载力：

$$\frac{1}{\gamma_{RE}} \beta_{hs} \beta f_t b_0 h_0 = \frac{1}{0.85} \times 1.0 \times 0.911 \times 1.43 \times 2871 \times 730 = 3212 \times 10^3 \text{N}, \text{选择 C。}$$

点评：对于本题，注意以下几点：

(1)《建筑桩基技术规范》(以下简称《桩规》) 和《建筑地基基础设计规范》(以下简称《地规》) 都规定对承台的柱边和变阶处进行受剪承载力计算，但所用的"计算宽度"公式稍有差别。笔者理解，柱边和变阶处受剪面积相同，《桩规》给出的公式在概念上似乎值得商榷，故在收录本题时，增加了按照《地规》答题的提示，以避免争议。

(2) 在《建筑抗震设计规范》GB 50011—2010 的 4.4.1 条，规定了桩基可不进行抗震承载力验算的条件，对于本题，是否符合这些条件并不明确。但由于题目给出的都是考虑了地震组合的内力，且要求计算"地震作用下"的抗剪承载力设计值，故依据《建筑桩基技术规范》JGJ 94—2008 的 5.9.16 条处理。γ_{RE} 按《混凝土结构设计规范》取为 0.85。

(3) 严格按照《桩规》答题，将是以下步骤：

依据《桩规》的 5.9.7 条，圆桩转化为方桩，方桩边长为 $0.8 \times 400 = 320$ mm。

依据 5.9.10 条计算抗剪承载力设计值。

$$a_x = \frac{2400}{2} - 350 - \frac{320}{2} = 690 \text{mm}, \lambda = \frac{a_x}{h_0} = \frac{690}{730} = 0.945$$

$$\alpha = \frac{1.75}{\lambda + 1} = \frac{1.75}{0.945 + 1} = 0.900$$

对于锥形承台的 A-A 剖面，有

$$b_{y0} = \left[1 - 0.5 \frac{h_{20}}{h_0}\left(1 - \frac{b_{y2}}{b_{y1}}\right)\right] b_{y1} = \left[1 - 0.5 \times \frac{200}{730} \times \left(1 - \frac{700}{3200}\right)\right] \times 3200 = 2858 \text{mm}$$

依据 5.9.16 条考虑抗震调整，得到受剪承载力：

$$\frac{1}{\gamma_{RE}} \beta_{hs} \alpha f_t b_{y0} h_0 = \frac{1}{0.85} \times 1.0 \times 0.9 \times 1.43 \times 2858 \times 730 = 3159 \times 10^3 \text{N}$$

54. 答案：A

解答过程：依据《建筑地基基础设计规范》GB 50007—2011 表 4.1.10，由于

$$I_L = \frac{w - w_p}{w_L - w_p} = \frac{35\% - 23\%}{52\% - 23\%} = 0.41$$

故可知黏土为可塑。

$a_{1-2} = 0.12\,\text{MPa}^{-1}$，由 4.2.6 条知黏土为中压缩。故选择 A。

55. 答案：C

解答过程：依据《建筑地基基础设计规范》GB 50007—2011 的 3.0.6 条，由于永久荷载控制，故：

$$p_{j,\max} = \frac{1.35 \times 390}{1.2} = 438.75\,\text{kPa}$$

由 8.2.14 条，砖墙放脚不大于 1/4 砖长时

$$a_1 = b_1 + \frac{1}{4} \times 240 = (600 - 185 - 60) + \frac{1}{4} \times 240 = 415\,\text{mm}$$

$$M_{\max} = \frac{1}{2} a_1^2 p_{j,\max} = \frac{1}{2} \times 0.415^2 \times 438.75 = 38\,\text{kN·m}，选择 C。$$

点评：规范公式（8.2.14）如下：

$$M_1 = \frac{1}{6} a_1^2 \left(2 p_{\max} + p - \frac{3G}{A}\right)$$

这是一个一般公式，用于基底压力呈梯形时。如果基地压力为矩形，则由于 $p_{\max} = p$，上式退化成 $M_1 = \frac{1}{2} a_1^2 \left(p - \frac{G}{A}\right)$，括号内为净压力，这个公式相当于悬臂梁承受均匀压力求最大弯矩。

56. 答案：B

解答过程：依据《建筑地基基础设计规范》GB 50007—2011 的 8.1.1 条条文说明计算。

取作用的基本组合计算净反力设计值（对基础取单位长度）：

$$p_j = \frac{1.35 \times 390}{1.2 \times 1} = 438.75\,\text{kN/m}^2$$

地基土净反力对墙边缘产生的剪力设计值：

$$V_s = 438.75 \times (600 - 245) = 155760\,\text{N}$$

$$V_s = 155760\,\text{N} \leqslant 0.366 f_t A = 0.366 \times 1.1 \times 1000 \times h$$

解方程得到 $h \geqslant 387\,\text{mm}$，选择 B。

点评：有观点认为，依据《建筑地基基础设计规范》GB 50007—2011 的 8.1.1 条，按 1∶1.25 考虑刚性角，会得到 $H \geqslant 1.25 \times (600 - 245) = 444\,\text{mm}$，即基础最小高度为 444mm。笔者认为不妥，这是因为，通常情况下，满足刚性角要求是无需进行抗弯、抗剪、抗冲切计算的，但是若基底压力过大（规范表 8.1.1 下注释 4 指出，超过 300kPa），应进行抗剪验算。验算公式在规范 8.1.1 条的条文说明中给出，这就是本题提示给出的验算公式。

57. 答案：D

解答过程：依据《建筑抗震设计规范》GB 50011—2010 的 3.4.1 条条文说明，非混合结构扭转周期比>0.9，属于特别不规则，依据 3.4.1 条正文，应专门研究，故Ⅰ正确；依据 3.5.3 条的条文说明，Ⅱ错误、Ⅳ正确；依据 3.5.3 条，Ⅲ错误。故选择 D。

58. 答案：C

解答过程：依据《高层建筑混凝土结构技术规程》JGJ 3—2010 的 13.5.5 条，Ⅰ错

误，应为 20m；由 13.9.6 条第 1 款，Ⅱ正确；依据 13.10.5 条，Ⅲ正确；依据 13.6.9 条第 1 款，Ⅳ错误。选择 C。

59. 答案：C

解答过程：依据《高层建筑混凝土结构技术规程》JGJ 3—2010 表 11.1.4，7 度设防，152m 的型钢混凝土框架-钢筋混凝土核心筒结构，核心筒的抗震等级为一级。依据 11.4.18 条，最小配筋率为 0.35%，于是，每米高度需要水平分布钢筋截面积为

$$A_{sh} = 0.35\% \times 800 \times 1000 = 2800 \text{mm}^2$$

对于 B、C 选项，每米高度可提供水平分布钢筋截面积分别为 $769 \times 2 + 565 \times 2 = 2668 \text{mm}^2$、$769 \times 4 = 3076 \text{mm}^2$，故选择 C。

点评：对于本题，有以下两点需要说明：

(1) 规范 11.4.18 条指明是对"钢框架-钢筋混凝土核心筒"的规定，同时，该条的条文说明指出，"考虑到钢框架-钢筋混凝土核心筒中核心筒的重要性，其墙体配筋较钢筋混凝土框架-核心筒中核心筒的配筋率适当提高"，似乎并不用于"型钢混凝土框架-钢筋混凝土核心筒"。对于钢筋混凝土框架-核心筒，适用的是规范 9.2.2 条，框架-核心筒底部加强部位主要墙体的水平和竖向分布钢筋的配筋率不宜小于 0.30%。

笔者认为，因为，型钢混凝土框架-钢筋混凝土核心筒属于混合结构，采用 11.4.18 条比 9.2.2 条合适。

(2) 本题要求按照构造要求选择，故按照以上作答。若计算，将是以下步骤：

依据《高层建筑混凝土结构技术规程》JGJ 3—2010 的 7.2.10 条第 2 款计算。

$0.2 f_c b_w h_w = 0.2 \times 27.5 \times 800 \times 6000 = 26400 \times 10^3 \text{N} < 32000 \text{kN}$，取 $N = 26400 \text{kN}$。

取单位长度进行计算。由表 3.8.2，$\gamma_{RE} = 0.85$。

$$V = \frac{1}{\gamma_{RE}} \left[\frac{1}{\lambda - 0.5} \left(0.4 f_t b_w h_{w0} + 0.1 N \frac{A_w}{A} \right) + 0.8 f_{yh} \frac{A_{sh}}{s} h_{w0} \right]$$

即

$$9260 \times 10^3 = \frac{1}{0.85} \times \left[\frac{1}{1.91 - 0.5} \times (0.4 \times 2.04 \times 800 \times 5400 + 0.1 \times 26400 \times 10^3 \times 1.0) \right.$$
$$\left. + 0.8 \times 360 \times \frac{A_{sh}}{1000} \times 5400 \right]$$

上式中，之所以采用 $A_{sh}/1000$，是因为 A_{sh} 为每米高度范围的箍筋截面积，1000 表示 1000mm。

解方程得到 $A_{sh} = 2250 \text{mm}^2$。

由于计算确定的 $A_{sh} = 2250 \text{mm}^2$ 小于构造确定的 $A_{sh} = 2800 \text{mm}^2$，故按构造配置，选择 C。

60. 答案：C

解答过程：依据《高层建筑混凝土结构技术规程》JGJ 3—2010 的 9.1.11 条，由于 $V_f = 3400 \text{kN} < 20\% V_0 = 5800 \text{kN}$，$V_{f,max} = 3828 \text{kN} > 10\% V_0 = 2900 \text{kN}$，框架部分分配的剪力应取为

$$V = \min \{20\% V_0, 1.5 V_{f,max}\} = \min \{20\% \times 29000, 1.5 \times 3828\}$$
$$= \min \{5800, 5742\} = 5742 \text{kN}$$

故，$M_k = \dfrac{5742}{3400} \times 596 = 1007 \text{kN·m}$，$V_k = \dfrac{5742}{3400} \times 156 = 264 \text{kN}$，选择 C。

61. 答案：D

解答过程：7 度设防，高度 152m 的型钢混凝土框架-钢筋混凝土核心筒结构，查《高层建筑混凝土结构技术规程》JGJ 3—2010 的表 11.1.4，框架的抗震等级为一级。

由表 11.4.4，C65 混凝土，$\lambda \leqslant 2$，轴压比限值为 $\mu_N = 0.7 - 0.05 - 0.05 = 0.60$。

$$A_c = 1100 \times 1100 - 51875 = 1158125 \text{mm}^2$$

由 $\mu_N = \dfrac{N}{f_c A_c + f_a A_a} \leqslant [\mu_N]$，可得：

$N \leqslant [\mu_N](f_c A_c + f_a A_a) = 0.6 \times (29.7 \times 1158125 + 295 \times 51875) = 29820 \times 10^3 \text{N}$

选择 D。

62. 答案：C

解答过程：依据《高层建筑混凝土结构技术规程》JGJ 3—2010 的 5.6.3 条进行荷载组合，并依据 10.2.4 条，对转换梁的水平地震作用内力乘以增大系数 1.6。

$M = 1.2 \times (1304 + 0.5 \times 169) + 1.6 \times 1.3 \times 300 + 1.4 \times 0.2 \times 135 = 2328 \text{kN·m}$

选择 C。

63. 答案：A

解答过程：依据《高层建筑混凝土结构技术规程》JGJ 3—2010 的 10.2.10 条第 3 款，转换柱的 λ_v 比普通框架柱增加 0.02，且体积配箍率不小于 1.5%。

轴压比为 $9350/(23.1 \times 900 \times 900) = 0.5$，且为一级抗震、普通复合箍，查表 6.4.7，$\lambda_v = 0.13$，调整为 $0.13 + 0.02 = 0.15$。

$$[\rho_v] = \lambda_v \dfrac{f_c}{f_{yv}} = 0.15 \times \dfrac{23.1}{300} = 1.155\% < 1.5\%$$

应取体积配箍率为 1.5%，选择 A。

64. 答案：A

解答过程：依据《高层建筑混凝土结构技术规程》JGJ 3—2010 的 10.2.11 条第 3 款，对转换柱的上端取弯矩增大系数 1.5，得到 $1.5 \times 580 = 870 \text{kN·m}$。

依据 6.2.1 条，对 A 节点处考虑强柱弱梁调整，并认为 A 节点处上、下柱截面相等，上下柱平分此节点处的 $\sum M_b$。得到 $0.5 \times 1.4 \times 1100 = 770 \text{kN·m}$。

65. 答案：B

解答过程：依据《高层建筑混凝土结构技术规程》JGJ 3—2010 的 10.2.2 条，底部加强部位高度为 max（框支层 + 以上 2 层，$H/10$）= max（$9 + 2 \times 3.3$，$85.20/10$）= 15.60m，即取至转换层以上两层。第 6 层不属于底部加强部位，依据 9.2.2 条第 3 款，角部墙体按 7.2.15 条的规定设置约束边缘构件。

抗震等级二级、轴压比 $0.42 > 0.4$，查表 7.2.15，得到 $\lambda_v = 0.20$。于是

$$[\rho_v] = \lambda_v \dfrac{f_c}{f_{yv}} = 0.20 \times \dfrac{16.7}{270} = 0.0124$$

按选项将箍筋直径取为 10mm，得到

$$\dfrac{78.5 \times [(250 + 300 - 30) \times 4 + (250 - 2 \times 30) \times 4]}{(190 \times 520 \times 2 - 190 \times 190) \times s} \geqslant 0.0124$$

解出 $s \leqslant 111 \text{ mm}^2$，故选择 B。

点评：规范 10.2.2 条规定，带转换层的高层建筑结构，其剪力墙底部加强部位的高度，应从地下室顶板算起，宜取至转换层以上两层且不宜小于房屋高度的 1/10。理解规范此条时，笔者认为应注意：

房屋高度，依据 2.1.2 条，是指自室外地面算起至房屋主要屋面的高度，对于本题，为 $0.3+9+75.9=85.2\text{m}$，对此应无争议。转换层加上两层，容易算出为 $9+2\times3.3=15.6\text{m}$，也没有问题。注意到题目图，15.6m 是从 ±0.000 算起，而 85.2m 从室外地面算起，起点虽不同，但应该理解为将 ±0.000 作为基准（即从地下室顶板算起），向上取 15.6m 和 8.52m 的较大者，这一数值称作"底部加强部位高度"。而"底部加强部位"作为一个区间，则还要延伸至嵌固端。

66. 答案：B

解答过程：依据《高层建筑混凝土结构技术规程》JGJ 3—2010 的 7.2.21 条，可得

$$V=\frac{\eta_{\text{vb}}(M_{\text{b}}^l+M_{\text{b}}^r)}{l_{\text{n}}}+V_{\text{Gb}}=1.2\times\frac{815+812}{1.2}+54=1681\text{kN}>1360\text{kN}$$

应取 1681kN 进行设计。

依据 9.3.8 条公式（9.3.8-2）计算每根暗撑（由 4 根纵向钢筋组成）总面积 A_s：

$$A_s=\frac{\gamma_{\text{RE}}V}{2f_y\sin\alpha}=\frac{0.85\times1681\times10^3}{2\times360\times\sin40°}=3087\text{mm}^2$$

4⌀32 可提供截面积 3217mm²，故选择 B。

67. 答案：B

解答过程：依据《高层建筑混凝土结构技术规程》JGJ 3—2010 的 6.3.3 条第 1 款，梁端纵向受拉钢筋的配筋率不宜大于 2.5%，对应于 $2.5\%\times350\times(550-60)=4288\text{mm}^2$。

不应大于 2.75%，即，最大截面积为

$$2.75\%\times350\times(550-60)=4716\text{mm}^2$$

4⌀28+4⌀28 的截面积为 4926mm²，故排除 C、D 选项。

又由于，当梁端受拉钢筋的配筋率大于 2.5% 时，受压钢筋的配筋率不应小于受拉钢筋的一半，故 A 选项错误，选择 B。

68. 答案：C

解答过程：依据《高层建筑混凝土结构技术规程》JGJ 3—2010 的 6.4.4 条第 5 款，应将计算所得的纵筋截面增大 25%，得到 $1.25\times3600=4500\text{mm}^2$。

依据 6.4.3 条，Ⅳ类场地、角柱、抗震等级二级、HRB400 钢筋，最小配筋率为 $(0.9+0.05+0.1)\%=1.05\%$，最小钢筋截面积为 $1.05\%\times600\times600=3780\text{mm}^2$。

可见，应按 4500mm² 选择钢筋。4⌀25（角）+8⌀20 的截面积为 $1964+2513=4477\text{mm}^2$，稍不足。每根需要截面积 $4500/12=375\text{mm}^2$，⌀22 才能满足要求。选择 C。

点评：以上解答，与朱炳寅等编写的《全国注册结构工程师专业考试试题解答及分析（2011～2012）》一致。

《高层建筑混凝土结构技术规程》JGJ 3—2010 的 6.4.4 条第 5 款规定，边柱、角柱及剪力墙端柱考虑地震作用产生小偏心受拉时，柱内纵筋总截面积应比计算值增加 25%。相同的规定还见于《建筑抗震设计规范》GB 50011—2010 的 6.3.8 条第 4 款。按构造要求

（最小配筋率）得到的纵筋截面积，要不要增大25%？对此有不同的观点。

69. 答案：C

解答过程：依据《高层建筑混凝土结构技术规程》JGJ 3—2010 的 10.2.2 条，转换层以上两层且不小于房屋高度1/10为底部加强层，故第3层为底部加强层。

依据3.9.2条，Ⅲ类场地，0.15g时，按8度考虑抗震构造措施。按8度查表3.9.3，得到底部加强部位的剪力墙抗震等级为一级。

依据7.2.1条第2款，在满足稳定要求后，一级剪力墙底部加强部位不应小于200mm，故选择C。

点评：规范10.2.16条指出，对于部分框支剪力墙结构，落地剪力墙和筒体底部墙体应加厚，但并未指出在怎样的基础上再加厚多少。

70. 答案：B

解答过程：依据《高层建筑混凝土结构技术规程》JGJ 3—2010 的 10.2.3 条，转换层上下刚度应符合附录E的要求。

$$\frac{G_1}{G_2} = \frac{E_1}{E_2} = \frac{3.45 \times 10^4}{3.0 \times 10^4} = 1.15, \frac{h_2}{h_1} = \frac{3200}{6000} = 0.533$$

$$C_1 = 2.5 \left(\frac{0.9}{6}\right)^2 = 0.056$$

$$A_1 = 10 \times 8.2 \times b_w + 8 \times 0.056 \times 0.8 \times 0.9 = 82 b_w + 0.324 \text{m}^2$$

$$A_2 = 14 \times 8.2 \times 0.2 = 22.96 \text{m}^2$$

要求 $$\gamma_{e1} = \frac{G_1 A_1}{G_2 A_2} \times \frac{h_2}{h_1} = 1.15 \times \frac{82 b_w + 0.324}{22.96} \times 0.533 \geqslant 0.5$$

解方程得到 $b_w \geqslant 0.224$m，选择B。

点评：注意第2层7个轴线均有剪力墙，所以，长度为8.2m的剪力墙是 $2 \times 7 = 14$ 片。

71. 答案：D

解答过程：依据《高层建筑混凝土结构技术规程》JGJ 3—2010 的 3.5.8 条，将剪力调整为 $1.25 \times 16000 = 20000$kN。

依据4.3.12条，应满足剪重比要求。

$\lambda \Sigma G_j = 1.15 \times 0.024 \times 246000 = 6789.6kN< 20000$kN，满足要求。

依据10.2.17条第1款，每根框支柱承受 $V_{Ekc} = 2\% \times 20000 = 400$kN，选择D。

72. 答案：C

解答过程：依据《建筑结构荷载规范》GB 50009—2012 的 F.1.2 条计算烟囱自振周期如下：

烟囱1/2高度处水平截面外径 $d = 2.5 + \frac{5.2 - 2.5}{2} = 3.85$m。

$$T_1 = 0.41 + 0.0010 \frac{H^2}{d} = 0.41 + 0.0010 \times \frac{60^2}{3.85} = 1.345 \text{s}$$

依据《建筑抗震设计规范》GB 50011—2010 的 5.1.5 条计算水平地震影响系数。

由表 5.1.4-1 和表 5.1.4-2，得到 $T_g=0.55\text{s}$，$\alpha_{\max}=0.08$。由于钢筋混凝土烟囱的阻尼比 0.05，故 $\gamma=0.9$，$\eta_2=1.0$。由于 $T_g<T_1=1.345\text{s}<5T_g$，于是

$$\alpha_1=\left(\frac{T_g}{T_1}\right)^{\gamma}\eta_2\alpha_{\max}=\left(\frac{0.55}{1.345}\right)^{0.9}\times1.0\times0.08=0.036$$

故选择 C。

点评：利用《建筑结构荷载规范》GB 50009—2012 计算自振周期时需要注意，规范给出的两个公式，一个是高度不超过 60m 的"砖烟囱"，另一个是高度不超过 150m 的"钢筋混凝土烟囱"。本题尽管烟囱高度小于 60m，但是却是钢筋混凝土烟囱，所以，选择公式容易出错。

73. 答案：D

解答过程：依据《公路桥涵设计通用规范》JTG D60—2015 的 3.3.5 条规定，有桥台的桥梁全长为桥梁两岸桥台侧墙或八字墙尾端间的距离，故为

$$70+100+70+2\times(5\times40+3.5+0.4)=647.8\text{m}$$

选择 D。

74. 答案：B

解答过程：依据《公路桥涵设计通用规范》JTG D60—2015 表 4.3.1-4，净宽 15m，设计车道数为 4。依据表 4.3.1-5 考虑多车道折减，4 车道时横向车道荷载系数为 0.67。故选择 B。

75. 答案：B

解答过程：依据《公路桥涵设计通用规范》JTG D60—2015 的 4.3.1 条，车道荷载的均布荷载标准值应满布于使结构产生最不利效应的同号影响线上；集中荷载标准值只作用于相应影响线中一个最大影响线峰值处。选择 B。

76. 答案：D

解答过程：依据《公路桥涵设计通用规范》JTG D60—2015 的 4.1.5 条，由于安全等级为一级，故取重要性系数为 1.1。主梁跨中弯矩设计值为：

$$1.1\times(1.2\times2700+1.4\times1670+0.75\times1.4\times140)=6298\text{kN}\cdot\text{m}$$

选择 D。

点评：题目中给出的汽车引起的弯矩 1670kN·m 是否计入了冲击系数 $(1+\mu)$，并不明确，今按照已经计入考虑。

77. 答案：B

解答过程：依据《公路钢筋混凝土及预应力混凝土桥涵设计规范》JTG 3362—2018 的 5.2.11 条，可得

$$650\leqslant0.51\times10^{-3}\sqrt{f_{cu,k}}bh_0$$

于是

$$b\geqslant\frac{650}{0.51\times10^{-3}\sqrt{f_{cu,k}}h_0}=\frac{650}{0.51\times10^{-3}\sqrt{30}\times1200}=194\text{mm}$$

故选择 B。

78. 答案：A

解答过程：依据《城市桥梁抗震设计规范》CJJ 166—2011 的 11.4.1 条和 11.3.2 条，简支梁梁端至盖梁边缘的距离应满足
$$a \geqslant 70+0.5L=70+0.5\times15.5=77.75\text{cm}$$
盖梁最小宽度为 777.5×2+80=1635mm，故选择 A。

点评：《城市桥梁抗震设计规范》第 11 章标题为"抗震措施"，第 11.3 节标题为"7 度区"，笔者认为容易引起误解。事实上，该章指的是"抗震构造措施"，而且，"7 度区"并非"本地区设防烈度为 7 度"，而是考虑重要性（分为甲乙丙丁）调整之后的烈度。理由如下：

（1）依据《城市桥梁抗震设计规范》的 3.1.4 条条文说明，甲乙丙类桥梁的"抗震构造措施"应调高一度，该思路与《建筑工程抗震设防分类标准》一致。但是，3.1.4 条正文却写作"抗震措施"。可见，该规范中"抗震措施"和"抗震构造措施"概念有混淆。不过，由 3.1.4 条仍可知第 11.3 节所谓"7 度区"为调整后的烈度（尽管 8 度和 7 度时简支梁梁端至盖梁边缘的距离 a 限值相同，客观上抹去了这种差别）。

（2）《公路桥梁抗震设计细则》JTG/T B02-01—2008 存在同样的问题，但是，该规范现已被《公路桥梁抗震设计规范》JTG/T 2231-01—2020 代替。《公路桥梁抗震设计规范》的 3.1.3 条规定，根据桥梁类别（ABCD 类）对不同烈度区的桥梁采取抗震构造措施（分为一二三四级）。同时在第 11 章给出了一二三四级抗震措施的具体规定。显然，这种表达更为清楚。

79. 略
80. 答案：C

解答过程：依据《公路桥涵设计通用规范》JTG D60—2015 的 3.2.1 条，A、B、D 项均不正确。故选择 C。

9　2013年试题与解答

9.1 2013 年试题

题 1. 某规则框架-剪力墙结构，框架的抗震等级为二级。梁、柱混凝土强度等级采用 C35。某中间层的中柱净高 $H_n = 4\mathrm{m}$，柱除节点外无水平荷载作用，柱截面 $b \times h = 1100\mathrm{mm} \times 1100\mathrm{mm}$，$a_s = 50\mathrm{mm}$，柱内箍筋采用井字复合箍，箍筋采用 HRB500 钢筋，其考虑地震作用组合的弯矩如图 9-1-1 所示。假定，柱底考虑地震作用组合的轴压力设计值为 13130kN。试问，按《建筑抗震设计规范》GB 50011—2010 的规定，该柱箍筋加密区的体积配箍率与下列何项数值最为接近？

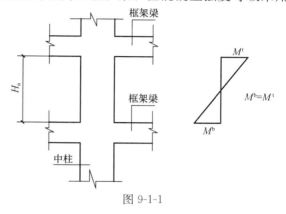

图 9-1-1

  A. 0.5%　　　　B. 0.6%　　　　C. 1.2%　　　　D. 1.5%

题 2. 某办公楼中的钢筋混凝土四跨连续梁，结构设计使用年限为 50 年，其计算简图和支座 C 处的配筋如图 9-1-2 所示。梁的混凝土强度等级为 C35，纵筋采用 HRB500 钢筋，$a_s = 45\mathrm{mm}$，箍筋的保护层厚度为 20mm。假定，作用在梁上的永久荷载标准值为 $q_{Gk} = 28\mathrm{kN/m}$（包括自重），可变荷载标准值为 $q_{Qk} = 8\mathrm{kN/m}$，可变荷载准永久值系数为 0.4。试问，按《混凝土结构设计规范》GB 50010—2010 计算的支座 C 处梁顶面裂缝最大宽度 $w_{\max}$（mm），与下列何项数值最为接近？

  A. 0.24　　　　B. 0.28　　　　C. 0.32　　　　D. 0.36

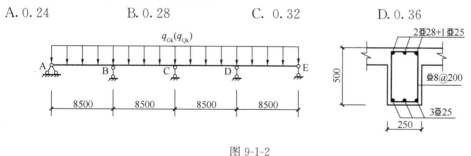

图 9-1-2

  提示：(1) 裂缝宽度计算时不考虑支座宽度和受拉翼缘的影响；

  (2) 本题需要考虑可变荷载不利分布，等跨梁在不同荷载分布作用下，支座 C 处弯矩计算公式如图 9-1-3 所示。

题 3~4

某 8 度区的框架结构办公楼，框架梁混凝土强度等级为 C35，均采用 HRB400 钢筋。框架的抗震等级为一级。Ⓐ轴框架梁的配筋平面表示法如图 9-1-4 所示，$a_s = a_s' = 60\mathrm{mm}$。①轴的柱为边柱，框架柱截面 $b \times h = 800\mathrm{mm} \times 800\mathrm{mm}$，定位轴线均与梁柱中心线重合。

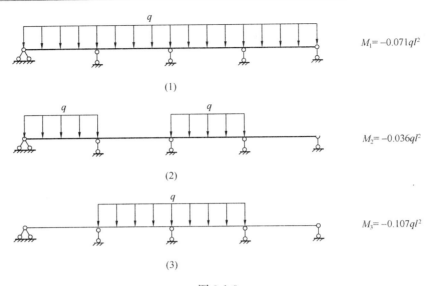

(1) $M_1 = -0.071ql^2$

(2) $M_2 = -0.036ql^2$

(3) $M_3 = -0.107ql^2$

图 9-1-3

提示：不考虑楼板内的钢筋作用。

3. 假定，该梁为顶层框架梁。试问，为防止配筋过高而引起节点核心区混凝土的斜压破坏，KL-1 在靠近①轴的梁端上部纵筋最大配筋面积（mm^2）的限值，与下列何项数值最为接近？

A. 3200　　　B. 4480
C. 5160　　　D. 6900

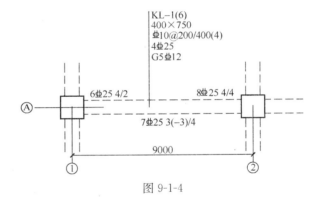

图 9-1-4

4. 假定，该梁为中间层框架梁，作用在此梁上的重力荷载全部为沿梁全长的均布荷载，梁上永久均布荷载标准值为 46kN/m（包括自重），可变均布荷载标准值为 16kN/m（可变均布荷载按等效均布荷载计算）。试问，此框架梁端考虑地震组合的剪力设计值 V_b（kN），与下列何项数值最为接近？

A. 470　　　B. 520　　　C. 570　　　D. 600

题 5～7

某 7 层住宅，层高均为 3.1m，房屋高度 22.3m，安全等级为二级，采用钢筋混凝土剪力墙结构，混凝土强度等级为 C35，抗震等级为三级，结构平面立面均规则。某矩形截面墙肢尺寸 $b_w \times h_w = 250mm \times 2300mm$，各层截面保持不变。

5. 假定，底层作用在该墙肢底面的由永久荷载标准值产生的轴向压力 $N_{Gk} = 3150kN$，按等效均布荷载计算的活荷载标准值产生的轴向压力 $N_{Qk} = 750kN$，由水平地震作用标准值产生的轴向压力 $N_{Ek} = 900kN$。试问，按《建筑抗震设计规范》GB 50011—2010 计算，底层该墙肢底截面的轴压比与下列何项数值最为接近？

A. 0.35　　　B. 0.4　　　C. 0.45　　　D. 0.55

6. 假定，该墙肢底层底截面的轴压比为 0.58，三层底截面的轴压比为 0.38。试问，下列对三层该墙肢两端边缘构件的描述何项是正确的？

A. 需设置构造边缘构件，暗柱长度不应小于 300mm
B. 需设置构造边缘构件，暗柱长度不应小于 400mm
C. 需设置约束边缘构件，l_c 不应小于 500mm
D. 需设置约束边缘构件，l_c 不应小于 400mm

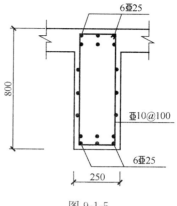

图 9-1-5

7. 该住宅某门顶连梁截面和配筋如图 9-1-5 所示。假定门洞净宽 1000mm。连梁中未设置斜向交叉钢筋。$h_0 = 720$mm，均采用 HRB500 钢筋。试问，考虑地震作用组合，根据截面和配筋，该连梁所能承受的最大剪力设计值（kN）与下列何项数值最为接近？

A. 500   B. 530
C. 560   D. 640

题 8. 某框架-剪力墙结构，框架的抗震等级为三级，剪力墙的抗震等级为二级。试问，该结构中下列何种部位的纵向受力普通钢筋必须采用符合抗震性能指标要求的钢筋？

①框架梁；②连梁；③楼梯的梯段；④剪力墙约束边缘构件。

A. ①+②   B. ①+③   C. ②+④   D. ③+④

题 9. 钢筋混凝土梁底有锚板和对称配筋的直锚筋组成的受力预埋件，如图 9-1-6 所示，构件安全等级均为二级，混凝土强度等级为 C35，直锚筋为 6Φ18（HRB400），已采取防止锚板弯曲变形的措施。锚板上焊接了一块连接板，连接板上需承受集中力 F 的作用，力的作用点和作用方向如图所示。试问，当不考虑抗震时，该预埋件可以承受的最大集中力设计值 F_{max}（kN），与下列何项数值最为接近？

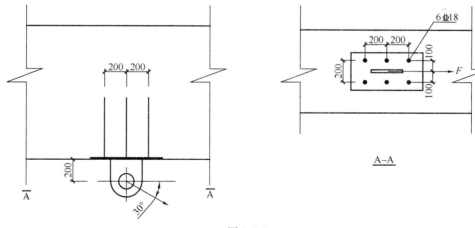

图 9-1-6

提示：（1）预埋件承载力由锚筋面积控制；
（2）连接板的重量忽略不计。

A. 150   B. 175   C. 205   D. 250

题 10. 某外挑三脚架，安全等级为二级，计算简图如图 9-1-7 所示。其中横杆 AB 为混凝土构件，截面尺寸 300mm×400mm。混凝土强度等级为 C35，纵向钢筋采用 HRB400，对称配筋，$a_s = a'_s = 45$mm。假定，均布荷载设计值 $q = 25$kN/m（包括自重），

集中荷载设计值 $P=350$kN（作用于节点 B 上）。试问，按承载能力极限状态计算（不考虑抗震），横杆最不利截面的纵向配筋 A_s（mm²）与下列何项数值最为接近？

A. 980　　　　　B. 1190　　　　　C. 1400　　　　　D. 1600

题 11. 非抗震设防的某钢筋混凝土板柱结构屋面层，其中柱节点如图 9-1-8 所示，构件安全等级为二级。中柱截面 600mm×600mm，柱帽的高度为 500mm，柱帽中心与柱中心的竖向投影重合。混凝土强度等级为 C35，$a_s = a'_s = 40$mm，板中未配置抗冲切钢筋。假定，板面均布荷载设计值为 15kN/m²（含屋面板自重）。试问，板与柱冲切控制的柱顶轴向压力设计值（kN），与下列何项数值最为接近？

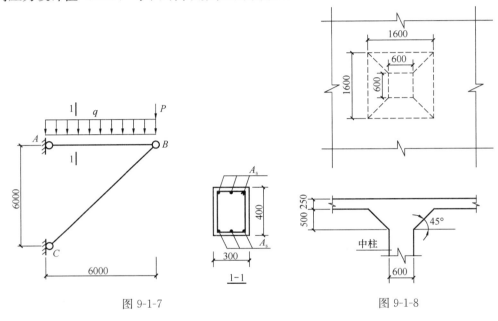

图 9-1-7　　　　　　　　　　　　　　　图 9-1-8

提示：忽略柱帽自重和板柱节点不平衡弯矩的影响。

A. 1320　　　　　B. 1380　　　　　C. 1440　　　　　D. 1500

题 12. 某地区抗震设防烈度为 7 度（0.15g），场地类别为 Ⅱ 类，拟建造一座 4 层商场，商场总建筑面积 16000m²，房屋高度为 21m，采用钢筋混凝土框架结构，框架的最大跨度 12m，不设缝。混凝土强度等级为 C40，均采用 HRB400 钢筋。试问，此框架角柱构造要求的纵向钢筋最小总配筋率（%）为下列何值？

A. 0.8　　　　　B. 0.85　　　　　C. 0.9　　　　　D. 0.95

题 13～14

某钢筋混凝土边梁，独立承受弯剪扭，安全等级为二级，不考虑抗震。梁混凝土强度等级为 C35，截面 400mm×600mm，$h_0 = 550$mm，梁内配置四肢箍筋，箍筋采用 HPB300，梁内未配置计算需要的受压钢筋。箍筋内表面范围内截面核心部分的短边和长边分别为 320mm 和 520mm，截面受扭塑性抵抗矩 $W_t = 37.33 \times 10^6$ mm³。

13. 假定，梁中最大剪力设计值 $V=150$kN，最大扭矩设计值 $T=10$kN·m。试问，梁中应选用下列何项箍筋配置最为合理？

A. $\phi 6@200$ (4)　　B. $\phi 8@350$ (4)　　C. $\phi 10@350$ (4)　　D. $\phi 12@400$ (4)

14. 假定,梁端剪力设计值 $V=300\text{kN}$,扭矩设计值 $T=70\text{kN}\cdot\text{m}$,按一般剪扭构件受剪承载力计算所得 $\dfrac{A_{sv}}{s}=1.206\text{mm}^2/\text{mm}$。试问,梁端至少选用下列何项箍筋配置才能满足承载力要求?

提示:(1) 配筋强度比 $\zeta=1.6$。
(2) 不需要验算截面限制条件和最小配箍率。

A. $\phi 8@100$ (4)   B. $\phi 10@100$ (4)   C. $\phi 12@100$ (4)   D. $\phi 14@100$ (4)

题 15. 某多层重点设防类建筑,位于8度区,采用现浇钢筋混凝土框架-剪力墙结构,房屋高度20m。柱截面均为 550mm×550mm,混凝土强度等级为 C40。假定,底层角柱底截面考虑水平地震作用组合的,未经调整的弯矩设计值为 $700\text{kN}\cdot\text{m}$,相应的轴力设计值为 2500kN。柱纵筋采用 HRB400 钢筋,对称配筋,$a_s=a'_s=50\text{mm}$,相对界限受压区高度 $\xi_b=0.518$,不考虑二阶效应。试问,该角柱满足柱底正截面承载力要求的单侧纵筋截面积(mm^2),与下列何项数值最为接近?

提示:不需要验算配筋率。

A. 1480   B. 1830   C. 3210   D. 3430

题 16. 下列关于荷载作用的描述哪项是正确的?

A. 地下室顶板消防车道区域的普通混凝土梁在进行裂缝控制验算和挠度验算时可不考虑消防车荷载
B. 屋面均布活荷载可不与雪荷载和风荷载同时组合
C. 对标准值大于 $4\text{kN}/\text{m}^2$ 的楼面结构的活荷载,其基本组合的荷载分项系数应取 1.3
D. 计算结构的温度作用效应时,温度作用标准值应根据50年重现期的月平均最高气温和月平均最低气温的差值计算

题 17~19

某轻屋盖钢结构厂房,屋面不上人,屋面坡度 1/10。采用热轧 H 型钢屋面檩条,其水平间距为 3m,钢材采用 Q235。屋面檩条按简支梁设计,计算跨度12m。假定,屋面水平投影上的荷载标准值:屋面自重 $0.18\text{ kN}/\text{m}^2$,均布活荷载 $0.5\text{kN}/\text{m}^2$,积灰荷载 $1.00\text{kN}/\text{m}^2$,雪荷载 $0.65\text{kN}/\text{m}^2$。热轧 H 型钢檩条为 H400×150×8×13,自重为 $0.55\text{kN}/\text{m}$,其截面特征:$r=13\text{mm}$,$A=70.37\times10^2\text{mm}^2$,$I_x=18600\times10^4\text{mm}^4$,$W_x=929\times10^3\text{mm}^3$,$W_y=97.8\times10^3\text{mm}^3$,$i_y=32.2\text{mm}$。屋面檩条的截面形式如图9-1-9所示。

17. 试问,屋面檩条垂直于屋面方向的最大挠度(mm),与下列何项最为接近?

A. 40   B. 50
C. 60   D. 80

18. 假定,屋面檩条垂直于屋面方向的最大弯矩设计值 $M_x=133\text{kN}\cdot\text{m}$,同一截面处平行于屋面方向的侧向弯矩设计值 $M_y=0.3\text{kN}\cdot\text{m}$,试问,所计算截面无削弱,在上述弯矩作用下,强度计算时,屋面檩条上翼缘的最大正应力计算值(N/mm^2),与下列何项数值最为接近?

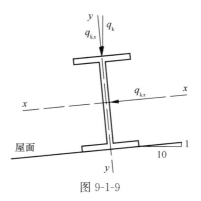

图 9-1-9

A. 180　　　　　B. 165　　　　　C. 150　　　　　D. 140

19. 屋面檩条支座处已采取构造措施以防止梁端截面的扭转。假定，屋面不能阻止屋面檩条的扭转和受压翼缘的侧向位移，而在檩条间设置水平支撑系统，檩条受压翼缘侧向支承点之间的距离为4m。弯矩设计值同上题。试问，当依据规范对屋面檩条进行整体稳定性计算时，公式左侧所得数值，与下列何项最为接近？

A. 0.953　　　　　　　　B. 0.884
C. 0.781　　　　　　　　D. 0.674

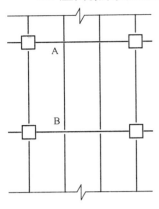

图 9-1-10

题 20～22
某构筑物根据使用要求设置一钢结构夹层，钢材采用 Q235，结构平面布置如图 9-1-10 所示，构件之间连接均为铰接。抗震设防烈度为 8 度。

20. 假定，夹层平台板采用混凝土并考虑其与钢梁组合作用。试问，若夹层平台钢梁由强度确定，仅考虑钢材用量最经济，采用图 9-1-11 中何项钢梁截面形式最为合理？

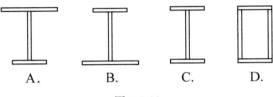

图 9-1-11

21. 假定，钢梁 AB 采用焊接工字形截面，截面尺寸为 H600×200×6×12，如图 9-1-12 所示，试问，下列说法何项正确？

A. 钢梁 AB 应符合《建筑抗震设计规范》GB 50011—2010 的抗震设计时板件宽厚比的要求
B. 按《钢结构设计标准》GB 50017—2017 的式（6.1.1）、式（6.1.3）计算强度，按《钢结构设计标准》GB 50017—2017 的第 6.3.2 条设置横向加劲肋，需计算腹板稳定性

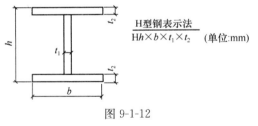

图 9-1-12

C. 按《钢结构设计标准》GB 50017—2017 的式（6.1.1）、式（6.1.3）计算强度，按《钢结构设计标准》GB 50017—2017 的第 6.3.2 条设置横向加劲肋及纵向加劲肋，无需计算腹板稳定性
D. 可按《钢结构设计标准》GB 50017—2017 的第 6.4 节计算腹板屈曲后强度，并按《钢结构设计标准》GB 50017—2017 的第 6.3.3 条、第 6.3.4 条计算腹板稳定性

22. 假定，不考虑平台板对钢梁的侧向支承作用。试问，采用下列何项措施对增加梁的整体稳定性最为有效？

A. 上翼缘设置侧向支承点　　　　B. 下翼缘设置侧向支承点
C. 设置加劲肋　　　　　　　　　D. 下翼缘设置隅撑

题 23~25

某轻屋盖单层钢结构多跨厂房,中列厂房柱采用单阶钢柱,钢材采用 Q345。上段柱采用焊接工字形截面 H1200×700×20×32,翼缘为焰切边,截面特征:$A = 675.2 \times 10^2 \text{mm}^2$,$W_x = 29544 \times 10^3 \text{mm}^3$,$i_x = 512.3 \text{mm}$,$i_y = 164.6 \text{mm}$;下段柱为双肢格构式构件。厂房钢柱的截面形式和截面尺寸如图 9-1-13 所示。

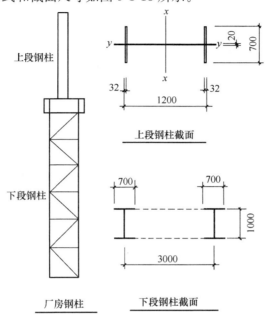

图 9-1-13

23. 厂房钢柱采用插入式柱脚,试问,若仅按抗震构造措施要求,厂房钢柱的最小插入深度(mm),应与下列何项数值最为接近?

提示:依据《建筑抗震设计规范》GB 50011—2010 答题。

A. 2500　　　B. 2000　　　C. 1850　　　D. 1500

24. 假定,厂房上段钢柱框架平面内计算长度 H_{0x}=30860mm,框架平面外计算长度 H_{0y}=12230mm。上段钢柱的内力设计值:弯矩 M_x=5700kN·m,轴心压力 N=2100kN。试问,上段钢柱作为压弯构件,依据规范进行弯矩作用平面内的稳定性计算时,公式左侧所得数值,与下列何项最为接近?

提示:(1) 取等效弯矩系数 β_{mx}=1.0;
(2) 截面在弯矩和压力作用下,等级为 S3。

A. 0.729　　　B. 0.800　　　C. 0.908　　　D. 0.952

25. 已知条件同上题。试问,上段钢柱作为压弯构件,依据规范进行弯矩作用平面外的稳定性计算时,公式左侧所得数值,与下列何项最为接近?

提示:取等效弯矩系数 β_{tx}=1.0。

A. 0.729　　　B. 0.797　　　C. 0.908　　　D. 0.952

题 26~28

某钢结构平台承受静力荷载,钢材均采用 Q235。该平台有悬挑次梁与主梁刚接。假定，次梁上翼缘处的连接板需要承受由支座弯矩产生的轴心拉力设计值 $N=360\text{kN}$。

26. 假定，主梁与次梁的刚性节点如图 9-1-14 所示，次梁上翼缘与节点板采用角焊缝连接，三面围焊，焊缝长度一律满焊，焊条采用 E43 型。试问，若角焊缝的焊脚尺寸 $h_\text{f}=8\text{mm}$，次梁上翼缘与连接板的连接长度 L（mm），采用下列何项数值最为合理？

  A. 120   B. 260   C. 340   D. 420

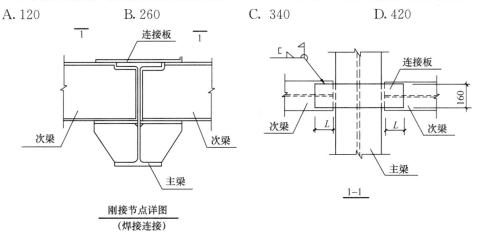

图 9-1-14

27. 假定，悬挑次梁与主梁的焊接连接改为高强度螺栓摩擦型连接，次梁上翼缘与连接板每侧各采用 6 个高强度螺栓，其刚性节点如图 9-1-15 所示。高强度螺栓的性能等级为 10.9 级，连接处构件接触面采用喷硬质石英砂处理。试问，次梁上翼缘处连接所需高强度螺栓的最小规格应为下列何项？

  A. M24   B. M22   C. M20   D. M16

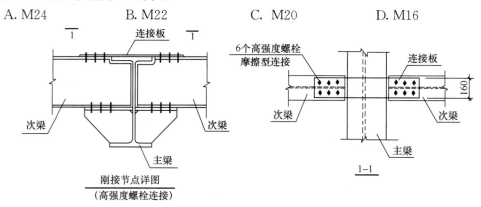

图 9-1-15

28. 假定，次梁上翼缘处的连接板厚度 $t=16\text{mm}$，在高强度螺栓处连接板的净截面面积为 $18.5\times 10^2\text{mm}^2$。其余条件同上题。试问，该连接板按轴心受拉构件进行净截面强度计算时，以下何组数据正确？

  A. $141\text{N/mm}^2 < 215\text{N/mm}^2$ B. $162\text{N/mm}^2 < 259\text{N/mm}^2$
  C. $162\text{N/mm}^2 < 215\text{N/mm}^2$ D. $162\text{N/mm}^2 < 329\text{N/mm}^2$

题 29. 某非抗震设防的钢柱采用焊接工字形截面 $H900\times 350\times 10\times 20$，钢材采用 Q235，$\lambda_x=41$，$\lambda_y=50$。试问，该钢柱作为轴心受压构件验算整体稳定性时，所采用的截面积（mm²）与下列何项数值接近？

A. 14080　　　　B. 16080　　　　C. 18920　　　　D. 22600

题30. 某高层钢结构办公楼，抗震设防烈度为8度，采用框架-中心支撑结构，如图9-1-16所示。试问，与V形支撑连接的钢框架梁AB，关于其在C点处不平衡力的计算，下列说法何项正确？

A. 按受拉支撑的最大屈服承载力和受压支撑的最大屈曲承载力计算
B. 按受拉支撑的最小屈服承载力和受压支撑的最大屈曲承载力计算
C. 按受拉支撑的最大屈服承载力和受压支撑的最大屈曲承载力的0.3倍计算
D. 按受拉支撑的最小屈服承载力和受压支撑的最大屈曲承载力的0.3倍计算

题 31～32

某底层框架-抗震墙房屋，总层数为4层。丙类建筑。砌体施工质量控制等级为B级。其中一榀框架立面如图9-1-17所示，托墙梁截面尺寸为300mm×600mm，框架柱截面尺寸均为500mm×500mm，柱、墙均轴线居中。

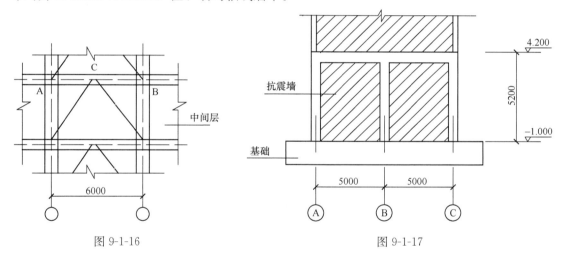

图 9-1-16　　　　　　　　　　　　　　图 9-1-17

31. 假定，抗震设防烈度为6度，试问，下列说法何项错误？

A. 抗震墙采用嵌砌于框架之间的约束砖砌体墙，先砌墙后浇筑框架。墙厚240mm。砌筑砂浆等级为M10，选用MU10级烧结普通砖
B. 抗震墙采用嵌砌于框架之间的约束小砌块砌体墙，先砌墙后浇筑框架。墙厚190mm。砌筑砂浆等级为Mb10，选用MU10级单排孔混凝土小型空心砌块
C. 抗震墙采用嵌砌于框架之间的约束砖砌体墙，先砌墙后浇筑框架。墙厚240mm。砌筑砂浆等级为M10，选用MU15级混凝土多孔砖
D. 抗震墙采用嵌砌于框架之间的约束小砌块砌体墙。当满足抗震构造措施后，尚应对其进行抗震受剪承载力验算

32. 假定，抗震设防烈度为6度，抗震墙采用嵌砌于框架之间的小砌块砌体墙，墙厚190mm。抗震构造措施满足规范要求。框架柱上下端正截面受弯承载力设计值均为165 kN·m，砌体沿阶梯形截面破坏的抗震抗剪强度设计值 $f_{vE}=0.52$MPa。试问，其抗震受剪承载力设计值（kN），与下列何项数值最为接近？

A. 1220　　　　　B. 1250　　　　　C. 1550　　　　　D. 1640

题 33～37

某多层砖砌体房屋，底层结构平面布置如图 9-1-18 所示。外墙厚 370mm，内墙厚 240mm，轴线均居墙中。窗洞口均为 1500mm×1500mm（宽×高），门洞口除注明外均为 1000mm×2400mm（宽×高）。室内外高差 0.5m。室外地面距基础顶 0.7m。楼、屋面板采用现浇钢筋混凝土板，砌体施工质量控制等级为 B 级。

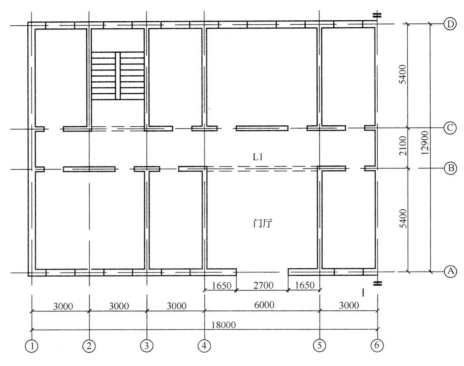

图 9-1-18

33. 假定，本工程建筑抗震类别为乙类，抗震设防烈度为 7 度（0.1g）。墙体采用 MU15 级蒸压灰砂砖、M10 级混合砂浆砌筑。砌体抗剪强度设计值 $f_v=0.12$MPa。各层墙上下连续且洞口对齐。试问，房屋的层数 n 及总高度 H 的限值，与下列何项选择最为接近？

A. $n=7, H=21$m　　　　　B. $n=6, H=18$m
C. $n=5, H=15$m　　　　　D. $n=4, H=12$m

34. 假定，本工程建筑抗震类别为丙类，抗震设防烈度为 7 度（0.15g）。墙体采用 MU15 级烧结多孔砖、M10 级混合砂浆砌筑。各层墙上下连续且洞口对齐。除首层层高为 3.0m 外，其余 5 层层高均为 2.9m。试问，满足《建筑抗震设计规范》GB 50011—2010 的抗震构造措施要求的构造柱最少设置数量（根），与下列何项数值最为接近？

A. 52　　　　　B. 54　　　　　C. 60　　　　　D. 76

35. 接上题，试问，L1 梁在端部砌体墙上的支承长度（mm），与下列何项数值最为接近？

A. 120　　　　　B. 240　　　　　C. 360　　　　　D. 500

36. 假定，墙体采用 MU15 级蒸压灰砂砖、M10 级混合砂浆砌筑。底层层高为 3.6m。试问，底层②轴楼梯间横墙轴心受压承载力 $\varphi f A$ 中的 φ 值，与下列何项数值最为接近？

A. 0.62　　　　　B. 0.67　　　　　C. 0.73　　　　　D. 0.80

37. 假定，底层层高为 3.0m。④～⑤轴之间内纵墙如图 9-1-19 所示。墙体采用 MU15 蒸压灰砂砖，砌体砂浆强度等级 M10，构造柱截面均为 240mm×240mm，混凝土强度等级为 C25，构造措施满足规范要求。试问，其高厚比验算 $\dfrac{H_0}{h} <$ $\mu_1\mu_2[\beta]$ 与下列何项选择最为接近？

提示：小数点后四舍五入取两位。

A. 13.50＜22.53　　　　　B. 13.50＜25.24
C. 13.75＜22.53　　　　　D. 13.75＜25.24

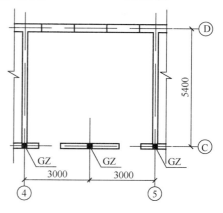

图 9-1-19

题 38～40

一单层单跨有吊车厂房，平面如图 9-1-20 所示。采用轻钢屋盖，屋架下弦标高为 6.0m。变截面砖柱采用 MU10 级烧结普通砖、M10 级混合砂浆砌筑，砌体施工质量控制等级为 B 级。

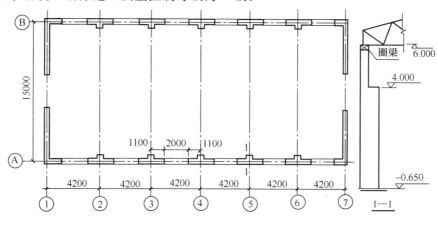

图 9-1-20

38. 假定，荷载组合不考虑吊车作用。试问，其变截面柱下段排架方向的计算高度（m），与下列何项数值最为接近？

A. 5.32　　　　　B. 6.65　　　　　C. 7.98　　　　　D. 9.98

39. 假定，变截面柱上段截面尺寸如图 9-1-21 所示，截面回转半径 i_x =147mm，作用

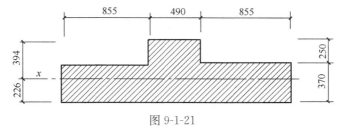

图 9-1-21

在截面形心处绕 x 轴的弯矩设计值 $M=19$kN·m，轴心压力设计值 $N=185$kN（含自重）。试问，排架方向高厚比和偏心距对受压承载力的影响系数 φ，与下列何项数值最为接近？

提示：小数点后四舍五入取两位。

A. 0.46　　　　　B. 0.50　　　　　C. 0.54　　　　　D. 0.58

40. 假定，变截面柱采用砖砌体与钢筋混凝土面层的组合砌体，其下段截面如图 9-1-22 所示。混凝土采用 C20（$f_c=9.6$N/mm²），纵向受力钢筋采用 HRB335，对称配筋，单侧配筋面积为 763mm²。试问，其偏心受压承载力设计值（kN），与下列何项数值最为接近？

提示：（1）不考虑砌体强度调整系数的影响。
（2）受压区高度 $x=315$mm。

A. 530　　　　　B. 580　　　　　C. 750　　　　　D. 850

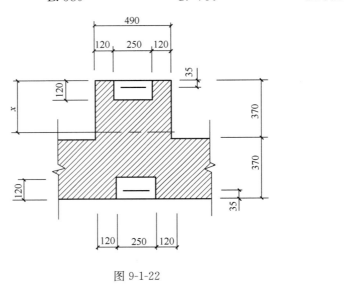

图 9-1-22

题 41～42

一下承式木屋架，形状及尺寸如图 9-1-23 所示，两端铰支于下部结构。其空间稳定措施满足规范要求。P 为由檩条（与屋架上弦锚固）传至屋架的节点荷载。要求屋架露天环境下设计使用年限 5 年，安全等级为三级。选用西北云杉 TC11A 制作。

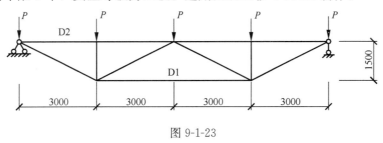

图 9-1-23

41. 假定，杆件 D1 采用截面为正方形的方木，$P=16.7$kN（设计值）。试问，当按强度验算时，其设计强度最小截面尺寸（mm×mm）与下列何项数值最为接近？

提示：强度验算时不考虑构件自重。

A. 80×80 B. 85×85 C. 90×90 D. 95×95

42. 假定，杆件 D2 采用截面为正方形的方木。试问，满足长细比要求的截面边长（mm），与下列何项数值最为接近？

A. 60 B. 70 C. 90 D. 100

题 43～46

某城市新区拟建一所学校，建设场地地势较低，自然地面绝对标高为 3.000m。根据规划地面设计标高要求，整个建设场地需大面积填土 2m。地基土层剖面如图 9-1-24 所示。地下水位在自然地面下 2m，填土的重度为 18kN/m³，填土区域的平面尺寸远远大于地基压缩层厚度。

提示：沉降计算经验系数 ψ_s 取 1.0。

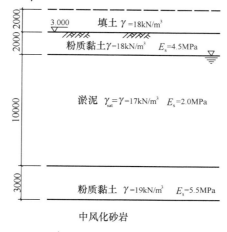

图 9-1-24

43. 假定，不进行地基处理，不考虑填土本身的压缩量。试问，由大面积填土引起的场地中心区域最终沉降量 s（mm）与下列何项数值最为接近？

提示：地基变形计算深度取至中风化砂岩顶面。

A. 150 B. 220 C. 260 D. 350

44. 在场地中心区域拟建一田径场，为减小大面积填土产生的地面沉降，在填土前采用水泥土搅拌桩对地基进行处理。水泥搅拌桩桩径 500mm，桩长 13m，桩顶绝对标高为 1.000m，等边三角形布置。设计要求采取地基处理措施后，淤泥层在大面积填土作用下的最终压缩量能控制在 30mm。试问，水泥搅拌桩的中心距（m）取下列何项数值最为合理？

提示：按《建筑地基处理技术规范》JGJ 79—2012 作答。假定 $\frac{R_a}{A_p}=3250\text{kPa}$，$\beta=0.3$。淤泥质层 $f_{ak}=60\text{kPa}$。

A. 1.30 B. 1.45 C. 1.60 D. 1.75

45. 某 5 层教学楼采用钻孔灌注桩基础，桩顶绝对标高 3.000m，桩端持力层为中风化砂岩，按嵌岩桩设计。根据项目建设的总体部署，工程桩和主体结构完成后进行填土施工，桩基设计需考虑桩侧土的负摩阻力影响，中性点位于粉质黏土层，为安全计，取中风化砂岩顶面深度为中性点深度。假定，淤泥层的桩侧正摩阻力标准值为 12kPa，负摩阻力系数为 0.15。试问，根据《建筑桩基技术规范》JGJ 94—2008，淤泥层的桩侧负摩阻力标

准值 q_s^n（kPa），与下列何项数值最为合理？

A. 10 B. 12 C. 16 D. 23

46. 条件同上题，为安全计，取中风化砂岩顶面深度为中性点深度。根据《建筑桩基技术规范》JGJ 94—2008、《建筑地基基础设计规范》GB 50007—2011 和地质报告对某柱下桩基进行设计。荷载效应标准组合时，结构柱作用于承台顶面中心的竖向力为 5500kN。钻孔灌注桩直径 800mm。经计算，考虑负摩阻力作用时，中性点以上土层由负摩阻力引起的下拉荷载标准值为 350kN，负摩阻力群桩效应系数取 1.0。该工程对 3 根试桩进行了竖向抗压静载荷试验，试验结果见表 9-1-1。试问，不考虑承台及其上土的重量，根据计算和静载荷试验结果，该柱下基础的布桩数量（根）取下列何项数值最为合理？

A. 1 B. 2 C. 3 D. 4

3 根试桩的竖向抗压静载试验结果　　表 9-1-1

编号	桩周土极限侧阻力（kN）	嵌岩段总极限阻力（kN）	单桩竖向极限承载力（kN）
试桩 1	1700	4800	6500
试桩 2	1600	4600	6200
试桩 3	1800	4900	6700

题 47~51

某多层砌体结构建筑采用墙下条形基础，荷载效应基本组合由永久荷载控制，基础埋深 1.5m，地下水位在地面以下 2m。其基础剖面及地质条件如图 9-1-25 所示，基础的混凝土强度等级 C20（$f_t = 1.1\text{N/mm}^2$），基础及其以上土体的加权平均重度为 20kN/m^3。

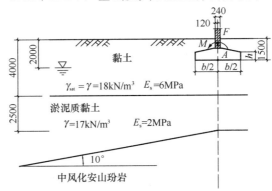

图 9-1-25

47. 假定，荷载效应标准组合时，上部结构传至基础顶面的竖向力 $F = 240\text{kN/m}$，力矩 $M = 0$；黏土层地基承载力特征值 $f_{ak} = 145\text{kPa}$，孔隙比 $e = 0.8$，液性指数 $I_L = 0.75$；淤泥质黏土层的地基承载力 $f_{ak} = 60\text{kPa}$。试问，为满足地基承载力要求，基础底面的宽度 b（m）取下列何项数值最为合理？

A. 1.5 B. 2.0 C. 2.6 D. 3.2

48. 假定，荷载效应标准组合时，上部结构传至基础顶面的竖向力 $F = 260\text{kN}$，力矩 $M = 10\text{kN} \cdot \text{m}$，基础底面宽度 $b = 1.8\text{m}$，墙厚 240mm。试问，验算墙边缘截面处基础的受剪承载力时，单位长度剪力设计值（kN）取下列何项数值最为合理？

A. 85　　　　　B. 115　　　　　C. 165　　　　　D. 185

49. 假定，基础高度 $h=650\text{mm}$（$h_0=600\text{mm}$）。试问，墙边缘截面处基础的受剪承载力（kN/m）最接近于下列何项数值？

A. 100　　　　　B. 220　　　　　C. 350　　　　　D. 460

50. 假定，作用于条形基础的最大弯矩设计值 $M=140\text{kN}\cdot\text{m/m}$，最大弯矩处的基础高度 $h=650\text{mm}$（$h_0=600\text{mm}$）。基础采用 HRB400 钢筋（$f_y=360\text{N/mm}^2$）。试问，下列关于该条形基础的钢筋配置方案中，何项最为合理？

提示：按《建筑地基基础设计规范》GB 50007—2011 作答。

A. 受力钢筋 ϕ12@200，分布钢筋 ϕ8@300
B. 受力钢筋 ϕ12@150，分布钢筋 ϕ8@200
C. 受力钢筋 ϕ14@200，分布钢筋 ϕ8@300
D. 受力钢筋 ϕ14@150，分布钢筋 ϕ8@200

51. 假定，黏土层的地基承载力特征值 $f_{ak}=140\text{kPa}$，基础宽度为 2.5m，对应于荷载效应准永久组合时，基础底面的附加压力为 100kPa。采用分层总和法计算基础底面中点 A 的沉降量，总土层数按两层考虑，分别为基底以下的黏土层及其下的淤泥质土层，层厚度均为 2.5m；A 点至黏土层底部范围内的平均附加应力系数为 0.8，至淤泥质黏土层底部范围内的平均附加应力系数为 0.6，基岩以上变形计算深度范围内土层的压缩模量当量值为 3.5MPa。试问，基础中点 A 的最终沉降量（mm）最接近于下列何项数值？

提示：变形计算深度可取至基岩表面。

A. 75　　　　　B. 86　　　　　C. 94　　　　　D. 105

题 52～54

某扩建工程的边柱紧邻既有地下结构，抗震设防烈度 8 度，设计基本地震加速度为 0.3g，设计地震分组第一组，基础采用直径 800mm 泥浆护壁旋挖成孔灌注桩，图 9-1-26 为某边柱等边三桩承台基础图，柱截面尺寸为 500mm×1000mm，基础及其以上土体的加权平均重度为 20kN/m³。

提示：承台平面形心与三桩形心重合。

52. 假定，地下水位以下的各层土处于饱和状态，②层粉砂 A 点处的标准贯入锤击数（未经杆长修正）为 16 击，图 9-1-26 给出了①、③层粉质黏土的液限 w_L、塑限 w_p 及含水量 w_s。试问，下列关于各地基土层的描述中，何项是正确的？

A. ①层粉质黏土可判别为震陷性软土
B. A 点处的粉砂为液化土
C. ③层粉质黏土可判别为震陷性软土
D. 该地基上埋深小于 2m 的天然地基的建筑可不考虑②层粉砂液化的影响

53. 地震作用效应和荷载效应标准组合时，上部结构柱作用于基础顶面的竖向力 $F=6000\text{kN}$，力矩 $M=1500\text{kN}\cdot\text{m}$，水平力 $H=800\text{kN}$，试问，作用于桩 1 的竖向力（kN）最接近于下列何项数值？

提示：等边三角形承台的平面面积为 10.6m²。

A. 570　　　　　B. 2100　　　　　C. 2900　　　　　D. 3500

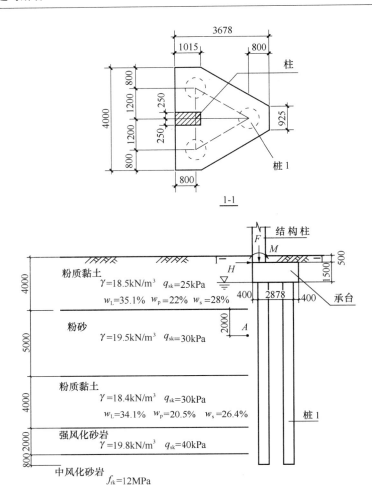

图 9-1-26 题 52~54 图

54. 假定，粉砂层的实际标贯锤击数与临界标贯锤击数之比在 0.7~0.75 之间，并考虑桩承受全部地震作用。试问，单桩竖向承压抗震承载力特征值（kN），最接近于下列何项数值？

A. 4000 B. 4500 C. 8000 D. 8400

题 55. 关于预制桩的下列主张中，何项不符合《建筑地基基础设计规范》GB 50007—2011 和《建筑桩基技术规范》JGJ 94—2008 的规定？

A. 抗震设防烈度为 8 度地区，不宜采用预应力混凝土管桩

B. 对于饱和软黏土地基，预制桩入土 15 天后方可进行竖向静载试验

C. 混凝土预制实心桩的混凝土强度达到设计强度的 70% 及以上方可起吊

D. 采用锤击成桩时，对于密集桩群，自中间向两个方向或四周对称施打

题 56. 下列关于《建筑桩基技术规范》JGJ 94—2008 中桩基等效沉降系数 ψ_e 的各种叙述中，何项是正确的？

A. 按 Mindlin 解计算沉降量与实测沉降量之比

B. 按 Boussinesq 解计算沉降量与实测沉降量之比

C. 按 Mindlin 解计算沉降量与按 Boussinesq 解计算沉降量之比

D. 非软土地区桩基等效沉降系数取 1

题 57. 下列关于高层混凝土剪力墙结构抗震设计的观点，哪一项不符合《高层建筑混凝土结构技术规程》JGJ 3—2010 的要求？

A. 剪力墙墙肢宜尽量减小轴压比，以提高剪力墙的抗剪承载力

B. 楼面梁与剪力墙平面外相交时，对梁截面高度与墙肢厚度之比小于 2 的楼面梁，可通过支座弯矩调幅实现梁端半刚接设计，减少剪力墙平面外弯矩

C. 进行墙体稳定验算时，对翼缘截面高度小于截面厚度 2 倍的剪力墙，考虑翼墙的作用，但应满足整体稳定的要求

D. 剪力墙结构存在较多各肢截面高度与厚度之比大于 4 但不大于 8 的剪力墙时，只要墙肢厚度大于 300mm，在规定的水平地震作用下，该部分较短剪力墙承担的底部倾覆力矩可大于结构底部总地震倾覆力矩的 50%

题 58. 下列关于高层混凝土结构重力二阶效应的观点，哪一项相对正确？

A. 当结构满足规范要求的顶点位移和层间位移限值时，高度较低的结构重力二阶效应的影响较小

B. 当结构在地震作用下的重力附加弯矩大于初始弯矩的 10% 时，应计入重力二阶效应的影响，风荷载作用时，可不计入

C. 框架柱考虑多遇地震作用产生的重力二阶效应的内力时，尚应考虑《混凝土结构设计规范》GB 50010—2010 承载力计算时需要考虑的重力二阶效应

D. 重力二阶效应影响的相对大小主要与结构的侧向刚度和自重有关，随着结构侧向刚度的降低，重力二阶效应的不利影响呈非线性关系急剧增长，结构侧向刚度满足水平位移限值要求，有可能不满足结构的整体稳定要求

题 59. 某拟建现浇钢筋混凝土高层办公楼，抗震设防烈度为 8 度（0.2g），丙类建筑，Ⅱ 类建筑场地，平剖面如图 9-1-27 所示。地上 18 层，地下 2 层，地下室顶板 ±0.000 处可作为上部结构嵌固部位，房屋高度受限，最高不超过 60.3m，室内结构构件（梁或板）底净高不小于 2.6m，建筑面层厚 50mm。方案比较时，假定 ±0.000 以上标准层平面构件截面满足要求，如果从结构体系、净高要求及楼层结构混凝土用量考虑，表 9-1-2 中四种方案哪种相对合理？

题 59 的四种方案　　　　　　　　　　　　　　　　　　　　表 9-1-2

A	B	C	D
方案一：室内无柱，外框梁 L1（500×800）；室内无梁，400 厚混凝土平板楼盖	方案二：室内 A、B 处设柱，外框梁 L1（400×700）；梁板结构，沿柱中轴线设框架梁 L2（400×700）；无次梁，300 厚混凝土楼板	方案三：室内 A、B 处设柱，外框梁 L1（400×700）；梁板结构，沿柱中轴线设框架梁 L2（800×450）；无次梁，200 厚混凝土板楼盖	方案四：室内 A、B 处设柱，外框梁 L1，沿柱中轴线设框架梁 L2，L1、L2 同方案三，梁板结构，次梁 L3（200×400），100 厚混凝土楼板

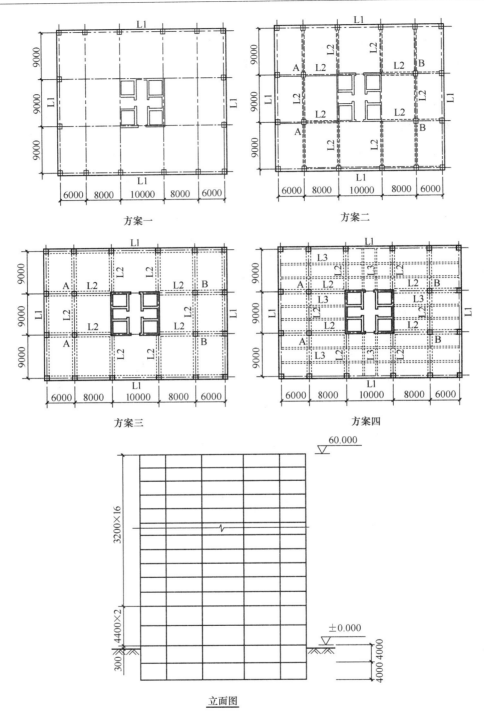

图 9-1-27 题 59 图

题 60. 某 16 层现浇钢筋混凝土框架-剪力墙结构办公楼,房屋高度为 64.3m,如图 9-1-28 所示,楼板无削弱。抗震设防烈度为 8 度,丙类建筑,Ⅱ类建筑场地。假定,方案比较时,发现 x、y 方向每向可以减少两片剪力墙(减墙后结构承载力和刚度满足规范要求)。试问,如果仅从结构布置合理性考虑,下列四种减墙方案哪种相对合理?

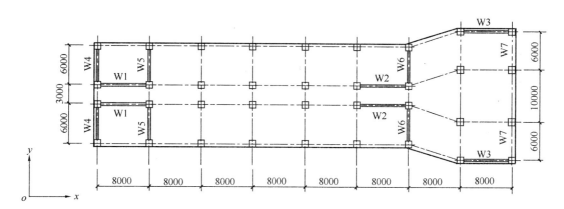

图 9-1-28 题 60 图

A. x 向：W1，y 向：W5　　　　　　B. x 向：W2，y 向：W6
C. x 向：W3，y 向：W4　　　　　　D. x 向：W2，y 向：W7

题 61. 某 20 层现浇钢筋混凝土框架-剪力墙结构办公楼，某层层高 3.5m，楼板自外围竖向构件外挑。多遇地震标准值作用下，楼层平面位移如图 9-1-29 所示。该层层间位移采用各振型位移的 CQC 组合值，如表 9-1-3 所示。整体分析时采用刚性楼盖假定。在整形组合值的楼层地震剪力换算的水平力作用下楼层层间位移，如表 9-1-4 所示。试问，该楼层扭转位移比控制该验算时，其扭转位移比应取下列何项数值？

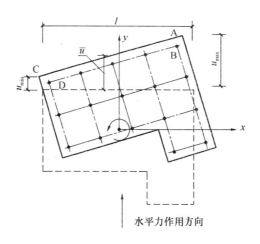

图 9-1-29 题 61 图

CQC 组合后的楼层层间位移　　　　　　　　　　　　　　　　表 9-1-3

	Δu_A	Δu_B	Δu_C	Δu_D	Δu_E
不考虑偶然偏心	2.9	2.7	2.2	2.1	2.4
考虑偶然偏心	3.5	3.3	2.0	1.8	2.5
考虑双向地震作用	3.8	3.6	2.1	2.0	2.7

规定水平力作用下的楼层层间位移					表 9-1-4
	Δu_A	Δu_B	Δu_C	Δu_D	Δu_E
不考虑偶然偏心	3.0	2.8	2.3	2.2	2.5
考虑偶然偏心	3.5	3.4	2.0	1.9	2.5
考虑双向地震作用	4.0	3.8	2.2	2.0	2.8

Δu_A——同一侧楼层角点（挑板）处最大层间位移；
Δu_B——同一侧楼层角点处竖向构件最大层间位移；
Δu_C——同一侧楼层角点（挑板）处最小层间位移；
Δu_D——同一侧楼层角点处竖向构件最小层间位移；
Δu_E——楼层所有竖向构件平均层间位移。

  A. 1.25   B. 1.28   C. 1.31   D. 1.36

题 62. 某平面不规则的现浇钢筋混凝土高层结构，整体分析时采用刚性楼盖假定计算，结构基本自振周期如表 9-1-5 所示。试问，对结构扭转不规则判断时，扭转为主的第一自振周期 T_t 与平动为主的第一自振周期 T_1 的比值最接近下列何项数值？

结构的自振周期（单位：s）			表 9-1-5
	不考虑偶然偏心	考虑偶然偏心	扭转方向因子
$T_1(s)$	2.8	3.0(2.5)	0.0
$T_2(s)$	2.7	2.8(2.3)	0.1
$T_3(s)$	2.6	2.8(2.3)	0.3
$T_4(s)$	2.3	2.6(2.1)	0.6
$T_5(s)$	2.0	2.2(1.9)	0.7

  A. 0.71   B. 0.82   C. 0.87   D. 0.93

题 63. 某现浇钢筋混凝土框架结构，抗震等级为一级，梁局部平面图如图 9-1-30 所示。梁 L1 截面 300mm×500mm（$h_0=440$mm），混凝土强度等级 C30（$f_c=14.3\text{N/mm}^2$），纵筋采用 HRB400（$f_y=360\text{N/mm}^2$），箍筋采用 HRB335。关于梁 L1 两端截面 A、C 梁顶配筋及跨中截面 B 梁底配筋（通长，伸入两端梁、柱内，且满足锚固要求），有以下 4 组配置，如表 9-1-6 所示。试问，哪一组配置与规范、规程的最低构造要求最为接近？

提示：不必验算梁抗弯、抗剪承载力。

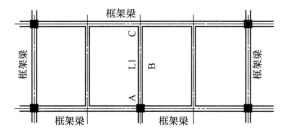

图 9-1-30 题 63 图

题 63 的四组配置 表 9-1-6

	A	B	C	D
A 截面	4Φ20+4Φ20 Φ10@100	4Φ22+4Φ22 Φ10@100	2Φ22+6Φ20 Φ10@100	4Φ22+2Φ22 Φ10@100
B 截面	4Φ20 Φ10@200	4Φ22 Φ10@200	4Φ18 Φ10@200	4Φ22 Φ10@200
C 截面	4Φ20+4Φ20 Φ10@100	2Φ22 Φ10@200	2Φ20 Φ10@200	2Φ22 Φ10@200

题 64~66

某现浇混凝土框架-剪力墙结构，角柱为穿层柱，柱顶支承托柱转换梁，如图 9-1-31 所示。该穿层柱抗震等级为一级，实际高度 10m，考虑柱端约束条件的计算长度系数 $\mu=1.3$，采用钢管混凝土柱，钢管钢材 Q345（$f_a=300N/mm^2$），外径 $D=1000mm$，壁厚 20mm；核心混凝土强度等级 C50（$f_c=23.1N/mm^2$）。

提示：(1) 按《高层建筑混凝土结构技术规程》JGJ 3—2010 作答；

(2) 按有侧移框架计算。

64. 试问，该穿层柱按轴心受压短柱计算的承载力设计值 N_0（kN），与下列何项数值最为接近？

A. 24000　　B. 26000
C. 28000　　D. 47500

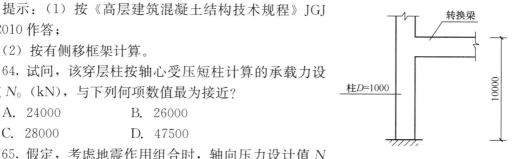

图 9-1-31　题 64~66 图

65. 假定，考虑地震作用组合时，轴向压力设计值 $N=25900kN$，按弹性分析的柱顶、柱底截面的弯矩组合值分别为 $M^t=1100kNm$，$M^b=1350kNm$。试问，该穿层柱考虑偏心率影响的承载力折减系数 φ_e，与下列何项数值最为接近？

A. 0.55　　B. 0.65　　C. 0.75　　D. 0.85

66. 假定，该穿层柱考虑偏心率影响的承载力折减系数 $\varphi_e=0.60$，$e_0/r_c=0.20$。试问，该穿层柱轴向受压承载力设计值压力（N_u）与按轴心受压短柱计算的承载力设计值（N_0）之比（N_u/N_0），与下列何项数值最为接近？

A. 0.32　　B. 0.41　　C. 0.53　　D. 0.61

题 67~68

某 42 层高层住宅，采用现浇混凝土剪力墙结构，层高为 3.2m，房屋高度为 134.7m，地下室顶板作为上部结构的嵌固部位。抗震设防烈度 7 度，Ⅱ 类场地，丙类建筑。采用 C40 混凝土，纵向钢筋和箍筋分别采用 HRB400 和 HRB335。

67. 该住宅第 7 层某剪力墙（非短肢墙）边缘构件如图 9-1-32 所示，阴影部分为纵向钢筋配筋范围，墙肢轴压比为 0.4，纵筋保护层厚度 30mm。试问，该边缘构件阴影部分的纵筋及箍筋选用下列何项，能满足规范、规程的最低抗震构造要求？

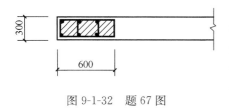

图 9-1-32　题 67 图

提示：(1) 计算体积配箍率时，不计入墙的水平分布钢筋；

(2) 箍筋体积配箍率计算时，扣除重叠部分箍筋。

A. 8Φ18；ϕ8@100
B. 8Φ20；ϕ8@100
C. 8Φ18；ϕ10@100
D. 8Φ20；ϕ10@100

68. 底层某双肢剪力墙如图 9-1-33 所示。假定，墙肢 1 在横向正、反向水平地震作用下考虑地震作用组合的内力计算值见表 9-1-7；墙肢 2 相应于墙肢 1 的正、反向考虑地震作用组合的内力计算值见表 9-1-8。试问，墙肢 2 进行截面设计时，其相应于反向地震作用的内力设计值 M（kN·m）、V（kN）、N（kN），应取下列何组数值？

提示：(1) 剪力墙端部受压（拉）钢筋合力点到受压（拉）区边缘的距离 $a_s = a'_s = 200$mm；

(2) 不考虑翼缘，按矩形截面计算。

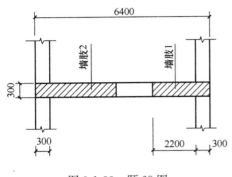

图 9-1-33 题 68 图

墙肢 1 的内力   表 9-1-7

	M（kN·m）	V（kN）	N（kN）
X 向正向水平地震作用	3000	600	12000（压力）
X 向反向水平地震作用	−3000	−600	−1000（拉力）

墙肢 2 的内力   表 9-1-8

	M（kN·m）	V（kN）	N（kN）
X 向正向水平地震作用	5000	1000	900（压力）
X 向反向水平地震作用	−5000	−1000	14000（压力）

A. 5000、1600、14000
B. 5000、2000、17500
C. 6250、1600、17500
D. 6250、2000、14000

题 69～70

某普通办公楼，采用现浇钢筋混凝土框架-核心筒结构，房屋高度 116.3m，地上 31 层，地下 2 层，3 层设转换层，采用桁架转换构件，平、剖面如图 9-1-34 所示。抗震设防烈度为 7 度（0.1g），丙类建筑，设计地震分组为第二组，Ⅱ类建筑场地，地下室顶板 ±0.000 处作为上部结构嵌固部位。

69. 该结构需控制罕遇地震作用下薄弱层的层间位移。假定，主体结构采用等效弹性方法进行罕遇地震作用下弹塑性计算分析时，结构总体上刚刚进入屈服阶段。电算程序需输入的计算参数分别为：连梁刚度折减系数 S_1、结构阻尼比 S_2、特征周期值 S_3。试问，下列各组参数中（依次为 S_1、S_2、S_3），其中哪一组相对准确？

A. 0.4、0.06、0.45
B. 0.4、0.06、0.40
C. 0.5、0.05、0.45
D. 0.2、0.06、0.40

70. 假定，振型分解反应谱法求得的 2～4 层的水平地震剪力标准值（V_i）及相应层间位移值（Δ_i）见表 9-1-9，在 $P = 1000$kN 水平力作用下，按图 9-1-35 模型计算的位移

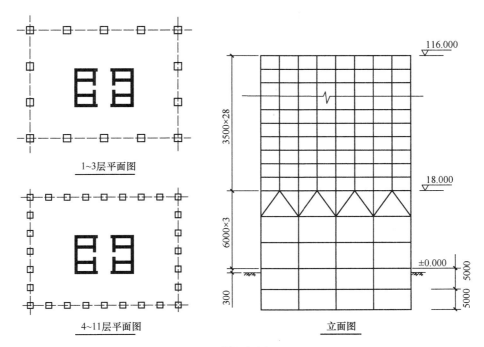

图 9-1-34

分别为：$\Delta_1=7.8$mm，$\Delta_2=6.2$mm。试问，进行结构竖向规则性判断时，宜取下列哪种方法及结果作为结构竖向不规则的判断依据？

提示：3层转换层按整层计。

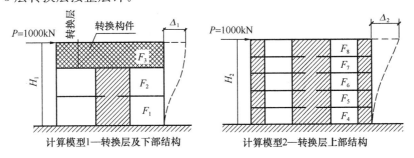

图 9-1-35

A. 等效剪切刚度比验算方法，侧向刚度比不满足要求
B. 楼层侧向刚度比验算方法，侧向刚度比不满足规范要求
C. 考虑层高修正的楼层侧向刚度比验算方法，侧向刚度比不满足规范要求
D. 等效侧向刚度比验算方法，等效刚度比不满足规范要求

2～4层水平地震剪力标准值及层间位移　　　　表 9-1-9

	2层	3层	4层
V_i（kN）	900	1500	900
Δ_i	3.5	3.0	2.1

题 71～72

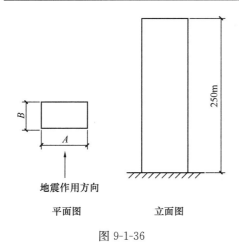

图 9-1-36

某 70 层办公楼，平、立面如图 9-1-36 所示，采用钢筋混凝土筒中筒结构，抗震设防烈度为 7 度，丙类建筑，Ⅱ类场地。房屋高度地面以上为 250m，质量和刚度沿竖向分布均匀。已知小震弹性计算时，振型分解反应谱法求得的底部剪力为 16000kN，最大层间位移角出现在 k 层，$\theta_k=1/600$。

71. 该结构性能化设计时，需要计算弹塑性动力时程分析补充计算，现有 7 条实际地震记录加速度时程曲线 P1～P7 和 4 组人工模拟加速度时程曲线 RP1～RP4，假定，任意 7 条实际记录地震波及人工波的平均地震影响系数曲线与振型分解反应谱法所采用的地震影响系数曲线在统计意义上相符，各条时程曲线同一软件计算所得的结构底部剪力见表 9-1-10，试问，进行弹塑性动力时程分析时，选用下列哪一组地震波最为合理？

A. P1、P2、P4、P5、RP1、RP2、RP4
B. P1、P2、P4、P5、P7、RP1、RP4
C. P1、P2、P4、P5、P7、RP2、RP4
D. P1、P2、P3、P4、P5、RP1、RP4

11 条时程曲线求得的底部剪力 表 9-1-10

	P1	P2	P3	P4	P5	P6	P7	RP1	RP2	RP3	RP4
V（kN）（小震弹性）	14000	13000	9600	13500	11000	9700	12000	14500	10700	14000	12000
V（kN）（大震）	72000	66000	60000	69000	63500	60000	62000	70000	58000	72000	63500

72. 假定，正确选用的 7 条时程曲线分别为：AP1～AP7，同一软件计算所得的第 k 层结构的层间角（同一层）见表 9-1-11。试问，估算的大震下该层的弹塑性层间位移角参考值最接近下列何项数值？

提示：按《建筑抗震设计规范》GB 50011—2010 作答。

A. 1/90   B. 1/100   C. 1/125   D. 1/145

7 条时程曲线求得的第 k 层的层间位移角 表 9-1-11

	$\Delta u/h$（小震）	$\Delta u/h$（大震）
AP1	1/725	1/125
AP2	1/870	1/150
AP3	1/815	1/140
AP4	1/1050	1/175
AP5	1/945	1/160
AP6	1/815	1/140
AP7	1/725	1/125

题 73～78

某城市快速路上的一座立交匝道桥，其中一段为四孔各 30m 的简支梁桥，其总体布置如图 9-1-37 所示。单向双车道，桥面总宽 9.0m，其中行车道净宽度为 8.0m。上部结构采用预应力混凝土箱梁（桥面连续），桥墩由扩大基础上的钢筋混凝土圆柱墩身及带悬臂

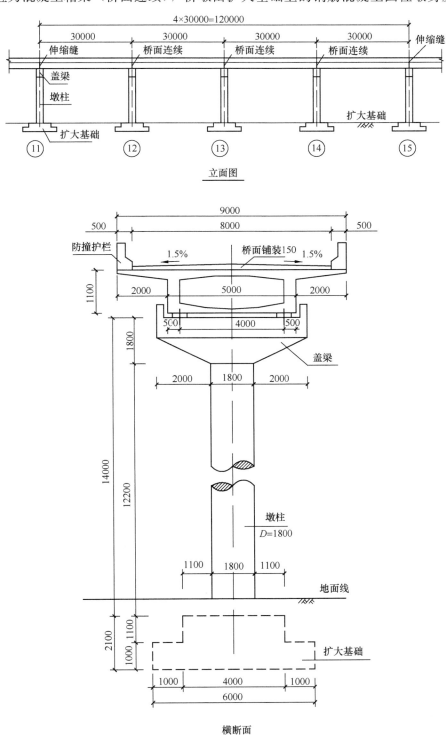

图 9-1-37

的盖梁组成。梁体混凝土线膨胀系数 $\alpha=0.00001$。设计荷载：城—A 级。

73. 该桥主梁的计算跨径为 29.4m，冲击系数 $\mu=0.25$。试问，该桥主梁支点截面在城—A 级汽车荷载作用下的剪力标准值（kN），与下列何项数值最为接近？

A. 1340　　　　B. 990　　　　C. 1090　　　　D. 1220

74. 假定，计算该桥箱梁悬臂板的内力时，主梁的结构基频 $f=4.5\text{Hz}$。试问，适用于悬臂板上的汽车荷载作用的冲击系数 μ，应取下列何项数值？

A. 0.05　　　　B. 0.25　　　　C. 0.30　　　　D. 0.45

75. 试问，当城—A 级车辆荷载的最重轴（4 号轴）作用在该桥箱梁悬臂板上时，其垂直于悬臂板跨径方向的车轮荷载分布宽度（m），与下列何项数值最为接近？

A. 0.55　　　　B. 3.45　　　　C. 4.65　　　　D. 4.80

76. 该桥为四跨（$4\times30\text{m}$）预应力混凝土简支箱梁桥，若 3 个中墩高度相同，且每个墩顶盖梁处设置的普通板式橡胶支座尺寸均为（长×宽×高）$600\text{mm}\times500\text{mm}\times90\text{mm}$。假定，该桥四季温度均匀变化，升温时为 $+25℃$，墩柱抗推刚度 $K_\text{柱}=20000\text{kN/m}$，一个支座抗推刚度 $K_\text{支}=4500\text{kN/m}$。试问，在升温状态下 12 号中墩所承受的水平力标准值（kN），与下列何项数值最为接近？

A. 70　　　　B. 135　　　　C. 150　　　　D. 285

77. 该桥桥址处地震动峰值加速度为 $0.15g$（相当于抗震设防烈度 7 度）。试问，该桥应选用下列何类抗震设计方法？

A. A 类　　　　B. B 类　　　　C. C 类　　　　D. D 类

78. 该桥的中墩为单柱 T 形墩，墩柱为圆形截面，其直径为 1.8m，墩顶设有支座，墩柱高度 $H=14\text{m}$，位于 7 度地震区。试问，在进行抗震构造设计时，该墩柱塑性铰区域内箍筋加密区的最小长度（m），与下列何项数值最为接近？

A. 1.80　　　　B. 2.35　　　　C. 2.50　　　　D. 2.80

题 79. 某高速公路上的一座高架桥，为三孔各 30m 的预应力混凝土简支 T 梁桥，全长 90m，中墩处设连续桥面，支承采用水平放置的普通板式橡胶支座，支座平面尺寸（长×宽）为 $350\text{mm}\times300\text{mm}$。假定，在桥台处由温度下降、混凝土收缩和徐变引起的梁长缩短量 $\Delta_l=26\text{mm}$。试问，当不计制动力时，该处普通板式橡胶支座的橡胶层总厚度 t_e（mm），不能小于下列何项数值？

提示：假定该支座的形状系数、承压面积、竖向平均压缩变形、加劲板厚度及抗滑稳定等均符合《公路钢筋混凝土及预应力混凝土桥涵设计规范》JTG 3362—2018 的规定。

A. 29　　　　B. 45　　　　C. 53　　　　D. 61

题 80. 某二级公路，设计车速 60km/h，双向两车道，全宽（B）为 8.5m，汽车荷载等级为公路—Ⅰ级。其下一座现浇普通钢筋混凝土简支实体盖板涵洞，涵洞长度与公路宽度相同，涵洞顶部填土厚度（含路面结构层厚）2.6m，若盖板计算跨度为 3.0m。试问，汽车荷载在该盖板跨中截面每延米产生的活载弯矩标准值（kN·m），与下列何项数值最为接近？

提示：两车道车轮横桥向扩散宽度取为 8.5m。

A. 16　　　　B. 21　　　　C. 25　　　　D. 27

9.2 2013年试题解答

2013 年试题答案

题号	1	2	3	4	5	6	7	8	9	10
答案	C	B	B	B	C	B	B	B	B	D
题号	11	12	13	14	15	16	17	18	19	20
答案	B	B	C	B	B	A	A	D	C	B
题号	21	22	23	24	25	26	27	28	29	30
答案	B	A	A	B	C	A	C	B	C	D
题号	31	32	33	34	35	36	37	38	39	40
答案	C	C	D	D	D	C	B	C	B	A
题号	41	42	43	44	45	46	47	48	49	50
答案	C	C	B	B	B	C	C	C	D	D
题号	51	52	53	54	55	56	57	58	59	60
答案	C	B	A	A	B	C	A	D	D	C
题号	61	62	63	64	65	66	67	68	69	70
答案	B	B	D	D	C	B	C	D	A	B
题号	71	72	73	74	75	76	77	78	79	80
答案	B	B	A	C	B	A	A	D	C	A

1. 答案：C

解答过程：

该柱剪跨比为

$$\lambda = \frac{H_n}{2h} = \frac{4000}{2 \times 1100} < 2$$

该柱的轴压比为

$$\mu_N = \frac{N}{f_c A} = \frac{13130 \times 10^3}{16.7 \times 1100 \times 1100} = 0.65$$

依据《建筑抗震设计规范》GB 50011—2010 表 6.3.9，轴压比 0.65、二级、井字复合箍，$\lambda_v = 0.14$。

$$[\rho_v] = \lambda_v \frac{f_c}{f_{yv}} = 0.14 \times \frac{16.7}{435} = 0.54\%$$

依据 6.3.9 条第 3 款，二级时，$[\rho_v]$ 不小于 0.6，但剪跨比不大于 2 时，不应小于 1.2%。故选择 C。

点评：解答本题时需要注意以下几点：

(1) 剪跨比 λ 会影响轴压比限值与体积配箍率，$\lambda \leqslant 2$ 属于不利情况，要求更为严格。

(2) 计算 $[\rho_v]$ 时没有 $f_{yv} \leqslant 360 \text{ N/mm}^2$ 的要求。

9　2013年试题与解答

(3)《建筑抗震设计规范》自2001版一直使用柱截面高度h计算剪跨比，而《混凝土结构设计规范》GB 50010—2010 的 11.4.6 条、《高层建筑混凝土结构技术规程》JGJ 3—2010 的 6.2.6 条都明确规定使用柱截面的计算高度h_0。今题目指明用《建筑抗震设计规范》解题，故采用h计算剪跨比。

2. 答案：B

解答过程：依据《混凝土结构设计规范》GB 50010—2010 的 3.4.3 条，应采用荷载效应的准永久组合。

永久荷载在支座 C 处产生的弯矩标准值为

$$-0.071\,ql^2 = -0.071 \times 28 \times 8.5^2 = -143.633 \text{kN} \cdot \text{m}$$

由支座 C 处弯矩影响线可知，可变荷载应布置在左数第 2、3 跨，因此，其产生的弯矩标准值为

$$-0.107\,ql^2 = -0.107 \times 8 \times 8.5^2 = -61.846 \text{kN} \cdot \text{m}$$

考虑准永久组合后弯矩值大小为

$$M_q = 143.633 + 0.4 \times 61.846 = 168.4 \text{kN} \cdot \text{m}$$

依据 7.1.2 条计算裂缝最大宽度。

$$h_0 = 500 - 45 = 455 \text{mm}, A_s = 1232 + 491 = 1723 \text{mm}^2$$

$$A_{te} = 250 \times 500/2 = 62500 \text{ mm}^2, \quad d_{eq} = \frac{2 \times 28^2 + 1 \times 25^2}{2 \times 28 + 1 \times 25} = 27.1 \text{mm}$$

$$\sigma_{sq} = \frac{M_q}{0.87 h_0 A_s} = \frac{168.4 \times 10^6}{0.87 \times 455 \times 1723} = 246.9 \text{N/mm}^2$$

$$\rho_{te} = \frac{A_p + A_s}{A_{te}} = \frac{1723}{62500} = 0.0276 > 0.01，取为 0.0276$$

$$\psi = 1.1 - 0.65 \frac{f_{tk}}{\rho_{te}\sigma_{sq}} = 1.1 - 0.65 \times \frac{2.20}{0.0276 \times 246.9} = 0.890$$

$$w_{max} = \alpha_{cr}\psi\frac{\sigma_{sq}}{E_s}(1.9c_s + 0.08\frac{d_{eq}}{\rho_{te}})$$

$$= 1.9 \times 0.890 \times 246.9/(2.0 \times 10^5) \times (1.9 \times 28 + 0.08 \times 27.1/0.0276)$$

$$= 0.28 \text{mm}$$

选择 B。

点评：关于本题，有以下两点需要注意：

(1) 可以利用"机动法"作出支座 C 处弯矩的影响线，然后，将活荷载作用于"同号"范围内（活载布置于该范围内时，产生的支座 C 处弯矩为负弯矩），据此得到活载最不利布置。关于"机动法"，见本书专题聚焦部分的"影响线"一节。

(2) 如果对影响线不熟练，可以根据本书附录中的"4跨连续梁的内力系数表"，选择能使支座 C 处弯矩为负的单跨活载布置方法，可知可变荷载应布置在左数第 2、3 跨最不利。

3. 答案：B

解答过程：依据《混凝土结构设计规范》GB 50010—2010 的 9.3.8 条，应满足

$$A_s \leqslant \frac{0.35\beta_c f_c b_b h_0}{f_y} = \frac{0.35 \times 1.0 \times 16.7 \times 400 \times 690}{360} = 4481 \text{mm}^2$$

靠近①轴的梁端上部纵筋，按照受拉考虑，应满足11.3.7条最大配筋率要求。
$$A_s \leqslant \rho_{\max} bh_0 = 2.5\% \times 400 \times 690 = 6900 \text{mm}^2$$
取以上较小者，为4481 mm²，选择B。

4. 答案：B

解答过程：4 Φ 25的截面积为1964mm²，8 Φ 25的截面积为3927 mm²。

框架结构的抗震等级为一级，依据《混凝土结构设计规范》GB 50010—2010 的11.3.2条第1款计算。考虑左、右端的弯矩均为顺时针。

$$M_{\text{bua}}^l = 400 \times 1964 \times (750 - 60 - 60)/0.75 = 659.9 \text{ kN·m}$$

$$M_{\text{bua}}^r = 400 \times 3927 \times (750 - 60 - 60)/0.75 = 1319.5 \text{ kN·m}$$

$$l_n = 9 - 0.8 = 8.2 \text{m}$$

$$V_{\text{Gb}} = \frac{1.2 \times (46 + 0.5 \times 16) \times 8.2}{2} = 265.68 \text{kN}$$

$$V_b = 1.1 \frac{M_{\text{bua}}^l + M_{\text{bua}}^r}{l_n} + V_{\text{Gb}} = 1.1 \times \frac{659.9 + 1319.5}{8.2} + 265.68 = 531 \text{kN}$$

选择B。

点评：本题解答时注意：

(1) 图中框架梁下部钢筋标注为"7 Φ 25 3（-1）/4"表示上排纵筋为3 Φ 25 且不伸入支座，下排纵筋为4 Φ 25 全部伸入支座。

(2) M_{bua} 的计算公式为：
$$M_{\text{bua}} = f_{yk} A_s^a (h_0 - a_s')/\gamma_{RE}$$
式中，f_{yk} 为纵向受拉钢筋的屈服强度标准值；A_s^a 为实配的纵向受拉钢筋截面积。

5. 答案：C

解答过程：依据《建筑抗震设计规范》GB 50011—2010 的6.4.2条计算。

$$N = 1.2 \times (3150 + 0.5 \times 750) = 4230 \text{kN}$$

$$\mu_N = \frac{N}{f_c A} = \frac{4230 \times 10^3}{16.7 \times 250 \times 2300} = 0.44$$

选择C。

点评：墙肢轴压比所用的 N，计算时注意两点：(1) 不计入地震作用，这一点与柱计算轴压比所用的 N 不同；(2) 虽然说是"重力荷载代表值作用下的"N，但是要取分项系数为1.2，这一点从6.4.2条条文说明可知。

6. 答案：B

解答过程：依据《建筑抗震设计规范》GB 50011—2010 的6.4.5条，由于墙肢底层底截面的轴压比为0.58超过表6.4.5-1中的0.3，因此，底部加强部位及其上一层应设置约束边缘构件。

依据6.1.10条第2款，房屋高度不大于24m，底部加强部位可取底部一层。因此，依据6.4.5条，三层属于其他部位，可设置构造边缘构件。

依据图6.4.5（a），暗柱长度不应小于400mm。选择B。

点评：本题房屋高度小于24m，因此，不适用于《高层建筑混凝土结构技术规程》，所以，关于底部加强部位高度的取值，不可误用规范。

满足下列条件之一的，应设置约束边缘构件：

(1) 底层墙肢底截面的轴压比足够大，大于表 9-2-1 的规定值时。

剪力墙可不设约束边缘构件的最大轴压比　　　　表 9-2-1

抗震等级或烈度	一级（9度）	一级（7、8度）	二、三级
轴压比	0.1	0.2	0.3

(2) 部分框支剪力墙结构中的剪力墙。

约束边缘构件设置在底部加强部位及其上一层。

2002 版《高层建筑混凝土结构技术规程》7.2.15 条曾规定，一、二级抗震设计的剪力墙底部加强部位及其上一层的墙肢端部应设置约束边缘构件，而在 2010 版规范中，底部加强部位也可能设置构造边缘构件，同时，三级抗震设计也可能设置约束边缘构件，因此，应注意区分。

7. 答案：B

解答过程：依据《混凝土结构设计规范》GB 50010—2010 的 11.7.9 条，由于跨高比 1000/800＝1.25＜2.5，因此，受剪截面应满足：

$$V_{wb} \leqslant \frac{0.15\beta_c f_c b h_0}{\gamma_{RE}} = \frac{0.15 \times 1.0 \times 16.7 \times 250 \times 720}{0.85} = 530.47 \times 10^3 \, \text{N}$$

斜截面受剪承载力应满足：

$$V_{wb} \leqslant \frac{1}{\gamma_{RE}} \left(0.38 f_t b h_0 + 0.9 \frac{A_{sv}}{s} f_{yv} h_0 \right)$$

$$= \frac{1}{0.85} \times \left(0.38 \times 1.57 \times 250 \times 720 + 0.9 \times \frac{157}{100} \times 360 \times 720 \right)$$

$$= 557.22 \times 10^3 \, \text{N}$$

取以上二者较小者，为 530.47kN，故选择 B。

8. 答案：B

解答过程：依据《建筑抗震设计规范》GB 50011—2010 的 3.9.2 条以及条文说明，抗震等级为一、二、三级的框架和斜撑构件（含梯段），采用钢筋牌号含 E 的钢筋。故选择 B。

点评：《钢筋混凝土用钢　第 2 部分　热轧带肋钢筋》GB 1499.2—2007 的 7.3.3 条指出，牌号最后含字符"E"的钢筋适用于抗震结构，例如，HRB400E，并给出了这类钢筋的性能指标要求。

9. 答案：B

解答过程：依据《混凝土结构设计规范》GB 50010—2010 的 9.7.2 条计算。

锚板承受剪力、拉力和弯矩共同作用。

$$N = F \sin 30°, \, V = F \cos 30°, \, M = F \cos 30° \times 200$$

$$\alpha_v = (4.0 - 0.08d)\sqrt{\frac{f_c}{f_y}} = (4.0 - 0.08 \times 18)\sqrt{\frac{16.7}{300}} = 0.604$$

上式中，用于锚筋的抗拉强度设计值不应大于 300N/mm²。

由于采取了防止锚板弯曲变形的措施，$\alpha_b = 1.0$。三层锚筋，$\alpha_r = 0.9$。6 Φ 18 的截面积为 1527mm²。

按照公式（9.7.2-1）计算。

$$A_s = \frac{F\cos 30°}{\alpha_r \alpha_v f_y} + \frac{F\sin 30°}{0.8\alpha_b f_y} + \frac{F\cos 30° \times 200}{1.3\alpha_r \alpha_b f_y z}$$

$$1527 = \frac{F\cos 30°}{0.9 \times 0.604 \times 300} + \frac{F\sin 30°}{0.8 \times 300} + \frac{F\cos 30° \times 200}{1.3 \times 0.9 \times 300 \times 400}$$

解方程，得到 $F = 177.0 \times 10^3 \text{N} = 177.0 \text{kN}$。

按照公式（9.7.2-2）计算。

$$A_s = \frac{F\sin 30°}{0.8\alpha_b f_y} + \frac{F\cos 30° \times 200}{0.4\alpha_r \alpha_b f_y z}$$

$$1527 = \frac{F\sin 30°}{0.8 \times 300} + \frac{F\cos 30° \times 200}{0.4 \times 0.9 \times 300 \times 400}$$

解方程，得到 $F = 250.6 \times 10^3 \text{N} = 250.6 \text{kN}$。

取较小者，为 $F = 177$kN。选择 B。

点评：本题需要注意锚筋的 $f_y \leqslant 300$N/mm² 这一条件。

10. 答案：D

解答过程：将 AB 杆视为简支梁，可以求得 B 支座处反力为：

$$R_B = \frac{ql}{2} + P = \frac{25 \times 6}{2} + 350 = 425\text{kN}$$

B 支座处反力由 BC 杆提供，考虑 B 点处力的平衡，如图 9-2-1 所示：

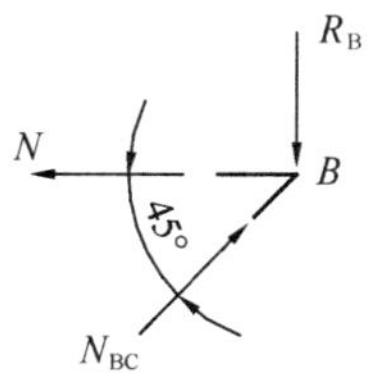

可得 AB 杆受到的拉力为 $N = 425$kN。

AB 杆截面最大弯矩为

$$M = \frac{1}{8}ql^2 = \frac{1}{8} \times 25 \times 6^2 = 112.5\text{kN·m}$$

图 9-2-1 B 点处的平衡

应按照偏心受拉构件设计 AB 杆的纵向钢筋。

依据《混凝土结构设计规范》GB 50010—2010 的 6.2.23 条第 3 款，由于是对称配筋，无论大小偏心，均按照如下公式计算纵筋截面积：

$$e' = e_0 + h/2 - a'_s = 265 + 200 - 45 = 420\text{mm}$$

$$A_s = A'_s = \frac{Ne'}{f_y(h_0 - a'_s)} = \frac{425 \times 10^3 \times 420}{360 \times (355 - 45)} = 1599\text{mm}^2$$

此钢筋量也满足最小配筋率要求。

选择 D。

11. 答案：B

解答过程：依据《混凝土结构设计规范》GB 50010—2010 的 6.5.1 条，抗冲切承载力设计值为：

$$0.7\beta_h f_t \eta u_m h_0$$

今对式中数值计算如下：

$$h_0 = 250 - 40 = 210\text{mm}, \quad u_m = 4 \times (1600 + 210) = 7240\text{mm}$$

$$\eta_1 = 0.4 + \frac{1.2}{\beta_s} = 0.4 + \frac{1.2}{2} = 1.0, \quad \eta_2 = 0.5 + \frac{\alpha_s h_0}{4 u_m} = 0.5 + \frac{40 \times 210}{4 \times 7240} = 0.790$$

η 取 η_1、η_2 的较小者，故 $\eta = 0.790$。

$$0.7\beta_h f_t \eta u_m h_0 = 0.7 \times 1.0 \times 1.57 \times 0.79 \times 7240 \times 210 = 1320.0 \times 10^3 \text{N}$$

可承受的柱顶轴向压力设计值：

$$N = 1320.0 + 15 \times (1.6 + 2 \times 0.21) \times (1.6 + 2 \times 0.21) = 1381\text{kN}$$

故选择 B。

12. 答案：B

解答过程：依据《建筑工程抗震设防分类标准》GB 50223—2008 的 6.0.5 条及其条文说明，建筑面积 17000 m² 以上为大型商场，为乙类，这里总建筑面积 16000m²，应归入丙类。

依据《建筑抗震设计规范》GB 50011—2010 的表 6.1.2，7 度、框架结构、高度 21m，抗震等级为三级。

依据表 6.3.7-1 及注释 2，0.8+0.05=0.85，选择 B。

13. 答案：C

解答过程：依据《混凝土结构设计规范》GB 50010—2010 的 6.4.2 条判断是否仅需构造配筋。

$$\frac{V}{bh_0} + \frac{T}{W_t} = \frac{150 \times 10^3}{400 \times 550} + \frac{10 \times 10^6}{37.33 \times 10^6} = 0.95 < 0.7 f_t = 0.7 \times 1.57 = 1.1\text{N/mm}^2$$

可按构造要求配置纵筋及箍筋。

由于 $0.7 f_t bh_0 = 0.7 \times 1.57 \times 400 \times 550 = 241.78 \times 10^3 \text{N} > V = 150\text{kN}$，且梁高为 600mm，依据表 9.2.9，箍筋最大间距为 350mm。

依据 9.2.10 条，箍筋最小配箍率为

$$\rho_{sv,min} = 0.28 \frac{f_t}{f_{yv}} = 0.28 \times \frac{1.57}{270} = 0.16\%$$

当采用 $\phi 10@350$（4）时，配箍率为 $\rho_{sv} = \frac{A_{sv}}{bs} = \frac{314}{400 \times 350} = 0.22\% > \rho_{sv,min}$，满足要求。

$\phi 6@200$（4）、$\phi 8@350$（4）时，配箍率分别为 0.14%、0.14%。

故选择 C。

点评：对于剪扭同时作用的构件，执行规范的顺序是：

（1）依据 6.4.1 条判断截面是否满足要求。考试中，由于重点考查的是配筋，所以，这一条可以跳过。

（2）依据 6.4.2 条判断是否需要按照计算配置箍筋，如果不需要，直接按照构造配置箍筋。

（3）如果需要按照计算配置箍筋，依据 6.4.12 条判断是否可以忽略某一项。

14. 答案：B

解答过程：依据《混规》6.4.8 条计算。

$$\beta_t = \frac{1.5}{1+0.5\dfrac{VW_t}{Tbh_0}} = \frac{1.5}{1+0.5\times\dfrac{300\times10^3\times37.33\times10^6}{70\times10^6\times400\times550}} = 1.1 > 1.0$$

取 $\beta_t = 1.0$。

$$T = \beta_t 0.35 f_t W_t + 1.2\sqrt{\zeta}f_{yv}\frac{A_{st1}A_{cor}}{s}$$

$$70\times10^6 = 1.0\times0.35\times1.57\times37.33\times10^6 + 1.2\times\sqrt{1.6}\times270\times\frac{A_{st1}}{s}\times320\times520$$

解方程，得到 $\dfrac{A_{st1}}{s} = 0.726\text{mm}^2/\text{mm}$。

四肢箍，取间距为 100mm 范围，则需要的箍筋截面积为

$$(0.726\times2+1.206)\times100 = 266\text{mm}^2$$

据此分配到四肢的单肢截面积为 266/4=67mm²，小于外侧抗扭所需的 72.6 mm²。所以，按照处于外侧的抗扭箍筋单肢截面积选择全部四肢箍筋即可。ϕ10 可提供 78.5 mm²，满足要求，选择 B。

点评：此题按照教科书解法，将是：

每米范围所需单肢截面积（1.206/4+0.726）×1000=1027.5mm²

查表，ϕ10 箍筋每米范围可提供 785 mm²，不满足要求。ϕ12 箍筋每米范围可提供 1131 mm，选择 C。

该做法实际上隐含认为内侧的箍筋也需要提供抗扭截面积，因为，取每毫米范围单肢截面积为 $\dfrac{A_{sv}}{n}+A_{st1}$，相当于每毫米范围总箍筋为 $A_{sv}+nA_{st1}$。由于处于内侧的箍筋不抗扭，处于外侧的箍筋才抗扭，这里的 nA_{st1} 应为 $2A_{st1}$，即四肢箍时，用教材解法会多用钢筋。

15. 答案：B

解答过程：重点设防类，烈度提高一度采取抗震措施。

按混凝土框架-剪力墙结构、9 度、高度 20m 查《混凝土结构设计规范》GB 50010—2010 的表 11.1.3，框架抗震等级为二级。

轴压比 $\dfrac{2500\times10^3}{19.1\times550^2} = 0.43 > 0.15$，依据表 11.1.6，$\gamma_{RE}=0.8$。

由于是角柱，依据 11.4.5 条，弯矩应调整为 1.1×700=770kN·m。

$$x = \frac{\gamma_{RE}N}{\alpha_1 f_c b} = \frac{0.8\times2500\times10^3}{19.1\times550} = 190\text{mm} < \xi_b h_0 = 0.518\times500$$

应按照大偏心受压计算。

$$e_0 = M/N = 770 \times 10^3 / 2500 = 308\text{mm}, \quad e_a = \max\left\{\frac{h}{30}, 20\right\} = 20\text{mm}$$

$$e_i = e_0 + e_a = 308 + 20 = 328\text{mm}$$

$$e = e_i + \frac{h}{2} - a_s = 328 + 550/2 - 50 = 553\text{mm}$$

$$A'_s = \frac{\gamma_{RE} Ne - \alpha_1 f_c bx(h_0 - x/2)}{f'_y (h_0 - a'_s)}$$

$$= \frac{0.8 \times 2500 \times 10^3 \times 553 - 19.1 \times 550 \times 190(500 - 190/2)}{360 \times (500 - 50)}$$

$$= 1837\text{mm}^2$$

选择 B。

点评：之所以不对首层柱底截面弯矩乘以增大系数 1.5，是由于本题中为框架一剪力墙结构而非框架结构。

16. 答案：A

解答过程：依据《建筑结构荷载规范》GB 50009—2012 的表 5.1.1，消防车的准永久值系数为零，故 A 正确。

依据 5.3.3 条，不上人的屋面均布活荷载可不与雪荷载和风荷载同时组合，故 B 错误。

依据 3.2.4 条，C 选项应限定为"工业房屋"，故 C 错误。

依据 9.3.1 条，D 错误。

17. 答案：A

解答过程：依据《建筑结构荷载规范》GB 50009—2012 的 5.4.3 条，荷载组合为：积灰荷载+max（雪荷载，不上人屋面活荷载），今雪荷载为 0.65kN/m^2，不上人屋面活荷载为 0.5 kN/m^2，故取积灰荷载与雪荷载组合。

组合时，可变荷载包括两项。积灰荷载组合值系数 0.9，雪荷载组合值系数 0.7。由于

$$0.65 + 1.0 \times 0.9 > 0.65 \times 0.7 + 1.0$$

故把雪荷载作为第一个可变荷载。

檩条上的均布线荷载（沿铅垂方向）标准值为

$$q_k = 0.55 + 0.18 \times 3 + (0.65 + 1.0 \times 0.9) \times 3 = 5.74\text{kN/m}$$

垂直于屋面方向的分力为

$$q_{ky} = \frac{5.74 \times 10}{\sqrt{10^2 + 1^2}} = 5.71\text{kN/m}$$

檩条在垂直于屋面方向的跨中挠度值：

$$v = \frac{5 \times 5.71 \times 12000^4}{384 \times 206 \times 10^3 \times 18600 \times 10^4} = 40\text{mm}$$

选择 A。

18. 答案：D

解答过程：依据《钢结构设计标准》GB 50017—2017 的 6.1.1 条计算。

由于翼缘宽厚比小于 $13\varepsilon_k$ 且腹板高厚比小于 $93\varepsilon_k$，至少属于 S3 级，故可以考虑塑性

发展。

$$\frac{M_x}{\gamma_x W_{nx}} + \frac{M_y}{\gamma_y W_{ny}} = \frac{133 \times 10^6}{1.05 \times 929 \times 10^3} + \frac{0.3 \times 10^6}{1.2 \times 97.8 \times 10^3} = 139 \text{N/mm}^2$$

选择 D。

19. 答案：C

解答过程：长细比 $\lambda_y = \dfrac{l_{0y}}{i_y} = \dfrac{4000}{32.2} = 124$

依据《钢结构设计标准》GB 50017—2017 的 C.0.1 条计算 φ_b。

查表 C.0.1，项次 8，荷载作用于上翼缘，$\beta_b = 1.2$。

$$\varphi_b = \beta_b \frac{4320}{\lambda_y^2} \cdot \frac{Ah}{W_x} \left(\sqrt{1 + \left(\frac{\lambda_y t_1}{4.4h}\right)^2} + \eta_b \right) \frac{235}{f_y}$$

$$= 1.2 \times \frac{4320}{124^2} \times \frac{7037 \times 400}{929 \times 10^3} \sqrt{1 + \left(\frac{124 \times 13}{4.4 \times 400}\right)^2}$$

$$= 1.39 > 0.6$$

$$\varphi_b' = 1.07 - 0.282/1.39 = 0.867$$

依据 6.2.3 条，可得

$$\frac{M_x}{\varphi_b W_x f} + \frac{M_y}{\gamma_y W_y f} = \frac{133 \times 10^6}{0.867 \times 929 \times 10^3 \times 215} + \frac{0.3 \times 10^6}{1.2 \times 97.8 \times 10^3 \times 215} = 0.781$$

选择 C。

20. 答案：B

解答过程：依据《钢结构设计标准》GB 50017—2017 的 14.2 节可知，梁承受正弯矩作用，在截面积相等的情况下，内力臂越大，可承受的弯矩越大。A、B、C、D 选项中，B 图截面的形心最靠近下边缘，所以，选择 B。

21. 答案：B

解答过程：由于 AB 梁为次梁，属于非抗震构件，故无需依据《建筑抗震设计规范》GB 50011—2010 进行抗震设计，A 项错误。

截面腹板的高厚比为 $h_0/t_w = (600 - 2 \times 12)/6 = 96 > 80\sqrt{235/f_y} = 80$，依据《钢结构设计标准》GB 50017—2017 的 6.3.2 条应设置横向加劲肋，无需设置纵向加劲肋，故 C 项错误。设置加劲肋之后应对区格进行稳定性验算，故 B 项正确。

考虑腹板屈曲后强度之后，只需进行抗弯和抗剪承载力计算，无需再计算腹板的稳定性，故 D 项错误。

22. 答案：A

解答过程：在正弯矩作用下，梁发生局部失稳，表现为受压的上翼缘发生侧向位移并伴随扭转，因此，限制上翼缘侧向位移最为有效。选择 A。

23. 答案：A

解答过程：依据《建筑抗震设计规范》GB 50011—2010 的 9.2.16 条第 2 款，最小插入深度应取

$$\max\{2.5 \times 1000, 0.5 \times (3000 + 700)\} = 2500 \text{mm}$$

选择 A。

24. 答案：B

解答过程：依据《钢结构设计标准》GB 50017—2017 的 8.2.1 条计算。

$$\lambda_x = 30860/512.3 = 60$$

$$\lambda_x \sqrt{f_y/235} = 60\sqrt{345/235} = 73$$

按照 b 类查表，$\varphi_x = 0.732$。

$$N'_{Ex} = \frac{\pi^2 EA}{1.1\lambda_x^2} = \frac{3.14^2 \times 206 \times 10^3 \times 67520}{1.1 \times 60^2} = 34631 \times 10^3 \text{N}$$

由于截面属于 S3 级，故取 $\gamma_x = 1.05$。

由于翼缘厚度为 32mm，钢材为 Q345，故取 $f = 295\text{N/mm}^2$。

$$\frac{N}{\varphi_x A f} + \frac{\beta_{mx} M_x}{\gamma_x W_{1x}(1 - 0.8 N/N'_{Ex})f}$$

$$= \frac{2100 \times 10^3}{0.732 \times 675.2 \times 10^2 \times 295} + \frac{1.0 \times 5700 \times 10^6}{1.05 \times 29544 \times 10^3 \times \left(1 - 0.8 \times \frac{2100}{34631}\right) \times 295}$$

$$= 0.800$$

选择 B。

25. 答案：C

解答过程：依据《钢结构设计标准》GB 50017—2017 的 8.2.1 条计算。

$$\lambda_y = 12230/164.6 = 74$$

$$\varphi_b = 1.07 - \frac{\lambda_y^2}{44000}\frac{f_y}{235} = 1.07 - \frac{74^2}{44000}\frac{345}{235} = 0.887$$

$$\lambda_y \sqrt{\frac{f_y}{235}} = 74\sqrt{\frac{345}{235}} = 90，查表，\varphi_y = 0.621$$

$$\frac{N}{\varphi_y A f} + \eta \frac{\beta_{tx} M_x}{\varphi_b W_{1x} f}$$

$$= \frac{2100 \times 10^3}{0.621 \times 675.2 \times 10^2 \times 295} + 1.0 \times \frac{1.0 \times 5700 \times 10^6}{0.887 \times 29544 \times 10^3 \times 295}$$

$$= 0.908$$

选择 C。

26. 答案：A

解答过程：连接板侧焊缝所需计算长度为

$$\frac{360 \times 10^3 - 1.22 \times 160 \times 5.6 \times 160}{2 \times 5.6 \times 160} = 103\text{mm}$$

由于三面围焊，仅考虑一端缺陷即可，故所需的几何长度为 $103 + 8 = 111\text{mm}$。选择 A。

27. 答案：C

解答过程：依据《钢结构设计标准》GB 50017—2017 的 11.4.2 条计算。
依据受力要求，可得

$$6N_v^b \geqslant N$$

$$6 \times 0.9 \times 1 \times 1 \times 0.45 \times P \geqslant 360$$

解方程，得到 $P \geqslant 148\text{kN}$。

查表 11.4.2-2，M20 螺栓可以提供 $P=155\text{kN}$，选择 C。

28. 答案：B

解答过程：依据《钢结构设计标准》GB 50017—2017 的 7.1.1 条计算。

$$\sigma = \left(1-0.5\frac{n_1}{n}\right)\frac{N}{A_n} = \left(1-0.5\times\frac{2}{6}\right)\times\frac{360\times10^3}{18.5\times10^2} = 162 \text{ N/mm}^2$$

$$<0.7f_u = 0.7\times 370 = 259\text{N/mm}^2$$

故选择 B。

29. 答案：C

解答过程：依据《钢结构设计标准》GB 50017—2017 的 7.3.1 条判断是否满足板件宽厚比限值要求。

翼缘宽厚比为 $170/20=8.5<(10+0.1\lambda)\varepsilon_k=10+0.1\times 50=15$，满足限值要求。

腹板的高厚比为 $860/10=86>(25+0.5\lambda)\varepsilon_k=25+0.5\times 50=50$，不满足限值要求。

依据 7.3.3 条和 7.3.4 条计算有效截面面积。

$$\lambda_{n,p} = \frac{b/t}{56.2\varepsilon_k} = \frac{860/10}{56.2} = 1.530$$

$$\rho = \frac{1}{\lambda_{n,p}}\left(1-\frac{0.19}{\lambda_{n,p}}\right) = \frac{1}{1.53}\left(1-\frac{0.19}{1.53}\right) = 0.572$$

$$A_e = 2\times 350\times 20 + 0.572\times 10\times 860 = 18919.2\text{mm}^2$$

选择 C。

30. 答案：D

解答过程：依据《建筑抗震设计规范》GB 50011—2010 的 8.2.6 条第 2 款，选择 D。

31. 答案：C

解答过程：依据《建筑抗震设计规范》GB 50011—2010 的 7.5.4 条第 1 款，A 正确。

依据 7.5.5 条第 1 款，B 正确。

依据 7.2.9 条，D 正确。

选择 C。

点评：本题涉及的知识点汇总如下：

(1) 所谓"约束砌体抗震墙"是指采用了构造柱以及水平拉结网片的墙（规范对构造柱以及网片有具体的要求），通过这些约束以提高承载力。

(2) 底部框架-抗震墙砌体房屋的底部，层高不应超过 4.5m；当底层采用约束砌体抗震墙时，底层的层高不应超过 4.2m。

这里所说的"层高"，对于底层，指自首层地面算起至上层楼面的高度。

(3) 底部框架-抗震墙砖砌房屋，是指底部为钢筋混凝土框架-抗震墙结构，上部为多层砖墙承重的房屋。当底部做成一层框架-抗震墙结构时，称作底层框架-抗震墙房屋。

(4) 依据 7.1.8 条，6 度且不超过 4 层的底层框架-抗震墙砌体房屋，应允许采用嵌砌于框架之间的约束"普通砖砌体或小砌块砌体"的砌体抗震墙；6、7 度时应采用钢筋混凝土抗震墙或配筋小砌块砌体抗震墙；8 度时应采用钢筋混凝土抗震墙。

7.5.4 条、7.5.5 条对 6 度设防时的规定，与 7.1.8 条协调。

另外，答题中，有两点需要解释：

(1) 选项 C 错在哪里？

规范 7.1.8 条指出，6 度且不超过 4 层的底层框架-抗震墙砌体房屋，应允许采用嵌砌于框架之间的约束"普通砖砌体或小砌块砌体"的砌体抗震墙。C 项采用的是"混凝土多孔砖"，从表 7.1.2 可知，这 3 种材料是并列关系，所以，对于"嵌砌"这种情况，"混凝土多孔砖"被排除在外；另外，7.1.8 条条文说明指出，不应采用约束多孔砖砌体。

(2) 2011 版《砌体结构设计规范》的 10.4.6 条

将其与《建筑抗震设计规范》的 7.5.3 条～7.5.5 条对照，如表 9-2-2 所示。笔者认为，前者由于是新增条款，似乎行笔仓促，以后者规定为准。

关于墙厚的规范条文对比 表 9-2-2

《砌体结构设计规范》	《建筑抗震设计规范》
10.4.6 条 底部框架-抗震墙砌体房屋中底部抗震墙的厚度和数量，应由房屋的竖向刚度分布来确定。当采用约束普通砖墙时其厚度不得小于 240mm；配筋砌块砌体抗震墙厚度，不得小于 190mm；钢筋混凝土抗震墙厚度不宜小于 160mm；且均不宜小于层高或无支长度的 1/20。	7.5.3 条第 2 款 （采用钢筋混凝土墙时，）墙板的厚度不宜小于 160mm，且不应小于墙板净高的 1/20。 7.5.4 条第 1 款 （当 6 度设防的底层框架-抗震墙砖房的底层采用约束砖砌体墙时，）砖墙厚不应小于 240mm。 7.5.5 条第 1 款 （当 6 度设防的底层框架-抗震墙砌块房屋的底层采用约束小砌块砌体墙时，）墙厚不应小于 190mm。

32. 答案：C

解答过程：依据《建筑抗震设计规范》GB 50011—2010 的 7.2.9 条第 2 款计算。

$$\frac{1}{\gamma_{REc}}\Sigma(M_{yc}^u + M_{yc}^l)/H_0 + \frac{1}{\gamma_{REw}}\Sigma f_{vE}A_{w0}$$

$$= \frac{1}{0.8}\left(\frac{2\times165\times10^6}{4600}\times2 + \frac{2\times165\times10^6}{\frac{2}{3}\times4600}\right) + \frac{1}{0.9}(0.52\times4500\times190\times1.25\times2)$$

$$= 1549\times10^3 \text{N}$$

选择 C。

点评：本题对原题目有两处改动：

(1) 将"设防烈度为 7 度"改为"设防烈度为 6 度"；
(2) 将"配筋小砌块砌体墙"改为"小砌块砌体墙"。

之所以如此改动，是基于《建筑抗震设计规范》GB 50011—2010 的多处规定：

(1) 规范 7.2.9 条的前提条件是"嵌砌于框架之间的普通砖或小砌块的砌体墙"，且应满足 7.5.4 条、7.5.5 条的构造要求。查 7.5.4 条，为 6 度设防且底层采用约束砖砌体墙情况；查 7.5.5 条，为 6 度设防且底层采用约束小砌块砌体墙情况，于是可知，此种设计，以 6 度设防为前提，且采用的材料是普通砖或小砌块。

(2) 规范 7.2.9 条的条文说明指出，"本次修订，比 2001 版增加了底框房屋采用混凝土小砌块的约束砌体抗震墙承载力验算的内容。……，虽然仅适用于6度设防，为判断其安全性，仍应进行抗震验算"。此处同样说明应是"6度"、"小砌块"。

(3) 规范7.1.8条（强制性条文）第2款规定："6度且总层数不超过四层的底层框架-抗震墙砌体房屋，应允许采用嵌砌于框架之间的约束普通砖砌体或小砌块砌体的砌体抗震墙，但应计入砌体墙对框架的附加轴力和附加剪力并进行底层的抗震验算，且同一方向不应同时采用钢筋混凝土抗震墙和约束砌体抗震墙；其余情况，8度时应采用钢筋混凝土抗震墙，6、7度时应采用钢筋混凝土抗震墙或配筋小砌块砌体抗震墙"。说明，"嵌砌"这种形式，只用于6度且总层数不超过四层的情况。

(4) 对于"嵌砌于框架之间的普通砖或小砌块的砌体墙"，组合而成的抗侧力构件所承担的地震作用，要经过周边框架向下传递，故周边的框架柱需要考虑由砖墙（小砌块墙）引起的附加轴力和附加剪力。

(5) 2001版《建筑抗震设计规范》7.1.8条，曾规定6、7度且总层数不超过5层的底层框架-抗震墙房屋，允许采用嵌砌于框架之间的砌体抗震墙。7.2.11条在规定附加轴力、附加剪力时，强调是"嵌砌于框架之间的普通砖抗震墙"。

本题点评中观点由黑龙江伊春林业勘察设计院张培林高工提出，特此感谢。

33. 答案：D

解答过程：依据《建筑抗震设计规范》GB 50011—2010的表7.1.2，可得

丙类、多层砌体房屋、普通砖、7度（0.1g），高度限值21m，层数限值7层。

依据该表下注释3，由于是乙类，高度限值21-3=18m，层数限值7-1=6层。

开间大于4.2m的房间面积所占总面积的比例为

$$6 \times 5.4 \times 3 / (18 \times 12.9) = 42\% > 40\%$$

开间大于4.8m的房间面积所占总面积的比例仍为42%，不足以达到横墙很少，因此，属于横墙较少。依据7.1.2条第2款，高度限值18-3=15m，层数限值6-1=5层。

采用的是蒸压灰砂砖，因此，还要判断7.1.2条第4款。由于0.12/0.17=70.6%，接近70%，所以，高度限值15-3=12m，层数限值5-1=4层。

点评：规范7.1.2条第4款规定，采用蒸压灰砂砖和蒸压粉煤灰砖的砌体的房屋，当砌体的抗剪强度仅达到普通黏土砖砌体的70%时，房屋的层数应比普通砖房减少一层，总高度应减少3m。此处由于0.12/0.17=70.6%，大于70%，所以，有观点认为不再降低，选择C。笔者认为不妥，因为，实际上规范表格中的强度就是按照70%确定的，只不过，考虑了有效数字，才导致比值稍大于70%。

34. 答案：D

解答过程：依据《建筑抗震设计规范》GB 50011—2010的7.3.1条，查表7.3.1，应按7度、大于等于6层确定构造柱数量。

横墙较少（判别见上题解答）且总高度和层数与表7.1.2中的限值接近，依据7.3.14条第5款，所有纵横墙交接处以及横墙的中部，均增设构造柱，满足纵横墙内的柱距不大于3m。

最终设置的构造柱如图9-2-2中的圆圈位置所示，考虑对称，共设置2×35+6=76个。选择D。

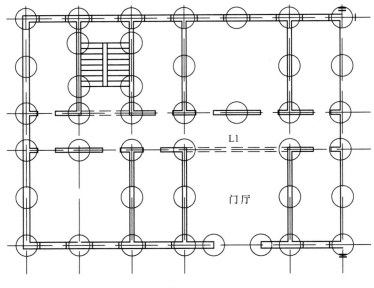

图 9-2-2

点评：关于本题，有以下 3 点需要说明：

（1）多层砖砌体墙当房屋高度和层数接近规范表限值时，《建筑抗震设计规范》的规定更为完备，而《砌体结构设计规范》的规定相对简略（见 10.2.5 条第 5 款）。为避免争议，题目中要求以《建筑抗震设计规范》作答。

（2）《建筑抗震设计规范》第 5 款规定，"所有纵横墙交接处及横墙的中部，均应增设下列要求的构造柱：在纵、横墙内的柱距不宜大于 3m"。虽然前句仅提到"横墙的中部"，但是，由于纵墙内的构造柱间距要满足不大于 3m，故必要时纵墙中部也要设置构造柱。

（3）依据《建筑抗震设计规范》表 7.3.1，在较大洞口两侧应设置构造柱，表下注释对"较大洞口"的解释为对于内墙指不小于 2.1m 的洞口，并未具体说明 2.1m 是指宽度还是高度。此处，笔者理解为宽度。题目中门洞口尺寸为 1000mm×2400mm（宽×高），故不属于较大洞口，无需在其两侧设置构造柱。经查，命题组给出的解答也是如此。

朱炳寅《建筑抗震设计规范应用与分析》第 373 页认为，对于内墙，当洞宽度或高度中某一尺寸不小于 2.1m 时为"较大洞口"。

35. 答案：D

解答过程：依据《建筑抗震设计规范》GB 50011—2010 的 7.3.8 条第 2 款，门厅内墙阳角处的大梁支承长度不应小于 500mm，故选择 D。

36. 答案：C

解答过程：依据《砌体结构设计规范》GB 50003—2011 的 5.1.3 条，构件高度取为 $H=3.6+0.5+0.7=4.8\mathrm{m}$。

查表 5.1.3，多层房屋、刚性方案、$H < s = 5.4\mathrm{m} < 2H$，可得

$$H_0 = 0.4s + 0.2H = 0.4 \times 5.4 + 0.2 \times 4.8 = 3.12\mathrm{m}$$

$$\beta = \gamma_\beta \frac{H_0}{h} = 1.2 \times \frac{3120}{240} = 15.6$$

近似按照 $\beta = 16$ 查表 D.0.1-1，得到 $\varphi = 0.72$。选择 C。

37. 答案：B

解答过程：依据《砌体结构设计规范》GB 50003—2011 的 5.1.3 条，构件高度取为 $H=3+0.5+0.7=4.2\text{m}$。

查表 5.1.3，多层房屋、刚性方案、$H<s=6\text{m}<2H$，可得
$$H_0=0.4s+0.2H=0.4\times 6+0.2\times 4.2=3.24\text{m}$$

依据 6.1.1 条计算高厚比。
$$\beta=\frac{H_0}{h}=\frac{3240}{240}=13.5$$

查表 6.1.1，$[\beta]=26$。

依据 6.1.2 条第 2 款，可得
$$\mu_\text{c}=1+\gamma\frac{b_\text{c}}{l}=1+1.5\times\frac{240}{3000}=1.12$$

依据 6.1.4 条第 2 款，可得
$$\mu_2=1-0.4\frac{b_\text{s}}{s}=1-0.4\times\frac{2}{6}=0.867$$

于是
$$\mu_1\mu_2[\beta]=1.0\times 0.867\times 1.12\times 26=25.25$$

选择 B。

点评：(1) 本题编入时增加了所用的砌体材料（与上一题相同）。

(2) 规范规定，当洞口高度大于等于墙高的 4/5 时，可按独立墙段验算高厚比，此处的墙高，可按照规范 5.1.3 条规定的"构件高度"取值，今 $4/5\times 4.2=3.36\text{m}$ 大于门洞高度 2.4m，故按照正常情况验算。

38. 答案：C

解答过程：依据《砌体结构设计规范》GB 50003—2011 的 4.2.1 条，由于 $s=4.2\times 6=25.2\text{m}$，属于刚弹性方案。

依据 5.1.4 条确定下段柱的计算高度。由于 $H_\text{u}/H=2/6.65<1/3$，应取无吊车房屋的 H_0。

查表 5.1.3，无吊车房屋、单跨、刚弹性方案、排架方向，应取
$$H_0=1.2H=1.2\times 6.65=7.98\text{m}$$

选择 C。

39. 答案：B

解答过程：依据《砌体结构设计规范》GB 50003—2011 的表 5.1.3，变截面柱上段、刚弹性方案、排架方向，$H_0=2H_\text{u}=2\times 2=4\text{m}$。
$$\beta=\gamma_\beta\frac{H_0}{h}=1.0\times\frac{4000}{3.5\times 147}=7.77$$
$$e=\frac{M}{N}=\frac{19\times 10^3}{185}=103\text{mm}，\frac{e}{h_\text{T}}=\frac{103}{3.5\times 147}=0.2$$

查表，并利用内插法，可得
$$\varphi=0.54-\frac{0.54-0.50}{8-6}(7.77-6)=0.50$$

选择 B。

点评：依据规范 5.1.5 条，应有 $e\leqslant 0.6y$。今 $0.6y=0.6\times 394=236\text{mm}$，满足要求。

40. 答案：A

解答过程：依据《砌体结构设计规范》GB 50003—2011 的 8.2.4 条计算。

相对受压区高度 $\xi = x/h_0 = 315/(740-35) = 0.447 > 0.44$，因此，依据 8.2.5 条，可得

$$\sigma_s = 650 - 800\xi = 650 - 800 \times 0.447 = 292.4 \text{MPa}$$

偏心受压构件的受压承载力为：

$$fA' + f_c A'_c + \eta_s f'_y A'_s - \sigma_s A_s$$

$= 1.89 \times (490 \times 315 - 250 \times 120) + 9.6 \times 250 \times 120 + 1.0 \times 300 \times 763 - 292.4 \times 763$

$= 528.8 \times 10^3 \text{N}$

选择 A。

点评：规范 8.2.5 条对 σ_s 的解释"当 $\sigma_s < f'_y$ 时，取 $\sigma_s = f'_y$"应有误。因为，f'_y 为钢筋的抗压强度设计值，本身没有负号，所以，此处应是"当 $\sigma_s < -f'_y$ 时，取 $\sigma_s = -f'_y$"。读者可与《混凝土结构设计规范》GB 50010—2010 的公式（6.2.1-6）对照理解。

41. 答案：C

解答过程：取整体为研究对象，可求出支点反力为 $R_A = \dfrac{5}{2}P = 2.5P$。

取隔离体如图 9-2-3 所示，对 N_1、N_2 的交点位置取矩，得到

$$6R_A = 3P + 6P + 1.5N$$

解方程，得到

$$N = 4P = 66.8 \text{kN}$$

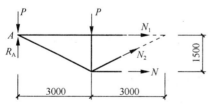

图 9-2-3　取隔离体后的平衡

安全等级为三级，取结构重要性系数为 $\gamma_0 = 0.9$，从而 D1 杆件的内力设计值为 $N = 0.9 \times 66.8 = 60.12 \text{kN}$。

依据《木结构设计标准》GB 50005—2017 的 4.3.1 条，TC11A 的顺纹抗拉强度设计值 $f_t = 7.5 \text{N/mm}^2$。考虑露天环境、设计使用年限 5 年，强度调整系数分别为 0.9、1.1。于是，D1 杆所需截面积为

$$A = \frac{N}{f_t} = \frac{60.12 \times 10^3}{0.9 \times 1.1 \times 7.5} = 8097 \text{mm}^2$$

$\sqrt{8097} = 90.0 \text{mm}$，故选择 C。

42. 答案：C

解答过程：依据《木结构设计标准》GB 50005—2017 的表 4.3.17，对于桁架受压弦杆，$[\lambda] = 120$。

$$\lambda = \frac{l_0}{i} = \frac{l_0}{a/\sqrt{12}} = \frac{3000}{a/\sqrt{12}} \leqslant [\lambda] = 120$$

解方程，得到 $a \geqslant 86.6 \text{mm}$。选择 C。

点评：若利用整体稳定性求解，将是以下步骤：
如图 9-2-4 所示，在左支座节点处，建立平衡方程：
水平方向 $\quad N+N_1\cos\theta=0$
竖直方向 $\quad P+N_1\sin\theta=R_A$
解方程，可得
$$N=(P-R_A)\times\mathrm{ctg}\theta=-3P$$
安全等级为二级，故 D2 杆的内力设计值 $N=3\times16.7=50.1\mathrm{kN}$，为压力。

图 9-2-4 左支座处的平衡

依据《木结构设计标准》的 4.3.1 条，TC11A 的 $f_c=10\mathrm{N/mm^2}$。考虑露天环境、设计使用年限 5 年，强度调整系数分别为 0.9、1.1，调整后 $f_c=0.9\times1.1\times10=9.9\mathrm{N/mm^2}$。
$$\varphi A_0\geqslant\frac{N}{f_c}=\frac{50.1\times10^3}{9.9}=5061\mathrm{mm^2}$$

依据 5.1.4 条，假设 $\lambda<91$，并令截面边长为 a，则
$$\frac{1}{1+\dfrac{\lambda^2}{4324}}\times a^2\geqslant 5061$$

将 $\lambda=l_0/i$，$i=\dfrac{a}{\sqrt{12}}$，$l_0=3000\mathrm{mm}$ 代入上式，解得：
$$a\geqslant 118.6\mathrm{mm}$$

验算此时是否满足 $\lambda<91$ 这一条件：
$$\lambda=\frac{3000}{a/\sqrt{12}}=\frac{3000}{118.6/\sqrt{12}}=87.6<91$$

即，为满足稳定要求，截面至少为 118.6mm。

43. 答案：B

解答过程：依据题意，总沉降为 3 个土层沉降之和。
附加压力 $p_0=18\times2=36\mathrm{kPa}$。
总沉降量为
$$1.0\times\left(\frac{36}{4.5\times10^3}\times2+\frac{36}{2.0\times10^3}\times10+\frac{36}{5.5\times10^3}\times3\right)=216\times10^{-3}\mathrm{m}=216\mathrm{mm}$$
选择 B。

44. 答案：B

解答过程：设淤泥质层经处理后弹性模量为 E_{sp}，则
$$30\times10^{-3}=1.0\times\frac{18\times2}{E_{sp}}\times10$$

解方程得到 $E_{sp}=12000\mathrm{kPa}=12\mathrm{MPa}$。

依据《建筑地基处理技术规范》JGJ 79—2012 的 7.3.3 条第 7 款以及 7.1.7 条，要求复合地基承载力特征值 $f_{spk}=12/2\times60=360\mathrm{kPa}$。

依据 7.1.5 条，可得
$$f_{spk}=\lambda m\frac{R_a}{A_p}+\beta(1-m)f_{sk}$$

$$360 = 1.0 \times m \times 3250 + 0.3 \times (1-m) \times 60$$

上式中，将桩间土的承载力特征值 f_{sk} 用淤泥质土的承载力特征值 f_{ak} 代替。

解方程得到 $m = 0.106$。

等边三角形布桩，则

$$m = \frac{d^2}{d_e^2} = \left(\frac{0.5}{1.05 \times s}\right)^2 = 0.106$$

解方程得到 $s = 1.46\text{m}$。选择 B。

点评：水泥土搅拌桩复合地基的变形计算，2012 规范做了较大修改，因此，对原题有改动。

45. 答案：B

解答过程：依据《建筑桩基技术规范》JGJ 94—2008 的 5.4.4 条计算。

$$\sigma' = 36 + 18 \times 2 + 10 \times (17-10)/2 = 107\text{kPa}$$

$$q_s^n = 0.15 \times 107 = 16.05\text{kPa}$$

由于此时大于正摩阻力标准值 12kPa，应取为 12kPa。

选择 B。

点评：在应用规范 5.4.4 条时注意：

(1) 负摩阻力标准值不大于正摩阻力标准值，此规定是在对 q_s^n 的说明中。

(2) 结合公式 (5.4.4-3) 理解本条第 1 款，可知，第 1 款算出的是第 i 层的负摩阻标准值，单位一般是 kPa，用于计算下拉荷载（单位为 kN）。计算第 i 层时，本层土厚度取一半，相当于取本土层负摩阻的平均值，这样，才能在公式 (5.4.4-3) 中乘以本层土厚度 l_i。

(3) 本题要求计算的是淤泥层的桩侧负摩阻力标准值，并非算至中性点。

46. 答案：C

解答过程：依据《建筑桩基技术规范》JGJ 94—2008 的 5.4.3 条第 2 款，应满足

$$N_k + Q_g^n \leqslant R_a$$

依据本条的注释，R_a 只计及中性点以下部分的侧阻及端阻，因此，只包含嵌岩段。

因为选项大都不大于 3，因此，依据《建筑地基基础设计规范》GB 50007—2011 的 Q.0.10、Q.0.11 条，取单桩嵌岩段总极限阻力的最小值，则 $R_a = 4600/2 = 2300\text{kN}$。

Q_g^n 依据《建筑桩基技术规范》JGJ 94—2008 的 5.4.4 条第 2 款确定。

$$Q_g^n = 1.0 \times 350 = 350\text{kN}$$

于是

$$\frac{5500}{n} + 350 \leqslant 2300$$

解方程得到 $n \geqslant 2.8$，所以 3 根桩即可，选择 C。

点评：题目中已经指出"不考虑承台及其以上土的重量"，故解题时未计入 G_k。

47. 答案：C

解答过程：由于各选项大多小于 3m，因此，假定 $b < 3\text{m}$。

(1) 对于黏土层计算

依据《建筑地基基础设计规范》GB 50007—2011 的表 5.2.4，由于 $e = 0.8$，$I_L = 0.75$，可得 $\eta_b = 0.3$，$\eta_d = 1.6$。

$$f_a = 145 + 1.6 \times 18 \times (1.5 - 0.5) = 173.8 \text{kPa}$$

$$p_k = \frac{F_k + G_k}{A} = \frac{F_k}{A} + 20d = \frac{240}{b} + 20 \times 1.5 = 173.8 \text{kPa}$$

解方程，得到 $b = 1.67\text{m}$。

(2) 对于淤泥质土层计算

$$\gamma_m = \frac{18 \times 2 + (18 - 10) \times 2}{4} = 13 \text{kN/m}^3$$

$$f_{az} = 60 + 1.0 \times 13 \times (4 - 0.5) = 105.5 \text{kPa}$$

$E_{s1}/E_{s2} = 6/2 = 3$，假定 $z/b > 0.5$，查表 5.2.7，得 $\theta = 23°$。

求算软弱下卧层顶面附加压力值 p_z：

$$p_k = \frac{240}{b} + 20 \times 1.5 \text{ (kPa)}$$

$$p_c = 18 \times 1.5 = 27 \text{kPa}$$

$$p_z = \frac{b(p_k - p_c)}{b + 2z\tan\theta} = \frac{b \times \left(\frac{240}{b} + 30 - 27\right)}{b + 2 \times 2.5 \times \tan 23°}$$

软弱下卧层顶面处土的自重压力值：$p_{cz} = 18 \times 2 + (18 - 10) \times 2 = 52 \text{kPa}$

要求 $p_z + p_{cz} = 105.5 \text{kPa}$

解方程，得到 $b = 2.50\text{m}$。此时，$z/b = 2.5/2.5 > 0.5$，满足假定，同时也满足 $b < 3\text{m}$ 的假定。

综上，b 至少为 2.50m，故选择 C。

48. 答案：C

解答过程：

$$p_{k\min} = \frac{260}{1.8} - \frac{10}{1 \times 1.8^2/6} = 125.9 \text{kPa} > 0$$

$$p_{k\max} = \frac{260}{1.8} + \frac{10}{1 \times 1.8^2/6} = 163.0 \text{kPa}$$

计算截面处（距离 $p_{k\max}$ 更近的一侧）的应力为：

$$p = 163.0 - \frac{163.0 - 125.9}{1.8} \times (0.9 - 0.12) = 146.9 \text{kPa}$$

按照梯形分布，得到计算截面处单位长度剪力设计值为：

$$V_s = 1.35 \times \frac{(146.9 + 163.0) \times (0.9 - 0.12)}{2} = 163.2 \text{kN}$$

选择 C。

点评：对于本题，有以下几点需要说明：

(1)《建筑地基基础设计规范》GB 50007—2011 的 8.2.10 条规定，墙下条形基础底板受剪承载力计算时，V_s 为墙与基础交接处由基底平均净反力产生的单位长度剪力设计值。此处的"基底平均净反力"，笔者理解，应是指规范图中阴影部分的净反力平均值。如果按照基底的平均净反力计算，将是如下步骤：

基底平均净反力设计值为：$p_0 = \frac{1.35 \times 260}{1.8} = 195 \text{kPa}$

单位长度剪力设计值：$V_s = 195 \times (0.9 - 0.12) = 152.1 \text{kN}$

由于没有考虑弯矩的作用，所得结果偏低。

(2) 朱炳寅《建筑地基基础设计方法及分析》(第二版)，给出的公式并未采用"平均净反力乘面积"的形式，而是按梯形应力面积求出。命题组给出的解答也是如此。可以支持笔者给出的解答。

(3) 由《建筑地基基础设计规范》5.2.2条可知，基底在压力 $F_k + G_k$ 和弯矩 M_k 共同作用下不出现拉应力时，才可以使用

$$p_{k\min} = \frac{F_k + G_k}{A} - \frac{M_k}{W}$$

$$p_{k\max} = \frac{F_k + G_k}{A} + \frac{M_k}{W}$$

限制条件为 $p_{k\min} \geqslant 0$，还可以表达为：

$$e = \frac{M_k}{F_k + G_k} \leqslant \frac{b}{6}$$

本题对此未作判断，但计算出 $\frac{F_k}{A} - \frac{M_k}{W} > 0$，满足该条件显然更能满足 $e \leqslant \frac{b}{6}$。

49. 答案：D

解答过程：依据《建筑地基基础设计规范》GB 50007—2011 的 8.2.9 条、8.2.10 条计算。

由于 $h_0 < 800$，故 $\beta_{hs} = 1.0$。

$$0.7\beta_{hs} f_t A_0 = 0.7 \times 1.0 \times 1.1 \times 600 \times 1000 = 462 \times 10^3 \text{N}$$

选择 D。

50. 答案：D

解答过程：依据《建筑地基基础设计规范》GB 50007—2011 的 8.2.12 条计算所需的受力钢筋。

$$A_s = \frac{M}{0.9 f_y h_0} = \frac{140 \times 10^6}{0.9 \times 360 \times 600} = 720 \text{ mm}^2$$

依据 8.2.1 条第 3 款，受力钢筋最小配筋率为 0.15%，因此，每延米最小配筋量为 $0.15\% \times 650 \times 1000 = 975 \text{ mm}^2$。$\phi14@150$ 可提供 1026mm^2，选择 D。

此时，D 选项的分布钢筋可提供 $251 \text{ mm}^2 > 15\% \times 1026 = 154 \text{mm}^2$，也满足要求。

51. 答案：C

解答过程：依据《建筑地基基础设计规范》GB 50007—2011 的 6.2.2 条，由于岩面坡度 $\tan 10° = 0.176 > 10\%$，基底下土层厚度大于 1.5m，且 f_{ak} 不满足表 6.2.2-1 的要求，因此，应考虑刚性下卧层的影响，按下式计算地基的变形：

$$s_{gz} = \beta_{gz} s_z$$

$h/b = 5/2.5 = 2$，查表 6.2.2-2，$\beta_{gz} = 1.09$。

s_z 按照 5.3.5 条计算。

由于 $p_0 = 100 \text{ kPa} < 0.75 f_{ak} = 105 \text{kPa}$，查表 5.3.5，可得

$$\psi_s = 1.1 - \frac{1.1 - 1.0}{4.0 - 2.5} \times (3.5 - 2.5) = 1.033$$

$$s_z = 1.033 \times 100 \times \left(\frac{2.5 \times 0.8 - 0}{6} + \frac{5 \times 0.6 - 2.5 \times 0.80}{2} \right) = 86 \text{mm}$$

$$s_{gz} = \beta_{gz} s_z = 1.09 \times 86 = 94 \text{mm}$$

选择 C。

52. 答案：B

解答过程：依据《建筑抗震设计规范》GB 50011—2010 的 4.3.11 条判断震陷性。

对于①层粉质黏土判别如下：

塑性指数 $I_p = w_L - w_p = 35.1 - 22 = 13.1 < 15$

$w_s = 28\% < 0.9 w_L = 0.9 \times 35.1\% = 31.59\%$

因此，不能判别为震陷性软土。A 错误。

对于③层粉质黏土判别如下：

塑性指数 $I_p = w_L - w_p = 34.1 - 20.5 = 13.6 < 15$

$w_s = 26.4\% < 0.9 w_L = 0.9 \times 34.1\% = 30.69\%$

因此，不能判别为震陷性软土。C 错误。

依据 4.3.4 条，对 A 点处的粉砂是否为液化土进行判断。

$$N_{cr} = N_0 \beta [\ln(0.6 d_s + 1.5) - 0.1 d_w] \sqrt{3/\rho_c}$$
$$= 16 \times 0.8 \times [\ln(0.6 \times 6 + 1.5) - 0.1 \times 2] \times \sqrt{3/3}$$
$$= 18.3$$

今锤击数为 $16 < N_{cr}$，因此，应判别为液化。

依据 4.3.3 条第 3 款，对②层粉砂液化的影响进行判断。

$d_u = 4 \text{m}$；查表 4.3.3，$d_0 = 8 \text{m}$；$d_b = 2 \text{m}$；$d_w = 2 \text{m}$。

$d_u = 4 \text{m} < d_0 + d_b - 2 = 8 + 2 - 2 = 8 \text{m}$

$d_w = 2 \text{m} < d_0 + d_b - 3 = 8 + 2 - 3 = 7 \text{m}$

$d_u + d_w = 6 \text{m} < 1.5 d_0 + 2 d_b - 4.5 = 12 + 4 - 4.5 = 11.5 \text{m}$

因此，应考虑液化影响。D 错误。

选择 B。

53. 答案：A

解答过程：桩 1 至承台形心的距离为 $\frac{2}{3} \times 2400 \sin 60° = 1386 \text{mm}$。

另两桩至承台形心的距离为 $\frac{1}{3} \times 2400 \sin 60° = 693 \text{mm}$。

柱形心与承台形心（桩形心）的距离为 $693 + 800 - 500 = 993 \text{mm}$。

上部结构对承台底面形心的弯矩为：

$$M_k = 1500 + 800 \times 1.5 - 6000 \times 0.993 = -3258 \text{kN} \cdot \text{m}$$

此弯矩对桩 1 形成拉力。

作用于桩 1 的竖向力（压力）为：

$$Q_{1k} = \frac{6000 + 20 \times 10.6 \times 2}{3} - \frac{3258 \times 1.386}{1.386^2 + 2 \times 0.693^2} = 574 \text{kN}$$

选择 A。

点评：计算桩 1 的竖向力（压力）时，可采用对桩 2、桩 3 连线取矩的简化方法，即

$$Q_{1k} = \frac{1500 + 20 \times 10.6 \times 2 \times 0.693 + 800 \times 1.5 - 6000 \times 0.3}{1.2 \times \tan 60°} = 574 \text{kN}$$

由于《桩规》5.1.1条第1款是按照对群桩形心取矩的结果,且基于承台刚度无穷大的假定,故此公式可灵活应用,即对任意位置取矩,简化计算。

54. 答案:A

解答过程:对桩承台下的粉砂层确定液化折减系数。

依据《建筑抗震设计规范》GB 50011—2010 的 4.4.3 条第 2 款 1),查表 4.4.3,由于实际标贯锤击数与临界标贯锤击数之比在 0.7~0.75 之间,且 $d_s = 4\text{m} < 10\text{m}$,因此,粉砂层考虑土层液化的折减系数为 1/3。

根据《建筑桩基技术规范》JGJ 94—2008 的 5.3.9 条计算单桩竖向承载力。

$$Q_{sk} = 3.14 \times 0.8 \times \left(2 \times 25 + 5 \times 30 \times \frac{1}{3} + 4 \times 30 + 2 \times 40\right) = 753.6 \text{kN}$$

查表 5.3.9,由于深径比为 1,$f_{rk} = 12\text{MPa} < 15\text{MPa}$ 属于软岩,故 $\zeta_r = 0.95$。

$$Q_{rk} = 0.95 \times \frac{3.14 \times 0.8^2}{4} \times 12 \times 10^3 = 5727.4 \text{kN}$$

$$Q_{uk} = Q_{sk} + Q_{rk} = 6481 \text{kN}$$

考虑安全系数 2 得到特征值,考虑 1.25 得到抗震承载力,于是,单桩竖向承压抗震承载力特征值为 $6481/2 \times 1.25 = 4050 \text{kN}$。选择 A。

点评:也可按照《建筑桩基技术规范》JGJ 94—2008 确定考虑土层液化的折减系数。

55. 答案:B

解答过程:依据《建筑桩基技术规范》JGJ 94—2008 的 3.3.2 条第 3 款,A 正确。

依据 7.2.1 条第 1 款,C 正确。

依据 7.4.4 条第 1 款,D 正确。

依据《建筑地基基础设计规范》GB 50007—2011 的 Q.0.4 条,对于饱和软黏土,预制桩入土不少于 25 天方可进行竖向静载试验,B 错误。

选择 B。

56. 答案:C

解答过程:依据《建筑桩基技术规范》JGJ 94—2008 的 5.5.9 条及其条文说明,C 所述正确。选择 C。

57. 答案:A

解答过程:依据《高层建筑混凝土结构技术规程》JGJ 3—2010 的式 (7.2.10-2),轴压力在一定范围内可提高墙肢的受剪承载力,A 不正确。

依据 7.1.6 条条文说明,B 正确。

依据 D.0.4 条,C 正确。

依据 7.1.8 条注释 1,D 正确。

选择 A。

58. 答案:D

解答过程:依据《建筑抗震设计规范》GB 50011—2010 的 3.6.3 条条文说明,附加弯矩与初始弯矩之比为稳定系数 θ,$\theta = \frac{M_a}{M_0} = \frac{\Sigma G_i \cdot \Delta u_i}{V_i \cdot h_i}$,用以表示重力二阶效应的影响

程度。选项 A 的表达不清楚,有多种理解,不能算作正确。

依据《建筑抗震设计规范》GB 50011—2010 的 3.6.3 条以及《钢结构设计规范》GB 50017—2003 的 3.2.8 条可知,只要重力附加弯矩大于初始弯矩的 10%,均应计入重力二阶效应的影响,B 错误。

依据《建筑抗震设计规范》GB 50011—2010 的 3.6.3 条条文说明,C 错误。

依据《高层建筑混凝土结构技术规程》JGJ 3—2010 的 5.4.1 条条文说明以及 5.4.4 条条文说明,D 正确。

59. 答案:D

解答过程:依据《高层建筑混凝土结构技术规程》JGJ 3—2010 的 9.1.5 条,核心筒外墙与外框架柱间的中距,抗震设计时大于 12m,宜采取增设内柱的措施,今方案一核心筒外墙与外框架柱间的中距达到了 14m,故不合理。

对于方案二,由于 L2 梁的高度为 700mm,建筑面层厚 50mm,因此室内净高为:3.2 −0.7−0.05=2.45m,不满足净高 2.6m 要求。故不合理。

方案三与方案四布置合理,同时,由于梁高为 450mm,因此均能满足室内净高要求。二者中,方案四由于采用了次梁 L3,楼板厚度变薄,若将 L3 折算为楼板厚度,则可以比较方案三与方案四的混凝土用量。由于 9m×10m 范围内布置了 4 根次梁 L3,最为密集,因此,以此范围进行近似折算,相当于 4 根次梁 L3 使楼板厚度增加了:

$$200 \times (400-100) \times (10000 \times 2 + 9000 \times 2)/(9000 \times 10000) = 25 \text{mm}$$

可见,此范围内相当于楼板厚度为 100+25=125mm,小于方案三的 200mm,因此,更为经济合理。

选择 D。

60. 答案:C

解答过程:依据《高层建筑混凝土结构技术规程》JGJ 3—2010 的 8.1.8 条第 2 款,x 向剪力墙不宜集中布置在房屋的两尽端,因此,宜减去 W1 或 W3。

根据 8.1.8 条表 8.1.8,8 度、现浇,y 向剪力墙的间距不宜大于 min(3B, 40m)= min(3×15, 40)=40m,宜减 W4 或 W7。

综上,同时考虑框架-剪力墙结构中剪力墙的布置原则,选择 C。

61. 答案:B

解答过程:根据《高层建筑混凝土结构技术规程》JGJ 3—2010 的 3.4.5 条及条文说明:扭转位移比计算时,楼层的位移可取"规定水平力"计算,"规定水平力"一般可采用振型组合后的楼层地震剪力换算的水平力,并考虑偶然偏心。

扭转位移比计算时无考虑双向地震作用的要求。

层间位移取楼层抗侧力构件的最大、最小层间位移。

楼层平均层间位移,根据《建筑抗震设计规范》GB 50011—2010 的 3.4.3 条条文说明,应取两端抗侧力构件最大、最小位移的平均值。

综上,楼层最大层间位移,取 Δu_B=3.4mm,楼层最小层间位移,取 Δu_D=1.9mm。

最大层间位移与平均值的比值为:$\dfrac{3.4}{(3.4+1.9)/2} = 1.28$

选择 B。

62. 答案：B

解答过程：根据《高层建筑混凝土结构技术规程》JGJ 3—2010 的 3.4.5 条条文说明，周期比计算时，可直接计算结构的固有自振特征，不必附加偶然偏心。

T_1 为刚度较弱方向的平动为主的第一自振周期，由表中扭转方向因子为 0，且不考虑偶然偏心的项得到，$T_1=2.8$s。

扭转方向因子大于 0.5 的最长自振周期为 T_t，因此，由表中得到为 $T_t=2.3$（不考虑偶然偏心）。

$T_t/T_1=2.3/2.8=0.82$，选择 B。

63. 答案：D

解答过程：根据《高层建筑混凝土结构技术规程》JGJ 3—2010 的 6.1.8 条条文说明，梁 L1 与框架柱相连的 A 端应按抗震设计，要求与框架梁相同；与框架梁相连的 C 端不参与抗震，构造可按非抗震要求。现在，选项 A 的左右梁端配置相同，相当于 B 端也按照抗震设计，因此，不合理。

对于选项 B，截面 A 处的配筋率为 $\rho=\dfrac{3041}{300\times 440}=2.3\%>2\%$，依据 6.3.2 条第 4 款，箍筋直径应比表 6.3.2-2 中规定的箍筋最小直径加 2mm，成为 $10+2=12$mm。故选项 B 不满足要求。

对于选项 C，截面 A 处，梁顶纵筋 2⌀22+6⌀20，截面积为 $760+1884=2644$mm²，梁底纵筋 4⌀18，截面积为 1018mm²，底面和顶面纵筋截面积的比率为 $1018/2644=0.38<0.5$，不满足 6.3.2 条第 3 款要求。

故只能选择 D。

点评：以上采用的是"排除法"答题。若对选项 D 验算，将是以下步骤：

梁顶纵筋 4⌀22+2⌀22，截面积为 2281mm²，梁底纵筋 4⌀22，截面积为 1520mm²。混凝土受压区高度与有效高度之比为：

$$\frac{x}{h_0}=\frac{f_y A_s - f'_y A'_s}{\alpha_1 f_c b h_0}=\frac{360(2281-1520)}{300\times 14.3\times 440}=0.15<0.25$$

满足 6.3.2 条第 1 款要求。

纵向受拉钢筋最小配筋率验算：

$$\rho_{\min}=\max(0.40\%, 0.8 f_t/f_y)=\max(0.40\%, 0.8\times 1.43/360)=0.40\%$$

$$\rho_{\min} bh = 0.004\times 300\times 500 = 600\text{mm}^2 < 2281\text{mm}^2$$

满足 6.3.2 条第 2 款的最小配筋率要求。

截面 A 处底面和顶面纵筋截面积的比率为 $4/6>0.5$，满足 6.3.2 条第 3 款的要求。

截面 A 处的纵筋配筋率为 $\rho=\dfrac{2281}{300\times 440}=1.7\%<2\%$，因此，依据 6.3.2 条第 4 款，箍筋最小直径为 10mm，箍筋最大间距为 100mm，选项 D 可满足要求。

综上，选项 D 的配置满足各项要求。

64. 答案：D

解答过程：依据《高层建筑混凝土结构技术规程》JGJ 3—2010 的附录 F.1.2 条计算。

$$\theta=\frac{A_a f_a}{A_c f_c}=\frac{3.14\times (1000^2-960^2)/4\times 300}{3.14\times 960^2/4\times 23.1}=1.105>[\theta]=1.00$$

因此

$$N_0 = 0.9 A_c f_c (1 + \sqrt{\theta} + \theta)$$
$$= 0.9 \times 3.14 \times 960^2/4 \times 23.1 \times (1 + \sqrt{1.105} + 1.105)$$
$$= 47.5 \times 10^6 \text{N}$$

选择 D。

65. 答案：C

解答过程：依据《高层建筑混凝土结构技术规程》JGJ 3—2010 的附录 F.1.3 条计算。$e_0 = M_2/N$，M_2 为柱端弯矩设计值的较大者。由于柱为框支柱，因此，M_2 应取调整后的值。

依据 10.2.11 条第 3 款，一级转换柱的上端和底层柱的下端，弯矩组合值应乘以 1.5；依据本条第 5 款，转换角柱，还应再乘以 1.1。因此，应取 $M_2 = 1350 \times 1.5 \times 1.1 = 2228$ kN·m。

于是，$e_0 = M_2/N = 2228 \times 10^3/25900 = 86$ mm，$e_0/r_c = 86/480 = 0.18 < 1.55$。

$$\varphi_e = \frac{1}{1 + 1.85 e_0/r_c} = \frac{1}{1 + 1.85 \times 0.18} = 0.75$$

选择 C。

点评：规范 10.2.11 条第 2 款规定，一、二级转换柱由地震作用产生的轴力应分别乘以增大系数 1.5、1.2，但计算轴压比时可不考虑该增大系数，注意此处强调的是"地震作用产生的轴力"，对于本题而言，由于给出的是"轴向压力设计值"，故不再乘以 1.5。

66. 答案：B

解答过程：依据《高层建筑混凝土结构技术规程》JGJ 3—2010 的附录 F.1.2 条，$N_u = \varphi_l \varphi_e N_0$，因此，$N_u/N_0 = \varphi_l \varphi_e$。本题 φ_e 已经给出，φ_l 依据 F.1.4 条计算。

依据 F.1.5 条和 F.1.6 条计算 L_e。由于 $e_0/r_c = 0.20 < 0.8$，因此

$$k = 1 - 0.625 e_0/r_c = 1 - 0.625 \times 0.2 = 0.875$$
$$L_e = \mu k L = 1.3 \times 0.875 \times 10 = 11.375 \text{m}$$

由于 $L_e/D = 11.375 > 4$，因此

$$\varphi_l = 1 - 0.115 \sqrt{L_e/D - 4} = 1 - 0.115 \sqrt{11.375 - 4} = 0.688$$
$$\varphi_l \varphi_e = 0.688 \times 0.6 = 0.413$$

还需要和 φ_0 比较。φ_0 按照轴心受压柱计算。

$L_e = 1.3 \times 10 = 13$ m，$\varphi_0 = \varphi_l = 1 - 0.115 \sqrt{L_e/D - 4} = 1 - 0.115 \sqrt{13 - 4} = 0.655$

由于 $\varphi_l \varphi_e = 0.413 < \varphi_0 = 0.655$，因此，取 $\varphi_l \varphi_e = 0.413$，选择 B。

67. 答案：C

解答过程：抗震设防烈度 7 度、丙类建筑，结构体系按全部落地剪力墙，依据《高层建筑混凝土结构技术规程》JGJ 3—2010 的表 3.3.1-1，A 级高度限值为 120m，本建筑高度 134.7m，因此属于 B 级高度。查表 3.9.4，剪力墙抗震等级为一级。

墙体总高度为 $3.2 \times 42 = 134.4$ m，依据 7.1.4 条，底部加强部位的高度取为 max(134.4/10, 2×3.2)=13.44m，因此，1~5 层为底部加强部位。依据 7.2.14 条第 1 款，应在底部加强部位及其相邻的上一层设置约束边缘构件，即 1~6 层。

依据 7.2.14 条第 3 款，B 级高度高层建建筑的剪力墙，宜在约束边缘构件层与构造

边缘构件层之间设置 1～2 层作为过渡层，过渡层边缘构件的箍筋配置要求可低于约束边缘构件的要求，但应高于构造边缘构件的要求。今第 7 层过渡层按此设计。

约束边缘构件阴影部分的竖向钢筋用量，依据 7.2.15 条第 2 款，一级时配筋率不小于 1.2%，且不少于 8φ16（截面积为 1608mm²），据此可得：$0.012 \times (300 \times 600) = 2160$mm² > 1608mm²。

构造边缘构件，竖向钢筋用量依据表 7.2.16 确定。其他部位、一级时配筋率不小于 0.8%，B 级高度，增加 $0.001A_c$，且不少于 6φ14（截面积为 924mm²），据此得到：$0.009 \times (300 \times 600) = 1620$mm² > 924mm²。

取以上平均值，为 $(2160 + 1620)/2 = 1890$mm²，8Φ18 可提供钢筋截面积为 2036mm²，满足要求。

阴影范围内的箍筋，对于构造边缘构件，依据 7.2.16 条，一级时，底部加强部位 φ8@100，其他部位 φ8@150 即可（且可以仅仅设置拉筋）。同时，B 级高度，要求 λ_v 不小于 0.10。对于约束边缘构件，依据 7.2.15 条，箍筋除应满足体积配箍率要求外，一级时要求箍筋间距不大于 100mm，同时，由于轴压比为 0.4、一级抗震，查表 7.2.15，得到 $\lambda_v = 0.20$。今对于过渡层，取箍筋间距为 100mm，λ_v 取为平均值，即取 $\lambda_v = 0.15$。于是

$$[\rho_v] = \lambda_v \frac{f_c}{f_{yv}} = 0.15 \times \frac{19.1}{300} = 0.955\%$$

验算 Φ8@100 是否满足体积配箍率：

$$\rho_v = \frac{[(300 - 30 - 30 + 8) \times 4 + (600 - 30) \times 2] \times 50.3}{[(600 - 30 - 8) \times (300 - 30 - 30)] \times 100}$$
$$= 0.795\% < [\rho_v] = 0.955\%$$

不满足要求。

验算 Φ10@100 是否满足体积配箍率：

$$\rho_v = \frac{[(300 - 30 - 30 + 10) \times 4 + (600 - 30 - 10 + 10) \times 2] \times 78.5}{[(600 - 30 - 10) \times (300 - 30 - 30)] \times 100}$$
$$= 1.25\% > [\rho_v] = 0.955\%$$

综上，选择 C。

点评：以上解答，需要注意以下两点：

(1) 由于命题组给出的做法存在争议，故以上给出的，是作者的理解。

朱炳寅等《全国注册结构工程师专业考试试题解答及分析》一书给出的解答思路如下：

竖向钢筋最小量，依据表 7.2.16，取按照底部加强部位和其他部位二者的平均值。$0.009A_c = 0.009 \times (300 \times 600) = 1620$mm²，6φ16 和 6φ14 钢筋截面积的平均值为 1065mm²，取以上二者较大者，为 1620mm²。8Φ18 钢筋截面积为 2036mm²，可满足要求。

阴影范围内的箍筋，按构造边缘构件处理，依据表 7.2.16，一级时，底部加强部位为 8φ10，今考虑更高的要求，取为 Φ10@100。按照约束边缘构件处理时，轴压比为 0.4、一级，查表 7.2.15，$\lambda_v = 0.20$，过渡层按照 λ_v 的一半取为 $\lambda_v = 0.10$，则

$$[\rho_v] = \lambda_v \frac{f_c}{f_{yv}} = 0.10 \times \frac{19.1}{300} = 0.64\%$$

验算 Φ10@100 是否满足体积配箍率：

$$\rho_v = \frac{[(300 - 30 - 30 + 10) \times 4 + (600 - 30 - 10 + 10) \times 2] \times 78.5}{[(600 - 30 - 10) \times (300 - 30 - 30)] \times 100}$$

$$=1.25\% > [\rho_v] = 0.64\%$$

满足要求。

综上，选择 C。

争议存在于两点：①竖向纵筋的截面积，按构造边缘构件取为底部加强区和其他部位的平均值，不妥；②直接将箍筋配置取为 Φ10@100 的理由不充分，因为，对于约束边缘构件并没有箍筋直径不小于 10mm 的要求。

（2）解题过程中，阴影部分沿墙厚方向有 4 根箍筋，这是根据有 8 根竖向纵筋得到的，并非按照图中所示取值。

68. 答案：D

解答过程：依据《高层建筑混凝土结构技术规程》JGJ 3—2010 的 7.2.4 条，双肢剪力墙，墙肢不宜出现小偏心受拉。今对出现拉弯的状况验算如下：

$$e_0 = M/N = 3000/1000 = 3\text{m} > h_w/2 - a = 2.5/2 - 0.2 = 1.05\text{m}$$

为大偏心受拉，符合规范要求。

墙肢 1 出现偏心受拉，对墙肢 2 的弯矩和剪力进行调整，应乘以 1.25。

由于该墙肢处于底层，因此必为底部加强部位，还应依据 7.2.6 条，按一级对剪力乘以增大系数 1.6。

墙肢 2 调整后的弯矩：$1.25 \times 5000 = 6250 \text{kNm}$

墙肢 2 调整后的剪力：$1.25 \times 1.6 \times 1000 = 2000 \text{kN}$

选择 D。

69. 答案：A

解答过程：查《建筑抗震设计规范》GB 50011—2010 的表 5.1.4-2，设计地震分组为第二组、Ⅱ类建筑场地、罕遇地震，特征周期应为 $0.40 + 0.05 = 0.45$。所以排除 B、D。

依据《高层建筑混凝土结构技术规程》JGJ 3—2010 的 3.11.3 条条文说明，对于第 3 性能水准结构，其整体进入弹塑性状态，此时，允许采用等效弹性方法计算竖向构件及关键部位构件的组合内力，计算中可适当考虑结构阻尼比的增加（增加值一般不大于 0.02）以及剪力墙连梁刚度的折减（刚度折减系数一般不小于 0.3）。据此排除 C 选择 A。

70. 答案：B

解答过程：依据《高层建筑混凝土结构技术规程》JGJ 3—2010 的附录 E 计算。

依据 E.0.1 条，由于等效剪切刚度比验算方法用于转换层为第 1、2 层时，而本题转换层为第 3 层，故该方法不采用。A 选项错误。

由于附录 E 并未规定按 3.5.2 条第 2 款计算，因此，不采用"考虑层高修正的楼层侧向刚度比验算方法"。C 选项错误。

由于转换层在第 2 层以上，因此，依据 E.0.3 条计算等效侧向刚度比：

$$\gamma_{e2} = \frac{\Delta_2 H_1}{\Delta_1 H_2} = \frac{6.2/1000 \times 18}{7.8/1000 \times (3.5 \times 5)} = 0.82 > 0.8$$

满足规范要求。选项 D 有误。

依据 E.0.2 条，转换层在第 2 层以上，按式（3.5.2-1）计算转换层与相邻上层的侧向刚度比，不应小于 0.6。

第 2、3 层的串联刚度为：$\dfrac{1}{3.5/900 + 3/1500} = 170 \text{kN/mm}$

第 2、3 层的串联刚度与第 4 层侧向刚度比为：
$$\gamma_1 = \frac{170}{900/2.1} = 0.4 < 0.6$$

不满足要求。

选择 B。

点评：以上解答采用朱炳寅等《全国注册结构工程师专业考试试题解答及分析》一书以及朱炳寅 2014 年 7 月 29 日微博的观点。

从题目图中可见，桁架转换构件并不是布置在 3 层顶部，而是在 2 层顶和 3 层顶之间，因此，在计算侧向刚度时，将 2、3 层刚度串联作为转换层的总刚度。

71. 答案：B

解答过程：依据《高层建筑混凝土结构技术规程》JGJ 3—2010 的 4.3.5 条选择地震波。

实际地震记录的数量不小于总数的 2/3，7×2/3＝4.7，实际地震记录不应少于 5 条，排除 A。

每条时程曲线计算的底部地震剪力不应小于振型反应谱法计算结果的 65%，16000×65%＝10400kN，P3、P6 不符合要求，排除 D。

多条时程曲线计算的底部地震剪力平均值不应小于振型反应谱法计算结果的 80%，16000×80%＝12800kN。

对于选项 B，平均值为
$$\frac{14000+13000+13500+11000+12000+14500+12000}{7}=12857\text{kN}$$

满足要求。

对于选项 C，平均值为
$$\frac{14000+13000+13500+11000+12000+10700+12000}{7}=12314\text{kN}$$

不满足要求。

选择 B。

72. 答案：B

解答过程：依据《建筑抗震设计规范》GB 50011—2010 的 3.10.4 条条文说明第 5 款，大震弹塑性分析时需要借助小震的反应谱法计算结果。

按照时程曲线得到的弹塑性位移与弹性位移的比值，为
$$\frac{\frac{725}{125}+\frac{870}{150}+\frac{815}{140}+\frac{1050}{175}+\frac{945}{160}+\frac{815}{140}+\frac{725}{125}}{7}=5.850$$

$$\frac{1}{600}\times 5.850=\frac{1}{103}$$

选择 B。

73. 答案：A

解答过程：依据《城市桥梁设计规范》CJJ 11—2011（2019 版）的 10.0.2 条，车道荷载按《公路桥涵设计通用规范》JTG D 60—2015 取值，故
$$P_k = 2(l_0+130) = 2\times(29.4+130) = 318.8\text{kN}$$

该桥主梁支点截面汽车荷载作用下的剪力标准值为

$(1+0.25)\times[(1.2\times318.8+29.4/2\times 10.5)\times2]=1342\text{kN}$

选择 A。

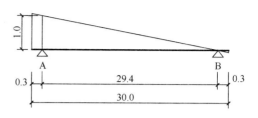

图 9-2-5 命题组给出的剪力影响线

点评：对于本题，需要注意以下两点：

(1) 由于梁长与计算跨度稍有差别，命题组给出的解答，以如图 9-2-5 所示的影响线计算汽车荷载作用下的剪力标准值。

$(1+0.25)\times\left[\left(1.2\times277.6+29.7\times\dfrac{29.7}{29.4}\times0.5\times10.5\right)\times2\right]=1226.6\text{kN}$

上式中，277.6 为依据 2004 版《公路桥涵设计通用规范》得到的 P_k。

(2) 注意分清剪力与支座反力、剪力图与剪力影响线图。

对于如图 9-2-6 (a) 所示的悬臂梁与荷载布置，易得支座反力为 $1.2P$。画出剪力图如图 9-2-6 (b) 所示，可得支座左侧剪力为 $-P$，支座右侧剪力为 $0.2P$。

剪力图呈现的是某一确定的荷载情况下构件所有截面的剪力分布。剪力影响线则是呈现移动的单位荷载作用下某一截面位置处的剪力数值。

图 9-2-7 分别给出了支座 A 左侧剪力 V_A^l、右侧剪力 V_A^R 以及支座反力 R_A 的影响线。

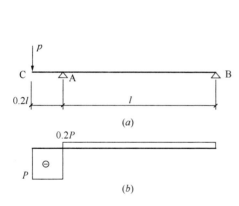

图 9-2-6 悬臂梁的剪力图
(a) 荷载布置；(b) 剪力图

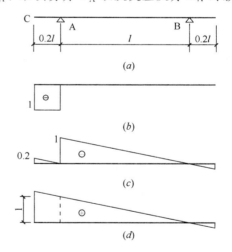

图 9-2-7 悬臂梁的影响线
(a) 尺寸；(b) V_A^l 影响线；(c) V_A^R 影响线；
(d) R_A 影响线

特殊的，对于简支梁，支座内侧的剪力影响线与支座反力的影响线相同。

74. 答案：C

解答过程：依据《公路桥涵设计通用规范》JTG D60—2015 的 4.3.2 条第 6 款，冲击系数取 0.3，选择 C。

75. 答案：B

解答过程：依据《公路钢筋混凝土及预应力混凝土桥涵设计规范》JTG 3362—2018 的 4.2.5 条计算。

依据题目给出的图示，$h=0.15\mathrm{m}$。

按照《城市桥梁设计规范》CJJ 11—2011 的表 10.0.2，$a_1=0.25\mathrm{m}$。

依据《公路钢筋混凝土及预应力混凝土桥涵设计规范》JTG 3362—2018 的 4.2.5 条，由图 9-2-8 可知，$l_c=2-0.5-0.5+0.3+0.15=1.45\mathrm{m}$，满足 $l_c<2.5\mathrm{m}$ 的前提条件。于是：
$$a=(a_1+2h)+2l_c=0.25+2\times0.15+2\times1.45=3.45\mathrm{m}$$

选择 B。

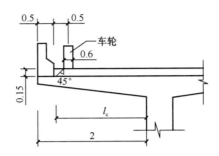

图 9-2-8　题 75 的解答图示（尺寸单位：m）

点评：在命题组给出的解答过程中，对最后求出的 $a=3.45\mathrm{m}$ 还判断了 $a<6\mathrm{m}$，这是用来判断 3 号轴和 4 号轴形成的分布宽度是否发生重叠（3 号轴和 4 号轴的间距为 6m）。事实上，由于有 $l_c<2.5\mathrm{m}$ 这个前提条件，求得的 a 必然小于 6m。

76. 答案：A

解答过程：零点位置在 13 号墩顶。

12 号墩墩顶水平位移为 $0.00001\times25\times30=0.0075\mathrm{m}$。

墩顶的 4 个支座与墩串联，抗推刚度为：
$$K=\cfrac{1}{\cfrac{1}{20000}+\cfrac{1}{4\times4500}}=9474\ \mathrm{kN/m}$$

12 号中墩所承受的水平力标准值：
$$0.0075\times9474=71\mathrm{kN}$$

选择 A。

点评：一个墩顶有 4 个支座，从立面看，其布置示意如图 9-2-9 所示。一个梁的端部

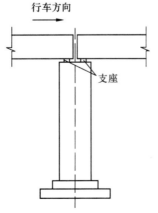

图 9-2-9　支座布置示意图

有 2 个支座，见题目的图示。

77. 答案：A

解答过程：依据《城市桥梁抗震设计规范》CJJ 166—2011 的表 3.1.1 条，抗震设防分类为乙类。依据表 3.3.3，乙类、7 度，抗震设计方法应选用 A 类。故选择 A。

78. 答案：D

解答过程：依据《城市桥梁抗震设计规范》CJJ 166—2011 的 8.1.1 条第 1 款，由于 14/1.8＞2.5，因此，塑性铰区域内箍筋加密区的长度不应小于墩柱弯曲方向截面边长或墩柱上弯矩超过最大弯矩 80% 的范围。

将墩的简化计算模型考虑为上部有支座，下部刚接，在墩顶有位移发生时，墩底弯矩最大，且可认为弯矩呈线性变化，如此，弯矩达到最大弯矩的 80% 的位置，距离墩底 (1−0.8)×14＝2.8m。

取以上二者较大者，为 2.8m。故选择 D。

点评：《公路桥梁抗震设计规范》JTG/T 2231-01—2020 的规定有所不同。依据该规范的 8.2.1 条，加密区的长度不应小于等效塑性铰长度 L_p 或弯曲方向截面尺寸的 1.5 倍或墩柱上弯矩超过最大弯矩 75% 的范围；当墩柱的高度与横截面短边宽度之比小于 2.5 时，箍筋加密区的长度应取墩柱全高。

由于 14/1.8＞2.5，不必全高加密。

由于给出的已知条件不足，无法按 7.4.4 条求得 L_p。

弯曲方向截面尺寸的 1.5 倍，1.5×1.8＝2.7m；墩柱上弯矩超过最大弯矩 75% 的范围，(1−75%)×14＝3.5m。

取较大者，为 3.5m。

79. 答案：C

解答过程：依据《公路钢筋混凝土及预应力混凝土桥涵设计规范》JTG 3362—2018 的 8.7.3 条计算。

从剪切变形角度考虑，$t_e \geqslant 2\Delta_l = 2 \times 26 = 52\text{mm}$。

为保证受压稳定，应满足 $\dfrac{l_a}{10} \leqslant t_e \leqslant \dfrac{l_a}{5}$，即 $30\text{mm} \leqslant t_e \leqslant 60\text{mm}$。

选择 C。

80. 答案：A

解答过程：依据《公路桥涵设计通用规范》JTG D60—2015 的 4.3.1 条，应采用车辆荷载加载。依据第 5 款，取后轴作用于涵洞，一个后轴的轮压为 140kN，两个后轴之间的距离为 1.4m。

依据 4.3.4 条第 2 款，考虑车轮压力的扩散，扩散角为 30°。汽车后轴轮压扩散的示意图如图 9-2-10 所示。图中，$P=140\text{kN}$。由于 $0.2+2\times2.6\tan30°>1.4\text{m}$，因此，两后轴扩散后的分布有重叠，扩散后的分布宽度取为：

$$1.4+0.2+2\times2.6\tan30°=4.6\text{m}$$

将两个车道的车辆荷载等效为面荷载，为 $\dfrac{280\times2}{4.6\times8.5}=14.32\text{kN/m}^2$，式中，2 表示两个车道。计算跨中截面每延米产生的活载弯矩标准值，采用 $q=14.32\text{kN/m}$。

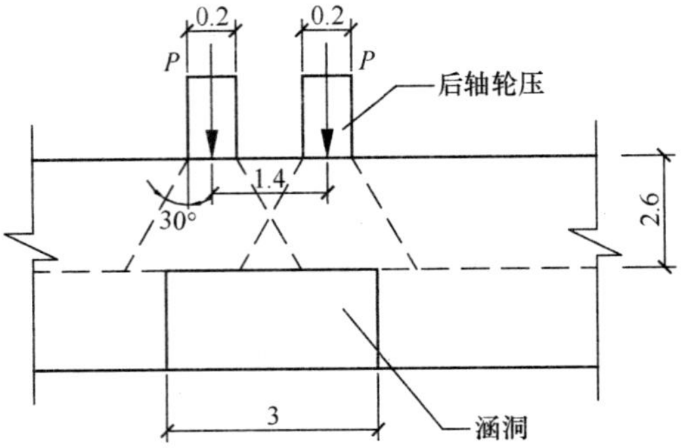

图 9-2-10 汽车轮压扩散示意图（尺寸单位：m）

$$M = \frac{1}{8}ql^2 = \frac{1}{8} \times 14.32 \times 3^2 = 16.11 \text{kN} \cdot \text{m}$$

选择 A。

点评：本题解答时注意以下几点：

(1) 由于后轴轮压更大，因此，取后轴轮压作用于涵洞的顶部。

(2) 集中力（轮压）通过涵洞顶部填土扩散，可以扩散至涵洞的跨度以外。

(3)《公路钢筋混凝土及预应力混凝土桥涵设计规范》JTG 3362—2018 的 4.2.2 条规定了简支板的支座弯矩与跨中弯矩的计算公式，跨中弯矩根据板厚与梁肋高度比取为 $0.7M_0$ 或 $0.5M_0$。该规定实质上是针对桥面板而言的，是将板近似为连续梁并做了简化。该条与本题的计算无关。

顺便提及，依据《公路桥涵设计通用规范》JTG D60—2015 的 4.1.5 条，采用车辆荷载计算时，汽车荷载的分项系数取 1.8 而不是 1.4。

10 2014年试题与解答

10.1 2014 年试题

题 1~4

某现浇钢筋混凝土异形柱框架结构多层住宅楼，安全等级为二级，框架抗震等级为二级。该房屋各层层高均为 3.6m，各层梁高均为 450mm，建筑面层厚度为 50mm，首层地面标高为±0.000m，基础顶面标高为−1.000m。框架某边柱截面如图 10-1-1 所示，剪跨比大于 2。混凝土强度等级：框架柱为 C35，框架梁、楼板为 C30，梁柱纵向钢筋及箍筋均采用 HRB400（Φ），纵向受力钢筋的保护层厚度为 30mm。

1. 假定，该底层柱下端截面产生的竖向内力标准值如下：由结构和构配件自重荷载产生的 $N_{Gk}=980$kN；由按等效均布荷载计算的楼（屋）面可变荷载产生的 $N_{Qk}=220$kN，由水平地震作用产生的 $N_{Ehk}=280$kN，试问，

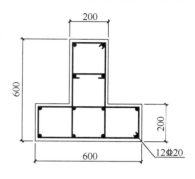

图 10-1-1　题 1~4 图

该底层柱的轴压比 μ_N 与轴压比限值 $[\mu_N]$ 之比，与下列何项数值最为接近？

　A. 0.67　　　　B. 0.80　　　　C. 0.91　　　　D. 0.98

2. 假定，该底层柱轴压比为 0.5，试问，该框架柱柱端加密区的箍筋配置选用下列何项才能满足规程的最低要求？

　提示：(1) 按《混凝土异形柱结构技术规程》JGJ 149—2017 作答；

　(2) 扣除重叠部分箍筋的体积。

　A. Φ8@150　　　　　　　　B. Φ8@100
　C. Φ10@150　　　　　　　 D. Φ10@100

3. 假定，该框架边柱底层柱下端截面（基础顶面）有地震作用组合未经调整的弯矩设计值 320kN·m，底层柱上端截面地震作用组合并经调整后的弯矩设计值 312kN·m，柱反弯点在柱层高范围内。试问，该柱考虑地震作用组合的剪力设计值 V_c(kN)，与下列何项数值最为接近？

　提示：按《混凝土异形柱结构技术规程》JGJ 149—2017 作答。

　A. 185　　　　B. 222
　C. 251　　　　D. 290

4. 假定，该异形柱框架顶层端节点如图 10-1-2 所示，计算时按刚接考虑，柱外侧按计算配置的受拉钢筋为 4Φ20。试问，柱外侧纵向受拉钢筋伸入梁内或板内的水平段长度 l(mm)，取下列何项数值才能满足《混凝土异形柱结构技术规程》JGJ

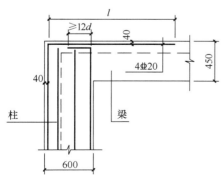

图 10-1-2　题 4 图

149—2017 的最低要求？

A. 700　　　　　　　B. 900　　　　　　　C. 1100　　　　　　　D. 1300

题 5～10

某现浇钢筋混凝土框架-剪力墙结构高层办公室，抗震设防烈度为 8 度(0.2g)，场地类别为Ⅱ类，抗震等级：框架二级、剪力墙一级，二层局部配筋平面表示法如图 10-1-3 所示。混凝土强度等级：框架柱及剪力墙 C50，框架梁及楼板 C35，纵向钢筋及箍筋均采用 HRB400(⏀)。

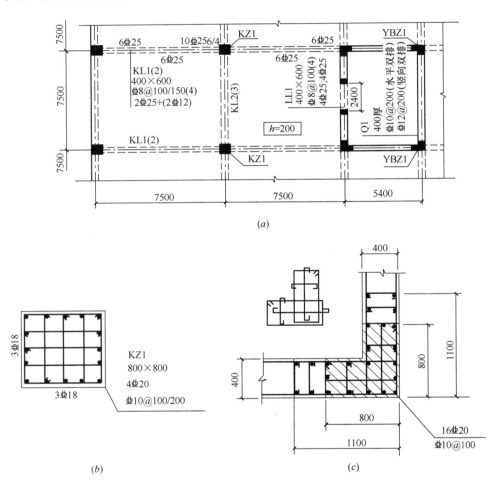

图 10-1-3　题 5～10 图
(a) 局部配筋平面图；(b) KZ1 配筋图；(c) YBZ1 配筋图

5. 已知，框架梁中间支座截面有效高度 $h_0=530$mm，试问，图 (a) 中框架梁 KL1(2) 配筋有几处违反规范的抗震构造要求，并简述理由。

提示：$x/h_0 < 0.35$。

A. 无违反　　　　B. 有一处　　　　C. 有两处　　　　D. 有三处

6. 试问，图 (a) 中剪力墙 Q1 配筋及连梁 LL1 配筋共有几处违反规范的抗震构造要求，并简述理由。

提示：LL1 腰筋配置满足规范要求。

A. 无违反　　　　B. 有一处　　　　C. 有两处　　　　D. 有三处

7. 框架柱 KZ1 剪跨比大于 2，配筋如图（b）所示，试问，图中 KZ1 有几处违反规范的抗震构造要求，并简述理由。

提示：KZ1 的箍筋体积配箍率及轴压比均满足规范要求。

A. 无违反　　　　B. 有一处　　　　C. 有两处　　　　D. 有三处

8. 剪力墙约束边缘构件 YBZ1 配筋如图（c）所示，已知墙肢底截面的轴压比为 0.4。试问，图中 YBZ1 有几处违反规范的抗震构造要求，并简述理由。

提示：YBZ1 阴影区和非阴影区的箍筋和拉筋体积配箍率满足规范要求。

A. 无违反　　　　B. 有一处　　　　C. 有两处　　　　D. 有三处

9. 不考虑地震作用组合时框架梁 KL1 的跨中截面及配筋如图（a）所示，假定，梁受压区有效翼缘计算宽度 $b'_f = 2000\text{mm}$，$a_s = a'_s = 45\text{mm}$，$\xi_b = 0.518$，$\gamma_0 = 1.0$。试问，当考虑梁跨中纵向受压构件和现浇楼板受压翼缘的作用时，该梁跨中正截面受弯承载力设计值（kN·m），与下列何项数值最为接近？

提示：不考虑梁上部架立筋及板内配筋的影响。

A. 500　　　　B. 540　　　　C. 670　　　　D. 720

10. 框架梁 KL1 截面及配筋如图（a）所示，假定，梁跨中截面最大正弯矩：按荷载标准组合计算的弯矩 $M_k = 360\text{kN·m}$，按荷载准永久组合计算的弯矩 $M_q = 300\text{kN·m}$，$B_s = 1.418 \times 10^{14}\text{N·mm}^2$。试问，按等刚度构件计算时，该梁跨中最大挠度（mm）与下列何项数值最为接近？

提示：跨中最大挠度近似计算公式 $f = 5.5 \times 10^6 \dfrac{M}{B}$。

A. 17　　　　B. 22　　　　C. 26　　　　D. 30

题 11～12

某现浇钢筋混凝土楼板，板上有作用面为 400mm×500mm 的局部荷载，并开有 550mm×550mm 的洞口，平面位置示意如图 10-1-4 所示。

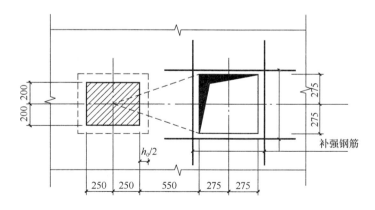

图 10-1-4　题 11～12 图

11. 假定，楼板混凝土强度等级 C30，板厚 $h = 150\text{mm}$，截面有效高度 $h_0 = 120\text{mm}$。试问，在局部荷载作用下，该楼板的抗冲切承载力设计值（kN），与下列何项数值最为接近？

提示：（1）$\eta = 1.0$；

（2）未配置箍筋和弯起钢筋。

A. 250　　　　　　B. 270　　　　　　C. 340　　　　　　D. 430

12. 假定，该楼板板底配置Φ12@100的双向受力钢筋，试问，图中洞口周边每侧板底补强钢筋，至少应选用下列何项配筋？

A. 2Φ12　　　　　B. 2Φ16　　　　　C. 2Φ18　　　　　D. 2Φ22

题13. 某高层钢筋混凝土房屋，抗震设防烈度为8度，设计地震分组为第一组。根据工程地质详勘报告，该建筑场地土层的等效剪切波速为 $v_{se}=270\text{m/s}$，场地覆盖层厚度为 $d_{ov}=55\text{m}$。试问，计算罕遇地震时，按插值方法确定的特征周期 T_g(s)，取下列何项数值最为合适？

A. 0.35　　　　　B. 0.38　　　　　C. 0.40　　　　　D. 0.43

题14. 某混凝土设计强度等级为C30，其实验室配合比为：水泥：砂子：石子＝1.00：1.88：3.69，水胶比为0.57。施工现场实测砂子的含水率为5.3%，石子的含水率为1.2%。试问，施工现场拌制混凝土的水胶比，取下列何项数值最为合适？

A. 0.42　　　　　B. 0.46　　　　　C. 0.50　　　　　D. 0.53

题15. 为减小T形截面钢筋混凝土受弯构件跨中的最大受力裂缝计算宽度，拟考虑采取如下措施：

Ⅰ. 加大截面高度（配筋面积保持不变）；

Ⅱ. 加大纵向受拉钢筋直径（配筋面积保持不变）；

Ⅲ. 增加受力钢筋保护层厚度（保护层内不配置钢筋网片）；

Ⅳ. 增加纵向受拉钢筋根数（加大配筋面积）。

试问，针对上述措施正确性的判断，下列何项正确？

A. Ⅰ、Ⅳ正确；Ⅱ、Ⅲ错误　　　　　B. Ⅰ、Ⅱ正确；Ⅲ、Ⅳ错误
C. Ⅰ、Ⅲ、Ⅳ正确；Ⅱ错误　　　　　D. Ⅰ、Ⅱ、Ⅲ、Ⅳ正确

题16. 某钢筋混凝土框架结构，房屋高度为28m，高宽比为3，抗震设防烈度为8度（0.2g），标准设防，Ⅱ类场地。方案阶段拟进行隔震与消能减震设计，水平向减震系数为0.35，关于房屋隔震与消能减震设计的以下说法：

Ⅰ. 当消能减震结构的地震影响系数不到非消能减震的50%时，主体结构的抗震构造要求可降低一度；

Ⅱ. 隔震层以上各楼层的水平地震剪力，尚应根据本地区设防烈度验算楼层最小地震剪力是否满足要求；

Ⅲ. 隔震层以上的结构，框架抗震等级可定为二级，且无需进行竖向地震作用的计算；

Ⅳ. 隔震层以上的结构，当未采取有利于提高轴压比限值的构造措施时，剪跨比小于2的柱的轴压比限值为0.65。

试问，针对上述措施正确性的判断，下列何项正确？

A. Ⅰ、Ⅱ、Ⅲ、Ⅳ正确　　　　　B. Ⅰ、Ⅱ、Ⅲ正确；Ⅳ错误
C. Ⅰ、Ⅲ、Ⅳ正确；Ⅱ错误　　　　　D. Ⅱ、Ⅲ、Ⅳ正确；Ⅰ错误

题 17～23

某单层钢结构厂房，钢材均为Q235B，边列单阶柱截面及内力如图10-1-5所示。上段柱为焊接工字形截面实腹柱，下段柱为不对称组合截面格构柱，所有板件均为火焰切割。柱上端与钢屋架形成刚接。无截面削弱，截面特征见表10-1-1。

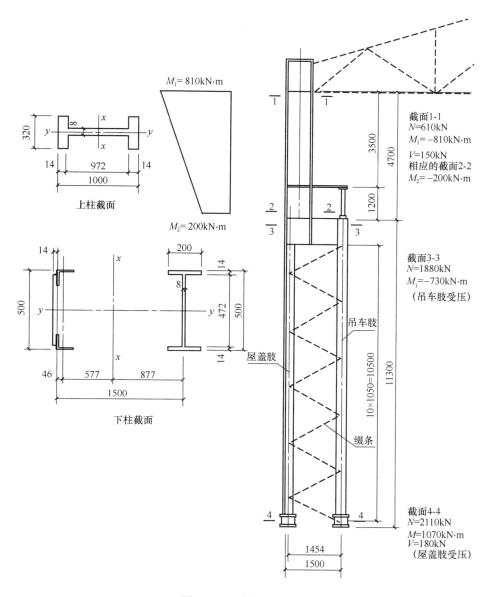

图 10-1-5　题 17～23 图

截面特征表　　　　　　　　　　　　　　　　　　　　　　　　　　表 10-1-1

项　目		面积 A (cm²)	惯性矩 I_x (cm⁴)	回转半径 i_x (cm)	惯性矩 I_y (cm⁴)	回转半径 i_y (cm)	弹性截面模量 W_x (cm³)	
上柱		167.4	279000	40.8	7646	6.8	5580	
下柱	屋盖肢	142.6	4016	5.3	46088	18.0		
	吊车肢	93.8	1867		40077	20.7		
下柱组合截面		236.4	1202083	71.3			屋盖肢侧 19295	吊车肢侧 13707

17. 假定，厂房平面布置如图 10-1-6 所示，试问，柱平面内计算长度系数与下列何项数值最为接近？

提示：格构式下柱惯性矩取为 $I_2=0.9\times1202083\text{cm}^4$。

A. 上柱 1.0，下柱 1.0
B. 上柱 3.52，下柱 1.55
C. 上柱 3.91，下柱 1.55
D. 上柱 3.91，下柱 1.72

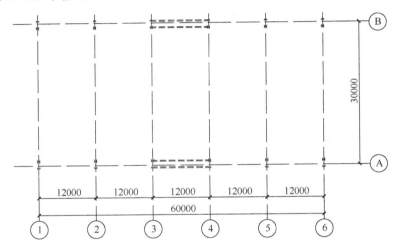

图 10-1-6 题 17 图

18. 假定，已经求得腹板计算高度边缘的应力：$\sigma_{\max}=177.5\text{N/mm}^2$，$\sigma_{\min}=-104.7\text{N/mm}^2$，应力梯度 $\alpha_0=1.59$，受压区高度 $h_c=612\text{mm}$，试问，在对上柱进行强度验算时，验算式左侧数值（N/mm^2）与下列何项最为接近？

A. 175
B. 185
C. 195
D. 205

19. 假定，下柱在弯矩作用平面内的计算长度系数为 2，由换算长细比确定：$\varphi_x=0.916$，$N'_{Ex}=34476\text{kN}$。试问，当对下段柱进行弯矩作用平面内的稳定性验算时，公式左侧求得的数值（对屋盖肢和吊车肢分别计算求得的最大值），与下列何项最为接近？

提示：（1）取 $\beta_{mx}=1$；
（2）吊车肢与屋盖肢截面均不低于 S4 级。

A. 0.581
B. 0.665
C. 0.726
D. 0.851

20. 假定，缀条采用单角钢∟90×6，如图 10-1-7 所示，其截面特征如下：

面积 $A=1063.7\text{mm}^2$，回转半径 $i_x=27.9\text{mm}$，$i_u=35.1\text{mm}$，$i_v=18.0\text{mm}$。试问，对该缀条按轴心受压构件进行整体稳定性验算时，公式左侧求得的数值，与下列何项最为接近？

A. 0.743
B. 0.814
C. 0.861
D. 1.06

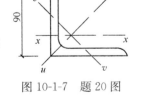

图 10-1-7 题 20 图

21. 假定，抗震设防烈度为 8 度，采用轻屋面，2 倍多遇地震作用下Ⓐ轴线柱列承受的水平剪力设计值为 400kN 且为最不利组合，柱间支撑采用双片支撑，布置如图 10-1-8 所示，单片支撑截面采用槽钢 12.6，截面无削弱。

槽钢 12.6 截面特征如下：面积 $A=1569\text{mm}^2$，回转半径 $i_x=49.8\text{mm}$，$i_y=15.6\text{mm}$。

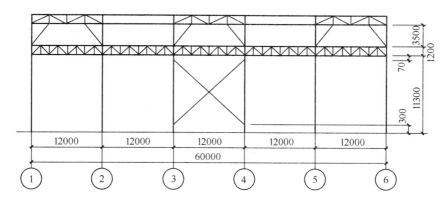

图 10-1-8 题 21 图

试问，考虑压杆卸载影响后，对支撑拉杆强度进行验算时，公式左侧求得的应力值（N/mm²），与下列何项数值最为接近？

提示：支撑平面内计算长细比大于平面外计算长细比。

A. 86　　　　B. 118　　　　C. 159　　　　D. 323

22. 假定，吊车肢柱间支撑截面采用 $2\llcorner 90\times6$，其所承受的最不利荷载组合值为 120kN，支撑与柱采用高强度螺栓摩擦型连接，如图 10-1-9 所示。试问，单个高强度螺栓承受的最大剪力设计值（kN），与下列何项数值最为接近？

A. 60　　　　B. 70　　　　C. 90　　　　D. 120

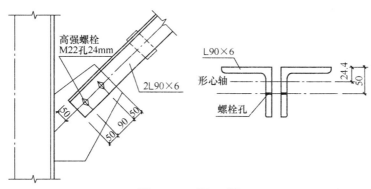

图 10-1-9 题 22 图

23. 假定，吊车梁需进行疲劳计算。试问，吊车梁设计时下列说法何项正确？

A. 疲劳计算部位主要是受压板件及焊缝

B. 尽量使腹板板件高厚比不大于 $80\sqrt{235/f_y}$

C. 吊车梁受拉翼缘上不得焊接悬挂设备的零件

D. 疲劳计算采用以概率论为基础的极限状态设计法

题 24～28

某 4 层钢结构商业住宅，层高 5m，房屋高度 20m，抗震设防烈度 8 度，采用框架结构，布置如图 10-1-10 所示。框架梁、柱采用 Q345 钢材，框架梁截面采用轧制型钢 H600×200×11×17，柱采用箱形截面 B450×450×16。梁柱截面特征如表 10-1-2 所示。

截面特征表 表10-1-2

项 目	面积 A (mm^2)	惯性矩 I_x (mm^4)	回转半径 i_x (mm)	弹性截面模量 W_x (mm^3)
梁截面	13028	7.44×10^8		
柱截面	27776	8.73×10^8	177	3.88×10^6

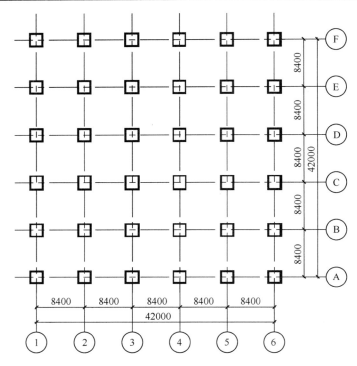

图 10-1-10 题 24~28 图

24. 假定，框架柱几何长度为 5m，采用二阶弹性分析方法计算且考虑假想水平力时，框架柱进行稳定性计算时下列说法何项正确？

   A. 只需要计算强度，无需计算稳定

   B. 计算长度取 4.275m

   C. 计算长度取 5m

   D. 计算长度取 7.95m

25. 假定，框架梁拼接采用如图 10-1-11 所示的栓焊节点，高强螺栓采用 10.9 级 M22 螺栓，连接板采用 Q345B。试问，下列说法何项正确？

   提示：连接板厚度为 8mm。

   A. 图（a）、图（b）均符合螺栓孔距设计要求

   B. 图（a）、图（b）均不符合螺栓孔距设计要求

   C. 图（a）符合螺栓孔距设计要求

   D. 图（b）符合螺栓孔距设计要求

26. 假定，次梁采用钢与混凝土组合梁设计，施工时钢梁下不设临时支撑。试问，下

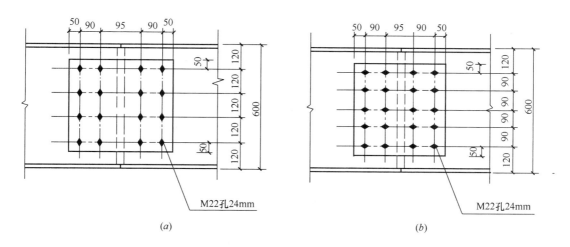

图 10-1-11 题 25 图

列说法何项正确？

A. 混凝土硬结前的材料重量和施工荷载应与后续荷载累加由钢与混凝土组合梁共同承受

B. 钢与混凝土使用阶段的挠度按下列原则计算：按荷载的标准组合计算组合梁产生的变形

C. 考虑全截面塑性发展进行组合梁强度计算时，钢梁所有板件的板件宽厚比应符合《钢结构设计标准》GB 50017—2017 中 S1 级的规定

D. 混凝土硬结前的材料重量和施工荷载应由钢梁承受

27. 假定，梁截面采用焊接工字形截面 H600×200×8×12，柱采用箱形截面 B450×450×20，试问，下列说法何项正确？

提示：不考虑梁轴压比。

A. 框架梁柱截面板件宽厚比均符合设计规定

B. 框架梁柱截面板件宽厚比均不符合设计规定

C. 框架梁截面板件宽厚比不符合设计规定

D. 框架柱截面板件宽厚比不符合设计规定

28. 假定，①轴和⑥设置柱间支撑，试问，当仅考虑结构经济性时，柱采用图 10-1-12 所示的何种截面最为合理？

A. 图 (a)　　B. 图 (b)　　C. 图 (c)　　D. 图 (d)

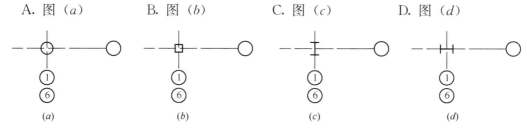

图 10-1-12 题 28 图

题 29. 假定，某承受静力荷载作用且无局部压应力的两端铰接钢结构次梁，腹板仅配

置支承加劲肋，材料采用 Q235，截面为焊接工字形，翼缘—250×12，腹板—700×8。试问，当符合《钢结构设计标准》GB 50017—2017 第 6.4.1 条规定时，下列说法何项最为合理？

A. 应加厚腹板　　　　　　　　B. 应配置横向加劲肋
C. 应配置横向及纵向加劲肋　　D. 无需增加额外措施

题 30. 试问，针对如图 10-1-13 所示的网壳结构所进行稳定性计算的判断，下列何项正确？

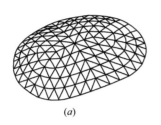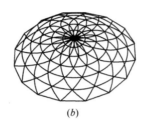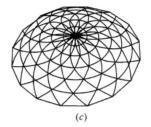

图 10-1-13　题 30 图

(a) 单层网壳，跨度 30m 椭圆底面网格；(b) 双层网壳，跨度 50m，高度 0.9m 葵花形三向网格；
(c) 双层网壳，跨度 60m，高度 1.5m 葵花形三向网格

A. (a)、(b) 需要，(c) 不需要　　B. (a)、(c) 需要，(b) 不需要
C. (b)、(c) 需要，(a) 不需要　　D. (c) 需要，(a)、(b) 不需要

题 31～33

某地下室外墙，墙厚 h，采用 MU15 烧结普通砖，M10 水泥砂浆砌筑，砌体施工质量控制等级为 B 级，计算简图如图 10-1-14 所示，侧向土压力设计值 $q = 34 \text{ kN/m}^2$。承载力验算时不考虑墙体自重，$\gamma_0 = 1.0$。

31. 假定，不考虑上部结构传来的竖向荷载 N。试问，满足受弯承载力验算要求时，最小墙厚计算值 h（mm），与下列何项数值最为接近？

提示：计算截面宽度取 1m。

A. 620　　　　　　　　　　　　B. 750
C. 820　　　　　　　　　　　　D. 850

32. 假定，不考虑上部结构传来的竖向荷载 N。试问，满足受剪承载力验算要求时，设计选用的最小墙厚 h（mm），与下列何项数值最为接近？

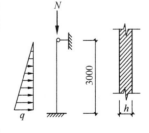

图 10-1-14　题 31～33 图

提示：计算截面宽度取 1m。

A. 240　　　　B. 370　　　　C. 490　　　　D. 620

33. 假定，墙体计算高度 $H_0 = 3000\text{mm}$，上部结构传来的轴心受压荷载设计值 $N = 220\text{kN/m}$，墙厚 $h = 370\text{mm}$，试问，墙受压承载力设计值（kN），与下列何项数值最为接近？

提示：计算截面宽度取 1m。

A. 360　　　　B. 270　　　　C. 280　　　　D. 290

题 34～37

一多层房屋配筋砌块砌体墙，平面如图 10-1-15 所示，结构安全等级二级。砌体采用 MU10 级单排孔混凝土小型空心砌块、Mb7.5 级砂浆对孔砌筑，砌块的孔洞率为 40%，采用 Cb20（$f_t=1.1$MPa）混凝土灌孔，灌孔率为 43.75%，内有插筋共 5Φ12（$f_y=270$MPa）。构造措施满足规范要求，砌体施工质量控制等级为 B 级。承载力验算时不考虑墙体自重。

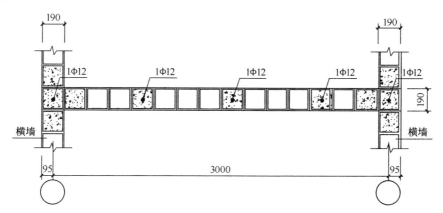

图 10-1-15 图 34～37 图

34. 试问，砌体的抗剪强度设计值 f_{vg}（MPa），与下列何项数值最为接近？

提示：小数点后四舍五入取两位。

A. 0.33　　　　B. 0.38　　　　C. 0.40　　　　D. 0.48

35. 假定，房屋的静力计算方案为刚性方案，砌体的抗压强度设计值 $f_g=3.6$MPa，其所在层高为 3.0m。试问，该墙体截面的轴心受压承载力设计值（kN），与下列何项数值最为接近？

提示：不考虑水平分布钢筋的影响。

A. 1750　　　　B. 1820　　　　C. 1890　　　　D. 1960

36. 假定，小砌块墙重力荷载代表值作用下的截面平均压应力 $\sigma_0=2.0$MPa，砌体的抗剪强度设计值 $f_{vg}=0.40$MPa。试问，该墙体的截面抗震受剪承载力（kN），与下列何项数值最为接近？

提示：（1）芯柱截面总面积 $A_c=100800$ mm²；

（2）按《建筑抗震设计规范》GB 50011—2010 作答。

A. 470　　　　B. 530　　　　C. 590　　　　D. 630

37. 假定，小砌块墙改为全灌孔砌体，砌体的抗压强度设计值 $f_g=4.8$MPa，其所在层高为 3.0m。砌体沿高度方向每隔 600mm 设 2ϕ10 水平钢筋（$f_y=270$MPa）。墙片截面内力：弯矩设计值 $M=560$kN·m、轴压力设计值 $N=770$kN、剪力设计值 $V=150$kN。墙体构造措施满足规范要求，墙体施工质量控制等级为 B 级。试问，该墙体的斜截面受剪承载力最大值（kN），与下列何项数值最为接近？

提示：（1）不考虑墙翼缘的共同工作；

（2）墙截面有效高度 $h_0=3100$mm。

A. 150　　　　B. 250　　　　　C. 450　　　　　D. 710

题38. 下述关于影响砌体结构受压构件高厚比计算值 β 的说法，哪一项是不对的？
A. 改变墙体厚度　　　　　　　　B. 改变砌筑砂浆的强度等级
C. 改变房屋的静力计算方案　　　D. 调整或改变构件支承条件

题 39~40

某砖砌体和钢筋混凝土构造柱组合墙，如图 10-1-16 所示，结构安全等级二级。构造柱截面均为 240mm×240mm，混凝土采用 C20（$f_c=9.6$MPa）。砌体采用 MU10 烧结多孔砖（孔洞率小于 30%）和 M7.5 混合砂浆砌筑，构造措施满足规范要求，施工质量控制等级为 B 级。承载力验算时不考虑墙体自重。

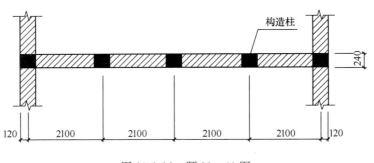

图 10-1-16　题 39~40 图

39. 假定，房屋的静力计算方案为刚性方案，其所在二层高为 3.0m。构造柱纵向钢筋配 4φ14（$f_y=270$MPa），试问，该组合墙体单位墙长的轴心受压承载力设计值（kN/m），与下列何项数值最为接近？

提示：强度系数 $\eta=0.646$。

A. 300　　　　B. 400　　　　　C. 500　　　　　D. 600

40. 假定，组合墙中部构造柱顶作用一偏心荷载，其轴向压力设计值 $N=672$kN，在墙体平面外方向的砌体截面受压区高度 $x=120$mm。构造柱纵向受力钢筋为 HPB300 级，采用对称配筋，$a_s=a'_s=35$mm。试问，该构造柱计算所需总配筋值（mm²），与下列何项数值最为接近？

提示：计算截面宽度取构造柱的间距。

A. 310　　　　B. 440　　　　　C. 610　　　　　D. 800

题41. 一原木柱（未经切削）标注直径 $d=110$mm，选用西北云杉 TC11A 制作，正常环境下设计使用年限 50 年，安全等级为二级，计算简图如图 10-1-17 所示，假定，上下支座节点处设有防止其侧向位移和侧倾的侧向支撑，试问，当 $N=0$，$q=1.2$kN/m（设计值）时，验算式 $\dfrac{M}{\varphi_l W}\leqslant f_m$，与下列何项数值最为接近？

提示：(1) 不考虑构件自重；
(2) 小数点后四舍五入取两位。

A. 7.30<11.00　　　　　　　　B. 8.30<11.00
C. 7.30<12.65　　　　　　　　D. 10.33<12.65

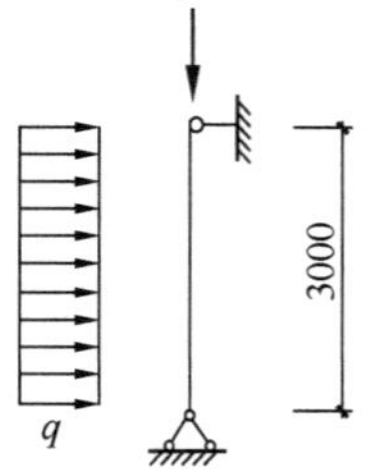

题42. 关于木结构房屋设计，下列说法中何项是错误的？
A. 对于木柱木屋架房屋，可采用贴砌在木柱外侧的烧结普通砖砌

图 10-1-17　题 41 图

体，并应与木柱采取可靠拉结措施
B. 对于有抗震要求的木柱木屋架房屋，其屋架与木柱连接处均须设斜撑
C. 对于木柱木屋架房屋，当有吊车使用功能时，屋盖除应设置上弦横向支撑外，尚应设置垂直支撑
D. 对于设防烈度为 8 度地震区建造的木柱木屋架房屋，除支撑结构与屋架采用螺栓连接外，椽与檩条、檩条与屋架连接均可采用钉连接。

题 43~44

某安全等级为二级的长条形坑式设备基础，高出地面 500mm，设备荷载对基础没有偏心，基础的外轮廓及地基土层剖面、地基土参数如图 10-1-18 所示，地下水位在自然地面下 0.5m。

提示：基础施工时基坑用原状土回填，回填土重度、强度指标与原状土相同。

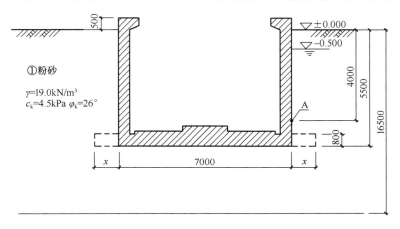

图 10-1-18　题 43~44 图

43. 根据当地工程经验，计算坑式设备基础侧墙侧压力时按"水土分算"原则考虑主动土压力和水压力的作用，试问，当基础周边地面无超载时，图 10-1-18 中 A 点承受的侧向压力标准值 σ_A（kPa），与下列何项数值最为接近？

提示：主动土压力按朗肯公式计算：$\sigma = \sum(\gamma_s h_s)k_a - 2c\sqrt{k_a}$，式中，$k_a$ 为主动土压力系数。

A. 40　　　　　B. 45　　　　　C. 55　　　　　D. 60

44. 已知基础自重为 280kN/m，基础上设备自重为 60kN/m，设备检修活荷载为 35kN/m，当基础的抗浮稳定性不满足要求时，本工程拟采取对称外挑基础底板的抗浮措施。假定，基础底板外挑板厚度取 800mm，抗浮验算时钢筋混凝土的重度取 23kN/m³，设备自重可作为压重，抗浮水位取地面下 0.5m。试问，为了保证基础抗浮的稳定安全系数不小于 1.05，图 10-1-18 中虚线所示的底板外挑最小长度 x（mm），与下列何项数值最为接近？

A. 0　　　　　B. 250　　　　　C. 500　　　　　D. 800

题 45~46

某钢筋混凝土条形基础，基础底面宽度为 2m，基础底面标高为 -1.4m，基础主要受力层范围内有软土，拟采用水泥土搅拌桩进行地基处理，桩直径为 600mm，桩长为 11m，

土层剖面、水泥土搅拌桩的布置等如图 10-1-19 所示。

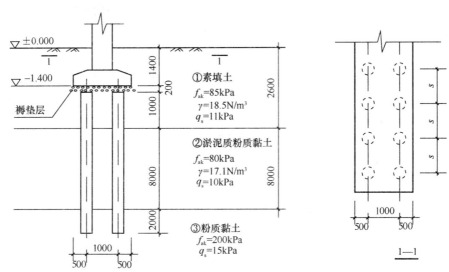

图 10-1-19 题 45～46 图

45. 假定，水泥土标准养护条件下 90 天龄期，边长为 70.7mm 的立方体抗压强度平均值 $f_{cu}=1900\mathrm{kPa}$，水泥土搅拌桩采用湿法施工，桩端阻力发挥系数 $\alpha_p=0.5$。试问，初步设计时，估算的搅拌桩单桩承载力特征值 R_a(kN)，与下列何项数值最为接近？

A. 120　　　　B. 135　　　　C. 180　　　　D. 250

46. 假定，水泥土搅拌桩单桩承载力特征值 $R_a=145\mathrm{kN}$，单桩承载力发挥系数 $\lambda=1$，①层土的桩间土承载力发挥系数 $\beta=0.8$。试问，当本工程要求条形基础底部经过深度修正后的地基承载力不小于 145kPa 时，水泥土搅拌桩的最大纵向桩间距 s(mm)，与下列何项数值最为接近？

提示：处理后桩间土承载力特征值取天然地基承载力特征值。

A. 1500　　　　B. 1800　　　　C. 2000　　　　D. 2300

题 47～50

某多层框架结构办公室采用筏形基础，$\gamma_0=1.0$，基础平面尺寸为 39.2m×17.4m，基础埋深为 1.0m，地下水位标高为 -1.0m，地基土层及有关岩土参数见图 10-1-20，初步设计时考虑三种地基基础方案：方案一，天然地基方案；方案二，桩基方案；方案三，减沉复合疏桩方案。

47. 采用方案一时，假定，相应于作用的标准组合时，上部结构与筏形基础总的竖向力为 45200kN，相应于作用的基本组合时，上部结构与筏形基础总的竖向力为 59600kN，试问，进行软弱下卧层地基承载力验算时，②层土顶面处的附加压力值 p_z 与自重应力值 p_{cz} 之和 (p_z+p_{cz})(kPa)，与下列何项数值最为接近？

A. 65　　　　B. 75　　　　C. 90　　　　D. 100

48. 采用方案二，拟采用预应力高强混凝土管桩（PHC 桩），桩外径 400mm，壁厚 95mm，桩尖采用敞口形式，桩长 26m，桩端进入第④层 2m，桩端土塞效应系数 $\lambda_p=0.8$。试问按《建筑桩基技术规范》JGJ 94—2008 的规定，根据土的物理指标与桩承载力

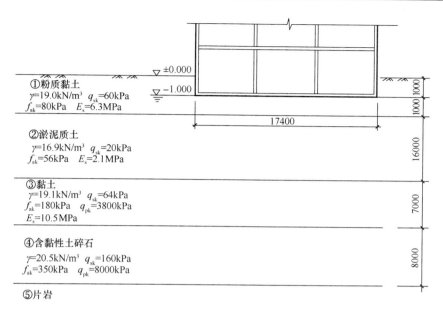

图 10-1-20 题 47~50 图

参数之间的经验关系,单桩竖向承载力特征值 R_a(kN),与下列何项数值最为接近?

A. 1100　　　B. 1200　　　C. 1240　　　D. 2500

49. 采用方案三时,在基础范围内较为均匀布置 52 根 250mm×250mm 的预制实心方桩,桩长(不含桩尖)为 18m,桩端进入第③层土 1m,假定方桩的单桩承载力特征值 R_a 为 340kN,相应于荷载效应准永久值组合时,上部结构与筏板基础总的竖向力为 43750kN,试问,按《建筑桩基技术规范》JGJ 94—2008 的规定,计算由筏基底地基土附加压力作用下产生的基础中点的沉降 s_s 时,假想天然地基平均附加压力 p_0(kPa)与下列何项数值最为接近?

A. 15　　　B. 25　　　C. 40　　　D. 50

50. 条件同上题,试问按《建筑桩基技术规范》JGJ 94—2008 的规定,计算筏基中心点的沉降时,由桩土相互作用产生的沉降 s_{sp}(mm),与下列何项数值最为接近?

A. 5　　　B. 15　　　C. 25　　　D. 35

题 51~54

某地基基础设计等级为乙级的柱下桩基础,承台下布置有 5 根边长为 400mm 的 C60 钢筋混凝土预制方桩,框架柱截面尺寸为 600mm×800mm,承台及其以上土的加权平均重度 $\gamma_G = 20$kN/m³,承台平面尺寸,桩位布置等如图 10-1-21 所示。

51. 假定,在荷载效应标准组合下,由上部结构传至该承台顶面的竖向力 $F_k = 5380$kN,弯矩 $M_k = 2900$kN·m,水平力 $V_k = 200$kN。试问,为满足承载力要求,所需单桩竖向承载力特征值 R_a(kN)的最小值,与下列何项数值最为接近?

A. 1100　　　B. 1250　　　C. 1350　　　D. 1650

52. 假定承台混凝土强度等级为 C30($f_t = 1.43$N/mm²),承台计算截面的有效高度 $h_0 = 1500$mm。试问,图中柱边 A-A 截面承台的斜截面承载力设计值(kN),与下列何项数值最为接近?

提示:按《建筑地基基础设计规范》GB 50007—2011 答题。

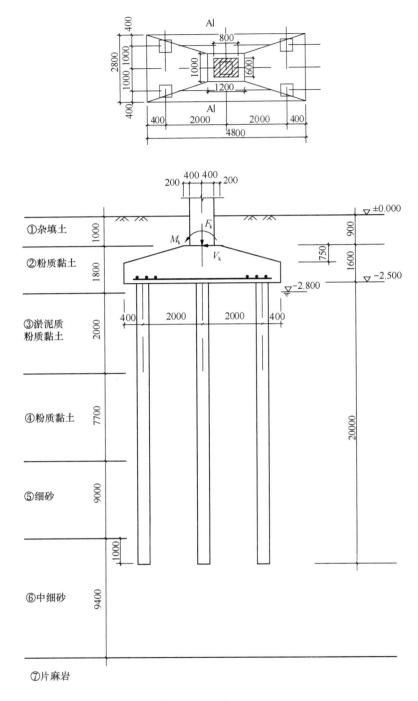

图 10-1-21 题 51～54 图

A. 3700 B. 3900 C. 4600 D. 5000

53. 假定，桩的混凝土弹性模量 $E_s = 3.6 \times 10^4 \text{N/mm}^2$，桩身换算截面惯性矩 $I_0 = 213000 \text{cm}^4$，桩的长度（不含桩尖）为 20m，桩的水平变形系数 $\alpha = 0.63 \text{m}^{-1}$，桩的水平承载力由水平位移控制，桩顶水平位移允许值为 10mm，桩顶按铰接考虑，桩顶水平位移系数 $\nu_x = 2.441$。试问初步设计时，估算的单桩水平承载力特征值 R_{ha}（kN），与下列何项数值最为接近？

A. 50 B. 60 C. 70 D. 80

54. 假定，荷载效应准永久组合时，在承台底的平均附加压力值 $p_0 = 400\text{kPa}$，桩基等效沉降系数 $\psi_e = 0.17$，第⑥层中粗砂在自重压力至自重压力加附加压力之压力段的压缩模量 $E_s = 17.5\text{MPa}$，桩基沉降计算深度算至第⑦层片麻岩层顶面。试问，按照《建筑桩基技术规范》JGJ 94—2008 的规定，当桩基沉降经验系数无当地可靠经验且不考虑邻近桩基影响时，该桩基中心点的最终沉降量计算值 s(mm)，与下列何项数值最为接近？

提示：矩形面积上均布荷载作用下角点平均附加应力系数 $\bar{\alpha}$ 见表10-1-3。

A. 10 B. 13 C. 20 D. 26

矩形面积上均布荷载作用下角点平均附加应力系数 $\bar{\alpha}$ 表10-1-3

z/b \ a/b	1.6	1.71	1.8
3	0.1556	0.1576	0.1592
4	0.1294	0.1314	0.1332
5	0.1102	0.1121	0.2239
6	0.0957	0.0977	0.0991

题55. 关于基坑支护有下列主张：

Ⅰ. 验算软黏土地基基坑隆起稳定时，可采用十字板剪切强度或三轴不固结不排水抗剪强度指标；

Ⅱ. 位于复杂地质条件及软土地区的一层地下室基坑工程，可不进行因土方开挖、降水引起的基坑内外土体的变形计算；

Ⅲ. 作用于支护结构的土压力和水压力，对黏性土宜按水土分算计算，也可按地区经验确定；

Ⅳ. 当基坑内外存在水头差，粉土应进行抗渗流稳定验算，渗流的水力梯度不应超过临界水力梯度。

试问，依据《建筑地基基础设计规范》GB 50007—2011 的有关规定，针对上述主张正确性的判断，下列何项正确？

A. Ⅰ、Ⅱ、Ⅲ、Ⅳ正确 B. Ⅰ、Ⅲ正确；Ⅱ、Ⅳ错误
C. Ⅰ、Ⅳ正确；Ⅱ、Ⅲ错误 D. Ⅰ、Ⅱ、Ⅳ正确；Ⅲ错误

题56. 关于山区地基设计有下列主张：

Ⅰ. 对山区滑坡，可采取排水、支挡、卸载和反压等治理措施；

Ⅱ. 在坡体整体稳定的条件下，某充填物为坚硬黏性土的碎石土，实测经过综合修正的重型圆锥动力触探锤击数平均值为17，当需要对此土层开挖形成5~10m的边坡时，边坡的允许高宽比可为1:0.75~1:1.0；

Ⅲ. 当需要进行地基变形计算的浅基础在地基变形计算深度范围有下卧基岩，且基底下土层厚度小于基础底面宽度的2.5倍时，应考虑刚性下卧层的影响；

Ⅳ. 某工程砂岩的饱和单轴抗压强度标准值为8.2MPa，岩体的纵波波速与岩块的纵波波速之比为0.7，此工程无地方经验可参考，则砂岩的地基承载力特征值初步估算在

1640kPa～4100kPa 之间。

试问，依据《建筑地基基础设计规范》GB 50007—2011 的有关规定，针对上述主张正确性的判断，下列何项正确？

A．Ⅰ、Ⅱ、Ⅲ、Ⅳ正确
B．Ⅰ正确；Ⅱ、Ⅲ、Ⅳ错误
C．Ⅰ、Ⅱ正确，Ⅲ、Ⅳ错误
D．Ⅰ、Ⅱ、Ⅲ正确；Ⅳ错误

题 57．下列关于高层混凝土结构作用效应计算时剪力墙连梁刚度折减的观点，哪一项不符合《高层建筑混凝土结构技术规程》JGJ 3—2010 的要求？

A．结构进行风荷载作用下的内力计算时，不宜考虑剪力墙连梁刚度折减
B．第 3 性能水准的结构采用等效弹性方法进行罕遇地震作用下竖向构件的内力计算时，剪力墙连梁刚度可折减，折减系数不宜小于 0.3
C．结构进行多遇地震作用下的内力计算时，可对剪力墙连梁刚度予以折减，折减系数不宜小于 0.5
D．结构进行多遇地震作用下的内力计算时，连梁刚度折减系数与抗震设防烈度无关

题 58．下列关于高层混凝土结构地下室及基础的设计观点，哪一项相对准确？

A．基础埋置深度，无论采用天然地基还是桩基，都不应小于房屋高度的 1/18
B．上部结构的嵌固部位尽量设在地下室顶板以下或基础顶，减小底部加强区高度，提高结构设计的经济性
C．建于 8 度、Ⅲ类场地的高层建筑，宜采用刚度好的基础
D．高层建筑应调整基础尺寸，基础底面不应出现零应力区

题 59～60

某 A 级高度现浇钢筋混凝土框架-剪力墙结构办公室，各层层高 4.0m，质量和刚度分布明显不对称，相邻振型的周期比大于 0.85。

59．采用振型分解反应谱法进行多遇地震作用下结构弹性位移分析，由计算得知，在水平地震作用下，某楼层竖向构件层间最大水平位移 Δu 如表 10-1-4 所示。

某楼层竖向构件层间最大水平位移 Δu　　　　　　　　表 10-1-4

情况	Δu（mm）	情况	Δu（mm）
弹性楼板假定，不考虑偶然偏心	2.3	弹性楼板假定，考虑偶然偏心	2.4
刚性楼板假定，不考虑偶然偏心	2.0	刚性楼板假定，考虑偶然偏心	2.3

试问，该楼层符合要求的扭转位移比最大值为下列何项数值？

A．1.2　　　　B．1.4　　　　C．1.5　　　　D．1.6

60．假定，采用振型分解反应谱法进行多遇地震作用下结构弹性分析，由计算得知，某层框架中柱在单向水平地震作用下的轴力标准值如表 10-1-5 所示。

单向水平地震作用下的柱轴力标准值　　　　　　　　表 10-1-5

情　况	N_{xk}（kN）	N_{yk}（kN）
考虑偶然偏心，考虑扭转耦联	8000	12000
不考虑偶然偏心，考虑扭转耦联	7500	9000
考虑偶然偏心，不考虑扭转耦联	9000	11000

试问，该框架柱进行截面设计时，水平地震作用下的最大轴压力标准值 N（kN），与

下列何项数值最为接近？

A. 13000　　　　B. 12000　　　　C. 11000　　　　D. 9000

题 61. 某拟建 18 层现浇钢筋混凝土框架剪力墙结构办公楼，房屋高度为 72.3m，抗震设防烈度为 7 度，丙类建筑，Ⅱ类场地。方案设计时，有 4 种结构方案，多遇地震作用下的主要计算结果如表 10-1-6 所示。

多遇地震作用下各结构方案计算结果　　　　　　　　　　表 10-1-6

	T_x	T_y	T_t	M_f/M (%)	$\Delta u/h$ (x 向)	$\Delta u/h$ (y 向)
方案 A	1.20	1.60	1.30	55	1/950	1/830
方案 B	1.40	1.50	1.20	35	1/870	1/855
方案 C	1.50	1.52	1.40	40	1/860	1/850
方案 D	1.20	1.30	1.10	25	1/970	1/950

表中 M_f/M 为规定的水平力作用下，结构底层框架部分承受的地震倾覆力矩与结构总地震倾覆力矩的比值，取 x、y 两方向较大值。

假定，剪力墙布置的其他要求满足规范规定。试问，如果仅从结构规则性及合理性方面考虑，四种方案中哪种最优？

A. 方案 A　　　　B. 方案 B　　　　C. 方案 C　　　　D. 方案 D

题 62～63

某高层现浇混凝土框架结构普通办公楼，结构设计使用年限 50 年，抗震等级一级，安全等级二级。其中五层某框架梁局部平面如图 10-1-22 所示。进行梁截面设计时，需考虑重力荷载、水平地震作用效应组合。

62. 已知，该梁截面 A 处由重力荷载、水平地震作用产生的负弯矩标准值分别为：

恒荷载 $M_{Gk} = -500$ kN·m

活荷载 $M_{Qk} = -100$ kN·m

水平地震作用 $M_{Ehk} = -260$ kN·m

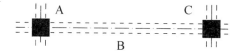

图 10-1-22　题 62～63 图

试问，进行截面 A 梁顶配筋设计时，其控制作用的梁端负弯矩设计值（kN·m），与下列何项数值最为接近？

提示：活荷载按等效均布计算，不考虑梁楼面活荷载标准值折减，重力荷载效应已考虑支座负弯矩调幅，不考虑风荷载组合；基本组合取 $\gamma_G = 1.3$，$\gamma_Q = 1.5$ 计算。

A. −740　　　　B. −800　　　　C. −1000　　　　D. −1060

63. 框架梁截面 350mm×600mm，$h_0 = 540$mm，框架柱截面 600mm×600mm，混凝土强度等级 C35（$f_c = 16.7$N/mm²），纵筋采用 HRB400（$f_y = 360$N/mm²）。假定，该框架梁配筋设计时，梁端截面 A 处的顶、底部受拉纵筋截面积计算值分别为：$A_b^t = 3900$mm²，$A_b^b = 1100$mm²，梁跨中底部受拉钢筋为 6Φ25。试问，梁端截面 A 处的顶、底纵筋（锚入柱内）的以下 4 组配置，何组满足规范、规程的要求且最合理？

提示：依据《高层建筑混凝土结构技术规程》JGJ 3—2010 答题。

A. 梁顶 8 Φ 25，梁底 4 Φ 25　　　　B. 梁顶 8 Φ 25，梁底 6 Φ 25
C. 梁顶 7 Φ 28，梁底 4 Φ 25　　　　D. 梁顶 5 Φ 32，梁底 6 Φ 25

题 64. 某钢筋混凝土底部加强部位剪力墙，抗震设防烈度为 7 度，抗震等级为一级，平立面如图 10-1-23 所示。混凝土强度等级 C30（$f_c = 14.3 \text{ N/mm}^2$，$E_c = 3.0 \times 10^4 \text{ N/mm}^2$）。

假定，墙肢 QZ1 底部考虑地震作用组合的轴力设计值 $N = 4800\text{kN}$，重力荷载代表值作用下墙肢承受的轴压力设计值 $N_{GE} = 3900\text{kN}$，$b_f = b_w$。试问，满足 QZ1 轴压比要求的最小墙厚 b_w（mm），与下列何项数值最为接近？

A. 300　　　　B. 350　　　　C. 400　　　　D. 450

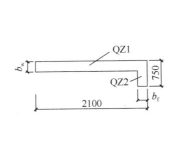
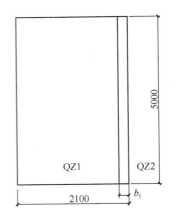

图 10-1-23　题 64 图

题 65. 某高层建筑裙楼商场内人行天桥，采用钢-混凝土组合结构，跨度 28m，如图 10-1-24 所示。假定，天桥竖向自振频率为 3.5Hz，结构阻尼比为 0.02，单位面积有效重量 5kN/m²。试问，满足楼盖舒适度要求的最小天桥宽度 B（m），与下列何项数值最为接近？

提示：（1）按《高层建筑混凝土结构技术规程》JGJ 3—2010 作答；
（2）接近楼盖自振频率时，人行走产生的作用力 $F_p = 0.12\text{kN}$。

A. 1.80　　　　B. 2.60　　　　C. 3.30　　　　D. 5.00

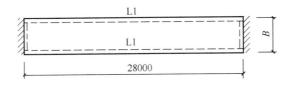

图 10-1-24　题 65 图

题 66～70

某地上 38 层的现浇钢筋混凝土框架-核心筒办公室，如图 10-1-25 所示，房屋高度 155.4m，该建筑地上第 1 层至地上第 4 层的层高均为 5.1m，第 24 层的层高 6m，其余楼层的层高均为 3.9m。抗震设防烈度为 7 度（0.10g），设计地震分组为第一组。建筑场地类别为Ⅱ类，抗震设防类别为丙类，安全等级为二级。

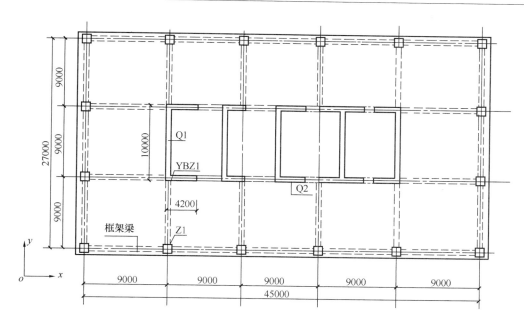

图 10-1-25 题 66~70 图

66. 假定，第 3 层核心筒墙肢 Q1 在 y 向水平地震作用按《高规》第 9.1.11 条调整后的剪力标准值 $V_{Ehk}=1900\text{kN}$，y 向风荷载作用下剪力标准值 $V_{wk}=1400\text{kN}$。试问，该片墙肢考虑地震作用组合的剪力设计值 V (kN)，与下列何项数值最为接近？

提示：忽略墙肢在重力荷载代表值及竖向地震作用下的剪力。

A. 2900　　　B. 4000　　　C. 4600　　　D. 5000

67. 假定，第 30 层框架柱 Z1（900mm×900mm），混凝土强度等级 C40（$f_c=19.1\text{N/mm}^2$），箍筋采用 HRB400（$f_y=360\text{N/mm}^2$），考虑地震作用组合得到经调整后的剪力设计值 $V_c=1800\text{kN}$，轴力设计值 $N=7700\text{kN}$，剪跨比为 $\lambda=1.8$，框架柱 $h_0=860\text{mm}$。试问，框架柱 Z1 加密区箍筋计算值 A_{sv}/s (mm²/mm)，与下列何项数值最为接近？

A. 1.7　　　B. 2.2　　　C. 2.7　　　D. 3.2

68. 假定，核心筒剪力墙肢 Q1 混凝土强度等级 C60（$f_c=27.5\text{N/mm}^2$），钢筋均采用 HRB400（$f_y=360\text{N/mm}^2$），墙肢在重力荷载代表值下的轴压比 $\mu_N>0.3$。试问，关于首层墙肢 Q1 的分布筋、边缘构件尺寸 μ_N 及阴影部分竖向配筋设计，图 10-1-26 中，何项符合规范、规程的最低构造要求？

A. 图 (a)　　　B. 图 (b)　　　C. 图 (c)　　　D. 图 (d)

69. 假定，核心筒剪力墙 Q2 第 30 层墙体及两侧边缘构件配筋如图 10-1-27 所示，剪力墙考虑地震作用组合的轴压力设计值 $N=3800\text{kN}$。试问，剪力墙水平施工缝处抗滑移承载力设计值 V (kN)，与下列何项数值最为接近？

A. 3900　　　B. 4500　　　C. 4900　　　D. 5500

70. 假定，核心筒某耗能连梁 LL 在设防烈度地震作用下，左右两端的弯矩标准值=1355kN·m（同时针方向），截面为 600mm×1000mm，净跨 $l_n=3.0\text{m}$，混凝土强度等级 C40，纵向钢筋采用 HRB400，对称配筋，$a_s=a'_s=40\text{mm}$。试问，该连梁进行抗震性能设

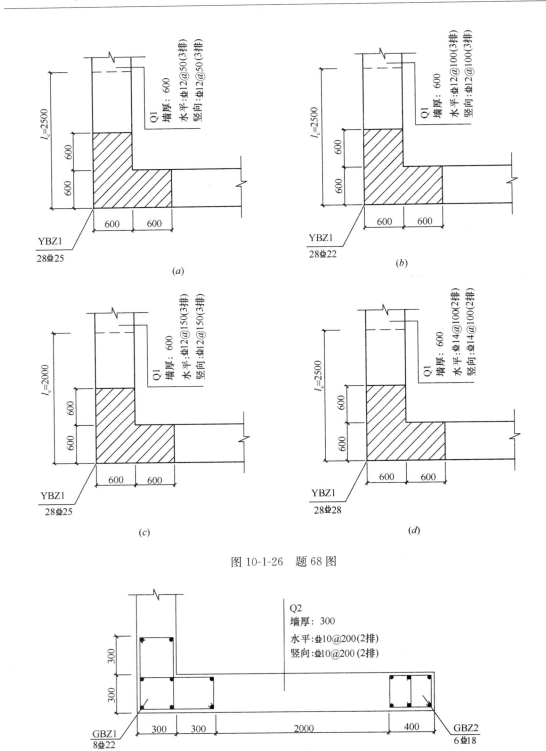

图 10-1-26 题 68 图

图 10-1-27 题 69 图

计时,下列何项纵向钢筋配置符合第 2 性能水准的要求且配筋最小?

提示:忽略重力荷载作用下的弯矩。

A. 7⌀25　　　B. 6⌀28　　　C. 7⌀28　　　D. 6⌀32

题 71～72

某圆形截面钢筋混凝土烟囱，如图 10-1-28 所示，抗震设防烈度为 8 度（0.2g），设计地震分组为第一组，场地类别Ⅱ类，基本风压 $w_0=3.0\text{kN/m}^2$，烟囱基础顶面以上总重力荷载代表值为 15000kN，烟囱基本自振周期为 3.3s。

71. 已知，烟囱底部（基础顶面处）由风荷载标准值产生的弯矩为 11000kN·m，由水平地震作用标准值产生的弯矩为 18000kN·m，由地震作用、风荷载、日照和基础倾斜引起的附加弯矩为 1800kN·m。试问，烟囱底部截面进行抗震极限承载力设计时，烟囱抗弯承载力设计值最小值 R_d（kN·m），与下列何项数值最为接近？

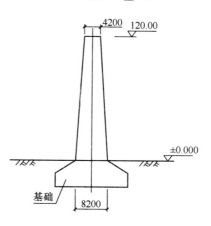

图 10-1-28　题 71～72 图

A. 28200　　　B. 25500　　　C. 25000　　　D. 22500

72. 烟囱底部（基础顶面处）截面筒壁竖向配筋设计时，需要考虑地震作用并按大小偏心受压包络设计。已知，小偏心受压时重力荷载代表值的轴压力对烟囱承载能力不利，大偏心受压时重力荷载代表值的轴压力对烟囱承载能力有利。假定，小偏心受压时轴压力设计值为 N_1（kN），大偏心受压时轴压力设计值为 N_2（kN），试问，N_1、N_2 与下列何项数值最为接近？

A. 18000、15660　　　　　　B. 20340、15660
C. 18900、12660　　　　　　D. 19500、13500

题 73～74

某二级公路上的一座单跨 30m 的跨线桥梁，可通过双向两列车，重车较多，抗震设防烈度为 7 度（0.15g），设计荷载为公路-Ⅰ级，人群荷载 3.5kPa，桥面宽度与路基宽度都为 12m。上部结构：横向 5 片各 30m 的预应力混凝土 T 梁，梁高 1.8m，混凝土强度等级 C40，桥台为等厚度的 U 形结构，桥台台身计算高度 4.0m，基础为双排 1.2m 的钻孔灌注桩。整体结构的安全等级为一级。

73. 假定，计算该桥桥台台背土压力时，汽车在台背土体破坏棱体上的作用可近似用换算等代均布土层厚度计算。试问，其换算土层厚度（m），与下列何项数值最为接近？

提示：台背竖直、路基水平，土壤内摩擦角 30°，假定土体破坏棱体的上口长度为 $l_0=2.31\text{m}$，土的重度为 18kN/m³。

A. 0.8　　　B. 1.1　　　C. 1.3　　　D. 1.8

74. 上述桥梁的中间 T 梁的抗剪验算截面取距离支点 $h/2$（900mm）处，且已知该截面的最大剪力为 $\gamma_0 V_d=940\text{kN}$，腹板宽度 540mm，梁的有效高度为 1360mm，混凝土强度等级 C40（$f_{td}=1.65\text{MPa}$）。试问，该截面需要进行下列何项工作？

A. 要验算斜截面的抗剪承载力，且应加宽腹板尺寸
B. 不需要验算斜截面的抗剪承载力
C. 不需要验算斜截面的抗剪承载力，但要加宽腹板尺寸

D. 需要验算斜截面的抗剪承载力，但不要加宽腹板尺寸

题 75. 某大城市位于 7 度地震区，市内道路上有一座 5 孔各 16m 的永久性桥梁，全长 80.6m，全宽 19m。上部结构为简支预应力混凝土空心板结构，计算跨径 15.5m；中墩为两跨双悬臂钢筋混凝土盖梁，3 根 1.1m 的圆柱；伸缩缝宽度均为 80mm；每片板梁两端各置两块氯丁橡胶板式支座，支座平面尺寸为 200mm（顺桥向）×250mm（横桥向）；支点中心距墩中心的距离为 250mm（含伸缩缝宽度）。试问，根据现行桥规的构造要求，该桥中墩盖梁的最小设计宽度（mm），与下列何项数值最为接近？

A. 1640　　　B. 1390　　　C. 1200　　　D. 1000

题 76～77

某二级公路立交桥上的一座直线匝道桥，为钢筋混凝土连续箱梁结构（单箱单室）净宽 6.0m，全宽 7.0m。其中一联三孔，每孔跨径各为 25m，梁高 1.3m，中墩处为单支点，边墩为双支点抗扭支座。中墩支点采用 550mm×1200mm 的氯丁橡胶支座。设计荷载为公路－Ⅰ级，结构安全等级为一级。

76. 假定，该桥中墩支点处的理论负弯矩为 15000kN·m。中墩支点总反力为 6600kN。试问，考虑折减因素后的中墩支点的有效负弯矩（kN·m），取下列何项数值最为合理？

提示：梁支座反力在支座两侧向上按 45°扩散交于梁重心轴的长度 a 为 1.85m。

A. 13474　　　B. 13500　　　C. 14595　　　D. 15000

77. 假定，上述匝道桥的边支点采用双支座（抗扭支座），梁的重力密度为 158kN/m，汽车居中行驶，取 $1+\mu=1.15$。若双支座平均承受反力，试问，在重力和车道荷载作用下，每个支座的组合力值 R_A（kN），与下列何项数值最为接近？

提示：反力影响线的面积：第一孔 $\omega_1=+0.433L$；第二孔 $\omega_2=-0.05L$；第三孔 $\omega_3=+0.017L$。

A. 1147　　　B. 1334　　　C. 1466　　　D. 1586

题 78. 某城市主干路的一座单跨为 30m 的梁桥，可通行双向两列车，其抗震基本烈度为 7 度（0.15g）。试问，该桥的抗震措施等级应采用下列何项？

A. 6 度　　　B. 7 度　　　C. 8 度　　　D. 9 度

题 79. 某一级公路上的一座预应力混凝土桥梁中的一片预制空心板梁，预制板长 15.94m，宽 1.06m，厚 0.70m，其中两个通长的空心孔直径均为 0.36m。设置 4 个吊环，采用 HPB300 钢筋制作，每端各 2 个，吊环距离板端 0.37m。试问，该板梁吊环的设计吊力（kN），与下列何项数值最为接近？

提示：板梁动力系数采用 1.2，自重 13.5kN/m。

A. 65　　　B. 72　　　C. 86　　　D. 103

题 80. 某城市主干路上的一座跨河桥，为 5 孔单跨均为 25m 的预应力混凝土小箱梁（先简支后连续）结构，全长 125.8m。横桥向由 24m 宽的行车道和两侧各为 3.0m 的人行道组成，全宽 30.5m。桥面单向纵坡 1%，横坡：行车道 1.5%，人行道 1.0%。试问，该桥每孔需要设置泄水管时，下列泄水管截面积（mm²）和个数，何项数值最为合理？

提示：每个泄水管的内径采用 150mm。

A. 75000，4　　　B. 45000，2　　　C. 18750，1　　　D. 0，0

10.2 2014 年试题解答

2014 年试题答案

题号	1	2	3	4	5	6	7	8	9	10
答案	C	B	C	D	C	C	C	C	B	B
题号	11	12	13	14	15	16	17	18	19	20
答案	A	B	D	A	A	B	B	C	C	D
题号	21	22	23	24	25	26	27	28	29	30
答案	C	B	C	C	D	D	C	D	D	A
题号	31	32	33	34	35	36	37	38	39	40
答案	D	B	A	C	A	D	C	B	C	B
题号	41	42	43	44	45	46	47	48	49	50
答案	C	D	B	B	B	C	B	B	A	A
题号	51	52	53	54	55	56	57	58	59	60
答案	C	B	A	A	C	D	D	C	D	C
题号	61	62	63	64	65	66	67	68	69	70
答案	B	B	A	B	B	C	C	A	C	B
题号	71	72	73	74	75	76	77	78	79	80
答案	B	D	B	D	A	B	D	C	C	A

1. 答案：C

解答过程：轴压力设计值：$N = 1.2 \times (980 + 0.5 \times 220) + 1.3 \times 280 = 1672 \text{kN}$

柱轴压比：$\mu_N = \dfrac{1672 \times 10^3}{16.7 \times (600 \times 200 + 400 \times 200)} = 0.5$

依据《混凝土异形柱结构技术规程》JGJ 149—2017 表 6.2.2，框架结构、T 形、二级，且剪跨比>2，钢筋为 HRB400，故 $[\mu_N] = 0.55$。0.5/0.55＝0.91，选择 C。

2. 答案：B

解答过程：依据《混凝土异形柱结构技术规程》JGJ 149—2017 的 6.2.10 条，二级时，最大箍筋间距为 $\min(6d, 100) = 100\text{mm}$，故只有 B、D 满足要求。

查表 6.2.9，二级、T 形、轴压比为 0.5 且剪跨比>2，则 $\lambda_v = 0.2$。

$$[\rho_v] = \lambda_v \dfrac{f_c}{f_{yv}} = 0.2 \times \dfrac{16.7}{360} = 0.928\% > 0.8\%$$

若采用 ⌀8 箍筋，则应满足

$$\rho_v = \dfrac{[(200 - 2 \times 30 + 8) \times 4 + (600 - 2 \times 30 + 8) \times 4] \times 50.3}{[(600 - 2 \times 30)(200 - 2 \times 30) + (200 - 2 \times 30) \times 400]s} \geqslant 0.928\%$$

$$\dfrac{140035.2}{131600s} \geqslant 0.928\%$$

解出 $s \leqslant 115$ mm，可见 ⌀8@100 满足要求。选择 B。

点评：注意，原规程曾规定 f_{yv} 超过 300N/mm² 取为 300N/mm²，今已取消（与现行的《混凝土结构设计规范》等保持一致），为此，规程表 6.2.9 的数值有调整。

3. 答案：C

解答过程：依据《混凝土异形柱结构技术规程》JGJ 149—2017 的 5.1.6 条，底层柱下截面，二级时，弯矩增大系数为 1.5。依据 5.2.3 条计算柱剪力。

框架结构、二级，$\eta_{vc}=1.3$。

$$V_c = \frac{1.3 \times (320 \times 1.5 + 312)}{3.6 + 1 - 0.45 - 0.05} = 251\text{kN}$$

选择 C。

4. 答案：D

解答过程：依据《混凝土异形柱结构技术规程》JGJ 149—2017 的图 6.3.2（a）确定，应满足两方面要求。

（1）自梁底算起的锚固长度不小于 $1.6\,l_{abE}$

l_{abE} 依据《混凝土结构设计规范》GB 50010—2010 的 11.1.7 条、8.3.1 条确定。

$$l_{ab} = \alpha \frac{f_y}{f_t} d = 0.14 \times \frac{360}{1.43} \times 20 = 705\text{mm}$$

$$1.6\,l_{abE} = 1.6 \times \zeta_{aE} l_{ab} = 1.6 \times 1.15 \times 705 = 1298\text{mm}$$

据此，$l \geq 1298 - (450 - 40) = 888$mm。

（2）自柱内侧算起不少于 $1.5\,h_b$

$1.5h_b = 1.5 \times 450 = 675$mm，此时，$l \geq 675 + 600 - 40 = 1235$mm。

综上，选择 D。

5. 答案：C

解答过程：由于场地类别为 Ⅱ 类，因此，抗震构造措施的等级不调整，为二级。

（1）对照《建筑抗震设计规范》GB 50011—2010 的 6.3.3 条复核：

已经给出 $x/h_0 < 0.35$，故满足第 1 款。

梁右端底面与顶面纵筋配筋量之比为 0.6，满足第 2 款。

依据第 3 款，框架梁端部受拉钢筋为 10⏀25，截面积为 4909mm²，配筋率为 $\frac{4909}{400 \times 530} = 2.3\%$，箍筋最小直径应增至 10mm，今不满足要求。

（2）对照《建筑抗震设计规范》GB 50011—2010 的 6.3.4 条复核：

梁上部通长筋 2⏀25 的截面积为 982mm²，右端顶面纵筋为 10⏀25，截面积为 4909mm²，982mm² < 4909/4 = 1226 mm²，不满足第 1 款。

满足第 2 款、第 3 款要求。

综上，选择 C。

点评：题目图中用平法表示的施工图应能看懂：

对于框架梁 KL1(2)，截面尺寸为 400×600，箍筋采用⏀8，4 肢箍，加密区箍筋间距 100mm，非加密区箍筋间距 150mm，上部通长筋 2⏀25，架立筋为 2⏀12。

对于连梁 LL1，截面尺寸为 400×600，箍筋采用⏀8，4 肢箍，箍筋间距 100mm，上部通长筋为 4⏀25，下部通长筋为 4⏀25。

6. 答案：C

解答过程：(1) 检查剪力墙 Q1 配筋

依据《混凝土结构设计规范》GB 50010—2010 的 11.7.14 条第 1 款，水平、竖向分布钢筋配筋率最小为 0.25%。

0.25%×200×400=200mm²，要求双排布置时单根钢筋截面积不小于 100mm²，即，直径不小于 12mm，今水平分布钢筋直径为 10mm，不满足要求。

(2) 检查连梁 LL1 配筋

连梁按照剪力墙取抗震等级为一级，依据表 11.3.6-2，箍筋最小直径为 10mm，今图中为 8mm，不满足要求。

综上，选择 C。

7. 答案：C

解答过程：依据给出条件，中柱抗震等级为二级。

(1) 复核纵筋配筋率

纵筋为 4Φ20 和 12Φ18，截面积 1256+3054=4310mm²，纵筋配筋率 $\frac{4310}{800\times800}$=0.67%。依据《建筑抗震设计规范》GB 50011—2010 的表 6.3.7-1，最小配筋率为 0.75%，不满足要求。

(2) 复核箍筋加密区

依据 6.3.7 条第 2 款，箍筋最大间距为 100mm，最小直径为 8mm，今满足要求。

(3) 复核箍筋非加密区

非加密区箍筋间距为 200mm，大于 10 倍纵筋直径（10×18=180mm），不满足 6.3.9 条第 4 款要求。

综上，选择 C。

8. 答案：C

解答过程：对于剪力墙约束边缘构件 YBZ1，依据《混凝土结构设计规范》GB 50010—2010 的表 11.7.18，一级（8 度）、轴压比 0.4、转角墙，应有

$$l_c = 0.15h_w = 0.15\times(7500+400) = 1185\text{mm}$$

今图中 $l_c=1100$mm，不满足要求。

依据 11.7.18 条第 2 款，阴影部分尺寸纵筋最小配筋率一级时为 1.2%，要求截面积为

$$1.2\%\times(800\times400+400\times400) = 5760\text{mm}^2$$

16Φ20 可提供 5026mm²，不满足要求。

综上，选择 C。

9. 答案：B

解答过程：依据提示，不考虑梁上部架立筋及板内配筋，得到 $A_s' = 982\text{mm}^2$（2Φ25），$A_s = 2945\text{mm}^2$（6Φ25）。

假设为第一类 T 形截面，受压区高度为：

$$x = \frac{f_y A_s - f_y' A_s'}{\alpha_1 f_c b_f'} = \frac{360\times 2945 - 360\times 982}{16.7\times 2000} = 21\text{mm}$$

满足 $<h'_f=200$mm，且 $<\xi_b h_0$，表明受拉钢筋屈服且为第一类 T 形截面。
由于 $x<2a'_s=90$mm，应对 A'_s 合力点位置取矩计算。
$$M_u = f_y A_s(h_0-a'_s) = 360 \times 2945 \times (555-45) = 541 \times 10^6 \text{ N·mm}$$
选择 B。

10. 答案：B
解答过程：依据《混凝土结构设计规范》GB 50010—2010 的 7.2.5 条计算 θ。A'_s 为 $2\Phi25$ 截面积，A_s 为 $6\Phi25$ 截面积。
$$\theta = 2.0 - \frac{2.0-1.6}{1-0} \times \left(\frac{\rho'}{\rho} - 0\right) = 2.0 - 0.4 \times \frac{2}{6} = 1.867$$
依据 3.4.3 条，应采用荷载的准永久组合计算挠度。
$$f = 5.5 \times 10^6 \frac{M}{B} = 5.5 \times 10^6 \times \frac{300 \times 10^6}{1.418 \times 10^{14}/1.867} = 21.7 \text{mm}$$

选择 B。

11. 答案：A
解答过程：依据《混凝土结构设计规范》GB 50010—2010 的 6.5.2 条，由于 550mm $<6h_0=720$mm，因此，应考虑洞口的不利影响。

周长应扣除的部分为 $\frac{250+120/2}{250+550} \times 275 \times 2 = 213$mm

$$u_m = (400+120) \times 2 + (500+120) \times 2 - 213 = 2067 \text{mm}$$
$$0.7\beta_h f_t \eta u_m h_0 = 0.7 \times 1.0 \times 1.43 \times 1.0 \times 2067 \times 120 = 248 \times 10^3 \text{N}$$

选择 A。

点评：由于规范中符号 F_l 为荷载效应，故收录本题时，对原题中所述"抗冲切承载力设计值 F_l"加以修改。

12. 答案：B
解答过程：参考《高层建筑混凝土结构技术规程》JGJ 3—2010 第 7.2.28 条的做法，应将洞口被截断的分布钢筋分别集中布置在洞口上下和左右两边，且钢筋直径不应小于 12mm。

洞口宽度 550mm，被切断的受力钢筋有 6 根，因此要求每侧附加钢筋截面积为 $6 \times 113.1/2 = 339$mm^2。

$2\Phi16$ 可提供 402mm^2，满足要求且最经济，故选择 B。

13. 答案：D
解答过程：依据《建筑抗震设计规范》GB 50011—2010 的表 4.1.6，等效剪切波速 270m/s、场地覆盖层厚度 55m，场地类别为 II 类。依据该条条文说明，由于 $50 \times 1.15 = 57.5$，$250 \times 1.15 = 287.5$，故等效剪切波速 270m/s、场地覆盖层厚度 55m 处于允许插入确定 T_g 范围。依据图 7，由于 $v_{se}>250$m/s 且 $d_{ov}>50$m，因此只需要一次插值即可：
$$0.4 - \frac{0.4-0.3}{500-250} \times (270-250) = 0.392$$

对于罕遇地震，还应增加 0.05，成为 0.442，选择 D。

点评：对《建筑抗震设计规范》GB 50011—2010 的 4.1.6 条条文说明中的图 7 解释

如下：

（1）图中折线为"等值线"，粗实线旁标注的是特征周期的数值，虚线表示±15%的变化，细实线为等距离分布。

（2）粗实线 0.30s 和 0.40s 之间部分对应的是Ⅱ类场地，中间值 0.35s 与表 5.1.4-2 中Ⅱ类场地特征周期对应。

（3）对于本题，如何内插，有两种观点，如表 10-2-1 所示。

计算插值的两种观点　　　　　　　　　　　　　　　　　表 10-2-1

序号	插值用表格			计算结果	观点依据
观点 1	v_{se}	250	500	$v_{se}=270\text{m/s}$ 时，	图 7 中间距为 0.01 的等值线
	T_g	0.4	0.3	$T_g=0.392\text{s}$	
观点 2	v_{se}	250	287.5	$v_{se}=270\text{m/s}$ 时，	只有分界线±15%内的才插值
	T_g	0.4	0.35	$T_g=0.373\text{s}$	

（4）郭继武《建筑抗震设计》（中国建筑工业出版社，2002）曾有一个算例，用内插法计算 $d_{ov}=54\text{m}$，$v_{se}=135\text{m/s}$ 时的 T_g，使用的是观点 2。其计算过程较为复杂，最后得到 $T_g=0.427$。

实际上，该题只需要在 50 和 57.5 之间用 54 插值一次即可，因为，由于是等值线，与 $d_{ov}=50\text{m}$ 形成的一对 v_{se}，只要在 119 和 140 之间，总是有 $T_g=0.4$（在规范图 7 表现为竖直线）。即，总有下面的表 10-2-2 成立，据此得到：

$$0.4+\frac{0.45-0.4}{57.5-50}\times(54-50)=0.427$$

T_g 计算表格　　　　　　　　　　　　　　　　　表 10-2-2

d_{ov}	等效剪切波速 v_{se}		
	119	135	140
50	0.4	0.4	0.4
57.5	0.45	0.45	0.45

另外需要注意的是，这里不能依据朱炳寅《建筑抗震设计规范应用与分析》（第二版，2017）第 133 页的表 4.1.6-1 直接确定，因为该表格是《建筑工程抗震性态设计通则》附录给出的，与《建筑抗震设计规范》GB 50011—2010 的取值不同。

14. 答案：A

解答过程：将水泥用量作为单位 1，则水的用量：

$$0.57-1.88\times5.3\%-3.69\times1.2\%=0.426$$

于是，水灰比为 0.426，选择 A。

点评：本题解答时注意以下几点：

（1）实验室配合比又称"设计配合比"，各重量均为不含水的"干重"；施工配合比是考虑了砂、石含水率之后的重量比。

（2）含水率的公式与土力学中相同，为

$$w=\frac{m_w-m_d}{m_d}\times100\%$$

式中，m_w 为试样的湿重，m_d 为该试样烘干后的重量。

（3）当已知设计配合比计算施工配合比，由于 $m_w = m_d + wm_d = m_d(1+w)$，故，若水泥：砂子：石子 $= 1 : x : y$，且砂、石的含水量分别记作 w_x、w_y，则施工配合比为 $1 : x(1+w_x) : y(1+w_y)$。

（4）命题组给出的解答过程如下：

假设水泥 $=1.0$，则

砂子 $=1.88/(1-5.3\%)=1.985$

石子 $=3.69/(1-1.2\%)=3.735$

水 $=0.57-1.985\times 5.3\%-3.735\times 1.2\%=0.42$

施工水灰比 $=$ 水/水泥 $=0.42/1.0=0.42$

以上做法，相当于认为：①实验室配合比为不含水的"干重"比；②含水率公式为 $w = \dfrac{m_w - m_d}{m_w} \times 100\%$。

15. 答案：A

解答过程：依据《混凝土结构设计规范》GB 50010—2010 的 7.1.2 条公式，加大纵向受拉钢筋直径会导致 d_{eq} 变大，Ⅱ错误；增加受力钢筋保护层厚度后 c_s 变大，Ⅲ错误。选择 A。

16. 答案：B

解答过程：依据《建筑抗震设计规范》GB 50011—2010 的 12.2.7 条第 2 款，水平向减震系数不大于 0.4 时，与竖向地震作用有关的抗震构造措施不应降低，表现为轴压比限值不变。查表 6.1.2，框架结构、丙类、高度 28m、烈度 8 度、Ⅱ类场地，框架的抗震等级为一级。查表 6.3.6，剪跨比小于 2 时，柱轴压比限值为 $0.65-0.05=0.6$，故Ⅳ错误。

选择 B。

点评：对其他观点的判断如下：

该建筑位于 8 度区且水平向减震系数为 $0.35>0.3$，依据 12.2.5 条第 4 款，无需进行竖向地震作用的计算；依据 12.2.7 条第 2 款及其条文说明，8 度（$0.20g$）且水平向减震系数不大于 0.40 时，抗震措施可按 7 度（$0.10g$）设置，即降低 1 度，据此查表得到框架的抗震等级为二级，Ⅲ正确。

依据《建筑抗震设计规范》GB 50011—2010 的 12.2.5 条第 3 款，Ⅱ正确。

依据 12.3.8 条及其条文说明，Ⅰ正确。

17. 答案：B

解答过程：依据《钢结构设计标准》GB 50017—2017 的 8.3.3 条计算。

（1）下段柱的计算长度系数

$$K_1 = \frac{I_1/H_1}{I_2/H_2} = \frac{279000/4700}{0.9\times 1202083/11300} = 0.62$$

$$\eta_1 = \frac{H_1}{H_2}\sqrt{\frac{N_1}{N_2}\cdot \frac{I_2}{I_1}} = \frac{4700}{11300}\sqrt{\frac{610}{2110}\times \frac{0.9\times 1202083}{279000}} = 0.44$$

查表 E.0.4，利用内插法，得到 $\mu_2 = 1.727$（若近似取 $K_1 = 0.6$、$\eta_1 = 0.5$ 查表，得到 $\mu_2 = 1.74$）。

查表 8.3.3，单跨，一个柱列的柱子数为 6 个，折减系数为 0.9。于是，下段柱的计算长度系数为 $0.9\times 1.727=1.55$。

（2）上段柱的计算长度系数

$$\mu_1 = \frac{\mu_2}{\eta_1} = \frac{1.55}{0.44} = 3.52$$

选择 B。

点评：计算 η_1 时，N_1、N_2 取值不同，会出现细微的差别。

$N_1 = 610\text{kN}$，$N_2 = 1880\text{kN}$，可得 $\eta_1 = 0.47$，内插法得到 $\mu_2 = 1.727$，考虑折减后得到下段柱的计算长度系数为 $0.9 \times 1.727 = 1.55$，上段柱的计算长度系数为 $1.55/0.47 = 3.30$，选择 B。

18. 答案：C

解答过程：依据《钢结构设计标准》GB 50017—2017 的表 3.5.1 确定板件的等级。

S4 级要求翼缘 $b/t \leqslant 15 \varepsilon_k = 15$，今 $b/t = (320-8)/2/14 = 11.1$，故属于 S4 级。

S4 级要求腹板 $h_0/t_w \leqslant (45 + 25\alpha_0^{1.66})\varepsilon_k = 45 + 25 \times 1.59^{1.66} = 99.0$，今 $h_0/t_w = 972/8 = 121.5 > 99.0$ 且 $\leqslant 250$，故属于 S5 级。

整个截面确定为 S5 级。

依据 8.4.2 条计算。

$$k_\sigma = \frac{16}{2 - \alpha_0 + \sqrt{(2-\alpha_0)^2 + 0.112\alpha_0^2}}$$

$$= \frac{16}{2 - 1.59 + \sqrt{(2-1.59)^2 + 0.112 \times 1.59^2}}$$

$$= 14.78$$

$$\lambda_{n,p} = \frac{h_w/t_w}{28.1\sqrt{k_\sigma}} \cdot \frac{1}{\varepsilon_k} = \frac{121.5}{28.1\sqrt{14.79}} = 1.125 > 0.75$$

$$\rho = \frac{1}{\lambda_{n,p}}\left(1 - \frac{0.19}{\lambda_{n,p}}\right) = \frac{1}{1.125}\left(1 - \frac{0.19}{1.125}\right) = 0.739$$

$$h_e = \rho h_c = 0.739 \times 612 = 452\text{mm}$$

$$h_{e1} = 0.4 h_e = 0.4 \times 452 = 181\text{mm}$$

$$h_{e2} = 0.6 h_e = 271\text{mm}$$

腹板有效宽度的分布如图 10-2-1(a) 所示。

腹板失效部分的高度：$h_c - h_e = 612 - 452 = 160\text{mm}$

腹板失效部分的面积：$160 \times 8 = 1280\text{mm}^2$

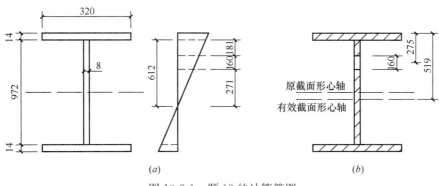

图 10-2-1 题 18 的计算简图

腹板失效部分的形心至截面上边缘的距离：$14+181+160/2=275$mm

有效截面形心至截面上边缘的距离：

$$y_c = \frac{16740 \times 500 - 1280 \times 275}{16740 - 1280} = 519\text{mm}$$

形成的有效截面如图 10-2-1(b) 所示。

有效截面面积：$A_{ne} = 16740 - 1280 = 15460\text{mm}^2$

有效截面惯性矩：

$$I_{ne,x} = 279000 \times 10^4 + 16740 \times (519-500)^2 - \left[\frac{8 \times 160^3}{12} + 1280 \times (519-275)^2\right]$$

$$= 2.717 \times 10^9 \text{mm}^4$$

截面强度验算：

对受压最大纤维计算，可得：

$$\frac{N}{A_{ne}} + \frac{M_x + Ne}{\gamma_x W_{ne,x}} = \frac{610 \times 10^3}{15460} + \frac{810 \times 10^6 + 610 \times 10^3 \times 19}{2.717 \times 10^9 / 519} = 196\text{N/mm}^2$$

选择 C。

点评：对本题解答过程有两点需要说明：

(1) 题干中的 α_0、h_c 以及解答过程，系根据 N、M 以及截面尺寸由软件一次算出，但书写过程中适当保留有效数字，故可能与分步计算稍有误差，但不致影响最后结果。

(2) 腹板失效部分对自身轴的惯性矩很小，一般可以忽略。对于本题，忽略失效部分对自身轴的惯性矩后得到 $I_{ne,x} = 2.720 \times 10^9 \text{mm}^4$，增大了 0.11%。

19. 答案：C

解答过程：依据《钢结构设计标准》GB 50017—2017 的 8.2.2 条计算。

针对吊车肢受压验算（取 3-3 截面）：

$$\frac{N}{\varphi_x A f} + \frac{\beta_{mx} M_x}{W_{1x}(1 - N/N'_{Ex})f}$$

$$= \frac{1880 \times 10^3}{0.916 \times 23640 \times 215} + \frac{1.0 \times 730 \times 10^6}{13707 \times 10^3 (1 - 1880/34476) \times 215}$$

$$= 0.666$$

针对屋盖肢受压验算（取 4-4 截面）：

$$\frac{N}{\varphi_x A f} + \frac{\beta_{mx} M_x}{W_{1x}(1 - N/N'_{Ex})f}$$

$$= \frac{2110 \times 10^3}{0.916 \times 23640 \times 215} + \frac{1.0 \times 1070 \times 10^6}{19295 \times 10^3 (1 - 2110/34476) \times 215}$$

$$= 0.728$$

选择 C。

20. 答案：D

解答过程：依据《钢结构设计标准》GB 50017—2017 的 7.2.7 条确定格构柱的剪力。

由于 $\dfrac{Af}{85\varepsilon_k} = \dfrac{236.4 \times 10^2 \times 215}{85} = 60\text{kN} < 180\text{kN}$，取剪力为 180kN。

上式中，实际剪力 180kN 由题目的图示得到。

缀条的几何长度：$l = \sqrt{1454^2 + 1050^2} = 1793\text{mm}$

一个缀条所受的压力：$N = \dfrac{V/2}{\cos\theta} = \dfrac{180/2}{1454/1793} = 111\text{kN}$

按最小回转半径轴计算缀条的长细比：$\lambda = \dfrac{l_{0x}}{i_{\min}} = \dfrac{0.9 \times 1793}{18} = 90$，查表，$\varphi = 0.621$。

依据 7.6.1 条第 2 款，可得：
$$\eta = 0.6 + 0.0015\lambda = 0.6 + 0.0015 \times 90 = 0.735$$

依据 7.6.3 条，单边连接的单角钢，由于角钢肢件宽厚比
$$w/t = (90 - 2 \times 6)/6 = 13 < 14\varepsilon_k$$
故不考虑承载力折减。
$$\dfrac{N}{\eta\varphi A f} = \dfrac{111 \times 10^3}{0.735 \times 0.621 \times 1063.7 \times 215} = 1.06$$

选择 D。

点评：题目中并未指出是否有节点板，以上解答按有节点板确定 l_{0x}。

21. 答案：C

解答过程：依据《建筑抗震设计规范》GB 50011—2010 的 9.2.10 条，取 $\psi_c = 0.3$ 按附录 K.2.2 条计算支撑拉杆的受力。

斜杆长度：$l_i = \sqrt{12000^2 + 10930^2} = 16232\text{mm}$；柱间净距：$s_c = 12\text{m}$。

压杆长细比：$16232/2/49.8 = 163$，按 b 类查表得到 $\varphi_i = 0.267$。
$$N_t = \dfrac{l_i}{(1 + \psi_c \varphi_i)s_c} V_{bi} = \dfrac{16232}{(1 + 0.3 \times 0.267) \times 12000} \times \dfrac{400}{2} = 250\text{kN}$$

应力为：$250 \times 10^3 / 1569 = 159\text{N}/\text{mm}^2$

选择 C。

点评：解答本题时注意：

(1) 两片支撑在图 10-1-6 中表现为Ⓐ轴的两条虚线。

(2) 提示中指出"支撑平面内计算长细比大于平面外计算长细比"，是因为两片支撑之间有缀条相连，缀条垂直于支撑平面。也正是由于支撑平面外的计算长度小，所以，支撑平面内长细比计算时用绕强轴的回转半径 i_x，没有设计经验可据此判断。

(3) K.2.2 条中 ψ_c 取值，有赖于单层混凝土厂房还是钢结构厂房。

(4) 以上解答过程与命题组当年给出的一致。若坚持取柱间净距为 $12 - 0.5 = 11.5\text{m}$，则最终解答得到应力为 $166.6\text{N}/\text{mm}^2$，仍选择 C。

22. 答案：B

解答过程：力对螺栓群有偏心，偏心距为 $50 - 24.4 = 25.6\text{mm}$，由此形成扭矩，导致螺栓受到剪力为：
$$\dfrac{120 \times 25.6 \times 45}{2 \times 45^2} = 34.1\text{kN}$$

由于轴心力引起的剪力为 $120/2 = 60\text{kN}$。合力为 $\sqrt{34.1^2 + 60^2} = 69\text{kN}$。

选择 B。

23. 答案：C

解答过程：依据《钢结构设计标准》GB 50017—2017 的 16.3.2 条第 11 款，C 正确。

24. 答案：C

解答过程：依据《钢结构设计标准》GB 50017—2017 的 5.4.1 条，此时，计算长度

系数取为1，C正确。

25. 答案：D

解答过程：依据《钢结构设计标准》GB 50017—2017 的 11.5.2 条判断螺栓间距是否合理。

外排螺栓中心距，最小距离为 $3d_0=72\mathrm{mm}$，最大距离为 $\min(8d_0, 12t)$，即，应为 $72\sim96\mathrm{mm}$，图（b）中90mm满足要求。图（a）中120mm不满足要求。

中间排螺栓中心距，因为接头处承受剪力和弯矩，因此，内力可以认为有水平向，也有竖向，故最大间距按照最严格控制，取 $\min(12d_0, 18t)$，最小距离为 $3d_0=72\mathrm{mm}$，即应为 $72\sim144\mathrm{mm}$，图（a）、图（b）均满足此要求。

螺栓中心至构件边缘距离，最小距离为 $2d_0=48\mathrm{mm}$，最大距离为 $\min(4d_0, 8t)$，即应为 $48\mathrm{mm}\sim64\mathrm{mm}$，图（a）、图（b）均满足此要求。

综上，图（b）均满足螺栓间距要求，图（a）不满足全部要求，选择D。

点评：本题有改动，增加了提示。

跨缝的螺栓间距为95mm，这里，不能按照螺栓"中心间距"的要求，而是应按照扣除了接缝宽度后的"螺栓与板件边缘的距离"来理解。由于主要承受剪力，按"垂直内力方向"，可得最小容许间距为 $1.5d_0=1.5\times24=36\mathrm{mm}$。缝宽按常用的10mm计，则$(95-10)/2=42.5\mathrm{mm}>36\mathrm{mm}$，满足最小值要求。最大容许间距为 $\min(4d_0, 8t)=64\mathrm{mm}>42.5\mathrm{mm}$，也满足要求。

26. 答案：D

解答过程：依据《钢结构设计标准》GB 50017—2017 的 14.1.4 条，钢与混凝土组合梁施工时若钢梁下不设临时支撑，混凝土硬结前的材料重量和施工荷载应由钢梁承受。选D。

点评：依据 14.1.4 条，混凝土硬结前的材料重量和施工荷载由钢梁承受，A项错误。

依据 14.1.6 条，组合梁的挠度应分别按荷载的标准组合和准永久组合计算，并取较大者，故B项错误。

依据 14.1.6 条以及表 3.5.1，钢梁受压区的板件宽厚比应符合S1级要求，故C项错误。

27. 答案：C

解答过程：依据《建筑工程抗震设防分类标准》GB 50223—2008 的 6.0.12 条，居住建筑抗震设防类别不应低于标准设防类，取为标准设防类（丙类）。

依据《建筑抗震设计规范》GB 50011—2010 的表 8.1.3，高度 20m<50m、8度，抗震等级为三级。

依据表 8.3.2，三级时，对于梁，工形截面时，翼缘外伸部分宽厚比限值为 $10\sqrt{235/f_{ay}}$，腹板宽厚比限值为 $70\sqrt{235/f_{ay}}$（不考虑梁轴压比）。

$$b/t=\frac{(200-8)/2}{12}=8<10\sqrt{235/f_{ay}}=10\sqrt{235/345}=8.25，满足要求。$$

$$h_0/t_w=\frac{600-2\times12}{8}=72>70\sqrt{235/f_{ay}}=58，不满足要求。$$

对于柱，箱形截面时壁板宽厚比限值为 $38\sqrt{235/f_{ay}}$。

$$h_0/t_w=\frac{450-2\times20}{20}=20.5<38\sqrt{235/f_{ay}}=31，满足要求。$$

综上，选择 C。

28. 答案：D

解答过程：①轴和⑥设置柱间支撑，会减小在该方向的计算长度，考虑到柱在两个方向的长细比接近相等最经济，故应选择 D。

29. 答案：D

解答过程：承受静力荷载作用且无局部压应力，依据《钢结构设计标准》GB 50017—2017 的 6.3.1 条，可以考虑屈曲后强度，今满足规范 6.4.1 条规定，不需要额外的加劲肋措施。选择 D。

30. 答案：A

解答过程：依据《空间网格结构技术规程》JGJ 7—2010 的 4.3.1 条，单层网壳以及厚度小于跨度 1/50 的双层网桥均应进行稳定性计算，故图（a）需要稳定性计算；对于图（b），由于 0.9m＜50/50＝1m，也需要稳定性计算；对于图（c），由于 1.5m＞60/50＝1.2m，不需要稳定性计算。选择 A。

31. 答案：D

解答过程：查静力计算表，可知墙底部弯矩为：$M = \frac{1}{15}ql^2 = \frac{1}{15} \times 34 \times 3^2 = 20.4 \text{kN} \cdot \text{m}$

依据《砌体结构设计规范》GB 50003—2011 的表 3.2.2，MU15 烧结普通砖、M10 水泥砂浆，$f_{tm} = 0.17 \text{MPa}$。

依据 5.4.1 条，$M \leqslant f_{tm}W$，可得

$$20.4 \times 10^6 \leqslant 0.17 \times \frac{1000 \times h^2}{6}$$

解方程得到 $h \geqslant 848.5 \text{mm}$，选择 D。

32. 答案：B

解答过程：依据《砌体结构设计规范》GB 50003—2011 的表 3.2.2，M10 水泥砂浆，$f_v = 0.17 \text{MPa}$。

墙底部剪力最大，为：$V = \frac{2}{5}ql = \frac{2}{5} \times 34 \times 3 = 40.8 \text{kN}$

依据 5.4.2 条，$V \leqslant f_v bz = f_v b \cdot \frac{2}{3}h$，即

$$40.8 \times 10^3 \leqslant 0.17 \times 1000 \times \frac{2}{3} \cdot h$$

解出 $h \geqslant 360 \text{mm}$，选择 B。

点评：31、32 题的难点在于一端铰接、一端固定且作用荷载为三角形的单跨梁的内力如何计算。

此时的弯矩与剪力分布见图 10-2-2。

其中，$R_A = \frac{1}{10}ql$，$R_B = \frac{2}{5}ql$，$M_B = -\frac{1}{15}ql^2$。

33. 答案：A

解答过程：按题目不考虑墙体自重，故墙体受压控制截面为底部，弯矩前已算出，为 20.4 kN·m。

依据《砌体结构设计规范》GB 50003—2011 的 5.1.2 条，有

$$\beta = \gamma_\beta \frac{H_0}{h} = 1.0 \times \frac{3000}{370} = 8.1$$

$$e = \frac{M}{N} = \frac{20.4 \times 10^6}{220 \times 10^3} = 92.73\text{mm}$$

$$\frac{e}{h} = \frac{92.73}{370} = 0.25$$

查规范附表 D.0.1-1，$\varphi = 0.42 - \frac{0.42 - 0.39}{10 - 8} \times (8.1 - 8) = 0.42$

由 MU15 烧结普通砖和 M10 水泥砂浆查表 3.2.1-1，$f = 2.31\text{MPa}$。

依据 5.1.1. 条，有

$\varphi f A = 0.42 \times 2.31 \times 1000 \times 370 = 359 \times 10^3 \text{N} = 359\text{kN}$

选择 A。

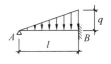

图 10-2-2　弯矩图与剪力图

34. 答案：C

解答过程：依据《砌体结构设计规范》GB 50003—2011 的表 3.2.1-4，MU10 级单排孔混凝土小型空心砌块、Mb7.5 级砂浆对孔砌筑，$f = 2.5\text{MPa}$。

依据公式（3.2.1-1），有

$$f_g = f + 0.6\delta\rho f_c$$
$$= 2.5 + 0.6 \times 40\% \times 43.75\% \times 9.6 = 3.51\text{MPa} < 2f = 5\text{MPa}$$

依据 3.2.2 条第 2 款，$f_{vg} = 0.2 f_g^{0.55} = 0.2 \times 3.51^{0.55} = 0.40\text{MPa}$

选择 C。

35. 答案：A

解答过程：依据《砌体结构设计规范》GB 50003—2011 的 9.2.2 条计算。

计算高度取层高。

$$\beta = \gamma_\beta \frac{H_0}{h} = 1.0 \times \frac{3}{0.19} = 15.79$$

$$\varphi_{0g} = \frac{1}{1 + 0.001\beta^2} = \frac{1}{1 + 0.001 \times 15.79^2} = 0.80$$

$\varphi_{0g}(f_g A + 0.8 f_y' A_s') = 0.80 \times 3.6 \times 190 \times 3190 = 1746.5 \times 10^3 \text{N}$

选择 A。

36. 答案：D

解答过程：依据《建筑抗震设计规范》GB 50011—2010 的 7.2.6 条，由于 $\frac{\sigma_0}{f_v} = \frac{2}{0.4} = 5$，可得 $\zeta_N = 2.15$，于是

$$f_{vE} = \zeta_N f_v = 2.15 \times 0.4 = 0.86\text{MPa}$$

依据表 5.4.2，$\gamma_{RE} = 0.9$。

依据 7.2.8 条，由于 $0.25 \leqslant \rho = \frac{7}{16} = 0.44 < 0.5$，故 $\zeta_c = 1.10$。

$$\frac{1}{\gamma_{RE}}[f_{vE} A + (0.3 f_t A_c + 0.05 f_y A_s)\zeta_c]$$
$$= \frac{1}{0.9} \times [0.86 \times 3190 \times 190 + (0.3 \times 1.1 \times 100800 + 0.05 \times 270 \times 565) \times 1.1]$$
$$= 629 \times 10^3 \text{N}$$

选择 D。

点评：对于本题，以下两点需要注意：

（1）黑龙江省伊春市林业勘察设计院张培林高工认为，规范中给出的公式，参数 f_{vE} 由 f_{vg} 得到，f_{vg} 本身已经考虑了灌孔混凝土的强度提高，而 $0.3f_tA_c$ 也是考虑灌孔部分的贡献，属于重复。

（2）对于同一个问题，《砌体结构设计规范》GB 50003—2011 的 10.3.2 条也有规定，但稍有差别，该条指出取"墙中部芯柱截面总面积"，据此，该题中芯柱为 5 个而不是 7 个。因为这种差异，该题给出了提示按《建筑抗震设计规范》GB 50011—2010 答题。

37. 答案：C

解答过程：依据《砌体结构设计规范》GB 50003—2011 的式（3.2.2）可得：
$$f_{vg} = 0.2 f_g^{0.55} = 0.2 \times 4.8^{0.55} = 0.47 \text{MPa}$$

依据 9.3.1 条，有
$$\lambda = \frac{M}{Vh_0} = \frac{560}{150 \times 3.1} = 1.20 < 1.5, \text{取} \lambda = 1.5$$

$0.25 f_g bh = 0.25 \times 4.8 \times 190 \times 3190 = 727.3 \times 10^3 \text{N} < N = 770 \text{kN}$，取 $N = 727.3 \times 10^3 \text{N}$

$$\frac{1}{\lambda - 0.5} \left(0.6 f_{vg} bh_0 + 0.12 N \frac{A_w}{A} \right) + 0.9 f_{yh} \frac{A_{sh}}{s} h_0$$
$$= \frac{1}{1.5 - 0.5} \times (0.6 \times 0.47 \times 190 \times 3100 + 0.12 \times 727.3 \times 10^3 \times 1)$$
$$+ 0.9 \times 270 \times \frac{157}{600} \times 3100$$
$$= 450 \times 10^3 \text{N}$$

选择 C。

38. 答案：B

解答过程：依据《砌体结构设计规范》GB 50003—2011 的 6.1.1 条，受压构件高厚比计算值 $\beta = \frac{H_0}{h}$。

改变墙体厚度能影响 β，A 项所述正确。

改变房屋的静力计算方案和调整或改变构件支承条件可以改变 H_0，故能影响 β，C 项、D 项所述正确。

改变砌筑砂浆的强度等级无法影响 β，故 B 项所述错误。

选择 B。

39. 答案：C

解答过程：依据《砌体结构设计规范》GB 50003—2011 的表 5.1.3，横墙间距 $s = 8.4 \text{m} > 2H = 2 \times 3 = 6 \text{m}$，$H_0 = H = 3 \text{m}$。

$$\beta = \gamma_\beta \frac{H_0}{h} = 1.0 \times \frac{3.0}{0.24} = 12.5$$

墙的配筋率为：$\rho = \frac{A_s'}{bh} = \frac{616}{240 \times 2100} = 0.12\%$，

查表 8.2.3，应用内插法，得 $\varphi_{com} = 0.83$。

查表 3.2.1-1，MU10 烧结多孔砖、M7.5 混合砂浆，$f = 1.69 \text{MPa}$。

依据 8.2.7 条，计算一个中间构造柱及其影响范围受压承载力：

$$\varphi_{com}[fA+\eta(f_cA_c+f'_yA'_s)]$$
$$=0.83\times[1.69\times(2100-240)\times240+0.646\times(9.6\times240\times240+270\times616)]$$
$$=1012\times10^3 N$$

故，单位墙长的轴向受压承载力为：1012/2.1=482kN，选择 C。

点评：本题有改动，增加了多孔砖孔洞率不大于 30%的补充说明。

40. 答案：B

解答过程：相对受压区高度：$\xi=\dfrac{x}{h_0}=\dfrac{120}{240-35}=0.585$

依据《砌体结构设计规范》GB 50003—2011 的 8.2.5 条，由于 $\xi>\xi_b=0.47$，属于小偏心受压。

$$\sigma_s=650-800\xi=650-800\times0.585=182\ N/mm^2$$

依据 8.2.4 条，有
$$N\leqslant fA'+f_cA'_c+\eta_s f'_yA'_s-\sigma_sA_s$$
$$672\times10^3\leqslant1.69\times(2100-240)\times120+9.6\times240\times120+1\times270A_s-182A_s$$

解方程得到 $A_s\geqslant208\ mm^2$

整个构造柱所需总配筋值为 $208\times2=416mm^2$。选择 B。

点评：本题用到规范 8.2.5 条，注意，其中"当 $\sigma_s<f'_y$ 时，取 $\sigma_s=f'_y$"有误，应为"当 $\sigma_s<-f'_y$ 时，取 $\sigma_s=-f'_y$"。

另外注意到，规范 8.2.9 条规定，对于构造柱的中柱，钢筋数量不宜少于 4 根，直径不宜小于 12mm，此时对应的钢筋截面积为 $452mm^2$。此为构造要求。而题目要求确定根据受力计算所需的钢筋截面，故按上述解答过程即可。

41. 答案：C

解答过程：依据《木结构设计标准》GB 50005—2017 的 4.3.1 条，西北云杉 TC11A，$f_m=11\ N/mm^2$。

依据 4.3.2 条，原木未经切削，$f_m=11\times1.15=12.65\ N/mm^2$。

最大弯矩处为中部，依据 4.3.18 条，该截面处直径：
$$d_0=110+1500\times9/1000=123.5mm$$

依据表 5.2.3 条，由于 $h/b=1<4$，故取 $\varphi_l=1$。
$$\frac{M}{\varphi_l W}=\frac{0.125\times1.2\times3000^2}{1\times3.14\times123.5^3/32}=7.3\ N/mm^2$$

选择 C。

点评：必须指出，对于圆形截面梁，由于截面不存在弱轴，因此本质上不会发生整体失稳。

42. 答案：D

解答过程：依据《建筑抗震设计规范》GB 50011—2010 的 11.3.10 条，A 正确；依据 11.3.6 条，B 正确。

依据《木结构设计标准》GB 50005—2017 的 7.7.5 条，C 正确。

依据《建筑抗震设计规范》GB 50011—2010 的 11.3.8 条和《木结构设计标准》GB 50005—2017 的 7.4.11 条，D 错误。

故选择 D。

43. 答案：B

解答过程：土压力：

$$\begin{aligned}\sigma &= \Sigma(\gamma_s h_s)k_a - 2c\sqrt{k_a} \\ &= [19\times 0.5 + (19-10)\times(4-0.5)]\times \tan^2\left(45°-\frac{26°}{2}\right) \\ &\quad - 2\times 4.5\times\sqrt{\tan^2\left(45°-\frac{26°}{2}\right)} \\ &= 10.4\text{kPa}\end{aligned}$$

水压力：$\sigma_w = 10\times(4-0.5) = 35\text{kPa}$

侧向总压力：$\sigma_A = \sigma_s + \sigma_w = 10.4 + 35 = 45.4\text{kPa}$，故选 B。

点评：挡土墙后填土有地下水位时，作用于挡土墙上的压力除了土压力之外还有水压力，此时，有"水土分算"和"水土合算"两种方法。

地下水位以下为碎石或砂土时，一般采用水土分算，此时，分别计算作用于墙背上的土压力与水压力，然后叠加。地下水位以下的土采用有效重度。

地下水位以下为黏性土、粉土、淤泥及淤泥质土时，一般采用水土合算，此时，地下水位以下的土采用饱和重度。

对于本题，计算土压力时如果水下土体未采用有效重度，会得到：

$$\begin{aligned}\sigma_s &= [19\times 0.5 + 19\times(4-0.5)]\times \tan^2\left(45°-\frac{26°}{2}\right) \\ &\quad - 2\times 4.5\times\sqrt{\tan^2\left(45°-\frac{26°}{2}\right)} \\ &= 24.1\text{kPa}\end{aligned}$$

总的侧压力为：$\sigma_A = \sigma_s + \sigma_w = 24.1 + 35 = 59.1\text{kPa}$

最终会错选 D。

44. 答案：B

解答过程：依据《建筑地基基础设计规范》GB 50007—2011 的 3.0.5 条第 3 款，抗浮稳定性验算应采用基本组合，但其分项系数均为 1.0。

依据 5.4.3 条第 1 款验算抗浮稳定性。

$$G_k = 280 + 60 + (0.8\times 1\times 2x)\times 23 + [(5.5-0.8)\times 1\times 2x]\times 19 = 215.4x + 340$$

$$N_{w,k} = [5\times(7+2x)\times 1]\times 10 = 100x + 350$$

上式中，重量均以"体积×重度"的形式列出。于是

$$\frac{G_k}{N_{w,k}} = \frac{215.4x + 340}{100x + 350} \geq 1.05$$

解方程，得到 $x = 249.1\text{mm}$，选择 B。

点评：(1) 在抗浮验算时，应注意外挑部分上方的土体在考虑其压重时不能采用有效重度。

(2) 从本题解答过程可知，之所以将基础底板向外挑出一段长度可使抗浮验算满足要求，是因为钢筋混凝土和土体的重度大于水，从而增加了压重。

45. 答案：B

解答过程：依据《建筑地基处理技术规范》JGJ 79—2012 的 7.1.5 条第 3 款，可得：

$$R_a = u_p \sum_{i=1}^{n}(q_{si}l_{pi}) + \alpha_p q_p A_p$$
$$= \pi \times 0.6 \times (11 \times 1 + 10 \times 8 + 15 \times 2) + 0.5 \times \frac{\pi}{4} \times 0.6^2 \times 200$$
$$= 256.35 \text{kN}$$

依据 7.3.3 条第 3 款，由桩身材料确定的承载力为：
$$R'_a = \eta f_{cu} A_p = 0.25 \times 1900 \times \frac{\pi}{4} \times 0.6^2 = 134.3 \text{kN}$$

搅拌桩单桩承载力特征值 R_a 应取以上较小者，即 134.3kN。选择 B。

点评：规范 7.3.3 条第 3 款规定，应使桩身材料强度确定的单桩承载力不小于由桩端土和桩周土的抗力所提供的单桩承载力。故，对于本题情况，应采取措施提高水泥土的强度。

46. 答案：C

解答过程：依据《建筑地基处理技术规范》JGJ 79—2012 的 3.0.4 条第 2 款，地基承载力修正系数应取 1.0。

依据《建筑地基基础设计规范》GB 50007—2011 的 5.2.4 条，可得
$$f_a = f_{ak} + \eta_d \gamma_m (d - 0.5) = f_{ak} + 1 \times 18.5 \times (1.4 - 0.5) = 145 \text{kPa}$$

求解得到 $f_{ak} = 128.35 \text{kPa}$，此值作为 f_{spk}。

依据《建筑地基处理技术规范》JGJ 79—2012 的 7.1.5 条第 2 款，可得
$$m = \frac{f_{spk} - \beta f_{sk}}{\lambda \frac{R_a}{A_p} - \beta f_{sk}} = \frac{128.35 - 0.8 \times 85}{1 \times \frac{145}{(\pi/4) \times 0.6^2} - 0.8 \times 85} = 0.136$$

矩形布桩时，$d_e = 1.13\sqrt{s_1 s_2}$，$s_1 = 1.0\text{m}$。
$$m = \frac{d^2}{d_e^2} = \frac{0.6^2}{(1.13\sqrt{1 \times s_2})^2} = 0.136$$

求解得到 $s_2 = 2.07\text{m}$，选择 C。

47. 答案：B

解答过程：依据《建筑地基基础设计规范》GB 50007—2011 的 5.2.7 条第 2 款，由 $\frac{E_{s1}}{E_{s2}} = \frac{6.3}{2.1} = 3$，$\frac{z}{b} = \frac{1}{17.4} = 0.0575 < 0.25$，查表 5.2.7 知，$\theta = 0°$。

由公式（5.2.7-2）计算附加压力，且依据 3.0.5 条第 1 款在软弱下卧层承载力验算时，应采用标准组合。

附加应力：
$$p_z = \frac{lb(p_k - p_c)}{(b+2z\tan\theta)(l+2z\tan\theta)} = \frac{39.2 \times 17.4 \times \left(\frac{45200}{39.2 \times 17.4} - 19 \times 1\right)}{(17.4+0) \times (39.2+0)} = 47.3\text{kPa}$$

自重应力：$p_{cz} = 19 \times 1 + (19-10) \times 1 = 28\text{kPa}$
$$p_z + p_{cz} = 47.3 + 28 = 75.3\text{kPa}$$

选择 B。

48. 答案：B

解答过程：依据《建筑桩基技术规范》JGJ 94—2008 的 5.3.8 条计算。

空心桩内径 $d_1 = 0.4 - 2 \times 0.095 = 0.21\text{m}$
$$Q_{uk} = Q_{sk} + Q_{pk} = u \sum q_{sik} l_i + q_{pk}(A_j + \lambda_p A_{pl})$$
$$= \pi \times 0.4 \times (60 \times 1 + 20 \times 16 + 64 \times 7 + 160 \times 2)$$

$$+8000 \times \left[\frac{\pi}{4} \times (0.4^2 - 0.21^2) + 0.8 \times \frac{\pi}{4} \times 0.21^2\right]$$
$$= 2392.5 \text{kN}$$

依据 5.2.2 条，$R_a = \frac{1}{2} \times Q_{uk} = \frac{1}{2} \times 2392.5 = 1196 \text{kN}$，选择 B。

49. 答案：B

解答过程：依据《建筑桩基技术规范》JGJ 94—2008 的 5.6.2 条，黏性土 $\eta_p = 1.30$。由式 (5.6.2-4)

$$p_0 = \eta_p \frac{F - nR_a}{A_c} = 1.3 \times \frac{43750 - 39.2 \times 17.4 \times 19 \times 1 - 52 \times 340}{39.2 \times 17.4 - 52 \times 0.25^2} = 25.1 \text{kPa}$$

故选择 B。

点评：由于涉及沉降，p_0 要采用"平均附加压力"，因而 p_0 计算公式中的 F 规范解释为"附加荷载"。于是，题目中给出的 43750kN 要减去基底以上的土重。

50. 答案：A

解答过程：依据《建筑桩基技术规范》JGJ 94—2008 的 5.6.2 条，可得：
$$\overline{q}_{su} = (60 \times 1 + 20 \times 16 + 64 \times 1)/18 = 24.67 \text{kPa}$$
$$\overline{E}_s = (6.3 \times 1 + 2.1 \times 16 + 10.5 \times 1)/18 = 2.8 \text{MPa}$$

方桩：$d = 1.27b = 1.27 \times 0.25 = 0.3175 \text{m}$

依据 5.5.10 条，方桩：$\frac{s_a}{d} = 0.886 \frac{\sqrt{A}}{\sqrt{n} \cdot d} = 0.886 \times \frac{\sqrt{39.2 \times 17.4}}{\sqrt{52} \times 0.25} = 12.84$

依据 5.6.2 条，可得沉降值 s_{sp}：

$$s_{sp} = 280 \frac{\overline{q}_{su}}{\overline{E}_s} \cdot \frac{d}{(s_a/d)^2} = 280 \times \frac{24.67}{2.8} \times \frac{0.3175}{12.84^2} = 4.75 \text{mm}$$

选择 A。

51. 答案：C

解答过程：依据《建筑桩基技术规范》JGJ 94—2008 的 5.1.1 条第 1 款计算偏心荷载时单桩受力。

$$N_{k,\max} = \frac{F_k + G_k}{n} + \frac{M_{xk} y_1}{\sum y_i^2}$$
$$= \frac{5380 + 4.8 \times 2.8 \times 2.5 \times 20}{5} + \frac{(2900 + 200 \times 1.6) \times 2}{4 \times 2^2}$$
$$= 1210.4 + 402.5 = 1612.9 \text{kN}$$

由 5.2.1 条第 1 款，$N_{k,\max} \leqslant 1.2 R_a$，得到应有 $R_a \geqslant 1344 \text{kN}$。

轴心荷载作用时，由公式 (5.2.1-1) 可得：

$$N_k = \frac{F_k + G_k}{n} = \frac{5380 + 4.8 \times 2.8 \times 2.5 \times 20}{5} = 1210.4 \text{kN} < R_a = 1344 \text{kN}$$

满足要求。

故选择 C。

52. 答案：B

解答过程：依据《建筑地基基础设计规范》GB 50007—2011 的 8.5.21 条计算。

$$\beta_{hs} = \left(\frac{800}{h_0}\right)^{1/4} = \left(\frac{800}{1500}\right)^{1/4} = 0.855$$

$$\lambda = \frac{a_x}{h_0} = \frac{2000-200-400}{1500} = 0.933$$

$$\beta = \frac{1.75}{\lambda+1.0} = \frac{1.75}{0.933+1} = 0.905$$

依据附录 U.0.2 条确定截面的计算宽度：

$$b_{y0} = \left[1-0.5\frac{h_1}{h_0}\left(1-\frac{b_{y2}}{b_{y1}}\right)\right]b_{y1} = \left[1-0.5\times\frac{750}{1500}\times\left(1-\frac{1000}{2800}\right)\right]\times 2800 = 2350\text{mm}$$

受剪承载力：

$$\beta_{hs}\beta f_t b_0 h_0 = 0.855\times 0.905\times 1.43\times 2350\times 1500 = 3900\times 10^3\text{N}，选择 B。$$

点评：对于本题，有以下几点需要说明：

(1) 为避免争议，本题有改动，增加按《建筑地基基础设计规范》GB 50007—2011 答题的提示，同时，将 B 选项由 4000kN 改为 3900kN。

(2)《建筑桩基技术规范》JGJ 94—2008（以下简称《桩规》）与《建筑地基基础设计规范》GB 50007—2011（以下简称《地规》）均规定需对柱边和变阶处位置计算承台的受剪承载力，但前者只给出了柱边时的计算公式和图示，后者只给出了变阶处的计算公式和图示。按照受剪面积的概念理解，柱边和变阶处受剪面积相同，据此，对柱边情况也应按《地规》中公式处理更为合适，《桩规》给出的做法则与概念不协调，所得结果偏于保守。

(3) 如果严格按照《桩规》答题，将是以下步骤：

依据《建筑桩基技术规范》JGJ 94—2008 的 5.9.10 条的第 3 款，可得：

$$b_{y0} = \left[1-0.5\frac{h_{20}}{h_0}\left(1-\frac{b_{y2}}{b_{y1}}\right)\right]b_{y1} = \left[1-0.5\times\frac{750}{1500}\times\left(1-\frac{600}{2800}\right)\right]\times 2800 = 2250\text{mm}$$

依据 5.9.10 条的第 1 款，可得：

$$\beta_{hs} = \left(\frac{800}{h_0}\right)^{1/4} = \left(\frac{800}{1500}\right)^{1/4} = 0.855$$

$$\lambda = \frac{a_x}{h_0} = \frac{2000-200-400}{1500} = 0.933$$

$$\beta = \frac{1.75}{\lambda+1.0} = \frac{1.75}{0.933+1} = 0.905$$

$$\beta_{hs}\alpha f_t b_0 h_0 = 0.855\times 0.905\times 1.43\times 2250\times 1500 = 3734\times 10^3\text{N}，选择 A。$$

命题组所给出的解答，按《桩规》执行。

53. 答案：A

解答过程：依据《建筑桩基技术规范》JGJ 94—2008 的 5.7.2 条的第 6 款计算。

$$R_{ha} = 0.75 \frac{\alpha^3 EI}{\nu_x} \chi_{0a} = 0.75 \frac{\alpha^3 (0.85 E_c I_0)}{\nu_x} \chi_{0a}$$
$$= 0.75 \times \frac{0.63^3 \times 10^{-9} \times (0.85 \times 3.6 \times 10^4 \times 213000 \times 10^4)}{2.441} \times 10$$
$$= 50.07 \times 10^3 \text{N} = 50.07 \text{kN}$$

选择 A。

点评：代入数据时注意统一单位，今统一按 N、mm 制。由于 α 的单位是 m^{-1}，因此，$0.63\ m^{-1}$ 应是 $0.63 \times 10^{-3}\ mm^{-1}$，即，以 0.63×10^{-3} 代入。

54. 答案：A

解答过程：依据《建筑桩基技术规范》JGJ 94—2008 的 5.5.11 条，$\overline{E}_s = E_s = 17.5 \text{MPa}$，故 $\psi = \frac{0.9 + 0.65}{2} = 0.775$（17.5 处于 15 和 20 的中间）。

由 5.5.7 条，$\frac{z_i}{b} = \frac{2z_i}{B_c} = \frac{2 \times 8.4}{2.8} = 6$，$\frac{a}{b} = \frac{2.4}{1.4} = 1.71$，查本题给出的表，得到 $\overline{\alpha} = 0.0977$。

$$s = 4 \cdot \psi \cdot \psi_e \cdot p_0 \sum \frac{z_i \overline{\alpha}_i - z_{i-1} \overline{\alpha}_{i-1}}{E_{si}}$$
$$= 4 \times 0.775 \times 0.17 \times 400 \times \frac{0.0977 \times 8.4 - 0}{17.5 \times 10^3}$$
$$= 9.89 \times 10^{-3} \text{m} = 9.89 \text{mm}$$

选择 A。

55. 答案：C

解答过程：依据《建筑地基基础设计规范》GB 50007—2011 的 9.1.6 条第 4 款，Ⅰ正确。

依据 3.0.1 条，应判定设计等级为乙级，依据 9.1.5 条第 2 款，Ⅱ错误。

依据 9.3.3 条，Ⅲ错误。

依据 9.4.7 条和附录 W.0.2 条，Ⅳ正确。

故选择 C。

56. 答案：D

解答过程：依据《建筑地基基础设计规范》GB 50007—2011 的 6.4.2 条，Ⅰ正确；

依据 4.1.6 条判定碎石土为中密，依据表 6.7.2，Ⅱ正确；

依据 5.3.8 条以及 6.2.2 条第 2 款，Ⅲ正确；

依据 4.1.4 条，岩体完整指数为 $0.7^2 = 0.49$，岩体完整程度划分为"较破碎"。依据 5.2.6 条，$f_a = \psi_r \cdot f_{rk} = (0.1 \sim 0.2) \times 8200 = 820 \sim 1640 \text{kPa}$，Ⅳ错误。

故选择 D。

点评：本题有改动，将原题观点Ⅲ中的"不大于"改为"小于"。之所以改动，是因为：

依据规范 5.3.8 条，计算深度内存在基岩时，或存在类似于基岩的土层、石层时，按公式（6.2.2）计算地基最终变形，即 $s_{gz} = \beta_{gz} s_z$，β_{gz} 为变形增大系数，当基底下土层厚度与基础底面宽度之比 $h/b = 2.5$ 时，$\beta_{gz} = 1.0$，相当于不放大。若题目中为"基底下土层厚度不大于基础底面宽度的 2.5 倍",显然是包含 $h/b=2.5$,说成是"放大",不合理。

另外,规范此处存在疑问:6.2.2 条的前提是,下卧基岩层面为单向倾斜,岩面坡度大于 10%,基底下的土层厚度大于 1.5m,5.3.8 条所说的计算,是否要满足这些前提?

57. 答案:D

解答过程:依据《高层建筑混凝土结构技术规程》JGJ 3—2010 的 5.2.1 条的条文说明,A 正确;

依据 3.11.3 条的条文说明,B 正确;

依据 5.2.1 条,C 正确;

依据 5.2.1 条的条文说明,设防烈度高时可多折减一些,D 错误。

58. 答案:C

解答过程:依据《高层建筑混凝土结构技术规程》JGJ 3—2010 的 12.1.8 条第 1 款,天然地基或复合地基,可取房屋高度的 1/15。故 A 错误;

依据 7.1.4 条,设在地下室顶板最为经济合理,B 错误;

8 度、Ⅲ类场地的高层建筑属于高烈度、较差场地上的高层建筑,依据 12.1.5 条,C 正确;

依据 12.1.7 条,D 错误。

59. 答案:D

解答过程:依据《高层建筑混凝土结构技术规程》JGJ 3—2010 的 3.7.3 条的注,抗震设计时,楼层位移计算可不考虑偶然偏心的影响。楼板无较大空洞或不连续可以采用刚性楼板假定。所以,采用"刚性楼板假定,不考虑偶然偏心"时的 $\Delta u = 2.0$mm。由 3.7.3 条,可得 $\frac{\Delta u}{h}$ 限值为 $\frac{1}{800}$。

由于 $\frac{\Delta u}{h} = \frac{2.0}{4000} = 5 \times 10^{-4}$,与限值的 40%相等 $\left(\frac{1}{800} \times 40\% = 5 \times 10^{-4}\right)$,依据 3.4.5 条注,最大水平位移和层间位移与该楼层平均值的比值可取 1.6。

选择 D。

60. 答案:B

解答过程:依据《高层建筑混凝土结构技术规程》JGJ 3—2010 的 4.3.2 条第 2 款,质量和刚度分布明显不对称的结构,应计算双向水平地震作用下的扭转影响。

依据 4.3.3 条,计算单向地震时应考虑偶然偏心。该条条文说明指出,双向地震与单向地震比较应取不利者。

依据《高层建筑混凝土结构技术规程》JGJ 3—2010 的 4.3.10 条的第 3 款,考虑双向地震作用下的地震作用效应,应取下式的最大值。

$$S_1 = \sqrt{S_x^2 + (0.85 S_y)^2} = \sqrt{7500^2 + (0.85 \times 9000)^2} = 10713 \text{kN}$$

$$S_2 = \sqrt{S_y^2 + (0.85 S_x)^2} = \sqrt{9000^2 + (0.85 \times 7500)^2} = 11029 \text{kN}$$

即,双向地震时应取 $S = \max\{S_1, S_2\} = \max\{10713, 11029\} = 11029$ kN

单向地震时,考虑偶然偏心与扭转耦联,应取 12000kN。

最不利者,为 12000kN,选择 B。

点评：对于本题，有必要解释如下：

(1)《全国注册结构工程师专业考试试题解答与分析》(2015) 中是取 11029kN 和 11000kN 的较大者，选择 C。不过，朱炳寅的微博对此有勘误，指出正确答案为选项 B。

(2) 双向地震作用效应按 x、y 方向的单向地震作用效应求出，作为其中的一个步骤，此时的单向地震作用效应值求解时不考虑偶然偏心。

(3) 注意，《建筑抗震设计规范》5.2.3 条条文说明所说的"偶然偏心与扭转二者不同时考虑"，是指，地震作用的扭转分量以偶然偏心作为简化处理后，不再重复出现。而单向地震作用效应计算时，需考虑偶然偏心影响且考虑扭转耦联，此处"扭转耦联"是指方程组中由偶然偏心导致的扭转变形与 x、y 方向的平动存在"耦联"，为求解方程，必须先"解耦"，使得每个方程中只有一个变量。

61. 答案：B

解答过程：依据《高层建筑混凝土结构技术规程》JGJ 3—2010 的 8.1.3 条，框架倾覆力矩为 55% 属于 50%～80%，框架-剪力墙最大适用高度可比框架结构适当增加。由表 3.3.1-1，7 度框架最大适用高度为 50m，A 项不合适。

依据 3.4.5 条，对于 C 项，由于为 A 级高度，$T_t/T_1 = 1.4/1.52 = 0.92 > 0.9$，超出限值，故 C 项不合适。

方案 B，周期比 $T_t/T_1 = 1.2/1.5 = 0.8$；方案 D，周期比 $T_t/T_1 = 1.1/1.3 = 0.85$，均满足限值要求。

依据 3.4.5 条条文说明，设计中应采取措施减小 T_t/T_1，故方案 B 更为合理。选择 B。

62. 答案：B

解答过程：考虑非抗震组合与地震组合两种情况。

(1) 非抗震组合

依据提示取 $\gamma_G = 1.3$、$\gamma_Q = 1.5$ 的组合计算。

$$M_d = 1.3 \times (-500) + 1.5 \times 1.0 \times (-100) = -800 \text{kN} \cdot \text{m}$$

(2) 抗震组合

依据《高层建筑混凝土结构技术规程》JGJ 3—2010 的 5.6.3 条，可得：

$$S = 1.2 \times [(-500) + 0.5 \times (-100)] + 1.3 \times (-260) = -998 \text{kN} \cdot \text{m}$$

抗震设计计算时，右侧抗力除以 $\gamma_{RE} = 0.75$，相当于左侧效应乘以 $\gamma_{RE} = 0.75$。$0.75 \times 998 = 748.5 \text{kN} \cdot \text{m}$，小于非抗震时的 800kN·m，取最不利者，故选择 B。

点评：以上解答过程与命题组给出的解答一致，但必须指出，概念上，$\gamma_{RE}M$ 不可以称作设计值 (尽管在计算配筋的过程中由于解方程的原因出现 $\gamma_{RE}M$，同时便于与非抗震时荷载设计值比较确定何者起控制作用)。

63. 答案：A

解答过程：依据《高层建筑混凝土结构技术规程》JGJ 3—2010 的 6.3.3 条第 3 款，一级抗震等级的框架梁内，贯通中柱的每根纵向钢筋的直径不宜大于柱在该方向尺寸的 1/20，600/20 = 30mm < 32mm，选项 D 错误。

依据 6.3.2 条第 3 款，梁端底面和顶面纵向钢筋比值，一级时不应小于 0.5，A、B、C 各项分别为：

A：$\frac{4}{8} = 0.5$，满足要求。

B：$\frac{6}{8} > 0.5$，满足要求。

C：$\frac{1964}{4310} = 0.46 < 0.5$，不满足要求。

8 ⌽ 25、4 ⌽ 25、6 ⌽ 25 对应的钢筋截面积分别为 3927mm²、1964mm²、2945mm²。梁跨中部钢筋不必全部锚固于柱，今选项 A 可以满足受力要求与构造要求且用钢量经济，故选择 A。

点评：本题之所以增加提示，要求按照《高层建筑混凝土结构技术规程》JGJ 3—2010 答题，是为了避免引用《混凝土结构设计规范》GB 50010—2010 的 11.6.7 条而引起争议。后者规定，对于 9 度设防烈度的各类框架和一级抗震等级的框架结构，贯穿中柱的每根梁纵筋直径，当柱为矩形时，不宜大于柱在该方向截面尺寸的 1/25。据此，纵筋直径不宜大于 600/25＝24mm。

经查，以上规定为 2010 版《混凝土结构设计规范》时增加，而 2010 版《高层建筑混凝土结构技术规程》保持了原来的规定（且与 2002 版《混凝土结构设计规范》一致）。

64. 答案：B

解答过程：假定为 A 选项，墙厚为 300mm 时，墙肢宽厚比 2100/300＝7＜8，依据《高层建筑混凝土结构技术规程》JGJ 3—2010 的 7.1.8 条注 1，剪力墙是短肢剪力墙。依据 7.2.15 条注 2，由于 700/300＝2.3＜3，为无翼缘，成为一字墙。

依据 7.2.2 条的第 2 款，$[\mu_N] = 0.45 - 0.1 = 0.35$。

墙体的轴压比为 $\mu_N = \dfrac{3900 \times 10^3}{14.3 \times 2100 \times 300} = 0.43 > [\mu_N] = 0.35$，不满足要求。

墙厚大于 300mm 后成为非短肢剪力墙。依据 7.2.13 条，$[\mu_N] = 0.5$。

$$\mu_N = \frac{3900 \times 10^3}{14.3 \times 2100 \times b_w} \leqslant 0.5$$

解出 $b_w \geqslant 260$mm，考虑还应大于 300mm，因此选择 B。

点评：依据规范 7.1.8 条注释 1，短肢剪力墙是指厚度不大于 300mm、各肢截面高度与厚度之比的最大值大于 4 但不大于 8 的剪力墙。笔者认为，这两个条件是"且"的关系，故厚度大于 300mm 时不再是短肢剪力墙。

65. 答案：B

解答过程：依据《高层建筑混凝土结构技术规程》JGJ 3—2010 的 3.7.7 条，楼盖的加速度限值为：

$$[a] = 0.22 - \frac{0.22 - 0.15}{4 - 2} \times (3.5 - 2) = 0.1675 \text{m/s}^2$$

依据附录 A.0.2 条，可得：

$$a_p = \frac{F_p}{\beta w}g = \frac{0.12}{0.02 \times 5 \times 28 \times B} \times 9.8 \leqslant [a] = 0.1675$$

解方程得到 $B \geqslant 2.51$m，选择 B。

点评：人行天桥在宽度 B 之外（垂直于梁跨度方向）无其他相连，故在采用公式 $w=\bar{w}BL$ 时，B 即为天桥宽度，不必按 $B=CL$ 取值。

66. 答案：C

解答过程：依据《高层建筑混凝土结构技术规程》JGJ 3—2010 的表 3.3.1，7 度框架-核心筒高度 155.4m，为 B 级高度高层建筑。依据表 3.9.4，筒体的抗震等级为一级。

依据 7.1.4 条，底部加强范围为 $\max\left\{\dfrac{1}{10} \times 155.4, 2 \times 5.1\right\} = 15.54$m，故第 3 层处于底部加强部位。

依据 5.6.3 条、5.6.4 条和 7.2.6 条，可得：
$$V = \eta_{vw} V_w = 1.6 \times (1.3 \times 1900 + 1.4 \times 0.2 \times 1400) = 4579.2\text{kN}$$

选择 C。

67. 答案：C

解答过程：本题求 A_{sv}/s 计算值，不必考虑构造要求。

依据《高层建筑混凝土结构技术规程》JGJ 3—2010 的 3.8.2 条，$\gamma_{RE} = 0.85$

依据 6.2.8 条计算。

由于 $N = 7700\text{kN} \geqslant 0.3 f_c A_c = 0.3 \times 19.1 \times 900 \times 900 \times 10^{-3} = 4641.3\text{kN}$，取 $N = 4641.3$kN。

$$\begin{aligned}
\frac{A_{sv}}{s} &\geqslant \frac{\gamma_{RE} V - \dfrac{1.05}{\lambda+1} f_t b h_0 - 0.056 N}{f_{yv} h_0} \\
&= \frac{0.85 \times 1800 \times 10^3 - \dfrac{1.05}{1.8+1} \times 1.71 \times 900 \times 860 - 0.056 \times 4641.3 \times 10^3}{360 \times 860} \\
&= 2.5 \text{mm}^2/\text{mm}
\end{aligned}$$

选择 C。

68. 答案：A

解答过程：一级（7 度）剪力墙，轴压比 $\mu_N > 0.3$，依据《高层建筑混凝土结构技术规程》JGJ 3—2010 的表 7.2.14 条，需要设置约束边缘构件。根据 7.2.15 条第 2 款。最小纵筋配筋面积为：

$$1.2\% \times 600 \times 1800 = 12960\text{mm}^2，28 \times 380 = 10640\text{mm}^2$$

28 Φ22 截面积为 10643mm²，28 Φ25 截面积为 13745mm²，选项 B 不满足最小配筋要求，A、C、D 均满足。

依据 9.2.2 条，$l_c/4 = 10000/4 = 2500$mm，选项 C 不满足要求。

依据 7.2.3 条，墙体厚度 400~700mm 时，配筋为 3 排，选项 D 不满足要求。

选项 A 符合各项要求，选择 A。

69. 答案：C

解答过程：依据《高层建筑混凝土结构技术规程》JGJ 3—2010 的 7.2.12 条计算。
$$A_s = (2000/200 - 1) \times 2 \times 78.5 + 6 \times 254 + 8 \times 380 = 5977 \text{mm}^2$$

剪力墙水平施工缝处抗滑移承载力设计值为：

$$\frac{1}{\gamma_{RE}}(0.6f_y A_s + 0.8N) = \frac{1}{0.85} \times (0.6 \times 360 \times 5977 + 0.8 \times 3800 \times 10^3)$$

$$= 5095 \times 10^3 \text{N}$$

选择 C。

点评：规范 7.2.12 条对 A_s 解释是：水平施工缝处剪力墙腹板内竖向分布钢筋和边缘构件中的竖向分布钢筋总面积（不包括两侧翼墙），以及在墙体中有足够锚固长度的附加竖向插筋面积。以上规定，可以与《建筑抗震设计规范》3.9.7 条条文说明互证。该处对相同公式中的 A_s 解释为：施工缝处抗震墙的竖向分布钢筋、竖向插筋和边缘构件（不包括边缘构件以外的两侧翼墙）纵向钢筋的总截面积。据此，计算时取 8 根纵筋。

70. 答案：B

解答过程：按《高层建筑混凝土结构技术规程》JGJ 3—2010 的 3.11.3 条第 2 款，第 2 性能水准时，荷载效应和材料都取标准值。

$$A_s = \frac{M_b}{f_{yk}(h_0 - a'_s)} = \frac{1355 \times 10^6}{400 \times (1000 - 40 - 40)} = 3682 \text{ mm}^2$$

A、B、C、D 选项对应的钢筋截面积分别为：3437mm²、3682mm²、4380mm²、4823mm²。
故选择 B。

71. 答案：B

解答过程：依据《烟囱设计规范》GB 50051—2013 的 3.1.8 条计算。$\gamma_{RE} = 0.9$。
烟囱抗弯承载力设计值最小值 R_d 为：

$$R_d = \gamma_{RE}(\gamma_{GE}S_{GE} + \gamma_{Eh}S_{Ehk} + \gamma_{Ev}S_{Evk} + \psi_{cWE}\gamma_W S_{Wk} + \psi_{cMaE}S_{MaE})$$

$$= 0.9 \times (1.3 \times 18000 + 0.2 \times 1.4 \times 11000 + 1.0 \times 1800)$$

$$= 25452 \text{kN}$$

选择 B。

点评：地震组合时，验算式本写作"$S \leq R_d/\gamma_{RE}$"，此处题目明确要求计算 R_d 的最小值，故为 $\gamma_{RE}S$。

72. 答案：D

解答过程：依据《建筑抗震设计规范》GB 50011—2010 的 5.1.4 条，8 度（0.2g）多遇地震，$\alpha_{max} = 0.16$。

依据《烟囱设计规范》GB 50051—2013 的 5.5.5 条，竖向地震作用标准值按下式计算：

$$F_{Ev0} = \pm 0.75\alpha_{vmax}G_E = \pm 0.75 \times (65\% \times 0.16) \times 15000 = 1170 \text{kN}$$

依据《烟囱设计规范》3.1.8 条进行荷载组合：

重力荷载不利时：$N_1 = 1.2 \times 15000 + 1.3 \times 1170 = 19521 \text{kN}$

重力荷载有利时：$N_2 = 1.0 \times 15000 - 1.3 \times 1170 = 13479 \text{kN}$

选择 D。

73. 答案：B

解答过程：依据《公路桥涵设计通用规范》JTG D60—2015 的 4.3.4 条计算。

查 4.3.1 条，12×2.31m 范围内车轮总重力为 280kN，两列车，为 560kN。

$$h = \frac{\Sigma G}{Bl_0\gamma} = \frac{560}{12 \times 2.31 \times 18} = 1.12\text{m}$$

选择 B。

点评：结合规范表 4.3.1-3 和图 4.3.1-2 可知，车辆荷载应取最不利的后轴轮压计算。现在，在 2.31m 的长度上，可布置 2 个轴重（4 个后轮轮压），轮压为 2×140＝280kN。12m 宽度内，尽管按照规范图 4.3.1-3 可布置多于两列车，但设计车道数为 2，故 12×2.31m 范围内总轮压为 2×280＝560kN。

74. 答案：D

解答过程：依据《公路钢筋混凝土及预应力混凝土桥涵设计规范》JTG 3362—2018 的 5.2.11 条，截面尺寸应满足下式要求：

$$\gamma_0 V_d \leqslant 0.51 \times 10^{-3} \sqrt{f_{cu,k}} bh_0$$

$$b \geqslant \frac{\gamma_0 V_d}{0.51 \times 10^{-3} \sqrt{f_{cu,k}} h_0} = \frac{940}{0.51 \times 10^{-3} \times \sqrt{40} \times 1360} = 214\text{mm}$$

腹板宽度满足要求。

依据 5.2.12 条，符合下列要求时不需要验算斜截面的抗剪承载力：

$$\gamma_0 V_d \leqslant 0.50 \times 10^{-3} \alpha_2 f_{td} bh_0$$

由于 $0.50 \times 10^{-3} \alpha_2 f_{td} bh_0 = 0.50 \times 10^{-3} \times 1.25 \times 1.65 \times 540 \times 1360 = 757.35\text{kN} < \gamma_0 V_d$，所以，需验算斜截面的抗剪承载力。

选择 D。

75. 答案：A

解答过程：7 度区，依据《城市桥梁抗震设计规范》CJJ 166—2011 的 11.3.2 条确定梁端至盖梁边缘的距离：$a \geqslant 70 + 0.5 \times 15.5 = 77.75\text{cm}$。

依据几何关系，中墩盖梁的最小设计宽度：$B = 2a + b = 2 \times 777.5 + 80 = 1635\text{mm}$。

选择 A。

点评：概念上，规范第 11 章所说的"7 度区"实际上为考虑过桥梁甲乙丙丁分类后的烈度，并非"本地区设防烈度"。但是，由于"8 度区"时 a 的取值与"7 度区"相同，故直接按照"本地区设防烈度"操作也会得到相同结果。

76. 答案：B

解答过程：依据《公路钢筋混凝土及预应力混凝土桥涵设计规范》JTG 3362—2018 的 4.3.5 条计算。

$$M' = \frac{1}{8} qa^2 = \frac{1}{8} \times \frac{6600}{1.85} \times 1.85^2 = 1526.25\text{kN} \cdot \text{m}$$

$M_e = M - M' = 15000 - 1526.25 = 13473.75\text{kN} \cdot \text{m} < 0.9M = 13500\text{kN} \cdot \text{m}$

取为 13500kN·m。

选择 B。

77. 答案：D

解答过程：依据《公路桥涵设计通用规范》JTG D60—2015 的 4.3.1 条确定车道荷载。

跨径 25m，$q_k = 10.5\text{kN/m}$，$P_k = 2 \times (25 + 130) = 310\text{kN}$。

计算边支座总反力：

对于车道荷载，除需要考虑冲击系数为 0.15、分项系数为 1.4 外，依据规范表 4.3.1-5，单车道时横向车道布载系数为 1.2。由于计算的是支座反力，P_k 应乘以 1.2。因此，车道荷载引起的支座反力为：

$$1.2 \times 1.15 \times 1.4 \times [10.5 \times (0.433 \times 25 + 0.017 \times 25) + 1.2 \times 310 \times 1] = 947 \text{kN}$$

考虑分项系数后，自重引起的支座反力为：

$$(1.2 \times 158 \times 0.433 \times 25 - 1.0 \times 158 \times 0.05 \times 25 + 1.2 \times 158 \times 0.017 \times 25) = 1936 \text{kN}$$

以上二者之和为 947+1936=2883kN。

考虑结构安全等级为一级，取 $\gamma_0 = 1.1$，则每个支座所承受的组合力值：$1.1 \times 2883/2 = 1586 \text{kN}$。选择 D。

点评：关于本题，注意以下几点：

(1) 命题组给出的解答，考虑了 $\gamma_0 = 1.1$；P_k 未考虑 1.2 倍放大；重力不区分有利不利统一取分项系数为 1.2。

关于 P_k 是否乘 1.2 的问题，规范组专家编制的《公路桥梁设计规范答疑汇编》（人民交通出版社，2009）一书给出了解释（尽管该书针对的是 2004 版规范，但笔者认为，汽车荷载这部分内容在新规范中编制思路并未改变，因此同样适用）。要点总结如下：

① 计算汽车制动力时，P_k 不乘 1.2（尽管笔者认为此处用到的重力在概念上与剪力、支座反力相似），见该书第 48 页。

② P_k 乘以 1.2 用于剪力，也包括反力在内，当然也包括这个反力引起的弯矩和基底应力，见该书第 49 页。

(2) 单车道时，依据《公路桥涵设计通用规范》JTG D60—2015 的表 4.3.1-5，"横向车道布载系数"为 1.2，相当于在原来的 2004 版规范基础上提高了 20%。由于 1.2>1.0，故表格的名称由原来的"折减系数"改为"布载系数"。该表的含义为：设计车道数为 1 时，考虑到特殊情况，实际的荷载可能会变大，因此，放大 20%，即，把车道荷载乘以 1.2；设计车道数为 2 时，直接按照布置车道荷载不增不减（折减系数为 1.0）；设计车道数为 3 时，由于同时 3 辆车并行的概率较低，因此，对车道荷载予以折减（折减系数为 0.78）。

规范表 4.3.1-5 的规定会影响到 4.3.5 条制动力的计算，而 4.3.5 条相对于 2004 版规范未作改动，因此有必要加以说明。

① 同向行驶车道数为 1，制动力取为 $\max[1.2 \times (q_k l + P_k) \times 10\%, 165]$。

② 同向行驶车道数大于等于 2 时，制动力取为 $\max[\eta(q_k l + P_k) \times 10\%, 165\eta]$，式中，$\eta$ 为与同向行驶车道数有关的调整系数：同向行驶 2 个车道时，$\eta = 2 \times 1.0 = 2$；同向行驶 3 个车道时，$\eta = 3 \times 0.78 = 2.34$；同向行驶 4 个车道时，$\eta = 4 \times 0.67 = 2.68$。1.0、0.78、0.67 这些数值来自于"横向车道布载系数"表格。

78. 答案：C

解答过程：依据《城市桥梁抗震设计规范》CJJ 166—2011 的表 3.1.1，主干路上的桥梁，设防分类为丙类。

依据 3.1.4 条第 2 款，丙类时应提高一度采取抗震措施，即取为 8 度，选择 C。

79. 答案：C

解答过程：依据《公路钢筋混凝土及预应力混凝土桥涵设计规范》JTG 3362—2018 的 9.8.2 条计算。

考虑动力系数后的总重力：$1.2 \times 13.5 \times 15.94 = 258.2$ kN。

设置 4 个吊环，但只能按 3 个吊环考虑，每个吊环设计时应承受：$258.2/3 = 86$ kN。选择 C。

点评：本题中，动力系数是否应考虑？有不同观点。

(1) 题目中既然给出了"板梁动力系数采用 1.2"的提示，应考虑。

(2) 从 9.8.2 条的条文说明看，该条参照了《混凝土结构设计规范》GB 50010—2010，而在后者中，计算吊环的受力是不考虑动力系数的（因为在规定吊环应力限值时已经考虑）。据此，本题计算得到 72kN，选择 B。

(3) 吊环的计算属于短暂状况的应力计算，依据 7.2.2 条，应乘以动力系数。

笔者认为，此处偏于安全的考虑动力系数应是规范编制者的本意，而且，符合规范的整体一致性，故以此答题。该解答与命题组所给出的解答过程一致。

顺便指出，在《混凝土结构设计规范》GB 50010—2010 中，9.7.6 条规定吊环应力限值时仍沿用 89 版的做法（从条文说明可以看出），而在 9.6.2 条又规定施工阶段验算应将构件自重乘以动力系数，导致顾此失彼。因此，笔者建议，宜修改 9.7.6 条，将吊环应力限值按"不除动力系数 1.5"取值，即，HPB235 时取为 $50 \times 1.5 = 75$ N/mm^2，HPB300 时取为 $65 \times 1.5 = 98$ N/mm^2。

80. 答案：A

解答过程：依据《城市桥梁设计规范》CJJ 11—2011 的 9.2.3 条第 4 款，纵坡小于 1% 时，桥面设置排水管的截面积不宜小于 100mm^2/m^2。因此，每孔应设置泄水管截面积为 $100 \times 25 \times (24 + 3 \times 2) = 75000$ mm^2，选择 A。

点评：《城市桥梁设计规范》CJJ 11—2011 的 9.2.3 条第 4 款，原文规定如下：

排水管道的间距可根据桥面汇水面积和桥面坡度大小确定：

当纵坡大于 2% 时，桥面设置排水管的截面积不宜小于 60mm^2/m^2；

当纵坡小于 1% 时，桥面设置排水管的截面积不宜小于 100mm^2/m^2；

南方潮湿地区和西北干燥地区可根据暴雨强度适当调整。

据此，可认为数学表达为：

纵坡 $\geqslant$ 2% 时，排水管截面 $\geqslant$ 60mm^2/m^2；

纵坡 $\leqslant$ 1% 时，排水管截面 $\geqslant$ 100mm^2/m^2；

纵坡在 1%～2% 时，用内插法确定。

需要指出的是，题目中每个泄水管的内径为 150mm，每孔设置 4 个，总截面积为 $4 \times 3.14 \times 150^2 / 4 = 70650$ mm^2，未达到 75000mm^2，说明题目有瑕疵。

执业资格考试丛书

一级注册结构工程师专业考试
历年试题·疑问解答·专题聚焦

(第十一版)

(下册)

张庆芳　杨　开　主编

本册包含：
2003~2008年地基基础、高层建筑结构、桥梁结构试题；
2016~2020年整套试题

中国建筑工业出版社

目 录

上 册

1 混凝土结构 ·· 1
   1.1 试题 ·· 3
   1.2 答案 ·· 27
   1.3 疑问解答 ··· 58

2 钢结构 ·· 119
   2.1 试题 ·· 121
   2.2 答案 ·· 143
   2.3 疑问解答 ··· 174

3 砌体结构 ·· 245
   3.1 试题 ·· 247
   3.2 答案 ·· 265
   3.3 疑问解答 ··· 287

4 木结构 ·· 317
   4.1 试题 ·· 319
   4.2 答案 ·· 322
   4.3 疑问解答 ··· 327

5 2009 年试题与解答 ··· 331
   5.1 2009 年试题 ·· 333
   5.2 2009 年试题解答 ·· 351

6 2010 年试题与解答 ··· 377
   6.1 2010 年试题 ·· 379
   6.2 2010 年试题解答 ·· 396

7 2011 年试题与解答 ··· 419
   7.1 2011 年试题 ·· 421

7.2　2011年试题解答 ·· 446

8　2012年试题与解答 ·· 473

　　8.1　2012年试题 ·· 475
　　8.2　2012年试题解答 ·· 497

9　2013年试题与解答 ·· 523

　　9.1　2013年试题 ·· 525
　　9.2　2013年试题解答 ·· 551

10　2014年试题与解答 ·· 583

　　10.1　2014年试题 ·· 585
　　10.2　2014年试题解答 ·· 609

下　　册

11　地基基础 ·· 637

　　11.1　试题 ·· 639
　　11.2　答案 ·· 656
　　11.3　疑问解答 ·· 677

12　高层建筑结构 ·· 729

　　12.1　试题 ·· 731
　　12.2　答案 ·· 753
　　12.3　疑问解答 ·· 780

13　桥梁结构 ·· 839

　　13.1　试题 ·· 841
　　13.2　答案 ·· 850
　　13.3　疑问解答 ·· 860

14　2016年试题与解答 ·· 885

　　14.1　2016年试题 ·· 887
　　14.2　2016年试题解答 ·· 908

15　2017年试题与解答 ·· 933

　　15.1　2017年试题 ·· 935
　　15.2　2017年试题解答 ·· 960

16 2018年试题与解答 ... 985
16.1 2018年试题 ... 987
16.2 2018年试题解答 ... 1013

17 2019年试题与解答 ... 1041
17.1 2019年试题 ... 1043
17.2 2019年试题解答 ... 1070

18 2020年试题与解答 ... 1095
18.1 2020年试题 ... 1097
18.2 2020年试题解答 ... 1121

19 专题聚焦 ... 1161
19.1 截面特征 ... 1163
19.2 影响线 ... 1177
19.3 构件内力与变形计算 ... 1187
19.4 风荷载 ... 1203

附录 ... 1215
附录1 常用表格 ... 1217
附表1-1 混凝土强度标准值、设计值与弹性模量 ... 1217
附表1-2 钢筋强度设计值与弹性模量 ... 1217
附表1-3 梁的最小配筋率 ... 1217
附表1-4 界限相对受压区高度 ... 1217
附表1-5 普通钢筋截面面积、质量表 ... 1218
附表1-6 在钢筋间距一定时板每米宽度内钢筋截面积（单位：mm^2） ... 1218
附表1-7 螺栓（或柱脚锚栓）的有效截面面积 ... 1219
附表1-8 轴心受压构件的截面分类（板厚 $t<40mm$） ... 1219
附表1-9 轴心受压构件的截面分类（板厚 $t \geq 40mm$） ... 1220
附表1-10 a类截面轴心受压构件的稳定系数 φ ... 1221
附表1-11 b类截面轴心受压构件的稳定系数 φ ... 1221
附表1-12 c类截面轴心受压构件的稳定系数 φ ... 1222
附表1-13 d类截面轴心受压构件的稳定系数 φ ... 1223
附表1-14 无侧移框架柱的计算长度系数 μ ... 1223
附表1-15 有侧移框架柱的计算长度系数 μ ... 1224
附表1-16 无筋砌体矩形截面偏心受压构件承载力影响系数 φ（砂浆强度等级≥M5） ... 1225
附表1-17 无筋砌体矩形截面偏心受压构件承载力影响系数 φ（砂浆强度等级M2.5） ... 1225

附表 1-18　无筋砌体矩形截面偏心受压构件承载力影响系数 φ（砂浆强度 0） ……… 1226

附表 1-19　网状配筋砖砌体矩形截面偏心受压构件承载力影响系数 φ_n ……… 1226

附录 2　热轧型钢规格及截面特性 ……… 1228

附表 2-1　热轧普通工字钢的规格及截面特性（依据 GB/T 706—2016） ……… 1228

附表 2-2　热轧普通槽钢的规格及截面特性（依据 GB/T 706—2016） ……… 1231

附表 2-3　热轧等边角钢的规格及截面特性（依据 GB/T 706—2016） ……… 1233

附表 2-4　热轧不等边角钢的规格及截面特性（依据 GB/T 706—2016） ……… 1238

附表 2-5　热轧 H 型钢规格及截面特性（依据 GB/T 11263—2017） ……… 1241

附表 2-6　T 型钢规格及截面特性（依据 GB/T 11263—2017） ……… 1245

附录 3　梁的内力与变形 ……… 1248

附表 3-1　单跨梁的内力与变形 ……… 1248

附表 3-2　两跨梁的内力系数表 ……… 1251

附表 3-3　三跨梁的内力系数表 ……… 1252

附表 3-4　四跨梁的内力系数表 ……… 1253

附表 3-5　五跨梁的内力系数表 ……… 1255

附录 4　计算能力训练 ……… 1258

4.1　计算器操作 ……… 1258

4.2　训练题 ……… 1260

4.3　训练题答案 ……… 1262

附录 5　全国一级注册结构工程师专业考试所使用的规范、标准、规程 ……… 1264

参考文献 ……… 1266

11 地基基础

11.1 试　题

题 1~7

有一底面宽度为 b 的钢筋混凝土条形基础，其埋置深度为 1.2m，取条形基础长度 1m 计算，其上部结构传至基础顶面处的标准组合值：竖向力 F_k、弯矩 M_k。已知计算 G_k（基础自重和基础上土重）采用的加权平均重度 $\gamma_G = 20\text{kN/m}^3$，基础及工程地质剖面如图 11-1-1 所示。

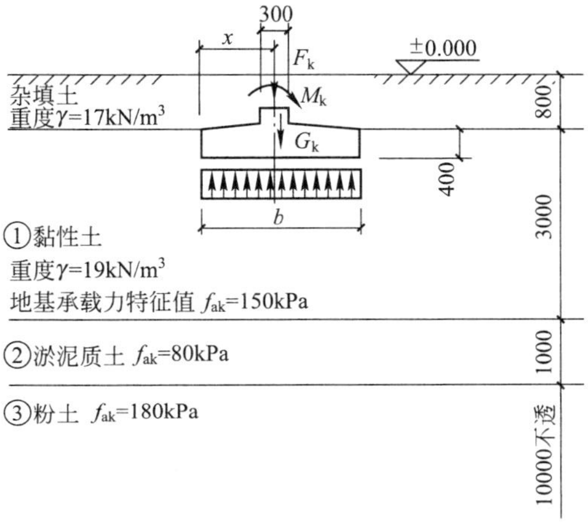

1. 黏性土层①的天然孔隙比 $e_0 = 0.84$，当固结压力为 100kPa 和 200kPa 时，其孔隙比分别为 0.83 和 0.81，试计算压缩系数 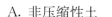 并判断该黏性土属于下列哪一种压缩性土。

A. 非压缩性土　　B. 低压缩性土
C. 中压缩性土　　D. 高压缩性土

2. 假定 $M_k \neq 0$。试问，图中尺寸 x 满足下列何项关系式时，其基底反力呈矩形均匀分布状态？

A. $x = \dfrac{b}{2} - \dfrac{M_k}{F_k + G_k}$　　　B. $x = \dfrac{G_k b}{2F_k} - \dfrac{M_k}{F_k}$

C. $x = b - \dfrac{M_k}{F_k}$　　　D. $x = \dfrac{b}{2} - \dfrac{M_k}{F_k}$

图 11-1-1

3. 黏性土①的天然孔隙比 $e_0 = 0.84$，液性指数 $I_L = 0.83$。试问，修正后的基底处地基承载力特征值 f_a（kPa），与下列何项数值最为接近？

提示：假定基础宽度 $b < 3$m。

A. 172.4　　　B. 169.8　　　C. 168.9　　　D. 158.5

4. 假定 $f_a = 165\text{kPa}$，$F_k = 300\text{kN/m}$，$M_k = 150\text{kN·m/m}$。当 x 值满足使基底反力呈均匀分布状态时，试问，其基础底面最小宽度 b（m），与下列何项数值最为接近？

A. 2.07　　　B. 2.13　　　C. 2.66　　　D. 2.97

5. 当 $F_k = 300\text{kN/m}$，$M_k = 0$，$b = 2.2$m，$x = 1.1$m，验算条形基础翼板抗弯强度时，假定可按永久荷载效应控制的基本组合进行。试问，翼板根部处截面的弯矩设计值 M（kN·m），最接近于下列何项数值？

A. 61.53　　　B. 72.36　　　C. 83.07　　　D. 97.69

6. 当 $F_k = 300\text{kN/m}$，$M_k = 0$，$b = 2.2$m，$x = 1.1$m，并已计算出相应于载荷效应标准

组合时基础底面处的平均压力值 $p_k = 160.36\text{kPa}$。已知：黏性土层①的压缩模量 $E_{s1} = 6\text{MPa}$，淤泥质土层②的压缩模量 $E_{s2} = 2\text{MPa}$。试问，淤泥质土层②顶面处的附加压力值 p_z（kPa），最接近于下列何项数值？

A. 63.20 B. 64.49
C. 68.07 D. 69.47

7. 试问，淤泥质土层②顶面处的自重压力值 p_{cz} 和经深度修正后的地基承载力特征值 f_{az}，与以下何组数值最为接近？

A. $p_{cz} = 70.6\text{kPa}, f_{az} = 141.3\text{kPa}$ B. $p_{cz} = 73.4\text{kPa}, f_{az} = 141.3\text{kPa}$
C. $p_{cz} = 70.6\text{kPa}, f_{az} = 119.0\text{kPa}$ D. $p_{cz} = 73.4\text{kPa}, f_{az} = 119.0\text{kPa}$

题 8. 在同一非岩石地基上，建造相同埋置深度、相同基础底面宽度和相同基底附加压力的独立基础和条形基础，其地基最终变形量记作 s_1 和 s_2。试问，下列判断何项正确？

A. $s_1 > s_2$ B. $s_1 = s_2$ C. $s_1 < s_2$ D. 不确定

题 9～13

有一毛石混凝土重力式挡土墙，如图 11-1-2 所示，墙高 5.5m，墙顶宽度为 1.2m，墙底宽度为 2.7m，墙后填土表面水平并与墙齐高，填土的干密度为 1.90t/m^3，墙背粗糙，排水良好，土对墙背的摩擦角 $\delta = 10°$，已知主动土压力系数 $K_a = 0.2$，挡土墙埋置深度为 0.5m，土对挡土墙基底的摩擦系数 $\mu = 0.45$。

9. 挡土墙后填土的重度 $\gamma = 20\text{kN/m}^3$，当填土表面无连续均匀荷载作用，即 $q = 0$ 时，试问，主动土压力 E_a（kN/m）最接近于下列何项数值？

A. 60.50 B. 66.55
C. 90.75 D. 99.83

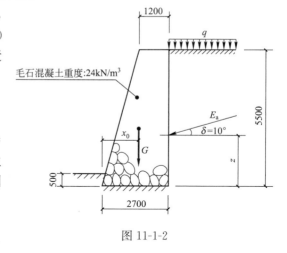

图 11-1-2

10. 假定填土表面有连续均布荷载 $q = 20\text{kPa}$ 作用。试问，由均布荷载作用产生的主动土压力 E_{aq}（kN/m）最接近于下列何项数值？

A. 24.2 B. 39.6
C. 79.2 D. 120.0

11. 假定主动土压力 $E_a = 93\text{kN/m}$，作用在距离基底 $z = 2.10\text{m}$ 处。试问，挡土墙抗滑移稳定性安全系数 k_1，与下列何项数值最为接近？

A. 1.25 B. 1.34 C. 1.42 D. 9.73

12. 条件同上题，试问，挡土墙抗倾覆稳定性安全系数 k_2，与下列何项数值最为接近？

A. 1.50 B. 2.22 C. 2.47 D. 20.12

13. 条件同题 11，且假定挡土墙重心离墙趾的水平距离 $x_0 = 1.677\text{m}$，挡土墙每延米自重 $G = 257.4\text{kN/m}$，已知每米长挡土墙底面的抵抗矩 $W = 1.215\text{m}^3$，试问，其基础底面边缘的最大压力 $p_{k\max}$（kPa），与下列何项数值最为接近？

A. 134.69 B. 143.76 C. 157.83 D. 166.41

题 14～19

某门式刚架单层厂房基础，采用钢筋混凝土独立基础，如图 11-1-3 所示，混凝土短柱截面尺寸为 500mm×500mm，与水平作用方向垂直的基础底边长 $L=1.6$m。相应于荷载效应标准组合时，作用于混凝土短柱顶面上的竖向荷载为 F_k，水平荷载为 H_k。基础采用的混凝土强度等级为 C25；基础底面以上土与基础的加权平均重度为 $20kN/m^3$，其他参数见图 1-2-22。

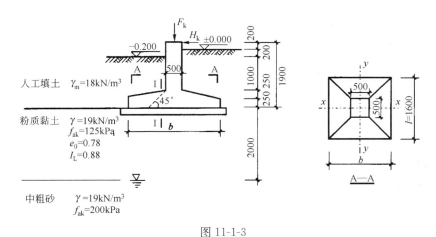

图 11-1-3

14. 试问，基础底面处修正后的地基承载力特征值 f_a(kPa)，与下列何项数值最为接近？

  A. 125   B. 143   C. 154   D. 165

15. 假定 $F_k=200$kN，$H_k=70$kN，基础底面边长 $b=2.4$m。试问，基础底面边缘处的最大压力标准值 p_{kmax}(kPa)，与下列何项数值最为接近？

  A. 140   B. 150   C. 160   D. 170

16. 假定 $b=2.4$m，基础冲切破坏锥体的有效高度 $h_0=450$mm。试问，冲切面（图中虚线处）的冲切承载力 (kN)，与下列何项数值最为接近？

  A. 380   B. 410   C. 420   D. 450

17. 假定基础底面边长 $b=2.2$m，若按承载力极限状态下荷载效应的基本组合（永久荷载控制）时，基础底面边缘处的最大基础反力值为 260kPa，已求得冲切验算时取用的部分基础底面积 $A_l=0.609m^2$。试问，图中冲切面承受的冲切力设计值 (kN)，与下列何项数值最为接近？

  A. 60   B. 100   C. 130   D. 160

18. 假设 $F_k=200$kN，$H_k=50$kN，基底面边长 $b=2.2$m，已求出基底面积 $A=3.52m^2$，基底面的抵抗矩 $W=1.29m^3$。试问，基础底面边缘处的最大压力标准值 p_{kmax} (kPa)，与下列何项数值最为接近？

  A. 130   B. 150   C. 160   D. 180

19. 假设基底边缘最小地基反力设计值为 20.5kPa，最大地基反力设计值为 219.3kPa，永久荷载控制。基底边长 $b=2.2$m。试问，基础Ⅰ－Ⅰ剖面处的弯矩设计值 (kN·m)，应与下列何项数值最为接近？

A. 45　　　　　B. 55　　　　　C. 65　　　　　D. 75

题 20～26

某毛石砌体挡土墙，其剖面尺寸如图 11-1-4 所示。墙背直立，排水良好。墙后填土与墙齐高，其表面倾角为 β，填土表面的均布荷载为 q。

20. 假定填土采用粉质黏土，其重度为 $19kN/m^3$（干密度大于 $1.65t/m^3$），土对挡土墙墙背的摩擦角 $\delta = \dfrac{1}{2}\varphi$（$\varphi$ 为墙背填土的内摩擦角），填土的表面倾角 $\beta = 10°$，$q = 0$。试问，主动土压力 E_a（kN/m）最接近于下列何项数值？

A. 60　　　　　B. 62
C. 70　　　　　D. 74

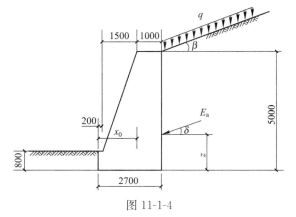

图 11-1-4

21. 假定挡土墙主动土压力 $E_a = 70kN/m$，挡土墙基底的摩擦系数 $\mu = 0.4$，$\delta = 13°$，挡土墙每延米自重 $G = 209.22kN/m$。试问，挡土墙抗滑移稳定性安全系数 k_s（即抵抗滑移与引起滑移的力的比值），最接近于下列何项数值？

A. 1.29　　　　　B. 1.32　　　　　C. 1.45　　　　　D. 1.56

22. 填土表面的均布荷载为 $q=0$，其他条件同题 21，假定已经求得 $x_0 = 1.68m$。试问，挡土墙抗倾覆稳定性安全系数 k_t（即稳定力矩与倾覆力矩之比），最接近于下列何项数值？

A. 2.3　　　　　B. 2.9　　　　　C. 3.5　　　　　D. 4.1

23. 假定 $\delta = 0$、$q = 0$、$E_a = 70kN/m$，挡土墙每延米自重 $G = 209.22kN/m$，挡土墙重心与墙趾的水平距离 $x_0 = 1.68m$。试问，挡土墙基底面边缘的最大压力值 p_{kmax}（kPa），最接近于下列何项数值？

A. 117　　　　　B. 126　　　　　C. 134　　　　　D. 154

24. 假定填土采用粗砂，其重度为 $18kN/m^3$，$\delta = 0$，$\beta = 0$，$q = 15kN/m^2$，$K_a = 0.23$。试问，主动土压力 E_a（kN/m）最接近下列何项数值？

A. 83　　　　　B. 78　　　　　C. 72　　　　　D. 69

25. 假定已计算出墙顶面处的土压力强度 $e_1 = 3.8kN/m$，墙底面处的土压力强度 $e_2 = 27.83kN/m$，主动土压力 $E_a = 79kN/m$。试问，主动土压力作用点距挡土墙底面的高度 z（m），最接近下列何项数值？

A. 1.6　　　　　B. 1.9　　　　　C. 2.2　　　　　D. 2.5

26. 对挡土墙的地基承载力验算，除应符合《建筑地基基础设计规范》GB 50007—2011 的 5.2 节的规定外，基底合力偏心距 e 尚应符合下列何项数值才是正确的？

提示：b 为基础宽度。

A. $e \leq \dfrac{b}{2}$　　　B. $e \leq \dfrac{b}{3}$　　　C. $e \leq \dfrac{b}{3.5}$　　　D. $e \leq \dfrac{b}{4}$

题 27. 已知某工程抗震设防烈度为 7 度，对工程场地曾进行土层剪切波速测量，成果如表 11-1-1 所示。

11.1 试　题

土层参数　　　　　　　　　　　　　　　　　表 11-1-1

层序	岩土名称	层厚（m）	层底深度（m）	土（岩）层平均剪切波速（m/s）
1	杂填土	1.20	1.20	116
2	淤泥质黏土	10.50	11.70	135
3	黏土	14.30	26.00	158
4	粉质黏土	3.90	29.90	189
5	粉质黏土混碎石	2.70	32.60	250
6	全风化流纹质凝灰岩	14.60	47.20	365
7	强风化流纹质凝灰岩	4.20	51.40	454
8	中风化流纹质凝灰岩	揭露厚度 11.30	62.70	550

试问，该场地应判别为下列何项场地才是正确的？

A. Ⅰ类场地　　　B. Ⅱ类场地　　　C. Ⅲ类场地　　　D. Ⅳ类场地

题 28. 在一般建筑物场地内存在发震断裂时，试问，对于下列何项情况应考虑发震断裂错动对地面建筑的影响，并简述理由。

A. 抗震设防烈度小于 8 度

B. 全新世以前的活动断裂

C. 抗震设防烈度为 8 度，隐伏断裂的土层覆盖厚度大于 60m 时

D. 抗震设防烈度为 9 度，隐伏断裂的土层覆盖厚度为 80m 时

题 29. 位于土坡坡顶的钢筋混凝土条形基础，如图 11-1-5 所示，试问，该基础底面外边缘线至稳定土坡坡顶的水平距离 a（m），应不小于下列何项数值？

A. 2.0　　　B. 2.5　　　C. 3.0　　　D. 3.6

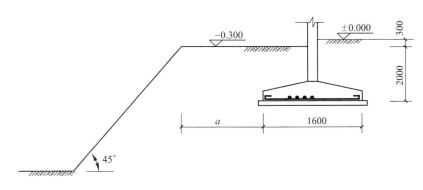

图 11-1-5

题 30. 下列关于地基设计的一些主张，其中何项是正确的？

A. 设计等级为甲级的建筑物，应按地基变形设计，其他等级的建筑物可仅作承载力验算

B. 设计等级为甲级、乙级的建筑物，应按地基变形设计，丙级建筑物可仅作承载力验算

C. 设计等级为甲级、乙级的建筑物，在满足承载力计算的前提下，应按地基变形设计；丙级建筑物满足《建筑地基基础设计规范》GB 50007—2011 规定的相关条件时，可仅作承载力验算

D. 所有设计等级的建筑物均应按地基变形设计

题 31～36

某 15 层建筑的梁板式筏基底板,如图 11-1-6 所示。采用 C35 混凝土（$f_t=1.57\text{N/mm}^2$）;筏基底面处相应于荷载效应基本组合的地基土平均净反力设计值 $p_j=280\text{kPa}$。

提示：计算时取 $a_s=60\text{mm}$。

31. 试问,设计时初步估算得到的筏板厚度 h(mm),应与下列何项数值最为接近?

A. 320　　B. 360
C. 380　　D. 400

32. 假定筏板厚度取 450mm。试问,对图示区格内的筏板作冲切承载力验算时,作用在冲切面上的最大冲切力设计值 F_l(kN),应与下列何项数值最为接近?

A. 5540　　B. 6080
C. 6820　　D. 7560

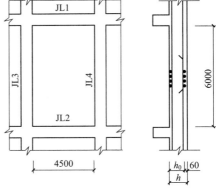

图 11-1-6

33. 筏板厚度同上题。试问,底板的受冲切承载力设计值(kN),应与下列何项数值最为接近?

A. 6500　　B. 8335　　C. 7420　　D. 9010

34. 筏板厚度同问题32。试问,进行筏板斜截面受剪承载力计算时,平行于JL4的剪切面上（一侧）的最大剪力设计值 V_s(kN),应与下列何项数值最为接近?

A. 1750　　B. 1930　　C. 2360　　D. 3780

35. 筏板厚度同问题32。试问,平行于JL4的最大剪力作用面上（一侧）的斜截面受剪承载力设计值 V(kN),应与下列何项数值最为接近?

A. 2237　　B. 2750　　C. 3010　　D. 3250

36. 假定筏板厚度为 850mm,采用 HRB335 级钢筋（$f_y=300\text{ N/mm}^2$）。已计算出每米宽区格板的长跨支座及跨中的弯矩设计值,均为 $M=240\text{kN}\cdot\text{m}$。试问,筏板在长跨方向的底部配筋,采用下列何项才最为合理?

A. Φ12@200 通长筋＋Φ12@200 支座短筋

B. Φ12@100 通长筋

C. Φ12@200 通长筋＋Φ14@200 支座短筋

D. Φ14@100 通长筋

题 37. 在进行建筑地基基础设计时,关于所采用的荷载效应最不利组合与相应的抗力限值的下述内容,何项不正确?

A. 按地基承载力确定基础底面积时,传至基础的荷载效应按正常使用极限状态下荷载效应的标准组合,相应抗力采用地基承载力特征值

B. 按单桩承载力确定桩数时,传至承台底面上的荷载效应按正常使用极限状态下荷载效应的标准组合,相应抗力采用单桩承载力特征值

C. 计算地基变形时,传至基础底面上的荷载效应按正常使用极限状态下荷载效应的标准组合,相应限值应为相关规范规定的地基变形允许值

D. 计算基础内力,确定其配筋和验算材料强度时,上部结构传来的荷载效应组合及

相应的基底反力，应按承载能力极限状态下荷载效应的基本组合采用相应的分项系数

题 38. 关于重力式挡土墙构造的下述各项内容，其中何项是不正确的？

A. 重力式挡土墙适合于高度小于 8m，地层稳定，开挖土方时不会危及相邻建筑物安全的地段

B. 重力式混凝土挡土墙的墙顶宽度不宜小于 200mm，毛石挡土墙的墙顶宽度不宜小于 400mm

C. 在土质地基中，重力式挡土墙的基础埋置深度不宜小于 0.5m；在软质岩石地基中，重力式挡土墙的基础埋置深度不宜小于 0.3m

D. 重力式挡土墙的伸缩缝间距可取 30～40m

题 39～40

墙下钢筋混凝土条形基础，基础剖面及土层分布如图 11-1-7 所示。每延米长度基础底面处，相应于正常使用极限状态下荷载效应的标准组合的平均压力值为 300kN，土和基础的加权平均重度取 $20kN/m^3$，地基压力扩散角 $\theta=10°$。

39. 试问，基础底面处土层修正后的天然地基承载力特征值 f_a（kPa），与下列何项数值最为接近？

A. 160   B. 169   C. 173   D. 190

40. 试问，按地基承载力确定的条形基础宽度 b（mm）最小不应小于下列何值？

A. 1800   B. 2400   C. 3100   D. 3800

题 41～43

某工程现浇混凝土地下通道，其剖面如图 11-1-8 所示。作用在填土地面上的活荷载 $q=10kN/m^2$，通道四周填土为砂土，重度为 $20kN/m^3$，静止土压力系数为 $k_0=0.5$，地下水位在自然地面以下 10m 处。

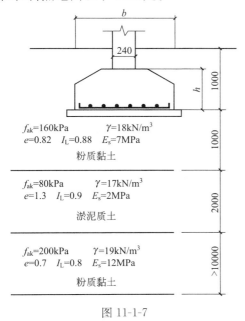

图 11-1-7

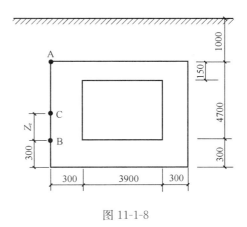

图 11-1-8

41. 试问，作用在通道侧墙顶点（图 11-1-8 中 A 点）处的水平侧压力强度值（kN/m²），与下列何项数值最为接近？

A. 5 B. 10 C. 15 D. 20

42. 假定作用在 A 点处的水平侧压力强度值为 15kN/m²，试问，作用在单位长度（1m）侧墙上的总的土压力（kN），与下列何项数值最为接近？

A. 150 B. 200 C. 250 D. 300

43. 假定作用在单位长度（1m）侧墙上的总的土压力为 $E_a=180$kN，其作用点 C 位于 B 点以上 1.8m 处，试问，单位长度（1m）侧墙根部截面（图 11-1-8 中 B 处）的弯矩设计值（kN·m），与下列何项数值最为接近？

提示：顶板对侧墙在 A 点的支座反力近似按 $R_a = \dfrac{E_a z_e^2 (3 - \dfrac{z_e}{h})}{2h^2}$ 计算，其中 h 为 A、B 两点间的距离。

A. 160 B. 220 C. 320 D. 430

题 44～47

某安全等级为二级的高层建筑采用混凝土框架-核心筒结构体系，框架柱截面尺寸均为 900mm×900mm，筒体平面尺寸 11.2m×11.6m，如图 11-1-9 所示。基础采用平板式筏基，板厚 1.4m，筏基的混凝土强度等级为 C30。

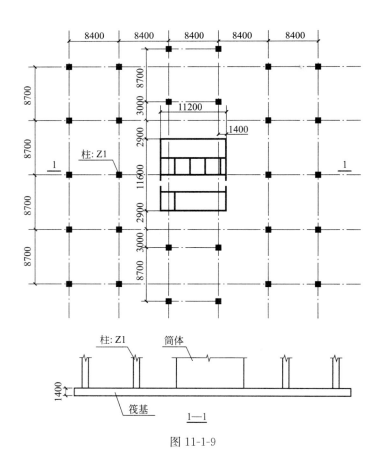

图 11-1-9

提示：计算时取 $h_0=1.35$m。

44. 柱传至基础的荷载效应，由永久荷载控制。图中柱 Z1 按荷载效应标准组合的柱轴力为 $F_k=9000$kN，柱底端弯矩为 $M_k=150$kN·m。荷载标准组合的地基净反力为 135kPa（已扣除筏基自重）。已求得 $c_1=c_2=2.25$m，$c_{AB}=1.13$m，$I_s=11.17$m⁴，$\alpha_s=0.4$。试问，柱 Z1 距离柱边 $h_0/2$ 处的冲切临界截面的最大剪应力 τ_{max}（kPa），最接近于下列何项值？

A. 600　　　　　B. 810　　　　　C. 1010　　　　　D. 1110

45. 条件同题 44。试问，柱 Z1 下筏板的受冲切混凝土剪应力设计值（抗力）τ_c（kPa），最接近于下列何项数值？

A. 950　　　　　B. 1000　　　　　C. 1330　　　　　D. 1520

46. 核心筒传至基础的荷载效应由永久荷载控制。相应于荷载效应标准组合的内筒轴力为 40000kN，荷载标准组合的地基净反力为 135kPa（已扣除筏基自重）。试问，当对筒体下板厚进行受冲切承载力验算时，距内筒外表面 $h_0/2$ 处的受冲切临界截面的最大剪应力 τ_{max}（kPa），最接近于下列何项数值？

提示：不考虑内筒根部弯矩的影响。

A. 191　　　　　B. 258　　　　　C. 580　　　　　D. 784

47. 条件同题 46。试问，当对筒体下板厚进行受冲切承载力验算时，内筒下筏板的受冲切混凝土剪应力设计值（抗力）τ_c（kPa），最接近于下列何项数值？

A. 760　　　　　B. 800　　　　　C. 950　　　　　D. 1000

题 48～50

某单层地下车库建于岩石地基上，采用岩石锚杆基础。柱网尺寸 8.4m×8.4m，中间柱截面尺寸 600mm×600mm，地下水位位于自然地面以下 1m，图 11-1-10 为中间柱的基础示意图。

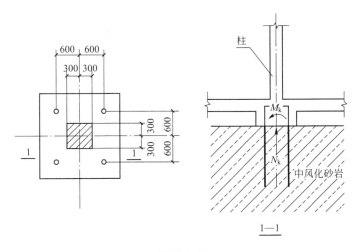

图 11-1-10

48. 相应于荷载效应标准组合时，作用在中间柱承台底面的竖向力总和为 −500kN（方向向上，已综合考虑地下水浮力、基础自重及上部结构传至柱基的轴力）；作用在基础底面形心的力矩值 M_{xk}、M_{yk} 均为 100kN·m。试问，荷载效应标准组合下，单根锚杆承受的最大拔力值 N_{max}（kN），最接近于下列何项值？

A. 125　　　　B. 167　　　　C. 208　　　　D. 270

49. 若荷载效应标准组合下，单根锚杆承受的最大拔力值 N_{max} 为 170kN，锚杆孔直径 150mm，锚杆采用 HRB335 钢筋，直径 32mm，锚杆孔灌浆采用 M30 水泥砂浆，砂浆与岩石间的粘结强度特征值为 0.42MPa。试问，锚杆有效锚固长度 l（m），应取下列何项数值？

　　A. 1.0　　　　B. 1.1　　　　C. 1.2　　　　D. 1.3

50. 现场进行了 6 根锚杆抗拔试验，得到的锚杆抗拔极限承载力分别为 420kN、530kN、480kN、479kN、588kN、503kN。试问，单根锚杆抗拔承载力特征值 R_t，最接近于下列何项值？

　　A. 250
　　B. 420
　　C. 500
　　D. 宜增加试验量且综合各方面因素后确定

题 51. 下列关于地基基础设计的主张，其中何项是不正确的？

A. 场地内存在发震断裂时，如抗震设防烈度小于 8 度，可忽略发震断裂错动对地面建筑的影响
B. 对于地基主要受力层范围内不存在软弱黏性土层的砌体房屋，可不进行天然地基及基础的抗震承载力验算
C. 当高耸结构的高度 H_g 不超过 20m 时，基础倾斜的允许值为 0.008
D. 在重力荷载与水平荷载标准值或重力荷载代表值与多遇地震水平荷载标准值共同作用下，高宽比大于 4 的高层建筑，基础底面与地基之间零应力区面积不应超过基础底面面积的 15%

题 52. 某建筑场地的土层分布即各土层的剪切波速如图 11-1-11 所示，土层等效剪切波速为 240m/s，试问，该建筑场地的类别应为下列何项所示？

　　A. Ⅰ　　　　B. Ⅱ　　　　C. Ⅲ　　　　D. Ⅳ

题 53. 有关桩基主筋配筋长度有下列四种见解，试指出其中那种说法是不全面的。

A. 受水平荷载和弯矩较大的桩，配筋长度应通过计算确定
B. 桩基承台下存在淤泥、淤泥质土或液化土层时，配筋长度应穿过淤泥、淤泥质土或液化土层
C. 坡地岸边的桩、地震区的桩、抗拔桩、嵌岩端承桩应通长配筋
D. 钻孔灌注桩构造钢筋的长度不宜小于桩长的 $\dfrac{2}{3}$

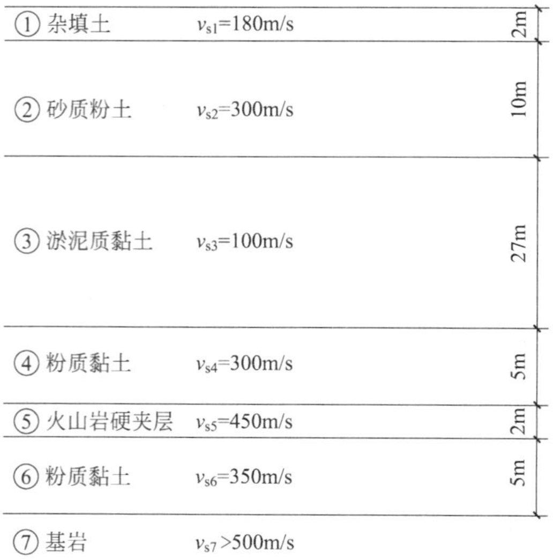

题 54. 对于直径为 1.65m 的单柱单桩嵌岩桩，当检测桩底有空洞、破碎带、软弱夹层等不良地质现象时，应在桩底下的下述何种深度（m）范围进行？

　　A. 3　　　　B. 5
　　C. 8　　　　D. 9

① 杂填土	$v_{s1}=180$m/s	2m
② 砂质粉土	$v_{s2}=300$m/s	10m
③ 淤泥质黏土	$v_{s3}=100$m/s	27m
④ 粉质黏土	$v_{s4}=300$m/s	5m
⑤ 火山岩硬夹层	$v_{s5}=450$m/s	2m
⑥ 粉质黏土	$v_{s6}=350$m/s	5m
⑦ 基岩	$v_{s7}>500$m/s	

图 11-1-11

题 55～59

有一等边三桩承台基础，采用沉管灌注桩，桩径为 426mm，有效桩长为 24m。有关地基各土层分布情况，桩端阻力特征值 q_{pa}、桩侧阻力特征值 q_{sia} 及桩的布置、承台尺寸等如图 11-1-12 所示。

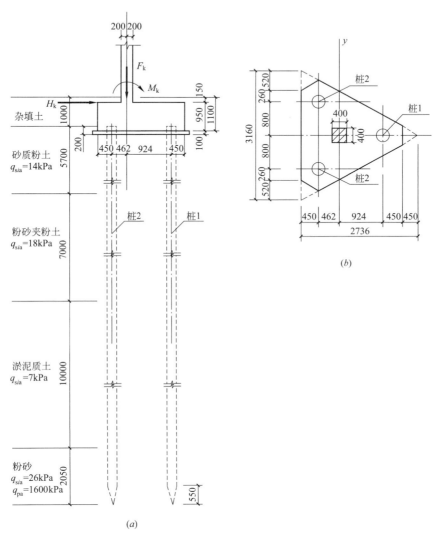

图 11-1-12
(a) 基础剖面图；(b) 承台俯视图

55. 按照《建筑地基基础设计规范》GB 50007—2011 的规定，在初步设计时，估算该桩基的单桩竖向承载力特征值 R_a（kN），并指出其最接近下列何项数值？

A. 361　　　　　B. 645　　　　　C. 665　　　　　D. 950

56. 假定钢筋混凝土柱传至承台顶面处的标准组合值为竖向力 $F_k=1400$kN，力矩 $M_k=160$kN·m，水平力 $H_k=45$kN，承台自重和承台上的土重 $G_k=87.34$kN。在上述一组力的作用下，试问，最大桩顶竖向力 Q_k（kN），最接近下列何项数值？

A. 590　　　　　B. 610　　　　　C. 620　　　　　D. 640

57. 假定由柱传至承台的荷载效应由永久荷载效应控制，承台自重和承台上的土重 G_k = 87.34kN，在标准组合偏心作用下，最大单桩（桩1）竖向力 Q_{1k} =610kN。试问，由承台形心到承台边缘（两腰）距离范围内板带的弯矩设计值 M_1（kN·m），最接近下列何项数值？

    A. 276   B. 336   C. 374   D. 392

58. 已知 c_2=943mm，a_{12}=464mm，h_0=890mm，角桩冲跨比 λ_{12}=0.521，承台采用 C25 混凝土。试问，承台受桩 1 冲切的承载力（kN），最接近下列何项数值？

    A. 740   B. 890   C. 1050   D. 1170

59. 已知 b_0=2338mm，h_0=890mm，剪跨比 λ_x=0.082，承台采用 C25 混凝土。试问，承台对底部角桩（桩2）形成的斜截面受剪承载力（kN），最接近下列何项数值？

    A. 2990   B. 3460   C. 3600   D. 3740

题 60~63

某高层建筑采用满堂布桩的钢筋混凝土桩筏基础及地基的土层分布，如图 11-1-13 所示。桩为摩擦桩，桩距为 $4d$（d 为桩的直径）。由上部荷载（不包括筏板自重）产生的筏板底面处相应于荷载效应准永久组合时的平均压力值为 600kPa，不计其他相邻荷载的影响。筏板基础宽度 B = 28.8m，长度 A = 51.2m；群桩外缘尺寸的宽度 b_0 = 28 m，长度 a_0 = 50.4m。钢筋混凝土桩有效长度取 36m，即假定桩端计算平面在筏板底面向下 36m 处。

提示：依据《建筑地基基础设计规范》GB 50007—2011 计算。

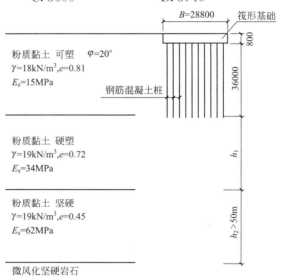

图 11-1-13

60. 假定桩端持力层土层厚度 h_1 = 40m，桩间土的内摩擦角 φ = 20°。试问，计算桩基础中点的地基变形时，其地基变形计算深度（m）应与下列何项数值最为接近？

    A. 33   B. 37   C. 40   D. 44

61. 土层条件同上题。当采用实体深基础计算桩基最终沉降量时，试问，实体深基础的支承面积（m²），应与下列何项数值最为接近？

    A. 1411   B. 1588   C. 1729   D. 1945

62. 土层条件同题 60，筏板厚 800mm。采用实体深基础计算桩基最终沉降时，假定实体深基础的支承面积为 2000m²。试问，桩底平面处对应于荷载效应准永久组合时的附加压力（kPa），应与下列何项数值最为接近？

提示：采用实体深基础计算桩基最终沉降时，在实体基础的埋深范围面积内，筏板、桩、土的混合重度（或称平均重度），可近似取 20kN/m³。

    A. 460   B. 520   C. 580   D. 700

63. 假定桩端持力层土层厚度 h_1 = 30 m，在桩底平面实体深基础的支承面积内，对应于荷载效应准永久组合时的附加压力为 700kPa；且在计算变形量时，取 ψ_s = 0.355。又已知，矩形面积土层上均布荷载作用下的角点的平均附加应力系数，依次分别为：在持力层顶面处 $\bar{\alpha}_0 = 0.25$，在持力层底面处 $\bar{\alpha}_1 = 0.202$。试问，在通过桩筏基础平面中心点竖线上，该持力层土层的最终变形量（mm），应与下列何项数值最为接近？

A. 93　　　　　　B. 114　　　　　　C. 126　　　　　　D. 177

题 64~68

某框架结构柱基础，由上部结构传至该柱基的荷载标准值：$F_k = 6600$kN，$M_{xk} = M_{yk} = 900$kN·m。柱基础独立承台下采用 400mm×400mm 钢筋混凝土预制桩，桩的平面布置及承台尺寸如图 11-1-14 所示。承台底面埋深 3.0m，柱截面尺寸 700mm×700mm，居承台中心位置。承台用 C40 混凝土，混凝土保护层厚度 50mm，承台及承台以上土的加权平均重度取 20kN/m³。

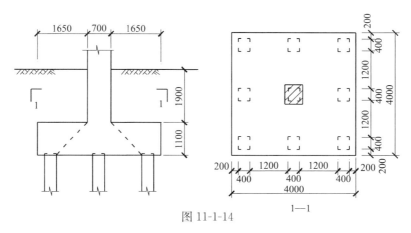

图 11-1-14

64. 试问，满足承载力要求的单桩承载力特征值（kN），最小不应小于下列何值？

A. 740　　　　　　B. 800　　　　　　C. 860　　　　　　D. 930

65. 假定相应荷载效应基本组合由永久荷载控制，试问，柱对承台的冲切力设计值（kN），与下列何项数值接近？

A. 5870　　　　　B. 7920　　　　　C. 6720　　　　　D. 9070

66. 验算柱对承台的冲切时，试问，承台的抗冲切设计值（kN），与下列何项数值接近？

A. 2150　　　　　B. 4290　　　　　C. 8220　　　　　D. 8580

67. 验算角桩对承台的冲切时，试问，承台的抗冲切设计值（kN），与下列何项数值接近？

A. 880　　　　　　B. 920　　　　　　C. 1760　　　　　D. 1840

68. 试问，承台的斜截面抗剪承载力设计值（kN），与下列何项数值最为接近？

A. 5870　　　　　B. 6020　　　　　C. 6710　　　　　D. 7180

题 69~74

某高层住宅，地基基础设计等级为乙级，基础底面处相应于荷载效应标准组合时的平均压应力为 390kPa，地基土层分布、土层厚度及相关参数如图 11-1-15 所示，采用水泥粉煤灰碎石桩（CFG 桩）复合地基，桩径 400mm。

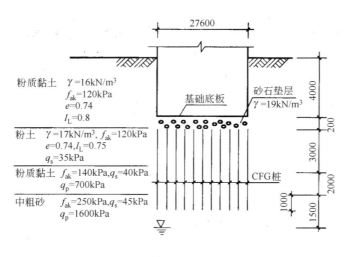

图 11-1-15

69. 试验得到 CFG 单桩竖向极限承载力为 1500kN，试问，单桩竖向承载力特征值 R_a (kN)，与下列何项数值接近？

　　A. 700　　　　B. 750　　　　C. 898　　　　D. 926

70. 假定有效桩长为 6m，试问，按《建筑地基处理技术规范》JGJ 79—2012 确定的单桩承载力特征值 R_a (kN)，与下列何项数值接近？

　　A. 430　　　　B. 490　　　　C. 550　　　　D. 580

71. 试问，满足承载力要求的复合地基承载力特征值 f_{spk} (kPa)，其实测结果最小值应接近于以下何项数值？

　　A. 248　　　　B. 300　　　　C. 430　　　　D. 335

72. 假定 $R_a=450$kN，$f_{spk}=248$kPa，单桩承载力发挥系数 $\lambda=0.9$，桩间土承载力发挥系数 $\beta=0.95$。试问，适合于本工程的 CFG 桩面积置换率 m，与下列何项数值接近？

　　提示：采用非挤土成桩工艺，f_{sk} 取天然地基承载力特征。

　　A. 4.31%　　　B. 8.44%　　　C. 5.82%　　　D. 3.80%

73. 假定 $R_a=450$kN，单桩承载力发挥系数 $\lambda=0.9$，且不考虑符合地基承载力的埋深修正，试问，桩体强度 f_{cu} (MPa) 应选用下列何项数值最为合理？

　　A. 10　　　　B. 11　　　　C. 12　　　　D. 13

74. 假定 CFG 桩面积置换率 $m=5\%$，如图 11-1-16 所示，桩孔按等边三角形均匀布于基底范围。试问，CFG 桩的间距 s (m)，与下列何项数值最为接近？

　　A. 1.5　　　　B. 1.7
　　C. 1.9　　　　D. 2.1

题 75. 试问，复合地基的承载力特征值应按下述何种方法确定？

　　A. 桩间土的载荷试验结果
　　B. 增强体的载荷试验结果

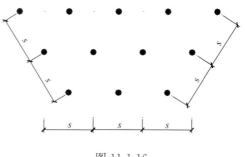

图 11-1-16

C. 复合地基的静载荷试验结果
D. 本场地的工程地质勘查报告

题 76~77

某工程地基条件如图 11-1-17 所示,季节性冻土地基的设计冻深为 0.8m,采用水泥土搅拌法进行地基处理。

76. 已知水泥土搅拌桩的直径为 600mm,有效桩顶面位于地面下 1100mm 处,桩端伸入黏土层 300mm。初步设计时按《建筑地基处理技术规范》JGJ 79—2012 的规定估算,并取桩端阻力发挥系数 $\alpha_p=0.5$。试问,单桩竖向承载力特征值 R_a(kN),应与下列何项数值最为接近?

A. 85　　　　　　　B. 106
C. 112　　　　　　D. 120

77. 采用水泥土搅拌桩处理后的复合地基承载力特征值 $f_{spk}=100$kPa,桩间土承载力折减系数 $\beta=0.3$,单桩竖向承载力特征值 $R_a=105$kN,桩径为 600mm,则面积置换率 m,最接近下列何项数值?

A. 0.23　　　　　B. 0.25
C. 0.27　　　　　D. 0.29

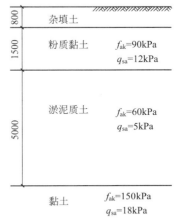

图 11-1-17

题 78~79

某高层住宅地基基础,设计等级为乙级,采用水泥粉煤灰碎石桩复合地基(施工采用非挤土成桩工艺),基础为整片筏基。长 44.8m,宽 14m,桩径 400mm,桩长 8m,桩孔按等边三角形均匀布置于基底范围内,孔中心距为 1.5m。褥垫层底面处由永久荷载标准值产生的平均压力值为 280kN/m²,由活荷载标准值产生的平均压力值为 100kN/m²,可变荷载的准永久值系数取 0.4。地基土层分布、厚度及相关参数如图 11-1-18 所示。

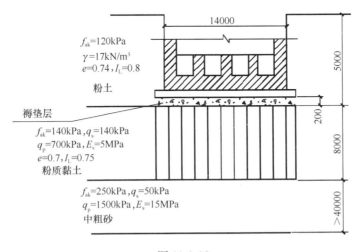

图 11-1-18

78. 假定取单桩承载力特征值 $R_a=500$ kN,桩间土承载力发挥系数取 $\beta=0.90$,单桩承载力发挥系数 $\lambda=0.9$。试问,复合地基的承载力特征值(kPa),与下列何项数值接近?

  A. 260   B. 350   C. 390   D. 420

79. 试问，计算地基变形时，对应于所采用的荷载效应，褥垫层底面处的附加压力值（kPa），与下列何项数值接近？

  A. 185   B. 235   C. 285   D. 380

题 80~84

  某单层单跨工业厂房建于正常固结的黏性土地基上，跨度 27m，长度 84m，采用柱下钢筋混凝土独立基础。厂房基础完工后，室内外均进行填土；厂房投入使用后，室内地面局部范围有大面积堆载，堆载宽度 6.8m，堆载的纵向长度 40m。具体的厂房基础及地基情况、地面荷载大小等如图 11-1-19 所示。

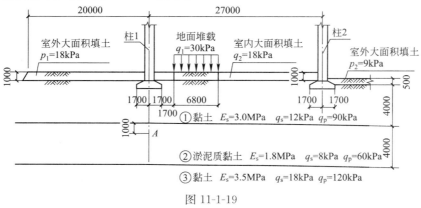

图 11-1-19

80. 地面堆载为 $q_1=30\text{kPa}$；室内外填土重度均为 $\gamma=18\text{kN/m}^3$。试问，为计算大面积地面荷载对柱1的基础产生的附加沉降量，所采用的等效均布地面荷载 q_{eq}（kPa），最接近下列何项数值？

  提示：注意对称荷载，可减少计算量。

  A. 13   B. 16   C. 21   D. 30

81. 条件同上题。若在使用过程中允许调整该厂房的吊车轨道，试问，由地面荷载引起柱1基础内侧边缘中点的地基附加沉降允许值 $[s'_g]$（mm），最接近于下列何项数值？

  A. 40   B. 58   C. 72   D. 85

82. 已知地基②层土的天然抗剪强度 τ_{f0} 为 15kPa，三轴固结不排水压缩试验求得的土的内摩擦角 φ_{cu} 为 12°。地面荷载引起的柱基础下方地基中 A 点的附加竖向应力 $\Delta\sigma_z=12\text{kPa}$，地面填土 3 个月时，地基中 A 点土的固结度 U_t 为 50%。试问，地面填土 3 个月时地基中 A 点土体的抗剪强度 τ_{ft}（kPa），最接近于下列何项数值？

  提示：按《建筑地基处理技术规范》JGJ 79—2012 作答。

  A. 15.0   B. 16.3   C. 17.6   D. 21.0

83. 拟对地面堆载（$q_1=30\text{kPa}$）范围内的地基土体采用水泥土搅拌桩地基处理方案。已知水泥搅拌桩的长度为 10m，直径 600mm，桩基进入③层黏土 2m，桩端天然土的承载力折减系数 $\alpha_p=0.5$。试问，按照周边土计算得到的增强体单桩竖向承载力特征值 R_a（kN），最接近于下列何项数值？

A. 106　　　　　　B. 127　　　　　　C. 235　　　　　　D. 258

84. 条件同上题。若采用粉体搅拌法施工工艺，桩身强度折减系数 $\eta=0.25$，桩端天然地基土的承载力折减系数 $\alpha_p=0.5$。并测得水泥土试块在标准养护条件下 90 天龄期的立方体抗压强度平均值 $f_{cu}=1500\text{kPa}$。试问，由桩身材料确定的单桩承载力特征值 R_a (kN)，最接近于下列何项数值？

A. 106　　　　　　B. 127　　　　　　C. 235　　　　　　D. 258

11.2 答案

1. 答案：C

解答过程：依据《建筑地基基础设计规范》GB 50007—2011 的 4.2.6 条判断。

压缩系数 $a_{1-2}=\dfrac{e_1-e_2}{p_2-p_1}=\dfrac{0.83-0.81}{0.2-0.1}=0.2\text{MPa}^{-1}$

该值在 0.1MPa^{-1} 和 0.5MPa^{-1} 之间，为中压缩性土。故选择 C。

2. 答案：D

解答过程：对基础底面重心位置取矩，当力矩为零时，基底反力呈现为均匀分布。于是，可得 $F_k\left(\dfrac{b}{2}-x\right)=M_k$，将其变形，为 $x=\dfrac{b}{2}-\dfrac{M_k}{F_k}$。故选择 D。

点评：本题乍一看难以明白题意，因为，通常情况下，柱子位于基础底面形心轴位置处，只要有弯矩存在，必然基底反力呈现梯形分布。而现在，柱子偏离基础的形心轴，柱子传来的压力和弯矩对基础底面形心轴位置取矩，总的弯矩可能为零。即，本题目想表达的意思，实际上如图 11-2-1 所示。

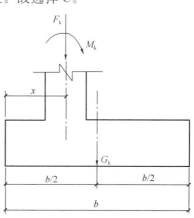

图 11-2-1 基础受力简图

3. 答案：B

解答过程：因黏性土①的天然孔隙比 $e_0=0.84$，液性指数 $I_L=0.83$，均小于 0.85，查《建筑地基基础设计规范》GB 50007—2011 表 5.2.4 知，$\eta_b=0.3$，$\eta_d=1.6$。根据提示，假定 $b<3\text{m}$，则依据 5.2.4 条，取 $b=3\text{m}$。

$$\gamma_m=\dfrac{17\times0.8+19\times0.4}{0.8+0.4}=17.67\text{kN/m}^3$$

$$\begin{aligned}f_a&=f_{ak}+\eta_b\gamma(b-3)+\eta_d\gamma_m(d-0.5)\\&=150+0.3\times19\times(3-3)+1.6\times17.67\times(0.8+0.4-0.5)\\&=169.8\text{kPa}\end{aligned}$$

故选择 B。

4. 答案：B

解答过程：由于基底反力呈均匀分布状态，故依据《建筑地基基础设计规范》GB 50007—2011 的 5.2.1 条、5.2.2 条，有下式成立：

$$b\geqslant\dfrac{F_k}{f_a-\gamma_G d}=\dfrac{300}{165-20\times1.2}=2.13\text{m}$$

故选择 B。

5. 答案：C

解答过程：依据《建筑地基基础设计规范》GB 50007—2011 的 8.2.14 条，可得：

$$a_1 = b_1 = 1.1 - \frac{0.3}{2} = 0.95 \text{m}$$

$$\begin{aligned} M_1 &= \frac{1}{6}a_1^2\left(2p_{\max} + p - \frac{3G}{A}\right) \\ &= \frac{1}{6} \times 0.95^2 \times \left[3 \times \frac{1.35 \times (F_k + G_k)}{A} - 3 \times \frac{1.35 \times G_k}{A}\right] \\ &= \frac{1}{6} \times 0.95^2 \times \left(3 \times \frac{1.35 \times 300}{2.2 \times 1}\right) \\ &= 83.07 \text{kN} \cdot \text{m} \end{aligned}$$

故选择 C。

点评：当基地压力为均匀压力时，规范公式 (8.2.14) 可以简化，如下：

$$M_1 = \frac{1}{6}a_1^2(2p_{\max} + p - \frac{3G}{A}) = \frac{1}{6}a_1^2\left(3p - \frac{3G}{A}\right) = \frac{1}{2}a_1^2 p_j$$

这就是《材料力学》中悬臂梁弯矩的计算公式。式中，p_j 按照 $1.35F_k/A$ 求出，这里，1.35 是永久荷载为主时的分项系数，见规范公式 (3.0.6-4)。

6. 答案：D

解答过程：依据《建筑地基基础设计规范》GB 50007—2011 的 5.2.7 条，因 $\frac{E_{s1}}{E_{s2}} = \frac{6}{2} = 3$，$\frac{z}{b} = \frac{3-0.4}{2.2} = 1.18 > 0.5$ 取为 0.5，由表 5.2.7 可得 $\theta = 23°$。于是：

$$p_z = \frac{b(p_k - p_c)}{b + 2z\tan\theta} = \frac{2.2 \times [160.36 - (17 \times 0.8 + 19 \times 0.4)]}{2.2 + 2 \times (3-0.4) \times \tan 23°} = 69.47 \text{kPa}$$

故选择 D。

7. 答案：A

解答过程：依据《建筑地基基础设计规范》GB 50007—2011 的 5.2.7 条、5.2.4 条计算 f_{az}。

查表 5.2.4，淤泥质土，取 $\eta_b = 0$，$\eta_d = 1.0$。

$$\gamma_m = \frac{17 \times 0.8 + 19 \times 3}{0.8 + 3} = 18.58 \text{kN/m}^3$$

$$f_{az} = f_{ak} + \eta_b \gamma (b-3) + \eta_d \gamma_m (d-0.5) = 80 + 1.0 \times 18.58 \times (3.8 - 0.5) = 141.3 \text{kPa}$$

$$p_{cz} = 19 \times 3 + 17 \times 0.8 = 70.6 \text{kPa}$$

故选择 A。

8. 答案：C

解答过程：将计算深度范围内的土层分为 n 层，则地基沉降量 s 就是

$$s = \sum_{i=1}^{n} s_i = \sum_{i=1}^{n} \frac{\overline{\sigma}_{zi}}{E_{si}} h_i$$

式中，$\overline{\sigma}_{zi}$ 为第 i 层土的平均附加应力。

由《建筑地基基础设计规范》GB 50007—2011 的表 K.0.1-1 可知，z/b 相同时，l/b

越大则角点附加应力系数越大，也就是说，在题目给定的情况下，相同 z/b 时条形基础的 α_i 大于独立基础的 α_i，于是，表现为上式中相同深度条形基础的 $\bar{\sigma}_{zi}$ 大于独立基础的 $\bar{\sigma}_{zi}$，最终沉降量前者也必然大于后者。故选择 C。

9. 答案：B

解答过程：依据《建筑地基基础设计规范》GB 50007—2011 的 6.7.3 条，挡土墙高度 $h=5.5\mathrm{m}>5\mathrm{m}$，取 $\psi_a=1.1$。于是

$$E_a = \psi_a \frac{1}{2}\gamma h^2 k_a = 1.1 \times \frac{1}{2} \times 20 \times 5.5^2 \times 0.2 = 66.55 \mathrm{kN/m}$$

故选择 B。

点评：主动土压力增大系数 ψ_a 的取值，在 2011 版《建筑地基基础设计规范》中，依据挡土墙高度确定。过去依据"土坡高度"确定，容易引起争议。

10. 答案：A

解答过程：依据《建筑地基基础设计规范》GB 50007—2011 的 6.7.3 条，挡土墙高度 $h=5.5\mathrm{m}>5\mathrm{m}$，取 $\psi_a=1.1$。

$E_{aq} = \psi_a q k_a h = 1.1 \times 20 \times 0.2 \times 5.5 = 24.2 \mathrm{kN/m}$

故选择 A。

若误用如下公式且取 $\psi_a=1.1$，则

$E_{aq} = \psi_a q k_a h^2 = 1.1 \times 20 \times 0.2 \times 5.5^2 = 121 \mathrm{kN/m}$。

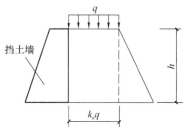

图 11-2-2 均布荷载产生的主动土压力

点评：注意，本题问的是均布荷载产生的土压力，所以，计算时本质上是求矩形的面积，如图 11-2-2 中虚线以左的部分。虚线右侧的三角形面积为土体产生的主动土压力。

11. 答案：B

解答过程：依据《建筑地基基础设计规范》GB 50007—2011 的 6.7.5 条，按照下式计算：

$$k_1 = \frac{(G_n + E_{an})\mu}{E_{at} - G_t}$$

按单位长度考虑，有

$$G = \frac{(1.2+2.7)\times 5.5}{2} \times 24 = 257.4 \mathrm{kN}$$

$$\alpha_0 = 0°, \quad \alpha = 90°, \quad \delta = 10°$$

$$G_n = G\cos\alpha_0 = 257.4 \mathrm{kN}, \quad G_t = G\sin\alpha_0 = 0$$

$$E_{at} = E_a \sin(\alpha - \alpha_0 - \delta) = 93 \times \sin(90°-0-10°) = 91.59 \mathrm{kN}$$

$$E_{an} = E_a \cos(\alpha - \alpha_0 - \delta) = 93 \times \cos(90°-0-10°) = 16.15 \mathrm{kN}$$

于是 $$k_1 = \frac{(G_n + E_{an})\mu}{E_{at} - G_t} = \frac{(257.4+16.15)\times 0.45}{91.59-0} = 1.34$$

故选择 B。

12. 答案：C

解答过程：依据《建筑地基基础设计规范》GB 50007—2011 的 6.7.5 条，按照下式计算：

$$k_2 = \frac{Gx_0 + E_{az}x_f}{E_{ax}z_f}$$

按单位长度考虑，有

$$Gx_0 = 99 \times \left(\frac{2}{3} \times 1.5\right) + 158.4 \times \left(1.5 + \frac{1.2}{2}\right) = 431.64 \text{kN} \cdot \text{m}$$

$$E_{az} = E_a\cos(\alpha - \delta) = 93 \times \cos(90° - 10°) = 16.15 \text{kN}, \quad x_f = 2.7 \text{m}$$

$$E_{ax} = 93 \times \sin(90° - 10°) = 91.59 \text{kN}, \quad z_f = 2.1 \text{m}$$

于是

$$k_2 = \frac{Gx_0 + E_{az}x_f}{E_{ax}z_f} = \frac{431.64 + 16.15 \times 2.7}{91.59 \times 2.1} = 2.47$$

选择 C。

13. 答案：D

解答过程：按单位长度考虑，作用于基底的总竖向压力为

$$N = 257.4 + 93\sin 10° = 273.5 \text{kN}$$

作用于基底形心的弯矩为

$$M = 257.4 \times (1.677 - 2.7/2) + 93 \times \sin 10° \times 2.7/2 - 93 \times \cos 10° \times 2.1 = -86.43 \text{kN} \cdot \text{m}$$

上式中的负号表示弯矩方向为逆时针。

偏心距 $e = \dfrac{M}{N} = \dfrac{86.43}{273.5} = 0.316 \text{m} < \dfrac{b}{6} = \dfrac{2.7}{6} = 0.45 \text{m}$ 于是，依据《建筑地基基础设计规范》GB 50007—2011 的 5.2.2 条，基底最大压应力为：

$$p_{k,\max} = \frac{273.5}{2.7} + \frac{86.43}{1.215} = 172.4 \text{kPa}$$

故选择 D。

14. 答案：B

解答过程：依据《建筑地基基础设计规范》GB 50007—2011 的表 5.2.4，由于 $e = 0.78 < 0.85$，$I_L = 0.88 > 0.85$，故 $\eta_b = 0$，$\eta_d = 1.0$。于是

$$f_a = f_{ak} + \eta_b\gamma(b - 3) + \eta_d\gamma_m(d - 0.5) = 125 + 1 \times 18 \times (1.5 - 0.5) = 143 \text{kPa}$$

故选择 B。

点评：对于 d 的取值，有人认为，规范 5.2.4 条规定，"当采用独立基础或条形基础时，应从室内地面标高算起"，故应取 $d = 1.9 - 0.2 = 1.7 \text{m}$。

笔者认为该观点属于断章取义，不妥，因为，"当采用独立基础或条形基础时，应从室内地面标高算起"的前提条件的是"对于地下室"。详细情况，可参考朱炳寅《建筑结构设计问答及分析》（第二版）。

15. 答案：D

解答过程：依据《建筑地基基础设计规范》GB 50007—2011 的 5.2.2 条，有

$$M_k = 70 \times 1.9 = 133 \text{kN} \cdot \text{m}$$
$$F_k + G_k = 200 + 20 \times 1.6 \times 2.4 \times 1.6 = 322.88 \text{kN}$$

上式中，1.6m 为深度的平均值，(1.5+1.7)/2=1.6m。

令偏心距 $e = \dfrac{M_k}{F_k + G_k} = \dfrac{133}{322.88} = 0.41\text{m} > \dfrac{b}{6} = \dfrac{2.4}{6} = 0.4\text{m}$，故应依据公式（5.2.2-4）计算。

$$a = \frac{b}{2} - e = 1.2 - 0.41 = 0.79\text{m}$$

$$p_{k\max} = \frac{2(F_k + G_k)}{3la} = \frac{2 \times 322.88}{3 \times 1.6 \times 0.79} = 170.7\text{kPa}$$

故选择 D。

16. 答案：A

解答过程：依据《建筑地基基础设计规范》GB 50007—2011 的公式（8.2.8-1）计算。

由于 $\qquad a + 2h_0 = 500 + 2 \times 450 = 1400\text{mm} < l = 1600\text{mm}$

故 $\qquad a_m = (a_t + a_t + 2h_0)/2 = a_t + h_0 = 500 + 450 = 950\text{mm}$

$$0.7\beta_{hp} f_t a_m h_0 = 0.7 \times 1.0 \times 1.27 \times 950 \times 450 = 380\text{kN}$$

故选择 A。

17. 答案：C

解答过程：依据《建筑地基基础设计规范》GB 50007—2011 的 8.2.8 条，可得
$$F_l = p_j A_l = (p_{\max} - 1.35\gamma_G d)A_l = (260 - 1.35 \times 20 \times 1.6) \times 0.609 = 132.03\text{kN}$$

上式中，1.6 为深度平均值，(1.7+1.5)/2=1.6m。

故选择 C。

18. 答案：C

解答过程：依据《建筑地基基础设计规范》GB 50007—2011 的 5.2.2 条，有
$$M_k = 50 \times 1.9 = 95\text{kN} \cdot \text{m}$$
$$F_k + G_k = 200 + 20 \times 3.52 \times 1.6 = 312.64\text{kN}$$

令偏心距 $e = \dfrac{M_k}{F_k + G_k} = \dfrac{95}{312.64} = 0.303\text{m} < \dfrac{b}{6} = \dfrac{2.2}{6} = 0.37\text{m}$，故

$$p_{k,\max} = \frac{F_k + G_k}{A} + \frac{M_k}{W} = \frac{312.64}{3.52} + \frac{95}{1.29} = 162\text{kPa}$$

故选择 C。

19. 答案：C

解答过程：依据《建筑地基基础设计规范》GB 50007—2011 的公式（8.2.11-1）计算。

由于 $a_1 = \dfrac{2.2 - 0.5}{2} = 0.85\text{m}$，故 Ⅰ-Ⅰ 剖面处的地基反力设计值为

$$p = 20.5 + \frac{219.3 - 20.5}{2.2} \times (2.2 - 0.85) = 142.5\text{kPa}$$

$$M_{\max} = \frac{1}{12} a_1^2 \left[(2l + a')\left(p_{\max} + p - \frac{2G}{A}\right) + (p_{\max} - p) l \right]$$

$$= \frac{1}{12} \times 0.85^2 \times [(2 \times 1.6 + 0.5)(219.3 + 142.5 - 2 \times 1.35 \times 20 \times 1.6)$$

$$+ (219.3 - 142.5) \times 1.6]$$

$$= 68.75 \text{kN} \cdot \text{m}$$

故选择 C。

20. 答案：C

解答过程：依据《建筑地基基础设计规范》GB 50007—2011 的 L.0.3 条，可知土为 Ⅳ类土；查图 L.0.2d，今 $\alpha = 90°$，$\beta = 10°$，于是 $k_a = 0.26$。

依据规范 6.7.3 条，今挡土墙高度为 5m，取 $\psi_a = 1.1$，于是

$$E_a = \psi_a \frac{1}{2} \gamma h^2 k_a = 1.1 \times \frac{1}{2} \times 19 \times 5^2 \times 0.26 = 67.92 \text{kN/m}$$

故选择 C。

若取 $\psi_a = 1.0$，则得到最后结果为 61.75kN/m，错选 B。

21. 答案：B

解答过程：依据《建筑地基基础设计规范》GB 50007—2011 的 6.7.5 条，取单位长度 1m 计算。

$$\alpha_0 = 0, \quad \alpha = 90°, \quad \delta = 13°$$

$$G_n = G\cos\alpha_0 = 209.22 \text{kN}, \quad G_t = G\sin\alpha_0 = 0$$

$$E_{at} = E_a \sin(\alpha - \alpha_0 - \delta) = 70 \times \sin(90° - 0 - 13°) = 68.21 \text{kN}$$

$$E_{an} = E_a \cos(\alpha - \alpha_0 - \delta) = 70 \times \cos(90° - 0 - 13°) = 15.75 \text{kN}$$

$$k_s = \frac{(G_n + E_{an})\mu}{E_{at} - G_t} = \frac{(209.22 + 15.75) \times 0.4}{68.21 - 0} = 1.32$$

故选择 B。

22. 答案：C

解答过程：依据《建筑地基基础设计规范》GB 50007—2011 的 6.7.5 条，取单位长度 1m 计算。

$$G x_0 = 209.22 \times 1.68 = 351.49 \text{kN} \cdot \text{m}$$

$$E_{az} = E_a \cos(\alpha - \delta) = 70 \times \cos(90° - 13°) = 15.75 \text{kN}, \quad x_f = 2.7 \text{m}$$

$$E_{ax} = 70 \times \sin(90° - 13°) = 68.21 \text{kN}, \quad z_f = 5/3 = 1.67 \text{m}$$

$$k_t = \frac{G x_0 + E_{az} x_f}{E_{ax} z_f} = \frac{351.49 + 15.75 \times 2.7}{68.21 \times 1.67} = 3.46$$

故选择 C。

23. 答案：A

解答过程：取单位长度 1m 计算。

土压力作用位置距离挡土墙底为 $z = 5/3 = 1.67$m，由此引起的对于底面重心处的弯矩

为 $70\times1.67=116.7\text{kN}\cdot\text{m}$。

土压力与挡土墙自重等效为偏心的基底压力,偏心距为

$$e=\frac{116.7-209.22\times(1.68-1.35)}{209.22}=0.23\text{m}<\frac{b}{6}=\frac{2.7}{6}=0.45\text{m}$$

依据《建筑地基基础设计规范》GB 50007—2011 的 5.2.2 条,为

$$p_{k,\max}=\frac{209.22}{2.7}+\frac{209.22\times0.23}{\frac{1}{6}\times1\times2.7^2}=117\text{kPa}$$

故选择 A。

24. 答案:B

解答过程:取单位长度计算主动土压力。

墙顶面土压力强度 $e_1=qk_a=15\times0.23=3.45\text{kN/m}$

墙底面土压力强度 $e_2=(\gamma h+q)k_a=(18\times5+15)\times0.23=24.15\text{kN/m}$

主动土压力 $E_a=1.1\times\dfrac{(3.45+24.15)\times5}{2}=75.9\text{kN}$

上式中,1.1 为依据《建筑地基基础设计规范》GB 50007—2011 的 6.7.3 条,由于挡土墙高度为 5m 而取用的主动土压力增大系数。

故选择 B。

25. 答案:B

解答过程:按照求梯形截面重心的方法计算,如下:

$$z=\frac{3.8\times5\times\dfrac{5}{2}+(27.83-3.8)\times\dfrac{5}{2}\times\dfrac{5}{3}}{79}=1.87\text{m}$$

故选择 B。

26. 答案:D

解答过程:依据《建筑地基基础设计规范》GB 50007—2011 的 6.7.5 条第 4 款,应满足偏心距 $e\leqslant0.25$ 倍的基础宽度。故选择 D。

27. 答案:C

解答过程:依据《建筑抗震设计规范》GB 50011—2010 的 4.1.4 条,建筑场地覆盖层厚度应算至第 8 层顶,为 51.4m。依据 4.1.5 条,计算深度应取为 20m。于是

$$t=\sum_{i=1}^{n}(d_i/v_{si})=\frac{1.2}{116}+\frac{10.50}{135}+\frac{20-1.2-10.5}{158}=0.141\text{s}$$

$$v_{se}=\frac{d_0}{t}=\frac{20}{0.141}=142\text{m/s}$$

依据表 4.1.6,覆盖层厚度 51.4m、$v_{se}=142\text{m/s}$,场地属于Ⅲ类,故选择 C。

点评:计算 t 时采用的总深度应为 d_0,因为只有这样,$v_{se}=d_0/t$ 才有意义。$d_0=\min$(20m,建筑场地覆盖层厚度)。

28. 答案:D

解答过程:依据《建筑抗震设计规范》GB 50011—2010 的 4.1.7 条第 1 款,抗震设

防烈度为9度，隐伏断裂的土层覆盖厚度大于90m时，才可忽略发震断裂错动对地面建筑的影响，因此，覆盖层为80m时应该考虑，选择D。

29. 答案：D

解答过程：依据《建筑地基基础设计规范》GB 50007—2011 的 5.4.2 条计算：

$$a \geqslant 3.5b - \frac{d}{\tan\beta} = 3.5 \times 1.6 - \frac{2}{\tan 45°} = 3.6\text{m} > 2.5\text{m}$$

故取为3.6m。选择D。

30. 答案：C

解答过程：依据《建筑地基基础设计规范》GB 50007—2011 的 3.0.2 条，所有建筑物的地基计算均应满足承载力要求，丙级满足一定条件时可不做变形验算。故选择C。

31. 答案：D

解答过程：底板厚度应满足计算要求和构造要求。

(1) 依据《建筑地基基础设计规范》GB 50007—2011 的 8.4.12 条，假设底板厚度<800mm，于是 $\beta_{hp}=1.0$，依据公式可知

$$h_0 = \frac{(l_{n1}+l_{n2}) - \sqrt{(l_{n1}+l_{n2})^2 - \frac{4p_n l_{n1} l_{n2}}{p_n + 0.7\beta_{hp} f_t}}}{4}$$

$$= \frac{(4.5+6.0) - \sqrt{(4.5+6.0)^2 - \frac{4\times 280 \times 4.5 \times 6}{280 + 0.7 \times 1.0 \times 1570}}}{4}$$

$$= 0.275\text{m} = 275\text{mm}$$

于是 $h = h_0 + a_s = 275 + 60 = 335\text{mm}$，满足原假设要求。

(2) 规范 8.4.12 条还规定，底板厚度与最大双向板格的短边净跨之比不应小于 1/14，且板厚不应小于 400mm。今 $4500/14 = 321\text{mm} < 400\text{mm}$。

综上，板厚应取为 400mm，选择 D。

32. 答案：A

解答过程：依据《建筑地基基础设计规范》GB 50007—2011 的 8.4.12 条，有

$$h_0 = h - a_s = 450 - 60 = 390\text{mm}$$
$$F_l = (l_{n1} - 2h_0)(l_{n2} - 2h_0) \times p_j$$
$$= (4.5 - 2\times 0.39)(6.0 - 2\times 0.39) \times 280 = 5437.2\text{kN}$$

故选择 A。

33. 答案：B

解答过程：依据《建筑地基基础设计规范》GB 50007—2011 的 8.4.12 条计算。

$0.7\beta_{hp} f_t u_m h_0 = 0.7 \times 1.0 \times 1570 \times (2\times 4.5 + 2\times 6.0 - 4\times 0.39) \times 0.39 = 8332\text{kN}$

故选择 B。

34. 答案：A

解答过程：依据《建筑地基基础设计规范》GB 50007—2011 的 8.4.12 条和图 8.4.12-2，有

$$V_s = \frac{1}{2}[(l_{n2} - l_{n1}) + (l_{n2} - 2h_0)] \times \left(\frac{l_{n1}}{2} - h_0\right) p_j$$

$$= \frac{1}{2}[(6-4.5)+(6-2\times0.39)]\times\left(\frac{4.5}{2}-0.39\right)\times 280$$
$$= 1750\text{kN}$$

故选择 A。

35. 答案：A

解答过程：依据《建筑地基基础设计规范》GB 50007—2011 的 8.4.12 条计算。
$$h_0 = 390\text{mm} < 800\text{mm}，取 \beta_{hs} = 1.0$$
$$0.7\beta_{hs}f_t(l_{n2}-2h_0)h_0 = 0.7\times 1.0\times 1.57\times(6000-2\times 390)\times 390 = 2237.2\times 10^3\text{N}$$

故选择 A。

36. 答案：D

解答过程：依据《建筑地基基础设计规范》GB 50007—2011 的 8.4.15 条，底板上下贯通钢筋的配筋率不应小于 0.15%，即
$$A_{s\min} = \rho_{\min}bh = 0.15\%\times 1000\times 850 = 1275\text{mm}^2$$

A、B、C、D 四个选项中，通长筋截面积分别为 565mm², 1131mm², 565mm², 1539mm²，因而选项 D 满足要求。

依据 8.2.12 条，按照弯矩值确定所需钢筋截面积：
$$A_s = \frac{M}{0.9f_yh_0} = \frac{240\times 10^6}{0.9\times 300\times 790} = 1125\text{mm}^2$$

可见，D 选项在支座处满足受力要求。选择 D。

点评：规范中"底板上下贯通钢筋的配筋率不应小于 0.15%"，可通过与旧规范对照加以理解。对照见表 11-2-1。

新旧规范规定对照　　　　　　　　　　　　　　　　表 11-2-1

2002 规范	2011 规范
平板式筏基柱下板带和跨中板带的底部钢筋应有 1/2～1/3 贯通全跨，且配筋率不应小于 0.15%；顶部钢筋应按计算配筋全部连通	梁板式筏基的底板和基础梁的配筋除满足计算要求外，纵横方向的底部钢筋尚应有不少于 1/3 贯通全跨，顶部钢筋按计算配筋全部连通，底板上下贯通钢筋的配筋率不应小于 0.15%

因此，应理解为：底板上、下贯通钢筋的配筋率均不应小于 0.15%。

另外注意，按照旧版规范作答时，有观点认为，此处按照"倒梁法"，底部纵筋在支座处受拉，在跨中受压，而配筋率针对的是纵向受拉钢筋。如此一来，对于选项 C，Φ12@200 布置每米可提供 565 mm²，Φ14@200 布置每米可提供 769 mm²，支座处可提供的钢筋截面积为 565+769=1334mm²，大于计算所需的 1125 mm²，也大于最小配筋率 0.15% 的要求。

37. 答案：C

解答过程：依据《建筑地基基础设计规范》GB 50007—2011 的 3.0.5 条第 1 款，可知 A、B 选项正确；依据本条第 2 款可知 C 选项不正确；依据本条第 4 款可知 D 选项正确。

38. 答案：D

解答过程：依据《建筑地基基础设计规范》GB 50007—2011 的 6.7.4 条第 5 款，重力式挡土墙应每隔 10～20m 设置一道伸缩缝，故选项 D 叙述错误。

39. 答案：B

解答过程：依据《建筑地基基础设计规范》GB 50007—2011 表 5.2.4，由于 $e=0.82<0.85$，但 $I_L=0.88>0.85$，可得 $\eta_b=0$，$\eta_d=1.0$。于是

$$f_a=f_{ak}+\eta_b\gamma(b-3)+\eta_d\gamma_m(d-0.5)=160+0+1.0\times18\times(1-0.5)=169\text{kPa}$$

故选择 B。

40. 答案：C

解答过程：依据《建筑地基基础设计规范》GB 50007—2011 的 5.2.4 条，假设宽度 $b<3.0$m，则基础底面承载力特征值

$$f_a=f_{ak}+\eta_b\gamma(b-3)+\eta_d\gamma_m(d-0.5)=160+1.0\times18\times(1-0.5)=169\text{kPa}$$

由于题目给出的是基底压力值，因此，依据规范 5.2.1 条，有

$$p_k=\frac{F_k+G_k}{A}=\frac{300}{b}\leqslant f_a=169\text{kPa}$$

可得 $b\geqslant1.78$m

再依据软弱下卧层承载力确定 b 的值。依据规范 5.2.7 条，有

$$p_z+p_{cz}=\frac{b(p_k-p_c)}{b+2z\tan\theta}+\gamma d\leqslant f_{az}$$

$$f_{az}=80+1.0\times18\times(2-0.5)=107\text{kPa}$$

代入数值，可得

$$\frac{b\left(\dfrac{300}{b}-18\right)}{b+2\times1\times\tan10°}+18\times2\leqslant107$$

解方程，得到 $b\geqslant3.09$m。

选择 C，取 $b=3100$mm，可以同时满足 $b\geqslant3.09$m 和 $b\geqslant1.78$m 的要求。

点评：本题给出的已知条件，"每延米长度基础底面处，相应于正常使用极限状态下荷载效应的标准组合的平均压力值为 300kN"，可能会有不同的理解。这里给出的解答是以 $F_k+G_k=300$kN 为前提。笔者认为，如此理解是合适的，原因如下：

依据《建筑地基基础设计规范》GB 50007—2011 的 5.2.2 条可知，F_k 是指"由上部结构传至基础顶面"的竖向力值，关键词是"上部结构"和"基础顶面"，只有这样，在计算"基础底面"的全部应力时，才需要加上"基础自重和基础上的土重 G_k"。现在，题目明确给出的数值是指"基础底面"，所以，认为 $F_k=300$kN 就欠妥当。

至于有些资料，在对基底压力验算时取 $F_k=300$kN，对软弱层验算时取 $p_k=300/b$，则更不妥：因为取 $p_k=300/b$ 相当于认可 $F_k+G_k=300$kN，解答存在自相矛盾。

41. 答案：C

解答过程：A 点处水平侧压力强度为

$$p_a=(q+\gamma h)k_0=(10+20\times1.0)\times0.5=15\text{kN/m}^2$$

故选择 C。

42. 答案：B

解答过程：

侧墙顶点的侧压力强度　　$p_1=(q+\gamma h)k_0=(10+20\times1)\times0.5=15\text{kN/m}^2$
侧墙底部的侧压力强度　　$p_2=(q+\gamma h)k_0=(10+20\times6)\times0.5=65\text{kN/m}^2$
总的土压力　　$(15+65)\times5/2=200\text{kN}$
故选择 B。

43. 答案：B
解答过程：依据提示，A 点的支座反力为

$$R_\text{a}=\frac{E_\text{a}z_\text{e}^2\left(3-\dfrac{z_\text{e}}{h}\right)}{2h^2}=\frac{180\times1.8^2\times\left(3-\dfrac{1.8}{4.7}\right)}{2\times4.7^2}=34.55\text{kN}$$

B 点处弯矩标准值为 $M_\text{Bk}=180\times1.8-34.55\times4.7=161.615\text{kN}\cdot\text{m}$

依据《建筑地基基础设计规范》GB 50007—2011 的 3.0.5 条、3.0.6 条，得到弯矩设计值为 $M_\text{B}=1.35M_\text{Bk}=1.35\times161.615=218\text{kN}\cdot\text{m}$。故选择 B。

点评：有观点认为，依据《建筑地基基础设计规范》GB 50007—2011 的 3.0.5 条第 3 款，计算挡土墙土压力时应取分项系数为 1.0，故本题应选择 A。

笔者认为上述观点不妥。规范 3.0.5 第 3 款之所以规定分项系数取 1.0，是由于计算"挡土墙土压力、地基或斜坡稳定及滑坡推力"时，相当于采用"容许应力法"。今题目中计算的是弯矩设计值，按该条第 4 款取分项系数才是合适的。

44. 答案：B
解答过程：依据《建筑地基基础设计规范》GB 50007—2011 的 8.4.7 条，最大剪应力应按照下式计算：

$$\tau_{\max}=\frac{F_l}{u_\text{m}h_0}+\frac{\alpha_\text{s}M_{\text{unb}}c_{\text{AB}}}{I_\text{s}}$$

式中，$F_l=1.35\times[N_\text{k}-p_\text{k}(h_\text{c}+2h_0)\times(b_\text{c}+2h_0)]$
　　　　$=1.35\times[9000-135\times(0.9+2\times1.35)\times(0.9+2\times1.35)]$
　　　　$=9788\text{kN}$

$$u_\text{m}=4\times(0.9+1.35)=9\text{m}$$

$$\tau_{\max}=\frac{F_l}{u_\text{m}h_0}+\frac{\alpha_\text{s}M_{\text{unb}}c_{\text{AB}}}{I_\text{s}}=\frac{9788}{9\times1.35}+\frac{0.4\times1.35\times150\times1.13}{11.17}=814\text{kPa}$$

故选择 B。

45. 答案：A
解答过程：应依据《建筑地基基础设计规范》GB 50011—2011 的 8.4.7 条计算。今依据 8.2.7 条，有

$$\beta_\text{hp}=1-\frac{1-0.9}{2-0.8}\times(1.4-0.8)=0.95$$

由于柱长边短边比为 1.0，取 $\beta_\text{s}=2$。于是

$\tau_\text{c}=0.7(0.4+1.2/\beta_\text{s})\beta_\text{hp}f_\text{t}=0.7\times(0.4+1.2/2)\times0.95\times1.43=0.951\text{MPa}$

故选择 A。

46. 答案：B
解答过程：依据《建筑地基基础设计规范》GB 50007—2011 的 8.4.8 条，有

$$F_l = 1.35 \times [40000 - (11.2 + 2 \times 1.35) \times (11.6 + 2 \times 1.35) \times 135] = 17774 \text{kN}$$
$$u_m = 2 \times (11.2 + 11.6 + 2 \times 1.35) = 51 \text{m}$$

于是
$$\tau_{max} = \frac{F_l}{u_m h_0} = \frac{17774}{51 \times 1.35} = 258 \text{kPa}$$

故选择 B。

47. 答案：A

解答过程：依据《建筑地基基础设计规范》GB 50007—2011 的 8.4.8 条，有
$$\beta_{hp} = 1 - \frac{1 - 0.9}{2 - 0.8} \times (1.4 - 0.8) = 0.95$$
$$\tau_c = 0.7 \beta_{hp} f_t / \eta = 0.7 \times 0.95 \times 1.43 / 1.25 = 0.761 \text{MPa} = 761 \text{kPa}$$

故选择 A。

48. 答案：C

解答过程：依据《建筑地基基础设计规范》GB 50007—2011 的 8.6.2 条，有
$$N_{max} = \frac{F_k + G_k}{n} - \frac{M_{xk} y_i}{\sum y_i^2} - \frac{M_{yk} x_i}{\sum x_i^2}$$
$$= -\frac{500}{4} - \frac{100 \times 10^3 \times 600}{4 \times 600^2} - \frac{100 \times 10^3 \times 600}{4 \times 600^2} = -125 - 41.7 - 41.7 = -208.4 \text{kN}$$

负号仅表示力的方向。故选择 C。

49. 答案：D

解答过程：依据《建筑地基基础设计规范》GB 50007—2011 的 8.6.2 条、8.6.3 条，有
$$N_{max} \leqslant 0.8 \pi d_1 l f$$

从而 $l \geqslant \dfrac{N_{max}}{0.8 \pi d_1 f} = \dfrac{170 \times 10^3}{0.8 \times 3.14 \times 150 \times 0.42} = 1074 \text{mm}$

考虑到 8.6.1 条的构造要求 $l > 40d = 40 \times 32 = 1280 \text{mm}$，故选择 D。

若未注意到 $40d$ 的构造要求，会错选 B。

50. 答案：D

解答过程：依据《建筑地基基础设计规范》GB 50007—2011 的 M.0.6 条，由于极差为 588－420＝168kN，平均值为 (420＋530＋480＋479＋588＋503)/6＝500kN，今 168＞500×30%，所以，宜增加试验量并分析离差过大的原因，结合工程具体情况确定极限承载力。故选择 D。

51. 答案：D

解答过程：依据《建筑抗震设计规范》GB 50011—2010 的 4.1.7 条第 1 款，A 正确；依据 4.2.1 条第 2 款，B 正确。依据《建筑地基基础设计规范》GB 50007—2011 表 5.3.4，C 正确；依据《高层建混凝土结构技术规程》JGJ 3—2010 的 12.1.7 条，高宽比大于 4 的高层建筑，基础底面不宜出现零应力区，故 D 错误。

点评：对于本题，有以下几点需要说明：

(1) 本题随规范的修改而有改动。

(2) 原题的选项 B 表达为："对砌体房屋可不进行天然地基及基础的抗震承载力验算"，依据《建筑抗震设计规范》GB 50011—2001 的 4.2.1 条，是正确。新版的《建筑抗

震设计规范》对"砌体房屋"增加了限定条件。

(3) 原题的选项 D 表达为："高宽比大于 4 的高层建筑，基础底面与地基之间零应力区面积不应超过基础底面面积的 15%"，依据《高层建混凝土结构技术规程》JGJ 3—2002 的 12.1.6 条判断。新版的《高层建混凝土结构技术规程》对应力产生的条件进行了明确。

52. 答案：B

解答过程：依据《建筑抗震设计规范》GB 50011—2010 的 4.1.4 条第 1 款判断，可知覆盖层厚度应算至⑦基岩顶，同时，应扣除火山岩硬夹层的厚度，故为 $2+10+27+5+2+5-2=49$m。

题目已经给出 $v_{se}=240$ m/s，故依据 140m/s$<v_{se}<$250m/s、覆盖层厚度 49m 在 3m~50m 之间查表 4.1.6，得到为Ⅱ类场地。选择 B。

点评：(1) 查表 4.1.6 时，覆盖层厚度不能取成计算深度 d_0。

(2) 若计算 v_{se} 的取值，将是以下过程：

依据 4.1.5 条，取计算深度 d_0 为 49m（覆盖层厚度）和 20m 的较小者，为 20m。

$$t=\sum_{i=1}^{n}(d_i/v_{si})=\frac{2}{180}+\frac{10}{300}+\frac{8}{100}=0.124\text{s}$$

$$v_{se}=\frac{d_0}{t}=\frac{20}{0.124}=157\text{m/s}$$

与题目给出的 $v_{se}=240$ m/s 并不一致。

题目中直接给出了 v_{se} 的取值，可以认为是出于简化计算过程的目的。

53. 答案：C

解答过程：依据《建筑地基基础设计规范》GB 50007—2011 的 8.5.3 条第 8 款，A、B、D 均正确，C 项正确的描述为，坡地岸边的桩、8 度及 8 度以上地震区的桩、抗拔桩、嵌岩端承桩应通长配筋。故选择 C。

54. 答案：B

解答过程：依据《建筑地基基础设计规范》GB 50007—2011 的 10.2.13 条，应为桩端以下 3 倍桩径且不小于 5m 范围内，$3d=3\times1.65=4.95$m<5m，取为 5m。故选择 B。

55. 答案：B

解答过程：依据《建筑地基基础设计规范》GB 50007—2011 的 8.5.6 条，应按照下式计算。

$$R_a=q_{pa}A_p+u_p\sum_{i=1}^{n}q_{sia}l_i$$

式中

$$A_p=\frac{3.14\times0.426^2}{4}=0.1425\text{m}^2, \quad u_p=3.14\times0.426=1.338\text{m}$$

$$u_p\sum_{i=1}^{n}q_{sia}l_i=1.338\times(14\times5.5+18\times7+7\times10+26\times1.5)=417.456\text{kN}$$

于是

$$R_a=q_{pa}A_p+u_p\sum_{i=1}^{n}q_{sia}l_i=1600\times0.1425+417.456=645.46\text{kN}$$

故选择 B。

点评：在《建筑地基基础设计规范》GB 50007—2011 中，是直接求出单桩的竖向承载力特征值。而使用《建筑桩基技术规范》JGJ 94—2008 时，通常是先求出竖向极限承载力标准值，然后再依据5.2.2条除以安全系数2转换成竖向承载力特征值。

56. 答案：D

解答过程：依据《建筑地基基础设计规范》GB 50007—2011 的 8.5.4 条计算。

$$M_{yk}=160+45\times 0.95=202.75\text{kN}\cdot\text{m}$$

$$Q_k=\frac{F_k+G_k}{n}+\frac{M_{yk}x_1}{\sum x_i^2}=\frac{1400+87.34}{3}+\frac{202.75\times 0.924}{0.924^2+2\times 0.462^2}=642.06\text{kN}$$

故选择 D。

点评：依据《建筑桩基技术规范》JGJ 94—2008 的 5.1.1 条，可以得到相同的结果。

57. 答案：C

解答过程：依据《建筑地基基础设计规范》GB 50007—2011 的 8.5.18 条计算。

$$N_{\max}=1.35\times\left(610-\frac{87.34}{3}\right)=784.20\text{kN}$$

上式中，1.35为依据规范3.0.6条所取的分项系数。

$$M_1=\frac{N_{\max}}{3}\left(s-\frac{\sqrt{3}}{4}c\right)=\frac{784.2}{3}\times\left(1.6-\frac{\sqrt{3}}{4}\times 0.4\right)=372.96\text{kN}\cdot\text{m}$$

故选择 C。

点评：依据《建筑桩基技术规范》JGJ 94—2008 的 5.9.2 条，可以得到相同的结果（只是公式中的符号略有不同）。

58. 答案：D

解答过程：依据《建筑桩基技术规范》JGJ 94—2008 的 5.9.8 条计算。

$$\beta_{12}=\frac{0.56}{\lambda_{12}+0.2}=\frac{0.56}{0.521+0.2}=0.777$$

$$\beta_{hp}=1.0-\frac{1.0-0.9}{2000-800}\times(950-800)=0.9875$$

$$\beta_{12}(2c_2+a_{12})\tan\frac{\theta_2}{2}\beta_{hp}f_t h_0$$

$$=0.777\times(2\times 943+464)\tan\frac{60°}{2}\times 0.9875\times 1.27\times 890$$

$$=1177\times 10^3\text{N}$$

故选择 D。

59. 答案：C

解答过程：依据《建筑地基基础设计规范》GB 50007—2011 的 8.5.21 条计算。

$$\lambda_x=0.082<0.25，\text{取}\lambda_x=0.25；\text{C25 混凝土}，f_t=1.27\text{MPa}$$

$$\beta=\frac{1.75}{\lambda_x+1.0}=\frac{1.75}{0.25+1.0}=1.4，\quad\beta_{hs}=\left(\frac{800}{h_0}\right)^{1/4}=\left(\frac{800}{890}\right)^{1/4}=0.974$$

$$\beta_{hs}\beta f_t b_0 h_0=0.974\times 1.4\times 1.27\times 2338\times 890=3604\times 10^3\text{N}$$

故选择 C。

点评：编入本书时，本题和上一题中的已知数据略有改动。参数 c_2、a_{12} 和 b_0 均按

AutoCAD 图形测量得到。圆桩转化为方桩时，采用 0.886 的换算系数。

60. 答案：A

解答过程：依据《建筑地基基础设计规范》GB 50007—2011 的 R.0.3 条，考虑扩散角后实体深基础的宽度为 $b=28+2\times 36\tan\left(\frac{20°}{4}\right)=34\mathrm{m}$，长度为 $l=50.4+2\times 36\tan\left(\frac{20°}{4}\right)=57\mathrm{m}$。

依据 5.3.7 条，由于 $b>8\mathrm{m}$，取 $\Delta z=1.0\mathrm{m}$。

四个备选项中，假设 A 选项正确，则：

查规范表 K.0.1-2 时应取 $l=57/2=28.5\mathrm{m}$，$b=34/2=17\mathrm{m}$，$l/b=28.5/17=1.7$。$z_n=33\mathrm{m}$，$z_n/b=33/17=1.94$，$z_{n-1}/b=32/17=1.88$。应用内插法，可得 $\bar{\alpha}_n$、$\bar{\alpha}_{n-1}$ 分别为 0.1949、0.1974。于是，33m 深度向上 1m 的变形量与 33m 深度的变形量之比为：

$$\frac{33\times 0.1949-32\times 0.1974}{33\times 0.1949}=0.018<0.025,$$

满足规范 5.3.7 条的要求。选择 A。

点评：既然 A 选项所得的比值与 0.025 相差比较远，笔者又试算了一些其他数值（仍取 $\Delta z=1.0\mathrm{m}$），结果列于表 11-2-2。

对 60 题解答的试算　　　　　　　　　　　　　　　表 11-2-2

z_n (m)	30	29	28	27	26	25
$\bar{\alpha}_n$	0.2023	0.2043	0.2068	0.2093	0.2118	0.2143
z_{n-1} (m)	29	28	27	26	25	24
$\bar{\alpha}_{n-1}$	0.2043	0.2068	0.2093	0.2118	0.2143	0.2068
$\dfrac{z_n\bar{\alpha}_n-z_{n-1}\bar{\alpha}_{n-1}}{z_n\bar{\alpha}_n}$	0.024	0.023	0.024	0.026	0.027	0.029

从表中结果看，计算变形深度取 28m 即可满足要求。不过，表中并未一直出现随深度减小而比值增大的现象，与常规想法不符，值得研究。

关于本题，还有以下几点需要注意：

(1)《建筑桩基技术规范》JGJ 94—2008（以下简称《桩规》）在 5.5.6～5.5.9 条的条文说明中指出群桩基础沉降计算方法的缺陷，所指的，正是《建筑地基基础设计规范》附录 R 中的方法。并称，"针对以上问题，本规范给出等效作用分层总和法"。因此，从这个意义上讲，桩基的沉降计算宜按照《桩规》执行。

具体到本题，当按照《桩规》5.5.8 条确定 z_n 时，步骤如下：

等效作用面积为桩承台投影面积。等效作用附加压力取筏板底平均附加压力。

筏板底平均附加压力：$p_0=600+20\times 0.8-18\times 0.8=601.6\mathrm{kPa}$。

假定 $z_n=33\mathrm{m}$，则土的自重应力为 $\sigma_c=36.8\times 18+33\times 19=1289.4\mathrm{kPa}$，$0.2\sigma_c=257.9\mathrm{kPa}$。

查规范表 D.0.1-1 时，应取 $a=51.2/2=25.6\mathrm{m}$，$b=28.8/2=14.4\mathrm{m}$，$a/b=25.6/14.4=1.78$。$z_n/b=33/14.4=2.29$。近似按照 $a/b=1.8$ 且 $z_n/b=2.3$ 查表得到 $\alpha=0.0985$，于是基底形心垂直向下 $z_n=33\mathrm{m}$ 处附加应力系数 $\alpha_n=4\times 0.0985=0.394$。

于是，$\sigma_z = 0.394 \times 601.6 = 237.0 \text{kPa}$，$\sigma_z < 0.2\sigma_c$ 成立，选择 A。

如果取 $z_n = 32\text{m}$，仍满足应力比要求。$z_n = 31\text{m}$ 时不满足应力比要求。

（2）由注册中心编写的《全国一级注册结构工程师专业考试历年试题及标准解答》（机械工业出版社，2011年）一书中，取 $\Delta z = 1.0\text{m}$，并认为 z_n 与 z_{n-1} 深度处 $\bar{\alpha}$ 近似相等。令

$$\frac{4\dfrac{p_0}{E_{s1}} \cdot \bar{\alpha}}{4\dfrac{p_0}{E_{s1}} \cdot z \cdot \bar{\alpha}} \leq 0.025$$

解出 $z \geq 40\text{m}$，选择 C。

此做法取" z_n 与 z_{n-1} 深度处 $\bar{\alpha}$ 近似相等"，不足之处十分明显，在于，只要单一土层深度足够 40m，则任何情况下取计算深度为 40m 都成立，换句话说，计算深度不会超过 40m。

61. 答案：D

解答过程：依据《建筑地基基础设计规范》GB 50007—2011 的 R.0.3 条和图 R.0.3a，可知

$$a = a_0 + 2l\tan\frac{\varphi}{4} = 50.4 + 2 \times 36\tan\frac{20°}{4} = 56.7\text{m}$$

$$b = b_0 + 2l\tan\frac{\varphi}{4} = 28 + 2 \times 36\tan\frac{20°}{4} = 34.3\text{m}$$

支承面积 $A = ab = 56.7 \times 34.3 = 1945\text{m}^2$，故选择 D。

若错按照图 R.0.3b 考虑，则会得到 $A = a_0 b_0 = 50.4 \times 28 = 1411\text{m}^2$，错选 A。

62. 答案：B

解答过程：桩底平面处平均压力值

$$p = \frac{600 \times 28.8 \times 51.2}{2000} + 20 \times (36 + 0.8) = 1178.4\text{kPa}$$

桩底平面处土的自重压力值 $p_c = 18 \times (36 + 0.8) = 662.4\text{kPa}$

桩底平面处土的附加压力值 $p_0 = 1178.4 - 662.4 = 516.0\text{kPa}$

故选择 B。

点评：注意，查规范表 K.0.1-1 得到"附加应力系数"进而利用"角点法"计算的步骤，不适用于本题。其原因在于，附加应力系数是基于"半无限空间体"假设的布辛奈斯克解，而这里，则是认为柱顶的压力只是扩散在桩底 2000m² 的有限空间。

63. 答案：D

解答过程：依据《建筑地基基础设计规范》GB 50007—2011 的 5.3.5 条，有

$$s = \psi_s s' = \psi_s \sum_{i=1}^{n} \frac{p_0}{E_{si}}(\bar{\alpha}_i z_i - \bar{\alpha}_{i-1} z_{i-1})$$

仅考虑一层的压缩量，于是

$$s = 0.355 \times \frac{700}{34} \times 4 \times (30 \times 0.202 - 0 \times 0.25) = 177\text{mm}$$

故选择 D。

点评：60～63 题为 2006 年试题，由于《建筑桩基技术规范》JGJ 94—2008（以下简

称《桩规》）中关于沉降的计算规定与《建筑地基基础设计规范》GB 50007—2011（以下简称《地规》）不同，因此，为避免争议，增加了提示，要求按照《地规》答题。

《地规》中桩基的沉降计算规定是在附录 R，按实体深基础依据规范 5.3.5～5.3.8 条计算。其中用到的桩底平面附加应力，一般按考虑了摩擦角的规范图 R.0.3 求出。

《桩规》中的规定比较复杂，体现在：

(1) 等效作用面为桩端平面，但附加应力取承台底处而非桩端平面。

(2) 等效作用面积为桩承台投影面积，这意味着，在查表确定 $\bar{\alpha}$ 时，z/b 中的 b 依据承台短边宽度取值。

(3) 理论解应乘以系数 ψ 与 ψ_e，ψ 与计算深度范围内的 E_s 有关；ψ_e 与桩的布置有关。

64. 答案：C

解答过程：依据《建筑地基基础设计规范》GB 50007—2011 的 8.5.4 条，按照单桩受到的最大力求 R_a。荷载标准组合下单桩最大受力为

$$Q_{k\max}=\frac{F_k+G_k}{n}+\frac{M_{xk}y_1}{\sum y_i^2}+\frac{M_{yk}x_1}{\sum x_i^2}=\frac{6600+20\times4\times4\times3}{9}+\frac{900\times1.6}{6\times1.6^2}\times2=1027.5\text{kN}$$

依据规范 8.5.5 条，应有 $Q_{k\max}\leqslant1.2R_a$，于是 $R_a\geqslant Q_{k\max}/1.2=1027.5/1.2=856\text{kN}$

依据 8.5.5 条，依据单桩受到的平均力求 R_a。

$$Q_k=\frac{F_k+G_k}{n}=\frac{6600+20\times4\times4\times3}{9}\leqslant R_a$$

解出 $R_a\geqslant840\text{kN}$。

综上，应有 $R_a\geqslant856\text{kN}$，故选择 C。

故选择 C。

65. 答案：B

解答过程：依据《建筑地基基础设计规范》GB 50007—2011 的 8.5.19 条第 1 款计算。

柱边缘至桩近侧边缘水平距离为 $1200-(700-400)/2=1050\text{mm}$，$h_0=1100-50=1050\text{mm}$，可见，冲切破坏锥体内只有 1 根桩。该桩净反力设计值为：

$$N=1.35\times\frac{F_k}{n}=1.35\times\frac{6600}{9}=990\text{kN}$$

于是，冲切力设计值：

$$F_l=1.35F_k-N=1.35\times6600-990=7920\text{kN}$$

选择 B。

点评：规范 8.5.19 条中的冲切验算，公式左侧的 "N" 为桩的竖向力，具有 3 个特点：(1) 为对应于作用基本组合的设计值；(2) 扣除了其上部承台以及填土自重；(3) 按上部结构传来的轴压力和弯矩算出。

66. 答案：D

解答过程：依据《建筑地基基础设计规范》GB 50007—2011 的 8.5.19 条，承台的抗冲切承载力设计值按照下式计算：

$$2[\alpha_{0x}(b_c+a_{0y})+\alpha_{0y}(h_c+a_{0x})]\beta_{hp}f_th_0$$

今 $h_0=1100-50=1050\text{mm}$，$b_c=h_c=700\text{mm}$，$a_{0x}=a_{0y}=1650-200-400=1050\text{mm}>0.25h_0$。

$$\beta_{hp}=1.0-\frac{1-0.9}{2000-800}\times(1100-800)=0.975$$

$$\lambda_{0x}=\lambda_{0y}=\frac{a_{0x}}{h_0}=\frac{1050}{1050}=1.0;\quad \alpha_{0x}=\alpha_{0y}=\frac{0.84}{1+0.2}=0.7$$

$$2[\alpha_{0x}(b_c+a_{0y})+\alpha_{0y}(h_c+a_{0x})]\beta_{hp}f_th_0$$
$$=2\times[0.7\times(700+1050)+0.7\times(700+1050)]\times 0.975\times 1.71\times 1050$$
$$=8578\times 10^3 N$$

故选择 D。

点评：(1) 对于本题，2011 版规范和 2002 版规范的规定只是符号略有差异，计算结果没有不同。

(2) 亦可用《建筑桩基技术规范》JGJ 94—2008 的 5.9.7 条计算，结果相同。

67. 答案：D

解答过程：依据《建筑地基基础设计规范》GB 50007—2011 的 8.5.19 条，承台的抗冲切承载力设计值按照下式计算：

$$\left[\alpha_{1x}\left(c_2+\frac{a_{1y}}{2}\right)+\alpha_{1y}\left(c_1+\frac{a_{1x}}{2}\right)\right]\beta_{hp}f_th_0$$

今 $h_0=1050mm$，桩内边缘至柱边缘的距离 $a_{1x}=a_{1y}=1650-200-400=1050mm=h_0$，满足夹角 45°要求。

$$\beta_{hp}=1.0-\frac{1-0.9}{2000-800}\times(1100-800)=0.975$$

$$\lambda_{1x}=\lambda_{1y}=\frac{a_{1x}}{h_0}=1,\alpha_{1x}=\alpha_{1y}=\frac{0.56}{1+0.2}=0.467,c_1=c_2=600mm$$

$$\left[\alpha_{1x}\left(c_2+\frac{a_{1y}}{2}\right)+\alpha_{1y}\left(c_1+\frac{a_{1x}}{2}\right)\right]\beta_{hp}f_th_0$$
$$=[0.467\times(600+1050/2)+0.467\times(600+1050/2)]\times 0.975\times 1.71\times 1050$$
$$=1839\times 10^3 N$$

故选择 D。

点评：(1) 对于本题，2011 版规范和 2002 版规范的规定只是符号略有差异，计算结果没有不同。

(2) 亦可用《建筑桩基技术规范》JGJ 94—2008 的 5.9.8 条计算，结果相同。

68. 答案：A

解答过程：承台斜截面抗剪承载力设计值依据《建筑地基基础设计规范》GB 50007—2011 的 8.5.21 条计算。

今对 x 方向计算如下：

$$h_0=1100-50=1050mm,\quad a_x=1650-600=1050mm,\quad \lambda_x=a_x/h_0=1$$

$$\beta=\frac{1.75}{\lambda+1}=\frac{1.75}{1+1}=0.875,\quad b_0=4000mm,\quad \beta_{hs}=\left(\frac{800}{h_0}\right)^{1/4}=\left(\frac{800}{1050}\right)^{1/4}=0.934$$

$$\beta_{hs}\beta f_t b_0 h_0=0.934\times 0.875\times 1.71\times 4000\times 1050=5869.5\times 10^3 N$$

对 y 方向也可算得为 5869.5kN。

故选择 A。

69. 答案：B

解答过程：依据《建筑地基处理技术规范》JGJ 79—2012 的 C.0.11 条，单桩的极限承载力除以安全系数 2 得到承载力特征值，故 $R_a = Q/2 = 1500/2 = 750$kN，选择 B。

点评：《建筑地基基础设计规范》GB 50007—2011 的 Q.0.11 条也规定了单桩的极限承载力除以安全系数 2 得到承载力特征值，据此答题亦可。

70. 答案：B

解答过程：依据《建筑地基处理技术规范》JGJ 79—2012 的 7.7.2 条第 6 款，应依据 7.1.5 条给出的公式计算。依据 7.7.2 条第 6 款，桩端阻力发挥系数 $\alpha_p = 1.0$。

$$R_a = u_p \sum_{i=1}^{n} q_{si} l_{pi} + \alpha_p q_p A_p$$

$$= 3.14 \times 0.4 \times (35 \times 3 + 40 \times 2 + 45 \times 1) + 1600 \times \frac{3.14 \times 0.4^2}{4}$$

$$= 490 \text{kN}$$

故选择 B。

71. 答案：D

解答过程：依据《建筑地基处理技术规范》JGJ 79—2012 的 3.0.4 条，$\eta_d = 1.0$。

由 $f_{sp} = f_{spk} + \eta_d \gamma_m (d - 0.5) \geqslant p_k$ 得到

$$f_{spk} \geqslant p_k - \eta_d \gamma_m (d - 0.5) = 390 - 1.0 \times 16 \times (4.0 - 0.5) = 334 \text{kPa}$$

故选择 D。

72. 答案：A

解答过程：依据《建筑地基处理技术规范》JGJ 79—2012 的 7.7.2 条第 6 款，按 7.1.5 条给出的公式计算，即

$$f_{spk} = \lambda m \frac{R_a}{A_p} + \beta(1-m) f_{sk}$$

今 $A_p = \frac{\pi \times 0.4^2}{4} = 0.1256 \text{m}^2$；按 7.7.2 条第 6 款，非挤土成桩工艺，$f_{sk}$ 取天然地基承载力特征值，为 $f_{sk} = 120$kPa。于是

$$m = \frac{f_{spk} - \beta f_{sk}}{\lambda R_a / A_p - \beta f_{sk}} = \frac{248 - 0.95 \times 120}{0.9 \times 450 / 0.1256 - 0.95 \times 120} = 0.0431$$

故选择 A。

73. 答案：D

解答过程：依据《建筑地基处理技术规范》JGJ 79—2012 的 7.7.2 条第 6 款，桩身强度应满足 7.1.6 条规定。

$$f_{cu} \geqslant 4 \frac{\lambda R_a}{A_p} = 4 \times \frac{0.9 \times 450 \times 10^3}{0.1256 \times 10^6} = 12.9 \text{MPa}$$

故选择 D。

74. 答案：B

解答过程：依据《建筑地基处理技术规范》JGJ 79—2012 的 7.1.5 条第 1 款，置换率的定义式为 $m = d^2 / d_e^2$；由于是等边三角形布桩，所以 $d_e = 1.05s$。于是

$$s = \frac{d_e}{1.05} = \frac{d}{1.05\sqrt{m}} = \frac{0.4}{1.05\sqrt{0.05}} = 1.70 \text{m}$$

故选择 B。

75. 答案：C

解答过程：依据《建筑地基处理技术规范》JGJ 79—2012 的 7.1.5 条可知，复合地基的承载力特征值应采用复合地基的静载荷试验结果。故选择 C。

76. 答案：B

解答过程：依据《建筑地基处理技术规范》JGJ 79—2012 的 7.3.3 条并结合 7.1.5 条，单桩竖向承载力特征值为

$$R_a = u_p \sum_{i=1}^{n} q_{si} l_{pi} + \alpha_p q_p A_p$$

$$= 3.14 \times 0.6 \times (12 \times 1.2 + 5 \times 5 + 18 \times 0.3) + 0.5 \times 150 \times \frac{3.14 \times 0.6^2}{4}$$

$$= 105.65 \text{kN}$$

故选择 B。

77. 答案：A

解答过程：依据《建筑地基处理技术规范》JGJ 79—2012 的 7.3.3 条并结合 7.1.5 条计算。单桩承载力发挥系数 λ 依据 7.3.3 条第 2 款取为 1.0。

$$f_{spk} = \lambda m \frac{R_a}{A_p} + \beta(1-m) f_{sk}$$

$$100 = 1.0 \times m \times \frac{105}{3.14 \times 0.6^2 / 4} + 0.3 \times (1-m) \times 90$$

解方程得到 $m = 0.21$，故选择 A。

点评：对于本题，注意以下两点：

(1) m 的计算公式可以由 $f_{spk} = \lambda m \frac{R_a}{A_p} + \beta(1-m) f_{sk}$ 导出，为

$$m = \frac{f_{spk} - \beta f_{sk}}{\lambda R_a / A_p - \beta f_{sk}}$$

(2) 依据《建筑地基处理技术规范》JGJ 79—2012 的 7.3.3 条第 2 款以及 7.1.5 条，以上公式中的 f_{sk} 为处理后桩间土承载力特征值，宜按当地经验取值，如无经验时，可取天然地基承载力特征值。本题中，有效桩顶面位于粉质黏土层，故取 $f_{sk} = 90$kPa。

78. 答案：B

解答过程：依据《建筑地基处理技术规范》JGJ 79—2012 的 7.7.2 条并结合 7.1.5 条计算。公式为

$$f_{spk} = \lambda m \frac{R_a}{A_p} + \beta(1-m) f_{sk}$$

今 $A_p = \frac{\pi \times 0.4^2}{4} = 0.1256 \text{m}^2$；$f_{sk}$ 取天然地基承载力特征值，$f_{sk} = 140$kPa；按照等边三角形布桩，$d_e = 1.05s$。

$$m = \frac{d^2}{d_e^2} = \frac{400^2}{(1.05 \times 1500)^2} = 0.064$$

$$f_{spk} = \lambda m \frac{R_a}{A_p} + \beta(1-m) f_{sk} = 0.9 \times 0.064 \times \frac{500}{0.1256} + 0.9 \times (1-0.064) \times 140 = 347.2 \text{kPa}$$

故选择 B。

79. 答案：B

解答过程：依据《建筑地基基础设计规范》GB 50007—2011 的 3.0.5 条计算，此时应采用荷载效应的准永久组合。于是，附加压力值为

$$p_0 = 280 + 0.4 \times 100 - 17 \times 5 = 235 \text{kPa}$$

选择 B。

80. 答案：A

解答过程：依据《建筑地基基础设计规范》GB 50007—2011 的 N.0.4 条计算。

应按照 $\dfrac{a}{5b} = \dfrac{40}{5 \times 3.4} > 1$ 对 β_i 取值。对于柱 1 而言，室内、室外填土对称，因此，只需要考虑堆载的影响。按照 0.5 倍基础宽度分区段后，堆载位于 2~5 段。于是

$$q_{eq} = 0.8 \times (0.22 + 0.15 + 0.10 + 0.08) \times 30 = 13.3 \text{kPa}$$

故选择 A。

81. 答案：C

解答过程：依据《建筑地基基础设计规范》GB 50007—2011 的 7.5.5 条，今 $a = 40\text{m}$，$b = 3.4\text{m}$，依据内插法得到

$$[s'_g] = 70 + \frac{75 - 70}{4 - 3}(3.4 - 3) = 72 \text{mm}$$

故选择 C。

82. 答案：B

解答过程：依据《建筑地基处理技术规范》JGJ 79—2012 的 5.2.11 条，有

$$\tau_{ft} = \tau_{f0} + \Delta\sigma_z U_t \tan\varphi_{cu} = 15 + 12 \times 50\% \times \tan 12° = 16.3 \text{kPa}$$

故选择 B。

83. 答案：C

解答过程：依据《建筑地基处理技术规范》JGJ 79—2012 的 7.1.5 条计算。

$$\begin{aligned}R_a &= u_p \sum_{i=1}^{n} q_{si} l_{pi} + \alpha_p q_p A_p \\&= 3.14 \times 0.6 \times (12 \times 4 + 8 \times 4 + 18 \times 2) + 0.5 \times 120 \times 282.6 \times 10^{-3} \\&= 235.5 \text{kN}\end{aligned}$$

选择 C。

84. 答案：A

解答过程：依据《建筑地基处理技术规范》JGJ 79—2012 的 7.3.3 条第 3 款计算。

$$A_p = \frac{\pi d^2}{4} = \frac{3.14 \times 600^2}{4} = 282.6 \times 10^3 \text{mm}^2 = 282.6 \times 10^{-3} \text{m}^2$$

$$R_a = \eta f_{cu} A_p = 0.25 \times 1500 \times 282.6 \times 10^{-3} = 106.0 \text{kN}$$

选择 A。

11.3 疑问解答

本部分问答索引

关键词	问答序号	关键词	问答序号
被动土压力	13	角点法	28
变截面的二桩承台	51	截面受剪承载力	15，55
不平衡弯矩	18	库伦理论	13
场地冻结深度	6，27	朗肯理论	13
承台面积控制系数	47	墙下条形基础配筋	17
承台外边缘有效高度	23	软弱下卧层	10，43
承台效应	38，41	软土	35
冲跨比	26	三桩承台	22
冲切	14，23，24，26，52，54	竖向排水固结	60
大面积堆载	30	塑性指数	4
大气影响急剧层	56	向内径排水固结	60
大直径桩	57	斜截面受剪的有效宽度	33
等效直径	61	压缩系数	5
地基承载力特征值	2，9	液化土层	64，65
地基回弹	32	圆柱等效为方柱	40
负摩阻	44，45	允许冻土层厚度	27
附加应力	11，28	主动土压力	13
覆盖层厚度	62	桩的水平变形系数	50
规范勘误	1，36	桩基沉降	46
换填垫层法	59	桩基软弱下卧层	43
基本组合	3	桩相互影响效应系数	49
基础底面压力	7	自重应力	11，59
基础埋置深度	34		

【Q11.3.1】《地基规范》第一次印刷本有无勘误？

【A11.3.1】笔者尚未见到正式的勘误。发现的疑似差错如表 11-3-1 所示。

《地基规范》第一次印刷本疑似差错 表 11-3-1

序号	位　置	疑似差错	改正后	备　注
1	第 63 页，8.2.1 条第 6 款	"图 8.2.1-2"（两处）	前一个写成"图 8.2.1-2 (a)、(b)"，后一个写成"图 8.2.1-2 (c)"	
2	第 64 页，图 8.2.1-2		上面图从左至右标注为"(a)""(b)"，下面图为"(c)"	
3	第 70 页，图 8.2.8b		尺寸 a_b 的上、下端应分别与 C、D 点对齐	
4	第 71 页，8.2.9 条	应按下列公式验算柱与基础交接处截面受剪承载力	应按下列公式验算变阶处以及柱与基础交接处截面受剪承载力	否则，图 8.2.9 (b) 以及图 U.0.2 就没有意义
5	第 77 页，图 8.4.7	1—筏板；2—柱	1—柱；2—筏板	
6	公式 (8.5.6-2) 下一行	kN	kPa	
7	第 97 页，图 8.5.19-2 右侧图	a_{1x}、a_{1y} 的尺寸线边界与线条未对齐		
8	第 98 页，8.5.21 条			不如《桩规》5.9.10 条分成 3 款表达清楚
9	第 100 页，图 8.6.1	$l > 40d$，d_1——锚杆直径	$l \geqslant 40d$，d_1——锚杆孔直径	图中标注的 d_1 含义与文字不同，依据 2001 版改动
10	第 148 页，图 L.0.1		δ 角的上边界应是挡土墙背的法线	规范中两条线不垂直
11	第 157 页，第 2 行和第 4 行	$h_0 + 0.5b_c$	$h_0 + 0.5h_c$	和 c_1 同一方向的尺寸是 h_c
12	第 163 页，图 R.0.3a		a_0、b_0 的标注界限均应从最外排桩的外边缘算起	
13	第 174 页，图 U.0.1	h_{01} 的标注界限下端为承台底	《桩规》图 5.9.10-2	应是抗弯纵筋的重心（合力点）位置
14	第 224 页，对 A_i 的解释	……附加应力面积（m²）	……附加应力面积（kN/m）	本质为"应力乘以土层厚度"
15	第 297 页，式 (4)	$\dfrac{1.5}{\sqrt{4-a^2}} c_1$	$\dfrac{1.5}{\sqrt{4-a^2}} c_1$	不是英文符号，应是希腊符号
16	第 298 页，第 1 行	$\dfrac{0.75}{\sqrt{4-a^2}} c_1$	$\dfrac{0.75}{\sqrt{4-a^2}} c_1$	不是英文符号，应是希腊符号

【Q11.3.2】 结构设计中有强度标准值、设计值，如何理解《地基规范》中的"地基承载力特征值"？

【A11.3.2】《荷载规范》2.1.6 条的术语"标准值"，其英译为 characteristic value/nominal value，并且，其在 3.1.2 条的条文说明中指出，荷载的代表值，"国际上习惯称之为荷载的特征值（characteristic value）",是依据设计基准期内最大荷载分布的某一分位数,原则上可取荷载的均值、众值或中值。对于有些统计资料不充分的情况,可取公称值（nominal value）作为代表值。荷载规范将两种方式规定的代表值统称为"标准值"。

由《地基规范》2.1.3 条的术语可知,"地基承载力特征值"中的"特征值",英文为 characteristic value,其条文说明指出,地基设计采用正常使用极限状态这一原则,"特征值"用以表示在发挥正常使用功能时所允许采用的抗力设计值。于是,为了避免标准值与设计值的混淆,规范采用"特征值"这一称谓。

由此可见,"特征值"与"标准值"在本质上是相通的（即"特征值"是对"标准值"的修订）,二者同时应用于标准组合。清楚了这一点,将十分有助于理解地基规范中的荷载组合,例如,地基承载力特征值或桩承载力特征值对应于标准组合。

【Q11.3.3】《地基规范》3.0.5 条第 3 款规定:"计算挡土墙、地基或滑坡稳定以及基础抗浮稳定时,作用效应应按承载能力极限状态下的基本组合,但其分项系数均为 1.0",如何理解?

【A11.3.3】笔者认为,应从以下 3 点理解:

(1) 依据《工程结构可靠度设计统一标准》GB 50153—2008 的 4.1.1 条,结构或构件丧失稳定属于承载能力极限状态的内容,因此,依据 4.3.2 条,作用组合应采用基本组合、偶然组合或地震组合中的一个,对应于持久设计状况的,就是基本组合。

(2) 《建筑结构荷载规范》GB 50009—2012 的 3.2.4 条第 3 款规定,对结构的倾覆、滑移或漂浮验算,分项系数应满足有关的建筑结构设计规范的规定。

(3) 《地基规范》此处的规定,相当于使用的是允许应力法,所以,采用分项系数为 1.0。联系到《钢规》,其中针对疲劳计算称采用的是"标准组合",严格说来是不恰当的,应为"采用基本组合但分项系数均为 1.0"。

【Q11.3.4】《地基规范》4.1.9 条用到"塑性指数",4.1.10 条、5.2.4 条用到"液性指数",请介绍这两个概念的含义。

【A11.3.4】对于黏性土,最重要的物理特性不是密实度,而是稠度。所谓稠度,是黏性土在某一含水率时的稀稠程度或软硬程度,用坚硬、可塑和流动等状态来描述。不同状态之间的分界含水率具有重要意义。

(1) 液限 w_L（%）。液限是黏性土液态与塑态之间的分界含水率。

(2) 塑限 w_p（%）。塑限是黏性土塑态与半固态之间的分界含水率。

(3) 塑性指数 I_p。液限与塑限的差值,去掉百分数符号,称为塑性指数,$I_p = (w_L - w_p) \times 100$。

(4) 液性指数 I_L。对同一种黏性土,含水率越大土体越软,但是对不同土样无法比较。因此,与相对密度类似,引入液性指数,表示黏性土的天然含水率与塑限的差值和液限与塑限差值之比,即

$$I_L = \frac{w - w_p}{w_L - w_p}$$

【Q11.3.5】《地基规范》4.2.6 条指出用压缩系数值 a_{1-2} 划分土的压缩性,a_{1-2} 如何计算?

【A11.3.5】压缩系数值 a_{1-2} 按照下式计算

$$a_{1-2}=\frac{e_1-e_2}{p_2-p_1}$$

式中，e_1、e_2分别为100kPa、200kPa时的孔隙比。由于评价指标的单位为MPa^{-1}，所以需要注意将p_1、p_2的单位转化为MPa，即二者分别为0.2MPa和0.1MPa。

【Q11.3.6】 如何理解《地基规范》5.1.7条的场地冻结深度z_d？

【A11.3.6】 场地冻结深度z_d可以理解为"冻深的设计值"，是对"冻深标准值"经过修正之后的值。修正因素包括：土的类别、土的冻胀性以及环境。

【Q11.3.7】 如何理解《地基规范》的5.2.2条基础底面压力的计算？

【A11.3.7】 宜从以下几个方面把握：

（1）计算公式的本质，是材料力学中压弯构件求应力公式。

（2）由于应力要与地基承载力特征值比较，因此，需要考虑荷载效应的标准组合。

（3）基础自重和基础上的土重$G_k=\gamma_G A d=20Ad$，即，γ_G取加权重度为$20kN/m^3$，A为基础底面积；d为基础埋深，当室内外高差较大时，取为平均值。如果有地下水存在时，则取$G_k=\gamma_G A d-\gamma_w A h_w=20Ad-10Ah_w$，$h_w$为基础底面至水位线的距离。

（4）当基底偏心受压时，按照材料力学公式应有

$$p_{kmin}=\frac{F_k+G_k}{lb}-\frac{(F_k+G_k)\times e}{1/6\times lb^2}=\frac{F_k+G_k}{lb}\left(1-\frac{6e}{b}\right)$$

若$e>b/6$，则存在拉应力，而这是不可能的（基底与土层之间不会出现拉应力）。按照只出现压应力的情况，如下面的图11-3-1所示（亦即规范图5.2.2），列出竖向力的平衡式，为

$$\frac{1}{2}p_{kmax}\times 3a\times l=F_k+G_k$$

即

$$p_{kmax}=\frac{2(F_k+G_k)}{3la}$$

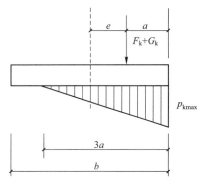

图11-3-1 偏心荷载（$e>b/6$）下基底压力

（5）偏心距e是由于上部结构传来的弯矩引起的，因此，在判断$e>b/6$时，所用的e按照下式求出：

$$e=\frac{M_k}{F_k+G_k}$$

【Q11.3.8】《地基规范》5.2.2条规定，当偏心距$e>b/6$时，取

$$p_{kmax}=\frac{2(F_k+G_k)}{3la}$$

可我计算发现，$e>b/6$时，取

$$p_{kmax}=\frac{F_k+G_k}{A}+\frac{M_k}{W}$$

可得到同样的结果。

例如，$F_k+G_k=322.88kN$，$M_k=133kN\cdot m$，$l=1.6m$，$b=2.4m$，可得

$$e=\frac{M_k}{F_k+G_k}=0.412m>\frac{b}{6}=0.4m$$

$$a=b/2-e=1.2-0.412=0.788m$$

$$p_{k\max} = \frac{2(F_k + G_k)}{3la} = \frac{2 \times 322.88}{3 \times 1.6 \times 2.4} = 170.7 \text{kPa}$$

$$p_{k\max} = \frac{F_k + G_k}{A} + \frac{M_k}{W} = \frac{322.88}{1.6 \times 2.4} + \frac{6 \times 322.88}{1.6 \times 2.4^2} = 170.7 \text{kPa}$$

如何解释?

【A11.3.8】采用以上给出的尺寸以及 $F_k + G_k$ 数值，可知 $M_k = 129.15 \text{kN} \cdot \text{m}$ 时出现 $p_{k\min} = 0$。

将 M_k 从 120 开始逐渐增大，形成的 M_k - $p_{k\max}$ 曲线如图 11-3-2 所示，其中，"公式 1"指规范公式 (5.2.2-2)，"公式 2"指规范公式 (5.2.2-4)。可见，在较小范围内，二公式所得值相等。

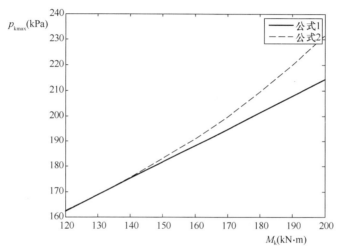

图 11-3-2 两种基底最大应力计算方法的比较

【Q11.3.9】如何理解《地基规范》5.2.4～5.2.5 条确定的地基承载力特征值?

【A11.3.9】确定地基承载力特征值可以有两种方法:

(1) 现场载荷试验或其他原位测试方法。用原位试验确定地基承载力时，并没有考虑基础的宽度和埋置深度对承载力的影响，因而，需要修正后才能用于设计。

(2) 规范建议的地基承载力公式。这种方法用于偏心距 $e \leqslant 0.033b$，基底压力接近均匀分布时。

以上两种方法分别表现为规范的 5.2.4 条、5.2.5 条。

规范公式 (5.2.4) 为:

$$f_a = f_{ak} + \eta_b \gamma (b - 3) + \eta_d \gamma_m (d - 0.5)$$

使用时需要注意:

(1) 式中，b 为基础底面宽度，相当于是短边尺寸。$b < 3\text{m}$ 取为 3m，相当于不考虑宽度修正；$b > 6\text{m}$ 取为 6m。

(2) γ 取基底以下土的重度，若处于地下水位以下，应采用浮重度，即饱和重度减去 10kN/m^3。

(3) γ_m 取基底以上土的加权重度，若有换填，按换填前的土层计算，若处于地下水位以下，应采用浮重度。

（4）查规范表 5.2.4 时，有时需要用到液性指标 I_L，$I_L = \dfrac{w - w_p}{w_L - w_p}$，式中，$w$ 为天然含水量；w_L、w_p 分别为液限和塑限。

（5）规范 5.2.7 条软弱下卧层顶面 f_{az}，也采用该公式计算，但不考虑宽度修正。

（6）《地基处理规范》的 4.2.2 条中，垫层底面处 f_{az} 也采用该公式计算，但不考虑宽度修正。

规范 5.2.5 条规定的地基承载力特征值公式如下：
$$f_a = M_b \gamma b + M_d \gamma_m d + M_c c_k$$
使用时注意：(1) φ_k、c_k 应采用不固结不排水的试验指标。

(2) 对于砂土，有 $c_k = 0$。

【Q11.3.10】《地基规范》5.2.7 条软弱下卧层的验算，如何理解？

【A11.3.10】（1）所谓软弱层，是指持力层以下承载力明显低于持力层的土层。

（2）对软弱下卧层顶面进行承载力验算，要求总压力不超过地基承载力，即应满足下式：

$$\text{软弱下卧层顶面处压力（标准组合时）} \leqslant f_{az}$$

把左侧拆分成两部分：①附加压力；②软弱下卧层顶面处的自重应力。而前一部分，需要考虑一个扩散作用（以基底处压力作为计算基础，按照"力不变但受力面积变大了"的原则确定，如图 11-3-3 所示）。规范中公式表达为：

$$p_z + p_{cz} \leqslant f_{az}$$

p_{cz} 为软弱下卧层顶面处的自重应力，由前面分析可知，需要按开挖前"原状土"的重度计算。

p_z 根据"基底处附加压力"求出，而基底处附加压力按 $p_k - p_c$ 计算。这里，p_k 为基础底面的压力，在规范的 5.2.2 条规定了其计算公式，所需考虑的荷载包括两部分：①上部结构传来的竖向力（按标准组合取值）；②基础与基础上填土的重量（习惯上，取重度为 $20kN/m^3$ 计算）。p_c 为基础底面处土的自重压力值，按开挖前"原状土"的重度计算。

（3）应用规范公式 5.2.4 确定 f_{az} 时只考虑深度修正，不考虑宽度修正。

【Q11.3.11】《地基规范》的 5.2.7 条用于计算软弱下卧层的承载力验算时，自重应力遇到下列特殊情况如何处理？

情形 1：柱下独立基础或条形基础（有无防水地板均可），有较深地下室时，软弱下卧层顶的自重应力从哪个标高算起，从室外地坪算起，还是从地下室地坪算起？

情形 2：整体基础筏基下软弱下卧层的承载力验算，有地下室，软弱下卧层顶的自重应力从哪个标高算起？从室外地坪算起，还是从地下室地坪算起？

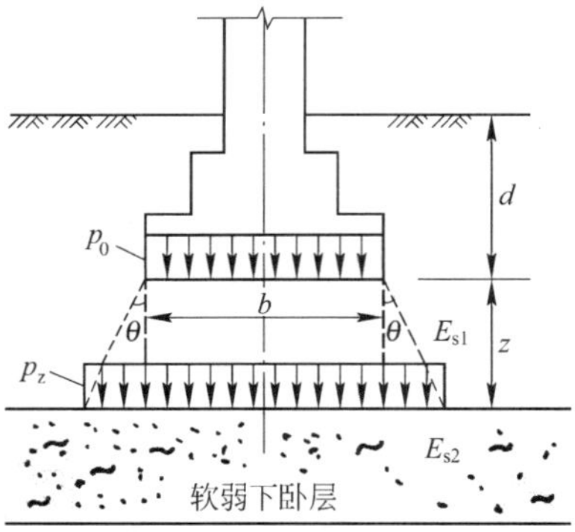

图 11-3-3 软弱下卧层顶面的附加应力

【A11.3.11】自重应力这一概念，从附加应力的公式理解可能更清楚。

附加应力＝基底应力－自重应力。公式中，自重应力的含义，是长久的重力作用使土体密实后在土体中的某一点的竖向应力。其本质,是历史久远的土体中的竖向应力,是没有人为的扰动,一般不变的应力(也有人称作原始应力)。

考虑到室外地坪(扰动)和天然地坪(未扰动)是不同的,自重应力严格来讲应该计算到天然地坪,而非室外地坪,不过,在没有大规模填土的情况下,二者可以认为"近似"相同。综上,两种情况的自重应力的计算应该从天然地坪(或近似为室外地坪)算起,不能从地下室的地坪算起。对于规范5.2.7条可以把"p_z和p_{cz}"看成一个整体,这样就较易理解。

另外注意,《桩基规范》的5.4.1条,不是严格的自重应力的计算方法,而是预设一些假定后的简化计算。《地基处理规范》的4.2.2条,计算自重应力时应取换填以后材料的重度,与严格意义的自重应力有一定的差别。

【Q11.3.12】《地基规范》公式 (6.4.3-1) 中,最后一项,$c_n l_n$ 的单位是 kN/m,不是 kN,如何与前面的项求和?

【A11.3.12】参考规范图 6.4.3,在垂直于给出的截面(纸面)方向取单位长度(m),公式(6.4.3-1)就是针对这样的一个块体而言的,$c_n l_n$ 乘以 1m,单位就是 kN。

【Q11.3.13】何为"主动土压力"与"被动土压力"?如何计算?朗肯土压力理论与库伦土压力理论是怎样的?

【A11.3.13】土压力可分为以下三种情况:

(1) 静止土压力

如图 11-3-4(a)所示,挡土墙静止不动时,墙后土体作用在墙背上的土压力称为静止土压力。作用在单位长度挡土墙上静止土压力的合力以 E_0(kN/m)表示,静止土压力强度以 p_0(kPa)表示。

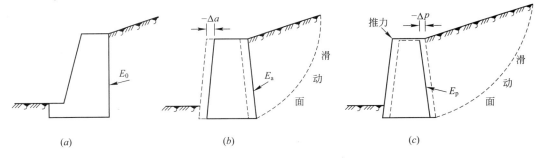

图 11-3-4 挡土墙的三种土压力

(2) 主动土压力

挡土墙在土体的推力下前移(图 11-3-4b),这时作用在墙后的土压力将由静止土压力逐渐减小,当墙后土体达到极限平衡状态,并出现连续滑动面而使土体下滑时,土压力减至最小值,此时的土压力称作主动土压力。作用在单位长度挡土墙上主动土压力的合力以 E_a(kN/m)表示,主动土压力强度以 e_a(或者 σ_a、p_a,单位 kPa)表示。

(3) 被动土压力

若挡土墙在外荷载作用下向填土方向移动(图 11-3-4c),这时作用在墙后的土压力将由静止土压力逐渐增大,直至墙后土体达到极限平衡状态,并出现连续滑动面,墙后土体将向上挤出隆起,土压力增至最大值,此时的土压力称作被动土压力。作用在单位长度挡土墙上被动土压力的合力以 E_p（kN/m）表示，被动土压力强度以 e_p（或者 σ_p、p_p，单位 kPa）表示。

实验研究表明，在挡土墙高度和填土条件相同的条件下，三种土压力有如下关系：
$$E_a < E_0 < E_p$$

关于朗肯土压力理论与库伦土压力理论简述如下。

朗肯土压力理论是根据半空间的应力状态和土的极限平衡条件而得出的。朗肯土压力理论适用于挡土墙的墙背竖直、光滑，墙后填土表面水平的情况（图 11-3-5a）。

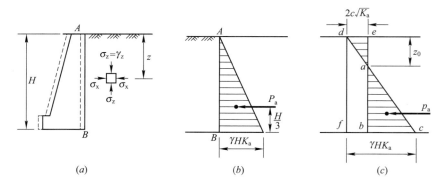

图 11-3-5 朗肯主动土压力

朗肯主动土压力强度计算公式为：
$$p_a = \gamma z K_a - 2c\sqrt{K_a}$$

式中，K_a 为主动土压力系数，$K_a = \tan^2\left(45° - \dfrac{\varphi}{2}\right)$，$\varphi$ 为填土的内摩擦角；c 为黏性土的黏聚力，单位 kPa。无黏性土、黏性土的主动土压力强度分布分别如图 11-3-5（b）、图 11-3-5（c）所示。

朗肯土压力理论多用于挡土桩、板桩、锚桩，以及沉井或刚性桩的土压力计算。

库伦土压力理论是根据滑动土楔体的静力平衡条件来求解土压力的。其研究的对象为：墙背具有倾角；墙背粗糙，墙与土间的摩擦角为 δ；填土为理想散粒体，黏聚力 $c=0$；填土表面倾斜。

库伦主动土压力强度的计算公式仍写成：
$$p_a = \gamma z K_a$$

式中，主动土压力系数 K_a 按照下式计算：
$$K_a = \dfrac{\cos^2(\varphi - \alpha)}{\cos^2\alpha \cdot \cos(\delta + \alpha)\left[1 + \sqrt{\dfrac{\sin(\delta + \varphi) \cdot \sin(\varphi - \beta)}{\cos(\delta + \alpha) \cdot \cos(\alpha - \beta)}}\right]^2}$$

公式中的角度符号以及土压力分布可参见图 11-3-6。

朗肯土压力理论与库伦土压力理论的比较：

（1）两者在 $\beta=0$、$\alpha=0$、$\delta=0$ 且 $c=0$ 时，具有相同的结果。

（2）朗肯土压力理论未考虑墙背与填土间的摩擦作用，故主动土压力计算结果偏大。

（3）库伦土压力理论假定填土为砂土，不能直接应用于黏性土。改进的方法，如等效摩擦角法可应用于黏性土。

（4）库伦土压力理论假设破坏面为一平面，但对于黏性土，实际破坏面却是曲面，从

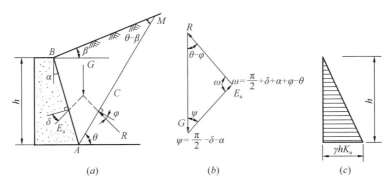

图 11-3-6 库伦主动土压力

而导致计算偏差，但精度可以满足工程需要。在计算被动土压力时，偏差可达 2~3 倍。

【**例 11-3-1**】某毛石砌体挡土墙，其剖面尺寸如图 11-3-7 所示。墙背直立，排水良好。墙后填土与墙齐高，其表面倾角为 β，填土表面的均布荷载为 q。假定填土采用粉质黏土，其重度为 $19\mathrm{kN/m^3}$（干密度大于 $1.65\mathrm{t/m^3}$），土对挡土墙墙背的摩擦角 $\delta = \dfrac{\varphi}{2}$（$\varphi$ 为墙背填土的内摩擦角），填土的表面倾角 $\beta = 10°$。

要求：（1）假定 $q=0$，计算主动土压力 E_a；

（2）假定 $q=0$，主动土压力 $E_a = 70\mathrm{kN/m}$，土对挡土墙底的摩擦系数 $\mu = 0.4$，$\delta = 13°$，挡土墙自重为 $G = 209.22\mathrm{kN/m}$，验算挡土墙抗滑移的安全性；

（3）已知条件同（2），假定已经求得图中 $x_0 = 1.68\mathrm{m}$，验算挡土墙抗倾覆的安全性；

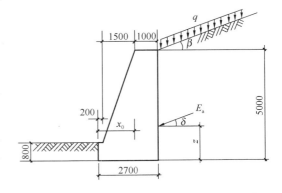

图 11-3-7 例 11-3-1 附图

（4）假定 $\delta = 0$，$q=0$，$E_a = 70\mathrm{kN/m}$，挡土墙自重 $G = 209.22\mathrm{kN/m}$，$x_0 = 1.68\mathrm{m}$，求基础底面最大压力 $p_{\max}$；

（5）假定填土改为粗砂，其重度为 $18\mathrm{kN/m^3}$，$\delta=0$，$\beta=10°$，$q=15\mathrm{kN/m}$，主动土压力系数 $k_a = 0.23$，求主动土压力 E_a；

（6）假定 $\delta=0$，已经计算出墙顶面处的土压力强度 $\sigma_1 = 3.8\mathrm{kPa}$，墙底面处的土压力强度 $\sigma_2 = 27.83\mathrm{kPa}$，主动土压力 $E_a = 79\mathrm{kN/m}$。计算 E_a 作用点与挡土墙底面的距离 z。

解：（1）计算主动土压力 E_a

依据《地基规范》附录 L.0.2 条，按照 IV 类土查图 L.0.2-4，由 $\alpha = 90°$，$\beta = 10°$ 得到 $k_a = 0.26$，再依据规范的 6.7.3 条，按每延米计算，可得：

$$E_a = \psi_a \frac{1}{2}\gamma h^2 k_a = 1.1/2 \times 19 \times 5^2 \times 0.26 = 67.9\mathrm{kN}$$

（2）验算抗滑移的安全性

依据《地基规范》的 6.7.5 条进行计算。由于墙背竖直，所以 $\alpha_0 = 0$、$\alpha = 90°$，问题得到简化：

$$\frac{(G+E_{az})\mu}{E_{ar}} = \frac{(209.22+70\times\sin13°)\times0.4}{70\times\cos13°} = 1.32 > 1.3$$

故抗滑移满足规范要求。

（3）验算挡土墙抗倾覆的安全性

依据《地基规范》的6.7.5条进行计算。由于墙背竖直，所以 $\alpha_0 = 0$、$\alpha = 90°$，问题得到简化：

$$\frac{Gx_0 + E_{az}x_f}{E_{ar}z} = \frac{209.22\times1.68 + 70\sin13°\times2.7}{70\cos13°\times5/3} = 3.47 > 1.6$$

故抗倾覆满足规范要求。

（4）计算基础底面最大压力 p_{max}

取挡土墙纵向单位长度（1m）进行计算。依据《地基规范》的公式（5.2.2-2）计算 p_{max} 时，应将压力和弯矩移轴至挡土墙基础底面的形心处。

挡土墙重力和土压力在基底形心位置处形成的弯矩为：

$$M = 209.22\times(1.68-2.7/2) - 70\times5/3 = -47.62\text{kN}\cdot\text{m}$$

上式中的"负号"表示弯矩为逆时针方向（与重力对基底形心形成的弯矩反向）。

$$e = \frac{47.62}{209.22} = 0.23\text{m} < \frac{b}{6} = \frac{2.7}{6} = 0.45\text{m}$$

$$p_{max} = \frac{209.22}{2.7\times1} + \frac{47.62}{\frac{1}{6}\times2.7^2} = 117.1\text{kPa}$$

（5）计算主动土压力 E_a

根据库伦土压力理论与《地基规范》的6.7.3条，可得挡土墙土压力分布如图11-3-8所示：

按每延米计算，可得：

$$E_a = \psi_a(\frac{1}{2}\gamma h^2 k_a + qhk_a)$$

$$= 1.1\times(\frac{1}{2}\times18\times5^2\times0.23 + 15\times5\times0.23)$$

$$= 75.9\text{kN}$$

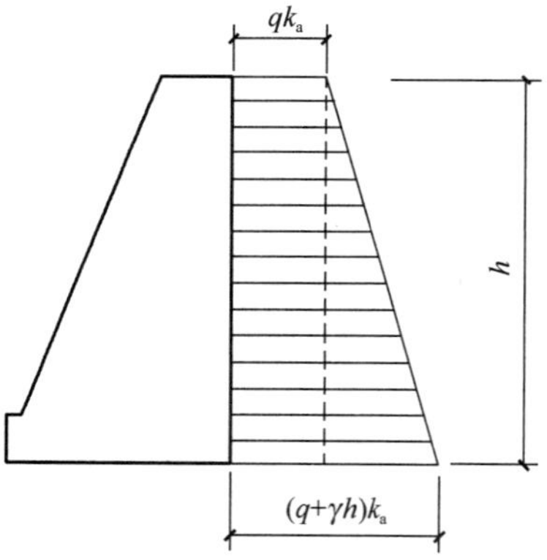

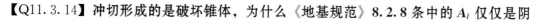

图11-3-8 挡土墙主动土压力

（6）计算 E_a 合力点与基底的距离 z

此时，压力强度沿深度的图形为梯形，其重心到底面的距离为：

$$z = \frac{\sigma_1 h\times\frac{h}{2} + \frac{(\sigma_2-\sigma_1)h}{2}\times\frac{h}{3}}{\sigma_1 h + \frac{(\sigma_2-\sigma_1)h}{2}} = \frac{2\sigma_1 + \sigma_2}{3(\sigma_1+\sigma_2)}h$$

$$= \frac{2\times3.8 + 27.83}{3\times(3.8+27.83)}\times5 = 1.87\text{m}$$

【Q11.3.14】冲切形成的是破坏锥体，为什么《地基规范》8.2.8条中的 A_l 仅仅是阴影部分的面积？另外，A_l 应如何计算？

【A11.3.14】为方便说明，今将规范图 8.2.8 示于图 11-3-9。

注意上柱不但传来压力，还有弯矩，因此，规范实际上是对基础最不利的范围进行冲切验算。注意，公式 $p_j A_l \leqslant 0.7\beta_{hp} f_t a_m h_0$ 中，左侧 A_l 取阴影部分面积是和右侧的 $a_m = \dfrac{a_t + a_b}{2}$ 对应的。

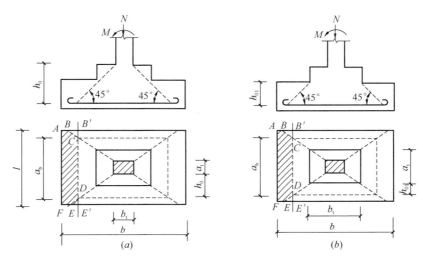

图 11-3-9　计算阶形基础的受冲切承载力截面位置图

对于图 11-3-9（a），阴影 ABCDEF 的面积 A_l 为：

$$A_l = S_{AB'E'F} - S_{B'BC} - S_{E'ED}$$
$$= \left(\dfrac{b - b_t}{2} - h_0\right) l - \left(\dfrac{l - a_t}{2} - h_0\right)^2$$

对于图 11-3-9（b），阴影 ABCDEF 的面积 A_l 为：

$$A_l = \left(\dfrac{b - b_t}{2} - h_{01}\right) l - \left(\dfrac{l - a_t}{2} - h_{01}\right)^2$$

【Q11.3.15】《地基规范》8.2.9 条给出的条件是"当基础底面短边尺寸小于或等于柱宽加两倍基础有效高度时"，应验算柱与基础交接处截面受剪承载力。该条的条文说明指出，本条所说的"短边尺寸"是指"垂直于力矩作用方向的基础底边尺寸"，如何理解？

【A11.3.15】柱子承受的集中力传给基础，是以"力的扩散"方式。如果基础的底面尺寸足够大，按照扩散角为 1∶1 形成的破坏面在基底范围内（形成破坏锥体），按照 8.2.8 条计算冲切。如果矩形基础的短边尺寸不足，例如，规范图 8.2.9（a）中基底尺寸 $l \leqslant a_t + 2h_0$，则形成的是剪切面，此时，依据本条计算抗剪。

通常，"垂直于力矩作用方向的基础底边尺寸"应是"短边"，这是因为，只有这样，截面模量 $W = b^2 l / 6$ 才能在 $b \times l$ 不变的情况下取得更大值而更有抗弯效率，否则，就是不合理的设计。

【Q11.3.16】《地基规范》8.2.11 条的公式应如何理解？另外，在计算出弯矩后如何计算配筋数量 A_s？

【A11.3.16】（1）规范给出的公式如下：

$$M_{\mathrm{I}} = \frac{1}{12}a_1^2 \left[(2l+a') \left(p_{\max}+p-\frac{2G}{A} \right) + (p_{\max}-p)\, l \right]$$

$$M_{\mathrm{II}} = \frac{1}{48}(l-a')^2 (2b+b') \left(p_{\max}+p_{\min}-\frac{2G}{A} \right)$$

考虑到 $p-\dfrac{G}{A}=p_{\mathrm{j}}$，$p_{\max}-\dfrac{G}{A}=p_{\mathrm{jmax}}$，$p_{\min}-\dfrac{G}{A}=p_{\mathrm{jmin}}$，这里用下角标"j"表示"净"，对应于扣除基础自重和其上土重后的情况，则上面的公式可变形为：

$$M_{\mathrm{I}} = \frac{1}{12}a_1^2 \left[(2l+a')(p_{\mathrm{jmax}}+p_{\mathrm{j}}) + (p_{\mathrm{jmax}}-p_{\mathrm{j}})\, l \right]$$

$$M_{\mathrm{II}} = \frac{1}{48}(l-a')^2 (2b+b')(p_{\mathrm{jmax}}+p_{\mathrm{jmin}})$$

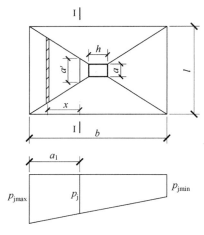

图 11-3-10　独立基础承受弯矩分析图

将规范公式改为按照净反力计算，有时会更加方便。

（2）为了更好理解各个符号的含义以及公式的本质，下面对规范公式进行推导。

单独扩展基础受基底反力作用，产生类似于"双向板"受力的双向弯曲，分析时可将基底按如图 11-3-10 所示分成 4 个梯形区域，左右区域因弯矩作用承受非均匀的基底反力，前后区域承受均匀基底反力。

Ⅰ-Ⅰ 截面的弯矩，可按下面思路求得：取与 Ⅰ-Ⅰ 截面距离为 x 的窄条，其宽度为 $\mathrm{d}x$，则该区域的基底反力的合力为：

$$\left(a'+\frac{l-a'}{a_1}x \right) \left(p_{\mathrm{j}}+\frac{p_{\mathrm{jmax}}-p_{\mathrm{j}}}{a_1}x \right) \mathrm{d}x$$

这样，对 Ⅰ-Ⅰ 截面的弯矩就是

$$\left(a'+\frac{l-a'}{a_1}x \right) \left(p_{\mathrm{j}}+\frac{p_{\mathrm{jmax}}-p_{\mathrm{j}}}{a_1}x \right) \cdot x\,\mathrm{d}x$$

所以，对 $x=0$ 至 a_1 范围积分可得左边区域地基反力对 Ⅰ-Ⅰ 截面所形成的弯矩。即

$$\begin{aligned} M_{\mathrm{I}} &= \int_0^{a_1} \left(a'+\frac{l-a'}{a_1}x \right) \left(p_{\mathrm{j}}+\frac{p_{\mathrm{jmax}}-p_{\mathrm{j}}}{a_1}x \right) \cdot x\,\mathrm{d}x \\ &= \int_0^{a_1} \left(a' p_{\mathrm{j}} x + \frac{l-a'}{a_1}p_{\mathrm{j}} x^2 + \frac{(p_{\mathrm{jmax}}-p_{\mathrm{j}})\, a'}{a_1} x^2 + \frac{(p_{\mathrm{jmax}}-p_{\mathrm{j}})(l-a')}{a_1^2} x^3 \right) \mathrm{d}x \\ &= \frac{1}{12}a_1^2 \left[p_{\max}(3l+a') + p_{\mathrm{j}}(l+a') \right] \\ &= \frac{1}{12}a_1^2 \left[(2l+a')(p_{\mathrm{jmax}}+p_{\mathrm{j}}) + (p_{\mathrm{jmax}}-p_{\mathrm{j}})\, l \right] \end{aligned}$$

若由于柱受到的弯矩方向由逆时针变为顺时针，则基底压力左侧为 p_{jmin}，右侧为 p_{jmax}，若其他条件不变，仍采用以上的符号，则可推导出此时 Ⅰ-Ⅰ 截面所受到的弯矩为：

$$M_{\mathrm{I}} = \frac{1}{12}a_1^2 \left[(2a'+l)(p_{\mathrm{jmax}}+p_{\mathrm{j}}) + (p_{\mathrm{j}}-p_{\mathrm{jmax}})\, a' \right]$$

对于规范中的 Ⅱ-Ⅱ 截面弯矩，按承受均匀的基底反力 $\dfrac{p_{\mathrm{jmax}}+p_{\mathrm{jmin}}}{2}$，可采用与上述相同的原理求解，比较简单，这里不再赘述。

（3）从公式推导过程可见，规范中所说的"任意截面 Ⅰ-Ⅰ"是指处于柱左边的、与长

度为 b 的基底边垂直的截面,"任意截面 Ⅰ-Ⅰ"不能跨越柱子取柱右边的截面。图中的长度 a',是相对于基底截面而言的,是截面 Ⅰ-Ⅰ 与斜线截出的长度。显然,截面越靠近柱边缘,弯矩越大,配筋计算所需要的弯矩取 $a'=a$ 计算。

另外还需注意,弯矩的方向改变会造成规范计算公式的不适用,上面的推导就是要加深这样一种认识。不过,通常计算弯矩的目的是配筋,因此,势必要求计算最大弯矩,这样,再来计算与 p_{jmin} 相距 a_1 处截面的弯矩就变得没有意义。

(4)在计算出弯矩之后,按照 8.2.12 条给出的公式进行配筋计算:

$$A_s = \frac{M}{0.9 h_0 f_y}$$

【Q11.3.17】《地基规范》的 **8.2.14 条**,列出了墙下条形基础的受弯配筋计算公式,请问,这个公式是如何得来的?

【A11.3.17】 该公式实际上是 8.2.11 条公式的特殊情况。对于墙下条形基础,可以取单位长度 1m 考虑,故相当于对 8.2.14 条公式取 $l = a' = 1$m。可得

$$\begin{aligned} M_I &= \frac{1}{12} a_1^2 \left[(2l + a')\left(p_{max} + p - \frac{2G}{A}\right) + (p_{max} - p)l \right] \\ &= \frac{1}{12} a_1^2 \left[(2 \times 1 + 1)\left(p_{max} + p - \frac{2G}{A}\right) + (p_{max} - p) \times 1 \right] \\ &= \frac{1}{12} a_1^2 \left[3p_{max} + 3p - \frac{3 \times 2G}{A} + p_{max} - p \right] \\ &= \frac{1}{6} a_1^2 \left(2p_{max} + p - \frac{3G}{A} \right) \end{aligned}$$

【Q11.3.18】《地基规范》**8.4.7 条**,距柱边 $h_0/2$ 处冲切临界截面的最大剪应力按照下式计算:

$$\tau_{max} = \frac{F_l}{u_m h_0} + \alpha_s \frac{M_{unb} c_{AB}}{I_s}$$

这里有几个疑问:

(1)不平衡弯矩是如何产生的?
(2)计算 $\bar{x}$ 的公式是如何求出来的?

【A11.3.18】 对于问题(1):

如图 11-3-11 所示,柱根处轴力 N 和筏板冲切临界范围内的地基反力 P 对临界截面重心产生弯矩。由于设计中筏板和上部结构是分别计算的,因此,M_{unb} 尚应还包括柱子根部弯矩 M_c。对于图 11-3-11 的情况,M_{unb} 按照下式计算:

$$M_{unb} = N e_N - P e_p + M_c$$

对于内柱,由于对称,冲切临界截面重心处的弯矩即为根部弯矩 M_c。

对于问题(2):

研究认为,距柱边 $h_0/2$ 处冲切临界截面重心处的不平衡弯矩,一部分通过临界截面周边的弯曲正应力传递,图 11-3-12 中的 T_1、T_2 为拉应力的合力,C_1、C_2 为压应力的合力(想一想,《材料力学》一个梁段承受弯矩时截面上的应力),另一部分通过临界截面上的偏心剪力对临界截面重心产生的弯矩传递(图 11-3-12 中的竖直向箭头表示剪应力)。图中,剪应力形成的效果为绕 z 轴的力矩 $\alpha_s(M_1 - M_2)$,正应力形成的效果为绕 z 轴的力矩 $\alpha_m(M_1 - M_2)$,存在内外力矩平衡,即

$$\alpha_s(M_1 - M_2) + \alpha_m(M_1 - M_2) = M_1 - M_2$$

可见，α_s、α_m 为分配系数，存在 $\alpha_s + \alpha_m = 1$。

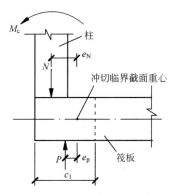
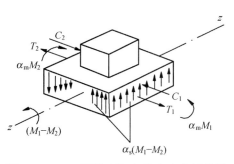

图 11-3-11　不平衡弯矩 M_{unb} 的产生　　图 11-3-12　不平衡弯矩与剪应力分析简图

对于边柱的情况，冲切临界截面的应力情况如图 11-3-13（a）所示，各部分尺寸如图 11-3-13（b）所示。

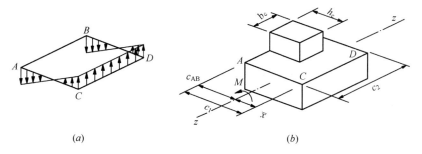

图 11-3-13　边柱的冲切临界截面

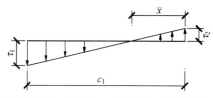

图 11-3-14　边长为 c_1 的侧面上剪应力分布

边长为 c_1 的侧面有剪应力（这样的侧面有两个），且由于弯矩对于这个侧面而言表现为扭转，所以，要用极惯性矩。在这个侧面上，应力分布如图 11-3-14 所示。

右侧边长为 c_2 的侧面，剪应力均为 τ_2。

考虑竖向力的平衡，可以列出下式（为了方便算式表达，不致混淆，今用"x"表示规范图中的"$\bar{x}$"）：

$$\tau_1 \times \frac{(c_1-x)}{2} \times 2 = \tau_2 \times \frac{x}{2} \times 2 + \tau_2 \times c_2 \tag{11-3-1}$$

将其化简变形，成为：

$$\frac{\tau_1}{\tau_2} = \frac{x+c_2}{(c_1-x)} \tag{11-3-2}$$

由于受扭时，剪应力大小与至旋转中心的距离成正比，τ_1、τ_2 的关系为：

$$\frac{\tau_1}{\tau_2} = \frac{(c_1-x)}{x} \tag{11-3-3}$$

联立式(11-3-2)、式(11-3-3),得到:
$$(c_1-x)^2=x(x+c_2)$$

于是可解出
$$x=\frac{c_1^2}{2c_1+c_2}$$

对于角柱,可用同样的方法分析。

考虑力的平衡,可以列出
$$\tau_1\times\frac{(c_1-x)}{2}=\tau_2\times\frac{x}{2}+\tau_2\times c_2$$

同样存在 $\frac{\tau_1}{\tau_2}=\frac{(c_1-x)}{x}$,于是,可以解出 $x=\frac{c_1^2}{2c_1+2c_2}$。

顺便指出,2002版规范的图P.0.2和图P.0.3表达不够确切,即,图P.0.2看不出是边柱,图P.0.3看不出是角柱,2011版规范中的插图是正确的。

【Q11.3.19】《地基规范》8.4.10条的 V_s 如何计算,是否应该取 $P_jA-\sum N_i$ (N_i 为柱子的轴力)?

【A11.3.19】 笔者认为可以这样理解:

(1) 冲切破坏形成的是"棱锥体",具有三维的特点(有至少两个破坏面)。《地基规范》中的冲切和《混凝土规范》6.5节的冲切为同样的力学概念。对照理解会更容易。

(2) 剪切破坏形成的是"斜面",具有二维的特点(只有一个破坏面)。

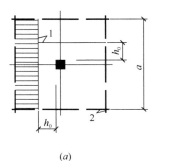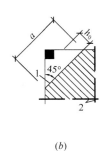

(a) (b)

图 11-3-15　筏板验算剪切部位示意
(a) 内柱;(b) 角柱
1—验算剪切部位;2—板格中线

8.4.10条的 V_s 可参考规范 8.4.10 条条文说明处理,今表示为图 11-3-15,其中,阴影部分地基净反力除以 a 得到 V_s。

【Q11.3.20】《地基规范》公式 (8.4.12-1) 和公式 (8.4.12-2) 都是计算板厚的公式,区别在哪里? 是不是双向板时采用公式 (8.4.12-2)?

【A11.3.20】 事实上,公式 (8.4.12-2) 就是由公式 (8.4.12-1) 推导出来的,推演如下:

依据规范图 8.4.12-1,得到:
$$F_l=p_n(l_{n1}-2h_0)(l_{n2}-2h_0)$$
$$u_m=(l_{n1}+l_{n2}-2h_0)\times 2$$

以上二式代入公式 (8.4.12-1) 并写成等式形式,为:
$$p_n(l_{n1}-2h_0)(l_{n2}-2h_0)=1.4\beta_{hp}f_t h_0(l_{n1}+l_{n2}-2h_0)$$

$$2h_0^2-(l_{n1}+l_{n2})h_0+\frac{p_n l_{n1} l_{n2}}{2p+1.4\beta_{hp}f_t}=0$$

解此一元二次方程,得到

$$h_0=\frac{(l_{n1}+l_{n2})-\sqrt{(l_{n1}+l_{n2})^2-\frac{4p_n l_{n1} l_{n2}}{p_n+0.7\beta_{hp}f_t}}}{4}$$

这就是规范的公式（8.4.12-2）。

【Q11.3.21】《地基规范》式（8.5.4-2）是如何得到的?

【A11.3.21】 式（8.5.4-2）是根据承台刚度无穷大的假定，通过力和弯矩在各个单桩上的分配得到的。

竖向力在各个单桩平均分配结果为：
$$\frac{F_k + G_k}{n}$$

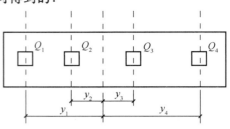

图 11-3-16　承台桩基力与到桩到形心的距离

弯矩在各个单桩上产生的力，与到桩的形心距离成正比。以 4 桩承台为例，如图 11-3-16 所示，则有

$$\frac{Q_1}{Q_2} = \frac{y_1}{y_2} \quad \frac{Q_1}{Q_3} = \frac{y_1}{y_3} \quad \frac{Q_1}{Q_4} = \frac{y_1}{y_4}$$

于是得到

$$M = Q_1 y_1 + Q_2 y_2 + Q_3 y_3 + Q_4 y_4$$

$$= Q_1 y_1 + Q_1 \frac{y_2}{y_1} y_2 + Q_1 \frac{y_3}{y_1} y_3 + Q_1 \frac{y_4}{y_1} y_4$$

$$= Q_1 \left(\frac{y_1^2}{y_1} + \frac{y_2^2}{y_1} + \frac{y_3^2}{y_1} + \frac{y_4^2}{y_1} \right)$$

可以解出

$$Q_1 = \frac{M y_1}{y_1^2 + y_2^2 + y_3^2 + y_4^2} = \frac{M y_1}{\sum y_i^2}$$

同样，对于其他根数的桩基承台也有此式成立。

【Q11.3.22】《地基规范》8.5.18 条，三桩承台的弯矩公式是如何得到的? 条文说明中的步骤太简略，看不明白。

【A11.3.22】 先来看等边三桩承台。

等边三桩承台最典型的破坏模式如图 11-3-17 所示，由于柱子（柱子的形心位于三角形的形心处，未示出）截面的约束影响作用，基本上垂直并平分承台三个边的屈服线，进入承台中部后屈服线又围成一个等边三角形。今将内部由屈服线围成的三角形边长记作 ηs。

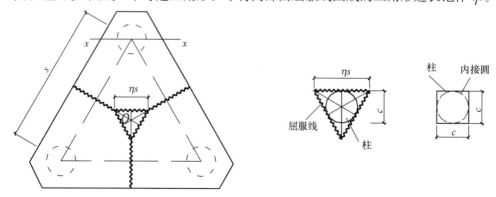

图 11-3-17　等边三桩承台计算示意

取出上部的区块进行研究。将柱截面中心（O点）到承台边缘板带范围内的总弯矩记作 M（与规范中的含义相同），将柱子承受的压力记作 N_c。以平行于底边的 x 轴作为旋转轴，可得外力 N 做的虚功为：

$$W = N_c\left(\frac{2}{3}\times\frac{\sqrt{3}}{2}s - \frac{1}{3}\times\frac{\sqrt{3}}{2}\eta s\right)\theta = \frac{\sqrt{3}}{6}(2-\eta)N_c s\theta$$

屈服线上的弯矩投影到旋转轴上，为 $\sqrt{3}M$。利用虚功原理，可得

$$3\times\sqrt{3}M\theta = \frac{\sqrt{3}}{6}(2-\eta)N_c s\theta$$

化简后得到

$$M = \frac{(2-\eta)}{18}N_c s$$

当 $\eta=0$ 时，可得三条屈服线交汇于三角形形心时的情况，即

$$M = \frac{1}{9}N_c s$$

当与屈服线相切的柱子为圆形直径为 c（或者，柱子为方形，内接圆的直径为 c），此时 ηs 与 c 的关系式为：

$$\eta s \times \frac{\sqrt{3}}{2}\times\frac{1}{3}\times 2 = c$$

即 $\eta = \frac{\sqrt{3}}{s}c$，代入前述公式，可得：

$$M = \frac{N_c}{9}\left(s - \frac{\sqrt{3}}{2}c\right)$$

将以上公式中柱子承受的力的 N_c 以桩的受力 $3N_{\max}$ 代替，并取 $\eta=0$ 和柱子尺寸为 c 时的 M 的平均值作为设计公式，这就是《地基规范》的公式（8.5.18-3）。规范规定圆柱时取 $c=0.886d$，只是一种习惯上的"圆转方"，与公式推导并无关系。

再来看等腰三桩承台。

对于等腰三桩侧承台，典型的破坏模式如图 11-3-18 所示。屈服线首先在长跨的柱中

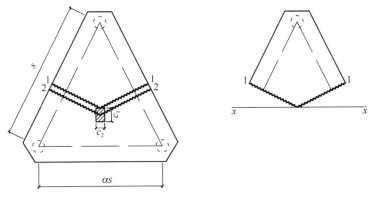

图 11-3-18　等腰三桩承台计算示意

心处和柱边缘处产生，屈服线都基本上垂直等腰承台的两个腰。取 1-1 屈服线以上部分板块作为隔离体，将桩的受力 $N_{\max}$ 向 x 轴取矩，得到

$$N_{\max}\left(\frac{2}{3}\times\frac{s}{2}\sqrt{4-\alpha^2}-\frac{c_1}{2}\right)=N_{\max}\left(\frac{s}{3}\sqrt{4-\alpha^2}-\frac{c_1}{2}\right)$$

1-1 屈服线上两个力矩均为 M，向 x 轴投影后，应与柱形成的弯矩相等，故

$$2\times M\times\frac{\sqrt{4-\alpha^2}}{2}=N_{\max}\left(\frac{s}{3}\sqrt{4-\alpha^2}-\frac{c_1}{2}\right)$$

$$M=\frac{N_{\max}}{3}\left(s-\frac{1.5c_1}{\sqrt{4-\alpha^2}}\right)$$

对于 2-2 屈服线，受力状况与等边三桩承台时相同，$M=\frac{N_{\max}}{3}s$。

取两种情况的平均值，得到 $M=\frac{N_{\max}}{3}\left(s-\frac{0.75c_1}{\sqrt{4-\alpha^2}}\right)$，这就是《地基规范》的公式（8.5.18-4）。

【Q11.3.23】《地基规范》图 8.5.19-2 中，从图上看，似乎按考虑 **45°角对 h_0 进行取值**更合适，为什么规范取为承台外边缘的有效高度？

【A11.3.23】 今将规范图 8.5.19-2 表示为本书的图 11-3-19。

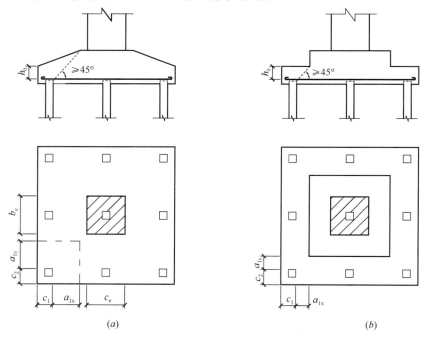

图 11-3-19 矩形承台角桩冲切计算示意

周景星等编写的《基础工程》（第 3 版，清华大学出版社，2016）第 200 页指出，对于图 11-3-19（a）的情况，冲切倒锥体的锥面高度与冲切锥角有关，一方面由于计算高度较复杂，另一方面多出的 Δh_0 部分的冲切面也不很可靠，所以仍取 h_0 为承台外边缘的有效高度，这样偏于安全。

【Q11.3.24】《地基规范》**8.5.19 条中，a_0 取值是否能够大于 h_0？**

【A11.3.24】以《地基规范》8.5.19 条第 1 款柱对承台的冲切为例,有两处用到 a_0(具体为 a_{0x}、a_{0y}),即

$$F_l \leqslant 2[\alpha_{0x}(b_c + a_{0y}) + \alpha_{0y}(h_c + a_{0x})]\beta_{hp} f_t h_0$$

$$\lambda_{0x} = a_{0x}/h_0, \lambda_{0y} = a_{0y}/h_0$$

在 λ_0 计算时,规范明确指出"当 $a_{0x}(a_{0y}) > h_0$ 时取 $a_{0x}(a_{0y}) = h_0$"。但验算式中的 a_{0x}、a_{0y} 是否如此操作并不明确。

考虑到规范对 F_l 的取值规定为:"冲切破坏锥体应采用自柱边或承台变阶处至相应桩顶边缘连线的锥体,锥体与承台底面的夹角不小于 45°",故隐含 $a_{0x}(a_{0y}) > h_0$ 时取 $a_{0x}(a_{0y}) = h_0$。对于此项的取值,有些资料在 a_{0x}(或 a_{0y})$> h_0$ 时仍直接取 a_{0x}(或 a_{0y}),笔者认为其做法值得商榷。

刘金砺等《建筑桩基技术规范应用手册》第 256 页指出:"当破坏锥体斜截面倾角小于 45°时,破坏锥体倾角仍在 45°线附近,故规定各项参数(u_m 等)仍按 45°计算,即当 $\lambda > 1.0$ 时,取 $\lambda = 1.0$"。此处所说的 u_m 是指计算截面的周长(可参见《混凝土规范》的冲切承载力公式),因此,可支持笔者的观点。

【Q11.3.25】《地基规范》8.5.18 条,圆柱等效为方柱时取 $c=0.886d$,2001 版时为 $c=0.866d$,《桩规》5.9.7 条中给出的换算是 $b_c=0.8d_c$,如何取舍?

【A11.3.25】笔者认为,圆柱换算为方柱,利用的是截面积相等,于是可知,应有

$$c = \sqrt{\frac{\pi}{4}} d = 0.886d$$

据此可知,2011 版《地基规范》所给出的公式是合适的。

考虑到地基情况的复杂性,过分追求数值的精确意义不大,所以,按照《桩规》将方柱的边长近似取为 0.8 倍圆柱直径,也是可以接受的。

【Q11.3.26】《地基规范》8.5.19 条第 1 款规定了柱对独立承台冲切时的承载力。在解释冲跨比时,要求 $a_{0x}(a_{0y})$ 在 $0.25h_0$ 和 h_0 之间取值,这样,在使用公式(8.5.19-1)时,各个符号的取值都是明确的。而在第 2 款角桩对承台的冲切,要求 $\lambda_{0x}(\lambda_{0y})$ 在 0.25 和 1.0 之间取值,但没有规定 $a_{1x}(a_{1y})$ 或 $a_{11}(a_{12})$ 在 $0.25h_0$ 和 h_0 之间取值,如何理解?

【A11.3.26】笔者认为,可以这样理解:

(1)《地基规范》8.5.19 条第 1 款中,$a_{0x}(a_{0y})$ 的物理含义为柱边或变阶处至桩边的水平距离,但是,为了计算的目的,需要将其在 $0.25h_0$ 和 h_0 之间取值,只有这样做,才能与冲切承载力的试验结果吻合。

(2)在第 2 款中,规范的确只是解释了 $a_{1x}(a_{1y})$ 或 $a_{11}(a_{12})$ 的物理含义,并未直接给出限值要求,但是,从图 8.5.19-2 中的"≥45°"可知隐含了这些值应≤h_0。那么,是否要求公式中的 $a_{1x}(a_{1y})$ 或 $a_{11}(a_{12}) \geqslant 0.25h_0$?这可以通过与《桩规》的比较来判断。《桩规》公式(5.9.7-4)、公式(5.9.7-5)与《地基规范》公式(8.5.19-1)对应,但并没有直接对式中的 $a_{0x}(a_{0y})$、$a_{1x}(a_{1y})$ 规定限值,考虑到与《地基规范》的协调统一,笔者认为该处实际上也应遵守在 $0.25h_0$ 和 h_0 之间。从这一点出发,《地基规范》8.5.19 条第 2 款 $a_{1x}(a_{1y})$ 或 $a_{11}(a_{12})$ 应在 $0.25h_0$ 和 h_0 之间取值。

(3)如果认为《地基规范》8.5.19 条第 2 款中 $a_{1x}(a_{1y})$ 或 $a_{11}(a_{12})$ 没有 $\geqslant 0.25h_0$ 的限值要求,则算出的冲切承载力更小,更偏于安全。

【Q11.3.27】《地基规范》附表 G.0.2 规定了建筑基底下允许冻土层厚度 h_{max}，今有以下疑问：

(1) 与 2002 版相比，冻土类型只有弱冻胀土和冻胀土，没有强冻胀土和特强冻胀土，是不是该表有遗漏？

(2) 表下注释 4 指出"计算基底平均压力时取永久作用的标准组合值乘以 0.9，可以内插"，如何理解？

【A11.3.27】对于问题（1）：

笔者认为，规范此处无误，读者应注意新、旧规范关于基础埋置深度的变化（5.1.7 条、5.1.8 条）：

(1) 新规范采用"场地冻结深度"的概念，比原来的"设计冻深"更准确，其中涉及的 h'、Δz，表达也较旧规范准确。

(2) 当土层冻胀不严重，属于"不冻胀、弱冻胀、冻胀土"时，埋置深度可以取比"场地冻结深度"较小的值，即，减去 h_{max}，h_{max} 按表 G.0.2 取值。

(3) 土层为强冻胀土和特强冻胀土时，基础埋置深度宜大于场地冻结深度，相当于取 $h_{max}=0$。

对于问题（2）：

2002 版规范此处为"表中基底平均压力数值为永久荷载标准值乘以 0.9，可以内插"，于是可知，规范的意思是，"基底平均压力"应是按照不考虑分项系数且只考虑永久作用算出后再乘以 0.9，据此查表。

【Q11.3.28】《地基规范》附录 K 的第 1 个表格和第 2 个表格有何区别，应该如何使用？

【A11.3.28】《地基规范》表 K.0.1-1 得到的是矩形面积上均布荷载作用下角点的附加应力系数 α（也有文献记作 α_c），利用"角点法"计算某点的附加应力时会用到 α。

如图 11-3-20 所示，O 点以下深度为 z 的 M 点处附加应力为 $\sigma_z = \alpha p_0$，α 由 l/b、z/b 查表 K.0.1-1 得到，这里，l、b 分别为矩形的长边与短边。

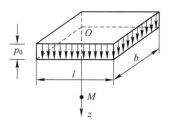

图 11-3-20　M 点的附加应力

若求地基中任一点的附加应力时，就需要使用所谓"角点法"。如图 11-3-21 所示，若计算 M' 点下地基的附加应力，可以加几条通过 M' 点的辅助线，将矩形面积分为 n 个矩形，这时，M' 点成为所划分的小矩形的角点，从而可以就每个矩形使用角点时的公式，然后叠加，得到 M' 点的附加应力。

需要注意的是，对于图 11-3-21（c），应根据矩形 $M'hbe$、$M'ecf$、$M'hag$、$M'gdf$ 分别查表 K.0.1-1，得到的附加应力系数分别记作 α_1、α_2、α_3、α_4，叠加时按照 $\alpha = \alpha_1 + \alpha_2 - \alpha_3 - \alpha_4$ 计算。即，所有划分的矩形面积总和应等于原受荷面积。

显然，若计算地基中心下某点的附加应力，可取 $\alpha = 4\alpha_1$，α 由 $\dfrac{0.5l}{0.5b}$、$\dfrac{z}{0.5b}$ 查表 K.0.1-1 得到，这里，l、b 分别为矩形地基的长边与短边。

《地基规范》表 K.0.1-2 得到的是矩形面积上均布荷载作用下角点的平均附加应力系数 $\bar{\alpha}$。z_i 深度处的 $\bar{\alpha}_i$ 实际上是按照下式算出的：

11.3 疑问解答

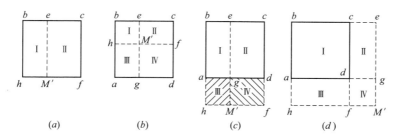

图 11-3-21 应用角点法计算 M' 点下的附加应力

$$\bar{\alpha}_i = \frac{\int_0^{z_i} \alpha_i \mathrm{d}z}{z_i}$$

如图 11-3-22 所示，当需要计算阴影部分的面积时，若直接使用 α 曲线，需要积分运算才能完成，比较麻烦。而使用 $\bar{\alpha}$ 值计算则比较简便；因为，$\bar{\alpha}_i p_0 z_i$ 得到的是 cd 线以上部分与 α 曲线围成的面积，$\bar{\alpha}_{i-1} p_0 z_{i-1}$ 是 ef 线以上部分与 α 曲线围成的面积，$\bar{\alpha}_i p_0 z_i - \bar{\alpha}_{i-1} p_0 z_{i-1}$ 就是阴影部分面积。

$\bar{\alpha}_i$ 值多用来计算地基变形量，例如，《地基规范》的公式（5.3.5），为

$$s = \psi_s s' = \psi_s \sum_{i=1}^n \frac{p_0}{E_{si}}(\bar{\alpha}_i z_i - \bar{\alpha}_{i-1} z_{i-1})$$

这种计算沉降的方法称作"应力面积法"。

下面以例题说明二者的差别。

【例 11-3-2】 分层总和法计算沉降（使用规范表 K.0.1-1）

某厂房为框架结构，柱基底面为正方形，$l \times b = 4\mathrm{m} \times 4\mathrm{m}$，基础埋深 $d=1.0\mathrm{m}$。上部结构传至基础顶面的中心荷载（准永久组合值）$F=1440\mathrm{kN}$。地基为粉质黏土，土的天然重度 $\gamma=16\mathrm{kN/m^3}$，土的天然孔隙比 $e=0.97$。地下水位深 3.4m，地下水位以下土的饱和重度 $\gamma_\mathrm{sat}=18.2\mathrm{kN/m^3}$。如图 11-3-23 所示。土的压缩系数：地下水位以上 $a_1=0.30\mathrm{MPa^{-1}}$，地下水位以下 $a_2=0.25\mathrm{MPa^{-1}}$。

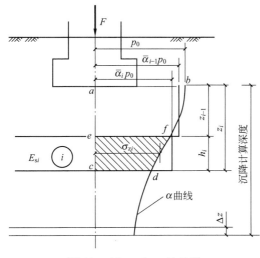

图 11-3-22 α 与 $\bar{\alpha}$ 的对照

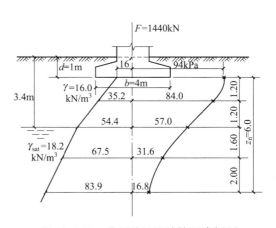

图 11-3-23 分层总和法计算沉降例题

要求：利用分层总和法计算该柱基中点的沉降量。

解：① 计算基底附加应力

设基底以上基础和回填土的平均重度 $\gamma_G = 20\text{kN/m}^3$，则

$$p = \frac{F}{A} + \gamma_G d = \frac{1440}{4 \times 4} + 20 \times 1 = 110.0\text{kPa}$$

$$p_0 = p - \gamma d = 110.0 - 16 \times 1.0 = 94.0\text{kPa}$$

② 计算地基中的附加应力

应用角点法，过柱基中点将底面分成 4 个小块，$l/b = 2/2 = 1.0$，据此查规范表 K.0.1，得到附加应力系数 α_c，从而附加应力为 $\sigma_z = 4\alpha_c p_0$，结果见表 11-3-2 及图 11-3-23。

附加应力的计算　　　　　　　　　　　　　　　　表 11-3-2

深度 z（m）	l/b	z/b	应力系数 α_c	附加应力 $\sigma_z = 4\alpha_c p_0$（kPa）
0	1.0	0	0.2500	94.0
1.2	1.0	0.6	0.2229	84.0
2.4	1.0	1.2	0.1516	57.0
4.0	1.0	2.0	0.0840	31.6
6.0	1.0	3.0	0.0447	16.8

③ 计算地基中的自重应力

基础底面　　　　　　　　　　$\gamma d = 16 \times 1.0 = 16\text{kPa}$

地下水处　　　　　　　　　　$\gamma d = 16 \times 3.4 = 54.4\text{kPa}$

基础底面下 z 处　　　　$54.4 + (18.2 - 10) \times (z - 2.4)$

④ 确定受压层深度

通常将受压层深度取为附加应力约等于 0.2 倍自重应力位置（$\sigma_z \approx 0.2\sigma_{cz}$）。今 $z = 6\text{m}$ 时，$\sigma_z = 16.8\text{kPa}$，$\sigma_{cz} = 54.4 + (18.2 - 10) \times (6 - 2.4) = 83.9\text{kPa}$，$0.2\sigma_{cz} = 0.2 \times 83.9 = 16.8\text{kPa}$，满足要求，故将受压层深度取为 $z_n = 6.0\text{m}$。

⑤ 地基沉降计算分层

分层的厚度 h_i 宜不大于 $0.4b = 1.6\text{m}$。今将地下水位以上分为 2 层，每层 1.2m；地下水位以下 1.6m 作为第 3 层。第 3 层以下附加应力已经很小，取 2.0m 作为第 4 层。

⑥ 地基沉降计算

第 i 层沉降量计算公式为 $s_i = \frac{a}{1+e_1}\bar{\sigma}_{zi}h_i$，计算过程如表 11-3-3 所示。

各土层沉降量计算　　　　　　　　　　　　　　　　表 11-3-3

土层编号	土层厚度 h_i（m）	土的压缩系数 a（MPa^{-1}）	孔隙比 e	平均附加应力 $\bar{\sigma}_z$（kPa）	沉降量 s_i（mm）
1	1.20	0.30	0.97	$\frac{94+84}{2} = 89.0$	16.3
2	1.20	0.30	0.97	$\frac{84+57}{2} = 70.5$	12.9

续表

土层编号	土层厚度 h_i (m)	土的压缩系数 a (MPa^{-1})	孔隙比 e	平均附加应力 $\bar{\sigma}_z$ (kPa)	沉降量 s_i (mm)
3	1.60	0.25	0.97	$\frac{57+31.6}{2}=44.3$	9.0
4	2.00	0.25	0.97	$\frac{31.6+16.8}{2}=24.2$	6.1

⑦ 柱基中点总沉降量

$$s=\sum_{i=1}^{n} s_i=16.3+12.9+9.0+6.1=44.3\text{mm}$$

【例 11-3-3】 应力面积法计算沉降（使用规范表 K.0.1-2）

某厂房采用柱下单独基础，由立柱传至基础顶面的中心荷载（准永久组合值）$F=1190\text{kN}$。基础埋深 $d=1.5\text{m}$，基底为矩形（$l \times b = 4\text{m} \times 2\text{m}$）。地基承载力特征值 $f_{ak}=145\text{kPa}$。其他数据如图 11-3-24 所示。

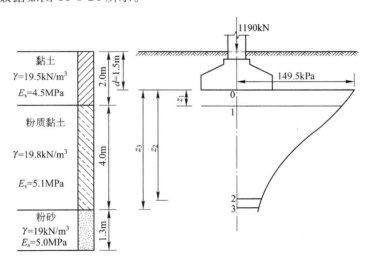

图 11-3-24 应力面积法计算沉降例题

要求：采用应力面积法计算该柱基中点的最终沉降量。

解：① 计算基底附加应力

$$p=\frac{F+G}{A}=\frac{1190+4\times2\times1.5\times20}{4\times2}=178.75\text{kPa}$$

$$p_0=p-\gamma d=178.75-19.5\times1.5=149.5\text{kPa}$$

② 确定地基沉降计算深度

依据规范 5.3.7 条，地基变形计算深度为

$$z_n=b(2.5-0.4\ln b)=2\times(2.5-0.4\times\ln 2)=4.5\text{m}$$

③ 沉降计算

计算过程见表 11-3-4。

沉 降 量 计 算　　　　　　　　　　　　　　　表 11-3-4

点号	z_i (m)	l/b	z/b	$\bar{\alpha}_i$	$\bar{\alpha}_i z_i$ (mm)	$\bar{\alpha}_i z_i - \bar{\alpha}_{i-1} z_{i-1}$ (mm)	$\dfrac{p_0}{E_{si}}$	s_i' (mm)	$s' = \sum s_i'$ (mm)	$\dfrac{\Delta s_n'}{s'}$
0	0	2.0	0	1.000	0	—	—	—	—	
1	0.5	2.0	0.5	0.987	493.5	493.5	0.033	16.3	—	
2	4.2	2.0	4.2	0.528	2217.6	1724.6	0.029	50.0	—	
3	4.5	2.0	4.5	0.504	2268.0	50.4	0.029	1.5	67.8	0.022

表 11-3-4 中，深度 4.2m 的来历是：由 $b=2$m，查规范表 5.3.7，得到 $\Delta z=0.3$m，$4.5-0.3=4.2$m。

④ 确定 ψ_s

由于 $\sum A_i = \sum (\bar{\alpha}_i z_i - \bar{\alpha}_{i-1} z_{i-1})$，于是由表 3-4-3 的第 7 列可得：

$$\sum A_i = 493.5 + 1724.6 + 50.4 = 2268.5$$

$$\sum \dfrac{A_i}{E_{si}} = \dfrac{493.5}{4.5} + \dfrac{1724.6}{5.1} + \dfrac{50.4}{5.1} = 457.7$$

$$\bar{E}_s = \dfrac{\sum A_i}{\sum \dfrac{A_i}{E_{si}}} = \dfrac{2268.5}{457.7} = 5.0 \text{MPa}$$

依据规范表 5.3.5，由于 $p_0 > f_{ak}$，用内插法求 $\bar{E}_s = 5.0$MPa 对应的 ψ_s：

依据规范表 5.3.5　$\psi_s = 1.3 - \dfrac{1.3-1.0}{7.0-4.0} \times (5.0-4.0) = 1.2$

⑤ 最终沉降量

$$s = \psi_s s' = 1.2 \times 67.8 = 81.4 \text{mm}$$

【Q11.3.29】《地基规范》附录 L 给出了挡土墙主动土压力系数 k_a，其中，图 L.0.2 的第 3 图和第 4 图均指出 $H=5$m，但第 1 图和第 2 图没有指出。另外，L.0.2 条文字指出的条件是"高度小于或等于 5m 的挡土墙"。如何理解？

【A11.3.29】关于附录 L，注意以下几点：

(1) 笔者查阅发现，该附录的文字和插图，与 GB 50007—2002 没有差别。再向上追溯到 GBJ 7—89，只是在该规范中各类土的密度以"t/m³"计，其余完全相同。

(2) 在《建筑边坡工程技术规范》GB 50330—2013 的 6.2.3 条给出了主动土压力系数的计算公式，与《地基规范》中的公式对照，发现，前者公式方括号内的第一个算式为 $\sin(\alpha+\delta)$ 而后者为 $\sin(\alpha+\beta)$。随后发现《建筑边坡工程技术规范》编制组给出的勘误已修改为与《地基规范》相同。

(3) 当 $q=0$ 时，经试算，k_a 随挡土墙高度 h 变化不大，可以忽略。

【Q11.3.30】《地基规范》附录 N 给出了大面积地面荷载作用下地基附加沉降量计算，请给出一个例子说明。

【A11.3.30】下面的例题，来自规范第 254 页，但笔者稍作修改，使之更易理解。

【例 11-3-4】已知：单层工业厂房，跨度 24m，柱基底面边长 $b=3.5$m，基础埋深 1.7m，地基土的压缩模量=4000kPa，堆载纵向长度 $a=60$m。厂房填土在基础完工后填筑，地面荷载大小和范围如图 11-3-25 所示。

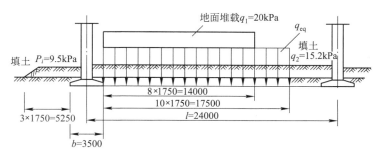

图 11-3-25 大面积地面荷载下沉降算例

要求：计算地面荷载作用下柱基内侧边缘中点的地基附加变形值。

解：依据 N.0.2 条，地面荷载按照均布荷载考虑。纵向取实际堆载长度 60m，横向取 5 倍基础宽度 $5 \times 3.5 = 17.5$m。

地面堆载按 $b/2$ 分段，共 8 个区段，编号分别为 $1 \sim 8$；室内填土按 $b/2$ 分段，编号分别为 $1 \sim 10$；室外填土分为 3 个区段，分别为 $1 \sim 3$，第 3 个区段 p_3 取为 $9.5/2 = 4.8$kPa。

由于地面荷载的纵向长度 $a = 60$m，基础宽度 $b = 3.5$m，$\dfrac{a}{5b} = \dfrac{60}{5 \times 3.5} = 3.4 > 1$，故 β_i 按照附表 N.0.4 第 1 行取值。

等效均布地面荷载计算如表 11-3-5 所示。

等效均布地面荷载 q_{eq} 的计算　　　　　　　表 11-3-5

		0	1	2	3	4	5	6	7	8	9	10
β_i		0.30	0.29	0.22	0.15	0.10	0.08	0.06	0.04	0.03	0.02	0.01
q_i(kPa)	堆载	0	20.0	20.0	20.0	20.0	20.0	20.0	20.0	20.0	0	0
	填土	15.2	15.2	15.2	15.2	15.2	15.2	15.2	15.2	15.2	15.2	15.2
	合计	15.2	35.2	35.2	35.2	35.2	35.2	35.2	35.2	35.2	15.2	15.2
p_i(kPa)	填土	9.5	9.5	9.5	4.8							
$\beta_i q_i - \beta_i p_i$		1.71	7.45	5.65	4.56	3.52	2.82	2.11	1.41	1.06	0.30	0.15
$q_{eq} = 0.8 \sum\limits_{i=10}^{10}(\beta_i q_i - \beta_i p_i) = 24.59$kPa												

于是，采用"角点法"，应按照 $\dfrac{l}{b} = \dfrac{60/2}{17.5} = 1.7$ 查表 K.0.1-2，得到 $z_i/b = 1.4$、1.6 时分别对应于 $\bar{\alpha}_i = 0.2172$、0.2089。计算由 q_{eq} 引起的变形量过程见表 11-3-6。

q_{eq} 引起的变形量计算　　　　　　　表 11-3-6

z_i (m)	z_i/b	$\bar{\alpha}_i$	$z_i \bar{\alpha}_i$	$z_i \bar{\alpha}_i - z_{i-1} \bar{\alpha}_{i-1}$	$\Delta s'_g = \dfrac{q_{eq}}{E_s}$ $(z_i \bar{\alpha}_i - z_{i-1} \bar{\alpha}_{i-1})$ (mm)	$s'_g = \sum\limits_{i=1}^{n} \Delta s'_g$ (mm)
0	0		0			
26	1.486	$2 \times 0.2136 = 0.4272$	11.1072	11.1072	68.20	68.20
27	1.543	$2 \times 0.2113 = 0.4226$	11.4102	0.3030	1.86	70.06
28	1.60	$2 \times 0.2089 = 0.4178$	11.6984	0.2882	1.77	71.83

这里，$b=17.5\mathrm{m}$，依据规范表 5.3.7，可取 $\Delta z=1.0\mathrm{m}$，即向上取 1.0m 判断是否满足规范公式（5.3.7）的要求（规范 5.3.7 条的条文说明指出，Δz 是按照 $0.3(1+\ln b)$ 得到的，若据此计算，将是 $\Delta z=0.3(1+\ln 17.5)=1.16\mathrm{m}$，今以规范正文为准）。由 28m 深度向上取 1.0m，该部分的变形量为 1.77mm，1.77/71.83=0.0246<0.025，可见所取计算深度满足要求。

综上，地面荷载作用下柱基内侧边缘中点的地基附加变形值为 71.83mm。

【Q11.3.31】《地基规范》R.0.3 条规定，计算桩基最终沉降量公式中的附加压力，为桩底平面处的附加压力，实体基础的支承面积按图 R.0.3 采用。可是，图 R.0.3 有 (a)、(b) 两个图，问题是，何时采用 (a) 图，何时采用 (b) 图？

【A11.3.31】按照实体深基础法计算桩基沉降，关键是求出桩端的附加压力，之后，就可按照分层总和法，即规范的公式（R.0.1）计算最终沉降。

对于规范图 R.0.3 (a)，可先求出桩端处在扩散后面积上的压力，减去其自重压力，就是附加压力，公式如下：

$$p_0 = \frac{F+G_T}{\left(a_0+2l\tan\frac{\varphi}{4}\right)\left(b_0+2l\tan\frac{\varphi}{4}\right)} - p_c \tag{11-3-4}$$

式中：F——对应于作用准永久组合时作用在桩基承台顶面的竖向力；

G_T——在扩散后面积上从桩端平面到设计地面间的承台、桩和土的总重量，可按照 20 kN/m³ 计算，水下部分扣除浮力；

a_0、b_0——自最外排桩外缘算起的桩群范围的长度和宽度；

p_c——桩端平面上地基土的自重压力，深度为 $l+d$，l 为桩的入土深度，d 为自地面算起的承台底深度；

φ——桩所穿过土层的内摩擦角加权平均值。

周景星等编写的《基础工程》（第 3 版，清华大学出版社，2016）指出，也可以用下式近似计算：

$$p_0 = \frac{F+G-p_{c0}ab}{\left(a_0+2l\tan\frac{\varphi}{4}\right)\left(b_0+2l\tan\frac{\varphi}{4}\right)} \tag{11-3-5}$$

式中：G——承台和承台上土的自重，常取为 20kN/m³，水下部分扣除浮力；

p_{c0}——承台底高程处的地基土自重压力，水下部分扣除浮力；

a、b——承台的长度和宽度。

可以证明，式（11-3-5）求得的结果较小。试演如下：

令 $a'=a_0+2l\tan\frac{\varphi}{4}$，$b'=b_0+2l\tan\frac{\varphi}{4}$，则

$$p_0 = \frac{F+G_T}{(a_0+2l\tan\frac{\varphi}{4})(b_0+2l\tan\frac{\varphi}{4})} - p_c$$

$$= \frac{F+G_T-p_c a'b'}{a'b'}$$

$$= \frac{F+20\times(l+d)a'b'-\gamma_m(l+d)a'b'}{a'b'}$$

$$= \frac{F + 20da'b' - \gamma_m da'b' + (20la'b' - \gamma_m la'b')}{a'b'}$$

如果近似认为该式分子中的括号内为零（实际上一般为正数），同时将分子中的 $a'b'$ 取为 ab，则 $20dab$ 为承台及其上土重，$\gamma_m dab$ 为承台底处以上土重，这就得到了

$$p_0 = \frac{F + G - p_{c0}ab}{\left(a_0 + 2l\tan\dfrac{\varphi}{4}\right)\left(b_0 + 2l\tan\dfrac{\varphi}{4}\right)}$$

采用式（11-3-5）之后，可以理解为：承台底处的附加压力扩散形成了桩端处的附加压力。

对于规范图 R.0.3（b），则是不考虑应力扩散，按照桩底面积为 $a_0 b_0$ 计算桩端附加压力，但需要扣除桩群侧壁摩阻。依据周景星等《基础工程》（第 3 版），这时，附加压力的计算式应为（编者注：原书疑似漏掉了分子中的"2"）

$$p_0 = \frac{N + G - p_{c0}ab - 2(a_0 + b_0)\sum q_{sik}h_i}{a_0 b_0}$$

式中，q_{sik} 为桩身穿越的第 i 层土的极限侧阻力标准值；a_0、b_0 的含义同上（即，《地基规范》的标注有误）。

【Q11.3.32】《地基规范》227 页 5.3.10 条的条文说明中，给出了一个地基回弹变形计算算例，但是我总是读不懂其计算过程，请指教。

【A11.3.32】 下面的例题来自规范，但笔者稍作改进。

【例 11-3-5】 已知：某工程采用箱形基础，基础平面尺寸 64.8m×12.8m，基础埋深 5.7m，如图 11-3-26 所示。基础底面以下各土层分别在自重压力下做回弹试验，测得回弹模量如表 11-3-7 所示。

基底处土的自重应力为 108kN/m²。粉土、粉质黏土的天然重度分别为 22.8kN/m³、23.9kN/m³。

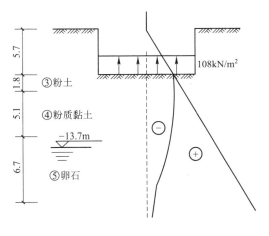

图 11-3-26 回弹计算的算例图

各土层的回弹模量　　　　表 11-3-7

土层	层厚（m）	回弹模量（MPa）			
		$E_{0\sim0.025}$	$E_{0.025\sim0.05}$	$E_{0.05\sim0.10}$	$E_{0.10\sim0.20}$
③ 粉土	1.8	28.7	30.2	49.1	570
④ 粉质黏土	5.1	12.8	14.1	22.3	280
⑤ 卵石	6.7	100（无试验资料，估算值）			

要求：用分层总和法计算基础中点地基土的回弹变形。

解：参照《地基规范》第 228 页的表格格式，列出计算过程如表 11-3-8 所示。

11 地基基础

基础中点地基土的回弹变形计算　　　　　表 11-3-8

z_i (m)	$\bar{\alpha}_i$	$z_i \bar{\alpha}_i - z_{i-1} \bar{\alpha}_{i-1}$	$p_z + p_{cz}$ (kPa)	E_{ci} (MPa)	$p_c(z_i \bar{\alpha}_i - z_{i-1} \bar{\alpha}_{i-1})/E_{ci}$ (mm)
0	1.000	0	0	—	—
1.8	0.9972	1.7950	41	28.7	6.75
2.9	0.9912	1.0795	67	22.3	5.23
3.9	0.9812	0.9522	91	22.3	4.61
4.9	0.9668	0.9106	115	280	0.35
5.9	0.9504	0.8700	139	280	0.34
6.9	0.9308	0.8152	163	280	0.31
					17.59

今对计算过程详细解释如下：

(1) 第1列数据系按照《地基规范》第228页的表格取值。$z_i=1.8$m 系取至粉土层的底部。粉质黏土层比较厚，按1m深度分层。

(2) 第2列 $\bar{\alpha}_i$ 系根据《地基规范》表 K.0.1-2 得到。这里，按角点法，取 $l=64.8/2=32.4$m，$b=12.8/2=6.4$m，则 $l/b=32.4/6.4=5.06$。按 $z/b=1.8/6.4\approx 0.28$ 且 $l/b\approx 5$ 查表，并利用内插法，得到 $\bar{\alpha}=0.2493$，$4\times 0.2493=0.9972$。

(3) 第3列根据第1列和第2列数值求出。例如，$1.8\times 0.9972=1.7950$，$2.9\times 0.9912-1.8\times 0.9972=1.0795$。

(4) 第4列，虽然在《地基规范》第228页的表格中记作 p_z+p_{cz}，但实际上该列为 z_i 处土的自重压力值。由于规范中未给出土的重度导致本列无法求出。为此，编者反算出了"粉土、粉质黏土的天然重度分别为 22.8 kN/m³、23.9 kN/m³"，并作为已知条件给出。例如，$22.8\times 1.8=41.04$kPa。

(5) 第5列的 E_{ci} 为回弹模量。由于题目给出的回弹模量是与自重压力对应的，故该列的数值应基于第4列确定。例如，深度为 0~1.8m 区间，自重压力为41，取中间位置，为 $41/2=20.5$kPa，查表，粉土、自重压力值 20.5kPa，处于 0~25kPa 区间，$E_c=28.7$MPa；深度为 1.8~2.9m 区间，自重压力平均值 54kPa，粉质黏土、处于 25kPa~50kPa 区间，$E_c=22.3$MPa。

(6) 依据前述数值，代入 $p_c=108$kPa，按照公式求出第6列数值。

顺便提及，高大钊《土力学与岩土工程师——岩土工程疑难问题答疑笔记整理之一》（人民交通出版社，2008）244 页指出，基坑的回弹变形是由于基坑开挖卸载产生的，而公路工程中的地基土是在车辆荷载作用下重复加卸载产生的回弹变形，二者应采用不同的回弹模量。但是，《地基规范》5.3.9 条规定土的回弹模量 E_{ci} 按《土工试验方法标准》GB/T 50123—1999 确定，而该标准中"回弹模量试验"对应的是《公路土工试验方法》中的方法，这种试验的结果只能适用于公路工程，不能用于基坑回弹量的计算。

【Q11.3.33】如何理解《地基规范》附录 U 给出的阶梯形承台及锥形承台斜截面受剪的截面宽度？

【A11.3.33】对于阶梯形承台，规范 U.0.1 条给出的 A_2-A_2 截面处有效宽度为

$$b_{y0}=\frac{b_{y1}h_{01}+b_{y2}h_{02}}{h_{01}+h_{02}}$$

可以这样理解：验算柱边截面 A_2-A_2 处斜截面受剪承载力时，如图 11-3-27 所示，受剪面为图中的阴影部分，与《混凝土规范》中一致，不考虑纵向钢筋合力点以下部分的贡献，于是可求出抗剪有效截面积为：

$$A_0 = b_{y1}h_{01} + b_{y2}h_{02}$$

若以 $h_{01}+h_{02}$ 作为有效截面的高度，则折合成的有效宽度就是：

$$b_{y0} = \frac{A_0}{h_{01}+h_{02}} = \frac{b_{y1}h_{01}+b_{y2}h_{02}}{h_{01}+h_{02}}$$

对于锥形承台的情况，规范 U.0.2 条规定 $A-A$ 截面处有效宽度为：

$$b_{y0} = \left[1 - 0.5\frac{h_1}{h_0}\left(1 - \frac{b_{y2}}{b_{y1}}\right)\right]b_{y1}$$

可以这样理解：此时，受剪面积如图 11-3-28 中阴影部分所示，同样不考虑纵筋合力点以下部分的贡献，于是，有效截面积为减去两个虚线部分三角形的面积，即：

$$A_0 = b_{y1}h_0 - (b_{y1}-b_{y2})h_1/2$$

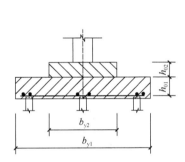 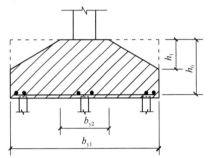

图 11-3-27　阶梯形承台受剪有效宽度计算简图　　图11-3-28　锥形承台受剪有效宽度计算简图

若以 h_0 作为有效截面的高度，则折合成的有效宽度就是：

$$b_{y0} = \frac{A_0}{h_0} = \frac{b_{y1}h_0 - (b_{y1}-b_{y2})h_1/2}{h_0}$$

将其变形，就得到规范中的公式。

【Q11.3.34】"基础埋置深度"在规范中经常出现，但是有时又有区别，能否总结一下？

【A11.3.34】（1）《地基规范》的 5.2.2 条计算地基承载力，此时若为独立基础，求算 G_k 所用的基础埋置深度取室内、外地坪高差的中间值，如图11-3-29 中，就是 $\dfrac{h_1+h_2}{2}$。因为，G_k 的含义是基础自重和基础上的土重。

（2）《地基规范》的 5.1.1～5.1.6 条，基础埋置深度一般是指取至室外地面，即图的 h_1。此时，主要考虑基础的稳定性，即嵌固的能力。

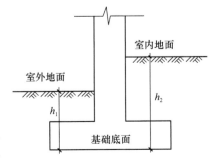

图 11-3-29　基础埋置深度

11 地 基 基 础

（3）《地基规范》5.2.4 条计算修正以后的地基承载力特征值，此时采用的埋深主要考虑基础破坏时周围的土体是否能够发挥有利的作用，故区分不同情况：

①在填方整平地区，可自填土地面标高算起，但填土在上部结构施工后完成时，应从天然地面标高算起；

②对于地下室，当采用箱形基础或筏基时，基础埋置深度自室外地面标高算起；

③对于地下室，采用独立基础或条形基础时，应从室内地面标高算起。

（4）《地基规范》5.3.5 条计算沉降，确定其中的附加应力时需要考虑自重应力，此时埋深取至天然地面，新近的填土一般不考虑。但《桩规》5.4.1 条是一个特例，属于近似情况。

【Q11.3.35】《地基规范》以及《桩规》中说到的软土，如何理解？

【A11.3.35】依据《地基规范》7.1.1 条可知，由淤泥、淤泥质土、冲填土、杂填土或其他高压缩性土层构成的，应属于软弱土层。关于"软土"的定义，并未给出。

《建筑岩土工程勘察基本术语标准》JGJ 84—92，对软土（soft clay）的解释是：天然含水率大、压缩性高、承载力低，软塑到流塑状态的黏性土。

《岩土工程基本术语标准》GB/T 50279—98 的 3.2.29 条，对软黏土（soft clay）的解释是：天然含水率大，呈软塑到流塑状态，具有压缩性高、强度低等特点的黏土。

《岩土工程勘察规范》GB 50021—2001（2009 年版）的 6.3.1 条规定，天然孔隙比大于或等于 1.0，且天然含水量大于液限的细粒土应判定为软土，包括淤泥、淤泥质土、泥炭、泥炭质土等。该规定是笔者目前见到的最为确切的。

【Q11.3.36】《桩规》有没有勘误？

【A11.3.36】笔者依据 2009 年 12 月第六次印刷本，给出《桩规》第一版的勘误，见表 11-3-9。

《桩规》第一版的勘误   表 11-3-9

页码	原 文	正确内容	备注
22	2 高层建筑平板式和梁板式筏形承台的最小厚度不应小于 400mm，墙下布桩的剪力墙结构筏形承台的最小厚度不应小于 200mm	2 高层建筑平板式和梁板式筏形承台的最小厚度不应小于 400mm，<u>多层建筑墙下布桩筏形承台的最小厚度不应小于 200mm</u>	
24	倒 10 行：联系梁	连系梁	
39	公式（5.3.8-2）、（5.3.8-3）中的 d	d_l	共 3 处
53	表 5.5.11 上 1 行：桩距小，桩数多，沉降速率快时取大值	桩距小，桩数多，<u>沉桩</u>速率快时取大值	
51	公式（5.7.3-1）下 1 行：考虑地震作用且 $s_a/d \leqslant 6$ 时：	<u>此行应左移两个空格</u>	
51	公式（5.7.3-2）：η_1	η_l	
61	公式（5.7.3-4）：η_1	η_l	
61	公式（5.7.3-7）：R_h	R_{ha}	
66	表（5.8.4-1）下注释 3：$l'_0 = l_0 + \psi_l d_l$，$h' = h - \psi_l d_l$	$l'_0 = l_0 + (1-\psi_l)d_l$，$h' = h - (1-\psi_l)d_l$	
66	表（5.8.4-1）下注释 4	4 当存在 $f_{ak} < 25$kPa 的软弱土时，按液化土处理	原来缺失

706

11.3 疑问解答

续表

页码	原 文	正确内容	备注
71	5.9.2 条第 2 款： 三桩承台的正截面弯距值应符合下列要求：	三桩承台的正截面弯矩值应符合下列要求：	
74	图 5.9.7 中的表示柱子截面尺寸的 h_0	h_c	
207	图 G.0.1 (b)：$L<a_0<L/2$ 图 G.0.1 (c) 图 G.0.1 (d)：$a_0>L$	图 G.0.1 (b)：$L/2 \leqslant a_0 < L$ 图 G.0.1 (c) 见本书图 11-3-28 图 G.0.1 (d)：$a_0 \geqslant L$	
255	倒数第 2 行：G.G.Meyerhof（1998）指出，……	G.G.Meyerhof（<u>1988</u>）指出，……	
259	5.3.8 条：混凝土敞口管桩单桩竖向极限承载力的计算。与实心混凝土预制桩相同的是，桩端阻力由于桩端敞口，类似于钢管桩也存在桩端的土塞效应；不同的是，混凝土管桩壁厚度较钢管桩大得多，计算端阻力时，不能忽略管壁端部提供的端阻力，故分为两部分：一部分为管壁端部的端阻力，另一部分为敞口部分端阻力。对于后者类似于钢管桩的承载机理，考虑桩端土塞效应系数 λ_p，λ_p 随桩端进入持力层的相对深度 h_b/d 而变化（d 为管桩外径），……	混凝土敞口<u>空心桩</u>单桩竖向极限承载力的计算。与实心混凝土预制桩相同的是，桩端阻力由于桩端敞口，类似于钢管桩也存在桩端的土塞效应；不同的是，混凝土<u>空心桩</u>壁厚度较钢管桩大得多，计算端阻力时，不能忽略<u>空心桩</u>壁端部提供的端阻力，故分为两部分：一部分为<u>空心桩壁端部</u>的端阻力，另一部分为敞口部分端阻力。对于后者类似于钢管桩的承载机理，考虑桩端土塞效应系数 λ_p，λ_p 随桩端进入持力层的<u>相对深度 h_b/d_1</u> 而变化（d_1 为空心桩内径），……	
263	第 6、7 行：ζ_{rp}	ζ_p	共 2 处
264	倒数第 2 行：5.3.11	5.3.12	
265	第 5 行：存在 3.5m 厚非液化覆盖土层时，……	存在 <u>2.5m</u> 厚非液化覆盖土层时，……	
291	倒数第 9 行：$v=0.4$	$\nu=0.4$	希腊文误为英文

依据刘金砺等《建筑桩基技术规范应用手册》，规范图 G.0.1 (c) 应表达如图 11-3-30 所示。图中，l 为洞口边至柱轴线之间的距离。

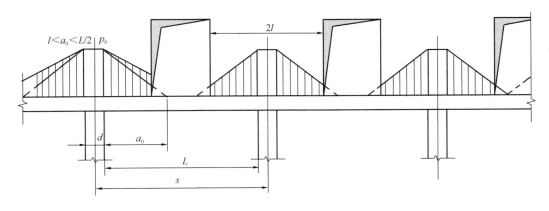

图 11-3-30 规范图 G.0.1 (c)

另外，2009 年 12 月第六次印刷本还有一些值得改进之处，见表 11-3-10。

11 地 基 基 础

《桩规》第六次印刷本疑似差错　　　　表 11-3-10

页码	原　文	正确内容	备　注
15	3.4.6 条第 2 款：承台和地下室侧墙周围应采用灰土、级配砂石、压实性较好的素土回填，并分层夯实，也可采用素混凝土回填	承台和地下室侧墙周围应采用灰土、级配砂石、压实性较好的素土回填，并分层夯实，也可采用素混凝土或搅拌流动性水泥土回填	依据刘书
22	4.2.1 条第 1 款：对于墙下条形承台梁，桩的外边缘至承台梁边缘的距离不应小于 75mm，承台的最小厚度不应小于 300mm	对于墙下条形承台梁，桩的外边缘至承台梁边缘的距离不应小于 75mm。承台的最小厚度不应小于 300mm	依据刘书
23	4.2.3 条第 3 款：条形承台梁的纵向主筋应符合现行国家标准《混凝土结构设计规范》GB 50010 关于最小配筋率的规定［见图 4.2.3(c)］，主筋直径不应小于 12mm，架立筋直径不应小于 10mm，箍筋直径不应小于 6mm	条形承台梁的纵向主筋应符合现行国家标准《混凝土结构设计规范》GB 50010 关于最小配筋率的规定，主筋直径不应小于 12mm，架立筋直径不应小于 10mm，箍筋直径不应小于 6mm［见图 4.2.3(c)］	依据刘书
29	A——承台计算域面积对于柱下……围成的面积，按条形承台计算……	A——承台计算域面积，对于柱下……围成的面积，按单排桩条形承台计算……	5.2.5 条。依据刘书
31	p_{sk2}——桩端……折减后，再计算 p_{sk}	p_{sk2}——桩端……折减后，再按式(5.3.3-2)、式(5.3.3-3)计算 p_{sk}	5.3.3 条。依据刘书
31	表 5.3.3-2：p_{sk}	p_{sk2}	5.3.3 条。依据刘书
37	第 5 行：对于扩底桩变截面以上 2d 长度范围内不计侧阻力	对于扩底桩的扩大头斜面及变截面以上 2d 长度范围内不计侧阻力	5.3.6 条。刘书未改。
41	表 5.3.10 下注释：干作业钻、挖孔桩，β_p 按表列值乘以小于 1.0 的折减系数。当桩端持力层为黏性土或粉土时，折减系数取 0.6；为砂土或碎石土时，取 0.8	干作业钻、挖孔桩，β_p 按表列值乘以小于 1.0 的折减系数，当桩端持力层为黏性土或粉土时，折减系数取 0.6；为砂土或碎石土时，取 0.8	5.3.10 条。笔者认为，折减系数取 0.6、0.8 的前提是"干作业钻、挖孔桩"。刘书未改。
46	表 5.4.4-2 下注释 3，桩基固结沉降	桩基沉降	依据刘书
57	倒 3 行：$B_c = B\sqrt{A_c/L}$	$B_c = \sqrt{BA_c/L}$	依据刘书
59	公式(5.7.2-1)：N_k	N	依据刘书
60	第 6 行：N_k——在荷载效应标准组合下桩顶的竖向力(kN)	N——在荷载效应基本组合下桩顶的竖向力设计值(kN)	5.7.2 条。依据刘书

11.3 疑问解答

续表

页码	原 文	正 确 内 容	备 注
62	第 7 行：n_1、n_2——分别为沿水平荷载方向与垂直水平荷载方向每排桩中的桩数	n_1、n_2、n——分别为沿水平荷载方向、垂直水平荷载方向每排桩中的桩数和总桩数	5.7.3 条。依据刘书
63	公式(5.7.5)上 1 行：1 桩的水平变形系数 α(1/m)	1 桩的水平变形系数 α(1/m)	m 表示单位"米"。刘书未改
80	倒数第 2 行：对于锥形承台应对变阶处及柱边处……	对于锥形承台应对柱边处……	5.9.10 条。刘书未改
82	公式(5.9.13)：$+1.25 f_y \dfrac{A_{sv}}{s} h_0 +$	$+ f_{yv} \dfrac{A_{sv}}{s} h_0 +$	刘书仅将 f_y 改为 f_{yv}，但是，为与 2010 版《混凝土规范》协调，还应把 1.25 改为 1.0
82	公式(5.9.14)：$+ f_y \dfrac{A_{sv}}{s} h_0$	$+ f_{yv} \dfrac{A_{sv}}{s} h_0$	依据刘书
127	倒数第 2 行：当基桩侧面为几种土层组成时，应求得主要影响深度	当基桩侧面为几种土层组成时，应求得主要影响深度 $h_m = 2(d+1)$ 米范围内的 m 值作为计算值（见图 C.0.2）	
256	倒数第 4 行、第 8 行：ψ_p	ψ_p	依据为 5.3.6 条正文
264	倒数第 2 行：5.3.12	5.3.11	
265	第 5 行：3.5	2.5	

注：表中"刘书"系指刘金砺、高文生等编著的《建筑桩基技术规范应用手册》（中国建筑工业出版社，2010）。

【Q11.3.37】《桩规》与其他规范有无不协调之处？

【A11.3.37】 笔者发现，有以下内容：

（1）《桩规》表 5.3.12 为土层液化影响折减系数，其中一项是"自地面算起的液化土层深度 d_L"。同样的土层液化影响折减系数，在《抗规》中为表 4.4.3，但被表达为"深度 d_s"，依据 4.3.4 条，d_s 为饱和土标准贯入点深度。

（2）《桩规》5.5.6 条规定的桩基沉降计算方法与《地基规范》附录 R 不同。

（3）《桩规》5.8.5 条，规定考虑轴向力偏心距的影响时，e_i 乘以偏心距增大系数 η，这是对应于 2002 版《混凝土规范》的方法，2010 版已经取消了偏心距增大系数 η。

（4）《桩规》5.9.7 条规定圆柱（圆桩）换算成方柱（方桩）时，取为 0.8 倍直径。《地基规范》8.5.18 条规定圆柱换算成方柱时，取为 0.886 倍直径。

（5）《桩规》公式（5.9.12）计算仅配置箍筋的承台梁斜截面受剪承载力，箍筋项的系数为 1.25，这与 2002 版《混凝土规范》一致，但 2010 版《混凝土规范》已经改为 1.0。同样的问题还出在公式（5.9.13）中。

【Q11.3.38】《桩规》**第 5 章为桩基计算，内容不多，但感觉比《混凝土规范》中的难**

理解，如何学习才好？

【A11.3.38】笔者把这部分内容的脉络总结为图11-3-31。

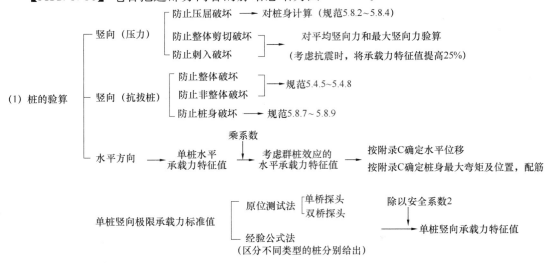

图 11-3-31　桩基计算脉络图

相关条文之间的联系，可以按照下面理解：

(1) 5.1.1 条计算出的桩顶作用效应是针对一根桩的，可按照材料力学的公式理解。5.1.2 条规定是否考虑地震作用；5.1.3 条规定是否考虑承台效应。

(2) 5.2.1 条，轴心力作用，验算公式为 $N_k \leqslant R$，容易理解。当按照最大力验算时，将 R 提高 20%（因为，不是每根桩轴力都达到最大，故要求有所放松）。考虑地震作用，将 R 提高 25%，按最大力验算时，在此基础上再提高 20%，就成为 $1.25 \times 1.2 = 1.5$ 倍。

(3)《桩规》中通常都是先算出极限承载力标准值，再除以 2 得到特征值，见 5.2.2 条。

(4) 满足 5.2.4 条的条件，考虑承台效应。所谓承台效应，就是考虑承台底下面一部分地基面积 A_c 的贡献。$A_c = \dfrac{A - nA_{ps}}{n}$，表明是从属于一根基桩的面积。既然是地基的承载力，所以，考虑地震作用时要乘以 ζ_a，ζ_a 取值见《抗规》表 4.2.3。$\zeta_a \eta_c f_{ak} A_c$ 之所以除以 1.25，是因为公式（5.2.1-3）中采用的是 $1.25 R$，这样，1.25 就抵消了。换句话说，桩的承载力提高 25%，土的承载力却是按照《抗规》表 4.2.3 取值。

(5) 单桩竖向极限承载力标准值，情况不同有不同的估算方法，基本的原则是桩侧阻力加上桩端阻力。

5.3.3 条是根据单桥探头静力触探资料确定竖向极限承载力标准值。q_{sk} 由 p_{sk} 根据图 5.3.3 确定。注意图下的注释 4。

5.3.6 条所说的"大直径"是指 $d \geqslant 800\text{mm}$。

表 5.3.6-2 中，D 与 d 的区别见规范 19 页图 4.1.3。

5.3.8 条对预应力空心桩的规定，实际上是对于桩端考虑两部分：土塞部分和截面的实体混凝土部分。

5.3.9 条对嵌岩桩的规定，处于土层的部分考虑侧阻力，嵌入岩石部分将侧阻与端阻贡献统一用 ζ_r 表达。

（6）5.3.12 条对液化效应的规定，与《抗规》4.4.3 是一致的。

（7）5.4.1 条，σ_z 虽然被解释为"作用于软弱下卧层顶面的附加应力"，但与《地基规范》公式（5.2.7-3）比较可以发现，前者的分子中没有减去土的自重压力。

（8）5.5.6 条，计算桩基沉降，等效作用附加应力取承台底平均附加压力（见该条文的第 3 行），而仅仅从图 5.5.6 理解，会认为是桩端平面。

【Q11.3.39】《桩规》的 5.2.2 条，明确 R_a 应考虑安全系数，并取安全系数 $K=2$。而在《地基规范》的 8.5.6 条，R_a 的公式与《桩规》中计算 Q_{uk} 的式(5.3.5)非常相似，但没有考虑除以 2。这是为什么？

【A11.3.39】《桩规》5.2.2 条给出的 R_a 计算公式为

$$R_a = \frac{1}{K} Q_{uk}$$

而 Q_{uk} 按照式(5.3.5)计算，为

$$Q_{uk} = Q_{sk} + Q_{pk} = u_p \sum q_{sik} l_i + q_{pk} A_p$$

《地基规范》8.5.6 条给出的 R_a 计算公式为

$$R_a = q_{pa} A_p + u_p \sum q_{sia} l_i$$

注意到，《桩规》中符号的脚标为"k"，《地基规范》中符号的脚标为"a"，说明存在差异。实际上，q_{sik} 表示桩侧第 i 层土的"极限侧阻力标准值"，q_{sia} 表示桩侧第 i 层土的"侧阻力特征值"。《桩规》中的 Q_{uk} 为单桩竖向极限承载力标准值，由《地基规范》Q.0.11 条可知，单桩竖向极限承载力除以 2，为单桩竖向承载力特征值 R_a。

【Q11.3.40】《桩规》中，两处用到距径比 s_a/d，分别是表 5.2.5 和 5.5.9 条，其中的 d，是不是都要把方桩换算成圆桩，公式为 $d=b/0.8$？

【A11.3.40】先来看 5.5.9 条，其中的 s_a/d，在 5.5.10 条给出了公式，如下：

圆形桩　　$s_a/d = \sqrt{A}/(\sqrt{n} \cdot d)$

方形桩　　$s_a/d = 0.886 \sqrt{A}/(\sqrt{n} \cdot b)$

以上尽管是针对"布桩不规则"时给出的公式，但可知，方桩需要换算成圆桩，换算公式为 $d=b/0.886$。表 5.2.5 中的 s_a/d，同样按以上处理。

顺便指出，《桩规》5.9.2 条给出方柱边长与圆柱直径的换算关系是 $c=0.8d$，此处"0.8"并未写成"0.866"，笔者推测，是一种长期习惯。但如此作法带来整本规范的不协调以及与《地基规范》的不一致（2002 版《地基规范》中圆柱与方柱的换算系数写成 0.866，2011 版则是 0.886）。

【Q11.3.41】《桩规》5.2.5 条规定了考虑承台效应的复合基桩竖向承载力特征值 R 计算，其中用到承台计算域面积 A，A 如何计算？

【A11.3.41】根据规范的勘误，A 的解释应为：承台计算域面积，对于柱下独立桩基，A 为承台总面积；对于桩筏基础，A 为柱、墙筏板的 1/2 跨距和悬臂边 2.5 倍筏板厚度所围成的面积；桩集中布置于单片墙下的桩筏基础，取墙两边各 1/2 跨距围成的面积，按单排桩条形承台计算 η_c。

该条的条文说明解释更清楚些，可参考。

【Q11.3.42】如何理解《桩规》的 5.3.3 条？

【A11.3.42】笔者认为可以从以下几个方面理解：

（1）单桩的竖向极限承载力确定方法有多种，本条根据"单桥探头静力触探"的数据资料计算。

（2）单桩竖向极限承载力为桩侧、桩端极限阻力之和。

（3）公式（5.3.3-1）中的 q_{sik} 为第 i 层土的极限侧阻力（单位：kPa），其值，可根据图 5.3.3 取值。图 5.3.3 中的横坐标 p_{sk}，为桩端穿过土层的"比贯入阻力"，该值以静力触探方法得到。

（4）图 5.3.3 中包括 B、C、D 三条折线和直线段 A，之所以用不同的函数，是考虑到土的类别、埋藏深度以及土层厚度方向的排列顺序等因素的影响。

注意折线 D 使用时，若桩端穿过粉土、粉砂、细砂及中砂层底面时，图中得到的 q_{sk} 要乘以折减系数 η_s，见表 5.3.3-4，表中用到的 p_{sk} 为砂土、粉土的比贯入阻力，p_{sl} 为其下软土层的比贯入阻力。$p_{sk}/p_{sl} \leqslant 5$ 时不折减。

（5）公式（5.3.3-1）中的 p_{sk} 根据桩端附近土层的比贯入阻力确定。桩端以上（8 倍桩径）、桩端以下（4 倍桩径）土层的比贯入阻力分别记作 p_{sk1} 和 p_{sk2}，当上部的 p_{sk1} 不大于下部的 p_{sk2} 时，将 p_{sk2} 折减之后，取上、下的平均值；当上部的 p_{sk1} 大于下部的 p_{sk2} 时，直接取为二者的较小者。

注意，对于 p_{sk2}，若桩端持力层为密实的砂土层且比贯入阻力超过 20MPa 时，应利用表 5.3.3-2 中的 C 系数折减，而表 5.3.3-2 中的 p_{sk} 应按折减前的 p_{sk2}（即测定的平均值）理解。折减之后才成为"计算用"的 p_{sk2}，例如，表 5.3.3 中的 p_{sk2}，公式（5.3.3-2）、公式（5.3.3-3）判断条件中的 p_{sk2}。

【Q11.3.43】《桩规》5.4.1 条规定，对于桩距不超过 $6d$ 的群桩基础，桩端持力层下存在承载力低于桩端持力层承载力 1/3 的软弱下卧层时，可按下列公式验算软弱下卧层的承载力：

$$\sigma_z + \gamma_m z \leqslant f_{az}$$

$$\sigma_z = \frac{(F_k + G_k) - 3/2(A_0 + B_0) \cdot \sum q_{sik} l_i}{(A_0 + 2t \cdot \tan\theta)(B_0 + 2t \cdot \tan\theta)}$$

我想问的是：（1）第二个公式中为何出现了 3/2，是否有误？在 1994 版规范中该系数为 2。

（2）z 该如何取值？按照概念，似乎应取软弱下卧层顶面至地表的距离，但是规范图中（见图 11-3-32）却是软弱下卧层顶面至承台底的距离。

（3）γ_m 又该如何取值呢？是按照软弱下卧层顶面至承台底范围取值吗？

（4）确定 f_{az} 时，应注意哪些问题？

【A11.3.43】问题(1):公式中的 3/2 无误。根据条文说明可知,其来源是 $\frac{3}{2}(A_0+B_0)=\frac{3}{4}\times[2(A_0+B_0)]$,方括号内为周长。

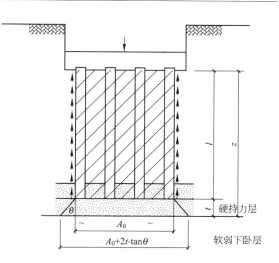

图 11-3-32 软弱下卧层承载力验算

问题(2):《桩规》5.4.1 条条文说明第 4)项指出,"考虑到承台底面以上的土已挖除且可能和土体脱空,因此修正深度从承台底部计算至软弱土层顶面"。由此可见,规范编写者的本意,是基于脱空现实条件下的简化计算,即,直接把"承台底部到地面"这部分土体视为和上部结构荷载性质相似,不考虑其地基承载力的影响,故上部荷载的重量由 F_k 变为 F_k+G_k。

这样,软弱土层顶部所受到的压力为:①原状土的重力加权平均值 $\gamma_m z$,深度 z 的取值如规范图 5.4.1 所示。②附加压力值,一部分为不利荷载(F_k+G_k),一部分为桩群的最外边缘的侧阻力,二者之和即为公式(5.4.1-2)中的 σ_z。

问题(3):《建筑桩基技术规范理解与应用》一书 93 页的算例中,将 γ_m 取为软弱下卧层顶面至地表范围内土层重度的加权平均。笔者认为,应取图 11-3-32 中 z 范围内的土层重度加权平均得到 γ_m。

问题(4):利用《地基规范》式(5.2.4)计算软弱下卧层承载力特征值 f_{az},注意只进行深度修正。条文说明对此的解释是,因为下卧层受压区应力分布并非均匀,呈内大外小,因此不应作宽度修正;软弱下卧层多为软弱黏性土,故深度修正系数取 $\eta_d=1.0$。对于计算 f_{az} 时 d 的取值,刘金砺《建筑桩基技术规范应用手册》(中国建筑工业出版社,2010)第 109 页指出,对于地下室中的独立柱下桩基,考虑到承台底面以上土已经挖除,因此下卧层顶面处地基承载力特征值深度修正只算至地下室地面,对于整体桩筏基础深度修正则应算至室外地面。

实际工程持力层以下存在相对软弱土层是常见现象,只有当强度相差过大时才有必要验算。

【Q11.3.44】《桩规》5.4.3 条讲到负摩阻,请介绍其基本原理。

【A11.3.44】之所以引起负摩阻,是因为桩侧土体下沉大于桩的下沉。如图 11-3-33(a)所示,桩周土与桩截面沉降的差值,随深度增加越来越小,当深度达到 l_n 时,两者无相对位移,此位置称作中性点。中性点以下,桩侧摩阻力向上,称作正摩阻;中性点以上,桩侧摩阻力向下,称作负摩阻。图 11-3-33(b)显示的是桩周土和桩截面随深度变化的沉降规律。图 11-3-33(c)为桩侧摩阻力分布曲线。图 11-3-33(d)中,Q_n 为负摩阻力之和,也称下拉荷载;中性点处,桩身轴力达到最大值($Q+Q_n$);Q_s 为正摩阻力;桩端总阻力为 $Q+(Q_n-Q_s)$。

5.4.2 条规定了何时应考虑负摩阻。

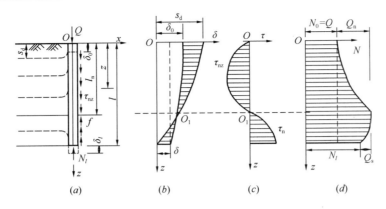

图 11-3-33 单桩的负摩阻力

5.4.3 条规定，对于端承桩应考虑负摩阻形成的下拉荷载 Q_g^n，因此，应满足 $N_k + Q_g^n \leqslant R_a$。

Q_g^n 如何计算，在 5.4.4 条作出规定。5.4.4 条第 1 款给出第 i 层土负摩阻标准值（单位为 kPa 或 MPa），这些土层均是位于中性点以上；第 2 款将分布于桩周的摩阻标准值由"面荷载"转化为"集中力"。

R_a 只计中性点以下部分的侧阻力（端承桩还应包括端阻力）。

【例 11-3-6】 某端承灌注桩桩径 1.0m，桩长 22m，桩周土性参数如图 11-3-34 所示。地面大面积堆载 $p = 60$kPa，桩周沉降变形土层下限深度 20m。要求按照《建筑桩基技术规范》JGJ 94—2008 计算下拉荷载标准值。

已知：中性点深度 $l_n / l_0 = 0.8$，黏土负摩阻系数 $\xi_n = 0.3$，粉质黏土负摩阻系数 $\xi_n = 0.4$，负摩阻力群桩效应系数 $\eta_n = 1.0$。

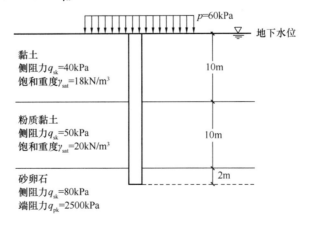

图 11-3-34 桩周土参数

解：$l_n = 0.8 l_0 = 0.8 \times 20 = 16$m，因此，只需要对 0～-16m 范围内土层计算。

0～-10m 区段：

$$\sigma_1' = p + \sum_{e=1}^{i-1} \gamma_e \Delta z_e + \frac{1}{2} \gamma_i \Delta z_i = 60 + \frac{1}{2} \times (18 - 10) \times 10 = 100 \text{kPa}$$

$$q_{sl}^n = \xi_n \sigma_1' = 0.3 \times 100 = 30 \text{kPa} < q_{sk} = 40 \text{kPa}，取 q_{sl}^n = 30 \text{kPa}$$

$-10\mathrm{m}\sim-16\mathrm{m}$ 区段：

$$\sigma'_2 = p + \sum_{e=1}^{i-1}\gamma_e\Delta z_e + \frac{1}{2}\gamma_i\Delta z_i = 60+(18-10)\times 10+\frac{1}{2}\times(20-10)\times 6 = 170\mathrm{kPa}$$

$$q_{s2}^n = \xi_n\sigma'_2 = 0.4\times 170 = 68\mathrm{kPa} < q_{sk} = 50\mathrm{kPa},取\ q_{s1}^n = 50\mathrm{kPa}$$

下拉荷载：

$$Q_g^n = \eta_n u\sum_{i=1}^{n}q_{si}^n l_i = 1.0\times 3.14\times 1.0\times(10\times 30+6\times 50) = 1884\mathrm{kN}$$

下面结合本例题说明为什么计算 σ'_i 的公式中第 2 项没有 1/2 而第 3 项出现了 1/2。

对于本例题，16m 范围内土压力分布如图 11-3-35 所示。下拉荷载由侧壁的面积乘以负摩阻力得到，就是图中的面积乘以桩的周长，只不过分成 2 个土层分别计算，而且，图中每个土层的面积视为一个矩形和一个三角形的叠加。

显然，矩形面积对应的就是 σ'_i 公式中的第 2 项乘以该部分桩长，而三角形面积则对应于 σ'_i 公式中的第 3 项乘以该部分桩长。可见，由于三角形求面积有 1/2 才导致 σ'_i 公式第 3 项出现 1/2。

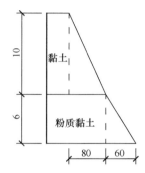

图 11-3-35 例题中的土压力分布

【Q11.3.45】对《桩规》的 5.5.4 条有以下疑问：

(1) 本条注释中说道："本条中基桩的竖向承载力特征值 R_a 只计中性点以下部分的侧阻及端阻值"，对于第 1 款的摩擦型基桩也如此处理吗？

(2) 对于端承型基桩，要求按照摩擦型基桩验算一次，再按照考虑下拉荷载的情况验算一次，若采用相同的 R_a，显然，满足公式（5.4.3-2）则必然满足公式（5.4.3-1），为什么规定用公式（5.4.3-1）验算？

【A11.3.45】此处是在 94 年《桩规》5.2.15 条的基础上修改而成的，因此，结合此版本理解会更容易。原文如下：

5.2.15 桩周土沉降可能引起桩侧负摩阻力时，应根据工程具体情况考虑负摩阻力对桩基承载力和沉降的影响；当缺乏可参照的工程经验时，可按下列规定验算。

5.2.15.1 对于摩擦基桩取桩身计算中性点以上侧阻力为零，按下式验算基桩承载力：

$$\gamma_0 N \leqslant R \tag{5.2.15-1}$$

5.2.15.2 对于端承型基桩除应满足上式要求外，尚应考虑负摩阻力引起基桩的下拉荷载 Q_g^n（根据本规范第 5.2.16 条确定），按下式验算基桩的承载力：

$$\gamma_0 N + 1.27Q_g^n \leqslant 1.6R \tag{5.2.15-2}$$

5.2.15.3 当土层不均匀或建筑物对不均匀沉降较敏感时，尚应将负摩阻力引起的下拉荷载计入附加荷载验算桩基沉降。

注：本条中的竖向承载力设计值 R 只计中性点以下部分侧阻值及端阻值。

可见，94 版的意思是，对于端承型基桩，按照不考虑下拉荷载验算一次，再按照考虑下拉荷载验算一次，两次验算所采用的 R"只计中性点以下部分侧阻值及端阻值"，由于两个验算公式右侧的值不一样，所以，事先并不能知道哪个起控制作用，这在逻辑上是说得通的。

2008版规范采用了与94版规范相同的叙述方式，若仍按照这样操作，会发现，公式右侧由于是同一个 R_a，公式（5.4.3-2）必然起控制作用。所以，规范表达有误。经查，刘金砺等编著的《建筑桩基技术规范应用手册》一书中编入的规范文本与规范单行本一致。

作为权宜之计，暂时可以这样操作：对于端承型基桩，按照摩擦桩验算一次（不考虑下拉荷载，公式右侧也不计入端阻），再按照端承桩验算一次（左侧计入下拉荷载，右侧计入端阻）。

【Q11.3.46】《桩规》5.5.6条、5.5.7条规定了桩基沉降的计算方法，这里有几个疑问：

(1) 5.5.6条中的 p_{0j} 是取桩底的附加压力吗？

(2) 为什么5.5.7条中的 p_0 是取承台底的附加压力？《地基规范》的 R.0.3 条明确指出应采用桩底平面处的附加压力。

(3) 5.5.6条、5.5.7条中 z_n 的起算位置均为桩底吗？

【A11.3.46】对于问题（1）：

5.5.6条中 p_{0j} 的取值，在深度上是取承台底这个位置（见本条的文字表达），但面积却是取桩承台的水平投影（如规范图 5.5.6 中的虚线所示），如果仅仅从图示理解，会产生错误认识。

对于问题（2）：

笔者认为，这属于对同一问题有不同的观点。按照《桩规》5.5.7条的规定，这里的 p_0 应取承台底的附加压力。《地基规范》R.0.1条～R.0.3条是采用实体深基础法计算桩基沉降，用到的附加压力采用桩底平面处的附加压力。

《桩规》的条文说明对此给出了解释，即，《桩规》所采用的是方法（称作"等效作用分层总和法"）是对"实体深基础法"的改进。

对于问题（3）：

5.5.6条中，桩端为等效作用面，z_n 自桩端（即桩底）起算。5.5.7条中的 z_n 也是如此处理。

【Q11.3.47】《桩规》5.6.1条（规范56页）中的承台面积控制系数 ξ 如何计算？我找不到公式。

【A11.3.47】笔者认为，该承台面积控制系数 ξ 直接按照 $\xi \geqslant 0.6$ 取值即可，不必计算。

【Q11.3.48】《桩规》5.7.2第4款，单桩水平承载力特征值计算时，用到 W_0，对圆形截面，给出的公式为

$$W_0 = \frac{\pi d}{32}\left[d^2 + 2\left(\alpha_E - 1\right)\rho_g d_0^2\right]$$

不理解该公式是如何得到的。

另外，在本条第6款，给出桩身换算截面惯性矩的公式为 $I_0 = W_0 d_0/2$，感觉也是比较特殊：因为我们一般都是先算出来 I_0 再算 W_0。

【A11.3.48】笔者对该公式进行了推导，如下。

如图 11-3-36（a）所示的圆形截面，桩直径为 d，纵筋围成的圆形，按外边缘考虑，

直径为 d_0。

计算钢筋引起的惯性矩时，将纵筋等效为"圆环"，分布于直径为 d_0 的圆周上，如图 11-3-36（b）所示。全部换算截面的惯性矩包括 3 项：(1) $\pi d^2/4$ 圆形面积；(2) 面积为 $-\rho_g \pi d^2/4$ 的圆环；(3) 面积为 $\alpha_E \rho_g \pi d^2/4$ 的圆环。(2)、(3) 项可以合并为面积为 $(\alpha_E - 1)\rho_g \pi d^2/4$ 的圆环。

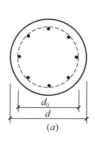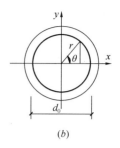

图 11-3-36 圆形桩纵向钢筋的等效

$\pi d^2/4$ 圆形面积对 x 轴引起的惯性矩为 $I_x = \dfrac{\pi d^4}{64}$。下面来看面积为 $(\alpha_E - 1)\rho_g \pi d^2/4$ 的圆环对 x 轴引起的惯性矩如何计算。依据图 11-3-36（b）并利用惯性矩定义可得：

$$I_x = \int y^2 \mathrm{d}A = \int_0^{2\pi} (r\sin\theta)^2 \cdot rt \, \mathrm{d}\theta$$

由于 $(\alpha_E - 1)\rho_g \pi d^2/4 = 2\pi rt$，$r = d_0/2$，而且，四个象限情况相同，因此，上式可以改写成：

$$I_x = \int_0^{2\pi} \frac{d_0^2}{4} \cdot \frac{(\alpha_E - 1)\rho_g d^2}{8} = \frac{(\alpha_E - 1)\rho_g d^2 d_0^2}{8} \int_0^{\pi/2} \sin^2\theta \, \mathrm{d}\theta$$

而

$$\int_0^{\pi/2} \sin^2\theta \, \mathrm{d}\theta = \int_0^{\pi/2} \frac{1-\cos 2\theta}{2} \mathrm{d}\theta = \int_0^{\pi} \left(\frac{1}{4} - \frac{\cos\alpha}{4}\right) \mathrm{d}\alpha = \frac{\pi}{4}$$

故面积为 $(\alpha_E - 1)\rho_g \pi d^2/4$ 的圆环对 x 轴引起的惯性矩为：

$$I_x = \frac{(\alpha_E - 1)\rho_g \pi d^2 d_0^2}{32}$$

总的换算截面引起的对 x 轴的惯性矩为：

$$I_x = \frac{\pi d^4}{64} + \frac{(\alpha_E - 1)\rho_g \pi d^2 d_0^2}{32} = \frac{\pi d^2}{64}[d^2 + 2(\alpha_E - 1)\rho_g \pi d_0^2]$$

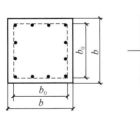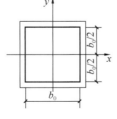

图 11-3-37 方形桩纵向钢筋的等效

将上式除以 $d/2$ 即为对截面受拉边缘的模量，也就是规范中的公式。

对于方形截面的情况，计算对 x 轴的惯性矩时，仍需要对钢筋进行连续化处理，如图 11-3-37 所示。

对上下侧的"钢条"，使用移轴公式，可得：

$$I_x = \frac{(\alpha_E - 1)\rho_g b^2}{4} \times \left(\frac{b_0^2}{2}\right) \times 2 = \frac{(\alpha_E - 1)\rho_g b^2 b_0^2}{8}$$

对左右侧的"钢条"，则是：

$$I_x = \frac{1}{12} \times \frac{(\alpha_E - 1)\rho_g b^2}{4 b_0} \times b_0^3 \times 2 = \frac{(\alpha_E - 1)\rho_g b^2 b_0^2}{24}$$

故面积为 $(\alpha_E - 1)\rho_g b^2$ 的"钢条" x 轴引起的惯性矩为：

$$I_x = \frac{(\alpha_E - 1)\rho_g b^2 b_0^2}{8} + \frac{(\alpha_E - 1)\rho_g b^2 b_0^2}{24} = \frac{(\alpha_E - 1)\rho_g b^2 b_0^2}{6}$$

总的惯性矩为上式再加上 $b^4/12$。将其除以 $b/2$，就得到规范中的公式。

根据以上分析可知，《桩规》5.7.2 条第 6 款中给出的 $I_0 = W_0 d_0/2$，理论上应是 $I_0 = W_0 d/2$。

【Q11.3.49】《桩规》公式 (5.7.3-3) 给出了群桩效应的桩相互影响效应系数 η_i 的取值，按下式计算：

$$\eta_i = \frac{\left(\dfrac{s_a}{d}\right)^{0.015n_2 + 0.45}}{0.15n_1 + 0.10n_2 + 1.9}$$

该条条文说明指出，"桩的相互影响随桩距减小，桩数增加而增大……"。可是，从公式看，相互影响系数竟随桩距的增加而增大（s_a/d 越大，η_i 越大），二者似乎矛盾。公式中的系数是不是写颠倒了？

【A11.3.49】所谓"桩相互影响效应系数"可以认为是一个"折减系数"，即，由于桩与桩的相互影响，导致单桩水平承载力降低。

桩的相互影响随桩距减小，桩数增加而增大相互影响大，这种相互影响，简单举例如下：

情况 1 为由 1000kN 降为 300kN，情况 2 为由 1000 降为 700，这时，前者的影响大。而如果用折减系数表示，则分别是 0.3×1000、0.7×1000，即前者的折减系数小。

故，当群桩的 s_a/d 越小，影响越大，折减系数 η_i 应该越小，这是与公式 (5.7.3-3) 的规律相符的，没有矛盾。

需要注意，规范中经常出现的折减系数，由于以"折减系数×基准值"作为最后结果，因此其含义是折减后剩下多少而不是相对于基准值降低了多少。

【Q11.3.50】《桩规》5.7.5 第 1 款，文字表达为"桩的水平变形系数 α (1/m)"，这是什么意思？

【A11.3.50】经分析，"1/m" 实际上是 α 的单位，因此，斜体的"m"应写成正体，表示"米"。分析过程如下：

该条规规定了水平变形系数的计算公式，为 $\alpha = \sqrt[5]{\dfrac{mb_0}{EI}}$，式中，$m$ 需要按照规范 64 页给出的表 5.7.5 确定，从表中可知，m 这一比例系数是有单位的，为"MN/m^4"。将 b_0 的单位"m"、E 的单位"MN/m^2"以及 I 的单位"m^4"代入该式，得到 α 的单位为"1/m"。

可见，使用规范的该公式时，一定要注意各个量值的单位，否则会出错。

【Q11.3.51】《桩规》72 页 5.9.2 条第 2 款提到，短向桩中心距与长向桩中心距之比 α 小于 0.5 时，应按变截面的二桩承台设计。何谓"变截面的二桩承台"？

【A11.3.51】本来为等腰三桩承台，当短向桩中心距与长向桩中心距之比小于 0.5 时，距离近的两根桩视为一根，从而成为"二桩承台"。所谓"变截面"，是说这个"二桩承台"的宽度是变化的（从俯视图可看到，宽度是变化的）。

【Q11.3.52】《桩规》5.9.7 条第 2 款给出了"受柱（墙）冲切"承载力验算公式，即公式（5.9.7-1），它和第 3 款规定的公式（5.9.7-4）在使用时有何区别？

【A11.3.52】《桩规》的公式（5.9.7-1）为：

$$F_l \leqslant \beta_{hp}\beta_0 u_m f_t h_0$$

这里给出的，是一个"基本公式"，即，避免桩基因受柱（墙）冲切破坏的"原则公式"。公式左边的荷载效应如何取值，公式右侧的结构抗力如何取值，均给出了说明。

只是，该公式右侧的 β_0、u_m 如何计算尚不够具体。

公式（5.9.7-4）以及公式（5.9.7-5）的作用，实际上是对 β_0、u_m 的进一步解释，使之更明确。

公式（5.9.7-4）用于柱下为独立承台的情况，如下：

$$F_l \leqslant 2[\beta_{0x}(b_c + a_{0y}) + \beta_{0y}(h_c + a_{0x})]\beta_{hp}f_t h_0$$

公式（5.9.7-5）用于柱下为阶形承台的情况，用于变阶处，如下：

$$F_l \leqslant 2[\beta_{1x}(b_1 + a_{1y}) + \beta_{1y}(h_1 + a_{1x})]\beta_{hp}f_t h_{10}$$

【Q11.3.53】《桩规》5.9.7 条规定，a_{0x}、a_{0y} 分别为 x、y 方向柱边至最近桩边的水平距离，但是，从图 5.9.7 上看，图中标注的 a_{0y} 并不是最近距离，如何解释？

【A11.3.53】图 5.9.7 与文字的确存在不协调。只是，从概念上讲，由于柱与第二排、第三排桩距离如此之近，不会形成冲切锥体，因此，并不对该处进行计算。

【Q11.3.54】《桩规》5.9.8 条中，对 a_{1x}、a_{1y} 的解释如下：

a_{1x}、a_{1y}——从承台底角桩顶内边缘引 45°冲切线与承台顶面相交点至角桩内边缘的水平距离；当柱（墙）边或承台变阶处位于该 45°线以内时，则取由柱（墙）边或承台变阶处与桩顶内边缘连线为冲切锥体的锥线。

其中的"45°线以内"，应怎么理解？

【A11.3.54】一般认为，冲切破坏锥体是沿 45°斜面，因此，对于图 11-3-38（a）的情况，破坏就是沿图中的 45°线；而对于图 11-3-38（b），由于 45°线延伸至柱内部，所以，破坏只能是沿桩顶内侧与柱底的连线，即 a_{1x} 应按图中取值，这就是规范所说的"45°线以内"的情况。

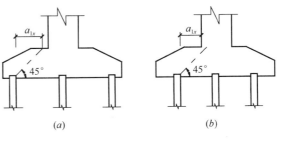

图 11-3-38　承台的冲切

【Q11.3.55】《桩规》5.9.10 条与《地基规范》8.5.21 条都是对柱下桩基独立承台斜截面承载力的验算，但是二者对 a_x、a_y 的规定却不同，如何理解？规范规定如下。

《桩规》5.9.10 条：

a_x、a_y 为柱边（墙边）或承台变阶处至 y、x 方向计算一排桩的桩边的水平距离。

《地基规范》8.5.21 条：

a_x、a_y 为柱边或承台变阶处至 x、y 方向计算一排桩的桩边的水平距离。

【A11.3.55】笔者认为，此处的斜截面承载力验算与钢筋混凝土梁的斜截面承载力验算是一样的道理，都是由于集中力作用而考虑了剪跨比的影响，二者对照，就不难理解此处的计算原理并正确取值。

具体到规范的文字表达，是这样的：通常，下角标中出现坐标轴 x、y 时，可能有两种含义，一是表示"绕"x、y 轴，例如，绕 x 轴的回转半径记作 i_x，绕 x 轴的弯矩记作 M_x；二是表示"沿"x、y 轴，例如，沿 x 轴的正应力记作 σ_x。规范此处表示距离，应是取第二种含义，据此可知，《地基规范》的表达合理。

不过，两本规范并未在图示中标注 x、y 轴，而从图上看，两本规范并无差别。这给我们以提示，尽量用图示而不是用文字来表达。

【Q11.3.56】《桩规》3.4.3 条第 1 款以及 5.4.8 条都提到了"大气影响急剧层"，这个概念规范中无解释。如何理解？

【A11.3.56】"大气影响急剧层"的概念在《膨胀土地区建筑技术规范》GB 50112—2013 中有规定。其 5.2.11～5.2.13 条规定如下：

5.2.11 土的湿度系数应根据当地 10 年以上土的含水量变化确定，无资料时，可根据当地有关气象资料按下式计算：

$$\psi_w = 1.152 - 0.726\alpha - 0.00107c$$

式中：α——当地 9 月至次年 2 月的月份蒸发力之和与全年蒸发力之比值（月平均气温小于 0℃ 的月份不统计在内）。我国部分地区蒸发力及降水量的参考值可按本规范附录 H 取值；

c——全年中干燥度大于 1.0 且月平均气温大于 0℃ 月份的蒸发力与降水量差值之总和（mm），干燥度为蒸发力与降水量之比值。

5.2.12 大气影响深度应由各气候区的深层变形观测或含水量观测及地温观测资料确定；无资料时，可按表 5.2.12 采用。

大气影响深度（m）　　　　　　　　　　　　　　　　　　表 5.2.12

土的湿度系数 ψ_w	大气影响深度 d_a
0.6	5.0
0.7	4.0
0.8	3.5
0.9	3.0

5.2.13 大气影响急剧层深度，可按本规范表 5.2.12 中的大气影响深度值乘以 0.45 采用。

【Q11.3.57】《桩规》5.3.6 条所谓的"大直径桩"，是怎样的情况？

【A11.3.57】从桩规表 5.3.6-2 可知，以直径为 800mm 作为分界，超出该值视为"大直径"，需要对桩的承载力折减。

【Q11.3.58】《地基处理规范》3.0.4 条指出，经处理后的地基，当按地基承载力确定基础底面积及埋深而需要对本规范规定的地基承载力特征值进行修正时，除大面积压实填土地基，基础宽度的地基承载力修正系数应取零，基础埋深的地基承载力修正系数应取

1.0。这是不是说，4.2.2 条中用到的 f_{az} 在利用《地基规范》公式 5.2.4 计算时，应取 $\eta_b=0$，$\eta_d=1.0$？我看到有些资料不是这样做的。

【A11.3.58】笔者认为，4.2.2 条中用到的 f_{az} 应取 $\eta_b=0$，$\eta_d=1.0$ 计算。

【Q11.3.59】对于换填垫层法，《地基处理规范》的 4.2.1 条规定应满足 $p_z+p_{cz} \leqslant f_{az}$，$p_{cz}$ 解释为"垫层底面处土的自重压力值"，请问，p_{cz} 应按照换填前的土层计算还是换填后的土层计算？

【A11.3.59】笔者认为，这个问题可按下述理解：

（1）从概念上讲，"自重压力值"应按照原状土层求得。高大钊《土力学与岩土工程师——岩土工程疑难问题答疑笔记整理之一》（人民交通出版社，2008）280 页在讲到"自重压力值"时指出："在附加应力和自重应力相加时，这个自重应力是表示土层的常驻应力，即在工程尚未施工时在该处已经存在的应力，与是否设置地下室没有任何关系，总是从自然地面算起的"。

在《地基规范》的 5.2.7 条，计算软弱下卧层顶面处的附加压力值时，要用到基础底面的附加压力，即基底处外荷载与基础自重、基础上部土重引起的压力之和，减去基底处土的自重压力，公式表达为 p_k-p_c，p_c 按照原状土层的重度求得。

（2）规范此处如果严格按照自重压力的定义操作，会导致一个问题：当换填垫层材料的重度大于原土层重度时，会有额外的附加应力产生，而此部分"额外的附加应力"在公式中又找不到合适的位置添加进去。基于此，周景星等编写的《基础工程》（第 3 版，清华大学出版社，2016）在 232 页指出 p_{cz} 应按照垫层材料及垫层以上回填土料的容重计算。《注册土木工程师（岩土）执业资格考试专业考试复习教程》（第二版，人民交通出版社，2004）的 306 页，对 p_{cz} 的解释是"垫层底面处回填土和垫层的自重压力值"。

（3）需要提及的是，《全国注册岩土工程师专业考试模拟训练题集》（于海峰，华中科技大学出版社，2006）416 页给出的例题 2 以及 417 页给出的例题 3 均按照原状土计算 p_{cz}。但是，在 418 页对例题 3 的解释特别提到"该例题中垫层重度大于地基土重度，计算垫层底面处附加应力时应考虑其影响，另外，如果垫层顶面高于原地面，亦应考虑其附加荷载的影响"。

【Q11.3.60】《建筑地基处理规范》JGJ 79—2012 的 5.2.7 条，堆载预压地基的平均固结度计算时，查表 5.2.7 需要区分"竖向排水固结"和"向内径向排水固结"，二者如何区分？

【A11.3.60】由《地基处理手册（第三版）》（龚晓南）的 P79 知，理想井排水条件固结度计算时，当竖井为等边三角形排列时，一个井的有效排水范围为正六边形柱体，正方形排列时是正方形柱体。为简化起见，上述土柱用等面积的圆柱体来替代。如以圆柱坐标表示，设任意点（r，z）处的孔隙水压力为 u，则固结微分方程为：

$$\frac{\partial u}{\partial t}=C_v\left(\frac{\partial^2 u}{\partial r^2}+\frac{1}{r}\cdot\frac{\partial u}{\partial r}+\frac{\partial^2 u}{\partial z^2}\right)$$

当水平向渗透系数 k_h 和竖向渗透系数 k_v 不等时，则上式可改写为：

$$\frac{\partial u}{\partial t}=C_v\frac{\partial^2 u}{\partial z^2}+C_h\left(\frac{\partial^2 u}{\partial r^2}+\frac{1}{r}\cdot\frac{\partial u}{\partial r}\right)$$

根据边界条件,直接对于上式进行求解是困难的,A. B. Newman (1931) 和 N. Garrillo (1942) 已证明可以采用分离变量法求解,即上式可以分解为。

$$\frac{\partial u_z}{\partial t} = C_v \frac{\partial^2 u}{\partial z^2}$$

$$\frac{\partial u_r}{\partial t} = C_h \left(\frac{\partial^2 u}{\partial r^2} + \frac{1}{r} \cdot \frac{\partial u}{\partial r} \right)$$

上式为竖向固结和径向固结两个微分方程,可根据边界条件得到竖向排水平均固结度($\overline{U_z}$)和径向排水平均固结度($\overline{U_r}$)。总的平均固结度按下式计算:

$$\overline{U_{rz}} = 1 - (1 - \overline{U_z})(1 - \overline{U_r})$$

规范 5.2.7 条中,总的平均固结度记作 $\overline{U_t}$。通常,考虑竖向和径向两个方向的固结,即查表 5.2.7 的第 4 列。特殊情况,若仅考虑竖向或径向固结会在题目中说明。

【Q11.3.61】《地基处理规范》**7.1.5 条给出了面积置换率的公式 $m = d^2/d_e^2$,等效直径 d_e 与桩孔中心距 s 的关系式:三角形布置时 $d_e = 1.05s$;正方形布置时 $d_e = 1.13s$,如何理解?**

【A11.3.61】在加固区域内,桩常常按等边三角形或正方形布置,如图 11-3-39 所示。所谓"面积置换率",是指桩的截面面积与所分担处理的区域面积的比值。

对于图 11-3-39（a）的情况,每根桩所控制的区域为六角形,图中 D 点为 AB 连线的中点,该六边形的边长为 $2 \times \frac{s}{2} \tan 30° = \frac{\sqrt{3}}{3}s$。于是,该六边形的面积（规范中记作 A_e）为

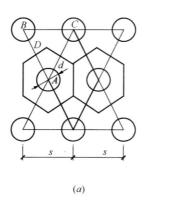
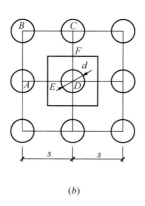

(a)　　　　　　　　(b)

图 11-3-39　等效直径计算示意

$$A_e = 6 \times \frac{\frac{\sqrt{3}}{3}s \times \frac{s}{2}}{2} = \frac{\sqrt{3}}{2}s^2$$

可见,此时,有

$$s = \sqrt{\frac{2A_e}{\sqrt{3}}} = 1.08\sqrt{A_e}$$

由于桩截面一般为圆形,为了方便比较,将上式中的 A_e 表示为等效直径 d_e 的形式,则有

$$d_e = 1.05s$$

对于图 11-3-39（b）的情况,用类似方法可解出 $s = \sqrt{A_e}$,记作 $d_e = 1.13s$。

需要指出的是，规范 7.9 节规定了多桩型复合地基的承载力特征值，其本质相当于"叠加"，因此，计算桩 1 的面积置换率时，可视为仅有桩 1（无视其他桩）存在。

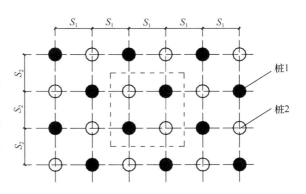

图 11-3-40 多桩型复合地基矩形布桩

当按照矩形布桩时，如图 11-3-40 所示，取图中虚线所围成的区域，可求得桩 1、桩 2 的置换率分别为

$$m_1 = \frac{2A_{p1}}{2s_1 \times 2s_2} = \frac{A_{p1}}{2s_1 s_2}$$

$$m_2 = \frac{2A_{p2}}{2s_1 \times 2s_2} = \frac{A_{p2}}{2s_1 s_2}$$

注意，正是因为二者为叠加的关系，故以上计算时并未将分母取为虚线所围成区域的一半（尽管此区域有桩 1 和桩 2 两个类型）。

对于三角形布桩，如图 11-3-41 所示，规范指出，"三角形布桩且 $s_1 = s_2$ 时，$m_1 = \frac{A_{p1}}{2s_1^2}$，$m_2 = \frac{A_{p2}}{2s_1^2}$"有误，应为"三角形布桩且 $s_1 = s_2$ 时，$m_1 = \frac{A_{p1}}{s_1^2}$，$m_2 = \frac{A_{p2}}{s_1^2}$"，因为，图中虚线围成的面积为 $2s_1^2$，而桩 1、桩 2 均为 2 根。

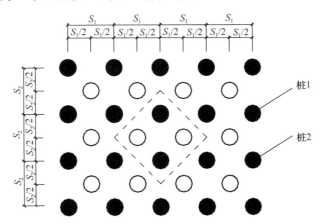

图 11-3-41 多桩型复合地基三角形布桩

【Q11.3.62】《地基处理规范》7.3.3 条第 3 款规定："桩端端阻力特征值，可取桩端土未修正的地基承载力特征值，并应满足式（7.3.3）的要求，应使由桩身材料强度确定的单桩承载力不小于由桩周土和桩端土的抗力所提供的单桩承载力"，似乎不通顺，如何理解？

【A11.3.62】 结合 2002 版的《地基处理规范》，笔者认为，第 3 款表达的意思如下：

初步设计时，单桩竖向承载力特征值按照下式估算：

$$R_a = u_p \sum_{i=1}^{n} q_{si} l_{pi} + \alpha_p q_p A_p \tag{11-3-6}$$

式中，α_p 为桩端端阻力发挥系数，可取为 0.4~0.6；q_p 为桩端端阻力特征值，可取为桩端土未修正的地基承载力特征值 f_{ak}。

除此之外，单桩竖向承载力特征值还要按照桩身材料强度由下式算出：

$$R_a = \eta f_{cu} A_p \qquad (11\text{-}3\text{-}7)$$

按式（11-3-7）求得的 R_a 应大于等于按式（11-3-6）求得的 R_a。

【Q11.3.63】《抗规》4.1.4 条是关于建筑场地覆盖层厚度的确定，有以下疑问：

(1) 该条共 4 款，应如何执行？下面的两种执行程序哪一个正确？覆盖层厚度记作 d。

① 先执行第 2 款。假如得到了 d，则不再执行第 1 款，直接执行第 3、4 款；假如未得到 d，则执行第 1 款，最后执行第 3、4 款。

② 同时执行第 1 款和第 2 款，取二者的较大者作为 d，然后执行第 3、4 款。

(2) 假如存在两个以上的中间土层满足第 2 款，那么如何确定场地覆盖层厚度 d？我认为是，场地覆盖层厚度 d 越大对抗震越不利，故取两者的较大者。

(3) "火山岩硬夹层"如何理解？我认为应既是"火山岩"又是"硬夹层"。钱晓倩《土木工程材料》中，把岩石分为岩浆岩（又称火成岩）、沉积岩、变质岩三种，岩浆岩又细分为深成岩、喷出岩、火山岩三种。"硬夹层"如何理解？是不是剪切波速大于 500m/s 才能算做"硬夹层"？

【A11.3.63】对于问题（1）：

首先执行第 2 款，看是否符合这一特殊情况，不符合则按照第 1 款（一般的情况）来考虑。注意，遇到剪切波速大于 500m/s 的情况，要区分这是由土层引起还是由孤石、透镜体引起（孤石、透镜体导致的剪切波速大于 500m/s 不被考虑）。

以上确定的建筑场地覆盖层厚度还要扣除其中的火山岩硬夹层厚度。

对于问题（2）：

不同意您的认识。笔者认为，应从地面向下逐个土层判断，遇到第一个符合条件的就停止。

对于问题（3）：

笔者尚未见到相关的资料。个人理解，这里的"火山岩"应该就是岩浆喷发所形成的"火成岩"。"硬夹层"应该没有剪切波速的要求。

【Q11.3.64】《抗规》4.3.3 第 3 款提到"上覆非液化土层厚度"。假定某土层由 4.3.3 条第 1~3 款判别，还是不能确定该土层是否液化，从而无法得到上覆非液化土层厚度，此时，是不是要根据 4.3.4 条判别？4.3.3 条为初步判断，4.3.4 条为细部判断，根据 4.3.4 条判别 4.3.3 第 3 款的"上覆非液化土层厚度"，又似乎不妥。这种情况如何处理？

【A11.3.64】我认为这里的关键并不是确定"上覆非液化土层厚度"，而是这样的思路：

通过 4.3.3 条初步判别是否液化，若液化，则利用 4.3.4 条、4.3.5 条确定液化等级，从而能够依据液化等级（轻微、中等、严重）采取对应措施。

【Q11.3.65】如何理解《抗规》4.3 节液化土和软土地基？另外，4.3.5 条中，对 W_i 的取值说的好像有点乱，如何理解才正确？

【A11.3.65】笔者认为应从以下几点把握：

(1) 液化的概念。场地或地基内的松或较松饱和无黏性土和少黏性土受动力作用，体积有缩小的趋势，若土中水不能及时排出，就表现为孔隙水压力的升高。当孔隙水压力累积到等于土层的上覆压力时，粒间没有有效压力，土丧失抗剪强度，这时若稍微受剪切作用即发生黏滞性流动，称为"液化"。

（2）规范 4.3.2 条规定，存在饱和砂土和粉土（不含黄土）的地基，除 6 度设防外，应进行液化判断。4.3.3 条为初判；4.3.4 条为细判；初判与细判均是针对土层柱状内一点，判定土层液化的危害程度要用 4.3.5 条；4.3.6 条给出抗液化措施；4.3.7、4.3.8 条给出措施的要求；4.3.9 条给出减轻液化影响的原则。

（3）4.3.5 条在计算液化指数时用到 W_i，W_i 为反映第 i 个液化土层层位影响的权函数。规范中 W_i 取值以文字叙述，不够简明，今参照周景星《基础工程》（第 3 版，清华大学出版社，2016）中的图示，将 W_i 的取值表示为图 11-3-42。另外注意，应取层厚中点处对应的权函数值。

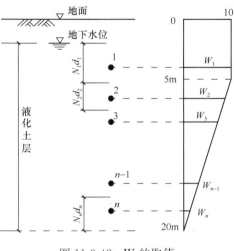

图 11-3-42 W_i 的取值

下面给出一个计算液化指数的例题以加深理解，该算例来源于《建筑抗震设计规范算例》一书，原书依据 2001 版《抗规》解题，今重新按照 2010 版《抗规》解答。

某高层建筑，地上 24 层地下 2 层，基础埋深 7.0m，设防烈度为 8 度，设计地震分组为第一组，设计基本加速度 $0.2g$，工程场地近年高水位深度为 2.0m，地层岩性及野外原位测试和室内试验数据见表 11-3-11。

地层分布和标准贯入试验测试值 表 11-3-11

岩土名称	地层深度(m)	标准贯入点中点深度(m)	标准锤击数 $N_{63.5}$	黏粒含量(%)
粉质黏土	3.0			
砂质粉土	7.5	3.5	7	6
		5.0	8	5
		6.5	8	6
细　砂	12.0	8.5	16	
		10.0	18	
		11.5	19	
粉　砂	19.0	12.5	19	
		14.0	20	
		15.5	21	
		17.5	21	
黏　土	20.0			

要求：（1）判断各土层是否液化；（2）计算液化层最大深度；（3）计算液化指数；（4）判断液化严重程度。

解：依据 2010 版《抗规》的 4.3.4 条解答，计算过程示于表 11-3-12。

11 地 基 基 础

土层液化判断与权函数 W_i　　表 11-3-12

层序号	1	2	3	4	5	6	7	8	9	10
d_s	3.5	5.0	6.5	8.5	10.0	11.5	12.5	14.0	15.5	17.5
标准贯入锤击数临界值 N_{cr}	7.34	9.70	10.09	16.20	17.42	18.51	19.17	20.09	20.92	21.94
标准贯入锤击数实测值 $N_{63.5}$	7	8	8	16	18	19	19	20	21	21
是否液化	液化	液化	液化	液化	不液化	不液化	液化	液化	不液化	液化
代表土层上界(m)	3.0	4.25	5.75	7.5	—	—	12.0	13.25	—	16.5
代表土层下界(m)	4.25	5.75	7.5	9.25	—	—	13.25	14.75	—	19
代表土层厚度(m)	1.25	1.5	1.75	1.75	—	—	1.25	1.5	—	2.5
代表土层中点深度(m)	3.625	5.0	6.625	8.375	—	—	12.625	14.0	—	17.75
W_i	10	10	8.92	7.75	—	—	4.92	4.00	—	1.50

计算过程说明：

(1) 表中 N_{cr} 的计算公式为：

$$N_{cr}=N_0\beta\left[\ln(0.6d_s+1.5)-0.1d_w\right]\sqrt{3/\rho_c}$$

式中，8度(0.2g)，故取 $N_0=12$；地震分组为第一组，故 $\beta=0.8$；$d_w=2.0$。对于砂土，取 $\rho_c=3$。

(2) $N_{63.5}\leqslant N_{cr}$ 时判定为液化。

(3) 对于土层1，其代表土层上界为 3.0m，代表土层下界为 $3.5+(5.0-3.5)/2=4.25$m，代表土层厚度为 $4.25-3.0=1.25$m，代表土层中点深度为 $3.0+1.25/2=3.625$m。其余土层相应数值可以据此类推。

(4) 权函数 W_i 按下式计算：

$d'_s\leqslant 5$ 时，$W_i=10$；$5<d'_s\leqslant 20$ 时，$W_i=\dfrac{10}{20-5}\times(20-d'_s)=\dfrac{2\times(20-d'_s)}{3}$。

式中，d'_s 为土层厚度中点的深度。

根据表中"是否液化"一行可见，液化层为地面至黏土层顶面，故液化层最大深度为 19m。

液化指数：

$$I_{lE}=\sum_{i=1}^{n}\left(1-\frac{N_i}{N_{cri}}\right)d_iW_i$$

$$=\left[\left(1-\frac{7}{7.34}\right)\times 1.25\times 10\right]+\left[\left(1-\frac{8}{9.70}\right)\times 1.5\times 10\right]+\left[\left(1-\frac{8}{10.09}\right)\times 1.75\times 8.92\right]$$

$$+\left[\left(1-\frac{16}{16.20}\right)\times 1.75\times 7.75\right]+\left[\left(1-\frac{19}{19.17}\right)\times 1.25\times 4.92\right]+\left[\left(1-\frac{20}{20.09}\right)\times 1.5\times 4.0\right]$$

$$+\left[\left(1-\frac{21}{21.94}\right)\times 2.5\times 1.50\right]$$

$$=6.85$$

依据《抗规》的表 4.3.5，$6<I_{lE}=6.85<18$，应判定为中等液化。

【Q11.3.66】《抗规》**4.4.2 条第 2 款**中提到"可由承台正面填土与桩共同承担水平地震作用"，是指《桩规》**5.2.5 条**考虑承台效应的复合基桩竖向承载力特征值计算公式？

【A11.3.66】由于是承受水平地震作用，所以，应是依据《桩规》附录 C 计算。

【Q11.3.67】《地基基础》附录 E 给出了 n 组三轴压缩试验结果某一个指标的标准差计算公式，如下：

$$\sigma=\sqrt{\frac{\sum_{i=1}^{n}\mu_i^2-n\mu^2}{n-1}}$$

然而，在数学上，标准差的计算公式是

$$\sigma=\sqrt{\frac{\sum_{i=1}^{n}(x_i-\bar{x})^2}{n-1}}$$

如何理解？

【A11.3.67】可以取一组数据来比较。

假定这组数据为 1~10 共 10 个数值，则平均值为 5.5，由《地基规范》给出的公式计算，得到 $\sigma=3.0277$，用数学上的公式计算，得到 $\sigma=3.0277$，二者相等。

实际上，可以做以下推导：

$$\sum_{i=1}^{n}(x_i-\bar{x})^2=\sum_{i=1}^{n}(x_i^2-2x_i\bar{x}+\bar{x}^2)$$

$$=\sum_{i=1}^{n}x_i^2-2\sum x_i\bar{x}+n\bar{x}^2$$

$$=\sum_{i=1}^{n}x_i^2-2n\bar{x}\,\bar{x}+n\bar{x}^2$$

$$=\sum_{i=1}^{n}x_i^2-n\bar{x}^2$$

可见，两种写法本质上是相同的。

12 高层建筑结构

12.1 试题

题 1~4

某城市郊区有一 30 层的一般钢筋混凝土高层建筑，如图 12-1-1 所示。地面以上高度为 100m，迎风面宽度为 25m，按 50 年重现期的风压值为 0.50kN/m²，按 100 年重现期的风压值为 0.55kN/m²，风荷载体型系数为 1.3。

1. 假定结构基本自振周期 $T_1 = 1.8s$，试问，当用于承载力设计时，高度 80m 处的风振系数与下列何项数值最为接近？

A. 1.276   B. 1.315
C. 1.381   D. 1.441

2. 试问，高度 100m 处幕墙的风荷载标准值（kN/m²），与下列何项数值最为接近？

A. 1.60   B. 1.80
C. 1.98   D. 2.50

3. 假定作用于 100m 高度处的风荷载标准值 $w_k = 2.0 \text{kN/m}^2$，又已知突出屋面小塔楼的风剪力标准值 $\Delta P_n = 500 \text{kN}$ 及弯矩标准值 $\Delta M_n = 2000 \text{kN} \cdot \text{m}$ 作用于 100m 高度的屋面处。设风压沿高度的变化为倒三角形（地面处为零）。试问，在地面（z = 0）处，风荷载产生的倾覆力矩的设计值（kN·m），与下列何项数值最为接近？

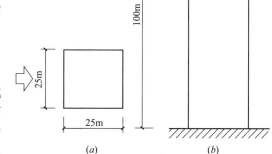

图 12-1-1
(a)建筑平面图；(b)建筑立面图

A. 218760   B. 123333
C. 303333   D. 306133

4. 若该建筑物位于高度为 45m 的山坡顶部，如图 12-1-2 所示，试问，建筑顶面 D 处的风压高度变化系数 μ_z，与下列何项数值最为接近？

A. 1.997   B. 2.290
C. 2.351   D. 2.616

题 5~8

某 6 层框架结构，如图 12-1-3 所示。抗震设防烈度为 8 度，设计基本地震加速度为 0.20g，设计地震分组为第二组，场地类别为 Ⅲ 类。集中在屋盖和楼盖处的重力荷载代表值

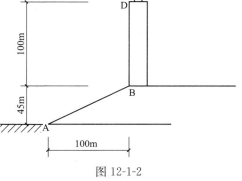

图 12-1-2

为 $G_6=4800\text{kN}$，$G_{2\sim5}=6000\text{kN}$，$G_1=7000\text{kN}$。采用底部剪力法计算。

5. 假定结构基本自振周期 $T_1=0.7\text{s}$，结构阻尼比 $\zeta=0.05$，试问，结构总水平地震作用标准值 F_{Ek}（kN），与下列何项数值最为接近？

A. 2492　　　　　　B. 3271
C. 3919　　　　　　D. 4555

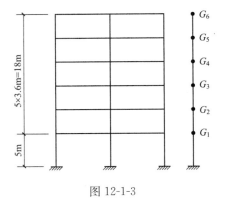

图 12-1-3

6. 若该框架为钢筋混凝土结构，结构的基本自振周期 $T_1=0.8\text{s}$，总水平地震作用标准值 $F_{Ek}=3475\text{kN}$，试问，作用于顶部附加水平地震作用 ΔF_6（kN），与下列何项数值最为接近？

A. 153　　　　B. 257　　　　C. 466　　　　D. 525

7. 若已知总水平地震作用标准值 $F_{Ek}=3126\text{kN}$，顶部附加水平地震作用 $\Delta F_6=256\text{kN}$。试问，作用于 G_5 处的地震作用标准值 F_5（kN），与下列何项数值最为接近？

A. 565　　　　B. 694　　　　C. 466　　　　D. 525

8. 若该框架为钢结构，结构的基本自振周期 $T_1=1.2\text{s}$，结构阻尼比 $\zeta=0.035$，其他数据不变。试问，结构总水平地震作用标准值 F_{Ek}（kN），与下列何项数值最为接近？

A. 2410　　　　B. 2610　　　　C. 2840　　　　D. 3140

题 9～12

某钢筋混凝土高层框架结构，如图 12-1-4 所示，抗震等级为二级，底部一二层梁截面高度为 0.6m，柱截面 0.6m×0.6m。已知在重力荷载和地震作用组合下，内力调整前节点 B 和柱 DB、梁 BC 的弯矩设计值（kN）如图所示。柱 DB 的轴压比为 0.75。

提示：依据《高层建筑混凝土结构技术规程》JGJ 3—2010 作答。

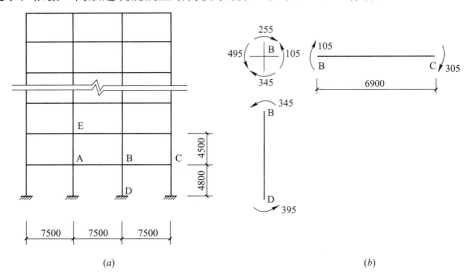

图 12-1-4

9. 试问，抗震设计时，柱 DB 柱端 B 的弯矩设计值（kN），与下列何项数值最为接近？

A. 345　　　　B. 360　　　　C. 414　　　　D. 518

10. 假定柱 AE 在重力荷载和地震作用组合下，柱上、下端的弯矩设计值分别为 $M_c^t = 298\text{kN}\cdot\text{m}$ (↺)，$M_c^b = 306\text{kN}\cdot\text{m}$ (↺)。试问，抗震设计时，柱 AE 端部截面的剪力设计值（kN），与下列何项数值最为接近？

   A. 161　　　　　B. 171　　　　　C. 186　　　　　D. 201

11. 假定框架梁 BC 在考虑地震作用组合的重力荷载代表值作用下，按简支梁分析的梁端截面剪力设计值 $V_{Gb} = 135\text{kN}$。试问，该框架梁端部截面组合的剪力设计值（kN），与下列何项数值最为接近？

   A. 194　　　　　B. 200　　　　　C. 206　　　　　D. 212

12. 假定框架梁的混凝土强度等级为 C40，梁箍筋采用 HPB300 级钢筋。试问，沿梁全长箍筋的面积配筋百分率 ρ_{sv}（%）的下限值，与下列何项数值最为接近？

   A. 0.177　　　　B. 0.212　　　　C. 0.228　　　　D. 0.244

题 13. 某 20 层的钢筋混凝土框架—剪力墙结构，总高为 75m，第 1 层的重力荷载设计值为 7300kN，第 2~19 层为 6500kN，第 20 层为 5100kN。试问，当结构主轴方向的弹性等效侧向刚度（$\times 10^6 \text{kN}\cdot\text{m}^2$）的最低值满足下列何项数值时，在水平作用下，可不考虑重力二阶效应的不利影响？

   A. 1019　　　　　B. 1638　　　　　C. 1966　　　　　D. 2359

题 14. 在正常使用条件下的下列结构中，以下何者对于层间最大位移与层高之比限值的要求最严格？

   A. 高度为 70m 的框架结构　　　　　B. 高度为 180m 的剪力墙结构
   C. 高度为 160m 的框架核心筒结构　　D. 高度为 175m 的筒中筒结构

题 15. 某住宅建筑为地下 2 层、地上 26 层的含有部分框支剪力墙的剪力墙结构，总高 95.4m，一层层高为 5.4m，其余各层层高为 3.6m，转换梁顶面标高为 5.400，剪力墙抗震等级为二级。试问，剪力墙的约束边缘构件至少应做到下列何层楼面处为止？

   A. 二层楼面，即标高 5.100 处　　　　B. 三层楼面，即标高 9.000 处
   C. 四层楼面，即标高 12.600 处　　　 D. 五层楼面，即标高 16.200 处

题 16~18

有密集建筑群的城市市区中的某建筑，地上 28 层，地下 1 层，为一般框架-核心筒混凝土高层，抗震设防烈度为 7 级，该建筑质量沿高度比较均匀，平面为切角正三角形，如图 12-1-5 所示。

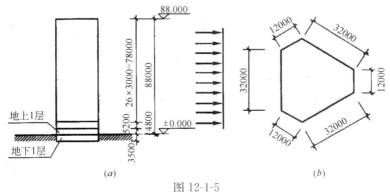

图 12-1-5
(a) 建筑立面示意图；(b) 建筑平面示意图

16. 风荷载作用方向见图 12-1-5，风荷载 q_k 沿高度呈倒三角分布，$q_k = \sum(\mu_{si} B_i)\beta_z \mu_z w_0$，式中 i 为 6 个风荷载作用面的序号，B 为每个面宽度在风荷载作用方向的投影。试问，$\sum(\mu_{si} B_i)$ 值（m）与下列何值最为接近？

提示：按《建筑结构荷载规范》GB 50009—2012 作答。

A. 36.8　　　　　　　　　　B. 42.2
C. 57.2　　　　　　　　　　D. 52.8

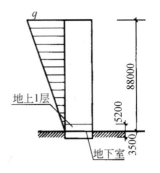

17. 假定风荷载沿高度呈倒三角分布，地面处为零，屋顶处风荷载设计值 $q=134.7$ kN/m，如图 12-1-6 所示，地下室混凝土剪变模量与折算受剪截面面积乘积 $G_0 A_0 = 19.76 \times 10^6$ kN，地上一层 $G_1 A_1 = 17.176 \times 10^6$ kN。试问，风荷载在该建筑物结构计算模型的嵌固端处产生的倾覆力矩设计值（kN·m），最接近以下何项数值？

图 12-1-6

提示：侧向刚度比可近似按楼层等效剪切刚度比计算。

A. 260779　　B. 347706　　C. 368449　　D. 389708

18. 假定外围框架结构的部分柱在底层不连续，形成带转换层的结构，且该建筑的结构计算模型底部的嵌固端在±0.000 处。试问，剪力墙底部需加强部位的高度（m），与下列何项数值最为接近？

A. 5.2　　　B. 10　　　C. 11　　　D. 13

题 19~21

某 18 层一般现浇钢筋混凝土框架结构，环境类别为一类，抗震等级为二级，框架局部梁柱配筋见图 12-1-7。梁、柱混凝土等级均采用 C30，钢筋采用 HRB335（Φ）、HPB300（φ）。

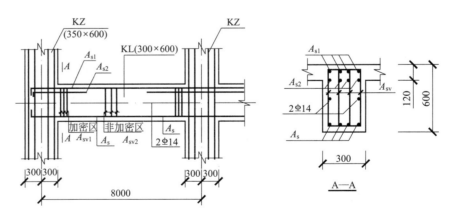

图 12-1-7

19. 关于梁端纵向钢筋的设置，试问，下列何组配筋符合相关规定要求？

提示：不要求验算计入受压筋作用的梁端截面混凝土受压区高度与有效高度之比。

A. $A_{s1} = A_{s2} = 4\Phi 25$，$A_s = 4\Phi 20$
B. $A_{s1} = A_{s2} = 4\Phi 25$，$A_s = 4\Phi 18$
C. $A_{s1} = A_{s2} = 4\Phi 25$，$A_s = 4\Phi 16$
D. $A_{s1} = A_{s2} = 4\Phi 28$，$A_s = 4\Phi 28$

20. 假设梁端上部纵筋为 8Φ25，下部为 4Φ25，试问，关于箍筋设置，以下何组最接近规范、规程的要求？

   A. $A_{sv1}=4\Phi10@100$，$A_{sv2}=4\Phi10@200$
   B. $A_{sv1}=4\Phi10@150$，$A_{sv2}=4\Phi10@200$
   C. $A_{sv1}=4\Phi8@100$，$A_{sv2}=4\Phi8@200$
   D. $A_{sv1}=4\Phi8@150$，$A_{sv2}=4\Phi8@200$

21. 假设该建筑物在Ⅳ类场地，其角柱纵向钢筋的配置如图 12-1-8 所示。试问，当该柱考虑地震组合下产生小偏心受拉时，下列在柱中配置的纵向钢筋，何项满足规范、规程的最低要求且最经济？

   A. 10Φ14 B. 10Φ16
   C. 10Φ18 D. 10Φ20

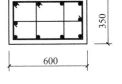

图 12-1-8

题 22～24

某 11 层住宅，钢框架结构，质量、刚度沿高度基本均匀，各层层高如图 12-1-9 所示，抗震设防烈度为 7 度（0.10g），场地类别为Ⅱ类，设计地震分组为第二组。

提示：按《建筑抗震设计规范》GB 50011—2010 答题。

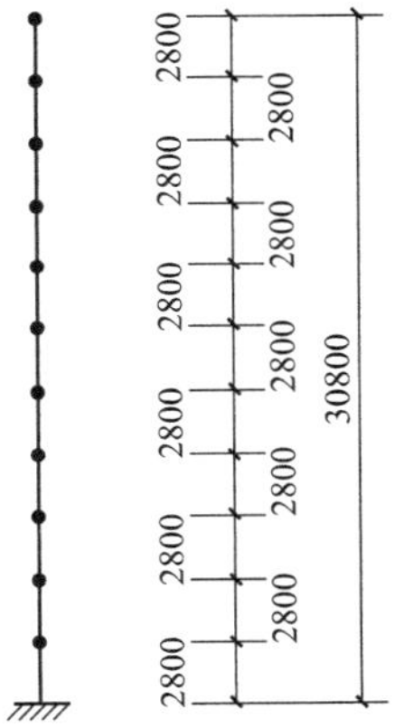

22. 假定已经求得水平地震影响系数 $\alpha_1=0.034$，并已知屋面恒荷载标准值为 4300kN，等效活荷载标准值为 480kN，雪荷载标准值为 160kN；各层楼盖处恒荷载标准值为 4100kN，等效活荷载标准值为 550kN。试问，按底部剪力法得到的结构总水平地震作用标准值 F_{Ek}（kN），与下列何值最为相近？

   A. 1690 B. 1590
   C. 1490 D. 1390

23. 假定屋盖和楼盖处重力荷载代表值均为 G，与结构总水平地震作用等效的底部剪力标准值 $F_{Ek}=10000$kN，基本自振周期 $T_1=1.1$s，试问，屋顶总水平地震作用标准值（kN），与下列何值最为相近？

   A. 3000 B. 2480 C. 1600 D. 1400

图 12-1-9

24. 假定框架钢材采用 Q345，某梁柱节点构造如图 12-1-10 所示，试问，柱在节点域满足规程要求的腹板最小厚度 t_w（mm），与下列何值相近？

   A. 10 B. 12 C. 16 D. 18

题 25. 某 18 层钢筋混凝土框架-剪力墙结构，房屋高度为 58m，7 度设防，丙类建筑，场地Ⅱ类。试问，下列关于框架、剪力墙抗震等级的确定，其中何项正确？

   A. 框架三级，剪力墙二级 B. 框架三级，剪力墙三级
   C. 框架二级，剪力墙二级 D. 无法确定

题 26. 钢筋混凝土框架结构，一类环境，抗震等级为二级，混凝土为 C30，中间层中间节点配筋如图 12-1-11 所示。试问，下列何项梁截面纵筋布置符合有关规范、规程的要求？

   A. 3Φ25 B. 3Φ22
   C. 3Φ20 D. 以上三种均符合要求

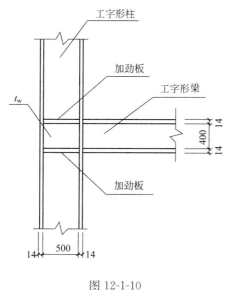

图 12-1-10

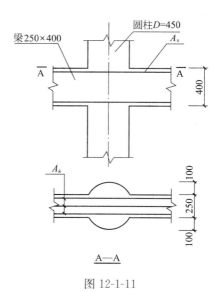

图 12-1-11

题 27. 某钢筋混凝土烟囱，如图 12-1-12 所示，设防烈度为 8 度，设计基本地震加速度为 0.2g，设计地震分组为第一组，场地类别为Ⅱ类。试问，对应于烟囱基本自振周期的水平地震影响系数，与下列何项数值最为接近？

A. 0.059 B. 0.051 C. 0.047 D. 0.035

题 28. 假设某一字形剪力墙如图 12-1-13 所示，层高 5m，C35 混凝土，顶部作用的垂直荷载设计值 $q=3400$kN/m，试问，满足墙体稳定所需的厚度 t（mm），与下面何项数值接近？

A. 250 B. 300 C. 350 D. 400

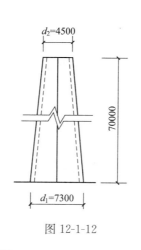

图 12-1-12

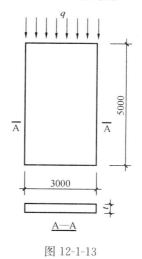

图 12-1-13

题 29~33

某大底盘单塔楼高层建筑，主楼为钢筋混凝土框架-核心筒，与主楼连为整体的裙楼为混凝土框架结构，如图 12-1-14 所示；本地区抗震设防烈度为 7 度，建筑场地为Ⅱ类。

29. 假定裙房的面积、刚度相对于其上部塔楼的面积和刚度较大时，试问，该房屋主楼的高宽比取值，应最接近于下列何项数值？

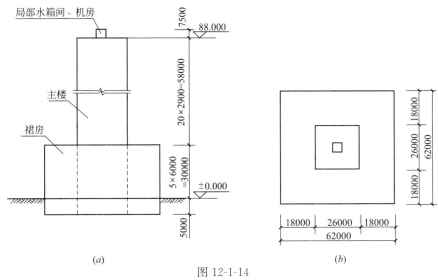

图 12-1-14
(a)建筑立面示意图；(b)建筑平面示意图

A．1.4　　　　B．2.2　　　　C．3.4　　　　D．3.7

30．假定该房屋为乙类建筑，试问，裙房框架结构相关范围用于抗震措施的抗震等级，应如下列何项所示？

A．一级　　　　B．二级　　　　C．三级　　　　D．四级

31．假定该建筑的抗震设防类别为丙类，第13层（标高为50.3～53.2m）采用的混凝土强度等级为C30，钢筋采用HRB335（Φ）及HPB300（φ），核心筒角部边缘构件需配置纵向钢筋的范围内配置12根等直径的纵向钢筋，如图12-1-15所示。下列何项数值中的纵向配筋最接近且符合规程中的构造要求？

A．12Φ12　　　B．12Φ14　　　C．12Φ16　　　D．12Φ18

32．假定该建筑5层以上为普通住宅，1～5层均为商场，其营业面积为12000m²；裙房为现浇框架，混凝土强度等级为C35，钢筋采用HRB400（Φ）及HPB300（φ），裙房中的中柱纵向钢筋的配置如图12-1-16所示。试问，当等直径纵向钢筋为12根时，其配置为下列何项数值时，才最满足、最接近规程中对全截面纵筋的构造要求？

提示：该中柱处于主楼的相关范围内。

A．12Φ14　　　B．12Φ16　　　C．12Φ18　　　D．12Φ20

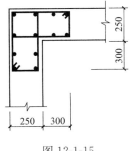

图 12-1-15

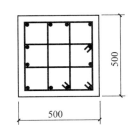

图 12-1-16

33．条件同上题，柱配筋方式见图12-1-16。假定柱剪跨比λ＞2，柱轴压比为0.70；

纵向钢筋为 12Φ22，混凝土保护层厚度 $c=30$mm。试问，柱加密区配置的复合箍筋直径、间距应为下列何项数值时，才最满足规程中的构造要求？

A. Φ8@100　　B. Φ10@100　　C. Φ12@100　　D. Φ14@100

题 34. 某框架结构，抗震等级为一级，混凝土强度等级为 C30，钢筋采用 HRB335（Φ）及 HPB300（φ）。框架梁 $h_0=340$mm，其局部配筋如图 12-1-17 所示。根据梁截面底面和顶面纵向钢筋截面面积的比值及截面受压区高度，试问，下列梁端纵向钢筋的配置何项是正确的？

A. $A_{s1}=3\Phi25$，$A_{s2}=2\Phi25$　　B. $A_{s1}=3\Phi25$，$A_{s2}=2\Phi20$

C. $A_{s1}=A_{s2}=3\Phi22$　　D. 前三项均非正确配置

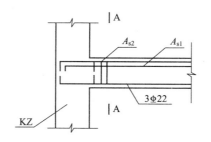
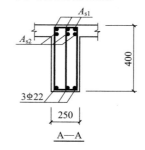

图 12-1-17

题 35～36

某 6 层钢筋混凝土框架结构，其计算简图如图 12-1-18 所示，边跨梁、中间跨梁、边柱及中柱各自的线刚度，依次分别为 i_{b1}、i_{b2}、i_{c1}、i_{c2}（单位为 10^{10}N·mm），且在各层之间不变。

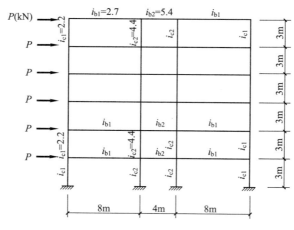

图 12-1-18

35. 采用 D 值法计算在图示水平荷载作用下的框架内力。假定 2 层中柱的侧移刚度（抗推刚度）$D_{2中}=2.108\times\dfrac{12\times10^7}{h^2}$（单位：kN/mm，$h$ 为楼层层高），且已求出用于确定 2 层边柱侧移刚度 $D_{2边}$ 的刚度修正系数 $\alpha_{2边}=0.38$。试问，第 2 层每个边柱分配的剪力 $V_{边}$（kN），与下列何项数值最为接近？

A. 0.7P　　B. 1.4P　　C. 1.9P　　D. 2.8P

36. 用 D 值法计算在水平荷载作用下的框架侧移。假定在图示水平荷载作用下，顶层

的层间相对侧移值 $\Delta_6 = 0.0127P$ (mm)，又已求得底层侧移总刚度 $\Sigma D_1 = 102.84$ (kN/mm)。试问，在图示水平荷载作用下，顶层（屋顶）的绝对侧移值 δ_6 (mm)，与下列何项数值最为接近？

A. $0.06P$ B. $0.12P$ C. $0.20P$ D. $0.25P$

题 37～41

某地上 16 层商住楼，地下 2 层（未示出），系底层大空间剪力墙结构，如图 12-1-19 所示（仅表示 1/2，另一半对称），2～16 层均布置有剪力墙，其中第①、④、⑦轴线剪力墙落地，第②、③、⑤、⑥轴线为框支剪力墙。该建筑位于 7 度地震区，抗震设防类别丙类，设计基本地震加速度 0.15g，场地类别Ⅱ类，结构基本自振周期 1s。混凝土强度等级，底层及地下室为 C50，其他层为 C30；框支柱断面为 800mm×900mm。

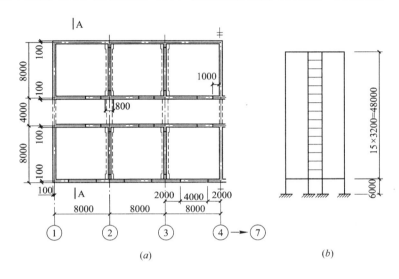

图 12-1-19
(a) 二层平面示意图；(b) A-A 剖面示意图

37. 假定承载力满足要求，试判断第④轴线落地剪力墙在第 3 层时墙的最小厚度 b_w (mm)，应为下列何项数值时才能满足《高层建筑混凝土结构技术规程》JGJ 3—2010 的有关要求？

A. 160 B. 180 C. 200 D. 220

38. 假定承载力满足要求，第 1 层各轴线墙厚度相同，第 2 层各轴线横向剪力墙厚度均为 200mm。试问，横向落地剪力墙，在 1 层的最小墙厚 b_w (mm)，应与下列何项数值最为接近？

提示：(1) 1 层和 2 层混凝土剪变模量之比 $G_1/G_2 = 1.15$；

(2) $C_1 = 2.5 \left(\dfrac{h_{c1}}{h_1}\right)^2 = 0.056$；

(3) 第 2 层全部剪力墙在计算方向（横向）的有效截面面积 $A_{w2} = 22.96 \text{m}^2$。

A. 300 B. 350 C. 400 D. 450

39. 该建筑物底层为薄弱层，1～16 层总重力荷载代表值为 23100kN。假定地震作用分析计算出的对应于水平地震作用标准值的底层地震剪力 $V_{Ek1,j} = 5000$kN。试问，根据

《高层建筑混凝土结构技术规程》JGJ 3—2010 中有关对整个楼层水平地震剪力最小值的要求，底层全部框支柱承受的地震剪力标准值之和 V_{kc}（kN），应取下列何项数值？

  A. 1008   B. 1120   C. 1152   D. 1275

40. 框支柱考虑地震作用组合的轴压力设计值 $N=13300$ kN，沿柱全高配置复合螺旋箍，直径 12mm，螺距 100mm，肢距 200mm；柱剪跨比 $\lambda>2$。试问，柱箍筋加密区最小配箍特征值 λ_v，应采用下列何项数值？

  A. 0.15   B. 0.17   C. 0.18   D. 0.20

41. 假定该建筑的两层地下室采用箱形基础，地下室及地上一层的折算受剪面积之比 $A_0/A_1=n$，其混凝土强度等级同地上一层。地下室顶板没有较大洞口，可作为上部结构的嵌固部位。试问，方案设计时估算的地下室层高最大高度（m），应与下列何项数值最为接近？

  A. $3n$ B. $3.2n$ C. $3.4n$ D. $3.6n$

题 42. 某高度为 60m 的钢结构住宅楼，按 8 度抗震设防。结构设中心支撑，支撑斜杆钢材采用 Q345（$f_y=325$N/mm²），构件截面如图 12-1-20 所示。试问，满足腹板高厚比要求的腹板厚度 t（mm），应与下列何项数值最为接近？

  提示：按《高层民用建筑钢结构技术规程》JGJ 99—2015 设计。

  A. 26   B. 28   C. 30   D. 32

题 43. 某环形截面砖烟囱，如图 12-1-21 所示，抗震设防烈度为 8 度，设计基本地震加速度为 0.2g，设计地震分组为第一组，场地类别为Ⅱ类；假定烟囱的基本自振周期 $T=2$s，其总重力荷载代表值 $G_E=750$kN。试问，多遇地震时，烟囱根部的竖向地震作用标准值 F_{Ev0}（kN），应与下列何项数值最为接近？

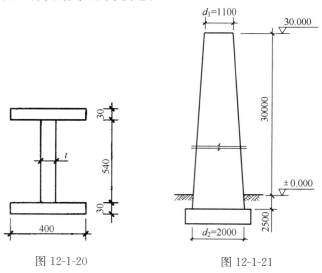

图 12-1-20   图 12-1-21

  A. ±58.5   B. ±78.0   C. ±90.0   D. ±112.5

题 44. 试问，下列一些主张中何项<u>不符合</u>现行国家规范、规程的有关规定或力学计算原理？

  A. 带转换层的高层建筑钢筋混凝土结构，8 度抗震设防且为大跨度时，其转换构件尚应考虑竖向地震的影响

B. 钢筋混凝土高层建筑结构，在水平力作用下，只要结构的弹性等效侧向刚度和重力荷载之间的关系满足一定的限值，可不考虑重力二阶效应的不利影响

C. 高层建筑结构水平力是设计的主要因素。随着高度的增加，一般可认为轴力与高度成正比；水平力产生的弯矩与高度的二次方成正比；水平力产生的侧向顶点位移与高度的三次方成正比

D. 建筑结构抗震设计，不宜将某一部分构件超强，否则可能造成结构的相对薄弱部分

题 45. 某框架-剪力墙结构，抗震等级为一级，第四层剪力墙墙厚 250mm，该楼面处墙内设置暗梁（与剪力墙重合的框架梁），剪力墙（包括暗梁）采用 C35 级混凝土（$f_t = 1.57\text{N/mm}^2$），主筋采用 HRB335（$f_y = 300\text{N/mm}^2$）。试问，暗梁截面上、下的纵向钢筋，采用下列何组配置时，才最接近且又满足规程中的最低构造要求？

A. 上、下均配 2Φ25　B. 上、下均配 2Φ22
C. 上、下均配 2Φ20　D. 上、下均配 2Φ18

题 46. 抗震等级为二级的框架结构，其节点核心区的尺寸及配筋如图 12-1-22 所示，混凝土强度等级为 C40（$f_c = 19.1\text{N/mm}^2$），主筋及箍筋分别采用 HRB335（$f_y = 300\text{N/mm}^2$）和 HPB300（$f_{yv} = 270\text{N/mm}^2$），纵筋保护层厚 30mm。已知柱的剪跨比大于 2。试问，节点核心区箍筋的配置，如下列何项所示时，才最接近且又满足规程中的最低构造要求？

A. Φ10@150　　B. Φ10@100
C. Φ8@100　　D. Φ8@75

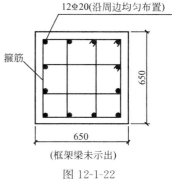

图 12-1-22

题 47～48

某带转换层的框架-核心筒结构，抗震等级为一级；其局部外框架柱不落地，采用转换梁托柱的方式使下层柱距变大，如图 12-1-23 所示。梁、柱混凝土强度等级采用 C40（$f_t = 1.71\text{N/mm}^2$），钢筋采用 HRB335（$f_y = 300\text{N/mm}^2$）。

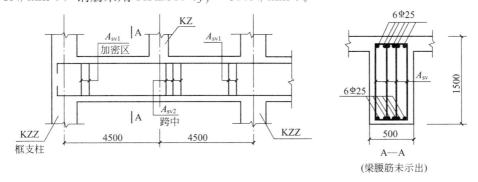

图 12-1-23

47. 试问，下列对转换梁箍筋的不同配置中，其中何项最符合相关规范、规程规定的最低构造要求？

A. $A_{sv1}=4\Phi10@100$, $A_{sv2}=4\Phi10@200$　　B. $A_{sv1}=A_{sv2}=4\Phi10@100$
C. $A_{sv1}=4\Phi12@100$, $A_{sv2}=4\Phi12@200$　　D. $A_{sv1}=A_{sv2}=4\Phi12@100$

48. 转换梁下框支柱配筋如图 12-1-24 所示，纵向钢筋混凝土保护层厚度 30mm。试问，关于纵向钢筋的配置，下列何项才符合有关规范、规程的构造规定？

A. $24\Phi28$　　B. $28\Phi25$　　C. $24\Phi25$　　D. 前三项均符合

题 49～51

某建于非地震区的 20 层框架-剪力墙结构，房屋高度 $H=70\mathrm{m}$，如图 12-1-25 所示。屋面层重力荷载设计值 $0.8\times10^4\mathrm{kN}$，其他楼层的每层重力荷载设计值均为 $1.2\times10^4\mathrm{kN}$。倒三角形分布荷载最大标准值 $q=85\mathrm{kN/m}$；在该荷载作用下，结构顶点质心的弹性水平位移为 u。

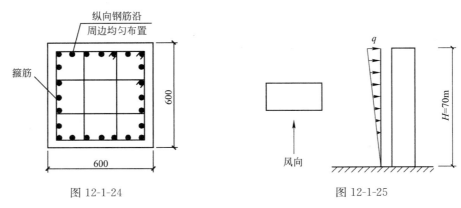

图 12-1-24　　　　　　　　　　　　图 12-1-25

49. 在水平力作用下，计算该高层建筑结构内力、位移时，试问，其顶点质心的弹性水平位移 u（mm）的最大值为下列何项数值时，才可以不考虑重力二阶效应的不利影响？

A. 50　　B. 60　　C. 70　　D. 80

50. 假定结构纵向主轴方向的弹性等效侧向刚度 $EJ_d=3.5\times10^9\mathrm{kN\cdot m^2}$，底层某中柱按弹性方法计算但未考虑重力二阶效应的纵向水平剪力标准值为 160kN。试问，按有关规范、规程要求，该柱的纵向水平剪力标准值的取值，应与下列何项数值最为接近？

A. 160kN　　B. 180kN　　C. 200kN　　D. 220kN

51. 假定该结构横向主轴方向的弹性等效侧向刚度 $EJ_d=2.28\times10^9\mathrm{kN\cdot m^2}$，且 $EJ_d<2.7H^2\sum_{i=1}^{n}G_i$；又已知，某楼层未考虑重力二阶效应求得的层间位移与层高之比 $\Delta u/h=1/850$。若以增大系数法近似考虑重力二阶效应后，新求得的 $\Delta u/h$ 比值，则不能满足规范、规程所规定的限值。如果仅考虑用增大 EJ_d 值的方法来解决，其他参数不变，试问，结构在该主轴方向的 EJ_d 至少需增大到下列何项倍数时，考虑重力二阶效应后该层的 $\Delta u/h$ 比值，才能满足规范、规程的要求？

提示：（1）从结果位移增大系数考虑；

（2）$0.14H^2\sum_{i=1}^{n}G_i=2.05\times10^8\mathrm{kN\cdot m^2}$。

A. 1.05　　B. 1.20　　C. 1.52　　D. 2.00

题 52. 某钢框架结构房屋，高度为 42m，箱形方柱截面如图 12-1-26 所示；抗震设防烈度为8度；回转半径$i_x=i_y=173$mm，采用Q345钢。试问，满足规程长细比要求的最大层高h（mm），应最接近下列何项数值？

提示：(1) 按《高层民用建筑钢结构技术规程》JGJ 99—2015 设计；
(2) 柱子的计算长度取层高。

A. 8500　　　　B. 9900　　　　C. 11400　　　　D. 14000

题 53～58

某42层现浇框架-核心筒高层建筑，如图12-1-27所示。内筒为钢筋混凝土筒体，外周边为型钢混凝土框架。房屋高度132m，建筑物的竖向体形比较规则、均匀。该建筑物抗震设防烈度为7度，丙类，设计地震分组为第一组，设计基本地震加速度为0.1g，场地类别为Ⅱ类。结构的计算基本自振周期$T_1=3.0$s，周期折减系数取0.8。

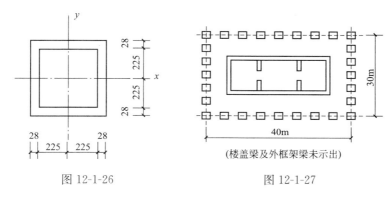

图 12-1-26　　　　图 12-1-27

53. 计算多遇地震作用时，试问，该结构的水平地震作用影响系数，应最接近于下列何项数值？

提示：$\eta_1=0.022$，$\eta_2=1.069$。

A. 0.018　　　　B. 0.021　　　　C. 0.023　　　　D. 0.025

54. 该建筑物总重力荷载代表值为6×10^5kN。抗震设计时，在水平地震作用下，对应于地震作用标准值的结构底部总剪力计算值为8600kN；对应于地震作用标准值且未经调整的各层框架总剪力中，底层最大，其计算值为1500kN。试问，抗震设计时，对应于地震作用标准值的底层框架总剪力的取值（kN），应最接近下列何项数值？

A. 1500　　　　B. 1720　　　　C. 1920　　　　D. 2250

55. 该结构的内筒非底部加强部位四角暗柱如图12-1-28所示，抗震设计时，拟采用设置约束边缘构件的方法加强，图中的阴影部分即为暗柱（约束边缘构件）的配筋范围；纵筋采用HRB335，箍筋采用HPB300。试问，下列何项最符合相关规范、规程的构造要求？

A. 14Φ22，ϕ10@100
B. 14Φ20，ϕ10@100
C. 14Φ18，ϕ8@100
D. 以上三组均不符合要求

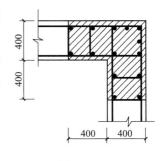

图 12-1-28

56. 外周边框架底层某中柱，截面$b\times h=700$mm×700mm，混凝土强度等级为

C50（$f_c=23.1\text{N/mm}^2$），内置 Q345 型钢（$f_a=295\text{N/mm}^2$），考虑地震作用组合的柱轴向压力设计值 $N=18000\text{kN}$，剪跨比 $\lambda=2.5$。试问，采用的型钢截面面积的最小值（mm^2），应最接近下列何项数值？

A. 14700   B. 19600   C. 45000   D. 53000

57. 条件同上题。假定柱轴压比 $\mu_N=0.6$，试问，该柱在箍筋加密区的下列四组配筋（纵向钢筋和箍筋）。其中哪一组满足且最接近相关规范、规程中的最低构造要求？

A. 12⌀20，4Φ12@100（每向各4肢，下同）

B. 12⌀22，4Φ12@100

C. 12⌀20，4Φ10@100

D. 12⌀22，4Φ10@100

58. 核心筒底层某一连梁，如图 12-1-29 所示，连梁截面的有效高度 $h_{0b}=1940\text{mm}$，筒体部分混凝土强度等级均为 C35（$f_c=16.7\text{N/mm}^2$）。考虑水平地震作用组合的连梁剪力设计值 $V_b=620\text{kN}$，其左、右端考虑地震作用组合的弯矩设计值分别为 $M_b^l=-1440\text{kN}\cdot\text{m}$，$M_b^r=-400\text{kN}\cdot\text{m}$。在重力荷载代表值作用下，按简支梁计算的梁端截面剪力设计值为 60kN。当连梁中交叉暗撑与水平线的夹角为 37°时，试问，交叉暗撑中计算所需的纵向钢筋，应为下列何项所示？

提示：计算连梁时，取承载力抗震调整系数 $\gamma_{RE}=0.85$。

A. 4⌀14   B. 4⌀18   C. 4⌀20   D. 4⌀25

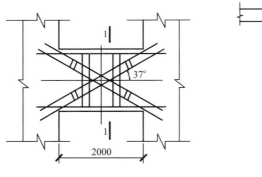
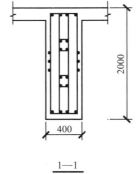

图 12-1-29

题 59. 对高层混凝土结构进行地震作用分析时，下列何项说法不正确？

A. 计算单向地震作用时，应考虑偶然偏心影响

B. 采用底部剪力法计算地震作用时，可不考虑质量偶然偏心的不利影响

C. 考虑偶然偏心影响实际计算时，可将每层质心沿主轴同一方向（正向或负向）偏移一定值

D. 计算双向地震作用时，可不考虑质量偶然偏心影响

题 60. 某钢筋混凝土框架-剪力墙结构，房屋高度 31m，为乙类建筑，抗震烈度为 6 度，Ⅳ类场地。在规定的水平力作用下，结构底层框架部分承受的地震倾覆力矩大于结构总地震倾覆力矩的 50%。试问，在进行结构地震设计时，下列说法何项是正确的？

A. 框架按四级抗震等级采取抗震措施

B. 框架按三级抗震等级采取抗震措施

C. 框架按二级抗震等级采取抗震措施
D. 框架按一级抗震等级采取抗震措施

题 61~62

某部分框支剪力墙结构，房屋高度 40.6m，地下一层，地上 14 层，首层为转换层，纵横向均有不落地剪力墙。地下室顶板作为上部结构的嵌固部位，抗震设防烈度为 8 度。首层层高 4.2m，混凝土强度等级为 C40（弹性模量 $E_c=3.25\times10^4\text{N/mm}^2$）；其余各层层高均为 2.8m，混凝土强度等级为 C30（弹性模量 $E_c=3.00\times10^4\text{N/mm}^2$）。

61. 该结构首层剪力墙的厚度为 300mm，试问，剪力墙底部加强部位的设置高度和首层剪力墙竖向分布钢筋取何值时，才满足《高层建筑混凝土结构技术规程》JGJ 3—2010 的最低要求？

A. 剪力墙底部加强部位设至 2 层楼板顶（7.0m 标高处），首层剪力墙竖向分布钢筋采用双排 ϕ10@200
B. 剪力墙底部加强部位设至 2 层楼板顶（7.0m 标高处），首层剪力墙竖向分布钢筋采用双排 ϕ12@200
C. 剪力墙底部加强部位设至 3 层楼板顶（9.8m 标高处），首层剪力墙竖向分布钢筋采用双排 ϕ10@200
D. 剪力墙底部加强部位设至 3 层楼板顶（9.8m 标高处），首层剪力墙竖向分布钢筋采用双排 ϕ12@200

62. 首层有 7 根截面尺寸为 900mm×900mm 框支柱（全部截面面积 $A_{c1}=5.67\text{m}^2$），二层横向剪力墙有效面积 $A_{w2}=16.2\text{m}^2$。试问，满足《高层建筑混凝土结构技术规程》JGJ 3—2010 要求的首层横向落地剪力墙的有效截面面积 A_{w1}（m^2），应与下列何项数值最为接近？

A. 7.0　　　B. 10.6　　　C. 1.4　　　D. 21.8

题 63~64

某 10 层钢筋混凝土框架-剪力墙结构，如图 12-1-30 所示，质量和刚度沿竖向分布均匀，建筑高度 38.8m，丙类建筑，抗震设防烈度为 8 度，设计基本地震加速度 0.3g，Ⅲ类场地，设计地震分组为第一组，风荷载不控制设计。在规定的水平力作用下，结构底层框架部分承受的地震倾覆力矩小于结构总地震倾覆力矩的 50%。

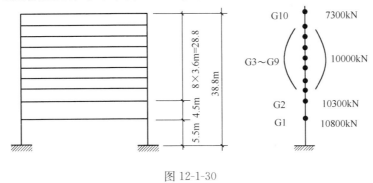

图 12-1-30

63. 各楼层重力荷载代表值如图 12-1-30 所示，$\sum_{i=1}^{10}G_i=98400\text{kN}$，折减后结构基本自

振周期 $T_1 = 0.885s$。试问，当近似按底部剪力法计算时，所求得的结构底部总水平地震作用标准值（kN），与下列何项数值最为接近？

    A. 7300   B. 8600   C. 11000   D. 13000

64. 中间楼层某柱截面尺寸为 $800mm \times 800mm$，混凝土强度等级为C30。仅配置 $\phi 10$ 井字复合箍筋，$a_s = a'_s = 50mm$；柱净高2.9m，弯矩反弯点位于柱高中部。试问，该柱的轴压比限值应与下列何项数值最为接近？

    A. 0.70   B. 0.75   C. 0.80   D. 0.85

题 65~66

某10层框架结构，框架抗震等级为一级，框架梁、柱混凝土强度等级为C30（$f_c = 14.3N/mm^2$）。

65. 某一榀框架，对应于水平地震作用标准值的首层框架柱总剪力 $V_f = 370kN$，该榀框架首层柱的抗推刚度总和 $\Sigma D_i = 123565kN/m$，其中柱C1的抗推刚度 $D_{c1} = 27506kN/m$，其反弯点高度 $h_y = 3.8m$，沿柱高范围没有水平力作用。试问，在水平地震作用下，采用D值法计算柱C1的柱底弯矩标准值（kN·m），应与下列何项数值最为接近？

    A. 220   B. 280   C. 320   D. 380

66. 该框架柱中某柱的截面尺寸为 $650mm \times 650mm$，剪跨比为1.8，节点核心区上柱轴压比0.45，下柱轴压比0.60，柱纵筋直径为28mm，其混凝土保护层厚度为30mm。节点核心区的箍筋配置如图12-1-31所示：采用HPB300级钢筋（$f_y = 270N/mm^2$）。试问，满足规程构造要求的节点核心区箍筋体积配箍率（%）的取值，应与下列何项数值最为接近？

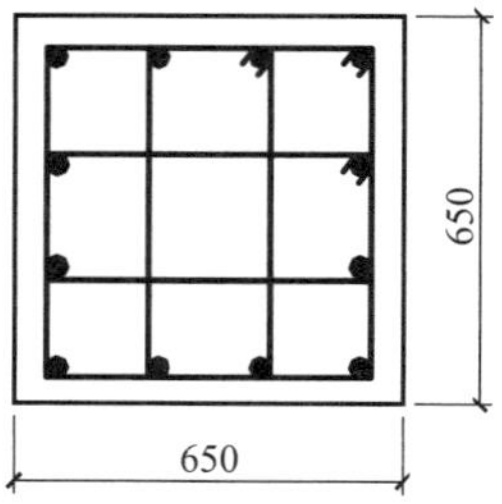

提示：（1）按《高层建筑混凝土结构技术规程》JGJ 3—2010 作答；

（2）C35级混凝土轴心抗压强度设计值 $f_c = 16.7N/mm^2$。

    A. 0.8   B. 1.0   C. 1.1   D. 1.2

图 12-1-31

题 67~72

某12层钢筋混凝土框架-剪力墙结构，房屋高度48m，抗震设防烈度8度，框架等级为二级，剪力墙为一级。混凝土强度等级：梁、板均为C30，框架柱和剪力墙均为C40（$f_t = 1.71N/mm^2$）。

67. 该结构中框架柱数量各层基本不变，对应于水平作用标准值，结构基底总剪力 $V_0 = 14000kN$，各层框架承担的未经调整的地震总剪力中的最大值 $V_{f,max} = 2100kN$，某楼层框架承担的未经调整的地震总剪力 $V_f = 1600kN$，该楼层某根柱调整前的柱底内力标准值：弯矩 $M = \pm 283kN \cdot m$，剪力 $V = \pm 74.5kN$。试问，抗震设计时，在水平地震作用下，该柱应采用的内力标准值与下列何项数值接近？

提示：楼层剪重比满足《高层建筑混凝土结构技术规程》JGJ 3—2010 关于楼层最小地震剪力系数（剪重比）的要求。

    A. $M = \pm 283kN \cdot m$，$V = \pm 74.5kN$ B. $M = \pm 380kN \cdot m$，$V = \pm 100kN$
    C. $M = \pm 500kN \cdot m$，$V = \pm 130kN$ D. $M = \pm 560kN \cdot m$，$V = \pm 150kN$

68. 该结构中某中柱的梁柱节点如图12-1-32所示：梁受压和受拉钢筋合力点到梁边

缘的距离 $a_s = a_s' = 60\text{mm}$，节点左侧梁端弯矩设计值 $M_b^l = 474.3\text{kN·m}$，节点右侧梁端弯矩设计值 $M_b^r = 260.8\text{kN·m}$，节点上、下柱反弯点之间的距离 $H_c = 4150\text{mm}$。试问，该梁柱节点核心区截面沿 X 轴方向的组合剪力设计值（kN），应与下列何项数值最为接近？

A. 330　　　　B. 370　　　　C. 1140　　　　D. 1270

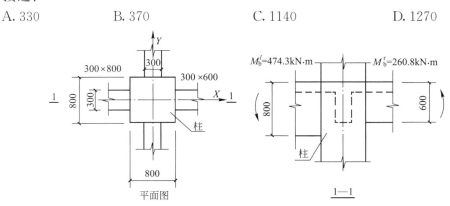

图 12-1-32

69. 该结构首层某双肢剪力墙中的墙肢在同一方向水平地震作用下，内力组合后墙肢 1 出现大偏心受拉，墙肢 2 在水平地震作用下的剪力标准值为 500kN。若墙肢 2 在其他荷载组合下产生的剪力忽略不计，试问，考虑地震作用组合的墙肢 2 首层剪力设计值 (kN)，应与下列何项数值最为接近？

提示：按《高层建筑混凝土结构技术规程》JGJ 3—2010 作答。

A. 650　　　　B. 800　　　　C. 1000　　　　D. 1300

70. 该结构中的某矩形截面剪力墙，墙厚 250mm，墙长 $h_w = 6500\text{mm}$，$h_{w0} = 6200\text{mm}$，总高度 48m，无洞口，距首层墙底 $0.5h_{w0}$ 处的截面，考虑地震作用组合未按有关规定调整的内力计算值 $M^c = 21600\text{kN·m}$，$V^c = 3240\text{kN}$，考虑地震作用组合并按有关规定进行调整的内力设计值 $V = 5184\text{kN}$，该截面的轴向压力设计值 $N = 3840\text{kN}$。已知剪力墙该截面的剪力设计值小于规程规定的最大限值，水平分布钢筋采用 HPB300 级钢筋（$f_y = 270\text{N/mm}^2$）。试问，根据受剪承载力要求求得的该截面水平分布钢筋 A_{sh}/s（mm^2/mm），应与下列何项数值最为接近？

提示：计算所需的 $\gamma_{RE} = 0.85$，$A_w/A = 1.0$，$0.2 f_c b_w h_w = 6207.5\text{kN}$。

A. 1.3　　　　B. 2.2　　　　C. 2.6　　　　D. 2.9

71. 条件同上题，箍筋保护层厚度为 15mm，依据《高层建筑混凝土结构技术规程》JGJ 3—2010，约束边缘构件内要求配置的纵向钢筋的最小范围（图中阴影部分）及其箍筋布置如图 12-1-33 所示。试问，图中阴影部分的长度 a_c 和箍筋，应按下列何项选用？

提示：(1) 钢筋 HPB300 级的 $f_y = 270\text{N/mm}^2$，钢筋 HRB335 级的 $f_y = 300\text{N/mm}^2$；

(2) $l_c = 1300\text{mm}$；

(3) 墙肢轴压比 >0.3。

A. $a_c = 650\text{mm}$，箍筋 $\phi 8@100$（HPB300）

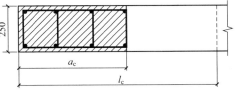

图 12-1-33

B. $a_c=650$mm，箍筋$\phi 10@100$（HRB335）

C. $a_c=500$mm，箍筋$\phi 8@100$（HPB300）

D. $a_c=500$mm，箍筋$\phi 10@100$（HRB335）

72. 该结构中的某连梁截面尺寸为$300\text{mm}\times 700\text{mm}$（$h_0=665$mm），净跨1500mm。根据作用在梁左、右端的弯矩设计值M_b^l、M_b^r和由楼层梁竖向荷载产生的连梁剪力V_{Gb}，已求得连梁的剪力设计值$V_b=421.2$kN。混凝土为C40（$f_t=1.71$N/mm²），梁箍筋采用HPB300级钢筋（$f_y=270$N/mm²）。取承载力抗震调整系数$\gamma_{RE}=0.85$。

已知截面的剪力设计值小于规程的最大限值，其纵向钢筋直径均为25mm，梁端纵向钢筋配筋率小于2%，试问，连梁双肢箍筋的配置，应按下列何项选用？

A. $\phi 8@80$　　B. $\phi 10@100$　　C. $\phi 12@100$　　D. $\phi 14@150$

题 73～75

某部分框支剪力墙结构，房屋高度45.9m，丙类建筑，设防烈度为7度，Ⅱ类场地，第3层为转换层，纵横向均有落地剪力墙，地下一层板顶作为结构的嵌固端。

73. 首层某剪力墙肢 W1，墙肢底部截面考虑地震组合后的内力计算值为：弯矩2900kN·m，剪力724kN。试问，剪力墙肢 W1 底部截面的内力设计值M（kN·m）、V（kN），与下列何项数值最为接近？

A. 2900，1160　　B. 4350，1160　　C. 2900，1050　　D. 3650，1050

74. 首层某根框支角柱C1，对应于地震作用标准值作用下，其柱底轴力$N_{Ek}=1100$kN，重力荷载代表值作用下，其柱底轴力标准值$N_{GE}=1950$kN。假设框支柱抗震等级为一级，不考虑风荷载，试问，柱C1配筋计算时所采用的有地震作用组合的柱底压力设计值（kN），与下列何项数值最为接近？

A. 3770　　B. 4485　　C. 4935　　D. 5665

75. 第4层某框支梁上剪力墙墙肢 W2 的厚度为200mm，该框支梁净跨$l_n=6$m，框支梁与墙肢 W2 交接面上考虑风荷载、地震作用组合的水平拉应力设计值$\sigma_{xmax}=0.97$MPa。试问，在框支梁上$0.2l_n=1200$mm高度范围内的水平分布筋实际配筋（双排）选择下列何项时，其钢筋面积A_{sh}才能满足规程要求且最接近计算结果？

A. $\phi 8@200$（$A_s=604$mm²/1200mm）　　B. $\phi 10@200$（$A_s=942$mm²/1200mm）

C. $\phi 10@150$（$A_s=1256$mm²/1200mm）　　D. $\phi 12@200$（$A_s=1357$mm²/1200mm）

题76. 某高层建筑，采用钢框架-钢筋混凝土核心筒结构，设防烈度为7度，设计基本地震加速度0.15g，场地特征周期0.35s，考虑非承重墙体刚度的影响予以折减后自振周期$T=1.82$s。已经求得$\eta_1=0.022$，$\eta_2=1.069$，试问，地震影响系数α_1与下列何项数值最为接近？

A. 0.020　　B. 0.022　　C. 0.029　　D. 0.031

题77. 抗震设防烈度为7度的某高层办公楼，采用框架-剪力墙结构，当采用振型分解反应谱法计算时，在单向水平地震作用下某框架柱轴力标准值如表12-1-1所示：

地震作用下的框架柱轴力　　表12-1-1

单向水平地震作用方向	框架柱轴力标准值(kN)	
	不进行扭转耦联计算时	进行扭转耦联计算时
x 向	4500	4000
y 向	4800	4200

试问,在考虑双向水平地震的扭转效应中,该框架柱的轴力标准值(kN),与下列何项数值最为接近?

A. 5365　　　　B. 5410　　　　C. 6100　　　　D. 6150

题 78～80

某框架-剪力墙结构,高度50.1m,地下2层,地上13层。首层层高6m,第二层层高4.5m,其余层高3.6m。纵横向均有剪力墙,地下一层板顶作为上部结构的嵌固端。该建筑为丙类建筑,抗震设防烈度为8度,设计基本地震加速度为0.2g,Ⅰ类建筑场地。在规定的水平力作用下,结构底层框架部分承受的地震倾覆力矩小于结构总地震倾覆力矩的50%。各构件的混凝土强度等级均为C40。

78. 首层某框架中柱剪跨比大于2,为使该柱截面尺寸尽可能小,试问,根据《高层建筑混凝土结构技术规程》JGJ 3—2010的规定,对该柱箍筋和附加纵向钢筋的配置形式采取所有相关措施之后,满足规程最低要求的该柱轴压比最大限值,应取下列何项数值?

A. 0.95　　　　B. 1.00　　　　C. 1.05　　　　D. 1.10

79. 位于第5层平面中部的某剪力墙端柱截面为500mm×500mm,假定其抗震等级为二级。端柱纵向钢筋采用HRB335。考虑地震作用组合后,由考虑地震作用组合小偏心受拉内力设计值计算出的该端柱纵筋总截面面积计算值为最大(1800mm²)。试问,该柱的实际配筋选择下列何项时,才能满足且最接近《高层建筑混凝土结构技术规程》JGJ 3—2010的最低要求?

A. 4⏀16+4⏀18 ($A_s=1822mm^2$)　　B. 8⏀18 ($A_s=2036mm^2$)
C. 4⏀20+4⏀18 ($A_s=2275mm^2$)　　D. 8⏀20 ($A_s=2513mm^2$)

80. 与截面为700mm×700mm的框架柱相连的某截面为400mm×600mm的框架梁,纵筋采用HRB335钢筋,箍筋采用HPB300钢筋。其梁端上部纵向钢筋系按截面计算配置。假设该框架梁抗震等级为三级。试问,该梁端上部和下部纵向钢筋面积(配筋率)及箍筋按下列何项配置时,才能全部满足《高层建筑混凝土结构技术规程》JGJ 3—2010的构造要求?

提示:(1)下列各选项纵筋配筋率和箍筋面积配筋率均符合JGJ 3—2010第6.3.5条第1款和第6.3.2条第2款中最小配筋率要求。

(2)梁纵筋直径均不小于⏀18。

A. 上部纵筋5680 mm² ($\rho=2.70\%$),下部纵筋4826 mm² ($\rho=2.30\%$),四肢箍筋 $\phi10@100$

B. 上部纵筋3695 mm² ($\rho=1.76\%$),下部纵筋1017 mm² ($\rho=0.48\%$),四肢箍筋 $\phi8@100$

C. 上部纵筋5180 mm² ($\rho=2.47\%$),下部纵筋3079 mm² ($\rho=1.47\%$),四肢箍筋 $\phi8@100$

D. 上部纵筋5180 mm² ($\rho=2.47\%$),下部纵筋3927 mm² ($\rho=1.87\%$),四肢箍筋 $\phi10@100$

题81. 某12层现浇框架-剪力墙结构,抗震设防烈度为8度,丙类建筑,设计地震分组为第一组,Ⅱ类场地,建筑物平、立面如图12-1-34所示。已知振型分解反应谱法求得的底部剪力为6000kN,需进行弹性动力时程分析补充计算。现有4组实际地震记录加速度时程曲线 P1～P4 和一组人工模拟加速度时程曲线 RP1。各条时程曲线计算所得的结构底部剪力见表 12-1-2。假定实际记录地震波及人工波的平均地震影响系数曲线与振型分解反应谱法所采用的地震影响系数曲线在统计意义上相符，试问，进行弹性动力时程分析时，选用下列哪一组地震波（包括人工波）才最合理？

由时程曲线得到的结构底部剪力　　　　表 12-1-2

时程曲线	P1	P2	P3	P4	RP1
V_0(kN)	5200	3800	4700	5600	4000

A. P1，P2，P3
B. P1，P2，RP1
C. P1，P3，RP1
D. P1，P4，RP1

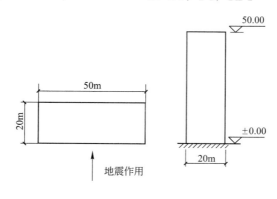

图 12-1-34

题 82. 某带转换层的高层建筑，底部大空间层数为 3 层，6 层以下混凝土强度等级相同。转换层下部结构以及上部部分结构采用不同计算模型时，其顶部在单位水平力作用下的侧向位移计算结果（mm）见图 12-1-35。试问，转换层下部与上部结构的等效侧向刚度比 γ_{e2}，与下列何项数值最为接近？

A. 0.84　　B. 0.59　　C. 0.69　　D. 0.74

题 83～84

某型钢混凝土框架-钢筋混凝土核心筒结构，房屋高度 91m，首层层高 4.6m。该建筑为丙类建筑，抗震设防烈度为 8 度，Ⅱ类建筑场地。各构件混凝土强度等级为 C50，纵筋采用 HRB335。

83. 首层核心筒外墙的某一字形墙肢 W1，位于两个高度为 3800mm 的墙洞之间，墙厚 450mm，如图 12-1-36 所示。抗震等级为一级。根据目前已知条件，试问，满足《高层建筑混凝土结构技术规程》JGJ 3—2010 最低构造要求的 W1 墙肢截面高度 h_w（mm）和墙肢的全部纵向钢筋截面积 A_s（mm²），应最接近下列何项数值？

A. 1000，3732　　B. 1000，5597　　C. 1200，4197　　D. 1200，5400

84. 首层型钢混凝土框架柱 C1 截面为 800mm×800mm，柱内钢骨为十字形，如图 12-1-37 所示。图中构造筋于每层遇框架梁时截断。柱轴压比 0.650。试问，满足《高层建筑混凝土结构技术规程》JGJ 3—2010 最低要求的 C1 柱内十字形钢骨截面面积（mm²）和纵筋配筋，应最接近下列何项数值？

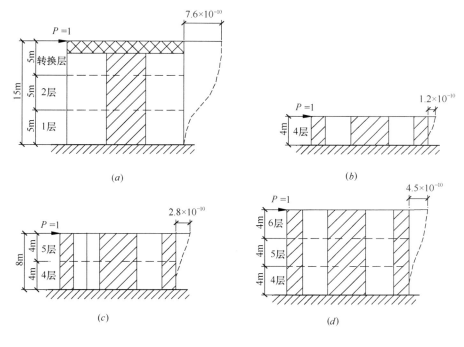

图 12-1-35

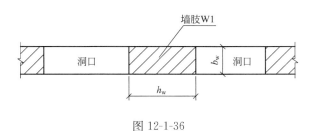

图 12-1-36

A. 26832，12Φ22＋（构造筋 4Φ14）
B. 26832，12Φ25＋（构造筋 4Φ14）
C. 21660，12Φ22＋（构造筋 4Φ14）
D. 21660，12Φ25＋（构造筋 4Φ14）

题 85. 对于下列的一些论点，根据《高层建筑混凝土结构技术规程》JGJ 3—2010 判断，其中何项是不正确的？

A. 正常使用条件下，限制高层建筑结构层间位移的主要目的之一是保证主结构处于弹性受力状态
B. 验算按弹性方法计算的层间位移角 $\Delta u/h$ 是否满足规程限值要求时，其层间位移计算不考虑偶然偏心影响
C. 对于框架结构，框架柱的轴压比大小，是影响结构薄弱层层间弹塑性位移角限值 $[\theta_p]$ 取值的因素之一
D. 验算弹性层间位移角 $\Delta u/h$ 限值时，第 i 层层间最大位移差 Δu_i 是指第 i 层与第 $i-1$ 层在楼层平面各处位移的最大值之差，即 $\Delta u_i = u_{i,\max} - u_{i-1,\max}$

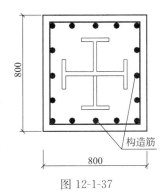

图 12-1-37

题 86. 下列关于钢框架-钢筋混凝土核心筒结构设计中的一些问题，其中何项说法是

不正确的？
- A. 水平力主要由核心筒承受
- B. 当框架边柱采用 H 形截面钢柱时，宜将钢柱强轴方向布置在外围框架平面内
- C. 进行加强层水平伸臂桁架内力计算时，应假定加强层楼板的平面内刚度无限大
- D. 当采用外伸桁架加强层时，外伸桁架宜伸入并贯通抗侧力墙体

题 87. 某钢筋混凝土圆烟囱，高 80m，烟囱坡度小于 0.02，烟囱 2/3 高度处外径为 1.8m。位于地面粗糙度为 B 类的地区（地面粗糙度系数 $\alpha=0.15$），当地基本风压 0.4kN/m^2。假定已经求得第一振型对应的临界风速 $v_{cr1}=29.59$m/s。试问，对该烟囱进行横风向风振验算时，雷诺数 Re、烟囱顶端横风向共振响应等效风荷载 w_{cz1}（kN/m^2），最接近下列何组数值？

提示：振型系数按照《建筑结构荷载规范》GB 50009—2012 取值。

- A. 3.512×10^6；1.52
- B. 3.512×10^6；1.75
- C. 3.675×10^6；2.12
- D. 3.675×10^6；2.85

12.2 答 案

1. 答案：D

解答过程：依据《高层建筑混凝土结构技术规程》JGJ 3—2010 的 4.2.2 条及其条文说明，由于该建筑高度>60m，属于对风荷载比较敏感的高层建筑，基本风压应乘以 1.1，取 $w_0=1.1\times0.5=0.55\text{kN/m}^2$。

依据《建筑结构荷载规范》GB 50009—2012 的 8.4.3 条～8.4.7 条计算风振系数 β_z。

依据 8.2.1 条，城市郊区地面粗糙度为 B 类；粗糙度 B 类、离底面高度 80m，查表 8.2.1 得到风压高度变化系数 $\mu_z=1.87$。

$$\rho_z=\frac{10\sqrt{H+60\text{e}^{-H/60}-60}}{H}=\frac{10\sqrt{100+60\text{e}^{-100/60}-60}}{100}=0.716$$

$$\rho_x=\frac{10\sqrt{B+50\text{e}^{-B/50}-50}}{B}=\frac{10\sqrt{25+50\text{e}^{-25/50}-50}}{25}=0.923$$

$$B_z=kH^{a_1}\rho_x\rho_z\frac{\phi_1(z)}{\mu_z}=0.670\times100^{0.187}\times0.716\times0.923\times\frac{0.74}{1.87}=0.415$$

上式中，$\phi_1(z)$ 是按照 B 类粗糙度、$z/H=80/100=0.8$ 查表 G.0.3 得到。

$$x_1=\frac{30f_1}{\sqrt{k_w w_0}}=\frac{30\times1/1.8}{\sqrt{1.0\times0.55}}=22.47$$

$$R=\sqrt{\frac{\pi}{6\zeta_1}\frac{x_1^2}{(1+x_1^2)^{4/3}}}=\sqrt{\frac{3.14}{6\times0.05}\times\frac{22.47^2}{(1+22.47^2)^{4/3}}}=1.145$$

$$\beta_z=1+2gI_{10}B_z\sqrt{1+R^2}=1+2\times2.5\times0.14\times0.415\times\sqrt{1+1.145^2}=1.441$$

故选择 D。

点评：计算 β_z 时，要不要将基本风压乘以 1.1？有不同观点。

笔者认为，规范的意思是，当房屋高度大于 60m 时，执行类似于编程中的如下命令：$w_0=1.1\times w_0$，即，"将 $1.1w_0$ 赋值给 w_0" 以形成 "新的 w_0"，之后遇到的 w_0 均以这个 "新的 w_0" 代入。

对于本题，以 $w_0=0.55\text{kN/m}^2$ 和 $w_0=0.50\text{kN/m}^2$ 分别计算，得到的 β_z 分别是 1.4415 和 1.4376，后者与前者的比值为 0.9973，二者相差仅仅 0.27%，完全可以忽略。即，表面上看起来较大的分歧实际上并没有想象的那么大的影响。

2. 答案：B

解答过程：依据《建筑结构荷载规范》GB 50009—2012 的 8.1.1 条，围护结构迎风面

的风荷载标准值按下式计算

$$w_k = \beta_{gz}\mu_{sl}\mu_z w_0$$

粗糙度 B 类、离地面高度 100m，查表 8.2.1 得到风压高度变化系数 $\mu_z=2.00$。

粗糙度 B 类、离地面高度 100m，查表 8.6.1 得到阵风系数 $\beta_{gz}=1.50$。

依据 8.3.3 条第 3 款，μ_{sl} 按 8.3.1 条的体型系数的 1.25 倍取值。今按表 8.3.1 的项次 31 得到迎风面 $\mu_s=0.8$，于是应取 $\mu_{sl}=0.8\times1.25=1.0$；再由 8.3.5 条得到内表面体型系数为 -0.2。从而

$$w_k=\beta_{gz}\mu_{sl}\mu_z w_0=1.50\times(1.0+0.2)\times2.00\times0.50=1.8\ \text{kN/m}^2，选择 B。$$

点评：解题过程中注意两点：

(1) 建筑高度 100m 属于对风荷载比较敏感的高层建筑，此时，其围护结构风荷载的取值，依据《建筑结构荷载规范》GB 50009—2012 的 8.1.2 条的条文说明，基本风压可仍取 50 年重现期。

(2) 外表面体型系数为正，内表面体型系数为负，指向同一个方向，故叠加计算时为绝对值相加。

3. 答案：D

解答过程：依据题意，$z=0$ 处风荷载产生的倾覆力矩设计值为

$$M=\gamma_w\left(\Delta M_n+\Delta P_n H+\frac{w_k BH}{2}\times\frac{2}{3}H\right)$$

$$=1.4\times\left(2000+500\times100+\frac{2\times25\times100}{2}\times\frac{2}{3}\times100\right)$$

$$=306133\text{kN}\cdot\text{m}$$

故选择 D。

4. 答案：B

解答过程：依据《建筑结构荷载规范》GB 50009—2012 的 8.2.2 条计算修正系数 η。$\tan\alpha=45/100=0.45>0.3$，取 $\tan\alpha=0.3$。$z/H=100/45=2.22<2.5$，取 $z=100\text{m}$。$\kappa=1.4$。

$$\eta=\left[1+\kappa\tan\alpha\left(1-\frac{z}{2.5H}\right)\right]^2=\left[1+1.4\times0.3\times\left(1-\frac{100}{2.5\times45}\right)\right]^2=1.10$$

查表 8.2.1，B 类粗糙度、100m，$\mu_z=2.00$，于是，修正后应为 $2.00\times1.10=2.20$，选择 B。

点评：解答过程中注意以下两点：

(1) 尽管从规范表 7.2.1 可以查表得到风压高度变化系数 μ_z，但由于建筑物位于 μ_z 需要修正的位置，因此，应以修正后的 μ_z 作答。

(2) 修正系数公式中，对 $\tan\alpha$、z/H 有限值要求。

另外，必须指出，本书给出的解答，是按照主流的认识做出的，即，第一步不考虑山坡查《建筑结构荷载规范》表 8.2.1，采用计算点距离建筑物地面的高度；第二步考虑山坡影响，计算修正系数。最后将得到的两个数值相乘。

笔者注意到，还有不同的观点：张相庭《工程抗风设计计算手册》（中国建筑工业出版社，1998）第 46 页指出，对于建筑物的投影面积远小于山顶或山坡面积情况下，山顶、山坡及悬崖边的建筑物，风压高度变化系数可从山麓算起，即将山作为"特殊建筑物"，

位于其上的建筑物相当于该特殊建筑物的上部。据此，规范表 8.2.1 中的"离地面或海平面高度"，对于本题，应取为 $100+45=145\text{m}$，又因为是 B 类粗糙度，从而可得

$$\mu_z = 2.00 + \frac{2.25-2.00}{150-100} \times (145-100) = 2.225$$

再将 μ_z 考虑修正，成为 $2.225 \times 1.10 = 2.448$。

5. 答案：C

解答过程：依据《建筑抗震设计规范》GB 50011—2010 的 5.2.1 条，有

$$F_{Ek} = \alpha_1 G_{eq}$$

其中 $\qquad G_{eq} = 0.85 \times (7000 + 4 \times 6000 + 4800) = 30430\text{kN}$

依据规范 5.1.4 条，8 度（0.2g）、多遇地震，得到 $\alpha_{max}=0.16$。Ⅲ类场地、第二组，$T_g=0.55$。由于 $T_g < T_1 = 0.7\text{s} < 5T_g$、阻尼比 0.05，故 $\gamma=0.9$，$\eta_2=1.0$。于是

$$\alpha_1 = \left(\frac{T_g}{T_1}\right)^{\gamma} \eta_2 \alpha_{max} = \left(\frac{0.55}{0.7}\right)^{0.9} \times 1.0 \times 0.16 = 0.1288$$

$$F_{Ek} = \alpha_1 G_{eq} = 0.1288 \times 30430 = 3919.4\text{kN}$$

故选择 C。

6. 答案：B

解答过程：依据《建筑抗震设计规范》GB 50011—2010 的表 5.2.1 确定 δ_n。

由于上题已经得到 $T_g=0.55\text{s}$，$T_1=0.8\text{s} > 1.4T_g = 1.4 \times 0.55 = 0.77\text{s}$，于是

$$\delta_n = 0.08T_1 + 0.01 = 0.08 \times 0.8 + 0.01 = 0.074$$

依据公式（5.2.1-3），得到

$$\Delta F_6 = \delta_n F_{Ek} = 0.074 \times 3475 = 257.15\text{kN}$$

选择 B。

点评：依据《高层建筑混凝土结构技术规程》JGJ 3—2010 的 C.0.1 条计算，可得到相同的结果。

7. 答案：B

解答过程：依据《建筑抗震设计规范》GB 50011—2010 的 5.2.1 条计算。

$$\sum_{j=1}^{6} G_j H_j = 7000 \times 5 + 6000 \times (4 \times 5 + 4 \times 3.6 + 3 \times 3.6 + 2 \times 3.6 + 3.6)$$
$$\qquad + 4800 \times (5+18)$$
$$= 481400\text{kN} \cdot \text{m}$$

$$G_5 H_5 = 6000 \times (5 + 3.6 \times 4) = 116400\text{kN} \cdot \text{m}$$

$$F_5 = \frac{G_5 H_5}{\sum_{j=1}^{6} G_j H_j} F_{Ek}(1-\delta_n) = \frac{G_5 H_5}{\sum_{j=1}^{6} G_j H_j}(F_{Ek} - \Delta F_6)$$

$$= \frac{116400}{481400} \times (3126 - 256) = 694\text{kN}$$

选择 B。

8. 答案：B

解答过程：依据《建筑抗震设计规范》GB 50011—2010 的 5.1.5 条、5.2.1 条计算 F_{Ek}，如下：

$$\gamma = 0.9 + \frac{0.05 - \zeta}{0.3 + 6\zeta} = 0.9 + \frac{0.05 - 0.035}{0.3 + 6 \times 0.035} = 0.9294$$

$$\eta_2 = 1 + \frac{0.05 - \zeta}{0.08 + 1.6\zeta} = 1 + \frac{0.05 - 0.035}{0.08 + 1.6 \times 0.035} = 1.1103$$

由于 $T_1 = 1.2s > T_g = 0.55s$，且 $< 5T_g = 5 \times 0.55 = 2.75s$，所以

$$\alpha_1 = \left(\frac{T_g}{T_1}\right)^\gamma \eta_2 \alpha_{max} = \left(\frac{0.55}{1.2}\right)^{0.9294} \times 1.1103 \times 0.16 = 0.0860$$

$$F_{Ek} = \alpha_1 G_{eq} = 0.0860 \times 30430 = 2617 kN$$

选择 B。

9. 答案：D

解答过程：依据《高层建筑混凝土结构技术规程》JGJ 3—2010 的 6.2.1 条计算。

二级抗震、框架结构，$\eta_c = 1.5$。于是

$$\sum M_c = \eta_c \sum M_b = 1.5 \times (495 + 105) = 900 kN \cdot m$$

节点 B 上、下柱端弯矩按照调整前弯矩值分配，故

$$M_{BD} = \frac{345}{345 + 255} \times 900 = 517.5 kN \cdot m$$

选择 D。

10. 答案：D

解答过程：依据《高层建筑混凝土结构技术规程》JGJ 3—2010 的 6.2.3 条计算。

二级抗震、框架结构，$\eta_{vc} = 1.3$。于是

$$V = \eta_{vc} \frac{M_c^t + M_c^b}{H_n} = 1.3 \times \frac{298 + 306}{4.5 - 0.6} = 201.3 kN$$

选择 D。

11. 答案：C

解答过程：依据《高层建筑混凝土结构技术规程》JGJ 3—2010 的 6.2.5 条计算。

二级抗震，$\eta_{vb} = 1.2$。由本题图示得到 $M_b^t = 105 kN \cdot m$，$M_b^r = 305 kN \cdot m$。于是

$$V = \eta_{vb} \frac{M_b^t + M_b^r}{l_n} + V_{Gb} = 1.2 \times \frac{105 + 305}{7.5 - 0.6} + 135 = 206 kN$$

选择 C。

12. 答案：A

解答过程：依据《高层建筑混凝土结构技术规程》JGJ 3—2010 的 6.3.5 条，二级抗震，沿梁全长箍筋的面积配筋率应满足：

$$\rho_{sv} \geqslant 0.28 \frac{f_t}{f_{yv}} = 0.28 \times \frac{1.71}{270} = 0.177\%$$

故选择 A。

13. 答案：C

解答过程：依据《高层建筑混凝土结构技术规程》JGJ 3—2010 的 5.4.1 条第 1 款，当 $EJ_d \geqslant 2.7 H^2 \sum_{i=1}^{n} G_i$ 时可不考虑二阶效应的不利影响。今 $H = 75m$，$\sum_{i=1}^{n} G_i = 7300 + 6500 \times 18 + 5100 = 129400 kN$。

$$EJ_d \geqslant 2.7 H^2 \sum_{i=1}^{n} G_i = 2.7 \times 75^2 \times 129400 = 1965.3 \times 10^6 \text{kN} \cdot \text{m}^2$$

故选择 C。

14. 答案：D

解答过程：依据《高层建筑混凝土结构技术规程》JGJ 3—2010 的 3.7.3 条规定，$H \leqslant 150\text{m}$ 的高层建筑，$[\Delta u/h]$ 按表 3.7.3 取值；250m 及以上的高层建筑，$[\Delta u/h] = \dfrac{1}{500}$；高度在 150m～250m 之间的按线性插值取用。

选项 A：$H \leqslant 150\text{m}$ 的框架，$[\Delta u/h] = \dfrac{1}{550}$

选项 B：高度为 180m 的剪力墙，$[\Delta u/h] = \dfrac{1}{1000} + \dfrac{\dfrac{1}{500} - \dfrac{1}{1000}}{250 - 150} \times (180 - 150) = \dfrac{1}{769}$

选项 C：高度为 160m 的框架核心筒，$[\Delta u/h] = \dfrac{1}{800} + \dfrac{\dfrac{1}{500} - \dfrac{1}{800}}{250 - 150} \times (160 - 150) = \dfrac{1}{755}$

选项 D：高度为 175m 的筒中筒，$[\Delta u/h] = \dfrac{1}{1000} + \dfrac{\dfrac{1}{500} - \dfrac{1}{1000}}{250 - 150} \times (175 - 150) = \dfrac{1}{800}$

可见，选项 D 最为严格。

点评：对 A 选项有改动。

15. 答案：D

解答过程：依据《高层建筑混凝土结构技术规程》JGJ 3—2010 的 10.2.2 条，带转换层的高层建筑结构，剪力墙底部加强部位的高度应从地下室顶板算起，宜取至转换层以上两层且不宜小于房屋高度的 1/10，即，取为 $\max(5.4+3.6\times 2, 95.4/10) = 12.6\text{m}$。

依据第 7.2.14 条规定，二级抗震设计的剪力墙底部加强部位以及相邻上一层应设置约束边缘构件，因此约束边缘构件应做到 $12.6+3.6=16.2\text{m}$ 处，故选择 D。

16. 答案：B

解答过程：依据《建筑结构荷载规范》GB 50009—2012 的表 8.3.1 第 30 项，其各侧面的风荷载体型系数如图 12-2-1(a) 所示，于是可得

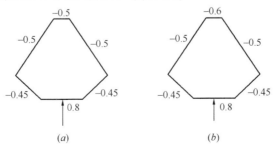

图 12-2-1 风荷载体型系数

$\sum (\mu_{si} B_i) \mu_s = 0.8 \times 32 - 2 \times 0.45 \times 12 \times \cos 60° + 2 \times 0.5 \times 32 \times \cos 60° + 0.5 \times 12 = 42.2\text{m}$

故选择 B。

点评：解答本题时注意以下两点：

（1）风荷载体型系数是以压为正、拉为负，而在风力的叠加时，应以相同方向相加，相反方向相减。

（2）依据《高层建筑混凝土结构技术规程》JGJ3—2010 附录 B.0.1 条第 11 款，六角形平面各侧面的风荷载体型系数如图 12-2-1（b）所示，背风面的 μ_s 为 -0.6 而不是 -0.5。对照以前版本，两本规范均存在此差异。

17. 答案：C

解答过程：依据《建筑抗震设计规范》GB 50011—2010 的 6.1.14 条，地上一层与地下一层的侧向刚度比为

$$\dfrac{\dfrac{G_1 A_1}{h_1}}{\dfrac{G_0 A_0}{h_0}} = \dfrac{17.176 \times 10^6 / 5.2}{19.76 \times 10^6 / 3.5} = 0.59 > 0.5$$

故应以地下室底板作为嵌固端。从而，倾覆力矩为

$$M = 0.5 \times qH \left(\dfrac{2}{3} \times 88 + 3.5\right) = 0.5 \times 134.7 \times 88 \times \left(\dfrac{2}{3} \times 88 + 3.5\right)$$

$$= 368449.4 \text{ kN} \cdot \text{m}$$

故选择 C。

18. 答案：D

解答过程：依据《高层建筑混凝土结构技术规程》JGJ 3—2010 的第 10.2.2 条，剪力墙底部加强部位应从地下室顶板算起，宜取至转换层以上两层且不宜小于房屋高度的 1/10。即

$$H = \max(5.2 + 4.8 + 3.0, 88/10) = 13\text{m}$$

故选择 D。

19. 答案：A

解答过程：依据《高层建筑混凝土结构技术规程》JGJ 3—2010 的 6.3.2 条第 3 款，抗震设计时，梁端截面的底面和顶面纵向钢筋截面面积的比值，二级时不应小于 0.3。

对于选项 A：$\dfrac{A_s}{A_{s1} + A_{s2}} = \dfrac{1256}{1964 \times 2} = 0.32 > 0.3$，满足要求。

对于选项 B：$\dfrac{A_s}{A_{s1} + A_{s2}} = \dfrac{1017}{1964 \times 2} = 0.26 < 0.3$，不满足要求。

C 项必然不满足要求，不必计算。

对于选项 D：$\dfrac{A_s}{A_{s1} + A_{s2}} = \dfrac{2463}{2463 \times 2} = 0.5 > 0.3$，满足要求。

依据 6.3.3 条第 1 款，梁端纵向受拉钢筋的配筋率不宜大于 2.5%，不应大于 2.75%。

依据《混凝土结构设计规范》GB 50010—2010 的由于是一类环境，最外层钢筋保护

层厚度最小为 20mm。依据 9.2.1 条，各层钢筋之间的净距不应小于 25mm 和 d，d 为钢筋的最大直径。

若箍筋直径以 10mm 计，则 A、D 项的配筋率为

对于选项 A：

$$\frac{A_s}{bh_0} = \frac{1964 \times 2}{300 \times (600 - 20 - 10 - 25 - 25/2)} = 2.46\% < 2.5\%，满足要求$$

对于选项 D：

$$\frac{A_s}{bh_0} = \frac{2463 \times 2}{300 \times (600 - 20 - 10 - 28 - 28/2)} = 3.11\% > 2.75\%，不满足要求$$

故选择 A。

20. 答案：A

解答过程：依据《高层建筑混凝土结构技术规程》JGJ 3—2010 表 6.3.2-2，二级抗震，梁端箍筋加密区最大间距取 $h_b/4$、$8d$、100mm 三者最小者，为 min（600/4，8×25，100）=100mm。由上题可知，此时梁端纵筋配筋率为 2.46% > 2%，箍筋最小直径应增大 2mm，为 8+2=10mm。故选择 A。

21. 答案：C

解答过程：依据《高层建筑混凝土结构技术规程》JGJ 3—2010 的 6.4.3 条第 1 款，角柱、二级抗震、HRB335 钢筋，查表 6.4.3 得到柱纵向钢筋最小配筋率为（0.9＋0.1）%=1.0%；由于为建于Ⅳ类场地的高层建筑，表中数值应增加 0.1，成为 1.1%。

$$A_{s,min} = 1.1\% \times 350 \times 600 = 2310 \text{mm}^2$$

今 A、B、C、D 选项对应的截面积分别为 1539 mm²、2011 mm²、2545 mm²、3142 mm²，可见，C 满足要求。

点评：《高层建筑混凝土结构技术规程》6.4.4 条第 5 款规定如下："边柱、角柱及剪力墙端柱考虑地震作用组合产生小偏心受拉时，柱内纵筋总截面面积应比计算值增加 25%"，对此，有不同理解。当最小配筋率控制纵筋截面积时，是否属于"计算值"而增大 25%？

本题给出的解答，参考了命题组给出的 2012 年一级注册结构师专业考试第 68 题的答案，并与其一致。

22. 答案：D

解答过程：依据《建筑抗震设计规范》GB 50011—2010 的 5.2.1 条以及 5.1.3 条计算。

$$F_{Ek} = \alpha_1 G_{eq} = 0.034 \times 0.85 \times (4300 + 4100 \times 10 + 160 \times 0.5 + 550 \times 10 \times 0.5)$$
$$= 1391 \text{kN}$$

故选择 D。

23. 答案：B

解答过程：依据《建筑抗震设计规范》GB 50011—2010 的 5.2.1 条计算。

场地类别为Ⅱ类、设计地震分组为第二组，查表 5.1.4-2，得到特征周期 $T_g = 0.40s$。由于 $T_1 = 1.1s > 1.4 T_g = 1.4 \times 0.40 = 0.56s$，$T_g = 0.40s$ 在 0.35s 和 0.55s 之间，故

$$\delta_n = 0.08T_1 + 0.01 = 0.08 \times 1.1 + 0.01 = 0.098$$
$$\Delta F_n = \delta_n F_{Ek} = 0.098 \times 10000 = 980 \text{kN}$$

$$F_{11} = \frac{G_{11}H_{11}}{\sum\limits_{j=1}^{11} G_j H_j} F_{Ek}(1-\delta_n) + \Delta F_n$$

$$= \frac{30800G}{\frac{(1+11) \times 2800 \times 11}{2} \times G} \times 10000 \times (1-0.098) + 980$$

$$= 2483 \text{kN}$$

故选择 B。

24. 答案：B

解答过程：依据《建筑抗震设计规范》GB 50011—2010 的 8.2.5 条，考虑节点域腹板稳定所需的腹板厚度为

$$t_w \geqslant (h_{bl} + h_{cl})/90 = (414+514)/90 = 10.3 \text{mm}$$

依据表 8.1.3，7 度、高度 30.8m<50m，抗震等级为四级。依据表 8.3.2，工字形截面柱腹板高厚比应满足 $52\sqrt{235/f_{ay}}$，据此可得腹板最小厚度为

$$t_w = \frac{500}{52\sqrt{235/f_{ay}}} = \frac{500}{52\sqrt{235/345}} = 12 \text{mm}$$

综上，得到腹板最小厚度为 12mm，故选择 B。

点评：《建筑抗震设计规范》中的钢材屈服强度记作 f_{ay}，f_{ay} 的取值与钢材的牌号及板件厚度有关。在《钢结构设计规范》中该符号被记作 f_y。对于经常出现的 $\sqrt{235/f_y}$ 或 $\sqrt{f_y/235}$，通常的做法是，f_y 统一按照≤16mm 时取值，即取为"牌号强度"。

25. 答案：D

解答过程：依据《高层建筑混凝土结构技术规程》JGJ 3—2010 的 8.1.3 条，框架-剪力墙结构，根据在规定的水平力作用下底层框架部分承受的地震倾覆力矩与结构总地震倾覆力矩的比值，确定相应的设计方法。当框架部分承受的地震倾覆力矩大于结构总地震倾覆力矩的 50% 时，其框架部分的抗震等级应按框架结构采用，这时，框架抗震等级为二级，否则，按照框架-剪力墙确定，框架抗震等级为三级。故选择 D。

26. 答案：C

解答过程：依据《高层建筑混凝土结构技术规程》JGJ 3—2010 的 6.3.3 条第 3 款，一、二、三级抗震等级的框架梁内贯通中柱的每根纵向钢筋的直径，对圆形截面柱，不宜大于纵向钢筋所在位置柱截面弦长的 1/20。

今一类环境，对于梁，最外层钢筋保护层厚度最小为 20mm，暂取 $a_s = 40$mm，则纵筋在竖向与圆心的距离为 $(250-2\times40)/2 = 85$mm，而柱截面的半径为 $(250+2\times100)/2 = 225$mm，于是弦长为 $2\times\sqrt{225^2 - 85^2} = 417$mm，钢筋直径不宜大于 $417/20 = 20.9$mm。可见 A、B 不满足要求，C 满足要求。

又依据规范的 6.3.2 条，梁端截面受拉钢筋的配筋率不宜大于 2.5%，今选项 C 为

$$\rho = \frac{A_s}{bh_0} = \frac{942}{250\times(400-40)} = 1.05\% < 2.5\%$$

满足要求。故选择 C。

27. 答案：B

解答过程：依据《建筑结构荷载规范》GB 50009—2012 的 F.1.2 条计算烟囱自振周期。

烟囱 1/2 高度处水平截面外径 $d = 4.5 + \dfrac{7.3 - 4.5}{2} = 5.9\text{m}$

$$T_1 = 0.41 + 0.0010 \dfrac{H^2}{d} = 0.41 + 0.0010 \times \dfrac{70^2}{5.9} = 1.24\text{s}$$

依据《建筑抗震设计规范》GB 50011—2010 的 5.1.5 条计算水平地震影响系数。

由表 5.1.4-1 和表 5.1.4-2，得到 $T_g = 0.35\text{s}$，$\alpha_{\max} = 0.16$。又由于 $T_g < T_1 = 1.24\text{s} < 5T_g = 1.75\text{s}$，阻尼比 0.05，故 $\gamma = 0.9$，$\eta_2 = 1.0$。于是

$$\alpha_1 = \left(\dfrac{T_g}{T_1}\right)^{\gamma} \eta_2 \alpha_{\max} = \left(\dfrac{0.35}{1.24}\right)^{0.9} \times 1.0 \times 0.16 = 0.051$$

故选择 B。

点评：在使用《建筑结构荷载规范》GB 50009—2012 的 F.1.2 条计算烟囱的自振周期时，必须注意，公式（F.1.2-1）适用于"砖烟囱"，公式（F.1.2-2）适用于"钢筋混凝土烟囱"，切不可一看到题目中的烟囱高度不超过 60m 就套用公式（F.1.2-1）。

之所以出现"高度不超过 60m 的砖烟囱"，是由于《烟囱设计规范》GB 50051—2013 的 3.2.1 条规定，高度大于 60m 的烟囱不应采用砖烟囱。

28. 答案：B

解答过程：依据《高层建筑混凝土结构技术规程》JGJ 3—2010 的 D.0.1 条，剪力墙墙肢应满足的稳定性要求为 $q \leqslant \dfrac{E_c t^3}{10 l_0^2}$，于是

$$t \geqslant \sqrt[3]{\dfrac{10 q l_0^2}{E_c}} = \sqrt[3]{\dfrac{10 \times 3400 \times 5000^2}{3.15 \times 10^4}} = 300\text{mm}$$

故选择 B。

29. 答案：B

解答过程：依据《高层建筑混凝土结构技术规程》JGJ 3—2010 的 3.3.2 条条文说明，此时应按裙房以上部分考虑，故高宽比为 58/26=2.23，选择 B。

30. 答案：A

解答过程：依据《高层建筑混凝土结构技术规程》JGJ 3—2010 的 3.9.1 条，乙类建筑，应按照提高 1 度即 8 度确定抗震等级。查表 3.9.3，框架-核心筒、8 度，框架与核心筒抗震等级均为一级。

30m 高的裙楼，按照框架结构、8 度查表，得到裙楼本身的抗震等级为一级。

依据 3.9.6 条，裙楼相关范围应为一级，选择 A。

31. 答案：C

解答过程：依据《高层建筑混凝土结构技术规程》JGJ 3—2010 的 3.9.1 条，丙类建筑、建筑场地为Ⅱ类，仍按照 7 度考虑。查表 3.9.3，框架-核心筒、7 度，核心筒部分抗震等级为二级。

第 13 层属于底部加强部位以上，依据 9.2.2 条，角部墙体宜按 7.2.15 条设置约束边缘构件。

依据 7.2.15 条，二级抗震，约束边缘构件内阴影部分竖向钢筋最小配筋率为 1.0% 且

不小于6φ16。

依据图7.2.15 (d) 确定阴影部分面积，为 $250×(250+300)×2-250×250=212500\text{mm}^2$，$1.0‰×212500=2125\text{mm}^2$，该值大于6φ16的截面积1206mm²。

由此，12根钢筋时，需要钢筋直径为 $\sqrt{\dfrac{2125×4}{3.14×12}}=15.0\text{mm}$，故选择C。

点评：需要注意，《高层建筑混凝土结构技术规程》JGJ 3—2010 的9.2.2条的第2款和第3款，均是针对"角部墙体"而言的，即，第2款为底部加强部位角部墙体设置约束边缘构件的要求，第3款为底部加强部位以上角部墙体的要求，但较早印刷的纸质版缺少"角部墙体"四个字。可以佐证的是朱炳寅《高层建筑混凝土结构技术规程应用与分析》（2017年7月，中国建筑工业出版社）。

32. 答案：C

解答过程：依据《建筑工程抗震设防分类标准》GB 50223—2008 的6.0.5条及其条文说明，营业面积7000m²以上的商业建筑为大型商场，属于重点设防类，即乙类。

依据《建筑抗震设计规范》GB 50011—2010 的6.1.3条，裙房与主楼相连，除应按裙房本身确定抗震等级外，相关范围内不应低于主楼的抗震等级。

乙类建筑，应提高一度考虑抗震措施。这样，7度区按8度考虑。

查《建筑抗震设计规范》表6.1.2，8度且>24m的框架结构，抗震等级为一级。对于主体结构，框架核心筒、8度、框架与核心筒的抗震等级均为一级。因此，对相关范围内的裙房按一级考虑。

查《高层建筑混凝土结构技术规程》JGJ 3—2010 的6.4.3条第1款，中柱、一级抗震、框架结构、HRB400钢筋，最小配筋率为1.05%。于是所需纵筋最少为 $1.05\%×500×500=2625\text{mm}^2$。

由此，12根钢筋时，需要钢筋直径为 $\sqrt{\dfrac{2625×4}{3.14×12}}=16.7\text{mm}$。

若考虑C选项，则一侧纵筋截面积为1018 mm²，对应的配筋率为 $1018/(500×500)=0.407\%>0.2\%$，满足要求。故选择C。

点评：《高层建筑混凝土结构技术规程》JGJ 3—2010 的3.9.6条条文说明指出，处于主楼相关范围的裙房的抗震等级不应低于主楼，处于相关范围以外的裙房根据自身的结构类型确定抗震等级。故增加了提示。

33. 答案：C

解答过程：依据《高层建筑混凝土结构技术规程》JGJ 3—2010 的表6.4.2，框架结构、一级，柱轴压比限值为0.65。今题目中柱轴压比为0.70，超限。可采用表6.4.2下的注释4的措施，即，沿柱全高采用井字复合箍，箍筋间距不大于100mm、肢距不大于200mm、直径不小于12mm。

当箍筋配置选用φ12@100时，体积配箍率为：

$$\rho_v=\dfrac{2×4×113.1×(500-2×36)}{(500-2×42)^2×100}=2.24\%$$

依据6.4.7条，一级、复合箍筋、轴压比0.70，最小配箍特征值为0.17，体积配箍率下限值为：
$$[\rho_v] = \lambda_v \frac{f_c}{f_{yv}} = 0.17 \times \frac{16.7}{270} = 1.05\% < \rho_v = 2.24\%$$

此时，体积配箍率也满足 6.4.7 条第 2 款规定的不小于 0.8%的规定。故选择 C。

点评：2010 版《高层建筑混凝土结构技术规程》对框架结构中柱的轴压比要求更加严格：一级时，原为 0.7，今为 0.65。故此题在当时解答时，由于轴压比未超限，箍筋截面积可直接由体积配箍率限值求出。

34. 答案：B

解答过程：依据《高层建筑混凝土结构技术规程》JGJ 3—2010 的 6.3.2 条第 3 款，抗震设计时，梁端截面的底面和顶面纵向钢筋截面面积的比值，除按计算确定外，一级不应小于 0.5。

今 3Φ25、2Φ25、2Φ20、3Φ22 钢筋截面积分别为 1473 mm²、982 mm²、628 mm²、1140 mm²，于是：

A 选项，1140/(1473+982)<0.5，不满足要求；

B 选项，1140/(1473+628)=0.54>0.5，满足要求；

C 选项，1140/(1140+1140)=0.5，满足要求。

又依据 6.3.2 条第 1 款，抗震设计时，计入受压钢筋作用的梁端截面混凝土受压区高度与有效高度之比，一级不应大于 0.25。

B 选项，$\xi = \frac{(1473+628) \times 300 - 1140 \times 300}{1.0 \times 14.3 \times 250 \times 340} = 0.237 < 0.25$，满足要求；

C 选项，$\xi = \frac{(1140+1140) \times 300 - 1140 \times 300}{1.0 \times 14.3 \times 250 \times 340} = 0.28$，不满足要求。

故选择 B。

35. 答案：A

解答过程：第 2 层边柱的侧移刚度：

$$D_{2边} = 0.38 \times 2.2 \times \frac{12}{h^2} \times 10^7 = 0.836 \times \frac{12}{h^2} \times 10^7 \text{ (kN/mm)}$$

第 2 层每个边柱分配的剪力：

$$V_边 = \frac{0.836 \times \frac{12}{h^2} \times 10^7}{2 \times (0.836 + 2.108) \times \frac{12}{h^2} \times 10^7} \times 5P = 0.71P \text{ (kN)}$$

故选择 A。

36. 答案：D

解答过程：顶层绝对侧移等于其下各层相对侧移值的累加。

$$\delta_6 = \sum_{i=1}^{6} \Delta_i = \frac{P}{\Sigma D_6} + \frac{2P}{\Sigma D_5} + \frac{3P}{\Sigma D_4} + \frac{4P}{\Sigma D_3} + \frac{5P}{\Sigma D_2} + \frac{6P}{\Sigma D_1} = 15 \times \frac{P}{\Sigma D_6} + \frac{6P}{\Sigma D_1}$$
$$= 15 \times 0.0127P + \frac{6P}{102.84} = 0.249P$$

故选择 D。

点评：为什么底层和其他层的抗侧刚度会不同？

D 值法对柱的侧移刚度有修正，即采用下式：

$$D = \alpha \frac{12i_c}{h^2}$$

式中，侧移刚度修正系数 α 按照表 12-2-1 取值，可见，即使梁、柱的线刚度都相同，底层柱和其他层柱的侧移刚度 D 也会不同。

侧移刚度修正系数 α 表 12-2-1

楼层	简图	K	n
一般层柱	① ②	$K = \dfrac{i_1 + i_2 + i_3 + i_4}{2i_c}$	$\alpha = \dfrac{K}{2+K}$
底层柱	① ②	$K = \dfrac{i_1 + i_2}{i_c}$	$\alpha = \dfrac{0.5 + K}{2+K}$

注：表中①为边柱，②为中柱、边柱情况下，式中 i_1、i_3 取为 0。

37. 答案：C

解答过程：依据《高层建筑混凝土结构技术规程》JGJ 3—2010 的 10.2.2 条，底部加强部位的高度应从地下室顶板算起，宜取至转换层以上两层且不宜小于房屋高度的 1/10，今第 3 层位于框支层以上 2 层，故属于底部加强部位。

依据 10.2.6 条及表 3.9.3，7 度、≤80m，底部加强部位剪力墙抗震等级为二级。依据 7.2.1 条，二级时，底部加强部位范围内墙体厚度不小于 200mm，故选择 C。

38. 答案：C

解答过程：依据《高层建筑混凝土结构技术规程》JGJ 3—2010 的附录 E.0.1 条，要求

$$\gamma_{e1} = \frac{G_1 A_1}{G_2 A_2} \times \frac{h_2}{h_1} \geqslant 0.5$$

今各参数为

$G_1/G_2 = 1.15$，$h_2/h_1 = 3.2/6$，$A_2 = A_{w2} = 22.96\text{m}^2$

$A_{c1} = 0.8 \times 0.9 \times 16 = 11.52 \text{ mm}^2$，$C_1 = 0.056$，$A_1 = A_{w1} + C_1 A_{c1}$

于是

$$\frac{1.15 \times (A_{w1} + 0.056 \times 11.52)}{22.96} \times \frac{3.2}{6} \geqslant 0.5$$

解出 $A_{w1} \geqslant 18.07\text{m}^2$。因为 1 层抗震墙有 6 道，每道墙长 8.2m，所以，墙厚至少为 $18.07/(6 \times 8.2) = 0.367\text{m}$，选择 C。

39. 答案：D

解答过程：依据《高层建筑混凝土结构技术规程》JGJ 3—2010 的 4.3.12 条，底层作为薄弱层，其承受的地震剪力标准值最小为 $\lambda \sum_{j=1}^{16} G_j$。

查表 4.3.12，7 度（0.15g）、基本周期 1s，$\lambda = 0.024$；由于是薄弱层，还应乘以 1.15。于是

$$\lambda \sum_{j=1}^{16} G_j = 1.15 \times 0.024 \times 23100 = 638 \text{kN}$$

依据 3.5.8 条，由于是薄弱层，计算分析得到的水平地震剪力标准值应乘以 1.25，成为 $1.25 \times 5000 = 6250 \text{kN} > \lambda \sum_{j=1}^{16} G_j = 638 \text{kN}$，取为 6250kN。

由于框支柱为 16 根，依据 10.2.17 条第 2 款，底层框支柱承受的地震剪力标准值之和应取基底剪力的 20%，故 $V_{kc} = 20\% \times 6250 = 1250 \text{kN}$。选择 D。

点评：题目中给出的 1～16 层总重力荷载代表值为 23100kN 似乎不合实际，理由如下：

依据题目给出的尺寸，折合为 $23100/(16 \times 48 \times 20) = 1.5 \text{kN/m}^2$，取钢筋混凝土重度为 25kN/m^3，则相当于楼板厚度为 $1.5/25 = 0.06 \text{m} = 60 \text{mm}$。况且，重力荷载代表值是自重标准值+0.5 倍楼面活荷载，所以，若再考虑了 0.5 倍楼面活荷载之后，楼板厚度将不足 60mm。所以说，给出的数值不符合实际。

40. 答案：B

解答过程：依据《高层建筑混凝土结构技术规程》JGJ 3—2010 的 3.9.1 条，丙类建筑、Ⅱ类场地，确定抗震构造措施时应按 7 度考虑。查表 3.9.3，框支剪力墙结构、7 度、高度 54m<80m，可得框支框架的抗震等级为二级。

今轴压比为
$$\mu_N = \frac{N}{f_c A} = \frac{13300 \times 10^3}{23.1 \times 800 \times 900} = 0.8$$

依据规范 6.4.2 条的注释 4，表中轴压比限值可增加 0.1，即轴压比限值为 $0.7 + 0.1 = 0.8$，满足要求。

由轴压比为 0.8、抗震等级为二级、复合螺旋箍查表 6.4.7，得到配箍特征值 $\lambda_v = 0.15$。依据 10.2.10 条，转换柱的配箍特征值要在表 6.4.7 数值的基础上再增加 0.02，于是 $\lambda_v = 0.15 + 0.02 = 0.17$，故选择 B。

41. 答案：A

解答过程：依据《建筑抗震设计规范》GB 50011—2010 的 6.1.14 条，地上一层与地下一层的剪切刚度应满足 $\frac{G_1 A_1 / h_1}{G_0 A_0 / h_0} \leq 0.5$。

将 $G_0 = G_1$，$A_0/A_1 = n$ 代入上式，得到 $h_1/h_0 \geq 2/n$。由于 $h_1 = 6$m，故应有 $h_0 \leq 3n$，选择 A。

42. 答案：A

解答过程：依据《建筑抗震设计规范》GB 50011—2010 的表 8.3.1，高度 60m、烈度 8 度，抗震等级为二级。

依据《高层民用建筑钢结构技术规程》JGJ 99—2015 的表 7.5.3，对于工字形截面的

腹板，宽厚比应不大于 $26\sqrt{235/f_y}$，于是，$t \geq \dfrac{540}{26\sqrt{235/345}} = 25.2$mm，故选择 A。

43. 答案：A

解答过程：依据《烟囱设计规范》GB 50051—2013 的 5.5.5 条计算烟囱根部的竖向地震作用标准值，其中，α_{vmax} 取水平地震影响系数最大值的 65%。

依据《建筑抗震设计规范》GB 50011—2010 的 5.1.4 条可知，多遇地震、8 度 (0.2g)，$\alpha_{max} = 0.16$。

$$F_{Ev0} = \pm 0.75\alpha_{vmax}G_E = \pm 0.75 \times 0.65 \times 0.16 \times 750 = \pm 58.5\text{kN}$$

故选择 A。

点评：《烟囱设计规范》GB 50051—2013 不再规定水平地震作用的计算方法，而是指出按照振型分解反应谱法计算，高度不超过 150m 采用前 3 个振型；高度超过 150m，采用前 3~5 个振型；高度大于 200m，不少于 5 个振型。

烟囱根部的竖向地震作用，原来采用的公式为 $F_{Ev0} = \pm \alpha_v G_E$，$\alpha_v$ 取水平地震影响系数最大值的 65%。

44. 答案：C

解答过程：依据《高层建筑混凝土结构技术规程》JGJ 3—2010 的 10.2.4 条可知 A 正确；由 5.4.1 条可知 B 正确；依据《建筑抗震设计规范》GB 50011—2010 的 3.5.3 条，可知 D 正确。水平力产生的侧向顶点位移与高度 4 次方成正比，故 C 错误。选择 C。

45. 答案：C

解答过程：依据《高层建筑混凝土结构技术规程》JGJ 3—2010 的 8.2.2 条第 3 款，暗梁截面高度可取墙厚的 2 倍，即 $2 \times 250 = 500$mm；暗梁配筋应符合一般框架梁相应抗震等级的最小配筋要求。

依据表 6.3.2-1，一级抗震，支座位置的纵向受拉钢筋最小配筋率为 0.40% 和 $0.8f_t/f_y$ 的较大者。

$$\rho_{min} = 0.8\dfrac{f_t}{f_y} = 0.8 \times \dfrac{1.57}{300} = 0.418\% > 0.4\%$$

故最小配筋为 $0.418\% \times 250 \times 500 = 523 \text{ mm}^2$。今 A、B、C、D 各选项的钢筋截面积分别为 982 mm²、760 mm²、628 mm²、509 mm²，故选择 C。

点评：有观点认为，对于 D 选项，虽然钢筋截面面积稍不足，但仅仅相差 $\dfrac{523-509}{523} = 2.7\% < 5\%$，也是可以接受的。

46. 答案：A

解答过程：依据《高层建筑混凝土结构技术规程》JGJ 3—2010 的 6.4.10 条，节点核心区箍筋最大间距和最小直径与 6.4.3 条柱箍筋规定相同。查表 6.4.3-2，二级抗震时箍筋最大间距为 $8d = 8 \times 22 = 176$mm 和 100mm 的较小者，为 100mm，似乎可排除 A 选项。但是，规范 6.4.3 条还规定，二级框架柱箍筋直径不小于 10mm 且肢距不大于 200mm 时，除柱根外最大间距应允许采用 150mm，这样，A 选项也符合要求。

6.4.10 条规定，二级框架节点核心区 λ_v 不宜小于 0.10，箍筋体积配筋率不宜小于 0.5%。于是

$$[\rho_v] = \lambda_v \frac{f_c}{f_{yv}} = 0.1 \times \frac{19.1}{270} = 0.707\% > 0.5\%, \text{取} [\rho_v] = 0.707\%$$

对 A、B、C、D 选项的体积配筋率计算如下：

选项 A $\quad \rho_v = \frac{8A_{sv1}l}{A_{cor}s} = \frac{8 \times 78.5 \times (590+10)}{590 \times 590 \times 150} = 0.722\% > [\rho_v] = 0.707\%$

选项 B 与 A 相比，ρ_v 更大，可排除。

选项 C $\quad \rho_v = \frac{8 \times 50.3 \times (590+8)}{590 \times 590 \times 100} = 0.691\% < [\rho_v] = 0.707\%$

选项 D $\quad \rho_v = \frac{8 \times 50.3 \times (590+8)}{590 \times 590 \times 75} = 0.922\% > [\rho_v] = 0.707\%$

选项 A 的体积配筋率大于 $[\rho_v]$ 且最接近，故选择 A。

47. 答案：D

解答过程：依据《高层建筑混凝土结构技术规程》JGJ 3—2010 的 10.2.7 条第 2 款，抗震等级为一级的转换梁，加密区箍筋最小面积配筋率为

$$\rho_{sv,min} = 1.2 \frac{f_t}{f_{yv}} = 1.2 \times \frac{1.71}{300} = 0.684\%$$

图中为 4 肢箍，在箍筋间距为 100mm 时，所需单肢箍筋的截面积为

$$A_{sv1} = \frac{\rho_{sv,min} bs}{4} = \frac{0.684\% \times 500 \times 100}{4} = 85.5 \text{ mm}^2$$

需要钢筋直径至少为 12mm。

由于转换梁上托柱，依据 10.2.8 条第 7 款，在跨中的 A_{sv2} 也应加密，故选择 D。

48. 答案：C

解答过程：依据《高层建筑混凝土结构技术规程》JGJ 3—2010 的 10.2.10 条，框支柱的纵筋配筋率应符合 6.4.3 条的规定。由 6.4.3 条，HRB335 钢筋、一级时，框支柱最小配筋率为 1.2%。依据 10.2.11 条第 7 款，纵筋间距不应小于 80mm，且全部纵筋配筋率不宜大于 4%。

今 A、B、C 选项对应的配筋率分别为 4.10%、3.82%、3.27%，B、C 符合配筋率要求。

对于选项 B，柱截面内配置 28 根纵筋时，每边 8 根，间距为 $\frac{600-2\times30-25}{7} = 74$mm，不满足要求。对于选项 C，纵筋间距为 $\frac{600-2\times30-25}{6} = 86$mm，满足要求。故选择 C。

49. 答案：B

解答过程：依据《高层建筑混凝土结构技术规程》JGJ 3—2010 的 5.4.1 条，当满足 $EJ_d \geq 2.7H^2 \sum_{i=1}^{n} G_i$ 时可不考虑二阶效应影响。又依据该条的条文说明，对于倒三角形分布的荷载，$EJ_d = \frac{11qH^4}{120u}$。于是

$$u \leqslant \frac{11qH^4}{120 \times 2.7H^2 \sum_{i=1}^{n} G_i} = \frac{11 \times 85 \times 70^2}{120 \times 2.7 \times (0.8 + 19 \times 1.2) \times 10^4} = 0.0599 \text{m}$$

故选择 B。

点评：以上计算中，重力取设计值，q 却是取标准值，看起来似乎有些矛盾，其实不然。理由如下：

对于悬臂柱承受倒三角形分布荷载的情况，利用结构力学中的图乘法，可知其顶端位移为 $u = \frac{11qH^4}{120EI}$，这里的公式 $EJ_d = \frac{11qH^4}{120u}$ 相当于是其的变形（由于不是简单的一根柱子，故用等效侧向刚度 EJ_d 代替了抗弯刚度 EI），因此，q 应按标准组合得到。

$EJ_d \geqslant 2.7H^2 \sum_{i=1}^{n} G_i$ 是对等效侧向刚度的判断条件，涉及的荷载 G_i 用设计值。

这之后，$\frac{11qH^4}{120u} \geqslant 2.7H^2 \sum_{i=1}^{n} G_i$ 只是等量代换，不会影响到其他。

50. 答案：A

解答过程：依据《高层建筑混凝土结构技术规程》JGJ 3—2010 的 5.4.1 条计算。

$$2.7H^2 \sum_{i=1}^{n} G_i = 2.7 \times 70^2 \times (0.8 + 19 \times 1.2) \times 10^4$$
$$= 3.12 \times 10^9 \text{kN} \cdot \text{m}^2 < EJ_d = 3.5 \times 10^9 \text{kN} \cdot \text{m}^2$$

故不必考虑二阶效应的影响。选择 A。

51. 答案：A

解答过程：依据《高层建筑混凝土结构技术规程》JGJ 3—2010 的 3.7.3 条，楼层层间最大位移与层高之比，对于框架-剪力墙结构，为 1/800。

依据 5.4.3 条，框架-剪力墙结构考虑重力二阶效应的位移增大系数为

$$F_1 = \frac{1}{1 - 0.14H^2 \sum_{i=1}^{n} G_i/(EJ_d)}$$

令 EJ_d 调整后与调整前的比值为 n，则调整后，未考虑二阶效应的侧移会减小至原来的 $1/n$，成为 $\frac{1}{850n}$。于是，就有下式成立

$$\frac{1}{1 - 0.14H^2 \sum_{i=1}^{n} G_i/(n \times EJ_d)} \times \frac{1}{850n} \leqslant \frac{1}{800}$$

即

$$\frac{1}{1 - 2.05 \times 10^8/(n \times 2.28 \times 10^9)} \times \frac{1}{850n} \leqslant \frac{1}{800}$$

解方程，得到 $n \geqslant 1.03$，故选择 A。

点评：若认为刚度调整后未考虑二阶效应的侧移不变，会得到 $n \geqslant 1.52$，错选 C。

52. 答案：C

解答过程：依据《建筑抗震设计规范》GB 50011—2010 表 8.1.3，钢结构房屋高度小于 50m、烈度 8 度，抗震等级为三级。

依据《高层民用建筑钢结构技术规程》JGJ 99—2015 的 7.3.9 条,三级时框架柱的长细比应满足 ≤ $80\sqrt{235/f_y}$,于是,层高 $h \leqslant i_x \times 80\sqrt{235/f_y} = 173 \times 80 \times \sqrt{235/345} = 11422$ mm,故选择 C。

53. 答案:A

解答过程:依据《高层建筑混凝土结构技术规程》JGJ 3—2010 的表 4.3.7-1,多遇地震、烈度 7 度,$\alpha_{max} = 0.08$。依据表 4.3.7-2,Ⅱ类场地、第一组,$T_g = 0.35$s。

自振周期应考虑折减系数,故 $T_1 = 3.0 \times 0.8 = 2.4$s。

依据《高层建筑混凝土结构技术规程》JGJ 3—2010 的 11.3.5 条,混合结构阻尼比可取为 0.04。于是

$$\gamma = 0.9 + \frac{0.05 - 0.04}{0.3 + 6 \times 0.04} = 0.919$$

又由于 $T_1 = 2.4$s $> 5T_g = 5 \times 0.35 = 1.75$s,所以,依据规程图 4.3.8 有

$$\alpha_1 = [0.2^\gamma \eta_2 - \eta_1(T_1 - 5T_g)]\alpha_{max}$$
$$= [0.2^{0.919} \times 1.069 - 0.022 \times (2.4 - 5 \times 0.35)] \times 0.08$$
$$= 0.018$$

故选择 A。

点评:题目的已知条件中给出了 $\eta_1 = 0.022$,因此,在不知道混合结构的阻尼比为 0.04 的情况下,可以利用《高层建筑混凝土结构技术规程》JGJ 3—2010 的公式 (4.3.8-2) 求出对应的阻尼比为 0.04,进而求出计算时需要用到的 γ。

54. 答案:C

解答过程:依据《高层建筑混凝土结构技术规程》JGJ 3—2010 的 4.3.12 条考虑剪重比要求。基本周期 2.4s,7 度,查表 4.3.12 可知 $\lambda = 0.016$,由于 $0.016 \times 6 \times 10^5 = 9600$kN > 8600kN,表明底层水平地震剪力不满足剪重比要求,取 $V_0 = 9600$kN 后,上部楼层地震剪力应相应调整。9600/8600=1.116,调整后 $V_f = 1500 \times 1.116 = 1674$kN。

再依据 9.1.11 条,框架部分分配的剪力标准值 $V_f = 1674$kN $< 20\% V_0 = 0.2 \times 9600 = 1920$kN,框架部分分配的剪力标准值的最大值 $V_{f,max} = 1674$kN $> 10\% V_0 = 0.1 \times 9600 = 960$kN,依据第 3 款,应按 $20\% V_0$ 和 $1.5 V_{f,max}$ 的较小者取值。$1.5 V_{f,max} = 1.5 \times 1674 = 2511$kN $> 20\% V_0 = 1920$kN,所以,底层框架总剪力标准值应取 1920kN,选择 C。

55. 答案:D

解答过程:依据《高层建筑混凝土结构技术规程》JGJ 3—2010 的 11.2.4 条,7 度抗震设计时,宜在混凝土筒体四角墙内设置型钢柱,故选择 D。

点评:本题也可以这样解答:

依据《高层建筑混凝土结构技术规程》JGJ 3—2010 的表 11.1.4,型钢混凝土框架-钢筋混凝土核心筒、7 度、>130m,核心筒抗震等级为一级。依据 11.4.18 条第 2 款,对筒体底部加强部位以上墙体,宜按 7.2.15 条设置约束边缘构件。

依据 7.2.15 条第 2 款,一级时剪力墙约束边缘构件阴影部分的纵筋最小配筋率为 1.2%,即最小配筋截面积为

$$1.2\% \times (400 \times 800 \times 2 - 400 \times 400) = 5760 \text{mm}^2$$

14 根钢筋时,所需钢筋直径为 $\sqrt{\frac{5760 \times 4}{14 \times 3.14}} = 23$mm,A、B、C 选项均不满足要求,

故选择 D。

56. 答案：D

解答过程：依据《高层建筑混凝土结构技术规程》JGJ 3—2010 的 11.1.4 条，型钢混凝土框架-钢筋混凝土筒体、7 度、132m，型钢混凝土框架的抗震等级为一级。

依据表 11.4.4，由于剪跨比 $\lambda=2.5>2$、抗震等级为一级，轴压比限值为 0.7。即

$$\mu_N = \frac{N}{f_c A + f_a A_a} = \frac{18000 \times 10^3}{(700 \times 700 - A_a) \times 23.1 + 295 A_a} \leqslant 0.7$$

解方程得到 $A_a \geqslant 52943 \text{mm}^2$。

A_a 尚应满足 11.4.5 条第 6 款的最小含钢率要求。今 $\frac{52943}{700 \times 700}=10.8\%>4\%$，满足要求。故选择 D。

若仅考虑 11.4.5 条的构造要求，则有 $A_a \geqslant 4\% \times 700 \times 700 = 19600 \text{mm}^2$，会错选 B。

57. 答案：B

解答过程：依据《高层建筑混凝土结构技术规程》JGJ 3—2010 的 11.4.5 条第 4 款，柱纵筋最小配筋率不宜小于 0.8%。今依据备选项按照配置 12 根纵筋考虑，则

$$\rho = \frac{A_s}{bh} = \frac{12 \times 3.14 \times d^2/4}{700 \times 700} \geqslant 0.8\%$$

解出 $d \geqslant 20.4 \text{mm}$，只有 B、D 选项符合要求。

依据表 11.4.6 条，一级抗震时，要求箍筋直径大于等于 12mm，排除 D 选项。

依据 11.4.6 条，对选项 B 验算加密区箍筋体积配箍率如下：

$$[\rho_v] = 0.85 \lambda_v \frac{f_c}{f_y} = 0.85 \times 0.15 \times \frac{23.1}{300} = 0.98\%$$

依据《混凝土结构设计规范》GB 50010—2010，取纵筋保护层厚度最小值为 $20+12=32\text{mm}$，则选项 B 实际体积配箍率为：

$$\rho_v = \frac{8 \times 113.1 \times (700 - 2 \times 32 + 12)}{(700 - 2 \times 32)^2 \times 100} = 1.45\% > 0.98\%$$

可见，满足要求。选择 B。

58. 答案：D

解答过程：依据《高层建筑混凝土结构技术规程》JGJ 3—2010 的表 11.1.4，型钢混凝土框架-钢筋混凝土核心筒结构，房屋高度 132m、7 度抗震，核心筒抗震等级为一级。

依据规程 7.2.21 条，连梁承受的剪力为

$$V = \eta_{vb} \frac{M_b^l + M_b^r}{l_n} + V_{Gb} = 1.3 \times \frac{1440}{2.0} + 60 = 996 \text{kN} > 620 \text{kN}$$

依据 9.3.8 条，交叉暗撑所需钢筋总面积为

$$A_s \geqslant \frac{\gamma_{RE} V_b}{2 f_y \sin \alpha} = \frac{0.85 \times 996 \times 10^3}{2 \times 360 \times \sin 37°} = 1954 \text{mm}^2$$

选项 A、B、C、D 对应的钢筋截面积分别为 615mm²、1017mm²、1256mm²、1964mm²，可见，D 满足要求。

点评：对于此题的解答，有两点需要说明：

(1)《混凝土结构设计规范》GB 50010—2010 的 11.7.8 条规定，对于配置有对角斜筋的连梁，取 $\eta_{vb}=1.0$。《高规》对此没有特殊规定。

(2) 剪力墙洞口连梁的剪力调整时，按照《混凝土结构设计规范》GB 50010—2010 的 11.7.8 条，对于一级抗震等级，当两端弯矩均为负弯矩时，绝对值较小的弯矩值应取零。《建筑抗震设计规范》6.2.4 条也有相同的规定。2002 年版的《高层建筑混凝土结构技术规程》在 7.2.22 条也有此规定，但 2010 年版却无此规定，条文说明也未提及此处修改的原因。

59. 答案：B

解答过程：依据《高层建筑混凝土结构技术规程》JGJ 3—2010 的 4.3.3 条及其条文说明，可知 A、C、D 的叙述是正确的，B 是不正确的。

60. 答案：C

解答过程：依据《高层建筑混凝土结构技术规程》JGJ3—2010 的 8.1.3 条，此时，框架部分按框架结构确定抗震等级。依据 3.9.1 条第 1 款，乙类建筑，提高一度，按 7 度考虑。由表 3.9.3，高度大于 30m、7 度、框架结构，抗震等级为二级。故选择 C。

若直接按照 6 度框剪结构查表 3.9.3，则会错选 A。

61. 答案：D

解答过程：依据《高层建筑混凝土结构技术规程》JGJ3—2010 的 10.2.2 条，剪力墙底部加强部位高度应从地下室顶板算起，宜取至转换层以上两层且不宜小于房屋高度的 1/10，即，取为 $\max(4.2+2.8\times2=9.8\text{m}, 40.6/10=4.06\text{m})=9.8\text{m}$。

依据规程 10.2.19 条，加强部位墙体竖向分布钢筋最小配筋率不应小于 0.3%，间距不大于 200mm，直径不小于 $\phi 8$。于是

$$\frac{A_s}{b_w s} = \frac{2\times 3.14\times d^2/4}{300\times 200} \geqslant 0.3\%$$

解出 $d\geqslant 10.7\text{mm}$，故选择 D。

62. 答案：B

解答过程：依据《高层建筑混凝土结构技术规程》JGJ 3—2010 的附录 E.0.1 条，要求

$$\frac{G_1 A_1}{G_2 A_2}\times \frac{h_2}{h_1}\geqslant 0.5$$

式中各值计算如下：

$$A_1 = A_{w1}+C_1 A_{c1} = A_{w1}+2.5\left(\frac{h_{c1}}{h_1}\right)^2 A_{c1}$$

$$= A_{w1}+2.5\times\left(\frac{0.9}{4.2}\right)^2\times 5.67 = A_{w1}+0.6509$$

$$A_2 = A_{w2}+C_2 A_{c2} = 16.2+2.5\left(\frac{0.9}{2.8}\right)^2\times 0 = 16.2$$

近似取 $G_1/G_2 \approx E_1/E_2 = 3.25/3.0$，于是，有

$$\frac{3.25}{3.0}\times\frac{A_{w1}+0.6509}{16.2}\times\frac{2.8}{4.2}\geqslant 0.5$$

解出 $A_{w1}\geqslant 10.56\text{m}^2$，故选择 B。

63. 答案：C

解答过程：依据《建筑抗震设计规范》GB 50011—2010 表 5.1.4-1，8 度（0.3g），$\alpha_{max}=0.24$。依据表 5.1.4-2，Ⅲ类场地、第一组，得到 $T_g=0.45s$。因阻尼比 $\zeta=0.05$，故 $\gamma=0.9$，$\eta_2=1.0$。

因为 $T_g < T_1 = 0.885s < 5T_g$，所以

$$\alpha_1 = \left(\frac{T_g}{T_1}\right)^\gamma \eta_2 \alpha_{max} = \left(\frac{0.45}{0.885}\right)^{0.9} \times 1.0 \times 0.24 = 0.1306$$

$$F_{Ek} = \alpha_1 G_{eq} = 0.1306 \times 0.85 \times 98400 = 10923 kN$$

故选择 C。

64. 答案：A

解答过程：依据《高层建筑混凝土结构技术规程》JGJ 3—2010 的 3.9.2 条，由于是Ⅲ类场地，设计基本地震加速度为 0.3g，所以，应按 9 度考虑抗震构造措施。再依据该规程的表 3.9.3，丙类建筑、9 度设防、高度<50m 的框架-剪力墙，其框架部分的抗震等级为一级。

今柱子的剪跨比为

$$\lambda = \frac{H_n}{2h_0} = \frac{2900}{2 \times (800-50)} = 1.93 < 2$$

查表 6.4.2，得到轴压比限值为 0.75。再依据表下的注 2，由于剪跨比不大于 2 不小于 1.5，故限值应减小 0.05，从而成为 0.7，选择 A。

65. 答案：C

解答过程：

底层柱 C1 的剪力标准值 $V_{c1k} = \frac{D_{c1}}{\sum D_i} V_f = \frac{27506}{123565} \times 370 = 82.36 kN$

柱 C1 柱底弯矩标准值 $M_{c1k} = V_{c1k} h_y = 82.36 \times 3.8 = 313 kN \cdot m$，故选择 C。

66. 答案：D

解答过程：依据《高层建筑混凝土结构技术规程》JGJ 3—2010 表 6.4.7，一级抗震、普通箍，轴压比为 0.45、0.60 时最小配箍特征值 λ_v 分别为 0.12、0.15。依据 6.4.10 条第 2 款，一级框架按节点核心区的配箍特征值 λ_v 不宜小于 0.12，箍筋体积配箍率不宜小于 0.6%。今剪跨比小于 2，节点核心区的体积配箍率不宜小于核心区上、下柱端体积配箍率的较大者。

取 $\lambda_v = 0.15$ 计算箍筋体积配箍率，为

$$[\rho_v] = \lambda_v \frac{f_c}{f_{yv}} = 0.15 \times \frac{16.7}{270} = 0.93\% > 0.6\%$$

考虑到柱剪跨比<2，柱端体积配箍率不小于 1.2%，该值>0.93%，故节点核心区体积配箍率应取为 1.2%，选择 D。

67. 答案：C

解答过程：依据《高层建筑混凝土结构技术规程》JGJ3—2010 的 8.1.4 条第 1 款，抗

震设计时，框架剪力墙结构对应于地震作用标准值的各层框架总剪力，对不满足式（8.1.4）要求的楼层，其框架总剪力应按 $0.2V_0$ 和 $1.5V_{f,\max}$ 二者的较小值采用。

今 $V_f=1600\text{kN}<0.2V_0=0.2\times14000=2800\text{kN}$，故该楼层该承受的地震作用标准值需要调整，调整后的总剪力为 $V_f=\min(0.2V_0,1.5V_{f,\max})=2800\text{kN}$。

依据规程 8.1.4 条第 2 款，按调整前后总剪力的比值调整每根框架柱的弯矩和剪力。

弯矩标准值　$M=\pm283\times(2800/1600)=\pm495\text{kN}\cdot\text{m}$

剪力标准值　$V=\pm74.5\times(2800/1600)=\pm130\text{kN}$

故选择 C。

68. 答案：D

解答过程：依据《高层建筑混凝土结构技术规程》JGJ3—2010 的 6.2.7 条条文说明，节点核心区抗剪应按照《混凝土结构设计规范》计算。

依据《混凝土结构设计规范》GB 50010—2010 的 11.6.2 条计算如下：

$$h_b=(800+600)/2=700\text{mm},\ h_{b0}=700-60=640\text{mm}$$

$$V_j=\eta_{jb}\frac{\sum M_b}{h_{b0}-a_s'}\left(1-\frac{h_{b0}-a_s'}{H_c-h_b}\right)$$

$$=1.2\times\frac{(474.3+260.8)\times10^3}{640-60}\left(1-\frac{640-60}{4150-700}\right)$$

$$=1265\text{kN}$$

上式中，由于是框架剪力墙结构中的框架且为二级，取 $\eta_{jb}=1.2$。

故选择 D。

69. 答案：D

解答过程：依据《高层建筑混凝土结构技术规程》JGJ 3—2010 的 7.2.4 条，抗震设计的双肢剪力墙，其墙肢不宜出现小偏心受拉；当任一墙肢为偏心受拉时，另一墙肢的弯矩设计值及剪力设计值应乘以增大系数 1.25；又依据 7.2.6 条，剪力墙底部加强部位墙肢截面的剪力设计值应乘以剪力放大系数，一级抗震时为 1.6。水平地震作用效应的分项系数为 1.3。故考虑水平地震作用组合的墙肢 2 首层剪力设计值为

$$V=1.25\times1.6\times1.3\times500=1300\text{kN}$$

选择 D。

70. 答案：B

解答过程：依据《高层建筑混凝土结构技术规程》JGJ 3—2010 的 7.2.10 条计算。

由于 $N=3840\text{kN}<0.2f_cb_wh_w=6207.5\text{kN}$，计算时取 $N=3840\text{kN}$。

依据公式（7.2.7-4）计算剪力墙剪跨比

$$\lambda=\frac{M^c}{V^ch_{w0}}=\frac{21600}{3240\times6.2}=1.075<1.5,\ 取\ \lambda=1.5$$

于是

$$V\leq\frac{1}{\gamma_{RE}}\left[\frac{1}{\lambda-0.5}\left(0.4f_tb_wh_{w0}+0.1N\frac{A_w}{A}\right)+0.8f_{yh}\frac{A_{sh}}{s}h_{w0}\right]$$

$$5184\times10^3 \leqslant \frac{1}{0.85}\Big[\frac{1}{1.5-0.5}(0.4\times1.71\times250\times6200+0.1\times3840\times10^3)$$

$$+0.8\times270\frac{A_{sh}}{s}\times6200\Big]$$

解得 $\frac{A_{sh}}{s}\geqslant 2.2\text{ mm}^2/\text{mm}$，故选择 B。

71. 答案：B

解答过程：依据《高层建筑混凝土结构技术规程》JGJ 3—2010 图 7.2.15（a），阴影部分长度应取 $b_w=250\text{mm}$、$l_c/2=1300/2=650\text{mm}$ 和 400mm 的较大者，故为 650mm。

查表 7.2.15，一级抗震、8 度、轴压比大于 0.3，得到 $\lambda_v=0.20$。于是，体积配箍率应满足

$$\lambda_v \frac{f_c}{f_{yv}} \leqslant \frac{n_1 A_{s1} l_1 + n_2 A_{s2} l_2}{A_{cor} s}$$

计算时，钢筋长度按照算至中心线，所箍面积按照算至箍筋内表面。根据所提供选项，若箍筋直径取为 10mm，间距取为 100mm，则上式成为

$$0.2\times\frac{19.1}{f_{yv}} \leqslant \frac{4\times78.5\times210+2\times78.5\times625}{200\times615\times100}$$

解出 $f_{yv}\geqslant 286\text{N}/\text{mm}^2$。可见，采用 HRB335 钢筋可以满足要求，故选择 B。

72. 答案：B

解答过程：依据《高层建筑混凝土结构技术规程》JGJ3—2010 的 7.2.23 条计算。今连梁跨高比为 1500/700=2.14<2.5，应采用公式（7.2.23-3），即

$$V \leqslant \frac{1}{\gamma_{RE}}(0.38 f_t b_b h_{b0} + 0.9 f_{yv}\frac{A_{sv}}{s} h_{b0})$$

这样，应有

$$\frac{A_{sv}}{s} \geqslant \frac{\gamma_{RE} V_b - 0.38 f_t b_b h_{b0}}{0.9 f_{yv} h_{b0}}$$

$$= \frac{0.85\times421.2\times10^3 - 0.38\times1.71\times300\times665}{0.9\times270\times665}$$

$$= 1.41\text{mm}^2/\text{mm}$$

配置双肢箍，间距为 100mm 时，需要单肢截面积为 $1.41\times100/2=71\text{mm}^2$。单根钢筋直径为 10mm 时对应的截面积为 78.5 mm^2，B 选项可以满足要求且最为接近。

对于选项 A，由于 $\frac{A_{sv}}{s}=\frac{2\times50.3}{80}=1.26\text{ mm}^2/\text{mm}<1.41\text{mm}^2/\text{mm}$，不满足要求。

综上，选择 B。

点评：连梁的跨高比计算时，跨度如何取值，可能各本教材并不一致，例如，郭继武《建筑抗震设计》（第二版）（中国建筑工业出版社，2006）的 273 页，在提到连梁的跨高比时，采用的称谓是"连梁跨高比 l_0/h"，但是对 l_0 的取值未作说明。《混凝土结构设计规范》GB 50010—2002 的 11.7.8 条，较早版本（例如 2002 年第 2 次印刷本）也曾写成"跨高比 $l_0/h>2.5$ 的连梁"，后来新印刷的版本修改为"跨高比 $l_n/h>2.5$ 的连梁"。《混

凝土结构设计规范》GB 50010—2010 中仅用文字称"跨高比"，未给出公式。《高层建筑混凝土结构技术规程》JGJ 3—2010 的 7.2.24 条、7.2.25 条将连梁跨高比写成 l/h_b，但未对 l 作出解释。

73. 答案：B

解答过程：依据《高层建筑混凝土结构技术规程》JGJ 3—2010 表 3.9.3，框支剪力墙、7 度、<80m，底部加强部位剪力墙为抗震等级为二级。依据 10.2.6 条，由于转换层位于第 3 层，应提高一级，从而抗震等级成为一级。

抗震等级为一级，依据 10.2.18 条，弯矩增大系数 1.5；依据 7.2.6 条，剪力增大系数 1.6。故 $M=1.5×2900=4350$ kN·m，$V=1.6×724=1158$ kN，选择 B。

点评：规范 10.2.6 条正文规定，"对部分框支剪力墙结构，当转换层的位置设置在 3 层及 3 层以上时，其框支柱、剪力墙底部加强部位的抗震等级宜按本规程表 3.9.3 和表 3.9.4 的规定提高一级采用，已为特一级时可不提高"，据此，笔者认为，调整的应是抗震措施的等级（抗震构造措施的等级也随之提高）。

但是，该条的条文说明却是这样表达的："对部分框支剪力墙结构，高位转换对结构抗震不利，因此规定部分框支剪力墙结构转换层的位置设置在 3 层及 3 层以上时，其框支柱、剪力墙底部加强部位的抗震等级宜按本规程表 3.9.3 和表 3.9.4 的规定提高一级采用（已为特一级时可不提高），提高其抗震构造措施"。含义为，仅仅提高抗震构造措施的等级。

条文说明与正文不一致，理应以正文为准，笔者给出的解答基于规范正文。

朱炳寅在《高层建筑混凝土结构技术规程应用与分析》一书的 343 页是如此解释 10.2.6 条的：

……依据条文说明，本条规定中的抗震等级提高可理解为对应于"抗震构造措施的抗震等级"，而对应于"抗震措施的抗震等级"可不提高。也就是只提高与抗震构造措施相关的内容，而与抗震措施相关的如内力调整系数等可不加大。实际工程中，可根据工程的重要性程度，结合抗震性能设计要求确定是对抗震措施的提高，还是仅对抗震构造措施的提高。

74. 答案：B

解答过程：依据《高层建筑混凝土结构技术规程》JGJ 3—2010 的 10.2.11 条第 2 款，一级转换柱由地震作用产生的轴力应乘以增大系数 1.5，故 $N=1.2×1950+1.3×1.5×1100=4485$ kN，选择 B。

直接按照 1.2、1.3 的分项系数代入，得到 3770kN，会错选 A。在此基础上乘以 1.5 的系数，会得到 5655kN，错选 D。

75. 答案：B

解答过程：依据《高层建筑混凝土结构技术规程》JGJ 3—2010 公式 10.2.22-3 计算。
$$A_{sh}=0.2l_nb_w\gamma_{RE}\sigma_{xmax}/f_{yh}=1200×200×0.85×0.97/270=733\text{mm}^2$$

再依据 10.2.19 条，底部加强部位墙体，水平和竖向分布钢筋的最小配筋率为 0.3%，即 1200mm 范围内水平分布钢筋最小配筋量为 $0.3\%×200×1200=720\text{mm}^2$。

综合以上，应按 733mm² 布置，选项 B 可以满足要求。

76. 答案：C

解答过程：依据《高层建筑混凝土结构技术规程》JGJ 3—2010 表 4.3.7-1，因为设计基本地震加速度 0.15g、烈度 7 度，多遇地震 $\alpha_{\max}=0.12$。依据 11.3.5 条，混合结构在多遇地震作用下阻尼比取为 0.04，即 $\zeta=0.04$。于是

$$\gamma = 0.9 + \frac{0.05-0.04}{0.3+6\times 0.04} = 0.919$$

又由于 $T_1=1.82\text{s} > 5T_g = 5\times 0.35 = 1.75\text{s}$，依据规程图 4.3.8 可得

$$\alpha_1 = [0.2^{\gamma}\eta_2 - \eta_1(T_1-5T_g)]\alpha_{\max}$$

$$= [0.2^{0.919}\times 1.069 - 0.022\times(1.82-5\times 0.35)]\times 0.12$$

$$= 0.029$$

故选择 C。

点评：题目的已知条件中给出了 $\eta_1=0.022$，因此，在不知道混合结构的阻尼比为 0.04 的情况下，可以利用《高层建筑混凝土结构技术规程》JGJ 3—2010 的公式（4.3.8-2）求出对应的阻尼比为 0.04，进而求出计算时需要用到的 γ。

77. 答案：B

解答过程：依据《高层建筑混凝土结构技术规程》JGJ 3—2010 的 4.3.10 条第 3 款，有：

$$\sqrt{4000^2+(0.85\times 4200)^2} = 5361\text{kN}$$

$$\sqrt{(0.85\times 4000)^2+4200^2} = 5404\text{kN}$$

取二者的较大者，为 5404kN，故选择 B。

若误取为较小者，会错选 A。

78. 答案：C

解答过程：依据《高层建筑混凝土结构技术规程》JGJ 3—2010 的 3.9.1 条，I 类场地、丙类建筑，按降低一度即 7 度考虑抗震构造措施。由表 3.9.3，框架-剪力墙结构、7 度、高度<60m，其框架抗震等级为三级。查表 6.4.2，轴压比限值为 0.90。采取表下注释 4、5 中的措施，限值可提高 0.15，故该柱轴压比最大限值为 0.90+0.15=1.05，取为 1.05，故选择 C。

79. 答案：C

解答过程：端柱作为墙的一部分，应满足作为边缘构件的要求。

依据《高层建筑混凝土结构技术规程》JGJ 3—2010 的 7.1.4 条，该楼的 5 层非底部加强部位，也非底部加强部位上一层，因此，依据 7.2.14 条，应设置构造边缘构件。查表 7.2.16，二级时竖向钢筋最小量为 max（$0.006A_c$，$6\phi 12$）。依据图 7.2.16，阴影部分面积 $A_c=500\times 500=250000\text{mm}^2$，故竖向钢筋最小量为 max（$0.006\times 250000$，679）=1500 mm^2。

另外，依据规范 6.4.4 条第 5 款，剪力墙端柱小偏心受拉时，纵向钢筋用量比计算值增加 25%，于是，$1.25\times 1800=2250\text{ mm}^2$。

综上，选择 C。

12.2 答　案

80. 答案：D

解答过程：《高层建筑混凝土结构技术规程》JGJ 3—2010 的 6.3.2 条第 3 款，二级时，底面纵筋截面积与顶面纵筋截面积之比应≥0.3，B 选项不满足。

依据 6.3.2 条第 4 款，梁端纵筋配筋率大于 2%时，表 6.3.2-2 中箍筋最小直径应增大 2mm，故箍筋最小直径为 10mm，排除 C。

依据 6.3.3 条第 1 款，梁端纵向受拉钢筋的配筋率不宜大于 2.5%，不应大于 2.75%，当梁端受拉钢筋配筋率大于 2.5%时，受压钢筋的配筋率不应小于受拉钢筋的一半，A 不符合"不宜"的条件，但可以接受。

选项 D 符合 6.3.2 条以及 6.3.3 条的要求，故为最佳答案，选择 D。

点评：《高层建筑混凝土结构技术规程》JGJ 3—2002 的 6.3.2 条（强制性条文）曾规定，框架梁抗震设计时，梁端纵向受拉钢筋的配筋率不应大于 2.5%，2010 年版将最大配筋率由 2.5%调整为 2.75%，并不再作为强制性条文。

81. 答案：D

解答过程：所选地震波曲线应满足《高层建筑混凝土结构技术规程》JGJ 3—2010 的 4.3.5 条第 1 款要求。以振型分解反应谱法所得的 6000kN 为基准计算。

$$6000 \times 65\% = 3900\text{kN}, \quad 6000 \times 80\% = 4800\text{kN}$$

P2 对应的 3800kN 不满足要求，排除 A、B 选项。

对于选项 C，由于三条时程曲线所得的平均值 (5200+4700+4000)/3=4633kN<4800kN，也不满足要求。

故选择 D。

82. 答案：D

解答过程：依据《高层建筑混凝土结构技术规程》JGJ 3—2010 附录 E 的公式 E.0.3 计算。

H_1 取转换层及其下部结构的高度，$H_1=15\text{m}$，对应的 $\Delta_1=7.6\times10^{-10}$。$H_2$ 取与 H_1 接近但不大于 H_1 的值，为 12m，对应的 $\Delta_2=4.5\times10^{-10}$。于是

$$\gamma_{e2} = \frac{\Delta_2 H_1}{\Delta_1 H_2} = \frac{4.5\times10^{-10}}{7.6\times10^{-10}} \times \frac{15}{12} = 0.74$$

故选择 D。

83. 答案：D

解答过程：依据《高层建筑混凝土结构技术规程》JGJ 3—2010 的 9.1.8 条，对于核心筒外墙，洞间墙截面高度不宜小于 1.2m。又由于洞间墙肢的截面高度与厚度之比为 1200/450<4，按框架柱进行设计。

按照一级、HRB335 钢筋查表 6.4.3-1，全部纵向受力钢筋最小配筋率为 1.0%，故最小配筋量为 1.0%×1200×450=5400mm²，选择 D。

点评：对于本题，有观点认为，底层属于底部加强部位，一级时，阴影部分要求全部纵筋的配筋率不小于 1.2%且不小于 8φ16（1608mm²），故应取最小配筋量为 1.2%×1200×450=6480mm²。

笔者认为不妥。原因如下：

在 2010 版《高层建筑混凝土结构技术规程》中,并非底部加强部位都要设置约束边缘构件,而是只有当底层墙肢底截面轴压比超限时才设置(依据 2002 版《高层建筑混凝土结构技术规程》,可以直接因为处于底部加强部位而设置约束边缘构件)。若认为此考题是 2008 年考题,增加轴压比条件使之符合设置约束边缘构件的要求,该观点仍然存在问题。因为,约束边缘构件沿墙肢的长度是 l_c,一级时,只有其中的阴影部分才按照配筋率不小于 1.2%且不小于 $8\phi 16$ 配置纵筋,非阴影部分无此要求,对照算式,1200×450 并非阴影部分面积,所以,这种观点是不妥当的。

84. 答案:B

解答过程:依据《高层建筑混凝土结构技术规程》JGJ 3—2010 的 11.4.5 条第 6 款,型钢混凝土柱的含钢率不宜小于 4%,于是,钢骨最小截面积为 $4\%\times 800\times 800=25600$ mm^2。排除选项 C、D。

依据第 4 款,型钢混凝土柱的纵向钢筋配筋率不宜小于 0.8%,且在四角应各配置一根直径不小于 16mm 的纵向钢筋,故最小配筋量为 $0.8\%\times 800\times 800=5120\ mm^2$。今 $12\phi 22$、$12\phi 25$ 的截面积分别为 $4559\ mm^2$、$5888\ mm^2$,B 选项符合要求。

点评:"纵向钢筋配筋率不宜小于 0.8%",这里的"纵向钢筋"是否包括构造钢筋?经查,《组合结构设计规范》JGJ 138—2016 的 6.1.3 条是这样规定的:"型钢混凝土框架柱……,其全部纵向受力钢筋的配筋率不宜小于 0.8%",说得更为明确。

通常所说的配筋率应是指受力纵筋而言的。

85. 答案:D

解答过程:依据《高层建筑混凝土结构技术规程》JGJ 3—2010 的 3.7.3 条条文说明,$\Delta u/h$ 指第 i 层与第 $i-1$ 层在楼层平面各处位移差 $\Delta u_i=u_i-u_{i-1}$ 中的最大值,故选项 D 不正确。

86. 答案:C

解答过程:依据《高层建筑混凝土结构技术规程》JGJ 3—2010 的 11.3.6 条,结构内力和位移计算时,设置伸臂桁架的楼层应考虑楼板平面内变形的不利影响,故选项 C 错误。

87. 答案:C

解答过程:依据《烟囱设计规范》GB 50051—2013 的 5.2.4 条计算。

依据 3.1.3 条,由于烟囱高度为 80m<200m,安全等级为二级。依据 5.2.1 条,取计算用的风压为基本风压,即取 $w_0=0.4kN/m^2$。

雷诺数 $Re=69000vd=69000\times 29.59\times 1.8=3.675\times 10^6$

烟囱顶端风速 $v_H=40\sqrt{\mu_H w_0}=40\sqrt{1.87\times 0.4}=34.6m/s$

上式中,$\mu_H=1.87$ 是按照《建筑结构荷载规范》GB 50009—2012 的表 8.2.1 得到(B 类粗糙度、高度 80m)。

横风向共振荷载范围起点高度:

$$H_1=H\left(\frac{v_{cr1}}{1.2v_H}\right)^{\frac{1}{\alpha}}=80\times\left(\frac{29.59}{1.2\times 34.6}\right)^{\frac{1}{0.15}}=8m$$

横风向共振荷载范围终点高度:

$$H_2 = H\left(\frac{1.3v_{\text{cr1}}}{v_H}\right)^{\frac{1}{\alpha}} = 80 \times \left(\frac{1.3 \times 29.59}{34.6}\right)^{\frac{1}{0.15}} = 162\text{m} > 80\text{m}，取为 80\text{m}$$

查《烟囱设计规范》GB 50051—2013 的表 5.2.4，$H_1/H = 0.1$ 时，$\lambda_1 = 1.55$；$H_2/H = 1$ 时，$\lambda_1 = 0$，因此，$\lambda_1 = 1.55 - 0 = 1.55$。

$$w_{cz1} = |\lambda_1| \frac{v_{\text{cr1}}^2 \varphi_{z1}}{12800 \zeta_1} = 1.55 \times \frac{29.59^2 \times 1}{12800 \times 0.05} = 2.12 \text{ kN/m}^2$$

上式中，$\varphi_{z1} = 1.0$ 是按照《建筑结构荷载规范》GB 50009—2012 的表 G.0.2 得到。

故选择 C。

点评：《烟囱设计规范》GB 50051—2013（以下简称《烟规》）的 5.2.4 条规定了横风向的风振验算，计算公式本质上与《建筑结构荷载规范》GB 50009—2012（以下简称《荷规》）的附录 H 相同。这里注意以下几点：

(1)《烟规》公式 $v_H = 40\sqrt{\mu_H w_0}$ 中 "40" 的来历是 $\sqrt{\frac{2000}{1.25}} = 40$，对应于《荷规》的公式 (8.5.3-3)。

(2)《烟规》中计算 H_1、H_2 所用的地面粗糙度系数 α 可由《荷规》的条文说明得到，对于 A、C、C、D 类粗糙度，α 分别为 0.12、0.15、0.22、0.30。

(3) H_2 是横风向共振荷载范围终点高度，当求得的 $H_2 > H$ 时，应取 $H_2 = H$，H 为烟囱高度。

(4)《烟规》公式 $\lambda_j = \lambda_j(H_1/H) - \lambda_j(H_2/H)$ 的含义是：λ_j 是高度比的函数，计算出 H_1/H 对应的 λ_j，再计算出 H_2/H 对应的 λ_j，两者相减，得到计算 w_{czj} 所用的 λ_j。由于一般是对结构的顶点计算横风向风振，因此，$H_2/H = 1$，这时，$\lambda_j = 0$，所以，在《荷规》中 λ_j 直接按照 H_1/H 查表。

12.3 疑问解答

本部分问答索引

关键词	问答序号	关键词	问答序号
边框架柱	61	梁受压钢筋	25
薄弱层	47，50	梁柱节点核心区	44，45
侧向刚度	8	内力调整	83，84，85
底部加强部位	24	扭转不规则	7，9
底部加强部位的高度	69	扭转效应	14
底层	26	偶然偏心	86
地震影响曲线	13	砌块抗震墙	46
地质年代	14	嵌固端	62
二阶效应	10	倾覆力矩	60
风荷载体型系数	49	设防烈度	6，22，23
刚心	81	设计反应谱	15
高强混凝土	43	伸长率	11
规范勘误	1，2	适用高度	17，18
规范协调	3	室内外高差	39
基本风压	48	竖向不规则	8
剪跨比	30	竖向地震	64
剪力调整	29，34	弹塑性层间位移	19
剪重比	50，75	弹性等效侧向刚度	51
角柱	55	体积配箍率	71
抗震措施	19	通长纵筋	66
抗震等级	20，21	无效翼墙	33
抗震构造措施	19	小震	4
抗震墙轴压比	32	约束边缘构件	70
抗震设防	5	中震	4
框支柱剪力设计值	28	柱端弯矩调整	54
连梁刚度折减	87	柱轴压比限值	31
连梁剪力	74	子悬臂柱	81
连梁跨高比	59，75	阻抗有效重量	78
梁端剪力调整	56		

12.3 疑问解答

【Q12.3.1】《抗规》的改动有哪些？第1次印刷的《抗规》有没有勘误？

【A12.3.1】 本次局部修订，共涉及10条条文和一个附录的修改。今以2010版《抗规》的第12次印刷本为基准，对有改动的这10个条文简述如下：

（1）第3.4.3条与第3.4.4条

明确"规定水平力"为"具有偶然偏心的规定水平力"；"弹性水平位移（或层间位移）的最大值与平均值"是针对"楼层两端抗侧力构件"的。

（2）第4.4.1条

由于本条是对"可不进行桩基抗震承载力验算"的范围作出规定，所以，第1款界定的范围"7度和8度"改为"6度～8度"；第1款中2）在"一般民用框架房屋"后增加"和框架-抗震墙房屋"，这样，前面的修饰语"不超过8层且高度在24m以下"应是对二者的共同约束。

（3）第6.4.5条

表6.4.5-3中的"一级（8度）"改为"一级（7、8度）"；表下注释1增加"端柱有集中荷载时，配筋构造尚应满足与墙相同抗震等级框架柱的要求"，这些，在2010版《抗规》的第12次印刷本实际上已经修改。

（4）第7.1.7条

第1款5），强调"在满足本规范第7.1.6条要求的前提下"，墙面洞口的"立面"面积应有限值。

（5）第8.2.7条

公式（8.2.7-1）中的一个符号 φ 改为 ϕ。

（6）第8.2.8条

公式（8.2.8-2）修改为 $V_u^j \geqslant 1.2(\sum M_p/l_n) + V_{Gb}$。

（7）第9.2.16条

第4款，明确为"柱脚极限承载力"。

（8）第14.3.1条

第3款，明确为"比本规范表6.3.7-1的规定"增加0.2%。

（9）第14.3.2条

第1款，明确为"无柱帽的平板"应在柱上板带中设构造暗梁，且"其构造措施按本规范第6.6.4条第1款的规定采用"。

笔者认为，第一次印刷本的"疑似差错"有待最终确认，见表12-3-1，供参考。

《抗规》疑似差错之处　　　　　　　　　　表12-3-1

序号	页码	疑似错误	修正内容	备注
1	5	第2行：ϕ	φ	稳定系数的应用见式（8.2.6-1）
2	18	表4.1.1不利地段：故河道	古河道	
3	22	表4.2.3第2行：$f_{ak} \geqslant 300$	$f_{ak} \geqslant 300 \text{kPa}$	依据为《构筑物抗震设计规范》GB 50191—2012
4	39	公式（5.2.5）：>	$\geqslant$	

续表

序号	页码	疑似错误	修正内容	备 注
5	49	表 6.1.2：25	24	依据为 2010 版《混凝土规范》表 11.1.3
6	58	公式（6.2.9-1）右侧、公式（6.2.9-2）右侧	应乘 β_c	依据为 2010 版《混凝土规范》
7	58	公式（6.2.9-3）下 4 行：柱截面高度	柱截面有效高度 h_0	依据为 2010 版《混凝土规范》
8	62	表 6.3.6 下注释 3：上述三种箍筋的最小配箍特征值均应按增大的轴压比由本规范表 6.3.9 确定	删去	依据为 2010 版《高规》、2010 版《混凝土规范》
9	103	第 2 行：$M_{lp}=fW_p$	$M_{lp}=f_{ay}W_p$	此处钢材强度不应用设计值
10	104	公式（8.2.8-3）：f_y	f_{ay}	第 8 章钢材的屈服强度统一用 f_{ay}
11	157	公式（8.2.8-3）：ξ_a	ζ_a	依据第 34 页，阻尼比用 ζ 表达
12	247	H.2.8 条第 1 款：$\sqrt{235/f_y}$	$\sqrt{235/f_{ay}}$	同第 8 章一致
13	247	H.2.8 条第 4 款 2）：支撑杆件的板件宽厚比应符合本规范第 9.2 节的要求		9.2 节并没有此要求
14	268	公式（M.1.2-4）和公式（M.1.3）：<	≤	
15	294	倒 4 段：另一端为 1.45	另一端为 1.5	
16	306	第 2 段第 2 行：黑色冶金工业标准	黑色冶金行业标准	
17	311	倒 9 行：$S<R/\gamma_{RE}$	$S\leqslant R/\gamma_{RE}$	
18	319	倒 2 段：$f_{ak}<200$；$f_{ak}>150$	$f_{ak}<200kPa$；$f_{ak}>150kPa$	缺少单位
19	320	第 1、2 行：700m、760m、800m	700m/s、760m/s、800m/s	这些数值表示的是波速
20	322	第 5 行：避让距离是断层面在地面上的投影	避让距离是到断层面在地面上的投影	
21	370	$\sum M_{cua}^t$；$\sum M_{cua}^b$	M_{cua}^t；M_{cua}^b	
22	373	倒 6 行：计算实配筋面积 A_s^s	计算钢筋面积 A_s^s	
23	376	倒 4 行：本规范 6.7.1 条 1 款	本规范 6.7.1 条 2 款	
24	377	倒 2 行：环形箍筋所承受的剪力	环形箍筋的受剪承载力	
25	414	图 19		依据为 2008 版《抗规》8.1.6 条的条文说明
26	414	倒 7 行：$N\leqslant 0.9N_{ysc}/\eta_y$	$N\leqslant 0.9N_{ysc}/\gamma_{RE}$	
27	502	表 9，钢结构对应完好状态的层间位移角限值：1/300	1/250	2001 版《抗规》中限值是 1/300，现在是 1/250，见规范表 5.5.1

12.3 疑问解答

【Q12.3.2】 第 1 次印刷的《高规》有没有勘误？

【A12.3.2】 尚未见到官方的勘误。笔者将发现的疑似差错与 2012 年 3 月第四次印刷本对照，见表 12-3-2。

《高规》的疑似差错　　　　　　　　　　表 12-3-2

序号	页码	疑似错误	修改后	是否已修改
1	17	3.6.2 条第 4 款：楼盖的预制板板缝上缘宽度不宜小于 40mm	楼盖的预制板板缝上缘宽度不宜大于 40mm	未修改
2	21	表 3.9.3：框架结构、9 度时对应的抗震等级，看起来像是中文数字"一"	短横线"—"（表示不存在）	已修改
3	69	6.4.7 条第 4 款：计算复合箍筋的体积配箍率时，可不扣除重叠部分的箍筋体积	删去	已修改
4	83	公式（7.2.8-10）：β_c 公式（7.2.8-13）：β_c	β_1	未修改
5	90	图 7.2.20 中没有表示出搭接		未修改
6	95	倒 2 行：纵向箍筋	纵向钢筋	未修改
7	102	图 8.2.4 的标注文字，左侧中部"柱上板带"应为"跨中板带"，上侧中部"柱上板带"应为"跨中板带"，上侧中部尺寸线下"A_1"应为"A_2"。		已修改
8	105	9.2.2 条 第 2 款：底部加强部位约束边缘构件 第 3 款：底部加强部位以上宜按本规程	第 2 款：底部加强部位角部墙体约束边缘构件 第 3 款：底部加强部位以上角部墙体宜按本规程	已修改
9	112	图 10.2.8 ≥l_{ab}（两处）	≥l_a（两处）	未修改
10	128	图 11.4.1：箱形截面标注的 h_w		应从翼缘内侧算起
11	131	公式 11.4.6：f_y	f_{yv}	
12	177	E.0.1 条 当转换层设置在 1、2 层时，可近似采用转换层与其相邻上层结构的等效剪切刚度比 γ_{e1} 表示转换层上、下层结构刚度的变化	当转换层设置在 1、2 层时，可近似采用转换层与其相邻上层结构的等效剪切刚度比 γ_{e1} 表示转换层与相邻上层结构刚度的变化	未修改
13	182	公式 F.1.7：$N_{ut} = A_a F_a$	$N_{ut} = A_a f_a$	
14	253	5.1.13 条条文说明第 6 行：本条第 4 款的要求……	本条第 3 款的要求……	未修改
15	343	F.1.4 条条文说明第 2 行：$L_0/D \leqslant 50$ 在的范围内	在 $L_0/D \leqslant 50$ 的范围内	未修改

需要注意的是，《高规》6.4.7 条条文说明一直没有改动，仍然显示"本次修订取消了'计算复合箍筋的体积配箍率时，应扣除重叠部分的箍筋体积'的要求"，可能会导致误解。

【Q12.3.3】《高规》、《抗规》、《混凝土规范》有哪些不协调之处？

【A12.3.3】 笔者收集到的，见表 12-3-3。

《高规》、《抗规》、《混凝土规范》的不协调内容　　　　　表 12-3-3

内容	《高规》	《抗规》	《混凝土规范》	备注
框架柱剪跨比	6.2.6 条，$\lambda=\dfrac{H_n}{2h_0}$	6.2.9 条，$\lambda=\dfrac{H_n}{2h}$	11.4.6 条，$\lambda=\dfrac{H_n}{2h_0}$	一般认为，$\lambda=\dfrac{H_n}{2h_0}$
轴压比限值	表 6.4.2 下注释 4，规定采取相应箍筋措施后，"轴压比限值可增加 0.10"。	表 6.3.6 下注释 3，规定采取相应箍筋措施后，"轴压比限值可增加 0.10，上述三种箍筋的最小配箍特征值均应按增大的轴压比由本规范表 6.3.9 确定"。	表 11.4.16 下注释 4，规定采取相应箍筋措施后，"轴压比限值可增加 0.10"。	《抗规》规定容易引起误解
箍筋体积配箍率	不计入重叠部分箍筋体积	6.3.9 条条文说明，删除了复合箍筋应扣除重叠部分箍筋体积的规定	不计入重叠部分箍筋体积	《抗规》对如何具体操作没有规定
墙与柱的分界点	7.1.7 条，当墙肢的截面高度与厚度之比不大于 4 时，宜按框架柱进行截面设计	6.4.6 条，抗震墙的墙肢长度不大于墙厚的 3 倍时，应按柱的有关要求进行设计	9.4.1 条，竖向构件截面长边、短边（厚度）比值大于 4 时，宜按墙的要求进行设计	《抗规》颁布最早，所以有差别

【Q12.3.4】 教材以及各种参考书中均指出，结构抗震采用两阶段设计，第一阶段取小震作用进行截面承载力验算，第二阶段取大震进行弹塑性变形验算。然而，《建筑抗震设防分类标准》中规定，乙、丙、丁类建筑按设防烈度(中震)确定地震作用，二者怎么会不一致呢？

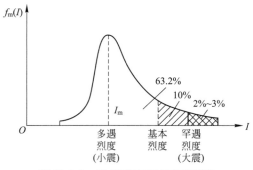

图 12-3-1　地震烈度概率密度函数

【A12.3.4】 笔者认为，可以用下面的思路理解：

(1) 通常认为，我国烈度的概率密度函数符合极值Ⅲ型分布，如图 12-3-1 所示。据此可以算出 50 年超越概率 63.2% 的地震作用(重现期为 50 年)，称作多遇地震(小震)；50 年超越概率 10% 的地震作用(重现期为 475 年)，称作基本烈度(中震)；50 年超越概率 2%～3% 的地震作用(重现期约 2000 年)，称作罕遇烈度(大震)。

(2) 基本烈度（中震）是设防的依据，大震和小震与基本烈度相联系。表 12-3-4 给出了这种对应关系。

水平地震作用影响系数最大值　　　　　表 12-3-4

类别	50 年的超越概率	重现期(年)	水平地震作用影响系数最大值 α_{max}		
			7 度	8 度	9 度
小震	0.632	50	0.08	0.16	0.32
中震	0.10	475	0.23	0.45	0.90
大震	0.03～0.02	约 2000	0.50	0.90	1.40

(3) 查《抗规》的表 5.1.4-1 可知，多遇地震为 9 度时对应的 α_{max} 为 0.32，这正对应于表 12-3-4 中小震为 9 度时的 α_{max}。由此可见，设计是按照小震进行的。

(4) 小震时的 α_{max} 相当于中震时的 0.35 倍。

【Q12.3.5】《建筑抗震设防分类标准》中规定，重点设防类，应按高于本地区抗震设防烈度一度的要求加强其抗震措施；特殊设防类，应按高于本地区抗震设防烈度提高一度的要求加强其抗震措施，我看不出两者有何区别，如何理解？

【A12.3.5】重点设防类简称乙类，特殊设防类简称甲类，甲类的要求肯定比乙类的要高。

从文字上看，还是有区别的：特殊设防类，应按高于"本地区抗震设防烈度提高一度"的要求加强其抗震措施，注意笔者添加的引号，引号内文字表示提高一度，而整句的表述则是比提高一度还高。到底要高出多少，需要专门研究。

【Q12.3.6】《抗规》3.2.2 条指出，"设计基本地震加速度为 0.15g 和 0.30g 地区内的建筑，除本规范另有规定外，应分别按抗震设防烈度 7 度和 8 度的要求进行抗震设计"，"另有规定"，指的是哪些？

【A12.3.6】6、7、8、9 度对应的地震加速度分别为 0.05g、0.1g、0.2g、0.4g，这样，0.15g 和 0.30g 就相当于 7 度半和 8 度半。对于 0.15g 和 0.30g 的情况，通常都是按照 7 度和 8 度考虑的，在有些情况下，单独考虑，这时候，规范中将其单独列出或者利用注释加以说明。

《抗规》中需要单独考虑的情况包括：3.3.3 条，场地为 Ⅲ、Ⅳ 类场地时，提高半度采取抗震构造措施；表 5.1.2-2 时程分析所用地震加速度时程的最大值；表 5.1.4-1 水平地震影响系数最大值；表 5.3.2 竖向地震作用系数；表 7.1.2 房屋的层数和总高度限值；表 8.1.1 钢结构房屋适用的最大高度。

【Q12.3.7】如何理解《抗规》表 3.4.3-1 中的扭转不规则？

【A12.3.7】笔者认为，可以从以下几点把握：

(1) 如图 12-3-2 所示，楼层在水平地震作用下发生平移和扭转，δ_2 为最大位移，δ_1 为最小位移，$\dfrac{\delta_1+\delta_2}{2}$ 为平均值。最大位移与平均位移之比（简称"扭转位移比"）越大，表明扭转越严重。

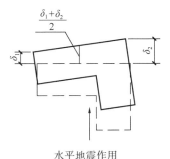

图 12-3-2 平面扭转不规则

(2) 力学分析时，通常采用"楼板刚度无限大"假定。但此处计算扭转位移比时，可按实际情况确定。

(3) 采用振型分解反应谱法计算位移时，通常是先算出各荷载的位移，然后再进行组合（用 CQC 法），例如，验算 $\Delta u/h$ 时。但此处计算扭转位移比时，是先算出"规定水平力"然后算出位移，这相当于，先用 CQC 组合方式算出楼层地震剪力，将其等效换算为水平力后再计算位移，注意计算位移时需考虑偶然偏心。即采用"具有偶然偏心的规定水平力"。

(4) 依据《高规》3.4.5 条条文说明，规定水平力的换算原则是：每一楼面处的水平力取该楼面上、下两个楼层的地震剪力差的绝对值；连体下一层各塔楼的水平作用力，可由总水平作用力按该层各塔楼的地震剪力大小进行分配计算。

(5) 对扭转的限制，规范规定可列成表 12-3-5 的形式。

规范对扭转的限制　　　　　　　　　表 12-3-5

规范	结构类别	要　　求	备　注
《抗规》	—	不宜 $\frac{\delta_2}{(\delta_1+\delta_2)/2}>1.2$，不应 $\frac{\delta_2}{(\delta_1+\delta_2)/2}>1.5$	—
《高规》3.4.5 条	A 级高度	不宜 $\frac{\delta_2}{(\delta_1+\delta_2)/2}>1.2$，不应 $\frac{\delta_2}{(\delta_1+\delta_2)/2}>1.5$	当 $\Delta u/h$ 不大于限值的 40% 时，扭转位移比可放宽至 1.6
《高规》3.4.5 条	A 级高度	不应 $T_t/T_1>0.9$	当 $\Delta u/h$ 不大于限值的 40% 时，扭转位移比可放宽至 1.6
《高规》3.4.5 条	B 级高度、超过 A 级高度的混合结构、复杂高层	不宜 $\frac{\delta_2}{(\delta_1+\delta_2)/2}>1.2$，不应 $\frac{\delta_2}{(\delta_1+\delta_2)/2}>1.4$	当 $\Delta u/h$ 不大于限值的 40% 时，扭转位移比可放宽至 1.6
《高规》3.4.5 条	B 级高度、超过 A 级高度的混合结构、复杂高层	不应 $T_t/T_1>0.85$	当 $\Delta u/h$ 不大于限值的 40% 时，扭转位移比可放宽至 1.6

注：T_t 为扭转为主的第一振型周期，T_1 为平动为主的第一振型周期。

所谓"扭转为主"，是指根据振型方向因子来判断。两个平动、一个扭转，若扭转方向因子大于 0.5，认为扭转为主。所谓"第一振型周期"，是指振型周期值最大的那个（通常按照由大到小排列，第一个振型是最容易发生的振型）。T_1 指刚度较弱方向的平动为主的第一振型周期，即，若把平动的第一振型周期记作 T_{1x}、T_{1y}，则 $T_1 = \max(T_{1x}, T_{1y})$，因为对于单支点体系，$T=\sqrt{m/k}$，刚度 k 小时周期大。

(6) 按照朱炳寅《高层建筑混凝土结构技术规程应用与分析》一书的观点，作为不规则性判别依据的扭转位移比计算时，应采用刚性楼板假定、单向水平地震按 CQC 组合计算规定水平力、考虑偶然偏心，其他计算结果仅作为参考。

【Q12.3.8】 何谓侧向刚度？《抗规》表 3.4.3-2 中判别竖向不规则时用到楼层侧刚度如何计算？

【A12.3.8】 所谓"刚度"，是指构件发生单位变形所需要的外力值。所谓"侧向刚度"，《抗规》3.4.3 条条文说明指出，可取地震作用下的层剪力与层间位移之比值，公式表达为 $K_i = V_i/\delta_i$。

建筑设计时，自上至下相邻楼层的侧向刚度变化应规则。《抗规》表 3.4.3-2 对"侧向刚度不规则"有规定。而《高规》12.3.2 条则认为，《抗规》的做法只适用于框架结构，对于非框架结构，因为该指标变化不明显，故需要考虑层高修正，如表 12-3-6 所示。

《高规》中判断竖向规则性时的侧向刚度比　　　　　　　　　表 12-3-6

结构体系	侧向刚度比公式	限　值	备　注
框架结构	$\gamma_1 = \dfrac{V_i/\Delta_i}{V_{i+1}/\Delta_{i+1}}$	≥0.7	与《抗规》一致
框架结构	$\gamma_1 = \dfrac{V_i/\Delta_i}{(V_{i+1}/\Delta_{i+1}+V_{i+2}/\Delta_{i+2}+V_{i+3}/\Delta_{i+3})/3}$	≥0.8	与《抗规》一致
非框架结构	$\gamma_2 = \dfrac{V_i h_i/\Delta_i}{V_{i+1}h_{i+1}/\Delta_{i+1}}$	一般，≥0.9；$h_i/h_{i+1}>1.5$ 时，≥1.1；嵌固层时，≥1.5	《抗规》未规定

注：1. 为突出刚度的概念，对规范中的公式有变形；
2. 表中，V 表示地震剪力标准值；Δ 表示地震作用标准值作用下的层间位移；h 表示层高；i 表示楼层序号。

对于带转换层的情况,《高规》附录 E 规定用如表 12-3-7 所示方法判断侧向刚度的规则性。

《高规》附录 E 中判断竖向规则性时的侧向刚度比　　　　表 12-3-7

转换层的位置	侧向刚度比公式	限　值	备　注
设置在 1、2 层	$\gamma_{e1} = \dfrac{G_1 A_1 / h_1}{G_2 A_2 / h_2}$	宜接近 1 非抗震时,≥0.4 抗震时,≥0.5	转换层与相邻上一层的等效剪切刚度比
设置在第 2 层以上	$\gamma_1 = \dfrac{V_i / \Delta_i}{V_{i+1} / \Delta_{i+1}}$	≥0.6	转换层与相邻上一层的侧向刚度比
	$\gamma_{e2} = \dfrac{\Delta_2 / H_2}{\Delta_1 / H_1}$	宜接近 1 非抗震时,≥0.5 抗震时,≥0.8	转换层下部结构与上部结构的等效侧向刚度比

注:1. 为突出刚度的概念,对规范中的公式有变形;
    2. 表中,G 表示混凝土剪变模量;Δ 表示地震作用标准值作用下的层间位移;h 表示层高;i 表示楼层序号。

表 12-3-7 中用到的参数 A_1、A_2 按下面公式计算:

$$A_i = A_{w,i} + \sum_j C_{i,j} A_{ci,j} \quad (i = 1, 2)$$

$$C_{i,j} = 2.5 \left(\dfrac{h_{ci,j}}{h_i} \right)^2 \quad (i = 1, 2)$$

式中　$A_{w,i}$——第 i 层全部剪力墙在计算方向的有效截面面积(不包括翼缘面积);

　　　$A_{ci,j}$——第 i 层第 j 根柱的截面面积;

　　　h_i——第 i 层的层高;

　　　$h_{ci,j}$——第 i 层第 j 根柱沿计算方向的截面高度;

　　　$C_{i,j}$——第 i 层第 j 根柱截面面积折算系数,当计算值大于 1 时取 1。

《高规》5.4 节规定,"弹性等效侧向刚度"足够大时,可不考虑重力二阶效应。如表 12-3-8 所示。

《高规》中可不考虑重力二阶效应的条件　　　　表 12-3-8

结构体系	侧向刚度比公式	备　注
框架结构	$D_i \geqslant 20 \sum\limits_{j=i}^{n} G_j / h_i$ $(i = 1, 2, \cdots, n)$	$D_i = V_i / \Delta_i$
非框架结构	$EJ_d \geqslant 2.7 H^2 \sum\limits_{i=1}^{n} G_i$	EJ_d 可按倒三角形分布荷载作用下结构顶点位移相等的原则,结构的侧向刚度折算为竖向悬臂受弯构件的等效侧向刚度

注:G 为楼层重力荷载设计值。

"弹性等效侧向刚度" EJ_d 的计算公式在规范条文说明中给出,其推导过程如下:悬臂柱高度为 H,承受倒三角形的分布荷载,最大值为 q,该柱弹性抗弯刚度为 EI。利用"图乘法"可知,其顶点弹性水平位移 u 按下式计算:

$$u = \dfrac{11}{120 EI} q H^4$$

对于房屋，若已知 H、q、u 三个指标，即可反推出其"抗弯刚度"。因为该值是按房屋顶点位移等效而来，规范中表达为"弹性等效侧向刚度 EJ_d"，将上式变形，得到：

$$EJ_d = \frac{11qH^4}{120u}$$

【Q12.3.9】《抗规》3.4.3 条条文说明中指出："对于结构扭转不规则，按刚性楼盖计算，当最大层间位移与其平均值的比值为 1.2 时，相当于一端为 1.0，另一端为 1.45；当比值为 1.5 时，相当于一端为 1.0，另一端为 3"，如何理解？

【A12.3.9】 如本书图 12-3-2 所示，在水平地震作用下，结构发生平动与转动（水平位移与扭转），某截面从虚线位置移动至实线位置，取具有代表性的 3 个点，其位移量如图中标注。

令最小位移 $\delta_1 = 1$，则当最大层间位移与其平均值的比值为 1.5 时，有

$$\delta_2 = 1.5 \frac{\delta_1 + \delta_2}{2}$$

解出 $\delta_2 = 0.75/(1-0.75) = 3$。这就是条文说明所说的"当比值为 1.5 时，相当于一端为 1.0，另一端为 3"。

但是，取比值为 1.2，得到 $\delta_2 = 0.6/(1-0.6) = 1.5$，与条文说明所说的此时"另一端为 1.45"不符。查 2001 版《抗规》，其 3.4.2 条条文说明也是如此表达。笔者认为，规范此处似一直有印刷错误而未发现。

另外，《高规》3.4.5 条条文说明中说到，扭转位移比为 1.6 时，该楼层的扭转变形已很大，"相当于一段位移为 1，另一端为 4"，说的也是上面的道理（$0.8/(1-0.8) = 4$）。

【Q12.3.10】《抗规》3.6.3 条条文说明中指出，"混凝土柱考虑多遇地震作用产生的重力二阶效应的内力时，不应与混凝土规范承载力计算时考虑的重力二阶效应重复"，如何理解？

【A12.3.10】 此规定在 2001 版《抗规》的 3.6.3 条条文说明中同样出现。

以 2001 年的语境推理，该规定针对的应是比其早的 1989 版《混凝土规范》，或者，也可以理解为 2002 版（因为，同时期颁布的规范之间要考虑协调）。

经查，1989 版在 4.1.20 条规定了偏心距增大系数，2002 版则是在 7.3.10 条，二者完全相同。以下对 2002 版《混凝土规范》考虑二阶效应的思路进行解读。

（1）7.3.9 条正文指出，偏心受压构件应在正截面受压承载力计算中考虑结构侧移和构件挠曲引起的附加内力。

条文说明指出了这两种二阶效应的具体情况。有侧移框架中，二阶效应主要是指竖向荷载在产生了侧移的框架中引起的附加内力，称作 P-Δ 效应。P-Δ 效应将增大柱端控制截面中的弯矩；无侧移框架中，二阶效应是指轴向压力在产生了挠曲变形的柱段中引起的附加内力，称作 P-δ 效应。P-δ 效应有可能增大柱段中部的弯矩，但除底层柱底外，一般不增大柱端控制截面中的弯矩。进而指出，"我国工程中的各类结构通常按有侧移假定设计，故本规范第 7.3.9 条至第 7.3.12 条主要涉及有侧移假定下的二阶效应问题。对于工程中个别情况下出现的无侧移情况，仍可按第 7.3.10 条的规定对其二阶效应进行计算"。

于是可知，规范后面的规定，是考虑有侧移情况下的 P-Δ 效应。

那么，如何考虑呢？有两种方法，η-l_0 法和二阶效应弹性分析法。从本条正文可知，两种方法都可以用。规范 7.3.10 条～7.3.12 条给出的是 η-l_0 法。

(2) 如图 12-3-3 所示，对于任一框架结构，可以按结构力学方法将其分成两个体系，无侧移部分（图 b）和有侧移部分（图 c），考虑 P-Δ 效应，是针对图 c 中的柱端弯矩放大。由于施加于图 c 中的为横向约束的反力，故《混凝土规范》7.3.11 条条文说明中叙述为，P-Δ 效应只增大由水平荷载引起的柱端一阶弯矩 M_h，不增大竖向荷载引起的柱端一阶弯矩 M_v，以公式表达为：

$$M = M_v + \eta_s M_h$$

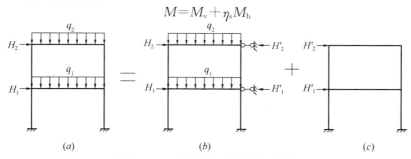

图 12-3-3 有侧移框架结构的计算
(a) 实际受力；(b) 无侧移框架受力；(c) 有侧移框架受力

用 η-l_0 法，实际上是同时增大竖向荷载和水平荷载引起的弯矩，公式表达为：

$$M = \eta(M_v + M_h)$$

(3) η-l_0 中的偏心距增大系数 η，可根据两端简支的轴心受压柱发生挠曲推导得到（详细情况，可见混凝土结构设计原理的教材），这时，所用的柱高为几何长度。若代之以计算长度 l_0，则相当于考虑了侧移。规范的本意，如前所述，是考虑有侧移情况下的 P-Δ 效应。

综上，可以理解 2001 版《抗规》的含义如下：若计算内力时采用了二阶效应弹性分析法，不再重复考虑《混凝土规范》中规定的 η-l_0 法。

2016 版《抗规》有同样的条文说明，应理解为针对同时期的 2015 版《混凝土规范》，或者，延续旧《抗规》忘记修改。

下面看 2015 版《混凝土规范》中是如何考虑二阶效应的。

附录 B 的标题为"近似计算偏压构件侧移二阶效应的增大系数法"，本意为这里规定了 P-Δ 效应如何放大，但需要注意，其中的 B.0.4 条根据条文说明可知同时考虑了 P-Δ 效应和 P-δ 效应，与标题并不完全相符。P-δ 效应则是在 6.2.4 条考虑（注意，此处增大系数 η_{ns} 计算时用 l_c，原来的增大系数 η 计算时用 l_0）。

如此，《抗规》的含义应是，若计算内力时采用了二阶效应弹性分析法，则不再重复考虑《混凝土规范》中附录 B 的规定。

【Q12.3.11】《抗规》3.9.2 条第 3 款中规定，"钢材应有明显的屈服台阶，且伸长率不应小于 20%"，如何理解？

【A12.3.11】笔者认为，规范此处沿袭了 2001 版《抗规》的说法，似乎不妥，因为，按照新的国家标准，此处的"伸长率"应为"断后伸长率"。

依据《金属材料拉伸试验第 1 部分：室温试验方法》GB/T 228.1—2010，相应概念的定义为：

伸长率（percentage elongation）：原始标距的伸长与原始标距（L_0）之比的百分率。

断后伸长率（percentage elongation after fracture）：断后标距的残余伸长（$L_u - L_0$）与

原始标距（L_0）的百分率。

断后伸长率所用符号为 A。对于比例试样，若原始标距不为 $5.65\sqrt{S_0}$（S_0 为平行长度的原始横截面积），符号 A 应附以下脚注说明所使用的比例系数，例如，$A_{11.3}$ 表示原始标距（L_0）为 $11.3\sqrt{S_0}$ 的断后伸长率。对于非比例试样，符号 A 应附以下脚注说明所使用的原始标距，以毫米（mm）表示，例如，A_{80mm} 表示原始标距（L_0）为 80mm 的断后伸长率。

其他形式的伸长率还有断裂总伸长率（记作 A_t）、最大力总伸长率（记作 A_{gt}），最大力非比例伸长率（记作 A_g）。为说明区别，该标准给出了图示，如图 12-3-4 所示。

实际上，在《金属材料室温拉伸试验方法》GB/T 228—2002 中已采用以上概念。《普通碳素结构钢》GB/T 700—2006 和《低合金高强度结构钢》GB/T 1591—2008 中采用断后伸长率 A 度量钢材的延性。《钢筋混凝土用钢第 1 部分：热轧光圆钢筋》GB 1499.1—2008 和《钢筋混凝土用钢第 2 部分：热轧带肋钢筋》GB 1499.2—2007 采用最大力总伸长率 A_{gt} 度量钢筋的延性

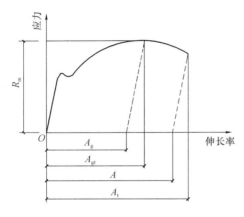

图 12-3-4 伸长率的定义

（《混凝土结构设计规范》中将最大力总伸长率记作 δ_{gt}）。

笔者注意到，《建筑结构用钢板》GB/T 19879—2005 的表 4，对高性能建筑用钢板（符号形如 Q345GJ）给出的是"伸长率 A（%）"要求，并在表下注释 2 指出，"拉伸试样采用系数为 5.65 的比例试样"，对照前述可知，此处的"伸长率"实为"断后伸长率"，从侧面说明，有时"伸长率"可作为"断后伸长率"的简称。表下注释 3 指出"伸长率按有关标准进行换算时，表中伸长率 $A=17\%$ 与 $A_{50mm}=20\%$ 相当"。因此，使用"伸长率"这一指标时应注意试样的取值，否则，会引起混乱。

在 2011 年的中国香港的钢结构设计规范中，规定 $5.65\sqrt{S_0}$ 试样的断后伸长率应不低于 15%。

【Q12.3.12】《抗规》4.3.3 条说到地质年代，请问地质年代是如何划分的？

【A12.3.12】 地质年代依据先后顺序，分为太古代、元古代、古生代、中生代、新生代。"代"下面的单位是"纪"，"纪"下面的单位是"世"。为节省篇幅，下面仅给出中生代和新生代的详细划分情况，如表 12-3-9 所示。

中生代和新生代的划分　　　　　　　　　　表 12-3-9

代	纪	世	
新生代	第四纪（Q）	全新世（Q4）	
		更新世	晚（Q3）
			中（Q2）
			早（Q1）
	第三纪（R）	上新世（N2）	
		中新世（N1）	

续表

代	纪	世
中生代	白垩纪（K）	晚白垩世（K2）
		早白垩世（K1）
	侏罗纪（J）	晚侏罗世（J3）
		中侏罗世（J2）
		早侏罗世（J1）
	三叠纪（T）	晚三叠世（T3）
		中三叠世（T2）
		早三叠世（T1）

注：表中排列自上而下越来越久远。

【Q12.3.13】《抗规》5.1.5 条关于地震影响曲线，指出"直线下降段，自 5 倍特征周期至 6s 区段，下降斜率调整系数应取 0.02"，怎么没讲衰减指数 γ 的取值？图中计算公式明明用到了该数值。

【A12.3.13】当自振周期 $T=5T_g$，按照曲线下降段公式可得

$$\alpha=\left(\frac{T_g}{T}\right)^\gamma \eta_2 \alpha_{\max}=0.2^\gamma \eta_2 \alpha_{\max}$$

按直线下降段公式，可得

$$\alpha=[\eta_2 0.2^\gamma - \eta_1(T-5T_g)]\alpha_{\max}=\eta_2 0.2^\gamma \alpha_{\max}$$

可见，直线下降段公式中的衰减指数 γ 与曲线下降段的 γ 为同一个值，即，当结构的阻尼比为 $\zeta=0.05$ 时，$\gamma=0.9$。

【Q12.3.14】《抗规》5.2.3 条中所说，双向水平地震作用的扭转效应，可按下列公式中的较大值确定：

$$S_{Ek}=\sqrt{S_x^2+(0.85S_y)^2}$$

或

$$S_{Ek}=\sqrt{S_y^2+(0.85S_x)^2}$$

是何含义？

【A12.3.14】当结构的质量和刚度明显不对称、不均匀时，应考虑双向水平地震作用和扭转耦联的影响。

根据统计分析，两个方向水平地震加速度的最大值不相等，二者之间的比值约为 1:0.85，而且两个方向的最大值不一定发生在同一时刻，因此，规范规定采用"平方和开方"（SRSS）方法计算两个方向水平地震作用效应的组合。

所谓"双向水平地震作用下的扭转耦联效应"，是指两个正交方向地震作用在每个构件的同一局部坐标方向产生的效应。《抗规》给出的公式(5.2.3-7)、公式(5.2.3-8)可以进一步细化为下列计算公式：

对 x 方向：取 $S_{xEk}=\sqrt{S_{xx}^2+(0.85S_{xy})^2}$ 或 $S_{xEk}=\sqrt{S_{xy}^2+(0.85S_{xx})^2}$ 中的较大者；

对 y 方向：取 $S_{yEk}=\sqrt{S_{yy}^2+(0.85S_{yx})^2}$ 或 $S_{yEk}=\sqrt{S_{yx}^2+(0.85S_{yy})^2}$ 中的较大者。

式中，S_{xx} 为 x 方向地震作用在局部坐标 x_i 方向引起的效应；S_{xy} 为 y 方向地震作用在局部坐标 x_i 方向引起的效应。

若抗侧力构件正交的完全对称结构，y 方向地震作用在坐标 x 方向产生的地震作用效应为 $S_{xy}=0$，x 方向地震作用在坐标 y 方向产生的地震作用效应为 $S_{yx}=0$，此时，双向地震作用计算将与单向地震作用计算完全相同。因此，对于完全对称的结构，以及不属于扭转不规则的结构，规范不要求进行双向地震作用效应的组合。

【Q12.3.15】不满足剪重比时如何调整剪力？

【A12.3.15】对于长周期结构，一方面，利用底部剪力法求出的 α_1 偏小，另一方面，振型分解反应谱法也不能作出很好的估计。因此，《抗规》5.2.5 条规定了各楼层水平地震剪力的最小值要求（习惯称作剪重比要求）。

结构基本周期分为 3 种类型：加速度控制区段、速度控制区段和位移控制区段，如图 12-3-5 所示。

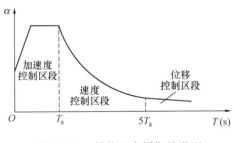

图 12-3-5　结构基本周期的类型

当底部总剪力偏小（但与规定的最小值相差不大）而中高楼层满足剪重比要求时，可按结构基本周期的不同而采用 3 种调整方法：

（1）加速度控制区段，各楼层水平地震剪力均乘以增大系数 k：

$$k = [V_{Ek1}]/V_{Ek1}^0$$

$$[V_{Ek1}] = \lambda \sum_{j=1}^{n} G_j$$

式中，$[V_{Ek1}]$ 为规范规定的首层水平地震剪力最小值；V_{Ek1}^0 为调整前首层水平地震剪力标准值；λ 为查规范表 5.2.5 得到的最小地震剪力系数；G_j 为第 j 楼层的重力荷载代表值。

（2）位移控制区段，先根据首层水平地震剪力求出 $\Delta\lambda_0$，其他第 i 层均在原来基础上增加 $\Delta\lambda_0 G_{Ei}$，公式表达为：

$$\Delta\lambda_0 = \frac{[V_{Ek1}] - V_{Ek1}^0}{\sum_{j=1}^{n} G_j}$$

$$G_{Ei} = \sum_{j=i}^{n} G_j$$

这相当于，底层的剪力系数乘以 $\left(1+\dfrac{\Delta\lambda_0}{\lambda_1}\right)$，其他第 i 楼层的剪力系数乘以 $\left(1+\dfrac{\Delta\lambda_0}{\lambda_i}\right)$，$\lambda_1$、$\lambda_i$ 分别为调整前的第 1 层、第 i 层的剪力系数。

（3）速度控制区段，首层取为规定的水平地震剪力最小值，顶部楼层剪力增加值取以上两种方法的平均值，中间楼层的增加值按线性分布。

【Q12.3.16】《抗规》5.5.2 条规定了何种情况进行弹塑性变形验算，为清楚起见，能否列一个表格表示？

【A12.3.16】罕遇地震下对薄弱层的弹塑性变形验算，根据程度不同，有"应"和"宜"的区分，如表 12-3-10 所示。

弹塑性变形验算的条件　　　　表 12-3-10

验算类型	结构类型	条　件	
应进行弹塑性变形验算	高大的单层钢筋混凝土柱厂房的横向排架	8 度 III、IV 类场地	
		9 度	
	钢筋混凝土框架结构和框排架结构	7~9 度，且楼层屈服强度系数小于 0.5	
	建筑结构	高度大于 150m	
	钢筋混凝土结构和钢结构	甲类建筑	
		9 度，且为乙类建筑	
	建筑结构	采用隔震和消能减震设计	
宜进行弹塑性变形验算	高层建筑结构	符合《抗规》表 5.1.2-1 且属于表 3.4.3-2 所列竖向不规则（表 5.1.2-1 为采用时程分析的范围）	
	钢筋混凝土结构和钢结构	乙类建筑	7 度 III、IV 类场地
			8 度
	板柱-抗震墙结构和底部框架砌体房屋	无条件	
	高层钢结构	高度不大于 150m（高度大于 150m 时应验算弹塑性变形）	
	地下建筑结构及地下空间综合体	不规则	

本条可以与《高规》3.7.4 条对照。

【Q12.3.17】《抗规》5.5.4 条规定了结构薄弱层弹塑性层间位移的简化计算，这里有两个问题：

(1) 楼层屈服强度系数 ξ_y 如何计算？

(2) 弹塑性层间位移 Δu_p 按照弹性时的 Δu_e 乘以一个放大系数 η_p 得到，如何理解 η_p 的取值步骤？

【A12.3.17】 对于问题（1）：

"楼层屈服强度系数"的定义在《抗规》45 页 5.5.2 条的注，为"按钢筋混凝土构件实际配筋和材料强度标准值计算的楼层受剪承载力和按罕遇地震作用标准值计算的楼层弹性地震剪力的比值；对排架柱，指按实际配筋面积、材料强度标准值和轴向力计算的正截面受弯承载力和按罕遇地震作用标准值计算的弹性地震弯矩的比值"。

对于常用的框架柱情况，需要先算出一个柱端实际受弯承载力，计算公式为

$$M_{cyk}^a = f_{yk} A_{sc}^a (h_{c0} - a_s') + 0.5 N_G h_c \left(1 - \frac{N_G}{f_{ck} b_c h_c}\right)$$

式中，下角标 "c" 表示 "柱子"，"a" 表示 "实际的"，N_G 为对应于重力荷载代表值的柱轴压力（取分项系数 $\gamma_G = 1.0$）。

对计算楼层的所有柱子求和，得到 $\sum M_{cyk}$，$V_y = \sum M_{cyk}/H_n$ 得到楼层屈服剪力，H_n 为楼层柱的净高。$\xi_y = V_y/V_e$，V_e 对应于罕遇地震情况下的层间剪力，可将多遇地震下层间剪力放大得到，放大系数近似取为罕遇与多遇地震影响系数的比值。

对于问题（2）：

结合规范的条文说明，笔者是这样理解的：

当相邻楼层 ξ_y 的比值不小于 0.8 时，视为均匀结构。对于均匀结构，薄弱层取为底层。对于不均匀结构，符合下面公式条件的 i 层视为有薄弱层，取 2～3 处进行弹塑性位移验算。

$$\xi_y(i) < 0.8[\xi_y(i-1) + \xi_y(i+1)]/2 \quad i \neq 1 \text{ 且 } i \neq N$$

$$\xi_y(N) < 0.8\xi_y(N-1) \quad i = N$$

$$\xi_y(1) < 0.8\xi_y(2) \quad i = 1$$

对于均匀结构，η_p 根据规范表 5.5.4 直接查表得到。

对于不均匀结构，η_p 需要在查表所得数值的基础上乘以一个"不均匀增大系数"，该不均匀增大系数的取值方法是：薄弱层与相邻楼层 ξ_y 的比值为 0.8 时取为 1.0，比值为 0.5 时取 1.5，中间情况按照线性插值。

易方民等《建筑抗震设计规范理解与应用》（第二版，中国建筑工业出版社，2011）一书的 101 页给出的计算过程，可以支持本观点。

【Q12.3.18】 设防烈度为 8 度（0.2g）、乙类建筑，房屋高度为 38m 的框架结构，满足《抗规》表 6.1.1 中最大适用高度为 40m 的要求。查表 6.1.2 确定抗震等级时，由于是乙类建筑，依据《建筑工程抗震设防分类标准》GB 50223—2008 的 3.0.3 条，应提高 1 度即按照 9 度考虑，可是，表中 9 度时只有≤24m 的情况。如何处理？

【A12.3.18】 在《抗规》表 6.1.2 中，框架结构、9 度时只有房屋高度≤24m 的情况是与表 6.1.1 对应的。

对于提出的问题，《建筑结构抗震规范 GB 50011—2010 统一培训教材》第 82 页指出，此时内力调整不提高，只要求抗震构造措施"高于一级"，大体与《高层建筑混凝土结构技术规程》特一级的构造要求相当。

【Q12.3.19】《抗规》6.1.3 条第 4 款规定如下：

4 当甲乙类建筑按规定提高一度确定其抗震等级而房屋的高度超过本规范表 6.1.2 相应规定的上界时，应采取比一级更有效的抗震构造措施。

《高规》3.9.7 条规定却是：

3.9.7 甲、乙类建筑按本规程第 3.9.1 条提高一度确定抗震措施时，或Ⅲ、Ⅳ类场地且涉及基本地震加速度为 0.15g 和 0.30g 的丙类建筑按本规程第 3.9.2 条提高一度确定抗震构造措施时，如果房屋高度超过提高一度后对应的房屋最大适用高度，则应采取比对应抗震等级更有效的抗震构造措施。

二者似乎不相同，如何理解？

【A12.3.19】 笔者认为，此处《高规》的规定，措辞更为准确。

例如，某 6 度区的框架结构房屋，高度为 60m，属于 A 级高度，如果是乙类建筑，则依据《高规》3.9.1 条，将烈度由 6 度提高到 7 度查表 3.9.3，得到抗震等级为二级。7 度时，房屋最大适用高度是 50m，实际高度 60m＞50m，所以，此时应采用比二级更有效的抗震构造措施。

若按照《抗规》，"房屋的高度超过本规范表 6.1.2 相应规定的上界"，这句话可以理解为，房屋高度 60m>7 度时的上界 50m，但是，"应采取比一级更有效的抗震构造措施"就不妥当。

【Q12.3.20】如何理解"抗震措施"与"抗震构造措施"？

【A12.3.20】《抗规》2.1.10 条指出，抗震措施是指"除地震作用计算和抗力计算以外的抗震设计内容，包括抗震构造措施"。第 2.1.11 条指出，抗震构造措施是"根据抗震概念设计原则，一般不需计算而对结构和非结构各部分所采取的各种细部要求"。

从抗震规范的目录名称看，每章通常分为一般规定、计算要点、抗震构造措施、设计要求等节，在"一般规定"中，除"适用范围"外的内容属于抗震措施；"计算要点"中的地震作用效应（内力和变形）调整的规定也属于抗震措施。"设计要求"中的规定包含有抗震措施和抗震构造措施。

由于抗震措施"包含"抗震构造措施，所以，可以将二者的关系理解为整体与局部的关系。抗震构造措施的等级通常与抗震措施的等级相同，但还可能有微小调整。例如，Ⅰ类场地时，除 6 度外，按降低 1 度查表 6.1.2 确定抗震构造措施（见《抗规》表 6.1.2 下注释 1）；Ⅲ、Ⅳ类场地时，设计基本地震加速度为 0.15g 和 0.30g 的地区，按设防烈度 8 度（0.20g）和 9 度（0.40g）采取抗震构造措施（见《抗规》的 3.3.3 条）。

王亚勇、戴国莹《建筑抗震设计规范疑问解答》（中国建筑工业出版社，2006）第 103 页给出了一个表格，现摘录如下，见表 12-3-11。（编者注：原书当设防烈度为 6 度时，乙类建筑的抗震措施和抗震构造措施均按照 6 度考虑，应是笔误，今依据其 34 页的表格已经改正。）

甲、乙、丙、丁类建筑的抗震措施和抗震构造措施   表 12-3-11

类别	设防烈度	6		7		7 (0.15g)	8		8 (0.30g)	9	
	场地类别	Ⅰ	Ⅱ~Ⅳ	Ⅰ	Ⅱ~Ⅳ	Ⅲ、Ⅳ	Ⅰ	Ⅱ~Ⅳ	Ⅲ、Ⅳ	Ⅰ	Ⅱ~Ⅳ
甲、乙	抗震措施	7	7	8	8	8	9	9	9	9*	9*
	抗震构造措施	6	7	7	8	8*	8	9	9*	9	9*
丙	抗震措施	6	6	7	7	7	8	8	8	9	9
	抗震构造措施	6	6	6	7	8	7	8	9	8	9
丁	抗震措施	6	6	7⁻	7⁻	7⁻	8⁻	8⁻	8⁻	9⁻	9⁻
	抗震构造措施	6	6	6	7⁻	7	7	8⁻	9	8	9⁻

注：8*、9* 表示比 8 度、9 度更高的要求；
7⁻、8⁻、9⁻ 分别表示比 7 度、8 度、9 度适当降低的要求。

【Q12.3.21】关于结构抗震，有 3 个疑问：

(1) 如何理解"抗震等级"？

(2) 规范中经常提到"抗震等级提高一级"，是指"抗震措施"等级提高一级，还是"抗震构造措施"等级提高一级？例如，《高规》10.2.6 条对部分框支剪力墙当转换层在 3 层及以上时，框支柱、剪力墙底部加强部位的抗震等级要提高一级。

(3) 轴压比验算时，应按抗震措施还是抗震构造措施确定抗震等级？

【A12.3.21】对于问题(1)：

如表 12-3-10 所示,"抗震措施"和"抗震构造措施"都对应有"抗震等级",前者适用于"内力调整",而后者适用于"构造措施",可通俗称之为"内力调整的抗震等级"和"构造措施的抗震等级"。

对于问题(2):

若遇"抗震等级提高一级"的规定,表示抗震措施和抗震构造措施均提高一级。

对于问题(3):

《抗规》6.3 节标题为"框架的基本抗震构造措施",此节的 6.3.6 条规定了柱的轴压比限值;6.4 节标题为"抗震墙结构的基本抗震构造措施",此节的 6.4.5 条规定了抗震墙的轴压比限值。可见,"轴压比"属于"抗震构造措施"的内容,故查表时应采用"构造措施的抗震等级"。

特别需要注意,抗震墙的轴压比验算时,取 $N=1.2\times(N_G+0.5N_Q)$。

【Q12.3.22】确定抗震等级的完整步骤是怎样的?

【A12.3.22】建筑物的抗震等级按照以下步骤确定:

(1) 确定本地区的设防烈度。

依据《抗规》附录 A,得到本地区的设防烈度,7 度和 8 度时还需要特别注意基本地震加速度的值:是 7 度($0.1g$)还是 7 度($0.15g$),是 8 度($0.2g$)还是 8 度($0.3g$)。

(2) 区分甲、乙、丙、丁类建筑。

依据《建筑工程抗震设防分类标准》GB 50223—2008,建筑工程有 4 个抗震设防类别,如下:

① 特殊设防类:指使用上有特殊设施,涉及国家公共安全的重大建筑工程和地震时可能发生严重次生灾害等特别重大灾害后果,需要进行特殊设防的建筑。简称"甲类"。

② 重点设防类:指地震时使用功能不能中断或需尽快恢复的生命线相关建筑,以及地震时可能导致大量人员伤亡等重大灾害后果,需要提高设防标准的建筑。简称"乙类"。

③ 标准设防类:指大量的除①、②、④款以外按标准要求进行设防的建筑。简称"丙类"。

④ 适度设防类:指使用上人员稀少且震损不致产生次生灾害,允许在一定条件下适度降低要求的建筑。简称"丁类"。

通俗理解,可认为依据其重要性分为甲、乙、丙、丁四类建筑。对于某个建筑物,依据该分类标准确定其归属。

(3) 区分 A 级高度与 B 级高度。

钢筋混凝土高层建筑结构的最大适用高度分为 A 级和 B 级,见《高规》的 3.3.1 条。《抗规》的表 6.1.1 实际上是 A 级的最大适用高度。需要特别注意表 6.1.1 下注释 6:"乙类建筑可按本地区抗震设防烈度确定其适用的最大高度"。参考《高规》表 3.3.1-1 的注释可知,其含义为:甲类建筑,6、7、8 度时宜按本地区抗震设防烈度提高一度后符合表中数值要求,9 度时应专门研究;乙、丙类建筑则按本地区抗震设防烈度考虑。

(4) 考虑场地条件。

场地分为Ⅰ、Ⅱ、Ⅲ、Ⅳ四类，确定方法在《抗规》的4.1.6条。

(5) 依据《抗规》3.3.2条、3.3.3条（或《高规》3.9.1条、3.9.2条），调整或不调整设防标准。

《抗规》3.3.2条：建筑场地为Ⅰ类时，对甲、乙类的建筑应允许仍按本地区抗震设防烈度的要求采取抗震构造措施；对丙类的建筑应允许按本地区抗震设防烈度降低一度的要求采取抗震构造措施，但抗震设防烈度为6度时仍应按本地区抗震设防烈度的要求采取抗震构造措施。

《抗规》3.3.3条：建筑场地为Ⅲ、Ⅳ类时，对设计基本地震加速度为0.15g和0.30g的地区，除本规范另有规定外，宜分别按抗震设防烈度8度（0.20g）和9度（0.40g）时各抗震设防类别建筑的要求采取抗震构造措施。

以上这些规定，已经充分体现在本书的表12-3-10中。

(6) A级依据《抗规》表6.1.2、B级依据《高规》表3.9.4确定抗震等级。

特别注意以下的规定：

《抗规》6.1.3条

1 设置少量抗震墙的框架结构，在规定的水平力作用下，底层框架部分所承担的地震倾覆力矩大于结构总地震倾覆力矩的50%时，其框架的抗震等级应按框架结构确定，抗震墙的抗震等级可与其框架的抗震等级相同。

注：底层指计算嵌固端所在的层。

2 裙房与主楼相连，除应按裙房本身确定抗震等级外，相关范围不应低于主楼的抗震等级；主楼结构在裙房顶板对应的相邻上下各一层应适当加强抗震构造措施。裙房与主楼分离时，应按裙房本身确定抗震等级。

3 当地下室顶板作为上部结构的嵌固部位时，地下一层的抗震等级应与上部结构相同，地下一层以下抗震构造措施的抗震等级可逐层降低一级，但不应低于四级。地下室中无上部结构的部分，抗震构造措施的抗震等级可根据具体情况采用三级或四级。

4 当甲乙类建筑按规定提高一度确定其抗震等级而房屋的高度超过本规范表6.1.2相应规定的上界时，应采取比一级更有效的抗震构造措施。

注：本章"一、二、三、四级"即"抗震等级为一、二、三、四级"的简称。

《高规》9.1.11条：对于筒体结构，当框架部分分配的地震剪力标准值的最大值小于结构底部总地震剪力标准值的10%时，……，各层核心筒墙体的地震剪力标准值宜乘以增大系数1.1，但可不大于结构底部总地震剪力标准值，墙体的抗震构造措施应按抗震等级提高一级后采用，已为特一级的可不再提高。

《高规》10.2.6条：对部分框支剪力墙结构，当转换层的位置设置在3层及3层以上时，其框支柱、剪力墙底部加强部位的抗震等级宜按本规程表3.9.3和表3.9.4的规定提高一级采用，已为特一级时可不提高。

《高规》10.3.3条：加强层及其相邻层的框架柱、核心筒剪力墙的抗震等级应提高一级采用，一级应提高至特一级，当抗震等级已经为特一级时应允许不再提高。

《高规》10.4.4条：错层处框架柱抗震等级应提高一级采用，一级应提高至特一级，当抗震等级已经为特一级时应允许不再提高。

《高规》10.5.6 条：连接体及与连接体相连的结构构件在连接体高度范围及其上、下层，抗震等级应提高一级采用，一级应提高至特一级，当抗震等级已经为特一级时应允许不再提高。

【Q12.3.23】《抗规》中的"烈度"与"设防烈度"有何区别？例如，表 6.1.1 中为"烈度"、表 6.1.2 中为"设防烈度"。另外，内力调整中说到的 9 度（例如《高规》6.2.4 条），指的是哪种情况？抗震构造措施中用到的"烈度"（例如《抗规》表 6.4.5-1、表 6.4.5-3），指的是哪种情况？

【A12.3.23】（1）关于"烈度"的区分

对于某地区而言，可以根据《抗规》附录 A 得到"抗震设防烈度"，这是一个基准，可称作"本地区抗震设防烈度"，以示区别。

对于具体的建筑物而言，需要根据其重要性（是甲、乙、丙、丁的哪一类）调整"抗震设防烈度"后，查表 6.1.2 得到抗震措施的等级。若要确定抗震构造措施的等级，则还应再考虑场地的因素对上述"烈度"进行调整，以调整之后的烈度查表 6.1.2。朱炳寅《建筑抗震设计规范应用与分析》（第二版）将调整后的烈度称作"抗震设防标准"。

（2）在《抗规》第 6 章中出现的"烈度"，大多是指"本地区抗震设防烈度"。只有表 6.1.2 既用来确定抗震措施的等级也用来确定抗震构造措施的等级，采用的是调整后的"抗震设防标准"。

（3）朱炳寅《建筑抗震设计规范应用与分析》第一版和第二版均将表 6.1.6 中的"设防烈度"（字面表达与表 6.1.2 相同）解释为调整后的"抗震设防标准"，值得商榷。

（4）《抗规》第 6 章第 4 节将"一级"区分为"一级（9 度）"、"一级（7、8 度）"，就是考虑到本地区设防烈度的差别。

【Q12.3.24】《抗规》表 6.1.2 下的注释 1 和 3.3.2 条说的是一回事吗？如果是，为什么此处不增加 Ⅲ、Ⅳ 类场地当设计基本地震加速度为 0.15g、0.3g 的说明？如果不是，那就要双重调整？

【A12.3.24】 笔者认为可以这样理解：

（1）确定抗震构造措施所应采用的设防烈度，会在本地区设防烈度的基础上作出调整。《抗规》的 3.3.2 条特别规定了 Ⅰ 类场地时的情况，可用表 12-3-12 说明。

Ⅰ 类场地时的调整　　　　　　　表 12-3-12

项次	建筑场地类别	本地区设防烈度	建筑抗震设防类别	确定抗震构造措施时采用的设防烈度
1	Ⅰ	6、7、8、9 度	甲类、乙类	同本地区设防烈度
2	Ⅰ	7、8、9 度	丙类	按本地区设防烈度降低一度
3	Ⅰ	6 度	丙类	6 度

其他类场地时：

Ⅱ 类场地，相当于是一种标准情况，丙类不变，甲、乙类按提高一度。

Ⅲ、Ⅳ 类场地，甲、乙、丙类建筑，对于 7 度半（0.15g）、8 度半（0.30g）均按提高半度考虑。这里,可以认为甲、乙类的要求实际上还要适当高些。

(2)《抗规》表 6.1.2 以及其下面的注释,是有适用条件的,即,针对的是丙类建筑。据此可知,其注释 1 相当于本书表 12-3-11 的项次 2、3。

【Q12.3.25】对于底部加强部位的高度,规范中有这样几条规定:

(1)《抗规》第 6 章多层和高层混凝土结构房屋,6.1.10 条第 2 款:部分框支抗震墙结构的抗震墙,其底部加强部位的高度,可取框支层加框支层以上两层的高度及落地抗震墙总高度的 1/10 二者的较大者。其他结构的抗震墙,房屋高度大于 24m 时,底部加强部位的高度可取底部两层和墙体总高度的 1/10 二者的较大者;房屋高度不大于 24m 时,底部加强部位可取底部一层。

(2)《高规》第 7 章剪力墙结构设计,7.1.4 条第 2 款:底部加强部位的高度可取底部两层和墙体总高度的 1/10 二者的较大者。

(3)《高规》第 10 章复杂高层建筑结构设计,10.2.2 条:带转换层的高层建筑结构,其剪力墙底部加强部位的高度,应从…,宜取至转换层以上两层且不宜小于房屋高度的 1/10。

以上条文中,"落地抗震墙总高度""墙体总高度"如何确定?另外,如何理解底部加强部位?

【A12.3.25】笔者认为,应从以下几个方面理解:

(1)"落地抗震墙总高度"、"墙体总高度",依据朱炳寅《建筑抗震规范应用与分析》223 页给出的图示,应是指房屋高度。房屋高度的概念,在《高规》2.1.2 条有规定,是指自室外地面算起至房屋主要屋面的高度,不包括突出屋面的电梯机房、水箱、构架等高度。

(2)"底部加强部位"是一个区间,大多数情况下,需要在"底部加强部位以及相邻上一层"设置约束边缘构件。依据《高规》7.2.14 条第 1 款,一、二、三级剪力墙底层墙肢底截面的轴压比超过限值时,以及部分框支剪力墙结构的剪力墙,在底部加强部位以及其上一层布置约束边缘构件。这里,"轴压比超过限值"是 2010 版规范新加的修饰语,不超过轴压比的情况,则设置构造边缘构件,见《高规》表 7.2.16。作为对比,我们可以发现,2002 版《高规》7.2.15 条曾规定一、二级剪力墙底部加强部位以及其上一层应布置约束边缘构件,不论轴压比如何。这一处的改变必须引起注意。

(3)底部加强部位高度是"从地下室顶板算起"的一个数值。因此,房屋高度的 1/10,只是提供一个数值而已,不能着眼于房屋高度是从室外地面算起而引起认识上的混乱。

(4)底部加强部位作为执行构造措施的一个"区间",还包括从地下室顶板向下延伸至嵌固端。

【Q12.3.26】《抗规》6.2.2 条中的 M^l_{bua}、M^r_{bua} 如何计算?需要"计入梁受压钢筋和相关楼板钢筋"是什么意思?

【A12.3.26】众所周知,对于如图 12-3-6 所示的双筋梁,已知梁截面尺寸与

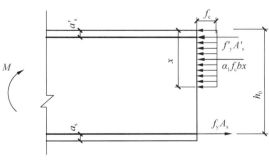

图 12-3-6 楼板相关范围内的钢筋

混凝土强度等级以及实际配置的纵向钢筋信息,则可确定该截面可以承受的受弯承载力设计值。

采用以下公式:

$$x = \frac{f_y A_s - f'_y A'_s}{\alpha_1 f_c b} \tag{12-3-1}$$

当 $2a'_s \leqslant x \leqslant \xi_b h_0$ 时:

$$M_u = \alpha_1 f_c bx \left(h_0 - \frac{x}{2}\right) + f'_y A'_s (h_0 - a'_s) \tag{12-3-2}$$

当 $x < 2a'_s$ 时:

$$M_u = f_y A_s (h_0 - a'_s) \tag{12-3-3}$$

事实上,只要满足 $x \leqslant \xi_b h_0$ 即可保证受拉钢筋 A_s 屈服,因此,不论受压区高度 x 是否满足 $x \geqslant 2a'_s$(满足该条件时才能保证 A'_s 达到屈服),均可以对 A'_s 合力点取矩,写成

$$M_u = f_y A_s (h_0 - a'_s) - \alpha_1 f_c bx \left(\frac{x}{2} - a'_s\right) \tag{12-3-4}$$

当 $x \geqslant 2a'_s$ 时式(12-3-4)第二项为正,当 $x < 2a'_s$ 时式(12-3-4)第二项为负。

M_{bua} 下角标的含义是:梁(b)、极限弯矩(u)、按照实际配筋(a),因此,可按照与上述类似的步骤确定,但稍有不同,表现在:

(1)采用钢筋的强度标准值,即应以 f_{yk} 代替 f_y。

(2)由于考虑抗震,因此承载力应除以 γ_{RE}。

(3)由于框架梁端部受压钢筋布置相对较多,因此,求得的受压区高度较小,为此,可将式(12-3-4)忽略第 2 项。

综上,M_{bua} 采用下式确定:

$$M_{bua} = f_{yk} A_s^a (h_0 - a'_s) / \gamma_{RE} \tag{12-3-5}$$

式中的 A_s^a 仅为保持与规范符号一致,其含义仍为纵向受拉钢筋的实配截面积。

M_{bua}^l 与 M_{bua}^r 的上角标仅表示框架梁的左(l)、右(r)端部而已。

式(12-3-5)可在《混规》11.3.2 条的条文说明中找到。

另外需要注意的是,由于框架梁与楼板现浇在一起,因此,板在一定范围对梁的受弯承载力有贡献。《高规》6.2.5 条的条文说明指出,有效翼缘(楼板)宽度可取梁两侧各 6 倍板厚(与《混规》5.2.4 条一致),此范围内的楼板钢筋在计算 M_{bua} 时应计入,如图 12-3-7 所示。

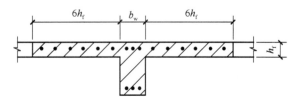

图 12-3-7 楼板相关范围内的钢筋

由于式(12-3-5)中的 A_s^a 为纵向受拉钢筋截面积,因此,图中的楼板钢筋只有在截面承受负弯矩时才能与梁上部钢筋求和后作为 A_s^a 计算 M_{bua}。

顺便指出,在 ACI318-19 规范中,6.3.2.1 条规定了 T 形梁的翼缘有效宽度,一侧外伸翼缘的有效范围,内梁与边梁不同,分别为翼缘厚度的 8 倍和 6 倍,如图 12-3-8 所示。

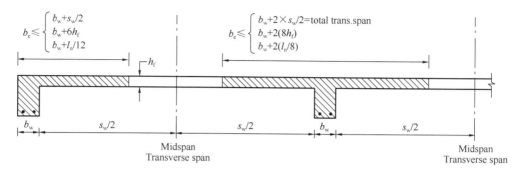

图 12-3-8 ACI318-19 规范中的 T 形梁有效翼缘宽度

【Q12.3.27】《抗规》6.1.3 条对"底层"的解释为"计算嵌固端所在的层"。6.2.3 条规定对"底层"柱下端截面组合的弯矩设计值调整,其中"底层"的含义,与 6.1.3 条的解释相同吗?2008 版《抗规》在 6.2.3 条指出"底层是指无地下室的基础以上或地下室以上的首层"。

【A12.3.27】笔者注意到,2016 版《抗规》的 6.2.3 条与 2008 版时一样,规定了底层柱下端截面弯矩设计值的增大系数,但取消了后者对"底层"的解释,这说明,在 2016 版《抗规》中,"底层"这一概念均采用 6.1.3 条的解释。

【Q12.3.28】关于《抗规》的 6.2.5 条,有以下疑问:

(1) M_{cua} 如何计算?我看到《混凝土规范》的 386 页给出的计算公式如下:

$$M_{cua} = \frac{1}{\gamma_{RE}}\left[0.5\gamma_{RE}Nh\left(1-\frac{\gamma_{RE}N}{\alpha_1 f_{ck}bh}\right)+f'_{yk}A'_s(h_0-a'_s)\right]$$

但是,没有明白其推导过程。

(2) 式(6.2.5-2)中的 M^b_{cua},当为底层柱底截面时,是否要考虑 6.2.3 条的增大系数?

【A12.3.28】对于问题(1):

《混凝土规范》第 386 页给出了 M_{cua} 的计算公式,并给出了推导过程,只是,由于叙述有瑕疵,较难看懂。今给出分析思路如下:

如图 12-3-9 所示,由于偏心受压柱是与杆端承受轴心压力和弯矩等效的,所以,偏心受压柱的受弯承载力 M_u 实际上是图中的 Ne_i。由于实际中柱按照对称配筋,当满足 $\frac{N}{f_c bh} \leqslant 0.5$(相当于采用 HRB335 钢筋时,$\frac{N}{f_c bh_0} \leqslant \xi_b = 0.5$)时,为大偏心受压。

将其变形,得到

$$Ne_i = Ne - N \times 0.5(h_0 - a'_s)$$

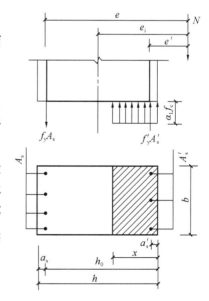

图 12-3-9 大偏心受压时正截面承载力的计算简图

将 $Ne = \alpha_1 f_c bx(h_0 - 0.5x) + f'_y A'_s(h_0 - a'_s)$ 代入，可得
$$M_u = \alpha_1 f_c bx(h_0 - 0.5x) + f'_y A'_s(h_0 - a'_s) - N \times 0.5(h_0 - a'_s)$$

将 $x = \dfrac{N}{\alpha_1 f_c b}$ 代入，可得
$$\begin{aligned}M_u &= N(h_0 - 0.5x) + f'_y A'_s(h_0 - a'_s) - N \times 0.5(h_0 - a'_s)\\&= 0.5Nh_0 + 0.5Na'_s - 0.5xN + f'_y A'_s(h_0 - a'_s)\\&= 0.5N(h_0 + a'_s) - 0.5xN + f'_y A'_s(h_0 - a'_s)\\&= 0.5Nh\left(1 - \dfrac{N}{\alpha_1 f_c bh}\right) + f'_y A'_s(h_0 - a'_s)\end{aligned}$$

考虑抗震，将上式中的 N 取为 $\gamma_{RE}N$，将强度取为标准值，并对最后的计算结果除以 γ_{RE}，这就是《混凝土规范》中的公式了。

在《抗规》的 359 页，也给出了钢筋混凝土梁、柱的正截面受弯实际承载力公式，对于柱，当轴压力满足 $\dfrac{N_G}{f_{ck} b_c h_c} \leqslant 0.5$ 时，为
$$M_{cyk}^a = f_{yk} A_{sc}^a (h_{c0} - a'_s) + 0.5N_G h_c \left(1 - \dfrac{N_G}{f_{ck} b_c h_c}\right)$$

将 M_{cyk}^a 除以抗震调整系数 γ_{RE}，就是规范正文中的 M_{cua}。式中下角标"c"表示"柱子"，"a"表示"实际的"，N_G 为对应于重力荷载代表值的柱轴压力设计值。

可见，两种 M_{cua} 计算公式的差别，就是采用 $\gamma_{RE}N$ 还是 N，其他均相同。

《混凝土规范》中采用 $\gamma_{RE}N$；《建筑抗震设计规范理解与应用》（第二版）在第 179~180 页给出的例题中也是采用 $\gamma_{RE}N$。

笔者观点，在 M_{cua} 计算公式中取用 N 从概念上讲更明确，理由是：按照概念，考虑抗震后的构件承载力应取为非抗震时承载力除以 γ_{RE}，若公式中出现 $\gamma_{RE}N$ 而不是 N，岂不是对应于轴压力为 $\gamma_{RE}N$ 时的 M_{cua}？

对于问题（2）：

M_{cua}^b 按照实际配筋截面积、材料强度标准值和重力荷载代表值产生的轴向压力设计值并考虑承载力抗震调整系数计算得到，属于材料的"抗力"范畴，不是荷载效应，因此，笔者认为，不应该考虑 6.2.3 条的增大系数。

【Q12.3.29】《抗规》**6.2.5 条对剪力 V 的解释为："柱端截面组合的剪力设计值；框支柱的剪力设计值尚应符合本规范第 6.2.10 条的规定"，查看 6.2.10 条，是对框支柱最小剪力的规定，并未提设计值，似乎是对组合之前的地震剪力的规定。如何理解？**

【A12.3.29】《高规》的 10.2.17 条有相同内容，但表达更清楚，据此可知，《抗规》6.2.10 条中所说的"地震剪力"是"水平地震剪力标准值"。

【Q12.3.30】《抗规》**6.2.7 条第 1 款规定："一级抗震墙的底部加强部位以上部位，墙肢的组合弯矩设计值应乘以增大系数，其值可采用 1.2；剪力相应调整"。如何相应调整？规范中没有找到。**

可是，《高规》7.2.5 条对相同的情况规定剪力增大系数为 **1.3**。

【A12.3.30】与《抗规》此条款相同的规定，还出现在《混凝土规范》的 11.7.1 条。

笔者认为，所谓"剪力相应调整"是指，由于剪力是由弯矩算出的，现在，既然弯矩放大了 1.2 倍，那么，剪力相应的也就放大了。

多层混凝土结构可使用《抗规》或《混凝土规范》，高层建筑使用《高规》，《高规》7.2.5 条的规定更为直接。

【Q12.3.31】《抗规》6.2.9 条，对剪跨比 λ 的解释为："反弯点位于柱高中部的框架柱可按柱净高与 2 倍柱截面高度之比计算"，如何理解？

【A12.3.31】经查，2001 版《抗规》也是如此表述。

然而，《混凝土规范》、《高规》中却是取"柱截面有效高度"之比。2002 版《混凝土规范》的 11.4.9 条指出，框架柱的反弯点在层高范围内时取 $\lambda = H_n/(2h_0)$；2015 版《混凝土规范》的 11.4.6 条给出的剪跨比公式没有改变。2002 版、2010 版《高规》的 6.2.6 条均规定按柱截面有效高度计算。

教科书中也不完全一致。例如，包世华、张铜生《高层建筑结构设计和计算》（上册，2005 年印刷）249 页给出的剪跨比定义式为 $\lambda = \dfrac{M}{Vh}$，考虑到框架柱反弯点大都接近中点，取 $\lambda = \dfrac{M}{Vh} = \dfrac{H_0}{2h}$，这里用 H_0 表示柱净高。方鄂华等《高层建筑结构设计》（2005 年印刷）154 页给出的剪跨比定义式为 $\lambda = \dfrac{M^c}{V^c h_{c0}}$，式中，$M^c$、$V^c$ 分别表示柱端截面组合的弯矩计算值和组合的剪力计算值，h_{c0} 为计算方向柱截面的有效高度。

【Q12.3.32】关于抗震墙应计入部分翼缘共同工作，《抗规》6.2.13 条条文说明引用了 **2001 版《抗规》的规定**，称"每侧由墙面算起可取相邻抗震墙净间距的一半、至门窗洞口的墙长度及抗震墙总高度的 15% 三者的最小值"。对此，我的理解如下：

一侧的有效长度＝min（相邻抗震墙净间距的一半，至门窗洞口的墙长度，抗震墙总高度的 15%）

可是，朱炳寅《建筑抗震设计规范应用与分析》一书中给出的图示，却与以上不符，把"抗震墙总高度的 15%"理解为整个翼墙的有效长度。这是怎么回事？

【A12.3.32】我们先回顾一下抗震墙翼缘有效宽度取值的来龙去脉。

（1）1989 版《抗规》在 6.2.13 条规定："计算抗震墙的内力和变形时，应考虑相连纵横墙的共同工作；现浇抗震墙的翼缘有效宽度，可采用抗震墙的间距、门窗洞口间的墙宽度、抗震墙厚加两侧各 6 倍翼缘厚度和抗震墙总高的 1/10 四者的最小值"。

（2）2001 版《抗规》在 6.2.13 条第 3 款规定："抗震墙结构、部分框支抗震墙结构、框架-抗震墙结构、筒体结构、板柱-抗震墙结构计算内力和变形时，其抗震墙应计入端部翼墙的共同工作。翼墙的有效长度，每侧由墙面算起可取相邻抗震墙净间距的一半、至门窗洞口的墙长度及抗震墙总高度的 15% 三者的最小值"。

该条的条文说明指出，"对翼墙有效宽度，89 规范规定不大于抗震墙总高度的 1/10，这一规定低估了有效长度，特别是对于较低房屋，本次修订，参考 UBC97 的有关规定，改为抗震墙总高度的 15%"。

（3）2002 版《混规》10.5.3 条规定："在承载力计算中，剪力墙的翼缘计算宽度可取剪力墙的间距、门窗洞口间翼墙的宽度、剪力墙厚度加两侧各 6 倍翼墙厚度、剪力墙墙肢总高度的 1/10 四者中的最小值"。

(4) 2015 版《混规》9.4.3 条沿用 2002 版 10.5.3 条的规定，一字未改。

笔者并没有找到 UBC97，因此无从知道该规范的具体规定。不过，从 2001 版《抗规》的条文说明以及规范的延续性看，本意应是由"1/10"调整到"15％"。如果是一侧有效宽度取为"抗震墙总高度的 15％"，显然与 89 版规范差别太大。所以，笔者倾向于认为 2001 版《抗规》的表达有误。

抗震墙可能两侧都有翼墙也可能只有一侧有翼墙，这时，若不加区分，将后一种情况的翼墙有效宽度也取为"抗震墙总高度的 15％"，显然不合理。合乎力学的做法，是对这种情况取"抗震墙总高度的 15％"的一半。

【Q12.3.33】《抗规》的 6.3.6 条规定了柱的轴压比限值。今有以下疑问：

(1) 对于框架-剪力墙结构中的框架柱，在确定轴压比限值时，按表 6.3.6 中的"框架结构"还是"框架-剪力墙"？

(2) 表 6.3.6 下的注释 3 指出了三种可以提高轴压比限值的措施，最后指出"上述三种箍筋的最小配箍特征值均应按增大的轴压比由本规范表 6.3.9 确定"，如何理解？是说不再按照实际的轴压比确定 λ_v 吗？

【A12.3.33】笔者对这些问题的理解如下：

问题（1）：依据《抗规》6.1.3 条的条文说明，当底层框架部分所承担的地震倾覆力矩大于结构总地震倾覆力矩的 50％时，属于框架结构范畴，此时，应按照"框架结构"查表 6.3.6。除此之外的情形，应按照"框架-抗震墙"查表得到轴压比限值。

问题（2）：最小配箍特征值 λ_v 应根据实际的柱轴压比确定，《抗规》的这句话容易引起误解，以为在这种情况下用轴压比限值确定 λ_v。

下面给出笔者对问题（2）的分析。

钢筋混凝土柱的轴压比限值，可以从《抗规》的 6.3.6 条、《高规》的 6.4.2 条和《混凝土规范》的 11.4.16 条找到。逻辑上，3 本规范的规定应该相同，然而，仔细比对，会发现表下的注释有细微的差别，见下面的表 12-3-13（为了强调对比效果，该表格同时给出了新旧版本的描述）。

3 本规范中轴压比限值表格下的注释对比　　　表 12-3-13

规范	版本	表 下 注 释	
混凝土规范	2002 版	4 沿柱全高采用井字复合箍，且箍筋间距不大于 100mm、肢距不大于 200mm、直径不小于 12mm，或沿柱全高采用复合螺旋箍，且螺距不大于 100mm、肢距不大于 200mm、直径不小于 12mm，或沿柱全高采用连续复合矩形螺旋箍，且螺距不大于 80mm、肢距不大于 200mm、直径不小于 10mm 时，轴压比限值均可按表中数值增加 0.10。<u>上述三种箍筋的配箍特征值 λ_v 均应按增大的轴压比由表 11.4.17 确定</u>	5 当柱截面中部设置由附加纵向钢筋形成的芯柱，且附加纵向钢筋的截面面积不小于柱截面面积的 0.8％时，柱轴压比限值可增加 0.05。当本项措施 与注 4 的措施共同采用时，柱轴压比限值可比表中数值增加 0.15，<u>但箍筋的配箍特征值仍可按轴压比增加 0.10 的要求确定</u>

12.3 疑问解答

续表

规范	版本	表 下 注 释	
混凝土规范	2015版（2010版）	4 沿柱全高采用井字复合箍，且箍筋间距不大于100mm、肢距不大于200mm、直径不小于12mm，或沿柱全高采用复合螺旋箍，且螺距不大于100mm、肢距不大于200mm、直径不小于12mm，或沿柱全高采用连续复合螺旋箍，螺旋净距不大于80mm、肢距不大于200mm、直径不小于10mm，轴压比限值均可按表中数值增加0.10	5 当柱截面中部由附加纵向钢筋形成的芯柱，且附加纵向钢筋的总截面面积不少于柱截面面积的0.8%时，轴压比限值可按表中数值增加0.05；此项措施与注4的措施共同采用时，柱轴压比限值可按表中数值增加0.15，但箍筋的配箍特征值仍应按轴压比增加0.10的要求确定
抗规	2001版	3 沿柱全高采用井字复合箍且箍筋肢距不大于200mm、间距不大于100mm、直径不小于12mm，或沿柱全高采用复合螺旋箍、螺旋间距不大于100mm、箍筋肢距不大于200mm、直径不小于12mm，或沿柱全高采用连续复合螺旋箍、螺旋净距不大于80mm、箍筋肢距不大于200mm、直径不小于10mm，轴压比限值均可增加0.10；上述三种箍筋的配箍特征值均应按增大的轴压比由本节表6.3.12确定	4 在柱的截面中部附加芯柱，其中另加的纵向钢筋总面积不少于柱截面面积的0.8%，轴压比限值可增加0.05；此项措施与注3的措施共同采用时，柱轴压比限值可增加0.15，但箍筋的配箍特征值仍应按轴压比增加0.10的要求确定
	2016版（2010版）	3 沿柱全高采用井字复合箍且箍筋肢距不大于200mm、间距不大于100mm、直径不小于12mm，或沿柱全高采用复合螺旋箍、螺旋间距不大于100mm、箍筋肢距不大于200mm、直径不小于12mm，或沿柱全高采用连续复合螺旋箍、螺旋净距不大于80mm、箍筋肢距不大于200mm、直径不小于10mm，轴压比限值均可增加0.10；上述三种箍筋的最小配箍特征值均应按增大的轴压比由本规范表6.3.9确定	4 在柱的截面中部附加芯柱，其中另加的纵向钢筋总面积不少于柱截面面积的0.8%，柱轴压比限值可增加0.05。此项措施与注3的措施共同采用时，柱轴压比限值可增加0.15，但箍筋的配箍特征值仍可按轴压比增加0.10的要求确定
高规	2002版	4 当沿柱全高采用井字复合箍，箍筋间距不大于100mm、肢距不大于200mm、直径不小于12mm时，轴压比限值可增加0.10；当沿柱全高采用复合螺旋箍，箍筋螺距不大于100mm、肢距不大于200mm、直径不小于12mm时，轴压比限值可增加0.10；当沿柱全高采用连续复合螺旋箍，且螺距不大于80mm、肢距不大于200mm、直径不小于10mm时，轴压比限值可增加0.10。以上三种配箍类别的含箍特征值应按增大的轴压比由本规范表6.4.7确定	5 当柱截面中部设置由附加纵向钢筋形成的芯柱，且附加纵向钢筋的截面面积不小于柱截面面积的0.8%时，柱轴压比限值可增加0.05。当本项措施与注4的措施共同采用时，柱轴压比限值可比表中数值增加0.15，但箍筋的配箍特征值仍可按轴压比增加0.10的要求确定

续表

规范	版本	表 下 注 释	
高规	2010版	4 当沿柱全高采用井字复合箍，箍筋间距不大于100mm、肢距不大于200mm、直径不小于12mm，或当沿柱全高采用复合螺旋箍，箍筋螺距不大于100mm、肢距不大于200mm、直径不小于12mm，或当沿柱全高采用连续复合螺旋箍，且螺距不大于80mm、肢距不大于200mm、直径不小于10mm时，轴压比限值可增加0.10	5 当柱截面中部设置由附加纵向钢筋形成的芯柱，且附加纵向钢筋的截面面积不小于柱截面面积的0.8%时，柱轴压比限值可增加0.05。当本项措施与注4的措施共同采用时，柱轴压比限值可比表中数值增加0.15，<u>但箍筋的配箍特征值仍可按轴压比增加0.10的要求确定</u>

可见，2010版《抗规》的编制者对3种"轴压比限值增加0.10"的情况（表现为注释3）有改进，特意在"配箍特征值"的前面添加了修饰语"最小"，显然是经过斟酌的。然而，2010版《混凝土规范》和2010版《高规》的注释4（对应于3种"轴压比限值增加0.10"的情况）却均删去了《抗规》中这句"重要"的话，更为奇怪的是，注释5却一字未改（依旧用"仍"，这在语法上是存在瑕疵的）。

三本规范的条文说明，均没有提到为什么作此改动。

笔者认为，2010版《混凝土规范》和2010版《高规》应是为了避免误解才作出了修正。

今以一个例题说明笔者的观点。

假定：某钢筋混凝土框架结构，抗震等级为二级，梁、柱混凝土强度等级均为C50，其中某柱，剪跨比大于2。若柱的轴压比为0.8，则超出了《混凝土规范》表11.4.16中的限值$[\mu_N] = 0.75$，因为仅仅超出0.8−0.75=0.05，因此，可采用表下的注释4措施设置井字复合箍，此时，认为$[\mu_N] = 0.85$，从而满足要求。依据$\mu_N = 0.8$查表11.4.17，得到$\lambda_v = 0.17$。

若柱的轴压比为0.87，则同时采取表下注释4、注释5措施后，轴压比限值提高为0.75+0.15=0.90，可以满足，但查表确定λ_v时取轴压比为0.75+0.10=0.85。

当μ_N不超过表中的限值时，则无须考虑表下面的注释。

笔者的以上观点，可在国家建筑标准设计图集《混凝土结构剪力墙边缘构件和框架柱构造钢筋选用（框架柱）》14G330—2中找到依据，今摘录其中部分，见表12-3-14。

框架结构框架柱柱端箍筋加密区最小配箍特征值 λ_v 表12-3-14

箍筋形式	抗震等级	柱轴压比								
		≤0.30	0.40	0.50	0.60	0.70	0.75	0.80	0.85	0.90
普通箍、复合箍	二	0.08	0.09	0.11	0.13	0.15	0.16	0.17	0.18	0.18

【Q12.3.34】《抗规》表6.4.5-1中没有提到四级抗震墙，是不是说，四级时和二、三级的最大轴压比相同？

【A12.3.34】当抗震墙的轴压比不大于表6.4.5-1规定的限值时，可以仅仅设置构造边缘构件，若超出，则需要设置约束边缘构件。对于四级抗震墙，只需要设置构造边缘构件，所以，表 6.4.5-1 中没有规定。

【Q12.3.35】关于剪力墙的翼墙，不同规范的表达不相同：

(1)《抗规》表 6.4.5-3 下注释 1："抗震墙的翼墙长度小于其 3 倍厚度或端柱截面边长小于 2 倍墙厚时，按无翼墙、无端柱查表"。

(2)《混凝土规范》表 11.7.18 下注释 1："两侧翼墙长度小于其厚度 3 倍时，视为无翼墙剪力墙"。

(3)《高规》表 7.2.15 下注释 2："剪力墙的翼墙长度小于翼墙厚度的 3 倍或端柱截面边长小于 2 倍墙厚时，按无翼墙、无端柱查表"。

若有剪力墙如图 12-3-10 所示，按照《抗规》与《混凝土规范》，似乎是 $h_f < 3b_w$ 时剪力墙视为无翼墙，但是，按照《高规》，却是 $h_f < 3b_f$ 剪力墙视为无翼墙。究竟哪一种理解才正确？

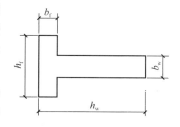

图 12-3-10 剪力墙截面图

【A12.3.35】朱炳寅《建筑抗震设计规范应用与分析》一书，在 277 页指出《高规》的规定"明显不合理"，应按 $h_f < 3b_w$ 时剪力墙视为无翼墙理解。当翼墙斜交时，按照投影长度判断。

2014 年出版的国家建筑标准设计图集《混凝土结构剪力墙边缘构件和框架柱构造钢筋选用（剪力墙边缘构件、框支柱）》14G330—1 在第 9 页给出的算例，也采用了该观点。对于无效翼墙，按"暗柱"查《高规》表 7.2.15 确定剪力墙的 l_c 及阴影区域面积，但在确定纵筋的最小配筋时，所用到的面积应包含无效翼墙在内。

【Q12.3.36】《抗规》6.7.1 条第 2 款应如何理解？条文摘抄如下：

2 除加强层及其相邻上下层外，按框架-核心筒计算分析的框架部分层地震剪力的最大值不宜小于结构底部总地震剪力的 10%。当小于 10% 时，核心筒墙体的地震剪力应适当提高，边缘构件的抗震构造措施应适当加强；任一层框架部分承担的地震剪力不应小于结构底部总地震剪力的 15%。

【A12.3.36】《高规》的 9.1.11 条对相同内容有规定，再结合《建筑抗震设计规范统一培训教材》，笔者理解如下：

(1) 除加强层及其相邻上下层外，按框架-核心筒计算分析的框架部分各层地震剪力的最大值不宜小于结构底部总地震剪力的 10%，是为了避免外框架太弱。一旦出现这种情况，应采取措施，加强外框架和核心筒。

(2) 采取加强措施之后，任一层框架部分承担的地震剪力不应小于结构底部总地震剪力的 15%。

(3) 本条条文说明指出，此时还要满足 6.2.13 条的规定，摘抄如下：

侧向刚度沿竖向分布基本均匀的框架-抗震墙结构和框架-核心筒结构，任一层框架部分承担的剪力值，不应小于结构底部总地震剪力的 20% 和按框架-抗震墙结构、框架-核心筒结构计算的框架部分各楼层地震剪力中最大值 1.5 倍二者的较小值。

若各楼层中，框架部分地震剪力最大者，为底部总地震剪力 Q 的 10%，依据上述的 6.2.13 条，应调整为 15%Q，这应该是一个下限。与 6.7.1 条中的"任一层框架部分承担的地震剪力不应小于结构底部总地震剪力的15%"吻合。

【Q12.3.37】《抗规》6.1.14 条的条文说明中，对$\sum M_{cua}^b$的解释是"地上一层柱下端与梁端受弯承载力不同方向实配的正截面抗震受弯承载力所对应弯矩值"，"不同方向"是否应为"同一方向"？

【A12.3.37】笔者认为，规范此处无误。

地下室顶板梁柱节点如图 12-3-11 所示，图中下角标"b"表示梁，"c"表示柱；上角标"b"和"t"分别表示"底端"和"顶端"，l 和 r 分别表示"左"和"右"。

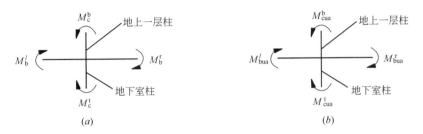

图 12-3-11　地下室顶板梁、柱节点弯矩

对于图 12-3-11（a），按照节点平衡，得到

$$M_b^l + M_b^r + M_c^t = M_c^b$$

今为了实现首层柱柱底先屈服，对上式予以改进：(1) 将式中的弯矩改为实际抗震受弯承载力，所谓"实际"，就是按照实配钢筋和强度标准值计算（柱还要考虑轴力设计值），所谓"抗震"，就是要除以 γ_{RE}；(2) 右侧提高为 1.3 倍。

顺便指出，规范该页的 $\sum M_{cua}^b$、$\sum M_{cua}^t$ 都不应有求和符号"$\sum$"。

【Q12.3.38】《抗规》**7.1.2 条条文说明（第 363 页），指出，"室内外高差不大于 0.6 时，房屋高度可比表中数字增加 0.4"，如何理解？**

【A12.3.38】根据条文说明可知，表 7.1.2 中给出的房屋总高度限值按"有效数字"控制，即 21.4m 也算作是 21m，这样，当室内外高差不大于 0.6 时，不必执行表下注释 2，按 21.4m 执行表中写成 21m 的限值，即，比表中数字增加 0.4m。当由于使用上的要求而使室内外高差大于 0.6m 时，允许增加量少于 1.0m，高度限值可变成小于 22.0m，但是，增加的不到 1.0m 减去一个大于 0.6 的数字，相当于增加了不到 0.4m。

感谢黑龙江省伊春市林业设计院张培林总工对本观点的探讨和指点。

【Q12.3.39】《抗规》7.2.4 条，规定对底层框架-抗震墙砌体房屋的底层，纵向和横向剪力设计值均应乘以增大系数，"其值应允许在 1.2~1.5 范围内选用"，条文说明指出，按第二层与底层侧移刚度的比例相应地增大底层的地震剪力，"增大系数可依据刚度比用线性插值法近似确定"。但是线性插值也得两个点才能插值，增大系数在 1.2~1.5 范围内线性插值，那么 1.2 对应的刚度比是多少？1.5 对应的刚度比是多少？

【A12.3.39】对于底层框架-抗震墙砌体房屋，第二层与底层侧移刚度的比例越大，底层纵向和横向剪力设计值所要乘以的增大系数就越大。依据该规范的 7.1.8 条第 3 款，第二层计入构造柱影响的侧向刚度与底层侧向刚度的比值，6、7 度时应在 1.0~2.5 之间，这就相当于，刚度比为 1.0 对应的增大系数是 1.2，刚度比为 2.5 对应的增大系数为 1.5。

【Q12.3.40】《抗规》8.2.1 条规定，"构件截面和连接抗震验算时，非抗震的承载力设计值应除以本规范规定的承载力抗震调整系数"，如何理解？

【A12.3.40】这句话单独来看会引起歧义，但联系上下文可知，和前面章节没有区别，都是将非抗震的承载力设计值除以抗震调整系数 γ_{RE} 作为抗震验算时的承载力。

【Q12.3.41】《抗规》9.2.14 条条文说明中指出，"C 类是指现行《钢结构设计规范》GB 50017 按弹性原则设计腹板时不发生局部屈曲的情况，如双轴对称 H 形截面翼缘需要满足 $b/t \leqslant 15\sqrt{235/f_y}$，受弯构件腹板需满足 $72\sqrt{235/f_y} < h_0/t_w \leqslant 130\sqrt{235/f_y}$ ……"然而，在规范中并未见到 $72\sqrt{235/f_y} < h_0/t_w \leqslant 130\sqrt{235/f_y}$ 的要求，如何理解？

【A12.3.41】在 2003 规范中，工字形截面梁的腹板一般通过设置加劲肋来保证局部稳定。

当腹板受纯剪切时，若 $\tau_{cr} \leqslant f_v$ 则不会屈曲，此时要求 $\lambda_s \leqslant 0.8$。不设置加劲肋相当于 $a/h_0 = \infty$，于是

$$\frac{h_0/t_w}{41\sqrt{5.34}}\sqrt{\frac{f_y}{235}} \leqslant 0.8$$

由此求出 $h_0/t_w \leqslant 75.8\sqrt{\frac{235}{f_y}}$。

当腹板受纯弯矩作用时，若 $\sigma_{cr} \leqslant f$ 则不会屈曲，此时要求 $\lambda_b \leqslant 0.85$。当翼缘扭转受到约束时，由

$$\frac{h_0/t_w}{177}\sqrt{\frac{f_y}{235}} \leqslant 0.85$$

可以得到 $h_0/t_w \leqslant 150\sqrt{\frac{235}{f_y}}$。

当翼缘扭转受到约束时，由

$$\frac{h_0/t_w}{153}\sqrt{\frac{f_y}{235}} \leqslant 0.85$$

可以得到 $h_0/t_w \leqslant 130\sqrt{\frac{235}{f_y}}$。

以上求得的 $h_0/t_w \leqslant 130\sqrt{\frac{235}{f_y}}$ 即为条文说明中的数值。

之所以 $72\sqrt{235/f_y} < h_0/t_w$，是由于 B 类时的限值为 $h_0/t_w \leqslant 72\sqrt{235/f_y}$（见规范条文说明中的表 8）。

【Q12.3.42】《抗规》12.2.7 条第 2 款指出，隔震层以上结构的抗震措施，当水平向减震系数大于 0.40 时（设置阻尼器时为 0.38）不应降低非隔震时的有关要求。但是，该条的条文说明给出的表格，却是降低半度。二者是否矛盾？

【A12.3.42】《抗规》12.2.7 条条文说明给出的表 8，如表 12-3-15 所示。

水平向减震系数取值 表12-3-15

本地区设防烈度 (设计基本地震加速度)	水平向减震系数	
	$\beta \geq 0.40$	$\beta < 0.40$
9 (0.40g)	8 (0.30g)	8 (0.20g)
8 (0.30g)	8 (0.20g)	7 (0.15g)
8 (0.20g)	7 (0.15g)	7 (0.10g)
7 (0.15g)	7 (0.10g)	7 (0.10g)
7 (0.10g)	7 (0.10g)	6 (0.10g)

条文说明的意思如下:

(1) 道理上,无论 β 是多少抗震措施都可以降低,但是,降低的幅度不同。$\beta \geq 0.40$ 时允许降低半度,$\beta < 0.40$ 时允许降低1度,如此,就是表格中数值的来历。

(2) 对于 $\beta \geq 0.40$ 的情况:9度 (0.40g) 降低半度成为 8度 (0.30g),可是,《抗规》中并没有针对 8 (0.30g) 的具体规定,所以,实际执行时维持 9 度不变;8度 (0.20g) 降至 7度 (0.15g) 的情况类似,按照 8 度查表。其他情况,都是没有降低。所以,正文中说 $\beta \geq 0.40$ 时"不应降低"非隔震时的有关要求。

(3) 对于 $\beta < 0.40$ 的情况:8度 (0.30g) 降低 1 度成为 7度 (0.15g),前者查表时按照 8 度,后者查表时按照 7 度,所以相当于降低 1 度。7度 (0.15g) 降低成为 7度 (0.10g),都是按 7 度查表,相当于没有降低。所以,正文中说降低不超过 1 度。

顺便指出,《高规》"修改说明"的最后一段有如下文字:"本条文说明不具备与规范正文同等的法律效力,仅供使用者作为理解和把握条文规定的参考"。这一原则适用于所有的规范。

【Q12.3.43】《抗规》附录 B 所说的"高强混凝土"是指哪些混凝土等级?

【A12.3.43】 不同的时期,对"高强混凝土"包括的范围认识不同。

在"工标网"搜索"高强混凝土"可得到规范标准共 15 本,其中有两本已经作废。今以住房和城乡建设部系统现行的 3 本规范来说明。

《高强混凝土结构技术规程》CECS 104—1999 在"总则"部分的 1.0.2 条指出,高强混凝土为采用水泥、砂、石、高效减水剂等外加剂和粉煤灰、超细矿渣,硅灰等矿物掺合料,以常规工艺配制的 C50~C80 级混凝土。

《高强混凝土应用技术规程》JGJ/T 281—2012 在"术语"部分的 2.1.1 条将高强混凝土解释为"强度等级不低于 C60 的混凝土"。

《高强混凝土强度检测技术规程》JGJ/T 294—2013 的 1.0.2 条规定,"本规程适用于工程结构中强度等级为 C50~C100 的混凝土抗压强度检测",相当于认为 $\geq$ C50 时为高强混凝土。

从《混凝土规范》的规定看,无论是 β_1(对应于《抗规》B.0.2 条第 1 段所说的混凝土强度影响系数)还是 α_1(对应于《抗规》B.0.2 条第 2 段所说的混凝土强度影响系数)都是以 C50 作为 1.0,从这个意义上来说,《混凝土规范》是以 C50 作为高强混凝土的分界。

事实上，《抗规》附录 B 的规定，在《混凝土规范》中除一处外均可找到，见表 12-3-16。所以，总体上而言，《抗规》附录 B 无存在的必要。

《抗规》与《混凝土规范》对照　　　　表 12-3-16

《抗规》	《混凝土规范》
B.0.3 条第 1 款： 梁端纵向受拉钢筋的配筋率不宜大于 3%（HRB335 级钢筋）和 2.6%（HRB400 级钢筋）。梁端箍筋加密区的箍筋最小直径应比普通混凝土梁箍筋的最小直径增大 2mm	没有此规定。 11.3.7 条仅规定： 梁端纵向受拉钢筋的配筋率不宜大于 2.5%
B.0.3 条第 2 款： 柱的轴压比限值宜按下列规定采用：不超过 C60 混凝土的柱可与普通混凝土柱相同，C65~C70 混凝土的柱宜比普通混凝土柱减小 0.05，C75~C80 混凝土的柱宜比普通混凝土柱减小 0.1	表 11.4.16 下注释 2： 当混凝土强度等级为 C65、C70 时，轴压比限值宜按表中数值减小 0.05；混凝土强度等级为 C75、C80 时，轴压比限值宜按表中数值减小 0.1
B.0.3 条第 3 款： 当混凝土强度等级大于 C60 时，柱纵向钢筋的最小总配筋率应比普通混凝土柱增大 0.1%	表 11.4.12-1 下注释 3： 当混凝土强度等级为 C60 以上时，应按表中数值增加 0.1 采用
B.0.3 条第 4 款： 柱加密区的最小配箍特征值宜按下列规定采用：混凝土强度等级高于 C60，箍筋宜采用复合箍、复合螺旋箍或连续复合矩形螺旋箍。 1）轴压比不大于 0.6 时，宜比普通混凝土柱大 0.02； 2）轴压比大于 0.6 时，宜比普通混凝土柱大 0.03	表 11.4.17 下注释 3： 混凝土强度等级高于 C60 时，箍筋宜采用复合箍、复合螺旋箍或连续复合矩形螺旋箍，当轴压比不大于 0.6 时，其加密区的最小配箍特征值宜按表中数值增加 0.02；当轴压比大于 0.6 时，宜按表中数值增加 0.03

【Q12.3.44】《抗规》附录 D 中框架梁柱节点核芯区抗震验算，应注意哪些问题？

【A12.3.44】 笔者认为，应注意以下方面：

(1)《高规》中不再列出验算公式。由《高规》6.2.7 条条文说明可知，梁柱节点核芯区的抗震验算应依据《混凝土规范》的 11.6 节。

(2)《抗规》附录 D 以及《混凝土规范》的 11.6 节对此均有规定，但是，《混凝土规范》对顶层节点的剪力计算公式另有规定。笔者认为，《混凝土规范》中的做法是合理的，理由如下：

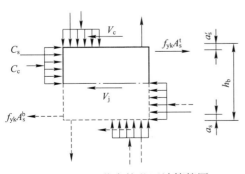

图 12-3-12　节点核芯区计算简图

对于节点，其计算简图如图 12-3-12 所示（该图来源于包世华、张铜生《高层建筑结构设计和计算》上册，稍有改动）。取上半部分为隔离体，利用平衡条件可以得到：

$$V_j = C_s + C_c + f_{yk} A_s^t - V_c$$

式中，C_s、C_c 分别为梁截面上部钢筋的合力和混凝土的合力。由于 $C_s + C_c = f_{yk} A_s^b$，这相当于将"弯矩"转变为"力偶"的情况，因此，该式可以变形成为

$$V_j = \frac{\sum M_{bua}}{h_{b0} - a_s'} - V_c$$

取相邻楼层的上下反弯点之间的部分建立平衡方程，可以得到剪力 $V_c = \frac{\sum M_{bua}}{H_c - h_b}$，这里之所以将力臂取为 $H_c - h_b$ 而不是 H_c，笔者理解，是由于节点核芯区 h_b 这个范围相当于刚臂。进而可以得到

$$V_j = \frac{\sum M_{bua}}{h_{b0} - a_s'} - \frac{\sum M_{bua}}{H_c - h_b}$$

这之后还要考虑：①对不同的抗震等级取用不同的调整系数 η_{jb}；②对 9 度的结构以及一级抗震的框架结构用 $\sum M_{bua}$，其他情况改用 $\sum M_b$。最终形成了《抗规》的公式。

对于节点位于顶层的情况，计算简图中的 V_c 并不存在，这就形成了《混凝土规范》11.6.2 条中的公式：

$$V_j = \frac{\eta_{jb}(M_b^l + M_b^r)}{h_{b0} - a_s'} \quad \text{或者} \quad V_j = 1.15 \frac{M_{bua}^l + M_{bua}^r}{h_{b0} - a_s'}$$

所以，笔者认为《混凝土规范》考虑全面，给出的公式无误。

(3)《抗规》D.1.1 条，注意区分"框架"与"框架结构"。该规范的 336 页条文说明指出，"×级框架"包括框架结构、框架-抗震墙结构、框支层和框架-核心筒、板柱-抗震墙结构中的框架，"×级框架结构"仅指框架结构中的框架。

公式（D.1.1-2）的适用条件"一级框架结构和 9 度的一级框架"，是指两种情况：①一级框架结构；②9 度的一级框架。

(4)《抗规》D.1.2 条，规范仅是对 b_b、b_c、h_c 文字解释，今将其用图 12-3-13 表示（相当于俯视图，与节点相连的另外两个方向的梁未示出）。图中的"剪力方向"就是规范中的"验算方向"。

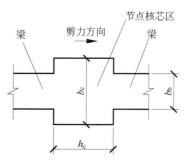

图 12-3-13 节点核芯区抗震验算时的尺寸

(5) 关于 η_j 的取值，《抗规》给出了一个条件"楼板为现浇、梁柱中线重合、四侧各梁截面宽度不小于该侧柱截面宽度的 1/2，且正交方向梁高度不小于框架梁高度的 3/4"，满足该条件的通常取 $\eta_j = 1.5$，例外的是，对于 9 度设防的情况，用 $\eta_j = 1.25$。不满足条件的，取 $\eta_j = 1.0$。这里一定注意，9 度时取 $\eta_j = 1.25$ 是有条件的，不能断章取义。

(6)《抗规》对 A_{svj} 的解释为"核芯区有效验算宽度范围内同一截面验算方向箍筋的总截面面积"，比较拗口，将其定语分为 4 部分理解：①有效验算宽度范围内，指 b_j 范围；②同一截面，该截面是垂直于"验算方向"的；③验算方向，见图 12-3-9 中的剪力方向；④箍筋的总截面面积，指圆形截面求和。

(7) 节点核芯区的箍筋用量应不低于柱加密区的箍筋用量。所谓的用量，指 $\frac{A_{sv}}{bs}$。

【Q12.3.45】 关于《抗规》D.2 节扁梁框架的梁柱节点，有以下疑问：

（1）D.2.2 条规定，对柱宽以内和以外范围分别验算受剪承载力。如何验算？

（2）D.2.3 条第 1 款所说的"核芯区有效宽度可取柱宽和梁宽的平均值"，用于柱宽范围以内和还是以外的情况？

【A12.3.45】（1）验算受剪承载力用规范的公式（D.1.4），公式左边的剪力设计值，按照柱宽范围内外的截面积比例分担。公式右边，对于柱宽以内，取 b_j＝柱宽，η_j 按照 D.2.3 条第 2 款取值；对柱宽以外，取 b_j＝梁宽－柱宽，η_j＝1.0。

（2）D.2.3 条第 1 款所说的验算，用公式（D.1.3），是将扁梁截面作为一个整体考虑，不区分柱宽以内柱宽以外，只有一个算式。

【Q12.3.46】《抗规》附录 F 为配筋混凝土小型空心砌块抗震墙房屋抗震设计要求，其中的 F.2.3 条规定，抗震承载力调整系数 γ_{RE}＝0.85，而 F.2.4 条、F.2.5 条中出现的 γ_{RE} 未作说明。请问，F.2.4 条、F.2.5 条中的 γ_{RE} 如何取值，是取为 0.85，还是按表 5.4.2 取 1.0（0.9）？

【A12.3.46】笔者认为，配筋混凝土小型空心砌块抗震墙房屋与正文中的砌体房屋是不同的，属于特殊情况，F.2.4 条、F.2.5 条中的 γ_{RE} 应取为 0.85。

【Q12.3.47】如何理解"软弱层"和"薄弱层"？

【A12.3.47】（1）《高规》12.3.8 条条文说明指出，"刚度变化不符合本规程 12.3.2 条要求的楼层，一般称作软弱层；承载力变化不符合本规程 12.3.3 条要求的楼层，一般可称作薄弱层。为了方便，本规程把软弱层、薄弱层以及抗侧力构件不连续的楼层统称为结构薄弱层"。

（2）《抗规》在表 3.4.3-2 规定了 3 种竖向不规则，分别为：侧向刚度不规则、竖向抗侧力构件不连续和楼层承载力突变，并在条文说明中称上述第 1 种为"有软弱层"，第 3 种为"有薄弱层"，分别如图 12-3-14、图 12-3-15 所示。

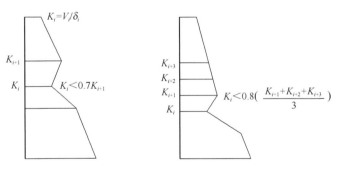
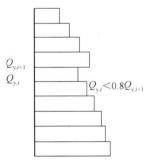

图 12-3-14　沿竖向的侧向刚度不规则（有软弱层）

图 12-3-15　竖向抗侧力结构屈服抗剪非均匀化（有薄弱层）

可见，软弱层以侧向刚度作为指标区分，而薄弱层以层间受剪承载力作为指标区分。

（3）无论哪一种竖向不规则都会导致该"层"为薄弱部位，从而，形成广义上的薄弱层。在 2016 版《抗规》中，299 页的措辞为"抗震薄弱层（部位）的概念，也是抗震设计中的重要概念，包括……"。另外，5.2.5 条剪重比要求，以及在 5.5.2 条～5.5.5 条所说的结构薄弱层（部位）弹塑性变形验算，应按广义薄弱层理解。

【Q12.3.48】《高规》**4.2.2** 条关于基本风压的取值，结合条文说明看了几遍，仍然不是很明白。有以下疑问：

(1) 本条的条文说明中指出，对"特别重要"的高层建筑，已经通过结构重要性系数 γ_0 体现，那么，设计使用年限为 100 年的高层建筑，风压应如何取，是按 50 年一遇还是 100 年一遇？似乎仍没有说清楚。

(2) 本条的条文说明最末一段指出，"对设计使用年限为 50 年和 100 年的高层建筑都是适用的"，如何理解？

【A12.3.48】 这里，将 3.8.1 条、4.2.2 条、5.6 节结合在一起来看，会比较清楚。

(1)《高规》3.8.1 条中对 γ_0 的解释为：安全等级为一级的结构构件不应小于 1.1。而在 2001 版《高规》的 4.7.1 条，规定为：安全等级为一级或设计使用年限为 100 年及以上的结构构件，γ_0 不应小于 1.1。之所以改变，原因是作为底层的《工程结构可靠度设计统一标准》GB 50153—2008 已经对此做出了修改，在该标准中，γ_0 按安全等级取值，与设计使用年限无关。

(2)《高规》3.8.1 条中的 S_d 在 5.6 节规定。

5.6.1 条中的 γ_L，规定与《荷规》相同。注意，式中的风荷载效应 S_{wk} 之所以不乘 γ_L，是因为对于风荷载而言，可以直接将其重现期取为设计使用年限（见《荷规》3.2.5 条第 2 款）。

5.6.1 条规定，当永久荷载效应起控制作用时取 $\psi_w=0.0$，笔者推测，此处沿袭了 2001 版《高规》的规定，因为，当时的 2001 版《荷规》3.2.3 条规定，"当考虑以竖向的永久荷载效应控制的组合时，参与组合的可变荷载仅限于竖向荷载"。但是，我们注意到，2012 版《荷规》的正文已经删去了此规定（只是在条文说明中仍可看到）。

5.6.3 条中的 S_{wk} 要不要考虑取重现期为设计使用年限？在《工程结构可靠度设计统一标准》GB 50153—2008 的 8.2.6 条规定了地震组合，公式（8.2.6-1）如下：

$$S_d = S(\sum_{i \geqslant 1} G_{ik} + P + \gamma_1 A_{Ek} + \sum_{j \geqslant 1} \psi_{cj} Q_{jk})$$

从公式看，此处的可变荷载未乘 γ_L，那么，可以推论：风荷载的取值（基本风压），概念上应按 50 年重现期取值。但是，设计中一般对地震组合与非地震组合取相同的风压。

(3) 关于《高规》4.2.2 条的条文说明，前面已经解释，根据新的国家标准，γ_0 只与结构重要性有关，与设计使用年限无关；非地震组合，风荷载按照重现期取与设计使用年限相同。这样，若对风荷载敏感（高度大于 60m），计算承载力时考虑将风荷载放大，取基本风压的 1.1 倍，即，设计使用年限为 50 年时，按 50 年重现期的基本风压乘 1.1；设计使用年限为 50 年时，按 100 年重现期的基本风压乘 1.1。

结合《荷规》8.1.2 条及其条文说明可知，这里调整的应是基本风压，即 w_0 的取值。但在实际操作中，为了简便，可能会不调整 w_0 而直接调整风荷载最终的效应。

【Q12.3.49】 关于《高规》**4.2.3** 条，有两个疑问：

(1) 这里规定的风荷载体型系数 μ_s，与《荷载规范》7.3 节规定的 μ_s，有何联系？

(2) 本条中说到了"高宽比 H/B"，还说到"长宽比 L/B"，这里的"宽"指的是哪个尺寸？

【A12.3.49】 关于问题 1：

《高规》4.2.3 条中规定的 μ_s 实际上是一种"总体型系数"，例如，取 $\mu_s=1.3$，对应于《荷载规范》中迎风面 0.8（压力）和背风面 −0.5（吸力），0.8+0.5=1.3。

关于问题 2：

在 B.0.1 条第 2 款给出了背风面的体型系数，公式为

$$\mu_{s2} = -\left(0.48 + 0.03\frac{H}{L}\right)$$

若以 $H/L=4$ 代入，得到 $\mu_{s2}=-0.6$，于是，迎风面和背风面总的体型系数为 $0.8-(-0.6)=1.4$。若 $H/L<4$，则得到的总体型系数必然小于 1.4。这样就和 4.2.3 条正文对应：第 3 款规定 H/B 不大于 4 的矩形平面建筑取体型系数为 1.3，第 4 款规定 H/B 大于 4，长宽比 L/B 不大于 1.5 的矩形平面建筑取体型系数为 1.4。

由此推理，可知正文中的高宽比 H/B 中的"宽"（符号为 B）指的是迎风面宽度。长宽比 L/B 中的"宽"指的是迎风面宽度，"长"指的是与风向平行边的长度。

可以支持以上推理的文献为 ASCE7-16。该规范图 27.3-1 规定，背风面的体型系数与 L/B 有关，L 为与风向平行边的长度，B 为迎风面宽度。取值为：$L/B=0\sim1$ 时取 -0.5，$L/B=2$ 时取 -0.3，$L/B\geqslant4$ 时取 -0.2。可见，L/B 越大，体型系数越小。由此可以理解《高规》中"长宽比 L/B 不大于 1.5"的前提要求。

规范对比发现，《高规》的此公式来源于《建筑结构荷载规范》GBJ 9—87，而 2001 版和 2006 版《建筑结构荷载规范》删去了此公式，在 2012 版中则是用一个表格表达背风面体型系数的取值且与《高规》不同。

【Q12.3.50】《高规》4.3.12 条是对"剪重比"的要求，其中，对于竖向不规则的薄弱层，要求 λ 乘以 1.15 的增大系数。而该规程的 3.5.8 条，对于薄弱层，是将对应于地震作用标准值的剪力乘以 1.25，是不是存在不协调？

【A12.3.50】笔者认为可以这样理解：

（1）对于存在竖向不规则的薄弱层，要求该层的地震水平剪力标准值应乘以 1.25，同时还要满足剪重比的要求，即 $\geqslant 1.15\lambda\sum_{j=i}^{n}G_{j}$，式中 λ 按照表 4.3.12 取值。

（2）2001 版《高规》在 5.1.14 条规定，对于薄弱层，将对应于地震作用标准值的地震剪力乘以 1.15 予以放大。同时，在 3.3.13 条的剪重比要求中，对 λ 乘以 1.15。这种规定，相当于说，薄弱层相对于正常层而言要考虑一个 15% 的水平地震剪力提高。

（3）2010 版《高规》中，对薄弱层的水平地震剪力要求放大，乘以 1.25，而剪重比验算处维持原来的 1.15 倍，似乎不协调。不过，也可以认为，一般情况下，将水平地震剪力放大 1.25 倍，较 2001 版规范的 1.15 倍稍提高，但最小水平地震剪力维持 2001 版的水平。

【Q12.3.51】《高规》5.4.1 条条文说明，给出弹性等效侧向刚度 EJ_d 公式为

$$EJ_d = \frac{11qH^4}{120u}$$

这个公式是如何得来的？

【A12.3.51】这个公式实际上由 $u=\dfrac{11qH^4}{120EI}$ 得来。

如图 12-3-16 所示，对于高度为 H 的悬臂柱，承受倒三角形均布荷载，最大线荷载为 q。欲求得其顶部 O 点侧向位移，则可利用结构力学中的积分法（因为三角形荷载的弯矩不容易画出，这里不用"图乘法"）。

单位力引起的弯矩如图 12-3-16（b）所示。荷载引起的距离 O 点为 x 处的截面弯矩，见图 12-3-16（c），为：

$$M(x) = \frac{(q+q-\frac{q}{H}x)x}{2} \times \frac{x(q-\frac{q}{H}x+2q)}{3(q+q-\frac{q}{H}x)}$$

$$= \frac{(3q-\frac{q}{H}x)x^2}{6}$$

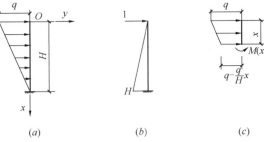

图 12-3-16 悬臂梁承受倒三角形水平荷载

于是，O 点侧向位移为

$$\Delta = \int_0^H \frac{M(x)\overline{M}(x)}{EI} = \int_0^H \frac{(3q-\frac{q}{H}x)x^2}{6EI}x\,\mathrm{d}x = \frac{11qH^4}{120EI}$$

将本来是求顶点侧向位移的公式变形，写成 $EI = \frac{11qH^4}{120u}$，就可以用顶点侧移表示刚度。对于复杂的结构，也可以使用这一思路，《高规》将据此求出的侧向抗弯刚度称作"弹性等效侧向刚度"，记作 EJ_d。

使用 EJ_d 的计算公式时应注意 q 与 u 的对应，即 u 是由 q 作用引起的。由于 u 通常由标准组合算出，因此，对应的 q 应该是标准组合值。而在《高规》公式（5.4.1）中，楼层重力荷载 G_i、G_j 一定要采用设计值。

【Q12.3.52】《高规》5.6.1 条规定了持久状况和短暂状况下的荷载效应组合，对于 ψ_w，规定永久荷载效应起控制作用时取 0.0，似乎与《荷载规范》矛盾，如何理解？

【A12.3.52】《高规》5.6.1 条规定了持久状况和短暂状况下的荷载效应组合，为非抗震时的组合，应与《荷载规范》一致。然而，仔细将《高规》的 2010 版与 2002 版的此处规定对比，发现说法一直未变。再与《荷载规范》对比，发现与 2001 版《荷载规范》一致：后者的 3.2.3 条注释指出"当考虑以竖向的永久荷载效应控制的组合时，参与组合的可变荷载仅限于竖向荷载"。然而，2006 年《荷载规范》局部修订时删去了此规定。2012 年《荷载规范》同样删去了此规定。

综上，《高规》5.6.1 条中的 ψ_w 应依据《荷载规范》8.1.4 条取为 0.6（当作为第一个可变荷载时，取 ψ_w=1.0）。

【Q12.3.53】《高规》表 5.6.4，最下面一栏中，重力荷载、水平荷载、竖向荷载及风荷载组合，对于 60m 以下的 8 度大跨度结构和水平长悬臂结构，风荷载组合是否需要考虑？

【A12.3.53】为表达清楚，今将规范表 5.6.4 中有风荷载参与的组合列出，如表 12-3-17 所示。

地震状况下有风荷载参与时的组合系数　　　　　表 12-3-17

参与组合的荷载和作用	γ_G	γ_{Eh}	γ_{Ev}	γ_w	说　明
重力荷载、水平地震作用及风荷载	1.2	1.3	—	1.4	60m 以上的高层建筑考虑

续表

参与组合的荷载和作用	γ_G	γ_{Eh}	γ_{Ev}	γ_w	说 明
重力荷载、水平地震作用、竖向地震作用及风荷载	1.2	1.3	0.5	1.4	60m以上的高层建筑，9度抗震时考虑；水平长悬臂和大跨度结构7度（0.15g）、8度、9度抗震设计时考虑
	1.2	0.5	1.3	1.4	水平长悬臂和大跨度结构7度（0.15g）、8度、9度抗震设计时考虑

笔者认为，考虑竖向地震作用的这两个组合，适用条件应是相同的。理由是：

(1) 这两个组合的目的，是为了比较水平地震与竖向地震作用哪个更不利，所适用的范围不能不同。

(2) 结合《抗规》5.4.1条看，该条给出了地震设计状况的荷载组合，对风荷载组合值系数 ψ_w 的规定为"一般结构取0.0，风荷载起控制作用的建筑应采用0.2"，这里，"风荷载起控制作用"与《高规》4.2.2条的"对风荷载敏感"相当，按照《高规》4.2.2条的条文说明，就是指建筑高度大于60m。$\gamma_{Ev}=1.3$ 的组合有风参与，需要满足建筑高度大于60m的要求。

(3) 与2002版《高规》对比可知，竖向地震作用为主（$\gamma_{Ev}=1.3$）的这种情况是新增的，考虑不周导致出错。

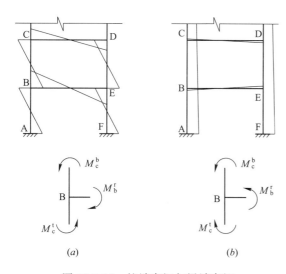

图 12-3-17 柱端弯矩与梁端弯矩

【Q12.3.54】 2002版《高规》6.2.1条规定，"当反弯点不在柱的层高范围内时，柱端弯矩设计值可直接乘以柱端弯矩增大系数 η_c"，2010版《高规》6.2.1条删除了此规定，如何理解？

【A12.3.54】 笔者注意到，天津大学王依群博士首先在"中华钢结构论坛"指出2010版《高规》此条有遗漏，同时，2010版《混规》的11.4.1条也存在此问题，并认为，当反弯点不在柱的层高范围内时，按照《高规》公式（6.2.1-1）、公式（6.2.1-2）处理不能保证"强柱弱梁"。

笔者理解如下：图 12-3-17（a）为反弯点在层高范围内的情况，由节点B处的平衡条件可知，$M_b^r = M_c^b + M_c^t$，注意到 M_c^b、M_c^t 同号，M_b^r 实际上是 M_{bc} 与 M_c^t 的绝对值之和，若将 M_b^r 放大之后根据线刚度分配 M_c^b、M_c^t 的值，柱端弯矩肯定是被放大了。图 12-3-17（b）为反弯点不在层高范围内的情况，这时，$M_b^r = M_c^b - M_c^t$。若采用将 M_b^r 放大的方法确定柱端弯矩，未必能起到增大柱端弯矩的效果。

【Q12.3.55】 何谓"角柱"？如何理解《高规》6.2.4条对角柱内力的调整？

【A12.3.55】 所谓"角柱"，就是指位于建筑角部、与柱正交的两个方向各只有一个框架梁与之相连的框架柱。位于建筑平面凸角处的框架柱一般均为角柱，位于凹角处的框架柱，若柱的四边各有一个框架梁与之相连，则不按角柱对待。

角柱承受双向地震作用，扭转效应对内力的影响较大且受力复杂，因此，按照比底层柱还不利考虑，所以，弯矩要在底层柱底截面弯矩放大的基础上，再乘以1.1。

剪力是在弯矩的基础上算出的，按照6.2.3条算出的剪力再乘以1.1作为角柱的剪力，而6.2.3条中用到的弯矩只能是经过6.2.1条、6.2.2条调整的，不能计入6.2.4条规定的增大系数1.1。

【Q12.3.56】《高规》6.2.5条规定，框架梁端部截面组合的剪力设计值

$$V = \eta_{vb}(M_b^l + M_b^r)/l_n + V_{Gb}$$

式中，M_b^l、M_b^r 分别为梁左、右端逆时针或顺时针方向截面组合的弯矩设计值。当抗震等级为一级且梁两端弯矩均为负弯矩时，绝对值较小一端的弯矩应取为零。

我的问题是：

(1) 这里的"负弯矩"如何理解？

(2) 计算 M_b^l、M_b^r 时已经考虑了地震组合，即已有重力荷载代表值的效应在内了，为什么还要再加上 V_{Gb}？

(3) 作用效应组合有许多种，公式中的 M_b^l、M_b^r 是不是要求为同一个组合？

【A12.3.56】(1) 事实上，这里弯矩的正负号规定与材料力学中相同，以梁下缘纤维受拉为正，图12-3-18中所示的为负弯矩。

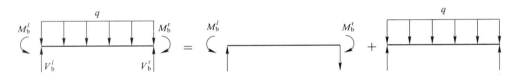

图12-3-18 框架梁的剪力

图12-3-18表示梁的受力可以分解为两种情况的叠加。今梁两端均为负弯矩，令 M_b^l、M_b^r 仅表示数值大小，则由于梁端弯矩引起的剪力为 $\dfrac{M_b^l - M_b^r}{l_n}$，将绝对值较小的弯矩取为零，会导致剪力变大，按此变大的剪力设计会具有更高的安全度。

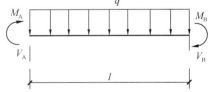

图12-3-19 框架梁的剪力计算（隔离体）

(2) 框架中的某梁如图12-3-19所示，端部弯矩分别为 M_A, M_B，弯矩以顺时针转动为正，剪力以使杆件顺时针转动为正（即，图中弯矩剪力均为正），则A、B点处的剪力分别为：

$$V_A = -\frac{M_B + M_A}{l} + \frac{ql}{2}$$

$$V_B = -\left(\frac{M_B + M_A}{l} + \frac{ql}{2}\right)$$

以上两个公式的第2项，即为将梁视为简支梁时的支座反力。由于剪力的正负号在配筋设计中没有区别，故取绝对值较大的 V_B 作为梁的剪力，可记作：

$$V = \frac{|M_B + M_A|}{l} + \frac{ql}{2}$$

以上为 M_B+M_A 为正时的情况。当 M_B+M_A 为负时，计算 V_A、V_B 的公式不变，仅仅是 V_A 的绝对值较大而已。

今以一个简单的示例加以说明。如图 12-3-20 所示的两端固定梁，易知 $M_A=M_B=-\dfrac{ql^2}{12}$，$V_A=\dfrac{ql}{2}$，$V_B=-\dfrac{ql}{2}$，这里，弯矩以杆件截面下缘受拉为正，剪力以使得隔离体顺时针转动为正。可见

$$V=\dfrac{|M_B+M_A|}{l}+\dfrac{ql}{2}=0+\dfrac{ql}{2}=\dfrac{ql}{2}$$

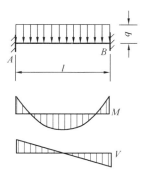

图 12-3-20 两端固定梁的弯矩和剪力

（3）从概念上看，M_b^l、M_b^r 应处于同一种荷载组合。王亚勇、戴国莹主编《建筑抗震设计规范算例》（中国建筑工业出版社，2006）57 页、89 页的算例由于用 SATWE 直接计算出了梁端的剪力标准值，因此，采用效应组合方式直接算出了最不利的梁端剪力而没有"显式"用到 M_b^l、M_b^r。

为加深认识，今举一例说明：

某框架梁，跨长 5.7m，柱宽 500mm，梁截面 $b \times h = 250\text{mm} \times 600\text{mm}$，抗震等级为二级。作用于梁上的重力荷载设计值为 52kN/m。在重力荷载和地震作用组合下，梁左支座柱边弯矩 $M_{max}=210\text{kN} \cdot \text{m}$，$-M_{max}=-420\text{kN} \cdot \text{m}$；梁右支座柱边弯矩 $M_{max}=175\text{kN} \cdot \text{m}$，$-M=-360\text{kN} \cdot \text{m}$。梁跨中最大弯矩 $M_{max}=180\text{kN} \cdot \text{m}$，梁中最大剪力 $V_{max}=230\text{kN}$。

要求：确定配置箍筋时的剪力设计值。

解：依据《高规》6.2.5 条，框架梁剪力设计值按照下式计算

$$V=\eta_{vb}\dfrac{M_b^l+M_b^r}{l_n}+V_{Gb}$$

计算剪力的本质是梁的受力平衡，即弯矩顺时针、逆时针方向合力为零，由于顺时针、逆时针本身已经考虑了弯矩的符号，同时，剪力的正、负号并不影响配筋，故计算一律取弯矩的绝对值进行。于是

顺时针时　$M_b^l+M_b^r=210+360=570\text{kN} \cdot \text{m}$

逆时针时　$M_b^l+M_b^r=420+175=595\text{kN} \cdot \text{m}$

取二者较大者计算剪力，从而

$$V=\eta_{vb}\dfrac{M_b^l+M_b^r}{l_n}+V_{Gb}=1.2\times\dfrac{595}{5.7-0.5}+\dfrac{52\times(5.7-0.5)}{2}=272.5\text{kN}$$

【Q12.3.57】《高规》6.3.2 条第 4 款规定，"当梁端纵向钢筋配筋率大于 2%时，表中箍筋最小直径应增大 2mm"。这里的"纵向钢筋"，指的是全部纵向钢筋？另外，表 6.3.2-2 下的注释说表中的 d 为纵向钢筋直径，似乎说的也不明白。

【A12.3.57】《高规》的这个规定也可见于《混凝土规范》的 11.3.6 条和《抗规》的 6.3.3 条，应理解为三者是一致的。

无论是《混凝土规范》的 11.3.6 条还是《抗规》的 6.3.3 条，配筋率大于 2%均明确所指为"梁端纵向受拉钢筋"。

笔者认为，《高规》表 6.3.2-2 中箍筋最大间距用到的 d，应取为梁端全部纵向钢筋直径的最小者。笔者的依据为与此相似的柱的情况：《高规》表 6.4.3-2 柱端箍筋加密区箍筋最大间距中用到"柱纵向钢筋直径"d，依据《抗规》的表 6.3.7-2 下注释，是指"柱纵筋最小直径"。

【Q12.3.58】《高规》图 7.2.15 中有"转角墙"这种形式，可是表 7.2.15 中却没有对转角墙的规定，如何处理？

【A12.3.58】由《混凝土规范》的表 11.7.18 可知，《高规》的表 7.2.15 中，端柱、翼墙和转角墙应写在一起，即三者的规定是相同的。

【Q12.3.59】《高规》7.2.23 条中，计算连梁的跨高比时，跨度如何取值？

【A12.3.59】《高规》7.2.24 条、7.2.25 条中，连梁跨高比的公式写成 l/h_b，但对 l 没有解释。2002 版的《混凝土规范》11.7.8 条中曾指明连梁跨高比用 l_n/h，即应采用净跨度（注意先期印刷的版本将跨高比写成 l_0/h，有误）。

【Q12.3.60】《高规》8.1.3 条规定，框架-剪力墙结构应按照框架承受的倾覆力矩分类，如何理解？

【A12.3.60】本条可以视为 2002 版《高规》8.1.3 条的细化。

2002 版《高规》的 8.1.3 条曾规定，在基本振型地震作用下，框架部分承受的地震倾覆力矩大于结构总地震倾覆力矩的 50% 时，框架部分按照框架结构确定抗震等级。柱轴压比宜按框架结构的规定采用，最大使用高度和高宽比限值比框架结构适当增加。该规定被认为欠妥。例如，高度小于 30m 的框架-剪力墙结构、8 度设防，符合该条件之后，查表得到框架为二级、剪力墙为一级，承担倾覆力矩小的反而抗震等级高，不合适。

按照 2010 版《高规》则不会出现该问题了。同样的情况，查表 3.9.3，会得到框架为一级、抗震墙也为一级。

若将《高规》8.1.3 条列成表格形式，看起来会更清楚，如表 12-3-18 所示。

《高规》8.1.3 条规定的表格表达　　　　表 12-3-18

比例	设计时采用类型	最大适用高度	框架部分抗震等级、轴压比
$\dfrac{M_f}{M_0} \leqslant 10\%$	剪力墙	按框架-剪力墙	框架-剪力墙中的框架
$10\% < \dfrac{M_f}{M_0} \leqslant 50\%$	框架-剪力墙	按框架-剪力墙	框架-剪力墙中的框架
$50\% < \dfrac{M_f}{M_0} \leqslant 80\%$	框架-剪力墙	比框架结构适当增加	宜按框架结构
$\dfrac{M_f}{M_0} > 80\%$	框架-剪力墙	宜按框架结构	应按框架结构

注：M_f 为框架承受的倾覆力矩；M_0 为总倾覆力矩。

【Q12.3.61】《高规》8.2.2 条第 5 款指出"边框架柱应符合本规程第 6 章有关框架柱构造配筋规定"，对于框架柱，查表 6.4.3-1 确定纵向受力钢筋最小配筋率时，涉及抗震等级，该抗震等级是按照框架的，还是剪力墙的？

【A12.3.61】边框柱属于剪力墙的一部分，朱炳寅《高层建筑混凝土结构技术规程应用与分析》一书中指出，边框柱的轴压比限值与构造配筋应同时满足规范对框架柱和剪力墙端柱的要求。

【Q12.3.62】 当地下室作为上部结构的嵌固端的时候，要求地下室柱每侧纵向钢筋面积不应少于地上一层对应柱每侧纵向钢筋面积的 **1.1** 倍，请问这里的纵向钢筋是计算配筋还是实际配筋啊？

【A12.3.62】 笔者认为，应是下面的做法：

（1）根据受力计算出地上一层柱的每侧纵向钢筋面积，记作 A_{s1_req}。

（2）将地下室柱的每侧纵向钢筋面积的所需值，记作 A_{s0_req}，$A_{s0\_req}=1.1A_{s1\_req}$。

（3）根据 A_{s1_req}、A_{s0_req} 选择钢筋直径与根数，分别得到 A_{s1_ava}、A_{s0_ava}，最后应保证 $A_{s0\_ava} \geq 1.1A_{s1\_ava}$。

【Q12.3.63】 如何总体理解《高规》6.2.1～6.2.5 条的内力调整？

【A12.3.63】 6.2.1 条是"强柱弱梁"的调整，表现为在梁柱节点处，对按照节点弯矩平衡条件算得的柱端部弯矩进行"放大"。不放大的柱包括：顶层柱、轴压比小于 0.15 的柱、框支梁柱节点。

6.2.2 条规定的是对框架结构底层柱底截面的弯矩调整，其他类型结构中的框架，不调整。

6.2.3 条是按照"强剪弱弯"对柱的剪力调整。注意公式中使用的柱端弯矩为已经调整过的弯矩，规范中的用语"应符合本规程第 6.2.1～6.2.2 条的规定"就是这个意思。

6.2.4 条是对角柱的内力调整。角柱由于受力复杂，处于更不利的状态，所以在作为通常柱子的基础上，额外再乘以增大系数 1.1。

6.2.5 条是按照"强剪弱弯"对梁的剪力加以调整。

【Q12.3.64】《高规》公式（6.2.5-2）记作

$$V=\eta_{vb}\frac{M_b^l+M_b^r}{l_n}+V_{Gb}$$

其中，V_{Gb} 在 9 度时还包括竖向地震作用。请问，竖向地震与重力荷载代表值如何组合？分项系数取 **1.3、0.5 还是 1.0**？

【A12.3.64】 个人认为，应该按照《高规》表 5.6.4 的项次 2 取值，即，竖向地震作用的分项系数取 1.3。

【Q12.3.65】 框架梁中箍筋有加密区和非加密区，计算时有何差别？各自应满足哪些要求？

【A12.3.65】 笔者认为，可以这样理解：

（1）箍筋的作用是抵抗剪力，因此，应根据框架梁所受的最大剪力计算。由于沿梁纵向剪力是变化的，故一般取柱边位置按力矩平衡求出该剪力。规范给出的剪力计算公式如下：

$$V=\eta_{vb}\frac{M_b^l+M_b^r}{l_n}+V_{Gb}$$

其中，l_n 体现了柱边位置；$\frac{M_b^l+M_b^r}{l_n}+V_{Gb}$ 体现了力矩平衡（见图 12-3-18）。

为实现框架梁的延性，应保证"强剪弱弯"，故，公式中出现了对弯矩的放大系数 η_{vb}。

（2）加密区的箍筋用量，按照上述经过"强剪弱弯"调整后的剪力计算。依据《混凝土规范》11.3.4 条，所用公式为：

$$\frac{A_{sv}}{s} = \frac{0.85V - 0.42f_t b_b h_{b0}}{f_{yv} h_{b0}}$$

(3) 非加密区的箍筋用量计算时，无须"强剪弱弯"调整，直接取组合后的剪力，之后，求算 $\frac{A_{sv}}{s}$ 所用公式与前者相同。

(4)《高规》6.3.5 条规定了框架梁箍筋的构造要求，其中，对加密区的要求十分明确，毋庸赘言。对于非加密区，注意：①"沿梁全长箍筋的面积配筋率"是针对非加密区的；②非加密区箍筋最大间距不宜大于加密区箍筋间距的 2 倍。

【Q12.3.66】《高规》6.3.3 条第 1 款规定，"沿梁全长顶面和底面至少应各配置两根通长的纵向钢筋，对一、二级抗震等级，钢筋直径不应小于 14mm，且分别不应少于梁两端顶面和底面纵向受力钢筋中较大截面面积的 1/4"，如何理解？

【A12.3.66】该规定也可见于《混凝土规范》11.3.7 条。

依据朱炳寅《建筑结构设计新规范综合应用手册》（第二版）第 165 页的图示，该条文应理解为：顶面通长筋的截面积不小于两端顶面钢筋截面积较大者的 1/4，底面通长筋的截面积不小于两端底面钢筋截面积较大者的 1/4。

【Q12.3.67】《高规》6.4.2 条、6.4.3 条中，"Ⅳ类场地上较高的高层建筑"，如何才算"较高"？

【A12.3.67】依据 6.4.2 条的条文说明，"较高的高层建筑"是指，高于 40m 的框架结构或高于 60m 的其他结构体系的混凝土房屋建筑。

【Q12.3.68】《高规》的表 6.4.7 给出了箍筋加密区配箍特征值 λ_v 的取值，抗震等级为四级时的情况未写入，是否疏漏？另外，二级时，按照表 6.4.2，轴压比限值最大为 0.85，考虑构造措施之后，增加 0.1，最大值成为 0.95，可是，表 6.4.7 中，还有轴压比为 1.05 时的取值，是不是不协调？

【A12.3.68】在 2001 版规范中，柱轴压比限值表格中没有抗震等级为四级的情况，同时，λ_v 取值表格中也没有抗震等级为四级的情况，但规定四级框架柱加密区体积配箍率时不小于 0.4%。同期的《抗规》以及《混凝土规范》规定相同。

2010 版规范中，仅仅是在柱轴压比限值表格中增加了抗震等级为四级的情况，λ_v 取值表格以及体积配箍率限值并没有变化。但对照发现，2010 版《抗规》的表 6.3.9 以及 2010 版《混凝土规范》的表 11.4.17，均将三级和四级时的 λ_v 取为相同值。因此，笔者推测《高规》表 6.4.7 修订时有疏漏，宜与《抗规》一致。

结合《高规》的表 6.4.2 和表 6.4.7 来看，表 6.4.7 对二、三级柱给出轴压比为 1.05 时的 λ_v 仅仅是没有意义，无不良影响。《抗规》《混凝土规范》也都存在此问题。

【Q12.3.69】如何确定底部加强部位的高度？

【A12.3.69】《抗规》和《高规》对底部加强部位的高度与范围都有规定，二者是一致的。其中的关键点包括：

(1) 底部加强部位的高度，应从地下室顶板算起。

(2) 有转换层的，例如部分框支剪力墙结构的抗震墙，其底部加强部位的高度，可取框支层加框支层以上二层的高度及落地抗震墙总高度的 1/10 二者的较大值。其他结构的抗震墙，房屋高度大于 24m 时，底部加强部位的高度可取底部二层和墙肢总高度的 1/10

12.3 疑问解答

二者的较大值（这是《高规》适用的范围）；房屋高度不大于24m时，底部加强部位可取底部一层（这一部分不是《高规》的适用范围）。

（3）设计时，对"底部加强部位"往往单独作出特殊规定。这时就要注意，当结构计算嵌固端位于地下一层的底板或以下时，底部加强部位尚宜向下延伸到计算嵌固端（通俗来讲就是，这部分从概念上不属于底部加强部位高度范围，但享受同样的待遇）。

《高规》中其他的结构类型，例如框架-核心筒、钢筋混凝土核心筒等的筒体墙，也都是参照上面执行。

【Q12.3.70】 剪力墙约束边缘构件的设置应注意哪些相关内容？

【A12.3.70】 今将《抗规》和《高规》关于约束边缘构件与构造边缘构件的规定，列在表 12-3-19。

约束边缘构件与构造边缘构件　　　　　　　　　　表 12-3-19

规范	不同之处	相同之处
《抗规》	对 ρ_v 的计算未说明。 图 6.4.5-1 抗震墙的构造边缘构件范围，翼柱时每边伸出 $\geqslant$ 200mm	（1）对一、二、三级剪力墙，当底层墙肢底截面的轴压比大于规定值时，以及部分框支剪力墙结构的剪力墙，应在底部加强部位及相邻的上一层设置约束边缘构件。不大于规定值时，设构造边缘构件。（《抗规》6.4.5条，《高规》7.2.14条） （2）约束边缘构件的范围及配筋要求。（《抗规》表 6.4.5-3，《高规》表 7.2.15） （3）构造边缘构件的最小配筋要求。（《抗规》表 6.4.5-2，《高规》表 7.2.16）
《高规》	7.2.15 条，计算 ρ_v 时可计入箍筋、拉筋以及符合构造要求的水平分布钢筋，计入水平分布钢筋的体积配箍率不应大于总体积配箍率的30%。 对于框架-核心筒结构，适用 9.2.2 条第 2 款：底部加强部位约束边缘构件沿墙肢的长度宜取墙肢截面高度的1/4，约束边缘构件范围内应主要采用箍筋；底部加强部位以上角部墙体宜按本规程 7.2.15 条规定设置约束边缘构件。 图 7.2.16 剪力墙的构造边缘构件范围，翼柱时每边伸出 300mm	

另外还需注意：

（1）《抗规》表 6.4.5-3、《高规》表 7.2.15 均未指出转角墙时 l_c 的取值，依据《混凝土规范》表 11.7.18 可知，转角墙与翼墙或端柱同样对待。

（2）确定 l_c 的作用在于，在 l_c 范围内，阴影部分按 λ_v 设置箍筋，非阴影部分按 $\lambda_v/2$ 设置箍筋或拉筋。

【Q12.3.71】《高规》6.4.7 条、7.2.15 条都规定了箍筋体积配箍率的要求，若箍筋或拉筋采用 HRB500，这时，公式 $\rho_v \geqslant \lambda_v \dfrac{f_c}{f_{yv}}$ 中的 f_{yv} 是取 435MPa 还是 360MPa？原来的《高规》7.2.16 条曾规定 f_{yv} 超过 360MPa 时取为 360MPa，现在取消了，但是，《混凝土规范》4.2.3 条对 f_{yv} 有限值 360N/mm² 的规定。

【A12.3.71】 对此，《混凝土规范》编写组的答复是：箍筋强度设计值在本规范中用符号 f_{yv} 表示。《混凝土规范》4.2.3 条规定了"f_{yv} 应按表中 f_y 的数值采用；当 f_{yv} 用作受剪、受扭、受冲切承载力计算时，其数值大于 360N/mm² 时应取 360N/mm²"。而在除了受剪、受扭、受冲切承载力计算之外的地方使用 f_{yv} 时，可以采用 f_y 的数值。

笔者理解，以上所表达的，就是本处的 f_{yv} 按 f_y 取值。

【Q12.3.72】《高规》7.1.3 条规定，跨高比小于 5 的连梁应按剪力墙一章的规定设计，跨高比不小于 5 的连梁宜按框架梁设计，有何区别？

【A12.3.72】 根据剪跨比的不同，连梁按框架梁一章设计或按剪力墙一章设计，笔者将二者的规定列出，见表 12-3-20。

《高规》中连梁规定的对比　　　　　　　　　　　　　　表 12-3-20

项目	按连梁设计	按框架梁设计	备注
端部剪力	7.2.21 条 $V = \eta_{vb} \dfrac{M_b^l + M_b^r}{l_n} + V_{Gb}$ 9 度时一级剪力墙： $V = 1.1 \dfrac{M_{bua}^l + M_{bua}^r}{l_n} + V_{Gb}$ （未提及两端弯矩为负弯矩的情况）	6.2.5 条 $V = \eta_{vb} \dfrac{M_b^l + M_b^r}{l_n} + V_{Gb}$ 9 度且为一级： $V = 1.1 \dfrac{M_{bua}^l + M_{bua}^r}{l_n} + V_{Gb}$ 一级且两端弯矩均为负弯矩时，绝对值较小弯矩取为零	2002 版，对于连梁，一级且两端弯矩均为负弯矩时，绝对值较小弯矩取为零
截面限制条件	7.2.22 条 (1) 永久、短暂设计状况 $V \leqslant 0.25\beta_c f_c b_b h_{b0}$ (2) 地震设计状况 跨高比大于 2.5： $V \leqslant \dfrac{1}{\gamma_{RE}}(0.20\beta_c f_c b_b h_{b0})$ 跨高比不大于 2.5： $V \leqslant \dfrac{1}{\gamma_{RE}}(0.15\beta_c f_c b_b h_{b0})$	6.2.6 条 (1) 永久、短暂设计状况 $V \leqslant 0.25\beta_c f_c b h_0$ (2) 地震设计状况 跨高比大于 2.5： $V \leqslant \dfrac{1}{\gamma_{RE}}(0.20\beta_c f_c b h_0)$ 跨高比不大于 2.5： $V \leqslant \dfrac{1}{\gamma_{RE}}(0.15\beta_c f_c b h_0)$	相同
截面承载力	7.2.23 条 (1) 永久、短暂设计状况 $V \leqslant 0.7 f_t b_b h_{b0} + f_{yv}\dfrac{A_{sv}}{s} h_{b0}$ (2) 地震设计状况 跨高比大于 2.5： $V \leqslant \dfrac{1}{\gamma_{RE}}\left(0.42 f_t b_b h_{b0} + f_{yv}\dfrac{A_{sv}}{s} h_{b0}\right)$ 跨高比不大于 2.5： $V \leqslant \dfrac{1}{\gamma_{RE}}(0.38 f_t b_b h_{b0} + 0.9 f_{yv}\dfrac{A_{sv}}{s} h_{b0})$	6.2.10 条规定，按《混规》有关规定执行。 《混规》6.3.23 条（非抗震）： $V \leqslant 0.7 f_t b h_0 + f_{yv}\dfrac{A_{sv}}{s} h_0$ 《混规》11.3.4 条，框架梁斜截面受剪承载力： $V_b = \dfrac{1}{\gamma_{RE}}\left(0.6\alpha_{cv} f_t b h_0 + f_{yv}\dfrac{A_{sv}}{s} h_0\right)$	相同
纵筋最小配筋率	7.2.24 条 (1) 跨高比大于 1.5 按框架梁 (2) 跨高比不大于 1.5 非抗震：0.2% 抗震： $l/h_b \leqslant 0.5$：$\max(0.2\%, 0.45 f_t/f_y)$ $l/h_b > 0.5$：$\max(0.25\%, 0.55 f_t/f_y)$	6.3.2 条	跨高比大于 1.5 时，相同

续表

项目	按连梁设计	按框架梁设计	备注
纵筋最大配筋率	7.2.25条 非抗震：2.5% 抗震： $l/h_b \leqslant 1.0$ 时，0.6% $1.0 < l/h_b \leqslant 2.0$ 时，1.2% $2.0 < l/h_b \leqslant 2.5$ 时，1.5%	6.3.3条 抗震设计时，不宜大于2.5%，不应大于2.75%	
箍筋构造	7.2.27条 抗震设计时，沿连梁全长的箍筋按框架梁箍筋加密区要求。 非抗震设计时，箍筋直径≥6mm，间距≤150mm。	抗震设计时，梁端箍筋加密区长度、箍筋最大间距、箍筋最小直径，见表6.3.2-2。 非抗震设计时，见6.3.4条	

值得注意的是，《混凝土规范》对连梁的规定较为集中。

【Q12.3.73】《高规》的 **7.2.8条**，公式很多，感觉无从下手，请问该如何理解？

【A12.3.73】规范的图7.2.8中给出的是Ⅰ形截面，属于更一般的情况。为了便于说明，下面以矩形截面为例。

图12-3-21所示为大偏心受压极限状态。位于受压区的分布钢筋因为直径比较细容易压屈，所以不考虑其贡献，认为 $h_{w0} - 1.5x$ 范围内的分布钢筋都达到了屈服。

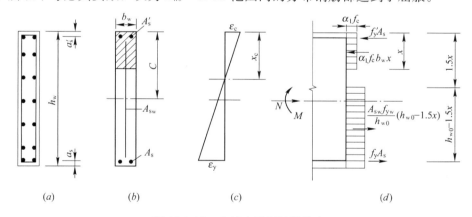

图 12-3-21 大偏心受压极限状态

于是，由力的平衡，得到：

$$N = \alpha_1 f_c b_w x + f_y' A_s' - f_y A_s - (h_{w0} - 1.5x)\frac{A_{sw}}{h_{w0}} f_{yw}$$

对 A_s 合力点取矩，得到：

$$N\left(e_0 + h_{w0} - \frac{h_w}{2}\right) = f_y' A_s'(h_{w0} - a_s') - \frac{1}{2}(h_{w0} - 1.5x)^2 \frac{A_{sw}}{h_{w0}} f_{yw} + \alpha_1 f_c bx\left(h_{w0} - \frac{x}{2}\right)$$

式中，A_{sw} 为剪力墙腹板中竖向分布钢筋的总截面积；$e_0 = M/N$。

在对称配筋（$A_s = A_s'$）情况下，利用上面的基本方程可得：

$$\xi = \frac{x}{h_{w0}} = \frac{N + A_{sw} f_{yw}}{\alpha_1 f_c b_w h_{w0} + 1.5 A_{sw} f_{yw}}$$

若 $\xi \leqslant \xi_b$，即可代入上面的基本公式第 2 式求出所需钢筋截面积。

小偏心受压时，截面全部或大部分受压，因此，所有分布钢筋不计入其贡献，其极限状态如图 12-3-22 所示。这时，其平衡方程为

$$N = \alpha_1 f_c b_w x + f'_y A'_s - \sigma_s A_s$$

$$N\left(e_0 + h_{w0} - \frac{h_w}{2}\right) = f'_y A'_s (h_{w0} - a'_s) + \alpha_1 f_c b x \left(h_{w0} - \frac{x}{2}\right)$$

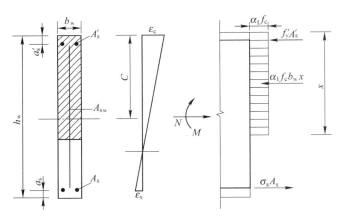

图 12-3-22 小偏心受压极限状态

可见，此时的受力状况与小偏心受压柱相同，因此，计算方法也相同。

【Q12.3.74】《高规》7.2.21 条规定了剪力墙结构中连梁的剪力设计值计算公式，其中用到的 M_b^l、M_b^r，2002 版规范 7.2.22 条曾规定，对一级抗震等级且两端均为负弯矩时，绝对值较小一端的弯矩应取零，2010 版取消了该规定，如何理解？

【A12.3.74】若真的遇到这种情况，建议按照《抗规》6.2.4 条执行，即，对一级抗震等级且两端均为负弯矩时，绝对值较小一端的弯矩应取零。

【Q12.3.75】《高规》8.1.4 条第 1 款，强调 V_f 是"对应于地震作用标准值且未经调整的"各层框架承担的地震总剪力。$V_{f,max}$ 与之类似。现在的问题是，规范 12.3.8 条规定的薄弱层剪力应乘以 1.25 倍的增大系数，要不要事先考虑？

【A12.3.75】注意本条第 3 款规定，采用振型分解反应谱法时，第 1 款的调整是在振型组合之后，且满足最小地震剪力系数（剪重比）前提下进行。那么，采用底部剪力法时，第 1 款中的剪力也应满足剪重比要求。

剪重比要求是在规范的 4.3.12 条。而在进行剪重比的验算时，是需要考虑结构的竖向规则性的：4.3.12 条对 λ 的解释中指出，"对于竖向不规则结构的薄弱层，尚应乘以 1.15 的增大系数"，对应的，用于比较的剪力，就应该考虑 12.3.8 条的 1.25 倍调整。

朱炳寅《高层建筑混凝土结构技术规程应用与分析》可以支持笔者观点。

【Q12.3.76】《高规》10.2.8 条第 8 款指出，"当梁上部配置多排纵向钢筋时，其内排钢筋锚入柱内的长度可适当减小，但水平段长度和弯下段长度之和不应小于钢筋锚固长度 l_a（非抗震设计）或 l_{aE}（抗震设计）"，但是，给出的图 10.2.8 中对应的却是"$\geqslant l_{ab}$"，如何取舍？

【A12.3.76】此处，文字与图示的确不协调，同时，后来印刷的版本也未更正。考虑

到文字和图相比前者更不容易出错，因此，应以文字为准。

16G101-1 图集第 96 页给出的框支梁配筋构造，可以支持以上观点。

【Q12.3.77】《高规》**11.4.4 条规定了型钢混凝土柱的轴压比计算公式，其中的 f_a 为型钢的抗压强度设计值，该值应查哪一本规范才能得到？**

【A12.3.77】 钢结构中，钢材的抗压强度设计值通常取与抗拉强度设计值相等，所以，这里的 f_a 可根据型钢所用的钢材牌号以及截面板件的厚度查《钢标》表 4.4.1 中的 f 得到。

【Q12.3.78】《高规》**A.0.3 条规定楼盖结构的阻抗有效重量按下式计算：**

$$w = \bar{w}BL$$
$$B = CL$$

如何理解 $B = CL$？

【A12.3.78】 为回答此问题，笔者查阅了以下资料：

(1) 美国钢结构学会的"设计指南 11"《由于人类活动的楼板振动》(Floor Vibrations Due to Human Activity)；

(2) 徐培福等《复杂高层建筑结构设计》（中国建筑工业出版社，2005）；

(3) 娄宇等《楼板体系振动舒适度设计》（科学出版社，2012）；

(4)《建筑楼盖结构振动舒适度技术标准》征求意见稿。

以上文献参考的重要文献，ATC 编写的"设计指南 1"《减小楼板振动》(Minimizing Floor Vibration)，未找到。

对于行走激励，设计准则为

$$\frac{a_p}{g} = \frac{P_0 \exp(-0.35 f_n)}{\beta W} \leqslant \frac{a_0}{g}$$

式中，a_p/g 为以 g 为单位的估计加速度峰值；a_0/g 为加速度限值；f_n 为楼板结构的自振频率；β 为模态阻尼比；W 为楼板的有效重量。

若仅仅是一片梁，那么，全部的重量均参与振动，W 取为梁的总重量。对于楼板结构，由于结构布置形式以及板刚度和梁刚度等的不同，参与振动的楼板重量会不同，一般用"有效宽度"来表征人行荷载作用下楼板振动的范围。以钢-混凝土组合楼板常用的单向梁式楼板为例，振动有效重量可用下式计算：

$$W = \delta w_{jk} B_j L_j$$
$$B_j = C_j \left(\frac{D_s}{D_j}\right)^{0.25} L_j \leqslant \frac{2}{3} B_w$$

式中 δ ——连续性系数，当次梁跨度方向的楼板连续时 $\delta = 1.5$，其他情况 $\delta = 1.0$；

     w_{jk} ——次梁分担的均布荷载标准值；

     L_j ——次梁的跨度；

     B_j ——次梁楼板体系的有效宽度；

     C_j ——次梁楼板体系的边界条件影响系数，沿次梁跨度方向的楼板连续时取 $C_j = 2.0$，否则取 $C_j = 1.0$；

     D_s ——单位宽度的楼板惯性矩，$D_s = d_e^3/(12n)$，d_e 为组合楼板的折算厚度，n 为钢与混凝土的弹性模量比值，但混凝土的弹性模量要乘以 1.35，即 $n = E_s/(1.35 E_c)$；

D_j——单位宽度的次梁惯性矩,$D_j = I_j/S_j$,I_j为次梁的惯性矩,S_j为次梁的间距;

B_w——垂直次梁跨度方向的楼板宽度。

图 12-3-23 为《建筑楼盖结构振动舒适度技术标准》征求意见稿给出,B_w 的两个边界处疑应为直线。

w_{jk} 本质上是楼盖单位面积上荷载,取为"有效重量"(即,与承载能力计算时取值不同),《高规》取为"恒载和有效分布活荷载之和",楼层有效分布活荷载:对办公建筑取 0.55kN/m²,对住宅取 0.3kN/m²。

取 $D_s = D_j$,则 B_j 的计算式简化为 $B_j = C_j L_j$,对各符号去掉下角标,这就是《高规》的公式(A.0.3-2)。

《复杂高层建筑结构设计》中给出的楼盖阻抗有效质量的分布宽度 B 的计算式为:

$$B = C(D_T/D_L)^{1/4} \times L$$

式中,D_T 为垂直于梁跨度方向楼盖单位宽度有效抗弯刚度;D_L 为平行于梁跨度方向楼盖单位宽度有效抗弯刚度。通常 $D_T = D_L$,故 $B = CL$。该文献未提到 B 的限值。

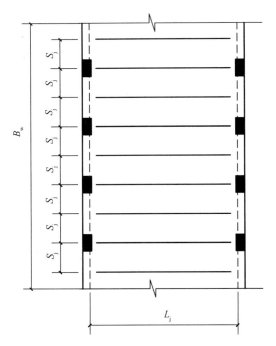

图 12-3-23 单向梁式楼盖振动有效重量计算简图

【Q12.3.79】《高规》D.0.4 条用文字表达的各数值间关系,看不懂是什么意思。请解释。

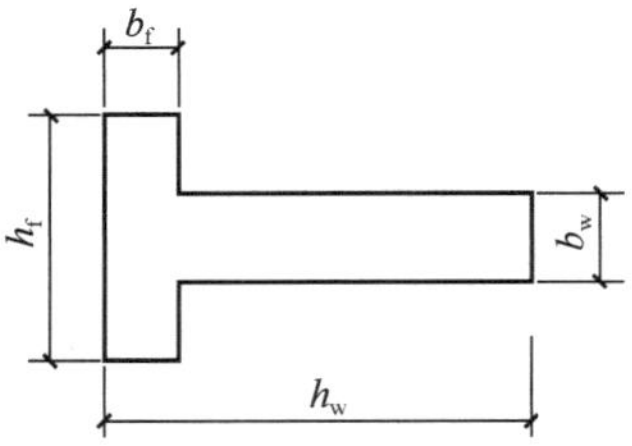

【A12.3.79】由条文说明可知,当剪力墙翼缘或腹板的高度较小时,有可能整体失稳先于局部失稳发生,故有此规定。

以图 12-3-24 所示的 T 形剪力墙为例,笔者认为规范的意思是:

当 $\dfrac{h_f}{b_f} < 2$ 或者 $h_f < 800$mm 时,应验算剪力墙的整体稳定;当 $\dfrac{h_w}{b_w} < 2$ 或者 $h_w < 800$mm 时,应验算剪力墙的整体稳定。

图 12-3-24 T 形剪力墙

【Q12.3.80】《高规》F.1.2 条规定了钢管混凝土单肢柱的轴向受压承载力公式,要求任何情况下均应满足公式(F.1.2-5),即 $\varphi_l \varphi_e \leq \varphi_0$,式中,$\varphi_0$ 按轴心受压柱考虑的 φ_l 值。把 φ_l 代入,发现变成 $\varphi_e \leq 1$,而对照 F.1.3 条,发现总是成立的。如何理解?

【A12.3.80】该条规定,钢管混凝土单肢柱的轴向受压承载力设计值为:

$$N_u = \varphi_l \varphi_e N_0$$

其含义是,在轴心受压短柱承载力 N_0 基础上,考虑长细比引起的折减(φ_l)和偏心引起的折减(φ_e)。概念上,应存在

$$N_u = \varphi_l \varphi_e N_0 \leq \varphi_0 N_0$$

φ_0 为按轴心受压柱计算时由于长细比而导致的折减系数(φ_l)。

φ_l 由 F.1.4 条得到，由公式求得的 $\varphi_l \leqslant 1$。φ_e 由 F.1.3 条得到，由公式求得的 $\varphi_e \leqslant 1$，因此，从公式得到的 $\varphi_l\varphi_e$ 必然不会大于 φ_l，因此，$\varphi_l\varphi \leqslant \varphi_0$ 的确没有必要写出来。

【Q12.3.81】《高规》F.1.6 条规定了等效长度系数 k 的取值，其中，"β_1 为负值即双曲压弯时，则按反弯点所分割成的高度为 L_2 的子悬臂柱计算"，如何理解？

【A12.3.81】对于悬臂柱，当出现了《高规》图 F.1.6（f）的情况时，则满足了条件"β_1 为负值即双曲压弯"，于是，应按照高度为 L_2 的子悬臂柱计算。为方便表达，今将该图表达为本书图 12-3-25。

子悬臂柱在图中记作 AB 柱，此时对于 AB 柱而言，B 端（自由端）弯矩为零，即 $\beta_1 = 0$，代入公式 (F.1.6-4) 得到

$$k = (1+\beta_1)/2 = (1+0)/2 = 0.5$$

再代入公式（F.1.5）得到等效计算长度：

$$L_e = \mu k L = 2 \times 0.5 \times L_2 = L_2$$

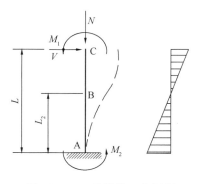

图 12-3-25 悬臂柱双曲压弯

即，对于悬臂柱，当 β_1 为负值时，接下来的步骤始终以子悬臂柱为计算模型。

蔡少怀编写的《钢管混凝土结构的计算与应用》（中国建筑工业出版社，1989）可以支持以上观点。

顺便指出，《高规》F.1.6 条所规定的 k 可以列成表 12-3-21，更便于理解。

等效长度系数 k　　　　　　　　　　　　　　　　表 12-3-21

杆件类型		k 值	备注
轴心受压柱和杆件		$k = 1$	
无侧移框架柱		$k = 0.5 + 0.3\beta + 0.2\beta^2$	$\beta = M_1/M_2$ $\|M_1\| \leqslant \|M_2\|$ 单曲压弯为正，双曲压弯为负
有侧移框架柱		$k = 1 - 0.625 e_0/r_c \geqslant 0.5$	e_0 为柱两端偏心距较大者 r_c 为核心混凝土横截面的半径
悬臂柱	$\beta_1 \geqslant 0$	$k = (1+\beta_1)/2$ $k = 1 - 0.625 e_0/r_c \geqslant 0.5$ 取较大者	$\beta_1 = M_1/M_2$ 自由端力矩为 M_1 单曲压弯为正，双曲压弯为负
	$\beta_1 < 0$	$k = 0.5$	取固端至反弯点间子悬臂柱计算

【Q12.3.82】高层结构设计中，经常提到的"质心"、"刚心"，概念是怎样的？

【A12.3.82】对高层建筑考虑横向的地震作用时，在高度方向上，认为地震水平力作用于"质点"，而在该质点所在的水平面上，则是作用于质量中心（简称质心）。质心相当于该水平面上按照质量分布求出的"重心"。可将建筑物面积分为若干单元，认为在每个单元内质量均匀分布，如图 12-3-26 所示，则

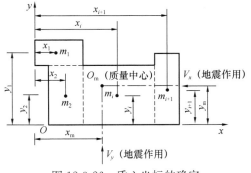

图 12-3-26 质心坐标的确定

12　高层建筑结构

以 Oxy 作为参照系表示的质心坐标为

$$x_\mathrm{m} = \frac{\sum m_i x_i}{\sum m_i} = \frac{\sum W_i x_i}{\sum W_i}$$

$$y_\mathrm{m} = \frac{\sum m_i y_i}{\sum m_i} = \frac{\sum W_i y_i}{\sum W_i}$$

式中　m_i、W_i——第 i 个面积单元的质量、重量；

　　　　x_i、y_i——第 i 个面积单元的中心坐标。

所谓刚心，是指各片抗侧移单元所形成的总体抗侧移刚度的中心。若把各抗侧移单元的抗侧移刚度视为假想面积，则此假想面积的形心就是刚心。抗侧移刚度是指抗侧移单元产生单位层间位移时需要作用的层剪力，也称抗推刚度，公式表达为

$$D_{xk} = \frac{V_{xk}}{\delta_x}$$

$$D_{yi} = \frac{V_{yi}}{\delta_y}$$

式中　V_{xk}——与 x 轴平行的第 k 片单元的剪力；

　　　　V_{yi}——与 y 轴平行的第 i 片单元的剪力；

　　　　δ_x、δ_y——该结构在 x 方向和 y 方向的层间位移。

【Q12.3.83】《高规》中涉及的内力调整很多，能否总结一下？

【A12.3.83】笔者参考中国中元兴华工程公司《多层及高层钢筋混凝土结构设计技术措施》（中国建筑工业出版社，2006）中的表格，将《高规》（个别内容依据《抗规》）中内力调整的规定总结为下面的表 12-3-22。

抗震设计时梁、柱、墙的内力调整　　　　表 12-3-22

序号	构件	内力	调整内容	说　明
1	框架-剪力墙中的柱、有关梁	V、M	1. 框架总剪力的调整 $V_\mathrm{f} \geq 0.2V_0$ 时，不调整，否则取 $V_\mathrm{f} = \min(0.2V_0, 1.5V_{\mathrm{f,max}})$ 2. 构件内力调整 按调整前后总剪力的比值，调整每根框架柱和与之相连框架梁的 V、M 标准值，N 不调整	1. 总体调整。 2. 按振型分解反应谱计算地震作用时，调整在振型组合之后进行。 3. 来源：《高规》8.1.4 条
2	板柱-抗震墙中的抗震墙、柱、板带	V、M	1. 板柱总剪力的调整 $V_\mathrm{c} \geq 0.2V_j$ 2. 抗震墙总剪力的调整 $V_\mathrm{s} \geq 1.0V_j$ 3. 构件内力调整 调整后，相应调整每一抗震墙、柱、板带的 V、M 标准值，N 不调整	1. 总体调整。 2. 式中 V_j——结构楼层地震剪力标准值； V_c——调整后楼层板柱部分承担的地震剪力。 V_s——调整后楼层抗震墙部分承担的地震剪力。 3. 按振型分解反应谱计算地震作用时，调整在振型组合之后进行。 4. 来源：《高规》8.1.10 条

续表

序号	构件	内力	调整内容	说明
3	部分框支抗震墙中的框支柱、有关梁	V、M	1. 框支柱总剪力的调整 1）每层框支柱 $n_1 \leqslant 10$，框支层 $\leqslant 2$： $V_{cj}=0.02V_0$ 2）每层框支柱 $n_1 \leqslant 10$，框支层 $\geqslant 3$： $V_{cj}=0.03V_0$ 3）每层框支柱 $n_1 > 10$，框支层 $\leqslant 2$： $V_{cj}=0.2V_0/n_1$ 4）每层框支柱 $n_1 > 10$，框支层 $\geqslant 3$： $V_{cj}=0.3V_0/n_1$ 2. 构件内力调整 调整后，相应调整框支柱 M 标准值，柱端梁（不包括转换梁）V、M 标准值，框支柱 N 标准值不调整	1. 总体调整。 2. 式中 V_{cj}——调整后每根框支柱承担的地震剪力标准值； V_0——底部总剪力。 3. 来源：《高规》10.2.17 条
4	框架结构中的底层柱、转换柱	M	弯矩设计值放大系数： 1. 框架结构底层柱底 一、二、三级分别取 1.7、1.5 和 1.3。 2. 转换柱的上端和底层柱的下端 一、二级分别取 1.5、1.3	1. 局部调整。 2. 来源：《高规》6.2.2 条，10.2.11 条
5	转换柱	N	地震产生的轴力标准值放大系数： 一、二级分别取 1.5、1.2	1. 局部调整。 2. 计算轴压比时，不调整。 3. 来源：《高规》10.2.11 条
6	结构薄弱层有关柱、梁	V	1. 侧向刚度变化、承载力变化、竖向抗侧力构件不满足要求的楼层，对应于地震作用标准值的剪力放大系数 1.25。 2. 以调整后的地震剪力计算构件内力标准值	1. 局部调整。 2. 来源：《高规》12.3.8 条
7	规则结构边榀构件	V	地震作用标准值的剪力放大系数： 1. 平行于地震作用方向的边榀，短边：1.15，长边：1.05；当扭转刚度较小时，周边各构件宜 $\geqslant 1.3$。 2. 角部构件同时乘以两个方向的放大系数	1. 局部调整。 2. 仅用于规则结构不进行扭转耦联计算时。 3. 来源：《抗规》5.2.3 条
8	转换构件	M、V、N	地震作用下内力标准值放大系数： 特一、一、二级分别取 1.9、1.6、1.3	1. 构件调整。 2. 7 度（0.15g）以上的大跨度、长悬臂结构尚应考虑竖向地震作用。 3. 来源：《高规》10.2.4 条
9	框架结构中的柱，其他结构中的框架柱	M	柱端弯矩设计值 1. 一级框架结构和 9 度时的框架： $\sum M_c = 1.2 \sum M_{bua}$ 2. 其他情况： $\sum M_c = \eta_c \sum M_b$ η_c：对框架结构，二、三级分别取 1.5、1.3；对其他结构中的框架，一、二、三、四级分别取 1.4、1.2、1.1 和 1.1	1. 构件调整。 2. 反弯点不在层高范围内的柱，柱端弯矩设计值可直接乘以 η_c。 3. 顶层柱、轴压比 <0.15 的柱，不调整。 4. N 设计值不调整。 5. 来源：《高规》6.2.1 条（《抗规》6.2.2 条）

续表

序号	构件	内力	调整内容	说明
10	框架柱、框支柱	V	1. 一级框架结构和9度时的框架： $V=1.2(M_{cua}^t+M_{cua}^b)/H_n$ 2. 其他情况 $V=\eta_{vc}(M_c^t+M_c^b)/H_n$ η_{vc}：对框架结构，二、三级分别取1.3、1.2；对其他结构中的框架，一、二、三、四级分别取1.4、1.2、1.1和1.1	1. 构件调整。 2. 来源：《高规》6.2.3条
11	角柱	M、V	设计值放大系数： 特一、一、二、三级：1.1	1. 构件调整。 2. 本调整应在本表序号1、2、3、4、6调整之后进行。 3. 来源：《高规》6.2.4条
12	框架梁、连梁	V	1. 一级框架结构和9度时的框架，9度时一级剪力墙的连梁： $V=1.1(M_{bua}^l+M_{bua}^r)/l_n+V_{Gb}$ 2. 其他情况： $V=\eta_{vb}(M_b^l+M_b^r)/l_n+V_{Gb}$ η_{vb}对一、二、三级分别取1.3、1.2和1.1。四级取1.0	1. 构件调整。 2. 来源：《高规》6.2.5条、7.2.21条
13	抗震墙墙肢	M、V	1. 特一级剪力墙、筒体墙，底部加强部位弯矩设计值乘以1.1，其他部位1.3。 2. 双肢抗震墙当一肢为偏心受拉时，另一肢弯矩、剪力设计值应乘以1.25。 3. 一级剪力墙底部加强部位以上部位：墙肢组合弯矩设计值乘以1.2，剪力设计值乘以1.3	1. 构件调整。 2. 来源：《高规》3.10.5条、7.2.4条、7.2.5条
14	部分框支落地剪力墙	M	设计值放大系数： 1. 底部加强部位： 特一、一、二、三级分别取1.8、1.5、1.3和1.1。 2. 其他部位： 一级取1.2	1. 构件调整。 2. 落地剪力墙不宜出现偏心受拉。 3. 来源：《高规》10.2.18条
15	抗震墙墙肢及部分框支落地剪力墙	V	设计值放大系数： 1. 底部加强部位： 特一、一、二、三级分别取1.9、1.6、1.4、1.2。 9度一级剪力墙： $V=1.1\dfrac{M_{wua}}{M_w}V_w$ 2. 其他部位： 特一级：1.4；一级：1.3 3. 短肢抗震墙： 一、二、三级分别取1.4、1.2和1.1	1. 构件调整。 2. 来源：《高规》7.2.5条、7.2.6条、3.10.5条、7.2.2条

12.3 疑问解答

续表

序号	构件	内力	调整内容	说明
16	框架梁柱节点	V	1. 一级框架结构和9度的一级框架：$$V_j = \frac{1.15\sum M_{bua}}{h_{b0}-a_s'}\left(1-\frac{h_{b0}-a_s'}{H_c-h_b}\right)$$ 2. 其他情况： $$V_j = \frac{\eta_{jb}\sum M_b}{h_{b0}-a_s'}\left(1-\frac{h_{b0}-a_s'}{H_c-h_b}\right)$$ η_{jb}：对框架结构，一、二、三级分别取1.5、1.35和1.2；对其他结构中的框架，一、二、三级分别取1.35、1.2和1.1	1. 局部调整。 2. 来源：《抗规》D.1.1条

【Q12.3.84】《高规》中对框架内力的调整，有哪些？

【A12.3.84】 今借鉴朱炳寅《建筑抗震设计规范应用与分析》（中国建筑工业出版社，2011）第234页给出的表6.2.0-1的形式，将《高规》中对框架内力的调整列于表12-3-23。

《高规》中框架内力的调整　　　　表12-3-23

结构类型	构件类型	部位	抗震等级	内力调整系数 弯矩	内力调整系数 剪力	备注
框架结构	框架梁	全部	特一级	1.0	1.2×1.1=1.32（实配钢筋）	3.10.3条
			一级	1.0	1.1（实配钢筋）	6.2.5条
			二级		1.2	
			三级		1.1	
	框架柱	底层柱柱底截面	特一级	1.2×1.7=2.04	1.2×1.2=1.44（实配钢筋）	3.10.2条
			一级	1.7	1.2（实配钢筋）	6.2.2条、6.2.3条，除一级外，剪力计算在弯矩调整后进行
			二级	1.5	1.3	
			三级	1.3	1.2	
			四级	1.2	1.1	
		其他层柱端截面	特一级	1.2×1.2=1.44（实配钢筋）	1.2×1.2=1.44（实配钢筋）	3.10.2条
			一级	1.2（实配钢筋）	1.2（实配钢筋）	6.2.1条、6.2.3条，《抗规》6.2.5条，除一级外，弯矩节点处强柱弱梁调整；剪力计算在弯矩调整后进行
			二级	1.5	1.3	
			三级	1.3	1.2	
			四级	1.2	1.1	

续表

结构类型	构件类型	部位	抗震等级	内力调整系数 弯矩	内力调整系数 剪力	备注
部分框支抗震墙结构	转换梁及框架梁	转换梁	特一级	1.9	1.9	10.2.4条,是对水平地震作用计算内力的放大系数
			一级	1.6	1.6	
			二级	1.3	1.3	
		框架梁		同其他结构的框架梁		
	转换柱及框架柱	转换柱上端截面和底层柱柱底	特一级	1.8	1.2×1.4=1.68	3.10.4条
			一级	1.5	1.4	10.2.11条
			二级	1.3	1.2	
		转换柱的其他部位	特一级	1.2×1.4=1.68	1.2×1.4=1.68	3.10.4条
				同其他结构中的框架柱		
		框架柱		同其他结构中的框架柱		
其他结构的框架	框架梁	全部	一级	1.0	1.3	6.2.5条,9度时按实配钢筋,且取剪力增大系数为1.1
			二级		1.2	
			三级		1.1	
	框架柱	底层柱柱底截面	9度	1.0	1.2（实配钢筋）	6.2.1条、6.2.3条
			一级		1.4	
			二级		1.2	
			三、四级		1.1	
		其他层框架柱	9度	1.2（实配钢筋）	1.2（实配钢筋）	6.2.1条、6.2.3条,除一级外,弯矩节点处强柱弱梁调整;剪力计算在弯矩调整后进行
			一级	1.4	1.4	
			二级	1.2	1.2	
			三、四级	1.1	1.1	

对于该表,还有以下几点需要说明:

（1）所用到的公式如下:

框架梁剪力调整公式: $V = \eta_{vb} \dfrac{M_b^l + M_b^r}{l_n} + V_{Gb}$

框架梁剪力按照实配钢筋调整公式: $V = 1.1 \dfrac{M_{bua}^l + M_{bua}^r}{l_n} + V_{Gb}$

框架柱弯矩调整公式: $\Sigma M_c = \eta_c \Sigma M_b$

框架柱弯矩按照实配钢筋调整公式: $\Sigma M_c = 1.2 \Sigma M_{bua}$

框架柱剪力调整公式: $V = \eta_{vc} \dfrac{M_c^t + M_c^b}{H_n}$

框架柱剪力按照实配钢筋调整公式: $V = 1.2 \dfrac{M_{cua}^t + M_{cua}^b}{H_n}$

（2）对于转换梁,轴力也需要调整,特一级、一级、二级的调整系数分别为1.9、1.6、1.3。

(3) 转换柱的轴力调整系数，特一级、一级、二级分别为 1.8、1.5、1.2。但计算轴压比时不考虑此项调整。

(4) 对于框架结构，依据《高规》3.10.2 条第 2 款，特一级框架柱柱端剪力增大系数 η_{vc} 应增大 20%，然而，6.2.3 条对于一级框架柱是按照实配钢筋计算剪力设计值，公式为 $V=1.2\dfrac{M_{cua}^t+M_{cua}^b}{H_n}$，并未出现 η_{vc}，因而，笔者理解，只可能是将 1.2 增大 20%。

朱炳寅《建筑抗震设计规范应用与分析》一书认为，特一级时剪力相对于一级时的调整系数为 1.2×1.2＝1.44，这种说法可能是基于以下事实：剪力与弯矩的关系式为 $V=\eta_{vc}\dfrac{M_c^t+M_c^b}{H_n}$，由于特一级时弯矩相对于一级要增大 20%，相当于 M_c^t、M_c^b 成为一级时的 1.2 倍，另外 η_{vc} 还要乘以 1.2。但是，我们注意到，对于一级的框架结构，《抗规》还规定 $V=1.2\dfrac{M_{cua}^t+M_{cua}^b}{H_n}$，式中 M_{cua}^t、M_{cua}^b 根据实配钢筋算出，这样，特一级时剪力表达为 $1.2\times1.2\dfrac{M_{cua}^t+M_{cua}^b}{H_n}$，即，特一级时剪力相对于一级时的调整系数为 1.2 才恰当。与《抗规》不同，《高规》仅规定按照实配钢筋计算剪力这一种方法，为协调一致，本书表 12-3-20 中按照实配钢筋的形式表达。

【Q12.3.85】《高规》中对剪力墙内力的调整，有哪些？

【A12.3.85】今参考朱炳寅《建筑抗震设计规范应用与分析》（中国建筑工业出版社，2011）第 236 页给出的表 6.2.0-2，将《高规》中对剪力墙内力的调整列于表 12-3-24。

《高规》中剪力墙内力的调整　　　　　表 12-3-24

结构类型	构件类型	部位	抗震等级	内力调整系数及其表达式		规范条文号
				弯矩	剪力	
普通高层结构	一般剪力墙	底部加强部位	特一级	1.1A	1.9B	3.10.5 条
			9 度的一级	1.0A	1.1C	7.2.5 条 7.2.6 条
			一级	1.0A	1.6B	
			二级		1.4B	
			三级		1.2B	
		其他部位	特一级	1.3A	1.4B	3.10.5 条
			一级	1.2A	1.3B	7.2.5 条
			二、三、四级	1.0A	1.0B	
	短肢剪力墙	底部加强部位		同一般剪力墙的底部加强部位		
		其他部位	特一级	同一般剪力墙的其他部位	1.68B*	3.10.5 条
			一级		1.4B	7.2.2 条第 3 款
			二级		1.2B	
			三级		1.1B	

续表

结构类型	构件类型	部位	抗震等级	内力调整系数及其表达式		规范条文号
				弯矩	剪力	
复杂高层结构	落地剪力墙	底部加强部位	特一级	1.8D	1.9B	3.10.5 条
			一级	1.5D	1.6B	10.2.18 条、7.2.6 条
			二级	1.3D	1.4B	
			三级	1.1D	1.2B	
		其他部位	同普通高层结构的一般剪力墙的其他部位			
	短肢剪力墙	所有部位	同普通高层结构的短肢剪力墙			

注：＊朱炳寅《建筑抗震设计规范分析与应用》一书认为，特一级时不宜采用短肢剪力墙，若采用，较一级时放大 1.2 倍。

A：墙肢考虑地震作用组合的弯矩计算值；
B：墙肢考虑地震作用组合的剪力计算值；
C：按实配钢筋截面积与强度标准值得到的剪力计算值；
D：墙肢底部截面考虑地震作用组合的弯矩计算值。

对于表 12-3-24，需要说明的有以下两点：

(1) 短肢剪力墙为特一级时，情况比较特殊。依据 7.2.2 条第 3 款，对于普通高层结构中的短肢剪力墙，若处于其他部位（非底部加强部位），一级时剪力设计值的增大系数为 1.4。3.10.5 条第 1 款，虽然规定了特一级的内力调整情况，但指的是"一般剪力墙"而非"短肢剪力墙"。所以，朱炳寅书中采用了"比一级增大 20%"的调整方法，$1.2 \times 1.4 = 1.68$。本书的取值即来源于此。

(2) 朱炳寅书中的弯矩调整，尚有一种是基于"本层墙肢底部截面考虑地震作用组合的弯矩计算值"，经查，其来源是 2002 版《高规》的 7.2.6 条，今依据 2010 版《高规》做了修改。

【Q12.3.86】《高规》中的"偶然偏心"以及扭转的相关内容，可否总结一下？

【A12.3.86】引入"偶然偏心"这一概念将扭转作用放大，是作为一种实用的方法提出的，其原因在于：①对于地震，目前还无法有效考虑地面运动的扭转分量；②结构的实际刚度和质量分布与计算假定值有差异；③在弹塑性反应过程中抗侧力构件刚度退化会引起扭转反应增大。

《高规》4.3.3 条，计算单向地震作用时应考虑偶然偏心的影响。每层质心沿垂直于地震作用方向的偏移值可按下式采用：

$$e_i = \pm 0.05 L_i$$

如图 12-3-27 所示。图中，偏心可能向左也可能向右，故取值可正可负，但不同楼层应按相同方向偏移以考虑最不利情况。另外，无论平面规则还是不规则，都应考虑。

对于楼层平面有局部突出，按回转半径相等原则转化为无局部突出的规则平面以确定 L_i。对于图 12-3-28 所示的情况，当 $b/B \leqslant 1/4$ 且 $h/H \leqslant 1/4$ 时，认为属于局部突出，L_i 按下式确定：

$$L_i = B + \frac{bh}{H}\left(1 + \frac{3b}{B}\right)$$

12.3 疑问解答

各种情况下是否考虑偶然偏心,如下:

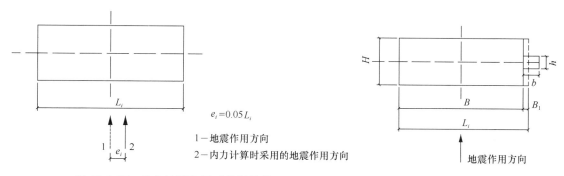

图 12-3-27 单向地震作用时的偶然偏心　　图 12-3-28 有局部突出时的 L_i

(1) 计算扭转位移比用以判断是否扭转不规则时,"规定水平力"应考虑偶然偏心。

(2) 计算单向地震作用时,对于高层建筑应考虑偶然偏心,同时考虑扭转耦联。

(3) 计算双向地震作用下的效应时,采用《抗规》的公式(5.2.3-7)和公式(5.2.3-8),即

$$S_{Ek}=\sqrt{S_x^2+(0.85S_y)^2}$$

$$S_{Ek}=\sqrt{S_y^2+(0.85S_x)^2}$$

以上两式取较大者。其中的 S_x、S_y 按不考虑偶然偏心求出,但考虑扭转耦联。

(4)《高规》3.7.3 条验算 $\Delta u/h$ 时可不考虑偶然偏心的影响。

(5) 自振周期属于结构本身的固有特征,计算时不考虑偶然偏心。例如,计算 T_t/T_1 之比时(T_t 为扭转为主的第一振型周期,T_1 为平动为主的第一振型周期),见《高规》3.4.5 条条文说明。

【Q12.3.87】《高规》中"连梁刚度折减"的相关内容,可否总结一下?

【A12.3.87】关于连梁折减,《高规》5.2.1 条条文说明中有较为详细说明,笔者将其梳理,认为可从以下几点把握:

(1) 之所以对连梁刚度折减,是由于按照现有的弹性模型计算得到的连梁内力较大,造成配筋困难。

(2) 折减后的刚度,为"初始刚度×折减系数"。

(3) 基于两个原则考虑其取值:一是不影响承受竖向荷载,二是允许适当开裂。由于后一个原则,设防烈度高时可多折减一些,但应考虑到前一原则,故最小不宜小于 0.5。规范中指出,6、7 度时可取 0.7,8、9 度时可取 0.5。

(4) 连梁跨高比较大(规范用词是"大于 5"),承受重力荷载为主,此时,考虑到上一条中的原则一,应慎重考虑折减或不折减。

(5) 计算地震作用效应时,对连梁折减,然后再组合。计算重力荷载、风荷载引起的效应时,不宜考虑连梁刚度折减。

【Q12.3.88】如何在《抗规》附录 A 中快速找到相应的省(直辖市)?

【A12.3.88】这里,笔者将各省(直辖市)按照字典排序,如表 12-3-25 所示,根据此表可快速找到省(直辖市)名称以及其在《抗规》中的页码。

《抗规》附录 A 速查表 表 12-3-25

序号	省市	页码	序号	省市	页码	序号	省市	页码	序号	省市	页码
1	安徽	186	9	贵州	204	17	江苏	183	25	陕西	210
2	北京	172	10	海南	200	18	江西	188	26	上海	183
3	重庆	201	11	河北	172	19	辽宁	178	27	四川	201
4	福建	187	12	河南	192	20	内蒙古	176	28	天津	172
5	甘肃	211	13	黑龙江	181	21	宁夏	214	29	西藏	208
6	港澳台	217	14	湖北	194	22	青海	213	30	新疆	215
7	广东	197	15	湖南	195	23	山东	190	31	云南	206
8	广西	199	16	吉林	180	24	山西	175	32	浙江	185

13 桥梁结构

13.1 试题

题 1. 某公路桥梁由整体式钢筋混凝土板梁组成，计算跨径 12m，斜交角 30°，总宽度 9m，梁高为 0.7m。在支承处每端各设 3 个支座，其中一端为活动橡胶支座，另一端为固定橡胶支座。平面布置如图 13-1-1。

试问：在恒载（均布荷载）作用下各支座垂直反力的大小，下列何项叙述是正确的？

A. A_2 与 B_2 的反力最大
B. A_2 与 B_2 的反力最小
C. A_1 与 B_3 的反力最大
D. A_3 与 B_1 的反力最大

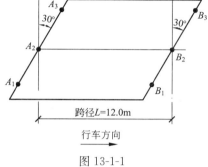

图 13-1-1

题 2~7

某公路桥梁由多跨简支梁组成，其总体布置如图 13-1-2 所示。每孔跨径 25m，计算跨径 24m，桥梁总宽 10.5m，行车道宽度 8.0m，两侧各设 1m 宽人行步道，双向行驶两列汽车。

每孔上部结构采用预应力混凝土箱梁，桥墩上设置 4 个支座，支座的横桥向中心距为 4.5m。桥墩支承在基岩上，由混凝土独柱墩身和带悬臂的盖梁组成。

计算荷载：公路-Ⅰ级，人群荷载 3.0kN/m²；混凝土重度按 25 kN/m³ 计算。

2. 若该桥箱梁混凝土强度等级采用 C40，弹性模量 $E_c = 3.25 \times 10^4$ MPa，箱梁跨中横截面积 $A = 5.3$m²，惯性矩 $I_c = 1.5$ m⁴，试问，公路-Ⅰ级汽车车道荷载的冲击系数 μ 与下列何项数值最为接近？

提示：取重力加速度 $g = 10$m/s²。

A. 0.08   B. 0.18   C. 0.28   D. 0.38

3. 假定冲击系数 $\mu = 0.2$，试问，该桥主梁跨中截面在公路-Ⅰ级汽车车道荷载作用下的弯矩标准值 M_{Qk}（kN·m），应与下列何项数值最为接近？

A. 5500   B. 2750   C. 6250   D. 4580

4. 假定冲击系数 $\mu = 0.2$，试问，该桥主梁支点截面在公路-Ⅰ级汽车车道荷载作用下的剪力标准值 V_{Qk}（kN），应与下列何项数值最为接近？

提示：(1) 假定公路-Ⅰ级汽车车道荷载 $q_k = 10.5$ kN/m，$P_k = 308$ kN，$\mu = 0.2$。
(2) 按加载长度近似值取 24m 计算。

A. 1190   B. 1040   C. 900   D. 450

5. 假定该桥主梁支点截面由全部恒载产生的剪力标准值 $V_{Gik} = 2000$kN，汽车车道荷载产生的剪力标准值 $V_{Qik} = 800$kN（已含冲击系数 $\mu = 0.2$），步道人群产生的剪力标准值 $V_{Qjk} = 150$kN。试问，在持久状况下按承载力极限状态计算，该桥主梁支点截面基本组合

13 桥梁结构

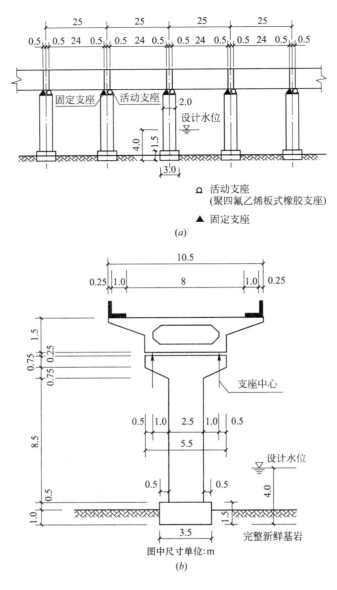

图 13-1-2
(a) 立面图；(b) 桥墩处横断面图

的剪力设计值 V_{ud} (kN)，应与下列何项数值最为接近？

A. 3730　　　B. 3690　　　C. 4060　　　D. 3920

6. 假定该桥主梁跨中截面由全部恒载产生的弯矩标准值 $M_{Gik}=11000$ kN·m，汽车车道荷载产生的弯矩标准值 $M_{Qik}=5000$ kN·m（已含冲击系数 $\mu=0.2$），人群荷载的弯矩标准值 $M_{Qjk}=500$ kN·m。试问，在持久状况下，按正常使用极限状态计算，该桥主梁跨中截面由恒载、汽车车道荷载及人群荷载共同作用产生的频遇组合设计值 M_{fd} (kN·m)，与下列何项数值最为接近？

提示：按《公路桥涵设计通用规范》JTG D60—2015 计算，不计风载、温度及其他可变作用。

A. 14400　　　　B. 15000　　　　C. 14120　　　　D. 16500

7. 假定该桥主梁跨中截面由永久荷载产生的弯矩标准值 $M_{Gik}=11000\text{kN}\cdot\text{m}$，汽车车道荷载产生的弯矩标准值 $M_{Qik}=5000\text{ kN}\cdot\text{m}$（已含冲击系数 $\mu=0.2$），人群荷载的弯矩标准值 $M_{Qjk}=500\text{kN}\cdot\text{m}$；永久有效预加力荷载产生的轴向力标准值 $N_p=15000\text{ kN}$，主梁净截面重心至预应力钢筋合力点的距离 $e_{pn}=1.0\text{m}$（截面重心以下）。试问，按持久状况应力验算时，跨中截面的正截面混凝土下缘的法向应力（MPa），应与下列何项数值最为接近？

提示：(1) 计算恒载、汽车车道荷载、人群荷载及预加力荷载产生的应力时，均取主梁跨中截面面积 $A=5.3\text{m}^2$，惯性矩 $I=1.5\text{m}^4$，截面重心至下缘距离 $y=1.15\text{m}$。

(2) 按后张法预应力混凝土构件计算。

A. 27　　　　　B. 14.3　　　　　C. 12.6　　　　　D. 1.7

题 8. 当对某预应力混凝土连续梁进行持久状况下承载能力极限状态计算时，下列关于作用效应是否计入汽车车道荷载冲击系数和预应力次效应的不同意见，其中何项正确，并简述其理由。

A. 二者全计入　　　　　　　　　B. 前者计入，后者不计入
C. 前者不计入，后者计入　　　　D. 二者均不计入

题 9. 试问，在下列关于公路桥涵的设计基准期的几种主张，其中何项正确？并简述其理由。

A. 100 年　　　　B. 80 年　　　　C. 50 年　　　　D. 25 年

题 10～14

某一级公路设计行车速度 $v=100\text{km/h}$，双向六车道，汽车荷载采用公路-Ⅰ级。其公路上有一座计算跨径为 40m 的预应力混凝土箱形简支梁桥，采用上、下双幅分离式横断面行驶。混凝土强度等级为 C50。横断面布置如图 13-1-3 所示。

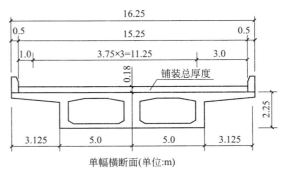

图 13-1-3

10. 试问，该桥在计算汽车设计车道荷载时，其设计车道数应按下列何项取用？

A. 二车道　　　　B. 三车道　　　　C. 四车道　　　　D. 五车道

11. 计算该箱形梁桥汽车车道荷载时，应按横桥向偏载考虑。假定车道荷载冲击系数 $\mu=0.215$，车道横向折减系数为 0.67，扭转影响对箱形梁内力的不均匀系数 $K=1.2$，试问，该箱形梁桥跨中断面，由汽车车道荷载产生的弯矩作用标准值（kN·m），应与下列何项数值最为接近？

A. 21000　　　　B. 21500　　　　C. 22000　　　　D. 22500

12. 计算该后张法预应力混凝土简支箱形梁桥的跨中断面时，所采用的有关数值为：$A=9.6\text{m}^2$，$h=2.25\text{m}$，$I_0=7.75\text{m}^4$；中性轴至上翼缘边缘距离为 0.95m，至下翼缘边缘距离为 1.3m；混凝土强度等级为 C50，$E_c=3.45\times10^4\text{MPa}$；预应力钢束合力点距下边缘距离为

0.3m。假定在正常使用极限状态频遇组合下，跨中断面弯矩永久作用标准值与可变作用频遇值的组合设计值 $S_{sd}=85000$kN·m，试问，该箱梁为现浇制作且按全预应力混凝土构件设计时，跨中断面所需的永久有效最小预压力值（kN），应与下列何项数值最为接近？

提示：估算所需的有效预加力时，可采用全截面特性。

A. 61000　　　　B. 61500　　　　C. 61700　　　　D. 65600

13. 该箱形梁桥，按正常使用极限状态，由荷载效应频遇组合产生的跨中断面向下的弹性挠度值为72mm。由永久有效预应力产生的向上弹性挠度为60mm。试问，该桥梁跨中断面向上设置的预挠度（mm），应与下列何项数值最为接近？

A. 向上 30　　　B. 向上 20　　　C. 向上 10　　　D. 向上 0

14. 该箱形梁桥按承载能力极限状态设计时，假定跨中断面永久作用弯矩设计值为65000kN·m，由汽车车道荷载产生的弯矩设计值为25000kN·m（已计入冲击系数），其他两种可变荷载产生的弯矩设计值为9600kN·m。试问，该箱形简支梁中，跨中断面基本组合的弯矩设计值 M_{ud}（kN·m），应与下列何项数值最为接近？

A. 96000　　　　B. 98000　　　　C. 99000　　　　D. 110000

题15. 某一级公路上，有一座计算跨径为20m的预应力混凝土简支梁桥，混凝土强度等级为C40。该简支梁由T形梁组成，主梁高度1.25m，梁距2.25m，横梁间距为5.0m；主梁截面有效高度1.15m。按持久状况承载能力极限状态计算时，某根内梁支点截面剪力设计值 $V_d=800$kN。如该主梁支承点截面处满足抗剪截面的要求，试问，腹板的最小宽度（mm），应与下列何项数值最为接近？

A. 200　　　　　B. 220　　　　　C. 240　　　　　D. 260

题16. 某跨越一条650m宽河面的高速公路桥梁，设计方案中其主跨为145m的系杆拱桥，边跨为30m的简支梁桥。试问，该桥梁结构的设计安全等级，应如下列何项所示？

A. 一级　　　　B. 二级　　　　C. 三级　　　　D. 由业主确定

题17. 某桥梁上部结构为三孔钢筋混凝土连续梁，试问，图 13-1-4 中的四个图形中，哪一个图形是该梁在中支点 Z 截面的弯矩影响线？

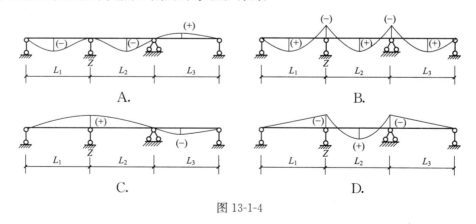

图 13-1-4

题 18～24

某城市附近交通繁忙的公路桥梁，其中一联为五孔连续梁桥，其总体布置如图 13-1-5

所示。每孔跨径 40m，桥梁总宽 10.5m，行车道宽度为 8.0m，双向行驶两列汽车；两侧各设 1m 宽人行步道。上部结构采用预应力混凝土箱梁，桥墩上设置 2 个支座，支座的横桥向中心距为 4.5m。桥墩支承在基岩上，由混凝土独柱墩身和带悬臂的盖梁组成。计算荷载：公路-Ⅰ级，人群荷载 3.0kN/m²；混凝土重度按 25 kN/m³ 计算。

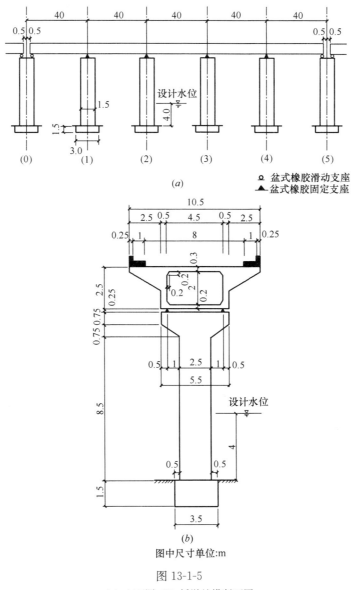

图 13-1-5
(a) 立面图；(b) 桥墩处横断面图

18. 假定该桥墩处主梁支点截面，由全部恒载产生的剪力标准值 $V_{恒}=4400$ kN，汽车荷载产生的剪力标准值 $V_{汽}=1414$ kN，步道人群荷载产生的剪力标准值 $V_{人}=138$ kN。已知汽车冲击系数 $\mu=0.2$。试问，在持久状况下按承载力极限状态计算，主梁支点截面基本组合的剪力设计值 V_{ud}（kN），应与下列何项数值最为接近？

A. 8150   B. 7400   C. 6750   D. 7980

13 桥梁结构

19. 假定在该桥主梁其一跨中最大弯矩截面，由全部恒载产生的弯矩标准值 M_{Gik} = 43000kN·m，汽车荷载产生的弯矩标准值 M_{Qik} = 14700 kN·m（已计入冲击系数 μ = 0.2），人群荷载产生的弯矩标准值 M_{Qjk} = 1300 kN·m，当对该主梁按全预应力混凝土构件设计时，试问，按正常使用极限状态设计进行主梁正截面抗裂验算，所采用的弯矩组合设计值（kN·m）（不计预应力作用），应与下列何项数值最为接近？

   A. 52100　　　　　　　　　　B. 52800
   C. 54600　　　　　　　　　　D. 56500

20. 假定在该桥主梁某一跨中截面最大正弯矩标准值 $M_{恒}$ = 43000kN·m，$M_{活}$ = 16000 kN·m；其主梁截面特性如下：截面面积 A = 6.50m²，惯性矩 I = 5.50 m⁴，中性轴至上缘距离 $y_{上}$ = 1.0m，中性轴至下缘距离 $y_{下}$ = 1.5m。预应力筋偏心距 e_p = 1.30m，且已知预应力筋扣除全部损失后有效预应力 σ_{pe} = 0.5 f_{pk}，f_{pk} = 1860MPa。试问，按全预应力混凝土构件设计时，按预制构件估算该截面预应力筋截面积（cm²），与下列何项数值最为接近？

   A. 295　　　　　　　　　　　B. 3400
   C. 340　　　　　　　　　　　D. 2950

21. 经计算主梁跨中截面预应力钢绞线截面面积 A_p = 400 cm²，钢绞线张拉控制应力 σ_{con} = 0.70f_{pk}，又由计算知预应力损失总值 $\Sigma\sigma_l$ = 300MPa，若 f_{pk} = 1860MPa，试估算永存预加力（kN），与下列何项数值最为接近？

   A. 400800　　　　　　　　　B. 40080
   C. 52080　　　　　　　　　　D. 62480

22. 假定箱形主梁顶板跨径 l = 500cm，桥面铺装层厚度 h = 15cm，且车辆荷载的后轴车轮作用于该桥箱形主梁顶板的跨径中部时，试问，垂直于顶板跨径方向的车轮荷载分布宽度（cm），与下列何项数值最为接近？

   A. 217　　　　　　　　　　　B. 333
   C. 357　　　　　　　　　　　D. 473

23. 若该桥四个桥墩高度均为10m，且各中墩均采用形状、尺寸相同的盆式橡胶固定支座，两个边墩采用形状、尺寸相同的盆式橡胶滑动支座。当中墩为柔性墩，且不计边墩支座承受的制动力时，试问，其中1号墩所承受的制动力标准值（kN），与下列何项数值最为接近？

   A. 73　　　　　　　　　　　　B. 60
   C. 165　　　　　　　　　　　D. 480

24. 若该桥主梁及墩柱、支座均与题23相同，则该桥在四季均匀温度变化升温+20℃的条件下（忽略上部结构垂直力影响），当墩柱采用C30混凝土时，其 E_c = 3.0×10⁴MPa，混凝土线膨胀系数 α = 1×10⁻⁵，试问，2号墩所承受的水平温度力标准值（kN），与下列何项数值最为接近？

   提示：不考虑墩柱抗弯刚度折减。

   A. 25　　　　　　　　　　　　B. 250
   C. 500　　　　　　　　　　　D. 750

题25. 对某桥预应力混凝土主梁进行持久状况正常使用极限状态验算时，需分别进行下列验算：（1）抗裂验算；（2）裂缝宽度验算；（3）挠度验算。试问，在这三种验算中，下列关于汽车荷载冲击力是否需要计入验算的不同选择，其中哪项是全部正确的？

A．（1）计入，（2）不计入，（3）不计入
B．（1）不计入，（2）不计入，（3）不计入
C．（1）不计入，（2）计入，（3）计入
D．（1）不计入，（2）不计入，（3）计入

题 26. 某座跨河桥，采用钢筋混凝土上承式无铰拱桥。计算跨度为 120m，假定拱轴线长度为 136m。试问，当验算主拱圈纵向稳定时，相应的计算长度（m），与下列何项数值最为接近？

A．136　　　　　B．120　　　　　C．73　　　　　D．49

题 27. 有一座在满堂支架上浇注的预应力混凝土连续箱梁桥，跨径 60m+80m+60m，在两端设置伸缩缝 A 和 B。采用 C40 硅酸盐水泥混凝土。总体布置如图 13-1-6 所示。假定伸缩缝 A 安装时的温度为 $t_0=20℃$，桥梁所在地区的最高有效温度值为 34℃，最低有效温度值为 -10℃，大气湿度为 $RH=55\%$，结构理论厚度 $h=900mm$，混凝土弹性模量 $E_c=3.25×10^4 MPa$，混凝土线膨胀系数 $1.0×10^{-5}$，预应力引起的箱梁截面上的法向平均压应力 $\sigma_{pc}=8MPa$。箱梁混凝土的平均加载龄期为 60 天。试问，混凝土的龄期为 10 年（按 3650 天计）时，由混凝土徐变引起伸缩缝 A 处的伸缩量（mm），与下列何项数值最为接近？

A．-55　　　　　B．-31　　　　　C．-39　　　　　D．+24

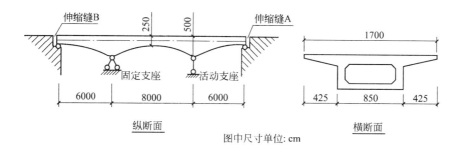

图 13-1-6

题 28. 上题中，当不计活载、活载离心力、制动力、温度梯度、梁体转角、风荷载及墩台不均匀沉降等因素时，并假定由均匀温度变化、混凝土收缩、混凝土徐变引起的梁体在伸缩缝 A 处的伸缩量分别为 +50mm 与 -130mm。综合考虑各种因素其伸缩量的增大系数 β 取 1.3。试问，该伸缩缝 A 应设置的伸缩量之和（mm），应为下列何项数值？

A．240　　　　　B．120　　　　　C．80　　　　　D．160

题 29. 某座跨径为 80m+120m+80m，桥宽 17m 的预应力混凝土连续梁桥，采用刚性墩台，梁下设置支座。地震动峰值加速度为 0.10g（地震设计烈度为 7 度）。试判断图 13-1-7 中哪个选项布置的平面约束是正确的？

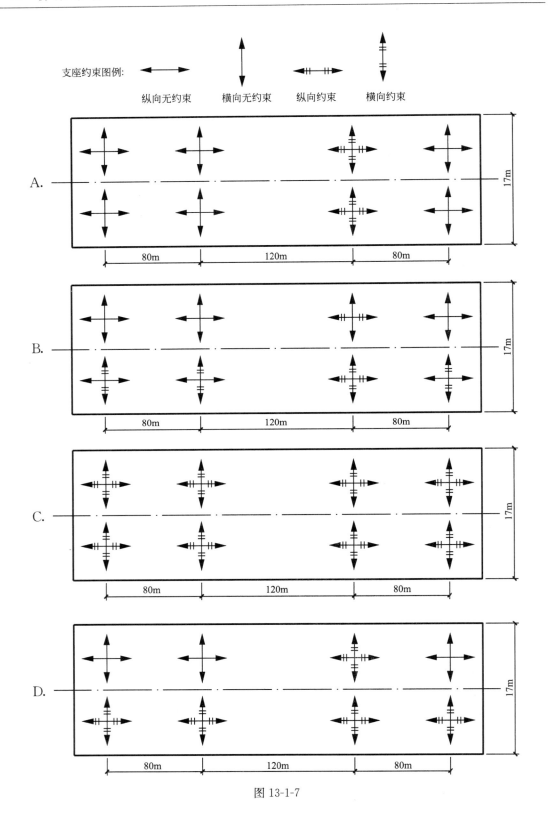

图 13-1-7

题 30. 公路桥涵设计时，采用的汽车荷载由车道荷载和车辆荷载组成，分别用于计算不同的桥梁构件。现需进行以下几种桥梁构件计算：①主梁整体计算；②主梁桥面板计算；③涵洞计算；④桥台计算。试判定这 4 种构件计算应采用下列何项汽车荷载模式，才符合 JTG D60—2015 的要求？

A. ①、③采用车道荷载，②、④采用车辆荷载

B. ①、②采用车道荷载，③、④采用车辆荷载

C. ①采用车道荷载，②、③、④采用车辆荷载

D. ①、②、③、④均采用车道荷载

题 31. 某公路跨河桥，在设计钢筋混凝土柱式桥墩中永久作用需与以下可变作用进行组合：①汽车荷载；②汽车冲击力；③汽车制动力；④温度作用；⑤支座摩阻力；⑥流水压力；⑦冰压力。试判定，下列 4 种组合中何项组合符合 JTG D60—2015 规范的要求？

A. ①+②+③+④+⑤+⑥+⑦+永久作用

B. ①+②+③+④+⑤+⑥+永久作用

C. ①+②+③+④+⑤+永久作用

D. ①+②+③+④+永久作用

题 32. 对于某桥上部结构为三孔钢筋混凝土连续梁，试判定在图 13-1-8 的 4 个图形中，哪一个图形是该梁在中孔跨中截面 a 的弯矩影响线？

提示：只需定性地判断。

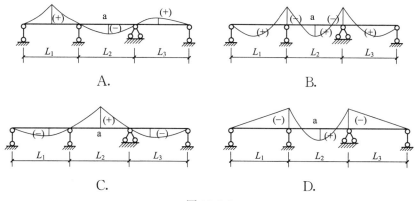

图 13-1-8

题 33. 某桥主梁高度 170cm，桥面铺装层共厚 20cm，支座高度（含垫石）15cm，采用埋置式肋板桥台，台背墙厚 40cm，台前锥坡坡度 1∶1.5，布置如图 13-1-9。锥坡坡面不能超过台帽与背墙的交点。试问，后背耳墙长度 l（cm），与下列何项数值最为接近？

A. 350　　B. 260

C. 230　　D. 200

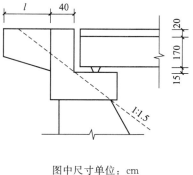

图中尺寸单位：cm

图 13-1-9

849

13.2 答案

1. 答案：D

解答过程：对于斜板桥，钝角角隅处的反力比正交板变大，而锐角角隅处的反力变小。故选择 D。

点评：依据《公路钢筋混凝土及预应力混凝土桥涵设计规范》JTG 3362—2018 的 4.2.4 条，当整体式斜板桥斜交角不大于 15°时，可按正交板计算，今为 30°，故应考虑为斜板。

依据徐光辉等《梁桥》（上册），斜交板桥在受力上有如下特征：

(1) 除跨径方向的纵向弯矩外，在钝角还产生垂直于钝角平分线的负弯矩，其值随斜交角的增大而增大，但范围不大；

(2) 反力分布不均匀。钝角角隅处的反力比正交板大几倍，锐角角隅处的反力变小，甚至会出现负值；

(3) 纵向最大弯矩的位置，随斜交角的增大从跨中向钝角部位转移；

(4) 斜交板的最大纵向弯矩，一般比与斜跨径相等的正交板要小，而横向弯矩则要大得多；

(5) 斜交板的扭矩变化很复杂，沿板的自由边和支承边上都有正负扭矩产生。

2. 答案：C

解答过程：依据《公路桥涵设计通用规范》JTG D60—2015 的 4.3.2 条条文说明计算简支梁桥的自振频率。

$$m_c = G/g = 5.3 \times 25 \times 1000/10 = 13250 \text{ kg/m}$$

$$E_c I_c = 3.25 \times 10^{10} \times 1.5 = 4.875 \times 10^{10} \text{ N} \cdot \text{m}^2$$

$$f_1 = \frac{\pi}{2l^2}\sqrt{\frac{E_c I_c}{m_c}} = \frac{3.14}{2 \times 24^2} \times \sqrt{\frac{4.875 \times 10^{10}}{13250}} = 5.228 \text{ Hz}$$

依据规范的 4.3.2 条第 5 款，有

$$\mu = 0.1767\ln f - 0.0157 = 0.1767 \times \ln 5.228 - 0.0157 = 0.276$$

故选择 C。

3. 答案：C

解答过程：依据《公路桥涵设计通用规范》JTG D60—2015 的 4.3.1 条，公路-Ⅰ级车道荷载的均布荷载标准值 $q_k = 10.5$ kN/m，集中荷载

$$P_k = 2 \times (24 + 130) = 308 \text{kN}$$

考虑到只有一根梁，故内力计算时应乘以设计车道数 2。于是，主梁跨中截面在公路-Ⅰ级车道荷载下的弯矩标准值为：

$$M_{Qk} = 2 \times (q_k l_0^2/8 + P_k l_0/4)(1+\mu)$$
$$= 2 \times 1.2 \times (10.5 \times 24^2/8 + 308 \times 24/4)$$

$$= 6249.6 \text{kN} \cdot \text{m}$$

故选择 C。

点评：2015 版规范提高了车道荷载中的 P_k 取值（跨径小于等于 5m 时，原为 180kN，今为 270kN），对于本题，跨中弯矩提高了 $(6249.6-5500.8)/5500.8=13.6\%$。

4. 答案：A

解答过程：依据《公路桥涵设计通用规范》JTG D60—2015 的 4.3.1 条，计算剪力，P_k 应乘以 1.2。于是，主梁支点截面在公路-Ⅰ级汽车车道荷载作用下的剪力标准值为：

$$V_{Qk} = 2\times(q_k l_0/2 + 1.2\times P_k)(1+\mu)$$
$$= 2\times 1.2\times(10.5\times 24/2 + 1.2\times 308)$$
$$= 1189.44 \text{kN}$$

故选择 A。

5. 答案：C

解答过程：依据《公路桥涵设计通用规范》JTG D60—2015 的 4.1.5 条以及 1.0.5 条，25m 跨径桥梁属于中桥，安全等级属于一级，$\gamma_0 = 1.1$。

$$V_{ud} = \gamma_0 \left(\sum_{i=1}^{m}\gamma_{Gi}V_{Gik} + \gamma_{Q1}\gamma_{L1}V_{Q1k} + \psi_c \sum_{j=2}^{n}\gamma_{Lj}\gamma_{Qj}V_{Qjk}\right)$$
$$= 1.1\times(1.2\times 2000 + 1.4\times 800 + 0.75\times 1.4\times 150)$$
$$= 4045.3 \text{kN}$$

故选择 C。

点评：对于本题，有以下几点需要说明：

(1) 计算"组合设计值"要不要乘以 γ_0 是一个令人头疼的问题，这是因为，承载能力极限状态表达式记作 $\gamma_0 S \leqslant R$，这里的 S 一般称为"作用组合的效应设计值"，这种表达与称谓，可见于《建筑结构荷载规范》GB 50009—2012 的 3.2.2 条和《公路钢筋混凝土及预应力混凝土桥涵设计规范》JTG 3362—2018 的 5.1.2 条。在工业与民用建筑中，大多数情况安全等级为二级因而取 $\gamma_0 = 1.0$，要不要乘以 γ_0 的困惑并不十分突出。而在桥梁设计中，安全等级为一级十分常见，因此，如何称谓显得十分重要。

2015 版《公路桥涵设计通用规范》的 4.1.5 条，将符号 $S_{ud} = \gamma_0 S$ 称作"作用基本组合的效应设计值"，其中计入了 γ_0，与上述的概念不协调。

为此，命题者最好在符号上予以区分，否则，仅仅要求计算"作用组合的效应设计值"，容易引起争议。

(2) 2004 版中，大桥、中桥一般属于二级，2015 版中改为一级。

6. 答案：C

解答过程：依据《公路桥涵设计通用规范》JTG D60—2015 的 4.1.6 条以及 4.1.5 条，应不计汽车荷载的冲击系数 $\mu = 0.2$，汽车荷载的频遇值系数为 0.7，人群荷载的准永久值系数为 0.4，则有

$$M_{fd} = M_{Gk} + \psi_{fi}M_{Q1k} + \sum_{j=2}^{n}\psi_{qj}M_{Qjk}$$

$$= 11000 + 0.7 \times 5000/(1+0.2) + 0.4 \times 500$$
$$= 14117 \text{kN} \cdot \text{m}$$

故选择 C。

7. 答案：D

解答过程：依据《公路钢筋混凝土及预应力混凝土桥涵设计规范》JTG 3362—2018 的 7.1.1 条，持久状况应力计算时，作用取标准值，汽车荷载应考虑冲击系数。再依据 7.1.2~7.1.3 条，计算如下。

使用阶段由荷载标准组合产生的主梁跨中截面下缘的法向应力为（以受压为正，受拉为负）：

$$\sigma_{kc} = -\frac{M_k}{I}y = -\frac{11000+5000+500}{1.5} \times 1.15 = -12650 \text{kN/m}^2$$
$$= -12.65 \text{MPa}$$

永久有效预加力产生的主梁跨中截面下缘的法向应力为

$$\sigma_{pc} = \frac{N_p}{A_n} + \frac{N_p e_{pn}}{I_n}y = \frac{15000}{5.3} + \frac{15000 \times 1.0}{1.5} \times 1.15 = 14330 \text{kN/m}^2$$
$$= 14.33 \text{MPa}$$

从而，主梁跨中截面下缘的法向应力为

$$\sigma_c = \sigma_{pc} + \sigma_{kc} = 14.33 - 12.65 = 1.68 \text{MPa}$$

选择 D。

点评：对于预应力混凝土梁，持久状况下，规范规定的验算内容，除承载力能力极限状态、正常使用极限状态外，还有应力验算。正常使用极限状态验算时的抗裂验算，与应力验算相似，应注意区分。同时，为避免争议，本题明确为"持久状况应力验算时"。

8. 答案：A

解答过程：依据《公路桥涵设计通用规范》JTG D60—2015 的 4.2.2 条，进行预应力混凝土连续梁等超静定结构的承载能力极限状态计算时，应考虑预应力次效应。故选择 A。或者，依据《公路钢筋混凝土及预应力混凝土桥涵设计规范》JTG 3362—2018 的 5.1.2 条及其条文说明，选择 A。

9. 答案：A

解答过程：依据《公路桥涵设计通用规范》JTG D60—2015 的 1.0.3 条，公路桥涵的设计基准期为 100 年，故选择 A。

10. 答案：C

解答过程：由于题目图为单幅，所以，应认为 15.25m 宽度内汽车单向行驶。

依据《公路桥涵设计通用规范》JTG D60—2015 的表 4.3.1-4，单向行驶、桥宽 14.0m<15.25m<17.5m，可知设计车道数为 4，故选择 C。

11. 答案：B

解答过程：依据《公路桥涵设计通用规范》JTG D60—2015 的 4.3.1 条，有

$$q_k = 10.5 \text{kN/m}, \quad P_k = 2 \times (40+130) = 340 \text{kN}$$

跨中弯矩影响线竖标最大值为 $y = \frac{l}{4} = \frac{40}{4} = 10\text{m}$，影响线面积为 $\omega = 40 \times 10/2 = 200\text{m}^2$。依据规范表 4.3.1-5，4 车道时横向折减系数 $\xi = 0.67$。

汽车荷载引起的跨中弯矩标准值为
$$M_k = K(1+\mu) \cdot \xi \cdot m(q_k\omega + P_k \cdot y)$$
$$= 1.2 \times (1+0.215) \times 0.67 \times 4 \times (10.5 \times 200 + 340 \times 10)$$
$$= 21491 \text{kN} \cdot \text{m}$$

上式中，m 为设计车道数。

故选择 B。

12. 答案：D

解答过程：依据《公路钢筋混凝土及预应力混凝土桥涵设计规范》JTG 3362—2018 的 6.3.1 条第 1 款计算。依据题意，应有
$$\frac{M_s}{W} - 0.80 N_{pe}\left(\frac{1}{A} + \frac{e_p}{W}\right) = 0$$

于是
$$N_{pe} = \frac{M_s/W}{0.80\left(\frac{1}{A} + \frac{e_p}{W}\right)} = \frac{85000 \times 1.3/7.75}{0.80 \times (1/9.6 + (1.3-0.3) \times 1.3/7.75)} = 65546 \text{kN}$$

故选择 D。

13. 答案：D

解答过程：预拱度应依据《公路钢筋混凝土及预应力混凝土桥涵设计规范》JTG 3362—2018 的 6.5.5 条设置。

今依据 6.5.3 条，挠度长期增长系数为
$$\eta_\theta = 1.45 - \frac{1.45 - 1.35}{80 - 40} \times (50 - 40) = 1.425$$

荷载效应短期组合产生的长期挠度值为 $1.425 \times 72 = 102.6 \text{mm}$，预加力引起的长期反拱值为 $2 \times 60 = 120 \text{mm}$，后者大于前者，依据规范 6.5.5 条，不必设置预拱度。选择 D。

14. 答案：D

解答过程：依据《公路桥涵设计通用规范》JTG D60—2015 的 4.1.5 条结合 1.0.5 条，跨径为 40m 为大桥，安全等级为一级，$\gamma_0 = 1.1$。

依据公式（4.1.5-2）可得基本组合的弯矩设计值：
$$M_{ud} = \gamma_0 \left(\sum_{i=1}^{m} M_{Gid} + M_{Q1d} + \sum_{j=2}^{n} M_{Qjd}\right)$$
$$= 1.1 \times (65000 + 25000 + 9600)$$
$$= 109560 \text{kN} \cdot \text{m}$$

选择 D。

点评：关于本题，有以下两点需要说明：

(1) 2004 版《公路桥涵设计通用规范》中，"作用效应设计值"定义为"作用标准值效应与作用分项系数的乘积"。据此，上述计算过程中"9600"应乘以组合值系数 0.75。

在 2015 版《公路桥涵设计通用规范》中，术语"作用的设计值"解释为"作用的代表值与作用分项系数的乘积"（见 2.1.15 条），而"作用的代表值"可以是"作用的标准值或可变作用的伴随值"（见 2.1.14 条），"可变作用的伴随值"可以是"组合值、频遇值或准永久值"（见 2.1.13 条），正因如此，规范公式（4.1.5-2）与公式（4.1.5-1）等价，

却没有采用 $\psi_c \sum_{j=2}^{n} Q_{jd}$（就此问题曾联系规范组，回复称设计值已经包含了组合值系数，确认公式印刷无误）。

鉴于基本组合中还牵涉到设计使用年限调整系数 γ_L，因此，企图用"设计值"表达的基本组合公式宜删去。建议在 2015 版《公路桥涵设计通用规范》背景下，题目中宜避免给出可能引起不同理解的可变荷载设计值。

(2) 2015 版《公路桥涵设计通用规范》中的基本组合、频遇组合、准永久组合等无论是名称还是公式表达均与《工程结构可靠性设计统一标准》GB 50153—2008 一致。

15. 答案：C

解答过程：依据《公路桥涵设计通用规范》JTG D60—2015 的表 4.1.5-1，一级公路上的桥梁安全等级为一级，应取 $\gamma_0 = 1.1$。

依据《公路钢筋混凝土及预应力混凝土桥涵设计规范》JTG 3362—2018 的 5.2.11 条，截面尺寸应满足下式要求：

$$\gamma_0 V_d \leqslant 0.51 \times 10^{-3} \sqrt{f_{cu,k}} b h_0$$

于是 $b \geqslant \dfrac{\gamma_0 V_d}{0.51 \times 10^{-3} \sqrt{f_{cu,k}} h_0} = \dfrac{1.1 \times 800}{0.51 \times 10^{-3} \times \sqrt{40} \times 1150} = 237$ mm，选择 C。

点评：用于房建的结构设计规范，例如《混凝土结构设计规范》GB 50010—2010 中，通常将 $\gamma_0 S$ 称作设计值，用一个符号表达。而在《公路钢筋混凝土及预应力混凝土桥涵设计规范》JTG D62—2004 中，表达式中的荷载效应项通常直接写成 $\gamma_0 S$，例如 $\gamma_0 V_d$，V_d 称作组合设计值。如此一来，题目中给出是"剪力设计值为 800kN"应理解为未乘 γ_0 的 V_d。这一点，与《公路桥涵设计通用规范》JTG D60—2004 是一致的，但是，在 2015 版《公路桥涵设计通用规范》中情况有变化。

现在，2018 版《公路钢筋混凝土及预应力混凝土桥涵设计规范》与 2015 版《公路桥涵设计通用规范》中"组合的效应设计值"含义不协调，因此，题目中若以文字形式给出"组合设计值"，则是否已经乘以 γ_0 就成为一个分歧；若以符号表达给出 V_d，则是清楚的。

16. 答案：A

解答过程：依据《公路桥涵设计通用规范》JTG D60—2015 的表 1.0.5，由于桥梁主跨单孔跨度为 145m，故属于大桥；依据表 4.1.5-1，设计安全等级为一级，故选择 A。

点评：在 2004 版《公路桥涵设计通用规范》中，大桥、中桥的安全等级属于一级是有条件的，须位于"高速公路、一级公路、国防公路以及城市附近交通繁忙公路上"。现行规范中没有这个附加条件。

17. 答案：A

解答过程：当单位荷载作用于支座位置时，中支点的弯矩为零，据此可知，A 选项的弯矩影响线正确。

点评：影响线是单位荷载沿结构移动时，某一量值的变化规律，应注意将其与内力图（如弯矩图、剪力图）相区分。

通常，弯矩影响线通常将竖标正值画在上部，这与弯矩图时将正值画在截面受拉一侧不同，本题中，选项 B、D 图中正值画在了下侧，不妥。

关于影响线更详细的知识，见"专题聚焦"。

18. 答案：A

解答过程：依据《公路桥涵设计通用规范》JTG D60—2015 的表 1.0.5 条，由于此桥每孔跨径 40m，故属于大桥。依据 4.1.5 条，安全等级为一级，$\gamma_0 = 1.1$。

$$V_{ud} = \gamma_0 \left(\sum_{i=1}^{m} \gamma_{Gi} V_{Gik} + \gamma_{Q1} \gamma_{L1} V_{Q1k} + \psi_c \sum_{j=2}^{n} \gamma_{Lj} \gamma_{Qj} V_{Qjk} \right)$$
$$= 1.1 \times (1.2 \times 4400 + 1.4 \times 1414 + 0.75 \times 1.4 \times 138)$$
$$= 8145 \text{kN}$$

故选择 A。

点评：为避免争议，今依据《公路桥涵设计通用规范》JTG D60—2015 的概念，将所求项修改为"主梁支点截面基本组合的剪力设计值"，使之明确指向《公路钢筋混凝土及预应力混凝土桥涵设计规范》JTG 3362—2018 中的 $\gamma_0 V_d$ 而非 V_d。

另外，题干中给出"汽车荷载效应的标准值"是否包含了冲击系数也不明确。考虑到教材中习惯将正常使用极限状态计算中用到的不包含冲击力的汽车荷载引起的弯矩写成 $M_{Q1k}/(1+\mu)$，因此，若未明确指出是否包含冲击力，可视为"包含"。

19. 答案：A

解答过程：依据《公路桥涵设计通用规范》JTG D60—2015 的 4.1.6 条，按频遇组合计算：

$$M_{fd} = \sum_{i=1}^{m} M_{Gik} + \psi_{f1} M_{Q1k} + \sum_{j=2}^{n} \psi_{qj} M_{Qjk}$$
$$= 43000 + 0.7 \times 14700/1.2 + 0.4 \times 1300$$
$$= 52095 \text{kN} \cdot \text{m}$$

故选择 A。

点评：2004 版《公路桥涵设计通用规范》中的"短期效应组合"在 2015 版中称作"频遇组合"，而且，该组合的计算表达式也有变化：除主导可变荷载乘以频遇值系数外，其他可变荷载乘以准永久值系数。

20. 答案：C

解答过程：依据《公路钢筋混凝土及预应力混凝土桥涵设计规范》JTG 3362—2018 的 6.3.1 条第 1 款，可得

$$\sigma_{st} - 0.85 \sigma_{pc} = 0$$

即

$$\frac{M_s}{W} - 0.85 N_{pe} \left(\frac{1}{A} + \frac{e_p}{W} \right) = 0$$

解方程得到永存预加力 N_{pe} 为：

$$N_{pe} = \frac{M_s/W}{0.85 \left(\frac{1}{A} + \frac{e_p}{W} \right)}$$

上式中，$M_s = M_\text{恒} + 0.7 M_\text{活} = 43000 + 0.7 \times 16000 = 54200 \text{kN} \cdot \text{m}$。于是

$$N_{pe} = \frac{M_s/W}{0.85 \left(\frac{1}{A} + \frac{e_p}{W} \right)} = \frac{M_s/(I/y_\text{下})}{0.85 \left(\frac{1}{A} + \frac{e_p}{I/y_\text{下}} \right)}$$

13 桥梁结构

$$= \frac{54200 \times 1.5/5.50}{0.85 \times (1/6.5 + 1.3 \times 1.5/5.5)} = 34207 \text{kN}$$

所需预应力钢筋截面积为：

$$A_p = \frac{N_{pe}}{\sigma_{pe}} = \frac{34207 \times 10^3}{0.5 \times 1860} = 36782 \text{mm}^2 = 368 \text{cm}^2$$

故选择 C。

点评：估算预应力筋的截面积，是基于抗裂的原则，因此，应采用规范的 6.3.1 条，截面抗裂边缘应力按荷载的频遇组合求出。

21. 答案：B

解答过程：依据《公路钢筋混凝土及预应力混凝土桥涵设计规范》JTG 3362—2018 的 6.1.6 条，有效预应力为

$$\sigma_{pe} = \sigma_{con} - \sigma_l = 0.7 f_{pk} - \Sigma \sigma_l = 0.7 \times 1860 - 300 = 1002 \text{ MPa}$$

永久有效预加力

$$N_p = \sigma_{pe} \cdot A_p = 1002 \times 400 \times 10^2 = 40080000 \text{N} = 40080 \text{kN}$$

故选择 B。

22. 答案：D

解答过程：依据《公路钢筋混凝土及预应力混凝土桥涵设计规范》JTG 3362—2018 的 4.2.3 条第 2 款计算。

依据《公路桥涵设计通用规范》JTG D60—2015 表 4.3.1-3，对于后轮，有 $a_1 = 0.2$m，$b_1 = 0.6$m，今 $(a_1 + 2h) + \dfrac{l}{3} = (0.2 + 2 \times 0.15) + \dfrac{5}{3} = 2.17$m $< \dfrac{2}{3}l = 3.33$m，取为 3.33m。由于 3.33>1.4m（1.4m 为两排后轮之间的中距），可见两排后轮的有效分布宽度有重叠。于是

$$a = (a_1 + 2h) + d + \frac{l}{3} = (0.2 + 2 \times 0.15) + 1.4 + \frac{5}{3}$$

$$= 3.57 \text{m} < \frac{2l}{3} + d = \frac{2 \times 5}{3} + 1.4 = 4.73 \text{m}$$

故取为 4.73m，选择 D。

23. 答案：A

解答过程：依据《公路桥涵设计通用规范》JTG D60—2015 的 4.3.1 条，车道荷载应取 $q_k = 10.5$kN/m，$P_k = 2 \times (40+130) = 340$ kN。

依据规范表 4.3.1-4，行车道宽度 8m、双向行驶，设计车道数为 2，故同向行驶的为 1 个车道。再依据规范 4.3.5 条，200m 一联的制动力标准值为：

$$1.2 \times (10.5 \times 200 + 340) \times 10\% = 292.8 \text{kN} > 165 \text{kN}$$

4 个墩均匀承受该制动力，故 1 号墩承受的制动力标准值为 292.8/4=73.2kN，选择 A。

点评：解题时注意以下几点：

(1) 从图示（注意支座的类型）以及题干文字可知，一联为 5 孔连续梁，因此，计算

制动力时应按加载长度为 $5 \times 40 = 200$m 上的总重力求出。

（2）依据 4.3.1 条，P_k 依据跨径确定，所以，本题按照 40m 求出。当连续梁各跨径不等时，以其中的较大跨径确定。

（3）双车道但同向行驶只有 1 个车道，应考虑横向车道布载系数为 1.2，所得结果与 165kN 比较取较大者。

24. 答案：B

解答过程：（1）2 号墩的抗侧移刚度为

$$k_2 = \frac{3EI}{l^3} = \frac{3 \times 3.0 \times 10^{10} \times 2.5 \times 1.5^3/12}{10^3} = 6.328 \times 10^4 \text{ kN/m}$$

（2）各个墩尺寸相同，各梁跨度相同，结构对称，因此由温度变化引起结构位移的偏移零点位置为距 2 号墩以右 20m 处位置，则 2 号墩顶产生偏移为

$$\Delta_{t2} = \alpha t x_2 = 1 \times 10^{-5} \times 20 \times 20 \times 10^3 = 4\text{mm}$$

从而 2 号墩所承受的水平温度力标准值为

$$H_{t2} = k_2 \Delta_{t2} = 6.328 \times 10^4 \times 4 \times 10^{-3} = 253\text{kN}$$

故选择 B。

点评：本题的相关知识点如下：

（1）桥墩分为刚性和柔性两种。刚性墩指重力式桥墩。柔性墩的计算模型可视为下端固定上端铰接的超静定梁，外力（例如温度力和制动力）引起的墩顶位移可视为铰支座的沉陷，因此，查结构力学表格可知其抗侧移刚度（也称抗推刚度）为 $k = 3EI/l^3$。

（2）温度零点是确定墩顶侧移的依据。如图 13-2-1 所示，温度零点为 0-0 线，其与最左侧 0 号墩的距离按下式确定：

$$x_{00} = \frac{\sum\limits_{i=0}^{n} i k_i}{\sum\limits_{i=0}^{n} k_i} L$$

式中，i 为墩柱的序号，图中，$i = 0, 1, 2, 3, 4$；k_i 为序号为 i 的墩柱的抗侧移刚度；L 为桥梁跨径。

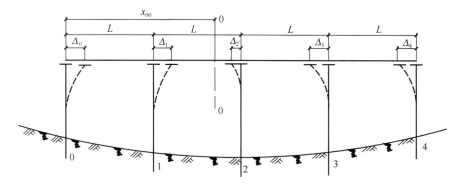

图 13-2-1 确定温度零点的计算模型

25. 答案：B

解答过程：根据《公路钢筋混凝土及预应力混凝土桥涵设计规范》JTG 3362—2018

13 桥 梁 结 构

的目录可知，抗裂验算、裂缝宽度验算和挠度验算均属于正常使用极限状态验算。依据《公路桥涵设计通用规范》JTG D60—2015 的 4.1.6 条，对于正常使用极限状况验算，均不计入汽车荷载冲击力。

选择 B。

26. 答案：D

解答过程：依据《公路钢筋混凝土及预应力混凝土桥涵设计规范》JTG 3362—2018 的 4.4.7 条，对于无铰拱桥，计算拱圈纵向稳定时的计算长度采用 $0.36L_a = 0.36 \times 136 = 48.96$m，选择 D。

27. 答案：A

解答过程：依据《公路钢筋混凝土及预应力混凝土桥涵设计规范》JTG 3362—2018 的 C.2.3 条计算徐变系数。查表 C.2.2，加载龄期 60d、$RH = 55\%$、理论厚度 $h \geqslant 600$mm 时，名义徐变系数为 $\phi_0 = 1.72$。

$$\beta_H = 150\left[1 + \left(1.2\frac{RH}{RH_0}\right)^{18}\right]\frac{h}{h_0} + 250$$
$$= 150[1 + (1.2 \times 0.55)^{18}] \times 9 + 250$$
$$= 1601 > 1500$$

取 $\beta_H = 1500$。

$$\beta_c(t - t_0) = \left(\frac{3650 - 60}{1500 + 3650 - 60}\right)^{0.3} = 0.901$$

$$\phi(t_u, t_0) = \phi_0 \cdot \beta_c(t - t_0) = 1.72 \times 0.901 = 1.55$$

再依据 8.8.2 条第 3 款，徐变引起的缩短量为：

$$\Delta l_c^- = \frac{\sigma_{pc}}{E_c}\phi(t_u, t_0)l = \frac{8}{3.25 \times 10^4} \times 1.55 \times 140 \times 10^3 = 53.4\text{mm}$$

故选择 A。

28. 答案：A

解答过程：依据《公路钢筋混凝土及预应力混凝土桥涵设计规范》JTG 3362—2018 的 8.8.2 条，应设置的伸缩量之和为

$$C \geqslant \beta(\Delta l^+ + \Delta l^-) = 1.3 \times (50 + 130) = 234\text{mm}$$

故选择 A。

29. 答案：B

解答过程：对于连续梁桥，同一个桥墩的两个支座中，只能其中一个支座在横向有约束，故选择 B。

30. 答案：C

解答过程：依据《公路桥涵设计通用规范》JTG D60—2015 的 4.3.1 条条文说明，主梁桥面板计算属于局部加载，应采用车辆荷载，故选择 C。

31. 答案：D

解答过程：依据《公路桥涵设计通用规范》JTG D60—2015 的表 4.1.4，汽车制动力不与流水压力、冰压力、支座摩阻力组合，故选择 D。

32. 答案：C

解答过程：单位力作用于支座位置时，引起跨中截面 a 的弯矩为零，故 B、D 错误。结构关于截面 a 对称，影响线也应关于截面 a 对称，故选择 C。

33. 答案：A

解答过程：依据《公路桥涵设计通用规范》JTG D60—2015 的 3.5.4 条，有

$$l \geqslant 75 + 1.5 \times (170 + 15 + 20) - 40 = 342.5 \text{cm}$$

选择 A。

点评：对于构造桥台的构造，未学习过《桥梁工程》者可能毫无头绪，今给出一个 U 形桥台的实例图，如图 13-2-2 所示，帮助理解《公路桥涵设计通用规范》JTG D60—2015 的 3.5.4 条。

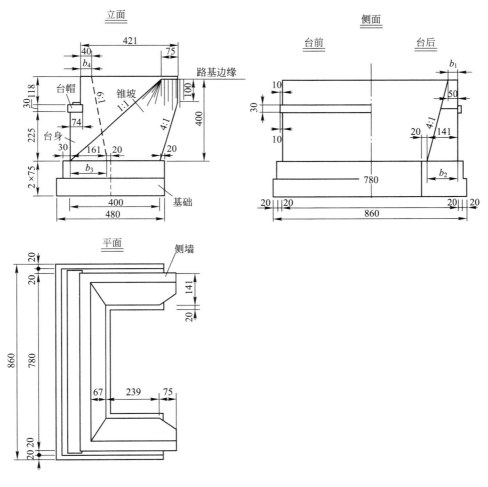

尺寸单位：cm

图 13-2-2 U 形桥台实例

13.3 疑问解答

本部分问答索引

关键词	问答序号	关键词	问答序号
N_{p0} 含义	28	净截面	14
车道荷载	7，8	开裂截面换算截面	18
车辆荷载	8	抗裂验算	29
城市桥梁抗震	33	挠度验算	20
墩帽宽度	5	汽车荷载（城市桥梁）	32
多车道折减	8	桥梁全长	3
反拱	21	倾覆验算	31
反向摩擦	26	全截面换算截面	18
腹筋配置	23	全预应力	17
公路等级	6	设计使用年限	12
规范勘误	1，2	台帽宽度	5
荷载分布宽度	11	斜截面抗剪	13
横向分布系数	9	预应力传递长度	16
换算截面	14	预应力混凝土梁	15，30
混凝土收缩应变	27	制动力	10
混凝土徐变系数	27	雉墙	4
计算跨径	3		

【Q13.3.1】2015版《公路通用规范》有无勘误？

【A13.3.1】笔者发现第一次印刷本中存在疑似差错，如表13-3-1所示。

《公路通用规范》第一次印刷本疑似差错 表13-3-1

序号	页码	疑似错误	正确内容	备注
1	27	4.3.1条第6款：……按图4.3.1-3所示布置车道荷载进行计算	……按图4.3.1-3所示布置车辆荷载进行计算	车辆荷载与汽车实体类似，考虑轮距、轴距
2	28	图4.3.1-3中1.8m的左右尺寸线应与车轮中心线对齐		
3	28	表4.3.1-4：$6.0 \leqslant W < 14.0$	$7.0 \leqslant W < 14.0$	2004版曾出现此差错，后来有勘误

至于公式（4.1.5-2）是否漏印了组合值系数 ψ_c，笔者认为，一直以来，"设计值等于标准值乘以分项系数"的概念深入人心，例如，《公路通用规范》JTG D60—2004的2.0.11条规定，作用效应设计值是指"作用标准值效应与分项系数的乘积"，《公路混凝

土规范》JTG D62—2004 的 2.1.10 条对作用设计值的定义为"作用标准值乘以分项系数后的值",据此,公式(4.1.5-2)中的 Q_{jd} 一项的确应乘以组合值系数 ψ_c。但是,2015 版《公路通用规范》在 2.1.15 条将"作用的设计值"定义为"作用的代表值与作用分项系数的乘积",而"作用的代表值"可以是"组合值",这样,设计值就可以是已经考虑了组合值系数后的值。这一概念是与《荷载规范》一致的。据此,公式(4.1.5-2)中没有出现组合值系数 ψ_c 是合理的。

【Q13.3.2】**2018 版《公路混凝土规范》有哪些改动?**

【A13.3.2】以下仅就注册结构师考试常涉及的内容将其改动情况总结如下:

(1)增加的内容,主要有:体外预应力构件的设计计算;箱梁桥抗倾覆验算;拉压杆模型分析方法。

(2)修改了箱梁有效翼缘宽度的计算公式

(3)修改了耐久性设计要求。

(4)按照国家标准修改了钢筋的牌号并相应给出设计指标。

(5)对于圆形截面偏心受压构件,配筋设计改用《混规》的做法。对于偏心受压构件,偏心距增大系数公式修改为

$$\eta = 1 + \frac{1}{1300 e_0/h_0} \left(\frac{l_0}{h}\right)^2 \zeta_1 \zeta_2$$

即,原分母中的"1400"改为"1300"

(6)按照《公路通用规范》修改了正常使用极限状态所采用的荷载组合,使二者协调。

另外,人民交通出版社给出了第一次印刷本的勘误,如表 13-3-2 所示。

《公路混凝土规范》第一次印刷本勘误　　　　表 13-3-2

序号	页码	位置	误	正
1	5	第 8 行	W_{fk}	W_{cr}
2	9	表 3.2.2-2	光面螺旋肋	光面 螺旋肋
3	25	图 5.2.3	a) $x \leq h_f$ 按矩形截面计算 b) $x > h_f$ 按 T 形截面计算	a) $x \leq h'_f$ 按矩形截面计算 b) $x > h'_f$ 按 T 形截面计算
4	25	倒数第 10 行	或配有普通钢筋和预应力钢筋且,预应力钢筋受拉时	或配有普通钢筋和预应力钢筋且预应力钢筋受拉时
5	31	图 5.2.13c)	V_{shf}	V_{sbf}
6	35	倒数第 7 行	$h_0 = h - a$	$h_0 = h - a$
7	79	图 2.2.2b)	P_b	P_d
8	125	图 3.3.3-2	$h_t, 0.5 h_t, h_t \cos\theta_s$	$h_a, 0.5 h_a, h_a \cos\theta_s$
9	127	式 (C.2.1-5)		分母中 0.1 后应有"+"号
10	131	式 (E.0.2-1)		方括号内第 2 项,$0.01 k_F$ 应为 $0.01 k_F^2$
11	140	倒数第 3 行		"]"应放在"负"后

续表

序号	页码	位置	误	正
12	147	式（3-1）		括号内 σ_{fl50} 应为 δ_{fl50}
13	147	式（3-5）		删去分子中的"）"
14	158	图 4-7	c	l_c
15	164	倒 1 行	式（4-11）	式（4-17）
16	165	第 1 行		M_{1pt}^0 后应是"+"
17	167	第 4 行	π	π^2
18	167	图 4-11		
19	190	倒 4 行	$h0$	h_0
20	210	倒 5 行	图 8-3a）	图 8-4a）
21	210	倒 4 行	图 8-3b）	图 8-4b）
22	211	图 8-5	a	改为希文"α"，共 2 处
23	221	倒 4 行	3.1.8 条	3.1.6 条
24	224	图 8-17	I_a	l_a
25	236	图 9-4a）	$T_{h,d}$，$T_{k,d}$	$T_{b,d}$，$T_{s,d}$
26	236	图 9-4b）	$T_{b,4}$	$T_{Nb,d}$
27	253	图 D-1c	φ	ϕ
28	253	式（D-3）式（D-4）式（D-5）	ϕ_y	$\phi \cdot y$
29	253～254	式（D-4）～式（D-18）	a_c	α_c（即，英文改为希文）
30	260	图 G-1	I_f	l_f

除以上差错，笔者发现的疑似差错如表 13-3-3 所示。

《公路混凝土规范》第一次印刷本疑似差错　　　　　　　　　　表 13-3-3

序号	页码	疑似错误	正确内容	备注
1	15	图 4.3.4b_{m6} 下方的 b_4	b_6	
2	56	倒 2 行：u	μ	应是"希腊文"
3	88	公式（8.5.5-2）、（8.5.5-2）中的 a	α	应是"希腊文"
4	105	9.3.7 条第 2 行：每腹板	每侧腹板	
5	195	倒 12 行	抛弧线	抛物线
6	207	第 7 行：a_{cc}^l	σ_{cc}^l	表示"应力"，共 2 处
7	218	公式（8-5）：bh_0	$b_s h_0$	

【Q13.3.3】净跨径、计算跨径、标准跨径、桥梁总长、桥梁全长这些概念是怎样定义的？

【A13.3.3】净跨径：对于梁式桥，为设计水位上相邻两个桥墩（或桥台）之间的净距（图 13-3-1a 中的 l_0）；对于拱式桥，为每孔拱跨两个拱脚截面最低点之间的水平距离（图 13-

3-1b 中的 l_0）。

计算跨径：对于具有支座的桥梁，是指桥跨结构相邻两个支座中心的距离（图 13-3-1a 中的 l）；对于拱式桥，为两个相邻拱脚截面形心点之间的水平距离（图 13-3-1b 中的 l）。

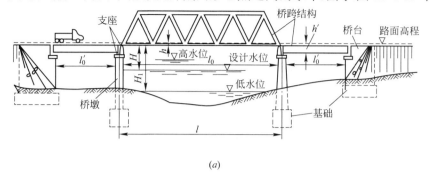

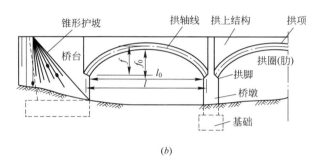

图 13-3-1 桥梁的跨度

标准跨径：对于梁式桥、板式桥，是指两桥墩中线之间桥中心线长度或桥墩中线至桥台背前缘的距离；对于拱式桥与涵洞，指净跨径。

桥梁总长：指两桥台台背前缘间的距离，即《公路通用规范》1.0.5 条所说的多孔跨径总长。

桥梁全长简称桥长，是桥梁两端两个桥台的侧墙或八字墙后端点之间的距离，见《公路通用规范》3.3.5 条。典型的 U 形桥台见图 13-3-2。

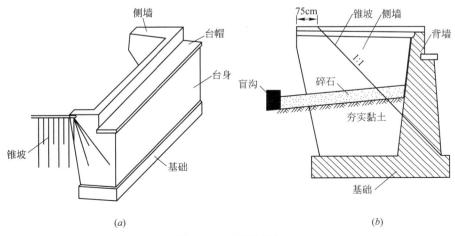

图 13-3-2 U 形桥台

【Q13.3.4】何谓"雉墙"?

【A13.3.4】桥台中的背墙也称作"雉墙",可参看本书的图 13-3-2。

【Q13.3.5】支承上部梁的墩帽、台帽,顺桥向宽度如何确定?

【A13.3.5】如图 13-3-3 所示,墩帽顺桥向宽度应满足:

$$b \geqslant f + \frac{a}{2} + \frac{a'}{2} + 2c_1 + 2c_2$$

$$f = e_0 + e_1 + e_1'$$

式中 f ——相邻两跨支座间的中心距;

a、a' ——支座垫板的顺桥向宽度;

c_1 ——顺桥向支座垫板至墩身边缘的最小距离;

c_2 ——檐口宽度,5~10cm;

e_0 ——伸缩缝宽度,中小桥为 2~5cm;大跨径桥梁可按温度变化及施工放样、安装构件可能的误差等确定;

e_1、e_1' ——桥跨结构过支座中心线的长度。

对于台帽(如图 13-3-4 所示),其顺桥向宽度应满足:

$$b \geqslant \frac{a}{2} + e_1 + \frac{e_0}{2} + c_1 + c_2$$

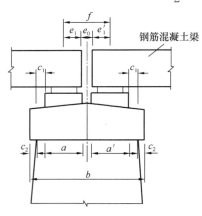

图 13-3-3 墩帽的顺桥向尺寸

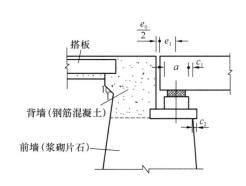

图 13-3-4 台帽的顺桥向尺寸

【Q13.3.6】《公通规》表 4.3.1-1 中的公路等级是如何划分的?

【A13.3.6】依据《公路工程技术标准》JTG B 01—2014 的 3.1.1 条,公路分为高速公路、一级公路、二级公路、三级公路及四级公路等五个技术等级。

高速公路为专供汽车分方向、分车道行驶,全部控制出入的多车道公路。高速公路的年平均日设计交通量宜在 15000 辆小客车以上。

一级公路为供汽车分方向、分车道行驶,可根据需要控制出入的多车道公路。一级公路的年平均日设计交通量宜在 15000 辆小客车以上。

二级公路为供汽车行驶的双车道公路。二级公路的年平均日设计交通量宜为 5000~15000 辆小客车。

三级公路为供汽车、非汽车交通混合行驶的双车道公路。三级公路的年平均日设计交通量宜为 2000~6000 辆小客车。

四级公路为供汽车、非汽车交通混合行驶的双车道或单车道公路。双车道四级公路年平均日设计交通量宜在 2000 辆小客车以下；单车道四级公路年平均日设计交通量宜在 400 辆小客车以下。

【Q13.3.7】依据《公路通用规范》的 4.3.1 条规定，对 P_k 应如何理解？

【A13.3.7】笔者结合规范的条文说明以及《公路桥梁设计规范答疑汇编》（人民交通出版社，2009），有以下认识：

（1）新规范抛弃了原来的车队荷载而采用车道荷载这一"虚拟荷载"，要保证其与原规范的连续性（公路-Ⅰ级相当于汽车-超 20 级，公路-Ⅱ级相当于汽车-20 级），这时，单纯的 q_k 不能完成此目的，因此，规范用 P_k 来加以修正。

（2）对于多跨不等跨连续梁桥，P_k 按最大跨径确定。

（3）计算主梁的剪力或支座反力时，P_k 应乘以 1.2 的系数。

（4）计算汽车制动力时，P_k 不乘 1.2 的系数。

（5）计算盖梁、墩台、基础的内力时需要用到支座反力，这里的支座反力计算时，P_k 应乘以 1.2 的系数。

【Q13.3.8】对《公路通用规范》的 4.3.1 条，有以下疑问：

(1) "车道荷载"与"车辆荷载"容易混淆，应如何区分？

(2) 如何理解"局部加载"？

(3) 表 4.3.1-5 规定了横向车道布载系数，在计算荷载横向分布系数时，要不要考虑多车道折减？

【A13.3.8】对于问题（1）：

"车道荷载"相当于 89 年规范中的"车队荷载"（例如，89 规范中的"汽车-20 级"，相当于车队包含一辆 30t 的重车和辆数不限的 20t 标准车），只不过更加概念化，表现为均布荷载和一个集中荷载。由于是车队，所以，更强调的是沿桥的纵向布置。横向的布置，要依据"车辆荷载"中的尺寸（主要是单车轮距和两车辆之间的轮距）。

"车辆荷载"相当于一辆车的概念化，也就是具体规定出一辆车的轴距、轮距、外形尺寸、车轮着地尺寸等。

对于问题（2）：

规范 4.3.1 条的条文说明指出，车道荷载不能解决局部加载、跨径较小的涵洞、桥台和挡土墙土压力等的问题，因为这时使用车道荷载会产生与原规范相差较大的结果，应采用车辆荷载。

"局部加载"是指对桥梁上局部区域的加载。例如，对横梁设计时主要考虑桥梁横向荷载的布置，这时就是局部加载，需要用到车辆荷载。

对于问题（3）：

计算横向分布系数时，应依据规范表 4.3.1-4 按照桥面宽度确定设计车道数并加以布置。考虑到实际中多车并排行驶的概率较小，故对多车道荷载予以折减，这就是规范表 4.3.1-5 的本意。又由于一个设计车道时会有特殊情况，故按不利情况考虑将车道荷载予以提高 20%（正是这个原因，原来的"折减系数"改称"布载系数"）。由于计算荷载横向分布系数时已计及多车道折减，因此，下一步计算梁的内力时不再折减。

注意，仅仅当设计车道数为 1 时，才取布载系数为 1.2。

【Q13.3.9】在计算梁的跨中弯矩设计值时，要不要乘以车道数？

【A13.3.9】 当桥梁在横向由多根主梁组成时，由于主梁间有相互联系而共同承受车辆荷载，故要考虑荷载的横向分布系数。而在计算横向分布系数，已经按照设计车道数布置轮压，所以，在计算梁的跨中弯矩设计值时，不再乘以车道数。

当桥梁在横向只有一根时，该主梁将承受全部的车道荷载，此时，横向分布系数就是设计车道数。

【Q13.3.10】《公路通用规范》4.3.5 条对汽车荷载制动力进行了规定，应如何理解？

【A13.3.10】 笔者认为，宜从以下两个方面理解：

(1) 注意关键词"同向行驶"、"不计冲击力"。当由桥面净宽确定为上下行 2 车道时，同向行驶为 1 个车道。

(2) 公路-Ⅰ级时，"一个设计车道的制动力标准值最小取值为 165kN"这一规定在 2015 版规范中没有变化，但是注意到，在表 4.3.1-5，一个设计车道时横向车道布载系数为 1.2（2004 版时无规定，默认为 1.0），因此，制动力的计算公式应写成：

同向一个车道时　　$F_{bk} = \max[1.2 \times (q_k l + P_k) \times 10\%, 165]$

同向多个车道时　　$F_{bk} = \max[\eta(q_k l + P_k) \times 10\%, 165\eta]$

式中，q_k 按照跨径依据规范 4.3.1 条取值；η 为调整系数，同向行驶 2 个车道时，$\eta=2$；同向行驶 3 个车道时，$\eta=3\times 0.78=2.34$；同向行驶 4 个车道时，$\eta=4\times 0.67=2.68$。

公路-Ⅱ级时，以上公式中的 165 改为 90 即可。

【Q13.3.11】如何理解《公路混凝土规范》4.2.3 条规定的荷载分布宽度？

【A13.3.11】 如图 13-3-5 所示，从左至右为板的跨径方向，a_1、b_1 为车轮着地尺寸，a_1、b_1 的值可由《公路通用规范》表 4.3.1-2 查得。对于汽车的中、后轮，$a_1=0.2m$，$b_1=0.6m$。轮压表现为集中力，在铺装层按照 45°角扩散，这样，就有 $a_2=a_1+2h$，$b_2=b_1+2h$。于是，集中荷载就转变为面荷载。

由于单向板通常按照单位宽度计算内力值，因此，在跨径方向可取荷载分布宽度 $b=b_2$，而垂直于跨径方向由于距离荷载越远弯矩越小，如图 13-3-6 所示，因此，需要将荷载取在某一范围内，认为在此范围（数值为 a）内均匀分布，a 的取值如图 13-3-7 所示。

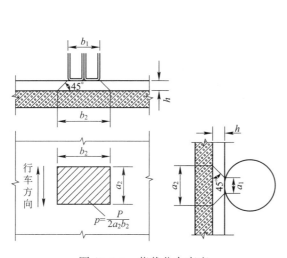

图 13-3-5　荷载分布宽度

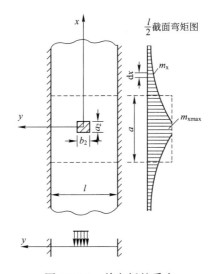

图 13-3-6　单向板的受力

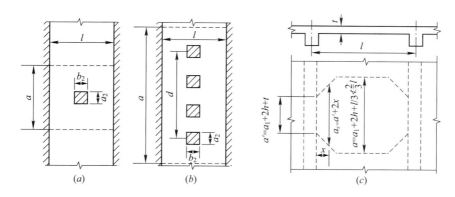

图 13-3-7 车轮荷载有效分布宽度

单个车轮在板的跨径中部时(图 13-3-7a)

$$a=(a_1+2h)+\frac{l}{3}\geqslant\frac{2l}{3}$$

多个相同车轮在板的跨径中部，当单个车轮按照上式计算的荷载分布宽度有重叠时(图 13-3-7b)

$$a=(a_1+2h)+d+\frac{l}{3}\geqslant\frac{2l}{3}+d$$

车轮在板的支承处时(图 13-3-7c 中记作 a')

$$a=(a_1+2h)+t$$

车轮在板的支承处附近，距离支点的距离为 x 时(图 13-3-7c)

$$a_x=(a_1+2h)+t+2x$$

但不大于车轮在板的跨径中部的分布宽度。

顺便指出，由于汽车车轮有左、右之分，轴重为 P，左、右轮压为 $P/2$，故上述 $a_2 \times b_2$ 范围内的面荷载为 $p=\dfrac{P/2}{a_2 b_2}=\dfrac{P}{2a_2 b_2}$。

【Q13.3.12】《公路混凝土规范》4.5.1 条规定，公路桥涵混凝土结构及构件的设计使用年限应符合《公路工程技术标准》JTG B01—2014 的规定，具体是怎样规定的？

【A13.3.12】同样的规定，可参看《公路桥涵设计通用规范》JTG D60—2015 的 1.0.4 条。

【Q13.3.13】利用《公路混凝土规范》对受弯构件斜截面抗剪承载力复核，与《混凝土规范》的差别在哪里？

【A13.3.13】下面以简支梁承受正弯矩为例，说明《公路混凝土规范》的做法特点。

（1）依据 5.2.9 条，在斜截面受压端（为斜裂缝上端），应满足 $\gamma_0 V_d \leqslant V_u$。这一点与《混凝土规范》不同。

（2）规范 5.2.8 条给出抗剪承载力计算位置，与《混凝土规范》规定相同，均是指斜裂缝下端位置。

（3）由于（1）、（2）所指位置不是同一点，因此，需要有一个转化的方法。规范 5.2.10 条给出了斜截面的水平投影长度 C 计算式。

(4) 但是，水平投影长度 C 计算式中用到的 M_d、V_d 是指斜截面受压端对应的数值而不是规范 5.2.8 条所规定位置的数值，因此，理论上需要"试算"得到斜截面受压端位置，才能使用 $\gamma_0 V_d \leqslant V_u$。

(5) 为了简化计算，常用的做法是，将规范 5.2.8 条给出的位置向跨中方向取 h_0，作为斜截面受压端位置。由此可得到斜截面的水平投影长度 C，据此确定与斜裂缝相交的纵筋、箍筋和弯起钢筋，算出该范围内 $\sum A_{sb}$、P、ρ_{sv}，从而可得到 V_u，进而判断 $\gamma_0 V_d \leqslant V_u$。

【Q13.3.14】**对于预应力混凝土构件，净截面特征和换算截面特征是怎么回事？**

【A13.3.14】(1) 净截面特征是指 A_n 和 I_n，换算截面特征是指 A_0 和 I_0，这里，脚标"n"表示净截面，"0"表示换算截面，A 和 I 则分别表示面积和惯性矩。

(2) 对于后张法构件，由于有预留的孔道，所以，在孔道压浆预应力筋和混凝土粘结之后采用换算截面，之前用净截面。这样，净截面其实是扣除孔道之后的换算截面（预应力筋布置在孔洞之中，故不计入），于是，净截面面积按照下式计算：

$$A_n = A_c + \alpha_{Es} A_s = (A - A_h - A_s) + \alpha_{Es} A_s$$
$$= A - A_h + (\alpha_{Es} - 1) A_s$$

式中，A_h 为孔道面积。

换算截面面积 A_0 则是在 A_n 的基础上考虑 A_p，即

$$A_0 = A_n + \alpha_{Ep} A_p = A - A_h + (\alpha_{Es} - 1) A_s + \alpha_{Ep} A_p$$

这样一来，计算 A_0 尚需要知道 A_h。事实上，后张法构件和先张法构件在使用阶段没有差别，其换算截面面积计算也应该是相同的，可以按照下式计算：

$$A_0 = A_c + \alpha_{Es} A_s + \alpha_{Ep} A_p = A - A_p + (\alpha_{Es} - 1) A_s + \alpha_{Ep} A_p$$

可见，以上两个 A_0 计算公式的差别只是 A_p 与 A_h 的差别，而 A_p 与 A_h 近似相等。使用后者计算更方便，而且，可以和应力计算时的全截面换算截面概念相一致。

【Q13.3.15】**预应力混凝土梁正截面承载力计算时，有 3 个问题：**

(1) 为什么会在受压区布置预应力钢筋 A'_p？

(2) σ'_{p0} 应该如何理解？

(3) A'_p 的应力为何是 $f'_{pd} - \sigma'_{p0}$？我看到在《混凝土规范》中 A'_p 的应力是 $\sigma'_{p0} - f'_{pd}$。

【A13.3.15】对于问题（1）：

如果在受拉区布置的 A_p 过多，张拉 A_p 时可能会导致受压区（所谓受压区是指在使用荷载作用下受压）产生较大的拉应力而使混凝土开裂，故而，需要在受压区布置 A'_p。从承载力角度看，A'_p 会使受弯承载力降低。

对于问题（2）：

为说明 σ'_{p0}，先解释一下 σ_{p0}，二者的区别只在于 σ_{p0} 是对于 A_p 而言的，位于受拉区。而解释 σ_{p0}，从预应力混凝土轴心受拉构件入手比较容易。如下：

对于先张法构件，完成两批预应力损失之后承受外荷载之前为初始状态，此时，预应力钢筋的有效预应力为 $\sigma_{pe} = \sigma_{con} - \sigma_l - \alpha_E \sigma_{pc}$，而混凝土则受压，应力为 σ_{pc}。若承受一逐渐增大的轴心拉力，则某时刻必然会使混凝土的应力为零（称作"消压"），混凝土的应力

由 σ_{pc} 变为零，变化量为 σ_{pc}。相应地，预应力钢筋应力（拉应力）则会在原来基础上增大 $\alpha_E \sigma_{pc}$，成为 $\sigma_{p0} = \sigma_{con} - \sigma_l$。

对于后张法构件，初始时刻，预应力钢筋的有效预应力为 $\sigma_{pe} = \sigma_{con} - \sigma_l$，混凝土受压，应力为 σ_{pc}。消压时，预应力钢筋应力会在原来基础上增大 $\alpha_E \sigma_{pc}$，于是成为 $\sigma_{p0} = \sigma_{con} - \sigma_l + \alpha_E \sigma_{pc}$。

如果为预应力混凝土受弯构件，情况与上面类似，只不过，截面上混凝土的应力会因位置不同而不同，因此，需要指明一个位置然后才能谈应力的变化，这个位置取在预应力钢筋合力点处，可保证钢筋应力与混凝土应力之间只差一个 α_E 倍。

必须指出，以上对 σ_{p0} 的分析是基于《混凝土规范》的（该规范中，6项预应力损失中不包括混凝土弹性压缩引起的损失），由于《公路混凝土规范》中将混凝土弹性压缩引起的损失记作 σ_{l4}，$\sigma_{l4} = \alpha_E \sigma_{pc}$，故按照该规范的规定，先张法时，应是 $\sigma_{p0} = \sigma_{con} - \sigma_l + \sigma_{l4}$，这相当于将 σ_l 中包含的 σ_{l4} 减去后再加上；对于后张法构件，仍为 $\sigma_{con} - \sigma_l + \alpha_E \sigma_{pc}$。

对于问题（3）：

受荷前，由于预加力，A'_p 重心处混凝土已经产生的压缩变形，为 $\varepsilon'_{pc} = \sigma'_{pc}/E_c$。荷载作用后，受压区混凝土进一步受到压缩，直至受压边缘的应变达到抗压极限变形 $\varepsilon_{cu} = 0.0033$，混凝土被压碎。此时，一般认为 A'_p 重心处混凝土的压应变为 0.002。这样，从加荷到最后破坏，A'_p 重心处混凝土的压缩变形增量为 $(0.002 - \varepsilon'_{pc})$。由于粘结，$A'_p$ 受到同样大小的压缩，钢筋中的预应力降低为 $(0.002 - \varepsilon'_{pc})E_p$。若以压为正，拉为负，则受压预应力钢筋 A'_p 的最终应力为：

$$-(\sigma'_{con} - \sigma'_l) + (0.002 - \varepsilon'_{pc})E_p$$

将 $\varepsilon'_{pc} = \sigma'_{pc}/E_c$、$\alpha_{Ep} = E_p/E_c$ 代入上式，并按钢筋抗压强度取值定义，取 $f'_{pd} = 0.002 E_p$，则上式可以变形为：

$$f'_{pd} - [\sigma'_{con} - \sigma'_l + \alpha_{Ep}\sigma'_{pc}] = f'_{pd} - \sigma'_{p0}$$

对先张法构件来说，$\alpha_{Ep}\sigma'_{pc}$ 相当于弹性压缩损失 σ'_{l4}。

由于以上推导过程中应力以压为正拉为负，故当受压区 A'_p 的合力在图中画为指向截面的压力时，其取值为 $(f'_{pd} - \sigma'_{p0})A'_p$，这就是《公路混凝土规范》图 5.2.2 的表达方式。相反，如果将 A'_p 的合力在图中画为背向截面，即以拉为正，则取值应为 $(\sigma'_{p0} - f'_{pd})A'_p$，这就是《混凝土规范》图 6.2.10 的表达方式。

【Q13.3.16】《公路混凝土规范》表 **6.1.8** 下注释 **2** 规定，$\boldsymbol{\sigma_{pe}}$ 与表值不同时，其预应力传递长度应根据表值按比例增减。如何增减？

【A13.3.16】 今举例说明。

1×7 钢绞线，$\sigma_{pe} = 1000 \text{MPa}$，C40 混凝土时，查表可知 $l_{tr} = 67d$。由于 σ_{pe} 从端部至 l_{tr} 之间按直线变化，故，若 $\sigma_{pe} = 920 \text{MPa}$，其他条件不变，则对应的 l_{tr} 为：

$$l_{tr} = \frac{920}{1000/(67d)} = \frac{920}{1000} \times 67d = 62d$$

【Q13.3.17】《公路混凝土规范》**6.3.1** 条规定，全预应力混凝土构件应满足 $\boldsymbol{\sigma_{st} - 0.85\sigma_{pc} \leqslant 0}$（对于预制构件）或 $\boldsymbol{\sigma_{st} - 0.80\sigma_{pc} \leqslant 0}$（对于非预制构件），该规定似乎与 **6.1.2**

条矛盾，因为，**6.1.2条规定，在作用频遇组合下控制的正截面受拉边缘不允许出现拉应力**。如何理解？

【A13.3.17】全预应力混凝土构件可以通俗描述为在正常使用情况下截面不应出现拉应力。这里的"正常使用情况"涉及荷载组合，一般理解为"荷载标准组合"，于是，可以看到，《混凝土规范》的7.1.1条规定，一级裂缝控制等级时要求 $\sigma_{ck}-\sigma_{pc}\leqslant 0$，其含义为，预应力混凝土梁截面的抗裂验算边缘由荷载标准组合引起的拉应力小于等于预加力引起的压应力，即截面不出现拉应力。

在《公路混凝土规范》中，实际上也要达到这样的一个要求，只不过，由于其采用的是"频遇组合"而非"标准组合"，导致荷载引起的拉应力 σ_{st} 比 σ_{ck} 小，故相应地将 σ_{pc} 也折减，结果成为 $\sigma_{st}-0.85\sigma_{pc}\leqslant 0$。其他更详细解释，见《公路混凝土规范》6.3.1条的条文说明。

6.1.2条规定的是一个原则，将6.3.1条的公式用一句话来表达清楚的确比较困难。

【Q13.3.18】在《公路混凝土规范》的**6.5.2条"受弯构件的刚度计算"**中，有如下的疑惑：

(1) "开裂截面换算截面"与"全截面换算截面"如何理解？

(2) 开裂截面换算截面惯性矩 I_{cr}、全截面换算截面惯性矩 I_0 如何计算？

(3) 在计算混凝土塑性影响系数 γ 时，$\gamma=\dfrac{2S_0}{W_0}$，S_0 取全截面换算截面重心轴以上（或以下）部分面积对换算截面重心轴的面积矩，"以上"还是"以下"到底如何选择？

【A13.3.18】(1) 用材料力学的方法对钢筋混凝土构件进行应力计算，其前提条件之一是，截面应为单一材料，因此，通常将钢筋"换算"成混凝土，形成"换算截面"。其具体方法是：将钢筋截面积乘以 α_E（α_E 为钢筋和混凝土的弹性模量之比），并放置在钢筋重心处。

换算截面有开裂截面换算截面与全截面换算截面之分，二者的区别是，前者不考虑受拉区混凝土的贡献。今以矩形截面为例说明，如图13-3-8所示，(b) 图为开裂截面换算截面，(c) 图为全截面换算截面。计算截面特征时只考虑阴影部分。

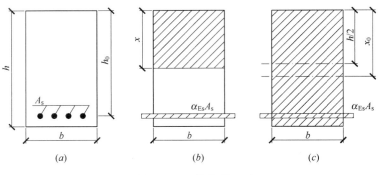

图 13-3-8 换算截面

(2) 现以矩形截面为例说明 I_{cr}、I_0 的计算方法。

如图13-3-8所示，I_{cr} 依据图(b)的开裂截面换算截面算出，I_0 依据图(c)的全截面换算截面算出。

对于开裂截面换算截面，利用求截面形心的方法求受压区高度 x，可得：

$$x = \frac{\frac{1}{2}bx^2 + \alpha_{Es}A_s h_0}{bx + \alpha_{Es}A_s}$$

于是解出：

$$x = \frac{\alpha_{Es}A_s}{b}\left[\sqrt{1 + \frac{2bh_0}{\alpha_{Es}A_s}} - 1\right]$$

从而

$$I_{cr} = \frac{1}{3}bx^3 + \alpha_{Es}A_s(h_0 - x)^2$$

对于全截面换算截面，利用求截面形心的方法求受压区高度 x_0，可得：

$$x_0 = \frac{\frac{1}{2}bh^2 + (\alpha_{Es} - 1)A_s h_0}{bh + (\alpha_{Es} - 1)A_s}$$

式中之所以出现 $\alpha_{Es} - 1$ 是由于要减去钢筋所占用的混凝土截面积 A_s。

从而

$$I_0 = \frac{1}{12}bh^3 + bh\left(\frac{h}{2} - x_0\right)^2 - A_s(h_0 - x_0)^2 + \alpha_{Es}A_s(h_0 - x_0)^2$$

上式中前两项为混凝土对自身轴的惯性矩和移轴公式，第 3 项为钢筋占用混凝土位置导致的减少量。

对于 T 形截面，当考虑开裂截面换算截面时，中和轴可能位于翼缘或者腹板内。可先假定中和轴位于翼缘内，从而可按照上述的矩形截面计算方法求得 x 值，若 $x \leqslant h_f'$，表明假定正确，计算所得 x 值可以接受；若 $x > h_f'$，表明假定错误，需要按中和轴位于腹板内重新计算 x。于是有

$$x = \frac{\frac{1}{2}bx^2 + (b_f' - b)h_f' \times h_f'/2 + \alpha_{Es}A_s h_0}{bx + (b_f' - b)h_f' + \alpha_{Es}A_s}$$

求解得到

$$x = \sqrt{A^2 + B} - A$$

$$A = \frac{\alpha_{Es}A_s + (b_f' - b)h_f'}{b}, \quad B = \frac{2\alpha_{Es}A_s h_0 + (b_f' - b)h_f'^2}{b}$$

T 形截面考虑全截面换算截面时，中和轴按照求解截面重心的原理得到，如下：

$$x_0 = \frac{bh \times h/2 + (b_f' - b)h_f' \times h_f'/2 + (\alpha_{Es} - 1)A_s \times h_0}{bh + (b_f' - b)h_f' + (\alpha_{Es} - 1)A_s}$$

(3) 对于弹塑性材料组成的梁，例如钢梁，截面塑性抵抗矩为截面重心轴以上、以下部分面积对重心轴的面积矩之和，而且，可以证明，该两部分的面积矩相等。因此，这里计算 S_0 时取换算截面重心轴以上部分可以，以下部分也可以，数值是相等的。

【Q13.3.19】《公路通用规范》的 4.2.2 条规定，预加力在结构进行正常使用极限状态设计和使用阶段构件应力计算时，应作为永久作用计算其主效应和次效应，并计入相应阶

段的预应力损失，但不计由于预加力偏心距增大引起的附加效应。那么，《公路混凝土规范》的 6.5.3 条以及 6.5.5 条第 2 款中的"荷载频遇组合"是否包含预加力？

【A13.3.19】笔者认为，《公路混凝土规范》的 6.5.3 条以及 6.5.5 条第 2 款中的"荷载频遇组合"不包含预加力。理由如下：

依据 1985 版的《公路钢筋混凝土及预应力混凝土桥涵设计规范》，当短期使用荷载（结构自重、预加力和静活载）作用下的最大竖向挠度大于 $l/1600$ 时，应设置预拱度。若小于零，显然不设置，这时，对应于预加力引起的反拱大于结构自重和静活载共同作用的挠度。故 2018 版的《公路混凝土规范》6.5.5 条第 2 款中的"荷载频遇组合"必然不包括预加力。作为同一个概念，规范 6.5.3 条也不包括。

支持此观点的文献有：张树仁、黄侨《结构设计原理》(第二版)，叶见曙《结构设计原理》(第二版)。

【Q13.3.20】《混凝土规范》表 3.2.2 下注 3 明确指出，对预应力混凝土构件，可将计算所得的挠度值减去预加力产生的反拱值；在《公路混凝土规范》中，对于预应力混凝土梁，挠度验算时，是否要减去预加力引起的反拱？

【A13.3.20】依据《公路混凝土规范》的 6.5.3 条，预应力混凝土受弯构件同普通钢筋混凝土受弯构件一样，先用荷载频遇组合计算出短期挠度，然后用乘以 η_θ 考虑荷载长期效应影响，由此得到的长期挠度再减去结构自重产生的长期挠度，然后和挠度限值相比较。

所以，当采用公式 $f \leqslant f_{\lim}$ 进行挠度验算时，公式的左边不应减去预加力引起的反拱值。

支持此观点的文献有：张树仁、黄侨《结构设计原理》(第二版)，黄侨、王永平《桥梁混凝土结构设计原理计算示例》，叶见曙等《结构设计原理计算示例》(第二版)。

【Q13.3.21】如何计算预加力引起的反拱值？

【A13.3.21】依据《公路混凝土规范》的 6.5.4 条，计算预加力引起的反拱时按照刚度为 $E_c I_0$ 计算，然后考虑长期挠度增长系数为 2.0。理论上讲，这里的 E_c 是对应于传力锚固时的值：因为随着龄期增长混凝土的强度提高，而传力锚固时的强度会比预应力混凝土梁的设计强度要低，相应的 E_c 值也就低。

有了刚度还需要知道弯矩才能反拱。由于各截面预应力筋布置不同，预应力损失又不相等，因此，通常采用的一个简化做法是，取 $l/4$ 截面处预加力引起的弯矩作为沿全跨的弯矩，据此按照"图乘法"计算。如图 13-3-9 所示，可得预加力引起的跨中长期挠度值为

$$f_p = \eta_\theta \times \frac{2 \times \left(\frac{1}{2} \times \frac{l}{4} \times \frac{l}{2}\right) M}{E_c I_0} = \eta_\theta \times \frac{l^2 M}{8 E_c I_0}$$

式中，η_θ 应取为 2.0。

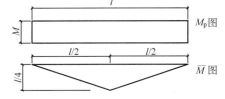

图 13-3-9 图乘法计算跨中弯矩

【Q13.3.22】如何理解《公路混凝土规范》的 7.1.4 条？计算应力的公式所依据的中和轴似乎与图 7.1.4 中的中和轴不协调。

【A13.3.22】当为弹性材料时，计算压弯构件的应力可采用叠加法，如图 13-3-10 所示。图中以压为正。

现在，规范图 7.1.4 中给出的中和轴可以认为是偏心压力 N_{p0} 作用下的中和轴，而偏

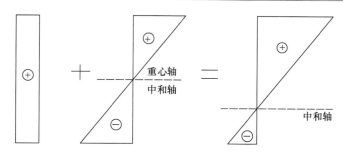

图 13-3-10 压弯构件截面应力的叠加原理

心压力与压弯构件是等效的。所以，与图 13-3-10 对比可知，该中和轴不是用于弯矩计算时的中和轴。

规范 7.1.4 条的计算步骤为：

（1）按规范附录 G 求出在偏心压力 N_{p0} 作用下的受压区高度 x。

（2）以阴影范围的混凝土作为开裂截面（注意还应包括所有的钢筋），确定 A_{cr}。

（3）以阴影范围的混凝土作为开裂截面（注意还应包括所有的钢筋），先确定开裂截面的重心轴，再以此重心轴作为受弯计算时的中和轴确定 I_{cr}。

（4）代入公式计算。

【Q13.3.23】如何理解《公路混凝土规范》的 7.2.6 条？

【A13.3.23】 可以从以下几个方面理解：

（1）对于钢筋混凝土梁，若采用换算截面，以开裂截面换算截面惯性矩 I_{cr} 和换算截面面积矩 S_0 代替上式中的对应量，则得到可用于计算钢筋混凝土梁的剪应力公式如下：

$$\tau = \frac{VS_0}{I_{cr}b}$$

式中 V——荷载标准值产生的剪力；

I_{cr}——开裂截面换算截面惯性矩；

S_0——所求应力之水平纤维以上（或以下）部分换算面积对开裂截面换算截面重心轴的面积矩；

b——所求应力之水平纤维处的截面宽度。

以上公式计算比较繁琐，通常，直接采用以下简便公式求得截面的最大剪应力 τ_0：

$$\tau_0 = \frac{V}{bz}$$

式中，z 为内力臂，可近似地取下列数值：单筋矩形梁，$z=7/8h_0$；双筋矩形梁，$z=0.9h_0$；T 形梁，$z=0.92h_0$ 或 $z=h_0-h'_f/2$。

（2）钢筋混凝土梁的主拉应力在截面中和轴处达到最大值，此处，正应力等于零，只有剪应力，故主拉应力等于剪应力，写成公式形式，为：

$$\sigma_{tp} = \sigma_{cp} = \tau_0 = \frac{V}{bz}$$

（3）由于主拉应力与主压应力及最大剪应力在数值相等，且混凝土的抗拉强度最低，所以，在钢筋混凝土结构中只验算主拉应力，不必验算主压应力和剪应力。这样，钢筋混凝土受弯构件短暂状况的斜截面应力验算，成为计算中性轴处的主拉应力 σ_{tp}^t，并应符合下列规定：

$$\sigma_{tp}^t = \frac{V_k^t}{bz} \leqslant f'_{tk}$$

上式就是《公路混凝土》规范的公式（7.2.5）。公式（7.2.6）也以主拉应力的形式表达，规定 $\sigma_{tp}^t \leqslant 0.25 f'_{tk}$ 时由于剪应力很小，可以仅按构造要求配置抗剪钢筋。

（4）假定一个简支梁承受均布荷载，则其半跨的剪力图可以画出。再假定其截面宽度 b 和计算高度 h_0 不变，则 bz 不变，将纵坐标除以 bz 得到截面最大剪应力的分布，这就是规范图 7.2.6 的三角形，今表示为图 13-3-11。

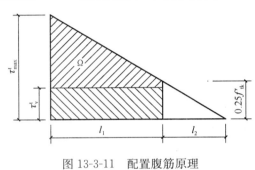

图 13-3-11 配置腹筋原理

（5）根据构造要求，选定箍筋的牌号、直径、间距后，则可用下式求出箍筋承受的主拉应力（剪应力）值：

$$\tau_v^t = \frac{n A_{sv1} [\sigma_s^t]}{b S_v}$$

在剪应力图中以 τ_v^t 作为竖标画一条水平线，如图 13-3-11 所示，则该水平线上方阴影部分为弯起钢筋需要承担的剪应力，将这部分的面积记作 Ω。于是，该范围内所需要的总的弯起钢筋截面积为：

$$A_{sb} \geqslant \frac{b \Omega}{[\sigma_s^t] \sqrt{2}}$$

式中　τ_v^t ——由箍筋承担的主拉应力（剪应力）值；
　　　n ——同一截面内箍筋的肢数；
　　　$[\sigma_s^t]$ ——短暂状况时钢筋应力的限值，取 $[\sigma_s^t] = 0.75 f_{sk}$；
　　　A_{sv1} ——单肢箍筋的截面面积；
　　　S_v ——箍筋的间距；
　　　b ——矩形截面宽度，T 形和工形截面的腹板宽度；
　　　A_{sb} ——弯起钢筋的总截面面积；
　　　Ω ——相应于由弯起钢筋承受的剪应力图的面积。

以上计算的弯起钢筋应按与梁纵轴线成 $45°$ 角弯起。

确定 A_{sb} 的公式中之所以除以 $\sqrt{2}$，是由于在梁的中性轴上，尽管主拉应力与剪应力数值相等，但是因主拉应力与梁的轴线呈 45 度夹角，如图 13-3-12 所示，当按照剪应力图计算主拉应力的合力时，应将长度方向尺寸乘以 $\sin 45°$，即除以 $\sqrt{2}$。

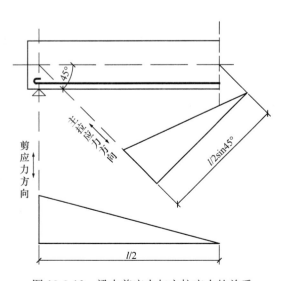

图 13-3-12 梁中剪应力与主拉应力的关系

13.3 疑问解答

【Q13.3.24】《公路混凝土规范》**8.7 节，有不少参数需要依据《公路桥梁板式橡胶支座》JT/T 4 取值，具体是如何规定的？**

【A13.3.24】 这些参数，在 2004 版规范中是给出的。2018 版《公路混凝土规范》中没有给出，但在 2019 年 9 月 1 日实施的《公路桥梁板式橡胶支座》JT/T 4—2019 中给出了，如下：

（1）支座使用阶段的平均压应力限值 $\sigma_c=10.0$ MPa。

（2）常温下橡胶抗剪弹性模量 $G=1.0$ MPa。

（3）橡胶支座的抗压弹性模量 E_e 和支座形状系数 S 应按下列公式计算：

$$E_e=5.4GS^2$$

矩形支座 $$S=\frac{l_{0a}+l_{0b}}{2t_1(l_{0a}+l_{0b})}$$

圆形支座 $$S=\frac{d_0}{4t_1}$$

式中：l_{0a}、l_{0b}——矩形支座加劲钢板短边、长边尺寸；

d_0——圆形支座钢板直径；

t_1——支座中间层单层橡胶厚度。

支座形状系数 S 应在 $5 \leqslant S \leqslant 12$ 范围内采用。

（4）支座橡胶弹性体体积模量 $E_b=2000$ MPa。

（5）普通橡胶支座与混凝土接触时，摩擦系数 $\mu=0.3$；与钢板接触时，摩擦系数为 $\mu=0.2$。有实测资料时也可按实测资料采用。

（6）支座剪切角 α 的限值，当不计制动力时应 $\tan\alpha \leqslant 0.5$；当计入制动力时应 $\tan\alpha \leqslant 0.7$。

【Q13.3.25】《公路混凝土规范》**的 9.3.13 条对承受弯剪扭构件的箍筋配筋率进行了规定，ρ_{sv} 依据第 29 页的公式，为**

$$\rho_{sv}=\frac{A_{sv}}{s_v b}$$

对于箱形截面，式中的 b 如何取值？

【A13.3.25】 规范图 5.1.1 给出了箱形受扭构件的截面尺寸，b 标注为外轮廓的宽度，此值用于计算 β_a、W_t。公式（5.5.3-1）~公式（5.5.4-3）中的 b 与受剪有关，故对于箱形截面取为腹板总宽度。即，针对 ρ_{sv} 中的 b，箱形截面时如何取值，规范并没有明确。

为此，笔者查阅了相关文献，获得的信息如下：

（1）国内 2015 版《混凝土规范》，在 9.2.10 条规定了弯剪扭构件的箍筋配箍率要求，ρ_{sv} 不应小于 $0.28f_t/f_{yv}$。结合 2002 版《混凝土规范》的 10.2.12 条，$\rho_{sv}=A_{sv}/(bs)$ 中的 b 取为 b_h，即箱形截面外轮廓的宽度。10.2.12 条条文说明指出，"对箱形截面构件，偏安全地采用了与实心截面构件相同的构造要求"。

（2）美国混凝土规范 ACI318-2014 的 9.6.4.2 条，所用指标为 b_w，在没有另外说明的情况下，对于箱形截面，b_w 取为腹板总厚度。

（3）美国 2017 版 AASHTO 规范，结合 5.7.2.5 条和 5.7.2.8 条，其中的 b_v，对于箱形截面，取为腹板总厚度。

(4) 欧洲混凝土规范 EC2，按照公式 9.4，b_w 为腹板的宽度，没有对箱形截面另外说明。

【Q13.3.26】《公路混凝土规范》附录 G 所规定的"考虑反向摩擦之后的预应力损失简化计算"应该如何理解？尤其是 G.0.3 条看不明白呀。

【A13.3.26】摩阻力总是与运动方向相反，这样，在钢筋回缩时，摩阻力就会对预应力钢筋产生拉力，称作"反向摩擦"。于是，有以下认识：

(1) 张拉端回缩量最大，向内会越来越小，在某一点回缩量为零，张拉端至回缩量为零点间的距离就是钢筋回缩影响长度，记作 l_f。

(2) 考虑反向摩擦后，在梁长 l 范围内，钢筋的总回缩量必然为 $\sum \Delta l$，即，等于锚具压缩变形量。

(3) l_f 与梁长 l 的关系可能有两种情况：$l_f \leqslant l$ 和 $l_f > l$，分别如图 13-3-13（a）、(b) 所示。

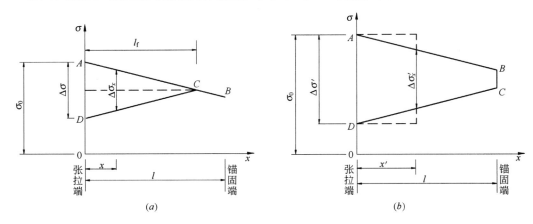

图 13-3-13 考虑反向摩擦后的 σ_{l2} 计算简图

图中的 AB 线为正摩阻线，其斜率记作 $-\Delta \sigma_d$，有 $\Delta \sigma_d = \sigma_{l1,x=l}/l$，反摩阻线为 DC 线，其斜率为 $\Delta \sigma_d$。

(4) 显然，考虑反向摩擦后，在梁长 l 范围内，钢筋的总回缩量为 $\sum \Delta l$。因此，对于图 13-3-13（a），应有三角形 ACD 的面积除以 E_p 等于 $\sum \Delta l$；对于图 13-3-13（b），则应有梯形 $ABCD$ 的面积除以 E_p 等于 $\sum \Delta l$。

注意，规范图 D.0.2 中的 σ_l，其脚标 "l" 表示 $x=l$ 处，并不表示"损失"。

对于规范的 G.0.3 条，写成如下形式，可能更容易理解：

两端张拉时（分次张拉或同时张拉），反摩阻损失影响长度可能会有重叠。此时，重叠范围内某截面预应力钢筋的应力（扣除正摩阻和反摩阻损失后的应力）可按照下述方法计算：将一端作为张拉端、另一端锚固，计算此截面位置的预应力钢筋的应力；再将张拉端与锚固端交换位置，同样计算此截面位置的预应力钢筋的应力，取以上二者的较大者。

【Q13.3.27】《公路混凝土规范》附录 C 规定了混凝土收缩应变与徐变系数随时间变化的计算方法，看了几遍都没有明白，请指教。

【A13.3.27】笔者认为应从以下几个方面把握：

(1) 混凝土的收缩应变随时间而变化，$\varepsilon_{cs}(t, t_s)$ 表示 t_s 时刻至 t 时刻的收缩应变。t_s 对应于收缩开始时刻（可取 3~7d），t 对应于计算点时刻。若是考虑收缩影响，则把开始受到收缩影响的时刻记作 t_0，自 t_0 至 t 完成的收缩应变值等于 $\varepsilon_{cs}(t,t_s)-\varepsilon_{cs}(t_0,t_s)$。将其画在时间轴上表达更清楚，如图 13-3-14 所示。也就是说，计算收缩应变值应统一从收缩开始时刻起算。

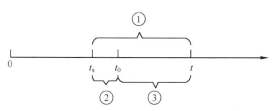

图 13-3-14　收缩应变计算的时间轴

（2）$\varepsilon_{cs}(t,t_s)$、$\beta_s(t-t_s)$、$\varepsilon_s(f_{cm})$ 与高等数学中的 $f(x)$ 类似，都是表示函数。

（3）《公路混凝土规范》第 126 页给出 $RH_0=100\%$、$t_1=1d$、$f_{cm0}=10MPa$ 等，是出于代入公式（C.1.1-1）时量纲的考虑以及对公式数值的修正。例如，$t_1=1d$ 仅仅为了使 $(t-t_s)/t_1$ 无量纲。

（4）公式（C.2.1-5）有误，应为：

$$\beta(t_0)=\frac{1}{0.1+(t_0/t_1)^{0.2}}$$

（5）从 F.1.1 条给出的公式可知，ε_{cs0} 的取值与混凝土强度等级有关。对于 C20～C50，可求得当 $RH=55\%$ 时，ε_{cs0} 分别为 0.6331、0.5815、0.5298、0.4781，单位为 10^{-3}。现在，作为近似，规范对 C20～C50 混凝土统一取 ε_{cs0} 为表 F.1.2 给出数值。当混凝土强度等级为 C50 以上时，才考虑将表中数值乘以 $\sqrt{32.4/f_{ck}}$。

（6）对于徐变系数 $\phi(t,t_0)$，规范同样给出了计算公式和表格，道理与上述类似。

（7）C.2.3 条的"注"中，"t_0' 为 90d 以外计算所需的加载龄期"，所指有些不明。笔者认为应这样理解：假如实际加载时龄期为 100d，查表 C.2.2 无法得到 ϕ_0，因而应按照公式（F.2.1）计算。由于 $\phi_0=\phi_{RH}\beta(f_{cm})\beta(t_0)$，$\phi_{RH}$、$\beta(f_{cm})$ 都与 t_0 无关，因此，不同 t_0 时刻对应的 ϕ_0 比值，就等于对应的 $\beta(t_0)$ 比值，规范中记作 $\beta(t_0')/\beta(t_0)$。可取 t_0 为表中给出的加载龄期，例如取 $t_0=90d$，t_0' 当然是取 100d，这就是所谓的"90d 以外计算所需的加载龄期"。

【Q13.3.28】《公路混凝土规范》的预应力混凝土部分，总觉得 N_{p0} 的含义似乎不是太明确，其 6.4.4 条说先张法和后张法时的 N_{p0} 均按照先张法的公式计算，更令人摸不着头脑呀！如何理解？

【A13.3.28】无论是在《公路混凝土规范》还是《混凝土规范》中，N_{p0} 都有两种含义：(1) 先张法时预应力钢筋与非预应力钢筋的合力；(2) 预应力钢筋重心水平处混凝土法相应力等于零时预应力钢筋与非预应力钢筋的合力。

对于含义 1，是指完成两批预应力损失后，混凝土构件受到的预压力，是预压力钢筋与非预压力钢筋的合力，对于预应力受弯构件，N_{p0} 为偏心压力，如图 13-3-15 所示，其大小按照下式计算：

$$N_{p0}=\sigma_{p0}A_p+\sigma_{p0}'A_p'-\sigma_{l6}A_s-\sigma_{l6}'A_s'$$

N_{p0} 相对于重心轴的偏心距，可按照

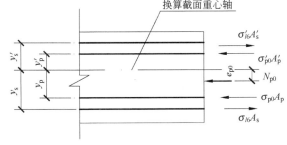

图 13-3-15　先张法时预应力钢筋与非预应力钢筋的合力

求重心的方法得到：对重心位置取矩，$\sigma_{p0}A_p y_p$ 与 $\sigma'_{l6}A'_s y'_s$ 为顺时针，$\sigma_{l6}A_s y_s$ 与 $\sigma'_{p0}A'_p y'_p$ 为逆时针，故

$$e_{p0} = \frac{\sigma_{p0}A_p y_p + \sigma'_{l6}A'_s y'_s - \sigma'_{p0}A'_p y'_p - \sigma_{l6}A_s y_s}{N_{p0}}$$

对于含义 2，其本质上指当预应力钢筋重心水平处混凝土法相应力等于零时（消压时）所需的外拉力值，由于作用力与反作用力相等，故称其为"预应力钢筋与非预应力钢筋的合力"。

对于先张法，以轴心受拉构件为例，当外部的轴心拉力增大到完成第二批损失之后的预应力钢筋与非预应力钢筋的合力大小时，会消压，是故若将第 1 种含义的值记作 N_p，则会有 $N_{p0}=N_p$，干脆就记作一个符号 N_{p0}。

对于后张法，情况会有差别，也就是说 $N_{p0} \neq N_p$，但是当写成以 σ_{p0} 表达的形式时，发现与先张法时的公式形式一模一样，故后张法时计算 N_{p0} 也采用先张法时的公式。

【Q13.3.29】《公路混凝土规范》6.3.1 条第 1 款的公式，与 7.1.5 条第 1 款的公式相似，应用范围有何区别？从条文来看，一个是用于持久状况，一个是用于抗裂验算，但还是不懂。

【A13.3.29】6.3.1 条第 1 款，是针对预应力混凝土受弯构件的抗裂验算，属于正常使用极限状态，计算时要采用频遇组合（脚标为"s"）或者准永久组合（脚标为"l"）。

7.1.5 条第 1 款也是针对预应力受弯混凝土构件的，但属于"应力验算"。《公路混凝土规范》7.1.1 条的条文说明指出，"构件应力计算实质上是构件的强度计算，是对构件承载力计算的补充。计算时作用（或荷载）取其标准值，汽车荷载应计入冲击系数，预加应力效应应考虑在内，所有荷载分项系数均取为 1.0"。

【Q13.3.30】如何掌握《公路混凝土规范》中的预应力混凝土梁计算？

【A13.3.30】预应力混凝土梁计算稍微复杂，可以从以下几个方面来把握：

（1）预应力损失的估算

预应力损失共包括 6 项，具体规定见规范 6.2 节。

（2）持久状况承载能力极限状态计算

包括正截面承载力和斜截面承载力。

① 正截面受弯承载力

此时依据规范的 5.2.2 条、5.2.3 条计算。注意规范图 5.2.2 中预应力钢筋布置在非预应力钢筋的内侧。适用条件是为了保证平衡方程在数学上是成立的。

适用条件 $x \leq \xi_b h_0$ 用以保证对 A_p、A_s 的应力取 f_{py}、f_y 是正确的，所以，这里的 ξ_b 应是按照预应力筋和非预应力筋计算所得结果的较小值。

当 $f'_{pd} - \sigma'_{p0}$ 为正时，表明 A'_p、A'_s 均受压，所以按照合力考虑，此时应满足 $x \geq 2a'$，a' 是 A'_p、A'_s 合力作用点至受压边缘的距离；若 $f'_{pd} - \sigma'_{p0}$ 为负时，A'_p 受拉而 A'_s 受压，因此就需要分开考虑 A'_p、A'_s 的受力，而 $x \geq 2a'_s$ 可以保证破坏时 A'_s 达到屈服。A'_p 根本不存在时，显然也需要满足 $x \geq 2a'_s$。

使用条件不满足时，应使用规范的 5.2.4 条。

② 斜截面受剪承载力

应对规范规定的截面进行验算。注意规范 5.2.8 条规定的截面为斜裂缝的下端位置，而不是 5.2.9 条所指的"受压端"剪力。

③ 斜截面受弯承载力

通常并不计算，而采用构造措施保证。见规范 5.2.14 条的最后一句。

(3) 持久状况正常使用极限状态计算

分为抗裂和挠度计算。

由于预应力混凝土梁分成了全预应力、部分预应力 A 类和部分预应力 B 类，因此，全预应力、部分预应力 A 类时按照规范 6.3.1 条计算正截面与斜截面抗裂，部分预应力 B 类则是应保证裂缝宽度不大于容许值。

挠度验算时注意验算时左端不减去预加力引起的反拱，这是与《混凝土规范》的不同之处。

(4) 持久状况和短暂状况的应力计算

持久状况的应力验算要求在规范的 7.1.5 条(针对的是正截面)和 7.1.6 条(针对的是斜截面)。

短暂状况的应力验算见规范 7.2.7、7.2.8 条。

【Q13.3.31】如何理解《公路混凝土规范》条文说明表 4-1？

【A13.3.31】倾覆验算需要对特征状态 1、特征状态 2 分别验算。

对特征状态 1 进行验算，用以判断支座是否受压，对所有支座都应验算。

$R_{Qki,11}$ 这一行，支座 1-1、支座 3-1、支座 5-1 支反力为负（即，方向向上，表现为失效），且支座 1-1 的支反力绝对值最大。

$R_{Qki,31}$ 行以及 $R_{Qki,51}$ 行可以以此类推。

$1.0R_{Gki}+1.4R_{Qki,11}$ 这一行，对于支座 1-1，$1.0\times657+1.4\times(-335)=188$，其余列以此类推。这些数值均为正，表示受压。

对 $1.0R_{Gki}+1.4R_{Qki,51}$、$1.0R_{Gki}+1.4R_{Qki,31}$ 进行类似计算。

以上得到的结果均为正，特征状态 1 稳定验算通过。

对特征状态 2 进行验算，仅仅针对双支座。

$\sum R_{Gki}l_i$ 行，对于支座 1-1，$657\times4=2628$。其余列类推。

$\sum R_{Qki,11}l_i$ 行，对于支座 1-1，$-335\times4=-1340$，表中写成绝对值 1340。其余列类推。

对于支座 1-1 最不利的情况，可得

$$\sum R_{Gki}l_i = 2628+6433+2628=11689$$

$$\sum R_{Qki,11}l_i = 1340+980+228=2548$$

$$\sum R_{Gki}l_i / (\sum R_{Qki,11}l_i) = 11689/2548=4.59>2.50$$

满足要求。

同理，对 $\sum R_{Gki}l_i / (\sum R_{Qki,31}l_i)$、$\sum R_{Gki}l_i / (\sum R_{Qki,51}l_i)$ 计算，均满足要求。

【Q13.3.32】《城市桥梁设计规范》CJJ 11—2011 中的汽车荷载是怎样确定的？

【A13.3.32】首先必须注意，《城市桥梁设计规范》现行版本为 2019 年版。城市桥梁设计采用的汽车荷载分为车道荷载和车辆荷载。

车道荷载分为"城-A级"和"城-B级",分别与"公路-Ⅰ级"、"公路-Ⅱ级"一致。

车辆荷载分为"城-A级"和"城-B级","城-B级"车辆荷载的各项指标与《公路通用规范》中相同。"城-A级"的轮压、尺寸等指标,如图13-3-16所示。

当车辆荷载横向布置时,作法同《公路通用规范》。

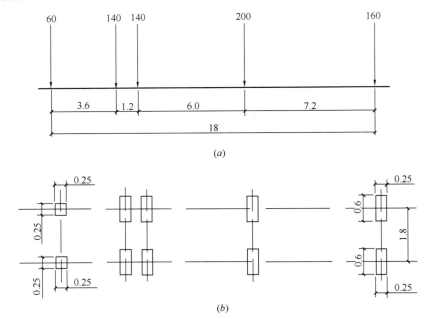

图 13-3-16 城-A级车辆荷载立面、平面布置
(尺寸单位:m;荷载单位:kN)
(a)立面布置;(b)平面布置

汽车荷载一般应根据表13-3-4选用,但同时应符合下列规定:

汽车荷载等级的选用　　　　表 13-3-4

城市道路等级	快速路	主干路	次干路	支 路
设计汽车荷载等级	城-A级 或城-B级	城-A级	城-A级 或城-B级	城-B级

(1) 快速路、次干路上如重型车辆行驶频繁时,设计汽车荷载应选用城-A级汽车荷载。

(2) 小城市的支路上如重型车辆较少时,设计汽车荷载采用城-B级车道荷载的效应乘以0.8的折减系数,车辆荷载的效应乘以0.7的折减系数。

(3) 小型车专用道路,设计汽车荷载采用城-B级车道荷载的效应乘以0.6的折减系数,车辆荷载的效应乘以0.5的折减系数。

【Q13.3.33】《城市桥梁抗震设计规范》CJJ 166—2011 中是如何考虑抗震的?

【A13.3.33】城市桥梁根据结构形式、在城市交通网络中位置的重要性以及承担的交通量,分为甲、乙、丙、丁四类,见表13-3-5。

城市桥梁抗震设防分类 表 13-3-5

桥梁抗震设防分类	桥 梁 类 型
甲	悬索桥、斜拉桥以及大跨度拱桥
乙	除甲类桥梁以外的交通网络中枢纽位置的桥梁和城市快速路上的桥梁
丙	城市主干路和轨道交通桥梁
丁	除甲、乙和丙三类桥梁以外的其他桥梁

采用两级抗震设防，在 E1 和 E2 地震作用下，各类城市桥梁抗震设防标准应符合表 13-3-6 的规定。

城市桥梁抗震设防标准 表 13-3-6

桥梁抗震设防分类	E1 地震作用		E2 地震作用	
	震后使用要求	损伤状态	震后使用要求	损伤状态
甲	立即使用	结构总体反应在弹性范围，基本无损伤	不需修复或经简单修复可继续使用	可发生局部轻微损伤
乙	立即使用	结构总体反应在弹性范围，基本无损伤	经抢修可恢复使用，永久性修复后恢复正常运营功能	有限损伤
丙	立即使用	结构总体反应在弹性范围，基本无损伤	经临时加固，可供紧急救援车辆使用	不产生严重的结构损伤
丁	立即使用	结构总体反应在弹性范围，基本无损伤		不致倒塌

表中，E1 和 E2，对于甲类桥梁，分别对应重现期为 475 年和 2500 年的地震作用，相当于建筑类规范中的设防烈度（简称"中震"）和罕遇地震（简称"大震"）。对于乙、丙、丁类桥梁，需要根据现行《中国地震动参数区划图》查得的地震动峰值加速度，乘以调整系数 C_i。C_i 的取值如表 13-3-7 所示。

各类桥梁 E1 和 E2 地震调整系数 C_i 表 13-3-7

桥梁抗震设防分类	E1 地震作用				E2 地震作用			
	6 度	7 度	8 度	9 度	6 度	7 度	8 度	9 度
乙	0.61	0.61	0.61	0.61	—	2.2 (2.05)	2.0 (1.7)	1.55
丙	0.46	0.46	0.46	0.46	—	2.2 (2.05)	2.0 (1.7)	1.55
丁	0.35	0.35	0.35	0.35	—	—	—	—

注：括号内数值对应于 7 度（0.15g）和 8 度（0.30g）。

乙、丙和丁类桥梁的抗震设计方法根据桥梁场地地震基本烈度和桥梁结构抗震设防分类，分为 A、B 和 C 三类，按表 13-3-8 选用。

13 桥梁结构

桥梁抗震设计方法选用　　　　　　　　　　　　　　　表 13-3-8

地震基本烈度 \ 抗震设防分类	乙	丙	丁
6 度	B	C	C
7 度、8 度和 9 度地区	A	A	B

表中，A、B 和 C 三类设计方法的含义是：

A 类：应进行 E1 和 E2 地震作用下的抗震分析和抗震验算，并应满足本章 3.4 节桥梁抗震体系以及相关构造和抗震措施的要求；

B 类：应进行 E1 地震作用下的抗震分析和抗震验算，并应满足相关构造和抗震措施的要求；

C 类：应满足相关构造和抗震措施的要求，不需进行抗震分析和抗震验算。

桥梁抗震分析计算采用反应谱方法还是时程法，依据表 13-3-9 确定。

桥梁抗震分析方法　　　　　　　　　　　　　　　　　表 13-3-9

地震作用 \ 桥梁分类	采用 A 类抗震设计方法		采用 B 类抗震设计方法	
	规则	非规则	规则	非规则
E1 地震作用	SM/MM	MM/TH	SM/MM	MM/TH
E2 地震作用	SM/MM	MM/TH	—	—

注：TH 为线性或非线性时程计算方法；SM 为单振型反应谱法；MM 为多振型反应谱法。

表 13-3-7 中所指的"规则"桥梁，其规定在规范的 6.1.2 条，是指简支梁以及本书表 13-3-10 所限定范围内的桥梁。

桥梁规则性的定义　　　　　　　　　　　　　　　　　表 13-3-10

参　数	参　数　值				
单跨最大跨径	≤90m				
墩高	≤30m				
单墩长细比	大于 2.5 且小于 10				
跨数	2	3	4	5	6
曲线桥梁圆心角 φ 及半径 R	单跨 φ<30°且一联累计 φ<90°，同时曲梁半径 $R \geq 20B_0$（B_0 为桥宽）				
跨与跨间最大跨长比	3	2	2	1.5	1.5
轴压比	<0.3				
任意两桥墩间最大刚度比	—	4	4	3	2
下部结构类型	桥墩为单柱墩、双柱框架墩、多柱排架墩				
地基条件	不易液化、侧向滑移或不易冲刷的场地，远离断层				

对于表 13-3-10，需要注意以下几点：

(1) 跨数 3 对应于跨与跨间最大跨长比为 2，任意两桥墩间最大刚度比为 4，即，该表格存在竖向对齐。

(2) 跨与跨间最大跨长比，是指，多跨时各跨的跨度可以不等，但是，单跨最大跨度

L_{max} 与最小跨度 L_{min} 之比不能太大,从表中看,3 跨时,$L_{max}/L_{min} \leqslant 2$ 为规则。

在 E1 或 E2 地震作用下,一般应建立桥梁的空间动力计算模型进行分析,对于规则桥梁,可简化为单自由度体系,按规范 6.5 节的方法计算。

地震基本烈度为 6 度及以上地区的城市桥梁,必须进行抗震设计。各类城市桥梁的抗震措施,应符合下列要求:

(1) 甲类桥梁抗震措施,当地震基本烈度为 6~8 度时,应符合本地区地震基本烈度提高一度的要求;当为 9 度时,应符合比 9 度更高的要求。

(2) 乙类和丙类桥梁抗震措施,一般情况下,当地震基本烈度为 6~8 度时,应符合本地区地震基本烈度提高一度的要求;当为 9 度时,应符合比 9 度更高的要求。

(3) 丁类桥梁抗震措施均应符合本地区地震基本烈度的要求。

14　2016年试题与解答

14.1 2016年试题

题 1~3

某办公楼为现浇混凝土框架结构，设计使用年限 50 年，安全等级为二级。其二层局部平面图、主次梁节点示意图和次梁 L-1 的计算简图如图 14-1-1 所示，混凝土强度等级 C35，钢筋均采用 HRB400。

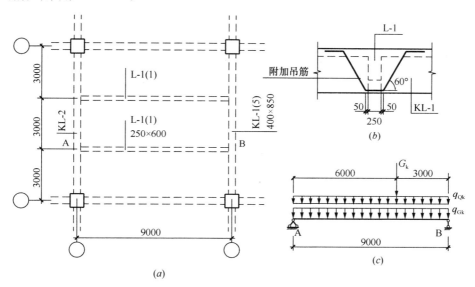

图 14-1-1 题 1~3 图
(a) 局部平面图；(b) 主次梁节点示意图；(c) L-1 计算简图

1. 假定，次梁上的永久均布荷载标准值 $q_{Gk}=18kN/m$（包括自重），可变均布荷载标准值 $q_{Qk}=6kN/m$，永久集中荷载标准值 $G_k=30kN$，可变荷载组合值系数 0.7。试问，当不考虑楼面活载折减系数时，次梁 L-1 传给主梁 KL-1 的集中荷载设计值 F（kN），与下列何项数值最为接近？

提示：依据《建筑结构可靠性设计统一标准》GB 50068—2018 进行荷载效应组合。
A. 130   B. 140   C. 155   D. 170

2. 假定，次梁 L-1 传给主梁 KL-1 的集中荷载设计值 $F=220kN$，且该集中荷载全部由附加吊筋承担。试问，附加吊筋的配置选用下列何项最为合适？
A. 2⌀16   B. 2⌀18   C. 2⌀20   D. 2⌀22

3. 假定，次梁 L-1 跨中下部纵向受力钢筋按计算所需的截面面积为 2480mm²，实配 6⌀25。试问，L-1 支座上部的纵向钢筋，至少应采用下列何项配置？

提示：梁顶钢筋在主梁内满足锚固要求。

A. 2⌀14   B. 2⌀16   C. 2⌀20   D. 2⌀22

题 4. 某预制钢筋混凝土实心板,长×宽×厚=6000mm×500mm×300mm,四角各设有 1 个吊环,吊环均采用 HPB300 钢筋,可靠锚入混凝土中并绑扎在钢筋骨架上。试问,吊环钢筋的直径（mm）,至少应采用下列何项数值?

提示:(1) 钢筋混凝土的自重按 25kN/m³计算;

(2) 吊环和吊绳均与预制板面垂直。

A. 8   B. 10   C. 12   D. 14

题 5. 某工地有一批直径 6mm 的盘卷钢筋,钢筋牌号 HRB400。钢筋调直后应进行重量偏差检验,每批抽取 3 个试件。假定,3 个试件的长度之和为 2m。试问,这 3 个试件的实际重量之和的最小容许值（g）与下列何项数值最为接近?

提示:按《混凝土结构工程施工质量验收规范》GB 50204—2015 作答。

A. 409   B. 422   C. 444   D. 468

题 6. 某刚架计算简图如图 14-1-2 所示,安全等级为二级。其中竖杆 CD 为钢筋混凝土构件,截面尺寸 400mm×400mm,混凝土强度等级为 C40,纵向钢筋采用 HRB400,对称配筋,$a_s = a'_s = 40$mm。假定,集中荷载设计值 $P = 160$kN,构件自重忽略不计。

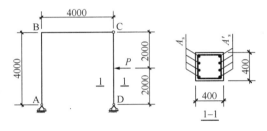

图 14-1-2 题 6 图

试问,按承载能力极限状态计算时（不考虑抗震）,在刚架平面内竖杆 CD 最不利截面的单侧纵筋截面面积 A_s（mm²）,与下列何项数值最为接近?

A. 1250   B. 1350   C. 1500   D. 1600

题 7. 某民用建筑的楼层钢筋混凝土吊柱,设计使用年限为 50 年,环境类别为二 a 类,安全等级为二级。吊柱截面为 400mm×400mm,按轴心受拉构件设计。混凝土强度等级 C40,柱内仅配置纵向钢筋和外围箍筋。永久荷载作用下的轴向拉力标准值 $N_{Gk} = 400$kN（已计入自重）,可变荷载作用下的轴向拉力标准值 $N_{Qk} = 200$kN,准永久值系数取 0.5。假定,纵向钢筋采用 HRB400,钢筋等效直径 $d_{eq} = 25$mm,最外层纵向钢筋的保护层厚度 $c_s = 40$mm。

试问,在满足最大裂缝宽度限值的前提下,吊柱内全部纵向钢筋截面面积 A_s（mm²）,至少应选用下列何项数值?

提示:裂缝间纵向受拉钢筋应变不均匀系数为 0.6029。

A. 2200   B. 2600   C. 3500   D. 4200

题 8～11

某民用房屋,结构设计使用年限为 50 年,安全等级为二级。二层楼面上有一带悬臂段的预制钢筋混凝土等截面梁,其计算简图和梁截面如图 14-1-3 所示,不考虑抗震设计。梁的混凝土强度等级为 C40,纵筋和箍筋均采用 HRB400,$a_s = 60$mm。未配置弯起钢筋,不考虑纵向受压钢筋作用。

8. 假定,作用在梁上的永久荷载标准值 $q_{Gk} = 25$kN/m（包括自重）,可变荷载标准值 $q_{Qk} = 10$kN/m,组合值系数 0.7。试问,AB 跨的跨中最大正弯矩设计值 M_{max}（kN·m）,与下列何项数值最为接近?

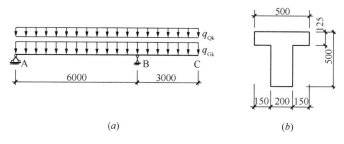

图 14-1-3 题 8~11 图

提示：梁上可变荷载的分项系数取 1.5，永久荷载的分项系数均取 1.3。

A. 110   B. 140   C. 160   D. 170

9. 假定，支座 B 处的最大弯矩设计值 $M=200\text{kN}\cdot\text{m}$。试问，按承载能力极限状态计算，支座 B 处的梁纵向受拉钢筋截面面积 A_s（mm^2），与下列何项数值最为接近？

提示：$\xi_b=0.518$。

A. 1550   B. 1750   C. 1850   D. 2050

10. 假定，支座 A 的最大反力设计值 $R_A=180\text{kN}$。试问，按斜截面承载力计算，支座 A 边缘处梁截面的箍筋配置，至少应选用下列何项？

提示：不考虑支座宽度的影响。

A. $\Phi 6@200(2)$ B. $\Phi 8@200(2)$ C. $\Phi 10@200(2)$ D. $\Phi 12@200(2)$

11. 假定，不考虑支座宽度等因素的影响，实际悬臂长度可按计算简图取用。试问，当使用上对挠度有较高要求时，C 点向下的挠度限值（mm），与下列何项数值最为接近？

提示：未采取预先起拱措施。

A. 12   B. 15   C. 24   D. 30

题 12~14

某 7 度（0.1g）地区多层重点设防类民用建筑，采用现浇钢筋混凝土框架结构，建筑平、立面均规则，框架的抗震等级为二级。框架柱的混凝土强度等级均为 C40，钢筋采用 HRB400，$a_s=a_s'=50\text{mm}$。

12. 假定，底层某角柱截面为 $700\text{mm}\times700\text{mm}$，柱底截面考虑水平地震作用组合的、未经调整的弯矩设计值为 $900\text{kN}\cdot\text{m}$，相应的轴压力设计值为 3000kN。柱纵筋采用对称配筋，相对界限受压区高度 $\xi_b=0.518$，不需要考虑二阶效应。试问，按单偏压构件计算，该角柱满足柱底正截面承载能力要求的单侧纵筋截面面积 A_s（mm^2），与下列何项数值最为接近？

提示：不需要验算最小配筋率。

A. 1300   B. 1800   C. 2200   D. 2900

13. 假定，底层某边柱为大偏心受压构件，截面 $900\text{mm}\times900\text{mm}$。试问，该柱满足构造要求的纵向钢筋最小总面积（$\text{mm}^2$），与下列何项数值最为接近？

A. 6500   B. 6900   C. 7300   D. 7700

14. 假定，某中间层的中柱 KZ-6 的净高为 3.5m，截面和配筋如图 14-1-4 所示，其柱底考虑地震作用组合的轴向压力设计值为 4840kN，柱的反弯点位于柱净高中点处。试问，该柱箍筋加密区的体积配箍率 ρ_v 与规范规定的最小体积配箍率 ρ_{vmin} 的比值 ρ_v/ρ_{vmin}，与下列何项数值最为接近？

提示：箍筋的保护层厚度取27mm，不考虑重叠部分的箍筋面积。

A. 1.2　　　　　　B. 1.4
C. 1.6　　　　　　D. 1.8

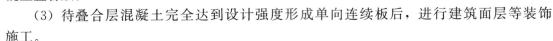

图 14-1-4　题 14 图

题 15～16

某三跨混凝土叠合板，其施工流程如下：

（1）铺设预制板（预制板下不设支撑）；

（2）以预制板作为模板铺设钢筋、灌缝并在预制板面现浇混凝土叠合层；

（3）待叠合层混凝土完全达到设计强度形成单向连续板后，进行建筑面层等装饰施工。

最终形成的叠合板如图 14-1-5 所示，其结构构造满足叠合板和装配整体式楼盖的各项规定。

假定，永久荷载标准值为：（1）预制板自重 $g_{k1}=3kN/m^2$，（2）叠合层总荷载 $g_{k2}=1.25kN/m^2$，（3）建筑装饰总荷载

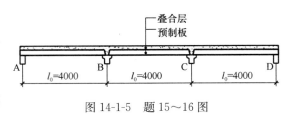

图 14-1-5　题 15～16 图

$g_{k3}=1.6kN/m^2$；可变荷载标准值为：（1）施工荷载 $q_{k1}=2kN/m^2$，（2）使用阶段活载 $q_{k2}=4kN/m^2$。沿预制板长度方向计算跨度 l_0 取图示支座中到中的距离，永久荷载分项系数取 1.3，可变荷载分项系数取 1.5。

15. 试问，验算第一阶段（后浇的叠合层混凝土达到强度设计值之前的阶段）预制板的正截面受弯承载力时，其每米板宽的弯矩设计值 M（kN·m），与下列何项数值最为接近？

A. 10　　　　B. 13　　　　C. 17　　　　D. 20

16. 试问，当不考虑支座宽度的影响，验算第二阶段（叠合层混凝土完全达到强度设计值形成连续板之后的阶段）叠合板的正截面受弯承载力时，支座 B 处的每米板宽负弯矩设计值 M（kN·m），与下列何项数值最为接近？

提示：本题仅考虑荷载满布的情况，不必考虑荷载的不利分布。等跨梁在满布荷载作用下，支座 B 的负弯矩计算公式如图 14-1-6 所示。

A. 9　　　　　　B. 13
C. 16　　　　　D. 20

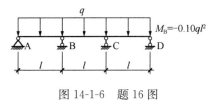

图 14-1-6　题 16 图

题 17～23

某冷轧车间单层钢结构主厂房，设有两台重量为 25t 的重级工作制（A6）软钩吊车。吊车梁系统布置见图 14-1-7，吊车梁钢材为 Q345。

17. 假定，非采暖车间，最低日平均室外计算温度为 $-7.2℃$。试问，焊接吊车梁钢材选用下列何种质量等级最为经济合理？

提示：最低日平均室外计算温度为吊车梁工作温度。

A. Q345A　　　B. Q345B　　　C. Q345C　　　D. Q345D

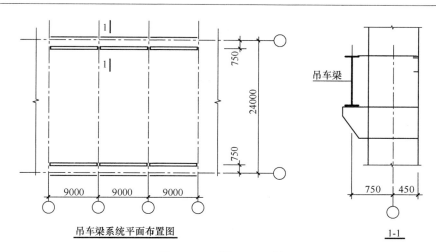

图 14-1-7 题 17～23 图

18. 吊车资料见表 14-1-1。试问，不计吊车梁自重仅考虑最大轮压作用时，在图 14-1-8 所示的轮压布置下，吊车梁在 C 点处的竖向弯矩标准值（kN·m）以及在 C 点处的较大剪力标准值（kN，指绝对值较大者），与下列何项数值最为接近？

A. 430, 35　　　B. 430, 140　　　C. 635, 60　　　D. 635, 120

吊 车 资 料　　　　表 14-1-1

吊车起重量 Q (t)	吊车跨度 L_k	台数	工作制	吊钩类别	吊车简图	最大轮压 $P_{k,max}$	小车重 g (t)	吊车总重 G (t)	轨道型号
25	22.5	2	重级	软钩	参见图 14-1-8	178	9.7	21.49	38kg/m

19. 吊车梁截面见图 14-1-9，截面几何特性见表 14-1-2。假定，吊车梁最大竖向弯矩设计值为 1200kN·m，相应水平向弯矩设计值为 100kN·m。试问，在计算吊车梁抗弯强度时，其计算值（N/mm²）与下列何项数值最为接近？

提示：吊车梁截面等级不低于 S4 级。

A. 150　　　B. 165　　　C. 230　　　D. 240

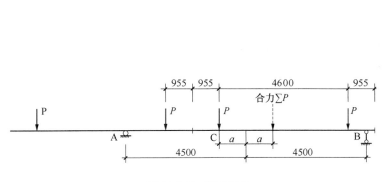

图 14-1-8 题 18 图

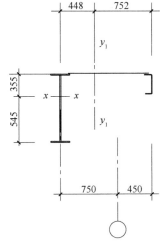

图 14-1-9 题 19 图

吊车梁截面几何特性 表 14-1-2

吊车梁对 x 轴毛截面模量（mm³）		吊车梁对 x 轴净截面模量（mm³）		吊车梁制动结构对 y_1 轴净截面模量（mm³）
$W_x^{上}$	$W_x^{下}$	$W_{nx}^{上}$	$W_{nx}^{下}$	$W_{ny1}^{左}$
8202×10^3	5362×10^3	8085×10^3	5266×10^3	6866×10^3

20. 假定，吊车梁腹板采用-900×10 截面。试问，采用下列何种措施最为合理？
    A. 设置横向加劲肋，并计算腹板的稳定性
    B. 设置纵向加劲肋
    C. 加大腹板厚度
    D. 可考虑腹板屈曲后强度，按《钢结构设计标准》GB 50017—2017 第 6.4 节的规定计算抗弯和抗剪承载力

21. 假定，厂房位于 8 度区，采用轻屋面，屋面支撑布置见图 14-1-10，支撑采用 Q235。试问，屋面支撑采用表 14-1-3 中何种截面最为合理（满足规范要求且用钢量最低）？

截面及其回转半径 表 14-1-3

截面	回转半径 i_x (mm)	回转半径 i_y (mm)	回转半径 i_v (mm)
L70×5	21.6	21.6	13.9
L110×7	34.1	34.1	22.0
2L63×5	19.4	28.2	—
2L90×6	27.9	39.1	—

A. L70×5   B. L110×7   C. 2L63×5   D. 2L90×6

22. 假定，厂房位于 8 度区，吊车肢下柱柱间支撑采用 2L90×6，Q235 钢，截面面积 $A=2128\text{mm}^2$。试问，根据《建筑抗震设计规范》GB 50011—2010 的规定，图 14-1-11 中柱间支撑与节点板最小连接焊缝长度 l (mm)，与下列何项数值最为接近？

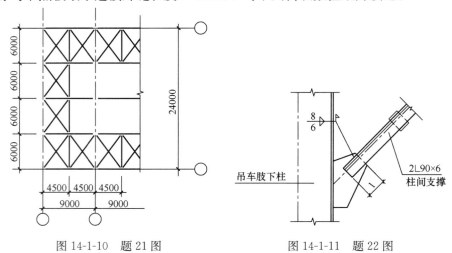

图 14-1-10 题 21 图   图 14-1-11 题 22 图

提示：(1) 焊条采用 E43 型，焊接时采用绕焊，即焊缝计算长度可取标示尺寸；
(2) 不考虑焊缝强度折减；角焊缝极限强度 $f_u^f=240\text{N/mm}^2$；

(3) 肢背处内力按总内力的 70% 计算。

A. 90　　　　B. 135　　　　C. 160　　　　D. 235

23. 假定，厂房位于 8 度区，采用轻屋面，梁、柱的板件宽厚比均符合《钢结构设计标准》GB 50017—2017 中 S4 级时的板件宽厚比限值要求，但不符合《建筑抗震设计规范》GB 50011—2010 表 8.3.2 的要求，其中，梁翼缘板件宽厚比为 13。试问，在进行构件强度和稳定的抗震承载力计算时，应满足以下何项地震作用要求？

A. 满足多遇地震的要求，但应采用有效截面
B. 满足多遇地震下的要求
C. 满足 1.5 倍多遇地震下的要求
D. 满足 2 倍多遇地震下的要求

题 24～30

某 9 层钢结构办公建筑，房屋高度 34.9m，抗震设防烈度为 8 度，布置如图 14-1-12 所示，所有连接均采用刚接。支撑框架为强支撑框架，各层均满足刚性平面假定。框架梁柱采用 Q345。框架梁采用焊接截面，除跨度为 10m 的框架梁截面采用 H700×200×12×

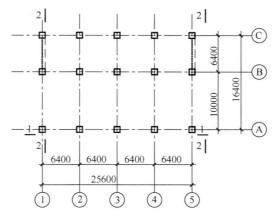

框架柱及柱间支撑布置平面图

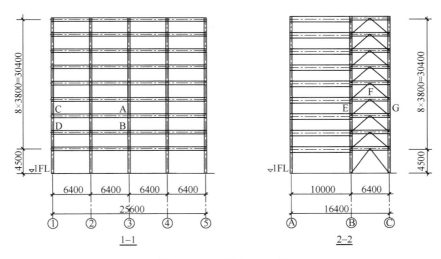

图 14-1-12　题 24～30 图

22 外，其他框架梁截面均采用 H500×200×12×16，柱采用焊接箱形截面 B500×22。梁、柱截面特性如表 14-1-4 所示。

梁、柱的截面特性　　　　表 14-1-4

截面	面积 A (mm^2)	惯性矩 I_x (mm^4)	回转半径 i_x (mm)	弹性截面模量 W_x (mm^3)	塑性截面模量 W_{px} (mm^3)
H500×200×12×16	12016	4.77×10^8	199	1.91×10^6	2.21×10^6
H700×200×12×22	16672	1.29×10^9	279	3.70×10^6	4.27×10^6
B500×22	42064	1.61×10^9	195	6.42×10^6	

24. 试问，当按剖面 1-1（Ⓐ轴框架）计算稳定性时，框架柱 AB 平面外的计算长度系数，与下列何项数值最为接近？

A. 0.89　　　B. 0.95　　　C. 1.80　　　D. 2.59

25. 假定，剖面 1-1 中的框架柱 CD 在Ⓐ轴框架平面内计算长度系数取为 2.4，平面外计算长度系数取为 1.0，试问，当按公式 $\dfrac{N}{\varphi_x A}+\dfrac{\beta_{mx}M_x}{\gamma_x W_{1x}(1-0.8N/N'_{Ex})}+\eta\dfrac{\beta_{ty}M_y}{\varphi_{by}W_y}\leqslant f$ 进行平面内（M_x方向）稳定性计算时，N'_{Ex} 的计算值（N）与下列何项数值最为接近？

A. 2.40×10^7　　B. 3.50×10^7　　C. 1.40×10^8　　D. 2.20×10^8

26. 假定，地震作用下剖面图 1-1 中 B 处框架梁 H500×200×12×16 弯矩设计值最大值为 $M_{x,左}=M_{x,右}=163.9$kN·m。试问，当按照公式 $\psi(M_{pb1}+M_{pb1})/V_p\leqslant\dfrac{4}{3}f_{yv}$ 验算梁柱节点域屈服承载力时，该公式左侧计算值（N/mm^2）与下列何项数值最为接近？

提示：按《建筑抗震设计规范》GB 50011—2010（2016年版）作答。

A. 36　　　B. 80　　　C. 100　　　D. 165

27. 假定，次梁采用 H350×175×7×11，底模采用压型钢板，h_e=76mm，混凝土楼板总厚为 130mm，采用钢与混凝土组合梁设计，沿梁跨度方向焊钉间距约为 350mm。试问，焊钉直径、总高度、垂直于梁轴线方向间距三项指标选用下列何项最为合适？

A. 13mm、100mm、90mm　　　B. 16mm、110mm、90mm
C. 16mm、115mm、125mm　　　D. 19mm、120mm、125mm

28. 假定，结构满足强柱弱梁要求，对于如图 14-1-13 所示的栓焊连接，连接 1 和连接 2，下列说法何项正确？

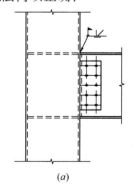
(a)

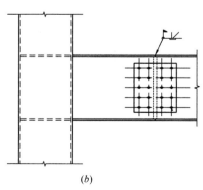
(b)

图 14-1-13　题 28 图
(a) 连接 1 示意图；(b) 连接 2 示意图

A. 满足规范最低设计要求时，连接1比连接2极限承载力要求高
B. 满足规范最低设计要求时，连接1比连接2极限承载力要求低
C. 满足规范最低设计要求时，连接1与连接2极限承载力要求相同
D. 梁柱连接按内力计算，与承载力无关

29. 假定，支撑均采用 Q235，截面采用 $\phi 299 \times 10$ 焊接钢管，截面面积为 9079mm^2，回转半径为 102mm。当框架梁 EG 按不计入支撑支点作用的梁，验算重力荷载和支撑屈曲时不平衡力作用下的承载力时，试问，受压支撑提供的竖向力计算值（kN），与下列何项最为接近？

A. 430　　　　B. 550　　　　C. 1400　　　　D. 1650

30. 以下为关于钢梁开孔的描述：

Ⅰ. 框架梁腹板不允许开孔；
Ⅱ. 距梁端相当于梁高范围的框架腹板不允许开孔；
Ⅲ. 次梁腹板不允许开孔；
Ⅳ. 所有腹板开孔的洞均应补强。

试问，上述说法有几项正确？

A. 1　　　　B. 2　　　　C. 3　　　　D. 4

题 31～33

某砖混结构多功能餐厅，上下层墙体厚度相同，层高相同，采用 MU20 混凝土普通砖和 Mb10 专用砌筑砂浆砌筑，施工质量为 B 级，结构安全等级二级，现有一截面尺寸为 300mm×800mm 钢筋混凝土梁，支承于尺寸为 370mm×1350mm 的一字形截面墙垛上，梁下拟设置预制钢筋混凝土垫块，垫块尺寸为 $a_b=370\text{mm}$，$b_b=740\text{mm}$，$t_b=240\text{mm}$，如图 14-1-14 所示。

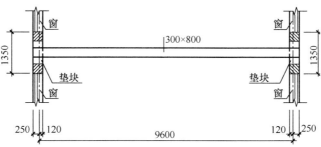

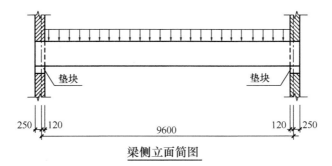

图 14-1-14　题 31～33 图

提示：计算跨度按 $l=9.6\text{m}$ 考虑。

31. 试问，垫块外砌体面积的有利影响系数 γ_1，与下列何项数值最为接近？

    A. 1.00　　　B. 1.05　　　C. 1.30　　　D. 1.35

32. 进行刚性方案房屋的静力计算时，假定，梁的荷载设计值（含自重）为 48.9kN/m，梁上下层墙体的线性刚度相同。试问，由梁端约束引起的下层墙体顶部弯矩设计值（kN·m），与下列何项数值最为接近？

    A. 25　　　B. 40　　　C. 75　　　D. 375

33. 假定，梁的荷载设计值（含自重）为 38.6kN/m，上层墙体传来的轴向荷载设计值为 320kN。试问，垫块上梁端有效支承长度 a_0（mm），与下列何项数值最为接近？

    A. 60　　　B. 90　　　C. 100　　　D. 110

题 34. 无筋砌体结构房屋的静力计算，下列关于房屋空间工作性能的表述何项不妥？

    A. 房屋的空间工作性能与楼（屋）盖的刚度有关
    B. 房屋的空间工作性能与刚性横墙的间距有关
    C. 房屋的空间工作性能与伸缩缝处是否设置刚性双墙无关
    D. 房屋的空间工作性能与建筑物的层数关系不大

题 35. 某抗震设防烈度 7 度（0.1g）总层数为 6 层的房屋，采用底层框架-抗震墙砌体结构，某一榀框支墙梁剖面简图如图 14-1-15 所示，墙体采用 240mm 厚烧结普通砖、混合砂浆砌筑，托梁截面尺寸为 300mm×700mm。试问，按《建筑抗震设计规范》GB 50011—2010 要求，该榀框支墙梁二层过渡层墙体内，设置的构造柱最少数量（个），与下列何项数值最为接近？

    A. 9　　　B. 7　　　C. 5　　　D. 3

题 36~38

某建筑局部结构布置如图 14-1-16 所示，按刚性方案计算，二层层高 3.6m，墙体厚度均为 240mm，采用 MU10 烧结普通砖，M10 混合砂浆砌筑，已知墙 A 承受重力荷载代表值 518kN，由梁端偏心荷载引起的偏心距 $e=35\text{mm}$，施工质量控制等级为 B 级。

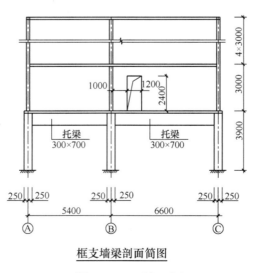

图 14-1-15　题 35 图

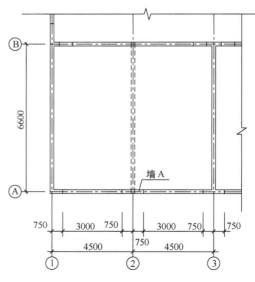

图 14-1-16　题 36~38 图

36. 试问，墙 A 沿阶梯形截面破坏的抗震抗剪强度设计值 f_{vE}（N/mm²），与下列何项数值最为接近？
   A. 0.26   B. 0.27   C. 0.28   D. 0.30

37. 假定，外墙窗洞 3000mm×2100mm，窗洞底距楼面 900mm，试问，二层Ⓐ轴墙体的高厚比验算与下列何项最为接近？
   A. 15.0<22.1   B. 15.0<19.1   C. 18.0<19.1   D. 18.0<22.1

38. 假定，二层墙 A 配置有直径 4mm 冷拔低碳钢丝网片，方格网孔尺寸为 80mm，其抗拉强度设计值为 550MPa，竖向间距为 180mm，试问，该网状配筋砌体的抗压强度设计值 f_n（MPa），与下列何项数值最为接近？
   A. 1.89   B. 2.35   C. 2.50   D. 2.70

题 39～40

某配筋砌块砌体剪力墙结构房屋，标准层有一配置足够水平钢筋、100％全灌芯的配筋砌块砌体受压构件，采用 MU15 级混凝土小型空心砌块，Mb10 级专用砌筑砂浆砌筑，灌孔混凝土强度等级为 Cb30，采用 HRB400 钢筋。截面尺寸、竖向配筋如图 14-1-17 所示。

39. 假定，该剪力墙为轴心受压构件。试问，该构件的稳定系数 φ_{0g} 与下列何项数值最为接近？
   A. 1.00   B. 0.80
   C. 0.75   D. 0.65

40. 假定，该构件处于大偏心界限受压状态，且取 a_s=100mm，试问，该配筋砌块砌体剪力墙受拉钢筋屈服的数量（根），与下列何项数值最为接近？
   A. 1   B. 2
   C. 3   D. 4

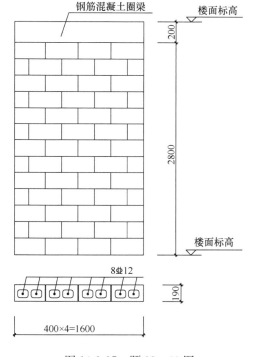

图 14-1-17　题 39～40 图

题 41. 某设计使用年限为 50 年的木结构办公建筑中，有一轴心受压柱，两端铰接，使用未经切削的东北落叶松原木，计算高度为 3.9m，中央截面直径 180mm，回转半径为 45mm，中部有一通过圆心贯穿整个截面的缺口。试问，该杆件的稳定承载力（kN），与下列何项数值最为接近？
   A. 100   B. 120   C. 140   D. 160

题 42. 关于木结构设计的下列说法，其中何项正确？
A. 设计桁架上弦杆时，不允许用 I_b 胶合木结构板材
B. 制作木构件时，受拉构件的连接板木材含水率不应大于 25％
C. 承重结构方木材质标准对各材质等级中的髓心均不做限制规定
D. "破心下料"的制作方法可以有效减小木材因干缩引起的开裂，但规范不建议大量使用

题 43~45

截面尺寸为 500mm×500mm 的框架柱，采用钢筋混凝土扩展基础，混凝土强度等级 C30。基础底面形状为矩形，平面尺寸 4m×2.5m。结构重要性系数 $\gamma_0=1.0$。荷载效应标准组合时，上部结构传来的竖向压力 $F_k=1750$kN，弯矩及剪力忽略不计，荷载效应由永久作用控制。基础平面及地勘剖面如图 14-1-18 所示。

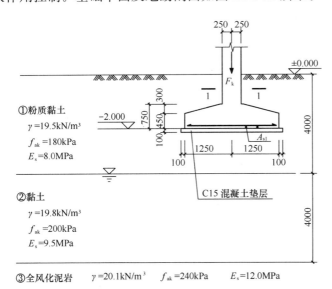
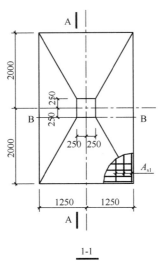

图 14-1-18 题 43~45 图

43. 试问，B-B 剖面处基础的弯矩设计值（kN·m），与下列何项数值最为接近？

提示：基础自重和其上土重的加权平均重度按 20kN/m³ 取用。

A. 900　　　　B. 660　　　　C. 550　　　　D. 500

44. 试问，在柱与基础的交接处，冲切破坏锥体最不利一侧斜截面的受冲切承载力（kN），与下列何项数值最为接近？

提示：基础有效高度 $h_0=700$mm。

A. 850　　　　B. 750　　　　C. 650　　　　D. 550

45. 假定，荷载效应准永久组合时，基底的平均附加压力值 $p_0=160$kPa，地区沉降经验系数 $\psi_s=0.58$，基础沉降计算深度算至第③层顶面。试问，按照《建筑地基基础设计规范》GB 50007—2011 的规定，当不考虑邻近基础的影响时，该基础中心点的最终沉降量计算值 s（mm），与下列何项数值最为接近？

提示：$\bar{\alpha}$ 的取值见表 14-1-5。

A. 20　　　　B. 25　　　　C. 30　　　　D. 35

矩形面积上均布荷载作用下角点平均附加应力系数 $\bar{\alpha}$　　　　表 14-1-5

z/b	l/b		
	1.2	1.6	2.0
0	0.2500	0.2500	0.2500
1.6	0.2006	0.2079	0.2113
4.8	0.1036	0.1136	0.1204

题 46～48

某多层框架结构，拟采用一柱一桩人工挖孔桩基础 ZJ-1，桩身内径 $d=1.0$m，护壁采用振捣密实的混凝土，厚度为 150mm，以⑤层硬塑性黏土为桩端持力层，基础剖面及地基土层相关参数见图 14-1-19（图中，E_s 为土的自重压力至土的自重压力与附加压力之和的压力段的压缩模量）。

提示：根据《建筑桩基技术规范》JGJ 94—2008 作答；粉质黏土可按黏土考虑。

46. 试问，根据土的物理指标与承载力参数的经验关系，确定单桩极限承载力标准值时，该人工挖孔桩能提供的极限桩侧阻力标准值（kN），与下述何项数值最为接近？

提示：桩周周长按护壁外直径计算。

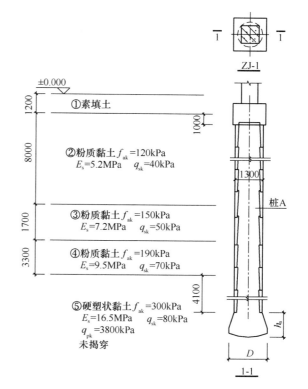

图 14-1-19 题 46～48 图

A. 2050 B. 2300 C. 2650 D. 3000

47. 假定，桩 A 的桩端扩大头直径 $D=1.6$m，试问，当根据土的物理指标与承载力参数之间的经验关系确定单桩极限承载力标准值时，该桩提供的桩端承载力特征值（kN），与下列何项数值最为接近？

A. 3000 B. 3200 C. 3500 D. 3750

48. 假定，桩 A 采用直径为 1.5m，有效桩长为 15m 的等截面旋挖桩。在荷载效应准永久组合作用下，桩顶附加荷载为 4000kN。不计桩身压缩变形，不考虑相邻桩的影响，承台底地基土不分担荷载。试问，当基桩的总桩端阻力与桩顶荷载之比 $\alpha_j=0.6$ 时，基桩的桩身中心轴线上、桩端平面以下 3.0m 厚压缩层（按一层考虑）产生的沉降量 s（mm），与下列何项数值最为接近？

提示：（1）根据《建筑桩基技术规范》JGJ 94—2008 作答；
（2）沉降计算经验系数 $\psi=0.45$，$I_{p,11}=15.575$，$I_{s,11}=2.599$。

A. 10.0 B. 12.5 C. 15.0 D. 17.5

题 49～51

某建筑地基，如图 14-1-20 所示，拟采用以④层圆砾为桩端持力层的高压旋喷桩进行地基处理，高压旋喷桩直径 $d=600$mm，正方形均匀布桩，桩间土承载力发挥系数和单桩承载力发挥系数分别为 0.8 和 1.0，桩端阻力发挥系数为 0.6。

提示：根据《建筑地基处理技术规范》JGJ 79—2012 作答。

49. 假定，③层粉细砂和④层圆砾土中的桩体标准试块（边长为 150mm 的立方体）

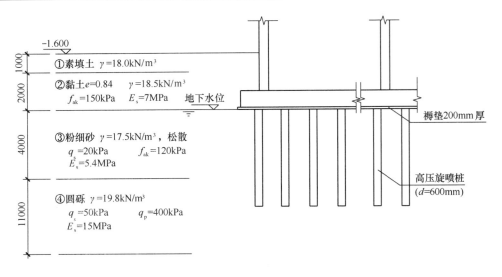

图 14-1-20 题 49～51 图

标准养护 28d 的立方体抗压强度平均值分别为 5.6MPa 和 8.4MPa。高压旋喷桩的承载力特征值由桩身强度控制，处理后桩间土③层粉细砂的地基承载力特征值为 120kPa，根据地基变形验算要求，需将③层粉细砂的压缩模量提高至不低于 10.0MPa，试问，地基处理所需的最小面积置换率 m，与下列何项数值最为接近？

A. 0.06　　　B. 0.08　　　C. 0.10　　　D. 0.12

50. 假定，高压旋喷桩进入④层圆砾的深度为 2.4m，试问，根据土体强度指标确定的单桩竖向承载力特征值（kN），与下列何项数值最为接近？

A. 400　　　B. 450　　　C. 500　　　D. 550

51. 方案阶段，假定，考虑采用以④层圆砾为桩端持力层的振动沉管碎石桩（直径 800mm）进行地基处理，正方形均匀布桩，桩间距为 2.4m，桩土应力比 $n=2.8$，处理后③粉细砂层桩间土的地基承载力特征值为 170kPa。试问，按上述要求处理后的复合地基承载力特征值（kPa），与下列何项数值最为接近？

A. 195　　　B. 210　　　C. 225　　　D. 240

题 52～54

某框架结构商业建筑，采用柱下扩展基础，基础埋深 1.5m，基础持力层为中风化凝灰岩。边柱截面为 1.0m×1.0m，基础底面形状为正方形，边长 $a=1.8$m，该柱下基础剖面及地基情况如图 14-1-21 所示。地下水位在地表下 1.5m 处。基础及基底以上填土的加权平均重度为 20kN/m³。

52. 假定，持力层 6 个岩样的饱和单轴抗压强度试验值如表 14-1-6 所示，试验按《建筑地基基础设计规范》GB 50007—2011 的规定进行，变异系数 $\delta=0.142$。试问，根据试验数据统计分析得到的岩石饱和单轴抗压强度标准值（MPa），与下列何项数值最为接近？

A. 9　　　B. 10　　　C. 11　　　D. 12

试样抗压强度结果　　　　　　　表 14-1-6

试样编号	1	2	3	4	5	6
单轴抗压强度（MPa）	10.7	11.3	14.8	10.8	12.4	14.1

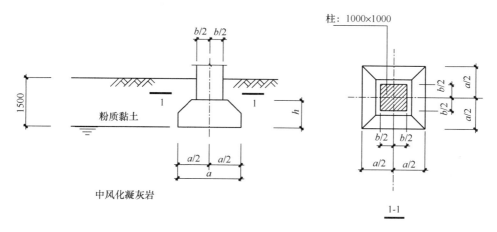

图 14-1-21 题 52～54 图

53. 假定，持力层岩石饱和单轴抗压强度标准值为10MPa，岩体纵波波速为600m/s，岩块纵波波速为650m/s。试问，不考虑施工因素引起的强度折减及建筑物使用后岩石风化作用的继续时，根据岩石饱和单轴抗压强度计算得到的持力层地基承载力特征值（kPa），与下列何项数值最为接近？

A. 2000　　　B. 3000　　　C. 4000　　　D. 5000

54. 假定，$\gamma_0=1.0$，荷载效应标准组合时，上部结构柱传至基础顶面处的竖向力$F_k=10000$kN，作用于基础底面的弯矩$M_{xk}=500$kN·m，$M_{yk}=0$。试问，荷载效应标准组合时，作用于基础底面的最大压力（kPa），与下列何项数值最为接近？

A. 3100　　　B. 3600　　　C. 4100　　　D. 4600

题55. 关于既有建筑地基基础设计有下列主张，其中何项不正确？

A. 当场地地基无软弱下卧层时，测定的既有建筑基础再增加荷载时，变形模量的试验压板尺寸不宜小于2.0m²

B. 在低层或建筑荷载不大的既有建筑地基基础加固设计中，应进行地基承载力验算和地基变形计算

C. 测定地下水位以上的既有建筑地基的承载力时，应使试验土层处于干燥状态，试验板的面积宜取0.25～0.50m²

D. 基础补强注浆加固适用于因不均匀沉降、冻胀或其他原因引起的基础裂损的加固

题56. 某工程所处的环境为海风环境，地下水、土具有弱腐蚀性。试问，下列关于桩身裂缝控制的观点中，何项是不正确的？

A. 采用预应力混凝土桩作为抗拔桩时，裂缝控制等级为二级

B. 采用预应力混凝土桩作为抗拔桩时，裂缝宽度限值为0

C. 采用钻孔灌注桩作为抗拔桩时，裂缝宽度限值为0.2mm

D. 采用钻孔灌注桩作为抗拔桩时，裂缝控制等级应为三级

题57. 下列关于高层混凝土结构计算的叙述，其中何项是不正确的？

A. 8度区A级高度的乙类建筑可采用板柱-剪力墙结构，整体计算时平板无梁楼盖应考虑板面外刚度影响，其面外刚度可按有限元方法计算或近似将柱上板带等效为

框架梁计算

B. 复杂高层建筑结构在进行重力荷载作用效应分析时，应考虑施工过程的影响，施工过程的模拟可根据实际施工方案采用适当的方法考虑

C. 房屋高度较高的高层建筑应考虑非荷载效应的不利影响，外墙宜采用各类建筑幕墙

D. 对于框架-剪力墙结构，楼梯构件与主体结构整体连接时，不计入楼梯构件对地震作用及其效应的影响

题 58. 某现浇钢筋混凝土剪力墙结构，房屋高度 180m，基本自振周期为 4.5s，抗震设防类别为标准设防类，安全等级二级。假定，结构抗震性能设计时，抗震性能目标为 C 级，下列关于该结构设计的叙述，其中何项相对准确？

A. 结构在设防烈度地震作用下，允许采用等效弹性方法计算剪力墙的组合内力，底部加强部位剪力墙受剪承载力应满足屈服承载力设计要求

B. 结构在罕遇地震作用下，允许部分竖向构件及大部分耗能构件屈服，但竖向构件的受剪截面应满足截面限制条件

C. 结构在多遇地震标准值作用下的楼层弹性层间位移角限值为 1/1000，罕遇地震作用下层间弹塑性位移角限值为 1/120

D. 结构弹塑性分析可采用静力弹塑性分析方法或弹塑性时程分析方法，弹塑性时程分析宜采用双向或三向地震输入

题 59~62

某 10 层现浇钢筋混凝土剪力墙结构住宅，如图 14-1-22 所示，各层层高均为 4m，房屋高度为 40.3m。抗震设防烈度为 9 度，设计基本地震加速度为 0.40g，设计地震分组为第三组，建筑场地类别为Ⅱ类，安全等级二级。

提示：按《高层建筑混凝土结构技术规程》JGJ 3—2010 作答。

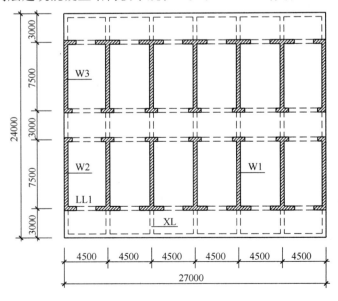

图 14-1-22 题 59~62 图

59. 假定，结构基本自振周期 $T_1=0.6s$，各楼层重力荷载代表值均为 $14.5kN/m^2$，墙肢 W1 承受的重力荷载代表值比例为 8.3%。试问，墙肢 W1 底层由竖向地震产生的轴力 N_{Evk}（kN），与下列何项数值最为接近？

A. 1250　　　　B. 1550　　　　C. 1650　　　　D. 1850

60. 假定，对悬臂梁 XL 根部进行截面设计时，应考虑重力荷载效应及竖向地震作用效应，在永久荷载作用下梁端负弯矩标准值 $M_{Gk}=263kN·m$，按等效均布活荷载计算的梁端负弯矩标准值 $M_{Qk}=54kN·m$。试问，进行悬臂梁截面配筋设计时，起控制作用的梁端负弯矩设计值（kN·m），与下列何项数值最为接近？

提示：基本组合时，取永久荷载分项系数为 1.3，可变荷载分项系数为 1.5。

A. 325　　　　B. 355　　　　C. 385　　　　D. 425

61. 假定，第 3 层的双肢剪力墙 W2 及 W3 在同一方向地震作用下，内力组合后墙肢 W2 出现大偏心受拉，墙肢 W3 在水平地震作用下剪力标准值 $V_{Ek}=1400kN$，风荷载作用下 $V_{wk}=120kN$。试问，考虑地震作用组合的墙肢 W3 在第 3 层的剪力设计值（kN），与下列何项数值最为接近？

提示：忽略重力荷载及竖向地震作用下剪力墙承受的剪力。

A. 1900　　　　B. 2300　　　　C. 2700　　　　D. 3000

62. 假定，第 8 层的连梁 LL1，截面为 300mm×1000mm，混凝土强度等级为 C35，净跨 $l_n=2000mm$，$h_0=965mm$，在重力荷载代表值作用下按简支梁计算的梁端截面剪力设计值 $V_{Gb}=60kN$，连梁采用 HRB400 钢筋，顶面和底面实配纵筋面积均为 $1256mm^2$，$a_s=a'_s=35mm$。试问，连梁 LL1 两端截面的剪力设计值 V（kN），与下列何项数值最为接近？

A. 750　　　　B. 690　　　　C. 580　　　　D. 520

题 63~67

某地上 35 层的现浇钢筋混凝土框架-核心筒公寓，质量和刚度沿高度分布均匀，如图 14-1-23 所示，房屋高度为 150m。基本风压 $w_0=0.65kN/m^2$，地面粗糙度为 A 类。抗震

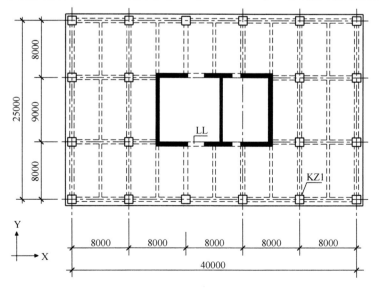

图 14-1-23　题 63~67 图

设防烈度为7度，设计基本地震加速度为0.10g，设计地震分组为第一组，建筑场地类别为Ⅱ类，抗震设防类别为标准设防类，安全等级二级。

63. 假定，结构基本自振周期 $T_1=4.0s$（Y向平动），$T_2=3.5s$（X向平动），各楼层考虑偶然偏心的最大扭转位移比为1.18，结构总恒载标准值为 $6.0×10^5 kN$，按等效均布活荷载计算的总楼面活荷载标准值为 $8.0×10^4 kN$。试问，多遇水平地震作用计算时，按最小剪重比控制对应于水平地震作用标准值的 Y 向底部剪力（kN），不应小于下列何项数值？

    A. 7700 B. 8400 C. 9500 D. 10500

64. 假定，某层框架柱KZ1采用C60混凝土，HRB400钢筋，截面及钢筋构造如图14-1-24所示。剪跨比 $\lambda=1.8$。试问，框架柱KZ1考虑构造措施的轴压比限值，不宜超过下列何项数值？

    A. 0.7 B. 0.75
    C. 0.8 D. 0.85

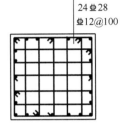

图14-1-24　题64图

65. 假定，某层核心筒耗能连梁LL（500mm×900mm），混凝土强度等级C40，风荷载作用下剪力 $V_{wk}=220kN$，在设防烈度地震作用下剪力 $V_{Ehk}=1200kN$，钢筋采用HRB400，连梁截面有效高度 $h_{b0}=850mm$，跨高比为2.2。试问，设防烈度地震作用下，该连梁进行抗震性能设计时，下列何项箍筋配置符合第2性能水准的要求且配筋最小？

提示：（1）忽略重力荷载及竖向地震作用下连梁的剪力。

（2）按《高层建筑混凝土结构技术规程》JGJ 3—2010 作答。

    A. Φ10@100（4）　　　　　　B. Φ12@100（4）
    C. Φ14@100（4）　　　　　　D. Φ16@100（4）

66. 进行结构方案比较时，将该结构的外框架改为钢框架。假定，修改后的结构基本自振周期 $T_1=4.7s$（Y向平动），修改后的结构阻尼比取0.04。试问，在进行风荷载作用下的舒适度计算时，修改后 Y 向结构顶点顺风向风振加速度的脉动系数 η_a，与下列何项数值最为接近？

提示：按《建筑结构荷载规范》GB 50009—2012 作答。

    A. 1.6 B. 1.9 C. 2.2 D. 2.5

67. 假定，该建筑位于山区山坡上，如图14-1-25所示。试问，该结构顶部风压高度变化系数 μ_z，与下列何项数值最为接近？

    A. 6.1 B. 4.1
    C. 3.3 D. 2.5

题68. 某A级高度钢筋混凝土高层建筑，采用框架-剪力墙结构，部分楼层初步计算的 X 向地震剪力、楼层抗侧力结构的

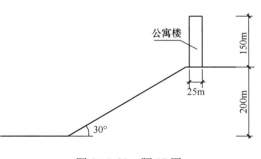

图14-1-25　题67图

层间受剪承载力及多遇地震标准值作用下的层间位移如表14-1-7所示。试问，根据《高层

建筑混凝土结构技术规程》JGJ 3—2010 的有关规定，仅就 14 层（中部楼层）与相邻层 X 向计算数据进行比较与判定，下列关于第 14 层的判别表述何项正确？

A. 侧向刚度比满足要求，层间受剪承载力比满足要求
B. 侧向刚度比不满足要求，层间受剪承载力比满足要求
C. 侧向刚度比满足要求，层间受剪承载力比不满足要求
D. 侧向刚度比不满足要求，层间受剪承载力比不满足要求

第 13～15 层指标　　　　　表 14-1-7

楼层	层高 (mm)	地震剪力标准值 (kN)	层间位移 (mm)	楼层抗侧力结构的层间受剪承载力 (kN)
15	3900	4000	3.32	160000
14	6000	4300	5.48	132000
13	3900	4500	3.38	166000

题 69. 某型钢混凝土框架-钢筋混凝土核心筒结构，层高为 4.2m，中部楼层型钢混凝土柱（非转换柱）配筋示意如图 14-1-26 所示。假定，柱抗震等级为一级，考虑地震作用组合的柱轴压力设计值 $N=30000$kN，钢筋采用 HRB400，型钢采用 Q345B，钢板厚度 30mm（$f_a=295$N/mm²），型钢截面积 $A_a=61500$mm²，混凝土强度等级为 C50，剪跨比 $\lambda=1.6$。试问，从轴压比、型钢含钢率、纵筋配筋率及箍筋配箍率 4 项规定来判断，该柱有几项不符合《高层建筑混凝土结构技术规程》JGJ 3—2010 的抗震构造要求？

提示：箍筋保护层厚度取 20mm，箍筋配箍率计算时扣除箍筋重叠部分。

A. 1　　　　B. 2　　　　C. 3　　　　D. 4

题 70. 某高层钢筋混凝土剪力墙结构住宅，地上 25 层，地下 1 层，嵌固部位为地下室顶板，房屋高度 75.3m，建筑层高均为 3m。抗震设防烈度为 7 度（0.15g），设计地震分组第一组，丙类建筑，建筑场地类别为Ⅲ类。第 5 层某墙肢配筋如图 14-1-27 所示，墙肢轴压比为 0.35。试问，边缘构件 JZ1 纵筋 A_s（mm²）取下列何项才能满足规范、规程的最低抗震构造要求？

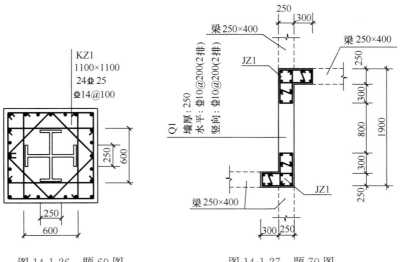

图 14-1-26　题 69 图　　　　图 14-1-27　题 70 图

A. 12⎯14　　　B. 12⎯16　　　C. 12⎯18　　　D. 12⎯20

题71. 某高层办公楼，采用现浇钢筋混凝土框架结构，顶层为多功能厅，层高5m，取消部分柱，形成顶层空旷房间，其下部结构刚度、质量沿竖向分布均匀。假定，该结构顶层框架抗震等级为一级，柱截面为500mm×500mm，轴压比为0.20，混凝土强度等级C30，纵筋直径为⎯25，箍筋采用HRB400普通复合箍筋（体积配筋率满足规范要求）。通过静力弹塑性分析发现顶层为薄弱部位，在预估的罕遇地震作用下，层间弹塑性位移为120mm。试问，仅从满足层间位移限值方面考虑，下列对顶层框架柱的四种调整方案中哪种方案既满足规范、规程的最低要求且经济合理？

提示：依据《建筑抗震设计规范》GB 50011—2010（2016年版）答题。

A. 箍筋加密区 4⎯8@100，非加密区 4⎯8@100
B. 箍筋加密区 4⎯10@100，非加密区 4⎯10@200
C. 箍筋加密区 4⎯10@100，非加密区 4⎯10@100
D. 箍筋加密区 4⎯12@100，非加密区 4⎯12@100

题72. 关于高层混凝土结构抗连续倒塌设计的观点，下列何项符合《高层建筑混凝土结构技术规程》JGJ 3—2010 的要求？

A. 采用在关键结构构件的表面附加侧向偶然作用的方法验算结构的抗倒塌能力时，侧向偶然作用只作用在该构件表面
B. 抗连续倒塌设计时，活荷载应采用准永久值，不考虑竖向荷载动力放大系数
C. 抗连续倒塌设计时，地震作用应采用标准值，不考虑竖向荷载动力放大系数
D. 安全等级为一级的高层建筑结构应采用拆除构件的方法进行抗连续倒塌设计

题73. 某公路上的一座跨河桥，其结构为钢筋混凝土上承式无铰拱桥，计算跨径为100m。假定，拱轴线长度 L_a 为115m，忽略截面变化。试问，当验算该桥的主拱圈纵向稳定时，相应的计算长度（m）与下列何值最为接近？

A. 36　　　B. 42　　　C. 100　　　D. 115

题74. 某公路上一座预应力混凝土连续箱形梁桥，采用满堂支架现浇工艺，总体布置如图14-1-28所示，跨径布置为70m+100m+70m，在连续梁两端各设置伸缩装置一道（A和B）。梁体混凝土强度等级为C50（硅酸盐水泥）。假定，桥址处年平均相对湿度 R_H 为75%，结构理论厚度 $h=600$mm，混凝土弹性模量 $E_c=3.45\times10^4$MPa，混凝土轴心抗压强度标准值 $f_{ck}=32.4$MPa，混凝土线膨胀系数为 1.0×10^{-5}，预应力引起的箱梁截面重心处的法向平均压应力9MPa，箱梁混凝土的平均加载龄期为60天。试问，混凝土的龄期为10年（按3650天）时，由于混凝土徐变导致伸缩装置A处的伸缩量（mm），与下列何值最为接近？

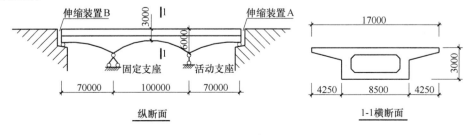

图 14-1-28　题74图

A. 25　　　　　　B. 35　　　　　　C. 40　　　　　　D. 55

题 75. 某公路桥梁桥台立面布置如图 14-1-29 所示，主梁高度 2000mm，桥面铺装层厚度为 200mm，支座高度（含垫石）200mm，采用埋置式肋板桥台，台背墙厚 450mm，台前锥坡坡度为 1:1.5，锥坡坡面通过台帽与背墙的交点 A。试问，台背耳墙最小长度 l（mm）与下列何值最为接近？

A. 4000　　　　　　B. 3600
C. 2700　　　　　　D. 2400

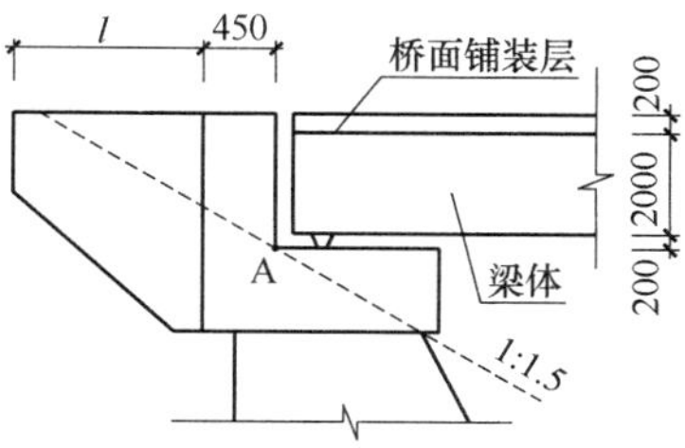

图 14-1-29　题 75 图

题 76. 某公路上的一座单跨 30m 的跨线桥梁，车辆单向行驶，设计荷载（作用）为公路—I 级，桥面宽度为 13m，且与路基宽度相同。桥台为等厚度的 U 形结构，桥台计算高度 5.0m，基础为双排 1.2m 的钻孔灌注桩。当计算该桥桥台台背土压力时，汽车在台后土体破坏棱体上的作用可换算成等代均布土层厚度计算。试问，该换算土层厚度（m）与下列何值最为接近？

提示：（1）台背竖直、路基水平，土壤内摩擦角 30°，假定台后土体破坏棱体的上口长度 $l_0 = 3.0$m，土的重度 $\gamma = 18$kN/m³；

（2）不考虑汽车荷载效应的多车道横向折减。

A. 0.9　　　　　　B. 1.0　　　　　　C. 1.2　　　　　　D. 1.4

题 77. 某公路跨径为 30m 的跨线桥，采用预应力混凝土 T 形梁，混凝土强度等级为 C40。假定，某中梁由预加力产生的跨中反拱值 $f_p = 150$mm（已扣除全部预应力损失并考虑了长期增长系数 2.0），按荷载频遇组合求得的挠度值 $f_s = 80$mm。试问，该梁预拱度（mm）取下列何值最为合理？

A. 0　　　　　　B. 30　　　　　　C. 59　　　　　　D. 98

题 78. 对某桥梁预应力混凝土主梁进行持久状况下正常使用极限状态验算时，需分别进行下列验算：①抗裂验算，②裂缝宽度验算，③挠度验算。试问，在这三种验算中，汽车荷载（作用）冲击力如何考虑，下列何项最为合理？

提示：只需定性地判断。

A. ①计入、②不计入、③不计入　　　　B. ①不计入、②不计入、③不计入
C. ①不计入、②计入、③计入　　　　　D. ①计入、②不计入、③计入

题 79. 某桥为一座预应力混凝土箱梁桥。假定，主梁的结构基频 $f = 4.5$Hz，试问，在计算其悬臂板的内力时，作用于悬臂板上的汽车作用的冲击系数 μ 值应取用下列何值？

A. 0.45　　　　　　B. 0.30　　　　　　C. 0.25　　　　　　D. 0.05

题 80. 对于公路混凝土桥梁，在计算以下构件时：①主梁整体，②主梁桥面板，③桥台，④涵洞，应采用下列何项汽车荷载（作用）模式，才符合《公路桥涵设计通用规范》JTG D60—2015 的规定？

A. ①、②、③、④均采用车道荷载（作用）
B. ①采用车道荷载（作用），②、③、④采用车辆荷载（作用）
C. ①、②采用车道荷载（作用），③、④采用车辆荷载（作用）
D. ①、③采用车道荷载（作用），②、④采用车辆荷载（作用）

14.2 2016年试题解答

2016年试题答案

题号	1	2	3	4	5	6	7	8	9	10
答案	D	A	C	B	A	C	C	B	A	B
题号	11	12	13	14	15	16	17	18	19	20
答案	C	D	B	C	C	B	C	D	C	A
题号	21	22	23	24	25	26	27	28	29	30
答案	A	C	D	B	B	C	B	A	A	A
题号	31	32	33	34	35	36	37	38	39	40
答案	B	B	C	C	B	D	B	B	B	B
题号	41	42	43	44	45	46	47	48	49	50
答案	D	D	B	A	C	C	B	C	C	B
题号	51	52	53	54	55	56	57	58	59	60
答案	A	C	D	B	C	A	D	B	D	D
题号	61	62	63	64	65	66	67	68	69	70
答案	D	A	C	C	B	B	B	B	A	C
题号	71	72	73	74	75	76	77	78	79	80
答案	C	A	B	D	A	C	A	B	B	B

1. 答案：D

解答过程：按照 L-1 梁计算简图求算 B 支座处的反力设计值。

$$1.3 \times (18 \times 9/2 + 30 \times 6/9) + 1.5 \times (6 \times 9/2) = 171.8\text{kN}$$

选择 D。

2. 答案：A

解答过程：依据《混凝土结构设计规范》GB 50010—2010 的 9.2.11 条计算。

所需附加吊筋总的截面积为

$$A_s = \frac{220 \times 10^3}{360 \times \sin 60°} = 706\text{mm}^2$$

2根附加吊筋提供4个截面，所以，所需的一个截面积为 706/4＝176.5mm²，直径为 16mm 时可提供 201.1mm²，故选择 A。

3. 答案：C

解答过程：依据《混凝土结构设计规范》GB 50010—2010 的 9.2.6 条，简支梁支座区上部纵向构造钢筋的截面积，不应小于跨中纵向钢筋计算所需截面积的 1/4 且不少于 2 根。因此，应不少于 2480/4＝620mm²。当采用 2⌀20 时，可提供截面积 628 mm²，满足要求。选择 C。

4. 答案：B

解答过程：按 3 个吊环计算，故所需一个吊环的截面积为：

$$\frac{6\times0.5\times0.3\times25\times10^3}{6\times65}=57.7\text{mm}^2$$

所需钢筋直径 10mm，可提供 78.5 mm²，选择 B。

5. 答案：A

解答过程：3 个试件的理论重量为 $28.3\times2000\times7.85\times10^{-3}=444.31$g。

依据《混凝土结构工程施工质量验收规范》GB 50204—2015 的表 5.3.4，允许偏差为 -8%，因此，重量最小容许值为 $0.92\times444.31=409$g。选择 A。

点评：依据《钢筋混凝土用热轧带肋钢筋》GB 1499.2—2007，直径 6~12mm 时允许重量偏差为 $\pm7\%$。

6. 答案：C

解答过程：取上部结构为隔离体，对 A 点取矩，可得 CD 杆所受拉力为：

$$N=160\times2/4=80\text{kN}$$

CD 杆所受的弯矩最大值为 $160\times4/4=160$kN·m。

依据《混凝土结构设计规范》GB 50010—2010 公式（6.2.23-2）计算。

$$e'=e_0+\frac{h}{2}-a'_s=160\times10^3/80+200-40=2160\text{mm}$$

$$A_s=\frac{Ne'}{f_y(h-a_s-a'_s)}=\frac{80\times10^3\times2160}{360\times(400-80)}=1500\text{mm}^2$$

选择 C。

点评：本题为偏心受拉构件配筋问题。由于 $e_0=160\times10^3/80=2000\text{mm}>h/2-a_s=200-40=160\text{mm}$，为大偏心受拉。由于对称配筋，依据《混凝土结构设计规范》的 6.2.23 条第 3 款，不论大、小偏心受拉情况，均可按公式（6.2.23-2）计算，故形成以上解答过程。

若依据 6.2.23 条第 2 款计算，会如何呢？试演如下：

由于对称配筋，公式（6.2.23-3）简化为 $x=-\frac{N}{\alpha_1 f_c b}$，必然小于零。于是，应取 $x=2a'_s$ 并对受压钢筋合力点取矩，于是可得

$$A_s=\frac{Ne'}{f_y(h-a_s-a'_s)}$$

可见，此时为依据公式（6.2.23-2）计算。

7. 答案：C

解答过程：纵筋配置应满足承载力和裂缝限值两个要求。

（1）承载力要求

$$A_s\geqslant\frac{N}{f_y}=\frac{(1.2\times400+1.4\times200)\times10^3}{360}=2111\text{mm}^2$$

（2）裂缝限值要求

吊柱所受的拉力设计值（按准永久组合）为：

$$N_q = 400 + 0.5 \times 200 = 500 \text{kN}$$

依据《混凝土结构设计规范》GB 50010—2010 的表 3.4.5，裂缝最大宽度限值为 0.20mm。依据 7.1.2 条，可得

$$0.20 = w_{\max} = \alpha_{cr}\psi\frac{\sigma_{sq}}{E_s}\left(1.9c_s + 0.08\frac{d_{eq}}{\rho_{te}}\right)$$

即

$$0.2 = 2.7 \times 0.6029 \times \frac{500 \times 10^3/A_s}{2.0 \times 10^5}\left(1.9 \times 40 + 0.08 \times \frac{25}{A_s/400^2}\right)$$

解方程得到 $A_s = 3439 \text{mm}^2$。据此截面积得到的 $\rho_{te} > 0.01$，所以，计算结果可以接受。

综上，选择 C。

点评：解方程的操作步骤如下：

$$0.2 = \frac{4.07}{A_s}\left(76 + \frac{3.2 \times 10^5}{A_s}\right)$$

$$0.2 = \frac{309.32}{A_s} + \frac{13.024 \times 10^5}{A_s^2}$$

$$0.2A_s^2 - 309.32A_s - 13.024 \times 10^5 = 0$$

$$A_s = \frac{309.32 + \sqrt{309.32^2 + 4 \times 0.2 \times 13.024 \times 10^5}}{2 \times 0.2} = 3440 \text{mm}^2$$

8. 答案：B

解答过程：AB 跨跨中弯矩影响线如图 14-2-1 所示。

AB 跨跨中弯矩设计值为：

$M = 6 \times 1.5/2 \times (1.3 \times 25 + 1.5 \times 10) - 3 \times 1.5/2 \times (1.3 \times 25) = 140.6 \text{kN} \cdot \text{m}$

选择 B。

点评：还可以采用以下解法：

如图 14-2-2 所示，AB 跨跨中弯矩可以按照叠加法求得。

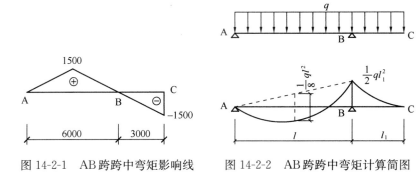

图 14-2-1　AB 跨跨中弯矩影响线　　图 14-2-2　AB 跨跨中弯矩计算简图

AB 跨采用均布荷载设计值 $q = 1.3 \times 25 + 1.5 \times 10 = 47.5 \text{kN/m}$

BC 跨采用均布荷载设计值 $q_1 = 1.3 \times 25 = 32.5 \text{kN/m}$

AB 跨跨中弯矩设计值：

$$M = \frac{1}{4}q_1 l_1^2 - \frac{1}{8}ql^2 = \frac{1}{4} \times 32.5 \times 3^2 - \frac{1}{8} \times 47.5 \times 6^2 = -140.6 \text{kN} \cdot \text{m}$$

此处求得的弯矩为负值，表示在弯矩图中处于基准线以下，由于梁的弯矩是以下缘受拉为正，所以，该结果与解答过程中求得的140.6kN·m无差别。

另外需要注意的是，命题组给出的解答，将"跨中"理解为"跨间"，首先求出A点的支反力R_A，然后利用"弯矩最大处剪力为零"这一原则，求出该截面与A点距离，进而求得最大弯矩。即

$$R_A = \frac{\frac{1}{2} \times 47.5 \times 6^2 - \frac{1}{2} \times 32.5 \times 3^2}{6} = 118.1 \text{kN}$$

令弯矩最大截面与A点距离为x，则有

$$118.1 - 47.5x = 0$$

解出$x = 2.49$m。该截面的弯矩设计值为

$$118.1 \times 2.49 - \frac{47.5 \times 2.49^2}{2} = 146.8 \text{kN} \cdot \text{m}$$

此值比140.6高出4.4%。

9. 答案：A

解答过程：由于支座B处为负弯矩，因此，应按矩形截面计算。

$$h_0 = h - a_s = 500 - 60 = 440 \text{mm}$$

$$x = h_0 - \sqrt{h_0^2 - \frac{2M}{\alpha_1 f_c b}}$$

$$= 440 - \sqrt{440^2 - \frac{2 \times 200 \times 10^6}{1.0 \times 19.1 \times 200}} = 142 \text{mm}$$

由于$x \leqslant \xi_b h_0 = 0.518 \times 440 = 228$mm，故可按适筋梁计算。

$$A_s = \frac{\alpha_1 f_c bx}{f_y} = \frac{1.0 \times 19.1 \times 200 \times 142}{360} = 1507 \text{mm}^2$$

C40混凝土，HRB400时，最小配筋率为0.00214，纵筋最小配筋量为0.00214×[200×500＋（500－200）×125]＝294mm²。满足要求。选择A。

10. 答案：B

解答过程：依据《混凝土结构设计规范》GB 50010—2010的6.3.4条计算：

$$\frac{A_{sv}}{s} = \frac{V - 0.7f_t bh_0}{f_{yv} h_0} = \frac{180 \times 10^3 - 0.7 \times 1.71 \times 200 \times 440}{360 \times 440} = 0.471 \text{mm}^2/\text{mm}$$

依据9.2.9条，箍筋最大间距为200mm。

按照最小配箍率要求：

$$\frac{A_{sv}}{s} \geqslant \frac{0.24 f_t}{f_{yv}} b = \frac{0.24 \times 1.71}{360} \times 200 = 0.228 \text{mm}^2/\text{mm}$$

因此，受力要求控制设计。

当间距为200mm时，需要钢筋截面积94.2mm²，双肢⌀8可满足要求。

选择B。

11. 答案：C

解答过程：依据《混凝土结构设计规范》GB 50010—2010的3.4.3条，跨度小于7m，对挠度有较高要求时，悬臂构件挠度限值为$l_0/250 = 2 \times 3000/250 = 24$mm。

选择C。

点评：规范表 3.4.3 下的注释 1 指出，"计算悬臂构件的挠度限值时，其计算跨度 l_0 按实际悬臂长度的 2 倍取用"，对此有两种观点：

(1) 仅对挠度限值计算时取 l_0 等于 2 倍实际长度，而对区间范围中的 l_0，例如，"当 $l_0 < 7\mathrm{m}$ 时"，l_0 取实际长度。如果不是这样，注释 1 可以简单地写成"对悬臂构件，l_0 按实际悬臂长度的 2 倍取用"。

(2) 对区间范围中的 l_0 也取为 2 倍实际长度。对于本题，由于 $l_0 = 3 \times 2 = 6\mathrm{m} < 7\mathrm{m}$ 且对挠度有较高要求，所以取挠度限值为 $l_0/250$。命题组给出的解答采用此观点。

12. 答案：D

解答过程：依据《建筑抗震设计规范》GB 5001—2010 的 6.2.3 条，二级框架结构的底层柱下端截面，弯矩乘以增大系数 1.5；依据 6.2.6 条，由于是角柱，再乘以 1.1。于是，配筋设计时采用的弯矩值为 $900 \times 1.5 \times 1.1 = 1485 \mathrm{kN \cdot m}$。

轴压比为 $\dfrac{3000 \times 10^3}{19.1 \times 700^2} = 0.321 > 0.15$，依据《混凝土结构设计规范》GB 50010—2010 的表 11.1.6，$\gamma_{\mathrm{RE}} = 0.8$。

$$x = \frac{\gamma_{\mathrm{RE}} N}{\alpha_1 f_c b} = \frac{0.8 \times 3000 \times 10^3}{1 \times 19.1 \times 700} = 180\mathrm{mm} < \xi_b h_0 = 0.518 \times 650 = 337\mathrm{mm}$$

可按照大偏心受压计算，且满足 $x > 2a'_s = 2 \times 50 = 100\mathrm{mm}$ 的适用条件。

$$e_0 = \frac{M}{N} = \frac{1485 \times 10^6}{3000 \times 10^3} = 495\mathrm{mm}$$

$$e_i = e_0 + e_a = 495 + 23 = 518\mathrm{mm}$$

$$e = e_i + \frac{h}{2} - a_s = 518 + \frac{700}{2} - 50 = 818\mathrm{mm}$$

$$A_s = A'_s = \frac{\gamma_{\mathrm{RE}} Ne - \alpha_1 f_c bx(h_0 - x/2)}{f'_y(h_0 - a'_s)}$$

$$= \frac{0.8 \times 3000 \times 10^3 \times 818 - 1 \times 19.1 \times 700 \times 180 \times (650 - 180/2)}{360 \times (650 - 50)}$$

$$= 2850\mathrm{mm}^2$$

选择 D。

13. 答案：B

解答过程：依据《建筑抗震设计规范》GB 50011—2010 的表 6.3.7-1，抗震等级二级、边柱、框架结构、HRB400 钢筋、C40 混凝土，最小总配筋率为 0.85%。$0.85\% \times 900 \times 900 = 6885\mathrm{mm}^2$，选择 B。

14. 答案：C

解答过程：实际的体积配箍率为：

$$\rho_v = \frac{8 \times (650 - 2 \times 27 - 10) \times 78.5}{(650 - 2 \times 27 - 2 \times 10)^2 \times 100} = 0.0111$$

柱轴压比：$\mu_N = \dfrac{4840 \times 10^3}{19.1 \times 650^2} = 0.60$

依据《混凝土结构设计规范》GB 50010—2010 的 11.4.17 条体积配箍率最小值：

$$\rho_{v\min} = \lambda_v \frac{f_c}{f_{yv}} = 0.13 \times \frac{19.1}{360} = 0.680\% > 0.6\%$$

$$\rho_v/\rho_{vmin} = 1.11\%/0.68\% = 1.63$$

选择 C。

15. 答案：C

解答过程：依据《混凝土结构设计规范》GB 50010—2010 的 H.0.1 条确定应包含哪些荷载。

$$M = \frac{1.3 \times (3+1.25) \times 4^2}{8} + \frac{1.5 \times 2 \times 4^2}{8} = 17.05 \text{kN} \cdot \text{m}$$

选择 C。

16. 答案：B

解答过程：依据《混凝土结构设计规范》GB 50010—2010 的 H.0.2 条，对叠合构件负弯矩区段，不考虑第一阶段恒载引起的弯矩。

$$M = -0.10 \times 1.3 \times 1.6 \times 4^2 - 0.10 \times 1.5 \times 4 \times 4^2 = -12.9 \text{kN} \cdot \text{m}$$

选择 B。

点评：对于叠合梁，由于第一阶段时计算模型为简支，故不存在负弯矩区。第二阶段施加的荷载才会产生负弯矩。

17. 答案：C

解答过程：重级工作制吊车梁需要验算疲劳。

依据《钢结构设计标准》GB 50017—2017 的 4.3.3 条，工作温度 -7.2℃，Q235 钢材不应低于 C 级，故选择 C。

18. 答案：D

解答过程：依据《钢结构设计手册》，可得

$$a = \frac{a_2 - a_1}{6} = \frac{4600 - 955 \times 2}{6} = 448.3 \text{mm}$$

C 点处最大弯矩为：

$$M_{max}^c = \frac{\sum P \left(\frac{l}{2} - a\right)^2}{l} - Pa_1 = \frac{178 \times 3 \times (4500 - 448.3)^2}{9000} - 178 \times 955 \times 2$$

$$= 634.1 \times 10^3 \text{ N} \cdot \text{mm}$$

对应于 C 点处的剪力为：

$$V^c = \frac{\sum P \left(\frac{l}{2} - a\right)}{l} - P = \frac{178 \times 3 \times (4500 - 448.3)}{9000} - 178 = 62.4 \text{kN}$$

由于 C 点处剪力有突变，以上求出的是 C 点左侧的剪力，C 点右侧的剪力为 $62.4 - 178 = -115.6$kN，可知，绝对值较大者为 115.6kN。选择 D。

点评：本题也可以不用《钢结构设计手册》的公式而直接用给出的计算简图计算，过程如下：

3 个轮压合力点与 AB 跨内左数第一个轮压之间的距离，可仿照纵向钢筋合力点的算法求出，为：

$$\frac{P \times (955 \times 2) + P \times (955 \times 2 + 4600)}{3P} = 2806.7 \text{mm}$$

从而可求出题目图中 a 的值：

$$a = (2806.7 - 955 \times 2)/2 = 448.4\text{mm}$$

根据几何关系可求出最右侧轮压与 B 支座的距离为：
$$4500 + 448.4 - 4600 = 348.4\text{mm}$$

A 点处支座反力为
$$R_A = \frac{178 \times (6858.4 + 4948.4 + 348.4)}{9000} = 240.4\text{kN}$$

于是，C 点处弯矩为：
$$240.4 \times (4500 - 448.4) - 178 \times 955 \times 2 = 634.0 \times 10^3 \text{ N} \cdot \text{mm}$$

在题目图示轮压布置时，C 点右侧剪力 $240.4 - 178 - 178 = -115.6\text{kN}$。

19. 答案：C

解答过程：由于重级工作制吊车需要验算疲劳，依据《钢结构设计标准》GB 50017—2017 的 6.1.2 条，塑性发展系数取为 1.0。

对吊车梁上翼缘计算：
$$\frac{M_x}{W_x^{\text{上}}} + \frac{M_y}{W_y} = \frac{1200 \times 10^6}{8085 \times 10^3} + \frac{100 \times 10^6}{6866 \times 10^3} = 163.0\text{N/mm}^2$$

对吊车梁下翼缘计算：
$$\frac{M_x}{W_x^{\text{下}}} = \frac{1200 \times 10^6}{5266 \times 10^3} = 227.9\text{N/mm}^2$$

选择 C。

点评：吊车梁制动结构对 y_1 轴净截面模量是如何求得的？

取吊车梁的上翼缘、连接板和槽钢这三部分组成截面，先求出形心轴位置，再利用移轴公式求出惯性矩，进而求出针对上翼缘左端点处的截面模量，这就是题目给出的 $W_{ny1}^{\text{左}}$ 的来历。

20. 答案：A

解答过程：吊车梁承受动力荷载，依据《钢结构设计标准》GB 50017—2017 的 6.3.1 条，不考虑屈曲后强度，排除 D 选项。

腹板高厚比 $900/10 = 90 > 80\sqrt{235/f_y}$，依据 6.3.1 条以及 6.3.2 条第 2 款，应配置横向加劲肋，并计算腹板的稳定性。选择 A。

21. 答案：A

解答过程：依据《建筑抗震设计规范》GB 50011—2010 的 9.2.12 条第 5 款，设置交叉支撑时，支撑的长细比限值可取为 350。

依据《钢结构设计标准》GB 50017—2017 的 7.4.7 条，计算交叉杆件平面外的长细比时，采用与角钢肢边平行轴的回转半径。对于 L70×5，支撑的长细比为 $\frac{\sqrt{4500^2 + 6000^2}}{21.6}$ = 347 < 350，满足要求。选择 A。

22. 答案：C

解答过程：依据《建筑抗震设计规范》GB 50011—2010 的 9.2.11 条第 4 款计算。

肢背处焊缝：$l = \frac{2128 \times 235 \times 1.2 \times 70\%}{0.7 \times 8 \times 2 \times 240} = 156.3\text{mm}$

肢尖处焊缝：$l=\dfrac{2128\times235\times1.2\times30\%}{0.7\times6\times2\times240}=89.3\text{mm}$

选择 C。

点评：规范 9.2.11 条第 4 款的含义，可与 8.2.8 条第 4 款对照，按公式 (8.2.8-3) 理解，即，连接的极限承载力应不小于构件塑性承载力的 1.2 倍，塑性承载力对于拉杆而言就是屈服承载力。

23. 答案：D

解答过程：依据《建筑抗震设计规范》GB 50011—2010 的 9.2.14 条及其条文说明，此时，应满足 2 倍多遇地震下的要求，故选择 D。

24. 答案：B

解答过程：依据《钢结构设计标准》GB 50017—2017 的附录 E 计算。

考虑与 1-1 垂直的平面，A 点处横梁线刚度与柱线刚度之比为：

$$k_1=\dfrac{\sum I_{x,\text{b}}/l_\text{b}}{\sum I_{x,\text{c}}/l_\text{c}}=\dfrac{1.29\times10^9/(10\times10^3)}{2\times1.61\times10^9/3800}=0.152$$

上式分母中，"2"表示与 A 点相连的柱子共有 2 个（上、下各一个）。

B 点处，$k_2=k_1=0.152$。

查表 E.0.1，用内插法得到 $\mu=0.945$。选择 B。

25. 答案：B

解答过程：依据《钢结构设计标准》GB 50017—2017 的 8.2.1 条计算。

$$N'_{\text{E}x}=\dfrac{\pi^2 EI}{1.1 l_{0x}^2}=\dfrac{3.14^2\times206\times10^3\times1.61\times10^9}{1.1\times(2.4\times3800)^2}=3.57\times10^7\text{ N}$$

选择 B。

点评：按照以上公式计算稍简便。也可以按照规范公式计算如下：

$$N'_{\text{E}x}=\dfrac{\pi^2 EA}{1.1\lambda_x^2}=\dfrac{3.14^2\times206\times10^3\times42064}{1.1\times(2.4\times3800/195)^2}=3.57\times10^7\text{N}$$

26. 答案：C

解答过程：依据 2016 年版《建筑抗震设计规范》GB 50011—2010 的 8.2.5 条计算。

$$M_{\text{pb1}}=2.21\times10^6\times345=762.45\times10^6\text{ N}\cdot\text{mm}$$

$$V_\text{p}=1.8h_{\text{b1}}h_{\text{c1}}t_\text{w}=1.8\times(500-16)\times(500-22)\times22=9.16\times10^6\text{ mm}^3$$

抗震等级为三级，$\psi=0.6$。

$$\dfrac{\psi(M_{\text{pb1}}+M_{\text{pb2}})}{V_\text{p}}=\dfrac{0.6\times(2\times762.45\times10^6)}{9.16\times10^6}=99.88\text{N/mm}^2$$

选择 C。

27. 答案：B

解答过程：依据《钢结构设计标准》GB 50017—2017 的 14.7.4 条第 2 款，连接件顶面混凝土保护层厚度不应小于 15mm，排除 D 选项。

依据 14.7.5 条第 4 款，用压型钢板做底模时，焊钉杆直径不宜大于 19mm，焊钉高度应大于等于 $h_e+30=106$mm。排除 A 选项。

依据 14.7.4 条第 2 款，连接件的外侧边缘与钢梁翼缘边缘之间的距离不应小于

20mm，如图 14-2-3 所示。今对于 C 选项，$(175-125-16)/2=17\text{mm}<20\text{mm}$，不满足要求。

选择 B。

28. 答案：A

解答过程：依据 2016 年版《建筑抗震设计规范》GB 50011—2010 的 8.2.8 条，$M_u^j \geqslant \eta_j M_p$，再由表 8.2.8 可知，梁柱连接时的 η_j 大于构件拼接时，故连接 1 的极限承载力要求高，选择 A。

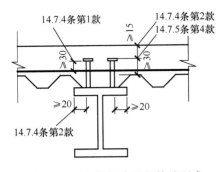

图 14-2-3 钢混组合梁的构造要求

29. 答案：A

解答过程：依据《高层民用建筑钢结构技术规程》JGJ 99—2015 的 7.5.6 条第 2 款，支撑的受压屈曲承载力为 $0.3\varphi A f_y$。

支撑的长细比 $\lambda = \dfrac{\sqrt{3200^2+3800^2}}{102} = 49$。焊接钢管对 x、y 轴均为 b 类，$\varphi = 0.861$。

$$0.3\varphi A f_y = 0.3 \times 0.861 \times 9079 \times 235 = 551 \times 10^3 \text{N}$$

该力的竖向分力为

$$551 \times \frac{3800}{\sqrt{3200^2+3800^2}} = 421 \text{kN}$$

选择 A。

点评：《建筑抗震设计规范》GB 50011—2010 的 8.2.6 条第 2 款也有同样的规定，但不如《高层民用建筑钢结构技术规程》JGJ 99—2015 表达清楚。

30. 答案：A

解答过程：依据《高层民用建筑钢结构技术规程》JGJ 99—2015 的 8.5.6 条，当管道穿过钢梁时，腹板中的孔口应予补强，故 Ⅰ、Ⅲ、Ⅳ 不正确；该条还规定，不应在距梁端相当于梁高范围内设孔，故 Ⅱ 正确。选择 A。

31. 答案：B

解答过程：依据《砌体结构设计规范》GB 50003—2011 的 5.2.5 条以及 5.2.2 条、5.2.3 条计算。

由于 $740+2\times370=1480\text{mm}>1350\text{mm}$，取为 1350mm。

$$\gamma = 1 + 0.35\sqrt{\frac{A_0}{A_l}-1} = 1+0.35\sqrt{\frac{1350\times370}{740\times370}-1} = 1.318 < 2.0$$

$$\gamma_1 = 0.8\gamma = 0.8\times1.318 = 1.05 > 1.0$$

选择 B。

32. 答案：B

解答过程：依据《砌体结构设计规范》GB 50003—2011 的 4.2.5 条第 4 款计算。

按梁两端固结计算梁端弯矩：

$$\frac{ql^2}{12} = \frac{48.9\times9.6^2}{12} = 375.552 \text{kN}\cdot\text{m}$$

修正系数：

$$\gamma = 0.2\sqrt{\frac{a}{h}} = 0.2$$

$375.552 \times 0.2 = 75 \text{kN} \cdot \text{m}$，按上下层刚度分配，下层分得 1/2，$75/2 = 37.5 \text{kN} \cdot \text{m}$。选择 B。

33. 答案：C

解答过程：依据《砌体结构设计规范》GB 50003—2011 的 5.2.5 条计算。

$$\sigma_0 = \frac{320 \times 10^3}{370 \times 1350} = 0.641 \text{N/mm}^2$$

$\sigma_0/f = 0.641/2.67 = 0.240$，内插法得到 $\delta_1 = 5.76$。

$$a_0 = \delta_1 \sqrt{h_c/f} = 5.76\sqrt{800/2.67} = 100 \text{mm}$$

选择 C。

34. 答案：C

解答过程：依据《砌体结构设计规范》GB 50003—2011 的 4.2.1 条注释 3，伸缩缝处无横墙的房屋按弹性方案考虑，故 C 项错误，选择 C。

35. 答案：B

解答过程：依据《建筑抗震设计规范》GB 50011—2010 的 7.5.2 条对过渡层的构造柱进行设置。

依据 7.5.2 条第 2 款，在底部框架柱对应位置处设置构造柱，共 3 个；依据第 5 款，洞口尺寸为 1200mm×2400mm，在洞口两侧设置构造柱，2 个；依据 7.5.2 条第 2 款，墙体内构造柱间距不宜大于层高，故增设 2 个。共 7 个，选择 B。

36. 答案：D

解答过程：依据《砌体结构设计规范》GB 50003—2011 的 10.2.1 条计算。

$$\sigma_0 = 518 \times 10^3/(1500 \times 240) = 1.44 \text{N/mm}^2$$

查表，$f_v = 0.17 \text{N/mm}^2$

$\sigma_0/f_v = 1.44/0.17 = 8.5$，内插法可得 $\zeta_N = 1.775$。

$$f_{vE} = \zeta_N f_v = 1.775 \times 0.17 = 0.30 \text{N/mm}^2$$

选择 D。

37. 答案：B

解答过程：由于横墙间距为 $9\text{m} > 2H = 7.2\text{m}$，依据《砌体结构设计规范》GB 50003—2011 的 5.1.3 条，计算高度取为 $H_0 = 1.0H = 3.6\text{m}$。于是，依据 6.1.1 条，按照构造要求的高厚比为

$$\beta = \frac{H_0}{h} = \frac{3600}{240} = 15$$

承重墙，$\mu_1 = 1.0$。

μ_2 依据 6.1.4 条确定。窗洞高度 2.1m，小于墙高的 4/5（2.88m），且大于墙高的 1/5。

$$\mu_2 = 1 - 0.4 \times 6/9 = 0.733 > 0.7$$

查表 6.1.1，无筋砌体、M10 砂浆，允许高厚比 $[\beta] = 26$。

$$\mu_1 \mu_2 [\beta] = 1.0 \times 0.73 \times 26 = 19.1$$

选择 B。

38. 答案：B

解答过程：查表，MU10 烧结普通砖、M10 混合砂浆，$f=1.89$ MPa。墙 A 截面面积 $1.5 \times 0.24 = 0.36 \text{m}^2 > 0.2 \text{ m}^2$，强度不需要调整。

依据《砌体结构设计规范》GB 50003—2011 的 8.1.2 条计算。

$$\rho = \frac{(a+b)A_s}{abs_n} = \frac{2 \times 80 \times 3.14 \times 4^2/4}{80 \times 80 \times 180} = 0.1744\%$$

令 $f_y > 320$ MPa，取为 320MPa。

$$f_n = f + 2(1 - \frac{2e}{y})\rho f_y$$
$$= 1.89 + 2 \times \left(1 - \frac{2 \times 35}{120}\right) \times 0.1744\% \times 320$$
$$= 2.36 \text{MPa}$$

选择 B。

39. 答案：B

解答过程：依据《砌体结构设计规范》GB 50003—2011 的 9.2.2 条计算。

配筋砌块砌体构件的计算高度取为层高，为 3000mm。

$$\varphi_{0g} = \frac{1}{1+0.001\beta^2} = \frac{1}{1+0.001 \times (3000/190)^2} = 0.82$$

选择 B。

40. 答案：B

解答过程：依据《砌体结构设计规范》GB 50003—2011 的 9.2.4 条第 1 款，HRB400 钢筋，$\xi_b = 0.52$。

受压区高度 $x = \xi_b h_0 = 0.52 \times (1600 - 100) = 780$mm

依据规范图 9.2.4 (a)，分布竖向钢筋屈服的范围为 $h_0 - 1.5x = 1500 - 1.5 \times 780 = 330$mm。从边缘算起的总的范围为 $100 + 330 = 430$mm，结合题目给出的图示，该范围内有 2 根钢筋。选择 B。

41. 答案：D

解答过程：依据《木结构设计标准》GB 50005—2017 的 4.3.1 条，东北落叶松强度等级为 TC17B，$f_c = 15 \text{N/mm}^2$。依据 4.3.2 条，原木未经切削，受压强度设计值调整系数为 1.15。依据 4.3.9 条，设计使用年限为 50 年，强度调整系数为 1.0。

依据 4.3.18 条，验算稳定时，取中央截面。

$$A_0 = 0.9A = 0.9 \times \frac{\pi d^2}{4} = 0.9 \times \frac{\pi \times 180^2}{4} \text{ mm}^2$$

依据 5.1.4 条确定稳定系数：

$$\lambda = \frac{l_0}{i} = \frac{3900}{45} = 86.67 > 75, \quad \varphi = \frac{2996}{\lambda^2} = \frac{2996}{86.67^2} = 0.40$$

依据 5.1.2 条第 2 款：

$$\varphi f_c A_0 = 0.4 \times (15 \times 1.15) \times (0.9 \times \frac{\pi \times 180^2}{4}) = 158 \times 10^3 \text{N}$$

选择 D。

42. 答案：D

解答过程：依据《木结构设计标准》GB 50005—2017 的 3.1.13 条条文说明第 3 款，

选项 D 正确。

点评：按照 2003 版《木结构设计规范》的表 3.1.8，与桁架上弦杆匹配的是 II$_b$，故 A 项有误，在 2017 版标准中没有此规定；依据 3.1.12 条，此时含水率不应大于 18%，故 B 项有误；依据表 A.1.1，对于 I$_a$ 材质等级，髓心应避开受剪面，故 C 项有误。

43. 答案：B

解答过程：依据《建筑地基基础设计规范》GB 50007—2011 的 8.2.11 条计算指定截面处的弯矩值。

由于只有轴力作用，故以净反力表示时，有 $p_{jmax}=p_j$，此时，公式（8.2.11-1）变形为：

$$M_I = \frac{1}{12}a_1^2[(2l+a') \times 2p_j]$$

以 $a_1=2-0.25=1.75\text{m}$，$l=2.5\text{m}$，$a'=0.5\text{m}$，$p_j=\dfrac{1.35F_k}{A}=\dfrac{1.35\times1750}{4\times2.5}=236.25\text{kPa}$ 代入，可得 $M_I=663.2\text{kN}\cdot\text{m}$。

选择 B。

点评：规范 8.2.11 条，当采用净反力求算指定截面的弯矩时，公式为：

$$M_I = \frac{1}{12}a_1^2[(2l+a')(p_{jmax}+p_j)+(p_{jmax}-p_j)l]$$

$$M_{II} = \frac{1}{48}(l-a')^2(2b+b')(p_{jmax}+p_{jmin})$$

上式中的净反力按照荷载基本组合求出。

如果 $a'=l$，上式进一步变形为：

$$M_I = \frac{1}{2}a_1^2 l p_j$$

因为 lp_j 成为线荷载，所以，上式为悬臂梁的弯矩公式。

44. 答案：A

解答过程：依据《建筑地基基础设计规范》GB 50007—2011 的 8.2.8 条计算。

$$0.7\beta_{hp}f_t a_m h_0 = 0.7\times1.0\times1.43\times(500+700)\times700 = 840840\text{N}$$

选择 A。

45. 答案：C

解答过程：计算沉降时，中心点可以采用分块计算，即，将基底分为对称的 4 块进行计算，计算过程如表 14-2-1 所示。

沉 降 计 算　　　　　　　　表 14-2-1

z_i (m)	l/b	z_i/b	$\overline{\alpha_i}$	$\overline{\alpha_i}z_i$	$\overline{\alpha_i}z_i-\overline{\alpha_{i-1}}z_{i-1}$	E_{si} (MPa)
0	1.6	0	0.2500	0	0.4158	8
2	1.6	1.6	0.2079	0.4158		
6	1.6	4.8	0.1136	0.6816	0.2658	9.5

表中 $l=\dfrac{4}{2}=2\text{m}$，$b=\dfrac{2.5}{2}=1.25\text{m}$。

依据《建筑地基基础设计规范》GB 50007—2011 的 5.3.5 条：

$$s = \psi_s \sum_{i=1}^{n} \frac{p_0}{E_{si}} (\overline{\alpha_i z_i} - \overline{\alpha_{i-1} z_{i-1}})$$
$$= 0.58 \times 160 \times \left[\left(\frac{0.4158}{8} + \frac{0.2658}{9.5} \right) \times 4 \right] = 29.7 \text{mm}$$

选择 C。

46. 答案：C

解答过程：依据《建筑桩基技术规范》JGJ 94—2008 的表 5.3.6-2，可得
$$\psi_{si} = (0.8/d)^{1/5} = (0.8/1.3)^{1/5} = 0.907$$

依据 5.3.6 条计算。
$$u \sum \psi_{si} q_{sk} l_i = 3.14 \times 1.3 \times 0.907 \times (7 \times 40 + 1.7 \times 50 + 3.3 \times 70 + 1.5 \times 80)$$
$$= 2651 \text{kN}$$

上式中，依据规范，已将第⑤层深度扣除 2 倍直径，即，$4.1 - 2 \times 1.3 = 1.5$m。

选择 C。

47. 答案：B

解答过程：依据《建筑桩基技术规范》JGJ 94—2008 的表 5.3.6-2，得：
$$\psi_p = (0.8/D)^{1/4} = (0.8/1.6)^{1/4} = 0.841$$

依据 5.3.5 条计算桩端承载力标准值：
$$Q_{pk} = \psi_p q_{pk} A_p$$
$$= 0.841 \times 3800 \times \frac{\pi \times 1.6^2}{4} = 6426 \text{kN}$$

桩端承载力特征值为 6426/2=3213kN，选择 B。

48. 答案：C

解答过程：依据《建筑桩基技术规范》JGJ 94—2008 的 5.5.14 条第 1 款计算。
$$\sigma_{zi} = \sum_{j=1}^{m} \frac{Q_j}{l_j^2} [\alpha_j I_{p,ij} + (1-\alpha_j) I_{s,ij}]$$
$$= \frac{4000}{15^2} \times [0.6 \times 15.575 + (1-0.6) \times 2.599]$$
$$= 184.6 \text{kPa}$$

$$s = \psi \sum_{i=1}^{n} \frac{\sigma_{zi}}{E_{si}} \Delta z_i$$
$$= 0.45 \times \frac{184.6}{16.5 \times 10^3} \times 3 \times 10^3 = 15.1 \text{mm}$$

选择 C。

49. 答案：C

解答过程：依据《建筑地基处理技术规范》JGJ 79—2012 的 7.1.7 条，可得
$$\zeta = \frac{f_{spk}}{f_{ak}} = \frac{f_{spk}}{120} = \frac{10}{5.4}$$

求解得到所需的 $f_{spk} = 222.2$kPa。

依据 7.1.6 条，可得

$$R_{\mathrm{a}} = \frac{A_{\mathrm{p}} f_{\mathrm{cu}}}{4\lambda} = \frac{3.14 \times 0.6^2/4 \times 5.6 \times 10^6}{4 \times 1} = 395.64 \times 10^3 \mathrm{N}$$

依据 7.1.5 条第 2 款，可得

$$222.2 = 1.0 \times m \times \frac{395.64}{3.14 \times 0.6^2/4} + 0.8 \times (1-m) \times 120$$

解出 $m = 0.0967$，选择 C。

50. 答案：B

解答过程：依据《建筑地基处理技术规范》JGJ 79—2012 的 7.1.5 条第 3 款计算。

$$\begin{aligned} R_{\mathrm{a}} &= u_{\mathrm{p}} \sum_{i=1}^{n} q_{si} l_{pi} + \alpha_{\mathrm{p}} q_{\mathrm{p}} A_{\mathrm{p}} \\ &= \pi \times 0.6 \times (20 \times 4 + 50 \times 2.4) + 0.6 \times \frac{\pi \times 0.6^2}{4} \times 400 \\ &= 445 \mathrm{kN} \end{aligned}$$

选择 B。

51. 答案：A

解答过程：依据《建筑地基处理技术规范》JGJ 79—2012 的 7.1.5 条第 1 款计算。

正方形布桩，$m = \dfrac{d^2}{d_{\mathrm{e}}^2} = \dfrac{0.8^2}{(1.13 \times 2.4)^2} = 0.087$。

$$\begin{aligned} f_{\mathrm{spk}} &= [1 + m(n-1)] f_{\mathrm{sk}} \\ &= [1 + 0.087 \times (2.8 - 1)] \times 170 \\ &= 197 \mathrm{kPa} \end{aligned}$$

选择 A。

52. 答案：C

解答过程：依据《建筑地基基础设计规范》GB 50007—2011 的 J.0.4 条计算。6 个试样的平均值为 12.35MPa。

$$\begin{aligned} \psi &= 1 - \left(\frac{1.704}{\sqrt{n}} + \frac{4.678}{n^2}\right)\delta \\ &= 1 - \left(\frac{1.704}{\sqrt{6}} + \frac{4.678}{6^2}\right) \times 0.142 \\ &= 0.8827 \\ f_{\mathrm{rk}} &= \psi f_{\mathrm{m}} = 0.8827 \times 12.35 = 10.9 \mathrm{MPa} \end{aligned}$$

选择 C。

53. 答案：D

解答过程：依据《建筑地基基础设计规范》GB 50007—2011 的 4.1.4 条，完整性指数为：

$$\left(\frac{600}{650}\right)^2 = 0.852 > 0.75$$

故岩体完整程度划分为"完整"。

依据 5.2.6 条，"完整"岩体取 $\psi_{\mathrm{r}} = 0.5$，于是

$$f_{\mathrm{a}} = \psi_{\mathrm{r}} f_{\mathrm{rk}} = 0.5 \times 10 = 5 \mathrm{MPa} = 5000 \mathrm{kPa}$$

选择 D。

54. 答案：B

解答过程：依据《建筑地基基础设计规范》GB 50007—2011 的 5.2.2 条第 2 款计算。

$$e = \frac{M_k}{F_k + G_k} = \frac{500}{10000 + 1.8 \times 1.8 \times 20 \times 1.5}$$

$$= 0.0495\text{m} < \frac{1.8}{6} = 0.3\text{m}$$

$$p_{k,\max} = \frac{F_k + G_k}{A}\left(1 + \frac{6e}{b}\right)$$

$$= \frac{10000 + 1.8^2 \times 20 \times 1.5}{1.8^2} \times \left(1 + \frac{6 \times 0.0495}{1.8}\right) = 3631\text{kPa}$$

选择 B。

55. 答案：C

解答过程：依据《建筑地基基础设计规范》GB 50007—2011 的附录 C.0.1 条和 D.0.2 条，C 不正确，故选 C。

点评：考试所用的规范增加了《既有建筑地基基础加固技术规范》JGJ 123—2012，从题目可以知道，应用此规范更为方便。

依据附录 B.0.1 条和 B.0.2 条，A 正确。

依据 3.0.4 条第 1 款和第 2 款，B 正确。

依据附录 A.0.1 条和 A.0.2 条，C 错误。

依据 11.2.1 条，D 正确。

56. 答案：A

解答过程：依据《混凝土结构设计规范》GB 50010—2010 的表 3.5.2，海风环境的环境类别为"三 a"。依据《建筑桩基技术规范》JGJ 94—2008 的 3.5.3 条，地下水、土具有弱腐蚀性非强、中腐蚀性，不考虑提高。故预应力混凝土桩裂缝控制等级为一级。A 错误。选择 A。

57. 答案：D

解答过程：依据《高层建筑混凝土结构技术规程》JGJ 3—2010 的 6.1.4 条，当钢筋混凝土楼梯与主体结构整体连接时，应考虑楼梯对地震作用及其效应的影响，故 D 项叙述错误，选择 D。

点评：依据规范表 3.3.1-1 及其下面的注释可知，甲类建筑宜按本地区设防烈度提高 1 度查表，因此，若是甲类建筑、设防烈度为 8 度，则不应采用板柱-剪力墙结构。现在，A 选项中所述为乙类建筑，应按本地区设防烈度查表，所以，设防烈度为 8 度时可以采用。依据 3.9.1 条，乙类建筑应按本地区设防烈度提高 1 度加强抗震措施，查表 3.9.3，板柱-剪力墙结构、9 度，对应的抗震等级是"——"。这种情况，内力调整按照一级，抗震构造措施"高于一级"相当于特一级。再依据 5.3.3 条以及条文说明，平板无梁楼盖应考虑板面外刚度影响，其面外刚度可按有限元方法计算或近似将柱上板带等效为框架梁计算。故 A 选项正确。

58. 答案：B

解答过程：依据《高层建筑混凝土结构技术规程》JGJ 3—2010 的 3.11.1 条，抗震性能目标为 C 级时，多遇地震、设防地震、罕遇地震对应的抗震性能水准分别是 1、3、4。

对于 A 选项，设防地震、第 3 性能水准，依据 3.11.3 条第 3 款，受剪承载力宜符合式（3.11.3-1）的规定，即弹性设计要求。故 A 项错误。

对于 B 选项，罕遇地震、第 4 性能水准，依据 3.11.3 条第 4 款，部分竖向构件一级大部分耗能构件进入屈服阶段，但钢筋混凝土竖向构件的受剪承载力受剪承载力应符合式（3.11.3-4）的规定，即截面限制条件。故 B 项正确。

对于 C 选项，多遇地震下、第 1 性能水准，依据 3.11.3 条第 1 款，应满足弹性设计要求，其承载力和变形应符合该规程的有关规定。依据 3.7.3 条，剪力墙、高度 180m，弹性层间位移角限值，应在 1/1000 和 1/500 之间内插，故 C 项中所说"在多遇地震标准值作用下的楼层弹性层间位移角限值为 1/1000"有误，即，C 项错误。

对于 D 选项，依据 3.11.4 条，高度超过 200mm，应采用弹塑性时程分析；高度不超过 150m 可采用静力弹塑性分析，条文说明指出，高度在 150~200m 的基本自振周期大于 4s 或特别不规则以及高度 200m 以上的房屋，应采用弹塑性时程分析，故 D 项错误。

选择 B。

点评：《高层建筑混凝土结构技术规程》JGJ 3—2010 中关于性能化设计的要求，可以归纳为表 14-2-2。

性能化设计的要求 表 14-2-2

抗震性能水准	计算分析方法		设计要求	备注
1	弹性	多遇地震	构件承载力以及结构弹性层间位移应符合《高规》要求	满足 3.7.4 条的要求时，仍应符合 3.7.5 条的要求
		设防地震	构件抗震承载力应满足：$\gamma_G S_{GE} + \gamma_{Eh} S^*_{Ehk} + \gamma_{Ev} S^*_{Evk} \leqslant R_d/\gamma_{RE}$	公式的左侧，与多遇地震时不同
2	弹性	设防地震或罕遇地震	（1）耗能构件正截面承载力应满足（屈服承载力）：$S_{GE} + S^*_{Ehk} + 0.4 S^*_{Evk} \leqslant R_k$ （2）耗能构件受剪承载力、关键构件及普通竖向构件抗震承载力，宜满足：$\gamma_G S_{GE} + \gamma_{Eh} S^*_{Ehk} + \gamma_{Ev} S^*_{Evk} \leqslant R_d/\gamma_{RE}$	对耗能构件正截面承载力要求放松
3	弹塑性	设防地震或罕遇地震	（1）关键构件及普通竖向构件 正截面承载力应满足（屈服承载力）：$S_{GE} + S^*_{Ehk} + 0.4 S^*_{Evk} \leqslant R_k$ （2）水平长悬臂结构和大跨度结构中的关键构件 正截面承载力应满足（屈服承载力）：$S_{GE} + S^*_{Ehk} + 0.4 S^*_{Evk} \leqslant R_k$ $S_{GE} + 0.4 S^*_{Ehk} + S^*_{Evk} \leqslant R_k$ （3）耗能构件受剪承载力应满足：$S_{GE} + S^*_{Ehk} + 0.4 S^*_{Evk} \leqslant R_k$ （4）非耗能构件，受剪承载力宜满足：$\gamma_G S_{GE} + \gamma_{Eh} S^*_{Ehk} + \gamma_{Ev} S^*_{Evk} \leqslant R_d/\gamma_{RE}$ 罕遇地震下薄弱部位的层间位移角应符合表 3.7.5	允许采用等效弹性方法，计算中适当增加阻尼比（增加值一般不大于 0.02）并考虑连梁刚度折减（折减系数一般不小于 0.3）

续表

抗震性能水准	计算分析方法	设计要求	备注
4	弹塑性	设防地震或罕遇地震	(1) 关键构件抗震承载力应满足（屈服承载力）： $$S_{GE} + S_{Ehk}^* + 0.4S_{Evk}^* \leqslant R_k$$ (2) 水平长悬臂结构和大跨度结构中的关键构件正截面承载力应满足： $$S_{GE} + S_{Ehk}^* + 0.4S_{Evk}^* \leqslant R_k$$ $$S_{GE} + 0.4S_{Ehk}^* + S_{Evk}^* \leqslant R_k$$ 受剪承载力应满足： $$S_{GE} + S_{Ehk}^* + 0.4S_{Evk}^* \leqslant R_k$$ (3) 部分竖向构件以及大部分耗能构件屈服 (4) 钢筋混凝土竖向构件，受剪满足截面限值条件： $$V_{GE} + V_{Ek}^* \leqslant 0.15f_{ck}bh_0$$ (5) 钢-混凝土组合剪力墙受剪截面应满足 $$(V_{GE} + V_{Ek}^*) - (0.25f_{ak}A_a + 0.5f_{spk}A_{sp}) \leqslant 0.15f_{ck}bh_0$$ 罕遇地震下薄弱部位的层间位移角应符合表 3.7.5	
5	弹塑性	罕遇地震	(1) 关键构件抗震承载力宜满足（屈服承载力）： $$S_{GE} + S_{Ehk}^* + 0.4S_{Evk}^* \leqslant R_k$$ (2) 竖向构件 同一楼层的竖向构件不宜全部屈服。 钢筋混凝土构件，应满足截面限值条件： $$V_{GE} + V_{Ek}^* \leqslant 0.15f_{ck}bh_0$$ 钢-混凝土组合剪力墙受剪截面应满足： $$(V_{GE} + V_{Ek}^*) - (0.25f_{ak}A_a + 0.5f_{spk}A_{sp}) \leqslant 0.15f_{ck}bh_0$$ (3) 耗能构件 允许部分耗能构件发生比较严重的破坏。 罕遇地震下薄弱部位的层间位移角应符合表 3.7.5	

注：构件内力均不考虑与抗震等级有关的增大系数。

弹塑性分析方法的选用应符合表 14-2-3 的规定（见《高规》3.11.4 条）。

弹塑性分析方法的选用 表 14-2-3

高度 H	分析方法	备注
$H \leqslant 150\text{m}$	静力弹塑性分析	
$150\text{m} < H \leqslant 200\text{m}$	静力弹塑性分析或弹塑性时程分析	基本自振周期大于 4s 或特别不规则的，采用弹塑性时程分析
$200\text{m} < H \leqslant 300\text{m}$	弹塑性时程分析	
$H > 300\text{m}$	弹塑性时程分析	应有两个独立的计算，进行校核

注：弹塑性时程分析宜采用双向地震输入；对竖向地震作用敏感的结构，宜采用三向地震输入。

59. 答案：D

解答过程：依据《高层建筑混凝土结构技术规程》JGJ 3—2010 的 4.3.13 条计算。

$$F_{\text{Evk}} = \alpha_{\text{vmax}} G_{\text{eq}} = 0.65\alpha_{\text{max}} \times 0.75 G_{\text{e}}$$

查表，$\alpha_{\text{max}} = 0.32$。$G_{\text{e}} = 10 \times 14.5 \times 24 \times 27 = 93960 \text{kN}$。代入上式，求得 $F_{\text{Evk}} = 14658 \text{kN}$。

按比例分配之后乘以 1.5：14658×8.3‰×1.5＝1825kN。选择 D。

点评：注意，4.3.15 条虽然规定了竖向地震作用标准值的最小值，但是，是有前提条件的，适用于大跨度结构、悬挑结构、转换结构、连体结构的连接体。本题要求计算的墙肢 W1，不在上述范围。

60. 答案：D

解答过程：依据《高层建筑混凝土结构技术规程》JGJ 3—2010 的 4.3.15 条计算竖向地震作用，再依据 5.6.3 条进行荷载效应组合。

$$1.2 \times (263 + 0.5 \times 54) + 1.3 \times 0.2 \times (263 + 0.5 \times 54) = 423.4 \text{kN} \cdot \text{m}$$

以上为地震设计状况。

对于持久设计状况和短暂设计状况时，效应组合值为：

$$1.3 \times 263 + 1.5 \times 54 = 422.9 \text{kN} \cdot \text{m}$$

依据 3.6.1 条和 3.8.2 条，由于 1.0×423.4＞1.0×422.9，因此，应取 423.4kN·m 作为弯矩设计值配筋。式中，423.4 乘以 $\gamma_{\text{RE}} = 1.0$（仅考虑竖向地震作用），422.9 乘以 $\gamma_0 = 1.0$。

选择 D。

点评：《高层建筑混凝土结构技术规程》JGJ 3—2010 的 5.6.5 条规定，"抗震设计时，应同时按本规程第 5.6.1 条和 5.6.3 条的规定进行荷载和地震作用组合的效应计算"，其含义为，抗震设计时，不仅应满足抗震的一系列要求，还应满足非抗震时的规范规定。这样，对于一个不涉及内力调整的构件，相当于取以下两者的较大者进行配筋设计：

(1) 持久状况按荷载标准组合得到的内力组合设计值乘以结构重要性系数；

(2) 地震状况下地震组合得到的内力设计值乘以抗震调整系数。

值得注意的是，上述第（2）项仅仅是一个"中间量"，并不符合严格意义上的"设计值"概念，但是考试时习惯上称作"设计值"。

61. 答案：D

解答过程：依据《高层建筑混凝土结构技术规程》JGJ 3—2010 表 5.6.4，60m 以上的高层建筑风荷载才参与组合。今高度为 40.3m，不考虑风。另外，提示已经指出，忽略重力荷载及竖向地震作用下剪力墙承受的剪力，故只考虑水平地震作用。

依据 7.2.4 条，墙肢的剪力设计值应乘以增大系数 1.25，于是得到 1.25×1.3×1400＝2275kN。

依据 7.1.4 条，底部加强部位的高度可取底部两层和墙体总高度的 1/10 二者的较大者，因此，第 3 层不是底部加强部位。

依据表 3.9.3，9 度、剪力墙结构，抗震等级为一级。依据 7.2.5 条，剪力增大系数为 1.3，1.3×2275＝2958kN。选择 D。

62. 答案：A

解答过程：依据《高层建筑混凝土结构技术规程》JGJ 3—2010 的 7.2.21 条计算。

依据 6.2.5 条条文说明，可得

$$M_{\text{bua}}^l = M_{\text{bua}}^r = 400 \times 1256 \times (965-35)/0.75 = 623.0 \times 10^6 \text{N} \cdot \text{mm}$$

$$V = 1.1 \frac{M_{\text{bua}}^l + M_{\text{bua}}^r}{l_n} + V_{\text{Gb}} = 1.1 \times \frac{2 \times 623}{2} + 60 = 745.3 \text{kN}$$

选择 A。

点评：设防烈度为 9 度时应考虑竖向地震的作用，但题目中未给出相关信息。

63. 答案：C

解答过程：依据《高层建筑混凝土结构技术规程》JGJ 3—2010 的表 4.3.12，7 度 (0.10g)，基本周期 4.0s，内插法可得 $\lambda = 0.0147$。

$$0.0147 \times (6.0 \times 10^5 + 0.5 \times 8.0 \times 10^4) = 9408 \text{kN}$$

选择 C。

64. 答案：C

解答过程：依据《高层建筑混凝土结构技术规程》JGJ 3—2010 的 3.3.1 条，框架核心筒、7 度，A 级最大高度为 130m，今房屋高度 150m，属于 B 级高度。

表 3.9.4，7 度、框架核心筒结构，框架的抗震等级为一级。查表 6.4.2，轴压比限值为 0.75。由于剪跨比在 1.5～2 之间，减小 0.05。由于沿柱全高的箍筋配置符合表下注释 4，增加 0.10。最终，轴压比限值为 0.75－0.05＋0.10＝0.80，选择 C。

点评：2018 年一级专业考试第 11 题，与此题类似，要求按照抗震构造措施确定框架柱的最大轴压力设计值。命题组给出的解答，从两个方面考虑：①根据柱箍筋的特征由轴压比限值表格得到可达到的轴压比最大值，由此得到可承受的轴力；②根据框架柱实际的箍筋配置求出 ρ_v，再求出 λ_v，查表得到对应的轴压比，由此得到可承受的轴力。最后取以上两个方面的较小者。

65. 答案：B

解答过程：依据《高层建筑混凝土结构技术规程》JGJ 3—2010 的 3.11.2 条第 2 款，耗能构件的受剪承载力宜符合式（3.11.3-1）的规定。因此，剪力设计值为：

$$V = 1.3 \times 1200 = 1560 \text{kN}$$

再依据 7.2.23 条计算：

$$\frac{A_{\text{sv}}}{s} = \frac{0.85 \times 1560 \times 10^3 - 0.38 \times 1.71 \times 500 \times 850}{0.9 \times 360 \times 850} = 3.81 \text{mm}^2/\text{mm}$$

当箍筋间距采用 100mm 时，需要箍筋截面积 381mm^2，4 根 ⌀12 可提供 452mm^2，满足要求。选择 B。

点评：关于本题，有以下几点需要说明：

(1) 性能化设计的内容在《建筑抗震设计规范》与《高层建筑混凝土结构技术规程》中均有规定但有差异，故编入本书时指定了依据哪本规范作答。

(2)《高层建筑混凝土结构技术规程》中，第 2 性能水准，分为 3 种情况：

关键构件及普通竖向构件宜符合公式（3.11.3-1）。

耗能构件的受剪承载力宜符合公式（3.11.3-1）。

耗能构件的正截面承载力应符合公式（3.11.3-2）。

(3) 有观点指出，依据规程 7.2.22 条，连梁截面应满足：

$$V \leqslant \frac{1}{\gamma_{\text{RE}}}(0.15\beta_c f_c b_b h_{b0}) = \frac{1}{0.85}(0.15 \times 1 \times 19.1 \times 500 \times 850) = 1432.5 \times 10^3 \text{N}$$

此时，由于剪力设计值为 1560kN，故不满足要求。

第 2 性能水准是否需要满足受剪截面要求，规程中似乎并不明确。

66. 答案：B

解答过程：依据《建筑结构荷载规范》GB 50009—2012 的 J.1.2 条以及 8.4.4 条计算。

$$x_1 = \frac{30 f_1}{\sqrt{k_w w_0}} = \frac{30/4.7}{\sqrt{1.28 \times 0.65}} = 7.0 > 5$$

查表 J.1.2 得到 $\eta_a = 1.90$。选择 B。

点评：关于舒适度验算，《高层建筑混凝土结构技术规程》3.7.6 条的要求为：在 10 年一遇风荷载标准值作用下，结构顶点的顺风向和横风向振动最大加速度不得超过限值。而"振动最大加速度"的计算方法要求依据《高层民用建筑钢结构技术规程》执行。2015 年版的《高层民用建筑钢结构技术规程》3.5.5 条又把计算方法指向《建筑结构荷载规范》。另外注意，舒适度验算时采用的阻尼比与承载力计算时不同，规范规定，钢结构宜取 0.01~0.015，混凝土结构宜取 0.02，混合结构宜取 0.01~0.02。题目中给出阻尼比 0.04，不恰当。

67. 答案：B

解答过程：依据《建筑结构荷载规范》GB 50009—2012 的表 8.2.1，粗糙度 A 类、高度 150m，$\mu_z = 2.46$。

由于 $\tan 30° = 0.577 > 0.3$，取为 0.3

$$\eta_{zB} = \left[1 + \kappa \tan\alpha \left(1 - \frac{z}{2.5H}\right)\right]^2 = \left[1 + 1.4 \times 0.3 \times \left(1 - \frac{150}{2.5 \times 200}\right)\right]^2 = 1.67$$

修正后为 $\mu_z = 1.67 \times 2.46 = 4.1$，选择 B。

68. 答案：B

解答过程：依据《高层建筑混凝土结构技术规程》JGJ 3—2010 的 3.5.2 条，第 14 层与其相邻上层的侧向刚度比为：

$$\gamma_2 = \frac{V_{14}/\Delta_{14} \times h_{14}}{V_{15}/\Delta_{15} \times h_{15}} = \frac{4300/5.48 \times 6000}{4000/3.32 \times 3900} = 1.00$$

由于 6000/3900=1.54，要求比值不宜小于 1.1，今不满足要求。

依据 3.5.3 条，与相邻上一层的受剪承载力相比，不宜小于 80%，不应小于 65%，今 132000/160000=82.5%，故满足要求。

选择 B。

69. 答案：A

解答过程：依据《高层建筑混凝土结构技术规程》JGJ 3—2010 的 11.4 节进行各项判断。

（1）验算轴压比

型钢混凝土柱的抗震等级为一级，剪跨比不大于 2，依据 11.4.4 条，轴压比限值为 0.70−0.05=0.65。

实际轴压比为：

$$\frac{N}{f_c A_c + f_a A_a} = \frac{30000 \times 10^3}{23.1 \times (1100^2 - 61500) + 295 \times 61500} = 0.67 > 0.65$$

轴压比不满足要求。

(2) 验算型钢含钢率

依据 11.4.5 条第 6 款，型钢含钢率不宜小于 4%。实际型钢含钢率为 $\frac{61500}{1100^2} = 5.08\% > 4\%$，满足要求。

(3) 验算纵筋最小配筋率

依据 11.4.5 条第 4 款，纵筋最小配筋率不宜小于 0.8%。实际配筋率为 $\frac{24 \times 3.14 \times 25^2 / 4}{1100^2} = 0.97\% > 0.8\%$，满足要求。

(4) 验算箍筋体积配箍率

依据 11.4.6 条第 4 款验算箍筋体积配箍率。

柱轴压比已经求得为 0.67，一级、普通复合箍、轴压比 0.67，查表 6.4.7 得到 $\lambda_v = 0.16$。

$$[\rho_v] = 0.85 \lambda_v \frac{f_c}{f_{yv}} = 0.85 \times 0.16 \times \frac{23.1}{360} = 0.87\% < 1.0\%$$

取 $[\rho_v] = 1.0\%$。

实际的箍筋体积配箍率（未考虑斜向箍筋）：

$$\rho_v = \frac{(1100 - 2 \times 20 - 14) \times 8 \times 153.9}{(1100 - 2 \times 20 - 2 \times 14)^2 \times 100} = 1.21\% > [\rho_v] = 1.0\%$$

箍筋体积配箍率满足要求。

综上，4 项中只有一项不满足要求，选择 A。

点评：以上各项判断是独立的，故在验算体积配箍率时以轴压比满足限值作为前提。另外注意，斜向箍筋的体积是可以计入的，只不过计算稍微麻烦。

70. 答案：C

解答过程：依据《高层建筑混凝土结构技术规程》JGJ 3—2010 解题。

(1) 判断是否短肢剪力墙

依据 7.1.8 条，由于墙肢截面高厚比 1900/250=7.6，在 4~8 之间，因此属于短肢剪力墙。

(2) 确定抗震构造措施等级

依据 3.9.2 条，7 度（0.15g）、Ⅲ类场地，按 8 度考虑抗震构造措施。按 8 度查表 3.3.1-1，该房屋仍属于 A 级高度。查表 3.9.3，8 度、高度小于 80m、剪力墙结构，抗震等级为二级。

(3) 判断是否底部加强部位

依据 7.1.4 条，底部加强部位的高度取为底部 2 层和墙体总高度的 1/10 二者较大者，为 7.53m，因此，底部加强部位取为 3 层高度。第 5 层属于非底部加强部位。

(4) 配置纵筋

依据 7.2.2 条，短肢剪力墙按照全部纵筋的配筋率控制。非底部加强部位、二级，配筋率不宜小于 1.0%。今在阴影部分之外 800mm 范围内按照间距为 200mm 已经配置了

6Φ10，截面积为471mm²。

令一个阴影部分应配置的纵筋截面积为 A_s，则应满足

$$\frac{2A_s + 471}{(1900 + 2 \times 300) \times 250} \geq 1.0\%$$

解出 $A_s = 2890\text{mm}^2$。

$2890/12 = 241\text{mm}^2$，Φ18 可提供 254.5mm²，选择 C。

71. 答案：C

解答过程：依据《建筑抗震设计规范》GB 50011—2010（2016 年版）的表 5.5.5，钢筋混凝土框架结构，$[\theta_p] = 1/50$。今

$$\frac{\Delta u_p}{[\theta_p]h} = \frac{120}{1/50 \times 5000} = 1.2$$

表明，作为限值的 $[\theta_p]h$ 应提高 20% 以上才能满足层间弹塑性位移角限值要求。这可以通过将规范 6.3.9 条规定的体积配箍率大 30% 实现。因此可排除 B 选项。

查表 6.3.9，一级、普通复合箍、轴压比 0.2，$\lambda_v = 0.10$。大 30%，可得 $\lambda_v = 0.13$。于是，最小体积配箍率为：

$$[\rho_v] = \lambda_v \frac{f_c}{f_{yv}} = 0.13 \times \frac{16.7}{360} = 0.603\%$$

对于一级框架柱，构造要求 $[\rho_v] \geq 0.8\%$，因此，也应提高 30%，即不低于 $1.3 \times 0.8\% = 1.04\%$。

依据 6.3.7 条，一级时，柱箍筋加密区箍筋最小直径为 10mm，排除 A。

对选项 C 验算：当箍筋加密区采用 4Φ10@100 时，实际的体积配箍率为（箍筋保护层厚度取为 20mm）：

$$\rho_v = \frac{(500 - 2 \times 20 - 10) \times 628}{(500 - 2 \times 20 - 2 \times 10)^2 \times 100} = 1.45\%$$

满足要求。

选择 C。

点评：本题之所以给出提示，是因为现行《建筑抗震设计规范》和《高层建筑混凝土结构技术规程》的规定不协调。前者的 5.5.5 条规定"当柱子全高的箍筋构造比本规范第 6.3.9 条规定的体积配箍率大 30% 时，可提高 20%"；后者的 3.7.5 条规定"当柱子全高的箍筋构造采用比本规程中框架柱箍筋最小特征值大 30% 时，可提高 20%"。

经查，2010 年版《高层建筑混凝土结构技术规程》在此处的规定，与 2001 年版《建筑抗震设计规范》5.5.5 条的规定相同，而后者，在 2010 年版中已改为现在的规定。

对于高层建筑，设计要求应不低于《建筑抗震设计规范》要求，故本题给出提示，以避免争议。

命题组给出的解答认为，依据《高层建筑混凝土结构技术规程》6.4.7 条，此处仍应满足 $\rho_v \geq 0.8\%$。

72. 答案：A

解答过程：依据《高层建筑混凝土结构技术规程》JGJ 3—2010 的 3.12.1 条，D 错误。

依据 3.12.4 条，抗连续倒塌设计时，当构件直接与被拆除竖向构件相连时，竖向荷

载动力放大系数取 2.0，故 B、C 错误。

选择 A。

73. 答案：B

解答过程：依据《公路钢筋混凝土及预应力混凝土桥涵设计规范》JTG 3362—2018 的 4.4.7 条，无铰拱时取计算长度为 $0.36L_a=41.4$m，选择 B。

74. 答案：D

解答过程：依据《公路钢筋混凝土及预应力混凝土桥涵设计规范》JTG 3362—2018 的表 C.2.2，加载龄期 60d、$RH=75\%$、理论厚度 $h=600$mm 时，名义徐变系数为 $\phi_0=1.39$。代入公式计算时，取 $RH=0.8$。

$$\beta_H = 150\left[1+\left(1.2\frac{RH}{RH_0}\right)^{18}\right]\frac{h}{h_0}+250$$

$$=150[1+(1.2\times 0.8)^{18}]\times 6+250$$

$$=1582>1500$$

取 $\beta_H=1500$。

$$\beta_c(t-t_0)=\left(\frac{3650-60}{1500+3650-60}\right)^{0.3}=0.901$$

$$\phi(t_u,t_0)=\phi_0\cdot\beta_c(t-t_0)=1.39\times 0.901=1.25$$

再依据 8.8.2 条第 3 款，徐变引起的缩短量为：

$$\Delta l_c^- = \frac{\sigma_{pc}}{E_c}\phi(t_u,t_0)l = \frac{9}{3.45\times 10^4}\times 1.25\times 170\times 10^3 = 55.4\text{mm}$$

选择 D。

75. 答案：A

解答过程：依据《公路桥涵设计通用规范》JTG D60—2015 的 3.5.4 条，有

$$l \geqslant 750+1.5\times(2000+2\times 200)-450=3900\text{mm}$$

选择 A。

76. 答案：C

解答过程：依据《公路桥涵设计通用规范》JTG D60—2015 的 4.3.4 条计算。

查 4.3.1 条，3m 范围可布置两个后轴，总重力为 $140\times 2=280$kN。13m 宽度单向行驶，车道数为 3，故总重力为 $280\times 3=840$kN。今提示不折减，取 $\sum G=840$kN。

$$h=\frac{\sum G}{Bl_0\gamma}=\frac{840}{13\times 3.0\times 18}=1.2\text{m}$$

选择 C。

77. 答案：A

解答过程：依据《公路钢筋混凝土及预应力混凝土桥涵设计规范》JTG 3362—2018 的 6.5.3 条，C40 混凝土时挠度长期增长系数为 1.45。

由于 $150>80\times 1.45$，依据 6.5.5 条，可不设预拱度，故选择 A。

78. 答案：B

解答过程：依据《公路钢筋混凝土及预应力混凝土桥涵设计规范》JTG 3362—2018 的 6.1.1 条，对抗裂验算、裂缝宽度验算和挠度验算，作用组合中汽车荷载不计入汽车冲

击作用,选择 B。

点评:也可以这样答题:

抗裂验算、裂缝宽度验算和挠度验算属于正常使用极限状态验算,依据《公路桥涵设计通用规范》JTG D60—2015 的 4.1.6 条,汽车荷载不计入汽车冲击力,选择 B。

79. 答案:B

解答过程:依据《公路桥涵设计通用规范》JTG D60—2015 的 4.3.2 条第 6 款,选择 B。

80. 答案:B

解答过程:依据《公路桥涵设计通用规范》JTG D60—2015 的 4.3.1 条第 2 款,选项 B 正确。

点评:事实上,桥台计算时,作用力包括竖向荷载(主要来源于汽车荷载)和横向荷载(来源于侧向土压力)。前者计算时按支座反力得到,由于属于"剪力效应",车道荷载中的集中荷载 P_k 应乘以 1.2(见 4.3.1 条);后者计算时应将破坏棱体范围内的车辆荷载等效为土层厚度(见 4.3.4 条)。

15　2017年试题与解答

15.1 2017年试题

题 1~4

某五层钢筋混凝土框架结构办公楼，房屋高度 25.45m。抗震设防烈度 8 度（0.2g），设防类别为丙类，设计地震分组为第二组，场地类别Ⅱ类，混凝土强度等级 C30。该结构平面和竖向均规则。

1. 按振型分解反应谱法进行多遇地震下的结构整体计算时，输入的部分参数摘录如下：①特征周期 $T_g=0.4$s；②框架抗震等级为二级；③结构的阻尼比 $\zeta=0.05$；④水平地震影响系数最大值 $\alpha_{max}=0.24$。试问，以上参数输入正确的选项为下列何项？

   A. ①②③   B. ①③   C. ②④   D. ①③④

2. 假定，采用底部剪力法计算时，集中于顶层的重力荷载代表值 $G_5=3200$kN，集中于其他各楼层的结构和构配件自重标准值（永久荷载）和按等效均布荷载计算的楼面活荷载标准值（可变荷载）见表 15-1-1。试问，结构等效总重力荷载 G_{eq}（kN），与下列何项数值最为接近？

   提示：该办公楼内无藏书库、档案库。

各楼层荷载标准值   表 15-1-1

楼层	1	2	3	4
永久荷载（kN）	3600	3000	3000	3000
可变荷载（kN）	760	680	680	680

 A. 14600   B. 14900   C. 17200   D. 18600

3. 假定，该结构的基本周期为 0.8s，对应于水平地震作用标准值的各楼层地震剪力、重力荷载代表值和楼层的侧向刚度见表 15-1-2。

   试问，水平地震剪力不满足规范最小地震剪力要求的楼层为下列何项？

各楼层的指标   表 15-1-2

楼层	1	2	3	4	5
楼层地震剪力 V_{Eki}（kN）	450	390	320	240	140
楼层重力荷载代表值 G_j（kN）	3900	3300	3300	3300	3200
楼层的侧向刚度 K_i（kN/m）	6.5×10^4	7.0×10^4	7.5×10^4	7.5×10^4	7.5×10^4

 A. 所有楼层   B. 第 1、2、3 层   C. 第 1、2 层   D. 第 1 层

4. 假定，各楼层的地震剪力和楼层的侧向刚度如表 15-1-2 所示，试问，当仅考虑剪切变形影响时，本建筑物在水平地震作用下的楼顶总位移 Δ（mm），与下列何项数值最为接近？

 A. 14   B. 18   C. 22   D. 26

题 5. 以下关于采用时程分析法进行多遇地震补充计算的说法，何项不妥？
A. 特别不规则的建筑，应采用时程分析的方法进行多遇地震下的补充计算
B. 采用七组时程曲线进行时程分析时，应按建筑场地类别和设计地震分组选用不少于五组实际强震记录的加速度时程曲线
C. 每条时程曲线计算所得结构各楼层剪力不应小于振型分解反应谱法计算结果的 65%
D. 多条时程曲线计算所得结构底部剪力的平均值不应小于振型分解反应谱法计算结果的 80%

题 6～9

某民用建筑普通房屋中的钢筋混凝土 T 形截面独立梁，安全等级为二级，荷载简图及截面尺寸如图 15-1-1 所示。梁上作用有均布永久荷载标准值 g_k、均布可变荷载标准值 q_k、集中永久荷载标准值 G_k、集中可变荷载标准值 Q_k。混凝土强度等级为 C30，梁纵向钢筋采用 HRB400，箍筋采用 HPB300。纵向受力钢筋的保护层厚度 $c_s=30\text{mm}$，$a_s=70\text{mm}$，$a'_s=40\text{mm}$，$\xi_b=0.518$。

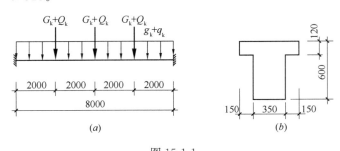

图 15-1-1
(a) 荷载简图；(b) 梁截面尺寸

6. 假定，该梁跨中顶部受压纵筋为 4 ⌀ 20，底部受拉纵筋为 10 ⌀ 25（双排）。试问，当考虑受压钢筋的作用时，该梁跨中截面能承受的最大弯矩设计值 M（kN·m），与下列何项数值最为接近？
   A. 580　　　　B. 740　　　　C. 820　　　　D. 890

7. 假定，$g_k=q_k=7\text{kN/m}$，$G_k=Q_k=70\text{kN}$。当采用四肢箍且箍筋间距为 150mm 时，试问，该梁支座截面斜截面抗剪所需箍筋的单肢截面面积（mm²），与下列何项数值最为接近？
   提示：按永久荷载可变荷载的分项系数分别取 1.3、1.5 计算，可变荷载的组合值系数取 1.0。
   A. 45　　　　B. 60　　　　C. 68　　　　D. 120

8. 假定，该梁支座截面按荷载效应组合的最大弯矩设计值 $M=490\text{kN·m}$。试问，在不考虑受压钢筋作用的情况下，按承载能力极限状态设计时，该梁支座截面纵向受拉钢筋的截面面积 A_s（mm²），与下列何项数值最为接近？
   A. 2780　　　　B. 3120　　　　C. 3320　　　　D. 3980

9. 假定，该梁支座截面纵向受拉钢筋配置为 8 ⌀ 25，按荷载准永久组合计算的梁纵向受拉钢筋的应力 $\sigma_s=220\text{N/mm}^2$。试问，该梁支座处按荷载准永久组合并考虑长期作用影响的最大裂缝宽度 $w_{\max}$（mm），与下列何项数值最为接近？

A. 0.21　　　　B. 0.24　　　　C. 0.27　　　　D. 0.30

题 10～12

某二层地下车库，安全等级为二级，抗震设防烈度为 8 度（0.20g），建筑场地类别为Ⅱ类，抗震设防类别为丙类，采用现浇钢筋混凝土板柱-抗震墙结构。某中柱顶板节点如图 15-1-2 所示，柱网 8.4m×8.4m，柱截面 600mm×600mm，板厚 250mm，设 1.6m×1.6m×0.15m 的托板，$a_s = a_s' = 45$mm。

10. 假定，板面均布荷载设计值为 15kN/m²（含板自重），当忽略托板自重和板柱节点不平衡弯矩的影响时，试问，当仅考虑竖向荷载作用时，该板柱节点柱边缘处的冲切反力设计值 F_l（kN），与下列何项数值最为接近？

A. 950　　　　B. 1000
C. 1030　　　 D. 1090

11. 假定，该板柱节点混凝土强度等级为 C35，板中未配置抗冲切钢筋。试问，当仅考虑竖向荷载作用时，该板柱节点柱边缘处的受冲切承载力设计值 $[F_l]$（kN），与下列何项数值最为接近？

A. 860　　　　B. 1180
C. 1490　　　 D. 1560

12. 试问，该板柱节点的柱纵向钢筋直径最大值 d（mm），不宜大于下列何项数值？

A. 20　　　　B. 22　　　　C. 25　　　　D. 28

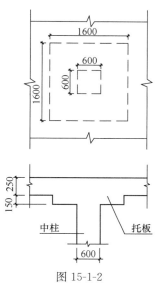

图 15-1-2

题 13. 拟在 8 度地震区新建一栋二层钢筋混凝土框架结构临时性建筑，以下何项不妥？

A. 结构的设计使用年限为 5 年，结构重要性系数不应小于 0.90
B. 受力钢筋的保护层厚度可小于《混凝土结构设计规范》GB 50010—2010 第 8.2 节的要求
C. 可不考虑地震作用
D. 进行承载能力极限状态验算时，楼面和屋面活荷载可乘以 0.9 的调整系数

题 14～16

某钢筋混凝土框架结构办公楼，抗震等级为二级，框架梁的混凝土强度等级为 C35，梁纵向钢筋及箍筋均采用 HRB400。取某边榀框架（C 点处为框架角柱）的一段框架梁，梁截面：$b×h=400$mm×900mm，受力钢筋的保护层厚度 $c_s=30$mm，梁上线荷载标准值分布图、简化的弯矩标准值见图 15-1-3，其中框架梁净跨 $l_n=8.4$m。假定，永久荷载标准值 $g_k=83$kN/m，等效均布可变荷载标准值 $q_k=55$kN/m。

14. 试问，考虑地震作用组合时，BC 段框架梁端截面组合的剪力设计值 V（kN），与下列何项数值最为接近？

A. 670　　　　B. 740　　　　C. 810　　　　D. 880

15. 考虑地震作用组合时，假定 BC 段框架梁 B 端截面组合的剪力设计值为 320kN，纵向钢筋直径 $d=25$mm，梁端纵向受拉钢筋配筋率 $\rho=1.80\%$，$a_s=70$mm，试问，该截

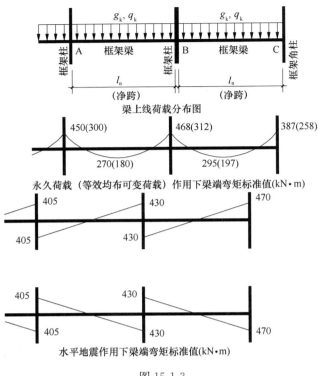

图 15-1-3

面抗剪箍筋采用下列何项配置最为合理？

A. $\Phi 8@150$ (4)　　B. $\Phi 10@150$ (4)　　C. $\Phi 8@100$ (4)　　D. $\Phi 10@100$ (4)

16. 假定，多遇地震下的弹性计算结果如下：框架节点 C 处，柱轴压比为 0.5，上柱柱底弯矩与下柱柱顶弯矩大小与方向均相同。试问，框架节点 C 处，上柱柱底截面考虑水平地震作用组合的弯矩设计值 M_c（kN·m），与下列何项数值最为接近？

A. 810　　B. 920　　C. 1020　　D. 1150

题 17～23

某商厦增建钢结构入口大堂，其屋面结构布置如图 15-1-4 所示，新增钢结构依附于商厦的主体结构。钢材采用 Q235B 钢，钢柱 GZ-1 和钢梁 GL-1 均采用热轧 H 型钢 H446×199×8×12 制作，其截面特性为：$r=13\mathrm{mm}$，$A=8297\mathrm{mm}^2$，$I_x=28100\times10^4\mathrm{mm}^4$，$I_y=1580\times10^4\mathrm{mm}^4$，$i_x=184\mathrm{mm}$，$i_y=43.6\mathrm{mm}$，$W_x=1260\times10^3\mathrm{mm}^3$，$W_y=159\times10^3\mathrm{mm}^3$。钢柱高 15m，上、下端均为铰接，弱轴方向 5m 和 10m 处各设一道系杆 XG。

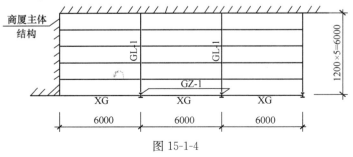

图 15-1-4

17. 假定，钢梁 GL-1 按简支梁计算，计算简图如图 15-1-5 所示，永久荷载设计值 $G=55\text{kN}$，可变荷载设计值 $Q=15\text{kN}$。试问，对钢梁 GL-1 进行抗弯强度验算时，验算式左侧求得的数值（N/mm^2），与下列何项最为接近？

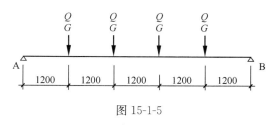

图 15-1-5

提示：不计钢梁的自重。

A. 170　　　　B. 180　　　　C. 190　　　　D. 200

18. 假定，钢柱 GZ-1 轴心压力设计值 $N=330\text{kN}$。试问，对该钢柱进行整体稳定性验算时，公式左侧求得的数值，与下列何项最为接近？

A. 0.233　　　B. 0.302　　　C. 0.399　　　D. 0.465

19. 假定，钢柱 GZ-1 主平面内的弯矩设计值 $M_x=88.0\text{kN}\cdot\text{m}$。试问，对该钢柱进行平面内稳定性验算时，验算式左侧第二项求得的数值，与下列何项最为接近？

提示：$\dfrac{N}{N'_{Ex}}=0.135$，$\beta_{mx}=1.0$，$\gamma_x=1.05$。

A. 0.347　　　B. 0.419　　　C. 0.488　　　D. 0.558

20. 设计条件同问题 19。试问，对钢柱 GZ-1 进行弯矩作用平面外稳定性验算时，验算式左侧第二项求得的数值，与下列何项最为接近？

提示：等效弯矩系数 $\beta_{tx}=1.0$，截面影响系数 $\eta=1.0$。

A. 0.326　　　B. 0.422　　　C. 0.465　　　D. 0.512

21. 假定，系杆 XG 采用钢管制作。试问，该系杆选用下列何种截面的钢管最为经济？

A. $\phi 76\times 5$ 钢管（$i=2.52\text{cm}$）　　　B. $\phi 83\times 5$ 钢管（$i=2.76\text{cm}$）
C. $\phi 95\times 5$ 钢管（$i=3.19\text{cm}$）　　　D. $\phi 102\times 5$ 钢管（$i=3.43\text{cm}$）

22. 假定，次梁和主梁连接采用 8.8 级 M16 高强度螺栓摩擦型连接（标准孔），接触面采用抛丸处理，连接节点如图 15-1-6 所示，考虑连接偏心的影响后，次梁剪力设计值 $V=38.6\text{kN}$。试问，连接所需的高强度螺栓个数应为下列何项数值？

提示：按《钢结构设计标准》GB 50017—2017 作答。

A. 2　　　　　B. 3　　　　　C. 4　　　　　D. 5

23. 假定，构造不能保证钢梁 GL-1 上翼缘平面外稳定。试问，在计算钢梁 GL-1 整体稳定时，其允许的最大弯矩设计值 M_x（$\text{kN}\cdot\text{m}$），与下列何项数值最为接近？

提示：梁整体稳定的等效临界弯矩系数 $\beta_b=0.83$。

A. 185　　　　B. 200
C. 215　　　　D. 230

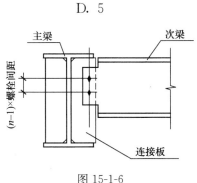

图 15-1-6

题 24. 假定，钢梁按内力需求拼接，翼缘承受全部弯矩，钢梁截面采用焊接 H 型钢 H450×200×8×12，连接接头处弯矩设计值 $M=210\text{kN}\cdot\text{m}$，采用摩擦型高强度螺栓连接（标准孔），如图 15-1-7 所示。所用钢材为

Q235B。试问,将连接处翼缘板视为轴心受拉构件进行净截面和毛截面强度验算时,以下何组数据是正确的?

A. 120N/mm² < 259 N/mm²；150N/mm² < 215 N/mm²
B. 120N/mm² < 215 N/mm²；150N/mm² < 215 N/mm²
C. 219N/mm² < 215 N/mm²；200N/mm² < 259 N/mm²
D. 219N/mm² < 259 N/mm²；200N/mm² < 215 N/mm²

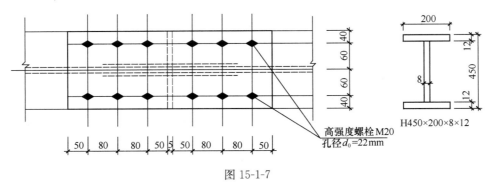

图 15-1-7

题 25. 某 H 型钢框架柱,截面为 HW350×350×12×19,$r=13$mm,采用 Q390 钢制作。试问,当应力梯度 $\alpha_0=0.83$ 时,该截面的等级应为以下何项?

A. S1　　　B. S2　　　C. S3　　　D. S4

题 26～27

某桁架结构,如图 15-1-8 所示。桁架上弦杆、腹杆及下弦杆均采用热轧无缝钢管,桁架腹杆与桁架上、下弦杆直接焊接连接；钢材均采用 Q235B 钢,手工焊接使用 E43 型焊条。

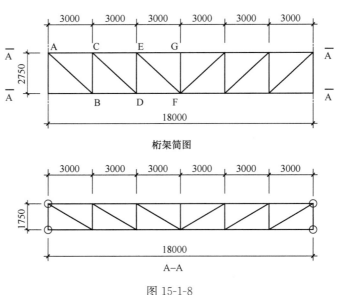

图 15-1-8

26. 桁架腹杆与上弦杆在节点 C 处的连接如图 15-1-9 所示。上弦杆主管贯通,腹杆支管非全搭接,主管规格为 $\phi140\times6$,支管 CB、CD 规格均为 $\phi89\times4.5$,杆 CD 与上弦主管轴线的

交角为 $\theta_t=42.51°$。假定，节点 C 处受压支管 CB 的承载力设计值 $N_{cK}=125kN$。试问，受拉支管 CD 的承载力设计值 N_{tK}（kN），与下列何项数值最为接近？

A. 110　　　　B. 185
C. 175　　　　D. 165

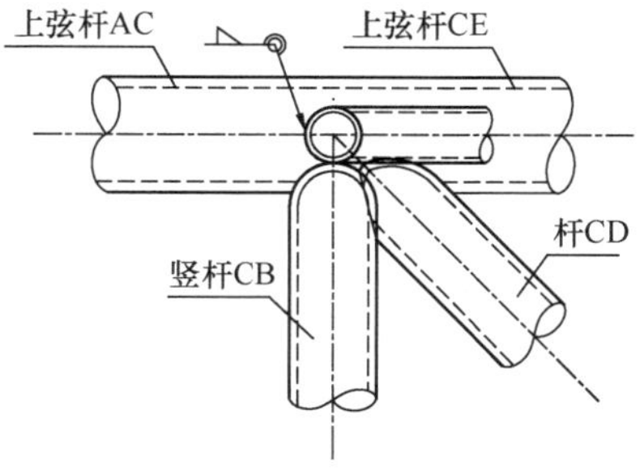

27. 设计条件及节点构造同题 26。假定，支管 CB 与上弦主管间用角焊缝连接，焊缝全周连续焊接并平滑过渡，焊脚尺寸 $h_f=6mm$。试问，该焊缝的承载力设计值（kN），与下列何项数值最为接近？

提示：正面角焊缝的强度设计值增大系数 $\beta_f=1.0$。

A. 190　　B. 180　　C. 170　　D. 160

图 15-1-9

题 28～29

某综合楼标准层楼面采用钢与混凝土组合结构。钢梁 AB 与混凝土楼板通过抗剪连接件（焊钉）形成钢与混凝土组合梁，焊钉在钢梁上按双列布置，其有效截面形式如图 15-1-10 所示。楼板的混凝土强度等级为 C30，板厚 $h=150mm$，钢材采用 Q235B 钢。

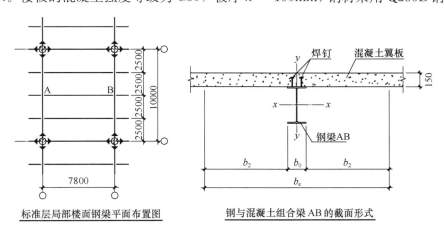

图 15-1-10

28. 假定，组合楼盖施工时设置了可靠的临时支撑，梁 AB 按单跨简支组合梁计算，钢梁采用热轧 H 型钢 H400×200×8×13，截面面积 $A=8337mm^2$。试问，梁 AB 按考虑全截面塑性发展进行组合梁的强度计算时，完全抗剪连接的最大抗弯承载力设计值 M（kN·m），与下列何项数值最为接近？

提示：塑性中和轴在混凝土翼板内。

A. 380　　B. 440　　C. 510　　D. 580

29. 假定，圆柱头焊钉材料的性能等级为 ML15，焊钉钉杆截面面积 $A_s=190\ mm^2$，其余条件同题 28。试问，梁 AB 按完全抗剪连接设计时，其全跨需要的最少焊钉总数 n_f（个），与下列何项数值最为接近？

提示：钢梁与混凝土翼板交界面的纵向剪力 V_s 按钢梁的截面面积和设计强度确定。

A. 38　　B. 68　　C. 76　　D. 98

题 30. 试问，某主平面内受弯的实腹构件，当其截面上有螺栓孔时，下列何项计算应考虑螺栓孔引起的截面削弱?

A. 构件的变形计算

B. 构件的整体稳定性计算

C. 高强螺栓摩擦型连接的构件抗剪强度计算

D. 构件的抗弯强度计算

题31. 关于砌体结构设计的以下论述：

Ⅰ. 计算混凝土多孔砖砌体构件轴心受压承载力时，不考虑砌体孔洞率的影响；

Ⅱ. 通过提高块体的强度等级可以提高墙、柱的允许高厚比；

Ⅲ. 单排孔混凝土砌块对孔砌筑灌孔砌体抗压强度设计值，除与砌体及灌孔材料强度有关外，还与砌体灌孔率和砌块孔洞率指标密切相关；

Ⅳ. 施工阶段砂浆尚未硬化砌体的强度和稳定性，可按设计砂浆强度0.2倍选取砌体强度进行验算。

试问，针对以上论述正确性的判断，下列何项正确？

A. Ⅰ、Ⅱ正确 B. Ⅰ、Ⅲ正确 C. Ⅱ、Ⅲ正确 D. Ⅱ、Ⅳ正确

题 32~37

某多层无筋砌体结构房屋，结构平面布置如图15-1-11所示，首层层高3.6m，其他各层层高均为3.3m，内外墙均对轴线居中，窗洞口高度均为1800mm，窗台高度均为900mm。

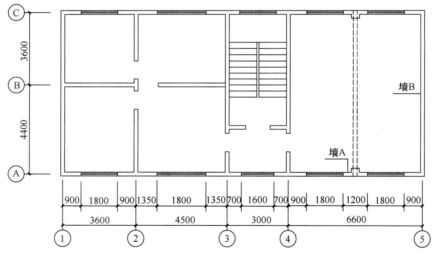

图 15-1-11

32. 假定，该建筑采用190mm厚单排孔混凝土小型空心砌块砌体结构，砌块强度等级采用MU15级，砂浆采用Mb10级，墙A截面如图15-1-12所示，承受荷载的偏心距$e=44.46$mm。试问，第二层该墙垛非抗震受压承载力（kN），与下列何项数值最为接近？

提示：$I=3.16\times10^9$mm^4，$A=3.06\times10^5$mm^2。

A. 425　　　　B. 525
C. 625　　　　D. 725

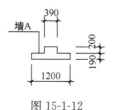

图 15-1-12

33. 假定，本工程建筑抗震设防类别为乙类，抗震设防烈度为 7 度（0.10g），各层墙体上下连续且洞口对齐，采用混凝土小型空心砌块砌筑。试问，按照该结构方案可以建设房屋的最多层数，与下列何项数值最为接近？

  A. 7   B. 6   C. 5   D. 4

34. 假定，该建筑总层数 3 层，抗震设防类别为丙类，抗震设防烈度 7 度（0.10g），采用 240mm 厚普通砖砌筑。试问，该建筑按照抗震构造措施要求，最少需要设置的构造柱数量（根），与下列何项数值最为接近？

  A. 14   B. 18   C. 20   D. 22

35. 假定，该建筑采用 190mm 厚混凝土小型空心砌块砌体结构，刚性方案，室内外高差 0.3m，基础顶面埋置较深，一楼地面可以看作刚性地坪。试问，墙 B 首层的高厚比与下列何项数值最为接近？

  A. 18   B. 20   C. 22   D. 24

36. 假定，该建筑采用夹心墙复合保温且采用混凝土小型空心砌块砌体，内叶墙厚度 190mm，夹心层厚度 120mm，外叶墙厚度 90mm，块材强度等级均满足要求。试问，墙 B 的每延米受压计算有效面积（m^2）和计算高厚比的有效厚度（mm），与下列何项数值最为接近？

  A. 0.19，190   B. 0.28，210   C. 0.19，210   D. 0.28，280

37. 假定，该建筑采用单排孔混凝土小型空心砌块砌体，砌块强度等级采用 MU15 级，砂浆采用 Mb15 级，一层墙 A 作为楼盖梁的支座，截面如图 15-1-13 所示，梁的支承长度为 390mm，截面为 250mm×500mm（宽×高），墙 A 上设有 390mm×390mm×190mm（长×宽×高）钢筋混凝土垫块。假定，对于垫块已经求得 $e/h=0.075$。试问，该梁下砌体局部受压承载力（kN），与下列何项数值最为接近？

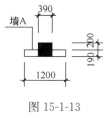

图 15-1-13

  A. 400   B. 450   C. 500   D. 550

题 38. 两端设构造柱的蒸压灰砂普通砖砌体墙，采用强度等级 MU20 砖和 Ms10 专用砂浆砌筑，墙体为 3.6m×3.3m×240mm（长×高×厚），墙体对应于重力荷载代表值的平均压应力 $\sigma_0 = 0.84$MPa，墙体灰缝内配置有双向间距为 50mm×50mm 钢筋网片，钢筋直径 4mm，钢筋抗拉强度设计值 270N/mm^2，钢筋网片竖向间距为 300mm，竖向截面总水平钢筋面积为 691mm^2。试问，该墙体的截面抗震受剪承载力（kN），与下列何项数值最为接近？

  A. 160   B. 180   C. 200   D. 220

题 39. 某多层砌体结构房屋，在楼层设有梁式悬挑阳台，支承墙体厚度 240mm，悬挑梁截面尺寸 240mm×400mm（宽×高），梁端部集中荷载设计值 $P=12$kN，梁上均布荷载设计值 $q_1=21$kN/m，如图 15-1-14 所示。墙体面密度标准值为 5.36kN/m^2，各层楼面在本层墙上产生的永久荷载标准值为 $q_2=11.2$kN/m。

试问，下部挑梁的最大倾覆弯矩设计值（kN·m）和抗倾覆弯矩设计值（kN·m），与下列何项数值最为接近？

提示：不考虑梁自重。

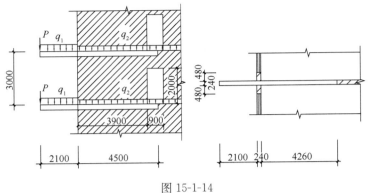

图 15-1-14

A. 80，160　　　　B. 80，200　　　　C. 90，160　　　　D. 90，200

题40. 关于砌体结构房屋设计的下列论述：

Ⅰ. 混凝土实心砖砌体砌筑时，块体产品的龄期不应小于14d；

Ⅱ. 南方地区某工程，层高5.1m采用装配整体式钢筋混凝土屋盖的烧结普通砖砌体结构单层房屋，屋盖有保温层时的伸缩缝间距可取为65m；

Ⅲ. 配筋砌块砌体剪力墙沿竖向和水平方向的构造钢筋配筋率均不应少于0.10%；

Ⅳ. 采用装配式有檩体系钢筋混凝土屋盖是减轻墙体裂缝的有效措施之一。

试问，针对以上论述正确性的判断，下列何项正确？

A. Ⅰ、Ⅲ正确　　B. Ⅰ、Ⅳ正确　　C. Ⅱ、Ⅲ正确　　D. Ⅱ、Ⅳ正确

题 41～42

一屋面下撑式木屋架，形状及尺寸如图15-1-15所示，两端铰支于下部结构上。假定，该屋架的空间稳定措施满足规范要求。P为传至屋架节点处的集中恒荷载，屋架处于正常使用环境，设计使用年限为50年，安全等级为二级。材料为未经切削的东北落叶松（TC17B）。

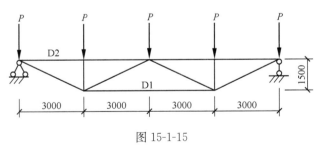

图 15-1-15

41. 假定，杆件D1采用截面标注直径为120mm原木。试问，当不计杆件自重，按恒荷载进行强度验算时，能承担的节点荷载设计值P（kN），与下列何项数值最为接近？

A. 17　　　　B. 19　　　　C. 21　　　　D. 23

42. 假定，杆件D2拟采用标注直径$d=100$mm的原木。试问，当按照强度验算且不计杆件自重时，该杆件所能承受的最大轴压力设计值（kN），与下列何项数值最为接近？

提示：不考虑施工和维修时的短暂情况。

A. 118　　　　B. 124　　　　C. 130　　　　D. 136

题 43～45

某多层砌体房屋，采用钢筋混凝土条形基础。基础剖面及土层分布如图 15-1-16 所示。基础及以上土的加权平均重度为 20kN/m³。

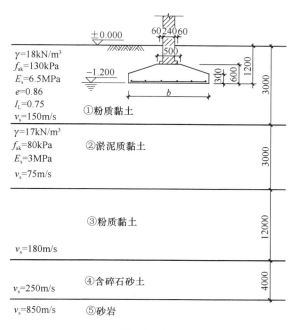

图 15-1-16

43. 假定，基础底面处相应于荷载效应标准组合的平均竖向力为 300kN/m，①层粉质黏土地基压力扩散角 $\theta=14°$。试问，按地基承载力确定的条形基础最小宽度 b（mm），与下述何项数值最为接近？

A. 2200　　　B. 2500　　　C. 2800　　　D. 3100

44. 假定，基础宽度 $b=2.8$m，基础有效高度 $h_0=550$mm。在荷载效应基本组合下，传给基础顶面的竖向力 $F=364$kN/m，基础的混凝土强度等级为 C25，受力钢筋采用 HPB300。试问，基础受力钢筋采用下列何项配置最为合理？

A. $\Phi 12@200$　　B. $\Phi 12@140$　　C. $\Phi 14@150$　　D. $\Phi 14@100$

45. 假定，场地各土层的实测剪切波速 v_s 如图 15-1-16 所示。试问，根据《建筑抗震设计规范》GB 50011—2010，该建筑场地的类别应为下列何项？

A. Ⅰ　　　B. Ⅱ　　　C. Ⅲ　　　D. Ⅳ

题 46～49

某公共建筑地基基础设计等级为乙级，其联合柱下桩基采用边长为 400mm 预制方桩，承台及其上土的加权平均重度为 20kN/m³。柱及承台下桩的布置、地下水位、地基土层分布及相关参数如图 15-1-17 所示。该工程抗震设防烈度为 7 度，设计地震分组为第三组，设计基本地震加速度值为 0.15g。

46. 假定，②层细砂在地震作用下存在液化的可能，需进一步进行判别。该层土厚度中点的标准贯入锤击数实测平均值 $N=11$。试问，按《建筑桩基技术规范》JGJ 94—2008 的有关规定，基桩的竖向受压抗震承载力特征值（kN），与下列何项数值最为接近？

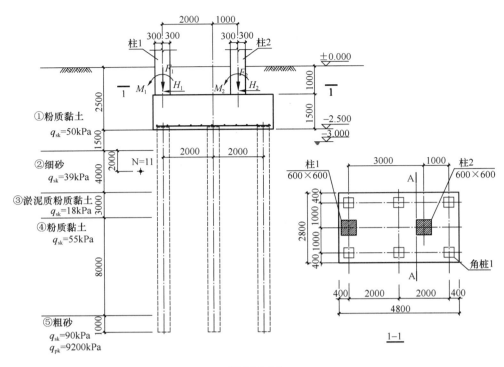

图 15-1-17

提示：⑤层粗砂不液化。

A. 1300　　　　B. 1600　　　　C. 1700　　　　D. 2600

47. 该建筑物属于对水平位移不敏感建筑。单桩水平静载试验表明，地面处水平位移为 10mm，所对应的水平荷载为 32kN。假定，作用于承台顶面的弯矩较小，承台侧向土水平抗力效应系数 $\eta_l=1.27$，桩顶约束效应系数 $\eta_r=2.05$。试问，当验算地震作用桩基的水平承载力时，沿承台长方向，群桩基础的基桩水平承载力特征值 R_h（kN），与下列何项数值最为接近？

提示：(1) 按《建筑桩基技术规范》JGJ 94—2008 作答；

(2) s_a/d 计算中，d 可取为方桩的边长。$n_1=3$，$n_2=2$。

A. 60　　　　B. 75　　　　C. 90　　　　D. 105

48. 假定，在荷载效应标准组合下，柱1传给承台顶面的荷载为：$M_1=205$kN·m，$F_1=2900$kN，$H_1=50$kN，柱2传给承台顶面的荷载为：$M_2=360$kN·m，$F_2=4000$kN，$H_2=80$kN。荷载效应由永久荷载效应控制。试问，承台在柱2柱边 A-A 截面的弯矩设计值 M（kN·m），与下列何项数值最为接近？

A. 1400　　　　B. 2000　　　　C. 3600　　　　D. 4400

49. 假定，承台的混凝土强度等级为 C30，承台的有效高度 $h_0=1400$mm。试问，承台受角桩1冲切的承载力设计值（kN），与下列何项数值最为接近？

A. 3200　　　　B. 3600　　　　C. 4000　　　　D. 4400

题 50～52

某三跨单层工业厂房，采用柱顶铰接的排架结构，纵向柱距为 12m，厂房每跨均设有桥式吊车，且在使用期间轨道没有条件调整。在初步设计阶段，基础拟采用浅基础。场地地下水位标高为—1.5m。厂房的横剖面、场地土分层情况如图15-1-18所示。

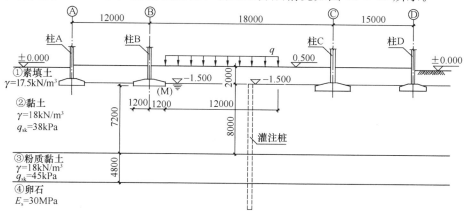

图 15-1-18

50. 假定，②层黏土压缩系数 $a_{1-2}=0.51\text{MPa}^{-1}$。初步确定柱基础的尺寸时，计算得到柱 A、B、C、D 基础底面中心的最终地基变形量分别为：$s_A=50\text{mm}$、$s_B=90\text{mm}$、$s_C=120\text{mm}$、$s_D=85\text{mm}$。试问，根据《建筑地基基础设计规范》GB 50007—2012 的规定，关于地基变形的计算结果，下列何项的说法是正确的？

A. 3 跨都不满足规范要求 　　　　　B. A-B 跨满足规范要求
C. B-C、C-D 跨满足规范要求　　　　D. 3 跨都满足规范要求

51. 假定，根据生产要求，在 B-C 跨有大面积的堆载。对堆载进行换算，作用在基础底面标高的等效荷载 $q_{eq}=45\text{kPa}$，堆载宽度为 12m，纵向长度为 24mm。如图 15-1-19 所示。②层黏土相应于土的自重压力至土的自重压力与附加压力之和的压力段的 $E_s=4.8\text{MPa}$，③层粉质黏土相应于土的自重压力至土的自重压力与附加压力之和的压力段的 $E_s=7.5\text{MPa}$。

试问，当沉降计算经验系数 $\psi_s=1$，对②层及③层土，大面积堆载对柱 B 基础底面内侧中心 M 的附加沉降值 s_M（mm），与下列何项数值最为接近？

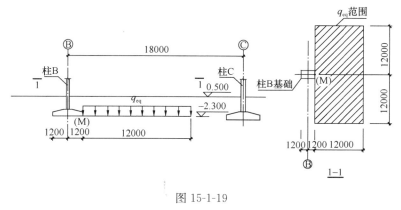

图 15-1-19

A. 25　　　　　　B. 35　　　　　　C. 45　　　　　　D. 60

52. 假定，在 B-C 跨有对沉降要求严格的设备，采用直径为 600mm 的钻孔灌注桩桩

基础，持力层为④卵石层。作用在 B-C 跨地坪上的大面积堆载为 45kPa，堆载使桩周土层对桩基产生负摩阻力，中性点位于③层粉质黏土内。②层黏土的负摩阻力系数 $\xi_{n1}=0.27$。试问，单桩桩周②层黏土的负摩阻力标准值（kPa），与下列何项数值最为接近？

A. 25　　　　B. 30　　　　C. 35　　　　D. 40

题 53～54

某多层住宅，采用筏板基础，基底尺寸为 24m×50m，地基基础设计等级为乙级。地基处理采用水泥粉煤灰碎石桩（CFG 桩）和水泥土搅拌桩两种桩型的复合地基，CFG 桩和水泥土搅拌桩的桩径均采用 500mm。桩的布置、地基土层分布、土层厚度及相关参数如图 15-1-20 所示。

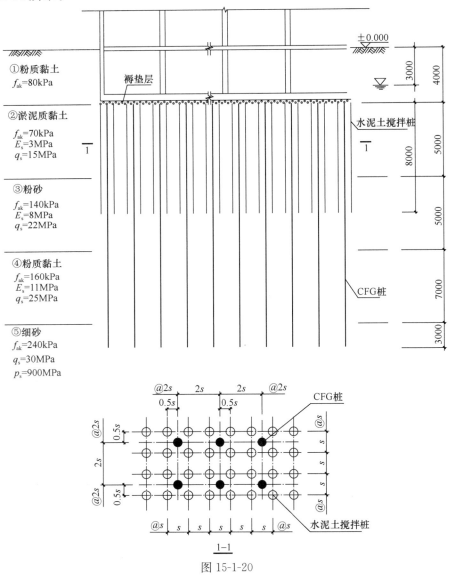

图 15-1-20

53. 假定，CFG 桩的单桩承载力特征值 $R_{a1}=680$kN，单桩承载力发挥系数 $\lambda_1=0.9$；水泥土搅拌桩单桩的承载力特征值为 $R_{a2}=90$kN，单桩承载力发挥系数 $\lambda_2=1$；桩间土承

载力发挥系数 $\beta=0.9$；处理后桩间土的承载力特征值可取天然地基承载力特征值。基础底面以上土的加权平均重度 $\gamma_m=17kN/m^3$。试问，初步设计时，当设计要求经深度修正后的②层淤泥质黏土复合地基承载力特征值不小于 300kPa，复合地基中桩的最大间距 s（m），与下列何项数值最为接近？

A. 0.9　　　　　B. 1.0　　　　　C. 1.1　　　　　D. 1.2

54. 假定，基础底面处多桩型复合地基的承载力特征值 $f_{spk}=252kPa$。当对基础进行地基变形计算时，试问，第②层淤泥质黏土层的复合压缩模量 E_s（MPa），与下列何项数值最为接近？

A. 11　　　　　B. 15　　　　　C. 18　　　　　D. 20

题 55. 砌体结构纵墙等距离布置了 8 个沉降观测点，测点布置、砌体纵墙可能出现裂缝的形态等如图 15-1-21 所示。各点的沉降量见表 15-1-3。

各观测点沉降量　　　　　　　　　　　表 15-1-3

观测点	1	2	3	4	5	6	7	8
沉降量（mm）	102.2	116.4	130.8	157.3	177.5	180.6	190.9	210.5

试问，根据沉降量的分布规律，砌体结构纵墙最可能出现的裂缝形态，为图 15-1-21 中的何项？

A. 图（b）　　　B. 图（c）　　　C. 图（d）　　　D. 图（e）

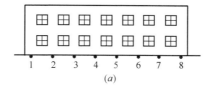

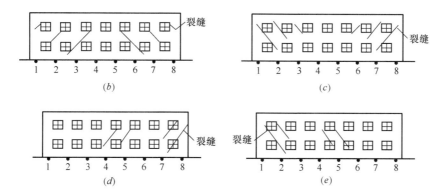

图 15-1-21
(a) 测点布置；(b)～(e) 可能的裂缝分布

题 56. 关于建筑边坡有下列主张：

Ⅰ. 边坡塌滑区内有重要建筑物、稳定性较差的边坡工程，其设计及施工应进行专门论证；

Ⅱ. 计算锚杆面积，传至锚杆的作用效应应采用荷载效应基本组合；

Ⅲ．对安全等级为一级的临时边坡，边坡稳定安全系数应不小于1.20；

Ⅳ．采用重力式挡墙时，土质边坡高度不宜大于10m。

试问，依据《建筑边坡工程技术规范》GB 50330—2013的有关规定，针对上述主张的判断，下列何项正确？

A．Ⅰ、Ⅱ、Ⅳ正确　　B．Ⅰ、Ⅳ正确　　C．Ⅰ、Ⅱ正确　　D．Ⅰ、Ⅱ、Ⅲ正确

题57．下列四项观点：

Ⅰ．验算高位转换层刚度条件时，采用剪弯刚度比；判断软弱层时，采用等效剪切刚度比；

Ⅱ．当计算的最大层间位移角小于规范限值一定程度时，楼层的扭转位移比限值允许适当放松，但不应大于1.6；

Ⅲ．高度200m的框架-核心筒结构，楼层层间最大位移与层高之比的限值应为1/650；

Ⅳ．基本周期为5.2s的竖向不规则结构，8度（0.30g）设防，多遇地震水平地震作用计算时，薄弱层的剪重比不应小于0.0414。

试问，依据《高层建筑混凝土结构技术规程》JGJ 3—2010，针对上述观点准确性的判断，下列何项正确？

A．Ⅰ、Ⅱ准确　　B．Ⅱ、Ⅳ准确　　C．Ⅱ、Ⅲ准确　　D．Ⅲ、Ⅳ准确

题58．高层混凝土框架结构抗震设计时，地下室顶板作为上部结构嵌固部位，下列关于地下室及相邻上部结构的设计观点，哪一项相对准确？

A. 地下一层与首层侧向刚度比值不宜小于2，侧向刚度比值取楼层剪力与层间位移比值、等效剪切刚度比值之较大者

B. 首层作为上部结构底部嵌固层，其侧向刚度与地上二层的侧向刚度比值不宜小于1.5

C. 主楼下部地下室顶板梁抗震构造措施的抗震等级可比上部框架梁低一级，但梁端顶面和底面的纵向钢筋应比计算值增大10%

D. 主楼下部地下一层柱每侧的纵向钢筋面积除应符合计算要求外，不应少于地上一层对应柱每侧纵向钢筋面积的1.1倍

题59．某28层钢筋混凝土框架-剪力墙高层建筑，普通办公楼，如图15-1-22所示，槽形平面，房屋高度100m，质量和刚度沿竖向分布均匀，50年重现期的基本风压为0.6kN/m²，地面粗糙度为B类。

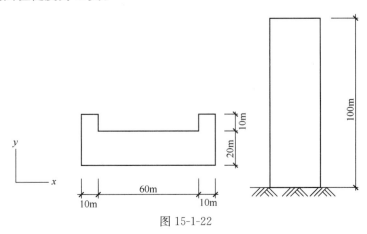

图 15-1-22

假定，风荷载沿竖向呈倒三角形分布，地面（±0.000）处为 0，高度 100m 处风振系数取 1.50，试问，估算的±0.000 处沿 y 方向风荷载作用下的倾覆弯矩标准值（kN·m），与下列何项数值最为接近？

A. 637000　　　　B. 660000　　　　C. 700000　　　　D. 726000

题 60. 某现浇钢筋混凝土框架结构办公楼，抗震等级为一级，某一框架梁局部平面如图 15-1-23 所示。梁截面 350mm×600mm，$h_0=540$mm，$a_s'=40$mm，混凝土强度等级 C30，纵筋采用 HRB400 钢筋。该梁在各效应下截面 A（梁顶）弯矩标准值分别为：

图 15-1-23

恒荷载：$M_A=-440$kN·m；活荷载：$M_A=-240$kN·m；水平地震作用：$M_A=-234$kN·m。

假定，A 截面处梁底纵筋面积按梁顶纵筋面积的二分之一配置，试问，为满足梁端 A（顶面）极限承载力要求，梁端弯矩调幅系数至少应取下列何项数值？

A. 0.80　　　　B. 0.85
C. 0.90　　　　D. 1.00

题 61. 某办公楼，采用现浇钢筋混凝土框架-剪力墙结构，房屋高度 73m，地上 18 层，1～17 层刚度、质量沿竖向分布均匀，18 层为多功能厅，仅框架部分升至屋顶，顶层框架结构抗震等级为一级。剖面如图 15-1-24 所示，顶层梁高 600mm。抗震设防烈度为 8 度（0.2g），丙类建筑，进行结构多遇地震分析时，顶层中部某边柱，经振型分解反应谱法及三组加速度弹性时程分析补充计算，18 层楼层剪力、相应构件的内力及按实配钢筋对应的弯矩值见表 15-1-4，表中内力为考虑地震作用组合，按弹性分析未经调整的组合设计值，弯矩均为顺时针方向。

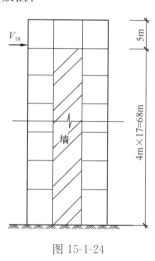

图 15-1-24

不同分析方法所得结果　　表 15-1-4

	M_c^t、M_c^b (kN·m)	M_{cua}^t、M_{cua}^b (kN·m)	V_c^t (kN)	M_{bua} (kN·m)	V_{18} (kN)
振型分解反应谱	350	450	220	350	2000
时程分析法平均值	340	420	210	320	1800
时程分析法最大值	450	550	250	380	2400

试问，该柱进行本层截面配筋设计时所采用的弯矩设计值 M（kN·m）、剪力设计值 V（kN），与下列何项数值最为接近？

A. 350；220　　B. 450；250　　C. 340；210　　D. 420；300

题 62～63

某现浇钢筋混凝土部分框支剪力墙结构，其中底层框支框架及上部墙体如图 15-1-25 所示，抗震等级为一级。框支柱截面为 1000mm×1000mm，上部墙体厚度 250mm，混凝土强度等级 C40，钢筋采用 HRB400。

提示：墙体施工缝处抗滑移能力满足要求。

62. 假定，进行有限元应力分析校核时发现，框支梁上部一层墙体水平及竖向分布钢筋均大于整体模型计算结果。由应力分析得知，框支柱边 1200mm 范围内墙体考虑风荷载、地震作用组合的平均压应力设计值为 25N/mm²，框支梁与墙体交接面上考虑风荷载、地震作用组合的水平拉应力设计值为 2.5N/mm²。

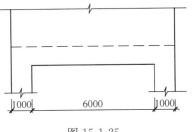

图 15-1-25

试问，该层墙体的水平分布筋及竖向分布筋，宜采用下列何项配置才能满足《高层建筑混凝土结构技术规程》JGJ 3—2010 的最低构造要求？

A. 2Φ10@200；2Φ10@200   B. 2Φ12@200；2Φ12@200
C. 2Φ12@200；2Φ14@200   D. 2Φ14@200；2Φ14@200

63. 假定，进行有限元应力分析校核时发现，框支梁上部一层墙体在柱顶范围竖向钢筋大于整体模型计算结果，由应力分析得知，柱顶范围墙体考虑风荷载、地震作用组合的平均压应力设计值为 32N/mm²。框支柱纵筋配置 40Φ28，沿四周布置，如图 15-1-26 所示。

试问，框支梁方向框支柱顶范围墙体的纵向配筋采用下列何项配置，才能满足《高层建筑混凝土结构技术规程》JGJ 3—2010 的最低构造要求？

A. 12Φ18   B. 12Φ20
C. 8Φ18+6Φ28   D. 8Φ20+6Φ28

图 15-1-26

题 64～67

某现浇钢筋混凝土大底盘双塔结构，地上 37 层，地下 2 层，如图 15-1-27 所示。大底盘 5 层均为商场（乙类建筑），高度 23.5m，塔楼为部分框支剪力墙结构，转换层设在 5 层顶板处，塔楼之间为长度 36m（4 跨）的框架结构。6 至 37 层为住宅（丙类建筑），层高 3.0m，剪力墙结构。抗震设防烈度为 6 度，Ⅲ类建筑场地，混凝土强度等级为 C40。分析表明地下一层顶板（±0.000 处）可作为上部结构嵌固部位。

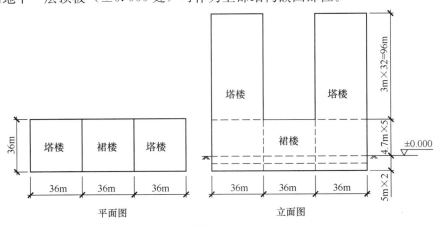

图 15-1-27

64. 针对上述结构，关于剪力墙抗震等级的确定有 4 个观点，如表 15-1-5 所示。试问，哪一个观点符合《高层建筑混凝土结构技术规程》JGJ 3—2010 的规定？

A. 观点 1　　　　B. 观点 2　　　　C. 观点 3　　　　D. 观点 4

剪力墙的抗震等级　　　　　　　　　　　　　　　　　表 15-1-5

观点	1		2		3		4	
抗震等级分类	抗震措施	抗震构造措施	抗震措施	抗震构造措施	抗震措施	抗震构造措施	抗震措施	抗震构造措施
地下二层	二级	二级	—	一级	—	二级	—	一级
1 至 5 层	一级	特一级	特一级	特一级	一级	一级	一级	特一级
7 层	二级	一级	一级	一级	二级	二级	三级	三级
20 层	三级	三级	三级	三级	三级	三级	三级	三级

65. 针对上述结构，关于 1～5 层框架、框支框架的抗震等级确定有 4 个观点，如表 15-1-6 所示。试问，哪一个观点符合《高层建筑混凝土结构技术规程》JGJ 3—2010 的规定？

A. 观点 1　　　　B. 观点 2　　　　C. 观点 3　　　　D. 观点 4

1-5 层框架、框支框架抗震等级　　　　　　　　　　　表 15-1-6

观点	1		2		3		4	
抗震等级分类	抗震措施	抗震构造措施	抗震措施	抗震构造措施	抗震措施	抗震构造措施	抗震措施	抗震构造措施
框架	一级	一级	二级	二级	二级	二级	二级	二级
框支框架梁	一级	特一级	一级	一级	一级	特一级	一级	一级
框支框架柱	一级	一级	特一级	特一级	一级	一级	一级	特一级

66. 假定，分别以多塔整体模型和分塔模型对该结构进行计算，得到的平动为主的第一自振周期 T_x、T_y、扭转耦联振动周期 T_t 如表 15-1-7 所示。试问，对结构扭转不规则判断时，扭转为主的第一自振周期 T_t 与平动为主的第一自振周期 T_1 之比值，与下列何项数值最为接近？

A. 0.7　　　　B. 0.8　　　　C. 0.9　　　　D. 1.0

两种模型的计算结果　　　　　　　　　　　　　　　　表 15-1-7

计算模型	多塔整体模型			分塔模型		
计算中设置	不考虑偶然偏心	考虑偶然偏心	扭转方向因子	不考虑偶然偏心	考虑偶然偏心	扭转方向因子
T_x (s)	1.4	1.6	—	1.9	2.3	—
T_y (s)	1.7	1.8	—	2.1	2.6	—
T_{t1} (s)	1.2	1.8	0.6	1.7	2.1	0.6
T_{t2} (s)	1.0	1.2	0.7	1.5	1.8	0.7

67. 假定，裙楼右侧沿塔楼边设防震缝与塔楼分开（1～5层），左侧与塔楼整体连接。防震缝两侧结构在进行控制扭转位移比计算分析时，有4种计算模型，如图15-1-28所示。如果不考虑地下室对上部结构的影响，试问，采用下列哪一组计算模型，最符合《高层建筑混凝土结构技术规程》JGJ 3—2010 的要求？

A. 模型1；模型3
B. 模型2；模型3
C. 模型1；模型2；模型4
D. 模型2；模型3；模型4

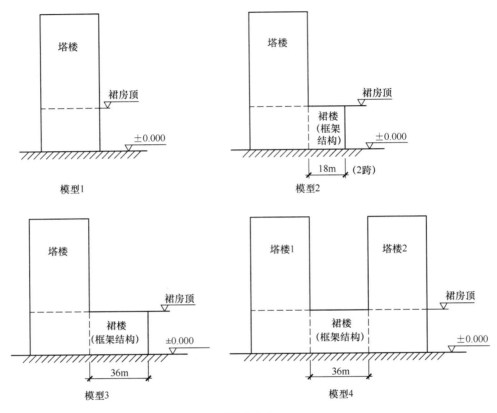

图 15-1-28

题 68～72

某38层现浇钢筋混凝土框架-核心筒结构，普通办公楼，如图15-1-29所示，房屋高度为160m，1～4层层高 6.0m，5～38层层高 4.0m。抗震设防烈度为7度（0.10g），抗震设防类别为标准设防类，无薄弱层。

68. 假定，该结构进行方案比较时，刚重比大于1.4，小于2.7。由初步方案分析得知，多遇地震标准值作用下，y 方向按弹性方法计算未考虑重力二阶效应的层间最大水平位移在中部楼层，为5mm。试估算，满足规范对 y 方向楼层位移限值要求的结构最小刚重比，与下列何项数值最为接近？

A. 2.7　　　B. 2.5　　　C. 2.0　　　D. 1.4

69. 假定，楼盖结构方案调整后，重力荷载代表值为 1×10^6 kN，底部地震总剪力标准值为12500kN，基本周期为4.3s。多遇地震标准值作用下，y 向框架部分分配的剪力与结

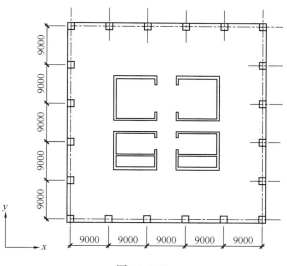

图 15-1-29

构总剪力比例如图 15-1-30 所示。对应于地震作用标准值，y 向框架部分按侧向刚度分配且未经调整的楼层地震剪力标准值：首层 $V=600\text{kN}$；各层最大值 $V_{f,\max}=2000\text{kN}$。试问，抗震设计时，首层 y 向框架部分按侧向刚度分配的楼层地震剪力标准值（kN），与下列何项数值最为接近？

A. 2500　　　　　　B. 2800
C. 3000　　　　　　D. 3300

70. 假定，多遇地震标准值作用下，x 向框架部分分配的剪力与结构总剪力比例如图 15-1-31 所示。第 3 层核心筒墙肢 W1，在 x 向水平地震作用下剪力标准值 $V_{Ehk}=2200\text{kN}$，在 x 向风荷载作用下剪力 $V_{wk}=1600\text{kN}$。试问，该墙肢的剪力设计值 V（kN），与下列何项数值最为接近？

提示：忽略墙肢在重力荷载代表值下及竖向地震作用下的剪力。

A. 8200　　　　B. 5800　　　　C. 5300　　　　D. 4600

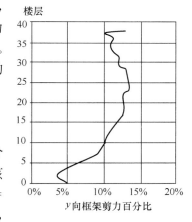

图 15-1-30

71. 假定，多遇地震标准值作用下，x 向框架部分分配的剪力与结构总剪力比例如图 15-1-31 所示（同上题）。首层核心筒墙肢 W2 轴压比 0.4。该墙肢及框架柱混凝土强度等级 C60，钢筋采用 HRB400，试问，在进行抗震设计时，下列关于该墙肢及框架柱的抗震构造措施，其中何项不符合《高层建筑混凝土结构技术规程》JGJ 3—2010 的要求？

A. 墙体水平分布筋配筋率不应小于 0.4%
B. 约束边缘构件纵向钢筋构造配筋率不应小于 1.4%
C. 框架角柱纵向钢筋配筋率不应小于 1.15%
D. 约束边缘构件箍筋体积配箍率不应小于 1.6%

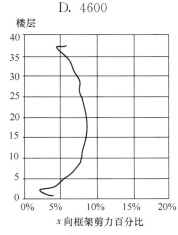

图 15-1-31

72. 假定，主体结构抗震性能目标定为 C 级，抗震性能设计时，在设防烈度地震作用下，主要构件的抗震性能指标有下列 4 组，如表 15-1-8～表 15-1-11 所示。试问，设防烈度地震作用下构件抗震性能设计时，采用哪一组符合《高层建筑混凝土结构技术规程》JGJ 3—2010 的基本要求？

注：构件承载力满足弹性设计要求简称"弹性"；满足屈服承载力要求简称"不屈服"。

结构主要构件的抗震性能指标（备选项 A） 表 15-1-8

结构构件		抗震性能指标
核心筒墙肢	抗弯	底部加强部位：不屈服 一般楼层：不屈服
	抗剪	底部加强部位：弹性 一般楼层：不屈服
核心筒连梁		允许进入塑性，抗剪不屈服
外框梁		允许进入塑性，抗剪不屈服

结构主要构件的抗震性能指标（备选项 B） 表 15-1-9

结构构件		抗震性能指标
核心筒墙肢	抗弯	底部加强部位：不屈服 一般楼层：不屈服
	抗剪	底部加强部位：弹性 一般楼层：弹性
核心筒连梁		允许进入塑性，抗剪不屈服
外框梁		允许进入塑性，抗剪不屈服

结构主要构件的抗震性能指标（备选项 C） 表 15-1-10

结构构件		抗震性能指标
核心筒墙肢	抗弯	底部加强部位：不屈服 一般楼层：不屈服
	抗剪	底部加强部位：弹性 一般楼层：不屈服
核心筒连梁		抗弯、抗剪不屈服
外框梁		抗弯、抗剪不屈服

结构主要构件的抗震性能指标（备选项 D） 表 15-1-11

结构构件		抗震性能指标
核心筒墙肢	抗弯	底部加强部位：不屈服 一般楼层：不屈服
	抗剪	底部加强部位：弹性 一般楼层：弹性
核心筒连梁		抗弯、抗剪不屈服
外框梁		抗弯、抗剪不屈服

题 73. 某标准跨径 3×30m 预应力混凝土连续箱梁桥，当作为一级公路上的桥梁时，试问，其主体结构的设计使用年限不应低于多少年？

A. 30　　　　　　B. 50　　　　　　C. 100　　　　　　D. 120

题 74. 某一级公路的跨河桥，跨越河道特点为河床稳定、河道顺直、河床纵向比降较小，拟采用 25m 简支 T 梁，共 50 孔。试问，其桥涵设计洪水频率最低可采用下列何项标准？

A. 1/300　　　　　B. 1/100　　　　　C. 1/50　　　　　D. 1/25

题 75. 某高速公路立交匝道桥为一孔 25.8m 预应力混凝土现浇简支箱梁，桥梁全宽 9m，桥面宽 8m，梁计算跨径 25m，冲击系数 0.222，不计偏载系数，梁自重及桥面铺装等恒载作用按 154.3kN/m 计，如图 15-1-32 所示。

试问，桥梁跨中截面基本组合的弯矩设计值（kN·m），与下列何项数值最为接近？

A. 23900　　　　　B. 24400　　　　　C. 25120　　　　　D. 26290

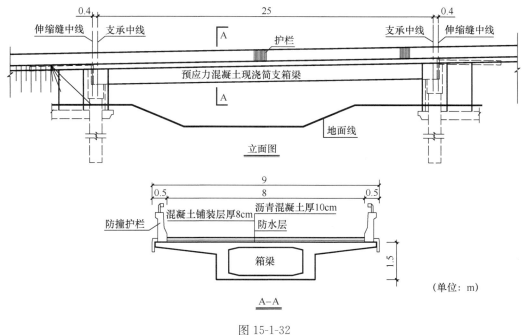

图 15-1-32

题 76. 某梁梁底设一个矩形板式橡胶支座，支座尺寸为纵桥向 0.45m，横桥向 0.7m，剪切模量 $G_e=1.0$MPa，支座有效承压面积 $A_e=0.3036$m^2，橡胶层总厚度 $t_e=0.089$m，形状系数 $S=11.2$；支座与梁墩相接的支座顶、底面水平，在常温下运营，由结构自重与汽车荷载标准值（已计入冲击系数）引起的支座反力为 2500kN，上部结构梁沿纵向梁端转角为 0.003rad，试问，验证支座竖向平均压缩变形时，符合下列哪种情况？

提示：支座抗压弹性模量 $E_e=5.4G_eS^2$；橡胶弹性体体积模量 $E_b=2000$MPa。

A. 支座会脱空、不致影响稳定　　　　B. 支座会脱空、影响稳定
C. 支座不会脱空、不致影响稳定　　　D. 支座不会脱空、影响稳定

题 77. 某预应力混凝土弯箱梁中沿中腹板的一根钢束，如图 15-1-33 所示 A 点至 B 点，A 为张拉端，B 为连续梁跨中截面，预应力孔道为预埋塑料波纹管。假定，管道每米

局部偏差对摩擦的影响系数 $k=0.0015$，预应力钢绞线与管道壁的摩擦系数 $\mu=0.17$，预应力束锚下的张拉控制应力 $\sigma_{con}=1302$MPa，由 A 至 B 点预应力钢束在梁内竖弯转角共 5 处，转角 1 为 0.0873rad，转角 2～5 均为 0.2094rad，A、B 点所夹圆心角为 0.2964rad，钢束长度以 36.442m 计。

试问，计算截面 B 处的后张预应力束与管道壁之间摩擦引起的预应力损失值（MPa），与下列何项数值最为接近？

A. 190　　　　　B. 250　　　　　C. 260　　　　　D. 300

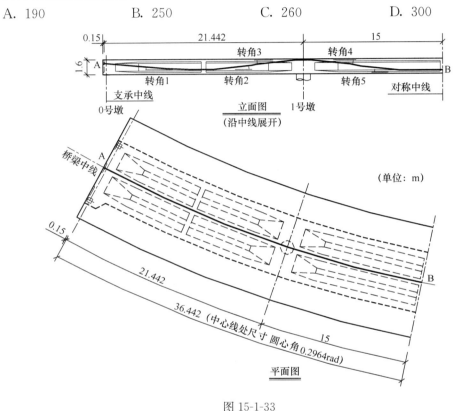

图 15-1-33

题 78. 某预应力混凝土梁，混凝土强度等级为 C50，梁腹板宽度 0.5m，在支承区域按持久状况进行设计时，由作用标准值和预应力产生的主拉应力为 2.5MPa（受拉为正）。假定箍筋采用 HPB300，试问，下列各箍筋配置方案哪个更为合理？

提示：给出的选项均满足斜截面抗剪承载力要求。

A. 4 肢 $\phi 12@100$　　　　　B. 4 肢 $\phi 14@150$
C. 2 肢 $\phi 16@100$　　　　　D. 6 肢 $\phi 14@150$

题 79. 某桥中墩柱采用直径 1.5m 圆形截面，混凝土强度等级 C40（轴心抗压强度设计值 $f_{cd}=18.4$MPa，圆柱体抗压强度值 $f'_c=31.6$MPa），柱高 8m，桥区位于抗震设防烈度 7 度区，拟采用螺旋箍筋，假定，最不利组合轴向压力为 9000kN，箍筋抗拉强度设计值为 $f_{yh}=330$MPa，纵向钢筋净保护层 50mm，纵向钢筋配筋率 $\rho_t=1\%$，螺旋箍筋螺距 100mm。

试问，墩柱潜在塑性铰区域的加密箍筋最小体积含箍率，与下列何项数值最为接近？

提示：按《城市桥梁抗震规范》CJJ 166—2011 答题。

A. 0.004　　　　B. 0.005　　　　C. 0.006　　　　D. 0.008

题 80. 桥涵结构或其构件应按承载能力极限状态和正常使用极限状态进行设计，试问，下列哪些验算内容属于承载能力极限状态设计？

①不适于继续承载的变形；②结构倾覆；③强度破坏；④满足正常使用的开裂；⑤撞击；⑥地震

A. ①+②+③　　　　　　　　　　B. ①+②+③+④
C. ①+②+③+④+⑤　　　　　　　D. ①+②+③+⑤+⑥

15.2 2017年试题解答

题号	1	2	3	4	5	6	7	8	9	10
答案	B	A	C	C	C	C	C	C	B	C
题号	11	12	13	14	15	16	17	18	19	20
答案	C	C	B	B	C	C	C	C	A	B
题号	21	22	23	24	25	26	27	28	29	30
答案	C	A	A	D	B	A	A	D	B	D
题号	31	32	33	34	35	36	37	38	39	40
答案	B	C	D	B	C	C	D	D	A	D
题号	41	42	43	44	45	46	47	48	49	50
答案	C	D	B	C	C	B	C	B	A	C
题号	51	52	53	54	55	56	57	58	59	60
答案	C	B	C	A	C	B	B	D	D	B
题号	61	62	63	64	65	66	67	68	69	70
答案	D	D	C	B	B	B	A	B	B	B
题号	71	72	73	74	75	76	77	78	79	80
答案	D	B	C	B	D	C	C	A	B	D

1. 答案：B

解答过程：依据《建筑抗震设计规范》GB 50011—2010 的 5.1.5 条，结构的阻尼比 $\zeta=0.05$，③正确。

查表 5.1.4-2，场地类别Ⅱ类、地震分组为第二组，可得 $T_g=0.4s$，①正确。

查表 6.1.2，框架结构、丙类、8 度、高度>24m，可得抗震等级为一级，②错误。

选择 B。

2. 答案：A

解答过程：依据《建筑抗震设计规范》GB 50011—2010 的 5.2.1 条计算。

$G_{eq} = 0.85 \times [3200+3600+3 \times 3000+0.5 \times (760+3 \times 680)] = 14620 \text{kN}$

选择 A。

3. 答案：C

解答过程：依据《建筑抗震设计规范》GB 50011—2010 的 3.4.3 条判断。

第 1 层与第 2 层侧向刚度之比为 $6.5\times10^4/7.0\times10^4>70\%$，且与其上 3 层侧向刚度平均值之比为

$$\frac{6.5\times10^4}{(7.0+2\times7.5)/3\times10^4}=0.89>80\%$$

故第 1 层的侧向刚度满足要求。

第 2 层的侧向刚度也满足要求。

依据 5.2.5 条，8 度（0.2g），楼层最小地震剪力系数为 0.032。

对于第 1 层，$0.032\times(3900+3\times3300+3200)=544\text{kN}>450\text{kN}$，故第 1 层不满足规范要求。

对于第 2 层，$0.032\times(3\times3300+3200)=419\text{kN}>390\text{kN}$，故第 2 层不满足规范要求。

对于第 3 层，$0.032\times(2\times3300+3200)=313\text{kN}<320\text{kN}$，故第 3 层满足规范要求。

选择 C。

4. 答案：C

解答过程：楼顶总位移为

$$\Delta=\frac{450}{6.5\times10^4}+\frac{390}{7.0\times10^4}+\frac{320+240+140}{7.5\times10^4}=21.8\times10^{-3}\text{m}=21.8\text{mm}$$

选择 C。

点评：第 3 题得到的结论是存在地震剪力不满足剪重比的情况，那么，本题计算时是否应首先调整地震剪力标准值？

必须注意到，第 3 题有已知条件为基本周期为 0.8s，本题未提到该条件，那么，最小地震剪力系数取为何值是不知道的。因此，只能假设给出的地震剪力标准值满足剪重比要求。事实上，只要最小地震剪力系数不大于 0.0265，就能全部满足要求，由于剪力系数可以在 0.024～0.032 间插值，所以，并非不可能。

5. 答案：C

解答过程：依据《建筑抗震设计规范》GB 50011—2010 的 5.1.2 条，C 错误，应为，每条时程曲线计算所得结构底部剪力不应小于振型分解反应谱法计算结果的 65%。

选择 C。

6. 答案：C

解答过程：4 Φ20 截面积为 1256mm^2；10 Φ25 截面积为 4909mm^2。

假设中和轴在翼缘内，则

$$x=\frac{f_yA_s-f'_yA'_s}{\alpha_1f_cb}$$

$$=\frac{360\times4909-360\times1256}{14.3\times650}$$

$$=141\text{mm}$$

由于该值大于 $h'_f=120\text{mm}$，因此，中和轴在腹板内。重新计算受压区高度：

$$x=\frac{f'_yA_s-f'_yA'_s-\alpha_1f_c(b'_f-b)h'_f}{\alpha_1f_cb}$$

$$= \frac{360 \times 4909 - 360 \times 1256 - 14.3 \times 300 \times 120}{14.3 \times 350}$$

$$= 160\text{mm}$$

该值 $< \xi_b h_0 = 0.518 \times 530 = 275\text{mm}$ 且 $> 2a'_s$，表明数据可用。

$$M_u = \alpha_1 f_c bx(h_0 - x/2) + \alpha_1 f_c (b'_f - b)h'_f (h_0 - h'_f/2) + f'_y A'_s (h_0 - a'_s)$$

$$= 14.3 \times 350 \times 160 \times (530 - 160/2) + 14.3 \times 300 \times 120 \times (530 - 120/2)$$
$$+ 360 \times 1256 \times (530 - 40)$$

$$= 824 \times 10^6 \text{N} \cdot \text{mm}$$

选择 C。

7. 答案：C

解答过程：集中荷载在支座位置引起的剪力设计值：

$$(1.3 \times 70 + 1.5 \times 70) \times 3/2 = 294\text{kN}$$

均布荷载在支座位置引起的剪力设计值：

$$(1.3 \times 7 + 1.5 \times 7) \times 8/2 = 78.4\text{kN}$$

总剪力设计值为 372.4kN，且集中荷载贡献超过 75%。

$a/h_0 = 2000/530 = 3.77 > 3$，取 $\lambda = 3$。

$$\frac{A_{sv}}{s} = \frac{V - \frac{1.75}{\lambda + 1} f_t b h_0}{f_{yv} h_0}$$

$$= \frac{372.4 \times 10^3 - \frac{1.75}{3+1} \times 1.43 \times 350 \times 530}{270 \times 530}$$

$$= 1.79 \text{mm}^2/\text{mm}$$

4 肢箍且箍筋间距为 150mm 时，单肢截面积应不少于 $1.79 \times 150/4 = 67.1\text{mm}^2$。

选择 C。

8. 答案：C

解答过程：支座截面为负弯矩，因此，按照矩形截面计算。

$$x = h_0 - \sqrt{h_0^2 - \frac{2M}{\alpha_1 f_c b}}$$

$$= 530 - \sqrt{530^2 - \frac{2 \times 490 \times 10^6}{14.3 \times 350}}$$

$$= 238\text{mm}$$

由于 $x \leq \xi_b h_0 = 0.518 \times 530 = 275\text{mm}$，故

$$A_s = \frac{\alpha_1 f_c bx}{f_y} = \frac{14.3 \times 350 \times 238}{360}$$

$$= 3309\text{mm}^2$$

选择 C。

9. 答案：B

解答过程：依据《混凝土结构设计规范》GB 50010—2010 的 7.1.2 条计算。

$$\rho_{te} = \frac{A_s}{A_{te}} = \frac{3927}{0.5 \times 350 \times 600 + 300 \times 120} = 0.028 > 0.01$$

取 $\rho_{te}=0.028$ 进行下面计算。

$$\psi = 1.1 - 0.65\frac{f_{tk}}{\rho_{te}\sigma_{sq}} = 1.1 - 0.65 \times \frac{2.01}{0.028 \times 220} = 0.888$$

ψ 在 0.2 和 1.0 之间，取 $\psi=0.888$ 进行下面计算。

$$w_{max} = \alpha_{cr}\psi\frac{\sigma_{sq}}{E_s}\left(1.9c_s + 0.08\frac{d_{eq}}{\rho_{te}}\right)$$
$$= 1.9 \times 0.888 \times 220/(2.0 \times 10^5) \times (1.9 \times 30 + 0.08 \times 25/0.028)$$
$$= 0.24\text{mm}$$

选择 B。

10. 答案：C

解答过程：依据《混凝土结构设计规范》GB 50010—2010 的 6.5.1 条计算。

$$F_l = 8.4^2 \times 15 - (0.355 \times 2 + 0.6)^2 \times 15 = 1033\text{kN}$$

选择 C。

11. 答案：C

解答过程：依据《混凝土结构设计规范》GB 50010—2010 的 6.5.1 条计算。

$$h_0 = 355\text{mm}, \quad u_m = 4 \times (600 + 355) = 3820\text{mm}$$

$$\eta_1 = 0.4 + \frac{1.2}{\beta_s} = 0.4 + \frac{1.2}{2} = 1.0$$

$$\eta_2 = 0.5 + \frac{\alpha_s h_0}{4u_m} = 0.5 + \frac{40 \times 355}{4 \times 3820} = 1.43$$

取 $\eta=1.0$。

$$0.7\beta_h f_t \eta u_m = 0.7 \times 1.0 \times 1.57 \times 1.0 \times 3820 = 1490 \times 10^3 \text{N}$$

选择 C。

12. 答案：C

解答过程：依据《建筑抗震设计规范》GB 50011—2010 的 6.6.2 条第 3 款，8 度时，托板或柱帽根部的厚度不宜小于柱纵筋直径的 16 倍。因此，本题，柱纵向钢筋直径最大值为 400/16=25mm，选择 C。

13. 答案：B

解答过程：依据《建筑结构可靠性设计统一标准》GB 50068—2018 的 3.2.1 条条文说明，临时性建筑安全等级为三级，依据表 8.2.8，三级时 γ_0 不小于 0.9，A 正确。

依据《建筑抗震设防分类标准》GB 50223—2008 的 2.0.2、2.0.3 条文说明，临时性建筑可不设防，故 C 正确。

依据《建筑结构荷载规范》GB 50009—2012 的表 3.2.5，D 正确。

选择 B。

点评：选项 B 涉及《混凝土结构设计规范》，可以从以下角度理解：

(1) 从 8.2.1 条的条文说明可知，确定混凝土保护层厚度时更多是基于耐久性的考虑。

(2) 当纵向受力钢筋的保护层厚度很小时，在拉力作用下构件侧边可能发生"劈裂破坏"，为此，8.2.1 条第 1 款规定受力钢筋的保护层厚度不应小于钢筋的公称直径（规范第 337 页条文说明将原因称之为"保证握裹层混凝土对受力钢筋的锚固"，是对同一问题的不同表述）。这属于为保证钢筋在破坏时达到屈服而采取的构造措施。

（3）即使是临时性建筑，也应保证受力要求，故受力钢筋的保护层厚度也要满足要求。

14. 答案：B

解答过程：以下计算，梁端弯矩以下缘受拉为正。

BC梁左端组合的弯矩设计值：
$$-1.2\times(468+0.5\times312)-1.3\times430=-1307.8\text{kN}\cdot\text{m}$$

BC梁右端组合的弯矩设计值：
$$-1.2\times(387+0.5\times258)+1.3\times470=-8.2\text{kN}\cdot\text{m}$$

依据《建筑抗震设计规范》GB 50011—2010 的 6.2.4 条计算。

$$V=\eta_{vb}\frac{M_b^l+M_b^r}{l_n}+V_{Gb}$$
$$=1.2\times\frac{1307.8-8.2}{8.4}+1.2\times\frac{(83+0.5\times55)\times8.4}{2}$$
$$=742.6\text{kN}$$

选择 B。

点评：本题解答时注意以下几点：

（1）图中括号内的数值，表示等效均布可变荷载作用下的弯矩值。

（2）梁的弯矩图，默认画在受拉一侧。应对弯矩设定某一个方向为正，才能组合。可以取杆件端部截面下缘受拉为正，也可以针对杆端而言弯矩顺时针旋转为正。

（3）地震作用方向为从左至右时，梁左端弯矩表现为下缘受拉，右端弯矩为上缘受拉。确定 M_b^l、M_b^r 时，二者应为同一个工况下的值，例如，以上解答过程采用的是地震作用方向从右至左工况。

（4）由弯矩求剪力的本质是取隔离体建立平衡得到，M_b^l 与 M_b^r 同为顺时针或者同为逆时针二者才是真正的"加"的关系。本题解答过程中 $M_b^l=-1307.8\text{kN}\cdot\text{m}$，$M_b^r=-8.2\text{kN}\cdot\text{m}$，计算简图如图 15-2-1 所示，所以，求剪力时采用（1307.8−8.2）。

图 15-2-1 第14题计算剪力时的原理图

（5）之所以解答过程中只写出了一种工况（地震作用方向从右至左，对应题目图中的最后一个弯矩图），是因为已经事先判断出该工况起控制作用。判断方法是：今在重力荷载代表值作用下，梁左端弯矩比右端弯矩大，因此，下一步取地震作用下的弯矩时，左端弯矩若能是同方向则为同号相加，必然起控制作用。

15. 答案：C

解答过程：依据《混凝土结构设计规范》GB 50010—2010 的 11.3.6 条，二级，梁端纵向受拉钢筋配筋率小于 2%，加密区箍筋最大间距为 min（8×25，900/4，100）=100mm，箍筋最小直径为 8mm。排除 A、B。

依据 11.3.4 条计算。

$$\frac{A_{sv}}{s}=\frac{\gamma_{RE}V-0.42f_tbh_0}{f_{yv}h_0}$$
$$=\frac{0.85\times320\times10^3-0.42\times1.57\times400\times830}{360\times830}$$

$$= 0.178 \text{mm}^2/\text{mm}$$

当间距为 100mm 时，所需箍筋截面积为 17.8mm²。

选择 C。

16. 答案：C

解答过程：依据《建筑抗震设计规范》GB 50011—2010 的 6.2.2 条，上柱柱底的弯矩应调整为：

$$1.5 \times \frac{1.2 \times (387 + 0.5 \times 258) + 1.3 \times 470}{2} = 923 \text{kN} \cdot \text{m}$$

上式中之所以除以 2，是由于上下柱要平分 ΣM_b。

由于是角柱，再依据 6.2.6 条乘以 1.1，得 $923 \times 1.1 = 1015 \text{kN} \cdot \text{m}$

选择 C。

17. 答案：C

解答过程：依据影响线计算跨中弯矩。

$$M_x = \left[\left(\frac{1.2}{3} + \frac{2.4}{3} \right) \times \frac{6}{4} \times 2 \right] \times (55 + 15) = 252 \text{kN} \cdot \text{m}$$

上式方括号内为影响线竖标之和。

依据《钢结构设计标准》GB 50017—2017 的 6.1.1 条验算强度。

依据表 3.5.1，受弯构件，该截面的宽厚比等级为 S1。查表 8.1.1，$\gamma_x = 1.05$。

$$\frac{M_x}{\gamma_x W_{nx}} = \frac{252 \times 10^6}{1.05 \times 1260 \times 10^3} = 190 \text{N/mm}^2$$

选择 C。

点评：简支梁最大弯矩也可以按照本书附录 3 表格给出的公式计算。

简支梁承受 $n-1$ 个等距布置的集中荷载，本题 $n=5$，故最大弯矩为：

$$M_{\max} = \frac{5^2 - 1}{8 \times 5} \times (55 + 15) \times 6 = 252 \text{kN} \cdot \text{m}$$

18. 答案：C

解答过程：长细比 $\lambda_x = \frac{l_{0x}}{i_x} = \frac{15000}{184} = 81.5$，$\lambda_y = \frac{l_{0y}}{i_y} = \frac{5000}{43.6} = 114.7$

查《钢结构设计标准》GB 50017—2017 的表 7.2.1-1，$b/h < 0.8$，截面对 x 轴属于 a 类，对 y 轴属于 b 类。按 $\lambda_y = 115$，Q235 钢材、b 类查表，$\varphi = 0.464$。

由于截面板件宽厚比符合 7.3.1 条的局部稳定要求，故采用全截面特性验算整体稳定。

$$\frac{N}{\varphi A f} = \frac{330 \times 10^3}{0.464 \times 8297 \times 215} = 0.399$$

选择 C。

19. 答案：A

解答过程：依据《钢结构设计标准》GB 50017—2017 的 8.1.1 计算。

$$\frac{\beta_{mx} M_x}{\gamma_x W_{1x}(1 - 0.8 N/N'_{Ex})f}$$

$$= \frac{1.0 \times 88 \times 10^6}{1.05 \times 1260 \times 10^3 \times (1 - 0.8 \times 0.135) \times 215}$$

$$= 0.347$$

选择 A。

点评：对于压弯构件，截面等级划分时需要用到应力梯度，而题目中未给出该值，故编入时在提示中增加 $\gamma_x = 1.05$。

20. 答案：B

解答过程：前已求得 $\lambda_y = 114.7$

依据《钢结构设计标准》GB 50017—2017 的 C.0.5 条计算 φ_b，如下：

$$\varphi_b = 1.07 - \frac{\lambda_y^2}{44000}\frac{f_y}{235} = 1.07 - \frac{114.7^2}{44000} = 0.77$$

$$\eta\frac{\beta_{tx}M_x}{\varphi_b W_{1x}f} = 1.0 \times \frac{1.0 \times 88 \times 10^6}{0.77 \times 1260 \times 10^3 \times 215} = 0.422$$

选择 B。

21. 答案：C

解答过程：依据《钢结构设计标准》GB 50017—2017 的 7.4.6 条，容许长细比为 200。回转半径至少为 6000/200=30mm，选择 C。

22. 答案：A

解答过程：依据《钢结构设计标准》GB 50017—2017 的 11.4.2 条计算。

单个螺栓的抗剪承载力设计值：

$$N_v^b = 0.9kn_f\mu P = 0.9 \times 1 \times 1 \times 0.40 \times 80 = 28.8\text{kN}$$

所需螺栓数为 38.6/28.8=1.3，选用 2 个。

选择 A。

23. 答案：A

解答过程：依据《钢结构设计标准》GB 50017—2017 的 C.0.1 条计算梁的稳定系数。

$$\lambda_y = \frac{l_{0y}}{i_y} = \frac{6000}{43.6} = 137.6$$

$$\varphi_b = \beta_b \frac{4320}{\lambda_y^2}\frac{Ah}{W_x}\left[\sqrt{1 + \left(\frac{\lambda_y t_1}{4.4h}\right)^2} + \eta_b\right]\frac{235}{f_y}$$

$$= 0.83 \times \frac{4320}{137.6^2}\frac{8297 \times 446}{1260 \times 10^3}\left(\sqrt{1 + \left(\frac{137.6 \times 12}{4.4 \times 446}\right)^2} + 0\right)\frac{235}{235}$$

$$= 0.727$$

$$\varphi_b' = 1.07 - \frac{0.282}{0.727} = 0.682$$

$$M_x \leqslant \varphi_b W_x f = 0.682 \times 1260 \times 10^3 \times 215 = 185 \times 10^6 \text{N} \cdot \text{mm}$$

选择 A。

点评：解答时注意以下几点：

(1) 本题是对主梁 GL-1 计算，并非次梁，该主梁端部与柱的连接未示出，一般为刚性连接，并非上题的那种连接方式。

(2) 所谓"构造不能保证钢梁 GL-1 上翼缘平面外稳定"，暗示次梁不能作为主梁的侧向支承，因为，如果次梁可以作为该梁的侧向支承，由于次梁的间距仅为 1.2m，主梁的整体稳定性将不必验算。

（3）对《钢结构设计标准》GB 50017—2017 表 C.0.1 项次 8 的含义解释如下。

如图 15-2-2 所示，钢梁跨中有 2 个等间距布置的侧向支承点，集中荷载作用于上翼缘。此时，取 $\beta_b = 1.20$，计算 λ_y 时取 $l_1 = l/3$，验算用的弯矩取 $M = Pl/3$。

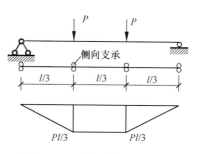

图 15-2-2 跨间有侧向支承的计算简图

24．答案：D

解答过程：将弯矩等效成力偶，得到翼缘板受到的轴心力：

$$N = \frac{M}{h} = \frac{210 \times 10^3}{450 - 12} = 479.5 \text{kN}$$

依据《钢结构设计标准》GB 50017—2017 的 7.1.1 条计算。

按净截面计算：

$$\left(1 - 0.5 \frac{n_1}{n}\right) \frac{N}{A_n} = \left(1 - 0.5 \times \frac{2}{6}\right) \times \frac{479.5 \times 10^3}{(200 - 2 \times 24) \times 12}$$

$$= 219 \text{N/mm}^2 < 0.7 f_u = 0.7 \times 370 = 259 \text{N/mm}^2$$

按毛截面计算：

$$\frac{N}{A} = \frac{479.5 \times 10^3}{200 \times 12} = 200 \text{N/mm}^2 < f = 215 \text{N/mm}^2$$

选择 D。

25．答案：B

解答过程：依据《钢结构设计标准》GB 50017—2017 的表 3.5.1 确定。

对于翼缘：$\dfrac{b}{t} = \dfrac{(350 - 12 - 2 \times 13)/2}{19} = 8.2$

对于腹板：$\dfrac{h_0}{t_w} = \dfrac{350 - 2 \times 19 - 2 \times 13}{12} = 23.8$

$11\varepsilon_k = 11\sqrt{235/390} = 8.5$，故翼缘属于 S2 级。

$(33 + 13\alpha_0^{1.3})\varepsilon_k = (33 + 13 \times 0.83^{1.3})\sqrt{235/390} = 33.5$，故翼缘属于 S1 级。

整个截面属于 S2，选择 B。

26．答案：A

解答的过程：依据《钢结构设计标准》GB 50017—2017 的 13.3.2 条第 4 款，平面 K 形搭接，由于 CB 杆与 CD 杆两支管规格相同，有 $A_t = A_c$，且 ψ_q 取值相同，因此作为平面 K 形节点的受拉支管，$N_{tK} = N_{cK} = 125 \text{kN}$。

由于为空间桁架，节点 C 处形成的是两个 K 形，故依据 13.3.3 条第 2 款，支管为非全搭接型，空间调整系数为 0.9，$125 \times 0.9 = 112.5 \text{kN}$，选择 A。

点评：本题解答时注意以下几点：

（1）2003 版《钢结构设计规范》的 10.3.3 条规定，平面 K 形节点中受拉支管的承载力按受压支管的承载力求出，为

$$N_{tK}^{pj} = \frac{\sin\theta_c}{\sin\theta_t} N_{cK}^{pj}$$

空间 KK 形节点，支管承载力等于平面 K 形节点时的 0.9 倍。

据此，得到本题的结果为：

$$\frac{\sin 90°}{\sin 42.51°} \times 125 \times 0.9 = 166.5 \text{kN}$$

以上，不区分支管为"有间隙"还是"搭接"。

依据 2017 版《钢结构设计标准》13.3.2 条第 3 款，平面 K 形间隙节点，受压、受拉支管的承载力与 2003 版平面 K 形节点时相同；平面 K 形搭接节点，受拉、受压支管二者的承载力公式基本相同，注意截面积和 ψ_q 可能会有差别。依据 13.3.3 条第 2 款，空间 KK 形节点的支管承载力仍为平面 K 形支管承载力乘以调整系数，但该系数要区分"非全搭接"与"全搭接"的差别。

(2) 对 N_{cK} 计算公式中的 ψ_q 说明如下：

$$\psi_q = \beta^{\eta_{ov}} \gamma \tau^{0.8-\eta_{ov}}$$

式中，$\beta = \frac{D_i}{D}$，为支管与主管的外径比；$\eta_{ov} = q/p \times 100\%$，为搭接率（图示见标准的第 147 页），应满足 $25\% \leq \eta_{ov} \leq 100\%$；$\gamma = D/(2t)$；$\tau = \frac{t_i}{t}$。

27. 答案：A

解答过程：依据《钢结构设计标准》GB 50017—2017 的 13.3.9 条第 1 款计算。

由于 $D_i/D = 89/140 = 0.64 < 0.65$，因此

$$l_w = (3.25 \times 89 - 0.025 \times 140)\left(\frac{0.534}{\sin 90°} + 0.466\right) = 286 \text{mm}$$

焊缝承载力设计值：$0.7 \times 6 \times 286 \times 160 = 192.2 \times 10^3 \text{N}$

选择 A。

28. 答案：D

解答过程：依据《钢结构设计标准》GB 50017—2017 的 14.1.2 条确定 b_e。

组合梁跨度的 1/6：7800/6 = 1300mm，实际净距的一半：(2500-200)/2 = 1150mm。

以上二者较小者为 1150mm。

$$b_e = 200 + 2 \times 1150 = 2500 \text{mm}$$

依据 14.2.1 条第 1 款，可得

$$x = \frac{Af}{b_e f_c} = \frac{8337 \times 215}{2500 \times 14.3} = 50 \text{mm}$$

$$M \leq b_e x f_c y = 2500 \times 50 \times 14.3 \times (200 + 150 - 50/2) = 581 \times 10^6 \text{N} \cdot \text{mm}$$

选择 D。

点评：本题的解答注意两点：

(1) 在确定 b_e 时，2003 版《钢结构设计规范》曾规定 b_1（或 b_2）不大于翼板厚度 6 倍，2017 版《钢结构设计标准》取消了此规定。

(2) 2017 版《钢结构设计标准》在规定 b_1（或 b_2）取值时指出，"当塑性中和轴位于混凝土板内时"，各取梁等效跨径 l_e 的 1/6。《组合结构设计规范》JGJ 138—2016 的

12.1.1 条无此前提条件。

29. 答案：B

解答过程：依据《钢结构设计标准》GB 50017—2017 的 14.3.1 条计算。
$$N_v^c = 0.43 A_s \sqrt{E_c f_c} = 0.43 \times 190 \times \sqrt{30000 \times 14.3} = 53.5 \times 10^3 \text{N}$$
该值 $> 0.7 A_s f_u = 0.7 \times 190 \times 400 = 53.2 \times 10^3 \text{N}$，取 $N_v^c = 53.2 \text{kN}$。

全梁分为两个剪跨，每个剪跨区段内需要的栓钉数为
$$\frac{8337 \times 215}{53.2 \times 10^3} = 33.7，取 34 个$$

全梁共需设置 $34 \times 2 = 68$ 个，选择 B。

点评：关于此处 f_u 如何取值，需要说明如下：

(1) 2003 版《钢结构设计规范》时，N_v^c 的限值记作 $0.7 A_s \gamma f$，取 $\gamma f = 360 \text{N/mm}^2$，相当于 $0.7 A_s \dfrac{f_u}{f_y} \dfrac{f_y}{\gamma_R} = 0.7 A_s \dfrac{f_u}{\gamma_R}$。2017 版《钢结构设计标准》改为 $0.7 A_s f_u$。可见，后者取值变大了。

(2) 查现行国家标准《电弧螺柱焊用圆柱头焊钉》GB/T 10433—2002 可知，焊钉的材料只有 ML15 和 ML12A1，且均有 $\sigma_b \geq 400 \text{MPa}$。此时，取其极限抗拉强度设计值，要不要将 400MPa 除以抗力分项系数？今以 Q235 钢材为例研究。《钢结构设计标准》GB 50017—2017 表 4.4.1 给出 Q235 钢材的 $f_u = 370 \text{N/mm}^2$，查《碳素结构钢》GB/T 700—2006，Q235 钢材的抗拉强度为 $R_m = 370 \sim 500 \text{N/mm}^2$，可见，作为设计指标，$f_u$ 取为抗拉强度的下限且无需考虑抗力分项系数。

(3)《组合结构设计规范》JGJ 138—2016 的 3.1.14 条将 N_v^c 的限值记作 $0.7 A_s f_{at}$，规定 $f_{at} = 360 \text{N/mm}^2$。查该条的条文说明可知，该取值来源于 2003 版《钢结构设计规范》，因此，该规定已被代替。该规范的 12.2.7 条规定了同样的限值 $0.7 A_s f_{at}$，在该条的条文说明指出，"根据现行国家标准《电弧螺柱焊用圆柱头焊钉》GB/T 10433 的相关规定，圆柱头焊钉的极限强度设计值 f_{at} 不得小于 400MPa"。

30. 答案：D

解答过程：依据《钢结构设计标准》GB 50017—2017 的 6.1.1 条，选择 D。

31. 答案：B

解答过程：依据《砌体结构设计规范》GB 50003—2011 的表 6.1.1 可知，通过提高块体的强度等级不能提高墙、柱的允许高厚比，故Ⅱ错误。选择 B。

32. 答案：C

解答过程：依据《砌体结构设计规范》GB 50003—2011 的表 3.2.1-4，$f = 4.02 \text{N/mm}^2$。T 形截面，乘以 0.85，于是 $f = 3.42 \text{N/mm}^2$
$$h_T = 3.5 i = 3.5 \sqrt{\frac{3.16 \times 10^9}{3.06 \times 10^5}} = 356 \text{mm}$$

墙高 $H = 3.3 \text{m}$，相邻横墙间距 $s = 6.6 \text{m}$，$s/H = 2$，故 $H_0 = 0.4 s + 0.2 H = 0.4 \times 6.6 + 0.2 \times 3.3 = 3.3 \text{m}$。

$$\beta = \gamma_\beta \frac{H_0}{h} = 1.1 \times \frac{3300}{356} = 10.2$$

$$e/h_T = 44.46/356 = 0.125$$

近似按照 $\beta=10$，$e/h_T=0.125$，砂浆 Mb10，查表 D.0.1-1，得到 $\varphi=0.60$。

于是，依据 5.1.1 条，受压承载力设计值为：

$$\varphi A f = 0.60 \times 3.06 \times 10^5 \times 3.42 = 628 \times 10^3 \text{N}$$

选择 C。

33. 答案：D

解答过程：依据《建筑抗震设计规范》GB 50011—2010 的表 7.1.2，小砌块、7 度 (0.10g)，限值为 7 层。由于为乙类建筑，减少一层，成为 6 层。又由于按照题目给出的房间布置，开间大于 4.2m 的房间面积占比为 (6.6+4.5)/17.7=62.7%>40%，属于横墙较少，因此，再减少一层，成为 5 层。

由于为层数和房屋高度双控，因此，还应判别此时房屋的总高度。

当按照题目给出的单层层高布置 5 层时，房屋总高度为 $3.6+4\times 3.3=16.8$m，大于规范的总高度限值 15m，因此，只能降低为 4 层，这时，总高度为 13.5m，满足要求，故选择 D。

34. 答案：B

解答过程：依据《建筑抗震设计规范》GB 50011—2010 的表 7.1.2，丙类、7 度、240mm 厚普通砖，限值为总高 21m、7 层。

今实际为 3 层，但由于开间大于 4.2m 的房间占比为 62.7%>40%，应按增加 1 层查表 7.3.1。

根据表 7.3.1 共设置构造柱 16 个。在梁下设置构造柱 2 个。共设置构造柱 18 个，如图 15-2-3 所示（圆圈处表示设置构造柱的位置）。

选择 B。

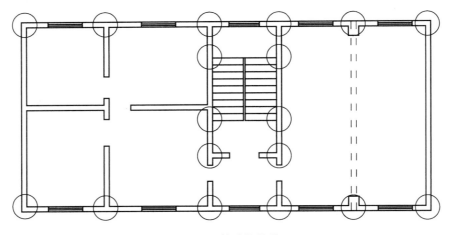

图 15-2-3 构造柱的设置

35. 答案：C

解答过程：依据《砌体结构设计规范》GB 50003—2011 的 5.1.3 条，墙 B 的几何高度取为 $3.6+0.3+0.5=4.4$m。

计算高度为 $H_0 = 0.4s + 0.2H = 0.4\times 8 + 0.2 \times 4.4 = 4.08$m

$$\beta = \frac{H_0}{h} = \frac{4.08}{0.19} = 21.5$$

选择 C。

36. 答案：C

解答过程：依据《砌体结构设计规范》GB 50003—2011 的 6.4.3 条，计算高厚比的有效厚度为：$\sqrt{190^2 + 90^2} = 210\text{mm}$。

有效面积，应取承重墙的面积，$1 \times 0.19 = 0.19\text{m}^2$。

选择 C。

37. 答案：D

解答过程：查《砌体结构设计规范》GB 50003—2011 的表 3.2.1-4，$f = 4.61\text{N/mm}^2$。T 形截面，表中的 f 应乘以 0.85，于是 $f = 3.92\text{N/mm}^2$。

依据 $\beta \leqslant 3$、$e/h = 0.075$、砂浆 Mb15，查表 D.0.1-1，得到 $\varphi = 0.94$。

$$A_b = a_b b_b = 390 \times 390 = 152100 \text{mm}^2$$

未灌孔，$\gamma = 1.0$，$\gamma_1 = 0.8\gamma$，将 γ_1 取为最小值 1.0。

$$\varphi \gamma_1 f A_b = 0.94 \times 1.0 \times 3.92 \times 152100 = 560 \times 10^3 \text{N}$$

选择 D。

点评：题目有改动。原考题中给出提示 $e/h_T = 0.075$，不妥。因为，梁下设置垫块时，局部受压承载力计算中确定 φ 时应采用 e/h，其中，e 为上部墙传来的压力和梁传来的压力二者合力的偏心距，h 为垫块在偏心方向的尺寸。

38. 答案：D

解答过程：依据《砌体结构设计规范》GB 50003—2011 的表 3.2.2，由于采用专用砂浆，故按表下注释 2，按砂浆强度≥M10 的烧结普通砖取抗剪强度，因此，$f_v = 0.17\text{MPa}$。

$\sigma_0 / f_v = 0.84 / 0.17 = 4.94$，近似按照 $\sigma_0 / f_v = 5.0$ 查表 10.2.1，得到 $\zeta_N = 1.47$。

$$f_{vE} = \zeta_N f_v = 1.47 \times 0.17 = 0.25 \text{MPa}$$

依据 10.2.2 条第 2 款计算受剪承载力。

配筋率：$691/(3300 \times 240) = 0.08\%$

墙体高宽比 $3.3/3.6 = 0.92$，$\zeta_s = 0.145$

$$\frac{1}{\gamma_{RE}}(f_{vE}A + \zeta_s f_{yh} A_{sh}) = \frac{1}{0.9}(0.25 \times 3600 \times 240 + 0.145 \times 270 \times 691) = 270 \times 10^3 \text{N}$$

选择 D。

39. 答案：A

解答过程：依据《砌体结构设计规范》GB 50003—2011 的 7.4.2 条确定 x_0。

$$l_1 = 4500\text{mm} > 2.2 h_b = 2.2 \times 400 = 880\text{mm}$$
$$x_0 = 0.3 h_b = 0.3 \times 400 = 120\text{mm}$$

由于 $x_0 < 0.13 l_1 = 0.13 \times 4500 = 585\text{mm}$，取 $x_0 = 120\text{mm}$。

倾覆力矩设计值：

$$M_{ov} = 12 \times (2.1 + 0.12) + 21 \times 2.1 \times (1.05 + 0.12) = 78.24 \text{kN} \cdot \text{m}$$

抗倾覆力矩设计值：

墙体的贡献：3.9×2.6×5.36×(3.9/2−0.12)＝99.5kN·m
楼面永久荷载的贡献：11.2×4.5×(4.5/2−0.12)＝107.4kN·m
$$0.8×(99.5+107.4)=166\text{kN·m}$$
选择A。

40．答案：D

解答过程：依据《砌体结构设计规范》GB 50003—2011的表6.5.1，装配整体式钢筋混凝土结构屋盖，有保温层时，伸缩缝最大间距为50m，依据表下注释3，层高大于5m的烧结普通砖单层房屋，表中数值乘以1.3，1.3×50＝65m，故Ⅱ正确。排除A、B选项。

依据9.4.8条第5款，配筋砌块砌体剪力墙沿竖向和水平方向的构造钢筋配筋率均不应少于0.07%，故Ⅲ不正确。

选择D。

点评：依据《砌体结构工程施工质量验收规范》的5.1.3条，混凝土多孔砖、混凝土实心砖、蒸压灰砂砖、蒸压粉煤灰砖等块体砌筑时，产品龄期不应小于28d，故Ⅰ不正确；6.5.2条第3款，采用装配式有檩体系钢筋混凝土屋盖是减轻墙体裂缝的有效措施之一，故Ⅳ正确。

41．答案：C

解答过程：取隔离体如图15-2-4所示，则对上弦轴力与腹杆轴力的交点取矩，得到

$$1.5N_{D1}+6P+3P=2.5P×6$$

解出 $N_{D1}=4P$。

依据《木结构设计标准》GB 50005—2017的表4.3.1-3，得TC17B的 $f_t=9.5\text{N/mm}^2$。设计使用年限为50年，强度调整系数为1.0。依据4.3.9条，按恒载验算，调整系数为0.8，调整后 $f_t=0.8×9.5=7.6\text{N/mm}^2$。

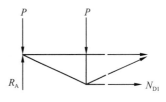

图15-2-4 取隔离体后的计算简图

杆件D1作为拉杆的承载力设计值：

$$f_t A_n = 7.6 × \frac{3.14×120^2}{4}=85.9×10^3\text{N}$$

安全等级为二级，$\gamma_0=1.0$。于是，$P=85.9/4=21.5\text{kN}$，选择C。

42．答案：D

解答过程：依据《木结构设计标准》GB 50005—2017的表4.3.1-3，得TC17B的 $f_c=15\text{N/mm}^2$。设计使用年限为50年，强度调整系数为1.0。依据4.3.2条，原木未经切削，顺纹抗压强度提高15%。依据4.3.9条，仅有恒荷载，强度设计值应乘以0.8。于是，取 $f_c=1.15×0.8×15=13.8\text{N/mm}^2$。

杆件D2作为压杆按照强度计算的承载力为：

$$f_c A_n=13.8×\frac{3.14×100^2}{4}=108.3×10^3\text{N}$$

以上直接按照原木的小头取截面积。

选择A。

点评：命题组给出的解答，未考虑因为恒荷载验算导致强度乘以 0.8，最后结果为 135.4 kN，选择 D。

43. 答案：B

解答过程：依据《建筑地基基础设计规范》GB 50007—2011 第 5.2.2 条，并取基础单位长度为 1m 进行计算。

$$p_k = \frac{F_k + G_k}{A}$$

$$p_k = \frac{300}{b}$$

依据 5.2.4 条，第①层为粉质黏土 $e = 0.86 \geqslant 0.85$，查表 5.2.4 得 $\eta_b = 0, \eta_d = 1.0$。

$$f_a = f_{ak} + \eta_b \gamma (b-3) + \eta_d \gamma_m (d-0.5)$$
$$= 130 + 0 + 1.0 \times 18 \times (1.2 - 0.5)$$
$$= 142.6 \text{kPa}$$

由 $p_k = f_a$ 解方程，得到 $b = 2.10\text{m}$

依据 5.2.7 条，对软弱下卧层进行验算。

$$\gamma_m = \frac{18 \times 1.2 + (18-10) \times 1.8}{3} = 12 \text{kN/m}^3$$

$$f_{az} = f_{ak} + \eta_d \gamma_m (d - 0.5)$$
$$= 80 + 1.0 \times 12 \times (3 - 0.5) = 110 \text{kPa}$$

以上，为软弱下卧层顶面处的地基承载力特征值。

$$p_z + p_{cz} = f_{az}$$

$$\frac{b(p_k - p_c)}{b + 2z\tan\theta} + p_{cz} = f_{az}$$

$$\frac{b \times (300/b - 1.2 \times 18)}{b + 2 \times 1.8 \times \tan 14°} + (18 \times 1.2 + 8 \times 1.8) = 110$$

解方程得到 $b = 2.44\text{m}$

取以上两者较大者，即 b 至少为 2.44m 才能满足要求，选择 B。

点评：注意，题目中给出的是基础底面的竖向力，相当于 $F_k + G_k$。

44. 答案：C

解答过程：取基本组合计算基底净反力：

今放脚等于 1/4 砖长，因此，计算位置取为墙的侧边。

$$M = \frac{1}{2}qa^2 = \frac{1}{2} \times \frac{364}{2.8} \times \left(\frac{2.8}{2} - \frac{0.24}{2}\right)^2 = 106.5 \text{kN} \cdot \text{m}$$

依据《建筑地基基础设计规范》GB 50007—2011 第 8.2.12 条计算。

$$A_s = \frac{M}{0.9 f_y h_0} = \frac{106.5 \times 10^6}{0.9 \times 270 \times 550} = 797 \text{mm}^2$$

依据 8.2.1 条第 3 款，扩展基础受力钢筋最小配筋率为 0.15%，因此得到每延米最小配筋量为：

$$0.15\% \times 1000 \times 600 = 900 \text{mm}^2$$

备选答案每延米钢筋面积分别为：565、808、1026、1539，单位为 mm^2，故选择 C。

45. 答案：C

解答过程：依据《建筑抗震设计规范》GB 50011—2010 的 4.1.4 条，场地土的覆盖层厚度为：$d = 3 + 3 + 12 + 4 = 22\text{m}$。

依据 4.1.5 条，$d_0 = 22\text{m} > 20\text{m}$，取 $d_0 = 20\text{m}$。

$$v_{se} = \frac{d_0}{t} = \frac{20}{\left(\dfrac{3}{150} + \dfrac{3}{75} + \dfrac{12}{180} + \dfrac{2}{250}\right)} = 148.5\text{m/s}$$

由覆盖层厚度 22m，$v_{se} = 148.5\text{m/s}$，查表 4.1.6，场地类别为Ⅲ类。

选择 C。

46. 答案：B

解答过程：依据《建筑抗震设计规范》GB 50011—2010 的 4.3.4 条计算。

$$N_0 = 10,\ \beta = 1.05,\ d_s = 1.5 + 2.5 + 2 = 6\text{m}$$

$$N_{cr} = N_0 \beta [\ln(0.6 d_s + 1.5) - 0.1 d_w]\sqrt{3/\rho_c}$$
$$= 10 \times 1.05 [\ln(0.6 \times 6 + 1.5) - 0.1 \times 3]\sqrt{3/3}$$
$$= 13.96$$

依据《建筑桩基技术规范》JGJ 94—2008 的 5.3.12 条，$\lambda = \dfrac{N}{N_{cr}} = \dfrac{11}{13.96} = 0.788$，$d_L = 4\text{m}$，查表 5.3.12 条，$\psi_l = 1/3$。依据 5.3.5 条

$$Q_{uk} = u \sum q_{sik} l_i + q_{pk} A_p$$
$$= 0.4 \times 4 \times \left(50 \times 1.5 + 39 \times 4 \times \frac{1}{3} + 18 \times 3 + 55 \times 8 + 90 \times 1\right)$$
$$+ 0.4 \times 0.4 \times 9200$$
$$= 2612.8\text{kN}$$

考虑抗震，承载力特征值应乘以 1.25，因此得到 $1.25 \times 2612.8/2 = 1633\text{kN}$。

选择 B。

47. 答案：C

解答过程：依据《建筑桩基技术规范》JGJ 94—2008 的 5.7.2 条第 2 款和第 7 款，可得：

$$R_{ha} = 32 \times 75\% \times 1.25 = 30\text{kN}$$

依据 5.7.3 条计算。

$$\eta_i = \frac{\left(\dfrac{s_a}{d}\right)^{0.015 n_2 + 0.45}}{0.15 n_1 + 0.10 n_2 + 1.9} = \frac{\left(\dfrac{2}{0.4}\right)^{0.015 \times 2 + 0.45}}{0.15 \times 3 + 0.10 \times 2 + 1.9} = 0.849$$

$$R_h = \eta_h R_{ha} = (\eta_i \eta_r + \eta_l) R_{ha} = (0.849 \times 2.05 + 1.27) \times 30 = 90.31\text{kN}$$

选择 C。

48. 答案：B

解答过程：依据《建筑桩基技术规范》JGJ 94—2008 的 5.9.2 条计算。

柱 1 和柱 2 在基桩群的形心处产生的弯矩与压力设计值为：

$$M = 1.35 \times (205 + 50 \times 1.5 + 2 \times 2900 + 360 + 80 \times 1.5 - 1 \times 4000) = 3456\text{kNm}$$
$$N = 1.35 \times (2900 + 4000) = 9315\text{kN}$$

由此引起的各排基桩的反力设计值为：

$$N_1 = \frac{9315}{6} + \frac{3456 \times 2}{4 \times 2^2} = 1552.5 + 432 = 1984.5 \text{kN}$$

$$N_2 = 1552.5 \text{kN}$$

在 A-A 截面引起的弯矩设计值：

$$1984.5 \times 2 \times (3 - 0.3) + 1552.5 \times 2 \times (1 - 0.3) - 1.35$$
$$\times [205 + 2900 \times (3 - 0.3) + 50 \times 1.5]$$
$$= 1941.3 \text{kN} \cdot \text{m}$$

选择 B。

点评：由于 A-A 截面右侧桩数比较少，因此，取右侧为隔离体计算，会减小计算量：

$$N_1 = \frac{9315}{6} + \frac{3456 \times 2}{4 \times 2^2} = 1552.5 + 432 = 1984.5 \text{kN}$$

$$N_2 = 1552.5 \text{kN}$$

$$N_3 = \frac{9315}{6} - \frac{3456 \times 2}{4 \times 2^2} = 1552.5 - 432 = 1120.5 \text{kN}$$

A-A 截面处引起的弯矩设计值：

$$1120.5 \times 2 \times 1.3 + 1.35 \times (360 - 4000 \times 0.3 + 80 \times 1.5) = 1941.3 \text{kN} \cdot \text{m}$$

选择 B。

49. 答案：A

解答过程：依据《建筑桩基技术规范》JGJ 94—2008 的 5.9.8 条计算。

$$a_{1x} = a_{1y} = 500 \text{mm}, \beta_{hp} = 1.0 - \frac{1.0 - 0.9}{2000 - 800} \times (1500 - 800) = 0.942$$

$$\lambda_{1x} = \lambda_{1y} = \frac{a_{1x}}{h_0} = \frac{500}{1400} = 0.357，在 0.25 \sim 1.0 之间$$

$$[\beta_{1x}(c_2 + a_{1y}/2) + \beta_{1y}(c_1 + a_{1x}/2)]\beta_{hp} f_t h_0$$

$$= \left[\frac{0.56}{0.357 + 0.2} \times (600 + \frac{500}{2}) \times 2\right] \times 0.942 \times 1.43 \times 1400$$

$$= 3223 \text{kN}$$

选择 A。

50. 答案：C

解答过程：依据《建筑地基基础设计规范》GB 50007—2012 的 4.2.6 条，$a_{1-2} = 0.51 \text{MPa}^{-1}$ 属于高压缩性土。由表 5.3.4 可知允许沉降量为 200mm，沉降满足平均沉降要求。

由表 5.3.4 可知桥式吊车轨道面倾斜横向要求限值为 0.003。

AB 跨倾斜：$90 - 50 > 0.003 \times 12000$；

BC 跨倾斜：$120 - 90 \leqslant 0.003 \times 18000$；

CD 跨倾斜：$120 - 85 \leqslant 0.003 \times 15000$。

故只有 AB 跨不满足规范要求。

选择 C。

51. 答案：C

解答过程：依据《建筑地基基础设计规范》GB 50007—2012 附录 N，由于 5 倍基础宽度为 12m，与实际的横向堆载长度相等，实际堆载纵向长度为 24m，因此，应按照宽度为 12m，长度为 24m 的地面荷载计算。

查表 K.0.1-2 确定 $\bar{\alpha}$。

今 $l/b=12/12=1$，对于②层土底部，$z/b=7.2/12=0.6$，因此 $\bar{\alpha}_1=0.2423$。

今 $l/b=12/12=1$，对于③层土底部：$z/b=12/12=1$，因此 $\bar{\alpha}_2=0.2252$。

考虑纵向的中部，按照角点法，应将上述 $\bar{\alpha}$ 乘以 2 使用，即
$$\bar{\alpha}_1=0.4846,\bar{\alpha}_2=0.4504$$

$$s=\psi_s\sum_{i=1}^n\frac{p_0}{E_{si}}(z_i\bar{\alpha}_i-z_{i-1}\bar{\alpha}_{i-1})$$
$$=1.0\times45\times\left(\frac{0.4846\times7.2-0}{4.8}+\frac{0.4504\times12-0.4846\times7.2}{7.5}\right)$$
$$=44.2\text{mm}$$

选择 C。

52. 答案：B

解答过程：依据《建筑桩基技术规范》JGJ 94—2008 的 5.4.4 条计算。此单桩可视为群桩外围桩，$\sigma'_{\gamma i}$ 自地面算起。对于第②层土，负摩阻标准值：

$$q_{s2}^n=\xi_{n2}\sigma'_2=\xi_{n2}(p+\sigma'_{\gamma i})=0.27\times\left(45+17.5\times2+\frac{1}{2}\times8\times8\right)=30\text{kPa}<38\text{kPa}$$

选择 B。

53. 答案：C

解答过程：依据《建筑地基处理技术规范》JGJ 79—2012 的 3.0.4 条，复合地基只考虑深度修正，且修正系数取为 1.0。因此，要求 CFG 桩应达到的承载力特征值为：
$$300-1\times17\times(4-0.5)=240.5\text{kPa}$$

依据 7.9.7 条和 7.9.6 条，CFG 桩的面积置换率：
$$m_1=\frac{A_{p1}}{(2s)^2}$$

水泥土搅拌桩面积置换率：
$$m_2=\frac{A_{p2}}{s^2}$$

$$f_{ak}=m_1\frac{\lambda_1 R_{a1}}{A_{p1}}+m_2\frac{\lambda_2 R_{a2}}{A_{p2}}+\beta(1-m_1-m_2)f_{sk}$$
$$=\frac{\lambda_1 R_{a1}}{4s^2}+\frac{\lambda_2 R_{a2}}{s^2}+\beta\left(1-\frac{A_{p1}}{4s^2}-\frac{A_{p2}}{s^2}\right)f_{sk}$$
$$=\frac{0.9\times680}{4s^2}+\frac{1\times90}{s^2}+0.9\times\left(1-\frac{3.14\times0.25^2}{4s^2}-\frac{3.14\times0.25^2}{s^2}\right)\times70$$
$$=63+\frac{227.5}{s^2}$$

$$240.5=63+\frac{227.5}{s^2}$$

解出 $s=1.13$m。

选择 C。

54. 答案：A

解答过程：依据《建筑地基处理技术规范》JGJ 79—2012 的 7.1.7 条计算。

由于
$$\zeta = \frac{f_{spk}}{f_s} = \frac{E_{spk}}{E_s}$$

于是可得
$$\zeta = \frac{252}{70} = \frac{E_{spk}}{3}$$

解出 $E_{spk} = 10.8$MPa，选择 A。

55. 答案：C

解答过程：依据题意从观测点 1 到观测点 8 沉降依次增大，故测点 1 最小，测点 8 最大，根据沉降引起的拉力方向可以判定图 c 的裂缝形式符合要求。

选择 C。

56. 答案：B

解答过程：依据《建筑边坡工程技术规范》GB 50330—2013 的 11.1.2 条，Ⅳ正确，由 8.2.2 条，计算锚杆面积荷载应为标准值，Ⅱ不正确，故选 B。

57. 答案：B

解答过程：《高层建筑混凝土结构技术规程》JGJ 3—2010 的 E.0.3 条高位转换所采用的"等效侧向刚度比"，也称作"剪弯刚度比"。依据该规程的 3.5.8 条条文说明，不满足 3.5.2 条的，称作软弱层。3.5.2 条判断软弱层的条件，称作"侧向刚度比"。Ⅰ错误。

依据 3.4.5 条的注释，Ⅱ正确。

依据 3.7.3 条，框架-核心筒结构，$[\Delta u/h]$ 的取值，150m 时为 1/800，250m 时为 1/500，插值可得 200m 时为 1/615，Ⅲ错误。

依据 4.3.12 条，$0.036 \times 1.15 = 0.0414$，Ⅳ正确。

Ⅱ、Ⅳ正确，选择 B。

58. 答案：D

解答过程：依据《高层建筑混凝土结构技术规程》JGJ 3—2010 的 5.3.7 条及条文说明，此处的"侧向刚度比"按附录 E.0.1 条公式计算，称作"等效剪切刚度比"，A 错误。

依据 3.5.2 条，对于非框架结构的框架-剪力墙结构等，若是结构底部嵌固层，经层高修正的侧向刚度比不宜小于 1.5，B 错误。

依据 3.9.5 条，当地下室顶板作为上部结构嵌固部位时，地下一层相关范围的抗震等级按上部结构采用，C 错误。

依据 12.2.1 条第 3 款，D 正确。

选择 D。

59. 答案：D

解答过程：依据《高层建筑混凝土结构技术规程》JGJ 3—2010 的 4.2.2 条，高度超 60m，基本风压要乘 1.1，$1.1 \times 0.6 = 0.66$kN/m²。

依据《建筑结构荷载规范》GB 50009—2012 的 8.2.1 条，B 类粗糙度、高度 100m，$\mu_z = 2.0$。

查《高层建筑混凝土结构技术规程》JGJ 3—2010 的附录 B 可知，对于题目中建筑，沿+y方向体型系数与宽度乘积：
$$0.8 \times 80 + 0.6 \times 10 + 0.6 \times 10 + 0.5 \times 60 = 106\text{m}$$
沿-y方向体型系数与宽度乘积：
$$0.8 \times 10 + 0.8 \times 10 + 0.9 \times 60 + 0.5 \times 80 = 110\text{m}$$
可见，沿-y方向控制。

简化为倒三角形分布的线荷载，则顶部的荷载标准值为：
$$q_k = 1.5 \times 2.0 \times 110 \times 0.66 = 217.8\text{kN/m}$$
引起的倾覆力矩标准值：
$$217.8 \times 100/2 \times (2/3 \times 100) = 726000\text{kN·m}$$
选择D。

点评：倾覆，属于承载能力极限状态的范畴，故将基本风压乘以1.1。

60. 答案：B

解答过程：弯矩为负弯矩，截面上部受拉，底部受压。依据《高层建筑混凝土结构技术规程》JGJ 3—2010的6.3.2条，要求 $x/h_0 \leqslant 0.25$。底部受压纵筋有最小量的构造要求。现在，题目中要求，梁底纵筋面积按梁顶纵筋面积的二分之一配置，是一级时的要求。

$$\frac{x}{h_0} = \frac{f_y A_s - f'_y A'_s}{\alpha_1 f_c b h_0}$$

$$\frac{x}{540} = \frac{360 \times 0.5 A_s}{1.0 \times 14.3 \times 350 \times 540} = 0.25$$

可解出 $A_s = 3754\text{mm}^2$，$x = 135\text{mm}$。

此时配筋率 $3754/(350 \times 540) = 2\% < 2.75\%$，满足6.3.3条的要求。

该梁可承受的最大弯矩：
$$M_u = 14.3 \times 350 \times 135 \times (540 - 135/2) + 0.5 \times 3752 \times 360 \times (540 - 40) = 657\text{kN·m}$$

调幅之后用于配筋的弯矩为：
$$M = 1.2 \times (440 + 0.5 \times 240) \times \beta + 1.3 \times 234 = 672\beta + 304$$

要求 $M \leqslant \dfrac{M_u}{\gamma_{RE}}$，即

$$672\beta + 304 \leqslant \frac{657}{0.75}$$

解得 $\beta \leqslant 0.85$。该值在5.2.3条要求的0.8~0.9之间。

选择B。

61. 答案：D

解答过程：顶层框架结构为一级，依据《高层建筑混凝土结构技术规程》JGJ 3—2010的6.2.3条，柱端截面剪力应由下式确定：

$$V = 1.2 \frac{M_{cua}^t + M_{cua}^b}{H_n}$$

依据4.3.5条第4款，当取三组时程曲线计算时，结构地震作用效应宜取时程法计算结果的包络值与振型分解反应谱法计算结果的较大值。今18层剪力应取2400kN和2000kN的较大者，为2400kN，并据此对反应谱法的结果予以调整。

依据振型分解反应谱法求得的 M_{cua}^t、M_{cua}^b 均为450kN·m，今按照与剪力相同倍数调

整，450×2400/2000＝540kN·m。

于是
$$V = 1.2 \frac{M_{cua}^t + M_{cua}^b}{H_n} = \frac{1.2 \times (540+540)}{5-0.6} = 295\text{kN}$$

选择 D。

点评：以上给出的解答过程与命题组相同，但有疑问：

(1) 题目表中给出的计算结果，用振型分解法和时程分析法得到的柱端弯矩 M_c^t、M_c^b 数值不同可以理解，M_{cua}^t、M_{cua}^b 也可以理解为由于求出的轴压力 N 不同而导致其有变化，但是，M_{bua} 的计算公式如下：

$$M_{bua} = \frac{1}{\gamma_{RE}} f_{yk} A_s^a (h_0 - a_s')$$

即，M_{bua} 按照实配钢筋求得，应不随振型分解法或时程分析法而变化。

(2)《高规》4.3.5 条关于时程分析法的取值要求仅针对地震作用效应，因此，一个合乎逻辑的步骤应是，求出地震作用下的剪力继而求出柱端弯矩之后，再与重力荷载代表值引起的弯矩、风荷载引起的弯矩（如果有的话）组合，得到组合弯矩，经过"强柱弱梁"调整得到的弯矩用来设计纵筋。设计箍筋用的剪力则还需经过"强剪弱弯"调整。

解答过程中，以"组合的剪力"作为时程分析法和振型分解法比较的基准，之后直接对"组合的弯矩"放大，在概念上存在瑕疵。

62. 答案：D

解答过程：依据《高层建筑混凝土结构技术规程》JGJ 3—2010 的 10.2.22 条第 3 款计算水平分布钢筋。

$$A_{sw} = 0.2 l_n b_w \sigma_{xmax}/f_{yh}$$
$$= 0.2 \times 6000 \times 250 \times 0.85 \times 2.5/360$$
$$= 1771\text{mm}^2$$

上式中，0.85 为 γ_{RE}。

以上为 1200mm 范围内布置的钢筋截面积。每米宽度内要求提供 1476mm²。查表，2Φ14@200 每米宽度可提供 769×2=1538mm²，满足要求。

框支柱上部一层墙体属于底部加强部位，依据 10.2.19 条，水平分布钢筋的最小配筋率抗震时不应小于 0.3%，1200mm 范围内需要布置 1200×250×0.3%＝900mm²。按受力计算值大于构造配筋。

选择 D。

点评：由于根据水平分布钢筋得到应采用 2Φ14@200，此时已经可以作出选择，故未计算竖向分布钢筋。

63. 答案：C

解答过程：依据《高层建筑混凝土结构技术规程》JGJ 3—2010 的 10.2.22 条第 3 款计算。

$$A_{sw} = h_c b_w (\sigma_{01} - f_c)/f_y$$
$$= 1000 \times 250 \times (32 \times 0.85 - 19.1)/360$$
$$= 5625\text{mm}^2$$

考虑到该墙在水平向 h_c 范围内相当于约束边缘构件的阴影部分,因此,需要满足最小配筋率要求。抗震等级一级,竖向钢筋最小配筋率为 1.2%。

$$1.2\% \times 1000 \times 250 = 3000 mm^2 < 5625 mm^2$$

故可按截面积为 5625mm² 配置钢筋。

A、B、C、D 选项提供的钢筋截面积分别为 3054、3770、5730、6208,单位为 mm²,C、D 满足要求。

C、D 项均包含下部柱伸入的 6Φ28,且 C 项已经满足钢筋截面积要求,故选择 C。

64. 答案:B

解答过程:房屋高度为 96+4.7×5=119.5m,查《高层建筑混凝土结构技术规程》JGJ 3—2010 的表 3.3.1-1,6 度,部分框支剪力墙结构,A 级最大高度为 120m,故属于 A 级高度。

依据 3.9.1 条,乙类,应提高一度加强抗震措施。

查表 3.9.3,部分框支剪力墙结构、7 度、高度>80m,底部加强区剪力墙为一级,非底部加强区剪力墙为二级。

依据 10.2.6 条,3 层及以上转换,框支柱、剪力墙底部加强部位的抗震等级提高一级。于是,底部加强部位,抗震措施和抗震构造措施均为特一级。

非底部加强部位,抗震措施和抗震构造措施均为二级。

转换层设在 5 层顶板,7 层属于底部加强部位。但是,6~37 层为住宅,属于丙类,按 6 度、高度大于 80m、底部加强部位查表 3.9.3,得到抗震等级为二级。抗震措施和抗震构造措施均提高为一级。

对于第 20 层剪力墙,按丙类、6 度、高度大于 80m、非底部加强部位查表 3.9.3,抗震等级为三级,即,抗震措施和抗震构造措施均为三级。

依据 3.9.5 条,地下一层抗震构造措施同上部为特一级,地下二层降低一级成为一级。

综上,选择 B。

65. 答案:B

解答过程:查《高层建筑混凝土结构技术规程》JGJ 3—2010 的表 3.9.3,部分框支剪力墙结构、7 度、高度>80m,框支框架的抗震等级是一级,

依据 10.2.6 条,3 层及以上转换,框支柱、剪力墙底部加强部位的抗震等级提高一级。于是,框支柱的抗震措施和抗震构造措施均为特一级。

选择 B。

66. 答案:B

解答过程:依据《高层建筑混凝土结构技术规程》JGJ 3—2010 的 3.4.5 条条文说明,周期比计算时,可直接计算结构的固有自振特性,不必附加偶然偏心。

依据 10.6.3 条第 4 款,按照多塔整体和单塔分别计算扭转为主的第一周期与平动为主的第一周期的比值。

对于整体:$T_t/T_1 = 1.2/1.7 = 0.7$

对于单塔:$T_t/T_1 = 1.7/2.1 = 0.81$

取较大值,故选择 B。

67. 答案：A

解答过程：分缝后，不再是多塔结构。右侧按照模型 1 计算，左侧按照模型 3 计算。选择 A。

68. 答案：B

解答过程：此处所谓"刚重比"，是指 $\dfrac{EJ_d}{H^2 \sum G_i}$。

依据《高层建筑混凝土结构技术规程》JGJ 3—2010 的 3.7.3 条，利用插值可得层间位移角限值为 1/755，故位移限值为 $\Delta u = 4000/755 = 5.3$mm。二阶效应最大可放大 5.3/5 = 1.06 倍。

利用公式（5.4.3-3）计算。

$$F_1 = \dfrac{1}{1 - 0.14 \times H^2 \sum G_i /(EJ_d)} \leqslant 1.06$$

解出 $\dfrac{EJ_d}{H^2 \sum G_i} \geqslant 2.47$

选择 B。

69. 答案：B

解答过程：查《高层建筑混凝土结构技术规程》JGJ 3—2010 的表 3.3.1-1，7 度区框架-核心筒，A 级最大高度 130m，本题 160m，属于 B 级高度。

依据 4.3.12 条，基本周期 4.3s，插值得到剪重比最小为 0.0139。于是，底部总地震剪力标准值，最小应为 $0.0139 \times 106 = 13900$kN。

该值大于计算分析得到的 12500kN，故应取为 13900kN。

根据给出的图示可知，应按照 9.1.11 条第 3 款调整。

框架部分的楼层地震剪力标准值：

$$\min(0.2V_0, 1.5V_{f,\max}) = \min\left(0.2 \times 13900, 1.5 \times 2000 \times \dfrac{13900}{12500}\right) = 2780 \text{kN}$$

上式中，V_0 调整后，$V_{f,\max}$ 同比例调整。

选择 B。

点评：对于剪重比不符合要求的情况，《建筑抗震设计规范》5.2.5 条条文说明规定了 3 种调整方法，分别对应于基本周期处于加速度区、速度区和位移区。对于本题，由于是首层，无论哪种调整方法均相同。

70. 答案：B

解答过程：依据《高层建筑混凝土结构技术规程》JGJ 3—2010 的 7.1.4 条，底部加强部位的高度取为 160/10 = 16m，第 3 层是底部加强区。

依据 9.1.11 条第 2 款，各层核心筒墙体地震剪力标准值宜乘以增大系数 1.1，于是可得组合后的剪力设计值为：

$$1.3 \times 1.1 \times 2200 + 1.4 \times 0.2 \times 1600 = 3594 \text{kN}$$

依据表 3.9.4，B 级高度、框架-核心筒、7 度，筒体的抗震等级为一级。

依据 7.2.6 条，底部加强部位、一级，剪力增大系数为 1.6，于是得到 $1.6 \times 3594 = 5750$kN，选择 B。

71. 答案：D

解答过程：依据《高层建筑混凝土结构技术规程》JGJ 3—2010 的 9.1.11 条第 2 款，墙体的抗震构造措施提高一级。

依据 3.9.4 条，B 级高度、框架-核心筒、7 度，筒体、框架的抗震等级均为一级。墙体的抗震构造措施提高一级成为特一级。

依据 3.10.5 条，A、B 正确。

依据表 6.4.3，钢筋采用 HRB400，一级框架角柱纵向钢筋配筋百分率不应小于 1.1＋0.05＝1.15，C 正确。

依据 7.2.15 条，一级（7 度）、轴压比为 0.4＞0.3，可得 λ_v＝0.2。依据 3.10.5 条第 3 款，特一级时 λ_v 增大 20%。于是，要求的最小体积配箍率为 0.2×1.2×27.5/360＝0.0183，D 错误。

选择 D。

72. 答案：B

解答过程：依据《高层建筑混凝土结构技术规程》JGJ 3—2010 的表 3.11.1，性能目标为 C、设防地震，应为第 3 性能水准。

关键构件及普通竖向构件正截面承载力应符合式（3.11.3-2），结合条文说明可知，其含义为满足屈服承载力，本题中简称"不屈服"。受剪承载力符合式（3.11.3-1），也就是受剪弹性。排除 A、C。

核心筒连梁和外框梁为耗能构件，进入屈服阶段，即进入塑性，但受剪承载力应符合式（3.11.3-2）的要求，也就是抗剪不屈服。

选择 B。

73. 答案：C

解答过程：依据《公路桥涵设计通用规范》JTG D60—2015 的 1.0.5 条，该桥属于中桥，依据 1.0.4 条，其主体结构的设计使用年限不低于 100 年，选择 C。

74. 答案：B

解答过程：依据《公路桥涵设计通用规范》JTG D60—2015 的 1.0.5 条，依据多孔跨径总长，该桥属于特大桥，依据单孔跨径，该桥属于中桥。依据 3.2.9 条第 3 款，对于由多孔中小跨径桥梁组成的特大桥，其设计洪水频率可采用大桥标准，依据表 3.2.9，一级公路、大桥时为 1/100，选择 B。

75. 答案：D

解答过程：依据《公路桥涵设计通用规范》JTG D60—2015 的表 4.3.1-2，可得

$$P_k = 2 \times (25 + 130) = 310 \text{kN}$$

匝道桥，根据桥面宽度，设计车道数可以为 2，于是，可得主梁跨中截面在公路-Ⅰ级车道荷载下的弯矩标准值为：

$$M_{Qk} = 2 \times (q_k l_0^2/8 + P_k l_0/4)(1+\mu) = 2 \times (10.5 \times 25^2/8 + 310 \times 25/4) \times 1.222$$
$$= 6740 \text{kN·m}$$

位于高速公路的桥梁，安全等级为一级。

跨中截面基本组合的弯矩设计值：

$$M_{ud} = 1.1 \times (1.2 \times 154.3 \times 25^2/8 + 1.4 \times 6740) = 26292 \text{kN·m}$$

选择 D。

76. 答案：C

解答过程：依据《公路钢筋混凝土及预应力混凝土桥涵设计规范》JTG 3362—2018 的 8.7.3 条第 3 款，支座竖向平均压缩变形：

$$E_e = 5.4 \times 1 \times 11.2^2 = 677.4 \text{MPa}$$

$$\delta_{c,m} = \frac{2500 \times 10^3 \times 89}{0.3036 \times 10^6 \times 677.4} + \frac{2500 \times 10^3 \times 89}{0.3036 \times 10^6 \times 2000} = 1.45 \text{mm}$$

由于 $\delta_{c,m} > \theta \cdot \dfrac{l_a}{2} = 0.003 \times \dfrac{450}{2}$，因此，支座不会脱空。选择 C。

77. 答案：C

解答过程：依据《公路钢筋混凝土及预应力混凝土桥涵设计规范》JTG 3362—2018 的 6.2.2 条条文说明，按广义曲线分段后求和计算：

$$\theta = \sqrt{0.0873^2 + \left(\frac{0.2964}{5}\right)^2} + 4\sqrt{0.2094^2 + \left(\frac{0.2964}{5}\right)^2} = 0.9760 \text{rad}$$

$$\mu\theta + kx = 0.17 \times 0.9760 + 0.0015 \times 36.442 = 0.2206$$

$$\sigma_{l1} = \sigma_{con}[1 - e^{-(\mu\theta + kx)}] = 1302 \times (1 - e^{-0.2206}) = 257.7 \text{MPa}$$

选择 C。

点评：在 2004 版规范中未提及预应力筋为空间曲线时如何计算转角 θ。当时可以有两种做法：（1）取为平面和立面转角的平方和再开方；（2）取为平面和立面转角直接相加。

若按照方法（1）计算，则得到 $\theta = 0.9712$，$\sigma_{l1} = 256.9 \text{MPa}$；若按照方法（2）计算，则得到 $\theta = 1.2213$，$\sigma_{l1} = 300.4 \text{MPa}$。显然，方法（2）求得的预应力损失最大，偏于保守。命题组当年采用的是方法（2）。

78. 答案：A

解答过程：依据《公路钢筋混凝土及预应力混凝土桥涵设计规范》JTG 3362—2018 的 7.1.6 条，由于 $\sigma_{tp} = 2.5 \text{MPa} > 0.5 f_{tk} = 0.5 \times 2.65 = 1.33 \text{MPa}$，因此，箍筋间距应满足：

$$s_v \leqslant \frac{f_{sk} A_{sv}}{\sigma_{tp} b}$$

将其变形，写成：

$$\frac{A_{sv}}{s_v} \geqslant \frac{\sigma_{tp} b}{f_{sk}} = \frac{2.5 \times 500}{300} = 4.17 \text{mm}^2/\text{mm}$$

A、B、C、D 各选项的 $\dfrac{A_{sv}}{s_v}$ 值为：4.52、4.02、4.12、6.16，单位为 mm^2/mm，A 符合要求，选择 A。

点评：由于规范更新，本题将箍筋改为取 HPB300。

当年的原题给出已知条件 $f_{sk} = 180 \text{MPa}$，同时在选项中的钢筋符号为"Φ"。这时，由钢筋符号可知为 HRB335 钢筋，与 $f_{sk} = 180 \text{MPa}$ 不协调。

79. 答案：B

解答过程：依据《城市桥梁抗震规范》CJJ 166—2011 的 8.1.2 条计算。

轴压比为

$$\eta_k = \frac{9000 \times 10^3}{\dfrac{3.14 \times 1500^2}{4} \times 18.4} = 0.277$$

C40 混凝土，$f_{ck}=26.8\mathrm{MPa}$。箍筋抗拉强度设计值为 $f_{yh}=330\mathrm{MPa}$ 时，标准值为 400MPa。7 度区，墩柱潜在塑性铰区域内加密箍筋的最小体积含箍率（圆形截面）为：

$$\rho_{s,min}=[0.14\eta_k+5.84(\eta_k-0.1)(\rho_t-0.01)+0.028]\frac{f_{ck}}{f_{hk}}$$

$$=[0.14\times0.277+0.028]\times\frac{26.8}{400}$$

$$=0.0045>0.004$$

故取为 0.0045，选择 B。

点评：对于本题，有以下两点需要说明：

(1) 当年，命题组依据《公路桥梁抗震设计细则》JTG/T B02-01—2008 的解题，且认为 f'_c 应按条文说明取为"圆柱体抗压强度"，于是得到

$$\rho_{s,min}=[0.14\times0.277+0.028]\times\frac{31.6}{330}=0.0064>0.004$$

应取 $\rho_{s,min}=0.0064$，故选择 C。

笔者认为该解答有误，f'_c 应按照正文的解释，含义为"混凝土抗压强度标准值"才是对的。

(2) 如今，《公路桥梁抗震设计规范》JTG/T 2231-01—2020 已经代替《公路桥梁抗震设计细则》JTG/T B02-01—2008，若按照该规范解答，过程如下：

依据《公路桥梁抗震设计规范》JTG/T 2231-01—2020 的 8.2.2 条，圆形墩柱潜在塑性铰区域内加密箍筋的最小体积配箍率为：

$$\eta_k=\frac{9000\times10^3}{\frac{3.14\times1500^2}{4}\times18.4}=0.277$$

$$\rho_{s,min}=[0.14\eta_k+5.84(\eta_k-0.1)(\rho_t-0.01)+0.028]\frac{f_{ck}}{f_{yh}}$$

$$=[0.14\times0.277+0.028]\times\frac{26.8}{330}=0.0054>0.004$$

故取为 0.0054。

注意该规范与《城市桥梁抗震规范》仍稍有差别：前者用箍筋抗拉强度设计值，后者用箍筋抗拉强度标准值。

考虑到不同规范规定有差异，故编入时给出了提示以避免争议。

80. 答案：D

解答过程：依据《公路桥涵设计通用规范》JTG D60—2015 的 3.1.3 条、3.1.4 条以及条文说明，D 正确。

16　2018年试题与解答

16.1 2018 年试题

题 1~3

某办公楼为现浇混凝土框架结构，混凝土强度等级 C35，纵向钢筋采用 HRB400，箍筋采用 HPB300。其二层（中间楼层）的局部平面图和次梁 L-1 的计算简图如图 16-1-1 所示，其中 KZ-1 为角柱，KZ-2 为边柱。假定，次梁 L-1 计算时 $a_s=80\text{mm}$，$a_s'=40\text{mm}$。楼面永久荷载和楼面活荷载为均布荷载，楼面均布永久荷载标准值 $q_{Gk}=7\text{kN/m}^2$（已包括次梁、楼板等构件自重，L-1 荷载计算时不必再考虑梁自重），楼面均布活荷载的组合值系数 0.7，不考虑楼面活荷载的折减系数。

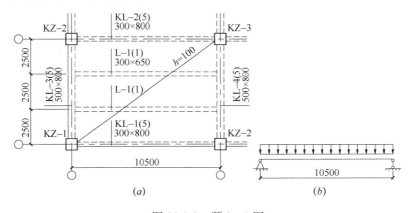

图 16-1-1 题 1~3 图
(a) 局部平面图；(b) L-1 计算简图

1. 假定，楼面均布活荷载标准值 $q_{Qk}=2\text{kN/m}^2$，准永久值系数 0.6。不考虑受压钢筋的作用，构件浇筑时未预先起拱。试问，当使用上对次梁 L-1 的挠度有较高要求时，为满足受弯构件挠度要求，次梁 L-1 的短期刚度 B_s（$\times 10^{14}\text{N·mm}^2$），与下列何项数值最为接近？

提示：简支梁的弹性挠度计算公式：$\Delta = \dfrac{5ql^4}{384EI}$。

A. 1.25　　　　B. 2.50　　　　C. 2.75　　　　D. 3.00

2. 假定，不考虑楼板作为翼缘对梁的影响，充分考虑 L-1 梁顶面受压钢筋 3Φ25 的作用，试问，按次梁 L-1 的受弯承载力计算，楼面允许最大活荷载标准值（kN/m^2），与下列何项数值最为接近？

提示：依据《建筑结构可靠性设计统一标准》GB 50068—2018 进行荷载效应组合。

A. 26.0　　　　B. 21.5　　　　C. 17.0　　　　D. 11.5

3. 假定，框架的抗震等级为二级，构件的环境类别为一类，KL-3 梁上部纵向钢筋 Φ28 采用二并筋的布置方式，箍筋Φ12@100/200，其梁上部钢筋布置和端节点梁钢筋弯折锚固的示意图如图 16-1-2 所示。试问，梁侧面箍筋保护层厚度 c（mm）的最小值和梁纵筋所需的锚固水平段长度 l（mm）的最小值，与下列何项最为接近？

A. 28，590　　　　B. 28，640
C. 35，590　　　　D. 35，640

题 4. 新疆乌鲁木齐市内的某二层办公楼，附带一层高的入口门厅，其平面和剖面如图 16-1-3 所示。门厅屋面采用轻质屋盖结构。试问，门厅屋面邻近主楼处的最大雪荷载标准值 s_k（kN/m^2），与下列何项数值最为接近？

A. 0.9　　　B. 1.0　　　C. 2.0　　　D. 3.5

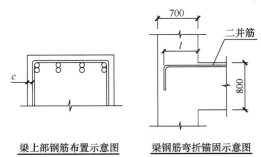

图 16-1-2　题 3 图

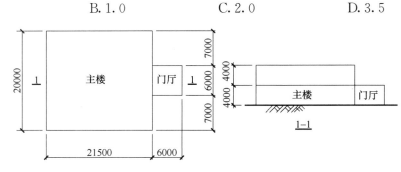

图 16-1-3　题 4 图

题 5. 某海岛临海建筑，为封闭式矩形平面房屋，外墙采用单层幕墙，其平面和立面如图 16-1-4 所示，P 点位于墙面 AD 上，距海平面高度 15m。假定，基本风压 $w_0 = 1.3kN/m^2$，墙面 AD 的围护构件直接承受风荷载。试问，在图示风向情况下，当计算墙面 AD 围护构件风荷载时，P 点处垂直于墙面的风荷载标准值的绝对值 w_k（kN/m^2），与下列何项数值最为接近？

提示：（1）按《建筑结构荷载规范》GB 50009—2012 作答，海岛的修正系数 $\eta=1.0$；
（2）需同时考虑建筑物墙面的内外压力。

A. 2.9　　　B. 3.5　　　C. 4.1　　　D. 4.6

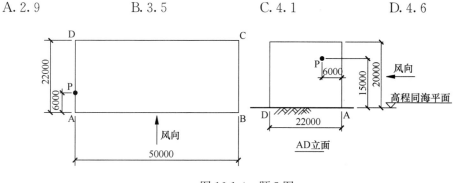

图 16-1-4　题 5 图

题 6. 某普通钢筋混凝土轴心受压圆柱，直径 600mm，混凝土强度等级 C35，纵向钢筋和箍筋均采用 HRB400。纵向受力钢筋 14Φ22，沿周边均匀布置，配置螺旋式箍筋Φ8@70，箍筋保护层厚度 22mm。假定，圆柱的计算长度 $l_0=7.15$m，试问，不考虑抗震时，该柱的轴心受压承载力设计值（kN），与下列何项数值最为接近？

A. 4500   B. 5100   C. 5500   D. 5900

题 7. 下列关于混凝土结构工程施工质量验收方面的说法，何项正确？

A. 基础中纵向受力钢筋保护层厚度的合格点率应达到 90% 及以上，且不得有超过 ±15mm 的尺寸偏差

B. 属于同一工程项目的多个单位工程，对同一厂家生产的同批材料、构配件、器具及半成品，可统一划分检验批进行验收

C. 爬升式模板工程、工具式模板工程及高大模板支架工程应编制施工方案，其中只有高大模板支架工程应按有关规定进行技术论证

D. 当后张有粘结预应力筋曲线孔道波峰和波谷的高差大于 300mm，且采用普通灌浆工艺时，应在孔道波谷设置排气孔

题 8. 某外挑三角架，计算简图如图 16-1-5 所示。其中横杆 AB 为等截面普通混凝土构件，截面尺寸 300mm×400mm，混凝土强度等级为 C35，纵向钢筋和箍筋均采用 HRB400，全跨范围内纵筋和箍筋的配置不变，未配置弯起钢筋，$a_s=a'_s=40$mm。

假定，不计 BC 杆自重，均布荷载设计值 $q=70$kN/m（含 AB 杆自重）。试问，按斜截面受剪承载力计算（不考虑抗震），横杆 AB 在 A 支座边缘处的最小箍筋配置与下列何项最为接近？

提示：满足计算要求即可，不需要复核最小配箍率和构造要求。

A. Φ6@200（2）   B. Φ8@200（2）   C. Φ10@200（2）   D. Φ12@200（2）

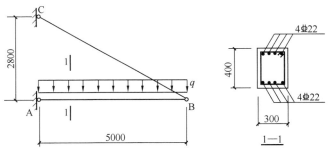

图 16-1-5 题 8 图

题 9～10

某悬挑斜梁为等截面普通混凝土独立梁，计算简图如图 16-1-6 所示。斜梁截面尺寸 400mm×600mm（不考虑梁侧面钢筋的作用），混凝土强度等级为 C35，纵向钢筋采用 HRB400，梁底实配纵筋 4Φ14，$a'_s=40$mm，$a_s=70$mm，$\xi_b=0.518$。梁端永久荷载标准值 $G_k=80$kN，可变荷载标准值 $Q_k=70$kN，不考虑构件自重。

9. 假定，永久荷载和可变荷载的分项系数分别为 1.3、1.5。试问，按承载能力极限状态计算（不考虑抗震），计入纵向受压钢筋作用，悬挑斜梁最不利截面的梁面纵向受力钢筋截面面积 A_s（mm²），与下列何项数值最为接近？

提示：不需要验算最小配筋率。

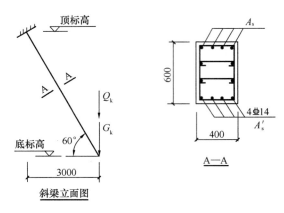

图 16-1-6 题 9~10 图

A. 3500　　　　B. 3700　　　　C. 3900　　　　D. 4100

10. 假定，梁顶实配纵筋 8Φ28，可变荷载的准永久值系数 0.7。试问，验算梁顶面最大裂缝宽度时，梁顶面纵向钢筋应力 σ_s（N/mm²），与下列何项数值最为接近？

A. 90　　　　B. 115　　　　C. 140　　　　D. 170

题 11. 某办公楼，为钢筋混凝土框架-剪力墙结构，纵向钢筋采用 HRB400，箍筋采用 HPB300，框架抗震等级为二级。假定，底层某中柱 KZ-1，混凝土强度等级 C60，剪跨比为 2.8，截面和配筋如图 16-1-7 所示。箍筋采用井字复合箍（重叠部分不重复计算），箍筋肢距约为 180mm，箍筋的保护层厚度 22mm。试问，该柱按抗震构造措施确定的最大轴压力设计值 N（kN），与下列何项数值最为接近？

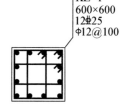

图 16-1-7

A. 7900　　　　B. 8400
C. 8900　　　　D. 9400

题 12~13

某普通钢筋混凝土刚架（不考虑抗震设计），计算简图如图 16-1-8 所示。其中竖杆 CD 截面尺寸 600mm×600mm，混凝土强度等级为 C35，纵向钢筋采用 HRB400，对称配筋，$a_s = a'_s = 80$mm，$\xi_b = 0.518$。

提示：不考虑各构件自重，不需要验算最小配筋率。

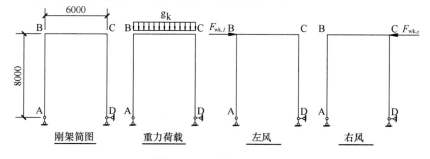

图 16-1-8 题 12~13 图

12. 在图 16-1-8 所示荷载作用下，假定，重力荷载标准值 $g_k = 145$kN/m，左风、右风

荷载标准值 $F_{wk,l} = F_{wk,r} = 90kN$。试问，按正截面承载能力极限状态计算时，竖杆CD最不利截面的最不利荷载组合：轴力设计值的绝对值（kN），相应的弯矩设计值的绝对值（kN·m），与下列何项数值最为接近？

提示：按重力荷载分项系数1.3，风荷载分项系数1.5计算。

A. 390，720
B. 750，720
C. 390，1100
D. 750，1100

13. 假定，CD杆最不利截面的最不利荷载组合为：$N = 260kN$，$M = 800kN·m$。试问，不考虑二阶效应，按承载能力极限状态计算，对称配筋，计入纵向受压钢筋作用，竖杆CD最不利截面的单侧纵向受力钢筋截面面积 A_s（mm^2），与下列何项数值最为接近？

A. 3700
B. 4050
C. 4400
D. 4750

题14. 某建筑中的幕墙连接件与楼面混凝土梁上的预埋件刚性连接。预埋件由锚板和对称配置的直锚筋组成，如图16-1-9所示。假定，混凝土强度等级为C35，直锚筋为 $6\Phi12$（HRB400），已采取防止锚板弯曲变形的措施（$\alpha_b = 1.0$），锚筋的边距均满足规范要求。连接件端部承受幕墙传来的集中力 F 的作用，力的作用点和作用方向如图16-1-9所示。试问，当不考虑抗震时，该预埋件可以承受的最大集中力设计值 F（kN），与下列何项数值最为接近？

提示：（1）预埋件承力由锚筋面积控制；
（2）幕墙连接件的重量忽略不计。

A. 40 B. 50 C. 60 D. 70

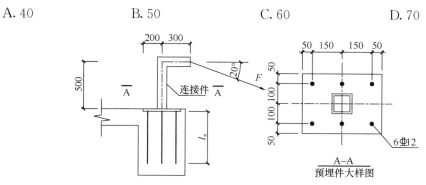

图16-1-9 题14图

题15~16

某现浇钢筋混凝土框架-剪力墙结构高层办公楼，抗震设防烈度为8度（0.2g），场地类别为Ⅱ类，抗震等级：框架二级、剪力墙一级，混凝土强度等级：框架柱及剪力墙C50，框架梁及楼板C35，纵向钢筋及箍筋均采用HRB400（Φ）。

15. 假定，某框架中柱KZ1剪跨比大于2，配筋如图16-1-10所示。试问，图中KZ1有几处违反规范的抗震构造要求，并简述理由。

提示：KZ1的箍筋体积配箍率及轴压比均满足规范

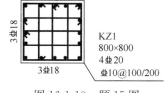

图16-1-10 题15图

A. 无违反　　　　B. 有 1 处
C. 有 2 处　　　　D. 有 3 处

16. 假定，某剪力墙的墙肢截面高度均为 h_w = 7900mm，其约束边缘构件 YBZ1 配筋如图 16-1-11 所示，该墙肢底截面的轴压比为 0.4。试问，图中 YBZ1 有几处违反规范的抗震构造要求，并简述理由。

提示：YBZ1 阴影区和非阴影区的箍筋和拉筋体积配箍率满足规范要求。

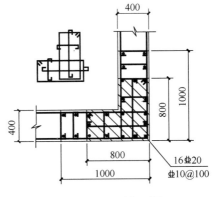

图 16-1-11　题 16 图

A. 无违反　　　　B. 有 1 处
C. 有 2 处　　　　D. 有 3 处

题 17～22

某非抗震设计的单层钢结构平台，钢材均为 Q235B，梁柱均采用轧制 H 型钢，X 向采用梁柱刚接的框架结构，Y 向采用梁柱铰接的支撑结构，平台满铺 $t=6$mm 的花纹钢板，见图 16-1-12。假定，平台自重（含梁自重）折算为 1kN/m²（标准值），活荷载为 4kN/m²（标准值），梁均采用 H300×150×6.5×9，柱均采用 H250×250×9×14，梁、柱的截面特性见表 16-1-1。所有截面均无削弱，不考虑楼板对梁的影响。

提示：依据《建筑结构可靠性设计统一标准》GB 50068—2018 进行荷载效应组合。

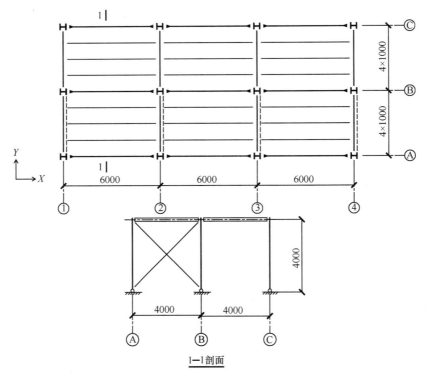

图 16-1-12　题 17～22 图

构件的截面特性　　　　　　　　　　　　　　　　　　　　　　　　　　表 16-1-1

截面规格	面积 A (cm^2)	惯性矩 I_x (cm^4)	回转半径 i_x (cm)	惯性矩 I_y (cm^4)	回转半径 i_y (cm)	弹性截面模量 W_x (cm^3)
H300×150×6.5×9	46.78	7210	12.4	508	3.29	481
H250×250×9×14	91.43	10700	10.8	3650	6.31	860

注：以上截面，翼缘与腹板之间的倒角半径为 13mm。

17. 假定，荷载传递路径为板传递至次梁，次梁传递至主梁。试问，在设计弯矩作用下，②轴主梁正应力计算值（N/mm^2），与下列何项数值最为接近？

　　A. 173　　　　　B. 90　　　　　C. 120　　　　　D. 162

18. 假定，内力计算采用一阶弹性分析，柱脚铰接，取 $K_2=0$。试问，②轴柱 X 向平面内计算长度系数，与下列何项数值最为接近？

　　A. 0.9　　　　　B. 1.0　　　　　C. 2.4　　　　　D. 2.7

19. 假定，某框架柱轴心压力设计值为 163.2kN，X 向弯矩设计值为 $M_x=20.4$kN·m，Y 向计算长度系数取为 1。试问，对该框架柱按照规范验算其弯矩作用平面外稳定性时，公式左侧所得数值，与下列何项最为接近？

　　提示：所考虑构件段无横向荷载作用。

　　A. 0.093　　　　B. 0.194　　　　C. 0.279　　　　D. 0.372

20. 假定，柱脚竖向压力设计值为 163.2kN，水平反力设计值为 30kN。试问，关于图 16-1-13 柱脚，下列何项说法符合《钢结构设计标准》GB 50017—2017 的规定？

　　A. 柱与底板必须采用熔透焊缝
　　B. 底板下必须设抗剪键承受水平反力
　　C. 必须设置预埋件与底板焊接
　　D. 可以通过底板与混凝土基础间的摩擦传递水平反力

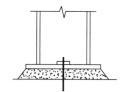

图 16-1-13　题 20 图

21. 由于生产需要增加集中荷载，集中荷载作用点如图 16-1-14 所示，故梁下增设三根两端铰接的轴心受压柱，其中，边柱（Ⓐ、Ⓒ轴）轴心压力设计值为 100kN，中柱（Ⓑ轴）轴心压力设计值为 200kN。假定，Y 向为强支撑框架，Ⓑ轴框架柱总轴心压力设计值

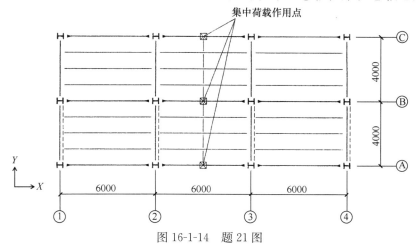

图 16-1-14　题 21 图

为 486.9kN，Ⓐ、Ⓒ轴框架柱总轴心压力设计值均为 243.5kN。试问，与原结构相比，关于框架柱的计算长度，下列何项说法最接近《钢结构设计标准》GB 50017—2017 的规定？

A. 框架柱 X 向计算长度增大系数为 1.2

B. 框架柱 X 向、Y 向计算长度不变

C. 框架柱 X 向及 Y 向计算长度增大系数均为 1.2

D. 框架柱 Y 向计算长度增大系数为 1.2

22. 假定，以用钢量最低作为目标，题 21 中的轴心受压铰接柱采用下列何种截面最为合理？

A. 轧制 H 形截面　　　　　　　　B. 钢管截面

C. 焊接 H 形截面　　　　　　　　D. 焊接十字形截面

题 23. 关于常幅疲劳计算，下列何项说法正确？

A. 应力变化的循环次数越多，容许应力幅越小；构件和连接的类别序数越大，容许应力幅越大

B. 应力变化的循环次数越多，容许应力幅越大；构件和连接的类别序数越大，容许应力幅越小

C. 应力变化的循环次数越少，容许应力幅越小；构件和连接的类别序数越大，容许应力幅越大

D. 应力变化的循环次数越少，容许应力幅越大；构件和连接的类别序数越大，容许应力幅越小

题 24～27

某 4 层钢结构商业建筑，层高 5m，房屋高度 20m，抗震设防烈度 8 度，X 方向采用框架结构，Y 方向采用框架-中心支撑结构，楼面采用 150mm 厚 C30 混凝土楼板，钢梁顶采用抗剪栓钉与楼板连接，如图 16-1-15 所示。框架梁柱采用 Q345，各框架柱截面均相同，内力计算采用一阶弹性分析。

24. 假定，框架柱每层几何长度为 5m，Y 方向满足强支撑框架要求。试问，关于框架柱计算长度，下列何项符合《钢结构设计标准》GB 50017—2017 的规定？

A. X 方向计算长度大于 5m，Y 方向计算长度不大于 5m

B. X 方向计算长度不大于 5m，Y 方向计算长度大于 5m

C. X、Y 方向计算长度均可取为 5m

D. X、Y 方向计算长度均大于 5m

25. 试问，抗震设计时，以下关于梁柱刚性连接的说法，何项符合规范规定？

A. 假定，框架梁柱均采用 H 形截面，当满足《钢结构设计标准》GB 50017—2017 第 12.3.4 条规定时，采用柱贯通型的 H 形柱在梁翼缘对应处可不设置横向加劲肋

B. 进行梁与柱刚性连接的极限承载力验算时，焊接的连接系数大于螺栓连接

C. 柱在梁翼缘上下各 500mm 的范围内，柱翼缘与柱腹板间的连接焊缝应采用全熔透坡口焊缝

D. 进行柱节点域屈服承载力验算时，节点域要求与梁内力设计值有关

26. 假定，次梁采用 Q345，截面采用工字形，考虑全截面塑性发展进行组合梁的强度计算，上翼缘为受压区。试问，上翼缘最大的板件宽厚比，与下列何项数值最为接近？

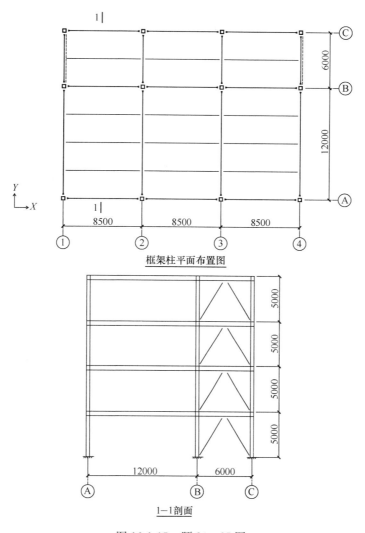

图 16-1-15 题 24～27 图

提示：梁顶的抗剪连接件不满足《钢结构设计标准》GB 50017—2017 的 14.1.6 条规定。

A. 15　　　　　B. 13　　　　　C. 9　　　　　D. 7.4

27. 假定，不按抗震设计考虑，柱间支撑采用交叉支撑，支撑两杆截面相同并在交叉点处均不中断并相互连接，支撑杆件一杆受拉，一杆受压。试问，关于受压支撑杆，下列何种说法错误？

A. 平面内计算长度取节点中心至交叉点间距离
B. 平面外计算长度不大于桁架节点间距离的 $\sqrt{0.5}$ 倍
C. 平面外计算长度等于桁架节点中心间的距离
D. 平面外计算长度与另一杆的内力大小有关

题 28. 关于钢管连接节点，下列何项说法符合《钢结构设计标准》GB 50017—2017 的规定？

A. 支管沿周边与主管相焊，焊缝承载力不应小于节点承载力

B. 支管沿周边与主管相焊，节点承载力不应小于焊缝承载力

C. 焊缝承载力必须等于节点承载力

D. 支管轴心内力设计值不应大于节点承载力设计值和焊缝承载力设计值，至于焊缝承载力，大于或小于节点承载力均可

题29. 假定，某一般建筑的屋面支撑采用按拉杆设计的交叉支撑，截面采用单角钢，两杆截面相同且在交叉点处均不中断并相互连接，支撑节间横向和纵向尺寸均为6m，支撑截面由构造确定。试问，采用下列何项支撑截面最为合理（截面特性见表16-1-2）？

截面的几何特性　　　　　　　　　　　表16-1-2

截面名称	面积 A（cm²）	回转半径 i_x（cm）	回转半径 i_{x0}（cm）	回转半径 i_{y0}（cm）
∟56×5	5.415	1.72	2.17	1.10
∟70×5	6.875	2.16	2.73	1.39
∟90×6	10.637	2.79	3.51	1.84
∟110×7	15.196	3.41	4.30	2.20

A. ∟56×5　　B. ∟70×5　　C. ∟90×6　　D. ∟110×7

题30. 某非抗震设计的钢柱采用焊接工字形截面 H900×350×10×20，钢材采用Q235钢。假定，该钢柱作为轴心受压构件，两方向长细比的较大者为55。试问，依据《钢结构设计标准》GB 50017—2017，在计算该钢柱的强度和稳定性时，其截面面积（mm²）应采用下列何项数值？

提示：计算截面无削弱。

A. 8650mm²　　B. 14630mm²　　C. 18920mm²　　D. 22610mm²

题 31～34

非抗震设计时，某顶层两跨连续墙梁，支承在下层的砌体墙上，如图 16-1-16 所示。墙体厚度为240mm，墙梁洞口居墙梁跨中布置，洞口尺寸为 $b \times h$（mm×mm）。托梁截面尺寸为240mm×500mm。使用阶段墙梁上的荷载分别为托梁顶面的荷载设计值 Q_1 和墙梁顶面的荷载设计值 Q_2。GZ1为墙体中设置的钢筋混凝土构造柱，墙梁的构造措施满足规范要求。

31. 试问，最大洞口尺寸 $b \times h$（mm×mm），与下列何项数值最为接近？

A. 1200×2200　　　　　　B. 1300×2300

C. 1400×2400　　　　　　D. 1500×2400

32. 假定，洞口尺寸 $b \times h$ = 1000mm×2000mm，试问，考虑墙梁组合作用的托梁跨中截面弯矩系数 α_M 值，与下列何项数值最为接近？

A. 0.09　　B. 0.15　　C. 0.22　　D. 0.27

33. 假定，Q_1=30kN/m，Q_2=90kN/m，试问，托梁跨中轴心拉力设计值 N_{bt}（kN），与下列何项数值最为接近？

提示：两跨连续梁在均布荷载作用下跨中弯矩的效应系数为0.07。

A. 50　　B. 100　　C. 150　　D. 200

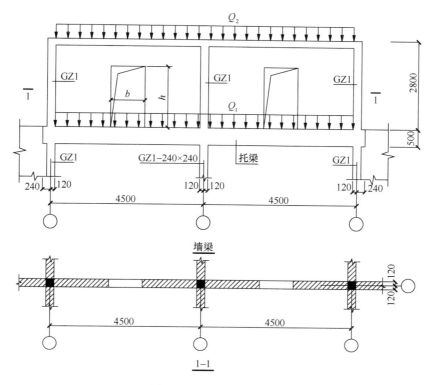

图 16-1-16 题 31～34 图

34. 关于本题的墙梁设计，试问，下列说法中何项正确？

Ⅰ. 对使用阶段墙体的受剪承载力、托梁支座上部砌体局部受压承载力，可不必验算；

Ⅱ. 墙梁洞口上方可设置钢筋砖过梁，其底面砂浆层处的钢筋伸入支座砌体内的长度不应小于 240mm；

Ⅲ. 托梁上部通长布置的纵向钢筋面积为跨中下部纵向钢筋面积的 50%；

Ⅳ. 墙体采用 MU15 级蒸压粉煤灰普通砖、Ms7.5 级专用砌筑砂浆砌筑，在不加设临时支撑的情况下，每天砌筑高度不超过 1.5m。

A. Ⅰ、Ⅱ正确 B. Ⅰ、Ⅲ正确
C. Ⅱ、Ⅲ正确 D. Ⅱ、Ⅳ正确

题 35～38

某单层砌体结构房屋中一矩形截面柱（$b \times h$），其柱下独立基础如图 16-1-17 所示，柱居基础平面中。结构的设计使用年限为 50 年，砌体施工质量控制等级为 B 级。

35. 假定，柱截面尺寸为 370mm×490mm，柱底轴压力设计值 $N=270$kN，基础采用 MU60 级毛石和水泥砂浆砌筑。试问，由基础局部受压控制时，砌筑基础采用的砂浆最低强度等级，与下列何项数值最为接近？

提示：不考虑强度设计值调整系数 γ_a 的影响。

A. 0 B. M2.5
C. M5 D. M7.5

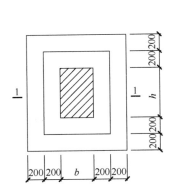
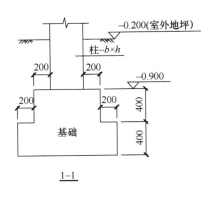

图 16-1-17 题 35~38 图

36. 假定，基础所处环境类别为 3 类。试问，关于独立柱在地面以下部分砌体材料的要求，下列何项正确？

Ⅰ. 采用 MU15 级混凝土砌块、Mb10 级砌筑砂浆砌筑，但须采用 Cb20 级混凝土预先灌实

Ⅱ. 采用 MU25 级混凝土普通砖、M15 级水泥砂浆砌筑

Ⅲ. 采用 MU25 级蒸压灰砂普通砖、M15 级水泥砂浆砌筑

Ⅳ. 采用 MU20 级实心砖、M10 级水泥砂浆砌筑

A. Ⅰ、Ⅱ 正确
B. Ⅰ、Ⅲ 正确
C. Ⅰ、Ⅳ 正确
D. Ⅱ、Ⅳ 正确

37. 假定，柱采用砖砌体与钢筋混凝土面层的组合砌体，砌体采用 MU15 级烧结普通砖、M10 级砂浆砌筑。混凝土采用 C20（$f_c = 9.6\text{MPa}$），纵向受力钢筋采用 HPB300，对称配筋，单侧配筋面积为 730mm^2。其截面如图 16-1-18 所示。若柱计算高度 $H_0 = 6.4\text{m}$。组合砖砌体的构造措施满足规范要求。试问，该柱截面的轴心受压承载力设计值（kN），与下列何项数值最为接近？

提示：不考虑砌体强度调整系数 γ_a 的影响。

A. 1700 B. 1400
C. 1000 D. 900

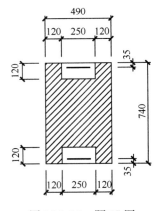

图 16-1-18 题 37 图

38. 假定，柱采用配筋灌孔混凝土砌块砌体，钢筋采用 HPB300，砌体的抗压强度设计值 $f_g = 4.0\text{MPa}$，截面如图 16-1-19 所示，柱计算高度 $H_0 = 6.4\text{m}$，配筋砌块砌体的构造措施满足规范要求。试问，该柱截面的轴心受压承载力设计值（kN），与下列何项数值最为接近？

提示：不考虑砌体强度调整系数 γ_a 的影响。

A. 700 B. 800
C. 900 D. 1000

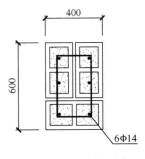

图 16-1-19 题 38 图

题 39～40

一正方形截面木柱，木柱截面尺寸为 200mm×200mm，选用东北落叶松 TC17B 制作，正常环境下设计使用年限为 50 年。计算简图如图 16-1-20 所示。上、下支座节点处设有防止其侧向位移和侧倾的侧向支撑。

39. 假定，侧向荷载设计值 $q=1.2\text{kN/m}$。试问，当按强度验算时，其轴向压力设计值 N（kN）的最大值，与下列何项数值最为接近？

提示：（1）不考虑构件自重；
（2）构件初始偏心距 $e_0=0$。

A. 400　　　　　　B. 500
C. 600　　　　　　D. 700

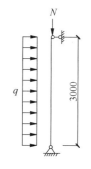

图 16-1-20　题 39～40 图

40. 假定，侧向荷载设计值 $q=0$。试问，当按稳定验算时，其轴向压力设计值 N（kN）的最大值，与下列何项数值最为接近？

提示：不考虑构件自重。

A. 450　　　　B. 550　　　　C. 650　　　　D. 750

题 41～45

某地下水池采用钢筋混凝土结构，平面尺寸 6m×12m，基坑支护采用直径 600mm 钻孔灌注桩结合一道钢筋混凝土内支撑联合挡土，地下结构平面、剖面及土层分布如图 16-1-21 所示，土的饱和重度按天然重度采用。

提示：不考虑主动土压力增大系数。

41. 假定，坑外地下水位稳定在地面以下 1.5m，粉质黏土处于正常固结状态，勘察报告提供的粉质黏土抗剪强度指标见表 16-1-3，地面超载 q 为 20kPa。试问，基坑施工以较快的速度开挖至水池底部标高后，作用于围护桩底端的主动土压力强度（kPa），与下列何项数值最为接近？

粉质黏土的抗剪强度指标　　　　　　　　　表 16-1-3

抗剪强度指标	三轴不固结不排水试验		土的有效自重应力下预固结的三轴不固结不排水试验		三轴固结不排水试验	
	c（kPa）	φ（°）	c（kPa）	φ（°）	c（kPa）	φ（°）
粉质黏土	22	5	10	15	5	20

提示：（1）主动土压力按朗肯土压力理论计算，$p_a=(q+\sum\gamma_i h_i)k_a-2c\sqrt{k_a}$，水土合算；
（2）按《建筑地基基础设计规范》GB 50007—2011 作答。

A. 80　　　　B. 100　　　　C. 120　　　　D. 140

42. 假定，坑底以下淤泥质黏土的回弹模量为 10MPa。试问，根据《建筑地基基础设计规范》GB 50007—2011，基坑开挖至底部后，坑底中心部位由淤泥质黏土层回弹产生的变形量 s_c（mm），与下述何项数值最为接近？

提示：（1）坑底以下的淤泥质黏土层按一层计算，计算时不考虑工程桩及周边围护桩的有利作用；

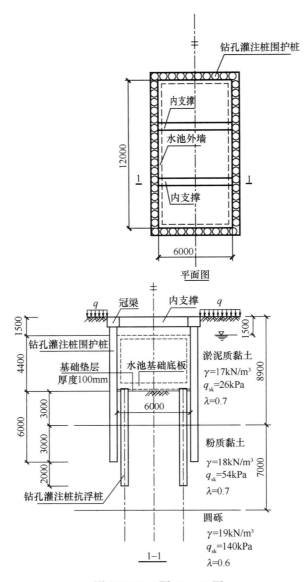

图 16-1-21 题 41～45 图

(2) 回弹量计算的经验系数 ψ_c 取 1.0。

A. 8　　　　　　B. 16　　　　　　C. 25　　　　　　D. 40

43. 假定，地下结构顶板施工完成后，降水工作停止，水池自重 G_k 为 1600kN，设计拟采用直径 600mm 钻孔灌注桩作为抗浮桩，各层地基土的承载力参数及抗拔系数 λ 见图 16-1-22。试问，为满足地下结构抗浮，按群桩呈非整体破坏考虑，需要布置的抗拔桩最少数量（根），与下列何项数值最为接近？

提示：(1) 桩的重度取 25kN/m³；

(2) 不考虑围护桩的作用。

A. 4　　　　　　B. 5　　　　　　C. 7　　　　　　D. 10

44. 假定，在作用效应标准组合下，作用于单根围护桩的最大弯矩为 260kN·m，作用于内支撑的最大轴力为 2500kN。试问，分别采用简化规则对围护桩和内支撑构件进行强度验算时，围护桩的弯矩设计值（kN·m）和内支撑构件的轴力设计值（kN），分别取下列何项数值最为合理？

提示：根据《建筑地基基础设计规范》GB 50007—2011 作答。

A. 260，2500   B. 260，3125   C. 350，3375   D. 325，3375

45. 假定，粉质黏土为不透水层，圆砾层赋存承压水，承压水水头在地面以下 4m。试问，基坑开挖至基底后，基坑底抗承压水渗流稳定安全系数，与下列何项数值最为接近？

A. 0.9   B. 1.1   C. 1.3   D. 1.5

题 46～48

某多层办公楼拟建造于大面积填土地基上，采用钢筋混凝土筏形基础；填土厚度 7.2m，采用强夯地基处理措施。建筑基础、土层分布及地下水位等如图 16-1-22 所示。该工程抗震设防烈度为 7 度，设计基本地震加速度为 0.15g，设计地震分组为第三组。

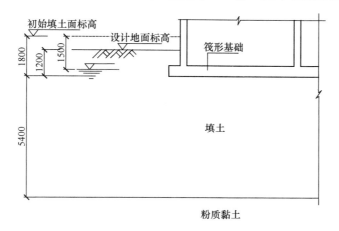

图 16-1-22 题 46～48 图

46. 设计要求对填土整个深度范围内进行有效加固处理，强夯前勘察查明填土的物理指标见表 16-1-4。

填土的物理指标　　　　　　　　　　表 16-1-4

含水量 w_0 (%)	土的重度 γ (kN/m³)	孔隙比 e_0 (%)	塑性指数 I_P (%)	水平渗透 K_h (cm/s)	不同粒径的含量（%）					
					>20 mm	20～0.5 mm	0.5～0.25 mm	0.25～0.075 mm	0.075～0.005 mm	<0.005 mm
27.0	19.04	0.765	7.5	5.40×10^{-4}	0.0	0.0	5.0	18.0	69.5	7.5

试问，按《建筑地基处理技术规范》JGJ 79—2012 预估的最小单击夯击能 E（kN·m），与下列何项数值最为接近？

A. 3000   B. 4000   C. 5000   D. 6000

47. 假定，填土为砂土，强夯前勘察查明地面以下 3.6m 处土体标准贯入锤击数为 5

击，砂土经初步判别认为需进一步进行液化判别。试问，根据《建筑地基处理技术规范》JGJ 79—2012，强夯处理范围每边超出基础外缘的最小处理宽度（m），与下列何项数值最为接近？

A. 2　　　　　　B. 3　　　　　　C. 4　　　　　　D. 5

48. 假定，填土为粉土，本工程强夯处理后间隔一定时间进行地基承载力检验。试问，下列关于间隔时间（d）和平板静载荷试验压板面积（m²）的选项中，何项较为合理？

A. 10，1.0　　　B. 10，2.0　　　C. 20，1.0　　　D. 20，2.0

题 49～50

某框架结构柱下设置两桩承台，工程桩采用先张法预应力混凝土管桩，桩径 500mm；桩基施工完成后，由于建筑加层，柱竖向力增加，设计采用锚杆静压桩基础加固方案。基础横剖面、场地土分层情况如图 16-1-23 所示。

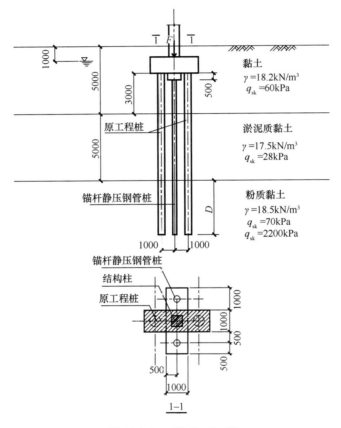

图 16-1-23　题 49～50 图

49. 假定，锚杆静压桩采用敞口钢管桩，桩直径 250mm，桩端进入粉质黏土层 $D=4m$。试问，根据《建筑桩基技术规范》JGJ 94—2008，根据土的物理指标与承载力参数之间的经验关系，确定的钢管桩单桩竖向极限承载力标准值（kN），与下列何项数值最为接近？

A. 420　　　　　B. 480　　　　　C. 540　　　　　D. 600

50. 上部结构施工过程中，该加固部位的结构自重荷载变化如表 16-1-5 所示。假定，锚杆静压钢管桩单桩承载力特征值为300kN，压桩力系数取2.0，最大压桩力即为设计最终压桩力。试问，为满足两根锚杆静压桩的同时正常施工和结构安全，上部结构需完成施工的最小层数，与下列何项数值最为接近？

加固部位的结构自重荷载变化　　　　表16-1-5

上部结构施工完成的层数	1	2	3	4	5	6
加固部位结构自重荷载（kN）	500	800	1050	1300	1550	1700

提示：(1) 本题按《既有建筑地基基础加固技术规范》JGJ 123—2012作答；
(2) 不考虑工程桩的抗拔作用。

A. 3　　　　　B. 4　　　　　C. 5　　　　　D. 6

题 51～53

某框架结构柱基础，作用标准组合下，由上部结构传至该柱基竖向力 $F=6000$kN，由风载控制的力矩 $M_x=M_y=1000$kN·m。柱基础独立承台下采用 400mm×400mm 钢筋混凝土预制桩，桩的平面布置及承台尺寸如图16-1-24所示。承台底面埋深3.0m，柱截面尺寸为700mm×700mm，居承台中心位置。承台采用C40混凝土，$a_s=65$mm。承台及承台以上土的加权平均重度取 20kN/m³。

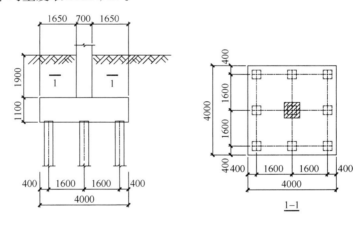

图 16-1-24　题 51～53 图

51. 试问，满足承载力要求的单桩承载力特征值最小值（kN），与下列何项数值最为接近？

A. 700　　　　　B. 770　　　　　C. 820　　　　　D. 1000

52. 假定，荷载效应基本组合由永久荷载控制，试问，柱对承台的冲切力设计值（kN），与下列何项数值最为接近？

A. 5300　　　　　B. 7200　　　　　C. 8300　　　　　D. 9500

53. 验算角桩对承台的冲切时，试问，承台的抗冲切承载力设计值（kN），与下列何项数值最为接近？

A. 800　　　　　B. 1000　　　　　C. 1500　　　　　D. 1800

题 54～55

某高层框架-核心筒结构办公用房，地上22层，大屋面高度96.8m，结构平面尺寸见

图 16-1-25。拟采用端承型桩基础，采用直径 800mm 混凝土灌注桩，桩端进入中风化片麻岩（$f_{rk}=10\text{MPa}$）。

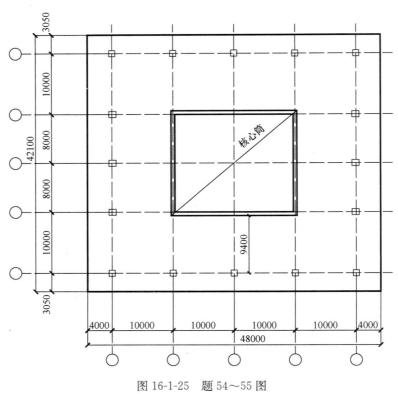

图 16-1-25 题 54～55 图

54. 相邻建筑勘察资料表明，该地区地基土层分布较均匀平坦。试问，根据《建筑桩基技术规范》JGJ 94—2008，详细勘察时勘探孔（个）及控制性勘探孔（个）的最少数量，下列何项最为合理？

A. 9，3　　　　　B. 6，3　　　　　C. 12，4　　　　　D. 4，2

55. 试问，下列选项中的成桩施工方法，何项不适宜用于本工程？

A. 正循环钻成孔灌注桩　　　　　B. 反循环钻成孔灌注桩
C. 潜水钻成孔灌注桩　　　　　　D. 旋挖成孔灌注桩

题 56. 某建筑物地基基础设计等级为乙级，采用两桩和三桩承台基础，桩长约 30m，三根试桩的竖向抗压静载试验结果如图 16-1-26 所示，试桩 3 加载至 4000kN，24h 后变形尚未稳定。试问，桩的竖向抗压承载力特征值（kN），取下列何项数值最为合理？

A. 1750　　　　　B. 2000　　　　　C. 3500　　　　　D. 8000

题 57. 假定，某 6 层新建钢筋混凝土框架结构，房屋高度 36m，建成后拟由重载仓库（丙类）改变用途作为人流密集的大型商场，商场营业面积 10000m²，抗震设防烈度为 7 度，设计基本地震加速度为 0.10g，结构设计针对建筑功能的变化及抗震设计的要求提出了以下主体结构加固改造方案：

Ⅰ. 按《抗规》性能 3 的要求进行抗震性能化设计，维持框架结构体系，框架构件承载力按 8 度抗震要求复核，对不满足的构件进行加固补强以提高承载力

Ⅱ. 在楼梯间等位置增设剪力墙，形成框架-剪力墙结构体系，框架部分不加固，剪力

墙承担倾覆弯矩为结构总地震倾覆弯矩的 40%

Ⅲ. 在结构中增加消能部件，提高结构抗震性能，使消能减震结构的地震影响系数为原结构地震影响系数的 40%，同时对不满足的构件进行加固

试问，针对以上结构方案的可行性，下列何项判断正确？

A. Ⅰ、Ⅱ 可行，Ⅲ 不可行　　　　B. Ⅰ、Ⅲ 可行，Ⅱ 不可行
C. Ⅱ、Ⅲ 可行，Ⅰ 不可行　　　　D. Ⅰ、Ⅱ、Ⅲ 均可行

题 58. 下列四项观点：

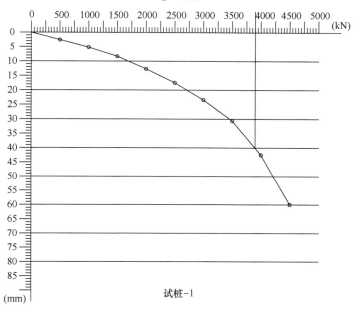

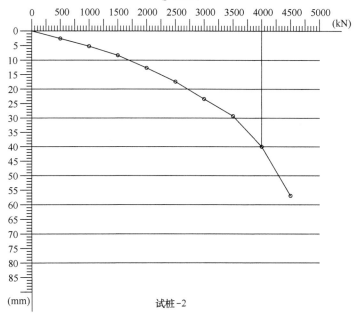

图 16-1-26　题 56 图（一）

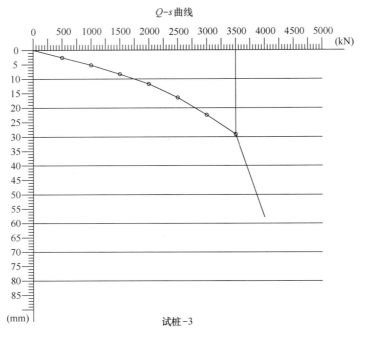

图 16-1-26 题 56 图（二）

Ⅰ．有端柱型钢混凝土剪力墙，其截面刚度可按端柱中混凝土截面面积加上型钢按弹性模量比折算的等效混凝土面积计算其抗弯刚度和轴向刚度；墙的抗剪刚度可不计入型钢影响

Ⅱ．型钢混凝土框架-钢筋混凝土剪力墙结构，当楼盖梁采用型钢混凝土梁时，结构在多遇地震作用下的结构阻尼比可取为 0.05

Ⅲ．不考虑地震作用组合的型钢混凝土柱可采用埋入式柱脚，也可采用非埋入式柱脚

Ⅳ．结构局部部位为钢板混凝土剪力墙的竖向规则剪力墙结构在 7 度区的最大适用高度为 120m

试问，依据《组合结构设计规范》JGJ 138—2016，针对上述观点准确性的判断，下列何项正确？

A．Ⅰ、Ⅳ准确　　　　　　　　B．Ⅱ、Ⅲ准确
C．Ⅰ、Ⅱ准确　　　　　　　　D．Ⅲ、Ⅳ准确

题 59～62

某 31 层普通办公楼，采用现浇钢筋混凝土框架-核心筒结构，标准层平面如图 16-1-27 所示，首层层高 6m，其余各层层高 3.8m，结构高度 120m。基本风压 $w_0=0.80\text{kN/m}^2$，地面粗糙度为 C 类。抗震设防烈度为 8 度（0.20g），标准设防类建筑，设计地震分组第一组，建筑场地类别为Ⅱ类，安全等级二级。

59．围护结构为玻璃幕墙，试问，当风向沿 X 轴，计算办公区室外幕墙骨架结构承载力时，100m 高度 A 点处的风荷载标准值 w_k（kN/m^2），与下列何项数值最为接近？

提示：幕墙骨架结构非直接承受风荷载，从属面积为 25m^2；按《建筑结构荷载规范》GB 50009—2012 作答。

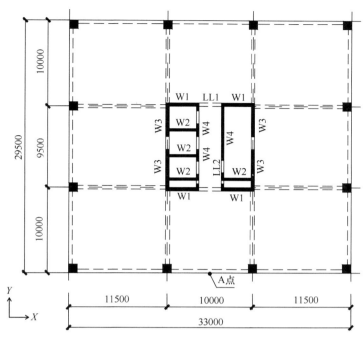

图 16-1-27 题 59～62 图

A. 1.5　　　　B. 2.0　　　　C. 2.5　　　　D. 3.0

60. 在初步设计阶段，发现需要采取措施才能满足规范对 Y 向层间位移角、层受剪承载力的要求。假定，增加墙厚后均能满足上述要求，如果 W1、W2、W3、W4 分别增加相同的厚度，不考虑钢筋变化的影响。试问，下列四组增加墙厚的组合方案，哪一组分别对减小层间位移角、增大层受剪承载力更有效？

A. W2，W1　　　　　　　　　B. W3，W4
C. W1，W4　　　　　　　　　D. W1，W3

61. 假定，结构按连梁刚度不折减计算时，某层连梁 LL1 在 8 度（0.20g）水平地震作用下梁端负弯矩标准值 $M_{Ehk}=-660\text{kN}\cdot\text{m}$，在 7 度（0.10g）水平地震作用下梁端负弯矩标准值 $M_{Ehk}=-330\text{kN}\cdot\text{m}$，风荷载作用下梁端负弯矩标准值 $M_{Wk}=-400\text{kN}\cdot\text{m}$。试问，对弹性计算的连梁弯矩 M 进行调幅后，连梁的弯矩设计值 M'（kN·m），不应小于下列何项数值？

提示：忽略重力荷载及竖向地震作用产生的梁端弯矩。

A. -490　　　　B. -560　　　　C. -630　　　　D. -770

62. 假定，某层连梁 LL1 截面 350mm×750mm，混凝土强度等级 C45，钢筋为 HRB400，对称配筋，$a_s=a'_s=60\text{mm}$，净跨 $l_n=3000\text{mm}$。试问，下列连梁 LL1 的纵向受力钢筋及箍筋配置，何项满足规范构造要求且最经济？

A. 6⌀22；⌀10@150（4）　　　　B. 6⌀25；⌀10@100（4）
C. 6⌀22；⌀12@150（4）　　　　D. 6⌀25；⌀12@100（4）

题 63～64

某 11 层住宅，采用现浇钢筋混凝土异形柱框架-剪力墙结构，房屋高度 33m，剖面如

图 16-1-28 所示，抗震设防烈度 7 度 (0.10g)，场地类别Ⅱ类，异形柱混凝土强度等级 C35，纵筋、箍筋采用 HRB400。框架梁截面均为 200mm×500mm。框架部分承受的地震倾覆力矩为结构总地震倾覆力矩的 20%。

63. 假定，异形柱 KZ1 在二层的柱底轴向压力设计值 $N=2700$ kN，KZ1 采用面积相同的 L 形、T 形、十字形截面均不影响建筑使用要求（各截面尺寸如图 16-1-29 所示），异形柱肢端设置暗柱，剪跨比均不大于 2。试问，下列何项截面可满足二层 KZ1 的轴压比要求？

A. 各截面均满足要求
B. T 形及十字形截面满足要求，L 形截面不满足要求
C. 仅十字形截面满足要求
D. 各截面均不满足要求

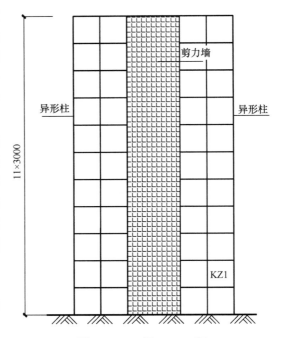

图 16-1-28 题 63~64 图

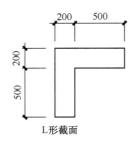
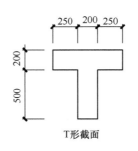
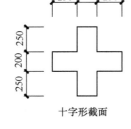

图 16-1-29 题 63 图

64. 异形柱 KZ2 截面如图 16-1-30 所示，截面面积 $2.2×10^5 \text{mm}^2$，该柱三层轴压比为 0.4，箍筋为 10@100。假定，Y 方向该柱的剪跨比 λ 为 2.2，$h_{c0}=565$mm。试问，该柱 Y 方向斜截面有地震作用组合的受剪承载力（kN），与下列何项数值最为接近？

A. 430 B. 455
C. 510 D. 555

题 65~67

某 40m 高层钢框架结构办公楼（无库房），

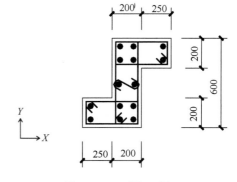

图 16-1-30 题 64 图

剖面如图 16-1-31 所示，各层层高 4m，钢框架梁采用 H500×250×12×16（全塑性截面模量 $W_p=2.6×10^6 \text{mm}^3$，$A=13808\text{mm}^2$），钢材采用 Q345，抗震设防烈度为 7 度 (0.10g)，

设计地震分组第一组，建筑场地类别为Ⅲ类，安全等级二级。

提示：按《高层民用建筑钢结构技术规程》JGJ 99—2015 作答。

65. 假定，结构质量、刚度沿高度基本均匀，相应于结构基本自振周期的水平地震影响系数值为 0.038，各层楼（屋）盖处永久荷载标准值为 5300kN，等效活荷载标准值为 800kN（上人屋面兼作其他用途），顶层重力荷载代表值为 5700kN。试问，多遇地震标准值作用下，满足结构整体稳定要求且按弹性方法计算的首层最大层间位移（mm），与下列何项数值最为接近？

A. 12　　B. 16
C. 20　　D. 24

66. 假定，某层框架柱采用工字形截面柱，翼缘中心间距离为 580mm，腹板净高 540mm。试问，中柱在节点域不采用其他加强方式时，满足规程要求的腹板最小厚度 t_w（mm），与下列何项数值最为接近？

提示：(1) 腹板满足宽厚比限值要求；
(2) 节点域的抗剪承载力满足弹性设计要求。

A. 14　　B. 18　　C. 20　　D. 22

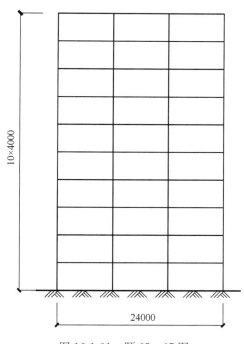

图 16-1-31　题 65～67 图

67. 为改善结构抗震性能，在框架结构中布置偏心支撑，偏心支撑布置如图 16-1-32 所示。假定，消能梁段轴力设计值 $N=100$kN，剪力设计值 $V=450$kN。试问，消能梁段净长 a 的最大值（m），与下列何项数值最为接近？

提示：消能梁段塑性净截面模量 $W_{np}=W_p$。

A. 0.8　　B. 1.1
C. 1.3　　D. 1.5

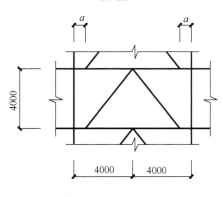

图 16-1-32　题 67 图

题 68～70

某 25 层部分框支剪力墙结构住宅，剖面如图 16-1-33 所示，首层及二层层高 5.5m，其余各层层高 3m，房屋高度 80m。抗震设防烈度为 8 度（0.20g），设计地震分组第一组，建筑场地类别为Ⅱ类，标准设防类建筑，安全等级为二级。

68. 假定，首层一字形独立墙肢 W1 考虑地震组合且未按有关规定调整的一组不利内力计算值 $M_w=15000$kN·m，$V_w=2300$kN，剪力墙截面有效高度 $h_{w0}=4200$mm，混凝土强度等级 C35。试问，满足规范剪力墙截面名义剪应力限值的最小墙肢厚度 b（mm），与下列何项数值最为接近？

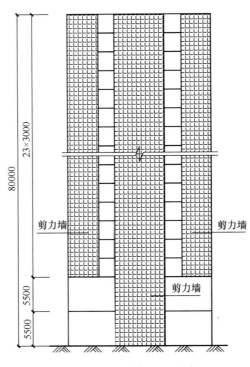

图 16-1-33 题 68～70 图

提示：按《高层建筑混凝土结构技术规程》JGJ 3—2010 作答。

A. 250　　　　　　B. 300　　　　　　C. 350　　　　　　D. 400

69. 假定，5 层墙肢 W2 如图 16-1-34 所示，混凝土强度等级 C35，钢筋采用 HRB400，墙肢轴压比为 0.42，试问，墙肢左端边缘构件（BZ1）阴影部分纵向钢筋配置，下列何项满足相关规范的构造要求且最经济？

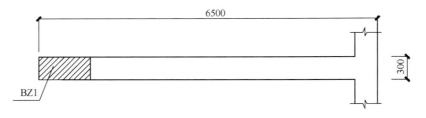

图 16-1-34 题 69 图

A. 10 Φ 14　　　B. 10 Φ 16　　　C. 10 Φ 18　　　D. 10 Φ 20

70. 假定，2 层某框支中柱 KZZ1 在 Y 向地震作用下剪力标准值 $V_{Ek}=620kN$，Y 向风作用下剪力标准值 $V_{wk}=150kN$，按规范调整后的柱上下端顺时针方向截面组合的弯矩设计值 $M_c^t=1070kN·m$，$M_c^b=1200kN·m$，框支梁截面均为 800mm×2000mm。试问，该框支柱 Y 向剪力设计值（kN），与下列何项数值最为接近？

A. 800　　　　　　B. 850　　　　　　C. 900　　　　　　D. 1250

题 71～72

某现浇钢筋混凝土双塔连体结构，塔楼为办公楼，A 塔和 B 塔地上 31 层，房屋高度

130m，21～23层连体，连体与主体结构采用刚性连接，地下 2 层，如图 16-1-35 所示。抗震设防烈度为 6 度，设计地震分组第一组，建筑场地类别为Ⅱ类，安全等级为二级。塔楼均为框架-核心筒结构，分析表明地下一层顶板（±0.000 处）可作为上部结构嵌固部位。

71. 假定，A 塔经常使用人数为 3700 人，B 塔（含连体）经常使用人数为 3900 人，A 塔楼周边框架柱 KZ1 与连接体相连。试问，KZ1 第 23 层的抗震等级为下列何项？

A. 一级　　　　　B. 二级
C. 三级　　　　　D. 四级

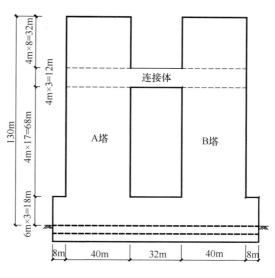

图 16-1-35　题 71～72 图

72. 假定，某层 KZ2 为钢管混凝土柱，考虑地震组合的轴力设计值 $N=34000$kN，混凝土强度等级 C60（$f_c=27.5$N/mm²），钢管直径 $D=950$mm，采用 Q345B（$f_y=345$N/mm²，$f_a=310$N/mm²）钢材。试问，钢管壁厚 t（mm）为下列何项数值时，才能满足钢管混凝土柱承载力及构造要求且最经济？

提示：(1) 钢管混凝土柱承载力折减系数 $\varphi_l=1$，$\varphi_e=0.83$，$\varphi_l\varphi_e<\varphi_0$；
(2) 按《高层建筑混凝土结构技术规程》JGJ 3—2010 作答。

A. 8　　　　　B. 10　　　　　C. 12　　　　　D. 14

题 73. 城市中某主干路上的一座桥梁，设计车速 60km/h，一侧设置人行道，另一侧设置防撞护栏，采用 3×40m 连续箱梁桥结构形式。桥址处地震基本烈度 8 度。该桥拟按照如下原则进行设计：

① 桥梁结构的设计基准期 100 年。
② 桥梁结构的设计使用年限 50 年。
③ 汽车荷载等级城-A 级。
④ 人行道板的人群荷载按 5kPa 取值。
⑤ 地震动峰值加速度 0.15g。
⑥ 污水管线在人行道内随桥敷设。

试问，以上设计原则何项不符合现行规范或标准？

A. ①②④⑥　　B. ②③④⑥　　C. ②④⑤⑥　　D. ②③④⑤

题 74. 高速公路上某一跨 20m 简支箱梁，计算跨径 19.4m，汽车荷载按单向双车道设计。试问，该简支梁支点处汽车荷载产生的剪力标准值（kN），与下列何项数值接近？

A. 930　　　　　B. 920　　　　　C. 465　　　　　D. 460

题 75. 某公路立交桥中的一单车道匝道弯桥，设计行车速度为 40km/h，平曲线半径为 65m。为计算桥梁下部结构和桥梁总体稳定的需要，需要计算汽车荷载引起的离心力。假定，该匝道桥车辆荷载标准值为 550 kN，汽车荷载冲击系数为 0.15。试问，该匝道桥的汽车荷载离心力标准值（kN），与下列何项数值接近？

A. 108　　　　　B. 118　　　　　C. 128　　　　　D. 148

题76. 某滨海地区的一级公路上需要修建一座跨越海水滩涂的桥梁。桥梁宽度38m，桥跨布置为48+80+48m的预应力混凝土连续箱梁，主梁采用三向预应力设计，纵桥向、横桥向用预应力钢绞线。下部结构墩柱为钢筋混凝土构件。

拟按下列原则进行设计：
① 竖向腹板采用预应力钢筋，沿纵桥向布置间距为1000mm。
② 主梁采用装配式。
③ 桥梁墩柱的最大裂缝宽度不大于0.2mm。
④ 桥梁墩柱混凝土强度等级采用C30。

试问，以上设计原则何项不符合现行规范或标准？

A. ①②　　　　B. ②③④　　　　C. ①③④　　　　D. ②③

题77. 某一级公路上的一座预应力混凝土梁桥，其结构安全等级为一级。经计算知：该梁的跨中截面弯矩标准值为：梁自重弯矩 2500 kN·m；汽车作用弯矩（含冲击力）1800 kN·m；人群作用弯矩 200 kN·m。试问，该梁跨中作用效应基本组合的弯矩设计值（kN·m），与下列何项数值最接近？

A. 6400　　　　B. 6300　　　　C. 5800　　　　D. 5700

题78. 某桥梁中一个支座压力标准值（由结构自重标准值和汽车荷载标准值（计入冲击系数）引起的支座反力）为2000kN，选用矩形板式橡胶支座，矩形支座加劲钢板长短边尺寸选用500mm×400mm。

试问，矩形板式橡胶支座中间单层橡胶层厚度（mm）为下列何项时，才能满足规范的要求？

提示：（1）矩形橡胶支座形状系数 $S=\dfrac{l_{0a}l_{0b}}{2t_{es}(l_{0a}+l_{0b})}$，$l_{0a}$、$l_{0b}$ 分别为矩形支座加劲钢板的短边和长边尺寸；t_{es} 为支座中间单层橡胶层厚度；

（2）应满足 $5\leqslant S\leqslant 12$。

A. 11　　　　　B. 8　　　　　C. 6　　　　　D. 5

题79. 某矩形钢筋混凝土梁，截面宽度1600mm，高度1800mm。配置HRB400纵向受拉钢筋16⌀28，按间距100mm单层布置，受拉钢筋重心距离梁底为60mm。经计算，该构件的跨中截面弯矩标准值为：自重引起的弯矩 1500kN·m；汽车作用引起的弯矩（不含冲击力）1000kN·m。

试问，该构件的跨中截面最大裂缝宽度（mm），与下列何项数值最接近？

A. 0.05　　　　B. 0.08　　　　C. 0.12　　　　D. 0.14

题80. 某高速公路上一座 50m+80m+50m 预应力混凝土连续梁桥，其所处地区场地土类别为Ⅲ类，地震基本烈度为 7 度，设计基本地震动峰值加速度 0.10g。结构的阻尼比 $\xi=0.05$。当计算该桥梁 E1 地震作用时，试问，该桥梁抗震设计中水平向设计加速度反应谱最大值 S_{max}，与下列何项数值接近？

A. 0.156g　　　B. 0.126g　　　C. 0.135g　　　D. 0.141g

16.2 2018 年试题解答

2018 年试题答案

题号	1	2	3	4	5	6	7	8	9	10
答案	B	D	C	D	D	C	A	A	D	D
题号	11	12	13	14	15	16	17	18	19	20
答案	A	C	D	A	C	C	A	C	B	D
题号	21	22	23	24	25	26	27	28	29	30
答案	A	B	D	A	C	D	C	A	B	C
题号	31	32	33	34	35	36	37	38	39	40
答案	B	C	B	B	D	D	B	C	C	A
题号	41	42	43	44	45	46	47	48	49	50
答案	C	B	C	D	D	C	D	D	C	B
题号	51	52	53	54	55	56	57	58	59	60
答案	C	B	D	A	C	A	B	A	B	D
题号	61	62	63	64	65	66	67	68	69	70
答案	B	B	A	C	B	B	B	B	B	C
题号	71	72	73	74	75	76	77	78	79	80
答案	B	C	C	B	C	B	B	B	A	D	A

1. 答案：B

解答过程：依据《混凝土结构设计规范》GB 50010—2010 的 3.4.3 条，对于普通钢筋混凝土梁，计算挠度时采用荷载准永久组合。

$$q_q = 7 \times 2.5 + 0.6 \times 2 \times 2.5 = 20.5 \text{kN/m}$$

不考虑受压钢筋作用，$\rho' = 0$，依据 7.2.5 条，取 $\theta = 2$。依据表 3.4.3，挠度限值为 $l/400$。

$$\frac{5 q_q l^4}{384 B} = \frac{5 \times 20.5 \times (10.5 \times 10^3)^4}{384 \times B_s / 2} \leqslant \frac{10.5 \times 10^3}{400}$$

解出 $B_s \geqslant 2.472 \times 10^{14} \text{N} \cdot \text{mm}^2$

选择 B。

2. 答案：D

解答过程：当 $x = \xi_b h_0$ 时，梁的受弯承载力最大。

$$M_{\max} = \alpha_1 f_c bx\left(h_0 - \frac{x}{2}\right) + f'_y A'_s (h_0 - a'_s)$$
$$= 16.7 \times 300 \times 0.518 \times 570 \times (570 - 0.518 \times 570/2) + 360 \times 1473 \times (570 - 40)$$
$$= 905.8 \times 10^6 \text{N} \cdot \text{mm}$$

可承受的均布荷载设计值（线荷载）为

$$q = \frac{8M_{\max}}{l^2} = \frac{8 \times 905.8}{10.5^2} = 65.73 \text{kN/m}$$

$$(1.3 \times 7 + 1.5 \times q_k) \times 2.5 = 65.73$$

解出 $q_k = 11.46 \text{kN/m}^2$，选择 D。

3. 答案：C

解答过程：依据《混凝土结构设计规范》GB 50010—2010 的 4.2.7 条条文说明，2 根钢筋相并，等效直径为 $d_e = 1.41 \times 28 = 39.5 \text{mm}$。

依据 11.6.7 条，要求：

$$l \geqslant 0.4 l_{abE} = 0.4 \times 1.15 \times 0.14 \times 360/1.57 \times 39.5 = 583 \text{mm}$$

根据最小长度 l，选择 A 或者 C。

依据 8.2.1 条对保护层厚度进行判断。

纵筋直径为 28mm，等效直径近似取为 40mm，依据 8.2.1 条第 1 款，要求的纵筋保护层厚度如图 16-2-1 所示。即，以钢筋重心为基准，其至截面边缘的距离不小于 $40 + 40/2 = 60 \text{mm}$。对于左侧面的箍筋保护层厚度而言，应不小于 $60 - 28/2 - 12 = 34 \text{mm}$。选择 C。

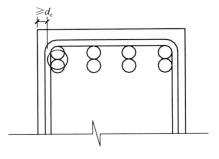

图 16-2-1 并筋的布置

点评：对于本题，解答时需要注意：

（1）锚固长度，设计中要求 $l \geqslant 0.4 l_{abE}$ 且钢筋要伸至柱另一侧钢筋的内侧然后向下弯曲，本题要求锚固端最小长度，故仅计算了 $0.4 l_{abE}$。该解答过程与命题组一致。

（2）并筋时的保护层厚度如何确定，这里参考了中国有色工程有限公司编写的《混凝土结构构造手册》（第五版，中国建筑工业出版社，2016 年）。该书第 70 页指出，计算并筋的间距及混凝土保护层时均以并筋钢筋的重心作为等效直径的圆心，并给出了二并筋和三并筋的图示。需要指出的是，其给出的二并筋图示有疏漏，未正确标注。

4. 答案：D

解答过程：依据《建筑结构荷载规范》GB 50009—2012 的 7.1.2 条及其条文说明，轻质屋盖属于对雪荷载敏感，雪压应取 100 年重现期。查表 E.5，乌鲁木齐、100 年一遇，$s_0 = 1.0 \text{kN/m}^2$。

依据表 7.2.1 项次 8，可得

$$\mu_{r,m} = \frac{b_1 + b_2}{2h} = \frac{21.5 + 6}{2 \times 4} = 3.44$$

满足 $2.0 \leqslant \mu_{r,m} \leqslant 4.0$ 的要求。

$$s_{k,max} = \mu_{r,m} s_0 = 3.44 \times 1.0 = 3.44 \text{kN/m}^2$$

选择 D。

点评：对于本题，积雪分布系数的分布如图 16-2-2 所示。图中，对于低屋面，由于 $a = 2h = 2 \times 4 = 8\text{m}$，$b_2 = 6\text{m} < a = 8\text{m}$，故外边缘的 μ_r 需要根据线性变化求出，为 1.61。

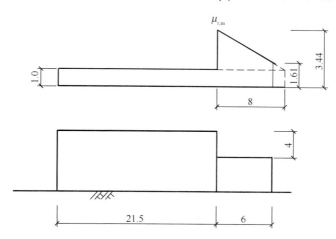

图 16-2-2 积雪分布系数（尺寸单位：m）

规范中 $4\text{m} < a < 8\text{m}$ 宜写成 $4\text{m} \leqslant a \leqslant 8\text{m}$，即，不小于 4m 不大于 8m。

此处之所以出现三角形分布的雪荷载是由于风引起的雪堆积，《门式刚架轻型房屋钢结构技术规范》中有类似的更具体的规定。

5. 答案：D

解答过程：(1) 依据《建筑结构荷载规范》GB 50009—2012 的 8.2.1 条，临海建筑，地面粗糙度为 A 类。查表 8.2.1，高度 15m、A 类，$\mu_z = 1.42$，海岛修正系数为 1.0，最终取 $\mu_z = 1.42$。

(2) 依据表 8.3.3 确定围护构件的局部体型系数 μ_{sl}（外表面）。
$$E = \min(2H, B) = \min(2 \times 20, 50) = 40\text{m}$$

$E/5 = 8\text{m} > 6\text{m}$，故 P 点在 S_a 范围内。于是，P 点处取 $\mu_{sl} = -1.4$。

(3) 依据 8.3.5 条，建筑物内部局部体型系数取为 0.2，于是，内外体型系数之和为 1.6。

(4) 阵风系数依据表 8.6.1 得到，高度 15m、A 类，$\beta_{gz} = 1.57$。

(5) 依据表 8.1.1 条确定 w_k
$$w_k = \beta_{gz} \mu_{sl} \mu_z w_0 = 1.57 \times 1.6 \times 1.42 \times 1.3 = 4.64 \text{kN/m}^2$$

选择 D。

点评：对于封闭式房屋，内部局部体型系数可取 +0.2 或 −0.2，视外部表面风压情况而定，实际上是取"包络"。例如，外部局部体型系数为 +1.0，表示风压力指向墙面，这时，内部局部体型系数取为 −0.2，风压背离墙面，则由于力的方向一致，为绝对值相加，净风压系数为 1 − (−0.2) = 1.2；若取为 +0.2，净风压系数为 1 − 0.2 = 0.8。两者比较，显然前者属于更不利情况，设计中应采用。

6. 答案：C

解答过程：(1) 判断是否可按螺栓箍筋柱计算

依据《混凝土结构设计规范》GB 50010—2010 的 9.3.2 条第 6 款，考虑间接钢筋的作用时，箍筋间距不应大于 80mm 及 $d_{cor}/5$，且不宜小于 40mm。今

$$d_{cor} = 600 - 2 \times 8 - 2 \times 22 = 540 \text{mm}$$

箍筋实际间距 70mm，满足各项要求。

按 6.2.16 条注释 2 判断是否计入间接钢筋影响。

$l_0/d = 7150/600 = 11.9 < 12$，满足条件。

$$A_{ss0} = \frac{\pi d_{cor} A_{ss1}}{s} = \frac{3.14 \times 540 \times 50.3}{70} = 1218 \text{mm}^2 < 14 \times 380.1 \times 25\% = 1330 \text{mm}^2$$

不满足条件，故只能按照普通箍筋柱计算。

(2) 按普通箍筋柱确定轴心受压承载力

纵筋截面积 $A'_s = 14 \times 380.1 = 5321 \text{mm}^2$，柱的截面积 $A = 3.14 \times 600^2/4 = 282600 \text{mm}^2$，配筋率为 $A'_s/A = 1.88\% < 3\%$。按 $l_0/d = 12$ 查表，得到 $\varphi = 0.92$。

$$0.9\varphi(f_c A + f'_y A'_s)$$
$$= 0.9 \times 0.92 \times (16.7 \times 282600 + 360 \times 5321)$$
$$= 5494 \times 10^3 \text{N}$$

选择 C。

7. 答案：A

解答过程：依据《混凝土结构工程施工质量验收规范》GB 50204—2015 的 5.5.3 条（注意不是表 5.5.3）的第一段，A 正确。选择 A。

点评：依据 3.0.8 条，属于同一工程项目的同期施工的多个单位工程，对同一厂家生产的同批材料、构配件、器具及半成品，可统一划分检验批进行验收，选项 B 缺少前提条件，有误。

依据 4.1.1 条，爬升式模板工程、工具式模板工程及高大模板支架工程的施工方案，应按有关规定进行技术论证，故 C 选项有误。

当后张有粘结预应力筋曲线孔道波峰和波谷的高差大于 300mm，且采用普通灌浆工艺时，应在孔道波峰设置排气孔，故 D 选项有误。

8. 答案：A

解答过程：如图 16-2-3 所示，取出 AB 杆为隔离体，杆端铰接点处只有沿 x 轴和 y 轴的反力。

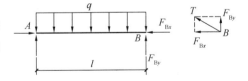

图 16-2-3 题 8 的计算简图

对 A 点取矩，可得

$$F_{By} = \frac{ql^2/2}{l} = \frac{70 \times 5^2/2}{5} = 175 \text{kN}$$

F_{Bx} 和 F_{By} 的合力，为沿 CB 杆的拉力。于是可求出

$$F_{Bx} = \frac{5}{2.8} F_{By} = \frac{5}{2.8} \times 175 = 312.5 \text{kN}$$

F_{Bx} 对 AB 杆形成压力，同时，在 AB 杆跨间会产生弯矩。于是可知，AB 杆为压弯构件，F_{By} 为 AB 杆的最大剪力。

依据《混凝土结构设计规范》GB 50010—2010 的 6.3.12 条按压弯构件确定箍筋

配置。

$0.3f_cA = 0.3 \times 16.7 \times 300 \times 400 = 601.2 \times 10^3 \text{N} > N = 312.5 \text{kN}$，取 $N = 312.5 \text{kN}$ 计算。

$$\frac{A_{sv}}{s} = \frac{V - \frac{1.75}{\lambda+1}f_t b h_0 - 0.07N}{f_{yv} h_0}$$

$$= \frac{175 \times 10^3 - \frac{1.75}{1.5+1} \times 1.57 \times 300 \times 360 - 0.07 \times 312.5 \times 10^3}{360 \times 360}$$

$$= 0.2657 \text{mm}^2/\text{mm}$$

当双肢箍间距为 200mm 时，所需单肢截面积为 $0.2657 \times 200/2 = 26.57 \text{ mm}^2$。

箍筋直径 6mm 可满足要求。选择 A。

点评：AB 杆为压弯构件，虽然其斜截面承载力验算公式与梁时类似，但是，其本质上是"柱"。对于柱内的箍筋，有构造要求（在规范 9.3.2 条）但没有最小配箍率要求。

9. 答案：D

解答过程：悬挑斜梁根部弯矩设计值为：

$$(1.3 \times 80 + 1.5 \times 70) \times 3 = 627 \text{kN} \cdot \text{m}$$

悬挑斜梁所受轴拉力设计值为：

$$(1.3 \times 80 + 1.5 \times 70)\cos 30° = 181 \text{kN}$$

按偏心受拉构件确定斜梁的纵向受力钢筋。

$$e_0 = \frac{M}{N} = \frac{627 \times 10^6}{181 \times 10^3} = 3464 \text{mm} > 0.5h - a_s$$

为大偏心受拉。

梁底实配纵筋为 $A'_s = 616 \text{ mm}^2$。

对受拉钢筋合力点取矩，建立平衡方程：

$$Ne = \alpha_1 f_c bx(h_0 - x/2) + f'_y A'_s(h_0 - a'_s)$$

式中，$e = e_0 - 0.5h + a_s = 3464 - 300 + 70 = 3234 \text{mm}$。

$$x = h_0 - \sqrt{h_0^2 - \frac{2[Ne - f'_y A'_s(h_0 - a'_s)]}{\alpha_1 f_c b}}$$

$$= 530 - \sqrt{530^2 - \frac{2[181 \times 10^3 \times 3234 - 360 \times 616 \times (530 - 40)]}{16.7 \times 400}}$$

$$= 158 \text{mm}$$

该值满足 $2a'_s \leq x \leq \xi_b h_0$。

$$A_s = \frac{N + \alpha_1 f_c bx + f'_y A'_s}{f_y}$$

$$= \frac{181 \times 10^3 + 16.7 \times 400 \times 158 + 360 \times 616}{360}$$

$$= 4051 \text{mm}^2$$

选择 D。

点评：(1) 计算悬挑斜梁根部弯矩时，直接用"力乘以力臂"计算即可，很直接，没有必要将力分解。若执意分解后计算，则计算过程为：

竖向力设计值为 $F = (1.3 \times 80 + 1.5 \times 70) = 209 \text{kN}$

悬挑斜梁根部弯矩 $M = F\sin 30° \times \dfrac{3}{\cos 60°} = 3F = 627 \text{kN} \cdot \text{m}$

(2) 大偏心受拉时的配筋计算，与大偏心受压类似，只不过，前者所使用的弯矩不考虑对端部弯矩放大（$P\text{-}\delta$ 效应）。

10. 答案：D

解答过程：依据《混凝土结构设计规范》GB 50010—2010 的 7.1.4 条计算钢筋应力。

按准永久组合得到的弯矩：
$$M_q = (80 + 0.7 \times 70) \times 3 = 387 \text{kN} \cdot \text{m}$$

按准永久组合得到的轴向拉力：
$$N_q = (80 + 0.7 \times 70)\cos 30° = 111.72 \text{kN}$$

于是
$$e_0 = \dfrac{M_q}{N_q} = \dfrac{387 \times 10^6}{111.72 \times 10^3} = 3464 \text{mm}$$

$$e' = e_0 + 0.5h - a_s' = 3464 + 300 - 40 = 3724 \text{mm}$$

$$\sigma_{sq} = \dfrac{N_q e'}{A_s(h_0 - a_s')} = \dfrac{111.72 \times 10^3 \times 3724}{4926 \times (530 - 40)} = 172 \text{N/mm}^2$$

选择 D。

11. 答案：A

解答过程：该框架柱的实际体积配箍率为：
$$\rho_v = \dfrac{(600 - 22 \times 2 - 12) \times 8 \times 113.1}{(600 - 22 \times 2 - 12 \times 2)^2 \times 100} = 1.739\%$$

依据《混凝土结构设计规范》GB 50010—2010 的 11.4.17 条，对应的 λ_v 为：
$$\lambda_v = \rho_v \dfrac{f_{yv}}{f_c} = 0.01739 \times \dfrac{270}{27.5} = 0.17$$

查表 11.4.17，二级、复合箍，$\lambda_v = 0.17$ 对应于轴压比为 0.8。

依据表 11.4.16 确定轴压比限值。框架剪力墙、抗震等级二级，轴压比限值为 0.85。由于箍筋满足注释 4 要求，轴压比限值成为 $0.85 + 0.1 = 0.95$。

由于 $0.8 < 0.95$，因此，该柱轴压比上限只能达到 0.8。此时，可承受的最大压力设计值为：
$$[N] = 0.8 \times 27.5 \times 600^2 = 7920 \times 10^3 \text{N}$$

选择 A。

点评：根据箍筋的特征（间距、肢距、直径等）得到的轴压比限值，可视为"粗算"，如果进一步考虑了箍筋强度、混凝土强度以及体积配箍率，查表得到可承受的轴压比，可视为"细算"（从计算过程上看，属于"反算"）。2016 年 64 题要求计算轴压比限值，原理与本题类似，但是，鉴于"轴压比限值"作为一个概念只属于粗算的范畴（即，规范表 11.4.17 中的轴压比并非"轴压比限值"概念），因此，并未按照这里"反算"。

12. 答案：C

解答过程：竖向力引起的支座反力设计值为 $1.3 \times 145 \times 6/2 = 565.5 \text{kN}$。

左风引起的 D 支座处的压力设计值为 $1.5 \times 90 \times 8/6 = 180 \text{kN}$。

右风引起的 D 支座处的拉力设计值为 1.5×90×8/6＝180kN。
左风（右风）引起的 CD 杆的 C 点处的弯矩设计值为 1.5×90×8＝1080kN·m。
今以压为正拉为负，则
重力荷载＋左风组合：$N=565.5+180=745.5$kN，$M=1080$kN·m。
重力荷载＋右风组合：$N=565.5-180=385.5$kN，$M=1080$kN·m。

偏心受压柱对称配筋时，若 $x=\dfrac{N}{\alpha_1 f_c b} \leqslant \xi_b h_0$ 为大偏心受压，弯矩相等时，轴力越小越不利。今

$$x=\frac{N}{\alpha_1 f_c b}=\frac{745.5 \times 10^3}{1.0 \times 16.7 \times 600}=74\text{mm}<\xi_b h_0=0.518\times(600-80)=269\text{mm}$$

故 $N=385.5$kN，$M=1080$kN·m 为最不利组合。

选择 C。

点评：注意题目中左侧竖杆下端仅有竖向的约束，因此，在竖向均布荷载作用下引起的内力只有横梁的弯矩和竖杆的轴力，如图 16-2-4（a）所示。当两个竖杆的下端均有水平和竖向约束时，才会引起竖杆的弯矩，如图 16-2-4（b）所示。

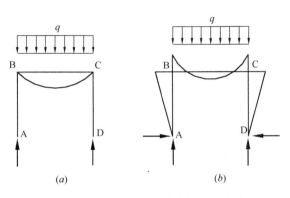

图 16-2-4 不同杆端约束条件下的内力

13. 答案：D

解答过程：假定为大偏心受压确定混凝土受压区高度。

$$x=\frac{N}{\alpha_1 f_c b}=\frac{260 \times 10^3}{1.0 \times 16.7 \times 600}=26\text{mm}$$

今 $x<\xi_b h_0$，的确为大偏心受压，但 $x<2a'_s=2\times 80=160$mm，故应取 $x=2a'_s$ 并对 A'_s 合力点取矩计算。

$$e_0=\frac{M}{N}=\frac{800 \times 10^6}{260 \times 10^3}=3077\text{mm}$$

$$e_i=e_0+e_a=3077+20=3097\text{mm}$$

$$e'_s=3097-600/2+80=2877\text{mm}$$

所需纵向受力钢筋截面积：

$$A_s=A'_s=\frac{Ne'_s}{f'_y(h_0-a'_s)}=\frac{260\times 10^3 \times 2877}{360\times(520-80)}=4722\text{mm}^2$$

此钢筋用量也满足最小配筋率的要求。故选择 D。

14. 答案：A

解答过程：根据题图，预埋件受力状态为：

受剪 $V=F\cos 20°=0.94F$；受压 $N=F\sin 20°=0.342F$

受弯 $M=F\cos 20°\times 500+F\sin 20°\times 300=572.6F$

此时，依据《混凝土结构设计规范》GB 50010—2010 的 9.7.2 条，应满足

$$A_s \geqslant \frac{V-0.3N}{\alpha_r \alpha_v f_y}+\frac{M-0.4Nz}{1.3\alpha_r \alpha_b f_y z} \tag{1}$$

式中参数计算如下：

$$A_s \geq \frac{M-0.4Nz}{0.4\alpha_r\alpha_b f_y z} \qquad (2)$$

$\alpha_r = 0.9$（三层）；$\alpha_b = 1.0$（题目给出）；$f_y = 300\text{N}/\text{mm}^2$；$z = 300\text{mm}$

$$\alpha_v = (4.0-0.08d)\sqrt{\frac{f_c}{f_y}} = (4.0-0.08\times12)\sqrt{\frac{16.7}{300}} = 0.717，取为 0.7$$

$$M = 572.6F > 0.4Nz = 0.4\times0.342F\times300 = 41.04F$$

将参数代入式（1）得到

$$679 \geq \frac{0.94F-0.3\times0.342F}{0.9\times0.7\times300} + \frac{572.6F-41.04F}{1.3\times0.9\times1.0\times300\times300}$$

解出 $F \leq 71.6\times10^3\text{N}$。

将参数代入式（2）得到

$$679 \geq \frac{572.6F-41.04F}{0.4\times0.9\times1.0\times300\times300}$$

解出 $F \leq 41.4\times10^3\text{N}$。

综上，选择 A。

点评：由于提示给出"预埋件承载力由锚栓面积控制"，故不考虑"法向压力设计值不应大于 $0.5f_cA$"限制条件。

15. 答案：C

解答过程：依据《混凝土结构设计规范》GB 50010—2010 的表 11.4.12-1，框架剪力墙、中柱、二级、HRB400 纵筋，柱中全部纵筋的最小配筋率为 0.75%，$0.75\%\times800\times800 = 4800\text{ mm}^2$。

实际配置的钢筋截面积为 $4\times314.2+12\times254.5 = 4311\text{ mm}^2$。不满足要求。

依据 11.4.18 条，非加密区，二级时箍筋间距不应大于 $10d = 180\text{mm}$，今图中为 200mm，不满足要求。

有 2 处违反规定，故选择 C。

点评：也可以依照《建筑抗震设计规范》GB 50011—2010 表 6.3.7-1 得到柱中全部纵筋的最小配筋率为 0.75%；依据 6.3.9 条第 4 款 2)，非加密区二级时柱箍筋间距不应大于 $10d$。

16. 答案：C

解答过程：依据《混凝土结构设计规范》GB 50010—2010 的 11.7.18 条第 1 款，一级、8 度、轴压比大于 0.3，对于转角墙，$l_c \geq 0.15h_w = 0.15\times7900 = 1185\text{mm} > 1000\text{mm}$，表明，图中约束边缘构件的长度不满足要求。

依据该条第 2 款，一级时，阴影部分纵筋配筋率最小为 1.2%，$1.2\%\times(800\times400+400\times400) = 5760\text{mm}^2 > 16\times314 = 5024\text{mm}^2$，表明，图中纵筋不满足最小配筋率要求。

有 2 处违反规定，故选择 C。

点评：也可以在《建筑抗震设计规范》GB 50011—2010 表 6.4.5-3 找到 l_c 的取值和纵筋配筋率的要求。

17. 答案：A

解答过程：次梁传来的集中力设计值为：

$$F = 6 \times 1 \times (1.3 \times 1 + 1.5 \times 4) = 43.8 \text{kN}$$

主梁跨度 4m，由于次梁集中力引起的跨中最大弯矩，按照影响线方法计算，为：

$$M = 43.8 \times \left(\frac{4}{4} + \frac{2}{4} \times 2\right) = 87.6 \text{kN} \cdot \text{m}$$

依据《钢结构设计标准》GB 50017—2017 表 3.5.1 判断截面等级。

腹板：$\dfrac{h_0}{t_w} = \dfrac{300 - 2 \times 9 - 2 \times 13}{6.5} = 39.4$，属于 S1

翼缘：$\dfrac{b}{t_f} = \dfrac{(150 - 6.5 - 2 \times 13)/2}{9} = 6.5$，属于 S1

故截面属于 S1 级。依据 6.1.2 条，可取塑性发展系数 $\gamma_x = 1.05$。

$$\sigma = \frac{87.6 \times 10^6}{1.05 \times 481 \times 10^3} = 173.4 \text{N/mm}^2$$

选择 A。

18. 答案：C

解答过程：依据《钢结构设计标准》GB 50017—2017 的 E.0.2 条计算。

$$K_1 = \frac{7210/6 \times 2}{10700/4} = 0.90$$

用内插法，可得

$$\mu = 2.64 - \frac{2.64 - 2.33}{1 - 0.5}(0.90 - 0.5) = 2.39$$

选择 C。

19. 答案：B

解答过程：依据《钢结构设计标准》GB 50017—2017 的 8.2.1 条计算。

$$\lambda_y = l_{0y}/i_y = 4000/63.1 = 63$$

查表 7.2.1-1，由于 $b/h = 250/250 = 1 > 0.8$ 且为 Q235 钢材，对 y 轴属于 c 类。查表，$\varphi_y = 0.689$。

$$\varphi_b = 1.07 - \frac{\lambda_y^2}{44000} \frac{f_y}{235} = 1.07 - \frac{63^2}{44000} = 0.980$$

$$\beta_{tx} = 0.65 + 0.35 \frac{M_2}{M_1} = 0.65$$

柱截面为热轧 H 型钢，H250×250×9×14，$r = 13 \text{mm}$。

腹板：$\dfrac{h_0}{t_w} = \dfrac{250 - 2 \times 14 - 2 \times 13}{9} = 21.8$

翼缘：$\dfrac{b}{t_f} = \dfrac{(250 - 9 - 2 \times 13)/2}{14} = 7.7$

即使按照 $\alpha_0 = 0$，截面仍满足 S3 要求，由 3.5.1 条定义可知，压弯构件 $0 < \alpha_0 < 2$，故此压弯构件的截面等级必不低于 S3。取全截面进行计算。

$$\frac{N}{\varphi_y A f} + \eta \frac{\beta_{tx} M_x}{\varphi_b W_{1x} f}$$

$$= \frac{163.2 \times 10^3}{0.689 \times 9143 \times 215} + 1.0 \times \frac{0.65 \times 20.4 \times 10^6}{0.98 \times 860 \times 10^3 \times 215}$$

$$= 0.194$$

选择 B。

点评：解答本题时注意：

(1) 所谓"X 向弯矩设计值 M_x"，是指，在 XOZ 平面内求得的弯矩记作 M_x，从而可判断出整体坐标系与局部坐标系的关系如图 16-2-5 所示。

(2) 对于框架柱而言，"框架柱 X 向"，就是指 XOZ 平面，这是弯矩作用平面，于是可理解所要求计算的"弯矩作用平面外"。

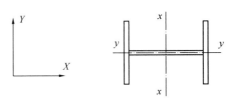

图 16-2-5 坐标轴的关系

(3) 关于端弯矩，本题缺少条件，只能利用上一题的，柱底铰接，故 $M_2=0$。但又和大题干的梁柱刚接的框架结构不一致。

20. 答案：D

解答过程：依据《钢结构设计标准》GB 50017—2017 的 12.7.4 条，可通过底板与混凝土基础之间的摩擦力或设置抗剪键承受水平力。

摩擦系数取 0.4，可抵抗的水平力为：
$$163.2 \times 0.4 = 64.92 \text{kN} > 30 \text{kN}$$

仅靠摩擦力即可满足要求。选择 D。

21. 答案：A

解答过程：依据《钢结构设计标准》GB 50017—2017 的 8.3.1 条，设有摇摆柱时，框架柱的计算长度系数应乘以放大系数 η。

$$\eta = \sqrt{1 + \frac{200 + 2 \times 100}{486.9 + 2 \times 243.5}} = 1.19$$

该系数针对有侧移框架柱，故表现为题目中框架柱在 X 方向的计算长度系数乘以 1.19，Y 方向由于是强支撑，故计算长度系数不放大。

选择 A。

22. 答案：B

解答过程：当该柱绕两个主轴的稳定承载力相等时，用钢量最少。据此，应选两个方向回转半径相等者，选择 B。

23. 答案：D

解答过程：依据《钢结构设计标准》GB 50017—2017 的条文说明 172 页的图 46，可知 D 正确。选择 D。

24. 答案：A

解答过程：由于 Y 向为强支撑无侧移，查《钢结构设计标准》GB 50017—2017 的表 E.0.1 可知计算长度系数不大于 1.0，故框架柱在 Y 向的计算长度不大于其几何长度 5m。而在 X 向框架柱的计算长度会大于几何长度 5m（计算长度系数查表 E.0.2），选择 A。

25. 答案：C

解答过程：依据《建筑抗震设计规范》GB 50011—2010 的 8.3.6 条，选择 C。

点评：对其他说法判别如下：

依据《钢结构设计标准》GB 50017—2017 的 12.3.4 条，满足该条要求后的确不需要设置水平加劲肋，但其属于非抗震的要求。依据《建筑抗震设计规范》GB 50011—2010

的 8.3.4 条第 3 款 2)），柱在梁翼缘对应位置应设置横向加劲肋，将其作为一个构造要求，故 A 不正确。

依据《建筑抗震设计规范》GB 50011—2010 表 8.2.8，B 不正确。

依据《建筑抗震设计规范》GB 50011—2010 公式（8.2.5-3），节点域的屈服承载力与梁的全塑性受弯承载力有关，与梁的内力设计值无关，D 不正确。

依据《钢结构设计标准》GB 50017—2017 的 17.3.7 条，在梁翼缘上下各 600mm 的节点范围内，柱翼缘与柱腹板间或箱形柱壁板间的连接焊缝应采用全熔透焊缝。依据《高层民用建筑钢结构技术规程》JGJ 99—2015 的 8.4.2 条，当梁与柱刚性连接时，在框架梁翼缘的上、下 500mm 范围内，应采用全熔透焊缝；柱宽度大于 600mm 时，应在框架梁翼缘的上、下 600mm 范围内采用全熔透焊缝。这两款规定与《建筑抗震设计规范》GB 50011—2010 的 8.3.6 条不完全相同，故本题要求按照抗震设计时解答。

26. 答案：D

解答过程：依据《钢结构设计标准》GB 50017—2017 的 14.1.6 条，并结合 10.1.5 条，截面应采用 S1 级。

依据表 3.5.1，应有 $b/t \leqslant 9\varepsilon_k = 7.4$。选择 D。

点评：这一题目按照 2003 版《钢结构设计规范》答题，不会引起争议，但是，按照 2017 版《钢结构设计标准》，会有疑惑：

（1）14.1.6 条规定，组合梁受压上翼缘不符合塑性设计要求的宽厚比限值，但连接件满足一定的要求，仍可采用塑性方法设计。这可以视为一种特殊情况，故题目编入时特别指出不满足此情况。

（2）14.1.6 条规定，钢梁受压区的板件宽厚比应符合第 10 章中塑性设计的规定。10.1.5 条，第 1 款规定，形成塑性铰并发生塑性转动的截面，应采用 S1 级，第 2 款规定，最后形成塑性铰的截面，不应低于 S2 级。这里看来，似乎采用 S2 级即可。考虑到，题目中次梁截面为等截面，这样，采用 S2 就不恰当，故仍需采用 S1。

27. 答案：C

解答过程：依据《钢结构设计标准》GB 50017—2017 的 7.4.2 条，A 正确。

依据本条 3)，N_0 最大等于 N，据此得到该压杆的平面外计算长度不大于 $\sqrt{0.5l}$，B 正确。

依据本条 3) 可知与另一杆内力有关，D 正确。

所以，最终选择 C。

28. 答案：A

解答过程：依据《钢结构设计标准》GB 50017—2017 的 13.3.8 条，选择 A。

29. 答案：B

解答过程：依据《钢结构设计标准》GB 50017—2017 的 7.4.7 条，$[\lambda] = 400$。

所需回转半径 $\dfrac{6000 \times \sqrt{2}}{400} = 21\text{mm}$

该回转半径为平行于肢边轴。故 ∟70×5 满足要求。选择 B。

30. 答案：C

解答过程：依据《钢结构设计标准》GB 50017—2017 的 7.3.1 条验算板件宽厚比。

对于受压翼缘：$\dfrac{b}{t_f} = \dfrac{(350-10)/2}{20} = 8.5 < (10+0.1\lambda)\varepsilon_k = (10+0.1\times 55) = 15.5$

对于腹板：$\dfrac{h_0}{t_w} = \dfrac{900-2\times 20}{10} = 86 > (25+0.5\lambda)\varepsilon_k = (25+0.5\times 55) = 52.5$

腹板不满足局部稳定要求，故依据 7.3.4 确定 ρ。

$$\lambda_{n,p} = \dfrac{h_0/t_w}{56.2\varepsilon_k} = \dfrac{86}{56.2} = 1.530$$

$$\rho = \dfrac{1}{\lambda_{n,p}}\left(1 - \dfrac{0.19}{\lambda_{n,p}}\right) = \dfrac{1}{1.53}\left(1 - \dfrac{0.19}{1.53}\right) = 0.572$$

由于 $\lambda > 52\varepsilon_k$，$\rho$ 有最小值：

$$\rho_{\min} = (29\varepsilon_k + 0.25\lambda)t_w/h_0 = (29\times 1.0 + 0.25\times 55)\times 10/860 = 0.497$$

$$A_e = 0.572\times 860\times 10 + 2\times 350\times 20 = 18919\ \mathrm{mm}^2$$

选择 C。

31. 答案：B

解答过程：依据《砌体结构设计规范》GB 50003—2011 的表 7.3.2 确定洞口的宽度 b_h 和高度 h_h。

承重墙梁，要求 $b_h/l_0 \leqslant 0.3$。连续墙梁的 l_0，依据 7.3.3 条取为 $l_0 = \min(1.1 l_n, l_c) = \min(1.1\times 4260, 4500) = 4500\ \mathrm{mm}$。于是可得 $b_h \leqslant 0.3 l_0 = 0.3\times 4500 = 1350\ \mathrm{mm}$。

承重墙梁，要求 $h_h \leqslant 5h_w/6$ 且 $h_w - h_h \geqslant 0.4\ \mathrm{m}$。于是，$h_h \leqslant 5\times 2800/6 = 2333\ \mathrm{mm}$ 且 $h_h \leqslant 2800 - 400 = 2400\ \mathrm{mm}$。

选择 B。

32. 答案：C

解答过程：依据《砌体结构设计规范》GB 50003—2011 的 7.3.6 条计算。

$$\alpha_M = \psi_M\left(2.7\dfrac{h_b}{l_{0i}} - 0.08\right)$$

式中，参数计算如下：

$h_b = 500\ \mathrm{mm}$；各跨相等，上题已经求出 $l_{0i} = 4500\ \mathrm{mm}$

$a_i = \dfrac{4500-1000}{2} = 1750\ \mathrm{mm} > 0.35 l_{0i} = 0.35\times 4500 = 1575\ \mathrm{mm}$，取 $a_i = 1575\ \mathrm{mm}$

$$\psi_M = 3.8 - 8.0\dfrac{a_i}{l_{0i}} = 3.8 - 8.0\times \dfrac{1575}{4500} = 1.0$$

于是

$$\alpha_M = \psi_M\left(2.7\dfrac{h_b}{l_{0i}} - 0.08\right) = 1.0\times\left(2.7\times\dfrac{500}{4500} - 0.08\right) = 0.22$$

选择 C。

点评：实际上，规范规定 $a_i > 0.35 l_{0i}$ 时取 $a_i = 0.35 l_{0i}$ 是为了保证 $\psi_M \geqslant 1.0$。因此，不把 a_i 与 $0.35 l_{0i}$ 比较，直接计算 ψ_M，当 $\psi_M < 1.0$ 时取 $\psi_M = 1.0$ 亦可。

33. 答案：B

解答过程：依据《砌体结构设计规范》GB 50003—2011 的 7.3.6 条计算。

$$N_{bt} = \eta_N \dfrac{M_2}{H_0}$$

式中，参数计算如下：

$$M_2 = 0.07 \times 90 \times 4500^2 = 127.6 \times 10^6 \text{N} \cdot \text{mm}$$

$$H_0 = h_w + 0.5H_b = 2800 + 0.5 \times 500 = 3050 \text{mm}$$

$$\eta_N = 0.8 + 2.6 \frac{h_w}{l_{0i}} = 0.8 + 2.6 \times \frac{2800}{4500} = 2.42$$

于是

$$N_{bt} = \eta_N \frac{M_2}{H_0} = 2.42 \times \frac{127.6}{3.05} = 101.2 \text{kN}$$

选择 B。

34. 答案：B

解答过程：由于墙梁支座处墙体中设置上、下贯通的落地混凝土构造柱，且截面不小于 240mm×240mm，依据《砌体结构设计规范》GB 50003—2011 的 7.3.9 条，可不验算墙梁的墙体受剪承载力，依据 7.3.10 条，可不验算托梁支座上部砌体局部受压承载力。Ⅰ正确。排除 C、D 选项。

依据 7.3.12 条第 5 款，墙梁洞口上方应设置混凝土过梁，Ⅱ错误，排除 A 选项。

选择 B。

点评：对其他说法判别如下：

依据《砌体结构设计规范》GB 50003—2011 的 7.3.12 条第 12 款，Ⅲ对。

依据《砌体结构设计规范》GB 50003—2011 的 7.3.12 条第 2 款，计算高度范围内墙体的砂浆强度等级不应低于 M10，故Ⅳ错。

35. 答案：D

解答过程：依据《砌体结构设计规范》GB 50003—2011 的 5.2.2 条，可得

$$\gamma = 1 + 0.35 \sqrt{\frac{A_0}{A_l} - 1} = 1 + 0.35 \sqrt{\frac{(370+400) \times (490+400)}{370 \times 490} - 1} = 1.58 < 2.5$$

依据 5.2.1 条，可得

$$f \geqslant \frac{N_l}{\gamma A_l} = \frac{270 \times 10^3}{1.58 \times 370 \times 490} = 0.94 \text{N/mm}^2$$

查表 3.2.1-7，至少为 M7.5。

选择 D。

36. 答案：D

解答过程：依据《砌体结构设计规范》GB 50003—2011 的 4.3.5 条第 2 款判断。

环境类别为 3 类时，不应采用蒸压灰砂普通砖，Ⅲ错误。

环境类别为 3 类，采用实心砖时，强度等级不应低于 MU20，水泥砂浆的强度等级不应低于 M10，故Ⅳ正确。

环境类别为 3 类，采用混凝土砌块时，强度等级不应低于 MU15，灌孔混凝土的强度等级不应低于 Cb30，砂浆的强度等级不应低于 Mb10，故Ⅰ错误。

综上，选择 D。

37. 答案：B

解答过程：依据《砌体结构设计规范》GB 50003—2011 的 8.2.3 条计算。

$$\beta = \gamma_\beta \frac{H_0}{h} = 1.0 \times \frac{6400}{490} = 13$$

$$\rho = \frac{A'_s}{bh} = \frac{2 \times 730}{490 \times 740} = 0.40\%$$

查表 8.2.3，得到 $\varphi_{com} = 0.855$。

$A_c = 250 \times 120 \times 2 = \text{mm}^2, A = 490 \times 740 - 6 \times 10^4 = 3.026 \times 10^5 \text{mm}^2$

$\varphi_{com}(fA + f_c A_c + \eta_s f'_y A'_s)$
$= 0.855 \times (2.31 \times 3.026 \times 10^5 + 9.6 \times 6 \times 10^4 + 1.0 \times 270 \times 730 \times 2)$
$= 1425 \times 10^3 \text{N}$

选择 B。

38. 答案：C

解答过程：依据《砌体结构设计规范》GB 50003—2011 的 9.2.2 条计算。

$$\beta = \gamma_\beta \frac{H_0}{h} = 1.0 \times \frac{6400}{400} = 16$$

$$\varphi_{0g} = \frac{1}{1 + 0.001\beta^2} = \frac{1}{1 + 0.001 \times 16^2} = 0.796$$

$\varphi_{0g}(f_g A + 0.8 f'_y A'_s)$
$= 0.796 \times (4.0 \times 400 \times 600 + 0.8270 \times 6 \times 153.9)$
$= 923 \times 10^3 \text{N}$

选择 C。

39. 答案：C

解答过程：依据《木结构设计标准》GB 50005—2017 表 4.3.1-3 得到 $f_m = 17\text{N/mm}^2$，$f_c = 15\text{N/mm}^2$。由于短边尺寸大于 150mm，依据 4.3.2 条第 2 款，强度提高 10%，于是 $f_m = 1.1 \times 17 = 18.7\text{N/mm}^2$，$f_c = 1.1 \times 15 = 16.5\text{N/mm}^2$。

依据 5.3.2 条对压弯构件的强度进行验算，应满足

$$\frac{N}{A_n f_c} + \frac{M_0 + N e_0}{W_n f_m} \leqslant 1$$

式中参数计算如下：

$$A_n = 200 \times 200 = 4 \times 10^4 \text{ mm}^2$$
$$M_0 + N e_0 = 1.2 \times 3^2 / 8 = 1.35 \text{kN} \cdot \text{m}$$
$$W_n = 200 \times 200^2 / 6 = 1.33 \times 10^6 \text{ mm}^3$$

于是

$$\frac{N}{4 \times 10^4 \times 16.5} + \frac{1.35 \times 10^6}{1.33 \times 10^6 \times 18.7} \leqslant 1$$

解出 $N \leqslant 624 \times 10^3 \text{N}$。选择 C。

40. 答案：A

解答过程：依据《木结构设计标准》GB 50005—2017 的 5.1.2 条进行验算，公式为

$$\frac{N}{\varphi A_0} \leqslant f_c$$

矩形截面，$i_{min} = \frac{b}{\sqrt{12}} = \frac{200}{\sqrt{12}} = 57.7 \text{mm}$

$$\lambda = \frac{l_0}{i} = \frac{3000}{57.7} = 52.0$$

TC17，$\lambda < 75$，稳定系数为：

$$\varphi = \frac{1}{1+\lambda^2/6384} = \frac{1}{1+52^2/6384} = 0.702$$

$$\frac{N}{0.702 \times 200^2} \leqslant 16.5$$

解出 $N \leqslant 463 \times 10^3 \text{N}$。选择 A。

41. 答案：C

解答过程：依据《建筑地基基础设计规范》GB 50007—2011 的 9.1.6 条第 2 款，对正常固结的饱和黏性土应采用在土的有效自重应力下预固结的三轴不固结不排水剪强度指标，于是，取 $c = 10\text{kPa}$，$\varphi = 15°$。

$$k_a = \tan^2\left(45° - \frac{\varphi}{2}\right) = \tan^2\left(45° - \frac{15°}{2}\right) = 0.589$$

$$p_a = (q + \Sigma \gamma_i h_i)k_a - 2c\sqrt{k_a}$$
$$= (20 + 17 \times 8.9 + 18 \times 3) \times 0.589 - 2 \times 10 \times \sqrt{0.589}$$
$$= 117\text{kPa}$$

选择 C。

42. 答案：B

解答过程：依据《建筑地基基础设计规范》GB 50007—2011 的 5.3.10 条计算。

$$s_c = \psi_c \sum_{i=1}^{n} \frac{p_c}{E_{ci}}(z_i \bar{\alpha}_i - z_{i-1} \bar{\alpha}_{i-1})$$

式中参数计算如下：

$$p_c = 17 \times 1.5 + (17 - 10) \times 4.4 = 56.3\text{kPa}$$

确定 $\bar{\alpha}$ 时，$z = 3\text{m}$，$b = 6/2 = 3\text{m}$，$l = 12/2 = 6\text{m}$。仅考虑一层土，查表 K.0.1-2，$\bar{\alpha}_1 = 0.2340$。

$$s_c = 1.0 \times \frac{56.3 \times 10^3}{10 \times 10^6} \times 3 \times (4 \times 0.234) = 15.8\text{mm}$$

选择 B。

43. 答案：C

解答过程：依据《建筑桩基技术规范》JGJ 94—2008 的 5.4.5 条确定抗拔桩的承载力。

$$T_{uk} = \Sigma \lambda_i q_{sik} u_i l_i = 3.14 \times 0.6 \times (0.7 \times 26 \times 3.1 + 0.7 \times 54 \times 5) = 462.4\text{kN}$$

$$G_p = 3.14 \times 0.3^2 \times (0.1 + 3 + 3 + 2) \times (25 - 10) = 34.3\text{kN}$$

$$T_{uk}/2 + G_p = 462.4/2 + 34.3 = 265.5\text{kN}$$

水池受到的浮力为其所排水的重量，即

$$(4.4 - 0.1) \times 6 \times 12 \times 10 = 3096\text{kN}$$

依据《建筑地基基础设计规范》GB 50007—2011 的 5.4.3 条，抗浮安全系数取 1.05。设需要抗拔桩 n 根，则应满足

$$\frac{265.5 \times n + 1600}{3096} \geqslant 1.05$$

解出 $n \geqslant 6.2$，至少为 7 根。选择 C。

44. 答案：D

解答过程：依据《建筑地基基础设计规范》GB 50007—2011 的 9.4.1 条，基坑支护结构设计时，基本组合采用 $S_d = 1.25 S_k$，对于轴向受力为主的构件，可简化为 $S_d = 1.35 S_k$。于是

对于围护桩：$S_d = 1.25 \times 260 = 325 \text{kN} \cdot \text{m}$

对于支撑构件：$S_d = 1.35 \times 2500 = 3375 \text{kN}$

选择 D。

45. 答案：D

解答过程：依据《建筑地基基础设计规范》GB 50007—2011 的 W.0.1 条计算。

圆砾层顶面处（即承压水层顶面）土体自重为：
$$17 \times 3 + 18 \times 7 = 177 \text{kPa}$$

承压水形成的上托力为：
$$10 \times (8.9 + 7 - 4) = 119 \text{kPa}$$

渗流稳定安全系数为 $177/119 = 1.49$，选择 D。

46. 答案：C

解答过程：依据《建筑地基处理技术规范》JGJ 79—2012 表 6.3.3-1 预估最小单击夯击能。

依据《建筑地基基础设计规范》GB 50007—2011 的 4.1.11 条，由于塑性指数 $I_p = 7.5 < 10$ 且粒径大于 0.075 的颗粒含量不超过全重 50%（题中表格 5%+18%=23%），应判断为粉土。

粉土、有效加固深度为 7.2m，查表 6.3.3-1 可得预估最小单击夯击能为 5000kN·m，选择 C。

47. 答案：D

解答过程：依据《建筑抗震设计规范》GB 50011—2010 的 4.3.4 条进行液化判断。
$$\begin{aligned} N_{cr} &= N_0 \beta [\ln(0.6 d_s + 1.5) - 0.1 d_w] \sqrt{3/\rho_c} \\ &= 10 \times 1.05 \times [\ln(0.6 \times 3.6 + 1.5) - 0.1 \times 1.5] \\ &= 12.0 \end{aligned}$$

实际锤击数为 $5 < N_{cr}$，应判断为液化。

依据《建筑地基处理技术规范》JGJ 79—2012 的 6.3.3 条第 6 款，对可液化地基，处理范围每边超出不少于 5m，选择 D。

48. 答案：D

解答过程：依据《建筑地基处理技术规范》JGJ 79—2012 的 6.3.14 条，粉土地基，强夯间隔时间宜为 14~28d。

依据 A.0.2 条，处理后地基静载试验，对夯实地基，压板面积不宜小于 2.0m²。

选择 D。

49. 答案：C

解答过程：依据《建筑桩基技术规范》JGJ 94—2008 的 5.3.7 条计算。
$$h_b/d = 4000/250 = 16 > 5, \lambda_p = 0.8$$

$$Q_{uk} = u\sum q_{sik}l_i + \lambda_p q_{pk} A_p$$
$$= 3.14 \times 0.25 \times (60 \times 2.5 + 28 \times 5 + 70 \times 4) + 0.8 \times 2200 \times 3.14 \times 0.25^2/4$$
$$= 534 \text{kN}$$

选择 C。

50. 答案：B

解答过程：依据《既有建筑地基基础加固技术规范》JGJ 123—2012 的 11.4.3 条第 7 款，2 个锚杆静压桩最终压桩力为 $2 \times 2 \times 300 = 1200$kN。

依据 11.4.2 条第 2 款，施工时压桩力不得大于该加固部分的结构自重荷载。根据题目中的表格，完成层数为 4 时满足要求，选择 B。

点评：锚杆静压桩是锚杆和静压桩结合形成的桩基施工工艺。它通过在基础上埋设锚杆固定压桩架，以既有建筑的自重荷载作为压桩反力，用千斤顶将桩段从基础中预留或开凿的压桩孔内逐段压入土中，再将桩与基础连接在一起，从而达到提高基础承载力和控制沉降的目的。

51. 答案：C

解答过程：依据《建筑桩基技术规范》JGJ 94—2008 的 5.1.1 条确定桩的受力。

轴心竖向力作用下：
$$N_{kmax} = \frac{F_k + G_k}{n} = \frac{6000 + 3 \times 4 \times 4 \times 20}{9} = 773 \text{kN}$$

偏心竖向力作用下：
$$N_{kmax} = \frac{F_k + G_k}{n} + \frac{M_x y_1}{\sum y_i^2} + \frac{M_y x_1}{\sum x_i^2}$$
$$= \frac{6000 + 3 \times 4 \times 4 \times 20}{9} + \frac{1000 \times 1.6}{6 \times 1.6^2} + \frac{1000 \times 1.6}{6 \times 1.6^2}$$
$$= 982 \text{kN}$$

依据 5.2.1 条验算桩基竖向承载力，

轴心竖向力作用下，要求承载力特征值 $R \geqslant 773$kN。

偏心竖向力作用下，要求承载力特征值 $R \geqslant 982/1.2 = 818$kN

取包络，选择 C。

点评：桩基竖向承载力计算需考虑轴心竖向力和偏心竖向力两种作用，并取包络设计，当弯矩较小时，存在轴心竖向力控制的情况。此外，桩基设计时，对于钢筋混凝土轴心受压桩，还需考虑正截面受压承载力的计算。

52. 答案：B

解答过程：依据《建筑桩基技术规范》JGJ 94—2008 的 5.9.7 条计算。

冲切破坏锥体内只有一根桩，于是
$$\sum Q_i = 1.35 \times \frac{6000}{9} = 900 \text{kN}$$
$$F_l = F - \sum Q_i = 1.35 \times 6000 - 900 = 7200 \text{kN}$$

选择 B。

53. 答案：D

解答过程：依据《建筑桩基技术规范》JGJ 94—2008 的 5.9.8 条计算。

$$\beta_{hp} = 1 - \frac{0.1}{2000-800} \times (1100-800) = 0.975$$

$$a_{1y} = a_{1x} = 1600 - 200 - 350 = 1050 \text{mm}$$

$$\lambda_{1x} = \lambda_{1y} = \frac{a_{1y}}{h_0} = \frac{1050}{1035} > 1.0, \text{ 取为 } 1.0$$

$$\beta_{1x} = \beta_{1y} = \frac{0.56}{\lambda_{1y}+0.2} = 0.467$$

$$[\beta_{1x}(c_2 + a_{1y}/2) + \beta_{1y}(c_1 + a_{1x}/2)]\beta_{hp} f_t h_0$$
$$= [0.467 \times (600 + 1035/2) \times 2] \times 0.975 \times 1.71 \times 1035 \times 10^{-3}$$
$$= 1801 \text{kN}$$

选择 D。

点评：计算冲切承载力时，需要对 $0.25 \leqslant \lambda_{1x} \leqslant 1.0$ "反算"，即，应满足 $0.25h_0 \leqslant a_{1x} \leqslant 1.0h_0$，$a_{1y}$ 也是一样。

54. 答案：A

解答过程：依据《建筑桩基技术规范》JGJ 94—2008 表 3.1.2，该建筑属于甲级。

依据 3.2.2 条第 1 款，对于端承型桩，勘探点间距宜为 12～24m，据此，42.1m×48m 范围至少设置 9 个勘探点。依据本条第 2 款，1/3～1/2 的勘探孔为控制性孔，故控制性孔最少为 3 个。选择 A。

55. 答案：C

解答过程：依据《建筑地基基础设计规范》GB 50007—2011 表 4.1.3，$f_{rk}=10\text{MPa}$ 属于软岩。依据《建筑桩基技术规范》JGJ 94—2008 表 A.0.1，软质岩石不宜采用潜水钻成孔灌注桩。选择 C。

56. 答案：A

解答过程：依据《建筑地基基础设计规范》GB 50007—2011 的 Q.0.10 和 Q.0.11 确定。

三根试桩的竖向极限承载力为 3900kN、4000kN 和 3500kN，极差小于平均值的 30%，结果有效。由于桩数不大于 3，所以取最小值 3500kN 竖向极限承载力。

竖向承载力特征值为 3500/2=1750kN。选择 A。

57. 答案：B

解答过程：依据《建筑抗震设计规范》GB 50011—2010 的 6.1.2 条，丙类、框架结构、房屋高度 36m、7 度，抗震等级为二级。

改变用途后，商场营业面积 10000m²，依据《建筑工程抗震设防分类标准》GB 50223—2008，设防等级为乙类，抗震措施按提高一度即 8 度考虑，此时，抗震措施等级为一级。

对方案Ⅱ判断如下：

依据《高层建筑混凝土结构技术规程》JGJ 3—2010 的 8.1.3 条第 3 款，此时框架部分的抗震等级宜按框架结构采用。此时，框架部分的抗震等级为一级，而原结构为二级，不可行。选择 B。

点评：对于方案Ⅲ，依据《建筑抗震设计规范》GB 50011—2010 的 12.3.8 条及其条文说明，当消能减震的地震影响系数不到非消能减震的50%时，抗震构造要求可降低一度，于是抗震构造措施等级成为二级，方案可行。

对于方案Ⅰ，依据《建筑抗震设计规范》GB 50011—2010的表 M.1.1-3，由于现在"框架构件承载力按8度抗震要求复核"，属于"构件的承载力高于多遇地震提高一度的要求"，故构造抗震等级可按降低一度且不低于6度采用，从而成为二级，因此可行。

58. 答案：A

解答过程：依据《组合结构设计规范》JGJ 138—2016 的 4.3.4 条，Ⅰ准确。依据 4.3.5 条，Ⅳ准确。选择 A。

点评：对于观点Ⅱ：依据 4.3.6 条，组合结构在多遇地震作用下的结构阻尼比可取为 0.04，高度超过 200m 时可取为 0.03；当楼盖梁采用型钢混凝土梁时，阻尼比相应增大 0.01。故观点Ⅱ不准确。

对于观点Ⅲ：依据 6.5.1 条，不考虑地震作用组合的型钢混凝土柱可采用埋入式柱脚，也可采用非埋入式柱脚，但偏心受拉柱应采用埋入式的柱脚。故观点Ⅲ不准确。

59. 答案：B

解答过程：依据《建筑结构荷载规范》GB 50009—2012 的 8.1.2 条及其条文说明，虽然对风荷载敏感（高度大于60m），但是为围护结构，取基本风压为 0.80kN/m^2。

依据表 8.3.3，A 点处外表面局部体型系数为 -1.0。依据 8.3.4 条，由于幕墙骨架属于非直接承受风荷载，因此，应考虑按从属面积折减。从属面积 25m^2、墙面，折减系数为 0.8。

依据 8.3.5 条，内表面局部体型系数为 $+0.2$。

依据表 8.6.1，$\beta_{gz}=1.69$。依据表 8.2.1，可得 $\mu_z=1.50$。

$$w_k = \beta_{gz}\mu_{sl}\mu_z w_0 = 1.69 \times (1\times 0.8+0.2) \times 1.5 \times 0.8 = 2.03 \text{kN/m}^2$$

选择 B。

点评：必须指出，以上解答过程与命题组给出的解答过程不同，命题组认为，折减是对应于内外压力合力的折减，即采用下式计算：

$$w_k = \beta_{gz}\mu_{sl}\mu_z w_0 = 1.69 \times (1+0.2) \times 0.8 \times 1.5 \times 0.8 = 1.98 \text{kN/m}^2$$

仍选择 B。

尽管差距不大，但作为一个概念，笔者认为，折减应是对外表面的局部体型系数折减，理由如下：

(1) 从规范的行文逻辑看，局部体型系数按照从属面积折减是放在内部压力局部体型系数之前规定的，因此，不构成对内部压力局部体型系数的约束。如果仅从字面上理解，认为"局部体型系数 μ_{sl} 可按构件的从属面积"没有专门提到"外部"，这是不符合对规范理解的惯例的。

查阅《建筑结构荷载规范》的 2006 局部修订版可知，当时，按照从属面积对 μ_{sl} 折减的规定以"注释"的形式放在 7.3.3 条的最后，而该条同时规定了外表面和内表面的局部体型系数。按照这种编排形式理解条文，应是对"外表面和内表面 μ_{sl} 的代数差"折减。命题组的观点应是基于此。

(2) 依据美国《房屋和其他结构最小设计荷载》ASCE7-16，对于围护结构，外压系数与有效受风面积（effective wind area，定义在该规范的第 246 页）有关。例如，图

30.3-1 中规定了高度 $h \leqslant 18.3 \mathrm{m}$ 对于封闭式、部分封闭式房屋墙面围护构件外压系数 GC_p 的取值，当有效受风面积大于 $0.9 \mathrm{m}^2$ 时，需要折减。内压系数 GC_{pi} 见该规范 271 页表 26.13-1，区分是封闭式、部分封闭式、部分敞开式还是敞开式，取确定的值。封闭式内压系数 GC_{pi} 取为 ± 0.18。

(3) 欧洲规范 EN 1991-1-4：2005 的 7.2.1 条规定，外压系数 C_{pe} 与受荷面积 A 有关，$C_{pe,1}$ 用于局部受荷面积小于等于 $1 \mathrm{m}^2$ 的单元，$C_{pe,10}$ 用于整体。当 $1 \mathrm{m}^2 < A < 10 \mathrm{m}^2$ 时，C_{pe} 按下式计算：

$$C_{pe} = C_{pe,1} - (C_{pe,1} - C_{pe,10}) \log_{10} A$$

(4) 澳大利亚/新西兰规范《结构设计作用 第 2 部分 风作用》5.4 节规定了封闭式矩形房屋外压的取值，其中 5.4.2 条规定，当从属面积 $A \leqslant 10 \mathrm{m}^2$ 时 $K_a = 1.0$；当 $A = 25 \mathrm{m}^2$ 时 $K_a = 0.9$；当 $A \geqslant 100 \mathrm{m}^2$ 时 $K_a = 0.8$。当 A 为中间数值时，线性内插确定 K_a。

60. 答案：D

解答过程：框架-核心筒的侧向刚度主要由核心筒提供，核心筒主要是弯曲变形，因此，提高其抗弯刚度可减小层间位移角。当增加面积时，越靠近边缘越有效，因此，现在想增加 Y 向的刚度，增加边缘的 W1 的墙厚最有效。

依据《高层建筑混凝土结构技术规程》JGJ 3—2010 的公式 (7.2.10-2)，增加 A_w 最有效，即增加 W3 的墙厚。

选择 D。

61. 答案：B

解答过程：依据《高层建筑混凝土结构技术规程》JGJ 3—2010 的 7.2.26 条条文说明，8 度时，调幅后的弯矩不小于调幅前按刚度不折减计算的弯矩的 50%。因此，按 8 度调幅后得到：

$$(-1.3 \times 660 - 0.2 \times 1.4 \times 400) \times 0.5 = -485 \mathrm{kN \cdot m}$$

同时，不宜低于按设防烈度低一度的地震作用组合所得的弯矩值，此值为：

$$-1.3 \times 330 - 0.2 \times 1.4 \times 400 = -541 \mathrm{kN \cdot m}$$

还不应小于风荷载作用下的连梁弯矩，此值为：

$$-1.4 \times 400 = -560 \mathrm{kN \cdot m}$$

考虑到负号仅仅表示方向，故，调整后的弯矩取为 $-560 \mathrm{kN \cdot m}$。选择 B。

点评：连梁的调幅与框架梁不同。依据《高层建筑混凝土结构技术规程》JGJ 3—2010 的 5.2.3 条，框架梁仅对竖向荷载引起的弯矩进行调整。

62. 答案：B

解答过程：(1) 确定连梁的抗震等级。

依据《高层建筑混凝土结构技术规程》JGJ 3—2010 的 3.3.1 条，丙类、框架核心筒、8 度（0.20g），120m 高度时属于 B 类。

查表 3.9.4，筒体为特一级，即，连梁抗震等级也为特一级。

依据 3.10.5 条第 5 款，特一级连梁的要求同一级。

(2) 连梁跨高比为 $3000/750 = 4 < 5$，依据 7.1.3 条，按第 7 章设计。

(3) 对箍筋进行判断。

依据 9.2.4 条，核心筒连梁的构造设计应符合 9.3.7 条和 9.3.8 条规定。

9.3.7 条规定，抗震设计时，连梁箍筋直径不应小于 10mm；箍筋间距沿梁长不变且不应大于 100mm。

B、D 选项比较，仅箍筋直径不同，考虑到箍筋直径取 10mm 即可，从经济性考虑，选择 B。

点评：对连梁箍筋的设计要求，命题组依据的是 7.2.27 条以及表 6.3.2-1，不如 9.2.4 条更恰当。

对该连梁的其他指标判断如下：

（1）最小配筋率

依据 7.2.24 条，抗震设计时，跨高比大于 1.5 的连梁，纵筋最小配筋率可按框架梁的要求采用。

依据表 6.3.2-1，一级、支座处，$\rho_{min} = \max(0.004, 0.8 f_t/f_y) = 0.4\%$

$$\rho_{min} bh = 0.004 \times 350 \times 750 = 1050 \text{mm}^2$$

6 ⌀ 22 可以满足要求。

（2）最大配筋率

依据 7.2.25 条的条文说明，跨高比超过 2.5 的连梁，其最大配筋率限值可按一般框架梁采用，即不宜大于 2.5%。

$$\rho_{max} bh_0 = 2.5\% \times 350 \times (750 - 60) = 6038 \text{mm}^2$$

6 ⌀ 25 的截面积为 2945mm²，均满足要求。

63. 答案：C

解答过程：依据《混凝土异形柱结构技术规程》JGJ 149—2017 表 3.3.1，抗震等级为二级。

依据表 6.2.2，框架-剪力墙结构、二级、L 形、T 形、十字形截面的轴压比限值分别为 0.55、0.60、0.65。依据表下注释 1，剪跨比不大于 2，以上限值可减小 0.05。由于肢端设置暗柱，L 形增大 0.05，T 形、十字形增大 0.1（二级抗震）。于是，L 形、T 形、十字形截面的轴压比限值最终为 0.55、0.65、0.70。

题目中 3 个截面的截面积均为 $(500+500+200) \times 200 = 240000 \text{mm}^2$。

根据轴压比限值求出可承受的压力设计值，公式为 $[\mu_N] f_c A$，分别得到：2204、2605、2806，单位为 kN，可见，仅十字形截面满足要求。

选择 C。

64. 答案：A

解答过程：依据《混凝土异形柱结构技术规程》JGJ 149—2017 的 5.2.1 条和 5.2.2 条计算。

（1）截面限制条件

$$V_c \leq \frac{1}{\gamma_{RE}}(0.20 f_c b_c h_{c0}) = \frac{1}{0.85} \times (0.2 \times 16.7 \times 200 \times 565) = 444 \times 10^3 \text{N}$$

（2）根据配筋确定受剪承载力

$$0.3 f_c A = 0.3 \times 16.7 \times 2.2 \times 10^5 = 1102.2 \times 10^3 < N = 0.4 f_c A$$

$$V_c = \frac{1}{\gamma_{RE}} \left(\frac{1.05}{\lambda+1} f_t b_c h_{c0} + f_{yv} \frac{A_{sv}}{s} h_{c0} + 0.056 N \right)$$

$$= \frac{1}{0.85} \times \left(\frac{1.05}{2.2+1} \times 1.57 \times 200 \times 565 + 360 \times \frac{157}{100} \times 565 + 0.056 \times 1102.2 \times 10^3 \right)$$
$$= 516.8 \times 10^3 \text{N}$$

取二者的较小者，为444kN，选择A。

点评：本题问的是受剪承载力，计算结果为444kN，选择430kN为满足且最为接近的选项（承载力不得大于444kN），若仅从数值角度考虑最为接近的，则应选择B选项455kN。

65. 答案：C

解答过程：依据《高层民用建筑钢结构技术规程》JGJ 99—2015 的 6.1.7 条，对于钢框架结构，整体稳定性应满足下式要求：

$$D_i \geqslant 5 \sum_{j=i}^{n} G_j / h_i$$

对于首层，抗侧刚度应满足：
$$D_1 \geqslant 5 \times 10 \times (1.2 \times 5300 + 1.4 \times 800)/4 = 93500 \text{kN/m}$$

总水平地震作用标准值：
$$F_{Ek} = \alpha_1 G_{eq} = 0.038 \times 0.85 \times (9 \times 5300 + 9 \times 0.5 \times 800 + 5700) = 1841 \text{kN}$$

首层地震剪力标准值 $V_1 = F_{Ek} = 1841$kN，引起的层间侧移：
$$\Delta_1 = V_1/D_1 = 1841/93500 = 19.7 \times 10^{-3} \text{m} = 19.7 \text{mm}$$

选择C。

66. 答案：B

解答过程：依据《高层民用建筑钢结构技术规程》JGJ 99—2015 的 7.3.8 条计算。

依据《建筑抗震设计规范》GB 50011—2010 的 8.1.3 条，高度小于50m、7度，抗震等级为四级。故 $\psi = 0.75$。

$$M_{pb1} = W_p f = 2.6 \times 10^6 \times 305 = 793 \times 10^6 \text{N·mm}, M_{pb2} = M_{pb1} = 793 \times 10^6 \text{N·mm}$$
$$V_p = 484 \times 580 \times t_p = 280720 t_p$$
$$\psi \frac{M_{pb1} + M_{pb2}}{V_p} \leqslant \frac{4}{3} f_{yv}$$
$$0.75 \times \frac{793 \times 10^6 + 793 \times 10^6}{280720 t_p} \leqslant \frac{4}{3} \times 0.58 \times 345$$

解出 $t_p \geqslant 16$mm。考虑到B选项厚度18mm时 $f_y = 335$N/mm² 而非345N/mm²，因此需要再次计算，求出 $t_p \geqslant 16.4$mm。

选择B。

67. 答案：B

解答过程：依据《高层民用建筑钢结构技术规程》JGJ 99—2015 的 8.8.3 条计算。

$N = 100$kN $< 0.16Af = 0.16 \times 13808 \times 305 = 673.8 \times 10^3$N，故应满足
$$a \leqslant 1.6 M_{lp}/V_l$$

式中参数计算如下：
$$V_l = 0.58 A_w f_y = 0.58 \times (500 - 2 \times 16) \times 12 \times 345 = 1123.8 \times 10^3 \text{N}$$
$$M_{lp} = f W_{np} = 305 \times 2.6 \times 10^6 = 793 \times 10^6 \text{N·mm}$$

于是

$$a \leqslant 1.6 \times \frac{793 \times 10^6}{1123.8 \times 10^3} = 1129\text{mm}$$

选择 B。

点评：全塑性受弯承载力如何计算？

在《建筑抗震设计规范》GB 50011—2010 的 8.2.7 条，给出了消能梁段的全塑性受弯承载力，公式为 $M_{lp} = fW_p$。笔者认为该公式有误。鉴于《高层民用建筑钢结构技术规程》JGJ 99—2015 在 7.6.3 条以相同的原理给出公式 $M_{lp} = fW_{np}$，故解答过程依据规范执行，经比较，和命题组做法一致。

实际上，全塑性受弯承载力应按照 $W_p f_y$ 求出。据此，66 题计算过程如下：

$$M_{pb2} = M_{pb1} = W_p f_y = 2.6 \times 10^6 \times f_y$$

$$0.75 \times \frac{2 \times 2.6 \times 10^6 f_y}{280720 t_p} \leqslant \frac{4}{3} \times 0.58 \times f_y$$

解出 $t_p \geqslant 18.0\text{mm}$。

67 题计算过程如下：

$$a \leqslant 1.6 \frac{M_{lp}}{V_l} = 1.6 \times \frac{2.6 \times 10^6 f_y}{0.58 \times (500 - 2 \times 16) \times 12 f_y} = 1277\text{mm}$$

68. 答案：B

解答过程：依据《高层建筑混凝土结构技术规程》JGJ 3—2010 的 7.2.7 条计算。

$$\lambda = \frac{M^c}{V^c h_{w0}} = \frac{15000 \times 10^6}{2300 \times 10^3 \times 4200} = 1.55 < 2.5$$

依据表 3.9.3，框支剪力墙、8 度、丙类建筑，底部加强区剪力墙的抗震等级为一级。依据 10.2.18 条，对其剪力调整后，$V = 1.6 \times 2300 = 3680\text{kN}$。

要求满足

$$V \leqslant \frac{1}{\gamma_{RE}} (0.15 \beta_c f_c b_w h_{w0})$$

$$3680 \times 10^3 \leqslant \frac{1}{0.85} \times 0.15 \times 1.0 \times 16.7 \times b_w \times 4200$$

解出 $b_w \geqslant 297\text{mm}$，选择 B。

69. 答案：B

解答过程：依据《高层建筑混凝土结构技术规程》JGJ 3—2010 的 10.2.2 条，底部加强部位取至转换层以上两层，第 5 层属于底部加强部位相邻上一层，因此，依据 7.2.14 条，应设置约束边缘构件。

依据表 3.9.3，第 5 层（非底部加强部位）剪力墙抗震等级为二级。

按照该墙体自身的抗震等级和轴压比查表 7.2.15，二级、轴压比大于 0.4，对于暗柱，$l_c = 0.20 h_w = 0.2 \times 6500 = 1300\text{mm}$。依据图 7.2.15，阴影部分面积为 $650 \times 300 = 195000\text{mm}^2$。二级、阴影部分竖向钢筋配筋率不小于 1.0%，$1.0\% \times 195000 = 1950\text{mm}^2$。按 10 根钢筋考虑，单根截面积不应小于 195mm^2，直径 16mm 时可满足要求。选择 B。

70. 答案：C

解答过程：依据《高层建筑混凝土结构技术规程》JGJ 3—2010 表 3.9.3，8 度、80m、丙类建筑，框支框架的抗震等级为一级。

依据 6.2.3 条进行强剪弱弯调整。
$$V = \eta_{vc}(M_c^t + M_c^b)/H_n = 1.4 \times (1200+1070)/(5.5-2) = 908 \text{kN}$$
按照荷载组合求得的剪力设计值：
$$V = 1.3 \times 620 + 1.4 \times 0.2 \times 150 = 848 \text{kN}$$
取两者较大者，为 908kN。选择 C。

71. 答案：B

解答过程：双塔视为同一个结构单元，经常使用人数为 3700+3900=7600 人，依据《建筑工程抗震设防分类标准》GB 50223—2008 的 6.0.11 条，高层建筑中，当结构单元内经常使用人数超过 8000 人时，抗震设防类别宜划为重点设防类。今不足 8000 人，故本建筑设防类别为丙类。

依据《高层建筑混凝土结构技术规程》JGJ 3—2010 的 3.3.1 条，6 度时框筒结构 A 级高度限高为 150m，今高度 130m，属于 A 级。

依据表 3.9.3，框架部分的抗震等级为三级。

依据 10.5.6 条，与连接体相连的结构构件在连接体高度范围及其上、下层，抗震等级应提高一级，故成为二级。

选择 B。

72. 答案：C

解答过程：依据《高层建筑混凝土结构技术规程》JGJ 3—2010 的 11.4.9 条，D/t 宜在 $(20 \sim 100)\sqrt{235/f_y}$ 之间。$D=950$mm，$f_y=345$N/mm²，从而求得 t 在 12~58mm 之间。C、D 满足要求。

依据 F.1.1 条和 F.1.2 条，可得：
$$N_0 \geq \frac{\gamma_{RE} N}{\varphi_l \varphi_e} = \frac{0.8 \times 34000}{1 \times 0.83} = 32771 \text{kN}$$

今取钢管壁厚 $t=12$mm 试算 N_0 是否可达到要求。

$$\theta = \frac{A_a f_a}{A_c f_c} = \frac{\pi \times (950^2 - 926^2)/4 \times 310}{\pi \times 926^2/4 \times 27.5} = 0.59 < [\theta] = 1.56$$

$$N_0 = 0.9 A_c f_c (1 + \alpha\theta)$$
$$= 0.9 \times 3.14 \times 926^2/4 \times 27.5 \times (1 + 1.8 \times 0.59)$$
$$= 34352.3 \times 10^3 \text{N} > 32771 \text{kN}$$

满足要求。选择 C。

73. 答案：C

解答过程：依据《城市桥梁抗震设计规范》CJJ 166—2011 表 1.0.3，8 度时，地震动峰值加速度可以是 $0.20g$ 或 $0.30g$，故⑤不正确。排除 A、B。

依据《城市桥梁设计规范》CJJ 11—2011 表 10.0.3，主干路，汽车荷载采用城-A 级，故③正确。排除 D。

综上，选择 C。

点评：关于地震动峰值加速度的观点⑤最容易判断其错误，于是排除了 A、B。剩下的，只要对③、⑥进行判断即可做出选择，这就是以上解答过程的思路。

需要注意，《城市桥梁设计规范》已更新至 2019 年版。

其他各项判别如下：

依据《城市桥梁设计规范》CJJ 11—2011 的 3.0.8 条，①正确。

依据《城市桥梁设计规范》CJJ 11—2011 表 3.0.9，中桥、重要小桥的设计使用年限为 50 年，今桥梁总长 3×40=120m，依据表 3.0.2，属于大桥，故②错误。

依据《城市桥梁设计规范》CJJ 11—2011 的 10.0.5 条第 1 款，此时按 5kPa 和 1.5kN 的竖向集中力作用在一块构件上，取不利者。故④不正确。

依据《城市桥梁设计规范》CJJ 11—2011 的 3.0.19 条，不得在桥上敷设污水管，故⑥不正确。

74. 答案：B

解答过程：依据《公路桥涵设计通用规范》JTG D60—2015 的计算。

$$P_k = 2 \times (19.4 + 130) = 298.8 \text{kN}$$

1 个车道时，支座位置处的剪力标准值为：

$$1.2 \times 298.8 + 10.5 \times (19.4 \times 1/2) = 460.41 \text{kN}$$

2 个车道，支座位置处的剪力标准值为：2×1.0×460.41=920.82kN

上式中，1.0 为横向布载系数。

选择 B。

75. 答案：C

解答过程：依据《公路桥涵设计通用规范》JTG D60—2015 的 4.3.3 条计算。

$$c = \frac{v^2}{127R} = \frac{40^2}{127 \times 65} = 0.194$$

$$0.194 \times 550 \times 1.2 = 128 \text{kN}$$

上式中，1.2 为单车道时的横向布载系数。

选择 C。

76. 答案：B

解答过程：依据《公路钢筋混凝土及预应力混凝土桥涵设计规范》JTG 3362—2018 的 9.4.1 条，预应力混凝土梁当设置竖向预应力钢筋时，其纵向间距宜为 500~1000mm，①正确。

4.1.5 条第 4 款，装配式预应力混凝土组合箱梁桥的跨径不大于 40m，今跨径超出此限值，故②不正确。

依据 4.5.3 条，Ⅲ类环境、100 年，混凝土等级不低于 C35，故④不正确。

依据表 6.4.2，最大裂缝宽度为 0.15mm 或 0.10mm，故③不正确。

选择 B。

点评：因为规范更新，海水环境，采用钢绞线的 B 类预应力混凝土构件，不再是"禁止使用"，故对原题中观点②有修改。

77. 答案：B

解答过程：依据《公路桥涵设计通用规范》JTG D60—2015 的表 4.1.5-1，安全等级为一级，取 $\gamma_0=1.1$。

$$M_{ud}=1.1\times(1.2\times250+1.4\times1800+1.4\times0.75\times200)=6303\text{kN}\cdot\text{m}$$

选择 B。

78. 答案：A

解答过程：要求橡胶支座的形状系数满足：

$$5\leqslant S=\frac{l_{0a}l_{0b}}{2t_{es}(l_{0a}+l_{0b})}\leqslant 12$$

将 $l_{0a}=500\text{mm}$、$l_{0b}=400\text{mm}$ 代入，解出 $9.3\text{mm}\leqslant t_{es}\leqslant 22.0\text{mm}$，选择 A。

点评：2004 版《公路钢筋混凝土及预应力混凝土桥涵设计规范》对板式橡胶支座形状系数有规定，2018 版中规定应符合国家标准《公路桥梁板式橡胶支座》的要求。该标准的 2019 版在 5.4.7 条规定了形状系数 S 的计算公式并规定应在 5～12 范围内（相当于 2004 规范的公式移动到了该标准）。为此，编入本书时增加了提示。

79. 答案：D

解答过程：依据《公路钢筋混凝土及预应力混凝土桥涵设计规范》JTG 3362—2018 的 6.4.3 条计算，公式为：

$$W_{cr}=C_1C_2C_3\frac{\sigma_{ss}}{E_s}\left(\frac{c+d}{0.36+1.7\rho_{te}}\right)$$

对式中各参数计算如下：

带肋钢筋，$C_1=1.0$；梁式受弯构件，$C_3=1.0$。

$M_s=1500+0.7\times1000=2200\text{kN}\cdot\text{m}$；$M_l=1500+0.4\times1000=1900\text{kN}\cdot\text{m}$

$$C_2=1+0.5\times1900/2200=1.432$$

$$\sigma_{ss}=\frac{M_s}{0.87A_sh_0}=\frac{2200\times10^6}{0.87\times9853\times1740}=147.5\text{MPa}$$

$E_s=2.0\times10^5\text{MPa}$；$c=60-28/2=46\text{mm}$；$d=28\text{mm}$

$$A_{te}=2\times60\times1600=1.92\times10^5\text{mm}^2$$

$$\rho_{te}=\frac{A_s}{A_{te}}=\frac{9853}{1.92\times10^5}=0.0513\text{，在 0.01 和 0.1 之间。}$$

$$W_{cr}=C_1C_2C_3\frac{\sigma_{ss}}{E_s}\left(\frac{c+d}{0.36+1.7\rho_{te}}\right)$$

$$=1.0\times1.432\times1.0\times\frac{147.5}{2.0\times10^5}\left(\frac{46+28}{0.36+1.7\times0.0513}\right)$$

$$=0.17\text{mm}$$

选择 D。

点评：实际上，规范公式写成下面的形式更为清楚。

$$W_{cr}=C_1C_2C_3\frac{\sigma_{ss}}{E_s}\left(\frac{c_s+d_e}{0.36+1.7\rho_{te}}\right)$$

另外，为适应新规范，本题有改动。

80. 答案：A

解答过程：依据《公路桥梁抗震设计细则》JTG/T 2231-01—2020 的 5.2.2 条计算。

依据表 3.1.1，跨径不超 150m、高速公路上桥梁，设防类别属于 B 类。
依据表 3.1.3-2，B 类、高速公路，$C_i = 0.5$。
依据表 5.2.2-1，Ⅲ类场地、7 度（0.10g），水平向场地系数 $C_s = 1.25$。
依据 5.2.4 条，$C_d = 1.0$。
$$S_{\max} = 2.5 C_i C_s C_d A = 2.5 \times 0.5 \times 1.25 \times 1.0 \times 0.10g = 0.156g$$
选择 A。

点评：$S_{\max}$ 的单位同峰值加速度 A 的单位，故编入本书时，相对于原题目增加了单位。

17 2019年试题与解答

17.1 2019 年试题

题 1～7

7 度（0.15g）地区某小学的单层体育馆（屋面相对标高 7.000m），屋面用作屋顶花园，覆土（重度 18kN/m³，厚度 600mm）兼做保温层。结构设计使用年限 50 年，场地类别Ⅱ类，双向均设置适量的抗震墙，形成现浇钢筋混凝土框架-抗震墙结构，结构平面布置如图 17-1-1 所示，纵向钢筋 HRB500，箍筋 HRB400。

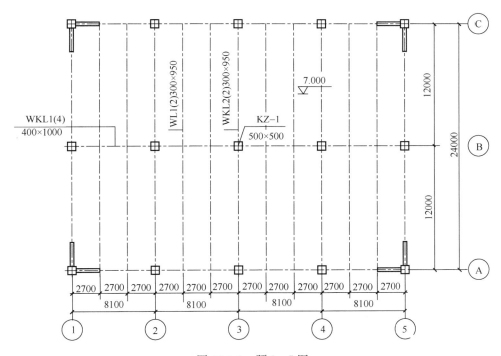

图 17-1-1 题 1～7 图

1. 关于结构的抗震等级，下列何项正确？
   A. 抗震墙一级，框架二级
   B. 抗震墙二级，框架二级
   C. 抗震墙二级，框架三级
   D. 抗震墙三级，框架四级

2. 假定屋面结构永久荷载（含梁板自重、抹灰、防水，但不包含覆土自重）标准值为 7.0kN/m²，柱自重忽略不计。试问，荷载标准组合下按负荷从属面积估算的 KZ1 的轴力 N_k（kN）为以下何项数值？
   提示：（1）活荷载折减系数取为 1.0；
   （2）活荷载不考虑积水、积灰、机电设备以及花圃土石等其他荷载。
   A. 2950　　　B. 2650　　　C. 2350　　　D. 2050

3. 假定，不考虑活荷载的不利布置，WL1（2）由竖向荷载控制设计且该工况下经弹性内力分析得到的标准组合下支座及跨度中点弯矩如图 17-1-2 所示，该梁按考虑塑形内力重分布分析方法设计。试问，当支座弯矩调幅幅度为 15% 时，标准组合下梁跨度中点的弯矩（kN·m），与下列何项数值最为接近？

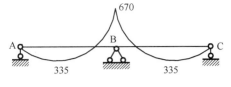

图 17-1-2　题 3 图

A. 480　　　　　　B. 435
C. 390　　　　　　D. 345

4. 柱 KZ1 为普通钢筋混凝土构件，假定，不考虑地震设计状况时，KZ1 可近似作为轴心受压构件设计，C40 混凝土，截面配筋如图 17-1-3 所示，计算长度 8m。试问，KZ1 的轴心受压承载力设计值（kN），与下列何项数值最为接近？

A. 6300　　　　　　B. 5600
C. 4900　　　　　　D. 4200

5. KZ1 柱下独立基础如图 17-1-4 所示，采用 C30 混凝土，试问，KZ 处基础顶面的局部受压承载力设计值（kN），为下列何项数值？

提示：（1）基础顶面区域未设置间接钢筋，且不考虑柱纵筋的有利影响；

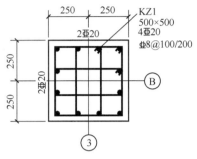

图 17-1-3　题 4 图

（2）仅考虑 KZ1 的轴力作用，且轴力在受压面上均匀分布。

A. 7000　　　　B. 8500　　　　C. 10000　　　　D. 11500

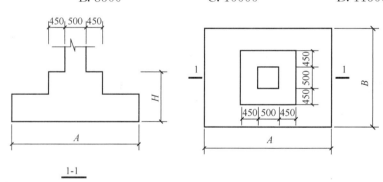

图 17-1-4　题 5 图

6. 假定，框架梁 WKL1（4）为普通混凝土构件，混凝土强度等级为 C40，箍筋为 Φ8@100（4），未设置弯起钢筋，梁截面有效高度 h_0=930mm。试问，不考虑地震设计状况时，在轴线③支座边缘处，该梁的斜截面抗剪承载力设计值（kN），与下列何项数值最为接近？

提示：WKL1 不是独立梁。

A. 1000　　　　B. 1100　　　　C. 1200　　　　D. 1300

7. 假定，荷载基本组合下，次梁 WL1（2）传至主梁的集中力设计值为 850kN，WKL1（4）在次梁两侧各 400mm 范围内共布置 8 道 Φ8 的 4 肢附加箍筋。试问，在 WKL1（4）的次梁位置计算所需的附加吊筋，与下列何项最为接近？

提示：(1) 附加吊筋与梁轴线夹角为60°；
(2) $\gamma_0 = 1.0$。

A. 2⌀18　　　　B. 2⌀20　　　　C. 2⌀22　　　　D. 2⌀25

题 8～9

某简支斜置普通钢筋混凝土独立梁，计算简图如图17-1-5所示，构件安全等级为二级。假定，截面尺寸 $b \times h = 300\text{mm} \times 700\text{mm}$，C30混凝土，HRB400钢筋。永久均布荷载设计值为 g（含自重），可变荷载设计值为集中力 F。

8. 假定，$g = 40\text{kN/m}$（含自重），$F = 400\text{kN}$。试问，梁跨中弯矩设计值（kN·m），与下列何项数值最为接近？

A. 900　　　　B. 840　　　　C. 780　　　　D. 720

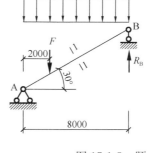
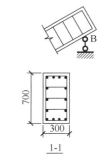

图17-1-5　题8～9图

9. 假定，荷载基本组合下，B支座的支座反力设计值 $R_B = 428\text{kN}$（其中，集中力 F 产生的反力设计值为160kN），梁支座截面有效高度 $h_0 = 630\text{mm}$。试问，不考虑地震作用，按斜截面抗剪计算，支座B边缘处梁截面的箍筋配置哪个最为经济合理？

A. ⌀18@150（2）　　B. ⌀10@150（2）　　C. ⌀10@120（2）　　D. ⌀10@100（2）

题10. 某「形普通钢筋混凝土构件，安全等级为二级，计算简图如图17-1-6所示，梁、柱截面均为400mm×600mm，混凝土强度等级为C40，钢筋采用HRB400，$a_s = a'_s = 50\text{mm}$，$\xi_b = 0.518$。假定，不考虑地震设计状况，自重忽略不计。集中荷载设计值 $P = 224\text{kN}$，柱AB采用对称配筋。试问，按正截面承载力计算得出的柱AB单边受力钢筋 A_s（mm²）与下列何项数值最为接近？

提示：(1) 不考虑二阶效应；
(2) 不必验算平面外承载力和稳定。

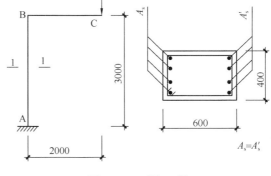

图17-1-6　题10图

A. 2550　　　　B. 2450　　　　C. 2350　　　　D. 2250

题11. 下列关于钢筋混凝土结构工程施工和质量验收的论述，何项不正确？

A. 混凝土结构工程采用的材料、构配件、器具及半成品应按进场批次进行检验。属于同一工程项目且同期施工的多个单位工程，对同一厂家的同批材料、构配件、器具及半成品，可统一划分检验批进行验收

B. 模板及支架应根据安装、使用和拆除工况进行设计，并应满足承载力、刚度及整体稳固性要求

C. 当纵向受力钢筋采用机械连接接头或焊接接头时，同一连接区段内纵向受力钢筋的接头面积百分率应符合设计要求；当设计无具体要求时，不直接承受动力荷载

的构件，受拉钢筋接头面积百分率不宜大于50%，受压钢筋接头面积百分率不受限制

D. 成型钢筋进场时，任何情况下都必须抽取试件作屈服强度、抗拉强度、伸长率和重量偏差检验，检验结果应符合国家现行规范、规程要求

题12. 在7度（0.15g），Ⅲ类场地上的某钢筋混凝土框架结构，其设计、施工均按现行规范进行。现根据功能要求，需要在框架柱间新增一根框架梁，新增梁的钢筋采用植筋技术。所植钢筋Φ18（HRB400），设计要求充分利用钢筋抗拉强度。框架柱混凝土强度等级为C40，植筋采用快固型胶粘剂（A级胶），其粘结性能通过了耐长期应力作用能力检验。假定，植筋间距、边距分别为150mm和100mm，$\alpha_{spt}=1.0$，$\psi_N=1.265$。试问，植筋锚固深度（mm）最小值与下列何项数值最为接近？

A. 540　　　　B. 480　　　　C. 420　　　　D. 360

题13. 假定，在某医院屋顶停机坪设计中，直升机质量按3215kg计算。试问，当直升机非正常着陆时，其对屋面构件的竖向等效撞击力设计值P（kN）与下列何项数值最为接近？

A. 170　　　　B. 200　　　　C. 230　　　　D. 260

题14. 某先张法预应力混凝土环形截面轴心受拉构件，裂缝控制等级为一级。混凝土强度等级为C60，环形外径700mm，壁厚110mm，环形截面面积$A=203889mm^2$，纵筋采用螺旋肋消除应力钢丝，纵筋总面积$A_p=1781mm^2$。假定，扣除全部预应力损失后混凝土的预应力为$\sigma_{pc}=6.84MPa$（全截面均匀受压）。试问，为满足裂缝控制要求，按荷载标准组合计算的构件最大轴拉力值N_k（kN）与下列何项数值最为接近？

提示：环形截面内无孔道和凹槽。

A. 1350　　　　B. 1400　　　　C. 1450　　　　D. 1500

题15～16

某雨篷如图17-1-7所示，XL-1为层间悬挑梁，不考虑地震设计状况，截面尺寸为$b\times h=350mm\times 650mm$，悬挑长度$L_1$（从KZ-1柱边起算），雨篷的净悬挑长度为$L_2$。所有构件均为普通钢筋混凝土构件，设计使用年限为50年，安全等级为二级。混凝土强度等级为C35，纵筋采用HRB400，箍筋采用HPB300。

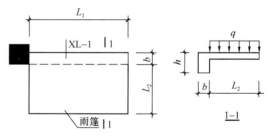

图17-1-7　题15～16图

15. 假定，$L_1=3m$，$L_2=1.5m$，仅雨篷板上的均布荷载设计值为$q=6kN/m^2$（含自重）会对梁产生扭矩。试问，XL-1的扭矩图和支座处的扭矩设计值，应为图17-1-8中哪个？

提示：板对梁的扭矩算至梁中心线。

A. 图（a）　　B. 图（b）
C. 图（c）　　D. 图（d）

16. 假定，荷载效应基本组合下，悬挑梁XL-1支座边缘处的弯矩设计值$M=150kN\cdot m$，

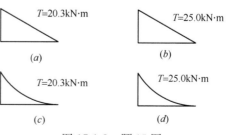

图17-1-8　题15图

剪力设计值 $V=100$kN，扭矩设计值为 $T=85$kN·m。按矩形截面计算，$h_0=600$mm，箍筋间距 $s=100$mm，受扭的纵向普通钢筋与箍筋的配筋强度比值 $\zeta=1.7$。试问，按承载力极限状态设计，XL-1 支座边缘处的箍筋配置采用下列何项最经济合理？

提示：（1）满足规范规定的截面限制条件，且不必验算最小配箍率；

（2）截面受扭塑性抵抗矩 $W_t=32.67\times10^6$ mm^3，截面核心面积 $A_{cor}=162.4\times10^3$ mm^2。

A. $\Phi8@100$（2）　　B. $\Phi10@100$（2）　　C. $\Phi12@100$（2）　　D. $\Phi14@100$（2）

题 17～21

某焊接工字形等截面简支梁跨度为 12m，钢材采用 Q235，结构的重要性系数取 1.0。基本组合下，简支梁的均布荷载设计值（含自重）$q=95$kN/m。梁截面尺寸及特性如图 17-1-9 所示。截面无栓（钉）削弱。

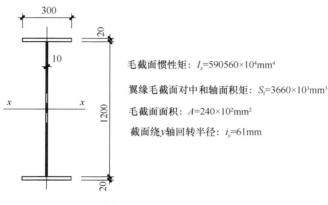

图 17-1-9　题 17～21 图

17. 试问，对梁跨中截面进行抗弯强度计算时，其正应力设计值（N/mm²）与下列何项数值最为接近？

A. 200　　　　B. 190　　　　C. 180　　　　D. 170

18. 假定，简支梁翼缘与腹板的双面角焊缝尺寸 $h_f=8$mm，梁焊件间隙 $b\leqslant1.5$mm。试问，进行焊接截面工字形翼缘与腹板的焊接连接强度设计时，在最大剪力作用下，该角焊缝的连接应力与角焊缝强度设计值之比与下列何项数值最为接近？

A. 0.2　　　　B. 0.3　　　　C. 0.4　　　　D. 0.5

19. 假定，简支梁在两端及距离两端 $l/4$ 处有可靠的侧向支撑（l 为简支梁跨度）。试问，作为在主平面内受弯的构件，进行整体稳定性计算时，梁的整体稳定性系数 φ_b 与下列何项数值最为接近？

提示：取梁整体稳定等效弯矩系数 $\beta_b=1.20$。

A. 0.52　　　　B. 0.65　　　　C. 0.80　　　　D. 0.91

20. 假定，简支梁截面的正应力和剪应力均较大，其基本组合弯矩设计值为 1282kN·m，剪力设计值为 1296kN。试问，该截面梁腹板计算高度边缘处的折算应力（N/mm²）与下列何项数值最为接近？

A. 145　　　　B. 170　　　　C. 190　　　　D. 205

21. 假定，简支梁承受均布荷载标准值为 $q_k=90$kN/m，不考虑起拱因素。试问，简支梁的最大挠度与其跨度之比值，与下列何项数值最为接近？

A. 1/300 B. 1/400 C. 1/500 D. 1/600

题 22～25

某单层钢结构平台布置如图 17-1-10 所示，不进行抗震设计，且不承受动力荷载，结构的重要性系数取 1.0。横向（Y 向）结构为框架结构，纵向（X 向）设置支撑保证侧向稳定。所有构件均采用 Q235，且钢材各项指标均满足**塑性设计**要求，截面板件宽厚比等级为 S1。

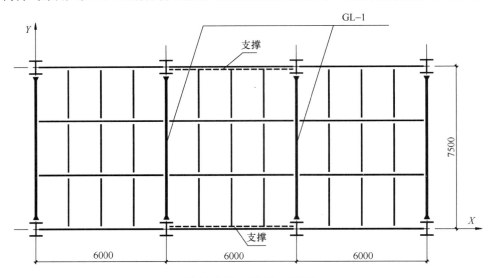

图 17-1-10 题 22～25 图

22. 框架梁 GL-1 采用焊接工字形截面 H500×250×12×16，按塑性设计。试问，该框架梁塑性铰部位的受弯承载力设计值（kN·m）与下列何项数值最为接近？

提示：（1）不考虑轴力对框架梁的影响；
（2）框架梁剪力 $V < 0.5 h_w t_w f_v$；
（3）计算截面无栓钉削弱。

A. 440 B. 500 C. 550 D. 600

23. 设计条件同题 22。假定，框架梁 GL-1 最大剪力设计值 $V = 650 \text{kN}$，进行受弯构件塑性铰部位的剪切强度计算时，梁截面剪应力与抗剪强度设计值之比，与下列何项数值最为接近？

A. 0.93 B. 0.83 C. 0.73 D. 0.62

24. 设计条件同题 22。假定，框架梁 GL-1 上翼缘有楼板与钢梁可靠连接，通过设置加劲肋保障两端塑性铰的发展。试问，加劲肋的最大间距（mm）与下列何项数值最为接近？

A. 900 B. 1000 C. 1100 D. 1200

25. 设计条件同题 22。假定，框架梁 GL-1 在跨内某拼接接头处基本组合的最大弯矩设计值为 250kN·m。试问，该连接能传递的弯矩设计值（kN·m），至少应为下列何项数值？

提示：截面模量 $W_x = 2285 \times 10^3 \text{mm}^3$。

A. 250 B. 275 C. 305 D. 350

题 26~30

某钢结构建筑采用框架结构体系，框架简图如图 17-1-11 所示。结构位于 8 度（0.20g）抗震设防区，抗震设防类别为丙类。框架柱采用焊接箱形截面，框架梁采用焊接工字形截面，梁柱钢材均采用 Q345，框架结构总高度 $H=50\mathrm{m}$。

提示：要求按《钢结构设计标准》GB 50017—2017 作答。

26. 在钢结构抗震性能化设计中，假定，塑性耗能区承载性能等级采用性能 7。试问，下列关于构件性能系数的描述，哪项不符合《钢结构设计标准》GB 50017—2017 中有关钢结构构件性能系数的相关规定？

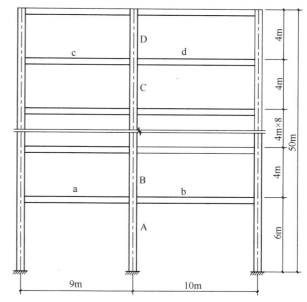

图 17-1-11 题 26~30 图

A. 框架柱 A 的性能系数宜高于框架梁 a、b 的性能系数

B. 框架柱 A 的性能系数不应低于框架柱 C、D 的性能系数

C. 当该框架底层设置偏心支撑后，框架柱 A 的性能系数可以低于框架梁 a、b 的性能系数

D. 框架梁 a、b 和框架梁 c、d 可有不同的性能系数

27. 在塑性耗能区的连接计算中，假定，框架柱柱底承载力极限状态最大组合弯矩设计值为 M，考虑轴力影响时，柱的塑性受弯承载力为 M_{pc}。试问，采用外包式柱脚时，柱脚与基础的连接极限承载力，应按下列何项取值？

A. $1.0 M$ B. $1.2 M$ C. $1.0 M_{\mathrm{pc}}$ D. $1.2 M_{\mathrm{pc}}$

28. 假定，梁柱节点采用梁端加强的方法来保证塑性铰外移。试问，采用下述哪些措施等级符合《钢结构设计标准》GB 50017—2017 的规定？

Ⅰ. 上、下翼缘加盖板；   Ⅱ. 加宽翼缘板且满足宽厚比规定；
Ⅲ. 增加翼缘板厚度；   Ⅳ. 增加腹板厚度。

A. Ⅰ、Ⅱ、Ⅲ   B. Ⅰ、Ⅱ、Ⅳ   C. Ⅱ、Ⅲ、Ⅳ   D. Ⅰ、Ⅲ、Ⅳ

29. 假定，框架梁截面为 HA700×400×12×24，今弹性截面模量表示为 W，塑性截面模量表示为 W_{p}。试问，计算框架梁的性能系数时，该构件塑性耗能区截面模量 W_{E}，应按下列何项取值？

A. $1.05 W_{\mathrm{p}}$ B. $1.05 W$ C. $1.0 W_{\mathrm{p}}$ D. $1.0 W$

30. 假设，该框架增加一层至 $H=54\mathrm{m}$。试问，进行抗震性能化时，框架梁塑性耗能区（梁端）截面板件宽厚比，采用下列何项等级最为合适？

A. S1   B. S2   C. S3   D. S4

题 31. 多层砌体房屋抗震设计时，关于建筑布置和结构体系的论述：

Ⅰ. 应优先采用砌体墙和混凝土墙混合承重的结构体系

Ⅱ. 房屋平面轮廓凹凸尺寸，不应超过典型尺寸的50%。当超过典型尺寸的25%时，房屋转角处应取加强措施

Ⅲ. 楼板局部大洞口的尺寸未超过楼板宽度30%时，可在墙体两侧同时开洞

Ⅳ. 不应在房屋转角处设置转角窗

试问，对以上论述正确性的判断，应为下列何项？

A. Ⅰ、Ⅲ   B. Ⅱ、Ⅳ   C. Ⅱ、Ⅲ   D. Ⅰ、Ⅳ

题 32～34

某8度（0.20g）抗震设防的底层框架-抗震墙砌体房屋，如图17-1-12所示。房屋共有4层，一层的框架和抗震墙均采用钢筋混凝土结构，二、三、四层承重墙为厚度240mm的多孔砖砌体，楼、屋面板均为钢筋混凝土现浇板。抗震设防类别为丙类，其结构布置和抗震构造措施均符合规范要求。

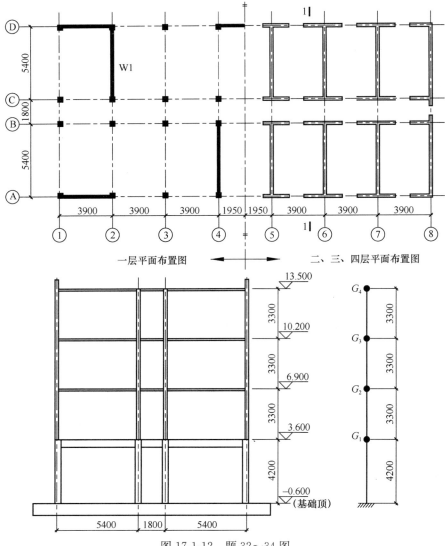

图 17-1-12 题 32～34 图

32. 本工程采用底部剪力法进行水平地震作用计算，假设重力荷载代表值 $G_1 =$ 5200kN，$G_2 = G_3 = 6000$kN，$G_4 = 4500$kN，其底层地震剪力设计值增大系数 $\eta_{EH} = 1.5$。试问，底层的地震剪力设计值 V_1（kN）与下列何项数值最为接近？

A. 2950   B. 3840   C. 4430   D. 5760

33. 对房屋进行横向地震作用分析时，假设底层结构横向总侧向刚度（即全部框架及抗震墙）为 K_1，其中框架总侧向刚度 $\sum K_c = 0.28K_1$，抗震墙总侧向刚度 $\sum K_w = 0.72K_1$，底层剪力设计值 $V_1 = 6000$kN。若抗震墙 W_1 的横向侧向刚度 $K_{w1} = 0.18K_1$。试问，W_1 承担的地震剪力设计值 V_{w1}（kN）与下列何项数值最为接近？

A. 1100   B. 1300   C. 1500   D. 1700

34. 条件同题33。试问，框架部分承担的剪力设计值 $\sum V_c$（kN）与下列何项数值最为接近？

A. 3400   B. 2800   C. 2200   D. 1700

题 35～36

某单层单跨砌体承重的无吊车厂房，如图 17-1-13 所示。采用装配式无檩体系钢筋混凝土屋盖，厂房柱的高度 $H = 5.6$m。砌体采用 MU20 级混凝土多孔砖，Mb10 级专用砂浆砌筑，砌体施工质量控制等级为 B 级。其结构布置和构造措施均符合规范要求。

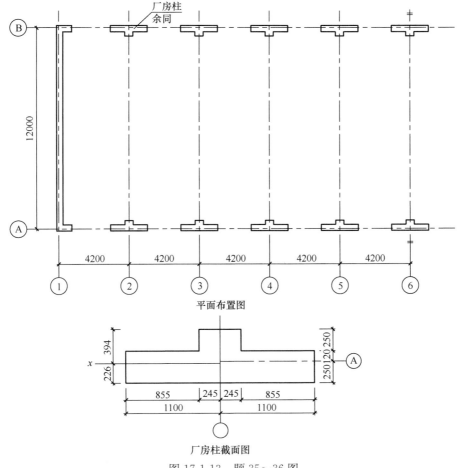

图 17-1-13 题35～36图

提示：厂房柱的截面面积 $A=0.9365\times10^6\text{mm}^2$，绕形心轴 x 的回转半径 $i=147\text{mm}$。

35. 试问，按构造要求进行高厚比验算时，排架方向的厂房柱的高厚比与下列何项数值最为接近？

A. 11　　　　B. 13　　　　C. 15　　　　D. 17

36. 假设，房屋静力计算方案为弹性方案，厂房柱柱底截面绕 x 轴的弯矩设计值 $M=52\text{kN}\cdot\text{m}$，轴向压力设计值为 404kN，截面重心到轴向力所在偏心方向截面边缘距离 $y=394\text{mm}$。试问，厂房柱的受压承载力设计值（kN），与下列何项数值最为接近？

A. 630　　　　B. 680　　　　C. 730　　　　D. 780

题 37～38

某房屋窗间墙长 1600mm，厚 370mm，有一 250mm×500mm 的钢筋混凝土楼面梁支承在墙上，梁端实际支承长度为 250mm，如图 17-1-14 所示。窗间墙采用 MU15 级烧结普通砖、M10 混合砂浆砌筑。砌体施工质量控制等级为 B 级。

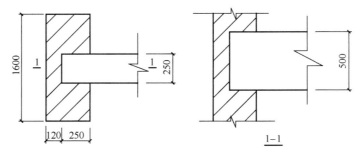

图 17-1-14　题 37～38 图

37. 试问，梁端支承处砌体的局部受压承载力设计值（kN）与下列何项数值最为接近？

A. 120　　　　B. 140　　　　C. 160　　　　D. 180

38. 假设，窗间墙在重力荷载代表值作用下的轴向力 $N=604\text{kN}$。试问，该窗间墙的抗震受剪承载力设计值 $f_{vE}A/\gamma_{RE}$（kN）与下列何项数值最为接近？

A. 140　　　　B. 160　　　　C. 180　　　　D. 200

题 39～40

某露天环境的木屋架，采用云南松 TC13A 制作，计算简图如图 17-1-15 所示，其空间稳定性满足《木结构设计标准》GB 50005—2017 的规定。P 为檩条（与屋架上弦锚固）传至屋架的节点荷载。设计使用年限为 5 年，结构重要性系数 $\gamma_0=1.0$。

39. 假设，杆件 D1 采用截面为正方形的方木，在恒载和活载共同作用下 $P=20\text{kN}$（设计值）。试问，当按此工况进行强度验算时，其最小截面边长（mm），与下列何项数值最为接近？

提示：强度验算不考虑构件自重。

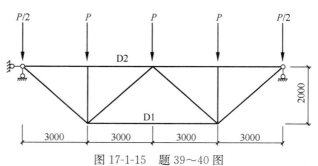

图 17-1-15　题 39～40 图

A. 70　　　　　B. 85　　　　　C. 100　　　　　D. 110

40. 假设，杆件 D2 采用截面为正方形的方木，试问，满足长细比要求最小截面边长（mm），与下列何项数值最为接近？

A. 90　　　　　B. 100　　　　　C. 110　　　　　D. 120

题 41～42

某土质建筑边坡采用毛石混凝土重力式挡墙支护，挡土墙墙背竖直，如图 17-1-16 所示，墙高为 6.5m，墙顶宽度为 1.5m，墙体宽度为 3m，挡土墙毛石混凝土重度为 $24kN/m^3$，墙后填土表面水平且与墙齐高，填土对墙背的摩擦角 $\delta=0°$，排水良好，挡土墙基底水平，底部埋置深度为 0.5m，地下水位在挡墙底部以下 0.5m。

提示：(1) 不考虑墙前被动土压力的有利作用，不考虑地震；

(2) 不考虑地面荷载影响；

(3) $\gamma_0=1.0$。

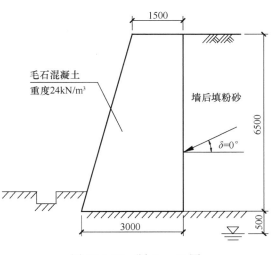

图 17-1-16　题 41～42 图

41. 假定，墙后填土重度 $20kN/m^3$，主动土压力系数 $k_a=0.22$，土与墙基底摩擦系数 $\mu=0.45$。试问，挡土墙抗滑稳定系数 k_1，与下列何项数值最为接近？

A. 1.35　　　　B. 1.45　　　　C. 1.55　　　　D. 1.65

42. 假定，作用于挡墙的主动土压力 $E_a=112kN$，试问，基底最大压力 p_{kmax}（kN/m^2），与下列何项数值最为接近？

A. 170　　　　B. 180　　　　C. 190　　　　D. 200

题 43～45

某工程采用真空预压法处理地基，排水竖井采用塑料排水带，等边三角形布置，穿透 20m 软土层，上覆砂垫层厚度为 1m。满足竖井预压构造措施和地质设计要求，瞬时抽真空并保持膜下真空度 90kPa，地基处理剖面图及土层分布如图 17-1-17 所示。

43. 设计采用塑料排水带宽度 100mm，厚度 6mm，试问，当井径比 $n=20$ 时，塑料排水带布置间距 l（mm），与下列何项数值最为接近？

A. 1200　　　　B. 1300　　　　C. 1400　　　　D. 1500

44. 假定，涂抹影响及井阻影响较小，忽略不计，井径比 $n=20$，竖井的有效排水直径 $d_e=1470$mm，当仅考虑抽真空荷载下径向排水固结时，试问，60 天竖井径向排水固结度 $\overline{U}_r$ 与下列何项数值（%）最为接近？

提示：(1) 不考虑涂抹及井阻影响时，$F=F_n=\ln(n)-\dfrac{3}{4}$；

(2) $\overline{U}_r=1-e^{-\frac{8c_h}{Fd_e^2}t}$。

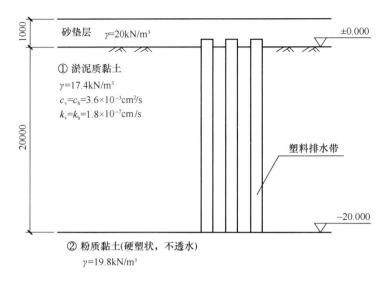

图 17-1-17 题 43～45 图

A. 80 B. 85 C. 90 D. 95

45. 假定，不考虑砂垫层本身的压缩变形，试问，预压荷载下地基最终竖向变形量（mm），应为以下何项数值？

提示：（1）沉降经验系数取 1.2；

（2）$\dfrac{e_0-e_1}{1+e_0}=\dfrac{p_0 k_v}{c_v \gamma_w}$；

（3）变形计算深度取至标高 −20.000m 处。

A. 300 B. 800 C. 1300 D. 1800

题 46～48

有一六桩承台基础，采用先张法预应力混凝土管桩，外径 500mm，壁厚 100mm，C80 混凝土，无桩尖。有关地基各土层、桩端土极限端阻力标准值 q_{pk}、桩侧土极限摩阻力标准值 q_{sik} 及桩布置、承台尺寸如图 17-1-18 所示。假定，荷载效应的基本组合由永久荷载控制，承台及其上土的平均重度取 $22kN/m^3$。

提示：荷载组合按简化原则；$\gamma_0=1.0$。

46. 试问，按照《建筑桩基技术规范》JGJ 94—2008，根据土的物理指标与承载力参数之间的经验关系计算的单桩竖向承载力特征值 R_a（kN），为以下何项数值？

A. 800 B. 1000 C. 1500 D. 2000

47. 假定，相应于作用的标准组合时，上部结构柱传至承台顶面中心的作用标准值 $N_k=5200kN$，$M_{kx}=0$，$M_{ky}=560kN \cdot m$。试问，承台 2-2 截面（柱边）处剪力设计值（kN）为以下何项数值？

A. 2550 B. 2650 C. 2750 D. 2850

48. 假定，不考虑地震作用，承台顶面中心弯矩标准值 $M_{kx}=0$，最大单桩反力设计值为 1180kN，承台采用 C35 混凝土（$f_t=1.57N/mm^2$），HRB400 钢筋（$f_y=360N/mm^2$），$h_0=1000mm$。试问，下列承台长向受力主筋配置方案哪个合理？

A. Φ20@100 B. Φ22@100 C. Φ22@150 D. Φ25@100

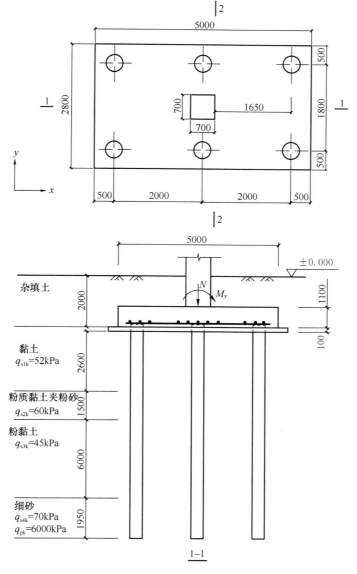

图 17-1-18 题 46～48 图

题 49. 某工程采用钢管桩基础，钢材为 Q345B（$f'_y=305\text{N}/\text{mm}^2$，$E=206\times10^3\text{N}/\text{mm}^2$），外径 $d=950\text{mm}$，锤击沉桩，试问，满足打桩时桩身不出现局部压屈的最小钢管壁厚（mm），为以下何项数值？

A. 7　　　　　　B. 8　　　　　　C. 9　　　　　　D. 10

题 50～51

某 8 度设防地区建筑，不设地下室，水下成孔混凝土灌注桩，桩径 800mm，C40 混凝土，桩长 30m，桩底端进入强风化片麻岩，桩基按位于腐蚀环境设计。独立桩承台，承台间设置连系梁。桩基础及土层剖面如图 17-1-19 所示。

50. 假定，桩顶固接，桩身配筋率为 0.7%，抗弯刚度 $4.33\times10^5\text{kN}\cdot\text{m}^2$，桩侧土水平抗力系数的比例系数 $m=4\text{MN}/\text{m}^4$，桩水平承载力由水平位移控制，允许位移为 10mm。

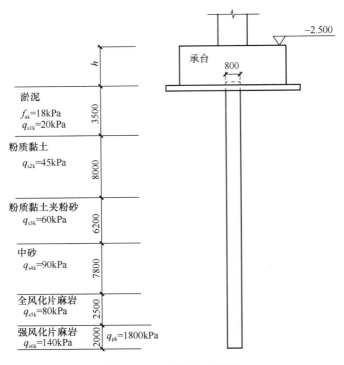

图 17-1-19 题 50~51 图

试问，初步设计按《建筑桩基技术规范》JGJ 94—2008 估算的考虑地震作用组合的桩基单桩水平承载力特征值（kN），为以下何项数值？

A. 161　　　　　　B. 201　　　　　　C. 270　　　　　　D. 330

51. 试问，图 17-1-20 所示工程桩结构中，有几处不满足《建筑地基基础设计规范》GB 50007—2011 及《建筑桩基技术规范》JGJ 94—2008 的构造要求？

A. 1　　　　　　　B. 2　　　　　　　C. 3　　　　　　　D. ≥4

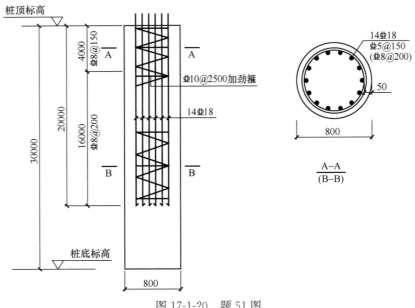

图 17-1-20 题 51 图

题52. 某抗震等级为一级的6层框架结构，采用直径600mm混凝土灌注桩基础，无地下室，试问，图17-1-21中有几处不符合《建筑地基基础设计规范》GB 50007—2011及《建筑桩基技术规范》JGJ 94—2008的构造要求？

A. 1　　　　　　B. 2　　　　　　C. 3　　　　　　D. ≥4

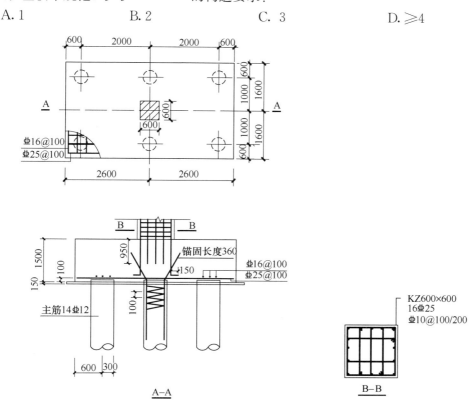

图17-1-21　题52图

题53～55

某安全等级为二级的高层建筑采用钢筋混凝土框架结构，柱截面尺寸900mm×900mm，如图17-1-22所示。柱采用平板式筏基，板厚1.4m，均匀地基。荷载效应由永久荷载控制。

提示：计算时取 $h_0=1.34$m；荷载组合按简化规则。

53. 如图17-1-23所示，假设，中柱KZ1柱底按荷载标准组合得到的柱轴力 $F_{1k}=9000$kN，柱底端弯矩 $M_{1kx}=0$，$M_{1ky}=150$kN·m。荷载标准组合基底净反力135kPa（已扣除筏基及其上土重）。已知，$I_s=11.17$m^4，$\alpha_s=0.4$，试问，KZ1柱边 $h_0/2$ 处的筏板冲切临界截面的最大剪应力设计值 τ_{max}（kPa），为以下何项数值？

A. 600　　　　　B. 800　　　　　C. 1000　　　　　D. 1200

54. 假设，柱KZ2按标准组合的柱底轴力 $F_k=7000$kN，其他条件同上题，试问，冲切验算时，作用在KZ2下的冲切力设计值 F_l（kN），为以下何项数值？

A. 7800　　　　B. 8200　　　　C. 8600　　　　D. 9000

55. 在作用的准永久组合下，当结构竖向荷载重心与筏板形心不重合时，试问，根据《建筑地基基础设计规范》GB 50007—2011，荷载重心左右侧偏离筏板形心的距离限值（m），为以下何项数值？

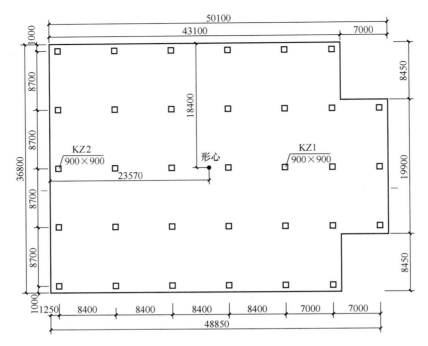

图 17-1-22 题 53~55 图

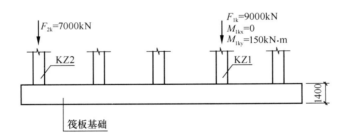

图 17-1-23 题 53 图

A. 0.710, 0.580 B. 0.800, 0.580
C. 0.800, 0.710 D. 0.880, 0.690

题 56. 下列关于 CFG 桩复合地基质量检验方法的叙述，何项符合《建筑地基处理技术规范》JGJ 79—2012 的要求？

Ⅰ. 应采用静载检验处理后地基承载力
Ⅱ. 应采用静载检验复合地基承载力
Ⅲ. 应进行静载试验检验单桩承载力
Ⅳ. 应采用静力触探试验检验处理后地基质量
Ⅴ. 应采用动力触探试验检验处理后地基质量
Ⅵ. 应检验桩身强度
Ⅶ. 应进行低应变动力试验检验桩身完整性
Ⅷ. 应采用钻芯检验成桩质量

A. Ⅰ、Ⅲ、Ⅳ、Ⅶ B. Ⅰ、Ⅲ、Ⅵ、Ⅶ

C. Ⅱ、Ⅲ、Ⅵ、Ⅶ   D. Ⅱ、Ⅲ、Ⅴ、Ⅶ

题57. 下列关于高层民用建筑抗震观点，哪一项与规范不一致？

A. 高层混凝土框架-剪力墙结构，剪力墙有端柱时，墙体在楼盖处宜设暗梁
B. 高层钢框架-支撑结构，支撑框架所承担地震剪力不应小于总地震剪力的75%
C. 高层混凝土结构，位移比计算应采用规定水平地震作用，且考虑偶然偏心影响，楼层层间最大位移与层高之比应采用地震作用标准值，可不考虑偶然偏心
D. 重点设防类高层建筑应按高于本地区抗震设防一度的要求提高其抗震措施，但抗震设防烈度为9度时应适当提高；适度设防类，允许比本地区抗震设防烈度的要求适当降低，但其抗震措施6度时不应降低

题58. 下列关于高层建筑结构的一些观点，何项最为准确？

A. 对于超长钢筋混凝土结构，温度作用计算时，地下部分与地上部分结构应考虑不同的"温升""温降"作用
B. 高度超过60m的高层建筑，结构设计时基本风压应增大10%
C. 复杂高层建筑结构应采用弹性时程分析法进行补充计算，关键构件的内力、配筋应与反应谱法的计算结果进行比较，取较大者
D. 抗震设防烈度为8度（0.3g）基本周期3s的竖向不规则结构的薄弱层，多遇地震下水平地震作用计算时，薄弱层的最小水平地震剪力系数不应小于0.048

题59. 处于7度区的丙类高层建筑，多遇水平地震标准值作用时，需控制弹性层间位移角，比较下列三种结构体系的弹性层间位移角限值$[\Delta u/h]$：

体系1，房屋高度为180m的钢筋混凝土框架-核心筒结构；
体系2，房屋高度为50m的钢筋混凝土框架结构；
体系3，房屋高度为120m的钢框架-屈曲约束支撑结构。

试问，以上三种结构体系的$[\Delta u/h]$之比，与下列何项数值最为接近？

A. 1∶1.45∶2.71   B. 1∶1.2∶1.36
C. 1∶1.04∶1.36   D. 1∶1.23∶2.71

题60~61

某平面为矩形的24层现浇钢筋混凝土部分框支剪力墙结构，房屋总高度为75.00m，一层为框支层，转换层楼板局部大开洞，如图17-1-24所示，其余楼板均连续。所在地区设防烈度为8度（0.20g），丙类建筑，安全等级为二级。转换层混凝土强度等级为C40，钢筋采用HRB400（Φ）。

60. 假定，⑤轴落地剪力墙处，由不落地剪力墙传来的按刚性楼板计算的楼板组合剪力设计值V_0=1400kN，KZL1、KZL2穿过5轴墙的纵筋A_s=4200mm²，转换楼板配筋验算宽度按b_f=5600mm，板面、板底配筋相同，且均穿过周边墙梁。试问，该转换楼板厚度t_f（mm）及板底最小配筋应为下列何项数值，才能满足规范、规程的最低抗震要求？

提示：（1）框支层楼板按构造配筋时，满足竖向承载力和水平平面内抗弯要求；
（2）核算转换层楼板的截面时，板宽b_f=6300mm，忽略梁截面。

A. t_f=180mm，Φ12@200   B. t_f=200mm，Φ12@200
C. t_f=220mm，Φ12@200   D. t_f=250mm，Φ14@200

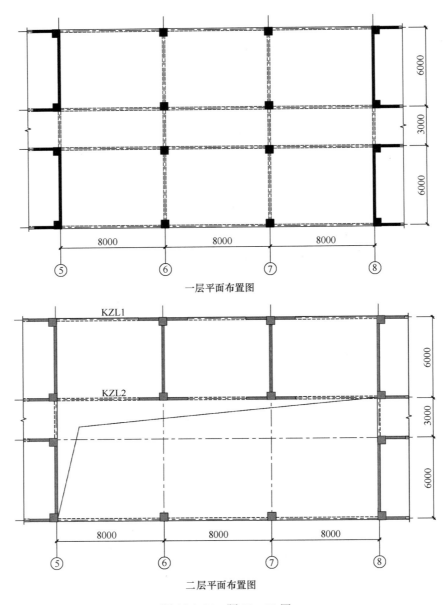

一层平面布置图

二层平面布置图

图 17-1-24 题 60~61 图

61. 假定，底层某一落地剪力墙如图 17-1-25 所示（配筋为示意，端柱内周边均匀布置），抗震等级为一级，抗震承载力计算时，考虑地震作用组合的墙肢组合内力计算值（未经调整）为 $M=3.9\times10^4$ kN·m, $V=3.2\times10^3$ kN, $N=1.6\times10^4$ kN（压力），$\lambda=1.9$。试问，该剪力墙底部截面水平向分布筋应按下列何项布置，才能满足规范、规程的最低抗震要求？

提示：$A_w/A \approx 1$, $h_{w0}=6300$mm, $0.15\beta_c f_c b h_{w0}/\gamma_{RE}=6.37\times10^6$ N, $0.2 f_c b h_w = 7563600$N。

A. 2 Φ 10@200　　　B. 2 Φ 12@200　　　C. 2 Φ 14@200　　　D. 2 Φ 16@200

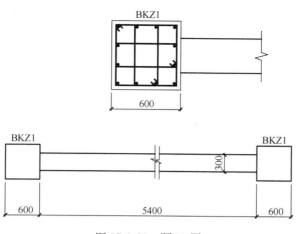

图 17-1-25 题 61 图

题 62. 某拟建 12 层办公楼采用钢支撑-混凝土框架结构,房屋高度为 43.3m,框架柱截面 700mm×700mm,混凝土强度等级为 C50。抗震设防烈度为 7 度,丙类建筑,Ⅱ 类场地。进行方案比较时,有四种支撑布置方案,假定,多遇地震作用下起控制作用的主要计算结果见表 17-1-1。

各方案在多遇地震作用下的主要计算结果　　　　表 17-1-1

方案序号	M_{xF}/M（%）	M_{yF}/M（%）	N（kN）	N_G（kN）
A	51	52	8300	7300
B	46	48	8000	7200
C	52	51	8250	7250
D	42	43	7800	7600

各符号含义如下:

M_F——底层框架部分按刚度分配的地震倾覆力矩;

M——底层总地震倾覆力矩;

N——底层混凝土框架柱考虑地震作用组合作用的最大轴压力设计值;

N_G——底层钢支撑柱考虑地震作用组合作用的最大轴压力设计值。

假定,刚度、支撑间距等其他方面均满足规范要求,如果仅从支撑布置及柱抗震构造方面考虑,试问,下列哪种方案最为合理?

提示:(1) 按《建筑抗震设计规范》GB 50011—2010(2016 年版)作答;

(2) 柱不采取提高轴压比限值措施。

A. 方案 A　　　　B. 方案 B　　　　C. 方案 C　　　　D. 方案 D

题 63. 某拟建 10 层普通办公楼,现浇钢筋混凝土框架-剪力墙结构,质量和刚度沿高度分布比较均匀,房屋高度为 36.4m,一层地下室,地下室顶板为上部嵌固部位,采用桩基础。本地区抗震设防烈度为 8 度(0.20g),设计地震分组为第一组,丙类建筑,Ⅲ 类场地。已知总重力荷载代表值在 146000~166000kN 之间。

初步设计时,有四种结构布置方案(x 向起控制作用),各方案在多遇地震作用下按振型分解反应谱法的主要计算结果见表 17-1-2。

各方案采用振型分解反应谱法的主要计算结果 表 17-1-2

指标	方案 A	方案 B	方案 C	方案 D
T_x (s)	0.85	0.85	0.86	0.86
F_{Ekx} (kN)	8200	8500	12000	10200
λ_x	0.050	0.052	0.076	0.075

各符号含义如下：

T_x ——结构第一自振周期；

F_{Ekx} ——总水平地震作用剪力标准值；

λ_x ——水平地震剪力系数。

假定，从结构剪重比及总重力荷载合理性考虑，上述只有一个比较合理，试问是哪个方案？

提示：按底部剪力法判断。

A. 方案 A   B. 方案 B   C. 方案 C   D. 方案 D

题 64~65

某 7 层民用现浇钢筋混凝土框架结构，如图 17-1-26 所示，层高均为 4.0m，结构竖向层刚度无突变，楼层屈服强度系数 ξ_y 分布均匀，安全等级为二级。设防烈度为 8 度 (0.20g)，丙类建筑，Ⅱ类场地。

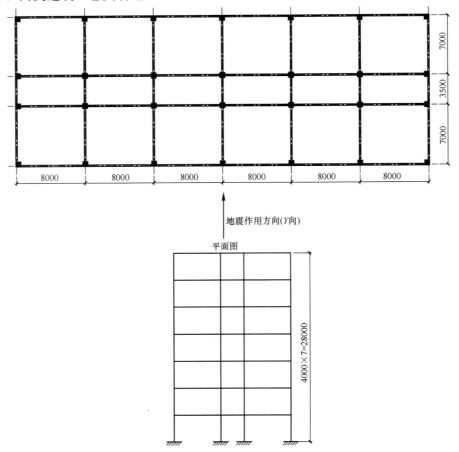

图 17-1-26 题 64~65 图

64. 假定，该结构中部某一框架梁局部平面如图 17-1-27 所示，框架梁截面 350mm×700mm，$h_0=640$mm，$a'_s=40$mm，混凝土强度等级为 C40，纵筋采用 HRB500（Φ），梁端 A 底部配筋为顶部一半（顶部纵筋 $A_s=4920$mm²）。针对梁端 A 的配筋，试问，计入受压钢筋作用的梁端抗震受弯承载力设计值（kN·m）与下列何项数值最为接近？

提示：（1）梁抗弯承载力按 $M=M_1+M_2$；
（2）梁按实际配筋计算的受压区高度与抗震要求的最大受压区高度相等。

A. 1241　　　　B. 1600　　　　C. 1820　　　　D. 2400

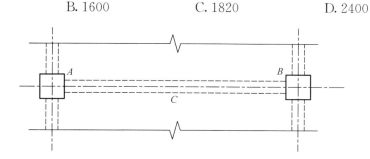

图 17-1-27　题 64 图

65. 假定，Y 向多遇地震作用下首层地震剪力标准值 $V_0=9000$kN（边柱 14 根，中柱 14 根），罕遇地震地震作用下首层弹性地震剪力标准值 $V=50000$kN。框架柱按实配钢筋和混凝土强度标准值计算的受剪承载力：每根边柱 $V_{cua1}=780$kN，中柱 $V_{cua2}=950$kN。关于结构弹塑性变形验算，有下列 4 种观点：

Ⅰ．不必进行弹塑性变形验算；
Ⅱ．增大框架柱实配钢筋使 V_{cua1} 和 V_{cua2} 增加 5%后，可不进行弹塑性变形验算；
Ⅲ．可采用简化方法计算，弹塑性层间位移增大系数取 1.83；
Ⅳ．可采用静力弹塑性分析方法或弹塑性时程分析法进行弹塑性变形验算。

试问，上述观点是否符合《高层建筑混凝土结构技术规程》JGJ 3—2010 的要求？

A. Ⅰ不符合，Ⅱ、Ⅲ、Ⅳ符合
B. Ⅰ、Ⅱ符合，Ⅲ、Ⅳ不符合
C. Ⅰ、Ⅱ不符合，Ⅲ、Ⅳ符合
D. Ⅰ符合，Ⅱ、Ⅲ、Ⅳ不符合

题 66～68

某高层办公楼，地上 33 层，如图 17-1-28 所示，房屋高度为 128.0m。内筒采用钢筋混凝土核心筒，外围为钢框架，钢框架柱距：1～5 层为 9.0m，6～33 层为 4.5m，5 层设转换桁架。设防烈度为 7 度（0.10g），设计地震分组为第一组，丙类建筑，Ⅲ类场地。地下一层顶板（±0.000 处）作为上部结构嵌固部位。

提示："抗震措施等级"指抗震计算中内力调整；"抗震构造措施等级"指构造措施抗震等级。

66. 针对上述结构，钢筋混凝土核心筒地下二层和第 20 层的抗震等级有下列 4 组，如表 17-1-3 所示。试问，哪组符合《建筑抗震设计规范》GB 50011—2010 及《高层建筑混凝土结构技术规程》JGJ 3—2010 的最低要求？

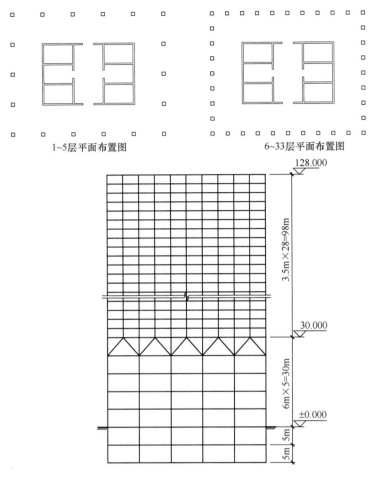

图 17-1-28 题 66~68 图

关于核心筒抗震等级的观点　　　　表 17-1-3

位置	观点1		观点2		观点3		观点4	
	抗震措施等级	抗震构造措施等级	抗震措施等级	抗震构造措施等级	抗震措施等级	抗震构造措施等级	抗震措施等级	抗震构造措施等级
地下二层	不计算地震作用	一级	不计算地震作用	二级	一级	二级	二级	二级
第20层	特一级	特一级	一级	一级	一级	一级	二级	二级

A. 观点 1　　　B. 观点 2　　　C. 观点 3　　　D. 观点 4

67. 针对上述结构，外围钢框架的抗震等级有 4 组观点，如表 17-1-4 所示。试问，哪组观点符合《建筑抗震设计规范》GB 50011—2010 及《高层建筑混凝土结构技术规程》JGJ 3—2010 的要求？

关于外围钢框架抗震等级的观点　　　　　　　表 17-1-4

位置	观点 1		观点 2		观点 3		观点 4	
	抗震措施等级	抗震构造措施等级	抗震措施等级	抗震构造措施等级	抗震措施等级	抗震构造措施等级	抗震措施等级	抗震构造措施等级
1～5 层	三级	三级	二级	二级	二级	三级	二级	二级
6～33 层	三级	三级	三级	三级	二级	三级	二级	二级

A. 观点 1
B. 观点 2
C. 观点 3
D. 观点 4

68. 因方案调整，取消 5 层转换桁架，6～33 层钢框架柱距由 4.5m 改为 9.0m，与 1～5 层贯通，结构沿竖向刚度分布均匀、扭转效应不明显、无薄弱层。假定，重力荷载代表值为 1.0×10^6 kN，底部对应于 Y 向水平地震作用标准值的剪力为 12800kN，基本周期 4.0s。多遇地震标准值作用下，Y 向框架按侧向刚度分配且未经调整的楼层地震剪力标准值：首层 $V_{f1}=900$kN，各层最大值 $V_{f,max}=2000$kN。试问，抗震设计时，首层 Y 向框架部分的楼层地震剪力标准值（kN）与下列何项数值最为接近？

假定：各层剪力调整系数均按底层剪力调整系数取值。

A. 900　　　　　　　　　　　B. 2560
C. 2940　　　　　　　　　　　D. 3450

题 69. 某 8 层钢结构民用建筑，采用钢框架-中心支撑体系（有侧移，无摇摆柱），房屋高度为 33.0m，外围局部高大空间，其中某榀钢框架如图 17-1-29 所示。8 度（0.20g），乙类建筑，Ⅱ类场地，钢材采用 Q345（强度按 $f_y=345$N/mm²），结构内力采用一阶线弹性分析，框架柱 KZA 与柱顶框架梁 KLB 的承载力满足 2 倍多遇地震作用组合下的内力要求。

假定，框架柱 KZA 在 xy 平面外及相关构造满足规范要求，在 xy 平面内 KZA 的线刚度 i_c 与框架梁 KLB 的线刚度 i_b 相等。试问，框架柱

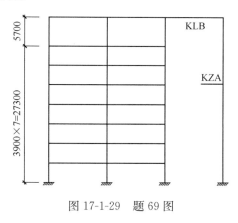

图 17-1-29　题 69 图

KZA 在 xy 平面内的回转半径 r_c（mm）最小为下列何值才能满足长细比的要求？

提示：（1）按《高层民用建筑钢结构技术规程》JGJ 99—2015 作答；
（2）不考虑 KLB 轴力影响；
（3）长细比 $\lambda=\mu H/r_c$。

A. 610　　　　B. 625　　　　C. 870　　　　D. 1010

题 70～72

某 26 层钢结构办公楼，采用钢框架-支撑体系，如图 17-1-30 所示，抗震设防烈度为 8 度（0.20g），丙类建筑，第一组，Ⅲ类场地，安全等级均为二级，钢材采用 Q345，为了简化计算，钢材强度指标均按 $f=305$N/mm²，$f_y=345$N/mm²。

提示：按《高层民用建筑钢结构技术规程》JGJ 99—2015 作答。

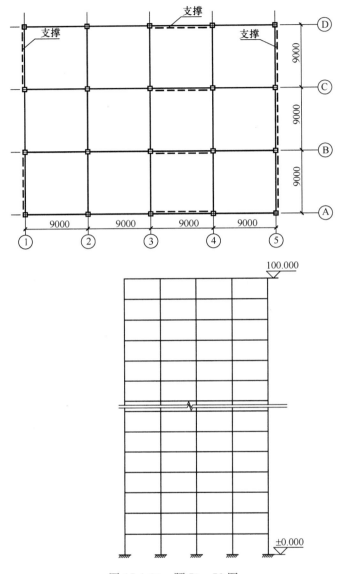

图 17-1-30　题 70～72 图

70. 假定，①轴第 12 层支撑的形状如图 17-1-31 所示，框架梁截面为 H600×300×12×20，$W_{np}=4.42\times10^6\text{mm}^3$。已知消能梁段的剪力设计值为 $V=1190\text{kN}$，又对应于消能梁段剪力设计值 V 的支撑组合轴力计算值 $N_{br,com}=2000\text{kN}$，支撑斜杆采用 H 型钢，抗震等级为二级，且满足承载力及其他构造要求。试问，支撑斜杆轴力设计值 N_{br}（kN）最小应取下列何值，才能满足规范要求？

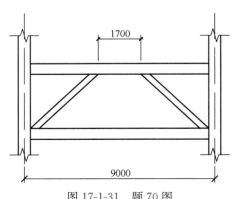

图 17-1-31　题 70 图

A. 2940　　　　B. 3170　　　　C. 3350　　　　D. 3470

71. 中部楼层某框架中柱 KZA 如图 17-1-32 所示，楼层的受剪承载力与上一楼层基本相同，所有框架梁均为等截面梁，承载力及位移计算所需的柱左、右梁断面均为 H600×300×14×24，$W_{pb}=5.21×10^6 mm^3$，上、下柱断面相同，均为箱形截面。假定，柱 KZA 抗震等级为一级，轴力设计值为 8500kN，2 倍多遇地震作用下，组合轴力设计值为 12000kN，结构的二阶效应系数小于 0.1，$\varphi=0.6$。

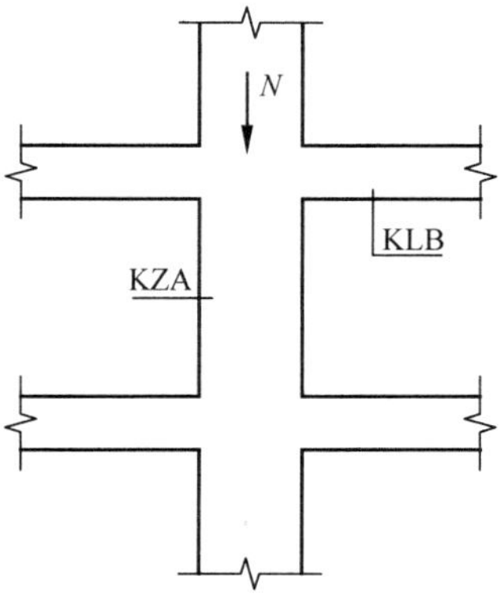

试问，框架柱 KZA 截面尺寸最小取下列何值才能满足规范关于"强柱弱梁"的抗震要求？

A. 550×550×24×24 ($A_c=50496mm^2$, $W_{pc}=9.97×10^6 mm^3$)

B. 550×550×26×26 ($A_c=58464mm^2$, $W_{pc}=1.115×10^7 mm^3$)

C. 550×550×28×28 ($A_c=62400mm^2$, $W_{pc}=1.22×10^7 mm^3$)

D. 550×550×30×30 ($A_c=66304mm^2$, $W_{pc}=1.40×10^7 mm^3$)

图 17-1-32　题 71 图

72. ⓑ轴第 20 层消能梁段的腹板加劲肋设置如图 17-1-33 所示，假定，消能梁段净长 $a=1700mm$，截面为 H600×300×12×20 （$0.15Af=839kN$, $W_{np}=4.42×10^6 mm^3$），轴压力设计值为 $N=800kN$，支撑采用 H 型钢。试问，上述四种消能梁段的腹板加劲肋设置图，哪一种符合规范的最低构造要求？

提示：该消能段不计轴力方向的受剪力承载力为 $V_l=1345kN$。

A. 图（a）　　　B. 图（b）　　　C. 图（c）　　　D. 图（d）

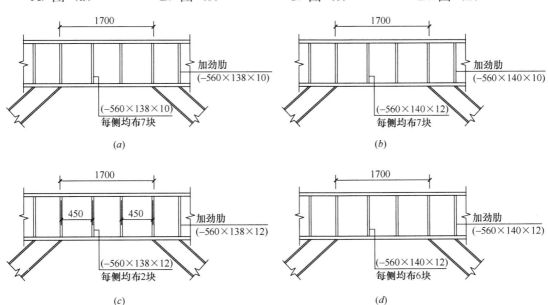

图 17-1-33　题 72 图

题 73. 某城市主干路上一座跨线桥,跨径组合为 30m+40m+30m 预应力混凝土连续箱梁桥,桥区地震基本烈度为 7 度,地震动峰值加速度为 0.15g。在确定设计技术标准时,试问,以下有几条符合规范要求?

① 桥梁抗震设防为丙类,抗震设防标准为 E1 地震作用下,震后可立即使用,结构总体反应在弹性范围内,基本无损伤;在 E2 地震作用下,经抢修可恢复使用,永久性修复后恢复正常运营能力,构件有限损伤;

② 桥梁抗震措施采用符合本地区地震基本烈度要求;

③ 地震调整系数 C_i 值在 E1 和 E2 作用下分别为 0.46、2.2;

④ 地震设计方法分类采用 A 类,进行 E1 和 E2 作用下的抗震分析和验算。

  A. 1   B. 2   C. 3   D. 4

题 74. 某桥处于气温区域寒冷地区,当地历年最高日平均温度 34℃,历年最低日平均温度 -10℃,历年最高温度 46℃,历年最低温度为 -21℃,该桥为正在建设的 3×50m 墩梁固接的刚构式公路钢桥,施工中采用中跨跨中嵌补段完成全桥合拢。假定,该桥预计合拢时的温度在 15~20℃ 之间,计算结构均匀温度作用效应时,温度升高和降低(℃),与下列何项数值最为接近?

  A. 14,23   B. 19,30   C. 31,41   D. 26,36

题 75. 某一级公路上一座直线预应力混凝土现浇连续箱梁桥,其中每腹板布置预应力钢绞线 6 根,沿腹板竖向布置三排,沿腹板水平横向布置两列,采用外径为 90mm 的金属波纹管。试问,按后张法预应力钢束布置构造要求,腹板合理宽度(mm)与下列何项数值最为接近?

  A. 300   B. 310   C. 325   D. 333

题 76. 在设计某座城市过街人行天桥时,在天桥两端部按需求每端分别设置 1:2.5 人行梯道和 1:4 考虑兼顾自行车推行坡道的人行梯道,全桥共 2 个 1:2.5 人行梯道和 2 个 1:4 人行梯道。其中自行车推行方式采用梯道两侧布置推行梯道。假定人行梯道的净宽均为 1.8m,一条自行车推行梯道宽为 0.4m,在不考虑设计年限内高峰小时流量及通行能力计算时,试问,天桥主桥桥面最大净宽设计值(m)最接近下列何项数值?

  A. 3.0   B. 3.7   C. 4.3   D. 4.7

题 77~80

某高速公路上一座预应力混凝土连续箱梁桥,跨径为 35m+45m+35m,混凝土强度等级为 C30,桥梁邻近城镇居住区,需要设置声屏障,如图 17-1-34 所示,不计挂板尺寸,主梁悬臂板跨径为 1880mm,悬臂板根部厚度为 350mm。设计既需要考虑风荷载、汽车撞击效应,又需分别对防撞护栏根部和主梁悬臂板根部进行极限承载力和正常使用性能分析。

77. 主梁悬臂板上,横桥向车辆荷载后轴(重轴)的车轮,按规范布置如图 17-1-34 所示。每组轮着地宽度(横桥向)为 600mm,长度(纵桥向)为 200mm,假设桥面铺装层厚度为 150mm。平行于悬臂板跨径方向(横桥向)的车轮着地尺寸外缘,通过铺装层 45° 分布线外边线至主梁腹板外边缘的距离为 l_c=1250mm。试问,垂直于悬臂板跨径的车轮荷载分布宽度(mm)与下列何项数值最为接近?

  A. 3000   B. 3100   C. 4300   D. 4400

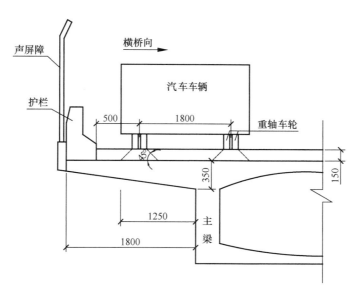

图 17-1-34 题 77～80 图

78. 在进行主梁悬臂根部抗弯极限承载力状态设计时，假定已知如下各作用在主梁悬臂根部的每延米弯矩作用标准值：悬臂板自重、铺装、声屏障和护栏引起的弯矩作用标准值为 45kN·m，按 100 年一遇基本风压计算的声屏障风荷载引起的弯矩作用标准值为 30kN·m，汽车车辆荷载（含冲击力）引起的弯矩作用标准值为 32kN·m，试问，主梁悬臂板根部弯矩在不考虑汽车撞击下的承载能力极限状态基本组合效应设计值（kN·m），与下列何项数值最为接近？

A. 123 B. 136 C. 146 D. 150

79. 考虑汽车撞击力下的主梁悬臂根部抗弯承载力性能设计时，假定，已知汽车撞击力引起的每延米弯矩作用标准值为 126kN·m，其他条件同上题，试问，主梁悬臂根部每延米弯矩承载能力极限状态偶然组合的效应设计值（kN·m），与下列何项数值最为接近？

A. 194 B. 206 C. 216 D. 227

80. 设计主梁悬臂根部顶层每延米布置一排 20 Φ 16，钢筋截面积共计 4022mm²，钢筋中心至悬臂板顶面距离为 40mm。假定当正常使用极限状态，主梁悬臂根部每延米作用频遇组合弯矩值为 200kN·m，采用受弯构件在开裂截面状态下的受拉纵向钢筋应力计算公式计算，试问，钢筋应力值（MPa）与下列何项数值最为接近？

A. 184 B. 180 C. 190 D. 194

17.2 2019年试题解答

2019年试题答案

题号	1	2	3	4	5	6	7	8	9	10
答案	C	D	C	C	B	B	A	D	B	D
题号	11	12	13	14	15	16	17	18	19	20
答案	D	C	A	C	B	C	C	A	D	C
题号	21	22	23	24	25	26	27	28	29	30
答案	D	B	A	B	B	C	D	A	C	A
题号	31	32	33	34	35	36	37	38	39	40
答案	B	D	C	A	B	C	A	B	B	A
题号	41	42	43	44	45	46	47	48	49	50
答案	C	D	B	D	C	B	A	B	D	D
题号	51	52	53	54	55	56	57	58	59	60
答案	D	D	B	D	C	C	B	A	D	B
题号	61	62	63	64	65	66	67	68	69	70
答案	D	B	C	B	A	B	A	C	A	D
题号	71	72	73	74	75	76	77	78	79	80
答案	B	D	A	C	C	B	D	D	C	A

1. 答案：C

解答过程：依据《建筑工程抗震设防分类标准》GB 50223—2008 的 6.0.8 条及其条文说明，小学的教学用房（包括体育馆）的设防类别应予以提高，故为重点设防类（乙类），根据 3.0.3 条，提高 1 度确定其抗震措施。

查《建筑抗震设计规范》GB 50011—2010 表 6.1.2，8 度、高度小于 24m、框架-抗震墙结构，抗震等级为：抗震墙二级，框架三级。

选择 C。

2. 答案：D

解答过程：屋面永久荷载标准值：$7.0+18\times0.6=17.8\text{kN/m}^2$。

依据《建筑结构荷载规范》GB 50009—2012 的表 5.3.1，屋顶花园，屋面均布活荷载为 3.0kN/m^2。

柱 KZ1 的从属面积为 8.1m×12m，荷载标准组合下的轴力为：
$$N_k = (17.8 + 3) \times 8.1 \times 12 = 2021.76 \text{kN}$$
选择 D。

3. 答案：C

解答过程：利用叠加原理，可得跨中弯矩为：
$$M_k = 670 \times (1 - 15\%)/2 - (670/2 + 335) = -385.25 \text{kN} \cdot \text{m}$$
选择 C。

4. 答案：C

解答过程：依据《混凝土结构设计规范》GB 50010—2010 的 6.2.15 条计算。

$l_0/b = 8/0.5 = 16$，查表 6.2.15 得到 $\varphi = 0.87$。

12 Φ 20，纵向钢筋截面积为 $12 \times 314.2 = 3770 \text{mm}^2$，配筋率 $3770/(500 \times 500) = 1.51\% < 3\%$。

依据《混凝土结构设计规范》GB 50010—2010 的 4.2.3 条，对轴心受压构件，当采用 HRB500 钢筋时，钢筋的抗压强度设计值 f'_y 应取为 400N/mm^2。

$0.9\varphi(f_c A + f'_y A'_s) = 0.9 \times 0.87 \times (19.1 \times 500 \times 500 + 400 \times 3770) = 4920 \times 10^3 \text{N}$

选择 C。

5. 答案：B

解答过程：依据《混凝土结构设计规范》GB 50010—2010 的 D.5.1 条计算。
$$\beta_l = \sqrt{\frac{A_b}{A_l}} = \sqrt{\frac{1400^2}{500^2}} = 2.8$$
$$\omega \beta_l f_{cc} A_l = 1.0 \times 2.8 \times (0.85 \times 14.3) \times 500 \times 500 = 8509 \times 10^3 \text{N}$$
选择 B。

6. 答案：B

解答过程：依据《混凝土结构设计规范》GB 50010—2010 的 6.3.4 条计算。
$$V_u = 0.7 f_t b h_0 + f_{yv} \frac{A_{sv}}{s} h_0$$
$$= 0.7 \times 1.71 \times 400 \times 930 + 360 \times \frac{4 \times 50.3}{100} \times 930$$
$$= 1118.9 \times 10^3 \text{N}$$

验算截面限制条件：

当 $\dfrac{h_w}{b} = \dfrac{930}{400} < 4$ 时，应满足
$$V \leqslant 0.25 \beta_c f_c b h_0 = 0.25 \times 1.0 \times 19.1 \times 400 \times 930 = 1776.3 \times 10^3 \text{N}$$
受剪承载力为以上两者较小者，选择 B。

7. 答案：A

解答过程：依据《混凝土结构设计规范》GB 50010—2010 的 9.2.11 条计算。
$$A_{sv} = \frac{850 \times 10^3 - 360 \times 4 \times 8 \times 50.3}{360 \times \sin 60°} = 868 \text{mm}^2$$

2 根吊筋提供 4 个截面面积，$868/4 = 217 \text{mm}^2$，Φ 18 可提供截面积 $254.5 \text{mm}^2 >$

217mm², 选择 A。

8. 答案：D

解答过程：

(1) g 引起的梁跨中弯矩设计值

$$M_1 = \frac{gl^2}{8} = \frac{40 \times 8^2}{8} = 320 \text{kN} \cdot \text{m}$$

(2) F 引起的梁跨中弯矩设计值

B 支座的反力设计值：

$$R_B = \frac{400 \times 2}{8} = 100 \text{kN}$$

取跨中以右为隔离体，求得梁跨中弯矩设计值为：

$$M_2 = 100 \times 4 = 400 \text{kN} \cdot \text{m}$$

(3) 叠加

$$M = 320 + 400 = 720 \text{kN} \cdot \text{m}$$

选择 D。

9. 答案：B

解答过程：截面上的剪力为 $428 \times \cos 30° = 371 \text{kN}$，轴力为 $428 \times \sin 30° = 214 \text{kN}$（拉力），按照偏心受拉构件计算其斜截面承载力。

依据《混凝土结构设计规范》GB 50010—2010 的 6.3.14 条计算。

由于 $160/428 = 0.37 < 75\%$，取 $\lambda = 1.5$。

$$\frac{1.75}{\lambda+1} f_t b h_0 - 0.2N = \frac{1.75}{1.5+1} \times 1.43 \times 300 \times 630 - 0.2 \times 214 \times 10^3 = 146.389 \times 10^3 \text{N} > 0$$

$$\frac{A_{sv}}{s} \geq \frac{V - \left(\frac{1.75}{\lambda+1} f_t b h_0 - 0.2N\right)}{f_{yv} h_0} = \frac{371 \times 10^3 - 146.389 \times 10^3}{360 \times 630} = 0.99 \text{mm}^2/\text{mm}$$

$f_{yv} \frac{A_{sv}}{s} h_0 = 360 \times 0.99 \times 630 = 224532 \text{N} > 0.36 f_t b h_0 = 0.36 \times 1.43 \times 300 \times 630 = 97297.2 \text{N}$，满足规范要求。

A、B、C、D 各选项的 $\frac{A_{sv}}{s}$ 分别为 $2 \times 254.5/150 = 3.39$、$2 \times 78.5/150 = 1.047$、$2 \times 78.5/120 = 1.308$、$2 \times 78.5/100 = 1.57$，单位为 mm²/mm，B 项可以满足要求。

依据 9.2.9 条对 B 项验算最小配箍率如下：

$$\rho_{sv} = \frac{A_{sv}}{bs} = \frac{78.5 \times 2}{300 \times 150} = 0.35\% > 0.24 \frac{f_t}{f_{yv}} = 0.24 \times \frac{1.43}{360} = 0.095\%$$，满足要求。

点评：对于偏心受拉构件，公式 6.3.14 中的 λ 依据 6.3.12 条取值。本题根据 6.3.12 条第 2 款，由于属于非集中荷载情况，故取 $\lambda = 1.5$。此时相当于 $\frac{1.75}{\lambda+1} = \frac{1.75}{1.5+1} = 0.7$，得到的 0.7 与均布荷载时直接取 $\alpha_{cv} = 0.7$ 相同。

10. 答案：D

解答过程：杆件所受压力 $N = 224 \text{kN}$；弯矩 $M = 224 \times 2 = 448 \text{kN} \cdot \text{m}$。

混凝土受压区高度：

$$x = \frac{N}{\alpha_1 f_c b} = \frac{224 \times 10^3}{1.0 \times 19.1 \times 400} = 29\text{mm}$$

$x < \xi_b h_0$，但 $x < 2a'_s = 2 \times 50 = 100\text{mm}$，因此，应取 $x = 2a'_s$ 并对受压纵筋合力点取矩。

不考虑二阶效应，因此，$e_0 = 2000\text{mm}$。

$$e_i = e_0 + e_a = 2000 + 20 = 2020\text{mm}$$
$$e' = e_i - 0.5h + a'_s = 2020 - 0.5 \times 600 + 50 = 1770\text{mm}$$

对称配筋时所需纵向钢筋截面积：

$$A'_s = A_s = \frac{Ne'}{f_y(h_0 - a'_s)} = \frac{224 \times 10^3 \times 1770}{360 \times (550 - 50)} = 2203\text{mm}^2$$

此钢筋用量也满足最小配筋率的要求。

故选择 D。

11. 答案：D

解答过程：依据《混凝土结构工程施工质量验收规范》GB 50204—2015 的 3.0.8 条，A 正确。

依据 4.1.2 条，B 正确。

依据 5.4.6 条，C 正确。

依据 5.2.1 条，还应做弯曲性能检验，故 D 不正确。

选择 D。

12. 答案：C

解答过程：依据《混凝土结构加固设计规范》GB 50367—2013 的 15.2.2 条～15.2.5 条计算。

$$l_s = 0.2\alpha_{spt}df_y/f_{bd} = 0.2 \times 1.0 \times 18 \times 360/(5 \times 0.8) = 324\text{mm}$$
$$l_d \geq \psi_N \psi_{ae} l_s = 1.265 \times 1.0 \times 324 = 410\text{mm}$$

选择 C。

13. 答案：A

解答过程：依据《建筑结构荷载规范》GB 50009—2012 的 10.3.3 条计算。

$$P_k = C\sqrt{m} = 3\sqrt{3215} = 170\text{kN}$$

依据 10.1.3 条，偶然荷载的设计值直接取用标准值。故选择 A。

14. 答案：C

解答过程：依据《混凝土结构设计规范》GB 50010—2010 的 7.1.1 条，裂缝控制等级为一级，应满足：

$$\sigma_{ck} - \sigma_{pc} \leq 0$$

式中，σ_{ck} 依据 7.1.5 条求出，为 $\sigma_{ck} = \frac{N_k}{A_0}$，依据 10.1.6 条，$A_0$ 为换算面积，包括净截面面积以及全部纵向预应力筋截面积换算成混凝土的截面面积：

$$A_0 = A + \left(\frac{E_p}{E_c} - 1\right)A_p = 203889 + \left(\frac{2.05 \times 10^5}{3.60 \times 10^4} - 1\right) \times 1781 = 2.12 \times 10^5 \text{mm}^2$$

于是可得

$$N_k \leq A_0 \sigma_{pc} = 2.12 \times 10^5 \times 6.84 = 14.5 \times 10^5 \text{N}$$

选择 C。

15. 答案：B

解答过程：q 引起的沿梁纵向单位长度的均匀扭矩为
$$6 \times 1.5 \times (1.5/2 + 0.5 \times 0.35) = 8.325 \text{kN} \cdot \text{m}$$

单位长度的均匀扭矩，引起沿梁纵向的扭矩分布，与均布竖向荷载引起的剪力分布相同，故为三角形。

此均匀扭矩引起的端部扭矩为 $8.325 \times 3 = 24.975 \text{kN} \cdot \text{m}$。

选择 B。

16. 答案：C

解答过程：(1) 判断是否可以简化

依据《混凝土结构设计规范》GB 50010—2010 的 6.4.12 条判断。

由于 $V - 0.35 f_t b h_0 = 100 \times 10^3 - 0.35 \times 1.57 \times 350 \times 600 < 0$，因此，可仅计算纯扭构件的受扭承载力。

(2) 按纯扭构件确定抗扭箍筋

$$\frac{A_{st1}}{s} = \frac{T - 0.35 f_t W_t}{1.2\sqrt{\zeta} f_{yv} A_{cor}} = \frac{85 \times 10^6 - 0.35 \times 1.57 \times 32.67 \times 10^6}{1.2\sqrt{1.7} \times 270 \times 162.4 \times 10^3} = 0.977 \text{mm}^2/\text{mm}$$

$s = 100 \text{mm}$，故 $A_{st1} = 97.7 \text{mm}^2$。Φ12 可提供截面积 113.1mm^2，满足要求。

选择 C。

17. 答案：C

解答过程：依据《钢结构设计标准》GB 50017—2017 表 3.5.1 判断截面等级。

翼缘自由外伸宽度与厚度之比：
$$b/t_f = (300 - 10)/2/20 = 7.25 < 9\varepsilon_k = 9$$

翼缘属于 S1 级。

腹板的高厚比：
$$h_0/t_w = (1200 - 2 \times 20)/10 = 116 < 124\varepsilon_k = 124$$

腹板属于 S4 级。

整个截面属于 S4 级，依据 6.1.1 条，取全截面有效且 $\gamma_x = 1.0$。

$$\frac{M_x}{\gamma_x W_{nx}} = \frac{95 \times 12^2/8 \times 10^6}{1.0 \times 590560 \times 10^4/620} = 180 \text{N/mm}^2$$

选择 C。

18. 答案：A

解答过程：支座处最大剪力设计值：
$$V = 95 \times 12/2 = 570 \text{kN}$$

依据《钢结构设计标准》GB 50017—2017 的 11.2.7 条计算。

$$\tau_f = \frac{1}{2h_e} \frac{V S_f}{I} = \frac{570 \times 10^3 \times (20 \times 300 \times 610)}{2 \times 0.7 \times 8 \times 590560 \times 10^4} = 31.5 \text{N/mm}^2$$

依据表 4.4.5，角焊缝强度设计值 $f_f^w = 160 \text{N/mm}^2$，$31.5/160 = 0.20$，选择 A。

点评：解答本题时注意以下两点：

(1) 标准第 11.2.7 条实际上是取单位长度计算，剪应力沿梁的纵向。

(2) 此处是角焊缝不是对接焊缝，尽管按照以下计算过程得到的最终结果与选项A仍十分接近。

$$\tau = \frac{VS_f}{It_w} = \frac{570 \times 10^3 \times (20 \times 300 \times 610)}{8590560 \times 10^4 \times 10} = 35.2\text{N/mm}^2$$

$$35.2//160 = 0.22$$

19. 答案：D

解答过程：依据《钢结构设计标准》GB 50017—2017 的公式（C.0.1-1）计算 φ_b。取中间段作为研究对象，侧向支撑点之间的距离为 6m。

长细比 $\lambda_y = \dfrac{l_{0y}}{i_y} = \dfrac{6000}{61} = 98.4$

$$\varphi_b = \beta_b \frac{4320}{\lambda_y^2} \frac{Ah}{W_x} \left(\sqrt{1 + \left(\frac{\lambda_y t_1}{4.4h}\right)^2} + \eta_b \right) \varepsilon_k^2$$

$$= 1.20 \times \frac{4320}{98.4^2} \frac{24000 \times 1240}{590560 \times 10^4 / 620} \sqrt{1 + \left(\frac{98.4 \times 20}{4.4 \times 1240}\right)^2}$$

$$= 1.78 > 0.6$$

因此，应用 φ'_b 代替 φ_b。

$$\varphi'_b = 1.07 - 0.282/\varphi_b = 1.07 - 0.282/1.78 = 0.91$$

选择 D。

点评：注意，在跨间的 2 个位置处设置了侧向支撑，并非按照 l/4 间距设置了 3 个。

20. 答案：C

解答过程：依据《钢结构设计标准》GB 50017—2017 的 6.1.5 条计算。

$$\sigma = \frac{M}{I_n} y_1 = \frac{1282 \times 10^6}{590560 \times 10^4} \times 600 = 130.2\text{N/mm}^2$$

$$\tau = \frac{VS_f}{It_w} = \frac{1296 \times 10^3 \times (20 \times 300 \times 610)}{590560 \times 10^4 \times 10} = 80.3\text{N/mm}^2$$

$$\sqrt{\sigma^2 + \sigma_c^2 - \sigma\sigma_c + 3\tau^2} = \sqrt{130.2^2 + 3 \times 80.3^2} = 191\text{N/mm}^2$$

选择 C。

21. 答案：D

解答过程：跨中挠度值为：

$$v = \frac{5q_k l^4}{384EI} = \frac{5 \times 90 \times 12000^4}{384 \times 206 \times 10^3 \times 590560 \times 10^4} = 20.0\text{mm}$$

挠跨比 20/12000=1/600，选择 D。

22. 答案：B

解答过程：依据《钢结构设计标准》GB 50017—2017 的 10.3.4 条计算。

$$W_{npx} = \frac{1}{4} \times 12 \times (500 - 2 \times 16)^2 + 2 \times 250 \times 16 \times (250 - 8) = 2.59 \times 10^6 \text{mm}^3$$

塑性铰部位的受弯承载力设计值：

$$0.9W_{npx} f = 0.9 \times 2.59 \times 10^6 \times 215 = 501\text{kN} \cdot \text{m}$$

选择 B。

点评：解答过程中注意以下几点：

(1) 依据 10.3.4 条可知，较大的轴压力和剪力会降低塑性受弯承载力，故提示中给出不考虑轴力和 $V < 0.5h_w t_w f_v$。由于这里强度验算采用净截面，故提示给出截面无削弱。

(2) 依据 10.3.1 条的条文说明，塑性受弯承载力设计值按 $\gamma_x W_{nx} f$ 求出，于是

$$I_x = \frac{1}{12} \times 250 \times 500^3 - \frac{1}{12} \times (250-12) \times (500-2 \times 16)^3 = 5.712 \times 10^8 \text{mm}^4$$

$$W_x = 5.712 \times 10^8 / 250 = 2.285 \times 10^6 \text{mm}^3$$

$$\gamma_x W_{nx} f = 1.05 \times 2.285 \times 10^6 \times 215 = 516 \text{kN} \cdot \text{m}$$

查《钢结构设计手册》（第四版，中国建筑工业出版社，2019年）第 14 章，对于钢梁，仅给出弯曲强度应满足 $M_x \leqslant \gamma_x W_{nx} f$；对于压弯构件，未提到 $M_x \leqslant 0.9 W_{npx} f$。

今依据《钢结构设计标准》GB 50017—2017 的正文答题。

顺便指出，对于 $V > 0.5 h_w t_w f_v$ 的情况，《钢结构设计手册》第 1251 页给出折减后的腹板正应力为：

$$f \sqrt{1 - \left(\frac{V}{h_w t_w f_v}\right)^2}$$

而按照《钢结构设计标准》GB 50017—2017 的 10.3.4 条第 2 款，应为

$$\left[1 - \left(\frac{2V}{h_w t_w f_v} - 1\right)^2\right] f$$

23. 答案：A

解答过程：依据《钢结构设计标准》GB 50017—2017 的 10.3.2 条计算。

$$\frac{V/(h_w t_w)}{f_v} = \frac{650 \times 10^3 / 12 / (500 - 2 \times 16)}{125} = 0.926$$

选择 A。

24. 答案：B

解答过程：依据《钢结构设计标准》GB 50017—2017 的 10.4.3 条，应布置间距不大于 2 倍梁高的加劲肋，即间距为 $2 \times 500 = 1000$mm，选择 B。

25. 答案：B

解答过程：依据《钢结构设计标准》GB 50017—2017 的 10.4.5 条，至少应能传递该处最大弯矩设计值的 1.1 倍，且不得低于 $0.5 \gamma_x W_x f$。

$$1.1 \times 250 = 275 \text{kN} \cdot \text{m}$$

$$0.5 \times 1.05 \times 2285 \times 10^3 \times 215 = 257 \times 10^6 \text{N} \cdot \text{mm}$$

选择 B。

26. 答案：C

解答过程：依据《钢结构设计标准》GB 50017—2017 的 17.1.5 条第 4 款，C 错误，选择 C。

点评：对其他各项判断如下：

依据《钢结构设计标准》GB 50017—2017 的 17.1.5 条第 2 款，A 正确；

依据 17.1.5 条第 5 款及其条文说明，底层框架柱为关键构件，关键构件的性能系数不应低于一般构件，B 正确；

依据 17.1.5 条第 1 款，D 正确。

27. 答案：D

解答过程：查《钢结构设计标准》GB 50017—2017 表 17.2.9，柱脚与基础的连接极限承载力计算时，应采用考虑轴力影响时柱的塑性受弯承载力，外包式柱脚时，连接系数为 1.2，选择 D。

28. 答案：A

解答过程：依据《钢结构设计标准》GB 50017—2017 的 17.3.9 条，Ⅳ不正确，选择 A。

29. 答案：C

解答过程：依据《钢结构设计标准》GB 50017—2017 表 3.5.1 判断截面等级。

翼缘自由外伸宽度与厚度之比：

$$9\sqrt{235/345} = 7.425 < b/t_f = (400-12)/2/24 = 8.1 < 11\sqrt{235/345} = 9.1$$

翼缘属于 S2 级。

腹板的高厚比：

$$65\sqrt{235/345} = 53.625 < h_0/t_w = (700-2\times24)/12 = 54.3 < 72\sqrt{235/345} = 59.4$$

腹板属于 S2 级。

依据表 17.2.2-2，此时应取 $W_E = W_p$，选择 C。

30. 答案：A

解答过程：依据《钢结构设计标准》GB 50017—2017 表 17.1.4-1，8 度、高度 54m，塑性耗能区承载性能等级为性能 7。查表 17.1.4-2，丙类、性能 7，构件最低延性等级为Ⅰ级。查表 17.3.4-1，Ⅰ级时，板件宽厚比最低等级为 S1，选择 A。

31. 答案：B

解答过程：依据《建筑抗震设计规范》GB 50011—2010 的 7.1.7 条第 1 款，Ⅰ错误，排除 A、D。依据第 2 款 2），Ⅱ正确。依据第 5 款，Ⅳ正确。选择 B。

点评：依据第 2 款 3），可知Ⅲ错误。

32. 答案：D

解答过程：依据《建筑抗震设计规范》GB 50011—2010 的 5.2.1 条，对于多层砌体房屋，$\alpha_1 = \alpha_{max}$。由 5.1.4 条，8 度（0.20g）、多遇地震时，$\alpha_{max} = 0.16$。于是

$$G_{eq} = 0.85 \times (5200 + 2 \times 6000 + 4500) = 18445 \text{kN}$$
$$F_{Ek} = \alpha_1 G_{eq} = 0.16 \times 18445 = 2951.2 \text{kN}$$

考虑放大系数后，底层的地震剪力设计值：

$$V_1 = 1.5 \times 1.3 \times 2951.2 = 5755 \text{kN}$$

选择 D。

33. 答案：C

解答过程：依据《建筑抗震设计规范》GB 50011—2010 的 7.2.4 条，横向地震剪力全部由抗震墙承受。

抗震墙 W_1 承担的地震剪力设计值：

$$V_{w1} = 0.18/0.72 \times 6000 = 1500 \text{kN}$$

选择 C。

34. 答案：A

解答过程：依据《建筑抗震设计规范》GB 50011—2010 的 7.2.5 条计算。

框架部分承担的剪力设计值：
$$\Sigma V_c = 0.28/(0.28 + 0.72 \times 0.3) \times 6000 = 3387\text{kN}$$

选择 A。

35. 答案：B

解答过程：依据《砌体结构设计规范》GB 50003—2011 的 4.2.1 条，装配式无檩体系钢筋混凝土屋盖、横墙间距为 $2 \times 5 \times 4.2 = 42\text{m}$，属于刚弹性方案。

依据 5.1.3 条，单跨、刚弹性方案，柱在排架方向的计算长度 $H_0 = 1.2H = 1.2 \times 5.6 = 6.72\text{m}$。

$$h_T = 3.5 \times 147 = 514.5\text{mm}$$

$$\beta = \frac{H_0}{h_T} = \frac{6720}{514.5} = 13.1$$

选择 B。

36. 答案：C

解答过程：依据《砌体结构设计规范》GB 50003—2011 的 5.1.3 条，单跨、弹性方案，柱在排架方向的计算长度 $H_0 = 1.5H = 1.5 \times 5.6 = 8.4\text{m}$。

$e = 52/404 = 0.129\text{m} < 0.6y = 0.6 \times 0.394 = 0.2364$，满足规范 5.1.5 条的要求。

$$h_T = 3.5 \times 147 = 514.5\text{mm}$$

$$\beta = \gamma_\beta \frac{H_0}{h_T} = 1.1 \times \frac{8400}{514.5} = 18$$

$$\frac{e}{h_T} = \frac{52 \times 10^3/404}{514.5} = 0.25$$

查表 D.0.1-1，得到系数 $\varphi = 0.29$。

混凝土多孔砖 MU20，Mb10 级砂浆，$f = 2.67\text{MPa}$。

截面积 $A = 0.9365\text{m}^2 > 0.3\text{m}^2$，不必考虑 3.2.3 条的由于小面积导致的强度调整。

$$\varphi A f = 0.29 \times 0.9365 \times 10^6 \times 2.67 = 725.1 \times 10^3 \text{N}$$

选择 C。

37. 答案：A

解答过程：（1）确定 f

查《砌体结构设计规范》GB 50003—2011 表 3.2.1-1，MU15 级烧结普通砖、M10 砂浆，$f = 2.31\text{N/mm}^2$。施工质量 B 级，强度不调整。

（2）确定 γ

依据 5.2.2 条和 5.2.3 条计算。

梁端有效支承长度

$$a_0 = 10\sqrt{\frac{h_c}{f}} = 10\sqrt{\frac{500}{2.31}} = 147\text{mm}$$

a_0 小于实际支承长度 250mm，取 $a_0 = 147\text{mm}$。

$$A_l = a_0 b = 147 \times 250 = 36750\text{mm}^2$$

$$A_0 = (b+2h)h = (250 + 2 \times 370) \times 370 = 366300\text{mm}^2$$

$$\gamma = 1 + 0.35\sqrt{\frac{A_0}{A_l} - 1} = 2.05$$

由于属于规范图 5.2.2 (b) 情况，γ 最大为 2，故取 γ=2。
(3) 确定局部受压承载力
取应力图形的完整性系数 η=0.7。
$$\eta f A_l = 0.7 \times 2 \times 2.31 \times 36750 = 118850\text{N}$$
选择 A。

38. 答案：B

解答过程：依据《砌体结构设计规范》GB 50003—2011 的 10.2.1 条和 10.2.2 条计算。
$$\sigma_0 = 604 \times 10^3/(1600 \times 370) = 1.02\text{MPa}$$
查表 3.2.2，$f_v = 0.17$MPa。由于施工质量为 B 级，强度不调整。
由 $\sigma_0/f_v = 1.02/0.17 = 6$ 查表 10.2.1，插值得到 $\zeta_N = 1.56$。
$$f_{vE} = \zeta_N f_v = 1.56 \times 0.17 = 0.2652\text{MPa}$$
$$f_{vE} A / \gamma_{RE} = 0.2652 \times 1600 \times 370 / 1.0 = 157 \times 10^3 \text{N}$$
选择 B。

39. 答案：B

解答过程：依据《木结构设计标准》GB 50005—2017 的 4.3.1 条 3 款，TC13A，$f_t = 8.5\text{N/mm}^2$。依据表 4.3.9-1，露天环境，强度调整系数为 0.9；依据表 4.3.9-2，设计使用年限 5 年，强度调整系数为 1.1。最终取 $f_t = 8.5 \times 0.9 \times 1.1 = 8.4\text{N/mm}^2$。

支座反力为 $2P = 40\text{kN}$。取隔离体如图 17-2-1 所示，对 C 点取矩，可得：
$$40 \times 6 - 10 \times 6 - 20 \times 3 - N_{D1} \times 2 = 0$$
求得 $N_{D1} = 60\text{kN}$。

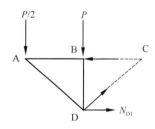

图 17-2-1 题 39 的计算简图

令边长为 a，则
$$\frac{N_{D1}}{a^2} \leqslant f_t$$
$$a \geqslant \sqrt{\frac{N_{D1}}{f_t}} = \sqrt{\frac{60 \times 10^3}{8.4}} = 85\text{mm}$$

故选择 B。

40. 答案：A

解答过程：依据《木结构设计标准》GB 50005—2017 表 4.3.17，作为轴心受压构件的桁架弦杆，长细比限值为 120。

正方形截面的回转半径：
$$i = \sqrt{\frac{I}{A}} = \sqrt{\frac{a^4/12}{a^2}} = \frac{a}{\sqrt{12}}$$
$$\frac{3000}{a/\sqrt{12}} \leqslant 120$$

求得 $a \geqslant 87\text{mm}$。选择 A。

41. 答案：C

解答过程：依据《建筑地基基础设计规范》GB 50007—2011 的 6.7.5 条，按照下式计算：
$$k_1 = \frac{(G_n + E_{an})\mu}{E_{at} - G_t}$$

按单位长度考虑，有
$$G = \frac{(1.5+3) \times 6.5}{2} \times 24 = 351 \text{kN}$$

$$E_a = \psi_a \frac{1}{2}\gamma h^2 k_a = 1.1/2 \times 20 \times 6.5^2 \times 0.22 = 102.2 \text{kN}$$

$$\alpha_0 = 0, \alpha = 90°, \delta = 0°$$

$$G_n = G\cos\alpha_0 = 351\text{kN}, G_t = G\sin\alpha_0 = 0$$

$$E_{at} = E_a\sin(\alpha - \alpha_0 - \delta) = 102.2 \times \sin(90° - 0° - 0°) = 102.2\text{kN}$$

$$E_{an} = E_a\cos(\alpha - \alpha_0 - \delta) = 102.2 \times \cos(90° - 0° - 0°) = 0$$

于是
$$k_1 = \frac{(G_n + E_{an})\mu}{E_{at} - G_t} = \frac{(351+0) \times 0.45}{102.2 - 0} = 1.55$$

故选择 C。

点评：由于规范给出的公式针对的是通用情况，故计算起来比较麻烦，实际上，题目中所示的挡土墙是一种常见情况，抗滑验算公式可以简化为：

$$\frac{(G + E_a\sin\delta)\mu}{E_a\cos\delta} \geq 1.3$$

若进一步 $\delta = 0$，则可简化为更简单的形式：

$$\frac{G\mu}{E_a} \geq 1.3$$

可见，若直接用上式计算本题，将大大节省时间。

42. 答案：D

解答过程：挡土墙重力 $G = 351\text{kN}$，重心至基底形心的距离为：

$$x_0 = 1.5 - \frac{1.5 \times 6.5 \times 1.5/2 + 1.5 \times 6.5/2 \times (1.5/3 + 1.5)}{1.5 \times 6.5 + 1.5 \times 6.5/2} = 0.333\text{m}$$

挡土墙的重力（上题已经求出为 351kN）和墙后土压力在基底形心位置处形成的弯矩为：

$$M = 351 \times 0.333 - 112 \times 6.5/3 = -125.8 \text{kN} \cdot \text{m}$$

上式中的"负号"表示弯矩为逆时针方向（与重力对基底形心形成的弯矩反向）。

由于
$$e = \frac{125.8}{351} = 0.358\text{m} < \frac{b}{6} = \frac{3}{6} = 0.5\text{m}$$

因此，
$$p_{max} = \frac{351}{3 \times 1} + \frac{125.8}{\frac{1}{6} \times 3^2} = 201\text{kPa}$$

选择 D。

43. 答案：B

解答过程：依据《建筑地基处理技术规范》JGJ 79—2012 的 5.2.3 条～5.2.5 条计算。

$$d_p = \frac{2(b+\delta)}{\pi} = \frac{2(100+6)}{3.14} = 67.5 \text{mm}$$

对于塑料排水带，等边三角形布置，有

$$n = \frac{d_e}{d_p} = \frac{1.05 \times l}{67.5} = 20$$

解出 $l = 1286$mm，选择 B。

44. 答案：D

解答过程：依据《建筑地基处理技术规范》JGJ 79—2012 的 5.2.8 条计算。

$$F = F_n = \ln(n) - \frac{3}{4} = \ln(20) - \frac{3}{4} = 2.25$$

$$-\frac{8c_h}{Fd_e^2}t = -\frac{8 \times 3.6 \times 10^{-3}}{2.25 \times 147^2} \times 60 \times 24 \times 3600 = -3.07$$

$$\overline{U}_r = 1 - e^{-\frac{8c_h}{Fd_e^2}t} = 1 - e^{-3.07} = 0.95$$

选择 D。

点评：本题解答过程中注意：

(1) 题目中给出了 $\overline{U}_r$ 公式中的所有参数，计算的关键是将参数的"单位"统一。现在，F 无量纲，c_h 的单位为 cm²/s，d_e 的单位为 mm，t 的单位为"天"，因此，宜将长度单位统一为 cm，时间的单位统一为 s。

(2) 由于指数为 $-\frac{8c_h}{Fd_e^2}t$，比较长，按计算器容易出错，故单独作为一个步骤求出为宜。尤其注意前面的负号。

45. 答案：C

解答过程：依据《建筑地基处理技术规范》JGJ 79—2012 的 5.2.12 条计算。以 m 作为长度单位，水的重度取为 10kN/m³。

依据提示中给出的公式计算：

$$\xi \frac{e_0 - e_1}{1 + e_0} h = \xi \frac{p_0 k_v}{c_v \gamma_w} h$$

$$= \xi \frac{k_v}{c_v} \frac{p_0}{\gamma_w} h$$

$$= 1.2 \times \frac{1.8 \times 10^{-7} \times 10^{-2}}{3.6 \times 10^{-3} \times 10^{-4}} \times \frac{90 + 20}{10} \times 20$$

$$= 1.32 \text{m}$$

选择 C。

点评：本题解答过程中注意：

(1) 由于为真空和堆载联合预压，因此，提示给出的公式中 p_0 应包括两项，即 90+1×20=110kPa。

(2) 公式 $\xi \frac{p_0 k_v}{c_v \gamma_w} h$ 中的参数，"单位"也要统一。可以将其变形写成

$$\xi \frac{k_v}{c_v} \frac{p_0}{\gamma_w} h$$

此时，由于 p_0 的单位用 $kPa=kN/m^2$，γ_w 的单位用 kN/m^3，h 用 m，因此，宜将 k_v 和 c_v 中涉及的长度单位用 m 表达，这样，最终得到的数值单位为 m。

46. 答案：B

解答过程：依据《建筑桩基技术规范》JGJ 94—2008 的 5.3.8 条计算。

空心桩内径 $d_1=0.5-2\times0.1=0.3m$；桩端进入持力层深度 $h_b=1.950m$；由于 $h_b/d_1=1950/300>5$，取 $\lambda_p=0.8$。

$$A_j=\frac{3.14\times(0.5^2-0.3^2)}{4}=0.13m^2, A_{p1}=\frac{3.14\times0.3^2}{4}=0.07m^2$$

$$Q_{uk}=u\sum q_{sik}l_i+q_{pk}(A_j+\lambda_p A_{p1})$$
$$=3.14\times0.5\times(52\times2.6+60\times1.5+45\times6+70\times1.95)+6000\times(0.13+0.8\times0.07)$$
$$=2108kN$$

根据 5.2.2 条，$R_a=Q_{uk}/2=1054kN$。选择 B。

47. 答案：A

解答过程：依据《建筑桩基技术规范》JGJ 94—2008 的 5.1.1 条计算，最右侧的两根桩受力最大，为

$$N_{max}=1.35\times\left(\frac{5200}{6}+\frac{560\times2}{4\times2^2}\right)=1265kN$$

依据 5.9.10 条，不计承台及其上土自重，2-2 截面（柱边）处剪力设计值为 $2\times1265=2530kN$，选择 A。

48. 答案：B

解答过程：依据《建筑桩基技术规范》JGJ 94—2008 的 5.9.2 条计算柱边弯矩设计值。

不计承台以及其上土重的桩顶净反力为

$$1180-1.35\times22\times5\times2.8\times2/6=1041.4kN$$
$$M_y=2\times1041.4\times1.65=3436.62kN\cdot m$$

依据 5.9.2 条，受弯承载力和配筋可按《混凝土结构设计规范》GB 50010—2010 计算。

$$x=h_0-\sqrt{h_0^2-\frac{2M}{\alpha_1 f_c b}}$$
$$=1000-\sqrt{1000^2-\frac{2\times3436.62\times10^6}{1.0\times16.7\times2800}}$$
$$=76.4mm$$

由于 $x\leq\xi_b h_0=0.518\times1000=518mm$，故

$$A_s=\frac{\alpha_1 f_c bx}{f_y}=\frac{1.0\times16.7\times2800\times76.4}{360}=9924mm^2$$

要求每米宽度需提供截面积 $9924/28=3544mm^2$。Φ22@100 时每米宽度可提供截面积 $3801mm^2$，满足要求且最经济。选择 B。

点评：周景星等《基础工程》（第 3 版）第 205 页给出的例题，按照《建筑地基基础

设计规范》GB 50007—2011 的 8.2.12 条给出的公式计算所需钢筋截面积，据此，为

$$A_s = \frac{M_y}{0.9 f_y h_0} = \frac{3436.62 \times 10^6}{0.9 \times 360 \times 1000} = 10607 \text{mm}^2$$

要求每米宽度需提供钢筋截面积 $10607/2.8 = 3788 \text{mm}^2$。仍选择 B。

49. 答案：D

解答过程：依据《建筑桩基技术规范》JGJ 94—2008 的 5.8.6 条计算。由于 $d = 950 \text{mm} > 900 \text{mm}$，应满足

$$\frac{t}{d} \geq \frac{f'_y}{0.388E} = \frac{305}{0.388 \times 206 \times 10^3} = 3.8 \times 10^{-3}$$

$$\frac{t}{d} \geq \sqrt{\frac{f'_y}{14.5E}} = \sqrt{\frac{305}{14.5 \times 206 \times 10^3}} = 0.010$$

从而 $t \geq 0.010d = 0.01 \times 950 = 9.5 \text{mm}$，选择 D。

50. 答案：D

解答过程：依据《建筑桩基技术规范》JGJ 94—2008 的 5.7.2 条，单桩水平承载力特征值按下式计算：

$$R_{ha} = 0.75 \frac{\alpha^3 EI}{\nu_x} \chi_{0a}$$

依据 5.7.5 条计算 α。

$$\alpha = \sqrt[5]{\frac{mb_0}{EI}} = \sqrt[5]{\frac{4 \times 10^6 \times 1.53}{4.33 \times 10^5 \times 10^3}} = 0.427/\text{m}$$

上式计算时，将力的单位取为 N，长度单位取为 m。

$$\alpha h = 0.427 \times 30 = 12.8 > 4$$

查表 5.7.2，依据注释 2，按 $\alpha h = 4$。于是得到 $\nu_x = 0.940$。

$$R_{ha} = 0.75 \frac{\alpha^3 EI}{\nu_x} \chi_{0a} = 0.75 \times \frac{0.427^3 \times 4.33 \times 10^5}{0.940} \times 0.010 = 269 \text{kN}$$

上式计算时，将力的单位取为 kN，长度单位取为 m。

地震作用下，承载力放大 1.25 倍，成为 $269 \times 1.25 = 336 \text{kN}$。选择 D。

点评：单桩的水平承载力可以由桩身强度或水平位移控制。依据规程 5.7.2 条 2~5 款得到的水平承载力特征值，考虑地震作用时，可放大 1.25 倍；依据第 6 款得到的水平承载力特征值不放大。但是，依据抗震设计的规则，似乎没有理由不放大。经查，1998 版的《建筑桩基技术规范》对所有的水平承载力特征值均放大。

51. 答案：D

解答过程：依据《建筑桩基技术规范》JGJ 94—2008 的 4.1.1 条第 1 款，桩身纵筋配筋率为

$$\rho = \frac{14 \times 254.5}{3.14 \times 800^2/4} = 0.7\% > 0.65\%$$

满足要求。

依据《建筑桩基技术规范》JGJ 94—2008 的 4.1.1 条第 4 款，桩顶以下 $5d$ 范围内的箍筋应加密，间距不应大于 100mm。今题目中为 150mm，不满足要求。

依据《建筑桩基技术规范》JGJ 94—2008 的 4.1.1 条第 4 款，钢筋笼长度超过 4m 时，应每隔 2m 设一道直径不小于 12mm 的焊接加劲箍筋，今题目中为加劲箍筋无论是直径还是间距，均不满足要求。

依据《建筑桩基技术规范》JGJ 94—2008 的 4.1.1 条第 3 款，主筋净间距不应小于 60mm。今纵筋间距为 $3.14 \times (800-2\times50-18)/14 = 153$mm，净距为 $153-18=135$mm，满足要求。

依据《建筑地基基础设计规范》GB 50007—2011 的 8.5.3 条第 8 款 3)，8 度及 8 度以上地震区的桩，应通长配筋，今题目不满足要求。

依据《建筑地基基础设计规范》GB 50007—2011 的 8.5.3 条第 11 款，腐蚀环境中的灌注桩，主筋保护层厚度不应小于 55mm，今题目中为 50mm，不满足要求。

以上已有 4 项不满足要求，选择 D。

52. 答案：D

解答过程：依据《建筑桩基技术规范》JGJ 94—2008 的 4.2.3 条第 1 款，钢筋锚固长度自边桩内侧（当为圆桩时，将其直径乘以 0.8 等效为方桩）算起，不应小于 $35 d_g$（d_g 为钢筋直径），当不满足时应将钢筋向上弯折。今承台钢筋的锚固长度为 $(600+0.8\times300 - $保护层厚度$) = (840\text{mm} - $保护层厚度$) < 35 d_g = 35\times25 = 875$mm，故应向上弯折，图中钢筋不满足此项要求。

依据 4.2.3 条第 1 款，柱下独立桩基承台的最小配筋率不应小于 0.15%，今对 Φ16@100 验算配筋率，为

$$\rho = 201/100/1500 = 0.134\% < 0.15\%$$

不满足要求。

依据 4.2.4 条，桩顶纵筋锚入承台内的锚固长度不宜小于 $35d=35\times12=420$mm，今为 360mm，不满足要求。

依据 4.2.5 条第 2 款和第 3 款，多桩承台，柱纵筋锚入承台不小于 35 倍纵筋直径，抗震等级为一级时，乘以 1.15。$25\times35\times1.15=1006$mm，题目中部分中部纵筋不满足要求。

以上已有 4 项不满足要求，选择 D。

点评：《建筑桩基技术规范》JGJ 94—2008 的 4.1.1 条第 1 款规定，当桩身直径为 300～2000mm 时，灌注桩配筋率可取 0.65%～0.2%（小直径桩取高值），而在《建筑地基基础设计规范》GB 50007—2011 的 8.5.3 条第 7 款规定，灌注桩最小配筋率不宜小于 0.2%～0.65%（小直径桩取高值），可见，二者有差别。现在，桩身纵筋配筋率为

$$\rho = \frac{14\times113}{3.14\times600^2/4} = 0.56\%$$

不好判断，故解答过程中未列入。

53. 答案：B

解答过程：依据《建筑地基基础设计规范》GB 50007—2011 的 8.4.7 条计算。

内柱，F_l 取轴力设计值减去筏板冲切破坏锥体内的基底净反力设计值（基本组合时）。

冲切破坏范围的面积为 $(1.34\times2+0.9)^2=12.82\text{m}^2$。

$$F_l = 1.35\times(9000-135\times12.82)=9814\text{kN}$$

$$u_m = 4 \times (1.34 + 0.9) = 8.96 \text{m}$$

依据附录 P，内柱，$c_{AB} = c_1/2 = (1.34 + 0.9)/2 = 1.12\text{m}$

$$\tau_{\max} = \frac{F_l}{u_m h_0} + a_s \frac{M_{unb} c_{AB}}{I_s} = \frac{9814}{8.96 \times 1.34} + 0.4 \times \frac{1.35 \times 150 \times 1.12}{11.17} = 819 \text{kPa}$$

选择 B。

54. 答案：D

解答过程：依据《建筑地基基础设计规范》GB 50007—2011 的 8.4.7 条，KZ2 为边柱，F_l 取轴力设计值减去筏板冲切临界范围内的基底净反力设计值（基本组合时）。冲切验算时，对于边柱，F_l 还应乘以 1.1。

依据附录 P.0.1 条第 2 款，外伸式筏板，边柱外侧的悬挑长度为 1.25m，小于 $(h_0 + 0.5b_c) = 1.34 + 0.5 \times 0.9 = 1.8$m，冲切临界截面可计算至垂直于自由边的板端。冲切临界截面的范围如图 17-2-2 所示。

于是，可得冲切临界范围的面积为：

$(1.34 + 0.9) \times (1.34/2 + 0.45 + 1.25) = 5.31 \text{m}^2$

$F_l = 1.1 \times 1.35 \times (7000 - 135 \times 5.31) = 9330 \text{kN}$

选择 D。

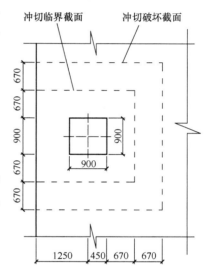

图 17-2-2 筏板计算简图

点评：这里需要注意，在《混凝土结构设计规范》GB 50010—2010 中，6.5.1 条规定，板柱节点，F_l 取层间轴力差值减去冲切破坏锥体范围板所承受的荷载（必要时考虑节点不平衡弯矩后用 $F_{l,eq}$）；6.5.5 条，阶形基础时，取 $F_l = p_s A$，A 是冲切破坏锥体以外的一个多边形面积。《建筑地基基础设计规范》GB 50007—2011 中，阶形基础时 F_l 的规定与《混凝土结构设计规范》GB 50010—2010 相同。但是，对于平板式筏基，需要区分是内柱还是角柱和边柱，前者采用正常的处理方法，后者（角柱和边柱）F_l 取轴力减去冲切临界截面范围内的基底净反力。

55. 答案：C

解答过程：依据《建筑地基基础设计规范》GB 50007—2011 的 8.4.2 条，准永久组合下，偏心距应满足：

$$e \leqslant \frac{0.1W}{A}$$

计算惯性矩时，将筏板分成 4 块，如图 17-2-3 所示，则绕 y 轴的惯性矩为：

$$I_y = \frac{1}{3} \times 36.8 \times 23.57^3 + \frac{1}{3} \times 19.9 \times (50.1 - 23.57)^3 +$$

$$2 \times \frac{1}{3} \times 8.45 \times (50.1 - 23.57 - 7)^3$$

$$= 326449 \text{m}^4$$

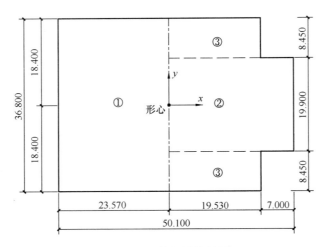

图 17-2-3 筏板计算简图

底面积为 $A = 36.8 \times 50.1 - 2 \times 8.45 \times 7 = 1725 \mathrm{m}^2$

对于 y 轴左侧，有

$$e \leqslant \frac{0.1W}{A} = \frac{0.1 \times 326449/23.57}{1725} = 0.803\mathrm{m}$$

对于 y 轴右侧，有

$$e \leqslant \frac{0.1W}{A} = \frac{0.1 \times 326449/(50.1-23.57)}{1725} = 0.713\mathrm{m}$$

选择 C。

点评：以上计算过程采用了矩形截面绕截面边缘的惯性矩计算公式。如图 17-2-4 所示，利用移轴公式可得：

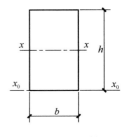

图 17-2-4 惯性矩计算简图

$$I_{x0} = I_x + A \times \left(\frac{h}{2}\right)^2 = \frac{1}{12}bh^3 + bh\frac{h^2}{4} = \frac{bh^3}{3}$$

56. 答案：C

解答过程：依据《建筑地基处理技术规范》JGJ 79—2012 的 7.7.4 条第 2 款，Ⅱ、Ⅲ正确。依据第 4 款，Ⅶ正确。依据第 1 款，需要检查桩体试块抗压强度，故Ⅵ正确。选择 C。

点评：关于处理后地基的检验内容和检验方法，在《建筑地基处理技术规范》JGJ 79—2012 的 10.1.1 条的条文说明也有类似内容。

57. 答案：B

解答过程：依据《高层建筑混凝土结构技术规程》JGJ 3—2010 的 8.1.2 条和 8.2.2 条，框架-剪力墙结构，剪力墙有端柱，宜设置框架梁与端柱形成框架，整体组成带边框剪力墙，故墙体在楼盖处宜设置暗梁，A 选项说法正确。

依据《高层民用建筑钢结构技术规程》JGJ 99—2015 的 6.2.6 条及其条文说明，钢框架-支撑结构的框架部分按刚度分配计算得到的地震层剪力应调整至不小于结构总地震剪力的 25% 和框架部分计算最大层剪力 1.8 倍两者的较小值，这是为了保证框架的二道防线作用，并非支撑框架承担总地震剪力的 1−25%＝75%，B 选项说法错误。

依据《高层建筑混凝土结构技术规程》JGJ 3—2010 的 3.4.5 条可知，位移比计算应采用规定水平地震力,且考虑偶然偏心影响;依据 3.7.3 条,验算 $\Delta u/h$ 时采用风或多遇地震标准值,本条注释指出不考虑偶然偏心影响。C 选项说法正确。

依据《建筑工程抗震设防分类标准》GB 50223—2008 的 3.0.3 条,D 选项说法正确。

故选择 B。

58. 答案:A

解答过程:依据《高层建筑混凝土结构技术规程》JGJ 3—2010 的 4.2.2 条及其条文说明,高度超过 60m 的高层建筑属于对风荷载敏感,承载力设计时按基本风压的 1.1 倍采用,计算位移时不需要放大。B 错误。

《高层建筑混凝土结构技术规程》JGJ 3—2010 的 4.3.4 条、4.3.5 条及其相应的条文说明,复杂高层建筑应采用弹性时程分析法补充计算,补充计算主要指对计算的底部剪力、楼层剪力和层间位移进行比较,当时程分析结果大于振型分解反应谱法分析结果时,相关部位的构件内力和配筋作相应的调整。这里的调整,并非是弹性时程分析法的配筋结果和反应谱法比较后取大者。C 错误。

依据《高层建筑混凝土结构技术规程》JGJ 3—2010 的 4.3.12 条,8 度(0.3g)基本周期 3s 的竖向不规则结构的薄弱层,多遇地震下水平地震作用计算时,薄弱层的最小水平地震剪力系数尚应乘以 1.15 的增大系数,即 0.048×1.15=0.0552。D 错误。

排除 B、C、D 后,选择 A。

点评:《混凝土结构设计规范》GB 50010—2010 的 8.1.1 条规定了钢筋混凝土结构伸缩缝的最大间距,一般情况下房屋长度不应超过该限值,房屋长度超长时应考虑超长结构的水平向温度作用。混凝土结构设计时,应考虑房屋的环境温度、使用温度和结构的初始温度,考虑混凝土后期收缩的当量温差、混凝土的收缩徐变及混凝土弹性刚度的退化等诸多因素。

依据《建筑结构荷载规范》GB 50009—2012 的 9.3.1 条与 9.3.2 条及其条文说明,以结构的初始温度(合拢温度)为基准,结构的温度作用效应要考虑温升和温降两种工况。对有围护结构的室内结构,结构最高平均温度和最低平均温度一般可依据室内和室外的环境温度按热工学的原理确定;对地下室与地下结构的室外温度,一般应考虑离地表面深度的影响。当离地表面深度超过 10m 时,土体基本为恒温,等于年平均温度。A 正确。

59. 答案:D

解答过程:依据《高层建筑混凝土结构技术规程》JGJ 3—2010 的 3.7.3 条,对于房屋高度为 180m 的钢筋混凝土框架-核心筒结构,$[\Delta u/h]$ 需要进行插值:150m 时 $[\Delta u/h]$ = 1/800,250m 时 $[\Delta u/h]$ =1/500,插值得到 180m 时 $[\Delta u/h]$ =1/678。

房屋高度为 50m 的钢筋混凝土框架结构,查表 3.7.3 得到 $[\Delta u/h]$ =1/550。

依据《高层民用建筑钢结构技术规程》JGJ 99—2015 的 3.5.2 条,房屋高度为 120m 的钢筋混凝土框架-屈曲约束支撑结构 $[\Delta u/h]$ =1/250。

以上三种结构体系的 $[\Delta u/h]$ 之比为 1/678:1/550:1/250=1:1.23:2.712,故选择 D。

60. 答案:B

解答过程:依据《高层建筑混凝土结构技术规程》JGJ 3—2010 的 10.2.24 条,应满足下式要求:

$$V_f \leqslant \frac{1}{\gamma_{RE}}(0.1\beta_c f_c b_f t_f)$$

$$2.0 \times 1400 \times 10^3 \leqslant 1/0.85 \times 0.1 \times 1.0 \times 19.1 \times 6300 \times t_f$$

解得 $t_f \geqslant 198$mm。板厚为 200mm 可以满足要求。

$$V_f \leqslant \frac{1}{\gamma_{RE}}(f_y A_s)$$

$$2.0 \times 1400 \times 10^3 \leqslant 1/0.85 \times 360 \times A_s$$

解得 $A_s \geqslant 6611$mm²，该 A_s 包括梁、板顶和板底全部钢筋。

按间距为 200mm 布置板底钢筋时，所需单根钢筋截面积为：

$$\frac{6611-4200}{5600} \times 200 \times \frac{1}{2} = 43\text{mm}^2$$

上式中之所以除以 2，是因为钢筋为双层布置。选项中，钢筋直径为 12mm 即可满足要求。

依据 10.2.23 条，且每层每方向的配筋率不宜小于 0.25%。当板厚为 200mm 时，Φ12@200 的配筋率为 113.1/200/200=0.28%，满足要求。

故选择 B。

61. 答案：D

解答过程：依据《高层建筑混凝土结构技术规程》JGJ 3—2010 的 7.1.4 条，底层为底部加强部位。依据 7.2.6 条，底部加强部位剪力墙的剪力增大系数可取 1.6，于是：

$$V = 1.6 \times 3.2 \times 10^3 = 5.12 \times 10^3 \text{kN}$$

依据 7.2.7 条，$\lambda = 1.9 < 2.5$，$V = 5.12 \times 10^3$ kN $< 0.15\beta_c f_c b_w h_{w0}/\gamma_{RE} = 6.37 \times 10^3$ kN，满足要求。

依据 7.2.10 条计算受剪承载力。

由于 $N = 1.6 \times 10^4$ kN $> 0.2 f_c b_w h_w = 7563.6$ kN，计算时取 $N = 7563.6$ kN。

$1.5 < \lambda = 1.9 < 2.2$，计算时取 $\lambda = 1.9$。

于是

$$V \leqslant \frac{1}{\gamma_{RE}}\left[\frac{1}{\lambda - 0.5}\left(0.4 f_t b_w h_{w0} + 0.1 N \frac{A_w}{A}\right) + 0.8 f_{yh} \frac{A_{sh}}{s} h_{w0}\right]$$

$$5.12 \times 10^3 \times 10^3 \leqslant \frac{1}{0.85}\left[\frac{1}{1.9-0.5}(0.4 \times 1.71 \times 300 \times 6300 + 0.1 \times 7563.6 \times 10^3) \right.$$
$$\left. + 0.8 \times 360 \times \frac{A_{sh}}{s} \times 6300\right]$$

解得 $\frac{A_{sh}}{s} \geqslant 1.59$ mm²/mm。

墙厚 300mm，双排配筋。间距为 200mm 时，所需单根钢筋的截面积为 $1.59 \times 200/2 = 159$mm²，Φ16 可提供截面积 201.1mm²，满足要求。Φ14 可提供截面积 153.9mm²，不满足要求。选择 D。

62. 答案：B

解答过程：依据《建筑抗震设计规范》GB 50011—2010 的 G.1.3 条，底层钢支撑框架按刚度分配的地震倾覆力矩应大于结构总地震倾覆力矩的 50%，A、C 选项框架部分按刚度分配的地震倾覆力矩大于 50%，即钢支撑框架按刚度分配的地震倾覆力矩小于 50%，故 A、C 不满足要求。

依据 G.1.2 条，钢支撑框架部分应比本规范第 8.1.3 条和第 6.1.2 条框架结构的规定提高一个等级，故钢支撑柱按照本规范第 6.1.2 条框架结构的规定提高一个等级。依据 6.1.1 条，房屋高度为 43.3m＜50m，满足适用高度。依据 6.1.2 条，7 度，43.3m＞24m，框架结构抗震等级为二级，钢支撑柱提高一个等级，为一级。

依据 6.3.6 条，一级、框架结构，$[\mu_N]=0.65$，于是，钢支撑柱应满足

$$\frac{N_G}{23.1 \times 700^2} \leqslant 0.65$$

解出 $N_G \leqslant 7357$kN。B、D 选项中，B 选项 $N_G=7200$kN 满足要求，故选择 B。

63. 答案：C

解答过程：依据《高层建筑混凝土结构技术规程》JGJ 3—2010 的 4.3.7 条，8 度（0.20g）、多遇地震，可得 $\alpha_{max}=0.16$。第一组、Ⅲ类场地，可得 $T_g=0.45$s。

依据 4.3.8 条，由第一自振周期计算 α。$T=0.85$s 和 $T=0.86$s 均居于 T_g 和 $5T_g=2.25$s 之间，故

$T=0.85$s 时：$\alpha = \left(\frac{T_g}{T}\right)^{\gamma} \eta_2 \alpha_{max} = \left(\frac{0.45}{0.85}\right)^{0.9} \times 1.0 \times 0.16 = 0.09$

$T=0.86$s 时：$\alpha = \left(\frac{T_g}{T}\right)^{\gamma} \eta_2 \alpha_{max} = \left(\frac{0.45}{0.86}\right)^{0.9} \times 1.0 \times 0.16 = 0.09$

依据 C.0.1 条，可得：
$F_{Ek} = \alpha_1 G_{eq} = \alpha_1 \times 0.85 \times G_E = 0.09 \times 0.85 \times (146000 \sim 166000) = 11169 \sim 12699$kN

方案 A 和方案 B，$F_{Ekx} < F_{Ek}$，方案不合理；方案 C 和方案 D，$F_{Ekx} > F_{Ek}$，方案合理。

依据 4.3.12 条，可得

$$G = \frac{F_{Ekx}}{\lambda_x}$$

对 C、D 方案计算如下：

$G_C = 12000/0.076 = 157895$kN，$G_D = 10200/0.075 = 136000$kN

方案 D 总重力荷载代表值不在 146000 ～166000kN 之间，不符合已知条件。

故选择 C。

64. 答案：B

解答过程：房屋高度 $H=28$m，依据《高层建筑混凝土结构技术规程》JGJ 3—2010 的 3.3.1 条，8 度（0.20g）框架结构，高度 28m＜40m，属于 A 级高度。

依据 3.9.3 条，8 度（0.20g）框架结构，框架抗震等级为一级。

依据 6.3.2 条，计入受压钢筋作用的梁端截面混凝土受压区高度与有效高度之比值，为：

$$\frac{x}{h_0} = \frac{f_y A_s - f_y' A_s'}{\alpha_1 f_c b h_0} = \frac{435 \times 4920 \times 0.5}{19.1 \times 350 \times 640} = 0.25$$

满足一级时不应大于 0.25 的要求。

依据《混凝土结构设计规范》GB 50010—2010 表 11.1.6，受弯构件，$\gamma_{RE}=0.75$。

$x = 0.25 \times 640 = 160$mm $> 2a_s' = 80$mm，满足适筋梁的条件。

$$M_u = \frac{1}{\gamma_{RE}} \left[\alpha_1 f_c b x \left(h_0 - \frac{x}{2}\right) + f_y' A_s' (h_0 - a_s') \right]$$

$$= 1/0.75 \times [19.1 \times 350 \times 160 \times (640-160/2) + 435 \times 4920/2 \times (640-40)]$$
$$= 1654.7 \times 10^6 \mathrm{N \cdot mm}$$

故选择 B。

65. 答案：A

解答过程：依据《高层建筑混凝土结构技术规程》JGJ 3—2010 的 3.7.4 条，楼层屈服强度系数为按构件实际配筋和材料强度标准值计算的楼层受剪承载力与按罕遇地震作用计算的楼层弹性地震剪力的比值，于是，对于首层，屈服强度系数为

$$\xi_y = \frac{14 \times 780 + 14 \times 950}{50000} = 0.484 < 0.5$$

符合该条第 1 款 1) 的条件，应进行弹塑性变形验算，故观点 I 不符合规范要求。

增大框架柱实配钢筋使 V_{cua1} 和 V_{cua2} 增加 5% 后，首层屈服强度系数为：

$$\xi_y = \frac{(14 \times 780 + 14 \times 950) \times 1.05}{50000} = 0.509 > 0.5$$

此时，依据 3.7.4 条，8 度（0.20g）的框架结构，结构竖向层刚度无突变，丙类建筑，可不进行弹塑性变形验算，故观点 II 符合规范要求。

故选择 A。

点评：对其他观点判断如下：

弹塑性位移可采用简化计算方法，$\Delta u_p = \eta_p \Delta u_e$，由于 ξ_y 分布均匀，故按照表 5.5.3 确定 η_p，$\xi_y = 0.484$ 时，插值得 $\eta_p = 1.83$，故观点 III 符合规范要求。

依据 5.5.2 条，不超过 12 层且层侧向刚度无突变的框架结构可采用简化计算法，采用静力弹塑性分析方法或弹塑性时程分析法计算更精确，故观点 IV 符合规范要求。

66. 答案：B

解答过程：房屋高度 $H=128\mathrm{m}$，依据《高层建筑混凝土结构技术规程》JGJ 3—2010 的 11.1.2 条，7 度（0.10g）钢框架-钢筋混凝土核心筒结构，128m<160m，满足规范要求。

依据表 11.1.4，7 度（0.10g）钢框架-钢筋混凝土核心筒结构，128m<130m，钢筋混凝土核心筒抗震等级为一级。钢筋混凝土核心筒 20 层的抗震措施等级和抗震构造措施等级均为一级。

依据 3.9.5 条及其条文说明，地下一层的抗震等级不降低，地下一层以下不要求计算地震作用，其抗震构造措施的等级可逐层降低，故地下二层抗震构造措施的等级为二级。

故选择 B。

点评：钢框架-钢筋混凝土核心筒结构不是部分框支剪力墙结构，故不需要执行《高层建筑混凝土结构技术规程》JGJ 3—2010 的 10.2.6 条中对于部分框支剪力墙结构的规定。

67. 答案：A

解答过程：房屋高度 $H=128\mathrm{m}$，依据《高层建筑混凝土结构技术规程》JGJ 3—2010 的 11.1.2 条，7 度（0.10g）钢框架-钢筋混凝土核心筒结构，128m<160m，满足规范要求。

依据表 11.1.4 下注释，7 度（0.10g）钢框架-钢筋混凝土核心筒结构，钢结构构件抗

震等级为三级。外围钢框架的抗震等级无其他调整，故抗震措施等级和抗震构造措施等级均为三级。

故选择 A。

68. 答案：C

解答过程：依据《高层建筑混凝土结构技术规程》JGJ 3—2010 的 4.3.12 条，7 度 (0.10g)，基本周期 4.0s，无薄弱层，经插值得到楼层最小地震剪力系数为 0.01467。于是，Y 方向底部最小剪力为：

$$0.01467 \times 1.0 \times 10^6 = 14670 \text{kN} > 12800 \text{kN}$$

故 Y 向水平地震作用标准值的剪力应调整为 14670kN，调整系数为 14679/12800=1.146。

由于各层剪力调整系数均按底层剪力调整系数取值，故满足剪重比的首层 $V_{f1}=900 \times 1.146=1031.4$kN，各层最大值 $V_{f,max}=2000 \times 1.146=2292$kN。

依据 11.1.6 条，9.1.11 条，由于

$$10\% < V_{f,max}/V_0 = 2292/14679 = 15.6\% < 20\%$$

故

$$V_f = \min(0.2V_0, 1.5V_{f,max}) = \min(0.2 \times 14679, 1.5 \times 2292) = 2939 \text{kN}$$

选择 C。

69. 答案：A

解答过程：依据《高层民用建筑钢结构技术规程》JGJ 99—2015 的 7.3.2 条计算。柱下端刚接，$K_2=10$，由于在 xy 平面内 KZA 的线刚度 i_c 与框架梁 KLB 的线刚度 i_b 相等，故 $K_1=1$。

$$\mu = \sqrt{\frac{7.5K_1K_2 + 4(K_1+K_2) + 1.6}{7.5K_1K_2 + K_1 + K_2}}$$

$$= \sqrt{\frac{7.5 \times 1 \times 10 + 4(1+10) + 1.6}{7.5 \times 1 \times 10 + 1 + 10}}$$

$$= 1.184$$

乙类，提高一度采取抗震措施。按 9 度、高度 33m 查《建筑抗震设计规范》GB 50011—2010 表 8.1.3，得到抗震等级为二级。依据该表下注释 2，由于框架柱 KZA 与柱顶框架梁 KLB 的承载力满足 2 倍多遇地震作用组合下的内力要求，降低一度确定抗震等级，为三级。

依据《高层民用建筑钢结构技术规程》JGJ 99—2015 的 7.3.9 条，三级时框架柱的长细比不应大于

$$80\sqrt{235/f_y} = 80\sqrt{235/345} = 66$$

$$\lambda = \frac{\mu H}{r_c} = \frac{1.184 \times 33000}{r_c} \leq 66$$

解出 $r_c \geq 592$mm。选择 A。

70. 答案：D

解答过程：依据《高层民用建筑钢结构技术规程》JGJ 99—2015 的 7.6.5 条计算。

$$V_l = 0.58A_w f_y = 0.58 \times (600 - 2 \times 20) \times 12 \times 345 = 1344.7 \times 10^3 \text{N}$$

$$V_l = 2M_{l\,p}/a = 2 \times 305 \times 4.42 \times 10^6 / 1700 = 1586 \times 10^3 \text{N}$$

取以上二者较大者计算。

$$N_{br} = \eta_{br} \frac{V_l}{V} N_{br,com} = 1.3 \times \frac{1586}{1190} \times 2000 = 3465 \text{kN}$$

选择 D。

71. 答案：B

解答过程：依据《高层民用建筑钢结构技术规程》JGJ 99—2015 的 7.3.3 条第 1 款，判断 A、B、C、D 选项是否需要满足强柱弱梁。

柱轴压比不超过 0.4 时，可不满足强柱弱梁的要求，由 $\mu_N = \frac{N}{fA_c} \leqslant 0.4$，得到

$$A_c \geqslant \frac{8500 \times 10^3}{305 \times 0.4} = 69672 \text{mm}^2$$

上式中，按题目要求取 $f = 305 \text{N/mm}^2$。可见，四个选项均不满足要求。

柱轴力符合 $N_2 \leqslant \varphi A_c f$ 时，可不满足强柱弱梁的要求，即

$$A_c \geqslant \frac{N_2}{\varphi f} = \frac{12000 \times 10^3}{0.6 \times 305} = 65573 \text{mm}^2$$

上式中，按题目要求取 $f = 305 \text{N/mm}^2$。可见，D 符合要求，排除 D。

等截面梁与柱连接时，钢框架柱的强柱弱梁需满足

$$\sum W_{pc}(f_{yc} - \frac{N}{A_c}) \geqslant \sum \eta f_{yb} W_{pb}$$

$$\sum \eta f_{yb} W_{pb} = 2 \times 1.15 \times 345 \times 5.21 \times 10^6 = 4134 \times 10^6 \text{N} \cdot \text{mm}$$

对选项 A 截面试算：

$$\sum W_{pc}\left(f_{yc} - \frac{N}{A_c}\right) = 2 \times 9.97 \times 10^6 \times \left(345 - \frac{8500 \times 10^3}{50496}\right)$$

$$= 3523 \times 10^6 \text{N} \cdot \text{mm} < 4134 \times 10^6 \text{N} \cdot \text{mm}$$

不满足要求。

对选项 B 截面试算：

$$\sum W_{pc}\left(f_{yc} - \frac{N}{A_c}\right) = 2 \times 1.115 \times 10^7 \times \left(345 - \frac{8500 \times 10^3}{58464}\right)$$

$$= 4451 \times 10^6 \text{N} \cdot \text{mm} > 4134 \times 10^6 \text{N} \cdot \text{mm}$$

满足要求，且截面最小。

选择 B。

72. 答案：D

解答过程：依据《高层民用建筑钢结构技术规程》JGJ 99—2015 的 8.8.5 条第 1 款，消能梁段与支撑连接处，加劲肋宽度至少为 $b_f/2 - t_w = 300/2 - 12 = 138 \text{mm}$，厚度不应小于 $\max(0.75 t_w, 10) = \max(0.75 \times 12, 10) = 10 \text{mm}$。四个选项均满足要求。

依据 8.8.5 条第 6 款，对于中间加劲肋，加劲肋宽度至少为 $b_f/2 - t_w = 300/2 - 12 = 138 \text{mm}$，厚度不应小于 $\max(t_w, 10) = \max(12, 10) = 12 \text{mm}$。A 选项不满足要求。H600×300×12×20 的截面积为 18720 mm^2。

下面判断消能梁段 a 所处的区间。

$$M_{l\,p} = f W_{np} = 305 \times 4.42 \times 10^6 = 1348.1 \times 10^6 \text{N} \cdot \text{mm}$$

$$M_{lp}/V_l = 1348.1/1345 = 1.0$$

现在，$a = 1.7$m 在 $1.6\,M_{lp}/V_l$ 和 $2.6\,M_{lp}/V_l$ 之间，中间加劲肋间距按线性内插。

$a = 1.6\,M_{lp}/V_l$，对应的加劲肋间距为 $30t_w - h/5 = 30 \times 12 - 600/5 = 240$mm

$a = 2.6\,M_{lp}/V_l$，对应的加劲肋间距为 $52t_w - h/5 = 52 \times 12 - 600/5 = 504$mm

$a = 1.7$m 时，加劲肋间距不应大于：

$$240 + \frac{504 - 240}{2.6 - 1.6} \times (1.7 - 1.6) = 266\text{mm}$$

$n = 1700/266 - 1 = 5.39$，故 1700mm 范围内部至少布置 6 个加劲肋。

选择 D。

点评：必须指出，以上按照规范答题并非作者的本意而仅仅是为了遵守考试的规则。依据美国钢结构抗震规范 AISC 341—2016 的 F3.5b.3 条，此处确定消能梁段长度 a 时用到的 M_{lp} 应采用 $M_{lp} = f_y W_{np}$，这样，与 M_{lp}/V_l 中取 $V_l = 0.58 f_y A_w$ 对应，二者均为取强度标准值计算屈服承载力。同样道理，《高层民用建筑钢结构技术规程》JGJ 99—2015 公式（7.6.3-1）中 M_{lp} 也应写作 $M_{lp} = f_y W_{np}$ 而不是 $M_{lp} = f W_{np}$。7.6.2 条中给出的公式 $V \leqslant \phi V_l$（或 $V \leqslant \phi V_{lc}$），式中 ϕ 的意义为"抗力分项系数的倒数"（$1/1.111 = 0.9$），以与 V_l（或 V_{lc}）中采用了"强度标准值"对应。

73. 答案：A

解答过程：依据《城市桥梁抗震设计规范》CJJ 166—2011 表 3.1.1，抗震分类属于丙类。

依据表 3.1.2，①错误。

依据 3.1.4 条，丙类桥梁，应将本地区基本烈度提高一度，②错误。

依据表 3.2.2，丙类桥梁，7 度（$0.15g$）在 E1 地震作用下 $C_i = 0.46$，在 E2 地震作用下 $C_i = 2.05$，③错误。

依据表 3.3.3，丙类 7 度区，设计方法为 A 类，又依据 3.3.2 条，A 类方法应进行 E1 和 E2 作用下的抗震分析和验算，④正确。

只有一项正确，故选择 A。

74. 答案：C

解答过程：依据《公路桥涵设计通用规范》JTG D60—2015 的 4.3.12 条条文说明，应以结构合拢时的温度为起点，计算最高和最低有效温度的作用效应。对于钢结构，可取当地历年最高温度和最低温度。于是可得：

温度升高：$46 - 15 = 31$℃

温度降低：$20 - (-21) = 41$℃

选择 C。

75. 答案：C

解答过程：依据《公路钢筋混凝土及预应力混凝土桥涵设计规范》JTG 3362—2018 的 9.1.1 条第 2 款，保护层厚度不小于管道直径的 1/2。依据 9.4.9 条第 1 款，管道的净距取 $\max(40\text{mm}, 0.6D)$，D 为管道的直径，今 $D = 90$mm。因此，腹板最小厚度为：

$$b_{\min} = 2 \times 90 + 90/2 \times 2 + 0.6 \times 90 = 324\text{mm}$$

选择 C。

76. 答案：B

解答过程：依据《城市人行天桥与人行地道技术规范》CJJ 69—95 的 2.2.2 条，每端梯道净宽之和应大于桥面净宽 1.2 倍以上。

人行梯道净宽为 1.8m，两侧有自行车推行的梯道净宽为 1.8+2×0.4＝2.6m。于是，桥梁净宽最大为 （2.6+1.8）/1.2＝3.67m，选择 B。

77. 答案：D

解答过程：依据《公路钢筋混凝土及预应力混凝土桥涵设计规范》JTG 3362—2018 的 4.2.5 条计算。

$$a = (a_1 + 2h) + 2l_c = 200 + 2 \times 150 + 2 \times 1250 = 3000\text{mm}$$

依据《公路桥涵设计通用规范》JTG D60—2015 的 4.1.5 条，车辆后轴之间的距离为 1.4m，故车辆后轴轮压的分布宽度为 3+1.4＝4.4m，选择 D。

点评：本题可能会有争议，因为，题目所问，与《公路钢筋混凝土及预应力混凝土桥涵设计规范》JTG 3362—2018 的 4.2.5 条前提条件相同。考虑到确定 a 的目的是为了后续的内力计算，因此，取为后轴总的分布宽度更为恰当。

78. 答案：D

解答过程：依据《公路桥涵设计通用规范》JTG D60—2015 的 4.1.5 条计算。

高速公路上的桥梁，设计安全等级为一级，$\gamma_0 = 1.1$。车辆荷载的分项系数取 1.8。

$$M_{ud} = 1.1 \times (1.2 \times 45 + 1.8 \times 32 + 0.75 \times 1.1 \times 30) = 150\text{kN} \cdot \text{m}$$

选择 D。

79. 答案：C

解答过程：依据《公路桥涵设计通用规范》JTG D60—2015 的 4.1.5 条计算。

$$45 + 126 + 0.7 \times 32 + 0.75 \times 30 = 215.9\text{kN} \cdot \text{m}$$

选择 C。

点评：《公路桥涵设计通用规范》JTG D60—2015 的 4.4.3 条规定了对于桥梁结构的汽车撞击力，给出的是"汽车撞击力设计值"，在 4.1.5 条给出的偶然组合中，直接采用偶然作用的设计值 A_d。规范中不存在"汽车撞击力标准值"。

80. 答案：A

解答过程：依据《公路钢筋混凝土及预应力混凝土桥涵设计规范》JTG 3362—2018 的 6.4.4 条计算。

$$\sigma_{ss} = \frac{M_s}{0.87 A_s h_0} = \frac{200 \times 10^6}{0.87 \times 4022 \times (350 - 40)} = 184.4\text{MPa}$$

选择 A。

18　2020年试题与解答

18.1 2020年试题

题1. 某钢筋混凝土刚架，如图18-1-1所示，安全等级为二级。AB杆为钢筋混凝土构件，截面尺寸400mm×800mm，对称配筋；混凝土强度等级C30，HRB400钢筋，$a_s = a'_s = 70$mm，不考虑地震作用，不考虑自重，不考虑重力二阶效应，不考虑截面腹部钢筋；假定，集中力设计值$P=150$kN，试问，AB杆受力状态及1-1截面一侧的最小配筋面积（mm²）与下列何项最为接近？

A. 偏压，1700　　B. 偏压，2150　　C. 偏拉，1700　　D. 偏拉，2150

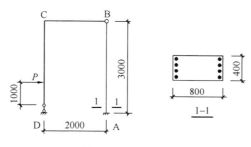

图18-1-1　题1图

题2. 某钢筋混凝土墙体为偏心受压构件，如图18-1-2所示，截面200mm×1800mm，混凝土强度等级C30，HRB400钢筋，安全等级为二级，不考虑地震作用，墙底截面形心处的内力设计值为：$M=1710$kN·m，$N=1800$kN，$V=690$kN。取$a_s = a'_s = 40$mm。

试问，按斜截面受剪承载力计算的墙底截面处的水平分布钢筋的最小值A_{sh}/s_v（mm²/mm）与下列何项最为接近？

提示：（1）A_{sh}为同一截面的水平筋全部面积；
（2）满足受剪限制条件；
（3）剪跨比按$M/(Vh_0)$计算。

A. 0.4　　B. 0.5　　C. 0.6　　D. 0.7

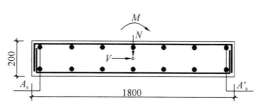

图18-1-2　题2图

题3. 某三跨连续深梁，如图18-1-3所示，安全等级为二级。采用C30混凝土，HRB400钢筋，不考虑地震作用。矩形截面，$b×h=200$mm×1800mm。

试问，B支座边缘受剪截面控制条件的最大剪力设计值（kN）与下列何项最为接近？

提示：按《混凝土结构设计规范》GB 50010—2010（2015 年版）作答。

A. 510 B. 610 C. 710 D. 810

图 18-1-3 题 3 图

题 4. 某钢筋混凝土牛腿，如图 18-1-4 所示，安全等级为二级，宽度 $b=400\text{mm}$，$a_s=40\text{mm}$。采用 C30 混凝土，HRB400 钢筋。已知内力设计值：$F_h=115\text{kN}$，$F_v=420\text{kN}$。不考虑地震作用。试问，牛腿顶部所需纵向钢筋截面积最小值（mm^2）与下列何项最为接近？

A. 650 B. 850 C. 1050 D. 1250

提示：截面尺寸满足要求。

题 5. 某外立面造型为悬挑板，如图 18-1-5 所示，混凝土强度等级 C30，钢筋 HPB300，$a_s=30\text{mm}$，挑板根部弯矩设计值为 $M=0.2\text{kN}\cdot\text{m/m}$。试问，按次要构件设计，按全截面计算的纵筋最小配筋率（％）与下列何项最为接近？

A. 0.12 B. 0.15 C. 0.2 D. 0.24

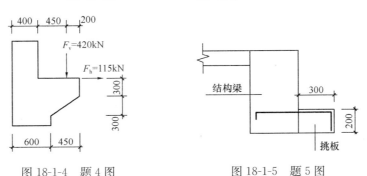

图 18-1-4 题 4 图　　　　图 18-1-5 题 5 图

题 6. 某简支梁为室内正常环境，安全等级为二级，截面尺寸 300mm×600mm，混凝土强度等级 C35（$f_{c0}=16.7\text{N/mm}^2$），梁底纵向钢筋 5 ⊕ 25（$f_{y0}=360\text{N/mm}^2$，$A_{s0}=2454\text{mm}^2$）。梁底粘钢板加固，设计使用年限 30 年，不考虑地震作用，加固前正截面承载力设计值为 $399\text{kN}\cdot\text{m}$，$a_s=60\text{mm}$，粘钢加固的钢板总宽度 200mm，钢板抗拉强度设计值 $f_{sp}=305\text{N/mm}^2$，钢板端部可靠锚固，不考虑二次受力影响。试问，加固后可获得最大正截面承载力设计值（$\text{kN}\cdot\text{m}$）与下列何项最为接近？

提示：(1) $\xi_b=0.518$；

(2) 不考虑受压钢筋、腰筋作用；加固后满足受剪承载力要求；

(3) 按《混凝土结构加固设计规范》GB 50367—2013 作答。

A. 480 B. 520 C. 560 D. 600

题 7～8

后张法有粘结预应力的混凝土等截面悬挑梁，安全等级为二级，不考虑地震作用；混凝土强度等级 C40，计算简图如图 18-1-6 所示，端部锚固区设置普通钢垫板和间接钢筋。

7. 假定预留两个孔道，每个配 6 ϕ^s15.2 预应力钢绞线，$f_{ptk}=1860\text{N/mm}^2$，施工时所

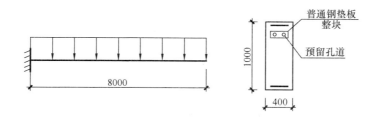

图 18-1-6 题 7~8 图

有钢绞线同时张拉,张拉控制应力 $\sigma_{con}=0.7f_{ptk}$,钢垫板有足够的强度和刚度。试问,锚固区进行局部受压计算,钢垫板下的局部总压力(kN)与下列何项最为接近?

提示:$\Phi^s15.2$ 的截面积为 $140mm^2$。

A. 2250　　　　B. 2650　　　　C. 3150　　　　D. 3650

8. 此梁要求不出现裂缝,支座处标准组合时弯矩为 $M_k=860kN\cdot m$,准永久组合时弯矩为 $M_q=810kN\cdot m$,换算截面惯性矩 $I_0=4.115\times10^{10}mm^4$。试问,梁由竖向荷载引起的最大竖向位移值 f(mm)与下列何项最为接近?

提示:悬挑梁由均布荷载引起的端部位移 $f=\dfrac{Ml_0^2}{4EI}$。

A. 24　　　　B. 28　　　　C. 12　　　　D. 14

题 9. 某钢筋混凝土雨篷梁,如图 18-1-7 所示,两端与柱刚接,安全等级为二级,不考虑地震作用。混凝土强度等级为 C30,箍筋为 HPB300。梁截面尺寸为 $b\times h=200mm\times400mm$,$h_0=360mm$,截面核心部位截面积 $A_{cor}=47600mm^2$,截面受扭塑性抵抗矩 $W_t=6.667\times10^6mm^3$,受扭纵向钢筋与箍筋的配筋强度比 $\zeta=1.2$,雨篷梁支

图 18-1-7 题 9 图

座边内力设计值为:$M=12kN\cdot m$,$V=27kN$,$T=11kN\cdot m$。试问,梁支座截面满足承载力时,其最小箍筋配置与下列何项最为接近?

提示:(1)不需验算限制条件和最小配筋率;
(2)无集中荷载作用,不考虑轴力的影响。

A. φ6@150(2)　　B. φ8@150(2)　　C. φ10@150(2)　　D. φ12@150(2)

题 10. 某三角形钢筋混凝土屋架,如图 18-1-8 所示,荷载作用在屋架节点上,安全等

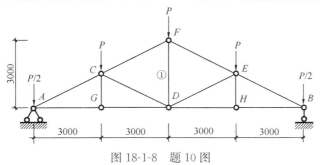

图 18-1-8 题 10 图

级为二级，集中荷载设计值 $P=128$kN。①号杆为矩形截面 250mm×250mm，对称配筋，混凝土强度等级为 C30，HRB400 钢筋，不考虑自重。

试问，当按照铰接桁架分析，按正截面计算时，杆件①所需的最小全部纵向受力钢筋面积 A_s（mm²）与下列何项最为接近？

提示：无需验算最小配筋率。

A. 250　　　　　　B. 360　　　　　　C. 470　　　　　　D. 600

题 11. 某钢筋混凝土连续梁，如图 18-1-9 所示，安全等级为二级，1-1 剖面在支座 B 边缘，混凝土等级为 C35，钢筋为 HRB400，均布荷载设计值 $q=48$kN/m（含自重），集中荷载设计值 $P=600$kN，$a_s=40$mm，非独立梁，无弯起钢筋。试问，1-1 截面所需的抗剪箍筋 A_{sv}/s 最小值（mm²/mm），与下列何项数值最为接近？

提示：不考虑活荷载不利布置。

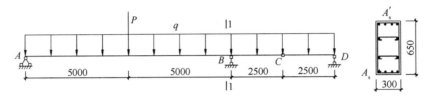

图 18-1-9　题 11 图

A. 1.2　　　　　　B. 1.5　　　　　　C. 1.7　　　　　　D. 2.0

题 12. 某框架结构局部如图 18-1-10 所示，所处地区抗震设防烈度为 7 度（0.1g），抗震等级为三级，环境类别为一类。混凝土强度等级为 C35，板厚 $h=160$mm。支座处负弯矩纵向受拉钢筋截断点满足规范要求，梁为弯剪构件。

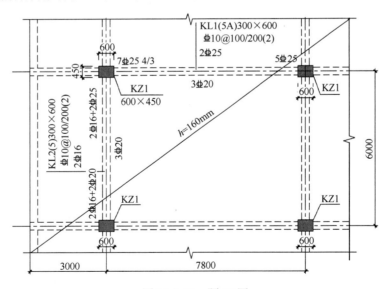

图 18-1-10　题 12 图

试问，两根框架梁有几处不满足《混凝土结构设计规范》GB 50010—2010（2015 年版）的规定，以及《建筑抗震设计规范》GB 50011—2010（2016 年版）的抗震构造措施？

提示：单排：$h_0=550\text{mm}$，双排：$h_0=520\text{mm}$；混凝土保护层厚度 $c=25\text{mm}$。

A. 1 处   B. 2 处   C. 3 处   D. ≥4 处

题 13. 下列关于混凝土结构工程施工质量验收的观点，符合《混凝土结构工程施工质量验收规范》GB 50204—2015 要求的是何选项？

Ⅰ. 当设计无具体要求时，柱的纵向受力钢筋搭接长度范围内的箍筋直径不应小于搭接钢筋较大直径的 1/4

Ⅱ. 混凝土浇筑前后，施工质量不合格的检验批，均应返工返修

Ⅲ. 采用取芯法进行结构实体混凝土强度检验时，对同一强度等级的混凝土，当三个芯样的抗压强度算术平均值不小于设计要求的混凝土强度等级值的 88% 时，结构实体混凝土强度等级认为合格

Ⅳ. 当采用中水作为混凝土的养护用水时，应对中水的成分进行检验

A. Ⅰ、Ⅱ   B. Ⅲ、Ⅳ   C. Ⅱ、Ⅲ   D. Ⅰ、Ⅳ

题 14. 关于装配式混凝土结构的观点，按《混凝土结构设计规范》GB 50010—2010（2015 年版）和《混凝土结构工程施工质量验收规范》GB 50204—2015，下列何项是正确的？

A. 装配式、装配整体式混凝土结构中各类预制构件的连接构造，应便于构件安装；装配整体式，对计算时不考虑传递内力的连接，可不设置固定措施

B. 装配整体式结构的梁柱节点处，柱的纵向钢筋可不贯穿节点

C. 非承重预制构件，在框架内镶嵌时，可不考虑其对框架抗侧移刚度的影响

D. 预制构件的外观质量不应有一般缺陷，其检查数量为全数检查

题 15. 某普通办公楼为钢筋混凝土框架结构，屋面为不上人屋面，其楼层平面及剖面如图 18-1-11 所示。楼盖为梁板承重体系，隔墙均为固定隔墙。假定，二次装修荷载作为永久荷载考虑。试问，当设计柱 KZ1 时，考虑活荷载折减，在第三层柱顶 1-1 截面处，由楼面活荷载产生的柱轴力标准值 N_k 的最小取值（kN）与下列何项数值最为接近？

提示：柱轴力仅按柱网尺寸对应的负荷面积计算。

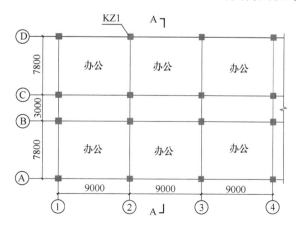
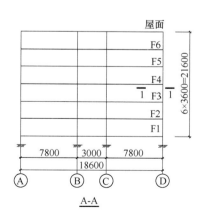

图 18-1-11 题 15 图

A. 140   B. 150   C. 180   D. 210

题 16. 假定，某 7 度区有甲、乙、丙三栋现浇钢筋混凝土结构高层建筑，抗震设防类

别均为丙类,如图 18-1-12 所示。试问,甲乙之间、乙丙之间满足《建筑抗震设计规范》GB 50011—2010(2016 年版)要求的最小防震缝宽度(mm)与下列何项数值最为接近?

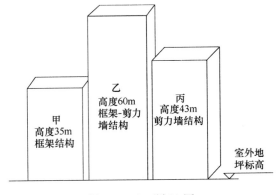

图 18-1-12 题 16 图

A. 140、120 B. 200、170 C. 200、120 D. 240、240

题 17～21

只承受节点荷载的某钢桁架,跨度 30m,两端各悬挑 6m,桁架高度 4.5m,钢材采用 Q345。其杆件截面均采用 H 形,结构重要性系数取 1.0。钢桁架计算简图及采用一阶弹性分析时的内力设计值如图 18-1-13 所示。其中,轴力正值为拉力,负值为压力。按《钢结构设计标准》GB 50017—2017 考虑塑性应力重分布。

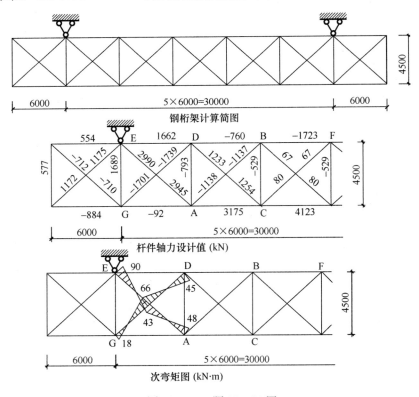

图 18-1-13 题 17～21 图

17. 假定，杆件 AB 和 CD 截面相同且在相连交叉点处均不中断，不考虑节点刚性的影响。试问，杆件 AB 平面外计算长度（m）与下列何项数值最为接近？

    A. 2.3   B. 3.75   C. 5.25   D. 7.5

18. 假定，承受次弯矩的桁架杆件 DG 采用轧制 H 型钢 HW344×348×10×16，腹板位于桁架平面内。其截面特性：毛截面面积 $A=144\text{cm}^2$，回转半径 $i_x=15\text{cm}$，$i_y=8.8\text{cm}$，毛截面模量 $W_x=1892\text{cm}^3$。试问，以应力表达的平面内稳定性最大计算值（N/mm²）与下列何项数值最为接近？

    提示：（1）计算长度取 3.75m，$N'_{\text{Ex}}=4.26\times10^4\text{kN}$；

    （2）构件截面板件宽厚比满足 S3 级要求。

    A. 160   B. 150   C. 140   D. 130

19. 假定，杆件 EA 设计条件同问题 18。试问，根据《钢结构设计标准》GB 50017—2017 进行截面强度计算时，杆件 EA 的作用效应设计值与承载力设计值之比，与下列何项数值最为接近？

    提示：杆件 EA 塑性截面模量 $W_{\text{px}}=2070\text{cm}^3$。

    A. 0.68   B. 0.70   C. 0.81   D. 0.84

20. 假定，杆件 AB 和 CD 均采用热轧无缝钢管 $\phi350\times14$，$A=147.8\text{cm}^2$，采用无加劲直接焊接的平面节点，拉杆 CD 连续，压杆 AB 在交叉点处断开相贯焊于 CD 管，并忽略杆 AB 的次弯矩。试问，杆件 AB 在交叉节点处的承载力设计值（kN）与下列何项数值最为接近？

    A. 1650   B. 1780   C. 3950   D. 4300

21. 假定，设计条件同问题 20。试问，杆件 AB 与 CD 连接的角焊缝计算长度（mm）与下列何项数值最为接近？

    提示：按《钢结构设计标准》GB 50017—2017 作答。

    A. 1100   B. 1150   C. 1200   D. 1300

题 22～29

某二层钢结构平台布置及梁、柱截面特性如图 18-1-14 所示。抗震设防烈度为 7 度，抗震设防类别为丙类，所有构件的安全等级均为二级。Y 向梁柱刚接形成框架结构；X 向梁与柱铰接，设置柱间支撑保证侧向稳定且满足强支撑要求，柱脚均满足刚接假定。所有构件均采用 Q235 钢制作，梁、柱截面均为 HM294×200×8×12。

    提示：按《钢结构设计标准》GB 50017—2017 作答。

22. 假定，平台设置水平支撑，平台板采用钢格栅板，GL1 与 GL2 连接节点如图 18-1-15 所示，均布荷载作用于 GL2 上翼缘。试问，对 GL2 进行整体稳定计算时梁整体稳定系数与下列何项数值最为接近？

    提示：不考虑格栅板对 GL2 受压翼缘的支承作用且水平支撑不与 GL2 相连。

    A. 0.53   B. 0.70   C. 0.77   D. 1.00

23. 假定，平台板采用钢格栅板，GL2 与 GL1 连接节点如图 18-1-15 所示。GL2 梁端剪力设计值为 100.8kN，采用高强度螺栓摩擦型连接，高强度螺栓为 10.9 级，摩擦面的抗滑移系数取 0.4，螺栓孔为标准孔，加劲肋厚度为 10mm。不考虑格栅板刚度，主梁 GL1 抗扭刚度为 0。试问，满足规范要求的最小直径高强度螺栓为下列何项规格？

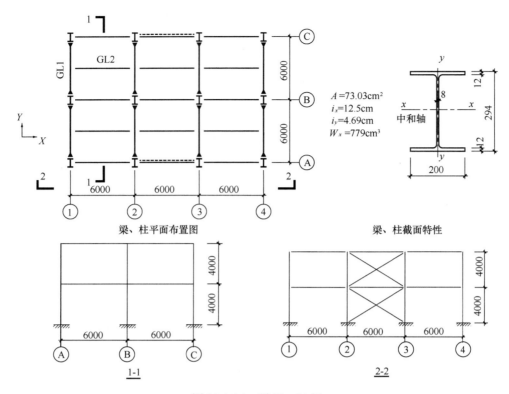

图 18-1-14 题 22～29 图

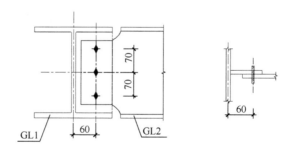

图 18-1-15 题 22 图

提示：除图 18-1-15 所示尺寸外，均满足构造要求。

A. M16　　　　B. M20　　　　C. M22　　　　D. M24

24. 假定，GL2 采用 Q345 钢板焊接而成。试问，腹板的截面板件宽厚比限值与下列何项数值最为接近？

A. 62　　　　B. 102　　　　C. 206　　　　D. 250

25. 假定，采用现浇混凝土平台板，采用一阶弹性设计分析内力，底层框架柱轴压力设计值（kN）如图 18-1-16 所示，其中仅 GZ1 为双向摇摆柱。试问，该工况底层框架柱 GZ2 在 Y 向平面内计算长度（mm），与下列何项数值最为接近？

提示：（1）不计混凝土板对梁的刚度贡献；

（2）不要求考虑各柱 N/I 的差异进行详细分析。

A. 3350　　　　　　B. 4000　　　　　　C. 5050　　　　　　D. 5650

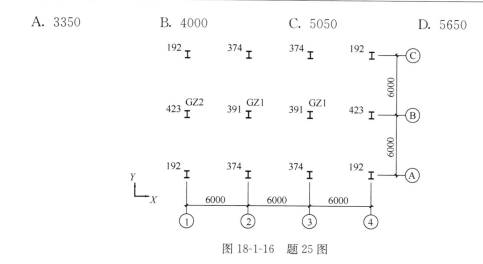

图 18-1-16　题 25 图

26. 假定，设计条件同上题，GZ1 采用 Q345 钢。试问，GZ1 受压承载力设计值（kN）与下列何项数值最为接近？
A. 1027　　　　　B. 1192　　　　　C. 1457　　　　　D. 2228

27. 假定，Y 向框架的层间位移角为 1/571，一阶弹性分析得到的框架弯矩设计值如图 18-1-17 所示。试问，按调幅幅度最大的原则采用弯矩调幅设计时，节点 A 处梁端弯矩设计值和柱 AB 柱下端弯矩设计值（kN·m）分别与下列何项数值最为接近？

提示：轧制型钢腹板圆弧段半径按 0.5 倍翼缘厚度考虑。

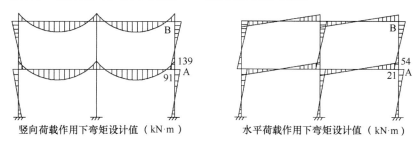

竖向荷载作用下弯矩设计值（kN·m）　　　水平荷载作用下弯矩设计值（kN·m）

图 18-1-17　题 27 图

A. 154、90　　　　B. 154、112　　　　C. 165、94　　　　D. 165、112

28. 假定，框架梁、柱截面板件宽厚比等级均为 S3 级，根据《钢结构设计标准》GB 50017—2017 进行抗震设计，对于横向（Y 向）框架结构部分有下列观点：

Ⅰ. 必须修改截面，使框架梁、柱截面板件宽厚比满足抗震等级四级的规定。

Ⅱ. 构件截面承载力设计时，地震内力及其组合按《建筑抗震设计规范》GB 50011—2010（2016 年版）规定采用。

Ⅲ. 节点域承载力应符合《钢结构设计标准》GB 50017—2017 式（17.2.10-2）的规定。

Ⅳ. 节点域计算必须满足《建筑抗震设计规范》GB 50011—2010（2016 年版）式（8.2.5-3）的规定。

针对上述观点的判断，下列何项结论正确？

A. Ⅰ、Ⅱ、Ⅲ正确 B. Ⅱ、Ⅲ正确
C. Ⅰ、Ⅱ、Ⅳ正确 D. Ⅲ正确

29. 假定，采用现浇混凝土平板，GL2 截面为焊接 H 型钢 H300×200×8×12，最大弯矩设计值为 238.6kN·m，按部分抗剪连接组合梁设计。混凝土采用 C30（$f_c = 14.3\text{N/mm}^2$，$E_c = 3.0 \times 10^4 \text{N/mm}^2$），板厚为 120mm。如图 18-1-18 所示。

抗剪连接件采用满足国家标准的 M19 圆柱头焊钉，圆柱头焊钉连接件强度满足设计要求。试问，GL2 满足承载力和构造要求的最少栓钉数量，与下列何项数值最为接近？

提示：不需验算梁截面板件宽厚比。

A. 10 B. 20 C. 30 D. 40

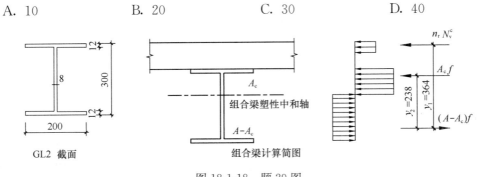

图 18-1-18 题 29 图

题 30～32

某幕墙结构如图 18-1-19 所示。假定，构件的安全等级均为二级，杆件间的连接可采用刚接假定，支座采用铰接假定。所有构件均采用 Q235 钢制作，梁、柱均采用焊接 H 形截面。结构最大二阶效应系数为 0.21。

提示：按《钢结构设计标准》GB 50017—2017 作答。

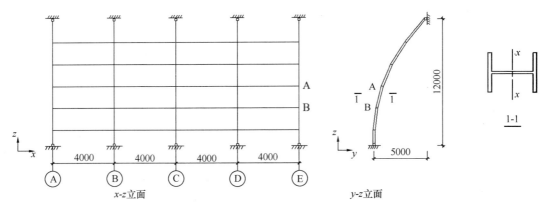

图 18-1-19 题 30～32 图

30. 关于本结构内力分析方法，下列何项观点相对合理？

A. 本结构内力分析宜采用二阶 P-Δ 弹性分析或直接分析
B. 本结构内力分析不可采用二阶 P-Δ 弹性分析
C. 本结构内力分析不可采用直接分析
D. 本结构内力分析宜采用一阶弹性分析

31. 假定，本结构内力分析采用直接分析，内力分析时不考虑材料弹塑性发展。试问，AB 构件在 YZ 平面内的初始弯曲缺陷值 e_0/L，应采用下列何项数值？
   A. 1/400   B. 1/350   C. 1/300   D. 1/250

32. 假定，本结构工作温度为 -30℃，采用外露式柱脚，柱脚锚栓 M16。试问，锚栓采用下列何项钢材可满足《钢结构设计标准》GB 50017—2017 的最低要求？
   A. Q235A   B. Q235B   C. Q235C   D. Q235D

题 33～35

某三层教学楼局部平面、剖面如图 18-1-20 所示。各层平面布置图相同，各层层高均为 3.6m，楼屋盖均为现浇钢筋混凝土板，静力计算方案为刚性方案，纵、横墙厚度均为 200mm，采用 MU20 混凝土多孔砖，Mb7.5 专用砂浆砌筑，砌体施工质量控制等级为 B 级。

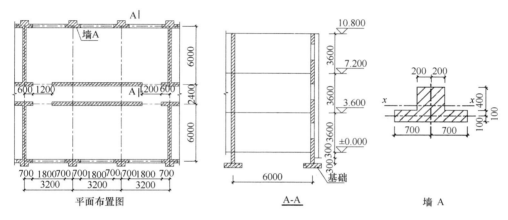

图 18-1-20　题 33～35 图

33. 假设一层带壁柱墙 A 对形心 x 轴的惯性矩 $I_x=1.2\times 10^{10}\text{mm}^4$。试问，对带壁柱墙 A 进行构造高厚比验算时 β 值与下列何项数值最为接近？
   A. 6.2   B. 6.7   C. 7.3   D. 8.0

34. 假设二层带壁柱墙 A 对截面形心的惯性矩 $I_x=1.2\times 10^{10}\text{mm}^4$，按轴心受压构件计算时，试问，二层带壁柱墙 A 的最大承载力设计值（kN）与下列何项数值最为接近？
   A. 940   B. 960   C. 980   D. 1000

35. 已知二层内纵墙门洞高度为 2100mm，试问，二层内纵墙段高厚比验算式中的左、右端项 $\left(\dfrac{H_0}{h}\leqslant \mu_1\mu_2[\beta]\right)$ 的值，与下列何项数值最为接近？

提示：取 $\mu_1=1.0$。
   A. 20＜23   B. 18＜23   C. 20＜26   D. 18＜26

题 36～38

某抗震设防烈度为 7 度的多层砌体结构住宅，底层某道承重横墙的尺寸和构造柱布置如图 18-1-21 所示。墙体采用 MU10 烧结普通砖，M7.5 混合砂浆砌筑。构造柱 GZ 截面为 240mm×240mm，GZ 采用 C20 混凝土，纵向钢筋为 4 根直径 12mm（$A_s=452\text{mm}^2$）的 HRB335 级钢筋，箍筋为 HPB300 级 ϕ6@200，砌体施工质量控制等级为 B 级。在该墙半层高处作用的恒荷载标准值为200kN/m,活荷载标准值为70kN/m。

提示：(1) 按《建筑抗震设计规范》GB 50011—2010（2016年版）计算；

(2) 砌体抗剪强度设计值 $f_v = 0.14$MPa；

(3) 构造柱混凝土抗拉强度设计值 $f_t = 1.1$MPa。

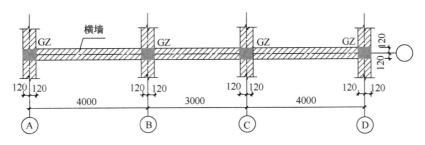

图 18-1-21　题 36～38 图

36. 该墙体沿阶梯形截面破坏的抗震抗剪强度设计值 f_{vE}（MPa）与下列何项数值最为接近？

   A. 0.14　　　B. 0.16　　　C. 0.20　　　D. 0.23

37. 假设砌体抗震抗剪强度的正应力影响系数 $\zeta_N = 1.5$，考虑构造柱对受剪承载力的提高作用，该墙体的截面抗震受剪承载力（kN），与下列何项数值最为接近？

   提示：$\eta_c = 1.0$。

   A. 680　　　B. 650　　　C. 600　　　D. 550

38. 假设图 18-1-21 所示墙体中不设置构造柱，砌体抗震抗剪强度的正应力影响系数仍为 $\zeta_N = 1.5$，该墙体的截面抗震受剪承载力（kN），与下列何项数值最为接近？

   A. 600　　　B. 560　　　C. 420　　　D. 360

题 39. 试问，下述对于砌体结构的理解，其中何项错误？

   A. 带有砂浆面层的组合砖砌体构件的允许高厚比可以适当提高

   B. 对于安全等级为一级或设计使用年限大于 50 年的房屋，不应采用砌体结构

   C. 在冻胀地区，地面以下的砌体不宜采用多孔砖

   D. 砌体结构房屋的静力计算方案是根据房屋空间工作性能划分的

题 40. 下述对于木结构的理解，其中何项错误？

   A. 原木、方木、层板胶合木可作为承重木结构的用材

   B. 标注原木直径时，应以小头为准；验算挠度时，可取构件的中央截面

   C. 抗震设防地区，设计使用年限 50 年的木柱木梁房屋宜建单层，高度不超过 3m

   D. 抗震设防地区，设计使用年限 50 年的木结构房屋可以采用木柱与砖墙混合承重

题 41～47

新建 5 层建筑位于边坡坡顶，边坡坡面与水平面夹角 $\beta = 45°$。该建筑为框架结构，采用柱下独立基础，基底中心线与柱中心重合。方案设计时，靠近边坡的边柱尺寸为 500mm×500mm，基底为正方形。边柱基础剖面及土层分布如图 18-1-22 所示，基础及其底面以上土的加权平均重度 20kN/m³，无地下水，不考虑地震。

41. 假定，①层粉质黏土 $c_k = 25$kPa，$\varphi = 20°$。试问，当坡顶无荷载，不计新建建筑影响时，边坡坡顶塌滑区外边缘至坡顶边缘的水平投影距离估算值 s（m），与下列何项数

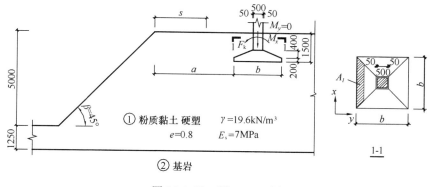

图 18-1-22 题 41~47 图

值最为接近？

提示：按《建筑边坡工程技术规范》GB 50330—2013 作答。

A. 2.20　　　　B. 2.85　　　　C. 3.55　　　　D. 7.85

42. 土坡本身稳定，基础宽度为 $b<3m$，相应于作用效应标准组合时，作用于基底中心的竖向力 $F_k+G_k=1000kN$，力矩 $M_{rk}=0kN·m$，①层粉质黏土的承载力特征值 $f_{ak}=150kPa$。

试问，根据《建筑地基基础设计规范》GB 50007—2011，基底外边缘线至坡顶的水平距离 a（m）与下列何项数值最为接近时，可不必按照圆弧滑动面法进行稳定性验算？

A. 2.5　　　　B. 3.5　　　　C. 4.5　　　　D. 5.5

43. 假定，基础宽度 $b<3m$，相应于作用效应的标准组合时，作用于基础顶面的竖向压力 $F_k=1000kN$，$M_{rk}=80kN·m$，忽略水平剪力，该基础修正后的地基承载力 $f_a=192kPa$。试问，正方形独立基础最小宽度 b（m）与下列何项数值最为接近？

A. 2.1　　　　B. 2.3　　　　C. 2.5　　　　D. 2.8

44. 假定，基础的安全等级为二级，正方形独立基础宽度 $b=2.5m$，基础冲切破坏锥体有效高度 $h_0=545mm$，基础混凝土强度等级为 C30，基本组合时作用于基础顶的 $F=1500kN$，$M_x=120kN·m$。忽略水平剪力的影响。试问，柱下独立基础冲切验算时，基础最不利一侧的受冲切承载力计算值与对应的冲切力的比值与下列何项数值最为接近？

提示：最不利一侧冲切力为相应于作用的基本组合时，作用在图 18-1-22 中 A_l 上的地基土净压力设计值，其中，地基土单位面积净反力取最大值。

A. 1.55　　　　B. 2.15　　　　C. 3.00　　　　D. 4.50

45. 假定，基础的安全等级为二级，基础宽度 $b=2.5m$，基础及其上部土自重分项系数 1.35，基本组合时，作用于基础顶的力 $F=1600kN$，承受单向力矩 M_x，基底最小地基反力设计值 $p_{min}=230kPa$。试问，独立基础底板在柱边处正截面的最大弯矩设计值 M（kN·m）与下列何项数值最为接近？

A. 210　　　　B. 260　　　　C. 285　　　　D. 310

46. 假定，基础的安全等级为一级，基础宽度为 $b=2.5m$，有效高度 $h_0=545mm$。基本组合下，独基底板柱边处弯矩组合效应值 $M=180kN·m$，混凝土等级为 C30，钢筋级别 HRB400。试问，依据《建筑地基基础设计规范》GB 50007—2011，基础受力钢筋采用下列何项才能满足要求？

A. Φ12@210　　　B. Φ12@170　　　C. Φ12@150　　　D. Φ14@200

47. 假定，正方形独基宽 $b=2.5$m，准永久组合下基底平均附加压力 $p_0=150$kPa，①粉质黏土的 $f_{ak}=150$kPa。试问，不考虑边坡及相邻基础的影响，考虑基岩对压力分布影响时，该基底中心点的地基最终计算变形 s（mm）与下列何项数值最为接近？

A. 42　　　B. 47　　　C. 52　　　D. 57

题 48～50

7 度区抗震设防区某建筑工程，上部结构采用框架结构，设一层地下室，采用预应力高强混凝土空心管桩基础，承台下普遍布桩 3～5 根。桩型为 AB 型，桩径 400mm，壁厚 95mm，无桩尖。桩基环境类别为三类，场地地下潜水水位标高为 −0.500m～−1.500m，③粉土中承压水水位标高为 −5.000m，局部基础剖面及场地土分层情况如图 18-1-23 所示。

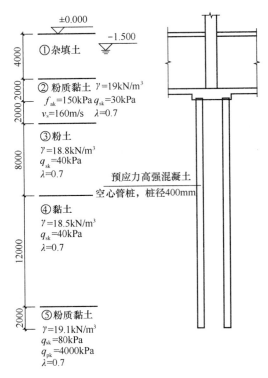

图 18-1-23　题 48～50 图

48. 基坑支护采用坡率法。试问，根据《建筑地基基础设计规范》GB 50007—2011，基坑挖至承台底标高（−6.000m）时，承台底抗承压水渗流稳定安全系数与下列何项数值最为接近？

A. 0.85　　　B. 1.05　　　C. 1.27　　　D. 1.41

49. 假定，②层为非液化土，非软黏土，③饱和粉土层为液化土层，标贯试验点竖向间距 1m。$\lambda_N = N/N_{cr}$ 均小于 0.6。试问，进行桩基抗震验算时，根据岩土的物理指标与承载力参数之间的经验关系估算的单桩竖向极限承载力标准值 Q_{uk}（kN），与下列何项数值最为接近？

提示：按《建筑桩基技术规范》JGJ 94—2008 作答。

A. 1250　　　B. 1450　　　C. 1750　　　D. 1850

50. 桩基设计等级为丙级，不考虑水平地震作用，扣除全部预应力损失的管桩混凝土有效预压应力 $\sigma_{pc}=4.9$MPa，桩每米自重 2.49kN。试问，抗浮验算时，相应于荷载作用效应标准组合的基桩允许拔力最大值（kN），与以下何项最为接近？

提示：（1）不考虑群桩破坏；
（2）按《建筑桩基技术规范》JGJ 94—2008 作答；
（3）桩与桩之间的连接桩与承台之间的连接以及各预应力主筋，不起控制作用。

A. 400   B. 440   C. 480   D. 520

题 51～53

某多层建筑采用条形基础，基础底宽度 $b=2$m，设计等级为乙级，地基处理采用水泥粉煤灰碎石桩（CFG 桩）复合地基，CFG 桩采用长螺旋钻中心压灌成桩，条基下单排等间距布置，桩径 400mm。桩顶褥垫层厚度 200mm。桩布置、地基土层分布、土层厚度及相关参数如图 18-1-24 所示。

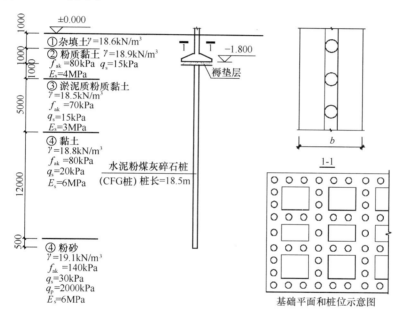

图 18-1-24　题 51～53 图

51. 工程验收时，按规范做了三个点 CFG 桩复合地基静载荷试验，各试验点的复合地基承载力特征值分别为 210kPa、220kPa 和 230kPa。试问，该单体工程 CFG 桩复合地基承载力特征值 f_{spk}（kPa），取下列何项数值最为合理？

A. 210   B. 220
C. 230   D. 增加复合地基静载荷试验点数量

52. 假定，地下水位标高－1.000m，CFG 单桩承载力特征值 $R_a=680$kN，单桩承载力发挥系数 $\lambda=0.9$，桩间土承载力发挥系数 $\beta=1.0$。设计要求基础底面经深度修正后的复合地基承载力特征值 f_{spa} 不小于 250kPa。试问，初步设计时，CFG 桩的最大间距 s（m）与下列何项数值最为接近？

A. 2.0   B. 1.8   C. 1.6   D. 1.4

53. 假定，地下水位标高是－3.000m，$\lambda=0.9$，其余条件同 52 题。试问，CFG 桩混凝土标准试块（边长 150mm）标准养护 28d 的立方体抗压强度平均值 f_{cu}（MPa）的最小值与下列何项数值最为接近？

　　A. 16　　　　　B. 18　　　　　C. 20　　　　　D. 22

题 54. 关于桩基设计有下列观点：

Ⅰ. 用于抗拔、抗水平力桩，正、反循环钻孔灌注桩及旋挖成孔灌注桩的施工，灌注混凝土之前，孔底沉渣厚度不应大于 200mm。

Ⅱ. 压灌桩的充盈系数宜为 1.0~1.2，桩顶混凝土超灌高度宜为 0.1~0.2m。

Ⅲ. 单桩注浆量的设计应根据桩径、桩长、桩距、注浆顺序、桩端桩侧土性质、单桩承载力增幅及是否复式注浆等因素确定。

Ⅳ. 静压沉桩，最大压桩力不宜小于 Q_{uk}。

试问，依据《建筑桩基技术规范》JGJ 94—2008，下列何项结论是正确的？

　　A. Ⅲ正确，Ⅰ、Ⅱ、Ⅳ错误　　　　B. Ⅰ、Ⅲ、Ⅳ正确，Ⅱ错误
　　C. Ⅰ、Ⅳ正确，Ⅱ、Ⅲ错误　　　　D. Ⅰ、Ⅱ正确，Ⅲ、Ⅳ错误

题 55. 关于地基处理设计有下列观点：

Ⅰ. 大面积压实填土、堆载预压及换填垫层处理后的地基，基础宽度的地基承载力修正系数应取 0，基础埋深的地基承载力修正系数应取 1.0。

Ⅱ. 采用振冲碎石桩处理后的堆载场地地基，应进行整体稳定性分析，可采用圆弧滑动法，稳定安全系数不应小于 1.3。

Ⅲ. 对于水泥搅拌桩，采用水泥作为加固料时，对含高岭石、蒙脱石及伊利石的软土加固效果较好。

Ⅳ. 采用碱液注浆加固湿陷性黄土地基，加固土层厚度大于灌注孔长度，但设计取用的加固土层底部深度不超过灌注孔底部深度。

试问，依据《建筑地基处理技术规范》JGJ 79—2012 的有关规定，针对上述判断，下列何项结论是正确的？

　　A. Ⅰ、Ⅱ正确　　B. Ⅱ、Ⅳ正确　　C. Ⅰ、Ⅲ正确　　D. Ⅱ、Ⅲ正确

题 56. 有以下观点：

Ⅰ. 建筑物地基均应进行施工验槽

Ⅱ. 在 7 度区及 7 度以上的场地勘察时，必须测土层剪切波速。

Ⅲ. 砂土和平均粒径不超过 50mm 且最大粒径不超过 100mm 的碎石土密度都可采用动力触试验评价。

Ⅳ. 对抗震设防烈度为 6 度的地区不需要进行土的液化评价。

试问，依据《建筑地基基础设计规范》GB 50007—2011 及《建筑抗震设计规范》GB 50011—2010（2016 年版）的有关规定，何项结论正确？

　　A. Ⅰ、Ⅱ正确　　B. Ⅰ、Ⅲ正确　　C. Ⅱ、Ⅳ正确　　D. Ⅱ、Ⅲ正确

题 57. 某工程场地进行地基土浅层平板载荷试验，用方形承压板，面积为 $0.5m^2$。试验数据如表 18-1-1 所示。加载至 375kPa 时，承压板周围土体明显侧向挤出。试问，地基承载力特征值（kPa）与下列何项数值最为接近？

　　A. 175　　　　　B. 188　　　　　C. 200　　　　　D. 225

浅层平板载荷试验数据														表 18-1-1
p (kPa)	25	50	75	100	125	150	175	200	225	250	275	300	325	350	375
s (mm)	0.8	1.6	2.41	3.2	4	4.8	5.6	6.4	7.85	9.8	12.1	16.4	21.5	26.6	43.5

题 58. 关于高层建筑混凝土结构计算分析的各项论述，根据《高层建筑混凝土结构技术规程》JGJ 3—2010，以下何项正确？

A. 剪力墙结构当非承重墙采用空心砖填充墙时，结构自振周期折减系数取 0.7～0.9

B. 现浇钢筋混凝土框架结构，可对框架梁组合弯矩进行调幅，梁端负弯矩调幅系数取 0.8～0.9，跨中弯矩按平衡条件相应增大

C. 现浇框架结构楼面活荷载 $5kN/m^2$，整体计算中未考虑楼面活荷载不利布置时应适当增大楼面梁的计算弯矩

D. 对设计地震分组为第二组，场地类别为Ⅲ类的混凝土结构，计算罕遇地震作用时取特征周期为 0.65s，计算风振舒适度时取结构阻尼比为 0.02

题 59. 某高度为 200m 的普通办公楼，抗震设防烈度为 6 度，拟采用钢筋混凝土框架-核心筒结构，关于该结构的如下论述及判断，根据《高层建筑混凝土结构技术规程》JGJ 3—2010，何项相对准确？

A. 当主体结构高宽比满足规范相关规定后，可不对核心筒高宽比进行限制

B. 当高层建筑剪重比、刚重比不符合规范最小限值时，可分别进行相应地震剪力的调整，补充验算罕遇地震下的弹塑性层间位移以避免引起结构的失稳倒塌

C. 当该结构的刚重比为 3.0 时，按弹性方法计算。在风或多遇地震标准值作用下，楼层层间最大水平位移与层高之比均宜小于规范限值 1/550

D. 当该结构刚重比为 2.0 时，弹性计算分析应考虑重力荷载产生的二阶效应的影响，除计入对结构的内力增量外，尚应考虑 P-Δ 效应后的水平位移，且仍应满足规程的相关规定

题 60～61

某 18 层办公楼为框架-剪力墙结构，首层层高 4.5m，其余层层高 3.6m，室内外高差 0.45m。房屋总高 $H=66.15m$，设防烈度为 8 度（0.2g），地震分组为第二组，Ⅱ类场地，设防类别为丙类，安全等级二级。

60. 该建筑平面、竖向规则，各层布置相同。楼面板厚度 120mm，各层面积 $A=2100m^2$。承重墙采用轻钢龙骨墙。结构竖向荷载为恒载、活载，假定每层重力荷载代表值相等，重力荷载代表值取 0.9 倍重力荷载计算值。主要计算结果：第一振型平动周期 $T_g=1.8s$，按弹性方法计算，得到水平地震作用下层间位移角为 1/850。试问，方案估算时，多遇地震下，按规范规定的楼层最小剪力系数计算，对应于水平地震作用标准值的首层剪力（kN），与下列何项数值接近？

A. 11000　　B. 15000　　C. 20000　　D. 25000

61. 假定该办公楼方案调整，顶部取消部分剪力墙形成大空间，如图 18-1-25 所示，顶层层高 3.6m 改为 5.4m，框架梁

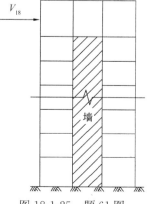

图 18-1-25　题 61 图

高 800mm。分析表明，多遇地震作用下，层间位移角满足要求。X 向经振型分解反应谱法及七组加速度时程补充弹性分析，获得数据包括：顶层楼层剪力 V_{18}，某边柱 AB 柱底相应弯矩标准值 M_{Ek}（kN·m，已考虑对竖向不规则结构的剪力放大），这些数值已列入表 18-1-2。

振型分解反应谱法及时程分析结果　　　　表 18-1-2

	M_{Ek}（kN·m）	V_{18}（kN）
振型分解反应谱	500	2500
时程分析法平均值	700	3500
时程分析法最大值	800	3800

试问，多遇地震下，顶层边柱 AB 柱底截面内力组合时所采用的对应于地震作用标准值的弯矩（kN·m）与下列何项数值最为接近？

提示：根据《高层建筑混凝土结构技术规程》JGJ 3—2010 作答。

A. 500　　B. 600　　C. 700　　D. 800

题 62. 某 16 层办公楼，总高度 $H=58.5$m，设防类别为丙类，设防烈度为 8 度（0.2g），地震分组为第一组，Ⅲ类场地，安全等级二级。采用钢筋混凝土框架-剪力墙结构，质量、刚度分布均匀，周期折减系数 0.8。针对两个结构设计方案分别进行了多遇地震电算，现提取首层地震剪力系数 λ_v（$\lambda_v = V_{Ek1}/\sum_{i=1}^{n} G_i$），第一自振周期 T_1 如下（其他结果均满足规范要求）：

方案一：$\lambda_v = 0.055$，$T_1 = 1.5$s；方案二：$\lambda_v = 0.050$，$T_1 = 1.3$s。

假定，可用底部剪力法计算，不考虑其他因素，仅从上述数据间的基本关系，判断电算结果的合理性，试问，下列哪一项结论正确？

A. 方案一可信，方案二有误　　B. 方案一有误，方案二可信
C. 均可信　　D. 均不可信

题 63～66

某地上 22 层商住楼，地下 2 层（平面同首层，未示出），房屋总高度 75.25m，系部分框支剪力墙结构。如图 18-1-26 所示（仅表示左侧 1/2，另一半对称），1～3 层墙、柱布

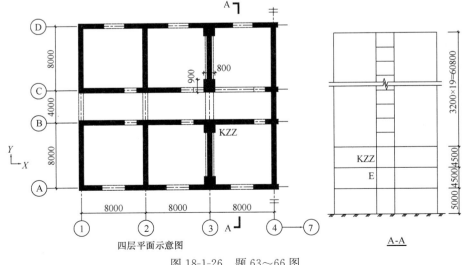

图 18-1-26　题 63～66 图

置相同，4～22层剪力墙布置相同，③、⑤轴为框支剪力墙，其余均为落地剪力墙，水平转换构件设在3层顶。该建筑抗震设防烈度为7度，设计基本地震加速度为0.15g，设计地震分组为第一组，标准设防类，安全等级二级，场地类别Ⅳ类，结构基本自振周期2.1s。竖向构件混凝土强度等级：1～3层及地下室为C50，其他层为C40。框支柱断面为800mm×900mm，地下室顶板（±0.000处）可作为上部结构的嵌固部位。

63. 针对②轴Y向剪力墙的抗震等级有4组观点，如表18-1-3所示。试问，以下何项观点符合《高层建筑混凝土结构技术规程》JGJ 3—2010的规定？

A. 观点1　　　B. 观点2　　　C. 观点3　　　D. 观点4

剪力墙抗震等级的4个观点　　　　　　　　　　　　　　　　　　表18-1-3

观点序号	部位	抗震措施	抗震构造措施
1	地下2层	三级	一级
	1～2层	一级	特一级
	8层	三级	二级
2	地下2层	—	一级
	1～2层	一级	特一级
	8层	三级	二级
3	地下2层	三级	一级
	1～2层	特一级	特一级
	8层	一级	一级
4	地下2层	—	二级
	1～2层	二级	一级
	8层	三级	二级

64. 假定，方案阶段，由振型分解反应谱法求得的2～4层的Y向水平地震剪力标准值（V_i）及相应层间位移值（Δ_i）见表18-1-4。在$P=10000$kN水平力作用下，按图18-1-27模型计算的位移分别为：$\Delta_1=8.1$mm，$\Delta_2=5.8$mm。试问，关于转换层上部结构与下部结构刚度差异的判断方法和结果，下列何项相对准确？

提示：（1）转换层及下部与转换层上部混凝土剪切变形模量之比为1.06；

（2）转换层在计算方向（Y向）全部落地剪力墙抗剪截面有效面积为28.73m²，第4层全部剪力墙在计算方向（Y向）有效截面为24.60m²。

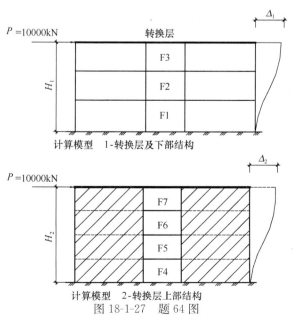

图18-1-27　题64图

振型分解反应谱法计算结果　　　　　表 18-1-4

项目	2 层	3 层	4 层
V_i (kN)	12500	12000	10500
Δ_i (mm)	3.5	4.2	2.5

A. 采用等效剪切刚度比验算方法判断，满足规范要求
B. 采用等效侧向刚度比验算方法判断，满足规范要求
C. 采用楼层侧向刚度比和等效侧向刚度比验算方法判断，满足规范要求
D. 采用楼层侧向刚度比和等效侧向刚度比验算方法判断，不满足规范要求

65. 抗震分析表明，第 3 层框支柱 KZZ，柱上端和柱下端考虑地震的弯矩组合值分别为 615kN·m、450kN·m，柱下端左右梁端相应的同向组合弯矩设计值之和为 $\Sigma M_b = 1050$kN·m。假定，节点 E 处按弹性分析上、下柱端弯矩相等。试问，在进行柱截面配筋设计时，KZZ 柱上端和下端考虑地震作用组合的弯矩设计值 M_c^t、M_c^b（kN·m），与下列何项数值最为接近？

A. 800，630　　B. 930，680　　C. 930，740　　D. 800，780

66. 该建筑框支转换层楼板厚度 180mm，混凝土强度等级 C40，配筋采用双层双向 HRB400 级钢筋ϕ10@150，落地剪力墙在 1~3 层厚度为 400mm，且落地剪力墙之间楼板无开洞，穿过④轴剪力墙的楼板的验算截面宽度按 16400mm，转换层楼板配筋满足楼板竖向承载力和水平面内抗弯要求。试问，由不落地剪力墙传到④轴落地剪力墙处，按刚性楼板计算且未经增大的框支转换层楼板组合剪力设计值（kN），最大不应超过下列何项数值？

A. 7200　　B. 6600　　C. 4800　　D. 4400

题 67. 假定，某底部加强部位剪力墙，抗震等级为特一级，安全等级二级，厚度 400mm，墙长 $h_w = 8200$mm，$h_{w0} = 7800$mm，$A_w/A = 0.7$，混凝土强度等级 C50，计算截面处剪跨比计算值 $\lambda = 2.5$。考虑地震组合的剪力计算值 $V_w = 4600$kN，对应的轴向压力设计值 $N = 21000$kN，该墙竖向分布钢筋为构造钢筋。试问，该底部加强部位剪力墙的竖向及水平分布钢筋至少应取下列何项配置？

提示：$0.2 f_c b_w h_w = 15154$kN。

A. 2ϕ10@150（竖向）；2ϕ10@150（水平）
B. 2ϕ12@150（竖向）；2ϕ12@150（水平）
C. 2ϕ14@150（竖向）；2ϕ14@150（水平）
D. 2ϕ14@150（竖向）；2ϕ16@150（水平）

题 68. 某 A 级高度部分框支剪力墙结构，转换层设置在一层，共有 8 根框支柱。地震作用方向上首层与二层结构的等效剪切刚度比为 0.90，首层楼层抗剪承载力为 15000kN，二层楼层抗剪承载力为 20000kN。该建筑安全等级二级，抗震设防烈度为 7 度（0.15g），基本自振周期为 2s，总重力荷载代表值为 324100kN。假定，首层对应于地震作用标准值的剪力 $V_{Ek1} = 11500$kN。试问，根据规程中有关对各楼层水平地震剪力的调整要求，底层全部框支柱承受的地震剪力标准值之和（kN），最小与下列何项数值最为接近？

提示：按《高层建筑混凝土结构技术规程》JGJ 3—2010 作答。

A. 1970　　　　B. 1840　　　　C. 2100　　　　D. 2300

题 69. 假定，某转换柱抗震等级为一级，柱截面 800mm×900mm，混凝土强度等级 C50，考虑地震作用组合的轴压力设计值 $N=10810$kN，沿柱全高配井字复合箍，直径 Φ12，箍筋间距 100mm，肢距 200mm，柱剪跨比 $\lambda=1.95$。试问，该柱满足箍筋构造配置要求的最小配箍特征值 λ_v，与下列何项数值最为接近？

A. 0.16　　　　B. 0.18　　　　C. 0.20　　　　D. 0.24

题 70～71

某高层钢框架结构，抗震等级为三级，安全等级二级，梁、柱钢材采用 Q345 钢，柱截面采用箱形，梁截面采用 H 形，梁与柱（骨式连接）采用翼缘等强焊接、腹板高强螺栓连接形式。柱的水平隔板厚度均为 20mm，梁腹板过焊孔高度为 35mm。

提示：（1）按《高层民用建筑钢结构技术规程》JGJ 99—2015 作答。
（2）不进行连接板及螺栓承载力验算

70. 假定，底部边跨梁柱节点如图 18-1-28 所示，梁腹板连接的受弯承载力系数取 0.9。试问，抗震设计时，该结构梁端连接的极限受弯承载力（kN·m），与下列何项数值最为接近？

A. 1200　　　　B. 1250
C. 1400　　　　D. 1500

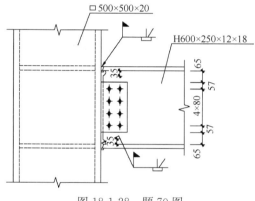

图 18-1-28　题 70 图

71. 假定，某上部楼层梁柱中间节点如图 18-1-29 所示，多遇地震作用下，节点左、右梁端组合弯矩设计值（同时针方向）相等，均为 M。试问，M（kN·m）最大不超过下列何项数值时，节点域抗剪承载力满足规程要求？

提示：不进行节点域屈服承载力及稳定性验算。

A. 900　　　　B. 1100　　　　C. 1500　　　　D. 1800

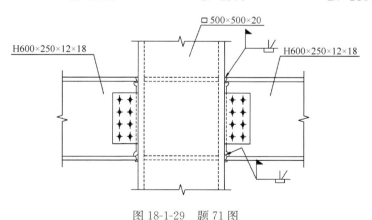

图 18-1-29　题 71 图

题 72. 某 16 层普通民用高层建筑，采用钢筋混凝土框架-剪力墙结构，房屋高度 60.8m，抗震设防烈度为 8 度（0.3g），设计地震分组第一组，建筑场地类别Ⅱ类。混凝土强度等级：梁、板均为C30，框架柱和剪力墙均为C40。结构刚度、质量沿竖向分布均匀，框架柱数量各层相等。假定，对应于多遇水平地震作用标准值，结构基底总剪力V_0＝25000kN，各层框架所承担的未经调整的地震总剪力中的最大值$V_{f,max}$＝3200kN，第二层框架承担的未经调整的地震总剪力V_f＝3000kN，该楼层某根柱调整前的柱底内力标准值为：弯矩M＝±280kN·m，剪力V＝±70kN。试问，抗震设计时，为满足二道防线要求，该柱调整后的地震内力标准值，与下列何项数值最为接近？

提示：楼层剪力满足规程关于楼层最小地震剪力系数的要求。

A. M＝±280kN·m；V＝±70kN
B. M＝±420kN·m；V＝±105kN
C. M＝±450kN·m；V＝±120kN
D. M＝±550kN·m；V＝±150kN

题 73～74

某高层建筑（地上28层，地下3层）采用现浇钢筋混凝土框架-核心筒结构，房屋总高度128m，第3层顶设置托柱转换梁，抗震设防烈度为8度（0.2g），设计地震分组为第一组，标准设防类，场地类别Ⅱ类，地下室顶板作为上部结构的嵌固部位。鉴于房屋的重要性及结构特征，拟对该结构进行抗震性能化设计。

73. 假定，主体结构抗震性能目标为C级，抗震性能设计时，在设防地震作用下，某些结构构件的抗震性能要求有4个观点，如表18-1-5所示。试问，设防地震作用下构件抗震性能，采用哪一项最符合《高层建筑混凝土结构技术规程》JGJ 3—2010的要求？

注："构件弹性承载力设计值不低于弹性内力设计值"简称"弹性"；"屈服承载力不低于相应内力"简称"不屈服"。

A. 观点1 B. 观点2 C. 观点3 D. 观点4

抗震性能要求的观点　　　　　　表 18-1-5

研究对象		观点1	观点2	观点3	观点4
核心筒外墙	抗弯	底部加强部位：弹性 一般楼层：不屈服	底部加强部位：不屈服 一般楼层：不屈服	底部加强部位：不屈服 一般楼层：不屈服	底部加强部位：不屈服 一般楼层：不屈服
	抗剪	底部加强部位：弹性 一般楼层：不屈服	底部加强部位：弹性 一般楼层：不屈服	底部加强部位：弹性 一般楼层：不屈服	底部加强部位：弹性 一般楼层：弹性
转换梁		抗弯弹性、抗剪弹性	抗弯弹性、抗剪弹性	抗弯不屈服、抗剪弹性	抗弯不屈服、抗剪弹性

74. 假定，该结构核心筒底部加强部位按性能水准2进行性能设计，其中某耗能连梁LL在设防烈度地震作用下，左右两端的弯矩标准值$M_{bk}^l = M_{bk}^r = 1520$kN·m（同时针方向）。连梁截面为500mm×1200mm，净跨$l_n = 3.6$m，混凝土强度等级C50，纵向钢筋采用HRB400，对称配筋，$a_s = a_s' = 40$mm。试问，该连梁进行抗震性能设计时，下列何项纵向钢筋配置符合第2性能水准的要求且配筋最少？

提示：忽略重力荷载及竖向地震作用下的弯矩。

A. 6Φ25 B. 6Φ28 C. 7Φ25 D. 7Φ28

题 75. 公路桥涵结构应按承载能力极限状态和正常使用极限状态进行设计，试问，下列哪些计算内容属于承载能力极限状态设计？

① 整体式连续箱梁桥横桥向抗倾覆；

② 主梁挠度；

③ 构件强度破坏；

④ 作用频遇组合下的裂缝宽度；

⑤ 轮船撞击。

A. ①+②+③ B. ②+③+⑤
C. ①+②+③+⑤ D. ①+③+⑤

题76. 高速公路上某座30m简支箱梁桥，计算跨径28.9m，汽车荷载按单向3车道设计，该梁距离支点7.25m处弯矩和剪力影响线见图18-1-30。试问，该简支梁距离支点7.25m处汽车荷载引起的弯矩和剪力标准值，与下列何项数值最为接近？

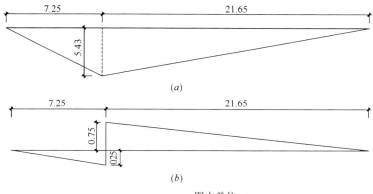

图中单位：m

图18-1-30 题76图

(a) 弯矩影响线；(b) 剪力影响线

A. $M=7633$kN·m；$V=1114$kN B. $M=2544$kN·m；$V=371.4$kN
C. $M=5966$kN·m；$V=869$kN D. $M=6283$kN·m；$V=996$kN

题77. 某城市主干路上的一座桥梁，跨径布置为3×30m，桥区地震环境和场地类别属Ⅲ类，分区为2区，地震基本烈度为7度，地震动峰值加速度为0.15g，属抗震分析规则桥梁，结构水平向低阶自振周期为1.1s，结构阻尼比为0.05。试问，该桥在E2地震作用下，水平向设计加速度反应谱谱值S与下列何项数值最为接近？

A. 0.18g B. 0.37g C. 0.40g D. 0.51g

题78. 某二级公路上的一座计算跨径为15.5m简支混凝土梁桥，结构跨中截面抗弯惯矩$I_c=0.08$m⁴，结构跨中处延米结构重$G=80000$（N/m），结构材料弹性模量$E=3×10^4$MPa，重力加速度在本题中近似取10m/s²。经计算该结构的跨中截面弯矩标准值为：梁自重弯矩2500kN·m，汽车作用弯矩（不含冲击力）1300kN·m，人群作用弯矩200kN·m。试问，该结构跨中截面作用效应基本组合的弯矩设计值（kN·m）与下列何项数值最为接近？

A. 6400 B. 6259 C. 5953 D. 5734

题79. 某高速公路桥梁采用预应力混凝土T梁，其截面形状和尺寸如图18-1-31所示。假定该桥铺装仅采用90mm厚沥青混凝土，且不考虑施工阶段沥青混凝土引起的温度影响。试问,计算该梁由于竖向温度梯度引起的效应时,截面 1-1(梁腹板与梁翼缘板加腋根部相交处)竖向日照正温差的温度值(℃)与下列何项数值最为接近?

A. 4.6 B. 5.7
C. 2.9 D. 3.5

题 80. 某一级公路上的一座预应力混凝土简支梁桥,混凝土强度等级采用 C50。经计算,其跨中截面处挠度值分别为:恒载引起的挠度值为 25.04mm,汽车荷载(不计汽车冲击力)引起的挠度值为 6.01mm,预应力钢筋扣除全部预应力损失,按全预应力混凝土和 A 类预应力混凝土构件规定计算,预应力引起的反拱数值为 −31.05mm。试问,在不考虑施工等其他因素影响的情况下,仅考虑恒载、汽车荷载和预应力共同作用,该桥梁跨中截面使用阶段的挠度数值(mm),与下列何项数值最为接近(反拱数值为负)?

A. 0.00 B. 10.6 C. −20.4 D. −17.8

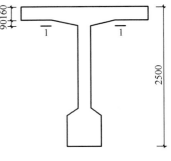

图 18-1-31 题 79 图

18.2 2020 年试题解答

2020 年试题答案

题号	1	2	3	4	5	6	7	8	9	10
答案	D	B	B	C	A	B	B	A	C	B
题号	11	12	13	14	15	16	17	18	19	20
答案	C	C	D	D	C	B	B	C	B	B
题号	21	22	23	24	25	26	27	28	29	30
答案	C	B	B	D	D	B	D	D	B	A
题号	31	32	33	34	35	36	37	38	39	40
答案	B	C	C	C	B	D	A	B	B	D
题号	41	42	43	44	45	46	47	48	49	50
答案	B	C	C	B	C	B	C	C	C	B
题号	51	52	53	54	55	56	57	58	59	60
答案	A	A	D	C	B	B	A	C	D	B
题号	61	62	63	64	65	66	67	68	69	70
答案	C	A	B	D	C	D	D	D	B	D
题号	71	72	73	74	75	76	77	78	79	80
答案	C	C	D	C	D	C	B	C	C	C

1. 答案：D

解答过程：将体系分为两部分，如图 18-2-1 所示。

取 BCD 杆为研究对象，由于 D 支座处没有水平约束，故可得 B 点处水平力 $R_y = P = 150\text{kN}$，方向向左。再对 D 支座取矩，可得

$$2R_x - 3R_y + 1P = 0$$

于是解出 $R_x = 150\text{kN}$，方向向下。

取 AB 杆为研究对象，此处 $R_x = 150\text{kN}$，方向向上（AB 杆受拉）；$R_y = 150\text{kN}$，方向向右。R_y 在 1-1 截面产生的弯矩为 $M = 3R_y = 450\text{kN·m}$。故 AB 杆为偏心受拉构件。

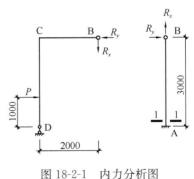

图 18-2-1 内力分析图

依据《混凝土结构设计规范》GB 50010—2010（2015 年版）的 6.2.23 条计算。

$$e_0 = \frac{M}{N} = \frac{450 \times 10^3}{150} = 3000\text{mm} > \frac{h}{2} - a_s = 330\text{mm}$$

为大偏心受拉。由于是对称配筋，依据式（6.2.23-2）计算。

$$e' = e_0 + \frac{h}{2} - a'_s = 3000 + \frac{800}{2} - 70 = 3330 \text{mm}$$

$$A_s = \frac{Ne'}{f_y(h'_0 - a_s)} = \frac{150 \times 10^3 \times 3330}{360 \times (800 - 70 - 70)} = 2102 \text{mm}^2$$

选择 D。

点评：本题的关键是静定结构受力分析，本质上属于结构力学的基础知识。求解内力分为 3 个步骤：（1）取与外荷载 P 相关的 BCD 杆作为研究对象求得 B 点处内力；（2）根据作用力与反作用力，可知 AB 杆在 B 处的内力值；（3）取 AB 杆作为研究对象求得 1-1 截面的内力。必须清楚，作用力与反作用力大小相等方向相反；力的方向背离杆件，为拉力。

对于偏心受拉构件，若为对称配筋，则不论大小偏心均可按《混凝土结构设计规范》GB 50010—2010（2015 年版）的式（6.2.23-2）计算，式中，e' 为轴向力到 A'_s 合力点的距离，$e' = e_0 + h/2 - a'_s$。

2. 答案：B。

解答过程：依据《混凝土结构设计规范》GB 50010—2010（2015 年版）的 6.3.21 条计算。

$$h_0 = 1800 - 40 = 1760 \text{mm}, \lambda = \frac{M}{Vh_0} = \frac{1710 \times 10^6}{690 \times 10^3 \times 1760} = 1.41 < 1.5，取 \lambda = 1.5$$

$$0.2 f_c bh = 0.2 \times 14.3 \times 200 \times 1800 = 1030 \text{kN} < 1800 \text{kN}，取 N = 1030 \text{kN}$$

依据式（6.3.21），$V \leqslant \frac{1}{\lambda - 0.5}\left(0.5 f_t bh_0 + 0.13 N \frac{A_w}{A}\right) + f_{yv} \frac{A_{sh}}{s_v} h_0$，代入数据，得：

$$690 \times 10^3 \leqslant \frac{1}{1.5 - 0.5}(0.5 \times 1.42 \times 200 \times 1760 + 0.13 \times 1030 \times 10^3 \times 1.0)$$

$$+ 360 \times \frac{A_{sh}}{s_v} \times 1760$$

解得 $\dfrac{A_{sh}}{s_v} \geqslant 0.48 \text{ mm}^2/\text{mm}$。

选择 B。

点评：（1）对于钢筋混凝土构件的斜截面受剪承载力的计算要分清楚构件类型（板、梁、柱、剪力墙、连梁和深受弯构件）和构件受力状态（受弯、压弯和拉弯），计算公式各不相同。并且考虑地震的公式和不考虑地震的计算公式不仅仅是有无 γ_{RE} 的区别，公式中的各系数也不完全相同。例如，《混凝土结构设计规范》GB 50010—2010（2015 年版）的 6.3.21 条，非地震工况混凝土剪力墙在偏心受压时的斜截面受剪承载力计算公式为：

$$V \leqslant \frac{1}{\lambda - 0.5}\left(0.5 f_t bh_0 + 0.13 N \frac{A_w}{A}\right) + f_{yv} \frac{A_{sh}}{s_v} h_0$$

《混凝土结构设计规范》GB 50010—2010（2015 年版）的 11.7.4 条，地震工况剪力墙在偏心受压时的斜截面受剪承载力计算公式为：

$$V \leqslant \frac{1}{\gamma_{RE}}\left[\frac{1}{\lambda - 0.5}\left(0.4 f_t bh_0 + 0.1 N \frac{A_w}{A}\right) + 0.8 f_{yv} \frac{A_{sh}}{s_v} h_0\right]$$

对比可知，混凝土项 $f_t bh$ 前的系数非抗震时是 0.5，抗震时为 0.4；钢筋项 $f_{yv} \dfrac{A_{sh}}{s_v} h_0$

前的系数，非抗震时是 1.0，抗震时是 0.8。

(2)《混凝土结构设计规范》GB 50010—2010（2015 年版）的 6.3.21 条规定当计算截面与墙底的距离小于 $h_0/2$ 时，λ 可按距墙底 $h_0/2$ 处的弯矩值与剪力值计算。当墙体在层高范围内无外荷载时，可得：

$$M = 1710 - 690 \times (1.8 - 0.04)/2 = 1102.8 \text{kN} \cdot \text{m}$$

$$\lambda = \frac{M}{Vh_0} = \frac{1102.8}{690 \times (1.8 - 0.04)} = 0.9 < 1.5 \text{，取} \lambda = 1.5$$

由于本题并未告知墙体受外荷载的条件，故无法考察此知识点。

3. 答案：B

解答过程：依据《混凝土结构设计规范》GB 50010—2010（2015 年版）附录 G.0.2 条和 G.0.3 条计算。

$l_0/h = 3300/1800 = 1.83 < 2$，由于是支座截面，故取 $a_s = 0.2h = 0.2 \times 1800 = 360 \text{mm}$。

$$h_w = h_0 = 1800 - 360 = 1440 \text{mm}$$

$h_w/b = 1440/200 = 7.2 > 6$，因此，应按式（G.0.3-2）计算。

由于 $l_0 = 3300 \text{mm} < 2h = 2 \times 1800 = 3600 \text{mm}$，应取 $l_0 = 2h$ 代入公式。

$$\frac{1}{60}(7 + l_0/h)\beta_c f_c bh = \frac{1}{60} \times (7 + 2) \times 1.0 \times 14.3 \times 200 \times 1440 = 617.76 \text{kN}$$

选择 B。

点评：深受弯构件的计算跨度 l_0 的取值在《混凝土结构设计规范》GB 50010—2002 中取支座中心线的距离和 $1.15 l_n$（l_n 为梁的净跨）两者中较小值。

4. 答案：C

解答过程：依据《混凝土结构设计规范》GB 50010—2010（2015 年版）的 9.3.10 条、9.3.11 条计算。

$$h_0 = h - a_s = 600 - 40 = 560 \text{mm}$$

$$a = 400 + 450 - 600 + 20 = 270 \text{mm} > 0.3h_0 = 0.3 \times 560 = 168 \text{mm}$$

因此，取 $a = 270 \text{mm}$ 代入公式。

依据式（9.3.11）可得：

$$A_s = \frac{F_v a}{0.85 f_y h_0} + 1.2 \frac{F_h}{f_y} = \frac{420 \times 10^3 \times 270}{0.85 \times 360 \times 560} + 1.2 \times \frac{115 \times 10^3}{360} = 662 + 383$$
$$= 1045 \text{ mm}^2$$

依据 9.3.12 条，承受竖向力所需的纵向受力钢筋应满足最小配筋率要求。

$$A_{s\min} = \max(0.002, 0.45 f_t/f_y) \times bh = \max(0.002, 0.45 \times 1.43/360) \times 400 \times 600$$
$$= 480 \text{ mm}^2$$

该值小于 A_s 计算式的第一项 662mm^2，故满足要求。

选择 C。

点评：《混凝土结构设计规范》GB 50010—2010（2015 年版）9.3.12 条规定的最小配筋率只针对承受竖向力所需要的纵向受力钢筋，即式（9.3.11）的第一项。

5. 答案：A

解答过程：依据《混凝土结构设计规范》GB 50010—2010（2015 年版）的 8.5.1 条、

8.5.3条，对次要混凝土受弯构件按下列公式计算纵向受拉钢筋的配筋率：

$$\rho_{\min} = \max(0.2, 45f_t/f_y) = \max(0.2, 45 \times 1.43/270) = 0.238\%$$

依据式（8.5.3-2）可得：

$$h_{cr} = 1.05\sqrt{\frac{M}{\rho_{\min}f_y b}} = 1.05 \times \sqrt{\frac{0.2 \times 10^6}{0.0238 \times 270 \times 1000}}$$
$$= 18.5\text{mm} < h/2 = 200/2 = 100\text{mm}$$

取 $h_{cr} = h/2 = 100$mm。

依据式（8.5.3-1），$\rho_s \geqslant \dfrac{h_{cr}}{h}\rho_{\min} = \dfrac{100}{200} \times 0.238\% = 0.119\%$。

选择 A。

点评：对于次要受弯构件，当构造所需的截面高度远大于承载力需求时，纵向受拉钢筋的配筋率可适当降低。据此思路可知，确定临界厚度 h_{cr} 的公式：

$$h_{cr} = 1.05\sqrt{\frac{M}{\rho_{\min}f_y b}}$$

式中的 M 应为"荷载效应"，而不是"抗力"，即，《混凝土结构设计规范》中对 M 的解释有误。

6. 答案：B

解答过程：依据《混凝土结构加固设计规范》GB 50367—2013 的 9.2.2 条，受弯构件加固后的相对界限受压区高度：

$$\xi_{b,sp} = 0.85\xi_b = 0.85 \times 0.518 = 0.4403$$

混凝土受弯构件当受压区高度取为界限受压区高度时，正截面承载能力最大，即：

$$x = \xi_{b,sp}h_0 = 0.4403 \times (600-60) = 237.8\text{mm}$$

依据 9.2.3 条式（9.2.3-1）：

$$M = \alpha_1 f_c bx\left(h - \frac{x}{2}\right) - f_{y0}A_{s0}(h - h_0)$$
$$= 1.0 \times 16.7 \times 300 \times 237.8 \times \left(600 - \frac{237.8}{2}\right) - 360 \times 2454 \times (600-540)$$
$$= 520\text{kN} \cdot \text{m}$$

依据 9.2.11 条，加固后正截面受弯承载力提高幅度不应超过 40%。

$M = 520$kN·m $< 399 \times 1.4 = 558.6$kN·m，满足要求。

选择 B。

点评：《混凝土结构加固设计规范》GB 50367—2013 的 9.2.2 条条文说明，规定钢筋混凝土结构构件采用粘贴钢板加固时，其正截面承载力的提高幅度不应超过 40%。其目的是为了控制加固后构件的裂缝宽度和变形，也是为了强调"强剪弱弯"设计原则的重要性。

7. 答案：B

解答过程：依据《混凝土结构设计规范》GB 50010—2010（2015 年版）的 10.3.8 条第 2 款，局部受压承载力计算时，局部压力设计值对于有粘结预应力混凝土取 1.2 倍张拉控制力。

$$N = 1.2\sigma_{con}A_p = 1.2 \times 0.7 \times 1860 \times 6 \times 140 \times 2 = 2624.8\text{kN}$$

选择 B。

点评：依据《预应力混凝土用钢绞线》GB/T 5224—2014，Φ^s15.2 钢绞线由 7 根钢丝组成。其中六根边丝，一根中丝，见图 18-2-2。边丝直径 5.025mm，中丝直径 5.15mm。因而截面面积为 139.82mm²，约等于 140mm²。

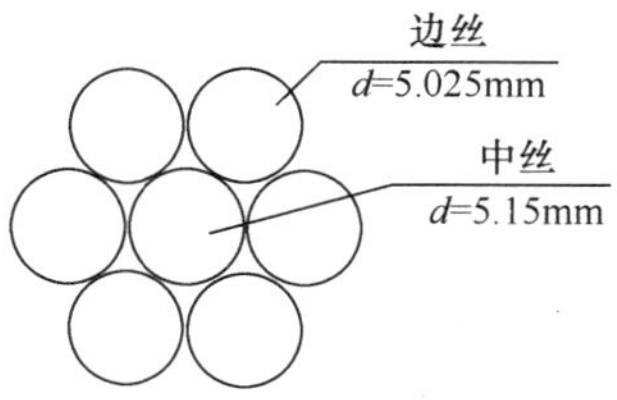

8. 答案：A

解答过程：依据《混凝土结构设计规范》GB 50010—2010（2015年版）的 7.2.2 条，预应力混凝土梁的刚度为：

$$B = \frac{M_k}{M_q(\theta-1)+M_k}B_s$$

图 18-2-2 Φ^{s}15.2 钢绞线组成图

依据 7.2.3 条，预应力混凝土要求不出现裂缝时，$B_s = 0.85E_cI_0$。

依据 7.2.5 条，预应力混凝土受弯构件，$\theta = 2$。

$$B = \frac{M_k}{M_q(\theta-1)+M_k} \times 0.85E_cI_0$$

$$= \frac{860}{810 \times (2-1)+860} \times 0.85 \times 3.25 \times 10^4 \times 4.115 \times 10^{10}$$

$$= 5.86 \times 10^{14} \text{N/mm}^2$$

$$f = \frac{Ml_0^2}{4EI} = \frac{860 \times 10^6 \times 8000^2}{4 \times 5.86 \times 10^{14}} = 23.5\text{mm}$$

选择 A。

点评：表 18-2-1 为四种常见荷载作用下梁的挠度计算公式。对于钢筋混凝土梁或预应力混凝土梁，挠度计算时应考虑荷载长期作用影响，以刚度 B 代替公式中的抗弯刚度 EI。

常见荷载作用下梁的挠度计算公式　　表 18-2-1

样式	挠度
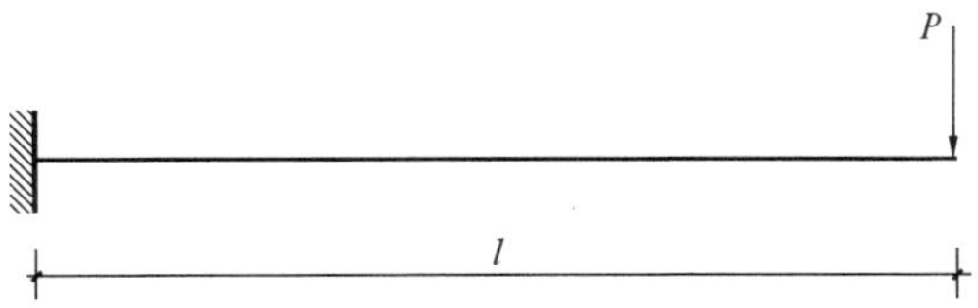 悬臂梁端部集中荷载 P，长度 l	$f = \dfrac{Pl^3}{3EI} = \dfrac{Ml^2}{3EI}$
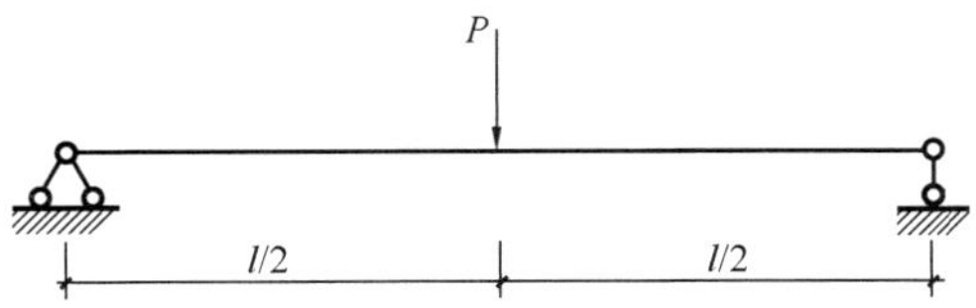 简支梁跨中集中荷载 P，跨度 l	$f = \dfrac{Pl^3}{48EI} = \dfrac{Ml^2}{12EI}$
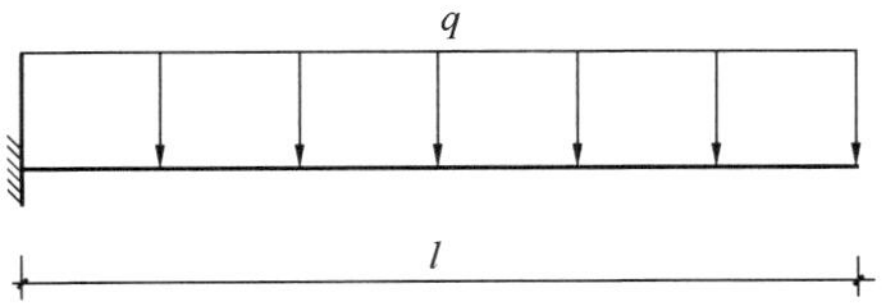 悬臂梁均布荷载 q，长度 l	$f = \dfrac{ql^4}{8EI} = \dfrac{Ml^2}{4EI}$

样式	挠度
简支梁，均布荷载 q，跨度 l	$f = \dfrac{5ql^4}{384EI} = \dfrac{5Ml^2}{48EI}$

9. 答案：C

解答过程：依据《混凝土结构设计规范》GB 50010—2010（2015 年版）的 6.4.2 条，由于

$$\frac{V}{bh_0} + \frac{T}{W_t} = \frac{27 \times 10^3}{200 \times 360} + \frac{11 \times 10^6}{6.667 \times 10^6} = 2.02 \text{ N/mm}^2 > 0.7 f_t = 0.7 \times 1.43 = 1.0 \text{ N/mm}^2$$

因此，需要进行承载力计算。

依据 6.4.12 条，$0.35 f_t b h_0 = 0.35 \times 1.43 \times 200 \times 360 = 36 \text{kN} > V = 27 \text{kN}$，故可忽略剪力，按纯扭构件计算。

依据 6.4.4 条式（6.4.4-1），$T = 0.35 f_t W_t + 1.2 \sqrt{\zeta} f_{yv} \dfrac{A_{st1} A_{cor}}{s}$，代入数据得：

$$11 \times 10^6 = 0.35 \times 1.43 \times 6.667 \times 10^6 + 1.2 \times \sqrt{1.2} \times 270 \times \frac{A_{st1}}{s} \times 47600$$

解得 $\dfrac{A_{st1}}{s} = 0.454 \text{ mm}^2/\text{mm}$，根据选项，取 $s = 150 \text{mm}$ 得到 $A_{st1} = 68.1 \text{ mm}^2$，Φ10 可提供截面积 78.5mm^2，满足要求。

选择 C。

点评：注意，A_{st1} 表示受扭箍筋的单肢截面积，下标为数字"1"，表示"单肢"；A_{stl} 为沿周边均匀对称布置的受扭纵筋截面积，下标为英文斜体"l"，表示"纵向"。

10. 答案：B

解答过程：如图 18-2-3（a）所示，根据对称性可知，支座仅有竖向反力，且

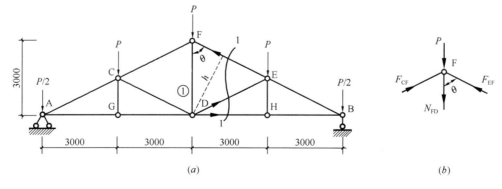

图 18-2-3 受力分析简图（方法 1）

$$R_A = R_B = (P+P+P+P/2+P/2)/2 = 2P$$

将结构沿 1-1 剖开,取左侧部分为隔离体,将杆 EF 的内力记作 F_{EF} 并对 D 点取矩,可得:

$$2P \times 6 = P/2 \times 6 + P \times 3 + F_{EF} \times 3\sin\theta$$

解出 $F_{EF} = \dfrac{2P}{\sin\theta}$,受压。

在节点 F 处,如图 18-2-3(b)所示,根据竖向力的平衡可得:

$$N_{FD} = 2F_{EF}\cos\theta - P = \dfrac{4P\cos\theta}{\sin\theta} - P = 4P\cot\theta - P$$

注意到,$\cot\theta = \dfrac{l_{DF}}{l_{BD}} = \dfrac{3}{6}$,代入上式,得到 $N_{FD} = 4 \times 128 \times \dfrac{3}{6} - 128 = 128 \text{kN}$,为拉力。

依据《混凝土结构设计规范》GB 50010—2010(2015 年版)的 6.2.22 条,$N \leqslant f_y A_s$,代入数据得:

$$A_s \geqslant \dfrac{128 \times 10^3}{360} = 355.5 \text{ mm}^2$$

选择 B。

点评:也可按照图 18-2-4 进行剖分后分析。取左侧为隔离体,对 D 点取矩,可得

$$2P \times 6 = P/2 \times 6 + P \times 3 + F_{CF} \times 3\sin\theta$$

解出 $F_{CF} = \dfrac{2P}{\sin\theta}$,受压。根据对称性,$F_{EF} = F_{CF}$。再取 F 点建立竖向力的平衡,从而求得①杆轴力。

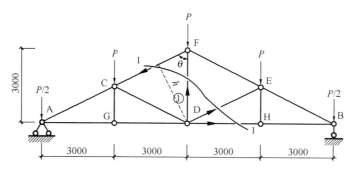

图 18-2-4 受力分析简图(方法 2)

11. 答案:C

解答过程:(1)计算均布荷载作用下 1-1 截面的剪力

取 C 点以右部分作为隔离体,如图 18-2-5(a)所示,可得 C 点处的反力:

$$R_C = \dfrac{48 \times 2.5}{2} = 60 \text{kN}$$

C 点以左部分为研究对象,对 B 点取矩,得到:

$$R_A \times 10 + 48 \times 2.5 \times 1.25 + R_C \times 2.5 = 48 \times 10 \times 5$$

$$R_A = \dfrac{48 \times 10 \times 5 - 60 \times 2.5 - 48 \times 2.5 \times 1.25}{10} = 210 \text{kN}$$

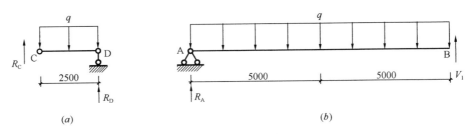

图 18-2-5 隔离体受力分析

取 1-1 截面以左为隔离体，如图 18-2-5（b）所示，由竖向力的平衡可得：
$$V_1 = 48 \times 10 - R_A = 270 \text{kN}$$

（2）计算集中荷载作用下 1-1 截面的剪力

此时，计算简图如图 18-2-6 所示。由于 C 点处为铰接，因此支座 D 处反力为零，于是可将 BD 段删去。对于剩下的 AB 段，由于对称性，可知在集中荷载 P 作用下 1-1 截面剪力设计值为 $V_2 = 600/2 = 300 \text{kN}$。

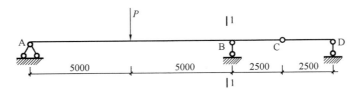

图 18-2-6 集中力作用内力分析

（3）1-1 截面的总剪力设计值为 $V = 270 + 300 = 570 \text{kN}$。

（4）确定抗剪箍筋

依据《混凝土结构设计规范》GB 50010—2010（2015 年版）的 6.3.4 条，由于是非独立梁，故有

$$V = \alpha_{cv} f_t b h_0 + f_{yv} \frac{A_{sv}}{s} h_0$$

$$570 \times 10^3 = 0.7 \times 1.57 \times 300 \times 610 + 360 \times \frac{A_{sv}}{s} \times 610$$

求得 $\dfrac{A_{sv}}{s} = 1.68 \text{ mm}^2/\text{mm}$。

选择 C。

点评：（1）分别求算均布荷载和集中荷载在 1-1 截面引起的剪力，该方法比较简单。仅有集中荷载 P 作用时，由于 C 点为铰接，故 D 点没有支座反力，这一点可以用反证法得到：假如 C 点处反力，则根据竖向力平衡，D 点处反力应向下。但是，如此一来力矩就不平衡。故可知 C、D 点处反力均为零。

（2）下面给出两种方法求解均布荷载作用下 1-1 截面的剪力。

方法一：取 CD 杆为隔离体，如图 18-2-7 所示，CD 杆通过 C 点传给 BC 杆的力大小为：

$$R_C = \frac{48 \times 2.5}{2} = 60 \text{kN}$$

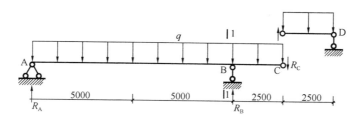

图 18-2-7 隔离体受力分析

以 AC 杆为研究对象，对 B 点取矩，为：
$$R_A \times 10 + 48 \times 2.5 \times 2.5/2 + R_C \times 2.5 = 48 \times 10 \times 5$$
求得 $R_A = 210 \text{kN}$。

取 1-1 截面左侧部分为研究对象，如图 18-2-5（b）所示，可得 1-1 截面剪力设计值：
$$V_1 = 48 \times 10 - R_A = 480 - 210 = 270 \text{kN}$$

方法二：按图 18-2-7 求出 R_C 后，以 AC 杆为研究对象，对 A 点取矩，为：
$$R_B \times 10 = 48 \times 12.5 \times 12.5/2 + R_C \times 12.5$$
求得 $R_B = 450 \text{kN}$。

1-1 截面剪力为 R_B 减去支座右侧 BC 段的力，即：
$$V_1 = 450 - 48 \times 2.5 - 60 = 270 \text{kN}$$

（3）在集中荷载和均布荷载作用下整个结构剪力如图 18-2-8 所示，1-1 截面在 B 点左侧，不能直接用 B 点支座反力作为 1-1 截面剪力。在剪力图中，集中荷载（包括支座反力）作用点左右两侧存在剪力突变，左右剪力差为集中荷载值。

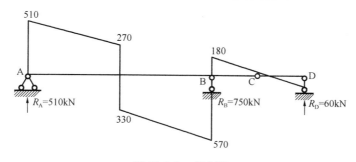

图 18-2-8 剪力图

12. 答案：C

解答过程：依据《混凝土结构设计规范》GB 50010—2010（2015 年版）的 9.2.1 条第 3 款，上部钢筋净距最小值为：
$$s_{\min} = \max(30, 1.5d) = \max(30, 1.5 \times 25) = 37.5 \text{mm}$$

今 KL1 右端上部钢筋净距：
$$s = (300 - c \times 2 - d_{箍筋} \times 2 - d_{纵筋} \times 5)/4$$
$$= (300 - 25 \times 2 - 10 \times 2 - 25 \times 5)/4$$
$$= 26.25 \text{mm} < 37.5 \text{mm}$$

不满足要求。

依据《建筑抗震设计规范》GB 50011—2010（2016 年版）的 6.3.3 条第 2 款，抗震

等级为三级时，梁端底面和顶面纵筋配筋量的比值不应小于0.3。今对于KL1左端，该比值为

$$\frac{3\times 314.2}{7\times 490.9}=0.274<0.3$$

不满足要求。

依据6.3.4条第2款，KL2右端最大钢筋直径$25\text{mm}>\frac{450}{20}=22.5\text{mm}$，不满足要求。

三处不符合要求。

选择C。

点评：(1) 依据《建筑抗震设计规范》GB 50011—2010（2016年版）的6.3.3条第1款，抗震等级为三级时，应有$x/h_0\leq 0.35$。今对于KL1左端，有

$$\frac{x}{h_0}=\frac{f_yA_s-f_y'A_s'}{\alpha_1bh_0f_c}=\frac{(7\times 490.9-3\times 314.2)\times 360}{1\times 300\times 520\times 16.7}=0.344<0.35$$

满足要求。对于其他位置，由于$(f_yA_s-f_y'A')$更小，x/h_0均不会超过0.344，故也满足要求。

(2) 题目要求对框架梁配筋进行判断，故解答未对悬臂梁进行判断。

(3) KL2支座钢筋采用⊕16和⊕25钢筋，级差过大，实际工程一般不会这样搭配，但规范未作规定。

13. 答案：D

解答过程：依据《混凝土结构工程施工质量验收规范》GB 50204—2015的5.4.8条，当设计无具体要求时，箍筋直径不应小于搭接钢筋较大直径的1/4。Ⅰ正确。

依据7.2.5条，采用中水、搅拌站清洗水、施工现场循环水等其他水源时，应对其成分进行检验。Ⅳ正确。

选择D。

点评：对于其他选项的判别：

依据《混凝土结构工程施工质量验收规范》GB 50204—2015的3.0.6条，混凝土浇筑前应返工、返修，混凝土浇筑后应按本规范规定进行处理，Ⅱ错误。

依据《混凝土结构工程施工质量验收规范》GB 50204—2015的D.0.7条，混凝土强度判定为合格需同时满足1、2款规定，Ⅲ错误。

中水为经过处理的生活污水、工业废水、雨水等，水质介于清洁水和污水之间。混凝土用水对水的pH值、不溶物、可溶物、氯化物、硫酸盐、碱含量等有明确规定，中水此类物质含量可能超标，所以需要进行检验。

14. 答案：D。

解答过程：依据《混凝土结构工程施工质量验收规范》GB 50204—2015的9.2.6条，预制构件应有标识，检查数量：全数检查，检验方法：观察。D正确。

选择D。

点评：对其他选项的判别：

依据《混凝土结构设计规范》GB 50010—2010（2015年版）的9.6.3条，对计算时不考虑传递内力的连接，也应有可靠的固定措施，A错误。

依据《混凝土结构设计规范》GB 50010—2010（2015 年版）的 9.6.4 条，装配整体式结构的梁柱节点处，柱的纵向钢筋应贯穿节点，B 错误。

依据《混凝土结构设计规范》GB 50010—2010（2015 年版）的 9.6.8 条，非承重预制构件，在框架内镶嵌时，应考虑其对框架抗侧移刚度的影响，C 错误。

在解答概念题时，可以直接说明某选项为什么正确（错误）进而作出选择，不必判断其余选项。也可以用排除法做题，只要能唯一确定答案即可。

15. 答案：C

解答过程：依据《建筑结构荷载规范》GB 50009—2012 的 5.1.1 条，办公楼楼面活荷载为 2.0kN/m^2。

依据 5.1.2 条，1-1 截面以上有 3 个楼面层，折减系数为 0.85。KZ1 的负荷面积如图 18-2-9 中的阴影部分所示，故：
$N_k = 0.85 \times 9 \times 3.9 \times 3 \times 2.0 = 179\text{kN}$

选择 C。

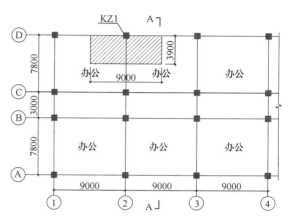

图 18-2-9 柱 KZ1 的负荷范围

点评：若未考虑活荷载折减，则会误选 D。

要认识到楼面活荷载和屋面活荷载是不同的荷载类型，同时，在确定"计算截面以上的层数"时，不计入屋面。本题求的是由楼面活荷载产生的柱轴力标准值，故不考虑屋面。

若要组合楼面活荷载和屋面荷载时，还应考虑组合值系数，即：
$$N_{1C} = (0.85 \times 3 \times 2 + 0.7 \times 0.5) \times 9 \times 7.8/2 = 191.295\text{kN}$$

16. 答案：B

解答过程：依据《建筑抗震设计规范》GB 50011—2010（2016 年版）的 6.1.4 条计算。

依据 6.1.4 条第 1 款第 3 项，防震缝两侧结构类型不同时，宜按需要较宽防震缝的结构类型和较低房屋高度确定缝宽。

甲乙之间：

甲为框架结构，乙为框架-剪力墙结构，甲变形大，按甲的结构类型；甲高度 35m＜乙高度 60m，按甲的高度控制。

依据 6.1.4 条第 1 款第 1 项，框架结构，高度 35m＞15m，7 度区，房屋高度在 15m 基础上，每增加 4m，缝加宽 20mm。（30－15）/4＝5，故甲乙之间防震缝的最小宽度为 100＋20×5＝200mm。

乙丙之间：

乙为框架-剪力墙结构，丙为剪力墙结构，乙变形大，按乙的结构类型；乙高度 60m＞丙高度 43m，按丙的高度控制。

依据 6.1.4 条第 1 款第 1 项和第 3 项，框架-剪力结构，高度 43m＞15m，7 度区，房屋高度在 15m 基础上，每增加 4m，缝加宽 20mm。（43－15）/4＝7，故乙丙之间防震缝的最小宽度为：
$$\max[100, 0.7\times(100+20\times7)]=168\mathrm{mm}$$

选择 B。

点评：防震缝的相关知识如下：

地震区设计房屋时，为防止地震使房屋破坏，应用防震缝将房屋分成若干形体简单、结构刚度均匀的独立部分。为减轻或防止相邻结构单元由地震作用引起的碰撞而预先设置的间隙，就是防震缝。伸缩缝和沉降缝都应符合防震缝的要求。

今将规范中关于防震缝的规定归纳，如表 18-2-2 所示。

规范中的防震缝规定 表 18-2-2

《抗规》 3.4.5 条 （防震缝设置原则）	3.4.5 体型复杂、平立面不规则的建筑，应根据不规则程度、地基基础条件和技术经济等因素的比较分析，确定是否设置防震缝，并分别符合下列要求： 1 当不设置防震缝时，应采用符合实际的计算模型，分析判明其应力集中、变形集中或地震扭转效应等导致的易损部位，采取相应的加强措施。 2 当在适当部位设置防震缝时，宜形成多个较规则的抗侧力结构单元。防震缝应根据抗震设防烈度、结构材料种类、结构类型、结构单元的高度和高差以及可能的地震扭转效应的情况，留有足够的宽度，其两侧的上部结构应完全分开。 3 当设置伸缩缝和沉降缝时，其宽度应符合防震缝的要求
《抗规》 6.1.4 条 （钢筋混凝土房屋）	6.1.4 钢筋混凝土房屋需要设置防震缝时，应符合下列规定： 1 防震缝宽度应分别符合下列要求： 1）框架结构（包括设置少量抗震墙的框架结构）房屋的防震缝宽度，当高度不超过 15m 时不应小于 100mm；高度超过 15m 时，6 度、7 度、8 度和 9 度分别每增加高度 5m、4m、3m 和 2m，宜加宽 20mm； 2）框架-抗震墙结构房屋的防震缝宽度不应小于本款 1）项规定数值的 70%，抗震墙结构房屋的防震缝宽度不应小于本款 1）项规定数值的 50%；且均不宜小于 100mm； 3）防震缝两侧结构类型不同时，宜按需要较宽防震缝的结构类型和较低房屋高度确定缝宽。 2 8、9 度框架结构房屋防震缝两侧结构层高相差较大时，防震缝两侧框架柱的箍筋应沿房屋全高加密，并可根据需要在缝两侧沿房屋全高各设置不少于两道垂直于防震缝的抗撞墙。抗撞墙的布置宜避免加大扭转效应，其长度可不大于 1/2 层高，抗震等级可同框架结构；框架构件的内力应按设置和不设置抗撞墙两种计算模型的不利情况取值
《抗规》 7.1.7 条 （砌体房屋）	7.1.7 多层砌体房屋的建筑布置和结构体系，应符合下列要求： 3 房屋有下列情况之一时宜设置防震缝，缝两侧均应设置墙体，缝宽应根据烈度和房屋高度确定，可采用 70mm～100mm： 1）房屋立面高差在 6m 以上； 2）房屋有错层，且楼板高差大于层高的 1/4； 3）各部分结构刚度、质量截然不同
《抗规》 8.1.4 条 （钢结构房屋）	8.1.4 钢结构房屋需要设置防震缝时，缝宽应不小于相应钢筋混凝土结构房屋的 1.5 倍

续表

《抗规》 10.2.4条 （屋盖防震缝）	10.2.4 当屋盖分区域采用不同的结构形式时，交界区域的杆件和节点应加强；也可设置防震缝，缝宽不宜小于150mm
《高规》 3.4.10条、 3.4.11条	3.4.10 设置防震缝时，应符合下列规定： 1 防震缝宽度应符合下列规定： 1）框架结构房屋，高度不超过15m时不应小于100mm；超过15m时，6度、7度、8度和9度分别每增加高度5m、4m、3m和2m，宜加宽20mm； 2）框架-剪力墙结构房屋不应小于本款1）项规定数值的70%，剪力墙结构房屋不应小于本款1）项规定数值的50%，且二者均不宜小于100mm。 2 防震缝两侧结构体系不同时，防震缝宽度应按不利的结构类型确定。 3 防震缝两侧的房屋高度不同时，防震缝宽度可按较低的房屋高度确定。 4 8、9度抗震设计的框架结构房屋，防震缝两侧结构层高相差较大时，防震缝两侧框架柱的箍筋应沿房屋全高加密，并可根据需要沿房屋全高在缝两侧各设置不少于两道垂直于防震缝的抗撞墙。 5 当相邻结构的基础存在较大沉降差时，宜增大防震缝的宽度。 6 防震缝宜沿房屋全高设置，地下室、基础可不设防震缝，但在与上部防震缝对应处应加强构造和连接。 7 结构单元之间或主楼与裙房之间不宜采用牛腿托梁的做法设置防震缝，否则应采取可靠措施。 3.4.11 抗震设计时，伸缩缝、沉降缝的宽度均应符合本规程第3.4.10条关于防震缝宽度的要求
《地规》 7.3.2条	7.3.2 当建筑物设置沉降缝时，应符合下列规定： 1 建筑物的下列部位，宜设置沉降缝： 1）建筑平面的转折部位； 2）高度差异或荷载差异处； 3）长高比过大的砌体承重结构或钢筋混凝土框架结构的适当部位； 4）地基土的压缩性有显著差异处； 5）建筑结构或基础类型不同处； 6）分期建造房屋的交界处。 2 沉降缝应有足够的宽度，沉降缝宽度可按表7.3.2选用

防震缝的宽度，应满足规范要求。《抗规》6.1.4条第1款第3）项的本质是，当两侧结构类型不同时，宜按需要较宽防震缝的结构类型和较低房屋高度确定。这里给出了两个原则：先选较柔的结构类型；再选较低房屋的高度。应注意，结构类型和房屋高度并不一定是取自同一结构，可以是取甲结构类型和乙结构高度计算。

越柔的结构在水平作用下变形越大，故需要的防震缝越宽，对于常见的结构类型，柔度的排列为：框架＞框架剪力墙＞剪力墙，框架较柔，剪力墙越多结构越刚。按上述两个原则选定用于计算防震缝的结构类型与高度后，按6.1.4条第1款第1）、2）项的要求计算所需防震缝的最小宽度。此外，应注意，防震缝的宽度均不小于100mm。

为加深认识，表18-2-3给出了不同结构类型相邻房屋的最小防震缝计算模型示例。

1133

防震缝宽度计算模型示例 表 18-2-3

序号	A 栋		B 栋		防震缝计算模型	
	体系	高度	体系	高度	体系	高度
1	框架	30m	框架	45m	框架	30m
2	框架-剪力墙	85m	框架-剪力墙	70m	框架-剪力墙	70m
3	框架	45m	框架-剪力墙	70m	框架	45m
4	框架	45m	框架-剪力墙	40m	框架	40m
5	框架-剪力墙	90m	剪力墙	99m	框架-剪力墙	90m
6	框架-剪力墙	90m	剪力墙	85m	框架-剪力墙	85m

17. 答案：B

解答过程：依据《钢结构设计标准》GB 50017—2017 的 7.4.2 条，相交另一杆受拉，两杆均不中断，采用式（7.4.2-3）计算压杆的平面外计算长度。

$$l = \sqrt{6^2 + 4.5^2} = 7.5\text{m}$$

$$l_0 = l\sqrt{\frac{1}{2}\left(1 - \frac{3}{4} \cdot \frac{N_0}{N}\right)} = 7.5 \times \sqrt{\frac{1}{2} \times \left(1 - \frac{3}{4} \times \frac{1233}{1138}\right)}$$

$$= 2.30\text{m} < 0.5l = 0.5 \times 7.5 = 3.75\text{m}$$

故取 $l_0 = 3.75\text{m}$。

选择 B。

点评：N、N_0 为所计算杆的内力及相交另一杆的内力，均为绝对值。从最不利角度，应使计算长度 l_0 更大，故取 $N_0 = \min(1233,1254) = 1233\text{kN}$，$N = \max(1137,1138) = 1138\text{kN}$。

若将杆件的两段取平均值计算，结果稍有差异，可求得

$$l_0 = l\sqrt{\frac{1}{2}\left(1 - \frac{3}{4} \cdot \frac{N_0}{N}\right)} = 7.5 \times \sqrt{\frac{1}{2} \times \left(1 - \frac{3}{4} \times \frac{1243.5}{1137.5}\right)}$$

$$= 2.25\text{m} < 0.5l = 0.5 \times 7.5 = 3.75\text{m}$$

仍取 $l_0 = 3.75\text{m}$，选择 B。

18. 答案：C

解答过程：依据《钢结构设计标准》GB 50017—2017 的 8.5.1 条，此时杆件的稳定计算按压弯构件的规定进行。

由于腹板位于桁架平面内，故平面内的弯矩为绕 x 轴（强轴）。

设 DG 和 AE 相交点为点 O，应取 GO 和 DO 分别计算。

（1）对 GO 杆计算

依据《钢结构设计标准》GB 50017—2017 的表 7.2.1-1，轧制工形截面，$\frac{b}{h} = \frac{348}{344} = 1.01 > 0.8$，对 x 轴为 a^* 类截面，由于材质为 Q345，截面分类为 a 类。

$$\lambda_x = \frac{l_{0x}}{i_x} = \frac{3750}{150} = 25 \ ; \ \lambda_x/\varepsilon_k = 25 \times \sqrt{\frac{345}{235}} = 30$$

依据表 D.0.1，$\varphi_x = 0.963$。

对于 GO 杆件，$M_1 = 66\text{kN} \cdot \text{m}$，$M_2 = -18\text{kN} \cdot \text{m}$，压力 $N = 1701\text{kN}$，依据 8.2.1 条

可得：

$$\beta_{mx} = 0.6 + 0.4 \frac{M_2}{M_1} = 0.6 + 0.4 \times \frac{-18}{66} = 0.49$$

$$\frac{N}{\varphi_x A} + \frac{\beta_{mx} M_x}{\gamma_x W_{1x}(1-0.8N/N'_{Ex})}$$

$$= \frac{1701 \times 10^3}{0.963 \times 144 \times 10^2} + \frac{0.49 \times 66 \times 10^6}{1.05 \times 1892 \times 10^3 \times \left(1 - \frac{0.8 \times 1701}{4.26 \times 10^4}\right)}$$

$$= 139.5 \text{N/mm}^2$$

（2）对 DO 杆计算

φ_x 仍为 0.963。

对于 DO 杆件，$M_1 = 66$ kN·m，$M_2 = -45$ kN·m，压力 $N = 1739$ kN，于是

$$\beta_{mx} = 0.6 + 0.4 \frac{M_2}{M_1} = 0.6 + 0.4 \times \frac{-45}{66} = 0.327$$

$$\frac{N}{\varphi_x A} + \frac{\beta_{mx} M_x}{\gamma_x W_{1x}(1-0.8N/N'_{Ex})}$$

$$= \frac{1739 \times 10^3}{0.963 \times 144 \times 10^2} + \frac{0.327 \times 66 \times 10^6}{1.05 \times 1892 \times 10^3 \times \left(1 - \frac{0.8 \times 1739}{4.26 \times 10^4}\right)}$$

$$= 136.4 \text{N/mm}^2$$

取二者较大者，为 139.5N/mm²，故选择 C。

点评：DO 杆尽管压力和弯矩都较大，但由于 β_{mx} 取值小，导致求得的计算应力较小。

19. 答案：B

解答过程：依据《钢结构设计标准》GB 50017—2017 的 8.5.2 条，杆件 EA 为拉杆，可按本条计算强度：

$$\varepsilon = \frac{MA}{NW} = \frac{90 \times 10^6 \times 14400}{2990 \times 10^3 \times 1892000} = 0.23 > 0.2$$

H 形截面，腹板位于桁架平面内，$\alpha = 0.85$，$\beta = 1.15$。

Q345 钢，厚度不大于 16mm，$f = 305$N/mm²。

$$\left(\frac{N}{A} + \alpha \frac{M}{W_p}\right)/(\beta f) = \left(\frac{2990 \times 10^3}{144 \times 10^2} + 0.85 \times \frac{90 \times 10^6}{2070 \times 10^3}\right)/(1.15 \times 305) = 0.697$$

选择 B。

点评：《钢结构设计标准》的 8.5.2 条条文说明指出，杆件为 H 形、箱形截面的桁架，当杆件较为短粗时，需要考虑节点刚性引起的次弯矩。此处未给出定量标准。可参考《钢结构设计规范》GB 50017—2003 的 8.4.5 条，该条规定，当桁架平面内的杆件截面高度与长度（节点中心间的距离）之比大于 1/10（对弦杆）或大于 1/15（对腹杆）时，应考虑节点刚性所引起的次弯矩。

20. 答案：B

解答过程：依据题意，CD 管为主管，AB 管为受压支管，形成的为平面 X 形节点。

依据《钢结构设计标准》GB 50017—2017 的 13.3.2 条第 1 款计算。

如图 18-2-10 所示，由于 $\sin \frac{\theta}{2} = \frac{2.25}{\sqrt{6^2 + 4.5^2}/2} = 0.6$，于是可得 $\frac{\theta}{2} = 37°$，$\theta = 74°$。

$\beta = D_i/D = 1$；由于节点两侧主管受拉，故 $\psi_n = 1$。受压支管 AB 的承载力设计值：

$$N_{cX} = \frac{5.45}{(1-0.81\beta)\sin\theta} \psi_n t^2 f$$
$$= \frac{5.45}{(1-0.81\times1)\times\sin74°}\times1\times14^2\times305$$
$$= 1786.2\text{kN}$$

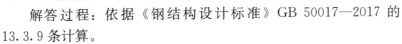

图 18-2-10 杆件夹角示意图

选择 B。

21. 答案：C

解答过程：依据《钢结构设计标准》GB 50017—2017 的 13.3.9 条计算。

由于 $D_i/D = 1$，故：

$$l_w = (3.81D_i - 0.389D)\left(\frac{0.534}{\sin\theta_i} + 0.446\right)$$
$$= (3.81\times350 - 0.389\times350)\left(\frac{0.534}{\sin74°} + 0.446\right)$$
$$= 1199\text{mm}$$

选择 C。

点评：按照《钢结构设计规范》GB 50017—2003，上述解答过程中采用的 0.446 应为 0.466。考试时若题目没有给出提示，以现行纸质版规范为准。若以 0.466 计算，最终结果为 1244mm，仍选 C，不影响答案。

22. 答案：B

解答过程：依据《钢结构设计标准》GB 50017—2017 的 6.2.5 条，梁仅腹板与主梁相连，稳定计算时侧向支承点距离取实际距离的 1.2 倍。

$$l_{0y} = 1.2l = 1.2\times6000 = 7200\text{mm}$$

依据 C.0.1 条计算 φ_b。

$$\lambda_y = l_{0y}/i_y = 7200/46.9 = 153.5$$

由于 $\xi = \frac{l_1 t_1}{b_1 h} = \frac{7200\times12}{200\times294} = 1.47 < 2$，故

$$\beta_b = 0.69 + 0.13\xi = 0.69 + 0.13\times1.47 = 0.881$$

$$\varphi_b = \beta_b \frac{4320}{\lambda_y^2} \cdot \frac{Ah}{W_x}\left[\sqrt{1+\left(\frac{\lambda_y t_1}{4.4h}\right)^2} + \eta_b\right]\varepsilon_k^2$$
$$= 0.881\times\frac{4320}{153.5^2}\times\frac{7303\times294}{779\times10^3}\times\left[\sqrt{1+\left(\frac{153.5\times12}{4.4\times294}\right)^2}+0\right]\times1$$
$$= 0.775 > 0.6$$

$$\varphi'_b = 1.07 - \frac{0.282}{0.775} = 0.71 < 1$$

选择 B。

23. 答案：B

解答过程：由于题目中给出 GL1 的抗扭刚度为 0，因此，螺栓连接偏心引起的偏心弯矩由螺栓群自身承担。

由梁端剪力引起的一个螺栓剪力为：
$N_v^V = 100.8/3 = 33.6$kN，方向竖直向下
由偏心弯矩引起的一个螺栓剪力为：
$$N_v^M = \frac{100.8 \times 60 \times 70}{2 \times 70^2} = 43.2\text{kN}，方向水平$$

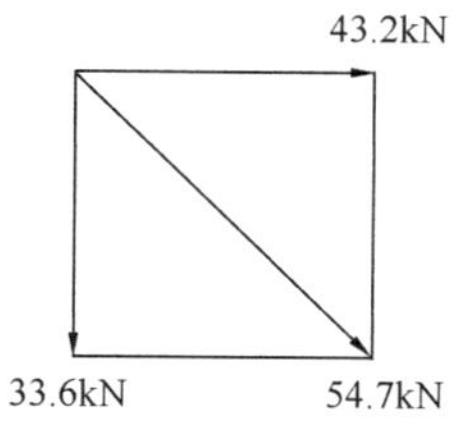

如图18-2-11所示，则一个螺栓受到的总剪力为：
$$N_v = \sqrt{N_v^V + N_v^M} = \sqrt{33.6^2 + 43.2^2} = 54.7\text{kN}$$

依据《钢结构设计标准》GB 50017—2017 的 11.4.2 条，令 $N_v^b = N_v$，可得：

图 18-2-11　螺栓受力分析

$$P = \frac{N_v^b}{0.9 k n_f \mu} = \frac{54.7}{0.9 \times 1 \times 1 \times 0.4} = 151.9\text{kN}$$

M22 预拉力设计值 $P = 155$kN> 151.9kN，满足要求。

选择 B。

点评：螺栓计算时应注意 11.4.4 条、11.4.5 条和 11.5.4 条的调整（本题均未涉及）。螺栓在弯矩作用下剪力计算参照《钢结构高强度螺栓连接技术规程》JGJ 82—2011 的 5.1.4 条。

24. 答案：D

解答过程：GL2 为次梁，依据《钢结构设计标准》GB 50017—2017 的 6.3.2 条第 4 款，h_0/t_w 不宜超过 250。

选择 D。

点评：按照《钢结构设计标准》的思路，对于次梁，只要求腹板高厚比不大于 250，在此前提下，针对不同的截面等级采取相应的计算方法：当为 S3 级时，全截面有效且可考虑塑性发展系数；当为 S4 级时，全截面有效，但不能考虑塑性发展系数；当为 S5 级时，应采用有效截面，且不能考虑塑性发展系数。

25. 答案：D

解答过程：依据《钢结构设计标准》GB 50017—2017 的 8.3.1 条，由于 Y 方向为有侧移框架，且梁、柱截面相同，故梁柱线刚度比值：
$$K_1 = \frac{2 \times EI/l_b}{2 \times EI/l_c} = \frac{2/6}{2/4} = 0.67$$

柱脚刚接，$K_2 = 10$。

依据附录表 E.0.2，$\mu = 1.3 - \frac{1.30 - 1.17}{1 - 0.5} \times (0.67 - 0.5) = 1.25$。

依据 8.3.1 条，由于不考虑各柱 N/I 的差异，因此，设有摇摆柱时，框架柱计算长度的放大系数为：
$$\eta = \sqrt{1 + \frac{\sum(N_l/h_l)}{\sum(N_f/h_f)}} = \sqrt{1 + \frac{391 \times 2/4}{(192 \times 4 + 374 \times 4 + 423 \times 2)/4}} = 1.12$$

从而，框架柱计算长度 $l_0 = 1.25 \times 1.12 \times 4000 = 5600$mm。

选择 D。

26. 答案：B

解答过程：依据《钢结构设计标准》GB 50017—2017 的 8.3.1 条，摇摆柱计算长度

系数取 1.0。长细比：
$$\lambda_x = \frac{4000}{125} = 32, \lambda_y = \frac{4000}{46.9} = 85.3$$

依据表 7.2.1-1，轧制工形截面，$b/h = 200/294 = 0.68 < 0.8$，截面分类对 x 轴为 a 类，对 y 轴为 b 类。由于 y 方向截面分类更差，且长细比更大，故承载力由 y 方向稳定控制。

$$\lambda_y/\varepsilon_k = 85.3/\sqrt{\frac{235}{345}} = 103, 查表 D.0.2, \varphi_y = 0.535。$$

$$\varphi A f = 0.535 \times 7303 \times 305 \times 10^{-3} = 1191.6 \text{kN}$$

选择 B。

27. 答案：D

解答过程：依据《钢结构设计标准》GB 50017—2017 的 3.5.1 条确定截面等级。

翼缘：$b/t = \frac{(200-8-12)/2}{12} = 7.5 < 9\varepsilon_k = 9$，属于 S1。

腹板：$h_0/t_w = \frac{294 - 2 \times 12 - 6 \times 2}{8} = 32.25 < 65\varepsilon_k = 65$，属于 S1。

故整个截面的等级为 S1 级。

依据 10.2.2 条，S1 级，钢梁调幅限值为 20% 时，侧移增大系数为 1.05。增大后的侧移：

$$1.05 \times \frac{1}{571} = \frac{1}{544} < \frac{1}{250}$$

满足《建筑抗震设计规范》GB 50011—2010（2016 年版）表 5.5.1 规定的限值，故可按 20% 调幅。

依据《钢结构设计标准》GB 50017—2017 的 10.1.3 条，水平荷载产生的弯矩不调幅，故梁端弯矩调整为：

$$M_b = 139 \times (1 - 20\%) + 54 = 165.2 \text{kN} \cdot \text{m}$$

柱端弯矩不调幅，故 $M_c = 91 + 21 = 112 \text{kN} \cdot \text{m}$。

选择 D。

28. 答案：D

解答过程：依据《钢结构设计标准》GB 50017—2017 的 17.1.4 条，可以通过调整承载力性能等级，降低对延性等级的要求，故按《钢结构设计标准》GB 50017—2017 进行抗震设计时选取性能等级及匹配的延性等级，可不满足《建筑抗震设计规范》GB 50011—2010（2016 年版）的要求，Ⅰ错误。

依据 17.2 节，性能化设计按照本节进行构件承载力计算，17.2.3 条，内力组合按式（17.2.3-1），为中震设计，采用标准组合，不按《建筑抗震设计规范》，Ⅱ错误。

依据 17.2.10 条，节点域应满足本条计算要求，Ⅲ正确，Ⅳ错误。

选择 D。

29. 答案：B

解答过程：依据《钢结构设计标准》GB 50017—2017 的 14.3.1 条确定抗剪连接件的承载力。

$$N_v^c = 0.43 A_s \sqrt{E_c f_c} = 0.43 \times \frac{\pi}{4} \times 19^2 \times \sqrt{3 \times 10^4 \times 14.3} \times 10^{-3} = 79.7 \text{kN}$$

$$0.7 A_s f_u = 0.7 \times 283 \times 400 \times 10^{-3} = 79.2 \text{kN}$$

取 $N_v^c = 79.2 \text{kN}$。

由于是部分抗剪连接,依据 14.2.2 条,可得:

$$M_{u,r} = n_r N_v^c y_1 + 0.5(Af - n_r N_v^c) y_2$$

$$238.6 \times 10^6 = n_r \times 79.2 \times 10^3 \times 364 + 0.5 \times$$

$((200 \times 12 \times 2 + 300 \times 8) \times 215 - n_r \times 79.2 \times 10^3) \times 238$

解得 $n_r = 2.8$,取 $n_r = 3$。

依据 14.3.4 条,需在全跨布置焊钉至少 $3 \times 2 = 6$ 个。

依据 14.7.4 条,连接件沿梁跨度方向的最大间距不应大于混凝土翼板厚度的 3 倍,且不大于 300mm。即, $s = \min(3 \times 120, 300) = 300 \text{mm}$。

根据《钢-混凝土组合梁设计原理》(第二版),次梁焊钉布置见图 18-2-12,第一个焊钉距离主梁翼缘边缘 35mm。今主梁翼缘宽 200mm,故所需焊钉个数为:

$$n = (6000 - 200 - 35 \times 2)/300 + 1 = 20.1 \text{个},\text{取} n = 21 \text{个}。$$

选择 B。

点评:(1) 根据《钢-混凝土组合梁设计原理》(第二版),主梁焊钉布置时,第一个焊钉距离柱边可取 175mm,如图 18-2-13 所示。由于规范并未规定第一个焊钉距离柱边或者梁边的距离,计算时焊钉数量可用梁轴线长度除以焊钉间距得到接近的答案。

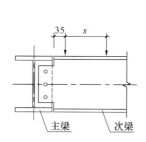

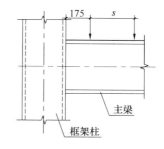

图 18-2-12 次梁焊钉布置图   图 18-2-13 主梁焊钉布置图

(2)《钢结构设计标准》GB 50017—2017 的 14.3.4 条规定,部分抗剪连接组合梁,其连接件的实配个数不得少于 n_f 的 50%, n_f 为完全抗剪连接设计时每个剪弯区段内需要的连接件总数。从题目给出的条件可知,本题的考点并不在此。

30. 答案:A

解答过程:依据《钢结构设计标准》GB 50017—2017 的 5.1.6 条,由于 $0.1 < \theta_{i,\max}^{\mathrm{II}} = 0.21 < 0.25$,宜采用二阶 P-Δ 弹性分析或采用直接分析。选择 A。

31. 答案:B

解答过程:依据《钢结构设计标准》GB 50017—2017 的 5.2.2 条,直接分析不考虑材料塑性发展时,按表 5.2.2 取构件的缺陷代表值。构件 AB 为焊接 H 形截面,依据表 7.2.1,无论翼缘是焰切边还是轧制或剪切边,对 x 轴的截面分类均为 b 类。b 类截面时取 $e_0/L = 1/350$。选择 B。

32. 答案：C

解答过程：依据《钢结构设计标准》GB 50017—2017 的 4.3.9 条，工作温度不高于 —20℃时，锚栓应满足 4.3.4 条的要求。依据 4.3.4 条，直径 $d=16$mm<40mm，质量等级不低于 C 级。选择 C。

33. 答案：C

解答过程：依据《砌体结构设计规范》GB 50003—2011 的 5.1.3 条，构件高度 H 取至基础顶面，故 $H=3600+300+300=4200$mm。

刚性方案，$s=3×3.2=9.6$m$>2H=8.4$m，可得 $H_0=H=4200$mm。

依据 6.1.1 条和 6.1.2 条第 1 款，可得：

$$h_T = 3.5i = 3.5\sqrt{\frac{I}{A}} = 3.5 \times \sqrt{\frac{1.2\times 10^{10}}{200\times 1400 + 400\times 400}} = 578\text{mm}$$

$$\beta = \frac{H_0}{h_T} = \frac{4200}{578} = 7.3$$

选择 C。

34. 答案：C

解答过程：二层带壁柱墙 A，几何高度 $H=3600$mm。

依据《砌体结构设计规范》GB 50003—2011 的表 5.1.3，刚性方案，$s=3×3.2=9.6$m$>2H=8.4$m，可得 $H_0=H=3600$mm。

依据 5.1.2 条确定高厚比。

$$h_T = 3.5i = 3.5\sqrt{\frac{I}{A}} = 3.5 \times \sqrt{\frac{1.2\times 10^{10}}{200\times 1400 + 400\times 400}} = 578\text{mm}$$

$$\gamma_\beta = 1.1, \beta = \gamma_\beta \frac{H_0}{h_T} = 1.1 \times \frac{4200}{578} = 6.86$$

依据附录 D.0.1 条计算 φ_0。

$$\varphi_0 = \frac{1}{1+\alpha\beta^2} = \frac{1}{1+0.0015\times 6.86^2} = 0.934$$

依据 3.2.1 条，$f=2.39$MPa，无调整。

依据 5.1.2 条确定承载力：

$$\varphi_0 fA = 0.934 \times 2.39 \times 440000 \times 10^{-3} = 982\text{kN}$$

选择 C。

点评：φ_0 也可以查表 D.0.1-1 得到。今轴心受压，$e/h_T=0$，$\beta=6.86$，需要插值：

$$\varphi_0 = 0.95 - \frac{0.95-0.91}{8-6}\times(6.86-6) = 0.933$$

35. 答案：B

解答过程：依据《砌体结构设计规范》GB 50003—2011 的 5.1.3 条，二层内纵墙，$H=3600$mm。刚性方案，$s=3×3.2=9.6$m$>2H=8.4$m，可得 $H_0=H=3600$mm。

依据 6.1.1 条和 6.1.4 条计算。

$$\beta = \frac{H_0}{h} = \frac{3600}{200} = 18$$

由于 $\frac{1}{5} < \frac{2100}{3600} = 0.58 < \frac{4}{5}$，故

$$\mu_2 = 1 - 0.4 \frac{b_s}{s} = 1 - 0.4 \times \frac{1200 \times 2}{9600} = 0.9 > 0.7$$

$$\mu_1 \mu_2 [\beta] = 1.0 \times 0.9 \times 26 = 23.4$$

选择 B。

36. 答案：D

解答过程：依据《建筑抗震设计规范》GB 50011—2010（2016 年版）的 7.2.6 条计算。

$$\sigma_0 = \frac{200 \times 10^3 + 0.5 \times 70 \times 10^3}{240 \times 1000} = 0.98 \text{MPa}$$

式中，0.5 为计算重力荷载代表值的组合值系数。

由于 $\frac{\sigma_0}{f_v} = \frac{0.98}{0.14} = 7$，查表 7.2.6 条，得 $\zeta_N = 1.65$。

$$f_{vE} = \zeta_N f_v = 1.65 \times 0.14 = 0.231 \text{MPa}$$

选择 D。

37. 答案：A

解答过程：依据《建筑抗震设计规范》GB 50011—2010（2016 年版）的 7.2.7 条计算。

墙体面积 $A = 11240 \times 240 = 2697600 \text{mm}^2$。

中部构造柱面积：$A_c = 240^2 \times 2 = 115200 \text{mm}^2 < 0.15A = 404640 \text{mm}^2$，取为 115200mm^2。

$$\rho = \frac{A_{sc}}{A_c} = \frac{4 \times 113.1 \times 2}{240 \times 240 \times 2} = 0.78\% > 0.6\%, \text{且} \rho < 1.4\%, A_{sc} \text{按实际取值}。$$

依据表 5.4.2，两端有构造柱的墙，故 $\gamma_{RE} = 0.9$。

由于墙体未配置水平钢筋，故受剪承载力为：

$$\frac{1}{\gamma_{RE}} [\eta_c f_{vE}(A - A_c) + \zeta_c f_t A_c + 0.08 f_{yc} A_{sc}]$$

$$= \frac{1}{0.9} [1.0 \times 1.5 \times 0.14 \times (2697600 - 115200) + 0.4 \times 1.1 \times 115200$$

$$+ 0.08 \times 300 \times 4 \times 113.1 \times 2]$$

$$= 683 \text{kN}$$

选择 A。

38. 答案：B

解答过程：依据《建筑抗震设计规范》GB 50011—2010（2016 年版）的 7.2.7 条计算。

依据表 5.4.2，按其他墙，故 $\gamma_{RE} = 1$。于是

$$\frac{1}{\gamma_{RE}} f_{vE} A = 1.5 \times 0.14 \times 112400 \times 240 \times 10^{-3} = 566 \text{kN}$$

选择 B。

39. 答案：B

解答过程：依据《砌体结构设计规范》GB 50003—2011 的 4.1.5 条，安全等级为一

级或使用年限大于50年的房屋重要性系数不小于1.1,此时结构重要性系数 $\gamma_0 \geqslant 1.1$,可以采用砌体结构,B错误。

选择B。

点评:对于其余选项的判别:

依据《砌体结构设计规范》GB 50003—2011的表6.1.1注2,带有混凝土或砂浆面层的组合砖砌体构件的允许宽厚比,可按表中数值提高20%,但不得大于28,A正确。

依据《砌体结构设计规范》GB 50003—2011的表4.3.5注1,在冻胀地区,地面以下或防潮层以下的砌体,不宜采用多孔砖,如采用时,其孔洞应用不低于M10的水泥砂浆预先灌实。C正确。

依据《砌体结构设计规范》GB 50003—2011的4.2.1条,砌体结构房屋的静力计算方案是根据房屋空间工作性能划分为刚性方案、刚弹性方案和弹性方案,D正确。

在解答概念题时,可以用直接法,也可以用排除法,只要能唯一确定答案即可。例如,本题选择何项错误,可以直接说明B选项为什么错误,不用去判断其余选项;也可以说明A、C和D选项为什么正确,从而选择B。

40. 答案:D

解答过程:依据《建筑抗震设计规范》GB 50011—2010(2016年版)的11.3.2条,木结构房屋不应采用木柱与砖柱或砖墙等混合承重,D错误。

选择D。

点评:对于其余选项的判别:

依据《木结构设计标准》GB 50005—2017的3.1.1条,承重结构可采用原木、方木、板材、规格材、层板胶合木、结构复合木材和木基结构板,A正确。

依据《木结构设计标准》GB 50005—2017的4.3.18条,标注原木直径时,应以小头为准。验算挠度和稳定时,可取构件中央截面;验算抗弯强度时,可取弯矩最大处截面,B正确。

依据《建筑抗震设计规范》GB 50011—2010(2016年版)的11.3.3条,木柱木梁房屋宜建单层,高度不宜超过3m,C正确。

41. 答案:B

解答过程:依据《建筑边坡工程技术规范》GB 50330—2013的3.2.3条,边坡坡顶塌滑区外边缘至坡顶边缘的水平投影距离 L 按照下式估算:

$$L = \frac{H}{\tan\theta}$$

式中,对于斜面土质边坡,$\theta = (\beta + \varphi)/2 = (45° + 20°)/2 = 32.5°$。于是

$$L = \frac{5}{\tan 32.5°} = 7.85\text{m}$$

坡顶滑坡区 s 和 L 的相对关系如图18-2-14所示,从而

$$s = 7.85 - 5 = 2.85\text{m}$$

选择B。

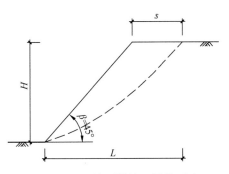

图18-2-14 坡顶滑坡区计算示意

42. 答案：C

解答过程：依据《建筑地基基础设计规范》GB 50007—2011 的 5.4.2 条计算。对于矩形基础，当 $b \leqslant 3\text{m}$ 时，基底外边缘线至坡顶的水平距离 a 应满足：

$$a \geqslant 2.5b - \frac{d}{\tan\beta}$$

式中，$\beta = 45°$，$d = 1.5\text{m}$。下面按照基底承载力确定 b 的取值。

(1) 依据 5.2.4 条确定 f_a

依据表 4.1.10 条，黏性土、硬塑，应有 $0 < I_L \leqslant 0.25$。

依据表 5.2.4，由于 $I_L < 0.85$ 且 $e = 0.8 < 0.85$，得到 $\eta_b = 0.3$，$\eta_d = 1.6$。从而

$f_a = f_{ak} + \eta_b\gamma(b-3) + \eta_d\gamma_m(d-0.5) = 150 + 0 + 1.6 \times 19.6 \times (1.5 - 0.5) = 181.4\text{kPa}$

(2) 确定所需的基底宽度 b

依据 5.2.1 条、5.2.2 条，可得：

$$p_k = \frac{F_k + G_k}{A} = \frac{1000}{b^2} \leqslant f_a = 181.4$$

解得 $b \geqslant 2.35\text{m}$，取 $b = 2.35\text{m}$。满足 $b \leqslant 3\text{m}$ 的要求。

于是，可得：

$$a \geqslant 2.5b - \frac{d}{\tan\beta} = 2.5 \times 2.35 - \frac{1.5}{\tan45°} = 4.37\text{m}$$

该值满足不小于 2.5m 的要求。选择 C。

43. 答案：C

解答过程：依据《建筑地基基础设计规范》GB 50007—2011 的 5.2.1 条、5.2.2 条计算。

(1) 轴心荷载作用

$$p_k \leqslant f_a$$

$$p_k = \frac{F_k + G_k}{A} = \frac{1000}{b^2} + 20 \times 1.5 \leqslant f_a = 192$$

解得 $b \geqslant 2.48\text{m}$。

(2) 偏心荷载作用

假设为小偏心受压，则应满足：

$$p_{kmax} \leqslant 1.2f_a$$

$$\frac{F_k + G_k}{A} + \frac{M_k}{W} = \frac{1000}{b^2} + 20 \times 1.5 + \frac{80}{b^3/6} \leqslant 1.2 \times 192$$

解得 $b \geqslant 2.44\text{m}$。

综上，应有 $b \geqslant 2.48\text{m}$。取 $b = 2.5\text{m}$，验算是否仍满足小偏心的条件：

$$e = \frac{M_k}{F_k + G_k} = \frac{80}{1000 + 20 \times 2.5 \times 2.5 \times 1.5} = 0.07\text{m} < \frac{2.5}{6} = 0.42\text{m}$$

表明假设成立，取 $b = 2.5\text{m}$ 合理。

选择 C。

44. 答案：B

解答过程：依据《建筑地基基础设计规范》GB 50007—2011 的 8.2.8 条计算。

$$e = \frac{M}{F+G} = \frac{120}{1500+1.35\times 20\times 2.5^2\times 1.5} = 0.07\text{m} < \frac{2.5}{6} = 0.42\text{m}$$

为小偏心受压。

$$p_{j\max} = \frac{F}{A} + \frac{M}{W} = \frac{1500}{2.5^2} + \frac{120}{2.5^2/6} = 286.1\text{kPa}$$

阴影部分梯形面积 A_l：

$$\begin{aligned} A_l &= \left(\frac{b}{2} - \frac{b_t}{2} - h_0\right)\times l - \left(\frac{l}{2} - \frac{a_t}{2} - h_0\right)^2 \\ &= \left(\frac{2.5}{2} - \frac{0.5}{2} - 0.545\right)\times 2.5 - \left(\frac{2.5}{2} - \frac{0.5}{2} - 0.545\right)^2 \\ &= 0.93\text{m}^2 \end{aligned}$$

冲切力设计值 F_l：

$$F_l = p_{j\max}A_l = 286.1\times 0.93 = 266\text{kN}$$

受冲切承载力 $[F_l]$：

$$a_m = a_t + h_0 = 0.5 + 0.545 = 1.045\text{m} < b = 2.5\text{m}$$

$$[F_l] = 0.7\beta_{hp}f_t a_m h_0 = 0.7\times 1\times 1.43\times 10^3\times 1.045\times 0.545 = 570\text{kN}$$

$$\frac{[F_l]}{F_l} = \frac{570}{266} = 2.14$$

选择 B。

点评：冲切验算时取用的部分基底面积计算简图见图 18-2-15。

当 $b \geq l$ 时：$A_l = \left(\dfrac{b}{2} - \dfrac{b_t}{2} - h_0\right)\times l - \left(\dfrac{l}{2} - \dfrac{a_t}{2} - h_0\right)^2$

当 $b < l$ 时：$A_l = \left(\dfrac{b}{2} - \dfrac{b_t}{2} - h_0\right)(a_t + 2h_0) + \left(\dfrac{b}{2} - \dfrac{b_t}{2} - h_0\right)^2$

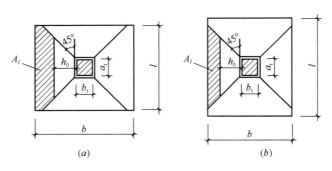

图 18-2-15 冲切验算面积 A_l
(a) $b \geq l$；(b) $b < l$

45. 答案：C

解答过程：依据《建筑地基基础设计规范》GB 50007—2011 的 8.2.11 条，基础台阶宽高比 $b/h = \dfrac{(2.5-0.5)/2}{0.6} = 1.66 < 2.5$，另外，基础底没有零应力区，满足 $e < b/6$，故可以按照式（8.2.11-1）计算板底弯矩。

（1）计算 $p_{\max}$、p

依据 5.2.2 条计算。

当按照轴心荷载计算时，可得基础底面平均压力值：
$$p = \frac{F+G}{A} = \frac{1600}{2.5^2} + 1.35 \times 20 \times 1.5 = 296.5 \text{kPa}$$
由于
$$p_{\max} = \frac{F+G}{A} + \frac{M}{W}, p_{\min} = \frac{F+G}{A} - \frac{M}{W}$$
故
$$p_{\max} + p_{\min} = 2 \times \frac{F+G}{A} = 2p$$
从而
$$p_{\max} = 2p - p_{\min} = 2 \times 296.5 - 230 = 363 \text{kPa}$$

柱边截面处基底反力 p 根据图 18-2-16 计算，利用相似三角形原理：

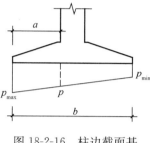

图 18-2-16 柱边截面基底反力 p 计算

$$p = p_{\min} + \frac{b-a}{b}(p_{\max} - p_{\min})$$
$$= 230 + \frac{2.5-1}{2.5}(363-230)$$
$$= 309.8 \text{kPa}$$

（2）计算柱边截面弯矩
$$M_1 = \frac{1}{12}a_1^2 \left[(2l+a')\left(p_{\max} + p - \frac{2G}{A}\right) + (p_{\max} - p)l \right]$$
$$= \frac{1}{12} \times 1.0^2 \times [(2 \times 2.5 + 0.5) \times (363 + 309.8 - 2 \times 1.35 \times 20 \times 1.5) +$$
$$(363 - 309.8) \times 2.5]$$
$$= 282.3 \text{kN} \cdot \text{m}$$

选择 C。

46. 答案：B

解答过程：依据《建筑结构可靠性设计统一标准》GB 50068—2018 的 8.2.7 条，安全等级一级，结构重要性系数 $\gamma_0 = 1.1$。

依据《建筑地基基础设计规范》GB 50007—2011 的 8.2.12 条计算所需的基础受力钢筋：
$$A_s = \frac{\gamma_0 M}{0.9 f_y h_0} = \frac{1.1 \times 180 \times 10^6}{0.9 \times 360 \times 545} = 1121.3 \text{mm}^2$$

依据 8.2.1，基础受力钢筋最小配筋率不应小于 0.15%。

依据 U.0.2 条确定受剪承载力计算时截面的计算宽度：
$$b_{y0} = \left[1 - 0.5 \frac{h_1}{h_0}\left(1 - \frac{b_{y2}}{b_{y1}}\right) \right] b_{y1} = \left[1 - 0.5 \times \frac{400}{545} \times \left(1 - \frac{600}{2500}\right) \right] \times 2500 = 1803 \text{mm}$$

于是，最小钢筋截面积为 $A_{s,\min} = 0.15\% \times 1803 \times 545 = 1474 \text{mm}^2$。

选项 A：$A_s = 113.1 \times \frac{2500}{210} = 1346.4 \text{mm}^2$，不满足。

选项 B：$A_s = 113.1 \times \frac{2500}{170} = 1663.2 \text{mm}^2$，满足，且符合 8.2.1 条间距和直径要求。

选择 B。

点评：在地基基础相关教材中，验算最小配筋率通常采用的公式为：

$$\rho = \frac{A_s}{bh_0} \geqslant \rho_{\min}$$

规范 U.0.2 条的本质，是以 $b_{y0}h_0$ 得到图 18-2-17（a）中阴影部分的面积，再乘以最小配筋率得到最小钢筋截面积。

按照《混凝土结构设计规范》的规定，实际上应取图 18-2-17（b）中阴影部分的面积乘以最小配筋率得到最小钢筋截面积。对于本题，阴影部分面积为：

$$0.2 \times 2.5 + \frac{(0.6 + 2.5) \times 0.4}{2} = 1.12 \text{m}^2$$

最小钢筋截面积：$0.15\% \times 1.12 \times 10^6 = 1680 \text{mm}^2$。

2016 年二级注册结构师专业考试下午 17 题，命题组针对最小配筋面积采用的公式为：

$$A_s \geqslant \rho_{\min} b_{y0} h$$

该做法既不符合地基基础工程人员的习惯，也不符合《混凝土结构设计规范》。

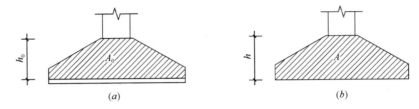

图 18-2-17 独立基础最小配筋计算

47. 答案：C

解答过程：依据《建筑地基基础设计规范》GB 50007—2011 的 5.3.5 条计算基底土层压缩变形量。

被压缩土层总厚度 $z = 5 - 1.5 + 1.25 = 4.75 \text{m}$。

将基底分成四个矩形截面，于是，$l = b = 2.5/2 = 1.25 \text{m}$。

由 $l/b = 1.25/1.25 = 1$，$z/b = 4.75/1.25 = 3.8$，查表 K.0.1，得到 $\bar{\alpha}_1 = 0.1158$。

依据表 5.3.5，由于 $p_0 = f_{ak} = 150 \text{kPa}$、$\bar{E}_s = 7 \text{MPa}$，得到 $\psi_s = 1.0$。

$$s = \psi_s \sum_{i=1}^{n} \frac{p_0}{E_{si}} (z_i \bar{\alpha}_i - z_{i-1} \bar{\alpha}_{i-1}) = 4 \times 1.0 \times \frac{150}{7 \times 10^3} \times (4.75 \times 10^3 \times 0.1158 - 0)$$

$$= 47.1 \text{mm}$$

依据 5.3.8 条、6.2.2 条，考虑刚性下卧层影响：

$$h/b = 4.75/2.5 = 1.9$$

$$\beta_{gz} = 1.12 - \frac{1.9 - 1.5}{2.0 - 1.5} \times (1.12 - 1.09) = 1.096$$

$$s_{gz} = \beta_{gz} s_z = 1.096 \times 47.1 = 51.6 \text{mm}$$

选择 C。

点评：题目中给出考虑基岩对压力分布的影响，且给出计算所需已知条件，故应考虑 β_{gz}。双层地基竖向应力分布见图 18-2-18，刚性下卧层会使上层土附加应力分布出现应力集中，刚性下卧层越浅，应力集中现象越明显，会导致土层变形的增加。

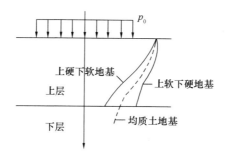

图 18-2-18 双层地基竖向附加应力分布图

48. 答案：C

解答过程：依据《建筑地基基础设计规范》GB 50007—2011 的 W.0.1 条计算。

粉土为透水层，粉质黏土为不透水层，③粉土承压水水位标高－5.000m，则承台底水头为 3m，如图 18-2-19 所示，故承台底抗承压水渗流稳定安全系数为：

$$K_h = \frac{\gamma_m(t+\Delta t)}{p_w} = \frac{19 \times 2}{10 \times (4+2+2-5)} = 1.27$$

选择 C。

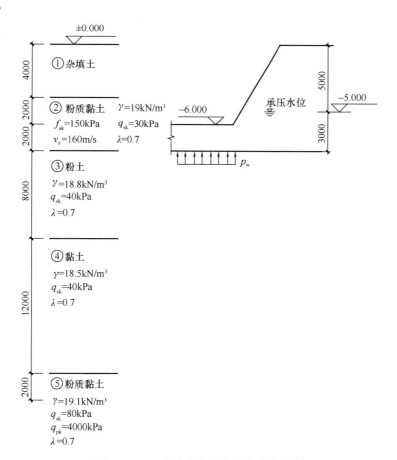

图 18-2-19 基础底抗渗流稳定验算示意

点评：本题要注意大题干中的条件，场地地下潜水水位标高为-0.500m～-1.500m，③粉土中承压水水位标高为-5.000m，计算渗流稳定安全系数时，需要用承压水水位。

49. 答案：B

解答过程：依据《建筑桩基技术规范》JGJ 94—2008 的 5.3.8 条确定桩的竖向极限承载力标准值。

查表 5.3.12，由 $\lambda_N < 0.6$，得到 $d_L \leqslant 10$m 时 $\psi_l = 0$；$10\text{m} < d_L \leqslant 20\text{m}$ 时，$\psi_l = 1/3$。

$$d_1 = 0.4 - 2 \times 0.095 = 0.21$$

$$h_b/d_1 = 2/0.21 = 9.52 > 5, 取 \lambda_p = 0.8$$

$$\begin{aligned}Q_{uk} &= u\sum q_{sik} l_i + q_{pk}(A_j + \lambda_p A_{pl}) \\ &= \pi \times 0.4 \times \left(30 \times 2 + 0 \times 40 \times 2 + \frac{1}{3} \times 40 \times 6 + 40 \times 12 + 80 \times 2\right) + \\ & \quad 4000 \times \frac{\pi}{4} \times (0.4^2 - 0.21^2 + 0.8 \times 0.21^2) \\ &= 1454.4 \text{kN}\end{aligned}$$

选择 B。

点评：《建筑抗震设计规范》GB 50011—2010 的 4.4.2 条规定，单桩的竖向抗震承载力特征值，可比非抗震设计时提高 25%。《建筑桩基技术规范》JGJ 94—2008 的 5.2.1 条，地震作用是抗力取 $1.25R$，均是对单桩承载力特征值 R 的放大，故解答未对单桩竖向极限承载力标准值 Q_{uk} 放大 25%。题目中提到的进行桩基抗震验算，可理解为需要考虑土层液化影响。

50. 答案：B

解答过程：需要从抗浮和裂缝控制两个角度考查。

（1）抗浮

抗浮计算时，取最高水位 -0.500m，依据《建筑桩基技术规范》JGJ 94—2008 的 5.4.5 条、5.4.6 条，可得：

$$N_k \leqslant T_{uk}/2 + G_p$$

式中

$$T_{uk} = \sum \lambda_i q_{sik} u_i l_i = 0.7 \times \pi \times 0.4 \times (30 \times 2 + 40 \times 8 + 40 \times 12 + 80 \times 2) = 897.2 \text{kN}$$

$$G_p = 24 \times \left(2.49 - 10 \times \frac{1}{4} \times \pi \times 0.4^2\right) = 29.6 \text{kN}$$

解出 $N_k \leqslant 897.2/2 + 29.6 = 478.2$kN。

依据 5.4.3 条，抗浮稳定验算时，抗浮稳定安全系数取 1.05，故取拔力 $N_k \leqslant 478.2/1.05 = 455$kN。

（2）裂缝控制

依据 5.8.8 条对抗拔桩的裂缝控制进行验算。

依据 3.5.3 条，环境类别为三类，预应力混凝土桩裂缝控制等级为一级。故要求满足：

$$\sigma_{ck} - \sigma_{pc} \leqslant 0$$

即

$$\frac{N_k}{A} - \sigma_{pc} \leqslant 0$$

$$N_k \leqslant \sigma_{pc} A = 4.9 \times \frac{\pi}{4} \times (400^2 - 210^2) \times 10^{-3} = 445.8 \text{kN}$$

综上，拔力 N_k 最小值为 445.8kN。选择 B。

51. 答案：A

解答过程：依据《建筑地基处理技术规范》JGJ 79—2012 的附录 B.0.11 确定。

极差为 230－210＝20kPa。平均值为（210＋220＋230）/3＝220kPa。

极差与平均值之比：20/220＝9％＜30％，表明检测数据有效。条形基础只有一排桩，少于 3 排，取最低值 210kPa。

选择 A。

52. 答案：A

解答过程：依据《建筑地基处理技术规范》JGJ 79—2012 的 3.0.4 条，地基承载力仅进行深度修正。

$$f_{spa} = f_{spk} + \eta_d \lambda_m (d - 0.5)$$

$$250 = f_{spk} + 1.0 \times \frac{18.6 \times 1 + (18.9 - 10) \times 0.8}{1.8} \times (1.8 - 0.5)$$

求得 f_{spk}＝231.4kPa。

依据 7.1.5 条，可得：

$$f_{spk} = \lambda m \frac{R_a}{A_p} + \beta(1-m) f_{sk}$$

$$231.4 = 0.9 \times m \times \frac{680}{\frac{1}{4} \times \pi \times 0.4^2} + 1.0 \times (1-m) \times 80$$

求得 m＝0.0316。

取典型单元，如图 18-2-20 所示，基础宽度 b，桩间距 s，故应有：

$$m = \frac{A_{\text{单元体内桩面积}}}{A_{\text{单元体面积}}} = \frac{\frac{1}{4} \times \pi \times 0.4^2}{2 \times s} = 0.0316$$

求得 s＝1.99m。

选择 A。

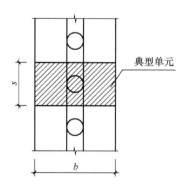

图 18-2-20 典型单元

点评：（1）当题目中未告知土的饱和重度 γ_{sat} 时，可取土的天然重度当作饱和重度，即 γ_{sat}＝γ。

（2）要掌握面积置换率的概念，学会用定义式求解 m。

（3）将褥垫层视为地基处理的一部分，地基承载力深度修正时 d 取至基础底（褥垫层顶），故本题 d＝1.8m。

53. 答案：D

解答过程：依据《建筑地基处理技术规范》JGJ 79—2012 的 7.1.6 条计算。

$$\gamma_m = \frac{18.6 \times 1 + 18.9 \times 0.8}{1.8} = 18.73 \text{kN/m}^3$$

$$f_{cu} \geqslant 4 \frac{\lambda R_a}{A_p}\left[1+\frac{\gamma_m(d-0.5)}{f_{spa}}\right] = 4 \times \frac{0.9 \times 680}{\frac{1}{4} \times \pi \times 0.4^2} \times \left[1+\frac{18.73 \times (1.8-0.5)}{250}\right] \times 10^{-3}$$

$$= 21.4 \text{MPa}$$

选择 D。

点评：《建筑地基处理技术规范》JGJ 79—2012 的式（7.1.6-2）与式（7.1.6-1）的区别是，当复合地基承载力进行深度修正时，应使用式（7.1.6-2），否则使用式（7.1.6-1）计算增强体桩身强度。对于本题，复合地基承载力特征值 f_{spa} 进行了深度修正，故使用式（7.1.6-2）。

54. 答案：C

解答过程：依据《建筑桩基技术规范》JGJ 94—2008 的 6.3.9 条，对抗拔、抗水平力的桩，孔底沉渣厚度不应大于 200mm，正反循环钻孔灌注桩应满足本条要求。6.3.25 条，旋挖成孔灌注桩孔底沉渣也应满足 6.3.9 条的规定，故Ⅰ正确；

依据 6.4.11 条，压灌桩超灌高度不宜小于 0.3m～0.5m，Ⅱ错误；

依据 6.7.4 条 4 款，注浆量与注浆顺序无关，Ⅲ错误；

依据 7.5.7 条，Ⅳ正确。

选择 C。

55. 答案：B

解答过程：依据《建筑地基处理技术规范》JGJ 79—2012 的 3.0.4 条，宽度修正系数取 0，深度修正系数根据不同情况可取到 1.5 或 2.0，Ⅰ错误；

依据 3.0.7 条，Ⅱ正确；

依据 7.3.1 条条文说明，对含伊利石的软土加固效果较差，Ⅲ错误；

依据 8.2.3 条，碱液加固土层厚度 $h=l+r$，l 为灌注孔长度，r 为有效加固半径。条文说明指出，碱液灌注过程中，溶液除向四周渗透外，还向灌注孔上下各外渗一部分，范围相当于有效加固半径 r。但灌注孔以上的渗出范围，由于溶液温度高，浓度也相对较大，故土体硬化快，强度高。而灌注孔以下部分，溶液温度和浓度已降低，故强度较低，加固厚度取值略去孔下部渗出范围，故加固土层底部深度不超过灌注孔底部深度，计算公式中 $h=l+r$ 中的 r 为灌注孔以上的渗出范围，Ⅳ正确。

选择 B。

56. 答案：B

解答过程：依据《建筑地基基础设计规范》GB 50007—2011 的 10.2.1 条，基槽（坑）开挖到底后，应进行基槽（坑）检验，Ⅰ正确。

依据《建筑地基基础设计规范》GB 50007—2011 的表 4.1.6 下注释，平均粒径不超过 50mm 且最大粒径不超过 100mm 的卵石、碎石、圆砾、角砾可采用动力触试验评价；依据《工程地质手册》（第五版）砂土可采用重型圆锥动力触探试验评价，Ⅲ正确。

选择 B。

点评：对其他选项的判别：

依据《建筑抗震设计规范》GB 50011—2010 的 4.1.3 条，对丁类建筑及丙类建筑中层数不超过 10 层、高度不超过 24m 的多层建筑，当无实测剪切波速时，可根据岩土名称和性状，按表 4.1.3 划分土的类型，再利用当地经验在表 4.1.3 的剪切波速范围内估算各土层的剪切波速，Ⅱ 错误。

依据《建筑抗震设计规范》GB 50011—2010 的 4.3.1 条，饱和砂土和饱和粉土（不含黄土）的液化判别和地基处理，6 度时，一般情况下可不进行判别和处理，但对液化沉陷敏感的乙类建筑可按 7 度的要求进行判别和处理，7～9 度时，乙类建筑可按本地区抗震设防烈度的要求进行判别和处理，Ⅳ 错误。

57. 答案：A

解答过程：依据《建筑地基基础设计规范》GB 50007—2011 的附录 C 计算。

依据 C.0.5～C.0.6 条，375kPa 前一级荷载为极限荷载，即 p_u=350kPa。

依据 C.0.7 条确定比例界限荷载 p_{cr}。依据题目所给表中数据，作出 p-s 曲线如图 18-2-21 所示。

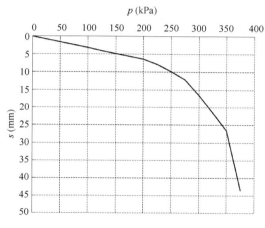

图 18-2-21 p-s 曲线

在 p=25～200kPa 范围，荷载 p 每增加 25kPa，沉降 s 增加约 0.8mm，即在此范围 p-s 呈线性比例关系。当 p 由 200kPa 增加至 225kPa 时，s 增加了 1.45mm，远超过 0.8mm，显然 p-s 不再是线性关系，故取比例界限 p_{cr}=200kPa。

承载力特征值=max(p_{cr}，p_u/2)=min(200，350/2)=175kPa。

选择 A。

点评：结合 A、B、C、D 四个选项的值，p_u/2=175kPa 为最小的值，故必然取 p_u/2，而不是 p_{cr}。考试时，时间紧张，并不一定有时间画出 p-s 曲线，可直接观察表格中的数据或结合点评中写的技巧作答。

58. 答案：C

解答过程：依据《高层建筑混凝土结构技术规程》JGJ 3—2010 的 5.1.8 条，高层建筑结构内力计算中，当楼面活荷载大于 4kN/m² 时，应考虑楼面活荷载不利布置引起的结构内力的增大，故 C 正确。

选择 C。

点评：对于其他选项的判别：

依据《高层建筑混凝土结构技术规程》JGJ 3—2010 的 4.3.17 条，剪力墙结构周期折减系数取 0.8～1.0，A 错误。

依据《高层建筑混凝土结构技术规程》JGJ 3—2010 的 5.2.3 条，梁端弯矩调幅仅针对竖向荷载，B 错。

依据《高层建筑混凝土结构技术规程》JGJ 3—2010 的 4.3.7 条，$T_g=0.55+0.05=0.60s$，D 错。

在解答概念题时，可以用排除法做题，只要能唯一确定答案即可。例如，本题选择何项正确，可以直接说明 C 选项为什么正确，不用去判断其余选项。也可以说明 A、B 和 D 选项为什么错误，从而选择 C。

59. 答案：D

解答过程：依据《高层建筑混凝土结构技术规程》JGJ 3—2010 的 5.4.1 条，刚重比为 2 小于 2.7，需要考虑重力二阶效应。依据 5.4.3，考虑二阶效应的位移计算结果也应满足本规程 3.7.3 条的规定，D 正确。

选择 D。

点评：对于其他选项的判别：

依据《高层建筑混凝土结构技术规程》JGJ 3—2010 的 9.2.1 条，核心筒高宽比不宜大于 12，A 错误。

依据《高层建筑混凝土结构技术规程》JGJ 3—2010 的 5.4.4 条，刚重比必须满足规范最小限值要求，B 错误。

依据《高层建筑混凝土结构技术规程》JGJ 3—2010 的 3.7.3 条，高度 200m 钢筋混凝土框架-核心筒结构，层间位移角限值需要进行在高度 150m 和高度 250m 限值之间插值，于是得到

$$\frac{1}{800}+\frac{1/500-1/800}{250-150}\times(200-150)=\frac{1}{615}$$

可见，C 错误。

60. 答案：B

解答过程：依据《高层建筑混凝土结构技术规程》JGJ 3—2010 第 5.1.8 条条文说明，由恒载和活载引起的单位面积重力，对于框架-剪力墙结构，约为 $12kN/m^2$～$14kN/m^2$。

依据 4.3.2 条，8 度（0.2g），$\lambda=0.032$。

$V_{Ek}=\lambda\sum G_i=0.032\times0.9\times(12\sim14)\times18\times2100=13064kN\sim15241kN$

选择 B。

点评：本题未告知恒载和活载取值，无法按照重力荷载代表值 G_E＝恒载＋组合值系数×活载计算。根据题目已知条件，给出的各层面积 A，重力荷载代表值取 0.9 倍重力荷载计算值，采用以上解答计算。

这里之所以取系数是 0.9，是因为活荷载只占全部重力荷载计算值的 15%～20%，令 G_c＝恒＋活，则恒＝$0.8G_c$，活＝$0.2G_c$，于是

$G_E=1.0$ 恒$+0.5$ 活$=0.8G_c+0.5\times0.2G_c=0.9G_c=0.9$(恒＋活)。

61. 答案：C

解答过程：依据《高层建筑混凝土结构技术规程》JGJ 3—2010 的 4.3.5 条，7 条地震波，地震作用效应取时程分析结果的平均值。因此，利用时程分析结果对反应谱法结果

放大的倍数 $\eta = V_{时程分析法}/V_{反应谱法} = 3500/2500 = 1.4$。

对振型分解反应谱法得到的弯矩放大，得到：
$$M_{Ek} = \eta \times M_{反应谱法} = 1.4 \times 500 = 700 \text{kN} \cdot \text{m}$$

选择 C。

点评：结构构件进行构件设计（如配筋）时，应采用振型分解反应谱法。当结构需要进行时程分析补充验算时，结构地震作用效应需要根据时程法计算结果进行放大，放大比例为时程法层剪力（7组地震波取平均值，3组地震波取包络值）与振型分解反应谱法剪力的比值，用放大后的地震效应进行构件设计。

62. 答案：A

解答过程：依据《高层建筑混凝土结构技术规程》JGJ 3—2010 的 4.3.8 条确定地震影响系数。

$T_g = 0.45\text{s}$，$5T_g = 2.25\text{s}$，两个方案第一周期经折减后均位于 T_g 和 $5T_g$ 之间，故地震影响系数按下式计算：

$$\alpha = \left(\frac{T_g}{T}\right)^{\gamma} \eta_2 \alpha_{max}$$

式中，$\gamma = 0.9$，$\eta_2 = 1.0$，$\alpha_{max} = 0.16$。

方案一：
$$\alpha_1 = \left(\frac{0.45}{0.8 \times 1.5}\right)^{0.9} \times 0.16 = 0.066$$

按附录 C.0.1，根据底部剪力法估算，首层剪重比 $\lambda_v = 0.85 \times 0.066 = 0.056$，与计算结果 0.055 相近，可信。

方案二：
$$\alpha_1 = \left(\frac{0.45}{0.8 \times 1.3}\right)^{0.9} \times 0.16 = 0.075$$

首层剪重比 $\lambda_v = 0.85 \times 0.075 = 0.064$，与计算结果 0.050 相差较大，不可信。

选择 A。

点评：今对首层的剪重比与地震剪力系数 α_1 的关系式简单推导如下。

依据《高层建筑混凝土结构技术规程》JGJ 3—2010 的附录 C.0.1，结构总水平地震作用按下式计算：

$$F_{Ek} = \alpha_1 G_{eq} = 0.85 \alpha_1 G_E$$

对于首层，有 $V_{Ek1} = F_{Ek}$，$\sum_{j=1}^{n} G_j = G_E$，于是，首层的地震剪力系数

$$\lambda_v = V_{Ek1}/\sum_{i=1}^{n} G_i = 0.85 \alpha_1$$

63. 答案：B

解答过程：依据《高层建筑混凝土结构技术规程》JGJ 3—2010 的 3.3.1 条，$H = 75.25\text{m} < 100\text{m}$，属于 A 级高度。

依据 3.9.1、3.9.2 条，7 度（0.15g），Ⅳ类场地，抗震构造措施按提高一度（成为 8 度）确定。

依据 10.2.2 条，转换层在 3 层，底部加强部位为 1~5 层。

1～2层为底部加强部位，依据表3.9.3，按7度、高度<80m，得到抗震措施为二级；按8度，得到抗震构造措施为一级。由于转换层在3层，属于高位转换，依据10.2.6条，剪力墙底部加强部位的抗震等级在表3.9.3的基础上提高一级，于是，得到1～2层墙的抗震措施为一级，抗震构造措施为特一级。

8层为非底部加强部位，依据表3.9.3，按7度、高度<80m，得到抗震措施为三级；按8度，得到抗震构造措施为二级。

依据3.9.5条，地下一层抗震构造措施同首层，地下一层以下逐层减低一级。于是得到地下二层抗震构造措施为一级。地下一层以下不要求计算地震作用，无抗震措施等级。

选择C。

64. 答案：D

解答过程：依据《高层建筑混凝土结构技术规程》JGJ 3—2010的附录E.0.2、E.0.3条，转换层在3层（第2层以上），应按楼层侧向刚度比和等效侧向刚度比计算。

$$\gamma_1 = \frac{V_i \Delta_{i+1}}{V_{i+1} \Delta_i} = \frac{V_3 \Delta_4}{V_4 \Delta_3} = \frac{12000 \times 2.5}{10500 \times 4.2} = 0.68 > 0.6, 满足要求。$$

依据E.0.3，$H_1 = 5 + 4.5 + 4.5 = 14\text{m}$，$H_2 = 3.2 \times 4 = 12.8\text{m} < 14\text{m}$ 代入计算：

$$\gamma_{e2} = \frac{\Delta_2 H_1}{\Delta_1 H_2} = \frac{14 \times 5.8}{12.8 \times 8.1} = 0.78 < 0.8, 不满足要求。$$

选择D。

点评：题目中给出的提示未用到，其原因是，该提示是为E.0.1条计算等效剪切刚度比 γ_{e1} 准备的，而本题转换层在3层，不适用该方法。只有转换层设置在1、2层时，可近似采用转换层与其相邻上层结构的等效剪切刚度比 γ_{e1} 表示转换层上、下层结构刚度的变化。

65. 答案：C

解答过程：依据《高层建筑混凝土结构技术规程》JGJ 3—2010的3.3.1条，$H = 75.25\text{m} < 100\text{m}$，属于A级高度。

依据表3.9.3，7度、高度小于80m，框支柱的抗震等级为二级。依据10.2.6条，由于转换层位于第3层，其抗震等级提高一级采用，成为一级。

依据10.2.11条第3款，转换柱上端弯矩直接乘放大系数（无需满足强柱弱梁），一级时放大系数为1.5，柱顶弯矩 $M_c^t = 1.5 \times 615 = 922.6\text{kN} \cdot \text{m}$。

依据6.2.1条，柱下端为转换柱的中间节点，并非转换柱下端，应满足强柱弱梁的要求，柱底弯矩 $M_c^b = 0.5 \times 1.4 \times 1050 = 735\text{kN} \cdot \text{m} > 450\text{kN} \cdot \text{m}$。

选择C。

66. 答案：D

解答过程：依据《高层建筑混凝土结构技术规程》JGJ 3—2010的10.2.24条计算。

$$V_f \leq \frac{1}{\gamma_{RE}}(0.1\beta_c f_c b_f t_f) = \frac{1}{0.85} \times 0.1 \times 1 \times 19.1 \times 16400 \times 180 \times 10^{-3} = 6633\text{kN}$$

$$V_f \leq \frac{1}{\gamma_{RE}}(f_y A_s) = \frac{1}{0.85} \times 360 \times \frac{16400 \times 2 \times 78.5}{150} \times 10^{-3} = 7270\text{kN}$$

上式中，2×78.5 是因为楼板按照上、下两层配筋。

因此，剪力设计值应小于6633kN。

注意到，7度时剪力设计值应乘增大系数1.5，而题目要求计算未经增大的框支转换层楼板组合剪力设计值，故应为6633/1.5=4422kN。

选择D。

67. 答案：D

解答过程：依据《高层建筑混凝土结构技术规程》JGJ 3—2010 的 7.2.10 条计算，公式为：

$$V \leqslant \frac{1}{\gamma_{RE}}\left[\frac{1}{\lambda-0.5}\left(0.4f_t b_w h_{w0}+0.1N\frac{A_w}{A}\right)+0.8f_{yh}\frac{A_{sh}}{s}h_{w0}\right]$$

式中，由于剪力墙为特一级，依据 3.10.5 条，剪力设计值放大为 $V=1.9\times 4600=8740$kN。

$$N=21000\text{kN}>0.2f_c b_w h_w=15154\text{kN}，取 N=15154\text{kN}$$
$$\lambda=2.5>2.2，取 \lambda=2.2$$
$$8740\times 10^3 \leqslant \frac{1}{0.85}\times\left[\frac{1}{2.2-0.5}(0.4\times 1.89\times 400\times 7800+0.1\times 15154\right.$$
$$\left.\times 10^3\times 0.7)+0.8\times 360\frac{A_{sh}}{s}\times 7800\right]$$

解得 $\frac{A_{sh}}{s}=2.41\text{mm}^2/\text{mm}$。

依据3.10.5条，底部加强部位的水平和竖向分布钢筋的最小配筋率配筋率 $\rho_{min}=0.4\%$，今 $\rho_{sh}=\frac{A_{sh}}{bs}=\frac{2.41}{400}=0.6\%>0.4\%$，故按照 $\frac{A_{sh}}{s}=2.41\text{mm}^2/\text{mm}$ 配置。

取 $s=150$mm，则所需截面积 $A_{sh}=150\times 2.41=362\text{mm}^2$。由于双层布置，因此需要单根钢筋面积 $A_{sh1}=181\text{mm}^2$，选择Φ16，可提供单根截面积 201.1mm²。

对于竖向分布钢筋，应满足 $\rho_{sv}=\frac{A_{sv}}{bs}\geqslant 0.4\%$。今取 $s=150$mm，则

$$\rho_{sv}=\frac{2\times A_{sv1}}{400\times 150}\geqslant 0.4\%$$

求得 $A_{sv1}=120\text{mm}^2$，选择Φ14，可提供单根截面积 153.9mm²。

选择D。

68. 答案：D

解答过程：依据《高层建筑混凝土结构技术规程》JGJ 3—2010 的 3.5.3 条，首层与二层抗剪承载力之比 15000/20000=0.75<0.8，属于承载力突变，故一层为薄弱层。

依据 4.3.12 条，剪重比 $\lambda=0.024$，由于是薄弱层，还需要乘以放大系数 1.15，$\lambda=0.024\times 1.15=0.0276$。

依据 3.5.8 条，薄弱层剪力需要乘 1.25 倍增大系数。首层剪力：

$$V_{Ek1}=1.25\times 11500=14375\text{kN}>\lambda\sum_{i=1}^{n}G_i=0.0276\times 324100=8945\text{kN}$$

剪重比满足要求。

依据 10.2.17 条，框支柱数量少于 10 根，转换层位于一层，每根框支柱承受的地震剪力标准值不小于基底剪力的 2%。今共有 8 根框支柱，故全部框支柱承受地震剪力标准值为 2%×14375×8=2300kN。

选择 D。

69. 答案：B

解答过程：该转换柱的轴压比为：
$$\mu_N = \frac{N}{f_c A} = \frac{10810 \times 1000}{23.1 \times 800 \times 900} = 0.65$$

依据《高层建筑混凝土结构技术规程》JGJ 3—2010 的表 6.4.2，部分框支剪力墙结构、抗震等级一级，轴压比限值为 0.6。

再来考虑表下注释。

由于剪跨比 1.95<2，轴压比限值降低 0.05。

配井字复合箍，箍筋间距不大于 100mm，肢距不大于 200mm，直径不小于 12mm，轴压比限值可提高 0.1。

于是，轴压比限值成为 $[\mu_N] = 0.6 - 0.05 + 0.1 = 0.65 = \mu_N$，轴压比满足要求。

依据表 6.4.7，一级、普通箍、轴压比为 0.65，可得 $\lambda_v = 0.16$。依据 10.2.10 条，转换柱配箍率特征值再增加 0.02，于是得到 $\lambda_v = 0.16 + 0.02 = 0.18$。

选择 B。

70. 答案：D

解答过程：依据《高层民用建筑钢结构技术规程》JGJ 99—2015 的 8.2.4 条，梁端连接的极限受弯承载力：
$$M_u^j = M_{uf}^j + M_{uw}^j$$

依据 4.2.1 条，对于 Q345，$t_f = 18mm$ 时 $f_{ub} = 470N/mm^2$；$t_w = 12mm$ 时 $f_{yw} = 345N/mm^2$。

梁翼缘极限受弯承载力：
$$M_{uf}^j = A_f (h_b - t_{ub}) f_{ub} = 250 \times 18 \times (600 - 18) \times 470 \times 10^{-6} = 1231 kN \cdot m$$

梁腹板极限受弯承载力：
$$M_{uw}^j = m W_{wpe} f_{yw}$$

$$W_{wpe} = \frac{1}{4}(h_b - 2t_{fb} - 2S_r)^2 t_{wb} = \frac{1}{4}(600 - 2 \times 18 - 2 \times 65)^2 \times 12 = 565068 mm^3$$

$$M_{uw}^j = 0.9 \times 565068 \times 345 \times 10^{-6} = 175.4 kN \cdot m$$

$$M_u^j = M_{uf}^j + M_{uw}^j = 1231 + 175.4 = 1406.4 kN \cdot m$$

选择 C。

点评：依据《高层民用建筑钢结构技术规程》JGJ 99—2015 图 8.2.4，对于焊接连接，S_r 取过焊孔高度。对于高强螺栓连接时，S_r 为剪力板与梁翼缘间间隙的距离。

71. 答案：C

解答过程：依据《高层民用建筑钢结构技术规程》JGJ 99—2015 的 7.3.5 条，节点域抗剪承载力应满足：
$$(M_{b1} + M_{b2})/V_p \leq (4/3) f_v / \gamma_{RE}$$

式中，依据 3.6.1 条，$\gamma_{RE} = 0.75$。依据 7.3.6 条，由于是箱形截面，V_p 计算如下：
$$V_p = (16/9) h_{b1} h_{c1} t_p = (16/9) \times (600 - 18) \times (500 - 20) \times 20 = 9.93 \times 10^6 mm^3$$

题目已给出 $M_{b1} = M_{b2} = M$，于是可得：

$$M \leqslant \frac{V_\mathrm{p}(4/3)f_\mathrm{v}/\gamma_\mathrm{RE}}{2} = \frac{9.93 \times 10^6 \times (4/3) \times 170/0.75}{2} \times 10^{-6} = 1500\mathrm{kN \cdot m}$$

选择 C。

点评：提示中的节点域屈服承载力验算指《高层民用建筑钢结构技术规程》JGJ 99—2015 的 7.3.8 条，节点域稳定性验算指 7.3.7 条。

72. 答案：C

解答过程：依据《高层建筑混凝土结构技术规程》JGJ 3—2010 的 8.1.4 条计算。

由于 $V_\mathrm{f}=3000\mathrm{kN}<0.2V_0=0.2\times 25000=5000\mathrm{kN}$，因此需要进行二道防线调整。

$$\min(0.2V_0, 1.5V_{\mathrm{f,max}}) = \min(5000, 1.5 \times 3200) = 4800\mathrm{kN}$$

弯矩调整为：$M = \dfrac{4800}{3000} \times 280 = 448\mathrm{kN \cdot m}$

剪力调整为：$V = \dfrac{4800}{3000} \times 70 = 112\mathrm{kN}$

选择 C。

73. 答案：D

解答过程：依据《高层建筑混凝土结构技术规程》JGJ 3—2010 的 3.11.1 条，性能目标为 C 级，则设防烈度地震下应为第 3 性能水准。

依据 3.11.2 条及条文说明，底部加强部位墙体及水平转换构件为关键构件，非底部加强部位墙体为普通构件。

依据 3.11.3 条第 3 款，第 3 性能水准，对于关键构件及普通竖向构件，正截面承载力应符合式（3.11.3-2），即"抗弯不屈服"，受剪承载力宜符合式（3.11.3-1），即"抗剪弹性"。

选择 D。

74. 答案：C

解答过程：依据《高层建筑混凝土结构技术规程》JGJ 3—2010 的 3.11.3 条，对于第 2 性能水准，在设防烈度地震作用下，耗能构件正截面应符合式（3.11.3-2），即"中震抗弯不屈服"，此时，荷载采用标准组合，材料强度用标准值，不考虑 γ_RE。

由于对称配筋，令 $x=2a'_\mathrm{s}$，受拉钢筋合力对受压钢筋合力点取矩应与外弯矩平衡。在设防烈度地震作用下，按照提示，忽略重力荷载及竖向地震作用下的弯矩，于是，验算式 $S_\mathrm{Ehk} \leqslant R_\mathrm{k}$ 成为：

$$M_\mathrm{b} \leqslant A_\mathrm{s} f_\mathrm{yk}(h_0 - a'_\mathrm{s})$$

代入数据，得：

$$A_\mathrm{s} = \frac{M_\mathrm{b}}{f_\mathrm{yk}(h_0 - a'_\mathrm{s})} = \frac{1520 \times 10^6}{400 \times (1200 - 40 - 40)} = 3393\mathrm{mm}^2$$

7Φ25，可提供钢筋截面积 $A_\mathrm{s}=3436\mathrm{mm}^2$，满足要求，且配筋最少。

选择 C。

75. 答案：D

解答过程：依据《公路桥涵设计通用规范》JTG D60—2015 的 3.1.3 条条文说明，构件的变形（挠度）属于正常使用极限状态，故排除②，选择 D。

点评：或者，同样依据 3.1.3 条条文说明可知，构件和连接的强度破坏、结构或构件丧失稳定及结构倾覆、疲劳破坏等为承载力极限状态，故①③⑤符合，选择 D。

76. 答案：C

解答过程：依据《公路桥涵设计通用规范》JTG D60—2015 的 4.3.1 条，由于 $5m < L_0 = 28.9m < 50m$，可得：
$$P_k = 2(L_0 + 130) = 2 \times (28.9 + 130) = 317.8 \text{kN}$$

计算剪力效应时，集中荷载要乘以 1.2 增大系数。车道均布荷载 $q_k = 10.5 \text{kN/m}$。均布荷载需考虑荷载不利布置。

依据表 4.3.1-5，3 车道时横向布载系数取 0.78。

根据影响线计算弯矩标准值：
$$M_k = 3 \times 0.78 \times \left(\frac{1}{2} \times 10.5 \times 5.43 \times 28.9 + 317.8 \times 5.43\right) = 5966 \text{kN} \cdot \text{m}$$

根据影响线计算剪力标准值：
$$V_k = 3 \times 0.78 \times \left(\frac{1}{2} \times 10.5 \times 0.75 \times 21.65 + 1.2 \times 317.8 \times 0.75\right) = 869 \text{kN}$$

选择 C。

77. 答案：B

解答过程：依据《城市桥梁抗震设计规范》CJJ 166—2011 的 3.1.1 条，城市主干路抗震设防分类为丙类。

依据表 3.2.2，丙类、7 度（0.15g），得到调整系数 $C_i = 2.05$。

依据表 5.2.1，Ⅲ类场地，分区为 2 区，可得 $T_g = 0.55$s。

依据 5.2.1 条，由于 $T_g < T < 5T_g$，因此
$$S = \eta_2 S_{max} \left(\frac{T_g}{T}\right)^{\gamma} = 1.0 \times 0.692g \times \left(\frac{0.55}{1.1}\right)^{0.9} = 0.37g$$

上式中，$S_{max} = 2.25A = 2.25 \times (2.05 \times 0.15g) = 0.692g$。

选择 B。

点评：注意，《公路桥梁抗震设计规范》JTG/T 2231-01—2020 中 S_{max} 的公式略有变化，由 $S_{max} = 2.25 C_i C_s C_d A$ 修改为 $S_{max} = 2.5 C_i C_s C_d A$。

78. 答案：C

解答过程：依据《公路桥涵设计通用规范》JTG D60—2015 的 4.3.2 条条文说明计算结构基频。

$$f = \frac{\pi}{2l^2}\sqrt{\frac{EI_c}{m_c}} = \frac{\pi}{2 \times 15.5^2} \times \sqrt{\frac{3 \times 10^{10} \times 0.08}{80000/10}} = 3.58 \text{Hz}$$

依据 4.3.2 条，由于 $1.5\text{Hz} \leq f \leq 15\text{Hz}$，故：
$$\mu = 0.1767\ln f - 0.0157 = 0.21$$

依据表 4.1.5-1，二级公路、小桥，安全等级为一级，$\gamma_0 = 1.1$。

依据 4.1.5 条第 1 款，基本组合的弯矩设计值为：
$$M = 1.1 \times (1.2 \times 2500 + 1.4 \times 1.21 \times 1300 + 0.75 \times 1.4 \times 200)$$
$$= 5953 \text{kN} \cdot \text{m}$$

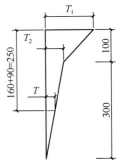

图 18-2-22 竖向温度梯度

选择 C。

79. 答案：C

解答过程：依据《公路桥涵设计通用规范》JTG D60—2015 的图 4.3.12 可知，本题要求计算的竖向日照正温差为图 18-2-22 的温度 T。图中的 300mm 依据规范图 4.3.12 下的注释得到，由于梁高大于等于 400mm，$A=300$mm。

依据表 4.3.12-3，90mm 厚沥青混凝土铺装，T_2 需要内插得到。

$$T_2 = 6.7 - \frac{6.7-5.7}{100-50} \times (90-50) = 5.74\ ℃$$

截面 1-1 处的温差 T 利用比例关系得到：

$$T = \frac{300-(90+160-100)}{300} \times 5.74 = 2.87\ ℃$$

选择 C。

80. 答案：C

解答过程：依据《公路钢筋混凝土及预应力混凝土桥涵设计规范》JTG 3362—2018 的 6.5.3 条，受弯构件使用阶段挠度应考虑长期效应影响，增大系数为：

$$\eta_\theta = 1.45 - \frac{1.45-1.35}{80-40} \times (50-40) = 1.425$$

依据《公路桥涵设计通用规范》JTG D60—2015 的 4.1.6 条，汽车荷载频遇值系数取 0.7。

依据 6.5.4 条，预应力混凝土梁由预应力引起的反拱值需乘以长期增长系数 2.0。

$$f = 1.425 \times (25.04 + 0.7 \times 6.01) - 31.05 \times 2 = -20.4\ \text{mm}$$

选择 C。

点评：尽管本题求出了梁跨中截面使用阶段的挠度数值，但一定注意，依据《公路钢筋混凝土及预应力混凝土桥涵设计规范》JTG 3362—2018 的 6.5.3 条，进行挠度验算时应采用"汽车荷载（不计冲击力）和人群荷载频遇值组合"产生的挠度与限值比较，相当于不计入重力的贡献。

19 专题聚焦

19.1 截面特征

19.1.1 毛截面、净截面、有效截面、换算截面

所谓毛截面，就是在计算截面特征时不扣除孔洞引起的削弱。而净截面（通常截面特征下角标记作"n"，例如 A_n、I_n）则是在计算截面特征时要扣除孔洞引起的削弱。在钢结构中，稳定计算用毛截面特征，强度计算通常用净截面特征（抗剪验算采用毛截面特征是一个例外）。

有效截面（通常截面特征下角标记作"e"）、有效净截面的概念明确出现在《冷弯薄壁型钢结构技术规范》GB 50018—2002、《门式刚架轻型房屋钢结构技术规程》GB 51022—2015 以及《钢结构设计标准》GB 50017—2017 中。之所以强调"有效截面"，是因为组成截面的板件宽厚比过大会导致局部屈曲先于整体屈曲发生，从而降低构件整体的承载力。

对于轴心受压构件，由于仅仅采用有效截面积这一指标，因此不涉及有效宽度的分布。对于压弯构件，不但需要考虑有效宽度的分布，而且还应考虑由此导致的形心轴偏移。如图 19-1-1 所示为工字形截面压弯构件（承受绕强轴的弯矩 M_x）截面的有效宽度分布，阴影部分有效。

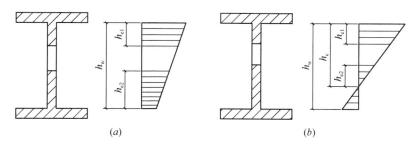

图 19-1-1 有效宽度的分布
(a) 截面全部受压；(b) 截面部分受压

换算截面概念在混凝土结构中采用。由于钢筋与混凝土为不同性质的材料，所以，在计算截面应力时需要换算成同一种材料，通常的做法是将钢筋换算成混凝土。换算截面又可以分成开裂截面换算截面和全截面换算截面，在预应力混凝土中，则是分成净截面和换算截面，注意，这里所谓的"净截面"实际上也是一种换算截面，只不过扣除了孔洞（后张法中为穿过预应力筋而预留）而已。

19.1.2 面积矩（静矩）与截面形心

面积矩也称作静矩。对于如图 19-1-2 所示任意形状的平面图形，微面积 dA 的坐标分别为 y、z，ydA、zdA 分别为微面积 dA 对 z 轴和 y 轴的面积矩（因为若将 dA 视为力，

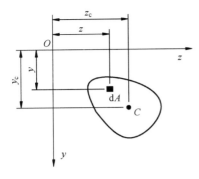

图 19-1-2 面积矩与形心计算简图

则 ydA、zdA 就相当于力矩,故称作面积矩)。整个截面的面积矩按下列计算公式确定:

$$S_z = \int_A y dA, \quad S_y = \int_A z dA$$

面积矩的常用单位为 mm^3。

对于由规则图形组成的截面,可以采用将截面积分块分别计算再求和的方法求得,即

$$S_x = \sum A_i \bar{y}_i$$

式中,$\bar{y}_i$ 为第 i 个面积 A_i 的形心至 x 轴的距离。

在材料力学中,梁的剪应力计算公式为:

$$\tau = \frac{VS}{Ib}$$

式中,S 为所求剪应力作用层以下(或以上)部分的横截面面积对中和轴的面积矩。这里,到底应该取"以下部分"还是"以上部分"视所求的位置确定:若求解的是中和轴以上某点处的剪应力,则取以上部分;否则,取以下部分。

截面形心的公式为:

$$y_c = \frac{\int_A y dA}{\int_A dA}, \quad z_c = \frac{\int_A z dA}{\int_A dA}$$

其含义为,取某一轴为基准轴,求得图形对该轴的面积矩之后,再除以该图形的面积,可得形心相对于基准轴的距离。显然,面积矩也可采用上述分块计算的方法得到。

当图形为匀质板时,截面形心即为截面的重心。

显然,若截面对于某一轴的面积矩等于零,则该轴必通过截面的形心;截面对通过其形心的坐标轴的面积矩恒等于零。

常用截面的形心位置见表 19-1-1。

常用平面图形的形心和惯性矩 表 19-1-1

截面简图	图示轴线至边缘距离	对于图示轴线的惯性矩
矩形(中心轴 x_0)	$y = \dfrac{h}{2}$	$I_{x0} = \dfrac{bh^3}{12}$
矩形(底边轴 x)	$y = h$	$I_x = \dfrac{bh^3}{3}$

续表

截面简图	图示轴线至边缘距离	对于图示轴线的惯性矩
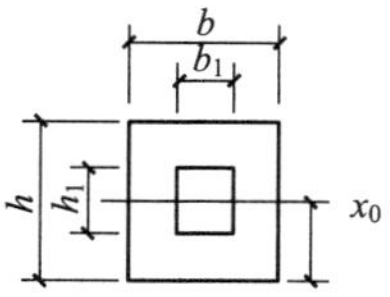	$y=\dfrac{h}{2}$	$I_{x0}=\dfrac{bh^3-b_1h_1^3}{12}$
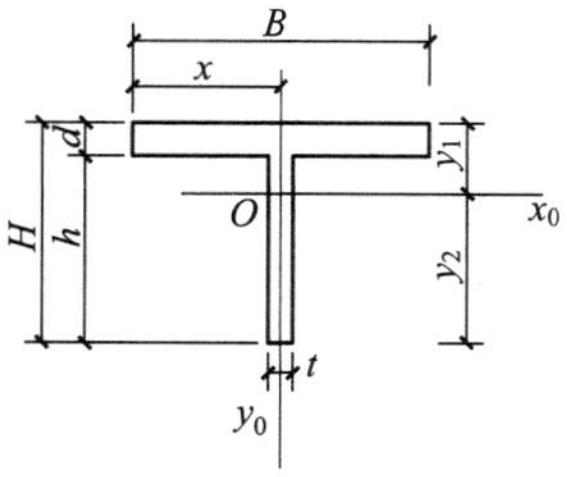	$y_1=\dfrac{1}{2}\dfrac{tH^2+d^2(B-t)}{Bd+ht}$, $y_2=H-y_1$	$I_{x0}=\dfrac{1}{3}[ty_2^3+By_1^3-(B-t)(y_1-d)^3]$
	$x=\dfrac{B}{2}$	$I_{y0}=\dfrac{1}{12}(dB^3+ht^3)$
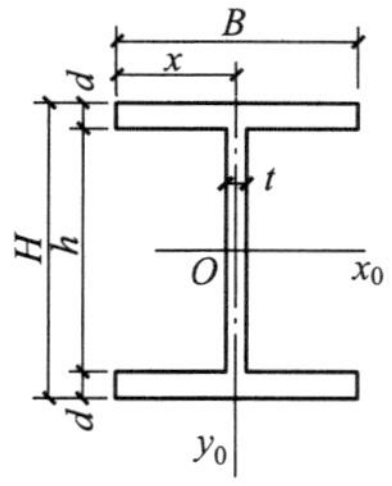	$y=\dfrac{h}{2}$	$I_{x0}=\dfrac{1}{12}[BH^3-(B-t)h^3]$
	$x=\dfrac{B}{2}$	$I_{y0}=\dfrac{1}{12}(2dB^3+ht^3)$
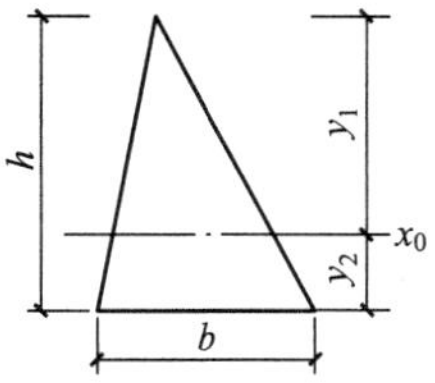	$y_1=\dfrac{2h}{3}$, $y_2=\dfrac{h}{3}$	$I_{x0}=\dfrac{bh^3}{36}$
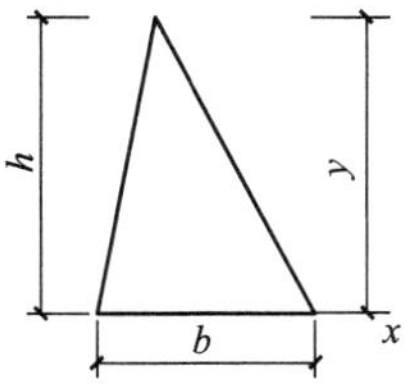	$y=h$	$I_x=\dfrac{bh^3}{12}$
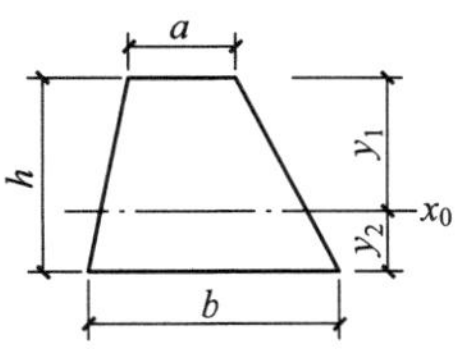	$y_1=\dfrac{h(a+2b)}{3(a+b)}$, $y_2=\dfrac{h(b+2a)}{3(b+a)}$	$I_{x0}=\dfrac{h^3(a^2+4ab+b^2)}{36(a+b)}$

续表

截面简图	图示轴线至边缘距离	对于图示轴线的惯性矩
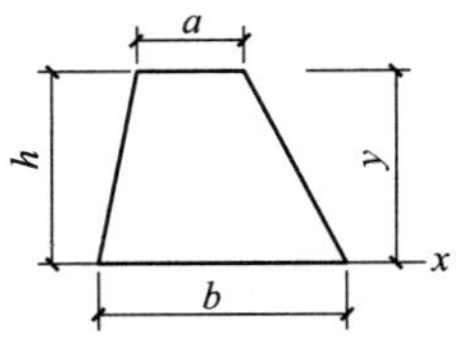 梯形（上底a，下底b，高h）	$y=h$	$I_x=\dfrac{h^3(3a+b)}{12}$
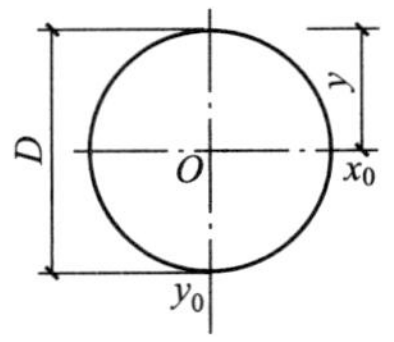 圆形（直径D）	$y=\dfrac{D}{2}$	$I_{x0}=\dfrac{\pi D^4}{64}$
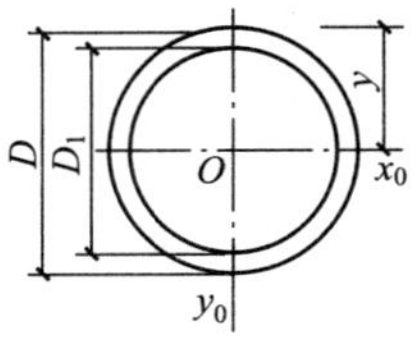 圆环（外径D，内径D_1）	$y=\dfrac{D}{2}$	$I_{x0}=\dfrac{\pi(D^4-D_1^4)}{64}$
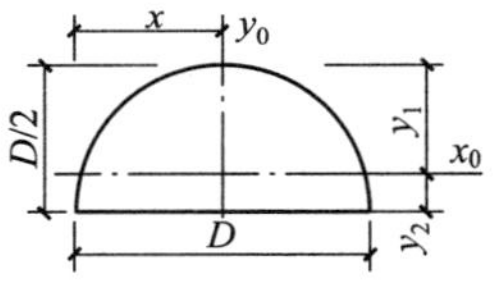 半圆（直径D）	$y_1=\dfrac{D(3\pi-4)}{6\pi}$, $y_2=\dfrac{2D}{3\pi}$	$I_{x0}=\dfrac{D^4(9\pi^2-64)}{1152\pi}$
	$x=\dfrac{D}{2}$	$I_{y0}=0.0245D^4$
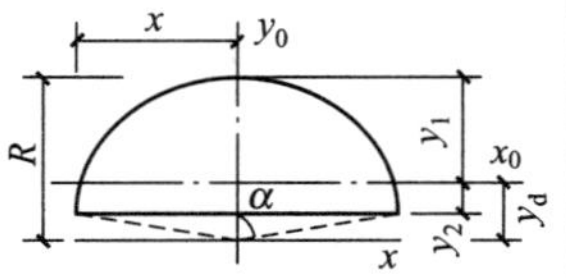 圆弧扇形（半径R，半角α）	$y_d=\dfrac{4R}{3}\times\dfrac{\sin^3\alpha}{2\alpha-\sin2\alpha}$ $y_1=R-y_d$ $y_2=R(1-\cos\alpha)-y_1$	$I_{x0}=\dfrac{R^4}{72}\left[18\alpha-9\sin2\alpha\cos2\alpha-\dfrac{64\sin^6\alpha}{2\alpha-\sin2\alpha}\right]$ $I_x=\dfrac{R^4}{8}(2\alpha-\sin2\alpha\cos2\alpha)$
	$x=R\sin\alpha$	$I_{y0}=\dfrac{R^4}{24}[6\alpha-\sin2\alpha(3+2\sin^2\alpha)]$
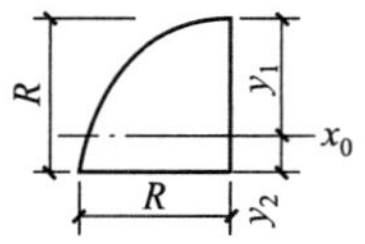 四分之一圆（半径R）	$y_1=\left(1-\dfrac{4}{3\pi}\right)R$, $y_2=\dfrac{4}{3\pi}R$	$I_{x0}=\dfrac{9\pi^2-64}{144\pi}R^4$

注：图中O点为图形的形心。

力学分析中，通常认为力作用于形心轴，这就形成了轴心受力构件。

可以利用求形心的方法实现以下目的：

（1）求纵向钢筋合力点位置

混凝土结构中，由于截面中钢筋可能多排布置，这时，需要求出钢筋的合力点位置（由于这些钢筋常为同一等级，故简化为求钢筋的重心位置）。该合力点至混凝土截面边缘的距离记作 a_s（或 a'_s）。

(2) 求弹性分析时截面的中和轴

所谓中和轴就是截面中既不受拉也不受压的点所形成的轴。混凝土结构中的应力计算，是以弹性分析为前提的。由于，截面的中和轴以上以下的面积矩相等，因此，可以按照求形心的方法得到。

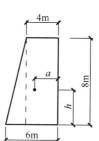

图 19-1-3　面积矩与形心计算简图

【例 19-1-1】求如图 19-1-3 所示的挡土墙的形心位置。

解：将图形分为一个三角形和一个矩形，如图 19-1-3 所示。三角形的形心和矩形的形心可由表 19-1-1 得到。于是：

$$a = \frac{4 \times 8 \times 2 + 2 \times 8/2 \times (4+2/3)}{4 \times 8 + 2 \times 8/2} = \frac{149.33}{40} = 2.533\text{m}$$

$$h = \frac{4 \times 8 \times 4 + 2 \times 8/2 \times 8/3}{4 \times 8 + 2 \times 8/2} = \frac{101.33}{40} = 3.733\text{m}$$

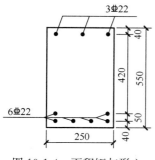

图 19-1-4　面积矩与形心计算简图

【例 19-1-2】某矩形截面梁，其截面如图 19-1-4 所示。采用 C30 混凝土，HRB400 钢筋。求开裂截面换算截面的中和轴位置。

解：查《混凝土结构设计规范》，C30 混凝土、HRB400 钢筋的弹性模量分别为 $E_c = 3.00 \times 10^4$ MPa 和 $E_s = 2.00 \times 10^5$ MPa，于是，弹性模量比 $\alpha_E = E_s/E_c = 6.67$。

2 Φ 22、3 Φ 22、4 Φ 22 对应的截面积分别是 760mm²、1140mm²、1520mm²。

假设开裂截面的弹性中和轴距离截面上缘为 x，则各部分对截面上缘的面积矩之和可表示成：

$$S = 250x \cdot \frac{x}{2} + (6.67-1) \times 1140 \times 40 + 6.67 \times [760 \times (40+420) + 1520 \times (550-40)]$$
$$= 125x^2 + 7760968$$

以上计算，不考虑受拉部分混凝土的贡献；之所以采用等效面积 $(\alpha_E - 1)A_s$，是因为钢筋截面积 A_s 乘以 α_E 换算成混凝土后，还要考虑到在空间上钢筋占用的混凝土的面积为 A_s，要减去。

各组成部分的面积之和为：

$$A = 250x + (6.67-1) \times 1140 + 6.67 \times (760+1520) = 250x + 21671.4$$

于是

$$x = \frac{S}{A} = \frac{125x^2 + 7760968}{250x + 21671.4}$$

解方程，得到 $x = 177$mm。

19.1.3　惯性矩与抵抗矩

对于图 19-1-5，该平面图形绕 y 轴、z 轴的惯性矩分别为：

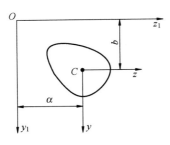

图 19-1-5 惯性矩与移轴
公式计算简图

$$I_y = \int_A z^2 \mathrm{d}A, \quad I_z = \int_A y^2 \mathrm{d}A$$

显然，该图形对不同坐标轴的惯性矩是不相同的。

为了计算方便，通常可采用先计算出图形绕形心轴的惯性矩，然后，再用"移轴公式"计算绕任一轴的惯性矩（图 19-1-5），公式如下：

$$I_{y1} = I_y + a^2 A$$

受弯构件计算最大正应力时，公式为：

$$\sigma_{\max} = \frac{M_x}{I_x} y_{\max} = \frac{M_x}{I_x / y_{\max}} = \frac{M_x}{W_x}$$

式中，x 轴为截面中和轴（也称中性轴，是受拉区与受压区的分界轴，依据受拉区域受压区面积矩相等确定，所以，实际上也是截面的形心轴）；$W_x = I_x / y_{\max}$，称作截面抵抗矩（截面模量）。

为使用方便，表 19-1-1 给出了常用平面图形的惯性矩。

在截面上，存在一对坐标轴，会使平面图形对它的惯性积为零，这一对坐标轴叫作平面图形的主惯性轴，简称主轴。平面图形对主轴的惯性矩称作主惯性矩。对于如图 19-1-6 所示的单角钢截面，平行于肢边的 x 轴、y 轴称作几何轴，而 u、v 轴则为主轴（$I_{uv} = \int_A uv \mathrm{d}A = 0$）。

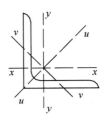

图 19-1-6 角钢的
几何轴与主轴

主惯性矩可根据以下公式求出：

$$I_u = \frac{I_x + I_y}{2} + \frac{1}{2}\sqrt{(I_x - I_y)^2 + 4I_{xy}^2}$$

$$I_v = \frac{I_x + I_y}{2} - \frac{1}{2}\sqrt{(I_x - I_y)^2 + 4I_{xy}^2}$$

值得注意的是，塑性截面抵抗矩（又称塑性截面模量，一般记作 W_p）与弹性截面抵抗矩不同，W_p 为截面面积平分轴以上、以下面积矩之和。其物理意义为：当截面出现塑性铰时的弯矩等于塑性截面抵抗矩乘以屈服强度，公式表达为：

$$M_p = W_p f_y$$

图 19-1-7(a)、(b) 分别给出了弹性截面抵抗矩 W 与塑性截面抵抗矩 W_p 计算时的应力状态。对于矩形截面情况（宽度为 b，高度为 h），根据内力与外力平衡，可得：

$$M = 2 \times \left(\frac{h/2 \times f_y \times b}{2} \times \frac{2}{3} \times \frac{h}{2} \right)$$

$$= \frac{bh^2}{6} \times f_y = W f_y$$

$$M_p = 2 \times \left(\frac{h}{2} \times f_y \times b \times \frac{h}{4} \right)$$

$$= \frac{bh^2}{4} \times f_y = W_p f_y$$

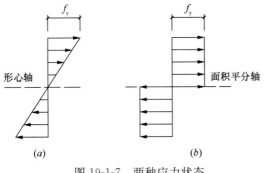

图 19-1-7 两种应力状态

19.1.4 回转半径

截面绕 x 轴、y 轴的回转半径按照下式计算：

$$i_x = \sqrt{I_x/A}, \ i_y = \sqrt{I_y/A}$$

受压构件的计算长度记作 $l_0 = \mu l$（μ 为计算长度系数，与杆件两端约束情况有关；l 为构件几何长度），长细比 $\lambda = l_0/i$，显然，长细比也区分绕 x 轴和 y 轴，分别记作 λ_x、λ_y。

对于单角钢截面轴心压杆，按绕最小回转半径轴得到的 i_v 计算长细比（v 轴见图 4-1-4）。对于单角钢腹杆，由于 v 轴与桁架平面既不垂直也不平行，故按照"斜平面"确定计算长度。

在扭转计算时，还涉及一个"极回转半径"，通常记作 i_0，按下式确定：

$$i_0 = \sqrt{x_0^2 + y_0^2 + \frac{I_x + I_y}{A}}$$

式中，x、y 轴为形心轴；$x_0(y_0)$ 为剪心沿 x 轴（y 轴）与形心的距离。剪心的概念，见后述。

19.1.5 极惯性矩与自由扭转惯性矩

构件因端部约束条件不同，发生扭转时有自由扭转和约束扭转两种形式。

构件截面不受任何约束，能够自由翘曲的扭转称为自由扭转（也称纯扭转、圣维南扭转）。对构件的自由扭转进行时会用到极惯性矩（圆形截面）或自由扭转惯性矩（非圆形截面）。

圆形截面构件发生自由扭转，截面上存在剪应力大小与至旋转中心的距离成正比，如图 19-1-8 所示，由此可得外力矩 T 与截面应力的平衡关系式：

$$T = \frac{\tau_{\max}}{r} \int_A \rho^2 \mathrm{d}A = \frac{\tau_{\max}}{r} I_\mathrm{p}$$

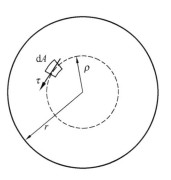

图 19-1-8 圆形截面受扭时的应力

式中，I_p 为极惯性矩，对于半径为 r 的圆形截面，$I_\mathrm{p} = \frac{1}{2}\pi r^4$，对于圆环形截面（内径为 r_1 外径为 r_2），$I_\mathrm{p} = \frac{1}{2}\pi r_2^4 - \frac{1}{2}\pi r_1^4$。若将截面中正交的两个坐标轴记作 x 轴、y 轴，可以得到 $I_\mathrm{p} = I_x + I_y$。

非圆形截面构件发生自由扭转时会有"翘曲"现象（指截面上各点沿杆轴方向产生的位移），横截面在变形后不再保持平面，但各截面的翘曲相同，截面上无正应力。以矩形截面为例，最大剪应力可以近似按下式计算

$$\tau_{\max} = \frac{T}{W_\mathrm{t}}$$

$$W_\mathrm{t} = \frac{I_\mathrm{t}}{b} = \frac{1}{3}hb^2$$

式中，W_t 称作扭转截面系数（也称作扭转弹性抵抗矩、扭转截面模量）；I_t 称作截面的相当

极惯性矩（也称作自由扭转惯性矩、扭转常数），$I_t \approx \frac{1}{3}hb^3$；$b$、$h$ 分别为截面的短边尺寸和长边尺寸。

对于由薄板组合而成的开口截面，I_t 可近似取为各板 I_{ti} 之和，即

$$I_t = \frac{1}{3}\sum b_i t_i^3$$

上式中符号采用了常见的形式，b_i 和 t_i 分别为狭长矩形板的宽度和厚度。

由薄板组合而成的闭口截面，I_t 的一般公式为：

$$I_t = \frac{4A^2}{\oint \frac{ds}{t}}$$

式中，A 为截面面积；$\oint \frac{ds}{t}$ 表示沿横截面轮廓线的全长积分；t 为壁厚。作为特例，圆形截面的 I_t 可以由此式求出（不过，此时一般记作 I_p）。箱形截面时 $A = bh$，b、h 分别为截面宽度与高度（尺寸算至板的中面）。

需要注意的是，《混凝土结构设计规范》中的"截面受扭塑性抵抗矩"W_t 与上述弹性情况时的计算方法不同，这时，矩形截面的 W_t 按照下式计算：

$$W_t = \frac{b^2}{6}(3h - b)$$

式中，b、h 分别为截面的宽度与高度。

【例 19-1-3】 一箱形截面，截面尺寸为：高 100mm，宽 150mm，均为板中面之间的距离；壁厚处处相等，均为 10mm。求自由扭转惯性矩 I_t。

解：外轮廓所围成的面积为 $A = 100 \times 150 = 1.5 \times 10^4 \text{mm}^2$。

$$\oint \frac{ds}{t} = \frac{2 \times (100 + 150)}{10} = 50$$

$$I_t = \frac{4A^2}{\oint \frac{ds}{t}} = \frac{4 \times (1.5 \times 10^4)^2}{50} = 1.8 \times 10^7 \text{mm}^4$$

19.1.6 剪切中心、扇性惯性矩

1. 预备知识：剪力流理论

按照材料力学公式计算梁承受剪力时截面上任意一点的剪应力，公式为：

$$\tau = \frac{VS}{Ib}$$

式中，S 为计算点以上（或以下）面积对中和轴的面积；b 为计算点处的截面宽度。

此公式对于矩形截面是合理的，但是，若应用于工字形截面，会得到剪应力分布如图 19-1-9 (a) 所示。在翼缘与腹板交界处剪应力有突变，这是不合理的。其原因，是假设剪应力沿翼缘宽度均匀分布。

研究表明，对于薄壁杆件，应按照"剪力流"理论分析，剪应力在薄板中沿宽度 t 均匀分布。此时，如图 19-1-9 (b) 所示，若计算"1"点处剪应力，公式为：

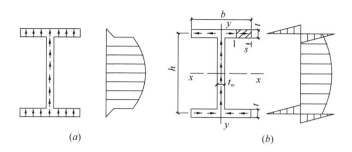

图 19-1-9 工字形截面的剪应力

$$\tau = \frac{VS}{I_x t}$$

式中，$S = \int_{A_1} y dA$，表示所计算的"1"点以外的翼缘面积 A_1 对中和轴的面积矩（相当于，以翼缘的端部为起点，沿路径 s 的面积对 x 轴的面积矩）；t 为所计算点处的板件厚度。注意，对于薄壁杆件是取中面线进行计算的。

处于翼缘上的与翼缘自由端距离为 s 的位置处，剪应力为：

$$\tau = \frac{VS}{I_x t} = \frac{Vsth/2}{I_x t}$$

可见，随 s 线性变化。于是，翼缘与腹板交界处的剪应力为：

$$\tau = \frac{VS}{I_x t} = \frac{Vbh}{4I_x}$$

对于腹板中的某点，剪应力计算时将 s 分成两段考虑，翼缘中的一段为 $b/2$，其余自翼缘与腹板交界处算起，于是，剪应力公式成为：

$$\tau = \frac{VS}{I_x t} = \frac{V[bth/2 + st_w(h-s)/2]}{I_x t_w}$$

容易求得，翼缘与腹板交界处 $\tau = \frac{Vbth}{2I_x t_w}$，中和轴处 $\tau = \frac{Vh}{2I_x}\left(\frac{bt}{t_w} + \frac{h}{4}\right)$。

注意，所有剪应力都顺着薄壁截面的中轴线 s 方向，并为同一流向。可以证明，截面水平方向剪应力合力为零，全部剪应力的总合力等于竖向剪力 V。

【例 19-1-4】某矩形截面梁，截面尺寸为 $b \times h$，某截面处剪力为 V，要求按照材料力学的方法计算该截面上最大的剪应力。

解：截面中和轴处剪应力最大，该位置处 $S_{max} = b \times \frac{h}{2} \times \frac{h}{4} = \frac{bh^2}{8}$，截面惯性矩 $I = \frac{bh^3}{12}$。于是

$$\tau_{max} = \frac{VS_{max}}{Ib} = \frac{V \times bh^2/8}{bh^3/12 \times b} = \frac{1.5V}{bh} = \frac{1.5V}{A}$$

可见，对于矩形截面梁，最大剪应力为平均剪应力的 1.5 倍。

【例 19-1-5】利用剪力流理论计算如图 19-1-10 所示工字形截面的剪应力。$V = 45\text{kN}$，沿 y 轴向上。

解：计算截面绕 x 轴的惯性矩：

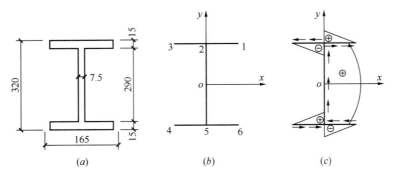

图 19-1-10 例 19-1-5 的图示

$$I_x = \frac{1}{12}(165 \times 320^3 - 165 \times 290^3 + 7.5 \times 290^3) = 130.45 \times 10^6 \text{mm}^4$$

按照中面线尺寸计算剪应力，如图 19-1-10 (b) 所示。

将 1 点作为起算点，于是，2 点处的应力大小为

$$\tau = \frac{VS}{I_x t} = \frac{Vbh}{4I_x} = \frac{45 \times 10^3 \times 165 \times 305}{4 \times 130.45 \times 10^6} = 4.34 \text{MPa}$$

o 点处的最大剪应力为

$$\tau_{\max} = \frac{Vh}{2I_x}\left(\frac{bt}{t_w} + \frac{h}{4}\right) = \frac{45 \times 10^3 \times 305}{2 \times 130.45 \times 10^6}\left(\frac{165 \times 15}{7.5} + \frac{305}{4}\right) = 21.37 \text{MPa}$$

按照通常的《材料力学》公式计算，最大剪应力为

$$\tau_{\max} = \frac{VS}{I_x t_w} = \frac{45 \times 10^3 \times \left(145 \times 7.5 \times \frac{145}{2} + 165 \times 15 \times \frac{305}{2}\right)}{130.45 \times 10^6 \times 7.5} = 20.99 \text{MPa}$$

对比可知，计算结果稍微有差别。如果将《材料力学》中的 $\tau_{\max}$ 公式变形，可得到：

$$\tau_{\max} = \frac{VS}{I_x t_w} = \frac{V}{I_x t_w}\left[bt\frac{h}{2} + \left(\frac{h-t}{2}\right)t_w\left(\frac{h-t}{4}\right)\right] = \frac{Vh}{2I_x}\left[\frac{bt}{t_w} + \frac{(h-t)^2}{4h}\right]$$

可见，上式括号中的第 2 项，比 $h/4$ 稍小，从而整体上比按剪力流求得的 $\tau_{\max}$ 稍小。

关于 S_x 的正负号规定：在图 19-1-10 (b) 所示坐标系下，S 以绕剪切中心逆时针转动为正（右手螺旋定则，此时指向 z 轴的正方向），于是，形成的 S_x 的正负号如图 19-1-10 (c) 所示。最终形成的剪应力流，方向如图 (c) 中箭头所示。

2. 与扇性坐标有关的概念

构件发生约束扭转时，截面会存在由于翘曲而产生的正应力。与此有关的截面特征是翘曲常数，国内通常称作扇性惯性矩。扇性惯性矩的计算较为复杂，必须先从扇性坐标说起。

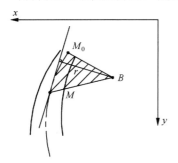

图 19-1-11 扇性坐标

如图 19-1-11 所示，扇性坐标被定义为：

$$\omega = \int_0^s r \mathrm{d}s$$

式中，r 为 B 点至 M 点的切线的垂距；$\mathrm{d}s$ 为沿截面中心线的微长度。

扇性坐标的物理意义为：M 点的扇性坐标为从坐标零点 M_0 开始，沿路径 M_0M 由 BM_0 旋转至 BM 所得阴影部

分面积的 2 倍。扇性坐标有正、负之分，按右手螺旋，以沿 z 轴正向为正，图中 M 点的扇性坐标为正。

令

$$S_\omega = \int \omega \mathrm{d}A$$

$$I_{\omega x} = \int \omega y \mathrm{d}A, \quad I_{\omega y} = \int \omega x \mathrm{d}A$$

$$I_\omega = \int \omega^2 \mathrm{d}A$$

则称 S_ω 为扇性面积矩；$I_{\omega x}$、$I_{\omega y}$ 为扇性惯性积；I_ω 为扇性惯性矩。以上式中，$\mathrm{d}A = t\mathrm{d}s$，$t$ 为截面厚度。

如果适当选取极点 B 以及扇性零点 M_0 的位置，可以使以下三个条件同时成立：

$$S_\omega = 0, \quad I_{\omega x} = 0, \quad I_{\omega y} = 0$$

则此时的极点 B 称作主扇性极点，M_0 称作主扇性零点，ω 称作主扇性面积，I_ω 称为主扇性惯性矩。

主扇性极点也被称作扭转中心、剪切中心（简称"剪心"）、弯曲中心。

3. 剪心位置的确定

如果以 A 点作为主扇性极点（剪心），B 点作为辅助极点，则可求得 A 点相对于 B 点的坐标：

$$a_x = x_A - x_B = \frac{I_{x\omega_B}}{I_x}, \quad a_y = y_A - y_B = -\frac{I_{y\omega_B}}{I_y}$$

式中，$I_{x\omega_B}$（$I_{y\omega_B}$）为参考扇性面积与坐标主轴的惯性积。a_x（a_y）的正负号表示剪心相对于 B 点的位置是沿 x 轴（y 轴）正向或负向。

截面剪心的位置具有以下规律：

（1）有对称轴的截面，剪心一定在对称轴上；

（2）双轴对称截面，剪心与形心重合；

（3）由矩形薄板相交于一点组成的截面，剪心必在交点上。

【例 19-1-6】 确定如图 19-1-12(a) 所示槽形截面的剪心位置。

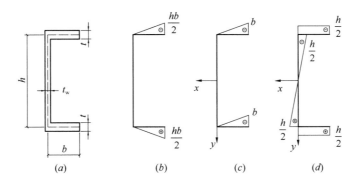

图 19-1-12 槽形截面剪心计算简图
(a) 形状尺寸；(b) ω_B 图；(c) x 图；(d) y 图

解：(1) 作出 ω_B 图

以中面线作为基准，得到截面的轮廓线。取腹板的中点位置作为极点，以翼缘与腹板交接处点为扇性零点，按照扇性坐标的定义得到图 19-1-12（b）。

（2）作出 x 图

由于以腹板的中点位置点作为参考点，故腹板上各点的 x 坐标均为零，翼缘上的各点 x 坐标呈线性变化，极值为 $-b$，如图 19-1-12（c）所示。

（3）作出 y 图

在图示的坐标系下作出各点的 y 图，如图 19-1-12（d）所示。

（4）确定剪心坐标

对图（b）和图（c）应用图乘法，由于两个翼缘的 x 图相同而 ω_B 图正负号相反，因此，可得 $I_{y\omega_B}=0$。于是 $a_y=0$，即，剪心在对称轴上。

对图（b）和图（d）应用图乘法，可得

$$I_{x\omega_B} = 2 \times \frac{bh/2 \times b}{2} \times \frac{h}{2} \times t = \frac{b^2 h^2 t}{4}$$

于是，剪心的 x 坐标为

$$a_x = \frac{I_{x\omega_B}}{I_x} = \frac{b^2 h^2 t/4}{t_w h^3/12 + 2 \times bt \times (h/2)^2} = \frac{3b^2 t}{t_w h + 6bt}$$

4. 主扇性惯性矩 I_ω 的计算

计算主扇性惯性矩 I_ω 的步骤如下：

（1）确定主扇性极点。截面的剪心就是主扇性极点。

（2）以主扇性极点为参考点，任一 M_0 点作为扇性零点，计算各点的扇形坐标，记作 ω_{M0}。

（3）利用下式计算得到主扇性坐标，以 ω_n 表示。

$$\omega_n = \omega_{M0} - \frac{1}{A}\int_A \omega_{M0}\,dA$$

（4）利用下式求 I_ω，或者，采用图乘法。

$$I_\omega = \int_0^s \omega_n^2 t\,ds$$

几种常见截面的剪心位置与主扇性惯性矩 I_ω 如表 19-1-2 所示。

剪心位置与主扇性惯性矩 I_ω　　　　　　表 19-1-2

截面形式					
剪切中心 S 的位置	$a=\dfrac{b_1^3 t_2}{b_1^3 t_1 + b_2^3 t_2}h$	$a=\dfrac{3b^2 t}{6bt+ht_w}$	翼缘与腹板交点	角点	形心点
扇性惯性矩 I_ω	$\dfrac{h^2}{12}\left(\dfrac{b_1^3 b_2^3 t_2}{b_1^3 t_1 + b_2^3 t_2}\right)$	$\dfrac{b^3 h^2 t}{12}\left(\dfrac{3bt+2ht_w}{6bt+ht_w}\right)$	$\dfrac{1}{36}\left(\dfrac{b^3 t^3}{4}+h^3 t_w^3\right)\approx 0$	$\dfrac{1}{36}(b_1^3 t_1^3 + b_2^3 t_2^3)\approx 0$	$\dfrac{b^3 h^2 t}{12}\left(\dfrac{bt+ht_w}{2bt+ht_w}\right)$

注：O 为形心。

下面以一个算例说明 I_ω 的计算过程。

【**例 19-1-7**】如图 19-1-13 所示工字形截面，求主扇性坐标以及主扇性惯性矩 I_ω。

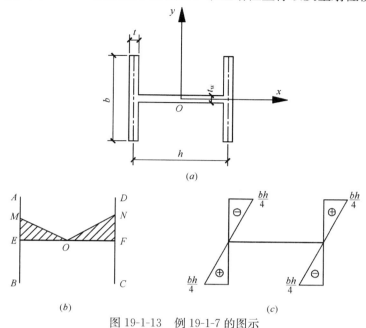

图 19-1-13　例 19-1-7 的图示

解：（1）求主扇性坐标

O 点为剪心。选腹板与翼缘的交点 E 作为扇性零点，则

① 腹板 EF 上各点，$\omega=0$；

② 取翼缘 EA 上任一点，记作 M（图 19-1-13（b）），则 M 点的扇性坐标为

$$\omega=-2\times A_{\triangle OEM}=-2\times\left(\frac{1}{2}\times\frac{h}{2}\times y_M\right)=-\frac{hy_M}{2}$$

之所以有一个负号是因为从 E 到 M 转动按照右手螺旋是沿 z 轴的负方向，或者说是顺时针，而图中从 x 轴正向转动到 y 轴正向是逆时针。

显然，EB 段扇性坐标为正值。

③ 由于 E 点到 F 点之间的点扇性坐标均为零，故 F 点也可视为扇性零点。于是，翼缘 FD 上任一点 N 的扇性坐标为

$$\omega=2\times A_{\triangle OFN}=2\times\left(\frac{1}{2}\times\frac{h}{2}\times y_N\right)=\frac{hy_N}{2}$$

显然，FC 段扇性坐标为负值。

得到的扇性坐标如图 19-1-13（c）所示。

由于图中扇性坐标对称且只差一个正负号，翼缘厚度又不变，所以，必然有 $\frac{1}{A}\int_A \omega_{M0}dA=0$，故该扇性坐标即为主扇性坐标。

（2）求主扇性惯性矩 I_ω

对图 19-1-13（c）应用图乘法，则可以得到

$$\int_0^s \omega_n^2 ds=4\times\left(\frac{1}{2}\times\frac{bh}{4}\times\frac{b}{2}\right)\times\left(\frac{2}{3}\times\frac{bh}{4}\right)=\frac{b^3h^2}{24}$$

再考虑厚度均为 t，则
$$I_\omega = \int_0^s \omega_n^2 t ds = \frac{b^3 h^2 t}{24}$$

【例 19-1-8】 某热轧单角钢截面轴心受压柱，柱高 1m，两端铰接，角钢截面为 L45×5，已知由 ANSYS 软件求得的截面特征如下：

$A = 429.17\text{mm}^2$，$I_x = I_y = 80359\text{mm}^4$，$I_{xy} = -47075\text{mm}^4$，$I_t = 3871\text{mm}^4$，$I_\omega = 507086\text{mm}^6$。剪心与形心的距离：$x_0 = y_0 = 10\text{mm}$。以上 x、y 轴均指角钢的形心轴（与肢边平行）。

要求计算：(1) 主惯性矩；(2) 扭转屈曲时的弹性临界力。

解：(1) 按照给出的公式计算主惯性矩
$$I_u = \frac{I_x + I_y}{2} + \frac{1}{2}\sqrt{(I_x - I_y)^2 + 4I_{xy}^2} = 80359 + 47075 = 127434\text{mm}^4$$

$$I_v = \frac{I_x + I_y}{2} - \frac{1}{2}\sqrt{(I_x - I_y)^2 + 4I_{xy}^2} = 80359 - 47075 = 33284\text{mm}^4$$

(2) 扭转屈曲时的弹性临界力
$$i_0^2 = x_0^2 + y_0^2 + \frac{I_x + I_y}{A} = 10^2 + 10^2 + \frac{2 \times 80359}{429.17} = 574.5\text{mm}^2$$

$$P_z = \frac{1}{i_0^2}\left(GI_t + \frac{\pi^2 EI_\omega}{l^2}\right)$$

$$= \frac{1}{574.5}\left(79 \times 10^3 \times 3871 + \frac{3.14^2 \times 206 \times 10^3 \times 507086}{1000^2}\right)$$

$$= 534.1 \times 10^3 \text{ N}$$

如果将 P_z 的公式变形，写成
$$P_z = \frac{GI_t}{i_0^2}\left(1 + \frac{\pi^2 EI_\omega}{GI_t l^2}\right)$$

则计算过程中会发现，括号内第 2 项为 0.0034，即，取 $I_\omega = 0$ 造成的误差仅为 0.34%。

19.2 影响线

19.2.1 影响线的概念

当一个指向不变的单位集中荷载（通常是竖直向下的）沿结构移动时，表示某一量值变化规律的图形，称为该量值的影响线。

例如，如图 19-2-1 所示的简支梁，当荷载 $F_p=1$ 分别移动到 A、1、2、3、B 各等分点时，反力 F_{Ay} 的数值分别为 1、$\frac{3}{4}$、$\frac{1}{2}$、$\frac{1}{4}$、0。如果以横坐标表示荷载 $F_p=1$ 的位置，以纵坐标表示 F_{Ay} 的数值，则可将以上数值在水平的基线上用竖标绘出，再把它们的顶点相连，这就形成了 F_{Ay} 的影响线。

应注意区分影响线与内力图：影响线表示的是单位力在结构上移动所导致的某一个截面的内力，而内力图表示的是在荷载的作用下结构上所有截面位置的内力。

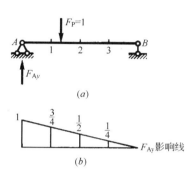

图 19-2-1　影响线概念图

19.2.2 静定梁的影响线绘制

可以有两种方法：静力法和机动法。

1. 静力法

用静力法绘制影响线，就是依据影响线的定义，将集中单位荷载 $F_p=1$ 作用于任意位置，并选定一坐标系，以横坐标 x 表示荷载作用点位置，然后依据平衡条件求出所求量值与 x 的函数关系，这种关系式称作"影响线方程"，再根据方程作图。

【**例 19-2-1**】　用静力法绘制简支梁截面 C 的弯矩影响线和剪力影响线。

解：如图 19-2-2 所示，令单位荷载 $F_p=1$ 与 A 点的距离为 x，弯矩以截面下缘受拉为正，则截面 C 的弯矩可按下式求得：

$$M_C = F_{By}b = \frac{x}{l}b \quad (0 \leqslant x \leqslant a)$$

$$M_C = F_{Ay}a = \frac{l-x}{l}a \quad (a \leqslant x \leqslant l)$$

可见，M_C 的影响线在 C 点以左和以右均为直线形式，在 C 点处为 $\frac{ab}{l}$。

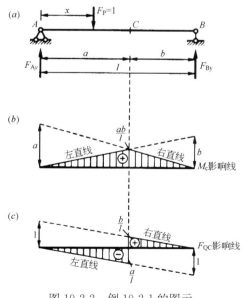

图 19-2-2　例 19-2-1 的图示

剪力以绕隔离体顺时针旋转为正,截面 C 的剪力可按下式求得:

$$F_{QC} = -F_{By} = \frac{x}{l} \quad (0 \leqslant x \leqslant a)$$

$$F_{QC} = F_{Ay} = \frac{l-x}{l} \quad (a \leqslant x \leqslant l)$$

于是,F_{QC} 的影响线在 C 点以左和以右均为直线形式,在 C 点处会发生突变:从左侧逼近 C 点时,为 $\frac{a}{l}$;从右侧逼近 C 点时,$\frac{l-a}{l} = \frac{b}{l}$。

2. 机动法

用机动法绘制影响线的依据是理论力学中的虚位移原理,即刚体体系在力系作用下处于平衡的充要条件是:在任何微小的虚位移中,力系所作的虚功总和为零。

如图 19-2-3 所示简支梁,欲求支反力 F_{Ay} 的影响线,首先去掉 A 支座处的链杆,代之以正向的反力 F_{Ay},此时原结构变成具有一个自由度的几何可变体系。然后施以微小虚位移,F_{Ay} 和 F_P 作用点沿力作用方向的虚位移分别为 δ_A、δ_P,则虚功方程为:

$$F_{Ay}\delta_A - F_P\delta_P = 0$$

上式中第 2 项之所以用负号,是因为位移 δ_P 与力 F_P 方向相反。

因 $F_P = 1$,故 $\qquad F_{Ay} = \dfrac{\delta_P}{\delta_A}$

令 $\delta_A = 1$,则解出 $F_{Ay} = \delta_P$。由此可见,δ_P 图可代表 F_{Ay} 的影响线。

【**例 19-2-2**】用机动法绘制简支梁截面 C 的弯矩影响线和剪力影响线。

解:如图 19-2-4 所示,解除与 M_C 相应的联系,即将截面 C 改为铰接,并用一对力偶

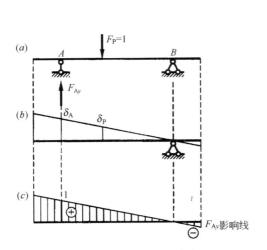

图 19-2-3 机动法绘制影响线原理

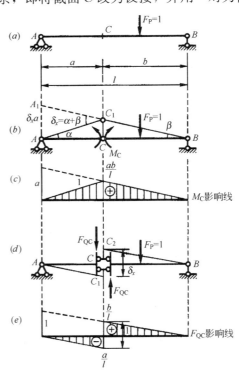

图 19-2-4 例 19-2-2 的图示

代替原有联系的作用，然后使 AC、BC 两个刚片沿 M_C 的正向发生虚位移，则可写出虚功方程：

$$M_C(\alpha+\beta)-F_P\delta_P=0$$

上式中，F_P 与该点处位移 δ_P 方向相反，故力所作的虚功为负。注意到 F_P 取为单位力，从而

$$M_C=\frac{\delta_P}{\alpha+\beta}$$

其中，$\alpha+\beta$ 是 AC 与 BC 两刚片的相对转角。若令 $\alpha+\beta=1$，则所得竖向虚位移图就表示 M_C 的影响线，如图 19-2-4（c）所示。

解除与 F_{QC} 相应的联系，即将截面 C 改为两根水平链杆联系，使其沿 F_{QC} 正向发生虚位移，写出虚功方程：

$$F_{QC}(CC_1+CC_2)+F_P\delta_P=0$$

于是

$$F_{QC}=-\frac{\delta_P}{CC_1+CC_2}$$

若令 $CC_1+CC_2=1$，则所得竖向虚位移图就表示 F_{QC} 的影响线，如图 19-2-4（e）所示。注意到，在 AC 段，δ_P 与 F_P 同向为正，F_{QC} 中出现 $-\delta_P$，因此 F_{QC} 为负；在 CB 段，实际的 δ_P 与 F_P 并非同方向，因此 F_{QC} 为正。

19.2.3　影响线的应用

1. 利用影响线求量值

若某量值的影响线已经绘出，当有若干个集中荷载作用时（如图 19-2-5 所示），根据叠加原理，所产生的 S 值为：

$$S=P_1y_1+P_2y_2+\cdots+P_ny_n$$

式中，y_1、y_2、$\cdots$、y_n 分别对应于 P_1、P_2、$\cdots$、P_n 作用点处的影响线竖标。

对于如图 19-2-5 所示的简支梁，C 点处的剪力为：

$$F_{QC}=F_{P1}y_1+F_{P2}y_2+F_{P3}y_3$$

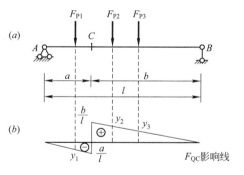

图 19-2-5　集中荷载利用影响线计算量值

当为分布荷载时，如图 19-2-6（a）所示，可将分布荷载沿长度分为无穷小的微段，则每一微段 dx 上的荷载 q_xdx 可视为集中荷载，故在作用区段 ab 范围内的分布荷载所产生的量值 S 为：

$$S=\int_a^b q_xydx$$

若为均布荷载，如图 19-2-6（b）所示，则上式成为：

$$S=q\int_a^b ydx=q\omega$$

式中，ω 为影响线在均布荷载范围内的面积。若该范围内影响线有正有负，则 ω 应为正负面积的代数和。

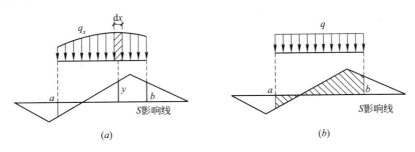

图 19-2-6 分布荷载利用影响线计算量值

2. 简支梁的绝对最大弯矩

在对钢结构中的吊车梁进行设计时，会遇到简支梁的绝对最大弯矩计算问题。

由于移动荷载的作用位置不同，对于每个截面而言，都存在一个最大弯矩。在所有截面的最大弯矩中最大的那个，就是"绝对最大弯矩"。

对于这个问题，可以使用计算机方法很容易求出，步骤是：

（1）根据精度要求将梁分成微段，例如每微段长度为 1cm，于是可得到节点 x_1、x_2、……、x_n。

（2）做出节点 x_1 位置处截面的弯矩影响线。

（3）以梁的左支座作为起点，将这组集中荷载从左向右移动，每移动 1 个微段长度，计算一次 $\sum P_i y_i$，直到这组集中荷载的最后一个到达梁的右支座位置。这样，得到 x_1 截面弯矩的一个序列，求出这个序列的最大值，就是 x_1 截面在该移动荷载作用下的弯矩最大值。

（4）用同样方法，得到其他节点位置的最大弯矩。

（5）对所有节点位置的最大弯矩取最大者，这就是梁的绝对最大弯矩。

如果用手工方式计算，则应是下面的步骤：

（1）确定使梁中点截面发生最大弯矩的临界荷载 F_k。对于一列间距不变的集中荷载 F_{R1}、F_{R2}、……、F_{Rn}，在如图 19-2-7 所示的位置产生的量值为 S_1，则

$$S_1 = F_{R1} y_1 + F_{R2} y_2 + \cdots + F_{Rn} y_n$$

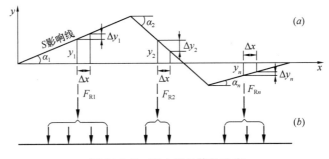

图 19-2-7 影响线量值的改变

整个荷载组向右移动一微小距离 Δx 时，相应的量值 S_2 为：

$$S_2 = F_{R1}(y_1 + \Delta y_1) + F_{R2}(y_2 + \Delta y_2) \cdots + F_{Rn}(y_n + \Delta y_n)$$

S 的增量为

$$\Delta S = S_2 - S_1 = \Delta x \sum_{i=1}^{n} F_{Ri} \tan\alpha_i$$

使 S 成为极值的条件是，荷载自该位置无论向左还是向右移动微小距离，S 均减小，而 $\tan\alpha_i$ 不随荷载位置而改变，因此，只有当某一个集中荷载恰好作用于影响线的某个顶点才有可能。这个能使 $\sum F_{Ri}\tan\alpha_i$ 变号的集中荷载称作"临界荷载"。临界荷载通过试算确定。为求得 S 的最大值，应将和这组荷载中数值较大且较为密集的部分置于影响线最大竖标附近，同时注意位于"同号"影响线范围内的荷载应尽可能多。

(2) 确定该简支梁上可以布置的集中荷载的合力 F_R。梁上布置的一组集中荷载，其合力记作 F_R，显然 $F_R = \sum F_{Ri}$，F_R 的位置，可按照与纵向钢筋求合力点位置相同的方法得到。

(3) 使 F_k 与 F_R 对称于梁的跨度中点，此时，F_k 作用点截面的弯矩，为梁绝对最大弯矩。如图 19-2-8 所示。

需要注意的是，以上只是正向行驶的情况。若考虑到荷载可能会反向行驶，则需要将这组集中荷载排列的先后顺序颠倒，用上述同样的步骤，得到荷载反向行驶时的绝对最大弯矩。最后，取正向时和反向时的较大者，作为最终的绝对最大弯矩。

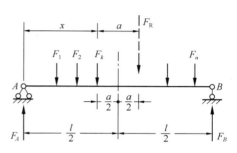

图 19-2-8 确定简支梁绝对最大弯矩

《钢结构设计手册》中给出了吊车梁绝对最大弯矩的计算公式，思路即为上面所述的手工方式。

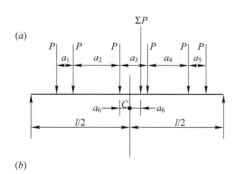

图 19-2-9 吊车梁计算简图（六轮）
(a) 弯矩；(b) 剪力

笔者研究发现，对于 6 个轮子作用于梁上的情况（如图 19-2-9 所示），《钢结构设计手册》中给出的公式值得商榷。

《钢结构设计手册》（中国建筑工业出版社，1989 年）以及《钢结构设计手册》（上册，第三版，中国建筑工业出版社，2004 年）给出的最大弯矩点（C 点）的位置为：

$$a_6 = \frac{3a_3 + 2a_4 + a_5 - a_1 - 2a_2}{12}$$

最大弯矩为：

$$M_{\max}^c = \frac{\sum P \left(\frac{l}{2} - a_6\right)^2}{l} - P(a_1 + 2a_2)$$

最大弯矩处的相应剪力为：

$$V^c = \frac{\sum P \left(\frac{l}{2} - a_6\right)}{l} - 2P$$

下面以一个算例说明。

【例 19-2-3】 已知吊车轮压如图 19-2-10 所示，$P_i = P = 611.6\text{kN}$ ($i = 1, 2, \cdots, 6$)，

$l=12\mathrm{m}$，$a_1=840\mathrm{mm}$，$a_2=3960\mathrm{mm}$，$a_3=840\mathrm{mm}$，$a_4=3560\mathrm{mm}$，$a_5=840\mathrm{mm}$，求吊车梁的绝对最大弯矩（该例题来自于1989年版《钢结构设计手册》）。

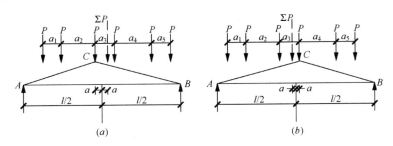

图 19-2-10　例 19-2-3 的图示

解：P_3 作用于影响线顶点时，C 点位置：

$$a=\frac{3a_3+2a_4+a_5-a_1-2a_2}{12}$$

$$=\frac{3\times 840+2\times 3560+840-840-2\times 3960}{12}=143\mathrm{mm}$$

$$M_{\max}^3=\frac{6\times 611.6\times (6-0.143)^2}{12}-611.6\times (0.81+2\times 3.96)=5133\mathrm{kN\cdot m}$$

反向行驶，P_4 作用于影响线顶点时，C 点位置：

$$a=\frac{3\times 840+2\times 3960+840-840-2\times 3560}{12}=27.7\mathrm{mm}$$

$$M_{\max}^4=\frac{6\times 611.6\times (6-0.277)^2}{12}-611.6\times (0.81+2\times 3.56)=5147\mathrm{kN\cdot m}$$

可见，依据《钢结构设计手册》中的公式，只能得到 $5133\mathrm{kN\cdot m}$，而实际最大弯矩为 $5147\mathrm{kN\cdot m}$。事实上，分析可知，只要 $a_4<a_2$，手册中给出的公式就会失效。

解决的办法是：把 a_1、a_2、$\cdots$、a_5 改为 a_5、a_4、$\cdots$、a_1，仍旧代入手册公式，再计算一遍（相当于反向行驶的情况），取二者所得弯矩的较大者。

吊车梁通常按照简支梁考虑，设计时，概念上应采用该梁的绝对最大弯矩，但由于该值高出跨中最大弯矩不多，有时为了计算简便起见，直接取梁的跨中最大弯矩作为设计的依据。

【例 19-2-4】　某简支吊车梁，跨度 12m，今在其上布置两台吊车。一台吊车的轮距尺寸如图 19-2-11（a）所示，最大轮压设计值为 616kN（已经考虑动力系数）。要求：计算由于吊车轮压引起的吊车梁绝对最大弯矩和跨中最大弯矩。

解：12m 的吊车梁只能布置 6 个轮压，如图 19-2-11（b）所示。由此形成的 $a_1\sim a_5$ 可以是 840、4280、840、3510、840，单位为 mm。因 $a_4<a_2$，将这 5 个数值逆序排列才能使用《钢结构设计手册》给出的公式。于是可得

$$a_6=\frac{3a_3+2a_4+a_5-a_1-2a_2}{12}$$

$$=\frac{3\times 0.84+2\times 4.28+0.84-0.84-2\times 3.51}{12}$$

$$=0.34\mathrm{m}$$

C 点处最大弯矩（绝对最大弯矩）为

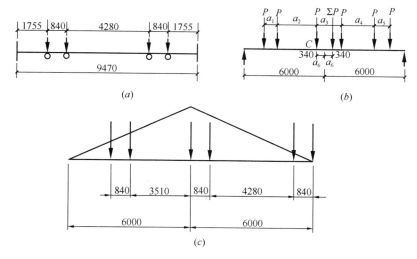

图 19-2-11 例 19-2-4 的图示

$$M_{\max} = \frac{6 \times 616 \times (6-0.34)^2}{12} - 616 \times (0.84 + 2 \times 3.51) = 5025.2 \text{kN} \cdot \text{m}$$

计算跨度中点处的最大弯矩时，需作出跨中弯矩影响线，然后，将轮压尽可能多的布置在同号影响线范围，其中一个轮压布置在影响线竖标最大处，如图 19-2-11（c）所示。

依据三角形比例关系，从左至右依次求出各轮压位置的相对竖标，分别为 0.275、0.415、1、0.86、0.147、0.007。于是，跨度中点的最大弯矩为

$$M_{\max} = 616 \times \frac{12}{4} \times (0.275 + 0.415 + 1 + 0.86$$
$$+ 0.147 + 0.007)$$
$$= 4997.0 \text{ kN} \cdot \text{m}$$

如此，绝对最大弯矩超出跨中最大弯矩的比例为 $\frac{5025.2-4997}{4997} = 0.56\%$，可见，二者数值十分接近。

顺便指出，在跨中弯矩影响线上布置轮压时，由于左半跨和右半跨影响线对称，所以，中间的那两个轮压无论哪个布置在跨中，均得到相同的计算结果。甚至，图 19-2-11（c）中的轮压位置向左移动不超过 840mm，结果均相同。

为使用方便，今依据《钢结构设计手册》给出简支吊车梁产生绝对最大弯矩时的轮压布置，如图 19-2-12 所示。图中，绝对最大弯矩在梁的 C 点位置。

绝对最大弯矩以及 C 点左侧剪力按照以下公式计算。

（1）两个轮子作用于梁上 [图 19-2-12（a）]

$$a_2 = \frac{a_1}{4}$$

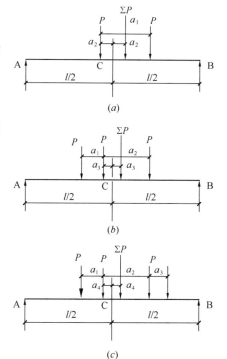

图 19-2-12 吊车梁绝对最大弯矩计算简图

$$M_{\max}^{C} = \frac{\sum P \left(\frac{l}{2} - a_2\right)^2}{l}$$

$$V^{C} = \frac{\sum P \left(\frac{l}{2} - a_2\right)}{l}$$

(2) 三个轮子作用于梁上 [图 19-2-12 (b)]

$$a_3 = \frac{a_2 - a_1}{6}$$

$$M_{\max}^{C} = \frac{\sum P \left(\frac{l}{2} - a_3\right)^2}{l} - Pa_1$$

$$V^{C} = \frac{\sum P \left(\frac{l}{2} - a_3\right)}{l} - P$$

(3) 四个轮子作用于梁上 [图 19-2-12 (c)]

$$a_4 = \frac{2a_2 + a_3 - a_1}{8}$$

$$M_{\max}^{C} = \frac{\sum P \left(\frac{l}{2} - a_4\right)^2}{l} - Pa_1$$

$$V^{C} = \frac{\sum P \left(\frac{l}{2} - a_4\right)}{l} - P$$

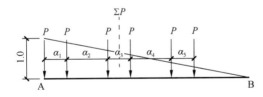

图 19-2-13 利用支座反力影响线求最大剪力

由于剪力在 C 点处有突变,因此,可求得 C 点右侧剪力为 $V^{C} - P$。

简支梁设计时所用的最大剪力,可根据支座处反力影响线求出。图 19-2-13 为 6 个轮压在 A 支座反力影响线上的布置。可以证明,6 个轮压处影响线竖标之和与合力点处的竖标乘以 6 相等。

3. 超静定梁的最不利荷载位置

超静定梁在均布荷载作用下的最不利荷载位置,可以由影响线确定:将均布活载布置在影响线正号面积部分,得到效应最大值;将均布活载布置在影响线负号面积部分,得到效应最小值。可见,这里的关键问题是如何确定影响线的形状,而不是影响线的竖标值。

利用米勒-布雷斯劳原理能够得到超静定梁的"定性影响线",实现以上目的。方法是:撤除与所求内力或反力 S 相应的约束,使体系沿 S 的正向发生位移,得到的变形图即为影响线的形状。横坐标以上图形为正,横坐标以下图形为负。

【例 19-2-5】 作出图 19-2-14 (a) 所示等截面连续梁的 F_{RC}、M_C、M_K、F_{QC}^{R} 以及 F_{QK} 的影响线形状。

解:去掉支座 C 处的链杆,代之以向上的力(支座反力通常以向上为正),得到的曲线形状如图 19-2-14 (b) 所示,即为 F_{RC} 的影响线。

19.2 影 响 线

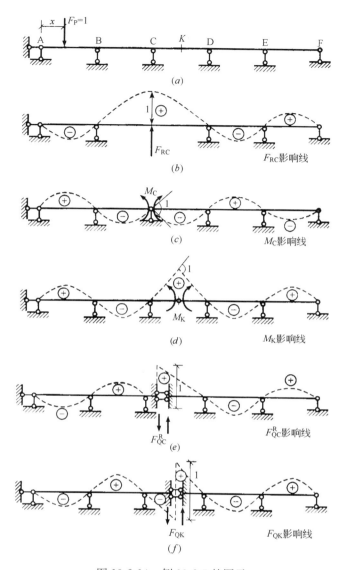

图 19-2-14 例 19-2-5 的图示

将节点 C 处改为铰，添加力偶（以下缘受拉为正方向），得到 M_C 的影响线如图 19-2-14（c）所示。

将节点 K 处改为铰，添加力偶（以下缘受拉为正方向），得到的曲线如图 19-2-14（d）所示，此即为 M_K 的影响线。由于 K 处没有支座，故曲线在 CD 跨不是很平滑。

将支座 C 右侧改为两个水平链杆，就去掉了剪力的约束。剪力的正负号规定是：取隔离体，以隔离体顺时针转动为正，简称"左上右下为正"。据此施加正的剪力，得到曲线如图 19-2-14（e）所示，此即为 F_{QC}^R 的影响线。

将 K 处改为两个水平链杆，施加正的剪力，得到 F_{QK} 的影响线形状如图 19-2-14（f）所示。

【例 19-2-6】 某办公楼现浇钢筋混凝土三跨连续梁如图 19-2-15 所示，安全等级为二级。梁上作用有永久荷载标准值（已经包含自重）$g_k=25$kN/m，可变荷载标准值 $q_k=$

20kN/m。要求：计算该梁 B 支座的最大弯矩设计值。

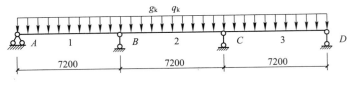

图 19-2-15　例 19-2-6 的图示

解：永久荷载只能三跨满布，查本书附表 3-3 可知 M_B 的系数为 -0.100，负号表示截面上缘受拉。

根据 M_B 影响线的形状可知，为使 B 支座处弯矩值最大，应在 B 支座的相邻两跨布置可变荷载，查本书附表 3-3 可知 M_B 的系数为 -0.117。

今按照《建筑结构可靠性设计统一标准》GB 50068—2018 取 $\gamma_G=1.3$、$\gamma_Q=1.5$，得到 B 支座的最大弯矩设计值为

$$M_B = 1.3 \times 0.100 \times g_k l^2 + 1.5 \times 0.117 \times q_k l^2$$
$$= 1.3 \times (-0.100) \times 25 \times 7.2^2 + 1.5 \times (-0.117) \times 20 \times 7.2^2$$
$$= -350.4 \text{kN} \cdot \text{m}$$

19.3 构件内力与变形计算

19.3.1 预备知识

1. 静定结构与超静定结构

结构可分为静定结构与超静定结构。若任意荷载作用下，结构的全部反力和内力可以由静力平衡条件确定，称作静定结构；若只靠静力平衡条件还不够，尚须考虑变形条件，这样的结构称作超静定结构（或静不定结构）。

2. 正负号的规定

当对构件组成的结构体系进行内力分析时，运用的是《结构力学》知识。这时，其目标是得到杆件的杆端力进而得到杆件任意截面的内力。接下来要做的，是运用《材料力学》知识，对一个具体的杆件进行强度或稳定验算（对于混凝土构件，则是进行配筋计算）。

在《结构力学》和《材料力学》中，对内力的正负号规定不尽相同，如表 19-3-1 所示。

内力正负号规定　　　　　　　表 19-3-1

项目			内力正负号规定
结构力学	静定结构		轴力以拉力为正；剪力以绕隔离体顺时针方向转动为正；弯矩以使梁截面下缘纤维受拉为正（若为刚架，以内侧受拉为正，不便于区分内外侧时则可假定某一侧受拉为正作为参照）
	超静定结构	力法	同静定结构时的规定
		位移法	手工计算：弯矩以对杆端而言顺时针方向为正；剪力以使整个杆件顺时针转动为正；一般忽略轴力。 矩阵位移法：三个力分量均以与局部坐标轴指向相同为正
材料力学			轴力以拉力为正；剪力以使整个构件顺时针转动为正；弯矩以使构件截面下缘纤维受拉为正

需要特别注意的是，对于适用于计算机编程的矩阵位移法，在建立单元刚度矩阵时，在不同的教科书中，会看到弯矩有的以逆时针方向为正，有的以顺时针方向为正。事实上，这是因为采用了不同的坐标系。如图 19-3-1 所示，图中力的分量方向均为正方向。无

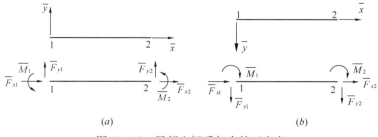

图 19-3-1　局部坐标系与力的正方向

论哪一种规定,所采用的单元刚度矩阵是相同的。之所以按坐标轴方向规定正负号,是因为需要考虑节点处的平衡,只有将汇交于节点的力和位移统一按坐标轴规定正方向,才能进行矢量运算。

另外,在结构力学中,为区分交汇于一点的杆端弯矩,弯矩符号后面通常用两个脚标:第一个表示内力所属截面,第二个表示该截面所属杆件的另一端。例如,M_{AB} 表示 AB 杆 A 端截面的弯矩。

《材料力学》中,更为关注的是截面上应力的分布。对于梁,由于重力作用,截面下缘受拉更为普遍,故规定为正。

下面举例说明弯矩的正负号规定。

对于图 19-3-2(a)所示的两端固定梁,弯矩图如图 19-3-2(b)所示,杆端弯矩的转向如图 19-3-2(c)所示。按照位移法中弯矩正负号的规定,A 端弯矩相对于杆件而言为逆时针转向,故 $M_{AB}=-\dfrac{ql^2}{12}$,而 B 端弯矩由于是顺时针转向,$M_{BA}=\dfrac{ql^2}{12}$;按照材料力学中的正负号规定,由于 A、B 端部弯矩均为上缘受拉,故 $M_{AB}=M_{BA}=-\dfrac{ql^2}{12}$。

另外,《材料力学》中的"弯矩以下缘受拉为正"还与坐标轴有一定的联系。在如图 19-3-3 所示的坐标系下,弯矩 M 与挠度 w'' 的正负号正好相反,于是才有梁挠曲线与弯矩的微分方程:

$$M(x)=-EIw''$$

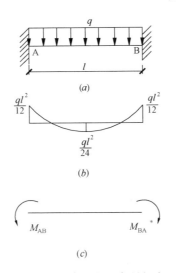

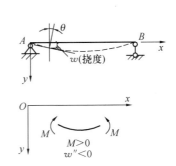

图 19-3-2 弯矩的正负号规定   图 19-3-3 梁的挠度、弯矩与坐标轴

3. 杆端弯矩和剪力

利用位移法计算时,常常用到杆端弯矩和杆端剪力,为方便使用,今将等截面单跨超静定梁在各种不同情况下的杆端弯矩和剪力列于表 19-3-2。表中,位移以使杆件顺时针转动为正,转角以顺时针为正,弯矩以对杆端而言顺时针为正,剪力以使杆件顺时针转动为正。

等截面直杆的杆端弯矩和剪力   表 19-3-2

编号	梁的简图	弯矩		剪力	
		M_{AB}	M_{BA}	Q_{AB}	Q_{BA}
1		$4i$ $\left(i=\dfrac{EI}{l},\text{下同}\right)$	$2i$	$-\dfrac{6i}{l}$	$-\dfrac{6i}{l}$
2		$-\dfrac{6i}{l}$	$-\dfrac{6i}{l}$	$\dfrac{12i}{l^2}$	$\dfrac{12i}{l^2}$
3		$-\dfrac{Pab^2}{l^2}$ 当 $a=b=l/2$ 时，$-\dfrac{Pl}{8}$	$\dfrac{Pa^2b}{l^2}$ $\dfrac{Pl}{8}$	$\dfrac{Pb^2(l+2a)}{l^3}$ $\dfrac{P}{2}$	$-\dfrac{Pa^2(l+2b)}{l^3}$ $-\dfrac{P}{2}$
4		$-\dfrac{ql^2}{12}$	$\dfrac{ql^2}{12}$	$\dfrac{ql}{2}$	$-\dfrac{ql}{2}$
5		$-\dfrac{qa^2}{12l^2}(6l^2-8la+3a^2)$	$\dfrac{qa^3}{12l^2}(4l-3a)$	$\dfrac{qa}{2l^4}(2l^3-2la^2+a^3)$	$-\dfrac{qa^3}{2l^3}(2l-a)$
6		$-\dfrac{ql^2}{20}$	$\dfrac{ql^2}{30}$	$\dfrac{7ql}{20}$	$-\dfrac{3ql}{20}$
7		$M\dfrac{b(3a-l)}{l^2}$	$M\dfrac{a(3b-l)}{l^2}$	$-M\dfrac{6ab}{l^3}$	$-M\dfrac{6ab}{l^3}$
8		$-\dfrac{EI\alpha\Delta t}{h}$	$\dfrac{EI\alpha\Delta t}{h}$	0	0
9		$3i$	0	$-\dfrac{3i}{l}$	$-\dfrac{3i}{l}$
10		$-\dfrac{3i}{l}$	0	$\dfrac{3i}{l^2}$	$\dfrac{3i}{l^2}$

续表

编号	梁的简图	弯矩 M_{AB}	弯矩 M_{BA}	剪力 Q_{AB}	剪力 Q_{BA}
11		$-\dfrac{Pab(l+b)}{2l^2}$	0	$\dfrac{Pb(3l^2-b^2)}{2l^3}$	$-\dfrac{Pa^2(2l+b)}{2l^3}$
		当 $a=b=l/2$ 时, $-\dfrac{3Pl}{16}$	0	$\dfrac{11P}{16}$	$-\dfrac{5P}{16}$
12		$-\dfrac{ql^2}{8}$	0	$\dfrac{5ql}{8}$	$-\dfrac{3ql}{8}$
13		$-\dfrac{qa^2}{24}\left(4-\dfrac{3a}{l}+\dfrac{3a^2}{5l^2}\right)$	0	$\dfrac{qa}{8}\left(4-\dfrac{a^2}{l^2}+\dfrac{a^3}{5l^3}\right)$	$-\dfrac{qa^3}{8l^2}\left(1-\dfrac{a}{5l}\right)$
		当 $a=l$ 时, $-\dfrac{ql^2}{15}$	0	$\dfrac{4ql}{10}$	$-\dfrac{ql}{10}$
14		$-\dfrac{7ql^2}{120}$	0	$\dfrac{9ql}{40}$	$-\dfrac{11ql}{40}$
15		$M\dfrac{l^2-3b^2}{2l^2}$	0	$-M\dfrac{3(l^2-b^2)}{2l^3}$	$-M\dfrac{3(l^2-b^2)}{2l^3}$
		当 $a=l$ 时, $\dfrac{M}{2}$	$M_{B左A}=M$	$-M\dfrac{3}{2l}$	$-M\dfrac{3}{2l}$
16	$\Delta t=t_2-t_1$	$-\dfrac{3EI\alpha\Delta t}{2h}$	0	$\dfrac{3EI\alpha\Delta t}{2hl}$	$\dfrac{3EI\alpha\Delta t}{2hl}$
17	$\varphi=1$	i	$-i$	0	0
18		$-\dfrac{Pa}{2l}(2l-a)$	$-\dfrac{Pa^2}{2l}$	P	0
		当 $a=\dfrac{l}{2}$ 时, $-\dfrac{3Pl}{8}$	$-\dfrac{Pl}{8}$	P	0
19		$-\dfrac{Pl}{2}$	$-\dfrac{Pl}{2}$	1	$Q_{B左A}=P$ $Q_{B右A}=0$
20		$-\dfrac{ql^2}{3}$	$-\dfrac{ql^2}{6}$	ql	0
21	$\Delta t=t_2-t_1$	$-\dfrac{EI\alpha\Delta t}{h}$	$\dfrac{EI\alpha\Delta t}{h}$	0	0

【例 19-3-1】 当以图 19-3-4（a）所示的位移为正方向，弯矩以顺时针为正，剪力以使杆件顺时针转动为正时，写出 V_A 的表达式。当以图 19-3-4（b）图中所示的广义位移为正，弯矩剪力以与相应的广义位移一致为正时，写出 V_A 的表达式。杆件的抗弯刚度为 EI。

解：当以图 19-3-4（a）所示的位移方向为正，且剪力以使杆件顺时针转动为正时，正负号规定与表 19-3-2 是完全一致的，因此，根据表格中的 1、2 项，可直接写出 V_A 的表达式如下：

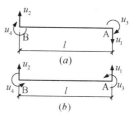

$$V_A = \frac{12EI}{l^3}u_1 + \frac{12EI}{l^3}u_2 - \frac{6EI}{l^2}u_3 - \frac{6EI}{l^2}u_4$$

当以图 19-3-4（b）所示的位移方向为正，且弯矩剪力以与相应的广义位移一致为正时，注意到，两个图中 u_1 的正负号相反，而 A 点处剪力的正负号也相反，故公式中第一项不变；两个图中 u_2 的正负号相同，故第二项变号；两个图中转角的方向相反，故第三、四项不变。于是可得

$$V_A = \frac{12EI}{l^3}u_1 - \frac{12EI}{l^3}u_2 - \frac{6EI}{l^2}u_3 - \frac{6EI}{l^2}u_4$$

图 19-3-4 例 19-3-1 图示

顺便指出，图 19-3-4（b）这种"位移和内力以与坐标轴正方向一致为正"的原则是计算机编程所采用的。在结构动力学中也是如此规定。

4. 劲度系数（转动刚度）、传递系数

当杆件 AB 的 A 端转动单位角度时，A 端（又称作近端）的弯矩 M_{AB} 称为该杆端的劲度系数，它标志着该杆抵抗转动能力的大小，故又称转动刚度。例如，对于表 19-3-2 中的项次 1 两端固定构件，$M_{AB}=4i_{AB}$；项次 9 近端固定远端铰支构件，$M_{AB}=3i_{AB}$；项次 17 近端固定远端滑动支座构件，$M_{AB}=i_{AB}$。

转动刚度值不仅与杆件的线刚度 $i=EI/l$ 有关，还与杆件另一端（又称远端）的支承情况有关。当 A 端转动时，B 端也产生一定的弯矩，就好比近端的弯矩按照一定的比例

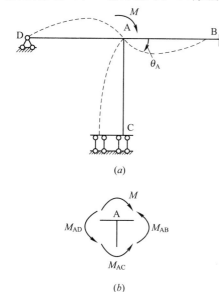

"传到"了远端，故将 B 端弯矩与 A 端弯矩之比称为 A 端向 B 端的传递系数，用 C_{AB} 表示，即 $C_{AB}=\dfrac{M_{BA}}{M_{AB}}$ 或 $M_{BA}=C_{AB}M_{AB}$。由表 19-3-2 可知，远端为固定端时，$C_{AB}=1/2$；远端为铰支座时，$C_{AB}=0$；远端为滑动支座时，$C_{AB}=-1$。

5. 分配系数

对于多个杆件交于一点的情况，如图 19-3-5 所示，当外力施加于节点 A 而使节点 A 产生转角，达到平衡时，由转动刚度定义可知

$$M_{AB}=S_{AB}\theta_A=4i_{AB}\theta_A$$
$$M_{AC}=S_{AC}\theta_A=i_{AC}\theta_A$$
$$M_{AD}=S_{AD}\theta_A=3i_{AD}\theta_A$$

而在节点 A 处弯矩是平衡的，故

$$M_{AB}+M_{AC}+M_{AD}=M$$

图 19-3-5 分配系数分析

从而
$$\theta_A = \frac{M}{S_{AB}+S_{AC}+S_{AD}}$$

于是
$$M_{AB} = \frac{S_{AB}}{S_{AB}+S_{AC}+S_{AD}}M$$

$$M_{AC} = \frac{S_{AC}}{S_{AB}+S_{AC}+S_{AD}}M$$

$$M_{AD} = \frac{S_{AD}}{S_{AB}+S_{AC}+S_{AD}}M$$

可见，各杆 A 端的弯矩与各杆 A 端的转动刚度成正比，即弯矩在 A 点按照各杆的转动刚度分配。令

$$\mu_{Aj} = \frac{S_{Aj}}{\sum S_{Aj}}$$

μ_{Aj} 称作分配系数。显然，同一节点上各杆分配系数之和等于 1.0。

19.3.2 桁架的内力计算

1. 桁架的基本假定与计算方法

桁架中的杆件主要承受轴力。对于桁架，通常采用以下假定：
(1) 各结点为理想的无摩擦理想铰；
(2) 各杆轴线为直线，并在同一平面内通过铰的中心；
(3) 荷载只作用在结点上并在桁架的平面内。

桁架杆件的内力求解分为结点法和截面法。截取桁架的一部分为隔离体，由隔离体的平衡条件计算所求内力值。若隔离体只包含一个结点，称作结点法；若所取隔离体包含不止一个结点，便是截面法。

2. 钢结构中的桁架

钢结构中的屋架、天窗架均是简化为桁架进行受力分析。这其中，天窗架的计算模型尤具特色，下面加以介绍。

天窗架常用的形式为：三铰拱式、三支点式和多竖杆式。

(1) 三铰拱式天窗架

三铰拱式天窗架如图 19-3-6 所示。图 19-3-6 (a) 为其在图上的一般表达形式，图 19-3-6 (b) 为计算简图，即，认为各杆件为铰接，天窗架与屋盖之间铰接。

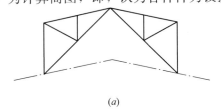

图 19-3-6 三铰拱式天窗架
(a) 表达形式；(b) 计算简图

天窗架按承受节点荷载考虑，竖向荷载如图 19-3-7（a）所示。理论上，$P_1=0.5P_2$，《钢结构设计手册》建议，考虑挑檐，将 P_1 适当增加，成为 $P_1=0.75P_2$。当采用大型屋面板使得上弦承受节间荷载时，尚应计算弯矩。

先求出支座反力，然后得到各杆件的内力。如图 19-3-7（b）所示，由于对称，上弦中部节点 B 的竖向剪力 $V_B=0$。对 A 点取矩，可以求出水平力 H_B。由水平力的平衡可得 $H_A=H_B$。

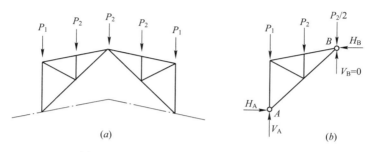

图 19-3-7　三铰拱式天窗架承受竖向荷载

当计算风荷载作用下的杆件内力时，如图 19-3-8（a）所示，虚线表示零力杆（包括因为受压而退出工作的杆）。将风荷载化为节点力，W_1、W_2 取为侧竖杆所受风力的一半。取整体为研究对象，如图 19-3-8（b）所示，利用对 A 点取矩建立平衡，可以求出支座 C 处竖向反力 V。再以图 19-3-8（c）作为研究对象，利用两个平衡方程求出两个未知数 H_1 和 H。

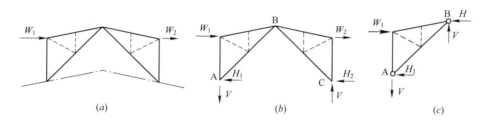

图 19-3-8　三铰拱式天窗架承受水平荷载

（2）多竖杆式天窗架

多竖杆式天窗架承受竖向荷载，如图 19-3-9（a）所示，虚线表示为零力杆。承受横向风力的计算简图如图 19-3-9（b）所示，其中的拉杆 AB，承受全部的横向荷载，可按照图 19-3-9（c）计算 N_{BA}。

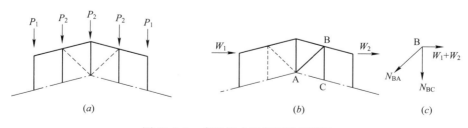

图 19-3-9　多竖杆式天窗架计算简图

(3) 三支点式天窗架

三支点式天窗架承受竖向荷载，如图 19-3-10 (a) 所示，虚线表示为零力杆。承受横向风力的计算简图如图 19-3-10 (b) 所示。

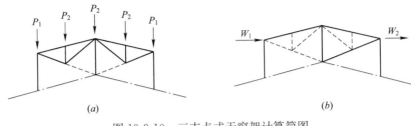

图 19-3-10 三支点式天窗架计算简图

19.3.3 用图乘法计算位移

平面杆系结构任一点 k 在荷载作用下的位移公式如下：

$$\Delta_{kp} = \sum \int \frac{\overline{M}M_p ds}{EI} + \sum \int \frac{\overline{N}N_p ds}{EA} + \sum \int \frac{k\overline{Q}Q_p ds}{GA}$$

上式中，$\overline{M}$、$\overline{N}$、$\overline{Q}$ 分别为在 k 点施加单位力所产生的杆件弯矩、轴力、剪力；M_p、N_p、Q_p 分别为荷载作用下所产生的杆件弯矩、轴力、剪力；k 为剪应力沿截面分布不均匀而引入的系数，其值与截面形状有关：矩形截面 $k=\frac{6}{5}$；圆形截面 $k=\frac{10}{9}$；薄壁圆环截面 $k=2$。

对于梁和刚架，位移主要由于弯矩引起，因此公式可简化为

$$\Delta_{kp} = \sum \int \frac{\overline{M}M_p ds}{EI}$$

积分运算比较麻烦，当符合下列条件时可用图乘法代替积分运算：(1) 杆轴为直线；(2) EI 为常数；(3) $\overline{M}$、M_p 两个弯矩图中至少有一个是直线图形。

对于图 19-3-11 的情况，可以证明，位移计算可采用下式

$$\Delta_{kp} = \sum \int \frac{\overline{M}M_p ds}{EI} = \sum \frac{\omega y_c}{EI}$$

即，将 A、B 点间 M_p 图形的面积 ω 乘以形心 C 对应的 $\overline{M}$ 图中的竖标 y_c，再除以 EI。

图 19-3-12 给出了常用的几种简单图形的面积及形心位置。

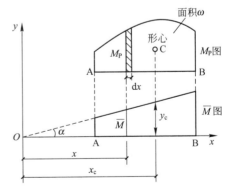

图 19-3-11 图乘法计算原理图

当弯矩图形较为复杂时，如图 19-3-13 (a) 所示，可将 M_p 图形视为两个三角形的叠加，这样，就转化成三角形的 M_p 图与梯形的 $\overline{M}$ 图图乘，然后叠加。对于图 19-3-13 (b)，可将 M_p 取为基线以上三角形与基线以下三角形的叠加。

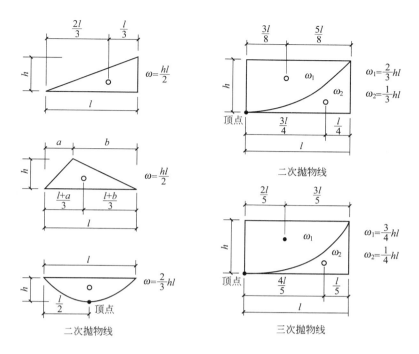

图 19-3-12 几种简单图形的面积及形心位置

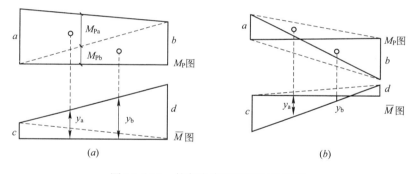

图 19-3-13 较复杂弯矩图形时的图乘

对于超静定结构，$\overline{M}$ 图可以按照任何一种基本结构求得（所谓基本结构，就是将超静定结构的多余约束去掉后形成的结构），因此，选择较简单的基本结构能进一步简化计算。

本书附表 3-1 给出了常用的梁内力与变形表格，供查用。

19.3.4 连续梁的内力

连续梁是桥梁及房屋建筑常见的结构形式之一，常被用作主梁、次梁、吊车梁等。

连续梁属于超静定结构，对其的计算可使用力法或者力矩分配法。工程中也常用查表的方法解决。

本书附表 3-3～附表 3-5 给出了三、四、五跨连续梁的计算系数表格。计算系数的使用方法是：均布荷载作用时，$M=$ 表中系数 $\times ql^2$，$V=$ 表中系数 $\times ql$；集中荷载作用时，$M=$ 表中系数 $\times Ql$，$V=$ 表中系数 $\times Q$。给出的表格中，弯矩以截面下部受拉为正；剪力以使杆件顺指针转动为正。

19.3.5 力矩分配法与无剪力分配法

力矩分配法与无剪力分配法均是位移法的变体，它们避免了建立和求算典型方程，以逼近的方法计算杆端弯矩。力矩分配法对连续梁和无节点位移的刚架计算特别方便；无剪力分配法适合计算符合特定条件的有侧移刚架。

1. 力矩分配法

力矩分配法用到了前述的劲度系数、传递系数、分配系数。

力矩分配法可采用以下步骤实现：

(1) 固定节点：在节点处加附加约束，根据荷载求各杆端固端力矩和节点的不平衡力矩。

(2) 放松节点：相当于在该节点处加一个与不平衡力矩反号的节点转动力矩，并使节点产生转动。

(3) 分配：节点转动力矩按照分配系数进行分配，求出各杆近端力矩。

(4) 传递：各杆按传递系数由近端向远端传递。

(5) 叠加：各杆端的分配力矩、传递来的力矩以及固端力矩的叠加，构成杆端最后力矩。

2. 无剪力分配法

对于图 19-3-14（a）的情况，将其视为图 19-3-14(b) 和图 19-3-14(c) 的叠加，即荷载分为正对称和反对称。图 19-3-14(b) 时节点只有转角没有侧移，故可用力矩分配法计算，而图 19-3-14(c) 可用无剪力分配法计算。

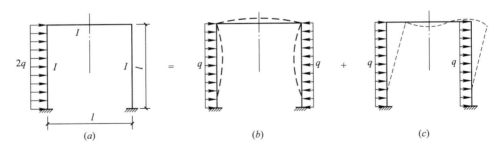

图 19-3-14 分解为对称与反对称

取反对称荷载作用时的半刚架如图 19-3-15 所示，C 处为一竖向链杆支座。此半刚架的变形和受力有如下特点：横梁 BC 虽有水平位移但两端并无相对线位移，这称为无侧移

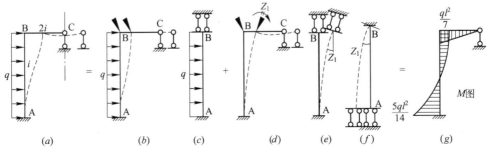

图 19-3-15 反对称时半片刚架弯矩计算过程

杆件；竖杆 AB 两端虽有相对侧移，但由于支座 C 处无水平反力，故 AB 柱的剪力是静定的，这称作剪力静定杆件。计算此半刚架的步骤如下：

① 固定节点。在节点 B 加一刚臂阻止转动，不阻止其线位移，如图 19-3-15(b)所示，这样，柱 AB 相当于下端固定上端有滑动支座。查本书表 19-3-2，得到柱 AB 的固端弯矩为

$$M_{AB}^F = -\frac{ql^2}{3}, \quad M_{BA}^F = -\frac{ql^2}{6}$$

节点 B 的不平衡力暂时由刚臂承受。注意到 B 点的滑动支座不能承受水平剪力，故柱 AB 的两端剪力为

$$Q_{AB} = ql, \quad Q_{BA} = 0$$

即全部水平荷载由柱下端的剪力所平衡。

② 放松节点。放松节点后，节点 B 不仅有转动，同时也有水平位移，如图 19-3-15(d)所示。由于柱 AB 为下端固定上端滑动，当上端转动时柱的剪力为零，因而处于纯弯曲受力状态，这实际上与上端固定下端滑动而上端转动同样角度时的受力和变形状态完全相同，故可推知其劲度系数为 1，而传递系数为 −1。于是节点 B 的分配系数为

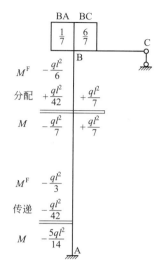

图 19-3-16 按照力矩分配法的计算过程

$$\mu_{BA} = \frac{i}{i+3\times 2i} = \frac{1}{7}, \quad \mu_{BC} = \frac{3\times 2i}{i+3\times 2i} = \frac{6}{7}$$

其余计算见图 19-3-16，最终的弯矩图(M图)见图 19-3-15(g)。

由于在力矩的分配和传递过程中，杆件的剪力为零，故称无剪力分配法。

无剪力分配法的条件是：刚架中除两端无相对线位移的杆件外，其余杆件均是剪力静定杆件。

19.3.6 多层框架结构的近似内力计算

分层法、反弯点法和 D 值法被用来对多层框架结构的内力进行近似计算。分层法处理的是竖向荷载作用的情况；反弯点法处理的是水平荷载作用的情况；D 值法是对反弯点法的改进。

1. 分层法

分层法采用两个假定

(1) 框架在竖向荷载下侧向位移很小，可以忽略其影响；

(2) 每层梁上的竖向作用对其他各层杆件内力影响不大。

因为 (1)，所以可使用力矩分配法；因为 (2)，可将框架分为多个单层框架分别计算。如图 19-3-17 所示的三层框架，可以分为三个单层框架分别计算，每一柱（底层柱除外）属于上下两层，柱最终的弯矩为上下层计算结果的叠加。

因为在分层计算时，假定上下柱的远端为固定端（例如图 19-3-17 中的 E、M 点），而实际上是弹性支承，为了反映这一差别，除底层外，其他层各柱的线刚度乘以 0.9 予以折

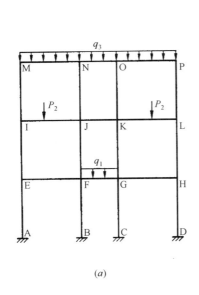
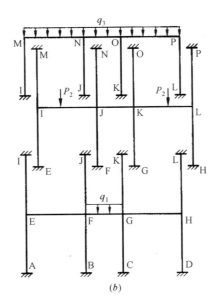

图 19-3-17 分层法分析时的计算简图

减,传递系数也由 1/2 修正为 1/3。

分层法最后所得结果,在刚节点上可能会存在弯矩不平衡,但误差不会很大。如有需要,可对节点不平衡弯矩再分配一次,但不平衡弯矩不再向另一端传递。

【**例 19-3-2**】 如图 19-3-18 所示的两跨两层框架,各杆边括号内的数字表示相对线刚度。

要求:用分层法作框架的弯矩图。

解:计算过程见图 19-3-19,最终形成的弯矩图如图 19-3-20 所示(弯矩画在受拉一侧)。可以看到,在节点处力矩会有不平衡(例如,节点 G 处,5.98−4.78=1.2kN·m)。

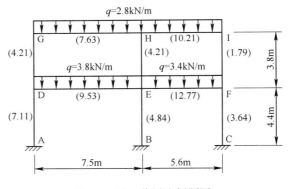

图 19-3-18 分层法例题图

主要计算步骤如下:

(1) 对上层各柱,应将柱的线刚度乘以 0.9,然后计算节点处各杆的分配系数。

例如,对于 GD 杆,$0.9 \times 4.21 = 3.79$,分配系数为 $\dfrac{3.79}{3.79+7.63}=0.332$,其他各杆分配系数写在图中的长方框内。

(2) 梁端弯矩按照两端固定承受均布荷载计算,由于会涉及弯矩的叠加,故不能以截面下缘受拉为正,这里以使杆件顺时针转动为正。例如,$M_{GH}=-\dfrac{ql^2}{12}=-\dfrac{2.8 \times 7.5^2}{12}=-13.13\text{kN·m}$,$M_{HG}$ 与 M_{GH} 大小相等方向相反,为 13.13kN·m。

(3) 在 G 点处,$-13.13 \times 0.668 = -8.77$,添加一个负号变成 $+8.77$ 作为 GH 杆的

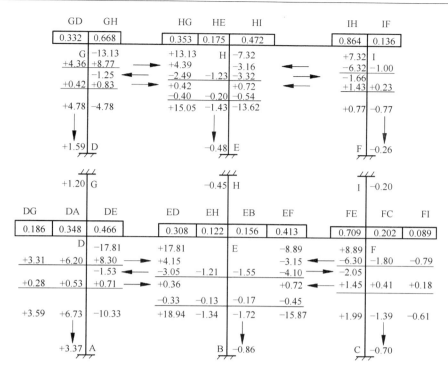

图 19-3-19　力矩分配与传递的过程

G 端弯矩。$8.77 \times 1/2 = 4.39$，这就是"传递"，$1/2$ 为传递系数。H 点得到传递来的 4.39、-3.16 之后，弯矩求和，$13.13 - 7.32 + 4.39 - 3.16 = 7.04$。将其按照分配系数分配，HG 杆的端部获得 $7.04 \times 0.353 = 2.49$，添加一个负号变成 -2.49，$-2.49 \times 1/2 = -1.25$，传递给 G 点。

（4）当 H 点获得传递来的 0.42kN·m、0.72kN·m 后，认为这些值已经很小，故停止进一步的传递。

（5）计算该层竖向荷载形成的弯矩。GD 杆 G 点处：$4.36 + 0.42 = 4.78$kN·m；GH 杆 G 点处：$-13.13 + 8.77 - 1.25 + 0.83 = -4.78$kN·m。各柱上端要向下端传递，传递系数为 $1/3$，D 点处获得 $4.78 \times 1/3 = 1.59$kN·m。余类推。

（6）对 1 层的竖向荷载，用同样的步骤可得各杆件的弯矩。注意柱的弯矩传递，例如，由 D 点向 A 点传递，传递系数为 $1/2$，即，$6.73 \times 1/2 = 3.37$kN·m；由 D 点向 G 点传递，传递系数为 $1/3$，即，$3.59 \times 1/3 = 1.20$kN·m。

（7）将 2 层竖向荷载引起的弯矩和 1 层竖向荷载引起的弯矩叠加，得到各杆端弯矩。这时，各梁跨中截面的弯矩可按照其两端点的弯矩以及其上的均布荷载求得。例如，对于 GH 跨，其梁端弯矩分别为 4.78kN·m 和 15.05kN·m，均布荷载为 2.78kN/m，当将该框架梁视为简支梁时，跨中弯矩为 $\frac{1}{8}ql^2 = \frac{1}{8} \times 2.8 \times 7.5^2 = 19.69$kN·m，这样，在图 19-3-20 中，其跨中弯矩应为 $19.69 - \frac{4.78 + 15.05}{2} = 9.78$kN·m。

（8）除与地面相连的杆端外，其他节点处会存在不平衡力矩。将不平衡力矩按照线刚度分配，最后得到的弯矩图将是图 19-3-21。

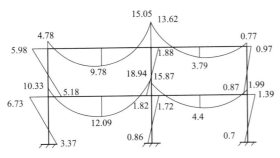

图 19-3-20　例 19-3-2 最终弯矩图

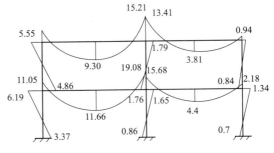

图 19-3-21　节点平衡的弯矩图

图 19-3-21 中，GD 杆的弯矩 M_{GD} 等于 GH 杆的弯矩，数值 5.55kN·m 是这样得到的：

不平衡力矩 5.98－4.78＝1.2kN·m

$$\frac{1.2}{4.21+7.63}\times 4.21=0.43\text{kN·m}$$

$$\frac{1.2}{4.21+7.63}\times 7.63=0.77\text{kN·m}$$

于是，M_{GD}＝5.98－0.43＝5.55kN·m，M_{GH}＝4.78＋0.77＝5.55kN·m。

2. 反弯点法

框架所受的水平力主要是地震力和风力，它们都可以化为框架节点上的水平集中力。这时，如果框架层数不多，梁的线刚度比柱大许多（通常要求梁、柱的线刚度比≥3），而且比较规则，可以采用反弯点法进行内力计算。

反弯点法采用下述的基本假定：

（1）横梁刚度无穷大。这样，各层总剪力按照同层各柱的侧移刚度比例分配，分配时柱两端不发生角位移；

（2）各层柱的反弯点位置，除底层位于距离柱底 $2h/3$ 处，其他层位于距离柱底 $h/2$ 处。

所谓刚度，就是发生单位位移所需要的外力值。据此，框架结构中柱的侧移刚度就是梁端无转角但是水平位移为 1 时所需要的剪力，为 $d=\dfrac{12i_c}{h^2}$，式中，i_c 为柱的线刚度，h 为柱高。

所谓反弯点，是指杆件的弯矩图中竖标为零的点，在该点，弯矩被分为正弯矩和负弯矩两部分。

反弯点法的计算步骤如下：

（1）计算各柱侧移刚度，并把该层总剪力分配到各柱。

$$V_{ji}=\frac{d_i}{\sum d_i}V_j$$

式中　V_{ji}——第 j 层第 i 根柱子的剪力；

V_j——第 j 层的层剪力，即第 j 层以上所有水平荷载总和；

d_i——第 j 层第 i 根柱子的侧移刚度。

(2) 根据各柱分配到的剪力及反弯点位置，计算柱端弯矩。

底层柱：

上端弯矩 $\quad\quad\quad\quad M_{i上}=V_i \cdot h/3$

下端弯矩 $\quad\quad\quad\quad M_{i下}=V_i \cdot 2h/3$

其他柱：

上、下端弯矩相等 $\quad M_{i上}=M_{i下}=V_i \cdot h/2$

(3) 根据节点平衡计算梁端弯矩，如图 19-3-22 所示。

对于边柱 [图 19-3-22(a)]

$$M_i = M_{i上} + M_{i下}$$

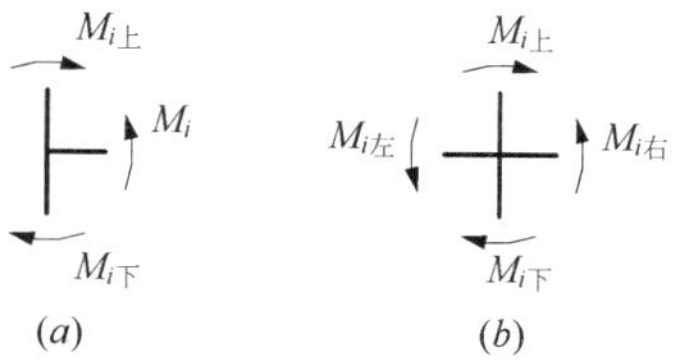

图 19-3-22 节点力矩平衡

对于中柱 [图 19-3-22(b)]，设梁的端弯矩与梁的线刚度成正比，则有

$$M_{i左} = (M_{i上} + M_{i下}) \frac{i_{b左}}{i_{b左} + i_{b右}}$$

$$M_{i右} = (M_{i上} + M_{i下}) \frac{i_{b右}}{i_{b左} + i_{b右}}$$

(4) 由梁端弯矩，根据平衡条件，可求得梁端剪力；再根据梁端剪力，由节点平衡求得柱的轴力。

3. D 值法

D 值法是对反弯点法的改进。对于层数较多的框架，由于柱轴力大，柱截面也随着增大，梁、柱线刚度比就较接近，不再符合反弯点法的假定 (1)；另外，反弯点的位置与柱上下端的转角大小有关（转角大小取决于约束条件），将各柱的反弯点高度统一取为定值会造成误差。

(1) 柱侧移刚度的修正

D 值法对柱的侧移刚度采用下式计算：

$$D = \alpha \frac{12i_c}{h^2}$$

修正系数 α 按照表 19-3-3 取值。

(2) 反弯点高度

反弯点到柱下端的距离与柱高的比值，称作反弯点高度比，记作 y，y 可按照下式求得：

$$y = y_0 + y_1 + y_2 + y_3$$

式中，y_0 为标准反弯点高度比，是在各层等高、各跨相等、各层梁柱与线刚度不变的情况下的反弯点高度比；y_1 为考虑到柱上、下端相连的梁刚度不等时的反弯点高度比修正值，对于底层，不考虑 y_1。将上层层高与本层层高之比 $h_上/h=\alpha_2$，由 α_2 查表得到 y_2。同理，令下层层高与本层层高之比 $h_下/h=\alpha_3$，由 α_3 查表得到 y_3。最上层不考虑 y_2 修正，最下层不考虑 y_3 修正。

柱侧移刚度修正系数 α 表 19-3-3

楼层	简图	K	α
一般层柱	① i_2, i_c, i_4 ② i_1, i_2, i_c, i_3, i_4	$K=\dfrac{i_1+i_2+i_3+i_4}{2i_c}$	$\alpha=\dfrac{K}{2+K}$
底层柱	① i_2, i_c ② i_1, i_2, i_c	$K=\dfrac{i_1+i_2}{i_c}$	$\alpha=\dfrac{0.5+K}{2+K}$

注：表中①为边柱，②为中柱，边柱情况下，式中 i_1，i_3 取为 0。

文献中通常都给出了以上 y_0、y_1、y_2、y_3 的表格（例如，包世华、张铜生《高层建筑结构设计和计算》上册 94~100 页），为节省篇幅，这里从略。

在确定了 D 值（侧移刚度）与反弯点高度之后，即可按照与反弯点法相同的步骤进行计算。

19.4 风荷载

19.4.1 风力、风级与风压

风的强度常称为风力,用风级表示。1805年英国人蒲福(F. Beaufort)拟定了风级,称作蒲氏风级,系根据风对地面(或海面)物体的影响程度而定。以后逐渐采用风速大小划分,目前分为18级。其中0~12级是在气象预报中听到的风级。

结构设计中,通常将风速转化为风压来表示风力的大小。单位面积上的风压力w可用下式表示:

$$w = \frac{1}{2}\rho v^2 \qquad (19\text{-}4\text{-}1)$$

式中,ρ为空气的密度;v为风速。

标准条件下的风压称作基本风压。所谓标准条件,应满足下列5个条件:

(1) 高度。取为离地面10m的高度。
(2) 地貌。气象站风仪所在地为空旷平坦地区,取B类粗糙度作为标准地貌。
(3) 时距。取10min的平均风速。
(4) 样本时间。取为1年。
(5) 重现期。取50年。

《荷载规范》8.1.2条条文说明指出,基本风压可统一按照公式$w_0 = v_0^2/1600(\text{kN/m}^2)$计算,式中,$v_0$为按照标准条件确定的风速。

需要注意的是,《荷载规范》3.2.5条第2款规定,对风荷载应取重现期为设计使用年限,按该规范E.3.3条的规定确定基本风压。该规定之所以提出,是由于《荷载规范》对不同设计使用年的处理,采用了另外一种思路:对活荷载中的楼面与屋面活荷载考虑一个调整系数γ_L,而像风、雪则不用调整系数而直接使用重现期。如此一来,具体设计中所谓的"基本风压"对应的重现期就可能不是50年。

19.4.2 非标准情况下风速或风压的换算

1. 非标准高度换算

平均风速沿高度变化规律可用指数函数描述,如下面公式:

$$\frac{\bar{v}}{\bar{v}_s} = \left(\frac{z}{z_s}\right)^\alpha \qquad (19\text{-}4\text{-}2)$$

式中,z、$\bar{v}$为任意点高度和该点的平均风速;z_s、$\bar{v}_s$为标准高度(取为10m)和该处的平均风速;α为地面粗糙度系数。

由于风压与速度是二次方的关系,故高度为z处的基本风压可写成

$$w_0' = w_0 \left(\frac{z}{10}\right)^{2\alpha} \qquad (19\text{-}4\text{-}3)$$

2. 非标准地貌换算

由于地表摩擦，风速随离地面高度的减小而降低。只有达到一定高度，风才不受地表的影响在气压梯度的作用下自由流动，达到所谓梯度风速，该高度称作梯度风高度，以 H_T 表示。α 越小的地貌，越快达到梯度风速。

各种地貌的 α 及 H_T 值，见表 19-4-1，表中的 A、B、C、D 为《荷载规范》中的地面粗糙度分类。

我国规范四类地貌的参数　　　　表 19-4-1

	A	B	C	D
α	0.12	0.15	0.22	0.30
H_T (m)	300	350	450	550

同一大气环境中各类地貌梯度风速均相等，以此得到

$$v_0 \left(\frac{H_{T0}}{z_s}\right)^{\alpha_0} = v_{0\alpha} \left(\frac{H_{T\alpha}}{z_{s\alpha}}\right)^{\alpha} \tag{19-4-4}$$

式中，角标 α 表示不同地貌。若再表示成风压形式，就是

$$w_{0\alpha} = w_0 \left(\frac{H_{T0}}{z_s}\right)^{2\alpha_0} \left(\frac{H_{T\alpha}}{z_{s\alpha}}\right)^{-2\alpha} \tag{19-4-5}$$

在陆地上，如无表 19-4-1 参数的实测或试验资料，地面粗糙度 A、B、C、D 分类可按下列原则近似确定：

① 以拟建房屋为中心，2km 为半径的迎风半圆影响范围内的房屋高度和密度来区分类别，风向原则上应以该地区最大风的风向为准，但也可取其主导风向。

② 以半圆影响范围内建筑平均高度 $\bar{h}$ 来划分类别，当 $\bar{h} \leqslant 9\text{m}$ 为 B 类，$9\text{m} < \bar{h} < 18\text{m}$ 为 C 类，$\bar{h} \geqslant 18\text{m}$ 为 D 类。

③ 影响范围内不同高度建筑物的影响区域按下列原则确定，即每座建筑物向外延伸距离为其高度，在此面域内均为该高度。当不同高度的面域相交时，交叠部分的高度取大者。

④ 平均高度 $\bar{h}$ 取各面域的面积为权数计算。

以上原则见于《荷载规范》的 8.2.1 条的条文说明。

据此可知，平均高度 $\bar{h}$ 可以用公式表达为：

$$\bar{h} = \frac{\sum h_i A_i}{\sum A_i} \tag{19-4-6}$$

式中，A_i 为高度为 h_i 房屋的从属范围面积，可视为 πh_i^2。若面积出现交叠，用交叠面积乘以较高房屋的高度。

3. 同时考虑地貌与高度的换算

若同时考虑地貌与高度，并将非标准情况下的这种风压除以标准风压，得到的系数记作 μ，则有

$$\mu = \left(\frac{H_{T0}}{z_s}\right)^{2\alpha_0} \left(\frac{H_{T\alpha}}{z_{s\alpha}}\right)^{-2\alpha} \left(\frac{z}{z_s}\right)^{2\alpha} \tag{19-4-7}$$

将 $\alpha_0 = 0.15$，$H_{T0} = 350\text{m}$，$z_s = 10\text{m}$ 代入式（19-4-6），并考虑表 19-4-1 中的 α 及 H_T，将得到《荷载规范》8.2.1 条条文说明中的公式，即 A、B、C、D 类粗糙度的风压高度变化系数分别为

$$\mu_z^A = 1.284 \left(\frac{z}{10}\right)^{0.24} \tag{19-4-8a}$$

$$\mu_z^B = 1.000 \left(\frac{z}{10}\right)^{0.30} \tag{19-4-8b}$$

$$\mu_z^C = 0.544 \left(\frac{z}{10}\right)^{0.44} \tag{19-4-8c}$$

$$\mu_z^D = 0.262 \left(\frac{z}{10}\right)^{0.60} \tag{19-4-8d}$$

试对 C 类粗糙度的风压高度变化系数计算过程演示如下：

$$\mu_z^C = \left(\frac{350}{10}\right)^{0.30} \left(\frac{450}{10}\right)^{-0.44} \left(\frac{z}{10}\right)^{0.44} = 0.544 \left(\frac{z}{10}\right)^{0.44}$$

《荷载规范》表 8.2.1 中的 μ_z 即是根据以上公式计算所得，只不过，对于 C 类粗糙度，$z \leqslant 15\text{m}$ 时取为 15m；对于 D 类粗糙度，$z \leqslant 30\text{m}$ 时取为 30m。

4. 不同重现期的换算

一年为一个自然周期，我国取一年中最大平均风速（时距 10min）作为统计样本。从概率角度，每隔一定时间，会出现大于某一风速的年最大平均风速，这个间隔就是重现期。《荷载规范》规定基本风速的重现期为 50 年。

重现期为 T 的基本风速，一年中超越该风速一次的概率为 $\dfrac{1}{T}$，因此，不超过该基本风速的概率（或保证率）为

$$p_0 = 1 - \frac{1}{T} \tag{19-4-9}$$

据此可知，重现期为 50 年时保证率为 98%。

张相庭《结构风工程 理论·规范·实践》（中国建筑工业出版社，2006）一书中给出了不同重现期风压的比值 μ_r，为

$$\mu_r = 0.363 \log T_0 + 0.463 \tag{19-4-10}$$

《荷载规范》E.3.4 条指出，重现期为 10 年、50 年、100 年的风压可以直接查表 E.5 确定，其他重现期 R 时，按下式确定：

$$x_R = x_{10} + (x_{100} - x_{10})(\ln R / \ln 10 - 1) \tag{19-4-11}$$

【例 19-4-1】《荷载规范》中，基本风压取重现期为 50 年，问：(1) 当按照重现期为 100 年设计时，基本风压的调整系数（增大系数）是多少？(2) 当按照重现期为 10 年设计时，基本风压的调整系数是多少？

解：(1) 利用公式（19-4-10），将 50 年对应的 μ_{r50} 取为基准 1.0，则 μ_{r100} 与 μ_{r50} 的比值就是所求的增大系数，即

$$\frac{\mu_{r100}}{\mu_{r50}} = \frac{0.363 \log 100 + 0.463}{0.363 \log 50 + 0.463} = 1.10$$

《高规》4.2.2 条规定，对风荷载比较敏感的高层建筑，承载力设计时应按基本风压的 1.1 倍采用。旧《高规》的 3.2.2 条，对于这种情况规定"基本风压应按 100 年重现期的风压值采用"，可以认为是等价的，只不过，前者显然还适用于当高层建筑的设计使用年限为 100 年的情况。

(2) μ_{r10} 与 μ_{r50} 的比值就是所求的调整系数，即

$$\frac{\mu_{r10}}{\mu_{r50}} = \frac{0.363\log10 + 0.463}{0.363\log50 + 0.463} = 0.77$$

这里需要说明的是，1998 版《高钢规》的 5.5.1 条，将重现期为 10 年时的调整系数取为 0.83 而不是 0.77，是因为当时的有效版本是《建筑结构荷载规范》GBJ 9—87，而在该版本中，基本风压采用的是 30 年重现期。而

$$\frac{\mu_{r10}}{\mu_{r30}} = \frac{0.363\log10 + 0.463}{0.363\log30 + 0.463} = 0.83$$

这就是 0.83 的来历。

鉴于 2015 版《高钢规》不再规定结构顶点的顺风向和横风向振动加速度计算方法，因此，关于舒适度的验算应依据《荷载规范》附录 J，注意，此时风荷载重现期取为 10 年。

19.4.3 《荷载规范》中风荷载的计算方法

在水平风的作用下，结构可在各个方向产生振动，通常考虑两个主轴进行计算。主轴方向与风向一致的，称顺风向，与风向垂直的称作横风向。

1. 顺风向的风荷载标准值

风荷载对结构物的作用，按照垂直于结构物表面考虑，风荷载标准值记作 w_k，以压为正拉为负。确定 w_k 时，需要区分是"主要受力结构"还是"围护结构"，然后按照《荷载规范》的 8.1.1 条规定分别处理，如下：

当计算主要受力结构时，风荷载标准值按照下式计算

$$w_k = \beta_z \mu_s \mu_z w_0 \tag{19-4-12}$$

当计算围护结构时，风荷载标准值按照下式计算

$$w_k = \beta_{gz} \mu_{s1} \mu_z w_0 \tag{19-4-13}$$

以上式中，w_0 为基本风压，单位为 kN/m^2；μ_z 为风压高度变化系数；μ_s 为风荷载体型系数；β_z 为高度 z 处的风振系数；μ_{s1} 为风荷载局部体型系数；β_{gz} 为高度 z 处的阵风系数。

以下对公式（19-4-12）、公式（19-4-13）中的符号逐一解释。

(1) 风压高度变化系数 μ_z

风速大小与高度有关，一般近地面处风速小，随高度增大风速逐渐增大。风速的变化还与地貌以及周围环境有关，故地面粗糙度分为 A、B、C、D 四类。其原理前面已经阐述。

《荷载规范》的 8.2 节规定了风压高度变化系数 μ_z 的取值。

(2) 风荷载体型系数 μ_s

风荷载体型系数是指平均实际风压与基本风压的比值。

风流经建筑物对建筑物的作用，迎风面为压力，侧风面及背风面为吸力，通常以压为正拉为负。风在各面上产生的风压分布并不均匀，如图 19-4-1 所示。在计算风荷载对建筑物的整体作用时，应按各个表面的平均风压计算，这个表面的平均风压系数称为风荷载体型系数，记作 μ_s。

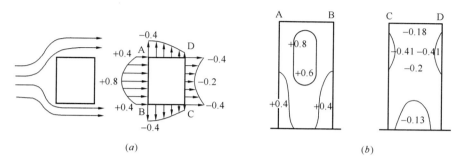

图 19-4-1 风压分布
(a) 风对建筑物的作用（平面）；(b) 风对建筑物的作用（立面）

《荷载规范》8.3.1 条规定了风荷载体型系数 μ_s 的取值。《高规》4.2.3 条、4.2.8 条对风荷载体型系数 μ_s 的规定，是一种简化后的近似值，附录 B 是对 μ_s 的详细规定。

(3) 高度 z 处的风振系数 β_z

实际风压总是在平均风压上下波动，因此可分解为平均风和脉动风。平均风使建筑物产生一定的侧移，而脉动风使建筑物在该侧移附近左右摇晃，即引起结构物的振动。当脉动风的周期（一般为 20s 左右）与结构的自振周期愈接近，风振的影响就愈显著。电视塔、烟囱、输电线塔等的自振周期在 20～1s 之间，风振影响最为显著；高层建筑结构的周期一般在 10～0.5s 之间，影响次之。对于一般建筑，风振的影响十分微小。因此，《荷载规范》8.4.1 条规定，对于高度大于 30m 且高宽比大于 1.5 的房屋，以及基本自振周期 T_1 大于 0.25s 的各种高耸结构，应考虑风压脉动对结构产生顺风向风振的影响。

设计时，用风振系数 β_z 加大风荷载，然后仍然按照静力作用计算风荷载效应。

《荷载规范》8.4.3 条规定，对于一般竖向悬臂型结构，例如，高层建筑和构架、塔架、烟囱等高耸结构，均可仅考虑结构第一振型的影响，结构的风荷载可按公式（19-4-12）通过风振系数来计算。结构在 z 高度处的风振系数 β_z 可按下式计算：

$$\beta_z = 1 + 2gI_{10}B_z\sqrt{1+R^2} \qquad (19\text{-}4\text{-}14)$$

式中，g 为峰值因子，可取 2.5；I_{10} 为 10m 高度名义湍流强度，对应 A、B、C、D 地面粗糙度，分别取 0.12、0.14、0.23、0.39；B_z 为脉动风荷载的背景分量因子；R 为脉动风荷载的共振分量因子。B_z 和 R 的计算比较复杂，详见《荷载规范》的 8.4.4～8.4.6 条，这里不再赘述。

(4) 基本风压 w_0

《荷载规范》8.1.2 条规定基本风压应采用规范规定方法确定的 50 年重现期的风压，但不得小于 0.3kN/m^2。在表 E.5 中还给出了各地 10 年、50 年、100 年一遇雪压和风压取值。

《荷载规范》3.2.5 条第 2 款规定，对雪荷载和风荷载，应取重现期为设计使用年限，这与《高规》5.6.1 条荷载组合时对风荷载不考虑设计使用年限调整系数 γ_L 是一致的。

（5）高度 z 处的阵风系数 β_{gz}

阵风系数 β_{gz} 按照《荷载规范》的 8.6 节采用，不再区分幕墙和其他构件，统一按照表 8.6.1 取值。

（6）局部体型系数 μ_{sl}

前已述及，建筑物表面风压分布是不均匀的，采用 μ_s 是从总体考虑，若考虑局部风压超过全表面平均风压，就要采用局部体型系数 μ_{sl}。

局部体型系数应按照《荷载规范》8.3.3～8.3.5 条采用。8.3.3 条是对房屋外表面分区域给出 μ_{sl}；8.3.4 条是对非直接承受风荷载的围护结构，例如檩条、幕墙骨架等考虑从属面积予以折减（5.1.2 条规定楼面梁根据从属面积折减，二者道理类似）；8.3.5 条规定了内表面局部体型系数。

注意，折减系数计算时，新旧规范公式是有差别的，新规范给出的插值公式如下：

$$\mu_{sl}(A) = \mu_{sl}(1) + [\mu_{sl}(25) - \mu_{sl}(1)]\log A/1.4 \qquad (19\text{-}4\text{-}15)$$

上式中，log 表示以 10 为底的对数。之所以出现 1.4，是因为 $\log 25 - \log 1 = 1.4$。

2. 顺风向的总风荷载

结构设计时，采用总风荷载（单位为 kN）计算风荷载作用下的结构内力及位移。

总风荷载为建筑物各个表面承受风力的合力，是沿建筑物高度变化的线荷载。总风荷载标准值 W_z 可按照下式计算：

$$W_z = \beta_z \mu_z w_0 \sum_{i=1}^{n} \mu_{si} B_i \cos\alpha_i \qquad (19\text{-}4\text{-}16)$$

式中，n 为建筑物外围表面积数（每一个平面作为一个表面积）；μ_{si} 为第 i 个表面的平均风荷载体型系数；B_i 为第 i 个表面的宽度；α_i 为第 i 个表面的法线与风作用方向的夹角。

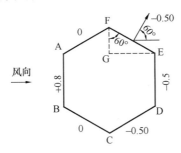

图 19-4-2 正六面体的体型系数

今以图 19-4-2 所示的正六面体截面为例，说明公式（19-4-16）的使用：

① EF 面的体型系数为 -0.5，表明为吸力，方向为垂直于 EF 且远离 EF 面。

② EF 面的法线与风向的夹角为 60°，边长 EF 与 cos60° 的乘积为长度 FG，即 EF 在垂直于风向面的投影长度。

③ 由于 EF 面吸力的方向与风向一致，因此，作为 $\sum_{i=1}^{n}\mu_{si}B_i\cos\alpha_i$ 中的一项叠加时取正号。

【例 19-4-2】 某高层现浇钢筋混凝土剪力墙结构住宅楼，建筑高度 34m，各层结构平面布置如图 19-4-3 所示。已知该地 50 年一遇的基本风压为 $w_0 = 0.55 \text{kN/m}^2$，34.0m 高度处的风振系数 $\beta_z = 1.20$，风压高度变化系数 $\mu_z = 1.56$。要求：在图 19-4-3 所示风荷载作用下，确定 34m 高度处沿建筑物高度 1m 宽度的风荷载标准值。

解：依据《建筑结构荷载规范》GB 50009—2012 表 8.3.1 的项次 30，风荷载体型系数如图 19-4-4 所示。计算风力时，将建筑各个侧面的宽度向垂直于风的平面投影。

34m 高度处沿建筑物高度 1m 宽度的风荷载标准值为：

$$W_z = \beta_z \mu_z w_0 \sum_{i=1}^{n} \mu_{si} B_i \cos\alpha_i$$
$$= 1.2 \times 1.56 \times 0.55 \times (1.0 \times 11.042 \times 2 - 0.7 \times 4.850 \times 2 + 0.5 \times 31.784)$$
$$= 32.11 \text{kN}$$

上式中，31.784 来源于 $2 \times (4.85 + 11.042) = 31.784$m。

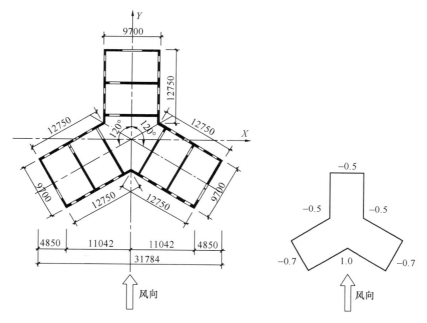

图 19-4-3 例 19-4-2 的图示　　　　图 19-4-4 Y 形体的体型系数

3. 横风向的计算

航空工程中，风有 6 个分量（沿 x、y、z 轴的三个力和绕 3 个轴的力矩），但在建筑结构中一般简化为顺风向和横风向。

如图 19-4-5 所示（图片来源于《Wind and earthquake resistant building》，Marcal Dekker，2005），初始的平行风流经过建筑两侧会产生漩涡，漩涡脱落会有强制力施加在横向。低风速时，漩涡脱落在建筑两侧同时刻发生，因而不会引起建筑物横向的摇摆而只有顺风向的震动。高风速时，两侧的漩涡脱落交替发生，这时不仅有一个顺风向的强制

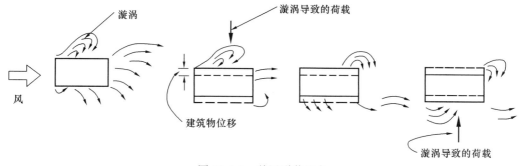

图 19-4-5 漩涡脱落现象

力，而且有横向的强制力。横向的强制力忽左忽右。横向强制力的频率为顺风向的一半。

(1) 雷诺数、斯托罗哈数和临界风速

空气流动中，对流体质点其主要作用的是两种力：惯性力和黏性力。惯性力与黏性力之比称作雷诺数，记作 Re。只要雷诺数相同，动力学特征就相似。雷诺数还是衡量从层流向湍流转变的尺度。

惯性力的量纲为 $\rho v^2 l^2$，黏性力的量纲为黏性应力 $\mu v/l$（式中，μ 称作黏性）乘以面积 l^2，故雷诺数为

$$Re = \frac{\rho v^2 l^2}{\frac{\mu v}{l} \times l^2} = \frac{\rho v l}{\mu} = \frac{v l}{\nu} \tag{19-4-17}$$

式中，$\nu = \frac{\mu}{\rho}$ 称作动黏性，其值为 $0.145 \times 10^{-4} \mathrm{m^2/s}$。将该值代入上式，并用垂直于流速方向的物体截面最大尺度 B 代替上式中的 l，则上式变成

$$Re = 69000 v B \tag{19-4-18}$$

注意上式中的第 2 个符号 "v" 表示风速。另外，由于通常是对圆形截面考虑横风向风振，故《荷载规范》8.5.3 条用结构截面的直径 D 代替了上式中的 B。

从雷诺数的定义为惯性力与黏性力之比可以看出，如果雷诺数很小，例如小于 1/1000，则惯性力与黏性力相比可以忽略，即意味着高黏性的行为；相反，如果雷诺数相当大，例如大于 1000，则意味着黏性力影响很小，空气流动中的结构常常是这种情况，惯性力起主要作用。

斯托罗哈数，是一个无量纲数，其定义为

$$St = \frac{n_s B}{v} = \frac{B}{v T_s} \tag{19-4-19}$$

式中，B 为垂直于流速方向的物体截面最大尺寸，n_s、T_s 分别为漩涡脱落频率与漩涡脱落周期，二者互为倒数；v 为风速。

斯托罗哈数 St 与截面形状及尺寸有关，可通过风洞试验测得。《荷载规范》规定，对圆截面取 $St = 0.2$（《烟囱规范》规定取 $0.2 \sim 0.3$）。

将公式 (19-4-19) 变形为：

$$n_s = \frac{v St}{B} \tag{19-4-20}$$

可见，随着风速越大，漩涡脱落频率就越大。当风速增大至漩涡脱落频率与结构频率一致时，将发生共振。结构开始共振后，风速增大一定的百分比将不能改变漩涡脱落的频率，因为这时脱落频率被结构的自振频率所控制。这就是"锁住区域"。当风速显著增大超过锁住区域，脱落频率重新由风速控制。结构仅在锁住区域共振，风速低于或超过这个范围，都不会发生共振。

将发生共振时的风速称作临界风速，这可以通过公式 (19-4-19) 令"漩涡脱落周期＝结构自振周期"得到，即

$$v_{\mathrm{cr}} = \frac{D}{T_i St} \tag{19-4-21}$$

这就是《荷载规范》的式 (8.5.3-2)。

《荷载规范》8.5.3 条规定针对不同的雷诺数（此雷诺数按临界风速求出）作出不同的处理：

当 $Re < 3 \times 10^5$ 且结构顶部风速 $v_H > v_{cr}$ 时，可发生亚临界微风共振，此时，可在构造上采取防振措施，或控制临界风速 $v_{cr} \geq 15 \text{m/s}$。

当 $Re \geq 3.5 \times 10^6$ 且 $1.2 v_H > v_{cr}$ 时，可发生跨临界的强风共振，此时应考虑横风向风振的等效风荷载。

当 $3 \times 10^5 \leq Re < 3.5 \times 10^6$ 时，则发生超临界范围的风振，可不作处理。

(2) 横风向风力图

结构物的横风向最多包含三个临界范围，而在跨临界范围内，又最多分为三个区域，如图 19-4-6 (a) 所示。由于非共振区域与共振区域（即锁住区域）相比影响较小，因而可只考虑跨临界范围共振区域的风力，如图 19-4-6 (b) 所示。一般而言，H_2 常超出建筑物高度，为简化，将其取为结构高度 H，并将凸形曲线共振荷载用常数共振荷载表示，且以临界风速为准，如图 19-4-6 (c) 所示，必要时可取略大的等效值进行计算。

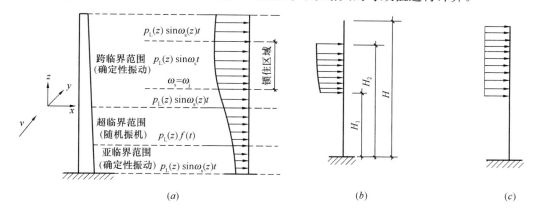

图 19-4-6　横向风力分区示意及横向计算风力

结构顶部风速记作 v_H，可根据与风压的关系式 $w = \dfrac{1}{2}\rho v^2$ 得到，考虑到风速的单位为 m/s，而风压的单位为 kN/m^2，因此，这里的风压应乘以 1000。再考虑风压还应乘以风压高度变化系数 μ_H，于是可得到 v_H 的计算公式：

$$v_H = \sqrt{\frac{2000 \mu_H w_0}{\rho}} \tag{19-4-22}$$

这就是《荷载规范》的公式 (8.5.3-3)。

图 19-4-6 中的临界风速起始点高度 H_1 可以这样求得：根据前述的风速与高度的关系可知，有下式成立：

$$\frac{v_{cr}}{v_H} = \left(\frac{H_1}{H}\right)^\alpha \tag{19-4-23}$$

由此可得到

$$H_1 = H \times \left(\frac{v_{cr}}{v_H}\right)^{1/\alpha} \tag{19-4-24}$$

公式 (19-4-24) 实际上就是 2001 版《荷载规范》的公式 (7.6.2-2)。考虑到安全因素，从 2006 版开始，将式（19-4-24）中的顶部风速 v_H 放大 1.2 倍（相当于把 H_1 降低了）。2012 版《荷载规范》公式（H.1.1-2）即来源于此。

跨临界强风共振引起的等效风荷载标准值应考虑不同振型，简化之后为《荷载规范》的公式（H.1.1-1），即：

$$w_{\mathrm{Lk},j} = \frac{|\lambda_j| v_{\mathrm{cr}}^2 \phi_j(z)}{12800 \zeta_j} \tag{19-4-25}$$

式中，λ_j 为计算系数，按规范表 H.1.1 取用；$\phi_j(z)$ 为第 j 振型系数，按规范附录 G 确定；ζ_j 为第 j 振型的阻尼比。由于规范中该公式没有写成上下形式，需要注意 ζ_j 应处于分母位置。

《烟囱规范》中的规定与《荷载规范》基本相同。其 5.2.4 条第 3 款规定，当雷诺数 $Re > 3.5 \times 10^6$ 且烟囱顶部风速的 1.2 倍大于临界风速（$1.2 v_H > v_{\mathrm{cr}1}$）时，应验算风振响应。等效风荷载按下式计算：

$$w_{\mathrm{cz},j} = |\lambda_j| \frac{v_{\mathrm{cr},j}^2 \varphi_{zj}}{12800 \zeta_j} \tag{19-4-26}$$

该式与《荷载规范》H.1.1 条公式（H.1.1-1）[即本书式（19-4-25）]对比可知，只是符号略有差异。从细节上看，λ_j 取值不同：

《烟囱规范》：$\lambda_j = \lambda_j(H_1/H) - \lambda_j(H_2/H)$。

《荷载规范》相当于是 $\lambda_j = \lambda_j(H_1/H)$。

$\lambda_j(H_1/H)$ 的含义是"依据 H_1/H 得到的计算系数"，H_1 为锁住区起点高度（即《荷载规范》中的"临界风速起点高度 H_1"），H 为烟囱全高。$\lambda_j(H_2/H)$ 的含义与 $\lambda_j(H_1/H)$ 类似，H_2 为锁住区终点高度。H_1、H_2 计算公式如下：

$$H_1 = H \times \left(\frac{v_{\mathrm{cr},j}}{1.2 v_H}\right)^{1/\alpha}$$

$$H_2 = H \times \left(\frac{1.3 v_{\mathrm{cr},j}}{v_H}\right)^{1/\alpha}$$

此处对相应的风速放大，相当于 H_1 尽量取低，H_2 尽量取高，增大锁住区域的范围以策安全。

另外，《烟囱规范》5.2.5 条特别指出，应计算风速小于基本设计风压工况下可能发生的最不利共振响应。

19.4.4 外部风力、内部风力和摩擦风力

从力（force，单位为 N）的角度理解，风力可以有 3 种表现形式：外部风力、内部风力和摩擦风力。外部风力和内部风力作用方向与板面垂直，摩擦风力作用方向与板面平行。

外部风力和内部风力若以单位面积表达，就是风压，以指向板面为正背离板面为负。图 19-4-7 展示了外部风压和内部风压。当洞口在迎风面时，内部风压为正；当洞口在背风面或侧面时，内部风压为负。设计时，对于某墙面（围护结构），可采用"包络"设计，即，当外部风压为正（指向墙面）时要取内部风压为负（背离墙面），这样，才能实现力的"同方向相加"。当以整个建筑物作为对象分析其所受风力时（主体结构受力），由于内部风压视为处处相等，因此可以不考虑内部风压。

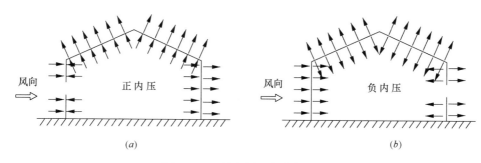

图 19-4-7 外部风压与内部风压

1. 外部风力

《荷载规范》表 8.3.1 规定的体型系数绝大多数是"外部压力"的体型系数。以表 8.3.1 项次 2 为例,风荷载的分布如图 19-4-8 所示(图中忽略了风压随高度而变化)。

当屋面坡度 $\alpha=30°$ 时,$\mu_s=0$ 只用于插值,即,$\alpha=20°$ 时,内插法可得

$$\mu_s = -0.6 + \frac{0-(-0.6)}{30-15} \times (20-15)$$
$$= -0.4$$

当设计中屋面坡度 $\alpha=30°$ 时,μ_s 应分别以 +0.1 或 -0.1 计算并取最不利者,即备注所说的 "μ_s 绝对值不小于 0.1"。

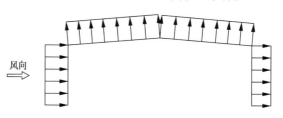

图 19-4-8 封闭式房屋的外部风荷载分布

需要注意的是,表 8.3.1 中,有些情况的体型系数,不再是严格意义上的外部压力体型系数,可视为"净压力体型系数",如下:

(1) 截面的杆件,例如表 8.3.1 项次 32。此时无法区分内外,体型系数取为 1.3,如图 19-4-9 所示,受风面积按照下式求出:

x 方向:$A = l \cdot b$

y 方向:$A = l \cdot d$

式中,l 为所研究结构构件的长度。

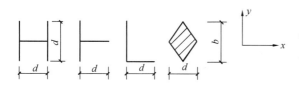

图 19-4-9 横向风力分区示意及横向计算风力

(2) 桁架,例如表 8.3.1 项次 33。此时,由于有透风面积,故给出体型系数为 $\phi\mu_s$,ϕ 为实体面积与轮廓面积的比值(挡风系数),之后计算风力时可以直接用风压乘以体型系数再乘以轮廓面积。

(3) 独立墙壁,例如表 8.3.1 项次 34。此时,相当于综合考虑了两个迎风面和背风面的体型系数后综合取为 1.3。

(4) 塔架,表 8.3.1 项次 35。对于角钢塔架,体型系数应考虑挡风系数 ϕ 以及塔架轮廓与风的相对关系;对于圆管塔架,先按角钢塔架求出体型系数,再根据 $\mu_z w_0 d^2$ 乘以折减系数,d 可取为圆管的外径。

(5) 圆截面构筑物,表 8.3.1 项次 37。此时,区分整体计算和局部计算。局部计算时,体型系数为 α 的函数,α 为自与风向一致的直径轴算起的角度。整体计算时,体型系数

查表确定，必要时插值。

（6）架空管道，表 8.3.1 项次 38。

（7）拉索，表 8.3.1 项次 39。此时，将风荷载分为水平分量和垂直分量。

2. 内部风力

以"内部风压系数"乘以风压再乘以受风面积得到。"内部风压系数"在《荷载规范》8.3.5 条有规定，但是不够细致。

内部风压系数与建筑物的开洞有关。美国《房屋和其他结构最小设计荷载与相关条文》（Minimum Design Loads and Associated Criteria for Buildings and Other Structures）ASCE7-16 的表 26.13-1 规定了建筑物开洞的 4 个类型，并规定了相应的内压系数，如表 19-4-2 所示。

ASCE7-16 规定的开洞类型　　　　表 19-4-2

开洞类型	定义	内压系数
封闭式	$A_0 < \min(0.01A_g, 0.37\text{m}^2)$ 且 $A_{0i}/A_{gi} \leq 0.2$	± 0.18
部分封闭式	$A_0 > 1.1A_{0i}$ 且 $A_0 > \min(0.01A_g, 0.37\text{m}^2)$ 且 $A_{0i}/A_{gi} \leq 0.2$	± 0.55
部分开敞式	不属于封闭式、部分封闭式和开敞式	± 0.18
开敞式	每面墙至少 80% 开洞	0.00

注：1. A_0 为受到正外压的那面墙总的开洞面积；A_g 为定义 A_0 的那面墙的毛面积；A_{0i} 为房屋外轮廓总开洞面积，不包括 A_0；A_{gi} 为房屋外轮廓毛面积，不包括 A_g。
2. 如果按照定义同时符合"开敞式"和"部分封闭式"，视为"开敞式"。
3. 考虑两个工况以确定最不利者：全部内面为正的内压；全部内面为负的内压。
4. 内压为正表示风力指向内表面；内压为负表示风力背向内表面。

3. 摩擦风力

《荷载规范》表 8.3.1 项次 27 的备注指出，纵向风荷载对屋面所引起的总水平力，当 $\alpha \geq 30°$ 时为 $0.05Aw_h$；当 $\alpha < 30°$ 时为 $0.10Aw_h$。其中，A 为屋面的水平投影面积，w_h 为屋面高度 h 处的风压。这就是摩擦风力，只不过，此处对摩擦系数没有详细划分。欧洲规范 EN1991-1-4：2005 表 7.10 根据表面粗糙度把摩擦系数取为 0.01（钢材表面或光滑的混凝土面）、0.02（粗糙的混凝土面）和 0.04（波纹或带肋的表面）三种。

附 录

附录1 常用表格

混凝土强度标准值、设计值与弹性模量

附表1-1

混凝土强度等级	C20	C25	C30	C35	C40	C45	C50	C55	C60
$f_{ck}(N/mm^2)$	13.4	16.7	20.1	23.4	26.8	29.6	32.4	35.5	38.5
$f_{tk}(N/mm^2)$	1.54	1.78	2.01	2.20	2.39	2.51	2.64	2.74	2.85
$f_c(N/mm^2)$	9.6	11.9	14.3	16.7	19.1	21.1	23.1	25.3	27.5
$f_t(N/mm^2)$	1.10	1.27	1.43	1.57	1.71	1.80	1.89	1.96	2.04
$E_c(\times 10^4 N/mm^2)$	2.55	2.80	3.00	3.15	3.25	3.35	3.45	3.55	3.60

钢筋强度设计值与弹性模量

附表1-2

钢筋强度等级	HPB300	HRB335	HRB400、HRBF400、RRB400	HRB500、HRBF500
$f_y(N/mm^2)$	270	300	360	435
$f'_y(N/mm^2)$	270	300	360	435
$E_s(\times 10^5 N/mm^2)$	2.1	2.0	2.0	2.0

注：当轴心受压时，HRB500、HRBF500的 $f'_y=400N/mm^2$。

梁的最小配筋率

附表1-3

	C20	C25	C30	C35	C40	C45	C50
HPB300	0.002	0.00212	0.00238	0.00262	0.00285	0.003	0.00315
HRB335	0.002	0.002	0.00215	0.00236	0.00257	0.0027	0.00284
HRB400、HRBF400、RRB400	0.002	0.002	0.002	0.002	0.00214	0.00225	0.00236
HRB500、HRBF500	0.002						

注：最小配筋率依据 $0.45f_t/f_y$ 和 0.2% 的较大者算出。

界限相对受压区高度

附表1-4

	≤C50	C55	C60	C65	C70	C75	C80
HPB300	0.576	0.566	0.556	0.547	0.537	0.528	0.518
HRB335	0.550	0.541	0.531	0.522	0.512	0.503	0.493
HRB400、HRBF400、RRB400	0.518	0.508	0.499	0.490	0.481	0.472	0.463
HRB500、HRBF500	0.482	0.473	0.464	0.455	0.447	0.438	0.429

注：ξ_b 依据《混凝土结构设计规范》6.2.7条的公式得到，即 $\xi_b=\dfrac{\beta_1}{1+\dfrac{f_y}{E_s\varepsilon_{cu}}}$，式中，当混凝土强度等级大于C50时，

β_1 的内插公式为 $\beta_1=0.8-\dfrac{0.8-0.74}{80-50}\times(f_{cu,k}-50)$。

普通钢筋截面面积、质量表

附表 1-5

公称直径 (mm)	在下列钢筋根数时的截面面积(mm²)									质量 (kg/m)	带肋钢筋外径(mm)
	1	2	3	4	5	6	7	8	9		
6	28.3	57	85	113	141	170	198	226	254	0.222	7.0
8	50.3	101	151	201	251	302	352	402	452	0.395	9.3
10	78.5	157	236	314	393	471	550	628	707	0.617	11.6
12	113.1	226	339	452	565	679	792	905	1018	0.888	13.9
14	153.9	308	462	616	770	924	1078	1232	1385	1.21	16.2
16	201.1	402	603	804	1005	1206	1407	1608	1810	1.58	18.4
18	254.5	509	763	1018	1272	1527	1781	2036	2290	2.00	20.5
20	314.2	628	942	1256	1570	1884	2199	2513	2827	2.47	22.7
22	380.1	760	1140	1520	1900	2281	2661	3041	3421	2.98	25.1
25	490.9	982	1473	1964	2454	2945	3436	3927	4418	3.85	28.4
28	615.8	1232	1847	2463	3079	3695	4310	4926	5542	4.83	31.6
32	804.2	1608	2413	3217	4021	4826	5630	6434	7238	6.31	35.8

在钢筋间距一定时板每米宽度内钢筋截面积(单位：mm²)

附表 1-6

钢筋间距 (mm)	钢筋直径(mm)								
	6	8	10	12	14	16	18	20	22
70	404	718	1122	1616	2199	2873	3636	4487	5430
75	377	670	1047	1508	2052	2681	3393	4188	5081
80	353	628	982	1414	1925	2514	3181	3926	4751
85	333	591	924	1331	1811	2366	2994	3695	4472
90	314	559	873	1257	1711	2234	2828	3490	4223
95	298	529	827	1190	1620	2117	2679	3306	4001
100	283	503	785	1131	1539	2011	2545	3141	3801
105	269	479	748	1077	1466	1915	2424	2991	3620
110	257	457	714	1028	1399	1828	2314	2855	3455
115	246	437	683	984	1339	1749	2213	2731	3305
120	236	419	654	942	1283	1676	2121	2617	3167
125	226	402	628	905	1232	1609	2036	2513	3041
130	217	387	604	870	1184	1547	1958	2416	2924
135	209	372	582	838	1140	1490	1885	2327	2816
140	202	359	561	808	1100	1436	1818	2244	2715
145	195	347	542	780	1062	1387	1755	2166	2621
150	189	335	524	754	1026	1341	1697	2084	2534
155	182	324	507	730	993	1297	1642	2027	2452
160	177	314	491	707	962	1257	1590	1964	2376
165	171	305	476	685	933	1219	1542	1904	2304
170	166	296	462	665	905	1183	1497	1848	2236
175	162	287	449	646	876	1149	1454	1795	2172

续表

钢筋间距(mm)	钢筋直径(mm)								
	6	8	10	12	14	16	18	20	22
180	157	279	436	628	855	1117	1414	1746	2112
185	153	272	425	611	832	1087	1376	1694	2035
190	149	265	413	595	810	1058	1339	1654	2001
195	145	258	403	580	789	1031	1305	1611	1949
200	141	251	393	565	769	1005	1272	1572	1901

螺栓(或柱脚锚栓)的有效截面面积　　　　　　　　　　　　　　　　　　附表 1-7

螺栓公称直径(mm)	16	18	20	22	24	27	30	33	36
螺栓有效截面积(mm²)	156.7	192.5	244.8	303.4	352.5	459.4	560.6	693.6	816.7
螺栓公称直径(mm)	39	42	45	48	52	56	64	72	80
螺栓有效截面积(mm²)	975.8	1121	1306	1473	1758	2030	2676	3460	4344

轴心受压构件的截面分类(板厚 $t<40$mm)　　　　　　　　　　　　　　附表 1-8

截面形式		对 x 轴	对 y 轴
轧制(圆形)		a 类	a 类
轧制(工字形)	$b/h \leqslant 0.8$	a 类	b 类
	$b/h > 0.8$	a* 类	b* 类
轧制等边角钢		a* 类	a* 类
焊接、翼缘为焰切边；焊接(圆形)；轧制(十字形等)		b 类	b 类

续表

截面形式		对 x 轴	对 y 轴
轧制、焊接（板件宽厚比>20）	轧制或焊接	b 类	b 类
焊接	轧制截面和翼缘为焰切边的焊接截面	b 类	b 类
格构式	焊接，板件边缘焰切	b 类	b 类
焊接，翼缘为轧制或剪切边		b 类	c 类
焊接，板件边缘轧制或剪切	轧制、焊接（板件宽厚比≤20）	c 类	c 类

注：1. a*类含义为 Q235 钢取 b 类，Q345、Q390、Q420 和 Q460 钢取 a 类；b*类含义为 Q235 钢取 c 类，Q345、Q390、Q420 和 Q460 钢取 b 类；
2. 无对称轴且剪心和形心不重合的截面，其截面分类可按有对称轴的类似截面确定，如不等边角钢采用等边角钢的类别；当无类似截面时，可取 c 类。

轴心受压构件的截面分类（板厚 $t \geqslant 40$mm）　　　　　　　　　　附表 1-9

截面形式		对 x 轴	对 y 轴
轧制工字形或 H 形截面	$t<80$mm	b 类	c 类
	$t \geqslant 80$mm	c 类	d 类
焊接工字形截面	翼缘为焰切边	b 类	b 类
	翼缘为轧制或剪切边	c 类	d 类
焊接箱形截面	板件宽厚比>20	b 类	b 类
	板件宽厚比≤20	c 类	c 类

a 类截面轴心受压构件的稳定系数 φ

附表 1-10

$\lambda\sqrt{\dfrac{f_y}{235}}$	0	1	2	3	4	5	6	7	8	9
0	1.000	1.000	1.000	1.000	0.999	0.999	0.998	0.998	0.997	0.996
10	0.995	0.994	0.993	0.992	0.991	0.989	0.988	0.986	0.985	0.983
20	0.981	0.979	0.977	0.976	0.974	0.972	0.970	0.968	0.966	0.964
30	0.963	0.961	0.959	0.957	0.955	0.952	0.950	0.948	0.946	0.944
40	0.941	0.939	0.937	0.934	0.932	0.929	0.927	0.924	0.921	0.919
50	0.916	0.913	0.910	0.907	0.904	0.900	0.897	0.894	0.890	0.886
60	0.883	0.879	0.875	0.871	0.867	0.863	0.858	0.854	0.849	0.844
70	0.839	0.834	0.829	0.824	0.818	0.813	0.807	0.801	0.795	0.789
80	0.783	0.776	0.770	0.763	0.757	0.750	0.743	0.736	0.728	0.721
90	0.714	0.706	0.699	0.691	0.684	0.676	0.668	0.661	0.653	0.645
100	0.638	0.630	0.622	0.615	0.607	0.600	0.592	0.585	0.577	0.570
110	0.563	0.555	0.548	0.541	0.534	0.527	0.520	0.514	0.507	0.500
120	0.494	0.488	0.481	0.475	0.469	0.463	0.457	0.451	0.445	0.440
130	0.434	0.429	0.423	0.418	0.412	0.407	0.402	0.397	0.392	0.387
140	0.383	0.378	0.373	0.369	0.364	0.360	0.356	0.351	0.347	0.343
150	0.339	0.335	0.331	0.327	0.323	0.320	0.316	0.312	0.309	0.305
160	0.302	0.298	0.295	0.292	0.289	0.285	0.282	0.279	0.276	0.273
170	0.270	0.267	0.264	0.262	0.259	0.256	0.253	0.251	0.248	0.246
180	0.243	0.241	0.238	0.236	0.233	0.231	0.229	0.226	0.224	0.222
190	0.220	0.218	0.215	0.213	0.211	0.209	0.207	0.205	0.203	0.201
200	0.199	0.198	0.196	0.194	0.192	0.190	0.189	0.187	0.185	0.183
210	0.182	0.180	0.179	0.177	0.175	0.174	0.172	0.171	0.169	0.168
220	0.166	0.165	0.164	0.162	0.161	0.159	0.158	0.157	0.155	0.154
230	0.153	0.152	0.150	0.149	0.148	0.147	0.146	0.144	0.143	0.142
240	0.141	0.140	0.139	0.138	0.136	0.135	0.134	0.133	0.132	0.131
250	0.130									

b 类截面轴心受压构件的稳定系数 φ

附表 1-11

$\lambda\sqrt{\dfrac{f_y}{235}}$	0	1	2	3	4	5	6	7	8	9
0	1.000	1.000	1.000	0.999	0.999	0.998	0.997	0.996	0.995	0.994
10	0.992	0.991	0.989	0.987	0.985	0.983	0.981	0.978	0.976	0.973
20	0.970	0.967	0.963	0.960	0.957	0.953	0.950	0.946	0.943	0.939
30	0.936	0.932	0.929	0.925	0.922	0.918	0.914	0.910	0.906	0.903
40	0.899	0.895	0.891	0.887	0.882	0.878	0.874	0.870	0.865	0.861
50	0.856	0.852	0.847	0.842	0.838	0.833	0.828	0.823	0.818	0.813
60	0.807	0.802	0.797	0.791	0.786	0.780	0.774	0.769	0.763	0.757
70	0.751	0.745	0.739	0.732	0.726	0.720	0.714	0.707	0.701	0.694
80	0.688	0.681	0.675	0.668	0.661	0.655	0.648	0.641	0.635	0.628
90	0.621	0.614	0.608	0.601	0.594	0.588	0.581	0.575	0.568	0.561
100	0.555	0.549	0.542	0.536	0.529	0.523	0.517	0.511	0.505	0.499
110	0.493	0.487	0.481	0.475	0.470	0.464	0.458	0.453	0.447	0.442
120	0.437	0.432	0.426	0.421	0.416	0.411	0.406	0.402	0.397	0.392
130	0.387	0.383	0.378	0.374	0.370	0.365	0.361	0.357	0.353	0.349
140	0.345	0.341	0.337	0.333	0.329	0.326	0.322	0.318	0.315	0.311
150	0.308	0.304	0.301	0.298	0.295	0.291	0.288	0.285	0.282	0.279

续表

$\lambda\sqrt{\frac{f_y}{235}}$	0	1	2	3	4	5	6	7	8	9
160	0.276	0.273	0.270	0.267	0.265	0.262	0.259	0.256	0.254	0.251
170	0.249	0.246	0.244	0.241	0.239	0.236	0.234	0.232	0.229	0.227
180	0.225	0.223	0.220	0.218	0.216	0.214	0.212	0.210	0.208	0.206
190	0.204	0.202	0.200	0.198	0.197	0.195	0.193	0.191	0.190	0.188
200	0.186	0.184	0.183	0.181	0.180	0.178	0.176	0.175	0.173	0.172
210	0.170	0.169	0.167	0.166	0.165	0.163	0.162	0.160	0.159	0.158
220	0.156	0.155	0.154	0.153	0.151	0.150	0.149	0.148	0.146	0.145
230	0.144	0.143	0.142	0.141	0.140	0.138	0.137	0.136	0.135	0.134
240	0.133	0.132	0.131	0.130	0.129	0.128	0.127	0.126	0.125	0.124
250	0.123									

c 类截面轴心受压构件的稳定系数 φ 附表 1-12

$\lambda\sqrt{\frac{f_y}{235}}$	0	1	2	3	4	5	6	7	8	9
0	1.000	1.000	1.000	0.999	0.999	0.998	0.997	0.996	0.995	0.993
10	0.992	0.990	0.988	0.986	0.983	0.981	0.978	0.976	0.973	0.970
20	0.966	0.959	0.953	0.947	0.940	0.934	0.928	0.921	0.915	0.909
30	0.902	0.896	0.890	0.884	0.877	0.871	0.865	0.858	0.852	0.846
40	0.839	0.833	0.826	0.820	0.814	0.807	0.801	0.794	0.788	0.781
50	0.775	0.768	0.762	0.755	0.748	0.742	0.735	0.729	0.722	0.715
60	0.709	0.702	0.695	0.689	0.682	0.676	0.669	0.662	0.656	0.649
70	0.643	0.636	0.629	0.623	0.616	0.610	0.604	0.597	0.591	0.584
80	0.578	0.572	0.566	0.559	0.553	0.547	0.541	0.535	0.529	0.523
90	0.517	0.511	0.505	0.500	0.494	0.488	0.483	0.477	0.472	0.467
100	0.463	0.458	0.454	0.449	0.445	0.441	0.436	0.432	0.428	0.423
110	0.419	0.415	0.411	0.407	0.403	0.399	0.395	0.391	0.387	0.383
120	0.379	0.375	0.371	0.367	0.364	0.360	0.356	0.353	0.349	0.346
130	0.342	0.339	0.335	0.332	0.328	0.325	0.322	0.319	0.315	0.312
140	0.309	0.306	0.303	0.300	0.297	0.294	0.291	0.288	0.285	0.282
150	0.280	0.277	0.274	0.271	0.269	0.266	0.264	0.261	0.258	0.256
160	0.254	0.251	0.249	0.246	0.244	0.242	0.239	0.237	0.235	0.233
170	0.230	0.228	0.226	0.224	0.222	0.220	0.218	0.216	0.214	0.212
180	0.210	0.208	0.206	0.205	0.203	0.201	0.199	0.197	0.196	0.194
190	0.192	0.190	0.189	0.187	0.186	0.184	0.182	0.181	0.179	0.178
200	0.176	0.175	0.173	0.172	0.170	0.169	0.168	0.166	0.165	0.163
210	0.162	0.161	0.159	0.158	0.157	0.156	0.154	0.153	0.152	0.151
220	0.150	0.148	0.147	0.146	0.145	0.144	0.143	0.142	0.140	0.139
230	0.138	0.137	0.136	0.135	0.134	0.133	0.132	0.131	0.130	0.129
240	0.128	0.127	0.126	0.125	0.124	0.124	0.123	0.122	0.121	0.120
250	0.119									

d 类截面轴心受压构件的稳定系数 φ

附表 1-13

$\lambda\sqrt{\dfrac{f_y}{235}}$	0	1	2	3	4	5	6	7	8	9
0	1.000	1.000	0.999	0.999	0.998	0.996	0.994	0.992	0.990	0.987
10	0.984	0.981	0.978	0.974	0.969	0.965	0.960	0.955	0.949	0.944
20	0.937	0.927	0.918	0.909	0.900	0.891	0.883	0.874	0.865	0.857
30	0.848	0.840	0.831	0.823	0.815	0.807	0.799	0.790	0.782	0.774
40	0.766	0.759	0.751	0.743	0.735	0.728	0.720	0.712	0.705	0.697
50	0.690	0.683	0.675	0.668	0.661	0.654	0.646	0.639	0.632	0.625
60	0.618	0.612	0.605	0.598	0.591	0.585	0.578	0.572	0.565	0.559
70	0.552	0.546	0.540	0.534	0.528	0.522	0.516	0.510	0.504	0.498
80	0.493	0.487	0.481	0.476	0.470	0.465	0.460	0.454	0.449	0.444
90	0.439	0.434	0.429	0.424	0.419	0.414	0.410	0.405	0.401	0.397
100	0.394	0.390	0.387	0.383	0.380	0.376	0.373	0.370	0.366	0.363
110	0.359	0.356	0.353	0.350	0.346	0.343	0.340	0.337	0.334	0.331
120	0.328	0.325	0.322	0.319	0.316	0.313	0.310	0.307	0.304	0.301
130	0.299	0.296	0.293	0.290	0.288	0.285	0.282	0.280	0.277	0.275
140	0.272	0.270	0.267	0.265	0.262	0.260	0.258	0.255	0.253	0.251
150	0.248	0.246	0.244	0.242	0.240	0.237	0.235	0.233	0.231	0.229
160	0.227	0.225	0.223	0.221	0.219	0.217	0.215	0.213	0.212	0.210
170	0.208	0.206	0.204	0.203	0.201	0.199	0.197	0.196	0.194	0.192
180	0.191	0.189	0.188	0.186	0.184	0.183	0.181	0.180	0.178	0.177
190	0.176	0.174	0.173	0.171	0.170	0.168	0.167	0.166	0.164	0.163
200	0.162									

无侧移框架柱的计算长度系数 μ

附表 1-14

K_2 \ K_1	0	0.05	0.1	0.2	0.3	0.4	0.5	1	2	3	4	5	$\geqslant 10$
0	1.000	0.990	0.981	0.964	0.949	0.935	0.922	0.875	0.820	0.791	0.773	0.760	0.732
0.05	0.990	0.981	0.971	0.955	0.940	0.926	0.914	0.867	0.814	0.784	0.766	0.754	0.726
0.1	0.981	0.971	0.962	0.946	0.931	0.918	0.906	0.860	0.807	0.778	0.760	0.748	0.721
0.2	0.964	0.955	0.946	0.930	0.916	0.903	0.891	0.846	0.795	0.767	0.749	0.737	0.711
0.3	0.949	0.940	0.931	0.916	0.902	0.889	0.878	0.834	0.784	0.756	0.739	0.728	0.701
0.4	0.935	0.926	0.918	0.903	0.889	0.877	0.866	0.823	0.774	0.747	0.730	0.719	0.693
0.5	0.922	0.914	0.906	0.891	0.878	0.866	0.855	0.813	0.765	0.738	0.721	0.710	0.685
1	0.875	0.867	0.860	0.846	0.834	0.823	0.813	0.774	0.729	0.704	0.688	0.677	0.654
2	0.820	0.814	0.807	0.795	0.784	0.774	0.765	0.729	0.686	0.663	0.648	0.638	0.615
3	0.791	0.784	0.778	0.767	0.756	0.747	0.738	0.704	0.663	0.640	0.625	0.616	0.593

续表

K_2 \ K_1	0	0.05	0.1	0.2	0.3	0.4	0.5	1	2	3	4	5	≥10
4	0.773	0.766	0.760	0.749	0.739	0.730	0.721	0.688	0.648	0.625	0.611	0.601	0.580
5	0.760	0.754	0.748	0.737	0.728	0.719	0.710	0.677	0.638	0.616	0.601	0.592	0.570
≥10	0.732	0.726	0.721	0.711	0.701	0.693	0.685	0.654	0.615	0.593	0.580	0.570	0.549

注：1. 表中的计算长度系数 μ 值系按下式算得：

$$\left[\left(\frac{\pi}{\mu}\right)^2+2(K_1+K_2)-4K_1K_2\right]\frac{\pi}{\mu}\cdot\sin\frac{\pi}{\mu}-2\left[(K_1+K_2)\left(\frac{\pi}{\mu}\right)^2+4K_1K_2\right]\cos\frac{\pi}{\mu}+8K_1K_2=0$$

K_1、K_2——分别为相交于柱上端、柱下端的横梁线刚度之和与柱线刚度之和的比值。当梁远端为铰接时，应将横梁线刚度乘以 1.5；当横梁远端为嵌固时，则将横梁线刚度乘以 2.0。

2. 当横梁与柱铰接时，取横梁线刚度为零。

3. 对底层框架柱：当柱与基础铰接时，取 $K_2=0$（对平板支座可取 $K_2=0.1$）；当柱与基础刚接时，取 $K_2=10$。

4. 当与柱刚性连接的横梁所受轴心压力 N_b 较大时，横梁线刚度应乘以折减系数 α_N：

横梁远端与柱刚接和横梁远端铰支时　　$\alpha_N=1-N_b/N_{Eb}$

横梁远端嵌固时　　　　　　　　　　　$\alpha_N=1-N_b/(2N_{Eb})$

式中，$N_{Eb}=\pi^2EI_b/l^2$，I_b 为横梁截面惯性矩，l 为横梁长度。

有侧移框架柱的计算长度系数 μ　　　　　　附表 1-15

K_2 \ K_1	0	0.05	0.1	0.2	0.3	0.4	0.5	1	2	3	4	5	≥10
0	∞	6.02	4.46	3.42	3.01	2.78	2.64	2.33	2.17	2.11	2.08	2.07	2.03
0.05	6.02	4.16	3.47	2.86	2.58	2.42	2.31	2.07	1.94	1.90	1.87	1.86	1.83
0.1	4.46	3.47	3.01	2.56	2.33	2.20	2.11	1.90	1.79	1.75	1.73	1.72	1.70
0.2	3.42	2.86	2.56	2.23	2.05	1.94	1.87	1.70	1.60	1.57	1.55	1.54	1.52
0.3	3.01	2.58	2.33	2.05	1.90	1.80	1.74	1.58	1.49	1.46	1.45	1.44	1.42
0.4	2.78	2.42	2.20	1.94	1.80	1.71	1.65	1.50	1.42	1.39	1.37	1.37	1.35
0.5	2.64	2.31	2.11	1.87	1.74	1.65	1.59	1.45	1.37	1.34	1.32	1.32	1.30
1	2.33	2.07	1.90	1.70	1.58	1.50	1.45	1.32	1.24	1.21	1.20	1.19	1.17
2	2.17	1.94	1.79	1.60	1.49	1.42	1.37	1.24	1.16	1.14	1.12	1.12	1.10
3	2.11	1.90	1.75	1.57	1.46	1.39	1.34	1.21	1.14	1.11	1.10	1.09	1.07
4	2.08	1.87	1.73	1.55	1.45	1.37	1.32	1.20	1.12	1.10	1.08	1.08	1.06
5	2.07	1.86	1.72	1.54	1.44	1.37	1.32	1.19	1.12	1.09	1.08	1.07	1.05
≥10	2.03	1.83	1.70	1.52	1.42	1.35	1.30	1.17	1.10	1.07	1.06	1.05	1.03

注：1. 表中的计算长度系数 μ 值系按下式算得：

$$\left[36K_1K_2-\left(\frac{\pi}{\mu}\right)^2\right]\sin\frac{\pi}{\mu}+6(K_1+K_2)\frac{\pi}{\mu}\cdot\cos\frac{\pi}{\mu}=0$$

K_1、K_2——分别为相交于柱上端、柱下端的横梁线刚度之和与柱线刚度之和的比值。当横梁远端为铰接时，应将横梁线刚度乘以 0.5；当横梁远端为嵌固时，则将横梁线刚度乘以 2/3；

2. 当横梁与柱铰接时，取横梁线刚度为零；

3. 对底层框架柱：当柱与基础铰接时，取 $K_2=0$（对平板支座可取 $K_2=0.1$）；当柱与基础刚接时，取 $K_2=10$；

4. 当与柱刚性连接的横梁所受轴心压力 N_b 较大时，横梁线刚度应乘以折减系数 α_N：

横梁远端与柱刚接时　　$\alpha_N=1-N_b/(4N_{Eb})$

横梁远端铰支时　　　　$\alpha_N=1-N_b/N_{Eb}$

横梁远端嵌固时　　　　$\alpha_N=1-N_b/(2N_{Eb})$

N_{Eb} 的计算式见附表 1-14 注 4。

无筋砌体矩形截面偏心受压构件承载力影响系数 φ（砂浆强度等级≥M5） 附表 1-16

β	$\dfrac{e}{h}$ 或 $\dfrac{e}{h_T}$											
	0	0.025	0.05	0.075	0.1	0.125	0.15	0.175	0.2	0.225	0.25	0.275	0.3
≤3	1	0.99	0.97	0.94	0.89	0.84	0.79	0.73	0.68	0.62	0.57	0.52	0.48
4	0.98	0.95	0.90	0.85	0.80	0.74	0.69	0.64	0.58	0.53	0.49	0.45	0.41
6	0.95	0.91	0.86	0.81	0.75	0.69	0.64	0.59	0.54	0.49	0.45	0.42	0.38
8	0.91	0.86	0.81	0.76	0.70	0.64	0.59	0.54	0.50	0.46	0.42	0.39	0.36
10	0.87	0.82	0.76	0.71	0.65	0.60	0.55	0.50	0.46	0.42	0.39	0.36	0.33
12	0.82	0.77	0.71	0.66	0.60	0.55	0.51	0.47	0.43	0.39	0.36	0.33	0.31
14	0.77	0.72	0.66	0.61	0.56	0.51	0.47	0.43	0.40	0.36	0.34	0.31	0.29
16	0.72	0.67	0.61	0.56	0.52	0.47	0.44	0.40	0.37	0.34	0.31	0.29	0.27
18	0.67	0.62	0.57	0.52	0.48	0.44	0.40	0.37	0.34	0.31	0.29	0.27	0.25
20	0.62	0.57	0.53	0.48	0.44	0.40	0.37	0.34	0.32	0.29	0.27	0.25	0.23
22	0.58	0.53	0.49	0.45	0.41	0.38	0.35	0.32	0.30	0.27	0.25	0.24	0.22
24	0.54	0.49	0.45	0.41	0.38	0.35	0.32	0.30	0.28	0.26	0.24	0.22	0.21
26	0.50	0.46	0.42	0.38	0.35	0.33	0.30	0.28	0.26	0.24	0.22	0.21	0.19
28	0.46	0.42	0.39	0.36	0.33	0.30	0.28	0.26	0.24	0.22	0.21	0.19	0.18
30	0.42	0.39	0.36	0.33	0.31	0.28	0.26	0.24	0.22	0.21	0.20	0.18	0.17

无筋砌体矩形截面偏心受压构件承载力影响系数 φ（砂浆强度等级 M2.5） 附表 1-17

β	$\dfrac{e}{h}$ 或 $\dfrac{e}{h_T}$											
	0	0.025	0.05	0.075	0.1	0.125	0.15	0.175	0.2	0.225	0.25	0.275	0.3
≤3	1	0.99	0.97	0.94	0.89	0.84	0.79	0.73	0.68	0.62	0.57	0.52	0.48
4	0.97	0.94	0.89	0.84	0.78	0.73	0.67	0.62	0.57	0.52	0.48	0.44	0.40
6	0.93	0.89	0.84	0.78	0.73	0.67	0.62	0.57	0.52	0.48	0.44	0.40	0.37
8	0.89	0.84	0.78	0.72	0.67	0.62	0.57	0.52	0.48	0.44	0.40	0.37	0.34
10	0.83	0.78	0.72	0.67	0.61	0.56	0.52	0.47	0.43	0.40	0.37	0.34	0.31
12	0.78	0.72	0.67	0.61	0.56	0.52	0.47	0.43	0.40	0.37	0.34	0.31	0.29
14	0.72	0.66	0.61	0.56	0.51	0.47	0.43	0.40	0.36	0.34	0.31	0.29	0.27
16	0.66	0.61	0.56	0.51	0.47	0.43	0.40	0.36	0.34	0.31	0.29	0.26	0.25
18	0.61	0.56	0.51	0.47	0.43	0.40	0.36	0.33	0.31	0.29	0.26	0.24	0.23
20	0.56	0.51	0.47	0.43	0.39	0.36	0.33	0.31	0.28	0.26	0.24	0.23	0.21
22	0.51	0.47	0.43	0.39	0.36	0.33	0.31	0.28	0.26	0.24	0.23	0.21	0.20
24	0.46	0.43	0.39	0.36	0.33	0.31	0.28	0.26	0.24	0.23	0.21	0.20	0.18
26	0.42	0.39	0.36	0.33	0.31	0.28	0.26	0.24	0.22	0.21	0.20	0.18	0.17
28	0.39	0.36	0.33	0.30	0.28	0.26	0.24	0.22	0.21	0.20	0.18	0.17	0.16
30	0.36	0.33	0.30	0.28	0.26	0.24	0.22	0.21	0.20	0.18	0.17	0.16	0.15

无筋砌体矩形截面偏心受压构件承载力影响系数 φ（砂浆强度 0） 附表 1-18

β	$\dfrac{e}{h}$ 或 $\dfrac{e}{h_T}$												
	0	0.025	0.05	0.075	0.1	0.125	0.15	0.175	0.2	0.225	0.25	0.275	0.3
≤3	1	0.99	0.97	0.94	0.89	0.84	0.79	0.73	0.68	0.62	0.57	0.52	0.48
4	0.87	0.82	0.77	0.71	0.66	0.60	0.55	0.51	0.46	0.43	0.39	0.36	0.33
6	0.76	0.70	0.65	0.59	0.54	0.50	0.46	0.42	0.39	0.36	0.33	0.30	0.28
8	0.63	0.58	0.54	0.49	0.45	0.41	0.38	0.35	0.32	0.30	0.28	0.25	0.24
10	0.53	0.48	0.44	0.41	0.37	0.34	0.32	0.29	0.27	0.25	0.23	0.22	0.20
12	0.44	0.40	0.37	0.34	0.31	0.29	0.27	0.25	0.23	0.21	0.20	0.19	0.17
14	0.36	0.33	0.31	0.28	0.26	0.24	0.23	0.21	0.20	0.18	0.17	0.16	0.15
16	0.30	0.28	0.26	0.24	0.22	0.21	0.19	0.18	0.17	0.16	0.15	0.14	0.13
18	0.26	0.24	0.22	0.21	0.19	0.18	0.17	0.16	0.15	0.14	0.13	0.12	0.12
20	0.22	0.20	0.19	0.18	0.17	0.16	0.15	0.14	0.13	0.12	0.12	0.11	0.10
22	0.19	0.18	0.16	0.15	0.14	0.14	0.13	0.12	0.12	0.11	0.10	0.10	0.09
24	0.16	0.15	0.14	0.13	0.13	0.12	0.11	0.11	0.10	0.10	0.09	0.09	0.08
26	0.14	0.13	0.13	0.12	0.11	0.11	0.10	0.10	0.09	0.09	0.08	0.08	0.07
28	0.12	0.12	0.11	0.11	0.10	0.10	0.09	0.09	0.08	0.08	0.08	0.07	0.07
30	0.11	0.10	0.10	0.09	0.09	0.09	0.08	0.08	0.07	0.07	0.07	0.07	0.06

注：砂浆强度 0 是指施工阶段砂浆尚未硬化的新砌砌体，可按砂浆强度为 0 确定其砌体强度；还有冬期施工冻结法砌墙，在解冻期，也是砂浆强度为 0。

网状配筋砖砌体矩形截面偏心受压构件承载力影响系数 φ_n 附表 1-19

ρ	β \ e/h	0	0.05	0.10	0.15	0.17
0.1	4	0.97	0.89	0.78	0.67	0.63
	6	0.93	0.84	0.73	0.62	0.58
	8	0.89	0.78	0.67	0.57	0.53
	10	0.84	0.72	0.62	0.52	0.48
	12	0.78	0.67	0.56	0.48	0.44
	14	0.72	0.61	0.52	0.44	0.41
	16	0.67	0.56	0.47	0.40	0.37
0.3	4	0.96	0.87	0.76	0.65	0.61
	6	0.91	0.80	0.69	0.59	0.55
	8	0.84	0.74	0.62	0.53	0.49
	10	0.78	0.67	0.56	0.47	0.44
	12	0.71	0.60	0.51	0.43	0.40
	14	0.64	0.54	0.46	0.38	0.36
	16	0.58	0.49	0.41	0.35	0.32

续表

ρ	β \ e/h	0	0.05	0.10	0.15	0.17
0.5	4	0.94	0.85	0.74	0.63	0.59
	6	0.88	0.77	0.66	0.56	0.52
	8	0.81	0.69	0.59	0.50	0.46
	10	0.73	0.62	0.52	0.44	0.41
	12	0.65	0.55	0.46	0.39	0.36
	14	0.58	0.49	0.41	0.35	0.32
	16	0.51	0.43	0.36	0.31	0.29
0.7	4	0.93	0.83	0.72	0.61	0.57
	6	0.86	0.75	0.63	0.53	0.50
	8	0.77	0.66	0.56	0.47	0.43
	10	0.68	0.58	0.49	0.41	0.38
	12	0.60	0.50	0.42	0.36	0.33
	14	0.52	0.44	0.37	0.31	0.30
	16	0.46	0.38	0.33	0.28	0.26
0.9	4	0.92	0.82	0.71	0.60	0.56
	6	0.83	0.72	0.61	0.52	0.48
	8	0.73	0.63	0.53	0.45	0.42
	10	0.64	0.54	0.46	0.38	0.36
	12	0.55	0.47	0.39	0.33	0.31
	14	0.48	0.40	0.34	0.29	0.27
	16	0.41	0.35	0.30	0.25	0.24
1.0	4	0.91	0.81	0.70	0.59	0.55
	6	0.82	0.71	0.60	0.51	0.47
	8	0.72	0.61	0.52	0.43	0.41
	10	0.62	0.53	0.44	0.37	0.35
	12	0.54	0.45	0.38	0.32	0.30
	14	0.46	0.39	0.33	0.28	0.26
	16	0.39	0.34	0.28	0.24	0.23

附录 2 热轧型钢规格及截面特性

附表 2-1

热轧普通工字钢的规格及截面特性（依据 GB/T 706—2016）

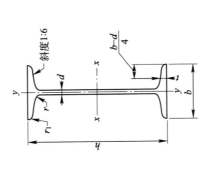

h—高度；
b—腿宽度；
d—腰厚度；
t—平均腿厚度；
r—内圆弧半径；
r_1—腿端圆弧半径。

型号	截面尺寸(mm)						截面面积 (cm²)	理论重量 (kg/m)	惯性矩 (cm⁴)		惯性半径 (cm)		截面模数 (cm³)	
	h	b	d	t	r	r_1			I_x	I_y	i_x	i_y	W_x	W_y
10	100	68	4.5	7.6	6.5	3.3	14.345	11.261	245	33.0	4.14	1.52	49.0	9.72
12	120	74	5.0	8.4	7.0	3.5	17.818	13.987	436	46.9	4.95	1.62	72.7	12.7
12.6	126	74	5.0	8.4	7.0	3.5	18.118	14.223	488	46.9	5.20	1.61	77.5	12.7
14	140	80	5.5	9.1	7.5	3.8	21.516	16.890	712	64.4	5.76	1.73	102	16.1
16	160	88	6.0	9.9	8.0	4.0	26.131	20.513	1130	93.1	6.58	1.89	141	21.2
18	180	94	6.5	10.7	8.5	4.3	30.756	24.143	1660	122	7.36	2.00	185	26.0

附录2 热轧型钢规格及截面特性

续表

型号	截面尺寸(mm)						截面面积 (cm^2)	理论重量 (kg/m)	惯性矩 (cm^4)		惯性半径(cm)		截面模数 (cm^3)	
	h	b	d	t	r	r_1			I_x	I_y	i_x	i_y	W_x	W_y
20a	200	100	7.0	11.4	9.0	4.5	35.578	27.929	2370	158	8.15	2.12	237	31.5
20b	200	102	9.0	11.4	9.0	4.5	39.578	31.069	2500	169	7.96	2.06	250	33.1
22a	220	110	7.5	12.3	9.5	4.8	42.128	33.070	3400	225	8.99	2.31	309	40.9
22b	220	112	9.5	12.3	9.5	4.8	46.528	36.524	3570	239	8.78	2.27	325	42.7
24a	240	116	8.0	13.0	10.0	5.0	47.741	37.477	4570	280	9.77	2.42	381	48.4
24b	240	118	10.0	13.0	10.0	5.0	52.541	41.245	4800	297	9.57	2.38	400	50.4
25a	250	116	8.0	13.0	10.0	5.0	48.541	38.105	5020	280	10.2	2.40	402	48.3
25b	250	118	10.0	13.0	10.0	5.0	53.541	42.030	5280	309	9.94	2.40	423	52.4
27a	270	122	8.5	13.7	10.5	5.3	54.554	42.825	6550	345	10.9	2.51	485	56.6
27b	270	124	10.5	13.7	10.5	5.3	59.954	47.064	6870	366	10.7	2.47	509	58.9
28a	280	122	8.5	13.7	10.5	5.3	55.404	43.492	7110	345	11.3	2.50	508	56.6
28b	280	124	10.5	13.7	10.5	5.3	61.004	47.888	7480	379	11.1	2.49	534	61.2
30a	300	126	9.0	14.4	11.0	5.5	61.254	48.084	8950	400	12.1	2.55	597	63.5
30b	300	128	11.0	14.4	11.0	5.5	67.254	52.794	9400	422	11.8	2.50	627	65.9
30c	300	130	13.0	14.4	11.0	5.5	73.254	57.504	9850	445	11.6	2.46	657	68.5
32a	320	130	9.5	15.0	11.5	5.8	67.156	52.717	11100	460	12.8	2.62	692	70.8
32b	320	132	11.5	15.0	11.5	5.8	73.556	57.741	11600	484*	12.6	2.61	726	76.0
32c	320	134	13.5	15.0	11.5	5.8	79.956	62.765	12200	510*	12.3	2.61	760	81.2
36a	360	136	10.0	15.8	12.0	6.0	76.480	60.037	15800	552	14.4	2.69	875	81.2
36b	360	138	12.0	15.8	12.0	6.0	83.680	65.689	16500	582	14.1	2.64	919	84.3
36c	360	140	14.0	15.8	12.0	6.0	90.880	71.341	17300	612	13.8	2.60	962	87.4

附　录

续表

型号	截面尺寸(mm)						截面面积 (cm²)	理论重量 (kg/m)	惯性矩(cm⁴)		惯性半径(cm)		截面模数(cm³)	
	h	b	d	t	r	r₁			I_x	I_y	i_x	i_y	W_x	W_y
40a	400	142	10.5	16.5	12.5	6.3	86.112	67.598	21700	660	15.9	2.77	1090	93.2
40b	400	144	12.5	16.5	12.5	6.3	94.112	73.878	22800	692	15.6	2.71	1140	96.2
40c	400	146	14.5	16.5	12.5	6.3	102.112	80.158	23900	727	15.2	2.65	1190	99.6
45a	450	150	11.5	18.0	13.5	6.8	102.446	80.420	32200	855	17.7	2.89	1430	114
45b	450	152	13.5	18.0	13.5	6.8	111.446	87.485	33800	894	17.4	2.84	1500	118
45c	450	154	15.5	18.0	13.5	6.8	120.446	94.550	35300	938	17.1	2.79	1570	122
50a	500	158	12.0	20.0	14.0	7.0	119.304	93.654	46500	1120	19.7	3.07	1860	142
50b	500	160	14.0	20.0	14.0	7.0	129.304	101.504	48600	1170	19.4	3.01	1940	146
50c	500	162	16.0	20.0	14.0	7.0	139.304	109.354	50600	1220	19.0	2.96	2080	151
55a	550	166	12.5	21.0	14.5	7.3	134.185	105.335	62900	1370	21.6	3.19	2290	164
55b	550	168	14.5	21.0	14.5	7.3	145.185	113.970	65600	1420	21.2	3.14	2390	170
55c	550	170	16.5	21.0	14.5	7.3	156.185	122.605	68400	1480	20.9	3.08	2490	175
56a	560	166	12.5	21.0	14.5	7.3	135.435	106.316	65600	1370	22.0	3.18	2340	165
56b	560	168	14.5	21.0	14.5	7.3	146.635	115.108	68500	1490	21.6	3.16	2450	174
56c	560	170	16.5	21.0	14.5	7.3	157.835	123.900	71400	1560	21.3	3.16	2550	183
63a	630	176	13.0	22.0	15.0	7.5	154.658	121.407	93900	1700	24.5	3.31	2980	193
63b	630	178	15.0	22.0	15.0	7.5	167.258	131.298	93100	1810	24.2	3.29	3160	204
63c	630	180	17.0	22.0	15.0	7.5	179.858	141.189	102000	1920	23.8	3.27	3300	214

注：1. 表中 r、r₁ 的数据用于孔型设计，不做交货条件。
　　2. 标以"*"者在标准中分别为502、544，有误。

附录2 热轧型钢规格及截面特性

附表 2-2 热轧普通槽钢的规格及截面特性（依据 GB/T 706—2016）

h—高度；
b—腿宽度；
d—腰厚度；
t—平均腿厚度；
r—内圆弧半径；
r_1—腿端圆弧半径；
Z_0—yy 轴与 y_1y_1 轴间距。

斜度1:10

型号	截面尺寸 (mm)						截面面积 (cm^2)	理论重量 (kg/m)	惯性矩 (cm^4)			惯性半径 (cm)		截面模数 (cm^3)		重心距离 (cm)
	h	b	d	t	r	r_1			I_x	I_y	I_{y1}	i_x	i_y	W_x	W_y	Z_0
5	50	37	4.5	7.0	7.0	3.5	6.928	5.438	26.0	8.30	20.9	1.94	1.10	10.4	3.55	1.35
6.3	63	40	4.8	7.5	7.5	3.8	8.451	6.634	50.8	11.9	28.4	2.45	1.19	16.1	4.50	1.36
6.5	65	40	4.8*	7.5	7.5	3.8	8.547	6.709	55.2	12.0	28.3	2.54	1.19	17.0	4.59	1.38
8	80	43	5.0	8.0	8.0	4.0	10.248	8.045	101	16.6	37.4	3.15	1.27	25.3	5.79	1.43
10	100	48	5.3	8.5	8.5	4.2	12.748	10.007	198	25.6	54.9	3.95	1.41	39.7	7.80	1.52
12	120	53	5.5	9.0	9.0	4.5	15.362	12.059	346	37.4	77.7	4.75	1.56	57.7	10.2	1.62
12.6	126	53	5.5	9.0	9.0	4.5	15.692	12.318	391	38.0	77.1	4.95	1.57	62.1	10.2	1.59
14a	140	58	6.0	9.5	9.5	4.8	18.516	14.535	564	53.2	107	5.52	1.70	80.5	13.0	1.71
14b	140	60	8.0	9.5	9.5	4.8	21.316	16.733	609	61.1	121	5.35	1.69	87.1	14.1	1.67
16a	160	63	6.5	10.0	10.0	5.0	21.962	17.24	866	73.3	144	6.28	1.83	108	16.3	1.80
16b	160	65	8.5	10.0	10.0	5.0	25.162	19.752	935	83.4	161	6.10	1.82	117	17.6	1.75
18a	180	68	7.0	10.5	10.5	5.2	25.699	20.174	1270	98.6	190	7.04	1.96	141	20.0	1.88
18b	180	70	9.0	10.5	10.5	5.2	29.299	23.000	1370	111	210	6.84	1.95	152	21.5	1.84
20a	200	73	7.0	11.0	11.0	5.5	28.837	22.637	1780	128	244	7.86	2.11	178	24.2	2.01
20b	200	75	9.0	11.0	11.0	5.5	32.837	25.777	1910	144	268	7.64	2.09	191	25.9	1.95
22a	220	77	7.0	11.5	11.5	5.8	31.846	24.999	2390	158	298	8.67	2.23	218	28.2	2.10
22b	220	79	9.0	11.5	11.5	5.8	36.246	28.453	2570	176	326	8.42	2.21	234	30.1	2.03

续表

型号	截面尺寸(mm)						截面面积 (cm^2)	理论重量 (kg/m)	惯性矩(cm^4)			惯性半径(cm)		截面模数(cm^3)		重心距离 (cm)
	h	b	d	t	r	r_1			I_x	I_y	I_{y1}	i_x	i_y	W_x	W_y	Z_0
24a	240	78	7.0	12.0	12.0	6.0	34.217	26.860	3050	174	325	9.45	2.25	254	30.5	2.10
24b	240	80	9.0	12.0	12.0	6.0	39.017	30.628	3280	194	355	9.17	2.23	274	32.5	2.03
24c	240	82	11.0	12.0	12.0	6.0	43.817	34.396	3510	213	388	8.96	2.21	293	34.4	2.00
25a	250	78	7.0	12.0	12.0	6.0	34.917	27.410	3370	176	322	9.82	2.24	270	30.6	2.07
25b	250	80	9.0	12.0	12.0	6.0	39.917	31.335	3620*	196	353	9.41	2.22	282	32.7	1.98
25c	250	82	11.0	12.0	12.0	6.0	44.917	35.260	3880*	216*	384	9.07	2.21	295	35.9	1.92
27a	270	82	7.5	12.5	12.5	6.2	39.284	30.838	4360	216	393	10.5	2.34	323	35.5	2.13
27b	270	84	9.5	12.5	12.5	6.2	44.684	35.077	4690	239	428	10.3	2.31	347	37.7	2.06
27c	270	86	11.5	12.5	12.5	6.2	50.084	39.316	5020	261	467	10.1	2.28	372	39.8	2.03
28a	280	82	7.5	12.5	12.5	6.2	40.034	31.427	4760	218	388	10.9	2.33	340	35.7	2.10
28b	280	84	9.5	12.5	12.5	6.2	45.634	35.823	5130	242	428	10.6	2.30	366	37.9	2.02
28c	280	86	11.5	12.5	12.5	6.2	51.234	40.219	5500	264*	463	10.4	2.29	393	40.3	1.95
30a	300	85	7.5	13.5	13.5	6.8	43.902	34.463	6050	260	467	11.7	2.43	403	41.1	2.17
30b	300	87	9.5	13.5	13.5	6.8	49.902	39.173	6500	289	515	11.4	2.41	433	44.0	2.13
30c	300	89	11.5	13.5	13.5	6.8	55.902	43.883	6950	316	560	11.2	2.38	463	46.4	2.09
32a	320	88	8.0	14.0	14.0	7.0	48.513	38.083	7600	305	552	12.5	2.50	475	46.5	2.24
32b	320	90	10.0	14.0	14.0	7.0	54.913	43.107	8140	336	593	12.2	2.47	509	49.2	2.16
32c	320	92	12.0	14.0	14.0	7.0	61.313	48.131	8690*	365*	643	11.9	2.47	543	52.6	2.09
36a	360	96	9.0	16.0	16.0	8.0	60.910	47.814	11900	455	818	14.0	2.73	660	63.5	2.44
36b	360	98	11.0	16.0	16.0	8.0	68.110	53.466	12700	497	880	13.6	2.70	703	66.9	2.37
36c	360	100	13.0	16.0	16.0	8.0	75.310	59.118	13400	536	948	13.4	2.67	746	70.0	2.34
40a	400	100	10.5	18.0	18.0	9.0	75.068	58.928	17600	592	1070	15.3	2.81	879	78.8	2.49
40b	400	102	12.5	18.0	18.0	9.0	83.068	65.208	18600	640	114	15.0	2.78	932	82.5	2.44
40c	400	104	14.5	18.0	18.0	9.0	91.068	71.488	19700	688	1220	14.7	2.75	986	86.2	2.42

注: 1. 表中 r、r_1 的数据用于孔型设计,不做交货条件。
2. 标以 * 者,标准原文数据较真实值相差 1% 以上,已改正。

附录2 热轧型钢规格及截面特性

热轧等边角钢的规格及截面特性（依据 GB/T 706—2016）

附表 2-3

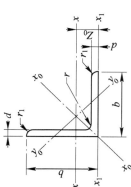

b — 边宽度；
d — 边厚度；
r — 内圆弧半径；
r_1 — 边端圆弧半径；
Z_0 — 重心距离。

型号	截面尺寸(mm)			截面面积(cm²)	理论重量(kg/m)	外表面积(m²/m)	惯性矩(cm⁴)				惯性半径(cm)			截面模数(cm³)			重心距离(cm)
	b	d	r				I_x	I_{x1}	I_{x0}	I_{y0}	i_x	i_{x0}	i_{y0}	W_x	W_{x0}	W_{y0}	Z_0
2	20	3	3.5	1.132	0.889	0.078	0.40	0.81	0.63	0.17	0.59	0.75	0.39	0.29	0.45	0.20	0.60
		4		1.459	1.145	0.077	0.50	1.09	0.78	0.22	0.58	0.73	0.38	0.36	0.55	0.24	0.64
2.5	25	3		1.432	1.124	0.098	0.82	1.57	1.29	0.34	0.76	0.95	0.49	0.46	0.73	0.33	0.73
		4		1.859	1.459	0.097	1.03	2.11	1.62	0.43	0.74	0.93	0.48	0.59	0.92	0.40	0.76
3.0	30	3		1.749	1.373	0.117	1.46	2.71	2.31	0.61	0.91	1.15	0.59	0.68	1.09	0.51	0.85
		4		2.276	1.786	0.117	1.84	3.63	2.92	0.77	0.90	1.13	0.58	0.87	1.37	0.62	0.89
3.6	36	3	4.5	2.109	1.656	0.141	2.58	4.68	4.09	1.07	1.11	1.39	0.71	0.99	1.61	0.76	1.00
		4		2.756	2.163	0.141	3.29	6.25	5.22	1.37	1.09	1.38	0.70	1.28	2.05	0.93	1.04
		5		3.382	2.654	0.141	3.95	7.84	6.24	1.65	1.08	1.36	0.70	1.56	2.45	1.00	1.07
4	40	3		2.359	1.852	0.157	3.59	6.41	5.69	1.49	1.23	1.55	0.79	1.23	2.01	0.96	1.09
		4		3.086	2.422	0.157	4.60	8.56	7.29	1.91	1.22	1.54	0.79	1.60	2.58	1.19	1.13
		5		3.791	2.976	0.156	5.53	10.74	8.76	2.30	1.21	1.52	0.78	1.96	3.10	1.39	1.17
4.5	45	3	5	2.659	2.088	0.177	5.17	9.12	8.20	2.14	1.40	1.76	0.89	1.58	2.58	1.24	1.22
		4		3.486	2.736	0.177	6.65	12.18	10.56	2.75	1.38	1.74	0.89	2.05	3.32	1.54	1.26
		5		4.292	3.369	0.176	8.04	15.2	12.74	3.33	1.37	1.72	0.88	2.51	4.00	1.81	1.30
		6		5.076	3.985	0.176	9.33	18.36	14.76	3.89	1.36	1.70	0.88	2.95	4.64	2.06	1.33

1233

续表

型号	截面尺寸(mm)				截面面积 (cm²)	理论重量 (kg/m)	外表面积 (m²/m)	惯性矩 (cm⁴)				惯性半径(cm)			截面模数 (cm³)			重心距离 (cm)
	b	d		r				I_x	I_{x1}	I_{x0}	I_{y0}	i_x	i_{x0}	i_{y0}	W_x	W_{x0}	W_{y0}	Z_0
5	50	3		5.5	2.971	2.332	0.197	7.18	12.5	11.37	2.98	1.55	1.96	1.00	1.96	3.22	1.57	1.34
		4			3.897	3.059	0.197	9.26	16.69	14.70	3.82	1.54	1.94	0.99	2.56	4.16	1.96	1.38
		5			4.803	3.770	0.196	11.21	20.90	17.79	4.64	1.53	1.92	0.98	3.13	5.03	2.31	1.42
		6			5.688	4.465	0.196	13.05	25.14	20.68	5.52	1.52	1.91	0.98	3.68	5.85	2.63	1.46
5.6	56	3		6	3.343	2.624	0.221	10.19	17.56	16.14	4.24	1.75	2.20	1.13	2.48	4.08	2.02	1.48
		4			4.390	3.446	0.220	13.18	23.53	20.92	5.46	1.73	2.18	1.11	3.24	5.28	2.52	1.53
		5			5.415	4.251	0.220	16.02	29.33	25.42	6.61	1.72	2.17	1.10	3.97	6.42	2.98	1.57
		6			6.420	5.040	0.220	18.69	35.26	29.66	7.73	1.71	2.15	1.10	4.68	7.49	3.40	1.61
		7			7.404	5.812	0.219	21.23	41.23	33.63	8.82	1.69	2.13	1.09	5.36	8.49	3.80	1.64
		8			8.367	6.568	0.219	23.63	47.24	37.37	9.89	1.68	2.11	1.09	6.03	9.44	4.16	1.68
6	60	5		6.5	5.829	4.576	0.236	19.89	36.05	31.57	8.21	1.85	2.33	1.19	4.59	7.44	3.48	1.67
		6			6.914	5.427	0.235	23.25	43.33	36.89	9.60	1.83	2.31	1.18	5.41	8.70	3.98	1.70
		7			7.977	6.262	0.235	26.44	50.65	41.92	10.96	1.82	2.29	1.17	6.21	9.88	4.45	1.74
		8			9.020	7.081	0.235	29.47	58.02	46.66	12.28	1.81	2.27	1.17	6.98	11.00	4.88	1.78
6.3	63	4		7	4.978	3.907	0.248	19.03	33.35	30.17	7.89	1.96	2.46	1.26	4.13	6.78	3.29	1.70
		5			6.143	4.822	0.248	23.17	41.73	36.77	9.57	1.94	2.45	1.25	5.08	8.25	3.90	1.74
		6			7.288	5.721	0.247	27.12	50.14	43.03	11.20	1.93	2.43	1.24	6.00	9.66	4.46	1.78
		7			8.412	6.603	0.247	30.87	58.60	48.96	12.79	1.92	2.41	1.23	6.88	10.99	4.98	1.82
		8			9.515	7.469	0.247	34.46	67.11	54.56	14.33	1.90	2.40	1.23	7.75	12.25	5.47	1.85
		10			11.657	9.151	0.246	41.09	84.31	64.85	17.33	1.88	2.36	1.22	9.39	14.56	6.36	1.93
7	70	4		8	5.570	4.372	0.275	26.39	45.74	41.80	10.99	2.18	2.74	1.40	5.14	8.44	4.17	1.86
		5			6.875	5.397	0.275	32.21	57.21	51.08	13.31	2.16	2.73	1.39	6.32	10.32	4.95	1.91
		6			8.160	6.406	0.275	37.77	68.73	59.93	15.61	2.15	2.71	1.38	7.48	12.11	5.67	1.95
		7			9.424	7.398	0.275	43.09	80.29	68.35	17.82	2.14	2.69	1.38	8.59	13.81	6.34	1.99
		8			10.667	8.373	0.274	48.17	91.92	76.37	19.98	2.12	2.68	1.37	9.68	15.43	6.98	2.03

附录2 热轧型钢规格及截面特性

续表

型号	截面尺寸(mm)			截面面积 (cm²)	理论重量 (kg/m)	外表面积 (m²/m)	惯性矩 (cm⁴)				惯性半径(cm)			截面模数(cm³)			重心距离 (cm)
	b	d	r				I_x	I_{x1}	I_{x0}	I_{y0}	i_x	i_{x0}	i_{y0}	W_x	W_{x0}	W_{y0}	Z_0
7.5	75	5	9	7.412	5.818	0.295	39.97	70.56	63.30	16.63	2.33	2.92	1.50	7.32	11.94	5.77	2.04
		6		8.797	6.905	0.294	46.95	84.55	74.38	19.51	2.31	2.90	1.49	8.64	14.02	6.67	2.07
		7		10.160	7.976	0.294	53.57	98.71	84.96	22.18	2.30	2.89	1.48	9.93	16.02	7.44	2.11
		8		11.503	9.030	0.294	59.96	112.97	95.07	24.86	2.28	2.88	1.47	11.20	17.93	8.19	2.15
		9		12.825	10.068	0.294	66.10	127.30	104.71	27.48	2.27	2.86	1.46	12.43	19.75	8.89	2.18
		10		14.126	11.089	0.293	71.98	141.71	113.92	30.05	2.26	2.84	1.46	13.64	21.48	9.56	2.22
8	80	5	9	7.912	6.211	0.315	48.79	85.36	77.33	20.25	2.48	3.13	1.60	8.34	13.67	6.66	2.15
		6		9.397	7.376	0.314	57.35	102.50	90.98	23.72	2.47	3.11	1.59	9.87	16.08	7.65	2.19
		7		10.860	8.525	0.314	65.58	119.70	104.07	27.09	2.46	3.10	1.58	11.37	18.40	8.58	2.23
		8		12.303	9.658	0.314	73.49	136.97	116.60	30.39	2.44	3.08	1.57	12.83	20.61	9.46	2.27
		9		13.725	10.774	0.314	81.11	154.31	128.60	33.61	2.43	3.06	1.56	14.25	22.73	10.29	2.31
		10		15.126	11.874	0.313	88.43	171.74	140.09	36.77	2.42	3.04	1.56	15.64	24.76	11.08	2.35
9	90	6	10	10.637	8.350	0.354	82.77	145.87	131.26	34.28	2.79	3.51	1.80	12.61	20.63	9.95	2.44
		7		12.301	9.656	0.354	94.83	170.30	150.47	39.18	2.78	3.50	1.78	14.54	23.64	11.19	2.48
		8		13.944	10.946	0.353	106.47	194.80	168.97	43.97	2.76	3.48	1.78	16.42	26.55	12.35	2.52
		9		15.566	12.219	0.353	117.72	219.39	186.77	48.66	2.75	3.46	1.77	18.27	29.35	13.46	2.56
		10		17.167	13.476	0.353	128.58	244.07	203.90	53.26	2.74	3.45	1.76	20.07	32.04	14.52	2.59
		12		20.306	15.940	0.352	149.22	293.76	236.21	62.22	2.71	3.41	1.75	23.57	37.12	16.49	2.67
10	100	6	12	11.932	9.366	0.393	114.95	200.07	181.98	47.92	3.10	3.90	2.00	15.68	25.74	12.69	2.67
		7		13.796	10.830	0.393	131.86	233.54	208.97	54.74	3.09	3.89	1.99	18.10	29.55	14.26	2.71
		8		15.638	12.276	0.393	148.24	267.09	235.07	61.41	3.08	3.88	1.98	20.47	33.24	15.75	2.76
		9		17.462	13.708	0.392	164.12	300.73	260.30	67.95	3.07	3.86	1.97	22.79	36.81	7.18	2.80
		10		19.261	15.120	0.392	179.51	334.48	284.68	74.35	3.05	3.84	1.96	25.06	40.26	18.54	2.84
		12		22.800	17.898	0.391	208.90	402.34	330.95	86.84	3.03	3.81	1.95	29.48	46.80	21.08	2.91
		14		26.256	20.611	0.391	236.53	470.75	374.06	99.00	3.00	3.77	1.94	33.73	52.90	23.44	2.99
		16		29.627	23.257	0.390	262.53	539.80	414.16	110.89	2.98	3.74	1.94	37.82	58.57	25.63	3.06

附　录

续表

型号	截面尺寸(mm)			截面面积(cm²)	理论重量(kg/m)	外表面积(m²/m)	惯性矩(cm⁴)				惯性半径(cm)			截面模数(cm³)			重心距离(cm)
	b	d	r				I_x	I_{x1}	I_{x0}	I_{y0}	i_x	i_{x0}	i_{y0}	W_x	W_{x0}	W_{y0}	Z_0
11	110	7	12	15.196	11.928	0.433	177.16	310.64	280.94	73.38	3.41	4.30	2.20	22.05	36.12	17.51	2.96
		8		17.238	13.535	0.133	199.46	355.20	316.49	82.42	3.40	4.28	2.19	24.95	40.69	19.39	3.01
		10		21.261	16.690	0.432	242.19	444.65	384.39	99.98	3.38	4.25	2.17	30.60	49.42	22.91	3.09
		12		25.200	19.782	0.431	282.55	534.60	448.17	116.93	3.35	4.22	2.15	36.05	57.62	26.15	3.16
		14		29.056	22.809	0.431	320.71	625.16	508.01	133.40	3.32	4.18	2.14	41.31	65.31	29.14	3.24
12.5	125	8		19.750	15.504	0.492	297.03	521.01	470.89	123.16	3.88	4.88	2.50	32.52	53.28	25.86	3.37
		10		24.373	19.133	0.491	361.67	651.93	573.89	149.46	3.85	4.85	2.48	39.97	64.93	30.62	3.45
		12		28.912	22.696	0.491	423.16	783.42	671.44	174.88	3.83	4.82	2.46	41.17	75.96	35.03	3.53
		14		33.367	26.193	0.490	481.65	915.61	763.73	199.57	3.80	4.78	2.45	54.16	86.41	39.13	3.61
		16		37.739	29.625	0.489	537.31	1048.62	850.98	223.65	3.77	4.75	2.43	60.93	96.28	42.96	3.68
14	140	10	14	27.373	21.488	0.551	514.65	915.11	817.27	212.04	4.34	5.46	2.78	50.58	82.56	39.20	3.82
		12		32.512	25.522	0.551	603.68	1099.28	958.79	248.57	4.31	5.43	2.76	59.80	96.85	45.02	3.90
		14		37.567	29.490	0.550	688.81	1284.22	1093.56	284.06	4.28	5.40	2.75	68.75	110.47	50.45	3.98
		16		42.539	33.393	0.549	770.24	1470.07	1221.81	318.67	4.26	5.36	2.74	77.46	123.42	55.55	4.06
15	150	8		23.750	18.644	0.592	521.37	899.55	827.49	215.25	4.69	5.90	3.01	47.36	78.02	38.14	3.99
		10		29.373	23.058	0.591	637.50	1125.09	1012.79	262.21	4.66	5.87	2.99	58.35	95.49	45.51	4.08
		12		34.912	27.406	0.591	748.85	1351.26	1189.97	307.73	4.63	5.84	2.97	69.04	112.19	52.38	4.15
		14		40.367	31.688	0.590	855.64	1578.25	1359.30	351.98	4.60	5.80	2.95	79.45	128.16	58.83	4.23
		15		43.063	33.804	0.590	907.39	1692.10	1441.09	373.69	4.59	5.78	2.95	84.56	135.87	61.90	4.27
		16		45.739	35.905	0.589	958.08	1806.21	1521.02	395.14	4.58	5.77	2.94	89.59	143.40	64.89	4.31
16	160	10	16	31.502	24.729	0.630	779.53	1365.33	1237.30	321.76	4.98	6.27	3.20	66.70	109.36	52.76	4.31
		12		37.441	29.391	0.630	916.58	1639.57	1455.68	377.49	4.95	6.24	3.18	78.98	128.67	60.74	4.39
		14		43.296	33.987	0.629	1048.36	1914.68	1665.02	431.70	4.92	6.20	3.16	90.95	147.17	68.24	4.47
		16		49.067	38.518	0.629	1175.08	2190.82	1865.57	484.59	4.89	6.17	3.14	102.63	164.89	75.31	4.55

附录2 热轧型钢规格及截面特性

续表

型号	截面尺寸(mm)				截面面积 (cm²)	理论重量 (kg/m)	外表面积 (m²/m)	惯性矩(cm⁴)				惯性半径(cm)			截面模数(cm³)			重心距离 (cm) Z_0
	b	d		r				I_x	I_{x1}	I_{x0}	I_{y0}	i_x	i_{x0}	i_{y0}	W_x	W_{x0}	W_{y0}	
18	180	12		16	42.241	33.159	0.710	1321.35	2332.80	2100.10	542.61	5.59	7.05	3.58	100.82	165.00	78.41	4.89
		14			48.896	38.383	0.709	1514.48	2723.48	2407.42	621.53	5.56	7.02	3.56	116.25	189.14	88.38	4.97
		16			55.467	43.542	0.709	1700.99	3115.29	2703.37	698.60	5.54	6.98	3.55	131.13	212.40	97.83	5.05
		18			61.055	48.634	0.708	1875.12	3502.43	2988.24	762.01	5.50	6.94	3.51	145.64	234.78	105.14	5.13
20	200	14		18	54.642	42.894	0.788	2103.55	3734.10	3343.26	863.83	6.20	7.82	3.98	144.70	236.40	111.82	5.46
		16			62.013	48.680	0.788	2366.15	4270.39	3760.89	971.41	6.18	7.79	3.96	163.65	265.93	123.96	5.54
		18			69.301	54.401	0.787	2620.64	4808.13	4164.54	1076.74	6.15	7.75	3.94	182.22	294.48	135.52	5.62
		20			76.505	60.056	0.787	2867.30	5347.51	4554.55	1180.04	6.12	7.72	3.93	200.42	322.06	146.55	5.69
		24			90.661	71.168	0.785	3338.25	6457.16	5294.97	1381.53	6.07	7.64	3.90	236.17	374.41	166.65	5.87
22	220	16		21	68.664	53.901	0.866	3187.36	5681.62	5063.73	1310.99	6.81	8.59	4.37	199.55	325.51	153.81	6.03
		18			76.752	60.250	0.866	3534.30	6395.93	5615.32	1453.27	6.79	8.55	4.35	222.37	360.97	168.29	6.11
		20			84.756	66.533	0.865	3871.49	7112.04	6150.08	1592.90	6.76	8.52	4.34	244.77	395.34	182.16	6.18
		22			92.676	72.751	0.865	4199.23	7830.19	6668.37	1730.10	6.73	8.48	4.32	266.78	428.66	195.45	6.26
		24			100.512	78.902	0.864	4517.83	8550.57	7170.55	1865.11	6.70	8.45	4.31	288.39	460.94	208.21	6.33
		26			108.264	84.987	0.864	4827.58	9273.39	7656.98	1998.17	6.68	8.41	4.30	309.62	492.21	220.49	6.41
25	250	18		24	87.842	68.956	0.985	5268.22	9379.11	8369.04	2167.41	7.74	9.76	4.97	290.12	473.42	224.03	6.84
		20			97.045	76.180	0.984	5779.34	10426.97	9181.94	2376.74	7.72	9.73	4.95	319.66	519.41	242.85	6.92
		24			115.201	90.433	0.983	6763.93	12529.74	10742.67	2785.19	7.66	9.66	4.92	377.34	607.70	278.38	7.07
		26			124.154	97.461	0.982	7238.08	13585.18	11491.33	2984.84	7.63	9.62	4.90	405.50	650.05	295.19	7.15
		28			133.022	104.422	0.982	7700.60	14643.62	12219.39	3181.81	7.61	9.58	4.89	433.22	691.23	311.42	7.22
		30			141.807	111.318	0.981	8151.80	15705.30	12927.26	3376.34	7.58	9.55	4.88	460.51	731.28	327.12	7.30
		32			150.508	118.149	0.981	8592.01	16770.41	13615.32	3568.71	7.56	9.51	4.87	487.39	770.20	342.33	7.37
		35			163.402	128.271	0.980	9232.44	18374.95	14611.16	3853.72	7.52	9.46	4.86	526.97	826.53	364.30	7.48

注：截面图中的 $r_1 = 1/3d$ 及表中 r 的数据用于孔型设计，不做交货条件。

附表 2-4 热轧不等边角钢的规格及截面特性（依据 GB/T 706—2016）

B—长边宽度；
b—短边宽度；
d—边厚度；
r—内圆弧半径；
r_1—边端圆弧半径；
X_0—重心距离；
Y_0—重心距离。

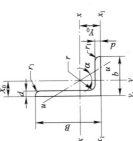

型号	截面尺寸(mm)				截面面积 (cm²)	理论重量 (kg/m)	外表面积 (m²/m)	惯性矩 (cm⁴)					惯性半径 (cm)			截面模数 (cm³)			tanα	重心距离(cm)	
	B	b	d	r				I_x	I_{x1}	I_y	I_{y1}	I_u	i_x	i_y	i_u	W_x	W_y	W_u		X_0	Y_0
2.5/1.6	25	16	3	3.5	1.162	0.912	0.080	0.70	1.56	0.22	0.43	0.14	0.78	0.44	0.34	0.43	0.19	0.16	0.392	0.42	0.86
			4		1.499	1.176	0.079	0.88	2.09	0.27	0.59	0.17	0.77	0.43	0.34	0.55	0.24	0.20	0.381	0.46	1.86
3.2/2	32	20	3		1.492	1.171	0.102	1.53	3.27	0.46	0.82	0.28	1.01	0.55	0.43	0.72	0.30	0.25	0.382	0.49	0.90
			4		1.939	1.522	0.101	1.93	4.37	0.57	1.12	0.35	1.00	0.54	0.42	0.93	0.39	0.32	0.374	0.53	1.08
4/2.5	40	25	3	4	1.890	1.484	0.127	3.08	5.39	0.93	1.59	0.56	1.28	0.70	0.54	1.15	0.49	0.40	0.385	0.59	1.12
			4		2.467	1.936	0.127	3.93	8.53	1.18	2.14	0.71	1.36	0.69	0.54	1.49	0.63	0.52	0.381	0.63	1.32
4.5/2.8	45	28	3	5	2.149	1.687	0.143	445	9.10	1.34	2.23	0.80	1.44	0.79	0.61	1.47	0.62	0.51	0.383	0.64	1.37
			4		2.806	2.203	0.143	5.69	12.13	1.70	3.00	1.02	1.42	0.78	0.60	1.91	0.80	0.66	0.380	0.68	1.47
5/3.2	50	32	3	5.5	2.431	1.908	0.161	6.24	12.49	2.02	3.31	1.20	1.60	0.91	0.70	1.84	0.82	0.68	0.404	0.73	1.51
			4		3.177	2.494	0.160	8.02	16.65	2.58	4.45	1.53	1.59	0.90	0.69	2.39	1.06	0.87	0.402	0.77	1.60
5.6/3.6	56	36	3	6	2.743	2.153	0.181	8.88	17.54	2.92	4.70	1.73	1.80	1.03	0.79	2.32	1.05	0.87	0.408	0.80	1.65
			4		3.590	2.818	0.180	11.45	23.39	3.76	6.33	2.23	1.79	1.02	0.79	3.03	1.37	1.13	0.408	0.85	1.78
			5		4.415	3.466	0.180	13.86	29.25	4.49	7.94	2.67	1.77	1.01	0.78	3.71	1.65	1.36	0.404	0.88	1.82
6.3/4	63	40	4	7	4.058	3.185	0.202	16.49	33.30	5.23	8.63	3.12	2.02	1.14	0.88	3.87	1.70	1.40	0.398	0.92	1.87
			5		4.993	3.920	0.202	20.02	41.63	6.31	10.86	3.76	2.00	1.12	0.87	4.74	2.07	1.71	0.396	0.95	2.04
			6		5.908	4.638	0.201	23.36	49.98	7.29	13.12	4.34	1.96	1.11	0.86	5.59	2.43	1.99	0.393	0.99	2.08
			7		6.802	5.339	0.201	26.53	58.07	8.24	15.57	4.97	1.98	1.10	0.86	6.40	2.78	2.29	0.389	1.03	2.12

续表

型号	截面尺寸(mm)				截面面积(cm²)	理论重量(kg/m)	外表面积(m²/m)	惯性矩(cm⁴)					惯性半径(cm)			截面模数(cm³)			tanα	重心距离(cm)	
	B	b	d	r				I_x	I_{x1}	I_y	I_{y1}	I_u	i_x	i_y	i_u	W_x	W_y	W_u		X_0	Y_0
7/4.5	70	45	4	7.5	4.547	3.570	0.226	23.17	45.92	7.55	12.26	4.40	2.26	1.29	0.98	4.86	2.17	1.77	0.410	1.02	2.15
			5		5.609	4.403	0.225	27.95	57.10	9.13	15.39	5.40	2.23	1.28	0.98	5.92	2.65	2.19	0.407	1.06	2.24
			6		6.647	5.218	0.225	32.54	68.35	10.62	18.58	6.35	2.21	1.26	0.98	6.95	3.12	2.59	0.404	1.09	2.28
			7		7.657	6.011	0.225	37.22	79.99	12.01	21.84	7.16	2.20	1.25	0.97	8.03	3.57	2.94	0.402	1.13	2.32
7.5/5	75	50	5	8	6.125	4.808	0.245	34.86	70.00	12.61	21.04	7.41	2.39	1.44	1.10	6.83	3.30	2.74	0.435	1.17	2.36
			6		7.260	5.699	0.245	41.12	84.30	14.70	25.37	8.54	2.38	1.42	1.08	8.12	3.88	3.19	0.435	1.21	2.40
			8		9.467	7.431	0.244	52.39	112.50	18.53	34.23	10.87	2.35	1.40	1.07	10.52	4.99	4.10	0.429	1.29	2.44
			10		11.590	9.098	0.244	62.71	140.80	21.96	43.43	13.10	2.33	1.38	1.06	12.79	6.04	4.99	0.423	1.36	2.52
8/5	80	50	5	8	6.375	5.005	0.255	41.96	85.21	12.82	21.06	7.66	2.56	1.42	1.10	7.78	3.32	2.74	0.388	1.14	2.60
			6		7.560	5.935	0.255	49.49	102.53	14.95	25.41	8.85	2.56	1.41	1.08	9.25	3.91	3.20	0.387	1.18	2.65
			7		8.724	6.848	0.255	56.16	119.33	16.96	29.82	10.18	2.54	1.39	1.08	10.58	4.48	3.70	0.384	1.21	2.69
			8		9.867	7.745	0.254	62.83	136.41	18.85	34.32	11.38	2.52	1.38	1.07	11.92	5.03	4.16	0.381	1.25	2.73
9/5.6	90	56	5	9	7.212	5.661	0.287	60.45	121.32	18.32	29.53	10.98	2.90	1.59	1.23	9.92	4.21	3.49	0.385	1.25	2.91
			6		8.557	6.717	0.286	71.03	145.59	21.42	35.58	12.90	2.88	1.58	1.23	11.74	4.96	4.13	0.384	1.29	2.95
			7		9.880	7.756	0.286	81.01	169.60	24.36	41.71	14.67	2.86	1.57	1.22	13.49	5.70	4.72	0.382	1.33	3.00
			8		11.183	8.779	0.286	91.03	194.17	27.15	47.93	16.34	2.85	1.56	1.21	15.27	6.41	5.29	0.380	1.36	3.04
10/6.3	100	63	6	10	9.617	7.550	0.320	99.06	199.71	30.94	50.50	18.42	3.21	1.79	1.38	14.64	6.35	5.25	0.394	1.43	3.24
			7		11.111	8.722	0.320	113.45	233.00	35.26	59.14	21.00	3.20	1.78	1.38	16.88	7.29	6.02	0.394	1.47	3.28
			8		12.534	9.878	0.319	127.37	266.32	39.39	67.88	23.50	3.18	1.77	1.37	19.08	8.21	6.78	0.391	1.50	3.32
			10		15.467	12.142	0.319	153.81	333.06	47.12	85.73	28.33	3.15	1.74	1.35	23.32	9.98	8.24	0.387	1.58	3.40
10/8	100	80	6	10	10.637	8.350	0.354	107.04	199.83	61.24	102.68	31.65	3.17	1.72	1.72	15.19	10.16	8.37	0.627	1.97	2.95
			7		12.301	9.656	0.354	122.73	233.20	70.08	119.98	36.17	3.16	1.72	1.72	17.52	11.71	9.60	0.626	2.01	3.0
			8		13.944	10.946	0.353	137.92	266.61	78.58	137.37	40.58	3.14	1.71	1.71	19.81	13.21	10.80	0.625	2.05	3.04
			10		17.167	13.476	0.353	166.87	333.63	94.65	172.48	49.10	3.12	1.69	1.69	24.24	16.12	13.12	0.622	2.13	3.12
11/7	110	70	6	10	10.637	8.350	0.354	133.37	265.78	42.92	69.08	25.36	3.54	2.01	1.54	17.85	7.90	6.53	0.403	1.57	3.53
			7		12.301	9.656	0.354	153.00	310.07	49.01	80.82	28.95	3.53	2.00	1.53	20.60	9.09	7.50	0.402	1.61	3.57
			8		13.944	10.946	0.353	172.04	354.39	54.87	92.70	32.45	3.51	1.98	1.53	23.30	10.25	8.45	0.401	1.65	3.62
			10		17.167	13.476	0.353	208.39	443.13	65.88	116.83	39.20	3.48	1.96	1.51	28.54	12.48	10.29	0.397	1.72	3.70

附录

续表

型号	截面尺寸(mm) B	b	d	r	截面面积 (cm²)	理论重量 (kg/m)	外表面积 (m²/m)	惯性矩 (cm⁴) I_x	I_{x1}	I_y	I_{y1}	I_u	惯性半径 (cm) i_x	i_y	i_u	截面模数 (cm³) W_x	W_y	W_u	tanα	重心距离 (cm) X_0	Y_0
12.5/8	125	80	7	11	14.096	11.066	0.403	227.98	454.99	74.42	120.32	43.81	4.02	2.30	1.76	26.86	12.01	9.92	0.408	1.80	4.01
			8		15.989	12.551	0.403	256.77	519.99	83.49	137.85	49.15	4.01	2.28	1.75	30.41	13.56	11.18	0.407	1.84	4.06
			10		19.712	15.474	0.402	312.04	650.09	100.67	173.40	59.45	3.98	2.26	1.74	37.33	16.56	13.64	0.404	1.92	4.14
			12		23.351	18.330	0.402	364.41	780.39	116.67	209.67	69.35	3.95	2.24	1.72	44.01	19.43	16.01	0.400	2.00	4.22
14/9	140	90	8	12	18.038	14.160	0.453	365.64	730.53	120.69	195.79	70.83	4.50	2.59	1.98	38.48	17.34	14.31	0.411	2.04	4.50
			10		22.261	17.475	0.452	445.50	913.20	140.03	245.92	85.82	4.47	2.56	1.96	47.31	21.22	17.48	0.409	2.12	4.58
			12		26.400	20.724	0.451	521.59	1096.09	169.79	296.89	100.21	4.44	2.54	1.95	55.87	24.95	20.54	0.406	2.19	4.66
			14		30.456	23.908	0.451	594.10	1279.26	192.10	348.82	114.13	4.42	2.51	1.94	64.18	28.54	23.52	0.403	2.27	4.74
15/9	150	90	8	12	18.839	14.788	0.473	442.05	898.35	122.80	195.96	74.14	4.84	2.55	1.98	43.86	17.47	14.48	0.364	1.97	4.92
			10		23.261	18.260	0.472	539.24	1122.85	148.62	246.26	89.86	4.81	2.53	1.97	53.97	21.38	17.69	0.362	2.05	5.01
			12		27.600	21.666	0.471	632.08	1347.50	172.85	297.46	104.95	4.79	2.50	1.95	63.79	25.14	20.80	0.359	2.12	5.09
			14		31.856	25.007	0.471	720.77	1572.38	195.62	349.74	119.53	4.76	2.48	1.94	73.33	28.77	23.84	0.356	2.20	5.17
16/10	160	100	10	13	25.315	19.872	0.512	668.69	1362.89	205.03	336.59	121.74	5.14	2.85	2.19	62.13	26.56	21.92	0.390	2.28	5.24
			12		30.054	23.592	0.511	784.91	1635.56	239.06	405.94	142.33	5.11	2.82	2.17	73.49	31.28	25.79	0.388	2.36	5.32
			14		34.709	27.247	0.510	896.30	1908.50	271.20	476.42	162.23	5.08	2.80	2.16	84.56	35.83	29.56	0.385	2.43	5.40
			16		29.281	30.835	0.510	1003.04	2181.79	301.60	548.22	182.57	5.05	2.77	2.16	95.33	40.24	33.44	0.382	2.51	5.48
18/11	180	110	10	14	28.373	22.273	0.571	956.25	1940.40	278.11	447.22	166.50	5.80	3.13	2.42	78.96	32.49	26.88	0.376	2.44	5.89
			12		33.712	26.440	0.571	1124.72	2328.38	325.03	538.94	194.87	5.78	3.10	2.40	93.53	38.32	31.66	0.374	2.52	5.98
			14		38.967	30.589	0.570	1286.91	2716.60	369.55	631.95	222.30	5.75	3.08	2.39	107.76	43.97	36.32	0.372	2.59	6.06
			16		44.139	34.649	0.569	1443.06	3105.15	411.85	726.46	248.94	5.72	3.06	2.38	121.64	19.44	40.87	0.369	2.67	6.14
20/12.5	200	125	12	14	37.912	29.761	0.641	1570.90	3193.85	483.16	787.74	285.79	6.44	3.57	2.74	116.73	49.99	41.23	0.392	2.83	6.54
			14		43.687	34.436	0.640	1800.97	3726.17	550.83	922.47	326.58	6.41	3.54	2.73	134.65	57.44	47.34	0.390	2.91	6.62
			16		49.739	39.045	0.639	2023.35	4258.88	615.44	1058.86	366.21	6.38	3.52	2.71	152.18	64.89	53.32	0.388	2.99	6.70
			18		55.526	43.588	0.639	2238.30	4792.00	677.19	1197.13	404.83	6.35	3.49	2.70	169.33	71.74	59.18	0.385	3.06	6.78

注：截面图中的 $r_1 = 1/3d$ 及表中 r 的数据用于孔型设计，不做交货条件。

热轧 H 型钢规格及截面特性(依据 GB/T 11263—2017)

附表 2-5

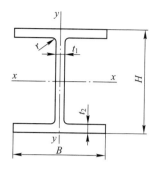

H—高度；B—宽度；t_1—腹板厚度；t_2—翼缘厚度；r—圆角半径

类别	型号 （高度×宽度） （mm×mm）	截面尺寸(mm)					截面面积 (cm^2)	理论重量 (kg/m)	惯性矩 (cm^4)		惯性半径 (cm)		截面模数 (cm^3)	
		H	B	t_1	t_2	r			I_x	I_y	i_x	i_y	W_x	W_y
HW	100×100	100	100	6	8	8	21.58	16.9	378	134	4.18	2.48	75.6	26.7
	125×125	125	125	6.5	9	8	30.00	23.6	839	293	5.28	3.12	134	46.9
	150×150	150	150	7	10	8	39.64	31.1	1620	563	6.39	3.76	216	75.1
	175×175	175	175	7.5	11	13	51.42	40.4	2900	984	7.50	4.37	331	112
	200×200	200	200	8	12	13	63.53	49.9	4720	1600	8.61	5.02	472	160
		*200	204	12	12	13	71.53	56.2	4980	1700	8.34	4.87	498	167
	250×250	*244	252	11	11	13	81.31	63.8	8700	2940	10.3	6.01	713	233
		250	250	9	14	13	91.43	71.8	10700	3650	10.8	6.31	860	292
		*250	255	14	14	13	103.9	81.6	11400	3880	10.5	6.10	912	304
	300×300	*294	302	12	12	13	106.3	83.5	16600	5510	12.5	7.20	1130	365
		300	300	10	15	13	118.5	93.0	20200	6750	13.1	7.55	1350	450
		*300	305	15	15	13	133.5	105	21300	7100	12.6	7.29	1420	466
	350×350	*338	351	13	13	13	133.3	105	27700	9380	14.4	8.38	1640	534
		*344	348	10	16	13	144.0	113	32800	11200	15.1	8.83	1910	646
		*344	354	16	1.6	13	164.1	129	34900	11800	14.6	8.48	2030	669
		350	350	12	19	13	171.9	135	39800	13600	15.2	8.88	2280	776
		*350	357	19	19	13	196.4	154	42300	14400	14.7	8.57	2420	808
	400×400	*388	402	15	15	22	178.5	140	49000	16300	16.6	9.54	2520	809
		*394	398	11	18	22	186.8	147	56100	18900	17.3	10.1	2850	951
		*394	405	18	18	22	214.4	168	59700	20000	16.7	9.64	3030	985
		400	400	13	21	22	218.7	172	66600	22400	17.5	10.1	3330	1120
		*400	408	21	21	22	250.7	197	70900	23800	16.8	9.74	3540	1170
		*414	405	18	28	22	295.4	232	92800	31000	17.7	10.2	4480	1530
		*428	407	20	35	22	360.7	283	119000	39400	18.2	10.4	5570	1930
		*458	417	30	50	22	528.6	415	187000	60500	18.8	10.7	8170	2900
		*498	432	45	70	22	770.1	604	298000	94400	19.7	11.1	12000	4370

续表

类别	型号 (高度×宽度) (mm×mm)	截面尺寸(mm)					截面面积 (cm^2)	理论重量 (kg/m)	惯性矩 (cm^4)		惯性半径 (cm)		截面模数 (cm^3)	
		H	B	t_1	t_2	r			I_x	I_y	i_x	i_y	W_x	W_y
HW	*500×500	*492	465	15	20	22	258.0	202	117000	33500	21.3	11.14	4770	1440
		*502	465	15	25	22	304.5	239	146000	41900	21.9	11.7	5810	1800
		*502	470	20	25	22	329.6	259	151000	43300	21.4	11.5	6020	1840
HM	150×100	148	100	6	9	8	26.34	20.7	1000	150	6.15	2.38	135	30.1
	200×150	194	150	6	9	8	38.10	29.9	2630	507	8.30	3.64	271	67.6
	250×175	244	175	7	11	13	55.49	43.6	6040	984	10.4	4.21	495	112
	300×200	294	200	8	12	13	71.05	55.8	11100	1600	12.5	4.74	756	160
		*298	201	9	14	13	82.03	64.4	13100	1900	12.6	4.80	878	189
	350×250	340	250	9	14	13	99.53	78.1	21200	3650	14.6	6.05	1250	292
	400×300	390	300	10	16	13	133.3	105	37900	7200	16.9	7.35	1940	480
	450×300	440	300	11	18	13	153.9	121	54700	8110	18.9	7.25	2490	540
	500×300	*482	300	11	15	13	141.2	111	58300	6760	20.3	6.91	2420	450
		488	300	11	18	13	159.2	125	68900	8110	20.8	7.13	2820	540
	550×300	*544	300	11	15	13	148.0	116	76400	6760	22.7	6.75	2810	450
		*550	300	11	18	13	166.0	130	89800	8110	23.3	6.98	3270	540
	600×300	*582	300	12	17	13	169.2	133	98900	7660	24.2	6.72	3400	511
		588	300	12	20	13	187.2	147	114000	9010	24.7	6.93	3890	601
		*594	302	14	23	13	217.1	170	134000	10600	24.8	6.97	4500	700
HN	*100×50	100	50	5	7	8	11.84	9.30	187	14.8	3.97	1.11	37.5	5.91
	*125×60	125	60	6	8	8	16.68	13.1	409	29.1	4.95	1.32	65.4	9.71
	150×75	150	75	5	7	8	17.84	14.0	666	49.5	6.10	1.66	88.8	13.2
	175×90	175	90	5	8	8	22.89	18.0	1210	97.5	7.25	2.06	138	21.7
	200×100	*198	99	4.5	7	8	22.68	17.8	1540	113	8.24	2.23	156	22.0
		200	100	5.5	8	8	26.66	20.9	1810	134	8.22	2.23	181	26.7
	250×125	*248	124	5	8	8	31.98	25.1	3450	255	10.4	2.82	278	41.1
		250	125	6	9	8	36.96	29.0	3960	294	10.4	2.81	317	47.0
	300×150	*298	149	5.5	8	13	40.80	32.0	6320	442	12.4	3.29	424	59.3
		300	150	6.5	9	13	46.78	36.7	7210	508	12.4	3.29	481	67.7
	350×175	*346	174	6	9	13	52.45	41.2	11000	791	14.5	3.88	638	91.0
		350	175	7	11	13	62.91	49.4	13500	984	14.6	3.95	771	112
	400×150	400	150	8	13	13	70.37	55.2	18600	734	16.3	3.22	929	97.8
	400×200	*396	199	7	11	13	71.41	56.1	19800	1450	16.6	4.50	999	145
		400	200	8	13	13	83.37	65.4	23500	1740	16.8	4.56	1170	174
	450×150	*446	150	7	12	13	66.99	52.6	22000	677	18.1	3.17	985	90.3
		450	151	8	14	13	77.49	60.8	25700	806	18.2	3.22	1140	107
	450×200	*446	199	8	12	13	82.97	65.1	28100	1580	18.4	4.36	1260	159
		450	200	9	14	13	95.43	74.9	32900	1870	18.6	4.42	1460	187
	475×150	*470	150	7	13	13	71.53	56.2	26200	733	19.1	3.20	1110	97.8
		*475	151.5	8.5	15.5	13	86.15	67.6	31700	901	19.2	3.23	1330	119

续表

类别	型号 （高度×宽度） (mm×mm)	截面尺寸(mm)					截面面积 (cm²)	理论重量 (kg/m)	惯性矩 (cm⁴)		惯性半径 (cm)		截面模数 (cm³)	
		H	B	t_1	t_2	r			I_x	I_y	i_x	i_y	W_x	W_y
HN	475×150	482	153.5	10.5	19	13	106.4	83.5	39600	1150	19.3	3.28	1640	150
	500×150	*492	150	7	12	13	70.21	55.1	27500	677	19.8	3.10	1120	90.3
		*500	152	9	16	13	92.21	72.4	37000	940	20.0	3.19	1480	124
		504	153	10	18	13	103.3	81.1	41900	1080	20.1	3.23	1660	141
	500×200	*496	199	9	14	13	99.29	77.9	40800	1840	20.3	4.30	1650	185
		500	200	10	16	13	112.3	88.1	46800	2140	20.4	4.36	1870	214
		*506	201	11	19	13	129.3	102	55500	2580	20.7	4.46	2190	257
	550×200	*546	199	9	14	13	103.8	81.5	50800	1840	22.1	4.21	1860	185
		550	200	10	16	13	117.3	92.0	58200	2140	22.3	4.27	2120	214
	600×200	*596	199	10	15	13	117.8	92.4	66600	1980	23.8	4.09	2240	199
		600	200	11	17	13	131.7	103	75600	2270	24.0	4.15	2520	227
		*606	201	12	20	13	149.8	118	88300	2720	24.3	4.25	2910	270
	625×200	*625	198.5	13.5	17.5	13	150.6	118	88500	2300	24.2	3.90	2830	231
		630	200	15	20	13	170.0	133	101000	2690	24.4	3.97	3220	268
		*638	202	17	24	13	198.7	156	122000	3320	24.8	4.09	3820	329
	650×300	*646	299	10	15	13	152.8	120	110000	6690	26.9	6.61	3410	447
		*650	300	11	17	13	171.2	134	125000	7660	27.0	6.68	3850	511
		*656	301	12	20	13	195.8	154	147000	9100	27.4	6.81	4470	605
	700×300	*692	300	13	20	18	207.5	163	168000	9020	28.5	6.59	4870	601
		700	300	13	24	18	231.5	182	197000	10800	29.2	6.83	5640	721
	750×300	*734	299	12	16	18	182.7	143	161000	7140	29.7	6.25	4390	478
		*742	300	13	20	18	214.0	168	197000	9020	30.4	6.49	5320	601
		*750	300	13	24	18	238.0	187	231000	10800	31.1	6.74	6150	721
		*758	303	16	28	18	284.8	224	276000	13000	31.1	6.75	7270	859
	800×300	*792	300	14	22	18	239.5	188	248000	9920	32.2	6.43	6270	661
		800	300	14	26	18	263.5	207	286000	11700	33.0	6.66	7160	781
	850×300	*834	298	14	19	18	227.5	179	251000	8400	33.2	6.07	6020	564
		*842	299	15	23	18	259.7	204	298000	10300	33.9	6.28	7080	687
		*850	300	16	27	18	292.1	229	346000	12200	34.4	6.45	8140	812
		*858	301	17	31	18	324.7	255	395000	14100	34.9	6.59	9210	939
	900×300	*890	299	15	23	18	266.9	210	339000	10300	35.6	6.20	7610	687
		900	300	16	28	18	305.8	240	404000	12600	36.4	6.42	8990	842
		*912	302	18	34	18	360.1	283	491000	15700	36.9	6.59	10800	1040

附　录

续表

类别	型号 (高度×宽度) (mm×mm)	截面尺寸(mm)					截面面积 (cm^2)	理论重量 (kg/m)	惯性矩 (cm^4)		惯性半径 (cm)		截面模数 (cm^3)	
		H	B	t_1	t_2	r			I_x	I_y	i_x	i_y	W_x	W_y
HN	1000×300	*970	297	16	21	18	276.0	217	393000	9210	37.8	5.77	8110	620
		*980	298	17	26	18	315.5	248	472000	11500	38.7	6.04	9630	772
		*990	298	17	31	18	345.3	271	544000	13700	39.7	6.30	11000	921
		*1000	300	19	36	18	395.1	310	634000	16300	40.1	6.41	12700	1080
		*1008	302	21	40	18	439.3	345	712000	18400	40.3	6.47	14100	1220
HT	100×50	95	48	3.2	4.5	8	7.620	5.98	115	8.39	3.88	1.04	24.2	3.49
		97	49	4	5.5	8	9.370	7.36	143	10.9	3.91	1.07	29.6	4.45
	100×100	96	99	4.5	6	8	16.20	12.7	272	97.2	4.09	2.44	56.7	19.6
	125×60	118	58	3.2	4.5	8	9.250	7.26	218	14.7	4.85	1.26	37.0	5.08
		120	59	4	5.5	8	11.39	8.94	271	19.0	4.87	1.29	45.2	6.43
	125×125	119	123	4.5	6	8	20.12	15.8	532	186	5.14	3.04	89.5	30.3
	150×75	145	73	3.2	4.5	8	11.47	9.00	416	29.3	6.01	1.59	57.3	8.02
		147	74	4	5.5	8	14.12	11.1	516	37.3	6.04	1.62	70.2	10.1
	150×100	139	97	3.2	4.5	8	13.43	10.6	476	68.6	5.94	2.25	68.4	14.1
		142	99	4.5	6	8	18.27	14.3	654	97.2	5.98	2.30	92.1	19.6
	150×150	144	148	5	7	8	27.76	21.8	1090	378	6.25	3.69	151	51.1
		147	149	6	8.5	8	33.67	26.4	1350	469	6.32	3.73	183	63.0
	175×90	168	88	3.2	4.5	8	13.55	10.6	670	51.2	7.02	1.94	79.7	11.6
		171	89	4	6	8	17.58	13.8	894	70.7	7.13	2.00	105	15.9
	175×175	167	173	5	7	13	33.32	26.2	1780	605	7.30	4.26	213	69.9
		172	175	6.5	9.5	13	44.64	35.0	2470	850	7.43	4.36	287	97.1
	200×100	193	98	3.2	4.5	8	15.25	12.0	994	70.7	8.07	2.15	103	14.4
		196	99	4	6	8	19.78	15.5	1320	97.2	8.18	2.21	135	19.6
	200×150	188	149	4.5	6	8	26.34	20.7	1730	331	8.09	3.54	184	44.4
	200×200	192	198	6	8	13	43.69	34.3	3060	1040	8.37	4.86	319	105
	250×125	244	124	4.5	6	8	25.86	20.3	2650	191	10.1	2.71	217	30.8
	250×175	238	173	4.5	8	13	39.12	30.7	4240	691	10.4	4.20	356	79.9
	300×150	294	148	4.5	6	13	31.90	25.0	4800	325	12.3	3.19	327	43.9
	300×200	286	198	6	8	13	49.33	38.7	7360	1040	12.2	4.58	515	105
	350×175	340	173	4.5	6	13	36.97	29.0	7490	518	14.2	3.74	441	59.9
	400×150	390	148	6	8	13	47.57	37.3	11700	434	15.7	3.01	602	58.6
	400×200	390	198	6	8	13	55.57	43.6	14700	1040	16.2	4.31	752	105

注：1. 表中同一型号的产品，其内侧尺寸高度一致。
　　2. 表中截面面积计算公式为："$t_1(H-2t_2)+2Bt_2+0.858r^2$"。
　　3. 表中"*"表示的规格为市场非常用规格。

T型钢规格及截面特性（依据GB/T 11263—2017） 附表 2-6

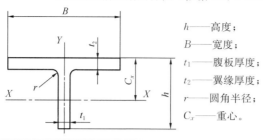

h——高度；
B——宽度；
t_1——腹板厚度；
t_2——翼缘厚度；
r——圆角半径；
C_x——重心。

类别	型号（高度×宽度）(mm×mm)	截面尺寸（mm）					截面面积(cm^2)	理论重量(kg/m)	惯性矩(cm^4)		惯性半径(cm)		截面模数(cm^3)		重心C_x(cm)	对应H型钢系列型号
		h	B	t_1	t_2	r			I_x	I_y	i_x	i_y	W_x	W_y		
TW	50×100	50	100	6	8	8	10.79	8.47	16.1	66.8	1.22	2.48	4.02	13.4	1.00	100×100
	62.5×125	62.5	125	6.5	9	8	15.00	11.8	35.0	147	1.52	3.12	6.91	23.5	1.19	125×125
	75×150	75	150	7	10	8	19.82	15.6	66.4	282	1.82	3.76	10.8	37.5	1.37	150×150
	87.5×175	87.5	175	7.5	11	13	25.71	20.2	115	492	2.11	4.37	15.9	56.2	1.55	175×175
	100×200	100	200	8	12	13	31.76	24.9	184	801	2.40	5.02	22.3	80.1	1.73	200×200
		100	204	12	12	13	35.76	28.1	256	851	2.67	4.87	32.4	83.4	2.09	
	125×250	125	250	9	14	13	45.71	35.9	412	1820	3.00	6.31	39.5	146	2.08	250×250
		125	255	14	14	13	51.96	40.8	589	1940	3.36	6.10	59.4	152	2.58	
	150×300	147	302	12	12	13	53.16	41.7	857	2760	4.01	7.20	72.3	183	2.85	300×300
		150	300	10	15	13	59.22	46.5	798	3380	3.67	7.55	63.7	225	2.47	
		150	305	15	15	13	66.72	52.4	1110	3550	4.07	7.29	92.5	233	3.04	
	175×350	172	348	10	16	13	72.00	56.5	1230	5620	4.13	8.83	84.7	323	2.67	350×350
		1.75	350	12	19	13	85.94	67.5	1520	6790	4.20	8.88	104	388	2.87	
	200×400	194	402	15	15	22	89.22	70.0	2480	8130	5.27	9.54	158	404	3.70	400×400
		197	398	11	18	22	93.40	73.3	2050	9460	4.67	10.1	123	475	3.01	
		200	400	13	21	22	109.3	85.8	2480	11200	4.75	10.1	147	560	3.21	
		200	408	21	21	22	125.3	98.4	3650	11900	5.39	9.74	229	584	4.07	
		207	405	18	28	22	147.7	116	3620	15500	4.95	10.2	213	766	3.68	
		214	407	20	35	22	180.3	142	4380	19700	4.92	10.4	250	967	3.90	
TM	75×100	74	100	6	9	8	13.17	10.3	51.7	75.2	1.98	2.38	8.84	15.0	1.56	150×100
	100×150	97	150	6	9	8	19.05	15.0	124	253	2.55	3.64	15.8	33.8	1.80	200×150
	125×175	122	175	7	11	13	27.74	21.8	288	492	322	4.21	29.1	56.2	2.28	250×175
	150×200	147	200	8	12	13	35.52	27.9	571	801	4.00	4.74	48.2	80.1	2.85	300×200
		149	201	9	14	13	41.01	32.2	661	949	4.01	4.80	55.2	94.4	2.92	
	175×250	170	250	9	14	13	49.76	39.1	1020	1820	4.51	6.05	73.2	146	3.11	350×250
	200×300	195	300	10	16	13	66.62	52.3	1730	3600	5.09	7.35	108	240	3.43	400×300
	225×300	220	300	11	18	13	76.94	60.4	2680	4050	5.89	7.25	150	270	4.09	450×300

续表

类别	型号 (高度×宽度) (mm×mm)	截面尺寸 (mm)					截面面积 (cm^2)	理论重量 (kg/m)	惯性矩 (cm^4)		惯性半径 (cm)		截面模数 (cm^3)		重心 C_x (cm)	对应 H 型钢系列型号
		h	B	t_1	t_2	r			I_x	I_y	i_x	i_y	W_z	W_y		
TM	250×300	241	300	11	15	13	70.58	55.4	3400	3380	6.93	6.91	178	225	5.00	500×300
		244	300	11	18	13	79.58	62.5	3610	4050	6.73	7.13	184	270	4.72	
	275×300	272	300	11	15	13	73.99	58.1	4790	3380	8.04	6.75	225	225	5.96	550×300
		275	300	11	18	13	82.99	65.2	5090	4050	7.82	6.98	232	270	5.59	
	300×300	291	300	12	17	13	84.60	66.4	6320	3830	8.64	6.72	280	255	6.51	600×300
		294	300	12	20	13	93.60	73.5	6680	4500	8.44	6.93	288	300	6.17	
		297	302	14	23	13	108.5	85.2	7890	5290	8.52	6.97	339	350	6.41	
TN	50×50	50	50	5	7	8	5.920	4.65	11.8	7.39	1.41	1.11	3.18	2.95	1.28	100×50
	62.5×60	62.5	60	6	8	8	8.340	6.55	27.5	14.6	1.81	1.32	5.96	4.85	1.64	125×60
	75×75	75	75	5	7	8	8.920	7.00	42.6	24.7	2.18	1.66	7.46	6.59	1.79	150×75
	87.5×90	85.5	89	4	6	8	8.790	6.90	53.7	35.3	2.47	2.00	8.02	7.94	1.86	175×90
		87.5	90	5	8	8	11.44	8.98	70.6	48.7	2.48	2.06	10.4	10.8	1.93	
	100×100	99	99	4.5	7	8	11.34	8.90	93.5	56.7	2.87	2.23	12.1	11.5	2.17	200×100
		100	100	5.5	8	8	13.33	10.5	114	66.9	2.92	2.23	14.8	13.4	2.31	
	125×125	124	124	5	8	8	15.99	12.6	207	127	3.59	2.82	21.3	20.5	2.66	250×125
		125	125	6	9	8	18.48	14.5	248	147	3.66	2.81	25.6	23.5	2.81	
	150×150	149	149	5.5	8	13	20.40	16.0	393	221	4.39	3.29	33.8	29.7	3.26	300×150
		150	150	6.5	9	13	23.39	18.4	464	254	4.45	3.29	40.0	33.8	3.41	
	175×175	173	174	6	9	13	26.22	20.6	679	396	5.08	3.88	50.0	45.5	3.72	350×175
		175	175	7	11	13	31.45	24.7	814	492	5.08	3.95	59.3	56.2	3.76	
	200×200	198	199	7	11	13	35.70	28.0	1190	723	5.77	4.50	76.4	72.7	4.20	400×200
		200	200	8	13	13	41.68	32.7	1390	868	5.78	4.56	88.6	86.8	4.26	
	225×150	223	150	7	12	13	33.49	26.3	1570	338	6.84	3.17	93.7	45.1	5.54	450×150
		225	151	8	14	13	38.74	30.4	1830	403	6.87	3.22	108	53.4	5.62	
	225×200	223	199	8	12	13	41.48	32.6	1870	789	6.71	4.36	109	79.3	5.15	450×200
		225	200	9	14	13	47.71	37.5	2150	935	6.71	4.42	124	93.5	5.19	
	237.5×150	235	150	7	13	13	35.76	28.1	1850	367	7.18	3.20	104	48.9	7.50	475×150
		237.5	151.5	8.5	15.5	13	43.07	33.8	2270	451	7.25	3.23	128	59.5	7.57	
		241	153.5	10.5	19	13	53.20	41.8	2860	575	7.33	3.28	160	75.0	7.67	
	250×150	246	150	7	12	13	35.10	27.6	2060	339	7.66	3.10	113	45.1	6.36	500×150
		250	152	9	16	13	46.10	36.2	2750	470	7.71	3.19	149	61.9	6.53	
		252	153	10	18	13	51.66	40.6	3100	540	7.74	3.23	167	70.5	6.62	
	250×200	248	199	9	14	13	49.64	39.0	2820	921	7.54	4.30	150	92.6	5.97	500×200
		250	200	10	16	13	56.12	44.1	3200	1070	7.54	4.36	169	107	6.03	
		253	201	11	19	13	64.65	50.8	3660	1290	7.52	4.46	189	128	6.00	

附录2 热轧型钢规格及截面特性

续表

类别	型号 (高度×宽度) (mm×mm)	截面尺寸(mm)					截面面积 (cm²)	理论重量 (kg/m)	惯性矩 (cm⁴)		惯性半径 (cm)		截面模数 (cm³)		重心 C_x (cm)	对应H型钢系列型号
		h	B	t_1	t_2	r			I_x	I_y	i_x	i_y	W_z	W_y		
TN	275×200	273	199	9	14	13	51.89	40.7	3690	921	8.43	4.21	180	92.6	6.85	550×200
		275	200	10	16	13	58.62	46.0	4180	1070	8.44	4.27	203	107	6.89	
TM	300×200	298	199	10	15	13	58.87	46.2	5150	988	9.35	4.09	235	99.3	7.92	600×200
		300	200	11	17	13	65.85	51.7	5770	1140	9.35	4.14	262	114	7.95	
		303	201	12	20	13	74.88	58.8	6530	1360	9.33	4.25	291	135	7.88	
	312.5×200	312.5	198.5	13.5	17.5	13	75.28	59.1	7460	1150	9.95	3.90	338	116	9.15	625×200
		315	200	15	20	13	84.97	66.7	8470	1340	9.98	3.97	380	134	9.21	
		319	202	17	24	13	99.35	78.0	9960	1160	10.0	4.08	440	165	9.26	
	325×300	323	299	10	15	12	76.26	59.9	7220	3340	9.73	6.62	289	224	7.28	650×300
		325	300	11	17	13	85.60	67.2	8090	3830	9.71	6.68	321	255	7.29	
		328	301	12	20	13	97.88	76.8	9120	4550	9.65	6.81	356	302	7.20	
	350×300	346	300	13	20	13	103.1	80.9	1120	4510	10.4	6.61	424	300	8.12	700×300
		350	300	13	24	13	115.1	90.4	1200	5410	10.2	6.85	438	360	7.65	
	400×300	396	300	14	22	18	119.8	94.0	1760	4960	12.1	6.43	592	331	9.77	800×300
		400	300	14	26	18	131.8	103	1870	5860	11.9	6.66	610	391	9.27	
	450×300	445	299	15	23	18	133.5	105	2590	5140	13.9	6.20	789	344	11.7	900×300
		450	300	16	28	18	152.9	120	2910	6320	13.8	6.42	865	421	11.4	
		456	302	18	34	18	180.0	141	3410	7830	13.8	6.59	997	518	11.3	

附录3 梁的内力与变形

说明：

(1) 附录3给出了单跨梁的内力与变形表，以及两跨梁、三跨梁、四跨梁和五跨梁的内力系数表。

(2) 附表3-1中，R为支座反力，以向上为正；f表示挠度，以向下为正。所谓最大挠度f_{max}、最小挠度f_{min}系按照带正负号的数值比较所得（例如，$6 > -10$）。

(3) 附表3-2～附表3-5中均为等跨梁。Q为每个集中荷载的数值，且在跨内等间距布置。

弯矩以使截面下部受拉为正，剪力以使杆件顺时针转动为正。

均布荷载作用时，弯矩M＝表中系数$\times ql^2$，剪力V＝表中系数$\times ql$；集中荷载作用时，弯矩M＝表中系数$\times Ql$，剪力V＝表中系数$\times Q$。

单跨梁的内力与变形　　　　　　　　　　　附表3-1

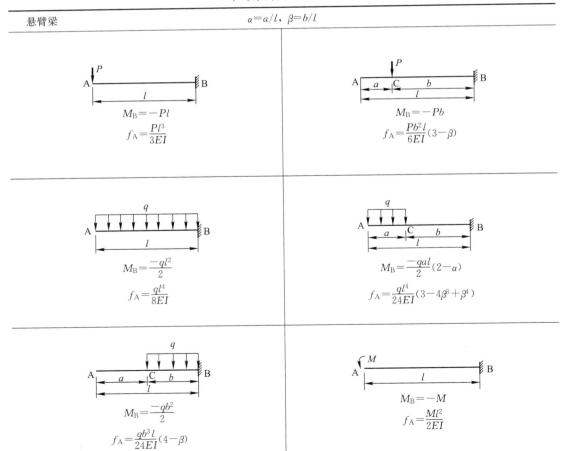

续表

悬臂梁	$\alpha=a/l,\ \beta=b/l$	
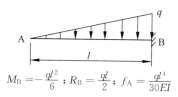 $M_B=-\dfrac{ql^2}{6}$; $R_B=\dfrac{ql}{2}$; $f_A=\dfrac{ql^4}{30EI}$	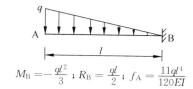 $M_B=-\dfrac{ql^2}{3}$; $R_B=\dfrac{ql}{2}$; $f_A=\dfrac{11ql^4}{120EI}$	

简支梁

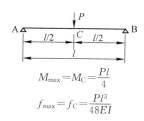

$M_{max}=M_C=\dfrac{Pl}{4}$

$f_{max}=f_C=\dfrac{Pl^3}{48EI}$

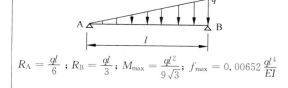

n 为偶数时 $f_{max}=\dfrac{5n^2-4}{384nEI}Pl^3$; $M_{max}=\dfrac{n}{8}Pl$

n 为奇数时 $f_{max}=\dfrac{5n^4-4n^2-1}{384n^3EI}Pl^3$; $M_{max}=\dfrac{n^2-1}{8n}Pl$

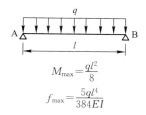

$M_{max}=\dfrac{ql^2}{8}$

$f_{max}=\dfrac{5ql^4}{384EI}$

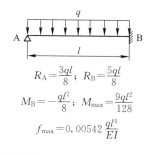

$R_A=\dfrac{ql}{6}$; $R_B=\dfrac{ql}{3}$; $M_{max}=\dfrac{ql^2}{9\sqrt{3}}$; $f_{max}=0.00652\dfrac{ql^4}{EI}$

一端简支、一端固定梁

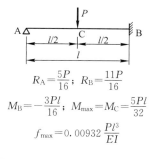

$R_A=\dfrac{5P}{16}$; $R_B=\dfrac{11P}{16}$

$M_B=-\dfrac{3Pl}{16}$; $M_{max}=M_C=\dfrac{5Pl}{32}$

$f_{max}=0.00932\dfrac{Pl^3}{EI}$

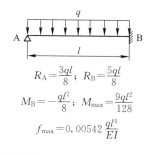

$R_A=\dfrac{3ql}{8}$; $R_B=\dfrac{5ql}{8}$

$M_B=-\dfrac{ql^2}{8}$; $M_{max}=\dfrac{9ql^2}{128}$

$f_{max}=0.00542\dfrac{ql^4}{EI}$

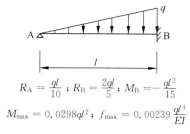

$R_A=\dfrac{ql}{10}$; $R_B=\dfrac{2ql}{5}$; $M_B=-\dfrac{ql^2}{15}$

$M_{max}=0.0298ql^2$; $f_{max}=0.00239\dfrac{ql^4}{EI}$

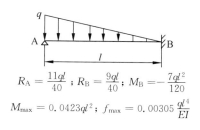

$R_A=\dfrac{11ql}{40}$; $R_B=\dfrac{9ql}{40}$; $M_B=-\dfrac{7ql^2}{120}$

$M_{max}=0.0423ql^2$; $f_{max}=0.00305\dfrac{ql^4}{EI}$

续表

两端固定梁

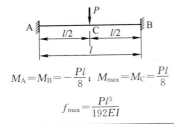

$M_A = M_B = -\dfrac{Pl}{8}$; $M_{max} = M_C = \dfrac{Pl}{8}$

$f_{max} = \dfrac{Pl^3}{192EI}$

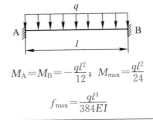

$M_A = M_B = -\dfrac{ql^2}{12}$; $M_{max} = \dfrac{ql^2}{24}$

$f_{max} = \dfrac{ql^4}{384EI}$

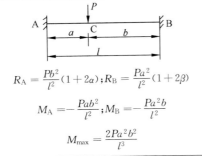

$R_A = \dfrac{Pb^2}{l^2}(1+2\alpha)$; $R_B = \dfrac{Pa^2}{l^2}(1+2\beta)$

$M_A = -\dfrac{Pab^2}{l^2}$; $M_B = -\dfrac{Pa^2b}{l^2}$

$M_{max} = \dfrac{2Pa^2b^2}{l^3}$

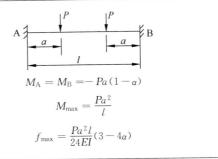

$M_A = M_B = -Pa(1-\alpha)$

$M_{max} = \dfrac{Pa^2}{l}$

$f_{max} = \dfrac{Pa^2l}{24EI}(3-4\alpha)$

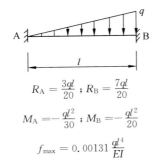

$R_A = \dfrac{3ql}{20}$; $R_B = \dfrac{7ql}{20}$

$M_A = -\dfrac{ql^2}{30}$; $M_B = -\dfrac{ql^2}{20}$

$f_{max} = 0.00131\dfrac{ql^4}{EI}$

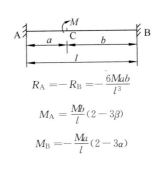

$R_A = -R_B = -\dfrac{6Mab}{l^3}$

$M_A = \dfrac{Mb}{l}(2-3\beta)$

$M_B = -\dfrac{Ma}{l}(2-3\alpha)$

带悬臂的梁 $\lambda = m/l$

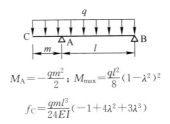

$M_A = -Pm$

$f_C = \dfrac{Pm^2l}{3EI}(1+\lambda)$; $f_{min} = -0.0642\dfrac{Pml^2}{EI}$

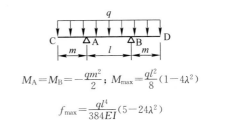

$M_A = M_B = -Pm$

$f_C = f_D = \dfrac{Pm^2l}{6EI}(3+2\lambda)$; $f_{min} = -\dfrac{Pml^2}{8EI}$

$M_A = -\dfrac{qm^2}{2}$; $M_{max} = \dfrac{ql^2}{8}(1-\lambda^2)^2$

$f_C = \dfrac{qml^3}{24EI}(-1+4\lambda^2+3\lambda^3)$

$M_A = M_B = -\dfrac{qm^2}{2}$; $M_{max} = \dfrac{ql^2}{8}(1-4\lambda^2)$

$f_{max} = \dfrac{ql^4}{384EI}(5-24\lambda^2)$

续表

带悬臂的梁	$\lambda = m/l$

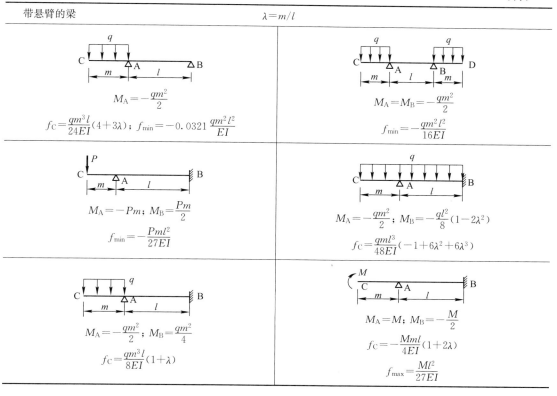

$M_A = -\dfrac{qm^2}{2}$

$f_C = \dfrac{qm^3 l}{24EI}(4+3\lambda)$; $f_{min} = -0.0321\dfrac{qm^2 l^2}{EI}$

$M_A = M_B = -\dfrac{qm^2}{2}$

$f_{min} = -\dfrac{qm^2 l^2}{16EI}$

$M_A = -Pm$; $M_B = \dfrac{Pm}{2}$

$f_{min} = -\dfrac{Pml^2}{27EI}$

$M_A = -\dfrac{qm^2}{2}$; $M_B = -\dfrac{ql^2}{8}(1-2\lambda^2)$

$f_C = \dfrac{qml^3}{48EI}(-1+6\lambda^2+6\lambda^3)$

$M_A = -\dfrac{qm^2}{2}$; $M_B = \dfrac{qm^2}{4}$

$f_C = \dfrac{qm^3 l}{8EI}(1+\lambda)$

$M_A = M$; $M_B = -\dfrac{M}{2}$

$f_C = -\dfrac{Mml}{4EI}(1+2\lambda)$

$f_{max} = \dfrac{Ml^2}{27EI}$

两跨梁的内力系数表　　　　　　　　　　　　　　　　　　　　附表 3-2

荷载图	跨内最大弯矩		支座弯矩	剪力		
	M_1	M_2	M_B	V_A	$V_{B左}$, $V_{B右}$	V_C
A—l—B—l—C 均布 q 两跨	0.070	0.070	−0.125	0.375	−0.625 0.625	−0.375
均布 q 单跨AB	0.096	—	−0.063	0.437	−0.563 0.063	0.063
跨中集中 Q 两跨	0.156	0.156	−0.188	0.312	−0.688 0.688	−0.312
跨中集中 Q 单跨	0.203	—	−0.094	0.406	−0.594 0.094	0.094
三分点集中 两跨	0.222	0.222	−0.333	0.667	−1.333 1.333	−0.667
三分点集中 单跨	0.278	—	−0.167	0.833	−1.167 0.167	0.167

三跨梁的内力系数表

附表 3-3

荷载图	跨内最大弯矩		支座弯矩		剪力			
	M_1	M_2	M_B	M_C	V_A	$V_{B左}$, $V_{B右}$	$V_{C左}$, $V_{C右}$	V_D
满跨 q	0.080	0.025	−0.100	−0.100	0.400	−0.600 0.500	−0.500 0.600	−0.400
边跨 q	0.101	—	−0.050	−0.050	0.450	−0.550 0	0 0.550	−0.450
中跨 q	—	0.075	−0.050	−0.050	−0.050	−0.050 0.500	−0.500 0.050	0.050
AB,BC q	0.073	0.054	−0.117	−0.033	0.383	−0.617 0.583	−0.417 0.033	0.033
AB q	0.094	—	−0.067	0.017	0.433	−0.567 0.083	0.083 −0.017	−0.017
满跨 Q	0.175	0.100	−0.150	−0.150	0.350	−0.650 0.500	−0.500 0.650	−0.350
边跨 Q	0.213	—	−0.075	−0.075	0.425	−0.575 0	0 0.575	−0.425
中跨 Q	—	0.175	−0.075	−0.075	−0.075	−0.075 0.500	−0.500 0.075	0.075
AB,BC Q	0.162	0.137	−0.175	−0.050	0.325	−0.675 0.625	−0.375 0.050	0.050
AB Q	0.200	—	−0.100	0.025	0.400	−0.600 0.125	0.125 −0.125	−0.025
满跨 Q	0.244	0.067	−0.267	−0.267	0.733	−1.267 1.000	−1.000 1.267	−0.733
边跨 Q	0.289	—	−0.133	−0.133	0.866	−1.134 0	0 1.134	−0.866
中跨 Q	—	0.200	−0.133	−0.133	−0.133	−0.133 1.000	−1.000 0.133	0.133
AB,BC Q	0.229	0.170	−0.311	−0.089	0.689	−1.311 1.222	−0.778 0.089	0.089
AB Q	0.274	—	−0.178	0.044	0.822	−1.178 0.222	0.222 −0.044	−0.044

四跨梁的内力系数表

附表 3-4

荷载图	跨内最大弯矩				支座弯矩			剪力				
	M_1	M_2	M_3	M_4	M_B	M_C	M_D	V_A	$V_{B左}$、$V_{B右}$	$V_{C左}$、$V_{C右}$	$V_{D左}$、$V_{D右}$	V_E
(q 满跨)	0.077	0.036	0.036	0.077	−0.107	−0.071	−0.107	0.393	−0.607 0.536	−0.464 0.464	−0.536 0.607	−0.393
(q 1、3跨)	0.100	—	0.081	—	−0.054	−0.036	−0.054	0.446	−0.554 0.018	0.018 0.482	−0.518 0.054	0.054
(q 2、4跨)	0.072	0.061	—	0.098	−0.121	−0.018	−0.058	0.380	−0.620 0.603	−0.397 −0.040	−0.040 0.558	−0.442
(q 2跨)	—	0.056	—	—	−0.036	−0.107	−0.036	−0.036	−0.036 0.429	−0.571 0.571	−0.429 0.036	0.036
(q 3跨)	0.094	—	0.074	—	−0.067	0.018	−0.004	0.433	−0.567 0.085	0.085 −0.022	−0.022 0.004	0.004
(q 4跨)	—	—	0.183	—	−0.049	−0.054	0.013	−0.049	−0.049 0.496	−0.504 0.067	0.067 −0.013	−0.013
(Q 1、3跨)	0.169	0.116	0.116	0.169	−0.161	−0.107	−0.161	0.339	−0.661 0.554	−0.446 0.446	−0.554 0.661	−0.339
(Q 2、4跨)	0.210	—	0.183	—	−0.080	−0.054	−0.080	0.420	−0.580 0.027	0.027 0.473	−0.527 0.080	0.080
(Q 满跨)	0.159	0.146	—	0.206	−0.181	−0.027	−0.087	0.319	−0.681 0.654	−0.346 −0.060	−0.060 0.587	−0.413

续表

荷载图	跨内最大弯矩				支座弯矩			剪力			
	M_1	M_2	M_3	M_4	M_B	M_C	M_D	V_A	$V_{B左}$、$V_{B右}$	$V_{C左}$、$V_{C右}$	$V_{D左}$、$V_{D右}$	V_E

荷载图	M_1	M_2	M_3	M_4	M_B	M_C	M_D	V_A	$V_{B左}$、$V_{B右}$	$V_{C左}$、$V_{C右}$	$V_{D左}$、$V_{D右}$	V_E
(A B C D E, Q at D)	—	0.142	0.142	—	−0.054	−0.161	−0.054	−0.054	−0.054 0.393	−0.607 0.607	−0.393 0.054	0.054
(A B C D E, Q at B)	0.200	—	—	—	−0.100	0.027	−0.007	0.400	−0.600 0.127	0.127 −0.033	−0.033 0.007	0.007
(A B C D E, Q at C)	—	0.173	—	—	−0.074	−0.080	0.020	−0.074	−0.074 0.493	−0.507 0.100	0.100 −0.020	−0.020
(uniform load all spans)	0.238	0.111	0.111	0.238	−0.286	−0.191	−0.286	0.714	−1.286 1.095	−0.905 0.905	−1.095 1.286	−0.714
(uniform load spans 1,3)	0.286	—	0.222	—	−0.143	−0.095	−0.143	0.857	−1.143 0.048	0.048 0.952	−1.048 0.143	0.143
(uniform load spans 2,4)	—	0.194	—	0.175	−0.321	−0.048	−0.155	0.679	−1.321 1.274	−0.726 −0.107	−0.107 1.155	−0.845
(Q at B,D)	—	0.175	0.175	—	−0.095	−0.286	−0.095	−0.095	−0.095 0.810	−1.190 1.190	−0.810 0.095	0.095
(Q at A,C,E)	0.274	—	—	—	−0.178	0.048	−0.012	0.822	−1.178 0.226	0.226 −0.060	−0.060 0.012	0.012
(Q at B,D other)	—	0.198	—	—	−0.131	−0.143	0.036	−0.131	−0.131 0.988	−1.012 0.178	0.178 −0.036	−0.036

附录3 梁的内力与变形

五跨梁的内力系数表

附表 3-5

荷载图	跨内最大弯矩			支座弯矩				剪力					
	M_1	M_2	M_3	M_B	M_C	M_D	M_E	V_A	$V_{B左}$、$V_{B右}$	$V_{B右}$、$V_{C左}$	$V_{C右}$、$V_{D左}$	$V_{D右}$、$V_{E左}$	V_F
(q, all spans)	0.078	0.033	0.046	−0.105	−0.079	−0.079	−0.105	0.394	−0.606 / 0.526	−0.474 / 0.500	−0.500 / 0.474	−0.526 / 0.606	−0.394
(q, spans)	0.100	—	0.085	−0.053	−0.040	−0.040	−0.053	0.447	−0.553 / 0.013	0.013 / 0.500	−0.500 / −0.013	−0.013 / 0.553	−0.447
(q)	0.073	0.079	—	−0.053	−0.040	−0.040	−0.053	−0.053	−0.053 / 0.513	0.013 / 0.500	−0.500 / −0.013	−0.513 / 0.053	0.053
①0.098	②0.059 / 0.078	—	−0.119	−0.022	−0.044	−0.051	0.380	−0.620 / 0.598	−0.402 / −0.023	−0.023 / 0.493	−0.507 / 0.052	0.052
(q)	0.094	0.055	0.064	−0.035	−0.111	−0.020	−0.057	−0.035	−0.035 / 0.424	−0.576 / 0.591	−0.409 / −0.037	−0.037 / 0.557	−0.443
(q)	—	—	−0.067	0.018	−0.005	0.001	0.433	−0.567 / 0.085	0.085 / −0.023	−0.023 / 0.006	0.006 / −0.001	−0.001
(q)	0.074	—	−0.049	−0.054	0.014	−0.004	−0.049	−0.049 / 0.495	−0.505 / 0.068	0.068 / −0.018	−0.018 / 0.004	0.004
(q)	—	0.072	0.013	−0.053	−0.053	0.013	0.013	0.013 / −0.066	−0.066 / 0.500	−0.500 / 0.066	0.066 / −0.013	−0.013

续表

荷载图	跨内最大弯矩			支座弯矩				剪力					
	M_1	M_2	M_3	M_B	M_C	M_D	M_E	V_A	$V_{B左}$, $V_{B右}$	$V_{C左}$, $V_{C右}$	$V_{D左}$, $V_{D右}$	$V_{E左}$, $V_{E右}$	V_F
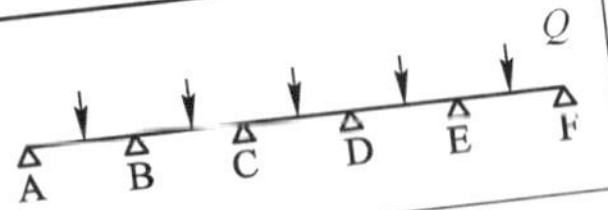 荷载图1	0.171	0.112	0.132	−0.158	−0.118	−0.118	−0.158	0.342	−0.658 0.540	−0.460 0.500	−0.500 0.460	−0.540 0.658	−0.342
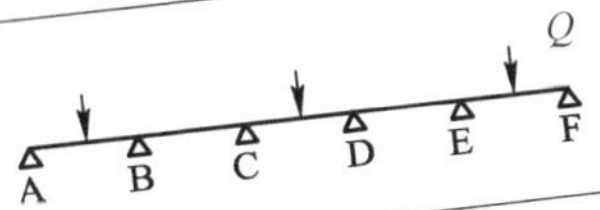 荷载图2	0.211	—	0.191	−0.079	−0.059	−0.059	−0.079	0.421	−0.579 0.020	0.020 0.500	−0.500 −0.020	−0.020 0.579	−0.421
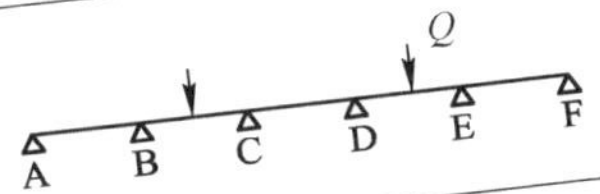 荷载图3	—	0.181	—	−0.079	−0.059	−0.059	−0.079	−0.079	−0.079 0.520	−0.480 0	0 0.480	−0.520 0.079	0.079
荷载图4	0.160	②0.144 0.178	—	−0.179	−0.052	−0.032	−0.066	0.321	−0.679 0.647	−0.353 −0.034	−0.034 0.489	−0.511 0.077	0.077
荷载图5	①— 0.207	0.140	—	0.151	−0.100	−0.167	−0.031	−0.086	−0.052 0.385	−0.615 0.637	−0.363 −0.056	−0.056 0.586	−0.414
荷载图6	0.200	—	0.173	—	−0.073	0.027	−0.007	0.002	0.400	−0.600 0.127	0.127 −0.034	−0.034 0.009	−0.002
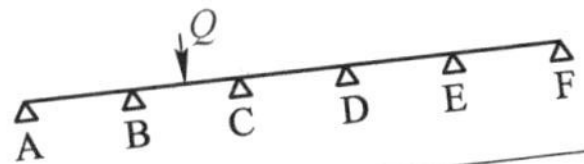 荷载图7	—	—	—	—	−0.081	0.022	−0.005	−0.073	−0.073 0.493	−0.507 0.102	0.102 −0.027	−0.027 0.005	0.005
荷载图8	—	—	0.171	—	0.020	−0.079	0.020	0.020	0.020 −0.099	−0.099 0.500	−0.500 0.099	0.099 −0.020	−0.020

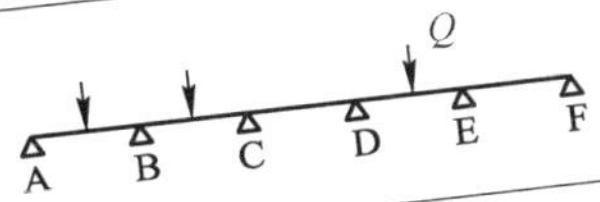

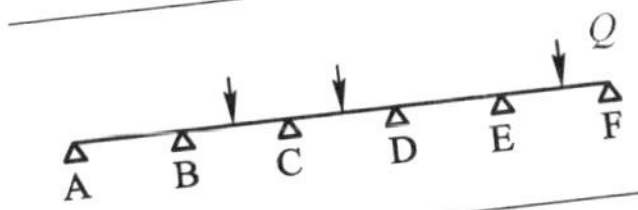

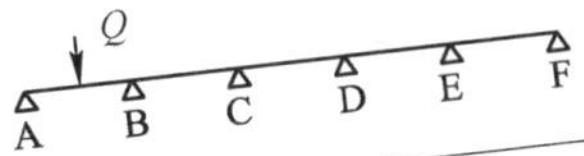

附录3 梁的内力与变形

续表

荷载图	跨内最大弯矩			支座弯矩				剪力					
	M_1	M_2	M_3	M_B	M_C	M_D	M_E	V_A	$V_{B左}$,$V_{B右}$	$V_{C左}$,$V_{C右}$	$V_{D左}$,$V_{D右}$	$V_{E左}$,$V_{E右}$	V_F
A B C D E F (满布均布荷载)	0.240	0.100	0.122	−0.281	−0.211	−0.211	−0.281	0.719	−1.281 / 1.070	−0.930 / 1.000	−1.000 / 0.930	−1.070 / 1.281	−0.719
A B C D E F	0.287	—	0.228	−0.140	−0.105	−0.105	−0.140	0.860	−1.140 / 0.035	0.035 / 1.000	−1.000 / −0.035	−0.035 / 1.140	−0.860
A B C D E F	—	0.216	—	−0.140	−0.105	−0.105	−0.140	−0.140	−0.140 / 1.035	−0.965 / 0	0.000 / 0.965	−1.035 / 0.140	0.140
A B C D E F	0.227	② 0.189 / 0.209	—	−0.319	−0.057	−0.118	−0.137	0.681	−1.319 / 1.262	−0.738 / −0.061	−0.061 / 0.981	−1.019 / 0.137	0.137
A B C D E F	① — / 0.282	0.172	0.198	−0.093	−0.297	−0.054	−0.153	−0.093	−0.093 / 0.796	−1.204 / 1.243	−0.757 / −0.099	−0.099 / 1.153	−0.847
A B C D E F	0.274	—	—	−0.179	0.048	−0.013	0.003	0.821	−1.179 / 0.227	0.227 / −0.061	−0.061 / 0.016	0.016 / −0.003	−0.003
A B C D E F	—	—	−0.131	−0.144	0.038	−0.010	−0.131	−0.131	−1.013 / 0.182	0.182 / −0.048	−0.048 / 0.010	0.010	
A B C D E F	—	0.193	0.035	−0.140	−0.140	0.035	0.035	0.035 / −0.175	−0.175 / 1.000	−1.000 / 0.175	0.175 / −0.035	−0.035	

表中：①分子及分母分别为 M_1 及 M_5 的弯矩系数；②分子及分母分别为 M_2 及 M_4 的弯矩系数。

附 录

附录4 计算能力训练

4.1 计算器操作

必须指出,不同型号的计算器操作有差异,因此,考生在考试前必须对所持有的计算器十分熟悉。

4.1.1 以 Casio fx-350MS 为例

以下以 Casio fx-350MS 为例说明,适用于市面上的绝大多数计算器。为与该计算器说明书中所用符号表达一致,以下涉及的按键操作,除数字和一般的加、减、乘、除、等于外,其他按键均加 "【】"。同时还应注意,一个按键可能会因前置的按键而有其他含义(这在计算器中以相同颜色表示)。例如,【sin】本表示 sin,但【SHIFT】【sin】表示 $\sin^{-1}$(我们可以看到 "$\sin^{-1}$" 标注在 "sin" 键的上方,与 "SHIFT" 同为黄色);【ALPHA】【(一)】表示取出变量 A 的值(这里,"A" 与 "ALPHA" 同为紫色)。像【ALPHA】【(一)】这样的操作在说明书中一般记作【ALPHA】【A】,以突出按键的真正含义,本文同样遵守此约定,以免混乱。

1. 按键顺序

目前市面上出售的计算器大多采用按键顺序与书写顺序一致的输入规则,比较方便。早期的计算器按键顺序与书写顺序不同,一定注意。

2. 三角函数中的"度"与"弧度"

三角函数中所使用的数值,一定要注意区分是"度"还是"弧度"。

按【MODE】两次,出现

Deg	Rad	Gra
1	2	3

按 1 进入"度分秒"模式,屏幕上方出现"D";按 2 进入"弧度"模式,屏幕上方出现"R"。

例如,$\sin\left(\dfrac{\pi}{3}\right) = 0.866025403$,按键为

【MODE】【MODE】2【sin】【(】【SHIFT】【π】÷3【)】=

对于用"度分秒"模式表达的 $\sin(63°52'41'') = 0.897859012$,按键为

【MODE】【MODE】1【sin】63【° ' ''】52【° ' ''】41【° ' ''】=

由于规范中通常都是对"度"进行三角函数计算,所以,应确保屏幕上方出现"D"。

3. 变量的存储

可以认为有 Answer 存储器、独立存储器和变量存储器。

一个算式按下 "=" 键之后得到计算结果,数值存储在 Answer 存储器,按下会取出结果。例如,按键

附录4 计算能力训练

会得到 18，相当于 $6+3=9$，$2\times 9=18$。

$$6+3=2\times \text{【Ans】}=$$

使用独立存储器和变量存储器前，建议一定要按键【SHIFT】【CLR】3 以初始化，清除原来的设定以及存储，否则，可能得不到正确结果。

独立存储器主要用于累加（或减）。例如，有三个数，分别为：$a=23+9$，$b=53-6$，$c=45\times 2$，求：$a+b-c$。按键为

$$23+9\text{【SHIFT】【STO】【M+】}53-6\text{【M+】}45\times 2\text{【SHIFT】【M-】}$$

变量可以有 9 个（A 至 F，X，Y，M），可以分别存储。例如，在计算 $192.3\div 23=8.4$ 之后还需要计算 $192.3\div 28=6.9$，就可以把 192.3 存入变量 A 中，按键为

$$192.3\text{【SHIFT】【STO】【A】}\div 23=\text{【ALPHA】【A】}\div 28=$$

4. 科学计数法

经常遇到的"$\times 10^n$"，可以使用【EXP】键实现而不必连续按 n 个零。例如，以下算式

$$A_s=A_s'=\frac{Ne'}{f_y(h_0-a_s')}=\frac{425\times 10^3\times 420}{360\times(355-45)}=1599\ \text{mm}^2$$

的按键顺序是：

$$425\text{【EXP】}3\times 420\div 360\div(355-45)=$$

4.1.2 以 Casio fx-991CN 为例

"工欲善其事必先利其器"，注册结构工程师专业考试推荐使用 Casio fx-991CN 计算器。以下仅介绍考试中会用到的且与普通计算器的不同之处。注意到，该计算器说明书中以按键上白色符号标示，其后括号内符号表示其真实含义，故以下表达与该说明书一致。

1. "度"与"弧度"的选择

默认为"度"。欲采用"弧度"，则执行以下按键：

【SHIFT】【设置】22

之后，按键

$$\text{【sin】【SHIFT】【}\times 10^x\text{】}\div 3\text{【)】}=$$

得到 0.866025403。这里，【SHIFT】【$\times 10^x$】实际得到 π，注意，系统会在按下 sin 键自动产生左括号，无需再手动输入。

2. 指数的输入

例如，计算 $\sqrt{21+50\mathrm{e}^{-21/50}-50}$，可执行以下操作：

$$\text{【}\sqrt{x}\text{】}21+50\text{【SHIFT】【ln】【(-)】}21\div 50\text{【}\rightarrow\text{】}-50=$$

得到结果为 1.962738136。这里注意，指数项全部输入后，要按"向右键"才能退出指数。另外，此处由于根号内不太复杂，先按根号键则按键次数最少。

3. 变量的存储

例如，在计算 $192.3\div 23=8.4$ 之后还需要计算 $192.3\div 28=6.9$，就可以把 192.3 存入变量 A 中，按键为

$$192.3\text{【STO】【(-)】}\div 23=\text{【ALPHA】【(-)】}\div 28=$$

4. 科学计数法

得到结果之后按【ENG】，则以"$\times 10^3$"或"$\times 10^6$"等形式，这对于计算弯矩后初

始单位为 N·mm 却欲以 kN·m 形式显示，较为有利。

5. 牛顿法解方程

牛顿法解方程的关键步骤包括：

(1) 列出方程式。其中用到的 x，需要由按键【ALPHA】【)】得到；方程中的"="，通过按键【ALPHA】【CALC】得到。

(2) 【SHIFT】【CALC】准备求解。

(3) 设置初始值。直接按键数值后按"="求解，若无动静时再按一次"="。

对于一次方程

$$1300 \times 10^3 \times 0.85 = 0.9 \times 1.0 \times 1.43 \times 600 \times 600 + 300 \times A_{svj} \frac{800-40-40}{100}$$

求解时按键如下：

1300【×10^x】3×0.85【ALPHA】【CALC】0.9×1.53×600【x^2】+300【ALPHA】【)】×【(】800−80【)】÷100

检查无误后按键【SHIFT】【CALC】0=

相当于取初始值为 0，最终得到的结果取整为 $A_{svj} = 297$。

求解 2 次方程 $x^2 - 2352x + 199275 = 0$，首先按键如下：

【ALPHA】【)】【x^2】−2352【ALPHA】【)】+199275【ALPHA】【CALC】0

接着，按键【SHIFT】【CALC】1=，得到最终结果 $x = 88.01976121$，由于是精确解，故同时显示"L−R=0"（代入结果后方程左右两侧的差值为 0）。

求解 3 次方程 $-2760x^3 + 248400x^2 + 62832000x + 7.1736 \times 10^{10} = 0$，按键如下：

【(−)】2760【ALPHA】【)】【$x^{\blacksquare}$】3【→】+248400【ALPHA】【)】【x^2】+62832【×10^x】3【ALPHA】【)】+7.1736【×10^x】10【ALPHA】【CALC】0【SHIFT】【CALC】100=

得到最终结果 $x = 357.303106$，同时显示"L−R=0"。

4.2 训练题

1. 内插法

已知：地面粗糙度为 B 类，高度 $H = 22$m，求：风压高度变化系数 μ_z。

提示：按照《建筑结构荷载规范》GB 50009—2012 的表 8.2.1 计算。

2. 计算裂缝宽度

(1) 已知：矩形截面 $b \times h = 300$mm$\times 500$mm，C35 混凝土（$f_{tk} = 2.20$N/mm），8Φ20 钢筋（$E_s = 2.0 \times 10^5$N/mm^2，$A_s = 2513$mm^2，$\alpha_{cr} = 1.9$），$c_s = 30$mm，$a_s = 65$，跨中弯矩 $M_q = 300$kN·m。求：w_{max}。

提示：利用《混凝土结构设计规范》GB 50010—2010 中的以下公式：

$$w_{max} = \alpha_{cr} \psi \frac{\sigma_{sq}}{E_s}\left(1.9c_s + 0.08\frac{d_{eq}}{\rho_{te}}\right)$$

$$\psi = 1.1 - 0.65\frac{f_{tk}}{\rho_{te}\sigma_{sq}}, \quad d_{eq} = \frac{\sum n_i d_i^2}{\sum n_i \nu_i d_i}$$

$$\rho_{te} = \frac{A_p + A_s}{A_{te}}, \quad \sigma_{sq} = \frac{M_q}{0.87 h_0 A_s}$$

(2) 将混凝土强度等级改为 C40（$f_{tk} = 2.39\text{N/mm}^2$），其他条件同题（1），重新计算 w_{max}。

(3) 假设钢筋直径改为 25mm，其他条件同题（1），重新计算 w_{max}。

3. 计算水平地震影响系数

(1) 砖烟囱，高度 $H = 30\text{m}$，$d = 1.5\text{m}$。处于 8 度（0.2g）设防地区，设计地震分组为第一组，场地为 II 类。求：多遇地震时的水平地震影响系数 α_1。

提示：烟囱自振周期依据《建筑结构荷载规范》GB 50009—2012 的公式（F.1.2-1）计算。

(2) 若将上题中的场地类型改为 IV 类，其他条件不变，重新计算 α_1。

4. 计算风振系数

(1) 已知：高层混凝土建筑，高度 $H = 100\text{m}$，迎风面宽度 $B = 25\text{m}$，自振周期 1.8s。地面粗糙度为 B 类；基本风压 $w_0 = 0.55\text{kN/m}^2$。求：离地面高度 80m 处风振系数 β_z。

提示：依据《建筑结构荷载规范》GB 50009—2012 计算，公式如下：

$$\rho_z = \frac{10\sqrt{H + 60e^{-H/60} - 60}}{H}$$

$$\rho_x = \frac{10\sqrt{B + 50e^{-B/50} - 50}}{B}$$

$$B_z = kH^{a_1} \rho_x \rho_z \frac{\phi_1(z)}{\mu_z}$$

$$x_1 = \frac{30 f_1}{\sqrt{k_w w_0}}, \quad R = \sqrt{\frac{\pi}{6\zeta_1} \frac{x_1^2}{(1 + x_1^2)^{4/3}}}$$

$$\beta_z = 1 + 2g I_{10} B_z \sqrt{1 + R^2}$$

(2) 若建筑高度取为 80m，其他条件同题（1），重新计算离地面高度 80m 处风振系数 β_z。

(3) 若地面粗糙度由 B 类改为 C 类，其他条件同题（1），重新计算离地面高度 80m 处风振系数 β_z。

5. 计算主动土压力合力

已知：$\theta = 75°$，$\alpha = 60°$，$\beta = 0°$，$\delta = \delta_r = 10°$，挡土墙高度为 5.2m，墙后填土重度为 $\gamma = 19\text{kN/m}^3$。求：挡土墙的主动土压力合力 E_a。

提示：依据《建筑地基基础设计规范》GB 50007—2011 计算，公式如下：

$$k_a = \frac{\sin(\alpha + \theta) \sin(\alpha + \beta) \sin(\theta - \delta_r)}{\sin^2 \alpha \sin(\theta - \beta) \sin(\alpha - \delta + \theta - \delta_r)}$$

$$E_a = \psi_c \frac{1}{2} \gamma h^2 k_a$$

4.3 训练题答案

1. 解：
B 类地面粗糙度，$H_1 = 20$ m 时，$\mu_{z1} = 1.23$；$H_2 = 30$ m 时，$\mu_{z2} = 1.39$。

内插法公式为

$$\mu_z = \mu_{z1} + \frac{\mu_{z2} - \mu_{z1}}{H_2 - H_1}(H - H_1)$$

计算结果为：$H = 22$ m 时，$\mu_z = 1.262$。

按键顺序为：2÷10×【(】1.39−1.23【)】+1.23=

说明：此题耗时应该控制在 15 秒以内。

2. 解：
(1) $w_{\max} = 0.30$ mm；(2) $w_{\max} = 0.30$ mm；(3) $w_{\max} = 0.34$ mm。

对于 (1)，按键顺序为：

计算 ρ_{te} 并存入 A：2513÷【(】300×500÷2【)】=【SHIFT】【STO】【A】

计算 σ_{sq} 并存入 B：300【EXP】6÷0.87÷435÷2513=【SHIFT】【STO】【B】

计算 ψ 并存入 C：1.1−0.65×2.2÷【ALPHA】【A】÷【ALPHA】【B】=【SHIFT】【STO】【C】

计算 $w_{\max}$：1.9×30+0.08×20÷【ALPHA】【A】=×1.9×【ALPHA】【C】×【ALPHA】【B】÷2【EXP】5=

说明：以上每个小题，耗时 100 秒较为合适。若超时，将会对解题的速度产生影响。

计算结果分析：从以上计算结果可以看出，尽管提高混凝土强度等级可以提高 f_{tk} 进而减小 ψ，最终会减小 $w_{\max}$，但作用不大。同样情况下，采用细直径钢筋可以减小 $w_{\max}$。

3. 解：
(1) 基本自振周期 $T_1 = 1.55$，水平地震影响系数最大值 $\alpha_{\max} = 0.16$，特征周期 $T_g = 0.35$s，阻尼比 $\zeta = 0.05$，衰减指数 $\gamma = 0.9$，阻尼调整系数 $\eta_2 = 1.0$。由于 $T_g < T_1 < 5T_g$，故

$$\alpha_1 = \left(\frac{T_g}{T_1}\right)^\gamma \eta_2 \alpha_{\max} = 0.042$$

(2) 此时，特征周期 $T_g = 0.65$s，其他参数和公式不变，最后得到 $\alpha_1 = 0.073$。

说明：以上每个小题，包括查找规范公式和参数，1 分钟计算出结果较为合理。

4. 解：
(1) 中间结果为：$\rho_x = 0.923, \rho_z = 0.716, B_z = 0.415, x_1 = 22.475, R = 1.145$，最得到 $\beta_z = 1.44$。

(2) 中间结果为：$\rho_x = 0.923, \rho_z = 0.748, B_z = 0.561, x_1 = 22.475, R = 1.145$，最得到 $\beta_z = 1.60$。

(3) 中间结果为：$\rho_x = 0.923, \rho_z = 0.16, B_z = 0.257, x_1 = 30.585, R = 1.034$，最得到 $\beta_z = 1.42$。

说明：以上每个小题，3 分钟计算出结果较为合理。

计算结果分析：将题 (1) 与题 (2) 比较，两者 β_z 的取值，差别在于 H、$\phi_1(z)$ 和

里,$H^{a_1}\rho_z$ 的影响抵消掉了(H^{a_1} 为增函数,但 ρ_z 会随 H 增大而变小,见附图 1 的 $H-\rho_z$ 曲线),这样,题(1)中由于 z/H 小导致 $\phi_1(z)$ 小,表现为 B_z 较小。最终,题(1)得到的 β_z 就小。当然,以上假定自振频率 f_1 没有区别(实际上,由《建筑结构荷载规范》GB 50009—2012 的 F.2 节可知,随结构高度增大,自振周期会变大)。

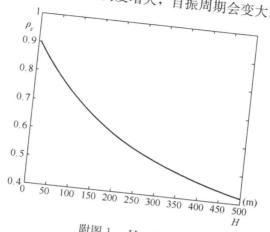

附图 1　H-ρ_z 曲线

题(3)中地面粗糙度改为 C 类,风的影响会变小,故与题(1)比较,β_z 变小了。

5. 解:

$k_a = 0.8453$,最后结果为 $E_a = 239\text{kPa}$。

说明:本题耗时 1 分钟以内较为合理。

附录5　全国一级注册结构工程师专业考试所使用的规范、标准、规程

1. 《建筑结构可靠性设计统一标准》GB 50068—2018
2. 《建筑结构荷载规范》GB 50009—2012
3. 《建筑工程抗震设防分类标准》GB 50223—2008
4. 《建筑抗震设计规范》GB 50011—2010（2016年版）
5. 《建筑地基基础设计规范》GB 50007—2011
6. 《建筑桩基技术规范》JGJ 94—2008
7. 《建筑边坡工程技术规范》GB 50330—2013
8. 《建筑地基处理技术规范》JGJ 79—2012
9. 《建筑地基基础工程施工质量验收标准》GB 50202—2018
10. 《建筑地基基础加固技术规范》JGJ 123—2012
11. 《既有建筑地基基础加固技术规范》GB 50010—2010（2015年版）

11. 《混凝土结构设计规范》GB 50010—2010（2015年版）
12. 《混凝土结构工程施工质量验收规范》GB 50204—2015
13. 《混凝土异形柱结构技术规程》JGJ 149—2017
14. 《混凝土结构加固设计规范》GB 50367—2013
15. 《组合结构设计规范》JGJ 138—2016
16. 《钢结构设计标准》GB 50017—2017
17. 《门式刚架轻型房屋钢结构技术规范》GB 51022—2015
18. 《冷弯薄壁型钢结构技术规范》GB 50018—2002
19. 《高层民用建筑钢结构技术规程》JGJ 99—2015
20. 《空间网格结构技术规程》JGJ 7—2010
21. 《钢结构焊接规范》GB 50661—2011
22. 《钢结构高强度螺栓连接技术规程》JGJ 82—2011
23. 《钢结构工程施工质量验收标准》GB 50205—2020
24. 《砌体结构设计规范》GB 50003—2011
25. 《砌体结构工程施工质量验收规范》GB 50203—2011
26. 《木结构设计标准》GB 50005—2017
27. 《烟囱设计规范》GB 50051—2013
28. 《高层建筑混凝土结构技术规程》JGJ 3—2010
29. 《建筑设计防火规范》GB 50016—2014（2018年版）
30. 《公路桥涵设计通用规范》JTG D60—2015

附录 5　全国一级注册结构工程师专业考试所使用的规范、标准、规程

31.《城市桥梁设计规范》CJJ 11—2011（2019 年版）
32.《城市桥梁抗震设计规范》CJJ 166—2011
33.《公路钢筋混凝土及预应力混凝土桥涵设计规范》JTG 3362—2018
34.《公路桥梁抗震设计规范》JTG/T 2231—01—2020
35.《城市人行天桥与人行地道技术规范》CJJ 69—95（含 2003 年局部修订）

注：以上规范系参考 2020 年考试大纲并考虑规范更新情况列出，供参考。

参 考 文 献

[1] 建筑结构荷载规范：GB 50009—2012. 北京：中国建筑工业出版社，2012.
[2] 混凝土结构设计规范：GB 50010—2010(2015 年版). 北京：中国建筑工业出版社，2016.
[3] 建筑抗震设计规范：GB 50011—2010(2016 年版). 北京：中国建筑工业出版社，2016.
[4] 钢结构设计标准：GB 50017—2017. 北京：中国建筑工业出版社，2018.
[5] 钢结构高强度螺栓连接技术规程：JGJ 82—2011. 北京：中国建筑工业出版社，2011.
[6] 砌体结构设计规范：GB 50003—2011. 北京：中国建筑工业出版社，2012.
[7] 木结构设计标准：GB 50005—2017. 北京：中国建筑工业出版社，2018.
[8] 建筑地基基础设计规范：GB 50007—2011. 北京：中国建筑工业出版社，2012.
[9] 建筑桩基技术规范：JGJ 94—2008. 北京：中国建筑工业出版社，2008.
[10] 建筑地基处理技术规范：JGJ 79—2012. 北京：中国建筑工业出版社，2012.
[11] 高层建筑混凝土结构技术规程：JGJ 3—2010. 北京：中国建筑工业出版社，2010.
[12] 高层民用建筑钢结构技术规程：JGJ 99—2015. 北京：中国建筑工业出版社，2016.
[13] 公路桥涵设计通用规范：JTG D60—2015. 北京：人民交通出版社，2015.
[14] 公路钢筋混凝土及预应力混凝土桥涵设计规范：JTG 3362—2018. 北京：人民交通出版社，2018.
[15] 城市桥梁抗震设计规范：CJJ 166—2011. 北京：中国建筑工业出版社，2011.
[16] 沙志国，沙安，陈基发. 建筑结构荷载设计手册. 3 版. 北京：中国建筑工业出版社，2017.
[17] 朱炳寅，陈富生. 建筑结构设计新规范综合应用手册. 2 版. 北京：中国建筑工业出版社，2005.
[18] 曹振熙，曹普. 建筑工程结构荷载学. 北京：中国水利水电出版社，2006.
[19] 东南大学，天津大学，同济大学. 混凝土结构：上册. 7 版. 北京：中国建筑工业出版社，2020.
[20] 东南大学，同济大学，天津大学. 混凝土结构与砌体结构设计：中册. 7 版. 北京：中国建筑工业出版社，2020.
[21] 梁兴文，史庆轩. 混凝土结构设计原理. 2 版. 北京：中国建筑工业出版社，2011.
[22] 易方民，高小旺，苏经宇. 建筑抗震设计规范理解与应用. 2 版. 北京：中国建筑工业出版社，2011.
[23] 朱炳寅. 建筑抗震设计规范应用与分析 GB 50011—2010. 2 版. 北京：中国建筑工业出版社，2017.
[24] 郭继武. 建筑抗震设计. 3 版. 北京：中国建筑工业出版社，2011.
[25] 朱炳寅. 高层建筑混凝土结构技术规程应用与分析 JGJ 3—2010. 北京：中国建筑工业出版社，2013.
[26] 国家标准建筑抗震设计规范管理组. 建筑抗震设计规范(GB 50011—2010)统一培训教材. 北京：地震出版社，2010.
[27] 王亚勇，戴国莹. 建筑抗震设计规范疑问解答. 北京：中国建筑工业出版社，2006.
[28] 包世华，张铜生. 高层建筑结构设计和计算：上册. 北京：清华大学出版社，2005.
[29] 钱稼茹，赵作周，叶列平. 高层建筑结构设计. 2 版. 北京：中国建筑工业出版社，2012.
[30] 包头钢铁设计研究总院. 钢结构设计与计算. 北京：机械工业出版社，2006.
[31] 新钢结构设计手册编委会. 新钢结构设计手册. 北京：中国计划出版社，2018.
[32] 但泽义，柴昶，李国强，等. 钢结构设计手册：上册. 4 版. 北京：中国建筑工业出版社，201
[33] 但泽义，柴昶，李国强，等. 钢结构设计手册：下册. 4 版. 北京：中国建筑工业出版社，201

[34] 陈骥. 钢结构稳定理论与设计. 6版. 北京：科学出版社，2014.
[35] 姚谏，夏志斌. 钢结构原理. 北京：中国建筑工业出版社，2020.
[36] 施楚贤. 砌体结构. 4版. 北京：中国建筑工业出版社，2020.
[37] 施楚贤. 砌体结构理论与设计. 3版. 北京：中国建筑工业出版社，2017.
[38] 唐岱新，龚绍熙，周炳章. 砌体结构设计规范理解与应用. 2版. 北京：中国建筑工业出版社，2012.
[39] 唐岱新. 砌体结构. 3版. 北京：高等教育出版社，2013.
[40] 苑振芳. 砌体结构设计手册. 4版. 北京：中国建筑工业出版社，2013.
[41] 高大钊. 土力学与岩土工程师——岩土工程疑难问题答疑笔记整理之一. 北京：人民交通出版社，2008.
[42] 高大钊. 土力学与基础工程. 北京：中国建筑工业出版社，2008.
[43] 顾晓鲁，郑刚，刘畅，等. 地基与基础. 4版. 北京：中国建筑工业出版社，2019.
[44] 周景星，李广信，张建红，等. 基础工程. 3版. 北京：清华大学出版社，2015.
[45] 陈希哲. 地基与基础. 5版. 北京：清华大学出版社，2013.
[46] 刘金砺，高文生，邱明兵. 建筑桩基技术规范应用手册. 北京：中国建筑工业出版社，2010.
[47] 刘金波. 建筑桩基技术规范理解与应用. 北京：中国建筑工业出版社，2008.
[48] 潘景龙，祝恩淳. 木结构设计原理. 北京：中国建筑工业出版社，2009.
[49] 中国中元兴华工程公司. 多层及高层钢筋混凝土结构设计技术措施. 北京：中国建筑工业出版社，2006.
[50] 中交公路规划设计院有限公司标准规范研究室. 公路桥梁设计规范答疑汇编. 北京：人民交通出版社，2009.
[51] 袁伦一，鲍卫刚. 公路钢筋混凝土及预应力混凝土桥涵设计规范条文应用算例. 北京：人民交通出版社，2005.
[52] 叶见曙. 结构设计原理. 4版. 北京：人民交通出版社，2018.
[53] 姚玲森. 桥梁工程. 2版. 北京：人民交通出版社，2008.
[54] 范立础. 桥梁工程. 3版. 北京：人民交通出版社，2017.
[55] 邵旭东. 桥梁工程. 5版. 北京：人民交通出版社，2019.
[56] 浙江大学. 建筑结构静力计算实用手册. 北京：中国建筑工业出版社，2009.
[57] 朱炳寅. 建筑结构设计问答及分析. 3版. 北京：中国建筑工业出版社，2017.
[58] 朱炳寅，娄宇，杨琦. 建筑地基基础设计方法及实例分析. 2版. 北京：中国建筑工业出版社，2013.
[59] 本书编委会. 全国一级注册结构工程师专业考试试题解答及分析. 北京：中国建筑工业出版社，2019.
[60] 刘其祥，陈幼璠，陈青来. 多高层钢结构梁柱刚性连接耐震型节点形式及计算方法. 建筑结构，2010：40(6)：7-12.
[61] 刘其祥，陈青来，陈幼璠. 《建筑抗震设计规范》在多高层钢结构房屋抗侧力构件连接计算规定中隐存的安全问题. 建筑结构，2012(1)：75-80.
[62] 刘其祥，陈青来，陈幼璠. 《建筑抗震设计规范》在多高层钢结构房屋抗侧力构件连接构造规定中隐存的安全问题. 建筑结构，2012(2)：112-117.
[63] 混凝土结构施工图平面整体表示方法制图规则和构造详图（现浇混凝土框架、剪力墙、梁、板）：16G101-1. 北京：中国计划出版社，2016.
[64] 混凝土结构常用施工详图（现浇混凝土框架柱、梁、剪力墙配筋构造）：14SG903-2. 北京：中国计划出版社，2014.

[65] ASCE. Minimum design loads and associated criteria for buildings and other structures: ASCE/SEI7-16. Reston, Virginia: American Society of Civil Engineers, 2017.
[66] ACI. Building code requirements for structural concrete: ACI318-19. Farmington Hills: American Concrete Institute, 2019.
[67] James KW. Reinforced concrete mechanics and design. 7th ed. New York: Pearson Eduction Inc, 2016.
[68] AISC. Specification for structural steel buildings: ANSI/AISC360-16. Chicago: American Institute of Steel Construction, 2016.
[69] European Committee for Standardization. Eurocode 3: Design of Steel Structure – Part 1-1: General rules and rules for buildings: EN1993-1-1. Brussels: European Committee for Standardization, 2005.
[70] European Committee for Standardization. Eurocode 3: Design of Steel Structure – Part 1-5: Plated structural elements: EN1993-1-5. Brussels: European Committee for Standardization, 2006.
[71] European Committee for Standardization. Eurocode 3: Design of Steel Structure – Part 1-8: Design of joints: EN1993-1-8. Brussels: European Committee for Standardization, 2005.